Os elementos

Nome	Símbolo	Número atômico	Massa molar/ (g mol^{-1})
Actínio	Ac	89	227
Alumínio	Al	13	26,98
Amerício	Am	95	243
Antimônio	Sb	51	121,76
Argônio	Ar	18	39,95
Arsênio	As	33	74,92
Ástato	At	85	210
Bário	Ba	56	137,33
Berílio	Be	4	9,01
Berkélio	Bk	97	247
Bismuto	Bi	83	208,98
Bóhrio	Bh	107	272
Boro	B	5	10,81
Bromo	Br	35	79,90
Cádmio	Cd	48	112,41
Cálcio	Ca	20	40,08
Califórnio	Cf	98	251
Carbono	C	6	12,01
Cério	Ce	58	140,12
Césio	Cs	55	132,91
Chumbo	Pb	82	207,2
Cloro	Cl	17	35,45
Cobalto	Co	27	58,93
Cobre	Cu	29	63,55
Copernício	Cn	112	285
Criptônio	Kr	36	83,80
Cromo	Cr	24	52,00
Cúrio	Cm	96	247
Darmstácio	Ds	110	281
Disprósio	Dy	66	162,50
Dúbnio	Db	105	268
Einstênio	Es	99	252
Enxofre	S	16	32,06
Érbio	Er	68	167,27
Escândio	Sc	21	44,96
Estanho	Sn	50	118,71
Estrôncio	Sr	38	87,62
Európio	Eu	63	151,96
Férmio	Fm	100	257
Ferro	Fe	26	55,84
Fleróvio	Fl	114	289
Flúor	F	9	19,00
Fósforo	P	15	30,97
Frâncio	Fr	87	223
Gadolínio	Gd	64	157,25
Gálio	Ga	31	69,72
Germânio	Ge	32	72,64
Háfnio	Hf	72	178,49
Hássio	Hs	108	270
Hélio	He	2	4,00
Hidrogênio	H	1	1,008
Hólmio	Ho	67	164,93
Índio	In	49	114,82
Iodo	I	53	126,90
Irídio	Ir	77	192,22
Itérbio	Yb	70	173,04
Ítrio	Y	39	88,91
Lantânio	La	57	138,91
Lawrêncio	Lr	103	262
Lítio	Li	3	6,94
Livermório	Lv	116	293
Lutécio	Lu	71	174,97
Magnésio	Mg	12	24,31
Manganês	Mn	25	54,94
Meitnério	Mt	109	276
Mendelévio	Md	101	258
Mercúrio	Hg	80	200,59
Molibdênio	Mo	42	95,94
Neodímio	Nd	60	144,24
Neônio	Ne	10	20,18
Netúnio	Np	93	237
Nióbio	Nb	41	92,91
Níquel	Ni	28	58,69
Nitrogênio	N	7	14,01
Nobélio	No	102	259
Ósmio	Os	76	190,23
Ouro	Au	79	196,97
Oxigênio	O	8	16,00
Paládio	Pd	46	106,42
Platina	Pt	78	195,08
Plutônio	Pu	94	244
Polônio	Po	84	209
Potássio	K	19	39,10
Praseodímio	Pr	59	140,91
Prata	Ag	47	107,87
Promécio	Pm	61	145
Protactínio	Pa	91	231,04
Rádio	Ra	88	226
Radônio	Rn	86	222
Rênio	Re	75	186,21
Ródio	Rh	45	102,91
Roentgênio	Rg	111	280
Rubídio	Rb	37	85,47
Rutênio	Ru	44	101,07
Rutherfórdio	Rf	104	267
Samário	Sm	62	150,36
Seabórgio	Sg	106	271
Selênio	Se	34	78,96
Silício	Si	14	28,09
Sódio	Na	11	22,99
Tálio	Tl	81	204,38
Tântalo	Ta	73	180,95
Tecnécio	Tc	43	98
Telúrio	Te	52	127,60
Térbio	Tb	65	158,93
Titânio	Ti	22	47,87
Tório	Th	90	232,04
Túlio	Tm	69	168,93
Tungstênio	W	74	183,84
Urânio	U	92	238,03
Vanádio	V	23	50,94
Xenônio	Xe	54	131,29
Zinco	Zn	30	65,41
Zircônio	Zr	40	91,22

Química Inorgânica

Q6 Química inorgânica / Mark Weller ... [et al.] ; tradução: Cristina Maria Pereira dos Santos, Roberto de Barros Faria ; revisão técnica: Roberto de Barros Faria. – 6. ed. – Porto Alegre : Bookman, 2017.
xx, 878 p. il. color. ; 28 cm.

ISBN 978-85-8260-440-3

1. Química inorgânica. I. Weller, Mark.

CDU 546

Catalogação na publicação: Poliana Sanchez de Araujo – CRB10/2094

Mark Weller
University of Bath

Tina Overton
University of Hull

Jonathan Rourke
University of Warwick

Fraser Armstrong
University of Oxford

Química Inorgânica
6ª EDIÇÃO

Tradução
Cristina Maria Pereira dos Santos
Engenheira química pela Universidade Federal do Rio de Janeiro (UFRJ)
Mestre e Doutora em Química Inorgânica pela UFRJ

Tradução e revisão técnica
Roberto de Barros Faria
Químico pela Universidade Federal do Rio de Janeiro (UFRJ)
Mestre e Doutor em Ciências pela UFRJ
Professor Titular do Departamento de Química Inorgânica do Instituto de Química/UFRJ

2017

Obra originalmente publicada em língua inglesa em 2014 sob o título *Inorganic Chemistry*, 6th Edition
ISBN 9780199641826 por Oxford University Press. Bookman Companhia Editora Ltda é a única responsável pela tradução a partir do referido original e Oxford University Press não terá responsabilidade por erros ou omissões de quaisquer natureza.

Inorganic Chemistry was originally published in English in 2014. This translation is published by arrangement with Oxford University Press. Bookman Companhia Editora Ltda is solely responsible for this translation from the original work and Oxford University Press shall have no liability for any errors, omissions or inaccuracies or ambiguities in such translation or for any losses caused by reliance thereon.

Copyright© P.W.Atkins, T.L.Overton, J.P.Rourke, M.T.Weller, and F.A.Armstrong 2014.

Gerente editorial: *Arysinha Jacques Affonso*

Colaboraram nesta edição:

Editora: *Denise Weber Nowaczyk*

Leitura final: *Amanda Jansson Breitsameter*

Capa: *Márcio Monticelli* (arte sobre capa original)

Editoração: *Clic Editoração Eletrônica Ltda.*

Reservados todos os direitos de publicação, em língua portuguesa, à
BOOKMAN EDITORA LTDA., uma empresa do GRUPO A EDUCAÇÃO S.A.
Av. Jerônimo de Ornelas, 670 – Santana
90040-340 Porto Alegre RS
Fone: (51) 3027-7000 Fax: (51) 3027-7070

Unidade São Paulo
Rua Doutor Cesário Mota Jr., 63 – Vila Buarque
01221-020 São Paulo SP
Fone: (11) 3221-9033

SAC 0800 703-3444 – www.grupoa.com.br

É proibida a duplicação ou reprodução deste volume, no todo ou em parte, sob quaisquer formas ou por quaisquer meios (eletrônico, mecânico, gravação, fotocópia, distribuição na Web e outros), sem permissão expressa da Editora.

IMPRESSO NO BRASIL
PRINTED IN BRAZIL

Apresentação à edição brasileira

Ao fazermos a tradução desta 6a edição da obra *Química Inorgânica* de autoria de Weller, Overton, Rourke e Armstrong, que sucede a tradução da 4a edição da *Química Inorgânica* de autoria de Atkins, Overton, Rourke, Weller e Armstrong, também publicada pela Bookman, empregamos os termos adotados na tradução para o português da Nomenclatura de Química Inorgânica – Recomendações da IUPAC de 2005.

Nomenclatura original: N.G. Connelly, T. Damhus, R.M. Hartshorn, A.T. Hutton, *Nomenclature of Inorganic Chemistry – IUPAC Recomendations 2005*. Cambridge: International Union of Pure and Applied Chemistry, 2005.

Tradução portuguesa nas variantes europeia e brasileira: J. Cardoso, J.A.L. Costa, R.B. Faria, M.H. Garcia, R.T. Henriques, B.J. Herold, M.C.F. Magalhães (coordenação), J. Marçalo, O. Pellegrino, O. Serra, *Nomenclatura de Química Inorgânica – Recomendações da IUPAC de 2005*. Lisboa: International Union of Pure and Applied Chemistry e Sociedade Portuguesa de Química, ISTPress, 2017.

Dessa forma, é importante chamar a atenção para a alteração nos nomes dos ligantes na nomenclatura dos compostos de coordenação. Até então, ligantes como Cl^-, Br^-, H^-, CN^-, eram chamados de clorido, bromido, hidrido e cianido. Em reunião havida entre os tradutores das Recomendações da IUPAC de 2005 e representantes da IUPAC, estes deixaram claro que os tradutores para quaisquer línguas devem procurar usar os termos que melhor descrevam, nas suas respectivas línguas, as entidades químicas, como os ligantes, por exemplo, desde que os termos usados sejam precisos e isentos de ambiguidades, sem obrigação de seguir as terminações (sufixos) empregadas no original em inglês. Assim, ficou claro para os tradutores das Recomendações da IUPAC de 2005 que não há necessidade de se usar em português a terminação "ido" para evitar ambiguidades que só ocorrem na língua inglesa. Portanto, os ligantes Cl^-, Br^-, H^-, CN^- e outros assemelhados passaram a ser chamados pelos mesmos nomes dos ânions, ou seja, cloreto, brometo, hidreto e cianeto. Esta é, portanto, a forma como estes ligantes são chamados nesta tradução da 6a edição da obra *Química Inorgânica* de Weller, Overton, Rourke e Armstrong. Para outras questões sobre nomenclatura de química inorgânica recomenda-se a consulta à obra Nomenclatura de Química Inorgânica – Recomendações da IUPAC de 2005.

Os tradutores

Os autores da sexta edição agradecem a contribuição de Peter Atkins nas edições anteriores, sem a qual elas poderiam não ter sido publicadas. Nas recentes edições, ele revisou a linguagem e iniciou o trabalho de arte; sua contribuição continua a permear a obra *Química Inorgânica* e é o sólido alicerce sobre o qual esta edição foi construída.

Agradecimentos

Buscamos que o texto fosse livre de erros. Isso é difícil em um campo que muda rapidamente, no qual o conhecimento de hoje é logo substituído pelo de amanhã. Muitas das figuras nos Capítulos 26 e 27 foram produzidas usando-se o programa computacional PyMOL (W.L. DeLano, The PyMOL Molecular Graphics System, DeLano Scientific, San Carlos, CA, USA, 2002). Gostaríamos de agradecer aos amigos do passado e do presente da Oxford University Press – Holly Edmundson, Jonathan Crowe e Alice Mumford – e da W. H. Freeman – Heidi Bamatter, Jessica Fiorillo e Dave Quinn – pela ajuda e pelo apoio durante a elaboração deste livro. Mark Weller também gostaria de agradecer à Universidade of Bath, que lhe concedeu o tempo necessário para trabalhar na elaboração do texto e nas numerosas ilustrações. Agradecemos a todos os colegas os quais dispuseram generosamente de seu tempo e competência para uma leitura cuidadosa de vários rascunhos dos capítulos.

Mikhail V. Barybin, *University of Kansas*
Byron L. Bennett, *Idaho State University*
Stefan Bernhard, *Carnegie Mellon University*
Wesley H. Bernskoetter, *Brown University*
Chris Bradley, *Texas Tech University*
Thomas C. Brunold, *University of Wisconsin – Madison*
Morris Bullock, *Pacific Northwest National Laboratory*
Gareth Cave, *Nottingham Trent University*
David Clark, *Los Alamos National Laboratory*
William Connick, *University of Cincinnati*
Sandie Dann, *Loughborough University*
Marcetta Y. Darensbourg, *Texas A&M University*
David Evans, *University of Hull*
Stephen Faulkner, *University of Oxford*
Bill Feighery, *Indiana University – South Bend*
Katherine J. Franz, *Duke University*
Carmen Valdez Gauthier, *Florida Southern College*
Stephen Z. Goldberg, *Adelphi University*
Christian R. Goldsmith, *Auburn University*
Gregory J. Grant, *University of Tennessee at Chattanooga*
Craig A. Grapperhaus, *University of Louisville*
P. Shiv Halasyamani, *University of Houston*
Christopher G. Hamaker, *Illinois State University*
Allen Hill, *University of Oxford*
Andy Holland, *Idaho State University*
Timothy A. Jackson, *University of Kansas*
Wayne Jones, *State University of New York – Binghamton*
Deborah Kays, *University of Nottingham*
Susan Killian VanderKam, *Princeton University*
Michael J. Knapp, *University of Massachusetts – Amherst*
Georgios Kyriakou, *University of Hull*
Christos Lampropoulos, *University of North Florida*
Simon Lancaster, *University of East Anglia*
John P. Lee, *University of Tennessee at Chattanooga*
Ramón López de la Vega, *Florida International University*
Yi Lu, *University of Illinois at Urbana-Champaign*
Joel T. Mague, *Tulane University*
Andrew Marr, *Queen's University Belfast*
Salah S. Massoud, *University of Louisiana at Lafayette*
Charles A. Mebi, *Arkansas Tech University*
Catherine Oertel, *Oberlin College*
Jason S. Overby, *College of Charleston*
John R. Owen, *University of Southampton*
Ted M. Pappenfus, *University of Minnesota, Morris*
Anna Peacock, *University of Birmingham*
Carl Redshaw, *University of Hull*
Laura Rodríguez Raurell, *University of Barcelona*
Professor Jean-Michel Savéant, *Université Paris Diderot – Paris 7*
Douglas L. Swartz II, *Kutztown University of Pennsylvania*
Jesse W. Tye, *Ball State University*
Derek Wann, *University of Edinburgh*
Scott Weinert, *Oklahoma State University*
Nathan West, *University of the Sciences*
Denyce K. Wicht, *Suffolk University*

Prefácio

Nosso objetivo nesta sexta edição de *Química Inorgânica* foi o de fornecer uma introdução completa e contemporânea para a diversa e fascinante área da química inorgânica. A química inorgânica trata das propriedades de todos os elementos da tabela periódica. Esses elementos vão desde os metais altamente reativos, como o sódio, até os metais nobres, como o ouro. Os não metais incluem sólidos, líquidos e gases e variam desde o agente oxidante agressivo flúor até os gases não reativos, como o hélio. Embora esta variedade e diversidade sejam aspectos de qualquer estudo de química inorgânica, existem padrões e tendências que enriquecem e reforçam nosso entendimento dessa disciplina. As tendências em reatividade, estrutura e propriedades dos elementos e dos seus compostos fornecem uma visão ampla da tabela periódica e uma base sobre a qual construímos nosso conhecimento.

Os compostos inorgânicos variam desde os sólidos iônicos, que podem ser descritos por meio de aplicações simples da eletrostática clássica, até os compostos covalentes e metais, que são mais bem descritos por modelos originados na mecânica quântica. Podemos explicar e interpretar as propriedades e reações químicas da maioria dos compostos inorgânicos por meio de modelos qualitativos baseados na mecânica quântica, como os orbitais atômicos e seu uso na formação de orbitais moleculares. Este texto se apoia em modelos qualitativos de ligação, semelhantes aos que já devem ter sido vistos em disciplinas introdutórias de química. Embora os modelos qualitativos de ligação e reatividade esclareçam e sistematizem o assunto, a química inorgânica é essencialmente uma ciência experimental. Novos compostos inorgânicos vêm sendo constantemente sintetizados e caracterizados em projetos de pesquisa em, por exemplo, química de organometálicos, química de materiais, nanoquímica e química bioinorgânica. Os produtos das pesquisas em química inorgânica continuam a enriquecer este campo com compostos que nos fornecem novas perspectivas de estrutura, ligação, reatividade e propriedades.

A química inorgânica tem grande impacto na nossa vida diária e em outros ramos da ciência, e dela depende fortemente a indústria química. Ela é essencial para a formulação e o melhoramento de materiais modernos, como catalisadores, semicondutores, dispositivos ópticos, geradores e armazenadores de energia, supercondutores e materiais cerâmicos avançados. O impacto ambiental e biológico da química inorgânica também é muito grande. Temas atuais da química industrial, biológica e sustentável são mencionados ao longo do livro e desenvolvidos com mais profundidade nos últimos capítulos.

Nesta nova edição, aprimoramos a apresentação, a organização e a representação visual. Todo o livro foi revisado, a maior parte foi reescrita e há material completamente novo. Escrevemos tendo o estudante em mente e adicionamos novos aspectos pedagógicos e melhoramos outros.

Os tópicos na Parte I, *Fundamentos*, foram em grande parte reescritos para torná-los mais acessíveis ao leitor, com mais explicações qualitativas acompanhando os tratamentos matemáticos. Alguns capítulos e seções foram expandidos para fornecer maior abrangência, particularmente nos tópicos fundamentais que se relacionam com as discussões posteriores sobre a química sustentável.

A Parte II, *Os elementos e seus compostos*, foi substancialmente incrementada. A seção começa com um capítulo que aborda de forma abrangente as tendências ao longo da tabela periódica e serve de referência para os capítulos descritivos adiante. Um capítulo aprofundado sobre o hidrogênio, com abordagens sobre a importante economia emergente do hidrogênio, é seguido por uma série de capítulos que percorrem a tabela periódica começando pelos metais do bloco s, passando pelos elementos do bloco p e terminando com os gases do Grupo 18. Cada um desses capítulos está organizado em duas seções: *Aspectos principais*, que descreve os aspectos fundamentais da química dos elementos, e *Uma visão mais detalhada*, que fornece um relato mais aprofundado sobre eles. Segue, então, uma série de capítulos que discute a fascinante química dos elementos do bloco d e, finalmente, os do bloco f. As propriedades químicas de cada grupo de elementos e seus compostos são descritas e enriquecidas com relatos de pesquisas e aplicações atuais. Os padrões e tendências que surgem são interpretados com base nos princípios apresentados na Parte I.

A Parte III, *Fronteiras da química inorgânica*, leva o leitor às fronteiras do conhecimento em várias áreas atuais de pesquisa. Estes capítulos exploram temas especializados de importância para indústria, ciência dos materiais e biologia, incluindo catálise, química do estado sólido, nanomateriais, metaloenzimas e compostos inorgânicos usados na medicina.

Estamos confiantes de que este texto será útil para os estudantes de química em nível universitário. Ele fornece os elementos teóricos sobre os quais o conhecimento e a compreensão da química inorgânica são construídos. Ele ainda deverá ajudar a interpretar a diversidade, algumas vezes desconcertante, da química descritiva, além de levar o estudante às fronteiras desta área de conhecimento pelas frequentes discussões sobre as últimas pesquisas em química inorgânica, o que deve, assim, complementar muitas disciplinas do curso.

Sobre o livro

Química Inorgânica utiliza diversos recursos de aprendizagem para ajudá-lo a dominar essa área tão ampla. Este livro-texto foi organizado de maneira que você possa tanto acompanhar os capítulos de forma cronológica quanto aprofundar-se em determinados pontos dos seus estudos. Também estão disponíveis materiais complementares online para o aluno (de acesso livre) e para os professores (em área exclusiva).

O material deste livro está dividido, de forma lógica e sistemática, em três seções distintas. A Parte I, *Fundamentos*, apresenta os princípios sobre os quais a química inorgânica se apoia e que são utilizados para sistematizar as discussões no restante do livro. A Parte II, *Os elementos e seus compostos*, divide a química descritiva em aspectos principais e informações mais detalhadas, desenvolvendo primeiramente os princípios mais importantes das reações para depois explorá-las mais profundamente. A Parte III, *Fronteiras da química inorgânica*, apresenta as modernas pesquisas de natureza interdisciplinar que ocupam o primeiro plano da química inorgânica.

Organização das informações

Pontos principais

Resumem os aspectos mais importantes da discussão na seção que se inicia. Isso irá ajudá-lo a focar-se nas ideias principais que estão sendo introduzidas.

(a) Os níveis de energia hidrogenoides

Pontos principais: A energia dos elétrons é determinada por n, o número quântico principal; além disso, l especifica a magnitude do momento angular orbital e m_l especifica a orientação desse momento angular.

Quadros

Ilustram a diversidade da química inorgânica e suas diversas aplicações em, por exemplo, materiais avançados, processos industriais, na química do meio ambiente e na vida cotidiana.

QUADRO 1.3 Tecnécio – o primeiro elemento sintético

Um elemento sintético é aquele que não ocorre naturalmente na Terra, mas que pode ser gerado artificialmente por reações nucleares. O primeiro elemento sintético foi o tecnécio (Tc, $Z = 43$), cujo nome teve origem na palavra grega que significa "artificial". Sua descoberta, ou mais precisamente sua preparação, preencheu um vazio na tabela periódica, e suas propriedades corresponderam a todas aquelas previstas por Mendeleev. O isótopo do tecnécio de vida mais longa (^{98}Tc) possui uma meia-vida de 4,2 milhões de anos, de modo que qualquer isótopo deste elemento produzido no momento em que a Terra foi formada já sofreu decaimento. O tecnécio é produzido nas estrelas gigantes vermelhas.

O isótopo de tecnécio mais usado é o ^{99m}Tc, onde o "m" indica um seu valor de meia-vida indica que a maior parte dele terá decaído dentro de 24 horas. Consequentemente, o ^{99m}Tc é amplamente usado em medicina nuclear, como, por exemplo, na obtenção de imagens e estudos funcionais do cérebro, ossos, sangue, pulmões, fígado, coração, glândula tireoide e rins (Seção 27.9). O tecnécio-99m é gerado através da fissão nuclear nos reatores nucleares, mas a fonte mais comum desse isótopo nos laboratórios é um gerador de tecnécio, que utiliza o decaimento do ^{99}Mo a ^{99m}Tc. A meia-vida do ^{99}Mo é de 66 horas, o que o torna mais conveniente para transporte e estocagem do que o ^{99m}Tc. A maioria dos geradores comerciais se baseia no ^{99}Mo na forma de íon molibdato, $[MoO_4]^{2-}$, adsorvido em Al_2O_3. O íon $[^{99}MoO_4]^{2-}$ decai a íon pertecnetato, $[^{99m}TcO_4]^{2-}$.

Comentários úteis

Em algumas áreas da química inorgânica, a nomenclatura utilizada pode ser confusa ou antiga. O item *Um comentário útil* ajudará a evitar esses erros comuns.

Um comentário útil: Fique atento ao fato de que algumas pessoas usam os termos "afinidade eletrônica" e "entalpia de ganho de elétron" indistintamente. Nesses casos, uma afinidade eletrônica positiva pode indicar que A$^-$ possui uma energia mais positiva do que A.

Leitura complementar

Cada capítulo contém uma lista com fontes nas quais é possível encontrar informações aprofundadas. Tentamos garantir que essas fontes sejam de fácil acesso e indicamos o tipo de informação que cada uma delas fornece.

LEITURA COMPLEMENTAR

H. Aldersley-Williams, *Periodic tales: the curious lives of the elements*. Viking (2011). Não se trata de um livro acadêmico, mas discute os aspectos social e cultural relacionados com o uso ou a descoberta de diversos elementos.

M. Laing, The different periodic tables of Dmitrii Mendeleev. *J. Chem. Educ.*, 2008, 85, 63.

D. M. P. Mingos, *Essential trends in inorganic chemistry*. Oxford University Press (1998). Inclui uma discussão detalhada das importantes tendências horizontais, verticais e diagonais nas propriedades atômicas.

P. A. Cox, *The elements: their origin, abundance, and distribution*. Oxford University Press (1989). Examina a origem dos elementos.

Apêndices

Ao final do livro, encontra-se uma coleção de dados e informações, incluindo uma lista mais extensa relacionada a teoria de grupo e espectroscopia.

Apêndice 1
Raios iônicos selecionados (em picômetros, pm)

Os raios iônicos apresentados são referentes às geometrias de coordenação e aos estados de oxidação mais comuns. O número de coordenação está entre parênteses. Todas as espécies do bloco d são de spin baixo, exceto as assinaladas com #, cujos valores

Resolução de problemas

Uma breve ilustração

Uma breve ilustração mostra como aplicar equações ou conceitos que foram apresentados no texto principal, além de ajudá-lo a entender como manipular os dados corretamente.

Exemplos resolvidos e testes de compreensão

Apresentamos inúmeros *Exemplos* ao longo do texto, ilustrando de forma mais detalhada a aplicação do conteúdo que está sendo discutido. Cada um demonstra um aspecto importante dos tópicos em discussão ou fornece um exemplo prático com cálculos e problemas. A seção *Teste sua compreensão* auxilia no monitoramento do seu progresso.

Exercícios

Há diversos *Teste sua compreensão* ao longo dos capítulos e breves *Exercícios* ao final de cada capítulo. As respostas encontram-se no *Solutions Manual*, disponível online na exclusiva área do professor (loja.grupoa.com.br). A resolução dos *Exercícios* lhe dá a oportunidade de verificar sua compreensão, adquirir experiência e praticar em tarefas como balancear equações, prever e desenhar estruturas, e manipular dados.

Problemas tutoriais

A maioria dos *Problemas Tutoriais* baseia-se em artigos de pesquisa ou outra fonte adicional de informação. São mais exigentes em relação a conteúdo e estilo, uma vez que a resposta pode ser dissertativa e/ou ter mais de uma resposta correta. Eles podem ser utilizados como questões de prova ou para discussão em sala de aula.

Material online no site loja.grupoa.com.br

Este livro apresenta uma série de materiais disponíveis online e de livre acesso para todos os interessados em complementar seus estudos. Para isso, basta acessar o site loja.grupoa.com.br, buscar pela página do livro e clicar no ícone Conteúdo Online. Lá estarão disponíveis (em inglês) uma lista de links, Tables for group theory, Molecular modeling problems e Answers to self-test and exercises

Na exclusiva Área do professor, estão disponíveis apresentações em PowerPoint (em português) de todas as figuras e tabelas do livro, além do Solutions Manual e Teste Bank (ambos em inglês). O professor interessado nestes materiais deve acessar o site loja.grupoa.com.br, buscar pela página do livro, clicar em Material do professor e cadastrar-se.

Material online no site www.chemtube3d.com

No site ChemTube3D podem ser encontradas estruturas e animações 3D interativas relacionadas a este livro. Para acessar todos os recursos disponíveis por capítulo, digite www.chemtube3d.com/weller/. Se desejar acessar uma estrutura e/ou figura específica (elas estão identificadas com asterisco no livro), digite a URL seguida do número da figura: www.chemtube3d.com/weller/[número do capítulo]F[número da figura].

Nota: Este site não é de domínio do Grupo A. Dessa forma, não temos responsabilidade sobre a disponibilização deste material nem sobre qualquer modificação relacionada.

Sumário resumido

Parte I	**Fundamentos**	**1**
1	Estrutura atômica	3
2	Estrutura molecular e ligação	34
3	As estruturas dos sólidos simples	65
4	Ácidos e bases	116
5	Oxirredução	154
6	Simetria molecular	188
7	Introdução aos compostos de coordenação	209
8	Métodos físicos em química inorgânica	234

Parte II	**Os elementos e seus compostos**	**271**
9	Tendências periódicas	273
10	Hidrogênio	296
11	Os elementos do Grupo 1	318
12	Os elementos do Grupo 2	336
13	Os elementos do Grupo 13	354
14	Os elementos do Grupo 14	381
15	Os elementos do Grupo 15	408
16	Os elementos do Grupo 16	433
17	Os elementos do Grupo 17	456
18	Os elementos do Grupo 18	479
19	Os elementos do bloco d	488
20	Complexos de metais d: estrutura eletrônica e propriedades	515
21	Química de coordenação: as reações dos complexos	550
22	A química organometálica dos metais do bloco d	579
23	Os elementos do bloco f	625

Parte III	**Fronteiras da química inorgânica**	**653**
24	Química de materiais e nanomateriais	655
25	Catálise	728
26	Química inorgânica biológica	763
27	Química inorgânica na medicina	820
Apêndice 1	Raios iônicos selecionados (em picômetros, pm)	834
Apêndice 2	Propriedades eletrônicas dos elementos	836
Apêndice 3	Potenciais padrão	838
Apêndice 4	Tabelas de caracteres	851
Apêndice 5	Orbitais formados por simetria	856
Apêndice 6	Diagramas de Tanabe-Sugano	860
Índice		863

Sumário detalhado

| **Parte I** | **Fundamentos** | **1** |

1 Estrutura atômica — 3
As estruturas dos átomos hidrogenoides — 4
- 1.1 Espectroscopia — 6
- 1.2 Alguns princípios de mecânica quântica — 8
- 1.3 Orbitais atômicos — 9

Átomos multieletrônicos — 15
- 1.4 Penetração e blindagem — 15
- 1.5 O princípio do preenchimento — 17
- 1.6 A classificação dos elementos — 20
- 1.7 Propriedades atômicas — 22

LEITURA COMPLEMENTAR — 32
EXERCÍCIOS — 32
PROBLEMAS TUTORIAIS — 33

2 Estrutura molecular e ligação — 34
Estruturas de Lewis — 34
- 2.1 A regra do octeto — 34
- 2.2 Ressonância — 35
- 2.3 O modelo RPECV — 36

A teoria da ligação de valência — 39
- 2.4 A molécula de hidrogênio — 39
- 2.5 Moléculas diatômicas homonucleares — 39
- 2.6 Moléculas poliatômicas — 40

Teoria dos orbitais moleculares — 42
- 2.7 Uma introdução à teoria — 43
- 2.8 Moléculas diatômicas homonucleares — 45
- 2.9 Moléculas diatômicas heteronucleares — 48
- 2.10 Propriedades das ligações — 50
- 2.11 Moléculas poliatômicas — 52
- 2.12 Métodos computacionais — 56

Estrutura e propriedades das ligações — 58
- 2.13 Comprimento de ligação — 58
- 2.14 Força de ligação — 58
- 2.15 Eletronegatividade e entalpia de ligação — 59
- 2.16 Estados de oxidação — 61

LEITURA COMPLEMENTAR — 62
EXERCÍCIOS — 62
PROBLEMAS TUTORIAIS — 63

3 As estruturas dos sólidos simples — 65
A descrição das estruturas dos sólidos — 66
- 3.1 Células unitárias e a descrição das estruturas cristalinas — 66
- 3.2 Empacotamento compacto de esferas — 69
- 3.3 Cavidades nas estruturas de empacotamento compacto — 71

As estruturas dos metais e das ligas — 72
- 3.4 Politipismo — 73
- 3.5 Estruturas que não apresentam empacotamento compacto — 74
- 3.6 Polimorfismo dos metais — 74
- 3.7 Os raios atômicos dos metais — 75
- 3.8 Ligas e soluções sólidas intersticiais — 76

Sólidos iônicos — 80
- 3.9 Estruturas típicas dos sólidos iônicos — 80
- 3.10 Justificativas para a existência das estruturas — 87

A energética da ligação iônica — 91
- 3.11 Entalpia de rede e o ciclo de Born-Haber — 91
- 3.12 Cálculo teórico das entalpias de rede — 93
- 3.13 Comparação entre os valores teóricos e experimentais — 95
- 3.14 A equação de Kapustinskii — 97
- 3.15 Consequências das entalpias de rede — 98

Defeitos e a não estequiometria — 101
- 3.16 As origens e os tipos de defeitos — 102
- 3.17 Compostos não estequiométricos e soluções sólidas — 105

Estruturas eletrônicas dos sólidos — 107
- 3.18 As condutividades dos sólidos inorgânicos — 107
- 3.19 A formação das bandas pela sobreposição dos orbitais atômicos — 107
- 3.20 Semicondutores — 110

INFORMAÇÃO COMPLEMENTAR: a equação de Born-Mayer — 113
LEITURA COMPLEMENTAR — 113
EXERCÍCIOS — 113
PROBLEMAS TUTORIAIS — 115

4 Ácidos e bases — 116
Acidez de Brønsted — 117
- 4.1 Equilíbrio de transferência de próton em água — 117

Características dos ácidos de Brønsted — 125
- 4.2 Tendências periódicas na força dos aqua-ácidos — 126
- 4.3 Oxoácidos simples — 126

    4.4   Óxidos anidros   129

    4.5   Formação de polioxocompostos   130

Acidez de Lewis   **132**

    4.6   Exemplos de ácidos e bases de Lewis   132

    4.7   Características dos ácidos de Lewis segundo o seu grupo da Tabela Periódica   134

Reações e propriedades dos ácidos e bases de Lewis   **137**

    4.8   Tipos fundamentais de reação   138

    4.9   Fatores que regem as interações entre os ácidos e as bases de Lewis   139

    4.10   Parâmetros termodinâmicos de acidez   141

Solventes não aquosos   **142**

    4.11   O efeito nivelador do solvente   142

    4.12   A definição dos ácidos e bases segundo o sistema solvente   144

    4.13   Solventes como ácidos e bases   145

Aplicações da química ácido-base   **149**

    4.14   Superácidos e superbases   149

    4.15   Reações ácido-base heterogêneas   150

LEITURA COMPLEMENTAR   151

EXERCÍCIOS   151

PROBLEMAS TUTORIAIS   153

5   Oxirredução   154

Potenciais de redução   **155**

    5.1   Meias-reações de oxirredução   155

    5.2   Potenciais padrão e espontaneidade   156

    5.3   Tendências nos potenciais padrão   160

    5.4   A série eletroquímica   161

    5.5   A equação de Nernst   162

Estabilidade e oxirredução   **163**

    5.6   A influência do pH   164

    5.7   Reações com água   164

    5.8   Oxidação pelo oxigênio atmosférico   166

    5.9   Desproporcionação e comproporcionação   167

    5.10   A influência da complexação   168

    5.11   A relação entre solubilidade e os potenciais padrão   170

Diagramas de potenciais   **170**

    5.12   Diagramas de Latimer   171

    5.13   Diagramas de Frost   173

    5.14   Diagramas de Pourbaix   176

    5.15   Aplicações em química ambiental: águas naturais   177

Obtenção dos elementos   **178**

    5.16   Obtenção dos elementos por redução   178

    5.17   Obtenção dos elementos por oxidação   182

    5.18   Obtenção eletroquímica dos elementos   183

LEITURA COMPLEMENTAR   184

EXERCÍCIOS   184

PROBLEMAS TUTORIAIS   186

6   Simetria molecular   188

Introdução à análise por simetria   **188**

    6.1   Operações e elementos de simetria e os grupos de pontos das moléculas   188

    6.2   Tabelas de caracteres   193

Aplicações de simetria   **196**

    6.3   Moléculas polares   196

    6.4   Moléculas quirais   197

    6.5   Vibrações moleculares   197

Simetrias dos orbitais moleculares   **201**

    6.6   Combinações lineares formadas por simetria   201

    6.7   A construção dos orbitais moleculares   203

    6.8   Analogia vibracional   205

Representações   **205**

    6.9   Redução de uma representação   205

    6.10   Operador projeção   207

LEITURA COMPLEMENTAR   208

EXERCÍCIOS   208

PROBLEMAS TUTORIAIS   208

7   Introdução aos compostos de coordenação   209

A linguagem da química de coordenação   **210**

    7.1   Ligantes representativos   210

    7.2   Nomenclatura   212

Constituição e geometria   **214**

    7.3   Números de coordenação baixos   214

    7.4   Números de coordenação intermediários   215

    7.5   Números de coordenação elevados   216

    7.6   Complexos polimetálicos   218

Isomeria e quiralidade   **218**

    7.7   Complexos quadráticos planos   219

    7.8   Complexos tetraédricos   220

    7.9   Complexos bipiramidais trigonais e piramidais quadráticos   220

    7.10   Complexos octaédricos   221

    7.11   Quiralidade do ligante   224

Termodinâmica da formação dos complexos   **225**

    7.12   Constantes de formação   226

    7.13   Tendências nas constantes de formação sequenciais   227

    7.14   Os efeitos quelato e macrocíclico   228

    7.15   Efeitos estéreos e de deslocalização eletrônica   229

LEITURA COMPLEMENTAR	231
EXERCÍCIOS	231
PROBLEMAS TUTORIAIS	232

8 Métodos físicos em química inorgânica — 234

Métodos de difração — 234
- 8.1 Difração de raios X — 234
- 8.2 Difração de nêutrons — 238

Espectroscopias de absorção e emissão — 239
- 8.3 Espectroscopia no ultravioleta-visível — 240
- 8.4 Fluorescência ou espectroscopia de emissão — 242
- 8.5 Espectroscopia no infravermelho e Raman — 244

Técnicas de ressonância — 247
- 8.6 Ressonância magnética nuclear — 247
- 8.7 Ressonância paramagnética eletrônica — 252
- 8.8 Espectroscopia Mössbauer — 254

Técnicas baseadas em ionização — 255
- 8.9 Espectroscopia fotoeletrônica — 255
- 8.10 Espectroscopia de absorção de raios X — 256
- 8.11 Espectrometria de massas — 257

Análise química — 259
- 8.12 Espectroscopia de absorção atômica — 260
- 8.13 Análise de CHN — 260
- 8.14 Análise elementar por fluorescência de raios X — 261
- 8.15 Análise térmica — 262

Magnetometria e susceptibilidade magnética — 264

Técnicas eletroquímicas — 264

Microscopia — 266
- 8.16 Microscopia de varredura por sonda — 266
- 8.17 Microscopia eletrônica — 267

LEITURA COMPLEMENTAR	268
EXERCÍCIOS	268
PROBLEMAS TUTORIAIS	269

Parte II Os elementos e seus compostos — 271

9 Tendências periódicas — 273

Propriedades periódicas dos elementos — 273
- 9.1 Configurações eletrônicas de valência — 273
- 9.2 Parâmetros atômicos — 274
- 9.3 Ocorrência — 279
- 9.4 Caráter metálico — 280
- 9.5 Estados de oxidação — 281

Características periódicas dos compostos — 285
- 9.6 Números de coordenação — 285
- 9.7 Tendências na entalpia de ligação — 286
- 9.8 Compostos binários — 287
- 9.9 Aspectos mais amplos da periodicidade — 289
- 9.10 Natureza anômala do primeiro membro de cada grupo — 293

LEITURA COMPLEMENTAR	295
EXERCÍCIOS	295
PROBLEMAS TUTORIAIS	295

10 Hidrogênio — 296

Parte A: Aspectos principais — 296
- 10.1 O elemento — 297
- 10.2 Compostos simples — 298

Parte B: Uma visão mais detalhada — 302
- 10.3 Propriedades nucleares — 302
- 10.4 Produção do di-hidrogênio — 303
- 10.5 Reações do di-hidrogênio — 305
- 10.6 Compostos de hidrogênio — 306
- 10.7 Métodos gerais para a síntese de compostos binários de hidrogênio — 315

LEITURA COMPLEMENTAR	316
EXERCÍCIOS	316
PROBLEMAS TUTORIAIS	317

11 Os elementos do Grupo 1 — 318

Parte A: Aspectos principais — 318
- 11.1 Os elementos — 318
- 11.2 Compostos simples — 320
- 11.3 Propriedades atípicas do lítio — 321

Parte B: Uma visão mais detalhada — 321
- 11.4 Ocorrência e obtenção — 321
- 11.5 Usos dos elementos e seus compostos — 322
- 11.6 Hidretos — 324
- 11.7 Haletos — 324
- 11.8 Óxidos e compostos relacionados — 326
- 11.9 Sulfetos, selenetos e teluretos — 327
- 11.10 Hidróxidos — 327
- 11.11 Compostos derivados de oxoácidos — 328
- 11.12 Nitretos e carbetos — 330
- 11.13 Solubilidade e hidratação — 331
- 11.14 Soluções em amônia líquida — 331
- 11.15 Fases Zintl contendo metais alcalinos — 331
- 11.16 Compostos de coordenação — 332
- 11.17 Compostos organometálicos — 333

Sumário detalhado

LEITURA COMPLEMENTAR		334
EXERCÍCIOS		334
PROBLEMAS TUTORIAIS		335

12 Os elementos do Grupo 2 — 336

Parte A: Aspectos principais — 336
- 12.1 Os elementos — 336
- 12.2 Compostos simples — 337
- 12.3 Propriedades anômalas do berílio — 339

Parte B: Uma visão mais detalhada — 339
- 12.4 Ocorrência e obtenção — 339
- 12.5 Usos dos elementos e seus compostos — 340
- 12.6 Hidretos — 342
- 12.7 Haletos — 343
- 12.8 Óxidos, sulfetos e hidróxidos — 344
- 12.9 Nitretos e carbetos — 346
- 12.10 Sais de oxoácidos — 346
- 12.11 Solubilidade, hidratação e berilatos — 349
- 12.12 Compostos de coordenação — 350
- 12.13 Compostos organometálicos — 350

LEITURA COMPLEMENTAR — 352
EXERCÍCIOS — 352
PROBLEMAS TUTORIAIS — 352

13 Os elementos do Grupo 13 — 354

Parte A: Aspectos principais — 354
- 13.1 Os elementos — 354
- 13.2 Compostos — 356
- 13.3 Clusters de boro — 359

Parte B: Uma visão mais detalhada — 359
- 13.4 Ocorrência e obtenção — 359
- 13.5 Usos dos elementos e de seus compostos — 360
- 13.6 Hidretos simples de boro — 361
- 13.7 Tri-haletos de boro — 363
- 13.8 Compostos de boro com oxigênio — 364
- 13.9 Compostos de boro com nitrogênio — 365
- 13.10 Boretos metálicos — 367
- 13.11 Hidretos de boro e boranos superiores — 368
- 13.12 Metalaboranos e carboranos — 372
- 13.13 Hidretos de alumínio e gálio — 374
- 13.14 Tri-haletos de alumínio, gálio, índio e tálio — 375
- 13.15 Haletos de alumínio, gálio, índio e tálio em baixos estados de oxidação — 375
- 13.16 Oxocompostos de alumínio, gálio, índio e tálio — 376
- 13.17 Sulfetos de gálio, índio e tálio — 376
- 13.18 Compostos com elementos do Grupo 15 — 377
- 13.19 Fases Zintl — 377
- 13.20 Compostos organometálicos — 377

LEITURA COMPLEMENTAR — 378
EXERCÍCIOS — 379
PROBLEMAS TUTORIAIS — 380

14 Os elementos do Grupo 14 — 381

Parte A: Aspectos principais — 381
- 14.1 Os elementos — 381
- 14.2 Compostos simples — 383
- 14.3 Compostos estendidos de silício com oxigênio — 385

Parte B: Uma visão mais detalhada — 385
- 14.4 Ocorrência e obtenção — 385
- 14.5 Diamante e grafita — 386
- 14.6 Outras formas de carbono — 388
- 14.7 Hidretos — 390
- 14.8 Compostos com halogênios — 392
- 14.9 Compostos de carbono com oxigênio e enxofre — 394
- 14.10 Compostos simples de silício com oxigênio — 396
- 14.11 Óxidos de germânio, estanho e chumbo — 397
- 14.12 Compostos com nitrogênio — 398
- 14.13 Carbetos — 398
- 14.14 Siliceto — 401
- 14.15 Compostos estendidos de silício com oxigênio — 401
- 14.16 Compostos organossilício e organogermânio — 404
- 14.17 Compostos organometálicos — 405

LEITURA COMPLEMENTAR — 406
EXERCÍCIOS — 406
PROBLEMAS TUTORIAIS — 407

15 Os elementos do Grupo 15 — 408

Parte A: Aspectos principais — 408
- 15.1 Os elementos — 408
- 15.2 Compostos simples — 410
- 15.3 Óxidos e oxoânions de nitrogênio — 411

Parte B: Uma visão mais detalhada — 411
- 15.4 Ocorrência e obtenção — 411
- 15.5 Usos — 412
- 15.6 Ativação do nitrogênio — 414
- 15.7 Nitretos e azidas — 415
- 15.8 Fosfetos — 416
- 15.9 Arsenetos, antimonetos e bismutetos — 417
- 15.10 Hidretos — 417
- 15.11 Haletos — 419
- 15.12 Oxo-haletos — 420

15.13	Óxidos e oxoânions de nitrogênio	421
15.14	Óxidos de fósforo, arsênio, antimônio e bismuto	425
15.15	Oxoânions de fósforo, arsênio, antimônio e bismuto	425
15.16	Fosfatos condensados	427
15.17	Fosfazenos	428
15.18	Compostos organometálicos de arsênio, antimônio e bismuto	428

LEITURA COMPLEMENTAR — 430
EXERCÍCIOS — 430
PROBLEMAS TUTORIAIS — 431

16 Os elementos do Grupo 16 — 433

Parte A: Aspectos principais — 433

16.1	Os elementos	433
16.2	Compostos simples	435
16.3	Compostos em anel e clusters	437

Parte B: Uma visão mais detalhada — 438

16.4	Oxigênio	438
16.5	Reatividade do oxigênio	439
16.6	Enxofre	440
16.7	Selênio, telúrio e polônio	441
16.8	Hidretos	442
16.9	Haletos	444
16.10	Óxidos metálicos	445
16.11	Sulfetos, selenetos, teluretos e polonetos metálicos	445
16.12	Óxidos	447
16.13	Oxoácidos de enxofre	449
16.14	Poliânions de enxofre, selênio e telúrio	452
16.15	Policátions de enxofre, selênio e telúrio	452
16.16	Compostos de enxofre com nitrogênio	453

LEITURA COMPLEMENTAR — 454
EXERCÍCIOS — 454
PROBLEMAS TUTORIAIS — 455

17 Os elementos do Grupo 17 — 456

Parte A: Aspectos principais — 456

17.1	Os elementos	456
17.2	Compostos simples	458
17.3	Os inter-halogênios	459

Parte B: Uma visão mais detalhada — 461

17.4	Ocorrência, obtenção e usos	461
17.5	Estrutura molecular e propriedades	463
17.6	Tendências nas reatividades	464
17.7	Pseudo-halogênios	465
17.8	Propriedades especiais dos compostos de flúor	466
17.9	Aspectos estruturais	466
17.10	Os inter-halogênios	467
17.11	Óxidos de halogênios	470
17.12	Oxoácidos e oxoânions	471
17.13	Aspectos termodinâmicos das reações de oxirredução dos oxoânions	472
17.14	Tendências nas velocidades das reações de oxirredução dos oxoânions	473
17.15	Propriedades de oxirredução de estados de oxidação individuais	474
17.16	Fluocarbonetos	475

LEITURA COMPLEMENTAR — 476
EXERCÍCIOS — 476
PROBLEMAS TUTORIAIS — 478

18 Os elementos do Grupo 18 — 479

Parte A: Aspectos principais — 479

18.1	Os elementos	479
18.2	Compostos simples	480

Parte B: Uma visão mais detalhada — 481

18.3	Ocorrência e obtenção	481
18.4	Usos	481
18.5	Síntese e estrutura dos fluoretos de xenônio	482
18.6	Reações dos fluoretos de xenônio	483
18.7	Compostos de xenônio com oxigênio	483
18.8	Compostos de inserção de xenônio	484
18.9	Compostos organoxenônio	485
18.10	Compostos de coordenação	485
18.11	Outros compostos de gases nobres	486

LEITURA COMPLEMENTAR — 486
EXERCÍCIOS — 487
PROBLEMAS TUTORIAIS — 487

19 Os elementos do bloco d — 488

Parte A: Aspectos principais — 488

19.1	Ocorrência e obtenção	488
19.2	Propriedades químicas e físicas	489

Parte B: Uma visão mais detalhada — 491

19.3	Grupo 3: escândio, ítrio e lantânio	491
19.4	Grupo 4: titânio, zircônio e háfnio	493
19.5	Grupo 5: vanádio, nióbio e tântalo	494
19.6	Grupo 6: cromo, molibdênio e tungstênio	497
19.7	Grupo 7: manganês, tecnécio e rênio	502
19.8	Grupo 8: ferro, rutênio e ósmio	504
19.9	Grupo 9: cobalto, ródio e irídio	506

xviii Sumário detalhado

19.10	Grupo 10: níquel, paládio e platina	507
19.11	Grupo 11: cobre, prata e ouro	508
19.12	Grupo 12: zinco, cádmio e mercúrio	510

LEITURA COMPLEMENTAR 514
EXERCÍCIOS 514
PROBLEMAS TUTORIAIS 514

20 Complexos de metais d: estrutura eletrônica e propriedades 515

Estrutura eletrônica 515
- 20.1 Teoria do campo cristalino 515
- 20.2 Teoria do campo ligante 526

Espectro eletrônico 530
- 20.3 Espectro eletrônico de átomos 530
- 20.4 Espectro eletrônico de complexos 536
- 20.5 Bandas de transferência de carga 540
- 20.6 Regras de seleção e intensidades 542
- 20.7 Luminescência 544

Magnetismo 545
- 20.8 Magnetismo cooperativo 545
- 20.9 Complexos que apresentam cruzamento de spin 547

LEITURA COMPLEMENTAR 547
EXERCÍCIOS 547
PROBLEMAS TUTORIAIS 549

21 Química de coordenação: as reações dos complexos 550

Reações de substituição de ligante 550
- 21.1 Velocidades de substituição de ligante 550
- 21.2 Classificação dos mecanismos 552

Substituição de ligantes em complexos quadráticos planos 555
- 21.3 A nucleofilicidade do grupo de entrada 556
- 21.4 A geometria do estado de transição 557

Substituição de ligantes em complexos octaédricos 560
- 21.5 As leis de velocidade e sua interpretação 560
- 21.6 Ativação de complexos octaédricos 562
- 21.7 Hidrólise em meio básico 565
- 21.8 Estereoquímica 566
- 21.9 Reações de isomerização 567

Reações de oxirredução 568
- 21.10 Classificação das reações de oxirredução 568
- 21.11 Mecanismo de esfera interna 568
- 21.12 Mecanismo de esfera externa 570

Reações fotoquímicas 574
- 21.13 Reações imediatas e retardadas 574
- 21.14 Reações d–d e de transferência de carga 574
- 21.15 Transições eletrônicas em sistemas com ligação metal-metal 576

LEITURA COMPLEMENTAR 576
EXERCÍCIOS 576
PROBLEMAS TUTORIAIS 577

22 A química organometálica dos metais do bloco d 579

A ligação 580
- 22.1 Configurações eletrônicas estáveis 580
- 22.2 Contagens de elétrons preferidas 581
- 22.3 Contagem de elétrons e estados de oxidação 582
- 22.4 Nomenclatura 584

Os ligantes 585
- 22.5 Monóxido de carbono 585
- 22.6 Fosfinas 587
- 22.7 Complexos de hidreto e de di-hidrogênio 588
- 22.8 Ligantes η^1-alquila, η^1-alquenila, η^1-alquinila e η^1-arila 589
- 22.9 Ligantes η^2-alqueno e η^2-alquino 590
- 22.10 Ligantes dieno e polienos não conjugados 591
- 22.11 Butadieno, ciclobutadieno e ciclo-octatetraeno 591
- 22.12 Benzeno e outros arenos 593
- 22.13 O ligante alila 594
- 22.14 Ciclopentadieno e ciclo-heptatrieno 595
- 22.15 Carbenos 596
- 22.16 Alcanos, hidrogênios agósticos e gases nobres 597
- 22.17 Dinitrogênio e monóxido de nitrogênio 598

Os compostos 599
- 22.18 Carbonilas do bloco d 599
- 22.19 Metalocenos 606
- 22.20 Ligação metal-metal e clusters metálicos 610

As reações 614
- 22.21 Substituição de ligante 614
- 22.22 Adição oxidativa e eliminação redutiva 617
- 22.23 Metátese de ligação σ 619
- 22.24 Reações de inserção migratória 1,1 619
- 22.25 Reações de inserção 1,2 e de eliminação de hidreto β 620
- 22.26 Eliminações de hidreto α, γ e δ e ciclometalações 621

LEITURA COMPLEMENTAR 622
EXERCÍCIOS 622
PROBLEMAS TUTORIAIS 623

23 Os elementos do bloco f — 625

Os elementos — 625
- 23.1 Os orbitais de valência — 626
- 23.2 Ocorrência e obtenção — 626
- 23.3 Propriedades físicas e aplicações — 627

A química dos lantanídeos — 628
- 23.4 Tendências gerais — 628
- 23.5 Propriedades eletrônicas, ópticas e magnéticas — 632
- 23.6 Compostos iônicos binários — 636
- 23.7 Óxidos ternários e óxidos complexos — 638
- 23.8 Compostos de coordenação — 639
- 23.9 Compostos organometálicos — 641

A química dos actinídeos — 643
- 23.10 Tendências gerais — 644
- 23.11 O espectro eletrônico dos actinídeos — 647
- 23.12 Tório e urânio — 648
- 23.13 Netúnio, plutônio e amerício — 650

LEITURA COMPLEMENTAR — 651
EXERCÍCIOS — 651
PROBLEMAS TUTORIAIS — 651

Parte III Fronteiras da química inorgânica — 653

24 Química de materiais e nanomateriais — 655

Síntese de materiais — 656
- 24.1 A formação de materiais em fase sólida — 656

Defeitos e transporte de íons — 659
- 24.2 Defeitos estendidos — 659
- 24.3 Difusão de átomos e íons — 660
- 24.4 Eletrólitos sólidos — 661

Óxidos, nitretos e fluoretos metálicos — 665
- 24.5 Monóxidos de metais 3d — 665
- 24.6 Óxidos superiores e óxidos complexos — 667
- 24.7 Óxidos vítreos — 676
- 24.8 Nitretos, fluoretos e fases aniônicas mistas — 679

Sulfetos, compostos de intercalação e fases ricas em metal — 681
- 24.9 Intercalação e compostos MS_2 em camadas — 681
- 24.10 Fases de Chevrel e calcogenetos termelétricos — 684

Estruturas reticuladas — 685
- 24.11 Estruturas baseadas em oxoânions tetraédricos — 686
- 24.12 Estruturas baseadas em centros tetraédricos e octaédricos conectados — 689

Hidretos e materiais para armazenagem de hidrogênio — 694
- 24.13 Hidretos metálicos — 694
- 24.14 Outros materiais inorgânicos para armazenagem de hidrogênio — 696

Propriedades ópticas de materiais inorgânicos — 697
- 24.15 Sólidos coloridos — 698
- 24.16 Pigmentos brancos e pretos — 699
- 24.17 Fotocatalisadores — 700

Química dos semicondutores — 701
- 24.18 Semicondutores do Grupo 14 — 701
- 24.19 Sistemas semicondutores isoeletrônicos com o silício — 702

Materiais moleculares e fuleretos — 703
- 24.20 Fuleretos — 703
- 24.21 A química dos materiais moleculares — 704

Nanomateriais — 707
- 24.22 História e terminologia — 708
- 24.23 Síntese de nanopartículas em solução — 708
- 24.24 Síntese de nanopartículas em fase vapor partindo de soluções ou sólidos — 710
- 24.25 Síntese por molde de nanomateriais usando materiais reticulados, suportes e substratos — 711
- 24.26 Caracterização e formação de nanomateriais usando microscopia — 713

Nanoestruturas e propriedades — 714
- 24.27 Controle unidimensional: nanotubos de carbono e nanofios inorgânicos — 714
- 24.28 Controle bidimensional: grafeno, poços quânticos e super-redes de estado sólido — 716
- 24.29 Controle tridimensional: materiais mesoporosos e compósitos — 720
- 24.30 Propriedades ópticas especiais dos nanomateriais — 723

LEITURA COMPLEMENTAR — 725
EXERCÍCIOS — 726
PROBLEMAS TUTORIAIS — 727

25 Catálise — 728

Princípios gerais — 729
- 25.1 A linguagem da catálise — 729
- 25.2 Catalisadores homogêneos e heterogêneos — 732

Catálise homogênea — 732
- 25.3 Metátese de alquenos — 733
- 25.4 Hidrogenação de alquenos — 734
- 25.5 Hidroformilação — 736
- 25.6 Oxidação de Wacker de alquenos — 738
- 25.7 Oxidações assimétricas — 739

25.8	Reações de formação de ligação C–C catalisadas por paládio	740
25.9	Carbonilação do metanol: síntese do ácido etanoico	741

Catálise heterogênea 742

25.10	A natureza dos catalisadores heterogêneos	743
25.11	Catalisadores de hidrogenação	747
25.12	Síntese da amônia	748
25.13	Oxidação do dióxido de enxofre	749
25.14	Craqueamento catalítico e interconversão de aromáticos por zeólitas	749
25.15	Síntese de Fischer-Tropsch	751
25.16	Eletrocatálise e fotocatálise	752
25.17	Novos rumos na catálise heterogênea	754

Catálise híbrida 755

25.18	Oligomerização e polimerização	755
25.19	Catalisadores ancorados	759
25.20	Sistemas bifásicos	760

LEITURA COMPLEMENTAR 760
EXERCÍCIOS 761
PROBLEMAS TUTORIAIS 762

26 Química inorgânica biológica 763

A organização celular 763

26.1	A estrutura física das células	763
26.2	A composição inorgânica dos organismos vivos	764

Transporte, transferência e transcrição 773

26.3	Transporte de sódio e potássio	773
26.4	Proteínas sinalizadoras de cálcio	775
26.5	Participação do zinco na transcrição	776
26.6	Transporte e armazenamento seletivo do ferro	777
26.7	Transporte e armazenamento de oxigênio	780
26.8	Transferência de elétrons	783

Processos catalíticos 788

26.9	Catálise ácido-base	788
26.10	Enzimas que atuam sobre H_2O_2 e O_2	793
26.11	Reações de enzimas contendo cobalto	802
26.12	Transferência de átomos de oxigênio por enzimas de molibdênio e tungstênio	805

Ciclos biológicos 807

26.13	O ciclo do nitrogênio	807
26.14	O ciclo do hidrogênio	810

Sensores 811

26.15	Proteínas de ferro que agem como sensores	811
26.16	Proteínas sensíveis aos níveis de Cu e Zn	813

Biominerais 814

26.17	Exemplos comuns de biominerais	814

Perspectivas 815

26.18	O papel individual dos elementos	815
26.19	Tendências futuras	817

LEITURA COMPLEMENTAR 818
EXERCÍCIOS 818
PROBLEMAS TUTORIAIS 819

27 Química inorgânica na medicina 820

A química dos elementos na medicina 820

27.1	Complexos inorgânicos no tratamento do câncer	821
27.2	Drogas para o tratamento de artrite	824
27.3	O bismuto no tratamento de úlceras gástricas	825
27.4	O lítio no tratamento do transtorno bipolar	826
27.5	Drogas organometálicas no tratamento da malária	826
27.6	Cyclams como agentes anti-HIV	827
27.7	Drogas inorgânicas que liberam CO lentamente: um agente contra o estresse pós-operatório	828
27.8	Terapia de quelação	828
27.9	Agentes de contraste	830
27.10	Perspectivas	832

LEITURA COMPLEMENTAR 832
EXERCÍCIOS 833
PROBLEMAS TUTORIAIS 833

Apêndice 1:	Raios iônicos selecionados (em picômetros, pm)	834
Apêndice 2:	Propriedades eletrônicas dos elementos	836
Apêndice 3:	Potenciais padrão	838
Apêndice 4:	Tabelas de caracteres	851
Apêndice 5:	Orbitais formados por simetria	856
Apêndice 6:	Diagramas de Tanabe-Sugano	860

Índice 863

Abreviaturas químicas

Ac	acetila, CH_3CO
acac	acetilacetonato
aq	espécies em solução aquosa
bpy	2,2'-bipiridina
cod	1,5-ciclo-octadieno
cot	ciclo-octatetraeno
Cp	ciclopentadienila
Cp*	pentametilciclopentadienila
Cy	ciclo-hexila
cyclam	tetra-azaciclotetradecano
dien	dietilenotriamina
DMF	dimetilformamida
DMSO	dimetilsulfóxido
η	hapticidade
edta	etilenodiaminatetra-acetato
en	etilenodiamina
Et	etila
gly	glicinato
Hal	halogeneto
^{i}Pr	*iso*-propila
L	um ligante
μ	significa um ligante em ponte
M	um metal
Me	metila
mes	mesitila, 2,4,6-trimetilfenila
Ox	uma espécie oxidada
ox	oxalato
Ph	fenila
phen	fenantrolina
py	piridina
Solv	solvente ou uma molécula de solvente
solv	espécie em solução não aquosa
^{t}Bu	*tert*-butila
THF	tetra-hidrofurano
TMEDA	N, N, N', N'-tetrametiletilenodiamina
trien	2,2',2''-triamintrietileno
X	geralmente um halogênio; também um grupo de saída ou um ânion
Y	um grupo de entrada

PARTE I
Fundamentos

Os oito capítulos desta primeira parte do livro abordam os aspectos fundamentais da química inorgânica. Os três primeiros capítulos tratam das estruturas dos átomos, das moléculas e dos sólidos. O Capítulo 1 apresenta a estrutura dos átomos com base na teoria quântica e descreve as importantes tendências periódicas nas suas propriedades. O Capítulo 2 desenvolve a estrutura molecular em termos de modelos cada vez mais sofisticados de ligação covalente. O Capítulo 3 descreve a ligação iônica, as estruturas e propriedades de uma variedade de sólidos típicos, a importância de defeitos nos materiais e as propriedades eletrônicas dos sólidos. O Capítulo 4 explica como as propriedades ácido-base são definidas, medidas e aplicadas em toda a área da química. O Capítulo 5 descreve os processos de oxidação e redução e mostra como os dados eletroquímicos podem ser usados para prever e explicar os produtos de reações em que ocorrem transferência de elétrons entre moléculas. O Capítulo 6 mostra como uma abordagem sistemática da simetria das moléculas pode ser usada para discutir a ligação e a estrutura das moléculas e ajudar a interpretar dados obtidos por algumas das técnicas descritas no Capítulo 8. O Capítulo 7 descreve os compostos de coordenação. Nele discutimos a ligação, a estrutura e as reações dos complexos e vemos como as considerações de simetria podem fornecer uma compreensão mais detalhada dessa importante classe de compostos. O Capítulo 8 apresenta um conjunto de ferramentas para o químico inorgânico: ele descreve uma ampla gama de técnicas instrumentais que são usadas para identificar e determinar as estruturas e composições dos compostos inorgânicos.

Estrutura atômica

1

Este capítulo apresenta os conceitos fundamentais necessários para explicar as tendências das propriedades físicas e químicas de todos os compostos inorgânicos. Para compreender o comportamento das moléculas e dos sólidos, necessitamos compreender os átomos: nosso estudo de química inorgânica necessita, portanto, começar com uma revisão de suas estruturas e propriedades. Começaremos discutindo a origem da matéria no sistema solar para depois considerar o desenvolvimento da nossa compreensão da estrutura atômica e do comportamento dos elétrons nos átomos. Introduziremos a teoria quântica qualitativamente e usaremos seus resultados para interpretar propriedades como raio atômico, energia de ionização, afinidade eletrônica e eletronegatividade. A compreensão dessas propriedades nos permitirá interpretar diversas propriedades químicas dos mais de 110 elementos atualmente conhecidos.

A observação de que o universo está em expansão conduziu à visão atual de que há cerca de 14 bilhões de anos o universo visível estava concentrado em um ponto que explodiu em um evento chamado de **Big Bang**. Acreditando-se que as temperaturas imediatamente após o *Big Bang* eram da ordem de 10^9 K, as partículas fundamentais produzidas na explosão tinham energia cinética elevada demais para se unirem nas formas que conhecemos hoje. Entretanto, à medida que o universo se expandia, ele também esfriava, e as partículas moviam-se cada vez mais lentamente. Desta forma, elas logo começaram a se agrupar sob a influência de uma variedade de forças. Em particular, a **força forte**, uma força atrativa poderosa, de curto alcance e que atua entre núcleons (prótons e nêutrons), uniu essas partículas formando os núcleos dos átomos. À medida que a temperatura decaiu mais ainda, a **força eletromagnética**, uma força relativamente fraca, de longo alcance e que atua entre cargas elétricas, uniu elétrons aos núcleos para formar os átomos, e o universo adquiriu o potencial para uma química complexa e a consequente existência de vida (Quadro 1.1).

Cerca de 2 horas após o início do universo, a temperatura havia caído tanto que a maior parte da matéria estava na forma de átomos de H (89%) e de He (11%). De certa forma, quase nada aconteceu desde então, pois, como mostra a Fig. 1.1, os átomos de hidrogênio e de hélio continuam sendo os dois elementos mais abundantes no universo. Entretanto, a ocorrência de reações nucleares produziu uma grande variedade de outros elementos e enriqueceu imensamente a matéria no universo, originando, assim, a área da química (Quadros 1.2 e 1.3).

As propriedades das partículas subatômicas que necessitamos considerar na química estão resumidas na Tabela 1.1. Todos os elementos conhecidos (até 2012 já haviam sido confirmados os elementos 114, 116 e 118, enquanto que para os elementos 115, 117 e alguns outros de existência suposta ainda não havia confirmação) são formados a partir destas partículas subatômicas e se diferenciam pelo seu **número atômico** Z, o número de prótons no núcleo do átomo do elemento. Muitos elementos apresentam vários **isótopos**, os quais são átomos com o mesmo número atômico, mas com massas atômicas diferentes. Os isótopos se diferenciam pelo **número de massa** A, que é o número total de prótons e nêutrons no núcleo. O número de massa é, mais apropriadamente, também chamado de "**número de núcleons**". O hidrogênio, por exemplo, possui três isótopos. Em cada caso, $Z = 1$, indicando que o núcleo contém um próton. O isótopo

---

As estruturas dos átomos hidrogenoides

1.1 Espectroscopia
1.2 Alguns princípios de mecânica quântica
1.3 Orbitais atômicos

Átomos multieletrônicos

1.4 Penetração e blindagem
1.5 O princípio do preenchimento
1.6 A classificação dos elementos
1.7 Propriedades atômicas

Leitura complementar

Exercícios

Problemas tutoriais

As **figuras** com um asterisco (*) podem ser encontradas on-line como estruturas 3D interativas. Digite a seguinte URL em seu navegador, adicionando o número da figura: www.chemtube3d.com/weller/[número do capítulo]F[número da figura]. Por exemplo, para a Figura 3 no Capítulo 7, digite www.chemtube3d.com/weller/7F03.

Muitas das **estruturas numeradas** podem ser também encontradas on-line como estruturas 3D interativas: visite www.chemtube3d.com/weller/[número do capítulo] para todos os recursos 3D organizados por capítulo.

QUADRO 1.1 Nucleossíntese dos elementos

As primeiras estrelas resultaram da condensação gravitacional das nuvens de átomos de H e He. Isso produziu um aumento de temperatura e densidade no seu interior, dando início às reações de fusão à medida que os núcleos se uniam.

Quando núcleos leves fundem-se para originar elementos de número atômico mais elevado, ocorre liberação de energia. As reações nucleares são muito mais energéticas do que as reações químicas normais porque a **força forte** que mantém prótons e nêutrons juntos é muito mais forte do que a força eletromagnética que liga os elétrons ao núcleo. Enquanto que uma reação química típica pode liberar em torno de, 10^3 kJ mol^{-1}, uma reação nuclear libera normalmente um milhão de vezes mais energia, cerca de 10^9 kJ mol^{-1}.

Os elementos de número atômico até 26 foram formados no interior das estrelas. Tais elementos são os produtos das reações de fusão nuclear, conhecidas como "combustão nuclear". Essas reações nucleares de combustão envolvem os núcleos de H e de He e um complicado ciclo de fusões catalisado por núcleos de C e não devem ser confundidas com as reações químicas de combustão. As estrelas que se formaram nos primeiros estágios da evolução do cosmos não possuíam os núcleos de C e usaram reações nucleares de combustão do H não catalisadas. As reações de nucleossíntese são rápidas a temperaturas entre 5 e 10 MK (onde 1 MK = 10^6 K). Aqui temos outro contraste entre reações químicas e nucleares, uma vez que as reações químicas ocorrem a temperaturas cem mil vezes menores. Colisões moderadamente energéticas entre espécies podem resultar em uma transformação química, mas somente colisões altamente vigorosas possuem a energia necessária para a ocorrência da maioria dos processos nucleares.

Os elementos mais pesados são produzidos em quantidades significativas quando a queima de hidrogênio termina e o colapso do centro da estrela faz a densidade aumentar para 10^8 kg m^{-3} (cerca de 10^5 vezes a densidade da água) e a temperatura aumentar para 100 MK. Sob essas condições extremas, a queima do hélio torna-se possível.

A alta abundância de ferro e níquel no universo é consistente com o fato de eles serem os núcleos mais estáveis de todos. Essa estabilidade é expressa em termos da **energia de ligação**, a qual representa a diferença em energia entre o próprio núcleo e o mesmo número de prótons e nêutrons. Essa energia de ligação é frequentemente apresentada como uma diferença em massa entre o núcleo e seus prótons e nêutrons, pois, de acordo com a teoria da relatividade de Einstein, massa e energia estão relacionadas por $E = mc^2$, onde c é a velocidade da luz. Desse modo, se a massa do núcleo difere da massa total dos seus componentes por $\Delta m = m_{núcleons} - m_{núcleo}$, então sua energia de ligação é $E_{lig} = (\Delta m)c^2$. A energia de ligação do ^{56}Fe, por exemplo, é a diferença em energia entre o núcleo do ^{56}Fe e 26 prótons e 30 nêutrons. Uma energia de ligação positiva corresponde a um núcleo que tem uma energia menor e mais favorável (e massa menor) do que seus núcleons constituintes.

A Figura Q1.1 mostra a energia de ligação por núcleon, E_{lig}/A (obtida dividindo-se a energia de ligação total pelo número de núcleons), para todos os elementos. O ferro e o níquel estão localizados no máximo da curva, mostrando que seus núcleons estão ligados mais fortemente do que em qualquer outro nuclídeo. Mais difícil de observar nesta curva é a alternância das energias de ligação à medida que o número atômico é par ou ímpar, com os núcleos com Z par sendo ligeiramente mais estáveis do que os seus vizinhos com Z ímpar. Há uma alternância correspondente nas abundâncias cósmicas, com os nuclídeos de número atômico par sendo um pouco mais abundantes do que os de número atômico ímpar. Essa estabilidade dos nuclídeos com Z par é atribuída à diminuição de energia pelo emparelhamento dos núcleons no núcleo.

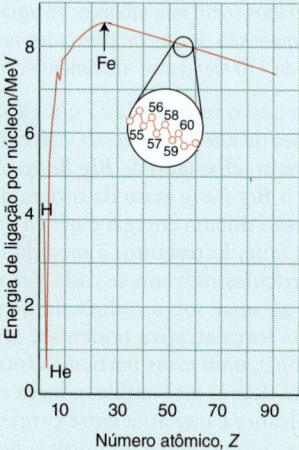

Figura Q1.1 Energias de ligação nuclear. Quanto maior a energia de ligação, mais estável é o núcleo. Observe a alternância na estabilidade mostrada na área ampliada.

mais abundante tem $A = 1$, simbolizado por ^{1}H, e tem o seu núcleo constituído por um único próton. Muito menos abundante é o deutério, com $A = 2$ (somente 1 em 6000 átomos). Este número de massa indica que, além de um próton, o núcleo contém um nêutron. A designação formal do deutério é ^{2}H, mas ele é geralmente simbolizado por D. O terceiro isótopo do hidrogênio é o trítio, ^{3}H ou T, que é um isótopo radioativo e de vida curta. Seu núcleo consiste em um próton e dois nêutrons. Em certos casos, é útil mostrar o número atômico do elemento como um índice inferior, à esquerda; assim, os três isótopos do hidrogênio seriam simbolizados por $^1_1$H, $^2_1$H e $^3_1$H.

As estruturas dos átomos hidrogenoides

A organização da tabela periódica é uma consequência direta das variações periódicas na estrutura eletrônica dos átomos. Inicialmente, consideraremos os átomos semelhantes ao hidrogênio, ou **átomos hidrogenoides**, os quais possuem somente um elétron e assim estão livres de efeitos complicadores das repulsões elétron-elétron. Os átomos hidrogenoides incluem íons como He$^+$ e C^{5+} (encontrados no interior das estrelas), assim como o próprio átomo de hidrogênio. Em seguida, utilizaremos os conceitos empregados para descrever esses átomos para construir uma descrição aproximada das estruturas dos **átomos multieletrônicos** (ou **átomos polieletrônicos**).

As estruturas dos átomos hidrogenoides

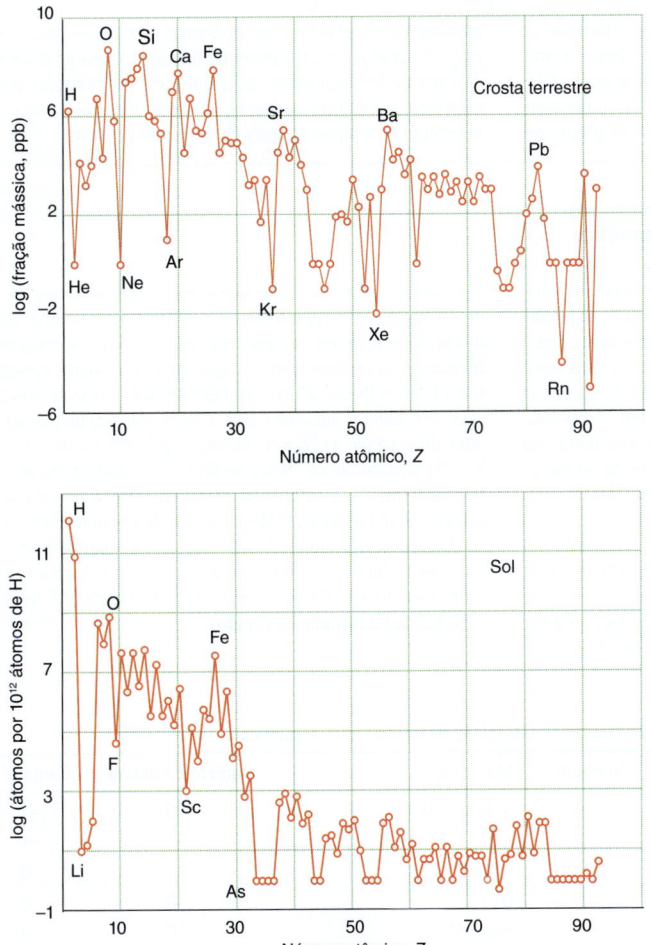

Figura 1.1 Abundância dos elementos na crosta terrestre e no Sol. Elementos com Z ímpar são menos estáveis do que seus vizinhos com Z par.

QUADRO 1.2 Fusão e fissão nuclear

Se dois núcleos com números de massa menores do que 56 se juntarem para produzir um novo núcleo com uma energia de ligação nuclear maior, o excesso de energia será liberado. Esse processo é chamado de **fusão**. Por exemplo, dois núcleos de neônio-20 podem fundir-se para formar um núcleo de cálcio-40:

$$2\,^{20}_{10}\text{Ne} \rightarrow\,^{40}_{20}\text{Ca}$$

O valor da energia de ligação por núcleon, E_{lig}/A, para o Ne é de aproximadamente 8,0 MeV. Portanto, a energia de ligação total das espécies no lado esquerdo da equação é $2 \times 20 \times 8,0 = 320$ MeV. O valor da E_{lig}/A para o Ca é de cerca de 8,6 MeV e, dessa forma, a energia total da espécie do lado direito é $40 \times 8,6 = 344$ MeV. Assim, a diferença entre as energias de ligação dos produtos e dos reagentes é de 24 MeV.

Para os núcleos com $A > 56$, a energia de ligação pode ser liberada quando eles se dividem em produtos mais leves com valores de E_{lig}/A maiores. Esse processo é chamado de **fissão**. Por exemplo, o núcleo do urânio-236 pode sofrer fissão formando os núcleos de xenônio-140 e estrôncio-93 (além de muitas outras possibilidades):

$$^{236}_{92}\text{U} \rightarrow\,^{140}_{54}\text{Xe} +\,^{93}_{38}\text{Sr} + 3\,^{1}_{0}\text{n}$$

Os valores de E_{lig}/A para os núcleos de ^{236}U, ^{140}Xe e ^{93}Sr são, respectivamente, 7,6, 8,4 e 8,7 MeV. Portanto, a energia liberada nessa reação é de $(140 \times 8,4) + (93 \times 8,7) - (236 \times 7,6) = 191,5$ MeV para a fissão de cada núcleo de ^{236}U.

A fissão também pode ser induzida pelo bombardeamento de elementos mais pesados com nêutrons:

$$^{235}_{92}\text{U} +\,^{1}_{0}\text{n} \rightarrow \text{produtos de fissão} + \text{nêutrons}$$

A energia cinética dos produtos de fissão do ^{235}U é de aproximadamente 165 MeV, a dos nêutrons é de aproximadamente 5 MeV, e os raios γ produzidos têm uma energia de aproximadamente 7 MeV. Os produtos de fissão também são radioativos e decaem emitindo radiações β, γ e raios X, liberando cerca de 23 MeV. Em um reator de fissão nuclear, os nêutrons que não são consumidos nos processos de fissão são capturados com a liberação de cerca de 10 MeV. A energia produzida é reduzida em cerca de 10 MeV, que escapam do reator como radiação, e em cerca de 1 MeV, que permanece no combustível exaurido sob a forma de produtos de fissão que ainda não sofreram decaimento radioativo. Portanto, a energia total produzida para um evento de fissão é cerca de 200 MeV ou 32 pJ. Temos assim que cerca de 1 W de calor do reator (onde $1\text{ W} = 1\text{ J s}^{-1}$) corresponde a cerca de $3,1 \times 10^{10}$ eventos de fissão por segundo. Um reator nuclear produzindo 3 GW de calor gerará, aproximadamente, 1 GW de eletricidade, correspondendo à fissão de 3 kg de ^{235}U por dia.

O uso de energia nuclear é muito controverso por conta dos riscos associados à alta radioatividade e ao longo tempo de vida dos restos do combustível. No entanto, a diminuição das reservas de combustíveis fósseis tornou a energia nuclear muito atrativa, principalmente pela estimativa de que as reservas de urânio podem durar por centenas de anos. O custo do minério de urânio é normalmente muito baixo, e uma pequena barra ou pastilha de óxido de urânio gera tanta energia quanto três barris de petróleo ou uma tonelada de carvão. O uso da energia nuclear pode também reduzir drasticamente a emissão de gases que produzem o efeito estufa. Os problemas ambientais relacionados ao emprego da energia nuclear encontram-se associados ao armazenamento e descarte do lixo radioativo, às recorrentes manifestações públicas sobre os possíveis acidentes nucleares, incluindo o de Fukushima em 2011, e à abordagem imprópria oriunda de interesses políticos.

QUADRO 1.3 Tecnécio – o primeiro elemento sintético

Um elemento sintético é aquele que não ocorre naturalmente na Terra, mas que pode ser gerado artificialmente por reações nucleares. O primeiro elemento sintético foi o tecnécio (Tc, $Z = 43$), cujo nome teve origem na palavra grega que significa "artificial". Sua descoberta, ou mais precisamente sua preparação, preencheu um vazio na tabela periódica, e suas propriedades corresponderam a todas aquelas previstas por Mendeleev. O isótopo do tecnécio de vida mais longa (^{98}Tc) possui uma meia-vida de 4,2 milhões de anos, de modo que qualquer isótopo deste elemento produzido no momento em que a Terra foi formada já sofreu decaimento. O tecnécio é produzido nas estrelas gigantes vermelhas.

O isótopo de tecnécio mais usado é o ^{99m}Tc, onde o "m" indica um isótopo metaestável. O tecnécio-99m emite raios γ de alta energia, mas possui uma meia-vida curta, de 6,01 horas. Essas propriedades tornam esse isótopo particularmente atraente para o emprego *in vivo*, uma vez que a energia dos raios γ é suficiente para ser detectada fora do corpo e seu valor de meia-vida indica que a maior parte dele terá decaído dentro de 24 horas. Consequentemente, o ^{99m}Tc é amplamente usado em medicina nuclear, como, por exemplo, na obtenção de imagens e estudos funcionais do cérebro, ossos, sangue, pulmões, fígado, coração, glândula tireoide e rins (Seção 27.9). O tecnécio-99m é gerado através de fissão nuclear nos reatores nucleares, mas a fonte mais comum desse isótopo nos laboratórios é um gerador de tecnécio, que utiliza o decaimento do ^{99}Mo a ^{99m}Tc. A meia-vida do ^{99}Mo é de 66 horas, o que o torna mais conveniente para transporte e estocagem do que o ^{99m}Tc. A maioria dos geradores comerciais se baseia no ^{99}Mo na forma de íon molibdato, [MoO$_4$]$^{2-}$, adsorvido em Al$_2$O$_3$. O íon [^{99}MoO$_4$]$^{2-}$ decai a íon pertecnetato, [^{99m}TcO$_4$]$^{2-}$, que não se liga tão fortemente à alumina. Ao se passar uma solução salina esterilizada através de uma coluna contendo o ^{99}Mo imobilizado, o ^{99m}Tc é então arrastado e coletado.

Tabela 1.1 Partículas subatômicas relevantes para a química

Partícula	Símbolo	Massa/m_u*	Número de massa	Carga/e†	Spin
Elétron	e⁻	$5{,}486 \times 10^{-4}$	0	−1	½
Próton	p	1,0073	1	+1	½
Nêutron	n	1,0087	1	0	½
Fóton	γ	0	0	0	1
Neutrino	ν	*aprox.* 0	0	0	½
Pósitron	e⁺	$5{,}486 \times 10^{-4}$	0	+1	½
partícula α	α	[núcleo de $^4_2$He^{2+}]	4	+2	0
partícula β	β	[e⁻ ejetado do núcleo]	0	−1	½
fóton γ	γ	[radiação eletromagnética proveniente do núcleo]	0	0	1

*Massas relativas à unidade de massa atômica, $m_u = 1{,}6605 \times 10^{-27}$ kg.
†A carga elementar e tem o valor de $1{,}602 \times 10^{-19}$ C.

1.1 Espectroscopia

Pontos principais: Observações espectroscópicas dos átomos de hidrogênio sugerem que um elétron pode ocupar somente certos níveis de energia e que a emissão de frequências discretas de radiação eletromagnética ocorre quando um elétron faz uma transição entre esses níveis.

Radiação eletromagnética é emitida quando uma descarga elétrica é aplicada ao hidrogênio gasoso. Fazendo a radiação eletromagnética incidir em um prisma ou em uma rede de difração, podemos perceber que esta radiação consiste em séries de componentes: uma na região ultravioleta, uma na região visível e várias outras na região infravermelha do espectro eletromagnético (Fig. 1.2; Quadro 1.4). No século XIX, o espectroscopista Johann Rydberg descobriu que todos os comprimentos de onda (λ, lambda) podem ser descritos pela expressão

$$\frac{1}{\lambda} = R\left(\frac{1}{n_1^2} - \frac{1}{n_2^2}\right) \tag{1.1}$$

onde R é a **constante de Rydberg**, uma constante empírica que tem o valor de $1{,}097 \times 10^7$ m^{-1}. Os n são números inteiros com $n_1 = 1, 2, \ldots$ e $n_2 = n_1 + 1, n_1 + 2,\ldots$ A série com

$n_1 = 1$ é chamada de **série de Lyman** e se encontra no ultravioleta. A série com $n_1 = 2$ situa-se na região do visível e é chamada de **série de Balmer**. As séries que se encontram no infravermelho incluem as **séries de Paschen** ($n_1 = 3$) e **Brackett** ($n_1 = 4$).

A estrutura do espectro é explicada supondo-se que a emissão da radiação ocorre quando um elétron faz uma transição de um estado com energia $-hcR/n_2^2$ para um estado com energia $-hcR/n_1^2$ e que a diferença, igual a $hcR(1/n_1^2 - 1/n_2^2)$, é carreada pelo fóton de energia hc/λ. Igualando-se essas duas energias e cancelando hc, obtemos a Eq. 1.1. A equação também pode ser expressa em termos do número de onda $\tilde{v}$, onde $\tilde{v} = 1/\lambda$. O número de onda fornece o número de comprimentos de onda em uma determinada distância. Assim, um número de onda de 1 cm^{-1} indica que temos um comprimento de onda completo em uma distância de 1 cm. Um termo também empregado é a frequência, v, que é o número de vezes por segundo que uma onda realiza um ciclo completo. Ela é expressa em unidades de hertz (Hz), onde 1 Hz = 1 s^{-1}. Na radiação eletromagnética, o comprimento de onda e a frequência estão relacionados pela expressão $v = c/\lambda$, onde c, a velocidade da luz, é igual a $2,998 \times 10^8$ m s^{-1}.

> *Um comentário útil:* Embora o comprimento de onda seja comumente expresso em nanômetros ou picômetros, os números de onda são normalmente expressos em cm^{-1}.

A questão que essas observações levantam reside em saber por que a energia de um elétron em um átomo está limitada aos valores de $-hcR/n^2$ e por que R tem o valor observado. Uma tentativa inicial para explicar esses fatos foi feita por Niels Bohr em 1913, usando uma forma preliminar da teoria quântica na qual ele supunha que o elétron só poderia existir em certas órbitas circulares. Embora ele tenha obtido o valor correto de R, mais tarde seu modelo foi apontado como inadequado, uma vez que conflitava com a versão da teoria quântica desenvolvida por Erwin Schrödinger e Werner Heisenberg em 1926.

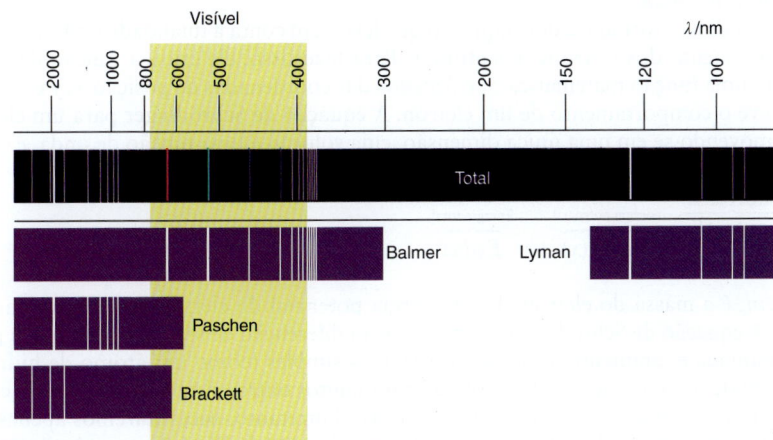

Figura 1.2 Espectro do hidrogênio atômico e sua análise em séries.

QUADRO 1.4 Luz de sódio na iluminação pública

A emissão de luz produzida quando átomos são excitados tem sido empregada na iluminação pública em diversas partes do mundo. As lâmpadas amarelas amplamente usadas nessa aplicação se baseiam na emissão de luz oriunda de átomos de sódio excitados.

As lâmpadas de sódio de baixa pressão (LPS, em inglês) consistem em um tubo de vidro revestido com óxido de estanho e índio (ITO, em inglês). O óxido de estanho e índio reflete luz infravermelha e ultravioleta, mas transmite a luz visível. Dois tubos internos de vidro contêm sódio sólido e uma pequena quantidade de neônio e argônio, a mesma mistura utilizada nas luzes neon. Quando a lâmpada é ligada, o neônio e o argônio emitem uma luz vermelha que aquece o sódio metálico. Em poucos minutos, o sódio começa a se vaporizar e a descarga elétrica excita os átomos sódio, que reemitem a energia absorvida como luz amarela.

Uma vantagem dessas lâmpadas sobre outros tipos empregados na iluminação pública é que elas não perdem potência luminosa ao longo dos anos. Elas, no entanto, gastam mais energia à medida que envelhecem, tornando-se menos atrativas do ponto de vista ambiental e econômico.

> **EXEMPLO 1.1** Prevendo os comprimentos de onda das linhas no espectro atômico do hidrogênio
>
> Determine os comprimentos de onda das primeiras três linhas na série de Balmer.
>
> **Resolução** Para a série de Balmer, $n_1 = 2$ e $n_2 = 3, 4, 5, 6, ...$. Substituindo na Equação 1.1, temos para a primeira linha $\frac{1}{\lambda} = R\left(\frac{1}{2^2} - \frac{1}{3^2}\right)$, o que resulta em $1/\lambda = 1513888$ m^{-1} ou $\lambda = 661$ nm. Usando os valores de $n_2 = 4$ e $n_2 = 5$ para as duas linhas seguintes, obtemos os valores de $\lambda = 486$ nm e $\lambda = 434$ nm, respectivamente.
>
> **Teste sua compreensão 1.1** Determine o número de onda e o comprimento de onda da segunda linha na série de Paschen.

1.2 Alguns princípios de mecânica quântica

Pontos principais: Elétrons podem se comportar como ondas ou partículas; a resolução da equação de Schrödinger fornece as funções de onda que descrevem a posição e as propriedades dos elétrons nos átomos. A probabilidade de se encontrar um elétron em um dado local é proporcional ao quadrado da função de onda. Geralmente, as funções de onda têm regiões de amplitude positiva e negativa e podem sofrer interferência construtiva ou destrutiva com outra função de onda.

Em 1924, Louis de Broglie sugeriu que, uma vez que a radiação eletromagnética podia ser considerada como constituída de partículas chamadas fótons, ainda que exibisse ao mesmo tempo propriedades ondulatórias como interferência e difração, o mesmo poderia ser verdade para os elétrons. Essa natureza dual é chamada de **dualidade onda-partícula**. Uma consequência imediata dela é que é impossível saber o momento linear (o produto da massa pela velocidade) e a posição de um elétron (ou de qualquer outra partícula) simultaneamente. Essa restrição é o teor do **princípio da incerteza** de Heisenberg, pelo qual o produto da incerteza no momento pela incerteza na posição não pode ser menor do que uma quantidade da ordem da constante de Planck (especificamente, ½$\hbar$, onde $\hbar = h/2\pi$).

Schrödinger formulou uma equação que levou em conta a dualidade onda-partícula e o movimento dos elétrons nos átomos. Para fazer isso, ele criou a **função de onda**, ψ (psi), uma função matemática que depende das coordenadas de posição x, y e z, e que descreve o comportamento de um elétron. A **equação de Schrödinger** para um elétron livre movendo-se em uma única dimensão, cuja solução é uma função de onda, é

$$-\underbrace{\frac{\hbar^2}{2m_e}\frac{d^2\psi}{dx^2}}_{\text{Contribuição da energia cinética}} + \underbrace{V(x)\psi(x)}_{\text{Contribuição da energia potencial}} + = \underbrace{E\psi(x)}_{\text{Energia total}} \quad (1.2)$$

onde m_e é a massa do elétron, V é a energia potencial do elétron e E é a sua energia total. A equação de Schrödinger é uma equação diferencial de segunda ordem que pode ser resolvida exatamente para alguns sistemas simples (como um átomo de hidrogênio) e pode ser numericamente resolvida para muitos outros sistemas complexos (como para átomos e moléculas com muitos elétrons). Entretanto, necessitaremos apenas dos aspectos qualitativos das suas soluções. A generalização da Eq. 1.2 para três dimensões é simples, mas não necessitamos da sua forma explícita.

Um aspecto crucial da Eq. 1.2 e de suas análogas em três dimensões é que, por ocorrer também a imposição de certos requisitos ("condições de contorno"), as soluções fisicamente aceitáveis existem somente para determinados valores de E. Portanto, a **quantização** da energia, o fato de que um elétron em um átomo pode possuir apenas certos valores discretos de energia, é uma consequência natural da equação de Schrödinger.

Uma função de onda contém todas as informações dinâmicas possíveis sobre o elétron, incluindo onde ele está e quão rápido ele se movimenta. Como o princípio da incerteza de Heisenberg diz que é impossível ter todas essas informações simultaneamente, somos naturalmente levados ao conceito da probabilidade de se encontrar um elétron em um determinado local. Especificamente, a probabilidade de se encontrar um elétron em uma dada posição é proporcional ao quadrado da função de onda neste ponto, ψ^2. De acordo com essa interpretação, há uma grande probabilidade de se encontrar o elétron onde ψ^2 é alto, e o elétron não será encontrado onde ψ^2 é zero

(Fig. 1.3). A quantidade ψ^2 é chamada de **densidade de probabilidade** do elétron. Ela é uma "densidade" no sentido de que o produto de ψ^2 por um elemento de volume infinitesimal $d\tau = dxdydz$ (onde τ é tau) é proporcional à probabilidade de se encontrar o elétron neste elemento de volume. A probabilidade é *igual* a $\psi^2 d\tau$ se a função de onda for "normalizada". Uma função de onda normalizada é aquela ajustada de forma que a probabilidade total de se encontrar o elétron em qualquer lugar seja 1. A função de onda de um elétron em um átomo é chamada de **orbital atômico**. Para auxiliar a observação dos sinais relativos das diferentes regiões de uma função de onda, marcamos nas ilustrações as regiões de sinais opostos com tons escuros e claros para demarcar os sinais + e −, respectivamente.

Assim como com outras ondas, as funções de onda têm, em geral, regiões de amplitude (ou sinal) positiva e negativa. O sinal da função de onda é de importância crucial quando duas funções de onda se espalham em uma mesma região do espaço e interagem. Então, a região positiva de uma função de onda pode se adicionar à região positiva da outra função de onda para formar uma região de amplitude aumentada. Esse aumento de amplitude é chamado de **interferência construtiva** (Fig. 1.4a). Isso significa que quando duas funções de onda se espalham em uma mesma região do espaço, tal como ocorre quando dois átomos estão próximos, ocorre um aumento significativo da probabilidade de se encontrar os elétrons nessa região. Inversamente, a região positiva de uma função de onda pode ser cancelada pela região negativa de uma segunda função de onda (Fig. 1.4b). Essa **interferência destrutiva** entre funções de onda reduzirá significativamente a probabilidade de que um elétron seja encontrado nessa região. Como veremos, a interferência das funções de onda é de grande importância na explicação da ligação química.

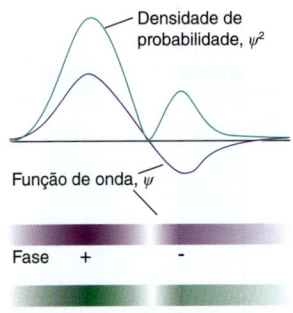

Figura 1.3 A interpretação de Born da função de onda é que o seu quadrado é uma densidade de probabilidade. Em um nó, a densidade de probabilidade é zero. As barras coloridas representam os valores da função de onda e da densidade de probabilidade, respectivamente.

1.3 Orbitais atômicos

Os químicos usam os orbitais atômicos hidrogenoides para desenvolver modelos fundamentais para a compreensão da química inorgânica e, por essa razão, dedicaremos algum tempo descrevendo suas formas e significados.

(a) Os níveis de energia hidrogenoides

Pontos principais: A energia dos elétrons é determinada por *n*, o número quântico principal; além disso, *l* especifica a magnitude do momento angular orbital e m_l especifica a orientação desse momento angular.

Cada uma das funções de onda obtidas pela resolução da equação de Schrödinger para um átomo hidrogenoide é especificada por um único conjunto de três inteiros chamados de **números quânticos**. Esses números quânticos são designados por *n*, *l* e m_l: *n* é chamado de **número quântico principal**, *l* é o **número quântico momento angular orbital** (antigamente "número quântico azimutal") e m_l é chamado de **número quântico magnético**. Cada número quântico especifica uma propriedade física do elétron: *n* especifica a energia, *l* indica a magnitude do momento angular orbital e m_l indica a orientação do momento angular. O valor de *n* também indica o tamanho do orbital, sendo os de valores mais altos de *n* aqueles orbitais de energia mais alta e mais difusos do que os de menores valores de *n*, que são os orbitais de energia mais baixa, mais fortemente ligados ao núcleo e mais compactos. O valor de *l* também indica a forma do orbital, com o número de lóbulos aumentando à medida que *l* aumenta. O valor de m_l indica a orientação desses lóbulos.

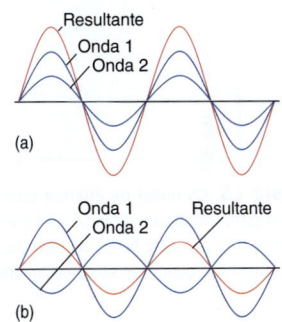

Figura 1.4 As funções de onda interferem quando se espalham numa mesma região do espaço. (a) Se numa região elas possuem o mesmo sinal, interferem construtivamente, e a função de onda total tem um aumento de amplitude. (b) Se as funções de onda possuem sinais opostos, então elas interferem destrutivamente, e a superposição resultante tem uma amplitude menor.

As energias permitidas são especificadas pelo número quântico principal, *n*. Para um átomo hidrogenoide de número atômico Z, elas são dadas por

$$E_n = -\frac{hcRZ^2}{n^2} \qquad (1.3)$$

com *n* = 1, 2, 3, ... e

$$R = \frac{m_e e^4}{8h^3 c \varepsilon_0^2} \qquad (1.4)$$

(As constantes fundamentais desta expressão estão listadas no final do livro.) O valor numérico calculado de *R* é $1,097 \times 10^7$ m^{-1}, em excelente concordância com o valor

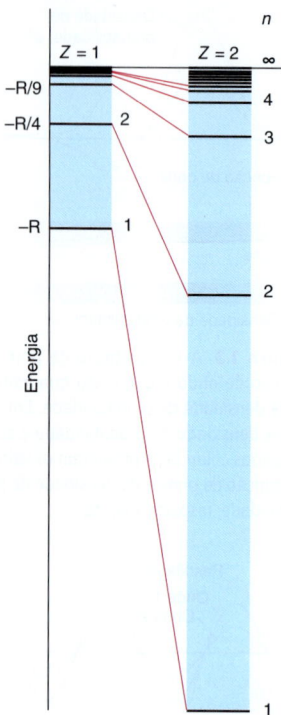

Figura 1.5 Os níveis de energia quantizados para um átomo de H ($Z = 1$) e para o íon He$^+$ ($Z = 2$). Os níveis de energia de um átomo hidrogenoide são proporcionais a Z^2.

empírico determinado espectroscopicamente. Para futura referência, o valor de hcR corresponde a 13,6 eV ou 1312,196 kJ mol^{-1}.

> **Um comentário útil:** Um elétron-volt é a quantidade de energia cinética ganha por um elétron quando ele é acelerado através de um potencial de um volt. Ele é uma unidade útil, mas não pertence ao sistema internacional de unidades. Em química, a energia cinética ganha por um mol de elétrons acelerados por um potencial de um volt é de 96,485 kJ mol^{-1}.

O zero de energia (para $n = \infty$) corresponde à situação em que elétron e núcleo estão extremamente separados e estacionários. Valores positivos de energia correspondem a estados não ligados do elétron, nos quais ele pode se mover com qualquer velocidade e possui, portanto, qualquer energia. Todas as energias dadas pela Eq. 1.3 são negativas, significando que a energia do elétron em um estado ligado ao núcleo é menor do que a de um elétron estacionário à grande distância do núcleo. Finalmente, uma vez que a energia é proporcional a $1/n^2$, os níveis de energia convergem à medida que a energia aumenta (torna-se menos negativa, Fig. 1.5).

O valor de l especifica a magnitude do momento angular orbital através de $[l(l+1)]^{1/2}\hbar$, com $l = 0, 1, 2, \ldots$. Podemos imaginar que l indica o momento com o qual o elétron circula em torno do núcleo pelos lóbulos do orbital. Como veremos logo a seguir, o terceiro número quântico, m_l, especifica a orientação desse momento, por exemplo, indicando se a circulação é horária ou anti-horária.

(b) Camadas, subcamadas e orbitais

Pontos principais: Todos os orbitais com um dado valor de n pertencem a uma mesma camada, todos os orbitais de uma dada camada com o mesmo valor de l pertencem a uma mesma subcamada e cada orbital individual é distinguido pelo valor de m_l.

Em um átomo hidrogenoide, todos os orbitais com o mesmo valor de n possuem a mesma energia e são ditos **degenerados**. O número quântico principal, deste modo, define no átomo uma série de **camadas** ou conjuntos de orbitais com o mesmo valor de n que, então, têm a mesma energia e aproximadamente a mesma extensão radial. As camadas com $n = 1, 2, 3\ldots$ são algumas vezes chamadas de camadas K, L, M, … quando, por exemplo, as transições eletrônicas entre essas camadas se referem à espectroscopia de raios X.

Os orbitais pertencentes a cada camada são classificados em **subcamadas**, diferenciadas pelo número quântico l. Para um dado valor de n, o número quântico l pode ter os valores $l = 0, 1, \ldots, n - 1$, originando n valores diferentes no total. Por exemplo, a camada com $n = 1$ consiste em somente uma subcamada com $l = 0$; a camada com $n = 2$ consiste em duas subcamadas, uma com $l = 0$ e a outra com $l = 1$; a camada com $n = 3$ consiste em três subcamadas com valores de l iguais a 0, 1 e 2. Na prática, cada subcamada costuma ser identificada por uma letra:

Valor de l	0	1	2	3	4	…
Designação da subcamada	s	p	d	f	g	…

Para a maioria dos propósitos em química, necessitamos considerar somente as subcamadas s, p, d e f.[1]

Uma subcamada com número quântico l consiste em $2l + 1$ orbitais individuais, que são diferenciados pelo **número quântico magnético**, m_l, o qual pode apresentar $2l + 1$ valores de $+l$ a $-l$. O número quântico magnético especifica a componente do momento angular orbital em torno de um eixo arbitrário (comumente designado z) passando pelo núcleo. Assim, exemplificando, uma subcamada d de um átomo ($l = 2$) consistirá em cinco orbitais atômicos individuais que serão diferenciados pelos valores de $m_l = +2, +1, 0, -1, -2$, enquanto que uma subcamada f ($l = 3$) consistirá em sete orbitais atômicos individuais com os valores de $m_l = +3, +2, +1, 0, -1, -2, -3$.

> **Um comentário útil:** Escreva o sinal de m_l, mesmo quando ele for positivo. Assim, devemos escrever $m_l = +2$, e não $m_l = 2$.

---

[1] A denominação s, p, d e f para os orbitais provém dos termos, em inglês, usados para descrever grupos de linhas no espectro atômico. Elas se referem às palavras *sharp*, *principal*, *diffuse* e *fundamental*, respectivamente.

A conclusão prática dessas observações para a química é que há somente um orbital na subcamada s ($l = 0$), com $m_l = 0$: este orbital é denominado **orbital s**. Há três orbitais na subcamada p ($l = 1$), com números quânticos $m_l = +1, 0, -1$, os quais são chamados de **orbitais p**. Os cinco orbitais de uma subcamada d ($l = 2$) são chamados de **orbitais d** e assim por diante (Fig. 1.6).

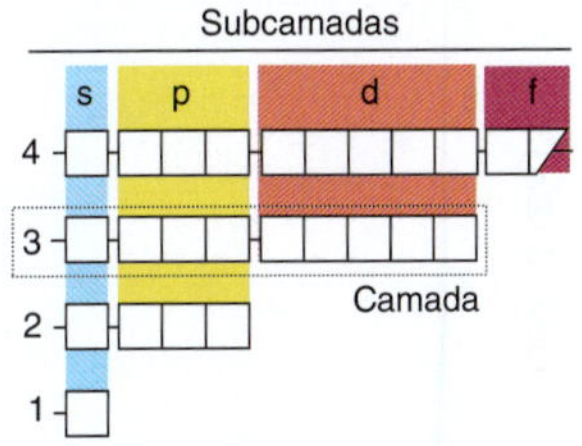

Figura 1.6 Classificação dos orbitais em camadas (mesmo valor de n) e subcamadas (mesmo valor de l).

> **EXEMPLO 1.2** Identificando os orbitais a partir dos números quânticos
>
> Que conjunto de orbitais é definido por $n = 4$ e $l = 1$? Quantos orbitais fazem parte deste conjunto?
>
> **Resposta** Precisamos lembrar que o número quântico principal n identifica a camada e que o número quântico orbital l identifica a subcamada. A subcamada com $l = 1$ consiste nos orbitais p. Os valores permitidos de $m_l = l, l - 1, ..., -l$ fornecem a quantidade de orbitais desse tipo. Neste caso, $m_l = +1, 0$ e -1. Existem, portanto, três orbitais 4p.
>
> **Teste sua compreensão 1.2** Que conjunto de orbitais é definido pelos números quânticos $n = 3$ e $l = 2$? Quantos orbitais existem neste conjunto?

(c) O spin do elétron

Pontos principais: O momento angular intrínseco de spin de um elétron é definido pelos dois números quânticos s e m_s. Quatro números quânticos são necessários para definir o estado de um elétron em um átomo hidrogenoide.

Além dos três números quânticos necessários para especificar a distribuição espacial de um elétron em um átomo hidrogenoide, mais dois números quânticos são necessários para definir o estado de um elétron. Estes números quânticos adicionais relacionam-se ao momento angular intrínseco do elétron, o seu **spin**. Tal nome sugere que um elétron pode ser considerado como tendo um momento angular que surge do seu movimento de rotação, semelhante ao movimento de rotação diário da Terra à medida que ela viaja em sua órbita anual ao redor do Sol. Entretanto, o spin é uma propriedade puramente quanto-mecânica, e essa analogia deve ser vista com muito cuidado.

O spin é descrito por dois números quânticos, s e m_s. O primeiro é análogo ao l para o movimento orbital, mas está restrito a um único e invariável valor $s = ½$. A magnitude do momento angular de spin é dada pela expressão $[s(s + 1)]^{1/2}\hbar$, de forma que para um elétron essa magnitude é fixa em $\frac{1}{2}\sqrt{3}\hbar$, para qualquer elétron. O segundo número quântico, o **número quântico magnético de spin**, m_s, pode assumir somente dois valores, $+½$ (giro no sentido anti-horário, visto de cima) e $-½$ (giro horário). Os dois estados são frequentemente representados pelas setas ↑ ("spin para cima", $m_s = +\frac{1}{2}$) e ↓ ("spin para baixo", $m_s = -\frac{1}{2}$) ou pelas letras gregas α e β, respectivamente.

Uma vez que para especificarmos o estado de um átomo devemos especificar o estado de spin de um elétron, é comum dizer que o estado de um elétron em um átomo hidrogenoide é caracterizado por quatro números quânticos, nominalmente, n, l, m_l e m_s.

(d) Os nós

Pontos principais: As regiões onde as funções de onda passam pelo zero são chamadas de nós. Os químicos inorgânicos geralmente acham mais adequado utilizar uma representação visual dos orbitais atômicos em vez das suas expressões matemáticas. Entretanto, precisamos conhecer as expressões matemáticas que dão origem a essas representações.

Pelo fato de que a energia potencial de um elétron no campo de um núcleo apresenta simetria esférica (proporcional a Z/r e independente da orientação relativa ao núcleo), os orbitais são mais bem descritos em termos das coordenadas polares esféricas definidas na Figura 1.7. Nestas coordenadas, todos os orbitais têm a forma

$$\psi_{nlm_l} = \underbrace{R_{nl}(r)}_{\text{Variação com o raio}} \times \underbrace{Y_{lm_l}(\theta,\phi)}_{\text{Variação com os ângulos}} \quad (1.5)$$

Essa expressão reflete a ideia simples de que um orbital hidrogenoide pode ser escrito como o produto de uma função do raio, $R(r)$, multiplicada por uma função das coordenadas angulares, $Y(\theta, \phi)$. As posições por onde qualquer dos componentes da função de onda passa pelo zero são chamadas de **nós**. Consequentemente, existem dois tipos

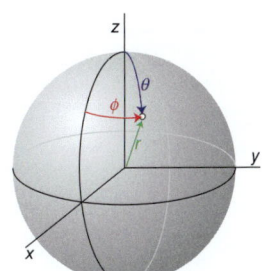

Figura 1.7 Coordenadas polares esféricas: r é o raio, θ (teta) é a colatitude e ϕ (fi) é o azimute.

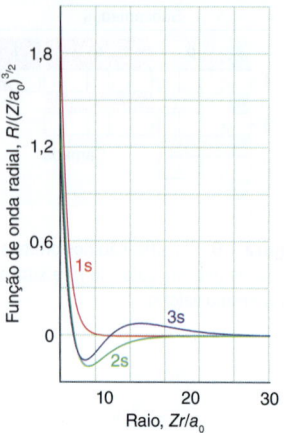

Figura 1.8 Funções de onda radiais dos orbitais hidrogenoides 1s, 2s e 3s. Observe que o número de nós radiais é 0, 1 e 2, respectivamente. Cada um desses orbitais tem uma amplitude diferente de zero no núcleo (em $r = 0$).

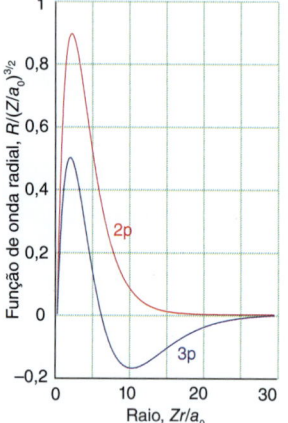

Figura 1.9 Funções de onda radiais dos orbitais hidrogenoides 2p e 3p. Observe que o número de nós radiais é 0 e 1, respectivamente. Cada orbital tem amplitude zero no núcleo (em $r = 0$).

de nós. Os **nós radiais** ocorrem onde a componente radial da função de onda passa pelo zero, e os **nós angulares** ocorrem onde a componente angular passa pelo zero. O número de ambos os tipos de nós aumenta com o aumento da energia e está relacionado com os números quânticos n e l.

(e) A variação radial dos orbitais atômicos

Pontos principais: Um orbital s tem amplitude diferente de zero no núcleo; todos os outros orbitais (aqueles com $l > 0$) desaparecem no núcleo.

As variações radiais dos orbitais atômicos são mostradas nas Figuras 1.8 e 1.9. Um orbital 1s, que é a função de onda com $n = 1$, $l = 0$ e $m_l = 0$, decai exponencialmente com a distância ao núcleo e nunca passa pelo zero. Todos os orbitais decaem exponencialmente para distâncias suficientemente grandes do núcleo e essa distância aumenta à medida que n aumenta. Alguns orbitais oscilam e passam pelo zero em regiões próximas do núcleo, apresentando, dessa forma, um ou mais nós radiais antes de atingirem o seu decaimento exponencial final. Quanto maior o número quântico principal de um elétron, mais provável que ele seja encontrado a uma distância maior do núcleo e maior será sua energia.

Um orbital com números quânticos n e l em geral tem $n - l - 1$ nós radiais. Esta oscilação é evidente no orbital 2s, com $n = 2$, $l = 0$ e $m_l = 0$, o qual passa uma vez pelo zero e deste modo possui um nó radial. Um orbital 3s passa duas vezes pelo zero e apresenta dois nós radiais (Fig. 1.10). Um orbital 2p (um dos três orbitais com $n = 2$ e $l = 1$) não possui nós radiais porque sua função de onda radial nunca passa pelo zero. Entretanto, um orbital 2p, assim como *todos* os outros orbitais diferentes dos orbitais s, é igual a zero no núcleo. Para qualquer série do mesmo tipo de orbital, a primeira ocorrência não possui nó radial, a segunda possui um nó radial e assim sucessivamente.

Embora um elétron em um orbital s possa ser encontrado no núcleo, isso não ocorrerá para um elétron em qualquer outro tipo de orbital. Logo veremos que este detalhe aparentemente pequeno, que é uma consequência da ausência do momento angular orbital quando $l = 0$, é um dos conceitos principais para o entendimento do formato da tabela periódica e da química dos elementos.

EXEMPLO 1.3 Prevendo o número de nós radiais

Quantos nós radiais existem em cada um dos orbitais 3p, 3d e 4f?

Resposta Uma vez que o número de nós radiais é dado pela expressão $n - l - 1$, devemos determinar os valores de n e de l para cada caso. Assim, os orbitais 3p possuem $n = 3$ e $l = 1$ e o número de nós radiais é $n - l - 1 = 1$. Os orbitais 3d possuem $n = 3$ e $l = 2$ e, portanto, o número de nós radiais é $n - l - 1 = 0$. Os orbitais 4f possuem $n = 4$ e $l = 3$ e o número de nós radiais é $n - l - 1 = 0$. O fato de os orbitais 3d e 4f serem a primeira ocorrência dos orbitais d e f também indica que eles não terão nós radiais.

Teste sua compreensão 1.3 Quantos nós radiais existem em um orbital 5s?

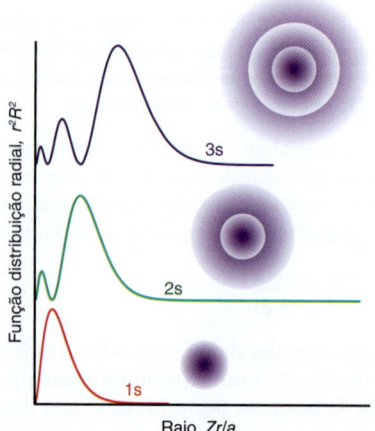

Figura 1.10 Os nós radiais dos orbitais 1s, 2s e 3s.

(f) A função distribuição radial

Pontos principais: A função distribuição radial fornece a probabilidade de que um elétron seja encontrado a uma dada distância do núcleo, independentemente da direção.

A força coulombiana (eletrostática) que atrai o elétron está centrada no núcleo de forma que, frequentemente, estamos interessados em conhecer a probabilidade de encontrar o elétron a uma dada distância do núcleo, independentemente de sua direção. Essa informação permite-nos avaliar quão fortemente o elétron está sendo atraído. A probabilidade total de se encontrar o elétron em uma casca esférica de raio r e espessura dr é a integral de $\psi^2 d\tau$ sobre todos os ângulos. Este resultado é escrito como $P(r)dr$, onde $P(r)$ é chamada de **função distribuição radial**. Em geral,

$$P(r) = r^2 R(r)^2 \qquad (1.6)$$

(Para os orbitais s, essa expressão é a mesma que $P = 4\pi r^2 \psi^2$.) Se conhecermos o valor de P para um raio r, então poderemos determinar a probabilidade de encontrar o elétron em qualquer lugar da casca esférica de espessura dr e raio r, simplesmente multiplicando P por dr.

Pelo fato de a função de onda de um orbital 1s decrescer exponencialmente com a distância ao núcleo e o fator r^2 na Equação 1.6 aumentar, a função distribuição radial de um orbital 1s apresenta um máximo (Figura 1.11). Deste modo, há uma distância na qual o elétron pode ser mais facilmente encontrado. Em geral, essa distância mais provável decresce à medida que a carga nuclear aumenta (porque o elétron é atraído mais fortemente para o núcleo) e, especificamente,

$$r_{máx} = \frac{a_0}{Z} \qquad (1.7)$$

onde a_0 é o **raio de Bohr**, $a_0 = \varepsilon_0 \hbar^2 / \pi m_e e^2$, uma quantidade que aparece na formulação do modelo atômico de Bohr, sendo seu valor numérico igual a 52,9 pm. A distância mais provável aumenta com o aumento de n porque quanto maior a energia, maior será a probabilidade de o elétron ser encontrado mais distante do núcleo.

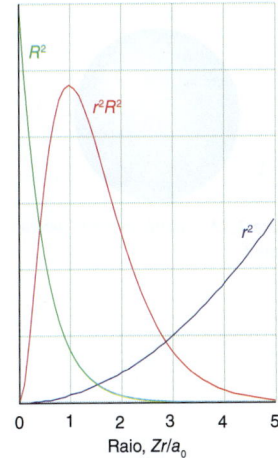

Figura 1.11 A função distribuição radial, r^2R^2, de um orbital hidrogenoide 1s. r^2R^2 é o produto de r^2 (que aumenta com o aumento de r) pelo quadrado da componente radial da função de onda ψ (denominado R^2 na figura e que decresce exponencialmente). Essa distância aumenta com o aumento da carga nuclear e passa por um máximo em $r = a_0/Z$.

> **EXEMPLO 1.4** Interpretando as funções distribuição radial
>
> A Figura 1.12 mostra as funções distribuição radial para os orbitais hidrogenoides 2s e 2p. Qual orbital permite ao elétron ter a maior probabilidade de ser encontrado próximo do núcleo?
>
> **Resposta** Examinando a Figura 1.12, podemos ver que, nas proximidades do núcleo, a função distribuição radial do orbital 2p aproxima-se do zero mais rapidamente do que a de um elétron 2s. Essa diferença é consequência do fato de que um orbital 2p possui amplitude zero no núcleo devido ao seu momento angular orbital. Assim, o elétron 2s tem maior probabilidade de ser encontrado próximo ao núcleo, indicado pelo máximo mais interno.
>
> **Teste sua compreensão 1.4** Dentre os orbitais 3p e 3d, qual deles permite ao elétron a maior probabilidade de ser encontrado próximo do núcleo?

(g) Variação angular dos orbitais atômicos

Pontos principais: A superfície limite de um orbital indica a região do espaço dentro da qual é mais provável se encontrar o elétron; os orbitais de número quântico l têm l planos nodais.

A função de onda angular expressa a variação do ângulo ao redor do núcleo, e esta descreve a forma angular orbital. Um orbital s possui a mesma amplitude a uma dada distância do núcleo, independentemente das coordenadas angulares do ponto de interesse: isto é, um orbital s tem simetria esférica. O orbital é representado normalmente por uma superfície esférica com o núcleo no seu centro. A superfície é denominada **superfície limite** do orbital e define a região do espaço dentro da qual há uma alta probabilidade de se encontrar o elétron (geralmente de 90%). Esta superfície limite é a que os químicos desenham para representar a forma de um orbital. Os planos em que a função de onda angular passa pelo zero são chamados de **nós angulares** ou **planos nodais**. Um elétron não será encontrado em qualquer lugar de um plano nodal. Um plano nodal passa pelo núcleo e separa as regiões de sinais positivo e negativo da função de onda.

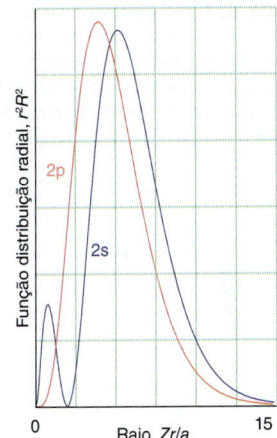

Figura 1.12 As funções distribuição radial de orbitais hidrogenoides. Embora o orbital 2p esteja *em média* mais próximo do núcleo (observe onde seu máximo se encontra), o orbital do 2s tem uma probabilidade maior de ser encontrado próximo ao núcleo por causa do seu máximo interno.

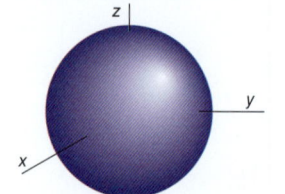

Figura 1.13 Superfície limite esférica de um orbital s.

Em geral, um orbital com número quântico l tem l planos nodais. Um orbital s, com $l = 0$, não possui plano nodal, e a superfície limite do orbital é esférica (Fig. 1.13).

Todos os orbitais com $l > 0$ têm amplitudes que variam com o ângulo e valores de m_l iguais a +1, 0 ou –1. Na maioria das representações gráficas comuns, as superfícies limite dos três orbitais p de uma dada camada são idênticas, a não ser pelo fato de que seus eixos alinham-se paralelamente a cada um dos três diferentes eixos cartesianos centrados no núcleo e cada um possui um plano nodal passando pelo núcleo (Figura 1.14). Na representação diagramática dos orbitais, os dois lóbulos possuem tons diferentes (escuro e claro, respectivamente) ou são rotulados "+" ou "–" para indicar que um possui uma amplitude positiva e o outro, uma amplitude negativa. Essa representação é a origem dos nomes p_x, p_y e p_z. Cada orbital p, com $l = 1$, possui um único plano nodal.

As superfícies limite e os rótulos que usamos para os orbitais d e f são apresentados nas Figs. 1.15 e 1.16, respectivamente. O orbital d_{z^2} apresenta formato diferente dos demais orbitais d. Existem de fato seis combinações possíveis que fornecem orbitais com forma de halteres duplos ao redor dos três eixos: três com lóbulos entre os eixos, que são os orbitais d_{xy}, d_{yz} e d_{zx}, e três com lóbulos ao longo dos eixos. Entretanto apenas cinco orbitais d são conhecidos. Um destes orbitais é conhecido como $d_{x^2-y^2}$ e se encontra ao longo dos eixos x e y. O outro é o $d_{2z^2-x^2-y^2}$, que é geralmente chamado de d_{z^2} e pode ser entendido como a superposição de duas contribuições, uma com lóbulos ao longo dos eixos x e y e outra com lóbulos ao longo dos eixos z e y. Observe que um orbital d ($l = 2$) tem dois planos nodais que se interceptam no núcleo; um típico orbital f ($l = 3$) possui três planos nodais.

Figura 1.14 Representação das superfícies limite dos orbitais p. Cada orbital tem um plano nodal passando pelo núcleo. Por exemplo, o plano nodal do orbital p_z é o plano xy. O lóbulo mais escuro tem amplitude positiva e o mais claro, negativa.

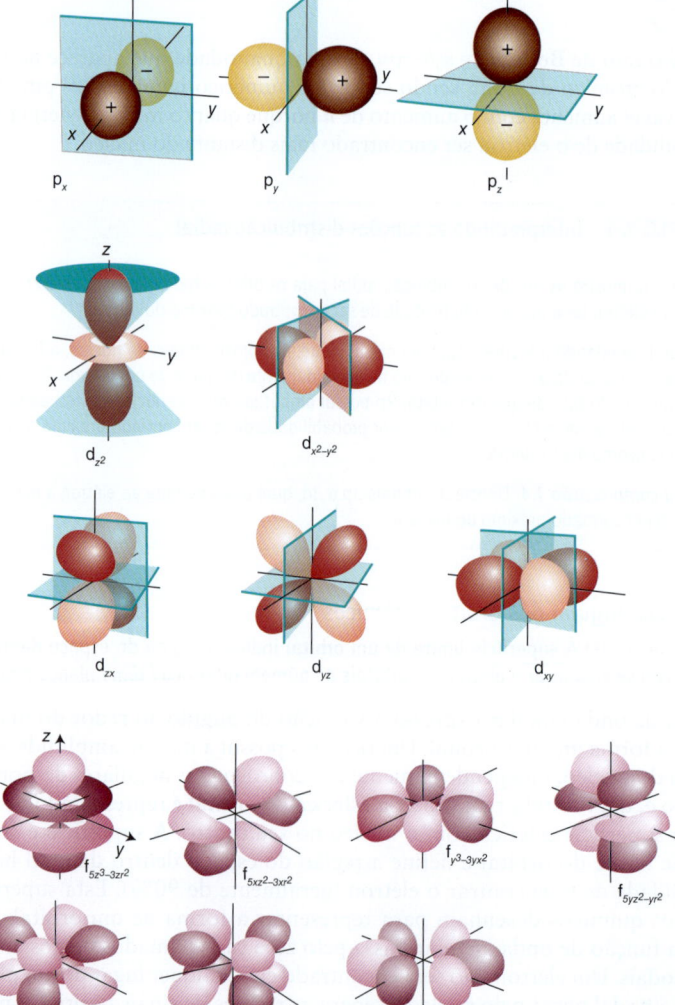

Figura 1.15 Uma representação das superfícies limite dos orbitais d. Quatro dos orbitais têm dois planos nodais perpendiculares que se cruzam em uma linha que passa pelo núcleo. No orbital d_{z^2}, a superfície nodal forma dois cones que se encontram no núcleo.

Figura 1.16 Uma representação das superfícies limite dos orbitais f. Outras representações (com formas diferentes) também são algumas vezes encontradas.

Átomos multieletrônicos

Como indicado no início do capítulo, um "átomo multieletrônico" é um átomo com mais de um elétron, de forma que, mesmo o He, com apenas dois elétrons, é tecnicamente um átomo multieletrônico. A solução exata da equação de Schrödinger para um átomo com N elétrons deve ser uma função das $3N$ coordenadas de todos os elétrons. Não há esperança de se encontrar fórmulas exatas para tais funções complicadas; entretanto, é relativamente fácil realizar cálculos numéricos usando programas de computador acessíveis para obter energias e densidades de probabilidade precisas. Esses programas também podem gerar representações gráficas dos orbitais calculados que poderão ajudar na interpretação das propriedades do átomo. Para a maior parte da química inorgânica, nos apoiamos na **aproximação orbital**, na qual cada elétron ocupa um orbital atômico que se assemelha àqueles dos átomos hidrogenoides. Quando dizemos que um elétron "ocupa" um orbital atômico, queremos dizer que ele é descrito pela função de onda e pelo conjunto de números quânticos correspondentes.

1.4 Penetração e blindagem

Pontos principais: A configuração eletrônica do estado fundamental é uma descrição da ocupação dos orbitais de um átomo no seu estado de menor energia. O princípio da exclusão proíbe que mais do que dois elétrons ocupem um único orbital. A carga nuclear sentida por um elétron é reduzida pela blindagem dos outros elétrons, incluindo os que se encontram na mesma camada. As tendências na carga nuclear efetiva podem ser usadas para entender as tendências em muitas propriedades. Como resultado dos efeitos combinados de penetração e blindagem, a ordem dos níveis de energia em uma camada de um átomo multieletrônico é s < p < d < f.

É muito fácil descrever a estrutura eletrônica do átomo de hélio no seu **estado fundamental**, o seu estado de menor energia. De acordo com a aproximação orbital, supomos que ambos os elétrons ocupem o mesmo orbital atômico que tem a mesma forma esférica de um orbital hidrogenoide 1s. Entretanto, o orbital será mais compacto pois, como a carga nuclear do hélio é maior do que a do hidrogênio, os elétrons serão atraídos para mais próximo do núcleo do que o elétron de um átomo de hidrogênio. A **configuração do estado fundamental** de um átomo é uma lista dos orbitais ocupados pelos seus elétrons no estado fundamental. Para o hélio, com dois elétrons no orbital 1s, a configuração do estado fundamental é indicada por $1s^2$ (lê-se como "1 s dois").

Passando para o próximo átomo na tabela periódica, o lítio ($Z = 3$), encontramos outras características novas. A configuração $1s^3$ é proibida por um aspecto fundamental da natureza conhecido como o **princípio da exclusão de Pauli**:

Somente dois elétrons podem ocupar um único orbital e, se esse for o caso, seus spins devem estar emparelhados.

"Emparelhado" significa que o spin de um elétron deve ser ↑($m_s = +½$) e o do outro ↓($m_s = -½$); o par é simbolizado por ↑↓. Outra forma de expressar esse princípio é indicar que, pelo fato de um elétron em um átomo ser descrito por quatro números quânticos, n, l, m_l e m_s, dois elétrons não poderão ter os mesmos quatro números quânticos. O princípio de Pauli foi originalmente introduzido para justificar a ausência de certas transições no espectro do átomo de hélio.

Uma vez que a configuração $1s^3$ é proibida pelo princípio da exclusão de Pauli, o terceiro elétron precisa ocupar um orbital da camada superior mais próxima, a camada com $n = 2$. A questão que surge agora é se o terceiro elétron deve ocupar um orbital 2s ou um dos três orbitais 2p. Para responder a essa questão, necessitamos examinar as energias dessas duas subcamadas e também o efeito dos outros elétrons no átomo. Embora os orbitais 2s e 2p possuam a mesma energia em um átomo hidrogenoide, dados espectroscópicos e cálculos detalhados mostram que esse não é o caso nos átomos multieletrônicos.

Na aproximação orbital, tratamos a repulsão entre os elétrons de uma forma aproximada supondo que a carga eletrônica está distribuída esfericamente ao redor do núcleo. Assim, cada elétron se move no campo atrativo do núcleo e também experimenta a carga repulsiva média dos outros elétrons. De acordo com a eletrostática clássica, o campo que se origina de uma distribuição esférica de carga é equivalente ao campo gerado por uma única carga pontual no centro da distribuição (Fig. 1.17). Esta carga negativa reduz a carga do núcleo, Z, para Z_{ef}, onde Z_{ef} é chamada de **carga nuclear efetiva**. Essa

Figura 1.17 O elétron no raio r experimenta uma repulsão proveniente da carga total dentro da esfera de raio r; a carga externa a este raio não tem efeito.

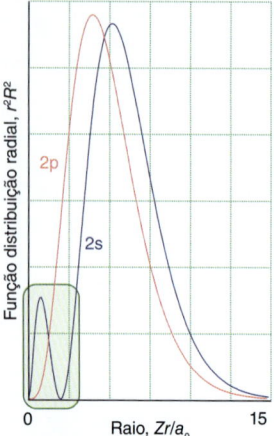

Figura 1.18 A penetração de um elétron 2s na região mais interna do átomo é maior do que a de um elétron 2p porque este último vai a zero no núcleo. Desse modo, os elétrons 2s são menos blindados do que os elétrons 2p.

carga nuclear efetiva depende dos valores de n e l do elétron de interesse, uma vez que os elétrons em diferentes camadas e subcamadas se aproximam do núcleo de formas diferentes. A redução da carga nuclear verdadeira para a carga nuclear efetiva pelos outros elétrons é chamada de **blindagem**. A carga nuclear efetiva é algumas vezes expressa em termos da carga nuclear verdadeira e de uma **constante de blindagem** empírica, σ, escrevendo-se $Z_{ef} = Z - \sigma$. A constante de blindagem pode ser determinada fazendo os orbitais hidrogenoides se ajustarem aos orbitais calculados numericamente. Ela também pode ser calculada de maneira aproximada usando-se um conjunto de regras empíricas conhecidas como regras de Slater, descritas no Quadro 1.5.

Quanto mais próximo do núcleo o elétron estiver, mais próximo será o valor de Z_{ef} em relação a Z, uma vez que o elétron será menos repelido pelos outros elétrons presentes no átomo. Com isso em mente, consideremos um elétron 2s no átomo de Li. Há uma probabilidade diferente de zero de que esse elétron possa ser encontrado dentro da camada 1s e experimente a carga nuclear total (Fig. 1.18). A possibilidade para a presença de um elétron dentro das camadas de outros elétrons é chamada de **penetração**. Um elétron 2p não penetra efetivamente no **caroço**, que são as camadas de elétrons mais internas, uma vez que a sua função de onda vai a zero no núcleo. Como consequência, ele está mais blindado do núcleo pelos elétrons do caroço. Podemos concluir que, em um átomo multieletrônico, um elétron 2s tem uma energia menor (está mais fortemente ligado ao núcleo) do que um elétron 2p e, portanto, o orbital 2s será ocupado antes dos orbitais 2p, produzindo uma configuração eletrônica para o estado fundamental do Li de $1s^2 2s^1$. Essa configuração eletrônica é geralmente simbolizada por $[He]2s^1$, onde [He] simboliza o caroço $1s^2$ do átomo de hélio.

Este padrão de energia dos orbitais no lítio, com o 2s abaixo do 2p, ou seja, ns abaixo do np, é uma característica geral dos átomos multieletrônicos. Esse padrão pode ser visto na Tabela 1.2, a qual fornece os valores calculados de Z_{ef} para todos os orbitais atômicos de átomos na configuração eletrônica do estado fundamental. A tendência típica da carga nuclear efetiva é apresentar um aumento ao longo do período já que, para a maioria dos casos, o aumento na carga nuclear, ao percorrermos elementos consecutivos na tabela periódica, não é cancelado pelo elétron adicional. Os valores da tabela também confirmam que um elétron s na camada mais externa de um átomo está normalmente menos blindado do que um elétron p na mesma camada. Assim, por exemplo, $Z_{ef} = 5,13$ para um elétron 2s no átomo de F, enquanto que para um elétron 2p temos $Z_{ef} = 5,10$, um valor menor. De forma similar, a carga nuclear efetiva é maior para um elétron em um orbital np do que em um orbital nd.

Como resultado da penetração e blindagem, a ordem de energia nos átomos multieletrônicos é geralmente ns, np, nd e nf porque, em uma determinada camada, os orbitais s são os mais penetrantes e os orbitais f são os menos penetrantes. O efeito total da penetração e da blindagem é demonstrado pelo diagrama dos níveis de energia para um átomo neutro, mostrado na Fig. 1.19.

A Figura 1.20 apresenta as energias dos orbitais ao longo da tabela periódica. Os efeitos são sutis, e a ordem dos orbitais depende fortemente do número de elétrons presentes no átomo, podendo mudar quando ocorre ionização. Por exemplo, os efeitos de penetração são muito pronunciados para os elétrons 4s no K e no Ca, e nesses átomos

---

QUADRO 1.5 Regras de Slater

A constante de blindagem, σ, pode ser estimada aplicando-se um conjunto de regras empíricas chamadas de regras de Slater. As regras estabelecem uma contribuição numérica aos elétrons em um átomo da seguinte forma:

Escreva a configuração eletrônica do átomo e agrupe os orbitais da seguinte forma

(1s)(2s2p)(3s3p)(3d)(4s4p)(4d)(4f)(5s5p) etc.

Se o elétron mais externo estiver em um orbital s ou p:

- Cada um dos outros elétrons do agrupamento (ns np) contribui com 0,35 para o σ.
- Cada elétron na camada $n - 1$ contribui com 0,85 para o σ
- Cada elétron nas camadas inferiores contribui com 1,0 para o σ.

Se o elétron mais externo estiver em um orbital d ou f:

- Cada um dos outros elétrons do agrupamento (nd) ou (nf) contribui com 0,35 para o σ
- Cada elétron nas camadas inferiores ou agrupamentos anteriores contribui com 1,0 para o σ.

Por exemplo, para calcular a constante de blindagem para o elétron mais externo do Mg, e consequentemente a carga nuclear efetiva, escrevemos primeiro a configuração eletrônica fazendo os agrupamentos apropriados:

$(1s^2)(2s^2 2p^6)(3s^2)$.

Dessa forma, $\sigma = (1 \times 0,35) + (8 \times 0,85) + (2 \times 1,0) = 9,15$ e $Z_{ef} = Z - \sigma = 12 - 9,15 = 2,85$. Os valores de Z_{ef} calculados dessa forma são geralmente menores do que os apresentados na Tabela 1.2, embora eles sigam as mesmas tendências. É evidente que essa aproximação não leva em consideração a diferença entre os orbitais s e p ou os efeitos das correlações de spin.

Átomos multieletrônicos

Tabela 1.2 Carga nuclear efetiva, Z_{ef}

	H							He
Z	1							2
1s	1,00							1,69
	Li	Be	B	C	N	O	F	Ne
Z	3	4	5	6	7	8	9	10
1s	2,69	3,68	4,68	5,67	6,66	7,66	8,65	9,64
2s	1,28	1,91	2,58	3,22	3,85	4,49	5,13	5,76
2p			2,42	3,14	3,83	4,45	5,10	5,76
	Na	Mg	Al	Si	P	S	Cl	Ar
Z	11	12	13	14	15	16	17	18
1s	10,63	11,61	12,59	13,57	14,56	15,54	16,52	17,51
2s	6,57	7,39	8,21	9,02	9,82	10,63	11,43	12,23
2p	6,80	7,83	8,96	9,94	10,96	11,98	12,99	14,01
3s	2,51	3,31	4,12	4,90	5,64	6,37	7,07	7,76
3p			4,07	4,29	4,89	5,48	6,12	6,76

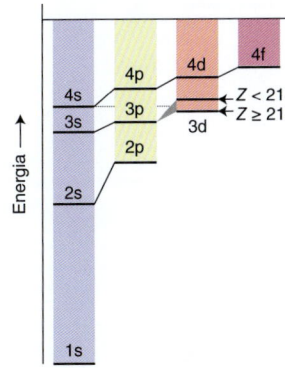

Figura 1.19 Diagrama esquemático dos níveis de energia de um átomo multieletrônico com $Z < 21$ (até o cálcio). Há uma mudança na ordem para $Z \geq 21$ (do escândio em diante). Este é o diagrama que explica o princípio do preenchimento, o qual permite até dois elétrons em cada orbital.

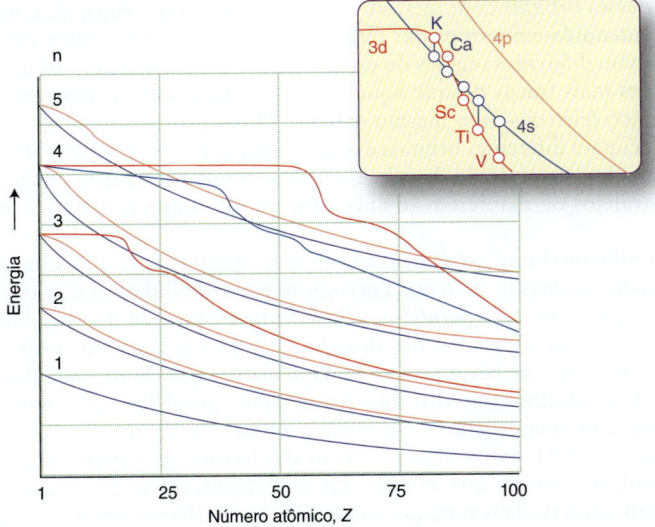

Figura 1.20 Uma apresentação mais detalhada dos níveis de energia dos átomos multieletrônicos da tabela periódica. O detalhe mostra uma vista ampliada nas proximidades de $Z = 20$, onde começam os elementos da série 3d.

os orbitais 4s possuem energia menor do que os orbitais 3d. Entretanto, do Sc ao Zn, os orbitais 3d nos átomos neutros apresentam energias próximas, mas menores do que os orbitais 4s. Do Ga em diante ($Z \geq 31$), os orbitais 3d apresentam energia bem abaixo do orbital 4s e os elétrons mais externos são, sem dúvida, aqueles das subcamadas 4s e 4p.

1.5 O princípio do preenchimento

As configurações eletrônicas do estado fundamental dos átomos multieletrônicos são determinadas experimentalmente por espectroscopia e apresentadas no Apêndice 2. Para explicá-las, necessitamos levar em conta os efeitos de penetração e blindagem nas energias dos orbitais e o papel do princípio da exclusão de Pauli. O **princípio do preenchimento** (o qual é também conhecido por **princípio de Aufbau**, e está descrito a seguir) é um procedimento que leva a configurações aceitáveis para o estado fundamental. Não é infalível, mas é um excelente ponto de partida para discussão. Além disso, como veremos, ele fornece uma base teórica para o entendimento da estrutura e das implicações da tabela periódica.

(a) Configurações eletrônicas no estado fundamental

Pontos principais: A ordem de ocupação dos orbitais atômicos segue a sequência 1s, 2s, 2p, 3s, 3p, 4s, 3d, 4p,... . Orbitais degenerados são inicialmente ocupados com um único elétron antes de serem duplamente ocupados; certas modificações na ordem de ocupação ocorrem para orbitais d e f.

De acordo com o princípio do preenchimento, os orbitais de átomos neutros são tratados como sendo ocupados na ordem estabelecida tanto pelo número quântico principal quanto pela penetração e blindagem:

Ordem de ocupação: 1s 2s 2p 3s 3p 4s 3d 4p ...

Cada orbital pode acomodar até dois elétrons. Assim, os três orbitais em uma subcamada p podem acomodar um total de seis elétrons e os cinco orbitais em uma subcamada d podem acomodar até dez elétrons. As configurações do estado fundamental dos primeiros cinco elementos são previstas como sendo

H	He	Li	Be	B
$1s^1$	$1s^2$	$1s^22s^1$	$1s^22s^2$	$1s^22s^22p^1$

Essa ordem concorda com a observação experimental.

Quando mais do que um orbital de mesma energia está disponível para ser ocupado, tal como quando os orbitais 2p começam a ser preenchidos no boro e no carbono, adotamos a **regra de Hund**:

Quando mais de um orbital possui a mesma energia, os elétrons ocupam orbitais separados e seus spins ficam paralelos (↑↑).

A ocupação desses orbitais com mesmo valor de *l* (como um orbital p_x e um orbital p_y) pode ser entendida em termos das interações repulsivas que existem entre os elétrons que ocupam diferentes regiões do espaço (elétrons em diferentes orbitais), sendo estas interações mais fracas do que aquelas entre os elétrons que ocupam a mesma região do espaço (elétrons num mesmo orbital). O requisito de spins paralelos para elétrons que ocupam diferentes orbitais é uma consequência de um efeito da mecânica quântica chamado de **correlação de spin**, que corresponde à tendência de dois elétrons com spins paralelos de manterem-se afastados um do outro e, assim, se repelirem menos.

Um fator adicional que estabiliza arranjos de elétrons com spins paralelos é a **energia de troca**. A energia de troca corresponde à estabilidade extra obtida para uma configuração com spin paralelos (↑↑) devido ao fato de que os elétrons são indistinguíveis e permutáveis. Se um dos elétrons de um par com spins paralelos for removido, a energia de troca será perdida de forma que os arranjos dos elétrons nos orbitais degenerados com alto número de spins paralelos serão mais estáveis do que aqueles com menos spins paralelos. A maior energia de troca ocorre numa camada semipreenchida com o maior número de elétrons com spins paralelos. Uma consequência desse efeito é que as camadas semicheias, como d^5 e f^7, são arranjos particularmente estáveis de forma que a remoção de um elétron dessas configurações irá requerer energia para superar a grande energia de troca. A remoção, por exemplo, de um elétron da configuração d^5 (↑↑↑↑↑) para a (↑↑↑↑) reduz o número de pares de elétrons com spins paralelos de 10 para 6. Um resultado desta preferência por arranjos com camadas semicheias é visto no estado fundamental do átomo de cromo que tem a configuração $4s^13d^5$, em vez de $4s^23d^4$, uma vez que na primeira a energia de troca é maximizada.

É arbitrária a escolha de qual dos orbitais p de uma subcamada será ocupado primeiro uma vez que eles são degenerados, mas é comum ser adotada a ordem alfabética p_x, p_y, p_z. Disso segue que, a partir do princípio do preenchimento, a configuração do estado fundamental do C é $1s^22s^22p_x^12p_y^1$ ou, simplesmente, $1s^22s^22p^2$. Ao reconhecermos o caroço de hélio ($1s^2$), uma notação ainda mais abreviada é [He]$2s^22p^2$, e podemos pensar na estrutura eletrônica do átomo como consistindo em dois elétrons 2s emparelhados e dois elétrons 2p paralelos, em torno de uma camada fechada correspondendo ao caroço de hélio. As configurações eletrônicas dos outros elementos desse período são, similarmente

C	N	O	F	Ne
[He]$2s^22p^2$	[He]$2s^22p^3$	[He]$2s^22p^4$	[He]$2s^22p^5$	[He]$2s^22p^6$

A configuração $2s^22p^6$ do neônio é outro exemplo de uma **camada fechada**, ou seja, uma camada completamente preenchida de elétrons. A configuração $1s^22s^22p^6$ é simbolizada por [Ne] quando ela ocorre como um caroço.

> **EXEMPLO 1.5** Explicando as tendências da carga nuclear efetiva
>
> Pela Tabela 1.2, verifica-se que o aumento de Z_{ef} para um elétron 2p entre o C e o N é de 0,69, enquanto que o aumento para um elétron 2p entre o N e o O é de apenas 0,62. Sugira uma razão para o aumento de Z_{ef} para um elétron 2p ser menor entre o N e o O do que entre o C e o N, dadas as configurações desses átomos indicadas anteriormente.
>
> *Resposta* Precisamos inicialmente identificar a tendência geral e em seguida pensar sobre um efeito adicional que poderia causar essa modificação. Neste caso, esperamos ver um aumento na carga nuclear efetiva ao longo do período. Entretanto, seguindo do C para o N, o elétron adicional ocupa um orbital vazio 2p, enquanto que seguindo do N para o O, o elétron adicional irá ocupar um orbital 2p que já está ocupado por um elétron. Neste último caso, portanto, o elétron adicional experimenta uma repulsão elétron-elétron mais forte. A repulsão elétron-elétron contribui para o efeito de blindagem total e, dessa forma, o aumento de Z_{ef} não é tão grande.
>
> *Teste sua compreensão 1.5* Explique o maior aumento na carga nuclear efetiva para um elétron 2p quando se vai do B para o C quando comparado com um elétron 2s quando se vai do Li ao Be.

A configuração do estado fundamental do Na é obtida pela adição de um elétron a um caroço de neônio, ou seja, [Ne]$3s^1$, mostrando que ela consiste em um único elétron de valência do lado de fora do caroço completamente preenchido $1s^2 2s^2 2p^6$. Agora, uma sequência similar de subcamadas preenchidas inicia-se novamente, com os orbitais 3s e 3p que se completam no argônio, com configuração [Ne]$3s^2p^6$, simbolizado por [Ar]. Como os orbitais 3d possuem energia bem maior, essa configuração é efetivamente uma camada fechada. Dessa forma, o orbital 4s é o próximo a ser ocupado e, assim, a configuração do K é análoga à do Na, com um único elétron externo ao caroço de gás nobre; especificamente ela é [Ar]$4s^1$. O próximo elétron, para o Ca, também entra no orbital 4s, originando [Ar]$4s^2$, análogo ao Mg. Entretanto, observa-se que para o próximo elemento, o Sc, o elétron adicionado entra em um orbital 3d, iniciando-se o preenchimento dos orbitais d.

(b) Exceções

Os níveis de energia nas Figuras 1.19 e 1.20 são para orbitais atômicos individuais e não levam em consideração as repulsões entre os elétrons. Para elementos com uma subcamada d não preenchida completamente, a determinação do estado fundamental feita por espectroscopia e por cálculos mostra que é mais vantajoso ocupar orbitais que são previstos terem *maior* energia (os orbitais 4s). A explicação para essa ordem é que a ocupação de orbitais de maior energia pode resultar numa redução das repulsões entre os elétrons, as quais ocorreriam se os orbitais 3d, de menor energia, fossem ocupados. Para avaliar a energia total dos elétrons, é essencial considerar todas as contribuições para a energia de uma configuração e não somente apenas as energias dos orbitais de um elétron. Dados espectroscópicos mostram que as configurações do estado fundamental desses átomos, os metais da primeira série de transição, são, na sua maioria, da forma $3d^n 4s^2$, com os orbitais 4s totalmente preenchidos, apesar de os orbitais 3d serem de menor energia.

Uma característica adicional (outra consequência das energias de troca e correlação de spin) é que, em alguns casos, uma energia total menor pode ser obtida formando uma subcamada d preenchida ou semipreenchida, mesmo que para isso um elétron s tenha de ser deslocado para uma subcamada d. Desse modo, quando a subcamada d pode ser semipreenchida, é mais provável que a configuração do estado fundamental seja $d^5 s^1$, e não $d^4 s^2$ (como para o Cr). Quando o preenchimento completo da subcamada d for possível, a configuração $d^{10} s^1$ é mais provável do que $d^9 s^2$ (como para o Cu) ou $d^{10} s^0$ em vez de $d^8 s^2$ (como para o Pd). Um efeito semelhante ocorre no bloco f, onde os orbitais f estão sendo preenchidos e um elétron d pode ser deslocado para a subcamada f de forma que uma configuração f^7 ou f^{14} seja atingida, resultando na redução da energia total. Por exemplo, a configuração eletrônica do estado fundamental do Gd é [Xe]$4f^7 5d^1 6s^2$, e não [Xe]$4f^8 6s^2$.

Para cátions e complexos dos elementos do bloco d, a remoção de elétrons reduz o efeito das repulsões elétron-elétron, e as energias dos orbitais 3d ficam bem abaixo daquelas dos orbitais 4s. Consequentemente, todos os complexos e cátions do bloco d têm configurações d^n e nenhum elétron no orbital s mais externo. Por exemplo, a configuração do Fe é [Ar]$3d^6 4s^2$, enquanto que no complexo [Fe(CO)$_5$] é [Ar]$3d^8$ e no íon Fe^{2+} é [Ar]$3d^6$. Para o entendimento da química, as configurações eletrônicas dos íons do bloco d são mais importantes do que as dos átomos neutros. Nos últimos capítulos (começando no Capítulo 19), veremos a grande importância das configurações dos íons dos metais d, uma vez que as modulações discretas de suas energias fornecem a base das explicações de importantes propriedades dos seus compostos.

EXEMPLO 1.6 Obtendo uma configuração eletrônica

Dê as configurações eletrônicas do estado fundamental do (a) Ti e do (b) Ti^{3+}.

Resposta Precisamos usar o princípio do preenchimento e a regra de Hund para ocupar os orbitais atômicos com os elétrons. (a) Para o átomo neutro, como $Z = 22$, precisamos adicionar 22 elétrons na ordem especificada acima, colocando em cada orbital um máximo de dois elétrons. Esse procedimento resulta na configuração $[Ar]4s^23d^2$, com os dois elétrons 3d em orbitais diferentes, com spins paralelos. Entretanto, devido ao fato de os orbitais 3d encontrarem-se abaixo dos orbitais 4s para os elementos após o Ca, é conveniente inverter a ordem na qual eles estão escritos. A configuração é então indicada como $[Ar]3d^24s^2$. (b) Para o cátion, que possui 19 elétrons, preencheremos os orbitais na ordem especificada acima, lembrando, no entanto, que o cátion terá uma configuração d^n e nenhum elétron no orbital s. Assim sendo, a configuração do Ti^{3+} será $[Ar]3d^1$.

Teste sua compreensão 1.6 Dê as configurações eletrônicas do estado fundamental do Ni e do Ni^{2+}.

1.6 A classificação dos elementos

Pontos principais: Os elementos são, *grosso modo*, divididos em metais, não metais e metaloides, de acordo com suas propriedades físicas e químicas; a organização dos elementos em uma forma que se assemelha à tabela periódica moderna é atribuída a Mendeleev.

Uma divisão abrangente e importante dos elementos é classificá-los como **metais** e **não metais**. Os elementos metálicos (como ferro e cobre) são sólidos tipicamente lustrosos, maleáveis, dúcteis e condutores elétricos à temperatura ambiente. Os não metais são frequentemente gases (oxigênio), líquidos (bromo) ou sólidos (enxofre) que não conduzem eletricidade de maneira significativa. As consequências químicas desta classificação já devem ser conhecidas desde os cursos elementares de química:

- Elementos metálicos combinam-se com os elementos não metálicos formando compostos geralmente sólidos, duros e não voláteis (por exemplo, cloreto de sódio).
- Quando combinados entre si, os não metais formam, frequentemente, compostos moleculares voláteis (como o tricloreto de fósforo).
- Quando os metais se combinam (ou simplesmente se misturam), formam-se as ligas que possuem muitas das características físicas dos metais (por exemplo, o latão formado a partir de ferro e zinco).

Alguns elementos têm propriedades que tornam difícil classificá-los como metais ou não metais. Esses elementos são chamados de **metaloides**. Exemplos de metaloides são o silício, o germânio, o arsênio e o telúrio.

Um comentário útil: Algumas vezes, você verá o termo "semimetais" fazendo referência a metaloides. Esse nome deve ser evitado porque um semimetal possui um significado diferente bem definido na física do estado sólido (veja a Seção 3.19).

(a) A tabela periódica

Uma classificação dos elementos mais detalhada foi proposta por D. I. Mendeleev em 1869, tornando-se conhecida de todos os químicos como a **tabela periódica**. Mendeleev ordenou os elementos conhecidos em ordem crescente de peso atômico (massa molar). Essa organização resultou em famílias de elementos com propriedades químicas similares, as quais ele dispôs em grupos na tabela periódica. Por exemplo, o fato de que C, Si, Ge e Sn formam hidretos de fórmula geral EH_4, sugere que todos eles pertencem a um mesmo grupo. Também N, P, As e Sb formam hidretos de fórmula geral EH_3, sugerindo que todos pertencem a um grupo diferente. Outros compostos desses elementos mostram semelhanças características das suas famílias, como nas fórmulas CF_4 e SiF_4 para o primeiro grupo, e NF_3 e PF_3 para o segundo.

Mendeleev concentrou-se nas propriedades químicas dos elementos. Ao mesmo tempo, Lothar Meyer, na Alemanha, investigava suas propriedades físicas e descobriu que valores similares repetiam-se periodicamente com o aumento da massa molar. Um

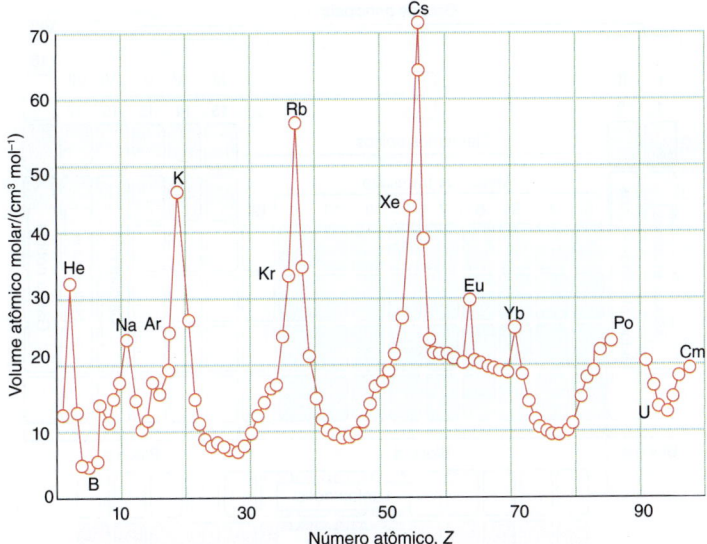

Figura 1.21 A variação periódica do volume molar em função do número atômico.

exemplo clássico é mostrado na Figura 1.21, na qual o volume molar do elemento (seu volume por mol de átomos), a 1 bar e 298 K, é mostrado graficamente em função do número atômico.

Mendeleev evidenciou a grande utilidade da tabela periódica ao prever propriedades químicas gerais (como o número de ligações que deviam formar) de elementos desconhecidos como gálio, germânio e escândio correspondentes às lacunas em sua tabela periódica original. Ele também previu elementos que sabemos hoje não existir e não previu outros que existem, mas isso foi rapidamente esquecido, não tendo ofuscado suas contribuições positivas. Ainda hoje, os químicos inorgânicos baseiam-se nas tendências periódicas para compreender as propriedades físicas e químicas de compostos conhecidos e sugerir a síntese de outros desconhecidos. Por exemplo, reconhecendo que o carbono e o silício são da mesma família, a existência de alquenos ($R_2C=CR_2$) indica que os $R_2Si=SiR_2$ também deveriam existir. Compostos com ligações duplas silício-silício (dissilaetenos) existem de fato, mas somente em 1981 é que os químicos tiveram êxito no isolamento de um composto estável. As tendências periódicas das propriedades dos elementos serão abordadas mais adiante, no Capítulo 9.

(b) O formato da tabela periódica

Pontos principais: Os blocos da tabela periódica refletem a identidade dos orbitais que são ocupados por último no processo de preenchimento. O número do período é o número quântico principal da camada de valência. O número do grupo está relacionado com o número dos elétrons de valência.

A forma moderna da tabela periódica reflete a estrutura eletrônica dos elementos (Fig. 1.22). Podemos ver agora, por exemplo, que os **blocos** da tabela indicam o tipo de subcamada sendo ocupada de acordo com o princípio do preenchimento. Cada **período**, ou linha, da tabela corresponde ao preenchimento das subcamadas s, p, d e f de uma dada camada. O número do período é o valor do número quântico principal n da camada que, de acordo com o princípio do preenchimento, está sendo ocupada nos grupos principais da tabela. Por exemplo, o segundo período corresponde à camada de $n = 2$ e ao preenchimento das subcamadas 2s e 2p.

Os números dos **grupos**, G, estão diretamente relacionados com o número de elétrons na **camada de valência**, a camada mais externa do átomo. No sistema de numeração "1-18", recomendado pela IUPAC, teremos:

Bloco	s	p	d
Número de elétrons na camada de valência	G	$G - 10$	G

Neste contexto, a expressão "camada de valência" para um elemento do bloco d consiste nos orbitais ns e $(n - 1)$d; assim, um átomo de Sc tem três elétrons de valência (dois elétrons 4s e um 3d). O número de elétrons de valência para o Se, um elemento do bloco p (Grupo 16), é 16 – 10 = 6, o que fornece a configuração s^2p^4.

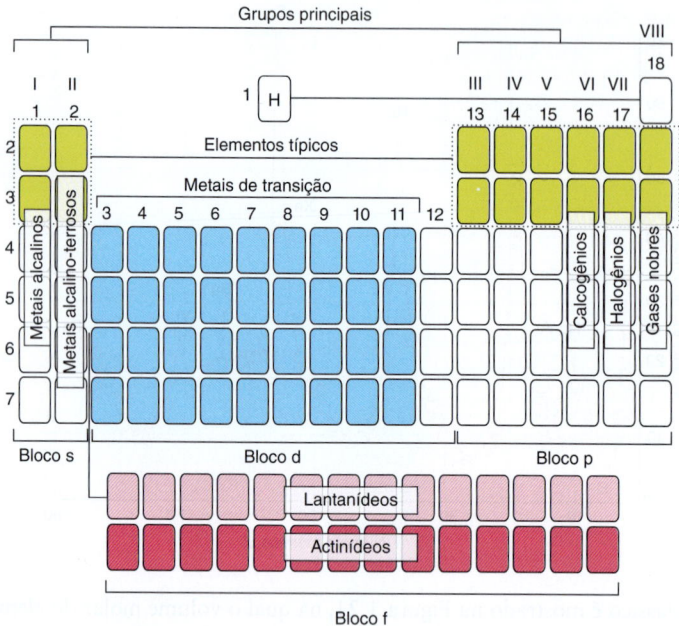

Figura 1.22 A estrutura geral da tabela periódica. Compare este modelo com a tabela completa na parte interna da capa para identificar os elementos que pertencem a cada bloco.

> **EXEMPLO 1.7** Colocando os elementos na tabela periódica
>
> Indique a qual período, grupo e bloco da tabela periódica pertence o elemento com a configuração eletrônica $1s^2 2s^2 2p^6 3s^2 3p^4$. Identifique o elemento.
>
> *Resposta* Precisamos lembrar que o número do período é dado pelo número quântico principal, n, que o número do grupo pode ser encontrado a partir do número de elétrons de valência e que a identificação do bloco é dada pelo tipo do orbital ocupado por último de acordo com o princípio do preenchimento. Os elétrons de valência têm $n = 3$ e, portanto, o elemento é do terceiro período da tabela periódica. Os seis elétrons de valência identificam o elemento como um membro do Grupo 16. O elétron adicionado por último é um elétron p, de forma que o elemento é do bloco p. O elemento é o enxofre.
>
> *Teste sua compreensão 1.7* Indique a qual período, grupo e bloco da tabela periódica pertence o elemento com configuração eletrônica $1s^2 2s^2 2p^6 3s^2 3p^6 4s^2$. Identifique o elemento.

1.7 Propriedades atômicas

Certas propriedades características dos átomos, particularmente seus raios e as energias associadas com a remoção e adição de elétrons, mostram variações periódicas regulares com o número atômico. Essas propriedades atômicas são de grande importância para o entendimento das propriedades químicas dos elementos e serão novamente discutidas no Capítulo 9. O conhecimento destas tendências permite aos químicos interpretar as observações e prever comportamentos químicos e estruturais, sem recorrer a dados tabelados para cada elemento.

(a) Raios atômicos e iônicos

Pontos principais: Os raios atômicos aumentam à medida que descemos em um grupo e, dentro dos blocos s e p, diminuem da esquerda para a direita ao longo do período. A contração dos lantanídeos resulta na diminuição dos raios atômicos dos elementos que se situam após o bloco f. Todos os ânions monoatômicos são maiores do que os átomos que lhes deram origem e todos os cátions monoatômicos são menores.

Uma das propriedades atômicas mais úteis de um elemento é o tamanho de seus átomos e íons. Como veremos em capítulos posteriores, considerações geométricas são de fundamental importância para explicar as estruturas de muitos sólidos e moléculas individuais. Além disso, a distância média de um elétron ao núcleo de um átomo está relacionada com a energia necessária para remover esse elétron no processo de formação do cátion.

Um átomo não tem um raio preciso, pois a grandes distâncias do núcleo a densidade eletrônica diminui exponencialmente (mas não de forma brusca). Entretanto, podemos esperar que, de alguma forma, os átomos com muitos elétrons sejam maiores do que os átomos que têm poucos elétrons. Tais considerações levaram os químicos a propor uma variedade de definições de raio atômico com base em considerações empíricas.

O **raio metálico** de um elemento metálico é definido como a metade da distância determinada experimentalmente entre os centros dos átomos vizinhos mais próximos no sólido (Fig. 1.23a; veja também a Seção 3.7 para uma definição mais refinada). O **raio covalente** de um elemento não metálico é, da mesma forma, definido como a metade da distância internuclear entre átomos vizinhos de um mesmo elemento em uma molécula (Fig. 1.23b). Iremos nos referir aos raios metálico e covalente em conjunto como **raios atômicos** (Tabela 1.3). As tendências periódicas dos raios metálico e covalente podem ser vistas pelos dados da tabela e estão apresentados na Figura 1.24. Como conhecido dos textos introdutórios de química, os átomos podem estar unidos por ligações simples, duplas e triplas, com as ligações múltiplas mais curtas do que as ligações simples entre os mesmos dois elementos. O **raio iônico** de um elemento (Fig. 1.23c) está relacionado com a distância entre os centros de cátions e ânions vizinhos em um composto iônico. Uma decisão arbitrária deve ser tomada sobre como dividir a distância cátion-ânion entre os dois íons. Tem havido muitas sugestões: em um esquema comum, atribui-se ao raio do íon O^{2-} o valor de 140 pm (Tabela 1.4; veja a Seção 3.7 para um aprofundamento dessa definição). Por exemplo, o raio iônico do Mg^{2+} é obtido subtraindo-se 140 pm da distância internuclear dos íons Mg^{2+} e O^{2-}, adjacentes, no MgO sólido.

Os dados da Tabela 1.3 mostram que os *raios atômicos aumentam à medida que descemos em um grupo* e *diminuem da esquerda para a direita ao longo de um período*. Essas tendências são facilmente interpretadas em termos da estrutura eletrônica dos átomos. Ao descermos em um grupo, os elétrons de valência são encontrados em orbitais de número quântico principal sucessivamente maior. Os átomos dentro do grupo têm um número cada vez maior de camadas eletrônicas completas nos períodos sucessivos e, assim, seus raios aumentam à medida que descemos no grupo. Ao longo de um

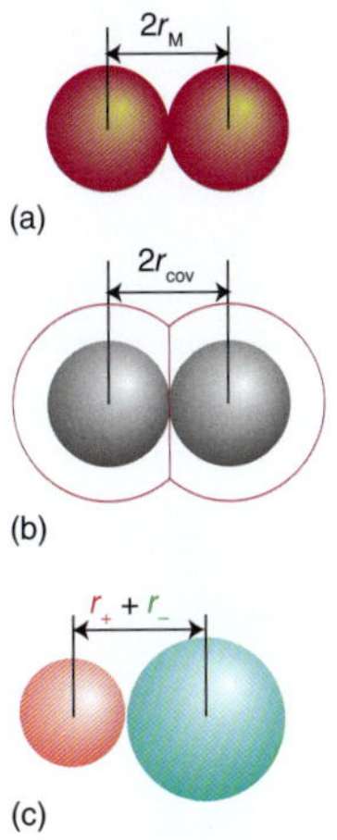

Figura 1.23 Representação dos raios (a) metálico, (b) covalente e (c) iônico.

Tabela 1.3 Raios atômicos, r/pm*

Li	Be										B	C	N	O	F
157	112										88	77	74	73	71
Na	Mg										Al	Si	P	S	Cl
191	160										143	118	110	104	99
K	Ca	Sc	Ti	V	Cr	Mn	Fe	Co	Ni	Cu	Zn	Ga	Ge	As	Se	Br
235	197	164	147	135	129	137	126	125	125	128	137	140	122	122	117	114
Rb	Sr	Y	Zr	Nb	Mo	Tc	Ru	Rh	Pd	Ag	Cd	In	Sn	Sb	Te	I
250	215	182	160	147	140	135	134	134	137	144	152	150	140	141	135	133
Cs	Ba	La	Hf	Ta	W	Re	Os	Ir	Pt	Au	Hg	Tl	Pb	Bi		
272	224	188	159	147	141	137	135	136	139	144	155	155	154	152		

*Para os raios metálicos, os valores referem-se ao número de coordenação 12 (veja a Seção 3.2).

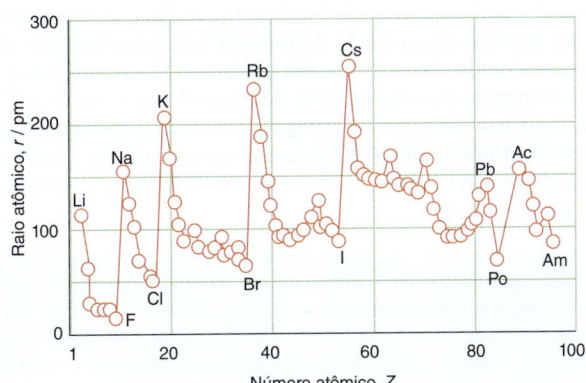

Figura 1.24 Variação do raio atômico ao longo da tabela periódica. Observe a contração dos raios no sexto período, após os lantanídeos. Para os elementos metálicos, foram usados os raios metálicos; para os elementos não metálicos, foram usados os raios covalentes.

Tabela 1.4 Raios iônicos, r/pm*

Li⁺	Be²⁺	B³⁺		N³⁻	O²⁻	F⁻
59(4)	27(4)	11(4)		146	135(2)	128(2)
76(6)					138(4)	131(4)
					140(6)	133(6)
					142(8)	
Na⁺	Mg²⁺	Al³⁺		P³⁻	S²⁻	Cl⁻
99(4)	49(4)	39(4)		212	184(6)	181(6)
102(6)	72(6)	53(6)				
132(8)	103(8)					
K⁺	Ca²⁺	Ga³⁺		As³⁻	Se²⁻	Br⁻
138(6)	100(6)	62(6)		222	198(6)	196(6)
151(8)	112(8)					
159(10)	123(10)					
160(12)	134(12)					
Rb⁺	Sr²⁺	In³⁺	Sn²⁺	Sn⁴⁺	Te²⁻	I⁻
148(6)	118(6)	80(6)	83(6)	69(6)	221(6)	220(6)
160(8)	126(8)	92(8)	93(8)			
173(12)	144(12)					
Cs⁺	Ba²⁺	Tl³⁺				
167(6)	135(6)	89(6)				
174(8)	142(8)	Tl⁺				
188(12)	175(12)	150(6)				

*Os números entre parênteses são os números de coordenação do íon. Para valores adicionais, veja o Apêndice 1.

período, os elétrons de valência entram em orbitais da mesma camada; entretanto, o aumento na carga nuclear efetiva ao longo do período puxa os elétrons para o centro do átomo, resultando em átomos progressivamente mais compactos. O aumento geral do raio ao descermos no grupo e a diminuição ao longo de um período devem ser sempre lembrados, uma vez que eles se correlacionam muito bem com as tendências de muitas propriedades químicas.

O sexto período mostra uma interessante e importante modificação nessas tendências gerais. Podemos observar na Fig. 1.24 que os raios metálicos da terceira linha do bloco d são muito semelhantes àqueles da segunda linha, não sendo, como esperado, significativamente maiores pelo fato de possuírem um número muito maior de elétrons. Por exemplo, os raios atômicos do Mo ($Z = 42$) e do W ($Z = 74$) são 140 e 141 pm, respectivamente, apesar de o último ter muito mais elétrons. Esta redução do raio abaixo do esperado com base na simples extrapolação da tendência observada ao se descer em um grupo é chamada de **contração dos lantanídeos**. O nome ressalta a origem do efeito. Os elementos da terceira linha do bloco d (sexto período) são precedidos pelos elementos da primeira linha do bloco f, os lantanídeos, nos quais os orbitais 4f estão sendo ocupados. Esses orbitais possuem uma pequena capacidade de blindagem de forma que os elétrons de valência experimentam uma atração nuclear maior do que poderia ser esperado. As repulsões entre os elétrons que estão sendo adicionados ao longo do bloco f não são capazes de compensar o aumento da carga nuclear, de forma que Z_{ef} aumenta entre o La e o Lu. Sendo o efeito de Z_{ef} dominante, esta puxa todos os elétrons para o centro do átomo resultando, dessa forma, em um átomo mais compacto para os últimos lantanídeos e os elementos da terceira linha do bloco d que os seguem. Uma contração similar é encontrada nos elementos que seguem o bloco d, pelas mesmas razões. Por exemplo, embora haja um aumento substancial no raio atômico entre o C e o Si (77 e 118 pm, respectivamente), o raio atômico do Ge (122 pm) é somente ligeiramente maior do que o do Si.

> **Nota:** Os textos em inglês mais recentes não se referem aos elementos 4f e 5f como lantanoides (*lanthanoids* em inglês) e actinoides (*actinoids* em inglês), uma vez que o sufixo "ide" deve ser usado apenas para espécies aniônicas. No entanto, em português, os termos recomendados pela IUPAC são lantanídeos e actinídeos, pois o sufixo para as espécies aniônicas em português possuem a terminação "eto", não havendo dessa forma coincidência de terminologia em relação aos ânions.

Efeitos relativísticos, especialmente o aumento da massa à medida que as partículas aproximam-se da velocidade da luz, possuem um importante papel no comportamento dos elementos do sexto período em diante, embora um tanto sutis. Os elétrons nos orbitais s e p, os quais penetram mais próximo do núcleo altamente carregado e experimentam acelerações muito fortes, têm a massa aumentada e estão associados a uma contração no raio dos orbitais, enquanto a penetração menor dos orbitais d e f leva a uma expansão. Uma consequência desta última expansão é a de que os elétrons d e f tornam-se menos efetivos na blindagem dos outros elétrons, e os elétrons nos orbitais s mais externos contraem mais. Para os elementos leves, os efeitos relativísticos podem ser negligenciados, mas para os elementos mais pesados, com elevados números atômicos, eles se tornam significativos e podem resultar em uma contração de aproximadamente 20% no tamanho do átomo.

Outra característica geral que se percebe na Tabela 1.4 é que todos os ânions monoatômicos são maiores e todos os cátions monoatômicos são menores do que os átomos originais (em alguns casos, de forma marcante). O aumento do raio de um átomo quando da formação do ânion correspondente é resultado das fortes repulsões elétron-elétron que ocorrem quando um elétron é adicionado para formar um ânion. Há também uma diminuição no valor de Z_{ef} que está associada a esse fato. O menor raio do cátion, comparado com o do átomo que o originou, é uma consequência não apenas da redução das repulsões elétron-elétron causada pela perda de elétrons, mas também pelo fato de que a formação do cátion resulta na perda de elétrons de valência e um aumento de Z_{ef}. Essa perda resulta, frequentemente, em um átomo com camadas fechadas de elétrons, muito mais compacto. Levando em consideração essas diferenças, a variação do raio iônico ao longo da tabela periódica se assemelha à dos átomos.

Embora pequenas variações no raio atômico possam parecer de pouca importância, de fato o raio atômico tem um papel central nas propriedades químicas dos elementos. Pequenas mudanças podem ter profundas consequências, como veremos no Capítulo 9.

(b) Energia de ionização

Pontos principais: A primeira energia de ionização é menor do lado esquerdo inferior da tabela periódica (próximo ao césio) e maior próximo ao canto superior direito (próximo ao hélio). As ionizações sucessivas de um átomo requerem energias cada vez maiores.

A facilidade com que um elétron pode ser removido de um átomo é medida pela sua **energia de ionização**, I ou $\Delta_{ion}H$, a energia mínima necessária para remover um elétron de um átomo em fase gasosa:

$$A(g) \rightarrow A^+(g) + e^-(g) \qquad I = E(A^+, g) - E(A, g) \qquad (1.8)$$

A **primeira energia de ionização**, I_1, é a energia necessária para remover o elétron menos firmemente ligado de um átomo neutro; a **segunda energia de ionização**, I_2, é a energia necessária para remover o elétron menos firmemente ligado do cátion resultante e assim por diante. As energias de ionização são convenientemente expressas em **elétron-volts** (eV), mas são facilmente convertidas em quilojoules por mol usando-se 1 eV = 96,485 kJ mol^{-1}. A energia de ionização do átomo de H é 13,6 eV, de forma que remover um elétron de um átomo de hidrogênio é equivalente a arrastar um elétron através de uma diferença de potencial de 13,6 V.

> *Um comentário útil:* Nos cálculos termodinâmicos, é frequentemente mais apropriado usar a **entalpia de ionização**, a entalpia padrão do processo descrito pela Eq. 1.8, usualmente a 298 K. A entalpia de ionização molar é $(\frac{5}{2})RT$ maior do que a energia de ionização. Essa diferença provém da variação de $T = 0$ (assumida implicitamente para I) para a temperatura T (geralmente 298 K) à qual o valor de entalpia se refere e à transformação de 1 mol de partículas de gás em 2 mol de íons gasosos, incluindo-se os elétrons. Entretanto, como RT é somente 2,5 kJ mol^{-1} à temperatura ambiente (correspondendo a 0,026 eV) e as energias de ionização são da ordem de 10^2 a 10^3 kJ mol^{-1} (1 a 10 eV), a diferença entre a energia e entalpia de ionização frequentemente pode ser ignorada.

Como uma boa aproximação, a primeira energia de ionização de um elemento é determinada pela energia do orbital ocupado mais alto no estado fundamental do átomo. A primeira energia de ionização varia sistematicamente ao longo da tabela periódica (Tabela 1.5, Fig. 1.25), sendo menor no canto inferior esquerdo (próximo ao césio) e maior no canto superior direito (próximo ao hélio). A variação segue o padrão da carga nuclear efetiva, incluindo algumas modulações sutis que se originam dos efeitos das

Tabela 1.5 Primeiras, segundas e terceiras (e algumas quartas) energias de ionização dos elementos, $I/(\text{kJ mol}^{-1})$

H							He
1312							2373
							5259
Li	Be	B	C	N	O	F	Ne
513	899	801	1086	1402	1314	1681	2080
7297	1757	2426	2352	2855	3386	3375	3952
11 809	14 844	3660	4619	4577	5300	6050	6122
		25 018					
Na	Mg	Al	Si	P	S	Cl	Ar
495	737	577	786	1011	1000	1251	1520
4562	1476	1816	1577	1903	2251	2296	2665
6911	7732	2744	3231	2911	3361	3826	3928
		11 574					
K	Ca	Ga	Ge	As	Se	Br	Kr
419	589	579	762	947	941	1139	1351
3051	1145	1979	1537	1798	2044	2103	3314
4410	4910	2963	3302	2734	2974	3500	3565
Rb	Sr	In	Sn	Sb	Te	I	Xe
403	549	558	708	834	869	1008	1170
2632	1064	1821	1412	1794	1795	1846	2045
3900	4210	2704	2943	2443	2698	3197	3097
Cs	Ba	Tl	Pb	Bi	Po	At	Rn
375	502	590	716	704	812	926	1036
2420	965	1971	1450	1610	1800	1600	
3400	3619	2878	3080	2466	2700	2900	

repulsões elétron-elétron dentro da mesma subcamada. Uma boa aproximação é considerar que, para um elétron de uma camada com número quântico principal n,

$$I \propto \frac{Z_{\text{ef}}^2}{n^2}$$

As energias de ionização também se correlacionam fortemente com os raios atômicos, e os elementos que possuem raios atômicos pequenos geralmente têm valores elevados de energia de ionização. A explicação dessa correlação é que em um átomo pequeno o elétron está próximo do núcleo e experimenta uma forte atração coulombiana, tornando difícil a sua remoção. Portanto, como o raio atômico aumenta à medida que descemos em um grupo, observa-se uma diminuição na energia de ionização, enquanto que a diminuição do raio ao longo de um período é acompanhada por um aumento gradual na energia de ionização.

Alguns desvios dessa tendência geral na energia de ionização podem ser facilmente explicados. Um exemplo é a observação de que a primeira energia de ionização do boro

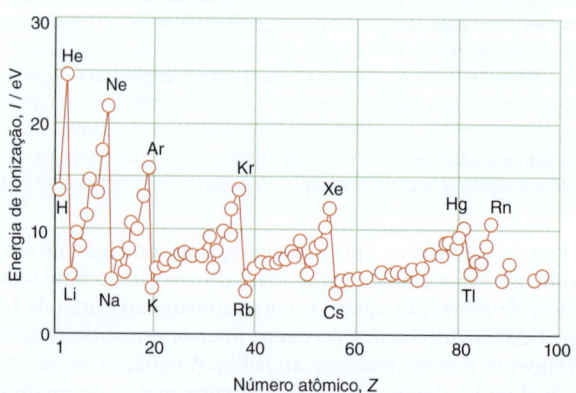

Figura 1.25 Variação periódica das primeiras energias de ionização.

é menor que a do berílio, apesar de o primeiro possuir carga nuclear maior. Essa anomalia é explicada observando-se que no boro o elétron mais externo ocupa o orbital 2p, ficando menos fortemente ligado do que se estivesse no orbital 2s. Como resultado, o valor de I_1 diminui do Be ao B. O decréscimo entre o N e o O tem uma explicação um pouco diferente. As configurações dos dois átomos são:

N [He]$2s^2 2p_x^1 2p_y^1 2p_z^1$ O [He]$2s^2 2p_x^2 2p_y^1 2p_z^1$

Vemos que, no átomo de O, dois elétrons ocupam um mesmo orbital 2p. Eles se repelem fortemente, e essa forte repulsão compensa a elevada carga nuclear. Outra contribuição para essa diferença é que a remoção de um elétron de um átomo de O para produzir o íon O$^+$ não envolve qualquer redução na energia de troca, uma vez que o elétron ionizado é o único com orientação de spin ↓. Adicionalmente, a camada semipreenchida dos orbitais p do nitrogênio é uma configuração particularmente estável uma vez que a ionização de um elétron de uma configuração $2s^2 2p^3$ envolve uma perda significativa da energia de troca.

Considerando os elementos F e Ne à direita no segundo período, os últimos elétrons entram em orbitais que já estão semipreenchidos, seguindo a tendência de aumento da energia de ionização iniciada no oxigênio. Os altos valores das energias de ionização destes dois elementos refletem o alto valor de Z_{ef}. O valor de I_1 cai abruptamente do Ne para o Na, pois o elétron mais externo passa a ocupar a camada seguinte, com um aumento do número quântico principal e ficando o elétron, portanto, mais distante do núcleo.

EXEMPLO 1.8 **Explicando a variação da energia de ionização**

Explique o decréscimo na primeira energia de ionização do fósforo para o enxofre.

Resposta Analisamos esta questão considerando as configurações do estado fundamental dos dois átomos:

P [Ne]$3s^2 3p_x^1 3p_y^1 3p_z^1$ S [Ne]$3s^2 3p_x^2 3p_y^1 3p_z^1$

Como no caso análogo do N e do O, na configuração do estado fundamental do S dois elétrons estão presentes em um dos orbitais 3p. Assim, eles estão tão próximos que se repelem fortemente, e esse aumento na repulsão compensa o efeito da carga nuclear maior do S comparada à do P. Como na diferença entre N e O, a subcamada semipreenchida do S$^+$ também contribui para a redução da energia do íon e, desta forma, para a sua menor energia de ionização.

Teste sua compreensão 1.8 Explique o decréscimo na primeira energia de ionização do flúor para o cloro.

Outro padrão importante é que as energias de ionização sucessivas de um elemento requerem energias cada vez maiores (Fig. 1.26). Assim, a segunda energia de ionização de um elemento E (a energia necessária para remover um elétron do cátion E$^+$) é maior do que a sua primeira energia de ionização, e a sua terceira energia de ionização (a energia necessária para remover um elétron do cátion E^{2+}) é ainda maior. A explicação é que, quanto maior a carga positiva de uma espécie, maior será a atração eletrostática sentida pelo elétron a ser removido; ou seja, existe uma razão próton/elétron elevada. Além disso, quando um elétron é removido, Z_{ef} aumenta e o átomo se contrai, tornando mais difícil a remoção de um elétron desse cátion menor e mais compacto. A diferença na energia de ionização é muito aumentada quando o elétron a ser removido é de uma camada fechada de um átomo (como é o caso para a segunda energia de ionização do Li e qualquer um dos seus congêneres ou elementos do mesmo grupo) porque o elétron deve ser retirado de um orbital compacto, no qual ele interage fortemente com o núcleo. A primeira energia de ionização do Li, por exemplo, é igual a 513 kJ mol^{-1}, mas a segunda energia de ionização é 7297 kJ mol^{-1}, mais de dez vezes maior.

O padrão das energias de ionização sucessivas não é simples, à medida que descemos em um grupo. A Fig. 1.26 mostra as primeiras, segundas e terceiras energias de ionização dos membros do Grupo 13. Embora elas estejam na ordem esperada, $I_1 < I_2 < I_3$, não há uma tendência simples. O que isso nos mostra é que em vez de usar um argumento para justificar pequenas diferenças de energia de ionização, é sempre melhor utilizar os valores numéricos reais do que tentar prever os resultados (Seção 9.2).

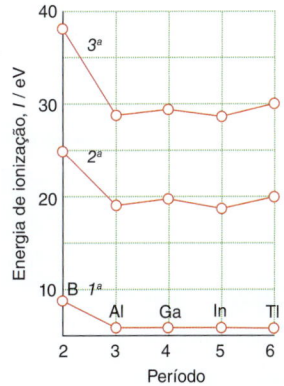

Figura 1.26 Primeiras, segundas e terceiras energias de ionização dos elementos do Grupo 13. As energias de ionização sucessivas são cada vez maiores, mas não há um padrão claro à medida que descemos no grupo.

> **EXEMPLO 1.9** Explicando os valores sucessivos das energias de ionização
>
> Justifique os seguintes valores para as sucessivas energias de ionização do boro, onde $\Delta_{ion}H(N)$ é a enésima entalpia de ionização:
>
> | N | 1 | 2 | 3 | 4 | 5 |
> |---|---|---|---|---|---|
> | $\Delta_{ion}H(N)$/(kJ mol^{-1}) | 807 | 2433 | 3666 | 25033 | 32834 |
>
> **Resposta** Quando consideramos tendências na energia de ionização, um bom ponto de partida é a configuração eletrônica do átomo. A configuração eletrônica do B é $1s^22s^22p^1$. A primeira energia de ionização corresponde à remoção do elétron do orbital 2p. Esse elétron está blindado da carga nuclear pelo caroço e pelo orbital 2s cheio. O segundo valor corresponde à remoção de um elétron 2s do cátion B^+. Esse elétron é mais difícil de remover devido ao aumento da carga nuclear efetiva. A carga nuclear efetiva aumenta mais ainda com a remoção desse elétron, resultando no aumento de $\Delta_{ion}H(2)$ para $\Delta_{ion}H(3)$. Há um grande aumento entre $\Delta_{ion}H(3)$ e $\Delta_{ion}H(4)$ porque a camada 1s fica em uma energia muito baixa uma vez que ela experimenta praticamente toda a carga nuclear e também possui $n = 1$. O último elétron a ser removido não sofre qualquer blindagem da carga nuclear, de forma que $\Delta_{ion}H(5)$ é muito alta, sendo dada por $hcRZ^2$ com $Z = 5$, correspondendo a $(13,6 \text{ eV}) \times 25 = 340$ eV (32,8 MJ mol^{-1}).
>
> **Teste sua compreensão 1.9** Observe os valores listados abaixo para as cinco primeiras energias de ionização de um elemento e deduza a qual grupo da tabela periódica ele pertence. Justifique sua resposta.
>
> | N | 1 | 2 | 3 | 4 | 5 |
> |---|---|---|---|---|---|
> | $\Delta_{ion}H(N)$/(kJ mol^{-1}) | 1093 | 2359 | 4627 | 6229 | 37838 |

(c) Afinidade eletrônica

Pontos principais: As afinidades eletrônicas são mais altas para os elementos próximos do flúor na tabela periódica.

A **entalpia de ganho de elétron**, $\Delta_{ge}H^\ominus$, é a variação da entalpia padrão molar quando um átomo na fase gasosa ganha um elétron:

$$A(g) + e^-(g) \rightarrow A^-(g)$$

O ganho de elétron pode ser exotérmico ou endotérmico. Embora o termo entalpia de ganho de elétron seja o termo termodinamicamente apropriado, muito da química inorgânica é discutido em termos de uma propriedade muito próxima, a **afinidade eletrônica** de um elemento, E_a (Tabela 1.6), que é a diferença de energia entre os átomos gasosos e os íons gasosos a $T = 0$.

$$E_a = E(A, g) - E(A^-, g) \tag{1.9}$$

Embora a relação precisa seja $\Delta_{ge}H^\ominus = -E_a - (\frac{5}{2})RT$, a contribuição $(\frac{5}{2})RT$ é frequentemente ignorada. Uma afinidade eletrônica positiva indica que o íon A^- tem uma energia menor, mais negativa, do que o átomo neutro A. A segunda entalpia de ganho de elétron, a variação de entalpia para a ligação de um elétron a um átomo monocarregado negativamente, é sempre positiva porque a repulsão eletrônica supera a atração nuclear.

Tabela 1.6 Afinidades eletrônicas dos elementos do grupo principal, E_a/(kJ mol^{-1})*

H							He
72							−48
Li	Be	B	C	N	O	F	Ne
60	≤0	27	122	−8	141	328	−116
					−780		
Na	Mg	Al	Si	P	S	Cl	Ar
53	≤0	43	134	72	200	349	−96
					−492		
K	Ca	Ga	Ge	As	Se	Br	Kr
48	2	29	116	78	195	325	−96
Rb	Sr	In	Sn	Sb	Te	I	Xe
47	5	29	116	103	190	295	−77

*Os primeiros valores referem-se à formação do íon X^- a partir do átomo neutro; os segundos valores correspondem à formação de X^{2-} a partir de X^-.

A afinidade eletrônica de um elemento é determinada, em grande parte, pela energia do orbital *não preenchido* (ou semipreenchido) de menor energia do átomo no seu estado fundamental. Esse orbital é um dos dois **orbitais de fronteira** do átomo, sendo o outro o orbital atômico *preenchido de mais alta energia*. Os orbitais de fronteira são aqueles em que ocorrem as mudanças nas distribuições eletrônicas quando as ligações se formam, e veremos mais da sua importância durante todo o texto. Um elemento possui uma alta afinidade eletrônica se o elétron adicional puder entrar em uma camada onde ele irá experimentar uma forte carga nuclear efetiva. Esse é o caso dos elementos próximos ao canto direito superior da tabela periódica, como já explicado. Desse modo, podemos esperar que os elementos próximos ao flúor (especificamente o O e o Cl, mas não os gases nobres), com grandes valores de Z_{ef} e sendo possível adicionar elétrons às suas camadas de valência, tenham as maiores afinidades eletrônicas. O nitrogênio tem uma afinidade eletrônica muito baixa devido à alta repulsão eletrônica que ocorre quando um elétron entra em um orbital que já está semipreenchido e para o qual também não ocorre ganho de energia de troca pois o elétron adicional possui um spin antiparalelo a todos os outros elétrons 2p.

> **EXEMPLO 1.10** Explicando a variação na afinidade eletrônica
>
> Justifique o grande decréscimo na afinidade eletrônica entre o Li e o Be, apesar do aumento na carga nuclear.
>
> *Resposta* Quando consideramos as tendências nas afinidades eletrônicas, assim como no caso das energias de ionização, um bom ponto de partida é a configuração eletrônica do átomo. As configurações eletrônicas do Li e do Be são, respectivamente, [He]$2s^1$ e [He]$2s^2$. O elétron adicional entra no orbital 2s do Li, enquanto que no Be entra no orbital 2p, ficando muito menos ligado. De fato, a carga nuclear está tão bem blindada no Be que o ganho de um elétron é endotérmico.
>
> *Teste sua compreensão 1.10* Justifique o decréscimo na afinidade eletrônica entre o C e o N.

> *Um comentário útil:* Fique atento ao fato de que algumas pessoas usam os termos "afinidade eletrônica" e "entalpia de ganho de elétron" indistintamente. Nesses casos, uma afinidade eletrônica positiva pode indicar que A⁻ possui uma energia mais positiva do que A.

(d) Eletronegatividade

Pontos principais: A eletronegatividade de um elemento é a capacidade que o átomo de um elemento tem de atrair elétrons quando ele é parte de um composto; há uma tendência geral de aumento da eletronegatividade ao longo de um período e uma tendência geral de diminuição ao descermos num grupo.

A **eletronegatividade**, χ (chi), de um elemento é a capacidade que o átomo de um elemento de uma molécula tem de atrair elétrons para si mesmo. As escalas de eletronegatividade são sempre baseadas nos átomos em moléculas em preferência aos átomos isolados. Se um átomo tem uma forte tendência de adquirir elétrons, diz-se que ele é "altamente eletronegativo" (como os elementos próximos ao flúor). Se ele tem uma tendência de perder elétrons (como os metais alcalinos), diz-se que ele é "eletropositivo". A eletronegatividade é um conceito muito útil na química e tem numerosas aplicações, dentre as quais a de explicar as energias de ligação e os tipos de reações que as substâncias sofrem e de prever as polaridades das ligações e das moléculas (Capítulo 2).

As tendências periódicas na eletronegatividade podem ser relacionadas com as tendências no tamanho dos átomos e com as configurações eletrônicas, mesmo que a eletronegatividade seja referente aos átomos nos compostos. Se um átomo é pequeno e tem uma camada eletrônica quase fechada, então há uma grande probabilidade de ele apresentar uma alta eletronegatividade. Consequentemente, as eletronegatividades dos elementos geralmente aumentam da esquerda para a direita ao longo de um período e diminuem ao descermos num grupo.

Medidas quantitativas da eletronegatividade têm sido definidas de muitas maneiras diferentes. A formulação original de Linus Pauling (cujos valores são indicados por χ_P na Tabela 1.7) baseia-se em conceitos relacionados com as energias envolvidas na formação das ligações, que serão abordados no Capítulo 2.[2] Uma definição mais no espírito deste

---
[2] Os valores de eletronegatividade de Pauling serão usados ao longo de todos os capítulos subsequentes.

Tabela 1.7 Eletronegatividades de Pauling, χ_P, Mulliken, χ_M e Allred-Rochow, χ_{AR}

H							He
2,20							5,5
3,06							
2,20							
Li	Be	B	C	N	O	F	Ne
0,98	1,57	2,04	2,55	3,04	3,44	3,98	
1,28	1,99	1,83	2,67	3,08	3,22	4,43	4,60
0,97	1,47	2,01	2,50	3,07	3,50	4,10	5,10
Na	Mg	Al	Si	P	S	Cl	Ar
0,93	1,31	1,61	1,90	2,19	2,58	3,16	
1,21	1,63	1,37	2,03	2,39	2,65	3,54	3,36
1,01	1,23	1,47	1,74	2,06	2,44	2,83	3,30
K	Ca	Ga	Ge	As	Se	Br	Kr
0,82	1,00	1,81	2,01	2,18	2,55	2,96	3,0
1,03	1,30	1,34	1,95	2,26	2,51	3,24	2,98
0,91	1,04	1,82	2,02	2,20	2,48	2,74	3,10
Rb	Sr	In	Sn	Sb	Te	I	Xe
0,82	0,95	1,78	1,96	2,05	2,10	2,66	2,6
0,99	1,21	1,30	1,83	2,06	2,34	2,88	2,59
0,89	0,99	1,49	1,72	1,82	2,01	2,21	2,40
Cs	Ba	Tl	Pb	Bi			
0,79	0,89	2,04	2,33	2,02			
0,70	0,90	1,80	1,90	1,90			
0,86	0,97	1,44	1,55	1,67			

capítulo, no sentido de que é baseada nas propriedades dos átomos individuais, foi proposta por Robert Mulliken. Ele observou que, se um átomo possui uma alta energia de ionização, I, e uma alta afinidade eletrônica, E_a, então ele terá uma maior capacidade de adquirir do que perder elétrons quando fizer parte de um composto e, deste modo, será classificado como sendo altamente eletronegativo. Inversamente, se tanto a sua energia de ionização quanto a sua afinidade eletrônica forem baixas, então o átomo tenderá a perder elétrons ao invés de ganhá-los e, deste modo, será classificado como eletropositivo. Essas observações serviram de base para a definição de **eletronegatividade de Mulliken**, χ_M, que é dada como o valor médio da energia de ionização e da afinidade eletrônica do elemento (ambos expressos em elétron-volt):

$$\chi_M = \tfrac{1}{2}(I + E_a) \qquad (1.10)$$

A dificuldade oculta na definição aparentemente simples da eletronegatividade de Mulliken é que a energia de ionização e a afinidade eletrônica dessa definição referem-se ao **estado de valência**, a configuração eletrônica que se supõe ter o átomo quando ele é parte de uma molécula. Deste modo, são necessários alguns cálculos, pois a energia de ionização e a afinidade eletrônica a serem usadas para calcular χ_M são misturas de valores para vários estados espectroscopicamente observáveis para o átomo. Sem entrar nos detalhes dos cálculos, os valores resultantes apresentados na Tabela 1.7 podem ser comparados com os valores de Pauling (Fig. 1.27). As duas escalas têm valores semelhantes e mostram as mesmas tendências. Uma conversão relativamente confiável entre as duas escalas é:

$$\chi_P = 1{,}35\,\chi_M^{1/2} - 1{,}37 \qquad (1.11)$$

Uma vez que os elementos próximos ao flúor (ignorando os gases nobres) têm grandes energias de ionização e apreciáveis afinidades eletrônicas, eles possuem as maiores eletronegatividades de Mulliken. Sendo χ_M dependente dos níveis de energia atômicos, em particular da localização do orbital preenchido de energia mais alta e do orbital vazio de energia mais baixa, a eletronegatividade de um elemento é alta se os dois orbitais de fronteira do seu átomo tiverem baixa energia.

Várias definições alternativas de eletronegatividade "atômica" têm sido propostas. Uma escala amplamente utilizada, sugerida por A.L. Allred e E. Rochow, baseia-se na ideia de que a eletronegatividade é determinada pelo campo elétrico na superfície do átomo.

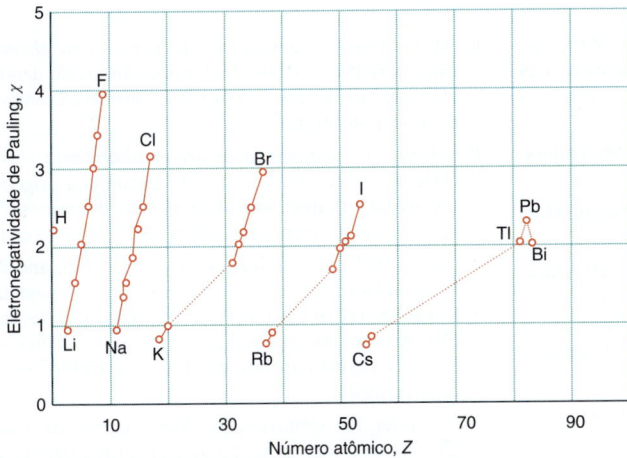

Figura 1.27 Variação periódica das eletronegatividades de Pauling.

Como já vimos, um elétron em um átomo experimenta uma carga nuclear efetiva Z_{ef}. O potencial coulombiano na superfície desse átomo é proporcional a Z_{ef}/r, e o campo elétrico é proporcional a Z_{ef}/r^2. A **eletronegatividade de Allred-Rochow**, χ_{AR}, assume que a eletronegatividade é proporcional a esse campo, com r sendo o raio covalente do átomo:

$$\chi_{AR} = 0{,}744 + \frac{35{,}90 Z_{ef}}{(r/\text{pm})^2} \qquad (1.12)$$

As constantes numéricas foram escolhidas para que os valores obtidos fossem comparáveis às eletronegatividades de Pauling. De acordo com a definição de Allred-Rochow, os elementos com alta eletronegatividade são aqueles com alta carga nuclear efetiva e pequeno raio covalente: tais elementos ficam próximos do F. Os valores de Allred-Rochow acompanham muito de perto os valores das eletronegatividades de Pauling e são úteis para discutir as distribuições eletrônicas nos compostos.

(e) Polarizabilidade

Pontos principais: Um átomo ou íon polarizável é aquele cujos orbitais de fronteira têm energias próximas; átomos grandes e pesados e íons tendem a ser altamente polarizáveis.

A **polarizabilidade**, α, de um átomo é a sua capacidade de ser distorcido por um campo elétrico (tal como o de um íon vizinho). Um átomo ou íon é altamente **polarizável** se sua distribuição eletrônica puder ser distorcida facilmente. Isso é muito comum de ocorrer em ânions grandes com uma densidade de carga baixa e baixa carga nuclear efetiva. Espécies que distorcem efetivamente a distribuição eletrônica de um átomo ou ânion vizinho são descritas como tendo **capacidade polarizadora**. Eles são cátions altamente carregados, tipicamente pequenos, com uma grande densidade de carga (Figura 1.28).

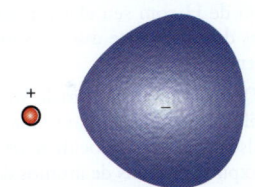

Figura 1.28 Uma representação esquemática da polarização de uma nuvem eletrônica de um ânion por um cátion adjacente.

Veremos as consequências da polarizabilidade quando considerarmos a natureza das ligações na Seção 2.2, mas vale a pena antecipar que uma polarização intensa leva à covalência. As **regras de Fajan** resumem os fatores que afetam a polarização:

- Cátions pequenos e com carga elevada possuem grande capacidade polarizadora.
- Ânions grandes e com carga elevada são facilmente polarizados.
- Cátions que não possuem uma configuração de gás nobre são facilmente polarizáveis.

A última regra é particularmente importante para os elementos do bloco d.

EXEMPLO 1.11 Identificando as espécies polarizáveis

Qual deve ser o íon mais polarizável, F^- ou I^-?

Resposta Devemos lembrar do fato de que os ânions polarizáveis são tipicamente grandes e altamente carregados. O íon F^- é pequeno e unicamente carregado. O íon I^- tem a mesma carga, mas é grande. Portanto, o íon I^- é provavelmente o mais polarizável.

Teste sua compreensão 1.11 Qual deve ser o íon mais polarizante, Na^+ ou Cs^+?

LEITURA COMPLEMENTAR

H. Aldersley-Williams, *Periodic tales: the curious lives of the elements*. Viking (2011). Não se trata de um livro acadêmico, mas discute os aspectos social e cultural relacionados com o uso ou a descoberta de diversos elementos.

M. Laing, The different periodic tables of Dmitrii Mendeleev. *J. Chem. Educ.*, 2008, **85**, 63.

M. W. Cronyn, The proper place for hydrogen in the periodic table. *J. Chem. Educ.*, 2003, **80**, 947.

P. A. Cox, *Introduction to quantum theory and atomic structure*. Oxford University Press (1966). Uma introdução ao tema.

P. Atkins e J. de Paula, *Physical chemistry*. Oxford University Press e W. H. Freeman & Co. (2010). Os Capítulos 7 e 8 abordam a teoria quântica e a estrutura atômica.

J. Emsley, *Nature's building blocks*. Oxford University Press (2011). Uma interessante apresentação dos elementos.

D. M. P. Mingos, *Essential trends in inorganic chemistry*. Oxford University Press (1998). Inclui uma discussão detalhada das importantes tendências horizontais, verticais e diagonais nas propriedades atômicas.

P. A. Cox, *The elements: their origin, abundance, and distribution*. Oxford University Press (1989). Examina a origem dos elementos, os fatores que controlam as suas diferentes abundâncias e distribuição na Terra, no sistema solar e no universo.

N. G. Connelly, T. Danhus, R. M. Hartshoin, and A. T. Hutton, *Nomenclature of inorganic chemistry: recommendations 2005*. Royal Society of Chemistry (2005). Este livro resume as convenções para a tabela periódica e para as substâncias inorgânicas; é conhecido pelo apelido de "Livro Vermelho" em razão da sua capa vermelha.

M. J. Winter, *The Orbitron*, http://winter.group.shef.ac.uk/orbitron/ (2002), acessado em junho de 2013. Uma galeria de ilustrações de orbitais atômicos e moleculares.

EXERCÍCIOS

1.1 Como se compara a energia de um íon He^+ no estado fundamental com a do íon Be^{3+}?

1.2 De acordo com a interpretação de Born, a probabilidade de se encontrar um elétron em um elemento de volume $d\tau$ é proporcional a $\psi^2\,d\tau$. (a) Qual é a localização mais provável de um elétron em um átomo de H no seu estado fundamental? (b) Qual sua distância mais provável ao núcleo e por que esta é diferente? (c) Qual a distância mais provável de um elétron $2s$ em relação ao núcleo?

1.3 A energia de ionização do H é 13,6 eV. Qual é a diferença de energia entre os níveis $n = 1$ e $n = 6$?

1.4 As energias de ionização do rubídio e da prata são, respectivamente, 4,18 e 7,57 eV. Calcule as energias de ionização de um átomo de H com seu elétron nos mesmos orbitais mais externos desses dois átomos e discuta sobre as diferenças de valores nesses diferentes elementos.

1.5 Quando uma radiação de 58,4 nm de uma lâmpada de descarga de hélio é direcionada para uma amostra de criptônio, elétrons são expulsos com uma velocidade de $1,59 \times 10^6$ m s^{-1}. A mesma radiação expulsa elétrons de átomos de Rb com uma velocidade de $2,45 \times 10^6$ m s^{-1}. Quais são as energias de ionização (em elétron-volt, eV) dos dois elementos?

1.6 Calcule o comprimento de onda da linha do espectro atômico do hidrogênio em que $n_1 = 1$ e $n_2 = 3$. Qual é a variação de energia para essa transição?

1.7 Calcule o número de onda ($\tilde{\nu} = 1/\lambda$) e o comprimento de onda (λ) da primeira transição na região do visível do espectro atômico do hidrogênio.

1.8 Mostre que as quatro linhas seguintes da série de Lyman podem ser previstas pela equação 1.1: 91,127; 97, 202; 102,52 e 121,57 nm.

1.9 Qual é a relação entre os possíveis valores dos números quânticos momento angular com o número quântico principal?

1.10 Quantos orbitais existem em uma camada de número quântico principal n? (Sugestão: comece com n = 1, 2 e 3 e veja se você reconhece um padrão.)

1.11 Complete a seguinte tabela:

n	l	m_l	Designação do orbital	Número de orbitais
2			2p	
3	2			
			4s	
4		+3, +2, ..., −3		

1.12 Quais valores dos números quânticos n, l e m_l descrevem os orbitais 5f?

1.13 Faça um esboço dos orbitais 2s e 2p e mostre a diferença entre: (a) a função de onda radial, (b) a função distribuição radial.

1.14 Faça um esboço das funções distribuição radial para os orbitais 2p, 3p e 3d e, de acordo com os seus diagramas, explique por que um orbital 3p possui energia menor do que um orbital 3d.

1.15 Faça a previsão de quantos nós e quantos planos nodais terá um orbital 4p.

1.16 Desenhe as projeções de dois orbitais d que estejam no plano xy considerando que este é o plano do papel. Rotule cada desenho com a função matemática apropriada e inclua um par de eixos cartesianos devidamente rotulados. Indique os lóbulos dos orbitais com sinais + (positivo) e − (negativo).

1.17 Considere o processo de blindagem nos átomos usando o Be como um exemplo. O que está sendo blindado? Do que é blindado? O que está fazendo a blindagem?

1.18 Calcule as constantes de blindagem para o elétron mais externo nos elementos do Li ao F. Comente os valores obtidos.

1.19 Em geral, as energias de ionização aumentam ao longo de um período da esquerda para a direita. Explique por que a segunda energia de ionização do Cr é maior, e não menor, que a do Mn.

1.20 Compare a primeira energia de ionização do Ca com a do Zn. Explique a diferença em termos do balanço entre a variação na blindagem com o aumento do número de elétrons d e o efeito do aumento da carga nuclear.

1.21 Compare as primeiras energias de ionização do Sr, Ba e Ra. Relacione a irregularidade com a contração dos lantanídeos.

1.22 A segunda energia de ionização (em kJ mol^{-1}) de alguns elementos do quarto período são:

Ca	Sc	Ti	V	Cr	Mn
1145	1235	1310	1365	1592	1509

Identifique o orbital em que ocorre a ionização e explique a tendência nos valores.

1.23 Dê as configurações eletrônicas do estado fundamental do (a) C, (b) F, (c) Ca, (d) Ga^{3+}, (e) Bi, (f) Pb^{2+}.

1.24 Dê as configurações eletrônicas do estado fundamental do (a) Sc, (b) V^{3+}, (c) Mn^{2+}, (d) Cr^{2+}, (e) Co^{3+}, (f) Cr^{6+}, (g) Cu, (h) Gd^{3+}.

1.25 Dê as configurações eletrônicas do estado fundamental do (a) W, (b) Rh^{3+}, (c) Eu^{3+}, (d) Eu^{2+}, (e) V^{5+}, (f) Mo^{4+}.

1.26 Identifique os elementos que têm as seguintes configurações eletrônicas no estado fundamental: (a) [Ne]$3s^2 3p^4$, (b) [Kr]$5s^2$, (c) [Ar]$4s^2 3d^3$, (d) [Kr]$5s^2 4d^5$, (e) [Kr]$5s^2 4d^{10} 5p^1$, (f) [Xe]$6s^2 4f^6$.

1.27 Sem consultar material de referência, desenhe a tabela periódica com os números dos grupos e dos períodos e identifique os blocos s, p e d. Indique o maior número de elementos que você conseguir. (À medida que você avançar em seus estudos de química inorgânica, você irá aprendendo as posições de todos os elementos dos blocos s, p e d, associando suas posições na tabela periódica com suas propriedades químicas.)

1.28 Explique as tendências ao longo do terceiro período da tabela periódica para (a) energia de ionização, (b) afinidade eletrônica e (c) eletronegatividade.

1.29 Explique por que dois elementos do Grupo 5, nióbio (Período 5) e tântalo (Período 6), possuem o mesmo raio atômico.

1.30 Identifique os orbitais de fronteira do átomo de Be em seu estado fundamental.

1.31 Use os dados das Tabelas 1.6 e 1.7 para testar a proposição de Mulliken de que os valores de eletronegatividade são proporcionais a $I + E_a$.

PROBLEMAS TUTORIAIS

1.1 No artigo "O que o modelo de Bohr-Sommerfeld mostra para os estudantes de química no século 21?" (M. Niaz e L. Cardellini, *J. Chem. Educ.* 2011, 88, 240) os autores usaram o desenvolvimento de modelos de estrutura atômica para discutir a natureza da ciência. Quais foram as falhas do modelo do átomo de Bohr? Como Sommerfeld aprimorou o modelo de Bohr? Como Pauli resolveu alguns dos problemas do novo modelo? Discuta como esses desenvolvimentos nos ensinam sobre a natureza da ciência.

1.2 Discorra sobre as propostas iniciais e as mais modernas de construção da tabela periódica. Considere as tentativas de arranjar os elementos em hélices e cones, assim como as superfícies bidimensionais mais práticas. Quais são, em sua opinião, as vantagens e desvantagens desses vários arranjos?

1.3 A decisão sobre quais elementos pertencem ao bloco f tem sido um assunto controverso. Uma proposição foi apresentada por W.B. Jensen (*J. Chem. Educ.* 1982, 59, 635). Resuma a controvérsia e os argumentos de Jensen. Uma opinião diferente foi defendida por L. Lavalle (*J. Chem. Educ.* 2008, 85, 1482). Resuma a controvérsia e os argumentos de Lavalle.

1.4 Em 1999, apareceram na literatura científica diversos artigos alegando que os orbitais d do Cu_2O haviam sido observados experimentalmente. Em seu artigo "Os orbitais foram realmente observados?" (*J. Chem. Educ.* 2000, 77, 1494), Eric Scerri discute essas alegações e também se os orbitais podem ser observados fisicamente. Faça um breve resumo desses argumentos.

1.5 Em épocas diferentes, duas sequências de elementos foram propostas para o Grupo 3: (a) Sc, Y, La, Ac; (b) Sc, Y, Lu, Lr. Uma vez que o raio iônico influencia fortemente as propriedades químicas dos elementos metálicos, pode-se pensar que ele possa ser usado como um critério para o arranjo periódico dos elementos. Usando esse critério, descreva qual dessas sequências deve ser a preferida.

1.6 No artigo "Energias de ionização de átomos e íons atômicos" (P. F. Lang e B. C. Smith, *J. Chem. Educ.* 2003, 80, 938), os autores discutem as aparentes irregularidades nas primeiras e segundas energias de ionização dos elementos dos blocos d e f. Descreva como essas inconsistências são justificadas.

1.7 A configuração eletrônica dos metais de transição é descrita por W. H. E. Schwarz em seu artigo "A história completa das configurações eletrônicas dos elementos de transição" (*J. Chem. Educ.* 2010, 87, 444). Schwarz discutiu cinco características que deviam ser consideradas para o completo entendimento das configurações eletrônicas desses elementos. Discuta cada uma dessas cinco características e o impacto de cada uma delas no nosso entendimento da configuração eletrônica.

2 Estrutura molecular e ligação

Estruturas de Lewis
2.1 A regra do octeto
2.2 Ressonância
2.3 O modelo RPECV

A teoria da ligação de valência
2.4 A molécula de hidrogênio
2.5 Moléculas diatômicas homonucleares
2.6 Moléculas poliatômicas

Teoria dos orbitais moleculares
2.7 Uma introdução à teoria
2.8 Moléculas diatômicas homonucleares
2.9 Moléculas diatômicas heteronucleares
2.10 Propriedades das ligações
2.11 Moléculas poliatômicas
2.12 Métodos computacionais

Estrutura e propriedades das ligações
2.13 Comprimento de ligação
2.14 Força de ligação
2.15 Eletronegatividade e entalpia de ligação
2.16 Estados de oxidação

Leitura complementar

Exercícios

Problemas tutoriais

A interpretação das estruturas e das reações em química inorgânica está frequentemente baseada em modelos semiquantitativos. Neste capítulo, examinaremos o desenvolvimento de modelos de estrutura molecular em termos dos conceitos da ligação de valência e da teoria dos orbitais moleculares. Além disso, abordaremos métodos para a previsão das formas das moléculas. Este capítulo introduz conceitos que serão usados ao longo de todo o livro para explicar as estruturas e as reações de uma grande variedade de substâncias. Este capítulo também ilustra a importância da relação entre modelos qualitativos, experimentos e cálculos.

Estruturas de Lewis

Em 1916, o físico-químico G. N. Lewis propôs que uma **ligação covalente** é formada quando dois átomos vizinhos compartilham um par de elétrons. Uma **ligação simples**, um par de elétrons compartilhado (A:B), é simbolizada por A—B; da mesma forma, uma **ligação dupla**, dois pares de elétrons compartilhados (A::B), é representada por (A=B) e uma **ligação tripla**, três pares de elétrons compartilhados (A:::B), é representada por A≡B. Um par de elétrons de valência não compartilhado em um átomo (A:) é chamado de um **par isolado**. Embora pares isolados de elétrons não contribuam diretamente para a ligação, eles influenciam na forma da molécula e desempenham um papel importante nas suas propriedades químicas.

2.1 A regra do octeto

Pontos principais: Os átomos compartilham pares de elétrons até que eles tenham adquirido um octeto de elétrons de valência.

Lewis descobriu que podia explicar a existência de uma grande variedade de moléculas propondo a **regra do octeto**:

Cada átomo compartilha elétrons com seus átomos vizinhos para alcançar um total de oito elétrons de valência (um "octeto").

Como vimos na Seção 1.5, uma configuração de camada fechada, como a de um gás nobre, é atingida quando oito elétrons ocupam as subcamadas s e p da camada de valência. Uma exceção é o átomo de hidrogênio, o qual preenche sua camada de valência, o orbital 1s, com dois elétrons (um "dubleto").

A regra do octeto fornece uma maneira simples de se construir a **estrutura de Lewis**, um diagrama que mostra o esquema das ligações e dos pares isolados em uma molécula. Na maioria dos casos, podemos construir uma estrutura de Lewis em três etapas:

1. Determine o número de elétrons a serem incluídos na estrutura somando todos os elétrons de valência fornecidos pelos átomos.

Cada átomo participa com todos os seus elétrons de valência (assim, o H fornece um elétron e o O, com configuração $[He]2s^2 2p^4$, fornece seis). Cada carga negativa em um íon corresponde a um elétron adicional; cada carga positiva corresponde a um elétron a menos.

As **figuras** com um asterisco (*) podem ser encontradas on-line como estruturas 3D interativas. Digite a seguinte URL em seu navegador, adicionando o número da figura: www.chemtube3d.com/weller/[número do capítulo]F[número da figura]. Por exemplo, para a Figura 3 no Capítulo 7, digite www.chemtube3d.com/weller/7F03.

Muitas das **estruturas numeradas** podem ser também encontradas on-line como estruturas 3D interativas: visite www.chemtube3d.com/weller/[número do capítulo] para todos os recursos 3D organizados por capítulo.

2. Escreva os símbolos químicos dos átomos em um arranjo que mostre quais átomos estão ligados entre si.

Na maioria dos casos, conhecemos o arranjo dos átomos ou podemos elaborar uma proposta baseada no que conhecemos. O elemento menos eletronegativo é geralmente o átomo central de uma molécula, como no CO_2 e no SO_4^{2-}, mas há um grande número de exceções bem conhecidas (entre elas, H_2O e NH_3).

3. Distribua os elétrons em pares, de forma que haja um par de elétrons formando uma ligação simples entre cada par de átomos ligados entre si e, então, acrescente pares de elétrons (formando pares isolados ou ligações múltiplas) até que cada átomo tenha um octeto.

Cada par ligante (:) é então representado por uma linha simples (–). A carga total de um íon poliatômico é atribuída ao íon como um todo, e não a um átomo individual em particular.

EXEMPLO 2.1 Escrevendo uma estrutura de Lewis

Escreva a estrutura de Lewis do íon BF_4^-.

Resposta Devemos considerar o número total de elétrons e como eles estão compartilhados para completar um octeto em torno de cada átomo. Os átomos fornecem $3 + (4 \times 7) = 31$ elétrons de valência; a carga unitária negativa do íon reflete a presença de um elétron adicional. Temos, portanto, que acomodar 32 elétrons em 16 pares ao redor dos cinco átomos. Uma solução é a estrutura (**1**). A carga negativa é atribuída ao íon como um todo, e não a um átomo em particular.

Teste sua compreensão 2.1 Escreva a estrutura de Lewis para a molécula PCl_3.

A Tabela 2.1 fornece exemplos de estruturas de Lewis de algumas moléculas e íons comuns. Exceto nos casos mais simples, a estrutura de Lewis não indica a forma geométrica das espécies, mas apenas o esquema das ligações e dos pares isolados: ela mostra o número de conexões, e não a geometria da molécula. Por exemplo, o íon BF_4^- é na realidade tetraédrico (**2**), e não plano, e o PF_3 é uma pirâmide trigonal (**3**).

2.2 Ressonância

Pontos principais: A ressonância entre estruturas de Lewis reduz a energia calculada da molécula e distribui o caráter ligante dos elétrons por toda a molécula; estruturas de Lewis com energias similares fornecem a maior estabilização por ressonância.

Uma única estrutura de Lewis é, frequentemente, uma descrição inadequada de uma molécula: como um exemplo, consideremos o ozônio, O_3 (**4**), cuja forma é discutida mais adiante. A estrutura de Lewis sugere incorretamente que uma ligação O–O seja diferente da outra, enquanto que de fato elas têm comprimentos idênticos (128 pm) e intermediário entre o valor típico das ligações simples O–O e duplas O=O (148 e 121 pm, respectivamente). Esta deficiência da descrição de Lewis é superada introduzindo-se o conceito de **ressonância**, segundo o qual a verdadeira estrutura da molécula é considerada como sendo uma superposição, ou média, de todas as estruturas de Lewis possíveis para um dado arranjo atômico.

1 BF_4^-

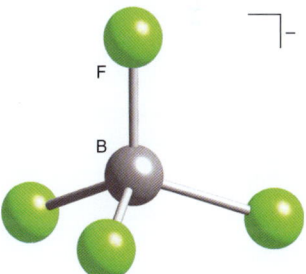

2 BF_4^-

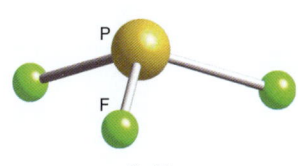

3 PF_3

Tabela 2.1 Estruturas de Lewis de algumas moléculas simples*

H—H   :N≡N: :C≡O:

:Ö—Ö=Ö: :Ö—S̈—Ö: [:Ö—N̈=Ö:]⁻

H—N̈(H)—H   :Ö=S̈=Ö:

[:Ö—P(=Ö)(—Ö:)—Ö:]³⁻   [:Ö—S(=Ö)(=Ö)—Ö:]²⁻   [:Ö=Cl=Ö:]⁻ com Ö

*Somente as estruturas de ressonância representativas são apresentadas. As geometrias indicadas valem somente para as moléculas diatômicas e triatômicas.

4 O_3

A ressonância é indicada por uma seta com duas pontas, como em

A ressonância deve ser entendida como uma *mistura* de estruturas, e não como uma alternância entre elas. Na linguagem da mecânica quântica, a distribuição eletrônica de cada estrutura é representada por uma função de onda, e a verdadeira função de onda da molécula, ψ, é uma superposição das funções de onda individuais de cada estrutura:[1]

$$\psi = \psi(O-O=O) + \psi(O=O-O)$$

A função de onda global é escrita como uma superposição com contribuições iguais de ambas as estruturas, uma vez que as duas estruturas têm energias idênticas. A estrutura *mista* de duas ou mais estruturas de Lewis é chamada de **híbrido de ressonância**. Observe que a ressonância ocorre entre estruturas que diferem somente na alocação dos elétrons; a ressonância não ocorre entre estruturas nas quais os átomos estejam em posições diferentes. Por exemplo, não há ressonância entre as estruturas SOO e OSO.

A ressonância tem dois efeitos principais:

- A ressonância faz uma média das ligações por toda a molécula.
- A energia de um híbrido de ressonância é menor do que a de qualquer das estruturas isoladas.

A energia do híbrido de ressonância do O_3, por exemplo, é menor do que qualquer das estruturas individuais. A ressonância é mais importante quando podemos escrever várias estruturas, com energias idênticas, para descrever a molécula, como para o O_3. Nestes casos, todas as estruturas de mesma energia contribuem igualmente para a estrutura global.

Estruturas com energias diferentes também podem contribuir para um híbrido de ressonância global, mas, em geral, quanto maior a diferença de energia entre duas estruturas de Lewis, menor é a contribuição da estrutura de maior energia. A molécula de BF_3, por exemplo, poderia ser considerada como um híbrido de ressonância das estruturas mostradas em (5), mas a primeira estrutura é dominante, muito embora o octeto esteja incompleto. Consequentemente, o BF_3 é considerado *basicamente* como tendo a primeira estrutura com uma pequena mistura do caráter de dupla ligação. Em comparação, para o íon NO_3^- (6), as três últimas estruturas são dominantes e podemos tratar o íon como tendo um caráter considerável de dupla ligação.

5 BF_3

6 NO_3^-

2.3 O modelo RPECV

Não existe um método simples para prever o valor numérico dos ângulos de ligação, mesmo em moléculas simples, exceto quando a forma geométrica é determinada por simetria. Entretanto, o modelo da **repulsão dos pares de elétrons da camada de valência** (modelo RPECV), que é baseado em algumas ideias simples sobre repulsão eletrostática e a presença ou ausência de pares de elétrons, é surpreendentemente útil na previsão da forma molecular.

(a) As formas geométricas básicas

Pontos principais: No modelo RPECV, as regiões de maior densidade eletrônica tomam posições o mais afastadas quanto possível, e a forma da molécula é nomeada identificando-se as posições dos átomos na estrutura resultante.

---

[1] Essa função de onda não é normalizada (Seção 1.2). Frequentemente omitimos as constantes de normalização das combinações lineares para ressaltar sua estrutura. As funções de onda são formuladas na teoria de ligação de valência, que será descrita posteriormente.

A consideração básica do modelo RPECV é que regiões de maior densidade eletrônica, ou seja, os pares ligantes, os pares isolados ou as concentrações de elétrons associadas com as ligações múltiplas, assumem posições tão separadas quanto possível, de modo que as repulsões entre elas sejam minimizadas. Por exemplo, quatro regiões de densidade eletrônica se localizarão nos vértices de um tetraedro regular, cinco ficarão nos vértices de uma bipirâmide trigonal e assim por diante (Tabela 2.2).

Embora o arranjo das regiões de densidade eletrônica, sejam elas regiões ligantes ou regiões associadas com pares isolados, governe a forma da molécula, o *nome* da forma é determinado pelo arranjo dos *átomos*, e não pelo arranjo das regiões de densidade eletrônica (Tabela 2.3). Por exemplo, a molécula de NH_3 tem quatro pares de elétrons que estão dispostos tetraedricamente, mas como um deles é um par isolado, a molécula é classificada como piramidal trigonal. O topo da pirâmide está ocupado pelo par isolado. Da mesma forma, o H_2O possui um arranjo tetraédrico de seus pares de elétrons, mas, como dois desses pares são isolados, a molécula é classificada como angular.

Para aplicar o modelo RPECV sistematicamente, primeiramente escrevemos a estrutura de Lewis para a molécula ou íon e identificamos o átomo central. Em seguida, contamos o número de átomos e pares isolados em torno de cada átomo, pois cada átomo (esteja ele ligado ao átomo central por ligações simples ou múltiplas) e cada par isolado contam como uma região de alta densidade eletrônica. Para alcançar a menor energia, essas regiões assumem posições o mais distante quanto for possível umas das outras, de forma que identificamos a forma básica que elas adotam consultando a Tabela 2.2. Finalmente, verificamos quais posições correspondem a átomos e identificamos a geometria da molécula a partir da Tabela 2.3. Assim, a molécula de PCl_5, com cinco ligações simples e, portanto, com cinco regiões de densidade eletrônica em torno do átomo central, é prevista (e observada) como sendo bipiramidal trigonal (**7**).

Tabela 2.2 Arranjos básicos das regiões de densidade eletrônica, de acordo com o modelo RPECV

Número de regiões de elétrons	Arranjo
2	Linear
3	Trigonal plano
4	Tetraédrico
5	Bipiramidal trigonal
6	Octaédrico

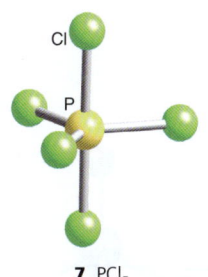

7 PCl_5

EXEMPLO 2.2 Usando o modelo RPECV para prever geometrias

Preveja a forma de: (a) molécula de BF_3; (b) íon SO_3^{2-}; (c) íon PCl_4^+.

Resposta Começamos desenhando a estrutura de Lewis de cada espécie para depois considerarmos o número de ligações e pares isolados de elétrons e como eles estão arranjados em torno do átomo central. (a) A estrutura de Lewis do BF_3 é mostrada em (**5**). Ao átomo central de B estão ligados três átomos de F, mas nenhum par isolado. O arranjo básico das três regiões de densidade eletrônica é trigonal plano. Como em cada posição existe um átomo de F, a geometria da molécula também é trigonal plana (**8**). (b) Duas estruturas de Lewis para o SO_3^{2-} são mostradas em (**9**): estas duas são representativas de uma variedade de estruturas que contribuem para a estrutura de ressonância global. Em cada caso há três átomos ligados ao S central e um par isolado, correspondendo a quatro regiões de densidade eletrônica. O arranjo básico dessas regiões é tetraédrico. Três dessas posições correspondem a átomos, e assim a forma do íon é piramidal trigonal (**10**). Note que a geometria deduzida dessa forma é independente de qual estrutura de ressonância está sendo considerada. (c) O fósforo possui cinco elétrons de valência. Quatro desses elétrons são usados para formar ligações com quatro átomos de Cl. Um elétron é removido para fornecer a carga +1 no íon, de forma que todos os elétrons fornecidos pelo átomo de P são usados nas ligações, e não existe par isolado. Quatro regiões adotam um arranjo tetraédrico e, como cada um está associado a um átomo de Cl, o íon é tetraédrico (**11**).

Teste sua compreensão 2.2 Preveja a geometria das seguintes moléculas: (a) H_2S; (b) XeO_4; (c) SOF_4.

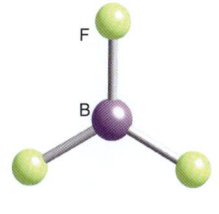

8 BF_3

$$:\ddot{O}-\ddot{S}-\ddot{O}:\;\;\;\;\;\;\;\;:\ddot{O}-S-\ddot{O}:$$
$$\;\;\;\;\;\;\;|\;\|$$
$$\;\;\;\;\;\;\;:\ddot{O}:\;:O:$$

9 SO_3^{2-}

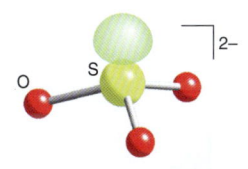

10 SO_3^{2-}

O modelo RPECV faz previsões geralmente corretas, mas algumas vezes apresenta dificuldades quando há mais de uma forma básica com energias semelhantes. Por exemplo, com cinco regiões de densidade eletrônica em torno do átomo central, um arranjo piramidal quadrático para as ligações é apenas um pouco mais energético do que um arranjo bipiramidal trigonal, havendo vários exemplos em que se observa a preferência do primeiro (**12**). Da mesma maneira, as formas básicas para sete regiões de densidade eletrônica são mais difíceis de prever do que as outras, em parte porque muitas conformações diferentes têm energias similares. Entretanto, no bloco p, a coordenação sete é dominada pela estrutura bipiramidal pentagonal. Por exemplo, o IF_7 é bipiramidal pentagonal e o XeF_5^-, com cinco ligações e dois pares isolados, é pentagonal plano. Pares isolados são estereoquimicamente menos influentes quando pertencem a elementos pesados do bloco p. Os íons SeF_6^{2-} e $TeCl_6^{2-}$, por exemplo, são octaédricos, apesar da presença de um par isolado nos átomos de Se e de Te. Pares isolados que não influenciam a geometria molecular são chamados de **estereoquimicamente inertes** e se encontram normalmente em orbitais s não direcionais.

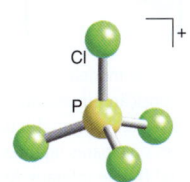

11 PCl_4^+

Tabela 2.3 Geometrias moleculares

Geometria	Exemplos
Linear	HCN, CO_2
Angular	H_2O, O_3, NO_2^-
Trigonal plana	BF_3, SO_3, NO_3^-, CO_3^{2-}
Piramidal trigonal	NH_3, SO_3^{2-}
Tetraédrica	CH_4, SO_4^{2-}
Quadrática plana	XeF_4
Piramidal quadrática	$Sb(Ph)_5$
Bipiramidal trigonal	$PCl_5(g)$, SOF_4^+
Octaédrica	SF_6, PCl_6^-, $IO(OH)_5$*

*Forma aproximada.

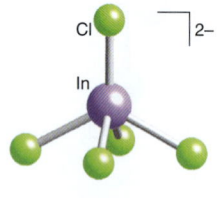

12 $InCl_4^{2-}$

(b) Modificações das formas básicas

Pontos principais: Pares isolados repelem outros pares isolados mais fortemente do que pares ligantes.

Uma vez que a forma básica de uma molécula foi identificada, são feitos ajustes levando-se em consideração as diferenças de repulsão eletrostática entre regiões ligantes e pares isolados. Assume-se que essas repulsões apresentam o seguinte ordenamento:

par isolado/par isolado > par isolado/região ligante > região ligante/região ligante

Em termos elementares, o maior efeito de repulsão de um par isolado é explicado supondo-se que o par isolado está mais próximo do núcleo do que um par ligante e, deste modo, repele mais fortemente outros pares de elétrons. Entretanto, a verdadeira origem dessa diferença é obscura. Um detalhe adicional sobre essa ordem de repulsão é que, havendo possibilidade de escolha entre um sítio axial e um equatorial para um par isolado em um arranjo bipiramidal trigonal, o par isolado ocupará o sítio equatorial. Enquanto que no sítio equatorial o par isolado sofre repulsão de dois pares ligantes a 90° (Fig. 2.1), na posição axial o par isolado sofre repulsão de três pares ligantes a 90°. Na forma básica octaédrica, um único par isolado pode ocupar qualquer posição, mas um segundo par isolado irá ocupar a posição *trans*, diametralmente oposta ao primeiro, o que resultará em uma estrutura quadrática plana.

Em uma molécula com dois pares ligantes adjacentes e um ou mais pares isolados, o ângulo de ligação diminui relativamente ao que é esperado quando todos os pares estão ligados. Assim, o ângulo HNH no NH_3 diminui do ângulo da forma básica tetraédrica (109,5°) para um ângulo menor. Esta diminuição é consistente com o ângulo HNH de 107° observado. Da mesma forma, o ângulo HOH no H_2O diminui do valor tetraédrico à medida que os dois pares isolados se afastam um do outro. Esta diminuição está de acordo como o ângulo HOH de 104,5° observado. A deficiência do modelo RPECV, entretanto, é que ele não pode ser usado para prever o ângulo exato da molécula.[2]

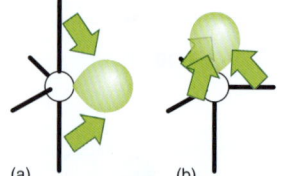

Figura 2.1 No modelo RPECV, um par isolado na posição equatorial (a) de um arranjo bipiramidal trigonal interage fortemente com dois pares ligantes, mas na posição axial (b) ele interage fortemente com três pares ligantes. O primeiro arranjo é geralmente o de menor energia.

EXEMPLO 2.3 Explicando os efeitos dos pares isolados sobre a geometria molecular

Preveja a geometria da molécula SF_4.

Resposta Começamos desenhando a estrutura de Lewis da molécula e identificando o número de ligações e pares isolados; em seguida, verificamos a forma da molécula e finalmente consideramos qualquer modificação causada pela presença de pares isolados. A estrutura de Lewis do SF_4 é apresentada em (**13**). O átomo central de S tem quatro átomos de F ligados a ele e um par isolado. A forma básica adotada por essas cinco regiões é bipiramidal trigonal. A energia potencial é menor se o par isolado ocupar uma posição equatorial resultando em uma forma molecular que se assemelha a uma gangorra, com as ligações axiais formando a "prancha" da gangorra e as ligações equatoriais, o apoio central. As ligações S–F então se curvam, afastando-se do par isolado (**14**).

Teste sua compreensão 2.3 Preveja a geometria das moléculas de: (a) XeF_2; (b) ICl_2^+.

---

[2] Há também problemas com os hidretos e fluoretos. Veja em *Leitura complementar*.

A teoria da ligação de valência

A **teoria da ligação de valência** (TLV) foi a primeira teoria desenvolvida fundamentada na mecânica quântica. A teoria de ligação de valência considera a interação dos orbitais atômicos dos átomos, inicialmente separados, à medida que eles se aproximam para formar uma molécula. Embora as técnicas computacionais utilizadas nessa teoria já tenham sido superadas pela teoria dos orbitais moleculares, muito da linguagem e alguns conceitos da TLV ainda permanecem e são usados na química.

2.4 A molécula de hidrogênio

Pontos principais: Na teoria da ligação de valência, a função de onda de um par eletrônico é formada superpondo-se as funções de onda para os fragmentos separados da molécula; uma curva de energia potencial molecular mostra a variação da energia da molécula em função da separação internuclear.

A função de onda de dois elétrons para dois átomos de H muito separados é $\psi = \chi_A(1)\chi_B(2)$, onde χ_A e χ_B são os orbitais H1s nos átomos A e B. Embora χ, chi, também seja usado para eletronegatividade, o contexto em que aqui é empregado não costuma gerar confusões: χ é normalmente usado para denotar um orbital atômico na química computacional. Quando os átomos estão próximos, não é possível saber se é o elétron 1 ou o elétron 2 que está em A. Uma descrição igualmente válida é, portanto, $\psi = \chi_A(2)\chi_B(1)$, na qual o elétron 2 está em A e o elétron 1 está em B. Quando dois resultados são igualmente prováveis, a mecânica quântica diz que o verdadeiro estado do sistema é uma superposição das funções de onda para cada possibilidade, de forma que uma melhor descrição da molécula, ao invés de qualquer das funções de onda isoladamente, é a combinação linear das duas possibilidades.

$$\psi = \chi_A(1)\chi_B(2) + \chi_A(2)\chi_B(1) \tag{2.1}$$

Essa é a função de onda (não normalizada) para uma ligação H–H. A formação da ligação pode ser justificada pela alta probabilidade de que os dois elétrons sejam encontrados entre os dois núcleos promovendo, então, a ligação entre estes (Fig. 2.2). Mais formalmente, a onda representada pelo termo $\chi_A(1)\chi_B(2)$ interfere construtivamente com a onda representada pela contribuição $\chi_A(2)\chi_B(1)$, havendo um aumento da amplitude da função de onda na região internuclear. Por razões técnicas derivadas do princípio de Pauli, somente elétrons com spins emparelhados podem ser descritos por uma função de onda do tipo escrito na Equação 2.1, de forma que somente elétrons com spins emparelhados podem contribuir para uma ligação na TLV. Dizemos, portanto, que uma função de onda na LV é formada pelo **emparelhamento dos spins** dos elétrons dos dois orbitais atômicos participantes. A distribuição eletrônica descrita pela função de onda na Equação 2.1 é denominada **ligação σ**. Como mostrado na Fig. 2.2, uma ligação σ tem simetria cilíndrica ao longo do eixo internuclear, e os elétrons nesse orbital têm um momento angular orbital zero em torno desse eixo.

A **curva de energia potencial molecular** para o H₂, um gráfico que mostra a variação da energia da molécula com a separação internuclear, é calculada mudando-se a separação internuclear R e avaliando-se a energia para cada separação selecionada (Fig. 2.3). A energia fica abaixo do valor para os átomos de H separados à medida que os dois átomos se aproximam da distância de ligação e cada elétron passa a ter liberdade para migrar para o outro átomo. Entretanto, esta redução de energia é afetada pelo aumento da energia da repulsão coulombiana entre os dois núcleos carregados positivamente. Esta contribuição positiva para a energia torna-se cada vez maior à medida que R torna-se pequeno. Consequentemente, a curva de energia potencial total passa por um mínimo e então sobe para um valor fortemente positivo para separações internucleares pequenas. A profundidade do mínimo da curva, na separação internuclear R_e, é simbolizada por D_e. Quanto mais profundo for o mínimo, mais fortemente os átomos estarão unidos. A inclinação do poço mostra quão rapidamente a energia da molécula aumenta à medida que a ligação é alongada ou comprimida. A inclinação da curva é uma indicação da *rigidez* da ligação e, portanto, governa a frequência vibracional da molécula (Seção 8.5).

2.5 Moléculas diatômicas homonucleares

Pontos principais: Elétrons em orbitais atômicos de mesma simetria, em átomos vizinhos, são emparelhados para formar ligações σ e π.

A mesma descrição pode ser aplicada a moléculas mais complexas. Inicialmente, abordaremos as **moléculas diatômicas homonucleares**, que são moléculas diatômicas nas quais

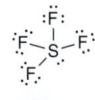

13 SF₄

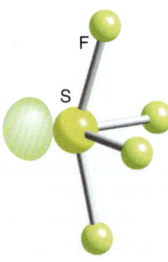

14 SF₄

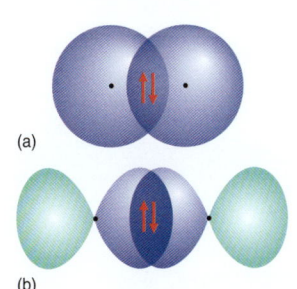

Figura 2.2 A formação de uma ligação σ a partir de: (a) sobreposição de orbitais s; (b) sobreposição de orbitais p. Uma ligação σ tem simetria cilíndrica em torno do eixo internuclear.

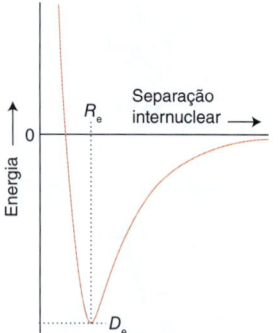

Figura 2.3 A curva de energia potencial molecular mostrando como a energia total de uma molécula varia à medida que a separação internuclear é alterada.

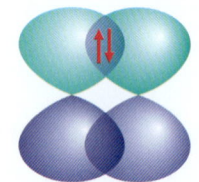

Figura 2.4 A formação de uma ligação π.

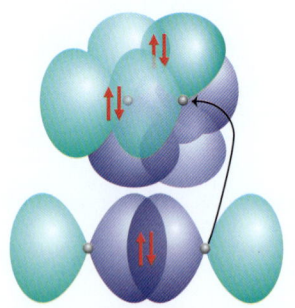

Figura 2.5 A descrição LV do N_2. Dois elétrons formam uma ligação σ e os outros dois pares formam duas ligações π. Em moléculas lineares, onde os eixos x e y não são especificados, a densidade eletrônica das ligações π tem simetria cilíndrica em torno do eixo internuclear.

ambos os átomos são do mesmo elemento (por exemplo, o dinitrogênio, N_2). Para construirmos a descrição LV do N_2, consideramos a configuração eletrônica de valência de cada átomo que, como vimos na Seção 1.6, é $2s^2 2p_z^1 2p_y^1 2p_x^1$. Por convenção, toma-se o eixo z como o eixo internuclear, de forma que podemos imaginar cada átomo como tendo um orbital $2p_z$ apontando para o orbital $2p_z$ do outro átomo e os orbitais $2p_x$ e $2p_y$ perpendiculares ao eixo da molécula. Uma ligação σ é então formada pelo emparelhamento dos spins dos dois elétrons dos orbitais $2p_z$ dos átomos que estão frente a frente. A função de onda espacial ainda é dada pela Equação 2.1, mas agora χ_A e χ_B são os dois orbitais $2p_z$. Uma forma simples de identificar uma ligação σ é imaginar a rotação da ligação em torno do eixo internuclear: se a função de onda permanece inalterada, a ligação é classificada como σ.

Os orbitais 2p restantes não podem se juntar para formar ligações σ porque eles não têm simetria cilíndrica em torno do eixo internuclear. Em vez disso, esses elétrons se juntam para formar duas **ligações π**. Uma ligação π é formada a partir do emparelhamento dos spins dos elétrons em dois orbitais p, que se aproximam lateralmente (Fig. 2.4). A ligação é assim denominada porque, vista ao longo do eixo internuclear, assemelha-se a um par de elétrons em um orbital p. Mais precisamente, um elétron em uma ligação π tem uma unidade de momento angular orbital ao longo do eixo internuclear. Uma forma simples de identificar uma ligação π é imaginar uma rotação de 180° da ligação em torno do eixo internuclear. Se os sinais dos lóbulos (indicados pelas cores) do orbital resultarem trocados, então a ligação é classificada como π.

Há duas ligações π no N_2, uma formada pelo emparelhamento dos spins de dois orbitais $2p_x$ vizinhos e a outra pelo emparelhamento dos spins dos dois orbitais $2p_y$ vizinhos. O esquema global de ligação no N_2 é, deste modo, uma ligação σ e duas ligações π (Fig. 2.5), que é consistente com a estrutura N≡N. A análise da densidade eletrônica total em uma ligação tripla mostra que ela tem simetria cilíndrica em torno do eixo internuclear, com quatro elétrons nas duas ligações π formando um anel de densidade eletrônica em torno da ligação σ central.

2.6 Moléculas poliatômicas

Pontos principais: Cada ligação σ em uma molécula poliatômica é formada pelo emparelhamento dos spins dos elétrons em orbitais atômicos vizinhos, com simetria cilíndrica em torno do eixo internuclear relevante; as ligações π são formadas pelo emparelhamento de elétrons que ocupam orbitais atômicos vizinhos de simetria apropriada.

Iniciaremos a apresentação das moléculas poliatômicas considerando a descrição LV do H_2O. A configuração eletrônica de valência de um átomo de hidrogênio é $1s^1$ e a do átomo de O é $2s^2 2p_z^2 2p_y^1 2p_x^1$. Cada um dos dois elétrons desemparelhados nos orbitais O2p pode emparelhar com um elétron de um orbital H1s, e cada combinação resulta na formação de uma ligação σ (cada ligação tem simetria cilíndrica em torno do respectivo eixo internuclear O–H). Uma vez que os orbitais $2p_y$ e $2p_x$ encontram-se a 90° um em relação ao outro, as duas ligações σ também se encontram a 90° uma em relação à outra (Fig. 2.6). Podemos prever, portanto, que H_2O seja uma molécula angular, como é de fato. Entretanto, a teoria prevê um angulo de 90°, enquanto que o ângulo de ligação real é 104,5°. Da mesma forma, para prever a estrutura de uma molécula de amônia, NH_3, iniciamos observando que a configuração eletrônica de valência de um átomo de N, dada anteriormente, sugere que os três átomos de H podem formar ligações por emparelhamento dos spins dos elétrons presentes nos três orbitais 2p semipreenchidos. Estes são perpendiculares entre si, de forma que podemos prever uma molécula piramidal trigonal com um ângulo de ligação de 90°. Uma molécula de NH_3 é de fato piramidal trigonal, mas o ângulo de ligação experimental é de 107°.

Outra deficiência da TLV, conhecida de longa data, está na sua incapacidade de explicar a tetravalência do carbono, que corresponde à sua habilidade de formar quatro ligações, como exemplificado no metano, CH_4, que é tetraédrico como o PCl_4^+ (**11**). A configuração do estado fundamental do C é $2s^2 2p_z^1 2p_y^1$, o que sugere que um átomo de C deva ser capaz de formar somente duas ligações e não quatro. Claramente, alguma coisa está faltando na abordagem LV.

Estas duas deficiências, a incapacidade de explicar os ângulos de ligação e a valência do carbono, são superadas pela introdução de dois aspectos novos, a *promoção* e a *hibridização*.

(a) Promoção

Pontos principais: A promoção de elétrons pode ocorrer se o resultado final produzir ligações mais fortes e em maior número e uma energia global menor.

Promoção é a excitação de um elétron para um orbital de maior energia durante a formação da ligação. Embora a promoção eletrônica exija um investimento de energia, esta será vantajosa se a energia recuperada, por meio da formação de ligações mais fortes e em maior número, for maior. A promoção não é um processo "real" no qual um átomo de alguma forma torna-se excitado e, então, as ligações se formam: ela é uma contribuição a ser considerada para a variação da energia total quando as ligações se formam.

No carbono, por exemplo, a promoção de um elétron 2s para um orbital 2p pode ser imaginada como conduzindo à configuração $2s^1 2p_z^1 2p_y^1 2p_x^1$, com quatro elétrons desemparelhados em orbitais separados. Esses elétrons podem se emparelhar com quatro elétrons em orbitais de quatro outros átomos, como os quatro orbitais H1s no caso da molécula de CH_4, e consequentemente formar quatro ligações σ. Embora seja necessário um gasto de energia para promover o elétron, ela será mais do que recuperada pela capacidade do átomo em formar quatro ligações no lugar das duas ligações do átomo não promovido. A promoção, e a formação de quatro ligações, é uma característica particular do C e de seus congêneres do Grupo 14 (Capítulo 14), pois a energia de promoção é relativamente pequena: o elétron promovido abandona um orbital ns duplamente ocupado e entra em um orbital np vazio, aliviando, dessa forma, significativamente a repulsão elétron-elétron que ele experimenta no estado fundamental. Essa promoção de um elétron torna-se energeticamente menos favorável à medida que descemos no grupo, sendo comuns compostos divalentes de estanho e de chumbo (Seção 9.5).

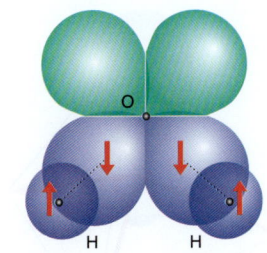

Figura 2.6 Descrição LV do H_2O. Há duas ligações σ formadas pelo emparelhamento dos elétrons nos orbitais O2p e H1s. Este modelo prevê um ângulo de ligação de 90°.

(b) Hipervalência

Pontos principais: Hipervalência e expansão do octeto ocorrem para os elementos após o segundo período.

Os elementos do segundo período, do Li ao Ne, obedecem muito bem à regra do octeto, mas os elementos dos períodos seguintes apresentam desvios em relação a ela. Por exemplo, a ligação no PCl_5 requer que o átomo de P tenha 10 elétrons em sua camada de valência, um par para cada ligação P–Cl (**15**). Da mesma forma, no SF_6 o átomo de S deve ter 12 elétrons para que cada átomo de F esteja ligado ao átomo central de S por um par de elétrons (**16**). Espécies deste tipo, que em termos da estrutura de Lewis demandam a presença de mais do que um octeto de elétrons em torno de pelo menos um átomo, são denominadas **hipervalentes**.

Uma explicação da hipervalência invoca a disponibilidade de orbitais d parcialmente preenchidos de baixa energia, os quais podem acomodar os elétrons adicionais. De acordo com essa explicação, um átomo de P pode acomodar mais do que oito elétrons, se ele usar os seus orbitais 3d vazios. No PCl_5, com seus cinco pares de elétrons ligantes, pelo menos um orbital 3d deve ser usado além dos quatro orbitais 3s e 3p da camada de valência. A raridade da hipervalência no segundo período é então atribuída à ausência de orbitais 2d. Entretanto, a verdadeira razão para a raridade da hipervalência no segundo período pode ocorrer devido à dificuldade geométrica de se agregar mais do que quatro átomos ao redor de um átomo central pequeno, tendo, de fato, pouco a ver com a disponibilidade de orbitais d. A teoria de ligação dos orbitais moleculares, descrita mais adiante neste capítulo, descreve a ligação em compostos hipervalentes sem considerar a participação dos orbitais d.

(c) Hibridação

Pontos principais: Orbitais híbridos são formados quando ocorre a interferência entre orbitais atômicos em um mesmo átomo; esquemas específicos de hibridação correspondem às diferentes geometrias moleculares locais.

A descrição da ligação nas moléculas AB_4 do Grupo 14 ainda está incompleta porque parece indicar a presença de três ligações σ de um tipo (formadas pelos orbitais χ_B e χ_{A2p}) e uma quarta ligação σ de características distintamente diferentes (formada pelos orbitais χ_B e χ_{A2s}), embora todas as evidências (comprimento, força e forma da ligação) apontem para a equivalência das quatro ligações A–B, como no CH_4, por exemplo.

Esse problema é superado considerando-se que a distribuição da densidade eletrônica no átomo onde ocorreu a promoção é equivalente à densidade eletrônica na qual cada elétron ocupa um **orbital híbrido** formado pela interferência, ou "mistura", entre os orbitais A2s e A2p. A origem da hibridação pode ser entendida imaginando-se os quatro orbitais atômicos, que são ondas centradas em um núcleo, como sendo a propagação de ondulações partindo de um único ponto na superfície de um lago: as ondas interferem construtivamente e destrutivamente em diferentes regiões, dando origem a quatro novas formas.

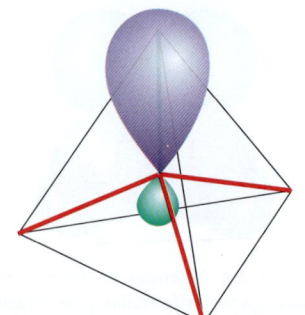

Figura 2.7* Um dos quatros orbitais híbridos sp³ equivalentes. Cada um deles aponta para um dos vértices de um tetraedro regular.

As combinações lineares específicas que dão origem aos quatro orbitais híbridos equivalentes são

$$h_1 = s + p_x + p_y + p_z \quad h_2 = s - p_x - p_y + p_z$$
$$h_3 = s - p_x + p_y - p_z \quad h_4 = s + p_x - p_y - p_z \tag{2.2}$$

Como resultado da interferência entre os orbitais componentes, cada orbital híbrido consiste em um lóbulo grande apontando na direção de um dos vértices de um tetraedro regular e um lóbulo menor apontando em direção oposta (Fig. 2.7). O ângulo entre os eixos dos orbitais híbridos é o ângulo tetraédrico, 109,47°. Uma vez que cada orbital híbrido é formado por um orbital s e três orbitais p, eles são chamados de **orbitais híbridos sp³**.

É fácil ver agora como a descrição da ligação de valência da molécula de CH₄ é consistente com uma forma tetraédrica, com quatro ligações equivalentes C–H. Cada orbital híbrido do átomo de carbono promovido contém um único elétron desemparelhado; um elétron no χ_{H1s} pode emparelhar-se com cada um desses orbitais, originando uma ligação σ apontando em uma direção tetraédrica. Uma vez que cada orbital híbrido sp³ tem a mesma composição, as quatro ligações σ são idênticas, exceto pelas suas orientações no espaço.

Uma característica adicional da hibridação é que um orbital híbrido possui um forte caráter direcional, isto é, possui uma amplitude maior na região internuclear. Esse caráter direcional é consequência da interferência construtiva entre o orbital s e os lóbulos positivos dos orbitais p. Como resultado desta grande amplitude na região internuclear, a força de ligação é maior do que para um orbital s ou p sozinhos. Esse aumento na força de ligação é outro fator que ajuda a compensar a energia de promoção.

Orbitais híbridos de diferentes composições são usados para produzirem diferentes geometrias moleculares e para fornecer uma base para a descrição LV. Por exemplo, a hibridação sp² é usada para produzir a distribuição eletrônica necessária para as espécies trigonais planas, como no B do BF₃ e no N do NO₃⁻, e a hibridação sp produz uma distribuição linear. A Tabela 2.4 fornece os híbridos necessários para a obtenção das geometrias de várias distribuições eletrônicas e contém esquemas de hibridação que incluem os orbitais d, explicando, assim, a hipervalência discutida na Seção 2.6b.

Teoria dos orbitais moleculares

Temos visto que a teoria de ligação de valência fornece uma descrição razoável da ligação em moléculas simples. No entanto, essa teoria não trata das moléculas poliatômicas de forma muito elegante. A **teoria dos orbitais moleculares** (**TOM**) é o modelo de ligação mais sofisticado que pode ser aplicado com o mesmo sucesso em moléculas simples e complexas. Na TOM, generalizaremos de uma forma muito natural a descrição dos orbitais *atômicos* dos átomos para uma descrição dos **orbitais moleculares** (OM) das moléculas, nos quais os elétrons se espalham sobre *todos* os átomos de uma molécula e se ligam a todos eles. No espírito deste capítulo, continuaremos a tratar os conceitos qualitativamente e a dar uma ideia de como os químicos inorgânicos discutem as

Tabela 2.4 Alguns esquemas de hibridação

Número de coordenação	Geometria	Composição
2	Linear	sp, pd, sd
	Angular	sd
3	Trigonal plana	sp², p²d
	Assimétrica plana	spd
	Piramidal trigonal	pd²
4	Tetraédrica	sp³, sd³
	Tetraédrica irregular	spd², p³d, pd³
	Quadrática plana	p²d², sp²d
5	Bipiramidal trigonal	sp³d, spd³
	Piramidal tetragonal	sp²d², sd⁴, pd⁴, p³d²
	Pentagonal plana	p²d³
6	Octaédrica	sp³d²
	Prismática trigonal	spd⁴, pd⁵
	Antiprismática trigonal	p³d³

estruturas eletrônicas das moléculas pelo uso da teoria dos OM. Praticamente todas as discussões qualitativas e todos os cálculos sobre moléculas e íons inorgânicos são feitos hoje com base na teoria dos OM.

2.7 Uma introdução à teoria

Começaremos considerando as moléculas e os íons diatômicos homonucleares formados por dois átomos de um mesmo elemento. Os conceitos que essas espécies introduzem são facilmente estendidos para as moléculas diatômicas heteronucleares formadas por dois átomos ou íons de elementos diferentes. Eles também são facilmente estendidos para moléculas e sólidos poliatômicos formados por um grande número de átomos e íons. Em algumas partes desta seção, incluiremos fragmentos moleculares na discussão, como o grupo diatômico SF da molécula de SF_6 ou o grupo diatômico OO do H_2O_2, uma vez que conceitos semelhantes também se aplicam aos pares de átomos ligados que fazem parte de moléculas maiores.

(a) As aproximações da teoria

Pontos principais: Orbitais moleculares são construídos como combinações lineares de orbitais atômicos; há uma maior probabilidade de encontrar os elétrons em orbitais atômicos que têm grandes coeficientes na combinação linear; cada orbital molecular pode ser ocupado por até dois elétrons.

Como na descrição das estruturas eletrônicas dos átomos, iniciamos fazendo a **aproximação orbital**, na qual assumimos que a função de onda, Ψ, dos N_e elétrons da molécula pode ser escrita como um produto de funções de onda de um elétron: $\Psi = \psi(1)\psi(2)...\psi(N_e)$. A interpretação dessa expressão é que o elétron 1 é descrito pela função de onda $\psi(1)$, o elétron 2, pela função de onda $\psi(2)$ e assim por diante. Essas funções de onda de um elétron são os **orbitais moleculares** da teoria. Assim como para os átomos, o quadrado de uma função de onda de um elétron nos dá a distribuição de probabilidade para esse elétron na molécula: um elétron em um orbital molecular tem maior probabilidade de ser encontrado onde o orbital possui uma grande amplitude e não será encontrado em qualquer dos seus nós.

A aproximação seguinte é motivada pela percepção de que quando um elétron está próximo do núcleo de um átomo, sua função de onda assemelha-se à de um orbital atômico daquele átomo. Por exemplo, quando um elétron está próximo do núcleo de um átomo de H de uma molécula, sua função de onda é semelhante à do orbital 1s daquele átomo. Deste modo, podemos construir uma primeira aproximação razoável do orbital molecular sobrepondo os orbitais atômicos de cada átomo que contribuem para o OM. Esse modelo de orbital molecular, em termos dos orbitais atômicos contribuintes, é chamado de aproximação da **combinação linear dos orbitais atômicos** (CLOA). Uma "combinação linear" é uma soma com vários coeficientes ponderais. Em uma linguagem simples, podemos combinar os orbitais atômicos dos átomos contribuintes para formar os orbitais moleculares que se estendem por toda a molécula.

Na forma mais elementar da TOM, somente os orbitais atômicos da camada de valência são usados para formar os orbitais moleculares. Assim, os orbitais moleculares do H_2 são aproximados usando-se dois orbitais 1s do hidrogênio, um de cada átomo:

$$\psi = c_A \chi_A + c_B \chi_B \tag{2.3}$$

Neste caso, o **conjunto de base**, os orbitais atômicos χ dos quais o orbital molecular é formado, consiste em dois orbitais H1s, um no átomo A e o outro no átomo B. O princípio é exatamente o mesmo para moléculas mais complexas. Por exemplo, o conjunto de base para a molécula do metano consiste nos orbitais 2s e 2p no átomo de carbono e os quatro orbitais 1s nos átomos de hidrogênio. Os coeficientes c na combinação linear mostram o quanto cada orbital atômico contribui para o orbital molecular: quanto maior o valor de c, maior a contribuição deste orbital atômico para o orbital molecular. Para interpretar os coeficientes na Equação 2.3 notamos que c_A^2 é a probabilidade do elétron ser encontrado no orbital χ_A e c_B^2 é a probabilidade do elétron ser encontrado no orbital χ_B. O fato de que ambos os orbitais atômicos contribuem para o orbital molecular implica que existe interferência entre eles onde suas amplitudes são diferentes de zero, sendo a distribuição de probabilidade dada por

$$\psi^2 = c_A^2 \chi_A^2 + 2c_A c_B \chi_A \chi_B + c_B^2 \chi_B^2 \tag{2.4}$$

O termo $2c_A c_B \chi_A \chi_B$ representa a contribuição para a densidade probabilidade que se origina dessa interferência.

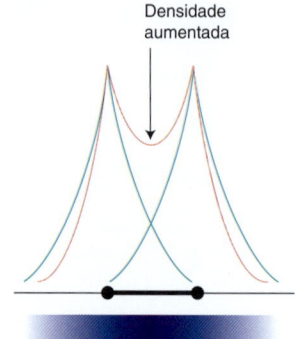

Figura 2.8 O aumento da densidade eletrônica na região internuclear, causado pela interferência construtiva entre os orbitais atômicos de átomos vizinhos.

Uma vez que o H_2 é uma molécula diatômica homonuclear, os seus elétrons têm probabilidades iguais de serem encontrados próximos a ambos os núcleos, de forma que a combinação linear que produz a menor energia terá contribuições iguais de cada orbital 1s ($c_A^2 = c_B^2$), deixando em aberto a possibilidade de $c_A = +c_B$ ou $c_A = -c_B$. Assim, ignorando a normalização, os dois orbitais moleculares são dados por

$$\psi_\pm = \chi_A \pm \chi_B \tag{2.5}$$

Os sinais relativos dos coeficientes na CLOA têm um papel muito importante na determinação das energias dos orbitais. Como veremos, eles determinam se os orbitais atômicos interferem construtiva ou destrutivamente quando eles se espalham numa mesma região e, portanto, produzem um aumento ou uma diminuição da densidade eletrônica nessa região.

Dois pontos preliminares adicionais devem ainda ser observados. Percebemos desta discussão que *dois* orbitais moleculares podem ser construídos a partir de *dois* orbitais atômicos. Em ocasião oportuna, veremos a importância da noção geral de que N orbitais moleculares podem ser construídos a partir de um conjunto de base de N orbitais atômicos. Por exemplo, se usarmos os quatros orbitais de valência de cada um dos átomos de O do O_2, então de um total de oito orbitais atômicos poderemos construir oito orbitais moleculares. Além disso, assim como nos átomos, o princípio da exclusão de Pauli implica que cada orbital molecular pode ser ocupado por até dois elétrons; se os dois elétrons estão presentes, então seus spins devem estar emparelhados. Assim, numa molécula diatômica construída com dois átomos do segundo período, na qual existem oito orbitais moleculares disponíveis, podemos acomodar até 16 elétrons nos orbitais moleculares disponíveis. As mesmas regras que são usadas para preencher com elétrons os orbitais atômicos (o princípio do preenchimento e a regra de Hund, Seção 1.5) são aplicadas para o preenchimento de elétrons nos orbitais moleculares.

O padrão geral das energias dos orbitais moleculares formados a partir de N orbitais atômicos mostra um orbital molecular com energia abaixo daquela dos orbitais atômicos dos quais ele é formado, um orbital molecular com energia acima daqueles que o originaram e os orbitais moleculares restantes ficam distribuídos entre esses dois extremos.

(b) Orbitais ligantes e antiligantes

Pontos principais: Um orbital ligante se origina da interferência construtiva de orbitais atômicos vizinhos; um orbital antiligante se origina da interferência destrutiva, indicada por um nó entre os átomos.

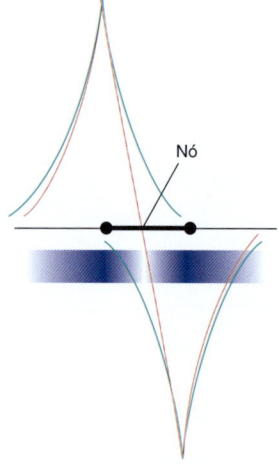

Figura 2.9 A interferência destrutiva que se origina da sobreposição de orbitais com sinais opostos. Essa interferência conduz a uma superfície nodal em um orbital molecular antiligante.

O orbital ψ_+ é um exemplo de um **orbital ligante**. Ele é assim chamado porque, se este orbital estiver ocupado por elétrons, a energia da molécula será menor do que aquela dos átomos separados. O caráter ligante de ψ_+ é atribuído à interferência construtiva entre os dois orbitais atômicos e ao aumento da amplitude entre os dois núcleos (Fig. 2.8). Um elétron que ocupa ψ_+ tem uma probabilidade maior de ser encontrado na região internuclear e pode interagir fortemente com ambos os núcleos. Logo, a sobreposição orbital, que é o espalhamento de um orbital na região ocupada por outro, conduz ao aumento da probabilidade de os elétrons serem encontrados na região internuclear, sendo considerada a origem da força das ligações.

O orbital ψ_- é um exemplo de um **orbital antiligante**. Ele é assim chamado porque, se for ocupado, a energia da molécula será maior do que a dos dois átomos separados. A maior energia de um elétron nesse orbital se origina da interferência destrutiva entre os dois orbitais atômicos, que cancelam suas amplitudes e dão origem a um plano nodal entre os dois núcleos (Fig. 2.9). Elétrons que ocupam o ψ_- estão significativamente excluídos da região internuclear e são forçados a ocupar posições energeticamente menos favoráveis. É quase sempre verdade que a energia de um orbital molecular em uma molécula poliatômica é tanto maior quanto mais nós ele possuir. Esse aumento de energia reflete o aumento da exclusão dos elétrons das regiões entre os núcleos. Note que um orbital antiligante é ligeiramente mais antiligante do que o orbital ligante (que é gerado junto) é ligante: a assimetria se origina parcialmente de detalhes da distribuição eletrônica e parcialmente do fato de que a repulsão internuclear empurra todo o diagrama para cima. Como veremos mais tarde, o custo da ocupação nos orbitais antiligantes é particularmente relevante para explicar as ligações fracas formadas entre elementos ricos em elétrons 2p.

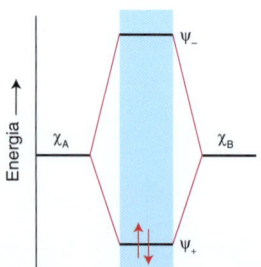

Figura 2.10* Diagrama dos níveis de energia dos orbitais moleculares para o H_2 e para moléculas análogas.

As energias dos dois orbitais moleculares do H_2 são mostradas na Fig. 2.10, que é um exemplo de um **diagrama dos níveis de energia dos orbitais moleculares,** o qual apresenta as energias relativas dos orbitais moleculares. Os dois elétrons ocupam o orbital molecular de menor energia. Uma estimativa da diferença de energia entre os dois orbitais moleculares é a observação de uma absorção espectroscópica do H_2 em 11,4 eV (em 109 nm, no ultravioleta), que pode ser atribuída à transição de um elétron do orbital ligante para o orbital antiligante. A energia de dissociação do H_2 é de 4,5 eV (434 kJ mol^{-1}), o que nos dá uma indicação da posição do orbital ligante em relação aos átomos separados.

O princípio da exclusão de Pauli limita o número de elétrons que pode ocupar qualquer orbital molecular a dois e requer que esses dois elétrons estejam emparelhados (↑↓). O princípio da exclusão é a origem da importância do par de elétrons na formação de uma ligação na teoria dos OM, da mesma forma como na TLV: no contexto da teoria dos OM, um número máximo de dois elétrons pode ocupar um orbital que contribui para a estabilidade da molécula. A molécula de H_2, por exemplo, tem uma energia menor que a dos átomos separados porque os dois elétrons podem ocupar o orbital ψ_+ e ambos podem contribuir para a redução da sua energia (como mostrado na Fig. 2.10). Uma ligação mais fraca poderá ser esperada se apenas um elétron estiver presente no orbital ligante; apesar disso, o H_2^+ é conhecido como um íon transiente em fase gasosa, sendo sua energia de dissociação de 2,6 eV (250,8 kJ mol^{-1}). Três elétrons, como no H_2^-, são menos efetivos do que dois elétrons porque o terceiro elétron irá ocupar o orbital antiligante ψ_-, o que acarretará uma desestabilização da molécula. Com quatro elétrons, o efeito antiligante dos dois elétrons no ψ_- supera o efeito ligante dos dois elétrons no ψ_+. Assim, não haverá ligação resultante. Consequentemente, uma molécula com quatro elétrons e com apenas orbitais 1s disponíveis para a formação de ligação, tal como o He_2, não deve ser estável em relação à dissociação em seus átomos.

Até aqui, discutimos as interações de orbitais atômicos que dão origem aos orbitais moleculares que têm energias menores (ligantes) e maiores (antiligantes) do que os átomos separados. Além destes, é possível gerar um orbital molecular que tenha a mesma energia que os orbitais atômicos originais. Neste caso, a ocupação desse orbital nem estabiliza e nem desestabiliza a molécula, de forma que ele é denominado um **orbital não ligante**. Geralmente, um orbital não ligante é um orbital molecular que consiste em um único orbital em um átomo, talvez porque no átomo vizinho não exista um orbital atômico com a simetria correta para ele se sobrepor.

2.8 Moléculas diatômicas homonucleares

Embora as estruturas de moléculas diatômicas possam ser calculadas sem muito esforço usando pacotes de programas comerciais, a validade de qualquer desses cálculos precisa, em algum momento, ser confirmada por resultados experimentais. Além disso, a elucidação de uma estrutura molecular pode ser muitas vezes feita apoiando-se em informações experimentais. Uma das visualizações mais diretas da estrutura eletrônica é obtida pela espectroscopia fotoeletrônica na região do ultravioleta (UPS, em inglês, Seção 8.9), na qual os elétrons são ejetados dos orbitais que ocupam nas moléculas e suas energias são determinadas. Uma vez que os picos em um espectro fotoeletrônico correspondem às várias energias cinéticas dos fotoelétrons ejetados dos diferentes orbitais da molécula, o espectro nos dá uma vívida visualização dos níveis de energia dos orbitais moleculares da molécula (Fig. 2.11).

(a) Os orbitais

Pontos principais: Os orbitais moleculares são classificados como σ, π ou δ, de acordo com suas simetrias rotacionais em torno do eixo internuclear, e (nas espécies centrossimétricas) como g ou u, de acordo com suas simetrias com relação à inversão.

Nossa tarefa agora é ver como a teoria dos orbitais moleculares pode explicar os aspectos revelados pela espectroscopia fotoeletrônica e por outras técnicas, principalmente a espectroscopia de absorção, que são usadas para estudar as moléculas diatômicas. Nossa atenção está voltada, predominantemente, para os orbitais de camada de valência, ao invés dos orbitais mais internos. Como no H_2, o ponto inicial da discussão teórica é o **conjunto de base mínimo**, o menor conjunto de orbitais atômicos a partir do qual orbitais moleculares relevantes podem ser formados. Para as moléculas diatômicas do segundo período, o conjunto de base mínimo consiste em um orbital de valência s e três orbitais de valência p em cada átomo, resultando em um total de oito orbitais atômicos. Veremos agora como o conjunto de base mínimo de oito orbitais atômicos da camada de valência (quatro de cada átomo, um s e três p) é usado para construir oito orbitais moleculares. Então, usaremos o princípio de Pauli para prever as configurações eletrônicas do estado fundamental das moléculas.

As energias dos orbitais atômicos que formam o conjunto de base são mostradas em cada lado do diagrama de orbitais moleculares na Fig. 2.12, o qual é apropriado para o O_2 e o F_2. Podemos formar **orbitais σ** pela sobreposição dos orbitais atômicos que têm simetria cilíndrica em torno do eixo internuclear, o qual (conforme indicado

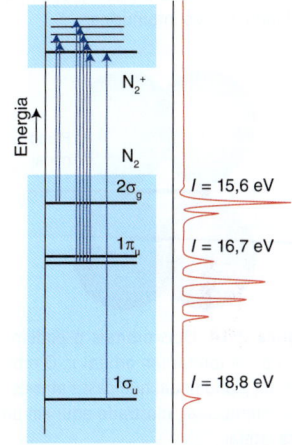

Figura 2.11 O espectro fotoeletrônico, na região do UV, do N_2. A estrutura fina no espectro surge da excitação de vibrações no cátion formado pela fotoemissão de um elétron.

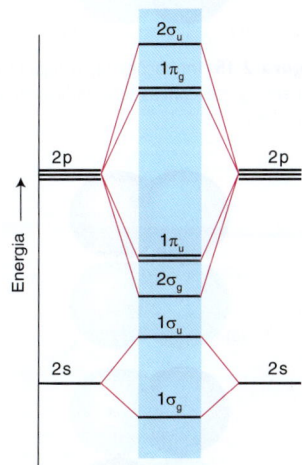

Figura 2.12* Diagrama dos níveis de energia dos orbitais moleculares para as moléculas diatômicas homonucleares formadas pelos elementos do final do segundo período. Este diagrama pode ser usado para as moléculas O_2 e F_2.

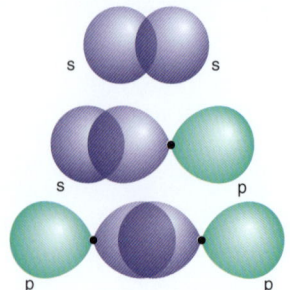

Figura 2.13 Um orbital σ pode ser formado de várias maneiras, incluindo a sobreposição ss, a sobreposição sp e a sobreposição pp, com os orbitais p orientados ao longo do eixo internuclear.

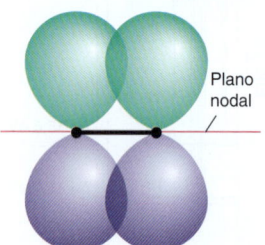

Figura 2.14 Dois orbitais p podem se sobrepor e formar um orbital π. O orbital tem um plano nodal que passa através do eixo internuclear, mostrado aqui em uma vista lateral.

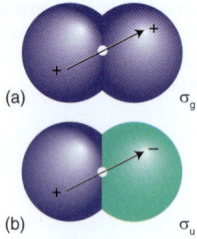

Figura 2.15 Interações (a) σ ligante e (b) antiligante, com as setas indicando as inversões.

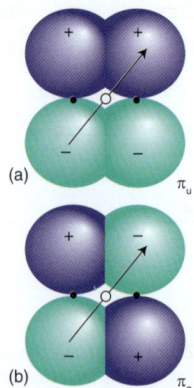

Figura 2.16 Interações (a) π ligante e (b) antiligante, com as setas indicando as inversões.

anteriormente) é convenientemente escolhido como z. A notação σ significa que o orbital tem simetria cilíndrica; dentre os orbitais atômicos que podem formar orbitais σ, temos os orbitais 2s e $2p_z$ nos dois átomos (Fig. 2.13). Com estes quatro orbitais (os orbitais 2s e $2p_z$ do átomo A e os orbitais correspondentes do átomo B) com simetria cilíndrica, podemos construir quatro orbitais moleculares σ, dos quais dois se originam predominantemente das interações entre os dois orbitais 2s e dois, das interações entre os orbitais $2p_z$. Esses orbitais moleculares são indicados por $1\sigma_g$, $1\sigma_u$, $2\sigma_g$ e $2\sigma_u$, respectivamente.

Os dois orbitais 2p remanescentes em cada átomo, os quais têm um plano nodal contendo o eixo z, sobrepõem-se formando **orbitais π** (Fig. 2.14). Orbitais π ligantes e antiligantes podem ser formados pela sobreposição mútua de dois orbitais $2p_x$ e, também, pela sobreposição mútua de dois orbitais $2p_y$. Esse padrão de sobreposição origina dois pares de níveis de energia duplamente degenerados (dois níveis de energia de mesma energia), mostrados na Fig. 2.12 e indicados por $1\pi_u$ e $1\pi_g$.

Para moléculas diatômicas homonucleares, é algumas vezes conveniente (particularmente para discussões espectroscópicas) identificar a simetria dos orbitais moleculares em relação ao seu comportamento quando sujeito à inversão através do centro da molécula. A operação de **inversão** consiste em iniciar em um ponto arbitrário na molécula, caminhar em uma linha reta em direção ao centro da molécula e, então, continuar por uma distância igual para o outro lado do centro. Esse procedimento é indicado pelas setas nas Figuras 2.15 e 2.16. O orbital é designado g (*gerade*, par) se ele ficar inalterado após a inversão e u (*ungerade*, ímpar) se ele mudar de sinal. Então, um orbital σ ligante é g e um orbital σ antiligante é u (Fig. 2.15). Por outro lado, um orbital π ligante é **u** e um orbital π antiligante é g (Fig. 2.16). Note que os orbitais σ são numerados separadamente dos orbitais π.

O procedimento pode ser resumido da seguinte forma:

1. A partir de um conjunto de base de quatro orbitais atômicos em cada átomo, são construídos oito orbitais moleculares.
2. Quatro desses oito orbitais moleculares são orbitais σ e quatro são orbitais π.
3. Os quatro orbitais σ espalham-se sobre uma faixa de energia, sendo um fortemente ligante e o outro fortemente antiligante; os dois orbitais restantes situam-se entre esses extremos.
4. Os quatro orbitais π formam um par duplamente degenerado de orbitais ligantes e um par duplamente degenerado de orbitais antiligantes.

Para se estabelecer a localização exata dos níveis de energia, é necessário utilizar a espectroscopia eletrônica de absorção, a espectroscopia fotoeletrônica ou um cálculo detalhado.

A espectroscopia fotoeletrônica e os cálculos detalhados (a solução numérica da equação de Schrödinger para moléculas) permitem-nos construir esquemas de energia dos orbitais como o mostrado na Fig. 2.17. Como podemos ver nesse diagrama, desde o Li_2 até o N_2, o arranjo dos orbitais é aquele mostrado na Fig. 2.18, enquanto que para o O_2 e o F_2, a ordem dos orbitais $2\sigma_g$ e $1\pi_u$ é invertida, e o arranjo é aquele mostrado na Fig. 2.12. Essa inversão de ordem pode ser atribuída ao aumento da separação entre os orbitais 2s e 2p que ocorre ao se caminhar para a direita ao longo do segundo período. Um princípio geral da mecânica quântica é que a mistura das funções de onda é mais intensa se as suas energias são similares; a mistura não será importante se suas energias diferirem em mais de 1 eV. Quando a separação energética s-p é pequena, cada orbital molecular σ é resultado de uma mistura do caráter s e p de cada átomo. Portanto, à medida que a separação energética entre s e p aumenta, os orbitais moleculares tornam-se mais semelhantes aos orbitais s ou p puros.

Ao considerarmos espécies contendo dois átomos vizinhos do bloco d, como no Hg_2^{2+} e no $[Cl_4ReReCl_4]^{2-}$, também devemos admitir a possibilidade de formação de ligações envolvendo orbitais d. Um orbital d_{z^2} tem uma simetria cilíndrica em relação ao eixo internuclear (z) e, assim, pode contribuir para os orbitais σ que são formados com orbitais s e p_z. Os orbitais d_{yz} e d_{zx} são parecidos com os orbitais p quando vistos ao longo do eixo internuclear e, dessa forma, podem contribuir para os orbitais π formados com p_x e p_y. Um aspecto novo é a forma de participação dos orbitais $d_{x^2-y^2}$ e d_{xy}, os quais não têm semelhança com os orbitais discutidos até agora. Esses dois orbitais podem sofrer sobreposição com orbitais idênticos em outro átomo, originando pares duplamente degenerados de **orbitais δ**, ligantes e antiligantes (Fig. 2.19). Como veremos no Capítulo 19, os orbitais δ são importantes para a discussão das ligações entre os átomos de metais d, nos complexos de metais d e nos compostos organometálicos.

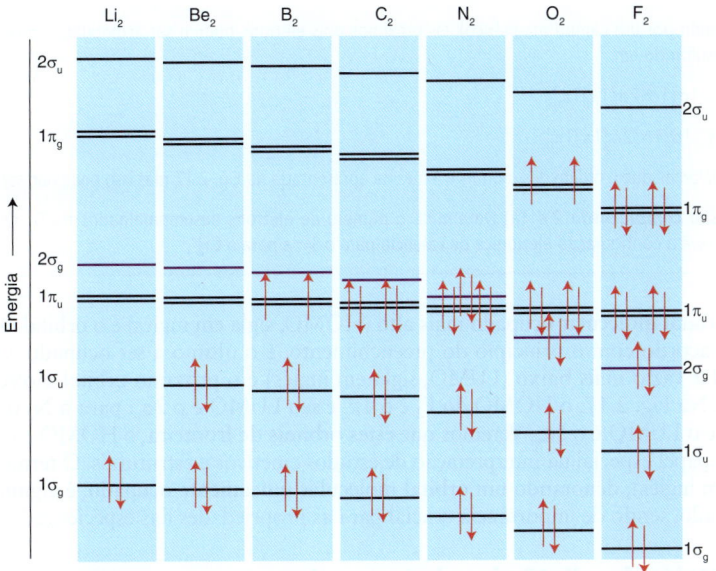

Figura 2.17 Variação das energias dos orbitais para as moléculas diatômicas homonucleares do segundo período, do Li_2 até o F_2.

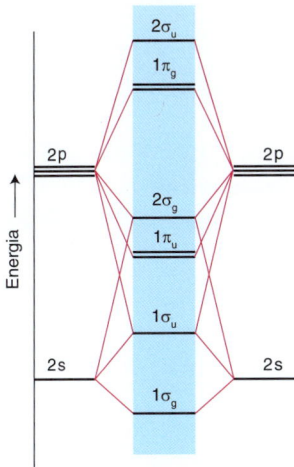

Figura 2.18* Diagrama dos níveis de energia dos orbitais moleculares para moléculas diatômicas homonucleares do segundo período, do Li_2 até o N_2.

(b) O princípio do preenchimento para moléculas

Pontos principais: O princípio do preenchimento é usado para prever as configurações eletrônicas do estado fundamental, acomodando os elétrons no conjunto de orbitais moleculares apresentados na Fig. 2.12 ou Fig. 2.18 e reconhecendo as restrições impostas pelo princípio de Pauli.

Usamos o princípio do preenchimento em conjunto com o diagrama dos níveis de energia dos orbitais moleculares da mesma forma que fazemos para os átomos. A ordem de ocupação dos orbitais é a ordem do aumento de energia, como mostrado na Fig. 2.12 ou Fig. 2.18. Cada orbital pode acomodar até dois elétrons. Se mais do que um orbital estiver disponível para a ocupação (por possuírem energias idênticas, como no caso dos pares de orbitais π), os orbitais serão, então, ocupados separadamente. Neste caso, os elétrons nos orbitais semipreenchidos adotarão spins paralelos (↑↑) com um elétron em cada orbital, justamente como é exigido pela regra de Hund para os átomos (Seção 1.5a). Com poucas exceções, essas regras conduzem à configuração real do estado fundamental das moléculas diatômicas do segundo período. Por exemplo, a configuração eletrônica do N_2, com 10 elétrons de valência, é

$$N_2: 1\sigma_g^2 1\sigma_u^2 1\pi_u^4 2\sigma_g^2$$

As configurações dos orbitais moleculares são escritas da mesma forma que para os átomos: os orbitais são listados em ordem crescente de energia e o número de elétrons em cada um é indicado por um índice superior. Note que π^4 é uma notação abreviada para a ocupação de dois orbitais π diferentes.

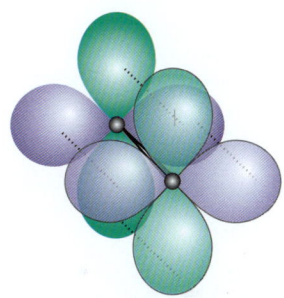

Figura 2.19 A formação dos orbitais δ a partir da sobreposição de orbitais d. O orbital tem dois planos nodais mutuamente perpendiculares que se interceptam ao longo do eixo internuclear.

EXEMPLO 2.4 Prevendo as configurações eletrônicas de moléculas diatômicas

Preveja as configurações eletrônicas do estado fundamental da molécula de oxigênio, O_2, do íon superóxido, O_2^-, e do íon peróxido, O_2^{2-}.

Resposta Precisamos inicialmente determinar o número de elétrons de valência e em seguida ocupar os orbitais moleculares com esses elétrons, de acordo com o princípio do preenchimento. A molécula de O_2 tem 12 elétrons de valência. Os primeiros dez elétrons reproduzem a configuração do N_2, exceto pela ordem inversa dos orbitais $1\pi_u$ e $2\sigma_g$ (ver Fig. 2.17). Os orbitais que seguem a ordem de ocupação são os orbitais duplamente degenerados $1\pi_g$. Os últimos dois elétrons entram, separadamente, nesses orbitais e apresentam spins paralelos. A configuração é, portanto,

$$O_2: 1\sigma_g^2 1\sigma_u^2 2\sigma_g^2 1\pi_u^4 1\pi_g^2$$

A molécula de O_2 é interessante porque a configuração de energia mais baixa possui dois elétrons desemparelhados em orbitais π diferentes. Consequentemente, o O_2 é paramagnético (tem a tendência de ser atraído por um campo magnético). Os próximos dois elétrons podem ser acomodados nos orbitais $1\pi_g$, resultando em:

O_2^-: $1\sigma_g^2 1\sigma_u^2 2\sigma_g^2 1\pi_u^4 1\pi_g^3$

O_2^{2-}: $1\sigma_g^2 1\sigma_u^2 2\sigma_g^2 1\pi_u^4 1\pi_g^4$

Consideramos que a ordem dos orbitais é a mesma apresentada na Fig. 2.17, mas isso pode não ser o caso.

Teste sua compreensão 2.4 (a) Determine o número de elétrons desemparelhados no O_2, O_2^- e O_2^{2-}. (b) Escreva a configuração eletrônica de valência para o S_2^{2-} e para o Cl_2^{2-}.

O **orbital molecular ocupado mais alto** (HOMO, sigla em inglês) é o orbital molecular que, de acordo com o princípio do preenchimento, é o último a ser ocupado. O **orbital molecular vazio mais baixo** (LUMO, sigla em inglês) é o próximo orbital molecular em energia. Na Fig. 2.17, o HOMO do F_2 é o $1\pi_g$ e seu LUMO é o $2\sigma_u$; para o N_2 o HOMO é o $2\sigma_g$ e o LUMO é o $1\pi_g$. Veremos que estes **orbitais de fronteira**, o HOMO e o LUMO, têm um papel especial na interpretação de estudos cinéticos e estruturais. O termo SOMO (sigla em inglês), denotando um **orbital molecular unicamente ocupado**, é algumas vezes encontrado, sendo de importância crucial para as propriedades das espécies radicalares.

2.9 Moléculas diatômicas heteronucleares

Os orbitais moleculares das moléculas diatômicas heteronucleares diferem daqueles das moléculas diatômicas homonucleares por terem contribuições desiguais de cada orbital atômico. Cada orbital molecular tem a forma

$$\psi = c_A \chi_A + c_B \chi_B + \cdots \quad (2.6)$$

Os orbitais que não foram escritos incluem todos os outros orbitais com a simetria correta para formar ligações σ ou π, mas que tipicamente têm uma contribuição menor do que os dois orbitais da camada de valência que estamos considerando. Em comparação com os orbitais das moléculas homonucleares, os coeficientes c_A e c_B não são necessariamente iguais em magnitude. Se $c_A^2 > c_B^2$, o orbital é composto principalmente de χ_A e um elétron que ocupe esse orbital molecular é mais provável de ser encontrado próximo ao átomo A do que do átomo B. O oposto é verdadeiro para um orbital molecular no qual $c_B^2 > c_A^2$. Em moléculas diatômicas heteronucleares, o elemento mais eletronegativo apresenta uma maior contribuição para os orbitais ligantes e o elemento menos eletronegativo apresenta uma contribuição maior para os orbitais antiligantes.

(a) Orbitais moleculares heteronucleares

Pontos principais: Moléculas diatômicas heteronucleares são polares; elétrons ligantes tendem a ser encontrados no átomo mais eletronegativo e elétrons antiligantes, no átomo menos eletronegativo.

Normalmente, a maior contribuição para um orbital molecular ligante vem do átomo mais eletronegativo: os elétrons ligantes têm uma probabilidade maior de serem encontrados próximos a esse átomo, estando, consequentemente, em uma posição energeticamente favorável. O caso extremo de uma ligação covalente polar é o de uma ligação iônica, que é uma ligação covalente formada por um par de elétrons que está compartilhado de maneira desigual pelos dois átomos. Em uma ligação iônica, um átomo assume o controle completo sobre o par de elétrons. O átomo menos eletronegativo normalmente contribui mais para um orbital antiligante (Fig. 2.20); isso significa que os elétrons antiligantes apresentam uma probabilidade maior de serem encontrados em uma posição energeticamente desfavorável, próximo ao átomo menos eletronegativo.

Uma segunda diferença entre as moléculas diatômicas homonucleares e heteronucleares deriva da desigualdade nas energias dos dois conjuntos de orbitais atômicos para as últimas. Já foi comentado que duas funções de onda interagem menos intensamente à medida que a diferença entre suas energias aumenta. Esta dependência com a separação de energia implica que a diminuição de energia, como resultado da sobreposição de orbitais atômicos de átomos diferentes em uma molécula heteronuclear, é menos pronunciada do que em uma molécula homonuclear, na qual os orbitais atômicos têm as mesmas energias. Entretanto, não podemos necessariamente concluir que as ligações A–B são mais fracas do que as ligações A–A, porque outros fatores (dentre os quais tamanho do orbital e distância de aproximação) também são importantes. Por exemplo, a molécula heteronuclear CO, que é isoeletrônica da molécula homonuclear N_2, apresenta uma entalpia de ligação ainda maior (1070 kJ mol^{-1}) do que a do N_2 (946 kJ mol^{-1}).

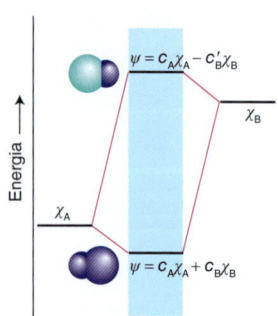

Figura 2.20 Diagrama dos níveis de energia dos orbitais moleculares que se originam da interação de dois orbitais atômicos com diferentes energias. O orbital molecular de menor energia é formado principalmente pelo orbital atômico de menor energia, e vice-versa. O deslocamento em energia dos dois níveis é menor do que se os orbitais atômicos tivessem a mesma energia.

(b) Fluoreto de hidrogênio

Pontos principais: No fluoreto de hidrogênio, o orbital ligante está mais concentrado no átomo de F e o orbital antiligante está mais concentrado no átomo de H.

Para ilustrar esses aspectos gerais, consideremos uma molécula diatômica heteronuclear simples, o HF. Os cinco orbitais de valência disponíveis para a formação dos orbitais moleculares são o orbital 1s do H e os orbitais 2s e 2p do F; há 1 + 7 = 8 elétrons de valência para serem acomodados nos cinco orbitais moleculares que podem ser construídos a partir dessa base de cinco orbitais.

Os orbitais σ do HF podem ser formados admitindo-se a sobreposição de um orbital H1s com os orbitais F2s e F2p$_z$ (z sendo o eixo internuclear). Esses três orbitais atômicos combinam-se e formam três orbitais moleculares σ da forma $\psi = c_1\chi_{H1s} + c_2\chi_{F2s} + c_3\chi_{F2p}$. Esse procedimento deixa os orbitais F2p$_x$ e F2p$_y$ inalterados uma vez que eles têm simetria π e não há orbitais de valência no H com essa simetria. Estes orbitais π são, portanto, exemplos dos orbitais não ligantes mencionados anteriormente e são orbitais moleculares confinados em um único átomo. Note que, como não há centro de inversão em uma molécula diatômica heteronuclear, não usamos a classificação g ou u para esses orbitais moleculares.

A Figura 2.21 apresenta o diagrama de níveis de energia resultante. O orbital ligante 1σ tem um caráter predominante de F2s uma vez que a diferença de energia entre ele e o orbital H1s é grande. Ele está, portanto, confinado principalmente ao átomo de F, e é essencialmente não ligante. O orbital 2σ é mais ligante do que o orbital 1σ e tem um caráter tanto de H1s quanto de F2p. O orbital 3σ é antiligante e tem um caráter principalmente de H1s: o orbital H1s tem uma energia relativamente alta (comparada com os orbitais do flúor) e, dessa forma, contribui predominantemente para o orbital molecular antiligante de alta energia.

Dois dos oito elétrons de valência entram no orbital 2σ, formando uma ligação entre os dois átomos. Os outros seis entram nos orbitais 1σ e 1π; esses dois orbitais são predominantemente não ligantes e estão confinados principalmente no átomo de F. Essa descrição é consistente com o modelo convencional que apresenta três pares isolados no átomo de F. Assim, todos os elétrons encontram-se acomodados, de forma que a configuração da molécula é $1\sigma^2 2\sigma^2 1\pi^4$. Um aspecto importante a ser notado é que todos os elétrons ocupam os orbitais que estão predominantemente no átomo de F. Dessa forma, podemos esperar que a molécula de HF seja polar, com uma carga parcial negativa no átomo de F, o que se verifica experimentalmente.

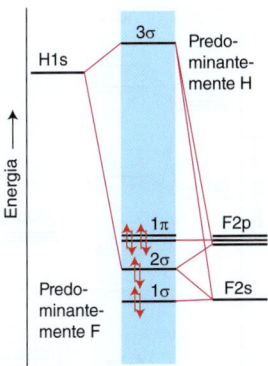

Figura 2.21* Diagrama dos níveis de energia dos orbitais moleculares do HF. As posições relativas dos orbitais atômicos refletem as energias de ionização dos átomos.

(c) Monóxido de carbono

Pontos principais: O HOMO de uma molécula de monóxido de carbono é praticamente um orbital σ não ligante localizado no C; o LUMO é um orbital π antiligante.

O diagrama dos níveis de energia dos orbitais moleculares para o monóxido de carbono é um exemplo um pouco mais complicado do que o HF, porque ambos os átomos têm orbitais 2s e 2p que podem participar na formação dos orbitais σ e π. O diagrama dos níveis de energia é mostrado na Fig. 2.22. A configuração do estado fundamental é

CO: $1\sigma^2 2\sigma^2 1\pi^4 3\sigma^2$

O orbital 1σ está localizado principalmente no átomo de O e, portanto, é essencialmente não ligante ou fracamente ligante. O orbital 2σ é ligante. Os orbitais 1π constituem os pares duplamente degenerados de orbitais ligantes π, com caráter principalmente de orbital C2p. O HOMO no CO é o 3σ, o qual apresenta um caráter predominante de orbital C2p$_z$, sendo basicamente não ligante e localizado no átomo de C. O LUMO é o par de orbitais π antiligantes, duplamente degenerado, com caráter principalmente do orbital C2p (Fig. 2.23). Esta combinação de orbitais de fronteira, com um orbital σ preenchido localizado principalmente no C e um par de orbitais π vazios, é uma razão pela qual são conhecidos muitos compostos em que o CO está ligado a um metal d. Nas chamadas carbonilas metálicas de metais d o par isolado do orbital HOMO do CO participa na formação de uma ligação σ e o orbital LUMO π antiligante participa na formação de ligações π com o átomo do metal (Capítulo 22).

Embora a diferença de eletronegatividade entre o C e o O seja grande, o valor experimental do momento de dipolo elétrico da molécula de CO (0,1 D, onde D é uma unidade de momento de dipolo, o *debye*) é pequeno. Além disso, o lado negativo do dipolo está no átomo de C, apesar deste ser o átomo menos eletronegativo. Essa situação ímpar deriva do fato de que os pares isolados e os pares ligantes possuem uma distribuição complexa. É equivocado concluir que o O seja o lado negativo do dipolo pelo fato de os elétrons ligantes estarem principalmente no átomo de O, uma vez que isso ignora

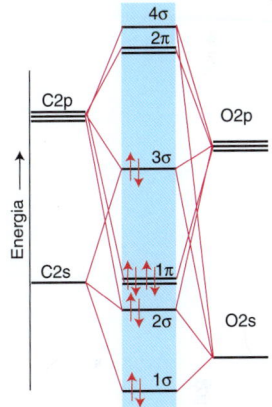

Figura 2.22* Diagrama dos níveis de energia dos orbitais moleculares para o CO.

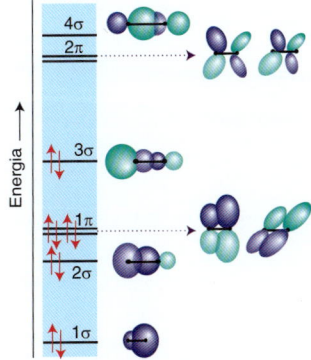

Figura 2.23 Uma ilustração esquemática dos orbitais moleculares do CO, onde o tamanho de cada orbital atômico indica a magnitude da sua contribuição para cada orbital molecular.

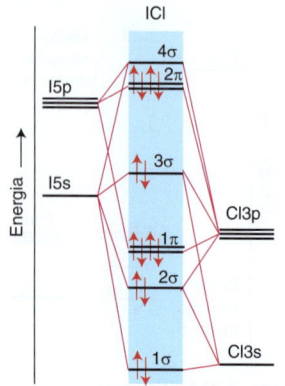

Figura 2.24 Diagrama esquemático das energias dos orbitais moleculares do ICl.

> **EXEMPLO 2.5** Considerando a estrutura de uma molécula diatômica heteronuclear
>
> Os halogênios formam compostos entre eles. Um desses compostos "inter-halogênicos" é o monocloreto de iodo, ICl, no qual a ordem dos orbitais é 1σ, 2σ, 1π, 3σ, 2π, 4σ (obtida por meio de cálculos). Qual é a configuração eletrônica do estado fundamental do ICl?
>
> **Resposta** Primeiro, identificamos os orbitais atômicos que serão usados para formar os orbitais moleculares: estes são os orbitais Cl3s e Cl3p da camada de valência do Cl e os orbitais I5s e I5p da camada de valência do I. De forma semelhante como feito para os elementos do segundo período, um conjunto de orbitais σ e π pode ser formado, conforme mostrado na Fig. 2.24. Os orbitais ligantes têm predominantemente o caráter do Cl (porque ele é o elemento mais eletronegativo), e os orbitais antiligantes têm predominantemente o caráter do I. Há $7 + 7 = 14$ elétrons de valência para serem acomodados, o que resulta na configuração eletrônica do estado fundamental $1\sigma^2 2\sigma^2 1\pi^4 3\sigma^2 2\pi^4$.
>
> **Teste sua compreensão 2.5** Preveja a configuração do estado fundamental do íon hipoclorito, ClO^-.

o efeito do par isolado no átomo de C. A estimativa da polaridade a partir das eletronegatividades é particularmente incerta quando orbitais antiligantes estão ocupados.

2.10 Propriedades das ligações

Já vimos a origem da importância do par eletrônico: dois elétrons é o número máximo que pode ocupar um orbital ligante e, consequentemente, contribuir para uma ligação química. Agora, estenderemos esse conceito introduzindo o conceito de "ordem de ligação".

(a) Ordem de ligação

Pontos principais: A ordem de ligação quantifica o número de ligações entre dois átomos no formalismo dos orbitais moleculares; quanto maior a ordem de ligação entre um dado par de átomos, maior é a força da ligação.

A **ordem de ligação**, b, contabiliza um par de elétrons compartilhado entre dois átomos como uma "ligação" e um par de elétrons em um orbital antiligante como uma "antiligação". Mais precisamente, a ordem de ligação é definida como:

$$b = \tfrac{1}{2}(n - n^*) \tag{2.7}$$

onde n é o número de elétrons nos orbitais ligantes e n^* é o número nos orbitais antiligantes. Os elétrons não ligantes são ignorados no cálculo da ordem de ligação.

> **Uma breve ilustração** O diflúor, F_2, tem a configuração $1\sigma_g^2 1\sigma_u^2 2\sigma_g^2 1\pi_u^4 1\pi_g^4$ e, como os orbitais $1\sigma_g$, $1\pi_u$ e $2\sigma_g$ são ligantes e os $1\sigma_u$ e $1\pi_g$ são antiligantes, $b = \tfrac{1}{2}(2 + 2 + 4 - 2 - 4) = 1$. A ordem de ligação do F_2 é 1, o que é consistente com a estrutura F–F e a descrição convencional da molécula como tendo uma ligação simples. O dinitrogênio, N_2, tem a configuração $1\sigma_g^2 1\sigma_u^2 1\pi_u^4 2\sigma_g^2$ e $b = \tfrac{1}{2}(2 + 2 + 4 - 2) = 3$. Uma ordem de ligação de 3 corresponde a uma molécula com uma ligação tripla, o que está de acordo com a estrutura N≡N. A ordem de ligação alta é refletida na grande entalpia de ligação da molécula (946 kJ mol^{-1}), uma das mais altas para qualquer molécula.

Moléculas e íons isoeletrônicos possuem a mesma ordem de ligação e, dessa forma, F_2 e O_2^{2-} têm, ambos, ordem de ligação 1. A ordem de ligação da molécula do CO, assim como a molécula isoeletrônica do N_2, é 3, de acordo com a estrutura análoga C≡O. Entretanto, esse método de quantificar a ligação é primitivo, especialmente para espécies heteronucleares. Por exemplo, uma inspeção dos orbitais moleculares calculados sugere que os orbitais 1σ e 3σ sejam considerados orbitais não ligantes, localizados principalmente no O e no C, e que, assim sendo, devam ser desconsiderados no cálculo de b. A ordem de ligação resultante permanece inalterada com essa modificação. A lição é que a definição de ordem de ligação fornece uma indicação útil da multiplicidade da ligação, mas qualquer interpretação das contribuições para b precisa ser feita considerando-se a composição dos orbitais calculados.

A definição de ordem de ligação admite a possibilidade de um orbital ser unicamente ocupado. A ordem de ligação no O_2^-, por exemplo, é de 1,5, uma vez que três elétrons ocupam os orbitais antiligantes $1\pi_g$. A perda de um elétron do N_2 conduz à formação da espécie transiente N_2^+, na qual a ordem de ligação é reduzida de 3 para 2,5. Essa redução na ordem de ligação é acompanhada por um decréscimo correspondente na

EXEMPLO 2.6 Determinando a ordem de ligação

Determine a ordem de ligação da molécula de oxigênio, O_2, do íon superóxido, O_2^-, e do íon peróxido, O_2^{2-}.

Resposta Precisamos determinar o número dos elétrons de valência, usá-los para popular os orbitais moleculares e, em seguida, empregar a Equação 2.7 para calcular b. As espécies O_2, O_2^- e O_2^{2-} têm 12, 13 e 14 elétrons de valência, respectivamente. Suas configurações são

O_2: $1\sigma_g^2 1\sigma_u^2 2\sigma_g^2 1\pi_u^4 1\pi_g^2$
O_2^-: $1\sigma_g^2 1\sigma_u^2 2\sigma_g^2 1\pi_u^4 1\pi_g^3$
O_2^{2-}: $1\sigma_g^2 1\sigma_u^2 2\sigma_g^2 1\pi_u^4 1\pi_g^4$

Os orbitais $1\sigma_g$, $1\pi_u$ e $2\sigma_g$ são ligantes, enquanto que os orbitais $1\sigma_u$ e $1\pi_g$ são antiligantes. Dessa forma, as ordens de ligação são

O_2: $b = \frac{1}{2}(2 + 2 - 2 + 4 - 2) = 2$
O_2^-: $b = \frac{1}{2}(2 + 2 - 2 + 4 - 3) = 1,5$
O_2^{2-}: $b = \frac{1}{2}(2 + 2 - 2 + 4 - 4) = 1$

Teste sua compreensão 2.6 Preveja a ordem de ligação do ânion carbeto, C_2^{2-}.

força da ligação (de 946 para 855 kJ mol^{-1}) e um aumento no comprimento da ligação de 109 pm no N_2 para 112 pm no N_2^+.

(b) Correlações com a ordem de ligação

Pontos principais: Para um dado par de elementos, a força da ligação aumenta e o comprimento de ligação diminui à medida que a ordem de ligação aumenta.

As forças e os comprimentos das ligações correlacionam-se muito bem entre si e com a ordem de ligação. Para um dado par de átomos:

A entalpia de ligação aumenta à medida que a ordem de ligação aumenta.
O comprimento da ligação diminui à medida que a ordem de ligação aumenta.

Essas tendências estão ilustradas nas Figs. 2.25 e 2.26. A força destas dependências varia de acordo com os elementos. No segundo período, esta correlação é relativamente fraca para as ligações CC, o que resulta no fato de que uma ligação dupla C=C é menos do que duas vezes mais forte que uma ligação simples C–C. Essa diferença tem profundas consequências na química orgânica, particularmente para as reações de compostos insaturados. Ela prevê que, por exemplo, a polimerização do eteno e do etino seja energeticamente favorável (embora lenta, na ausência de um catalisador): nesse processo são formadas ligações simples C–C à custa de um número correspondente de ligações múltiplas.

A familiaridade com as propriedades do carbono não deve, entretanto, ser extrapolada sem precaução para as ligações entre os outros elementos. Uma ligação dupla N=N (409 kJ mol^{-1}) é mais do que duas vezes mais forte do que uma ligação simples N–N (163 kJ mol^{-1}) e uma ligação tripla N≡N (946 kJ mol^{-1}) é mais do que cinco vezes mais forte. É por causa dessa tendência que os compostos com ligações múltiplas NN são mais estáveis em relação a polímeros ou compostos tridimensionais que teriam somente ligações simples. O mesmo não é verdade para o fósforo, no qual as entalpias para as ligações P–P, P=P e P≡P são 200, 310 e 490 kJ mol^{-1}, respectivamente. Para o fósforo, ligações simples são mais estáveis em relação a um mesmo número de ligações múltiplas correspondentes. Assim, o fósforo se apresenta sob uma variedade de formas sólidas em que as ligações simples P–P estão presentes, incluindo as moléculas tetraédricas, P_4, do fósforo branco. As moléculas de difósforo, P_2, são espécies transientes obtidas em altas temperaturas e baixas pressões.

Essas duas correlações com a ordem de ligação, tomadas conjuntamente, indicam que, para um dado par de elementos:

A entalpia de ligação aumenta à medida que o comprimento de ligação diminui.

Essa correlação está ilustrada na Fig. 2.27. É útil tê-la em mente quando consideramos a estabilidade das moléculas, pois os valores dos comprimentos de ligação podem ser facilmente encontrados em diversas fontes de literatura diferentes.

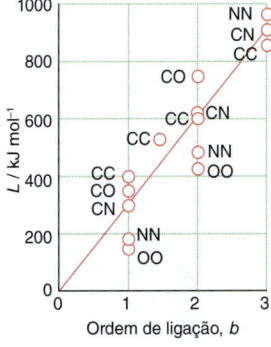

Figura 2.25 Correlação entre entalpia de ligação (L) e ordem de ligação.

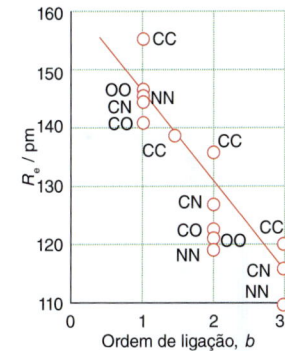

Figura 2.26 Correlação entre comprimento de ligação e ordem de ligação.

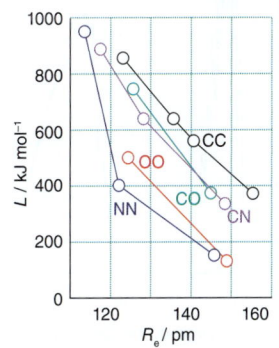

Figura 2.27 Correlação entre entalpia de ligação (L) e força de ligação.

2 Estrutura molecular e ligação

> **EXEMPLO 2.7** Prevendo as correlações entre ordem de ligação, comprimento de ligação e força de ligação
>
> Use as ordens de ligação da molécula de oxigênio, O_2, do íon superóxido, O_2^-, e do íon peróxido, O_2^{2-}, calculadas no Exemplo 2.6 para prever a força e os comprimentos de ligação relativos dessas espécies.
>
> **Resposta** Precisamos em primeiro lugar lembrar que a entalpia de ligação aumenta à medida que a ordem de ligação aumenta. Como as ordens de ligação para o O_2, o O_2^- e o O_2^{2-} são 2, 1,5 e 1, respectivamente, esperamos que as entalpias de ligação aumentem na ordem $O_2^{2-} < O_2^- < O_2$. O comprimento de ligação diminui à medida que a entalpia de ligação aumenta, de forma que os comprimentos de ligação devem seguir a tendência oposta: $O_2^{2-} > O_2^- > O_2$. Essas previsões são corroboradas pelas entalpias de ligação em fase gasosa para as ligações O—O (146 kJ mol^{-1}) e O=O (496 kJ mol^{-1}) e pelos comprimentos de ligação correspondentes de 132 e 121 pm, respectivamente.
>
> **Teste sua compreensão 2.7** Preveja a ordem das entalpias de ligação e dos comprimentos de ligação para as ligações C–N, C=N e C≡N.

2.11 Moléculas poliatômicas

A teoria dos orbitais moleculares pode ser usada para discutir de maneira uniforme as estruturas eletrônicas de moléculas triatômicas, de grupos finitos de átomos e dos conjuntos quase infinitos de átomos nos sólidos. Em cada caso, os orbitais moleculares assemelham-se àqueles das moléculas diatômicas, sendo a única diferença importante o fato de que os orbitais são formados a partir de uma base mais extensa de orbitais atômicos. Como observado anteriormente, o importante é ter em mente que a partir de N orbitais atômicos é possível construir N orbitais moleculares.

Vimos na Seção 2.5 que a estrutura geral do diagrama dos níveis de energia dos orbitais moleculares pode ser derivada agrupando-se os orbitais em diferentes conjuntos, os orbitais σ e π, de acordo com suas formas. O mesmo procedimento é usado na discussão dos orbitais moleculares de moléculas poliatômicas. Entretanto, como suas formas são mais complexas do que as das moléculas diatômicas, necessitamos de uma abordagem mais eficaz. A discussão das moléculas poliatômicas será, portanto, realizada em dois estágios. Neste capítulo, usaremos ideias intuitivas acerca da forma molecular para construir os orbitais moleculares. No Capítulo 6 discutiremos as formas das moléculas e o uso de suas propriedades de simetria para construir os seus orbitais moleculares e discutir outras propriedades. No Capítulo 6 encontram-se as justificativas dos procedimentos aqui utilizados.

O espectro fotoeletrônico do NH_3 (Fig. 2.28) apresenta alguns dos aspectos que uma teoria da estrutura das moléculas poliatômicas precisa explicar. O espectro mostra duas bandas. A que apresenta menor energia de ionização (na região de 11 eV) possui considerável estrutura vibracional, indicando (como veremos mais tarde) que o orbital de onde o elétron foi ejetado participa de maneira considerável na determinação da forma da molécula. A banda larga na região de 16 eV origina-se dos elétrons que estão ligados mais fortemente.

(a) Orbitais moleculares poliatômicos

Pontos principais: Os orbitais moleculares são formados a partir de combinações lineares de orbitais atômicos de mesma simetria; suas energias podem ser determinadas experimentalmente por meio de espectros fotoeletrônicos em fase gasosa e interpretadas em termos do modelo de sobreposição dos orbitais.

As características que foram introduzidas em conexão com as moléculas diatômicas estão presentes em todas as moléculas poliatômicas. Em cada caso, escrevemos o orbital molecular de uma dada simetria (tal como os orbitais σ de uma molécula linear) como a soma de *todos* os orbitais atômicos que podem ser sobrepostos para formar orbitais daquela simetria:

$$\psi = \sum_i c_i \chi_i \tag{2.8}$$

Nessa combinação linear, χ_i são os orbitais atômicos (geralmente os orbitais de valência de cada átomo na molécula) e o índice i se refere a todos os orbitais atômicos que tenham a simetria apropriada. A partir dos N orbitais atômicos podemos construir N orbitais moleculares. Assim,

- Quanto maior o número de nós em um orbital molecular, maior o seu caráter antiligante e sua energia.

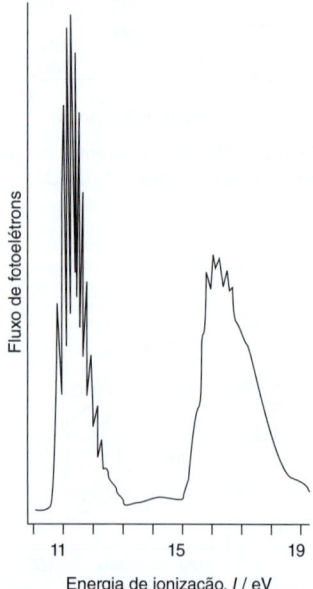

Figura 2.28 O espectro fotoeletrônico no UV do NH_3, obtido usando-se radiação de 21 eV do He.

- Orbitais construídos a partir dos orbitais atômicos de menor energia serão os de mais baixa energia (assim, os orbitais atômicos s geralmente produzirão orbitais moleculares de menor energia do que os produzidos pelos orbitais atômicos p da mesma camada).
- As interações entre átomos que não sejam vizinhos próximos são ligações muito fracas (reduzem a energia apenas ligeiramente) se os lóbulos dos orbitais nestes átomos tiverem o mesmo sinal (interferirem construtivamente). Elas serão fracamente antiligantes se os sinais forem opostos (interferirem destrutivamente).

Uma breve ilustração Para explicar os detalhes do espectro fotoeletrônico do NH_3, necessitamos construir orbitais moleculares que irão acomodar os oito elétrons de valência da molécula. Cada orbital molecular é a uma combinação de sete orbitais atômicos: os três orbitais H1s, o orbital N2s e os três orbitais N2p. É possível construir sete orbitais moleculares a partir desses sete orbitais atômicos (Fig. 2.29).

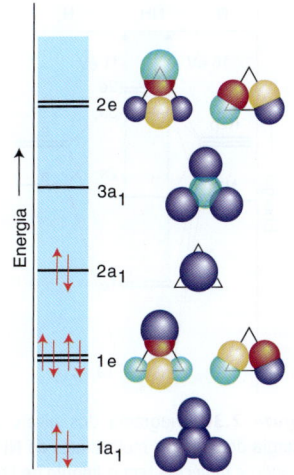

Figura 2.29 Diagrama esquemático dos orbitais moleculares do NH_3 com o tamanho dos orbitais atômicos indicando a magnitude das suas contribuições para cada orbital molecular. A vista é ao longo do eixo z.

Nem sempre é estritamente apropriado usar a notação σ e π nas moléculas poliatômicas uma vez que esses rótulos se aplicam a uma molécula linear. Entretanto, frequentemente é conveniente continuar a usar essa notação quando nos atemos à forma *local* de um orbital, a sua forma relativa ao eixo internuclear entre dois átomos vizinhos (esse é um exemplo de como a linguagem da teoria de ligação de valência sobrevive na teoria MO). O procedimento correto para rotular orbitais de moléculas poliatômicas de acordo com as suas simetrias será descrito no Capítulo 6. Por hora, tudo que necessitamos conhecer desse procedimento mais apropriado é o seguinte:

- a e b indicam um orbital não degenerado
- e indica um orbital duplamente degenerado (dois orbitais de mesma energia)
- t indica um orbital triplamente degenerado (três orbitais de mesma energia)

Índices superiores e inferiores são, às vezes, adicionados a essas letras, como em a_1, b'', e_g e t_2, pois algumas vezes é necessário fazer distinções dos diferentes orbitais a, b, e e t, de acordo com uma análise mais detalhada das suas simetrias.

As regras formais para a construção dos orbitais são descritas no Capítulo 6, mas é possível obter um sentido da sua origem imaginando-se uma visão da molécula de NH_3 ao longo do seu eixo ternário (designado z). Ambos os orbitais, $N2p_z$ e N2s, têm simetria cilíndrica em torno desse eixo. Considerando-se os três orbitais H1s com o mesmo sinal relativo (ou seja, de forma que todos tenham o mesmo tamanho e a mesma cor no diagrama da Fig. 2.29), eles também satisfazem esta simetria cilíndrica. Como consequência, podemos formar orbitais moleculares expressos como

$$\psi = c_1 \chi_{N2s} + c_2 \chi_{N2p_z} + c_3 [\chi_{H1sA} + \chi_{H1sB} + \chi_{H1sC}] \tag{2.9}$$

A partir desses *três* orbitais de base (a combinação específica dos orbitais H1s conta como um único orbital de base "formado por simetria") é possível construir três orbitais moleculares (com diferentes valores dos coeficientes c). O orbital sem qualquer nó entre os átomos de N e H é o de menor energia, aquele com um nó entre todos os NH vizinhos é o de mais alta energia e o terceiro orbital situa-se entre esses dois. Os três orbitais são não degenerados e rotulados como $1a_1$, $2a_1$ e $3a_1$, em ordem crescente de energia.

Os orbitais $N2p_x$ e $N2p_y$ têm simetria π em relação ao eixo z e podem ser usados para formar orbitais com combinações dos orbitais H1s que tenham uma simetria idêntica. Por exemplo, uma dessas superposições terá a forma

$$\psi = c_1 \chi_{N2p_x} + c_2 [\chi_{H1sA} + \chi_{H1sB}] \tag{2.10}$$

Como pode ser visto na Fig. 2.29, os sinais da combinação dos orbitais H1s se encaixam com os do orbital $N2p_x$. O orbital N2s não pode contribuir para essa superposição, de forma que somente *duas* combinações podem ser formadas, uma sem nó entre os orbitais do N e do H e a outra com um nó. Os dois orbitais diferem em energia, o primeiro sendo o mais baixo. Uma combinação similar de orbitais pode ser formada com o orbital $N2p_y$, levando (pelos argumentos de simetria que usamos no Capítulo 6) a que os dois novos orbitais sejam degenerados em relação aos outros dois descritos há pouco. Essas combinações são exemplos de orbitais "e" (uma vez que eles formam pares duplamente degenerados), os quais são rotulados como 1e e 2e, na ordem crescente de energia.

A forma geral do diagrama dos níveis de energia dos orbitais moleculares é mostrada na Fig. 2.30. A localização correta dos orbitais (particularmente as posições relativas do conjunto "a" e do conjunto "e") pode ser determinada somente por cálculos detalhados ou identificando os orbitais responsáveis pelo espectro fotoeletrônico. Já

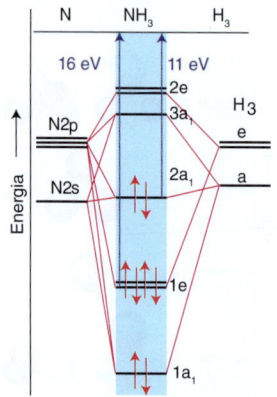

Figura 2.30 Diagrama dos níveis de energia dos orbitais moleculares do NH$_3$, quando a molécula tem o ângulo de ligação observado (107°) e o comprimento de ligação experimental.

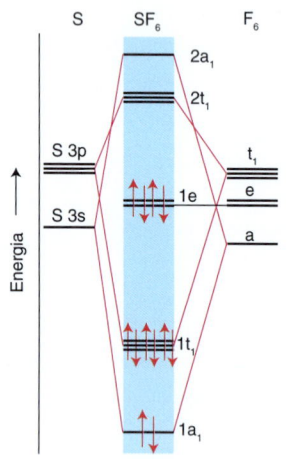

Figura 2.31 Diagrama esquemático dos níveis de energia dos orbitais moleculares do SF$_6$.

indicamos a atribuição provável dos picos em 11 eV e em 16 eV, os quais fixam as posições de dois dos orbitais ocupados. O terceiro orbital ocupado está fora da faixa de energia da radiação de 21 eV usada para obter o espectro.

O espectro fotoeletrônico é compatível com a necessidade de acomodar oito elétrons nos orbitais. Os elétrons entram nos orbitais moleculares em ordem crescente de energia, começando com o orbital de menor energia e respeitando o princípio da exclusão que proíbe mais de dois elétrons em um mesmo orbital. Os primeiros dois elétrons entram no $1a_1$, preenchendo-o. Os próximos quatro elétrons entram nos orbitais $1e$ duplamente degenerados para preenchê-los. Os dois últimos entram no orbital $2a_1$, que os cálculos mostram que é praticamente não ligante e localizado no átomo de N. A configuração eletrônica global do estado fundamental assim resultante é, deste modo, $1a_1^2 1e_1^4 2a_1^2$. Nenhum dos orbitais antiligantes está ocupado, de forma que a molécula tem energia menor do que a dos átomos separados. A descrição convencional do NH$_3$ como uma molécula com um par isolado também se reflete na configuração: o HOMO é o $2a_1$, o qual está em grande parte confinado ao átomo de N e faz somente uma pequena contribuição para a ligação. Já vimos na Seção 2.3 que o par de elétrons isolado desempenha um papel importante na determinação das formas das moléculas. A significativa estrutura vibracional da banda em 11 eV do espectro fotoeletrônico está de acordo com essa observação, uma vez que a ejeção de um fotoelétron do orbital molecular $2a_1$ remove o efeito do par isolado e a forma da molécula ionizada é consideravelmente diferente daquela do NH$_3$. Por isto a fotoionização resulta em uma marcante estrutura vibracional no espectro.

(b) Hipervalência no contexto dos orbitais moleculares

Pontos principais: A deslocalização dos orbitais moleculares significa que um par de elétrons pode contribuir para a ligação de mais do que dois átomos.

Na Seção 2.3 usamos a teoria de ligação de valência para explicar a hipervalência usando orbitais d para permitir à camada de valência de um átomo acomodar mais de oito elétrons. A teoria de orbitais moleculares explica-a mais elegantemente.

Consideremos o SF$_6$, que possui seis ligações S–F, com 12 elétrons envolvidos na formação de ligações, e que é, portanto, hipervalente. O conjunto de base simples de orbitais atômicos que é usado para construir os orbitais moleculares consiste nos orbitais s e p da camada de valência do átomo de enxofre e um orbital p de cada um dos seis átomos de F apontando para o átomo de S. Usamos os orbitais F2p em vez dos orbitais F2s porque as suas energias são mais próximas daquelas dos orbitais do S. A partir destes 10 orbitais atômicos é possível construir 10 orbitais moleculares. Os cálculos indicam que quatro desses orbitais são ligantes e quatro são antiligantes; os dois orbitais restantes são não ligantes (Fig. 2.31).

Temos 12 elétrons para acomodar. Os dois primeiros podem entrar no $1a_1$ e os próximos seis podem entram no $1t_1$. Os quatro restantes preenchem o par de orbitais não ligantes, resultando na configuração $1a_1^2 1t_1^6 1e^4$. Vemos, assim, que nenhum dos orbitais antiligantes ($2a_1$ e $2t_1$) está ocupado. A teoria de orbitais moleculares, portanto, explica a formação do SF$_6$ com quatro orbitais ligantes e dois orbitais não ligantes ocupados, sem usar os orbitais S3d para expansão do octeto. Isso não significa que esses orbitais d não possam participar na ligação, mas mostra que eles não são *necessários* para formar as ligações dos seis átomos de F com o átomo de S central. A limitação da teoria de ligação de valência é a suposição de que cada orbital atômico do átomo central pode participar somente da formação de uma ligação. A teoria de orbitais moleculares engloba a hipervalência em face da sua capacidade de disponibilizar uma grande quantidade de orbitais, dos quais nem todos são antiligantes. Desse modo, a questão de quando a hipervalência pode ocorrer parece depender de outros fatores além da disponibilidade de orbitais d, tal como a capacidade de átomos pequenos de posicionarem-se em torno de um átomo grande.

(c) Localização

Pontos principais: As descrições localizadas e deslocalizadas das ligações são matematicamente equivalentes, mas uma descrição pode ser mais apropriada para uma determinada propriedade, como indicado na Tabela 2.5.

Uma característica marcante da aproximação da ligação de valência para a ligação química é a sua concordância com o instinto químico, que identifica algo que pode ser chamado de "uma ligação A–B". Ambas as ligações OH no H$_2$O, por exemplo, são tratadas como estruturas equivalentes, localizadas, uma vez que cada uma consiste em um par de elétrons compartilhado entre o O e o H. Essa característica parece estar ausente da teoria dos orbitais moleculares, uma vez que os orbitais moleculares são deslocalizados

Tabela 2.5 Uma indicação geral das propriedades para as quais as descrições localizadas e deslocalizadas são mais apropriadas

Localizada	Deslocalizada
Força de ligação	Espectro eletrônico
Constantes de forças	Fotoionização
Comprimentos de ligação	Adição de elétron
Acidez de Brønsted*	Magnetismo
Descrição RPECV	Potenciais padrão†

*Capítulo 4.
†Capítulo 5.

e os elétrons que os ocupam ligam todos os átomos juntos, e não apenas um par de átomos vizinhos. O conceito de uma ligação A–B existindo independentemente das outras ligações na molécula, e podendo ser transferida de uma molécula para outra, parece ter sido perdido. Entretanto, mostraremos agora que a descrição dos orbitais moleculares é matematicamente quase que equivalente à distribuição eletrônica global descrita por ligações individuais. A demonstração se apoia no fato de que combinações lineares de orbitais moleculares podem ser formadas de maneira que resultem na mesma distribuição eletrônica global, embora os orbitais individuais sejam significativamente diferentes.

Considere a molécula H_2O. Os dois orbitais ligantes ocupados da descrição deslocalizada, $1a_1$ e $1b_2$, são mostrados na Fig. 2.32. Se fizermos a soma $1a_1 + 1b_2$, a metade negativa do $1b_2$ cancelará quase que completamente metade do orbital $1a_1$, deixando um orbital localizado entre o O e o outro H. Da mesma forma, quando fazemos a diferença $1a_1 - 1b_2$, a outra metade do orbital $1a_1$ é cancelada quase que completamente, deixando um orbital localizado entre o outro par de átomos. Ou seja, tomando-se as somas e as diferenças de orbitais deslocalizados, orbitais localizados são criados (e vice-versa). Uma vez que esses são dois caminhos equivalentes de descrever a mesma população eletrônica global, uma descrição não pode ser dita como melhor do que a outra.

A Tabela 2.5 indica quando é mais adequado escolher uma descrição localizada ou deslocalizada. Em geral, uma descrição deslocalizada é necessária para tratar de propriedades globais da molécula inteira. Tais propriedades incluem o espectro eletrônico (transições no UV e visível – Seção 8.3), espectro de fotoionização, energias de ionização e de adição de elétron (Seção 1.7) e potenciais de redução (Seção 5.1). Ao contrário, uma descrição localizada é mais apropriada para tratar das propriedades de um fragmento da molécula. Tais propriedades incluem força de ligação, comprimento de ligação, constante de força da ligação e alguns aspectos das reações (como caráter ácido-base). Nesses aspectos, a descrição localizada é mais apropriada pois foca a atenção na distribuição dos elétrons em uma ligação particular ou no seu entorno.

(d) Ligações localizadas e hibridação

Pontos principais: Orbitais atômicos híbridos são algumas vezes usados na discussão de orbitais moleculares localizados.

A descrição de uma ligação por orbital molecular localizado pode ser levada um passo adiante ao se considerar o conceito de hibridação. Estritamente falando, a hibridação faz parte da teoria LV, mas é frequentemente empregada em descrições qualitativas simples de orbitais moleculares.

Vimos que, em geral, um orbital molecular é construído a partir de todos os orbitais atômicos de simetria apropriada. Entretanto, é algumas vezes conveniente formar uma mistura de orbitais em um átomo (por exemplo, o átomo de O no H_2O) e então usar esses orbitais híbridos para construir orbitais moleculares localizados. Por exemplo, no H_2O cada ligação OH pode ser considerada como formada pela sobreposição de um orbital H1s e um orbital híbrido proveniente da combinação dos orbitais O2s e O2p (Fig. 2.33).

Já vimos que a mistura dos orbitais s e p de um determinado átomo resulta em orbitais híbridos que têm uma direção definida no espaço, como na formação dos híbridos tetraédricos. Uma vez que os orbitais híbridos tenham sido selecionados, uma descrição de orbital molecular localizado pode ser construída. Por exemplo, as quatro ligações no CF_4 podem ser formadas construindo-se orbitais localizados ligantes e antiligantes pela sobreposição de cada híbrido com um orbital F2p apontado para ele. Da mesma forma, para descrever a distribuição eletrônica do BF_3, poderíamos considerar cada orbital BF σ localizado como formado pela sobreposição de um híbrido sp^2 com um orbital F2p. Uma descrição de orbital localizado da molécula de PCl_5 pode ser feita em termos de

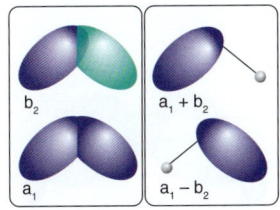

Figura 2.32 Os dois orbitais ocupados $1a_1$ e $1b_2$ da molécula de H_2O e suas soma $1a_1 + 1b_2$ e diferença $1a_1 - 1b_2$. Em cada caso, formamos um orbital quase que completamente localizado entre cada par de átomos.

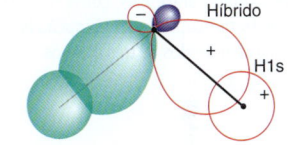

Figura 2.33 A formação de orbitais O–H localizados no H_2O pela sobreposição de orbitais híbridos no átomo de O e orbitais H1s. Esses orbitais híbridos são como que os híbridos sp^3 mostrados na Fig. 2.6.

cinco ligações σ PCl formadas pela sobreposição de cada um dos cinco orbitais híbridos sp³d bipiramidal trigonal com cada orbital 2p de cada átomo de Cl. Da mesma forma, quando queremos formar seis orbitais localizados em um arranjo octaédrico regular (por exemplo, no SF$_6$), necessitamos de dois orbitais d: os seis orbitais híbridos sp³d² resultantes apontam nas direções apropriadas.

(e) Deficiência de elétrons

Pontos principais: A existência de compostos deficientes de elétrons é explicada pela deslocalização da influência da ligação sobre vários átomos.

O modelo de ligação LV não é capaz de considerar a existência de **compostos deficientes em elétrons**, que são compostos em que, de acordo com o modelo de Lewis, não existem elétrons suficientes para formar o número necessário de ligações. Esse ponto pode ser ilustrado mais facilmente com o diborano, B$_2$H$_6$ (**17**). Há somente 12 elétrons de valência, mas, de acordo com o modelo de Lewis, pelo menos oito pares de elétrons (16 elétrons) são necessários para ligar os oito átomos.

A formação dos orbitais moleculares pela combinação de vários orbitais atômicos explica facilmente a existência desses compostos. Os oito átomos dessa molécula contribuem com um total de 14 orbitais de valência (três orbitais p e um s de cada átomo de B, resultando em oito orbitais, e mais um orbital de cada um dos seis átomos de H). Estes 14 orbitais atômicos podem ser usados para construir 14 orbitais moleculares. Cerca de sete desses orbitais moleculares serão ligantes ou não ligantes, uma quantidade mais do que suficiente para acomodar os 12 elétrons de valência fornecidos pelos átomos.

A ligação pode ser melhor entendida se considerarmos que os orbitais moleculares produzidos estão associados ou com os fragmentos BH terminais ou com os fragmentos BHB em ponte. Os orbitais moleculares localizados associados com as ligações BH terminais são construídos a partir de orbitais atômicos de dois átomos (o H1s e um híbrido B2s2p^n). Os orbitais moleculares associados com os dois fragmentos BHB, são combinações lineares dos híbridos B2s2p^n em cada um dos dois átomos de B e um orbital H1s do átomo de H que se encontra entre eles (Fig. 2.34). Três orbitais moleculares são formados a partir desses três orbitais atômicos: um é ligante, um é não ligante e o terceiro é antiligante. O orbital ligante pode acomodar dois elétrons e manter o fragmento BHB junto. A mesma observação se aplica ao segundo fragmento BHB e os dois orbitais moleculares ligantes em ponte ocupados mantêm a molécula unida. No total, os 12 elétrons contribuem para a estabilidade da molécula, uma vez que suas influências se espalham por mais de seis pares de átomos.

A deficiência de elétrons é um fato bem estabelecido não somente no boro (no qual foi pela primeira vez claramente reconhecida), mas também nos carbocátions e em várias outras classes de compostos que encontraremos mais adiante no texto.

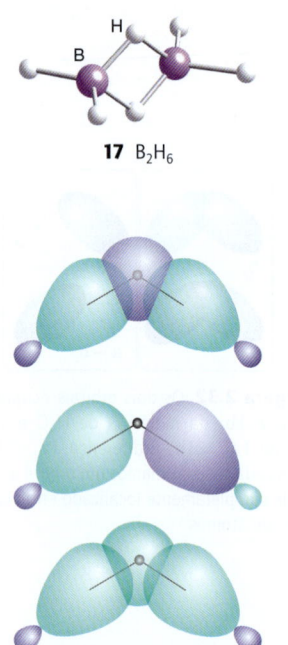

17 B$_2$H$_6$

Figura 2.34 O orbital molecular formado por dois átomos de B e um átomo de H posicionado entre eles, como no B$_2$H$_6$. Dois elétrons ocupam a combinação ligante e mantêm unidos os três átomos.

2.12 Métodos computacionais

Pontos principais: Os procedimentos computacionais usam métodos *ab initio* ou métodos semiempíricos parametrizados para calcular as propriedades das moléculas e dos sólidos. Técnicas gráficas podem ser usadas para apresentar os resultados.

A computação tem se mostrado uma das técnicas mais importantes na química. A **modelagem computacional** é o uso de modelos numéricos para explorar as estruturas e propriedades de moléculas isoladas e materiais. Os métodos usados vão desde os tratamentos rigorosos, conhecidos como métodos *ab initio*, baseados na solução numérica da equação de Schrödinger do sistema, até os mais rápidos e necessariamente menos detalhados conhecidos como "métodos semiempíricos", os quais usam funções aproximadas ou "efetivas" para descrever as forças entre as partículas. Os métodos de mecânica molecular tratam as moléculas usando um modelo "bola e mola", em que cada átomo é tratado como uma simples partícula ou "bola" e cada ligação, como uma "mola" de comprimento equivalente ao comprimento de ligação experimental ou calculado. O método usa mecânica clássica para simular os movimentos dos átomos em sistemas cujo tamanho varia desde moléculas pequenas até proteínas.

Nos **métodos *ab initio*** se procura calcular as estruturas a partir dos princípios fundamentais, usando apenas os números atômicos dos átomos presentes e seu arranjo espacial. Esse procedimento é intrinsecamente mais confiável, mas demanda grande esforço computacional. Para problemas complexos envolvendo moléculas e materiais com vários átomos, tais métodos consomem muito tempo de computação, e, por isso, são usados métodos alternativos que empregam dados experimentais. Nestes **métodos semiempíricos**, as integrais que ocorrem na solução formal da equação de Schrödinger são igualadas a parâmetros são escolhidos para que os resultados produzam uma concordância melhor com os valores experimentais, como as entalpias de formação. Os métodos semiempíricos são aplicáveis a uma grande variedade de moléculas com um número de átomos praticamente ilimitado e são muito populares.

Ambos os métodos, geralmente, adotam o **procedimento de campo autoconsistente** (SCF, em inglês), no qual é feita uma suposição inicial para as combinações lineares dos orbitais atômicos (LCAO, em inglês) que representam os orbitais moleculares. Essa suposição é sucessivamente refinada até que a composição e a energia dos orbitais moleculares não mais se alterem após a repetição de um novo ciclo de cálculo. O tipo mais comum de cálculo *ab initio* é baseado no **método de Hartree-Fock**, no qual uma aproximação primária é aplicada às repulsões elétron-elétron. Os vários métodos de correção explícita para a repulsão elétron-elétron, chamada de **problema de correlação**, são a teoria de perturbação de Møller-Plesset (MPn, onde n é a ordem da correção), o método da ligação de valência generalizado (GVB, em inglês), o campo autoconsistente multiconfiguracional (MCSCF, em inglês), a interação de configurações (CI, em inglês) e a teoria de cluster acoplado (CC, em inglês).

A alternativa ao método *ab initio* mais utilizada é a **teoria do funcional de densidade** (DFT, em inglês), na qual a energia total é expressa em termos da densidade eletrônica total $\rho = |\psi|^2$ em vez da função de onda ψ. Quando a equação de Schrödinger é expressa em termos de ρ, ela se torna um conjunto de equações chamadas **equações de Kohn-Sham**, as quais são resolvidas iterativamente partindo-se de uma estimativa inicial, continuando-se até que sejam autoconsistentes. A vantagem da abordagem DFT é que ela demanda menos esforço computacional e, em alguns casos (particularmente para complexos de metais d), tem uma concordância melhor com os resultados experimentais do que os obtidos por outros procedimentos.

Os métodos semiempíricos são feitos da mesma maneira geral que os cálculos Hartree-Fock, mas dentro desse contexto certas peças de informação, como as integrais que representam as interações entre dois elétrons, são aproximadas por dados empíricos ou simplesmente ignoradas. Para compensar o efeito dessas aproximações, parâmetros representando outras integrais são ajustados de forma a produzir uma melhor concordância com os dados experimentais. Os cálculos semiempíricos são muito mais rápidos do que os cálculos *ab initio*, mas a qualidade dos resultados é muito dependente do uso de um conjunto razoável de parâmetros experimentais que possam ser transferidos de uma estrutura para outra. Desta forma, os cálculos semiempíricos têm tido sucesso na química orgânica que envolve uns poucos tipos de elementos e geometrias moleculares. Métodos semiempíricos também têm sido desenvolvidos especificamente para a descrição de espécies inorgânicas.

O resultado de um cálculo de estrutura molecular é uma lista dos coeficientes dos orbitais atômicos em cada orbital molecular, juntamente às energias desses orbitais. A densidade eletrônica total em qualquer ponto (a soma dos quadrados das funções de onda avaliadas nesse ponto) é geralmente representada por uma **superfície isodensa**, uma superfície de densidade eletrônica total constante (Fig. 2.35). Um aspecto importante de uma molécula, além da sua forma geométrica, é a distribuição de carga sobre a sua superfície. Um procedimento comum começa com o cálculo do potencial elétrico em cada ponto de uma superfície isodensa, subtraindo-se o potencial oriundo da densidade eletrônica naquele ponto do potencial devido aos núcleos. O resultado é uma **superfície de potencial eletrostático**, na qual o potencial positivo resultante é mostrado em uma cor e o potencial negativo é mostrado em outra cor, com graduações intermediárias de cores.

A modelagem computacional é aplicada aos sólidos da mesma forma que para moléculas individuais, sendo útil para prever o comportamento de um material; são exemplos, a indicação de qual estrutura cristalina de um composto é energeticamente mais favorável, a previsão de mudanças de fase, o cálculo dos coeficientes de expansão térmica, a identificação dos sítios preferidos para íons dopantes e o cálculo de um caminho de difusão através de uma rede.

Um exemplo da aplicação de métodos computacionais na química inorgânica é a investigação do modo de ligação do ligante (**18**) aos complexos de rutênio com ligantes alquenila. Em princípio, o ligante pode ligar-se ao metal através dos dois átomos de S ou por um átomo de S e um átomo de N. Investigações cristalográficas (Seção 8.1) confirmam que o ligante está ligado ao rutênio através do N e do átomo terminal de S, formando um anel de quatro membros. A coordenação alternativa S,S foi investigada usando-se as técnicas computacionais Hartree-Fock e DFT, e a energia encontrada foi muito maior do que a observada para a coordenação S,N. A diferença entre as energias calculadas nos dois modos de coordenação foi de 92,35 kJ mol^{-1} pelo método de Hartree-Fock e de

Figura 2.35 Os resultados dos cálculos da estrutura eletrônica para uma molécula são apresentados de várias formas. Aqui é apresentada a superfície de potencial elétrico do SF$_5$CF$_3$, uma molécula que se descobriu ser um poderoso gás de efeito estufa, mas de origem incerta na atmosfera. As áreas vermelhas indicam regiões de potencial negativo e as regiões verdes, de potencial positivo.

18

Tabela 2.6 Comprimentos de ligação no equilíbrio, R_e/pm

H_2^+	106
H_2	74
HF	92
HCl	127
HBr	141
HI	160
N_2	109
O_2	121
F_2	144
Cl_2	199
I_2	267

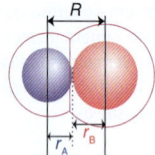

19 Raio covalente

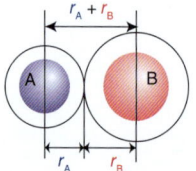

20 Raio de van der Waals

Tabela 2.7 Raios covalentes, r/pm*

H			
37			
C	N	O	F
77 (1)	74 (1)	66 (1)	64
67 (2)	65 (2)	57 (2)	
60 (3)	54 (3)		
70 (a)			
Si	P	S	Cl
118	110	104 (1)	99
		95 (2)	
Ge	As	Se	Br
122	121	117	114
	Sb	Te	I
	141	137	133

*Valores para ligações simples, exceto quando indicado diferentemente (entre parênteses); (a) indica aromático.

65,93 kJ mol⁻¹ pelo método DFT. Os comprimentos de ligação foram calculados e comparados com os encontrados experimentalmente, e ambos os métodos computacionais apresentaram uma boa concordância com o modo de ligação S,N.

É importante notar que poucos aspectos da química inorgânica podem ser calculados exatamente. Embora a modelagem computacional possa dar uma visão muito útil na química de materiais, ela ainda não está em um estágio no qual possa ser usada de maneira confiável para prever a estrutura exata ou as propriedades de qualquer composto complexo.

Estrutura e propriedades das ligações

Certas propriedades das ligações são aproximadamente as mesmas em diferentes compostos dos elementos. Assim, quando conhecemos a força da ligação O–H na água, então, com certa segurança, podemos usar o mesmo valor para a ligação O–H no CH_3OH. A esta altura, concentraremos nossa atenção em duas das mais importantes características de uma ligação: comprimento e força. Também ampliaremos nosso conhecimento sobre as ligações para prever as formas de moléculas inorgânicas simples.

2.13 Comprimento de ligação

Pontos principais: Em uma molécula, o comprimento de ligação no equilíbrio é a separação entre o centro de dois átomos ligados; o raio covalente varia ao longo da tabela periódica da mesma forma que os raios metálico e iônico.

O **comprimento de ligação no equilíbrio** em uma molécula é a separação internuclear de dois átomos ligados. Uma grande quantidade de informações precisas e valiosas sobre comprimentos de ligação encontra-se disponível na literatura, a maior parte dela obtida por difração de raios X em sólidos (Seção 8.1). Os comprimentos de ligação no equilíbrio em moléculas na fase gasosa são geralmente determinados por espectroscopia na região do infravermelho ou de micro-ondas, ou mais diretamente por difração de elétrons. Alguns valores típicos são mostrados na Tabela 2.6.

Em uma primeira aproximação razoável, os comprimentos de ligação no equilíbrio podem ser decompostos nas contribuições individuais de cada átomo do par ligado. A contribuição de um átomo para uma ligação covalente é denominada **raio covalente** do elemento (**19**). Podemos usar os raios covalentes da Tabela 2.7 para prever, por exemplo, que o comprimento de uma ligação P–N é 110 pm + 74 pm = 184 pm; experimentalmente, observa-se que esse comprimento de ligação tem valor próximo de 180 pm em vários compostos. Comprimentos de ligação experimentais devem ser usados sempre que possível, mas os raios covalentes são úteis para se fazer estimativas cautelosas quando os dados experimentais não estão disponíveis.

Os raios covalentes variam ao longo da tabela periódica da mesma forma e pelas mesmas razões que os raios iônicos e metálicos (Seção 1.7a), e são menores quanto mais próximos do F. Os raios covalentes são aproximadamente iguais à separação dos núcleos quando as camadas mais internas dos dois átomos estão em contato: os elétrons de valência puxam os dois átomos um para o outro até que a repulsão entre as camadas mais internas começa a dominar. O raio covalente expressa a menor distância de aproximação de átomos *ligados*; a menor distância de aproximação de átomos não ligados de moléculas vizinhas em contato é expressa em termos do **raio de van der Waals** do elemento, que é a separação internuclear quando as camadas de valência de dois átomos estão em contato não ligante (**20**). Os raios de van der Waals são de importância crucial para o entendimento do empacotamento de compostos moleculares nos cristais; das conformações adotadas por pequenas moléculas flexíveis, das formas das macromoléculas biológicas (Capítulo 27).

2.14 Força de ligação

Pontos principais: A força de uma ligação é medida pela sua entalpia de dissociação; entalpias médias de ligação são usadas para estimar as entalpias de reação.

Uma conveniente medida termodinâmica da força de uma ligação AB é a **entalpia de dissociação da ligação**, $\Delta H^\ominus(A-B)$, a entalpia padrão de reação para o processo:

$$AB(g) \rightarrow A(g) + B(g)$$

A entalpia de dissociação da ligação é sempre positiva, uma vez que é uma energia necessária para quebrar as ligações. A **entalpia média de ligação**, L, é a entalpia média

Tabela 2.8 Entalpias médias de ligação, $L/(\text{kJ mol}^{-1})$*

	H	C	N	O	F	Cl	Br	I	S	P	Si
H	436										
C	412	348 (1)									
		612 (2)									
		837 (3)									
		518 (a)									
N	388	305 (1)	163 (1)								
		613 (2)	409 (2)								
		890 (3)	946 (3)								
O	463	360 (1)	157	146 (1)							
		743 (2)		497 (2)							
F	565	484	270	185	155						
Cl	431	338	200	203	254	242					
Br	366	276			219	193					
I	299	238			210	178	151				
S	338	259	464	523	343	250	212		264		
P	322 (1)									201	
										480 (3)	
Si	318			466							226

*Valores para ligações simples, exceto quando indicado diferentemente (entre parênteses); (a) indica aromático.

de dissociação da ligação, calculada para uma série de ligações A–B em moléculas diferentes (Tabela 2.8).

As entalpias médias de ligação podem ser usadas para estimar as entalpias de reação. Entretanto, sempre que possível, devem ser usados os dados termodinâmicos das espécies verdadeiras em vez dos valores médios, pois estes últimos podem ser enganosos. Por exemplo, a entalpia da ligação Si–Si varia de 226 kJ mol^{-1} no Si_2H_6 a 322 kJ mol^{-1} no $Si_2(CH_3)_6$. Os valores na Tabela 2.8 devem ser considerados como último recurso: eles podem ser usados para fazer estimativas grosseiras das entalpias de reação quando as entalpias de formação ou as entalpias de ligação reais não forem conhecidas.

EXEMPLO 2.8 Fazendo estimativas usando as entalpias médias de ligação

Estime a entalpia de reação para a formação do $SF_6(g)$ a partir do $SF_4(g)$, dado que as entalpias médias de ligação do F_2, SF_4 e SF_6 são 158, 343 e 327 kJ mol^{-1}, respectivamente, a 25°C.

Resposta Devemos fazer uso do fato de que a entalpia de uma reação é igual à diferença entre a soma das entalpias de ligação das ligações quebradas e a soma das entalpias das ligações que são formadas. A reação é

$$SF_4(g) + F_2(g) \rightarrow SF_6(g)$$

Nessa reação, 1 mol de ligações F–F e 4 mol de ligações S–F (no SF_4) devem ser quebrados, correspondendo a uma variação de entalpia de 158 kJ + (4 × 343kJ) = +1530 kJ. Essa variação de entalpia é positiva porque a energia deverá ser usada para quebrar as ligações. Em seguida, 6 mol de ligações S–F (no SF_6) devem ser formados, correspondendo a uma variação de entalpia de 6 × (−327kJ) = −1962 kJ. Essa variação de entalpia é negativa porque a energia é liberada quando as ligações são formadas. A variação de entalpia total é, portanto,

$$\Delta H^\ominus = +1530 \text{ kJ} - 1962 \text{ kJ} = -432 \text{ kJ}$$

Consequentemente, a reação é fortemente exotérmica. O valor experimental para a reação é de −434 kJ, que está em excelente concordância com o valor estimado.

Teste sua compreensão 2.8 Estime a entalpia de formação do H_2S a partir de S_8 (uma molécula cíclica) e H_2.

2.15 Eletronegatividade e entalpia de ligação

Pontos principais: A escala de eletronegatividade de Pauling é útil para estimar as entalpias de ligação e para avaliar a polaridade das ligações.

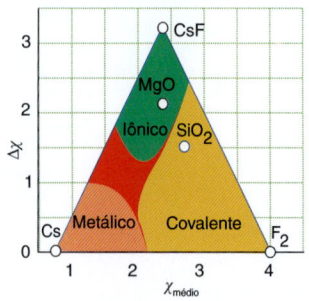

Figura 2.36 O triângulo de Ketelaar mostra como um gráfico de eletronegatividade média contra a diferença de eletronegatividade pode ser usado para classificar o tipo de ligação em compostos binários.

O conceito de eletronegatividade foi introduzido na Seção 1.7d, na qual ele foi definido como a capacidade que o átomo de um elemento tem de atrair elétrons para si quando é parte de um composto. Quanto maior a diferença de eletronegatividade entre dois elementos A e B, maior o caráter iônico da ligação A–B.

A formulação original de Linus Pauling utilizou conceitos relacionados às energias de formação das ligações. Por exemplo, na formação de AB a partir das moléculas diatômicas A_2 e B_2,

$$A_2(g) + B_2(g) \rightarrow 2AB(g)$$

ele considerou que o excesso de energia, ΔE, de uma ligação A–B em relação à energia média das ligações A–A e B–B pode ser atribuído à presença de contribuições iônicas além da ligação covalente. Ele definiu a diferença de eletronegatividade como

$$|\chi_P(A) - \chi_P(B)| = 0{,}102(\Delta E/\text{kJ mol}^{-1})^{1/2} \tag{2.11a}$$

onde

$$\Delta E = L(A-B) - \tfrac{1}{2}[L(A-A) + L(B-B)] \tag{2.11b}$$

com $L(A–B)$ significando a entalpia da ligação A–B. Assim, se a entalpia da ligação A–B for significativamente maior do que a média das ligações apolares A–A e B–B, presume-se que exista uma contribuição iônica substancial para a função de onda e, consequentemente, uma grande diferença de eletronegatividade entre os dois átomos. As eletronegatividades de Pauling aumentam com o aumento do número de oxidação do elemento, sendo os valores da Tabela 1.7 correspondentes aos estados de oxidação mais comuns.

As eletronegatividades de Pauling são úteis para estimar as entalpias de ligação entre elementos de eletronegatividades diferentes e para estimar qualitativamente a polaridade das ligações. Compostos binários nos quais a diferença de eletronegatividade entre os dois elementos é maior do que 1,7 geralmente podem ser considerados predominantemente iônicos. Entretanto, essa distinção grosseira foi refinada por Anton van Arkel e Jan Ketelaar na década de 40, quando eles apresentaram um triângulo cujos vértices representam as ligações iônica, covalente e metálica. O **triângulo de Ketelaar** (mais apropriadamente, triângulo de *van Arkel-Ketelaar*) foi aperfeiçoado por Gordon Sproul, que construiu um triângulo baseado na diferença de eletronegatividade ($\Delta\chi$) dos elementos em compostos binários e sua eletronegatividade média ($\chi_{\text{média}}$, Fig. 2.36). O triângulo de Ketelaar será empregado extensivamente no Capítulo 3, no qual veremos como esse conceito básico pode ser usado para classificar uma grande variedade de diferentes tipos de compostos.

A ligação iônica é caracterizada por uma grande diferença de eletronegatividade. Uma vez que isso indica que a eletronegatividade de um elemento é alta e a do outro é baixa, a eletronegatividade média deve ter um valor intermediário. O composto CsF, por exemplo, com $\Delta\chi = 3{,}19$ e $\chi_{\text{médio}} = 2{,}38$, situa-se no vértice "iônico" do triângulo. A ligação covalente é caracterizada por uma pequena diferença entre as eletronegatividades. Tais compostos situam-se na base do triângulo. Compostos binários que são predominantemente covalentes são formados geralmente entre não metais, os quais têm altas eletronegatividades. Dessa forma, a região covalente do triângulo é o canto inferior direito. Esse vértice do triângulo é ocupado pelo F_2, que tem $\Delta\chi = 0$ e $\chi_{\text{médio}} = 3{,}98$ (o valor máximo das eletronegatividades de Pauling). A ligação metálica é também caracterizada por uma pequena diferença de eletronegatividade e também se situa próximo da base do triângulo. Na ligação metálica, entretanto, as eletronegatividades são baixas, sendo, portanto, o valor médio também baixo e, consequentemente, a ligação metálica ocupa o vértice inferior esquerdo do triângulo. Tal vértice do triângulo é ocupado pelo Cs, que tem $\Delta\chi = 0$ e $\chi_{\text{médio}} = 0{,}79$ (o menor valor das eletronegatividades de Pauling). A vantagem do uso do triângulo de Ketelaar sobre as simples diferenças de eletronegatividades é que ele permite distinguir entre a ligação metálica e a covalente, as quais são igualmente caracterizadas por uma pequena diferença de eletronegatividade.

> **Uma breve ilustração** Para o MgO, $\Delta\chi = 3{,}44 - 1{,}31 = 2{,}13$ e $\chi_{\text{médio}} = 2{,}38$. Esses valores colocam o MgO na região iônica do triângulo. Em contraste, para o SiO_2, temos $\Delta\chi = 3{,}44 - 1{,}90 = 1{,}54$ e $\chi_{\text{médio}} = 2{,}67$. Esses valores colocam o SiO_2 em posição mais abaixo no triângulo, quando comparado com o MgO, na região da ligação covalente.

2.16 Estados de oxidação

Pontos principais: Os números de oxidação são atribuídos aplicando-se as regras da Tabela 2.9.

O **número de oxidação**, N_{ox},[3] é um parâmetro obtido exagerando-se o caráter *iônico* de uma ligação. Ele pode ser considerado como a carga que um átomo teria se o átomo mais eletronegativo de uma ligação ficasse com os dois elétrons da ligação. O **estado de oxidação** é o estado físico de um elemento correspondente ao seu número de oxidação. Assim, a um átomo pode ser *atribuído* um número de oxidação em correspondência ao seu estado de oxidação.[4] Os metais alcalinos são os elementos mais eletropositivos na tabela periódica, de forma que podemos assumir que eles estarão sempre presentes como M^+ e serão designados com o número de oxidação +1. Uma vez que a eletronegatividade do oxigênio é superada apenas pela do F, podemos considerá-lo como O^{2-} quando em combinação com qualquer outro elemento que não seja o F, sendo a ele atribuído o número de oxidação −2. Da mesma forma, na estrutura exageradamente iônica do NO_3^-, teremos $N^{5+}(O^{2-})_3$, com o número de oxidação do nitrogênio nesse composto sendo considerado +5, o que pode ser indicado como N(V) ou N(+5). Essas convenções podem ser usadas mesmo se o número de oxidação for negativo, de forma que o oxigênio, na maioria dos seus compostos, possui número de oxidação −2, indicado por O(−2) ou, menos frequentemente, O(−II).

Na prática, os números de oxidação são atribuídos aplicando-se um conjunto de regras simples (Tabela 2.9). Estas regras refletem as consequências da eletronegatividade para as estruturas "exageradamente iônicas" dos compostos e concordam com o aumento no grau de oxidação que deve ser esperado à medida que aumenta o número de átomos de oxigênio em um composto (como quando se vai do NO para o NO_3^-). Esse aspecto do número de oxidação será considerado mais adiante, no Capítulo 5. Muitos elementos, como é o caso, por exemplo, do nitrogênio, dos halogênios e dos elementos do bloco d, podem existir em vários estados de oxidação (Tabela 2.9).

Tabela 2.9 A determinação do número de oxidação*

	Número de oxidação
1. A soma dos números de oxidação de todos os átomos é igual à carga total.	
2. Para átomos em sua forma elementar.	0
3. Para os átomos do Grupo 1	+1
Para os átomos do Grupo 2	+2
Para os átomos do Grupo 13 (exceto B)	+3(EX_3), +1(EX)
Para átomos do Grupo 14 (exceto C, Si)	+4(EX_4), +2(EX_2)
4. Para o hidrogênio	+1 em combinação com não metais
	−1 em combinação com metais
5. Para o flúor	−1 em todos os seus compostos
6. Para o oxigênio	−2 a menos que combinado com F
	−1 nos peróxidos (O_2^{2-})
	−1/2 nos superóxidos (O_2^-)
	−1/3 nos ozonetos (O_3^-)
7. Para os halogênios	−1 na maioria dos compostos, a não ser que os outros elementos sejam o oxigênio ou halogênios mais eletronegativos

*Para determinar o número de oxidação, siga as regras na ordem dada. Pare tão logo um número de oxidação tenha sido atribuído. Estas regras não estão completas, mas se aplicam a uma grande variedade de compostos.

---

[3] Não há acordo sobre o símbolo para o número de oxidação.
[4] Na prática, os químicos inorgânicos usam os termos "número de oxidação" e "estado de oxidação" indiscriminadamente, mas neste texto preservaremos a distinção.

> **EXEMPLO 2.9** Atribuindo o número de oxidação a um elemento
>
> Qual é o número de oxidação de: (a) S no sulfeto de hidrogênio, H_2S; (b) Mn no íon permanganato, $[MnO_4]^-$?
>
> **Resposta** Devemos trabalhar na série de etapas indicadas na Tabela 2.9, obedecendo à ordem indicada. (a) A carga global da espécie é 0, de forma que $2N_{ox}(H) + N_{ox}(S) = 0$. Uma vez que para o H em combinação com um não metal $N_{ox}(H) = +1$, temos que $N_{ox}(S) = -2$. (b) A soma dos números de oxidação de todos os átomos é -1, assim $N_{ox}(Mn) + 4 N_{ox}(O) = -1$. Como $N_{ox}(O) = -2$, temos que $N_{ox}(Mn) = -1 - 4(-2) = +7$. Ou seja, o $[MnO_4]^-$ é um composto de Mn(VII). Seu nome formal é íon tetraoxidomanganato(VII).
>
> **Teste sua compreensão 2.9** Qual o número de oxidação de: (a) O no O_2^+; (b) P no PO_4^{3-}; (c) Mn no $[MnO_4]^{2-}$; (d) Cr no $[Cr(H_2O)_6]Cl_3$?

LEITURA COMPLEMENTAR

R. J. Gillespie e I. Hargittai, *The VSEPR model of molecular geometry*. Prentice Hall (1992). Uma excelente introdução das abordagens modernas da teoria RPECV.

R. J. Gillespie e P. L. A. Popelier, *Chemical bonding and molecular geometry: from Lewis to electron densities*. Oxford University Press (2001). Um levantamento completo das modernas teorias de ligação química e geometria dos compostos.

M. J. Winter, *Chemical bonding*. Oxford University Press (1994). Este pequeno texto introduz alguns conceitos de ligação química de uma forma descritiva e não matemática.

T. Albright, *Orbital interactions in chemistry*. John Wiley & Sons (2005). Este texto cobre a aplicação da teoria dos orbitais moleculares na química orgânica, organometálica, inorgânica e de estado sólido.

D. M. P. Mingos, *Essential trends in inorganic chemistry*. Oxford University Press (1998). Uma visão geral da química inorgânica segundo uma perspectiva de estrutura e ligação.

I. D. Brown, *The chemical bond in inorganic chemistry*. Oxford University Press (2006).

K. Bansal, *Molecular structure and orbital theory*. Campus Books International (2000).

J. N. Murrell, S. F. A. Kettle e J. M. Tedder, *The chemical bond*. John Wiley & Sons (1985).

T. Albright e J. K. Burdett, *Problems in molecular orbital theory*. Oxford University Press (1993).

G. H. Grant e W. G. Richards, *Computational chemistry*. Oxford Chemistry Primers, Oxford University Press (1995). Um texto introdutório muito útil.

J. Barratt, *Structure and bonding*, RSC Publishing (2001).

D. O. Hayward, *Quantum mechanics*, RSC Publishing (2002).

EXERCÍCIOS

2.1 Desenhe as estruturas de Lewis para: (a) NO^+, (b) ClO^-, (c) H_2O_2, (d) CCl_4, (e) HSO_3^-.

2.2 Desenhe as estruturas de ressonância para o CO_3^{2-}.

2.3 Qual a forma geométrica que você esperaria para: (a) H_2Se; (b) BF_4^-; (c) NH_4^+?

2.4 Qual a forma geométrica que você esperaria para: (a) SO_3; (b) SO_3^{2-}; (c) IF_5?

2.5 Qual a forma geométrica que você esperaria para: (a) IF_6^+; (b) IF_3; (c) $XeOF_4$?

2.6 Qual a forma geométrica que você esperaria para: (a) ClF_3; (b) ICl_4^-; (c) I_3^-?

2.7 Qual dos dois, ICl_6^- ou SF_4, apresenta o ângulo de ligação mais próximo do previsto pelo modelo RPECV?

2.8 O pentacloreto de fósforo sólido é um sólido iônico composto de cátions PCl_4^+ e ânions PCl_6^-, mas o vapor é molecular. Quais são as formas geométricas dos íons no sólido?

2.9 Use os raios covalente da Tabela 2.7 para calcular os comprimentos de ligação de: (a) CCl_4 (177 pm); (b) $SiCl_4$ (201 pm); (c) $GeCl_4$ (210 pm). (Os valores em parênteses são os comprimentos de ligação experimentais e foram incluídos para efeito de comparação.)

2.10 Use os conceitos do Capítulo 1, particularmente os efeitos de penetração e blindagem da função de onda radial, para explicar a variação do raio covalente da ligação simples com a posição na tabela periódica.

2.11 Dado que $L(Si=O)$ é igual a 640 kJ mol^{-1}, mostre que as considerações de entalpia de ligação preveem que compostos de silício-oxigênio devem conter redes de tetraedros com ligações simples Si–O e não moléculas discretas com ligações duplas Si=O.

2.12 As formas comuns do nitrogênio e do fósforo são $N_2(g)$ e $P_4(s)$, respectivamente. Justifique essa diferença com base nas entalpias das ligações simples e múltiplas.

2.13 Use os dados da Tabela 2.8 para calcular a entalpia padrão da reação $2 H_2(g) + O_2(g) \rightarrow 2 H_2O(g)$. O valor experimental é -484 kJ mol^{-1}. Explique a diferença entre os valores estimado e experimental.

2.14 Discuta os dados de energia de dissociação de ligação (D) e de comprimento de ligação das moléculas diatômicas gasosas na tabela a seguir e indique os átomos que obedecem à regra do octeto.

	D/(kJ mol^{-1})	Comprimento de ligação/pm
C$_2$	607	124,3
BN	389	128,1
O$_2$	498	120,7
NF	343	131,7
BeO	435	133,1

2.15 Preveja as entalpias padrão das reações abaixo usando os dados de entalpia média de ligação:

(a) $S_2^{2-}(g) + \frac{1}{4}S_8(g) \rightarrow S_4^{2-}(g)$

(b) $O_2^{2-}(g) + O_2(g) \rightarrow O_4^{2-}(g)$

Considere que a espécie desconhecida O_4^{2-} é uma cadeia formada por ligações simples análoga à do S_4^{2-}.

2.16 Determine os estados de oxidação dos elementos em negrito: (a) **S**O$_3^{2-}$; (b) **N**O$^+$; (c) **Cr**$_2$O$_7^{2-}$; (d) **V**$_2$O$_5$; (e) **P**Cl$_5$.

2.17 Quatro elementos arbitrariamente rotulados como A, B, C e D têm eletronegatividades 3,8, 3,3, 2,8 e 1,3, respectivamente. Coloque os compostos AB, AD, BD e AC em ordem crescente de caráter covalente.

2.18 Use o triângulo de Ketelaar na Fig. 2.36 e os valores de eletronegatividade da Tabela 1.7 para prever o tipo de ligação provavelmente dominante em: (a) BCl$_3$; (b) KCl; (c) BeO.

2.19 Determine a hibridação de orbitais necessária em: (a) BCl$_3$; (b) NH$_4^+$; (c) SF$_4$; (d) XeF$_4$.

2.20 Use diagramas de orbitais moleculares para determinar o número de elétrons desemparelhados em: (a) O$_2^-$; (b) O$_2^+$; (c) BN; (d) NO$_2$.

2.21 Use a Fig. 2.17 para escrever as configurações eletrônicas de: (a) Be$_2$; (b) B$_2$; (c) C$_2^-$; (d) F$_2^+$. Faça um esboço da forma do HOMO em cada caso.

2.22 Quando o acetileno (etino) é colocado em uma solução de cloreto de cobre(I), forma-se um precipitado vermelho de acetileto de cobre, CuC$_2$. Esse é um teste comum para se verificar a presença de acetileno. Descreva a ligação no íon C_2^{2-} em termos da teoria de orbitais moleculares e compare a ordem de ligação com a do C$_2$.

2.23 Desenhe o diagrama dos níveis de energia dos orbitais moleculares da molécula diatômica homonuclear gasosa do dicarbono, C$_2$, colocando também os rótulos de simetria apropriados. Acrescente ao diagrama representações ilustrativas dos orbitais moleculares envolvidos. Qual é a ordem de ligação no C$_2$?

2.24 Desenhe o diagrama dos níveis de energia dos orbitais moleculares da molécula diatômica heteronuclear gasosa do nitreto de boro, BN. Como ela difere do C$_2$?

2.25 Assuma que o diagrama de OM do IBr é análogo ao do ICl (Fig. 2.24). (a) Qual conjunto de orbitais atômicos deve ser usado para gerar os orbitais moleculares do IBr? (b) Calcule a ordem de ligação do IBr. (c) Comente sobre as estabilidades relativas e as ordens de ligação do IBr e do IBr$_2$.

2.26 A partir das configurações dos orbitais moleculares, determine as ordens de ligação de: (a) S$_2$; (b) Cl$_2$; (c) NO$^+$. Compare com os valores de ordem de ligação determinados a partir de estruturas de Lewis. (Os orbitais do NO são como os do O$_2$.)

2.27 Quais são as variações esperadas na ordem de ligação e na distância de ligação que acompanham os seguintes processos de ionização?

(a) $O_2 \rightarrow O_2^+ + e^-$; (b) $N_2 + e^- \rightarrow N_2^-$; (c) $NO \rightarrow NO^+ + e^-$

2.28 Atribua as linhas do espectro fotoeletrônico no UV do CO, mostrado na Fig. 2.37, e preveja a aparência do espectro fotoeletrônico no UV da molécula de SO (veja Seção 8.3).

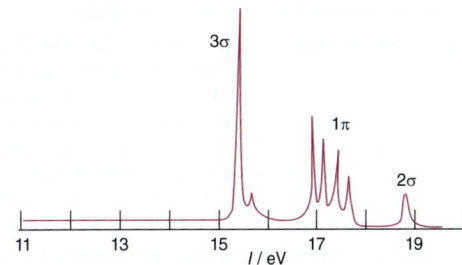

Figura 2.37 Espectro fotoeletrônico do CO, na região do ultravioleta, obtido com o uso de radiação de 21 eV.

2.29 (a) Quantas combinações lineares independentes são possíveis para quatro orbitais 1s? (b) Desenhe as figuras correspondentes às combinações lineares dos orbitais H1s para a molécula linear hipotética H$_4$. (c) Considerando o número de interações não ligantes e antiligantes, organize esses orbitais moleculares em ordem crescente de energia.

2.30 (a) Construa a forma de cada orbital molecular do [HHeH]$^{2+}$ linear usando como conjunto de base os orbitais atômicos 1s em cada átomo e considerando as sucessivas superfícies nodais. (b) Organize os OM em ordem crescente de energia. (c) Indique a população eletrônica dos OM. (d) O [HHeH]$^{2+}$ seria estável na forma isolada ou em solução? Justifique suas respostas.

2.31 Quando um átomo de He absorve um fóton para formar a configuração excitada 1s^{1}2s^1 (aqui denominada He*), uma ligação fraca se forma com outro átomo de hélio para gerar a molécula diatômica HeHe*. Construa a descrição de orbitais moleculares da ligação nessa espécie.

2.32 Baseado na discussão no texto dos OM do NH$_3$, determine a ordem de ligação média do NH no NH$_3$ calculando o número total de ligações e dividindo pelo número de grupos NH.

2.33 A partir das energias relativas dos orbitais moleculares e atômicos mostrados na Fig. 2.31, indique o caráter predominantemente F ou S dos orbitais de fronteira e (HOMO) e 2t (LUMO) no SF$_6$. Justifique sua resposta.

2.34 Construa os diagramas de orbitais moleculares para o N$_2$, NO e O$_2$, indicando os seus rótulos de simetria e mostrando as principais combinações lineares de orbitais atômicos usados. Comente sobre os seguintes comprimentos de ligação: N$_2$ 110 pm, NO 115 pm e O$_2$ 121 pm.

2.35 Indique se as espécies hipotéticas (a) H_4^{2+} quadrada e (b) O_3^{2-} angular possuem um dubleto ou um octeto de elétrons, respectivamente. Justifique sua resposta e diga se alguma delas poderia existir.

PROBLEMAS TUTORIAIS

2.1 Na teoria de ligação de valência, a hipervalência é normalmente explicada em termos da participação dos orbitais d na ligação. No artigo "On the role of orbital hybridisation" (*J. Chem. Educ.*, 2007, **84**, 783), o autor argumenta que a explicação não é essa. Faça um resumo do método usado e dos argumentos do autor.

2.2 Desenvolva um argumento baseado nas entalpias de ligação para a importância das ligações Si–O nas substâncias comuns da crosta terrestre em detrimento das ligações Si–Si ou Si–H. Como e por que o comportamento do silício difere do carbono?

2.3 O triângulo de Arkel-Ketelaar vem sendo usado desde 1940. Um tratamento quantitativo do triângulo foi feito por Gordon Sproul em 1994 (*J. Phys. Chem.*, 1994, **98**, 6699). Quantas escalas de eletronegatividade e quantos compostos foram investigados por Sproul? Qual o critério usado para selecionar os compostos para este estudo? Quais as duas escalas de eletronegatividade que foram capazes de produzir a melhor separação entre as áreas do triângulo? Quais foram as bases teóricas dessas duas escalas?

2.4 No pequeno artigo "In defense of the hybrid atomic orbitals" (P. C. Hiberty, F. Volatron e S.Shaik, *J. Chem. Ed.*, 2012, **89**, 575), os autores defendem que se continue a usar o conceito de orbital atômico híbrido. Faça um resumo das críticas apresentadas por eles e dos seus argumentos em favor dos orbitais híbridos.

2.5 No artigo "Some observations on molecular orbital theory" (J. F. Harrison e D. Lawson, *J. Chem. Educ.*, 2005, **82**, 1205), os autores discutem várias limitações dessa teoria. Quais são essas limitações? Esboce o diagrama de OM para o Li_2 apresentado no artigo. Na sua opinião, qual o motivo pelo qual essa versão não aparece nos livros-texto? Use os dados do artigo para construir os diagramas de OM para o B_2 e o C_2. Em que essa versão difere das apresentadas na Fig. 2.17 do presente livro? Discuta estas variações.

2.6 Construa um diagrama de energia aproximado dos orbitais moleculares para a forma plana hipotética do NH_3. Você pode consultar o Apêndice 4 para determinar a forma dos orbitais apropriados no átomo central de N e no triângulo de três átomos de H. Considerando os níveis de energia atômicos, coloque os orbitais do N e dos H em cada lado do diagrama dos níveis de energia dos orbitais moleculares. Use, então, o seu conhecimento sobre o efeito das interações ligantes e antiligantes e das energias dos orbitais atômicos originais para construir os níveis de energia dos orbitais moleculares no centro do seu diagrama, desenhando as linhas que indicam as contribuições dos orbitais atômicos para cada orbital molecular. Energias de ionização: $I(H1s) = 13{,}6$ eV; $I(N2s) = 26{,}0$ eV; $I(N2p) = 13{,}4$ eV.

2.7 (a) Use um programa para cálculo de orbitais moleculares ou alimente os dados de entrada e obtenha os dados de saída do programa fornecido pelo seu instrutor para construir um diagrama dos níveis de energia dos orbitais moleculares e correlacione as energias dos OM (dados de saída) e dos OA (dados de entrada) e indique a ocupação dos OM (na forma da Fig. 2.17) para cada uma das seguintes moléculas: HF (comprimento de ligação de 92 pm), HCl (127 pm) e CS (153 pm); (b) Use os dados de saída para esboçar a forma dos orbitais ocupados, mostrando os sinais dos lóbulos dos OA como áreas coloridas e as suas amplitudes pelo tamanho dos orbitais.

2.8 Execute um cálculo de OM para o H_3 usando a energia do H dada no Problema 2.6 e as distâncias H–H do NH_3 (comprimento N–H de 102 pm e ângulo HNH de 107°) e então realize o mesmo tipo de cálculo para o NH_3. Use os dados de energia para os orbitais N2s e N2p do Problema 2.6. Com base nos resultados de saída, faça um gráfico dos níveis de energia dos orbitais moleculares, indicando os rótulos de simetria corretos, e correlacione-os com os orbitais de simetria apropriados do N e do H_3. Compare os resultados desse cálculo com a descrição qualitativa no Problema 2.6.

2.9 Os efeitos do par isolado não ligante nos ânions de enxofre e de chumbo em compostos como $Sr(MX_3)_2 \cdot 5H_2O$ (M = Sn ou Pb, X = Cl ou Br) foram estudados por cristalografia e por cálculos de estruturas eletrônicas (I. Abrahams *et al.*, *Polyhedron*, 2006, **25**, 996). Descreva resumidamente o método de síntese usado para preparar os compostos e indique qual composto não pode ser preparado. Explique como esse composto é manipulado nos cálculos de estrutura eletrônica uma vez que não há dados experimentais disponíveis. Indique a forma geométrica dos ânions $[MX_3]^-$ e descreva como o efeito do par isolado não ligante varia entre o Sn e o Pb na fase gasosa e na fase sólida.

As estruturas dos sólidos simples

3

A compreensão da química dos compostos em estado sólido é primordial para o estudo de muitos materiais inorgânicos importantes, como ligas, sais simples de metais, grafenos, pigmentos inorgânicos, nanomateriais, zeólitas e supercondutores de alta temperatura. Este capítulo oferece uma visão dos arranjos adotados por átomos e íons em sólidos simples e discute por que um arranjo pode ser preferido em relação a outro. Começamos com o modelo mais simples, no qual os átomos são representados por esferas rígidas e a estrutura do sólido é o resultado do empilhamento compacto dessas esferas. Este arranjo de "empacotamento compacto" fornece uma boa descrição de muitos metais e ligas e é um bom ponto de partida para a discussão de numerosos sólidos iônicos. Estas estruturas sólidas simples podem ser consideradas, então, como os blocos estruturais básicos para a construção de materiais inorgânicos mais complexos. O caráter covalente parcial da ligação influencia a escolha da estrutura e, assim, as tendências no tipo estrutural adotado pelo sólido correlacionam-se com as eletronegatividades dos átomos constituintes. Este capítulo também descreve algumas das considerações energéticas que podem ser usadas para compreender as tendências na estrutura e na reatividade. Estes argumentos também sistematizam a discussão das estabilidades térmicas e as solubilidades dos sólidos iônicos formados pelos elementos dos Grupos 1 e 2. Finalmente, as estruturas eletrônicas dos materiais são discutidas em termos de uma extensão da teoria dos orbitais moleculares para os arranjos praticamente infinitos de átomos encontrados nos sólidos com a introdução da teoria de bandas. A teoria de bandas, que descreve os níveis de energia possíveis para os elétrons nos sólidos, permite a classificação dos sólidos inorgânicos como condutores, semicondutores e isolantes.

A maioria dos compostos inorgânicos existe como sólidos, os quais são formados por arranjos ordenados de átomos, íons ou moléculas. As estruturas da maioria dos metais podem ser descritas em termos do preenchimento do espaço por arranjos regulares dos átomos metálicos. Esses centros metálicos interagem através da **ligação metálica**, onde os elétrons estão deslocalizados por todo o sólido; isto é, os elétrons não estão associados com um determinado átomo ou com uma ligação específica. Isso é equivalente a considerar os metais como moléculas enormes com um grande número de orbitais atômicos que se sobrepõem para formar orbitais moleculares que se estendem por todo o material (Seção 3.19). A ligação metálica é característica dos elementos com baixas energias de ionização, tais como aqueles localizados à esquerda da tabela periódica, ao longo do bloco d, e parte dos elementos do bloco p que se localizam próximo ao bloco d. A maioria dos elementos são metais, mas a ligação metálica também ocorre em muitos outros compostos sólidos, especialmente aqueles dos metais d, como os seus óxidos e sulfetos. Compostos como o óxido de rênio vermelho-lustroso, ReO_3, e o "ouro dos tolos" (pirita de ferro, FeS_2) ilustram a ocorrência da ligação metálica em compostos. As propriedades mais conhecidas dos elementos metálicos resultam deste tipo de ligação e, em particular, da deslocalização dos elétrons por todo o sólido. Assim, os metais são maleáveis (facilmente deformados pela aplicação de pressão) e dúcteis (tendo capacidade de serem alongados na forma de arame) porque os elétrons podem se ajustar rapidamente ao reposicionamento dos núcleos dos átomos metálicos e porque não há direcionamento na ligação. Eles são lustrosos porque os elétrons podem responder quase que livremente a uma onda de radiação eletromagnética incidente e refleti-la.

As **figuras** com um asterisco (*) podem ser encontradas on-line como estruturas 3D interativas. Digite a seguinte URL em seu navegador, adicionando o número da figura: www.chemtube3d.com/weller/[número do capítulo]F[número da figura]. Por exemplo, para a Figura 3 no Capítulo 7, digite www.chemtube3d.com/weller/7F03.

Muitas das **estruturas numeradas** podem ser também encontradas on-line como estruturas 3D interativas: visite www.chemtube3d.com/weller/[número do capítulo] para todos os recursos 3D organizados por capítulo.

A descrição das estruturas dos sólidos
- 3.1 Células unitárias e a descrição das estruturas cristalinas
- 3.2 Empacotamento compacto de esferas
- 3.3 Cavidades nas estruturas de empacotamento compacto

As estruturas dos metais e das ligas
- 3.4 Politipismo
- 3.5 Estruturas que não apresentam empacotamento compacto
- 3.6 Polimorfismo dos metais
- 3.7 Os raios atômicos dos metais
- 3.8 Ligas e soluções sólidas intersticiais

Sólidos iônicos
- 3.9 Estruturas típicas dos sólidos iônicos
- 3.10 Justificativas para a existência das estruturas

A energética da ligação iônica
- 3.11 Entalpia de rede e o ciclo de Born-Haber
- 3.12 Cálculo teórico das entalpias de rede
- 3.13 Comparação entre os valores teóricos e experimentais
- 3.14 A equação de Kapustinskii
- 3.15 Consequências das entalpias de rede

Defeitos e a não estequiometria
- 3.16 As origens e os tipos de defeitos
- 3.17 Compostos não estequiométricos e soluções sólidas

Estruturas eletrônicas dos sólidos
- 3.18 As condutividades dos sólidos inorgânicos
- 3.19 A formação das bandas pela sobreposição dos orbitais atômicos
- 3.20 Semicondutores

Informação complementar: a equação de Born-Mayer

Leitura complementar

Exercícios

Problemas tutoriais

3 As estruturas dos sólidos simples

Na **ligação iônica**, íons de elementos diferentes são mantidos unidos em arranjos rígidos e simétricos como resultado da atração entre suas cargas opostas. A ligação iônica também depende do ganho e da perda de elétrons, de forma que ela é geralmente encontrada em compostos de metais com elementos eletronegativos. Entretanto, existem muitas exceções: nem todos os compostos de metais são iônicos, e alguns compostos de não metais (como o nitrato de amônio) apresentam características tanto de ligação iônica quanto de interações covalentes. Também existem materiais que apresentam aspectos tanto de ligação iônica quanto metálica.

Tanto a ligação iônica quanto a metálica não são direcionais, de forma que as estruturas em que esses tipos de ligações ocorrem são mais facilmente entendidas em termos de modelos de preenchimento do espaço, os quais maximizam, por exemplo, o número e a força das interações eletrostáticas entre os íons. Os arranjos regulares dos átomos, íons ou moléculas nos sólidos e que produzem essas estruturas são mais bem representados usando-se uma unidade que se repete, formada como consequência do preenchimento do espaço da maneira mais eficiente e conhecida como célula unitária.

A descrição das estruturas dos sólidos

O arranjo de átomos ou íons nas estruturas sólidas simples pode, frequentemente, ser representado por diferentes arranjos de esferas rígidas. As esferas usadas para descrever os sólidos metálicos representam os átomos neutros, porque cada cátion ainda está rodeado pelo seu complemento de elétrons. As esferas usadas para descrever os sólidos iônicos representam os cátions e os ânions, uma vez que houve uma substancial transferência de elétrons de um tipo de átomo para o outro.

3.1 Células unitárias e a descrição das estruturas cristalinas

Um cristal de um elemento ou de um composto pode ser considerado como sendo construído a partir de elementos estruturais que se repetem regularmente, os quais podem ser átomos, moléculas ou íons. A "rede cristalina" é o padrão geométrico formado pelos pontos que representam as posições desses elementos estruturais que se repetem.

(a) Redes e células unitárias

Pontos principais: A rede cristalina é um conjunto de pontos idênticos que apresentam a simetria translacional de uma estrutura. Uma célula unitária é uma subdivisão de um cristal que, quando empilhada junto a outras segundo as translações possíveis, reproduz o cristal.

A **rede** é um arranjo tridimensional infinito de pontos, ou seja, uma **rede de pontos**, onde cada um dos pontos está rodeado de forma idêntica por seus pontos vizinhos. A rede define o caráter repetitivo do cristal. A **estrutura cristalina** é obtida associando-se uma ou mais unidades estruturais idênticas, como átomos, íons ou moléculas, com cada ponto da rede. Em muitos casos, a unidade estrutural pode estar centrada em um ponto da rede, mas isso não é necessário.

A **célula unitária** de um cristal tridimensional é uma região imaginária, de lados paralelos ("um paralelepípedo"), a partir da qual o cristal inteiro pode ser construído por deslocamentos puramente translacionais;[1] as células unitárias assim geradas se encaixam juntas perfeitamente, sem excluir qualquer espaço. As células unitárias podem ser escolhidas de várias formas, mas geralmente é preferida a menor célula que exibe a maior simetria. Assim, em um padrão bidimensional como o da Fig. 3.1, várias células unitárias (um paralelogramo em duas dimensões) podem ser escolhidas, cada uma das quais se repete através de deslocamentos translacionais. Duas escolhas possíveis de unidades repetitivas são mostradas, mas (b) deve ser preferida por ser menor, ao invés de (a). As relações entre os parâmetros de rede em três dimensões resultantes da simetria das estruturas dão origem aos sete **sistemas cristalinos** (Tabela 3.1 e Fig. 3.2). Todas as estruturas ordenadas adotadas pelos compostos pertencem a um destes sistemas cristalinos; a maioria deles é apresentada neste capítulo, que trata de composições e estequiometrias simples, e pertence aos sistemas cúbico e hexagonal de alta simetria. Os ângulos (α, β, γ) e os comprimentos (a, b, c) usados para definir o tamanho e forma

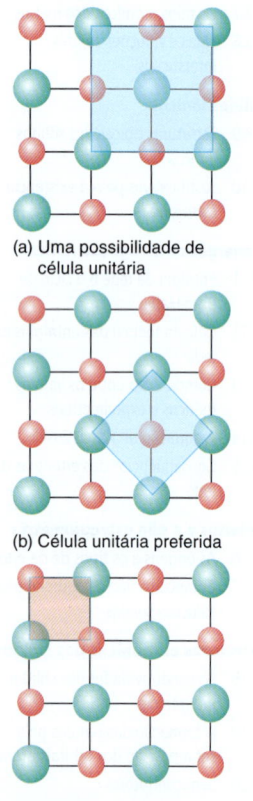

(a) Uma possibilidade de célula unitária

(b) Célula unitária preferida

(c) Não é uma célula unitária

Figura 3.1 Um sólido bidimensional e duas escolhas possíveis de célula unitária. Todo o cristal é reproduzido pelo deslocamento translacional de qualquer das células unitárias, mas (b) é geralmente preferida em relação a (a) uma vez que é menor.

---

[1] Uma translação existe quando é possível mover uma figura original em uma determinada direção por uma certa distância de forma a reproduzir uma imagem exata. Neste caso, uma célula unitária se reproduz exatamente por uma translação paralela a uma aresta da célula unitária por uma distância igual ao parâmetro da célula unitária.

A descrição das estruturas dos sólidos

Tabela 3.1 Os sete sistemas cristalinos

Sistema	Relações entre os parâmetros de rede	A célula unitária é definida por	Simetrias principais
Triclínico	a≠b≠c, α≠β≠γ≠90°	a b c α β γ	Nenhuma
Monoclínico	a≠b≠c, α=γ=90°, β≠90°	a b c β	Um eixo de rotação binário e/ou um plano de reflexão
Ortorrômbico	a≠b≠c, α=β=γ=90°	a b c	Três eixos binários perpendiculares e/ou planos de reflexão
Romboédrico	a=b=c, α=β=γ≠90°	a α	Um eixo de rotação ternário
Tetragonal	a=b≠c, α=β=γ=90°	a c	Um eixo de rotação quaternário
Hexagonal	a=b≠c, α=β=90°, γ=120°	a c	Um eixo de rotação de ordem seis
Cúbico	a=b=c, α=β=γ=90°	a	Quatro eixos de rotação ternários, arranjados tetraedricamente

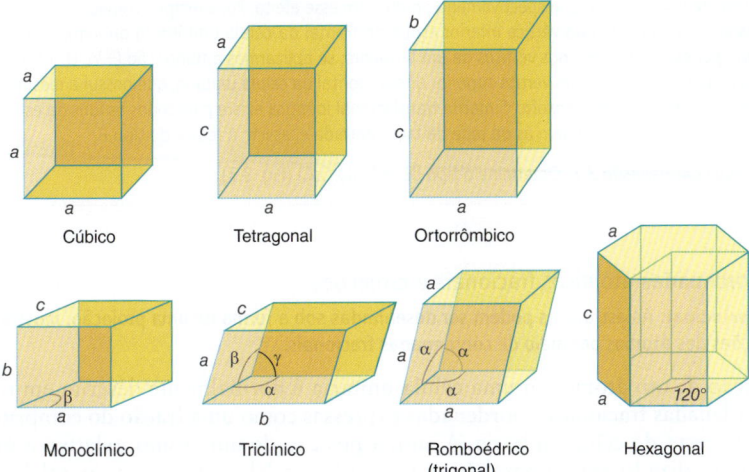

Figura 3.2 Os sete sistemas cristalinos.

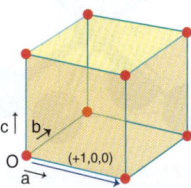

Figura 3.3 Pontos de rede que descrevem a simetria translacional de uma célula unitária cúbica primitiva. A simetria translacional é exatamente a da célula unitária; por exemplo, o ponto de rede na origem, O, translada para (+1,0,0) no outro vértice da célula unitária.

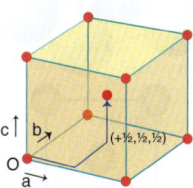

Figura 3.4 Pontos de rede que descrevem a simetria translacional de uma célula unitária cúbica de corpo centrado. A simetria translacional é a da célula unitária e também (+½, +½, +½), segundo a qual um ponto de rede na origem, O, translada para o centro do corpo da célula unitária.

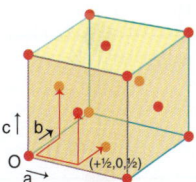

Figura 3.5 Pontos de rede que descrevem a simetria translacional de uma célula unitária cúbica de face centrada. A simetria translacional é a da célula unitária e também (+½, +½, 0), (+½, 0, +½) e (0, +½, +½), de forma que um ponto de rede na origem, O, translada para pontos no centro de cada face.

de uma célula unitária, em relação a um ponto de origem, são os **parâmetros da célula unitária** (os "parâmetros de rede"); o ângulo entre a e b é γ, entre b e c é α e entre a e c é β. A Fig. 3.2 exemplifica uma célula unitária triclínica.

Uma célula unitária **primitiva** (indicada pelo símbolo P) tem exatamente um ponto de rede na célula unitária (Fig. 3.3), e a simetria translacional presente é exatamente a da célula unitária. Tipos de redes mais complexas são as de **corpo centrado** (I, da palavra alemã *innenzentriert*, correspondente à célula unitária com ponto de rede no centro) e de **face centrada** (F), com dois e quatro pontos de rede em cada célula unitária, respectivamente, e simetria translacional adicional além daquela da célula unitária (Figuras 3.4 e 3.5). A simetria translacional adicional na rede **cúbica de corpo centrado** (ccc), equivalente ao deslocamento $(+\frac{1}{2}, +\frac{1}{2}, +\frac{1}{2})$ a partir da origem da célula unitária em (0, 0, 0), produz um ponto de rede no centro da célula unitária; note que o entorno de cada ponto de rede é idêntico, consistindo em oito outros pontos de rede nos vértices de um cubo. Redes centradas são, algumas vezes, preferidas em relação à primitiva (embora sempre seja possível usar uma rede primitiva para qualquer estrutura), uma vez que naquelas toda a simetria estrutural essencial da célula está mais aparente.

Usamos as seguintes regras para determinar o número de pontos de rede em uma célula unitária tridimensional. O mesmo processo pode ser usado para contabilizar o número de átomos, íons ou moléculas contidos em uma célula unitária (Seção 3.9).

- Um ponto de rede no corpo de uma célula (que esteja completamente inserido) pertence inteiramente a essa célula e conta como 1.
- Um ponto de rede na face é compartilhado com duas células e contribui com $\frac{1}{2}$ para cada célula.
- Um ponto de rede na aresta é compartilhado com quatro células e, então, contribui com $\frac{1}{4}$.

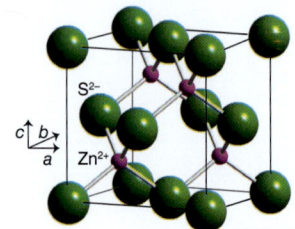

Figura 3.6* A estrutura cúbica do ZnS.

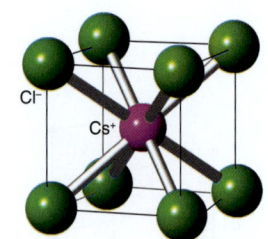

Figura 3.7* A estrutura cúbica do CsCl.

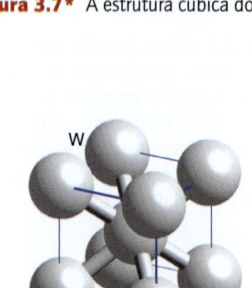

Figura 3.8 (a)* Estrutura do tungstênio metálico e (b) sua representação na forma de projeção.

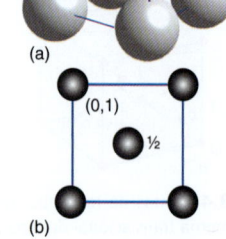

Figura 3.9 Representação na forma de projeção de uma célula unitária cfc.

- Um ponto de rede em um vértice é compartilhado com as oito células que compartilham o mesmo vértice e, portanto, contribui com $\frac{1}{8}$.

Assim, para a rede cúbica de face centrada apresentada na Fig. 3.5 o número total de pontos de rede na célula unitária é $(8 \times \frac{1}{8}) + (6 \times \frac{1}{2}) = 4$. Para a rede cúbica de corpo centrado mostrada na Fig. 3.4, o número de pontos de rede é de $(1 \times 1) + (8 \times \frac{1}{8}) = 2$.

EXEMPLO 3.1 Identificando os tipos de redes

Determine a simetria translacional presente na estrutura cúbica de ZnS (Fig. 3.6) e identifique o tipo de rede ao qual essa estrutura pertence.

Resposta Precisamos identificar os deslocamentos que, quando aplicados à célula inteira, fazem com que todos os átomos atinjam uma posição equivalente (mesmo tipo de átomo com o mesmo ambiente de coordenação). Nesse caso, os deslocamentos (0, +½, +½), (+½, +½, 0) e (+½, 0, +½), onde +½ nas coordenadas x, y ou z representa uma translação ao longo da direção apropriada da célula de uma distância de $a/2$, $b/2$ ou $c/2$, respectivamente, produzem esse efeito. Por exemplo, começando com o íon assinalado Zn^{2+} próximo ao vértice inferior esquerdo frontal da célula unitária (a origem), o qual está cercado por quatro íons S^{2-} nos vértices de um tetraedro, se aplicarmos a translação (+½, 0, +½) chegaremos ao íon Zn^{2+} próximo ao vértice superior direito frontal da célula unitária, que possui a mesma coordenação tetraédrica com o enxofre. Simetria translacional idêntica existe para todos os íons da estrutura. Essas translações correspondem às da rede de face centrada e, assim, a rede é do tipo F.

Teste sua compreensão 3.1 Determine o tipo de rede do CsCl (Fig. 3.7).

(b) Coordenadas atômicas fracionais e projeções

Ponto principal: As estruturas podem ser desenhadas sob a forma de uma projeção, mostrando-se as posições dos átomos por meio de coordenadas fracionais.

A posição de um átomo em uma célula unitária é normalmente descrita em termos de **coordenadas fracionais**, coordenadas expressas como uma fração do comprimento de uma aresta da célula unitária. Assim, a posição de um átomo, relativa à origem (0,0,0), localizado em xa paralelo a a, em yb paralelo a b e em zc paralelo a c, é indicada por (x,y,z) com $0 \leq x, y, z \leq 1$. Representações tridimensionais de estruturas complexas são, frequentemente, difíceis de desenhar e de interpretar em duas dimensões. Um método mais claro de representar estruturas tridimensionais em uma superfície bidimensional é desenhar a estrutura como uma projeção e ver a célula unitária ao longo de uma direção, tipicamente um dos eixos da célula unitária. As posições dos átomos em relação ao plano de projeção são indicadas pela coordenada fracional acima do plano base, a qual é escrita ao lado do símbolo definindo o átomo na projeção. Se dois átomos ficarem um sobre o outro, então ambas as coordenadas fracionais são indicadas entre parênteses. Por exemplo, a estrutura de corpo centrado do tungstênio é mostrada em três dimensões na Fig. 3.8a, e a sua representação na forma de projeção está na Fig. 3.8b.

EXEMPLO 3.2 Desenhando uma representação tridimensional sob a forma de projeção

Converta a rede cúbica de face centrada mostrada na Fig. 3.5 para um diagrama de projeção.

Resposta Precisamos identificar os locais dos pontos de rede segundo a visualização da célula a partir de uma posição perpendicular a uma de suas faces. As faces da célula unitária cúbica são quadradas, de forma que o diagrama de projeção visto diretamente de cima da célula unitária é um quadrado. Há um ponto de rede em cada vértice da célula unitária, de forma que os pontos nos vértices da projeção quadrada são rotulados (0,1). Há um ponto de rede em cada face vertical, os quais projetam pontos de coordenada fracional ½ em cada aresta da projeção quadrada. Existem pontos de rede na face horizontal inferior e superior da célula unitária, os quais se projetam em dois pontos no centro do quadrado em 0 e 1, respectivamente, de forma que colocamos um ponto no centro do quadrado e o rotulamos (0,1). A projeção resultante é mostrada na Fig. 3.9.

Teste sua compreensão 3.2 Converta o diagrama de projeção da célula unitária da estrutura do SiS_2, mostrada na Fig. 3.10, em uma representação tridimensional.

3.2 Empacotamento compacto de esferas

Ponto principal: O empacotamento compacto de esferas idênticas pode resultar em uma variedade de polítipos dos quais as estruturas de empacotamento compacto cúbico e hexagonal são as mais comuns.

Muitos sólidos iônicos e metálicos podem ser considerados como construídos a partir de átomos e íons representados por esferas rígidas. Se não há ligações covalentes direcionais, essas esferas estão livres para se empacotarem tão próximas quanto a geometria permitir e, consequentemente, adotar uma **estrutura de empacotamento compacto**, na qual o espaço não ocupado seja mínimo.

Considere inicialmente uma simples camada de esferas idênticas (Figuras 3.11 e 3.12a). O maior número de vizinhos imediatos é 6, e há somente uma maneira de se construir esta camada de empacotamento compacto.[2] Note que o ambiente de cada esfera na camada é idêntico, com seis outros colocados ao seu redor em um formato hexagonal. Uma segunda camada de empacotamento compacto de esferas é formada colocando-se esferas nas depressões entre as esferas da primeira camada, de forma que cada esfera nessa segunda camada toque três esferas da camada inferior (Fig. 3.12b). Note que somente metade das depressões da camada original é ocupada, uma vez que não há espaço suficiente para colocar esferas em todas as depressões. O arranjo de esferas na segunda camada é idêntico ao da primeira, cada uma com seis vizinhos próximos; o padrão é apenas ligeiramente deslocado horizontalmente. A terceira camada de empacotamento compacto pode ser colocada de duas formas diferentes (lembre-se de que na camada anterior apenas metade das depressões pôde ser ocupada). Isso pode dar origem a dois **polítipos**, que são estruturas idênticas em duas dimensões (neste caso, nos planos), mas diferentes na terceira dimensão. Mais adiante veremos que muitos polítipos diferentes podem ser formados, mas os aqui descritos são dois casos especiais muito importantes.

Em um polítipo, as esferas da terceira camada se posicionam diretamente sobre as esferas da primeira camada, e cada esfera da segunda camada ganha mais três vizinhos em sua camada superior. Este padrão ABAB... de camadas, onde A representa as camadas que têm esferas diretamente em cima umas das outras e da mesma forma para as camadas B, dá origem a uma estrutura com uma célula unitária hexagonal e, portanto, é chamada de **empacotamento compacto hexagonal** (ech, Figuras 3.12c e 3.13). No segundo polítipo, as esferas da terceira camada são colocadas acima das depressões da primeira camada que não foram ocupadas. A segunda camada cobre metade das depressões da primeira camada, e a terceira se posiciona sobre as depressões restantes. Esse arranjo resulta em um padrão ABCABC..., onde C simboliza a camada cujas esferas não estão diretamente acima das posições das esferas das camadas A ou B (mas elas estarão diretamente acima das esferas de outra camada do tipo C). Esse

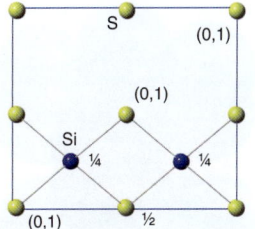

Figura 3.10* A estrutura do sulfeto de silício (SiS_2).

Figura 3.11* Uma camada de empacotamento compacto de esferas rígidas.

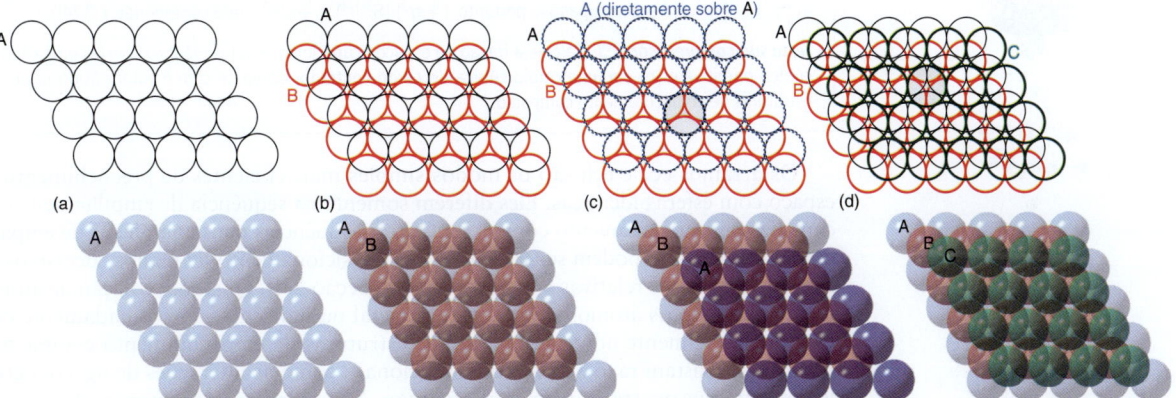

Figura 3.12* A formação de dois polítipos de empacotamento compacto. (a) Uma camada simples de empacotamento compacto, A. (b) A segunda camada de empacotamento compacto, B, posicionada nas depressões entre as esferas da primeira camada. (c) A terceira camada reproduz a primeira, originando a estrutura ABA (ech). (d) A terceira camada posiciona-se sobre as depressões da primeira camada, originando a estrutura ABC (ecc). As cores diferentes identificam as diferentes camadas de esferas idênticas.

---

[2] Uma boa maneira de você mesmo visualizar é pegar um número de moedas idênticas e colocá-las juntas sobre uma superfície plana; o arranjo mais eficiente para cobrir a área é com seis moedas em torno de cada uma. Essa abordagem simples de modelagem pode ser estendida para três dimensões usando uma coleção qualquer de objetos esféricos idênticos, como bolas, laranjas ou bolas de gude.

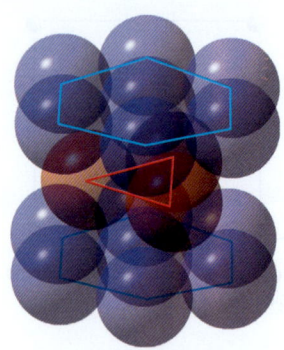

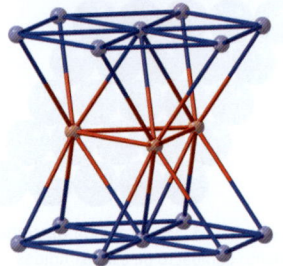

Figura 3.13* Célula unitária do empacotamento compacto hexagonal (ech) do polítipo ABAB... . As cores das esferas correspondem às camadas da Fig. 3.12c.

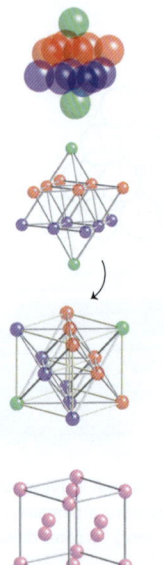

Figura 3.14 Célula unitária do empacotamento compacto cúbico (ecc) do polítipo ABC... As cores das esferas correspondem às camadas da Fig. 3.12d.

padrão corresponde a uma estrutura com uma célula unitária cúbica sendo, portanto, chamado de **empacotamento compacto cúbico** (ecc, Figuras 3.12d e 3.14). Uma vez que cada célula unitária ecc tem uma esfera no vértice e uma no centro de cada face, uma célula unitária ecc é algumas vezes chamada de **cúbica de face centrada** (cfc). O **número de coordenação** (NC) de uma esfera em um arranjo de empacotamento compacto (o "número de vizinhos mais próximos") é igual a 12, correspondendo às 6 esferas que se tocam na camada de empacotamento compacto original e às 3 esferas de cada uma das camadas acima e abaixo. Esse é o maior número que a geometria permite.[3] Quando ocorre a participação de ligações direcionais, as estruturas resultantes não são mais de empacotamento compacto, e o número de coordenação é menor do que 12.

> **Um comentário útil** As descrições ecc e cfc são usadas indistintamente, embora o ecc se refira estritamente a um arranjo de empacotamento compacto, enquanto o cfc se refere ao tipo de rede da representação comum do ecc. Ao longo do texto, o termo ecc será usado para descrever esse arranjo de empacotamento compacto. Ele será desenhado como a célula unitária cúbica, com uma rede do tipo cfc, uma vez que essa representação é mais fácil de ser visualizada.

O espaço ocupado em uma estrutura de empacotamento compacto corresponde a 74% do volume total (ver Exemplo 3.3). Entretanto, o espaço não ocupado, 26%, não está vazio em um sólido real porque a densidade eletrônica de um átomo não termina abruptamente, como sugere o modelo de esferas rígidas. O tipo e a distribuição dos espaços entre as esferas, conhecidos como cavidades, são importantes uma vez que muitas estruturas, incluindo aquelas de algumas ligas e muitos compostos iônicos, podem ser consideradas como formadas a partir de um arranjo de empacotamento compacto expandido, no qual átomos ou íons adicionais ocupam todos ou alguns dos sítios vazios.

> **EXEMPLO 3.3** Calculando o espaço ocupado em um arranjo de empacotamento compacto
>
> Calcule a porcentagem de espaço ocupado em um arranjo de empacotamento compacto de esferas idênticas.
>
> *Resposta* Uma vez que o espaço ocupado por esferas rígidas é o mesmo nos arranjos ecc e ech, podemos escolher a estrutura geometricamente mais simples, ecc, para o cálculo. Considere a Fig. 3.15. As esferas de raio r estão em contato através da face do cubo e, assim, o comprimento dessa diagonal é $r + 2r + r = 4r$. A partir do teorema de Pitágoras, o lado de uma célula desse tipo é $\sqrt{8}r$ (o quadrado do comprimento da diagonal, $(4r)^2$, é igual à soma dos quadrados dos dois lados de comprimento a, então $2 \times a^2 = (4r)^2$, dando $a = \sqrt{8}r$), de forma que o volume da célula é $(\sqrt{8}r)^3 = 8^{3/2}r^3$. A célula unitária contém $\frac{1}{8}$ de uma esfera em cada vértice (no total, $8 \times \frac{1}{8} = 1$) e metade de uma esfera em cada face (no total, $6 \times \frac{1}{2} = 3$), que somadas dão 4 esferas. Uma vez que o volume de cada esfera é $\frac{4}{3}\pi r^3$, o volume total ocupado pelas esferas é $4(\frac{4}{3}\pi r^3) = \frac{16}{3}\pi r^3$. A fração ocupada é, portanto, $(\frac{16}{3}\pi r^3)/(8^{3/2}r^3) = \frac{16}{3}\pi/8^{3/2}$, que corresponde a 0,740.
>
> *Teste sua compreensão 3.3* Calcule a fração de espaço ocupado por esferas idênticas em (a) uma célula cúbica primitiva e (b) em uma célula cúbica de corpo centrado. Compare com o valor obtido para as estruturas de empacotamento compacto.

Os arranjos ecc e ech são os modos simples mais eficientes de preenchimento do espaço com esferas idênticas. Eles diferem somente na sequência de empilhamento das camadas de empacotamento compacto. Outras sequências mais complexas de empacotamento compacto podem ser formadas pelo posicionamento de planos sucessivos em diferentes posições relativas aos seus vizinhos (Seção 3.4). Qualquer coleção de átomos idênticos, como os átomos simples de um metal ou moléculas aproximadamente esféricas, provavelmente adotará uma dessas estruturas de empacotamento compacto, a menos que existam razões energéticas adicionais, como as interações de ligações covalentes, para que ocorram arranjos alternativos. Na verdade, muitos metais adotam essas estruturas de empacotamento compacto (Seção 3.4), assim como as formas sólidas dos gases nobres (que são ecc). Moléculas praticamente esféricas, como o fulereno, C_{60}, também adotam o arranjo ecc no estado sólido (Fig. 3.16), assim como muitas moléculas pequenas que no estado sólido giram em torno de seus centros e parecem esféricas, como H_2, F_2 e uma forma do oxigênio sólido, O_2.

---

[3] A proposição de que esse arranjo, no qual cada esfera possui 12 vizinhos próximos, seja o de maior densidade possível para o empacotamento de esferas foi feita por Johannes Kepler em 1611; a prova foi obtida apenas em 1998.

3.3 Cavidades nas estruturas de empacotamento compacto

Pontos principais: As estruturas de muitos sólidos podem ser discutidas em termos de arranjos de empacotamento compacto de um tipo de átomo, no qual cavidades octaédricas ou tetraédricas são ocupadas por outros átomos ou íons. A relação entre o número de esferas, o número de cavidades octaédricas e o número de cavidades tetraédricas em uma estrutura de empacotamento compacto é de 1:1:2.

Um aspecto das estruturas de empacotamento compacto que nos permite estender esse conceito para descrever estruturas mais complicadas que a dos elementos metálicos é a existência de dois tipos de **cavidades**, ou espaços vazios, entre as esferas. Uma **cavidade octaédrica** situa-se entre dois triângulos de esferas em camadas vizinhas (Fig. 3.17a). Para um cristal formado por N esferas em uma estrutura de empacotamento compacto, há N cavidades octaédricas. A distribuição destas cavidades em uma célula unitária ech é mostrada na Fig. 3.18a; e em uma célula unitária ecc, na Fig. 3.18b. Esta ilustração também mostra que a cavidade tem uma simetria octaédrica local no sentido de que ela está rodeada por seis esferas vizinhas mais próximas, com seus centros nos vértices de um octaedro. Se cada esfera rígida tem raio r e se as esferas que fazem o empacotamento compacto estão em contato, então cada cavidade octaédrica pode acomodar uma esfera rígida representando outro tipo de átomo com um raio que não seja superior a $0{,}414r$.

Uma **cavidade tetraédrica** (Fig. 3.17b) é formada por um triângulo plano de esferas que se tocam e mais uma única esfera posicionada sobre a depressão existente entre elas. As cavidades tetraédricas em qualquer sólido de empacotamento compacto podem ser divididas em dois tipos: em um deles, o ápice do tetraedro é dirigido para cima (T) e, no outro, o ápice aponta para baixo (T'). Em um arranjo de N esferas em empacotamento compacto há N cavidades tetraédricas de cada tipo e $2N$ cavidades tetraédricas no total. Em uma estrutura de empacotamento compacto de esferas de raio r, uma cavidade tetraédrica pode acomodar uma esfera rígida de raio não superior a $0{,}225r$ (ver *Teste sua compreensão 3.4*). A posição das cavidades tetraédricas e das quatro esferas vizinhas mais próximas para uma cavidade em um arranjo ech é mostrada na Fig. 3.20a; em um arranjo ecc, na Fig.3.20b. As cavidades tetraédricas individuais nas estruturas ecc; e ech são idênticas (porque isso é uma propriedade de duas camadas vizinhas em um empacotamento compacto), mas, no arranjo ech, as cavidades T e T' compartilham uma mesma face tetraédrica, sendo assim tão próximas que nunca são ocupadas simultaneamente.

EXEMPLO 3.4 Calculando o tamanho de uma cavidade octaédrica

Calcule o raio máximo de uma esfera que pode ser acomodada em uma cavidade octaédrica de um sólido em empacotamento compacto formado por esferas de raio r.

Resposta A Fig. 3.19a mostra a estrutura de uma cavidade, com as esferas de cima removidas. Se o raio de cada esfera é r e o da cavidade é r_c, a partir do teorema de Pitágoras, temos que $(r+r_c)^2 + (r+r_c)^2 = (2r)^2$ e, portanto, $(r+r_c)^2 = 2r^2$, o que implica que $r+r_c = \sqrt{2}r$. Isto é, $r_c = (\sqrt{2}-1)r$, que é igual a $0{,}414r$. Note que esse é o tamanho máximo que ainda mantém as esferas do empacotamento compacto em contato; se considerarmos que as esferas se separem ligeiramente, mantendo ainda suas posições relativas, então a cavidade poderá acomodar uma esfera maior.

Teste sua compreensão 3.4 Mostre que o raio máximo de uma esfera que pode se encaixar em uma cavidade tetraédrica é $r_c = 0{,}225r$; baseie seu cálculo na Fig. 3.19b. Note que um tetraedro pode estar inscrito dentro de um cubo considerando-se quatro vértices não adjacentes, com o centro da cavidade sendo o mesmo ponto central do tetraedro.

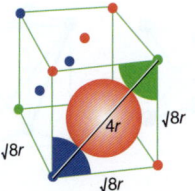

Figura 3.15 Dimensões envolvidas no cálculo da fração de empacotamento em um arranjo de empacotamento compacto de esferas idênticas de raio r.

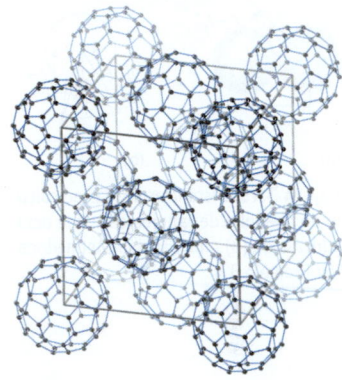

Figura 3.16* Estrutura do C_{60} sólido mostrando o empacotamento dos poliedros C_{60} em uma célula unitária cfc.

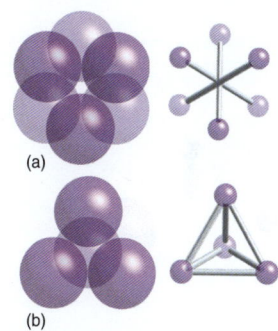

Figura 3.17 (a) Uma cavidade octaédrica e (b) uma cavidade tetraédrica, formadas por um arranjo de esferas em empacotamento compacto.

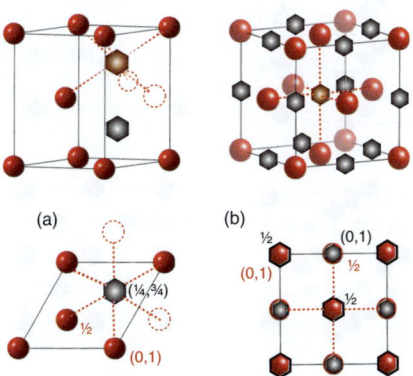

Figura 3.18 (a) A posição de duas cavidades octaédricas (representadas por hexágonos) numa célula unitária ech e (b) as posições das cavidades octaédricas (representadas por hexágonos) numa célula unitária ecc. As posições das esferas em empacotamento compacto em células unitárias vizinhas, para o caso ech, são representadas por círculos pontilhados para evidenciar a coordenação octaédrica; as linhas pontilhadas mostram a geometria de coordenação para uma cavidade octaédrica em cada tipo de estrutura.

3 As estruturas dos sólidos simples

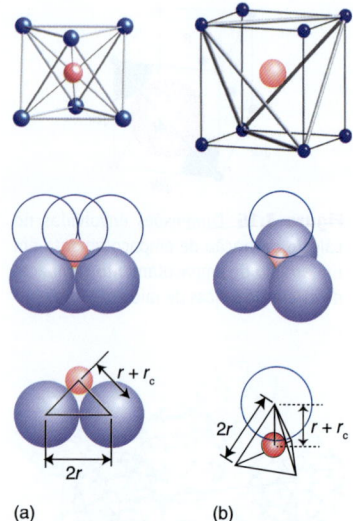

Figura 3.19 Distâncias usadas no cálculo do tamanho de (a) uma cavidade octaédrica e de (b) uma cavidade tetraédrica. Ver Exemplo 3.4.

Quando dois tipos de esferas de raios diferentes são empacotados juntos (por exemplo, quando cátions e ânions estão juntos), as esferas maiores (normalmente os ânions) podem formar um arranjo de empacotamento compacto, e as esferas menores ocupam cavidades octaédricas ou tetraédricas. Assim, as estruturas iônicas simples podem ser descritas em termos da ocupação das cavidades em arranjos de empacotamento compacto (Seção 3.9).

> **EXEMPLO 3.5** Demonstrando que a relação entre o número de esferas em empacotamento compacto ecc e o número de cavidades octaédricas é de 1:1
>
> Determine o número de esferas em empacotamento compacto e o número de cavidades octaédricas em um arranjo ecc e mostre que a relação é de 1 esfera para 1 cavidade.
>
> **Resposta** A Fig. 3.18b mostra a célula unitária ecc e as posições das cavidades octaédricas. O cálculo do número de esferas em empacotamento compacto na célula unitária segue o que foi apresentado na Seção 3.1 para os pontos de rede na rede de face centrada, uma vez que existe uma esfera associada com cada ponto de rede. O número de esferas em empacotamento compacto na célula unitária é, portanto, $(8 \times \frac{1}{8}) + (6 \times \frac{1}{2}) = 4$. As cavidades octaédricas estão situadas ao longo de cada aresta do cubo (12 arestas no total), cada uma compartilhada com quatro células unitárias e mais uma cavidade adicional no centro do cubo, a qual não se encontra compartilhada. Assim, o total de cavidades octaédricas na célula unitária é $(6 \times \frac{1}{2}) + 1 = 4$. Com isso, a relação entre as esferas em empacotamento compacto e as cavidades na célula unitária é de 4:4, o que equivale a 1:1. Uma vez que a célula unitária é a unidade repetitiva de toda a estrutura, esse resultado se aplica ao arranjo de empacotamento compacto completo e se pode dizer que "para N esferas em empacotamento compacto existem N cavidades octaédricas".
>
> **Teste sua compreensão 3.5** Mostre que a relação entre o número de esferas em empacotamento compacto ecc e o número de cavidades tetraédricas é de 1:2.

As estruturas dos metais e das ligas

Estudos de difração de raios X (Seção 8.1) mostram que muitos elementos metálicos possuem estruturas de empacotamento compacto, indicando que as ligações entre seus átomos têm pouco caráter covalente direcional (Tabela 3.2, Fig. 3.21). Uma consequência desse empacotamento compacto é que muitos metais possuem altas densidades porque a maior parte da massa está contida dentro do menor volume possível. Na verdade, os elementos mais abaixo no bloco d, próximo ao irídio e ao ósmio, são os sólidos mais densos conhecidos, sob as condições normais de temperatura e pressão. O ósmio possui a densidade de 22,61 g cm^{-3}, a mais alta de todos os elementos, e o tungstênio tem densidade de 19,25 g cm^{-3}, que é praticamente o dobro da densidade do chumbo (11,3 g cm^{-3}), que é empregado na confecção de pesos de referência, equipamentos de pesca e como lastro em carros de alto desempenho.

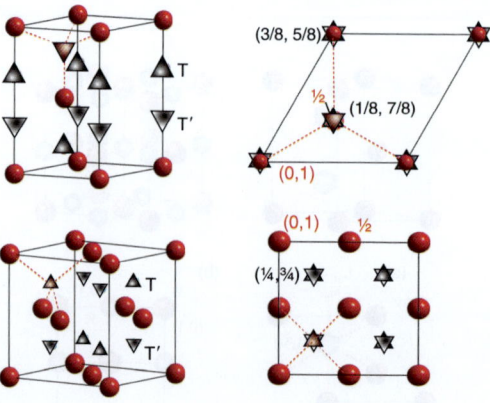

Figura 3.20 (a) As posições das cavidades tetraédricas (representadas por triângulos) numa célula unitária ech e (b) as posições das cavidades tetraédricas numa célula unitária ecc. As linhas pontilhadas mostram a geometria de coordenação para uma cavidade tetraédrica em cada tipo de estrutura.

Tabela 3.2 Estruturas cristalinas adotadas pelos metais em condições normais

Estrutura cristalina	Elementos
Empacotamento compacto hexagonal (ech)	Be, Ca, Co, Mg, Ti, Zn
Empacotamento compacto cúbico (ecc)	Ag, Al, Au, Cd, Cu, Ni, Pb, Pt
Cúbica de corpo centrado (ccc)	Ba, Cr, Fe, W, metais alcalinos
Cúbica primitiva (cúbica P)	Po

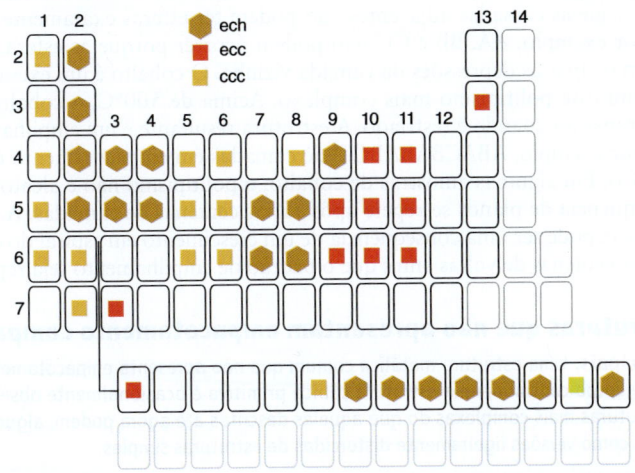

Figura 3.21 Estruturas dos elementos metálicos à temperatura ambiente. Os elementos com estruturas mais complexas foram deixados em branco.

EXEMPLO 3.6 Calculando a densidade de uma substância a partir da sua estrutura

Calcule a densidade do ouro que apresenta os átomos em um arranjo de empacotamento compacto cúbico, massa molar, M, igual a 196,97 g mol^{-1} e um parâmetro de rede cúbica a = 409 pm.

Resposta A densidade é uma propriedade intensiva, portanto a densidade da célula unitária é a mesma que a densidade de uma amostra macroscópica. Representamos o arranjo ecc como uma rede de face centrada com uma esfera em cada ponto da rede; a célula unitária contém quatro esferas. A massa de cada átomo é M/N_A, onde N_A é a constante de Avogadro, e a massa total da célula unitária contendo quatro átomos de ouro é igual a $4M/N_A$. O volume da célula unitária cúbica é a^3. A densidade de massa da célula é, então, $\rho = 4M/N_A a^3$. Substituindo os dados, teremos:

$$\rho = \frac{4 \times (196,97 \times 10^{-3} \text{kg mol}^{-1})}{(6,022 \times 10^{23} \text{mol}^{-1}) \times (409 \times 10^{-12} \text{m})^3} = 1,91 \times 10^4 \text{kg m}^{-3}$$

Assim sendo, a densidade da célula unitária e, portanto, a do metal é de 19,1 g cm^{-3}. O valor experimental é de 19,2 g cm^{-3}, em boa concordância com o valor calculado.

Teste sua compreensão 3.6 Calcule o parâmetro de rede da prata, assumindo que ela possui a mesma estrutura do ouro elementar, mas uma densidade de 10,5 g cm^{-3}.

Um comentário útil É sempre melhor proceder simbolicamente com um cálculo pelo maior tempo possível: isso reduz o risco de erro numérico e fornece uma expressão que poderá ser usada em outras circunstâncias.

3.4 Politipismo

Ponto principal: Alguns metais apresentam polítipos que envolvem arranjos complexos de empilhamentos de camadas em empacotamento compacto.

O polítipo de empacotamento compacto, ech ou ecc, que um metal adota depende de detalhes da estrutura eletrônica dos seus átomos, da interação entre os segundos vizinhos mais próximos e das possibilidades de algum caráter direcional na ligação. Tem-se observado que os metais mais macios e maleáveis, como o cobre e o ouro, adotam o arranjo ecc, enquanto que metais com arranjo ech, como o cobalto e o magnésio, são mais duros e quebradiços. Esse comportamento está relacionado à facilidade de deslizamento entre os planos de átomos. No caso do ech, apenas os planos de empacotamento compacto vizinhos, A e B, podem deslizar facilmente um em relação ao outro; no entanto, considerando-se a estrutura ecc, conforme desenhada na Figura 3.14, observa-se que os planos ABC podem ser escolhidos em diferentes direções ortogonais, permitindo que as camadas de átomos em empacotamento compacto movam-se facilmente em várias direções.

Uma estrutura de empacotamento compacto não necessita ser de um dos polítipos comuns ABAB... ou ABCABC.... Um número infinito de polítipos de empacotamento compacto pode de fato ocorrer, uma vez que as camadas podem se empilhar numa repetição complexa das camadas A, B e C, ou mesmo numa sequência aleatória permitida. Entretanto, o empilhamento não pode ser uma escolha completamente aleatória das sequências A, B e C, porque as camadas adjacentes não podem ter esferas exatamente nas mesmas posições; por exemplo, AA, BB e CC não podem ocorrer porque as esferas de uma camada devem ocupar as depressões da camada vizinha. O cobalto é um exemplo de metal que apresenta esse politipismo mais complexo. Acima de 500°C, o cobalto é ecc, mas sofre uma transição quando é resfriado. A estrutura resultante é um empilhamento quase aleatório (por exemplo, ABACBABABC..) de camadas em empacotamento compacto de átomos de Co. Em algumas amostras de cobalto, o politipismo não é aleatório, uma vez que uma sequência de planos se repete após várias centenas de camadas. A repetição de longa distância pode ser uma consequência de um crescimento em espiral do cristal, o que requer várias centenas de voltas antes que o padrão de empilhamento seja repetido.

3.5 Estruturas que não apresentam empacotamento compacto

Pontos principais: Uma estrutura metálica comum que não apresenta empacotamento compacto é a cúbica de corpo centrado; uma estrutura cúbica primitiva é ocasionalmente observada. Metais que têm estruturas mais complexas do que aquelas descritas até agora podem, algumas vezes, ser considerados como versões ligeiramente distorcidas de estruturas simples.

Nem todos os elementos metálicos apresentam estruturas baseadas em um empacotamento compacto, e alguns outros padrões de empacotamento usam o espaço com quase o mesmo grau de eficiência. Mesmo os metais que são de empacotamento compacto podem sofrer uma transição de fase para uma estrutura de empacotamento menos compacto quando são aquecidos e seus átomos sofrem vibrações de grande amplitude.

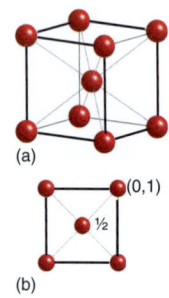

Figura 3.22 (a)* A estrutura de uma célula unitária ccc e (b) a sua representação na forma de projeção.

Um arranjo comumente adotado possui a simetria translacional de uma rede cúbica de corpo centrado e é conhecido como estrutura **cúbica de corpo centrado** (cúbica-I ou ccc), na qual há uma esfera em cada vértice do cubo e uma no centro (Fig. 3.22a). Os metais com essa estrutura têm um número de coordenação 8, uma vez que o átomo central está em contato com os átomos nos vértices da célula unitária. Embora uma estrutura ccc seja menos compacta do que as estruturas ecc e ech (para as quais o número de coordenação é 12), a diferença não é muito grande porque o átomo central possui seis vizinhos secundários nos centros de células unitárias adjacentes, somente 15% mais distantes. Esse arranjo deixa 32% do espaço vazio, contra os 26% nas estruturas de empacotamento compacto (ver Exemplo 3.3). A estrutura ccc é adotada por quinze elementos nas condições padrão, incluindo todos os metais alcalinos e os metais dos Grupos 5 e 6. Desta forma, esse arranjo simples de átomos é algumas vezes chamado de "tipo tungstênio".

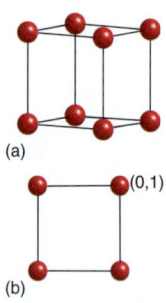

Figura 3.23 (a)* Célula unitária cúbica primitiva e (b) a sua representação na forma de projeção.

A estrutura metálica menos comum é a estrutura **cúbica primitiva** (cúbica-P) (Fig. 3.23), na qual as esferas estão localizadas nos pontos de rede de uma rede cúbica primitiva, tomados como os vértices de um cubo. O número de coordenação de uma estrutura cúbica-P é 6. Uma forma de polônio (Po-α) é, dentre os elementos, o único exemplo dessa estrutura em condições normais, embora o bismuto também adote essa estrutura quando sob pressão. O mercúrio sólido (Hg-α), entretanto, tem uma estrutura muito próxima: ela é obtida a partir do arranjo cúbico-P, alongando-se uma das diagonais do cubo (Fig. 3.24a); uma segunda forma do mercúrio sólido (Hg-β) tem uma estrutura baseada no arranjo ccc, porém comprimindo-se ao longo de uma das dimensões da célula (Fig. 3.24b).

Metais que têm estruturas mais complexas do que aquelas descritas até agora, como o mercúrio sólido, podem, algumas vezes, ser considerados como tendo versões levemente distorcidas de estruturas simples. Zinco e cádmio, por exemplo, têm estruturas quase ech, mas os planos dos átomos em empacotamento compacto estão separados por uma distância ligeiramente maior do que em um ech perfeito.

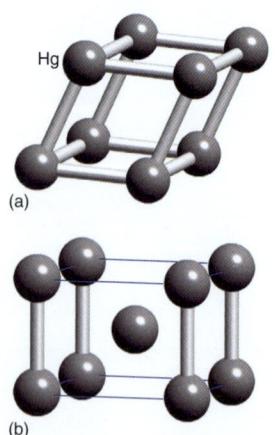

Figura 3.24 As estruturas do (a) mercúrio-α e do (b) mercúrio-β, que se assemelham bastante com as células unitárias das redes cúbica primitiva e cúbica de corpo centrado, respectivamente.

3.6 Polimorfismo dos metais

Pontos principais: O polimorfismo é uma consequência direta da pouca direcionalidade da ligação metálica. Para os metais que apresentam empacotamento compacto em baixas temperaturas, geralmente ocorre mudança para a estrutura ccc, em temperaturas altas, para acomodar o efeito do aumento da amplitude das vibrações atômicas.

As estruturas dos metais e das ligas

A falta de direcionalidade nas interações entre átomos metálicos explica a grande ocorrência de **polimorfismo**, que é a capacidade de adotar diferentes formas cristalinas em diferentes condições de temperatura e pressão. Frequentemente, mas não universalmente, observa-se que as fases de empacotamento mais compacto são termodinamicamente favorecidas a baixas temperaturas e que as menos compactas são favorecidas a altas temperaturas. Similarmente, a aplicação de alta pressão leva a estruturas com alta densidade de empacotamento, como ecc e ech.

Os polimorfos dos metais são geralmente rotulados como α, β, γ, ... acompanhando o aumento da temperatura. Alguns metais revertem para a forma de baixa temperatura em temperaturas mais altas. O ferro, por exemplo, mostra várias transições de fase do tipo sólido-sólido; o Fe-α, que é ccc, ocorre até 906°C; o Fe-γ, que é ecc, ocorre até 1401°C; e o Fe-α ocorre novamente até o ponto de fusão de 1530°C. O polimorfo ech, Fe-β, é formado a altas pressões e acreditava-se ser a forma presente no núcleo da Terra, mas estudos recentes indicam que o polimorfo ccc é o mais provável (ver Quadro 3.1).

QUADRO 3.1 Metais sob pressão

A Terra possui um núcleo interno de ferro, com aproximadamente 1200 km de diâmetro, formado de ferro sólido e responsável por gerar o forte campo magnético do planeta. Calcula-se que a pressão no centro da Terra seja cerca de 370 GPa (equivalente a 3,7 milhões de atmosferas) e a temperatura seja de 5000–6500°C. O polimorfo do ferro que existe sob essas condições tem sido objeto de muita discussão considerando-se as informações obtidas em cálculos teóricos e medidas sismológicas. A corrente atual é de que o núcleo de ferro é formado pelo polimorfo cúbico de corpo centrado. Há propostas de que este seja constituído por um cristal gigante ou por um grande número de cristais orientados, de tal forma que a diagonal maior da célula unitária ccc esteja alinhada com o eixo de rotação da Terra (Fig. Q3.1).

O estudo das estruturas e polimorfismo dos elementos e compostos sob alta pressão vai além do estudo do núcleo da Terra. Nas pressões similares às do núcleo da Terra, prevê-se que o hidrogênio se torne um sólido metálico, semelhante aos metais alcalinos; nos núcleos de planetas como Júpiter tem-se considerado também a hipótese de que estes contenham hidrogênio nessa mesma forma. Quando pressões superiores a 55 GPa são aplicadas ao iodo, as moléculas de I_2 dissociam-se e adotam a estrutura simples cúbica de face centrada; o elemento torna-se metálico e é um supercondutor abaixo de 1,2 K.

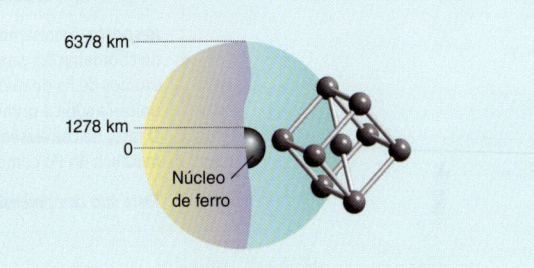

Figura Q3.1

A estrutura ccc é comum em altas temperaturas para os metais que apresentam empacotamento compacto a baixas temperaturas, pois o aumento da amplitude das vibrações atômicas no sólido mais quente resulta em uma estrutura de empacotamento menos compacto. Para muitos metais (dentre eles Ca, Ti e Mn), a temperatura de transição está acima da temperatura ambiente; para outros (entre eles Li e Na), a temperatura de transição está abaixo da temperatura ambiente. Uma constatação empírica é que uma estrutura ccc é favorecida nos metais com um pequeno número de elétrons de valência por orbital.

3.7 Os raios atômicos dos metais

Ponto principal: A correção de Goldschmidt converte os raios atômicos dos metais para os valores que eles teriam em uma estrutura de empacotamento compacto com coordenação 12.

Uma definição menos formal do raio atômico de um elemento metálico foi fornecida na Seção 1.7 como sendo a metade da distância entre os centros de átomos adjacentes no sólido. Entretanto, verificou-se que essa distância geralmente aumenta com o número de coordenação da rede. O mesmo átomo em estruturas com diferentes números de coordenação parece, portanto, ter raios diferentes, de forma que um átomo de um elemento com número de coordenação 12 parece ser maior do que com número de coordenação 8. Por meio de um amplo estudo sobre as separações internucleares para uma grande variedade de elementos polimórficos e ligas, V. Goldschmidt observou que os raios médios relativos se relacionam conforme mostrado na Tabela 3.3.

Uma breve ilustração O raio atômico empírico do Na é 185 pm, mas esse valor é para uma estrutura ccc na qual o número de coordenação é 8. Para ajustar à coordenação 12, multiplicamos esse raio por 1/0,97 = 1,03, obtendo o valor de 191 pm correspondente ao raio que um átomo de Na teria se ele estivesse em uma estrutura de empacotamento compacto.

Tabela 3.3 Variação do raio com o número de coordenação

Número de coordenação	Raio relativo
12	1
8	0,97
6	0,96
4	0,88

Os raios de Goldschmidt para os elementos foram listados na Tabela 1.3 como "raios metálicos" e usados na discussão sobre a periodicidade do raio atômico (Seção 1.7). Os aspectos essenciais daquela discussão que devemos ter em mente agora, com os "raios atômicos" interpretados como raios metálicos corrigidos por Goldschmidt (para NC 12) no caso dos elementos metálicos, são de que os raios metálicos geralmente aumentam para baixo em um grupo e diminuem da esquerda para a direita ao longo de um período. Como destacado na Seção 1.7, as tendências nos raios atômicos revelam a existência da contração dos lantanídeos no sexto período, com os raios atômicos dos elementos após os lantanídeos sendo menores do que a simples extrapolação dos valores dos períodos anteriores poderia sugerir. Como já comentado, essa contração pode ser atribuída ao pequeno efeito de blindagem dos elétrons f. Uma contração similar ocorre ao longo de cada linha do bloco d.

> **EXEMPLO 3.7** Calculando o raio metálico
>
> O parâmetro de célula unitária cúbica, a, do polônio cúbico primitivo (Po-α) é de 335 pm. Use a correção de Goldschmidt para calcular o raio metálico desse elemento.
>
> *Resposta* Precisamos calcular o raio dos átomos a partir das dimensões da célula unitária e do número de coordenação, para em seguida aplicar a correção para o número de coordenação 12. Uma vez que os átomos de Po de raio r estão em contato ao longo das arestas da célula unitária, o comprimento da célula unitária cúbica primitiva é $2r$. Assim, o raio metálico do Po com coordenação 6 é $a/2$, onde a = 335 pm. O fator de conversão da coordenação de 6 para 12, obtido por meio da Tabela 3.3 (1/0,96), fornece o raio metálico do Po como sendo $\frac{1}{2} \times 335\,\text{pm} \times 1/0{,}960 = 174$ pm.
>
> *Teste sua compreensão 3.7* Determine o parâmetro de rede para o Po quando ele adotar uma estrutura ccc.

3.8 Ligas e soluções sólidas intersticiais

Uma **liga** é uma mistura de elementos metálicos que é preparada pela mistura dos componentes fundidos e resfriada em seguida para produzir um sólido metálico. As ligas podem ser soluções sólidas homogêneas, nas quais os átomos de um metal estão distribuídos ao acaso entre os átomos do outro metal, ou podem ser compostos com composição e estrutura interna definidas. As ligas formam-se, tipicamente, a partir de dois metais eletropositivos, localizados próximo ao vértice esquerdo inferior do triângulo de Ketelaar (Fig. 3.25). A maioria das ligas simples é classificada como "substitucional" ou "intersticial". Uma **solução sólida substitucional** é uma solução na qual os átomos de um metal soluto substituem alguns átomos do metal original puro (Fig. 3.26). Alguns exemplos clássicos de ligas são o latão (até 38% de átomos de Zn em Cu), o bronze (formado por outro metal que não o Zn ou Ni em Cu; por exemplo, o bronze fundido contém 10% de átomos de Sn e 5% de átomos de Pb) e o aço inoxidável (mais de 12% de átomos de Cr em Fe). As **soluções sólidas intersticiais** são frequentemente formadas entre metais e átomos pequenos (como boro, carbono e nitrogênio) que podem ocupar, em baixos teores, os interstícios, como as cavidades octaédricas e tetraédricas, sem alterar a estrutura cristalina do metal. Como exemplo, temos os aços-carbono.

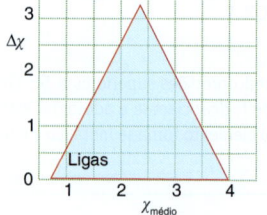

Figura 3.25 O triângulo de Ketelaar e a localização aproximada das ligas.

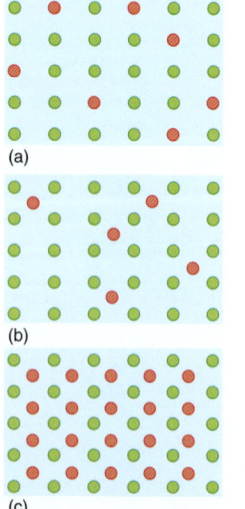

Figura 3.26 Ligas (a) substitucionais e (b) intersticiais. Um arranjo regular de átomos intersticiais (c) pode levar a uma nova estrutura.

(a) Ligas substitucionais

Ponto principal: Uma solução sólida, ou liga, substitucional envolve a substituição de um tipo de átomo metálico na estrutura por outro.

Em geral, as soluções sólidas substitucionais podem ser formadas quando três critérios são satisfeitos:

- Os raios atômicos dos elementos são aproximadamente 15% um do outro.
- As estruturas cristalinas dos dois metais puros são as mesmas; essa semelhança indica que as forças direcionais entre os dois tipos de átomos são compatíveis entre si.
- As características eletropositivas dos dois componentes são similares; caso contrário, a formação de um composto, em que os elétrons são transferidos entre as espécies, seria mais provável.

Assim, embora o sódio e o potássio sejam quimicamente semelhantes e tenham estruturas ccc, o raio atômico do Na (191 pm) é 19% menor que o do K (235 pm), o que faz com que os dois metais não formem uma solução sólida. Por outro lado, cobre e níquel, dois vizinhos no final do bloco d, são semelhantes no caráter eletropositivo, na estrutura cristalina (ambos são ecc) e nos raios atômicos (Ni 125 pm, Cu 128 pm, uma diferença de apenas

As estruturas dos metais e das ligas | 77

2,3%) e formam uma série contínua de soluções sólidas, variando do níquel puro ao cobre puro. O zinco, outro vizinho do cobre no quarto período, possui raio atômico semelhante (137 pm, 7% maior), mas é ech, e não ecc. Neste caso, o zinco forma uma solução sólida com o cobre com baixos teores de zinco, formando fases conhecidas como "latão-α", de composição $Cu_{1-x}Zn_x$, sendo $0 \leq x \leq 0{,}38$, com o mesmo tipo estrutural que o cobre puro (ecc). Os materiais geralmente chamados de intermetálicos (Seção 3.8c) correspondem às ligas que possuem uma estrutura cristalina diferente daquela do metal puro.

(b) Átomos intersticiais em metais

Ponto principal: Em uma solução sólida intersticial, os átomos pequenos adicionais ocupam cavidades dentro da rede da estrutura do metal original.

Soluções sólidas intersticiais são frequentemente formadas entre metais e átomos pequenos (como boro, carbono ou nitrogênio) que podem ocupar os interstícios, normalmente as cavidades octaédricas ou tetraédricas, da estrutura. Os átomos pequenos entram no sólido hospedeiro preservando a estrutura cristalina do metal original e sem ocorrer transferência de elétrons e nem formação de espécies iônicas. Pode haver uma relação simples de números inteiros entre os átomos do metal e os átomos nos interstícios (como no carbeto de tungstênio, WC), ou os átomos pequenos ficam distribuídos aleatoriamente entre os átomos empacotados, ocupando os espaços disponíveis ou cavidades da estrutura. Os primeiros são compostos verdadeiros e os últimos podem ser considerados como soluções sólidas intersticiais ou compostos não estequiométricos, dependendo da variação na relação dos raios dos dois elementos (Seção 3.17).

Considerações de tamanho podem ajudar a prever se poderá ocorrer a formação de uma solução sólida intersticial. Assim, o maior átomo de soluto que pode entrar em um sólido de empacotamento compacto, sem distorcer significativamente a sua estrutura, é aquele que se ajuste perfeitamente a uma cavidade octaédrica, a qual, como já vimos, tem um raio de $0{,}414r$. Para átomos pequenos como B, C ou N, os raios atômicos dos possíveis metais da estrutura hospedeira incluem metais d, como Fe, Co e Ni. Uma importante classe de materiais desse tipo consiste nos aços-carbono, nos quais os átomos de C ocupam algumas das cavidades octaédricas da rede ccc do Fe. Um aço-carbono contém, tipicamente, entre 0,2 a 1,6% de átomos de C, e o aumento do teor de carbono o torna mais duro e resistente, porém menos maleável (Quadro 3.2).

QUADRO 3.2 Aços

Os aços são ligas de ferro, carbono e outros elementos. Eles são classificados como aços de baixo, médio ou alto teor de carbono, de acordo com a porcentagem de carbono que contêm. Os aços de baixo teor de C contêm até 0,25%, os de teor médio de C contêm de 0,25 a 0,45% e os aços de alto teor de C contêm de 0,45 a 1,50% do átomo. A adição de outros metais ao aço pode ter um grande efeito na sua estrutura e propriedades e, portanto, nas suas aplicações. Exemplos de metais que são adicionados ao aço, formando assim os "aços inoxidáveis", estão listados na tabela. Os aços inoxidáveis também são classificados por suas estruturas cristalinas, que são controladas por fatores como a velocidade de resfriamento após a sua formação no forno e o tipo de metal adicionado. Assim, o ferro puro, dependendo da temperatura, adota diferentes polimorfismos (Seção 3.6), e algumas dessas estruturas de alta temperatura podem ser estabilizadas na temperatura ambiente por choque térmico (resfriamento muito rápido) no aço.

Os aços inoxidáveis com estrutura de **austenita** compreendem mais de 70% da produção total. A austenita é uma solução sólida de carbono e ferro que existe no aço acima de 723°C, estando o Fe como ecc com cerca de 2% das cavidades octaédricas ocupadas com carbono. À medida que esfria e a solubilidade do carbono no ferro diminui para menos de 1%, ela se transforma em outros materiais, dentre os quais a ferrita e a martensita. A velocidade de resfriamento determina as proporções relativas destes materiais e, portanto, as propriedades mecânicas do aço (como, por exemplo, a dureza e a resistência à tração). A adição de outros metais, como Mn, Ni e Cr, pode permitir que a estrutura de austenita resista ao resfriamento até a temperatura ambiente. Esses aços contêm no máximo 0,15% de átomos de C e, geralmente, de 10 a 20% de átomos de Cr além de Ni ou Mn, sendo uma solução sólida substitucional; eles podem reter a estrutura de austenita para todas as temperaturas desde a faixa criogênica até o ponto de fusão da liga. Uma composição típica com 18% de átomos Cr e 8% de átomos de Ni adicionados ao ferro é conhecida como *aço inoxidável 18/8*.

A ferrita é o Fe-α com um nível muito baixo de carbono, menos do que 0,1% de átomos, com uma estrutura cristalina ccc do Fe. Os aços inoxidáveis ferríticos são altamente resistentes à corrosão, mas bem menos duráveis do que os tipos austeníticos. Eles contêm entre 10,5 e 27% de átomos de Cr e um pouco de Mo, Al ou W. Os aços inoxidáveis martensíticos não são tão resistentes à corrosão como as outras duas classes, mas são duros e resistentes, bem como facilmente torneáveis, podendo ser endurecidos por tratamento térmico. Eles possuem estrutura do tipo austenita e contêm 11,5 a 18% de átomos de Cr e 1 a 2% de átomos C que ficam aprisionados na estrutura do ferro como resultado do choque térmico. A estrutura cristalina martensítica é muito próxima daquela da ferrita, mas a célula unitária é tetragonal em vez de cúbica.

Metal	Porcentagem de átomos adicionados	Efeito sobre as propriedades
Cobre	0,2 a 1,5	Melhora a resistência à corrosão atmosférica
Níquel	0,1 a 1	Melhora a qualidade da superfície
Nióbio	0,02	Melhora a resistência à tração e o ponto de ruptura
Nitrogênio	0,003 a 0,012	Melhora resistência
Manganês	0,2 a 1,6	Melhora resistência
Vanádio	até 0,12	Melhora resistência

(c) Compostos intermetálicos

Ponto principal: Compostos intermetálicos são ligas nas quais a estrutura adotada é diferente da estrutura de qualquer dos componentes metálicos.

Quando algumas misturas líquidas de metais são resfriadas, frequentemente elas formam fases com estruturas definidas, mas diferentes das estruturas de origem. Essas fases são chamadas de **compostos intermetálicos**. Dentre os exemplos temos o latão-β (CuZn) e compostos com as composições $MgZn_2$, Cu_3Au, $NaTl$ e Na_5Zn_{21}. O latão-β de composição $Cu_{0,52}Zn_{0,48}$ adota uma estrutura do tipo ccc em alta temperatura e uma estrutura ech em baixas temperaturas.

Determinadas estruturas de ligas intermetálicas são encontradas para valores específicos da razão elétron por átomo (e/a) e uma série de regras, propostas em 1926 por Hume-Rothery, permite a previsão da estrutura mais estável (normalmente ccc, ech ou cfc) para uma certa composição da liga. Essas regras, que exigem um conhecimento detalhado da estrutura de bandas (Seção 3.19), preveem que uma liga Cu:Zn com e/a < 1,4 (latão-α, $Cu_{1-x}Zn_x$ com $0 \leq x \leq 0,38$) deve ter uma rede ecc e uma liga com e/a de 1,5 (CuZn, latão-β) uma rede ccc. Essas regras consideram que o cobre puro (com a configuração $3d^{10}4s^1$) contribui com 1 elétron e o zinco ($3d^{10}4s^2$) contribui com dois elétrons, de forma que as ligas entre cobre puro e zinco puro podem ter valores de e/a na faixa de 1 a 2. Com base nisso, prevê-se que composição do latão-β próxima de $Cu_{0,5}Zn_{0,5}$ (e/a = 1,5) tenha uma estrutura ccc, que, como visto acima, é a adotada em altas temperaturas.

Algumas ligas, incluindo o latão-γ do sistema Cu/Zn com estequiometria $Cu_{0,39}Zn_{0,61}$, formam estruturas muito complexas devido aos arranjos dos átomos de cobre e zinco e alguns sítios vazios; a célula unitária do latão-γ tem 27 vezes o tamanho da célula do latão-β. Outras ligas, como $Al_{0,88}Mn_{0,12}$, formam estruturas com um eixo de rotação de simetria-5 e que, portanto, não se repete perfeitamente quando transladadas como uma célula unitária. Esses materiais são conhecidos como quase cristais (*quasicrystals*, em inglês), e Shechtman recebeu o Prêmio Nobel de Química de 2011 por seu trabalho com essas ligas (Quadro 3.3).

Os compostos intermetálicos são, normalmente, de alto ponto de fusão, duros e mais quebradiços do que a maioria dos metais e ligas. Como exemplo temos o alnico, que são compostos supercondutores do tipo A_3B de nióbio-estanho e nióbio-germânio, os sistemas A15 como o $LaNi_5$, que pode ser usado como um material armazenador de hidrogênio, as superligas NiAl e Ni_3Al e as ligas com memória de forma de titânio e níquel. Para mais

---

QUADRO 3.3 Os quase cristais

A maioria dos sólidos cristalinos tem estruturas com uma ordem periódica de longo alcance que pode ser descrita usando-se uma célula unitária que se repete em intervalos regulares (Seção 3.1). Existem restrições na simetria da célula unitária para que elas preencham completamente o espaço tridimensional: os eixos rotacionais de simetria dois, três, quatro e seis são permitidos, mas os eixos de simetria cinco, sete e todos os outros de valores mais altos são proibidos. (Na Tabela 3.1 são apresentadas as principais relações de simetria para os sete diferentes sistemas cristalinos.) As razões para essas restrições de simetria podem ser facilmente visualizadas: é possível preencher um espaço bidimensional, como uma parede plana, com azulejos, de forma que não exista espaço entre eles usando azulejos quadrados ou hexagonais (que possuem eixos de simetria rotacionais de ordem quatro e seis, respectivamente), mas é impossível com azulejos pentagonais (que possuem eixo de simetria rotacional de ordem cinco).

Os quase cristais (cristais quase periódicos) possuem uma ordem de longo alcance mais complexa. Em uma estrutura quase periódica, as posições dos átomos ao longo de cada direção do cristal se repetem segundo um número irracional de unidades (ao invés de valores inteiros como nas repetições das células unitárias nos materiais cristalinos). Essa diferença isenta os quase cristais das restrições cristalográficas, e eles podem apresentar as simetrias rotacionais proibidas para os cristais, incluindo o eixo de simetria-5. Ao contrário dos cristais normais, os padrões nunca se repetem exatamente, conforme mostrado no exemplo da Fig. Q3.2. Apesar disso, os quase cristais são materiais bem organizados, frequentemente intermetálicos e que produzem padrões de difração bem definidos (Seção 8.1). O conceito dos quase cristais foi introduzido em 1984, sendo resultado do estudo de uma liga com 86% de Al e 14% de Mn e que foi submetida a um resfriamento rápido, apresentando simetria icosaédrica; Dan Shechtman recebeu o Prêmio Nobel de Química de 2011 por esse trabalho. Nos últimos 25 anos, mais de 100 diferentes sistemas quase cristalinos foram identificados, incluindo composições e estruturas complexas como o $Al_{70,5}Mn_{16,5}Pd_{13}$ decagonal.

Os materiais formados por quase cristais tendem a ser duros, mas são relativamente mal condutores de calor (em oposição aos arranjos periódicos de átomos como os que ocorrem no diamante e no grafeno, que possuem as maiores condutividades térmicas) e de eletricidade. Essas propriedades os tornam úteis como revestimentos de panelas de fritura e como materiais isolantes em fios elétricos. Eles também são usados nos aços mais duráveis, em lâminas de barbear e em agulhas ultrafinas para cirurgia ocular.

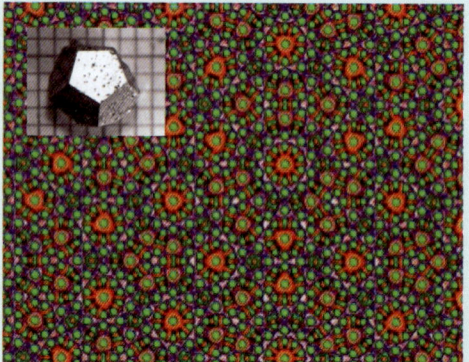

Figura Q3.2 Representação gerada por computador de um quase cristal. Em destaque, a fotografia de um quase cristal dodecaédrico em que fica evidente o seu eixo de simetria de ordem cinco.

informações, veja o Quadro 3.4. Alguns desses compostos intermetálicos contêm metais muito eletropositivos (como, por exemplo, K ou Ba) em combinação com um metal menos eletropositivo ou um metaloide (como, por exemplo, Ge ou Zn) e no triângulo de Ketelaar ficam acima das ligas verdadeiras (Fig. 3.27). Tais combinações são chamadas de **fases Zintl**. Esses compostos não são totalmente iônicos, embora eles sejam, frequentemente, quebradiços e apresentem algumas propriedades metálicas, como o lustro. Eles podem ser considerados como contendo um metal ou um cátion complexo metálico e ânions como Cs^+ ou $[Tl_4]^{8-}$. Um exemplo clássico de uma fase Zintl é o KGe (K_4Ge_4), com a estrutura apresentada na Fig. 3.28; outros compostos dessa classe incluem o Ba_3Si_4, o KTl e o $Ca_{14}Si_{19}$.

QUADRO 3.4   Intermetálicos

Os intermetálicos com o acrônimo "**alnico**" consistem principalmente em ferro com Al, Ni e Co, e, algumas vezes, com pequenos teores de C e Ti. As ligas alnico são ferromagnéticas e apresentam uma grande resistência à perda do magnetismo (uma alta coercividade), mesmo em altas temperaturas, e como consequência possuem variadas aplicações como imãs permanentes. Antes do desenvolvimento dos imãs de terras raras na década de 1970 (Seção 23.3), eles eram os imãs mais fortes disponíveis. O intermetálico alnico-500 contém 50% de Fe, com o restante composto por 24% de cobalto, 14% de níquel, 8% de alumínio, 3% de cobre e 0,45% de nióbio. As estruturas destas ligas de alnico são essencialmente a de uma simples célula unitária ccc com uma distribuição aleatória dos vários átomos metálicos componentes (Seção 3.5), mas ao nível microscópico as estruturas são mais complexas, com pequenas porções de cristais (domínios) mais ricos em um componente e mais pobres em outro.

As chamadas **fases A15** são uma série de compostos intermetálicos de composição A_3B (onde A é um metal de transição e B pode ser um metal de transição ou um elemento do Grupo 13 ou 14). A estrutura é a apresentada na Fig. Q3.3 e consiste em um cubo com um átomo do tipo B nos vértices e no centro do corpo e dois átomos A em cada face (a estequiometria global da célula unitária é $2 \times B + 6 \times 2 \times \frac{1}{2} \times A = A_6B_2$ ou A_3B). Os intermetálicos dessa família incluem o Nb_3Ge, que é um supercondutor abaixo de 23,2 K, o maior valor conhecido até a descoberta dos supercondutores de cuprato, em 1986 (Seção 24.6f).

Os compostos intermetálicos da composição AB_5 (A = lantanídeo, alcalino terroso ou elemento de transição; B = elemento do bloco d ou do bloco p), em particular os que cristalizam com uma célula unitária hexagonal, são pesquisados para várias aplicações tecnológicas. A 1,5 atm de $H_2(g)$ a 300 K, o $LaNi_5$ absorve até seis átomos de hidrogênio por unidade de fórmula, tornando essa fase de interesse para aplicações de armazenamento de hidrogênio. O hidrogênio é liberado por meio do aquecimento a 350 K. A proporção relativamente baixa de hidrogênio no $LaNi_5H_6$, 1,4% em peso, provavelmente torna esse material inadequado para aplicações em veículos de transporte, mas uma fusão adicional com magnésio melhora esse valor.

Várias fases intermetálicas apresentam as propriedades de uma **liga com memória de forma** (SMA, em inglês), das quais o Cu-Al-Ni (Cu_3Al com baixo teor de níquel) e o **Nitinol** (*Nickel Titanium Naval Ordnance Laboratory* (em inglês), NiTi) são, talvez, os mais importantes. O Nitinol pode sofrer uma mudança de fase entre duas formas conhecidas como martensita (com uma célula unitária tetragonal) e austenita (cúbica de face centrada); veja o Quadro 3.2. Na forma martensita, o Nitinol pode ser curvado em várias formas, mas quando é aquecido ele é convertido para a forma rígida austenita. Com o resfriamento da fase austenita, a SMA é convertida novamente à forma martensita, mas com uma "memória" da forma da austenita de alta temperatura. Esta será reconvertida para a forma martensita se aquecida acima de uma temperatura específica, a temperatura de transição, M_s. Variando-se a razão Ni:Ti, a M_s pode ser ajustada entre –100°C e +150°C. Assim, se um arame reto de Nitinol, com M_s = 50°C, previamente aquecido a 500°C, for curvado de uma forma complexa à temperatura ambiente, ele irá reter essa forma indefinidamente; entretanto, se for aquecido acima de 50°C, ele irá se desenrolar e retornar à sua forma linear original. Este ciclo pode ser repetido milhões de vezes. As SMA são usadas em alguns acionadores que necessitem de um material que muda de forma, de dureza ou de posição em resposta à temperatura. As aplicações envolvem componentes de geometria variável em motores de aeronaves para reduzir o ruído quando a temperatura aumenta, em braçadeiras e arames usados em cirurgias dentárias, em molduras de óculos que não se deformam e em *stents* coronarianos. Um *stent* dobrável pode ser introduzido em uma veia e quando for aquecido ele retornará à sua forma expandida original, melhorando o fluxo sanguíneo.

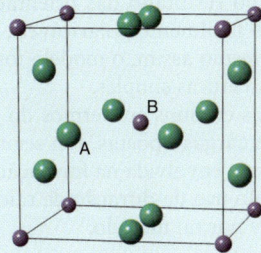

Figura Q3.3 A estrutura das fases intermetálicas A15.

EXEMPLO 3.8   A composição, o tipo de rede e o conteúdo da célula unitária do ferro e de suas ligas

Quais são os tipos de redes e os conteúdos da célula unitária do ferro metálico (a) (Fig. 3.29a) e da liga ferro/cromo, FeCr (b) (Fig. 3.29b)?

Resposta Precisamos identificar a simetria de translação da célula unitária e contabilizar os números de átomos presentes. (a) A estrutura do ferro consiste em átomos de Fe distribuídos no centro e nos vértices de uma célula unitária cúbica com número de coordenação oito em relação aos vizinhos mais próximos. Todos os sítios ocupados são equivalentes, o que faz com que a estrutura tenha a simetria translacional de uma rede ccc. O tipo da estrutura é ccc. O átomo de Fe no centro contabiliza 1 e os oito átomos de Fe nos vértices da célula contabilizam $8 \times \frac{1}{8} = 1$, de forma que existem dois átomos de Fe na célula unitária. (b) Para o FeCr, o átomo no centro da célula unitária (Cr) é diferente dos átomos nos vértices (Fe) e, assim, a simetria translacional presente é a da célula unitária inteira (e não um deslocamento correspondente à metade da célula unitária, como é característico de uma estrutura ccc), de forma que o tipo de rede é primitiva, P. Existe um átomo de Cr e $8 \times \frac{1}{8} = 1$ átomo de Fe na célula unitária, em concordância com a estequiometria FeCr.

Teste sua compreensão 3.8 Qual a estequiometria da liga de ferro/cromo apresentada na Fig. 3.29c?

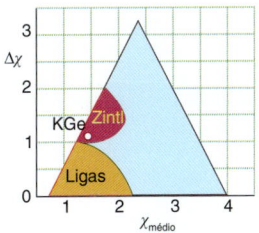

Figura 3.27 O triângulo de Ketelaar e a localização aproximada das fases Zintl. O ponto marca a localização do exemplo KGe.

3 As estruturas dos sólidos simples

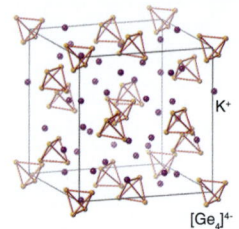

Figura 3.28* A estrutura da fase Zintl KGe, mostrando as unidades tetraédricas de $[Ge_4]^{4-}$ e a distribuição dos íons K^+.

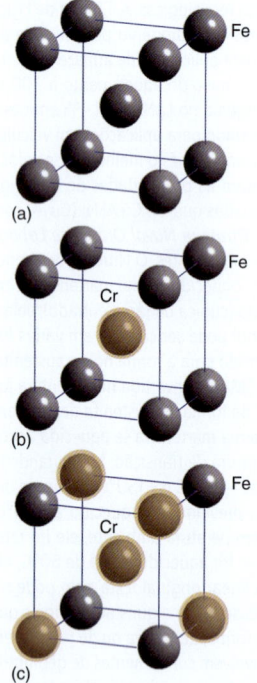

Figura 3.29* As estruturas (a) do ferro, (b) da liga FeCr e (c) de uma liga Fe/Cr (ver *Teste sua compreensão 3.8*).

Sólidos iônicos

Pontos principais: O modelo iônico trata um sólido como um conjunto de esferas de cargas opostas que interagem por forças eletrostáticas não direcionais; quando as propriedades termodinâmicas do sólido calculadas por esse modelo concordam com as observações experimentais, então normalmente o composto é considerado como sendo iônico.

Sólidos iônicos, como o NaCl e o KNO_3, são frequentemente reconhecidos por serem quebradiços porque os elétrons que são disponibilizados pela formação do cátion se localizam no ânion vizinho; ao sofrer um impacto, pode ocorrer que íons de mesma carga fiquem em posições próximas, gerando repulsões que provocam a fratura do sólido. Os sólidos iônicos têm geralmente altos pontos de fusão, uma vez que as fortes forças coulombianas entre os íons de cargas opostas têm de ser vencidas para produzir o estado fundido, e muitos são solúveis em solventes polares, particularmente a água, em que os íons ficam fortemente solvatados. Entretanto, há exceções: o CaF_2, por exemplo, é um sólido iônico de alto ponto de fusão, mas é insolúvel na água. O nitrato de amônio, NH_4NO_3, é iônico em termos das suas interações entre os íons amônio e nitrato, mas funde a 170°C. Materiais binários iônicos são geralmente formado por elementos com grandes diferenças de eletronegatividade, tipicamente $\Delta\chi > 3$, e tais compostos são, portanto, prováveis de serem encontrados no vértice superior do triângulo de Ketelaar (Fig. 3.27).

A classificação de um sólido como iônico é baseada na comparação de suas propriedades com aquelas do **modelo iônico**, o qual trata o sólido como um conjunto de esferas rígidas carregadas com cargas opostas que interagem primariamente por forças eletrostáticas não direcionais (forças coulombianas). Se as propriedades termodinâmicas calculadas para o sólido por esse modelo concordarem com os resultados experimentais, então o sólido pode ser considerado iônico. Entretanto, deve-se notar que são conhecidos muitos exemplos de concordância acidental com o modelo iônico, de forma que apenas a concordância numérica não implica ligação iônica. A natureza não direcional das interações eletrostáticas entre os íons em um sólido iônico contrasta com aquelas presentes em um sólido covalente, em que a simetria dos orbitais atômicos atua fortemente na determinação das geometrias das estruturas. No entanto, a suposição de que os íons podem ser tratados como esferas rígidas perfeitas (com um raio fixo para um determinado tipo de íon) que não posssuem direcionalidade nas suas ligações está longe de ser verdade para os íons reais. Por exemplo, nos ânions haletos alguma direcionalidade pode ser esperada nas suas ligações como resultado das orientações dos seus orbitais p, e íons grandes, como o Cs^+ e o I^-, são facilmente polarizáveis, não podendo, portanto, serem considerados esferas rígidas. Mesmo assim, o modelo iônico é um bom ponto de partida para a descrição de muitas estruturas simples.

Começaremos descrevendo algumas estruturas iônicas comuns em termos do empacotamento de esferas rígidas de tamanhos diferentes e cargas opostas. Em seguida, veremos como interpretar as estruturas em termos da energia envolvida na formação do cristal. As estruturas que descreveremos foram obtidas pelo uso da difração de raios X (Seção 8.1) e estão entre as primeiras a serem investigadas por tal método.

3.9 Estruturas típicas dos sólidos iônicos

As estruturas iônicas descritas nesta seção são protótipos de uma grande variedade de sólidos. Por exemplo, embora a estrutura do sal-gema leve o nome da forma mineral do NaCl, ela é característica de numerosos outros sólidos (Tabela 3.4). Muitas estruturas podem ser consideradas como derivadas de arranjos nos quais os íons maiores, geralmente os ânions, empilham-se em padrões ecc ou ech e os contraíons menores (geralmente os cátions) ocupam as cavidades octaédricas ou tetraédricas da rede (Tabela 3.5). Ao longo da discussão que segue, será útil considerarmos novamente as Figuras 3.18 e 3.20, anteriores, para vermos como as estruturas que estão sendo descritas se relacionam com os padrões dos sítios que estão sendo mostrados. As camadas de empacotamento compacto naturalmente necessitam se expandir para acomodar os contraíons, mas essa expansão muitas vezes é uma pequena perturbação do arranjo dos ânions, que continuará a ser considerado como ecc e ech. Essa expansão evita em parte a forte repulsão entre os íons de mesma carga e também permite a inserção de espécies maiores nas cavidades entre os íons grandes. Assim, o exame das possibilidades de preenchimento das cavidades em um arranjo de empacotamento compacto

Tabela 3.4 Estruturas cristalinas dos compostos, em condições padrão, exceto quando indicado

Estrutura cristalina	Exemplos*
antifluorita	K_2O, K_2S, Li_2O, Na_2O, Na_2Se, Na_2S
cloreto de césio	**CsCl**, TlI (baixa T), CsAu, CsCN, CuZn, NbO
fluorita	**CaF$_2$**, UO_2, HgF_2, LaH_2, PbO_2 (pressão alta, > 6 GPa)
arseneto de níquel	**NiAs**, NiS, FeS, PtSn, CoS
perovskita	**CaTiO$_3$** (distorcida), $SrTiO_3$, $PbZrO_3$, $LaFeO_3$, $LiSrH_3$, $KMnF_3$
sal-gema	**NaCl**, KBr, RbI, AgCl, AgBr, MgO, CaO, TiO, FeO, NiO, SnAs, UC, ScN
rutílio	**TiO$_2$** (um polimorfo), MnO_2, SnO_2, WO_2, MgF_2, NiF_2
esfalerita (blenda de zinco cúbica)	**ZnS** (um polimorfo), CuCl, CdS (polimorfo howleyita), HgS, GaP, AgI (sob alta pressão, > 6 GPa, transforma-se na estrutura do sal-gema), InAs, ZnO (pressão alta, > 6 GPa)
espinélio	**MgAl$_2$O$_4$**, $ZnFe_2O_4$, $ZnCr_2S_4$
wurtzita (hexagonal)	**ZnS** (um polimorfo), ZnO, BeO, AgI (um polimorfo, iodargirita), AlN, SiC, NH_4F, CdS (polimorfo greenockita)

*A substância em negrito é aquela que dá o nome à estrutura.

Tabela 3.5 Relação entre a estrutura e as cavidades preenchidas

Tipo de empacotamento compacto	Cavidades preenchidas	Tipo de estrutura (exemplo típico)
Cúbico (ecc)	octaédricas (todas)	sal-gema (NaCl)
	tetraédricas (todas)	fluorita (CaF_2)
	octaédricas (metade)	$CdCl_2$
	tetraédricas (metade)	esfalerita (ZnS)
Hexagonal (ech)	octaédricas (todas)	arseneto de níquel (NiAs); com alguma distorção do ech perfeito (CdI_2)
	octaédricas (metade)	rutílio (TiO_2); com alguma distorção do ech perfeito
	tetraédricas (todas)	não existe estrutura; as cavidades tetraédricas compartilham faces
	tetraédricas (metade)	wurtzita (ZnS)

formado por íons grandes fornece um excelente ponto de partida para as descrições de muitas estruturas iônicas simples.

(a) Fases binárias, AX$_n$

Pontos principais: Importantes estruturas, como as do sal-gema, cloreto de césio, esfalerita, fluorita, wurtzita, arseneto de níquel e rutílio, podem ser descritas em termos da ocupação das cavidades.

Os compostos iônicos mais simples contêm somente um tipo de cátion (A) e um tipo de ânion (X), presentes em várias proporções, com composições como AX e AX_2. Várias estruturas diferentes podem existir para cada uma dessas composições, dependendo dos tamanhos relativos dos cátions e ânions e quais e quantas cavidades são preenchidas no arranjo de empacotamento compacto (Tabela 3.5). Iniciaremos considerando as composições AX com números iguais de cátions e ânions para, em seguida, considerar a AX_2 e depois outras estequiometrias mais comuns.

A **estrutura do sal-gema** se baseia em um arranjo ecc dos ânions mais volumosos, com os cátions ocupando todas as cavidades octaédricas (Fig. 3.30). Alternativamente, ela pode ser vista como uma estrutura na qual os ânions ocupam todas as cavidades octaédricas em um arranjo ecc dos cátions. Como o número de cavidades octaédricas em um arranjo de empacotamento compacto é igual ao número de íons que formam o arranjo (os íons X), o preenchimento de todas essas cavidades com os íons A fornecerá a estequiometria AX. Uma vez que cada íon está rodeado por um octaedro de seis contraíons, o número de coordenação de cada tipo de íon é igual a 6, e se diz que a estrutura tem **coordenação 6:6**. Nesta notação, o primeiro número é o número de coordenação do cátion e o segundo é o número de coordenação do ânion. A estrutura do sal-gema pode ainda ser descrita como uma rede cúbica de face centrada após o preenchimento das cavidades, uma vez que a simetria translacional exigida por esse tipo de rede é preservada quando todos os sítios octaédricos estão ocupados.

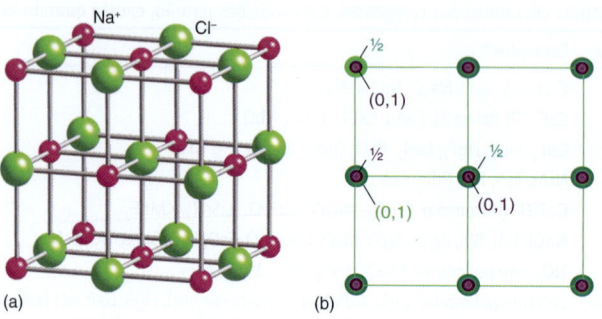

Figura 3.30 (a)*A estrutura do sal-gema e (b) a sua representação na forma de projeção. Note a relação desta estrutura com a estrutura cfc da Fig. 3.18 com um átomo em cada cavidade octaédrica.

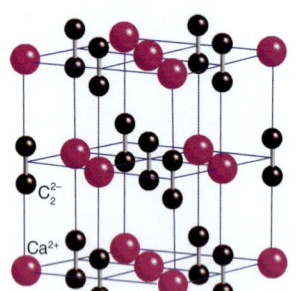

Figura 3.31* A estrutura do CaC$_2$ é baseada na estrutura do sal-gema, mas é alongada na direção paralela aos eixos dos íons C$_2^{2-}$.

Para visualizar o ambiente local de um íon na estrutura do sal-gema, devemos notar que os seis vizinhos mais próximos do íon central da célula mostrada na Fig. 3.30 encontram-se nos centros das faces da célula e formam um octaedro ao redor do íon central. Os seis vizinhos têm carga oposta àquela do íon central. Os 12 segundos vizinhos mais próximos do íon central estão no centro das arestas da célula e todos têm a mesma carga do íon central. Os oito terceiros vizinhos mais próximos estão nos vértices da célula unitária e têm carga oposta à do íon central. Para determinar a composição da célula unitária e o número de cada tipo de átomo ou íon presente, podemos usar as regras descritas na Seção 3.1

> *Uma breve ilustração* Na célula unitária mostrada na Fig. 3.30, há o equivalente a $(8 \times \frac{1}{8}) + (6 \times \frac{1}{2}) = 4$ íons Na$^+$ e $(12 \times \frac{1}{4}) + 1 = 4$ íons Cl$^-$. Consequentemente, cada célula unitária contém quatro fórmulas unitárias de NaCl. O número de fórmulas unitárias presentes na célula unitária é comumente indicado por Z, de forma que neste caso Z = 4.

O arranjo do sal-gema não é formado apenas para espécies monoatômicas simples como M$^+$ e X$^-$, mas também em muitos compostos 1:1 nos quais os íons são unidades complexas como no [Co(NH$_3$)$_6$][TlCl$_6$]. A estrutura desse composto pode ser considerada como um arranjo de empacotamento compacto dos ânions octaédricos [TlCl$_6$]$^{3-}$ com os cátions [Co(NH$_3$)$_6$]$^{3+}$ em todas as cavidades octaédricas. Da mesma forma, compostos como CaC$_2$, CsO$_2$, KCN e FeS$_2$ adotam estruturas muito próximas da estrutura do sal-gema, alternando cátions com ânions complexos (C$_2^{2-}$, O$_2^-$, CN$^-$ e S$_2^{2-}$, respectivamente), embora a orientação destas espécies diatômicas lineares possa alongar a célula unitária e eliminar a simetria cúbica (Fig. 3.31). Pode ocorrer uma flexibilidade composicional adicional, retendo a estrutura do sal-gema, quando houver mais de um tipo de cátion ou ânion, mas mantendo a razão global 1:1 entre os íons de carga oposta. Assim, preenchendo-se a metade dos sítios A na estrutura do sal-gema com Li$^+$ e a outra metade com Ni^{3+}, teremos a fórmula (Li$_{1/2}$Ni$_{1/2}$)O, normalmente escrita como LiNiO$_2$, e o composto conhecido com essa estequiometria adota esse tipo de estrutura.

Muito menos comum do que a estrutura do sal-gema para os compostos de estequiometria AX é a **estrutura do cloreto de césio** (Fig. 3.32), a qual é adotada pelo CsCl, CsBr e CsI, assim como por alguns outros compostos formados por íons de raios similares a estes, incluindo o TlI (ver Tabela 3.4). A estrutura do cloreto de césio tem uma célula unitária cúbica primitiva com um ânion em cada vértice e um cátion ocupando a "cavidade cúbica" no centro da célula (ou vice-versa); como resultado Z = 1. Uma visão

Figura 3.32 (a)*A estrutura do cloreto de césio. Os pontos de rede nos vértices, os quais são compartilhados por oito células vizinhas, são rodeados por oito pontos de rede dos vizinhos mais próximos. O ânion ocupa uma cavidade cúbica em uma rede cúbica primitiva; (b) sua representação na forma de projeção.

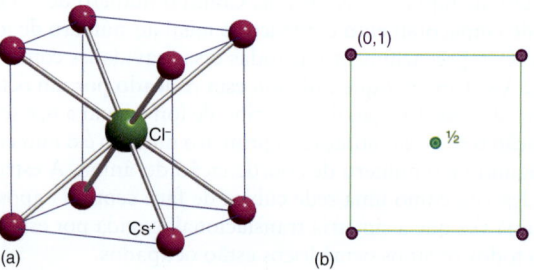

alternativa dessa estrutura é a de duas células cúbicas primitivas entrelaçadas, uma de Cs^+ e outra de Cl^-. O número de coordenação de ambos os tipos de íons é 8, de forma que a estrutura é descrita como tendo coordenação 8:8. Os raios são tão similares que essa coordenação, com vários contraíons adjacentes a um dado íon, é altamente favorável do ponto de vista energético. Note que o NH_4Cl também forma essa estrutura, apesar do tamanho relativamente pequeno do íon NH_4^+, pois o cátion pode formar ligações hidrogênio com quatro dos íons Cl^- nos vértices do cubo (Fig. 3.33). Muitas ligas 1:1, como AlFe e CuZn, com dois tipos de átomos metálicos, têm o arranjo do cloreto de césio.

A **estrutura da esfalerita** (Fig. 3.34), também conhecida como **estrutura da blenda de zinco**, recebe esse nome de uma forma mineral do ZnS. Assim como a estrutura do sal-gema, ela se baseia em um arranjo expandido de ânions ecc, mas neste caso os cátions ocupam um tipo de cavidade tetraédrica, metade das cavidades tetraédricas presentes na estrutura de empacotamento compacto. Cada íon está rodeado por quatro vizinhos, de forma que a estrutura tem coordenação 4:4 e Z = 4.

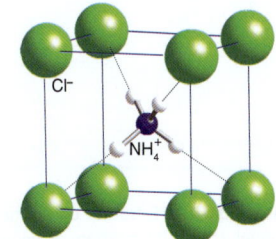

Figura 3.33* A estrutura do cloreto de amônio, NH_4Cl, reflete a capacidade do íon tetraédrico NH_4^+ de formar ligações hidrogênio com o arranjo tetraédrico dos íons Cl^- ao seu redor.

Uma breve ilustração Para contabilizar os íons na célula unitária da estrutura da esfalerita mostrada na Fig. 3.34, construímos a seguinte tabela:

Localização (compartilhada)	Número de cátions	Número de ânions	Contribuição
Centro (1)	4 × 1	0	4
Face (½)	0	6 × ½	3
Aresta (¼)	0	0	0
Vértice (⅛)	0	8 × ⅛	1
Total:	4	4	8

Existem quatro cátions e quatro ânions na célula unitária. Essa relação está de acordo com a fórmula química ZnS, com Z = 4.

A **estrutura da wurtzita** (Fig. 3.35) recebe o nome do outro polimorfo do sulfeto de zinco que ocorre naturalmente como um mineral. Ela difere da estrutura da esfalerita, sendo derivada de um arranjo ech expandido dos ânions, ao invés de um arranjo ecc, mas, como na esfalerita, os cátions ocupam metade das cavidades tetraédricas; ou seja, exatamente um dos dois tipos (T ou T' como discutido na Seção 3.3). Esta estrutura, que apresenta coordenação 4:4, é adotada pelo ZnO, uma das formas do AgI e um dos polimorfos do SiC, assim como por vários outros compostos (Tabela 3.4). As simetrias locais dos cátions e ânions, em relação aos seus vizinhos mais próximos, são idênticas tanto na wurtzita quanto na esfalerita, mas diferem nos segundos vizinhos mais próximos. Existem muitos compostos que apresentam polimorfismo e cristalizam em ambos os tipos de estrutura, wurtzita ou esfalerita, dependendo das condições nas quais foram obtidas ou das condições de temperatura e pressão a que estão submetidas.

A **estrutura do arseneto de níquel** (NiAs, Fig. 3.36) também se baseia em um arranjo ech distorcido e expandido dos ânions, mas os átomos de Ni ocupam agora as cavidades octaédricas, e cada átomo de As encontra-se no centro de um prisma trigonal de átomos de Ni. Essa estrutura é adotada pelo NiS, FeS e por vários outros sulfetos. A estrutura do arseneto de níquel é típica dos compostos MX que contêm íons polarizáveis e são formados por elementos com baixas diferenças de eletronegatividade,

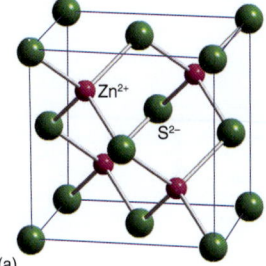

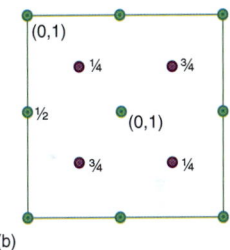

Figura 3.34 (a)*A estrutura da esfalerita (blenda de zinco) e (b) a sua representação na forma de projeção. Observe sua relação com a rede ecc na Figura 3.18a, com metade das cavidades tetraédricas ocupadas pelos íons Zn^{2+}.

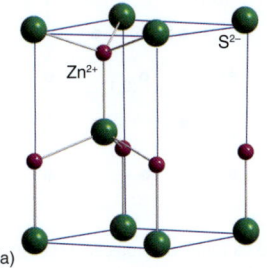
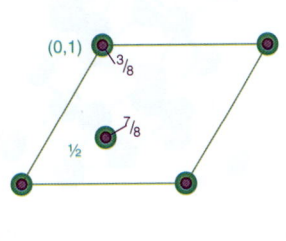

Figura 3.35 (a)*A estrutura da wurtzita e (b) sua representação na forma de projeção.

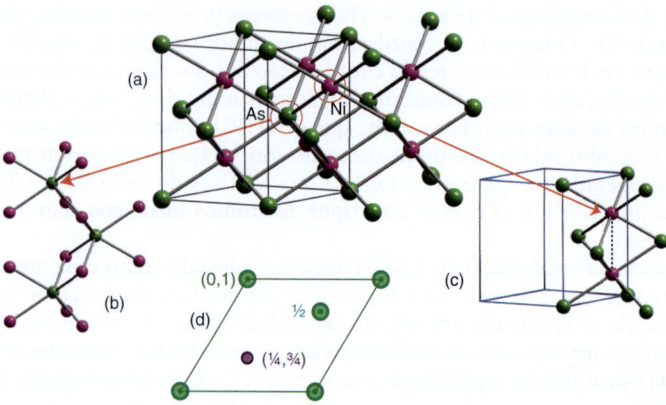

Figura 3.36 (a)*Estrutura do arseneto de níquel; (b)* e (c) mostram as geometrias de coordenação dos eixos de rotação-6 do As (trigonal prismática) e do Ni (octaédrica), respectivamente, e (d) é a representação na forma de projeção da célula unitária. A pequena interação M-M é indicada pela linha pontilhada em (c).

ao contrário daquelas que adotam a estrutura do sal-gema e que são formadas por elementos na forma de íons. Os compostos que formam esse tipo de estrutura ficam na área dos "sais iônicos polarizados" do triângulo de Ketelaar (Fig. 3.37). Há, também, a possibilidade de formação de algum grau de ligação metal-metal entre os átomos metálicos em camadas adjacentes (ver Figura 3.36c), e esse tipo de estrutura (ou uma forma distorcida dela) é também comum para um grande número de ligas formadas pelos elementos dos blocos p e d.

Um tipo estrutural AX_2 comum é a **estrutura da fluorita**, que recebe esse nome do mineral de ocorrência natural fluorita, CaF_2. Nela, os íons Ca^{2+} encontram-se em um arranjo ecc expandido, e os íons F^- ocupam todas as cavidades tetraédricas (Fig. 3.38). Nessa descrição, os cátions é que estão em empacotamento compacto uma vez que os ânions F^- são pequenos. A rede possui coordenação 8:4, o que é consistente com o fato de que existe o dobro de ânions em relação aos cátions. Os ânions nas cavidades tetraédricas têm quatro vizinhos próximos, e o sítio dos cátions está rodeado por um arranjo cúbico de oito ânions.

A **estrutura da antifluorita** é o inverso da estrutura da fluorita no sentido de que as posições dos cátions e dos ânions estão invertidas; isso reflete o fato de que a estrutura é adotada por compostos com cátions menores, como o Li^+ ($r = 59$ pm, com número de coordenação igual a quatro). Essa estrutura é apresentada por alguns óxidos de metais alcalinos, incluindo o Li_2O. Neste, os cátions (os quais são duas vezes mais numerosos que os ânions) ocupam todas as cavidades tetraédricas de um arranjo ecc dos ânions. A coordenação é 4:8, ao invés da fluorita, que é 8:4.

A **estrutura do rutílio** (Fig. 3.39) tem seu nome devido ao rutílio, que é uma forma mineral do óxido de titânio(IV), TiO_2. A estrutura também pode ser considerada como um exemplo de preenchimento de cavidades em um arranjo ech dos ânions, mas com os cátions ocupando, agora, somente metade das cavidades octaédricas e havendo considerável amarração entre as camadas dos ânions em empacotamento compacto. Cada átomo de Ti^{4+} está rodeado por seis átomos de O, embora as distâncias Ti-O não sejam idênticas e recaiam em dois conjuntos, de forma que sua coordenação é descrita melhor como (4+2). Cada átomo de O está rodeado por três íons Ti^{4+} e, consequentemente, a estrutura do rutílio tem coordenação 6:3. O principal minério de estanho, a cassiterita, SnO_2, possui a estrutura do rutílio, assim como vários difluoretos metálicos (Tabela 3.4).

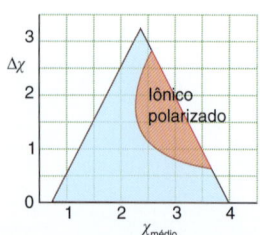

Figura 3.37 Localização dos sais iônicos polarizados no triângulo de Ketelaar.

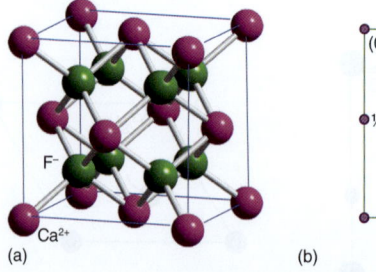
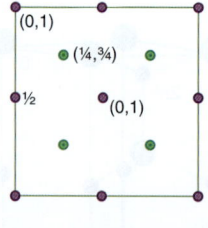

Figura 3.38 (a)* Estrutura da fluorita e (b) sua representação na forma de projeção. Esta estrutura apresenta um arranjo ecc dos cátions, e todas as cavidades tetraédricas estão ocupadas pelos ânions.

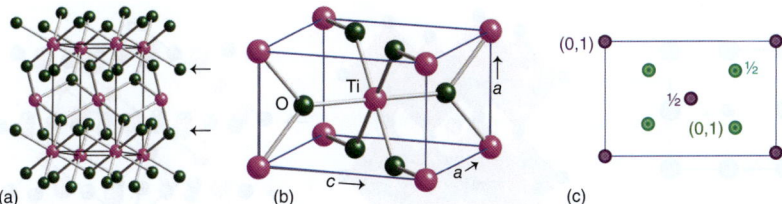

Figura 3.39 A estrutura do rutílio adotada por um polimorfo do TiO$_2$: (a) as conexões entre as camadas de empacotamento compacto dos íons óxido com os cátions de titânio na metade das cavidades octaédricas (a célula unitária está indicada por linhas finas); (b)* a célula unitária, mostrando a coordenação do titânio com os íons óxido; (c) sua representação na forma de projeção.

Na **estrutura do iodeto de cádmio** (como no CdI$_2$, Fig. 3.40), as cavidades octaédricas entre pares alternados de camadas ech de íons I$^-$ (isto é, metade do número total de cavidades octaédricas) são ocupadas por íons Cd^{2+}. A estrutura do CdI$_2$ é frequentemente chamada de "estrutura em camadas", uma vez que a repetição das camadas de átomos, perpendiculares às camadas de empacotamento compacto, formam a sequência I–Cd–I ... I–Cd–I ... I–Cd–I ..., havendo interações fracas de van der Waals entre os átomos de iodo das camadas adjacentes. A estrutura tem coordenação 6:3, sendo octaédrica para o cátion e piramidal trigonal para o ânion. Esse tipo de estrutura é comumente encontrado em vários haletos de metais d e em calcogenetos (por exemplo, FeBr$_2$, MnI$_2$, ZrS$_2$ e NiTe$_2$).

A **estrutura do cloreto de cádmio** (como no CdCl$_2$, Fig. 3.41) é análoga à estrutura do CdI$_2$, mas com um arranjo ecc dos ânions; metade dos sítios octaédricos, aqueles entre camadas alternadas de ânions, está ocupada. As geometrias dos íons e os números de coordenação (6:3) desta estrutura em camadas são idênticos aos do tipo de estrutura do CdI$_2$, embora a estrutura do tipo do CdCl$_2$ seja preferida por vários dicloretos de metais d, como MnCl$_2$ e NiCl$_2$.

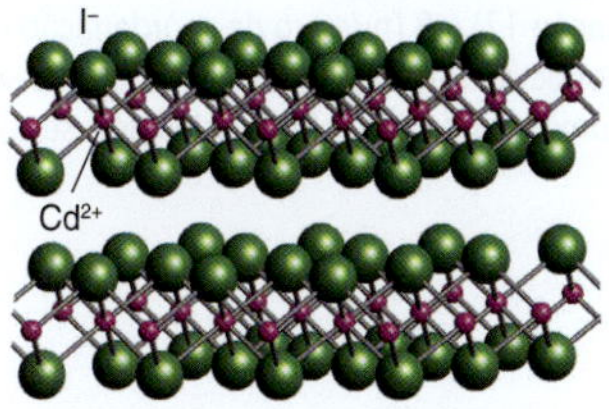

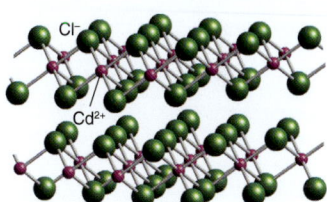

Figura 3.40* A estrutura do CdI$_2$.

Figura 3.41* A estrutura do CdCl$_2$.

EXEMPLO 3.9 Determinando a estequiometria de uma estrutura com cavidades preenchidas

Considerando um arranjo de empacotamento compacto dos ânions, X, e o preenchimento das cavidades com cátions, A, determine as estequiometrias nas seguintes estruturas: (a) um arranjo ech em que $\frac{1}{3}$ das cavidades octaédricas está preenchido; (b) um arranjo ecc em que todos os sítios octaédricos e tetraédricos estão preenchidos.

Resposta Precisamos lembrar que um arranjo de N esferas em empacotamento compacto possui $2N$ cavidades tetraédricas e N cavidades octaédricas (Seção 3.3). Assim, o preenchimento de todas as cavidades octaédricas em um arranjo de empacotamento compacto de ânions X com cátions A irá produzir uma estrutura em que cátions e ânions estarão em uma razão 1:1, correspondendo a uma estequiometria AX. (a) Como apenas $\frac{1}{3}$ das cavidades está ocupado, a razão A:X é $\frac{1}{3}$:1, correspondendo a uma estequiometria AX$_3$. Um exemplo desse tipo de estrutura é o BiI$_3$. (b) O número total de espécies A é $2N + N$ com N espécies X. A razão A:X é, portanto, 3:1, correspondendo à estequiometria A$_3$X. Um exemplo desse tipo de estrutura é o Li$_3$Bi.

Teste sua compreensão 3.9 Determine a estequiometria de um arranjo ech com $\frac{2}{3}$ dos sítios octaédricos ocupados.

(b) Fases ternárias A$_a$B$_b$X$_n$

Ponto principal: As estruturas da perovskita e do espinélio são adotadas por muitos compostos com estequiometrias ABO$_3$ e AB$_2$O$_4$, respectivamente.

As possibilidades estruturais aumentam muito rapidamente quando a complexidade da composição aumenta para três espécies iônicas. Diferentemente dos compostos binários, é difícil prever o tipo de estrutura mais provável baseando-se nos tamanhos dos íons e nos números de coordenação preferidos. Esta seção descreve duas estruturas importantes formadas pelos óxidos ternários; o íon O^{2-} é o ânion mais comum, de forma que a química dos óxidos é central para uma parte significativa da química de estado sólido.

O mineral perovskita, CaTiO$_3$, é o protótipo estrutural de muitos sólidos ABX$_3$ (Tabela 3.4), particularmente de óxidos. Na sua forma ideal, a **estrutura da perovskita** é cúbica com cada cátion A rodeado por 12 ânions X e cada cátion B rodeado por 6 ânions X (Fig. 3.42). De fato, a estrutura da perovskita pode ser também descrita como um arranjo de empacotamento compacto de cátions A e de ânions O^{2-} (arranjados de tal maneira que cada cátion A está rodeado por doze ânions O^{2-} das camadas originais

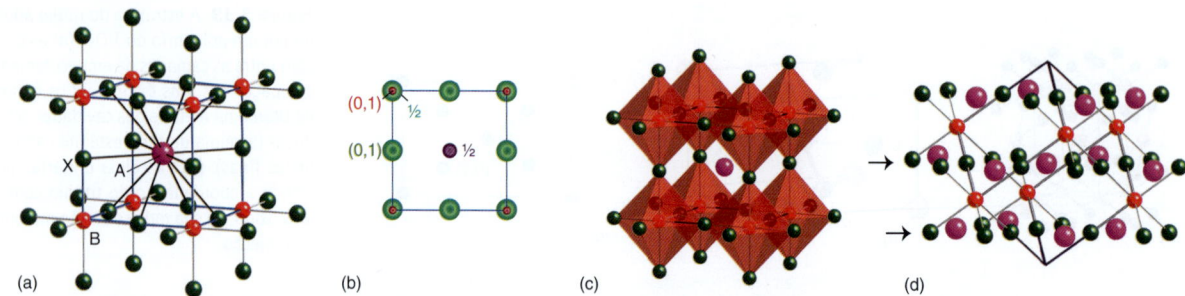

Figura 3.42 A estrutura da perovskita, ABX_3: (a) célula unitária cúbica (em azul), enfatizando a geometria de coordenação dos cátions A (número de coordenação 12) e B (número de coordenação 6, octaédrico) com X; (b) a representação na forma de projeção da célula unitária; (c)* a mesma estrutura representada por octaedros BX_6 ligados, enfatizando-se a coordenação octaédrica dos sítios B; (d) relação entre a estrutura da perovskita com um arranjo de empacotamento compacto de A e X (indicados pela seta) com B nas cavidade octaédricas; a célula unitária indicada é a mesma que em (a).

de empacotamento compacto; Fig. 3.42d), com os cátions B em todas as cavidades octaédricas que são formadas por seis íons O^{2-}, ou seja, $B_{n/4}[AO_3]_{n/4}$, que é equivalente a ABO_3.

Nos óxidos, X = O, e a soma das cargas dos íons A e B deve ser +6. Essa soma pode ser atingida de várias maneiras (dentre as quais $A^{2+}B^{4+}$ e $A^{3+}B^{3+}$), incluindo-se ainda a possibilidade dos óxidos mistos de fórmula $A(B_{0,5}B'_{0,5})O_3$, como o $La(Ni_{0,5}Ir_{0,5})O_3$. Nas perovskitas, portanto, o cátion do tipo A é geralmente um íon grande (com raio maior do que 110 pm) e carga pequena, como Ba^{2+} ou La^{3+}, e o cátion B é um íon pequeno (com raio menor do que 100 pm, tipicamente entre 60 e 70 pm) e carga elevada, como Ti^{4+}, Nb^{5+} ou Fe^{3+}.

Materiais que apresentam a estrutura da perovskita frequentemente apresentam propriedades elétricas úteis e interessantes, como piezoeletricidade, ferroeletricidade e supercondutividade à alta temperatura (Seção 24.6).

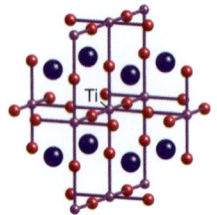

Figura 3.43 O ambiente de coordenação local de um átomo de Ti na perovskita.

EXEMPLO 3.10 Determinando os números de coordenação

Demonstre que o número de coordenação do íon Ti^{4+} na perovskita, $CaTiO_3$, é igual a 6.

Resposta Devemos imaginar oito das células unitárias apresentadas na Fig. 3.42 empilhadas juntas, com um átomo de Ti compartilhado por todas elas. Um fragmento local dessa estrutura é mostrado na Figura 3.43; ela mostra que há seis íons O^{2-} ao redor do íon central Ti^{4+}, de forma que o número de coordenação do Ti na perovskita é 6. Uma maneira alternativa de se ver a estrutura da perovskita é considerar octaedros BO_6 compartilhando todos os vértices nas três direções ortogonais com os cátions A nos centros dos cubos assim formados (Fig. 3.42c).

Teste sua compreensão 3.10 Qual é o ambiente de coordenação dos sítios ocupados pelo O^{2-} no $CaTiO_3$?

O espinélio propriamente dito é o $MgAl_2O_4$, e os óxidos espinélios têm, em geral, a fórmula AB_2O_4. A **estrutura do espinélio** consiste em um arranjo ecc de íons O^{2-}, no qual os cátions A ocupam um oitavo das cavidades tetraédricas e os cátions B ocupam metade das cavidades octaédricas (Fig. 3.44). As fórmulas dos espinélios são algumas vezes escritas como $A[B_2]O_4$, com o colchete identificando o tipo de cátion que ocupa as cavidades octaédricas (normalmente o cátion menor ou o de carga mais alta dentre os íons A e B). Assim, por exemplo, o $ZnAl_2O_4$ pode ser escrito como $Zn[Al_2]O_4$ para indicar que todos os cátions Al^{3+} ocupam sítios octaédricos. Como exemplos de compostos que possuem a estrutura de espinélio temos muitos óxidos ternários com estequiometria AB_2O_4 que contêm metais da série 3d, como $NiCr_2O_4$ e $ZnFe_2O_4$ e alguns óxidos binários simples do bloco d, como Fe_3O_4, Co_3O_4 e Mn_3O_4; observe que, nessas estruturas, A e B são o mesmo elemento mas com estados de oxidação diferentes, como no $Mn^{2+}[Mn^{3+}]_2O_4$. Há também uma variedade de composição chamada de **espinélio invertido**, na qual a distribuição dos cátions é $B[AB]O_4$ e na qual o cátion mais abundante está distribuído em ambos os sítios tetraédricos e octaédricos. Os espinélios e espinélios invertidos serão discutidos novamente nas Seções 20.1 e 24.8.

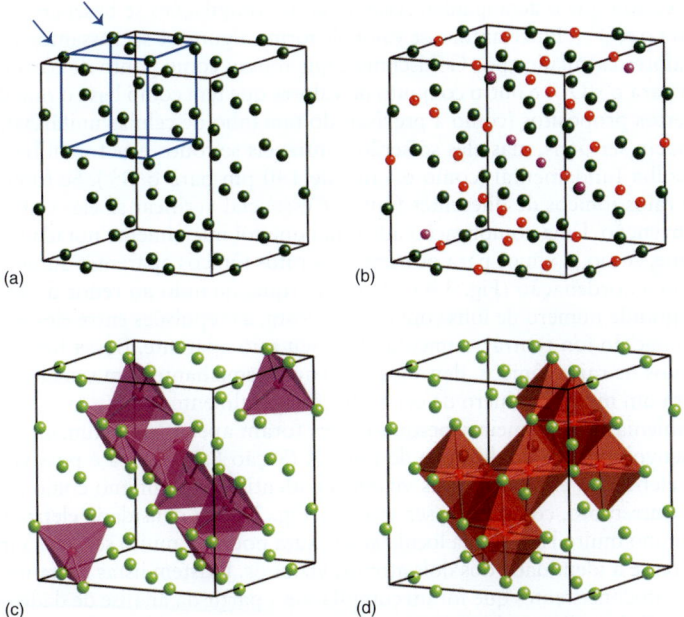

Figura 3.44 A estrutura do espinélio AB_2O_4: (a) arranjo de empacotamento compacto dos ânions (O^{2-}) na célula unitária completa (as camadas de empacotamento compacto estão indicadas por setas); a célula unitária menor e mais simples ecc está indicada em azul; (b) o arranjo de cátions e ânions na célula unitária completa, com os cátions A representados em magenta e os cátions B, em vermelho; (c)* e (d) evidenciam a coordenação poliédrica de A (tetraédrica) e de B (octaédrica) pelos íons óxido para os sítios ocupados pelos cátions e totalmente imersos no interior da célula unitária.

EXEMPLO 3.11 Prevendo possíveis fases ternárias

Quais óxidos ternários contendo os cátions Ti^{4+}, Zn^{2+}, In^{3+} e Pb^{2+} são possíveis de serem sintetizados com a estrutura da perovskita ou do espinélio? Use os raios iônicos dados no Apêndice 1.

Resposta Para cada um dos possíveis pares de cátions, precisamos considerar se os tamanhos dos íons permitem a ocorrência das duas estruturas. Começando com Zn^{2+} e Ti^{4+}, podemos prever que $ZnTiO_3$ não existe como perovskita uma vez que o íon Zn^{2+} é muito pequeno para um sítio do tipo A com B sendo Ti^{4+}; da mesma forma, o $PbIn_2O_4$ não adota a estrutura de espinélio uma vez que o cátion Pb^{2+} é muito grande para os sítios tetraédricos. Concluímos, então, que as estruturas permitidas são $PbTiO_3$ (perovskita), $TiZn_2O_4$ (espinélio) e $ZnIn_2O_4$ (espinélio).

Teste sua compreensão 3.11 Quais composições de óxidos do tipo perovskita podem ser obtidas incluindo-se o La^{3+} nessa lista de cátions?

3.10 Justificativas para a existência das estruturas

As estabilidades termodinâmicas e as estruturas dos sólidos iônicos podem ser tratadas de forma muito simples usando-se o modelo iônico, em que os íons são tratados como esferas rígidas e carregadas. Entretanto, o modelo de um sólido em termos de esferas carregadas interagindo eletrostaticamente é muito rudimentar, e devemos esperar desvios significativos das previsões, uma vez que muitos sólidos envolvem alguma ligação covalente. Mesmo aqueles sólidos iônicos "convencionais", como os haletos de metais alcalinos, possuem algum caráter covalente. Todavia, o modelo iônico fornece um esquema atrativamente simples e efetivo para explicar muitas propriedades.

(a) Raios iônicos

Ponto principal: O tamanho dos íons, ou seja, os raios iônicos, geralmente aumenta ao descermos em um grupo, diminui ao longo de um período, aumenta com o número de coordenação e diminui com o aumento do número de carga.

Uma dificuldade com a qual nos confrontamos desde o começo é o significado do termo "raio iônico". Como foi salientado na Seção 1.7, é necessário estabelecer o ponto de separação internuclear entre dois íons vizinhos mais próximos de espécies diferentes (por exemplo, um íon Na^+ e um íon Cl^- em contato). A maneira mais simples de resolver o problema é presumir o raio de um íon e, então, usar esse valor para calcular um conjunto de valores autoconsistentes para todos os outros íons. O íon O^{2-} tem a vantagem de ser encontrado em combinação com uma grande variedade de elementos. Ele também é relativamente pouco polarizável, de forma que o seu tamanho não varia muito quando

3 As estruturas dos sólidos simples

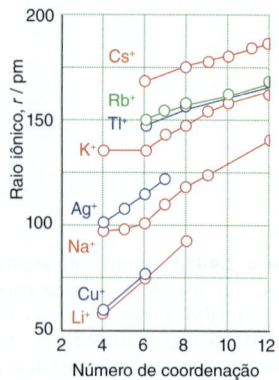

Figura 3.45 Variação do raio iônico com o número de coordenação.

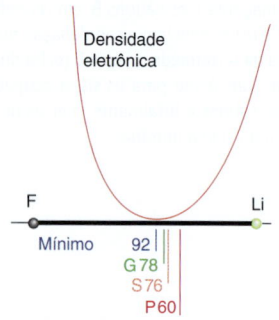

Figura 3.46 A variação na densidade eletrônica ao longo do eixo Li-F no LiF. O ponto P indica os raios de Pauling dos dois íons; G, os raios originais de Goldschmidt (1927); S, os raios de Shannon (Apêndice 1). Os números ao lado das letras são os raios do Li⁺ em pm.

se altera o cátion que o acompanha. Assim, várias compilações se baseiam no valor de 140 pm para o $r(O^{2-})$. Entretanto, esse valor, de forma alguma, é sacrossanto: há um conjunto de valores calculados por Goldschmidt que tomou como ponto de partida o valor de 132 pm para o $r(O^{2-})$ e outro conjunto de valores que tem como base o raio do íon F⁻.

Para certos propósitos (como a previsão do tamanho de células unitárias), os raios iônicos podem ser úteis, mas eles só serão confiáveis se todos eles forem baseados na mesma escolha fundamental (como o valor de 140 pm para o O^{2-}). Se forem usados valores de raios iônicos de diferentes fontes, é essencial verificar se eles se baseiam na mesma convenção. Uma complicação adicional que foi inicialmente notada por Goldschmidt é que, como já vimos para os metais, os raios iônicos aparentes aumentam com o número de coordenação (Fig. 3.45). Isso é porque, quando ao redor do íon central existir um grande número de íons com carga oposta, as repulsões entre eles irão afastá-los para longe do íon central, aumentando o seu raio aparente. Dessa forma, quando compararmos os raios iônicos, devemos comparar semelhante com semelhante e usar valores para um mesmo número de coordenação (geralmente 6).

Os problemas dos primeiros pesquisadores foram apenas parcialmente resolvidos com o desenvolvimento da difração de raios X (Seção 8.1). Agora é possível medir a densidade eletrônica entre dois íons vizinhos e identificar o mínimo como a fronteira entre eles. Entretanto, como pode ser visto na Fig. 3.46, a densidade eletrônica passa por um mínimo muito largo e sua localização exata pode ser muito sensível a incertezas experimentais e à identidade dos dois átomos vizinhos. Existem listas bastante extensas de valores autoconsistentes que foram compilados a partir da análise de dados de difração de raios X de milhares de compostos, particularmente óxidos e fluoretos, e alguns são apresentados na Tabela 1.4 e no Apêndice 1.

As tendências gerais para os raios iônicos são as mesmas que para os raios atômicos. Assim:

- Os raios iônicos aumentam as se descer em um grupo. (A contração dos lantanídeos, discutida na Seção 1.7, restringe o aumento entre os íons metálicos mais pesados das séries 4d e 5d.)
- Os raios dos íons de mesma carga decrescem ao longo de um período.
- Se um elemento pode formar cátions com diferentes números de carga, então, para um dado número de coordenação, seu raio iônico decresce com o aumento do número de carga.
- Uma vez que uma carga positiva indica um número reduzido de elétrons e, consequentemente, uma atração nuclear mais dominante, os cátions são menores do que os ânions para elementos com números atômicos similares.
- Quando um íon pode ocorrer em ambientes com números de coordenação diferentes, o seu raio, medido considerando-se as distâncias médias aos vizinhos mais próximos, aumenta à medida que o número de coordenação aumenta. Esse aumento reflete o fato de que as repulsões entre os íons vizinhos diminuem quando eles se afastam, deixando mais espaço para o íon central.

(b) A razão dos raios

Ponto principal: A razão entre os raios indica os números de coordenação prováveis dos íons em um composto binário.

Um parâmetro bastante comum na literatura de química inorgânica, particularmente em textos introdutórios, é o valor de γ (gama), a "**razão dos raios**" dos íons. Esta é a razão entre o raio do íon menor ($r_{pequeno}$) pelo raio do íon maior (r_{grande}):

$$\gamma = \frac{r_{pequeno}}{r_{grande}} \qquad (3.1)$$

Na maioria dos casos, $r_{pequeno}$ é o raio do cátion e r_{grande} é o raio do ânion. A razão mínima entre os raios que permite um dado número de coordenação é então calculada considerando-se o problema geométrico do empacotamento de esferas de tamanhos diferentes (Tabela 3.6). Pergunta-se, então, se a razão dos raios está abaixo do mínimo e, se for o caso, os íons de carga oposta não estarão em contato e os íons de mesma carga irão se tocar. De acordo com a simples consideração eletrostática, um número de coordenação menor torna-se, então, mais favorável, uma vez que o contato entre os íons de cargas opostas é restabelecido. Outra maneira de considerar esse argumento é que à medida que o raio do íon M⁺ aumenta, mais ânions poderão se posicionar ao seu redor, acarretando um maior número de interações coulombianas favoráveis. Note que esse argumento eletrostático simples

Tabela 3.6 Correlação entre o tipo de estrutura e a razão dos raios

Razão dos raios (γ)	NC para as estequiometrias 1:1 e 1:2*	Tipo de estrutura para compostos binários do tipo AB	Tipo de estrutura para compostos binários do tipo AB$_2$
1	12	Desconhecida	Desconhecida
0,732 a 1	8:8 e 8:4	CsCl	CaF$_2$
0,414 a 0,732	6:6 e 6:3	NaCl (ecc), NiAs (ech)	TiO$_2$
0,225 a 0,414	4:4	ZnS (ecc e ech)	

* NC = número de coordenação.

considera apenas as interações entre os vizinhos mais próximos, e um modelo de previsão melhor para o empacotamento dos íons requer cálculos mais detalhados, levando-se em consideração o arranjo completo dos íons; isso será feito na Seção 3.12.

Podemos usar nossos cálculos anteriores para o tamanho das cavidades (Exemplo 3.4) para colocar estas ideias em bases sólidas. Um cátion de raio igual ou menor do que $0,225r$ irá se encaixar em uma cavidade tetraédrica (se o raio for menor do que $0,225r$, ele ficará solto na cavidade). Note que $0,225r$ é o tamanho do maior cátion que poderá ocupar a cavidade tetraédrica, e os cátions com raio entre $0,225r$ e $0,414r$ irão afastar ligeiramente os ânions. Portanto, um cátion com raio entre $0,225r$ e $0,414r$ só poderá ocupar uma cavidade tetraédrica em um arranjo de empacotamento compacto ligeiramente expandido formado por um conjunto de ânions de raio r, mas mesmo com essa pequena expansão dos ânions esse é o arranjo mais favorável energeticamente. Entretanto, quando o cátion atingir um raio de $0,414r$, os ânions estarão tão afastados que a coordenação octaédrica será possível e a mais favorável. Esse continuará a ser o arranjo mais favorável até que se torne possível o posicionamento de oito ânions ao redor do cátion, o que ocorrerá quando o raio atingir $0,732r$. Em resumo, o número de coordenação não pode aumentar para 6, tendo um bom contato entre cátions e ânions, até que o raio seja maior do que $0,414r$, e a coordenação 6 será o arranjo preferido para $0,414 < \gamma < 0,732$. Argumentos semelhantes podem ser aplicados para as cavidades tetraédricas, que podem ser ocupadas por íons menores com tamanhos entre $0,225r$ e $0,414r$.

Esses conceitos de empacotamento de íons baseados na razão dos raios podem ser frequentemente usados para prever qual a estrutura mais favorável para qualquer escolha de um par formado por um cátion e um ânion (Tabela 3.6). Na prática, a razão dos raios é mais confiável quando o número de coordenação do cátion for igual a 8 e menos confiável para cátions com números coordenação 4 ou 6, pois a ligação covalente direcional torna-se mais importante para esses baixos números de coordenação. Os efeitos de polarização também são importantes para os íons grandes. Esses fatores, que dependem da eletronegatividade e da polarizabilidade dos íons, são considerados mais detalhadamente na Seção 3.10c.

Uma breve ilustração Para prever a estrutura cristalina do TlCl, notamos que os raios iônicos são $r(Tl^+)$ = 159 pm e $r(Cl^-)$ = 181 pm, sendo $\gamma = 0,88$. Podemos, então, prever que o TlCl provavelmente adota a estrutura do cloreto de césio, com coordenação 8:8, e essa é a estrutura observada de fato.

EXEMPLO 3.12 Prevendo estruturas

Preveja as estruturas dos compostos iônicos RbI, BeO e PbF$_2$ usando as regras da razão dos raios e os raios iônicos para a coordenação seis do Apêndice 1.

Resposta Para cada composto, precisamos calcular a razão dos raios, γ, e, depois, usar a Tabela 3.6 para selecionar o tipo de estrutura mais provável. Para o RbI, os raios iônicos são Rb$^+$ = 148 pm e I$^-$ = 220 pm, de forma que $\gamma = 0,672$. Esse valor se encaixa na faixa 0,414-0,732, de forma que podemos prever uma coordenação 6:6 e a estrutura do sal-gema (NiAs é uma possibilidade pelas considerações de empacotamento, mas tal estrutura é normalmente encontrada apenas quando existe um grau de covalência na ligação). Cálculos similares para o BeO e o PbF$_2$ fornecem $\gamma = 0,321$ e $\gamma = 0,894$, respectivamente. Para o BeO pode ser prevista uma estrutura com números de coordenação 4:4 (na prática ele adota a estrutura do sulfeto de zinco (wurtzita) com coordenação 4:4). Para o PbF$_2$, como um composto AB$_2$, pode ser prevista a estrutura da fluorita (coordenação 8:8) e, novamente, existe uma forma desse composto que adota tal tipo de estrutura.

Teste sua compreensão 3.12 Preveja as estruturas do CaO e do BkO$_2$ (Bk = berquélio, um actinídeo) usando as regras de razão dos raios e os raios iônicos para a coordenação seis do Apêndice 1.

Os raios iônicos usados nesses cálculos são aqueles obtidos considerando-se as estruturas submetidas a condições normais. Em altas pressões, estruturas diferentes podem ser preferidas, especialmente aquelas com números de coordenação mais altos e maior densidade. Assim, em alta pressão, muitos compostos simples modificam-se entre estruturas com coordenação 4:4, 6:6 e 8:8. Dentre os exemplos desse comportamento temos diversos dos haletos dos metais alcalinos mais leves, os quais, sob uma pressão de 5 kbar (para os haletos de rubídio) ou de 10 a 20 kbar (para os haletos de sódio e potássio), mudam da estrutura do sal-gema, com coordenação 6:6, para a estrutura do cloreto de césio, com coordenação 8:8. A capacidade de prever as estruturas dos compostos sob pressão é importante, por exemplo, em geoquímica, para compreender o comportamento dos compostos iônicos em tais condições. O óxido de cálcio, por exemplo, é previsto se transformar da estrutura do sal-gema para a estrutura do cloreto de césio a, aproximadamente, 600 kbar, a pressão da parte inferior do manto terrestre.

Argumentos semelhantes, envolvendo os raios iônicos relativos de cátions e ânions e seus números de coordenação preferidos (isto é, a preferência por geometrias octaédrica, tetraédrica ou cúbica), podem ser aplicados por toda a química de estado sólido estrutural e ajudam a prever que íons poderão ser incorporados em um determinado tipo de estrutura. Para estequiometrias mais complexas, como nos compostos ternários com estruturas do tipo perovskita e espinélio, a habilidade de prever que combinações de cátions e ânions irá fornecer um tipo de estrutura específica tem-se mostrado muito útil. Um exemplo é o caso dos cupratos supercondutores de alta temperatura (Seção 24.8), em que a obtenção de uma determinada estrutura, como o Cu^{2+} em coordenação octaédrica com o oxigênio, pode ser prevista usando-se considerações relacionadas com os raios iônicos.

(c) Mapas de estruturas

Ponto principal: Um mapa de estruturas é uma representação da variação da estrutura cristalina com o caráter da ligação.

O uso das regras da razão dos raios não é totalmente confiável (elas preveem apenas a estrutura experimental de, aproximadamente, 50% dos compostos). Entretanto, é possível ter um entendimento da escolha das estruturas coletando-se, empiricamente, informações suficientes que permitam a identificação de padrões. Essa abordagem tem motivado a elaboração dos **mapas de estruturas**. Um exemplo de mapa de estrutura é o mapa elaborado empiricamente e que descreve a dependência da estrutura cristalina em função da diferença de eletronegatividade dos elementos presentes e do número quântico principal médio das camadas de valência dos dois átomos. Tal mapa de estruturas pode ser considerado como uma extensão das ideias introduzidas no Capítulo 2 em relação ao triângulo de Ketelaar. Como já vimos, sais iônicos binários são formados quando temos grandes diferenças de eletronegatividade, $\Delta\chi$, mas, à medida que essa diferença é reduzida, a preferência passa à formação de sais iônicos polarizados e redes covalentemente ligadas. Agora, podemos focar nessa região do triângulo e explorar como pequenas variações de eletronegatividade e polarizabilidade afetam a escolha do arranjo dos íons, de forma complementar às considerações dos raios iônicos.

O caráter iônico de uma ligação aumenta com $\Delta\chi$, de forma que, ao caminharmos da esquerda para a direita ao longo do eixo horizontal de um mapa de estruturas, isso corresponde a aumentar o caráter iônico da ligação. O número quântico principal é uma indicação do raio de um íon; assim, caminhar para cima no eixo vertical corresponde a um aumento no raio médio dos íons. Uma vez que os níveis de energia dos átomos tornam-se mais próximos à medida que ele se expande, a sua polarizabilidade também aumenta (Seção 1.7e). Consequentemente, o eixo vertical do mapa de estruturas corresponde a um aumento do tamanho e da polarizabilidade dos átomos ligados. A Figura 3.47 é um exemplo de um mapa de estruturas para os compostos MX. Podemos ver que as estruturas que discutimos para os compostos MX se localizam em regiões diferentes no mapa. Elementos com $\Delta\chi$ grande têm coordenação 6:6, como a estrutura do sal-gema; elementos com $\Delta\chi$ pequeno (e consequentemente para os quais se espera alguma covalência) têm um número de coordenação menor. Em termos do posicionamento no mapa de estruturas, o GaN encontra-se em uma região mais covalente da Fig. 3.47 do que o ZnO, porque o $\Delta\chi$ do primeiro é bem menor.

> *Uma breve ilustração* Para prever o tipo de estrutura cristalina esperado para o sulfeto de magnésio, MgS, devemos notar que as eletronegatividades do magnésio e do enxofre são 1,3 e 2,6, respectivamente, de modo que $\Delta\chi = 1,3$. A média dos números quânticos principais é igual a 3 (ambos os elementos são do terceiro período). A posição $\Delta\chi = 1,3$, $n = 3$ encontra-se dentro da região para número de coordenação 6 do mapa de estruturas da Fig. 3.47. Essa localização é compatível com a estrutura de sal-gema observada para o MgS.

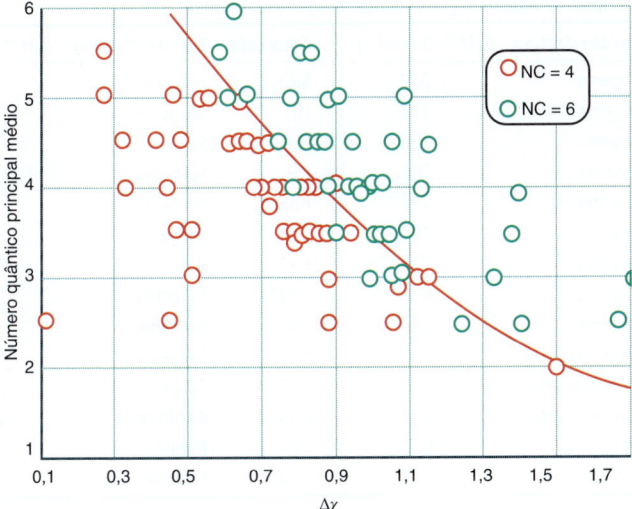

Figura 3.47 Mapa de estruturas para compostos de fórmula MX. A posição de um composto no mapa é definida pela diferença de eletronegatividade entre M e X ($\Delta\chi$) e a média dos seus números quânticos principais n. O seu local no mapa indica o número de coordenação esperado com base nesse par de propriedades. (Adaptado de E. Mooser e W.B. Pearson, *Acta Crystallogr.*, 1959, **12**, 1015.)

A energética da ligação iônica

Um composto tende a adotar a estrutura cristalina que corresponde à menor energia de Gibbs. Desse modo, se para o processo

$$M^+(g) + X^-(g) \rightarrow MX(s)$$

a variação da energia padrão de Gibbs da reação, $\Delta_r G^\ominus$, for mais negativa para a formação da estrutura A do que para B, então a transição de B para A é espontânea nas condições normais, e podemos esperar que o sólido se forme com a estrutura A.

O processo de formação de um sólido a partir de íons gasosos é tão exotérmico que, na temperatura ambiente ou próxima dela, a contribuição da entropia para a variação da energia de Gibbs (considerando $\Delta G^\ominus = \Delta H^\ominus - T\Delta S^\ominus$) pode ser desprezada; esta aproximação é rigorosamente verdadeira a $T = 0$. Consequentemente, as discussões das propriedades termodinâmicas dos sólidos concentram-se, pelo menos a princípio, nas variações de entalpia. Assim, buscamos a estrutura cuja formação é mais exotérmica e a identificamos como a forma termodinâmica mais estável. A Tabela 3.7 apresenta a entalpia de rede para vários compostos iônicos simples, permitindo que se tenha uma visão dos seus valores típicos.

3.11 Entalpia de rede e o ciclo de Born-Haber

Pontos principais: As entalpias de rede são determinadas a partir dos dados de entalpia, usando-se um ciclo de Born-Haber; a estrutura cristalina mais estável de um composto é, geralmente, a estrutura com a maior entalpia de rede nas condições normais.

A **entalpia de rede**, $\Delta_R H^\ominus$, é a variação da entalpia molar padrão que ocorre quando da formação dos íons gasosos a partir do sólido:

$$MX(s) \rightarrow M^+(g) + X^-(g) \qquad \Delta_R H^\ominus$$

> *Um comentário útil* A definição de entalpia de rede como um termo endotérmico (positivo) correspondente à quebra da rede está correta, mas é contrária a muitos textos didáticos, em que ela é definida em relação à formação da rede (e listada como uma quantidade negativa).

> *Um comentário útil* Os termos "entalpia de rede" e "energia de rede" são comumente usados de forma indiscriminada, embora as variações nas funções termodinâmicas que definem essas quantidades nas condições padrão (como o trabalho, $P\Delta V$, envolvido na formação dos íons gasosos) difiram em uns poucos kJ mol^{-1}. Essa diferença é, no entanto, desprezível quando comparada com os erros experimentais ou teóricos dos valores determinados, o que torna aceitável o emprego dos dois termos.

Tabela 3.7 Entalpias de rede de alguns sólidos inorgânicos simples

Composto	Tipo de estrutura	$\Delta_R H^{exp}$/(kJ mol^{-1})	Composto	Tipo de estrutura	$\Delta_R H^{exp}$/(kJ mol^{-1})
LiF	Sal-gema	1 030	SrCl$_2$	Fluorita	2 125
LiI	Sal-gema	757	LiH	Sal-gema	858
NaF	Sal-gema	923	NaH	Sal-gema	782
NaCl	Sal-gema	786	KH	Sal-gema	699
NaBr	Sal-gema	747	RbH	Sal-gema	674
NaI	Sal-gema	704	CsH	Sal-gema	648
KCl	Sal-gema	719	BeO	Wurtzita	4 293
KI	Sal-gema	659	MgO	Sal-gema	3 795
CsF	Sal-gema	744	CaO	Sal-gema	3 414
CsCl	Cloreto de césio	657	SrO	Sal-gema	3 217
CsBr	Cloreto de césio	632	BaO	Sal-gema	3 029
CsI	Cloreto de césio	600	Li$_2$O	Antifluorita	2 799
MgF$_2$	Rutílio	2 922	TiO$_2$	Rutílio	12 150
CaF$_2$	Fluorita	2 597	CeO$_2$	Fluorita	9 627

Uma vez que a quebra da rede é sempre endotérmica, as entalpias de rede são sempre positivas, e seus sinais positivos normalmente são omitidos dos seus valores numéricos. Como já comentado anteriormente, se as considerações de entropia forem desprezadas, a estrutura cristalina mais estável para o composto será aquela com a maior entalpia de rede nas condições normais.

As entalpias de rede são determinadas a partir de dados empíricos de entalpia, utilizando-se um **ciclo de Born-Haber**, uma sequência de etapas em um caminho fechado e que inclui a formação da rede como uma das etapas, tal como mostrado na Fig. 3.48. A entalpia padrão de decomposição de um composto em seus elementos nos seus estados de referência (suas formas mais estáveis nas condições normais) é o valor negativo da sua entalpia padrão de formação, $\Delta_f H^\ominus$:

$$M(s) + X(s, l, g) \rightarrow MX(s) \qquad \Delta_f H^\ominus$$

Da mesma forma, a entalpia padrão de formação da rede a partir dos íons gasosos é o valor negativo da entalpia de rede, como especificado acima. Para um elemento sólido, a entalpia padrão de atomização, $\Delta_{atom} H^\ominus$, é a entalpia padrão de sublimação como no processo

$$M(s) \rightarrow M(g) \qquad \Delta_{atom} H^\ominus$$

Para um elemento gasoso, a entalpia padrão de atomização é a entalpia padrão de dissociação, $\Delta_{dis} H^\ominus$, como em

$$X_2(g) \rightarrow 2X(g) \qquad \Delta_{dis} H^\ominus$$

A entalpia padrão para a formação dos íons a partir dos seus átomos neutros é a entalpia de ionização (no caso da formação dos cátions, $\Delta_{ion} H^\ominus$) e a entalpia de ganho de elétron (no caso dos ânions, $\Delta_{ge} H^\ominus$):

$$M(g) \rightarrow M^+(g) + e^-(g) \qquad \Delta_{ion} H^\ominus$$
$$X(g) + e^-(g) \rightarrow X^-(g) \qquad \Delta_{ge} H^\ominus$$

O valor da entalpia de rede – a única incógnita em um ciclo bem escolhido – é determinado considerando-se que a soma das variações de entalpia em um ciclo fechado é zero (pois a entalpia é uma propriedade de estado)[4]. O valor da entalpia de rede obtido a partir de um ciclo de Born-Haber depende da precisão combinada de todas as medidas consideradas e, como consequência, o resultado pode apresentar uma variação significativa, tipicamente de ±10 kJ mol^{-1}, nos valores tabelados.

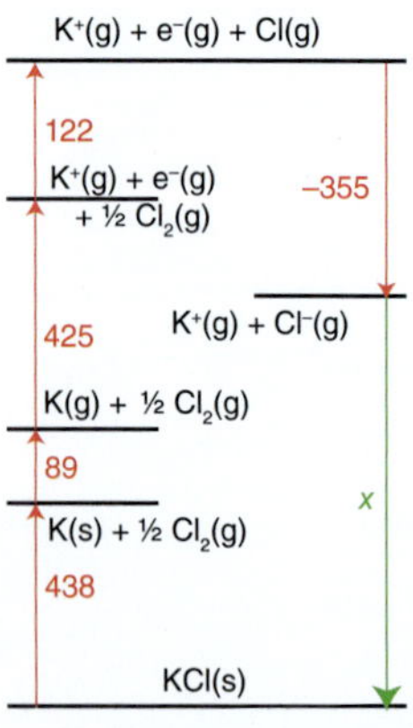

```
K+(g) + e-(g) + Cl(g)
        ↑
       122
   K+(g) + e-(g)          -355
    + ½ Cl2(g)              ↓
        ↑              K+(g) + Cl-(g)
       425
            K(g) + ½ Cl2(g)
        ↑
        89
            K(s) + ½ Cl2(g)
        ↑                     x
       438
                KCl(s)
```

Figura 3.48 O ciclo de Born-Haber para o KCl. A entalpia de rede é igual a −x. Todos os valores numéricos estão em kJ mol^{-1}.

---

[4]Note que quando a entalpia de rede é obtida a partir de cálculos (Seção 3.12), pode-se utilizar um ciclo de Born-Haber para determinar o valor de outra quantidade difícil de ser obtida, a entalpia de ganho de elétron (e, consequentemente, a afinidade eletrônica).

EXEMPLO 3.13 Usando um ciclo de Born-Haber para determinar uma entalpia de rede

Calcule a entalpia de rede do KCl(s) usando um ciclo de Born-Haber e as informações apresentadas na tabela seguinte.

	$\Delta H^\ominus/(kJ\ mol^{-1})$
Sublimação do K(s)	+89
Ionização do K(g)	+425
Dissociação do Cl$_2$(g)	+244
Ganho de elétron pelo Cl(g)	−355
Formação do KCl(s)	−438

Resposta A Fig. 3.48 mostra o ciclo envolvido. A soma das variações de entalpia para o ciclo completo é zero, assim

$\Delta_R H^\ominus = 438+425+89+244/2-355=719$ kJ mol^{-1}

Note que os cálculos tornam-se mais óbvios quando fazemos um diagrama dos níveis de energia mostrando os sinais das várias etapas do ciclo; todas as entalpias de rede são positivas. Note também que como é necessário apenas um átomo de cloro, proveniente do Cl$_2$(g), para formar o KCl, usa-se no cálculo apenas metade da energia de dissociação do Cl$_2$ ($\frac{1}{2} \times 244$ kJ mol^{-1}).

Teste sua compreensão 3.13 Calcule a entalpia de rede do brometo de magnésio a partir dos dados mostrados na tabela seguinte.

	$\Delta H^\ominus/(kJ\ mol^{-1})$
Sublimação do Mg(s)	+148
Ionização do Mg(g)	+2187 em Mg^{2+}(g)
Vaporização do Br$_2$(l)	+31
Dissociação do Br$_2$(g)	+193
Ganho de elétron pelo Br(g)	−331
Formação do MgBr$_2$(s)	−524

3.12 Cálculo teórico das entalpias de rede

Uma vez que o valor experimental da entalpia de rede seja conhecido, ele pode ser usado para avaliar o caráter da ligação no sólido. Se o valor teórico calculado, considerando-se que a rede consiste em íons interagindo eletrostaticamente, estiver em boa concordância com o valor medido, então será apropriado considerar um modelo predominantemente iônico para o composto. Uma discrepância indica a existência de um certo grau de covalência. Como mencionado anteriormente, é importante lembrar que coincidências numéricas podem ser enganosas nessas atribuições.

(a) A equação de Born-Mayer

Pontos principais: A equação de Born-Mayer é usada para estimar a entalpia de rede para uma rede iônica. A constante de Madelung reflete o efeito da geometria da rede na força da interação coulombiana global.

Para calcular a entalpia de rede de um sólido supostamente iônico, necessitamos levar em consideração várias contribuições, como as atrações e repulsões coulombianas entre os íons e as interações que ocorrem quando as densidades eletrônicas dos íons sofrem sobreposição. Este cálculo nos leva à **equação de Born-Mayer** para a entalpia da rede, a $T = 0$:

$$\Delta_R H^\ominus = -\frac{N_A |z_A z_B| e^2}{4\pi\varepsilon_0 d}\left(1 - \frac{d^*}{d}\right) A \tag{3.2}$$

onde $d = r_1 + r_2$ é a distância entre os centros de cátions e ânions vizinhos e, portanto, uma medida da "escala" da célula unitária (para a dedução da equação veja *Informação suplementar*). Nessa expressão, N_A é a constante de Avogadro, z_A e z_B são os números de carga dos cátions e ânions, e é a carga fundamental, ε_0 é a permissividade

Tabela 3.8 Constantes de Madelung

Tipo de estrutura	A
cloreto de césio	1,763
fluorita	2,519
sal-gema	1,748
rutílio	2,408
esfalerita	1,638
wurtzita	1,641

do vácuo e d^* é uma constante (com valor típico de 34,5 pm) usada para representar a repulsão entre íons a pequenas distâncias. A quantidade A é chamada de **constante de Madelung** e depende da estrutura (especificamente da distribuição relativa dos íons, Tabela 3.8); ver Quadro 3.5. A equação de Born-Mayer fornece, de fato, a energia da rede, que é diferente da entalpia de rede, mas as duas são idênticas quando $T = 0$ e, na prática, a diferença pode ser ignorada para as temperaturas normais.

> *Uma breve ilustração* Para estimar a entalpia de rede do cloreto de sódio, usamos $z(Na^+) = +1$, $z(Cl^-) = -1$, $A = 1,748$ (da Tabela 3.8) e $d = r_{Na^+} + r_{Cl^-} = 283$ pm (da Tabela 1.4); logo (usando as constantes fundamentais da parte interna da capa deste livro e assegurando que as unidades de d sejam adequadas para cada parte da equação):
>
> $$\Delta_R H^\ominus = \frac{(6,022 \times 10^{23}\,mol^{-1}) \times |(+1) \times (-1)| \times (1,602 \times 10^{-19}\,C)^2}{4\pi \times (8,854 \times 10^{-12}\,J^{-1}C^2m^{-1}) \times (2,83 \times 10^{-10}\,m)} \times \left(1 - \frac{34,5\,pm}{283\,pm}\right) \times 1,748$$
>
> $$= 7,56 \times 10^5\,J\,mol^{-1}$$
>
> ou 756 kJ mol^{-1}. Esse valor se aproxima razoavelmente do valor experimental de 788 kJ mol^{-1}, obtido pelo ciclo de Born-Haber.

A forma da equação de Born-Mayer para o cálculo das entalpias de rede nos permite considerar o efeito das cargas e dos raios dos íons no sólido. Assim, a parte principal dessa equação é

$$\Delta_R H^\ominus \propto \frac{|z_A z_B|}{d}$$

Portanto, um valor grande de d resulta em uma baixa entalpia de rede, enquanto que cargas iônicas elevadas resultam em uma alta entalpia de rede. Essa dependência é vista em alguns dos valores dados na Tabela 3.7. Para os haletos dos metais alcalinos,

---

QUADRO 3.5 A constante de Madelung

O cálculo da energia coulombiana total de um cristal envolve a soma de todos os termos individuais de potencial coulombiano na forma

$$V_{AB} = \frac{(z_A e) \times (z_B e)}{4\pi\varepsilon_0 r_{AB}}$$

para os íons de número de carga z_A e z_B (assegurando que as cargas nos cátions e ânions estejam com os sinais corretos) separados por uma distância r_{AB}. Esse somatório pode ser feito para qualquer arranjo de íons ou tipo de estrutura, mas, na prática, ele converge muito lentamente. Isso ocorre porque enquanto r_{AB} aumenta (levando a uma diminuição na contribuição de V_{AB}), o número de pares de íons em distâncias maiores no cristal também aumenta; note também que cada "camada" consecutiva de íons ao redor de um ponto central tem carga oposta uma em relação à outra e, assim, elas se alternam entre contribuições positivas e negativas para o valor de V_{AB}.

O cálculo da constante de Madelung pode ser ilustrado (ver Fig. Q3.4) considerando-se uma linha unidimensional uniformemente espaçada de cátions e ânions alternados. As duas interações equivalentes à menor distância contribuem com uma energia potencial coulombiana proporcional a $\frac{-2z^2}{d}$, o segundo par com $\frac{+2z^2}{2d}$ e, assim por diante, levando a

$$\frac{4\pi\varepsilon_0 V}{e^2} = -\frac{2z^2}{d} + \frac{2z^2}{2d} - \frac{2z^2}{3d} + \frac{2z^2}{4d} - \frac{2z^2}{5d} = \frac{-2z^2}{d}\left(1 - \frac{1}{2} + \frac{1}{3} - \frac{1}{4} + \frac{1}{5}\cdots\right)$$

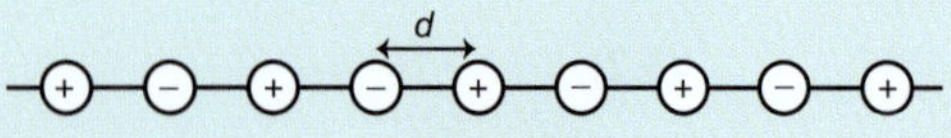

Figura Q3.4

Pode-se mostrar que essa série que converge lentamente é igual a ln 2, de forma que para o caso geral de uma linha de íons com cargas alternadas iguais a z e separados por uma distância d,

$$V = \frac{e^2}{4\pi\varepsilon_0} \times \frac{z^2}{d} \times 2\ln 2$$

Assim, 2ln 2 = 1,386 é a constante de Madelung para esse arranjo de íons. Cálculos semelhantes podem ser realizados para todos os tipos de estruturas e fornecem os valores apresentados na Tabela 3.8. A base para o cálculo relativo à estrutura do tipo sal-gema pode ser vista na Fig. Q3.5, em que a série tem os termos

$$\frac{4\pi\varepsilon_0 V}{e^2} = -\frac{6z^2}{d} + \frac{12z^2}{\sqrt{2}d} - \frac{8z^2}{\sqrt{3}d} + \frac{6z^2}{2d}\cdots$$

Figura Q3.5 Indicações para o cálculo da constante de Madelung para uma estrutura do tipo sal-gema, mostrando as camadas de íons a diferentes distâncias a partir do íon central, rotulado como 0.

derivados do fato de que há 6 ânions ao redor do íon central a uma distância d (a soma dos dois raios iônicos), 12 cátions a uma distância $\sqrt{2}d$, 8 ânions a uma distância $\sqrt{3}d$, e assim por diante. Neste caso, o somatório da série fornece o valor de 1,748, que é a constante de Madelung para a estrutura do sal-gema.

as entalpias de rede diminuem do LiF para o LiI e também do LiF para o CsF, à medida que os raios dos íons haleto e também dos íons dos metais alcalinos aumentam, respectivamente. Deve-se notar, também, que a entalpia de rede do MgO ($|z_A z_B| = 4$) é mais do que quatro vezes a do NaCl ($|z_A z_B| = 1$) devido ao aumento das cargas do íons para um valor semelhante de d e a uma mesma constante de Madelung.

De maneira geral, a constante de Madelung aumenta com o número de coordenação. Por exemplo, $A = 1,748$ para a estrutura do sal-gema de coordenação 6:6, mas $A = 1,763$ para a estrutura do cloreto de césio de coordenação 8:8 e 1,638 para a estrutura da esfalerita de coordenação 4:4. Essa dependência reflete o fato de que uma grande contribuição vem dos vizinhos mais próximos, e tais vizinhos são mais numerosos quando o número de coordenação é mais elevado. Entretanto, o alto número de coordenação da estrutura do cloreto de césio não necessariamente significa que as interações são mais fortes, pois a energia potencial também depende da escala da rede. Assim, d pode ser tão grande, em redes com íons suficientemente grandes para adotarem a coordenação oito, que a maior separação dos íons reverte o efeito do pequeno aumento da constante de Madelung, resultando em uma menor entalpia de rede. Uma manifestação de uma maior constante de Madelung para números de coordenação mais altos é a de que uma estrutura de número de coordenação alto é geralmente adotada quando as regras simples da razão dos raios (Seção 3.10b) preveem uma estrutura com número de coordenação menor. Assim, o LiI, que possui uma razão dos raios $\gamma = 0,34$, levando a uma previsão de coordenação 4:4, adota, na verdade, a estrutura do sal-gema com coordenação 6:6.

(b) Outras contribuições para as entalpias de rede

Ponto principal: As contribuições não eletrostáticas para a entalpia de rede incluem as interações de van der Waals, particularmente as interações dispersivas.

Outra contribuição para a entalpia de rede é a **interação de van der Waals** entre íons e moléculas, que são interações intermoleculares fracas responsáveis pela formação das fases condensadas de espécies eletricamente neutras. Uma contribuição desse tipo que é importante e algumas vezes dominante é a **interação dispersiva** (a "interação de London"). A interação dispersiva surge das flutuações transientes na densidade eletrônica de uma molécula (e, consequentemente, do momento de dipolo elétrico instantâneo), provocando uma flutuação na densidade eletrônica (e no momento de dipolo) de uma molécula vizinha, causando, assim, uma interação atrativa entre estes dois dipolos elétricos instantâneos. A energia potencial molar dessa interação, V, deve variar segundo a equação

$$V = -\frac{N_A C}{d^6} \qquad (3.3)$$

A constante C depende da substância. Para íons de baixa polarizabilidade, essa contribuição é de, aproximadamente, apenas 1% da contribuição eletrostática, sendo ignorada nos cálculos mais simples da entalpia de rede de sólidos iônicos. Entretanto, para íons altamente polarizáveis, como Tl^+ e I^-, esses termos podem contribuir, percentualmente, de maneira significativa. Assim, estima-se que a interação dispersiva, para compostos como LiF e CsBr, contribui com 16 kJ mol^{-1} e 50 kJ mol^{-1}, respectivamente.

3.13 Comparação entre os valores teóricos e experimentais

Pontos principais: Para os compostos formados por elementos com $\Delta\chi > 2$, o modelo iônico é geralmente válido, e os valores obtidos para a entalpia de rede usando a equação de Born-Mayer e o ciclo de Born-Haber são semelhantes. Para estruturas formadas por íons polarizáveis e com pequena diferença de eletronegatividade, podem existir contribuições não iônicas adicionais para a ligação. Os cálculos de entalpia de rede também podem ser usados para prever a estabilidade de compostos desconhecidos.

A concordância entre o valor experimental da entalpia de rede e o valor calculado usando-se o modelo iônico do sólido (na prática, a partir da equação de Born-Mayer) fornece uma medida da intensidade do caráter iônico do sólido. A Tabela 3.9 lista alguns valores calculados e medidos de entalpia de rede, junto às diferenças de eletronegatividade. O modelo iônico é razoavelmente válido se $\Delta\chi > 2$, mas a ligação torna-se cada vez mais covalente se $\Delta\chi < 2$. Entretanto, deve ser lembrado que o critério de eletronegatividade ignora o efeito da polarizabilidade dos íons. Assim, os haletos de metais alcalinos apresentam uma boa concordância com o modelo iônico, que é melhor quanto menos polarizável for o íon haleto, como o F^-, formado pelo átomo altamente

Tabela 3.9 Comparação ente os valores experimentais e teóricos das entalpias de rede para estruturas do tipo sal-gema

	$\Delta_R H^{calc}$ (kJ mol^{-1})	$\Delta_R H^{exp}$ (kJ mol^{-1})	$(\Delta_R H^{exp} - \Delta_R H^{calc})$ (kJ mol^{-1})
LiF	1029	1030	1
LiCl	834	853	19
LiBr	788	807	19
LiI	730	757	27
AgF	920	953	33
AgCl	832	903	71
AgBr	815	895	80
AgI	777	882	105

eletronegativo de F, e pior para os íons haletos altamente polarizáveis, como o I$^-$, formado pelo átomo de I de menor eletronegatividade. Essa tendência também é observada nos dados de entalpia de rede para os haletos de prata na Tabela 3.9. A discrepância entre os valores teórico e experimental é maior para o iodeto, o que indica uma maior deficiência do modelo iônico para esse composto. De forma geral, a concordância é pior para o Ag do que para o Li, uma vez que a eletronegatividade da prata ($\chi = 1,93$) é muito maior do que a do lítio ($\chi = 0,98$), sendo esperado um significativo caráter covalente na ligação com o primeiro.

Nem sempre fica claro se a eletronegatividade dos átomos ou a polarizabilidade dos íons resultantes é a que deve ser usada como critério. As maiores discordâncias com o modelo iônico são para as combinações cátion polarizável-ânion polarizável, que são substancialmente covalentes. Aqui, novamente, sendo pequena a diferença entre as eletronegatividades dos elementos originais, não é claro se o melhor critério é a eletronegatividade ou a polarizabilidade.

EXEMPLO 3.14 Usando a equação de Born-Mayer para determinar, teoricamente, a estabilidade de compostos desconhecidos

Estime se o ArCl sólido pode existir.

Resposta A resposta depende de se a entalpia de formação do ArCl é significativamente positiva ou negativa: se for positiva (endotérmica), é improvável que o composto seja estável (é claro que existem exceções). Considerando-se o ciclo de Born-Haber para a síntese do ArCl, há duas incógnitas: a entalpia de formação do ArCl e a sua entalpia de rede. Podemos estimar a entalpia de rede do ArCl puramente iônico usando a equação de Born-Mayer, assumindo que o raio do Ar$^+$ tenha um valor entre o do Na$^+$ e o do K$^+$. Assim, o valor da entalpia de rede situa-se, de alguma forma, entre os valores para o NaCl e o KCl, aproximadamente 745 kJ mol^{-1}. Para produzir 1 mol de átomos de Cl, consideramos metade da entalpia de dissociação do Cl$_2$, 122 kJ mol^{-1}, e com os valores da entalpia de ionização do Ar de 1524 kJ mol^{-1} e da afinidade eletrônica do Cl de 356 kJ mol^{1}, obtemos $\Delta_f H(\text{ArCl, s}) = 1524 - 745 - 356 + 122 \text{ kJ mol}^{-1} = +545 \text{ kJ mol}^{-1}$. Assim, prevê-se que o composto deve ser muito instável em relação aos seus elementos, principalmente porque a grande entalpia de ionização do Ar não é compensada pela entalpia de rede.

Teste sua compreensão 3.14 Preveja se o CsCl$_2$, com estrutura da fluorita, pode existir.

Cálculos como do Exemplo 3.14 foram usados para prever a estabilidade dos primeiros compostos de gases nobres. O composto iônico O$_2^+$PtF$_6^-$ foi obtido reagindo-se oxigênio com PtF$_6$. Considerações sobre as energias de ionização do O$_2$ (1176 kJ mol^{-1}) e do Xe (1169 kJ mol^{-1}) mostraram que elas eram praticamente idênticas e que os tamanhos do Xe$^+$ e O$_2^{2+}$ deveriam ser semelhantes, sugerindo entalpias de rede similares para os seus compostos. Assim, sendo conhecida a reação do O$_2$ com o hexafluoreto de platina, foi feita a previsão de que o Xe também deveria fazer o mesmo, como de fato acontece, para formar um composto iônico que se acredita conter íons XeF$^+$ e PtF$_6^-$.

Cálculos semelhantes podem ser usados para prever a estabilidade de uma grande variedade de compostos, como por exemplo os mono-haletos de alcalino-terrosos, como o MgCl. Cálculos baseados nas entalpias de rede de Born-Mayer e nos ciclos de Born-Haber mostram que compostos desse tipo não devem ser estáveis, devendo desproporcionar em Mg e MgCl$_2$. Considerando a reação

$$2\text{ MgCl(s)} \rightarrow \text{MgCl}_2\text{(s)} + \text{Mg(s)}$$

e estimando que a entalpia de rede do MgCl seja similar à do NaCl, com um valor de +786 kJ mol^{-1}, a variação da entalpia para a reação pode ser estimada como

$$\Delta_{desprop}H = +(2 \times 786)(\Delta_R H \text{ do MgCl}) - 737 \text{ (1}^{\text{a}} \text{ EI do Mg)}$$
$$+ 1451 \text{ (2}^{\text{a}} \text{ EI do Mg)} - 148(\Delta_{sub}H \text{ do Mg}) - 2526(\Delta_R H \text{ do MgCl}_2)$$
$$= -388 \text{ kJ mol}^{-1}$$

Pode-se esperar, então, que a reação ocorra no sentido dos produtos (para o lado direito). Note que cálculos desse tipo fornecem apenas uma estimativa das entalpias de formação de compostos iônicos, dando, portanto, somente uma ideia da estabilidade termodinâmica de um composto. Pode ainda ser possível isolar um composto termodinamicamente instável se a sua decomposição for muito lenta. De fato, um composto contendo Mg(I) foi relatado em 2007 (Seção 12.13), embora a ligação nesse composto seja predominantemente covalente.

3.14 A equação de Kapustinskii

Ponto principal: A equação de Kapustinskii é usada para estimar as entalpias de rede de compostos iônicos e fornecer uma medida dos raios termodinâmicos dos seus íons constituintes.

A. F. Kapustinskii observou que, se as constantes de Madelung para diferentes estruturas forem divididas pelo número de íons da fórmula unitária, N_{ion}, obtinha-se, aproximadamente, o mesmo valor para todos eles. Ele também notou que o valor assim obtido aumentava com o número de coordenação. Portanto, uma vez que o raio iônico também aumenta com o número de coordenação, a variação de $A/(N_{ion}d)$ de uma estrutura para outra deve ser muito pequena. Essa observação levou Kapustinskii a propor que existe uma estrutura de sal-gema hipotética que é energeticamente equivalente à estrutura verdadeira de qualquer sólido iônico e, portanto, a entalpia de rede pode ser calculada utilizando-se a constante de Madelung do sal-gema e os raios iônicos apropriados para a coordenação 6:6. A expressão resultante é denominada **equação de Kapustinskii**:

$$\Delta_R H^\ominus = \frac{N_{ion}|z_A z_B|}{d}\left(1 - \frac{d^*}{d}\right)\kappa \tag{3.4}$$

Nessa equação, $\kappa = 1{,}21 \times 10^5$ kJ pm mol^{-1} e d é dado em pm.

A equação de Kapustinskii pode ser utilizada para atribuir valores numéricos para os "raios" de íons moleculares não esféricos, uma vez que seus valores podem ser ajustados até que o valor calculado para a entalpia de rede corresponda àquele obtido experimentalmente a partir do ciclo de Born-Haber. Os parâmetros autoconsistentes obtidos dessa maneira são chamados de **raios termoquímicos** (Tabela 3.10). Uma vez tabelados, eles podem ser usados para estimar as entalpias de rede e, portanto, as entalpias de formação de vários compostos, sem necessidade de se conhecer as suas estruturas, assumindo-se que as ligações são essencialmente iônicas.

> **Uma breve ilustração** Para estimar a entalpia de rede do nitrato de potássio, KNO$_3$, necessitamos do número de íons por fórmula unitária (N_{ion} = 2), seus números de carga ($z(\text{K}^+) = +1, z(\text{NO}_3^-) = -1$) e a soma dos seus raios termoquímicos (138 pm + 189 pm = 327 pm). Então, com $d^* = 34{,}5$ pm,
>
> $$\Delta_R H^\ominus = \frac{2|(+1)(-1)|}{327\text{pm}} \times \left(1 - \frac{34{,}5\text{pm}}{327\text{pm}}\right) \times (1{,}21 \times 10^5)\text{kJ pm mol}^{-1}$$
> $$= 622 \text{ kJ mol}^{-1}$$

Tabela 3.10 Raios termoquímicos dos íons, r/pm

Grupo dos elementos principais					
BeF_4^{2-}	BF_4^-	CO_3^{2-}	NO_3^-	OH^-	
(245)	232	178	179	133	
		CN^-	NO_3^-	O_2^{2-}	
		191	(189)	173	
			PO_4^{3-}	SO_4^{2-}	ClO_4^-
			(238)	258	240
			AsO_4^{3-}	SeO_4^{2-}	BrO_3^-
			(248)	249	154
			SbO_4^{3-}	TeO_4^{2-}	IO_3^-
			(260)	(254)	182
Íons complexos				*Oxôanions de metais d*	
$[TiF_6]^{2-}$	$[PtCl_6]^{2-}$	$[SiF_6]^{2-}$	$[SnCl_6]^{2-}$	$[CrO_4]^{2-}$	$[MnO_4]^-$
289	313	269	326	(256)	(240)
$[TiCl_6]^{2-}$	$[PtBr_6]^{2-}$	$[GeF_6]^{2-}$	$[SnBr_6]^{2-}$	$[MoO_4]^{2-}$	
331	342	265	363	(254)	
$[ZrCl_6]^{2-}$			$[PbCl_6]^{2-}$		
358			348		

Referências: H.D.B. Jenkins e K.P. Thakur, *J. Chem. Ed.*, 1979, **56**, 576; A.F. Kapustinskii, *Q. Rev. Chem. Soc.*, 1956, **10**, 283 (valores entre parênteses).

3.15 Consequências das entalpias de rede

A equação de Born-Mayer mostra que, para um determinado tipo de rede (um dado valor de *A*), a entalpia de rede aumenta com o aumento do número de carga dos íons ($|z_A z_B|$). A entalpia de rede também aumenta à medida que os íons estejam mais próximos, e a escala da rede diminui. Energias que variam com o **parâmetro eletrostático**, ξ (xi),

$$\zeta = \frac{|z_A z_B|}{d} \tag{3.5}$$

(frequentemente escrito de forma sucinta como $\xi = z^2/d$) são bastante utilizadas em química inorgânica para indicar que o modelo iônico é apropriado. Nesta seção, consideraremos três consequências da entalpia de rede e sua relação com o parâmetro eletrostático.

(a) Estabilidade térmica dos sólidos iônicos

Ponto principal: As entalpias de rede podem ser usadas para explicar as propriedades químicas de muitos sólidos iônicos, inclusive a decomposição térmica.

Uma situação particular que consideramos aqui é a temperatura necessária para produzir a decomposição térmica dos carbonatos do Grupo II (cujos argumentos podem ser facilmente estendidos a diferentes sólidos inorgânicos):

$$MCO_3(s) \rightarrow MO(s) + CO_2(g)$$

O carbonato de magnésio, por exemplo, decompõe-se quando aquecido em torno de 300°C, enquanto que o carbonato de cálcio se decompõe somente acima de 800°C. As temperaturas de decomposição de compostos termicamente instáveis (como carbonatos) aumentam com o raio do cátion (Tabela 3.11). Em geral, cátions grandes estabilizam ânions grandes (e vice-versa).

A influência estabilizante de um cátion grande sobre um ânion instável pode ser explicada em termos das tendências nas entalpias de rede. Primeiramente, devemos notar que as temperaturas de decomposição dos compostos inorgânicos sólidos podem ser discutidas em termos das suas energias de Gibbs de decomposição para a formação

Tabela 3.11 Dados para a decomposição de carbonatos*

	MgCO$_3$	CaCO$_3$	SrCO$_3$	BaCO$_3$
$\Delta G^\ominus$/(kJ mol^{-1})	+48,3	+130,4	+183,8	+218,1
$\Delta H^\ominus$/(kJ mol^{-1})	+100,6	+178,3	+234,6	+269,3
$\Delta S^\ominus$/J K^{-1} mol^{-1})	+175,0	+160,6	+171,0	+172,1
θ_{decomp}/°C	300	840	1100	1300

*Os dados se referem à reação MCO$_3$(s) → MO(s) + CO$_2$(g) a 298 K. θ é a temperatura necessária para que a p(CO$_2$) atinja 1 bar e foi estimada a partir de dados termodinâmicos a 298 K.

de produtos específicos. A energia de Gibbs padrão para a decomposição de um sólido, $\Delta G^\ominus = \Delta H^\ominus - T\Delta S^\ominus$, torna-se negativa quando o segundo termo da direita supera o primeiro, ou seja, quando a temperatura ultrapassa o valor

$$T = \frac{\Delta H^\ominus}{\Delta S^\ominus} \qquad (3.6)$$

Em muitos casos, é suficiente considerar somente as tendências na entalpia de reação, uma vez que a entropia da reação é praticamente independente de M, pois ela é dominada pela formação do CO$_2$ gasoso. A entalpia padrão de decomposição do sólido é dada por

$$\Delta H^\ominus = \Delta_{decomp}H^\ominus + \Delta_R H^\ominus(MCO_3,s) - \Delta_R H^\ominus(MO,s)$$

onde $\Delta_{decomp}H^\ominus$ é a entalpia padrão de decomposição do CO$_3^{2-}$ em fase gasosa (Fig. 3.49):

$$CO_3^{2-}(g) \rightarrow O^{2-}(g) + CO_2(g)$$

Uma vez que $\Delta_{decomp}H^\ominus$ é grande e positivo, a entalpia global da reação é positiva (a decomposição é endotérmica), mas ela será menos positiva se a entalpia de rede do óxido for superior à do carbonato, pois nesse caso $\Delta H_R^\ominus(MCO_3,s) - \Delta H_R^\ominus(MO,s)$ será negativo. Consequentemente, a temperatura de decomposição será baixa quando os óxidos tiverem entalpias de rede relativamente altas quando comparadas com as dos seus respectivos carbonatos. Os compostos para os quais isso é verdade são formados por cátions pequenos e altamente carregados, como o Mg^{2+}. A Figura 3.50 ilustra por que um cátion pequeno tem uma influência mais significativa na mudança da entalpia de rede à medida que o tamanho do cátion varia. A *variação* na separação é relativamente pequena quando o composto original possui um cátion grande. Como a ilustração mostra de uma forma exagerada, quando o cátion é muito grande, uma variação no tamanho do ânion pouco afeta a escala da rede. Portanto, para um dado ânion poliatômico instável, a diferença na entalpia de rede é mais significativa e favorável à decomposição quando o cátion é pequeno ao invés de quando ele é grande.

A diferença na entalpia de rede entre o MO$_n$ e o M(CO$_3$)$_n$ é também ampliada quando o cátion tem uma carga elevada, uma vez que $\Delta_R H^\ominus \propto |z_A z_B|/d$, de forma que a decomposição térmica de um carbonato ocorrerá em temperaturas menores se ele contiver um cátion altamente carregado. Uma consequência desta dependência com a carga do cátion é a de que os carbonatos dos metais alcalino-terrosos (M^{2+}) tendem a sofrer decomposição em temperaturas menores do que os correspondentes carbonatos de metais alcalinos (M$^+$).

O uso de um cátion grande para estabilizar um ânion grande, que de outra forma seria susceptível à decomposição formando uma espécie aniônica menor, é muito usado pelos químicos inorgânicos para preparar compostos que, de outra forma, seriam termodinamicamente instáveis. Por exemplo, os ânions inter-halogênicos, como o ICl$_4^-$, são obtidos pela oxidação dos íons I$^-$ pelo Cl$_2$, mas são susceptíveis à decomposição em monocloreto de iodo e Cl$^-$:

$$MI(s) + 2\, Cl_2(g) \rightarrow MICl_4(s) \rightarrow MCl(s) + ICl(g) + Cl_2(g)$$

Para tornar essa decomposição menos favorável, utiliza-se um cátion grande para reduzir a diferença de entalpia de rede entre MICl$_4$ e MCl/MI. Os cátions de metais alcalinos grandes, como K$^+$, Rb$^+$ e Cs$^+$, podem ser usados em alguns casos, mas é melhor ainda usar um íon alquilamônio realmente volumoso como o N^{t}Bu$_4^+$.

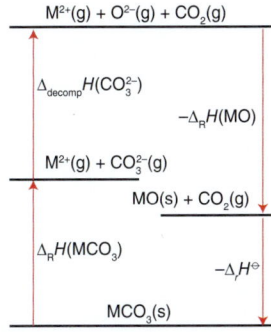

Figura 3.49 Ciclo termodinâmico mostrando as variações de entalpia envolvidas na decomposição de um carbonato sólido MCO$_3$.

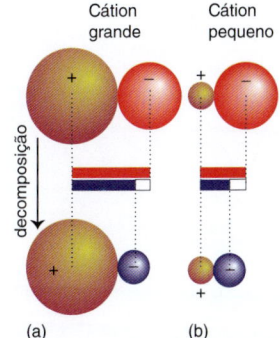

Figura 3.50 Uma representação bastante exagerada da variação do parâmetro de rede, d, para cátions de raios diferentes. (a) Quando o ânion muda de tamanho (por exemplo, quando CO$_3^{2-}$ se decompõe em O^{2-} e CO$_2$) e o cátion é grande, o parâmetro de rede varia relativamente pouco. (b) Se, entretanto, o cátion for pequeno, a variação relativa no parâmetro de rede é grande, resultando em um grande aumento da entalpia de rede, e a decomposição é termodinamicamente mais favorável.

> **EXEMPLO 3.15** Estimando a dependência da estabilidade do composto com o raio iônico
>
> Apresente um argumento que explique o fato de que, quando queimados em oxigênio, o lítio forma o óxido Li_2O, mas o sódio forma o peróxido Na_2O_2.
>
> **Resposta** Precisamos considerar o papel desempenhado pelos tamanhos relativos dos cátions e ânions na estabilidade de um composto. Pelo fato de o íon Li^+ ser pequeno, o Li_2O tem uma entalpia de rede mais favorável (em comparação com o M_2O_2) do que o Na_2O, e a reação de decomposição $M_2O_2(s) \rightarrow M_2O(s) + \frac{1}{2}O_2(g)$ é termodinamicamente mais favorável para o Li_2O_2 do que para o Na_2O_2.
>
> **Teste sua compreensão 3.15** Preveja a ordem das temperaturas de decomposição dos sulfatos de metais alcalino-terrosos na reação $MSO_4(s) \rightarrow MO(s) + SO_3(g)$.

(b) As estabilidades dos estados de oxidação

Ponto principal: As estabilidades relativas de diferentes estados de oxidação em sólidos podem, frequentemente, ser previstas a partir de considerações da entalpia de rede.

Um argumento similar pode ser usado para explicar a observação geral de que metais com elevados estados de oxidação são estabilizados por ânions pequenos. Em particular, o F tem uma capacidade maior do que os outros halogênios para estabilizar os estados de oxidação mais altos dos metais. Por isso, os únicos haletos conhecidos de Ag(II), Co(III) e Mn(IV) são fluoretos. Outro sinal do decréscimo na estabilidade para os haletos mais pesados de metais em estados de oxidação elevados é o fato de os iodetos de Cu(II) e de Fe(III) se decomporem, em repouso, à temperatura ambiente (formando CuI e FeI_2). O oxigênio também é uma espécie muito eficiente para estabilizar estados de oxidação elevados dos elementos, devido à carga elevada e ao pequeno tamanho do íon O^{2-}.

Para explicar essas observações, consideremos a reação

$$MX(s) + \tfrac{1}{2}X_2(g) \rightarrow MX_2(s)$$

onde X é um halogênio. Nosso objetivo é mostrar por que essa reação é mais fortemente espontânea para X = F. Se ignoramos as contribuições de entropia, podemos mostrar que a reação é mais exotérmica para o flúor. Uma contribuição para a entalpia da reação é a conversão de $\tfrac{1}{2}X_2$ em X^-. Apesar de o F possuir uma afinidade eletrônica menor do que o Cl, essa etapa é mais exotérmica para X = F do que para X = Cl, porque a entalpia de ligação do F_2 é menor que a do Cl_2. As entalpias de rede, entretanto, têm um papel preponderante. Na conversão de MX para MX_2, o número de carga do cátion aumenta de +1 para +2, de forma que a entalpia de rede aumenta. No entanto, como o raio do ânion aumenta, a diferença entre as duas entalpias de rede diminui e a contribuição exotérmica para a reação global também decresce. Consequentemente, tanto a entalpia de rede quanto a entalpia de formação do X^- conduzem a uma reação menos exotérmica à medida que o halogênio muda do F para o I. Considerando que os fatores relacionados com a entropia sejam semelhantes, o que é plausível, espera-se um aumento da estabilidade termodinâmica de MX em relação ao MX_2, indo-se de X = F para X = I, descendo no Grupo 17. Assim, muitos iodetos de metais em seus estados de oxidação mais altos não existem, e compostos como $Cu^{2+}(I^-)_2$, $Tl^{3+}(I^-)_3$ e VI_5 são desconhecidos, enquanto que os fluoretos correspondentes CuF_2, TlF_3 e VF_5 são facilmente obtidos. De fato, mesmo que esses iodetos sejam formados, a termodinâmica mostra que os metais com elevado estado de oxidação iriam oxidar o I^- a I_2, levando à formação de um estado de oxidação menor do metal, como Cu(I), Tl(I) e V(III).

(c) Solubilidade

Ponto principal: As solubilidades dos sais em água podem ser compreendidas considerando-se as entalpias de rede e de hidratação.

As entalpias de rede influenciam a solubilidade, uma vez que a dissolução envolve a quebra da rede, mas as tendências são muito mais difíceis de analisar do que as reações de decomposição. Uma regra razoavelmente bem obedecida é que *compostos que contêm íons com raios muito diferentes são solúveis em água*. Inversamente, os sais menos solúveis em água são aqueles de íons com raios similares. Isto é, em geral, *a diferença de tamanho dos íons favorece a solubilidade em água*. Empiricamente, sabe-se que um composto iônico MX tende a ser muito solúvel quando o raio do M^+ é cerca de 80 pm menor do que o do X^-.

Duas séries familiares de compostos ilustram essas tendências. Em análise gravimétrica, o Ba^{2+} é usado para precipitar o SO_4^{2-}, e as solubilidades dos sulfatos do Grupo 2 decrescem do $MgSO_4$ para o $BaSO_4$. Em comparação, a solubilidade dos hidróxidos do Grupo 2 aumenta ao descermos no grupo: $Mg(OH)_2$ é o pouco solúvel "leite de magnésia", mas o $Ba(OH)_2$ pode ser usado como um hidróxido solúvel para o preparo de soluções de OH^-. O primeiro caso mostra que um ânion grande requer um cátion grande para a precipitação. O segundo caso mostra que um ânion pequeno requer um cátion pequeno para a precipitação.

Antes de tentarmos justificar essas observações, devemos notar que a solubilidade de um composto iônico depende da energia de Gibbs padrão da reação

$$MX(s) \rightarrow M^+(aq) + X^-(aq)$$

Neste processo, as interações responsáveis pela entalpia de rede do MX são substituídas pela hidratação (e pela solvatação em geral) dos íons. Entretanto, o balanço exato dos efeitos de entalpia e entropia é delicado e difícil de avaliar, particularmente porque a variação de entropia também depende do grau de organização das moléculas do solvente que ocorre pela presença do soluto dissolvido. Os dados na Fig. 3.51 sugerem que as considerações de entalpia são importantes, pelo menos em alguns casos, uma vez que o gráfico mostra uma correlação entre a entalpia de dissolução de um sal e a diferença das entalpias de hidratação dos dois íons. Se o cátion tem uma entalpia de hidratação maior do que a do ânion, ou vice-versa (consequência da diferença nos seus tamanhos), a dissolução do sal é exotérmica (indicando um equilíbrio favorável à solubilidade).

A variação na entalpia pode ser explicada usando-se o modelo iônico. A entalpia de rede é inversamente proporcional à distância entre os centros dos íons:

$$\Delta_R H^\ominus \propto \frac{1}{r_+ + r_-}$$

Entretanto, a entalpia de hidratação, com cada íon sendo hidratado individualmente, é a soma das contribuições individuais dos íons:

$$\Delta_{hid} H \propto \frac{1}{r_+} + \frac{1}{r_-}$$

Se o raio de um íon for pequeno, o termo da entalpia de hidratação para aquele íon será grande. Entretanto, na expressão para a entalpia de rede, um íon pequeno pode não tornar o denominador da expressão pequeno por si só. Assim, um íon pequeno pode causar uma grande entalpia de hidratação, mas não necessariamente produzir elevadas entalpias de rede, de forma que a assimetria no tamanho dos íons pode resultar em uma dissolução exotérmica. Se ambos os íons forem pequenos, tanto a entalpia de rede quanto a entalpia de hidratação poderão ser grandes, e a dissolução pode não ser muito exotérmica.

> **EXEMPLO 3.16** Justificando as tendências na solubilidade dos compostos do bloco s
>
> Qual é a tendência nas solubilidades dos carbonatos dos metais do Grupo 2 (Mg ao Ra)?
>
> **Resposta** Devemos considerar o efeito dos tamanhos relativos dos cátions e ânions. O ânion CO_3^{2-} possui um raio grande, tendo uma carga com a mesma magnitude dos cátions M^{2+} dos elementos do Grupo 2. A previsão é que o carbonato menos solúvel do grupo seja aquele envolvendo o maior cátion, Ra^{2+}. A previsão do carbonato mais solúvel é que seja o de magnésio, que possui o menor cátion, Mg^{2+}. Embora o carbonato de magnésio seja mais solúvel que o carbonato de rádio, ele é de fato pouco solúvel: sua constante de solubilidade (seu produto de solubilidade, K_{ps}) é somente 3×10^{-8}.
>
> **Teste sua compreensão 3.16** Quem deve ser mais solúvel em água, $NaClO_4$ ou $KClO_4$?

Defeitos e a não estequiometria

Pontos principais: Defeitos, vacâncias e átomos deslocados são características de todos os sólidos, e sua formação é termodinamicamente favorável.

Todos os sólidos contêm **defeitos**, ou imperfeições, na estrutura ou composição. Os defeitos são importantes uma vez que influenciam propriedades como resistência

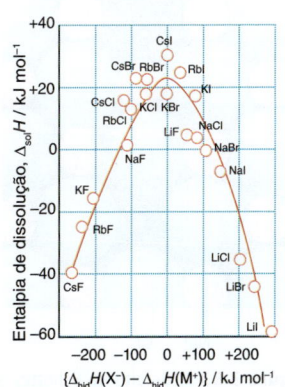

Figura 3.51 A correlação entre as entalpias de dissolução dos haletos e as diferenças entre as entalpias de hidratação dos íons. A dissolução é mais exotérmica quando essa diferença é grande.

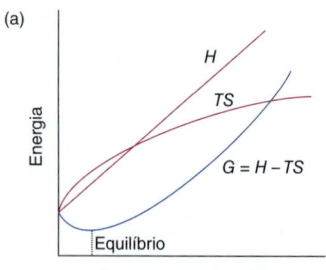

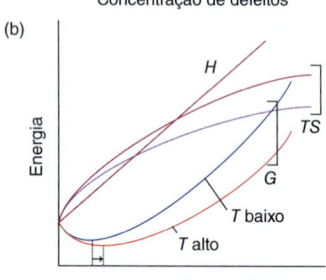

Figura 3.52 (a) Variação da entalpia e da entropia de um cristal à medida que o número de defeitos aumenta. A energia de Gibbs resultante, $G = H - TS$, possui um mínimo em uma concentração de defeitos diferentes de zero e, portanto, a formação de defeitos é espontânea. (b) À medida que a temperatura aumenta, o mínimo na curva da energia de Gibbs desloca-se para concentrações de defeitos maiores, de forma que, em temperaturas mais altas, mais defeitos estarão presentes no equilíbrio do que em temperaturas mais baixas.

mecânica, condutividade elétrica e reatividade química. Precisamos considerar tanto os **defeitos intrínsecos**, que são defeitos que ocorrem na substância pura, quanto os **defeitos extrínsecos**, que se originam pela presença de impurezas. Também é comum distinguir-se os **defeitos pontuais**, os quais ocorrem em sítios isolados, dos **defeitos estendidos**, que são ordenados em uma, duas e três dimensões. Os defeitos pontuais são erros aleatórios em uma rede periódica, como a ausência de um átomo em seu sítio usual ou a presença de um átomo em um sítio que normalmente não seria ocupado. Os defeitos estendidos envolvem vários tipos de irregularidades no empilhamento dos planos de átomos.

3.16 As origens e os tipos de defeitos

Os sólidos contêm defeitos porque estes introduzem desordem em uma estrutura que de outra forma seria perfeita, e, com isso, aumentam a sua entropia. A energia de Gibbs, $G = H - TS$, de um sólido com defeitos possui contribuições da entalpia e da entropia da amostra. A formação de defeitos é normalmente endotérmica devido à destruição da rede, acarretando o aumento da entalpia do sólido. Entretanto, o termo $-TS$ torna-se mais negativo à medida que os defeitos são formados, uma vez que eles introduzem desordem na rede e a entropia aumenta. Portanto, uma vez que $T > 0$, a energia de Gibbs terá um mínimo para uma concentração de defeitos diferente de zero e a formação destes será espontânea (Fig. 3.52a). Além disso, para temperaturas maiores, o mínimo na curva de G se desloca para concentrações maiores de defeitos (Fig. 3.52b), de forma que os sólidos apresentam um maior número de defeitos à medida que seu ponto de fusão se aproxima.

(a) Defeitos pontuais intrínsecos

Pontos principais: Os defeitos de Schottky são vacâncias em sítios da rede que deveriam estar ocupados por pares de cátions e ânions, e os defeitos de Frenkel são deslocamentos de átomos que passam então a ocupar cavidades intersticiais; a estrutura do sólido influencia o tipo de defeito que pode ocorrer, com os defeitos de Frenkel sendo formados em sólidos mais covalentes e com menores números de coordenação e os defeitos de Schottky, em materiais mais iônicos.

Os físicos de estado sólido W. Schottky e J. Frenkel identificaram dois tipos específicos de defeitos pontuais. O **defeito de Schottky** (Fig. 3.53) é uma vacância de átomos ou íons em um arranjo que, de outra forma, seria uma estrutura perfeita. Isto é, ele é um defeito pontual no qual um átomo ou íon está ausente de seu sítio normal na estrutura. A estequiometria global do sólido não é afetada pela presença de defeitos de Schottky porque, para garantir o balanço de carga, os defeitos ocorrem aos pares em um composto de estequiometria MX, e há um número igual de vacâncias em sítios de cátions e de ânions. Nos sólidos com composição diferente, como, por exemplo, MX_2, os defeitos ocorrerem com as cargas balanceadas, de forma que devem ocorrer duas vacâncias de ânions para cada cátion perdido. Os defeitos de Schottky ocorrem em baixas concentrações nos sólidos puramente iônicos, como o NaCl; eles são mais comuns nas estruturas com altos números de coordenação, como nas estruturas de empacotamento compacto de íons e metais, em que o custo na entalpia devido à redução do número de coordenação médio dos átomos restantes (de 12 para 11, por exemplo) é relativamente baixo.

O **defeito de Frenkel** (Fig. 3.54) é um defeito pontual no qual um átomo ou íon foi deslocado para uma cavidade intersticial. Por exemplo, no cloreto de prata, que tem a estrutura de sal-gema, um pequeno número de íons Ag^+ reside em cavidades tetraédricas (**1**), deixando vacâncias em sítios octaédricos que normalmente estariam ocupados. A estequiometria do composto permanece inalterada quando se forma um defeito de Frenkel, sendo possível a formação de defeitos de Frenkel envolvendo um (deslocamento de M ou de X) ou ambos os tipos (deslocamento de alguns M e alguns X) de íons de um composto binário MX. Assim, os defeitos de Frenkel que ocorrem, por exemplo, no PbF_2 envolvem o deslocamento de um pequeno número de íons F^- das suas posições normais na estrutura da fluorita, saindo das cavidades tetraédricas do arranjo de empacotamento compacto dos íons Pb^{2+} para posições que são cavidades octaédricas. Uma generalização útil é que os defeitos de Frenkel são mais frequentes em estruturas como a wurtzita e a esfalerita, nas quais os números de coordenação são baixos (seis ou menos; 4:4 nessas duas estruturas) e uma estrutura mais aberta oferece sítios que podem acomodar os átomos intersticiais. Isso não significa dizer que os defeitos de Frenkel são exclusivos para tais estruturas; como já vimos, a estrutura da fluorita com coordenação 8:4 pode acomodar tais átomos intersticiais, embora algum reposicionamento local dos ânions adjacentes seja necessário para permitir a presença do ânion deslocado.

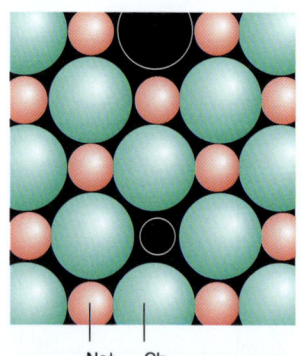

Figura 3.53 O defeito de Schottky é a ausência de íons em sítios que normalmente estariam ocupados; para garantir a neutralidade de carga, deve haver um número igual de vacâncias de cátions e ânions em um composto 1:1.

A concentração dos defeitos de Schottky varia consideravelmente de um tipo de composto para outro. A concentração de vacâncias é muito baixa nos haletos de metais acalinos, sendo da ordem de 10^6 cm^{-3} a 130 °C, correspondendo a cerca de um defeito para 10^{14} fórmulas unitárias. Por outro lado, alguns óxidos, sulfetos e hidretos de metais d têm concentrações de vacâncias muito elevadas. Um exemplo extremo é a forma de alta temperatura do TiO, que possui vacâncias em ambos os sítios de cátions e ânions, em uma concentração que corresponde a cerca de um defeito para cada sete fórmulas unitárias.

Os defeitos, quando presentes em número elevado, podem afetar a densidade do sólido. Números significativos de defeitos de Schottky, como vacâncias, produzem um decréscimo na densidade. Por exemplo, o TiO, com 14% de sítios vacantes de cátions e ânions, possui uma densidade experimental de 4,96 g cm^{-3}, que é muito menor que o valor de 5,81 g cm^{-3} esperado para uma estrutura perfeita. Os defeitos de Frenkel possuem pouco efeito na densidade, uma vez que envolvem deslocamentos de átomos ou íons, deixando o número de espécies na célula unitária inalterado.

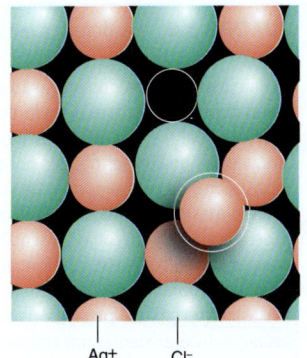

Figura 3.54 O defeito de Frenkel forma-se quando um íon move-se para uma cavidade intersticial.

EXEMPLO 3.17 Prevendo os tipos de defeitos

Que tipo de defeito intrínseco se poderia esperar que fosse encontrado no MgO (a) e no CdTe (b)?

Resposta O tipo de defeito que é formado depende de fatores como o número de coordenação e o nível de covalência nas ligações, com os números de coordenação elevados e a ligações iônicas favorecendo os defeitos de Schottky e os baixos números de coordenação e covalência parcial nas ligações favorecendo os defeitos de Frenkel. (a) O MgO possui a estrutura do sal-gema, e a ligação iônica nesse composto geralmente favorece os defeitos de Schottky. (b) O CdTe apresenta a estrutura da wurtzita com coordenação 4:4, favorecendo os defeitos de Frenkel.

Teste sua compreensão 3.17 Preveja os tipos de defeitos intrínsecos mais prováveis para o HgS (a) e o CsF (b).

Os defeitos de Schottky e Frenkel são apenas dois dos muitos tipos possíveis de defeitos. Outro tipo a ser considerado é o **defeito antissítio** ou de **troca de átomo**, que consiste na permutação de um par de átomos. Esse tipo de defeito é comum em ligas metálicas, em que pode ocorrer a permutação de átomos neutros. Entende-se que esse tipo de defeito é bastante desfavorável para compostos iônicos binários devido ao aparecimento de fortes interações repulsivas entre íons vizinhos de mesma carga. Por exemplo, uma liga de ouro e cobre de composição global CuAu apresenta uma grande desordem em temperaturas elevadas, com uma significativa fração dos átomos de Cu e Au em posições trocadas (Fig. 3.55). A permutação de espécies de carga similar em diferentes sítios é comum em compostos ternários e em compostos de composição mais complexa; assim, nos espinélios (Seção 24.7) observa-se frequentemente a mudança parcial de íons metálicos entre os sítios tetraédricos e octaédricos.

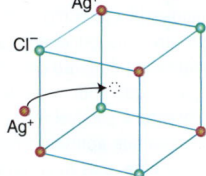

1 Ag$^+$ intersticial

(b) Defeitos pontuais extrínsecos

Ponto principal: Defeitos extrínsecos são defeitos introduzidos em um sólido como resultado da dopagem com um átomo que é considerado uma impureza.

Os **defeitos extrínsecos**, resultantes da presença de impurezas, são inevitáveis, porque a pureza perfeita, na prática, é inatingível para cristais de qualquer tamanho significativo. Esse comportamento é comumente visto em minerais de ocorrência natural. A incorporação de baixos níveis de Cr na estrutura do Al$_2$O$_3$ produz o rubi, enquanto que a substituição de parte do Al por Fe e Ti resulta na safira azul (Quadro 3.6). As espécies substituintes possuem normalmente raio atômico ou iônico similar ao das espécies que irão substituir; o Cr^{3+} no rubi tem um raio iônico similar ao do Al^{3+}. Impurezas também podem ser introduzidas intencionalmente pela dopagem de um material com outro. Um **dopante** consiste em um elemento que substitui outro em uma estrutura, em pequena quantidade, geralmente de 0,1 a 5%; um exemplo é a introdução de átomos de As no lugar do Si para modificar as suas propriedades semicondutoras. Equivalentes sintéticos do rubi e da safira também podem ser facilmente sintetizados em laboratório por meio da dopagem com pequenas quantidades de Cr, Fe ou Ti, substituindo o alumínio na estrutura do Al$_2$O$_3$.

Quando as espécies dopantes são introduzidas ao hospedeiro, a estrutura original deste permanece essencialmente inalterada. Se forem feitas tentativas para introduzir altos níveis da espécie dopante, na maioria das vezes uma nova estrutura é formada ou a espécie dopante não é incorporada. Esse comportamento limita, normalmente, o nível de defeitos pontuais extrínsecos a níveis baixos. A composição do rubi é tipicamente (Al$_{0,998}$Cr$_{0,002}$)$_2$O$_3$,

Figura 3.55 A permuta de átomos também pode originar um defeito pontual, como no CuAu.

QUADRO 3.6 Os defeitos e as pedras preciosas

Os defeitos e os íons dopantes são responsáveis pelas cores de muitas pedras preciosas. Embora o óxido de alumínio (Al_2O_3), a sílica (SiO_2) e a fluorita (CaF_2) sejam incolores nas suas formas puras, materiais com cores vívidas podem ser obtidos por substituição com íons dopantes em baixos teores ou pela produção de vacâncias com elétrons aprisionados. As impurezas e os defeitos estão frequentemente presentes em minerais de ocorrência natural, como consequência das condições ambientais e geológicas sob as quais eles são formados. Por exemplo, íons dos metais d estão, na maioria das vezes, presentes nas soluções nas quais as pedras preciosas crescem, e a presença de radiação ionizante, oriunda de espécies radioativas existentes nos ambientes naturais, gera elétrons que ficam aprisionados em suas estruturas.

A origem mais comum para a cor de uma pedra preciosa é a presença de um íon dopante de metal d (ver Tabela Q3.1). O rubi é formado por Al_2O_3 contendo de 0,2 a 1 átomo por cento de íons de Cr^{3+} no lugar de íons Al^{3+}, e a sua cor vermelha é resultado da absorção da luz verde do espectro visível que excita elétrons 3d do Cr (Seção 20.4). O mesmo íon é responsável pela cor verde da esmeralda; a diferença de cor é consequência dos diferentes ambientes de coordenação do dopante. A estrutura hospedeira é o berilo (silicato duplo de alumínio e berílio, $Be_3Al_2(SiO_3)_6$), e o íon Cr^{3+} está rodeado por seis íons silicatos, em vez de seis íons O^{2-} como no rubi, produzindo uma absorção com uma energia diferente. Outros íons de metais d são responsáveis pelas cores de outras pedras preciosas. O ferro(II) produz o vermelho das granadas e o verde amarelado dos peridotos (ou olivinas). O manganês(II) é responsável pela cor rosa de algumas turmalinas.

No rubi e na esmeralda, a cor se deve à excitação dos elétrons de um simples íon dopante de metal d, o Cr^{3+}. Quando mais de uma espécie dopante, que podem ser de diferentes tipos ou estados de oxidação, está presente, é possível a transferência de elétron entre elas. A safira é um exemplo que apresenta este comportamento. A safira, como o rubi, é uma alumina, mas nela alguns de pares de íons Al^{3+} adjacentes são substituídos por pares de Fe^{2+} e Ti^{4+}. Esse material absorve luz visível, com comprimento de onda correspondente à luz amarela, quando um elétron é transferido do Fe^{2+} para o Ti^{4+}, produzindo, assim, uma cor azul brilhante (que é a cor complementar do amarelo).

Em outras pedras preciosas e minerais, a cor é resultado de dopagem na estrutura do hospedeiro com uma espécie que possui uma carga diferente do íon que ele substitui ou pela presença de uma vacância (defeito do tipo Schottky). Em ambos os casos, um centro de cor ou centro F (da palavra em alemão *farbe*, que significa cor) é formado. Como a carga de um centro F é diferente da carga de um sítio normalmente ocupado na mesma estrutura, ele pode facilmente fornecer um elétron para outro íon, ou receber um elétron de outro íon. Esse elétron pode, então, ser excitado pela absorção de luz visível, produzindo a cor. Por exemplo, na fluorita púrpura, CaF_2, um centro F é formado pela existência de uma vacância em um sítio que estaria normalmente ocupado por um íon F^-. Esse sítio aprisiona então um elétron gerado pela exposição do mineral à radiação ionizante do ambiente natural. A excitação do elétron, que se comporta como uma partícula em uma caixa, envolve a absorção de luz visível com comprimento de onda na faixa de 530 a 600 nm, produzindo a coloração violeta-púrpura desse mineral.

Na ametista, uma variação púrpura do quartzo, SiO_2, alguns íons Si^{4+} são substituídos por íons Fe^{3+}. Essa substituição cria um buraco (uma falta de elétron), e a excitação desse buraco por radiação ionizante, por exemplo, aprisiona-o formando Fe^{4+} ou O^- na matriz do quartzo. Excitação adicional dos elétrons nesse material ocorre agora pela absorção de luz visível em 540 nm, produzindo a cor púrpura. Se um cristal de ametista for aquecido a 450°C, o buraco é liberado desse aprisionamento. A cor do cristal retorna à cor típica da sílica dopada com ferro que é característica da pedra amarela semipreciosa citrino. Se o citrino for irradiado, o aprisionamento do buraco será regenerado e a cor original será restabelecida.

Centros coloridos podem também ser produzidos por transformações nucleares. Um exemplo desse tipo de transformação é o decaimento β do ^{14}C no diamante. Esse decaimento produz um átomo de ^{14}N, com um elétron de valência adicional, inserido na estrutura do diamante. Os níveis de energia eletrônicos associados a esses átomos de N permitem a absorção na região do visível do espectro e produzem a coloração azul e amarela dos diamantes.

Tabela Q3.1 As pedras preciosas e a origem de suas cores

Mineral ou pedra preciosa	Cor	Fórmula	Dopante ou defeito responsável pela cor
rubi	vermelho	Al_2O_3	Cr^{3+} substituindo Al^{3+} em sítios octaédricos
esmeralda	verde	$Be_3Al_2(SiO_3)_6$	Cr^{3+} substituindo Al^{3+} em sítios octaédricos
turmalina	verde ou rosa	$Na_3Li_3Al_6(BO_3)_3(SiO_3)_6F_4$	Cr^{3+} ou Mn^{2+} substituindo Li^+ ou Al^{3+} em sítios octaédricos, respectivamente
granada	vermelho	$Mg_3Al_2(SiO_4)_3$	Fe^{2+} substituindo Mg^{2+} em sítios com coordenação 8
peridoto (olivina)	amarelo esverdeado	Mg_2SiO_4	Fe^{2+} substituindo Mg^{2+} em sítios com coordenação 6
safira	azul	Al_2O_3	Transferência de elétron entre Fe^{2+} e Ti^{4+} que estão substituindo Al^{3+} em sítios octaédricos adjacentes
diamante	incolor, azul claro ou amarelo	C	Centros de cor formados por N
ametista	púrpura	SiO_2	Centro de cor formado por Fe^{3+}/Fe^{4+}
fluorita	púrpura	CaF_2	Centro de cor baseado formado pelo aprisionamento de elétron

com 0,2% dos sítios metálicos com íons Cr^{3+} dopantes extrínsecos. Alguns sólidos podem tolerar níveis maiores de defeitos (Seção 3.17a). Os dopantes frequentemente modificam a estrutura eletrônica do sólido. Assim, quando um átomo de As substitui um átomo de Si, o elétron adicional de cada átomo de As pode ser termicamente promovido para a banda de condução, melhorando a condutividade global do semicondutor. No ZrO_2, que é uma substância mais iônica, a introdução de íons dopantes de Ca^{2+} no lugar dos íons Zr^{4+} é acompanhada pela formação de uma vacância de íon O^{2-} para manter a neutralidade de carga (Fig. 3.56). As vacâncias induzidas permitem que os íons óxido possam migrar pela estrutura, aumentando a condutividade iônica do sólido.

Outro exemplo de um defeito pontual extrínseco é o **centro de cor**, um termo genérico para defeitos responsáveis por modificações nas absorções características no IV, visível e UV de sólidos que tenham sido irradiados ou expostos a um tratamento químico. Um tipo de centro de cor é produzido aquecendo-se um cristal de haleto de metal alcalino na presença do vapor do metal alcalino, produzindo um material com uma cor característica do sistema: o NaCl torna-se laranja; o KCl, violeta e o KBr azul, esverdeado. O processo resulta na introdução de um cátion de metal alcalino em um sítio normal de um cátion e o elétron associado, proveniente do átomo metálico, ocupa a vacância de um íon haleto. Um centro de cor consistindo em um elétron na vacância de íon haleto é chamado de um **centro F** (Fig. 3.57). A cor resulta da excitação do elétron no ambiente definido pelos seus íons vizinhos. Um método alternativo de produzir um centro F envolve a exposição do material a um feixe de raios X que ioniza elétrons para dentro de vacâncias de ânions. Os centros F e os defeitos extrínsecos são importantes para a produção das cores observadas nas pedras preciosas (Quadro 3.6).

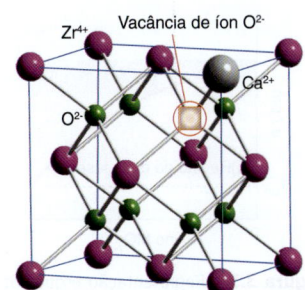

Figura 3.56* A introdução de um íon Ca^{2+} na rede do ZrO_2 produz uma vacância na sub-rede de íons O^{2-}. Essa substituição ajuda a estabilizar a estrutura cúbica de fluorita do ZrO_2.

EXEMPLO 3.18 Prevendo a possibilidade de íons dopantes

Quais íons de metais de transição podem substituir o Al^{3+} no berilo, $Be_3Al_2(SiO_3)_6$, para formar defeitos extrínsecos?

Resposta Precisamos identificar os íons de carga e tamanho similares. Os raios iônicos encontram-se listados no Apêndice 1. Os cátions triplamente carregados com raio iônico próximo ao do Al^{3+} ($r = 53$ pm) devem ser íons dopantes apropriados. Como candidatos temos o Fe^{3+} ($r = 55$ pm), o Mn^{3+} ($r = 65$ pm) e o Cr^{3+} ($r = 62$ pm). De fato, quando o defeito extrínseco for o Cr^{3+}, o material será um berilo verde brilhante, correspondendo à pedra preciosa esmeralda. Para Mn^{3+}, o material será o berilo vermelho ou rosa; para o Fe^{3+}, será o berilo heliodoro (dourado) amarelo.

Teste sua compreensão 3.18 Quais outros elementos, além do As, podem ser usados para formar defeitos extrínsecos no silício?

3.17 Compostos não estequiométricos e soluções sólidas

A ideia de que a estequiometria de um composto é definida pela sua fórmula química nem sempre é verdade para os sólidos, uma vez que diferenças no conteúdo das células unitárias podem ocorrer ao longo do sólido. Mudanças na composição da célula unitária podem ser produzidas pela formação de vacâncias em um ou mais sítios atômicos, pela presença de átomos intersticiais ou pela substituição de um tipo de átomo por outro.

(a) Não estequiometria

Ponto principal: Desvios da estequiometria ideal são comuns em compostos no estado sólido formados com elementos dos blocos d, f e pelos elementos mais pesados do bloco p.

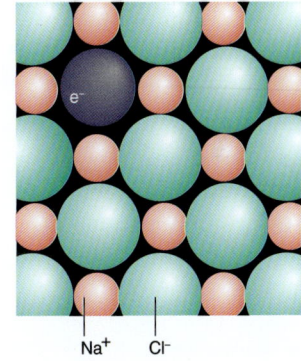

Figura 3.57 Um centro F é um elétron que ocupa a vacância de um ânion. Os níveis de energia do elétron assemelham-se aos de uma partícula em um poço quadrado tridimensional.

Um **composto não estequiométrico** é uma substância que apresenta composição variável, mas retém o mesmo tipo de estrutura. Por exemplo, a 1000°C, a composição do "monóxido de ferro", algumas vezes chamado de wustita, $Fe_{1-x}O$, varia de $Fe_{0,89}O$ a $Fe_{0,96}O$. À medida que a composição varia, ocorrem mudanças graduais no tamanho da célula unitária, mas todas as características da estrutura de sal-gema são mantidas ao longo dessa faixa de composições. O fato de o parâmetro de rede variar suavemente com a composição é um critério usado para definir um composto não estequiométrico, uma vez que uma descontinuidade no valor do parâmetro de rede indica a formação de uma nova fase cristalina. Além disso, as propriedades termodinâmicas dos compostos não estequiométricos também variam continuamente à medida que a composição é alterada. Por exemplo, à medida que a pressão parcial do oxigênio sobre o óxido metálico é alterada, tanto o parâmetro de rede quanto a composição em equilíbrio do óxido variam continuamente (Figuras 3.58 e 3.59). A variação gradual no parâmetro de rede de um sólido em função da sua composição é conhecida como **regra de Vegard**.

Alguns hidretos, óxidos e sulfetos não estequiométricos representativos encontram-se listados na Tabela 3.12. Note que, como a formação de um composto não estequiométrico exige uma mudança global na composição, isso também requer que pelo menos um dos elementos exista em mais de um estado de oxidação. Assim, na wustita, $Fe_{1-x}O$, à medida que x aumenta, parte do ferro(II) é oxidado a ferro(III) na estrutura. Logo, desvios na estequiometria são comuns somente para elementos dos blocos d e f, os quais geralmente apresentam-se em dois ou mais estados de oxidação, e para alguns metais pesados do bloco p que possuem dois estados de oxidação acessíveis.

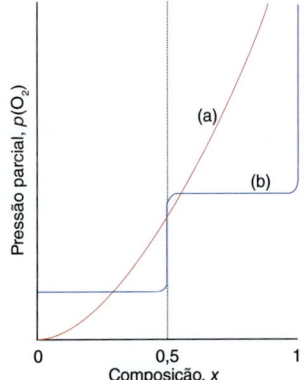

Figura 3.58 Representação esquemática da variação da composição com a pressão parcial de oxigênio à pressão constante: (a) um óxido não estequiométrico MO_{1+x}; (b) um par estequiométrico de óxidos metálicos MO e MO_2. O eixo x é a razão do número de átomos no MO_{1+x}.

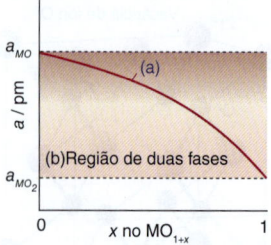

Figura 3.59 Representação esquemática da variação do parâmetro de rede com a composição: (a) um óxido não estequiométrico MO_{1+x}; (b) um par estequiométrico de óxidos metálicos MO e MO_2, sem fases estequiométricas intermediárias (que podem produzir uma mistura de duas fases para $0 < x < 1$, com cada fase da mistura tendo o parâmetro de rede de um dos componentes).

Tabela 3.12 Faixas de composições representativas* de hidretos, óxidos e sulfetos binários não estequiométricos

Bloco d		Bloco f		
Hidretos				
TiH_x	1–2		Tipo fluorita	Hexagonal
ZrH_x	1,5–1,6	GdH_x	1,9–2,3	2,85–3,0
HfH_x	1,7–1,8	ErH_x	1,95–2,31	2,82–3,0
NbH_x	0,64–1,0	LuH_x	1,85–2,23	1,74–3,0
Óxidos				
	Tipo sal-gema	Tipo rutílio		
TiO_x	0,7–1,25	1,9–2,0		
VO_x	0,9–1,20	1,8–2,0		
NbO_x	0,9–1,04			
Sulfetos				
ZrS_x	0,9–1,0			
YS_x	0,9–1,0			

*Expresso por meio dos valores que x pode assumir.

(b) Soluções sólidas em compostos

Ponto principal: Uma solução sólida ocorre quando há uma variação contínua na estequiometria do composto, sem mudança do tipo de estrutura. Esse comportamento pode ocorrer em muitos sólidos iônicos, como nos óxidos metálicos.

Uma vez que muitas substâncias adotam o mesmo tipo de estrutura, frequentemente é energeticamente possível substituir um tipo de átomo ou íon por outro. Esse comportamento é visto em muitas ligas metálicas simples, como aquelas discutidas na Seção 3.8. Assim, o latão, a liga de cobre e zinco, existe para uma grande faixa de composições $Cu_{1-x}Zn_x$, com $0 < x < 0,38$, onde os átomos de Cu da estrutura são gradualmente substituídos por átomos de Zn. Essa substituição ocorre aleatoriamente ao longo do sólido, e as células unitárias individuais contêm um número arbitrário de átomos de Cu e Zn (mas de tal forma que a soma dos seus teores produzem a estequiometria global de um latão).

Outro bom exemplo é a estrutura da perovskita adotada por muitos compostos de estequiometria ABX_3 (Seção 3.9), com íons A^{n+}, B^{m+} e X^{x-}, na qual a composição pode ser alterada continuamente variando-se os íons que ocupam alguns ou todos os sítios A, B e X. Por exemplo, tanto o $LaFe(III)O_3$ quanto o $SrFe(IV)O_3$ adotam a estrutura da perovsquita, e podemos considerar um cristal do tipo perovsquita que tenha, distribuídas, aleatoriamente, metade das células unitárias como $SrFeO_3$ (com o Sr^{2+} no sítio catiônico do tipo A) e metade como $LaFeO_3$ (com o La^{3+} no sítio A). A composição estequiométrica global é $LaFeO_3 + SrFeO_3 = LaSrFe_2O_6$, a qual é melhor escrita como $(La_{0,5}Sr_{0,5})FeO_3$ para ressaltar a estequiometria normal da perovsquita, ABO_3. Também são possíveis outras proporções destas células unitárias, podendo-se preparar uma série de compostos $La_{1-x}Sr_xFeO_3$, para $0 \leq x \leq 1$. Esse sistema é chamado de uma **solução sólida** porque todas as fases formadas à medida que x varia têm a mesma estrutura da perovskita. Em uma solução sólida, todos os sítios da estrutura permanecem completamente ocupados, a composição estequiométrica global permanece constante (embora com proporções diferentes dos tipos de átomos em alguns sítios) e existe uma contínua e suave variação no parâmetro de rede ao longo da faixa de composições.

As soluções sólidas ocorrem mais frequentemente para compostos de metais d porque a mudança em um componente pode exigir a mudança no estado de oxidação de outro componente para preservar o balanço de cargas. Assim, à medida que x aumenta no $La_{1-x}Sr_xFeO_3$ e o La(III) é substituído pelo Sr(II), o estado de oxidação do ferro precisa mudar de Fe(III) para Fe(IV). Essa mudança pode ocorrer por meio de uma substituição gradual de um estado de oxidação bem definido, neste caso o Fe(III), por outro estado de oxidação bem definido, o Fe(IV), mantendo a proporção dos sítios de cátions dentro da estrutura. Algumas outras soluções sólidas envolvem os supercondutores de alta temperatura de composição $La_{2-x}Ba_xCuO_4$ ($0 \leq x \leq 0,4$), e que são supercondutores para $0,12 \leq x \leq 0,25$, e os espinélios $Mn_{1-x}Fe_{2+x}O_4$ ($0 \leq x \leq 1$). Também é possível combinar o comportamento de solução sólida em um sítio de cátion com a não estequiometria causada por defeitos em um sítio de um íon diferente. Um exemplo é o sistema $La_{1-x}Sr_xFeO_{3-y}$, com $0 \leq x \leq 1,0$ e $0,0 \leq y \leq 0,5$, que possui vacâncias nos sítios dos íons O^{2-} e ao mesmo tempo apresenta uma variação na ocupação do sítio La/Sr típica de uma solução sólida.

Estruturas eletrônicas dos sólidos

Nas seções anteriores, introduzimos conceitos associados às estruturas e à energética dos sólidos iônicos, para o que foi necessário considerar os arranjos praticamente infinitos de íons e as interações entre eles. Da mesma forma, para compreender as estruturas eletrônicas dos sólidos e as propriedades delas derivadas, como condutividade elétrica, magnetismo e diversos efeitos ópticos, necessitamos considerar as interações dos elétrons uns com os outros e com os arranjos estendidos de átomos ou íons. Uma abordagem simples é considerar um sólido como uma única molécula gigante e estender as ideias da teoria dos orbitais moleculares, introduzida no Capítulo 2, para um número muito grande de orbitais. Conceitos semelhantes serão usados nos últimos capítulos para compreender outras propriedades importantes dos grandes arranjos tridimensionais de centros interagindo eletronicamente, como ferromagnetismo, supercondutividade e a cor dos sólidos.

3.18 As condutividades dos sólidos inorgânicos

Pontos principais: Um condutor metálico é uma substância com uma condutividade elétrica que diminui com o aumento da temperatura; um semicondutor é uma substância com uma condutividade elétrica que aumenta com o aumento da temperatura.

A teoria dos orbitais moleculares para moléculas pequenas pode ser estendida para explicar as propriedades dos sólidos, os quais são agregados de um número praticamente infinito de átomos. Essa aproximação é notavelmente efetiva para a descrição dos metais; ela pode ser usada para explicar o brilho característico, a boa condutividade elétrica e térmica e a maleabilidade. Todas essas propriedades originam-se da capacidade dos átomos de contribuir para a formação de um "mar" de elétrons comum a todos eles. O brilho e a condutividade elétrica originam-se da mobilidade desses elétrons em resposta ao campo elétrico oscilante de um feixe de luz incidente ou a uma diferença de potencial. A alta condutividade térmica é também uma consequência da mobilidade eletrônica, uma vez que um elétron pode colidir com um átomo que está vibrando, capturar sua energia e transferi-la para outro átomo em outro lugar no sólido. A facilidade com que os metais podem ser mecanicamente deformados é outro aspecto da mobilidade dos elétrons, pois o mar de elétrons pode rapidamente reajustar-se à deformação do sólido e continuar a fazer a ligação entre os átomos.

A condução eletrônica também é uma característica dos semicondutores. O critério para se distinguir entre um condutor metálico e um semicondutor é a dependência da sua condutividade elétrica em relação à temperatura (Figura 3.60):

- Um **condutor metálico** é uma substância com uma condutividade elétrica que *decresce* com o aumento da temperatura.
- Um **semicondutor** é uma substância com uma condutividade elétrica que *aumenta* com o aumento da temperatura.

Geralmente, também se observa (mas não é um critério para distingui-los) que a condutividade dos metais à temperatura ambiente é maior que a dos semicondutores. Valores típicos são mostrados na Fig. 3.60. Um sólido **isolante** é uma substância com uma condutividade elétrica muito baixa. Entretanto, quando essa condutividade pode ser medida, observa-se que ela aumenta com a temperatura, como para um semicondutor. Portanto, para algumas finalidades, é possível ignorar a classificação "isolante" e tratar todos os sólidos como metais ou semicondutores. Os **supercondutores** são uma classe especial de materiais que apresentam resistência elétrica zero abaixo de uma temperatura crítica.

3.19 A formação das bandas pela sobreposição dos orbitais atômicos

A ideia central por trás da descrição da estrutura eletrônica dos sólidos é que os elétrons de valência fornecidos pelos átomos se espalham por toda a estrutura. Esse conceito é descrito mais formalmente fazendo-se uma extensão simples da teoria OM, na qual o

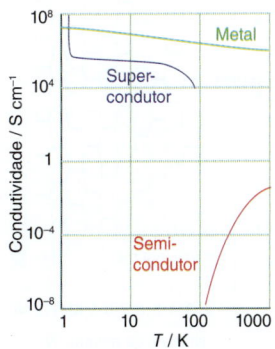

Figura 3.60 A variação da condutividade elétrica de uma substância com a temperatura é a base para sua classificação como um condutor metálico, um semicondutor ou um supercondutor.

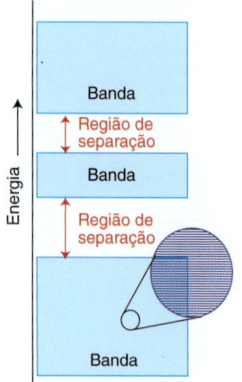

Figura 3.61 A estrutura eletrônica de um sólido é caracterizada por uma série de bandas de orbitais que são separadas por regiões onde não há qualquer orbital.

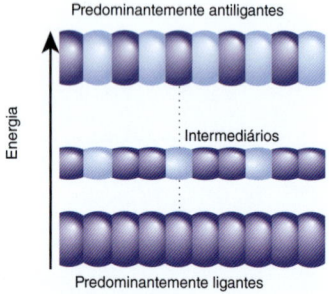

Figura 3.62 Uma banda pode ser imaginada como sendo formada pelo posicionamento sucessivo de átomos em linha. N orbitais atômicos formam N orbitais moleculares.

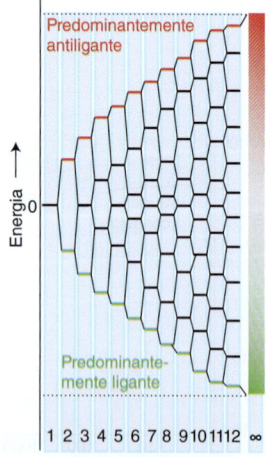

Figura 3.63 As energias dos orbitais que são formados quando N átomos se juntam para formar um arranjo unidimensional. Isso produz um diagrama de densidade de estados semelhante ao apresentado na Fig. 3.68.

sólido é tratado como uma grande molécula indefinida. Na física de estado sólido, essa abordagem é chamada de **aproximação da ligação forte**. A descrição em termos de elétrons deslocalizados também pode ser usada para descrever sólidos não metálicos. Desse modo, começaremos mostrando como os metais são descritos em termos dos orbitais moleculares. Depois, mostraremos que os mesmos princípios podem ser aplicados, mas com diferentes resultados, aos sólidos iônicos e moleculares.

(a) Formação das bandas pela sobreposição orbital

Ponto principal: A sobreposição dos orbitais atômicos nos sólidos dá origem a bandas de níveis de energia separadas por regiões sem orbitais.

A sobreposição de um grande número de orbitais atômicos em um sólido produz um grande número de orbitais moleculares com energias muito próximas, formando assim uma **banda** praticamente contínua de níveis de energia (Fig. 3.61). As bandas são separadas por regiões de energia para as quais não existem orbitais moleculares (*band gaps* em inglês).

A formação das bandas pode ser entendida considerando-se uma linha de átomos e supondo-se que cada átomo tem um orbital s que se sobrepõe ao orbital s de seu vizinho imediato (Fig. 3.62). Quando temos somente dois átomos, há um orbital molecular ligante e um antiligante. Quando um terceiro átomo se junta a eles, temos três orbitais moleculares. O orbital central desse conjunto é não ligante e os outros dois estão em energia menor e maior, respectivamente. À medida que mais átomos são adicionados, cada um contribui com mais um orbital atômico e, consequentemente, mais um orbital molecular é formado. Assim, quando tivermos N átomos em linha, teremos N orbitais moleculares. O orbital de menor energia não apresenta qualquer nó entre os átomos vizinhos, e o orbital de maior energia tem um nó entre cada par de vizinhos. Os orbitais restantes têm, sucessivamente, 1, 2, ... nós internucleares, e as suas energias correspondentes situam-se entre os dois extremos.

A largura total da banda, que permanece finita mesmo com N aproximando-se do infinito (conforme mostrado na Fig. 3.63), depende da força de interação entre os átomos vizinhos. Quanto maior a força de interação (em termos gerais, quanto maior o grau de sobreposição entre os vizinhos), maior a energia de separação entre o orbital sem nó e o com maior número de nós. Entretanto, qualquer que seja o número de orbitais atômicos usados para formar os orbitais moleculares, as energias dos orbitais se concentram em uma faixa de valores bem definidos (como mostrado na Fig. 3.63). Como consequência, a separação de energia entre orbitais vizinhos deve se aproximar de zero à medida que N se aproxima do infinito, caso contrário, a faixa de energia dos orbitais não seria finita. Ou seja, uma banda consiste em um número finito de níveis de energia, mas é praticamente um contínuo de níveis de energia.

A banda que acabamos de descrever, construída a partir de orbitais s, é chamada de **banda s**. Se tivermos orbitais p disponíveis, uma **banda p** poderá ser formada pela sobreposição destes, como mostrado na Fig. 3.64. Pelo fato de os orbitais p terem uma energia maior do que os orbitais s da mesma camada de valência, frequentemente temos uma separação de energia entre a banda s e a banda p (Fig. 3.65). Entretanto, se as bandas se espalham por uma grande faixa de energia e as energias dos orbitais atômicos s e p são similares (como geralmente é o caso), então as duas bandas se sobrepõem. A **banda d** é

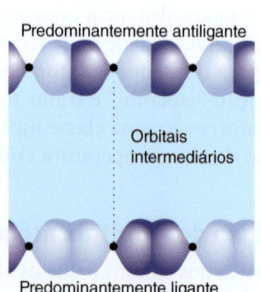

Figura 3.64 Exemplo de uma banda p em um sólido unidimensional.

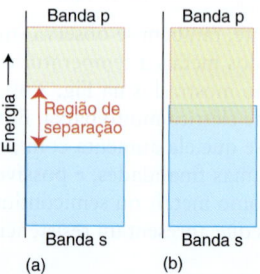

Figura 3.65 (a) As bandas s e p de um sólido e a separação entre elas. A existência ou não dessa separação de energia depende da diferença de energia entre os orbitais s e p dos átomos e da força de interação entre eles no sólido. (b) Se a interação for forte, as bandas serão largas e poderão sobrepor-se.

construída da mesma forma, por meio da sobreposição dos orbitais d. A formação de bandas não está restrita a um tipo de orbital atômico, podendo ocorrer nos compostos pela combinação de diferentes tipos de orbitais; por exemplo, pode ocorrer a sobreposição dos orbitais d de um átomo metálico com os orbitais p de átomos de oxigênio vizinhos.

Em geral, a estrutura de um diagrama de bandas pode ser construída para qualquer sólido, usando-se os orbitais de fronteira de todos os átomos presentes. As energias dessas bandas e se elas irão sobrepor-se dependerão das energias dos orbitais atômicos participantes, e as bandas poderão estar vazias, cheias ou parcialmente preenchidas, dependendo do número total de elétrons no sistema.

EXEMPLO 3.19 Identificando a sobreposição orbital

Avalie se os orbitais d do titânio no TiO (estrutura de sal-gema) podem se sobrepor para formar uma banda.

Resposta Precisamos verificar se existem orbitais d nos átomos metálicos vizinhos capazes de fazer sobreposição um com outro. A Fig. 3.66 mostra uma face da estrutura do sal-gema com os orbitais d_{xy} desenhados em cada átomo de Ti. Os lóbulos desses orbitais apontam diretamente uns para os outros e irão sobrepor-se para formar uma banda. De uma forma similar, os orbitais d_{zx} e d_{yz} se sobrepõem em direções perpendiculares às faces xz e yz.

Teste sua compreensão 3.19 Quais orbitais d têm a forma apropriada para se sobreporem em um metal que tenha uma estrutura primitiva?

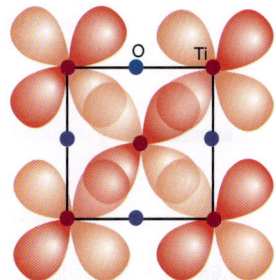

Figura 3.66 Uma face da estrutura de sal-gema do TiO, mostrando como pode ocorrer a sobreposição dos orbitais d_{xy}, d_{yz} e d_{zx}.

(b) O nível de Fermi

Ponto principal: O nível de Fermi é o mais alto nível de energia ocupado em um sólido em $T = 0$.

Em $T = 0$, os elétrons ocupam os orbitais moleculares individuais das bandas de acordo com o princípio do preenchimento. Se cada átomo fornecer um elétron s, então, em $T = 0$, metade dos N orbitais mais baixos estará ocupado. O orbital mais alto ocupado em $T = 0$ é chamado de **nível de Fermi**; ele encontra-se próximo ao centro da banda (Fig. 3.67). Quando a banda não está completamente preenchida, os elétrons próximos ao nível de Fermi podem ser facilmente promovidos para os níveis vazios vizinhos. Assim, eles são móveis e podem deslocar-se com uma relativa liberdade através do sólido e a substância é, então, um condutor elétrico.

O sólido é de fato um condutor *metálico*. Já vimos que o critério para a condução metálica é a diminuição da condutividade elétrica com o aumento da temperatura. Esse comportamento é o oposto do que seria esperado se a condutividade fosse governada pela promoção térmica dos elétrons acima do nível de Fermi. O efeito contrário a esse pode ser identificado reconhecendo-se que a capacidade de um elétron de trafegar suavemente ao longo do sólido numa banda de condução depende da uniformidade do arranjo dos átomos. Um átomo vibrando intensamente numa posição é equivalente a uma impureza que rompe com o ordenamento dos orbitais. Essa diminuição de uniformidade reduz a capacidade do elétron de caminhar de uma extremidade à outra do sólido, de forma que a condutividade do sólido é menor do que em $T = 0$. Ao imaginarmos o elétron movendo-se ao longo do sólido, podemos considerar que ele é "espalhado" pelas vibrações atômicas. Esse espalhamento do transportador de carga aumenta com o aumento da temperatura à medida que as vibrações da rede aumentam, e isso explica a dependência inversa com a temperatura que é observada para a condutividade dos metais.

(c) Densidade de estados e largura das bandas

Ponto principal: A densidade de estados não é uniforme ao longo da banda; na maioria dos casos, os estados são mais concentrados nas proximidades do centro da banda.

O número de níveis de energia em uma faixa de energia dividido pela largura dessa faixa é chamado de **densidade de estados**, ρ (Fig. 3.68a). A densidade de estados não é uniforme ao longo de uma banda porque os níveis de energia estão mais próximos em algumas energias do que em outras. Em três dimensões, a variação da densidade de estados é como mostrado na Fig. 3.69, com uma maior densidade de estados próximo ao centro da banda e uma menor densidade nas bordas. A razão para esse comportamento está relacionada com as várias maneiras de se produzir uma combinação linear particular de orbitais atômicos. Há somente uma maneira de se formar um orbital molecular totalmente ligante (a extremidade inferior da banda) e somente uma maneira de se formar um orbital molecular totalmente antiligante (a extremidade superior). Entretanto,

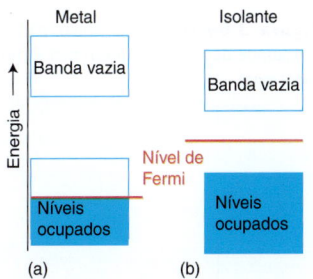

Figura 3.67 (a) Uma típica estrutura de banda para um metal, mostrando o nível de Fermi; se cada um dos N átomos fornecer um elétron s, então, em $T = 0$, os ½N orbitais inferiores estarão ocupados e o nível de Fermi estará próximo ao centro da banda. (b) Uma estrutura de banda típica para um isolante, com o nível de Fermi situado no meio da região de separação entre as bandas.

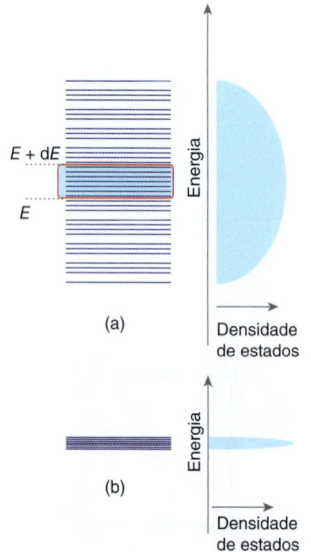

Figura 3.68 (a) A densidade de estados em um metal é o número de níveis de energia em uma faixa infinitesimal de energia entre E e $E + dE$. (b) Densidade de estados associada à baixa concentração de dopante.

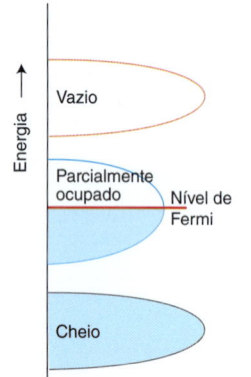

Figura 3.69 Diagrama típico para a densidade de estados em um metal tridimensional.

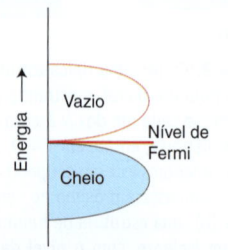

Figura 3.70 Densidade de estados em um semimetal.

há muitas maneiras (em um arranjo tridimensional de átomos) de se formar um orbital molecular com uma energia correspondente ao interior da banda.

O número de orbitais que contribui para uma banda determina o número total de estados dentro dela, ou seja, a área definida pela curva de densidade de estados. Números elevados de orbitais atômicos participantes que tenham forte sobreposição produzem bandas largas (em termos de energia) com uma elevada densidade de estados. Se uma quantidade relativamente pequena de átomos participar da banda e eles estiverem bem separados no sólido, como é o caso de uma espécie dopante, a banda associada com esse tipo de átomo dopante será estreita e conterá apenas uns poucos estados (Fig. 3.68b).

A densidade de estados é zero na região de separação entre as bandas – não há níveis de energia nessa região. Em certos casos especiais, entretanto, uma banda preenchida e uma banda vazia podem coincidir em energia, mas com uma densidade de estados igual a zero na sua junção (Fig. 3.70). Os sólidos com essa estrutura de bandas são chamados de **semimetais**. Um exemplo importante é o grafite, que é um semimetal nas direções paralelas às folhas de átomos de carbono.

> *Um comentário útil* Este uso do termo "semimetal" não deve ser confundido com o seu outro uso, como sinônimo de metaloide. Neste texto, evitamos empregar este último.

(d) Isolantes

Ponto principal: Um isolante é um sólido com uma grande separação entre as bandas.

Um sólido é um isolante quando uma quantidade suficiente de elétrons estiver presente para preencher completamente uma banda e existir uma grande separação de energia até o próximo orbital vazio disponível em outra banda (Fig. 3.71). No cristal de cloreto de sódio, por exemplo, os N íons Cl$^-$ estão praticamente em contato, e seus orbitais de valência 3s e os três 3p sobrepõem-se para formar uma banda estreita, consistindo em $4N$ níveis de energia. Os íons Na$^+$ estão também praticamente em contato e também formam uma banda. A eletronegatividade do cloro é tão maior que a do sódio, que a banda do cloro encontra-se muito abaixo da banda do sódio, e a região de separação entre as bandas tem cerca de 7 eV. Existem $8N$ elétrons que precisam ser acomodados (sete de cada átomo de cloro e um de cada átomo de sódio). Estes $8N$ elétrons ocupam a banda de menor energia do cloro, preenchendo-a e deixando a banda do sódio vazia. Como a energia do movimento térmico disponível à temperatura ambiente é $kT \approx 0{,}03$ eV (onde k é a constante de Boltzmann), poucos elétrons têm energia suficiente para ocupar os orbitais da banda do sódio.

Em um isolante, a banda de mais alta energia que contém elétrons (em $T = 0$) é normalmente chamada de **banda de valência**. A banda mais alta seguinte (que está vazia em $T = 0$) é chamada de **banda de condução**. No NaCl, a banda formada pelos orbitais do Cl é a banda de valência e a banda formada pelos orbitais do Na é a banda de condução.

Normalmente, pensamos em um sólido iônico ou molecular como formado de íons ou moléculas discretas. De acordo com esta representação que acabamos de descrever, entretanto, eles podem ser considerados como tendo uma estrutura de bandas. As duas visões podem ser conciliadas, uma vez que é possível mostrar que uma banda cheia é equivalente à soma de densidades eletrônicas localizadas. No cloreto de sódio, por exemplo, uma banda cheia, construída a partir dos orbitais dos Cl, é equivalente a uma coleção de íons Cl$^-$ discretos, enquanto uma banda vazia construída a partir dos orbitais do Na é equivalente a um arranjo de íons Na$^+$.

3.20 Semicondutores

A propriedade física característica de um semicondutor é a de que sua condutividade elétrica aumenta com o aumento da temperatura. À temperatura ambiente, as condutividades típicas dos semicondutores são intermediárias entre a dos metais e a dos isolantes. A linha divisória entre isolantes e semicondutores é uma questão do tamanho da separação energética entre as bandas (Tabela 3.13); a condutividade por si só não é um critério confiável porque, à medida que a temperatura aumenta, uma dada substância pode ter uma sucessão de valores de condutividade baixa, intermediária e alta. Os valores da separação entre as bandas e a condutividade que são considerados como indicativos de semicondução, e não de um comportamento de isolante, dependem da aplicação que está sendo considerada.

(a) Semicondutores intrínsecos

Ponto principal: A separação entre as bandas em um semicondutor controla a dependência da condutividade com a temperatura por meio de uma expressão semelhante à de Arrhenius.

Em um **semicondutor intrínseco**, a separação entre as bandas é tão pequena que a energia térmica faz com que alguns elétrons passem para a banda vazia acima (Fig. 3.72). Esta ocupação da banda de condução produz **buracos positivos**, correspondendo à ausência de elétrons, na banda inferior, fazendo do sólido um condutor, pois tanto os buracos quanto os elétrons promovidos podem se mover. Geralmente, um semicondutor à temperatura ambiente tem uma condutividade muito menor do que um condutor metálico, pois apenas uns poucos elétrons e buracos podem atuar como transportadores de carga. A forte dependência da condutividade com o aumento da temperatura deriva da dependência exponencial com a temperatura, do tipo Boltzmann, da população de elétrons na banda superior.

Como consequência da forma exponencial para a população na banda de condução, a condutividade de um semicondutor mostra uma dependência com a temperatura do tipo Arrhenius, da forma

$$\sigma = \sigma_0 e^{-E/2kT} \qquad (3.7)$$

sendo E o valor da separação entre as bandas. Ou seja, pode-se esperar que a condutividade de um semicondutor seja descrita por uma equação semelhante à de Arrhenius, com uma energia de ativação igual à metade da separação entre as bandas, $E_a \approx \frac{1}{2}E$, que se observa, de fato, na prática.

(b) Semicondutores extrínsecos

Pontos principais: Semicondutores do tipo p são sólidos dopados com átomos que removem elétrons da banda de valência; semicondutores do tipo n são sólidos dopados com átomos que fornecem elétrons para a banda de condução.

Um **semicondutor extrínseco** é uma substância que é um semicondutor devido à presença de impurezas adicionadas intencionalmente. O número de elétrons transportadores de carga pode ser aumentado pela introdução de átomos com mais elétrons do que o elemento original, por dopagem. Curiosamente, são necessários baixos níveis de concentração do dopante, apenas cerca de um átomo para cada 10^9 do material hospedeiro, fazendo com que se torne essencial uma pureza muito alta do elemento hospedeiro original.

Introduzindo-se átomos de arsênio ([Ar]$4s^2 4p^3$) em um cristal de silício ([Ne]$3s^2 3p^2$), um elétron adicional ficará disponível para cada átomo de dopante que for inserido. Note que a dopagem é *substitucional*, no sentido de que o átomo dopante toma o lugar de um átomo de Si na estrutura do silício. Se os átomos doadores, os átomos de As, estiverem afastados uns dos outros, os seus elétrons ficarão localizados e a banda doadora será muito estreita (Figura 3.73a). Além disso, os níveis de energia desses átomos intrusos serão mais altos que os dos elétrons de valência da estrutura hospedeira, e, geralmente, a banda ocupada do dopante estará próxima da banda de condução vazia. Para $T > 0$, alguns dos seus elétrons serão promovidos termicamente para a banda de condução vazia. Em outras palavras, a excitação térmica se encarregará de transferir um elétron de um átomo de As para os orbitais vazios de um átomo de Si vizinho. A partir daí, ele será capaz de migrar através da estrutura usando a banda formada pela sobreposição Si-Si. Esse processo origina a **semicondutividade do tipo n**, onde "n" indica que os transportadores de carga são negativos (ou seja, elétrons).

Um procedimento substitucional alternativo é a dopagem do silício com átomos de um elemento com menos elétrons de valência, como o gálio ([Ar]$4s^2 4p^1$). Um átomo dopante desse tipo introduz, efetivamente, buracos no sólido. Mais formalmente, os átomos dopantes formam uma **banda receptora** muito estreita, vazia e que se encontra acima da banda ocupada do Si (Figura 3.73b). Em $T = 0$, a banda receptora está vazia, mas em temperaturas mais altas ela pode receber elétrons excitados termicamente provenientes da banda de valência do Si. Com isso, são introduzidos buracos nesta última, permitindo assim que os elétrons remanescentes na banda se tornem móveis. Como os transportadores de carga agora são efetivamente buracos positivos na banda inferior, esse tipo de semicondutividade é denominado **semicondutividade do tipo p**. Materiais semicondutores são componentes essenciais de todos os circuitos eletrônicos modernos, e alguns dispositivos baseados neles encontram-se descritos no Quadro 3.7.

Vários óxidos de metais d, como ZnO e Fe$_2$O$_3$, são semicondutores do tipo n. Nesses casos, essa propriedade ocorre por pequenas variações na estequiometria e por um

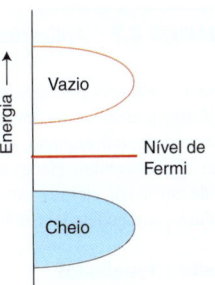

Figura 3.71 A estrutura de um isolante típico: há uma grande separação entre as bandas cheia e vazia.

Tabela 3.13 Alguns valores típicos para a separação de energia entre as bandas, a 298 K

Material	E/eV
carbono (diamante)	5,47
carbeto de silício	3,00
silício	1,11
germânio	0,66
arseneto de gálio	1,35
arseneto de índio	0,36

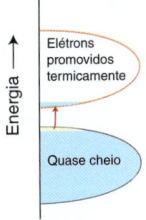

Figura 3.72 Em um semicondutor intrínseco, a separação entre as bandas é tão pequena que a distribuição de Fermi resulta na ocupação de alguns orbitais na banda superior.

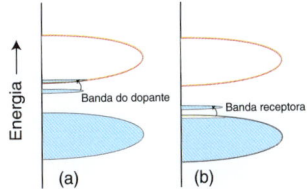

Figura 3.73 Estrutura de bandas de um semicondutor do tipo n (a) e de um semicondutor do tipo p (b).

QUADRO 3.7 Aplicações dos semicondutores

Os semicondutores possuem inúmeras aplicações, uma vez que suas propriedades podem ser facilmente modificadas pela adição de impurezas para produzir, por exemplo, semicondutores do tipo n e do tipo p. Além disso, as suas condutividades elétricas podem ser controladas pela aplicação de um campo elétrico, exposição à luz, pressão ou aquecimento; como resultado, eles podem ser usados como sensores em muitos instrumentos.

Diodos e fotodiodos

Quando a junção de um semicondutor do tipo p com um do tipo n é feita no "modo reverso" (isto é, com o lado p ligado a um terminal de menor potencial elétrico), o fluxo de corrente é muito pequeno, mas quando é feita do "modo convencional" (com o lado p ligado ao terminal de maior potencial elétrico), o fluxo de corrente através da junção é alto. A exposição de um semicondutor à luz pode gerar pares buraco-elétron, que aumentam a sua condutividade por meio do aumento do número de transportadores de carga livres (elétrons ou buracos). Os diodos que usam esse fenômeno são conhecidos como **fotodiodos**. Diodos formados por semicondutores também podem ser usados para gerar luz, como nos diodos emissores de luz e nos diodos emissores de laser (Seção 24.28).

Transistores

Os **transistores de junção bipolar** ("BJT", em inglês) são formados a partir de duas junções p-n, nas configurações npn ou pnp, sendo a região central e mais estreita denominada *base*. As outras regiões, e seus terminais associados, são conhecidas como *emissor* e *coletor*. Uma pequena diferença de potencial aplicada por meio da junção base-emissor muda as propriedades da junção base-coletor, de forma que ela pode conduzir corrente, mesmo estando ligada no modo reverso. Assim, um transistor permite um controle de corrente através de uma pequena mudança de diferença de potencial, sendo consequentemente usado em amplificadores. Como a corrente que flui por um transistor de junção bipolar é dependente da temperatura, ele pode ser usado como um sensor de temperatura. Outro tipo de transistor, o **transistor de efeito de campo** ("FET", em inglês) opera segundo o princípio de que a condutividade de um semicondutor pode ser aumentada ou diminuída pela presença de um campo elétrico. O campo elétrico aumenta o número de transportadores de carga, alterando, portanto, a sua condutividade. Esses transistores de efeito de campo são usados em circuitos analógicos e digitais para amplificar e também ligar e desligar sinais eletrônicos.

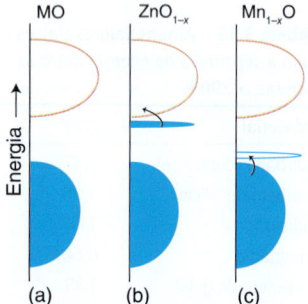

Figura 3.74 A estrutura de bandas em (a) um óxido estequiométrico, em (b) um óxido deficiente de ânions e em (c) um óxido com excesso de ânions.

pequeno déficit de átomos de O. Os elétrons que deveriam estar localizados nos orbitais atômicos do O (originando uma banda estreita, essencialmente localizada nos íons O^{2-} individuais) ocupam uma banda de condução previamente vazia, formada pelos orbitais do metal (Fig. 3.74). A condutividade elétrica decresce quando o sólido é aquecido em atmosfera de oxigênio e resfriado lentamente a temperatura ambiente, pois a deficiência de átomos de oxigênio é parcialmente eliminada e, à medida que os átomos de O são adicionados, elétrons são retirados da banda de condução para formar os íons óxido. Entretanto, ao se medir a condutividade do ZnO em alta temperatura, ela aumenta à medida que oxigênio é perdido da estrutura, aumentando assim o número de elétrons na banda de condução.

A semicondução do tipo p é observada para alguns calcogenetos e haletos de metais d com baixo número de oxidação, como Cu_2O, FeO, FeS e CuI. Nesses compostos, a perda de elétrons pode ocorrer através de um processo equivalente à oxidação de alguns dos átomos metálicos, com os buracos resultantes aparecendo predominantemente na banda do metal. A condutividade aumenta quando esses compostos são aquecidos em atmosfera de oxigênio (ou na presença de fontes de enxofre ou halogênio para o FeS e CuI, respectivamente), pois mais buracos são formados na banda do metal à medida que a oxidação avança. Por outro lado, a semicondutividade do tipo n tende a ocorrer para óxidos de metais em elevados estados de oxidação, uma vez que o metal pode ser reduzido a um estado de oxidação menor pela ocupação de uma banda de condução formada pelos orbitais do metal. Assim, o Fe_2O_3, o MnO_2 e o CuO são típicos semicondutores do tipo n. Em contraste, a semicondutividade do tipo p ocorre quando o metal está num estado de oxidação baixo, como no MnO e no Cr_2O_3.

EXEMPLO 3.20 Prevendo o aparecimento da propriedade de semicondução extrínseca

Quais dos óxidos – WO_3, MgO e CdO – podem apresentar semicondutividade extrínseca do tipo p ou n?

Resposta O tipo de semicondutividade depende dos níveis de defeitos que podem ser introduzidos, que, por sua vez, são determinados pelo fato de o metal presente ser facilmente oxidado ou reduzido. Se o metal puder ser facilmente oxidado (que será o caso se ele tiver um número de oxidação baixo), pode-se esperar uma semicondutividade do tipo p. Por outro lado, se o metal puder ser facilmente reduzido (no caso de ele ter um número de oxidação elevado), a condutividade esperada será do tipo n. Assim, para o WO_3, em que o tungstênio encontra-se no alto estado de oxidação W(VI), ele é facilmente reduzido recebendo elétrons dos íons O^{2-}, que então escapam como oxigênio elementar. Os elétrons em excesso entram na banda formada pelos orbitais d do W, resultando em uma semicondutividade do tipo n. Da mesma forma, o CdO e o ZnO facilmente perdem oxigênio, podendo-se prever um semicondutor do tipo n. Ao contrário, os íons Mg^{2+} não são facilmente oxidados e nem reduzidos, de forma que o MgO não perde e não ganha nem mesmo pequenas quantidades de oxigênio, sendo assim um isolante.

Teste sua compreensão 3.20 Preveja se ocorre semicondutividade do tipo p ou n para o V_2O_5 e o CoO.

INFORMAÇÃO COMPLEMENTAR: a equação de Born-Mayer

Como vimos no Quadro 3.5, a energia potencial coulombiana de um único cátion em uma linha unidimensional de cátions A e ânions B, alternados, de cargas $+e$ e $-e$, separados por uma distância d, é dada por

$$V = \frac{2e^2 \ln 2}{4\pi\varepsilon_0 d}$$

A contribuição molar total de todos os íons é a energia potencial multiplicada pela constante de Avogadro, N_A (para converter para um valor molar), e dividida por 2 (para não contar cada interação duas vezes):

$$V = \frac{N_A e^2}{4\pi\varepsilon_0 d} A$$

A energia potencial molar total também precisa incluir as interações repulsivas entre os íons. Podemos simular essas interações por uma função exponencial de curto alcance da forma Be^{-d/d^*}, onde a constante d^* define o alcance das interações repulsivas e a constante B, a sua magnitude. A energia potencial molar total da interação é, portanto,

$$V = -\frac{N_A e^2}{4\pi\varepsilon_0 d} A + B e^{-d/d^*}$$

Essa energia potencial passa por um mínimo quando $dV/dd = 0$, permitindo escrever

$$\frac{dV}{dd} = \frac{N_A e^2}{4\pi\varepsilon_0 d^2} A - \frac{B}{d^*} e^{-d/d^*} = 0$$

Temos então que, no mínimo,

$$B e^{-d^*/d} = \frac{N_A e^2 d^*}{4\pi\varepsilon_0 d^2} A$$

Essa relação pode ser substituída na expressão para V fornecendo

$$V = -\frac{N_A e^2}{4\pi\varepsilon_0 d}\left(1 - \frac{d^*}{d}\right) A$$

Identificando $-V$ com a entalpia de rede (mais precisamente com a energia de rede em $T = 0$), obtemos a equação de Born-Mayer (Eq. 3.2) para o caso especial de íons com carga unitária. A generalização para outros tipos de carga é imediata.

Se for usada uma expressão diferente para as interações repulsivas entre os íons, a fórmula será, naturalmente, diferente. Uma alternativa é usar uma expressão como $1/r^n$ com um n grande, geralmente $6 \leq n \leq 12$, o que produz uma expressão ligeiramente diferente para V, conhecida como **equação de Born-Landé**:

$$V = -\frac{N_A e^2}{4\pi\varepsilon_0 d}\left(1 - \frac{1}{n}\right) A$$

A equação semiempírica de Born-Mayer, com $d^* = 34,5$ pm, determinado a partir do melhor ajuste a dados experimentais, é geralmente preferida em vez da equação de Born-Landé.

LEITURA COMPLEMENTAR

R. D. Shannon, in *Encyclopedia of inorganic Chemistry*, ed. R. B. King, John Wiley & Sons (2005). Um levantamento sobre os raios iônicos e suas determinações.

A. F. Wells, *Structural inorganic chemistry*, Oxford University Press (1985). O livro padrão de referência sobre as estruturas de um grande número de sólidos inorgânicos.

J. K. Burdett, *Chemical bonding in solids*, Oxford University Press (1995). Detalhes adicionais das estruturas eletrônicas dos sólidos.

Alguns textos introdutórios sobre a química inorgânica do estado sólido:

U. Müller, *Inorganic structural chemistry*, John Wiley & Sons (1993).

A. R. West, *Basic solid state chemistry*, 2a. ed. John Wiley & Sons (1999).

S. E. Dann, *Reactions and characterization of solids*, Royal Society of Chemistry (2000).

L. E. Smart e E. A. Moore, *Solid state chemistry: an introduction*, 4a. ed., CRC Press (2012)

P. A. Cox, *The electronic structure and chemistry of solids*, Oxford University Press (1987).

D. K. Chakrabarty, *Solid state chemistry*, 2a. ed., New Age Science Ltd (2010).

Dois excelentes textos sobre as aplicações de argumentos termodinâmicos à química inorgânica:

W. E. Dasent, *Inorganic energetics*, Cambridge University Press (1982).

D. A. Johnson, *Some thermodynamic aspects of inorganic chemistry*, Cambridge University Press (1982).

EXERCÍCIOS

3.1 Quais são as relações entre os parâmetros da célula unitária no sistema cristalino monoclínico?

3.2 Desenhe uma célula unitária tetragonal e marque nela um conjunto de pontos que definem: (a) uma rede de face centrada e (b) uma rede de corpo centrado. Demonstre, considerando duas células unitárias adjacentes, que uma rede tetragonal de face centrada de dimensões a e c pode sempre ser redesenhada como uma rede tetragonal de corpo centrado com dimensões $a/\sqrt{2}$ e c.

3.3 Quais são as coordenadas fracionais dos pontos de rede mostrados na célula unitária cúbica de face centrada (Fig. 3.5)? Pela contagem dos pontos de rede e suas contribuições para a célula unitária cúbica, confirme que uma rede cúbica de face centrada (F) contém quatro pontos de rede na célula unitária e uma rede cúbica de corpo centrado contém dois pontos de rede.

3.4 Desenhe uma célula unitária cúbica (a) na forma de projeção (mostrando as alturas fracionais dos átomos) e (b) como uma representação tridimensional que mostre os átomos nas seguintes posições: Ti em $(\frac{1}{2}, \frac{1}{2}, \frac{1}{2})$, O em $(\frac{1}{2}, \frac{1}{2}, 0)$, $(0, \frac{1}{2}, \frac{1}{2})$ e $(\frac{1}{2}, 0, \frac{1}{2})$ e Ba em $(0, 0, 0)$. Lembre-se de que uma célula unitária cúbica, com um átomo na face, aresta ou vértice, terá deslocamentos equivalentes de átomos pela repetição da célula unitária em qualquer direção. Qual o tipo de estrutura desta célula?

3.5 Quais dos seguintes esquemas de padrões de repetição de planos em empacotamento compacto não são válidos para gerar redes de empacotamento compacto?

(a) ABCABC...; (b) ABAC...; (c) ABBA...; (d) ABCBC...; (e) ABABC...; (f) ABCCB...

3.6 Determine as fórmulas dos compostos produzidos pelo: (a) preenchimento de metade das cavidades tetraédricas com cátions M em um arranjo de empacotamento compacto hexagonal de ânions X; (b) preenchimento de metade das cavidades octaédricas com cátions M em um arranjo de empacotamento compacto cúbico de ânions X.

3.7 O potássio reage com o C_{60} (Fig. 3.16) para formar um composto em que todas as cavidades octaédricas e tetraédricas são preenchidas com íons potássio. Calcule a estequiometria para este composto.

3.8 Na estrutura do MoS_2, os átomos de S estão arranjados em camadas de empacotamento compacto que se repetem na sequência AAA.... Os átomos de Mo ocupam cavidades com número de coordenação 6. Mostre que cada átomo de Mo está rodeado por um prisma trigonal de átomos de S.

3.9 Desenhe a célula unitária ccc do metal tungstênio e adicione uma segunda célula unitária vizinha. Qual é, aproximadamente, o NC de um sítio na face da célula unitária original? Qual é a estequiometria de um composto no qual todos esses sítios tiverem sido preenchidos com átomos de carbono?

3.10 O sódio metálico adota uma estrutura ccc com densidade de 970 kg m^{-3}. Qual o comprimento da aresta da célula unitária?

3.11 Uma liga de cobre e ouro tem a estrutura mostrada na Fig. 3.75. Calcule a composição da célula unitária. Qual o tipo de rede desta estrutura? Tendo o ouro puro 24 quilates, quantos quilates de ouro tem esta liga?

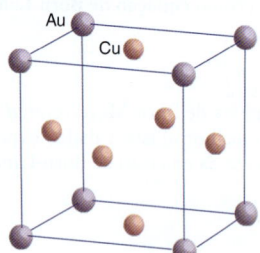

Figura 3.75* A estrutura do Cu_3Au.

3.12 Usando o triângulo de Ketelaar, como você classificaria o Sr_2Ga ($\chi(Sr) = 0{,}95$; $\chi(Ga) = 1{,}81$), como uma liga ou como uma fase Zintl?

3.13 Dependendo da temperatura, o RbCl pode apresentar a estrutura de sal-gema ou de cloreto de césio. (a) Qual o número de coordenação do cátion e do ânion em cada uma dessas estruturas? (b) Em qual dessas estruturas o Rb terá o maior raio aparente?

3.14 Considere a estrutura do cloreto de césio. Quantos íons Cs$^+$ ocupam a posição de segundos vizinhos mais próximos de um íon Cs$^+$? Quantos íons Cl$^-$ ocupam os sítios de terceiros vizinhos mais próximos?

3.15 A estrutura do ReO_3 é cúbica, com um átomo de Re em cada vértice da célula unitária e um átomo de O em cada aresta da célula unitária, à meia distância entre os átomos de Re. Faça um esboço dessa célula unitária e determine: (a) o número de coordenação dos íons; (b) o tipo de estrutura que seria gerada se um cátion fosse inserido no centro de cada célula unitária de ReO_3.

3.16 Descreva a coordenação em torno dos íons óxido na estrutura da perovskita, ABO_3, em termos da coordenação com relação aos cátions do tipo A e B.

3.17 Imagine a construção de uma estrutura MX_2 a partir da estrutura do CsCl pela remoção de metade dos íons Cs$^+$ para deixar uma coordenação tetraédrica em torno de cada íon Cl$^-$. Qual é o tipo dessa estrutura MX_2?

3.18 Qual a fórmula (MX_n ou M_nX) para as seguintes estruturas derivadas do preenchimento de cavidades num arranjo de empacotamento compacto com: (a) metade das cavidades octaédricas preenchidas; (b) um quarto das cavidades tetraédricas preenchidas; (c) dois terços das cavidades octaédricas preenchidas. Quais os números de coordenação médios de M e de X em (a) e (b)?

3.19 Use as regras da razão dos raios e os raios iônicos dados no Apêndice 1 para prever as estruturas de: (a) PuO_2, (b) FrI, (c) BeS, (d) InN.

3.20 A partir dos seguintes valores para o comprimento do lado da célula unitária de compostos que cristalizam com a estrutura de sal-gema, determine o raio do cátion: MgSe (545 pm); CaSe (591 pm); SrSe (623 pm); BaSe (662 pm). (*Dica*: Para determinar o raio do Se^{2-}, assuma que os íons Se^{2-} estão em contato no MgSe.)

3.21 Use o mapa de estruturas da Fig. 3.47 para prever os números de coordenação dos cátions e dos ânions em: (a) LiF, (b) RbBr, (c) SrS, (d) BeO. Os números de coordenação observados para LiF, RbBr e SrS são (6,6) e para o BeO (4,4). Proponha uma possível explicação para as discordâncias.

3.22 Descreva como as estruturas dos íons complexos K_2PtCl_6, $[Ni(H_2O)_6][SiF_6]$ e CsCN podem ser descritas em termos das estruturas típicas simples da Tabela 3.4.

3.23 A Fig. 3.76 apresenta a estrutura da calcita ($CaCO_3$). Descreva a relação desta estrutura com a do NaCl.

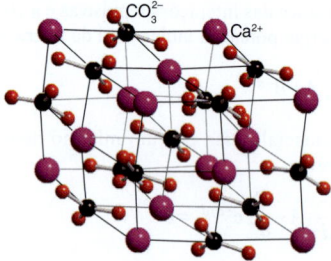

Figura 3.76* A estrutura do $CaCO_3$.

3.24 Quais as etapas mais significativas do ciclo de Born-Haber para explicar a formação do Ca_3N_2?

3.25 Considerando os parâmetros que variam na equação de Born-Mayer, estime as entalpias de rede para o MgO e o AlN, sabendo que tanto o MgO quanto o AlN adotam a estrutura do sal-gema com parâmetros de rede semelhantes aos do NaCl e $\Delta_R H^\ominus$ (NaCl) = 786 kJ mol^{-1}.

3.26 (a) Calcule a entalpia de formação do composto hipotético KF_2, assumindo a estrutura do CaF_2. Use a equação de Born-Mayer para obter a entalpia de rede e estime o raio do K^{2+} pela extrapolação das tendências da Tabela 1.4 e do Apêndice 1. As entalpias de ionização e de ganho de elétron são dadas nas Tabelas 1.5 e 1.6. (b) Que fator impede a formação desse composto apesar da entalpia de rede favorável?

3.27 O número de oxidação comum para um metal alcalino-terroso é +2. Usando a equação de Born-Mayer e um ciclo de Born-Haber, mostre que a formação do CaCl é um processo exotérmico. Use uma analogia adequada para estimar o raio iônico do Ca$^+$. A entalpia de sublimação do Ca(s) é 176 kJ mol^{-1}. Mostre que podemos explicar a inexistência do CaCl considerando a variação de entalpia para a reação 2 CaCl(s) → Ca(s) + $CaCl_2$(s).

3.28 Existem dois polimorfos comuns do sulfeto de zinco: o cúbico e o hexagonal. Considerando apenas as constantes de Madelung, preveja qual polimorfo deve ser o mais estável. Assuma que as distâncias Zn-S nos dois polimorfos são idênticas.

3.29 (a) Explique por que os cálculos de energia de rede baseados na equação de Born-Mayer reproduzem os valores determinados experimentalmente para o LiCl em torno de 1%, enquanto que para o AgCl o desvio é de 10%, sabendo que ambos os compostos possuem a estrutura de sal-gema. (b) Identifique um par de compostos contendo íons M^{2+} que possam apresentar comportamento similar.

3.30 Use a equação de Kapustinskii, os raios iônicos e termoquímicos dados no Apêndice 1 e na Tabela 3.10 e o r(Bk^{4+}) = 96 pm para calcular as entalpias de rede de: (a) BkO_2, (b) K_2SiF_6, (c) $LiClO_4$.

3.31 Qual membro de cada par deve ser mais solúvel em água: (a) SrSeO$_4$ ou CaSeO$_4$; (b) NaF ou NaBF$_4$?

3.32 Com base nos fatores que contribuem para as entalpias de rede, coloque os sais LiF, CaO, RbCl, AlN, NiO e CsI em ordem crescente de energia de rede. Todos adotam a estrutura de sal-gema.

3.33 Proponha um cátion específico para a precipitação quantitativa do íon selenato, SeO$_4^{2-}$, em água. Sugira dois cátions diferentes, um que tenha um fosfato (PO$_4^{3-}$) solúvel e outro que tenha um fosfato altamente insolúvel.

3.34 Para os seguintes pares de compostos isoestruturais, qual dos dois compostos deve sofrer decomposição térmica em temperatura mais baixa? Justifique sua resposta. (a) MgCO$_3$ e CaCO$_3$ (os produtos de decomposição são MO e CO$_2$); (b) CsI$_3$ e N(CH$_3$)$_4$I$_3$ (ambos os compostos contêm I$_3^-$; os produtos de decomposição são MI e I$_2$).

3.35 Preveja que tipo de defeito intrínseco é mais provável de ocorrer em: (a) Ca$_3$N$_2$; (b) HgS.

3.36 Considerando os íons dopantes que produzem a cor azul da safira, explique a origem da cor na forma azul de berilo conhecida como água-marinha.

3.37 Em quais dos seguintes compostos é possível ocorrer não estequiometria: óxido de magnésio; carbeto de vanádio; óxido de manganês?

3.38 Explique por que são encontrados maiores níveis de defeitos nos sólidos em altas temperaturas e próximo dos seus pontos de fusão. De que forma a pressão pode afetar o número de defeitos em equilíbrio em um sólido?

3.39 Considerando o efeito nas energias de rede quando são incorporados um grande número de defeitos e as variações resultantes nos números de oxidação dos íons que compõem a estrutura, preveja quais dos seguintes sistemas podem apresentar não estequiometria numa larga faixa de x: Zn$_{1+x}$O, Fe$_{1-x}$O e UO$_{2+x}$.

3.40 Classifique os seguintes semicondutores dopados como do tipo n ou p: (a) Ga dopado com Ge; (b) As dopado com Si; (c) In$_{0,49}$As$_{0,51}$.

3.41 Qual dos óxidos, VO ou NiO, podem apresentar propriedades metálicas?

3.42 Descreva a diferença entre um semicondutor e um semimetal.

3.43 Classifique os seguintes compostos como semicondutores do tipo n ou p: Ag$_2$S; VO$_2$; CuBr.

3.44 A grafita é um semimetal com uma estrutura de bandas do tipo apresentado na Fig. 3.70. A reação da grafita com o potássio produz o C$_8$K, enquanto que a reação com o bromo forma o C$_8$Br. Assumindo que as folhas da grafita permanecem intactas e o potássio e o bromo entram na estrutura da grafita como íons K$^+$ e Br$^-$, respectivamente, preveja se os compostos C$_8$K e C$_8$Br podem apresentar propriedades metálicas, semimetálicas, semicondutoras ou isolantes.

PROBLEMAS TUTORIAIS

3.1 A equação de Kapustinskii mostra que as entalpias de rede são inversamente proporcionais às distâncias entre os íons. Trabalhos recentes mostraram que simplificações adicionais da equação de Kapustinskii permitem estimar as entalpias de rede a partir do volume da molécula (ou fórmula) unitária (volume da célula unitária dividido pelo número de fórmulas unitárias, Z, que ela contém) ou da densidade (veja, por exemplo, H. D. B. Jenkins e D. Tudela, *J. Chem. Educ.*, 2003, 80, 1482). Como você espera que a entalpia de rede varie em função: (a) do volume da molécula unitária; (b) da densidade? Dados os seguintes volumes das células unitárias (todas em angstrom cúbico, Å^3; 1 Å = 10^{-10} m) para os óxidos e também para os carbonatos de alcalino-terrosos, MCO$_3$, preveja o comportamento de decomposição dos carbonatos.

MgCO$_3$	CaCO$_3$	SrCO$_3$	BaCO$_3$
47	61	64	76
MgO	CaO	SrO	BaO
19	28	34	42

3.2 Considerando a estrutura do sal-gema, as distâncias e as cargas em torno do íon central, mostre que os seis primeiros termos da série de Madelung para o Na$^+$ são

$$\frac{6}{\sqrt{1}} - \frac{12}{\sqrt{2}} + \frac{8}{\sqrt{3}} - \frac{6}{\sqrt{4}} + \frac{24}{\sqrt{5}} - \frac{24}{\sqrt{6}}$$

Discuta os métodos usados para mostrar que essa série converge para 1,748, consultando a referência R.P. Grosso, J.T. Fermann e W.J. Vining, *J. Chem. Educ.*, 2001, 78, 1198.

3.3 Nanocristais com dimensões de 1 a 10 nm têm sido cada vez mais importantes em aplicações tecnológicas (veja Capítulo 24). O cálculo da constante de Madelung para um determinado tipo de estrutura requer um somatório infinito dos termos da série, impedindo que esse método seja aplicado a um cristal de dimensões nanométricas. Discuta como o conceito de um fator de Madelung, A^*, pode ser usado para descrever as interações iônicas totais nos nanocristais. Como A^* varia em função do tamanho do nanocristal para uma estrutura do tipo: (a) NaCl; (b) CsCl? Como resultado, discuta como as propriedades de um nanocristal diferem daquelas de um sólido macroscópico. Veja M.D. Baker e A.D. Baker, *J. Chem. Educ.*, 2010, 87, 280.

3.4 Discuta sobre os fatores termodinâmicos que justificam a observação de que o CuO é um óxido estável de Cu(II) bem conhecido, mas o AgO é um óxido de valência mista, Ag(I)Ag(III)O$_2$. Veja D. Tudela, *J. Chem. Educ.*, 2008, 85, 863. O AgF$_2$ é um composto estável de Ag(II); discuta que fatores podem estar contribuindo para a estabilidade do Ag(II) em combinação com o fluoreto.

3.5 A "regra isomegética" estabelece que "os volumes das células unitárias, V$_m$, de sais iônicos isoméricos são aproximadamente iguais"; veja H.D.B. Jenkins et al., *Inorg. Chem.*, 2041, 43, 6238 e L. Glasser, *J. Chem. Educ.*, 2011, 88, 581. Discuta os fundamentos dessa "regra" e suas aplicações na química de estado sólido.

4 Ácidos e bases

Acidez de Brønsted
4.1 Equilíbrio de transferência de próton em água

Características dos ácidos de Brønsted
4.2 Tendências periódicas na força dos aqua-ácidos
4.3 Oxoácidos simples
4.4 Óxidos anidros
4.5 Formação de polioxocompostos

Acidez de Lewis
4.6 Exemplos de ácidos e bases de Lewis
4.7 Características dos ácidos de Lewis segundo o seu grupo da Tabela Periódica

Reações e propriedades dos ácidos e bases de Lewis
4.8 Tipos fundamentais de reação
4.9 Fatores que regem as interações entre os ácidos e as bases de Lewis
4.10 Parâmetros termodinâmicos de acidez

Solventes não aquosos
4.11 O efeito nivelador do solvente
4.12 A definição dos ácidos e bases segundo o sistema solvente
4.13 Solventes como ácidos e bases

Aplicações da química ácido-base
4.14 Superácidos e superbases
4.15 Reações ácido-base heterogêneas

Leitura complementar

Exercícios

Problemas tutoriais

Este capítulo aborda uma grande variedade de espécies que são classificadas como ácidos e bases. A primeira parte descreve a definição de Brønsted, em que um ácido é um doador de próton e uma base é um receptor de próton. O equilíbrio de transferência de próton pode ser discutido quantitativamente em termos das constantes de acidez, que são uma medida da tendência das espécies em doar prótons. Na segunda parte do capítulo, introduzimos a definição de Lewis para ácidos e bases, que trata as reações considerando o compartilhamento de pares de elétrons entre um doador (a base) e um receptor (o ácido). Isso nos permite estender nossa discussão de ácidos e bases para incluir espécies que não contêm prótons e para reações em meios não próticos. Por causa da grande diversidade dos ácidos e bases de Lewis, uma única escala de força ácida não é apropriada, e duas abordagens são feitas: numa, ácidos e bases são classificados como "duros" ou "macios"; na outra, são usados dados termodinâmicos para a obtenção de um conjunto de parâmetros característicos de cada espécie. As seções finais apresentam os solventes não aquosos e também descrevem algumas das aplicações mais importantes da química ácido-base.

A distinção original entre ácidos e bases foi baseada, perigosamente, nos critérios de gosto e tato: os ácidos são azedos e as bases lembram o sabão. Uma compreensão química mais aprofundada das suas propriedades surgiu com a concepção de Arrhenius (1884) de que um ácido é um composto que produz íons hidrogênio em água. As definições modernas que consideraremos neste capítulo se baseiam num conjunto mais amplo de reações químicas. A definição de Brønsted e Lowry enfoca a transferência de próton e a de Lewis se baseia na interação de moléculas e íons doadores e receptores de pares de elétrons.

As reações do tipo ácido-base são muito comuns, embora nem sempre consigamos reconhecê-las como tal, especialmente se elas envolvem definições mais sutis do que é um ácido ou uma base. Por exemplo, a formação da chuva ácida começa com uma reação muito simples entre o dióxido de enxofre e a água:

$$2\,SO_2(g) + H_2O(l) \rightarrow HOSO_2^-(aq) + H^+(aq)$$

Essa, de fato, é um tipo de reação ácido-base. A produção do sabão envolve o processo de saponificação:

$$NaOH(aq) + RCOOR'(aq) \rightarrow RCO_2Na(aq) + R'OH(aq)$$

Este também é um tipo de reação ácido-base. Existem muitas dessas reações, e no devido momento veremos por que elas podem ser consideradas reações entre ácidos e bases.

Acidez de Brønsted

Pontos principais: Um ácido de Brønsted é um doador de próton, e uma base de Brønsted é um receptor de próton. Um próton não tem existência de forma isolada na química e está sempre associado a outra espécie. Uma representação simples de um íon hidrogênio em água é o íon hidrônio*, H_3O^+.

Em 1923, Johannes Brønsted, na Dinamarca, e Thomas Lowry, na Inglaterra, propuseram que o aspecto fundamental de uma reação ácido-base é a transferência de um íon hidrogênio, H^+, de uma espécie para outra. No contexto dessa definição, um íon hidrogênio é frequentemente chamado de um próton. Eles sugeriram que qualquer substância que atuasse como um doador de próton deveria ser classificada como um ácido e qualquer substância que atuasse como um receptor de próton deveria ser classificada como uma base. Substâncias que atuam dessa forma são, então, chamadas de "ácidos de Brønsted" e "bases de Brønsted", respectivamente:

Um **ácido de Brønsted** é um doador de próton.
Uma **base de Brønsted** é um receptor de próton.

As definições não se referem ao ambiente no qual a transferência de próton ocorre, de forma que elas podem ser aplicadas ao comportamento de transferência do próton em qualquer solvente e mesmo na ausência deste.

Um exemplo de um ácido de Brønsted é o fluoreto de hidrogênio, HF, que pode doar um próton para outra molécula, como H_2O, quando ele se dissolve em água:

$$HF(g) + H_2O(l) \rightarrow H_3O^+(aq) + F^-(aq)$$

Um exemplo de uma base de Brønsted é a amônia, NH_3, que pode receber um próton de um doador de próton:

$$H_2O(l) + NH_3(aq) \rightarrow NH_4^+(aq) + OH^-(aq)$$

Como esses dois exemplos mostram, a água é um exemplo de uma substância **anfiprótica**, uma substância que pode atuar tanto como um ácido de Brønsted quanto como uma base de Brønsted.

Quando um ácido doa um próton para a molécula de água, esta última se converte em um *íon* **hidrônio**, H_3O^+ (**1**); (as dimensões indicadas no íon hidrônio foram obtidas da estrutura cristalina do $H_3O^+ClO_4^-$). Entretanto, a espécie H_3O^+ é certamente uma descrição simplificada do próton em água, uma vez que ele faz várias ligações hidrogênio, sendo uma melhor representação o $H_9O_4^+$ (**2**). Estudos em fase gasosa de *clusters* de água, usando espectrometria de massas, sugerem que uma gaiola de moléculas de H_2O pode condensar ao redor de um íon H_3O^+, segundo um arranjo dodecaédrico pentagonal regular, resultando na formação da espécie $H^+(H_2O)_{21}$. Como essas estruturas indicam, a descrição mais apropriada de um próton em água varia de acordo com o ambiente e o experimento considerado. Assim, por simplicidade, usaremos a representação H_3O^+.

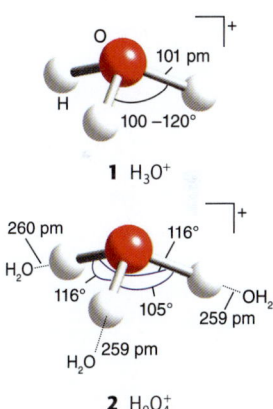

1 H_3O^+

2 $H_9O_4^+$

4.1 Equilíbrio de transferência de próton em água

A transferência de próton entre ácidos e bases é rápida em ambas as direções. Assim, os equilíbrios dinâmicos abaixo fornecem uma melhor descrição do comportamento do ácido HF e da base NH_3 em água do que apenas uma reação direta.

$$HF(aq) + H_2O(l) \rightleftharpoons H_3O^+(aq) + F^-(aq)$$
$$H_2O(l) + NH_3(aq) \rightleftharpoons NH_4^+(aq) + OH^-(aq)$$

A característica central da química ácido-base de Brønsted em solução aquosa é que o equilíbrio da reação de transferência de próton é rapidamente atingido.

(a) Ácidos e bases conjugados

Pontos principais: Quando uma espécie doa um próton, ela torna-se a base conjugada; quando uma espécie ganha um próton, ela torna-se o ácido conjugado. Ácidos e bases conjugados estão em equilíbrio em solução.

---

*N. de T.: As recomendações da IUPAC de 2005 (Livro Vermelho) indicam o uso do termo oxônio e rejeitam o uso do termo hidrônio.

A forma das duas reações dadas anteriormente, direta e inversa, ambas dependentes da transferência de um próton do ácido para a base, é expressa, de uma maneira geral, escrevendo-se o equilíbrio de Brønsted como

$$\text{Ácido}_1 + \text{Base}_2 \rightleftharpoons \text{Ácido}_2 + \text{Base}_1$$

A espécie Base$_1$ é chamada de **base conjugada** do Ácido$_1$, e o Ácido$_2$ é o **ácido conjugado** da Base$_2$. A base conjugada de um ácido é a espécie que resulta após a perda de um próton. O ácido conjugado de uma base é a espécie formada pelo ganho de um próton. Assim, o F$^-$ é a base conjugada do HF, e o H$_3$O$^+$ é o ácido conjugado do H$_2$O. Não há distinção *fundamental* entre um ácido e um ácido conjugado ou entre uma base e uma base conjugada: um ácido conjugado é simplesmente outro ácido e uma base conjugada, simplesmente outra base.

> **EXEMPLO 4.1** Identificando ácidos e bases
>
> Identifique o ácido de Brønsted e sua base conjugada nas seguintes reações:
>
> (a) HSO$_4^-$(aq) + OH$^-$(aq) → H$_2$O(l) + SO$_4^{2-}$(aq)
> (b) PO$_4^{3-}$(aq) + H$_2$O(l) → HPO$_4^{2-}$(aq) + OH$^-$(aq)
>
> *Resposta* Precisamos identificar as espécies que perdem um próton e as espécies conjugadas a elas associadas. (a) O íon hidrogenossulfato, HSO$_4^-$, transfere um próton para o hidróxido; portanto, ele é o ácido e o íon SO$_4^{2-}$ produzido é a sua base conjugada. (b) A molécula de H$_2$O transfere um próton para o íon fosfato, o qual atua com uma base; assim, o H$_2$O é o ácido e o íon OH$^-$ é a sua base conjugada.
>
> *Teste sua compreensão 4.1* Identifique o ácido, a base, o ácido conjugado e a base conjugada nas seguintes reações:
>
> (a) HNO$_3$(aq) + H$_2$O(l) → H$_3$O$^+$ K(aq) + NO$_3^-$(aq)
> (b) CO$_3^{2-}$(aq) + H$_2$O(l) → HCO$_3^-$(aq) + OH$^-$(aq)
> (c) NH$_3$(aq) + H$_2$S(aq) → NH$_4^+$(aq) + HS$^-$(aq)

(b) A força dos ácidos de Brønsted

Pontos principais: A força de um ácido de Brønsted é medida pela sua constante de acidez, e a força de uma base de Brønsted é medida pela sua constante de basicidade; quanto mais forte a base, mais fraco o seu ácido conjugado.

Nesta discussão, precisaremos do conceito de pH, o qual assumiremos como conhecido a partir dos cursos introdutórios de química:

$$\text{pH} = -\log [\text{H}_3\text{O}^+] \text{ e, portanto, } [\text{H}_3\text{O}^+] = 10^{-\text{pH}} \tag{4.1}$$

A força de um ácido de Brønsted, como o HF em solução aquosa, é expressa pela sua **constante de acidez** (ou "constante de ionização ácida"), K_a:

$$\text{HF(aq)} + \text{H}_2\text{O(l)} \rightleftharpoons \text{H}_3\text{O}^+(\text{aq}) + \text{F}^-(\text{aq}) \quad K_a = \frac{[\text{H}_3\text{O}^+][\text{F}^-]}{[\text{HF}]}$$

De uma maneira mais geral, podemos escrever

$$\text{HX(aq)} + \text{H}_2\text{O(l)} \rightleftharpoons \text{H}_3\text{O}^+(\text{aq}) + \text{X}^-(\text{aq}) \quad K_a = \frac{[\text{H}_3\text{O}^+][\text{X}^-]}{[\text{HX}]} \tag{4.2}$$

Nesta definição, [X$^-$] simboliza o valor numérico da concentração molar da espécie X$^-$ (assim, se a concentração molar de moléculas de HF for 0,001 mol dm^{-3}, então [HF] = 0,001). Um valor de $K_a \ll 1$ implica que [HX] é grande em relação a [X$^-$] e, dessa forma, a retenção do próton pelo ácido é favorecida. O valor experimental de K_a para o fluoreto de hidrogênio, em água, é de 3,5 × 10^{-4}, indicando que nas condições normais, somente uma fração muito pequena das moléculas de HF estará desprotonada. Esta fração desprotonada de moléculas pode ser calculada em função da concentração do ácido a partir do valor numérico de K_a.

> *Um comentário útil* Em trabalhos mais precisos, K_a é expresso em termos da atividade de X, $a(X)$, sua concentração termodinâmica efetiva. A constante de acidez é baseada na suposição de que as soluções são suficientemente diluídas para que se possa considerar $a(\text{H}_2\text{O}) = 1$.

> **EXEMPLO 4.2   Calculando as constantes de acidez**
>
> O pH de uma solução 0,145 M de $CH_3COOH(aq)$ é 2,80. Calcule o K_a do ácido etanoico.
>
> **Resposta**   Para calcular K_a, precisamos calcular as concentrações de H_3O^+, $CH_3CO_2^-$ e CH_3COOH na solução. A concentração de H_3O^+ é obtida a partir do pH, através de $[H_3O^+] = 10^{-pH}$, de forma que em uma solução com pH = 2,80 a concentração de H_3O^+ tem o valor de $1{,}60 \times 10^{-3}$ mol dm^{-3}. Cada desprotonação produz um íon H_3O^+ e um íon $CH_3CO_2^-$, acarretando que a concentração de $CH_3CO_2^-$ seja a mesma do íon H_3O^+ (considerando-se que a autoprotólise da água possa ser negligenciada). A concentração molar do ácido remanescente é $(0{,}145 - 0{,}0016)$ mol dm^{-3} = 0,143 mol dm^{-3}. Assim
>
> $$K_a = \frac{(1{,}6 \times 10^{-3})^2}{0{,}143} = 1{,}7 \times 10^{-5}$$
>
> Esse valor corresponde a um pK_a igual a 4,77 (sendo $pK_a = -\log K_a$).
>
> **Teste sua compreensão 4.2**   Para o ácido fluorídrico, $K_a = 3{,}5 \times 10^{-4}$, calcule o pH de uma solução de HF(aq) 0,10 M.

Da mesma forma, o equilíbrio de transferência de próton característico de uma base, como o NH_3, pode ser, em água, expresso em termos de uma **constante de basicidade**, K_b:

$$NH_3(aq) + H_2O(l) \rightleftharpoons NH_4^+(aq) + OH^-(aq) \qquad K_b = \frac{[NH_4^+][OH^-]}{[NH_3]}$$

ou de uma forma mais geral:

$$B(aq) + H_2O(l) \rightleftharpoons HB^+(aq) + OH^-(aq) \qquad K_b = \frac{[HB^+][OH^-]}{[B]} \qquad (4.3)$$

Se $K_b \ll 1$, então, para concentrações típicas de B, $[HB^+] \ll [B]$, e somente uma pequena fração das moléculas de B está protonada. Portanto, nesse caso, a base é um fraco receptor de próton e o ácido conjugado está presente em baixa concentração na solução. O valor experimental de K_b para a amônia em água é $1{,}8 \times 10^{-5}$, indicando que, em condições normais, somente uma pequena fração das moléculas de NH_3 está protonada. De forma semelhante aos cálculos para o ácido, a fração de moléculas de base protonadas pode ser calculada a partir do valor numérico de K_b.

Devido ao fato de a água ser anfiprótica, um equilíbrio de transferência de próton existe mesmo na ausência da adição de ácidos ou bases. A transferência de próton de uma molécula de água para outra é chamada de **autoprotólise** (ou "autoionização"). A transferência de próton na água é muito rápida porque envolve mudança nas fracas ligações hidrogênio entre moléculas vizinhas (Seção 10.6). A extensão da autoprotólise e a composição da solução no equilíbrio são descritas pela **constante de autoprotólise** (ou "constante de autoionização") da água:

$$2\,H_2O(l) \rightleftharpoons H_3O^+(aq) + OH^-(aq) \qquad K_w = [H_3O^+][OH^-]$$

O valor experimental de K_w é $1{,}00 \times 10^{-14}$ a 25°C, indicando que somente uma fração muito pequena de moléculas de água está presente sob a forma de íons na água pura. De fato, como sabemos que o pH da água pura é 7,00 e $[H_3O^+] = [OH^-]$, temos que $[H_3O^+] = 1{,}00 \times 10^{-7}$ mol dm^{-3}. A água encanada ou engarrafada possui um pH ligeiramente menor que 7 devido ao CO_2 dissolvido.

Um aspecto importante da constante de autoprotólise de um solvente é que ela nos possibilita relacionar a força de uma base com a força do seu ácido conjugado, permitindo, dessa forma, o uso de uma única constante para expressar tanto a força ácida como a básica. Assim, o valor de K_b para o equilíbrio da amônia, no qual o NH_3 atua como uma base, relaciona-se com o valor de K_a para o equilíbrio

$$NH_4^+(aq) + H_2O(l) \rightleftharpoons H_3O^+(aq) + NH_3(aq)$$

no qual o seu ácido conjugado atua como o ácido, pela equação

$$K_a K_b = K_w \qquad (4.4)$$

A consequência da Eq. 4.4 é que quanto maior o valor de K_b, menor o valor de K_a. Ou seja, quanto mais forte a base, mais fraco será o seu ácido conjugado. É comum reportar a força de uma base em termos da constante de acidez, K_a, do seu ácido conjugado.

> **Uma breve ilustração** O K_b da amônia em água é $1,8 \times 10^{-5}$. Isso significa que o K_a do seu ácido conjugado, NH_4^+, é
>
> $$K_a = \frac{K_w}{K_b} = \frac{1 \times 10^{-14}}{1,8 \times 10^{-5}} = 5,6 \times 10^{-10}$$

Assim como as concentrações molares, as constantes de acidez podem variar de muitas ordens de grandeza, e torna-se conveniente indicá-las pelo valor dos seus logaritmos comuns (logaritmos na base 10), como no caso do pH, usando:

$$pK = -\log K \qquad (4.5)$$

onde K pode ser qualquer uma das constantes. A 25°C, por exemplo, $pK_w = 14,00$. Como consequência dessa definição e da Eq. 4.4 temos

$$pK_a + pK_b = pK_w \qquad (4.6)$$

Uma expressão semelhante relaciona as forças de ácidos e bases conjugados em qualquer solvente, substituindo-se pK_w pela constante de autoprotólise do solvente, $pK_{solvente}$.

(c) Ácidos e bases, fortes e fracos

Pontos principais: Um ácido ou base são classificados como forte ou fraco dependendo da magnitude das suas constantes de acidez.

A Tabela 4.1 lista as constantes de acidez de alguns ácidos comuns e dos ácidos conjugados de algumas bases comuns. Uma substância é classificada como um **ácido forte** se o equilíbrio de transferência de próton é fortemente favorável à doação de um próton para o solvente. Assim, uma substância com $pK_a < 0$ (correspondendo a um $K_a > 1$ e geralmente a um $K_a \gg 1$) é um ácido forte. Tais ácidos são normalmente considerados como estando totalmente desprotonados em solução (mas não devemos esquecer que isso é uma aproximação). Por exemplo, o ácido clorídrico é considerado como uma solução de íons H_3O^+ e Cl^- e uma concentração desprezível de moléculas de HCl. Uma substância com $pK_a > 0$ (correspondendo a um $K_a < 1$) é classificada como um **ácido fraco**; para essas espécies, o equilíbrio de transferência de próton encontra-se deslocado na direção do ácido não ionizado. O fluoreto de hidrogênio é um ácido fraco em água, e o ácido fluorídrico consiste em íons hidrônio, íons fluoreto e uma grande proporção de moléculas de HF. O ácido carbônico (H_2CO_3), o hidrato do CO_2, é outro ácido fraco.

Uma **base forte** é uma espécie que está praticamente toda protonada em água. Um exemplo é o íon óxido, O^{2-}, o qual é imediatamente convertido em íons OH^- em água. Uma **base fraca** encontra-se apenas parcialmente protonada em água. Um exemplo é o NH_3, que está presente em água quase que inteiramente como moléculas de NH_3, junto a uma pequena quantidade de íons NH_4^+. A base conjugada de qualquer ácido forte é uma base fraca, pois é termodinamicamente desfavorável uma base fraca aceitar um próton.

(d) Ácidos polipróticos

Pontos principais: Um ácido poliprótico perde prótons numa sequência de sucessivas desprotonações que são progressivamente menos favoráveis; um diagrama de distribuição de espécies apresenta a fração de cada espécie presente em função do pH da solução.

Um **ácido poliprótico** é uma substância que pode doar mais do que um próton. Um exemplo é o sulfeto de hidrogênio, H_2S, um ácido diprótico. Para um ácido diprótico, há duas doações de prótons sucessivas e duas constantes de acidez:

$$H_2S(aq) + H_2O(l) \rightleftharpoons HS^-(aq) + H_3O^+(aq) \quad K_{a1} = \frac{[H_3O^+][HS^-]}{[H_2S]}$$

$$HS^-(aq) + H_2O(l) \rightleftharpoons S^{2-}(aq) + H_3O^+(aq) \quad K_{a2} = \frac{[H_3O^+][S^{2-}]}{[HS^-]}$$

Pela Tabela 4.1, $K_{a1} = 9,1 \times 10^{-8}$ ($pK_{a1} = 7,04$) e $K_{a2} \approx 1,1 \times 10^{-19}$ ($pK_{a2} = 19$). A segunda constante de acidez, K_{a2}, é quase sempre menor do que K_{a1} (consequentemente, pK_{a2}

Tabela 4.1 Constantes de acidez para espécies em solução aquosa a 25°C

Ácido	HA	A⁻	K_a	pK_a
iodídrico	HI	I⁻	10^{11}	−11
perclórico	$HClO_4$	ClO_4^-	10^{10}	−10
bromídrico	HBr	Br⁻	10^9	−9
clorídrico	HCl	Cl⁻	10^7	−7
sulfúrico	H_2SO_4	HSO_4^-	10^2	−2
nítrico	HNO_3	NO_3^-	10^2	−2
íon hidrônio	H_3O^+	H_2O	1	0,0
clórico	$HClO_3$	ClO_3^-	10^{-1}	1
sulfuroso	H_2SO_3	HSO_3^-	$1,5 \times 10^{-2}$	1,81
íon hidrogenossulfato	HSO_4^-	SO_4^{2-}	$1,2 \times 10^{-2}$	1,92
fosfórico	H_3PO_4	$H_2PO_4^-$	$7,5 \times 10^{-3}$	2,12
fluorídrico	HF	F⁻	$3,5 \times 10^{-4}$	3,45
metanoico	HCOOH	HCO_2^-	$1,8 \times 10^{-4}$	3,75
etanoico	CH_3COOH	$CH_3CO_2^-$	$1,74 \times 10^{-5}$	4,76
íon piridínio	$HC_5H_5N^+$	C_5H_5N	$5,6 \times 10^{-6}$	5,25
carbônico	H_2CO_3	HCO_3^-	$4,3 \times 10^{-7}$	6,37
sulfeto de hidrogênio	H_2S	HS⁻	$9,1 \times 10^{-8}$	7,04
íon di-hidrogenofosfato	$H_2PO_4^-$	HPO_4^{2-}	$6,2 \times 10^{-8}$	7,21
bórico*	$B(OH)_3$	$B(OH)_4^-$	$7,2 \times 10^{-10}$	9,14
íon amônio	NH_4^+	NH_3	$5,6 \times 10^{-10}$	9,25
cianídrico	HCN	CN⁻	$4,9 \times 10^{-10}$	9,31
íon hidrogenocarbonato	HCO_3^-	CO_3^{2-}	$4,8 \times 10^{-11}$	10,32
íon hidrogenoarsenato	$HAsO_4^{2-}$	AsO_4^{3-}	$3,0 \times 10^{-12}$	11,53
íon hidrogenofosfato	HPO_4^{2-}	PO_4^{3-}	$2,2 \times 10^{-13}$	12,67
íon hidrogenossulfeto	HS⁻	S^{2-}	$1,1 \times 10^{-19}$	19

*O equilíbrio de transferência de próton é dado por $B(OH)_3(aq) + 2 H_2O(l) \rightleftharpoons B(OH)_4^-(aq) + H_3O^+(aq)$.

é, geralmente, maior do que pK_{a1}). O decréscimo em K_a é compatível com um modelo eletrostático do ácido no qual, na segunda desprotonação, um próton deve separar-se de um centro com uma carga negativa maior do que na primeira desprotonação. Como, neste caso, um trabalho eletrostático adicional deve ser realizado para remover o próton carregado positivamente, a segunda desprotonação é menos favorável.

EXEMPLO 4.3 Calculando as concentrações dos íons nas soluções de ácidos polipróticos

Calcule a concentração de íons carbonato numa solução 0,10 M de H_2CO_3 (aq). K_{a1} é dado na Tabela 4.1 e K_{a2} é igual a $4,6 \times 10^{-11}$.

Resposta Precisamos considerar os equilíbrios para as sucessivas etapas de desprotonação com suas respectivas constantes de acidez.

$$H_2CO_3(aq) + H_2O(l) \rightleftharpoons HCO_3^-(aq) + H_3O^+(aq) \quad K_{a1} = \frac{[H_3O^+][HCO_3^-]}{[H_2CO_3]}$$

$$HCO_3^-(aq) + H_2O(l) \rightleftharpoons CO_3^{2-}(aq) + H_3O^+(aq) \quad K_{a2} = \frac{[H_3O^+][CO_3^{2-}]}{[HCO_3^-]}$$

Supondo que a segunda desprotonação seja suficientemente pequena que não afete o valor de $[H_3O^+]$ oriundo da primeira desprotonação, podemos considerar que $[H_3O^+] = [HCO_3^-]$. Assim, esses dois termos se cancelam na expressão de K_{a2}, de forma que

$$K_{a2} = [CO_3^{2-}]$$

independentemente da concentração inicial do ácido. Dessa forma, a concentração de íons carbonato na solução é de $4,6 \times 10^{-11}$ mol dm⁻³.

Teste sua compreensão 4.3 Calcule o pH de uma solução 0,20 M de $HOOC(CHOH)_2COOH(aq)$ (ácido tartárico), sabendo que $K_{a1} = 1,0 \times 10^{-3}$ e $K_{a2} = 4,6 \times 10^{-5}$.

Uma representação mais clara das concentrações das espécies que são formadas em um equilíbrio de transferência sucessiva dos prótons para um ácido poliprótico é dada por um **diagrama de distribuição de espécies**. Esse diagrama mostra a fração do soluto presente como uma espécie X específica, $f(X)$, em relação ao pH. Consideremos, por exemplo, o ácido triprótico H_3PO_4 que libera três prótons em sequência, para formar $H_2PO_4^-$, HPO_4^{2-} e PO_4^{3-}. A fração do soluto presente como moléculas intactas de H_3PO_4 é dada por

$$f(H_3PO_4) = \frac{[H_3PO_4]}{[H_3PO_4]+[H_2PO_4^-]+[HPO_4^{2-}]+[PO_4^{3-}]} \quad (4.7)$$

A concentração de cada soluto para um dado pH pode ser calculada a partir dos valores de pK_a.[1] A Figura 4.1 mostra a fração das quatro espécies de soluto em função do pH, evidenciando assim a importância relativa de cada ácido e sua base conjugada para cada valor de pH. Por outro lado, o diagrama indica o pH que uma solução deve ter para que se obtenha uma fração determinada das espécies. Vejamos, por exemplo, se pH < pK_{a1}, correspondendo a uma alta concentração de íons hidrônio, a espécie dominante será, então, a molécula de H_3PO_4 totalmente protonada. Entretanto, se pH > pK_{a3}, correspondendo a uma baixa concentração de íons hidrônio, então a espécie dominante será o íon PO_4^{3-}, totalmente desprotonado. As espécies intermediárias são dominantes quando os valores de pH encontram-se entre os respectivos valores de pK_a.

(e) Fatores que governam as forças dos ácidos e bases de Brønsted

Ponto principal: A afinidade ao próton é o valor negativo da entalpia de ganho de próton na fase gasosa. A afinidade ao próton das bases conjugadas do bloco p decrescem para a direita ao longo do período e para baixo no grupo. A afinidade ao próton (e, por conseguinte, a força das bases) é influenciada pela solvatação, que estabiliza espécies carregadas.

Uma visão quantitativa da acidez relativa dos prótons das espécies X–H pode ser obtida considerando-se as variações de entalpia para as transferências de prótons. Abordaremos inicialmente as reações de transferência de prótons em fase gasosa, para depois considerar o efeito do solvente.

A reação mais simples de um próton é a sua ligação com uma base, A^- (que, embora esteja aqui apresentada como uma espécie negativamente carregada, pode ser uma molécula neutra, como o NH_3), em fase gasosa:

$$A^-(g) + H^+(g) \rightarrow HA(g)$$

A entalpia padrão dessa reação é a **entalpia de ganho de próton**, $\Delta_{gp}H^\ominus$. O valor negativo dessa quantidade é frequentemente chamado de **afinidade ao próton**, A_p (Tabela 4.2). Quando $\Delta_{gp}H^\ominus$ é grande e negativo, correspondendo a um processo exotérmico de ligação a um próton, a afinidade ao próton é alta e indica um caráter fortemente básico em

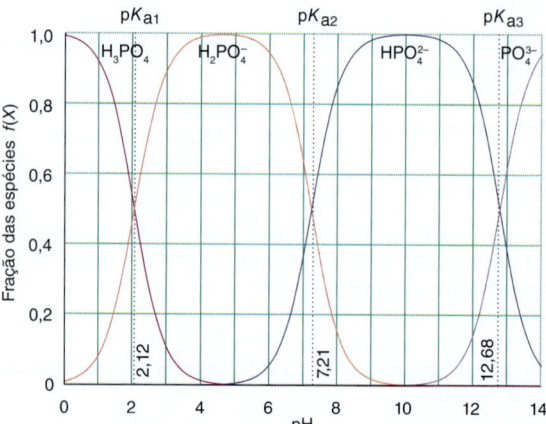

Figura 4.1 O diagrama de distribuição de espécies para as várias formas aquosas do ácido fosfórico, triprótico, em função do pH.

---

[1] Para mais detalhes dos cálculos envolvidos, veja P. Atkins e L. Jones, *Princípios de Química*.

fase gasosa. Se a entalpia de ganho de próton for apenas ligeiramente negativa, então a afinidade ao próton é baixa e indica um caráter básico fraco (ou mais ácido).

As afinidades ao próton das bases conjugadas dos ácidos binários HA do bloco p decrescem para a direita ao longo de um período e para baixo no grupo, indicando um aumento da acidez em fase gasosa. Assim, HF é um ácido mais forte do que H_2O e HI é o ácido mais forte dos haletos de hidrogênio. Em outras palavras, a ordem das afinidades ao próton de suas bases conjugadas é $I^- < OH^- < F^-$. Essas tendências podem ser explicadas usando-se um ciclo termodinâmico, como o apresentado na Fig. 4.2, em que o ganho de próton pode ser considerado como o resultado de três etapas:

Perda de elétron pelo A^-: $A^-(g) \rightarrow A(g) + e^-(g)$ $-\Delta_{ge}H^\ominus(A) = A_e(A)$
(reação reversa do ganho de elétron por A)

Ganho de elétron pelo H^+: $H^+(g) + e^-(g) \rightarrow H(g)$ $-\Delta_i H^\ominus(H) = -I(H)$
(reação reversa da ionização do H)

Combinação de H com A: $H(g) + A(g) \rightarrow HA(g)$ $-B(H-A)$
(reação reversa da dissociação da ligação H–A)

A entalpia de ganho de próton da base conjugada A^- é a soma dessas variações de entalpia:

Reação global: $H^+(g) + A^-(g) \rightarrow HA(g)$ $\Delta_{gp}H^\ominus(A^-) = A_e(A) - I(H) - B(H-A)$

Portanto, a afinidade ao próton de A^- é

$$A_p(A^-) = B(H-A) + I(H) - A_e(A) \qquad (4.8)$$

O fator dominante na variação da afinidade ao próton ao longo de um período é a tendência na afinidade eletrônica de A, que aumenta da esquerda para a direita, diminuindo, portanto, a afinidade ao próton de A^-. Assim, como a afinidade ao próton de A^- diminui ao longo de um período, a acidez de HA na fase gasosa *aumenta*, à medida que a afinidade eletrônica de A aumenta. Uma vez que o aumento da afinidade eletrônica correlaciona-se com o aumento da eletronegatividade (Seção 1.7), a acidez de HA na fase gasosa também aumenta à medida que a eletronegatividade de A aumenta. O fator dominante ao se descer num grupo é a diminuição da entalpia de dissociação da ligação H–A, que reduz a afinidade ao próton de A^- e, portanto, resulta no enfraquecimento da força ácida de HA na fase gasosa. O resultado global desses efeitos é um decréscimo da afinidade ao próton de A^- na fase gasosa e, consequente, um aumento da acidez de HA, na fase gasosa, do canto superior esquerdo para o canto inferior direito no bloco p. Com base nisso, temos que o HI é um ácido muito mais forte que o CH_4.

As correlações até agora descritas se modificam quando um solvente (tipicamente a água) estiver presente. O processo em fase gasosa $A^-(g) + H^+(g) \rightarrow AH(g)$ passa a ser

$$A^-(aq) + H^+(aq) \rightarrow HA(aq)$$

e o valor negativo da entalpia de ganho de próton é chamado agora de **afinidade efetiva ao próton**, A'_p, de $A^-(aq)$.

Se a espécie A^- for a própria água, a afinidade efetiva ao próton da água será a variação de entalpia que ocorre no processo

$$H_2O(l) + H^+(aq) \rightarrow H_3O^+(aq)$$

A energia liberada quando um próton se liga à moléculas de água em fase gasosa, como no processo

$$n\,H_2O(g) + H^+(g) \rightarrow H^+(H_2O)_n(g)$$

pode ser medida por espectrometria de massas e usada para avaliar a variação de energia do processo de hidratação em solução. Verifica-se que a energia liberada passa por um valor máximo de 1130 kJ mol^{-1} à medida que *n* aumenta, e esse valor é tomado como sendo a afinidade efetiva ao próton da água líquida. A afinidade efetiva ao próton do íon OH^- em água é simplesmente o valor negativo da entalpia da reação

$$OH^-(g) + H^+(aq) \rightarrow H_2O(l)$$

Tabela 4.2 Afinidades ao próton em fase gasosa e em solução*

Ácido conjugado	Base	A_p/(kJ mol^{-1})	A'_p/(kJ mol^{-1})
HF	F^-	1553	1150
HCl	Cl^-	1393	1090
HBr	Br^-	1353	1079
HI	I^-	1314	1068
H_2O	OH^-	1643	1188
HCN	CN^-	1476	1183
H_3O^+	H_2O	723	1130
NH_4^+	NH_3	865	1182

*A_p é a afinidade ao próton em fase gasosa; A'_p é a afinidade ao próton efetiva da base, em água.

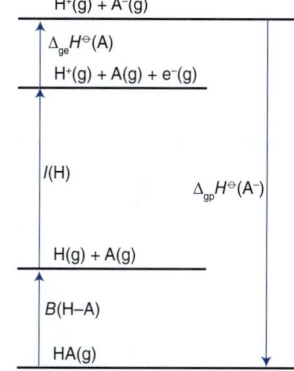

Figura 4.2 Ciclo termodinâmico para uma reação de ganho de próton.

que pode ser medida por meios convencionais (como pela dependência da constante de equilíbrio, K_w, com a temperatura). O valor encontrado é de 1188 kJ mol^{-1}.

A reação

$$HA(aq) + H_2O(l) \rightarrow H_3O^+(aq) + A^-(aq)$$

será exotérmica se a afinidade efetiva ao próton de A$^-$(aq) for menor que a do H$_2$O(l) (menos do que 1130 kJ mol^{-1}) – desde que as variações de entropia sejam desprezíveis e as variações de entalpia sirvam de guia para a espontaneidade – fazendo com que HA(aq) forneça prótons para a água, sendo assim um ácido forte. Do mesmo modo, a reação

$$A^-(aq) + H_2O(l) \rightarrow HA(aq) + OH^-(aq)$$

será exotérmica se a afinidade efetiva ao próton de A$^-$(aq) for maior que a do OH$^-$(aq) (1188 kJ mol^{-1}). Desde que as variações de entalpia sirvam de guia para a espontaneidade, A$^-$(aq) irá receber prótons e se comportará como uma base forte.

> **Uma breve ilustração** A afinidade efetiva ao próton do I$^-$ em água é de 1068 kJ mol^{-1} e em fase gasosa é de 1314 kJ mol^{-1}, mostrando que o íon I$^-$ é estabilizado pela hidratação. A sua afinidade efetiva ao próton também é menor que a afinidade efetiva ao próton da água (1130 kJ mol^{-1}), o que é consistente com o fato de que HI é um ácido forte em água. Todos os íons haletos, com exceção do F$^-$, possuem afinidades efetivas ao próton menores que a da água, o que é consistente com o fato de que todos os haletos de hidrogênio, exceto o HF, são ácidos fortes em água.

Os efeitos da solvatação podem ser analisados em termos do modelo eletrostático no qual o solvente é tratado como um meio dielétrico contínuo. A solvatação de um íon na fase gasosa é sempre muito exotérmica. A magnitude da entalpia de solvatação $\Delta_{solv}H^\ominus$ (a entalpia de hidratação na água, $\Delta_{hid}H^\ominus$) depende do raio dos íons, da permissividade relativa do solvente e de possíveis ligações específicas entre os íons e o solvente (especialmente da ligação hidrogênio).

Ao considerarmos um processo na fase gasosa, assumimos que as contribuições da entropia para o processo de transferência de próton são pequenas, de forma que $\Delta G^\ominus \approx \Delta H^\ominus$. Em solução, porém, os efeitos da entropia não podem ser ignorados e temos que usar $\Delta G^\ominus$. A energia de Gibbs de solvatação de um íon pode ser considerada como a energia envolvida na transferência do íon do vácuo para um solvente de permissividade relativa ε_r. A **equação de Born** para esse modelo é dada por:[2]

$$\Delta_{solv}G^\ominus = -\frac{N_A z^2 e^2}{8\pi\varepsilon_0 r}\left(1 - \frac{1}{\varepsilon_r}\right) \tag{4.9}$$

onde z é o número de carga do íon, r é o seu raio efetivo que inclui parte dos raios das moléculas do solvente, N_A é a constante de Avogadro, ε_0 é a permissividade do vácuo e ε_r é a permissividade relativa (a constante dielétrica).

A energia de Gibbs de solvatação é proporcional a z^2/r (também conhecido como parâmetro eletrostático, ξ), de forma que íons pequenos e altamente carregados são estabilizados em solventes polares (Fig. 4.3). A equação de Born também mostra que quanto maior a permissividade relativa, mais negativo será o valor de $\Delta_{solv}G^\ominus$. Essa estabilização é particularmente importante para a água, para a qual $\varepsilon_r = 80$ (e o termo entre parênteses é próximo de 1), quando comparada com solventes apolares para os quais ε_r pode ser tão baixo quanto 2 (e o termo entre parênteses é próximo de 0,5).

Uma vez que $\Delta_{solv}G^\ominus$ é a variação na energia de Gibbs molar, quando um íon se transfere da fase gasosa para uma solução aquosa, um grande valor negativo de $\Delta_{solv}G^\ominus$ favorece a formação dos íons em solução em comparação com a fase gasosa (Fig. 4.3). A interação do íon carregado com as moléculas de um solvente polar estabiliza a base conjugada A$^-$ proveniente do ácido HA e, como resultado, a acidez de HA torna-se maior pela presença do solvente polar. Por outro lado, a afinidade

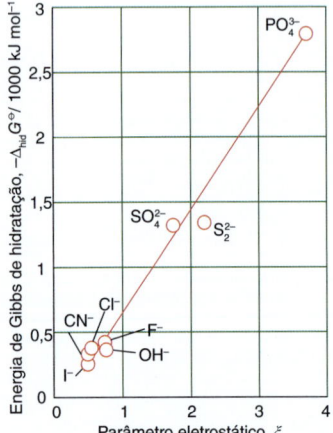

Figura 4.3 Correlação entre $\Delta_{solv}G^\ominus$ e o parâmetro eletrostático adimensional ξ (=100z^2/(r/pm) de alguns ânions selecionados.

---

[2] Para a derivação da equação de Born, veja P. Atkins e J. de Paula, *Physical Chemistry*, Oxford University Press e W. H. Freeman & Co., 2010.

efetiva ao próton de uma base neutra B é maior do que na fase gasosa, pois a solvatação estabiliza o ácido conjugado HB⁺. Como um ácido catiônico, como o NH_4^+, é estabilizado pela solvatação, a afinidade efetiva ao próton de sua base conjugada (NH_3) é maior do que na fase gasosa. A acidez dos ácidos catiônicos é, portanto, menor em um solvente polar.

A equação de Born atribui a estabilização por solvatação às interações coulombianas. No entanto, a ligação hidrogênio é um fator importante em solventes próticos como a água, levando à formação de *clusters* ao redor de alguns solutos. Como resultado, a água possui um efeito estabilizante maior do que o previsto pela equação de Born para os íons pequenos altamente carregados. Esse efeito estabilizante é particularmente grande para os íons F⁻, OH⁻ e Cl⁻, devido às suas altas densidades de carga e para os quais a água atua como um doador na ligação hidrogênio. Uma vez que a molécula de água possui pares isolados de elétrons no O, ela também pode ser um receptor de ligação hidrogênio. Íons ácidos como o NH_4^+ são estabilizados por ligação hidrogênio e, consequentemente, possuem uma acidez menor do que a prevista pela equação de Born.

Características dos ácidos de Brønsted

Ponto principal: Aqua-ácidos, hidroxoácidos e oxoácidos são característicos de regiões específicas da tabela periódica.

Daremos atenção agora aos ácidos e bases de Brønsted em água. Até o momento, tratamos dos ácidos do tipo HX. No entanto, a maior classe de ácidos em água consiste em espécies que doam prótons de um grupo –OH ligado a um átomo central. Esse tipo de próton é chamado de **próton ácido**, para distingui-lo dos outros prótons que podem estar presentes numa molécula, tais como os prótons metílicos não ácidos do CH_3COOH.

Há três classes de ácidos a considerar:

1. **Aqua-ácido**, no qual o próton ácido está em uma molécula de água coordenada a um íon metálico central:

$$E(OH_2)(aq) + H_2O(l) \rightleftharpoons E(OH)^-(aq) + H_3O^+(aq)$$

Por exemplo,

$$[Fe(OH_2)_6]^{3+}(aq) + H_2O(l) \rightleftharpoons [Fe(OH_2)_5OH]^{2+}(aq) + H_3O^+(aq)$$

A estrutura (3) mostra o íon hexa-aquaferro(III), que é um aqua-ácido.

2. **Hidroxoácido**, no qual o próton ácido está num grupo hidroxila que não apresenta um grupo oxo (óxido, =O) vizinho.

Por exemplo, o $Te(OH)_6$ (4).

3. **Oxoácido**, no qual o próton ácido está num grupo hidroxila que tem um grupo oxo ligado no mesmo átomo.

O ácido sulfúrico, H_2SO_4 ($O_2S(OH)_2$) (5), é um exemplo de um oxoácido.

As três classes de ácidos podem ser consideradas como estágios sucessivos na desprotonação de um aqua-ácido:

$$\text{aqua-ácido} \xrightarrow{-H^+} \text{hidroxoácido} \xrightarrow{-H^+} \text{oxoácido}$$

Um exemplo desses estágios sucessivos é dado por um metal do bloco d em um estado de oxidação intermediário, tal como o Ru(IV):

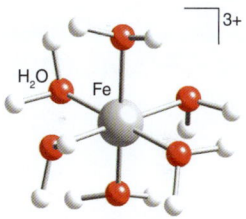

3 $[Fe(OH_2)_6]^{3+}$

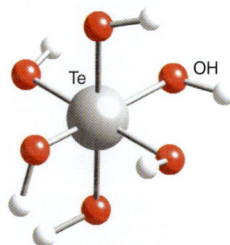

4 $Te(OH)_6$

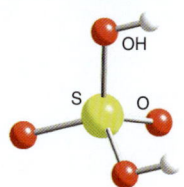

5 $O_2S(OH)_2$, H_2SO_4

Os aqua-ácidos são característicos de espécies com átomos centrais, em baixos estados de oxidação, de metais dos blocos s e d e de metais situados à esquerda do bloco p.

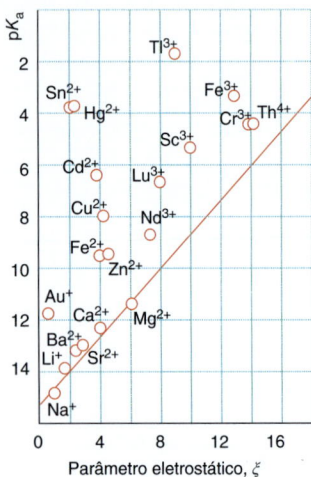

Figura 4.4 Correlação entre a constante de acidez pK_a e o parâmetro eletrostático adimensional ξ (= $100z^2/(r/\text{pm})$) dos aquaíons.

Os oxoácidos são normalmente formados por espécies nas quais o elemento central encontra-se em um alto estado de oxidação. Um elemento situado à direita no bloco p, em um de seus estados de oxidação intermediários, também pode formar um oxoácido (por exemplo, o $HClO_2$).

4.2 Tendências periódicas na força dos aqua-ácidos

Pontos principais: A força dos aqua-ácidos geralmente aumenta com o aumento da carga positiva do íon metálico central e com a diminuição do seu raio iônico; as exceções são comumente em razão dos efeitos da ligação covalente.

A força dos aqua-ácidos geralmente aumenta com o aumento da carga positiva do íon metálico central e com o decréscimo do raio iônico. Essa variação pode ser justificada, até certo ponto, em termos do modelo iônico, no qual o cátion metálico é considerado como uma esfera de raio r_+ carregando z cargas positivas. Uma vez que prótons são mais facilmente removidos de cátions com elevada carga e raio pequeno, o modelo prevê que a acidez deve aumentar com o aumento de z e com o decréscimo de r_+.

A validade do modelo iônico para as forças ácidas pode ser julgada a partir da Fig. 4.4. Os aquaíons dos elementos que formam sólidos iônicos (principalmente aqueles do bloco s) apresentam valores de pK_a relativamente bem descritos pelo modelo iônico. Vários íons de elementos do bloco d (como Fe^{2+} e Cr^{3+}) encontram-se razoavelmente próximos à mesma reta, mas vários outros (em especial aqueles com baixo pK_a, correspondendo a uma elevada força ácida) desviam-se marcantemente dela. Esse desvio indica que os íons metálicos repelem mais fortemente o próton que está saindo do que é previsto pelo modelo iônico. Esse aumento da repulsão pode ser entendido supondo-se que a carga positiva do cátion não está confinada ao íon central, mas deslocalizada sobre os ligantes e, consequentemente, mais próxima do próton que está saindo. A deslocalização é equivalente a se atribuir covalência à ligação elemento central–oxigênio. Na verdade, a correlação é pior para os íons que estão mais propensos a formar ligações covalentes.

Para os últimos íons metálicos dos blocos d e p (Cu^{2+} e Sn^{2+}, respectivamente), as forças dos aqua-ácidos são muito maiores do que o modelo iônico prevê. Para essas espécies, a ligação covalente é mais importante do que a ligação iônica e o modelo iônico não é realístico. A sobreposição entre os orbitais d do metal e os orbitais do ligante oxigênio aumenta ao se descer no grupo, de forma que os aquaíons dos metais das segunda e terceira linhas do bloco d tendem a ser ácidos mais fortes do que os da primeira linha.

> **EXEMPLO 4.4** Justificando as tendências na força dos aqua-ácidos
>
> Explique a seguinte ordem de acidez: $[Fe(OH_2)_6]^{2+} < [Fe(OH_2)_6]^{3+} < [Al(OH_2)_6]^{3+} \approx [Hg(OH_2)]^{2+}$.
>
> **Resposta** Precisamos considerar a densidade de carga no centro metálico e seus efeitos na facilidade com que os ligantes H_2O poderão ser desprotonados. O ácido mais fraco é o complexo de Fe^{2+} devido ao seu raio iônico relativamente grande e a sua pequena carga. O aumento da carga para +3 aumenta a força ácida. A maior acidez do Al^{3+} pode ser explicada pelo seu menor raio. O íon anômalo nessa série é o complexo de Hg^{2+}. Para esse complexo, o modelo iônico falha, uma vez que neste caso há uma grande transferência de carga positiva para o oxigênio como consequência da ligação covalente.
>
> **Teste sua compreensão 4.4** Coloque em ordem crescente de acidez: $[Na(OH_2)_6]^+$, $[Sc(OH_2)_6]^{3+}$, $[Mn(OH_2)_6]^{2+}$, $[Ni(OH_2)_6]^{2+}$.

4.3 Oxoácidos simples

Os oxoácidos mais simples são os **ácidos mononucleares**, que contêm um átomo do elemento central formador, por exemplo, H_2CO_3, HNO_3, H_3PO_4 e H_2SO_4.[3] Esses oxoácidos são formados pelos elementos eletronegativos do canto superior direito da tabela

---
[3] Estes ácidos são mais bem escritos como $(HO)_2CO$, $HONO_2$, $(HO)_3PO$ e $(HO)_2SO_2$, e o ácido bórico é escrito como $B(OH)_3$ em vez de H_3BO_3. Neste texto, usaremos ambas as formas de notação, dependendo das propriedades que estejam sendo abordadas.

Características dos ácidos de Brønsted

Tabela 4.3 Estrutura e valores de pK_a de alguns oxoácidos e hidroxoácidos*

$p = 0$	$p = 1$	$p = 2$	$p = 3$
Cl—OH 7,2	HO–C(=O)–OH 3,6	O=N(=O)–OH −1,4	
Si(OH)$_4$ 10	OP(OH)$_3$ 2,1, 7,4, 12,7 ; ClO(OH) 2,0	O$_2$S(OH)$_2$ −1,9, 1,9	O$_2$Cl(OH) −10
Te(OH)$_6$ 7,8, 11,2	I(OH)$_5$O 1,6, 7,0 ; HP(O)(OH)$_2$ 1,8, 6,6	ClO$_2$(OH) −1,0	
B(OH)$_3$ 9,1†	As(O)(OH)$_3$ 2,3, 6,9, 11,5 ; Se(O)(OH)$_2$ 2,6, 8,0	SeO$_2$(OH)$_2$ −2, 1,9	

*p é o número de átomos de O não protonados.
†O ácido bórico é um caso especial; ver Seção 13.8.

periódica e por outros elementos em elevado estado de oxidação (Tabela 4.3). Um aspecto interessante nessa tabela é a ocorrência das moléculas planas H$_2$CO$_3$ e HNO$_3$, mas não dos seus análogos dos períodos seguintes. Como vimos no Capítulo 2, a ligação pπ–pπ é mais importante entre os elementos do segundo período, de forma que os seus átomos são forçados a ficar restritos a um plano.

(a) Oxoácidos substituídos

Pontos principais: Oxoácidos substituídos têm forças que podem ser entendidas considerando-se o poder de retirada de elétrons pelos substituintes; em alguns poucos casos, um átomo de H não ácido está ligado diretamente ao átomo central de um oxoácido.

Um ou mais grupos –OH de um oxoácido podem ser substituídos por outros grupos, formando uma série de oxoácidos substituídos, por exemplo, ácido fluorossulfúrico, O$_2$SF(OH), e ácido aminossulfúrico, O$_2$S(NH$_2$)OH (**6**). Pelo fato de o flúor ser altamente eletronegativo, ele retira elétrons do átomo de S central e confere ao S uma carga positiva efetiva maior. Como resultado, o ácido substituído é mais forte do que o O$_2$S(OH)$_2$. Outro substituinte receptor de elétrons é o –CF$_3$, presente no ácido forte trifluorometilsulfônico, CF$_3$SO$_3$H (na verdade, O$_2$S(CF$_3$)(OH)). Por outro lado, o grupo –NH$_2$, que possui um par de elétrons isolado, pode doar densidade eletrônica ao S por ligação π. Essa transferência de carga reduz a carga positiva no átomo central e enfraquece o ácido.

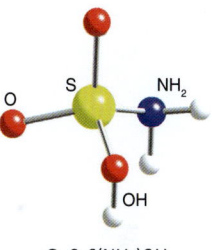

6 O$_2$S(NH$_2$)OH

Uma armadilha para os desavisados é que nem todos os oxoácidos seguem o padrão estrutural comum de um átomo central rodeado por grupos OH e O. Às vezes, um átomo de H está ligado diretamente ao átomo central, como no ácido fosfônico (fosforoso*), H$_3$PO$_3$. O ácido fosfônico é de fato um ácido apenas *di*prótico, uma vez que a substituição de dois grupos OH deixa uma ligação P–H (**7**) e, consequentemente, um próton não ácido. Essa estrutura é consistente com os espectros vibracional e de RMN e a fórmula estrutural é OPH(OH)$_2$. O comportamento não ácido da ligação H–P reflete a baixa capacidade do átomo central de P em atrair elétrons, em comparação com o O (Seção 4.1e). A substituição de um grupo oxo (diferente de um grupo hidroxila) é outro exemplo de uma modificação estrutural que pode ocorrer. Um exemplo importante é o íon tiossulfato, S$_2$O$_3^{2-}$ (**8**), no qual um átomo de O foi substituído por um átomo de S no íon sulfato.

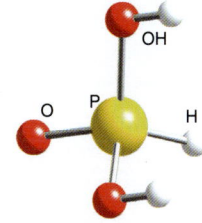

7 OPH(OH)$_2$, H$_3$PO$_3$

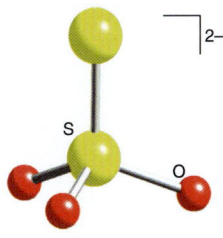

8 S$_2$O$_3^{2-}$

---

*N. de T.: Pelas Recomendações da IUPAC de 2005 (Livro Vermelho), a denominação de ácido fosforoso se aplica ao ácido P(OH)$_3$.

> **Um comentário útil** As estruturas dos oxoácidos são desenhadas com ligações duplas nos grupos oxo, =O. Essa representação indica a conectividade do átomo de O com o átomo central, mas na realidade a ressonância diminui a energia calculada da molécula e distribui o caráter da ligação dos elétrons por toda a molécula.

(b) As regras de Pauling

Ponto principal: As regras de Pauling permitem prever as forças para uma série de oxoácidos contendo um átomo central específico e um número variável de grupos oxo e hidroxila.

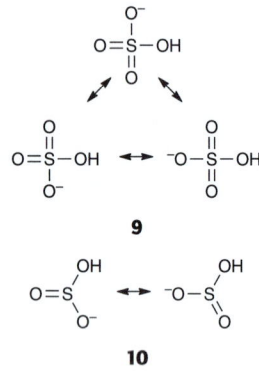

Para uma série de oxoácidos mononucleares de um elemento E, a força do ácido aumenta com o aumento do número de átomos de O. Essa tendência pode ser explicada qualitativamente considerando-se a propriedade do oxigênio de atrair elétrons. Os átomos de O atraem os elétrons, tornando, então, a ligação O–H mais fraca. Consequentemente, os prótons ficam mais propensos para serem liberados. Em geral, para qualquer série de oxoácidos, aquele com mais oxigênios é o mais forte. Por exemplo, a força ácida dos oxoácidos de cloro diminui na ordem $HClO_4 > HClO_3 > HClO_2 > HClO$. Da mesma forma, o HNO_3 é mais forte que o HNO_2.

Outro fator importante é o grau com que diferentes números de grupos oxo terminais estabilizam a base desprotonada (conjugada) por ressonância. Por exemplo, a base conjugada do H_2SO_4, o ânion HSO_4^-, pode ser descrito como um híbrido de ressonância de três contribuições (**9**), enquanto que a base conjugada do H_2SO_3, o ânion HSO_3^-, conta com apenas duas contribuições de estruturas de ressonância (**10**). Consequentemente, o H_2SO_4 é um ácido mais forte que o H_2SO_3. Um corolário interessante dessa comparação, relacionado à natureza do H_2SO_3, será discutido mais adiante.

Essas tendências podem ser sistematizadas de maneira semiquantitativa, aplicando-se duas regras empíricas propostas por Linus Pauling (sendo p o número de grupos oxo e q o número de grupos hidroxila):

1. Para o oxoácido $O_pE(OH)_q$, $pK_a \approx 8 - 5p$.
2. Os valores sucessivos de pK_a dos ácidos polipróticos (aqueles com $q > 1$) aumentam em 5 unidades para cada transferência sucessiva de próton.

A regra 1 prevê que os hidroxoácidos neutros com $p = 0$ têm $pK_a \approx 8$, os ácidos com um grupo oxo têm $pK_a \approx 3$ e os ácidos com dois grupos oxo têm $pK_a \approx -2$. Por exemplo, o ácido sulfúrico, $O_2S(OH)_2$, tem $p = 2$ e $q = 2$ e $pK_{a1} \approx -2$ (significando um ácido forte). Da mesma forma, o seu pK_{a2} previsto é $+3$, que quando comparado com o valor experimental de 1,9 nos mostra que essas regras nos fornecem apenas valores aproximados.

O sucesso dessas regras de Pauling pode ser avaliado inspecionando-se a Tabela 4.3, na qual os ácidos estão agrupados de acordo com o valor de p. Quando descemos em um grupo, a variação na força ácida não é grande, e efeitos complicados devidos às mudanças de estrutura e que se cancelam mutuamente fazem com que essas regras funcionem apenas moderadamente bem. A variação mais importante ao longo da tabela periódica, da esquerda para a direita, e também o efeito da mudança do número de oxidação são levados em conta pelo número de grupos oxo. No Grupo 15, o número de oxidação +5 requer um grupo oxo (como no $OP(OH)_3$), enquanto que no Grupo 16 o número de oxidação +6 requer dois grupos oxo (como no $O_2S(OH)_2$).

(c) Anomalias estruturais

Ponto principal: Em certos casos, especialmente para o H_2CO_3 e o H_2SO_3, uma única fórmula molecular não representa a composição das soluções aquosas dos óxidos de não metais.

Um uso interessante das regras de Pauling é detectar anomalias estruturais. Por exemplo, o ácido carbônico, $OC(OH)_2$, é normalmente conhecido como tendo $pK_{a1} = 6,4$, mas as regras levam a uma previsão de $pK_{a1} = 3$. A baixa acidez anômala indicada pelo valor experimental é consequência de se considerar toda a concentração de CO_2 dissolvido como se fosse de H_2CO_3. Entretanto, no equilíbrio

$$CO_2(aq) + H_2O(l) \rightleftharpoons OC(OH)_2(aq)$$

somente cerca de 1% do CO_2 dissolvido está presente como $OC(OH)_2$, de forma que a concentração real do ácido é muito menor do que a concentração do CO_2 dissolvido. Quando essa diferença é considerada, obtém-se o valor correto do pK_{a1} que é cerca de 3,6, como previsto pelas regras de Pauling.

O valor experimental pK_{a1} = 1,8 observado para o ácido sulfuroso, H_2SO_3, sugere outra anomalia, desta vez na direção oposta. De fato, estudos espectroscópicos foram incapazes de detectar a molécula $OS(OH)_2$ em solução e a constante de equilíbrio para a reação

$$SO_2(aq) + H_2O(l) \rightleftharpoons H_2SO_3(aq)$$

é menor do que 10^{-9}. Os equilíbrios do SO_2 dissolvido são complexos, e uma análise simples é inadequada. Dentre os íons detectados em solução temos o HSO_3^- e o $S_2O_5^{2-}$, além de haver evidência de ligação SH nos sais sólidos do íon hidrogenossulfito.

Esta discussão sobre a composição das soluções aquosas de CO_2 e de SO_2 chama a atenção para o ponto importante de que nem todos os óxidos não metálicos reagem totalmente com a água para formar um ácido. O monóxido de carbono é outro exemplo: embora ele seja formalmente o anidrido do ácido metanoico, HCOOH, o monóxido de carbono de fato não reage com a água à temperatura ambiente para originar um ácido. Isso também ocorre para alguns óxidos metálicos: o OsO_4, por exemplo, pode existir como moléculas neutras dissolvidas.

EXEMPLO 4.5 Usando as regras de Pauling

Proponha as fórmulas estruturais que sejam compatíveis com os valores de pK_a: H_3PO_4, 2,12; H_3PO_3, 1,80; H_3PO_2, 2,0.

Resposta Podemos aplicar as regras de Pauling, usando os valores de pK_a para prever o número de grupos oxo. Os três valores estão no intervalo que a primeira regra de Pauling associa à presença de um grupo oxo. Isso sugere as fórmulas $(HO)_3P=O$, $(HO)_2HP=O$ e $(HO)H_2P=O$. As duas últimas fórmulas são derivadas da primeira fórmula pela substituição de um grupo –OH por um H ligado ao P (como na estrutura **7**).

Teste sua compreensão 4.5 Proponha os valores de pK_a para: (a) H_3PO_4; (b) $H_2PO_4^-$; (c) HPO_4^{2-}.

4.4 Óxidos anidros

Temos tratado os oxoácidos como derivados da desprotonação de seus correspondentes aqua-ácidos. Também é válido mencionar o ponto de vista oposto e considerar os aqua-ácidos e os oxoácidos como derivados da hidratação dos óxidos formados pelo mesmo átomo central. Essa abordagem enfatiza as propriedades ácidas e básicas dos óxidos e sua correlação com a localização do elemento central na tabela periódica.

(a) Óxidos ácidos e básicos

Pontos principais: Elementos metálicos geralmente formam óxidos básicos; elementos não metálicos geralmente formam óxidos ácidos.

Um **óxido ácido** é aquele que, ao se dissolver em água, liga-se a uma molécula de água e libera um próton para a molécula do solvente na sua proximidade:

$$CO_2(g) + H_2O(l) \rightleftharpoons OC(OH)_2(aq)$$
$$OC(OH)_2(aq) + H_2O(l) \rightleftharpoons H_3O^+(aq) + O_2C(OH)^-(aq)$$

Uma interpretação equivalente é que um óxido ácido é um óxido que reage com uma base em solução aquosa (um álcali):

$$CO_2(g) + OH^-(aq) \rightarrow O_2C(OH)^-(aq)$$

Um **óxido básico** é um óxido que recebe um próton quando ele se dissolve em água:

$$BaO(s) + H_2O(l) \rightarrow Ba^{2+}(aq) + 2\ OH^-(aq)$$

A interpretação equivalente neste caso é que um óxido básico é um óxido que reage com um ácido:

$$BaO(s) + 2\ H_3O^+(aq) \rightarrow Ba^{2+}(aq) + 3\ H_2O(l)$$

Uma vez que o caráter de óxido ácido ou básico correlaciona-se frequentemente com outras propriedades químicas, uma grande variedade de propriedades pode ser prevista conhecendo-se o caráter dos óxidos. Em muitos casos, as correlações resultam do fato de que os óxidos básicos são em grande parte iônicos e os óxidos ácidos são principalmente covalentes. Por exemplo, um elemento que forme um óxido ácido é provável que também

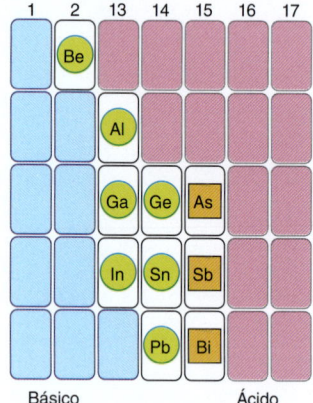

Figura 4.5 A localização dos elementos que formam óxidos anfóteros. Os elementos dentro de círculos formam óxidos anfóteros em todos os seus estados de oxidação. Os elementos nos quadrados formam óxidos ácidos no seu estado de oxidação mais alto e óxidos anfóteros no estado de oxidação mais baixo.

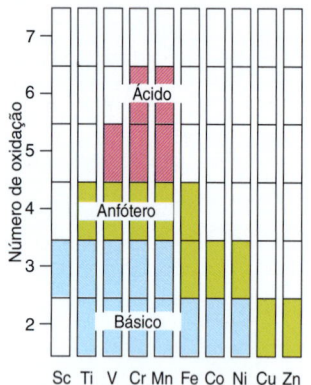

Figura 4.6 Números de oxidação para os quais os elementos da primeira linha do bloco d apresentam óxidos anfóteros. Os óxidos predominantemente ácidos estão indicados em rosa e os óxidos predominantemente básicos estão indicados em azul.

forme haletos covalentes voláteis. Ao contrário, um elemento que forme um óxido básico deve formar haletos iônicos sólidos. Em resumo, o caráter ácido ou básico de um óxido é uma indicação química se o elemento pode ser considerado como um metal ou um não metal. Geralmente, os metais formam óxidos básicos e os não metais formam óxidos ácidos.

(b) Caráter anfótero

Pontos principais: A fronteira entre os metais e os não metais na tabela periódica é caracterizada pela formação de óxidos anfóteros; o caráter anfótero também varia com o estado de oxidação do elemento.

Um **óxido anfótero** é um óxido que reage tanto com ácidos como com bases.[4] Assim, o óxido de alumínio reage com ácidos e com álcalis:

$$Al_2O_3(s) + 6\ H_3O^+(aq) + 3\ H_2O(l) \rightarrow 2\ [Al(OH_2)_6]^{3+}(aq)$$
$$Al_2O_3(s) + 2\ OH^-(aq) + 3\ H_2O(l) \rightarrow 2\ [Al(OH)_4]^-(aq)$$

O caráter anfótero é observado para os elementos mais leves dos Grupos 2 e 13, como no BeO, Al_2O_3 e Ga_2O_3. Ele é também observado para alguns dos elementos do bloco d em estados de oxidação elevados, tais como MoO_3 e V_2O_5, em que o átomo central é um forte removedor de elétron, e para alguns dos elementos mais pesados dos Grupos 14 e 15, tais como no SnO_2 e Sb_2O_5.

A Figura 4.5 mostra a localização dos elementos que, em seus estados de oxidação característicos do grupo, formam óxidos anfóteros. Eles localizam-se na fronteira entre os óxidos ácidos e básicos e, desta forma, servem como um guia importante para o caráter metálico ou não metálico de um elemento. O aparecimento do caráter anfótero correlaciona-se com um significativo grau de caráter covalente nas ligações formadas pelos elementos, seja porque o íon metálico é fortemente polarizante (como o Be) ou porque o íon metálico é polarizado pelo átomo de O ligado a ele (como para o Sb).

Uma questão importante no bloco d é o número de oxidação necessário para o aparecimento do caráter anfótero. A Figura 4.6 mostra o número de oxidação para o qual um elemento localizado na primeira linha do bloco d apresenta um óxido anfótero. Vemos que, à esquerda do bloco, do titânio ao manganês e talvez ao ferro, o estado de oxidação +4 é anfótero (com valores mais altos na extremidade ácida e valores mais baixos na extremidade básica). À direita do bloco, o caráter anfótero ocorre para números de oxidação mais baixos: estado de oxidação +3 para o cobalto e o níquel e +2 para o cobre e o zinco que são totalmente anfóteros. Não existe um modo simples de prever o surgimento do caráter anfótero. Entretanto, ele presumivelmente reflete a capacidade do cátion metálico em polarizar os íons óxidos que o rodeiam, ou seja, de introduzir a covalência na ligação metal-oxigênio. Geralmente, o grau de covalência aumenta com o número de oxidação do metal, uma vez que um cátion altamente carregado positivamente é mais polarizador (Seção 1.7e).

EXEMPLO 4.6 Tirando proveito da acidez dos óxidos em análise qualitativa

No esquema tradicional da análise qualitativa, uma solução de íons metálicos é oxidada e, então, adiciona-se solução aquosa de amônia para elevar o pH. Os íons Fe^{3+}, Ce^{3+}, Al^{3+}, Cr^{3+} e V^{3+} precipitam como hidróxidos hidratados. A adição de H_2O_2 e NaOH torna a dissolver os óxidos de alumínio, cromo e vanádio. Discuta essas etapas em termos da acidez dos óxidos.

Resposta Quando o número de oxidação do metal é +3, todos os óxidos metálicos são suficientemente básicos para serem insolúveis em uma solução com pH ≈ 10. O óxido de alumínio(III) é anfótero e torna a se dissolver em solução alcalina formando íons aluminato, $[Al(OH)_4]^-$. Os óxidos de vanádio(III) e cromo(III) são oxidados pelo H_2O_2, formando os íons vanadato, $[VO_4]^{3-}$, e cromato, $[CrO_4]^{2-}$, que são ânions derivados dos óxidos ácidos V_2O_5 e CrO_3, respectivamente.

Teste sua compreensão 4.6 Se a amostra contiver íons Ti(IV), como eles irão se comportar?

4.5 Formação de polioxocompostos

Pontos principais: Os ácidos que contêm o grupo OH condensam para formar polioxoânions; a formação de policátions ocorre a partir de aquacátions simples pela perda de H_2O. Os oxoânions formam polímeros à medida que o pH é reduzido, ao passo que os aquaíons formam polímeros

---

[4] A palavra "anfótero" é derivada do grego, significando "ambos".

quando o pH é aumentado. Os polioxoânions correspondem à maior parte da massa de oxigênio presente na crosta da Terra.

À medida que aumentamos o pH de uma solução, os aquaíons de metais que formam óxidos básicos ou anfóteros geralmente sofrem polimerização e precipitação. Uma aplicação desse comportamento está na separação de íons metálicos, pois a precipitação ocorre quantitativamente em um pH característico para cada metal.

Com exceção do Be^{2+} (que é anfótero), os elementos dos Grupos 1 e 2 não têm espécies importantes em solução além dos aquaíons $M^+(aq)$ e $M^{2+}(aq)$. Ao contrário, a química em solução dos elementos torna-se muito rica à medida que nos aproximamos da região anfótera da tabela periódica. Os dois exemplos mais comuns são os polímeros formados pelo Fe(III) e pelo Al(III), ambos muito abundantes na crosta terrestre. Em soluções ácidas, ambos formam íons hexa-aqua, octaédricos, $[Al(OH_2)_6]^{3+}$ e $[Fe(OH_2)_6]^{3+}$. Em soluções com pH > 4, ambos precipitam como hidróxidos hidratados gelatinosos:

$[Fe(OH_2)_6]^{3+}(aq) + n\ H_2O(l) \rightarrow Fe(OH)_3 \cdot nH_2O(s) + 3\ H_3O^+(aq)$

$[Al(OH_2)_6]^{3+}(aq) + n\ H_2O(l) \rightarrow Al(OH)_3 \cdot nH_2O(s) + 3\ H_3O^+(aq)$

Os polímeros precipitados, que são frequentemente de dimensões coloidais (entre 1 nm e 1 μm), cristalizam lentamente em formas minerais estáveis. A extensa estrutura em rede tridimensional dos polímeros de alumínio contrasta com os polímeros lineares dos seus análogos de ferro.

A formação de um polioxoânion a partir dos oxoânions (condensação) ocorre pela protonação de um átomo de O e sua saída como H_2O. Um exemplo de uma das reações de condensação mais simples começa com o íon ortofosfato, PO_4^{3-}, e forma o íon difosfato, $P_2O_7^{4-}$:

$2\ PO_4^{3-} + 2\ H_3O^+ \longrightarrow$ [estrutura do $P_2O_7^{4-}$] $+ 3\ H_2O$

A eliminação de água consome prótons e reduz o número de carga médio de cada átomo de P para –2. Se cada grupo fosfato for representado como um tetraedro, com os átomos de O localizados nos vértices, o íon $P_2O_7^{4-}$ pode ser desenhado como um poliedro conectado (**11**). O ácido fosfórico pode ser preparado pela hidrólise do óxido de fósforo(V) sólido, P_4O_{10}. Usando-se uma pequena quantidade de água, ocorre uma etapa inicial em que se forma o íon metafosfato de fórmula $P_4O_{12}^{4-}$ (**12**). Essa reação é somente a mais simples dentre muitas, e a separação dos produtos da hidrólise do óxido de fósforo(V), por cromatografia, revela a presença de espécies em cadeia contendo de um a nove átomos de P. Espécies com maior número de átomos de P também se formam e podem ser removidas da coluna por hidrólise. A Figura 4.7 é uma representação esquemática de um cromatograma bidimensional em papel: a sucessão de manchas na parte superior corresponde aos polímeros lineares e a sequência na parte inferior corresponde aos anéis. Cadeias poliméricas com fórmula P_n, onde n = 10 a 50, podem ser isoladas e consideradas como análogas a uma mistura de vidros amorfos, tais como àqueles formados pelos silicatos (Seção 14.15).

Os polifosfatos têm importância biológica. No pH fisiológico (próximo a 7,4), a ligação P–O–P é instável em relação à hidrólise. Consequentemente, sua hidrólise pode servir como um mecanismo para a liberação de energia (energia de Gibbs) e impulsionar uma reação. Da mesma forma, a formação da ligação P–O–P é um meio de armazenar energia de Gibbs. A chave para a transferência de energia no metabolismo é a hidrólise do trifosfato de adenosina, ATP (sigla em inglês) (**13a**), formando o difosfato de adenosina, ADP (sigla em inglês) (**13b**):

$ATP^{4-} + 2\ H_2O \rightarrow ADP^{3-} + HPO_4^{2-} + H_3O^+ \quad \Delta_r G^\ominus = -41\ kJ\ mol^{-1}$ em pH = 7,4

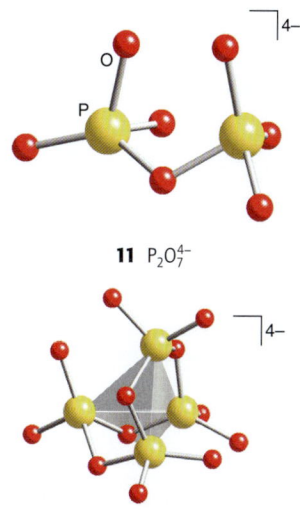

11 $P_2O_7^{4-}$

12 $P_4O_{12}^{4-}$

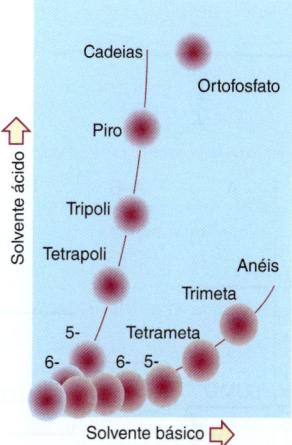

Figura 4.7 Cromatograma bidimensional em papel de uma mistura complexa de fosfatos, formados por reações de condensação. A mancha da amostra original foi colocada no canto esquerdo inferior. A separação com solvente básico foi feita primeiro, seguida pelo solvente ácido em direção perpendicular ao básico. Isso separa as cadeias abertas dos anéis. A sequência de manchas na parte superior corresponde aos polímeros lineares e a sequência na parte inferior, aos anéis.

13b ADP^{3-}

13a ATP^{4-}

O fluxo de energia no metabolismo depende da existência de rotas elaboradas para formar o ATP a partir do ADP. A energia é utilizada nos caminhos metabólicos que evoluíram para explorar a liberação da força motriz termodinâmica resultante da hidrólise do ATP.

Os polioxoânions respondem pela maior parte da massa de oxigênio na crosta terrestre, pois correspondem a quase todos os silicatos minerais. As espécies de nuclearidade mais alta são formadas pela condensação de oxoânions de não metais e estão geralmente na forma de anéis e cadeias. Os silicatos são exemplos muito importantes de oxoânions poliméricos e serão abordados em detalhes no Capítulo 14. Um exemplo de polissilicato mineral é o $MgSiO_3$, formado por uma cadeia infinita de unidades SiO_3^{2-}.

A formação de polioxoânions é um aspecto importante para os primeiros elementos do bloco d em seus estados de oxidação mais altos, particularmente para o V(V), Mo(VI), W(VI) e, em menor extensão, para o Nb(V), Ta(V) e Cr(VI), para os quais se usa o termo "polioxometalatos". Os polioxometalatos formam uma variedade de estruturas estáveis à oxidação as quais vêm tendo aplicações crescentes nas áreas de catálise e química analítica. Diferentes metais e não metais, tal como o P, podem ser incorporados para formar compostos conhecidos como heteropolioxometalatos. Descrevemos os polioxometalatos com mais detalhes no Quadro 19.1.

Acidez de Lewis

Pontos principais: Um ácido de Lewis é um receptor de par de elétrons; uma base de Lewis é um doador de par de elétrons.

A teoria dos ácidos e bases de Brønsted-Lowry enfoca a transferência do próton entre as espécies. Uma teoria mais geral para as reações ácido-base foi introduzida por G. N. Lewis no mesmo ano em que Brønsted e Lowry apresentaram as suas (1923). No entanto, a abordagem de Lewis tornou-se influente somente a partir da década de 1930.

Um **ácido de Lewis** é uma substância que atua como um receptor de um par de elétrons. Uma **base de Lewis** é uma substância que atua como doadora de um par de elétrons. Simbolizamos um ácido de Lewis por A e uma base de Lewis por :B, omitindo frequentemente quaisquer outros pares isolados que possam estar presentes. A reação fundamental para os ácidos e bases de Lewis é a formação de um **complexo** (ou aduto), A–B, onde A e :B se ligam pelo compartilhamento do par de elétrons fornecido pela base. Essa ligação é frequentemente chamada de ligação **dativa** ou **coordenada**.

> **Um comentário útil** Os termos *ácido* e *base* de Lewis são usados na discussão das propriedades termodinâmicas (equilíbrio) das reações. No contexto da cinética (velocidade das reações), o doador de um par de elétrons é chamado de **nucleófilo** e o receptor é chamado de **eletrófilo**.

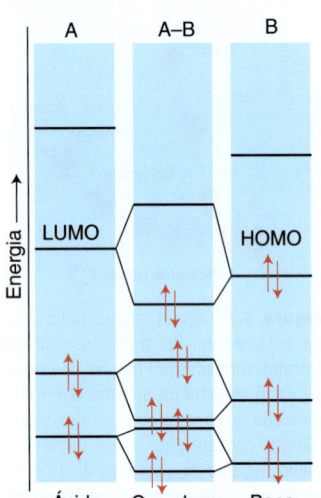

Figura 4.8 Representação das interações entre os orbitais moleculares responsáveis pela formação de um complexo entre um ácido de Lewis A e uma base de Lewis :B.

A ligação entre um ácido e uma base de Lewis pode ser vista numa perspectiva de orbital molecular, como ilustrado na Fig. 4.8. O ácido de Lewis contribui com um orbital vazio que é geralmente o orbital molecular desocupado de menor energia (LUMO), e a base de Lewis contribui com um orbital que, dentre os orbitais ocupados, é o orbital molecular de maior energia (HOMO). O novo orbital ligante formado é ocupado pelos dois elétrons fornecidos pela base, enquanto que o novo orbital antiligante fica desocupado. Como resultado, ocorre uma diminuição da energia com a formação da ligação.

4.6 Exemplos de ácidos e bases de Lewis

Pontos principais: Ácidos e bases de Lewis também mostram acidez e basicidade de Lewis; a definição de Lewis pode ser aplicada a solventes apróticos.

Um próton é um ácido de Lewis porque ele pode ligar-se a um par de elétrons, como na formação do NH_4^+ a partir do NH_3. Assim, qualquer ácido de Brønsted, por ser um fornecedor de prótons, também exibe acidez de Lewis. Note que o ácido de Brønsted HA é um complexo formado pelo ácido de Lewis H^+ com a base de Lewis A^-. Dizemos que um ácido de Brønsted *exibe* acidez de Lewis em vez de dizer que um ácido de Brønsted *é* um ácido de Lewis. Todas as bases de Brønsted são bases de Lewis, porque um receptor de próton é também um doador de par de elétrons: a molécula de NH_3, por exemplo, é uma base de Lewis tanto quanto uma base de Brønsted. Deste modo, todo o material apresentado nas seções anteriores deste capítulo pode ser considerado como um caso especial da abordagem de Lewis. Entretanto, como o próton não é essencial para a definição de um ácido ou base de Lewis, um conjunto mais amplo de substâncias pode ser classificado como ácidos e bases no esquema de Lewis do que no esquema de Brønsted. A estabilidade do complexo também pode ser fortemente influenciada por interações estéreas adversas entre o ácido e a base.

Encontraremos adiante muitos exemplos de ácidos de Lewis, mas devemos estar atentos às seguintes possibilidades:

1. Uma molécula com um octeto incompleto de elétrons de valência pode completar seu octeto recebendo um par de elétrons.

Um exemplo típico é o $B(CH_3)_3$, que pode receber o par isolado do NH_3 ou de outros doadores:

Portanto, o $B(CH_3)_3$ é um ácido de Lewis.

2. Um cátion metálico pode receber um par de elétrons fornecido por uma base em um composto de coordenação.

Esse aspecto dos ácidos e bases de Lewis será tratado nos Capítulos 7 e 20. Um exemplo é a hidratação do Co^{2+}, na qual pares isolados do H_2O (atuando como uma base de Lewis) são doados ao cátion central para formar o $[Co(OH_2)_6]^{2+}$. Portanto, o cátion Co^{2+} é o ácido de Lewis.

3. Uma molécula ou íon com um octeto completo pode ser capaz de rearranjar seus elétrons de valência de forma a receber um par de elétrons adicional.

Por exemplo, o CO_2 atua como um ácido de Lewis quando ele forma o HCO_3^- (mais precisamente o $HOCO_2^-$) ao receber um par de elétrons do átomo de O do íon OH^-:

4. Uma molécula ou um íon pode ser capaz de expandir sua camada de valência (ou simplesmente ser grande o bastante) para aceitar outro par de elétrons. Um exemplo é a formação do complexo $[SiF_6]^{2-}$ quando dois íons F^- (as bases de Lewis) ligam-se ao SiF_4 (o ácido).

Esse tipo de acidez de Lewis é comum para os haletos dos elementos mais pesados do bloco p, tais como SiX_4, AsX_3 e PX_5 (sendo X um halogênio).

EXEMPLO 4.7 Identificando os ácidos e as bases de Lewis

Identifique os ácidos e as bases de Lewis nas reações: (a) $BrF_3 + F^- \rightarrow BrF_4^-$; (b) $KH + H_2O \rightarrow KOH + H_2$.

Resposta Precisamos identificar o receptor (o ácido) e o doador (a base) do par de elétrons. (a) O ácido BrF_3 recebe um par de elétrons da base F^-. Portanto, o BrF_3 é o ácido de Lewis e o F^- é a base de Lewis. (b) O hidreto salino KH fornece o H^- que desloca o H^+ da água para formar H_2 e OH^-. A reação é

$H^- + H_2O \rightarrow H_2 + OH^-$

Se pensarmos nessa reação como

$H^- + 'H^+ : OH^-' \rightarrow HH + :OH^-$

veremos que o H^- fornece um par de elétrons sendo, portanto, uma base de Lewis. Ele reage com o H_2O deslocando o OH^-, outra base de Lewis.

Teste sua compreensão 4.7 Identifique os ácidos e as bases nas reações: (a) $FeCl_3 + Cl^- \rightarrow FeCl_4^-$; (b) $I^- + I_2 \rightarrow I_3^-$.

4.7 Características dos ácidos de Lewis segundo o seu grupo da Tabela Periódica

Compreender as tendências na acidez e na basicidade de Lewis nos permite prever o resultado de muitas reações dos elementos do bloco s e bloco p.

(a) Ácidos e bases de Lewis dos elementos do bloco s

Ponto principal: Os íons dos metais alcalinos agem como ácidos de Lewis frente à água, formando íons hidratados.

A formação dos íons hidratados de metais alcalinos em água pode ser considerada um aspecto do seu caráter de ácido de Lewis, sendo o H_2O a base de Lewis. Na prática, os íons de metais alcalinos não atuam como bases de Lewis, mas podem fazê-lo de forma indireta – os seus fluoretos são um exemplo, porque podem atuar como uma fonte de uma base de Lewis, os íons F^- não complexados, e que formam fluoretos complexos com ácidos de Lewis, tais como o SF_4:

$$CsF + SF_4 \rightarrow Cs^+[SF_5]^-$$

O átomo de Be nos di-haletos de berílio atua como um ácido de Lewis formando uma estrutura em cadeia polimérica no estado sólido (**14**). Nesta estrutura, ocorre a formação de uma ligação σ quando um íon haleto, atuando como uma base de Lewis, doar o seu par de elétrons isolado para um orbital híbrido sp^3 vazio de um átomo de Be. A formação de adutos tetraédricos como o $BeCl_4^{2-}$ também evidencia a acidez de Lewis do cloreto de berílio.

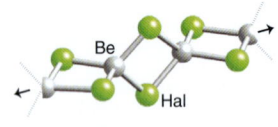

14 $Be(Hal)_2$

(b) Ácidos de Lewis do Grupo 13

Pontos principais: A capacidade dos tri-haletos de boro em atuarem como ácidos de Lewis geralmente aumenta na ordem $BF_3 < BCl_3 < BBr_3$; os haletos de alumínio são diméricos em fase gasosa e são usados como catalisadores em solução.

As moléculas planas BX_3 e AlX_3 têm octetos incompletos, e o orbital p vazio perpendicular ao plano pode receber um par isolado de uma base de Lewis:

A molécula ácida assume uma geometria piramidal à medida que o complexo se forma e as ligações B–X afastam-se de seus novos vizinhos.

A ordem da estabilidade termodinâmica dos complexos de $:N(CH_3)_3$ com BX_3 é $BF_3 < BCl_3 < BBr_3$. Essa ordem é oposta àquela esperada considerando-se as eletronegatividades dos halogênios: o argumento da eletronegatividade sugere que o flúor, o halogênio mais eletronegativo, deve deixar o átomo de B do BF_3 mais deficiente em elétrons e, desta forma, capacitá-lo a formar uma ligação mais forte com a base que entra. A explicação atualmente aceita é que os átomos de halogênios nas moléculas BX_3 podem formar ligações π com o orbital vazio B2p (**15**) e que estas ligações π precisam ser rompidas para tornar o orbital do átomo de boro disponível para a formação do complexo com a base. A ligação π também favorece a estrutura plana da molécula, uma estrutura que deve ser convertida em piramidal para se formar o aduto. O pequeno átomo de F forma ligações π mais fortes com o orbital B2p: lembre-se de que a ligação π p–p é mais forte para os elementos do segundo período, principalmente devido aos pequenos raios atômicos desses elementos e também pela sobreposição significativa de seus orbitais 2p compactos (Seção 2.5). Assim, a molécula BF_3 tem a mais forte ligação π para ser quebrada quando a amina forma uma ligação N–B.

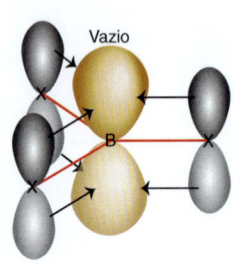

15 p–p π ligando em BX_3

O trifluoreto de boro é muito usado como um catalisador na indústria. Seu papel é o de remover bases ligadas a um átomo de carbono e, assim, gerar carbocátions:

O trifluoreto de boro é um gás à temperatura e pressão ambiente, mas dissolve-se em éter dietílico formando uma solução conveniente para ser usada. Essa dissolução também é um aspecto do seu caráter de ácido de Lewis, pois à medida que o BF_3 se dissolve, ele forma um complexo com o átomo de :O da molécula do solvente.

Os haletos de alumínio são dímeros em fase gasosa; o cloreto de alumínio, por exemplo, tem fórmula molecular Al_2Cl_6 na fase vapor (**16**). Cada átomo de Al atua como um ácido em relação a um átomo de Cl inicialmente pertencente a outro átomo de Al. O cloreto de alumínio é muito usado como um catalisador ácido de Lewis em reações orgânicas. Os exemplos clássicos são a alquilação (ligação de um R^+ a um anel aromático) e a acilação (a adição de um RCO) de Friedel-Crafts, que envolve a formação de $AlCl_4^-$, conforme mostrado no ciclo catalítico da Fig. 4.9.

16 Al_2Cl_6

(c) Ácidos de Lewis do Grupo 14

Pontos principais: Os elementos do Grupo 14, exceto o carbono, apresentam hipervalência e atuam como ácidos de Lewis, tornando-se penta ou hexacoordenados; o cloreto de estanho(II) é tanto um ácido quanto uma base de Lewis.

Ao contrário do carbono, um átomo de Si pode expandir sua camada de valência (ou é simplesmente grande o suficiente) para se tornar hipervalente. Estruturas estáveis com geometria bipiramidal trigonal pentacoordenada já foram isoladas (**17**), e um aduto hexacoordenado se forma quando o ácido de Lewis SiF_4 reage com dois íons F^-:

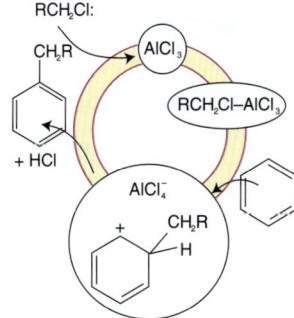

Figura 4.9 Ciclo catalítico da reação de alquilação de Friedel-Crafts.

Os fluoretos de germânio e de estanho podem reagir de maneira semelhante. Como a base de Lewis F^-, auxiliada por um próton, pode deslocar o O^{2-} dos silicatos, o ácido fluorídrico corrói o vidro (SiO_2). A tendência na acidez para os SiX_4 segue a ordem $SiF_4 > SiCl_4 > SiBr_4 > SiI_4$, correlaciona-se com a diminuição da capacidade do halogênio em retirar elétrons na sequência do F ao I, sendo o inverso daquela observada para os BX_3.

O cloreto de estanho(II) é tanto um ácido quanto uma base de Lewis. Como um ácido, o $SnCl_2$ combina-se com o Cl^- para formar o $SnCl_3^-$ (**18**). Esse complexo contém ainda um par isolado, sendo algumas vezes melhor escrever sua fórmula como $:SnCl_3^-$. Este atua como uma base formando ligações metal-metal como no complexo $(CO)_5Mn-SnCl_3$ (**19**). Compostos contendo ligações metal-metal são atualmente objeto de muita atenção na química inorgânica, como veremos mais adiante no texto (Seção 22.20). Os haletos de estanho(IV) são ácidos de Lewis. Eles reagem com íons haleto para formar SnX_6^{2-}:

$$SnCl_4 + 2\ Cl^- \rightarrow SnCl_6^{2-}$$

A acidez de Lewis segue novamente a ordem $SnF_4 > SnCl_4 > SnBr_4 > SnI_4$.

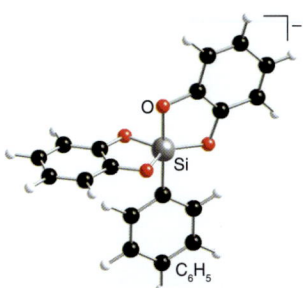

17 $[Si(C_6H_5)(OC_6H_4O)_2]^-$

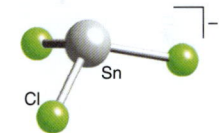

18 $SnCl_3^-$

EXEMPLO 4.8 Prevendo a basicidade de Lewis relativa dos compostos

Explique as seguintes basicidades de Lewis relativas: (a) $(H_3Si)_2O < (H_3C)_2O$; (b) $(H_3Si)_3N < (H_3C)_3N$.

Resposta Elementos não metálicos do terceiro período e abaixo deste podem expandir suas camadas de valência pela deslocalização dos pares isolados do N ou do O para formar ligações múltiplas (o O e o N atuam como doadores de elétrons π). Assim, o sililéter e a sililamina são as bases de Lewis mais fracas em cada par.

Teste sua compreensão 4.8 Dado que a ligação π entre o Si e os pares isolados do N é importante, que diferença estrutural você espera entre o $(H_3Si)_3N$ e o $(H_3C)_3N$?

(d) Ácidos de Lewis do Grupo 15

Ponto principal: Os óxidos e os haletos dos elementos mais pesados do Grupo 15 atuam como ácidos de Lewis.

O pentafluoreto de fósforo é um ácido de Lewis forte e forma complexos com éteres e aminas. Os elementos mais pesados do grupo do nitrogênio (Grupo 15) formam alguns dos mais importantes ácidos de Lewis, sendo o SbF_5 um dos compostos mais estudados. A sua reação com HF produz um **superácido** (Seção 4.14).

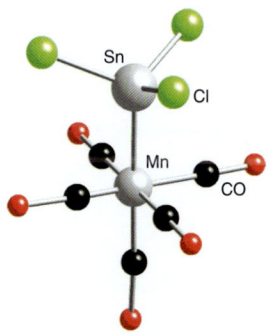

19 $[Mn(CO)_5(SnCl_3)]$

(e) Ácidos de Lewis do Grupo 16

Pontos principais: O dióxido de enxofre pode atuar como um ácido de Lewis ao aceitar um par de elétrons no átomo de S; para atuar como uma base de Lewis, a molécula de SO_2 pode doar os pares isolados do S ou do O para um ácido de Lewis.

O dióxido de enxofre atua tanto como um ácido quanto como uma base de Lewis. Sua acidez de Lewis é ilustrada pela formação de um complexo com uma trialquilamina que se comporta como uma base de Lewis:

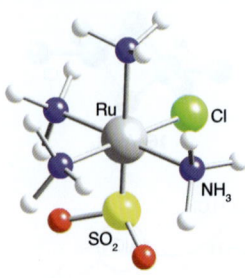

20 $[RuCl(NH_3)_4(SO_2)]^+$

Para atuar como uma base de Lewis, a molécula de SO_2 pode doar os pares isolados situados tanto no S quanto no O para um ácido de Lewis. Quando o SbF_5 é o ácido, o átomo de O do SO_2 atua como o doador do par de elétrons, mas quando o Ru(II) é o ácido, o átomo de S atua como o doador (**20**).

O trióxido de enxofre é um ácido de Lewis forte e uma base de Lewis (com o O sendo o doador) muito fraca. Sua acidez é ilustrada pela reação

Um aspecto clássico da acidez do SO_3 é a sua reação altamente exotérmica com a água para a formação do ácido sulfúrico. O problema de remover grandes quantidades de calor do reator usado para a produção comercial do ácido sulfúrico é aliviado promovendo-se a hidratação por meio de um processo em duas etapas, explorando-se ainda mais a forte acidez de Lewis do trióxido de enxofre. Antes da diluição, o trióxido de enxofre é dissolvido em ácido sulfúrico para formar uma mistura conhecida como *óleum*. Esta reação é um exemplo da formação de um complexo ácido-base de Lewis:

O $H_2S_2O_7$ resultante pode então ser hidrolisado em uma reação menos exotérmica:

$$H_2S_2O_7 + H_2O \rightarrow 2\ H_2SO_4$$

(f) Ácidos de Lewis do Grupo 17

Ponto principal: As moléculas de bromo e iodo atuam como ácidos de Lewis suaves.

A acidez de Lewis se apresenta de uma maneira interessante e sutil pelo Br_2 e I_2, que são fortemente coloridos. As fortes absorções do Br_2 e do I_2 na região do espectro visível originam-se de transições para orbitais antiligantes vazios de baixa energia. Portanto, a presença de cor nessas espécies sugere que os orbitais vazios possuem energias suficientemente baixas para servirem como orbitais receptores na formação de complexos ácido-base de Lewis.[5] O iodo é violeta nas fases sólida e gasosa e em solventes não doadores, tal como o triclorometano. Em água, propanona (acetona) ou etanol, que são bases de Lewis, o iodo é marrom. A mudança de cor decorre da formação de um complexo envolvendo o par isolado do átomo de O da molécula doadora e um orbital σ^* de baixa energia do di-halogênio.

A interação do Br_2 com o grupo carbonila da propanona é mostrada na Fig. 4.10. A ilustração também mostra a transição responsável pela nova banda de absorção do complexo formado. O orbital do qual o elétron origina-se na transição é predominantemente um orbital do par isolado da base (a cetona). O orbital para o qual a transição ocorre é predominantemente o LUMO do ácido (o di-halogênio). Assim, numa primeira aproximação, a transição transfere um elétron da base para o ácido e, deste modo, é chamada de uma **transição de transferência de carga**.

O íon tri-iodeto, I_3^-, é um exemplo de um complexo entre o ácido halogênio (I_2) e a base haleto (I^-). Uma das aplicações da formação desse complexo é tornar o iodo

---

[5] Os termos *complexo doador-receptor* e *complexo de transferência de carga* eram usados anteriormente para indicar esses complexos. Entretanto, a distinção entre esses complexos e os complexos ácido-base de Lewis mais comuns é arbitrária e, atualmente, os termos são usados indistintamente.

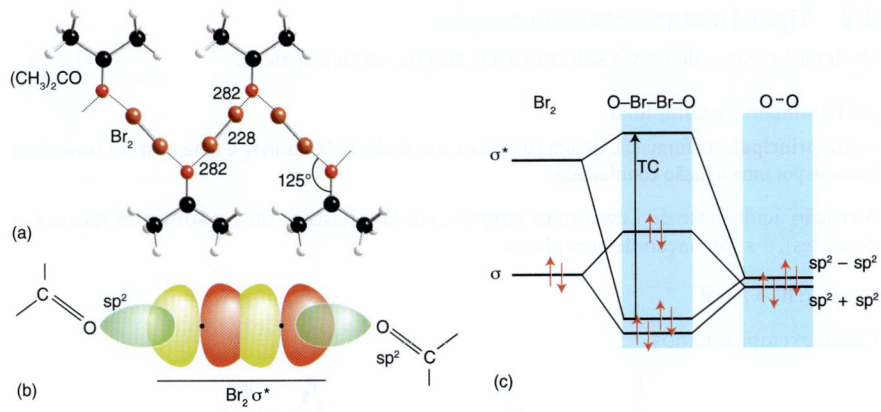

Figura 4.10* Interação do Br$_2$ com o grupo carbonila da propanona. (a) Estrutura por difração de raios X do (CH$_3$)$_2$COBr$_2$. (b) Sobreposição dos orbitais responsáveis pela formação do complexo. (c) Diagrama parcial dos níveis de energia dos orbitais moleculares formados pela interação dos orbitais σ e σ* no Br$_2$, com as combinações apropriadas dos orbitais sp^2 nos dois átomos de O. TC indica a transição de transferência de carga.

molecular solúvel em água, de forma que ele possa ser usado como um reagente nas titulações:

$$I_2(s) + I^-(aq) \rightarrow I_3^-(aq) \quad K = 725$$

O íon tri-iodeto é um exemplo de uma grande classe de íons poli-haletos (Seção 17.10).

Reações e propriedades dos ácidos e bases de Lewis

As reações de ácidos e bases de Lewis são difundidas na química, na química industrial e na biologia. Por exemplo, o cimento é feito pela moagem do calcário (CaCO$_3$) junto a uma fonte de aluminossilicatos, como argila, xisto ou areia, que são, então, aquecidos a 1500°C em um forno rotatório de cimento. O calcário ao ser aquecido se decompõe em cal (CaO), que reage com os aluminossilicatos para formar silicatos e aluminatos de cálcio fundidos, tais como Ca$_2$SiO$_4$, Ca$_3$SiO$_5$ e Ca$_3$Al$_2$O$_6$.

$$2\,CaO(s) + SiO_2(s) \rightarrow Ca_2SiO_4(s)$$

Na indústria, o dióxido de carbono pode ser removido pela passagem do gás, em contracorrente, numa torre de lavagem de gás, contendo uma amina líquida. Esse processo vem aumentado de importância pela necessidade de se reduzir as emissões de gases de efeito estufa.

$$2\,RNH_2(aq) + CO_2(g) + H_2O(l) \rightarrow (RNH_3)_2CO_3$$

A toxicidade do monóxido de carbono para os animais é um exemplo de uma reação ácido-base de Lewis. Normalmente, o oxigênio se liga, reversivelmente, ao átomo de Fe(II) da hemoglobina (ver Capítulo 26): o monóxido de carbono é um ácido de Lewis bem melhor que o O$_2$ e, assim, forma uma ligação tão estável com o átomo de ferro(II), que torna a formação do complexo praticamente irreversível.

$$Hb-Fe^{II} + CO \rightarrow Hb-Fe^{II}CO$$

Todas as reações entre os átomos ou íons metálicos do bloco d para formar compostos de coordenação (Capítulo 7) são exemplos de reações entre um ácido de Lewis e uma base de Lewis:

$$Ni^{2+}(aq) + 6\,NH_3 \rightarrow [Ni(NH_3)_6]^{2+}$$

As alquilações e acilações de Friedel-Crafts são muito usadas em síntese orgânica. Elas necessitam de um catalisador que seja um ácido de Lewis forte como o AlCl$_3$ ou o FeCl$_3$.

A primeira etapa do processo corresponde à reação entre o ácido de Lewis e o haleto alquila:

$$RCl + AlCl_3 \rightarrow R^+ + [AlCl_4]^-$$

4.8 Tipos fundamentais de reação

Os ácidos e bases de Lewis sofrem várias reações características.

(a) Formação de complexo

Ponto principal: Na formação de um complexo, um ácido de Lewis livre e uma base de Lewis livre ligam-se por uma ligação coordenada.

A reação ácido-base de Lewis mais simples, em fase gasosa (ou em solventes não coordenantes), é a **formação de complexo**:

$$A + :B \rightarrow A-B$$

Como exemplos temos:

Ambas as reações envolvem ácidos e bases de Lewis que são estáveis isoladamente, tanto em fase gasosa quanto em solventes que não formam complexos com eles. Consequentemente, as espécies individuais (assim como os complexos) podem ser estudadas experimentalmente. A formação de complexo é um processo exotérmico: como vimos na Fig. 4.8, os elétrons que ocupam o HOMO do complexo resultante estão em um nível de energia mais baixo do no HOMO da base de Lewis que formou o complexo.

(b) Reações de deslocamento

Ponto principal: Em uma reação de deslocamento, um ácido ou uma base expulsa outro ácido ou base de um complexo de Lewis.

O **deslocamento** de uma base de Lewis por outra é uma reação do tipo

$$B-A + :B' \rightarrow :B + A-B'$$

Por exemplo,

Todas as reações de transferência de próton de Brønsted são desse tipo, por exemplo,

$$HF(aq) + HS^-(aq) \rightarrow H_2S(aq) + F^-(aq)$$

Nessa reação, a base de Lewis HS^- desloca a base de Lewis F^- de seu complexo com o ácido H^+. Também é possível o deslocamento de um ácido por outro

$$A' + B-A \rightarrow A'-B + A$$

por exemplo,

No contexto dos complexos de metais d, uma reação de deslocamento na qual um ligante é expulso do complexo ao ser substituído por outro geralmente é chamada de uma **reação de substituição** (Seção 21.1).

(c) Reações de metátese

Ponto principal: Uma reação de metátese é uma reação de deslocamento acompanhada pela formação de outro complexo.

Uma **reação de metátese** (ou "reação de deslocamento duplo") corresponde a uma troca de parceiros:[6]

$$A-B + A'-B' \rightarrow A-B' + A'-B$$

O deslocamento da base :B por :B' é acompanhado pela captura de :B pelo ácido A'. Por exemplo,

$$Me_3Si-I + AgBr(s) \longrightarrow Me_3Si-Br + AgI(s)$$

Aqui, a base Br⁻ desloca o I⁻ e o processo é acompanhado pela formação do AgI menos solúvel.

4.9 Fatores que regem as interações entre os ácidos e as bases de Lewis

O próton (H^+) foi o receptor por excelência do par de elétrons na discussão da força ácida e básica de Brønsted. Nos ácidos e bases de Lewis, podemos considerar uma maior variedade de receptores e, consequentemente, existe um maior número de fatores que influenciam as interações entre doadores e receptores dos pares de elétrons.

(a) Classificação dos ácidos e bases como "duros" e "macios"

Pontos principais: Ácidos e bases duros e macios são identificados empiricamente pelas tendências nas estabilidades dos complexos que eles formam: os ácidos duros tendem a se ligar com as bases duras e os ácidos macios tendem a se ligar com as bases macias.

Quando tratamos das interações de ácidos e bases de Lewis contendo os elementos de toda a tabela periódica, é útil considerar no mínimo duas classes principais de substâncias. A classificação das substâncias como ácidos e bases "duros" e "macios" foi introduzida por R. G. Pearson; ela é uma generalização – e um batismo mais enfático – da distinção entre dois tipos de comportamento que foram originalmente identificados simplesmente como "classe *a*" e "classe *b*", respectivamente, por S. Ahrland, J. Chatt e N. R. Davies.

As duas classes são identificadas empiricamente pelas ordens opostas das forças (medidas pelas constantes de equilíbrio, K_f, para a formação dos complexos) pelas quais elas formam complexos com as bases íons haletos:

- Os ácidos duros formam complexos com a ordem de estabilidade: $I^- < Br^- < Cl^- < F^-$
- Os ácidos macios formam complexos com a ordem de estabilidade: $F^- < Cl^- < Br^- < I^-$

A Figura 4.11 mostra as tendências de K_f para a formação de vários complexos envolvendo os íons haleto (as bases). As constantes de equilíbrio aumentam rapidamente do F^- para o I^- quando o ácido é o Hg^{2+}, indicando que o Hg^{2+} é um ácido macio. A tendência é menos acentuada, mas na mesma direção, para o Pb^{2+}, indicando que esse íon é um ácido macio de fronteira. A tendência é na direção oposta para o Zn^{2+}, de forma que esse íon é um ácido duro de fronteira. A diminuição rápida para o Al^{3+} indica que ele é um ácido duro. Uma regra prática geral é que cátions pequenos, difíceis de polarizar, são duros e formam complexos com ânions pequenos. Cátions grandes, mais polarizáveis, são macios.

Para o Al^{3+}, a força da ligação aumenta à medida que o parâmetro eletrostático (z^2/r) do ânion aumenta, consistente com um modelo iônico para a ligação. Para o Hg^{2+}, a força da ligação aumenta com o aumento da polarizabilidade do ânion. Essas duas correlações sugerem que cátions ácidos duros formam complexos nos quais as interações coulombianas simples, ou iônicas, são dominantes e que os cátions ácidos macios formam complexos nos quais a ligação covalente é mais importante.

Uma classificação similar pode ser aplicada aos ácidos e bases moleculares neutros. Por exemplo, o ácido de Lewis fenol forma um complexo mais estável com o $(C_2H_5)_2O$:, através de ligação hidrogênio, do que com o $(C_2H_5)_2S$:. Esse comportamento é análogo à preferência do Al^{3+} pelo F^- em vez do Cl^-. Ao contrário, o ácido de Lewis I_2 forma um complexo mais estável com o $(C_2H_5)_2S$:. Podemos concluir, então, que o fenol é duro, enquanto que o I_2 é macio.

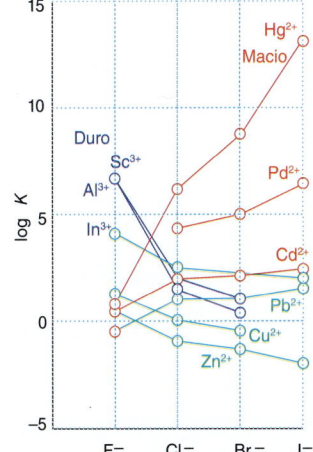

Figura 4.11 Tendências nas constantes de estabilidade para a formação de complexos com os íons haleto (bases). As linhas azuis indicam os íons duros e as vermelhas, os íons macios. As linhas verdes indicam os íons de fronteira duros ou macios.

---

[6]O nome *metátese* vem do grego, correspondendo a "permuta".

Em geral, os ácidos são identificados como duros ou macios pela estabilidade termodinâmica dos complexos que eles formam com os íons haletos, conforme mostrado, e com outras espécies, como indicado a seguir:

- Ácidos duros formam complexos na ordem: $R_3P \ll R_3N$, $R_3S \ll R_2O$
- Ácidos macios formam complexos na ordem: $R_2O \ll R_2S$, $R_2N \ll R_3P$

As bases também podem ser definidas como duras ou macias. As bases tais como os haletos e os oxoânions são classificadas como duras uma vez que a ligação iônica será predominante na maioria dos complexos que elas formam. Muitas bases macias ligam-se através de um átomo de carbono, tais como o CO e o CN^-. Além de doarem densidade eletrônica para o metal através de uma interação σ, estes ligantes pequenos com ligações múltiplas são capazes de receber densidade eletrônica em orbitais π vazios de energia mais baixa (LUMO) do que eles possuem (ver Seção 2.9c). Consequentemente, a ligação tem caráter predominantemente covalente. Uma vez que estas bases macias são capazes de receber densidade eletrônica nos seus orbitais π vazios, elas são chamadas de **ácidos π**. A natureza dessa ligação será detalhada no Capítulo 20.

Assim, a partir da definição de dureza, temos que:

- Ácidos duros tendem a se ligar com bases duras.
- Ácidos macios tendem a se ligar com bases macias.

Quando se analisam as espécies tendo essas regras em mente, é possível entender a classificação apresentada na Tabela 4.4.

(b) Interpretação da dureza

Pontos principais: As interações entre ácidos e bases duros são predominantemente eletrostáticas; as interações entre ácidos e bases macios são predominantemente covalentes.

A ligação entre ácidos e bases duros pode ser descrita, aproximadamente, em termos de interações iônicas ou dipolo-dipolo. Ácidos e bases macios são mais polarizáveis do que ácidos e bases duros, de forma que a interação entre as espécies macias apresenta um caráter covalente mais acentuado.

É importante notar que embora associemos as interações ácido macio/base macia com as ligações covalentes, a ligação pode ser surpreendentemente fraca. Esse ponto pode ser ilustrado pelas reações envolvendo o Hg^{2+}, um típico ácido macio. A reação de metátese,

$$BeI_2 + HgF_2 \rightarrow BeF_2 + HgI_2$$

é exotérmica, como previsto pela regra duro-macio. As energias de dissociação das ligações para essas moléculas, medidas em fase gasosa (kJ mol^{-1}), são:

Be–F 632;   Be–I 289;   Hg–F 268;   Hg–I 145

Portanto, não se pode dizer que é a elevada energia de ligação Hg–I que garante que a reação seja exotérmica, mas, sim, a ligação especialmente forte entre o Be e o F, que é um exemplo de uma interação duro-duro. De fato, um átomo de Hg forma apenas ligações fracas com qualquer outro átomo. A razão pela qual o Hg^{2+} forma um complexo muito mais estável com íons iodeto do que com cloreto, em solução aquosa, está na energia de hidratação bem mais favorável do Cl^- que do I^-.

Tabela 4.4 Classificação dos ácidos e bases de Lewis*

Duro	Fronteira	Macio
Ácidos		
H^+, Li^+, Na^+, K^+	Fe^{2+}, Co^{2+}, Ni^{2+}	Cu^+, Au^+, Ag^+, Tl^+, Hg_2^{2+}
Be^{2+}, Mg^{2+}, Ca^{2+}	Cu^{2+}, Zn^{2+}, Pb^{2+}	Pd^{2+}, Cd^{2+}, Pt^{2+}, Hg^{2+}
Cr^{2+}, Cr^{3+}, Al^{3+}	SO_2, BBr_3	BH_3
SO_3, BF_3		
Bases		
F^-, OH^-, H_2O, NH_3	NO_2^-, SO_3^{2-}, Br^-	H^-, R^-, $\underline{C}N^-$, CO, I^-
CO_3^{2-}, NO_3^-, O^{2-}	N_3^-, N_2	$\underline{S}CN^-$, R_3P, C_6H_6
SO_4^{2-}, PO_4^{3-}, ClO_4^-	C_6H_5N, $SC\underline{N}^-$	R_2S

*A ligação é feita pelo elemento sublinhado.

(c) Consequências químicas da dureza

Pontos principais: As interações duro-duro e macio-macio ajudam a sistematizar a formação de complexos, mas devem ser consideradas à luz de outras possíveis influências na ligação.

Os conceitos de dureza e maciez ajudam a interpretar grande parte da química inorgânica. Por exemplo, eles ajudam a escolher condições de síntese, prever a direção das reações e interpretar o resultado das reações de metátese. Entretanto, esses conceitos devem ser sempre usados com o devido cuidado, pois outros fatores podem afetar o resultado das reações. Um entendimento mais profundo das reações químicas irá aumentando à medida que avançarmos neste livro. Por enquanto, iremos nos limitar a discutir alguns exemplos mais específicos.

A classificação de moléculas e íons como ácidos e bases duros ou macios ajuda a esclarecer a distribuição dos elementos na crosta terrestre descrita no Capítulo 1. Cátions duros como Li^+, Mg^{2+}, Ti^{3+} e Cr^{3+} são encontrados associados com a base dura O^{2-}. Os cátions macios Cd^{2+}, Pb^{2+}, Sb^{2+} e Bi^{3+} são encontrados associados com ânions macios, particularmente S^{2-}, Se^{2-} e Te^{2-}. As consequências dessa correlação serão discutidas com mais detalhes na Seção 9.3.

Ânions poliatômicos podem conter dois ou mais átomos doadores diferindo quanto ao caráter duro-macio. Por exemplo, o íon SCN^- é uma base que contém tanto o átomo de N mais duro quanto o átomo de S mais macio. Esse íon liga-se ao átomo duro de Si através do N. Entretanto, com um ácido macio, tal como um íon metálico em um estado de oxidação baixo, esse íon se liga através do S. A platina(II), por exemplo, forma Pt–SCN no complexo $[Pt(SCN)_4]^{2-}$.

(d) Outras contribuições para a formação de complexos

Embora o tipo de ligação formada seja uma das razões principais para a distinção entre as duas classes, existem outras contribuições para a energia de Gibbs de formação do complexo e, consequentemente, para a constante de equilíbrio. Dentre estas contribuições, temos:

- A competição com o solvente quando as reações ocorrem em solução. O solvente pode ser um ácido de Lewis, uma base de Lewis ou ambos.
- Pode ser necessário um rearranjo dos substituintes do ácido e da base, para permitir a formação do complexo, como, por exemplo, a grande variação na estrutura que ocorre quando o CO_2 reage com o OH^- para formar o $HOCO_2^-$.
- A repulsão estérea entre os substituintes no ácido e na base, que pode também ocasionar interações que dependem da quiralidade (Capítulo 6). O composto "oxazaborolidina" (**21**) é um catalisador importante para a redução enantiomérica seletiva de cetonas. Compostos bifuncionais como (**22**) exemplificam o conceito de "par de Lewis frustrado": o átomo de fósforo possuindo um par isolado é uma base de Lewis forte, enquanto que o átomo de boro com seu orbital vazio é um ácido de Lewis forte. Interações entre os centros ácido e base nestes compostos fosfino-borano são fracas devido a limitações estéreas, mas eles reagem com o H_2 molecular, quebrando-o heteroliticamente para formar um aduto que pode reagir posteriormente com aldeídos.

21 Oxazaborolidina

22 $(C_6H_2Me_3)_2P(C_6F_4)B(C_6F_5)_2$

4.10 Parâmetros termodinâmicos de acidez

Pontos principais: As entalpias padrão de formação dos complexos podem ser calculadas empregando-se os parâmetros E e C da equação de Drago-Wayland que refletem, em parte, as contribuições iônicas e covalentes da ligação no complexo.

Uma importante alternativa para a classificação duro-macio dos ácidos e bases emprega uma abordagem na qual os efeitos eletrônico, rearranjo estrutural e estéreo são incorporados em um pequeno conjunto de parâmetros. A entalpia padrão de reação para a formação de um complexo

$$A(g) + B(g) \to A-B(g) \qquad \Delta_f H^{\ominus}(A-B)$$

pode ser estimada pela equação de Drago-Wayland:

$$-\Delta_f H^{\ominus}(A-B)/(kJ\ mol^{-1}) = E_A E_B + C_A C_B \tag{4.10}$$

Os parâmetros E e C foram introduzidos para representar os fatores "eletrostático" e "covalente", respectivamente, mas de fato eles acomodam todos os fatores, exceto a solvatação. Os compostos cujos parâmetros estão listados na Tabela 4.5 satisfazem a equação com um erro menor do que ± 3 kJ mol^{-1}, assim como o fazem um número muito maior de compostos listados nos trabalhos originais.

Tabela 4.5 Parâmetros de Drago-Wayland para alguns ácidos e bases*

	E	C
Ácidos		
pentacloreto de antimônio	15,1	10,5
trifluoreto de boro	20,2	3,31
iodeto	2,05	2,05
monocloreto de iodo	10,4	1,70
fenol	8,86	0,90
dióxido de enxofre	1,88	1,65
triclorometano	6,18	0,32
trimetilboro	12,6	3,48
Bases		
acetona	2,02	4,67
amônia	2,78	7,08
benzeno	0,57	1,21
dimetilsulfeto	0,70	15,26
dimetilsulfóxido	2,76	5,83
metilamina	2,66	12,00
p-dioxano	2,23	4,87
piridina	2,39	13,10
trimetilfosfina	17,2	13,40

*Os parâmetros E e C são frequentemente fornecidos de forma a produzir ΔH em kcal mol^{-1}; multiplicamos ambos por $\sqrt{(4,184)}$ para obter ΔH em kJ mol^{-1}.

> *Uma breve ilustração* Na Tabela 4.5, encontramos $E = 20{,}2$ e $C = 3{,}31$ para o BF_3 e $E = 2{,}78$ e $C = 7{,}08$ para o NH_3. A equação de Drago-Wayland fornece $\Delta_f H^{\ominus} = -[(20{,}2 \times 2{,}78) + (3{,}31 \times 7{,}08)] = -79{,}59$ kJ mol^{-1}, que é bem próximo do valor experimental de $-84{,}7$ kJ mol^{-1}.

A equação de Drago-Wayland (4.10) é semiempírica, mas funciona muito bem e tem grande utilidade para uma ampla variedade de reações. Além de fornecer estimativas das entalpias de formação para mais de 1.500 complexos, essas entalpias podem ser combinadas para calcular as entalpias de reações de deslocamento e de metátese, revelando que muitas interações duro-macio também podem ser fortes. Além disso, a equação é útil para reações de ácidos e bases em solventes apolares, não coordenantes, assim como para reações em fase gasosa. A limitação principal é que a equação está restrita a substâncias que podem ser estudadas convenientemente em fase gasosa ou em solventes não coordenantes; consequentemente, ela está limitada, em princípio, a moléculas neutras.

Solventes não aquosos

Nem toda química inorgânica ocorre em meio aquoso. Nesta seção, abordaremos como as propriedades dos ácidos e bases são alteradas pelo uso de solventes não aquosos.

4.11 O efeito nivelador do solvente

Ponto principal: Um solvente com uma elevada constante de autoprotólise pode ser usado para distinguir uma grande variedade de forças ácidas e básicas.

Um ácido de Brønsted que é fraco em água pode parecer forte em um solvente que seja um melhor receptor de próton, e vice-versa. De fato, em solventes suficientemente básicos (como a amônia líquida), pode não ser possível distinguir a força de ácidos diferentes, uma vez que todos eles estarão totalmente desprotonados.

Da mesma maneira, bases de Brønsted que são fracas em água podem parecer fortes em um solvente com maior capacidade de doar prótons (como o ácido acético anidro). Assim, não será possível ordenar uma série de bases de acordo com as suas forças, uma vez que todas estarão completamente protonadas em solventes ácidos. Veremos agora que a constante de autoprotólise de um solvente tem um papel decisivo na determinação do intervalo de força ácida ou básica de Brønsted que pode ser distinguido para as espécies nele dissolvidas.

Qualquer ácido de Brønsted mais forte do que o H_3O^+ em água doa um próton para a água e forma H_3O^+. Consequentemente, nenhum ácido significativamente mais forte do que o H_3O^+ permanece protonado em água. Nenhum experimento feito em água pode nos dizer qual dos dois ácidos HBr ou HI é o mais forte, pois ambos transferem seus prótons de forma praticamente completa para formar H_3O^+. Com efeito, soluções de ácidos fortes HX e HY comportam-se como sendo soluções de íons H_3O^+, independentemente de HX ser intrinsecamente mais forte do que HY. Deste modo, diz-se que a água possui um **efeito nivelador** que rebaixa todos os ácidos mais fortes para a acidez do H_3O^+. Para distinguir a força desses ácidos, podemos usar um solvente menos básico. Por exemplo, embora HBr e HI tenham força ácida indistinguível em água, em ácido acético o HBr e o HI comportam-se como ácidos fracos e suas forças podem ser comparadas: desta forma, observa-se que o HI é um doador de próton mais forte que o HBr.

O efeito nivelador do ácido pode ser expresso em termos do pK_a do ácido. Um ácido tal como o HCN, dissolvido em um solvente prótico, HSolv, é classificado como forte se o seu pK_a for menor do que zero, onde K_a é a constante de acidez do ácido no solvente Sol:

$$HCN(solv) + HSolv(l) \rightleftharpoons H_2Solv^+(solv) + CN^-(solv)$$

$$K_a = \frac{[H_2Solv^+][CN^-]}{[HCN]}$$

Ou seja, todos os ácidos com pK_a < 0 (correspondendo a K_a > 1) mostram a acidez do H_2Solv^+ quando eles estão dissolvidos no solvente HSolv.

Um efeito análogo é observado para as bases em água. Qualquer base que seja forte o bastante para sofrer protonação completa pela água produz um íon OH^- para cada molécula de base dissolvida. A solução comporta-se como se contivesse íons OH^-. Deste modo, não podemos distinguir o poder receptor de prótons dessas bases e dizemos que elas estão niveladas numa mesma força. Na verdade, o íon OH^- é a base mais forte que pode existir em água, pois qualquer espécie que seja um receptor de próton mais forte formará imediatamente íons OH^- por transferência de próton da água. Por essa razão, não podemos estudar NH_2^- ou CH_3^- em água dissolvendo amidetos ou metanetos de metais alcalinos, porque ambos os ânions geram íons OH^- e são totalmente protonados a NH_3 e CH_4:

$$KNH_2(s) + H_2O(l) \rightarrow K^+(aq) + OH^-(aq) + NH_3(aq)$$

$$Li_4(CH_3)_4(s) + 4\,H_2O(l) \rightarrow 4\,Li^+(aq) + 4\,OH^-(aq) + 4\,CH_4(g)$$

O efeito nivelador pode ser expresso em termos do pK_b da base. Uma base dissolvida em HSolv é classificada como forte se o seu pK_b for menor do que zero, onde K_b é a constante de basicidade da base em HSolv:

$$NH_3(solv) + HSolv(l) \rightleftharpoons NH_4^+(solv) + Solv^-(solv)$$

$$K_b = \frac{[NH_4^+][Solv^-]}{[NH_3]}$$

Ou seja, todas as bases com pK_b < 0 (correspondendo a K_b > 1) apresentam a basicidade do $Solv^-$ no solvente HSolv. Uma vez que pK_a + pK_b = pK_{solv}, esse critério para o nivelamento pode ser expresso da seguinte forma: todas as bases com pK_a > pK_{sol} terão um valor negativo de pK_b e se comportarão como $Solv^-$ no solvente HSol.

Esta discussão sobre ácidos e bases em um solvente genérico HSol nos diz que, como qualquer ácido é nivelado se pK_a < 0 em HSolv e qualquer base é nivelada se pK_a > pK_{solv} neste mesmo solvente, então a "janela" de forças que não são niveladas neste solvente se estende de pK_a = 0 até pK_{solv}. Para a água, pK_w = 14. Para amônia líquida, o equilíbrio de autoprotólise é:

$$2\,NH_3(l) \rightleftharpoons NH_4^+(solv) + NH_2^-(solv) \qquad pK_{am} = 33$$

A partir desses valores temos que ácidos e bases são muito menos diferenciados em água do que quando estiverem em amônia. As janelas de diferenciação de vários solventes são mostradas na Fig. 4.12. A janela do dimetilsulfóxido (DMSO, $(CH_3)_2SO$) é

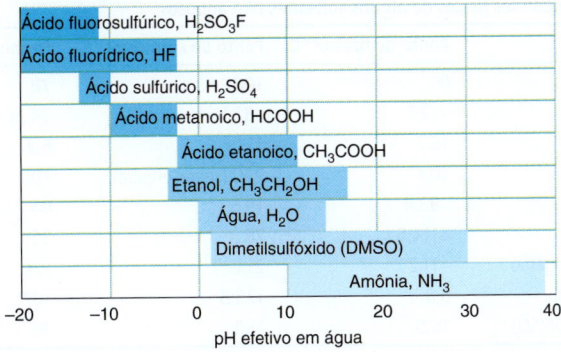

Figura 4.12 As janelas de diferenciação ácido-base para vários solventes. A largura de cada janela é proporcional à constante de autoprotólise do solvente.

ampla porque pK_{DMSO} = 37. Consequentemente, o DMSO pode ser usado para estudar uma grande variedade de ácidos (do H_2SO_4 ao PH_3). A água tem uma janela estreita comparada com alguns dos outros solventes mostrados na figura. Um motivo é a alta permissividade relativa da água, que favorece a formação dos íons H_3O^+ e OH^-. A permissividade é uma medida da capacidade de um material suportar a formação de um campo elétrico dentro dele.

> **EXEMPLO 4.9** Diferenciando a acidez em diferentes solventes
>
> Quais dos solventes dados na Fig. 4.12 podem ser usados para diferenciar a acidez do HCl (pK_a ≈ –6) da acidez do HBr (pK_a ≈ –9)?
>
> **Resposta** Precisamos olhar para um solvente que tenha uma janela de discriminação entre –6 e –9. Os únicos solventes na tabela que cobrem essa faixa são o ácido metanoico (fórmico), HCOOH, e o ácido fluorídrico, HF.
>
> **Teste sua compreensão 4.9** Qual dos solventes dados na Fig. 4.2 pode ser usado para discriminar a acidez do PH_3 (pK_a ≈ 27) da acidez do GeH_4 (pK_a ≈ 25)?

Solventes não aquosos podem ser empregados em reações envolvendo moléculas que sejam prontamente hidrolisadas ou para evitar nivelamento pela água ou para aumentar a solubilidade de um soluto. Os solventes não aquosos são geralmente escolhidos com base nas suas faixas líquidas e permissividades relativas. As propriedades físicas de alguns solventes não aquosos comuns são dadas na Tabela 4.6.

4.12 A definição dos ácidos e bases segundo o sistema solvente

Ponto principal: A definição de ácidos e bases segundo o sistema solvente amplia a definição de Brønsted-Lowry, incluindo espécies que não participam de transferência de prótons.

A definição de Brønsted-Lowry de ácidos e bases descreve os ácidos e bases com base no próton. Esse sistema pode ser estendido a espécies que não podem participar de transferência de prótons, fazendo uma analogia com a reação de autoprotólise da água:

$$2\,H_2O(l) \rightleftharpoons H_3O^+(aq) + OH^-(aq)$$

Um ácido aumenta a concentração de íons H_3O^+ e uma base aumenta a concentração de íons OH^-. Podemos reconhecer uma estrutura similar na reação de autoionização de alguns solventes apróticos, como o trifluoreto de bromo, BrF_3:

$$2\,BrF_3(l) \rightleftharpoons BrF_2^+(solv) + BrF_4^-(solv)$$

onde o termo "solv" indica que a espécie está solubilizada no solvente não ionizado (neste caso, o BrF_3). Na definição do **sistema solvente**, qualquer soluto que aumente a concentração do cátion gerado pela autoionização do solvente é definido como um ácido; se aumentar a concentração do ânion correspondente, é definido como base. A definição do sistema solvente pode ser aplicada a qualquer solvente que se autoioniza e a solventes não aquosos tanto próticos como apróticos.

Tabela 4.6 Propriedades físicas de alguns solventes não aquosos

Solvente	Ponto de fusão/°C	Ponto de ebulição/°C	Permissividade relativa
Água	0	100	78
Amônia líquida	–77,7	–33,5	24 (a –33°C)
Ácido etanoico	16,7	117,9	6,2
Ácido sulfúrico	10,4	290 (se decompõe)	100
Ácido fluorídrico	–83,4	19,5	84
Etanol	–114,5	78,3	25
Tetróxido de dinitrogênio	–11,2	21,1	2,4
Trifluoreto de bromo	8,8	125,8	107
Dimetilsulfóxido (DMSO)	18,5	189	46

> **EXEMPLO 4.10** Identificando ácidos e bases empregando o método do sistema solvente
>
> O sal BrF_2AsF_6 é solúvel em BrF_3. Nesse solvente, o sal é um ácido ou uma base?
>
> **Resposta** Precisamos identificar os produtos da autoionização do solvente e, então, decidir se o soluto aumenta a concentração do cátion (um ácido) ou do ânion (uma base). Os produtos da autoionização do BrF_3 são BrF_2^+ e BrF_4^-. Ao se dissolver, o soluto produz os íons BrF_2^+ e AsF_6^-. Como o sal aumenta a concentração do cátion, ele é definido como um ácido nesse sistema solvente.
>
> **Teste sua compreensão 4.10** Preveja se o $KBrF_4$ é um ácido ou uma base em BrF_3.

4.13 Solventes como ácidos e bases

A definição de ácidos e bases pelo sistema solvente permite que os solutos sejam definidos como ácidos e bases considerando-se os produtos da autoionização do solvente. A maioria dos solventes é, também, doadora ou receptora de pares de elétrons e, portanto, ácidos ou bases de Lewis. As consequências químicas da acidez ou da basicidade do solvente são consideráveis, o que ajuda a explicar as diferenças entre as reações em meio aquoso e não aquoso. Assim, quando um soluto dissolve-se em um solvente, frequentemente ocorre uma reação de deslocamento, e as reações subsequentes na solução são também, geralmente, reações de deslocamento ou de metátese. Por exemplo, quando o pentafluoreto de antimônio se dissolve em trifluoreto de bromo, a seguinte reação de deslocamento ocorre:

$$SbF_5(s) + BrF_3(l) \rightarrow BrF_2^+(solv) + SbF_6^-(solv)$$

Nessa reação, o ácido forte de Lewis SbF_5 captura o F^- do BrF_3. Um exemplo mais familiar de um solvente participando de uma reação está na teoria de Brønsted, em que o ácido de Lewis (H^+) é sempre considerado complexado ao solvente (como no H_3O^+ se o solvente for a água), e as reações são tratadas como de transferência do ácido – o próton – de uma molécula básica do solvente para outra base. Dentre os solventes comuns, apenas os hidrocarbonetos saturados não apresentam um significativo caráter de ácido ou base de Lewis.

(a) Solventes básicos

Pontos principais: Os solventes básicos são comuns; eles podem formar complexos com o soluto e participar de reações de deslocamento.

Solventes com caráter de base de Lewis são comuns. A maioria dos solventes polares mais conhecidos, como a água, álcoois, éteres, aminas, dimetilsulfóxido (DMSO, $(CH_3)_2SO$), dimetilformamida (DMF, $(CH_3)_2NCHO$) e acetonitrila (CH_3CN), são bases duras de Lewis. O dimetilsulfóxido é um exemplo interessante de um solvente que é duro devido ao seu átomo de O doador e macio pelo seu átomo de S doador. Geralmente, as reações de ácidos e bases nesses solventes são de deslocamento:

> **EXEMPLO 4.11** Justificando as propriedades dos solventes em termos da basicidade de Lewis
>
> O perclorato de prata, $AgClO_4$, é significativamente mais solúvel em benzeno do que em um alcano. Justifique essa observação em termos de propriedades ácido-base de Lewis.
>
> **Resposta** Devemos considerar a maneira como o solvente interage com o soluto. Os elétrons π do benzeno, uma base macia, estão disponíveis para formação de um complexo com os orbitais vazios do cátion Ag^+, um ácido macio. O íon Ag^+ é, então, solvatado pelo benzeno. A espécie $[Ag-C_6H_6]^+$ é o complexo do ácido Ag^+ com os elétrons π da base fraca benzeno.
>
> **Teste sua compreensão 4.11** O trifluoreto de boro, BF_3, um ácido duro, é frequentemente usado em laboratório como uma solução em éter dietílico, $(C_2H_5)_2O$; uma base dura. Desenhe a estrutura do complexo que resulta da dissolução do $BF_3(g)$ em $(C_2H_5)_2O(l)$.

(b) Solventes ácidos e neutros

Pontos principais: A formação de ligação hidrogênio é um exemplo da formação de um complexo de Lewis; outros solventes também podem apresentar um caráter ácido de Lewis.

A ligação hidrogênio (Seção 10.2) pode ser considerada como um exemplo de formação de um complexo. A "reação" que ocorre é entre A–H (o ácido de Lewis) e :B (a base de Lewis), formando o complexo convencionalmente simbolizado por A–H...B. Assim, para muitos solutos que formam ligação hidrogênio com um solvente, pode-se considerar que a sua dissolução é resultado da formação de um complexo. Uma consequência dessa visão é que uma molécula do solvente (ácido) é deslocada quando ocorre uma transferência de próton:

$$\underset{A-B}{H_2O-H\cdots NH_3} + \underset{A'B'}{H_3O^+} \longrightarrow \underset{A'-B}{H-NH_3^+} + \underset{AB'}{2\,H_2O}$$

O dióxido de enxofre líquido é um bom solvente ácido macio para dissolver a base macia benzeno. Hidrocarbonetos insaturados podem atuar como ácidos ou bases, usando seus orbitais de fronteira π ou π^*. Os alcanos com substituintes eletronegativos, tal como os haloalcanos ($CHCl_3$, por exemplo), são significativamente ácidos no átomo de hidrogênio, embora solventes fluocarbonetos saturados não apresentem propriedades de ácidos e bases de Lewis.

(c) Amônia líquida

Pontos principais: A amônia líquida é um importante solvente não aquoso. Muitas reações em amônia líquida são análogas às que ocorrem em água.

A amônia líquida é muito usada como um solvente não aquoso. Ela ferve a –33°C, a 1 atm, e, apesar de ter uma permissividade relativa ($\varepsilon_r = 24$) menor do que a da água, é um bom solvente para compostos inorgânicos, tais como sais de amônio, nitratos, cianetos e tiocianatos, e para compostos orgânicos como aminas, álcoois e ésteres. Ela assemelha-se bastante ao sistema aquoso, como pode ser visto pela sua autoionização

$$2\,NH_3(l) \rightleftharpoons NH_4^+(solv) + NH_2^-(solv)$$

Os solutos que aumentam a concentração de NH_4^+, que corresponde ao próton solvatado, são ácidos. Os solutos que diminuem a concentração de NH_4^+, ou aumentam a concentração de NH_2^-, são definidos como bases. Assim, os sais de amônio são ácidos em amônia líquida e as aminas são bases.

A amônia líquida é um solvente mais básico do que a água e aumenta a acidez de muitos compostos que são ácidos fracos em água. Por exemplo, o ácido acético está quase que completamente ionizado em amônia líquida:

$$CH_3COOH(solv) + NH_3(l) \rightarrow NH_4^+(solv) + CH_3COO^-(solv)$$

Muitas reações em amônia líquida são análogas às da água. A reação seguinte é um exemplo de neutralização ácido-base:

$$NH_4Cl(solv) + NaNH_2(solv) \rightarrow NaCl(solv) + NH_3(l)$$

A amônia líquida é um excelente solvente para metais alcalinos e alcalino-terrosos, com exceção do berílio. Os metais alcalinos são especialmente solúveis, podendo-se dissolver 336 g de césio em 100 g de amônia líquida, a –50°C. Os metais podem ser recuperados evaporando-se a amônia. Essas soluções são muito condutoras e ficam azuis quando diluídas e cor de bronze quando concentradas. O espectro de ressonância paramagnética eletrônica (ver Seção 8.7) mostra que essas soluções contêm elétrons desemparelhados. A cor azul típica dessas soluções é resultado de uma larga banda de absorção na região do IV próximo, com um máximo próximo de 1500 nm. O metal está ionizado na solução de amônia formando "elétrons solvatados":

$$Na(s) + NH_3(l) \rightarrow Na^+(solv) + e^-(solv)$$

As soluções azuis perduram por longo tempo em baixas temperaturas, mas se decompõem lentamente formando hidrogênio e amideto de sódio, $NaNH_2$. O emprego dessas soluções azuis para produzir compostos chamados "eletretos" é discutido na Seção 11.14.

(d) Fluoreto de hidrogênio

Ponto principal: O fluoreto de hidrogênio é um solvente tóxico reativo de alta acidez.

O fluoreto de hidrogênio líquido (p.e. 19,5°C) é um solvente ácido com uma permissividade relativa (ε_r = 84 a 0°C) comparável à da água (ε_r = 78 a 25°C). Ele é um bom solvente para substâncias iônicas. Entretanto, como é altamente reativo e tóxico, apresenta problemas de manuseio, incluindo sua capacidade de corroer o vidro. Na prática, o fluoreto de hidrogênio é normalmente armazenado em recipientes de politetrafluoroetileno (PTFE) e policlorotrifluoroetileno. O fluoreto de hidrogênio é particularmente perigoso porque ele penetra nos tecidos rapidamente e interfere na função nervosa. Consequentemente, uma queimadura pode não ser percebida, e o tratamento acaba sendo retardado. Ele também pode atacar os ossos e reagir com o cálcio no sangue.

O fluoreto de hidrogênio líquido é um solvente fortemente ácido: ele possui uma constante de autoprotólise elevada e produz prótons solvatados muito facilmente:

$$3\ HF(l) \rightarrow H_2F^+(sol) + HF_2^-(solv)$$

Embora a base conjugada do HF seja formalmente o F$^-$, a capacidade do HF em formar uma forte ligação hidrogênio com o F$^-$ significa que a sua base conjugada é melhor considerada como sendo o íon bifluoreto, HF_2^-. Apenas ácidos muito fortes são capazes de doar prótons e se comportarem como ácidos em HF, como é o caso, por exemplo, do ácido fluorossulfônico:

$$HSO_3F(solv) + HF(l) \rightleftharpoons H_2F^+(solv) + SO_3F^-(solv)$$

Em HF, compostos orgânicos como ácidos, álcoois, éteres e cetonas podem receber um próton e se comportarem como uma base. Outras bases aumentam a concentração de HF_2^- para produzir soluções básicas:

$$CH_3COOH(l) + 2\ HF(l) \rightleftharpoons CH_3COOH_2^+(solv) + H_2F^-(solv)$$

Nessa reação, o ácido etanoico, um ácido em água, comporta-se como uma base.

Muitos fluoretos são solúveis em HF líquido como consequência da formação do íon HF_2^-; por exemplo,

$$LiF(s) + HF(l) \rightarrow Li^+(solv) + HF_2^-(solv)$$

(e) Ácido sulfúrico anidro

Ponto principal: A autoionização do ácido sulfúrico anidro é complexa, com várias reações paralelas competindo.

O ácido sulfúrico anidro é um solvente ácido. Ele possui uma alta permissividade relativa e é viscoso devido à sua extensa formação de ligação hidrogênio (Seção 10.6). Apesar dessa associação, o solvente é apreciavelmente autoionizável à temperatura ambiente. A principal autoionização é dada pela reação

$$2\ H_2SO_4(l) \rightleftharpoons H_3SO_4^+(solv) + HSO_4^-(solv)$$

Entretanto, existem autoionizações secundárias e outros equilíbrios, tais como

$$H_2SO_4(l) \rightleftharpoons H_2O(solv) + SO_3(solv)$$
$$H_2O(solv) + H_2SO_4(l) \rightleftharpoons H_3O^+(solv) + HSO_4^-(solv)$$
$$SO_3(solv) + H_2SO_4(l) \rightleftharpoons H_2S_2O_7(solv)$$
$$H_2S_2O_7(solv) + H_2SO_4(l) \rightleftharpoons H_3SO_4^+(solv) + HS_2O_7^-(solv)$$

A elevada viscosidade e o alto nível de associação através de ligações hidrogênio deveriam, normalmente, levar a uma baixa mobilidade dos íons. Entretanto, as mobilidades do $H_3SO_4^+$ e HSO_4^- são comparáveis às do H_3O^+ e OH$^-$ na água, indicando que ocorrem mecanismos similares de transferência de próton. As principais espécies envolvidas são o $H_3SO_4^+$ e o HSO_4^-:

Muitos oxoácidos fortes recebem um próton em ácido sulfúrico anidro sendo, portanto, bases:

$$H_3PO_4(solv) + H_2SO_4(l) \rightleftharpoons H_4PO_4^+(solv) + HSO_4^-(solv)$$

Uma reação importante é a do ácido nítrico com o ácido sulfúrico para gerar o íon nitrônio, NO_2^+, que é a espécie ativa nas reações de nitração aromática:

$$HNO_3(solv) + 2\,H_2SO_4(l) \rightleftharpoons NO_2^+(solv) + H_3O^+(solv) + 2\,HSO_4^-(solv)$$

Alguns ácidos que são muito fortes em água comportam-se como ácidos fracos em ácido sulfúrico anidro, como, por exemplo, o ácido perclórico, $HClO_4$, e o ácido fluorossulfúrico, $HFSO_3$.

(f) Tetróxido de dinitrogênio

Ponto principal: O tetróxido de dinitrogênio sofre autoionização por meio de duas reações. A rota preferencial pode ser alterada pela adição de doadores ou receptores de pares de elétrons.

O tetróxido de dinitrogênio, N_2O_4, apresenta uma faixa líquida estreita e possui um ponto de congelamento de $-11,2°C$ e um ponto de ebulição de $21,2°C$. Duas reações de autoionização ocorrem:

$$N_2O_4(l) \rightleftharpoons NO^+(solv) + NO_3^-(solv)$$

$$N_2O_4(l) \rightleftharpoons NO_2^+(solv) + NO_2^-(solv)$$

A primeira autoionização é favorecida pela adição de uma base de Lewis, como o éter dietílico:

$$N_2O_4(l) + :X \rightleftharpoons XNO^+(solv) + NO_3^-(solv)$$

Ácidos de Lewis como o BF_3 favorecem a segunda reação de autoionização:

$$N_2O_4(l) + BF_3(solv) \rightleftharpoons NO_2^+(solv) + F_3BNO_3^-(solv)$$

O tetróxido de dinitrogênio possui uma permissividade relativa baixa e não é um solvente muito empregado para compostos inorgânicos. Ele é, no entanto, um bom solvente para muitos ésteres, ácidos carboxílicos e nitrocompostos orgânicos.

(g) Líquidos iônicos

Ponto principal: Os líquidos iônicos são solventes polares não voláteis capazes de fornecer concentrações muito altas de ácidos ou bases de Lewis que atuam como catalisadores em muitas reações.

Os líquidos iônicos são sais com baixos pontos de fusão, comumente abaixo de 100°C, formados tipicamente por cátions quaternários (alquila) de amônio assimétricos e ânions complexos, tais como $[AlCl_4]^-$ e carboxilatos com vários comprimentos de cadeia. Os líquidos iônicos são caracterizados pela baixa volatilidade, alta estabilidade térmica, inércia perante uma larga faixa de potenciais de eletrodos e alta condutividade, tornando possíveis numerosas aplicações como solventes alternativos para síntese orgânica e eletroquímica. A capacidade desses compostos iônicos de existirem como líquidos nas condições ambientes é atribuída ao grande tamanho e flexibilidade conformacional dos íons – propriedades que levam a uma baixa energia de rede e grande aumento de entropia acompanhando a fusão. A escolha do cátion e (ou) do ânion pode carregar quiralidade e propriedades ácido-base específicas para o solvente. Os líquidos iônicos podem servir eles mesmos como catalisadores: por exemplo, o líquido iônico cloroaluminato formado em reações, tais como aquelas aqui apresentadas, fornece altas concentrações do ácido de Lewis forte $[Al_2Cl_7]^-$ à temperatura ambiente:

O ânion dos líquidos iônicos é muitas vezes uma base de Lewis, como o íon dicianamida $((NC)_2N^-)$, que é um catalisador para reações de acetilação. Em alguns casos, o cátion pode possuir um grupo básico, por exemplo no 1-alquil-4-aza-1azoniabiciclo[2,2,2]octano, conhecido como $[C_n dabco]^+$, que contém um átomo de N terciário capaz de formar ligações hidrogênio e conferir solubilidade em água. Os sais de [$C_n$dabco]⁺ com o ânion bis(trifluorometano)amida, TFSA, (**23**) são miscíveis com água para $n = 2$, mas imiscíveis com água para $n = 8$, enquanto que o ponto de fusão também diminui com o aumento de n. Sais como o $Cu(NO_3)_2$ são normalmente insolúveis em líquidos iônicos, mas se dissolvem em [$C_n$dabco]⁺ TFSA⁻ pois o Cu^{2+} é complexado pelo N terciário doador.

(h) Fluidos supercríticos

Ponto principal: Os fluidos supercríticos têm propriedades especiais como solventes e vêm sendo cada vez mais empregados em processos industriais ambientalmente amigáveis.

Um **fluido supercrítico** (sc) é um estado da matéria em que as fases líquido e vapor são indistinguíveis: ele possui uma baixa viscosidade combinada com uma alta capacidade de dissolver diversos solutos, e vários gases são completamente miscíveis. Os fluidos supercríticos são produzidos aplicando-se uma combinação de temperatura e pressão que exceda o ponto crítico (Fig. 4.13).

O exemplo mais importante é o dióxido de carbono supercrítico (scCO_2), cujo ponto crítico situa-se em $P_c = 72,8$ atm e $T_c = 30,95°C$. A molécula de CO_2 é bipolar e pode atuar como uma base de Lewis (**24**) ou um ácido de Lewis; na verdade, ambos os tipos de interação podem ocorrer na mesma molécula de CO_2 (**25**). Como solvente, o scCO_2 possui algumas aplicações importantes, como na obtenção do café decafeinado e em um número cada ver maior de processos industriais "verdes", em que o scCO_2 é empregado no lugar de solventes orgânicos que causam degradação do meio ambiente. Ao contrário dos solventes orgânicos, o scCO_2 pode ser removido no final do processo por despressurização e, em seguida, reciclado: ele também é não inflamável.

Comparada à água normal, a água supercrítica (scH_2O) é um excelente solvente para compostos orgânicos e um solvente pobre para íons. Próximo às condições críticas ($P_c = 218$ atm e $T_c = 374°C$), a água apresenta alterações marcantes em suas propriedades. Ao se aproximar do ponto crítico, sua constante de autoprotólise aumenta significativamente para um pK_w de, aproximadamente, 11 (comparado ao valor de 14 nas condições normais), mas diminui bastante acima do ponto crítico, atingindo um pK_w de, aproximadamente, 20 a 600°C e 250 atm. Assim, temperatura e pressão podem ser usadas para otimizar o solvente para reações químicas específicas. Uma aplicação particularmente importante do scH_2O é a oxidação de rejeitos orgânicos por meio de um processo que explora a completa miscibilidade dos compostos orgânicos e do O_2 neste solvente.

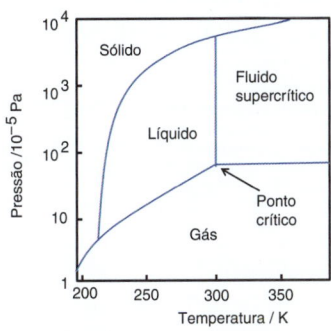

23 [$C_n$dabco]⁺ TFSA⁻

Figura 4.13 Diagrama de fases pressão-temperatura para o dióxido de carbono, mostrando as condições nas quais ele se comporta como um fluido supercrítico (1 atm = $1,01 \times 10^5$ Pa).

24 CO_2:$AlCl_3$

25 CO_2:$OC(R)CH_3$

Aplicações da química ácido-base

As definições de ácidos e bases de Brønsted e de Lewis não precisam ser consideradas separadamente uma da outra. Na verdade, muitas aplicações da química ácido-base utilizam simultaneamente os ácidos ou bases de Brønsted e de Lewis.

4.14 Superácidos e superbases

Ponto principal: Os superácidos são doadores de prótons mais eficientes que o ácido sulfúrico anidro. As superbases são receptoras de prótons mais eficientes que o íon hidróxido.

Um **superácido** é uma substância que é um doador de prótons mais eficiente do que o H_2SO_4 puro (anidro). Os superácidos são, geralmente, líquidos viscosos e corrosivos, que podem ser até 10^{18} vezes mais ácidos do que o H_2SO_4. Eles são formados quando um ácido de Lewis muito forte é dissolvido em um ácido de Brønsted também muito forte. Os superácidos mais comuns são formados dissolvendo-se SbF_5 em ácido fluorossulfônico, HSO_3F, ou HF anidro. A mistura equimolecular de SbF_5 e HSO_3F é conhecida como "ácido mágico" devido à sua capacidade de dissolver a cera das velas. Este aumento de acidez é devido à formação do próton solvatado, que é um melhor doador de próton do que o ácido:

$$SbF_5(l) + 2\,HSO_3F(l) \rightarrow H_2SO_3F^+(solv) + SbF_5SO_3F^-(solv)$$

Um superácido ainda mais forte é obtido adicionando-se SbF_5 ao HF anidro:

$$SbF_5(l) + 2\,HF(l) \rightarrow H_2F^+(solv) + SbF_6^-(solv)$$

Outros pentafluoretos também formam superácidos em HSO_3F e HF, e a acidez desses compostos diminui na ordem $SbF_5 > AsF_5 > TaF_5 > NbF_5 > PF_5$.

Os superácidos são conhecidos como aqueles que podem protonar praticamente qualquer composto orgânico. Na década de 1960, George Olah e seus colaboradores observaram que íons carbônio eram estabilizados quando hidrocarbonetos eram dissolvidos em superácidos.[7] Na química inorgânica, os superácidos têm sido usados para observar uma grande variedade de cátions muito reativos, tais como S_8^{2+}, $H_3O_2^+$, Xe_2^+ e HCO^+, alguns dos quais foram isolados e tiveram as suas estruturas caracterizadas.

As superbases são compostos receptores de prótons mais eficientes do que o íon OH^-, a base mais forte que pode existir em solução aquosa. As superbases reagem com a água para produzir o íon OH^-. As superbases inorgânicas são geralmente sais de cátions do Grupo 1 ou do Grupo 2 com ânions pequenos altamente carregados. Os ânions altamente carregados são atraídos pelos solventes que são mais ácidos, tais como água e amônia. Por exemplo, o nitreto de lítio (Li_3N) reage violentamente com a água:

$$Li_3N(s) + 3\ H_2O(l) \rightarrow 3\ Li(OH)(aq) + NH_3(g)$$

O ânion nitreto é uma base mais forte do que o íon hidreto, sendo capaz de desprotonar o hidrogênio:

$$Li_3N(s) + 2\ H_2(g) \rightarrow LiNH_2(s) + 2\ LiH(s)$$

O nitreto de lítio é um possível material para armazenar hidrogênio, uma vez que essa reação é reversível a 270°C (ver Quadro 10.4).

O hidreto de sódio é uma superbase usada em química orgânica para desprotonar ácidos carboxílicos, álcoois, fenóis e tióis. O hidreto de cálcio reage com água, liberando hidrogênio:

$$CaH_2(s) + 2\ H_2O(l) \rightarrow Ca(OH)_2(s) + 2\ H_2(g)$$

O hidreto de cálcio é usado como dessecante, para inflar balões meteorológicos e como uma fonte de hidrogênio puro em laboratório.

4.15 Reações ácido-base heterogêneas

Ponto principal: As superfícies de muitos materiais catalíticos e minerais possuem sítios ácidos de Brønsted e de Lewis.

Algumas das mais importantes reações envolvendo acidez de Lewis e de Brønsted de compostos inorgânicos ocorrem em superfícies sólidas. Por exemplo, os **ácidos de superfície**, sólidos com alta área superficial e sítios ácidos de Lewis, são usados como catalisadores na indústria petroquímica para a interconversão de hidrocarbonetos. As superfícies de muitos materiais importantes na química dos solos e das águas também possuem sítios ácidos de Brønsted e de Lewis.

A superfície da sílica não produz facilmente sítios ácidos de Lewis porque os grupos –OH permanecem ligados com firmeza à superfície dos derivados de SiO_2; como resultado, a acidez de Brønsted é dominante. A acidez de Brønsted das superfícies de sílica é somente moderada (comparável àquela do ácido acético). Entretanto, como já comentado, os aluminossilicatos apresentam forte acidez de Brønsted. Quando os grupos OH da superfície são removidos por tratamento térmico, a superfície do aluminossilicato apresenta sítios ácidos de Lewis fortes. A classe de aluminossilicatos melhor conhecida é a das **zeólitas** (Seções 14.3 e 14.15) que são amplamente usadas como catalisadores heterogêneos benignos ao meio ambiente (Seção 25.14). A atividade catalítica das zeólitas se origina da sua natureza ácida, e elas são conhecidas como **ácidos sólidos**. Outros exemplos de ácidos sólidos são os heteropoliácidos suportados e as argilas ácidas. Algumas reações que ocorrem nesses catalisadores são muito sensíveis à presença de sítios ácidos de Brønsted ou de Lewis. Por exemplo, o tolueno pode sofrer alquilação de Friedel-Crafts na superfície da argila bentonita que atua como catalisador:

---

[7] Os carbocátions não podiam ser estudados antes dos experimentos de Olah e, por esse trabalho, ele ganhou o Prêmio Nobel de Química de 1994.

Quando o reagente é o cloreto de benzila, os sítios ácidos de Lewis participam da reação; quando o reagente é o álcool benzílico, são os sítios de Brønsted que participam da reação.

Reações de superfície que ocorrem nos sítios ácidos de Brønsted da sílica gel são utilizadas para preparar finas camadas de recobrimento com uma ampla variedade de grupos orgânicos, usando reações de modificação de superfície tais como

Assim, as superfícies da sílica gel podem ser modificadas para ter afinidade com classes específicas de moléculas. Esse procedimento amplia muito a variedade de fases estacionárias que podem ser usadas em cromatografia. Os grupos –OH superficiais do vidro podem ser modificados da mesma forma, e aparelhagens de vidro tratadas dessa forma são algumas vezes utilizadas em laboratório na manipulação de compostos sensíveis à presença de prótons.

Os ácidos sólidos vêm encontrando novas aplicações em química verde. Processos industriais tradicionais geram grandes volumes de resíduos perigosos nos estágios finais, quando o produto é separado dos reagentes e subprodutos. Os catalisadores sólidos são facilmente separados de produtos líquidos e as reações podem geralmente operar em condições moderadas e apresentarem maior seletividade.

LEITURA COMPLEMENTAR

W. Stumm e J. J. Morgan, *Aquatic chemistry: chemical equilibria and rates in natural waters*. John Wiley & Sons (1995). Texto clássico sobre a química das águas.

N. Corcoran, *Chemistry in non-aqueous solvents*. Kluwer Academic Publishers (2003). Um tratado completo.

J. Burgess, *Ions in solution: basic principles of chemical interactions*. Ellis Horwood (1999).

T. Akiyama, Stronger Brønsted acids. *Chem. Rev.* 2007, **107**, 5744.

E. J. Corey, Enantioselective catalysis based on cationic oxazaborolidines. *Angew. Chem. Int. Ed.* 2009, **48**, 2100.

D. W. Stephan, 'Frustrated Lewis pairs': a concept for new reactivity and catalysis. *Org. Biomol. Chem.* 2008, **6**, 1535.

D. W. Stephan e G. Erker, Frustrated Lewis pairs: metal-free hydrogen activation and more. *Angew. Chem. Int. Ed.* 2010, **49**, 46.

P. Raveendran, Y. Ikushima e S. L. Wallen, Polar attributes of supercritical carbon dioxide. *Acc. Chem. Res.*, 2005, **38**, 478.

F. Jutz, J. -M. Andanson e A. Baiker, Ionic liquids and dense carbon dioxide: a beneficial biphasic system for catalysis. *Chem. Rev.* 2011, **111**, 322.

D. R. MacFarlane, J. M. Pringle, K. M. Johansson, S. A. Forsyth e M. Forsyth, Lewis base ionic liquids. *Chem. Commun.* 2006, 1905.

R. Sheldon, Catalytic reactions in ionic liquids. *Chem. Commun.*, 2001, 2399–2407.

I. Krossing, J. M. Slattery, C. Daguenet, P. J. Dyson, A. Oleinikova e H. Weingärtner, Why are ionic liquids liquid?: a simple explanation based on lattice and solvation energies. *J. Am. Chem. Soc.* 2006, **128**, 13427.

G. A. Olah, G. K. Prakash e J. Sommer, *Superacidos*. John Wiley & Sons (1985).

R.J. Gillespie e J. Laing, Superacid solutions in hydrogen fluoride. *J. Am. Chem. Soc.* 1988, **110**, 6053.

E. S. Stoyanov, K. -C Kim e C. A. Reed, A strong acid that does not protonate water. *J. Phys. Chem. A.* 2004, **108**, 9310.

EXERCÍCIOS

4.1 Faça um esboço do bloco s e do bloco p da tabela periódica e indique os elementos que formam: (a) óxidos ácidos fortes; (b) óxidos básicos fortes; (c) mostre as regiões dos elementos que apresentam comportamento anfótero.

4.2 Quais são as bases conjugadas correspondentes aos seguintes ácidos: $[Co(NH_3)_5(OH_2)]^{3+}$; HSO_4^-; CH_3OH; $H_2PO_4^-$; $Si(OH)_4$; HS^-?

4.3 Quais são os ácidos conjugados das bases: C_5H_5N(piridina); HPO_4^{2-}; O^{2-}; CH_3COOH; $[Co(CO)_4]^-$; CN^-.

4.4 Calcule a concentração de H_3O^+, no equilíbrio, em uma solução 0,10 M de ácido butanoico ($K_a = 1,86 \times 10^{-5}$). Qual é o pH dessa solução?

4.5 O K_a do ácido etanoico, CH_3COOH, em água, é igual a $1,8 \times 10^{-5}$. Calcule o K_b da base conjugada, $CH_3CO_2^-$.

4.6 O valor de K_b da piridina, C_5H_5N, é igual a $1,8 \times 10^{-9}$. Calcule o K_a (em água) para o ácido conjugado, $C_5H_5NH^+$.

4.7 A afinidade efetiva ao próton A'_p do F^-, em água, é de 1150 kJ mol^{-1}. Qual deverá ser o seu comportamento em água, como um ácido ou como uma base?

4.8 Desenhe as estruturas dos ácidos clórico e cloroso e preveja os seus valores de pK_a usando as regras de Pauling.

4.9 Considerando a Fig. 4.12 (levando em conta o efeito nivelador do solvente), identifique quais bases das listas seguintes são: (a) muito fortes para serem estudadas experimentalmente; (b) muito fracas para serem estudadas experimentalmente; ou (c) de força básica mensurável diretamente. (i) CO_3^{2-}, O^{2-}, ClO_4^- e NO_3^- em água; (ii) HSO_4^-, NO_3^-, ClO_4^- em H_2SO_4.

4.10 Os valores de pK_a em solução aquosa para HOCN, H$_2$NCN e CH$_3$CN são aproximadamente 4, 10,5 e 20 (estimado), respectivamente. Explique a tendência na acidez desses ácidos binários derivados do cianeto e compare-os com H$_2$O, NH$_3$ e CH$_4$. O CN é um grupo que doa ou recebe densidade eletrônica?

4.11 Explique o fato de que H$_3$PO$_4$, H$_3$PO$_3$ e H$_3$PO$_2$ têm um valor de pK_a igual a 2, mas os valores de pK_a para HOCl, HClO$_2$ e HClO$_3$ são iguais a 7,5, 2,0 e –3,0, respectivamente.

4.12 Coloque os seguintes íons em ordem crescente de acidez em solução aquosa: Fe^{3+}, Na$^+$, Mn^{2+}, Ca^{2+}, Al^{3+} e Sr^{2+}.

4.13 Use as regras de Pauling para colocar os seguintes ácidos em ordem crescente de força ácida, em um solvente não nivelador: HNO$_2$, H$_2$SO$_4$, HBrO$_3$ e HClO$_4$.

4.14 Qual membro dos seguintes pares é o ácido mais forte? Justifique a sua escolha. (a) [Fe(OH$_2$)$_6$]$^{3+}$ ou [Fe(OH$_2$)$_6$]$^{2+}$; (b) [Al(OH$_2$)$_6$]$^{3+}$ ou [Ga(OH$_2$)$_6$]$^{3+}$; (c) Si(OH)$_4$ ou Ge(OH)$_4$; (d) HClO$_3$ ou HClO$_4$; (e) H$_2$CrO$_4$ ou HMnO$_4$; (f) H$_3$PO$_4$ ou H$_2$SO$_4$.

4.15 Organize os óxidos Al$_2$O$_3$, B$_2$O$_3$, BaO, CO$_2$, Cl$_2$O$_7$ e SO$_3$, começando pelo mais ácido, passando pelo anfótero e terminando no mais básico.

4.16 Coloque os ácidos HSO$_4^-$, H$_3$O$^+$, H$_4$SiO$_4$, CH$_3$GeH$_3$, NH$_3$ e HSO$_3$F em ordem crescente de força ácida.

4.17 Os íons Na$^+$ e Ag$^+$ têm raios semelhantes. Qual desses aquaíons é o ácido mais forte? Por quê?

4.18 Quando um par de aquacátions forma uma ponte M–O–M com eliminação de água, qual é a regra geral para a mudança na carga em cada átomo M no íon?

4.19 Escreva as equações balanceadas para a reação principal que ocorre quando as seguintes substâncias são misturadas, em meio aquoso: (a) H$_3$PO$_4$ e Na$_2$HPO$_4$; (b) CO$_2$ e CaCO$_3$.

4.20 O fluoreto de hidrogênio atua como um ácido em ácido sulfúrico anidro e como uma base em amônia líquida. Dê as equações para ambas as reações.

4.21 Explique por que o seleneto de hidrogênio é um ácido mais forte do que o sulfeto de hidrogênio.

4.22 Explique por que a acidez de Lewis dos tetra-haletos de silício segue a ordem SiI$_4$ < SiBr$_4$ < SiCl$_4$ < SiF$_4$, enquanto que para os tri-haletos de boro a acidez segue a ordem BF$_3$ < BCl$_3$ < BBr$_3$ < BI$_3$.

4.23 Em cada um dos seguintes processos, identifique os ácidos e as bases envolvidos e caracterize os processos como formação de complexo ou deslocamento ácido-base. Identifique as espécies que apresentam acidez de Brønsted além da acidez de Lewis.

(a) SO$_3$ + H$_2$O → HSO$_4^-$ + H$^+$

(b) CH$_3$[B$_{12}$] + Hg^{2+} → [B$_{12}$]$^+$ + CH$_3$Hg$^+$; [B$_{12}$] designa o macrociclo de cobalto, a vitamina B$_{12}$ (Seção 26.11)

(c) KCl + SnCl$_2$ → K$^+$ + [SnCl$_3$]$^-$

(d) AsF$_3$(g) + SbF$_5$(l) → [AsF$_2$]$^+$[SbF$_6$]$^-$(s)

(e) Dissolução de etanol em piridina, formando uma solução não condutora

4.24 Selecione o composto em cada linha com a característica mencionada e explique a razão da sua escolha.

(a) O ácido de Lewis mais forte:

BF$_3$ BCl$_3$ BBr$_3$
BeCl$_2$ BCl$_3$
B(n-Bu)$_3$ B(t-Bu)$_3$

(b) O mais básico frente ao B(CH$_3$)$_3$:

Me$_3$N   Et$_3$N
2-CH$_3$C$_5$H$_4$N   4-CH$_3$C$_5$H$_4$N

4.25 Aplicando os conceitos duro-macio, preveja quais das seguintes reações devem apresentar uma constante de equilíbrio maior do que 1. A menos que haja indicação em contrário, considere fase gasosa ou solução em hidrocarboneto e 25°C.

(a) R$_3$PBBr$_3$ + R$_3$NBF$_3$ ⇌ R$_3$PRF$_3$ + R$_3$NBBr$_3$
(b) SO$_2$ + (C$_6$H$_5$)$_3$PHOC(CH$_3$)$_3$ ⇌ (C$_6$H$_5$)$_3$PSO$_2$ + HOC(CH$_3$)$_3$
(c) CH$_3$HgI + HCl ⇌ CH$_3$HgCl + HI
(d) [AgCl$_2$]$^-$(aq) + 2 CN$^-$(aq) ⇌ [Ag(CN)$_2$]$^-$(aq) + 2 Cl$^-$(aq)

4.26 Diga quais são os produtos das reações entre os seguintes pares de reagentes. Em cada caso, identifique as espécies que estão atuando nas reações como um ácido ou uma base de Lewis.

(a) CsF + BrF$_3$
(b) ClF$_3$ + SbF$_5$
(c) B(OH)$_3$ + H$_2$O
(d) B$_2$H$_6$ + PMe$_3$

4.27 As entalpias de reação do trimetilboro com NH$_3$, CH$_3$NH$_2$, (CH$_3$)$_2$NH e (CH$_3$)$_3$N são –58, –74, –81 e –74 kJ mol^{-1}, respectivamente. Por que a trimetilamina foge da tendência?

4.28 Com a ajuda da tabela de valores para E e C (Tabela 4.5), discuta a basicidade relativa nos seguintes casos: (a) acetona e dimetilsulfóxido; (b) dimetilsulfeto e dimetilsulfóxido. Comente a possível ambiguidade para o dimetilsulfóxido.

4.29 Dê a equação para a dissolução do vidro (SiO$_2$) pelo HF e interprete a reação a partir dos conceitos ácido-base de Lewis e de Brønsted.

4.30 O sulfeto de alumínio, Al$_2$S$_3$, libera um odor característico de sulfeto de hidrogênio quando úmido. Escreva a equação química balanceada para a reação e discuta-a em termos dos conceitos ácido-base.

4.31 Descreva as propriedades do solvente que: (a) favoreça o deslocamento do Cl$^-$ pelo I$^-$ de um centro ácido; (b) favoreça a basicidade do R$_3$As em relação ao R$_3$N; (c) favoreça a acidez do Ag$^+$ em relação ao Al^{3+}, (d) promova a reação 2 FeCl$_3$ + ZnCl$_2$ → Zn^{2+} + 2[FeCl$_4$]$^-$. Em cada caso, sugira um solvente específico que possa ser empregado.

4.32 A catálise da acilação de compostos de arila pelo ácido de Lewis AlCl$_3$ foi descrita na Seção 4.7b. Proponha um mecanismo para uma reação similar catalisada por uma superfície de alumina.

4.33 Utilize os conceitos ácido-base para justificar o fato de que o único minério importante de mercúrio é o cinabre (HgS), enquanto que o zinco ocorre na natureza como sulfeto, silicato, carbonato e óxido.

4.34 Escreva equações ácido-base de Brønsted balanceadas para a dissolução dos seguintes compostos em fluoreto de hidrogênio líquido: (a) CH$_3$CH$_2$OH; (b) NH$_3$; (c) C$_6$H$_5$COOH.

4.35 A dissolução de silicatos em HF é uma reação ácido-base de Lewis, uma reação ácido-base de Brønsted ou ambas?

4.36 Os elementos do bloco f são encontrados em rochas como minerais silicatos de M(III). O que isso indica sobre as suas durezas?

4.37 Use os dados da Tabela 4.5 para calcular a variação de entalpia da reação do iodo com fenol.

4.38 Em fase gasosa, a força básica das aminas aumenta regularmente ao longo da série NH$_3$ < CH$_3$NH$_2$ < (CH$_3$)$_2$NH < (CH$_3$)$_3$N. Considere o papel do efeito estéreo e da capacidade doadora de elétrons do CH$_3$ na determinação dessa ordem. Em solução aquosa, essa ordem é invertida. Qual efeito de solvatação deve ser o responsável por isso?

4.39 O hidroxoácido Si(OH)$_4$ é mais fraco que o H$_2$CO$_3$. Escreva as equações balanceadas que mostram como a dissolução de um sólido M_2SiO_4 pode reduzir a pressão de CO_2 sobre uma solução aquosa. Explique por que os silicatos em sedimentos oceânicos podem limitar o aumento do CO_2 na atmosfera.

4.40 A precipitação do $Fe(OH)_3$ discutida neste capítulo é usada para clarificar águas servidas pois o óxido hidratado gelatinoso é muito eficiente na coprecipitação de alguns contaminantes e no aprisionamento de outros. A constante de solubilidade do $Fe(OH)_3$ é $K_s = [Fe^{3+}][OH^-]^3 \approx 1,0 \times 10^{-38}$. Como a constante de autoprotólise da água relaciona $[H_3O^+]$ com $[OH^-]$ pelo $K_w = [H_3O^+][OH^-] = 1,0 \times 10^{-14}$, podemos reescrever, por substituição, a constante de solubilidade como $[Fe^{3+}]/[H^+]^3 = 1,0 \times 10^4$. (a) Escreva a equação química balanceada para a precipitação do $Fe(OH)_3$ quando nitrato de ferro(III) é adicionado à água. (b) Adicionando-se 6,6 kg de $Fe(NO_3)_3 \cdot 9H_2O$ em 100 dm^3 de água, qual será o pH final da solução e a concentração molar de Fe^{3+}, desprezando-se outras formas de Fe(III) dissolvido? Dê as fórmulas das duas espécies de Fe(III) que tenham sido desprezadas neste cálculo.

4.41 A frequência de vibração do estiramento simétrico M–O dos aquaíons octaédricos $[M(OH_2)_6]^{2+}$ aumenta ao longo da série $Ca^{2+} < Mn^{2+} < Ni^{2+}$. Como essa tendência relaciona-se com a acidez?

4.42 Uma solução eletricamente condutora é produzida quando se dissolve o $AlCl_3$ no solvente polar básico CH_3CN. Dê as fórmulas para as espécies condutoras mais prováveis e descreva como elas se formam aplicando os conceitos ácido-base de Lewis.

4.43 O ânion complexo $[FeCl_4]^-$ é amarelo, enquanto que o $[Fe_2Cl_6]$ é avermelhado. A dissolução de 0,1 mol de $FeCl_3(s)$ em 1 dm^3 de $POCl_3$ ou $PO(OR)_3$ produz uma solução avermelhada que se torna amarela ao ser diluída. A titulação da solução vermelha de $POCl_3$ com solução de Et_4NCl provoca uma mudança marcante de cor (do vermelho para o amarelo) quando se atinge a razão molar 1:1 de $FeCl_3/Et_4NCl$. O espectro vibracional sugere que solventes oxoclorados formam adutos com ácidos de Lewis comuns via coordenação pelo oxigênio. Compare os dois conjuntos de reações seguintes como possíveis explicações para essas observações.

(a) $Fe_2Cl_6 + 2\ POCl_3 \rightleftharpoons 2\ [FeCl_4]^- + 2\ [POCl_2]^+$

$POCl_2^+ + Et_4NCl \rightleftharpoons Et_4N^+ + POCl_3$

(b) $Fe_2Cl_6 + 4\ POCl_3 \rightarrow [FeCl_2(OPCl_3)_4]^+ + [FeCl_4]^-$

Ambos os equilíbrios são deslocados na direção dos produtos pela diluição.

4.44 No esquema tradicional que é a base da análise qualitativa para a separação de íons metálicos, os íons de Au, As, Sb e Sn em solução são precipitados como sulfetos, mas redissolvem com a adição de excesso de polissulfeto de amônio. Por outro lado, os íons de Cu, Pb, Hg, Bi e Cd precipitam como sulfetos, mas não sofrem redissolução. Na linguagem deste capítulo, o primeiro grupo é anfótero para as reações que envolvem o SH^- no lugar de OH^-. O segundo grupo é menos ácido. Com base nessas informações, localize a fronteira dos elementos anfóteros na tabela periódica para os sulfetos. Compare com a fronteira dos elementos anfóteros para os óxidos hidratados da Fig. 4.5. Essa análise está de acordo com a descrição do S^{2-} como sendo uma base mais macia do que o O^{2-}?

4.45 Os compostos SO_2 e $SOCl_2$ podem trocar o seu átomo de enxofre por outro marcado radioativamente. Essa troca é catalisada por Cl^- e $SbCl_5$. Sugira mecanismos para essas duas reações de troca com a primeira etapa sendo a formação de um complexo apropriado.

4.46 A piridina forma um complexo ácido-base de Lewis mais forte com o SO_3 do que com o SO_2. Entretanto, a piridina forma um complexo mais fraco com o SF_6 do que com o SF_4. Explique essa diferença.

4.47 Preveja se as constantes de equilíbrio das seguintes reações devem ser maiores ou menores do que 1:

(a) $CdI_2(s) + CaF_2(s) \rightleftharpoons CdF_2(s) + CaI_2(s)$

(b) $[CuI_4]^{2-}(aq) + [CuCl_4]^{3-}(aq) \rightleftharpoons [CuCl_4]^{2-}(aq) + [CuI_4]^{3-}(aq)$

(c) $NH_2^-(aq) + H_2O(l) \rightleftharpoons NH_3(aq) + OH^-(aq)$

4.48 Para os itens (a), (b) e (c), indique qual das duas soluções tem o menor pH:

(a) $Fe(ClO_4)_2(aq)$ 0,1 M ou $Fe(ClO_4)_3(aq)$ 0,1 M

(b) $Ca(NO_3)_2(aq)$ 0,1 M ou $Mg(NO_3)_2(aq)$ 0,1 M

(c) $Hg(NO_3)_2(aq)$ 0,1 M ou $Zn(NO_3)_2(aq)$ 0,1 M.

4.49 Por que se usam solventes fortemente ácidos (por exemplo, SbF_5/HSO_3F) na preparação de cátions como I_2^+ e Se_8^{2+}, enquanto que solventes fortemente básicos são necessários para estabilizar espécies aniônicas tais como S_4^{2-} e Pb_9^{4-}?

4.50 Um procedimento padrão para melhorar a detecção do ponto estequiométrico em titulações de bases fracas com ácidos fortes é usar ácido acético como solvente. Explique o fundamento dessa prática.

PROBLEMAS TUTORIAIS

4.1 O artigo de Gillespie e Liang intitulado "Superacid solutions in hydrogen fluoride" (*J. Am. Chem. Soc.* 1988, **110**, 6053) discute a acidez de várias soluções de compostos inorgânicos em HF. (a) Dê a ordem de força ácida dos pentafluoretos, determinada neste estudo. (b) Dê as equações para as reações do SbF_5 e do AsF_5 com HF. (c) O SbF_5 forma a espécie $Sb_2F_{11}^-$ em HF. Dê a equação para o equilíbrio entre essas duas espécies.

4.2 Na reação do brometo de *t*-butila com $Ba(NCS)_2$, o produto apresenta 91% de ligação pelo S, ou seja, *t*-butil-SCN. Entretanto, se o $Ba(NCS)_2$ estiver impregnado em CaF_2 sólido, o rendimento é maior e o produto é 99% *t*-butil-NCS. Discuta o efeito do suporte de sal de metal alcalino-terroso na dureza do nucleófilo ambidentado SCN^-. (Veja T. Kimura, M. Fujita e T. Ando, *Chem. Commun.*, 1990, 1213.)

4.3 No artigo "The strengths of the hydrohalic acids" (*J. Chem. Educ.* 2001, **78**, 116), R. Schmid e A. Miah discutem a validade dos valores de pK_a da literatura para HF, HCl, HBr e HI. (a) Qual o princípio empregado para estimar os valores que aparecem na literatura? (b) A que se atribui, geralmente, a menor força ácida do HF em relação à do HCl? (c) Qual a explicação que os autores sugerem para a maior força ácida do HCl?

4.4 Os superácidos são bem estabelecidos, mas também existem as superbases que são normalmente formadas por hidretos dos elementos dos Grupos 1 e 2. Escreva uma discussão sobre a química das superbases.

4.5 Em seu artigo de revisão (*Angew. Chem. Int. Ed.* 2009, **48**, 2100), E. J. Corey descreve a catálise assimétrica por boranos quirais. Mostre como esses boranos quirais, que são ácidos de Lewis, também são capazes de direcionar a acidez de Brønsted.

4.6 Um artigo escrito por Poliakoff e colaboradores descreve como um novo processo químico industrial foi desenvolvido, substituindo solventes convencionais por $scCO_2$ (*Green Chem.* 2003, **5**, 99). Explique as vantagens e os desafios da introdução de tais variações nos processos que usam tecnologia tradicional.

4.7 A reação reversível do CO_2 gasoso com emulsões aquosas de compostos de cadeia longa de alquilamidina possui aplicações importantes. Descreva a química envolvida nessa demonstração do uso de "switchable surfactants" (*Science*, 2006, **313**, 958).

4.8 Um artigo de Krossing e colaboradores (*J. Am. Chem. Soc.* 2006, **128**, 13427) aborda o comportamento dos líquidos iônicos em termos de um ciclo termodinâmico. Descreva os princípios que foram aplicados e as previsões feitas.

5 Oxirredução

Potenciais de redução
5.1 Meias-reações de oxirredução
5.2 Potenciais padrão e espontaneidade
5.3 Tendências nos potenciais padrão
5.4 A série eletroquímica
5.5 A equação de Nernst

Estabilidade e oxirredução
5.6 A influência do pH
5.7 Reações com água
5.8 Oxidação pelo oxigênio atmosférico
5.9 Desproporcionação e comproporcionação
5.10 A influência da complexação
5.11 A relação entre solubilidade e os potenciais padrão

Diagramas de potenciais
5.12 Diagramas de Latimer
5.13 Diagramas de Frost
5.14 Diagramas de Pourbaix
5.15 Aplicações em química ambiental: águas naturais

Obtenção dos elementos
5.16 Obtenção dos elementos por redução
5.17 Obtenção dos elementos por oxidação
5.18 Obtenção eletroquímica dos elementos

Leitura complementar

Exercícios

Problemas tutoriais

A redução é a adição de elétrons e a oxidação é a remoção de elétrons de uma espécie. Quase todos os elementos e seus compostos podem sofrer reações de oxirredução, podendo-se dizer que o elemento tem um ou mais estados de oxidação diferentes. Neste capítulo, apresentaremos exemplos dessa química de oxirredução e desenvolveremos conceitos para compreendermos a razão da ocorrência dessas reações de oxirredução, considerando principalmente os seus aspectos termodinâmicos. Discutiremos os procedimentos que nos permitem analisar as reações de oxirredução em solução e veremos que os potenciais de eletrodo das espécies quimicamente ativas nos fornecem dados importantes para determinar e entender a estabilidade das espécies e a solubilidade dos sais. Descreveremos procedimentos para mostrar as tendências nas estabilidades dos vários estados de oxidação, incluindo a influência do pH. Em seguida apresentaremos as aplicações dessas informações na química ambiental, química analítica e síntese inorgânica. Nossa discussão terminará com o exame termodinâmico das condições necessárias para alguns dos principais processos industriais de oxidação e redução, particularmente a extração dos metais a partir de seus minérios.

Uma grande classe de reações dos compostos inorgânicos ocorre por transferência de elétrons de uma espécie para outra. O ganho de elétrons é chamado de **redução** e a perda de elétrons é denominada **oxidação**; o processo global é chamado de uma **reação de oxirredução**. A espécie que fornece elétrons é o agente **redutor** e a espécie que recebe os elétrons é o agente **oxidante**. Muitas reações de oxirredução liberam uma quantidade muito grande de energia e ocorrem nos processos de combustão e nas baterias.

Muitas reações de oxirredução envolvem reagentes no mesmo estado físico, por exemplo:

Em fase gasosa:

$$2\,NO(g) + O_2(g) \rightarrow 2\,NO_2(g)$$

$$2\,C_4H_{10}(g) + 13\,O_2(g) \rightarrow 8\,CO_2(g) + 10\,H_2O(g)$$

Em solução:

$$Fe^{3+}(aq) + Cr^{2+}(aq) \rightarrow Fe^{2+}(aq) + Cr^{3+}(aq)$$

$$3\,CH_3CH_2OH(aq) + 2\,CrO_4^{2-}(aq) + 10\,H^+(aq) \rightarrow 3\,CH_3CHO(aq) + 2\,Cr^{3+}(aq) + 8\,H_2O(l)$$

Em sistemas biológicos:

$$\text{'Mn}_4\text{'}(V,IV,IV,IV) + 2\,H_2O(l) \rightarrow \text{'Mn}_4\text{'}(IV,III,III,III) + 4\,H^+(aq) + O_2(g)$$

Em fase sólida:

$$LiCoO_2(s) + 6\,C(s) \rightarrow LiC_6(s) + CoO_2(s)$$

$$CeO_2(s) \xrightarrow{\text{calor}} CeO_{2-\delta}(s) + \delta/2\,O_2(g)$$

O exemplo do sistema biológico refere-se à produção de O_2 a partir da água pelo cofator Mn_4CaO_5 contido em um dos complexos fotossintéticos das plantas (Seção 26.10).

As **figuras** com um asterisco (*) podem ser encontradas on-line como estruturas 3D interativas. Digite a seguinte URL em seu navegador, adicionando o número da figura: www.chemtube3d.com/weller/[número do capítulo]F[número da figura]. Por exemplo, para a Figura 3 no Capítulo 7, digite www.chemtube3d.com/weller/7F03.

Muitas das **estruturas numeradas** podem ser também encontradas on-line como estruturas 3D interativas: visite www.chemtube3d.com/weller/[número do capítulo] para todos os recursos 3D organizados por capítulo.

No primeiro exemplo em fase sólida, o LiC_6 representa um composto no qual o íon Li^+ está entre as camadas de átomos de carbono na grafita formando um **composto de intercalação**. Essa reação ocorre durante a carga em uma bateria de íon lítio, e a reação reversa ocorre na descarga. O segundo exemplo em fase sólida é parte de um ciclo térmico que converte água em H_2 e O_2, usando o calor que pode ser fornecido por radiação solar concentrada. As reações de oxirredução podem também ocorrer nas interfaces (fronteiras entre fases diferentes), tal como as interfaces gás/sólido ou sólido/líquido, por exemplo, quando temos a dissolução de um metal ou as reações que ocorrem na superfície de um eletrodo.

Devido à diversidade das reações de oxirredução, é geralmente mais conveniente analisá-las aplicando-se um conjunto de regras formais expressas em termos dos números de oxidação (Seção 2.16), e não em termos da verdadeira transferência de elétrons. Assim, a oxidação corresponde a um aumento do número de oxidação de um elemento, e a redução corresponde a uma diminuição do seu número de oxidação. Se numa reação nenhum elemento sofrer alteração do número de oxidação, a reação não é de oxirredução. Essa abordagem será adotada sempre que for apropriada.

> *Uma breve ilustração* A reações de oxirredução mais simples envolvem a formação de cátions e ânions a partir dos elementos; por exemplo, a oxidação do lítio a íons Li^+ quando ele queima ao ar para formar Li_2O e a redução do cloro a Cl^- quando ele reage com cálcio para formar $CaCl_2$. Para os elementos dos Grupos 1 e 2, os únicos números de oxidação geralmente encontrados são o do elemento (0) e dos íons, +1 e +2, respectivamente. No entanto, muitos dos outros elementos formam compostos em mais de um estado de oxidação. Assim, o chumbo é normalmente encontrado em seus compostos como Pb(II) ou Pb(IV), por exemplo, no PbO e PbO_2, respectivamente.

A capacidade de apresentar múltiplos números de oxidação é vista com mais propriedade nos compostos dos metais d, particularmente nos Grupos 5, 6, 7 e 8; o ósmio, por exemplo, forma compostos que apresentam números de oxidação desde –2, como no $[Os(CO_4)]^{2-}$, a +8, como no OsO_4. Uma vez que o estado de oxidação de um elemento geralmente se reflete nas propriedades dos seus compostos, a capacidade de expressar quantitativamente a tendência de um elemento formar um composto em um estado de oxidação particular é muito útil em química inorgânica.

Potenciais de redução

Uma vez que elétrons são transferidos entre as espécies nas reações de oxirredução, os métodos eletroquímicos (que usam eletrodos para medir a transferência de elétrons em reações sob condições termodinamicamente controladas) são de grande importância e permitem a construção de tabelas de "potenciais padrão". A tendência de um elétron migrar de uma espécie para outra é expressa em termos da diferença entre os potenciais padrão.

5.1 Meias-reações de oxirredução

Ponto principal: Uma reação de oxirredução pode ser expressa como a diferença de duas meias-reações de redução.

É conveniente considerar uma reação de oxirredução como a combinação de duas **meias-reações** formais nas quais a perda (oxidação) e o ganho (redução) de elétrons são mostrados explicitamente. Numa meia-reação de redução, uma substância ganha elétrons, como em

$$2\,H^+(aq) + 2\,e^- \rightarrow H_2(g)$$

Em uma meia-reação de oxidação, uma substância perde elétrons, como em

$$Zn(s) \rightarrow Zn^{2+}(aq) + 2\,e^-$$

Na equação de uma meia-reação, não se atribui um estado físico aos elétrons: eles estão "em trânsito". As espécies oxidadas e reduzidas em uma meia-reação constituem um **par de oxirredução**. Esse par é escrito com a espécie oxidada antes da reduzida, por exemplo, H^+/H_2 e Zn^{2+}/Zn, e normalmente as fases não são indicadas.

Por razões que se tornarão claras adiante, é comum representar as meias-reações de oxidação pelas correspondentes meias-reações de redução, simplesmente invertendo a equação da meia-reação de oxidação. Assim, a oxidação do zinco é associada à meia-reação de redução

$$Zn^{2+}(aq) + 2\,e^- \rightarrow Zn(s)$$

A reação de oxirredução em que o zinco é oxidado pelos íons hidrogênio

$$Zn(s) + 2\,H^+(aq) \rightarrow Zn^{2+}(aq) + H_2(g)$$

é escrita como a *diferença* das duas meias-reações de redução. Em alguns casos, pode ser necessário multiplicar cada meia-reação por um fator para garantir que o número de elétrons ganhos e perdidos seja o mesmo.

EXEMPLO 5.1 Combinando as meias-reações

Escreva a equação balanceada para a oxidação do Fe^{2+} pelos íons permanganato (MnO_4^-) em meio ácido.

Resposta O balanceamento de reações de oxirredução geralmente necessita de atenção adicional porque outras espécies que não reagentes e produtos, tais como os elétrons e íons hidrogênio, frequentemente precisam ser considerados. Uma abordagem sistemática é indicada a seguir:

Escreva as meias-reações de redução, não balanceadas, para as duas espécies.
Balanceie os elementos, que não o hidrogênio.
Balanceie os átomos de O adicionando H_2O do outro lado da seta.
Se a solução for ácida, balanceie os átomos de H pela adição de H^+; se a solução for básica, balanceie os átomos de H adicionando OH^- de um lado e H_2O do outro.
Balanceie as cargas com a adição de e^-.
Multiplique cada meia-reação por fatores que garantam que o número de e^- seja o mesmo.
Combine as duas meias-reações subtraindo a reação que contém a espécie mais redutora daquela que contém a espécie mais oxidante. Cancele os termos redundantes.

A meia-reação de redução do Fe^{3+} é simples, pois envolve apenas o balanço de carga:

$$Fe^{3+}(aq) + e^- \rightarrow Fe^{2+}(aq)$$

A meia-reação desbalanceada de redução do MnO_4^- é

$$MnO_4^-(aq) \rightarrow Mn^{2+}(aq)$$

Balanceando o O com H_2O:

$$[MnO_4]^-(aq) \rightarrow Mn^{2+}(aq) + 4\,H_2O(l)$$

Balanceando o H com $H^+(aq)$:

$$[MnO_4]^-(aq) + 8\,H^+(aq) \rightarrow Mn^{2+}(aq) + 4\,H_2O(l)$$

Balanceando a carga com e^-:

$$[MnO_4]^-(aq) + 8\,H^+(aq) + 5\,e^- \rightarrow Mn^{2+}(aq) + 4\,H_2O(l)$$

Para balancear o número de elétrons das duas meias-reações, a primeira deve ser multiplicada por 5 e a segunda por 2, resultando em 10 e^- para cada caso. A seguir, após a subtração da meia-reação do ferro da meia-reação do permanganato e rearranjando de forma que todos os coeficientes estequiométricos sejam positivos, obtém-se

$$[MnO_4]^-(aq) + 8\,H^+(aq) + 5\,Fe^{2+}(aq) \rightarrow Mn^{2+}(aq) + 5\,Fe^{3+}(aq) + 4\,H_2O(l)$$

Teste sua compreensão 5.1 Use meias-reações de redução para escrever a equação balanceada para a oxidação do zinco metálico por íons permanganato em meio ácido.

5.2 Potenciais padrão e espontaneidade

Ponto principal: Uma reação é termodinamicamente favorável (espontânea), ou seja, $K > 1$, se $E^\ominus > 0$, onde $E^\ominus$ é a diferença dos potenciais padrão das duas meias-reações nas quais a reação global pode ser dividida.

Podemos usar argumentos termodinâmicos para identificar quais reações são espontâneas (ou seja, têm uma tendência natural de ocorrer). O critério termodinâmico de espontaneidade é que, em temperatura e pressão constantes, a variação da energia de Gibbs da reação, $\Delta_r G$, seja negativa. Geralmente é suficiente considerar a energia de Gibbs padrão da reação, $\Delta_r G^\ominus$, que se relaciona com a constante de equilíbrio pela equação

$$\Delta_r G^\ominus = -RT \ln K \tag{5.1}$$

Um valor negativo de $\Delta_r G^\ominus$ corresponde a $K > 1$ e, portanto, indica uma reação "favorável" no sentido de que os produtos são predominantes em relação aos reagentes, no equilíbrio. É importante, no entanto, perceber que $\Delta_r G$ depende da composição e que todas as reações são espontâneas (isto é, têm $\Delta_r G < 0$), sob condições apropriadas. Essa é uma outra forma de dizer que nenhuma constante de equilíbrio possui um valor *infinito*.

> ***Um comentário útil*** A condição padrão corresponde a que todas as substâncias estejam à pressão de 100 kPa (1 bar) e tenham atividade unitária. Para reações envolvendo íons H^+, as condições padrão correspondem a um pH = 0, ou seja, uma acidez de, aproximadamente, 1 M. Os sólidos e líquidos puros têm atividade unitária. Embora usemos ν (ni) para o coeficiente estequiométrico do elétron, as equações eletroquímicas na química inorgânica são também escritas normalmente com n no lugar do ν; usaremos ν para enfatizar que ele é um número adimensional, e não uma quantidade em moles.

Uma vez que a equação química global é a diferença de duas meias-reações de redução, a energia de Gibbs padrão da reação global também é a diferença das energias de Gibbs padrão das duas meias-reações. As meias-reações de redução sempre ocorrem aos pares em qualquer reação química real, de forma que somente a diferença das suas energias de Gibbs padrão tem significado. Portanto, podemos escolher uma meia-reação para ter $\Delta_r G^\ominus = 0$ e indicar todos os outros valores como sendo relativos a esta. Por convenção, a meia-reação especialmente escolhida é a redução dos íons hidrogênio, em pH = 0 e pressão de 1 bar para o H_2:

$$H^+(aq) + e^- \rightarrow \tfrac{1}{2} H_2(g) \quad \Delta_r G^\ominus = 0$$

para todas as temperaturas.

> ***Uma breve ilustração*** Para saber a energia de Gibbs padrão para a redução dos íons Zn^{2+}, determinado-se experimentalmente que
>
> $$Zn^{2+}(aq) + H_2(g) \rightarrow Zn(s) + 2\, H^+(aq) \quad \Delta_r G^\ominus = +147\, kJ\, mol^{-1}$$
>
> Assim, como a meia-reação de redução do H^+ tem contribuição zero para a energia de Gibbs da reação (de acordo com nossa convenção), temos que
>
> $$Zn^{2+}(aq) + 2\, e^- \rightarrow Zn(s) \quad \Delta_r G^\ominus = +147\, kJ\, mol^{-1}$$

As energias de Gibbs padrão das reações podem ser medidas construindo-se uma **pilha galvânica**, uma célula eletroquímica na qual uma reação química é usada para gerar corrente elétrica, em que a reação que produz a corrente elétrica que flui através do circuito externo é a reação de interesse (Fig. 5.1). Pode-se, assim, medir a diferença de potencial entre os dois eletrodos. O **catodo** é o eletrodo onde ocorre a redução e o **anodo** é onde ocorre a oxidação. Na prática, deve-se garantir que a pilha esteja atuando reversivelmente, no sentido termodinâmico, o que significa dizer que a diferença de potencial deve ser medida com um fluxo de corrente zero. Se desejado, a medida da diferença de potencial pode ser convertida para energia de Gibbs da reação usando-se $\Delta_r G = -\nu F E$, onde ν é o coeficiente estequiométrico dos elétrons transferidos quando as meias-reações são combinadas e F é a constante de Faraday ($F = 96{,}48\, kC\, mol^{-1}$). Os valores tabelados, normalmente para condições padrão, são geralmente mantidos nas unidades em que foram medidos, ou seja, em volts (V).

O potencial que corresponde ao $\Delta_r G^\ominus$ de uma meia-reação é indicado por $E^\ominus$, onde

$$\Delta_r G^\ominus = -\nu F E^\ominus \tag{5.2}$$

O potencial $E^\ominus$ é chamado de **potencial padrão** (ou "potencial de redução padrão", para enfatizar que, por convenção, a meia-reação é de redução e é escrita com a espécie oxidada

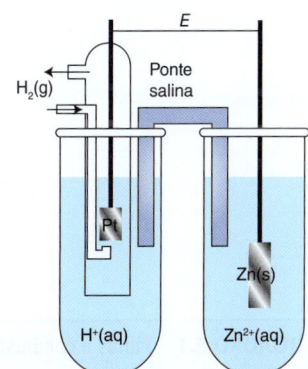

Figura 5.1 Diagrama esquemático de uma pilha galvânica. O potencial padrão, $E^\ominus_{pilha}$, é a diferença de potencial quando a pilha não está gerando corrente e todas as substâncias estão em seus estados padrão.

e os elétrons à esquerda). Como o $\Delta_r G^\ominus$ para a redução do H^+ foi arbitrariamente fixado em zero, o potencial padrão do par H^+/H_2 também é zero em todas as temperaturas:

$$H^+(aq) + e^- \rightarrow \tfrac{1}{2} H_2(g) \quad E^\ominus(H^+, H_2) = 0$$

> **Uma breve ilustração** Para o par Zn^{2+}/Zn, para o qual $\nu = 2$, a partir do valor medido de $\Delta_r G^\ominus$ tem-se que, a 25°C,
>
> $$2 H^+(aq) + Zn(s) \rightarrow Zn^{2+}(aq) + H_2(g) \quad E^\ominus_{pilha} = +0,76 \text{ V}$$
>
> Uma vez que a energia de Gibbs padrão da reação é a diferença dos valores de $\Delta_r G^\ominus$ para as duas meias-reações contribuintes, $E^\ominus_{pilha}$ para uma reação global também é a diferença dos dois potenciais padrão das meias-reações de redução nas quais a reação global pode ser dividida. Assim, a partir das meias-reações dadas acima, temos que a diferença é:
>
> $$Zn^{2+}(aq) + 2 e^- \rightarrow Zn(s) \quad E^\ominus(Zn^{2+}, Zn) = -0,76 \text{ V}$$

Note que os valores de $E^\ominus$ para os pares (e suas meias-reações) são chamados de potenciais padrão e a diferença entre eles, $E^\ominus_{pilha}$, é chamada de **potencial padrão da pilha**. A consequência do sinal negativo na Equação 5.2 é que uma reação é favorável (ou seja, $K > 1$) se o potencial padrão da pilha correspondente for positivo. Como $E^\ominus > 0$ para a reação da ilustração acima ($E^\ominus = +0,76$ V), ficamos sabendo que o zinco tem uma tendência termodinâmica de reduzir os íons H^+ nas condições padrão (solução ácida, pH = 0, e atividade do Zn^{2+} unitária), ou seja, o zinco metálico dissolve-se em ácido. O mesmo é verdade para qualquer metal que tenha um par com um potencial padrão negativo.

> **Um comentário útil** O potencial da pilha também é chamado (em muitas situações práticas) de força eletromotriz (fem). No entanto, como um potencial não é uma força, a IUPAC prefere o nome "potencial da pilha".

EXEMPLO 5.2 Calculando o potencial padrão da pilha

Use os seguintes potenciais padrão para calcular o potencial padrão de uma pilha cobre-zinco.

$$Cu^{2+}(aq) + 2 e^- \rightarrow Cu(s) \quad E^\ominus(Cu^{2+}, Cu) = +0,34 \text{ V}$$
$$Zn^{2+}(aq) + 2 e^- \rightarrow Zn(s) \quad E^\ominus(Zn^{2+}, Zn) = -0,76 \text{ V}$$

Resposta Para esse cálculo, devemos notar que dentre os potenciais padrão, o Cu^{2+} é a espécie mais oxidante (o par com o maior potencial) e será reduzido pela espécie com o menor potencial (neste caso, o Zn). A reação espontânea é, portanto, $Cu^{2+}(aq) + Zn(s) \rightarrow Zn^{2+}(aq) + Cu(s)$, e o potencial da pilha será a diferença dos potenciais das duas meias-reações (cobre-zinco):

$$E^\ominus_{pilha} = E^\ominus(Cu^{2+}, Cu) - E^\ominus(Zn^{2+}, Zn)$$
$$= +0,34 \text{ V} - (-0,76 \text{ V}) = +1,10 \text{ V}$$

A pilha produzirá uma diferença de potencial de 1,1 V (nas condições padrão).

Teste sua compreensão 5.2 O cobre metálico reage com ácido clorídrico diluído?

A combustão é um tipo familiar de reação de oxirredução, e a energia liberada pode ser usada em máquinas térmicas. Uma pilha a combustível converte um combustível químico diretamente em energia elétrica (Quadro 5.1).

QUADRO 5.1 Pilhas a combustível

Uma **pilha a combustível** converte um combustível químico, tal como o hidrogênio (usado em aplicações de grande potência) ou metanol (um combustível conveniente para pequenas aplicações), diretamente em energia elétrica, usando O_2 ou ar como oxidante. Como fontes de energia, as pilhas a combustível oferecem várias vantagens sobre as baterias recarregáveis ou os motores a combustão, e seu emprego vem aumentando continuamente. Comparada com as baterias, as quais têm que ser substituídas ou recarregadas após um determinado período de tempo, uma pilha a combustível irá operar enquanto houver combustível. Além disso, uma pilha a combustível não contém grandes quantidades de poluentes ambientais, tais como Ni e Cd, embora pequenas quantidades de Pt e outros metais sejam necessárias como eletrocatalisadores. A operação de uma pilha a combustível é mais eficiente do que a das máquinas a combustão, com uma conversão praticamente quantitativa do combustível em H_2O ou CO_2 (para o metanol). As pilhas a combustível também são muito menos poluentes, pois não são produzidos óxidos de nitrogênio nas temperaturas relativamente baixas que são usadas. Uma vez que o potencial de cada pilha é menos do que 1V, as pilhas a combustível são conectadas em série para produzir uma voltagem final que permita uma aplicação.

Os tipos importantes de pilha a combustível de hidrogênio são a **pilha a combustível de membrana trocadora de próton** (PEMFC, em inglês), a **pilha a combustível alcalina** (AFC, em inglês) e a **pilha a combustível de óxido sólido** (SOFC, em inglês), que diferem nas reações que ocorrem em seus eletrodos, no transporte de carga por espécies químicas e na temperatura de operação. A tabela abaixo apresenta alguns detalhes dessas pilhas.

Pilha a combustível	Reação no anodo	Eletrólito	Íon transportador de carga	Reação no catodo	Faixa de temperatura/°C	Pressão/atm	Eficiência/%
PEMFC	$H_2 \rightarrow 2\,H^+ + 2\,e^-$	Polímero condutor de H^+ (PEM)	H^+	$2\,H^+ + \frac{1}{2} O_2 + 2\,e^- \rightarrow H_2O$	80-100	1-8	35-40
AFC	$H_2 \rightarrow 2\,H^+ + 2\,e^-$	Solução aquosa alcalina	OH^-	$H_2O + \frac{1}{2} O_2 + 2\,e^- \rightarrow 2\,OH^-$	80-250	1-10	50-60
SOFC	$H_2 + O^{2-} \rightarrow H_2O + 2\,e^-$	Óxido sólido	O^{2-}	$\frac{1}{2} O_2 + 2\,e^- \rightarrow O^{2-}$	800-1000	1	50-55
DMFC	$CH_3OH + H_2O \rightarrow CO_2 + 6\,H^+ + 6\,e^-$	Polímero condutor de H^+	H^+	$2\,H^+ + \frac{1}{2} O_2 + 2\,e^- \rightarrow H_2O$	0-40	1	20-40

Os princípios básicos das pilhas a combustível são ilustrados pela PEMFC (Fig. Q5.1), que opera em temperaturas relativamente baixas (80–100°C) e é apropriada para ser usada a bordo de veículos automotores como fonte de energia. No anodo, uma quantidade de H_2 é fornecida continuamente e oxidada a íons H^+, que são os transportadores químicos de carga e que passam através de uma membrana para o catodo, onde o O_2 é reduzido a H_2O; esse processo produz um fluxo de elétrons do anodo para o catodo (a corrente) o qual passa através de uma carga (tipicamente, um motor elétrico). O anodo (o local da oxidação do H_2) e o catodo (o local da redução do O_2) estão impregnados com um catalisador de Pt a fim de obter uma conversão eletroquímica eficiente do combustível e do oxidante. O principal fator limitante da eficiência da PEM e de outras pilhas a combustível é a lenta redução do O_2 no catodo, que envolve o gasto de alguns décimos de volt (a "sobretenção") exatamente para que a reação ocorra a uma velocidade razoável. A voltagem operacional é normalmente de 0,7 V. A membrana é composta por um polímero condutor de H^+, o perfluorossulfonato de sódio (criado pela Du Pont e conhecido comercialmente como Nafion®).

Uma pilha a combustível alcalina (AFC) é mais eficiente do que uma PEMFC, pois a redução do O_2 no catodo de Pt é muito mais fácil em condições alcalinas. Assim sendo, a voltagem operacional é normalmente maior, cerca de, 0,8 V. Na AFC a membrana da PEMFC é substituída pelo bombeamento de uma solução quente aquosa alcalina entre os dois eletrodos. As pilhas a combustível alcalinas foram usadas nas naves Apollo, fornecendo energia para as expedições espaciais pioneiras à lua.

Uma SOFC opera em temperaturas muito mais altas (800–1100°C) e é usada para fornecer eletricidade e calor em edifícios (num arranjo chamado "calor e energia combinados", "CHP", em inglês). O catodo é geralmente um óxido metálico complexo tendo como base o $LaCoO_3$, tal como $La_{(1-x)}Sr_xMn_{(1-y)}Co_yO_3$, enquanto que o anodo é basicamente uma mistura de NiO com RuO_2 e um óxido de um lantanídeo, como o $Ce_{(1-x)}Gd_xO_{1,95}$. O transporte de carga por uma espécie química é feito com o auxílio de um óxido cerâmico como o ZrO_2, dopado com ítrio, o qual permite a condução pela transferência do íon O^{2-} em altas temperaturas (Seção 24.4). A elevada temperatura operacional diminui a necessidade do uso de um catalisador eficiente como a Pt.

O metanol é empregado como combustível de duas maneiras. Uma usa o metanol como um "carregador de H_2", pois a reação de reforma catalítica (ver Seção 10.4) é usada para gerar H_2 *in situ*, o qual é fornecido então a uma pilha a combustível de hidrogênio como mencionado anteriormente. Esse método indireto evita que o H_2 seja estocado sob pressão. A outra forma é a pilha a combustível de metanol (DMFC, em inglês), que incorpora o anodo e o catodo, estando cada um deles impregnado com Pt ou uma liga de Pt, e uma PEM. O metanol é fornecido ao anodo como uma solução aquosa (1 mol dm^{-3}). A DMFC é particularmente apropriada para equipamentos pequenos e de baixa potência, tal como telefones e computadores portáteis, representando uma alternativa promissora para as baterias de íon-lítio. A principal desvantagem da DMFC é a sua eficiência relativamente baixa. Essa ineficiência é decorrente de dois fatores que diminuem a voltagem operacional: a cinética lenta no anodo (oxidação do CH_3OH a CO_2 e H_2O), além da cinética também lenta já mencionada no catodo, e a transferência indesejável do metanol através da membrana (*crossover*, em inglês) que ocorre porque o metanol permeia facilmente através da PEM hidrofílica. Para melhorar a velocidade de oxidação do metanol no anodo utiliza-se como catalisador uma mistura 50/50 de Pt/Ru suportada em carbono.

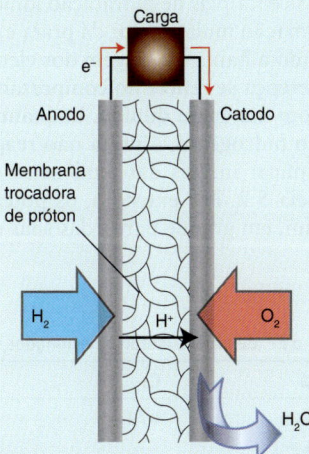

Figura Q5.1 Um diagrama esquemático de uma pilha a combustível de membrana trocadora de próton (PEM). O anodo e o catodo são impregnados com um catalisador (Pt) para converter o combustível (H_2) e o oxidante (O_2) em H^+ e H_2O, respectivamente. A membrana (normalmente um material chamado de Nafion®) permite que os íons H^+ produzidos no anodo sejam transferidos para o catodo.

Leitura complementar

C. Spiegel, *Design and building of fuel cells*. McGraw-Hill (2007).
J. Larminie e A. Dicks, *Fuel cell systems explained*. John Wiley & Sons (2003).
A. Wieckowski e J. Norskov (eds), *Fuel cell science: theory, fundamentals, and biocatalysis*. John Wiley & Sons (2010).

5.3 Tendências nos potenciais padrão

Ponto principal: A atomização e ionização de um metal e a entalpia de hidratação dos seus íons contribuem para o valor do potencial padrão.

Os fatores que contribuem para o potencial padrão do par M⁺/M podem ser identificados considerando-se um ciclo termodinâmico e as correspondentes variações da energia de Gibbs que contribuem para a reação global

$$M^+(aq) + \tfrac{1}{2} H_2(g) \rightarrow H^+(aq) + M(s)$$

O ciclo termodinâmico apresentado na Fig. 5.2 foi simplificado ignorando-se a entropia da reação, que é praticamente independente da identidade de M. A contribuição $T\Delta S^\ominus$ da entropia situa-se na faixa de −20 a −40 kJ mol⁻¹, que é um valor pequeno em comparação com a entalpia da reação, que é a diferença entre as entalpias padrão de formação do H⁺(aq) e do M⁺(aq). Nessa análise, usamos os valores absolutos das entalpias de formação do M⁺ e do H⁺, e não os valores baseados na convenção $\Delta_f H^\ominus$ (H⁺,aq) = 0. Assim, usamos $\Delta_f H^\ominus$ (H⁺,aq) = +445 kJ mol⁻¹, que é obtido considerando-se a formação de um átomo de hidrogênio a partir de ½ H₂(g) (+218 kJ mol⁻¹), a sua ionização em H⁺(g) (+1312 kJ mol⁻¹) e a hidratação do H⁺(g) (aproximadamente −1085 kJ mol⁻¹).

A análise do potencial da pilha em termos de suas contribuições termodinâmicas nos permite explicar as tendências dos potenciais padrão. Por exemplo, a variação do potencial padrão quando descemos no Grupo 1 parece contrariar as expectativas baseadas nas eletronegatividades, uma vez que Cs⁺/Cs (χ = 0,79, $E^\ominus$ = −3,03 V) possui um potencial padrão similar ao do par Li⁺/Li (χ = 0,98, $E^\ominus$ = −3,04V), apesar de o Li apresentar uma eletronegatividade maior que a do Cs. O lítio tem uma entalpia de sublimação e uma energia de ionização maior que as do césio e, isoladamente, isso deveria resultar num potencial padrão menos negativo, uma vez que a formação do íon é menos favorável. Entretanto, o Li⁺ tem uma entalpia de hidratação grande e negativa, devido ao seu tamanho pequeno (seu raio iônico é 90 pm), quando comparado com o Cs⁺ (181 pm), e à sua forte interação eletrostática com as moléculas de água. No final, a entalpia de hidratação favorável do Li⁺ supera os termos relacionados com a formação do Li⁺(g), dando origem a um potencial padrão mais negativo. O potencial padrão relativamente baixo para o Na⁺/Na (−2,71 V) em comparação com o restante do Grupo 1 (próximo a −2,9 V) pode ser explicado em termos de uma combinação de entalpia de sublimação relativamente alta e entalpia de hidratação moderada (Tabela 5.1).

O valor de $E^\ominus$(Na⁺, Na) = −2,71 V também pode ser comparado com o $E^\ominus$(Ag⁺, Ag) = +0,80 V. O raio iônico (coordenação seis) desses íons (r_{Na^+} = 116 pm e r_{Ag^+} = 129 pm) são semelhantes e, consequentemente, suas entalpias de hidratação iônicas também são próximas. Entretanto, a entalpia de sublimação muito maior da prata e, particularmente, sua elevada energia de ionização, devido à baixa blindagem dos elétrons 4d, resulta num potencial padrão positivo. Essa diferença se reflete no comportamento muito diferente desses metais quando tratados com um ácido diluído. Enquanto o sódio reage e dissolve-se explosivamente produzindo hidrogênio, a prata não reage. Argumentos semelhantes podem ser usados para explicar muitas das tendências observadas nos potenciais padrão apresentados na Tabela 5.2. Por exemplo, os potenciais positivos característicos dos metais nobres resultam, em grande parte, das suas entalpias de sublimação muito altas.

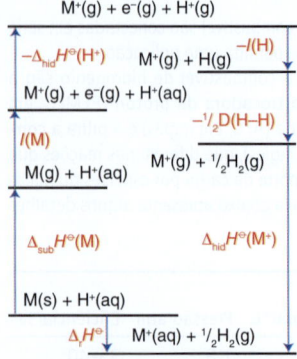

Figura 5.2 Ciclo termodinâmico mostrando as propriedades que contribuem para o potencial padrão de um par de oxirredução de um metal. Os processos endotérmicos estão indicados com as setas apontando para cima e as contribuições exotérmicas, com as setas apontando para baixo.

Tabela 5.1 Contribuições termodinâmicas para o $E^\ominus$ de alguns metais selecionados, a 298 K*

	Li	Na	Cs	Ag
$\Delta_{sub}H^\ominus$ /(kJ mol⁻¹)	+161	+109	+79	+284
I /(kJ mol⁻¹)	520	495	376	735
$\Delta_{hid}H^\ominus$ /(kJ mol⁻¹)	−520	−406	−264	−468
$\Delta_f H^\ominus$(M⁺, aq)/(kJ mol⁻¹)	+167	+206	+197	+551
$E^\ominus$ /V	−3,04	−2,71	−3,03	+0,80

*$\Delta_f H^\ominus$ (H⁺, aq) = +455, kJ mol⁻¹.

Tabela 5.2 Potenciais padrão selecionados, a 298 K*

Par	$E^\ominus$/V
$F_2(g) + 2\,e^- \rightarrow 2\,F^-(aq)$	+2,87
$Ce^{4+}(aq) + e^- \rightarrow Ce^{3+}(aq)$	+1,76
$MnO_4^-(aq) + 8\,H^+(aq) + 5\,e^- \rightarrow Mn^{2+}(aq) + 4\,H_2O(l)$	+1,51
$Cl_2(g) + 2\,e^- \rightarrow 2\,Cl^-(aq)$	+1,36
$O_2(g) + 4\,H^+(aq) + 4\,e^- \rightarrow 2\,H_2O(l)$	+1,23
$[IrCl_6]^{2-}(aq) + e^- \rightarrow [IrCl_6]^{3-}(aq)$	+0,87
$Fe^{3+}(aq) + e^- \rightarrow Fe^{2+}(aq)$	+0,77
$[PtCl_4]^{2-}(aq) + 2\,e^- \rightarrow Pt(s) + 4\,Cl^-(aq)$	+0,76
$I_3^-(aq) + 2\,e^- \rightarrow 3\,I^-(aq)$	+0,54
$[Fe(CN)_6]^{3-}(aq) + e^- \rightarrow [Fe(CN)_6]^{4-}(aq)$	+0,36
$AgCl(s) + e^- \rightarrow Ag(s) + Cl^-(aq)$	+0,22
$2\,H^+(aq) + 2\,e^- \rightarrow H_2(g)$	0
$AgI(s) + e^- \rightarrow Ag(s) + I^-(aq)$	−0,15
$Zn^{2+}(aq) + 2\,e^- \rightarrow Zn(s)$	−0,76
$Al^{3+}(aq) + 3\,e^- \rightarrow Al(s)$	−1,68
$Ca^{2+}(aq) + 2\,e^- \rightarrow Ca(s)$	−2,87
$Li^+(aq) + e^- \rightarrow Li(s)$	−3,04

*Outros valores são apresentados no Apêndice 3.

Um comentário útil Sempre inclua o sinal de um potencial de redução, mesmo que ele seja positivo.

5.4 A série eletroquímica

Pontos principais: O membro oxidado de um par será um forte agente oxidante se o $E^\ominus$ for grande e positivo, e o membro reduzido será um forte agente redutor se o $E^\ominus$ for grande e negativo.

Um potencial padrão negativo ($E^\ominus < 0$) significa um par no qual a espécie reduzida (o Zn no par Zn^{2+}/Zn) é um agente redutor para os íons H^+ nas condições padrão em solução aquosa. Ou seja, se $E^\ominus(Ox, Red) < 0$, então a substância "Red" é um agente redutor suficientemente forte para reduzir os íons H^+ (significando que $K > 1$ para a reação). Uma pequena lista de valores de $E^\ominus$ a 25°C é dada na Tabela 5.2. A lista está organizada segundo a ordem da **série eletroquímica:**

Par Ox/Red com $E^\ominus$ fortemente positivo [Ox é um forte oxidante]
⋮
Par Ox/Red com $E^\ominus$ fortemente negativo [Red é um forte redutor]

Um aspecto importante da série eletroquímica é que a espécie reduzida de um par tem uma tendência termodinâmica de reduzir a espécie oxidada de qualquer par que se encontre acima na série. Observe que a classificação refere-se apenas ao aspecto termodinâmico da reação, ou seja, sua espontaneidade nas condições padrão e o valor de K, mas não à sua velocidade. Assim, mesmo as reações termodinamicamente favoráveis segundo a série eletroquímica podem não ocorrer, ou ocorrer de forma extremamente lenta, se a cinética do processo for desfavorável.

EXEMPLO 5.3 Usando a série eletroquímica

Dentre os pares na Tabela 5.2, o íon permanganato, $[MnO_4]^-$, é um reagente analítico comumente usado nas titulações por oxirredução do ferro. Quais dos íons Fe^{2+}, Cl^- e Ce^{3+} podem ser oxidados pelo permanganato em solução ácida?

Resposta Precisamos notar que um reagente que é capaz de reduzir os íons $[MnO_4]^-$ precisa ser a forma reduzida de um par que possui um potencial padrão mais negativo do que o par $[MnO_4]^-/Mn^{2+}$. O potencial padrão do par $[MnO_4]^-/Mn^{2+}$ em solução ácida é +1,51 V. Os potenciais padrão para Fe^{3+}/Fe^{2+}, Cl_2/Cl^- e Ce^{4+}/Ce^{3+} são +0,77, +1,36 e +1,76 V, respectivamente. Assim, temos que os íons $[MnO_4]^-$ são agentes oxidantes suficientemente fortes em soluções ácidas (pH = 0) para oxidar Fe^{2+} e Cl^-, que têm potenciais padrão menos positivos. Os íons permanganato não podem oxidar o Ce^{3+}, que tem um potencial padrão mais positivo. Note que a presença de outros íons na solução pode modificar os potenciais e as conclusões; essa variação com as condições é particularmente importante no caso dos íons H^+, e a influência do pH será discutida na Seção 5.10. A capacidade dos íons $[MnO_4]^-$ de oxidar o Cl^- significa que o HCl não pode ser usado para acidificar reações de oxirredução envolvendo permanganato, devendo-se usar o H_2SO_4.

Teste sua compreensão 5.3 Outro agente oxidante comum em química analítica é uma solução ácida de íons dicromato, $[Cr_2O_7]^{2-}$, para a qual $E^\ominus([Cr_2O_7]^{2-}, Cr^{3+}) = +1,38$ V. Essa solução poderia ser empregada para a titulação por oxirredução do Fe^{2+} a Fe^{3+}? Haverá uma reação paralela se o Cl^- estiver presente?

Tabela 5.3 Relação entre K e $E^\ominus$

$E^\ominus$/V	K
+2	10^{34}
+1	10^{17}
0	1
−1	10^{-17}
−2	10^{-34}

5.5 A equação de Nernst

Ponto principal: A equação de Nernst nos dá o potencial de uma pilha para qualquer composição de uma mistura reacional.

Para avaliar a tendência de uma reação ocorrer numa determinada direção, para uma composição qualquer, necessitamos conhecer o sinal e o valor do $\Delta_r G$ nessa composição. Para essa informação, usamos o resultado termodinâmico pelo qual

$$\Delta_r G = \Delta_r G^\ominus + RT \ln Q \tag{5.3a}$$

onde Q é o quociente de reação[1]

$$a\,Ox_A + b\,Red_B \rightarrow Red_A + b'\,Ox_B \qquad Q = \frac{[Red_A]^{a'}[Ox_B]^{b'}}{[Ox_A]^a[Red_B]^b} \tag{5.3b}$$

O quociente de reação possui a mesma forma da constante de equilíbrio, K, mas as concentrações se referem a um estágio arbitrário da reação; no equilíbrio, $Q = K$. Quando avaliamos Q e K, as quantidades entre colchetes devem ser interpretadas como os valores numéricos das concentrações molares. Tanto Q como K são, portanto, quantidades adimensionais. A reação será espontânea num estágio arbitrário se $\Delta_r G < 0$. Esse critério pode ser expresso em termos do potencial da pilha correspondente, substituindo-se $E_{pilha} = -\Delta_r G/vF$ e $E^\ominus_{pilha} = -\Delta_r G^\ominus/vF$ na Eq. 5.3a, o que nos leva à **equação de Nernst**:

$$E_{pilha} = E^\ominus_{pilha} - \frac{RT}{vF} \ln Q \tag{5.4}$$

A reação será espontânea se, nas condições utilizadas, $E_{pilha} > 0$, indicando que $\Delta_r G < 0$. No equilíbrio $E_{pilha} = 0$ e $Q = K$, de forma que a Eq. 5.4 nos leva à importante relação entre o potencial padrão de uma pilha e a constante de equilíbrio da reação na pilha na temperatura T:

$$\ln K = \frac{vFE^\ominus_{pilha}}{RT} \tag{5.5}$$

A Tabela 5.3 apresenta os valores de K que correspondem a potenciais de pilha no intervalo de −2 a +2 V, com $v = 1$ e a 25°C. A tabela mostra que, embora os dados eletroquímicos estejam frequentemente comprimidos no intervalo de −2 a +2 V, essa faixa estreita corresponde a 68 ordens de grandeza nos valores das constantes de equilíbrio para $v = 1$.

Se considerarmos o potencial da pilha E_{pilha} como a diferença entre dois potenciais de redução, assim como $E^\ominus_{pilha}$ é a diferença de dois potenciais padrão de redução, então o potencial de cada par, E, que contribui para a reação da pilha pode ser escrito como na Eq. 5.4,

$$E = E^\ominus - \frac{RT}{vF} \ln Q \tag{5.6a}$$

mas com

$$a\,Ox + v\,e^- \rightarrow a'\,Red \qquad Q = \frac{[Red]^{a'}}{[Ox]^a} \tag{5.6b}$$

---
[1] Para reações envolvendo espécies em fase gasosa, as concentrações molares são substituídas pelas pressões parciais relativas a $p^\ominus = 1$ bar.

Por convenção, os elétrons não aparecem na expressão de Q.

A dependência do potencial padrão de uma pilha com a temperatura fornece um modo direto para se determinar a entropia padrão de muitas reações de oxirredução. A partir da Eq. 5.2 podemos escrever

$$-\nu F E^{\ominus}_{pilha} = \Delta_r G^{\ominus} = \Delta_r H^{\ominus} - T \Delta_r S^{\ominus} \tag{5.7a}$$

Logo, se supormos que $\Delta_r H^{\ominus}$ e $\Delta_r S^{\ominus}$ são geralmente independentes da temperatura na faixa de interesse, segue que

$$-\nu F E^{\ominus}_{pilha}(T_2) - [-\nu F E^{\ominus}_{pilha}(T_1)] = -(T_2 - T_1)\Delta_r S^{\ominus}$$

e, portanto,

$$\Delta_r S^{\ominus} = \frac{\nu F \left[E^{\ominus}_{pilha}(T_2) - E^{\ominus}_{pilha}(T_1) \right]}{T_2 - T_1} \tag{5.7b}$$

Em outras palavras, $\Delta_r S^{\ominus}$ é proporcional à inclinação da curva de um gráfico do potencial padrão de uma pilha contra a temperatura.

A variação da entropia padrão de uma reação $\Delta_r S^{\ominus}$ geralmente reflete a variação na solvatação que acompanha uma reação de oxirredução: para cada reação de meia-pilha espera-se uma contribuição positiva de entropia, uma vez que a redução correspondente resulta em um decréscimo na carga elétrica, fazendo as moléculas do solvente ficarem mais fracamente ligadas e mais desordenadas. Ao contrário, espera-se uma contribuição negativa quando ocorre um aumento de carga. Como discutido na Seção 5.3, as contribuições da entropia para os potenciais padrão são geralmente muito semelhantes quando são comparados pares de oxirredução que envolvem a mesma variação de carga.

EXEMPLO 5.4 Calculando o potencial gerado por uma pilha a combustível

Calcule o potencial de uma pilha a combustível (medido usando-se uma carga elétrica com resistência alta o suficiente para se ter um fluxo de corrente praticamente zero) em que a reação seja $2 H_2(g) + O_2(g) \rightarrow 2 H_2O(l)$, com H_2 e O_2 a 25°C e pressão de 100 kPa. (Note que em uma pilha a combustível de membrana trocadora de próton (PEM), a temperatura é normalmente de 80 a 100°C para melhorar o desempenho).

Resposta Devemos notar, que em condições de corrente zero, o potencial da pilha é dado pela diferença dos potenciais padrão dos dois pares de oxirredução. Para a reação em questão temos:

Lado direito: $O_2(g) + 4 H^+(aq) + 4 e^- \rightarrow 2 H_2O(l)$ $E^{\ominus} = +1,23 V$

Lado esquerdo: $2 H^+(aq) + 2 e^- \rightarrow H_2(g)$ $E^{\ominus} = 0$

Reação global (direita – esquerda): $2 H_2(g) + O_2(g) \rightarrow 2 H_2O(l)$

O potencial padrão da pilha é, portanto,

$E^{\ominus}_{pilha} = (+1,23 V) - 0 = +1,23 V$

A reação da forma como está escrita é espontânea, e o eletrodo do lado direito é o catodo (onde ocorre a redução).

Teste sua compreensão 5.4 Qual diferença de potencial é produzida em uma pilha a combustível operando com oxigênio e hidrogênio, ambos a 5,0 bar?

Estabilidade e oxirredução

Quando avaliamos a estabilidade termodinâmica de uma espécie em solução, devemos ter em mente todos os possíveis reagentes: o solvente, outros solutos, a espécie em questão e o oxigênio dissolvido. O foco da discussão a seguir está nos tipos de reações que resultam da instabilidade termodinâmica de um soluto. Também comentaremos brevemente os fatores cinéticos, mas as tendências que eles apresentam, geralmente, são menos sistemáticas do que as apresentadas pelas estabilidades.

5.6 A influência do pH

Ponto principal: Muitas reações de oxirredução, em solução aquosa, envolvem tanto transferência de H⁺ como de elétrons, e o potencial do eletrodo, portanto, depende do pH.

Para muitas reações em solução aquosa, o potencial do eletrodo varia com o pH, pois as espécies reduzidas de um par de oxirredução normalmente são bases de Brønsted muito mais fortes do que as espécies oxidadas. Para um par de oxirredução que envolve a transferência de v_e elétrons e v_{H^+} prótons, temos, a partir da Eq. 5.6b,

$$\text{Ox} + v_e e^- + v_{H^+} \rightleftharpoons \text{RedH}_{v_{H^+}} \qquad Q = \frac{[\text{RedH}_{v_{H^+}}]}{[\text{Ox}][\text{H}]^{v_{H^+}}}$$

e

$$E = E^\ominus - \frac{RT}{v_e F} \ln \frac{[\text{RedH}_{v_{H^+}}]}{[\text{Ox}][\text{H}^+]^{v_{H^+}}} = E^\ominus - \frac{RT}{v_e F} \ln \frac{[\text{RedH}_{v_{H^+}}]}{[\text{Ox}]} + \frac{v_{H^+} RT}{v_e F} \ln[\text{H}^+]$$

(Usamos $\ln x = \ln 10 \times \log x$.) Se as concentrações de Red e Ox forem combinadas com $E^\ominus$, definiremos E' como

$$E' = E^\ominus - \frac{RT}{v_e F} \ln \frac{[\text{RedH}_{v_{H^+}}]}{[\text{Ox}]}$$

Usando $\ln [\text{H}^+] = \ln 10 \times \log [\text{H}^+]$ com $\text{pH} = -\log [\text{H}^+]$, o potencial do eletrodo pode ser escrito como

$$E = E' - \frac{v_{H^+} RT \ln 10}{v_e F} \text{pH} \tag{5.8a}$$

A 25°C,

$$E = E' - \frac{(0{,}059 \text{ V}) v_{H^+}}{v_e} \text{pH} \tag{5.8b}$$

Isso significa que o potencial diminui (torna-se mais negativo) à medida que o pH aumenta e a solução torna-se mais básica.

Uma breve ilustração A meia-reação para o par perclorato/clorato ($\text{ClO}_4^-/\text{ClO}_3^-$) é

$$\text{ClO}_4^-(aq) + 2\text{ H}^+(aq) + 2\text{ e}^- \rightarrow \text{ClO}_3^-(aq) + \text{H}_2\text{O}(l)$$

Portanto, embora $E^\ominus = +1{,}201$ V em pH = 0, em pH = 7 o potencial de redução para o par $\text{ClO}_4^-/\text{ClO}_3^-$ é $1{,}201 - (2/2)(7 \times 0{,}059)$ V $= +0{,}788$ V. Assim, o ânion perclorato é um oxidante mais forte em condições ácidas.

Os potenciais padrão em solução neutra (pH = 7) são indicados por $E_w^\ominus$. Esses potenciais são particularmente úteis em bioquímica, porque os fluidos das células estão tamponados em pH, aproximadamente, igual a 7. A condição de pH = 7 (com atividade unitária para as outras espécies eletroativas presentes) corresponde ao conhecido **estado padrão bioquímico**; em contextos bioquímicos, eles são algumas vezes indicados por $E^\oplus$ ou E_{m7}, onde "m7" denota o potencial no "ponto médio", em pH = 7.

Uma breve ilustração Para determinar o potencial de redução do par H⁺/H₂, em pH = 7,0, com as outras espécies presentes em seus estados padrão, notamos que $E' = E^\ominus (\text{H}^+, \text{H}_2) = 0$. A meia-reação de redução é $2\text{ H}^+(aq) + 2\text{ e}^- \rightarrow \text{H}_2(g)$ e $v_e = 2$ e $v_H = 2$. O potencial padrão bioquímico é, portanto,

$$E^\oplus = 0 - (2/2)(0{,}059 \text{ V}) \times 7{,}0 = -0{,}41 \text{ V}$$

5.7 Reações com água

A água pode atuar como um agente oxidante, quando é reduzida a H₂:

$$\text{H}_2\text{O}(l) + \text{e}^- \rightarrow \tfrac{1}{2} \text{H}_2(g) + \text{OH}^-(aq)$$

Para uma redução equivalente dos íons hidrônio em água em qualquer pH (e pressão parcial de 1 bar para o H_2), já vimos que a equação de Nernst nos fornece

$$H^+(aq) + e^- \rightarrow \tfrac{1}{2} H_2(g) \quad E = -0,059 \, V \times pH \tag{5.9}$$

Essa é a reação que os químicos geralmente têm em mente quando eles se referem à "redução da água". A água também pode atuar como um agente redutor, quando é oxidada a O_2:

$$2 H_2O(l) \rightarrow O_2(g) + 4 H^+(aq) + 4 e^-$$

Quando a pressão parcial do O_2 for 1 bar, a equação de Nernst para a meia-reação $O_2, 4H^+/2H_2O$ torna-se

$$E = 1,23 \, V - (0,059 \, V \times pH) \tag{5.10}$$

pois $v_{H^+}/v_e = 4/4 = 1$. Portanto, tanto o H^+ quanto o O_2 possuem a mesma dependência de pH para suas meias-reações de redução. A variação desses dois potenciais com o pH é mostrada na Fig. 5.3.

(a) Oxidação pela água

Ponto principal: Para os metais com potenciais padrão grandes e negativos, a reação com ácidos em solução aquosa leva à produção de H_2, a menos que uma camada passivadora de óxido seja formada.

A reação de um metal com água ou com uma solução ácida aquosa é de fato a oxidação do metal pela água ou pelos íons hidrogênio, uma vez que a reação global é um dos seguintes processos (ou os seus análogos para íons metálicos de carga mais alta):

$$M(s) + H_2O(l) \rightarrow M^+(aq) + \tfrac{1}{2} H_2(g) + OH^-(aq)$$
$$M(s) + H^+(aq) \rightarrow M^+(aq) + \tfrac{1}{2} H_2(g)$$

Essas reações são termodinamicamente favoráveis quando M é um metal do bloco s, um metal da série 3d do Grupo 3 ao Grupo 8 ou 9 e até mesmo depois destes, ou um lantanídeo. Como um exemplo do Grupo 3 temos

$$2 Sc(s) + 6 H^+(aq) \rightarrow 2 Sc^{3+}(aq) + 3 H_2(g)$$

Quando o potencial padrão para a redução de um íon metálico ao metal é negativo, o metal pode sofrer oxidação em ácido 1 M, com evolução de hidrogênio.

Embora as reações do magnésio e do alumínio com o ar úmido sejam espontâneas, os dois metais podem ser usados por muitos anos em presença de água e oxigênio. Eles resistem porque são **passivados**, ou protegidos contra a reação, por um filme impermeável de óxido. Tanto o óxido de magnésio quanto o óxido de alumínio formam uma camada protetora sobre o metal que está por baixo. Uma passivação similar ocorre com o ferro, o cobre e o zinco. A "anodização" de um metal é um processo no qual o metal é colocado na posição do anodo em uma cuba eletrolítica, sofrendo então uma oxidação parcial que produz um filme liso, rígido e passivador sobre a sua superfície. A anodização é especialmente efetiva para a proteção do alumínio pela formação de uma camada inerte, coesa e impenetrável de Al_2O_3.

A produção de H_2 pela eletrólise ou fotólise da água é vista como uma das soluções para a produção de energia renovável para o futuro e será discutida com mais detalhes no Capítulo 10.

(b) Redução pela água

Ponto principal: A água pode atuar como um agente redutor, ou seja, pode ser oxidada por outras espécies.

O potencial fortemente positivo do par $O_2, 4H^+/2H_2O$ (Eq. 5.10) mostra que a água acidificada é um agente redutor fraco, exceto frente a agentes oxidantes fortes. Um exemplo deste último é o $Co^{3+}(aq)$, para o qual $E^\ominus(Co^{3+}, Co^{2+}) = +1,92 \, V$. Ele é reduzido pela água com evolução de O_2, e o Co^{3+} não sendo estável em solução aquosa:

$$4 Co^{3+}(aq) + 2 H_2O(l) \rightarrow 4 Co^{2+}(aq) + O_2(g) + 4 H^+(aq) \quad E^\ominus_{pilha} = +0,69 \, V$$

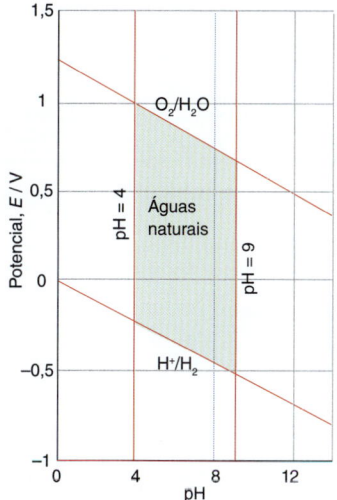

Figura 5.3 A variação dos potenciais de redução da água com o pH. As linhas inclinadas definindo o limite superior e inferior da estabilidade termodinâmica da água correspondem aos potenciais dos pares O_2/H_2O e H^+/H_2, respectivamente. A área central representa a região de estabilidade das águas naturais.

Uma vez que íons H⁺ são produzidos na reação, a menor acidez (alto pH) favorece a oxidação; a redução da concentração de íons H⁺ favorece a formação dos produtos.

São poucos os agentes oxidantes (Ag^{2+} é outro exemplo) que podem oxidar a água de maneira rápida o suficiente para produzir velocidades apreciáveis de evolução de O_2. Potenciais padrão maiores do que +1,23 V ocorrem para vários pares de oxirredução normalmente usados em solução aquosa, dentre eles Ce^{4+}/Ce^{3+} ($E^\ominus$ = +1,76 V), o par do íon dicromato em meio ácido $[Cr_2O_7]^{2-}/Cr^{3+}$ ($E^\ominus$ = +1,38 V) e o par do permanganato em meio ácido $[MnO_4]^-/Mn^{2+}$ ($E^\ominus$ = +1,51 V). A barreira para a reação ocorrer é de origem cinética, advinda da necessidade de transferir quatro elétrons e formar uma ligação O–O a partir de duas moléculas de água.

Dado que a velocidade destas reações de oxirredução geralmente é controlada pela lentidão de formação da ligação O–O, permanece o desafio para os químicos inorgânicos de encontrar bons catalisadores para a evolução de O_2. A importância desse processo não se deve a qualquer demanda econômica de O_2, mas sim pelo desejo de gerar H_2 (um combustível "verde") a partir da água por eletrólise ou fotólise. Os catalisadores existentes para a eletrólise industrial da água são revestimentos, pouco entendidos, usado nos anodos das cubas eletrolíticas. Um exemplo é o sistema enzimático encontrado no centro fotossintético das plantas responsável pelo desprendimento de O_2. Esse sistema se baseia num cofator contendo quatro átomos de Mn e um átomo de Ca (Seção 26.10). Embora a Natureza seja elegante e eficiente, ela também é complexa, e o processo fotossintético vem sendo muito lentamente elucidado por bioquímicos e químicos bioinorgânicos. Progressos significativos têm sido obtidos pelo uso de complexos de Ru, Ir e Co que buscam mimetizar a eficiência da Natureza.

(c) A região de estabilidade da água

Ponto principal: A região de estabilidade da água indica a faixa de pH e de potencial de redução onde a água nem é oxidada a O_2 e nem reduzida a H_2.

Um agente redutor que possa reduzir rapidamente a água a H_2, ou um agente oxidante que possa oxidar rapidamente a água a O_2, não é estável em solução aquosa. A **região de estabilidade** da água, mostrada na Fig. 5.3, é o intervalo de valores de potencial e de pH para os quais a água é termodinamicamente estável com relação à oxidação e à redução.

Os limites superior e inferior da região de estabilidade são determinados encontrando-se a dependência de E em relação ao pH para as meias-reações pertinentes. Como vimos anteriormente, tanto a oxidação (para O_2) como a redução da água possuem a mesma dependência com o pH (uma inclinação de –0,059V quando E é plotado contra o pH, a 25°C) e a região de estabilidade está assim confinada entre um par de linhas paralelas com essa inclinação. Desta forma, qualquer espécie com um potencial mais negativo do que aquele fornecido pela Eq. 5.9 pode reduzir a água (mais especificamente, pode reduzir o H⁺) produzindo H_2; logo, a linha inferior define a fronteira de menor potencial da região de estabilidade. De forma similar, qualquer espécie com um potencial mais positivo do que o dado pela Eq. 5.10 pode liberar O_2 a partir da água, e a linha superior indica a fronteira de potencial maior. Os pares de oxirredução que são termodinamicamente instáveis em água ficam fora (acima ou abaixo) dos limites definidos pelas linhas inclinadas na Fig. 5.3: as espécies que são oxidadas pela água têm potenciais abaixo da linha de produção de H_2 e as espécies que são reduzidas pela água têm potenciais situados acima da linha de produção do O_2.

A região de estabilidade para as águas "naturais" é definida pela adição de duas linhas verticais em pH = 4 e pH = 9, que marcam os limites de pH normalmente encontrados em lagos e rios. Um diagrama semelhante a esse é conhecido como **diagrama de Pourbaix**, o qual é muito usado na química ambiental e será apresentado na Seção 5.14.

5.8 Oxidação pelo oxigênio atmosférico

Ponto principal: O O_2 presente no ar se dissolve na água e pode oxidar metais e íons metálicos em solução.

A possibilidade de reação entre um soluto e o O_2 dissolvido deve ser considerada quando a solução está contida em um frasco aberto ou exposta ao ar de qualquer outra forma. Por exemplo, consideremos uma solução aquosa de Fe^{2+} em contato com uma atmosfera inerte de N_2. Uma vez que $E^\ominus$ (Fe^{3+}, Fe^{2+}) = +0,77 V encontra-se dentro da região de estabilidade da água, esperamos que o Fe^{2+} seja estável em água. Além disso, também podemos concluir que a oxidação de ferro metálico pelo H⁺(aq) não irá além do Fe(II), uma vez que a oxidação adicional a Fe(III) é desfavorável (por 0,77 V) nas condições padrão. Entretanto, essa situação muda consideravelmente na presença de O_2. Muitos elementos ocorrem naturalmente como espécies oxidadas como oxoânions solúveis, p. ex., SO_4^{2-}, NO_3^- e $[MoO_4]^{2-}$, ou como minérios, p. ex., Fe_2O_3. De fato, o Fe(III) é a forma mais comum de ferro na crosta terrestre, e a maior parte do ferro nos sedimentos em ambientes aquáticos está presente como Fe(III). A reação

$$4\ Fe^{2+}(aq) + O_2(g) + 4\ H^+(aq) \rightarrow 4\ Fe^{3+}(aq) + 2\ H_2O(l)$$

é a diferença das duas meias-reações seguintes:

$$O_2(g) + 4\ H^+(aq) + 4\ e^- \rightarrow 2\ H_2O \quad E^\ominus = +1,23\ V$$
$$Fe^{3+}(aq) + e^- \rightarrow Fe^{2+}(aq) \quad E^\ominus = +0,77\ V$$

o que implica que $E_{pilha}^\ominus = +0,46$ em pH = 0. Desta forma, a oxidação do Fe^{2+}(aq) pelo O_2 é espontânea ($K > 1$) em pH = 0 e também em pH mais alto, embora as espécies aquosas de Fe(III) sofram hidrólise e precipitem como "ferrugem" (Seção 5.14).

EXEMPLO 5.5 Avaliando a importância da oxidação atmosférica

A oxidação de telhados de cobre formando uma substância de cor verde característica (geralmente "carbonato básico de cobre") é um exemplo de oxidação atmosférica em um ambiente úmido. Estime o potencial para a oxidação do cobre metálico pelo O_2 atmosférico, em solução aquosa neutra ou ácida. O Cu^{2+}(aq) não é desprotonado entre o pH zero e 7, de forma que podemos assumir que íons H⁺ não estão envolvidos na meia-reação.

Resposta Devemos considerar a reação entre o Cu metálico e o O_2 atmosférico em termos das duas meias-reações de redução

$$O_2(g) + 4\ H^+(aq) + 4\ e^- \rightarrow 2\ H_2O \quad E = +1,23\ V - (0,059\ V) \times pH$$
$$Cu^{2+}(aq) + 2\ e^- \rightarrow Cu(s) \quad E^\ominus = +0,34\ V$$

A diferença é

$$E_{pilha} = 0,89\ V - (0,059\ V) \times pH$$

Portanto, $E_{pilha} = +0,89$ V em pH = 0 e +0,48 V em pH = 7. Desta forma, a oxidação atmosférica descrita pela reação

$$2\ Cu(s) + O_2(g) + 4\ H^+(aq) \rightarrow 2\ Cu^{2+}(aq) + 2\ H_2O(l)$$

possui $K > 1$ tanto no ambiente ácido quanto neutro. No entanto, telhados de cobre duram mais do que apenas alguns minutos: a cor verde tão comum é uma camada passivadora, praticamente impenetrável, de carbonato, sulfato ou, nos locais próximos ao mar, cloreto de cobre(II) hidratados. Esses compostos são formados pela oxidação do cobre em presença de CO_2, SO_2 ou água do mar na atmosfera, sendo que o ânion também participa das reações de oxirredução.

Teste sua compreensão 5.5 O potencial padrão para a conversão do íon sulfato, SO_4^{2-}(aq), em SO_2(aq) pela reação $SO_4^{2-}(aq) + 4\ H^+(aq) + 2\ e^- \rightarrow SO_2(aq) + 2\ H_2O(l)$ é +0,16 V. Qual o destino termodinamicamente esperado para as emissões de SO_2 na névoa ou nas nuvens?

5.9 Desproporcionação e comproporcionação

Ponto principal: Os potenciais padrão podem ser usados para prever a estabilidade e a instabilidade inerente de diferentes estados de oxidação em relação à desproporcionação ou comproporcionação.

Como ambos os potenciais, $E^\ominus(Cu^+, Cu) = +0,52$ V e $E^\ominus(Cu^{2+}, Cu^+) = +0,16$ V, encontram-se dentro da região de estabilidade da água, os íons Cu^+ nem oxidam e nem reduzem a água. Apesar disso, o Cu(I) não é estável em solução aquosa porque pode sofrer **desproporcionação**, uma reação de oxirredução em que o número de oxidação de um elemento simultaneamente aumenta e diminui. Em outras palavras, o elemento que sofre desproporcionação serve como seu próprio agente oxidante e redutor:

$$2\ Cu^+(aq) \rightarrow Cu^{2+}(aq) + Cu(s)$$

Essa reação é a diferença das duas meias-reações seguintes:

$$Cu^+(aq) + e^- \rightarrow Cu(s) \quad E^\ominus = +0,52 \text{ V}$$
$$Cu^{2+}(aq) + e^- \rightarrow Cu^+(aq) \quad E^\ominus = +0,16 \text{ V}$$

Como para a reação de desproporcionação $E^\ominus_{pilha} = 0,52 \text{ V} - 0,16 \text{ V} = +0,36 \text{ V}$, temos que $K = 1,3 \times 10^6$, a 298 K, de forma que a reação é altamente favorável. O ácido hipocloroso também sofre desproporcionação:

$$5 \text{ HClO}(aq) \rightarrow 2 \text{ Cl}_2(g) + \text{ClO}_3^-(aq) + 2 \text{ H}_2\text{O}(l) + \text{H}^+(aq)$$

Essa reação de oxirredução é a diferença das duas meias-reações seguintes:

$$4 \text{ HClO}(aq) + 4 \text{ H}^+(aq) + 4 e^- \rightarrow 2 \text{ Cl}_2(g) + 4 \text{ H}_2\text{O}(l) \quad E^\ominus = +1,63 \text{ V}$$
$$\text{ClO}_3^-(aq) + 5 \text{ H}^+(aq) + 4 e^- \rightarrow \text{HClO}(aq) + 2 \text{ H}_2\text{O}(l) \quad E^\ominus = +1,43 \text{ V}$$

Assim, o potencial global será $E^\ominus_{pilha} = 1,63 \text{ V} - 1,43 \text{ V} = +0,20 \text{ V}$, levando a um $K = 3 \times 10^{13}$ a 298 K.

EXEMPLO 5.6 Avaliando a importância da desproporcionação

Mostre que o Mn(VI) é instável em relação a desproporcionação transformando-se em Mn(VII) e Mn(II), em solução aquosa ácida.

Resposta Para responder a essa questão, precisamos considerar as duas meias-reações, uma de oxidação e outra de redução, envolvendo a espécie Mn(VI). A reação global (segundo as regras de Pauling, Seção 4.3, o Mn(VI) no oxoânion $[MnO_4]^{2-}$ deve estar protonado em pH = 0)

$$5 [\text{HMnO}_4]^-(aq) + 3 \text{ H}^+(aq) \rightarrow 4 [\text{MnO}_4]^-(aq) + \text{Mn}^{2+}(aq) + 4 \text{ H}_2\text{O}(l)$$

é a diferença das duas meias-reações seguintes

$$[\text{HMnO}_4]^-(aq) + 7 \text{ H}^+(aq) + 4 e^- \rightarrow \text{Mn}^{2+}(aq) + 4 \text{ H}_2\text{O}(l) \quad E^\ominus = +1,66 \text{ V}$$
$$4 [\text{MnO}_4]^-(aq) + 4 \text{ H}^+(aq) + 4 e^- \rightarrow 4 [\text{HMnO}_4]^-(aq) \quad E^\ominus = +0,90 \text{ V}$$

A diferença entre os potenciais padrão é +0,76 V, de forma que a desproporcionação é essencialmente completa ($K = 10^{52}$, a 298K). Uma consequência dessa desproporcionação é que não se podem obter altas concentrações dos íons $[\text{HMnO}_4]^-$ em solução ácida; entretanto, elas podem ser obtidas em solução básica, como veremos na Seção 5.12.

Teste sua compreensão 5.6 Os potenciais padrão para os pares Fe^{2+}/Fe e Fe^{3+}/Fe^{2+} são −0,44 V e +0,77 V, respectivamente. Podemos esperar que o Fe^{2+} se desproporcione em solução aquosa?

Na **comproporcionação**, o inverso da desproporcionação, duas espécies de um mesmo elemento em estados de oxidação diferentes formam um produto no qual o elemento está em um estado de oxidação intermediário. Por exemplo,

$$Ag^{2+}(aq) + Ag(s) \rightarrow 2 \text{ Ag}^+(aq) \quad E^\ominus_{pilha} = +1,18 \text{ V}$$

O potencial grande e positivo indica que Ag(II) e Ag(0) serão completamente convertidos em Ag(I) em solução aquosa ($K = 1 \times 10^{20}$ a 298 K).

5.10 A influência da complexação

Pontos principais: A formação de um complexo termodinamicamente mais estável quando o metal está no estado de oxidação mais alto de um par favorece sua oxidação e torna o potencial padrão mais negativo; a formação de um complexo mais estável quando o metal está no estado de oxidação mais baixo de um par favorece sua redução e torna o potencial padrão mais positivo.

A formação de complexos metálicos (ver Capítulo 7) afeta os potenciais padrão, pois a capacidade de receber ou ceder um elétron de um complexo (ML) formado pela coordenação com um ligante (L) é diferente daquela do aquaíon correspondente (M).

$$M^{\nu+}(aq) + e^- \rightarrow M^{(\nu-1)+}(aq) \quad E^\ominus(M)$$
$$ML^{\nu+}(aq) + e^- \rightarrow ML^{(\nu-1)+}(aq) \quad E^\ominus(ML)$$

A mudança no potencial padrão do par de oxirredução ML em relação ao M reflete o grau de intensidade com que o ligante L se coordena com a forma M oxidada ou reduzida. Em certos casos, o potencial padrão associado com um determinado estado de oxidação pode variar mais do que 2 V dependendo do ligante. Por exemplo, o potencial padrão para a redução de um elétron de um complexo de Fe(III) varia entre $E > 1$ V para L = bpy (**1**) e $E < -1$ V quando L é o ligante de ocorrência natural conhecido como enterobactina (Seção 26.6). Complexos de Ru contendo ligantes como bpy são usados em células fotovoltaicas sensibilizadas por corante (ver Quadro 21.1), e seus potenciais de redução podem ser ajustados colocando-se diferentes substituintes nos anéis orgânicos.

A variação do potencial padrão devido à complexação pode ser analisada considerando-se um ciclo termodinâmico genérico como o apresentado na Fig. 5.4. Como a soma das energias de Gibbs das reações do ciclo completo é zero, podemos escrever

$$-FE^{\ominus}(M) - RT \ln K^{red} + FE^{\ominus}(ML) + RT \ln K^{ox} = 0 \quad (5.11)$$

onde K^{ox} e K^{red} são as constantes de equilíbrio para a ligação de L com $M^{\nu+}$ e $M^{(\nu-1)+}$, respectivamente (sendo $K = [ML]/[M][L]$), onde foi usado $\Delta_r G^{\ominus} = -RT \ln K$ em cada caso. Rearranjando, temos

$$E^{\ominus}(M) - E^{\ominus}(ML) = \frac{RT}{F} \ln \frac{K^{ox}}{K^{red}} \quad (5.12a)$$

A 25°C e sendo $\ln x = \ln 10 \times \log x$,

$$E^{\ominus}(M) - E^{\ominus}(ML) = (0{,}059 \text{ V}) \log \frac{K^{ox}}{K^{red}} \quad (5.12b)$$

Assim, para cada aumento de um fator de 10 na constante de equilíbrio para um ligante ligado a $M^{\nu+}$ comparado com a ligação a $M^{(\nu-1)+}$, o potencial de redução diminui de 0,059 V.

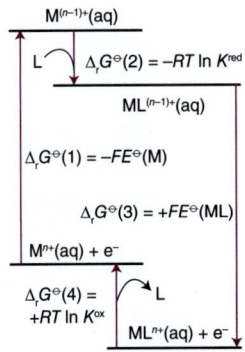

Figura 5.4 Ciclo termodinâmico mostrando como o potencial padrão de um par $M^{\nu+}/M^{(\nu-1)+}$ se altera pela presença de um ligante L.

1 2,2'-bipiridina (bpy)

Uma breve ilustração O potencial padrão para a meia-reação $[Fe(CN)_6]^{3-}(aq) + e^- \rightarrow [Fe(CN)_6]^{4-}(aq)$ é de 0,36 V, ou seja, 0,41 V mais negativo do que o do par de oxirredução do aquacomplexo $[Fe(OH_2)_6]^{3+}(aq) + e^- \rightarrow [Fe(OH_2)_6]^{2+}(aq)$. Isso significa que o CN^- possui uma afinidade 10^7 vezes maior (ou seja, $K^{ox} \approx 10^7 K^{red}$) com o Fe(III) do que com o Fe(II).

EXEMPLO 5.7 Comparando os valores dos potenciais para avaliar as tendências das ligações nos complexos

O rutênio está localizado imediatamente abaixo do ferro na tabela periódica. Os potenciais de redução abaixo foram medidos para espécies de Ru em solução aquosa. O que estes valores sugerem quando comparados com os seus correspondentes para os compostos de Fe?

$[Ru(OH_2)_6]^{3+} + e^- \rightarrow [Ru(OH_2)_6]^{2+}$ $E^{\ominus} = +0{,}25$ V

$[Ru(CN)_6]^{3-} + e^- \rightarrow [Ru(CN)_6]^{4-}$ $E^{\ominus} = +0{,}80$ V

Resposta Podemos responder a essa questão observando que se a complexação com um ligante causa uma mudança para um valor mais *positivo* no potencial de redução de um íon metálico, então esse novo ligante estabiliza o íon metálico na sua forma reduzida. Neste caso, vemos que o CN^- estabiliza mais o Ru(II) do que o Ru(III). Esse comportamento é marcantemente contrário ao comportamento do Fe (veja *Uma breve ilustração* apresentada acima), em que verificamos que o CN^- estabiliza o Fe(III), um resultado que evidencia o caráter mais iônico das ligações Fe–CN. Sendo essa uma comparação entre espécies de mesma carga, isto sugere que a ligação do CN^- com Ru(II) seja particularmente forte. Isso é consequência da maior extensão radial dos orbitais 4d comparada com os orbitais 3d, como descrito no Capítulo 19.

Teste sua compreensão 5.7 O ligante bpy (**1**) forma complexos com Ru(II) e Ru(III). O potencial padrão do par $[Ru(bpy)_3]^{3+}/[Ru(bpy)_3]^{2+}$ é de +1,26 V. O ligante bpy liga-se preferencialmente ao Ru(II) ou ao Ru(III)? De quantas ordens de grandeza a capacidade de ligação dos três ligantes bpy ao Ru(II) é maior ou menor de que a capacidade de ligação dos três bpy ao Ru(III)?

5.11 A relação entre solubilidade e os potenciais padrão

Ponto principal: O potencial padrão de uma pilha pode ser usado para determinar um produto de solubilidade.

A solubilidade de compostos pouco solúveis é expressa pela constante de equilíbrio conhecida como **produto de solubilidade**, K_{ps}. A abordagem é análoga à introduzida acima, relacionando o equilíbrio de complexação com o potencial padrão. Para um composto MX_ν que se dissolve em água fornecendo íons metálicos $M^{\nu+}(aq)$ e ânions $X^-(aq)$, podemos escrever

$$M^{\nu+}(aq) + \nu X^-(aq) \rightleftharpoons MX_\nu(s) \qquad K_{ps} = [M^{\nu+}][X^-]^\nu \qquad (5.13)$$

Para obter a reação global de solubilização (sem oxirredução), subtraímos as duas meias-reações de redução

$$M^{\nu+}(aq) + \nu e^- \to M(s) \qquad E^\ominus(M^{\nu+}/M)$$
$$MX_\nu(s) + \nu e^- \to M(s) + \nu X^-(aq) \qquad E^\ominus(MX_\nu/M, X^-)$$

obtendo

$$\ln K_{ps} = \frac{\nu F\{E^\ominus(MX_\nu/M, X^-) - E^\ominus(M^{\nu+}/M)\}}{RT} \qquad (5.14)$$

EXEMPLO 5.8 Determinando o produto de solubilidade a partir de potenciais padrão

A possibilidade de um vazamento de plutônio de instalações nucleares representa um sério problema ambiental. Calcule o produto de solubilidade do $Pu(OH)_4$, baseado nos potenciais abaixo, medidos em solução ácida ou básica. Em seguida, comente sobre as consequências de um vazamento de Pu(IV) no meio ambiente em pH baixo e em pH alto.

$$Pu^{4+}(aq) + 4 e^- \to Pu(s) \qquad E^\ominus = -1,28 \text{ V}$$
$$Pu(OH)_4(s) + 4 e^- \to Pu(s) + 4 OH^-(aq) \qquad E^\ominus = -2,06 \text{ V, em pH}=14$$

Resposta Devemos considerar um ciclo termodinâmico que combine as variações na energia de Gibbs para as reações nos eletrodos em pH=0 e pH=14, usando os potenciais fornecidos e a energia de Gibbs padrão para a reação do $Pu^{4+}(aq)$ com $OH^-(aq)$. O produto de solubilidade para o $Pu(OH)_4$ é $K_{ps} = [Pu^{4+}][OH^-]^4$, e o termo correspondente à energia de Gibbs é igual a $-RT\ln K_{ps}$. Para um ciclo termodinâmico $\Delta G = 0$, de forma que obtemos

$$-RT \ln K_{ps} = 4FE^\ominus(Pu^{4+}/Pu) - 4FE^\ominus(Pu(OH)_4/Pu)$$

e, portanto,

$$\ln K_{ps} = \frac{4F\{(-2,06 \text{ V}) - (-1,28 \text{ V})\}}{RT}$$

Assim, temos que $K_{ps} = 1,7 \times 10^{-53}$. Então, em pH elevado, o Pu(IV) deve ser muito menos solúvel e, de certa forma, menos danoso ao meio ambiente.

Teste sua compreensão 5.8 Sabendo-se que o potencial padrão do par Ag^+/Ag é +0,80 V, calcule o potencial do par $AgCl/Ag,Cl^-$, na condição de $[Cl^-] = 1,0$ mol dm^{-3}, sendo $K_{ps} = 1,77 \times 10^{-10}$.

Diagramas de potenciais

Existem vários diagramas que apresentam a estabilidade relativa para diferentes estados de oxidação em solução aquosa. Os "diagramas de Latimer" são úteis para apresentar os dados quantitativos para um dado elemento. Os "diagramas de Frost" são úteis para uma visualização qualitativa da estabilidade relativa dos estados de oxidação de um conjunto de elementos. Usaremos frequentemente os diagramas de Latimer e Frost, aqui e nos capítulos seguintes, para transmitir o sentido das tendências nas propriedades de oxirredução dos membros de um grupo. Os diagramas de Poubaix ($E \times$ pH) mostram como os potenciais de redução dependem do pH e são úteis para prever as espécies predominantes existentes para um conjunto específico de condições.

5.12 Diagramas de Latimer

Em um **diagrama de Latimer** (também conhecido como *diagrama de potenciais de redução*) para um elemento, o valor numérico do potencial padrão (em volts) é escrito sobre uma linha horizontal (ou seta) que conecta os diferentes estados de oxidação de um elemento. A forma mais oxidada do elemento é colocada à esquerda, e as espécies com estados de oxidação sucessivamente mais baixos vão sendo colocadas à direita. Um diagrama de Latimer sintetiza uma grande quantidade de informações em uma forma compacta e (como explicaremos) mostra as relações entre as várias espécies de uma maneira especialmente simples e clara.

(a) Construção do diagrama

Pontos principais: Em um diagrama de Latimer, os números de oxidação diminuem da esquerda para a direita e os valores numéricos de $E^{\ominus}$, em volts, são escritos acima da linha que une as espécies envolvidas em um par de oxirredução.

O diagrama de Latimer para o cloro em solução ácida, por exemplo, é

$$\underset{+7}{ClO_4^-} \xrightarrow{+1,20} \underset{+5}{ClO_3^-} \xrightarrow{+1,18} \underset{+3}{HClO_2} \xrightarrow{+1,67} \underset{+1}{HClO} \xrightarrow{+1,63} \underset{0}{Cl_2} \xrightarrow{+1,36} \underset{-1}{Cl^-}$$

Como neste exemplo, os números de oxidação são algumas vezes escritos abaixo (ou acima) das espécies. A conversão de um diagrama de Latimer para a equação da meia-reação requer cuidado para considerar todas as espécies envolvidas na reação, que não aparecem no diagrama de Latimer (como H^+ e H_2O). O procedimento para o balanceamento das equações de oxirredução foi mostrado na Seção 5.1. O estado padrão para esses pares considera pH = 0. Por exemplo, ao indicar

$$HClO \xrightarrow{+1,63} Cl_2$$

temos que

$$2\,HClO(aq) + 2\,H^+(aq) + 2\,e^- \rightarrow Cl_2(g) + 2\,H_2O(l) \quad E^{\ominus} = +1,63\,V$$

Da mesma forma,

$$ClO_4^- \xrightarrow{+1,20} ClO_3^-$$

significa

$$ClO_4^-(aq) + 2\,H^+(aq) + 2\,e^- \rightarrow ClO_3^-(aq) + H_2O(l) \quad E^{\ominus} = +1,20\,V$$

Note que ambas as meias-reações acima envolvem íons H^+ e, portanto, os potenciais dependem do pH.

Para o cloro, o diagrama de Latimer em solução aquosa básica (em pOH = 0 e, portanto, pH = 14), é dado por

$$\underset{+7}{ClO_4^-} \xrightarrow{+0,37} \underset{+5}{ClO_3^-} \xrightarrow{+0,30} \underset{+3}{ClO_2^-} \xrightarrow{+0,68} \underset{+1}{ClO^-} \xrightarrow[\quad+0,89\quad]{+0,42} \underset{0}{Cl_2} \xrightarrow{+1,36} \underset{-1}{Cl^-}$$

Observe que o valor para o par Cl_2/Cl^- é o mesmo que em solução ácida porque a meia-reação não envolve transferência de prótons.

(b) Espécies não adjacentes

Ponto principal: O potencial padrão de um par resultante da interação de outros dois pares é obtido combinando-se as energias de Gibbs padrão, e não os potenciais padrão das meias-reações.

O diagrama de Latimer dado acima inclui o potencial padrão para duas espécies não adjacentes (o par ClO^-/Cl^-). Essa informação é redundante no sentido de que ela pode ser obtida a partir dos dados para espécies adjacentes, mas frequentemente é incluída, por conveniência, para pares usados mais comumente. Para obter o potencial padrão de um par não adjacente quando ele não está listado explicitamente, não podemos adicionar simplesmente os potenciais padrão, mas devemos usar a Eq. 5.2 ($\Delta_r G^{\ominus} = -vFE^{\ominus}$) e o fato de que o $\Delta_r G^{\ominus}$ global para as duas etapas sucessivas a e b é a soma dos seus valores individuais:

$$\Delta_r G^{\ominus}(a+b) = \Delta_r G^{\ominus}(a) + \Delta_r G^{\ominus}(b)$$

Para encontrar o potencial padrão do processo composto, devemos converter os valores individuais de $E^\ominus$ para $\Delta_r G^\ominus$ multiplicando pelo fator $-vF$ e somar esses valores. Em seguida, convertemos a soma de volta para $E^\ominus$, dividindo por $-vF$, obtendo assim o valor correspondente à transferência global de elétrons para o par não adjacente:

$$-vFE^\ominus(a+b) = -v(a)FE^\ominus(a) - v(b)FE^\ominus(b)$$

Pelo fato de que os fatores $-F$ se anulam e que $v = v(a) + v(b)$, obtém-se como resultado final

$$E^\ominus(a+b) = \frac{v(a)E^\ominus(a) + v(b)E^\ominus(b)}{v(a) + v(b)} \qquad (5.15)$$

Uma breve ilustração Para usar o diagrama de Latimer para calcular o valor de $E^\ominus$ para o par ClO_2^-/Cl_2 em solução aquosa básica, devemos considerar os dois potenciais padrão seguintes:

$ClO_2^-(aq) + H_2O(l) + 2\,e^- \rightarrow ClO^-(aq) + 2\,OH^-(aq)$ $\qquad E^\ominus(a) = +0{,}68\,V$

$ClO^-(aq) + H_2O(l) + e^- \rightarrow \frac{1}{2}Cl_2(aq) + 2\,OH^-(aq)$ $\qquad E^\ominus(b) = +0{,}42\,V$

Somando-os temos

$ClO_2^-(aq) + 2\,H_2O(l) + 3\,e^- \rightarrow \frac{1}{2}Cl_2(g) + 4\,OH^-(aq)$

que é a meia-reação do par que desejamos. Vemos que $v(a) = 2$ e $v(b) = 1$. Temos, então, pela Eq. 5.15 que o potencial padrão do par ClO_2^-/Cl_2 é

$$E^\ominus = \frac{(2)(0{,}68\,V) + (1)(0{,}42\,V)}{3} = +0{,}59\,V$$

(c) Desproporcionação

Ponto principal: Uma espécie tem tendência a se desproporcionar em seus dois vizinhos em um diagrama de Latimer se o potencial da direita for mais positivo que o da esquerda.

Considere a desproporcionação

$$2\,M^+(aq) \rightarrow M(s) + M^{2+}(aq)$$

Essa reação terá $K > 1$ se $E^\ominus > 0$. Para analisar esse critério em termos de um diagrama de Latimer, expressamos a reação global como a diferença de duas meias-reações:

$M^+(aq) + e^- \rightarrow M(s) \qquad E^\ominus(R)$

$M^{2+}(aq) + e^- \rightarrow M^+(aq) \qquad E^\ominus(L)$

As designações E e D referem-se às posições relativas, esquerda e direita, dos pares no diagrama de Latimer (lembre-se de que a espécie mais oxidada fica à esquerda). O potencial padrão para a reação global é $E^\ominus = E^\ominus(D) - E^\ominus(E)$, o qual será positivo se $E^\ominus(D) > E^\ominus(E)$. Podemos concluir que uma espécie é inerentemente instável (isto é, tem tendência a se desproporcionar em seus dois vizinhos) se o potencial da direita for mais positivo que o potencial da esquerda.

EXEMPLO 5.9 Identificando a tendência a desproporcionação

Temos abaixo uma parte do diagrama de Latimer para o oxigênio.

$$O_2 \xrightarrow{+0{,}70} H_2O_2 \xrightarrow{+1{,}76} H_2O$$

O peróxido de hidrogênio tem tendência a se desproporcionar em meio ácido?

Resposta Podemos abordar essa questão considerando que se o H_2O_2 é um oxidante mais forte que o O_2, então ele deverá reagir com ele mesmo para produzir O_2 por oxidação e $2\,H_2O$ por redução. O potencial à direita do H_2O_2 é maior que o da esquerda, de forma que podemos antecipar que o H_2O_2 tem tendência a se desproporcionar em seus dois vizinhos, em condições ácidas. A partir das duas meias-reações

$2\,H^+(aq) + 2\,e^- + H_2O_2(aq) \rightarrow 2\,H_2O(l)$ $E^\ominus = +1{,}76\,V$

$O_2(g) + 2\,H^+(aq) + 2\,e^- \rightarrow H_2O_2(aq)$ $E^\ominus = +0{,}70\,V$

podemos obter a reação global

$2\,H_2O_2(aq) \rightarrow 2\,H_2O(l) + O_2(g)$ $E^\ominus = +1{,}06\,V$

e concluir que ela é espontânea ($K > 1$).

Teste sua compreensão 5.9 Use o diagrama de Latimer abaixo (meio ácido) para discutir se: (a) o Pu(IV) se desproporciona em Pu(III) e Pu(V), em solução aquosa; (b) o Pu(V) se desproporciona em Pu(VI) e Pu(IV).

$$PuO_2^{2+} \xrightarrow{+1{,}02} PuO_2^+ \xrightarrow{+1{,}04} Pu^{4+} \xrightarrow{+1{,}01} Pu^{3+}$$
$$\;\;\;+6 \quad\quad\quad +5 \quad\quad\quad +4 \quad\quad +3$$

5.13 Diagramas de Frost

O **diagrama de Frost** (também conhecido como um *diagrama dos estados de oxidação*) para um elemento X é um gráfico de $vE^\ominus$ para os pares X(N)/X(0) contra o número de oxidação, N, do elemento (v é o número de elétrons que são transferidos para formar cada estado de oxidação, a partir de $N = 0$). A forma geral de um diagrama de Frost é mostrada na Fig. 5.5. Um diagrama de Frost mostra se uma determinada espécie X(N) é um bom agente oxidante ou redutor. Ele também ajuda a identificar os estados de oxidação de um elemento que são inerentemente estáveis ou instáveis.

(a) Energias de Gibbs de formação para diferentes estados de oxidação

Pontos principais: Um diagrama de Frost mostra como as energias de Gibbs de formação dos diferentes estados de oxidação de um elemento variam com o número de oxidação. O estado de oxidação mais estável de um elemento é a espécie que fica na posição mais baixa no seu diagrama de Frost. Os diagramas de Frost são devidamente construídos empregando-se os valores dos potenciais de eletrodo.

Para uma meia-reação em que uma espécie X com número de oxidação N é convertida em sua forma elementar, a meia-reação de redução é escrita como

$$X(N) + ve^- \rightarrow X(0)$$

Uma vez que $vE^\ominus$ é proporcional à energia de Gibbs padrão da reação para a conversão da espécie X(N) no elemento (explicitamente, $vE^\ominus = -\Delta_r G^\ominus/F$, onde $\Delta_r G^\ominus$ é a energia de Gibbs padrão para a meia-reação dada acima), um diagrama de Frost pode ser considerado como um gráfico da energia de Gibbs padrão de reação (dividida por F) contra o número de oxidação. Consequentemente, o estado de oxidação mais estável de um elemento, em solução aquosa, corresponde à espécie que se encontra na posição mais baixa no seu diagrama de Frost. A Fig. 5.6 mostra, como exemplo, os dados para as espécies de nitrogênio formadas em solução aquosa, em pH = 0 e pH = 14. Apenas o $NH_4^+(aq)$ é exoérgico ($\Delta_f G^\ominus < 0$); todas as outras espécies são endoérgicas ($\Delta_f G^\ominus > 0$). O diagrama mostra que os óxidos e oxoácidos com números de oxidação maiores são altamente endoérgicos em solução ácida, mas são relativamente estabilizados em solução básica. O oposto geralmente ocorre para espécies com $N < 0$, com exceção da hidroxilamina, que é particularmente instável independentemente do pH.

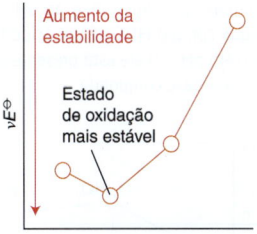

Figura 5.5 A observação da estabilidade de estados de oxidação utilizando um diagrama de Frost.

EXEMPLO 5.10 Construindo um diagrama de Frost

Construa o diagrama de Frost para o oxigênio a partir do diagrama de Latimer do Exemplo 5.9.

Resposta Começamos colocando o elemento em seu estado de oxidação zero (O_2) na origem dos eixos $vE^\ominus$ e N. Para a redução do O_2 a H_2O_2 (onde $N = -1$), $E^\ominus = +0{,}70\,V$, de forma que $vE^\ominus = -0{,}70\,V$. Como o número de oxidação do O no H_2O é -2 e $E^\ominus$ para o par O_2/H_2O é $+1{,}23\,V$, então $vE^\ominus$ para $N = -2$ é $-2{,}46\,V$. Esses resultados aparecem no gráfico da Fig. 5.7.

Teste sua compreensão 5.10 Construa um diagrama de Frost a partir do diagrama de Latimer para o Tl abaixo:

$$Tl^{3+} \xrightarrow{+1{,}25} Tl^+ \xrightarrow{-0{,}34} Tl$$

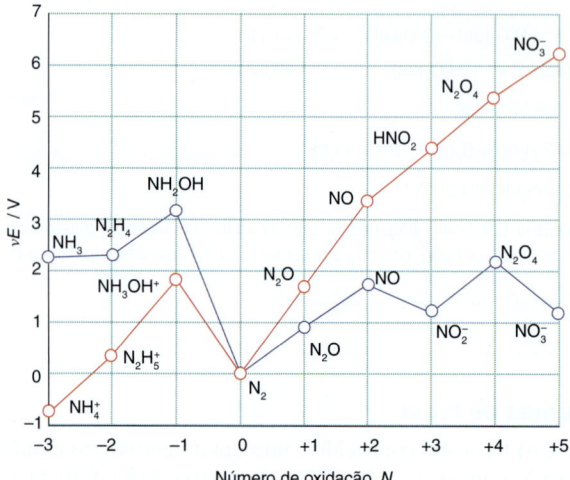

Figura 5.6 Diagrama de Frost para o nitrogênio: quanto maior o coeficiente angular da linha que une um par de oxirredução, maior é o potencial padrão deste par. As linhas vermelhas referem-se à condição padrão (meio ácido, pH = 0) e as linhas azuis referem-se ao pH = 14. Note que como o HNO_3 é um ácido forte, mesmo em pH = 0 ele está presente como NO_3^-, a sua base conjugada.

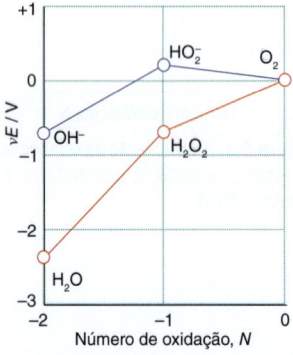

Figura 5.7 Diagrama de Frost para o oxigênio em meio ácido (linha vermelha, pH = 0) e em meio básico (linha azul, pH = 14).

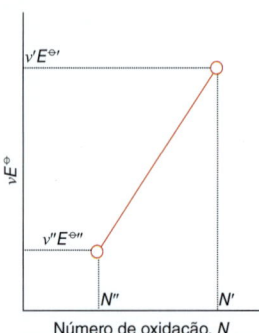

Figura 5.8 Estrutura geral de uma região em um diagrama de Frost usada para determinar a relação entre a inclinação da reta conectando espécies com diferentes números de oxidação e o potencial padrão do par de oxirredução correspondente.

(b) Interpretação

Pontos principais: Os diagramas de Frost podem ser usados para avaliar as estabilidades inerentes dos diferentes estados de oxidação de um elemento e determinar se uma determinada espécie é um bom agente oxidante ou redutor. A inclinação da reta que conecta duas espécies com diferentes números de oxidação é o potencial de redução do par de oxirredução.

Para a interpretação da informação qualitativa contida num diagrama de Frost, é importante observar (Fig. 5.8) que a inclinação da linha unindo duas espécies quaisquer com números de oxidação N'' e N' é dada por $vE^{\ominus}/(N' - N'') = E^{\ominus}$ (uma vez que $v = N' - N''$). Essa regra simples acarreta que:

- Quanto mais positivo o gradiente da linha que liga os dois pontos (da esquerda para a direita) em um diagrama de Frost, mais positivo é o potencial padrão do par correspondente (Fig. 5.9a).

Uma breve ilustração Considere o diagrama do oxigênio na Fig. 5.7. No ponto correspondente a $N = -1$, para o H_2O_2, $(-1) \times E^{\ominus} = -0{,}70$ V e em $N = -2$, para o H_2O, $(-2) \times E^{\ominus} = -2{,}46$ V. A diferença entre os dois valores é igual a $-1{,}76$ V. A variação no número de oxidação do oxigênio indo de H_2O_2 para H_2O é de -1. Portanto, a inclinação da reta é $(-1{,}76 \text{ V})/(-1) = +1{,}76$ V, de acordo com o valor para o par H_2O_2/H_2O no diagrama de Latimer.

- O agente oxidante de um par com inclinação mais positiva ($E^{\ominus}$ mais positivo) está sujeito a sofrer redução (Fig. 5.9b).
- O agente redutor de um par com inclinação menos positiva ($E^{\ominus}$ mais negativo) está sujeito a sofrer oxidação (Fig. 5.9b).

Por exemplo, a forte inclinação ligando o NO_3^- a números de oxidação mais baixos na Fig. 5.6 mostra que o nitrato é um bom agente oxidante nas condições padrão.

Vimos na discussão dos diagramas de Latimer que uma espécie está sujeita a sofrer desproporcionação se o potencial para a sua redução de $X(N)$ a $X(N-1)$ for maior do que o seu potencial para a oxidação de $X(N)$ para $X(N+1)$. O mesmo critério pode ser expresso em termos de um diagrama de Frost (Fig. 5.9c):

- Uma espécie em um diagrama de Frost é instável em relação à desproporcionação se sua posição estiver acima da linha que liga as suas duas espécies adjacentes (em uma curva convexa).

Quando esse critério é satisfeito, o potencial padrão para o par à esquerda da espécie será maior do que aquele para o par à direita. Um exemplo específico é o NH_2OH. Como pode ser visto na Fig. 5.6, esse composto é instável em relação à desproporcionação em NH_3 e N_2. A origem dessa regra está ilustrada na Fig. 5.9d, onde vemos, geometricamente, que a energia de Gibbs da reação da espécie com o número de oxidação

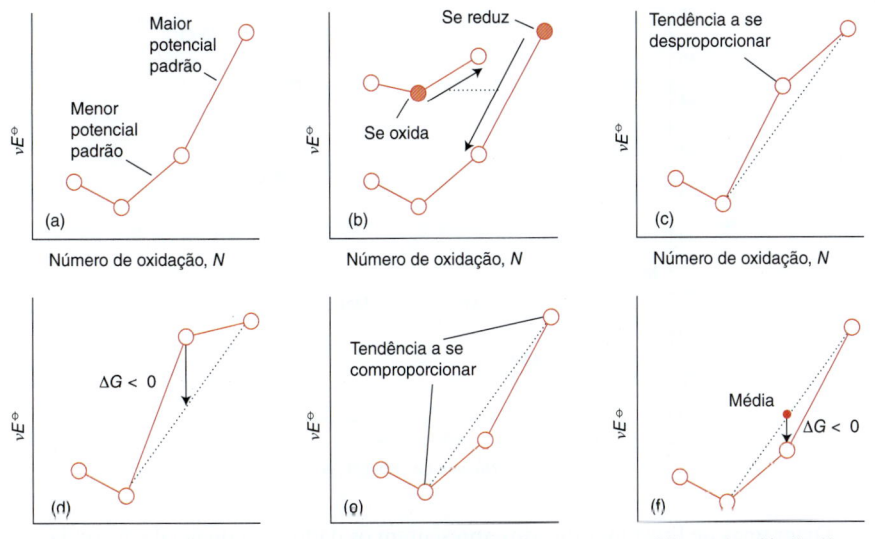

Figura 5.9 Interpretação de um diagrama de Frost para os casos (a) potencial de redução; (b) tendência de ocorrer oxidação e redução; (c) e (d) desproporcionação; (e) e (f) comproporcionação.

intermediário encontra-se acima do valor médio para as duas espécies em cada lado. Como resultado, há uma tendência para a espécie intermediária de desproporcionar-se nas duas outras espécies.

O critério para que a comproporcionação seja espontânea é análogo (Fig. 5.9e):

• Duas espécies tenderão à comproporcionação formando uma espécie intermediária que se encontre abaixo da linha reta que une as espécies das extremidades (em uma curva côncava).

Uma substância que esteja abaixo da linha que conecta os seus vizinhos em um diagrama de Frost é mais estável do que eles porque a média das energias de Gibbs molares destes é mais alta (Fig. 5.9f), e neste caso a comproporcionação é termodinamicamente favorável. No NH_4NO_3, por exemplo, o nitrogênio participa de dois íons com números de oxidação –3 (NH_4^+) e +5 (NO_3^-). Como o N_2O encontra-se abaixo da linha que une o NH_4^+ ao NO_3^-, a sua comproporcionação é espontânea:

$$NH_4^+(aq) + NO_3^-(aq) \rightarrow N_2O(g) + 2 H_2O(l)$$

Entretanto, embora com base nos fundamentos da termodinâmica a reação seja espontânea, nas condições padrão ela é cineticamente inibida em solução e normalmente não acontece. A reação correspondente

$$NH_4NO_3(s) \rightarrow N_2O(g) + 2 H_2O(g)$$

em estado sólido é termodinamicamente espontânea ($\Delta_r G^\ominus = -168$ kJ mol^{-1}) e, uma vez iniciada por uma detonação, é explosivamente rápida. De fato, o nitrato de amônio é frequentemente usado no lugar da dinamite para explodir rochas.

EXEMPLO 5.11 Usando um diagrama de Frost para avaliar a estabilidade termodinâmica de íons em solução

A Figura 5.10 mostra o diagrama de Frost para o manganês. Comente a estabilidade do Mn^{3+} em solução aquosa ácida.

Resposta Para abordar esta questão, comparamos o valor de $vE^\ominus$ para o Mn^{3+} ($N = +3$) com os valores para as espécies ao seu lado ($N < +3$, $N > +3$). Pelo fato de o Mn^{3+} estar *acima* da linha que une o Mn^{2+} ao MnO_2, ele deve desproporcionar-se nessas duas espécies, conforme a reação

$$2\,Mn^{3+}(aq) + 2\,H_2O(l) \rightarrow Mn^{2+}(aq) + MnO_2(s) + 4\,H^+(aq)$$

Teste sua compreensão 5.11 Qual é o número de oxidação do Mn no produto formado, quando $[MnO_4]^-$ é usado como agente oxidante em meio aquoso ácido?

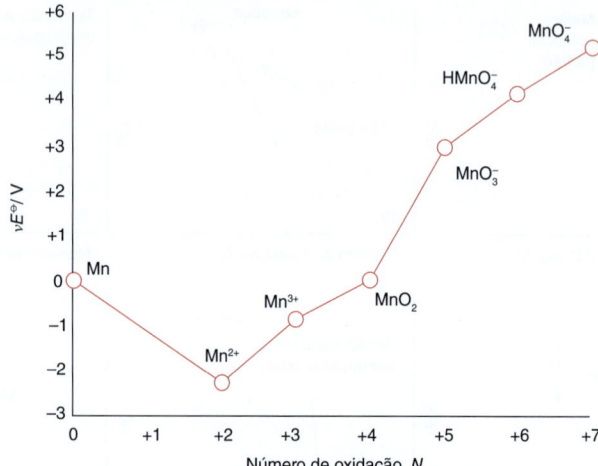

Figura 5.10 Diagrama de Frost para o manganês em meio ácido (pH =0). Note que como $HMnO_3$, H_2MnO_4 e $HMnO_4$ são ácidos fortes, mesmo em pH = 0, as espécies presentes são, de fato, as suas bases conjugadas.

Diagramas de Frost modificados apresentam os dados de potencial em condições específicas de pH; a interpretação desses diagramas é a mesma que em pH = 0, mas os oxoânions geralmente apresentam estabilidades termodinâmicas sensivelmente diferentes.

Os diagramas de Frost também podem ser construídos para outras condições. Os potenciais em pH = 14 são indicados por $E_B^\ominus$, e a linha azul na Figura 5.6 é o "*diagrama de Frost em meio básico*" para o nitrogênio. A grande diferença em relação ao comportamento em meio ácido é a estabilização do NO_2^- quanto a sua desproporcionação: a sua posição no diagrama de Frost em meio básico não se encontra mais acima da linha que conecta os seus vizinhos. O resultado prático é que os nitritos de metais são estáveis em meio neutro e básico e podem ser isolados, enquanto que isso não é possível para o HNO_2 (embora as soluções de HNO_2 tenham uma pequena estabilidade, pois a cinética da sua decomposição é lenta). Em alguns casos, há diferenças marcantes entre as soluções fortemente ácidas e básicas, como para os oxoânions de fósforo. Este exemplo ilustra um aspecto geral importante sobre os oxoânions: quando sua redução requer a remoção de oxigênio, a reação consome íons H^+ e todos os oxoânions são agentes oxidantes mais fortes em meio ácido do que em meio básico.

> **EXEMPLO 5.12** Aplicando os diagramas de Frost em diferentes pH
>
> O nitrito de potássio é estável em meio básico, mas, quando a solução é acidificada, evolui um gás que se torna castanho ao ser exposto ao ar. Qual é a reação?
>
> *Resposta* Para responder a esta questão, usamos o diagrama de Frost (Fig. 5.6) para comparar as estabilidades do N(III) em meio ácido e básico. A posição do íon NO_2^- em meio básico encontra-se abaixo da linha que une o NO ao NO_3^-; deste modo, o íon não deve sofrer desproporcionação. Com a acidificação, a posição do HNO_2 se eleva e a linha reta que passa pelo NO, HNO_2 e N_2O_4 (a forma dimérica do NO_2) indica que as três espécies estão presentes em equilíbrio. O gás castanho é o NO_2 formado pela reação do NO liberado da solução com o ar. Em solução, a espécie com número de oxidação +2 (NO) tende a se desproporcionar. Entretanto, o escape do NO da solução impede que ocorra a sua desproporcionação em N_2O e HNO_2.
>
> *Teste sua compreensão 5.12* Tomando como referência a Fig. 5.6, compare a força do NO_3^- como um agente oxidante em meio ácido e básico.

5.14 Diagramas de Pourbaix

Pontos principais: Um diagrama de Pourbaix é um mapa das condições de potencial e pH sob as quais as espécies são estáveis em água. Uma linha horizontal separa espécies relacionadas apenas por transferência de elétrons, uma linha vertical separa espécies relacionadas apenas por transferência de prótons e uma linha inclinada separa espécies relacionadas por ambas as transferências, de elétrons e de prótons.

Um **diagrama de Pourbaix** (também conhecido como um *diagrama E × pH*) indica as condições de pH e potencial nas quais uma espécie é termodinamicamente estável. Ele é usado para analisar reações que envolvem transferência de prótons e elétrons. Esses diagramas foram introduzidos por Marcel Pourbaix, em 1938, como uma forma conveniente de discutir as propriedades químicas das espécies presentes nas águas naturais e são aplicados na química do meio ambiente e em corrosão.

O ferro é um elemento essencial para praticamente todas as formas de vida, e o problema de sua captura do meio ambiente será discutido na Seção 26.6. A Fig. 5.11 é um diagrama de Pourbaix simplificado para o ferro, omitindo-se as espécies de baixa concentração, como os dímeros de Fe(III) com oxigênio em ponte. Esse diagrama é útil para a discussão das espécies de ferro presentes nas águas naturais (ver Seção 5.15), onde a concentração total de ferro é baixa; em altas concentrações, podem ser formados complexos multinucleares de ferro. Podemos ver como o diagrama foi construído considerando algumas das reações envolvidas.

A meia-reação de redução

$$Fe^{3+}(aq) + e^- \rightarrow Fe^{2+}(aq) \quad E^\ominus = +0{,}77 \text{ V}$$

não envolve íons H^+ e, assim, o seu potencial é independente do pH, originando uma linha horizontal no diagrama. Se o ambiente contiver um agente oxidante com um potencial acima dessa linha (um par oxidante mais positivo), então a espécie oxidada, Fe^{3+}, será a espécie predominante. Consequentemente, a linha horizontal na parte superior esquerda do diagrama é uma fronteira que separa as regiões onde predominam Fe^{2+} e Fe^{3+}.

Outra reação a considerar é a da formação do $Fe(OH)_3$ (Fe_2O_3 hidratado).

$$Fe^{3+}(aq) + 3H_2O(l) \rightarrow Fe(OH)_3(s) + 3H^+(aq)$$

Essa não é uma reação de oxirredução (não há mudança no número de oxidação de qualquer elemento) e, portanto, não é sensível ao potencial elétrico no meio, sendo representada por uma linha vertical no diagrama. Entretanto, essa fronteira depende do pH, com o $Fe^{3+}(aq)$ sendo favorecido em pH baixo e o $Fe(OH)_3(s)$ sendo favorecido em pH alto. Adotaremos a convenção de que o Fe^{3+} será a espécie predominante na solução se sua concentração exceder a 10 μmol dm^{-3} (um valor típico para água potável). A concentração no equilíbrio do Fe^{3+} varia com o pH, e a fronteira vertical em pH = 3 representa o pH onde o Fe^{3+} torna-se predominante de acordo com essa definição. Em geral, uma linha vertical em um diagrama de Poubaix não envolve uma reação de oxirredução, mas significa uma mudança de estado da forma oxidada ou da forma reduzida, em função do pH.

Para valores maiores de pH, o diagrama de Pourbaix passa a incluir reações como

$$Fe(OH)_3(s) + 3H^+(aq) + e^- \rightarrow Fe^{2+}(aq) + 3H_2O(l)$$

(para a qual a inclinação da reta do potencial contra pH, de acordo com a Eq. 5.8b, é $v_{H^+}/v_e = -3(0{,}059 \text{ V})$), e eventualmente $Fe^{2+}(aq)$ também aparece como o precipitado $Fe(OH)_2$. A inclusão do par referente à dissolução do metal ($Fe^{2+}/Fe(s)$) completaria a construção do diagrama de Poubaix para as espécies aqua conhecidas do ferro.

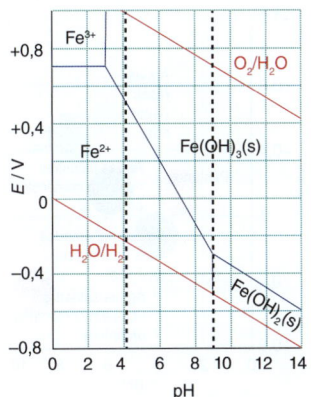

Figura 5.11 Diagrama de Pourbaix simplificado para algumas espécies importantes de ferro de ocorrência natural. As linhas verticais tracejadas representam o intervalo de pH normal das águas naturais.

5.15 Aplicações em química ambiental: águas naturais

Pontos principais: Dados eletroquímicos são importantes no estudo da química do meio ambiente. A qualidade de um sistema de águas naturais, seja água doce ou do mar, é geralmente avaliada pelo seu conteúdo de oxigênio e pelo pH, que por sua vez determina a disponibilidade das substâncias dissolvidas, tanto nutrientes como poluentes. Os diagramas de Pourbaix são ferramentas úteis para prever, por exemplo, a disponibilidade de íons metálicos dissolvidos, como o Fe^{2+}, em diferentes ambientes.

A química das águas naturais pode ser mais bem entendida pelo uso de diagramas de Pourbaix como o que acabamos de construir. Assim, onde a água doce estiver em contato com a atmosfera, ela estará saturada com O_2 e muitas espécies poderão ser oxidadas por esse poderoso agente oxidante. Formas mais reduzidas são encontradas na ausência de oxigênio, especialmente onde há matéria orgânica que pode atuar como agente redutor. O principal sistema ácido que controla o pH do meio é o $CO_2/H_2CO_3/HCO_3^-/CO_3^{2-}$, onde o CO_2 da atmosfera fornece o ácido e os carbonatos minerais dissolvidos fornecem a base. A atividade biológica também é importante uma vez que a respiração libera CO_2. Esse óxido ácido reduz o pH e consequentemente torna o potencial mais positivo.

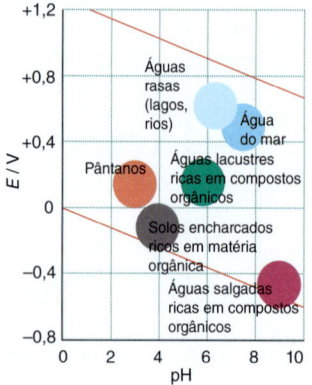

Figura 5.12 A região de estabilidade da água, mostrando as regiões típicas para diferentes águas naturais.

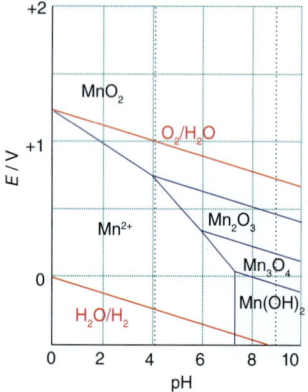

Figura 5.13 Uma seção do diagrama de Pourbaix para o manganês. As linhas pretas pontilhadas verticais indicam a faixa de pH normal das águas naturais.

O processo inverso, a fotossíntese, consome CO_2, o que aumenta o pH e torna o potencial mais negativo. As condições típicas das águas naturais – seu pH e os potenciais dos pares de oxirredução que elas contêm – são apresentadas na Fig. 5.12.

Observando a Fig. 5.11, vemos que o cátion $Fe^{3+}(aq)$ só pode existir em água se o ambiente for oxidante, ou seja, onde o O_2 for abundante e o pH baixo (abaixo de 3). Uma vez que poucas águas naturais são tão ácidas, o $Fe^{3+}(aq)$ não é encontrado no meio ambiente. O ferro na forma de Fe_2O_3 ou em outras formas hidratadas insolúveis, como $FeO(OH)$ ou $Fe(OH)_3$, pode passar para a solução como Fe^{2+} se ele for reduzido, o que ocorre quando a condição da água encontra-se abaixo da fronteira inclinada no diagrama. Convém observar que, para valores maiores de pH, o Fe^{2+} só poderá ser formado se um par fortemente redutor estiver presente, sendo sua formação pouco provável em água rica em oxigênio. A Fig. 5.12 mostra que o ferro será reduzido e dissolvido na forma de Fe^{2+} nas águas dos pântanos e nos solos inundados ricos em matéria orgânica (com pH próximo de 4,5 em ambos os casos e com valores de E próximos de +0,03 V e –0,1 V, respectivamente).

É instrutivo analisar um diagrama de Pourbaix em conjunto com os processos físicos que ocorrem nas águas. Por exemplo, consideremos um lago onde o gradiente de temperatura, mais frio no fundo e mais quente acima, tende a dificultar a mistura vertical. Na superfície, a água é completamente oxigenada e o ferro deve estar presente como partículas de Fe_2O_3 e outras formas insolúveis; essas partículas tenderão a sedimentar. Em maior profundidade, o conteúdo de O_2 é baixo. Se o conteúdo de matéria orgânica ou outras fontes de agentes redutores forem suficientes, o óxido será reduzido e o ferro se dissolverá como Fe^{2+}. Os íons de Fe(II) irão difundir-se para a superfície, onde, então, encontrarão o O_2 e serão novamente oxidados a espécies insolúveis de Fe(III).

> **EXEMPLO 5.13** Usando um diagrama de Pourbaix
>
> A Figura 5.13 é parte de um diagrama de Pourbaix para o manganês. Identifique o ambiente no qual o MnO_2 sólido ou seus óxidos hidratados correspondentes sejam importantes. Existem condições para que o Mn(III) seja formado?
>
> **Resposta** Para abordar este problema, precisamos localizar a região de estabilidade para o MnO_2 no diagrama de Pourbaix e verificar sua posição em relação à fronteira entre O_2 e H_2O. O dióxido de manganês é termodinamicamente favorecido em água bem oxigenada em todas as condições de pH, com exceção de ácido forte (pH < 1). Sob condições redutoras suaves, em águas tendo pH de neutro para o ácido, a espécie estável é o $Mn^{2+}(aq)$. As espécies de Mn(III) são estabilizadas apenas em águas oxigenadas com elevado pH.
>
> **Teste sua compreensão 5.13** Utilize as Figuras 5.11 e 5.12 para avaliar a possibilidade de se encontrar $Fe(OH)_3(s)$ em solos encharcados.

Obtenção dos elementos

A definição original de "oxidação" era a de uma reação na qual um elemento reage com o oxigênio e é convertido em um óxido. "Redução" originalmente significava a reação inversa, na qual um óxido metálico era convertido no metal. Embora os dois termos tenham sido posteriormente generalizados e descritos em termos de transferência de elétrons e mudanças de estado de oxidação, aqueles casos específicos ainda formam a base de grande parte da indústria química e de processos de laboratório. Nas seções seguintes; discutiremos a obtenção dos elementos em termos da variação dos seus números de oxidação, partindo dos valores presentes nos compostos nos quais eles ocorrem naturalmente até zero (correspondendo ao elemento).

5.16 Obtenção dos elementos por redução

Alguns poucos metais, como o ouro, ocorrem na natureza na sua forma elementar. Muitos metais são encontrados na forma de óxidos, como o Fe_2O_3, ou em compostos ternários, como o $FeTiO_3$. Os sulfetos também são comuns, especialmente nos veios minerais onde a deposição ocorreu em condições de pouco oxigênio e sem água. Lentamente, os seres humanos pré-históricos aprenderam a transformar os minérios em metais para serem utilizados na fabricação de armas e ferramentas. O cobre já era obtido a partir dos seus minérios por oxidação ao ar nas temperaturas produzidas pelos fornos primitivos que se tornaram disponíveis desde, aproximadamente, 6.000 anos atrás:

$$2\,Cu_2S(s) + 3\,O_2(g) \rightarrow 2\,Cu_2O(s) + 2\,SO_2(g)$$
$$2\,Cu_2O(s) + Cu_2S(s) \rightarrow 6\,Cu(s) + SO_2(g)$$

Só 3000 mil anos atrás temperaturas mais elevadas foram alcançadas, e os elementos de redução mais difícil, como o ferro, puderam ser obtidos, levando à Idade do Ferro. Esses elementos foram produzidos aquecendo-se os minérios até a sua fusão, na presença de um agente redutor, como o carbono. Este procedimento é conhecido como **redução térmica**. O carbono permaneceu o agente redutor predominante até o final do século XIX, e os metais que necessitavam de temperaturas mais altas para a sua produção permaneceram indisponíveis, ainda que seus minérios fossem razoavelmente abundantes.

A disponibilidade de energia elétrica expandiu a aplicação da redução pelo carbono, uma vez que os fornos elétricos podiam alcançar temperaturas muito mais altas do que os fornos a combustão de carbono, como os altos-fornos. Assim, o magnésio tornou-se um metal do século XX, uma vez que um dos seus modos de obtenção, o **processo Pidgeon**, envolve a redução eletrotérmica do óxido pelo carbono em temperatura muito alta:

$$MgO(s) + C(s) \xrightarrow{\Delta} Mg(l) + CO(g)$$

Note que o carbono é oxidado somente a monóxido de carbono, uma vez que este é o produto termodinamicamente favorecido quando são usadas temperaturas de reação muito altas.

A inovação tecnológica do século XIX que resultou na transformação do alumínio, considerado uma raridade, em um metal amplamente empregado na construção civil foi a introdução da eletrólise, a realização de uma reação não espontânea (dentre estas a redução de minérios) pela energia elétrica por meio da passagem de uma corrente elétrica.

(a) Aspectos termodinâmicos

Ponto principal: Um diagrama de Ellingham sistematiza a dependência da energia de Gibbs padrão de formação dos óxidos metálicos com a temperatura e pode ser usado para determinar a temperatura na qual a redução pelo carbono ou pelo monóxido de carbono torna-se espontânea.

Como vimos anteriormente, a energia de Gibbs padrão da reação, $\Delta_r G^\ominus$, está relacionada com a constante de equilíbrio, K, através de $\Delta_r G^\ominus = -RT \ln K$, e um valor negativo para $\Delta_r G^\ominus$ corresponde a um $K > 1$. Deve ser observado que o equilíbrio é raramente atingido em processos industriais, uma vez que tais sistemas envolvem etapas dinâmicas em que, por exemplo, reagentes e produtos estão em contato somente por um curto espaço de tempo. Além disso, mesmo um processo cujo equilíbrio tenha $K < 1$ pode tornar-se viável se os produtos (principalmente os gases) forem continuamente retirados do reator e a reação continuar perseguindo uma composição de equilíbrio que nunca é atingida. Em princípio, também necessitamos considerar as velocidades das reações para avaliar se uma reação é factível na prática, mas em altas temperaturas as reações são frequentemente rápidas e as reações termodinamicamente favoráveis devem ocorrer. Uma fase fluida (geralmente um gás ou um solvente) é normalmente necessária para facilitar a reação que, de outra forma, seria muito lenta ao envolver materiais granulados.

Para atingir um valor negativo de $\Delta_r G^\ominus$ para a redução de um óxido metálico com carbono ou monóxido de carbono, uma das seguintes reações

(a) $C(s) + \tfrac{1}{2} O_2(g) \rightarrow CO(g)$ $\quad \Delta_r G^\ominus(C,CO)$

(b) $\tfrac{1}{2} C(s) + \tfrac{1}{2} O_2(g) \rightarrow \tfrac{1}{2} CO_2(g)$ $\quad \Delta_r G^\ominus(C,CO_2)$

(c) $CO(g) + \tfrac{1}{2} O_2(g) \rightarrow CO_2(g)$ $\quad \Delta_r G^\ominus(CO,CO_2)$

deve ter um valor de $\Delta_r G^\ominus$ mais negativo do que uma reação da forma

(d) $x\,M(s\,ou\,l) + \tfrac{1}{2} O_2(g) \rightarrow M_xO(s)$ $\quad \Delta_r G^\ominus(M,M_xO)$

sob as mesmas condições de reação. Se for o caso, então uma das reações

(a–d) $M_xO(s) + C(s) \rightarrow x\,M(s\,ou\,l) + CO(g)$ $\quad \Delta_r G^\ominus(C,CO) - \Delta_r G^\ominus(M,M_xO)$

(b–d) $M_xO(s) + \tfrac{1}{2} C(s) \rightarrow x\,M(s\,ou\,l) + \tfrac{1}{2} CO_2(g)$ $\quad \Delta_r G^\ominus(C,CO_2) - \Delta_r G^\ominus(M,M_xO)$

(c–d) $M_xO(s) + CO(g) \rightarrow x\,M(s\,ou\,l) + CO_2(g)$ $\quad \Delta_r G^\ominus(CO,CO_2) - \Delta_r G^\ominus(M,M_xO)$

terá uma energia de Gibbs padrão de reação negativa e, portanto, terá $K > 1$. O procedimento seguido aqui é semelhante ao adotado para as meias-reações em solução aquosa (Seção 5.1), mas agora todas as reações são escritas como oxidações, com ½ de O_2 no lugar de $2e^-$, e a reação global é a diferença de reações com os mesmos números de átomos de oxigênio. As informações relevantes são, normalmente, representadas em um **diagrama de Ellingham** (Fig. 5.14), que é um gráfico de $\Delta_r G^\ominus$ em relação à temperatura.

Podemos entender a aparência de um diagrama de Ellingham notando que $\Delta_r G^\ominus = \Delta_r H^\ominus - T\Delta_r S^\ominus$ e usando o fato de que a entalpia de reação e a entropia de reação são, numa boa aproximação, independentes da temperatura. Ou seja, a inclinação de uma linha no diagrama de Ellingham deve, portanto, ser igual a $-\Delta_r S^\ominus$ para a reação considerada. Como a entropia padrão molar dos gases é bem maior que a dos sólidos, a entropia de reação de (a), na qual há uma formação efetiva de gás (1 mol de CO substitui 1/2 mol de O_2), é positiva e, portanto, a sua reta no diagrama de Ellingham terá uma inclinação negativa. A entropia padrão de reação de (b) é próxima de zero pois não há variação na quantidade de gás, ficando a linha horizontal. A reação (c) possui uma entropia de reação negativa porque 3/2 mol de moléculas gasosas são substituídos por 1 mol de CO_2; consequentemente, a sua linha no diagrama tem uma inclinação positiva. A entropia padrão de reação de (d), na qual ocorre um consumo de gás, é negativa e, assim, a sua reta apresenta uma inclinação positiva (Fig. 5.15). As quebras, onde a inclinação da linha de oxidação do metal muda, correspondem a uma mudança de fase do metal, geralmente uma fusão, alterando naturalmente a entropia da reação. Nas temperaturas para as quais a linha C/CO (a) encontra-se acima da linha metal/óxido (d), $\Delta_r G^\ominus (M, M_xO)$ é mais negativo do que $\Delta_r G^\ominus (C, CO)$. Nestas temperaturas, $\Delta_r G^\ominus (C, CO) - \Delta_r G^\ominus (M, M_xO)$ é positivo, de forma que a reação (a – d) tem $K < 1$. Entretanto, para temperaturas nas quais a linha C/CO encontra-se abaixo da linha metal/óxido, a redução do óxido metálico pelo carbono tem $K > 1$. Observações similares aplicam-se às temperaturas nas quais as outras duas linhas de oxidação do carbono (b) e (c) encontram-se acima ou abaixo da linha metal/óxido. Em resumo:

- Para temperaturas cuja linha C/CO encontra-se abaixo da linha metal/óxido, o carbono pode ser usado para reduzir o óxido metálico e ele próprio é oxidado a monóxido de carbono.
- Para temperaturas cuja linha C/CO_2 encontra-se abaixo da linha metal/óxido, o carbono pode ser usado para realizar a redução, mas ele é oxidado a dióxido de carbono.
- Para temperaturas cuja linha CO/CO_2 encontra-se abaixo da linha metal/óxido, o monóxido de carbono pode reduzir o óxido metálico a metal e ele é oxidado a dióxido de carbono.

A Figura 5.16 mostra um diagrama de Ellingham para alguns metais mais comuns. Em princípio, a produção de todos os metais mostrados no diagrama, inclusive o magnésio e o cálcio, pode ser realizada por **pirometalurgia**, ou seja, o aquecimento com um agente redutor. Entretanto, há severas limitações práticas. Esforços para produzir alumínio por pirometalurgia (principalmente no Japão, onde a eletricidade é cara) foram frustrados por causa da elevada volatilidade do Al_2O_3 nas altas temperaturas

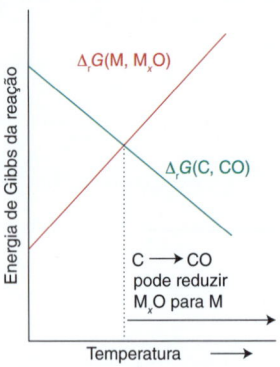

Figura 5.14 Variação da energia de Gibbs padrão de reação para a formação de um óxido metálico e do monóxido de carbono em função da temperatura. A formação do monóxido de carbono a partir do carbono pode reduzir o óxido metálico a metal em temperaturas maiores do que a do ponto de interseção das duas linhas. Mais especificamente, na interseção a constante de equilíbrio muda de $K<1$ para $K>1$. Este tipo de gráfico é um exemplo de um **diagrama de Ellingham**.

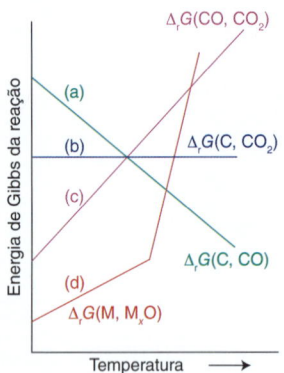

Figura 5.15 Diagrama de Ellingham esquemático mostrando a energia de Gibbs padrão para a formação de um óxido metálico e as três oxidações do carbono. A inclinação de cada linha é determinada, em grande parte, pelo fato de haver formação ou consumo de gás durante a reação. Uma mudança de fase geralmente resulta numa mudança da inclinação da linha (devido à mudança de entropia da substância).

EXEMPLO 5.14 Usando um diagrama de Ellingham

Qual é a menor temperatura na qual o ZnO pode ser reduzido a zinco metálico pelo carbono? Qual é a reação global nesta temperatura?

Resposta Para responder a essa questão, examinamos o diagrama de Ellingham da Fig. 5.16 e estimamos a temperatura na qual a linha do ZnO cruza a linha do C/CO. A linha C/CO fica abaixo da linha ZnO a partir de, aproximadamente, 1200°C; acima dessa temperatura, a redução do óxido metálico é espontânea. As reações que participam são a reação (a) e o inverso da reação

$$Zn(g) + \tfrac{1}{2} O_2(g) \rightarrow ZnO(s)$$

de forma que a reação global é a diferença, ou seja,

$$C(s) + ZnO(s) \rightarrow CO(g) + Zn(g)$$

O estado físico do zinco é dado como gasoso porque o elemento ferve a 907°C (a linha do ZnO no diagrama de Ellingham da Fig. 5.16 mostra a inflexão correspondente).

Teste sua compreensão 5.14 Qual é a temperatura mínima para a redução do MgO pelo carbono?

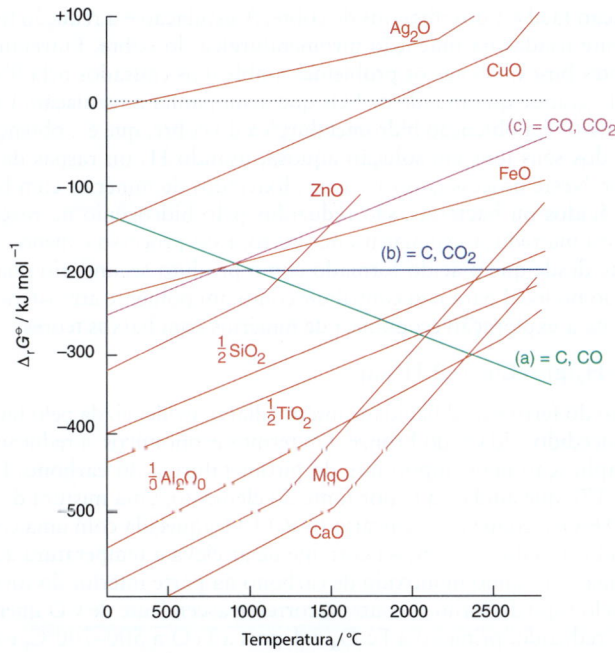

Figura 5.16 Diagrama de Ellingham para a redução de óxidos metálicos.

necessárias para esse processo. Outra dificuldade refere-se à obtenção pirometalúrgica do titânio, na qual se forma o carbeto de titânio, TiC, em vez do metal. Na prática, a obtenção pirometalúrgica de metais fica restrita, principalmente, a magnésio, ferro, cobalto, níquel, zinco e algumas ligas de ferro.

Princípios semelhantes se aplicam às reduções usando outros agentes redutores. Por exemplo, um diagrama de Ellingham pode ser usado para verificarmos se um metal M′ pode ser usado para reduzir o óxido de outro metal M. Neste caso, observamos no diagrama se na temperatura de interesse a linha M′/M′O encontra-se abaixo da linha M/MO, onde agora M′ está no lugar do C. Quando

$$\Delta_r G^\ominus = \Delta_r G^\ominus(M', M'O) - \Delta_r G^\ominus(M, MO)$$

for negativo, onde as energias de Gibbs referem-se às reações

(a) $M'(s\ ou\ l) + \tfrac{1}{2} O_2(g) \rightarrow M'O(s)$ $\Delta_r G^\ominus(M', M'O)$

(b) $M(s\ ou\ l) + \tfrac{1}{2} O_2(g) \rightarrow MO(s)$ $\Delta_r G^\ominus(M, MO)$

a reação

(a − b) $MO(s) + M'(s\ ou\ l) \rightarrow M(s\ ou\ l) + M'O$

(e as reações análogas para MO_2, e assim por diante) será viável (significando $K > 1$). Por exemplo, como na Fig. 5.16, a linha para o MgO encontra-se abaixo da linha do SiO_2 para temperaturas abaixo de 2400°C, o magnésio pode ser usado para reduzir o SiO_2 abaixo dessa temperatura. Essa reação tem sido de fato empregada para produzir silício de baixa pureza, conforme será discutido na seção seguinte.

(b) Uma abordagem geral dos processos

Pontos principais: Um alto-forno produz as condições necessárias para reduzir óxidos de ferro pelo carbono; a eletrólise pode ser usada para realizar uma redução não espontânea como aquela necessária para a obtenção do alumínio a partir do seu óxido.

Os processos industriais para a obtenção de metais por redução mostram uma variedade maior do que a análise termodinâmica pode sugerir. Um fator importante é que o minério e o carbono são sólidos, e uma reação entre dois sólidos dificilmente é rápida. Muitos processos exploram reações heterogêneas gás-sólido ou líquido-sólido. Os processos industriais correntes usam estratégias variadas para garantir rentabilidade econômica, empregar determinadas matérias-primas e evitar problemas ambientais. Abordaremos essas estratégias considerando três exemplos importantes que envolvem baixa, moderada e extrema dificuldade de redução.

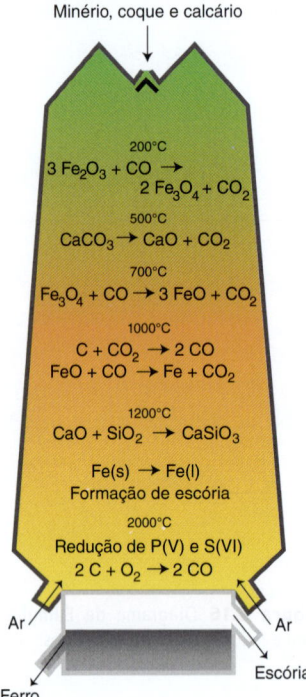

Figura 5.17 Diagrama esquemático de um alto-forno, mostrando o perfil de composições típicas e de temperatura.

Uma redução fácil é a dos minérios de cobre. A ustulação e a redução térmica ainda são amplamente usadas na obtenção pirometalúrgica do cobre. Entretanto, algumas técnicas recentes buscam evitar os problemas ambientais causados pela liberação para a atmosfera da grande quantidade de SO_2 que acompanha a ustulação. Um desenvolvimento promissor é a **obtenção hidrometalúrgica** do cobre, que é a obtenção do metal pela redução dos seus íons em solução aquosa, usando H_2 ou raspas de ferro como agente redutor. Neste processo, os íons Cu^{2+}, lixiviados de minérios com baixos teores pela ação de ácidos ou bactérias, são reduzidos pelo hidrogênio na reação indicada abaixo, ou por uma redução similar usando ferro. Esse processo é menos agressivo ao meio ambiente desde que o ácido formado como produto secundário seja reutilizado ou neutralizado no local para não contribuir como um poluente atmosférico ácido. Ele também permite a exploração econômica de minérios com baixos teores.

$$Cu^{2+}(aq) + H_2(g) \rightarrow Cu(s) + 2\,H^+(aq)$$

A obtenção do ferro é de dificuldade intermediária, evidenciada pelo fato de a Idade do Ferro ter sucedido a Idade do Bronze. Em termos econômicos, a redução do minério de ferro é a aplicação mais importante da pirometalurgia do carbono. Em um alto-forno (Fig. 5.17), que ainda é a maior fonte do elemento, uma mistura de minérios de ferro (Fe_2O_3, Fe_3O_4), coque (C) e calcário ($CaCO_3$) é aquecida com uma corrente de ar quente. A combustão do coque nessa corrente de ar eleva a temperatura a 2000°C, e o carbono queima, formando monóxido de carbono na parte inferior do forno. O Fe_2O_3 introduzido pelo topo do forno encontra a corrente ascendente de CO quente. O óxido de ferro(III) é reduzido, primeiro a Fe_3O_4 e depois a FeO a 500–700°C, e o CO é oxidado a CO_2. A redução final a ferro, sob a forma de FeO, pelo monóxido de carbono ocorre entre 1000 e 1200°C na região central do forno. Assim, temos a reação global

$$Fe_2O_3(s) + 3\,CO(g) \rightarrow 2\,Fe(l) + 3\,CO_2(g)$$

A função da cal, CaO, formada pela decomposição térmica do carbonato de cálcio, é combinar-se com os silicatos presentes no minério para formar uma camada fundida de silicatos de cálcio (escória) na parte mais quente (parte inferior) do forno. A escória é menos densa do que o ferro fundido e pode ser drenada para fora. O ferro formado funde a cerca de 400°C abaixo do ponto de fusão do metal puro devido ao seu conteúdo de carbono. O ferro impuro, a fase mais densa, vai para o fundo e é retirado para solidificar como "ferro-gusa", no qual o conteúdo de carbono é alto (cerca de 4% em massa). A manufatura do aço consiste então em uma série de reações nas quais o conteúdo de carbono é reduzido e outros metais são acrescentados para formar ligas com o ferro (ver Quadro 3.1).

Mais difícil do que a obtenção do cobre ou do ferro é a obtenção do silício a partir do seu óxido: na verdade, o silício é de fato um elemento do século XX. O silício com pureza de 96 a 99% é preparado pela redução do quartzito ou areia (SiO_2) com coque de alta pureza. O diagrama de Ellingham (Fig. 5.16) mostra que a redução é possível somente para temperaturas acima de, aproximadamente, 1700°C. Essa alta temperatura é atingida com um forno de arco voltaico na presença de excesso de sílica (para prevenir acúmulo de SiC):

$$SiO_2(l) + 2\,C(s) \xrightarrow{1700°C} Si(l) + 2\,CO(g)$$
$$2\,SiC(s) + SiO_2(l) \rightarrow 3\,Si(l) + 2\,CO(g)$$

O silício de alta pureza (para semicondutores) é obtido convertendo-se o silício bruto em compostos voláteis, como o $SiCl_4$. Esses compostos são purificados por destilação fracionada exaustiva e então reduzidos a silício com hidrogênio puro. O silício de grau semicondutor resultante é então fundido, e grandes monocristais são "puxados" lentamente da superfície resfriada da massa fundida, em um procedimento chamado de **processo Czochralski**.

Como já comentado, o diagrama de Ellingham mostra que a redução direta do Al_2O_3 com carbono só é possível acima de 2400°C, sendo economicamente inviável e considerada um desperdício em termos de qualquer combustível fóssil utilizado para aquecer o sistema. Entretanto, a redução pode ser realizada **eletroliticamente** (Seção 5.18).

5.17 Obtenção dos elementos por oxidação

Ponto principal: Dentre os elementos que podem ser obtidos por oxidação, temos os halogênios mais pesados, o enxofre e (no processo de purificação) certos metais nobres.

Pelo fato de o O_2 estar disponível a partir da destilação fracionada do ar, métodos químicos de produção do oxigênio não são necessários. O enxofre é um caso misto interessante. O enxofre elementar é minerado ou produzido pela oxidação do H_2S que é retirado do "soro" do gás natural ou do petróleo cru. A oxidação é feita pelo **processo Claus**, que consiste em duas etapas. Na primeira, parte do sulfeto de hidrogênio é oxidado a dióxido de enxofre:

$$2\,H_2S + 3\,O_2 \rightarrow 2\,SO_2 + 2\,H_2O$$

Na segunda etapa, esse dióxido de enxofre reage, na presença de um catalisador, com mais sulfeto de hidrogênio:

$$2\,H_2S + SO_2 \xrightarrow{\text{Óxido catalisador, 300°C}} 3\,S + 2\,H_2O$$

O catalisador é geralmente Fe_2O_3 ou Al_2O_3. O processo Claus é ambientalmente benigno; se não fosse utilizado, seria necessário queimar o sulfeto de hidrogênio, que é tóxico, formando dióxido de enxofre, que é um poluente.

Os únicos metais importantes obtidos por um processo de oxidação são aqueles que ocorrem na forma nativa (isto é, como elemento). O ouro é um desses casos, pois é difícil separar os grânulos do metal, nos minérios de baixo teor, por simples manipulação centrífuga. A dissolução do ouro depende da sua oxidação, que é favorecida pela complexação com íons CN^-:

$$Au(s) + 2\,CN^-(aq) \rightarrow [Au(CN)_2]^-(aq) + e^-$$

Esse complexo é então reduzido ao metal pela reação com outro metal reativo, tal como o zinco:

$$2\,[Au(CN)_2]^-(aq) + Zn(s) \rightarrow 2\,Au(s) + [Zn(CN)_4]^{2-}(aq)$$

Entretanto, devido à toxicidade do cianeto, outros métodos de obtenção do ouro vêm sendo usados. Um deles envolve o uso de bactérias que metabolizam o enxofre (Quadro 16.4), permitindo obter ouro a partir de minérios sulfurados.

Os halogênios mais leves, fortemente oxidantes, são obtidos eletroquimicamente, conforme descrito na Seção 5.18. Os halogênios mais facilmente oxidáveis, Br_2 e I_2, são obtidos por oxidação química de solução aquosa dos haletos com cloro. Por exemplo,

$$2\,NaBr(aq) + Cl_2(g) \rightarrow 2\,NaCl(aq) + Br_2(l)$$

5.18 Obtenção eletroquímica dos elementos

Pontos principais: O alumínio é um dos elementos obtidos por redução eletroquímica; o cloro é obtido por oxidação eletroquímica.

A obtenção eletroquímica de metais a partir dos seus minérios é restrita principalmente aos elementos mais eletropositivos, conforme será discutido para o caso do alumínio adiante nesta seção. Para outros metais produzidos em grandes quantidades, como o ferro e o cobre, as indústrias empregam os métodos químicos de redução descritos na Seção 5.16b que envolvem rotas mais limpas e energeticamente mais eficientes. Em alguns casos especiais, a redução eletroquímica é usada para isolar pequenas quantidades de metais do grupo da platina. Assim, por exemplo, o tratamento de conversores catalíticos exaustos com ácidos sob condições oxidantes produz uma solução contendo complexos de Pt(II) e de outros metais do grupo da platina, que podem então ser reduzidos eletroquimicamente. Os metais são depositados no catodo com uma eficiência de extração global de 80% para os conversores catalíticos cerâmicos.

Como vimos na Seção 5.16, o diagrama de Ellingham mostra que a redução do Al_2O_3 com carbono torna-se possível somente acima de 2400°C, o que é antieconômico. Entretanto, a redução pode ser feita **eletroliticamente**, e toda a produção atual utiliza o **processo Hall-Héroult**, que é um processo eletroquímico inventado em 1886, independentemente, por Charles Hall e Paul Héroult. O processo necessita de hidróxido de alumínio puro, que é obtido a partir do minério de alumínio usando-se o **processo Bayer**. Nesse processo, a fonte de alumínio é o minério de bauxita, uma mistura do óxido ácido SiO_2 e óxidos e hidróxidos anfóteros tais como Al_2O_3, $AlOOH$ e Fe_2O_3. O Al_2O_3 é dissolvido em hidróxido de sódio aquoso quente, que separa o alumínio da maior parte do Fe_2O_3, menos solúvel, embora os silicatos também solubilizem nessas condições fortemente básicas. Com o resfriamento, a solução de aluminato de sódio produz um precipitado de Al(OH)$_3$, deixando os silicatos em solução. Na etapa final do processo Hall-Héroult, o hidróxido de alumínio é dissolvido em criolita fundida (Na$_3$AlF$_6$), e essa mistura é reduzida eletroliticamente empregando-se catodos de aço e anodos de grafita. Este último participa na reação eletroquímica reagindo com os átomos de oxigênio liberados, de forma que o processo global é dado por

$$2\,Al_2O_3 + 3\,C \rightarrow 4\,Al + 3\,CO_2$$

Como o consumo de energia de uma planta típica é muito grande, o alumínio é geralmente produzido onde a eletricidade é barata (por exemplo, próximo de fontes hidroelétricas no Canadá), e não onde a bauxita é minerada (na Jamaica, por exemplo).

Os halogênios mais leves são os elementos mais importantes obtidos por oxidação eletroquímica. A energia de Gibbs padrão da reação para a oxidação dos íons Cl$^-$ em álcali concentrado

$$2\,Cl^-(aq) + 2\,H_2O(l) \rightarrow 2\,OH^-(aq) + H_2(g) + Cl_2(g) \quad \Delta_r G^\ominus = +422\,kJ\,mol^{-1}$$

é fortemente positiva, sugerindo o uso da eletrólise. A diferença de potencial mínima para realizar a oxidação do Cl$^-$ é de, aproximadamente, 2,2 V (calculada a partir de $\Delta_r G^\ominus = -\nu F E^\ominus$, com $\nu = 2$).

Pode parecer que haveria um problema com a reação paralela de formação de O$_2$,

$$2\,H_2O(l) \rightarrow 2\,H_2(g) + O_2(g) \quad \Delta_r G^\ominus = +474\,kJ\,mol^{-1}$$

que pode ser promovida por uma diferença de potencial de apenas 1,2 V (nesta reação, $\nu = 4$). Entretanto, a velocidade de oxidação da água é muito lenta nos potenciais para os quais a primeira ração se torna favorável termodinamicamente. Essa lentidão é expressa dizendo-se que a reação requer uma grande **sobretensão**, η (eta), o potencial adicional que deve ser aplicado em comparação ao valor no equilíbrio para que se tenha uma velocidade de reação significativa. Consequentemente, a eletrólise da salmoura produz Cl$_2$, H$_2$ e NaOH aquoso e pouco O$_2$.

A eletrólise das soluções aquosas de fluoretos produz oxigênio, mas não flúor. Deste modo, o F$_2$ é preparado por eletrólise de uma mistura anidra de fluoreto de potássio e fluoreto de hidrogênio, um condutor iônico que funde acima de 72°C.

LEITURA COMPLEMENTAR

A.J. Bard, M. Stratmann, F. Scholtz e C.J. Pickett, *Encyclopedia of electrochemistry: inorganic chemistry*, vol. 7b. John Wiley & Sons (2006).

J.–M. Savéant, *Elements of molecular and biomolecular electrochemistry: an electrochemical approach to electron-transfer chemistry*. John Wiley & Sons (2006).

R.M. Dell e D.A.J. Rand, *Understanding batteries*. Royal Society of Chemistry (2001).

A.J. Bard, R.Parsons e R.Jordan, *Standard potentials in aqueous solution*. M. Dekker (1985). Uma coletânea comentada dos valores de potenciais de eletrodos.

I. Barin, *Thermochemical data of pure substances*, Vols 1 e 2. VCH (1989). Uma fonte completa de dados termodinâmicos para substâncias inorgânicas.

J. Emsley, *The elements*. Oxford University Press (1998). Excelente fonte de dados sobre os elementos, incluindo os potenciais padrão.

A.G. Howard, *Aquatic environmental chemistry*. Oxford University Press (1998). Discussão das composições dos sistemas de água doce e marinha, explicando os efeitos dos processos de oxidação e redução.

M. Pourbaix, *Atlas of electrochemical equilibria in aqueous solution*. Pergamon Press (1966). A fonte original e ainda uma excelente fonte de consulta para os diagramas de Pourbaix.

W. Stumm e J.J. Morgan, *Aquatic chemistry*. John Wiley & Sons (1996). Uma referência padrão sobre a química das águas naturais.

P. Zanello e F. Fabrizi de Biani, *Inorganic electrochemistry: theory, practice and applications*, 2a ed. Royal Society of Chemistry (2011). Uma introdução aos estudos eletroquímicos.

P.G. Tratnyek, T.J. Grundl e S.B. Haderlien (eds), *Aquatic redox chemistry*. American Chemical Society Symposium Series, vol. 1071 (2011). Uma coleção de artigos que descreve desenvolvimentos recentes na área.

EXERCÍCIOS

5.1 Indique os números de oxidação para cada um dos elementos participantes das seguintes reações:

$2\,NO(g) + O_2(g) \rightarrow 2\,NO_2(g)$

$2\,Mn^{3+}(aq) + 2\,H_2O(l) \rightarrow MnO_2(s) + Mn^{2+}(aq) + 4\,H^+(aq)$

$LiCoO_2(s) + 6\,C(s) \rightarrow LiC_6(s) + CoO_2(s)$

$Ca(s) + H_2(g) \rightarrow CaH_2(s)$

5.2 Usando os dados do Apêndice 3, sugira reagentes químicos adequados para realizar as seguintes transformações e escreva as equações balanceadas para as reações: (a) oxidação do HCl a gás cloro, (b) redução do Cr^{3+}(aq) a Cr^{2+}(aq), (c) redução do Ag$^+$ a Ag(s), (d) redução do I$_2$(aq) a I$^-$(aq).

5.3 Use os dados dos potenciais padrão no Apêndice 3 como um guia para escrever as equações balanceadas para as reações que cada uma das seguintes espécies pode sofrer em meio ácido aquoso aerado. Se a espécie for estável, escreva "não reage": (a) Cr^{2+}, (b) Fe^{2+}, (c) Cl^-, (d) $HClO$, (e) $Zn(s)$.

5.4 Use as informações do Apêndice 3 para escrever as equações balanceadas para as reações, incluindo desproporcionação, que podem ocorrer para cada uma das seguintes espécies em solução aquosa ácida aerada: (a) Fe^{2+}, (b) Ru^{2+}, (c) $HClO_2$, (d) Br_2.

5.5 Explique a razão dos potenciais padrão para as reações das meia-pilhas

$$[Ru(NH_3)_6]^{3+}(aq) + e^- \rightleftharpoons [Ru(NH_3)_6]^{2+}(aq)$$
$$[Fe(CN)_6]^{3-}(aq) + e^- \rightleftharpoons [Fe(CN)_6]^{4-}(aq)$$

variarem com a temperatura em direções opostas.

5.6 Balanceie a seguinte reação de oxirredução em meio ácido:

$$MnO_4^- + H_2SO_3 \rightarrow Mn^{2+} + HSO_4^-$$

Preveja a dependência qualitativa do potencial com o pH para essa reação (ou seja, se ele aumenta, diminui ou permanece constante).

5.7 Use os dados termodinâmicos na tabela a seguir para estimar os potenciais padrão de redução para o par $M^{3+}(aq)/M^{2+}(aq)$. Que tipo de suposição deve ser feita?

	Cr	Mn	Fe	Co	Ni	Cu
$\Delta_{hid}H^\ominus(3+)/(kJ\,mol^{-1})$	−4563	−4610	−4429	−4653	−4740	−4651
$\Delta_{hid}H^\ominus(2+)/(kJ\,mol^{-1})$	−1908	−1851	−1950	−2010	−2096	−2099
I_3 /(kJ mol^{-1})	2987	3249	2957	3232	3392	3554

5.8 Escreva a equação de Nernst para
(a) a redução do $O_2(g)$: $O_2(g) + 4\,H^+(aq) + 4\,e^- \rightarrow 2\,H_2O(l)$
(b) a redução do $Fe_2O_3(s)$:
$Fe_2O_3(s) + 6\,H^+(aq) + 6\,e^- \rightarrow 2\,Fe(s) + 3\,H_2O(l)$

Expresse em cada caso a fórmula em termos do pH. Qual é o potencial para a redução do O_2 em pH = 7 e $p(O_2) = 0{,}20$ bar (a pressão parcial do oxigênio no ar)?

5.9 Responda às seguintes questões usando o diagrama de Frost da Fig. 5.18. (a) Quais são as consequências de se dissolver Cl_2 em solução aquosa básica? (b) Quais são as consequências de se dissolver Cl_2 em ácido aquoso? (c) O fato de o $HClO_3$ não se desproporcionar em solução aquosa é um fenômeno termodinâmico ou cinético?

5.10 Use os potenciais padrão como um guia para escrever as equações para a reação principal que deverá ocorre nos seguintes experimentos: (a) N_2O é borbulhado em solução aquosa de NaOH; (b) adição de zinco metálico a uma solução aquosa de tri-iodeto de sódio; (c) adição de I_2 a uma solução aquosa contendo excesso de $HClO_3$.

5.11 A adição de NaOH a uma solução aquosa contendo Ni^{2+} resulta na precipitação do $Ni(OH)_2$. O potencial padrão para o par Ni^{2+}/Ni é +0,25 V e o produto de solubilidade $K_{ps} = [Ni^{2+}][OH^-]^2 = 1{,}5 \times 10^{-16}$. Calcule o potencial do eletrodo em pH = 14.

5.12 Indique qual a condição de acidez ou basicidade mais favorável para as seguintes transformações em solução aquosa:
(a) $Mn^{2+} \rightarrow MnO_4^-$, (b) $ClO_4^- \rightarrow ClO_3^-$, (c) $H_2O_2 \rightarrow O_2$, (d) $I_2 \rightarrow 2\,I^-$.

5.13 A partir do diagrama de Latimer abaixo, calcule o valor de $E^\ominus$ para a reação $2\,HO_2(aq) \rightarrow O_2(g) + H_2O_2(aq)$.

$$O_2 \xrightarrow{-0,125} HO_2 \xrightarrow{+1,510} H_2O_2$$

Comente a tendência termodinâmica do HO_2 de sofrer desproporcionação.

5.14 Use o diagrama de Latimer do cloro para determinar o potencial para a redução do ClO_4^- a Cl_2. Escreva uma equação balanceada para essa meia-reação.

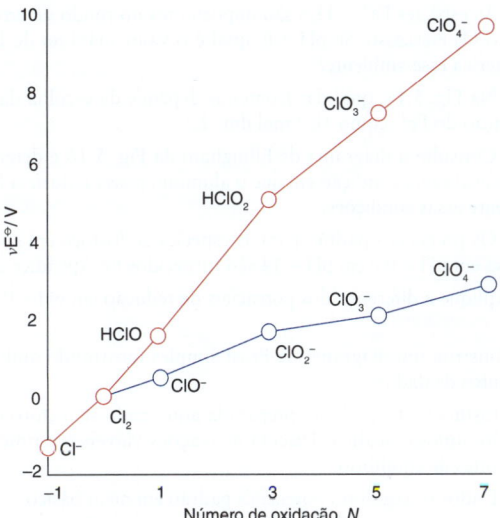

Figura 5.18 Diagrama de Frost para o cloro. A linha vermelha refere-se às condições ácidas (pH = 0) e a linha azul, a pH = 14. Note que como o $HClO_3$ e o $HClO_4$ são ácidos fortes, mesmo em pH = 0 eles estão presentes como suas bases conjugadas.

5.15 Usando o diagrama de Latimer abaixo, que apresenta os potenciais padrão para as espécies de enxofre em solução ácida (pH = 0), construa um diagrama de Frost e calcule o potencial padrão para o par $HSO_4^-/S_8(s)$.

$$HSO_4^- \xrightarrow{+0,16} H_2SO_3 \xrightarrow{+0,40}$$
$$S_2O_3^{2-} \xrightarrow{+0,60} S \xrightarrow{+0,14} H_2S$$

5.16 Calcule o potencial de redução a 25°C para a conversão do $MnO_4^-(aq)$ em $MnO_2(s)$, em meio aquoso com pH = 9,0 e $MnO_4^-(aq)$ 1 M, sabendo que $E^\ominus(MnO_4^-/MnO_2) = +1{,}69$ V.

5.17 Usando os seguintes potenciais de redução em meio ácido:

$$E^\ominus(Pd^{2+}, Pd) = +0{,}915\,V \quad e \quad E^\ominus([PdCl_4]^{2-}, Pd) = +0{,}60\,V$$

calcule a constante de equilíbrio para a reação $Pd^{2+}(aq) + 4\,Cl^-(aq) \rightleftharpoons [PdCl_4]^{2-}(aq)$, em HCl(aq) 1 M.

5.18 Calcule a constante de equilíbrio para a reação

$$Au^+(aq) + 2\,CN^-(aq) \rightleftharpoons [Au(CN)_2]^-(aq)$$

a partir dos potenciais padrão:

$$Au^+(aq) + e^- \rightarrow Au(s) \qquad E^\ominus = +1{,}68\,V$$
$$[Au(CN)_2]^-(aq) + e^- \rightarrow Au(s) + 2\,CN^-(aq) \qquad E^\ominus = -0{,}6\,V$$

5.19 O ligante edta forma complexos estáveis com centros ácidos duros. Como a complexação com o edta deve afetar a redução de M^{2+} para o metal na série 3d?

5.20 Desenhe um diagrama de Frost para o mercúrio em meio ácido a partir do seguinte diagrama de Latimer:

$$Hg^{2+} \xrightarrow{0,911} Hg_2^{2+} \xrightarrow{0,796} Hg$$

Comente a tendência de qualquer dessas espécies em atuar como um agente oxidante, um agente redutor ou sofrer desproporcionação.

5.21 Use a Fig. 5.12 para encontrar o potencial aproximado de um lago aerado em pH = 6. Com essa informação e os diagramas de Latimer do Apêndice 3, preveja as espécies presentes no equilíbrio para os elementos: (a) ferro, (b) manganês, (c) enxofre.

5.22 Explique por que água com alta concentração de dióxido de carbono dissolvido e em contato com o oxigênio atmosférico é muito corrosiva para o ferro.

5.23 As espécies Fe^{2+} e H_2S são importantes no fundo de um lago onde o O_2 é escasso. Se pH = 6, qual é o valor máximo de E que caracteriza esse ambiente?

5.24 Na Fig. 5.11, qual das fronteiras depende da escolha da concentração do Fe^{2+} como 10^{-5} mol dm^{-3}?

5.25 Consulte o diagrama de Ellingham da Fig. 5.16 e determine se existe alguma condição em que o alumínio possa reduzir o MgO. Comente essas condições.

5.26 Os potenciais padrão para as espécies de fósforo em solução aquosa em pH = 0 e em pH = 14 são fornecidos no Apêndice 3.

(a) Explique a diferença dos potenciais de redução em pH = 0 e pH = 14.

(b) Construa um diagrama de Frost simples mostrando ambos os conjuntos de dados.

(c) A fosfina (PH_3) pode ser preparada aquecendo-se fósforo numa solução aquosa alcalina. Discuta as reações viáveis e estime suas constantes de equilíbrio.

5.27 Dados os seguintes potenciais padrão em meio básico

$CrO_4^{2-}(aq) + 4 H_2O(l) + 3 e^- \rightarrow Cr(OH)_3(s) + 5 OH^-(aq)$ $E^\ominus = -0,11 V$

$[Cu(NH_3)_2]^+(aq) + e^- \rightarrow Cu(s) + 2 NH_3(aq)$ $E^\ominus = -0,10 V$

e assumindo que uma reação reversível pode ser estabelecida com um catalisador adequado, calcule $E^\ominus$, $\Delta_r G^\ominus$ e K para a redução em meio básico de: (a) CrO_4^{2-}; (b) $[Cu(NH_3)_2]^+$. Comente a razão de $\Delta_r G^\ominus$ e K serem tão diferentes entre esses dois casos, apesar de os valores de $E^\ominus$ serem tão próximos.

5.28 Muitos dados tabelados de potenciais padrão foram determinados a partir de dados termodinâmicos em vez de medidas eletroquímicas diretas dos potenciais de pilhas. Faça um cálculo para ilustrar essa abordagem para a meia-reação

$Sc_2O_3(s) + 3 H_2O(l) + 6 e^- \rightleftharpoons 2 Sc(s) + 6 OH^-(aq)$.

	Sc^{3+}(aq)	OH^-(aq)	H_2O(l)	Sc_2O_3(s)	Sc(s)
$\Delta_f H^\ominus$/(kJ mol^{-1})	−614,2	−230,0	−285,8	−1908,7	0
$S_m^\ominus$/(Jk^{-1}mol^{-1})	−255,2	−10,75	69,91	77,0	34,76

5.29 Os potenciais padrão a 25°C para o índio e o tálio, em solução aquosa (pH = 0), são dados a seguir.

$In^{3+}(aq) + 3 e^- \rightleftharpoons In(s)$ $E^\ominus = -0,338 V$
$In^+(aq) + e^- \rightleftharpoons In(s)$ $E^\ominus = -0,126 V$
$Tl^{3+}(aq) + 3 e^- \rightleftharpoons Tl(s)$ $E^\ominus = +0,741 V$
$Tl^+(aq) + e^- \rightleftharpoons Tl(s)$ $E^\ominus = -0,336 V$

Use os dados para construir um diagrama de Frost para os dois elementos e discuta as estabilidades relativas das espécies.

5.30 Os dados apresentados abaixo referem-se aos pares de oxirredução para os elementos do Grupo 8 Fe e Ru.

$Fe^{2+}(aq) + 2 e^- \rightleftharpoons Fe(s)$ $E^\ominus = -0,44 V$
$Fe^{3+}(aq) + e^- \rightleftharpoons Fe^{2+}(aq)$ $E^\ominus = +0,77 V$
$Ru^{2+}(aq) + 2 e^- \rightleftharpoons Ru(s)$ $E^\ominus = +0,80 V$
$Ru^{3+}(aq) + 2 e^- \rightleftharpoons Ru^{2+}(aq)$ $E^\ominus = +0,25 V$

(i) Comente a estabilidade relativa do Fe^{2+} e do Ru^{2+} em solução aquosa ácida.

(ii) Dê a equação balanceada para a reação que poderá ocorrer ao se adicionar limalha de ferro a uma solução aquosa acidificada de um sal de Fe^{3+}.

(iii) Calcule a constante de equilíbrio para a reação entre Fe^{2+}(aq) e uma solução ácida de permanganato de potássio nas condições padrão (use o Apêndice 3).

5.31 Usando os dados de potencial padrão, sugira por que o permanganato (MnO_4^-) não é um agente oxidante adequado para a determinação quantitativa do Fe^{2+} na presença de HCl, mas pode ser empregado se quantidades suficientes de Mn^{2+} e de íon fosfato forem adicionadas à solução. (*Dica*: o fosfato forma complexos com Fe^{3+}, estabilizando-o.)

PROBLEMAS TUTORIAIS

5.1 Explique o significado dos potenciais de redução na química inorgânica, mencionando suas aplicações nas investigações de estabilidade, solubilidade e reatividade em água.

5.2 No artigo "Variability of the cell potential of a given chemical reaction" (*J. Chem. Educ.* 2004, 81, 84), os autores L.H. Berka e I. Fishtik concluem que $E^\ominus$ para uma reação química não é uma função de estado porque as meias-reações são escolhidas arbitrariamente e podem conter números diferentes de elétrons transferidos. Discuta essa objeção.

5.3 Usando os Apêndices de 1 a 3 e os dados de atomização dos elementos $\Delta_f H^\ominus = +397$ kJ mol^{-1} (Cr) e +664 kJ mol^{-1} (Mo), construa ciclos termodinâmicos para as reações do Cr ou do Mo com ácidos diluídos e, então, considere a importância da ligação metálica na determinação dos potenciais padrão de redução para a formação dos cátions a partir dos metais.

5.4 O potencial de redução de um íon como o OH^- pode ser fortemente influenciado pelo solvente. (a) Tomando como base o artigo de revisão de D.T. Sawyer e J.L. Roberts, *Acc. Chem. Res.* 1988, 21, 469, descreva a magnitude da variação do potencial do par OH/OH^- com a mudança do solvente de água para a acetonitrila, CH_3CN. (b) Sugira uma interpretação qualitativa para a diferença na solvatação do íon OH^- nesses dois solventes.

5.5 Discuta como o equilíbrio $Cu^{2+}(aq) + Cu(s) \rightleftharpoons 2 Cu^+(aq)$ pode ser deslocado pela complexação com íons cloreto (veja J. Malyyszko e M. Kaczor, *J. Chem. Educ.* 2003, 80, 1048).

5.6 A enterobactina (Ent) é um ligante especial produzido por algumas bactérias para sequestrar o Fe do meio ambiente (o Fe é um nutriente essencial para praticamente todas as espécies vivas; veja o Capítulo 26). A constante de equilíbrio para a formação do [Fe(III)(Ent)] (10^{52} mol^{-1} dm^3) é pelo menos 40 ordens de magnitude maior do que a constante de equilíbrio para o complexo correspondente de Fe(II). Determine a viabilidade da liberação do Fe a partir do [Fe(III)(Ent)] pela sua redução a Fe(II), em condições de pH neutro, sabendo que o agente redutor mais forte disponível para as bactérias é o H_2.

5.7 No artigo "Enzymes and bio-inspired electrocatalysts in solar fuel devices" (*Energy Environ. Sci.*, 2012, 5, 7470), Woolerton e colaboradores usam um diagrama de Frost genérico (Fig. 5.19) para ilustrar o conceito de armazenamento e liberação de energia química. As chamadas "substâncias ricas em energia" são compostos (combustíveis e oxidantes) nos quais a energia química é armazenada: os combustíveis (como hidrocarbonetos, boranos e hidretos metálicos) situam-se na parte superior esquerda, ao passo que os oxidantes fortes como o O_2 situam-se na parte superior direita.

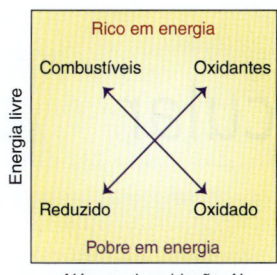

Figura 5.19 Diagrama de Frost genérico mostrando as relações entre os combustíveis, os oxidantes e os compostos pobres em energia tal como água, dióxido de carbono e as cinzas.

As "substâncias pobres em energia" são estáveis – os compostos reduzidos (como H_2O) situam-se na parte inferior esquerda, e os compostos oxidados (como CO_2 e os componentes das cinzas) situam-se na parte inferior direita. Energia é liberada (por combustão, numa pilha a combustível ou numa bateria) quando uma espécie na parte superior esquerda reage com uma espécie da parte superior direita formando produtos posicionados diagonalmente abaixo de suas respectivas setas. Durante o acúmulo de energia (tal como na fotossíntese ou ao se dar carga numa bateria), os compostos da parte inferior esquerda e os da parte inferior direita são transformados por meio do uso de luz solar ou eletricidade em produtos que estão posicionados diagonalmente acima de suas respectivas setas. Usando dados do Apêndice 3 mostre a utilidade desse conceito para o sistema metanol/oxigênio e para uma bateria chumbo-ácido.

5.8 Construa um diagrama de Ellingham para a decomposição térmica da água ($H_2O(g) \rightarrow H_2(g) + \frac{1}{2} O_2(g)$) usando $\Delta_r H^\ominus = +260$ kJ mol^{-1} e $\Delta_r S^\ominus = +60$ J K^{-1} mol^{-1} (assuma que $\Delta H^\ominus$ é independente da temperatura). Em seguida, calcule a temperatura em que o H_2 pode ser obtido pela decomposição espontânea da água (*Chem. Rev.* 2007, **107**, 4048). Comente a viabilidade da produção do H_2 por esse método.

5.9 No artigo "A thermochemical study of ceria: Exploiting an old material for new modes of energy conversion and CO_2 mitigation" (*Philos. Trans. R. Soc. London*, 2010, **368**, 3269), Chueh e Haile descrevem uma forma de converter água em H_2 e O_2 usando CeO_2. Explique os princípios químicos e termodinâmicos dessa inovação.

6 Simetria molecular

Introdução à análise por simetria
6.1 Operações e elementos de simetria e os grupos de pontos das moléculas
6.2 Tabelas de caracteres

Aplicações de simetria
6.3 Moléculas polares
6.4 Moléculas quirais
6.5 Vibrações moleculares

Simetrias dos orbitais moleculares
6.6 Combinações lineares formadas por simetria
6.7 A construção dos orbitais moleculares
6.8 Analogia vibracional

Representações
6.9 Redução de uma representação
6.10 Operador projeção

Leitura complementar

Exercícios

Problemas tutoriais

A simetria e a ligação nas moléculas estão intimamente relacionadas. Neste capítulo, exploraremos algumas das consequências da simetria molecular e apresentaremos uma argumentação sistemática baseada na teoria de grupo. Veremos que as considerações de simetria são essenciais na construção dos orbitais moleculares e para a análise das vibrações moleculares, principalmente quando isso não é imediatamente óbvio. Ela também nos permite extrair informações sobre as estruturas eletrônica e molecular a partir de dados espectroscópicos.

O tratamento sistemático da simetria faz uso de um ramo da matemática chamado de **teoria de grupo**. A teoria de grupo é um tema rico e uma abordagem poderosa, mas restringiremos sua utilização à classificação das moléculas em termos das suas propriedades de simetria, à construção dos orbitais moleculares e à análise das vibrações moleculares e das regras de seleção que governam as excitações. Também mostraremos que é possível tirar algumas conclusões gerais sobre as propriedades das moléculas, tal como polaridade e quiralidade, sem fazer cálculos.

Introdução à análise por simetria

Intuitivamente, é obvio que algumas moléculas são "mais simétricas" do que outras. Entretanto, nossa intenção é definir precisamente, e não apenas intuitivamente, as simetrias das moléculas, apresentando um esquema para especificar e descrever essas simetrias. Nos capítulos posteriores, ficará claro que a análise por simetria é uma das técnicas mais abrangentes da química inorgânica.

6.1 Operações e elementos de simetria e os grupos de pontos das moléculas

Pontos principais: Operações de simetria são ações que deixam a molécula aparentemente inalterada; cada operação de simetria está associada a um elemento de simetria. O grupo de pontos de uma molécula é identificado observando-se os elementos de simetria da molécula e comparando-os aos elementos que definem cada grupo.

Um conceito fundamental para a aplicação da teoria de grupo na química é a **operação de simetria**, uma ação, tal como uma rotação por um determinado ângulo, que deixa a molécula aparentemente inalterada. Um exemplo é a rotação de uma molécula de H_2O por 180° em torno da bissetriz do ângulo HOH (Fig. 6.1). Associado à cada operação de simetria há um **elemento de simetria** – um ponto, uma linha ou um plano em relação ao qual a operação de simetria é executada. As operações de simetria mais importantes e seus elementos de simetria correspondentes encontram-se na Tabela 6.1. Todas essas operações deixam pelo menos um ponto inalterado e, assim, são conhecidas como **operações de simetria do grupo de pontos**.

As figuras com um asterisco (*) podem ser encontradas on-line como estruturas 3D interativas. Digite a seguinte URL em seu navegador, adicionando o número da figura: www.chemtube3d.com/weller/[número do capítulo]F[número da figura]. Por exemplo, para a Figura 3 no Capítulo 7, digite www.chemtube3d.com/weller/7F03.

Muitas das estruturas numeradas podem ser também encontradas on-line como estruturas 3D interativas: visite www.chemtube3d.com/weller/[número do capítulo] para todos os recursos 3D organizados por capítulo.

Introdução à análise por simetria

Tabela 6.1 Operações e elementos de simetria

Operação de simetria	Elemento de simetria	Símbolo
Identidade	"todo o espaço"	E
Rotação de 360°/n	n-ésimo eixo de simetria	C_n
Reflexão	plano de reflexão	σ
Inversão	centro de inversão	i
Rotação de 360°/n seguida de uma reflexão perpendicular ao eixo de rotação	n-ésimo eixo de rotação imprópria*	S_n

*Note as equivalências $S_1 = \sigma$ e $S_2 = i$.

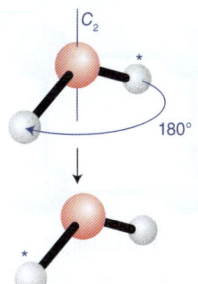

Figura 6.1* Uma molécula de água pode ser girada por qualquer ângulo em torno da bissetriz do ângulo HOH, mas somente uma rotação de 180° (a operação C_2) deixa-a aparentemente inalterada.

A **operação identidade**, E, consiste em não fazer nada com a molécula. Toda molécula tem no mínimo essa operação, e algumas têm somente essa operação, por isso ela é necessária se queremos classificar todas as moléculas de acordo com as suas simetrias.

A rotação de uma molécula de água por 180° em torno da bissetriz do ângulo HOH (como na Fig. 6.1) é uma operação de simetria denominada C_2. Em geral, uma **n-ésima rotação** será uma operação de simetria se a molécula parecer inalterada após uma rotação de 360°/n. O elemento de simetria correspondente a um **n-ésimo eixo de rotação**, C_n, em torno do qual a rotação é executada, é uma linha. Existe apenas uma operação de rotação associada ao eixo C_2 (como no H_2O) porque as rotações de 180° nos sentidos horário e anti-horário são idênticas. A molécula piramidal trigonal de NH_3 tem um eixo de rotação de ordem três denominado C_3, mas há duas operações associadas a esse eixo, uma rotação no sentido horário de 120° e outra no sentido anti-horário pelo mesmo ângulo (Fig. 6.2). As duas operações são denominadas C_3 e C_3^2 (uma vez que duas rotações sucessivas de 120° no sentido horário são equivalentes a uma rotação de 120° no sentido anti-horário), respectivamente.

A molécula quadrática plana de XeF_4 tem um eixo de rotação de ordem quatro, C_4, mas também possui dois pares de eixos de rotação de ordem dois perpendiculares ao eixo C_4 de ordem quatro: um par (C_2') passa por cada unidade *trans*-FXeF e o outro par (C_2'') passa pelas bissetrizes dos ângulos FXeF (Fig. 6.3). Por convenção, o eixo de rotação de maior ordem, chamado de **eixo principal**, define o eixo z (sendo normalmente desenhado na posição vertical). A operação C_4^2 é equivalente a uma rotação C_2, sendo geralmente listada separadamente da operação C_4 como "$C_2 (= C_4^2)$".

A reflexão de uma molécula de H_2O em qualquer dos dois planos mostrados na Fig. 6.4 é uma operação de simetria; o elemento de simetria correspondente é um **plano de reflexão**, σ. A molécula H_2O tem dois planos de reflexão que se interceptam na bissetriz do ângulo HOH. Como os planos são "verticais", uma vez que contêm o eixo de rotação (z) da molécula, eles são rotulados com um índice v, como em σ_v e σ_v'. A molécula de XeF_4 na Fig. 6.3 tem um plano de reflexão σ_h no plano da molécula. O índice h significa que o plano é "horizontal", no sentido de que o eixo de rotação principal da molécula é perpendicular a ele. Essa molécula também tem mais dois conjuntos de planos de reflexão que se interceptam no eixo de ordem quatro. Os elementos de simetria (e as operações a eles associadas) são denominados σ_v para os planos que passam através dos átomos de F e σ_d para os planos que são bissetrizes dos ângulos entre os átomos de F. O índice d significa diedro, indicando que o plano é bissetriz do ângulo formado pelos dois eixos C_2' (os eixos FXeF).

Para entender a **operação de inversão**, i, precisamos imaginar que cada átomo é projetado ao longo de uma linha reta através de um único ponto localizado no centro da molécula, por uma distância igual para o outro lado do ponto (Fig. 6.5). Em uma molécula octaédrica, tal como o SF_6, com o ponto no centro da molécula, pares de átomos diametralmente opostos nos vértices do octaedro serão permutados. Em geral, na inversão, um átomo com coordenadas (x, y, z) move-se para ($-x, -y, -z$). O elemento de simetria, o ponto através do qual as projeções são feitas, é chamado de **centro de inversão**, i. Para o SF_6, o centro de inversão encontra-se no núcleo do átomo de S. Da mesma forma, a molécula de CO_2 tem um centro de inversão no núcleo do C. Entretanto, não há necessidade de haver um átomo no centro de inversão: a molécula de N_2 tem o centro de inversão na metade da distância entre os dois núcleos de nitrogênio, e o íon S_4^{2+} (**1**) possui um centro de inversão no centro do íon quadrado. Uma molécula de H_2O não possui centro de inversão, e qualquer molécula tetraédrica não pode ter um centro de inversão. Embora uma inversão possa algumas vezes produzir o mesmo efeito que uma rotação de 180°, isso nem sempre é verdade, e as duas operações devem ser claramente diferenciadas (Fig. 6.6).

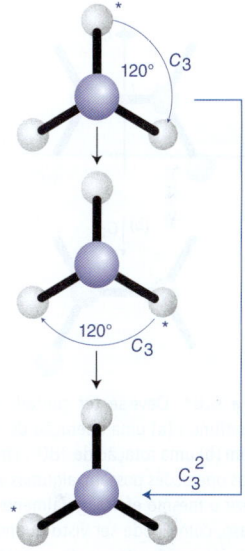

Figura 6.2* Uma rotação de ordem três e o eixo C_3 correspondente no NH_3. Há duas rotações associadas com este eixo, uma de 120° (C_3) e a outra de 240° (C_3^2).

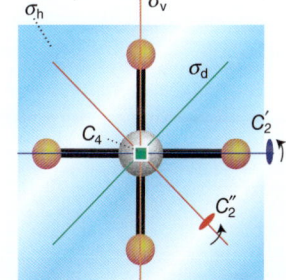

Figura 6.3* Alguns dos elementos de simetria de uma molécula quadrática plana como o XeF_4.

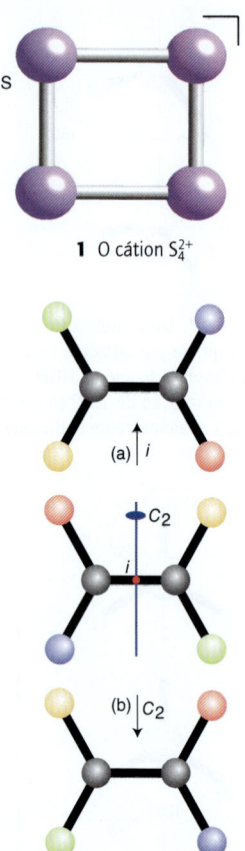

1 O cátion S_4^{2+}

Figura 6.6* Deve-se ter cuidado para não confundir (a) uma operação de inversão com (b) uma rotação de 180°. Embora as duas operações possam, algumas vezes, produzir o mesmo efeito, geralmente não é o caso, como pode ser visto quando os quatro átomos terminais do mesmo elemento são coloridos diferentemente.

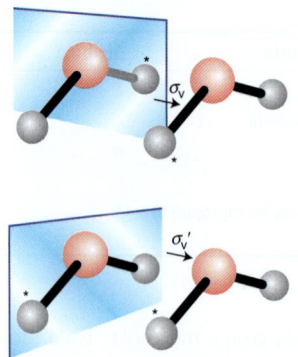

Figura 6.4* Os dois planos de reflexão verticais σ_v e σ_v' do H_2O e as operações de simetria correspondentes. Ambos os planos cortam o eixo C_2.

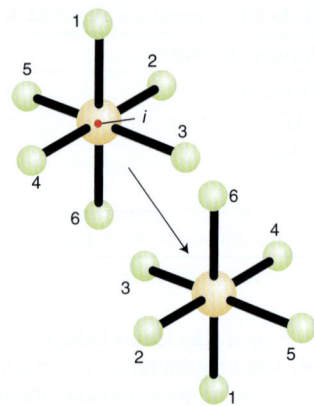

Figura 6.5* A operação de inversão e o centro de inversão i no SF_6.

A **rotação imprópria** consiste na rotação de uma molécula de certo ângulo em torno de um eixo, seguida de uma reflexão no plano perpendicular a esse eixo (Fig. 6.7). Esta figura mostra uma rotação imprópria de ordem quatro para uma molécula de CH_4. Neste caso, a operação consiste em uma rotação de 90° (ou seja, 360°/4) em torno de um eixo que é a bissetriz de dois ângulos HCH, seguido de uma reflexão no plano perpendicular ao eixo de rotação. Nem a operação de 90° (C_4) e nem a reflexão, sozinhas, são operações de simetria para o CH_4, mas o efeito global é uma operação de simetria. Uma rotação imprópria de ordem quatro é denominada S_4. O elemento de simetria, o **eixo de rotação impróprio**, S_n (S_4 neste exemplo), corresponde à combinação de um n-ésimo eixo rotacional e um plano de reflexão perpendicular a ele.

Um eixo S_1, uma rotação de 360° seguida por uma reflexão no plano perpendicular, é equivalente a somente uma reflexão, de forma que S_1 e σ_h são idênticos; geralmente o símbolo σ_h é usado em vez de S_1. Da mesma forma, um eixo S_2, uma rotação de 180° seguida por uma reflexão no plano perpendicular, é equivalente a uma inversão, i (Fig. 6.8); o símbolo i é empregado no lugar de S_2.

Identificando os elementos de simetria da molécula e fazendo uso da Tabela 6.2, poderemos designar o **grupo de pontos** de uma molécula. Na prática, as formas geométricas apresentadas nesta tabela são uma boa pista para a identificação do grupo ao

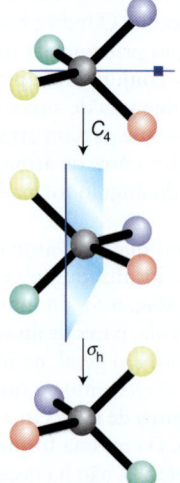

Figura 6.7* Um eixo de rotação impróprio de ordem quatro, S_4, na molécula de CH_4. Os quatro átomos terminais do mesmo elemento são coloridos diferentemente para facilitar observar os seus movimentos.

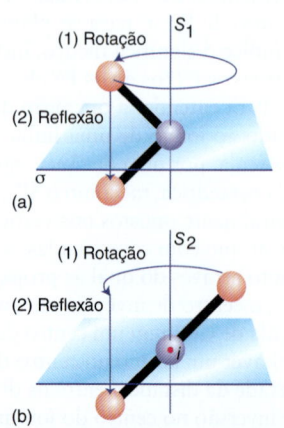

Figura 6.8* (a) Um eixo S_1 é equivalente a um plano de reflexão e (b) um eixo S_2 é equivalente a um centro de inversão.

EXEMPLO 6.1   Identificando elementos de simetria

Identifique os elementos de simetria na conformação eclipsada de uma molécula de etano.

Resposta Devemos identificar as rotações, reflexões e inversões que deixam a molécula aparentemente inalterada. Não esqueça que a identidade é uma operação de simetria. Inspecionando um modelo da molécula, vemos que a conformação eclipsada da molécula CH_3CH_3 (**2**) tem os elementos E, C_3, $3C_2$, σ_h, $3\sigma_v$ e S_3. Podemos também ver que a conformação estrelada (**3**) apresenta ainda os elementos i e S_6.

Teste sua compreensão 6.1 Faça um esboço mostrando o eixo S_4 de um íon NH_4^+. Quantos desses eixos estão presentes nesse íon?

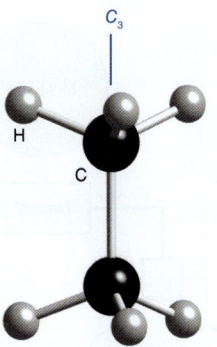

2 Um eixo C_3

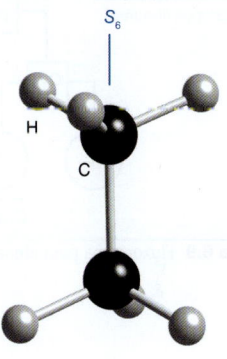

3 Um eixo S_6

Tabela 6.2 A composição de alguns grupos comuns

Grupo de pontos	Elementos de simetria	Geometria	Exemplos
C_1	E		SiHClBrF
C_2	E, C_2		H_2O_2
C_s	E, σ		NHF_2
C_{2v}	E, C_2, σ_v, σ_v'		SO_2Cl_2, H_2O
C_{3v}	E, $2C_3$, $3\sigma_v$		NH_3, PCl_3, $POCl_3$
$C_{\infty v}$	E, $2C_\varphi$, $\infty\sigma_v$		OCS, CO, HCl
D_{2h}	E, $3C_2$, i, 3σ		N_2O_4, B_2H_6
D_{3h}	E, $2C_3$, $3C_2$, σ_h, $2S_3$, $3\sigma_v$		BF_3, PCl_5
D_{4h}	E, $2C_4$, C_2, C_2', $2C_2''$, i, $2S_4$, σ_h, $2\sigma_v$, $2\sigma_d$		XeF_4, *trans*-$[MA_4B_2]$
$D_{\infty h}$	E, $\infty C_2'$ $2C_\varphi$, i, $\infty\sigma_v$, $2S_\varphi$		CO_2, H_2, C_2H_2
T_d	E, $8C_3$, $3C_2$, $6S_4$, $6\sigma_d$		CH_4, $SiCl_4$
O_h	E, $8C_3$, $6C_2$, $6C_4$, $3C_2$, i, $6S_4$, $8S_6$, $3\sigma_h$, σ_d		SF_6

6 Simetria molecular

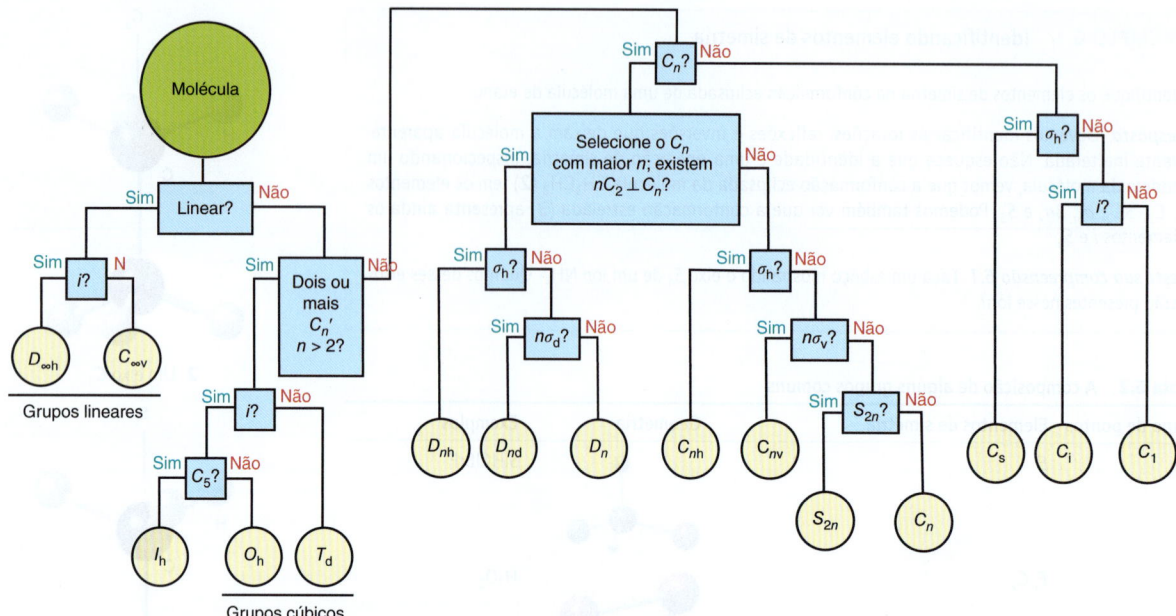

Figura 6.9 Fluxograma para identificar um grupo de pontos de uma molécula. Os símbolos em bifurcação referem-se aos elementos de simetria.

qual a molécula pertence, pelo menos nos casos mais simples. O uso do fluxograma da Fig. 6.9 é uma forma sistemática de determinar a maioria dos grupos de pontos mais comuns, respondendo-se às questões em cada bifurcação. O nome do grupo de pontos é normalmente indicado pelo seu **símbolo de Schoenflies**, como o C_{3v} para a molécula de amônia.

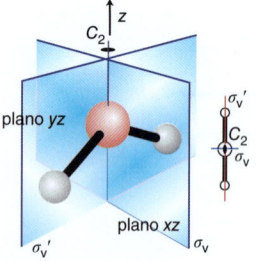

Figura 6.10* Os elementos de simetria do H_2O. O diagrama no lado direito oferece uma visão de cima, sendo uma visão mais condensada do diagrama à esquerda.

EXEMPLO 6.2 Identificando o grupo de pontos de uma molécula

A quais grupos de pontos pertencem as moléculas H_2O e XeF_4?

Resposta Podemos trabalhar usando a Tabela 6.2 ou a Fig. 6.9. (a) Os elementos de simetria para o H_2O são mostrados na Fig. 6.10. O H_2O possui a identidade (E), um eixo de rotação de ordem dois (C_2) e dois planos de reflexão verticais (σ_v e σ_v'). Esse conjunto de elementos (E, C_2, σ_v, σ_v') corresponde ao grupo C_{2v}, listado na Tabela 6.2. Alternativamente, podemos trabalhar com a Fig. 6.9: a molécula não é linear; não possui dois ou mais C_n com $n > 2$; possui um C_n (um eixo C_2); não tem $2C_2 \perp C_2$; não tem σ_h e não tem $2\sigma_v$. Pertence, portanto, ao grupo C_{2v}. (b) Os elementos de simetria do XeF_4 são apresentados na Fig. 6.3. O XeF_4 possui a identidade (E), um eixo de ordem quatro (C_4), dois pares de eixos de rotação de ordem dois que são perpendiculares ao eixo principal C_4, um plano de reflexão horizontal σ_h no plano do papel e dois conjuntos de dois planos de reflexão verticais (σ_v e σ_d). Usando a Tabela 6.2, podemos ver que esse conjunto de elementos identifica o grupo de pontos dessa molécula como D_{4h}. Alternativamente, podemos trabalhar com a Fig. 6.9: a molécula não é linear; não possui dois ou mais C_n com $n > 2$; possui um C_n (um eixo C_4); tem $4C_2 \perp C_4$; tem um σ_h. Ela pertence, portanto, ao grupo D_{4h}.

Teste sua compreensão 6.2 Identifique os grupos de pontos do BF_3, uma molécula trigonal plana (a), e do íon SO_4^{2-} tetraédrico (b).

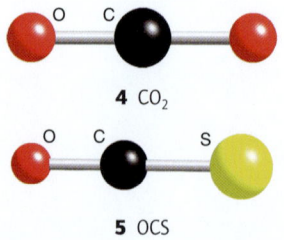

4 CO_2

5 OCS

É muito útil ser capaz de reconhecer imediatamente o grupo de pontos de algumas moléculas mais comuns. Moléculas lineares com centro de simetria, tais como H_2, CO_2 (**4**) e HC≡CH, pertencem ao grupo de pontos $D_{\infty h}$. Uma molécula linear que não possui centro de simetria, tal como HCl ou OCS (**5**), pertence ao grupo de pontos $C_{\infty v}$. Moléculas tetraédricas (T_d) e octaédricas (O_h) têm mais de um eixo principal de simetria (Fig. 6.11): a molécula tetraédrica CH_4, por exemplo, tem quatro eixos C_3, um ao longo de cada ligação CH. Os grupos de pontos O_h e T_d são conhecidos como **grupos cúbicos**, uma vez que eles estão intimamente relacionados com a simetria do cubo. Um grupo também relacionado a estes, o **grupo icosaédrico**, I_h, característico do icosaedro, tem 12 eixos de ordem cinco (Fig. 6.12). O grupo icosaédrico é importante para os compostos de boro (Seção 13.11) e para a molécula de fulereno, C_{60} (Seção 14.6).

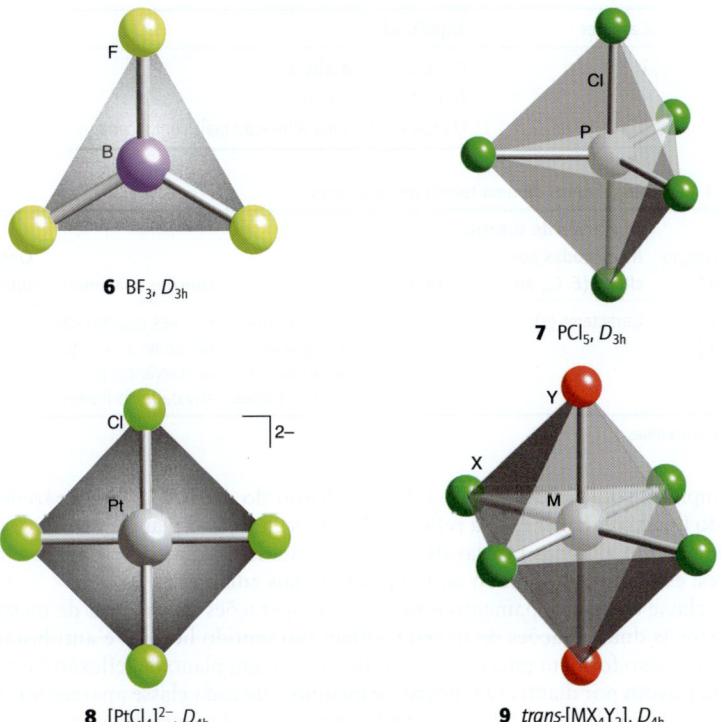

6 BF₃, D_{3h}

7 PCl₅, D_{3h}

8 [PtCl₄]²⁻, D_{4h}

9 trans-[MX₄Y₂], D_{4h}

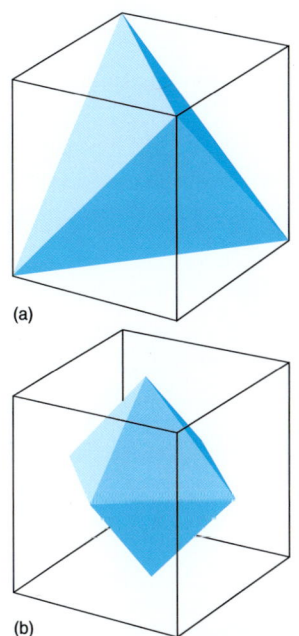

Figura 6.11* Formas que possuem simetria cúbica: (a) tetraedro, grupo de pontos T_d; (b) octaedro, grupo de pontos O_h.

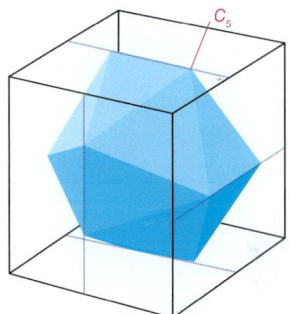

Figura 6.12* O icosaedro regular, grupo de pontos I_h, e sua relação com o cubo.

A distribuição das moléculas pelos vários grupos de pontos é muito desigual. Alguns dos grupos mais comuns para as moléculas são os grupos de baixa simetria C_1 e C_s. Existem muitos exemplos de moléculas nos grupos C_{2v} (como o SO_2) e C_{3v} (como o NH_3). Existem muitas moléculas lineares que pertencem aos grupos $C_{\infty v}$ (HCl, OCS) e $D_{\infty h}$ (Cl_2, CO_2) e várias moléculas trigonais planas (como o BF_3, (**6**)) que são D_{3h}; as moléculas com geometria bipiramidal trigonal (como o PCl_5, (**7**)) também são D_{3h}, e as moléculas quadráticas planas (**8**) são D_{4h}. Uma "molécula octaédrica" somente pertencerá ao grupo de pontos octaédrico, O_h, se os seis grupos e os comprimentos das ligações com o átomo central forem idênticos e também todos os ângulos forem iguais a 90°. Por exemplo, moléculas chamadas "octaédricas", com dois substituintes idênticos em posições opostas um em relação ao outro, como em (**9**), são, na verdade, D_{4h}. Este último exemplo mostra que a classificação pelo grupo de pontos de uma molécula é mais precisa do que o uso casual dos termos "octaédrico" ou "tetraédrico", que indicam a geometria molecular, mas dizem pouco sobre a simetria de cada molécula.

6.2 Tabelas de caracteres

Ponto principal: A análise sistemática das propriedades de simetria das moléculas é realizada através do emprego das tabelas de caracteres.

Vimos anteriormente como as propriedades de simetria de uma molécula definem seu grupo de pontos e como esse grupo de pontos é identificado pelo seu símbolo de Schoenflies. Para cada grupo de pontos existe uma **tabela de caracteres** a ele associada. Uma tabela de caracteres mostra todos os elementos de simetria do grupo de pontos juntamente a uma descrição de como vários objetos ou funções matemáticas transformam-se quando submetidas às correspondentes operações de simetria. Uma tabela de caracteres é completa: qualquer objeto ou função matemática relacionada a uma molécula pertencente a um particular grupo de pontos deve transformar-se de acordo com uma das linhas da tabela de caracteres desse grupo de pontos.

A estrutura de uma tabela de caracteres típica é apresentada na Tabela 6.3. As entradas no corpo principal da tabela são chamados de **caracteres**, χ (chi). Cada carácter mostra como um objeto ou função matemática, como um orbital atômico, é afetado pela correspondente operação de simetria do grupo. Assim:

Carácter	Significado
1	O orbital não se altera
–1	O orbital muda o sinal
0	O orbital sofre uma alteração mais complicada

Tabela 6.3 Os componentes de uma tabela de caracteres

Nome do grupo de pontos*	Operações de simetria R separadas por classe (E, C_n, etc.)	Funções	Funções adicionais	Ordem do grupo, h
Espécie de simetria (Γ)	Caracteres (χ)	Translações e componentes dos momentos dipolo (x, y, z) de relevância para a atividade no IV; rotações	Funções quadráticas, tais como z^2, xy, etc., de relevância para a atividade no Raman	

*Símbolo de Schoenflies

Por exemplo, a rotação de um orbital p_z em torno do eixo z deixa-o aparentemente inalterado (logo o carácter é 1); a reflexão de um orbital p_z no plano xy troca o seu sinal (carácter –1). Em algumas tabelas de caracteres, números como 2 e 3 aparecem como caracteres: esse tipo de resultado será explicado mais adiante.

Uma **classe** é um agrupamento específico de operações de simetria de mesmo tipo geométrico: as duas rotações de terceira ordem (no sentido horário e anti-horário) em relação a um eixo formam uma classe; as reflexões em um plano de reflexão formam outra classe; e assim por diante. O número de membros de cada classe aparece no título de cada coluna da tabela, como $2C_3$, indicando que existem dois membros na classe eixo de rotação de terceira ordem. Todas as operações na mesma classe têm o mesmo carácter.

Cada linha de caracteres corresponde a uma determinada **representação irredutível** do grupo. Uma representação irredutível possui um significado técnico na teoria de grupo. Contudo, grosseiramente falando, ela é um tipo fundamental de simetria do grupo. A legenda na primeira coluna é a **espécie de simetria** dessa representação irredutível. As duas colunas à direita contêm exemplos de funções que exibem as características de cada espécie de simetria. Uma das colunas contém funções definidas por eixos simples, como as translações (x,y,z) ou orbitais p (p_x,p_y,p_z) ou rotações em torno de um eixo (R_x,R_y,R_z), e a outra coluna contém funções quadráticas tais como aquelas que representam os orbitais d (xy, etc.). As tabelas de caracteres para alguns grupos de pontos mais comuns encontram-se no Apêndice 4.

Tabela 6.4 A tabela de caracteres do C_{2v}

C_{2v}	E	C_2	σ_v (xz)	σ_v' (yz)	h = 4	
A_1	1	1	1	1	z	x^2, y^2, z^2
A_2	1	1	–1	–1	R_z	xy
B_1	1	–1	1	–1	x, R_y	zx
B_2	1	–1	–1	1	y, R_x	yz

> **EXEMPLO 6.3** Identificando as espécies de simetria dos orbitais
>
> Identifique a espécie de simetria de cada orbital atômico da camada de valência do oxigênio em uma molécula de H_2O, que possui simetria C_{2v}.
>
> **Resposta** Os elementos de simetria da molécula de H_2O são mostrados na Fig. 6.10 e a tabela de caracteres para o C_{2v} é dada na Tabela 6.4. Precisamos, então, ver como os orbitais comportam-se quando submetidos a essas operações de simetria. O orbital s do átomo de O permanece inalterado para todas as quatro operações, de forma que seus caracteres são (1,1,1,1), pertencendo, portanto, à espécie de simetria A_1. Igualmente, o orbital $2p_z$ no átomo de O permanece inalterado para todas as operações do grupo de pontos sendo, então, totalmente simétrico no C_{2v}: ele pertence à espécie de simetria A_1. O carácter do orbital $O2p_x$ para o C_2 é –1, o que significa simplesmente que ele troca de sinal ao sofrer uma rotação segundo o eixo de ordem dois. O orbital p_x também troca de sinal (e, portanto, tem carácter –1) quando refletido no plano yz (σ_v'), mas fica inalterado (carácter 1) quando refletido no plano xz (σ_v). Isto significa que os caracteres do orbital $O2p_x$ são (1,–1,1,–1) e, portanto, sua espécie de simetria é B_1. O carácter do orbital $O2p_y$ para o C_2 é –1, da mesma forma que quando refletido no plano xz (σ_v). O $O2p_y$ permanece inalterado (carácter 1) quando refletido no plano yz (σ_v'). Isso implica em que os caracteres do orbital $O2p_y$ são (1,–1,–1,1) e, portanto, ele pertence à espécie de simetria B_2.
>
> **Teste sua compreensão 6.3** Identifique as espécies de simetria de todos os orbitais d do átomo central de S no H_2S.

A letra A usada para rotular uma espécie de simetria no grupo C_{2v} significa que a função a que ela se refere é simétrica (isto é, seu carácter é 1) com relação à rotação

Tabela 6.5 A tabela de caracteres do C_{3v}

C_{3v}	E	$2C_3$	$3\sigma_v$	$h = 6$	
A_1	1	1	1	z	$x^2 + y^2, z^2$
A_2	1	1	−1	R_z	
E	−1	0		(R_x, R_y)	$(x, y)(zx, yz)(x^2-y^2, xy)$

segundo o eixo de ordem dois. O rótulo B indica que a função troca de sinal (o carácter é −1) para essa rotação. O índice 1 em A_1 significa que a função a que ele se refere também é simétrica em relação à reflexão no plano vertical principal (para o H_2O, esse é o plano que contém os três átomos). O índice 2 é usado para indicar que a função muda de sinal quando submetida a essa reflexão.

Consideremos agora o NH_3, que é um exemplo um pouco mais complexo e que pertence ao grupo de pontos C_{3v} (Tabela 6.5). A molécula de NH_3 possui uma simetria maior do que o H_2O. Essa maior simetria é evidenciada pela **ordem**, h, do grupo, que indica o número total de operações de simetria. Para o H_2O, $h = 4$ e para o NH_3, $h = 6$. Para moléculas altamente simétricas, h é grande; por exemplo, $h = 48$ para o grupo de pontos O_h.

A inspeção da molécula de NH_3 (Fig. 6.13) mostra que embora o orbital $N2p_z$ seja único (simetria A_1), os orbitais $N2p_x$ e $N2p_y$ pertencem, ambos, à representação E. Em outras palavras, os orbitais $N2p_x$ e $N2p_y$ possuem as mesmas características de simetria, sendo degenerados e devendo ser tratados juntos.

Os caracteres na coluna encabeçada pela operação identidade E indicam a degenerescência dos orbitais:

Rótulo de simetria	Degenerescência
A, B	1
E	2
T	3

É importante tomar cuidado para distinguir a operação E, em itálico, do rótulo de simetria E, em romano: todas as operações são indicadas em itálico e todos os rótulos de simetria, em romano.

As representações irredutíveis degeneradas também possuem valores zero para algumas operações, pois o carácter é a soma dos caracteres para dois ou mais orbitais do conjunto, e se um orbital mudou de sinal e o outro não, o carácter total será, então, zero. Por exemplo, a reflexão no plano de reflexão vertical contendo o eixo y no NH_3 resulta num orbital p_y inalterado, mas na inversão do orbital p_x.

EXEMPLO 6.4 Determinando a degenerescência

Podem existir orbitais triplamente degenerados no BF_3?

Resposta Para decidir se existem orbitais triplamente degenerados no BF_3, notamos, primeiramente, que o grupo de pontos da molécula é D_{3h}. A tabela de caracteres referente a esse grupo (Apêndice 4) mostra que nenhum carácter é maior do que 2 na coluna encabeçada por E sendo, portanto, a degenerescência máxima igual a 2. Assim, nenhum dos seus orbitais pode ser triplamente degenerado.

Teste sua compreensão 6.4 A molécula de SF_6 é octaédrica. Qual o grau máximo possível de degenerescência de seus orbitais?

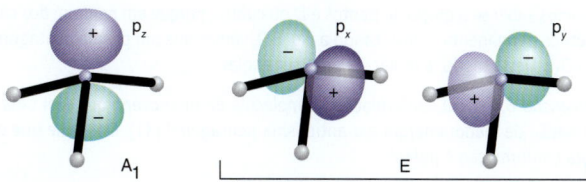

Figura 6.13* O orbital $2p_z$ do nitrogênio na amônia é simétrico para todas as operações do grupo de pontos C_{3v} e, portanto, possui simetria A_1. Os orbitais $2p_x$ e $2p_y$ se comportam de maneira idêntica para todas as operações (eles não podem ser distinguidos), sendo indicados pelo rótulo de simetria E.

Aplicações de simetria

Dentre as importantes aplicações da simetria em química inorgânica, temos a construção e a classificação dos orbitais moleculares e a interpretação de dados espectroscópicos para a determinação de estruturas. Entretanto, há várias aplicações mais simples, em que algumas propriedades moleculares, como a polaridade e a quiralidade, podem ser deduzidas apenas pelo conhecimento do grupo de pontos da molécula. Outras propriedades, como a classificação das vibrações moleculares e a identificação de suas atividades no IV e Raman, necessitam do conhecimento detalhado da estrutura da tabela de caracteres. Abordaremos essas aplicações nesta seção.

6.3 Moléculas polares

Ponto principal: Uma molécula não pode ser polar se ela pertencer a qualquer grupo que tenha um centro de inversão, qualquer dos grupos D e seus derivados, os grupos cúbicos (T, O), o grupo icosaédrico (I) e suas modificações.

Uma **molécula polar** é uma molécula que tem um momento de dipolo elétrico permanente. Uma molécula não pode ser polar se ela possuir um centro de inversão. O centro de inversão implica que a molécula tem uma distribuição de carga idêntica em todos os pontos diametralmente opostos em relação ao centro, eliminando a possibilidade de um momento de dipolo. Da mesma forma, um momento de dipolo não pode se encontrar perpendicular a qualquer plano de reflexão ou eixo de rotação que a molécula possua. Por exemplo, um plano de reflexão obriga a existência de átomos idênticos em ambos os lados do plano, de forma que não pode haver um momento de dipolo que cruze o plano. Da forma similar, a existência de um eixo de simetria implica a presença de átomos idênticos nos pontos relacionados pela rotação correspondente, eliminando a possibilidade de um momento de dipolo perpendicular ao eixo.

Em resumo:

- Uma molécula não pode ser polar se ela tiver um centro de inversão.
- Uma molécula não pode ter um momento de dipolo elétrico perpendicular a qualquer plano de reflexão.
- Uma molécula não pode ter um momento de dipolo elétrico perpendicular a qualquer eixo de rotação.

Algumas moléculas possuem um eixo de simetria que elimina a possibilidade de um momento de dipolo em um plano e outro eixo de simetria ou plano de reflexão que elimina a sua existência em outra direção. Esses dois ou mais elementos de simetria, juntos, não permitem a presença de um momento dipolar em qualquer direção. Assim, qualquer molécula que possua um eixo C_n e um eixo C_2 perpendicular ao eixo C_n (como ocorre em todas as moléculas que pertencem a um grupo de pontos D) não poderá ter um momento de dipolo em qualquer direção. Por exemplo, a molécula de BF_3 (D_{3h}) é apolar. Igualmente, moléculas pertencentes aos grupos tetraédricos, octaédricos e icosaédricos têm vários eixos de rotação perpendiculares que eliminam a possibilidade de dipolos nas três direções, de forma que essas moléculas são apolares. Assim, as moléculas SF_6 (O_h) e CCl_4 (T_d) são, portanto, apolares.

10

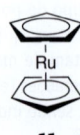

11

> **EXEMPLO 6.5** Avaliando se uma molécula pode ser polar ou não
>
> A molécula do rutenoceno (**10**) é um prisma pentagonal com o átomo de Ru intercalado entre dois anéis C_5H_5. Ela pode ser polar?
>
> *Resposta* Precisamos saber se o grupo de pontos é D ou cúbico, porque em nenhum dos casos ela poderá ter um dipolo elétrico permanente. Consultando a Fig. 6.9, vemos que um prisma pentagonal pertence ao grupo de pontos D_{5h}. Deste modo, a molécula deve ser apolar.
>
> *Teste sua compreensão 6.5* Uma conformação da molécula de rutenoceno que tem uma energia maior do que a conformação de menor energia é o antiprisma pentagonal (**11**). Confirme que o seu grupo de pontos é D_{5d}. Esta conformação é polar?

6.4 Moléculas quirais

Ponto principal: Uma molécula não pode ser quiral se ela possuir um eixo de rotação impróprio (S_n).

Uma **molécula quiral** (termo grego para "mão") é uma molécula que não pode ser sobreposta sobre a sua própria imagem especular. Uma mão é quiral no sentido de que a imagem especular da mão esquerda é a mão direita, e as duas mãos não podem ser sobrepostas. Uma molécula quiral e sua imagem especular são chamadas de **enantiômeros** (termo grego para "ambas as partes"). Moléculas quirais que não se interconvertem rapidamente entre as formas enantiomorfas são **opticamente ativas**, pois podem girar o plano da luz polarizada. Pares de moléculas enantiomorfas giram o plano da luz polarizada de quantidades iguais em direções opostas.

Uma molécula com um plano de reflexão obviamente não é quiral. No entanto, um pequeno número de moléculas sem plano de reflexão também não são quirais. De fato, a condição primordial é a presença de um eixo de rotação impróprio, S_n, que impede a molécula de ser quiral. Um plano de reflexão é um eixo de rotação impróprio S_1, e um centro de inversão equivale a um eixo S_2; portanto, moléculas com um plano de reflexão ou um centro de inversão possuem eixos de rotação impróprios e não podem ser quirais. Dentre os grupos em que o S_n está presente temos D_{nh} e D_{nd} e alguns dos grupos cúbicos (especificamente, T_d e O_h). Portanto, moléculas como CH_4 ou $[Ni(CO)_4]$, que pertencem ao grupo T_d, não são quirais. Dizer que um átomo de carbono "tetraédrico" leva à atividade óptica (como no CHBrClF) serve para lembrar que a teoria de grupo é mais estrita na sua terminologia do que as designações casuais. De fato, o CHBrClF (**12**) pertence ao grupo C_1, não ao grupo T_d; ele tem uma geometria tetraédrica, mas não uma simetria tetraédrica.

Quando avaliamos a quiralidade, é importante estar alerta para eixos de rotação impróprios que podem não estar imediatamente aparentes. Moléculas sem um plano de reflexão ou centro de inversão (e, portanto, sem eixos S_1 ou S_2) são geralmente quirais, mas é importante verificar se um eixo de rotação impróprio de ordem superior também não está presente. Por exemplo, o íon de amônio quaternário (**13**) não possui plano de reflexão (S_1) e nem centro de inversão (S_2), mas tem um eixo S_4 e, portanto, não é quiral.

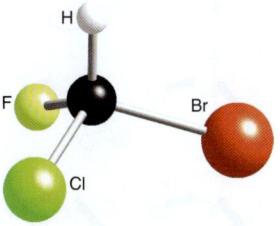

12 CHBrClF, C_1

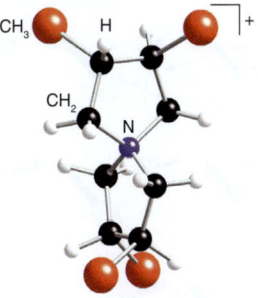

13

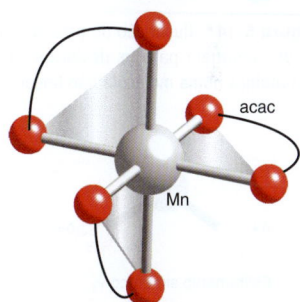

14 $[Mn(acac)_3]$

> **EXEMPLO 6.6** Avaliando se uma molécula é quiral ou não
>
> O complexo $[Mn(acac)_3]$, onde acac significa o ligante acetilacetonato ($CH_3COCHCOCH_3^-$), tem a estrutura mostrada em (**14**). Ele é quiral?
>
> **Resposta** Começamos identificando o grupo de pontos para avaliar se ele contém um eixo de rotação impróprio explícito ou disfarçado. O fluxograma da Fig. 6.9 mostra que o complexo pertence ao grupo de pontos D_3, que consiste nos elementos (E, C_3, $3C_2$) e, desta forma, não contém um eixo de rotação impróprio explícito ou disfarçado. O íon complexo é quiral e, como é estável, é opticamente ativo.
>
> **Teste sua compreensão 6.6** A conformação do H_2O_2 mostrada em (**15**) é quiral? As ligações O—H da molécula podem normalmente girar livremente em torno da ligação O—O: comente a possibilidade de se observar o H_2O_2 opticamente ativo.

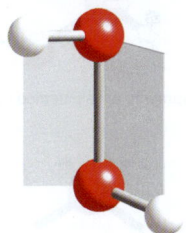

15 H_2O_2

6.5 Vibrações moleculares

Pontos principais: Se uma molécula possui um centro de inversão, nenhuma de suas vibrações pode ser simultaneamente ativa no IV e no Raman; um modo vibracional é ativo no IV se ele tiver a mesma simetria que um dos componentes do vetor dipolo elétrico; um modo vibracional é ativo no Raman se ele tiver a mesma simetria que um dos componentes da polarizabilidade molecular.

O conhecimento da simetria de uma molécula pode ajudar bastante na análise do espectro no infravermelho (IV) e Raman (Capítulo 8). É conveniente considerar dois aspectos da simetria. Um é a informação que pode ser obtida diretamente do conhecimento do grupo de pontos ao qual a molécula pertence como um todo. O outro é a informação adicional que vem do conhecimento da espécie de simetria de cada modo vibracional. Tudo que precisamos saber neste nível é que pode ocorrer absorção de radiação no infravermelho quando uma vibração produz mudança no momento de dipolo elétrico de uma molécula; uma transição Raman pode ocorrer quando a polarizabilidade de uma molécula muda durante uma vibração.

Para uma molécula com N átomos, existem $3N$ deslocamentos a serem considerados à medida que os átomos movimentam-se nas três direções ortogonais, x, y e z.

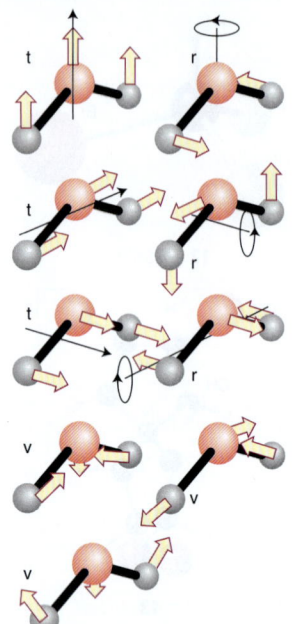

Figura 6.14* Ilustração do procedimento de contagem para os deslocamentos dos átomos numa molécula não linear.

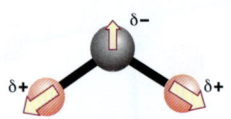

Estiramento simétrico v_1

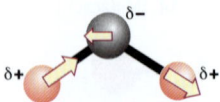

Estiramento antissimétrico v_3

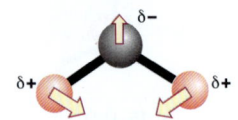

Deformação angular v_2

Figura 6.15* Todas as vibrações em uma molécula de H_2O alteram o momento de dipolo.

$$\begin{array}{c} Cl \\ | \\ H_3N-Pd-Cl \\ | \\ NH_3 \end{array}$$

16 cis-[$PdCl_2(NH_3)_2$]

$$\begin{array}{c} Cl \\ | \\ H_3N-Pd-NH_3 \\ | \\ Cl \end{array}$$

17 trans-[$PdCl_2(NH_3)_2$]

Para uma molécula não linear, três desses deslocamentos correspondem ao movimento translacional da molécula como um todo (um para cada uma das direções x, y e z) e três correspondem à rotação global da molécula (em torno de cada uma das direções x, y e z). Assim, os $3N-6$ deslocamentos atômicos restantes devem corresponder às deformações moleculares ou vibrações. Como não existe rotação em torno do eixo de uma molécula linear, estas possuem apenas dois graus de liberdade rotacional, em vez de três, ocorrendo então $3N-5$ deslocamentos vibracionais.

(a) A regra da exclusão

A molécula não linear de H_2O, com três átomos, possui $3 \times 3 - 6 = 3$ modos vibracionais (Fig. 6.14). É intuitivamente óbvio (e isso pode ser confirmado pela teoria de grupo) que todos os três deslocamentos vibracionais causam uma mudança no momento de dipolo do H_2O (Fig. 6.15). Assim, todos os três modos desta molécula C_{2v} são ativos no IV. É muito mais difícil avaliar intuitivamente se um modo será ou não ativo no Raman, uma vez que é difícil saber se uma distorção particular de uma molécula resulta numa mudança da polarizabilidade (embora os modos que levam a uma mudança no volume da molécula e na densidade eletrônica da molécula, tal como o estiramento simétrico (A_{1g}) do SF_6 (O_h), tenham uma boa possibilidade). Essa dificuldade é parcialmente superada pela **regra da exclusão**, que algumas vezes é muito útil:

Se uma molécula tem centro de inversão, nenhum dos seus modos pode ser simultaneamente ativo no IV e no Raman. Um modo pode ser inativo em ambos.

EXEMPLO 6.7 Usando a regra da exclusão

Existem quatro modos vibracionais na molécula linear triatômica CO_2 (Fig. 6.16). Quais deles são ativos no IV e no Raman?

Resposta Para estabelecer se um estiramento é ativo ou não no IV, devemos verificar seus efeitos sobre momento de dipolo da molécula. Se considerarmos o estiramento simétrico, v_1, podemos ver que ele deixa o momento de dipolo elétrico zero inalterado e, desta forma, ele é inativo no IV. Ele pode, portanto, ser ativo no Raman (e de fato é). Ao contrário, para o estiramento antissimétrico, v_3, o átomo de C move-se na direção oposta aos dois átomos de O: como resultado, o momento de dipolo elétrico deixa de ser zero durante a vibração, e o modo é ativo no IV. Uma vez que a molécula de CO_2 tem um centro de inversão, pela regra da exclusão temos que este modo não pode ser ativo no Raman. Com relação aos modos de deformação angular, ambos causam uma mudança do momento de dipolo originalmente zero e, portanto, são ativos no IV. Pela regra da exclusão, temos que os dois modos de deformação angular (degenerados) são inativos no Raman.

Teste sua compreensão 6.7 O modo de deformação angular do N_2O é ativo no IV. Ele poderá ser ativo também no Raman?

(b) Obtendo informações a partir das simetrias dos modos normais de vibração

Até agora consideramos que, frequentemente, é intuitivamente óbvio se um modo vibracional provoque mudança no dipolo elétrico, sendo assim ativo no IV. Quando a intuição não é confiável, porque a molécula é complexa ou o modo de vibração é de difícil visualização, pode-se fazer uma análise por simetria. Ilustraremos o procedimento considerando duas espécies quadráticas planas de paládio, (**16**) e (**17**). Os análogos de Pt dessas espécies e a distinção entre eles são de grande importância prática e social, uma vez que o isômero *cis* é usado como agente quimioterápico contra certos tipos de câncer, enquanto que o isômero *trans* é terapeuticamente inativo (Seção 27.1).

Primeiramente, devemos notar que o isômero *cis* (**16**) tem simetria C_{2v}, enquanto que o isômero *trans* (**17**) é D_{2h}. As duas espécies têm bandas na região de estiramento do Pd–Cl, entre 200 e 400 cm^{-1}, e essas são as únicas bandas que iremos considerar. Se pensarmos no fragmento $PdCl_2$ de maneira isolada e compararmos a forma *trans* com o CO_2 (Fig. 6.16), poderemos ver que existem dois modos de estiramento; similarmente a forma *cis* também apresenta um estiramento simétrico e um assimétrico. Reconhecemos imediatamente, pela regra da exclusão, que os dois modos do isômero *trans* (que tem centro de simetria) não podem ser ativos simultaneamente no IV e no Raman. Entretanto, para decidir quais modos são ativos no IV e quais são ativos no Raman, podemos considerar os caracteres desses modos. A partir das

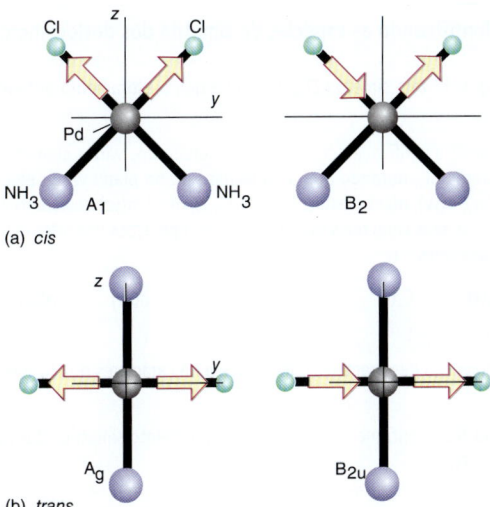

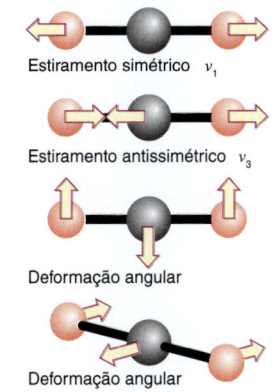

Figura 6.16* Os estiramentos e deformações angulares de uma molécula de CO_2.

Figura 6.17* Modos de estiramento Pd–Cl das formas *cis* e *trans* do $[PdCl_2(NH_3)_2]$. Os movimentos do átomo de Pd (que preservam o centro de massa da molécula) não são mostrados.

propriedades de simetria dos momentos de dipolo e das polarizabilidades (o que não será feito aqui), temos que:

> *A espécie de simetria de uma vibração deve ser a mesma que a de x ou y ou z, na tabela de caracteres, para que a vibração seja ativa no IV, e a mesma que a de uma função quadrática, tal como xy ou x^2, para que seja ativa no Raman.*

Portanto, nossa primeira tarefa é classificar os modos normais de vibração segundo a sua espécie de simetria e, então, identificar qual desses modos tem a mesma espécie de simetria que x, etc. e xy, etc., consultando a última coluna da tabela de caracteres do grupo de pontos da molécula.

A Fig. 6.17 mostra os estiramentos simétrico (esquerda) e antissimétrico (direita) das ligações Pd–Cl para cada isômero, onde os grupos NH_3 são tratados como um simples ponto de massa. As setas no diagrama mostram a vibração ou, mais formalmente, os vetores deslocamento que representam a vibração. Para classificá-las segundo as suas espécies de simetria nos seus respectivos grupos de ponto, usaremos uma abordagem similar à análise de simetria dos orbitais moleculares em termos das CLFS (Seção 6.10).

Considere o isômero *cis* e seu grupo de pontos C_{2v} (Tabela 6.4) e note que representamos a vibração como uma seta. Para o estiramento simétrico, vemos que o par de vetores deslocamento que representa a vibração fica aparentemente inalterado para cada operação do grupo. Por exemplo, a rotação de ordem dois simplesmente permuta dois vetores de deslocamento equivalentes. Temos, assim, que os caracteres para cada operação é igual a 1:

E	C_2	σ_v	σ_v'
1	1	1	1

Portanto, a simetria dessa vibração é A_1. Para o estiramento antissimétrico, a identidade E deixa os vetores de deslocamento inalterados, e o mesmo ocorre para o σ_v', o qual se situa no plano que contém os dois átomos de Cl. Entretanto, tanto C_2 quanto σ_v permutam os dois vetores de deslocamento orientados em direções opostas, e assim convertem o deslocamento global em –1 vezes ele mesmo:

E	C_2	σ_v	σ_v'
1	–1	–1	1

Pela tabela de caracteres do C_{2v}, identificamos a espécie de simetria deste modo como B_2. Uma análise semelhante do isômero *trans*, mas usando o grupo D_{2h}, resulta nos rótulos A_g e B_{2u} para os estiramentos simétrico e antissimétrico das ligações Pd–Cl, respectivamente, como demonstrado no exemplo seguinte.

EXEMPLO 6.8 Identificando as espécies de simetria dos deslocamentos vibracionais

O isômero *trans* na Fig. 6.17 tem simetria D_{2h}. Verifique que o estiramento antissimétrico das ligações Pd–Cl tem simetria B_{2u}.

Resposta Devemos iniciar a verificação considerando o efeito dos vários elementos do grupo no vetor deslocamento dos ligantes Cl⁻, notando que a molécula está no plano yz. Os elementos do D_{2h} são E, $C_2(x)$, $C_2(y)$, $C_2(z)$, i, $\sigma(xy)$, $\sigma(yz)$, $\sigma(zx)$. Destes, E, $C_2(y)$, $C_2(z)$, $\sigma(xy)$, $\sigma(yz)$ deixam os vetores deslocamento inalterados e, dessa forma, seus caracteres são iguais a 1. As operações restantes invertem as direções dos vetores, tendo assim caracteres –1:

E	$C_2(x)$	$C_2(y)$	$C_2(z)$	i	$\sigma(xy)$	$\sigma(yz)$	$\sigma(zx)$
1	–1	1	–1	–1	1	1	–1

A comparação desse conjunto de caracteres com a tabela de caracteres do D_{2h} mostra que a espécie de simetria é B_{2u}.

Teste sua compreensão 6.8 Confirme que o modo do estiramento simétrico das ligações Pd–Cl no isômero *trans* tem simetria A_g.

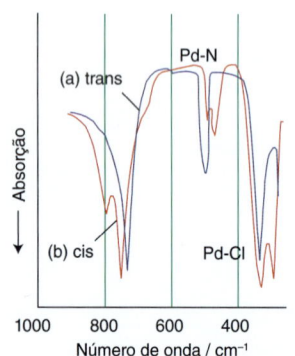

Figura 6.18 Espectro IV das formas *cis* (vermelho) e *trans* (azul) do [PdCl$_2$(NH$_3$)$_2$]. (R. Layton, D. W. Sink e J. R. Durig, *Inorg. Nucl. Chem.*, 1966, **28**, 1965.)

Conforme já indicado, um modo vibracional é ativo no IV se ele tiver a mesma espécie de simetria que os deslocamentos x, y ou z. No C_{2v}, z é A_1 e y é B_2. As vibrações A_1 e B_2 do isômero *cis* são, portanto, ativas no IV. No D_{2h}, x, y e z são, respectivamente, B_{3u}, B_{2u} e B_{1u}, e somente as vibrações com essas simetrias podem ser ativas no IV. O estiramento antissimétrico Pd–Cl do isômero *trans* tem simetria B_{2u}, sendo ativo no IV. O modo simétrico A_g do isômero *trans* não é ativo no IV.

Para determinar a atividade Raman, notamos que no C_{2v} as formas quadráticas xy, etc. transformam-se como A_1, A_2, B_1 e B_2 e, portanto, no isômero *cis* os modos de simetria A_1, A_2, B_1 e B_2 são ativos no Raman. Entretanto, no D_{2h}, somente A_g, B_{1g}, B_{2g} e B_{3g} são ativos no Raman.

Agora, emerge a distinção experimental entre os isômeros *cis* e *trans*. Na região do estiramento Pd–Cl, o isômero *cis* (C_{2v}) terá duas bandas tanto no espectro Raman quanto no espectro IV. Em comparação, o isômero *trans* (D_{2h}) terá uma banda em frequências diferentes em cada espectro. Os espectros IV dos dois isômeros são mostrados na Fig. 6.18.

(c) Determinação da simetria molecular a partir do espectro vibracional

Uma aplicação importante do espectro vibracional é a identificação da simetria molecular e, consequentemente, da forma e estrutura da molécula. Um exemplo especialmente importante surge com as carbonilas metálicas, nas quais moléculas de CO estão ligadas a um átomo metálico. Os espectros vibracionais são especialmente úteis porque o estiramento do CO é responsável por absorções características muito fortes entre 1850 e 2200 cm⁻¹ (Seção 22.5).

Quando consideramos um conjunto de vibrações, os caracteres obtidos pelas simetrias dos deslocamentos dos átomos muitas vezes não correspondem a qualquer linha da tabela de caracteres. Entretanto, uma vez que a tabela de caracteres é um conjunto completo das propriedades de simetria de um objeto, os caracteres que tiverem sido determinados deverão corresponder à soma de duas ou mais linhas da tabela. Em tais casos, dizemos que os deslocamentos produziram uma **representação redutível**. Nossa tarefa é, então, encontrar as **representações irredutíveis** que ela contém. Para isso, identificamos as linhas na tabela de caracteres que devem ser somadas para reproduzir o conjunto de caracteres obtidos. Esse processo é conhecido como **reduzir uma representação**. Em alguns casos a redução é óbvia, mas em outros ela precisa ser realizada de maneira sistemática usando-se um procedimento que será abordado na Seção 6.9.

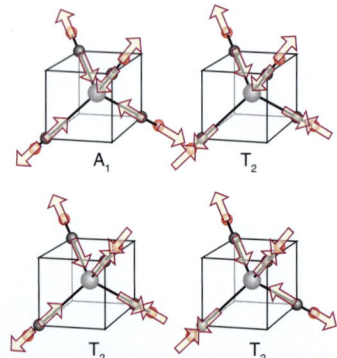

Figura 6.19* Modos vibracionais do [Ni(CO)$_4$] que correspondem aos estiramentos das ligações CO.

EXEMPLO 6.9 Reduzindo uma representação

Uma das primeiras carbonilas metálicas a serem caracterizadas foi a molécula tetraédrica (T_d) [Ni(CO)$_4$]. Os modos vibracionais da molécula resultantes dos movimentos de estiramento dos grupos CO são quatro combinações dos quatro vetores deslocamento CO. Quais modos são ativos no IV e no Raman? Os deslocamentos nos CO do [Ni(CO)$_4$] são mostrados na Fig. 6.19.

Resposta Devemos considerar o movimento dos quatro vetores de deslocamento dos CO e em seguida consultar a tabela de caracteres para moléculas T_d (Tabela 6.6). Na operação E, os quatro vetores permanecem inalterados; na operação C_3, apenas um permanece o mesmo; no C_2 e S_4, nenhum dos vetores permanece inalterado, e na operação σ_d, dois permanecem iguais. Os caracteres são, portanto:

E	$8C_3$	$3C_2$	$6S_4$	$6\sigma_d$
4	1	0	0	2

Esse conjunto de caracteres não corresponde a qualquer uma das espécies de simetria. Entretanto, ele corresponde à soma dos caracteres das espécies de simetria A_1 e T_2:

	E	$8C_3$	$3C_2$	$6S_4$	$6\sigma_d$
A_1	1	1	1	1	1
T_2	3	0	−1	−1	1
$A_1 + T_2$	4	1	0	0	2

Segue, então, que os vetores deslocamento transformam-se como $A_1 + T_2$. Consultando a tabela de caracteres para moléculas T_d, vemos que a combinação denominada A_1 transforma-se da forma $x^2 + y^2 + z^2$, indicando que é ativa no Raman e não é ativa no IV. Por outro lado, x, y e z e os produtos xy, yz e zx transformam-se como T_2, de forma que os modos T_2 são ativos tanto no Raman como no IV. Consequentemente, a molécula de uma carbonila tetraédrica é reconhecida por ter uma banda no IV e duas bandas no Raman na região de estiramento do CO.

Teste sua compreensão 6.9 Mostre que os quatro deslocamentos CO no cátion quadrático plano (D_{4h}) [Pt(CO)$_4$]$^{2+}$ transformam-se como $A_{1g} + B_{1g} + E_u$. Quantas bandas você esperaria encontrar nos espectros IV e Raman do cátion [Pt(CO)$_4$]$^{2+}$?

Tabela 6.6 A tabela de caracteres T_d

T_d	E	$8C_3$	$3C_2$	$6S_4$	$6\sigma_d$	$h = 24$	
A_1	1	1	1	1	1		x^2, y^2, z^2
A_2	1	1	1	−1	−1		
E	2	−1	2	0	0		$(2z^2-x^2-y^2, x^2-y^2)$
T_1	3	0	−1	1	1	(R_x, R_y, R_z)	
T_2	3	0	−1	−1	−1	(x, y, z)	(xy, yz, zx)

Simetrias dos orbitais moleculares

Agora veremos mais detalhadamente o significado dos rótulos usados para os orbitais moleculares introduzidos nas Seções 2.7 e 2.8 e ganharemos mais experiência na sua construção. Neste estágio, a discussão continuará a ser informal e esquemática, tendo o propósito de apresentar uma introdução elementar à teoria de grupo, mas sem detalhar os cálculos envolvidos. O objetivo específico aqui é mostrar como identificar a espécie de simetria de um orbital molecular a partir de uma figura como aquelas apresentadas no Apêndice 5 e, inversamente, compreender o significado de uma espécie de simetria. Mais adiante neste livro, usaremos argumentos sempre baseados na simples "leitura" qualitativa dos diagramas de orbitais moleculares.

6.6 Combinações lineares formadas por simetria

Ponto principal: As combinações lineares de orbitais formadas por simetria são combinações de orbitais atômicos que obedecem à simetria de uma molécula e que são usadas para construir orbitais moleculares de uma dada espécie de simetria.

Um princípio fundamental da teoria de orbitais moleculares (TOM) para as moléculas diatômicas (Seção 2.7) é que os orbitais moleculares são construídos a partir dos orbitais atômicos de mesma simetria. Assim, em uma molécula diatômica, um orbital s pode ter uma integral de sobreposição diferente de zero com outro orbital s ou com um orbital p_z do segundo átomo (onde z é a direção internuclear; Fig. 6.20), mas não com um orbital p_x ou p_y. Formalmente, enquanto o orbital p_z do segundo átomo tem a mesma simetria rotacional que o orbital s do primeiro átomo e a mesma simetria em relação à reflexão em um plano que contenha o eixo internuclear, com os orbitais p_x e p_y isso já não acontece.

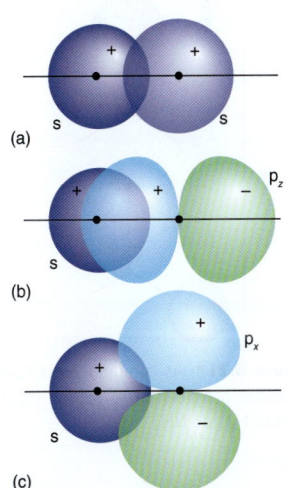

Figura 6.20* Um orbital s pode sobrepor-se (a) a um orbital s ou (b) a um orbital p_z de um segundo átomo, com interferência construtiva. (c) Um orbital s tem sobreposição zero com um orbital p_x ou p_y, pois a interferência construtiva entre as partes dos orbitais atômicos de mesmo sinal corresponde exatamente à interferência destrutiva entre as partes de sinais opostos.

A restrição de que as ligações σ, π ou δ devam ser formadas a partir dos orbitais atômicos de espécies de mesma simetria se origina da exigência de que todos os componentes do orbital molecular devem se comportar de maneira idêntica sob qualquer transformação (por exemplo, reflexão, rotação) para que se tenha uma sobreposição diferente de zero.

Exatamente o mesmo princípio aplica-se às moléculas poliatômicas, em que as considerações de simetria podem ser mais complexas e exigir o uso de procedimentos sistemáticos da teoria de grupo. O procedimento geral é agrupar os orbitais atômicos, tais como os três orbitais H1s do NH_3, para formar combinações com uma simetria particular e, então, construir os orbitais moleculares sobrepondo as combinações de mesma simetria em diferentes átomos; por exemplo, sobrepondo o orbital N2s com a combinação apropriada dos três orbitais H1s. As combinações específicas de orbitais atômicos que são usadas para construir os orbitais moleculares de uma dada simetria são chamadas de **combinações lineares formadas por simetria** (CLFS). O Apêndice 5 apresenta uma coleção das CLFS mais comuns; geralmente, é fácil identificar a simetria de uma combinação de orbitais comparando-a com os diagramas fornecidos neste apêndice.

EXEMPLO 6.10 Identificando a espécie de simetria de uma CLFS

Identifique as espécies de simetria das CLFS que podem ser construídas a partir dos orbitais H1s do NH_3

Resposta Começamos estabelecendo de que forma o conjunto de orbitais H1s transforma-se sob as operações do grupo de simetria da molécula. Uma molécula de NH_3 possui simetria C_{3v}, e todos os orbitais H1s permanecem inalterados sob a operação identidade E. Nenhum dos orbitais H1s permanece inalterado sob uma rotação C_3, e apenas um permanece inalterado sob uma reflexão vertical σ_v. Como um conjunto, eles correspondem a uma representação com os caracteres

E	$2C_3$	$3\sigma_v$
3	0	1

Precisamos agora reduzir esse conjunto de caracteres e, por inspeção, podemos ver que ele corresponde a $A_1 + E$. Assim, os três orbitais H1s contribuem para duas CLFS, uma com simetria A_1 e outra com simetria E. A CLFS com simetria E possui dois membros de mesma energia. Em exemplos mais complicados a redução pode não ser óbvia, e usaremos o procedimento sistemático que será discutido na Seção 6.10.

Teste sua compreensão 6.10 Qual a espécie de simetria da CLFS $\phi = \psi_{A1s} + \psi_{B1s} + \psi_{C1s} + \psi_{D1s}$ no CH_4, onde ψ_{J1s} é um orbital H1s no átomo J?

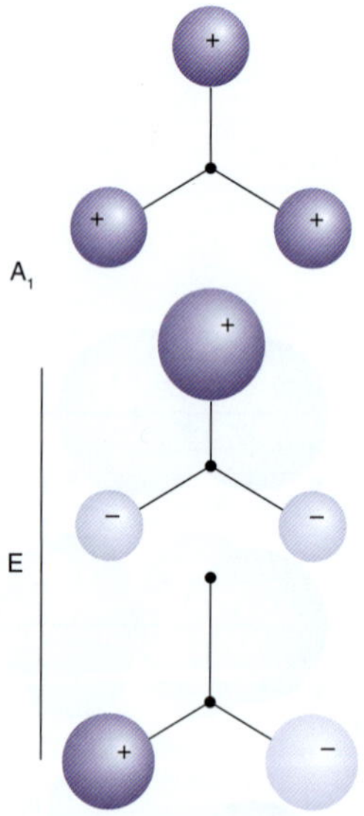

A geração das CLFS de uma determinada simetria é uma tarefa para a teoria de grupo, como será visto na Seção 6.10. Entretanto, elas geralmente apresentam uma forma intuitivamente óbvia. Por exemplo, a CLFS completamente simétrica A_1 dos orbitais H1s do NH_3 (Fig. 6.21) é dada por

$$\phi_1 = \psi_{A1s} + \psi_{B1s} + \psi_{C1s}$$

Para verificar que essa CLFS tem de fato simetria A_1, notamos que a combinação permanece inalterada sob a identidade E, sob cada rotação C_3 e sob qualquer das reflexões verticais, de forma que os seus caracteres são $(1,1,1)$ e correspondem, então, à representação irredutível completamente simétrica do C_{3v}. As CLFS E são menos óbvias e, como veremos, são

$$\phi_2 = 2\psi_{A1s} - \psi_{B1s} - \psi_{C1s}$$
$$\phi_3 = \psi_{B1s} - \psi_{C1s}$$

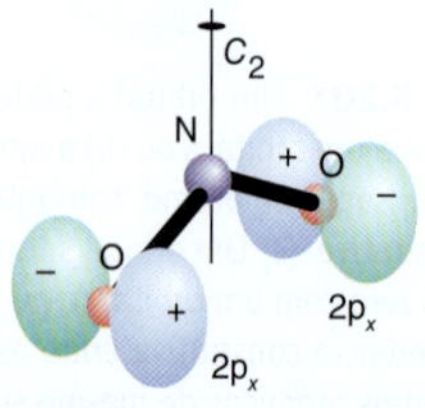

Figura 6.21* As combinações lineares formadas por simetria A_1 (a) e E (b) dos orbitais H1s do NH_3.

Figura 6.22* A combinação dos orbitais $O2p_x$ citada no Exemplo 6.11.

EXEMPLO 6.11 Identificando as espécies de simetrias das CLFS

Identifique a espécie de simetria da CLFS $\phi = \psi'_O - \psi''_O$ do C_{2v} na molécula de NO_2, onde ψ'_O é o orbital $2p_x$ de um átomo de O e ψ''_O é o orbital $2p_x$ no outro átomo de O.

Resposta Para estabelecer a espécie de simetria de uma CLFS, devemos verificar como ela se transforma quando submetida às operações de simetria do grupo. A forma da CLFS é mostrada na Fig. 6.22, e podemos ver que, sob uma rotação C_2, ϕ transforma-se nele mesmo, significando um caráter 1. Sob σ_v, ambos os orbitais mudam de sinal, de forma que ϕ é transformado em $-\phi$, levando a um caráter de -1.

A CLFS também muda de sinal sob σ'_v, sendo o carácter para essa operação também igual a -1. Os caracteres são, portanto:

E	C_2	σ_v	σ'_v
1	1	-1	-1

A comparação com a tabela de caracteres para o C_{2v} mostra que esses valores correspondem aos caracteres da representação irredutível A_2.

Teste sua compreensão 6.11 Identifique a espécie de simetria da combinação $\phi = \psi_{A1s} - \psi_{B1s} + \psi_{C1s} - \psi_{D1s}$ para um arranjo quadrático plano (D_{4h}) de átomos de H, rotulados como A, B, C e D.

6.7 A construção dos orbitais moleculares

Ponto principal: Os orbitais moleculares são construídos a partir das CLFS e dos orbitais atômicos de mesma espécie de simetria.

Vimos anteriormente que a CLFS ϕ_1 dos orbitais H1s no NH_3 possui simetria A_1. Os orbitais $N2s$ e $N2p_z$ também têm simetria A_1 nessa molécula, de forma que todos podem contribuir para os mesmos orbitais moleculares. As espécies de simetria desses orbitais moleculares serão A_1, como os seus componentes, e serão chamados de **orbitais a_1**. Note que os rótulos para os orbitais moleculares são as versões em minúsculo das espécies de simetria do orbital. Três combinações lineares desse tipo são possíveis, cada uma na forma

$$\psi = c_1 \psi_{N2s} + c_2 \psi_{N2p_z} + c_3 \phi_1$$

onde os c_i são coeficientes encontrados por métodos computacionais e podem ter sinais positivos ou negativos. Eles são rotulados como $1a_1$, $2a_1$ e $3a_1$ em ordem crescente de energia (a ordem crescente do número de nós internucleares) e correspondem às combinações ligantes, não ligantes e antiligantes (Fig. 6.23).

Também vimos (e podemos confirmar consultando o Apêndice 5) que numa molécula C_{3v} as combinações lineares formadas por simetria ϕ_2 e ϕ_3 dos orbitais H1s têm simetria E. A tabela de caracteres do C_{3v} mostra que o mesmo é verdade para os orbitais $N2p_x$ e $N2p_y$ (Fig. 6.24). Assim, ϕ_2 e ϕ_3 podem se combinar com estes dois orbitais $N2p$ para formar orbitais ligantes e antiligantes duplamente degenerados na forma

$$\psi = c_4 \psi_{N2p_x} + c_5 \phi_2, \text{ e } c_6 \psi_{N2p_y} + c_7 \phi_3$$

Esses orbitais moleculares têm simetria E, sendo, portanto, chamados de **orbitais e**. O par de menor energia, rotulado 1e, é ligante (os coeficientes têm o mesmo sinal) e o par de maior energia, rotulado 2e, é antiligante (os coeficientes possuem sinais opostos).

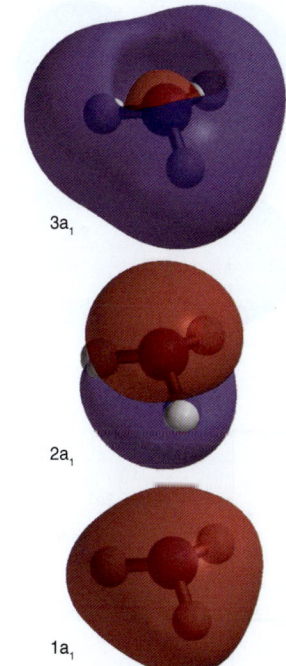

Figura 6.23* Os três orbitais moleculares a_1 do NH_3 obtidos por meio de um programa computacional de modelagem molecular.

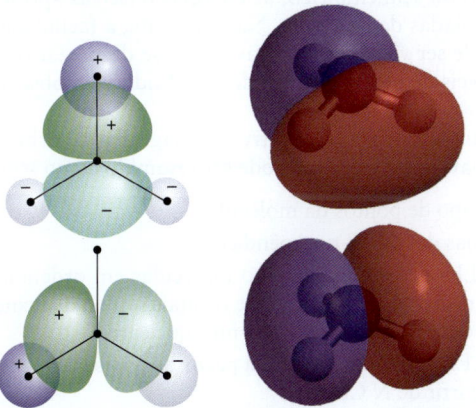

Figura 6.24 Os dois orbitais ligantes e do NH_3 mostrados por meio de um diagrama esquemático e como obtidos por um programa computacional de modelagem molecular.

EXEMPLO 6.12 Construindo orbitais moleculares a partir de CLFS

As duas CLFS formadas por orbitais H1s da molécula C_{2v} do H_2O são dadas por $\phi_1 = \psi_{A1s} + \psi_{B1s}$ (**18**) e $\phi_2 = \psi_{A1s} - \psi_{B1s}$ (**19**). Que orbitais do oxigênio podem ser usados para formar orbitais moleculares com essas CLFS?

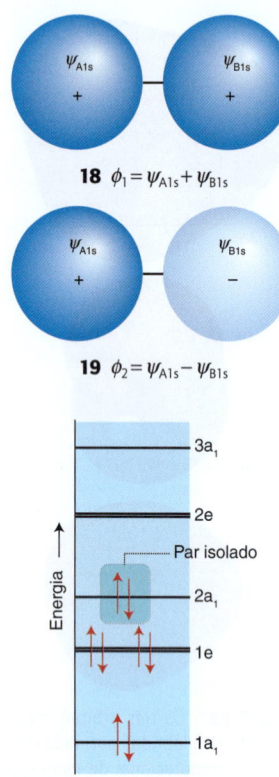

Figura 6.25 Um diagrama esquemático dos níveis de energia dos orbitais moleculares para o NH_3 e sua configuração eletrônica no estado fundamental.

Resposta Começamos estabelecendo como as CLFS se transformam quando submetidas às operações de simetria do grupo (C_{2v}). Sob E nenhuma CLFS muda de sinal, sendo seu carácter igual a 1. Sob C_2, ψ_1 não muda de sinal, mas ψ_2 muda; seus caracteres são, portanto, 1 e -1, respectivamente. Sob σ_v a combinação ψ_1 não muda de sinal, mas ψ_2 muda o sinal, de forma que seus caracteres são novamente 1 e -1, respectivamente. Sob a reflexão σ_v' nenhuma CLFS muda de sinal, de forma que seus caracteres são iguais a 1. Deste modo, os caracteres são

	E	C_2	σ_v	σ_v'
ψ_1	1	1	1	1
ψ_2	1	-1	-1	1

Consultando a tabela de caracteres, identificamos suas simetrias como A_1 e B_2, respectivamente. A mesma conclusão poderia ser obtida de forma mais direta consultando-se o Apêndice 5. De acordo com o lado direito da tabela de caracteres, os orbitais O2s e O2p_z também têm simetria A_1; O2p_y tem simetria B_2. Deste modo, as combinações lineares que podem ser formadas são

$a_1 \quad \psi = c_1\psi_{O2s} + c_2\psi_{O2p_z} + c_3\phi_1$

$b_2 \quad \psi = c_4\psi_{O2p_y} + c_5\phi_2$

Os três orbitais a_1 têm caráter ligante, intermediário e antiligante, de acordo com os sinais relativos dos coeficientes c_1, c_2 e c_3. Da mesma forma, dependendo dos sinais relativos dos coeficientes c_4 e c_5, um dos dois orbitais b_2 é ligante e o outro é antiligante.

Teste sua compreensão 6.12 As quatro CLFS construídas a partir dos orbitais Cl3s no ânion quadrático plano (D_{4h}) $[PtCl_4]^{2-}$ pertencem às espécies de simetria A_{1g}, B_{1g} e E_u. Quais orbitais atômicos do Pt podem se combinar com cada uma dessas CLFS?

Uma análise de simetria não informa sobre as energias dos orbitais, podendo apenas identificar as degenerescências. Para calcular as energias, e mesmo ordenar os orbitais, é necessário recorrer à mecânica quântica; para avaliá-los experimentalmente é necessário utilizar técnicas como a espectroscopia fotoeletrônica. Entretanto, nos casos mais simples, podemos usar as regras gerais estabelecidas na Seção 2.8 para estimar as energias relativas dos orbitais. Por exemplo, no NH_3, o orbital 1a_1, sendo formado pelo orbital de baixa energia N2s, será provavelmente o de mais baixa energia, enquanto o seu parceiro antiligante, 3a_1, será provavelmente o de mais alta energia, com o não ligante 2a_1 situado aproximadamente no meio dos outros dois. O orbital ligante 1e é o de maior energia após o 1a_1, e o 2e está, correspondentemente, em uma energia inferior a do orbital 3a_1. Essa análise qualitativa leva ao esquema de níveis de energia mostrado na Fig. 6.25. Hoje, não há dificuldades em se usar um dos programas disponíveis para calcular diretamente as energias dos orbitais por um procedimento *ab initio* ou semiempírico; as energias relativas apresentadas na Fig. 6.25 foram de fato calculadas dessa forma. Não obstante, a facilidade de se obter valores calculados não pode ser vista como motivo para se desprezar o entendimento do ordenamento dos níveis de energia que pode ser obtido pela observação das estruturas dos orbitais.

O procedimento geral para se construir o diagrama de orbitais moleculares para uma molécula razoavelmente simples pode ser resumido como segue:

1. Determine o grupo de pontos da molécula.
2. Procure as formas das CLFS no Apêndice 5.
3. Organize as CLFS de cada fragmento molecular em ordem crescente de energia, observando primeiro se elas derivam de orbitais s, p ou d (e colocando-as na ordem s < p < d) e depois pelo número de nós internucleares.
4. Combine as CLFS de mesma simetria a partir dos dois fragmentos; forme N orbitais moleculares a partir de N CLFS.
5. Estime as energias relativas dos orbitais moleculares a partir das considerações de sobreposição e energias relativas dos orbitais de origem e esquematize os níveis em um diagrama dos níveis de energia dos orbitais moleculares (mostrando a origem dos orbitais).
6. Confirme, corrija e revise esta ordem qualitativa, realizando um cálculo de orbitais moleculares com o uso de programas de computador.

6.8 Analogia vibracional

Ponto principal: As formas das CLFS são análogas aos deslocamentos de estiramento.

A força da teoria de grupo é de que ela possibilita que fenômenos muito diferentes possam ser tratados de forma similar. Já vimos como os argumentos de simetria podem ser aplicados às vibrações moleculares, de forma que não é surpresa que as CLFS possuam analogias aos modos normais de vibração das moléculas. De fato, as ilustrações das CLFS no Apêndice 5 podem ser interpretadas como contribuições para os modos vibracionais normais das moléculas. O exemplo seguinte ilustra como isso é feito.

> **EXEMPLO 6.13** Prevendo as bandas no IV e Raman de uma molécula octaédrica
>
> Considere uma molécula AB_6, tal como o SF_6, que pertence ao grupo de pontos O_h. Esboce os modos normais dos estiramentos A–B e comente as suas atividades na espectroscopia IV e Raman.
>
> **Resposta** Fazendo um argumento por analogia com as formas das CLFS, identificamos as CLFS que podem ser construídas a partir dos orbitais s em um arranjo octaédrico (Apêndice 5). Esses orbitais são os análogos dos deslocamentos de estiramento das ligações A–B e os sinais representam suas fases relativas. Eles possuem as espécies de simetria A_{1g}, E_g e T_{1u}. A Fig. 6.26 mostra as combinações lineares resultantes dos estiramentos. Os modos A_{1g} (totalmente simétrico) e E_g são ativos no Raman e o modo T_{1u} é ativo no IV. Note que a molécula O_h possui centro de inversão e, assim, não se deve esperar que um mesmo modo de vibração seja ativo tanto no IV como no Raman.
>
> **Teste sua compreensão 6.13** Preveja como os espectros no IV e no Raman do trans-SF_4Cl_2, D_{4h}, diferem dos espectros do SF_6, considerando apenas as bandas resultantes das vibrações envolvendo estiramentos S–F.

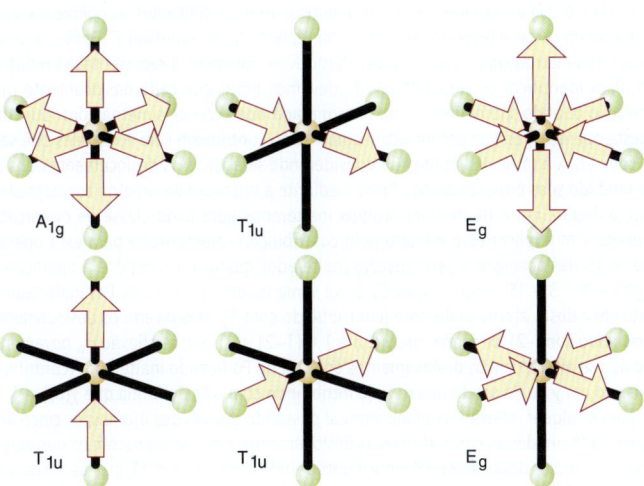

Figura 6.26* Modos A_{1g}, E_g e T_{1u} dos estiramentos M–L em um complexo ML_6 octaédrico. O movimento do átomo central M, que preserva o centro de massa da molécula, não é mostrado (ele fica estacionário nos modos A_{1g} e E_g).

Representações

Veremos agora um tratamento mais quantitativo e introduziremos dois tópicos que são importantes para a aplicação dos conceitos de simetria no tratamento sistemático dos orbitais moleculares e da espectroscopia.

6.9 Redução de uma representação

Ponto principal: Uma representação redutível pode ser resolvida em suas representações irredutíveis constituintes pelo uso da fórmula de redução.

Já vimos que os três orbitais H1s do NH_3 dão origem a duas representações irredutíveis no C_{3v}, uma com simetria A_1 e outra com simetria E. Apresentamos agora uma maneira sistemática de identificarmos as simetrias produzidas por um conjunto de orbitais ou deslocamentos atômicos.

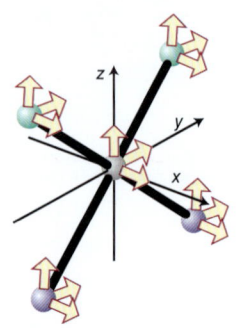

Figura 6.27* Os deslocamentos atômicos no *cis*-[PdCl$_2$(NH$_3$)$_2$], ignorando-se os átomos de H.

O fato de os três orbitais H1s do NH$_3$ formarem duas representações irredutíveis particulares é indicado formalmente escrevendo-se $\Gamma = A_1 + E$, onde Γ (gama maiúsculo) representa a espécie de simetria de uma representação redutível. De um modo geral, podemos escrever

$$\Gamma = c_1\Gamma_1 + c_2\Gamma_2 + \cdots \tag{6.1}$$

onde Γ_i representa diferentes espécies de simetria do grupo e c_i nos diz quantas vezes cada espécie de simetria aparece na redução. A teoria de grupo (veja *Leitura complementar*) fornece uma fórmula explícita para o cálculo dos coeficientes c_i em termos dos caracteres χ_i da representação irredutível Γ_i e dos caracteres χ correspondentes da representação redutível original Γ:

$$c_i = \frac{1}{h}\sum_C g(C)\chi_i(R)\chi(R) \tag{6.2}$$

Onde h é a ordem do grupo de pontos (o número de elementos de simetria que aparece na primeira linha da tabela de caracteres) e o somatório é sobre cada classe C do grupo, com $g(C)$ sendo o número de elementos em cada classe. O emprego dessa expressão é mostrado no exemplo seguinte.

EXEMPLO 6.14 Usando a fórmula da redução

Considere a molécula *cis*-[PdCl$_2$(NH$_3$)$_2$], a qual, se ignorarmos os átomos de hidrogênio, pertence ao grupo de pontos C_{2v}. Quais são as simetrias formadas pelos deslocamentos dos átomos?

Resposta Para analisar este problema, consideremos os 15 deslocamentos dos cinco átomos que não os hidrogênios (Fig. 6.27) e examinemos o que acontece quando aplicamos as operações de simetria do grupo obtendo assim os caracteres do que será uma representação redutível Γ. Então, usamos a Eq. 6.2 para identificar as simetrias das representações irredutíveis nas quais a representação redutível pode ser decomposta. Para identificar os caracteres de Γ, devemos notar que cada deslocamento que se leva a uma nova posição quando submetido a uma determinada operação de simetria contribui com zero para o carácter desta operação; os que permanecem como onde estão contribuem com 1; aqueles que são revertidos contribuem com −1. A análise é simplificada considerando-se apenas os deslocamentos dos átomos que não tenham mudado suas posições de equilíbrio mediante a operação de simetria considerada. A primeira etapa, então, é determinar o número de átomos inalterados para cada classe de operação, enquanto a segunda etapa é multiplicar esse número pela contribuição característica para esta operação. Assim, uma vez que os 15 deslocamentos permanecem inalterados quando submetidos à operação identidade, temos que $\chi(E) = 5 \times 3 = 15$. Uma rotação C_2 deixa somente um átomo (o de Pd) inalterado; ela deixa o deslocamento em z deste átomo inalterado (contribuindo com 1), mas reverte os deslocamentos em x e y do Pd (contribuindo com −2), de forma que $\chi(C_2) = 1 \times (1-2) = -1$. Sob a reflexão σ_v, novamente apenas o átomo de Pd não se altera, com os deslocamentos em z e x do Pd ficando inalterados (contribuindo com 2) e o deslocamento em y do Pd sendo invertido (contribuindo com −1), de forma que $\chi(\sigma_v) = 1 \times (2-1) = 1$. Finalmente, para qualquer reflexão no plano vertical passando através dos átomos, os cinco átomos ficam inalterados; em cada um destes cinco átomos os deslocamentos em z permanecem os mesmos (contribuindo com 1), assim como os deslocamentos em y (contribuindo também com 1), mas os deslocamentos em x são revertidos (contribuindo com −1); portanto $\chi(\sigma_v') = 5 \times (1+1-1) = 5$. Os caracteres de Γ são, portanto,

E	C_2	σ_v	σ_v'
15	−1	1	5

Agora usamos a Eq. 6.2, notando que $h = 4$ para este grupo e que $g(C) = 1$ para todos os C. Para encontrar quantas vezes a espécie de simetria A_1 aparece na representação irredutível, escrevemos

$$c_1 = \frac{1}{4}[1 \times 15 + 1 \times (-1) + 1 \times 1 + 1 \times 5] = 5$$

Repetindo esse procedimento para as outras espécies de simetria, encontramos

$$\Gamma = 5A_1 + 2A_2 + 3B_1 + 5B_2$$

Para o grupo C_{2v}, as translações da molécula inteira formam $A_1 + B_1 + B_2$ (conforme indicado pelas funções x, y e z na última coluna da tabela de caracteres) e as rotações formam $A_2 + B_1 + B_2$ (conforme indicado pelas funções R_x, R_y e R_z na última coluna da tabela de caracteres). Subtraindo essas simetrias das que acabamos de encontrar, concluímos que as vibrações da molécula pertencem às representações irredutíveis $4A_1 + A_2 + B_1 + 3B_2$.

Teste sua compreensão 6.14 Determine as simetrias de todos os modos vibracionais do [PdCl$_4$]$^{2-}$, uma molécula D_{4h}.

Muitos dos modos do *cis*-[PdCl$_2$(NH$_3$)$_2$] encontrados no Exemplo 6.14 são movimentos complexos que não são fáceis de visualizar: eles incluem estiramentos Pd–N e vários movimentos de deformação do plano. Entretanto, mesmo sem sermos capazes de visualizá-los, podemos saber rapidamente que os modos A$_1$, B$_1$ e B$_2$ são ativos no IV (uma vez que as funções *x*, *y* e *z*, que são as componentes do dipolo elétrico, pertencem a estas simetrias) e que todos os modos são ativos no Raman (uma vez que as formas quadráticas pertencem a todas as quatro espécies de simetria).

6.10 Operador projeção

Ponto principal: Um operador projeção é usado para gerar as CLFS a partir de uma base formada pelos orbitais atômicos.

Para formar uma CLFS não normalizada para uma espécie de simetria particular a partir de um conjunto de base de orbitais atômicos qualquer, selecionamos qualquer orbital do conjunto e formamos a seguinte soma:

$$\varphi = \sum_R \chi_i(R) R\psi \tag{6.3}$$

onde $\chi_i(R)$ é o carácter da operação R para a espécie de simetria da CLFS que desejamos gerar. Novamente, a melhor forma de ilustrar o uso dessa expressão é por meio de um exemplo.

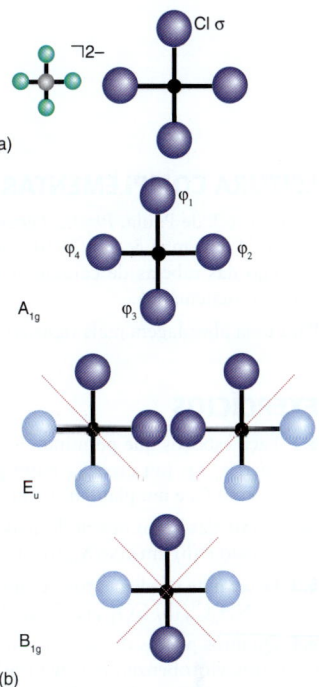

Figura 6.28 (a) A base de orbitais dos Cl usados para construir as CLFS no [PtCl$_4$]$^{2-}$ e (b) as CLFS construídas para o [PtCl$_4$]$^{2-}$.

EXEMPLO 6.15 Gerando uma CLFS

Gere a CLFS dos orbitais σ dos átomos de Cl para o [PtCl$_4$]$^{2-}$. Os orbitais do conjunto de base são indicados por ψ_1, ψ_2, ψ_3 e ψ_4 e são mostrados na Fig. 6.28a.

Resposta Para usarmos a Eq. 6.3, escolhemos um dos orbitais do conjunto de base e o submetemos a todas as operações de simetria do grupo de pontos D_{4h}, escrevendo a função $R\psi$ na qual ele se transforma. Por exemplo, a operação C_4 move ψ_1 para a posição ocupada pelo ψ_2; C_2 move-o para ψ_3; C_4^3 move-o para o ψ_4. Continuando para todas as operações, obtemos

Operação R:	E	C_4	C_4^3	C_2	C_2'	C_2'	C_2''	C_2''	i	S_4	S_4^3	σ_h	σ_v	σ_v	σ_d	σ_d
$R\psi_1$	ψ_1	ψ_2	ψ_4	ψ_3	ψ_1	ψ_3	ψ_2	ψ_4	ψ_3	ψ_2	ψ_4	ψ_1	ψ_1	ψ_3	ψ_2	ψ_4

Somamos agora todas essas novas funções de base e, para cada classe de operações, multiplicamos pelo carácter $\chi_i(R)$ da representação irredutível em que estamos interessados. Assim, para o A$_{1g}$ (como todos os caracteres são iguais a 1) obtemos $4\psi_1 + 4\psi_2 + 4\psi_3 + 4\psi_4$. Portanto, a CLFS (não normalizada) é

$$\phi(A_{1g}) = 4(\psi_1 + \psi_2 + \psi_3 + \psi_4)$$

que na versão normalizada torna-se

$$\phi(A_{1g}) = \tfrac{1}{4}(\psi_1 + \psi_2 + \psi_3 + \psi_4)$$

Continuando para as simetrias das outras representações irredutíveis da tabela de caracteres, as CLFS emergem como:

$$\phi(B_{1g}) = \tfrac{1}{4}(\psi_1 - \psi_2 + \psi_3 - \psi_4)$$
$$\phi(E_u) = \tfrac{1}{2}(\psi_1 - \psi_3)$$

Para todas as outras representações irredutíveis, os operadores projeção desaparecem (uma vez que não existem CLFS para essas outras simetrias). Escolhendo, agora, ψ_2 como nossa função de base, obtemos as mesmas CLFS, exceto para

$$\phi(B_{1g}) = (\psi_2 - \psi_1 + \psi_4 - \psi_3)$$
$$\phi(E_u) = (\psi_2 - \psi_4)$$

Completando o processo para ψ_3 e ψ_4, obtemos CLFS similares (apenas os sinais de alguns dos orbitais participantes se alteram). As formas das CLFS são, portanto, A$_{1g}$ + B$_{1g}$ + E$_u$ (Fig. 6.28b).

Teste sua compreensão 6.15 Use operadores projeção no SF$_6$ para determinar as CLFS para os orbitais σ ligantes em um complexo octaédrico.

Usando uma análise como a recém apresentada, é possível construir as CLFS para qualquer molécula. O Apêndice 5 contém as representações diagramáticas das CLFS para os grupos de pontos mais empregados, incluindo aquelas necessárias para as interações envolvidas nas ligações σ e π.

LEITURA COMPLEMENTAR

P. Atkins e J. de Paula, *Physical chemistry*. Oxford University Press e W. H. Freeman & Co (2010). Um tratamento da geração e emprego das tabelas de caracteres sem envolver uma abordagem muito matemática.

Para uma abordagem mais rigorosa veja:

J. S. Ogden, *Introduction to molecular symmetry*. Oxford University Press (2001).

P. Atkins e R. Friedman, *Molecular quantum mechanics*. Oxford University Press (2005).

EXERCÍCIOS

6.1 Faça esboços que permitam identificar os seguintes elementos de simetria: (a) um eixo C_3 e um plano σ_v na molécula de NH_3; (b) um eixo C_4 e um plano σ_h no íon quadrático plano $[PtCl_4]^{2-}$.

6.2 Quais das seguintes moléculas e íons possuem (a) um centro de inversão e (b) um eixo S_4: (i) CO_2, (ii) C_2H_2, (iii) BF_3, (iv) SO_4^{2-}?

6.3 Determine os elementos de simetria e atribua o grupo de pontos: (a) NH_2Cl, (b) CO_3^{2-}, (c) SiF_4, (d) HCN, (e) $SiFClBrI$ e (f) BF_4^-.

6.4 Quantos planos de simetria uma molécula de benzeno possui? Qual dos clorobenzenos substituídos de fórmula $C_6H_nCl_{6-n}$ tem exatamente quatro planos de simetria?

6.5 Determine os elementos de simetria de objetos com a mesma forma que a superfície limite de: (a) um orbital p; (b) um orbital d_{xy}; (c) um orbital d_{z^2}.

6.6 (a) Determine o grupo de pontos de um íon SO_3^{2-}. (b) Qual é a máxima degenerescência de um orbital molecular desse íon? (c) Sendo os orbitais do enxofre 3s e 3p, qual deles pode contribuir para os orbitais moleculares que possuem essa degenerescência máxima?

6.7 (a) Determine o grupo de pontos da molécula de PF_5. (Se necessário, use a teoria RPECV para atribuir a geometria.) (b) Qual a degenerescência máxima dos seus orbitais moleculares? (c) Quais dos orbitais 3p do fósforo contribuem para um orbital molecular com esta degenerescência máxima?

6.8 Considere os deslocamentos dos átomos na molécula bipiramidal trigonal PF_5. Calcule o número e a simetria de seus modos vibracionais.

6.9 Quantos modos vibracionais a molécula de SO_3 possui: (a) no plano dos núcleos; (b) perpendiculares ao plano da molécula?

6.10 Quais espécies de simetria das vibrações são ativas tanto no IV quanto no Raman para: (a) SF_6; (b) BF_3?

6.11 Considere o CH_4. Use o método do operador projeção para construir as CLFS nas simetrias $A_1 + T_2$ que derivam dos quatro orbitais $H1s$. Com quais orbitais atômicos do C será possível formar os orbitais moleculares com as CLFS dos H1s?

6.12 Use o método do operador projeção para determinar as CLFS necessárias para formar ligações σ no: (a) BF_3; (b) PF_5.

PROBLEMAS TUTORIAIS

6.1 Considere a molécula IF_3O_2 (com o I sendo o átomo central). Quantos isômeros são possíveis? Atribua o grupo de pontos de cada isômero.

6.2 Quantos isômeros existem para uma molécula "octaédrica" de fórmula MA_3B_3, onde A e B são ligantes monoatômicos? Qual é o grupo de pontos de cada isômero? Existe algum isômero quiral? Repita este mesmo exercício para moléculas de fórmula $MA_2B_2C_2$.

6.3 A teoria de grupo é frequentemente usada pelos químicos para ajudar na interpretação de espectros no infravermelho. Por exemplo, há quatro ligações N–H no NH_4^+, sendo possíveis quatro modos de estiramento. Existe a possibilidade de que vários modos vibracionais ocorram na mesma frequência, sendo, portanto, degenerados. Uma rápida olhada na tabela de caracteres nos dirá se a degenerescência é possível. (a) No caso do íon tetraédrico NH_4^+, é necessário considerar a possibilidade de degenerescências? (b) Será possível que ocorra degenerescência em algum dos modos vibracionais do $NH_2D_2^+$?

6.4 Verifique se o número de vibrações de estiramento ativas no IV e no Raman pode ser usado para determinar inequivocamente se a amostra de um gás é de BF_3, NF_3 ou ClF_3.

6.5 A reação em baixa temperatura do $AsCl_3$ com Cl_2 produz um produto que se acredita ser $AsCl_5$, o qual apresenta bandas Raman em 437, 369, 295, 220, 213 e 83 cm^{-1}. A análise detalhada das bandas em 369 e 295 cm^{-1} mostra que estas se originam de modos totalmente simétricos. Mostre que o espectro Raman é consistente com uma geometria bipiramidal trigonal.

6.6 Mostre como se pode usar a espectroscopia no infravermelho e Raman para distinguir entre as geometrias octaedro regular e prisma trigonal regular em espécies hexacoordenadas, ML_6. Discuta as distorções que podem ocorrer em cada caso (não é necessário determinar as simetrias das vibrações para os estados distorcidos).

6.7 Considere os orbitais p dos quatro átomos de Cl do $[CoCl_4]^-$ tetraédrico, com um orbital p de cada cloro apontando diretamente para o átomo metálico central. (a) Confirme que os quatro orbitais p que apontam para o metal transformam-se de forma idêntica aos quatro orbitais s dos átomos de Cl. De que maneira esses orbitais p contribuem para a ligação no complexo? (b) Considere os oito orbitais p restantes e determine como eles se transformam. Reduza a representação obtida para determinar a simetria das CLFS em que estes orbitais participam. Com quais orbitais do metal essas CLFS poderão ligar-se? (c) Gere as CLFS mencionadas em (b).

6.8 Considere todos os 12 orbitais p dos quatro átomos de Cl de um complexo quadrático plano como $[PtCl_4]^{2-}$. (a) Determine como esses orbitais p transformam-se no D_{4h} e reduza a representação. (b) Com quais orbitais do metal as CLFS poderão ligar-se? (c) Quais CLFS e quais orbitais do metal contribuem para as ligações σ? (d) Quais CLFS e quais orbitais do metal contribuem para as ligações π no plano? (e) Quais CLFS e quais orbitais do metal contribuem para as ligações π fora do plano?

6.9 Considere um complexo octaédrico e construa todas as CLFS ligantes σ e π.

Introdução aos compostos de coordenação

7

Complexos metálicos, nos quais um átomo metálico ou íon central está rodeado por vários ligantes, têm um papel central na química inorgânica, especialmente para os elementos do bloco d. Neste capítulo, apresentaremos os arranjos estruturais mais comuns dos ligantes em torno de um único átomo metálico central e as formas isoméricas que são possíveis.

No contexto da química de coordenação dos metais, o termo **complexo** significa um íon ou um átomo metálico central rodeado por um conjunto de ligantes. Um **ligante** é uma molécula ou íon que pode ter existência independente. O $[Co(NH_3)_6]^{3+}$, no qual o íon Co^{3+} está rodeado por seis ligantes NH_3, e o $[Na(OH_2)_6]^+$, no qual o íon Na^+ está rodeado por seis ligantes H_2O, são dois exemplos de complexos. Usaremos o termo **composto de coordenação** para designar um complexo neutro ou um composto iônico em que pelo menos um dos íons seja um complexo. Assim, tanto $[Ni(CO)_4]$ (**1**) quanto $[Co(NH_3)_6]Cl_3$ (**2**) são compostos de coordenação. Um complexo é uma combinação de um ácido de Lewis (o átomo metálico central) com várias bases de Lewis (os ligantes). O átomo da base de Lewis que forma a ligação com o átomo central é chamado de **átomo doador**, porque é ele que doa os elétrons usados na formação da ligação. Assim, o N é o átomo doador quando o NH_3 atua como ligante e o O é o átomo doador quando o H_2O atua como ligante. O átomo ou íon metálico, o ácido de Lewis do complexo, é o **átomo receptor**. Todos os metais de todos os blocos da tabela periódica formam complexos.

As principais características das estruturas geométricas dos complexos metálicos foram identificadas no final do século XIX e início do século XX por Alfred Werner, um profundo conhecedor da estereoquímica orgânica. Werner combinou a interpretação do isomerismo óptico e geométrico com padrões de reações e com dados de condutância num trabalho que ainda permanece como um modelo de como usar, de maneira efetiva e criativa, evidências físicas e químicas. As cores marcantes de muitos compostos de coordenação de metais d e f, as quais são consequência das suas estruturas eletrônicas, representavam um mistério para Werner. Essa característica só foi compreendida quando, no período de 1930 a 1960, as estruturas eletrônicas dos complexos passaram a ser descritas em termos dos orbitais. Discutiremos as estruturas eletrônicas dos complexos de metais d no Capítulo 20 e dos metais f no Capítulo 23.

As estruturas geométricas dos complexos metálicos podem agora ser determinadas de muitas outras maneiras que Werner não tinha à sua disposição. Quando se consegue fazer crescer monocristais de um composto, a difração de raios X (Seção 8.1) fornece, de maneira precisa, as formas e as distâncias e ângulos das ligações. A ressonância magnética nuclear (Seção 8.6) pode ser usada para estudar complexos com tempos de vida maiores do que alguns microssegundos. Complexos de vida muito curta, com tempos de vida comparáveis aos encontros controlados por difusão em solução (alguns nanossegundos) podem ser estudados pelas espectroscopias vibracional e eletrônica. É possível inferir as geometrias de complexos com tempos de vida longos em solução (como os complexos clássicos de Co(III), Cr(III) e Pt(II) e de muitos compostos organometálicos) analisando-se os padrões de reação e isomeria. Esse método foi explorado originalmente por Werner e ainda hoje nos ensina muito sobre a síntese dos compostos e a determinação de suas estruturas.

A linguagem da química de coordenação
- 7.1 Ligantes representativos
- 7.2 Nomenclatura

Constituição e geometria
- 7.3 Números de coordenação baixos
- 7.4 Números de coordenação intermediários
- 7.5 Números de coordenação elevados
- 7.6 Complexos polimetálicos

Isomeria e quiralidade
- 7.7 Complexos quadráticos planos
- 7.8 Complexos tetraédricos
- 7.9 Complexos bipiramidais trigonais e piramidais quadráticos
- 7.10 Complexos octaédricos
- 7.11 Quiralidade do ligante

Termodinâmica da formação dos complexos
- 7.12 Constantes de formação
- 7.13 Tendências nas constantes de formação sequenciais
- 7.14 Os efeitos quelato e macrocíclico
- 7.15 Efeitos estéreos e de deslocalização eletrônica

Leitura complementar

Exercícios

Problemas tutoriais

As **figuras** com um asterisco (*) podem ser encontradas on-line como estruturas 3D interativas. Digite a seguinte URL em seu navegador, adicionando o número da figura: www.chemtube3d.com/weller/[número do capítulo]F[número da figura]. Por exemplo, para a Figura 3 no Capítulo 7, digite www.chemtube3d.com/weller/7F03.

Muitas das **estruturas numeradas** podem ser também encontradas on-line como estruturas 3D interativas: visite www.chemtube3d.com/weller/[número do capítulo] para todos os recursos 3D organizados por capítulo.

7 Introdução aos compostos de coordenação

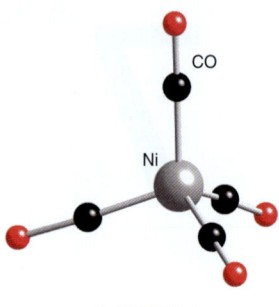

1 [Ni(CO)₄]

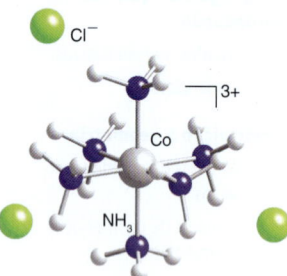

2 [Co(NH₃)₆]Cl₃

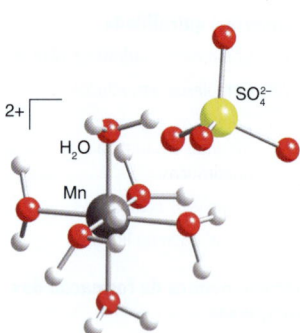

3 [Mn(OH₂)₆]SO₄

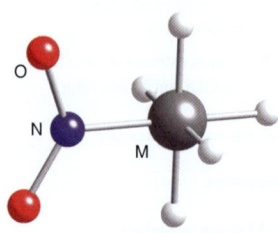

4 Ligante nitrito-κ*N*

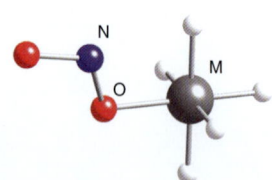

5 Ligante nitrito-κ*O*

A linguagem da química de coordenação

Pontos principais: Em um complexo de esfera interna, os ligantes estão ligados diretamente ao íon metálico central; os complexos de esfera externa ocorrem quando o cátion e o ânion estão associados em solução ou em um sólido iônico.

Naquilo que normalmente entendemos como um complexo, mais precisamente um **complexo de esfera interna**, os ligantes estão ligados diretamente ao íon ou átomo metálico central. Esses ligantes formam a **primeira esfera de coordenação** do complexo e seu número é chamado de **número de coordenação** do átomo metálico central. Como nos sólidos, uma grande variedade de números de coordenação pode ocorrer, e a origem desta riqueza estrutural e diversidade química dos complexos está na possibilidade de o número de coordenação chegar até 12.

Embora concentremos nossa atenção, ao longo deste capítulo, nos complexos de esfera interna, devemos ter em mente que complexos catiônicos podem se associar eletrostaticamente a ligantes aniônicos (e, através de outras interações fracas, a moléculas de solvente) sem deslocar os ligantes já presentes. O resultado dessa associação é chamado de **complexo de esfera externa**. Por exemplo, em uma solução aquosa de [Mn(OH₂)₆]²⁺ e íons SO₄²⁻, a concentração no equilíbrio do complexo de esfera externa {[Mn(OH₂)₆]²⁺ SO₄²⁻} (**3**), dependendo das concentrações, pode exceder a do complexo de esfera interna [Mn(OH₂)₅SO₄], no qual o ligante SO₄²⁻ está ligado diretamente ao íon metálico. Vale lembrar que muitos métodos de medição do equilíbrio de formação de complexos não fazem distinção se o complexo é de esfera interna ou esfera externa e simplesmente detectam a soma de todos os ligantes que estão ligados. Nos sólidos cristalinos é possível se ter tanto a coordenação de esfera interna como de esfera externa com ânions e com moléculas neutras de solvente ou ligantes. As moléculas de água que não estão diretamente coordenadas ao complexo catiônico, equivalentes às moléculas ligantes de esfera externa, são chamadas de "água de cristalização". No sólido sulfato de manganês(II) penta-hidratado, {[Mn(OH₂)₄]SO₄} · H₂O, cada íon de manganês está coordenado a um ânion sulfato e quatro moléculas de água; a molécula de água restante não está coordenada e corresponde uma água de cristalização. No sulfato de ferro(II) hepta-hidratado cristalino, {[Fe(OH₂)₆]²⁺} · SO₄²⁻ · H₂O, o cátion ferro está coordenado apenas às moléculas de água; o ânion sulfato está na esfera externa e tem-se ainda uma água de cristalização.

Um grande número de moléculas e íons pode se comportar como ligante, e um grande número de íons metálicos forma complexos. Nesta seção apresentaremos alguns ligantes representativos e consideraremos os princípios para nomear os complexos.

7.1 Ligantes representativos

Pontos principais: Ligantes polidentados podem formar quelatos; um ligante bidentado com um pequeno ângulo de mordida pode provocar distorções nas estruturas padrão.

A Tabela 7.1 apresenta os nomes e as fórmulas de vários ligantes simples comuns, e a Tabela 7.2 apresenta os prefixos comumente usados. Alguns destes ligantes têm apenas um par de elétrons doador e assim têm apenas um ponto de ligação com o metal: tais ligantes são classificados como **monodentados** (do latim, contendo um dente). Os ligantes que possuem mais de um ponto de ligação são conhecidos como **polidentados**. Os ligantes que têm especificamente dois pontos de ligação são conhecidos como **bidentados**, aqueles com três, como **tridentados** e assim por diante.

Os ligantes **ambidentados** são aqueles que têm, potencialmente, mais de um átomo doador diferente em potencial. Um exemplo é o íon tiocianato (NCS⁻), que pode se ligar a um átomo metálico pelo átomo de N, formando complexos de tiocianato-κ*N*, ou pelo átomo de S, formando complexos de tiocianato-κ*S*. Outro exemplo de ligante ambidentado é o NO₂⁻: como M–NO₂⁻ (**4**) é o ligante nitrito-κ*N* e como M–ONO⁻ (**5**) é o nitrito-κ*O*.

> **Um comentário útil** A "terminologia κ" em que a letra κ (kappa) é usada para indicar o átomo de ligação foi apenas introduzida recentemente, e os antigos nomes isotiocianato, indicando a ligação pelo átomo de N, e tiocianato, indicando a ligação pelo átomo de S, ainda são muito encontrados. Similarmente, os antigos nomes nitro, indicando a ligação pelo átomo de N, e nitrito, indicando a ligação pelo átomo de O, ainda são amplamente usados.

A linguagem da química de coordenação

Tabela 7.1 Ligantes típicos e seus nomes[†]

Nome	Fórmula	Abreviação	Átomo doador	Número de doadores
acetilacetonato	(estrutura)	acac	O	2
amin	NH_3		N	1
aqua	H_2O		O	1
2,2-bipiridina	(estrutura)	bpy	N	2
brometo	Br^-		Br	1
carbonato	CO_3^{2-}		O	1 ou 2
carbonila	CO		C	1
cloreto	Cl^-		Cl	1
1,4,7,10,13,16-hexaoxa-ciclooctadecano	(estrutura)	18-crown-6	O	6
4,7,13,16,21-pentaoxa-1,10-diazabiciclo[8,8,5]tricosano	(estrutura)	2.2.1 crypt	N, O	2N, 5O
cianeto	CN^-		C	1
dietilenotriamina	$NH(CH_2CH_2NH_2)_2$	dien	N	3
bis(difenilfosfina)etano	$Ph_2P\frown PPh_2$	dppe	P	2
bis(difenilfosfina)metano	$Ph_2P\frown PPh_2$	dppm	P	2
ciclopentadienila	$C_5H_5^-$	Cp	C	5
1,2-diaminaetano	$NH_2CH_2CH_2NH_2$	en	N	2
tetraacetato de etilenodiamina	(estrutura)	edta	N, O	2N, 4O
fluoreto	F^-		F	1
glicinato	$NH_2CH_2CO_2^-$	gly	N, O	1N, 1O
hidreto	H^-		H	1
hidróxido	OH^-		O	1
iodeto	I^-		I	1
nitrato	NO_3^-		O	1 ou 2
nitrito-κN	NO_2^-		N	1
nitrito-κO	NO_2^-		O	1
óxido	O^{2-}		O	1
oxalato	(estrutura)	ox	O	2
piridina	(estrutura)	py	N	1
sulfeto	S^{2-}		S	1

(Continua)

Tabela 7.2 Prefixos usados nos nomes dos complexos

Prefixo	Significado
mono-	1
di-, bis-	2
tri-, tris-	3
tetra-, tetraquis-	4
penta-	5
hexa-	6
hepta-	7
octa-	8
nona-	9
deca-	10
undeca-	11
dodeca-	12

Tabela 7.1 Continuação

Nome	Fórmula	Abreviação	Átomo doador	Número de doadores
tetraazaciclotetradecano		cyclam	N	4
tiocianato-κN	NCS⁻		N	1
tiocianato-κS	SCN⁻		S	1
tiolato	RS⁻		S	1
triaminotrietilamina	$N(CH_2CH_2NH_2)_3$	tren	N	4
triciclo-hexilfosfina*	$P(C_6H_{11})_3$	PCy_3	P	1
trimetilfosfina*	$P(CH_3)_3$	PMe_3	P	1
trifenilfosfina*	$P(C_6H_5)_3$	PPh_3	P	1

*O ligante PR_3 é formalmente um fosfano substituído, mas a nomenclatura antiga baseada no nome fosfina é muito utilizada.
† N. de R.T.: A nomenclatura utilizada nesta tradução segue as Recomendações da IUPAC de 2005, traduzidas para o português (Cardoso et al., 2017).

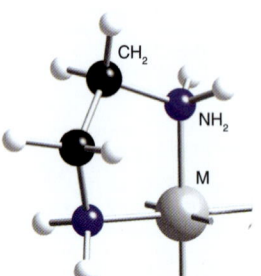

6 Ligante 1,2-diaminaetano (en) ligado a um metal M

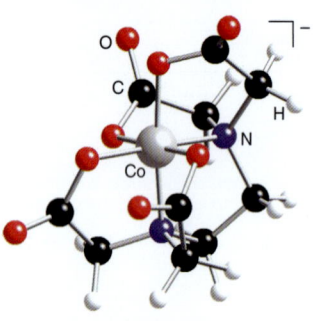

7 [Co(edta)]⁻

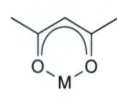

8

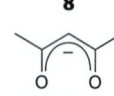

9

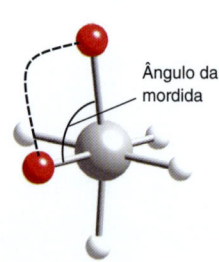

Ângulo da mordida

10

Os ligantes polidentados podem produzir um **quelato** (do grego, "garra"), um complexo no qual o ligante forma um anel que inclui o átomo metálico. Um exemplo é o ligante bidentado 1,2-diaminaetano (en, $NH_2CH_2CH_2NH_2$), que forma um anel de cinco membros quando os dois átomos de N ligam-se ao mesmo átomo metálico (**6**). É importante notar que os ligantes quelatos normais se ligam ao metal somente através de dois sítios de coordenação adjacentes, em um posicionamento *cis*. O ligante hexadentado, o ácido etilenodiaminatetraacético, na forma do seu ânion (edta⁴⁻), pode ligar-se através de seis pontos (os dois átomos de N e os quatro átomos de O) e formar um complexo elaborado contendo cinco anéis de cinco membros (**7**). Esse ligante é usado para aprisionar íons metálicos, tais como os íons Ca^{2+} da água "dura". Os complexos de ligantes quelato normalmente apresentam estabilidade adicional em relação aos ligantes não quelantes; a razão disso, conhecida como **efeito quelato**, será discutida mais adiante neste capítulo (Seção 7.14). A Tabela 7.1 inclui alguns dos ligantes quelantes mais comuns.

Em um quelato formado a partir de um ligante orgânico saturado, tal como o 1,2-diaminaetano, o anel de cinco membros pode dobrar-se numa conformação que preserva os ângulos tetraédricos dentro do ligante e ainda assim formar um ângulo L–M–L de 90°, o ângulo típico dos complexos octaédricos. Os anéis de seis membros são favorecidos pela sua conformação espacial ou pela deslocalização eletrônica através dos seus orbitais π. Por exemplo, as β-dicetonas bidentadas coordenam-se pelos ânions de seus enóis, formando estruturas com anéis de seis membros (**8**). Um exemplo importante é o ânion acetilacetonato (acac⁻, (**9**)). Uma vez que os aminoácidos bioquimicamente importantes podem formar anéis de cinco ou seis membros, eles também formam quelatos facilmente. O grau de tensão em um ligante quelante frequentemente é expresso em termos do **ângulo de mordida**, o ângulo L–M–L no anel quelato (**10**).

7.2 Nomenclatura

Pontos principais: O cátion e o ânion de um complexo são nomeados de acordo com um conjunto de regras; os cátions são nomeados por último, precedidos da preposição "de", e os ligantes são nomeados em ordem alfabética.

Daremos aqui apenas uma introdução geral sobre nomenclatura, pois orientações mais detalhadas estão fora do escopo deste livro. Na verdade, os nomes dos complexos frequentemente se tornam tão enfadonhos que os químicos inorgânicos muitas vezes preferem indicar a fórmula ao invés do nome completo.

Para os compostos que consistem em um ou mais íons, o ânion é nomeado primeiro, seguido do cátion precedido da preposição "de" (como nos compostos iônicos simples), independentemente do íon ser ou não um complexo. Os íons complexos são nomeados com seus ligantes em ordem alfabética (ignorando-se quaisquer prefixos numéricos). Os nomes dos ligantes são seguidos pelo nome do metal com o seu número de oxidação entre parênteses, como no hexaamincobalto(III) para o [Co(NH$_3$)$_6$]$^{3+}$, ou com a carga total do complexo indicada entre parênteses, como no hexaamincobalto(3+). O sulfixo -ato é adicionado ao nome do metal quando o complexo é um ânion, como no tetracloretoplatinato(II) para o [Pt(Cl)$_4$]$^{2-}$. Alguns metais, como ferro, cobre, prata, ouro, estanho e chumbo, têm os nomes de seus ânions derivados da forma latina do nome do elemento (ferrato, cuprato, argentato, aurato, estanato e plumbato, respectivamente).

O número de um tipo particular de ligante em um complexo é indicado pelos prefixos mono-, di-, tri- e tetra-. Os mesmos prefixos são usados para indicar o número de átomos metálicos se mais do que um estiver presente no complexo, como no octacloretodirrenato(III), [Re$_2$Cl$_8$]$^{2-}$ (**11**). Para evitar confusão com os nomes dos ligantes pelo fato de esse nome já incluir um desses prefixos, como no 1,2-diaminaetano, serão usados os prefixos alternativos bis-, tris- e tetraquis-, com o nome do ligante entre parênteses. Por exemplo, o dicloreto- não apresenta problema, mas o tris(1,2-diaminaetano) mostra mais claramente que há três ligantes 1,2-diaminaetano, como no tris(1,2-diaminaetano)cobalto(II), [Co(en)$_3$]$^{2+}$. Os ligantes que fazem ponte entre dois centros metálicos são indicados pelo prefixo μ (mi) adicionado ao nome do ligante em questão, como no μ-óxido-bis(pentaamincobalto(III)) (**12**). Usa-se um subscrito para indicar o número de centros metálicos em ponte (desde que maior do que dois); por exemplo, um ligante hidreto em ponte com três átomos metálicos é indicado por μ$_3$-H.

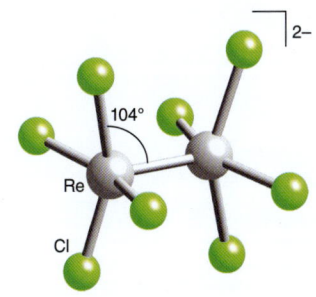

11 [Re$_2$Cl$_8$]$^{2-}$

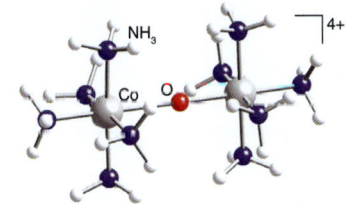

12 [(H$_3$N)$_5$CoOCo(NH$_3$)$_5$]$^{4+}$

> *Um comentário útil* A letra κ também é usada para indicar o número de pontos de ligação: assim, o ligante bidentado 1,2-diaminaetano que se liga através dos dois N é indicado como κ^{2}N. A letra η (eta) é usada para indicar o modo de ligação de alguns ligantes organometálicos (Seção 22.4).

Usam-se colchetes para indicar os grupos que estão ligados ao átomo metálico, devendo ser usados independentemente do fato de o complexo ter carga ou não. O símbolo do metal vem em primeiro lugar, seguido dos ligantes em ordem alfabética (a regra em que os ligantes aniônicos precediam os ligantes neutros não está mais em vigor), como no [Co(Cl)$_2$(NH$_3$)$_4$]$^+$, tetraamindicloretocobalto(III). Algumas vezes, essa ordem é modificada para melhor indicar o ligante que está envolvido numa reação. As fórmulas dos ligantes poliatômicos são, algumas vezes, escritas de forma diferente da usual (como o OH$_2$ no [Fe(OH$_2$)$_6$]$^{2+}$, hexaaquaferro(II)) para que o átomo doador fique adjacente ao átomo metálico e assim indicar melhor a estrutura do complexo. O átomo doador de um ligante ambidentado é algumas vezes sublinhado, por exemplo [Fe(<u>N</u>CS)(OH$_2$)$_5$]$^{2+}$. Note que os ligantes na fórmula estão em ordem alfabética do elemento ligante e, assim, a fórmula e o nome do complexo podem diferir na ordem em que os ligantes aparecem.

EXEMPLO 7.1 Dando nome aos complexos

Dê o nome dos complexos (a) [PtCl$_2$(NH$_3$)$_4$]$^{2+}$, (b) [Ni(CO)$_3$(py)], (c) [Cr(edta)]$^-$, (d) [Co(Cl)$_2$(en)$_2$]$^+$ e (e) [Rh(CO)$_2$I$_2$]$^-$.

Resposta Para nomear um complexo, começamos pela determinação do número de oxidação do átomo metálico central para, depois, colocar os nomes dos ligantes em ordem alfabética. (a) O complexo possui dois ligantes aniônicos (Cl$^-$), quatro ligantes neutros (NH$_3$) e uma carga global de +2; consequentemente, o número de oxidação da platina é +4. De acordo com a regra da ordem alfabética, o nome do complexo é tetraamindicloretoplatina(IV). (b) Os ligantes CO e py (piridina) são neutros, de forma que o número de oxidação do níquel precisa ser 0. Assim, o nome do complexo é tricarbonilapiridinaníquel(0). (c) Esse complexo contém como único ligante o íon hexadentado edta^{4-}. Se o íon metálico central é o Cr^{3+}, as quatro cargas negativas do ligante levam a um complexo com uma única carga negativa. Deste modo, o complexo é o etilenodiaminatetraacetatocromato(III). (d) Esse complexo contém dois ligantes aniônicos cloreto e dois ligantes neutros en. A carga global +1 é consequência do número de oxidação +3 do cobalto. Assim, o complexo é o dicloretobis(1,2-diaminaetano)cobalto(III). (e) Esse complexo contém dois ligantes I$^-$ (iodeto) aniônicos e dois ligantes CO neutros. A carga global de −1 é resultado do número de oxidação +1 do ródio. Assim, o complexo é o dicarbonilladiiodetorrodato(I).

Teste sua compreensão 7.1 Escreva as fórmulas dos seguintes complexos: (a) diaquadicloretoplatina(II); (b) diamintetra(tiocianato-κN)cromato(III); (c) tris(1,2-diaminaetano)ródio(III); (d) brometopentacarbonilamanganês(I); (e) cloretotris(trifenilfosfina)ródio(I).

Constituição e geometria

Pontos principais: O número de ligantes em um complexo depende do tamanho do átomo metálico, da identidade dos ligantes e das interações eletrônicas.

O número de coordenação de um íon ou átomo metálico nem sempre é evidente a partir da composição do sólido, uma vez que moléculas de solvente e espécies que são ligantes em potencial podem simplesmente preencher espaços dentro da estrutura sem fazer qualquer ligação efetiva com o íon metálico. Por exemplo, a difração de raios X mostra que o $CoCl_2 \cdot 6H_2O$ contém o complexo neutro $[CoCl_2(OH_2)_4]$ e duas moléculas de H_2O não coordenadas (esfera externa) ocupando posições bem definidas no cristal. Tais moléculas de solvente adicionais são chamadas de **solvente de cristalização**.

Três fatores governam o número de coordenação em um complexo:

- o tamanho do átomo ou íon central;
- as interações espaciais entre os ligantes;
- as interações eletrônicas entre o átomo ou íon central e os ligantes.

Em geral, o maior raio dos átomos e íons dos últimos períodos da tabela periódica favorece a existência de números de coordenação mais altos. Por razões espaciais similares, ligantes volumosos resultam frequentemente em baixos números de coordenação, especialmente se os ligantes tiverem carga (quando então interações eletrostáticas desfavoráveis estão presentes). Números de coordenação maiores também são comuns para os elementos situados à esquerda de um período, em que os íons possuem raios maiores. Eles são especialmente comuns quando o íon metálico possui apenas uns poucos elétrons, pois um número pequeno de elétrons de valência significa que o íon metálico pode receber mais elétrons das bases de Lewis; um exemplo é $[Mo(CN)_8]^{4-}$. Números de coordenação menores são encontrados à direita no bloco d, particularmente se os íons forem ricos em elétrons, o que faz com que eles tenham menor capacidade de aceitar elétrons adicionais; um exemplo é $[PtCl_4]^{2-}$. Números de coordenação menores ocorrem quando os ligantes podem formar ligações múltiplas com o metal central, como no MnO_4^- e no CrO_4^{2-}, uma vez que os elétrons fornecidos por cada ligante tendem a impedir a ligação com mais ligantes. No Capítulo 20 consideraremos estas preferências de números de coordenação em maior detalhe.

7.3 Números de coordenação baixos

Pontos principais: Complexos bicoordenados são conhecidos para o Cu^+ e para o Ag^+; estes complexos geralmente acomodam mais ligantes, se eles estiverem disponíveis. Os complexos podem ter números de coordenação mais altos do que as suas fórmulas empíricas sugerem.

Os complexos metálicos com número de coordenação 2 mais conhecidos, formados em solução sob condições usuais de laboratório, são espécies lineares de íons dos Grupos 11 e 12. Os complexos bicoordenados lineares com dois ligantes simétricos idênticos têm simetria $D_{\infty h}$. Um exemplo é o complexo $[AgCl_2]^-$, que é responsável pela dissolução do cloreto de prata sólido em soluções aquosas contendo excesso de íons Cl^-; outro exemplo é o dimetilmercúrio, Me–Hg–Me. Também é conhecida uma série de complexos lineares de Au(I) de fórmula LAuX, onde X é um halogênio e L é uma base de Lewis neutra tal como uma fosfina substituída, R_3P, ou um tioéter, R_2S. No caso de haver disponibilidade de ligantes extras, os complexos bicoordenados algumas vezes adquirem ligantes adicionais e formam complexos tri ou tetracoordenados.

Uma fórmula que sugere um determinado número de coordenação em um composto sólido pode esconder uma cadeia polimérica com um número de coordenação maior. Por exemplo, o CuCN parece ter número de coordenação 1, mas na verdade é uma cadeia linear –Cu–CN–Cu–CN–, na qual o número de coordenação do cobre é 2.

A coordenação três é relativamente rara entre os complexos metálicos, mas é encontrada com ligantes volumosos tais como a triciclo-hexilfosfina no $[Pt(PCy_3)_3]$ (**13**), com o seu arranjo trigonal dos ligantes, onde Cy indica a ciclo-hexila (–C_6H_{11}). Os compostos MX_3, onde X é um halogênio, são normalmente cadeias ou redes com números de coordenação elevados e ligantes compartilhados. Complexos tricoordenados com três ligantes idênticos e simétricos têm, geralmente, simetria D_{3h}.

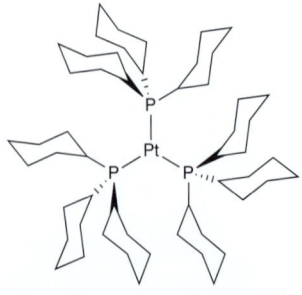

13 $[Pt(PCy_3)_3]$, Cy= *ciclo*-C_6H_{11}

7.4 Números de coordenação intermediários

Os complexos de íons metálicos com números de coordenação 4, 5 e 6 são a classe mais importante de complexos. Eles incluem a maior parte dos complexos que existem em solução e praticamente todos os complexos biologicamente importantes.

(a) Número de coordenação quatro

Pontos principais: Os complexos tetraédricos são favorecidos em relação aos complexos de coordenação mais alta se o átomo central for pequeno ou os ligantes volumosos; os complexos quadráticos planos são observados geralmente para os metais com configuração d^8.

O número de coordenação quatro é encontrado em um grande número de compostos. Complexos tetraédricos de simetria aproximadamente T_d (**14**) são favorecidos em relação a complexos com números de coordenação mais altos quando o átomo central é pequeno e os ligantes são grandes (como Cl^-, Br^- e I^-), uma vez que as repulsões ligante-ligante superam a vantagem energética de formar mais ligações metal-ligante. Os complexos tetracoordenados dos blocos s e p, sem par isolado no átomo central, tais como $[BeCl_4]^{2-}$, $[AlBr_4]^-$ e $[AsCl_4]^+$, são quase sempre tetraédricos. Complexos tetraédricos também são comuns para os oxoânions de metais à esquerda no bloco d, em estados de oxidação elevados, tais como $[MoO_4]^{2-}$. São exemplos de complexos tetraédricos dos Grupos 5 ao 11: $[VO_4]^{3-}$, $[CrO_4]^{2-}$, $[MnO_4]^-$, $[FeCl_4]^{2-}$, $[CoCl_4]^{2-}$, $[NiBr_4]^{2-}$ e $[CuBr_4]^{2-}$.

Outro tipo de complexo tetracoordenado é o que possui os quatro ligantes ao redor do metal central em um arranjo quadrático plano (**15**). Complexos desse tipo foram originalmente identificados porque eles podem apresentar diferentes isômeros quando o complexo tem a fórmula MX_2L_2. Discutiremos o isomerismo na Seção 7.7. Os complexos quadráticos planos com quatro ligantes iguais e simétricos possuem simetria D_{4h}.

Os complexos quadráticos planos são raramente encontrados para complexos do blocos s e p, mas são abundantes para complexos d^8 de elementos pertencentes aos metais das séries 4d e 5d, como Rh^+, Ir^+, Pd^{2+}, Pt^{2+} e Au^{3+}, os quais são quase que invariavelmente quadráticos planos. Para os metais 3d com configuração d^8 (por exemplo, Ni^{2+}), a geometria quadrática plana é favorecida por ligantes que podem formar ligações π recebendo elétrons do átomo metálico, como no $[Ni(CN)_4]^{2-}$. São exemplos de complexos quadráticos planos dos Grupos 9, 10 e 11: $[RhCl(PPh_3)_3]$, *trans*-$[Ir(CO)Cl(PMe_3)_2]$, $[Ni(CN)_4]^{2-}$, $[PdCl_4]^{2-}$, $[Pt(NH_3)_4]^{2+}$ e $[AuCl_4]^-$. A geometria quadrática plana também pode ser forçada sobre um átomo central pela complexação com um ligante que contenha um anel rígido com quatro átomos doadores, como na formação de um complexo de porfirina (**16**). A Seção 20.1 apresenta uma abordagem mais detalhada dos fatores que ajudam a estabilizar os complexos quadráticos planos.

(b) Número de coordenação cinco

Pontos principais: Na ausência de ligantes polidentados que restrinjam a geometria, as energias das várias geometrias dos complexos pentacoordenados diferem pouco umas das outras e, assim, tais complexos são frequentemente fluxionais.

Os complexos pentacoordenados, os quais são menos comuns do que os complexos tetra ou hexacoordenados, são normalmente piramidais quadráticos ou bipiramidais trigonais. No caso de todos os ligantes serem iguais, o complexo piramidal quadrático tem simetria C_{4v}, enquanto que o complexo bipiramidal trigonal tem simetria D_{3h}. Distorções dessas geometrias ideais são comuns, sendo necessárias apenas pequenas variações nos ângulos de ligação para mudar de uma estrutura para outra ou para uma configuração intermediária. A forma bipiramidal trigonal minimiza as repulsões ligante-ligante, mas as restrições espaciais em ligantes que podem se ligar ao metal através de mais de um sítio podem favorecer a estrutura piramidal quadrática. Por exemplo, a pentacoordenação piramidal quadrática é encontrada nas porfirinas biologicamente importantes, em que o anel do ligante obriga a adoção de uma estrutura quadrática plana e um quinto ligante liga-se por cima do plano. A estrutura (**17**) mostra parte do centro ativo da mioglobina, a proteína transportadora do oxigênio; a localização do átomo de Fe acima do plano do anel é importante para a sua função (Seção 27.7). Em alguns casos, a pentacoordenação é induzida por um ligante polidentado contendo um átomo doador que pode se ligar numa posição axial de uma bipirâmide trigonal, com seus outros átomos doadores alcançando as três posições equatoriais (**18**). Ligantes que forçam uma estrutura bipiramidal trigonal dessa maneira são chamados de **tripodais**.

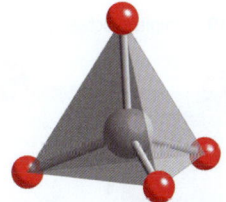

14 Complexo tetraédrico, T_d

15 Complexo quadrático plano, D_{4h}

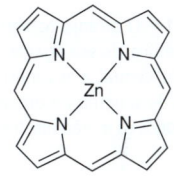

16 Complexo porfirina de zinco

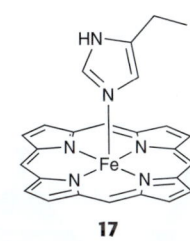

17

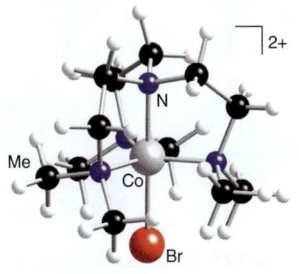

18 $[CoBrN(CH_2CH_2NMe_2)_3]^{2+}$

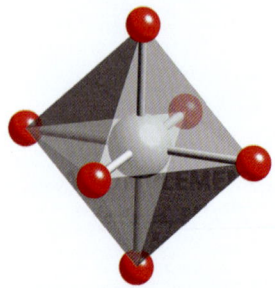

19 Complexo octaédrico, O_h

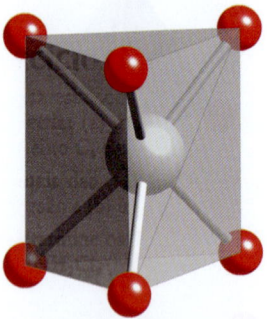

20 Prisma trigonal, D_{3h}

(c) Número de coordenação seis

Ponto principal: A esmagadora maioria dos complexos hexacoordenados é octaédrica ou tem formas que são pequenas distorções do octaedro.

O número de coordenação seis é o arranjo mais comum para os complexos metálicos, sendo encontrado nos compostos de coordenação de metais s, p, d e (mais raramente) f. Praticamente todos os complexos hexacoordenados são octaédricos (**19**), pelo menos se considerarmos os ligantes sendo representados por pontos sem estrutura. O arranjo octaédrico regular (O_h) dos ligantes é altamente simétrico (Fig. 7.1). Ele é especialmente importante não somente porque é encontrado em muitos complexos de fórmula ML_6, mas também porque é o ponto de partida para a discussão dos complexos de menor simetria, tais como os mostrados na Fig. 7.2. A distorção mais simples da simetria O_h é a tetragonal (D_{4h}), que ocorre quando dois ligantes ao longo de um eixo diferem dos outros quatro; estes dois ligantes *trans* um em relação ao outro podem estar mais próximos que os outros quatro ou mais afastados, sendo esta última situação mais comum. Para a configuração d^9 (particularmente para os complexos de Cu^{2+}), a distorção tetragonal pode ocorrer mesmo quando todos os ligantes são idênticos, devido a um efeito inerente conhecido como distorção Jahn-Teller (Seção 20.1). A distorção rômbica (D_{2h}) é aquela na qual um par de ligantes *trans* está mais próximo do átomo central e outro par *trans* está mais afastado. A distorção trigonal (D_{3d}) ocorre quando duas faces opostas de um octaedro afastam-se, dando origem a uma grande família de estruturas intermediárias entre a octaédrica regular e a prismática trigonal (**20**); algumas vezes, tais estruturas são chamadas de romboédricas.

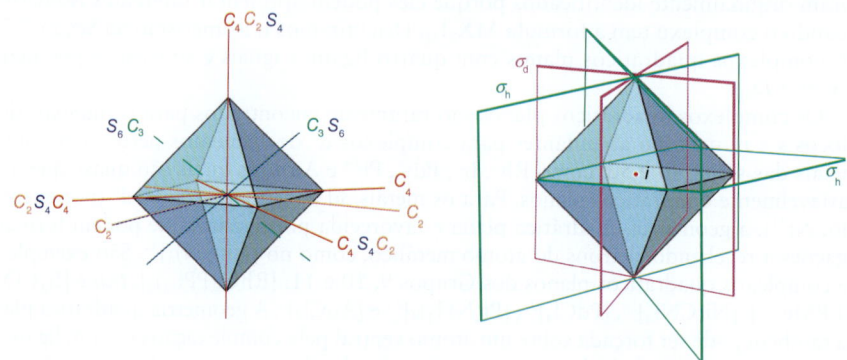

Figura 7.1* O arranjo octaédrico, altamente simétrico, de seis ligantes em torno de um metal central, e os correspondentes elementos de simetria do octaedro. Note que nem todos os σ_d são mostrados.

Complexos de geometria trigonal prismática (D_{3h}) são raros, mas essa geometria está presente nos sólidos MoS_2 e WS_2; o prisma trigonal também é a forma de vários complexos de fórmula $[M(S_2C_2R_2)_3]$ (**21**). Complexos d^0 prismáticos trigonais, como o $[Zr(CH_3)_6]^{2-}$, também foram isolados. Essas estruturas requerem **ligantes σ doadores** muito pequenos, que se ligam formando uma ligação σ com o átomo central, ou interações ligante-ligante adequadas que impõem ao complexo a forma prismática trigonal; tais interações ligante-ligante são frequentemente produzidas por ligantes que contêm átomos de enxofre, os quais podem formar ligações covalentes fracas à longa distância uns com os outros. Um ligante quelante com um pequeno ângulo de mordida também pode causar distorções nos complexos octaédricos hexacoordenados, levando a uma geometria prismática trigonal (Fig. 7.3).

7.5 Números de coordenação elevados

Pontos principais: Átomos e íons grandes tendem a formar complexos com números de coordenação elevados; a coordenação com nove ligantes é particularmente importante no bloco f.

O número de coordenação sete é encontrado para muitos metais do Grupo 2, para uns poucos complexos 3d, sendo mais frequente para os complexos 4d e 5d, nos quais o átomo central maior pode acomodar mais do que seis ligantes. Essa coordenação assemelha-se à pentacoordenação no que diz respeito à proximidade das energias de suas várias geometrias. Dentre essas geometrias limites "ideais" temos a bipiramidal pentagonal (**22**), a octaédrica encapuzada (**23**) e a prismática trigonal encapuzada (**24**); nas duas últimas, o sétimo ligante (o capuz) ocupa uma face. Há várias estruturas intermediárias, e a interconversão entre elas é frequentemente rápida à temperatura ambiente. São exemplos do bloco d $[Mo(CNR)_7]^{2+}$, $[ZrF_7]^{3-}$, $[TaCl_4(PR_3)_3]$ e $[ReOCl_6]^{2-}$, e do bloco f $[UO_2(OH_2)_5]^{2+}$. Um método para forçar a heptacoordenação no lugar da hexacoordenação nos elementos mais

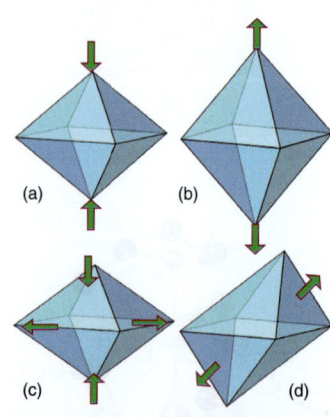

Figura 7.2* Distorções de um octaedro regular: (a) e (b) distorções tetragonais, (c) distorção rômbica e (d) distorção trigonal.

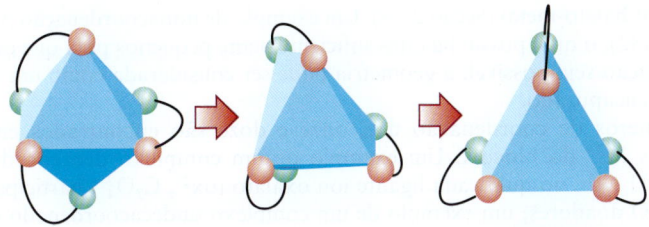

Figura 7.3* Um ligante quelante com um pequeno ângulo de mordida pode distorcer um complexo octaédrico para uma geometria prismática trigonal.

leves é sintetizar um anel contendo cinco átomos doadores (**25**) que ocuparão então as posições equatoriais, deixando as posições axiais livres para acomodar mais dois ligantes.

Uma estereoquímica não rígida também é apresentada pelo número de coordenação oito; esses complexos podem ser antiprismáticos quadráticos (**26**) em um cristal, mas dodecaédricos (**27**) em outro. Dois exemplos de complexos com essas geometrias são mostrados em (**28**) e (**29**), respectivamente. A geometria cúbica (**30**) é rara, mas um exemplo vem do complexo de lantânio com quatro ligantes bipiridinadióxido (**31**).

O número de coordenação nove é importante nas estruturas dos elementos do bloco f, pois seus íons relativamente grandes podem atuar como hospedeiros para um número grande de ligantes. Um exemplo simples de um complexo de lantanídeo nonacoordenado é o [Nd(OH$_2$)$_9$]$^{3+}$. Exemplos mais complexos originam-se com os sólidos MCl$_3$, com M variando do La até o Gd, em que o número de coordenação 9 é alcançado através de

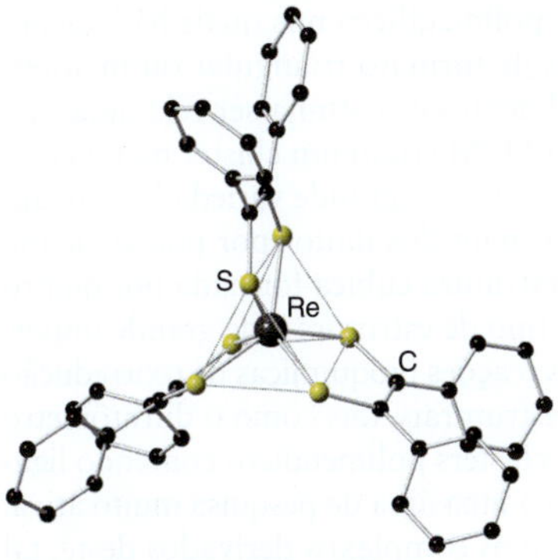

21 [Re(SCPh=CPhS)$_3$]

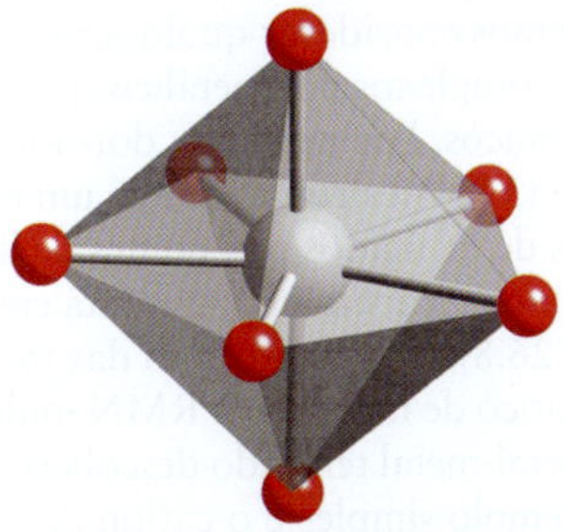

22 Bipirâmide pentagonal, D_{5h}

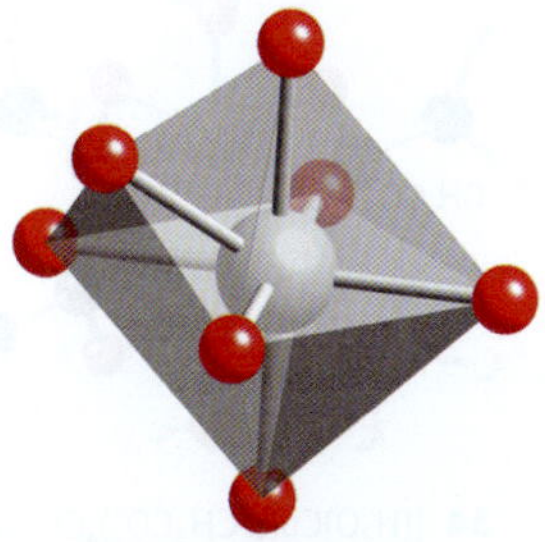

23 Octaedro encapuzado

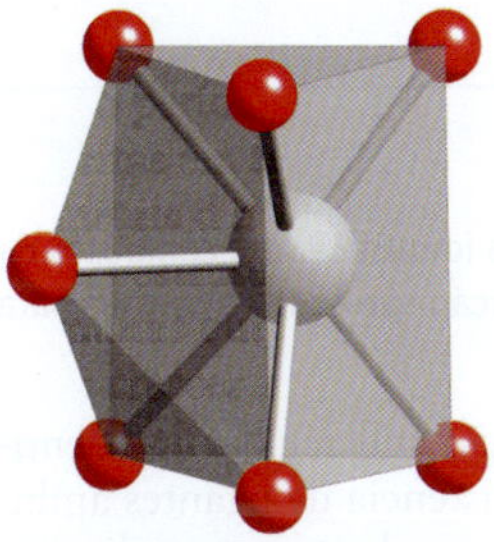

24 Prisma trigonal encapuzado

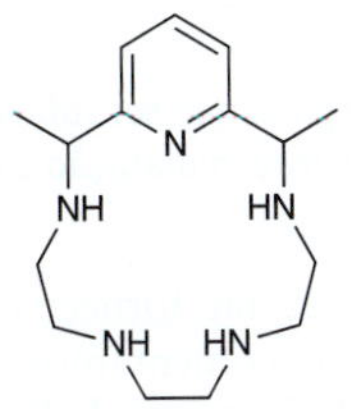

25

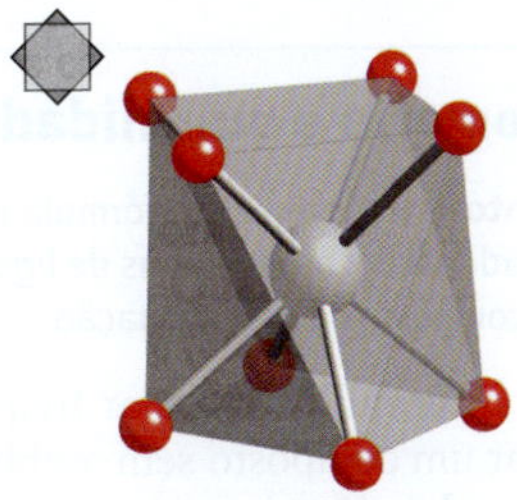

26 Antiprisma quadrático, D_4

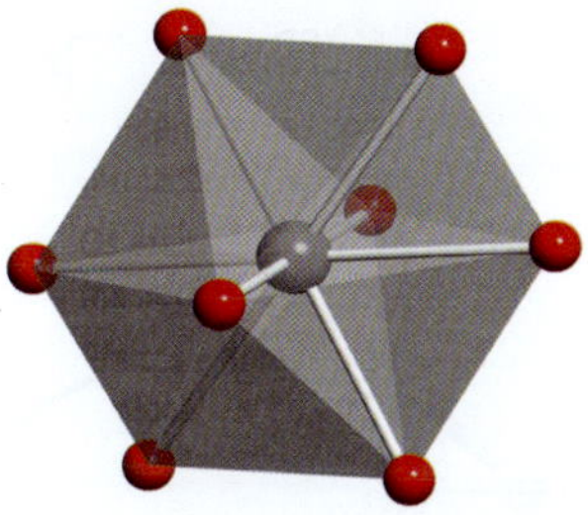

27 Dodecaedro, D_{2d}

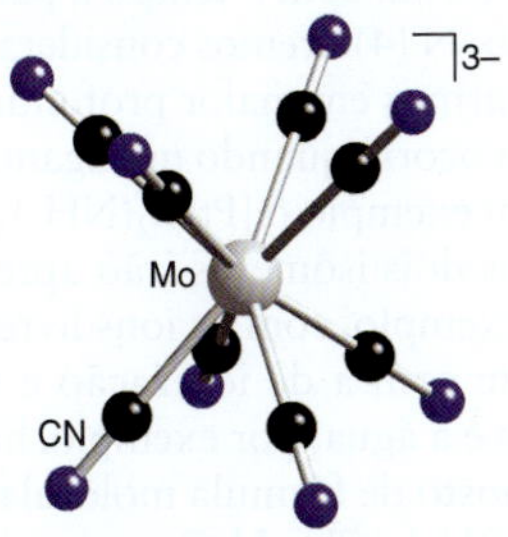

28 [Mo(CN)$_8$]$^{3-}$

29 [Zr(ox)$_4$]$^{4-}$

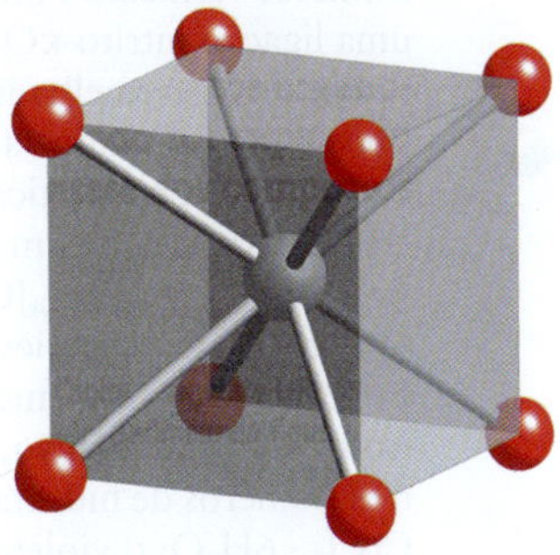

30 Cubo

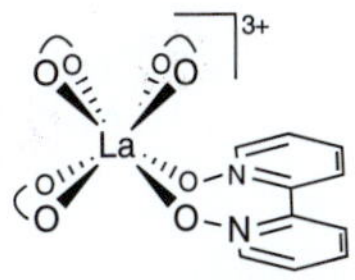

31 [La(bpyO$_2$)$_4$]$^{3+}$

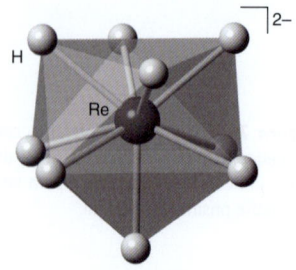

32 [ReH$_9$]$^{2-}$

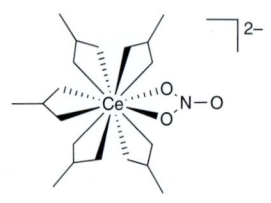

33 [Ce(NO$_3$)$_6$]$^{2-}$

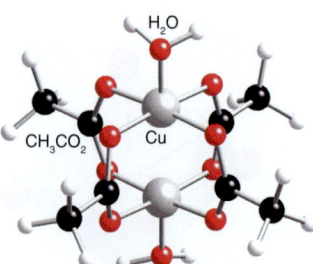

34 [(H$_2$O)Cu(μ-CH$_3$CO$_2$)$_4$Cu(OH$_2$)]

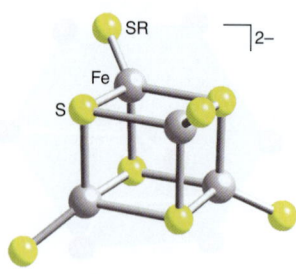

35 [Fe$_4$S$_4$(SR)$_4$]$^{2-}$

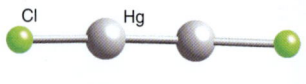

36 [Hg$_2$Cl$_2$] $D_{\infty h}$

pontes metal-haleto-metal (Seção 23.6). Um exemplo de nonacoordenação no bloco d é o [ReH$_9$]$^{2-}$ (**32**), o qual possui ligantes suficientemente pequenos para que esse número de coordenação seja possível; a geometria pode ser considerada como um antiprisma quadrático encapuzado.

Os números de coordenação dez, onze e doze são encontrados em complexos de íons M^{3+} do bloco f. Um exemplo de um complexo decacoordenado é o [Th(ox)$_4$(OH$_2$)$_2$]$^{4-}$, no qual cada ligante íon oxalato (ox^{2-}, C$_2$O$_4^{2-}$) participa com dois átomos de O doadores; um exemplo de um complexo undecacoordenado é o nitrato de tório [Th(NO$_3$)$_4$(OH$_2$)$_3$], no qual cada NO$_3^-$ liga-se por dois átomos de oxigênio. Finalmente, um exemplo de complexo dodecacoordenado é o [Ce(NO$_3$)$_6$]$^{2-}$ (**33**), que é formado pela reação de sais de Ce(IV) com ácido nítrico. Cada ligante NO$_3^-$ encontra-se ligado ao átomo metálico através de dois átomos de O. Esses números de coordenação elevados são raros com íons dos blocos s, p e d.

7.6 Complexos polimetálicos

Ponto principal: Os complexos polimetálicos são classificados como clusters metálicos quando contêm ligações M–M, ou como complexos em gaiola quando contêm ligantes em ponte entre os átomos metálicos.

Complexos polimetálicos são complexos que contêm mais de um átomo metálico. Em alguns casos, os átomos metálicos estão unidos através de ligantes em ponte; em outros, há ligações metal-metal; em outros ainda, ocorrem os dois tipos de ligação. O termo **cluster metálico** é geralmente reservado para os complexos polimetálicos nos quais há ligações diretas metal-metal que formam estruturas fechadas de formato triangular ou maiores. Essa definição rigorosa exclui os compostos M–M lineares e costuma ser relaxada. Assim, iremos considerar qualquer sistema com ligação M–M como um cluster metálico.

Os complexos polimetálicos podem ser formados com uma grande variedade de ligantes aniônicos. Por exemplo, dois íons Cu^{2+} podem ser mantidos juntos por pontes de íon acetato (**34**). A estrutura (**35**) é um exemplo de uma estrutura cúbica formada por quatro átomos de Fe unidos por pontes de ligantes RS$^-$. Esse tipo de estrutura é de grande importância biológica, uma vez que está envolvida em várias reações bioquímicas de oxirredução (Seção 26.8). Com o advento das modernas técnicas estruturais, tais como o difratômetro automático de raios X e o RMN multinuclear, muitos clusters polimetálicos contendo ligações metal-metal têm sido descobertos e deram origem a uma área de pesquisa muito ativa. Um exemplo simples é o cátion de mercúrio(I), Hg$_2^{2+}$, e os complexos derivados deste, tal como o [Hg$_2$(Cl)$_2$] (**36**), que é geralmente escrito simplesmente como Hg$_2$Cl$_2$. Um cluster metálico contendo 10 ligantes CO e 2 átomos de Mn é mostrado em (**37**).

Isomeria e quiralidade

Ponto principal: Uma fórmula molecular pode não ser suficiente para identificar um composto de coordenação: as isomerias de ligação, ionização, hidratação e coordenação são todas possíveis para os compostos de coordenação.

Uma fórmula molecular frequentemente não fornece informação suficiente para identificar um composto sem ambiguidade. Já comentamos que a existência de ligantes ambidentados dá origem à possibilidade da **isomeria de ligação**, na qual um mesmo ligante pode se ligar através de átomos diferentes. Esse tipo de isomeria explica a existência dos isômeros vermelho e amarelo de fórmula [Co(NH$_3$)$_5$(NO$_2$)]$^{2+}$. O composto vermelho tem uma ligação nitrito-κO, Co–O (**5**); o isômero amarelo, que se forma com o tempo a partir da forma vermelha instável, tem uma ligação nitrito-κN, Co–N (**4**). Iremos considerar brevemente três tipos adicionais de isomeria antes de examinarmos em maior profundidade as isomerias óptica e geométrica. A **isomeria de ionização** ocorre quando um ligante e um contraíon trocam de posição em um composto, sendo um exemplo o [PtCl$_2$(NH$_3$)$_4$]Br$_2$ e o [PtBr$_2$(NH$_3$)$_4$]Cl$_2$. Se os compostos forem solúveis, os dois isômeros irão apresentar-se como espécies iônicas diferentes em solução (neste exemplo, com os íons livres Br$^-$ e Cl$^-$, respectivamente). Uma isomeria muito semelhante a de ionização é a **isomeria de hidratação**, que se origina quando um dos ligantes é a água; por exemplo, há três isômeros de hidratação com cores diferentes para o composto de fórmula molecular CrCl$_3$ · 6H$_2$O: o violeta [Cr(OH$_2$)$_6$]Cl$_3$, o verde claro [CrCl(OH$_2$)$_5$]Cl$_2$ · H$_2$O e o verde escuro [CrCl$_2$(OH$_2$)$_4$]Cl · 2H$_2$O. A **isomeria de coordenação** origina-se quando há íons complexos diferentes que podem se formar a partir da mesma fórmula molecular, como no $[Co(NH_3)_6][Cr(CN)_6]$ e $[Cr(NH_3)_6][Co(CN)_6]$.

Uma vez estabelecido quais ligantes se ligam com quais metais e através de quais átomos doadores, podemos considerar o arranjo espacial destes ligantes. O caráter tridimensional dos complexos metálicos pode resultar em muitas possibilidades de arranjo dos ligantes. Exploraremos agora estas variedades de isomeria considerando as permutações dos arranjos dos ligantes para cada geometria comum dos complexos: este tipo de isomeria é conhecido como **isomeria geométrica**.

Os complexos com números de coordenação maiores do que seis possuem o potencial de apresentar um grande número de isômeros, tanto geométrico quanto óptico. Uma vez que esses complexos são geralmente estereoquimicamente não rígidos, os isômeros não são normalmente separáveis e não os consideraremos.

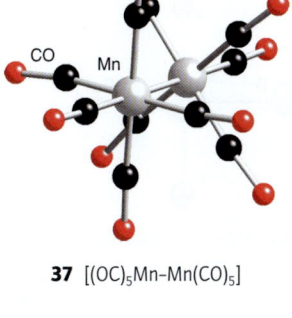

37 $[(OC)_5Mn-Mn(CO)_5]$

> **EXEMPLO 7.2** Isomeria nos complexos metálicos
>
> Quais são os tipos possíveis de isomeria para os complexos com as seguintes fórmulas moleculares: (a) $[Pt(PEt_3)_3SCN]^+$; (b) $CoBr(NH_3)_5SO_4$; (c) $FeCl_2(H_2O)_6$?
>
> **Resposta** (a) O complexo contém o ligante ambidentado tiocianato, SCN^-, o qual pode se ligar através do átomo S ou N para formar dois isômeros de ligação: $[Pt(\underline{S}CN)(PEt_3)_3]^+$ e $[Pt(\underline{N}CS)(PEt_3)_3]^+$. (b) Com uma geometria octaédrica e cinco ligantes amônia coordenados, é possível ter dois isômeros de ionização: $[Co(NH_3)_5SO_4]Br$ e $[CoBr(NH_3)_5]SO_4$. (c) Ocorre isomeria de hidratação, uma vez que são possíveis os complexos de fórmula $[Fe(OH_2)_6]Cl_2$ e $[FeCl(OH_2)_5]Cl \cdot H_2O$ e $[FeCl_2(OH_2)_4] \cdot 2H_2O$.
>
> **Teste sua compreensão 7.2** São possíveis dois tipos de isomeria para o complexo hexacoordenado $Cr(NO_2)_2(H_2O)_6$. Indique todos os isômeros.

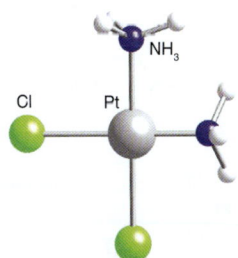

38 cis-$[PtCl_2(NH_3)_2]$

7.7 Complexos quadráticos planos

Ponto principal: Os únicos isômeros simples dos complexos quadráticos planos são os isômeros *cis* e *trans*.

Werner estudou uma série de complexos tetracoordenados de Pt(II) formados pelas reações do $PtCl_2$ com NH_3 e HCl. Para um complexo de fórmula MX_2L_2, teremos somente um isômero se a espécie for tetraédrica, mas teremos dois isômeros se a espécie for quadrática plana, (**38** e **39**). Uma vez que Werner foi capaz de isolar dois complexos diferentes de fórmula $[PtCl_2(NH_3)_2]$, ele concluiu que eles não poderiam ser tetraédricos, mas sim quadráticos planos. O complexo com ligantes idênticos nos vértices adjacentes do quadrado é chamado de isômero *cis* (**38**, grupo de pontos C_{2v}) e o complexo com ligantes idênticos em posições opostas é o isômero *trans* (**39**, D_{2h}). A isomeria geométrica está longe de ter interesse apenas acadêmico: complexos de platina são usados na quimioterapia contra o câncer, e sabe-se que somente os complexos *cis*-Pt(II) podem se ligar às bases do DNA por tempo suficiente para serem efetivos.

No caso simples de dois conjuntos de dois ligantes monodentados diferentes, como no $[MA_2B_2]$, existe apenas o caso da isomeria *cis/trans* para se considerar, (**40**) e (**41**). Com três ligantes diferentes, como no $[MA_2BC]$, as posições dos dois ligantes A também nos permite distinguir os isômeros geométricos *cis* e *trans*, (**42**) e (**43**). Quando há quatro ligantes diferentes, como no $[MABCD]$, há três isômeros diferentes e temos que especificar a geometria mais explicitamente, como em (**44**), (**45**) e (**46**). Ligantes bidentados com diferentes grupos terminais, como no $[M(AB)_2]$, também podem dar origem a isômeros geométricos que podem ser classificados como *cis* (**47**) e *trans* (**48**).

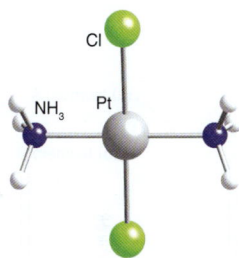

39 trans-$[PtCl_2(NH_3)_2]$

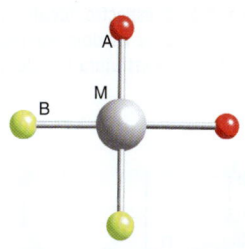

40 cis-$[MA_2B_2]$

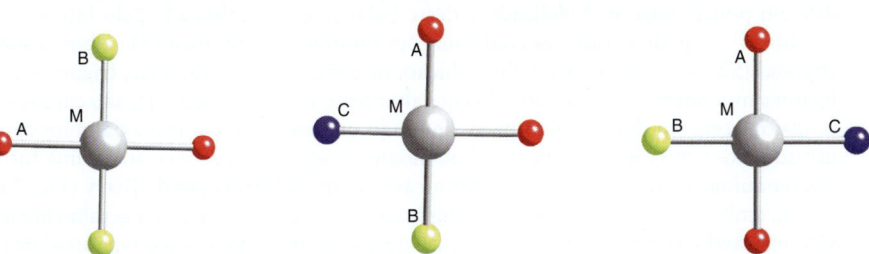

41 trans-$[MA_2B_2]$ **42** cis-$[MA_2BC]$ **43** trans-$[MA_2BC]$ **44** [MABCD], A *trans* a B

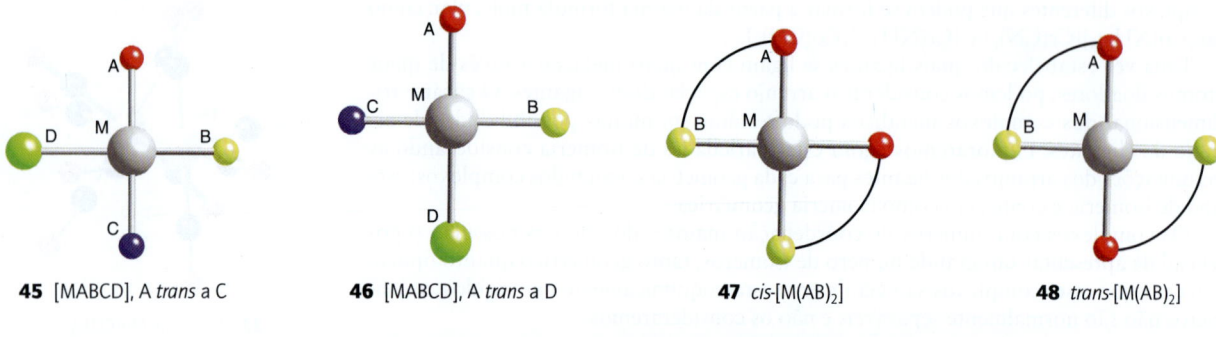

45 [MABCD], A *trans* a C   **46** [MABCD], A *trans* a D   **47** *cis*-[M(AB)$_2$]   **48** *trans*-[M(AB)$_2$]

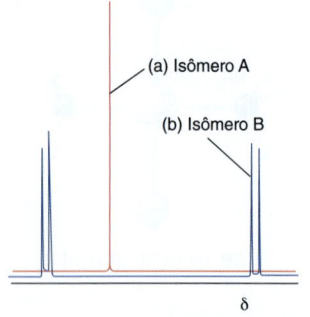

Figura 7.4 Método químico para distinguir os isômeros *cis*– e *trans*– do complexo diamindicloretoplatina(II).

> **EXEMPLO 7.3** Identificando isômeros a partir de evidências químicas
>
> Use as reações indicadas na Fig. 7.4 para mostrar como se pode atribuir as geometrias *cis* e *trans* a um par de complexos de platina.
>
> *Resposta* O isômero *cis*-diamindicloreto reage com um equivalente de 1,2-diaminaetano (en, **6**) substituindo dois ligantes NH$_3$ pelo ligante bidentado en nas posições adjacentes. No isômero *trans*, o ligante bidentado não pode deslocar dois ligantes NH$_3$ adjacentes. Uma explicação razoável é que o ligante en não consegue alcançar os lados opostos do complexo quadrático plano para se ligar em duas posições *trans*. Essa conclusão é confirmada por cristalografia de raios X; a força motriz para a reação do isômero *cis* é a variação entrópica favorável associada ao efeito quelato (Seção 7.14)
>
> *Teste sua compreensão 7.3* Os dois isômeros quadráticos planos do [PtBrCl(PR$_3$)$_2$] (onde PR$_3$ é uma trialquilfosfina) têm espectros RMN de ^{31}P diferentes (Fig. 7.5). Para efeito deste exercício, ignoraremos o acoplamento com o ^{195}Pt (I = ½ com 33% de abundância), Seção 8.6. Um isômero (A) mostra uma única ressonância de ^{31}P; o outro (B) mostra duas ressonâncias de ^{31}P, cada uma das quais se divide em um dubleto pela interação com o segundo núcleo de ^{31}P. Qual é o isômero *cis* e qual é o *trans*?

Figura 7.5 O espectro idealizado de RMN de ^{31}P para os dois isômeros do [PtBrCl(PR$_3$)$_2$]. A estrutura fina devido ao Pt foi suprimida.

7.8 Complexos tetraédricos

Ponto principal: Os únicos isômeros simples dos complexos tetraédricos são os isômeros ópticos.

Os únicos isômeros de complexos tetraédricos normalmente encontrados são aqueles para os quais os quatro ligantes são diferentes ou quando temos dois ligantes quelantes bidentados assimétricos. Em ambos os casos, (**49**) e (**50**), as moléculas são **quirais**, não superponíveis às suas imagens especulares (Seção 6.4). Os dois isômeros especulares juntos compõem um **par enantiomorfo**. A existência de um par de complexos quirais em que cada um é a imagem especular do outro (como as mãos direita e esquerda), e que tenham um tempo de vida longo o suficiente para serem separados, é chamada de **isomeria óptica**. Os isômeros ópticos são assim chamados porque são **opticamente ativos**, significando que um enantiômero gira o plano da luz polarizada em uma direção e o outro o gira em um ângulo igual na direção oposta.

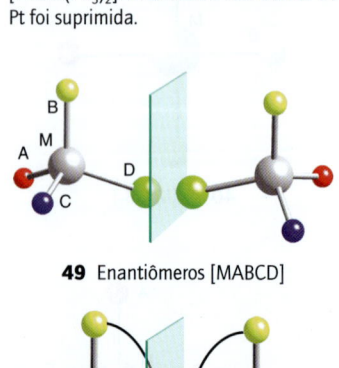

49 Enantiômeros [MABCD]

50 Enantiômeros [M(AB)$_2$]

7.9 Complexos bipiramidais trigonais e piramidais quadráticos

Pontos principais: Complexos pentacoordenados não são estereoquimicamente rígidos; nos complexos bipiramidais trigonais e piramidais quadráticos existem dois sítios de coordenação quimicamente distintos.

As energias das várias geometrias dos complexos pentacoordenados frequentemente diferem pouco entre si. A delicadeza deste balanço é exemplificada pelo fato de que o [Ni(CN)$_5$]$^{3-}$ pode existir nas conformações piramidal quadrática (**51**) e bipiramidal trigonal (**52**) no mesmo cristal. Em solução, os complexos bipiramidais trigonais com ligantes monodentados são normalmente altamente fluxionais (ou seja, são capazes de se distorcerem em diferentes formas), de modo que um ligante que é axial num determinado momento torna-se equatorial no momento seguinte: a conversão de uma forma estereoquímica em outra pode ocorrer através da **pseudorrotação de Berry** (Fig. 7.6). Assim, embora existam isômeros de complexos pentacoordenados, eles geralmente não são separáveis. Deve-se atentar para o fato de que tanto os complexos bipiramidais trigonais quanto os piramidais quadráticos têm dois sítios quimicamente distintos: axial

Isomeria e quiralidade

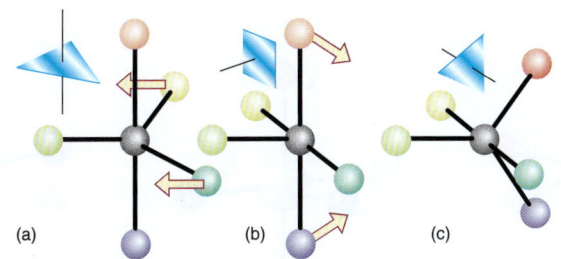

Figura 7.6* Uma pseudorrotação de Berry na qual (a) o complexo bipiramidal trigonal Fe(CO)$_5$ se distorce levando (b) à formação do isômero piramidal quadrático e depois novamente a (c) uma bipirâmide trigonal, mas com os dois ligantes inicialmente axiais agora equatoriais.

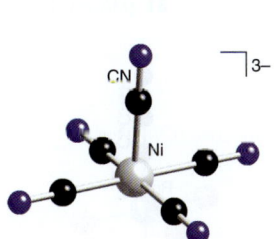

51 [Ni(CN)$_5$]$^{3-}$, piramidal quadrático

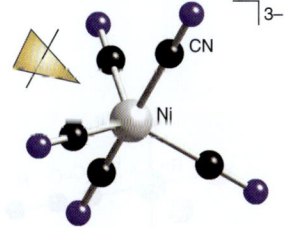

52 [Ni(CN)$_5$]$^{3-}$, bipiramidal trigonal

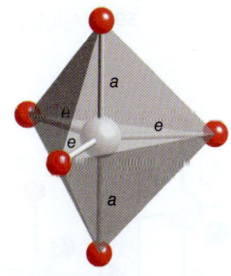

53 [ML$_5$], bipirâmide trigonal

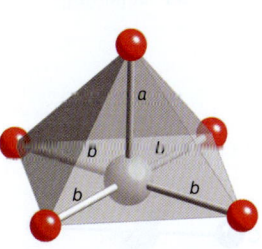

54 [ML$_5$], pirâmide quadrática

(a) e equatorial (e) para a bipirâmide trigonal (**53**), e axial (a) e basal (b) para a pirâmide quadrática (**54**). Certos ligantes têm preferência por sítios diferentes devido às suas exigências espaciais e eletrônicas.

7.10 Complexos octaédricos

Há um grande número de complexos com geometria nominalmente octaédrica, em que neste contexto a estrutura nominal "ML$_6$" significa um átomo metálico central rodeado por seis ligantes, não necessariamente iguais.

(a) Isomeria geométrica

Pontos principais: Para os complexos octaédricos de fórmula [MA$_4$B$_2$], existem os isômeros *cis* e *trans*, e para os complexos de fórmula [MA$_3$B$_3$], são possíveis os isômeros *fac* e *mer*. Conjuntos de ligantes mais complicados levam a isômeros adicionais.

Enquanto que existe apenas uma maneira de arrumar os ligantes em complexos octaédricos de fórmula geral [MA$_6$] ou [MA$_5$B], os dois ligantes B de um complexo [MA$_4$B$_2$] podem ser colocados em posições octaédricas adjacentes para formar o isômero *cis* (**55**) ou em posições diametralmente opostas para formar o isômero *trans* (**56**). Considerando-se os ligantes como sendo pontuais ou sem estrutura, o isômero *trans* tem simetria D_{4h} e o isômero *cis* tem simetria C_{2v}.

Há duas formas de se arranjar os ligantes do complexo [MA$_3$B$_3$]. Em um isômero, três ligantes A situam-se num plano e os outros três ligantes B em um plano perpendicular (**57**). Esse complexo é chamado de isômero *mer* (significando meridional), uma vez que cada conjunto de ligantes pode ser considerado como estando em um meridiano de uma esfera. No segundo isômero, os três ligantes A (e também os B) são adjacentes e ocupam os vértices de uma face triangular do octaedro (**58**); esse complexo é chamado de isômero *fac* (significando facial), uma vez que os ligantes estão situados nos vértices de uma face do octaedro. Considerando-se os ligantes pontuais, sem estrutura, o isômero *mer* tem simetria C_{2v} e o isômero *fac* tem simetria C_{3v}.

Para um complexo de composição [MA$_2$B$_2$C$_2$], há cinco isômeros geométricos diferentes: um isômero com todos os ligantes *trans* (**59**); três isômeros diferentes onde um par de ligantes é *trans* e os outros dois *cis*, (**60**), (**61**) e (**62**); e um par enantiomorfo com todos os ligantes *cis* (**63**). Composições mais complicadas, tais como [MA$_2$B$_2$CD] ou [MA$_3$B$_2$C], resultam em uma isomeria geométrica mais ampla. Por exemplo, o composto de ródio [RhH(C≡CR)$_2$(PMe$_3$)$_3$] tem três isômeros diferentes: *fac* (**64**), *mer-trans* (**65**) e *mer-cis* (**66**). Embora os complexos octaédricos sejam geralmente estereoquimicamente rígidos, algumas vezes ocorrem reações de isomerização (Seção 21.9).

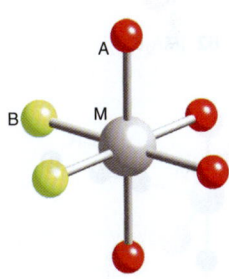

55 *cis*-[MA$_4$B$_2$]

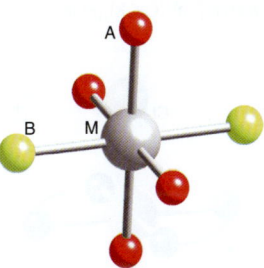

56 *trans*-[MA$_4$B$_2$]

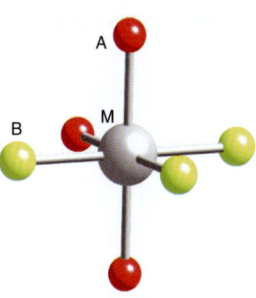

57 *mer*-[MA$_3$B$_3$]

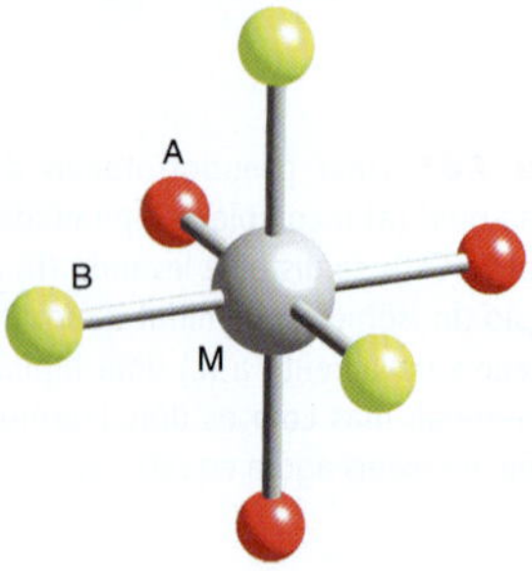

58 *fac*-[MA₃B₃]   **59** [MA₂B₂C₂]   **60** [MA₂B₂C₂]   **61** [MA₂B₂C₂]

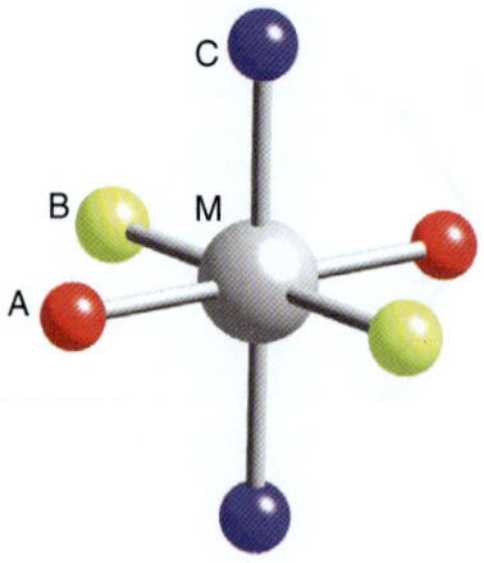

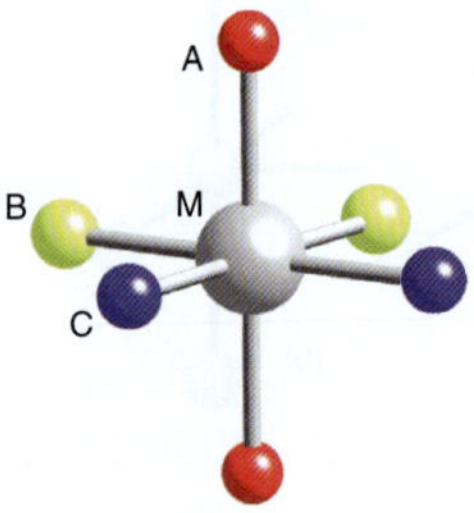

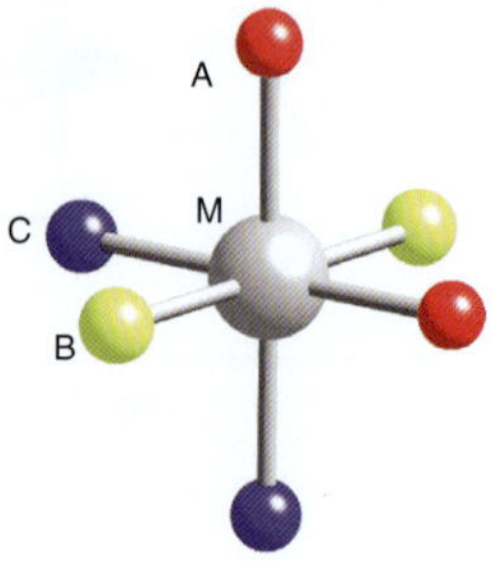

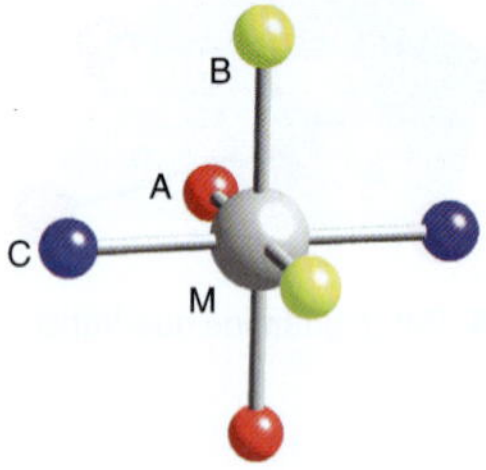

62 [MA₂B₂C₂]   **63** Enantiômeros [MA₂B₂C₂]   **64** *fac*-[RhH(C≡CR)₂(PMe₃)₃] 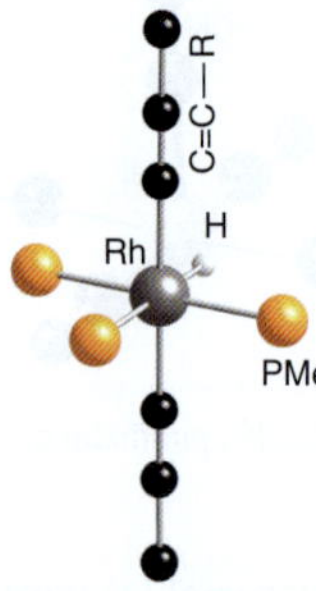   **65** *mer-trans*-[RhH(C≡CR)₂(PMe₃)₃]

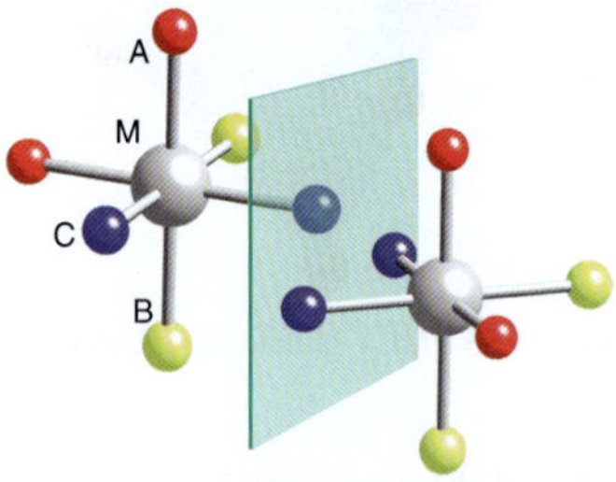

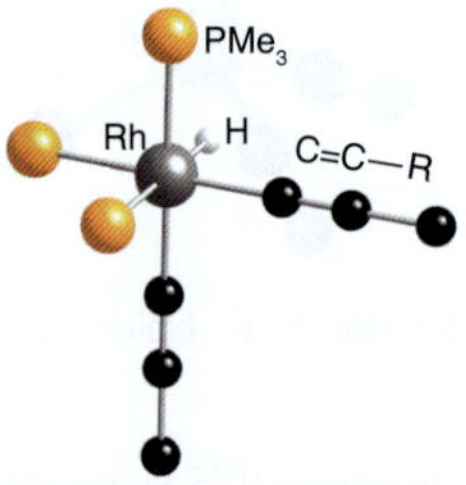

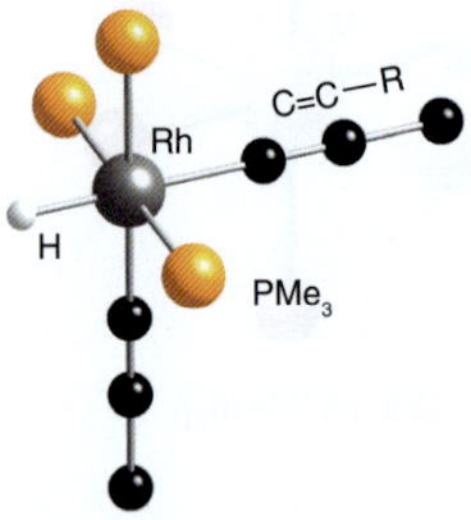

66 *mer-cis*-[RhH(C≡CR)₂(PMe₃)₃] 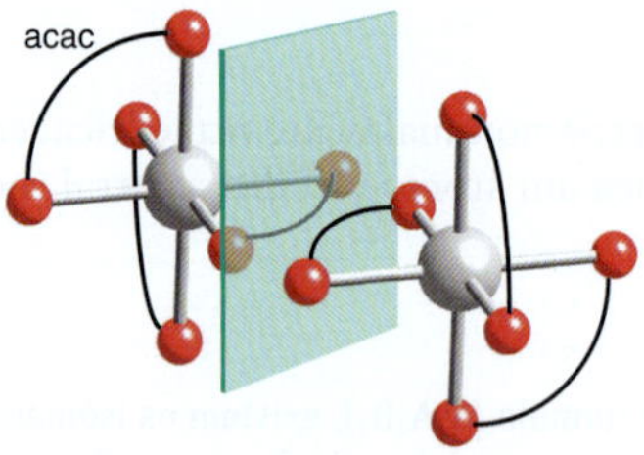   **67** Enantiômeros [Mn(acac)₃] 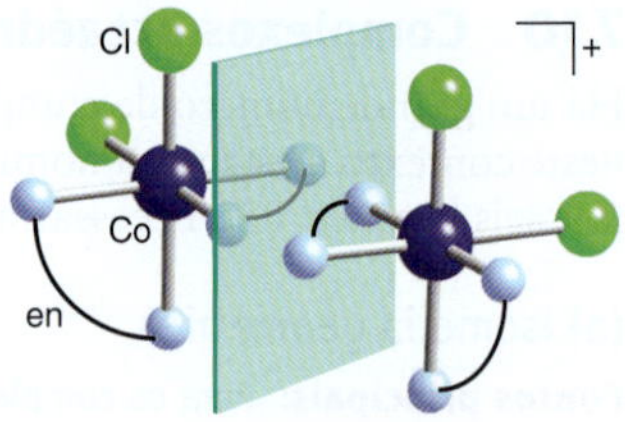   **68** Enantiômeros *cis*-[CoCl₂(en)₂]⁺

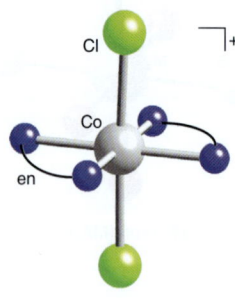

69 *trans*-[CoCl₂(en)₂]⁺

(b) Quiralidade e isomeria óptica

Pontos principais: Vários arranjos de ligantes em um centro octaédrico dão origem a compostos quirais; os isômeros são chamados de Δ ou Λ, dependendo das suas configurações.

Além dos vários exemplos de isomeria geométrica mostrados pelos compostos octaédricos, muitos também são quirais. Um exemplo simples é o [Mn(acac)₃] (**67**), onde três ligantes bidentados acetilacetonato (acac) levam à existência de enantiômeros. Uma forma de ver os isômeros ópticos que se originam nos complexos desta natureza é imaginar a vista de cima de um eixo de ordem três e ver o arranjo dos ligantes como uma hélice ou a rosca de um parafuso.

A quiralidade também pode existir nos complexos de fórmula [MA₂B₂C₂] quando os ligantes de cada par estão em posição *cis* (**63**). Na verdade, são conhecidos muitos exemplos de isomeria óptica para complexos octaédricos, tanto com ligantes monodentados quanto com polidentados e, assim sendo, devemos estar sempre atentos à possibilidade de isomeria óptica.

Como um exemplo adicional de isomeria óptica, considere os produtos da reação do cloreto de Co(III) com o 1,2-diaminaetano na razão molar de 1:2. Os produtos incluem um par de complexos dicloreto, sendo um violeta (**68**) e o outro verde (**69**); eles são, respectivamente, os isômeros *cis* e *trans* do dicloretobis(1,2-diaminaetano)cobalto(III), [CoCl₂(en)₂]⁺. Como pode ser visto pelas suas estruturas, o isômero *cis* não pode ser sobreposto à sua imagem especular. Ele é, portanto, quiral e, assim (uma vez que os complexos têm vida longa), opticamente ativo. O isômero *trans* possui um plano de reflexão e pode ser superposto à sua imagem; ele não é quiral e nem opticamente ativo.

A configuração absoluta de um complexo octaédrico quiral é descrita imaginando-se uma vista ao longo de um eixo de rotação de ordem três em um octaedro regular e observando-se a direção da hélice formada pelos ligantes (Fig. 7.7). Uma rotação da hélice no sentido horário é designada Δ (delta), enquanto que uma rotação anti-horária é designada Λ (lambda). A designação da configuração absoluta deve ser distinguida da direção determinada experimentalmente na qual um isômero gira a luz polarizada: alguns compostos Λ giram em uma direção, outros na direção oposta, e a direção pode mudar com o comprimento de onda. O isômero que gira o plano de polarização na direção horária (olhando-se para o feixe de luz vindo em nossa direção) num comprimento de onda específico é designado como **isômero *d*** ou **isômero** (+); aquele que gira o plano da luz no sentido anti-horário é designado como **isômero *l*** ou **isômero** (−). O Quadro 7.1 descreve como os isômeros específicos de um complexo são sintetizados e o Quadro 7.2 descreve como os enantiômeros de complexos metálicos podem ser separados.

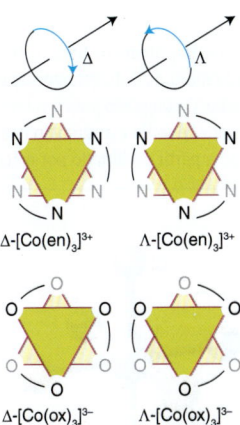

Figura 7.7 Configurações absolutas dos complexos M(L–L)$_3$. Usa-se Δ para indicar uma rotação no sentido horário da hélice e Λ para indicar uma rotação no sentido anti-horário.

QUADRO 7.1 A síntese de isômeros específicos

A síntese de isômeros específicos frequentemente requer mudanças sutis nas condições de síntese. Por exemplo, o complexo de Co(II) mais estável em soluções amoniacais de sais de Co(II), o [Co(NH$_3$)$_6$]$^{2+}$, pode ser oxidado lentamente. Como resultado, vários complexos de Co(III) contendo outros ligantes, além do NH$_3$, podem ser preparados borbulhando-se ar numa solução contendo amônia e um sal de Co(II). Utilizando-se o carbonato de amônio obtém-se o [Co(CO$_3$)(NH$_3$)$_4$]$^+$, no qual o CO$_3^{2-}$ é um ligante bidentado que ocupa duas posições de coordenação adjacentes. O complexo *cis*-[CoL$_2$(NH$_3$)$_4$] pode ser preparado deslocando-se o ligante CO$_3^{2-}$ em uma solução ácida. Usando-se ácido clorídrico concentrado consegue-se isolar o composto violeta *cis*-[CoCl$_2$(NH$_3$)$_4$]Cl (**Q1**):

[Co(CO$_3$)(NH$_3$)$_4$]$^+$(aq) + 2H$^+$(aq) + 3Cl$^-$(aq)
→ *cis*-[CoCl$_2$(NH$_3$)$_4$]Cl(s) + H$_2$CO$_3$(aq)

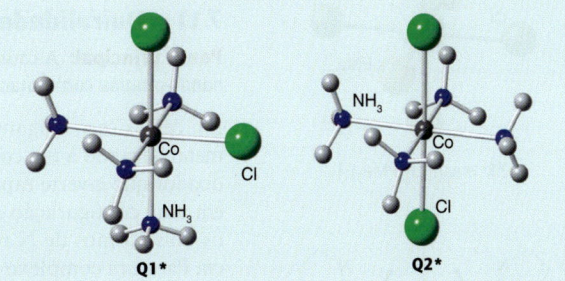

Em comparação, a reação direta do [Co(NH$_3$)$_6$]$^{2+}$ com uma mistura de HCl e H$_2$SO$_4$, em presença de ar, produz o isômero verde brilhante *trans*-[CoCl$_2$(NH$_3$)$_4$]Cl (**Q2**).

QUADRO 7.2 A resolução de enantiômeros

A atividade óptica é única manifestação física da quiralidade de um composto com um único centro quiral. Entretanto, quando mais de um centro quiral está presente, outras propriedades físicas são afetadas, tais como a solubilidade e o ponto de fusão, pois elas dependem da intensidade das forças intermoleculares, as quais são diferentes entre isômeros diferentes (da mesma maneira como são diferentes as forças entre uma dada porca e um parafuso com rosca esquerda ou direita). Deste modo, um método para separar um par de enantiômeros em seus isômeros individuais é preparar **diaestereoisômeros**. Até onde estamos interessados, os diaestereoisômeros são compostos isoméricos que contêm dois centros quirais, sendo um de mesma configuração absoluta em ambos os componentes e o outro sendo enantiomorfo entre os dois componentes. Um exemplo de diaestereoisômeros é fornecido pelos dois sais de um par de cátions enantiomorfos, A, com um ânion opticamente puro, B, de composição [ΔA][ΔB] e [ΛA][ΔB]. Como os diaestereoisômeros diferem em suas propriedades físicas (como a solubilidade), eles são separáveis por técnicas convencionais.

O procedimento clássico de resolução quiral começa com o isolamento de uma espécie naturalmente ativa opticamente a partir de uma fonte bioquímica (muitos compostos que ocorrem naturalmente são quirais). Um composto conveniente é o ácido *d*-tartárico (**Q3**), um ácido carboxílico obtido das uvas. Esta molécula é um ligante quelante para a complexação do antimônio e, assim, um conveniente agente de resolução é o sal de potássio do ânion *d*-tartarato de antimônio monocarregado. Esse ânion é usado para a resolução do [Co(en)$_2$(NO$_2$)$_2$]$^+$, conforme descrito a seguir.

Dissolve-se a mistura enantiomorfa do complexo de cobalto(III) em água quente e adiciona-se uma solução de *d*-tartarato de antimônio e potássio. Para induzir a cristalização, esfria-se a mistura imediatamente. O diaestereoisômero menos solúvel, {*l*-[Co(en)$_2$(NO$_2$)$_2$]}{*d*-[SbOC$_4$H$_4$O$_6$]}, precipita como cristais amarelos finos. O filtrado é reservado para o isolamento do enantiômero *d*. O diaestereoisômero sólido é moído com água e iodeto de sódio. O composto pouco solúvel *l*-[Co(en)₂(NO₂)₂]I fica precipitado e o tartarato de sódio e antimônio fica em solução em solução. O isômero *d* é obtido a partir do filtrado por precipitação do seu brometo.

Leitura complementar
A. von Zelewsky, *Stereochemistry of coordination compounds*, John Wiley & Sons (1996).
W. L. Jolly, *The synthesis and characterization of inorganic compounds*. Waveland Press (1991).

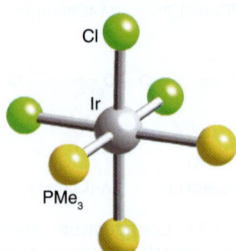

70 *fac*-[IrCl₃(PMe₃)₃]

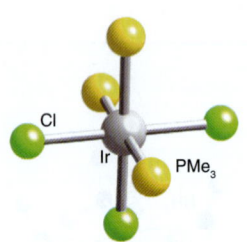

71 *mer*-[IrCl₃(PMe₃)₃]

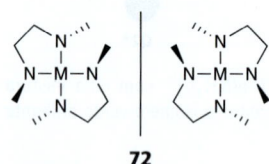

72

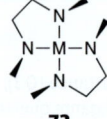

73

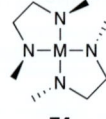

74

EXEMPLO 7.4 Identificando os tipos de isomeria

Quando o complexo quadrático plano tetracoordenado [IrCl(PMe₃)₃] (onde PMe₃ é a trimetilfosfina) reage com Cl₂, são formados dois produtos hexacoordenados de fórmula [Ir(Cl)₃(PMe₃)₃]. O espectro de RMN de ³¹P indica apenas um ambiente em torno do P para um isômero e dois ambientes no outro isômero. Quais isômeros são possíveis?

Resposta Pelo fato de os complexos terem a fórmula [MA₃B₃], esperamos os isômeros meridional e facial. As estruturas (70) e (71) mostram o arranjo dos três íons Cl⁻ nos isômeros *fac* e *mer*, respectivamente. Todos os átomos de P são equivalentes no isômero *fac* e dois ambientes existem no isômero *mer*.

Teste sua compreensão 7.4 Quando o ânion glicinato, H₂NCH₂CO₂⁻ (gly⁻), reage com o óxido de cobalto(III), os átomos de N e de O da gly⁻ coordenam-se, formando dois isômeros não eletrólitos *mer* e *fac* de Co(III), [Co(gly)₃]. Esboce os dois isômeros. Esboce as imagens especulares dos dois isômeros: elas podem ser sobrepostas?

7.11 Quiralidade do ligante

Ponto principal: A coordenação a um metal pode interromper a inversão de um ligante, aprisionando-o numa configuração quiral.

Em certos casos, ligantes não quirais podem tornar-se quirais ao se coordenarem a um metal, levando a um complexo quiral. Geralmente, o ligante não quiral contém um átomo doador que inverte rapidamente quando o ligante está livre, mas que se torna aprisionado em uma configuração ao se coordenar. Um exemplo é o MeNHCH₂CH₂NHMe, em que os dois átomos de N tornam-se centros quirais ao se coordenarem a um átomo metálico. Para um complexo quadrático plano, o aparecimento dessa quiralidade leva a quatro isômeros: um par de enantiômeros quirais (72) e dois complexos não quirais (73) e (74).

EXEMPLO 7.5 Reconhecendo a quiralidade

Quais dos complexos são quirais: (a) [Cr(edta)]⁻; (b) [Ru(en)₃]²⁺; (c) Pt(dien)Cl]⁺?

Resposta Se um complexo tiver um plano de reflexão ou um centro de inversão, ele não pode ser quiral. Ao olharmos os complexos mostrados esquematicamente em (75), (76) e (77), podemos ver que nem (75) nem (76) têm um plano de reflexão ou um centro de inversão, sendo, portanto, ambos quirais (eles também não possuem um eixo S_n de ordem superior). Entretanto, (77) tem um plano de reflexão e, consequentemente, não é quiral. (Embora os grupos CH₂ no ligante dien não estejam no plano de reflexão, eles oscilam rapidamente acima e abaixo dele.)

Teste sua compreensão 7.5 Quais dos seguintes complexos são quirais: (a) *cis*-[CrCl₂(ox)₂]³⁻; (b) *trans*-[CrCl₂(ox)₂]³⁻; (c) *cis*-[RhH(CO)(PR₃)₂]?

Complexos metálicos de várias formas e tamanhos possuem papéis importantes na biologia e na medicina (Quadro 7.3).

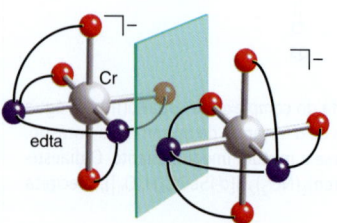

75 Enantiômeros [Cr(edta)]⁻

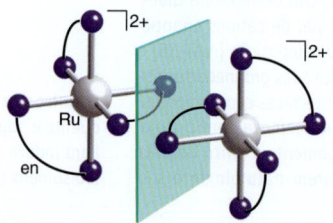

76 Enantiômeros [Ru(en)₃]²⁺

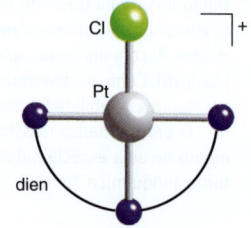

77 [PtCl(dien)]⁺

QUADRO 7.3 Complexos metálicos na biologia e medicina

Os compostos de coordenação possuem um papel importante em muitos dos mais importantes processos biológicos conhecidos. Exemplos familiares incluem o magnésio presente na clorofila (**Q4**), no centro de fotossíntese das plantas, e o ferro presente na hemoglobina (**Q5**), no centro da unidade de transporte do oxigênio. Estimativas recentes apontam que aproximadamente 20% de todas as enzimas contêm um metal coordenado no sítio ativo. Muitas enzimas contêm mais de um centro ativo, os quais podem ter diferentes metais, como os centros de cobre e ferro no modelo sintético da citocromo-*c* oxidase (**Q6**). As hidrogenases, como (**Q7**), são outras enzimas multimetálicas que possuem seis centros de ferro junto a vários tipos de ligantes.

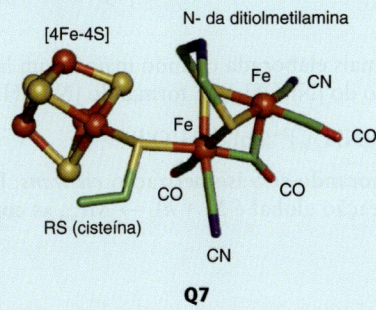

Os complexos metálicos também possuem emprego importante na medicina. O uso da *cis*-platina (**Q8**) no tratamento de alguns tipos de câncer é bem conhecido, mas outros metais também são amplamente usados. Complexos de gálio (**Q9**) estão sob investigação como droga anticancerígena, complexos de ouro (**Q10**) são efetivos contra artrites e complexos de gadolínio (**Q11**) e tecnécio (**Q12**) são usados como agentes de contraste na obtenção de imagens.

Os Capítulos 26 e 27 discutem esses e outros complexos com muito mais detalhes.

Termodinâmica da formação dos complexos

Quando avaliamos as reações químicas, precisamos considerar tanto os aspectos termodinâmicos como os cinéticos, uma vez que uma reação pode ser termodinamicamente possível, mas apresentar uma restrição cinética.

7.12 Constantes de formação

Pontos principais: Uma constante de formação expressa a força de um ligante em relação à força de interação das moléculas do solvente (usualmente H₂O) como ligante; uma constante de formação sequencial é a constante de formação para cada troca individual de solvente na síntese de um complexo; uma constante de formação global é o produto das constantes de formação sequenciais.

Considere a reação do Fe(III) com SCN⁻ para formar [Fe(SCN)(OH$_2$)$_5$]$^{2+}$, um complexo vermelho usado para detectar o íon ferro(III) ou o íon tiocianato:

$$[Fe(OH_2)_6]^{3+}(aq) + SCN^-(aq) \rightleftharpoons [Fe(SCN)(OH_2)_5]^{2+}(aq) + H_2O(l)$$

$$K_f = \frac{[Fe(SCN)(OH_2)_5^{2+}]}{[Fe(OH_2)_6^{3+}][SCN^-]}$$

A constante de equilíbrio, K_f, dessa reação é chamada de **constante de formação** do complexo. A concentração do solvente (normalmente H$_2$O) não aparece na expressão porque ela é considerada constante em solução diluída, e é atribuído um valor de atividade unitária. O valor de K_f indica a força de ligação do ligante em relação ao H$_2$O: se K_f é grande, o ligante de entrada liga-se mais fortemente do que o H$_2$O; se K_f é pequeno, o ligante de entrada liga-se mais fracamente do que o H$_2$O. Como os valores de K_f podem variar numa faixa muito ampla (Tabela 7.3), eles são normalmente expressos pelos seus logaritmos, log K_f.

> *Um comentário útil* Nas expressões das constantes de equilíbrio e das velocidades de reação, omitimos os colchetes que são parte da fórmula química dos complexos; os colchetes presentes indicam concentração molar para cada espécie (com a unidade mol dm⁻³ removida).

A discussão sobre estabilidades é mais elaborada quando mais de um ligante pode ser substituído. Por exemplo, na reação do [Ni(OH$_2$)$_6$]$^{2+}$ formando [Ni(NH$_3$)$_6$]$^{2+}$,

$$[Ni(OH_2)_6]^{2+}(aq) + 6\,NH_3(aq) \rightarrow [Ni(NH_3)_6]^{2+}(aq) + 6\,H_2O(l)$$

há pelo menos seis etapas, mesmo ignorando-se a isomerização *cis-trans*. Para o caso geral de um complexo ML$_n$, onde a reação global é M + nL → ML$_n$, as **constantes de formação sequenciais** são

$$M + L \rightleftharpoons ML \qquad K_{f1} = \frac{[ML]}{[M][L]}$$

$$ML + L \rightleftharpoons ML_2 \qquad K_{f2} = \frac{[ML_2]}{[M][L]}$$

e assim por diante, levando à forma geral

$$ML_{n-1} + L \rightleftharpoons ML_n \qquad K_{fn} = \frac{[ML_n]}{[ML_{n-1}][L]}$$

Essas constantes sequenciais é que devem ser consideradas quando buscamos entender as relações entre estrutura e reatividade.

Tabela 7.3 Constantes de formação para a reação [M(OH$_2$)$_n$]$^{m+}$ + L → [M(L)(OH$_2$)$_{n-1}$]$^{m+}$ + H$_2$O

Íon	Ligante	K_f	log K_f	Íon	Ligante	K_f	log K_f
Mg^{2+}	NH$_3$	1,7	0,23	Pd^{2+}	Cl⁻	1,25 × 10^5	6,1
Ca^{2+}	NH$_3$	0,64	−0,2	Na$^+$	SCN⁻	1,2 × 10^4	4,08
Ni^{2+}	NH$_3$	525	2,72	Cr^{3+}	SCN⁻	1,2 × 10^3	3,08
Cu$^+$	NH$_3$	8,50 × 10^5	5,93	Fe^{3+}	SCN⁻	234	2,37
Cu^{2+}	NH$_3$	2,0 × 10^4	4,31	Co^{2+}	SCN⁻	11,5	1,06
Hg^{2+}	NH$_3$	6,3 × 10^8	8,8	Fe^{2+}	piridina	5,13	0,71
Rb$^+$	Cl⁻	0,17	−0,77	Zn^{2+}	piridina	8,91	0,95
Mg^{2+}	Cl⁻	4,17	0,62	Cu^{2+}	piridina	331	2,52
Cr^{3+}	Cl⁻	7,24	0,86	Ag$^+$	piridina	93	1,97
Co^{2+}	Cl⁻	4,90	0,69				

Quando desejamos calcular a concentração do produto final (o complexo ML_n), usamos a **constante de formação global**, β_n:

$$M + nL \rightleftharpoons ML_n \qquad \beta_n = \frac{[ML_n]}{[M][L]^n}$$

Como pode ser verificado, a constante de formação global é o produto das constantes de formação sequenciais

$$\beta_n = K_{f1}K_{f2}\cdots K_{fn}$$

O inverso de cada K_f, a **constante de dissociação**, K_d, também é algumas vezes útil, sendo muitas vezes preferida quando estamos interessados na concentração de ligante necessária para produzir uma certa concentração do complexo:

$$ML \rightleftharpoons M + L \qquad K_{d1} = \frac{[M][L]}{[ML]} = \frac{1}{K_{f1}}$$

Para uma reação 1:1, como a apresentada acima, quando metade dos íons metálicos estiver complexada e metade não, ou seja, [M] = [ML], teremos K_{d1} = [L]. Na prática, se inicialmente [L] $\gg$ [M], teremos uma mudança desprezível na concentração de L quando M for adicionado e ocorrer a complexação e, assim, K_d será a concentração de ligante necessária para se obter 50% de complexação.

Pelo fato de K_d ter a mesma forma do K_a para os ácidos, com L ficando no lugar do H^+, seu uso facilita as comparações entre complexos metálicos e ácidos de Brønsted. Os valores de K_d e K_a podem ser tabelados juntos se o próton for considerado simplesmente como outro cátion. Por exemplo, o HF pode ser considerado como um complexo formado a partir do ácido de Lewis H^+, com a base de Lewis F^- fazendo o papel de um ligante.

7.13 Tendências nas constantes de formação sequenciais

Pontos principais: As constantes de formação sequenciais seguem geralmente a ordem $K_{fn} > K_{fn+1}$, como esperado estatisticamente; desvios nessa ordem indicam uma maior variação na estrutura.

A grandeza da constante de formação é um reflexo direto do sinal e da magnitude da energia de Gibbs padrão de formação (pois $\Delta_r G^\ominus = -RT \ln K_f$). Normalmente, observa-se que as constantes de formação sequenciais encontram-se na ordem $K_{f1} > K_{f2} > K_{f3} \ldots > K_{fn}$. Essa tendência geral pode ser explicada simplesmente considerando-se a diminuição do número de moléculas do ligante H_2O disponíveis para substituição na etapa de formação, como em

$$[M(OH_2)_5L](aq) + L(aq) \rightleftharpoons [M(OH_2)_4L_2](aq) + H_2O(l)$$

comparada com

$$[M(OH_2)_4L_2](aq) + L(aq) \rightleftharpoons [M(OH_2)_3L_3](aq) + H_2O(l)$$

O decréscimo nas constantes de formação sequenciais reflete a diminuição do fator estatístico à medida que os ligantes são substituídos, juntamente ao fato de que o aumento do número de ligantes no complexo aumenta a probabilidade da reação reversa. Essa explicação simples é mais ou menos correta e é ilustrada pelos dados para os complexos sucessivos da série $[Ni(OH_2)_6]^{2+}$ até $[Ni(NH_3)_6]^{2+}$ (Tabela 7.4). Sabe-se que as entalpias de reação para as seis etapas sucessivas variam menos do que 2 kJ mol^{-1}.

Uma inversão na relação $K_{fn} > K_{fn+1}$ é normalmente indicação de uma maior mudança na estrutura eletrônica do complexo à medida que mais ligantes são adicionados. Um exemplo é a observação de que o complexo tris(bipiridina) de Fe(II), $[Fe(bpy)_3]^{2+}$, é surpreendentemente estável quando comparado com o complexo bis, $[Fe(bpy)_2(OH_2)_2]^{2+}$. Essa observação pode ser correlacionada com uma mudança na configuração eletrônica de spin alto (campo fraco) $t_{2g}^4 e_g^2$ no complexo com duas bipiridinas (observe a presença de ligantes H_2O de campo fraco) para a configuração de spin baixo (campo forte) t_{2g}^6 no complexo com três bipiridinas, onde ocorre um considerável aumento na energia de estabilização do campo ligante (EECL) (ver Seções 20.1 e 20.2).

$[Fe(OH_2)_6]^{2+}(aq) + bpy(aq) \rightleftharpoons [Fe(bpy)(OH_2)_4]^{2+}(aq) + 2H_2O(l)$ $\qquad \log K_{f1} = 4{,}2$

$[Fe(bpy)(OH_2)_4]^{2+}(aq) + bpy(aq) \rightleftharpoons [Fe(bpy)_2(OH_2)_2]^{2+}(aq) + 2H_2O(l)$ $\log K_{f2} = 3{,}7$

$[Fe(bpy)_2(OH_2)_2]^{2+}(aq) + bpy(aq) \rightleftharpoons [Fe(bpy)_3]^{2+}(aq) + 2H_2O(l)$ $\qquad \log K_{f3} = 9{,}3$

Tabela 7.4 Constantes de formação das aminas de Ni(II), $[Ni(NH_3)_n(OH_2)_{6-n}]^{2+}$

n	K_f	log K_f	K_n/K_{n-1} (experimental)	K_n/K_{n-1} (estatístico)*
1	525	2,72		
2	148	2,17	0,28	0,42
3	45,7	1,66	0,31	0,53
4	13,2	1,12	0,29	0,56
5	4,7	0,67	0,35	0,53
6	1,1	0,03	0,23	0,42

*Baseado na razão do número de ligantes disponíveis para a substituição, assumindo-se a entalpia de reação como sendo constante.

Um exemplo contrastante está presente nos haletos complexos de Hg(II), onde o valor de K_{f3} é anormalmente baixo quando comparado com K_{f2}:

$[Hg(OH_2)_6]^{2+}(aq) + Cl^-(aq) \rightleftharpoons [HgCl(OH_2)_5]^+(aq) + H_2O(l)$ log $K_{f1} = 6{,}74$

$[HgCl(OH_2)_5]^+(aq) + Cl^-(aq) \rightleftharpoons [HgCl_2(OH_2)_4](aq) + H_2O(l)$ log $K_{f2} = 6{,}48$

$[HgCl_2(OH_2)_4](aq) + Cl^-(aq) \rightleftharpoons [HgCl_3(OH_2)]^-(aq) + 3\,H_2O(l)$ log $K_{f3} = 0{,}95$

O decréscimo entre o segundo e o terceiro valor é muito grande para ser explicado estatisticamente e sugere uma mudança maior na natureza do complexo, tal como o surgimento da tetracoordenação:

EXEMPLO 7.6 Interpretando constantes de formação sequenciais irregulares

As constantes de formação sequenciais para os complexos de cádmio com Br⁻ são $K_{f1} = 36{,}3$, $K_{f2} = 3{,}47$, $K_{f3} = 1{,}15$ e $K_{f4} = 2{,}34$. Sugira uma explicação para K_{f4} ser maior que K_{f3}.

Resposta A anomalia sugere uma mudança estrutural, e precisamos considerar qual pode ser. Os aqua-complexos são geralmente hexacoordenados, enquanto que os halocomplexos de íons M^{2+} são geralmente tetraédricos. A reação de adição de um quarto grupo Br⁻ ao complexo que possui três grupos Br⁻ é:

$[CdBr_3(OH_2)_3]^-(aq) + Br^-(aq) \rightleftharpoons [CdBr_4]^{2-}(aq) + 3\,H_2O(l)$

Esta etapa é favorecida pela liberação de três moléculas de água da esfera de coordenação relativamente restrita. O resultado é o aumento do K_f.

Teste sua compreensão 7.6 Assumindo que o deslocamento de uma água por um ligante é tão favorável que a reação reversa pode ser ignorada, calcule todas as constantes de formação sequenciais que podem ser esperadas na formação do $[ML_6]^{2+}$ a partir do $[M(OH_2)_6]^{2+}$ e também a constante de formação global, sabendo que $K_{f1} = 1 \times 10^5$.

7.14 Os efeitos quelato e macrocíclico

Pontos principais: Os efeitos quelato e macrocíclico são responsáveis pela maior estabilidade de um complexo contendo um ligante polidentado coordenado quando comparado com um complexo contendo o número equivalente de ligantes monodentados análogos; o efeito quelato é, principalmente, um efeito entrópico; o efeito macrocíclico possui uma contribuição entálpica adicional.

Quando K_{f1} para a formação de um complexo com um ligante quelato bidentado, tal como a 1,2-diaminaetano (en), é comparado com o valor de β_2 para o complexo bis(amin) correspondente, o primeiro é geralmente maior:

$[Cd(OH_2)_6]^{2+}(aq) + en(aq) \rightleftharpoons [Cd(en)(OH_2)_4]^{2+}(aq) + 2\,H_2O(l)$

$\log K_{f1} = 5{,}84$ $\Delta_r H^\ominus = 229{,}4$ kJ mol⁻¹ $\Delta_r S^\ominus = 113{,}0$ J K⁻¹ mol⁻¹

$[Cd(OH_2)_6]^{2+}(aq) + 2\,NH_3(aq) \rightleftharpoons [Cd(NH_3)_2(OH_2)_4]^{2+}(aq) + 2\,H_2O(l)$

$\log \beta_2 = 4{,}95$ $\Delta_r H^\ominus = 229{,}8$ kJ mol⁻¹ $\Delta_r S^\ominus = 25{,}2$ J K⁻¹ mol⁻¹

Duas ligações similares Cd–N são formadas para cada caso, mas a formação do complexo contendo o quelato é nitidamente mais favorável. Essa maior estabilidade dos complexos quelato, quando comparada com seus análogos não quelatos, é chamada de **efeito quelato**.

O efeito quelato pode ser correlacionado inicialmente com as diferenças na entropia de reação para os complexos quelato e não quelato, em soluções diluídas. A reação de quelação resulta em um aumento no número de moléculas independentes em solução. Em comparação, uma reação que não é de quelação não produz essa mudança (compare as duas reações químicas acima). Deste modo, a primeira tem uma entropia de reação mais positiva e consequentemente é o processo mais favorável. As entropias de reação medidas em solução diluída corroboram essa interpretação.

A vantagem entrópica da quelação vai além dos ligantes bidentados valendo, em princípio, para qualquer ligante polidentado. De fato, quanto maior for o número de sítios doadores do ligante polidentado, maior será a vantagem entrópica obtida com o deslocamento de ligantes monodentados. Os ligantes macrocíclicos, onde os vários átomos doadores são mantidos em um arranjo cíclico, tal como nos éteres de coroa ou na ftalocianina (78), formam complexos com estabilidade maior do que poderia ser esperado. Este chamado **efeito macrocíclico** é entendido como sendo uma combinação do efeito entrópico visto no efeito quelato, juntamente a uma contribuição energética adicional vinda da natureza pré-organizada dos grupos ligantes (ou seja, nenhuma tensão adicional é introduzida no ligante quando ocorre a coordenação).

Os efeitos quelato e macrocíclico são de grande importância prática. A maioria dos reagentes usados nas titulações complexométricas em química analítica são quelatos polidentados como o edta^{4-} e muitos dos sítios bioquímicos de ligação com metais são ligantes quelantes ou macrocíclicos. Quando uma constante de formação é tão alta quanto 10^{12} a 10^{25}, é geralmente um sinal da presença de efeito quelato ou macrocíclico.

Além da abordagem termodinâmica do efeito quelato descrita acima, existe um papel adicional do efeito quelato na cinética. Quando um grupo ligante de um ligante polidentado liga-se a um íon metálico, há um aumento da probabilidade de os outros grupos do mesmo ligante virem a se ligar, uma vez que eles estão, agora, restritos a uma proximidade maior do íon metálico; desta forma, os complexos quelatos também são favorecidos cineticamente.

7.15 Efeitos estéreos e de deslocalização eletrônica

Pontos principais: A estabilidade dos complexos quelatos de metais d envolvendo ligantes diimina é consequência do efeito quelato em conjunto com a capacidade deste ligante de atuar tanto como receptor π como doador σ.

Os efeitos estéreos possuem uma importante influência nas constantes de formação. Eles são particularmente importantes na formação dos quelatos porque o fechamento do anel pode ser geometricamente difícil. Os anéis quelato com cinco membros são geralmente muito estáveis, uma vez que seus ângulos de ligação são próximos do ideal no sentido de que não produzem tensão no anel. Os anéis de seis membros são razoavelmente estáveis e podem ainda ser favorecidos se sua formação resultar em deslocalização eletrônica. Os anéis quelatos com três, quatro e sete membros (ou maiores) são raramente encontrados, pois normalmente resultam em distorções nos ângulos de ligação e em interações espaciais desfavoráveis.

Complexos contendo ligantes quelantes com estruturas eletrônicas deslocalizadas podem ser estabilizados por efeitos eletrônicos reforçando as vantagens da entropia na quelação. Por exemplo, os ligantes diimina (79), tais como a bipiridina (80) e a fenantrolina (81), ficam tensionados ao formar anéis de cinco membros com o átomo metálico. A grande estabilidade dos seus complexos com metais d resulta, provavelmente, da capacidade de atuarem tanto como receptores π como doadores σ e formar ligações π pela sobreposição dos orbitais d preenchidos do metal com os orbitais π* vazios do anel (Seção 20.2). Essa formação de ligação é favorecida pela presença de elétrons nos orbitais t_{2g} do metal, permitindo ao átomo metálico atuar como um doador π e transferir densidade eletrônica para os anéis dos ligantes. Um exemplo é o complexo [Ru(bpy)$_3$]$^{2+}$ (82). Em alguns casos, os anéis quelatos que se formam podem apresentar apreciável caráter aromático, o que estabiliza ainda mais o anel quelato.

O Quadro 7.4 descreve como ligantes quelantes e macrocíclicos podem ser sintetizados.

78

79

80 bpy

81 phen

82 [Ru(bpy)$_3$]$^{2+}$

QUADRO 7.4 Produzindo anéis e nós

Um íon metálico como o Ni(II) pode ser usado para agrupar um conjunto de ligantes, que reagirão entre si para formar um **ligante macrocíclico**, que é uma molécula cíclica com vários átomos doadores. Um exemplo simples é a reação

Este fenômeno, chamado de **efeito de molde**, pode ser usado para produzir uma variedade surpreendente de ligantes macrocíclicos. A reação mostrada acima é um exemplo de uma **reação de condensação**, na qual uma ligação é formada entre duas moléculas, com a eliminação de uma molécula pequena (neste caso, H_2O). Se o íon metálico não estivesse presente, a reação de condensação dos ligantes participantes produziria uma mistura polimérica mal definida, e não um macrociclo. Uma vez que o macrociclo tenha sido formado, ele normalmente é estável por si só, e o íon metálico pode ser removido, deixando livre um ligante multidentado que pode ser usado para complexar outros íons metálicos.

Uma grande variedade de ligantes macrocíclicos pode ser sintetizada por meio da abordagem de molde. Dois ligantes mais complicados são mostrados ao lado.

A origem do efeito de molde pode ser cinética ou termodinâmica. Por exemplo, a condensação pode originar-se do aumento na velocidade de reação entre os ligantes coordenados (devido às suas proximidades ou por efeitos eletrônicos) ou da estabilidade adicional fornecida pelo anel quelato produzido.

Sínteses por molde mais complicadas podem ser usadas para construir moléculas topologicamente complexas, tais como cadeias do tipo *catenanos*, que são moléculas consistindo em anéis interligados. Abaixo, um exemplo da síntese de um catenano contendo dois anéis.

Aqui, dois ligantes baseados na bipiridina coordenam-se a um íon cobre e, então, as extremidades de cada ligante são unidas por uma ligação flexível. O íon metálico pode, então, ser removido para deixar livre um **catenando** (um ligante catenano), o qual pode ser usado para complexar outros íons metálicos.

Sistemas ainda mais complicados, equivalentes a nós e elos,[1] podem ser construídos com múltiplos metais. A síntese seguinte forma uma única cadeia molecular entrelaçada sob a forma de um nó de trevo:

[1] Sistemas com nós e elos estão longe de ser de interesse puramente acadêmico, e muitas proteínas existem nessas formas; veja C. Liang e K. Mislow, *J. Am. Chem. Soc.*, 1994, **116**, 3588 e 1995, **117**, 4201.

LEITURA COMPLEMENTAR

G.B. Kauffman, *Inorganic coordination compounds*. John Wiley & Sons (1981). Uma abordagem fascinante da história da química de coordenação estrutural.

G.B. Kauffman, *Classics in coordination chemistry: I. Selected papers of Alfred Werner*. Dover (1968). Contém as traduções dos artigos principais de Werner.

G.J. Leigh e N. Winterbottom (ed.), *Modern coordination chemistry: the legacy of Joseph Chatt*. Royal Society of Chemistry (2002). Uma agradável discussão histórica sobre esta área.

A. von Zelewsky, *Stereochemistry of coordination compounds*. John Wiley & Sons (1966). Um livro de fácil compreensão que aborda a quiralidade em detalhes.

J.A. McCleverty e T.J. Meyer (eds.), *Comprehensive coordination chemistry II*. Elsevier (2004).

N.G. Connelly, T. Damhus, R.M. Hartshorn e A. T. Hutton, *Nomenclature of inorganic chemistry: IUPAC recomendations 2005*. Royal Society of Chemistry (2005). Também conhecido como "O Livro Vermelho da IUPAC", é o livro mestre da nomenclatura dos compostos inorgânicos.

R.A. Marusak, K. Doan e S.D. Cummings, *Integrated approach to coordination chemistry: an inorganic laboratory guide*. John Wiley & Sons (2007). Este livro-texto diferenciado descreve os conceitos da química de coordenação e ilustra estes conceitos através de projetos experimentais bem explicados.

J.-M. Lehn (ed.), *Transition metals in supramolecular chemistry*, Volume 5 of Perspectives in supramolecular chemistry. John Wiley & Sons (2007). Apresentação inspiradora dos relatos das novas descobertas e aplicações da química de coordenação.

EXERCÍCIOS

7.1 Dê o nome e desenhe as estruturas dos seguintes complexos: (a) $[Ni(CN)_4]^{2-}$; (b) $[CoCl_4]^{2-}$; (c) $[Mn(NH_3)_6]^{2+}$.

7.2 Dê as fórmulas para (a) cloreto de cloretopentaamincobalto(III); (b) nitrato de hexaaquaferro(3+); (c) *cis*-dicloretobis(1,2-diaminaetano)rutênio(II); (d) cloreto de μ-hidroxobis(pentaamincromo(III)).

7.3 Dê os nomes dos íons complexos octaédricos: (a) *cis*-$[CrCl_2(NH_3)_4]^+$; (b) *trans*-$[Cr(NH_3)_2(\kappa N\text{-}NCS)_4]^-$; (c) $[Co(C_2O_4)(en)_2]^+$.

7.4 (a) Esboce as duas estruturas que descrevem a maioria dos complexos tetracoordenados. (b) Para quais destas estruturas é possível a existência de isômeros para os complexos de fórmula MA_2B_2?

7.5 (a) Esboce as duas estruturas que descrevem a maioria dos complexos pentacoordenados. (b) Rotule os dois sítios diferentes em cada estrutura.

7.6 (a) Esboce as duas estruturas que descrevem a maioria dos complexos hexacoordenados. (b) Qual destas é rara?

7.7 Explique o significado dos termos *monodentado*, *bidentado* e *tetradentado*.

7.8 Que tipo de isomeria pode originar-se com ligantes ambidentados? Dê dois exemplos.

7.9 Qual a denticidade das seguintes moléculas? Quais podem atuar como ligantes em ponte? Quais podem atuar como ligantes quelantes?

7.10 Desenhe as estruturas de complexos representativos que contenham os ligantes: (a) en, (b) ox^{2-}, (c) phen, (d) 12-coroa-4, (e) tren, (f) terpy e (g) $edta^{4-}$.

7.11 Que tipo de isômeros são os compostos $[RuBr(NH_3)_5]Cl$ e $[RuCl(NH_3)_5]Br$?

7.12 Dentre os complexos tetraédricos $[CoBr_2Cl_2]^-$, $[CoBrCl_2(OH_2)]$ e $[CoBrClI(OH_2)]$, quais têm a possibilidade de apresentar isômeros? Desenhe todos os isômeros.

7.13 Para quais dos seguintes complexos quadráticos planos pode haver isômeros? Desenhe todos os isômeros possíveis. $[Pt(NH_3)_2(ox)]$, $[PdBrCl(PEt_3)_2]$, $[IrH(CO)(PR_3)_2]$ e $[Pd(gly)_2]$

7.14 Em quais dos seguintes complexos octaédricos pode haver isômeros? Desenhe todos os isômeros possíveis. $[FeCl(OH_2)_5]^{2+}$, $[Ir(Cl)_3(PEt_3)_3]$, $[Ru(bpy)_3]^{2+}$, $[Co(Cl)_2(en)(NH_3)_2]^+$ e $[W(CO)_4(py)_2]$.

7.15 Quantos isômeros são possíveis para um complexo octaédrico de fórmula geral $[MA_2BCDE]$? Desenhe todos os isômeros possíveis.

7.16 Quais dos seguintes complexos são quirais? (a) $[Cr(ox)_3]^{3-}$; (b) cis-$[PtCl_2(en)]$; (c) cis-$[RhCl_2(NH_3)_4]^+$; (d) $[Ru(bpy)_3]^{2+}$; (e) fac-$[Co(NO_2)_3(dien)]$; (f) mer-$[Co(NO_2)_3(dien)]$. Desenhe os enantiômeros dos complexos quirais e indique o plano de simetria nas estruturas dos complexos não quirais.

7.17 Qual é o isômero representado pelo seguinte complexo tris(acac)?

7.18 Desenhe os isômeros Λ e Δ do cátion $[Ru(en)_3]^{2+}$.

7.19 As constantes de formação sequenciais para os complexos formados pela interação do NH_3 com $[Cu(OH_2)_6]^{2+}$(aq) são log K_{f1} = 4,15, log K_{f2} = 3,50, log K_{f3} = 2,89, log K_{f4} = 2,13 e log K_{f5} = –0,52. Sugira uma razão para o valor de K_{f5} ser tão diferente.

7.20 As constantes de formação sequenciais para os complexos formados pela interação da $NH_2CH_2CH_2NH_2$ (en) com $[Cu(OH_2)_6]^{2+}$(aq) são log K_{f1} = 10,72 e log K_{f2} = 9,31. Compare esses valores com os da amônia dados no Exercício 7.19 e sugira a razão por que eles são diferentes.

PROBLEMAS TUTORIAIS

7.1 A reação do Na_2IrCl_6 com a trifenilfosfina, em dietilenoglicol e atmosfera de CO, forma o trans-$[IrCl(CO)(PPh_3)_2]$, conhecido como "composto de Vaska". Em excesso de CO, forma-se uma espécie pentacoordenada, e o tratamento com $NaBH_4$ em etanol forma o $[IrH(CO)_2(PPh_3)_2]$. Dê o nome formal para o composto de Vaska. Desenhe e dê o nome de todos os isômeros dos dois complexos pentacoordenados.

7.2 Um sólido rosa tem a fórmula $CoCl_3 \cdot 5NH_3 \cdot H_2O$. Uma solução desse sal também é rosa e, quando titulada com solução de nitrato de prata, forma rapidamente 3 mol de AgCl. Aquecendo-se o sólido rosa, ele perde 1 mol de H_2O e forma um sólido púrpura com a mesma razão de $NH_3:Cl:Co$. Dissolvendo-se e titulando-se com $AgNO_3$, o sólido púrpura libera rapidamente dois dos seus cloretos. Deduza as estruturas dos dois complexos octaédricos, desenhe-os e nomeie-os.

7.3 O cloreto de cromo hidratado disponível comercialmente possui a composição global $CrCl_3 \cdot 6H_2O$. Levando-se a solução desse sal à ebulição, ela torna-se violeta e apresenta uma condutividade elétrica molar semelhante à do $[Co(NH_3)_6]Cl_3$. Por outro lado, o $CrCl_3 \cdot 5H_2O$ é verde e tem uma baixa condutividade molar em solução. Deixando-se repousar por várias horas uma solução diluída acidificada do complexo verde, ela muda sua coloração para violeta. Explique essas observações com diagramas estruturais.

7.4 O complexo inicialmente denominado β-$[PtCl_2(NH_3)_2]$ foi identificado como sendo o isômero trans. (O isômero cis era denominado α). Ele reage lentamente com Ag_2O sólido para formar $[Pt(NH_3)_2(OH_2)_2]^{2+}$. Esse complexo não reage com o 1,2-diaminaetano para formar um complexo quelato. Dê o nome e desenhe a estrutura do complexo diaqua. Um terceiro isômero de composição $PtCl_2 \cdot 2NH_3$ é um sólido insolúvel que, quando moído com $AgNO_3$, forma uma mistura contendo $[Pt(NH_3)_4](NO_3)_2$ e uma nova fase sólida de composição $Ag_2[PtCl_4]$. Dê as estruturas e os nomes de cada um dos três compostos de Pt(II).

7.5 A oxidação ao ar do carbonato de Co(II) em solução aquosa de cloreto de amônio forma um sal cloreto róseo com uma razão de $4NH_3:Co$. A adição de HCl à solução desse sal produz uma rápida evolução de um gás, e o aquecimento da solução a torna lentamente violeta. A evaporação completa da solução violeta resulta no $CoCl_3 \cdot 4NH_3$. Aquecendo-se esse composto em HCl concentrado, pode-se isolar um sal verde de composição $CoCl_3 \cdot 4NH_3 \cdot HCl$. Escreva as equações balanceadas de todas as transformações que ocorrem após a oxidação ao ar. Dê o máximo de detalhes possíveis com relação ao aparecimento de isomeria e justifique o seu raciocínio. Ajudaria saber que a forma do $[Co(Cl)_2(en)_2]^+$ que pode ser resolvida em enantiômeros é violeta?

7.6 A oxidação pelo ar de sais de cobalto(II) em uma solução contendo amônia e nitrito de sódio permite o isolamento do sólido amarelo $[Co(NO_2)_3(NH_3)_3]$, cuja solução não é condutora. O tratamento dessa solução com HCl forma um complexo que, após uma série de reações posteriores, pode ser identificado como sendo o trans-$[Co(Cl)_2(NH_3)_3(OH_2)]^+$. Para preparar o cis-$[Co(Cl)_2(NH_3)_3(OH_2)]^+$, é necessária uma rota inteiramente diferente. A substância amarela é fac ou mer? Que pressupostos você precisa fazer para chegar a uma conclusão?

7.7 A reação do $[ZrCl_4(ddpe)]$ com $Mg(CH_3)_2$ forma o $[Zr(CH_3)_4(ddpe)]$. O espectro de RMN indica que todos os grupos metila são equivalentes. Desenhe as estruturas octaédrica e prismática trigonal para o complexo e mostre como o resultado de RMN aponta para esta última estrutura. (P.M. Morse e G.S. Girolami, *J. Am. Chem. Soc.* 1989, **111**, 4114)

7.8 O agente de resolução óptica *d-cis*-[Co(NO$_2$)$_2$(en)$_2$]Br pode ser convertido em um nitrato solúvel triturando-o em água com AgNO$_3$. Descreva o uso dessa espécie para resolver uma mistura racêmica de enantiômeros *d* e *l* do K[Co(edta)]. (O enantiômero *l*-[Co(edta)]$^-$ forma o diaesteroisômero menos solúvel. Veja F.P. Dwyer e F.L. Garvan, *Inorg. Synth.* 1965, **6**, 192.)

7.9 Mostre como a coordenação de dois ligantes MeHNCH$_2$CH$_2$NH$_2$ a um átomo metálico em um complexo quadrático plano resulta não apenas nos isômeros *cis* e *trans*, mas também em isômeros ópticos. Identifique os planos de reflexão nos isômeros que não são quirais.

7.10 Use uma análise de teoria de grupo para identificar os grupos de pontos de todos os isômeros *cis* e *trans* do [MA$_2$B$_2$C$_2$]; use as tabelas de caracteres relacionadas a cada um deles para determinar se eles são quirais ou não.

7.11 A estrutura apresentada abaixo é do ligante quelante com duas fosfinas BINAP. Discuta as razões para a quiralidade observada no BINAP e em seus complexos.

7.12 As constantes de equilíbrio para as reações sucessivas do 1,2-diaminaetano com Co^{2+}, Ni^{2+} e Cu^{2+} são as seguintes:

$$[M(OH_2)_6]^{2+} + en \rightleftharpoons [M(en)(OH_2)_4]^{2+} + 2\,H_2O \qquad K_1$$
$$[M(en)(OH_2)_4]^{2+} + en \rightleftharpoons [M(en)_2(OH_2)_2]^{2+} + 2\,H_2O \qquad K_2$$
$$[M(en)_2(OH_2)_2]^{2+} + en \rightleftharpoons [M(en)_3]^{2+} + 2\,H_2O \qquad K_3$$

Íon	log K_1	log K_2	log K_3
Co^{2+}	5,89	4,83	3,10
Ni^{2+}	7,52	6,28	4,26
Cu^{2+}	10,72	9,31	−1,0

Discuta se esses dados estão de acordo com as generalizações apresentadas no texto sobre as constantes de formação sucessivas. Como você explica o valor muito baixo do K_3 para o Cu^{2+}?

7.13 De que forma o caráter aromático de um anel quelante produz estabilização adicional em um complexo? Veja A. Crispini e M. Ghedini, *J. Chem. Soc., Dalton Trans.* 1997, 75.

7.14 Use a internet para procurar o que são rotaxanos. Discuta como a química de coordenação pode ser usada para sintetizar essas moléculas.

8 Métodos físicos em química inorgânica

Métodos de difração

8.1 Difração de raios X
8.2 Difração de nêutrons

Espectroscopias de absorção e emissão

8.3 Espectroscopia no ultravioleta-visível
8.4 Fluorescência ou espectroscopia de emissão
8.5 Espectroscopia no infravermelho e Raman

Técnicas de ressonância

8.6 Ressonância magnética nuclear
8.7 Ressonância paramagnética eletrônica
8.8 Espectroscopia Mössbauer

Técnicas baseadas em ionização

8.9 Espectroscopia fotoeletrônica
8.10 Espectroscopia de absorção de raios X
8.11 Espectrometria de massas

Análise química

8.12 Espectroscopia de absorção atômica
8.13 Análise de CHN
8.14 Análise elementar por fluorescência de raios X
8.15 Análise térmica

Magnetometria e susceptibilidade magnética

Técnicas eletroquímicas

Microscopia

8.16 Microscopia de varredura por sonda
8.17 Microscopia eletrônica

Leitura complementar

Exercícios

Problemas tutoriais

Todas as estruturas das moléculas e materiais descritas neste livro foram determinadas aplicando-se um ou mais tipos de métodos físicos. As técnicas e os instrumentos disponíveis variam muito em complexidade e custo, assim como as suas capacidades de resolver desafios específicos. Todos os métodos produzem dados que ajudam na determinação das estruturas dos compostos, suas composições e propriedades. Muitos dos métodos físicos usados na pesquisa em química inorgânica contemporânea dependem da interação da radiação eletromagnética com a matéria e, praticamente, não há uma parte do espectro eletromagnético que não seja usada. Neste capítulo, apresentaremos os métodos físicos mais importantes, que são usados para investigar as estruturas eletrônicas e atômicas dos compostos inorgânicos, bem como estudar as suas reações.

Métodos de difração

As técnicas de difração, particularmente as que usam raios X, são os métodos mais importantes à disposição do químico inorgânico para a determinação de estruturas. A difração de raios X já foi empregada para a determinação das estruturas de 250.000 substâncias diferentes, incluindo dezenas de milhares de compostos totalmente inorgânicos e muitos compostos organometálicos. Esse método é usado para localizar as posições dos átomos e íons que constituem um composto sólido, permitindo, assim, a descrição das estruturas em termos de aspectos como comprimentos de ligação, ângulos e posições relativas de íons e moléculas numa célula unitária. Os dados estruturais obtidos são interpretados em termos dos raios atômicos e iônicos, permitindo aos químicos prever estruturas e explicar as tendências em muitas propriedades. Os métodos de difração são normalmente não destrutivos no sentido de que as amostras permanecem inalteradas, podendo ser submetidas a outras análises por meio de técnicas diferentes.

8.1 Difração de raios X

Pontos principais: O espalhamento pelos cristais da radiação com comprimento de onda de cerca de 100 pm dá origem à difração; a interpretação dos padrões de difração permite uma descrição estrutural quantitativa e, em muitos casos, a determinação completa da estrutura molecular ou iônica.

Difração é a interferência que ocorre entre as ondas como resultado da presença de um objeto no seu caminho. Os raios X são espalhados elasticamente (sem variação de energia) pelos elétrons dos átomos, e a difração pode ser causada por um arranjo periódico de centros espalhadores separados por distâncias semelhantes às do comprimento de onda da radiação (cerca de 100 pm), como os que existem nos cristais. Se pensarmos no espalhamento como equivalente à reflexão por dois planos paralelos adjacentes, separados por uma distância d (Fig. 8.1), então o ângulo em que uma interferência construtiva poderá ocorrer entre ondas de comprimento de onda λ (para produzir um máximo de intensidade de difração) será dado pela **equação de Bragg**:

$$2d\,\mathrm{sen}\,\theta = n\lambda \qquad (8.1)$$

As **figuras** com um asterisco (*) podem ser encontradas on-line como estruturas 3D interativas. Digite a seguinte URL em seu navegador, adicionando o número da figura: www.chemtube3d.com/weller/[número do capítulo]F[número da figura]. Por exemplo, para a Figura 3 no Capítulo 7, digite www.chemtube3d.com/weller/7F03.

Muitas das **estruturas numeradas** podem ser também encontradas on-line como estruturas 3D interativas: visite www.chemtube3d.com/weller/[número do capítulo] para todos os recursos 3D organizados por capítulo.

onde n é um inteiro. Assim, um feixe de raios X, ao atingir um composto cristalino com um arranjo ordenado de átomos, produzirá um conjunto de máximos de difração, chamado de **padrão de difração**, com cada máximo, ou **reflexão**, ocorrendo em um ângulo θ correspondente a uma separação diferente entre os planos de átomos, d, no cristal.

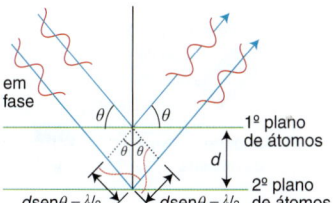

Um comentário (e convenção) útil Os cristalógrafos, em geral, ainda utilizam o ångström (1 Å = 10^{-10} m = 10^{-8} cm = 10^{-2} pm) como unidade de medida. Essa unidade é conveniente porque os comprimentos de ligação ficam entre 1 e 3 Å e os comprimentos de onda dos raios X usados são de 0,5 e 2,5 Å.

Figura 8.1 A equação de Bragg é obtida tratando-se as camadas de átomos como planos de reflexão. Os raios X interferem construtivamente quando o comprimento do caminho adicional, $2d\,\text{sen}\,\theta$, for igual a um múltiplo inteiro do comprimento de onda λ.

Um átomo ou íon espalha raios X proporcionalmente ao número de elétrons que possui, e as intensidades dos máximos de difração observados são proporcionais ao quadrado desse número. Assim, o padrão difração produzido é característico das posições e tipos (em termos do número de elétrons) dos átomos presentes no composto cristalino e a medida dos ângulos e intensidades de difração de raios X fornecem informações estruturais. Devido à dependência do número de elétrons, a difração de raios X é particularmente sensível a qualquer átomo rico em elétrons em um composto. Dessa forma, a difração de raios X para o $NaNO_3$ mostra os três átomos praticamente isoeletrônicos de maneira similar, mas para o $Pb(OH)_2$ o espalhamento e a informação estrutural são dominados pelo átomo de Pb.

Existem duas técnicas principais de raios X: a **difração de pó**, na qual os materiais a serem analisados estão numa forma policristalina, e a **difração de monocristal**, no qual a amostra é um monocristal com dimensões de várias dezenas de micrômetros ou maior.

(a) Difração de raios X de pó

Ponto principal: A difração de raios X de pó é usada principalmente para a identificação de fases e para a determinação dos parâmetros e do tipo de rede.

A amostra (policristalina) a ser analisada encontra-se pulverizada e contém um grande número de cristalitos muito pequenos, geralmente com dimensões de 0,1 a 10 μm e orientados aleatoriamente. Um feixe de raios X ao incidir sobre uma amostra policristalina é espalhado em todas as direções; em alguns ângulos, aqueles dados pela equação de Bragg, ocorrem interferências construtivas. Como resultado, cada conjunto de planos de átomos com um espaçamento de rede d dá origem a um cone de intensidade de difração. Cada cone consiste em um conjunto de raios difratados muito próximos, cada um desses raios oriundo de um único cristalito dentro da amostra em pó (Fig. 8.2). Como há um número muito grande de cristalitos, esses raios agrupam-se formando um cone de difração. Um **difratômetro de pó** (Fig. 8.3a) usa um detector eletrônico para medir os ângulos dos feixes difratados. Movimentando-se em círculo o detector ao redor da amostra, a sua trajetória corta os cones de difração em vários máximos de difração; as intensidades dos raios X detectados são registradas em função do ângulo do detector (Fig. 8.3b).

O número e as posições das reflexões dependem de parâmetros da célula, sistema cristalino, tipo de rede e comprimento de onda usado para coletar os dados; a intensidade dos picos depende dos tipos e posições dos átomos presentes. Praticamente todos os sólidos cristalinos têm um padrão único de difração de raios X de pó em termos dos ângulos e intensidades das reflexões observadas. Nas misturas de compostos, cada fase cristalina presente contribui para o padrão de difração de pó com o seu próprio e único conjunto de ângulos e intensidades de reflexão. Geralmente, o método é sensível o suficiente para detectar um baixo teor (5 a 10%, em massa) de um determinado componente cristalino na mistura.

A capacidade da difração de raios X a tornou a principal técnica de caracterização de materiais inorgânicos policristalinos (Tabela 8.1). Muitos conjuntos de dados de difração de pó de compostos orgânicos, organometálicos e inorgânicos foram compilados em um banco de dados pelo Comitê Conjunto de Padrões de Difração de Pó (JCPDS, em inglês). Este banco de dados, que contém mais de 50.000 padrões individuais de difração de pó, pode ser usado como uma biblioteca de impressão digital para identificar um material desconhecido a partir somente do seu padrão de difração de pó. A difração de raios X de pó é usada rotineiramente na investigação da formação de fases e nas mudanças de estrutura dos sólidos. A síntese de um óxido metálico, por exemplo, pode ser confirmada coletando-se um padrão de difração de pó e demonstrando-se que os

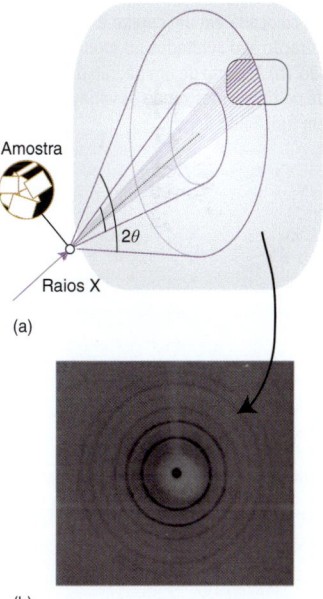

Figura 8.2 (a) Os cones de difração produzidos pelo espalhamento de raios X de uma amostra em pó. O cone consiste no agrupamento de milhares de pontos de difração individuais oriundos de cristalitos individuais. (b) Imagem fotográfica do padrão de difração de uma amostra em pó. O feixe não difratado está no centro da imagem, e os vários cones de difração, correspondentes aos diferentes espaçamentos d, são observados como círculos concêntricos.

8 Métodos físicos em química inorgânica

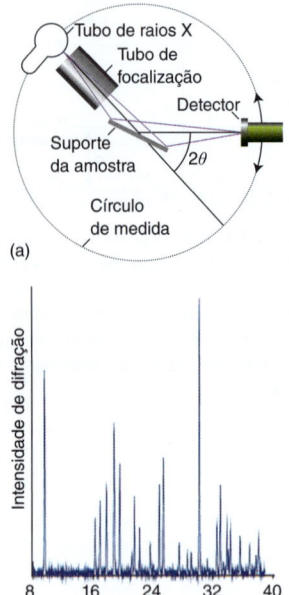

Figura 8.3 (a) Diagrama esquemático de um difratômetro de pó operando no modo de reflexão, em que o espalhamento de raios X provém de uma amostra colocada em um suporte plano. Para compostos que absorvem pouco, a amostra pode ser colocada em um capilar e os dados de difração são coletados no modo transmissão. (b) Aspecto de um padrão de difração de pó típico, mostrando as várias reflexões em função do ângulo.

Tabela 8.1 Aplicações da difração de raios X de pó

Aplicação	Uso típico e informação obtida
Identificação de materiais desconhecidos	Identificação rápida da maioria das fases cristalinas
Determinação da pureza de uma amostra	Acompanhamento do progresso de uma reação química em fase sólida
Determinação e refinamento dos parâmetros de rede	Identificação de fase e monitoramento da estrutura como uma função da composição
Investigação de diagramas de fase/novos materiais	Mapeamento de composição e estrutura
Determinação do tamanho de cristalitos/tensão	Medida do tamanho de partícula e uso em metalurgia
Refinamento de estrutura	Obtenção de dados cristalográficos para um tipo de estrutura conhecida
Determinação de estrutura por método *ab initio*	Em alguns casos, é possível a determinação da estrutura (geralmente com alta precisão) sem o conhecimento inicial da estrutura do cristal
Mudanças de fase/coeficientes de expansão	Estudos em função da temperatura (resfriamento ou aquecimento, geralmente, na faixa de 100 a 1200 K). Observação de transições estruturais

dados são consistentes com uma fase única e pura do material. Na verdade, o progresso de uma reação química é frequentemente acompanhado observando-se a formação da fase do produto às custas do consumo dos reagentes.

A informação cristalográfica básica, tal como os parâmetros de rede, pode normalmente ser obtida com alta precisão dos dados de difração de raios X de pó. A presença ou ausência de certas reflexões nos padrões de difração permite a determinação do tipo de rede. Nos anos mais recentes, a técnica de modelar as intensidades dos picos de um padrão de difração tornou-se um método popular para a obtenção de informação estrutural, tal como as posições atômicas. A análise conhecida como **método de Rietveld** envolve a comparação de um padrão de difração calculado com o gráfico experimental. A técnica não é tão poderosa quanto os métodos que usam monocristal, tendo menos precisão na determinação da posição dos átomos, mas tem a vantagem de não necessitar do crescimento de monocristais.

EXEMPLO 8.1 Usando a difração de raios X de pó

O dióxido de titânio existe em várias formas polimórficas, sendo as mais comuns o anatásio, o rutílio e a brookita. Os ângulos de difração experimentais para as seis linhas mais fortes observadas no padrão de difração de pó para cada um desses polimorfos são apresentados na tabela a seguir. O padrão de difração de raios X de pó coletado, usando radiação de raios X de 154 pm de uma amostra de tinta branca contendo TiO_2 em uma ou mais dessas formas polimórficas, mostrou o padrão de difração da Fig. 8.4. Identifique as formas polimórficas de TiO_2 presentes.

Rutílio	Anatásio	Brookita
27,50	25,36	19,34
36,15	37,01	25,36
39,28	37,85	25,71
41,32	38,64	30,83
44,14	48,15	32,85
54,44	53,97	34,90

Resposta Precisamos identificar o polimorfo que possui um padrão de difração que corresponda a um dos observados. As linhas coincidem com as do rutílio (reflexões mais fortes) e do anatásio (umas poucas reflexões de baixa intensidade), de forma que a tinta contém essas duas fases, sendo o rutílio a fase predominante do TiO_2.

Teste sua compreensão 8.1 O óxido de cromo(IV) adota a estrutura do rutílio. Considerando a equação de Bragg e os raios iônicos do Ti^{4+} e Cr^{4+} (Apêndice 1), preveja os principais aspectos do padrão de difração de raios X de pó do CrO_2.

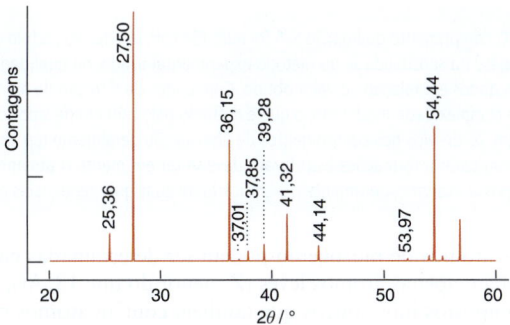

Figura 8.4 Padrão de difração de raios X de pó obtido para uma mistura de polimorfos do TiO_2 (veja Exemplo 8.1).

(b) Difração de raios X de monocristal

Ponto principal: A análise dos padrões de difração de raios X obtidos para monocristais permite a determinação da estrutura de moléculas e redes estendidas, embora os átomos de hidrogênio não sejam frequentemente localizados nos compostos inorgânicos.

A análise dos dados de difração obtidos para monocristais é o método mais importante para a determinação das estruturas de sólidos inorgânicos. Fazendo-se crescer um cristal de um composto com tamanho e qualidade suficientes, os dados fornecerão informações definitivas sobre a sua estrutura molecular e a rede estendida.

A coleta dos dados de difração para um monocristal é feita normalmente usando-se um difratômetro (Fig. 8.5) onde o cristal é movimentado em torno das três direções ortogonais, conhecidas por ω, ϕ e χ, em relação a um feixe de raios X. Um **difratômetro de quatro círculos** usa um detector de cintilação para medir a intensidade do feixe de raios X difratado em função do ângulo de difração, 2θ. Muitos dos novos difratômetros usam um **detector de área** ou **placa de imagem** que é sensível aos raios X; esses detectores medem um grande número de máximos de difração simultaneamente, de forma que um conjunto completo de dados pode ser coletado, geralmente, em poucas horas (Fig. 8.6).

A análise dos dados de difração de monocristais é geralmente um procedimento complexo envolvendo milhares de reflexões e suas intensidades, mas, com o avanço cada vez maior dos sistemas computacionais, um cristalógrafo experiente pode completar a determinação da estrutura de uma molécula inorgânica pequena em menos de uma hora. A difração de raios X de monocristal pode ser usada para determinar a estrutura da maioria dos compostos inorgânicos, desde que seja possível obter cristais com dimensões de 50 × 50 × 50μm, ou maiores. A posição da maioria dos átomos, incluindo C, N, O e metais, em muitos compostos inorgânicos pode ser determinada com precisão suficiente para que os comprimentos de ligação sejam definidos em décimos de picômetros. Por exemplo, o comprimento da ligação S–S no enxofre monoclínico foi medido como sendo igual a 204,7(3) pm ou 2,047(3) Å, com o desvio padrão estimado indicado entre parênteses.

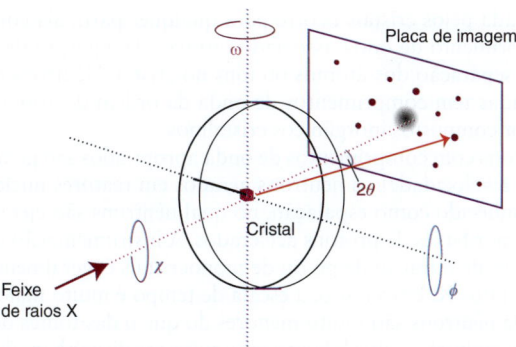

Figura 8.5 Esquema de um difratômetro de quatro círculos. Um computador controla a posição do detector à medida que os quatro ângulos são alterados sistematicamente.

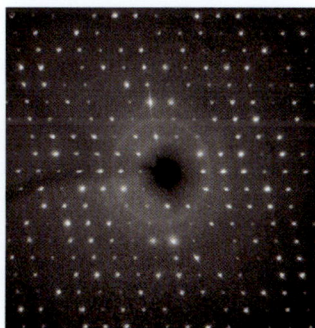

Figura 8.6 Parte de um padrão de difração de raios X de um monocristal. Os pontos individuais se formam pela difração dos raios X espalhados por diferentes planos de átomos dentro do cristal.

Um comentário útil O comprimento da ligação S–S foi relatado com um desvio padrão estimado de 0,3 pm, que é calculado com base na sensibilidade do método experimental usado, na qualidade dos dados obtidos e na sensibilidade dos dados em relação ao valor obtido. Com dados de difração de monocristal de alta qualidade e estruturas de complexidade moderada, o que é definido pelo número de sítios diferentes de átomos que a estrutura contém, os desvios nos comprimentos de ligação são geralmente reportados com valores de 0,1 a 0,5 pm. Ao se comparar informações estruturais, deve-se ter em mente o tamanho do desvio padrão relatado para que se possa avaliar corretamente o significado de quaisquer tendências ou diferenças.

As posições dos átomos de hidrogênio podem ser determinadas em compostos inorgânicos que contenham apenas átomos leves (Z menor do que 18, Ar), mas suas localizações nos muitos compostos inorgânicos que também contêm átomos pesados, tais como elementos das séries 4d e 5d, pode ser difícil ou mesmo impossível. O problema reside no baixo número de elétrons do átomo de hidrogênio (apenas um), o que pode ser ainda mais reduzido quando o H forma ligação com outros átomos. Além disso, como este único elétron faz normalmente parte de uma ligação, a posição determinada por raios X dessa densidade eletrônica está frequentemente deslocada ao longo da direção da ligação; isso produz comprimentos de ligação menores quando comparados com a verdadeira distância internuclear. Outras técnicas, tal como a difração de nêutrons (Seção 8.2), podem ser aplicadas para determinar as posições dos átomos de hidrogênio em compostos inorgânicos.

Estruturas moleculares obtidas por análise de difração de raios X em monocristal são frequentemente apresentadas como diagramas ORTEP (o acrônimo de *Oak Ridge Thermal Ellipsoid Program*; Fig. 8.7). Em um diagrama ORTEP, utiliza-se um elipsoide para representar o volume dentro do qual reside a maior probabilidade de densidade eletrônica responsável pelo espalhamento, mais corretamente chamado de elipsoide de deslocamento, que leva em consideração o seu movimento térmico. O tamanho do elipsoide aumenta com a temperatura e, portanto, a imprecisão no comprimento de ligação extraído dos dados e o seu erro.

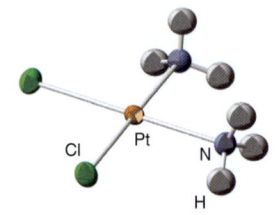

Figura 8.7 Diagrama ORTEP da cisplatina, [$PtCl_2(NH_3)_2$]. Os elipsoides correspondem a 90% da probabilidade de localização da densidade eletrônica associada aos átomos.

(c) Difração de raios X usando um síncrotron como fonte

Ponto principal: Feixes de raios X de alta intensidade gerados num síncrotron permitem a determinação das estruturas de moléculas muito complexas.

Feixes de raios X muito mais intensos do que os disponíveis em laboratórios podem ser obtidos usando-se a **radiação síncrotron**. A radiação síncrotron é produzida por elétrons que circulam em velocidade próxima à velocidade da luz em um anel de armazenamento, sendo geralmente várias ordens de grandeza mais intensa que as fontes de laboratório. Devido ao seu tamanho, as fontes síncrotron de raios X são instalações nacionais ou internacionais. Os equipamentos de difração localizados junto a estas fontes de raios X permitem o estudo de amostras muito menores, podendo-se usar cristais de até $10 \times 10 \times 10\,\mu m$. Além disso, a coleta de dados pode ser feita de maneira muito mais rápida, permitindo que estruturas mais complexas, como as de enzimas, sejam determinadas mais facilmente.

8.2 Difração de nêutrons

Ponto principal: O espalhamento de nêutrons por cristais produz dados de difração que dão informações adicionais sobre a estrutura, especialmente sobre a posição dos átomos mais leves.

A difração provocada pelos cristais ocorre para qualquer partícula com uma velocidade tal que o seu comprimento de onda associado (através da equação de Broglie, $\lambda = h/mv$) seja comparável à separação dos átomos ou íons no cristal. Nêutrons e elétrons com velocidades apropriadas têm comprimentos de onda da ordem de 100 a 200 pm e, assim, sofrem difração por compostos inorgânicos cristalinos.

Feixes de nêutrons com comprimentos de onda apropriados são gerados "moderando-se" (reduzindo-se a velocidade) os nêutrons gerados em reatores nucleares ou por meio de um processo conhecido como **espalação**, no qual nêutrons são ejetados de núcleos de elementos pesados por feixes de prótons acelerados. A instrumentação usada para coletar e analisar os padrões de difração de pó ou de monocristais é, geralmente, similar à usada para a difração de raios X. Entretanto, a escala de tempo é muito maior, uma vez que os fluxos dos feixes de nêutrons são muito menores do que o das fontes de raios X de laboratório. Além disso, embora muitos laboratórios químicos disponham de equipamentos de difração de raios X para a caracterização de estruturas, a difração de nêutrons pode ser realizada apenas em poucos locais especializados espalhados ao redor do mundo. A investigação de um composto inorgânico com essa técnica é, portanto, muito menos rotineira, e sua aplicação fica limitada essencialmente a sistemas nos quais a difração de raios X falha na determinação de partes importantes de uma estrutura contendo hidrogênio. Com a importância crescente dos compostos contendo hidrogênio relacionados com a geração e o armazenamento de energia (Capítulo 10), a localização dos átomos de hidrogênio em compostos inorgânicos vem tornando-se cada vez mais vital.

A vantagem da difração de nêutrons vem do fato de que estes são espalhados pelos núcleos e não pelos elétrons ao seu redor. Como resultado, os nêutrons são sensíveis a parâmetros estruturais que frequentemente complementam aqueles dos raios X. Em particular, o espalhamento não é dominado pelos elementos pesados, o que pode ser um problema na difração de raios X para a maioria dos compostos inorgânicos. Por exemplo, localizar a posição de um elemento leve como H ou Li em um material que também contenha chumbo pode ser impossível pela difração de raios X, uma vez que praticamente toda a densidade eletrônica está associada aos átomos de Pb. Com os nêutrons, pelo contrário, o espalhamento pelos átomos leves é frequentemente similar ao dos elementos pesados, de forma que os átomos leves contribuem significativamente para as intensidades do padrão de difração. Assim, a difração de nêutrons é frequentemente usada em conjunto com as técnicas de difração de raios X para definir uma estrutura inorgânica com maior precisão em termos de átomos como H, Li e O quando eles estão na presença de átomos metálicos pesados, ricos em elétrons. As aplicações típicas incluem os estudos dos óxidos metálicos complexos, tais como os supercondutores de alta temperatura (em que é necessário conhecer com precisão a posição dos íons óxido na presença de metais como Ba e Tl) e sistemas nos quais a posição do átomo de H seja de interesse.

Outro uso para a difração de nêutrons é distinguir espécies quase isoeletrônicas. No espalhamento de raios X, pares de elementos vizinhos de um mesmo período da tabela periódica, tal como O e N ou Cl e S, são quase isoeletrônicos e espalham os raios X aproximadamente com a mesma intensidade, de forma que se torna difícil distinguir um do outro numa estrutura cristalina que contenha ambos os elementos. Entretanto, os átomos desses pares espalham nêutrons de forma muito diferente; o N é um espalhador 50% mais forte do que o O, e o Cl espalha os nêutrons cerca de quatro vezes mais do que o S, de forma que a identificação dos átomos fica muito mais fácil do que por difração de raios X.

Uma propriedade adicional dos nêutrons, com $I = ½$, é a de que eles também são espalhados por elétrons desemparelhados, que também possuem $I = ½$. Em compostos inorgânicos que tenham arranjos ordenados de elétrons desemparelhados, tal como em materiais ferromagnéticos e antiferromagnéticos (Seção 20.8), este espalhamento produzirá picos de difração adicionais, chamados de espalhamento magnético, distinguindo-se assim do espalhamento nuclear (Fig. 8.8). A análise desse espalhamento magnético produz informação detalhada sobre como os momentos magnéticos eletrônicos estão ordenados, a chamada **estrutura magnética**.

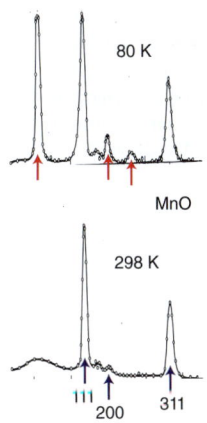

Figura 8.8 Padrão de difração de nêutrons coletado do MnO em pó, mostrando as reflexões magnéticas adicionais que derivam do arranjo ordenado antiferromagnético dos spins dos elétrons que se forma em baixa temperatura, 80 K. O MnO é paramagnético à temperatura ambiente, sem ordenamento de longa distância dos momentos magnéticos, de forma que as reflexões magnéticas não são vistas a 298 K.

EXEMPLO 8.2 Escolhendo a técnica de difração adequada para resolver um problema estrutural em química inorgânica

Qual técnica experimental de difração você usaria para obter as seguintes informações?

(i) Comprimentos de ligação Se–Se precisos, com erros menores que 0,3 pm, no K_2Se_5.
(ii) Posições precisas dos hidrogênios no $\{[(CpY)_4(\mu-H)_7](\mu-H)_4WCp^*(PMe_3)\}$.

Resposta Precisamos relacionar a informação necessária com a sensibilidade das diferentes técnicas de difração. Em (i), tanto potássio como selênio são "átomos pesados" e irão espalhar raios X fortemente, de forma que, sendo obtidos cristais adequados, a difração de raios X de monocristal fornecerá comprimentos de ligação muito precisos. Usando essa técnica, a estrutura deste composto foi relatada apresentando comprimentos de ligação Se–Se na faixa de 2,335 a 2,366±0,002 Å. Em (ii), a presença de átomos pesados como Y e W significa que eles dominarão o espalhamento em um experimento de difração de raios X. A estrutura desse composto foi relatada em 2011, mostrando as posições dos hidrogênios com razoável precisão, através de um experimento de difração de nêutrons, utilizando um cristal de 9 mm³ de volume.

Teste sua compreensão 8.2 Se o K_2Se_5 só pudesse ser obtido como cristais de dimensões $5 \times 10 \times 20\mu m$, como essa limitação poderia modificar a técnica experimental empregada?

Espectroscopias de absorção e emissão

A maioria dos métodos físicos usados para investigar os compostos inorgânicos envolve absorção e algumas vezes reemissão de radiação eletromagnética. A frequência da radiação absorvida fornece informações importantes sobre os níveis de energia de um

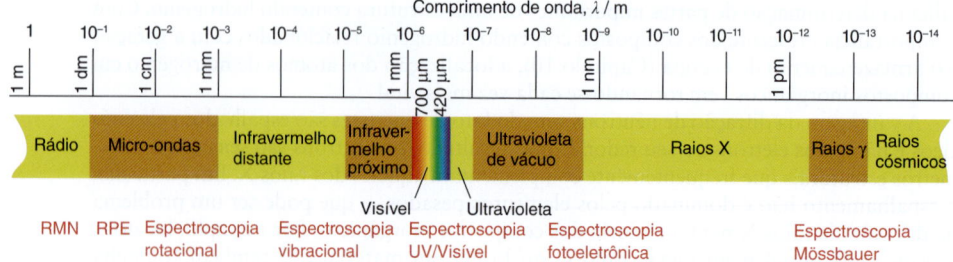

Figura 8.9 As diferentes regiões do espectro eletromagnético e as técnicas relacionadas com as faixas de comprimentos de onda.

composto inorgânico, e a intensidade da absorção pode, geralmente, ser usada para fornecer informações analíticas quantitativas. As técnicas espectroscópicas de absorção são normalmente não destrutivas, permitindo que após a realização da medida a amostra possa ser recuperada para análises posteriores.

O espectro da radiação eletromagnética usado na química varia desde pequenos comprimentos de onda associados aos raios γ e raios X (em torno de 1 nm) até as ondas de radio com comprimentos de onda de alguns metros (Fig. 8.9). Esse espectro cobre todas as faixas de energias atômica e molecular associadas aos fenômenos característicos de ionização, vibração, rotação e reorientação nuclear. Assim, raios X e radiação ultravioleta (UV) podem ser usados para determinar as estruturas eletrônicas de átomos e moléculas, e a radiação infravermelha (IV) pode ser usada para examinar os seus comportamentos vibracionais. A radiação de radiofrequência (RF), na ressonância magnética nuclear (RMN), pode ser usada para explorar as energias associadas com as reorientações dos núcleos em um campo magnético, que são sensíveis ao ambiente químico do núcleo. Em geral, os métodos espectroscópicos de absorção fazem uso da absorção de radiação eletromagnética, por uma molécula ou um material, com uma frequência característica, correspondendo à energia de uma transição entre níveis de energia específicos. A intensidade está relacionada com a probabilidade de ocorrência da transição, a qual pode ser consequência, em parte, das regras de simetria, como as descritas no Capítulo 6 para a espectroscopia vibracional.

As várias técnicas espectroscópicas que envolvem radiação eletromagnética estão associadas a diferentes escalas de tempo, e essa variação pode influenciar a informação estrutural que é obtida. Quando um fóton interage com um átomo ou molécula, precisamos considerar fatores como o tempo de vida de qualquer estado excitado e como a molécula pode se modificar durante esse intervalo. A Tabela 8.2 apresenta as escalas de tempo associadas com as várias técnicas espectroscópicas discutidas nesta seção. Vemos que a espectroscopia no IV faz um registro da estrutura molecular muito mais rapidamente do que o RMN; assim, se uma molécula puder sofrer uma reorientação ou mudar sua forma numa escala de nanosegundos, os diferentes estados serão diferenciados pelo IV, mas não pelo RMN, o qual verá uma estrutura média da molécula. Tal espécie é dita "fluxional" na escala de tempo do RMN. A temperatura na qual os dados são coletados também deve ser levada em conta, uma vez que a velocidade de reorientação molecular aumenta com o aumento da temperatura.

Tabela 8.2 Escalas de tempo típicas de alguns métodos comuns de caracterização

Difração de raios X	10^{-18} s
Mössbauer	10^{-18} s
Espectroscopia eletrônica UV-Visível	10^{-15} s
Espectroscopia vibracional IV/ Raman	10^{-12} s
RMN	10^{-3}–10^{-6} s
RPE	10^{-6} s

> *Um comentário útil* A pentacarbonila de ferro, [Fe(CO)$_5$], ilustra a importância de se considerar a escala de tempo quando analisamos um espectro para obter informação estrutural. A espectroscopia no infravermelho sugere que o [Fe(CO)$_5$] tem simetria D_{3h} com grupos carbonila axial e equatorial distintos, enquanto que o RMN sugere que todos os grupos carbonila são equivalentes.

8.3 Espectroscopia no ultravioleta-visível

Pontos principais: As energias e as intensidades das transições eletrônicas fornecem informações sobre a estrutura eletrônica e o ambiente químico; variações nas propriedades espectrais são usadas para acompanhar o progresso das reações.

A **espectroscopia no ultravioleta-visível** (espectroscopia UV-visível) é a observação da absorção da radiação eletromagnética nas regiões visível e ultravioleta do espectro. Ela é algumas vezes chamada de **espectroscopia eletrônica**, porque a energia envolvida excita os elétrons para níveis de energia mais altos. A espectroscopia UV-visível está entre as técnicas mais usadas para estudar os compostos inorgânicos e suas reações, e a maioria dos laboratórios possui um espectrofotômetro UV-visível (Fig. 8.10). Algumas vezes, as transições eletrônicas ocorrem entre níveis de energia próximos, principalmente aqueles

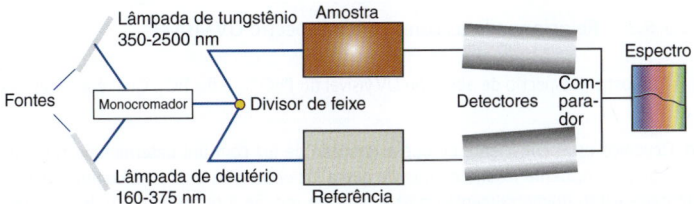

Figura 8.10 Esquema de um típico espectrômetro de absorção UV-visível.

envolvendo elétrons d e f, e podem ocorrer além da região do visível do espectro eletromagnético, na região do infravermelho próximo, λ = 800–2000 nm. Esta seção descreverá somente os princípios básicos, sendo feita uma abordagem mais elaborada em capítulos posteriores, particularmente no Capítulo 20.

(a) Medindo um espectro

A amostra para uma determinação de um espectro UV-visível é, geralmente, uma solução, mas também pode ser um gás ou um sólido. Um gás ou um líquido é colocado em uma célula (uma cubeta) construída de um material opticamente transparente, como vidro ou, no caso do espectro ultravioleta para comprimentos de onda menores do que 320 nm, sílica pura. Geralmente, o feixe de radiação incidente é dividido em dois, com uma parte do feixe passando pela amostra e a outra passando através de uma cubeta idêntica, exceto pela ausência da amostra. Os feixes que passaram pela amostra e pela referência são comparados no detector (um fotodiodo) e a absorção é obtida como uma função do comprimento de onda. Os espectrômetros convencionais varrem o comprimento de onda do feixe incidente variando o ângulo de uma rede de difração, mas hoje é mais comum registrar todo o espectro de uma só vez usando um detector de arranjo de diodos. Para amostras sólidas, a intensidade da radiação UV-visível refletida pela amostra é medida mais facilmente do que a transmitida, obtendo-se um espectro de absorção por meio da subtração da intensidade refletida da intensidade da radiação incidente (Fig. 8.11).

A intensidade de absorção é expressa como **absorvância**, A, definida como

$$A = \log_{10}\left(\frac{I_0}{I}\right) \quad (8.2)$$

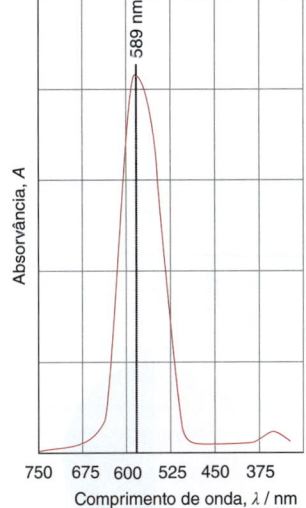

Figura 8.11 Espectro de absorção UV-visível do sólido azul ultramarino, $Na_7[SiAlO_4]_6(S_3)$.

onde I_0 é a intensidade incidente e I é a intensidade medida após passar através da amostra. O detector é o fator limitante para espécies que absorvem muito fortemente, pois a medida de um baixo fluxo de fótons não é confiável.

> *Uma breve ilustração* Uma amostra que atenua a intensidade da luz em 10% (ou seja, I_0/I = 100/90) tem uma absorvância de 0,05; uma que atenua em 90% (I_0/I = 100/10) tem uma absorvância de 1; uma que atenua em 99% (I_0/I = 100/1) tem uma absorvância de 2, e assim por diante.

A equação empírica da **Lei de Beer-Lambert** é usada para se relacionar a absorvância com a concentração molar [J] da espécie absorvedora J e o comprimento do caminho óptico, L:

$$A = \varepsilon[J]L \quad (8.3)$$

onde ε (épsilon) é o **coeficiente de absorção molar** (ainda chamado de "coeficiente de extinção" e, algumas vezes, de "absortividade molar"). Os valores de ε variam desde 10^5 dm^3 mol^{-1} cm^{-1} ou mais, para as transições totalmente permitidas, quando, por exemplo, um elétron é transferido de um nível de energia 3d para 4p em um átomo (Δl = 1), até menos do que 1 dm^3 mol^{-1} cm^{-1} para as transições atômicas "proibidas", com Δl = 0. Nas moléculas, essas regras de seleção se aplicam às transições entre estados baseados nos orbitais moleculares, embora possam ser relaxadas, particularmente pela presença de vibrações que alteram as simetrias dos orbitais (Capítulo 20). Quando os coeficientes de absorção molar são baixos, a espécie absorvedora pode ser difícil de ser observada, a menos que a concentração ou o caminho óptico sejam devidamente aumentados.

A Figura 8.12 mostra um típico espectro UV-visível em solução obtido de um composto de metal d, neste caso Ti(III), que possui configuração d^1. A partir do comprimento de onda da radiação absorvida, é possível inferir os níveis de energia do composto, inclusive o efeito do ambiente do ligante sobre átomo do metal d. O tipo de transição envolvida pode muitas vezes ser obtido a partir do valor de ε. A proporcionalidade entre absorvância e concentração fornece uma maneira de se medir propriedades que dependem da concentração, como as composições no equilíbrio e a velocidade das reações.

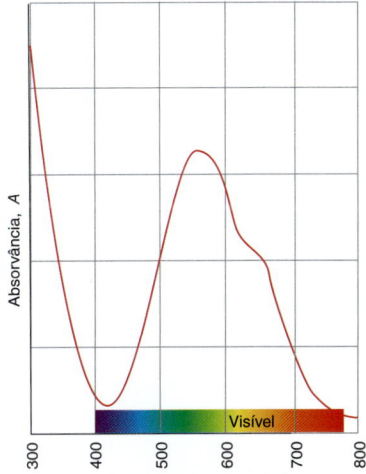

Figura 8.12 Espectro UV-visível do $[Ti(OH_2)_6]^{3+}$(aq). A absorvância é dada como uma função do comprimento de onda.

8 Métodos físicos em química inorgânica

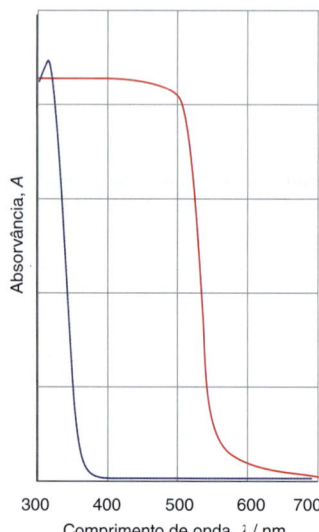

Figura 8.13 Espectro UV-visível do PbCrO₄ (curva em vermelho) e do TiO₂ (curva em azul). A absorvância é dada como função do comprimento de onda.

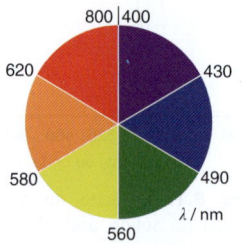

Figura 8.14 Disco de cores usado pelos artistas: as cores complementares estão em posições diametralmente opostas no disco.

> **EXEMPLO 8.3** Relacionando as cores com o espectro UV-visível
>
> A Figura 8.13 mostra o espectro de absorção UV-visível do PbCrO₄ e do TiO₂. Qual é a cor esperada para o PbCrO₄?
>
> **Resposta** Devemos estar consciente de que a remoção de luz com um determinado comprimento de onda da luz branca incidente resulta no fato de que a luz observada tem a cor complementar. As cores complementares estão diametralmente opostas uma em relação à outra no disco de cores dos artistas (Fig. 8.14). A única absorção do PbCrO₄ no visível é na região do azul do espectro. O restante da luz chega aos nossos olhos que, segundo a Fig. 8.14, percebe a cor complementar amarela.
>
> **Teste sua compreensão 8.3** Explique o motivo de o TiO₂ ser amplamente usado em protetores solares para bloquear a perigosa radiação UVA (radiação UV com comprimento de onda na faixa de 320 a 360 nm).

(b) Acompanhamento espectroscópico de titulações e cinética

Quando o objetivo é a medida das intensidades e não das energias das transições, a investigação espectroscópica é geralmente chamada de **espectrofotometria**. Desde que pelo menos uma das espécies envolvidas tenha uma banda de absorção adequada, é geralmente fácil realizar uma "titulação espectrofotométrica" na qual a extensão da reação é acompanhada medindo-se as concentrações dos componentes presentes na mistura. A medida do espectro de absorção UV-visível das espécies em solução também fornece um método para o acompanhamento da evolução das reações e a determinação das constantes de velocidade.

As técnicas que empregam o acompanhamento espectral UV-visível vão desde a medida de reações com meias-vidas na faixa de picosegundos (fotoquimicamente iniciadas por um pulso de laser ultrarrápido) até o acompanhamento de reações lentas com meias-vidas de horas ou mesmo de dias. A **técnica de fluxo interrompido** (Fig. 8.15) é geralmente usada para estudar reações com meias-vidas entre 5 ms e 10 s e que podem ser iniciadas por mistura. Duas soluções, cada uma contendo um dos reagentes, são misturadas rapidamente por um impulso pneumático; o fluxo da mistura reacional é então levado a uma parada repentina devido ao enchimento da "seringa de interrupção" e disparando o acompanhamento da absorvância. A reação pode ser monitorada num único comprimento de onda ou pela rápida aquisição de espectros sucessivos, usando-se um detector de arranjo de diodos.

As variações espectrais que ocorrem durante uma titulação ou no curso de uma reação também podem indicar o número de espécies que se formam durante o seu progresso. Um caso importante é o aparecimento de um ou mais **pontos isosbésticos**, comprimentos de onda nos quais duas espécies têm valores iguais para os seus coeficientes de absorção molar (Fig. 8.16; o nome é oriundo do grego que significa "extinção igual"). A detecção de um ponto isosbéstico numa titulação ou durante o curso de uma reação é evidência de que há somente duas espécies dominantes (reagente e produto) na reação. Num ponto isosbéstico é pouco provável que uma terceira espécie tenha o mesmo coeficiente de absorção molar. É extremamente improvável que três espécies coloridas (um intermediário, assim como um reagente e um produto) possam ter o mesmo coeficiente de absorção molar em um ou mais comprimentos de onda.

8.4 Fluorescência ou espectroscopia de emissão

A **fluorescência** ou **espectroscopia de emissão**, algumas vezes também chamada de fluorometria ou espectrofluorometria, refere-se à radiação eletromagnética emitida, geralmente

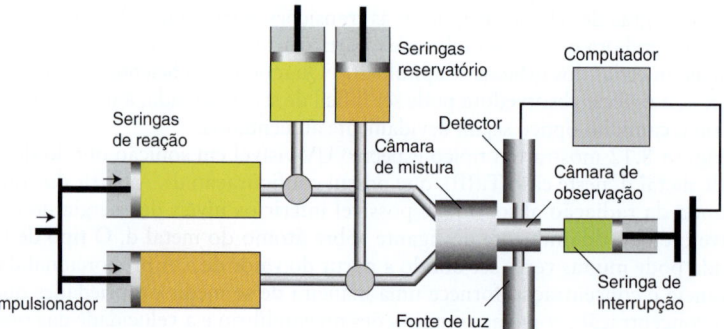

Figura 8.15 Esquema de um instrumento de fluxo interrompido para o estudo de reações rápidas em solução.

nas regiões do visível e do infravermelho próximo, por um composto que tenha sido eletronicamente excitado, normalmente com radiação UV. O fóton emitido tem, normalmente, uma energia menor do que a radiação excitante, devido às perdas por processos não radiativos no composto em investigação, como os modos vibracionais. A Figura 8.17 apresenta as origens e relações entre os espectros de absorção e de emissão de um composto. O espectro de fluorescência ou de emissão depende da energia da radiação excitante e experimentalmente pode ser obtido utilizando-se vários comprimentos de onda incidentes. Os espectros eletrônicos de absorção e de emissão são normalmente obtidos e analisados juntos. O espectrômetro de luminescência (Figura 8.18) usa, normalmente, uma lâmpada de xenônio, que produz luz na faixa de 200 a 800 nm, como fonte de excitação e um monocromador que seleciona o comprimento de onda a ser usado para excitar a amostra. Este feixe monocromático é, então, direcionado ao composto em investigação, e o espectro de emissão é analisado através de um segundo monocromador para fótons de energia entre 200 e 900 nm.

Na química inorgânica, os espectros de emissão são de particular interesse nos materiais usados como fósforos e nas telas de dispositivos eletrônicos, em que a radiação UV produzida por uma descarga elétrica em vapor de mercúrio é convertida em luz visível. Assim como na espectroscopia UV-visível, as transições eletrônicas entre os níveis de energia dos elementos de transição e também do bloco f, que contêm elétrons desemparelhados, geralmente produzem emissões nas regiões do visível e do infravermelho próximo do espectro eletromagnético. Assim, compostos de íons lantanídeos, tais como Eu^{3+} e Tm^{3+} (Seção 23.5), e alguns metais de transição dopados com sulfetos, como, por exemplo, o ZnS dopado com Mn^{2+}, são normalmente usados nessas aplicações. A Figura 8.19 mostra o espectro de emissão obtido para nanopartículas de CdSe/ZnS, conhecidas como pontos quânticos (Quadro 24.5), em função do tamanho da partícula. Quanto menor a partícula, menor será o comprimento de onda emitido, uma vez que a separação de energia entre os estados fundamental e excitado aumenta.

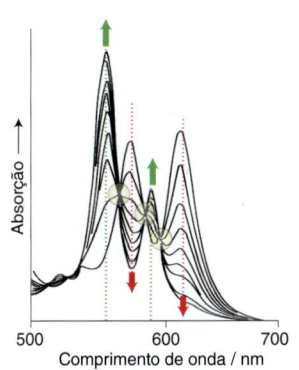

Figura 8.16 Pontos isosbésticos (circulados) observados na variação do espectro de absorção para a reação do HgTPP (TPP = tetrafenilporfirina) com Zn^{2+}, na qual o Zn substitui o Hg no macrociclo. Os espectros final e inicial são aqueles dos reagentes e produtos, indicando que a TPP livre não atinge uma concentração detectável durante a reação. (Adaptado de C. Grant e P. Hambright, *J. Am. Chem. Soc.* 1969, **91**, 4195.)

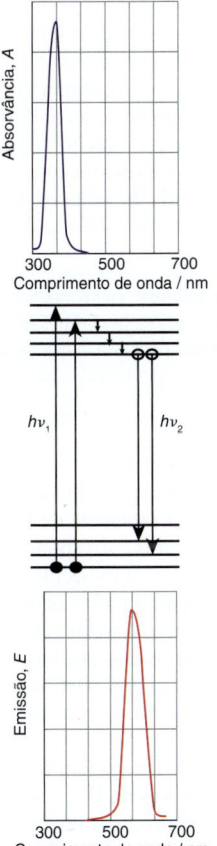

Figura 8.17 Diagrama esquemático de níveis de energia mostrando a origem dos espectros UV-visível e de emissão de um composto inorgânico típico.

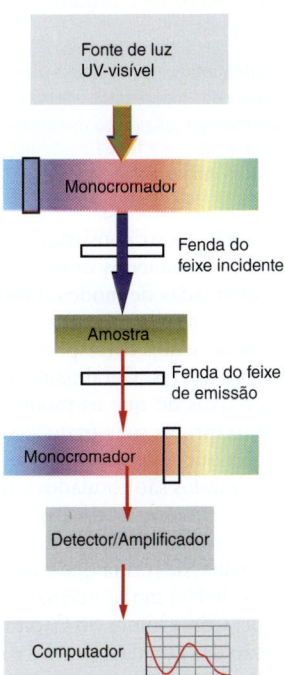

Figura 8.18 Esquema de um espectrômetro de fluorescência típico.

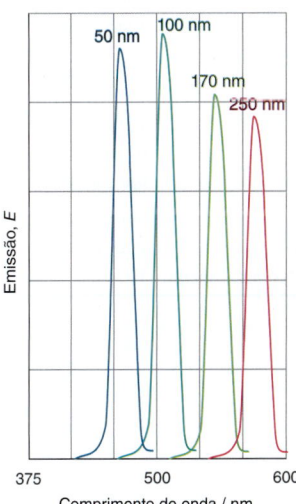

Figura 8.19 Espectro de emissão de nanopartículas de CdSe/ZnS, em função do tamanho, usando um comprimento de onda de excitação de 320 nm.

8.5 Espectroscopia no infravermelho e Raman

Pontos principais: As espectroscopias no infravermelho e Raman são geralmente complementares, no sentido de que um tipo particular de vibração pode ser observado em um método, mas não no outro; a informação é usada de muitas maneiras, variando desde a determinação estrutural até a investigação da cinética de reação.

A espectroscopia vibracional é usada para caracterizar os compostos em termos da força, rigidez e do número de ligações que estão presentes. Ela é usada para detectar a presença de compostos conhecidos (por "impressão digital"), acompanhar as variações de concentração de uma espécie durante uma reação, determinar os constituintes de um composto desconhecido (tal como a presença de ligantes CO), determinar a estrutura mais provável de um composto e medir as propriedades das ligações (constantes de força). Existem duas técnicas experimentais principais usadas para a obtenção do espectro vibracional: **espectroscopia no infravermelho** e **espectroscopia Raman**.

(a) As energias das vibrações moleculares

A ligação numa molécula comporta-se como uma mola: o seu estiramento por uma distância x produz uma força de restauração F. Para pequenos deslocamentos, a força de restauração é proporcional ao deslocamento e $F = -kx$, onde k é a **constante de força** da ligação; quanto mais rígida a ligação, maior será a constante de força. Um sistema como esse é conhecido como um oscilador harmônico, e a solução da equação de Schrödinger fornece as energias

$$E_v = (v + \tfrac{1}{2})\hbar\omega \tag{8.4a}$$

onde $\omega = (k/\mu)^{1/2}$, $v = 0, 1, 2, \ldots$ e μ é a **massa efetiva** do oscilador. Para uma molécula diatômica composta de átomos de massas m_A e m_B,

$$\mu = \frac{m_A m_B}{m_A + m_B} \tag{8.4b}$$

Essa massa efetiva é diferente nos isotopólogos (moléculas compostas de diferentes isótopos de um elemento), o que altera a E_v. Se $m_A \gg m_B$, então $\mu \approx m_B$ e apenas o átomo B move-se, apreciavelmente, durante a vibração: neste caso, os níveis de energia vibracionais são determinados principalmente por m_B, a massa do átomo mais leve. Portanto, a frequência v é alta quando a constante de força é grande (uma ligação rígida) e a massa efetiva do oscilador é baixa (somente os átomos leves movem-se durante a vibração). As energias vibracionais são geralmente expressas em termos do número de onda, $\tilde{v} = \omega/2\pi c$; valores típicos de $\tilde{v}$ situam-se na faixa de 300 a 3800 cm^{-1} (Tabela 8.3).

> *Um comentário útil* Muitas vezes, você verá μ sendo chamado de "massa reduzida", pois o mesmo termo aparece na separação dos movimentos interno e translacional. Entretanto, nas moléculas poliatômicas cada modo vibracional corresponde ao movimento de quantidades diferentes de massa, o que depende das massas individuais de uma forma muito mais complicada, sendo a "massa efetiva" o termo mais usado ao se discutir os modos vibracionais.

Uma molécula não linear consistindo em N átomos pode vibrar de $3N - 6$ maneiras diferentes, e de $3N - 5$ maneiras diferentes se for linear. Essas vibrações diferentes e independentes são chamadas de **modos normais**. Por exemplo, uma molécula de CO_2 tem quatro modos normais de vibração (como mostrado na Fig. 6.16), dois correspondendo ao estiramento de ligações e dois correspondendo à deformação angular da molécula segundo dois planos perpendiculares. Geralmente, os modos de deformação angular ocorrem em frequências mais baixas do que os modos de estiramento, e as massas efetivas a serem consideradas, e portanto as suas frequências, dependem das massas dos átomos de uma maneira complicada que reflete a extensão com que cada um dos vários átomos move-se em cada modo. Os modos são rotulados como v_1, v_2, etc., e algumas vezes recebem nomes designativos, como *estiramento simétrico* e *estiramento assimétrico*. Somente os modos normais que levam a uma mudança no momento de dipolo elétrico podem absorver a radiação infravermelha, de forma que somente estes modos são **ativos no IV** e contribuem para o espectro no IV. Um modo normal é **ativo no Raman** se ele produzir uma mudança na polarizabilidade. Como vimos no Capítulo 6, a teoria de grupo é uma ferramenta poderosa para a previsão das atividades no IV e no Raman das vibrações moleculares.

O nível mais baixo ($v = 0$) de qualquer modo normal corresponde a $E_0 = \tfrac{1}{2}\hbar\omega$, chamado de **energia do ponto zero**, que é a menor energia vibracional que uma ligação pode ter. Além das transições fundamentais com $\Delta v = +1$, o espectro vibracional também pode

Tabela 8.3 Números de onda característicos dos estiramentos fundamentais de algumas espécies moleculares mais comuns como moléculas livres ou íons, ou coordenadas a um centro metálico

Espécies	Faixa/cm^{-1}
OH	3400-3600
NH	3200-3400
CH	2900-3200
BH	2600-2800
CN$^-$	2000-2200
CO (terminal)	1900-2100
CO (em ponte)	1800-1900
\C=O/	1600-1760
NO	1675-1870
O^{2-}	920-1120
O$_2^{2-}$	800-900
Si-O	900-1100
Metal-Cl	250-500
Ligações metal-metal	120-400

mostrar bandas que se originam de quanta duplos ($\Delta v = +2$) em $2\tilde{v}$, conhecidas como **harmônicos,** ou de **combinações** de dois modos vibracionais diferentes (por exemplo, $v_1 + v_2$). Estas transições especiais podem ser úteis, uma vez que elas se originam mesmo quando a transição fundamental não é permitida pelas regras de seleção.

(b) As técnicas

O espectro vibracional de um composto é obtido pela exposição da amostra à radiação no infravermelho e pelo registro da variação da absorvância em função da frequência, número de onda ou comprimento de onda.

> *Um comentário (e convenção) útil* Uma absorção é frequentemente indicada como ocorrendo a, digamos, "uma frequência de 1000 números de onda". Essa prática muito difundida deve ser usada com cautela; o número de onda é o nome de uma observável física relacionada à frequência v por $\tilde{v} = v/c$, e o "número de onda" não é uma unidade. A dimensão do número de onda é 1/comprimento, sendo comumente expressa pelo inverso do centímetro (cm^{-1}).

Nos primeiros espectrômetros IV, a transmitância era medida enquanto a frequência da radiação era varrida entre dois limites. Hoje, o espectro é obtido a partir de um interferograma por **transformada de Fourier,** que converte a informação no domínio do tempo (baseado na interferência de ondas que viajam por caminhos de comprimentos diferentes) para o domínio de frequência. A amostra deve estar contida num material que não absorva radiação IV, o que significa que não se pode usar vidro nem soluções aquosas, a não ser que as bandas espectrais de interesse ocorram em frequências que não são absorvidas pela água. As janelas ópticas são geralmente construídas com CsI ou CaF$_2$. Os procedimentos tradicionais de preparação de amostra empregam a produção de uma pastilha de KBr (onde a amostra é misturada com KBr seco e em seguida prensada em um disco translúcido) ou de emulsões em parafina (onde a amostra é produzida como uma suspensão que é, então, colocada como uma gota entre janelas ópticas). Esses métodos ainda são muito usados, embora esteja ficando cada vez mais popular o emprego de equipamentos de reflectância interna total, nos quais a amostra é simplesmente colocada em posição. A região típica de um espectro de IV é de 4000 a 250 cm^{-1}, que corresponde a um intervalo de comprimentos de onda de 2,5 a 40 μm; essa região abrange a maioria dos modos vibracionais importantes para as ligações inorgânicas. A Figura 8.20 mostra um espectro típico de IV.

Na espectroscopia Raman a amostra é exposta a uma radiação laser intensa na região visível do espectro. A maioria dos fótons é espalhada elasticamente (sem mudança de frequência), mas alguns são espalhados inelasticamente, transferindo parte da sua energia para excitar vibrações. Esses fótons têm frequências que diferem daquela da radiação incidente (v_0) por uma quantidade equivalente a uma frequência vibracional (v_i) da molécula. Uma desvantagem da espectroscopia Raman sobre a espectroscopia no IV é que a largura das linhas é geralmente bem maior. A espectroscopia Raman convencional considera que um fóton provoca uma transição para um estado excitado "virtual", que então colapsa de volta para um estado real de menor energia, emitindo o fóton que é então detectado. A técnica não é muito sensível, mas obtém-se uma grande intensificação se a espécie em investigação for colorida e o laser de excitação for sintonizado em uma transição eletrônica real. Esta última técnica é conhecida como **espectroscopia Raman ressonante** e é particularmente útil para o estudo do ambiente dos átomos de metais d nas enzimas (Capítulo 26), uma vez que somente as vibrações próximas ao cromóforo eletrônico (o grupo responsável pela excitação eletrônica) são excitadas, enquanto que as outras milhares de ligações no restante da molécula ficam silenciosas.

O espectro Raman pode ser obtido abrangendo uma região semelhante à do espectro no IV (200 a 4000 cm^{-1}), e a Fig. 8.21 mostra um espectro Raman típico. Note que a energia pode ser transferida *para* ou *da* amostra: a primeira fornece as **linhas de Stokes,** linhas no espectro com energias menores (menor número de onda e maior comprimento de onda) do que a energia de excitação; a última fornece as **linhas anti-Stokes,** que aparecem em energias maiores do que a energia de excitação. A espectroscopia Raman é geralmente complementar à espectroscopia IV uma vez que as duas técnicas interagem com modos vibracionais de atividades diferentes: um modo associado a uma variação de momento de dipolo permite que ele seja detectado no espectro no IV; um modo que provoque uma mudança de polarizabilidade (uma variação na distribuição eletrônica de uma molécula causada pela aplicação de um campo elétrico) poderá ser observado no espectro Raman. Na Seção 6.5, foi mostrado que por razões oriundas da teoria de grupo nenhum modo pode ser ativo no IV e no Raman para uma molécula que tenha centro de inversão (regra da exclusão).

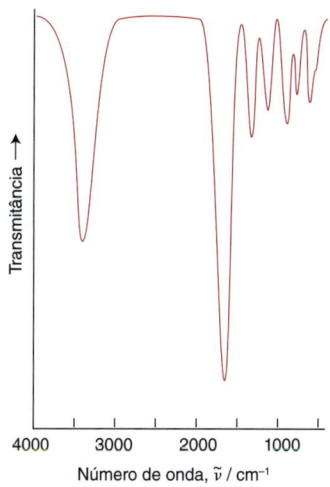

Figura 8.20 Espectro no IV do acetato de níquel tetra-hidratado, onde se observam as absorções características da água e do grupo carbonila (estiramento OH em 3600 cm^{-1} e estiramento C=O em, aproximadamente, 1700 cm^{-1}).

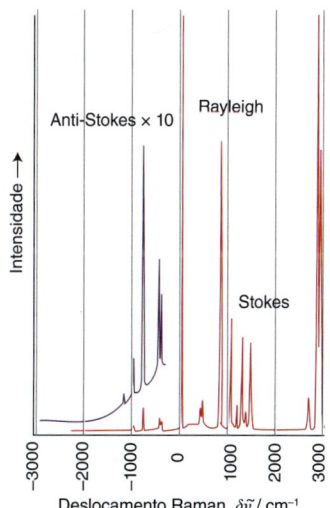

Figura 8.21 Espectro Raman típico mostrando o espalhamento Rayleigh (espalhamento da luz do laser sem alteração do comprimento de onda e que aparece na origem) e as linhas Stokes e anti-Stokes.

(c) Aplicações das espectroscopias Raman e no infravermelho

Uma aplicação importante da espectroscopia vibracional está na determinação da forma de uma molécula inorgânica. Por exemplo, uma estrutura pentacoordenada, AX_5 (onde X é um elemento simples), pode adotar uma geometria piramidal quadrática ou bipiramidal trigonal, com simetrias C_{4v} e D_{3h}, respectivamente. A análise dos modos normais dessas geometrias abordada na Seção 6.6 revela que uma molécula bipiramidal trigonal AX_5 possui cinco modos de estiramentos (espécies de simetria $2A_1'+A_2''+E'$, sendo a última um par de vibrações duplamente degeneradas), dos quais três são ativos no IV ($A_2''+E'$, correspondendo a duas bandas de absorção levando-se em conta a degenerescência dos modos E') e quatro são ativos no Raman ($2A_1'+E'$, correspondendo a três bandas). Uma análise similar da geometria piramidal quadrática mostra que ela possui quatro modos de estiramento ativos no IV ($2A_1+E$, três bandas) e cinco modos de estiramento ativos no Raman ($2A_1+B_1+E$, quatro bandas). O espectro vibracional do BrF_5 apresenta três bandas de estiramento Br–F no IV e quatro no Raman, mostrando que essa molécula é piramidal quadrática, exatamente como previsto pela teoria RPECV (Seção 2.3).

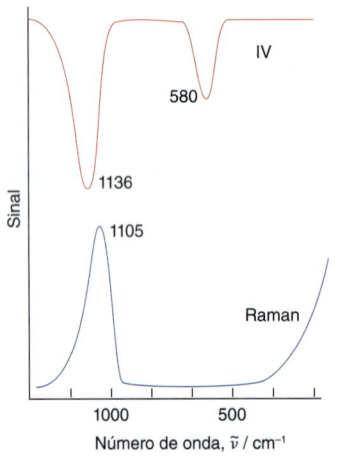

Figura 8.22 Espectros Raman e no IV do XeF_4.

> **EXEMPLO 8.4** Identificando uma geometria molecular
>
> A Figura 8.22 apresenta os espectros no IV e Raman obtidos para o XeF_4 na mesma faixa de números de onda. Qual a geometria do XeF_4, quadrática plana ou tetraédrica?
>
> **Resposta** Uma molécula AB_4 pode ser tetraédrica (T_d), quadrática plana (D_{4h}), piramidal quadrática (C_{4v}) ou gangorra (C_{2v}). Os espectros não têm qualquer energia de absorção em comum, o que significa que a molécula possui um centro de simetria. Dos grupos de simetria possíveis, apenas o da geometria quadrática plana, D_{4h}, apresenta centro de simetria.
>
> **Teste sua compreensão 8.4** Use a teoria RPECV para prever a forma molecular do XeF_2 e, então, determine o número total de modos vibracionais que se espera observar nos espectros Raman e no IV. Alguma dessas absorções poderá ocorrer na mesma frequência em ambos os espectros?

Um uso importante das espectroscopias Raman e no IV é no estudo dos numerosos compostos do bloco d que contêm ligantes carbonila, os quais dão origem a bandas de absorção vibracionais intensas na região onde poucas moléculas produzem absorções. O CO livre absorve em 2143 cm^{-1}, mas quando coordenado a um átomo metálico em um composto a frequência de estiramento (e o correspondente número de onda) diminui de uma quantidade que depende da extensão com que a densidade eletrônica é transferida para os seus dois orbitais π antiligantes (LUMO) por retrodoação do metal (Seção 22.5). A absorção do estiramento do CO também permite distinguir entre ligantes terminais e em ponte, com os ligantes em ponte ocorrendo em frequências menores. Os compostos marcados isotopicamente mostram um deslocamento nas bandas de absorção (cerca de 40 cm^{-1} menor em número de onda quando um ^{13}C substitui um ^{12}C em um grupo CO) devido a uma variação na massa efetiva (Eq. 8.4b); esse efeito pode ser usado para investigar mecanismos de reação envolvendo o ligante CO através dos espectros.

> *Uma breve ilustração* A deuteração, substituição do H pelo D em um composto, possui um grande efeito no espectro vibracional devido à grande diferença de massa desses isótopos. Na água, o estiramento O–H ocorre em 3550 cm^{-1}, enquanto o estiramento O–D no D_2O ocorre em 2440 cm^{-1}; isso é consistente com a variação da massa efetiva do sistema, significando que as vibrações envolvendo D são deslocadas para um número de onda menor por um fator de, aproximadamente, $1/\sqrt{(m_D/m_H)} = 1/\sqrt{2}$, quando comparado com o H.

A velocidade de aquisição de dados possível com o uso da espectroscopia no IV por transformada de Fourier (FTIR) significa que ela pode ser incorporada em técnicas para cinéticas rápidas, incluindo a fotólise a laser ultrarrápida e os métodos de fluxo interrompido.

As espectroscopias Raman e no infravermelho são métodos excelentes para estudar moléculas que são formadas e aprisionadas em matrizes inertes pela técnica conhecida como **isolamento em matriz**. O princípio do isolamento em matriz é que muitas espécies altamente instáveis, que normalmente não existiriam, podem ser geradas em uma matriz inerte, tal como xenônio sólido.

Técnicas de ressonância

Várias técnicas de investigação estrutural dependem do estabelecimento de ressonância com uma separação de níveis de energia pela aplicação de radiação eletromagnética, com essas separações energéticas, em alguns casos, sendo controladas pela aplicação de um campo magnético. Duas dessas técnicas envolvem a **ressonância magnética**: em uma, os níveis de energia são os de núcleos magnéticos (núcleos com spin diferente de zero, $I > 0$); em outra, estão envolvidos os níveis de energia de elétrons desemparelhados.

8.6 Ressonância magnética nuclear

Pontos principais: A ressonância magnética nuclear é adequada para estudar compostos contendo elementos com núcleos magnéticos, especialmente o hidrogênio. A técnica fornece informações sobre a estrutura molecular, incluindo ambiente químico, conectividade e separações internucleares. Ela também informa sobre a dinâmica molecular, sendo uma importante ferramenta para investigar reações de rearranjo que ocorrem numa escala de tempo de milissegundos.

A **ressonância magnética nuclear** (RMN) é o método espectroscópico mais poderoso e mais usado para a determinação de estruturas moleculares em solução e de líquidos puros. Em muitos casos, ela fornece informações sobre a forma e a simetria com maior confiabilidade do que é possível com outras técnicas espectroscópicas, como as espectroscopias Raman e no IV. A RMN também fornece informações sobre a velocidade e a natureza da troca de ligantes em moléculas fluxionais. Ela também pode ser usada para acompanhar reações, fornecendo, em muitos casos, detalhes mecanísticos intrincados. Essa técnica tem sido usada para obter as estruturas das moléculas de proteínas com massas molares de até 30 kg mol^{-1} (correspondente a uma massa molecular de 30 kDa) e complementa as descrições mais estáticas obtidas por difração de raios X de monocristal. Entretanto, ao contrário da difração de raios X, os estudos de RMN de moléculas em solução geralmente não podem fornecer informações detalhadas sobre distâncias de ligação e ângulos, embora permitam obter algumas informações sobre separações internucleares. Ela é uma técnica não destrutiva, pois a amostra pode ser recuperada da solução após a obtenção do espectro de ressonância.

A sensibilidade da RMN depende de vários fatores, dentre eles a abundância do isótopo e a magnitude do seu momento magnético nuclear. Por exemplo, o ^{1}H, com 99,98% de abundância natural e um grande momento magnético, é mais fácil de ser observado do que o ^{13}C, que tem um momento magnético menor e somente 1,1% de abundância natural. Com as modernas técnicas de RMN multinuclear, é particularmente fácil observar o espectro para ^{1}H, ^{19}F e ^{31}P e para muitos outros isótopos; a Tabela 8.4 apresenta uma seleção de núcleos com as suas sensibilidades. Uma limitação comum para núcleos exóticos é a presença do momento nuclear quadrupolar, uma distribuição não uniforme da carga elétrica (que ocorre para todos os núcleos com $I > 1/2$) que alarga o sinal e degrada o espectro. Núcleos com números atômicos e números de massa pares (como ^{12}C e ^{16}O) têm spin zero e são invisíveis na RMN.

(a) Observação do espectro

Um núcleo com spin I pode assumir até $2I + 1$ orientações em relação à direção de um campo magnético aplicado. Cada orientação tem uma energia diferente (Fig. 8.23), com o nível de energia mais baixo apresentando maior população. A separação em energia dos dois estados de um núcleo de spin ½, $m_I = +½$ e $m_I = -½$, (tal como ^{1}H ou ^{13}C) é dada por

$$\Delta E = \hbar \gamma B_0 \qquad (8.5)$$

onde B_0 é o valor do campo magnético aplicado (mais precisamente, a indução magnética em tesla, 1 T = 1 kg s^{-2} A^{-1}) e γ é a razão giromagnética do núcleo, ou seja, a razão do seu momento magnético pelo seu momento angular de spin. Com os modernos ímãs supercondutores que produzem de 5 a 23 T, a ressonância é observada com radiação eletromagnética na faixa de 200 a 1000 MHz. Uma vez que a diferença de energia dos estados com $m_I = +½$ e $m_I = -½$ no campo magnético aplicado é pequena, a população no nível de energia mais baixo é somente ligeiramente superior que a do nível de energia mais alto. Consequentemente, a sensibilidade do experimento de RMN é baixa, mas pode ser aumentada utilizando-se um forte campo magnético, levando a um aumento da diferença de energia e, portanto, da diferença populacional e da intensidade do sinal.

Os espectros eram originalmente obtidos em um modo de onda contínua (CW, em inglês), no qual a amostra era submetida a uma radiofrequência constante enquanto aumentava-se o campo ou mantinha-se o campo constante e promovia-se uma varredura

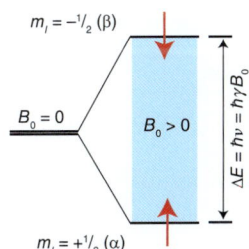

Figura 8.23 Quando um núcleo com spin $I > 0$ encontra-se em um campo magnético, as suas $2I + 1$ orientações (indicadas por m_I) possuem energias diferentes. Este diagrama mostra os níveis de energia para núcleos com $I = 1/2$ (como ^{1}H, ^{13}C e ^{31}P).

Tabela 8.4 Características de núcleos comuns usados em RMN e seus spin nucleares

Núcleo	Abundância natural/%	Sensibilidade*	Spin	Frequência de RMN / MHz[†]
^{1}H	99,98	5680	$\frac{1}{2}$	100,000
^{2}H	0,015	0,00821	1	15,351
^{7}Li	92,58	1540	$\frac{3}{2}$	38,863
^{11}B	80,42	754	$\frac{3}{2}$	32,072
^{13}C	1,11	1,00	$\frac{1}{2}$	25,145
^{15}N	0,37	0,0219	$\frac{1}{2}$	10,137
^{17}O	0,037	0,0611	$\frac{3}{2}$	13,556
^{19}F	100	4730	$\frac{1}{2}$	94,094
^{23}Na	100	525	$\frac{3}{2}$	26,452
^{29}Si	4,7	2,09	$\frac{1}{2}$	19,867
^{31}P	100	377	$\frac{1}{2}$	40,481
^{89}Y	100	0,668	$\frac{1}{2}$	4,900
^{103}Rh	100	0,177	$\frac{1}{2}$	3,185
^{109}Ag	48,18	0,276	$\frac{1}{2}$	4,654
^{119}Sn	8,58	28,7	$\frac{1}{2}$	37,272
^{183}W	14,4	0,0589	$\frac{1}{2}$	4,166
^{195}Pt	33,8	19,1	$\frac{1}{2}$	21,462
^{199}Hg	16,84	5,42	$\frac{1}{2}$	17,911

* Sensibilidade é relativa ao ^{13}C = 1, sendo o produto da sensibilidade relativa do isótopo e sua abundância natural.
† A 2,349 T (um "espectrômetro de 100 MHz"). A maioria dos espectrômetros modernos opera com campos magnéticos maiores e, portanto, frequências mais altas, normalmente de 200 a 600 MHz. Os valores das frequências para esses espectrômetros de RMN podem ser facilmente calculados a partir de valores para 100 MHz, multiplicando-se a frequência dada pela razão (frequência do espectrômetro)/(100 MHz).

da radiofrequência. Nos espectrômetros atuais, as separações dos níveis de energia são identificadas excitando-se os núcleos na amostra com uma sequência de pulsos de radiofrequência e observando-se o retorno da magnetização nuclear ao equilíbrio. A aplicação da transformada de Fourier converte então os dados em domínio de tempo para o domínio de frequência, com os picos aparecendo nas frequências correspondentes às transições entre os diferentes níveis de energia nuclear. A Fig. 8.24 apresenta o arranjo experimental de um espectrômetro de RMN.

(b) Deslocamento químico

A frequência de uma transição de RMN depende do campo magnético local que o núcleo experimenta. Ela é expressa em termos do **deslocamento químico**, δ, que é a diferença entre a frequência de ressonância do núcleo na amostra (ν) e aquela de um composto de referência ($\nu°$):

$$\delta = \frac{\nu - \nu°}{\nu°} \times 10^6 \tag{8.6}$$

> **Um comentário útil** O deslocamento químico δ é adimensional. Entretanto, é comum referir-se a ele em "partes por milhão" (ppm) em referência ao fator de 10^6 na definição. Essa prática é desnecessária.

Um padrão comum para os espectros de RMN de ^{1}H, ^{13}C ou ^{29}Si é o tetrametilsilano, Si(CH$_3$)$_4$, abreviado como TMS. Quando $\delta < 0$, diz-se que o núcleo está **blindado** (o que representa estar com uma ressonância ocorrendo em "baixa frequência") em relação ao padrão; quando $\delta > 0$, diz-se que o núcleo está **desblindado** (com uma ressonância ocorrendo em "alta frequência") em relação à referência. Um átomo de H ligado a um elemento do bloco d, pertencente a um dos Grupos 6 a 10, com camada fechada, em um estado de oxidação baixo (como o [HCo(CO)$_4$]), encontra-se, geralmente,

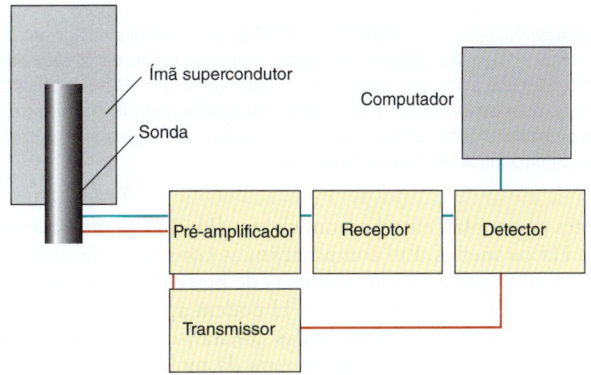

Figura 8.24 Esquema típico de um espectrômetro de RMN. A ligação entre o transmissor e o detector é feita de forma que somente os sinais de baixa frequência são processados.

altamente blindado, enquanto que num oxoácido (como o H_2SO_4) encontra-se desblindado. A partir desses exemplos pode-se entender que quanto maior a densidade eletrônica ao redor de um núcleo, maior a sua blindagem. Entretanto, como vários fatores contribuem para a blindagem, normalmente não é possível uma interpretação física simples dos deslocamentos químicos em termos da densidade eletrônica (Seção 10.3).

Os deslocamentos químicos do ^1H e de outros núcleos em vários ambientes químicos são tabelados. Assim, correlações empíricas podem ser frequentemente usadas para identificar compostos ou o elemento ao qual o núcleo ressonante está ligado. Por exemplo, o deslocamento químico do H no CH_4 é de somente 0,1 porque os núcleos dos H estão em um ambiente semelhante ao do padrão, tetrametilsilano, mas o deslocamento químico do H é $\delta = 3,1$ para o H ligado ao Ge no GeH_4 (Fig. 8.25). Os deslocamentos químicos são diferentes para um mesmo elemento em posições não equivalentes dentro de uma mesma molécula, pois as densidades eletrônicas locais ao redor do núcleo em diferentes sítios serão diferentes. Por exemplo, no ClF_3 o deslocamento químico de um único núcleo de ^{19}F está separado de um $\Delta\delta = 120$ dos outros dois núcleos de F (Fig. 8.26).

Variações no deslocamento químico são causadas pela introdução de uma espécie paramagnética na solução devido ao campo magnético local que ela produz. As medidas dessas diferenças de deslocamento químico podem ser usadas para determinar o número de elétrons desemparelhados na espécie paramagnética (veja a última seção, *Magnetometria e susceptibilidade magnética*).

(c) Acoplamento spin-spin

Frequentemente, as determinações estruturais são auxiliadas pela observação do acoplamento spin-spin, o qual dá origem a multipletos no espectro devido às interações entre os spins nucleares. O acoplamento spin-spin se origina quando a orientação do spin de um núcleo vizinho interfere na energia de outro núcleo e causa pequenas variações na localização da ressonância deste último. A força do acoplamento spin-spin, chamada de constante de acoplamento spin-spin, *J* (em hertz, Hz) é independente do campo magnético aplicado e diminui rapidamente com o aumento da distância das ligações químicas e, em muitos casos, é máxima quando os dois átomos estão diretamente ligados um ao outro. No **espectro de primeira ordem** aqui considerado, a constante de acoplamento é igual à separação entre as linhas adjacentes de um multipleto. Como pode ser visto na Fig. 8.25, $J(^1H-^{73}Ge) \approx 100$ Hz. As ressonâncias de núcleos quimicamente equivalentes não apresentam os efeitos de seus acoplamentos spin-spin. Assim, observa-se um único sinal de ^1H para a molécula CH_3I, embora exista um acoplamento entre os núcleos dos H.

Observa-se um multipleto de $2I + 1$ linhas quando um núcleo de spin 1/2 (ou um conjunto de núcleos de spin 1/2 relacionados por simetria) está acoplado a um núcleo de spin *I*. No espectro do GeH_4, mostrado na Fig. 8.25, a linha central é em razão dos quatro núcleos de H equivalentes nas moléculas de GeH_4 que contém o isótopo de Ge com $I = 0$. Essa linha central está cercada por 10 linhas de menor intensidade, igualmente espaçadas, que surgem do acoplamento dos quatro ^1H com o núcleo do isótopo ^{73}Ge, para o qual $I = 9/2$, presente em menor quantidade no GeH_4, levando a um multipleto de 10 linhas ($2 \times 9/2 + 1 = 10$).

O acoplamento dos spins nucleares de isótopos diferentes é chamado de **acoplamento heteronuclear**; o acoplamento Ge–H que acabamos de discutir é um exemplo. O **acoplamento homonuclear**, entre núcleos de um mesmo isótopo, é detectável quando os núcleos estão em ambientes quimicamente não equivalentes.

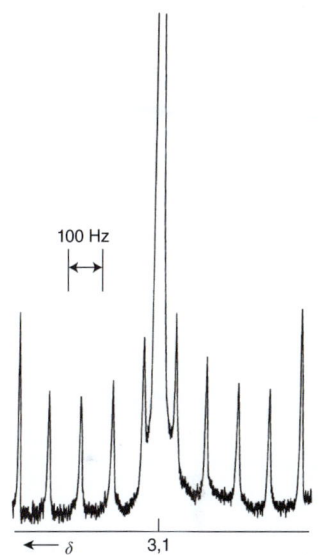

Figura 8.25 O espectro de RMN-^1H do GeH_4. A ressonância principal encontra-se em $\delta = 3,1$ com os picos satélites dados pelo acoplamento spin-spin $J(^1H-^{73}Ge)$ (Seção 8.5c).

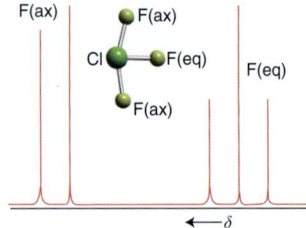

Figura 8.26 Espectro de RMN-^{19}F do ClF$_3$.

Uma breve ilustração No espectro de RMN-^{19}F do ClF$_3$, Fig. 8.26, o sinal atribuído aos dois núcleos de F axiais (cada um com $I = \frac{1}{2}$) se desdobra em um dubleto pelo único núcleo de ^{19}F equatorial, e este último se desdobra em um tripleto pelos dois núcleos de ^{19}F axiais (o ^{19}F tem 100% de abundância). Assim, o formato do espectro de ressonância de ^{19}F facilmente distingue essa estrutura assimétrica das estruturas trigonal plana e piramidal trigonal, ambas com todos os núcleos de F equivalentes e, consequentemente, devendo apresentar uma única ressonância para o ^{19}F.

As constantes de acoplamento homonucleares ^{1}H–^{1}H nas moléculas orgânicas têm, geralmente, 18 Hz ou menos. Em comparação, as constantes de acoplamento heteronucleares ^{1}H–X podem ser de várias centenas de hertz. Acoplamentos homonucleares e heteronucleares entre núcleos que não o ^{1}H podem apresentar constantes de acoplamento de muitos quilohertz. Os valores das constantes de acoplamento podem, frequentemente, ser relacionados com a geometria da molécula, considerando-se tendências empíricas. Nos complexos quadráticos planos de Pt(II), o valor de J(Pt–P) é sensível ao grupo trans ao ligante fosfina e aumenta na seguinte ordem para os ligantes *trans*:

$$R^-, H^-, PR_3, NH_3, Br^-, Cl^-$$

Por exemplo, o *cis*-[PtCl$_2$(PEt$_3$)$_2$], onde o Cl$^-$ é *trans* ao P, possui J(Pt–P) = 3,5 kHz, enquanto que o *trans*-[PtCl$_2$(PEt$_3$)$_2$], com P *trans* ao P, possui J(Pt–P) = 2,4 kHz. Essas variações sistemáticas permitem distinguir facilmente isômeros *cis* e *trans*. A interpretação da variação nos valores dessas constantes de acoplamento se apoia no fato de que um ligante que exerce uma grande influência *trans* (Seção 21.4) enfraquece substancialmente a ligação *trans* a si mesmo, causando uma redução do acoplamento de RMN entre os núcleos.

(d) Intensidades

A intensidade integrada de um sinal proveniente de um conjunto de núcleos quimicamente equivalentes é proporcional ao número de núcleos nesse conjunto. Havendo tempo suficiente durante a aquisição do espectro para a relaxação completa dos núcleos observados, as intensidades integradas podem ser usadas para ajudar nas atribuições espectrais de muitos núcleos. Entretanto, para núcleos com baixa sensibilidade (como o ^{13}C), permitir que haja tempo suficiente para a relaxação completa dos núcleos não é uma possibilidade realística, de forma que é difícil obter informações quantitativas a partir das intensidades dos sinais. Por exemplo, no espectro do ClF$_3$, as intensidades integradas relativas dos ^{19}F estão na razão 2:1 (para o dubleto e o tripleto, respectivamente). Esse padrão de ressonância dos ^{19}F indica a presença de dois núcleos de F equivalentes e um núcleo de F não equivalente e distingue a sua estrutura da trigonal plana, D_{3h}, de menor simetria, que apresentaria uma única ressonância para todos os F que estariam em ambientes equivalentes.

As intensidades relativas das $2N+1$ linhas de um multipleto que se origina do acoplamento com N núcleos equivalentes de $I = \frac{1}{2}$ são dadas pelo triângulo de Pascal (**1**); assim, três prótons equivalentes produzem um quarteto 1:3:3:1. Grupos de núcleos com números quânticos de spin maiores produzem padrões diferentes. O espectro de RMN-^{1}H do HD, por exemplo, consiste em três linhas de mesma intensidade como resultado do acoplamento com o núcleo de ^{2}H ($I = 1$, com $2I + 1 = 3$ orientações).

```
            1
          1   1
        1   2   1
      1   3   3   1
    1   4   6   4   1
  1   5  10  10   5   1
```

1 Triângulo de Pascal

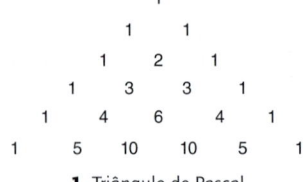

2 SF$_4$

> **EXEMPLO 8.5** Interpretando um espectro de RMN
>
> Explique por que (i) o espectro de RMN-^{19}F do SF$_4$ consiste em dois tripletos 1:2:1 de igual intensidade e (ii) o espectro de RMN-^{77}Se do SeF$_4$ consiste em um tripleto de tripletos (^{77}Se, $I = \frac{1}{2}$).
>
> *Resposta* (i) Precisamos lembrar que a molécula de SF$_4$ (**2**) possui estrutura em gangorra baseada em um arranjo bipiramidal trigonal dos pares de elétrons, com um par isolado ocupando um dos sítios equatoriais. Os dois núcleos de F axiais são quimicamente diferentes dos dois núcleos de F equatoriais, dando origem a dois sinais de intensidades iguais. Os sinais são de fato tripletos 1:2:1, uma vez que cada núcleo de ^{19}F acopla com dois núcleos de ^{19}F quimicamente diferentes. (ii) O SeF$_4$ possui a mesma geometria molecular do SF$_4$, e o núcleo de selênio irá acoplar com os núcleos de flúor que estão em dois ambientes diferentes, axial e equatorial; o acoplamento com um tipo de átomo de flúor, J(Se–F$_{eq}$), produzirá um tripleto e cada uma dessas ressonâncias irá desdobrar-se em um tripleto com J(Se–F$_{ax}$), produzindo um tripleto de tripletos.
>
> *Teste sua compreensão 8.5* (a) Descreva a forma esperada para o espectro de RMN-^{19}F do BrF$_5$. (b) Use as informações dos isótopos apresentadas na Tabela 8.4 para explicar a razão de a ressonância de ^{1}H do ligante hidreto (H$^-$) do *cis*-[Rh(CO)H(PMe$_3$)$_2$] consistir em oito linhas de intensidades iguais.

(e) Fluxonalidade

A velocidade de aquisição dos dados de um experimento de RMN é lenta, significando que as estruturas podem ser resolvidas desde que seus tempos de vida não sejam menores do que uns poucos milissegundos. Por exemplo, o [Fe(CO)$_5$] apresenta apenas uma ressonância de ^{13}C, indicando que, na escala de tempo do RMN, todos os cinco grupos CO são equivalentes. Entretanto, o espectro no IV (com escala de tempo de 1 ps) mostra grupos CO axiais e equatoriais distintos, indicando uma estrutura bipiramidal trigonal. O espectro de RMN-^{13}C observado para o [Fe(CO)$_5$] é uma média ponderada dessas ressonâncias distintas.

Uma vez que se pode alterar facilmente a temperatura na qual um espectro de RMN é obtido, as amostras podem ser frequentemente resfriadas a uma temperatura na qual a velocidade de interconversão torne-se lenta o bastante para que as ressonâncias distintas sejam observadas. A Figura 8.27, por exemplo, mostra um espectro idealizado de RMN-^{31}P para o [RhMe(PMe$_3$)$_4$] (**3**) em temperatura ambiente e a −80°C. Em baixas temperaturas o espectro consiste em um dubleto de dubletos com intensidades relativas iguais a 3 e δ = −24, oriundo dos átomos de P equatoriais (acoplados com o ^{103}Rh e o único ^{31}P axial), e um quarteto de dubletos com intensidade 1, oriundo do átomo de P axial (acoplado com o ^{103}Rh e os três átomos de ^{31}P equatoriais). À temperatura ambiente, a mistura dos grupos PMe$_3$ torna-os equivalentes produzindo apenas um dubleto (oriundo do acoplamento com o ^{103}Rh).

Obtendo-se vários espectros em função da temperatura é possível determinar o ponto no qual o espectro muda da forma de alta temperatura para a forma de baixa temperatura (a "temperatura de coalescência"). A análise detalhada dos dados de RMN em função da temperatura permite a obtenção do valor de energia da barreira de interconversão.

(f) RMN de estado sólido

Um espectro de RMN de estado sólido raramente apresenta uma resolução tão alta quanto a de um espectro de RMN em solução. Essa diferença decorre, principalmente, de interações anisotrópicas, como acoplamentos de dipolos magnéticos entre núcleos, os quais em solução representam um valor médio devido à movimentação molecular, e de interações magnéticas de longo alcance devido às posições fixas dos átomos. Esses efeitos significam que, no estado sólido, núcleos quimicamente equivalentes podem estar em ambientes magneticamente diferentes e, dessa forma, apresentar frequências de ressonância diferentes. Um resultado típico desses acoplamentos adicionais é a produção de ressonâncias muito largas, muitas vezes com mais de 10 kHz de largura.

Para obter uma média dessas interações anisotrópicas, as amostras são giradas em velocidades muito altas (geralmente de 10 a 25 kHz) no "ângulo mágico" (54,7°) em relação ao eixo do campo. Nesse ângulo a interação dos dipolos magnéticos paralelos e as interações quadrupolares, que normalmente variam como (1− 3cos$^2\theta$), é zero. Esta chamada **rotação no ângulo mágico** (MAS, em inglês) reduz sensivelmente o efeito da anisotropia, mas, frequentemente, resulta em sinais que são ainda significativamente mais alargados quando comparados com os obtidos em solução. O alargamento dos sinais pode algumas vezes ser tão grande que as larguras dos sinais passam a ser comparáveis às faixas de deslocamento químico de alguns núcleos. Esse é um problema particularmente importante para o ^{1}H, que tem uma faixa de deslocamento químico de $\Delta\delta$ = 10. Sinais largos são problemas menores para núcleos como ^{195}Pt, para o qual a faixa de deslocamento químico é de $\Delta\delta$ = 16000, embora essa larga faixa possa se refletir numa grande largura de linha anisotrópica. Núcleos quadrupolares (aqueles com $I > \frac{1}{2}$) apresentam problemas adicionais, uma vez que a posição do pico torna-se dependente do campo. Esse fato, a não ser que o núcleo esteja num ambiente de alta

3 [RhMe(PMe$_3$)$_4$]

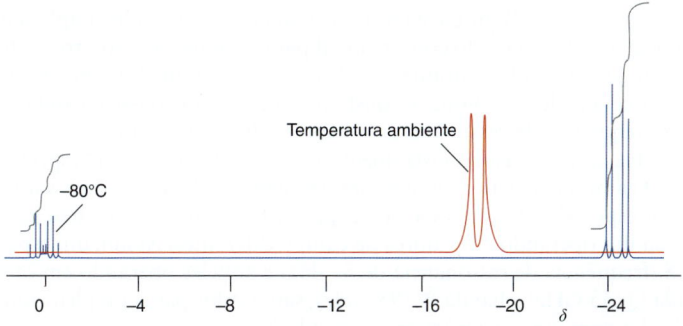

Figura 8.27 Espectro de RMN-^{31}P do [RhMe(PMe$_3$)$_4$] (**3**) em temperatura ambiente e a −80°C.

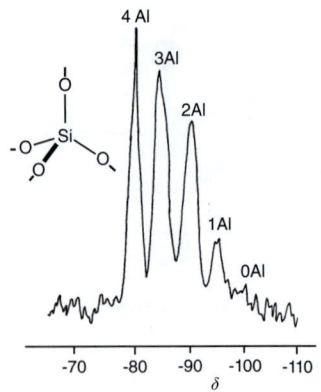

Figura 8.28 Um exemplo de um espectro de RMN-MAS de ^{29}Si obtido da zeólita analcima, um aluminossilicato; cada ressonância representa um silício em um ambiente diferente na estrutura da zeólita $Si(-OAl)_{4-n}(OSi)_n$, com n variando de 0 a 4.

simetria, como o tetraédrico ou o octaédrico, impede que o pico possa ser identificado pelo deslocamento químico.

Apesar destas dificuldades, desenvolvimentos técnicos têm tornado possível a observação de espectros de RMN de alta resolução para sólidos e são de grande importância em muitas áreas da química. Um exemplo é o uso do espectro do RMN-MAS-^{29}Si para determinar o ambiente dos átomos de Si nos silicatos e aluminossilicatos naturais e sintéticos, como as zeólitas (Fig. 8.28). As técnicas de "desacoplamento" homonuclear e heteronuclear aumentam a resolução dos espectros, e o uso de sequências de pulsos múltiplos tem permitido a observação de espectros de algumas amostras difíceis. A técnica de alta resolução RMN-CPMAS, uma combinação de MAS com **polarização cruzada** (CP, em inglês), geralmente com desacoplamento heteronuclear, tem sido usada para estudar muitos compostos contendo ^{13}C, ^{31}P e ^{29}Si. A técnica também é usada para estudar compostos moleculares no estado sólido. Por exemplo, o espectro RMN-CP-MAS-^{13}C do $[Fe_2(C_8H_8)(CO)_5]$ a $-160°C$ indica que todos os átomos de C do anel C_8 são equivalentes na escala de tempo do experimento. A interpretação dessa observação é que a molécula é fluxional, mesmo no estado sólido.

> **EXEMPLO 8.6** Interpretando um espectro de RMN-Mas
>
> O espectro de RMN-MAS-^{29}Si do $(Ca^{2+})_3[Si_3O_9]^{6-}$ mostra uma única ressonância, enquanto que o do $(Mg^{2+})_4[Si_3O_{10}]^{8-}$ consiste em duas ressonâncias com razão de intensidade 2:1. Com base nessas observações, descreva as estruturas dos ânions $[Si_3O_9]^{6-}$ e $[Si_3O_{10}]^{8-}$. (^{29}Si, $I = ½$, 5% de abundância).
>
> *Resposta* Lembrando que a resolução de um RMN-MAS não permite resolver os acoplamentos dipolares, o número de ressonâncias no espectro indica quantos ambientes diferentes estão presentes para o núcleo sob investigação. Desta forma, para o ânion $[Si_3O_9]^{6-}$ devemos propor uma estrutura que possua todos os núcleos de silício do ânion em ambientes idênticos, o que só pode ser obtido na espécie cíclica (**4**). Para o ânion $[Si_3O_{10}]^{8-}$, os dados de ressonância mostram que, dos três núcleos de silício, dois são equivalentes e um está em um ambiente diferente, o que nos leva à espécie linear (**5**).
>
> *Teste sua compreensão 8.6* Preveja o espectro de RMN-MAS-^{29}Si do composto $Tm_4(SiO_4)(Si_3O_{10})$, onde o ânion trissilicato é linear (A).

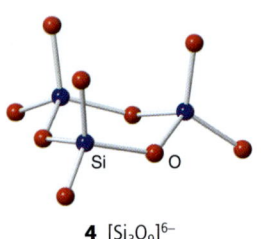

4 $[Si_3O_9]^{6-}$

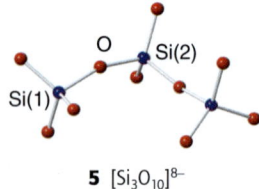

5 $[Si_3O_{10}]^{8-}$

8.7 Ressonância paramagnética eletrônica

Pontos principais: A espectroscopia de ressonância paramagnética eletrônica é usada para estudar compostos que possuam elétrons desemparelhados, particularmente aqueles contendo um elemento do bloco d; ela é, frequentemente, a técnica escolhida para estudar metais como Fe e Cu em centros ativos de metaloenzimas.

A espectroscopia de **ressonância paramagnética eletrônica** (RPE), ou de ressonância de spin eletrônico (RSE), que consiste na observação da absorção ressonante por elétrons desemparelhados em um campo magnético, é uma técnica para o estudo de espécies paramagnéticas, como radicais orgânicos e de elementos do grupo principal. Sua maior importância na química inorgânica está na caracterização de compostos contendo elementos dos blocos d e f.

O caso mais simples é o de uma espécie que tem um elétron desemparelhado ($s = ½$): por analogia com o RMN, a aplicação de um campo externo B_0 produz uma diferença de energia entre os estados $m_s = +½$ e $m_s = -½$ do elétron, sendo

$$\Delta E = g\mu_B B_0 \tag{8.7}$$

onde μ_B é o magneton de Bohr e g é um fator numérico conhecido simplesmente como **valor de g** (Fig. 8.29). O método convencional para se obter um espectro de RPE é usar um espectrômetro de onda contínua (CW), Fig. 8.30, no qual a amostra é irradiada com uma frequência de micro-ondas constante, enquanto varia-se o campo magnético aplicado. A frequência de ressonância da maioria dos espectrômetros é de aproximadamente 9 GHz e, neste caso, o instrumento é conhecido como um "espectrômetro de banda X". O campo magnético em um espectrômetro de banda X é em torno de 0,3 T. Laboratórios especializados em espectroscopia RPE frequentemente têm vários instrumentos, cada um operando em valores de campo diferentes. Assim, um espectrômetro de banda S (frequência de ressonância de 3 GHz) e aqueles operando em campos mais altos, banda Q (35 GHz) e banda W (95 GHz), são usados para complementar as informações obtidas com um espectrômetro de banda X.

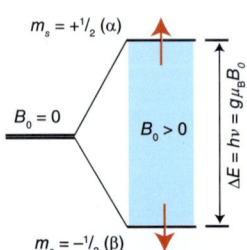

Figura 8.29 Quando um elétron desemparelhado é colocado num campo magnético, as suas duas orientações (α, $m_s = +½$ e β, $m_s = -½$) têm energias diferentes. A ressonância ocorre quando a energia de separação é idêntica à energia dos fótons de micro-ondas incidentes.

Espectrômetros de RPE pulsados estão sendo cada vez mais usados e oferecem novas possibilidades, análogas às técnicas pulsadas com transformada de Fourier que revolucionaram o RMN. As técnicas de RPE pulsado fornecem resolução no tempo, tornando possível a medida de propriedades dinâmicas de sistemas paramagnéticos.

(a) O valor de g

Para um elétron livre, $g = 2,0023$, mas nos compostos esse valor é alterado pelo acoplamento spin-órbita, o qual muda o campo magnético local sentido pelo elétron. Para muitas espécies, particularmente os complexos de metais d, os valores de g podem ser altamente anisotrópicos, de forma que as condições de ressonância dependem do ângulo que a espécie paramagnética faz com o campo aplicado. A Fig. 8.31 mostra os espectros de RPE esperados para soluções congeladas, ou "vidros", para sistemas de spin isotrópico (com o mesmo valor de g ao longo dos eixos perpendiculares), axial (com dois valores de g iguais e um diferente) e rômbico (com os três valores de g diferentes).

A amostra (geralmente contida em um tubo de quartzo) contém a espécie paramagnética de forma diluída, seja em estado sólido (cristais ou pó dopados) ou em solução. A relaxação é tão eficiente para os íons de metais d que os espectros são frequentemente muito largos para serem detectados; por esse motivo as amostras são resfriadas em nitrogênio líquido e, algumas vezes, em hélio líquido. As soluções congeladas comportam-se como pós amorfos, de forma que as ressonâncias são observadas para todos os valores de g do composto, de maneira análoga à difração de raios X de pó (Seção 8.1). Estudos mais detalhados podem ser feitos com monocristais orientados. Desde que a relaxação seja lenta, o espectro de RPE também pode ser observado à temperatura ambiente em líquidos.

Espectros de RPE também podem ser obtidos para sistemas com mais de um elétron desemparelhado, tal como estados tripleto, mas os fundamentos teóricos são muito mais complicados. Enquanto as espécies tendo um número ímpar de elétrons são geralmente detectáveis, pode ser difícil observar o espectro para sistemas com um número par de elétrons. A Tabela 8.5 apresenta a facilidade de detecção por RPE das espécies paramagnéticas mais comuns.

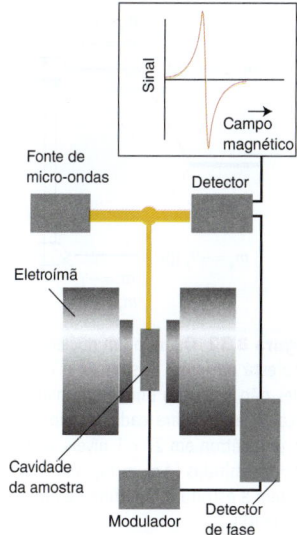

Figura 8.30 Esquema de um típico espectrômetro de RPE de onda contínua.

(b) Acoplamento hiperfino

A **estrutura hiperfina** de um espectro de RPE, a estrutura de multipletos das linhas de ressonância, ocorre em razão do acoplamento do spin do elétron com qualquer núcleo magnético presente. Um núcleo com spin I irá desdobrar uma linha de RPE em $2I + 1$ linhas de mesma intensidade (Fig. 8.32). Algumas vezes se faz uma distinção entre a estrutura hiperfina, em razão do acoplamento com o núcleo do átomo onde está o elétron desemparelhado, e o "acoplamento super-hiperfino", que é o acoplamento com núcleos dos ligantes. O acoplamento super-hiperfino com um núcleo de um ligante é usado para medir a extensão da deslocalização eletrônica e a covalência nos complexos metálicos (Fig. 8.33).

Tabela 8.5 Facilidade de detecção por RPE de íons comuns de metais d

Geralmente fáceis de estudar		Geralmente difíceis de estudar ou diamagnéticos	
Espécies	S	Espécies	S
Ti(III)	$\frac{1}{2}$	Ti(II)	1
Cr(III)	$\frac{3}{2}$	Ti(IV)	0
V(IV)	$\frac{1}{2}$	Cr(II)	2
Fe(III)	$\frac{1}{2}$ $\frac{5}{2}$	V(III)	1
Co(II)	$\frac{3}{2}$ $\frac{1}{2}$	V(V)	0
Ni(III)	$\frac{3}{2}$ $\frac{1}{2}$	Fe(II)	2, 1, 0
Ni(I)	$\frac{1}{2}$	Co(III)	0
Cu(II)	$\frac{1}{2}$	Co(I)	0
Mo(V)	$\frac{1}{2}$	Ni(II)	0, 1
W(V)	$\frac{1}{2}$	Cu(I)	0
		Mo(VI)	0
		Mo(IV)	1, 0
		W(VI)	0

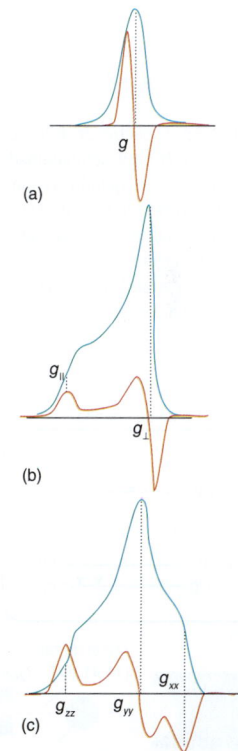

Figura 8.31 Aparência dos espectros de RPE de pó (solução congelada) previstos para os diferentes tipos de anisotropia no valor de g, (a), (b) e (c). A linha azul mostra a absorção e a linha vermelha mostra a primeira derivada da absorção (sua inclinação). Por questões técnicas relacionadas com a técnica de detecção, normalmente observa-se a primeira derivada nos espectrômetros de RPE.

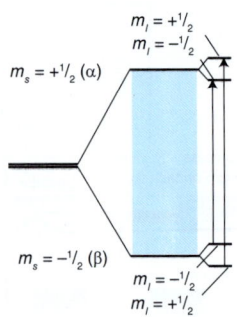

Figura 8.32 Quando um núcleo magnético está presente, as suas $2I + 1$ orientações dão origem a um campo magnético local que desdobra cada estado de spin de um elétron em $2I + 1$ níveis. As transições permitidas ($\Delta m_s = +1$, $\Delta m_I = 0$) dão origem à estrutura hiperfina de um espectro de RPE.

> **EXEMPLO 8.7** Interpretando o acoplamento super-hiperfino
>
> Usando os dados da Tabela 8.4, sugira como o espectro de RPE de um complexo de Co(II) poderá ser alterado quando ocorrer a substituição de um único ligante OH⁻ por um ligante F⁻.
>
> **Resposta** Devemos notar que o ^{19}F (100% de abundância) tem spin nuclear $I = ½$, enquanto que o ^{16}O (com abundância próxima de 100%) tem $I = 0$. Consequentemente, qualquer parte do espectro de RPE poderá desdobrar-se em duas linhas.
>
> **Teste sua compreensão 8.7** Como você pode mostrar que um sinal de RPE de um novo material tem as características de um sítio de tungstênio?

Usando-se espectrômetros operando em diferentes valores campos (X, Q, W, etc.) é possível distinguir entre as características espectrais que se devem à anisotropia no valor de g (que se tornam mais separadas em campos elevados) e as características em razão do acoplamento hiperfino (que se tornam relativamente menos significativas em campos altos).

8.8 Espectroscopia Mössbauer

Ponto principal: A espectroscopia Mössbauer baseia-se na absorção ressonante de radiação γ pelo núcleo e explora o fato de que as energias nucleares são sensíveis ao ambiente eletrônico e magnético.

O **efeito Mössbauer** faz uso da absorção e emissão de radiação γ por um núcleo livre de recuo. Para compreender o que está envolvido, considere um núcleo radioativo de ^{57}Co que decai por captura de elétron para produzir um estado excitado do ^{57}Fe, representado por ^{57}Fe** (Fig. 8.34). Esse nuclídeo decai para outro estado excitado, ^{57}Fe*, situado 14,41 eV acima do estado fundamental e que emite um raio γ de 14,41 eV de energia ao decair. Se os núcleos emissores (a fonte) estiverem inseridos em uma rede rígida, os núcleos não sofrerão recuo e a radiação produzida será altamente monocromática.

Se uma amostra contendo ^{57}Fe (que ocorre com 2% de abundância natural) for colocada próxima da fonte, o raio γ, monocromático, emitido pelo ^{57}Fe* poderá ser absorvido por ressonância. Entretanto, uma vez que as variações nos ambientes eletrônico e magnético afetam os níveis de energia nucleares em pequeno grau, a absorção ressonante só poderá ocorrer se o ambiente químico da amostra de ^{57}Fe for idêntico ao do núcleo de ^{57}Fe* emissor. A energia do raio γ não pode ser facilmente variada, mas o efeito Doppler pode ser empregado movendo-se o núcleo transmissor a uma velocidade v relativa à amostra de forma que seja induzida uma alteração na frequência com um valor de $\Delta v = (v/c)v_\gamma$. Para que a frequência de absorção coincida com a frequência transmitida, este deslocamento pode ter uma velocidade de apenas alguns milímetros por segundo. Um **espectro de Mössbauer** é um retrato dos picos de absorção ressonante (eixo vertical, intensidade de absorção) que ocorrem à medida que se altera a velocidade da fonte (eixo horizontal em mm s⁻¹).

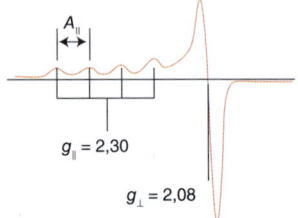

Figura 8.33 Espectro de RPE de Cu²⁺ (d⁹, com um elétron desemparelhado) em solução aquosa congelada. O íon Cu²⁺, com distorção tetragonal, mostra um espectro com simetria axial, no qual o acoplamento hiperfino com o Cu ($I = 3/2$, quatro linhas hiperfinas) é claramente evidente para a componente $g_{\parallel}$.

Espera-se que o espectro de Mössbauer de uma amostra contendo ferro em um único ambiente químico seja formado por uma única linha, devido à absorção de radiação com a energia necessária (ΔE) para excitar o núcleo do seu estado fundamental para o estado excitado. A diferença entre o ΔE da amostra e o do ^{57}Fe metálico é chamada de **deslocamento isomérico**, o qual é expresso em termos da velocidade necessária para se obter a ressonância pelo efeito Doppler. O valor de ΔE depende da densidade eletrônica no núcleo e, embora esse efeito seja devido principalmente aos elétrons s (cujas funções de onda são diferentes de zero no núcleo), efeitos de blindagem fazem o ΔE ser sensível também ao número de elétrons p e d. Como resultado, pode-se distinguir entre estados de oxidação diferentes, tais como Fe(II), Fe(III) e Fe(IV), assim como entre ligações covalentes e iônicas.

O elemento mais adequado para estudos por espectroscopia Mössbauer é o ferro, devido a um conjunto de fatores que tornam o experimento relativamente fácil de ser realizado e os dados obtidos serem úteis. Esses fatores incluem a meia-vida de 272 dias do ^{57}Co, o que permite uma produção pela fonte de raios γ de intensidade relativamente forte por mais de um ano, e os picos de absorção são razoavelmente finos e bem resolvidos. O ferro tem grande importância na química, sendo comum a sua presença nos minerais, óxidos, ligas e amostras biológicas, para as quais outras técnicas de caracterização não são tão eficientes, como é o caso do RMN. A espectroscopia Mössbauer também é usada para estudar outros núcleos, por exemplo, ^{119}Sn, ^{129}I e ^{197}Au, os quais possuem níveis de energia nuclear e meias-vidas de emissão de raios γ apropriados.

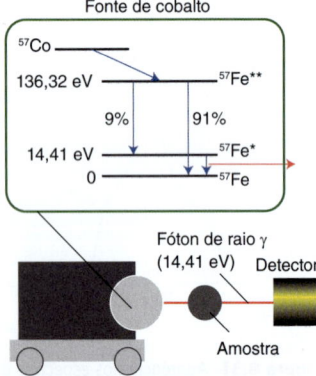

Figura 8.34 Esquema de um espectrômetro Mössbauer. A velocidade do carrinho é ajustada até que o efeito Doppler faça a frequência dos raios γ emitidos coincidir com a transição nuclear correspondente na amostra. As transições nucleares responsáveis pela emissão do raio γ são mostradas no detalhe.

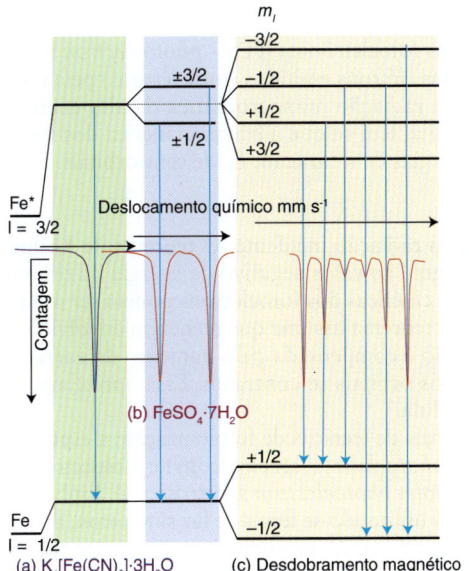

Figura 8.35 Os efeitos de um gradiente de campo elétrico e de um campo magnético nos níveis de energia envolvidos na técnica de Mössbauer para amostras de Fe. Da esquerda para a direita, os espectros mostram os efeitos do deslocamento isomérico, do acoplamento quadrupolar e do acoplamento hiperfino magnético (mas sem desdobramento quadrupolar). (a) O espectro do $K_4Fe(CN)_6 \cdot 3H_2O$, octaédrico, d^6, spin baixo, é representativo de um ambiente altamente simétrico e mostra um único pico com um deslocamento isomérico. (b) O espectro do $FeSO_4 \cdot 7H_2O$, d^6, em um ambiente não simétrico, mostra um desdobramento quadrupolar. (c) Espectro obtido na presença de um campo magnético.

Um núcleo de $^{57}Fe^*$ tem $I = 3/2$ e possui um momento quadrupolar elétrico (a distribuição de carga elétrica não é esférica) que interage com os gradientes de campo elétrico produzidos pela distribuição de carga ao redor do núcleo. Desta forma, se o ambiente eletrônico do núcleo não é isotrópico, o espectro de Mössbauer divide-se em duas linhas com separação ΔE_Q (Fig. 8.35). Este desdobramento é um bom indicador do estado do Fe nas proteínas e minerais, uma vez que ele depende do estado de oxidação e da distribuição da densidade eletrônica nos orbitais d. Os campos magnéticos, produzidos por um ímã forte ou, internamente, em alguns materiais ferromagnéticos, também causam mudanças nas energias dos vários estados de orientação de spin de um núcleo de $^{57}Fe^*$. Como resultado, o espectro de Mössbauer desdobra-se em seis linhas, sendo as transições permitidas entre os níveis derivados do estado $I = 3/2$ ($m_I = +3/2, +1/2, -1/2, -3/2$) e do estado $I = 1/2$ ($m_I = +1/2, -1/2$), em um campo magnético, e com $\Delta I = 0, \pm 1$, Fig. 8.35c.

EXEMPLO 8.8 Interpretando um espectro Mössbauer

Os deslocamentos isoméricos dos compostos de Fe(II) em relação ao ferro metálico, Fe(0), encontram-se, geralmente, na faixa de +1 a +1,5 mm s^{-1}, enquanto que os deslocamentos isoméricos para os compostos de Fe(III) situam-se na faixa de +0,2 a +0,5 mm s^{-1}. Explique esses valores em termos das configurações eletrônicas do Fe(0), Fe(II) e Fe(III).

Resposta As configurações eletrônicas das camadas mais externas do Fe(0), Fe(II) e Fe(III) são, formalmente, $4s^2 3d^6$, $3d^6$ e $3d^5$, respectivamente. A densidade eletrônica s no núcleo é menor no Fe(II) do que no Fe(0), produzindo um grande deslocamento isomérico positivo. Quando um elétron 3d é removido do Fe(II) para formar Fe(III), ocorre um pequeno aumento na densidade eletrônica s no núcleo, uma vez que os elétrons 3d blindam parcialmente o núcleo dos elétrons s internos remanescentes (1s, 2s e 3s; ver Capítulo 1) e o deslocamento isomérico torna-se menos positivo.

Teste sua compreensão 8.8 Preveja qual deve ser o deslocamento isomérico provável do ferro no Sr_2FeO_4.

Técnicas baseadas em ionização

As técnicas de ionização medem as energias dos produtos, elétrons ou fragmentos moleculares, gerados quando uma amostra é ionizada pelo bombardeio com radiações ou partículas de alta energia.

8.9 Espectroscopia fotoeletrônica

Ponto principal: A espectroscopia fotoeletrônica é usada para determinar as energias e a ordem de energia dos orbitais em moléculas e sólidos, analisando-se as energias cinéticas dos elétrons fotoejetados.

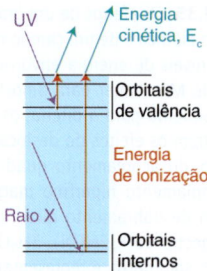

Figura 8.36 Na espectroscopia fotoeletrônica, uma radiação eletromagnética de alta energia (UV para a ejeção de elétrons de valência e raios X para elétrons mais internos) expulsa um elétron do seu orbital, e a energia cinética do fotoelétron é igual à diferença entre a energia do fóton e a energia de ionização do elétron.

A base da **espectroscopia fotoeletrônica** (PES – *photoelectron spectroscopy*) é a medida das energias cinéticas dos elétrons emitidos (fotoelétrons) pela ionização de uma amostra que é irradiada com radiação monocromática de alta energia (Fig. 8.36). Pela lei da conservação de energia, tem-se que a energia cinética dos fotoelétrons ejetados, E_c, relaciona-se com as energias de ionização, E_i, de seus orbitais pela relação

$$E_c = h\nu - E_i \tag{8.8}$$

onde ν é a frequência da radiação incidente. O **teorema de Koopman** estabelece que a energia de ionização é igual ao valor negativo da energia do orbital, de forma que a determinação das energias cinéticas dos fotoelétrons podem ser usadas para determinar as energias dos orbitais. O teorema assume que a energia envolvida na reorganização dos elétrons após a ionização é compensada pelo aumento da energia de repulsão elétron-elétron à medida que os orbitais se contraem. Essa aproximação é, geralmente, tida como razoavelmente válida.

Há dois tipos principais de técnicas de fotoionização: a **espectroscopia fotoeletrônica de raios X** (XPS, *X-ray photoelectron spectroscopy*) e a **espectroscopia fotoeletrônica no ultravioleta** (UPS, *ultraviolet photoelectron spectroscopy*). Embora fontes muito mais intensas possam ser obtidas utilizando-se feixes de luz síncrotron, a fonte de luz padrão de laboratório para o XPS é, geralmente, um anodo de magnésio ou alumínio que é bombardeado com um feixe de elétrons de alta energia. Esse bombardeio resulta na radiação de 1,254 e 1,486 keV, respectivamente, devido à transição de um elétron 2p para a vaga existente no orbital 1s causada pela ejeção de um elétron. Estes fótons altamente energéticos provocam ionizações nos orbitais mais internos de outros elementos presentes na amostra; os valores das energias de ionização são uma característica de cada elemento e do seu respectivo estado de oxidação. Como a largura de linha é relativamente alta (geralmente de 1 a 2 eV), o XPS não é adequado para observar detalhes finos dos orbitais de valência, mas pode ser usado para estudar a estrutura de bandas dos sólidos. Uma vez que o caminho médio livre dos elétrons em um sólido é de somente 1 nm, o XPS se presta para a análise elementar de superfícies, sendo esta aplicação conhecida como **espectroscopia eletrônica para análise química** (ESCA, *electron spectroscopy for chemical analysis*).

A fonte utilizada em UPS é geralmente uma lâmpada de descarga de hélio, a qual emite a radiação de He(I), 21,22 eV, ou de He(II), 40,8 eV. As larguras de linha são muito menores do que em XPS, de forma que a resolução é bem maior. A técnica é usada para investigar os níveis de energia da camada de valência, e a estrutura fina vibracional fornece importantes informações sobre o caráter ligante ou antiligante dos orbitais dos quais os elétrons são ejetados (Fig. 8.37). Quando o elétron é removido de um orbital não ligante, o produto é formado no seu estado vibracional fundamental e a largura da linha observada é estreita. Entretanto, quando o elétron é removido de um orbital ligante ou antiligante, o íon resultante é formado em vários estados vibracionais diferentes e uma extensa estrutura fina é observada. Os orbitais ligantes e antiligantes podem ser identificados determinando-se se as frequências vibracionais nos íons resultantes são maiores ou menores do que na molécula original.

Outro aspecto importante é a comparação das intensidades dos fotoelétrons para uma amostra irradiada com He(I) e He(II). A radiação de maior energia ejeta, preferencialmente, os elétrons dos orbitais d ou f, permitindo que estas contribuições sejam distinguidas daquelas dos orbitais s e p, para os quais o uso do He(I) produz maior intensidade. A origem desse efeito acontece devido a diferenças nas seções de choque de absorção (ver *Leitura complementar*).

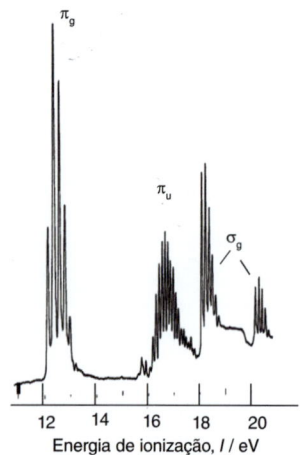

Figura 8.37 Espectro fotoeletrônico no UV do O_2. A perda de um elétron do orbital $2\sigma_g$ (ver o diagrama OM dos níveis de energia, Fig. 2.12) dá origem a duas bandas porque o elétron desemparelhado que permanece pode ficar paralelo ou antiparalelo aos dois elétrons desemparelhados nos orbitais $1\pi_g$.

8.10 Espectroscopia de absorção de raios X

Ponto principal: O espectro de absorção de raios X pode ser usado para determinar o estado de oxidação de um elemento em um composto e investigar seu ambiente local.

Como mencionado na Seção 8.9, a intensa radiação de raios X obtida a partir de fontes de radiação síncroton pode ser usada para ejetar os elétrons mais internos dos elementos presentes em um composto. Os **espectros de absorção de raios X** (XAS, em inglês) são obtidos variando-se a energia do fóton em uma faixa de energia (normalmente entre 0,1 e 100 keV), de forma que os elétrons dos vários átomos presentes em um composto possam ser excitados e ionizados. As energias de absorção características correspondem às energias de ligação dos diferentes elétrons de camada interna dos vários elementos presentes. Assim, a frequência de um feixe de raios X pode ser varrida cruzando a borda de absorção de um elemento selecionado, obtendo-se assim informações sobre o estado de oxidação e do ambiente do elemento químico escolhido.

A Figura 8.38 mostra um espectro típico de absorção de raios X. Cada região do espectro pode fornecer informações diferentes sobre o ambiente químico do elemento investigado:

1. Imediatamente antes da borda de absorção temos a "pré-borda", onde os elétrons mais internos são excitados para orbitais vazios de níveis mais altos, mas não são ejetados. Essa "estrutura pré-borda" pode fornecer informações sobre as energias dos estados eletrônicos excitados e também sobre a simetria local do átomo.
2. Na região da borda, onde a energia do fóton, E, está entre E_i e $E_i + 10$ eV, onde E_i é a energia de ionização, observa-se a "estrutura de absorção de raios X próxima da borda" (XANES, *X-ray absorption near-edge structure*). A informação que pode ser extraída da região XANES inclui o estado de oxidação e o ambiente de coordenação, inclusive qualquer pequena distorção geométrica. A estrutura próxima da borda também pode ser usada como uma "impressão digital", uma vez que é característica de um ambiente específico e estado de valência. A presença e a quantidade de um composto numa mistura também podem ser determinadas a partir da análise desta região do espectro.
3. A região de "estrutura fina de absorção de raios X próxima da borda" (NEXAFS, *near-edge X-ray absorption fine structure*) situa-se entre $E_i + 10$ eV e $E_i + 50$ eV. Ela tem uma aplicação específica para moléculas adsorvidas numa superfície por quimissorção, pois é possível obter informação sobre a orientação da molécula adsorvida.
4. A região de "estrutura fina da absorção de raios X estendida" (EXAFS, *extended X-ray absorption fine structure*), situa-se em energias maiores que $E_i + 50$ eV. O fotoelétron ejetado de um determinado átomo pela absorção de um fóton de raios X com energia nesta região pode ser espalhado por qualquer átomo adjacente. Esse efeito pode resultar num padrão de interferência que é observado como variações periódicas na intensidade em energias imediatamente acima da borda de absorção. Em EXAFS essas variações são analisadas para revelar a natureza (com base nas suas densidades eletrônicas), o número de átomos vizinhos e a distância entre o átomo absorvedor e o átomo espalhador. Uma vantagem desse método é que ele pode fornecer distâncias de ligação em amostras amorfas e para espécies em solução.

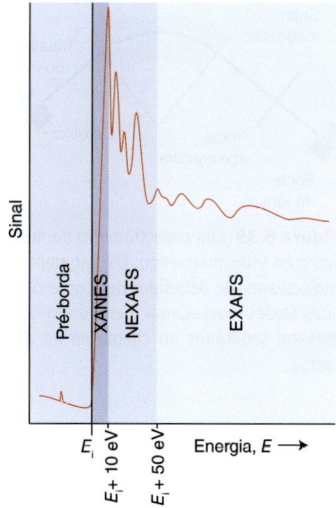

Figura 8.38 Espectro típico da borda de absorção de raios X, mostrando as várias regiões discutidas no texto.

EXEMPLO 8.9 Obtendo informações a partir das características do espectro de absorção de raios X (XAS) nas regiões de borda e pré-borda

Interprete os dados a seguir que fornecem a energia (em eV) do sinal principal na pré-borda do espectro de absorção de raios S (XAS) na borda K do Mn (a borda K corresponde à ionização do elétron 1s):

	Mn(II)	Mn(III)	Mn(IV)	Mn(V)	Mn(VI)	Mn(VII)
	6540,6	6541,0	6541,5	6542,1	6542,5	6543,8

Um óxido contendo manganês apresentou um sinal na pré-borda de seu espectro de absorção de raios X (XAS) consistindo em picos em 6540,6 eV (intensidade 1) e outro em 6540,9 eV (intensidade 2). Explique a variação de energia observada nos picos da pré-borda e proponha uma fórmula para o óxido de manganês.

Resposta Precisamos entender como variam as energias dos orbitais envolvidos na produção do sinal na pré-borda com o aumento do estado de oxidação do manganês. O sinal da pré-borda na borda K é resultado da excitação do elétron 1s para um orbital de energia mais alta, como um orbital 3d vazio (pode haver vários sinais sobrepostos correspondentes a diferentes estados excitados). Quanto mais alto o estado de oxidação do manganês, maior será a carga nuclear efetiva sentida pelo elétron 1s e maior a energia necessária para excitá-lo ou ionizá-lo. Isso se reflete no aumento contínuo observado experimentalmente na energia do sinal da pré-borda do Mn(II) ao Mn(VII). O óxido de manganês apresenta sinais na pré-borda em energias correspondentes ao Mn(II) e Mn(III), com uma relação de intensidade 1:2, de forma que o óxido deve ser $MnO:Mn_2O_3 = Mn_3O_4$.

Teste sua compreensão 8.9 Descreva a tendência esperada na energia da borda K do enxofre na espectroscopia de absorção de raios X (XAS) em compostos com estados de oxidação do S^{2-} (sulfeto) até o SO_4^{2-} (sulfato, S(VI)).

8.11 Espectrometria de massas

Ponto principal: A espectrometria de massas é uma técnica para a determinação da massa de uma molécula e dos seus fragmentos.

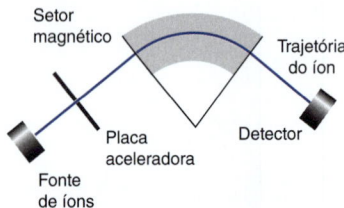

Figura 8.39 Um espectrômetro de massas com setor magnético. Os fragmentos moleculares são defletidos de acordo com suas razões massa-carga, permitindo que estejam separados ao chegarem ao detector.

A **espectrometria de massas** mede a razão massa-carga de íons gasosos. Os íons podem ser carregados positiva ou negativamente e, normalmente, é simples deduzir a carga do íon e, portanto, a massa de uma espécie. Ela é uma técnica analítica destrutiva, pois a amostra não pode ser recuperada para análises futuras.

A precisão da medida da massa de um íon varia de acordo com o uso que é feito do espectrômetro (Fig. 8.39). Se o que se deseja é uma medida grosseira da massa, por exemplo, dentro de $\pm m_u$ (onde m_u é a constante de massa atômica, $1,66054 \times 10^{-27}$ kg), então o espectrômetro de massas precisa ter uma resolução da ordem de, somente, uma parte em 10^4. Em comparação, para se determinar a massa de átomos individuais de forma que o defeito de massa possa ser determinado, a precisão deve ser de, aproximadamente, uma parte em 10^{10}. Com um espectrômetro de massas com essa precisão, moléculas nominalmente de mesma massa, tais como $^{12}C^{16}O$ (de massa $27,9949m_u$), podem ser diferenciadas do $^{14}N_2$ (massa $28,0061m_u$), e também se pode determinar de maneira inequívoca a composição elementar e isotópica de íons com massa nominal menor do que $1000m_u$.

(a) Ionização e métodos de detecção

A maior dificuldade prática na espectrometria de massas é a conversão de uma amostra em íons gasosos. Tipicamente, usa-se menos de um miligrama do composto. Diversos arranjos experimentais foram desenvolvidos para produzir íons em fase gasosa, mas todos sofrem da tendência de fragmentar o composto de interesse. A **ionização por impacto de elétron** (EI, *eletron impact ionization*) emprega o bombardeio da amostra com elétrons de alta energia para provocar tanto a evaporação quanto a ionização. A desvantagem é que à EI tende a induzir uma considerável decomposição nas moléculas grandes. O **bombardeio por átomos rápidos** (FAB, *fast atom bombardment*) é semelhante a EI, exceto pelo fato de que a amostra é bombardeada com átomos neutros velozes para volatilizá-la e ionizá-la; esse método induz a uma fragmentação menor do que a EI. A **dessorção/ionização em matriz promovida por laser** (MALDI, *matrix–assisted laser desorption/ionization*) é similar à EI, mas usa-se um pulso rápido de laser para produzir o mesmo efeito; essa técnica é particularmente efetiva com amostras poliméricas. Na **ionização por eletronebulização** (ESI, *electrospray ionization*), as gotas de uma solução contendo espécies iônicas de interesse são dispersas numa câmara de vácuo onde a evaporação do solvente resulta na formação de íons individuais carregados; a espectrometria de massas por ESI vem sendo cada vez mais usada e frequentemente é o método escolhido para compostos iônicos em solução.

No método tradicional de separação de íons, a discriminação massa-carga é obtida pela aceleração dos íons por um campo elétrico, aplicando-se depois um campo magnético para defletir os íons em movimento: os íons com menor razão massa-carga são mais defletidos do que os íons mais pesados. Assim, variando-se o campo magnético, íons com diferentes razões massa-carga são direcionados ao detector (Fig. 8.39). Em um espectrômetro de massas de **tempo de voo** (TOF, *time-of-flight*), os íons formados a partir da amostra são acelerados por um campo elétrico durante um tempo fixo, permitindo-se, então, que eles voem livremente (Fig. 8.40). Como a força que atua sobre todos os íons de mesma carga é a mesma, os íons mais leves são acelerados para velocidades maiores do que os íons mais pesados e se chocam mais cedo com o detector. Em um espectrômetro de massas por **ressonância de íon cíclotron** (ICR, *ion cyclotron ressonance*; frequentemente denominado FTICR pelo uso da transformada de Fourier), os íons são coletados em um pequena célula cíclotron empregando-se um forte campo magnético. Os íons ficam circulando no campo magnético, comportando-se efetivamente como uma corrente elétrica. Uma vez que uma corrente elétrica acelerada gera radiação eletromagnética, o sinal gerado pelos íons pode ser detectado e usado para estabelecer as suas razões massa-carga.

A espectrometria de massas é muito usada em química orgânica, mas também é muito empregada para análises de compostos inorgânicos. Entretanto, muitos compostos inorgânicos com estruturas iônicas ou em redes ligadas covalentemente (SiO_2, por exemplo), não são voláteis e não se fragmentam em unidades de íons moleculares (mesmo com a técnica MALDI), não podendo ser analisados por esse método. Por outro lado, as ligações fracas em alguns compostos de coordenação inorgânicos fazem com que eles sejam mais facilmente fragmentados num espectrômetro de massas do que os compostos orgânicos.

Figura 8.40 Um espectrômetro de massas de tempo de voo (TOF). Os fragmentos moleculares são acelerados para velocidades diferentes pela diferença de potencial e chegam ao detector em tempos diferentes.

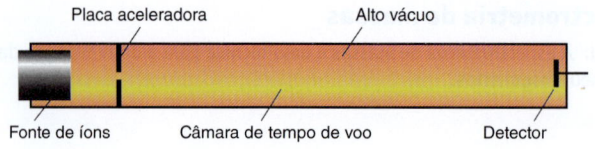

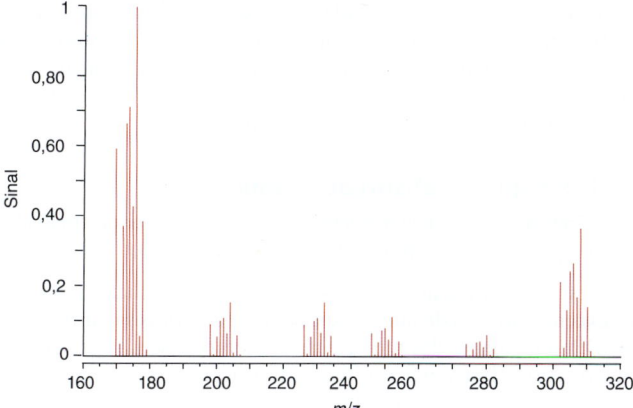

Figura 8.41 O espectro de massas do [Mo(η^6-C$_6$H$_6$)(CO)$_2$PMe$_3$]. Veja o Exemplo 8.9 para uma interpretação detalhada dos picos deste espectro.

(b) Interpretação

A Figura 8.41 apresenta um espectro de massas típico. Para interpretar um espectro de massas, é de grande valia detectar o pico de carga unitária correspondente ao íon molecular intacto. Algumas vezes, um pico ocorre com a metade da massa molecular, correspondendo assim ao íon duplamente carregado. Picos de íons com carga múltipla são geralmente fáceis de serem identificados, porque a separação entre os picos de isotopômeros diferentes não é mais igual a m_u, mas sim uma fração dessa massa. Por exemplo, em um íon duplamente carregado, os picos isotópicos ficam separados por 1/2 m_u, em um íon triplamente carregado eles ficam separados por 1/3 m_u, e assim por diante.

Além de indicar a massa da molécula ou íon que está sendo estudado (e, portanto, a sua massa molar), o espectro de massas também fornece informação sobre as rotas de fragmentação das moléculas. Essa informação pode ser usada para confirmar aspectos estruturais. Por exemplo, íons complexos frequentemente irão perder os ligantes, levando à observação de picos que representam o íon completo com menos um ou mais ligantes.

Múltiplos picos são observados quando um elemento presente na amostra tem mais de um isótopo (por exemplo, o cloro é 75,5% de ^{35}Cl e 24,5% de ^{37}Cl). Assim, para uma molécula que contém cloro, o espectro de massas mostrará dois picos separados por $2m_u$ e com uma relação de intensidade de 3:1. Para elementos com uma composição isotópica complexa são obtidos diferentes padrões de picos, os quais podem ser usados para identificar a presença de um elemento em compostos de composição desconhecida. Um átomo de Hg, por exemplo, tem seis isótopos com abundância significativa (Fig. 8.42). A proporção dos isótopos de um elemento varia de acordo com a região geográfica de onde foi extraído o elemento; esse aspecto sutil pode facilmente ser identificado com um espectrômetro de massas de alta resolução. Desta forma, pode-se identificar a origem de uma amostra por meio da determinação precisa da proporção dos isótopos.

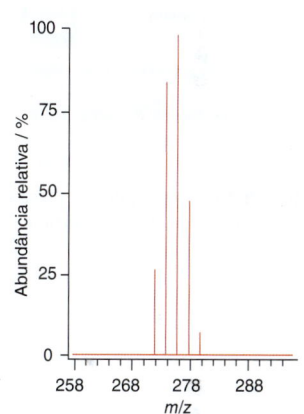

Figura 8.42 Espectro de massas de uma amostra contendo mercúrio, mostrando a composição isotópica dos átomos.

EXEMPLO 8.10 Interpretando um espectro de massas

A Figura 8.41 mostra parte do espectro de massas do [Mo(η^6-C$_6$H$_6$)(CO)$_2$PMe$_3$]. Atribua os picos principais.

Resposta O complexo tem uma massa molecular média de 306m_u, mas como o Mo tem um grande número de isótopos, não se observa um único íon molecular. São verificados dez picos centrados em 306 m_u. Como o isótopo mais abundante do Mo é o ^{98}Mo (24%), o íon que contém esse isótopo tem a maior intensidade dentre os picos do íon molecular. Além dos picos que representam o íon molecular, observam-se também os picos em M$^+$ − 28, M$^+$ − 56, M$^+$ − 76, M$^+$ − 104 e M$^+$ − 132. Esses picos representam, respectivamente, a perda de um ligante CO, dois CO, PMe$_3$, PMe$_3$ + CO e PMe$_3$ + 2CO, a partir do composto integral.

Teste sua compreensão 8.10 Explique por que o espectro de massas do ClBr$_3$ (Fig. 8.43) consiste em cinco picos separados de $2m_u$.

Análise química

Uma das aplicações clássicas dos métodos físicos é a determinação da composição elementar dos compostos. As técnicas atualmente disponíveis são altamente sofisticadas e,

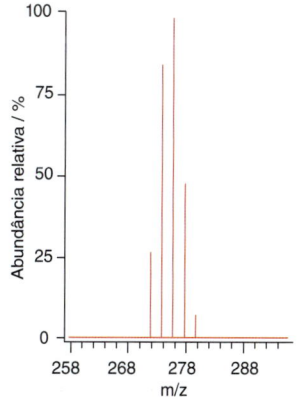

Figura 8.43 Espectro de massas do ClBr$_3$.

em muitos casos, podem ser automatizadas para se obter resultados rápidos e confiáveis. Nesta seção veremos as técnicas térmicas que podem ser usadas para acompanhar as mudanças de fase das substâncias, sem alteração na composição, assim como os processos que resultam em modificações da composição. Em cada uma dessas técnicas o composto é normalmente destruído durante a análise.

8.12 Espectroscopia de absorção atômica

Ponto principal: Praticamente qualquer elemento metálico pode ser determinado quantitativamente usando-se as absorções espectrais características dos átomos.

Os princípios da espectroscopia de absorção atômica são semelhantes aos da espectroscopia UV-visível, exceto pelo fato de que as espécies absorvedoras são átomos livres, neutros ou carregados. Diferentemente das moléculas, os átomos e seus íons não possuem níveis de energia rotacional ou vibracional, e as únicas transições que ocorrem são entre os níveis de energia eletrônicos. Consequentemente, um espectro de absorção atômica consiste em linhas finas bem definidas em vez das bandas largas típicas da espectroscopia molecular.

A Fig. 8.44 mostra os componentes básicos de um espectrofotômetro de absorção atômica. A amostra gasosa é exposta à radiação de um comprimento de onda específico emitida por uma lâmpada de "catodo oco", a qual consiste em um catodo construído de um determinado elemento e um anodo de tungstênio em um tubo selado preenchido com neônio. Se um determinado elemento estiver presente na amostra, a radiação emitida pela lâmpada característica para este elemento terá sua intensidade reduzida no detector, uma vez que ela irá estimular uma transição eletrônica na amostra, sendo assim parcialmente absorvida. Determinando-se o nível de absorção em relação a materiais padrão, pode-se obter uma medida quantitativa do teor do elemento presente. Para cada elemento que se deseja analisar necessita-se de uma lâmpada própria. Como o processo de ionização pode produzir linhas espectrais de outros componentes do analito (a substância que está sendo analisada), coloca-se um monocromador após o atomizador para selecionar o comprimento de onda que se deseja que chegue ao detector.

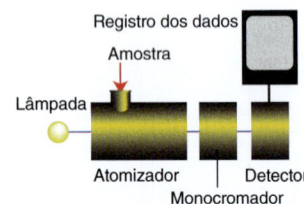

Figura 8.44 Esquema de um típico espectrofotômetro de absorção atômica.

As principais diferenças entre os instrumentos originam-se dos diferentes métodos empregados para converter o analito em átomos não ligados ou íons livres. Na **atomização por chama**, a solução do analito é misturada com um combustível em um "nebulizador", o qual cria um aerossol. O aerossol entra no queimador onde passa dentro de uma chama produzida por uma mistura de combustível e oxidante. As misturas típicas de combustível-oxidante são o acetileno-ar, a qual gera uma temperatura de chama de até 2500 K, e o acetileno-óxido nitroso, que gera temperaturas de até 3000 K. Um tipo comum de **atomizador eletrotérmico** é o forno de grafite. As temperaturas obtidas nesse forno são comparáveis àquelas atingidas num atomizador de chama, mas os limites de detecção podem ser 1000 vezes melhores. O aumento de sensibilidade é devido à capacidade de gerar átomos rapidamente e mantê-los no caminho óptico por mais tempo. Outra vantagem do forno de grafite é poder usar amostras sólidas.

Embora todo elemento metálico possa ser analisado por espectroscopia de absorção atômica, nem todos apresentam alta sensibilidade ou um limite de detecção suficientemente baixo que seja de utilidade. Por exemplo, o limite de detecção para o Cd em um ionizador de chama é de uma parte por bilhão (1 ppb = 1 em 10^9), enquanto que para o Hg ele é de somente 500 ppb. Os limites de detecção usando um forno de grafite podem ser tão baixos quanto uma parte em 10^{15}. A determinação direta é possível para qualquer elemento para o qual haja a disponibilidade de uma lâmpada de catodo oco. Outras espécies podem ser determinadas por procedimentos indiretos. Por exemplo, PO_4^{3-} reage com MoO_4^{2-} em meio ácido para formar $H_3PMo_{12}O_{40}$, o qual pode ser extraído por um solvente orgânico e analisado quanto ao molibdênio. Para analisar um elemento em particular, prepara-se um conjunto de padrões de calibração em uma matriz semelhante à da amostra e analisam-se os padrões e a amostra sob as mesmas condições.

8.13 Análise de CHN

Ponto principal: Pode-se determinar o conteúdo de carbono, hidrogênio, nitrogênio, oxigênio e enxofre em uma amostra por decomposição em alta temperatura.

Existem instrumentos que permitem a análise automática de C, H, N, O e S. A Fig. 8.45 mostra o esquema de um instrumento que analisa C, H e N, algumas vezes chamado de **analisador CHN**. A amostra é aquecida a 900°C em atmosfera de oxigênio, produzindo uma mistura de dióxido de carbono, monóxido de carbono, água, nitrogênio e óxidos de nitrogênio. Uma corrente de hélio arrasta os produtos para dentro de um forno tubular

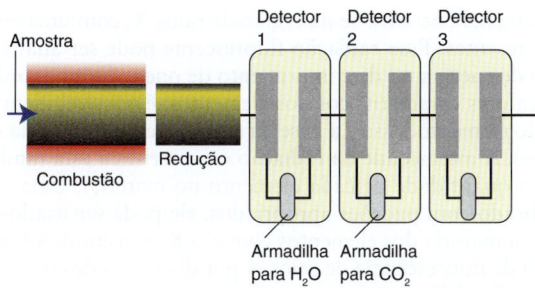

Figura 8.45 Esquema de um instrumento usado para uma análise de CHN.

a 750°C, onde o cobre reduz os óxidos de nitrogênio a nitrogênio e remove o excesso de oxigênio. O óxido de cobre converte o monóxido de carbono em dióxido de carbono. A mistura resultante, contendo H_2O, CO_2 e N_2, é analisada através de sua passagem por uma série de três pares de detectores de condutividade térmica. A primeira célula do primeiro par de detectores mede a condutividade total da mistura gasosa e a água é, então, removida numa armadilha própria, sendo a condutividade térmica medida novamente. A diferença entre os dois valores de condutividade corresponde à quantidade de água no gás e, portanto, ao hidrogênio contido na amostra. O segundo par de detectores está separado por uma armadilha para dióxido de carbono, fornecendo assim o conteúdo de carbono; o nitrogênio restante é medido no terceiro detector. Os dados obtidos por essa técnica são expressos em porcentagem de massa de C, H e N.

O oxigênio pode ser analisado se o tubo de reação for substituído por um tubo de quartzo preenchido com carbono revestido com platina catalítica. Quando os produtos gasosos são arrastados através desse tubo, o oxigênio é convertido em monóxido de carbono, o qual é então levado a dióxido de carbono pela passagem sobre óxido de cobre quente. O restante do procedimento é igual ao descrito acima. O enxofre pode ser medido se a amostra for oxidada em um tubo preenchido com óxido de cobre. Removendo-se a água por aprisionamento em um tubo frio, o dióxido de enxofre é determinado no detector normalmente usado para determinar o hidrogênio.

> **EXEMPLO 8.11** Interpretando dados de uma análise de CHN
>
> Uma análise de CHN de um composto de ferro forneceu as seguintes porcentagens em massa para os elementos presentes: C 64,54, N 0 e H 5,42, com a massa residual sendo de ferro. Determine a fórmula empírica do composto.
>
> **Resposta** As massas molares de C, H e Fe são 12,01, 1,008 e 55,85 g mol^{-1}, respectivamente. A massa de cada elemento em exatamente 100 g de amostra é 64,54 g de C, 5,42 g de H e 30,04 g de Fe (que corresponde ao restante dos 100 g). As quantidades presentes são, portanto:
>
> $$n(C) = \frac{64,54 \text{ g}}{12,01 \text{ g mol}^{-1}} = 5,37 \text{ mol para } n(C)$$
>
> $$n(H) = \frac{5,42 \text{ g}}{1,008 \text{ g mol}^{-1}} = 5,38 \text{ mol para } n(H)$$
>
> $$n(Fe) = \frac{30,04 \text{ g}}{55,85 \text{ g mol}^{-1}} = 0,538 \text{ mol para } n(Fe)$$
>
> As quantidades estão na razão 5,37:5,38:0,538 ≈ 10:10:1. A fórmula empírica do composto é, portanto, $C_{10}H_{10}Fe$, que corresponde à fórmula molecular [Fe(C_5H_5)$_2$].
>
> **Teste sua compreensão 8.11** Qual a razão de as porcentagens de hidrogênio determinadas pelos métodos de CHN nos compostos da série 5d serem menos acuradas do que as determinadas para os compostos análogos da série 3d?

8.14 Análise elementar por fluorescência de raios X

Ponto principal: Informações qualitativa e quantitativa dos elementos presentes em um composto podem ser obtidas por excitação e análise de um espectro de emissão de raios X.

Como discutido na Seção 8.9, a ionização de elétrons mais internos pode ocorrer quando um material é exposto a raios X de comprimentos de onda pequenos. Quando um elétron é ejetado dessa forma, um elétron de um orbital de energia mais alta pode ocupar o lugar que ficou vazio, sendo a diferença de energia liberada na forma de um

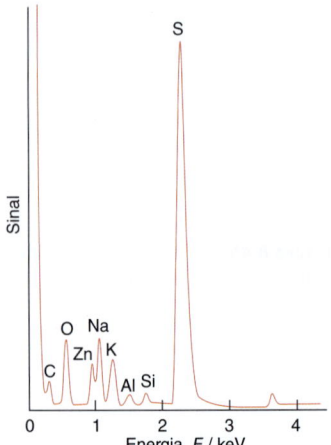

Figura 8.46 Um espectro de fluorescência de raios X de uma amostra de um silicato metálico, mostrando a presença de vários elementos pelas suas linhas características de emissão de raios X.

fóton, o qual geralmente encontra-se na região de raios X, com uma energia característica dos átomos presentes. Essa radiação fluorescente pode ser analisada por um método de dispersão de energia ou de comprimento de onda. Comparando-se os picos do espectro com os valores característicos dos elementos, é possível identificar a presença de um determinado elemento. Essa é a base da técnica de fluorescência de raios X (XRF, *X-ray fluorescence*). A intensidade da radiação característica está também diretamente relacionada com a quantidade de cada elemento no material. Uma vez que o instrumento esteja calibrado com padrões apropriados, ele pode ser usado para determinar quantitativamente a maioria dos elementos com Z > 8 (oxigênio). A Figura 8.46 mostra um espectro típico de fluorescência de raios X por dispersão de energia.

Uma técnica similar à fluorescência de raios X é usada em microscópios eletrônicos (Seção 8.17), em que o método é conhecido como análise de raios X por dispersão de energia (EDAX, *energy-dispersive analysis of X-rays*) ou espectroscopia por dispersão de energia (EDS, *energy-dispersive spectroscopy*). Nela, os raios X gerados por bombardeamento de uma amostra por elétrons com alta energia resultam na ejeção de elétrons mais internos, e a emissão de raios X ocorre à medida que os elétrons mais externos ocupam as vacâncias nos níveis mais internos. Esses raios X são característicos dos elementos presentes, e as suas intensidades correspondem às quantidades desses elementos. O espectro pode ser analisado para determinar qualitativa e quantitativamente (usando-se padrões apropriados) a presença e a quantidade da maioria dos elementos (geralmente aqueles com Z > 8) no material. A informação quantitativa não é muito acurada; geralmente os erros na determinação de porcentagens são de alguns pontos percentuais, mesmo com o uso cuidadoso de padrões, e a acurácia é menor ainda quando os espectros de raios X dos elementos investigados apresentam sobreposição.

> **EXEMPLO 8.12** Interpretando os dados de análise de raios X por dispersão de energia (EDAX)
>
> Um espectro EDAX de uma amostra investigada usando-se um microscópio eletrônico de varredura mostrou as seguintes porcentagens atômicas: 29,5% de Ca, 35,2% de Ti e 35,3% de O. Determine a composição da amostra.
>
> **Resposta** As massas molares de Ca, Ti e O são 40,08, 47,87 e 16,00 g mol^{-1}, respectivamente. As quantidades presentes são, então,
>
> $$n(Ca) = \frac{29,5 \text{ g}}{40,08 \text{ g mol}^{-1}} = 0,736 \text{ mol}$$
>
> $$n(Ti) = \frac{35,2 \text{ g}}{47,87 \text{ g mol}^{-1}} = 0,735 \text{ mol}$$
>
> $$n(O) = \frac{35,3 \text{ g}}{16,00 \text{ g mol}^{-1}} = 2,206 \text{ mol}$$
>
> Essas quantidades estão na razão 0,736:0,735:2,206 ≈ 1:1:3. A fórmula empírica do composto é, portanto, CaTiO$_3$ (um óxido complexo com estrutura da perovskita: ver Capítulo 3).
>
> **Teste sua compreensão 8.12** Explique por que a análise de raios X por dispersão de energia (EDAX) de um silicato de alumínio e magnésio fornecerá informações quantitativas de baixa qualidade.

8.15 Análise térmica

Pontos principais: Os métodos térmicos incluem a análise termogravimétrica, a análise térmica diferencial e a calorimetria de varredura diferencial.

Uma **análise térmica** é uma análise da variação de uma propriedade da amostra produzida por aquecimento. A amostra é geralmente um sólido, e as variações que ocorrem durante o aquecimento compreendem fusão, mudança de fase, sublimação e decomposição.

A análise da variação da massa de uma amostra durante o aquecimento é conhecida como **análise termogravimétrica** (TGA, *thermogravimetric analysis*). As medidas são feitas usando-se uma *termobalança*, a qual consiste em uma microbalança eletrônica, um forno de temperatura programável e um controlador, que permite que a amostra seja simultaneamente aquecida e pesada (Fig. 8.47). A amostra é colocada em um porta-amostra e então suspensa na balança e dentro do forno. Geralmente, a temperatura do forno sofre um aumento linear, mas também podem ser usados esquemas de aquecimento mais complexos, aquecimento isotérmico (um aquecimento que mantém a temperatura constante durante uma mudança de fase) e protocolos de resfriamento. A balança e o forno são colocados dentro de um sistema fechado, de forma que a atmosfera pode ser controlada. Pode-se usar uma atmosfera inerte ou reativa, dependendo da natureza da investigação, podendo ainda

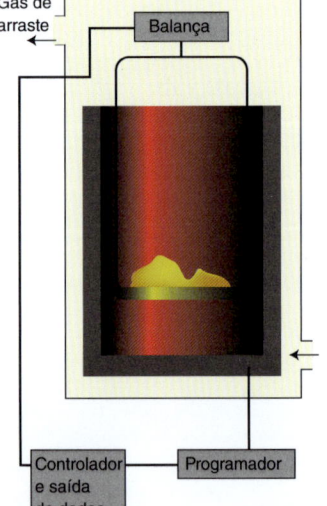

Figura 8.47 Um analisador termogravimétrico: a massa da amostra é acompanhada à medida que se eleva a temperatura.

ser estática ou em fluxo. Uma atmosfera em fluxo tem a vantagem de retirar por arraste qualquer espécie volátil ou corrosiva e impedir também a condensação de produtos de reação. Além disso, qualquer espécie produzida pode ser introduzida em um espectrômetro de massas para ser identificada.

A análise termogravimétrica é muito útil para estudar processos de dessorção, decomposição, desidratação e oxidação. Por exemplo, a curva termogravimétrica para o $CuSO_4 \cdot 5H_2O$ desde a temperatura ambiente até 300°C mostra três etapas de perda de massa (Fig. 8.48), correspondendo aos três estágios de desidratação para formar inicialmente $CuSO_4 \cdot 3H_2O$, em seguida $CuSO_4 \cdot H_2O$ e finalmente $CuSO_4$.

Outro método de análise térmica amplamente empregado é a **análise térmica diferencial** (DTA, *differential thermal analysis*). Nessa técnica, a temperatura da amostra é comparada com a de um material de referência, enquanto ambas são submetidas ao mesmo processo de aquecimento. Num instrumento de DTA, a amostra e a referência são colocadas em porta-amostras de baixas condutividades térmicas, que são então posicionados em cavidades no bloco do forno. As amostras de referência mais comuns para a análise de compostos inorgânicos são a alumina (Al_2O_3) e o carborundum (SiC). A temperatura do forno é aumentada linearmente, e a diferença de temperatura entre a amostra e a referência é lançada em gráfico contra a temperatura do forno. Ocorrendo um evento endotérmico na amostra, a temperatura desta ficará atrás da referência e aparecerá um mínimo na curva de DTA. Se ocorrer um evento exotérmico, a temperatura da amostra excederá a da referência e aparecerá um máximo na curva. A área no gráfico para um processo endotérmico ou exotérmico (a curva resultante em cada caso) está relacionada com a variação de entalpia do evento térmico. O DTA é muito útil para a investigação de processos, como as mudanças de fase, em que a forma de um sólido muda para outra, mas não se observa variação de massa no experimento de TGA. Alguns exemplos incluem a cristalização de vidros amorfos e a transição de um tipo de estrutura para outro (por exemplo, a transição do TlI de uma estrutura do tipo sal gema para uma estrutura do tipo de CsCl que ocorre ao ser aquecido a 175°C).

Uma técnica muito semelhante ao DTA é a **calorimetria de varredura diferencial** (DSC, *differential scanning calorimetry*). Na DSC, a amostra e a referência são mantidas na mesma temperatura durante todo o processo de aquecimento, usando fontes de aquecimento separadas para cada um dos porta-amostras (amostra e referência). Qualquer diferença na potência aplicada para a amostra e para a referência é registrada contra a temperatura do forno. Os eventos térmicos aparecem como desvios da linha base do DSC, podendo ser endotérmicos ou exotérmicos, dependendo se mais ou menos potência foi aplicada na amostra em relação à referência. Na DSC, as reações endotérmicas são, geralmente, representadas como desvios positivos da linha base, correspondendo a um aumento de potência aplicado à amostra. Os eventos exotérmicos são representados como desvios negativos da linha base.

As informações obtidas das técnicas DTA e DSC são muito semelhantes. O DTA pode ser usado até temperaturas mais altas, embora os dados quantitativos obtidos por DSC, como a entalpia de uma mudança de fase, sejam mais confiáveis. Tanto DTA quanto DSC são frequentemente usados em comparações do tipo "impressão digital" entre uma amostra e um material de referência.

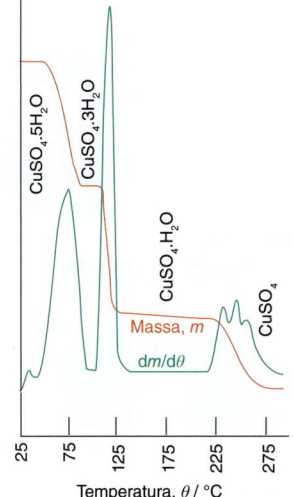

Figura 8.48 Curva termogravimétrica obtida para o $CuSO_4 \cdot 5H_2O$ à medida que a temperatura é elevada de 25°C até 300°C. A linha vermelha é a massa da amostra e a linha verde é a sua primeira derivada (a inclinação da linha vermelha).

EXEMPLO 8.13 Interpretando dados de análise térmica

Aquecendo-se a 500°C uma amostra de 100 mg de massa de nitrato de bismuto hidratado, $Bi(NO_3)_3 \cdot nH_2O$, observou-se uma perda de massa no material seco de 18,56 mg. Determine n.

Resposta Precisamos fazer uma análise estequiométrica da decomposição, $Bi(NO_3)_3 \cdot nH_2O \rightarrow Bi(NO_3)_3 + nH_2O$, para determinar o valor de n. A massa molar do $Bi(NO_3)_3 \cdot nH_2O$ é de $395,01 + 18,02n$ g mol^{-1}, de forma que a quantidade inicial de $Bi(NO_3)_3 \cdot nH_2O$ presente é de (100 mg)/(395,01+18,02n g mol^{-1}). Como cada fórmula unitária de $Bi(NO_3)_3 \cdot nH_2O$ contém n mol de H_2O, a quantidade de H_2O presente no sólido é n vezes essa quantidade, ou n(100 mg)/(395,01+18,02n g mol^{-1}) = 100n/(395,01+18,02n) mmol. A massa perdida é 18,56 mg. Essa perda é inteiramente decorrente da perda de água, de forma que a quantidade de H_2O perdida é (18,56 mg)/(18,02 g mol^{-1}) = 1,030 mmol. Igualamos então essa quantidade à quantidade de H_2O presente inicialmente no sólido:

$$\frac{100n}{395,01+18,02n}=1,030$$

(As unidades mmol foram canceladas.) Segue, então, que $n = 5$ e o sólido é $Bi(NO_3)_3 \cdot 5H_2O$.

Teste sua compreensão 8.13 A redução de uma amostra de 10,000 mg de um óxido de estanho em atmosfera de hidrogênio, a 600°C, resultou na formação de 7,673 mg de estanho metálico. Determine a estequiometria do óxido de estanho.

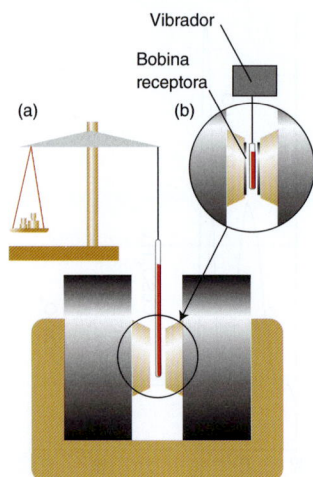

Figura 8.49 Diagrama esquemático de (a) uma balança de Gouy e (b, em destaque) um diagrama esquemático de um magnetômetro modificado dotado de um vibrador de amostra.

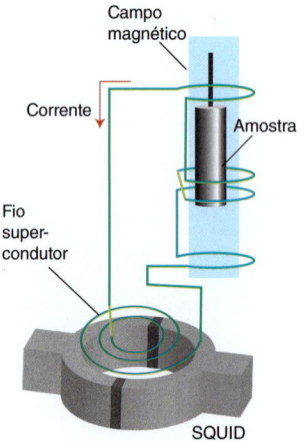

Figura 8.50 Medida da susceptibilidade magnética de uma amostra usando-se um SQUID: a amostra, sujeita a um campo magnético, é movimentada ao longo das bobinas em pequenos incrementos, enquanto se acompanha a diferença de potencial através do SQUID.

Magnetometria e susceptibilidade magnética

Pontos principais: A magnetometria é usada para determinar a resposta característica de uma amostra quando submetida a um campo magnético. A susceptibilidade magnética informa sobre o número de elétrons desemparelhados em um complexo metálico.

A forma clássica empregada para observar as propriedades magnéticas de uma amostra é pela medida da atração ou repulsão por um campo magnético não homogêneo, acompanhando-se a variação do peso aparente da amostra que ocorre quando o campo magnético é aplicado, através de um equipamento conhecido como **balança de Gouy** (Fig.8.49a). A amostra é pendurada em um dos lados da balança por um fio fino, de forma que uma extremidade fique dentro do campo de um forte eletroímã e a outra extremidade da amostra fique submetida apenas ao campo magnético da Terra. A amostra é pesada com o campo eletromagnético ligado e depois desligado. A partir da mudança do peso aparente, pode-se determinar a força sobre a amostra resultante da aplicação do campo. Conhecendo-se esse seu valor, de várias constantes instrumentais, do volume da amostra e sua massa molar, pode-se obter a susceptibilidade molar. O momento magnético efetivo de um íon metálico do bloco d ou f presente num material pode ser deduzido a partir da susceptibilidade magnética e usado para deduzir o número de elétrons desemparelhados e o estado de spin (Capítulo 20). Em uma **balança de Faraday**, um gradiente de campo magnético é gerado entre dois imãs curvos; essa técnica fornece medidas precisas de susceptibilidade e também permite a obtenção de dados de magnetização em função da direção e magnitude do campo aplicado.

O **magnetômetro com vibração de amostra**, mais moderno (VSM, *vibrating sample magnetometer*, Fig. 8.49b), mede as propriedades magnéticas de um material usando uma versão modificada de uma balança de Gouy. A amostra é colocada em um campo magnético uniforme, que induz a uma magnetização. Fazendo-se a amostra vibrar, um sinal elétrico é induzido em bobinas especialmente posicionadas. Esse sinal tem a mesma frequência das vibrações e sua amplitude é proporcional à magnetização induzida. A amostra sujeita à vibração pode ser resfriada ou aquecida, permitindo o estudo de propriedades magnéticas em função da temperatura.

As medidas de propriedades magnéticas são feitas hoje, com mais frequência, usando-se um **medidor supercondutor de interferência quântica** (SQUID, *superconducting quantum interference device*, Fig. 8.50). Um SQUID faz uso da quantização do fluxo magnético e das propriedades das bobinas supercondutoras de corrente que são parte do circuito. A corrente que passa por uma bobina sujeita a um campo magnético é determinada pelo valor do fluxo magnético e, portanto, pela susceptibilidade magnética da amostra.

O **método de Evans** pode ser usado para determinar o momento magnético de espécies paramagnéticas *em solução* e, consequentemente, o número de elétrons desemparelhados. A técnica usa a mudança do deslocamento químico em RMN de uma espécie dissolvida (Seção 8.6) provocada pela adição de uma espécie paramagnética à solução. Este deslocamento observado na frequência de ressonância, $\Delta \nu$ (em Hz), relaciona-se com a susceptibilidade específica, χ_g, do soluto (em cm^3 g^{-1}) por meio da expressão

$$\chi_g = \frac{-3\Delta\nu}{4\pi\nu m} + \chi_0 + \frac{\chi_0(d_0 - d_s)}{m}$$

onde ν é a frequência do espectrômetro (Hz), χ_0 é a susceptibilidade em massa do solvente (cm^3 g^{-1}), m é a massa da substância dissolvida por cm^3 de solução e d_0 e d_s são as densidades do solvente e da solução, respectivamente (g cm^{-3}). Os valores de susceptibilidade para espécies de metais de transição obtidos em solução podem diferir daqueles medidos em fase sólida usando-se uma balança magnética, porque a geometria de coordenação e, portanto, o número de elétrons desemparelhados, pode mudar na dissolução.

Técnicas eletroquímicas

Ponto principal: A voltametria cíclica é usada para medir os potenciais de redução e investigar reações químicas simultâneas de oxirredução de espécies ativas.

Na **voltametria cíclica**, a corrente que flui devido à transferência de elétrons entre um eletrodo e uma espécie em solução é medida enquanto a diferença de potencial aplicada ao eletrodo é variada linearmente com o tempo entre dois potenciais limites, aumentando-se e diminuindo-se. A voltametria cíclica fornece informações diretas sobre os potenciais de redução e reações químicas de oxirredução simultâneas, tais como as que ocorrem nos processos catalíticos também sobre as estabilidades dos diferentes produtos de oxirredução.

A técnica fornece uma visão qualitativa rápida das propriedades de oxirredução de um composto eletroativo e informações quantitativas precisas sobre as suas propriedades termodinâmicas e cinéticas. Uma solução contendo a espécie de interesse, normalmente um complexo de metal de transição, é colocada numa célula eletroquímica, na qual são inseridos três eletrodos (Fig. 8.51). O "eletrodo de trabalho", onde ocorre a reação eletroquímica de interesse, é geralmente construído de platina, prata, ouro ou grafita. O eletrodo de referência é normalmente um eletrodo de prata/cloreto de prata, e o contraeletrodo é normalmente um pedaço de platina. O papel do contraeletrodo é completar o circuito elétrico, garantindo que os elétrons não precisem passar pela interface solução-referência. A concentração da espécie eletroativa é normalmente muito baixa (menor que 0,001 mol dm^{-3}), e a solução contém uma concentração relativamente alta de um "eletrólito de suporte" inerte (em concentração maior do que 0,1 mol dm^{-3}) para garantir a condutividade. A diferença de potencial é aplicada entre os eletrodos de trabalho e de referência, sendo variada para valores maiores e menores entre dois limites, produzindo assim uma forma de onda triangular. A velocidade de varredura do potencial pode ser variada entre 1 mV s^{-1} a 100 V s^{-1}, dependendo do instrumento e tamanho do eletrodo.

Para entender o que ocorre, considere o par de oxirredução $[Fe(CN)_6]^{3-}/[Fe(CN)_6]^{4-}$, no qual, inicialmente, somente a forma reduzida (o complexo de Fe(II)) está presente (Fig. 8.52). Enquanto o potencial do eletrodo for suficientemente negativo em relação ao potencial de redução, não há fluxo de corrente. À medida que ele se aproxima do potencial de redução do par Fe(III)/Fe(II), o Fe(II) precisa ser oxidado para preservar o equilíbrio Nernstiano próximo ao eletrodo de trabalho, e uma corrente começa a fluir. Essa corrente cresce até um pico e depois começa a decair suavemente, pois o Fe(II) vai tornando-se escasso próximo ao eletrodo (a solução não é agitada) e deve ser suprido por espécies que difundem de regiões cada vez mais distantes na solução. Uma vez atingido o limite superior de potencial, a varredura de potencial é revertida. Inicialmente, a difusão de Fe(II) a ser oxidado no eletrodo continua, mas eventualmente a diferença de potencial torna-se suficientemente negativa para reduzir o Fe(III) que foi formado; a corrente alcança um pico e então decresce gradualmente a zero à medida que o limite inferior de potencial é alcançado.

A média dos dois picos de potencial é uma boa aproximação para o potencial de redução E, nas condições empregadas (E geralmente não é o potencial padrão, uma vez que não são empregadas condições padrão). No caso ideal, os picos de redução e oxidação têm magnitudes semelhantes e são separados por uma pequena diferença de potencial, geralmente de (59 mV)/v_e a 25°C, onde v_e é o número de elétrons transferidos durante a reação no eletrodo (veja também a Seção 5.5). Esse é um exemplo de uma reação de oxirredução reversível, com a transferência de elétron no eletrodo sendo suficientemente rápida para que o equilíbrio seja sempre mantido durante toda a varredura de potencial. Neste caso, a corrente é geralmente limitada pela difusão da espécie eletroativa para o eletrodo.

Processos com cinética lenta no eletrodo resultam numa grande separação dos picos de redução e oxidação, que aumenta com o aumento da velocidade de varredura. Essa separação ocorre porque é necessária uma sobretensão (efetivamente uma força motriz) para superar barreiras à transferência de elétrons em cada direção. Além disso, o pico devido a uma redução ou oxidação na parte inicial do processo cíclico, frequentemente, não tem o pico correspondente na direção reversa. Essa ausência ocorre porque a espécie inicialmente gerada sofre uma reação química adicional durante o ciclo, formando uma espécie com um potencial de redução diferente ou que não é eletroativa dentro da faixa de varredura do potencial. Os químicos inorgânicos frequentemente referem-se a este comportamento como um processo "irreversível".

Uma reação eletroquímica que é seguida por uma reação química é conhecida como um **processo EQ**. Da mesma forma, um **processo QE** é aquele no qual uma espécie capaz de sofrer uma reação eletroquímica (E) deve ser primeiramente gerada por uma reação química (Q). Assim, suspeitando-se que uma molécula sofra decomposição ao ser oxidada, pode ocorrer que seja possível observar a espécie inicial instável, formada pelo processo E, desde que a velocidade de varredura seja suficientemente rápida para reduzi-la novamente antes que ela sofra alguma reação. Consequentemente, variando-se a velocidade de varredura pode-se determinar a cinética da reação química.

A etapa química "Q" é normalmente uma reação de transferência de próton, que é rápida quando comparada com a transferência de elétron, de forma que sua cinética não pode ser determinada. Mesmo assim, a voltametria cíclica fornece informações importantes sobre a termodinâmica da transferência simultânea de próton e elétron descrita nas Seções 5.6 e 5.14. A Figura 8.53a mostra a voltametria cíclica de um complexo de Os(II) contendo um único ligante H_2O; dois processos de um elétron são revelados, o primeiro gerando Os(III) e em seguida o Os(IV). A separação entre os potenciais em que cada

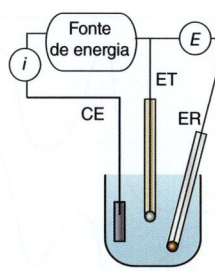

Figura 8.51 Uma célula eletroquímica de três eletrodos. A reação de meia-pilha de interesse ocorre no eletrodo de trabalho (ET), cujo potencial é controlado em relação ao eletrodo de referência (ER). Não há fluxo de corrente entre o ET e o ER: em vez disso, o fluxo de corrente ocorre entre o ET e o contraeletrodo (CE), onde ocorrem reações com o solvente ou com o eletrólito de suporte de forma a balancear a carga que passa através do ET.

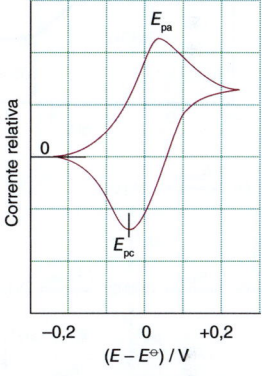

Figura 8.52 Um voltamograma cíclico para uma espécie eletroativa presente em solução na sua forma reduzida, mostrando uma reação reversível de um elétron em um eletrodo. Os picos de potenciais, E_{pa} e E_{pc}, para oxidação e redução, respectivamente, estão separados em 0,06 V. O potencial de redução é a média dos valores E_{pa} e E_{pc}.

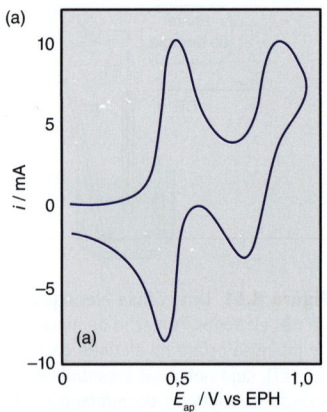
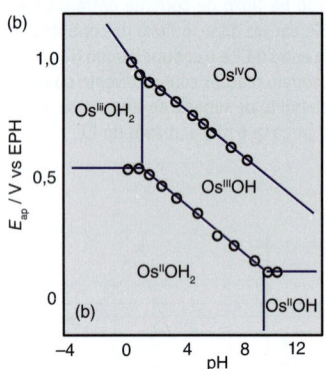
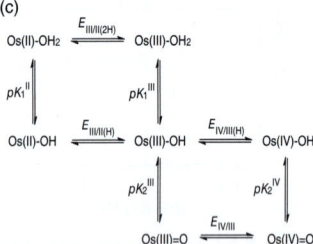

Figura 8.53 (a) Voltametria cíclica, em pH 3,1, do complexo de Os(II), $[Os^{II}(bpy)_2py(OH_2)]^{2+}$ (abreviado como Os-OH$_2$), mostrando dois processos de um elétron gerando, em primeiro lugar, a espécie de Os(III) e, em seguida, a espécie de Os(IV). Velocidade de varredura 0,2 V/s. (b) Diagrama de Pourbaix construído a partir dos resultados obtidos para uma ampla faixa de pH (0 a 10). (c) Possíveis reações elementares que o complexo de Os(II), $[Os^{II}(bpy)_2py(OH_2)]^{2+}$, pode sofrer quando da sua oxidação no eletrodo. Adaptado do original gentilmente cedido pelo Prof. J. –M. Saveant. Artigo publicado no *Proc. Natl. Acad. Sci. USA.*, 2009, **106**, 11829-11836.

processo ocorre e o fato de que no caminho de volta o Os(III) é regenerado antes do que o Os(II) mostram que todas as espécies são estáveis. Realizando-se esse experimento em uma ampla faixa de pH (0 a 10) pode-se construir um diagrama de Pourbaix (Seção 5.14), como mostrado na Fig. 8.53b. A interpretação é que na faixa de pH de 2 a 9 a oxidação do Os(II) a Os(III) resulta na perda de um próton (a inclinação é de –59 mV/(unidade de pH)), e a subsequente oxidação a Os(IV) resulta na perda de ambos os prótons e na formação de um ligante oxo. A inclinação da linha de dados para Os(III)/Os(II) em pH 1,9 e pH 9,2 é devido aos valores de pK para as primeiras desprotonações do Os(III) e Os(II), respectivamente, mas esses desvios não são observados nas linhas de dados para Os(IV)/Os(III), mostrando que os valores de pK para a segunda desprotonação do Os(III) ou para a protonação do Os(IV) estão fora da faixa.

> **EXEMPLO 8.14** Resolução cinética das reações de transferência de próton e de elétron usando voltametria cíclica
>
> A Figura 8.53c mostra as possíveis reações elementares que o complexo de Os(II), $[Os^{II}(bpy)_2py(OH_2)]^{2+}$, pode sofrer durante sua oxidação em um eletrodo. Com a solução em pH 3,1, aumentando-se a velocidade de varredura para valores muito altos, a voltametria mostrada na Figura 8.53a modifica-se e, eventualmente, mostra o par de picos de redução e oxidação bastante separados e centrados no potencial $E_{III/II(2H)}$. O que isso nos diz sobre a velocidade de transferência de próton? *Dica*: A velocidade de um processo E aumenta com o aumento da diferença de potencial, mas isso não ocorre com a velocidade de um processo Q.
>
> *Resposta* Para respondermos a essa questão, devemos notar que as setas horizontais na Fig. 8.53c indicam processos E, enquanto que as verticais denotam processos Q. O aumento da velocidade de varredura de potencial irá desfavorecer a formação de espécies para as quais a etapa Q tem que ocorrer primeiro. A informação sobre a presença de um único par em $E_{III/II(2H)}$ significa que a desprotonação do ligante H$_2$O coordenado é lenta quando comparada à transferência de elétrons na interface.
>
> *Teste sua compreensão 8.14* Se as velocidades de transferência de elétrons, na interface, envolvendo a série do Os, são sempre mais rápidas do que as transferências de prótons, preveja a aparência dos voltamogramas obtidos com velocidades de varredura muito altas, para soluções de complexos de Os (III) ou de Os(IV), em pH 3,1.

Microscopia

A microscopia envolve a visualização de materiais, normalmente na forma sólida, em uma escala menor da que aquela que pode ser resolvida a olho nu. A microscopia óptica usando lentes e luz visível é muito empregada na cristalografia para avaliar a qualidade de um cristal antes de submetê-lo ao processo de determinação da estrutura por difração de raios X de monocristal (Seção 8.1). Além da microscopia óptica, existem dois métodos de microscopia muito importantes aplicados ao estudo dos compostos inorgânicos e materiais: **microscopia eletrônica** e **microscopia de varredura por sonda**. Essas técnicas são capazes de visualizar materiais em escalas muito pequenas, até 1 nm, e muitos dos avanços feitos em nanociência e nanotecnologia (Capítulo 24) não teriam ocorrido sem a capacidade da caracterização das propriedades estruturais, químicas e físicas dos materiais em escala nano.

8.16 Microscopia de varredura por sonda

Pontos principais: A microscopia de varredura por tunelamento usa a corrente de tunelamento de uma ponta condutora fina para obter a imagem e caracterizar uma superfície condutora; a microscopia de força atômica usa forças intermoleculares para obter a imagem da superfície.

A **microscopia de varredura por tunelamento** (STM, *scanning tunnelling microscopy*) e a **microscopia de força atômica** (AFM, *atomic force microscopy*) foram as primeiras microscopias descobertas, e são atualmente as versões mais usadas da **microscopia de varredura por sonda** (SPM, *scanning probe microscopies*). Esta família de técnicas permite a obtenção de imagens tridimensionais da superfície de um material usando uma fina ponta de prova colocada bem próximo (ou em contato) da amostra. À medida que a ponta de prova é movimentada ao longo da superfície, uma imagem é construída pelo monitoramento da variação espacial do valor de um parâmetro físico, tal como uma diferença de potencial, corrente elétrica, campo magnético ou força mecânica.

Na STM, uma ponta condutora afiada em dimensões atômicas varre a superfície da amostra a uma distância de, aproximadamente, 0,3 a 10 nm (Figura 8.54a). Os elétrons

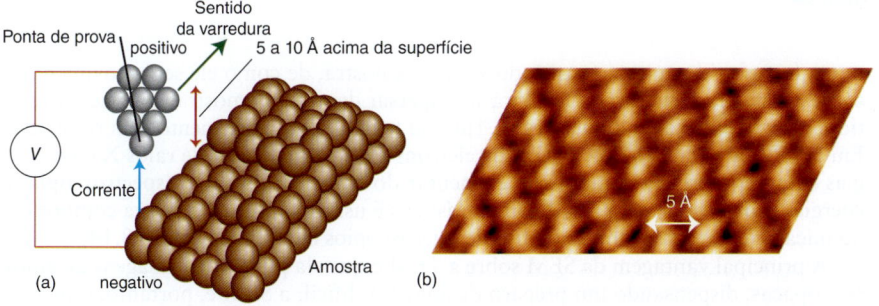

Figura 8.54 (a) Esquema de operação de um microscópio de varredura por tunelamento (STM); (b) Imagem STM de uma superfície de grafita.

na ponta condutora, mantida a um potencial constante ou em uma altura constante acima da amostra, podem tunelar através do espaço de separação com uma probabilidade exponencialmente proporcional à distância da superfície. Como resultado, a corrente elétrica de tunelamento reflete a distância entre a amostra e a ponta de prova. Se a ponta varrer a superfície a uma alta constante, a corrente representará a variação na topografia da superfície. O movimento da ponta a uma altura constante e com grande precisão é feito usando-se cerâmicas piezoelétricas para o deslocamento da ponta. A Figura 8.54b mostra o resultado de um estudo de STM de um substrato de grafita. Na AFM, os átomos da ponta de prova interagem com os átomos da superfície da amostra através de forças intermoleculares (como as interações de van der Waals). O braço que contém a ponta de prova curva-se para cima e para baixo em resposta a estas forças, e a deflexão é monitorada pela reflexão de um feixe de laser. Dentre as variações da AFM temos as seguintes:

- **microscopia de força de atrito**, que mede as variações nas forças laterais sentidas pela ponta de prova, que por sua vez dependem de alterações químicas da superfície;
- **microscopia de força magnética**, que usa uma ponta de prova magnética para obter a imagem da estrutura magnética;
- **microscopia de força eletrostática**, que usa a ponta de prova sensível a campos elétricos;
- **microscopia de varredura por capacitância**, na qual a ponta da sonda é usada como o eletrodo de um capacitor;
- **microscopia de força atômica de reconhecimento molecular**, que é uma nova forma agora em uso, na qual a ponta de prova é funcionalizada com ligantes específicos e a interação entre a ponta e a superfície é medida. Esses microscópios podem produzir uma resolução espacial das propriedades químicas da superfície. A AFM também ser utilizada como uma ferramenta de produção de uma padronagem.

8.17 Microscopia eletrônica

Ponto principal: Microscópios eletrônicos de transmissão e de varredura usam elétrons para obter uma imagem da amostra de uma forma similar aos microscópios ópticos, mas com resolução muito maior.

Um microscópio eletrônico opera da mesma forma que um microscópio óptico convencional, mas no lugar de fazer imagens com fótons, como no microscópio que opera com luz visível, ele usa elétrons. Nestes instrumentos, os feixes de elétrons são acelerados de 1 a 200 kV e são usados campos elétricos e magnéticos para focar os elétrons. Na **microscopia eletrônica de transmissão** (TEM, *transmission electron microscopy*), o feixe de elétrons passa através da uma amostra fina e a imagem é formada numa tela fosforescente. Na **microscopia eletrônica por varredura** (SEM, *scanning electron microscopy*), o feixe é varrido sobre o objeto e o feixe refletido (espalhado) é, então, capturado por um detector (Figura 8.55). A resolução final da SEM depende das dimensões com

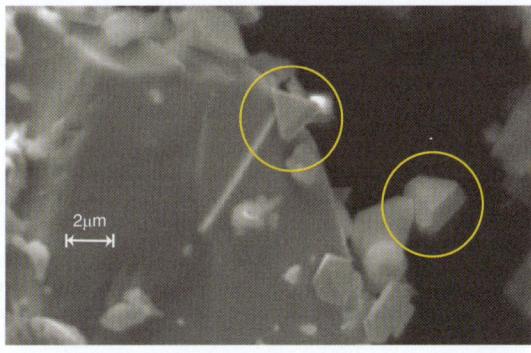

Figura 8.55 Imagem SEM de cristais de ouro (destacados por círculos) com dimensões de ~2μm na superfície de um cristal maior.

que o feixe incidente será focalizado sobre a amostra, de como ele será movimentado sobre a amostra e quanto do feixe irá se dispersar dentro da amostra antes de ser refletido, mas detalhes com dimensões de 1μm ou menores são geralmente bem resolvidos. Em ambos os microscópios, o feixe de elétrons causa a produção de raios X com energias características da composição elementar do material. Assim, a **espectroscopia de energia dispersiva** desses raios X característicos é usada para quantificar a composição química dos materiais através do uso de microscópios eletrônicos (Seção 8.14).

A principal vantagem da SEM sobre a TEM é que ela pode obter imagens de amostras opacas, dispensando um preparo de amostra difícil: a SEM é, portanto, o método de microscopia eletrônica escolhido para uma caracterização rápida dos materiais. Entretanto, na SEM as amostras precisam ser condutoras; caso contrário, os elétrons coletados pela amostra interagem com o próprio feixe de elétrons, resultando num borrão. As amostras não condutoras precisam, portanto, ser cobertas com uma fina camada de um material condutor, geralmente ouro ou carbono na forma de grafita.

LEITURA COMPLEMENTAR

Embora este capítulo apresente vários métodos usados pelos químicos para caracterizar compostos inorgânicos, ele não é exaustivo. Dentre outras técnicas usadas para investigar as estruturas e propriedades de sólidos e soluções, temos a ressonância quadrupolar nuclear e o espalhamento inelástico de nêutrons, apenas para citar duas delas. As referências abaixo são uma fonte de informação sobre essas técnicas e permitem um aprofundamento maior sobre as principais técnicas aqui abordadas.

A.K. Brisdon, *Inorganic spectroscopic methods*. Oxford Science Publications (1988).

R.P. Wayne, *Chemical instrumentation*. Oxford Science Publications (1994).

D.A. Skoog, F.J. Holler e T. A. Nieman, *Principles of instrumental analysis*. Brooks Cole (1997).

R.S. Drago, *Physical methods for chemists*. Saunders (1992).

F. Rouessac e A. Rouessac, *Chemical analysis: modern instrumentation and techniques*, 2ª ed. Wiley-Blackwell (2007).

S.K. Chatterjee, *X-ray diffraction: its theory and applications*. Prentice Hall of India (2004).

B.D. Cullity e S.R. Stock, *Elements of X-ray diffraction*. Prentice Hall (2003).

B. Henderson e G.F. Imbusch, *Optical spectroscopy of inorganic solids*. Monographs on the Physics & Chemistry of Materials. Oxford University Press (2006).

E.I. Solomon e A.B.P. Lever, *Inorganic electronic structure and spectroscopy, vol. 1: methodology*. John Wiley & Sons (2006).

E.I. Solomon e A.B.P. Lever, *Inorganic electronic structure and spectroscopy, vol. 2: applications and case studies*. John Wiley & Sons (2006).

J.S. Ogden, *Introduction to molecular symmetry*. Oxford University Press (2001).

F. Siebert e P. Hildebrandt, *Vibrational spectroscopy in life science*. Wiley-VCH (2007).

J.R. Ferraro e K. Nakamoto, *Introductory Raman spectroscopy*. Academic Press (1994).

K. Nakamoto, *Infrared and Raman spectra of inorganic and coordination compounds*. Wiley-Interscience (1997).

J.K.M. Saunders e B.K. Hunter, *Modern NMR spectroscopy: a guide for chemists*. Oxford University Press (1993).

J.A. Iggo, *NMR spectroscopy in inorganic chemistry*, Oxford University Press (1999).

J.W. Akitt e B.E. Mann, *NMR and chemistry*. Stanley Thornes (2000).

K.J.D. MacKenzie e M.E. Smith, *Multinuclear solid-state nuclear magnetic resonance of inorganic materials*. Pergamon Press (2004).

D.P.E. Dickson e F.J. Berry, *Mössbauer spectroscopy*. Cambridge University Press (2005).

M.E. Brown, *Introduction to thermal analysis*. Kluwer Academic Press (2001).

P.J. Haines, *Principles of thermal analysis and calorimetry*. Royal Society of Chemistry (2002).

A.J. Bard e L.R. Faulkner, *Electrochemical methods: fundamentals and applications*, 2ª ed., John Wiley & Sons (2001).

O. Khan, *Molecular magnetism*. VCH (1993).

R.G. Compton e C.E. Banks. *Understanding voltammetry*. World Scientific Publishing (2007)

EXERCÍCIOS

8.1 Quais técnicas você usaria para determinar quais componentes cristalinos estão presentes em um pó branco obtido numa cena de crime?

8.2 O menor tamanho para que um cristal possa ser analisado em laboratório usando-se um difratômetro de monocristal é, geralmente, de 50 × 50 × 50 μm. Estima-se que uma fonte síncrotron de raios X é 10^6 vezes mais intensa que uma fonte de laboratório. Calcule o tamanho mínimo de um cristal cúbico que pode ser estudado em um difratômetro usando essa fonte síncrotron. Um fluxo de nêutron é 10^3 vezes mais fraco. Calcule o tamanho mínimo de um cristal que possa ser estudado por difração de nêutron de monocristal.

8.3 Por que os erros para os comprimentos de ligação N–H do $(NH_4)_2SeO_4$ obtidos por difração de raios X em monocristal são muito maiores do que os obtidos para os comprimentos de ligação Se–O?

8.4 Calcule o comprimento de onda associado a um nêutron movendo-se a 2,20 km s^{-1}. Esse comprimento de onda seria apropriado para estudos de difração ($m_n = 1,675 \times 10^{-27}$ kg)?

8.5 Discuta o motivo de o comprimento de uma ligação O–H obtido por difração de raios X apresentar um valor médio de 85 pm, enquanto que o obtido por difração de nêutrons apresenta em média um valor de 96 pm. Você esperaria observar efeitos similares para os comprimentos da ligação C–H medidos por essas duas técnicas?

8.6 Explique por que uma banda Raman atribuída ao modo de estiramento simétrico do N–C no $N(CH_3)_3$ apresenta um deslocamento para frequência mais baixa quando o ^{14}N é substituído pelo ^{15}N, mas não se observa esse deslocamento para o estiramento simétrico N–Si no $N(SiH_3)_3$.

8.7 Calcule o número de onda esperado para um estiramento N–D, sabendo-se que o estiramento N–H é normalmente observado em $3400\ cm^{-1}$.

8.8 Sugira os motivos para que se observe a seguinte ordem das frequências de estiramento para as espécies diatômicas: $CN^- > CO > NO^+$.

8.9 A partir dos dados da Tabela 8.3, estime que o número de onda do estiramento O–O para um composto que se acredita que contenha a espécie oxigenila (O_2^+). Você esperaria observar esse estiramento vibracional em (i) um espectro de IV ou (ii) um espectro Raman?

8.10 Preveja as formas dos espectros de RMN-^{19}F e de RMN-^{77}Se para o $^{77}SeF_4$. Para o ^{77}Se, $I = \frac{1}{2}$.

8.11 Explique a observação de que o espectro de RMN-^{19}F do XeF_5^- consiste em um pico central rodeado simetricamente por dois picos, cada um dos quais tem aproximadamente um sexto da intensidade do pico central.

8.12 Explique por que o espectro de RMN-^{13}C do $[Co_2(CO)_9]$ mostra somente um único pico em temperatura ambiente.

8.13 O espectro de RMN-MAS-^{31}P do PCl_5 mostra duas ressonâncias, uma delas apresentando um deslocamento químico similar ao encontrado para o ^{31}P no sal de $CsPCl_6$. Explique.

8.14 Determine os valores de g no espectro de RPE mostrado na Fig. 8.56, medido para uma amostra congelada usando-se uma frequência de micro-ondas de 9,43 GHz.

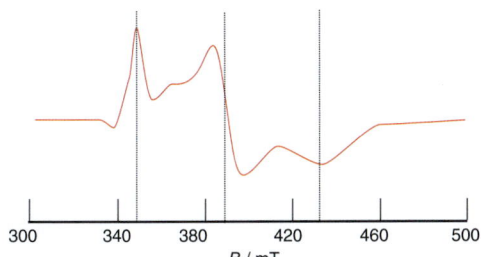

Figura 8.56

8.15 Qual das técnicas consegue acompanhar um processo mais rápido, RMN ou RPE?

8.16 Para um composto paramagnético de metal d apresentando um elétron desemparelhado, descreva a principal diferença que você esperaria observar entre um espectro de RPE medido em solução aquosa na temperatura ambiente e um espectro obtido com a solução congelada.

8.17 Preveja o valor do deslocamento isomérico para o ferro no espectro de Mössbauer do $Na_3Fe^{(V)}O_4$.

8.18 Como você determinaria se o composto $Fe_4[Fe(CN)_6]_3$ possui sítios discretos de Fe(II) e Fe(III)?

8.19 Explique por que, mesmo embora a massa atômica média da prata seja 107,9 m_u, não se observa um pico em 108 m_u no espectro de massas da prata pura. Que efeito tem esta ausência sobre o formato do espectro de massas dos compostos de prata?

8.20 Quais os picos que você esperaria encontrar no espectro de massas do $[Mo(C_6H_6)(CO)_3]$?

8.21 A análise termogravimétrica de uma zeólita de composição $CaAl_2Si_6O_{16} \cdot nH_2O$ apresenta uma perda de massa de 25% ao ser aquecida para secagem. Determine o valor de n.

8.22 Interprete o voltamograma cíclico mostrado na Fig. 8.57, que foi obtido para um complexo de Fe(III) em solução aquosa.

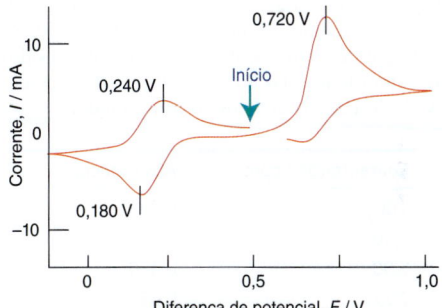

Figura 8.57

8.23 O aquecimento de uma mistura de carbonato de sódio, óxido de boro e dióxido de silício seguido de um rápido resfriamento forma o vidro borossilicato. Explique por que o padrão de difração de raios X de pó desse produto não apresenta máximos de difração. Aquecendo-se o vidro borossilicato em um instrumento DTA, observa-se um evento exotérmico a 500°C e o padrão de difração de raios X de pó do produto mostra máximos de difração. Explique essa observação.

8.24 Ao se reagir um sal de cobalto(II) dissolvido em água com excesso de acetilacetona (2,4-pentanodiona, $CH_3COCH_2COCH_3$) e peróxido de hidrogênio, formou-se um sólido verde que apresentou os seguintes resultados de análise elementar: C = 50,4%; H = 6,2%; Co = 16,5% (todos em massa). Determine a razão de cobalto para o íon acetilacetonato no produto.

8.25 Quais diferenças seriam observadas no gráfico de voltametria cíclica mostrado na Figura 8.53a se: (a) o complexo de Os(IV) sofresse uma decomposição rápida; (b) o Os(III) sofresse oxidação numa única etapa rápida de dois elétrons a Os(V)?

PROBLEMAS TUTORIAIS

8.1 Discuta a importância da cristalografia de raios X na química inorgânica. Veja, por exemplo, "The history of molecular structure determination viewed through the Nobel Prizes", por W.P. Jensen, G.J. Palenik e I.-H. Suh, *J. Chem. Educ.*, 2003, **80**, 753.

8.2 Como a difração de nêutrons de monocristal é usada na química inorgânica?

8.3 De que forma os materiais de hidretos metálicos, importantes nas aplicações para estocagem de hidrogênio, podem ser caracterizados usando-se os vários métodos analíticos discutidos neste capítulo?

8.4 Discuta que informação pode ser obtida pela aplicação das seguintes técnicas na análise dos pigmentos utilizados em pinturas a óleo antigas: (i) difração de raios X de pó; (ii) espectroscopias no infravermelho e Raman; (iii) espectroscopia no UV-visível; (iv) fluorescência de raios X.

8.5 Discuta os desafios envolvidos na execução de cada um dos cenários: (a) análise dos gases liberados por um vulcão; (b) determinação de poluentes num leito marinho.

8.6 Como se pode distinguir os isômeros do complexo octaédrico $[Rh(CCR)_2(H)(PMe_3)_3]$ através dos deslocamentos químicos de

^{31}P e das constantes de acoplamento do ^{1}H? (Veja J.P. Rourke, G. Stringer, D.S. Yufit, J.A.K. Howard e T.B. Marder, *Organometallics*, 2002, **21**, 429.)

8.7 As técnicas de ionização na espectrometria de massas frequentemente induzem a fragmentação e outras reações indesejáveis. Entretanto, em algumas circunstâncias essas reações podem ser úteis. Considerando os fulerenos como exemplo, discuta este fenômeno. (Veja M.M. Boorum, Y.V. Vasil'ev, T. Drewello e L.T. Scott, *Science*, 2001, **294**, 828.)

8.8 Discuta como você realizaria as seguintes determinações: (a) níveis de cálcio em um cereal para café da manhã; (b) teor de mercúrio em mexilhão; (c) a geometria do BrF_5; (d) número de ligantes orgânicos em um complexo de metal de transição; (e) número de águas de cristalização em um sal inorgânico.

8.9 O conteúdo de ferro em um comprimido de um complemento alimentar foi determinado usando-se espectrometria de absorção atômica. Um comprimido (0,4878 g) foi moído em um pó fino e 0,1123 g foi dissolvido em ácido sulfúrico diluído e transferido para um balão volumétrico de 50 cm³. Tomou-se uma alíquota de 10 cm³ dessa solução, levando-a a 100 cm³ em outro balão volumétrico. Preparou-se um conjunto de padrões contendo 1,00, 3,00, 5,00, 7,00 e 10,0 ppm de ferro. As absorções das soluções dos padrões e da amostra foram medidas no comprimento de onda de absorção do ferro. Calcule a massa de ferro no comprimido.

Concentração / ppm	Absorvância
1,00	0,095
3,00	0,265
5,00	0,450
7,00	0,632
10,00	0,910
Amostra	0,545

8.10 Uma amostra de água de um reservatório foi analisada quanto ao conteúdo de cobre. A amostra foi filtrada e diluída numa razão de 1:10 com água deionizada. Foi preparado um conjunto de padrões com concentração de cobre entre 100 e 500 ppm. Os padrões e a amostra foram aspirados para dentro de um espectrômetro de absorção atômica e a absorvância foi medida no comprimento de onda de absorção do cobre. Os resultados obtidos são dados a seguir. Calcule a concentração de cobre no reservatório.

Concentração / ppm	Absorvância
100	0,152
200	0,388
300	0,590
400	0,718
500	0,865
Amostra	0,751

8.11 Uma amostra de um efluente foi analisada quanto ao seu nível de fosfato. Adicionou-se ácido clorídrico diluído e excesso de molibdato de sódio a 50 cm³ do efluente. O ácido fosfomolíbdico formado, $H_3PMo_{12}O_{40}$, foi extraído com duas porções de 10 cm³ de um solvente orgânico. Um padrão de molibdênio com uma concentração de 10 ppm foi preparado usando-se o mesmo solvente. Os extratos combinados e o padrão foram aspirados para dentro de um espectrômetro de absorção atômica que foi preparado para medir molibdênio. O extrato mostrou uma absorvância de 0,575 e o padrão mostrou uma absorvância de 0,222. Calcule a concentração de fosfato no efluente.

PARTE II
Os elementos e seus compostos

Esta parte do livro descreve as propriedades químicas e físicas dos elementos na sequência em que eles aparecem na tabela periódica. Esta "química descritiva" dos elementos revela um rico mosaico de padrões e tendências, muitos dos quais podem ser explicados pela aplicação dos conceitos desenvolvidos na Parte I.

O primeiro capítulo desta parte, o Capítulo 9, resume as tendências e os padrões no contexto da tabela periódica e dos princípios descritos na Parte I. As tendências descritas neste capítulo são ilustradas minuciosamente nos próximos capítulos. O Capítulo 10 descreve a química de um elemento único, o hidrogênio. Os oito capítulos seguintes (Capítulos 11 a 18) percorrem sistematicamente os grupos dos elementos principais da tabela periódica. Os elementos desses grupos demonstram a diversidade, a complexidade e a natureza fascinante da química inorgânica.

As propriedades químicas dos elementos do bloco d são tão diversas e extensas que os quatro capítulos restantes desta parte são destinados a eles. O Capítulo 19 aborda a química descritiva das três séries de elementos do bloco d. O Capítulo 20 descreve como a estrutura eletrônica afeta as propriedades físicas e químicas dos complexos de metais, enquanto o Capítulo 21 descreve as suas reações em solução. O Capítulo 22 descreve os compostos organometálicos de metais d que são vitais para a indústria. Nosso passeio pela tabela periódica termina no Capítulo 23, com uma descrição da importante e não usual química dos elementos do bloco f.

Tendências periódicas

A tabela periódica fornece um princípio de organização que coordena e racionaliza as diferentes propriedades físicas e químicas dos elementos. A periodicidade é a maneira regular pela qual as propriedades físicas e químicas dos elementos variam com o número atômico. Este capítulo revê o material apresentado no Capítulo 1 e resume essas variações de uma maneira que se deverá ter sempre em mente ao longo dos capítulos desta parte do texto.

Embora as propriedades químicas dos elementos possam parecer muito diferentes e confusas, a tabela periódica ajuda a mostrar que elas variam de maneira razoavelmente sistemática com o número atômico. Uma vez que estas tendências e padrões tenham sido reconhecidos e entendidos, muitas das propriedades dos elementos deixam de parecer uma coleção aleatória de fatos e reações sem correlação entre si. Neste capítulo apresentamos algumas das tendências nas propriedades físicas e químicas dos elementos e as interpretamos em termos dos princípios básicos apresentados no Capítulo 1.

Propriedades periódicas dos elementos

9.1 Configurações eletrônicas de valência
9.2 Parâmetros atômicos
9.3 Ocorrência
9.4 Caráter metálico
9.5 Estados de oxidação

Características periódicas dos compostos

9.6 Números de coordenação
9.7 Tendências na entalpia de ligação
9.8 Compostos binários
9.9 Aspectos mais amplos da periodicidade
9.10 Natureza anômala do primeiro membro de cada grupo

Leitura complementar

Exercícios

Problemas tutoriais

Propriedades periódicas dos elementos

A estrutura geral da tabela periódica moderna foi discutida na Seção 1.6. Praticamente todas as tendências nas propriedades dos elementos podem ser correlacionadas com a configuração eletrônica dos átomos e seus raios atômicos, bem como com as suas variações em função do número atômico.

9.1 Configurações eletrônicas de valência

Ponto principal: As configurações eletrônicas dos elementos do grupo principal podem ser previstas a partir das suas posições na tabela periódica. Os orbitais $n-1$ vão sendo preenchidos ao longo do bloco d e os orbitais $n-2$ vão sendo preenchidos ao longo do bloco f.

A configuração eletrônica de valência do estado fundamental de um átomo de um elemento pode ser deduzida a partir do número do seu grupo. Por exemplo, no Grupo 1 todos os elementos têm uma configuração de valência ns^1, onde n é o número do período. Como vimos no Capítulo 1, as configurações eletrônicas de valência variam com o número do grupo da seguinte forma:

1	2	13	14	15	16	17	18
ns^1	ns^2	ns^2np^1	ns^2np^2	ns^2np^3	ns^2np^4	ns^2np^5	ns^2np^6

As configurações eletrônicas no bloco d são ligeiramente menos sistemáticas, mas envolvem o preenchimento dos orbitais $(n-1)d$. No quarto período, elas são:

3	4	5	6	7	8	9	10	11	12
$4s^23d^1$	$4s^23d^2$	$4s^23d^3$	$4s^13d^5$	$4s^23d^5$	$4s^23d^6$	$4s^23d^7$	$4s^23d^8$	$4s^13d^{10}$	$4s^23d^{10}$

As **figuras** com um asterisco (*) podem ser encontradas on-line como estruturas 3D interativas. Digite a seguinte URL em seu navegador, adicionando o número da figura: www.chemtube3d.com/weller/[número do capítulo]F[número da figura]. Por exemplo, para a Figura 3 no Capítulo 7, digite www.chemtube3d.com/weller/7F03.

Muitas das **estruturas numeradas** podem ser também encontradas on-line como estruturas 3D interativas: visite www.chemtube3d.com/weller/[número do capítulo] para todos os recursos 3D organizados por capítulo.

Note que o preenchimento pela metade e o preenchimento completo da subcamada d são favorecidos (Seção 1.7). As configurações eletrônicas no bloco f envolvem o preenchimento dos orbitais $(n-2)f$; note mais uma vez que o preenchimento pela metade ou completo dos orbitais é favorecido.

Ce	Pr	Nd	Pm	Sm	Eu	Gd
$6s^24f^15d^1$	$6s^24f^3$	$6s^24f^4$	$6s^24f^5$	$6s^24f^6$	$6s^24f^7$	$6s^24f^75d^1$
Tb	Dy	Ho	Er	Tm	Yb	Lu
$6s^24f^9$	$6s^24f^{10}$	$6s^24f^{11}$	$6s^24f^{12}$	$6s^24f^{13}$	$6s^24f^{14}$	$6s^24f^{14}5d^1$

9.2 Parâmetros atômicos

Embora esta parte do texto trate das propriedades *químicas* dos elementos e seus compostos, é preciso ter em mente que essas propriedades químicas emergem das características *físicas* dos átomos. Como vimos no Capítulo 1, essas características físicas, como os raios dos átomos e íons e as variações de energia associadas com a formação dos íons, variam periodicamente. Essas variações serão revistas novamente aqui.

(a) Raios atômicos

Pontos principais: Os raios atômicos aumentam à medida que descemos em um grupo e, para os blocos s e p, diminuem da esquerda para a direita ao logo de um período. No bloco d os raios atômicos dos elementos da série 5d são similares aos da série 4d.

Como vimos na Seção 1.7, os raios atômicos aumentam quando descemos em um grupo e decrescem da esquerda para a direita ao longo de um período. Ao longo de um período, como um resultado da combinação dos efeitos de penetração e blindagem, há um aumento na carga nuclear efetiva. Isso aumenta a atração sobre os elétrons e resulta em um átomo cada vez menor. Ao descermos num grupo, os elétrons ocupam camadas sucessivamente mais externas em relação às camadas mais internas completas, e os raios aumentam (Fig. 9.1). O aumento no raio é relativamente pequeno para os elementos após o bloco d, devido à fraca blindagem exercida pelos elétrons d. Por exemplo, embora exista um substancial aumento do raio atômico entre o C e o Si (77 e 118 pm, respectivamente), o raio atômico do Ge (122 pm) é apenas ligeiramente maior que o do Si. Os raios dos átomos e íons isolados de metais d geralmente decrescem deslocando-se para a direita, como consequência da fraca blindagem dos elétrons d e o aumento da carga nuclear efetiva. O raio dos átomos metálicos no elemento sólido é determinado por uma combinação da força da ligação metálica e o tamanho dos íons. Assim, as separações dos centros dos átomos no sólido seguem, geralmente, um padrão similar ao dos pontos de fusão: eles decrescem até o meio do bloco d e depois aumentam em direção ao Grupo 12, com as menores separações ocorrendo nos Grupos 7 e 8 e nos grupos próximos a eles.

Para os complexos de metais d existem alguns efeitos sutis, causados pela ordem com que os orbitais d são ocupados, e que afetam o tamanho dos íons. Esses aspectos serão abordados mais detalhadamente no Capítulo 20. A Figura 9.2 mostra a variação nos raios dos íons M^{2+} para complexos hexacoordenados de metais da série 3d. Para compreender as duas tendências mostradas nesta figura, precisamos considerar que três dos orbitais 3d estão direcionados entre os ligantes, enquanto que os outros dois apontam diretamente para eles (esse assunto será abordado com mais detalhes na Seção 20.1). Para os chamados "complexos de spin baixo", nos quais os elétrons ocupam, individualmente, em primeiro lugar, os três orbitais 3d de menor energia que apontam entre os ligantes, ocorre um decréscimo geral do raio ao longo da série até atingirmos a configuração d^6 do íon Fe^{2+}. Esse decréscimo é maior do que o esperado considerando-se apenas o aumento da carga nuclear efetiva. Após o Fe^{2+}, os elétrons adicionais passam a ocupar os dois orbitais d que apontam em direção aos ligantes, repelindo-os ligeiramente. Uma vez que o raio iônico é definido com base na distância metal–ligante, isso resulta em um aumento efetivo experimentalmente observado no raio iônico. A tendência para os chamados "complexos de spin alto", nos quais os elétrons ocupam primeiramente cada um dos cinco orbitais 3d antes de emparelhar os elétrons com os já existentes, é mais complicada. No Ti^{2+} (d^2) e V^{2+} (d^3), os elétrons ocupam inicialmente os três orbitais 3d que estão direcionados entre os ligantes, e os raios decrescem relativamente rápido. Os próximos dois elétrons ocupam os dois orbitais que apontam em direção aos ligantes, e os raios aumentam, como era de se esperar. No Mn^{2+} (d^5),

Referência cruzada: Seção 19.2

Referência cruzada: Tabela 14.1

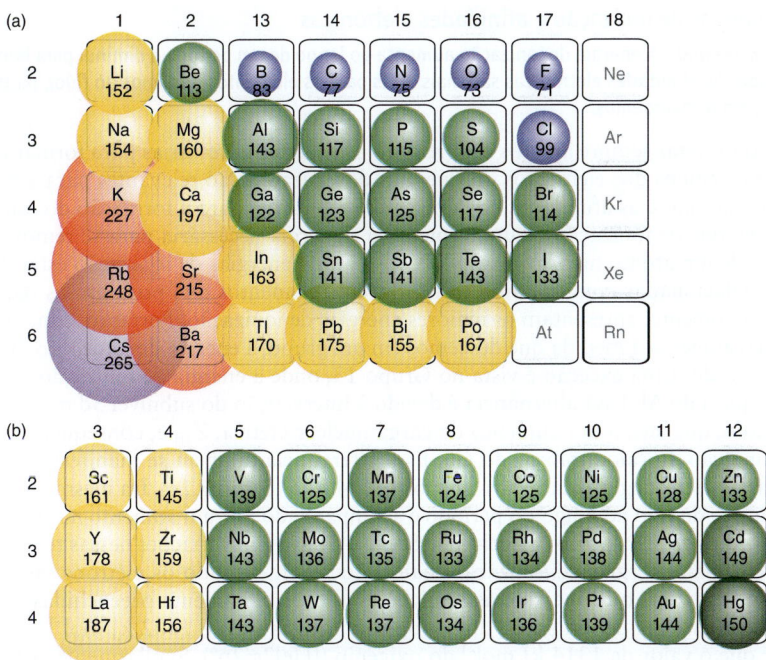

Figura 9.1 A variação dos raios atômicos (em picômetros) na tabela periódica: (a) grupo dos elementos principais; (b) bloco d.

com um elétron em cada orbital d, o raio iônico apresenta o valor esperado com base somente no aumento da carga nuclear efetiva. Em seguida, a sequência de ocupação começa novamente no Fe^{2+} (d^6), com os elétrons adicionais se emparelhando com os elétrons já presentes, preenchendo-se primeiramente o conjunto dos três orbitais que "não repelem" os ligantes e, finalmente, os dois orbitais "que repelem".

Os raios atômicos dos elementos da série 5d (Hf, Ta, W, ...) não são muito maiores do que os seus congêneres da série 4d (Zr, Nb, Mo, ...). De fato, o raio atômico do Hf é menor do que o do Zr, mesmo este estando no período acima. Para entendermos essa anomalia, precisamos considerar o efeito dos lantanídeos (a primeira linha do bloco f). A intervenção dos elementos lantanídeos no sexto período corresponde à ocupação dos orbitais 4f de baixo efeito de blindagem. Uma vez que o número atômico aumenta de 32 entre o Zr, no quinto período, e o seu congênere Hf, no sexto período, sem um correspondente aumento na blindagem, o efeito global é que os raios atômicos dos elementos da série 5d são muito menores do que o esperado. Essa redução no raio é a chamada *contração dos lantanídeos* apresentada na Seção 1.7a.

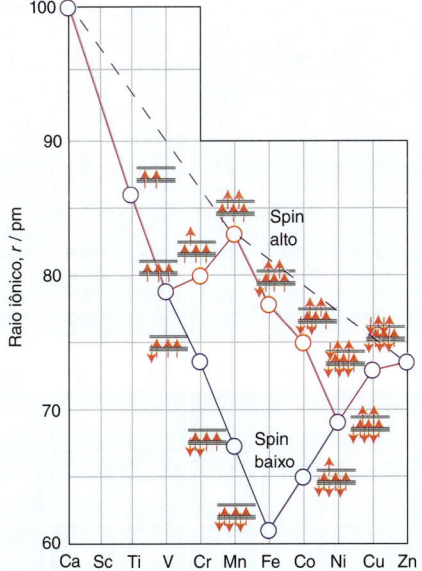

Figura 9.2 Raios iônicos dos íons M^{2+} dos metais 3d. Nos casos em que há duas possibilidades, os complexos de spin alto são indicados em vermelho e os complexos de spin baixo, em azul. Nos diagramas de energia dos orbitais, os três níveis mais baixos indicam os orbitais d que apontam na direção entre os ligantes e os dois níveis mais altos correspondem aos orbitais d que apontam diretamente para os ligantes.

(b) Energias de ionização e afinidades eletrônicas

Ponto principal: A energia de ionização aumenta ao longo de um período e diminui para baixo em um grupo. As afinidades eletrônicas são mais altas para os elementos próximos ao flúor, particularmente para os halogênios.

Precisamos estar sempre atentos com relação às energias necessárias para formar os cátions e os ânions dos elementos. As energias de ionização são relevantes para a formação dos cátions, e as afinidades eletrônicas são relevantes para a formação dos ânions.

A energia de ionização de um elemento é a energia necessária para se remover um elétron de um átomo na fase gasosa (Seção 1.7). As energias de ionização estão fortemente relacionadas com os raios atômicos, e os elementos que possuem os menores raios, geralmente, apresentam as maiores energias de ionização. Portanto, como o raio atômico aumenta à medida que descemos em um grupo, a energia de ionização diminui nesse sentido. Uma exceção é vista no Grupo 13, onde a energia de ionização do Ga é maior que a do Al. Essa **alternância** é devido à intervenção do subnível 3d no início do Período 4, que leva a um aumento da carga nuclear efetiva, Z_{ef}, e, consequentemente, à diminuição do raio atômico do Ga. Essa alternância também se manifesta nas tendências da eletronegatividade nos Grupos 13, 14 e 15 (Seção 9.2c). Da mesma forma, o decréscimo do raio ao longo do período é acompanhado por um aumento na energia de ionização (Fig. 9.3). Como discutido na Seção 1.7, existem variações nessas tendências: em particular, energias de ionização maiores ocorrem quando os elétrons são removidos de camadas ou subcamadas semicheias ou completamente preenchidas. Assim, a primeira energia de ionização do nitrogênio ([He]$2s^2 2p^3$) é 1402 kJ mol^{-1}, a qual é maior que o valor de 1314 kJ mol^{-1} do oxigênio ([He]$2s^2 2p^4$). Similarmente, a energia de ionização do fósforo (1011 kJ mol^{-1}) é maior do que a do enxofre (1000 kJ mol^{-1}). A contração dos lantanídeos afeta as energias de ionização dos elementos da série 5d, deixando-as maiores do que os valores esperados com base em extrapolações simples. Alguns metais, especialmente Au, Pt, Ir e Os, possuem energias de ionização tão elevadas que são não reativos em condições normais.

As energias dos elétrons nos átomos hidrogenoides são proporcionais a Z^2/n^2. Numa primeira aproximação, as energias dos elétrons nos átomos multieletrônicos são proporcionais a Z_{ef}^2/n^2, onde Z_{ef} é a carga nuclear efetiva (Seção 1.4), embora essa proporcionalidade não deva ser levada muito a sério. As Figuras 9.4 e 9.5 apresentam os gráficos das primeiras energias de ionização contra Z_{ef}^2/n^2 dos elétrons mais externos dos elementos Li ao Ne ($n = 2$) e Hf ao Hg ($n = 6$), respectivamente. Os gráficos confirmam que essa proporcionalidade é geralmente seguida, especialmente para os valores

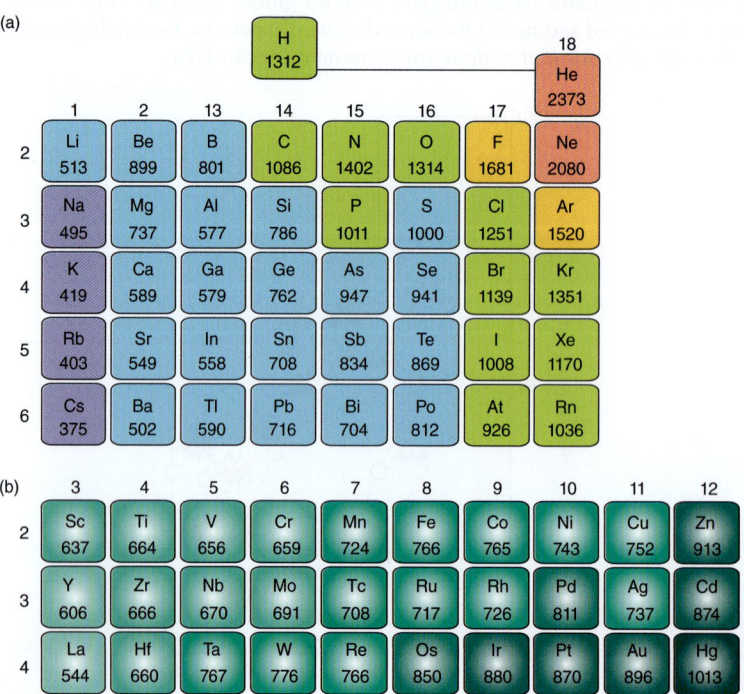

Figura 9.3 Variação da primeira energia de ionização (em kJ mol^{-1}) na tabela periódica: (a) grupo dos elementos principais; (b) bloco d.

mais altos de n, quando o elétron mais externo experimenta uma interação com se fosse com um caroço quase pontual.

A afinidade eletrônica está relacionada com a energia necessária para formar um ânion. Como vimos na Seção 1.7c, um elemento terá uma alta afinidade eletrônica se o elétron adicional entrar em uma camada onde ele sentirá uma elevada carga nuclear efetiva. Portanto, ao longo de um período, os elementos mais à direita (exceto os gases nobres) possuem as maiores afinidades eletrônicas, uma vez que possuem uma elevada Z_{ef}. A adição de um elétron a um ânion com uma única carga negativa (como na formação do O^{2-} a partir do O^-) é sempre desfavorável (ou seja, o processo é endotérmico) porque há um gasto de energia para forçar a adição de um elétron a uma espécie já carregada negativamente. No entanto, não significa que isso não possa ocorrer, sendo importante perceber as consequências globais da formação desse íon; geralmente ocorre, em um sólido, que a interação entre íons com cargas maiores supera a energia adicional necessária para a sua formação. Quando avaliamos a energia de formação de um composto, é essencial pensar globalmente para não excluir um processo global simplesmente porque uma etapa individual é endotérmica. A termodinâmica de uma transformação de interesse é, muitas vezes, determinada pela termodinâmica da formação de produtos secundários, como por exemplo a formação de um sólido que tenha uma grande energia de rede.

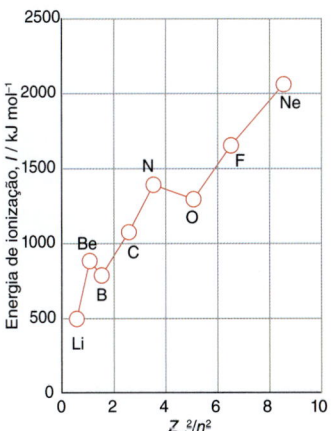

Figura 9.4 Gráfico das primeiras energias de ionização contra Z_{ef}^2/n^2 para os elétrons mais externos dos elementos lítio ao neônio ($n = 2$).

(c) Eletronegatividade

Pontos principais: A eletronegatividade aumenta ao longo de um período e diminui descendo-se em um grupo.

Vimos na Seção 1.7 que a eletronegatividade, χ, é o poder de um átomo de atrair elétrons para si quando ele é parte de um composto. Como vimos na Seção 1.7b, a tendência na eletronegatividade pode ser correlacionada com as tendências dos raios atômicos. Pode-se entender mais facilmente essa correlação em termos da definição de eletronegatividade de Mulliken que é a média entre a energia de ionização e a afinidade eletrônica de um elemento. Se um átomo possui uma energia de ionização elevada (sendo pouco provável que ele perca elétrons) e uma alta afinidade eletrônica (produzindo uma vantagem energética com o ganho de elétrons), então é provável que ele atraia um elétron para si. Consequentemente, as eletronegatividades dos elementos, seguindo as tendências das energias de ionização e afinidades eletrônicas, que seguem os raios atômicos, de um modo geral aumentam da esquerda para a direita em um período e decrescem para baixo em um grupo. Entretanto, empregam-se, geralmente, os valores de eletronegatividade de Pauling (Fig. 9.6).

Existem algumas exceções dessa tendência geral, como pode ser visto nos valores de eletronegatividade abaixo:

Al	Si
1,61	1,90
Ga	**Ge**
1,81	2,01
In	**Sn**
1,78	1,96
Tl	**Pb**
2,04	2,33

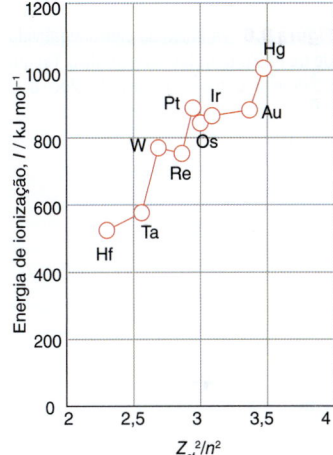

Figura 9.5 Gráfico das primeiras energias de ionização contra Z_{ef}^2/n^2 para os elétrons mais externos dos elementos háfnio ao mercúrio ($n = 6$).

Referências cruzadas: Seções 13.1, 14.5 e 15.11b

Esse desvio de um decréscimo contínuo ao se descer no grupo, que ocorre do Al para o Ga e do Si para o Ge, é outra manifestação da alternância produzida pela intervenção da subcamada 3d. Existe também um aumento nos valores de eletronegatividade para o Tl e o Pb, que é devido à presença da subcamada 4f. Casos de alternância também aparecem de uma maneira quimicamente mais direta, evidenciados com o fato (não explicado) da não existência de certos compostos dos elementos dos Grupos 13 a 15, como mostrado a seguir para o Grupo 15, onde os compostos em negrito não são conhecidos (o $AsCl_5$ é instável acima de –50°C):

NF_5	NCl_5	NBr_5
PF_5	PCl_5	PBr_5
AsF_5	**$AsCl_5$**	$AsBr_5$
SbF_5	$SbCl_5$	$SbBr_5$
BiF_5	**$BiCl_5$**	**$BiBr_5$**

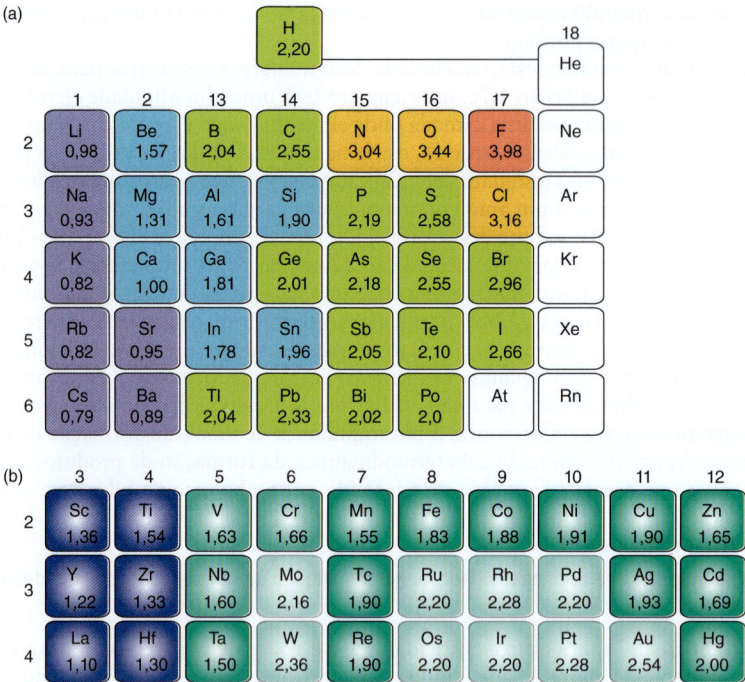

Figura 9.6 Variação da eletronegatividade de Pauling na tabela periódica: (a) grupo do elementos principais; (b) bloco d.

Embora fatores eletrônicos como a eletronegatividade desempenhem, sem dúvida, um papel nestes exemplos, efeitos estéreos também são importantes, especialmente para o N.

(d) Entalpias de atomização

Ponto principal: Ao longo de cada linha, as entalpias de atomização aumentam à medida que os orbitais ligantes são preenchidos e depois diminuem, à medida que os orbitais não ligantes vão sendo ocupados.

A entalpia de atomização de um elemento, $\Delta_{at}H^\ominus$, é uma medida da energia necessária para formar átomos gasosos. Para os sólidos, a entalpia de atomização é a variação de entalpia associada à atomização do sólido; para as espécies moleculares, ela é a entalpia de dissociação das moléculas. Como pode ser visto na Tabela 9.1, ao longo dos Períodos 2 e 3 as entalpias de atomização primeiro aumentam, atingindo um máximo no C (no segundo período) e no Si (no terceiro período), para em seguida diminuir. Os valores decrescem do C para o N e do Si para o P: mesmo com o N e o P tendo cinco elétrons de valência, dois desses elétrons formam um par isolado e apenas três estão envolvidos nas ligações. Um efeito semelhante ocorre do N para o O, onde o O possui seis elétrons de valência, dos quais quatro formam pares isolados e apenas dois estão envolvidos nas ligações. Essas tendências são mostradas na Fig. 9.7.

As entalpias de atomização dos elementos do bloco d são maiores do que as dos elementos dos blocos s e p, em consonância com o maior número de elétrons de valência e, consequentemente, com a ligação mais forte. Os valores atingem um máximo nos Grupos 5 e 6 (Fig. 9.8), onde existe um maior número de elétrons desemparelhados disponíveis

Tabela 9.1 Entalpias de atomização, $\Delta_{at}H^\ominus$ (kJ mol⁻¹)

Li	Be											B	C	N	O	F
161	321											590	715	473	248	79
Na	Mg											Al	Si	P	S	Cl
109	150											314	439	315	223	121
K	Ca	Sc	Ti	V	Cr	Mn	Fe	Co	Ni	Cu	Zn	Ga	Ge	As	Se	Br
90	193	340	469	515	398	279	418	427	431	339	130	289	377	290	202	112
Rb	Sr	Y	Zr	Nb	Mo	Tc	Ru	Rh	Pd	Ag	Cd	In	Sn	Sb	Te	I
86	164	431	611	724	651	648	640	556	390	289	113	244	301	254	199	107
Cs	Ba	La	Hf	Ta	W	Re	Os	Ir	Pt	Au	Hg	Tl	Pb	Bi	Po	
79	176	427	669	774	844	791	782	665	565	369	61	186	196	208	144	

para formar ligações. O meio de cada linha apresenta uma irregularidade devido à correlação de spin (Seção 1.5a), que favorece um subnível d semicheio para o átomo livre. Esse efeito é mais evidente para a série 3d, na qual o Cr ($3d^54s^1$) e o Mn ($3d^54s^2$) possuem energias de atomização significativamente mais baixas do que as esperadas a partir de considerações simples baseadas nos seus números de elétrons de valência.

A entalpia de atomização diminui descendo-se nos blocos s e p, mas aumenta no bloco d. Assim, os orbitais s e p tornam-se menos efetivos para formar ligações à medida que o número do período aumenta, enquanto que os orbitais d tornam-se mais efetivos. Essas tendências são atribuídas à expansão dos orbitais p ao se descer em um grupo, quando estes saem de uma condição de ótima sobreposição para uma condição de sobreposição desfavorável por serem muito difusos, enquanto que os orbitais d saem de uma condição de sobreposição desfavorável por serem muito contraídos, passando para uma condição de ótima sobreposição à medida que estes orbitais aumentam em tamanho. As mesmas tendências podem ser vistas nos pontos de fusão dos elementos (Tabela 9.2), em que um maior número de elétrons de valência leva a uma maior energia de ligação e a uma elevada temperatura de fusão. Os pontos de fusão dos elementos dos Grupos 15 a 17 são mais influenciados pelas interações intermoleculares do que pelos elétrons de valência.

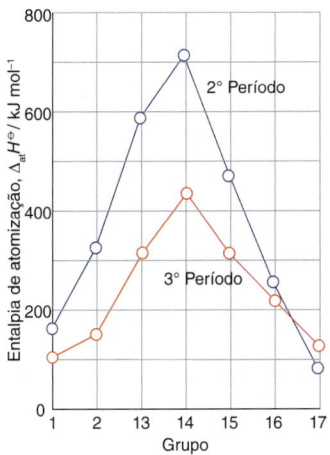

Figura 9.7 Variação da entalpia de atomização dos elementos dos blocos s e p.

9.3 Ocorrência

Ponto principal: As interações duro-duro e macio-macio ajudam a sistematizar a distribuição dos elementos na crosta terrestre.

Referência cruzada: Seção 19.1

Embora alguns elementos ocorram na natureza em sua forma elementar como, por exemplo, os gases nitrogênio e oxigênio, o enxofre não metálico e os metais prata e ouro, a maioria dos elementos ocorre naturalmente somente como compostos, em combinação com outros elementos.

O conceito de dureza e maciez (Seção 4.12) ajuda a entender grande parte da química inorgânica, inclusive o tipo de composto que um elemento forma na natureza. Assim, ácidos macios tendem a se ligar às bases macias, enquanto ácidos duros tendem a se ligar às bases duras. Essas tendências explicam certos aspectos da **classificação de Goldschmidt**, um esquema bastante usado em geoquímica que separa os elementos em quatro tipos (Fig. 9.9):

Litófilos, que são encontrados essencialmente na crosta terrestre (a litosfera) como silicatos minerais, por exemplo, Li, Mg, Ti, Al e Cr (como cátions). Esses cátions são duros e encontrados em associação com a base dura O^{2-}.

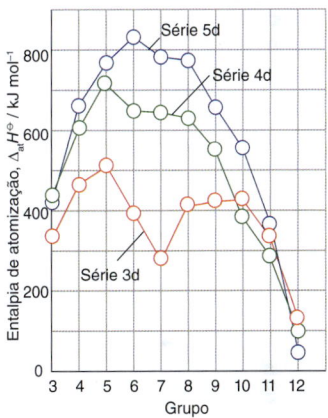

Figura 9.8 Variação da entalpia de atomização dos elementos do bloco d.

Calcófilos, que são normalmente encontrados combinados com sulfeto (ou seleneto, ou telureto) em minerais, por exemplo, Cd, Pb, Sb e Bi. Esses elementos (como cátions) são macios e encontrados em associação com a base macia S^{2-} (ou Se^{2-}, ou Te^{2-}). O cátion zinco é duro de fronteira, mas mais macio do que o Al^{3+} e o Cr^{3+}. Assim, o Zn também é frequentemente encontrado como sulfeto.

Siderófilos, que são intermediários em termos de dureza e maciez e apresentam afinidade tanto pelo oxigênio quanto pelo enxofre. Eles ocorrem principalmente em seu estado natural como, por exemplo, Pt, Pd, Ru, Rh e Os.

Atmófilos, que são elementos que ocorrem como gases, tais como H, N e os elementos do Grupo 18 (os gases nobres).

Tabela 9.2 Pontos de fusão normais dos elementos, θ_{pf} /°C

Li	Be										B	C	N	O	F
180	1280										2300	3730	−210	−218	−220
Na	Mg										Al	Si	P	S	Cl
97,8	650										660	1410	44*	113	−110
K	Ca	Sc	Ti	V	Cr	Mn	Fe	Co	Ni	Cu	Zn	Ga	Ge	As†	Se	Br
63,7	850	1540	1675	1900	1890	1240	1535	1492	1453	1083	420	29,8	937	817	217	−7,2
Rb	Sr	Y	Zr	Nb	Mo	Tc	Ru	Rh	Pd	Ag	Cd	In	Sn	Sb	Te	I
38,9	768	1500	1850	2470	2610	2200	2500	1970	1550	961	321	2000	232	630	450	114
Cs	Ba	La	Hf	Ta	W	Re	Os	Ir	Pt	Au	Hg	Tl	Pb	Bi	Po	
28,7	714	920	2220	3000	3410	3180	3000	2440	1769	1063	13,6	304	327	271	254	

*Alótropo branco.
†Alótropo cinza a 28 atm.

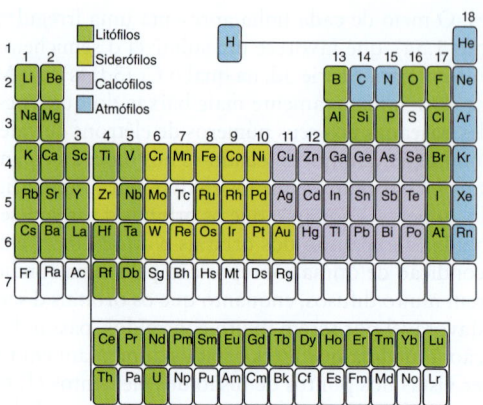

Figura 9.9 A classificação de Goldschmidt dos elementos.

> **EXEMPLO 9.1** Explicando a classificação de Goldschmidt
>
> Os minérios comuns de Ni e Cu são sulfetos. Em comparação, o Al é obtido a partir de uma mistura de óxido e óxido hidratado, e o Ca a partir do carbonato. Essas observações podem ser explicadas em termos da dureza?
>
> *Resposta* Precisamos verificar se as regras duro-duro e macio-macio se aplicam. Pela Tabela 4.4, verificamos que OH^-, O^{2-} e CO_3^{2-} são bases duras, enquanto que S^{2-} é uma base macia. A tabela também mostra que os cátions Ni^{2+} e Cu^{2+} são ácidos consideravelmente mais macios do que Al^{3+} ou Ca^{2+}. Assim, as regras duro-duro e macio-macio justificam as observações.
>
> *Teste sua compreensão 9.1* Quais dos metais – entre Cd, Rb, Cr, Pb, Sr e Pd – devem ser encontrados em minerais aluminossilicatos, coordenados com SiO_4^{4-} e AlO_4^{5-}, e quais deles devem ser encontrados em sulfetos?

9.4 Caráter metálico

Ponto principal: O caráter metálico dos elementos diminui ao longo de um período e aumenta à medida que descemos num grupo.

As propriedades químicas dos elementos metálicos podem ser consideradas como oriundas da habilidade dos elementos de perderem um elétron e produzirem ligação metálica (Seção 3.18). Consequentemente, os elementos com baixas energias de ionização deverão ser metais, e aqueles com alta energia de ionização deverão ser não metais. Assim, à medida que as energias de ionização decrescem ao se descer num grupo, os elementos tornam-se mais metálicos, e à medida que as energias de ionização aumentam ao longo de uma linha, os elementos tornam-se menos metálicos (Fig. 9.10). Essas tendências também podem ser diretamente relacionadas às tendências nos raios atômicos, uma vez que os átomos grandes possuem baixas energias de ionização e possuem um caráter mais metálico. Essa tendência é mais evidente nos Grupos 13 ao 16, onde os elementos no topo do grupo são não metais e os da parte inferior do grupo são metais. Dentro desta tendência geral existem variações alotrópicas no sentido de que alguns elementos existem tanto como metal e como não metal. Um exemplo é o Grupo 15: o N e o P são não metais, o As existe como um não metal, um metaloide e como um alótropo metálico e o Sb e o Bi são metais. Os elementos do bloco p formam, geralmente, vários alótropos (Tabela 9.3). Todos os elementos do bloco d são metálicos. As suas propriedades variam desde o titânio imensamente forte e leve, ao cobre de alta condutividade elétrica, ao ouro e platina maleáveis e ao ósmio e irídio muito densos. Essas propriedades são decorrentes, principalmente, da natureza da ligação metálica que une os átomos e como essa ligação varia para os diferentes metais.

Introduzimos o conceito de estrutura de bandas no Capítulo 3. De modo geral, a mesma estrutura de bandas está presente em todos os metais e se origina da sobreposição dos orbitais ns e np dos metais do grupo dos elementos principais para formar uma banda s e uma banda p, e da sobreposição dos orbitais ns e $(n-1)d$ dos elementos do bloco d para formar uma banda s e uma banda d. A principal diferença entre os metais é o número de elétrons disponíveis para ocupar estas bandas: o K ($4s^1$) possui um elétron ligante, o Ti ($3d^2 4s^2$) possui quatro elétrons ligantes, o V ($3d^3 4s^2$) cinco, o Cr ($3d^5 4s^1$) seis, e assim por diante. A região ligante de menor energia da banda de

Referências cruzadas: Seções 13.1, 14.1, 15.1 e 16.1

Referência cruzada: Seção 15.1

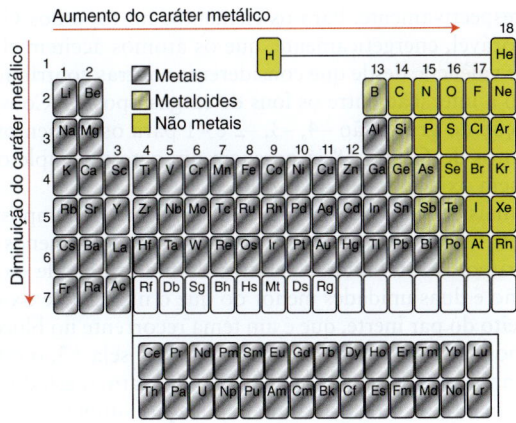

Figura 9.10 A variação do caráter metálico ao longo da tabela periódica.

Tabela 9.3 Alguns alótropos dos elementos do bloco p

C		O	
Diamante, grafita, amorfo, fulerenos		Dioxigênio, ozônio	
	P		S
	Branco, vermelho, preto		Muitos anéis catenados, cadeias, amorfo
	As		Se
	Amarelo, metálico/cinza, preto		Vermelho (α, β, γ), cinza, preto
Sn	Sb		
Cinza, branco	Azul, amarelo, preto		
	Bi		
	Amorfo, cristalino		

valência é, então, progressivamente preenchida com elétrons à medida que se caminha para a direita ao longo dos blocos, resultando em uma ligação forte até em torno do Grupo 7 (Mn, Tc e Re), quando os elétrons começam a ocupar a parte antiligante, de maior energia, da banda. Essa tendência na força da ligação se reflete no aumento do ponto de fusão, a partir dos metais alcalinos, que possuem baixos pontos de fusão (para os quais temos, efetivamente, apenas um elétron ligante para cada átomo, resultando em pontos de fusão menores que 100°C) até o Cr, diminuindo logo em seguida até os metais de baixo ponto de fusão do Grupo 12 (que inclui o mercúrio, que é um líquido à temperatura ambiente; veja Tabela 9.2). A força da ligação metálica no tungstênio é tal que seu ponto de fusão (3410°C) só é superado por um único elemento, o carbono.

9.5 Estados de oxidação

As tendências dos estados de oxidação estáveis ao longo da tabela periódica podem ser razoavelmente compreendidas considerando-se as configurações eletrônicas. Fatores relacionados como as energias de ionização e a correlação de spin também desempenham um papel relevante. Uma camada de valência semipreenchida ou completa causa uma estabilidade maior do que uma camada com preenchimento parcial. Portanto, existe uma tendência para os átomos ganharem ou perderem elétrons até adquirirem essas configurações.

(a) Elementos do grupo dos elementos principais

Pontos principais: O número de oxidação do grupo pode ser previsto a partir da configuração eletrônica dos elementos dos blocos s e p. Para os elementos mais pesados, o efeito do par inerte leva a um aumento de estabilidade do estado de oxidação com duas unidades a menos do que o número de oxidação do grupo. Os elementos do bloco d apresentam vários estados de oxidação.

Nos blocos s e p, atinge-se uma configuração de gás nobre quando oito elétrons ocupam os subníveis s e p da camada de valência. Nos Grupos 1, 2 e 13, a perda de elétrons para deixar a camada interna completa pode ser obtida com um gasto de energia relativamente pequeno. Assim, os números de oxidação típicos dos elementos desses grupos são +1, +2 e +3, respectivamente. Para os elementos no topo dos Grupos 14 ao 17 é cada vez mais favorável, energeticamente, que os átomos aceitem elétrons para completar a camada de valência, desde que consideremos outras contribuições globais para a energia, tal como a interação entre os íons de cargas opostas. Consequentemente, os números de oxidação do grupo são –4, –3, –2 e –1 para os elementos menos eletronegativos. Os elementos do Grupo 18 já possuem um octeto completo de elétrons, não sendo facilmente nem oxidados nem reduzidos.

Os elementos mais pesados do bloco p também formam compostos em que o elemento participa com um número de oxidação duas unidades a menos do que o número de oxidação do grupo. A estabilidade relativa de um estado de oxidação em que o número de oxidação é duas unidades menor do que o número de oxidação do grupo é um exemplo do **efeito do par inerte**, que é um tema recorrente no bloco p. Por exemplo, no Grupo 13, embora o número de oxidação do grupo seja +3, o estado de oxidação +1 aumenta de estabilidade descendo-se no grupo. De fato, o estado de oxidação mais comum do tálio é o Tl(I). Não existe uma explicação simples para esse efeito: ele é muitas vezes atribuído à grande energia necessária para remover os elétrons ns^2 após a remoção do elétron np^1. Entretanto, a soma das três primeiras energias de ionização do Tl (5438 kJ mol^{-1}) não é maior do que o valor para o Ga (5521 kJ mol^{-1}), sendo apenas ligeiramente maior do que o valor para o In (5083 kJ mol^{-1}). Na verdade deveríamos esperar que o valor fosse menor do que para o In e o Ga. O seu valor relativamente alto está relacionado com a estabilização relativística do orbital 6s (Seção 1.7a). Outras contribuições para esse efeito podem ser a baixa entalpia de ligação das ligações M–X para os elementos mais pesados do bloco p e a diminuição da energia de rede à medida que o raio atômico aumenta quando descemos em um grupo.

(b) Elementos dos blocos d e f

Ponto principal: O estado de oxidação do grupo pode ser atingido pelos elementos situados à esquerda do bloco d, mas não para os elementos à direita. O oxigênio é geralmente mais efetivo do que o flúor para produzir os estados de oxidação mais altos uma vez que envolve um menor efeito estéreo. O estado de oxidação +3 é comum à esquerda da série 3d e o +2 é mais comum para os metais do meio para a direita no bloco. O estado de oxidação mais alto de um elemento torna-se mais estável à medida que descemos em um grupo.

O número de oxidação do grupo no bloco d somente é alcançado nos Grupos 3 ao 8, e mesmo assim apenas com espécies altamente oxidantes como F ou O (Seção 20.2b). Para os Grupos 7 e 8, apenas o O consegue formar ânions ou óxidos neutros de um elemento com números de oxidação +7 e +8, como no ânion permanganato, MnO_4^-, e no tetróxido de ósmio, OsO_4. O oxigênio produz o estado de oxidação do grupo para muitos elementos mais facilmente do que o flúor, pois são necessários menos átomos de O do que de F para se atingir o mesmo número de oxidação, diminuindo assim as repulsões estéreas. As faixas de estados de oxidação observados encontram-se na Tabela 9.4. Como pode ser observado, até o Mn todos os elétrons 3d e 4s podem participar de ligações, e o estado de oxidação máximo corresponde ao número do grupo. Uma vez que a configuração eletrônica d^5 seja excedida, a tendência para os elétrons d participarem da ligação diminui devido ao aumento da carga nuclear efetiva. Estados de oxidação elevados não são observados. Tendências similares existem para as séries 4d e 5d.

As tendências na estabilidade termodinâmica do estado de oxidação do grupo para os elementos da série 3d é ilustrada na Fig. 9.11, que apresenta o diagrama de Frost, em meio ácido, para as espécies em solução aquosa. Vemos que o estado de oxidação

Tabela 9.4 Faixas de estados de oxidação positivos observados para os elementos da série 3d

Sc	Ti	V	Cr	Mn	Fe	Co	Ni	Cu	Zn
d^1s^2	d^2s^2	d^3s^2	d^5s^1	d^5s^2	d^6s^2	d^7s^2	d^8s^2	$d^{10}s^1$	$d^{10}s^2$
		+1					+1	+1	
+2	+2	+2	+2	+2	+2	+2	+2	+2	+2
+3	+3	+3	+3	+3	+3	+3	+3	+3	
	+4	+4	+4	+4	+4	+4	+4		
		+5	+5	+5	+5	+5			
			+6	+6	+6				
				+7					

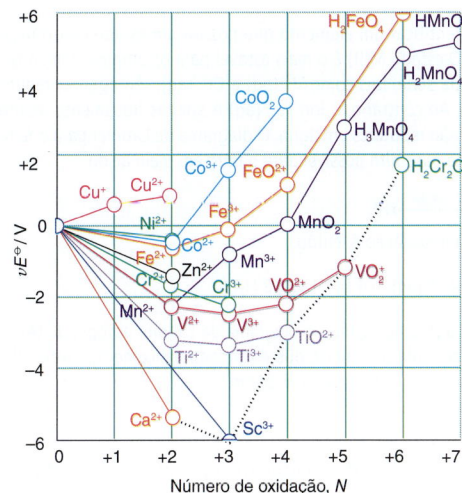

Figura 9.11 Diagrama de Frost para a primeira série dos elementos do bloco d em solução ácida (pH = 0). A linha pontilhada conecta as espécies nos estados de oxidação do grupo.

do grupo para o Sc, Ti e V fica na parte inferior do diagrama. Essa posição indica que o elemento e qualquer espécie com estado de oxidação intermediário serão facilmente oxidados para o estado de oxidação do grupo. Ao contrário, as espécies no estado de oxidação do grupo para o Cr e o Mn (+6 e +7, respectivamente) encontram-se na parte superior do diagrama. Essa posição indica que estes são muito suscetíveis à redução. O diagrama de Frost mostra que o estado de oxidação do grupo não é alcançado nos Grupos 8 a 12 da série 3d (Fe, Co, Ni, Cu e Zn) e também mostra os estados de oxidação mais estáveis em condições ácidas: Ti^{3+}, V^{3+}, Cr^{3+}, Mn^{2+}, Fe^{2+}, Co^{2+} e Ni^{2+}.

A Figura 9.12 mostra as segundas e terceiras energias de ionização dos metais 3d, e podemos ver o esperado aumento ao longo do período, de acordo com o aumento da carga nuclear. Os valores anômalos para o manganês e o ferro são resultados das configurações d^5 muito estáveis dos íons Mn^{2+} e Fe^{3+}. Conforme esperado com base nos valores para a terceira energia de ionização, o estado de oxidação +3 é comum à esquerda do período, sendo o único estado de oxidação normalmente encontrado para o escândio. O titânio, o vanádio e o cromo formam vários compostos com estado de oxidação +3 e, em condições normais, o estado de oxidação +3 é mais estável que o estado +2. O manganês(II) é especialmente estável devido ao seu subnível d semipreenchido, e relativamente poucos compostos de Mn(III) são conhecidos. Além do manganês, muitos complexos de Fe(III) são conhecidos, mas são geralmente oxidantes. Em meio ácido, o $Co^{3+}(aq)$ é um poderoso oxidante, promovendo a liberação de O_2.

$$4\ Co^{3+}(aq) + 2\ H_2O(l) \rightarrow 4\ Co^{2+}(aq) + 4\ H^+(aq) + O_2 \qquad E^{\ominus}_{pilha} = +0{,}58\ V$$

Os íons Ni^{3+} e Cu^{3+} em meio aquoso não são conhecidos.

Ao contrário, o estado de oxidação M(II) torna-se cada vez mais comum ao caminharmos da esquerda para a direita ao longo da série. Por exemplo, para os primeiros membros da série 3d, o $Sc^{2+}(aq)$ é desconhecido e o $Ti^{2+}(aq)$ é formado somente por bombardeamento das soluções de Ti^{3+} com elétrons, numa técnica conhecida como **radiólise de pulso**. Para os Grupos 5 e 6, o $V^{2+}(aq)$ e o $Cr^{2+}(aq)$ são termodinamicamente instáveis com respeito à oxidação por íons H^+:

$$2\ V^{2+}(aq) + 2\ H^+(aq) \rightarrow 2\ V^{3+}(aq) + H_2(g) \qquad E^{\ominus}_{pilha} = +0{,}26\ V$$

Após o Cr (ou seja, Mn^{2+}, Fe^{2+}, Co^{2+}, Ni^{2+} e Cu^{2+}), o estado de oxidação M(II) é estável com respeito à reação com a água, e apenas o Fe^{2+} é oxidado pelo ar.

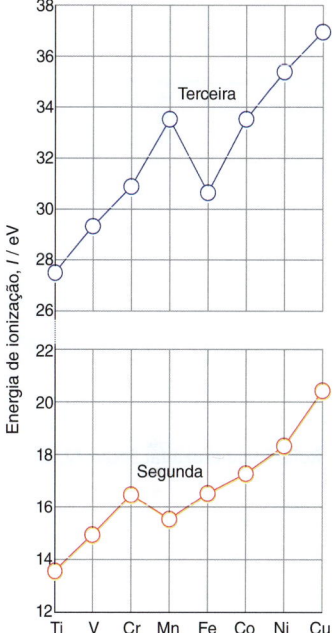

Figura 9.12 Segundas (vermelho) e terceiras (azul) energias de ionização dos metais 3d.

EXEMPLO 9.2 Considerando as tendências na estabilidade dos estados de oxidação no bloco d

Com base nas tendências das propriedades dos elementos da série 3d, sugira possíveis íons M^{2+} em solução aquosa que possam ser usados como agentes redutores e escreva uma equação química balanceada para a reação de um desses íons com O_2 em meio ácido.

> **Resposta** Precisamos identificar um elemento que possua um estado de oxidação M(II) acessível, mas que possa ser oxidado. O estado M(II) é o mais estável para os últimos elementos da série 3d, e os íons dos metais à esquerda da série, tais como V^{2+}(aq) e Cr^{2+}(aq), são agentes redutores muito fortes para serem usados em água. Ao contrário, o íon Fe^{2+}(aq) é apenas fracamente redutor, e os íons Co^{2+}(aq), Ni^{2+}(aq) e Cu^{2+}(aq) não são redutores em água. O diagrama de Latimer para o ferro indica que o Fe^{3+} é o único estado de oxidação mais alto possível para o ferro em meio ácido:
>
> $$Fe^{3+} \xrightarrow{+0,77} Fe^{2+} \xrightarrow{-0,44} Fe$$
>
> A equação química para a oxidação é, então:
>
> $$4\,Fe^{2+}(aq) + O_2(g) + 4\,H^+(aq) \to 4\,Fe^{3+}(aq) + 2\,H_2O(l)$$
>
> **Teste sua compreensão 9.2** Empregando o diagrama de Latimer apropriado (Apêndice 3), identifique o estado de oxidação e a fórmula da espécie que é termodinamicamente favorecida quando uma solução aquosa de V^{2+}, em meio ácido, é exposta ao oxigênio.

A estabilidade dos estados de oxidação mais altos aumenta descendo-se nos Grupos 4 ao 12, à medida que os raios aumentam e números de coordenação maiores são mais prováveis. Além disso, compostos com elevado estado de oxidação são geralmente haletos ou óxidos em que a doação de elétrons dos ligantes para o metal estabiliza o estado de oxidação elevado. No Grupo 12 o estado de oxidação +2 é o dominante. As estabilidades relativas dos estados de oxidação dos membros das séries 4d e 5d de cada grupo são similares, uma vez que os raios atômicos são muito próximos (devido à contração dos lantanídeos). Como já mencionado, os subníveis semipreenchidos com elétrons de spins paralelos são particularmente estáveis devido à correlação de spin (Seção 1.4). Essa estabilidade adicional tem consequências importantes para a química dos elementos do bloco d com subníveis exatamente semipreenchidos. A importância da correlação de spin diminui à medida que os orbitais vão ficando maiores porque a repulsão eletrônica para os orbitais 4d e 5d mais difusos, que favorece as configurações de spin alto, é menos importante. Por exemplo, Tc e Re, que são os equivalentes 4d e 5d do Mn, não formam compostos M(II). Os elementos do bloco d também formam compostos estáveis com o metal no estado de oxidação zero. Esses complexos são geralmente estabilizados por um ligante que atua como um ácido π, tal como o CO. Os ácidos π são ligantes que podem receber densidade eletrônica através da formação de uma ligação π com o metal.

Referência cruzada: Seção 22.12

O aumento de estabilidade dos estados de oxidação elevados para os metais d mais pesados pode ser visto através das fórmulas dos seus haletos (Tabela 9.5) e das fórmulas limitante MnF_4, TcF_6 e ReF_7 que evidenciam a maior facilidade de oxidação dos metais das séries 4d e 5d quando comparados com os da série 3d. Os hexafluoretos de metais d mais pesados (como o PtF_6) são conhecidos para os Grupos 6 ao 10, exceto para o Pd. De acordo com a estabilidade dos estados de oxidação elevados para os metais mais pesados, o WF_6 não é um bom agente oxidante. Entretanto, o caráter oxidante dos hexafluoretos aumenta para a direita, sendo o PtF_6 tão forte que pode oxidar O_2 a O_2^+:

$$O_2(g) + PtF_6(s) \to (O_2)PtF_6(s)$$

Até mesmo o Xe pode ser oxidado pelo PtF_6 (Seção 18.5).

Compostos de metais d em baixo estado de oxidação são, geralmente, sólidos iônicos, ao passo que compostos de metais d em alto estado de oxidação tendem a apresentar caráter covalente: compare o OsO_2, que é um sólido iônico com estrutura de rutílio, com o OsO_4, que é uma espécie molecular covalente (Seção 19.8). Esse efeito já foi discutido na Seção 1.7e.

Tabela 9.5 Estados de oxidação elevados dos haletos binários do bloco d*

Grupo							
4	5	6	7	8	9	10	11
TiI_4	VF_5	CrF_6†	MnF_4	$FeBr_3$	CoF_4	NiF_4	$CuBr_2$
ZrI_4	NbI_5	$MoCl_6$	$TcCl_6$	RuF_6	RhF_6	PdF_4	AgF_3
HfI_4	TaI_5	WBr_6	ReF_7	OsF_6	IrF_6	PtF_6	AuF_5

*As fórmulas mostram o haleto menos eletronegativo que produz o estado de oxidação mais alto do metal d.
†O CrF_6 perdura por vários dias em temperatura ambiente em uma câmara passivada de Monel.

O único estado de oxidação facilmente observado para os íons lantanídeos em compostos de coordenação ou em solução é o Ln(III) estável. Outros estados de oxidação diferentes de +3 ocorrem quando se tem os subníveis relativamente estáveis f^0 (subnível vazio), f^7 (subnível semipreenchido) ou f^{14} (totalmente preenchido). Assim, o Ce^{3+} é facilmente oxidado a Ce^{4+} (f^0) e o Eu^{3+} pode ser reduzido a Eu^{2+} (f^7). Os primeiros membros da série dos actinídeos (Capítulo 23) formam compostos com vários estados de oxidação até +6. O estado de oxidação +3 torna-se predominante no Am depois deste. Essa uniformidade no estado de oxidação estável se reflete nos potenciais de redução dos lantanídeos, com valores variando apenas de –1,99 V para o Eu^{3+}/Eu até –2,38 V para o La^{3+}/La (um membro honorário do bloco f).

Os elementos desde o tório (Th, Z = 90) até o Laurêncio (Lr, Z = 103) possuem configurações eletrônicas no estado fundamental que envolvem o preenchimento dos subníveis 5f, sendo, dessa forma, análogos aos lantanídeos. Entretanto, os actinídeos não apresentam a uniformidade química dos lantanídeos e ocorrem em uma rica variedade de estados de oxidação. Os orbitais 5f dos actinídeos possuem energia mais alta do que os orbitais 4f e, para os primeiros actinídeos, possuem energia semelhante à dos orbitais 6d e 7s. Como resultado, para os elementos até o berkélio eles participam das ligações.

Características periódicas dos compostos

O tipo e o número de ligações que os elementos formam dependem principalmente da força relativa das ligações e dos tamanhos relativos dos átomos.

9.6 Números de coordenação

Pontos principais: Baixos números de coordenação são, geralmente, dominantes para os átomos menores; números de coordenação elevados são possíveis à medida que se desce em um grupo. Os elementos das séries 4d e 5d normalmente apresentam números de coordenação maiores do que seus congêneres da série 3d; os compostos de metais d com elevados estados de oxidação tendem a apresentar estruturas covalentes.

O número de coordenação de um átomo em um composto depende muito dos tamanhos relativos do átomo central e dos átomos que o rodeiam. No bloco p, baixos números de coordenação são mais comuns para os compostos com elementos do segundo período, mas números de coordenação mais elevados são observados à medida que se desce em cada grupo e o raio do átomo central aumenta. Por exemplo, no Grupo 15 o N forma moléculas nas quais ele apresenta-se tri-coordenado, como no NCl_3, e íons em que ele está tetra-coordenado, como no NH_4^+, enquanto que seu congênere P forma moléculas com números de coordenação 3 e 5, como PCl_3 e PCl_5, e espécies iônicas hexa-coordenadas, como o PCl_6^-. Os números de coordenação mais elevados para os elementos do terceiro período são um exemplo de hipervalência, algumas vezes justificada pela participação dos orbitais d nas ligações. Entretanto, como ressaltado na Seção 2.3b, é mais provável que seja devido à possibilidade de um arranjo com um maior número de átomos ou moléculas ao redor de um átomo central maior e ao preenchimento de orbitais moleculares ligantes de baixa energia.

No bloco d, os elementos das séries 4d e 5d tendem a apresentar números de oxidação maiores do que os elementos da série 3d devido aos seus raios maiores. Com o pequeno ligante F^-, os metais da série 3d tendem a formar complexos hexacoordenados, mas os metais maiores das séries 4d e 5d, no mesmo estado de oxidação, tendem a formar complexos com número de coordenação sete, oito e nove. O íon complexo octacianetomolibdato, $[Mo(CN)_8]^{3-}$, evidencia a tendência de números de coordenação elevados para ligantes compactos.

Os raios dos íons lantanídeos, Ln^{3+}, diminuem regularmente ao logo da série dos lantanídeos. Essa diminuição é atribuída, em parte, ao aumento de Z_{ef} à medida que os elétrons são adicionados no subnível 4f, mas efeitos relativísticos também contribuem de maneira significativa (Seção 1.7a). Números de coordenação bastante elevados são conhecidos para átomos e íons do bloco f. Por exemplo, o Nd forma o íon nonacoordenado $[Nd(OH_2)_9]^{3+}$ e o Th forma o íon decacoordenado $[Th(C_2O_4)_4(OH_2)_2]^{4-}$. As espécies $[Th(NO_3)_4(OH_2)_3]$ e $[Ce(NO_3)_6]^{2-}$ são exemplos de espécies undeca e dodecacoordenadas, em que o NO_3^- está ligado ao metal através dos dois átomos de O (Seção 7.5).

Referência cruzada: Seção 15.1

Referência cruzada: Seção 19.7

9.7 Tendências na entalpia de ligação

Pontos principais: Para um átomo E que não possui pares isolados, a entalpia da ligação E–X diminui descendo-se no grupo; para um átomo que possui pares isolados, ela aumenta do Período 2 para o 3 e depois diminui descendo-se no grupo.

As entalpias médias das ligações E–X para átomos que possuem pares isolados decrescem descendo-se num grupo do bloco p. Entretanto, a entalpia de ligação de um elemento do segundo período, no topo de um grupo, é anômala e menor do que a de um elemento do terceiro período.

	$L/(kJ\,mol^{-1})$		$L/(kJ\,mol^{-1})$
N–N	163	N–Cl	200
P–P	201	P–Cl	319
As–As	180	As–Cl	317

A pequena força relativa das ligações simples entre os átomos dos elementos do segundo período é geralmente atribuída à proximidade de pares isolados em átomos vizinhos e à repulsão entre eles. Para um elemento E do bloco p que não possua pares isolados, a entalpia de ligação E–X decresce descendo-se no grupo:

	$L/(kJ\,mol^{-1})$		$L/(kJ\,mol^{-1})$
C–C	348	C–Cl	338
Si–Si	226	Si–Cl	391
Ge–Ge	188	Ge–Cl	342

Átomos menores formam ligações mais fortes porque os elétrons compartilhados estão mais próximos de cada um dos núcleos atômicos. A força da ligação Si–Cl é atribuída ao fato de que os orbitais atômicos dos dois elementos possuem energias similares e sobreposição eficiente. Valores elevados são também algumas vezes atribuídos à contribuição de ligações π envolvendo orbitais d.

> **EXEMPLO 9.3** Empregando as entalpias de ligação para compreender estruturas
>
> Explique por que o enxofre elementar forma anéis ou cadeias com ligações simples S–S, ao passo que o oxigênio se apresenta como moléculas diatômicas.
>
> **Resposta** Precisamos considerar os valores relativos das entalpias de ligação para as ligações simples e duplas:
>
> | | $L/(kJ\,mol^{-1})$ | | $L/(kJ\,mol^{-1})$ |
> |---|---|---|---|
> | O—O | 142 | O=O | 498 |
> | S—S | 263 | S=S | 431 |
>
> Como a força de uma ligação O=O é mais do que três vezes a de uma ligação O–O, há uma grande tendência para o oxigênio formar ligações O=O, como no dioxigênio O_2, em vez de ligações O–O. Como a força de uma ligação S=S é menos do que duas vezes a de uma ligação S–S, a tendência para formar ligações S=S não é tão forte como no oxigênio, e a formação da ligação S–S é mais provável.
>
> **Teste sua compreensão 9.3** Por que o enxofre forma polissulfetos catenados com fórmulas $[S–S–S]^{2-}$ e $[S–S–S–S]^{2-}$, enquanto que ânions de polioxigênios maiores que O^{3-} são desconhecidos?

Uma aplicação dos argumentos baseados nos valores das entalpias de ligação se refere à existência ou não de compostos subvalentes, ou seja, compostos com menos ligações do que as regras de valência sugerem, tal como o PH_2. Embora esse composto seja termodinamicamente estável em relação à dissociação em seus átomos constituintes, ele é instável em relação à desproporcionação:

$$3\,PH_2(g) \to 2\,PH_3(g) + \tfrac{1}{4}\,P_4(s)$$

A origem da espontaneidade dessa reação está na força das ligações P–P no fósforo molecular, P_4. Existe o mesmo número de ligações P–H (seis) nos reagentes e nos produtos, mas os reagentes não possuem ligações P–P.

As entalpias de ligação no bloco d geralmente aumentam descendo-se no grupo, uma tendência oposta à tendência geral observada no bloco p. Por exemplo, considere as forças das ligações M–H e M–C abaixo:

	L/(kJ mol^{-1})		L/(kJ mol^{-1})
Cr-H	258	Fe-C	390
Mo-H	282	Ru-C	528
W-H	339	Os-C	598

Como vimos na Seção 9.2e, os orbitais d, que são muito contraídos, parecem tornar-se mais efetivos para formar ligações à medida que aumentam de tamanho ao descermos em um grupo, favorecendo uma melhor sobreposição com os orbitais 1s do hidrogênio e os orbitais 2s e 2p do carbono.

9.8 Compostos binários

Os compostos binários simples dos elementos apresentam tendências interessantes nas suas estruturas e propriedades. Hidrogênio, oxigênio e os halogênios formam compostos com muitos elementos, e os hidretos, óxidos e haletos serão aqui abordados para permitir uma melhor visão das tendências nas ligações e nas propriedades.

(a) Hidretos dos elementos

Ponto principal: Os hidretos dos elementos são classificados como moleculares, salinos ou metálicos.

O hidrogênio reage com a maioria dos elementos para formar hidretos, que podem ser descritos como moleculares, salinos ou metálicos, embora alguns não possam ser facilmente classificados, sendo denominados intermediários (Fig. 9.13). Compostos moleculares de hidrogênio são comuns para os elementos eletronegativos não metálicos dos Grupos 13 ao 17; por exemplo, B_2H_6, CH_4, NH_3, H_2O e HF. Esses hidretos covalentes são gases, com exceção da água (devido à presença da ligação hidrogênio). Os hidretos salinos são formados com os elementos eletropositivos dos Grupos 1 e 2 (com exceção do Be). Os hidretos salinos são sólidos iônicos com altos pontos de fusão. Hidretos metálicos não estequiométricos são formados com os metais do bloco d dos Grupos 3, 4 e 5 e pelos elementos do bloco f.

Referências cruzadas: Seções 13.6, 14.7, 15.10, 16.8 e 17.2

Referências cruzadas: Seções 11.6 e 12.6

Referência cruzada: Seção 10.6c

(b) Óxidos dos elementos

Ponto principal: Os metais formam óxidos básicos e os não metais formam óxidos ácidos. Os elementos formam normalmente óxidos, peróxidos, superóxidos, subóxidos e óxidos não estequiométricos. Existem muitos óxidos diferentes dos elementos do bloco d com uma grande variedade de estruturas, que vão desde redes iônicas até moléculas covalentes.

A alta reatividade do oxigênio e sua elevada eletronegatividade levam a um grande número de compostos binários de oxigênio, muitos dos quais com altos estados de oxidação do segundo elemento. A grande variedade de óxidos possíveis é apresentada na Tabela 9.6

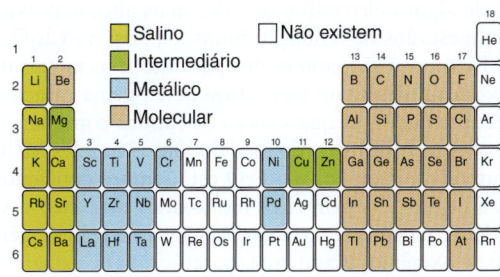

Figura 9.13 Classificação dos hidretos binários dos elementos dos blocos s, p e d.

9 Tendências periódicas

Tabela 9.6 Óxidos possíveis dos elementos

1	2	3	4	5	6	7	8	9	10	11	12	13	14	15	16	17	18
H_2O																	
H_2O_2																	
Li_2O	BeO											B_2O_3 rede sólidos vidros	CO CO_2 C_3O_2	N_2O NO N_2O_3 NO_2 N_2O_4 N_2O_5	O_2 O_3	OF_2 O_2F_2	
Na_2O Na_2O_2	MgO MgO_2											Al_2O_3	SiO_2 vidros minerais	P_4O_6 P_4O_{10}	SO_2 SO_3	Cl_2O Cl_2O_3 ClO_2 Cl_2O_4 Cl_2O_6 Cl_2O_7	
K_2O K_2O_2 KO_2 KO_3	CaO CaO_2	Sc_2O_3	TiO Ti_2O_3 TiO_2	VO V_2O_3 V_3O_5 VO_2 V_2O_5	Cr_2O_3 Cr_3O_4 CrO_2 CrO_3	MnO Mn_2O_3 Mn_3O_4 MnO_2 Mn_2O_7	FeO Fe_2O_3 Fe_3O_4	CoO Co_3O_4	NiO Ni_2O_3	Cu_2O CuO	ZnO	Ga_2O_3	GeO GeO_2	As_2O_3 As_2O_5	SeO_2 SeO_3	Br_2O Br_2O_3 BrO_2	
Rb_2O Rb_2O_2 RbO_2 RbO_3 Rb_9O_2	SrO SrO_2	Y_2O_3	ZrO_2	NbO NbO_2 Nb_2O_5	MoO Mo_2O_3 MoO_2 Mo_2O_5 MoO_3	TcO_2 Tc_2O_7	RuO_2 RuO_3	RhO_2 Rh_2O_3	PdO PdO_2	AgO Ag_2O	CdO	In_2O_3	SnO SnO_2	Sb_2O_3 Sb_2O_5	TeO_2 TeO_3	I_2O_4 I_2O_4 I_2O_5 I_4O_9	XeO_3 XeO_4
Cs_2O Cs_2O_2 CsO_2 CsO_3	BaO BaO_2	La_2O_3	HfO_2	TaO TaO_2 Ta_2O_3 Ta_2O_5	WO_2 WO_3	Re_2O_3 ReO_2 ReO_3 Re_2O_7	OsO_2 OsO_4	Ir_2O_3 IrO_2	PtO PtO_2 PtO_3	Au_2O_3	Hg_2O HgO	Tl_2O Tl_2O_3	PbO Pb_3O_4 PbO_2	Bi_2O_3 Bi_2O_5			

Referências cruzadas: Seções 11.8 e 12.8

Os metais, geralmente, formam óxidos básicos. Os metais eletropositivos formam facilmente um cátion, e o ânion óxido retira um próton da água (Seção 4.4). Por exemplo, íons OH⁻ são produzidos quando o óxido de bário reage com a água:

$$BaO(s) + H_2O(l) \rightarrow Ba^{2+}(aq) + 2\,OH^-(aq)$$

Referências cruzadas: Seções 15.13, 16.12 e 17.2

Os não metais formam óxidos ácidos. O átomo eletronegativo retira elétrons das moléculas de H_2O coordenadas, liberando H^+. Por exemplo, o trióxido de enxofre reage com a água formando íons hidrônio (aqui representados simplesmente como $H^+(aq)$):

$$SO_3(g) + H_2O(l) \rightarrow 2\,H^+(aq) + SO_4^{2-}(aq)$$

A natureza ácida dos óxidos aumenta da esquerda para a direita ao longo de um período e decresce descendo-se no grupo, para um dado estado de oxidação (Fig. 9.14). No Grupo 13, o primeiro elemento, B, é um não metal e forma o óxido ácido B_2O_3. Na parte inferior do grupo, o caráter metálico aumenta e o efeito do par inerte diminui o estado de oxidação de +3 para +1, e um dos óxidos de tálio é o óxido básico Tl_2O.

Muitos óxidos diferentes são conhecidos para os elementos do bloco d, e que possuem várias estruturas diferentes. Já observamos a capacidade do oxigênio de levar o estado de oxidação de alguns elementos ao valor mais alto, mas existem os óxidos de alguns elementos com estados de oxidação muito baixos: no Cu_2O, o cobre está presente como Cu(I). Monóxidos são conhecidos para todos os metais da série 3d, exceto para o Cr. Os monóxidos apresentam a estrutura de sal-gema característica dos sólidos iônicos, mas suas propriedades, as quais serão discutidas com mais detalhes no Capítulo 24, indicam desvios significativos do modelo iônico simples $M^{2+}O^{2-}$. Por exemplo, o TiO possui condutividade metálica e o FeO está sempre deficiente em ferro; isto é, sua estequiometria é $Fe_{1-x}O$. Os primeiros monóxidos do bloco d são fortes agentes redutores. Assim, o TiO é facilmente oxidado pela água ou pelo oxigênio e o MnO é um eficiente removedor de oxigênio, usado em laboratório para reduzir o teor de oxigênio presente como impureza nos gases inertes para o nível de partes por bilhão.

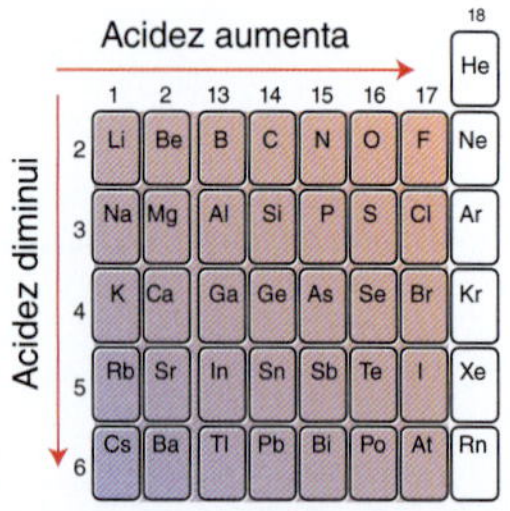

Figura 9.14 Variação global da natureza ácida dos óxidos dos elementos ao longo da tabela periódica.

Como já mencionado, os óxidos com estados de oxidação muito elevados apresentam estruturas covalentes. Como exemplos, o tetróxido de rutênio e tetróxido de ósmio são compostos moleculares, altamente voláteis, tóxicos, com baixo ponto de fusão e que são usados como agentes oxidantes seletivos. De fato, o tetróxido de ósmio é usado como reagente padrão para a oxidação de alquenos a *cis*-dióis:

Os elementos do bloco d em elevados estados de oxidação ocorrem geralmente em solução aquosa como oxoânions, tais como o $[MnO_4]^-$, que contém Mn(VII), e o $[CrO_4]^{2-}$, que contém Cr(VI). A existência desses oxoânions contrasta com a existência de aquaíons simples para os mesmos metais em estados de oxidação mais baixos, como o $[Mn(OH_2)_6]^{2+}$ para o manganês(II) e o $[Cr(OH_2)_6]^{3+}$ para o cromo(III).

(c) Haletos dos elementos

Ponto principal: Os haletos do bloco s são predominantemente iônicos e os haletos do bloco p são predominantemente covalentes. No bloco d, os haletos com baixos estados de oxidação tendem a ser iônicos e os haletos com altos estados de oxidação tendem a ser covalentes. Os haletos binários dos elementos do bloco d abrangem todos os metais e a maioria dos estados de oxidação; os di-haletos são geralmente sólidos iônicos, enquanto que os haletos superiores apresentam caráter covalente.

Os halogênios formam compostos com a maioria dos elementos, mas nem sempre diretamente. A variedade de cloretos conhecidos é apresentada na Tabela 9.7.

Com exceção do Li e do Be, os haletos do bloco s são iônicos e os fluoretos do bloco p são predominantemente covalentes. O flúor e o cloro produzem o número de oxidação do grupo para a maioria dos elementos, com as notáveis exceções do N e O.

Os elementos do bloco d formam haletos com vários estados de oxidação. Os haletos com os maiores estados de oxidação são formados com o F e o Cl. Os haletos com os menores estados de oxidação são sólidos iônicos. O caráter covalente torna-se mais predominante para os estados de oxidação mais altos, especialmente para os halogênios mais pesados. Por exemplo, no Grupo 4, embora o TiF_4 seja um sólido com ponto de fusão de 284°C, o $TiCl_4$ funde a –24°C e entra em ebulição a 136°C. No Grupo 6, nenhum fluoreto possui caráter iônico, e tanto o MoF_6 quanto o WF_6 são líquidos à temperatura ambiente.

Referência cruzada: Seção 19.6

9.9 Aspectos mais amplos da periodicidade

As diferenças nas propriedades químicas dos elementos e compostos resultam de uma complexa interação das tendências periódicas. Nesta seção, ilustraremos como essas tendências compensam-se mutuamente, são conflitantes e são realçadas umas pelas outras.

Tabela 9.7 Cloretos simples dos elementos

HCl																	
LiCl	$BeCl_2$											BCl_3	CCl_4	NCl_3	OCl_2	ClF	
NaCl	$MgCl_2$											$AlCl_3$	$SiCl_4$	PCl_3	S_2Cl_2	Cl_2	
														PCl_5	SCl_2		
KCl	$CaCl_2$	$ScCl_3$	$TiCl_2$	VCl_2	$CrCl_2$	$MnCl_2$	$FeCl_2$	$CoCl_2$	$NiCl_2$	CuCl	$ZnCl_2$	$GaCl_3$	$GeCl_4$	$AsCl_3$	$SeCl_4$	BrCl	
			$TiCl_3$	VCl_3	$CrCl_3$	$MnCl_3$	$FeCl_3$	$CoCl_3$		$CuCl_2$				$AsCl_5$			
			$TiCl_4$	VCl_4	$CrCl_4$												
RbCl	$SrCl_2$	YCl_3	$ZrCl_2$	$NbCl_3$	$MoCl_2$	$TcCl_4$	$RuCl_2$	$RhCl_3$	$PdCl_2$	AgCl	$CdCl_2$	InCl	$SnCl_2$	$SbCl_3$	$TeCl_4$	ICl	
			$ZrCl_4$	$NbCl_4$	$MoCl_3$		$MoCl_6$	$RuCl_3$				$InCl_2$	$SnCl_4$	$SbCl_5$		ICl_3	
				$NbCl_5$	$MoCl_4$							$InCl_3$				I_2Cl_6	
					$MoCl_5$												
					$MoCl_6$												
CsCl	$BaCl_2$	$LaCl_3$	$HfCl_4$	$TaCl_3$	WCl_2	$ReCl_4$	$OsCl_4$	$IrCl_2$	$PtCl_2$	AuCl	$HgCl_2$	TlCl	$PbCl_2$	$BiCl_3$			
				$TaCl_4$	WCl_4	$ReCl_5$	$OsCl_5$	$IrCl_3$	$PtCl_4$		Hg_2Cl_2	$TlCl_2$	$PbCl_4$	$BiCl_5$			
				$TaCl_5$	WCl_6	$ReCl_6$	$OsCl_6$	$IrCl_4$				$TlCl_3$					

9 Tendências periódicas

Tabela 9.8 Entalpias padrão de formação dos cloretos dos Grupos 1 e 2, $\Delta_f H^\ominus$ (kJ mol^{-1})

LiCl	−409	BeCl$_2$	−512
NaCl	−411	MgCl$_2$	−642
KCl	−436	CaCl$_2$	−795
RbCl	−431	SrCl$_2$	−828
CsCl	−433	BaCl$_2$	−860

Referências cruzadas: Seções 12.7 e 11.7

Referência cruzada: Seção 16.9

(a) Cloretos iônicos

Ponto principal: Para os compostos iônicos, as tendências nas entalpias de rede, energias de ionização e entalpias de atomização produzem efeitos significativos na entalpia de formação dos haletos iônicos.

Como pode ser visto na Tabela 9.8, os valores de $\Delta_f H^\ominus$ para os haletos do Grupo 1 são razoavelmente constantes descendo-se no grupo. A energia de ionização e a entalpia de atomização tornam-se, ambas, menos positivas descendo-se no grupo, à medida que os raios atômicos aumentam, mas essas tendências são amplamente compensadas pelas variações nas entalpias de rede, que se tornam menos favoráveis à medida que os cátions aumentam de tamanho (Seção 3.11). Os valores de $\Delta_f H^\ominus$ para os haletos do Grupo 2 são quase o dobro dos valores para os haletos do Grupo 1. O aumento na entalpia de ionização não é compensado pela energia de rede com a mesma intensidade como no Grupo 1.

A energia de ionização e a entalpia de atomização tornam-se mais positivas ao longo de um período da tabela periódica. Entretanto, o fator mais importante é o grande aumento da entalpia de rede à medida que os raios diminuem e as cargas dos íons aumentam. A influência combinada desses fatores pode ser vista nos valores de $\Delta_f H^\ominus$ para KCl, CaCl$_2$ e ScCl$_3$, iguais a −436, −795 e −925 kJ mol^{-1}, respectivamente.

(b) Haletos covalentes

Ponto principal: Os efeitos da entalpia de ligação e da entropia são os fatores mais importantes na determinação da existência ou não dos haletos do Grupo 16.

Os compostos formados entre o enxofre e os halogênios podem fornecer indicações sobre os fatores que influenciam os valores de $\Delta_f H^\ominus$ dos haletos covalentes. O enxofre forma vários compostos diferentes com o F, muitos dos quais são gasosos. O hexafluoreto de enxofre, SF$_6$, o difluoreto de enxofre, SF$_2$, e o dicloreto de enxofre, SCl$_2$, são conhecidos, mas não é o caso do SCl$_6$. Os valores calculados para $\Delta_f H^\ominus$ a partir dos dados da entalpia de ligação são:

	SF$_2$	SF$_6$	SCl$_2$	SCl$_6$
$\Delta_f H^\ominus$/(kJ mol^{-1})	−298	−1220	−49	−74

Assim, embora a formação do SCl$_6$ seja mais exotérmica do que a do SCl$_2$, outros fatores impedem que o SCl$_6$ seja preparado nas condições padrão. A explicação pode ser encontrada considerando-se as entalpias de ligação das ligações enxofre–halogênio, juntamente às respectivas ligações F–F e Cl–Cl:

	F−SF	F−SF$_5$	Cl−SCl	F−F	Cl−Cl
L/(kJ mol^{-1})	367	329	271	155	242

Ocorre uma diminuição da entalpia de ligação do SF$_2$ para o SF$_6$ devido, possivelmente, ao impedimento estéreo ao redor do átomo de S e à repulsão entre os átomos de F muito próximos. Uma diminuição semelhante pode ser esperada do SCl$_2$ para o SCl$_6$. Essa ligação fraca é um dos fatores para a não existência do SCl$_6$, sendo o outro o fator o fato de a ligação Cl–Cl ser muito mais forte que a ligação F–F. Essa explicação enfatiza a importância de se considerar *todas* as espécies envolvidas numa possível reação; assim, quando comparamos a termodinâmica da decomposição do SCl$_6$ (que libera Cl$_2$) com a decomposição análoga do SF$_6$, verificamos que este último também é estável devido à ligação F–F ser mais fraca em relação à ligação Cl–Cl por aproximadamente 90 kJ mol^{-1}. Ao contrário, compostos contendo o íon PCl$_6^-$ são conhecidos. A ligação entre P e Cl deve ser mais forte do que a ligação entre S e Cl, uma vez que o P é menos eletronegativo do que o S. Os compostos contendo o íon PCl$_6^-$ também serão estabilizados pela energia de rede.

EXEMPLO 9.4 Verificando os fatores que afetam a formação de um composto

Estime $\Delta_f H^\ominus$ (SH$_6$, g) assumindo que o valor de L(H–S) é o mesmo para H–SH$_5$ e para H–SH (375 kJ mol^{-1}), e que L(H–H) é igual a 436 kJ mol^{-1} e L(S–S) é igual a 263 kJ mol^{-1}. Sugira uma forma de conciliar o seu resultado com o fato de SH$_6$ não existir.

Resposta Podemos estimar o valor de $\Delta_f H^\ominus$ (SH$_6$, g) a partir da diferença entre as entalpias das ligações quebradas e formadas na reação

$\frac{1}{8}$ S$_8$(s) + 3 H$_2$(g) → SH$_6$(g)

A variação de entalpia relacionada com a quebra das ligações é igual a 263 kJ mol^{-1} + 3 × (436 kJ mol^{-1}) = 1571 kJ mol^{-1}. A variação de entalpia relacionada à formação das ligações é igual a –6 × (375 kJ mol^{-1}) = –2250 kJ mol^{-1}. Portanto,

$$\Delta_f H^{\ominus}(SH_6, g) = 1571\,kJ\,mol^{-1} - 2250\,kJ\,mol^{-1} = -679\,kJ\,mol^{-1}$$

indicando que a formação do composto é exotérmica e, com base nesses cálculos, pode-se esperar que ele exista. Entretanto, o SH$_6$ não existe. A razão pode ser atribuída ao fato de a ligação S–H ser muito mais fraca do que o valor usado no cálculo. Uma contribuição adicional para a energia de formação de Gibbs é a variação de entropia, desfavorável, devido à formação da molécula a partir de três moléculas de H$_2$ em vez de apenas uma no caso do SH$_2$.

Teste sua compreensão 9.4 Comente os seguintes valores de $\Delta_f H^{\ominus}$ (em kJ mol^{-1}):

S(g)	Se(g)	Te(g)	SF$_4$	SeF$_4$	TeF$_4$	SF$_6$	SeF$_6$	TeF$_6$
+223	+202	+199	–762	–850	–1036	–1220	–1030	–1319

(c) Óxidos iônicos

Ponto principal: O modelo iônico é mais apropriado para os óxidos dos elementos 3d do que para os elementos 4d.

Referência cruzada: Seção 12.8

As entalpias de formação contrastantes dos vários óxidos metálicos de fórmula MO (Tabela 9.9) fornecem algumas indicações importantes sobre diferentes aspectos da periodicidade. O valor altamente exotérmico para os óxidos do Grupo 2 é uma consequência da energia de ionização e da entalpia de atomização relativamente baixas para os metais do bloco s. As entalpias de rede experimentais são muito próximas das calculadas pela equação de Kapustinskii, indicando que o composto ajusta-se bem ao modelo iônico. Os valores de $\Delta_f H^{\ominus}$ (MO) para os elementos da série 3d tornam-se menos negativos ao longo do período. Existem tendências opostas ao longo desta série porque, embora a energia de ionização aumente, a entalpia de atomização diminui. As entalpias de rede experimentais dos óxidos 4d desviam-se dos valores calculados pela equação de Kapustinskii, indicando que o modelo iônico não é mais adequado. Embora as energias de ionização dos elementos da série 4d sejam menores que as dos seus congêneres da série 3d, as suas entalpias de atomização são muito maiores, indicando uma ligação metálica mais forte nos elementos, devido a uma melhor sobreposição entre os orbitais 4d do que entre os orbitais 3d.

Referência cruzada: Seção 19.8

Tabela 9.9 Alguns dados termodinâmicos (em kJ mol^{-1}) para óxidos metálicos, MO

	$\Delta_{ion(1+2)}H^{\ominus}$	$\Delta_{at}H^{\ominus}$		$\Delta_f H^{\ominus}$	$\Delta_R H^{\ominus}$ (calc*)	$\Delta_R H^{\ominus}$ (exp)
Ca	1735	177	CaO	–636	3464	3390
V	2064	514	VO	–431	3728	4037
Ni	2490	430	NiO	–240	4037	4436
Nb	2046	726	NbO	–406	4000	4154

*Valores calculados pela equação de Kapustinskii

EXEMPLO 9.5 Prevendo as estabilidades térmicas dos óxidos do bloco d

Compare as estabilidades do V$_2$O$_5$ e do Nb$_2$O$_5$ com relação à decomposição térmica segundo a reação

$$M_2O_5(s) \rightarrow 2\,MO(s) + \tfrac{3}{2}\,O_2(g)$$

Utilize os dados da Tabela 9.9 e os valores das entalpias de formação do V$_2$O$_5$ e do Nb$_2$O$_5$ iguais a –1901 e –1552 kJ mol^{-1}, respectivamente.

Resposta Precisamos considerar a entalpia de reação para cada óxido. As entalpias de reação podem ser calculadas por meio da diferença entre as entalpias de formação dos produtos e dos reagentes:

Para o Nb$_2$O$_5$: $\Delta_f H^{\ominus} = 2(-406\,kJ\,mol^{-1}) - (-1901\,kJ\,mol^{-1}) = +1089\,kJ\,mol^{-1}$

Para o V$_2$O$_5$: $\Delta_f H^{\ominus} = 2(-431\,kJ\,mol^{-1}) - (-1552\,kJ\,mol^{-1}) = +690\,kJ\,mol^{-1}$

A entalpia de reação para o V_2O_5 é menos endotérmica do que para o Nb_2O_5. Portanto, o V_2O_5 é termicamente menos estável.

Teste sua compreensão 9.5 Sabendo-se que $\Delta_f H^\ominus$ (P_4O_{10}, s) = -3012 kJ mol^{-1}, que dados adicionais devem ser necessários para se fazer comparações com o valor para o V_2O_5?

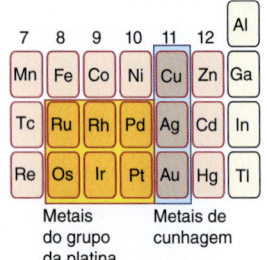

Figura 9.15 Posicionamento dos metais do grupo da platina e dos metais de cunhagem na tabela periódica.

(d) Caráter nobre

Ponto principal: Os metais à direita do bloco d se apresentam com estados de oxidação baixos e formam compostos com ligantes macios.

Com exceção do Grupo 12, os metais no lado direito inferior do bloco d são resistentes à oxidação. Essa resistência é proveniente em grande parte da forte ligação intermetálica e das altas energias de ionização. Isso é mais evidente para Ag e Au e para os metais das séries 4d e 5d dos Grupos 8 a 10 (Fig. 9.15). Estes últimos são chamados de **metais do grupo da platina**, pois ocorrem juntos nos minérios de platina. Em reconhecimento aos seus usos tradicionais, Cu, Ag e Au são chamados de **metais de cunhagem**. O ouro ocorre como metal livre; prata, ouro e platina são também obtidos no processo de refino eletrolítico do cobre.

Cobre, prata e ouro não são susceptíveis à oxidação pelo H^+ nas condições padrão, e esse caráter nobre explica os seus usos, juntamente à platina, em joalheria e ornamentos. A *água régia*, uma mistura 3:1 dos ácidos clorídrico e nítrico concentrados, é um reagente antigo, porém efetivo, para a oxidação do ouro e da platina. Ela tem dupla função: os íons NO_3^- fornecem o poder oxidante e os íons Cl^- atuam como agentes complexantes. A reação global é

$$Au(s) + 4\,H^+(aq) + NO_3^-(aq) + 4\,Cl^-(aq) \rightarrow [AuCl_4]^-(aq) + NO(g) + 2\,H_2O(l)$$

Acredita-se que as espécies ativas em solução sejam o Cl_2 e o NOCl, os quais são gerados pela reação

$$3\,HCl(aq) + HNO_3(aq) \rightarrow Cl_2(aq) + NOCl(aq) + 2\,H_2O(l)$$

As preferências pelos estados de oxidação no Grupo 11 são erráticas. Os estados mais comuns para o cobre são o +1 e o +2, mas a prata é geralmente +1 e o ouro +1 e +3. Os aquaíons simples $Cu^+(aq)$ e $Au^+(aq)$ sofrem desproporcionação em solução aquosa:

$$2\,Cu^+(aq) \rightarrow Cu(s) + Cu^{2+}(aq)$$

$$3\,Au^+(aq) \rightarrow 2\,Au(s) + Au^{3+}(aq)$$

Os complexos de Cu(I), Ag(I) e Au(I) são geralmente lineares. Por exemplo, em solução aquosa forma-se o $[H_3NAgNH_3]^+$, e o emprego da cristalografia de raios X permitiu identificar os complexos lineares $[XAgX]^-$. A explicação atualmente preferida para justificar essa inclinação pela coordenação linear é a proximidade energética dos orbitais externos nd, $(n+1)s$ e $(n+1)p$, o que permite a formação dos híbridos colineares spd (Fig. 9.16).

O caráter de ácido de Lewis macio do Cu^+, Ag^+ e Au^+ é demonstrado pelas suas ordens de afinidade com $I^- > Br^- > Cl^-$. A formação de complexos, como nos casos de $[Cu(NH_3)_2]^+$ e $[AuI_2]^-$, fornece uma maneira de estabilizar o estado de oxidação +1 desses metais em solução aquosa. Muitos complexos tetraédricos de Cu(I), Ag(I) e Au(I) também são conhecidos (Seção 7.8).

Complexos quadráticos planos são comuns para os metais do grupo da platina e para o ouro em estados de oxidação que produzem a configuração eletrônica d^8, por exemplo, Rh(I), Ir(I), Pd(II), Pt(II) e Au(III) (Seção 20.1f), como no $[Pt(NH_3)_4]^{2+}$. Reações características para esses complexos são as de substituição de ligante (Seção 21.3) e, exceto para complexos de Au(III), a adição oxidativa (Seção 22.22).

O caráter nobre desenvolvido ao longo do bloco d por esses elementos desaparece subitamente no Grupo 12 (Zn, Cd, Hg), onde os metais readquirem a susceptibilidade de oxidação pela atmosfera. A maior facilidade de oxidação dos metais do Grupo 12 se deve à redução na intensidade da ligação intermetálica e a uma abrupta diminuição das energias dos orbitais d no final do bloco d, deixando os elétrons $(n+1)s$ de maior energia participarem das reações.

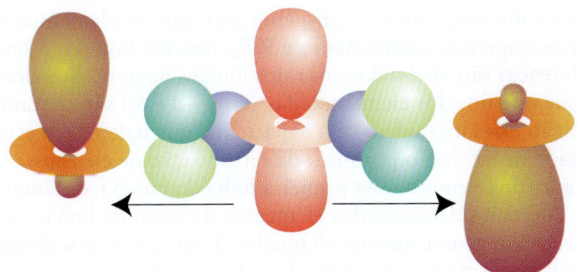

Figura 9.16 Hibridização dos orbitais s, pz e dz_2 com fases escolhidas de forma a produzir um par de orbitais colineares que podem ser usados para formar ligações σ fortes.

9.10 Natureza anômala do primeiro membro de cada grupo

Pontos principais: O primeiro membro de cada grupo dentro do bloco p apresenta diferenças em comparação com o restante do grupo, as quais são atribuídas aos seus menores raios atômicos e à falta de orbitais d de baixa energia. Os metais 3d formam compostos com números de coordenação e estados de oxidação menores do que os elementos 4d e 5d. O raio atômico e, portanto, algumas propriedades químicas de alguns elementos do segundo período são semelhantes aos dos elementos posicionados à direita na linha inferior na tabela periódica.

As propriedades químicas do primeiro membro de cada grupo no bloco p são significativamente diferentes dos seus congêneres. Essas anomalias são atribuídas aos seus pequenos raios atômicos que se correlacionam com as suas elevadas energias de ionização e eletronegatividades, bem como com a seus baixos números de coordenação. Por exemplo, no Grupo 14 o carbono forma um grande número de hidrocarbonetos catenados com fortes ligações C–C. O carbono também forma ligações múltiplas fortes nos alquenos e alquinos. Esta tendência à catenação se reduz para os seus congêneres à medida que a entalpia da ligação E–E diminui, o que é evidenciado pelo fato de que o maior silano formado contém apenas quatro átomos de Si. O nitrogênio apresenta diferenças significativas do fósforo e do resto do Grupo 15. Assim, o nitrogênio geralmente apresenta número de coordenação 3, como no NF_3, e 4, com nas espécies NH_4^+ e NF_4^+, enquanto que o fósforo pode formar compostos tricoordenados e pentacoordenados, como o PF_3 e o PF_5, além de espécies hexacoordenadas como o PF_6^-.

A presença da ligação hidrogênio é muito maior nos compostos com o primeiro membro de cada grupo, em que a maior eletronegatividade resulta em uma ligação E–H mais polarizada. Por exemplo, o ponto de ebulição da amônia é –33°C, que é um valor maior do que para os outros hidretos do Grupo 15. Da mesma forma, a água e o fluoreto de hidrogênio são líquidos à temperatura ambiente, enquanto o H_2S e o HCl são gases.

Até agora, as tendências nas propriedades químicas dos elementos na tabela periódica vêm sendo discutidas em termos das tendências verticais nos grupos ou horizontais ao longo dos períodos. O elemento no topo de cada grupo também possui, geralmente, a chamada **relação diagonal** com o elemento posicionado à sua direita no período seguinte. As relações diagonais se originam porque os raios atômicos, as densidades de carga e as eletronegatividades e, portanto, muitas propriedades químicas dos dois elementos, são semelhantes (Fig. 9.17). A mais impressionante relação diagonal é entre o Li e o Mg. Por exemplo, enquanto que os elementos do Grupo 1 formam compostos de natureza essencialmente iônica, os sais de Li e de Mg possuem algum grau de caráter covalente em suas ligações. Existe uma forte relação diagonal entre Be e Al: ambos os elementos formam hidretos e haletos covalentes; os compostos análogos do Grupo 2 são predominantemente iônicos. A relação diagonal entre B e Si é ilustrada pelo fato de que ambos os elementos formam hidretos gasosos inflamáveis, ao passo que o hidreto de alumínio é um sólido. No grupo dos elementos principais, as relações diagonais são mais proeminentes nos Grupos 1, 2 e 13.

As diferenças significativas entre os elementos do segundo período e seus congêneres também ocorrem no bloco d sendo, porém, menos marcantes. Assim, as propriedades dos metais das séries 3d diferem daquelas das séries 4d e 5d. Nos compostos simples, os estados de oxidação mais baixos são mais estáveis na série 3d, com a estabilidade dos estados de oxidação maiores aumentando à medida que descemos em cada grupo. Por exemplo, o estado de oxidação mais estável do cromo é o Cr(III), mas M(VI) é o mais estável para Mo e W. O grau de covalência e os números de coordenação para os compostos de elementos aumentam na sequência 3d, 4d e 5d. Por exemplo, os elementos

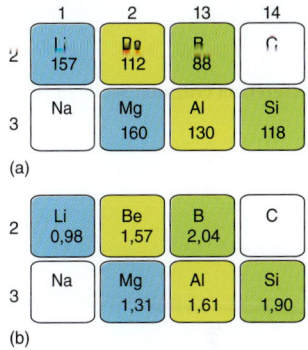

Figura 9.17 Relação diagonal nos Períodos 2 e 3 para os raios atômicos (em picômetros) (a) e eletronegatividade de Pauling (b).

Referência cruzada: Seção 14.7a

Referência cruzada: Seção 14.7b

Referência cruzada: Seção 15.1

Referência cruzada: Seção 15.10

Referências cruzadas: Seções 16.8a e 17.8

Referência cruzada: Seção 11.3

Referência cruzada: Seção 12.3

Referência cruzada: Seção 13.1

Referência cruzada: Seção 19.6

3d formam sólidos iônicos, como o CrF_2, enquanto que os elementos das séries 4d e 5d formam haletos superiores como MoF_6 e WF_6, que são líquidos à temperatura ambiente. Essas diferenças são atribuídas aos raios iônicos menores dos elementos da série 3d, ao fato de que os raios dos elementos das séries 4d e 5d são bastante semelhantes (devido à contração dos lantanídeos) e à capacidade dos haletos em estabilizar metais com elevado estado de oxidação por meio da retrodoação de elétrons.

As propriedades dos elementos na primeira linha do bloco f, os lantanídeos, são significativamente diferentes daquelas dos elementos da segunda linha, os actinídeos. Os elementos do Ce ao Lu, genericamente chamados de Ln, são todos altamente eletropositivos, com os potenciais padrão dos pares Ln^{3+}/Ln situados entre os do Li e do Mg. Os elementos têm preferência pelo estado de oxidação Ln(III) com uma uniformidade que é sem precedentes na tabela periódica, e isso é atribuído ao fato de os orbitais 4f serem "enterrados" nas camadas mais internas do átomo. Os elementos actinídeos mostram uma menor uniformidade nas suas propriedades do que os lantanídeos, pois os orbitais 5f estão mais disponíveis para as ligações.

Além das diferenças entre o primeiro membro de cada grupo e seus congêneres, existem também semelhanças entre os elementos do bloco p com número atômico Z e o elemento do bloco d com número atômico Z + 8. Por exemplo, o Al (Z = 13) se assemelha ao Sc (Z = 21). Essas semelhanças são explicadas com base nas configurações eletrônicas: tanto o Al do Grupo 13 como o Sc do Grupo 3 possuem três elétrons de valência. Seus raios atômicos são razoavelmente semelhantes: 143 pm para o Al e 160 pm para o Sc e o potencial padrão do par Al^{3+}/Al (–1,66V) é mais próximo do potencial do par Sc^{3+}/Sc (–1,88V) do que do potencial para o Ga^{3+}/Ga (–0,53V). Também existem semelhanças entre os seguintes pares:

Z	14	15	16	17
	Si	P	S	Cl
Z+8	22	23	24	25
	Ti	V	Cr	Mn

Por exemplo, S e Cr formam ânions do tipo SO_4^{2-}, $S_2O_7^{2-}$, $[CrO_4]^{2-}$ e $[CrO_7]^{2-}$, e tanto Cl quanto Mn formam os peroxoânions oxidantes ClO_4^- e $[MnO_4]^-$. Essas semelhanças são observadas quando os elementos estão em seus maiores estados de oxidação e os elementos do bloco d têm uma configuração d^0. Quando lidamos com os elementos 5p (In ao Xe), a relação ocorre entre os elementos com Z e Z + 22, uma vez que existem 14 lantanídeos a mais entre eles.

EXEMPLO 9.6 Prevendo as propriedades químicas de um elemento Z+8

O íon perclorato, ClO_4^-, é um poderoso agente oxidante e seus compostos podem explodir ao contato ou com calor. Preveja se o composto análogo do elemento Z+8 pode ser um possível substituto para um composto de perclorato em uma reação.

Resposta Precisamos identificar o elemento Z+8. Como o número atômico do Cl é 17, o elemento Z+8 é o Mn (Z=25). O composto de Mn análogo ao ClO_4^- é o íon permanganato, $[MnO_4]^-$, que é de fato um agente oxidante, mas com menor probabilidade de detonar. O permanganato é provavelmente um possível substituto para o perclorato.

Teste sua compreensão 9.6 O xenônio é muito pouco reativo, mas forma uns poucos compostos com o oxigênio e o flúor, como o XeO_4. Preveja a geometria do XeO_4 e identifique o composto Z+22 com a mesma estrutura.

LEITURA COMPLEMENTAR

P. Enghag, *Encyclopedia of the elements*. John Wiley & Sons (2004).

D.M.P. Mingos, *Essential trends in inorganic chemistry*. Oxford University Press (1998). Uma visão da química inorgânica a partir da perspectiva de estrutura e ligação.

N. C. Norman, *Periodicity and the s– and p-block elements*. Oxford University Press (1997). Inclui uma abordagem das tendências e características essenciais da química do bloco s.

E. R. Scerri, *The periodic table: its story and its significance*. Oxford University Press (2007).

C. Benson, *The periodic table of the elements and their chemical properties*. Kindle edition. MindMelder.com (2009).

EXERCÍCIOS

9.1 Indique o maior estado de oxidação estável esperado para (a) Ba, (b) As, (c) P, (d) Cl, (e) Ti e (f) Cr.

9.2 Com exceção de um dos membros do grupo, todos os elementos formam hidretos salinos. Eles formam óxidos e peróxidos, e todos os carbetos reagem com água formando um hidrocarboneto. Identifique este grupo de elementos.

9.3 Os elementos variam desde metais passando pelos metaloides até os não metais. Eles formam cloretos com estados de oxidação +5 e +3, e os hidretos são todos gases tóxicos. Identifique este grupo de elementos.

9.4 Todos os elementos são metais. O estado de oxidação mais estável no topo do grupo é +3 e o mais estável na parte inferior é +6. Identifique este grupo de elementos.

9.5 Construa um ciclo de Born-Haber para a formação do composto hipotético $NaCl_2$. Identifique qual etapa termodinâmica é responsável pelo fato de o $NaCl_2$ não existir.

9.6 Preveja como o efeito do par inerte pode manifestar-se para além do Grupo 15 e compare suas previsões com as propriedades químicas dos elementos envolvidos.

9.7 Faça um resumo sobre as correlações entre raio iônico, energia de ionização e caráter metálico.

9.8 Para cada um dos seguintes pares, qual elemento tem a maior primeira energia de ionização: (a) Be ou B, (b) C ou Si, (c) Cr ou Mn?

9.9 Para cada um dos seguintes pares, qual elemento é mais eletronegativo: (a) Na ou Cs, (b) Si ou O?

9.10 Classifique cada um dos seguintes hidretos como salino, molecular ou metálico: (a) LiH, (b) SiH_4, (c) B_2H_6, (d) UH_3, (e) $PdHx$ ($x<1$).

9.11 Classifique cada um dos seguintes óxidos como ácido, básico ou anfótero: (a) Na_2O, (b) P_2O_5, (c) ZnO, (d) SiO_2, (e) Al_2O_3 e (f) MnO.

9.12 Coloque os seguintes haletos em ordem crescente de caráter covalente: CrF_2, CrF_3 e CrF_6.

9.13 Dê os nomes dos minérios utilizados para a extração de (a) Mg, (b) Al, (c) Pb e (d) Fe.

9.14 Identifique o elemento $Z+8$ do P. Faça um pequeno resumo sobre algumas similaridades entre os elementos.

9.15 Use os seguintes dados para calcular os valores médios da entalpia de ligação $B(Se–F)$ no SeF_4 e SeF_6. Comente sua resposta com base nos valores correspondentes para $B(S–F)$ no SF_4 (+340 kJ mol^{-1}) e no SF_6 (+329 kJ mol^{-1}): $\Delta_a H^\ominus(Se)$ = +227 kJ mol^{-1}, $\Delta_a H^\ominus(F)$ = +159 kJ mol^{-1}, $\Delta_f H^\ominus(SeF_6, g)$ = –1030 kJ mol^{-1}, $\Delta_f H^\ominus(SeF_4, g)$ = –850 kJ mol^{-1}.

PROBLEMAS TUTORIAIS

9.1 No artigo "Diffusion cartograms for the display of periodic table data" (*J. Chem. Educ.*, 2011, 88(11), 1507), M. J. Winter descreve uma técnica geralmente usada em geografia para representar as tendências periódicas. Escreva uma crítica sobre esse método comparando dois dos cartogramas com duas das figuras utilizadas neste capítulo.

9.2 No artigo "What and how physics contributes to understanding the periodic law" (*Found. Chem.*, 2001, 3, 145), V. Ostrovsky descreve as abordagens filosóficas e metodológicas utilizadas pelos físicos para explicar a periodicidade. Compare e confronte as abordagens utilizadas pelos físicos e pelos químicos para explicar a periodicidade química.

9.3 P. Em seu artigo de 1985 (*Ann. Rev. Phys. Chem.*, 2001, 36, 407), intitulado "Relativistic effects in chemical systems", Christiansen e colaboradores descrevem os efeitos relativísticos nos sistemas químicos. Como eles definem os efeitos relativísticos? Faça um breve resumo sobre as consequências mais importantes dos efeitos relativísticos na química.

9.4 Muitos modelos de tabela periódica têm sido propostos desde a versão original de Mendeleev. Faça uma revisão das versões mais recentes e discuta a base teórica de cada uma delas.

10 Hidrogênio

Parte A: Aspectos principais
10.1 O elemento
10.2 Compostos simples

Parte B: Uma visão mais detalhada
10.3 Propriedades nucleares
10.4 Produção do di-hidrogênio
10.5 Reações do di-hidrogênio
10.6 Compostos de hidrogênio
10.7 Métodos gerais para a síntese de compostos binários de hidrogênio

Leitura complementar

Exercícios

Problemas tutoriais

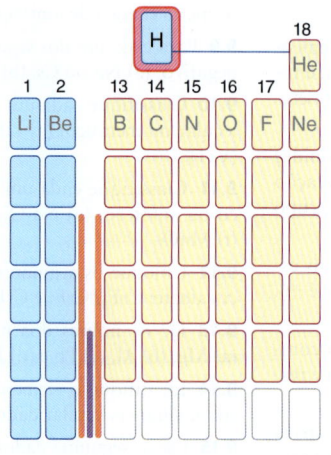

Apesar da sua estrutura atômica simples, o hidrogênio possui uma química muito rica. Neste capítulo discutiremos as reações de espécies contendo hidrogênio e que são particularmente interessantes tanto do ponto de vista da química fundamental quanto pelas suas importantes aplicações, inclusive aquelas relacionadas com a geração de energia. Descreveremos como o H_2 é produzido em laboratório, em escala industrial a partir de combustíveis fósseis e, olhando para o futuro, pelo uso, crescente de fontes renováveis. Explicaremos como as ligações hidrogênio estabilizam as estruturas do H_2O e do ADN. Apresentaremos, de forma resumida, as sínteses e propriedades dos compostos binários que variam desde compostos moleculares voláteis até compostos do tipo salino e sólidos metálicos. Veremos que muitas das propriedades desses compostos são entendidas com base na sua capacidade de fornecer íons H^- ou H^+, e que geralmente é possível prever qual destas tendências será a predominante. Consideraremos como a molécula de H_2 é ativada pela sua ligação com um catalisador, os processos que podem produzir H_2 a partir de água e energia solar e os esforços que vêm sendo feitos para torná-lo um combustível de uso comum nos veículos.

PARTE A: ASPECTOS PRINCIPAIS

O hidrogênio é o elemento mais abundante no universo e o décimo mais abundante em massa na Terra, onde ele é encontrado nos oceanos, em minerais e em todas as formas de vida. A menor presença do hidrogênio elementar na Terra é resultado da sua volatilidade durante a formação do planeta. A forma estável do hidrogênio elementar sob condições normais é o *di-hidrogênio*, H_2, que ocorre em nível de traço na atmosfera inferior da Terra (0,5 pm) e é essencialmente o único componente da atmosfera mais externa extremamente tênue. O di-hidrogênio tem muitos usos (Fig. 10.1). Ele é um produto natural de fermentação e um subproduto da biossíntese da amônia (Quadro 10.1). Ele é muitas vezes chamado de "combustível do futuro" por causa de sua disponibilidade a partir de fontes totalmente renováveis (água e luz do sol) e sua reação limpa e altamente exotérmica com o O_2. A volatilidade e a baixa densidade de energia do H_2 dificultam o seu uso direto como combustível para veículos, mas ele pode ser usado para produzir hidrocarbonetos combustíveis de alta densidade de energia e é uma matéria-prima essencial para a produção industrial de amônia.

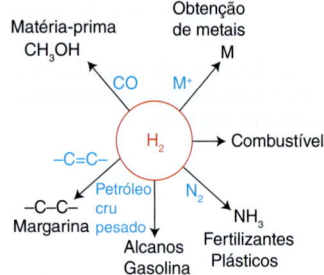

Figura 10.1 Principais usos do H_2.

As **figuras** com um asterisco (*) podem ser encontradas on-line como estruturas 3D interativas. Digite a seguinte URL em seu navegador, adicionando o número da figura: www.chemtube3d.com/weller/[número do capítulo]F[número da figura]. Por exemplo, para a Figura 3 no Capítulo 7, digite www.chemtube3d.com/weller/7F03.

Muitas das **estruturas numeradas** podem ser também encontradas on-line como estruturas 3D interativas: visite www.chemtube3d.com/weller/[número do capítulo] para todos os recursos 3D organizados por capítulo.

QUADRO 10.1 O ciclo biológico do hidrogênio

O hidrogênio é reciclado pelos organismos microbianos que se utilizam de metaloenzimas (Seção 26.14). Embora o H_2 esteja presente na superfície terrestre numa quantidade de, aproximadamente, 0,5 ppm, seus níveis são centenas de vezes maiores nos ambientes anaeróbios, como nos solos encharcados e sedimentos no fundo de lagos profundos e fontes hidrotermais. O hidrogênio é descartado pelas espécies estritamente anaeróbias (bactérias fermentativas) que habitam zonas livres de O_2 e degradam a matéria orgânica (biomassa) usando H^+ como um oxidante e receptor final de elétrons. Ele também é produzido por organismos termofílicos, que obtêm carbono e energia inteiramente a partir do CO, e pelas bactérias fixadoras de nitrogênio que liberam H_2 como um subproduto da formação de amônia. Alguns micro-organismos, muitos deles aeróbios, usam o H_2 como um "alimento" (um combustível) e são responsáveis pela formação de gases comuns como CH_4 (pelas espécies metanogênicas) e H_2S (pelo *Desulfovibrio*), nitratos e outros produtos. A Figura Q10.1 apresenta alguns desses processos globais que ocorrem em ambientes de água doce.

Nos animais, incluindo os humanos, o ambiente anaeróbio do intestino grosso hospeda bactérias que formam H_2 pela degradação de carboidratos. Nos ratos a mucosa intestinal contém H_2 em nível superior a 0,04 mmol dm^{-3}, equivalente a uma atmosfera com 5% de H_2. Por sua vez, o H_2 é utilizado pelas espécies metanogênicas, como as encontradas nos mamíferos ruminantes, para produzir CH_4, e por outras bactérias, como as do gênero *Salmonella*, que são patogênicas e perigosas, e a *Helicobacter pylori*, responsável pelas úlceras gástricas. Um alto nível de H_2 no ar expirado dos pulmões tem sido usado para diagnosticar condições relacionadas à intolerância a carboidratos; esses níveis podem atingir valores maiores que 70 ppm após a ingestão de lactose em pacientes com intolerância a essa substância.

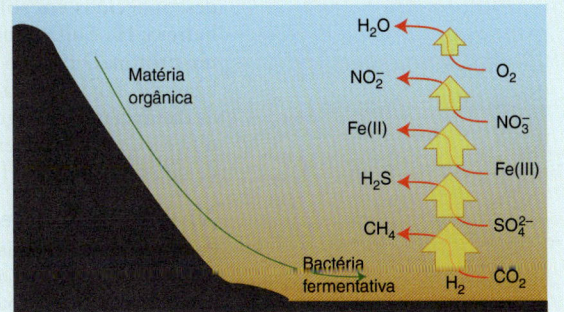

Figura Q10.1 Alguns dos processos que contribuem para o ciclo biológico do hidrogênio em um ambiente de água doce.

Uma importante área de pesquisa e desenvolvimento é a produção industrial de H_2 por micro-organismos (*bio-hidrogênio*). Existem duas abordagens diferentes, ambas utilizando energia renovável. A primeira é o uso de organismos anaeróbios para fermentar biomassa cultivada (por exemplo, algas marinhas) ou até mesmo esgoto doméstico. A segunda envolve a manipulação de organismos fotossintéticos, algas verdes e cianobactérias para produzir H_2 e biomassa. Em ambos os casos, o H_2 pode ser extraído continuamente pelo uso de filtros de gás, sem as interrupções que ocorrem na colheita das safras.

10.1 O elemento

O átomo de hidrogênio, com a configuração $1s^1$ para o seu estado fundamental, possui somente um elétron. Sendo assim, poderíamos pensar que as propriedades químicas desse elemento seriam limitadas, mas isso está longe de ser verdade. O hidrogênio possui uma grande variedade de propriedades químicas e forma compostos com praticamente todos os elementos. Seu caráter vai desde a base de Lewis forte (o íon hidreto, H^-) até o ácido de Lewis forte (o próton, o cátion hidrogênio, H^+; Seção 4.1). Em certas circunstâncias os átomos de H podem formar ligações com mais de um átomo simultaneamente. A "ligação hidrogênio" formada quando um átomo de H está em ponte com dois átomos eletronegativos é fundamental para a vida: isso porque a ligação hidrogênio faz com que a água ocorra como um líquido, ao invés de um gás, e as proteínas e ácidos nucleicos enovelem-se, formando estruturas tridimensionais altamente organizadas que são determinantes para as suas funções.

(a) O átomo e os seus íons

Pontos principais: O próton, H^+, está sempre combinado com uma base de Lewis e é altamente polarizante; o íon hidreto, H^-, é altamente polarizável.

Existem três isótopos do hidrogênio: o hidrogênio propriamente dito (^1H), o deutério (D, ^2H) e o trítio (T, ^3H), sendo este radioativo. O isótopo mais leve, o ^1H (eventualmente chamado de prótio), é de longe o mais abundante. O deutério tem uma abundância natural variável, com um valor médio em torno de 16 átomos em 100.000. O trítio ocorre com uma abundância de apenas 1 em 10^{21} átomos de hidrogênio. Os diferentes nomes e símbolos para esses três isótopos se devem às diferenças significativas em suas massas e nas propriedades químicas que derivam da massa, como as velocidades de difusão e das reações de quebra de ligação. O spin nuclear do ^1H ($I = 1/2$) é explorado na espectroscopia de RMN (Seção 8.6) para identificar e determinar as estruturas de moléculas que contêm hidrogênio.

O cátion de hidrogênio livre (H^+, o próton) tem uma razão carga/raio muito grande, e não surpreende que ele seja um ácido de Lewis muito forte. Em fase gasosa ele liga-se prontamente a outras moléculas e átomos, até mesmo ao He para formar HeH^+. Em fase condensada, o H^+ é sempre encontrado em combinação com uma base de Lewis, e sua capacidade de se transferir de uma base de Lewis para outra lhe confere um papel especial na química, já explorado em detalhes no Capítulo 4. Os cátions moleculares H_2^+ e H_3^+ existem somente em fase gasosa, tendo uma existência transitória, sendo desconhecidos em solução. Diferentemente do H^+, que é altamente polarizante, o íon hidreto, H^-, é altamente polarizável, uma vez que os dois elétrons estão ligados a apenas um próton. O raio do H^- varia consideravelmente dependendo do átomo ao qual esteja ligado. A falta de uma camada interna de elétrons para espalhar os raios X significa que as distâncias e os ângulos de ligação envolvendo um átomo de H em um composto são difíceis de serem determinados por essa técnica: por essa razão emprega-se a difração de nêutron quando é fundamental a determinação precisa das posições de átomos de H.

(b) Propriedades e reações

Pontos principais: O hidrogênio possui propriedades atômicas únicas que o colocam em uma posição única na tabela periódica. O di-hidrogênio é uma molécula quase inerte e suas reações necessitam de um catalisador ou iniciação por radicais.

As propriedades únicas do hidrogênio o distinguem de todos os outros elementos da tabela periódica. Ele é frequentemente colocado no topo do Grupo 1, pois, como os metais alcalinos, ele possui apenas um elétron na sua camada de valência. Entretanto, essa posição não reflete as verdadeiras propriedades químicas e físicas deste elemento. Em particular, a sua energia de ionização é muito maior que a dos outros elementos do Grupo 1, de forma que o hidrogênio não é um metal, embora se preveja que ele exista normalmente no estado metálico sob pressão extrema, como no núcleo de Júpiter. Em algumas versões da tabela periódica, o hidrogênio é colocado no topo do Grupo 17, uma vez que, assim como os halogênios, ele requer apenas um elétron para completar a sua camada de valência. Entretanto, a afinidade eletrônica do hidrogênio é bem menor do que qualquer elemento do Grupo 17, e o íon hidreto, H^-, só é encontrado isolado em alguns compostos. Para indicar as suas características únicas, colocamos o hidrogênio numa posição especial no topo de toda a tabela periódica.

Como o H_2 tem poucos elétrons, as forças intermoleculares entre as moléculas de H_2 são fracas e o gás condensa apenas quando resfriado a 20 K na pressão de 1 atm. Passando-se uma descarga elétrica através do gás H_2 em baixa pressão, as moléculas dissociam-se, ionizam-se e recombinam-se, formando um plasma que contém, além do H_2, quantidades espectroscopicamente observáveis de H, H^+, H_2^+ e H_3^+.

A molécula de H_2 possui uma entalpia de ligação elevada (436 kJ mol^{-1}) e um pequeno comprimento de ligação (74 pm). A grande força da ligação faz o H_2 ser uma molécula quase inerte, e o H_2 não reage facilmente, a menos que uma rota especial de ativação esteja disponível. Em fase gasosa é muito mais difícil dissociar o H_2 heteroliticamente do que homoliticamente,[1] uma vez que a primeira precisa de um custo adicional de energia para separar as cargas opostas. A quebra heterolítica é, assim, favorecida pela presença de reagentes que formem ligações fortes com H^+ e H^-:

$$H_2(g) \rightarrow H(g) + H(g) \qquad \Delta_r H^\ominus = +436 \text{ kJ mol}^{-1}$$
$$H_2(g) \rightarrow H^+(g) + H^-(g) \qquad \Delta_r H^\ominus = +1675 \text{ kJ mol}^{-1}$$

Tanto a dissociação homolítica quanto a heterolítica são catalisadas por moléculas ou superfícies ativas. Em fase gasosa, a reação explosiva do H_2 com o O_2

$$2\,H_2(g) + O_2(g) \rightarrow 2\,H_2O(g) \qquad \Delta_r H^\ominus = -242 \text{ kJ mol}^{-1}$$

ocorre através de um mecanismo complexo de reações em cadeia envolvendo espécies radicalares. O hidrogênio é um excelente combustível para grandes foguetes, devido à sua grande entalpia específica (a entalpia padrão de combustão dividida pela massa), a qual é aproximadamente três vezes maior que a de um hidrocarboneto comum (Quadro 10.2).

Além das reações que resultam no rompimento da ligação H–H, o H_2 pode também reagir reversivelmente sem quebra da ligação para formar complexos de di-hidrogênio com metais d (Seção 10.6d e Seção 22.7).

10.2 Compostos simples

A natureza da ligação nos compostos binários de hidrogênio, isto é, com outros elementos E (EH_n), pode ser compreendida notando-se que o átomo de H possui uma alta energia de ionização (1310 kJ mol^{-1}) e uma baixa, mas positiva, afinidade eletrônica

---

[1] Na dissociação homolítica, a ligação quebra-se simetricamente para formar um produto. Na dissociação heterolítica, a ligação quebra-se assimetricamente formando dois produtos diferentes.

QUADRO 10.2 O di-hidrogênio como um combustível para o transporte

O uso do hidrogênio como um combustível (um transportador de energia) vem sendo investigado seriamente desde os anos de 1970, quando o preço do petróleo subiu violentamente. Esse interesse tem aumentando mais ainda recentemente devido a pressões ambientais relacionadas ao uso continuado de combustíveis fósseis. O hidrogênio queima de forma limpa e não tóxica e sua produção a partir de fontes completamente renováveis está lenta, mas, inevitavelmente, substituindo a sua produção a partir de matérias-primas oriundas de carbono fóssil. A Tabela Q10.1 permite comparar o desempenho do H_2 com outros transportadores de energia, incluindo os hidrocarbonetos combustíveis e as baterias de íon lítio. Dentre todos os combustíveis, o H_2 possui a maior entalpia específica (a entalpia padrão de combustão dividida pela sua massa), o que o torna um bom combustível para aplicações aeroespaciais, como nos foguetes. Entretanto, o H_2 possui uma densidade de energia muito baixa (a entalpia padrão de combustão dividida pelo seu volume), o que o coloca muito abaixo dos hidrocarbonetos combustíveis nesse item.

Tabela Q10.1 Entalpias específicas e densidades de energia dos transportadores de energia mais comuns (1 MJ = 0,278 kWh)

Combustível	Entalpia específica /(MJ kg^{-1})	Densidade de energia /(MJ dm^{-3})
H_2 líquido*	120	8,5
H_2 a 200 bar*	120	1,9
Gás natural liquefeito	50	20,2
Gás natural a 200 bar	50	8,3
Gasolina	46	34,2
Diesel*	45	38,2
Carvão	30	27,4
Etanol*	27	22,0
Metanol	20	15,8
Madeira*	15	14,4
Bateria íon-lítio*	2,0	6,1
($Li_{1-x}CoO_2$; ver Quadro 11.2 e Seção 24.6h)		

*Indica um transportador de energia que pode ser facilmente obtido ou recarregado a partir de fontes renováveis.

É claro que o H_2 é um excelente combustível para veículos, contanto que os problemas de estocá-lo a bordo sejam resolvidos (ver Quadros 10.4 e 12.3 e Seção 24.13). Além do seu uso como combustível para foguetes, o H_2 pode ser usado em motores de combustão interna convencionais, com pequenas ou nenhuma modificação de especificação ou projeto. No entanto, a forma mais importante de se utilizar H_2 em um veículo é através do seu uso em uma pilha a combustível para produzir eletricidade diretamente (Seção 5.5). A eficiente e confiável produção de energia de uma pilha a combustível de H_2 (Quadro 5.1) torna viável produzir H_2 "a bordo" por reforma a vapor de metanol, um combustível facilmente transportável e com alta densidade de energia. (As pilhas a combustível que usam diretamente o metanol, discutidas no Quadro 5.1, produzem menos potência do que as pilhas a combustível de H_2 e são, portanto, menos atraentes para os veículos.) Um sistema de *reforma a vapor automotivo* (Fig. Q10.2) mistura vapor de metanol com H_2O (vapor) e O_2 (ar) para produzir H_2 através das seguintes reações:

$$CH_3OH(g) + H_2O(g) \xrightleftharpoons{Cu/ZnO} CO_2(g) + 3\,H_2(g) \quad \Delta_r H^\ominus = 49\ \text{kJ mol}^{-1}$$

$$CH_3OH(g) + \tfrac{1}{2} O_2(g) \xrightleftharpoons{Pd} CO_2(g) + 2\,H_2(g) \quad \Delta_r H^\ominus = -155\ \text{kJ mol}^{-1}$$

Essas reações que ocorrem na faixa de temperatura de 200 a 350°C são controladas para garantir que o calor produzido pela reação de oxidação exotérmica compense exatamente a reação com vapor (a) e a vaporização de todos os componentes (b). Calor excessivo resulta na produção de CO, que envenena o catalisador de Pt da pilha a combustível de PEM. O CO_2 e o H_2 produzidos são separados por uma membrana de Pd.

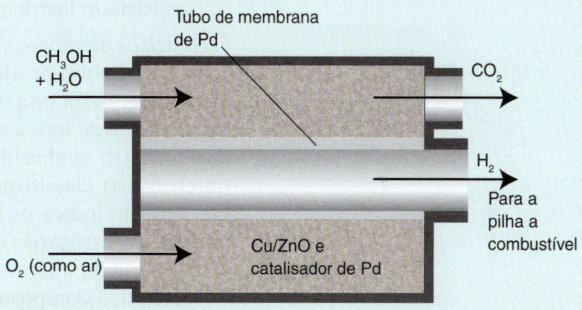

Figura Q10.2 Esquema em corte de um sistema automotivo de reforma de metanol.

(77 kJ mol^{-1}). Embora os compostos binários de hidrogênio sejam geralmente chamados de "hidretos" (usaremos esse termo ao logo deste capítulo), na verdade, poucos contêm o ânion H$^-$ isolado. O valor de 2,2 para a eletronegatividade de Pauling (Seção 2.15) é um valor intermediário, de forma que, normalmente, atribui-se ao hidrogênio o número de oxidação –1 quando em combinação com metais (como no NaH e AlH$_3$) e +1 quando em combinação com não metais (como no H$_2$O e HCl).

(a) Classificação dos compostos binários

Pontos principais: Os compostos formados entre o hidrogênio e outros elementos possuem natureza e estabilidade variadas. Em combinação com metais, o hidrogênio é geralmente considerado como o ânion hidreto; os compostos de hidrogênio com elementos de eletronegatividade similar têm baixa polaridade.

Embora existam vários de tipos de estruturas, e alguns elementos formem compostos com o hidrogênio que não se enquadram estritamente em uma categoria específica, os compostos binários de hidrogênio podem ser divididos em três classes:

Hidretos moleculares. Existem como moléculas isoladas e individuais; eles são geralmente formados com elementos do bloco p com eletronegatividades similares ou maiores que a do H. Suas ligações E–H são mais bem consideradas como covalentes.

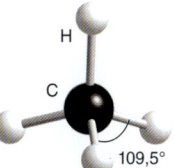

1 Metano, CH$_4$

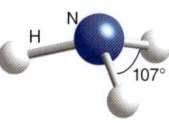

2 Amônia, NH$_3$

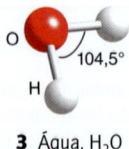

3 Água, H$_2$O

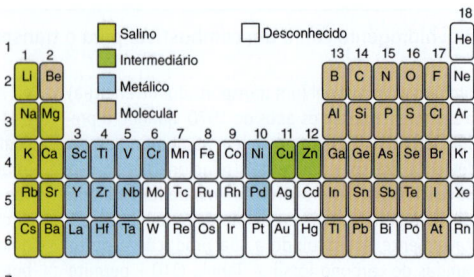

Figura 10.2 Classificação dos compostos binários de hidrogênio dos elementos dos blocos s, p e d. Embora alguns elementos do bloco d como o ferro e o rutênio não formem hidretos binários, eles formam complexos metálicos contendo o ligante hidreto.

Exemplos bem conhecidos de hidretos moleculares são o metano, CH$_4$ (**1**), a amônia, NH$_3$ (**2**) e a água, H$_2$O (**3**).

Hidretos salinos. Também conhecidos como *hidretos iônicos*, são formados com os elementos mais eletropositivos.

Os hidretos salinos, como LiH e CaH$_2$, são sólidos cristalinos não voláteis e eletricamente não condutores, embora apenas aqueles com os elementos do Grupo 1 e com os elementos pesados do Grupo 2 possam ser considerados "sais" de hidreto contendo íons H$^-$ discretos.

Hidretos metálicos. São sólidos não estequiométricos e condutores elétricos, que apresentam lustre metálico.

Os hidretos metálicos são formados com vários elementos dos blocos d e f. Geralmente considera-se que os átomos de H ocupam posições intersticiais dentro da estrutura metálica, embora essa ocupação raramente ocorra sem expansão ou mudança de fase, e frequentemente leve a uma perda de ductilidade e um aumento da tendência a fraturas (um processo conhecido como *fragilização*). A Figura 10.2 (que reproduz a Fig. 9.13) sintetiza essa classificação e a distribuição das diferentes classes na tabela periódica. Ela também indica os hidretos "intermediários" que não se enquadram em qualquer uma dessas categorias e os elementos para os quais hidretos binários ainda não foram caracterizados.

Além dos compostos binários, o hidrogênio é encontrado em ânions complexos de alguns elementos do bloco p, por exemplo o íon BH$_4^-$ (tetra-hidretoborato, também conhecido como boranato e, em textos mais antigos, como "boridreto") no NaBH$_4$ e o íon AlH$_4^-$ (tetra-hidretoaluminato, também conhecido como alanato e, em textos mais antigos, como "alumino-hidreto") no LiAlH$_4$.

Tabela 10.1 Energia de Gibbs padrão de formação, $\Delta_f G^\ominus$ / (kJ mol^{-1}) de compostos binários de hidrogênio dos blocos s e p, a 25°C

Período	Grupo 1	Grupo 2	Grupo 13	Grupo 14	Grupo 15	Grupo 16	Grupo 17
2	LiH(s) −68,4	BeH$_2$(s) (+20)	B$_2$H$_6$(g) +37,2	CH$_4$(g) −50,7	NH$_3$(g) −16,5	H$_2$O(l) −237,1	HF(g) −273,2
3	NaH(s) −33,5	MgH$_2$(s) −85,4	AlH$_3$(s) +48,5	SiH$_4$ +56,9	PH$_3$(g) +13,4	H$_2$S(g) −33,6	HCl(g) −95,3
4	KH(s) (−36)	CaH$_2$(s) −147,2	Ga$_2$H$_6$(s) >0	GeH$_4$(g) +113,4	AsH$_3$(g) +68,9	H$_2$Se(g) +15,9	HBr(g) −53,5
5	RbH(s) (−30)	SrH$_2$(s) (−141)		SnH$_4$(g) +188,3	SbH$_3$(g) +147,8	H$_2$Te(g) >0	HI(g) +1,7
6	CsH(s) (−32)	BaH$_2$(s) (−140)					

(b) Considerações termodinâmicas

Pontos principais: Nos blocos s e p, a força das ligações E–H decresce à medida que nos deslocamos para baixo em cada grupo. No bloco d a força das ligações E–H aumenta ao descermos em cada grupo.

As energias de Gibbs padrão de formação dos compostos de hidrogênio dos elementos dos blocos s e p apresentam uma variação regular na estabilidade (Tabela 10.1). Com a possível exceção do BeH$_2$ (para o qual não há dados precisos), todos os hidretos do bloco s são exoérgicos ($\Delta_f G^\ominus < 0$) e, portanto, termodinamicamente estáveis em relação aos seus elementos à temperatura ambiente. Nenhum hidreto do Grupo 13 é exoérgico à temperatura ambiente. Em todos os outros grupos do bloco p, os compostos simples de hidrogênio com os primeiros membros dos grupos (CH$_4$, NH$_3$, H$_2$O e HF) são exoérgicos, mas os compostos análogos de seus congêneres tornam-se progressivamente menos estáveis ao se descer no grupo, uma tendência que é ilustrada pela diminuição das energias de ligação E–H (Fig.10.3). Os hidretos mais pesados tornam-se mais estáveis indo-se do Grupo 14 em direção aos halogênios. Por exemplo, o SnH$_4$ é altamente endoérgico ($\Delta_f G^\ominus > 0$) enquanto o HI praticamente não é.

Essas tendências termodinâmicas podem ser relacionadas com as variações nas propriedades atômicas. A ligação H–H é a ligação simples homonuclear mais forte conhecida (à parte das ligações D–D ou T–T), e para que um composto seja exoérgico e estável em relação aos seus elementos, é necessário que ele tenha ligações E–H que sejam ainda mais fortes do que a ligação H–H. Para os hidretos moleculares dos elementos do bloco p, a ligação é mais forte com os elementos do segundo período, tornando-se progressivamente mais fraca para baixo em cada grupo. As ligações fracas formadas com os elementos mais pesados do bloco p devem-se à pequena sobreposição entre o orbital H1s, relativamente compacto, e os orbitais s e p mais difusos daqueles átomos. Embora os elementos do bloco d não formem compostos binários moleculares, muitos complexos contêm um ou mais ligantes hidreto. A força da ligação metal–hidrogênio no bloco d aumenta caminhando-se para baixo num grupo porque os orbitais 3d são muito contraídos para fazerem uma boa sobreposição com o orbital H1s; uma sobreposição melhor é obtida pelos orbitais 4d e 5d.

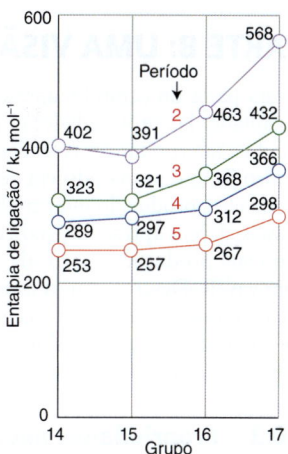

Figura 10.3 Energias de ligação médias para hidretos moleculares binários dos elementos do bloco p.

(c) Reações dos compostos binários

Ponto principal: As reações dos compostos binários de hidrogênio distribuem-se em três classes dependendo da polaridade da ligação E–H.

Nos compostos em que E e H possuem eletronegatividades similares, a quebra da ligação E–H tende a ser homolítica, produzindo, inicialmente, um átomo de H e um radical, cada um dos quais podendo combinar-se com outros radicais disponíveis:

Para $\chi(E) \approx \chi(H)$:   E–H → E· + H·

A decomposição térmica e a combustão de hidrocarbonetos são exemplos comuns nos quais ocorre a quebra homonuclear.

Nos compostos em que E é mais eletronegativo do que o H, ocorre a quebra heterolítica com liberação de um próton:

Para $\chi(E) > \chi(H)$:   E–H → E$^-$ + H$^+$

O composto comporta-se como um ácido de Brønsted, sendo capaz de transferir H$^+$ para uma base. Em tais compostos, o átomo de H é denominado **protônico**. A quebra heterolítica da ligação também ocorre nos compostos em que E é menos eletronegativo do que H, como nos hidretos salinos:

Para $\chi(E) < \chi(H)$:   E–H → E$^+$ + H$^-$

Neste caso o átomo de H é **hidrídico** e um íon H$^-$ transfere-se para um ácido de Lewis, como nos compostos contendo boro (Seção 4.6). Os agentes redutores NaBH$_4$ e LiAlH$_4$, usados em síntese orgânica, são exemplos de reagentes que transferem hidreto. Por analogia com a acidez de Brønsted, a qual mede a capacidade de uma espécie em doar um próton, a escala de **hidridicidade** (Seção 10.6d) indica a capacidade das espécies em doar um hidreto. Essa escala pode ser construída com base em cálculos realizados para espécies em fase gasosa ou em dados experimentais para equilíbrios de transferência de hidreto em um solvente apropriado. Pela sua capacidade de existir nos estados protônico (H$^+$) e hidrídico (H$^-$), um átomo de hidrogênio ligado pode atuar como um agente de oxirredução de dois elétrons.

PARTE B: UMA VISÃO MAIS DETALHADA

Nesta parte do capítulo, apresentaremos uma discussão mais detalhada das propriedades químicas do hidrogênio, identificando e interpretando as tendências. Explicaremos como o di-hidrogênio é preparado em pequena escala no laboratório e como ele é produzido industrialmente a partir de combustíveis fósseis; depois apresentaremos, de forma resumida, os métodos para sua produção a partir da água usando fontes de energia renováveis. Descreveremos as reações que o di-hidrogênio sofre com outros elementos e classificaremos os diferentes tipos de compostos formados. Finalmente, apresentaremos as estratégias para sintetizar vários compostos contendo hidrogênio.

10.3 Propriedades nucleares

Ponto principal: Os três isótopos do hidrogênio, H, D e T, possuem massas atômicas muito diferentes e spin nuclear também diferentes, o que dá origem a mudanças facilmente observáveis nos espectros de IV, Raman e RMN das moléculas contendo esses isótopos.

Nem o ^{1}H e nem o ^{2}H (deutério, D) são radioativos, mas o ^{3}H (trítio, T) decai pela perda de uma partícula β para produzir um isótopo de hélio, raro, mas estável:

$$^3_1H \rightarrow {}^3_2He + \beta^-$$

A meia-vida para esse decaimento é de 12,4 anos. A abundância do trítio, que é de 1 em 10^{21} átomos de hidrogênio nas águas rasas, indica a existência de um estado estacionário entre a sua produção pelo bombardeamento de raios cósmicos na atmosfera superior e a sua perda por decaimento radioativo. O trítio pode ser sintetizado bombardeando-se ^{6}Li ou ^{7}Li com nêutrons:

$$^1_0n + {}^6_3Li \rightarrow {}^3_1H + {}^4_2He + 4,78 \text{ MeV}$$
$$^1_0n + {}^7_3Li \rightarrow {}^3_1H + {}^4_2He + {}^1_0n - 2,87 \text{ MeV}$$

A produção contínua de trítio a partir de lítio é uma etapa-chave para a imaginada futura geração de energia a partir de fusão nuclear, ao invés de fissão nuclear. Em um reator de fusão, o trítio e o deutério são aquecidos acima de 100 MK para formar um plasma em que os seus núcleos reagem para produzir ^{4}He e um nêutron:

$$^2_1H + {}^3_1H \rightarrow {}^4_2He + {}^1_0n + 17,6 \text{ MeV} \quad (\Delta H = 1698 \text{ MJ mol}^{-1})$$

O nêutron é usado para bombardear uma manta de lítio enriquecido com ^{6}Li para gerar mais trítio. Esse processo envolve muito menos riscos ambientais do que a fissão do ^{235}U e é essencialmente renovável: dos dois primeiros combustíveis necessários, o deutério é prontamente disponível na água e o lítio é também amplamente distribuído na crosta terrestre (Capítulo 11).

As propriedades físicas e químicas dos **isotopólogos** (moléculas isotopicamente substituídas) são geralmente muito similares, mas não quando o H é substituído pelo D, pois a massa do átomo substituído é dobrada. A Tabela 10.2 mostra que as diferenças nos pontos de ebulição e nas entalpias de ligação para o H_2 e o D_2 são facilmente mensuráveis. A diferença no ponto de ebulição entre H_2O e D_2O reflete a maior força da ligação hidrogênio O⋯D—O quando comparada com a da ligação O⋯H—O, uma vez que a energia do ponto zero do primeiro é menor. O composto D_2O é conhecido como "água pesada", sendo usado como moderador na indústria de energia nuclear; ele reduz a velocidade dos nêutrons emitidos, aumentando a velocidade da fissão induzida.

Tabela 10.2 O efeito da substituição por deutério nas propriedades físicas

	H_2	D_2	H_2O	D_2O
Ponto de ebulição normal/°C	−252,8	−249,7	100,0	101,4
Entalpia média de ligação/(kJ mol^{-1})	436,0	443,3	463,5	470,9

> *Um comentário útil* Um *isotopólogo* é uma entidade molecular que difere apenas na sua composição isotópica. Um *isotopômero* é um isômero que tem o mesmo número de cada átomo isotópico, mas que difere em suas posições na molécula.

Frequentemente, as velocidades das reações apresentam diferenças mensuráveis para processos cujas ligações E—H e E—D são quebradas, formadas ou rearranjadas em que, E é outro elemento. A detecção deste **efeito cinético isotópico** pode muitas vezes ajudar a referendar um mecanismo de reação proposto. Os efeitos cinéticos isotópicos são geralmente observados quando um átomo de H é transferido de um átomo para outro no complexo ativado. Por exemplo, a redução eletroquímica do $H^+(aq)$ a $H_2(g)$ ocorre com um significativo efeito isotópico, com o H_2 sendo liberado mais rapidamente. Uma consequência prática da diferença nas velocidades de formação do H_2 e do D_2 é que o D_2O pode ser concentrado eletroliticamente, facilitando assim a separação dos dois isótopos: o D_2O puro que acumula é usado para produzir HD puro (através de reação com o $LiAlH_4$) ou D_2 (por eletrólise). Em geral, as reações envolvendo D_2O ocorrem mais lentamente do que aquelas envolvendo H_2O e, assim, não surpreende que a ingestão de grandes quantidades de D_2O ou de alimentos substituídos com deutério provoque envenenamento nos organismos superiores.

Como as frequências das vibrações moleculares dependem das massas dos átomos, elas são fortemente influenciadas pela substituição do H pelo D. O isótopo mais pesado provoca uma redução da frequência (Seção 8.5). Esse efeito isotópico pode ser explorado observando-se o espectro de IV de isotopólogos para determinar se uma absorção específica no infravermelho envolve um movimento significativo de um átomo de hidrogênio na molécula.

As propriedades distintas dos isótopos os tornam úteis como **marcadores**. A participação do H e do D em uma sequência de reações pode ser acompanhada por espectroscopia no infravermelho (IV, Seção 8.5) ou espectrometria de massas (Seção 8.11), assim como por espectroscopia de RMN (Seção 8.6). O trítio pode ser detectado pela sua radioatividade, podendo ser uma sonda mais sensível do que a espectroscopia.

Outra propriedade importante do núcleo de hidrogênio é o seu spin. O núcleo do hidrogênio, o próton, tem $I = 1/2$; os valores de spin nuclear do D e do T são iguais a 1 e 1/2, respectivamente. Conforme explicado na Seção 8.6, o RMN de próton detecta a presença dos núcleos de H em um composto, sendo um poderoso método para a determinação da estrutura de moléculas, até mesmo de proteínas com massas moleculares maiores do que 20 kDa. A Figura 10.4 mostra as regiões

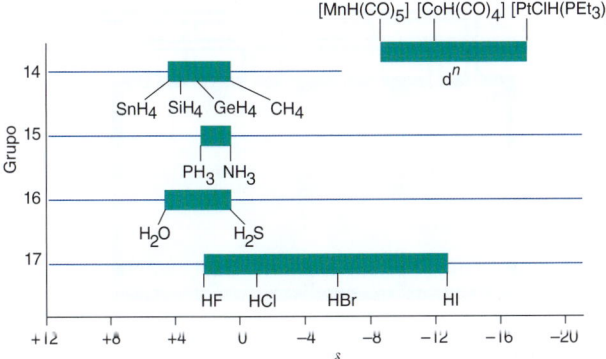

Figura 10.4 Deslocamentos químicos típicos no RMN-^{1}H. As faixas coloridas indicam as famílias de elementos.

dos deslocamentos químicos típicos de RMN-^{1}H para alguns elementos do bloco p e d. Embora os átomos de hidrogênio ligados a elementos eletronegativos (átomos de H protônicos) tendam a apresentar valores de deslocamentos químicos mais positivos do que os átomos de hidrogênio coordenados a íons metálicos com subcamadas d incompletas (d^n, onde $n >0$), outros fatores podem influenciar no valor final, tal como a massa do átomo ao qual o hidrogênio está ligado e o solvente em que o composto encontra-se dissolvido.

O hidrogênio molecular, H_2, ocorre em duas formas que diferem na orientação relativa dos dois spins nucleares: no *orto*-hidrogênio os spins são paralelos ($I = 1$) e no *para*-hidrogênio os spins são antiparalelos ($I = 0$). Em $T = 0$, o hidrogênio é 100% *para*-hidrogênio. À medida que se eleva a temperatura, a proporção da forma *orto* na mistura em equilíbrio aumenta, até que, à temperatura ambiente, temos aproximadamente 75% de *orto* e 25% de *para*. A maioria das propriedades físicas das duas formas é a mesma, mas os pontos de fusão e de ebulição do *para*-hidrogênio são em torno de 0,1°C menores do que os do hidrogênio normal, e a condutividade térmica do *para*-hidrogênio é cerca de 50% maior que a da forma *orto*. As capacidades caloríficas também diferem significativamente.

10.4 Produção do di-hidrogênio

O hidrogênio é importante tanto como matéria-prima para a indústria química como, cada vez mais, como um combustível. Embora não esteja presente em quantidades significativas na atmosfera da Terra ou em depósitos subterrâneos de gás, existe uma grande troca biológica, uma vez que vários micro-organismos usam o H^+ como um oxidante ou o H_2 como um combustível (Quadro 10.1). Industrialmente, a maior parte do H_2 é produzida a partir do gás natural usando-se reforma a vapor (nos Estados Unidos, em torno de 95% é produzido dessa forma). Cada vez mais o H_2 vem sendo produzido por outros métodos, particularmente pela gaseificação do carvão (o melhor seria por captura de dióxido de carbono, Quadro 14.5) e eletrólise a quente. Em 2012, a produção mundial de H_2 ultrapassou 65 Mt. A maior parte do H_2 é usada próximo ao local de produção, na síntese da amônia (processo Haber), na hidrogenação de gorduras insaturadas, no craqueamento do petróleo e na manufatura em grande escala de produtos químicos orgânicos. No futuro, o H_2 poderá ser produzido inteiramente a partir de fontes renováveis como a água, por meio da captura de luz solar. A reação do H_2 "verde" com CO_2 ou CO para produzir hidrocarbonetos líquidos combustíveis corresponderá a uma tecnologia de carbono zero.

(a) Preparação em pequena escala

Pontos principais: No laboratório, o H_2 é facilmente obtido por meio das reações de soluções aquosas de ácidos ou álcalis com elementos eletropositivos ou pela hidrólise de hidretos salinos. Ele também é produzido por eletrólise.

Existem muitos procedimentos diretos para a preparação de pequenas quantidades de H_2 puro. No laboratório, o H_2 é produzido pela reação de Al ou Si com uma solução alcalina a quente:

$$2\,Al(s) + 2\,OH^-(aq) + 6\,H_2O(l) \rightarrow 2\,Al(OH)_4^-(aq) + 3\,H_2(g)$$
$$Si(s) + 2\,OH^-(aq) + H_2O(l) \rightarrow SiO_3^{2-}(aq) + 2\,H_2(g)$$

ou à temperatura ambiente, pela reação do Zn com ácidos minerais:

$$Zn(s) + 2\,H_3O^+(aq) \rightarrow Zn^{2+}(aq) + H_2(g) + 2\,H_2O(l)$$

A reação de hidretos metálicos com água fornece uma forma conveniente para produzir pequenas quantidades de H_2 fora do laboratório. O di-hidreto de cálcio é particularmente apropriado para a produção de H_2 no local em que será usado, uma vez que é barato e comercialmente disponível e reage com H_2O à temperatura ambiente:

$$CaH_2(s) + 2\,H_2O(l) \rightarrow Ca(OH)_2(s) + 2\,H_2(g)$$

O H_2 puro também é produzido em pequenas quantidades usando-se uma simples célula eletrolítica; a eletrólise de água pesada é também uma forma conveniente de se preparar D_2 puro.

(b) Produção a partir de fontes fósseis

Ponto principal: A maior parte do hidrogênio utilizado na indústria é produzida pela reação de H_2O com CH_4 em alta temperatura ou por uma reação similar com o coque.

O hidrogênio é produzido em grandes quantidades para atender às necessidades da indústria; de fato, a produção é geralmente integrada diretamente (sem transporte) a processos químicos que utilizam o H_2 como matéria-prima. O principal processo industrial para a produção de hidrogênio é atualmente a *reforma a vapor de hidrocarbonetos*, uma reação catalisada entre a água (como vapor) e hidrocarbonetos (geralmente o metano do gás natural) a altas temperaturas:

$$CH_4(g) + H_2O(g) \rightarrow CO(g) + 3\,H_2(g) \quad \Delta_r H^\ominus = +206{,}2\,kJ\,mol^{-1}$$

Cada vez mais o carvão ou o coque são usados. Esta reação, a *gaseificação do carvão*, é feita a 1000°C:

$$C(s) + H_2O(g) \rightleftharpoons CO(g) + H_2(g) \quad \Delta_r H^\ominus = +131{,}4\,kJ\,mol^{-1}$$

A mistura de CO e H_2 é conhecida como *gás de água*, e a sua reação adicional com água (reação de deslocamento do gás de água) produz mais H_2:

$$CO(g) + H_2O(g) \rightleftharpoons CO_2(g) + H_2(g) \quad \Delta_r H^\ominus = -41{,}2\,kJ\,mol^{-1}$$

A reação global, a combinação da gaseificação do carvão (ou a reforma de hidrocarbonetos) com a reação de deslocamento do gás de água resulta na produção de CO_2 e H_2:

$$C(s) + 2\,H_2O(g) \rightleftharpoons CO_2(g) + 2\,H_2(g) \quad \Delta_r H^\ominus = +90{,}2\,kJ\,mol^{-1}$$

Implementando-se um sistema de captura de CO_2 (Quadro 14.5), é possível usar combustíveis fósseis e minimizar a liberação para a atmosfera do gás CO_2 responsável pelo efeito estufa. Entretanto, esse processo não é uma rota renovável para a produção do H_2 uma vez que ela é baseada no emprego de combustíveis fósseis. A produção do di-hidrogênio para consumo imediato em pilhas a combustíveis a bordo de veículos pode ser feita a partir do metanol utilizando-se um equipamento de reforma a vapor automotivo (Quadro 10.2).

(c) Produção a partir de fontes renováveis

Pontos principais: A produção do H_2 pela eletrólise da água é cara e viável apenas onde a eletricidade é barata, ou se ele for um subproduto de um processo economicamente importante. Pressões ambientais têm levado a tecnologias para produzir H_2 de forma mais eficiente a partir de fontes de energia renováveis ou excedentes, por exemplo, energia solar, ou pelo emprego de processos biológicos.

A eletrólise é usada para produzir H_2 livre de contaminantes:

$$H_2O(l) \rightarrow H_2(g) + \tfrac{1}{2} O_2(g) \quad E^\ominus_{pilha} = -1{,}23 \text{ V}, \quad \Delta_r G^\ominus = +237 \text{ kJ mol}^{-1}$$

Para provocar essa reação, é necessária uma grande sobretensão para superar a cinética lenta do eletrodo, particularmente para a produção do O_2. Os melhores catalisadores são baseados na platina, mas são muito caros para justificar seu uso em plantas de grande escala. Como consequência, a eletrólise da água é econômica e ambientalmente benigna, mas apenas se a energia elétrica for originária de fontes baratas, renováveis ou proveniente de um excedente de demanda. Essas condições são encontradas em países que possuem usinas hidrelétricas ou de energia nuclear. A eletrólise é realizada usando-se centenas de células arranjadas em série, cada uma operando a

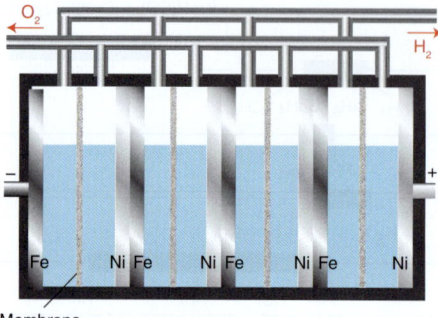

Figura 10.5 Uma cuba eletrolítica industrial para produção de H_2 usando anodos de Ni e catodos de Fe conectados em série.

2 V com eletrodos de ferro ou níquel e solução aquosa de NaOH (ou uma membrana transportadora de íons) como eletrólito (Fig. 10.5). Empregam-se temperaturas entre 80–85°C para aumentar a corrente eletrolítica e reduzir a sobretensão necessária para realizar a reação (Seção 5.18). O método de produção eletrolítica de H_2 mais importante é o *processo cloro-álcali* (Quadro 11.3), em que o H_2 é produzido como um subproduto da fabricação do NaOH. Nesse processo o outro produto gasoso é o Cl_2, o qual requer uma sobretensão menor do que para a produção do O_2.

Até agora, apenas 0,1% da demanda global do H_2 é produzido por eletrólise, incluindo a quantidade produzida no processo cloro-álcali, havendo uma dependência quase total das fontes fósseis. Olhando para o futuro, a produção de

---

QUADRO 10.3 Hidrogênio a partir de energia solar

A Terra recebe em torno de 100 000 TW do Sol, o que é aproximadamente 7000 vezes mais que o consumo global atual de energia (15 TW). A energia solar já é aproveitada de várias formas bem conhecidas pelo uso de turbinas eólicas, fotossíntese (biomassa) e células voltaicas, mas ultimamente o uso da energia solar para gerar H_2 a partir da água (decomposição da água) fornece uma grande oportunidade para por fim à dependência mundial nos combustíveis fósseis e reverter a mudança climática global. Duas das tecnologias em desenvolvimento são a utilização da energia solar para a produção de H_2 por meio de um processo de alta temperatura e o emprego da luz solar em um processo fotoeletroquímico.

As regiões do chamado "cinturão do sol", que incluem a Austrália, o sul da Europa, o deserto do Sahara e os estados ao sudoeste dos EUA, recebem em torno de 1 kW m^{-2} de energia solar. Essas regiões são locais adequados para a produção de H_2 por energia solar empregando processos de alta temperatura que usam sistemas que refletem e focalizam a radiação solar em um forno, produzindo temperaturas superiores a 1500°C. O calor intenso, que também está disponível no manto que envolve um reator nuclear, pode ser usado para mover uma turbina gerando eletricidade ou para decompor a água em H_2 e O_2, produzindo, então, um combustível.

A decomposição térmica da água em uma única etapa necessita de temperaturas superiores a 4000°C, bem acima dos valores facilmente obtidos com um concentrador solar ou compatível com a engenharia e os materiais de contenção. Usando-se um processo de múltiplas etapas é possível produzir H_2 em temperaturas bem menores. Muitos sistemas, estão em investigação e desenvolvimento, sendo os mais simples os processos de duas etapas que empregam óxidos metálicos, como na sequência

$$Fe_3O_4(s) \xrightarrow{\Delta} 3\, FeO(s) + \tfrac{1}{2} O_2(g) \quad \Delta_r H^\ominus = +319{,}5 \text{ kJ mol}^{-1}$$
$$H_2O(l) + 3\, FeO(s) \xrightarrow{resfriamento} Fe_3O_4(s) + H_2(g) \quad \Delta_r H^\ominus = -33{,}6 \text{ kJ mol}^{-1}$$

embora a produção de H_2 por essa rota ainda necessite de temperaturas acima de 2200°C.

Um sistema à base de óxido de cério, em desenvolvimento, é capaz de promover o ciclo de decomposição térmica a temperaturas abaixo de 2000°C:

$$CeO_2(s) \xrightarrow{\Delta} CeO_{2-\delta}(s) + \delta/2\, O_2(g)$$
$$CeO_{2-\delta}(s) + \delta H_2O(g) \xrightarrow{resfriamento} CeO_2(s) + \delta H_2(g)$$

A decomposição da água em temperaturas mais baixas tem sido obtida por meio de processos híbridos, combinando reações eletroquímicas com reações de alta temperatura, como

$2\, Cu(s) + 2\, HCl(g) \rightarrow H_2(g) + 2\, CuCl(s)$	(a 425°C)
$4\, CuCl(s) \rightarrow 2\, Cu(s) + 2\, CuCl_2(s)$	(eletroquímica)
$2\, CuCl_2(s) + H_2O \rightarrow Cu_2OCl_2(s) + 2\, HCl(g)$	(a 325°C)
$Cu_2OCl_2(s) \rightarrow 2\, CuCl(s) + \tfrac{1}{2} O_2(g)$	(a 550°C)

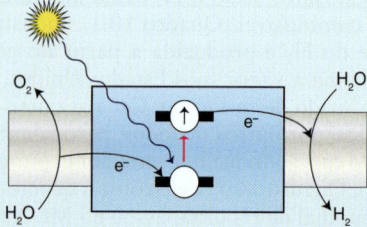

Figura Q10.3 O princípio de um dispositivo de decomposição da água por luz solar com geração de H_2: a luz visível excita um elétron para um nível de energia superior (banda de condução); o elétron "aquecido" passa para um catalisador que converte H^+ (do H_2O) em H_2; o "buraco" no nível inferior (banda de valência) é preenchido por um elétron proveniente do catalisador que converte H_2O em O_2. Com o intuito de apresentar esse princípio em termos simples, as reações de oxidação e redução do texto não foram balanceadas.

Reações do di-hidrogênio | 305

> A produção de H_2 pelo processo fotoeletroquímico por luz solar ("fotossíntese artificial") emprega e combina princípios semelhantes aos usados nas células fotovoltaicas e pelas plantas na fotossíntese natural. Para decompor a água eletroquimicamente é necessária uma célula eletroquímica com potencial maior do que 1,23 V, o que pode ser fornecido pela luz com comprimento de onda menor do que 1000 nm. Um sistema fotoeletroquímico de decomposição da água baseado em partículas fotossensíveis é mostrado na Fig. Q10.3. Os componentes essenciais são: (a) um mecanismo para a geração de um estado eletrônico excitado pela captura de um fóton; (b) uma transferência eficiente de elétrons entre o local da excitação e os sítios catalíticos; (c) disponibilidade de sítios catalíticos para a meia-reação de produção de H_2; (d) disponibilidade de sítios catalíticos para a meia-reação de produção de O_2. O processo de excitação por absorção de fóton ocorre, geralmente, em um semicondutor. Os sítios catalíticos para a produção de H_2 e O_2 precisam ser suficientemente ativos para competir com a velocidade de relaxação do estado excitado para o estado fundamental. Para o H_2 o catalisador pode ser Pt, embora alternativas mais baratas sejam necessárias para se obter um sistema viável em escala industrial. O maior desafio para a decomposição fotoeletroquímica da água é conseguir uma produção rápida e eficiente de O_2, existindo um grande esforço para se encontrar substâncias que mimetizem o catalisador de Mn usado pelas plantas na fotossíntese (Quadro 16.2 e Seção 26.10).

H_2 a partir da água está sendo cada vez mais vista como uma forma de armazenar a energia proveniente da luz do sol (fotovoltaica, térmica, eólica) e, dessa forma, compensando a sua intermitência; no entanto, são necessárias novas tecnologias para reduzir os custos e melhorar velocidades de obtenção. Alguns métodos físicos para "decomposição da água por luz solar" são apresentados no Quadro 10.3. Novos catalisadores para processos eletroquímicos de produção de H_2 precisam estar baseados em elementos abundantes. Um exemplo é a liga NiMoZn que vem sendo usada como catodo num dispositivo fotoeletroquímico, chamado de "folha artificial". Outro exemplo é um complexo de Ni altamente ativo que será descrito na Seção 10.6 após a apresentação dos complexos de di-hidrogênio e de hidreto com metais d.

O hidrogênio pode ser produzido por fermentação usando-se bactérias anaeróbias que utilizam biomassa cultivada ou rejeitos biológicos como fonte de energia (Quadro 10.1). A produção biológica pode ser feita nas "fazendas de hidrogênio" cultivando-se micro-organismos fotossintéticos modificados para produzir tanto H_2 quanto moléculas orgânicas.

10.5 Reações do di-hidrogênio

Pontos principais: O hidrogênio molecular é ativado por dissociação homolítica ou heterolítica sobre a superfície de um metal ou óxido metálico ou pela coordenação com um metal do bloco d. As reações do H_2 com O_2 e com halogênios ocorrem por meio de um mecanismo de reações em cadeia envolvendo radicais.

Embora o H_2 seja uma molécula praticamente inerte, ele reage rapidamente em condições especiais. As condições para a ativação do H_2 incluem:

- A dissociação homolítica em dois átomos de H, induzidas pela adsorção em determinadas superfícies metálicas:

$$H_2 \;/\; \text{—Pt—Pt—Pt—Pt—} \rightleftharpoons \text{—Pt—Pt—Pt—Pt—} \text{ com H H adsorvidos}$$

- A dissociação heterolítica em íons H^+ e H^- induzida pela adsorção em uma superfície com heteroátomos, tal como um óxido metálico:

$$H_2 \;/\; \text{—Zn—O—Zn—O—} \rightleftharpoons \text{—Zn—O—Zn—O—} \text{ com } H^+ \, H^-$$

ou a reação com uma molécula que possa fornecer tanto uma base de Brønsted quanto um receptor de hidreto.

- A iniciação de uma reação em cadeia radicalar:

$$H_2 \xrightarrow{X} XH\cdot + H\cdot \xrightarrow{O_2} HOO\cdot \xrightarrow{XH\cdot} 2\,OH\cdot \xrightarrow{H_2} H_2O + H\cdot \;...etc.$$

(a) Dissociação homolítica

São necessárias altas temperaturas para dissociar o H_2 em átomos. Um exemplo importante de dissociação homolítica em temperaturas normais é a reação do H_2 com Pt ou Ni finamente divididos (Seções 25.11, 25.16). Esta reação, em que o H_2 é dissociado em átomos de H por quimissorção, é usada para catalisar a hidrogenação de alquenos e a redução de aldeídos a alcoóis. A platina também é usada como catalisador eletrolítico para a oxidação de H_2 nas pilhas a combustível com membrana trocadora de próton que são adequadas para aplicações em transportes (Quadro 5.1). A otimização da quimissorção do H_2 em anodos de Pt, não sendo nem muito fraca e nem muito forte, resulta em uma sobretensão mínima necessária para a oxidação do H_2 e altas velocidades (Fig. 25.25). Existe muito interesse em se encontrar alternativas para a Pt, e mencionaremos novamente esse aspecto na Seção 10.6.

Outro exemplo de quebra homolítica envolve a coordenação inicial do H_2 molecular como uma espécie η^2-H_2 em complexos metálicos, que serão brevemente descritos na Seção 10.6d e em mais detalhes na Seção 22.7. Os complexos de di-hidrogênio são exemplos de espécies com comportamento intermediário entre o H_2 molecular e um complexo de di-hidreto. Não se conhecem complexos de di-hidrogênio para os metais do início do bloco d (Grupos 3, 4 e 5), do bloco f ou do bloco p. Se o metal for suficientemente rico em elétrons, a retrodoação de elétrons d para o orbital $1\sigma_u$ quebra a ligação H–H, resultando na formação de um complexo cis-di-hidreto em que o número de oxidação formal do metal aumenta em 2 unidades:

$$M^{n+} + H_2 \longrightarrow \overset{H—H}{\underset{M^{n+}}{|}} \longrightarrow \overset{H\;\;\;H}{\underset{M^{(n+2)+}}{\diagdown\diagup}}$$

(b) Dissociação heterolítica

A dissociação heterolítica do H_2 depende de um íon metálico (para a coordenação com o hidreto) e de uma base de Brønsted bem próxima. A reação do H_2 com uma superfície de ZnO, parece produzir um hidreto ligado ao Zn(II) e um próton ligado a um O. Essa reação está envolvida na produção do metanol por hidrogenação catalítica do monóxido de carbono sobre Cu/ZnO/Al_2O_3:

$$CO(g) + 2\,H_2(g) \rightarrow CH_3OH(g)$$

Outro exemplo no qual o H_2 dissocia-se em um hidreto e um próton ocorre durante a sua oxidação no sítio ativo das metaloenzimas conhecidas como hidrogenases (Seção 26.14). Como apresentado na Seção 10.6e, a reação enzimática é mimetizada no desenvolvimento de catalisadores sintéticos para a oxidação e produção do H_2.

(c) Reações radicalares em cadeia

Os mecanismos de reações em cadeia envolvendo radicais são considerados para explicar as reações que ocorrem por iniciação térmica ou fotoquímica entre o H_2 e os halogênios, nas quais são gerados átomos que atuam como radicais transportadores de cadeia nas reações de propagação. O término da cadeia ocorre quando os radicais recombinam-se:

Iniciação, por calor ou luz: $Br_2 \rightarrow Br\cdot + Br\cdot$

Propagação: $Br\cdot + H_2 \rightarrow HBr + H\cdot$

$H\cdot + Br_2 \rightarrow HBr + Br\cdot$

Término: $H\cdot + H\cdot \rightarrow H_2$

$Br\cdot + Br\cdot \rightarrow Br_2$

Uma vez iniciada, a energia de ativação para o ataque de um radical é baixa porque uma nova ligação é formada à medida que uma ligação é rompida.

A reação altamente exotérmica do H_2 com o O_2 também ocorre por um mecanismo de reações em cadeia envolvendo radicais. Algumas misturas explodem violentamente quando detonadas:

$$2\,H_2(g) + O_2(g) \rightarrow 2\,H_2O(g) \quad \Delta_r H^\ominus = -242\ kJ\ mol^{-1}$$

10.6 Compostos de hidrogênio

O hidrogênio forma compostos com a maioria dos elementos. Esses compostos são classificados como hidretos moleculares, hidretos salinos (sais do ânion hidreto), hidretos metálicos (compostos intersticiais com elementos do bloco d) e complexos dos elementos do bloco d em que o hidreto ou o di-hidrogênio são ligantes.

(a) Hidretos moleculares

Hidretos moleculares são formados com Be e com os elementos do bloco p. A ligação é covalente, mas diferenças na polaridade da ligação (dependendo da eletronegatividade do átomo ligado ao hidrogênio) produzem vários tipos de reações nas quais o hidrogênio é formalmente transferido como H^+, H^- ou H.

(i) Nomenclatura e classificação

Pontos principais: Os compostos moleculares de hidrogênio são classificados como ricos em elétrons, com número exato de elétrons ou deficientes em elétrons. Os hidretos deficientes em elétrons fornecem alguns dos mais intrigantes exemplos de estrutura molecular e ligação quando suas unidades mais simples tendem a se associar através de átomos de hidrogênio em ponte para formar dímeros e polímeros maiores.

Os nomes sistemáticos dos compostos moleculares de hidrogênio são formados a partir do nome do elemento mais o sufixo "ano", como em fosfano para o PH_3. Entretanto, os nomes mais tradicionais, como fosfina e sulfeto de hidrogênio (H_2S, sulfano), ainda são muito usados (Tabela 10.3). Os nomes comuns amônia e água são universalmente usados em vez dos seus nomes sistemáticos azano e oxidano.

Os compostos moleculares de hidrogênio são divididos ainda em três subcategorias:

Compostos com número exato de elétrons, nos quais todos os elétrons de valência do átomo central estão envolvidos nas ligações.

Tabela 10.3 Alguns compostos moleculares de hidrogênio

Grupo	Fórmula	Nome tradicional	Nome IUPAC
13	B_2H_6	diborano	diborano (6)
	AlH_3	alano	alano
	Ga_2H_6	digalano	digalano
14	CH_4	metano	metano
	SiH_4	silano	silano
	GeH_4	germano	germano
	SnH_4	estanano	estanano
15	NH_3	amônia	azano
	PH_3	fosfina	fosfano
	AsH_3	arsina	arsano
	SbH_3	estibina	estibano
16	H_2O	água	oxidano
	H_2S	sulfeto de hidrogênio	sulfano
	H_2Se	seleneto de hidrogênio	selano
	H_2Te	telureto de hidrogênio	telano
17	HF	fluoreto de hidrogênio	fluorano
	HCl	cloreto de hidrogênio	clorano
	HBr	brometo de hidrogênio	bromano
	HI	iodeto de hidrogênio	iodano

Compostos ricos em elétrons, nos quais há mais pares de elétrons no átomo central do que o necessário para a formação das ligações (ou seja, há pares isolados no átomo central).

Compostos deficientes em elétrons, nos quais há menos elétrons do que o necessário para preencher os orbitais ligantes e não ligantes.

Os hidrocarbonetos, como metano e etano, são exemplos de compostos moleculares de hidrogênio com número exato de elétrons, assim como os seus análogos mais pesados, silano, SiH_4, e germano, GeH_4 (Seção 14.7). Todas essas moléculas caracterizam-se pela presença de ligações de dois centros e dois elétrons (ligações $2c,2e$) e pela ausência de pares isolados no átomo central. Os compostos ricos em elétrons são formados pelos elementos dos Grupos 15 ao 17. Exemplos importantes incluem a amônia, a água e os haletos de hidrogênio. Compostos de hidrogênio deficientes de elétrons são comuns na química do boro e do alumínio. O análogo simples do hidreto de boro, BH_3, não é conhecido; no lugar dele ocorre o dímero, B_2H_6 (diborano, **4**), no qual os dois átomos de B estão ligados através de duas pontes de átomos de H que fazem duas ligações de três centros e dois elétrons (ligações $3c,2e$).

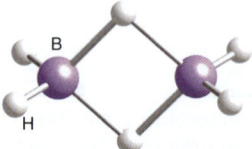

4 Diborano, B_2H_6

As geometrias das moléculas dos compostos deficientes em elétrons e ricos em elétrons podem ser todas previstas pelas regras da RPECV (Seção 2.3). Assim, o CH_4 é tetraédrico (**1**), o NH_3 é uma pirâmide trigonal (**2**) e o H_2O é angular (**3**).

Os compostos deficientes em elétrons apresentam algumas das estruturas e ligações mais incomuns e interessantes. A estrutura de Lewis para o diborano, B_2H_6, necessita de, pelo menos, 14 elétrons de valência para fazer as ligações entre os seus oito átomos, mas a molécula possui somente 12 elétrons de valência. A sua estrutura pode ser entendida pela presença de ligações de três centros B–H–B e dois elétrons (3c,2e; Seção 2.11e) atuando como pontes entre os dois átomos de B, de forma que dois elétrons atuam na ligação de três átomos. Essas ligações B–H em ponte são mais longas e mais fracas que as ligações B–H terminais. Outra maneira de visualizar essa estrutura é considerar que cada metade BH_3 é um ácido de Lewis forte e consegue obter o compartilhamento de um par de elétrons de uma ligação B–H da outra metade de BH_3. Sendo muito pequenos, os átomos de H exercem pouco ou nenhum impedimento estéreo para a formação do dímero. As estruturas dos hidretos de boro são descritas mais detalhadamente no Capítulo 13.

Como esperado, o alumínio apresenta um comportamento semelhante acrescido do efeito do maior raio atômico dos elementos do terceiro período. O composto AlH_3 não existe como monômero, mas forma um polímero em que cada átomo grande de Al está rodeado por seis átomos de H em um arranjo octaédrico. O berílio, diferentemente dos seus congêneres, exibe uma relação diagonal com o Al, formando um hidreto covalente polimérico, BeH_2. Embora BH_3 e AlH_3 não existam como monômeros, eles formam importantes ânions complexos em combinação com o ânion hidreto. Como exemplos de adutos formados entre os ácidos de Lewis BH_3 ou AlH_3 e a base de Lewis H^-, temos os reagentes comuns tetra-hidretoborato de sódio ($NaBH_4$) e tetra-hidretoaluminato de lítio ($LiAlH_4$).*

(ii) Reações de hidretos moleculares

Pontos principais: A dissociação homolítica de uma ligação E–H para produzir um radical E· e um átomo de hidrogênio, H, ocorre mais facilmente para os hidretos dos elementos pesados do bloco p. O hidrogênio ligado a um elemento eletronegativo possui caráter prótico e o composto é um típico ácido de Brønsted. O hidrogênio ligado a um elemento eletropositivo pode ser transferido como um íon hidreto para um receptor.

Como brevemente resumido na Seção 10.2, as reações dos hidretos moleculares binários são discutidas em termos da capacidade de sofrer dissociação homolítica e, no caso da dissociação heterolítica, em termos do seu caráter prótico ou hidrídico.

A dissociação homolítica ocorre facilmente para os compostos de hidrogênio de alguns elementos do bloco p, especialmente os elementos mais pesados. Por exemplo, o uso de um iniciador de radicais facilita enormemente a reação dos trialquilestananos, R_3SnH, com haloalcanos, RX, devido à formação de radicais $R_3Sn·$:

$$R_3SnH + R'X \rightarrow R'H + R_3SnX$$

As reações de decomposição térmica dos hidretos moleculares produzem H_2, e o elemento ocorre por dissociação homolítica. As temperaturas de decomposição geralmente correlacionam-se com a energia da ligação E–H e inversamente com as entalpias de formação. Por exemplo, o AsH_3 (entalpia da ligação As–H igual a 297 kJ mol^{-1}), que é um hidreto *endotérmico*, ou seja, sua formação a partir dos elementos é endotérmica, decompõe-se quantitativamente a 250–300°C:

$$AsH_3(g) \rightarrow As(s) + \tfrac{3}{2} H_2(g) \quad \Delta_r H^\ominus = -66,4 \text{ kJ mol}^{-1}$$

Em comparação, a água (entalpia da ligação O–H igual a 464 kJ mol^{-1}), que é um hidreto altamente *exotérmico*, ou seja, a sua formação a partir dos elementos é exotérmica, dissocia-se em H_2 e O_2 a 2200°C apenas 4%:

$$H_2O(g) \rightarrow \tfrac{1}{2} O_2(g) + H_2(g) \quad \Delta_r H^\ominus = +242 \text{ kJ mol}^{-1}$$

A termólise direta da água não é, portanto, uma solução prática para a produção do H_2.

Como vimos na Seção 10.5, os compostos que reagem através da doação de próton são considerados como apresentando comportamento prótico: em outras palavras, eles são ácidos de Brønsted. Vimos na Seção 4.1 que a força ácida de Brønsted aumenta da esquerda para a direita ao longo de um período no bloco p (na ordem do aumento da afinidade eletrônica) e para baixo em um grupo (na ordem da diminuição da energia de ligação). Um exemplo marcante dessa tendência é o aumento na acidez do CH_4 ao HF e do HF ao HI. Os compostos binários de hidrogênio dos elementos à direita na tabela periódica sofrem essas reações.

As moléculas nas quais o hidrogênio encontra-se ligado a um elemento mais eletropositivo podem atuar como doadoras de íons hidreto. São exemplos importantes os ânions complexos de hidreto BH_4^- e AlH_4^-, usados para hidrogenar compostos contendo ligações múltiplas. Como outros exemplos, existem vários compostos com elementos do bloco d, muitos dos quais são catalisadores.

A afinidade ao hidreto, análoga à afinidade ao próton, pode ser calculada. Por exemplo, a afinidade ao hidreto de um composto de boro BX_3 é o valor negativo da entalpia ($\Delta_H H^\ominus$) para a reação

$$BX_3(g) + H^-(g) \rightarrow HBX_3(g)$$

Ao contrário, um forte *doador* de hidreto está associado com um baixo valor de $-\Delta_H H^\ominus$.

Uma escala prática de afinidade ao hidreto também pode ser determinada experimentalmente comparando-se a capacidade doadora de íon hidreto de diferentes espécies HY em um determinado solvente aprótico, como a acetonitrila. A escala é obtida considerando-se os seguintes equilíbrios, dentre os quais encontra-se a cisão heterolítica do H_2:

$$HA(solv) + HY(solv) \rightleftharpoons A^-(solv) + Y^+(solv) + H_2(g) \quad (10.1)$$

$$HA(solv) \rightleftharpoons H^+(solv) + A^-(solv) \quad (10.2)$$

$$H_2(g) \rightleftharpoons H^+(solv) + H^-(solv) \quad (10.3)$$

$$HY(solv) \rightleftharpoons H^-(solv) + Y^+(solv) \quad (10.4)$$

Os valores das constantes de equilíbrio (e, portanto, o $\Delta G^\ominus$) para as reações (10.1) e (10.2), ($\Delta G_1^\ominus$ e $\Delta G_2^\ominus$, respectivamente) podem ser obtidos experimentalmente, sendo $\Delta G_3^\ominus$ para a reação (10.3) em acetonitrila definido como 317 kJ mol^{-1} a 298 K. A capacidade doadora de hidreto do HY ($\Delta_H G^\ominus$) para a reação (10.4) é, então, determinada pela equação abaixo, em que se utilizou ln 10 = 2,3:

$$\Delta_H G^\ominus = \Delta G_{(1)}^\ominus - 2,3RT pK_{HA} + 317$$

---

*N. de R.T.: A nomenclatura utilizada nesta tradução segue as Recomendações da IUPAC de 2005, traduzidas para o português (Cardoso et al., 2017), pela qual os ligantes aniônicos, na nomenclatura aditiva, são nomeados pelos nomes dos ânions, sem qualquer alteração, ou seja, os ligantes Cl^-, Br^-, CN^-, H^-, etc., são designados como cloreto, brometo, cianeto, hidreto, etc.

EXEMPLO 10.1 Determinando quais átomos de hidrogênio em uma molécula são os mais ácidos

O ácido fosforoso, H_3PO_3, é um ácido diprótico que é mais bem descrito como $OP(H)(OH)_2$. Explique por que o átomo de H ligado ao P é muito menos prótico do que os dois átomos de H ligados aos O.

Resposta Abordaremos este problema adaptando os princípios usados para explicar a acidez de Brønsted de moléculas simples. Na Seção 4.1 vimos que a acidez de Brønsted de um ácido EH depende da entalpia da ligação E–H e da afinidade eletrônica de E. A afinidade eletrônica está diretamente relacionada à eletronegatividade de Mulliken (Seção 1.7). No $OP(H)(OH)_2$ a ligação P–H (a entalpia de ligação no PH_3 = 321 kJ mol^{-1}) é consideravelmente mais fraca do que uma ligação O–H (a entalpia de ligação no H_2O = 464 kJ mol^{-1}), e assim deveríamos esperar uma ligação P–H mais protônica. No entanto, o fator determinante é que o O é muito mais eletronegativo do que o P (o O também tem uma afinidade eletrônica maior do que o P) e com isso tem uma melhor capacidade de acomodar a carga negativa deixada pela saída do H^+. O ácido metanoico (fórmico), $HCO(OH)$, é outro exemplo de uma molécula contendo dois átomos H com caráter protônico muito diferente.

Teste sua compreensão 10.1 Qual das seguintes moléculas, CH_4, SiH_4 ou GeH_4, você esperaria que fosse (a) o ácido de Brønsted mais forte e (b) o doador de hidreto mais forte?

Um forte caráter doador de hidreto está, portanto, associado a um baixo valor de $\Delta_H G^\ominus$.

(iii) Ligação hidrogênio

Ponto principal: Compostos e grupos funcionais contendo átomos de H ligados a elementos eletronegativos com pelo menos um par isolado frequentemente associam-se através de ligações hidrogênio.

Uma ligação E–H entre um elemento eletronegativo E e um hidrogênio é altamente polar, $^{\delta-}E–H^{\delta+}$, e o átomo de H com carga parcial positiva pode interagir com um par isolado do átomo E de outra molécula, formando uma ponte conhecida como **ligação hidrogênio**. Uma evidência marcante da ligação hidrogênio é fornecida pelas tendências dos pontos de ebulição normais (Fig. 10.6), que são anormalmente elevados para moléculas fortemente ligadas por ligação hidrogênio, como a água (em que existem ligações O–H···O), a amônia (contendo ligações N–H···N) e o fluoreto hidrogênio (contendo ligações F–H···F). Os pontos de ebulição relativamente baixos do PH_3, H_2S, HCl e dos hidretos moleculares dos elementos mais pesados do bloco p indicam que essas moléculas não formam ligações hidrogênio fortes. Embora as ligações hidrogênio sejam, geralmente, muito mais fracas do

Tabela 10.4 Comparação das entalpias das ligações hidrogênio com as correspondentes entalpias das ligações covalentes E–H (kJ mol^{-1})

	Ligação hidrogênio		Ligação covalente
HS–H···SH_2	7	S–H	367
H_2N–H···NH_3	17	N–H	390
HO–H···OH_2	22	O–H	464
F–H···FH	29	F–H	567
HO–H···Cl^-	55	Cl–H	431
F···H···F^-	>155	F–H	567

que as ligações convencionais (Tabela 10.4), a sua ação coletiva é responsável pela estabilização de estruturas complexas como a estrutura em rede aberta do gelo (Fig. 10.7). Interações coletivas de ligação hidrogênio desempenham um papel importante na manutenção da estrutura das moléculas de proteínas (Seção 26.2). Elas também são responsáveis pelo reconhecimento das bases específicas do DNA, adenina/timina e guanina/citosina, que é a base da replicação dos genes (Fig. 10.8). Similarmente, o sólido HF consiste em estruturas em cadeia que sobrevivem mesmo em fase vapor (5).

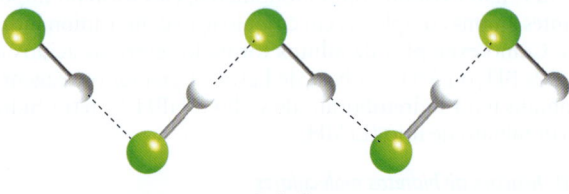

5 $(HF)_n$

A ligação hidrogênio pode ser simétrica ou assimétrica. Na ligação hidrogênio assimétrica, o átomo de H não fica na posição intermediária entre os dois núcleos, mesmo quando os átomos pesados ligados são idênticos. Por exemplo, o íon $ClHCl^-$ é linear, mas o átomo de H não fica na posição intermediária entre os átomos de Cl (Fig. 10.9). Ao contrário,

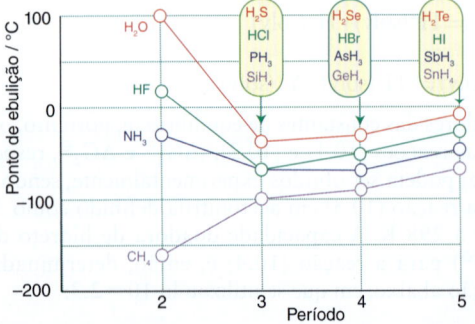

Figura 10.6 Pontos de ebulição normais dos compostos binários de hidrogênio do bloco p.

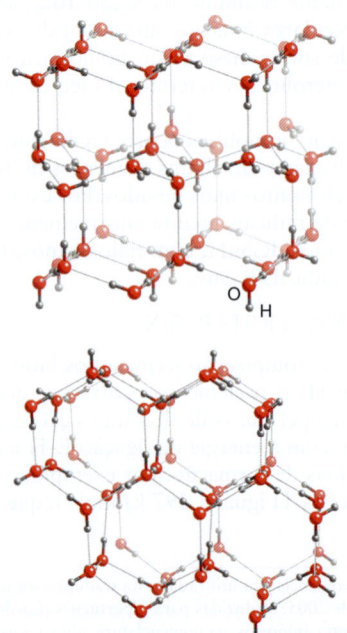

Figura 10.7* Estrutura da forma hexagonal do gelo (I_h), apresentada em duas orientações.

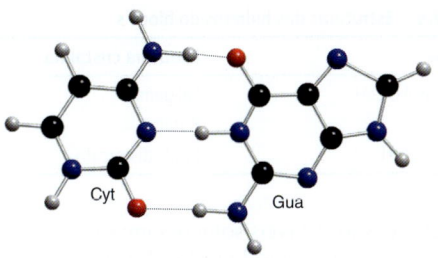

Figura 10.8* Emparelhamento de bases no DNA. A citosina reconhece a guanina através da formação de três ligações hidrogênio.

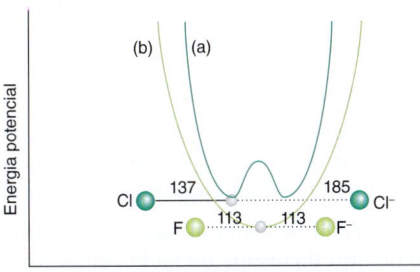

Figura 10.9 Variação da energia potencial em função da posição do próton entre dois átomos em uma ligação hidrogênio: (a) curva de potencial com duplo mínimo característica de uma ligação hidrogênio fraca; (b) curva de potencial com um mínimo único característica de uma ligação hidrogênio forte.

no íon bifluoreto, FHF⁻, o átomo de H encontra-se a meio caminho entre os átomos de F; a separação F–F (226 pm) é significantemente menor do que duas vezes o raio de van der Waals do átomo de F (2 × 135 pm).

A ligação hidrogênio é facilmente detectada pelo alargamento e pelo deslocamento para frequências menores das bandas de estiramento E–H no espectro no infravermelho (Fig. 10.10) e pelo deslocamento químico anormal do próton no RMN-¹H. O uso da espectroscopia de micro-ondas tem permitido observar a estrutura de complexos ligados pelo hidrogênio em fase gasosa. A orientação do par isolado nos compostos ricos em elétrons prevista pela teoria RPECV (Seção 2.3) mostra boa concordância com a orientação do HF nesses complexos (Fig. 10.11). Por exemplo, o HF encontra-se orientado ao longo do eixo ternário do NH_3 e do

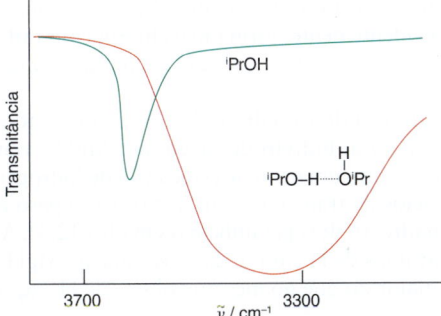

Figura 10.10 Espectro no infravermelho do 2-propanol. Na curva superior, o 2-propanol está presente como moléculas não associadas, em solução diluída. Na curva inferior, o álcool puro está associado através de ligações hidrogênio. A associação alarga e reduz a frequência da banda de absorção do estiramento O–H. (Extraído de N.B. Colthrup, L.H. Daly e S.E. Wiberley, *Introduction to infrared and Raman spectroscopy*. Academic Press (1975).)

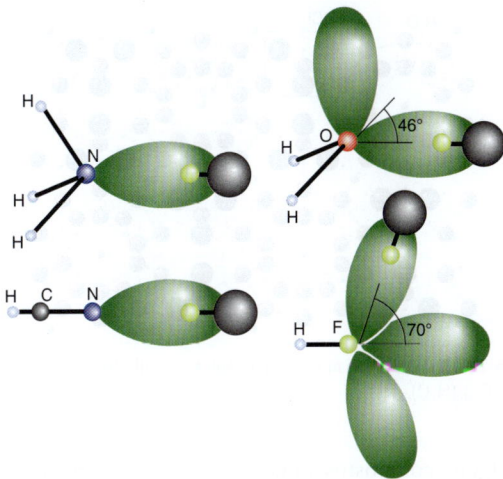

Figura 10.11* Orientação dos pares isolados como previsto pela teoria RPECV, comparada com a orientação do HF em complexos em fase gasosa ligados pelo hidrogênio. A molécula de HF está orientada ao longo do eixo ternário do NH_3 e do PH_3, está orientada fora do plano do H_2O em seu complexo com o H_2O, está colinear com a molécula de HCN e está orientada fora do eixo do HF no dímero de HF.

PH_3 (alinhado com o par isolado do átomo do Grupo 15), encontra-se orientado fora do plano do H_2O em seu complexo com o H_2O e encontra-se orientado fora do eixo do HF no dímero de HF. As determinações de estrutura em monocristais por raios X frequentemente mostram os mesmos padrões, como, por exemplo, na estrutura do gelo e no HF sólido, mas as forças de empacotamento nos sólidos podem ter forte influência na orientação das ligações hidrogênio relativamente fracas.

Uma das manifestações mais interessantes da ligação hidrogênio é a estrutura do gelo. Há pelo menos dez fases diferentes de gelo, mas somente uma é estável nas condições ordinárias. A fase comum de baixa pressão, o gelo-I_h, cristaliza numa célula unitária hexagonal com cada átomo de O rodeado tetraedricamente por outros quatro (como mostrado na Fig. 10.7). Esses átomos de O são mantidos unidos por ligações hidrogênio, com as ligações O–H···O e O···H–O distribuídas em grande parte aleatoriamente ao longo do sólido. A estrutura resultante é bastante aberta, o que explica por que a densidade do gelo é menor do que a da água. Quando o gelo funde, a rede de ligações hidrogênio colapsa parcialmente.

A água também pode formar **hidratos clatratos**, que consistem em gaiolas de moléculas de água unidas por ligações hidrogênio que rodeiam íons ou moléculas intrusas. Um exemplo é o hidrato clatrato de composição $Xe_4(CCl_4)_8(H_2O)_{68}$ (Fig. 10.12). Esta estrutura, com os átomos de O definindo os vértices das gaiolas, consiste em poliedros de 14 e 12 faces numa razão de 3:2. Os átomos de O são mantidos unidos por ligações hidrogênio e as moléculas hospedeiras ocupam o interior dos poliedros. Além de suas estruturas interessantes, que ilustram a organização que pode ser produzida pela ligação hidrogênio, os hidratos clatratos são usados frequentemente como modelos para o modo como a água parece tornar-se organizada ao redor de grupos não polares, como os existentes nas proteínas. Hidratos clatratos de metano ocorrem na Terra em altas pressões, estimando-se que quantidades enormes de CH_4 estejam aprisionadas nessas formações (veja Quadro 14.3).

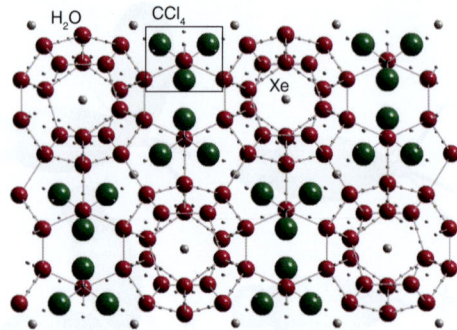

Figura 10.12 Gaiolas de moléculas de água nos hidratos clatratos, no caso o $Xe_4(CCl_4)_8(H_2O)_{68}$.

Alguns compostos iônicos formam hidratos clatratos nos quais o ânion está incorporado numa rede por ligações hidrogênio. Esse tipo de clatrato é particularmente comum com os fortes receptores de ligação hidrogênio F^- e OH^-. Um exemplo é o $N(CH_3)_4F \cdot 4H_2O$ (**6**).

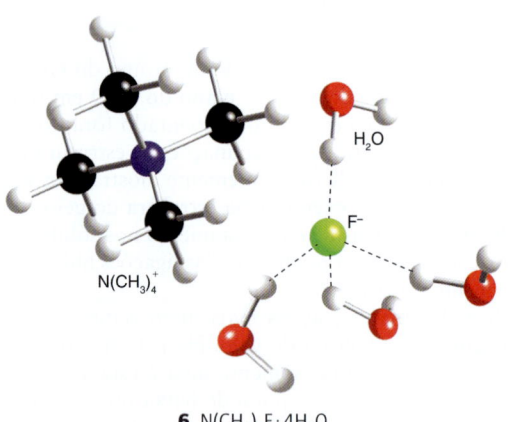

6 $N(CH_3)_4F \cdot 4H_2O$

(b) Hidretos salinos

Pontos principais: Compostos de hidrogênio com os metais mais eletropositivos podem ser considerados como hidretos iônicos; eles liberam H_2 em contato com ácidos de Brønsted e transferem H^- para os eletrófilos. Como doadores diretos de hidreto, eles reagem com compostos de haletos para formar hidretos aniônicos complexos.

Os hidretos salinos são sólidos iônicos que contêm íons H^- discretos e são análogos aos sais dos haletos correspondentes. O raio iônico do H^- varia de 126 pm no LiH a 154 pm no CsH. Essa grande variação reflete o pouco controle que a única carga do próton tem sobre os dois elétrons ao seu redor e a consequente alta compressibilidade e polarizabilidade do H^-. Os hidretos dos elementos dos Grupos 1 e 2, com exceção do Be, são compostos iônicos. Todos os hidretos do Grupo 1 possuem a estrutura de sal-gema. Com exceção do MgH_2, que possui a estrutura do rutílio, os hidretos do Grupo 2 possuem estrutura da fluorita em temperatura elevada e estrutura do $PbCl_2$ em baixa temperatura (Tabela 10.5).

Os hidretos salinos são insolúveis nos solventes não aquosos comuns, mas dissolvem-se em haletos e hidróxidos de metais alcalinos fundidos, como NaOH (p.f. de 318°C).

Tabela 10.5 Estruturas dos hidretos do bloco s

Composto	Estrutura cristalina
LiH, NaH, RbH, CsH	Sal-gema
MgH_2	Rutílio
CaH_2, SrH_2, BaH_2	$PbCl_2$ distorcido

A eletrólise destas estáveis soluções em sal fundido produz hidrogênio gasoso no anodo (o local de oxidação):

$$2\ H^- \text{(fundido)} \rightarrow H_2(g) + 2\ e^-$$

Essa reação é uma evidência química da existência de íons H^- discretos. Por outro lado, a reação dos hidretos salinos com água é perigosamente violenta:

$$NaH(s) + H_2O(l) \rightarrow NaOH(aq) + H_2(g)$$

Os hidretos de metais alcalinos são reagentes convenientes para sintetizar outros hidretos, pois eles são provedores diretos de íons H^- para as seguintes reações de síntese:

- Reação de metátese com um haleto, como a reação de hidreto de lítio finamente dividido com tetracloreto de silício dissolvido em éter dietílico seco (et):

$$4\ LiH(s) + SiCl_4(et) \rightarrow 4\ LiCl(s) + SiH_4(g)$$

- Reação de adição a um ácido de Lewis; por exemplo, a reação com um composto trialquilboro produz um hidreto complexo que é um bom agente redutor e uma fonte de íons hidreto em solventes orgânicos:

$$NaH(s) + B(C_2H_5)_3(et) \rightarrow Na[HB(C_2H_5)_3](et)$$

- Reação com uma fonte de próton, para produzir H_2:

$$NaH(s) + CH_3OH(et) \rightarrow NaOCH_3(s) + H_2(g)$$

A falta de solventes adequados limita o uso dos hidretos salinos como reagentes, mas esse problema é parcialmente superado pela disponibilidade de dispersões comerciais de NaH finamente dividido em óleo. Hidretos de metais alcalinos finamente divididos e ainda mais reativos podem ser preparados a partir de uma alquila metálica e hidrogênio.

Os hidretos salinos são pirofóricos; de fato, a simples exposição ao ar úmido do hidreto de sódio finamente dividido pode levá-lo à ignição. Tais incêndios são difíceis de extinguir porque até mesmo o dióxido de carbono é reduzido quando entra em contato com hidretos metálicos quentes (a água, evidentemente, forma mais hidrogênio inflamável); entretanto, eles podem ser abafados com um sólido inerte, como a areia.

Além do uso do di-hidreto de cálcio em geradores portáteis de H_2, o di-hidreto de magnésio, MgH_2, vem sendo investigado como um meio de estocagem de hidrogênio para uso em meios de transporte, em que o baixo peso é importante (Quadro 10.4; veja também o Quadro 12.3). A quantidade de átomos de H em um dado volume de MgH_2 é cerca de 50% maior do que no mesmo volume de H_2 líquido.

(c) Hidretos metálicos

Pontos principais: Não são conhecidos hidretos metálicos binários estáveis para os metais dos Grupos 7 ao 9; os hidretos metálicos possuem condutividade metálica, e em muitos deles o hidrogênio é bastante móvel.

QUADRO 10.4 Materiais para armazenamento reversível de H_2

A necessidade de desenvolvimento de sistemas práticos para a estocagem de hidrogênio a bordo tem sido considerada o maior obstáculo para o uso futuro do H_2 como um transportador de energia em veículos. O problema está apenas parcialmente resolvido pela compressão e a liquefação. A compressão do H_2 gasoso à alta pressão de 200 bar (densidade de energia de 0,53 kWh dm^{-3}) seguida de refrigeração para formar H_2 líquido (densidade de energia de 2,37 kWh dm^{-3}) requer considerável energia e impacta os custos, e é particularmente proibitiva para os pequenos veículos particulares, nos quais espaço e custo são também uma preocupação principal. O desafio, portanto, é identificar e desenvolver materiais que possam estocar H_2 de forma completamente reversível, em alta velocidade e em condições razoáveis de pressão e temperatura. Um desses materiais é o LaNi$_5$H$_6$, que armazena H_2 reversivelmente a uma densidade gravimétrica de 2%; no entanto, para serem utilizados em transporte, esses materiais também têm que ser leves. Dentre os materiais em investigação, encontram-se os hidretos, hidretos de boro e as amidas dos metais mais leves. Exemplos desses compostos e de suas densidades gravimétricas de estocagem de H_2 são o MgH$_2$ (8%), o LiBH$_4$ (20%), o LiNH$_2$ (10%) e o Al(BH$_4$)$_3$ (17%) que é um líquido que funde a –65°C. A estrutura do MgH$_2$ está descrita no Quadro 12.3.

Alguns dos princípios são exemplificados pelo sistema LiNH$_2$, para o qual o armazenamento reversível de hidrogênio ocorre por duas reações:

Li$_3$N(s) + H$_2$(g) $\underset{\text{Vácuo, > 320°C}}{\overset{\text{3 bar H}_2\text{, 210°C}}{\rightleftharpoons}}$ Li$_2$NH(s) + LiH(s)   ($\Delta_r H^\ominus$ = +148 kJ mol^{-1})

Li$_2$NH(s) + H$_2$(g) $\underset{\text{Vácuo, < 200°C}}{\overset{\text{3 bar H}_2\text{, 255°C}}{\rightleftharpoons}}$ LiNH$_2$(s) + LiH(s)   ($\Delta_r H^\ominus$ = +45 kJ mol^{-1})

Do ponto de vista termodinâmico, o equilíbrio Li$_2$NH/LiNH$_2$-LiH é o mais acessível dos dois.

As comparações entre as estruturas do Li$_2$NH e do LiNH$_2$ sugerem como a cinética de absorção e dessorção depende da mobilidade iônica (Fig. Q10.4). A estrutura do Li$_2$NH (antifluorita) é muito semelhante à do LiNH$_2$ (estrutura da antifluorita com defeito, em que metade dos sítios de Li estão ocupados). Os pequenos íons Li$^+$ podem migrar dentro de tal estrutura saltando entre os sítios defeituosos transitórios, permitindo, assim, a captura do H_2 pela protonação do NH^{2-}, acoplada à formação de uma fase LiH contígua. Um problema ainda a ser superado com as amidas

e outros hidretos complexos é a tendência que apresentam de sofrerem decomposição em produtos indesejáveis, como o NH$_3$.

As redes metalo-orgânicas (MOFs, Seção 24.12) são materiais porosos de baixa densidade que adsorvem moléculas de H_2 sem a quebra da ligação H–H. O MOF-5 (Zn$_4$O(1,4-benzenodicarboxilato)$_3$) adsorve fisicamente 7,1% em massa de H_2, a 77 K e 40 bar, de maneira completamente reversível. O hidrogênio é liberado diminuindo-se a pressão ou aumentando-se a temperatura, mas devido à fraca interação da rede com a molécula de H_2, esse processo tem de ser feito à baixa temperatura, significando que tais sistemas não deverão ter aplicação comercial.

Compostos orgânicos líquidos heterocíclicos de nitrogênio que podem reter H_2 reversivelmente também estão sob investigação. Os compostos baseados no imidazol são hidrogenados e manipulados facilmente, e o produto de descarga (o composto desidrogenado) pode ser simplesmente trocado pelo combustível hidrogenado em um posto de abastecimento.

Além do desenvolvimento de materiais para a estocagem reversível do H_2, é importante que o tanque de armazenamento e as conexões não sejam construídos por metais ou ligas que se tornem quebradiços pela ação do H_2.

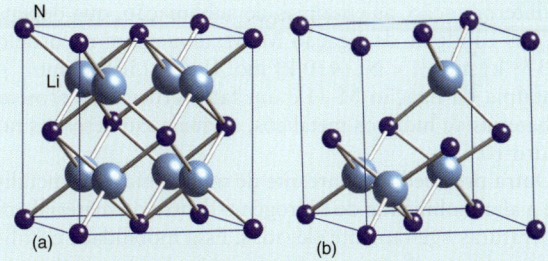

Figura Q10.4 Relação estrutural entre (a) Li$_2$NH (estrutura da antifluorita) e (b) LiNH$_2$ (notar as lacunas de Li), que pode facilitar o transporte dos íons Li$^+$ e a captura de H_2 em conjunção com a formação da fase LiH contígua (não apresentada). Os átomos de hidrogênio foram omitidos para melhor clareza.

Vários elementos dos blocos d e f reagem com o H_2 formando hidretos metálicos. A maioria desses compostos (e os hidretos de ligas) tem lustro metálico é condutora de eletricidade (por isso seu nome). Eles são menos densos que o respectivo metal e quebradiços – uma propriedade que representa um desafio para a construção de tubos que transportam H_2. A maioria dos hidretos metálicos tem composição variável (eles são não estequiométricos). Por exemplo, a 550°C o hidreto de zircônio apresenta uma faixa de composição do ZrH$_{1,30}$ ao ZrH$_{1,75}$; ele tem a estrutura da fluorita (Fig. 3.38), com um número variável de sítios de ânion desocupados. A estequiometria variável e a condutividade metálica desses hidretos podem ser entendidas em termos de um modelo no qual a banda de orbitais deslocalizada, responsável pela condutividade, acomoda os elétrons fornecidos pelos átomos de H que chegam. Neste modelo, os átomos de H, assim como os átomos do metal, assumem posições de equilíbrio no mar de elétrons. A condutividade dos hidretos metálicos geralmente varia com o conteúdo de hidrogênio, e essa variação pode ser correlacionada com o quanto a banda de condução é preenchida ou esvaziada à medida que mais hidrogênio é adicionado ou removido. Assim, enquanto os compostos CeH$_{2+x}$ (os valores de x são geralmente menores

do que 0,75) são condutores metálicos, o CeH$_3$ é um isolante e assemelha-se mais a um hidreto salino.

Os hidretos metálicos são formados por todos os metais do bloco d dos Grupos 3, 4 e 5 e por praticamente todos os elementos do bloco f (Fig. 10.13). Entretanto, o único hidreto conhecido do Grupo 6 é o CrH, e não são conhecidos hidretos para os metais dos Grupos 7, 8 e 9 que não estejam sob a forma de ligas. A região da tabela periódica que vai do Grupo 7 ao 9 é algumas vezes chamada de **falha dos hidretos**, pois poucos ou mesmo nenhum composto binário estável de metal e hidrogênio são conhecidos para estes elementos. Entretanto, estes metais são importantes como catalisadores de hidrogenação, pois podem *ativar* o hidrogênio.

Os metais do Grupo 10, especialmente Ni e Pt, são frequentemente usados como catalisadores de hidrogenação, acreditando-se que esteja envolvida a formação de hidretos nas suas superfícies (Seções 25.11 e 25.16). Entretanto, surpreendentemente, somente o Pd forma uma fase estável de composição PdH$_x$, com x < 1, sob pressões moderadas. O níquel forma fases de hidreto em pressões muito elevadas, mas a Pt não forma hidreto em condição alguma. Aparentemente, a entalpia da ligação Pt–H é suficientemente grande para romper a ligação H–H, mas não é grande o bastante para

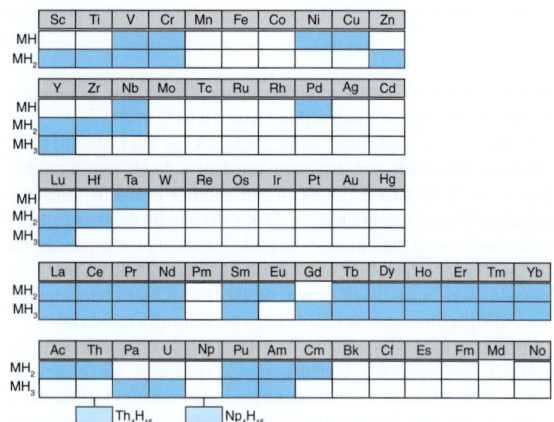

Figura 10.13 Hidretos formados pelos elementos dos blocos d e f. As fórmulas são estequiometrias limites baseadas no tipo estrutural.

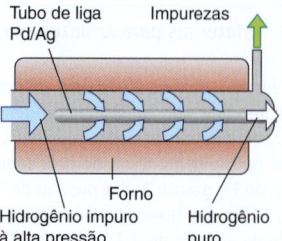

Figura 10.14 Diagrama esquemático de um purificador de hidrogênio. Devido à diferença de pressão e à mobilidade dos átomos de H no paládio, o hidrogênio difunde-se através do tubo de liga de paládio-prata como átomos de H, mas não as impurezas.

compensar a perda da ligação Pt–Pt que deveria ocorrer na formação de uma fase de hidreto de platina. Reforçando essa interpretação, as entalpias de sublimação, que dependem das entalpias da ligação M–M, aumentam na ordem Pd (378 kJ mol^{-1}) < Ni (430 kJ mol^{-1}) < Pt (565 kJ mol^{-1}). A entalpia da ligação M–H é um fator crucial no projeto das baterias de hidretos metálicos, as quais são descritas no Quadro 10.5.

Outra propriedade marcante de muitos hidretos metálicos é a alta mobilidade do hidrogênio dentro do material em temperaturas ligeiramente elevadas. Essa mobilidade é utilizada na ultrapurificação do H$_2$ por difusão através do emprego de um tubo de liga paládio-prata (Fig. 10.14). A alta mobilidade do hidrogênio que compõe o material e as suas composições variáveis tornam os hidretos metálicos meios potencialmente apropriados para armazenar hidrogênio. Ao se resfriar o paládio ao rubro, ele absorve até 900 vezes o seu próprio volume em hidrogênio, o qual pode ser liberado novamente por aquecimento. Como resultado, o paládio é algumas vezes chamado de "esponja de hidrogênio". O composto intermetálico LaNi$_5$ forma uma fase hidreto com composição limite LaNi$_5$H$_6$, sendo que nessa composição ele contém uma densidade de hidrogênio maior do que no H$_2$ líquido. Um sistema mais barato, com a composição FeTiH$_x$ ($x < 1{,}95$), já está disponível comercialmente para armazenar hidrogênio à baixa pressão.

(d) Complexos de metais d com hidreto e di-hidrogênio

Pontos principais: É conhecido um grande número de complexos de metais do bloco d nos quais a molécula de di-hidrogênio ou o ânion hidreto participam como ligantes. Esses complexos desempenham papéis importantes em catálise e na ativação do hidrogênio.

O átomo de H e a molécula de H$_2$ desempenham um importante papel na química dos organometálicos, principalmente

---

QUADRO 10.5 Baterias de hidreto metálico

Uma bateria de níquel e hidreto metálico é um tipo de bateria recarregável semelhante à bateria de níquel-cádmio, amplamente utilizada. A principal vantagem da bateria de hidreto metálico sobre as de níquel-cádmio é que elas são recicladas mais facilmente e não contêm Cd, que é um elemento muito tóxico. Entretanto, as baterias de níquel e hidreto metálico têm uma alta velocidade de descarga em repouso, da ordem de 30% por mês. Essa velocidade é maior do que a das baterias de níquel-cádmio, que é de aproximadamente 20% por mês. Apesar disso, as baterias de níquel e hidreto metálico estão sendo analisadas como possíveis fontes de energia para veículos elétricos. Em comparação com os veículos impulsionados por motor de combustão interna, os veículos elétricos são livres de emissões (ignorando-se a geração da eletricidade que é feita em algum lugar). Além disso, a eficiência energética da geração de eletricidade para veículos é quase o dobro daquela do motor de combustão interna. A energia elétrica também reduz a dependência da sociedade no petróleo e aumenta as oportunidades de uso de fontes de energia renováveis e também do uso do carvão e do gás natural, de forma que o CO$_2$ possa ser capturado (ver Quadro 14.5).

Dentre as propriedades atraentes das baterias de níquel e hidreto metálico estão alta potência, vida longa, ampla faixa de temperatura de operação, pequeno tempo de recarga e operação livre de manutenção por serem seladas. O catodo é feito de uma liga metálica mista na qual os hidretos metálicos são formados reversivelmente. O anodo é feito de hidróxido de níquel. O eletrólito é uma solução básica com 30% de KOH em massa. As reações que ocorrem nos eletrodos são:

Catodo: M + H$_2$O + e$^-$ → M – H + OH$^-$

Anodo: Ni(OH)$_2$ + OH$^-$ → Ni(O)OH + H$_2$O + e$^-$

A concentração do eletrólito não varia durante os ciclos de carga e descarga.

A força da ligação M–H do hidreto metálico é crucial para a operação da bateria. A entalpia de ligação ideal situa-se na faixa de 25 a 50 kJ mol^{-1}. Se a entalpia de ligação for muito baixa, o hidrogênio não reagirá com a liga metálica, e ocorrerá evolução de H$_2$. Se a entalpia de ligação for muito alta, a reação não será reversível. Outros fatores influenciam a escolha do metal. Por exemplo, a liga não deve reagir com a solução de KOH, deve ser resistente à oxidação e à corrosão e deve tolerar sobrecarga (durante a qual forma-se O$_2$ no eletrodo de Ni(O)OH) e descarga rápida (durante a qual forma-se H$_2$ no eletrodo de Ni(OH)$_2$). Para atender a essas diversas exigências, as ligas têm estruturas desordenadas e usam metais que não seriam apropriados se usados sozinhos, tais como Li, Mg, Al, Ca, V, Cr, Mn, Fe, Cu e Zr. O número de átomos de hidrogênio por átomo metálico pode ser aumentado usando-se Mg, Ti, V, Zr e Nb, e a entalpia da ligação M–H pode ser ajustada usando-se V, Mn e Zr. As reações de carga e descarga são catalisadas por Al, Mn, Co, Fe e Ni, e a resistência à corrosão pode ser melhorada utilizando-se Cr, Mo e W. Essa grande faixa de propriedades permite que o desempenho das baterias de níquel e hidreto metálico seja otimizado para diferentes aplicações.

> **EXEMPLO 10.2** Correlacionando a classificação com as propriedades dos compostos de hidrogênio
>
> Classifique os compostos PH_3, CsH e B_2H_6 e discuta suas prováveis propriedades físicas. Para os compostos moleculares, especifique as suas subclassificações (deficiente de elétrons, com número exato de elétrons ou rico em elétrons).
>
> **Resposta** Precisamos considerar o grupo do elemento E. O CsH é um composto de um elemento do Grupo 1, e assim podemos esperar que ele seja um hidreto salino típico dos metais do bloco s. Ele é um isolante elétrico com a estrutura do sal-gema. De forma semelhante aos compostos de hidrogênio dos outros elementos do bloco p, os hidretos PH_3 e B_2H_6 são moleculares, com pequena massa molar e alta volatilidade. De fato, eles são gases em condições normais. A estrutura de Lewis do PH_3 indica que ele possui um par isolado no átomo de fósforo, sendo, portanto, um composto molecular rico em elétrons. Por outro lado, o diborano é um composto deficiente de elétrons.
>
> **Teste sua compreensão 10.2** Dê as equações balanceadas (ou indique NR quando não houver reação) para (a) $Ca + H_2$, (b) $NH_3 + BF_3$, (c) $LiOH + H_2$.

Algumas tendências do comportamento doador de hidreto (hidricidade) são apresentadas na Figura 10.15. Valores de afinidade ao hidreto ($-\Delta_H H^\ominus$) calculados para alguns compostos de boro por meio do emprego da teoria de funcional de densidade (Seção 2.12) estão plotados de acordo com suas capacidades de doação de hidreto ($-\Delta_H G^\ominus$) para os complexos bis(difosfina) de metais d e outras espécies, calculados a partir de dados experimentais obtidos em solução. A capacidade doadora de hidreto varia com a força do ligante doador (dmpe > depe > dppe), com o grupo do metal (Grupo 17 > isoeletrônicos do Grupo 18) e com o período (interessantemente, 3d < 4d > 5d). Também foram incluídos na Figura 10.15 os valores para o metanoato e a benzilnicotinamida, um análogo do NADH, o agente orgânico de transferência de hidreto usado pela biologia.

Assim como ocorre em alguns hidretos dos elementos dos grupos principais, um átomo de H pode também ocupar uma posição em ponte (em uma ligação $3c,2e$) entre dois átomos metálicos, geralmente em conjunção com uma ligação metal-metal. O complexo $[(CO)_5W-\mu H-W(CO)_5]^-$ (7) representa um raro exemplo em que um átomo de H está em ponte com dois átomos metálicos que não estão ligados entre si.

na catálise homogênea envolvendo a hidrogenação de alquenos e grupos carbonila (ver Seções 22.7, 25.4 e 25.5). Um único átomo de H ligado é normalmente considerado como um ligante H^- (hidreto): o H^- é altamente polarizável e comporta-se como um doador σ macio de dois elétrons (Seção 22.7). Existe um grande número de complexos dos elementos dos blocos d e f contendo um ou mais ligantes hidreto; esses complexos incluem os elementos da "falha dos hidretos" que não formam hidretos metálicos binários. Os complexos de hidreto podem ser sintetizados por muitas rotas, tal como a reação de um íon metálico ou complexo com uma fonte apropriada de hidrogênio (água) e (geralmente) um agente redutor.

$$Rh^{3+}(aq) \xrightarrow{Zn(s)/NH_3(aq)} [RhH(NH_3)_5]^{2+}$$

$$[FeI_2(CO)_4] + 2\,NaBH_4 \xrightarrow{THF} [Fe(H)_2(CO)_4] + B_2H_6 + 2\,NaI$$

sendo THF = tetra-hidrofurano. Assim como nos compostos binários dos elementos dos grupos principais, o ligante H coordenado pode ser protônico ou hidrídico, dependendo se o átomo metálico tem tendência a doar ou receber elétrons, o que por sua vez depende da natureza dos outros ligantes. A presença de ligantes CO, que têm a tendência de receber elétrons, na esfera de coordenação torna o átomo de H protônico, pois eles podem estabilizar a base conjugada que resulta da liberação do próton. Como explicado em mais detalhes na Seção 22.18, compostos como o $[CoH(CO)_4]$ são ácidos de Brønsted que podem ser ranqueados em termos dos seus valores de pK_a, que para o $[CoH(CO)_4]$ é igual a 8,3 quando medido em acetonitrila. Por outro lado, os ligantes que doam elétrons tendem a conferir maior caráter de hidreto. Os complexos de bis(difosfina) com metais d como o Rh são comparáveis aos tri-haletos de boro como agentes transferidores de hidreto:

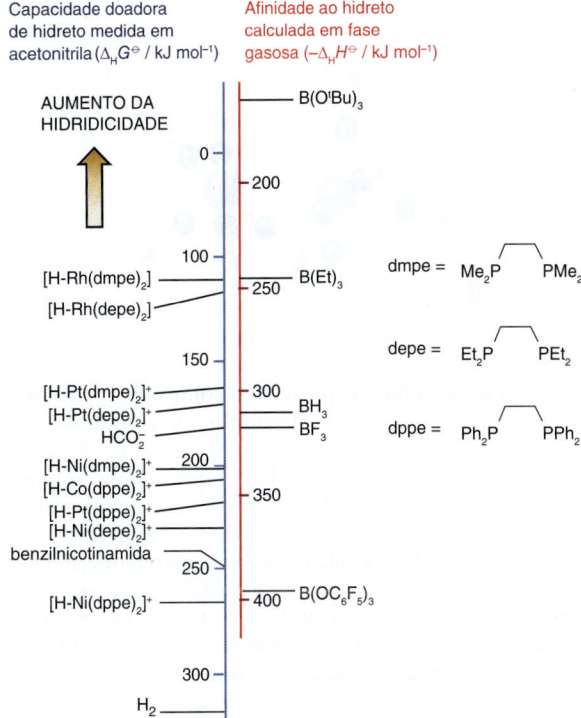

Figura 10.15 Escala de hidricidade: no lado direito encontram-se valores de afinidade ao hidreto ($-\Delta_H H^\ominus$) calculados para alguns compostos de boro usando-se a teoria do funcional de densidade; no lado esquerdo encontram-se valores para a capacidade doadora de hidreto ($\Delta_H G^\ominus$) para complexos bis(difosfina) de metais d e outras espécies, calculados a partir de dados experimentais obtidos em solução. As duas escalas foram alinhadas usando-se a constante de equilíbrio, aproximadamente igual a 1, observada entre $[HRh(dmpe)_2]$ e BEt_3. (Figura adaptada de Mock et al., *J. Am. Chem. Soc.*, 2009, **131**, 14454 e outros dados.)

EXEMPLO 10.3 Determinando a hidridicidade de complexos de metais da partir do equilíbrio da transferência de hidreto em solventes apróticos

O complexo [Pt(PNP)$_2$]$^{2+}$ (PNP =Et$_2$PCH$_2$N(Me)CH$_2$PEt$_2$) fica em equilíbrio com H$_2$ e NEt$_3$ em acetonitrila, formando uma mistura que contém HNEt$_3$ e [PtH(PNP)$_2$]$^{2+}$. A partir das concentrações de [Pt(PNP)$_2$]$^{2+}$ e [PtH(PNP)$_2$]$^{2+}$ presentes no equilíbrio sob 1 atm de H$_2$ (determinados usando-se RMN-^{31}P), a constante de equilíbrio para a reação

[Pt(PNP)$_2$]$^{2+}$ +H$_2$ +NEt$_3$ ⇌ [PtH(PNP)$_2$]$^+$ +HNEt$_3$

é de 790 atm^{-1}. Sabendo-se que o pK_a para o HNEt$_3$ em acetonitrila é igual a 18,8, calcule a capacidade doadora de hidreto do [PtH(PNP)$_2$]$^{2+}$ ($\Delta_H G^\ominus$).

Resposta Empregando-se os argumentos termodinâmicos descritos na Seção 10.6a(ii) e o valor de 317 kJ mol^{-1} para a quebra heterolítica do H$_2$ em acetonitrila, obtém-se

$\Delta_H G^\ominus$ =2,3RT log (790)−2,3RT(18,8)+317=232 kJ mol^{-1}

Teste sua compreensão 10.3 O complexo análogo [Pd(PNP)$_2$]$^{2+}$ não reage com H$_2$ na presença de NEt$_3$, mas a constante de equilíbrio para a reação de troca de hidreto

[PdH(PNP)$_2$]$^+$ +[Pt(PNP)$_2$]$^{2+}$ ⇌ [Pd(PNP)$_2$]$^{2+}$ +[PtH(PNP)$_2$]$^+$

é de 450, a 298 K. Calcule a capacidade doadora de hidreto do [PdH(PNP)$_2$]$^+$.

A molécula de H$_2$ pode também coordenar-se como uma molécula intacta, usando o orbital 1σ_g para doar um par de elétron e o orbital 1σ_u para receber um par de elétron do metal, o que é conhecido como uma **retrodoação π** ou **ligação sinérgica** (Capítulo 22.7). Se o metal é rico em elétrons e está em um estado de oxidação suficientemente baixo, a retrodoação π resulta numa cisão homolítica da ligação H–H, e os dois átomos de H são reduzidos a ligantes H$^-$, com a concomitante oxidação do metal. Esse processo é conhecido como **adição oxidativa** e está discutido em mais detalhes na Seção 22.22. A adição oxidativa do H$_2$ é exemplificada pelo "composto de Vaska", [IrCl(CO)(PPh$_3$)$_2$] (**9**). No produto (**10**), os dois átomos de H são considerados ligantes hidreto (H$^-$) e o número de oxidação formal do Ir aumenta de 2. Muitos complexos do bloco d foram isolados contendo o ligante, relativamente estável, H$_2$ intacto. O primeiro desses compostos a ser identificado foi o [W(CO)$_3$(H$_2$)(P^{i}Pr$_3$)$_2$] (**11**), onde ^{i}Pr representa o grupo isopropila, CH(CH$_3$)$_2$.

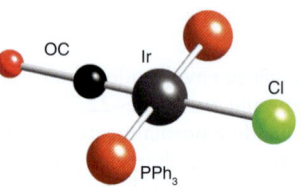

9 [IrCl(CO)(PPh$_3$)$_2$], Ph=C$_6$H$_5$

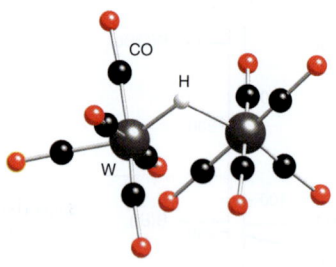

7 [(CO)$_5$W-µH-W(CO)$_5$]$^-$

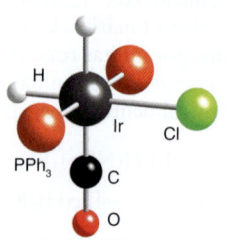

10 [IrCl(CO)H$_2$(PPh$_3$)$_2$]

Um **complexo homoléptico** é um complexo que contém apenas um tipo de ligante. Exemplos de complexos homolépticos metal-hidreto são fornecidos pelo Fe, Rh e Tc. O composto verde escuro Mg$_2$FeH$_6$, que contém o ânion complexo octaédrico [FeH$_6$]$^{4-}$, é obtido pela reação de todos os elementos juntos, sob pressão. O ânion complexo [ReH$_9$]$^{2-}$ (**8**) é formado pela redução do perrenato, [ReO$_4$]$^-$, com K ou Na em etanol. No estado sólido, os átomos de H formam um antiprisma quadrático encapuzado ao redor do Re, que está formalmente no estado de oxidação +7. O complexo [TcH$_9$]$^{2-}$ possui a mesma estrutura.

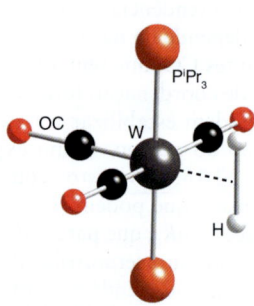

11 [W(CO)$_3$(H)$_2$(P^{i}Pr$_3$)$_2$]

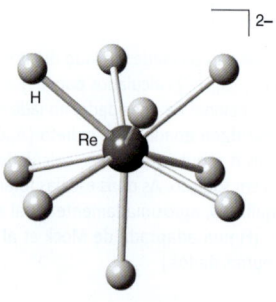

8 [ReH$_9$]$^{2-}$

Ambos, o átomo de H e a molécula de H$_2$ podem estar coordenados, como ligantes, ao mesmo átomo metálico. O complexo [Ru(H)$_2$(H$_2$)$_2$(PCyp$_3$)$_2$] (**12**) contém seis átomos H na esfera de coordenação interna: os dois tipos de ligantes, H$^-$ e H$_2$, podem ser diferenciados por difração de nêutron.

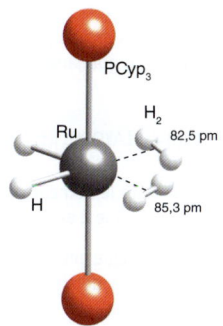

12 [Ru(H)₂(H₂)₂(PCyp₃)₂], Cyp = *ciclo*-C₅H₉

(e) Catalisadores para produção eletroquímica eficiente de H₂ ou para oxidação de H₂

Pontos principais: Compostos simples e materiais que podem realizar uma eficiente produção eletrocatalítica de H₂ ou oxidação de H₂ com velocidades e eficiências similares às da Pt são de grande interesse. As enzimas conhecidas como hidrogenases, que contêm Fe e Ni, desempenham essa função com grande facilidade e são consideradas como objetivos da química inorgânica.

Uma abordagem para a diminuição do custo do H₂ renovável é aprender as lições da biologia e desenhar catalisadores otimizados para a interconversão heterolítica entre H₂ e H⁺/H⁻, como nos sítios ativos das hidrogenases (Seção 26.14). Para uma interconversão é necessário que um hidrogênio hidrídico e um hidrogênio protônico sejam trazidos para a proximidade um do outro, com a energia certa para facilitar a formação da ligação H–H. Um destes compostos (**13**) é mostrado em uma representação de um possível estado de transição. O Ni está coordenado a dois ligantes cíclicos difosfina de sete membros, geralmente abreviado como P^Ph₂N^Ph (1,3,6-trifenil-1-aza-3,6-difosfociclohexano), que possui um N básico "pendente" acima do átomo de Ni. Eletroquimicamente, faz-se o Ni alternar ciclicamente entre Ni(II) e Ni(0), fazendo com que um próton que tenha sido capturado do solvente pelo N pendente se transfira para o Ni, onde torna-se um hidreto; a transferência de um segundo próton para o N pendente inicia a formação de uma ligação H–H, e o ciclo recomeça após a liberação do H₂.

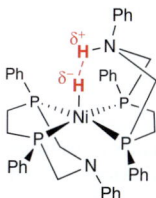

13 Um análogo funcional de uma hidrogenase

10.7 Métodos gerais para a síntese de compostos binários de hidrogênio

Pontos principais: As rotas gerais para a síntese dos compostos binários de hidrogênio são a reação direta do H₂ com um elemento, a protonação de ânions não metálicos e a metátese entre uma fonte de hidreto e um haleto ou pseudo-haleto.

Uma energia de Gibbs de formação negativa é um sinal de que a combinação direta do hidrogênio com um elemento pode ser a rota sintética preferida para um composto de hidrogênio. Quando um composto é termodinamicamente instável em relação aos seus elementos, uma rota sintética indireta, a partir de outros compostos, pode ser frequentemente encontrada, mas cada etapa dessa rota indireta deve ser termodinamicamente favorável.

Há três métodos comuns para sintetizar compostos binários de hidrogênio:

- Combinação direta dos elementos (hidrogenólise):

$$2\,E + H_2(g) \rightarrow 2\,EH$$

- Protonação de um ânion que seja uma base de Brønsted:

$$2\,E^- + H_2O(l) \rightarrow EH + OH^-(aq)$$

- Reação de um hidreto iônico ou um doador de hidreto (MH) com um haleto (metátese):

$$MH + EX \rightarrow EH + MX$$

Nessas equações gerais, o símbolo E também pode representar um elemento com uma valência mais alta, exigindo as correspondentes mudanças dos detalhes nas fórmulas e nos coeficientes estequiométricos.

A combinação direta é usada comercialmente para a síntese de compostos que possuem energias de Gibbs de formação negativas, incluindo o NH₃ e os hidretos de lítio, sódio e cálcio. Entretanto, é necessário, em alguns casos, alta pressão, alta temperatura e um catalisador para superar barreiras cinéticas desfavoráveis. A alta temperatura usada para a reação com o lítio é um exemplo: ela funde o metal e consequentemente ajuda a quebrar a camada superficial de hidreto que, caso contrário, o passivaria. Esse inconveniente é evitado em muitas preparações de laboratório adotando-se uma das rotas de síntese alternativas, as quais também podem ser usadas para a preparação de compostos com energias de Gibbs de formação positivas.

Um exemplo é a protonação de uma base de Brønsted, como o íon nitreto:

$$Li_3N(s) + 3\,H_2O(l) \rightarrow 3\,LiOH(aq) + NH_3(g)$$

O nitreto de lítio é muito caro para essa reação ser empregada industrialmente na produção da amônia, mas é muito útil em laboratório para a preparação do ND₃ (usando-se D₂O no lugar do H₂O). A água é um ácido suficientemente forte para protonar a base muito forte N³⁻, mas um ácido muito mais forte, como o H₂SO₄, é necessário para protonar a base fraca Cl⁻:

$$NaCl(s) + 3\,H_2SO_4(l) \rightarrow NaHSO_4(s) + HCl(g)$$

Um exemplo de síntese por uma reação de metátese é a preparação do silano:

$$LiAlH_4(s) + SiCl_4(l) \rightarrow LiAlCl_4(s) + SiH_4(g)$$

Os hidretos dos elementos mais eletropositivos (LiH, NaH e o ânion AlH₄⁻) são as fontes mais ativas de H⁻. Sais como LiAlH₄ e NaBH₄ são solúveis em éteres que solvatam o íon de metal alcalino. Dentre esses dois complexos aniônicos, o AlH₄⁻ é o que tem a maior capacidade doadora de hidreto.

EXEMPLO 10.4 Usando compostos de hidrogênio em síntese

Sugira um procedimento para sintetizar o tetraetoxialuminato de lítio, Li[Al(OEt)$_4$], a partir do LiAlH$_4$ e outros reagentes e solventes de sua escolha.

Resposta Devemos notar que o AlH$_4^-$ é um forte doador de H$^-$. Como o H$^-$ é uma base de Brønsted ainda mais forte do que o etóxido (CH$_3$CH$_2$O$^-$ = EtO$^-$), ele poderá reagir com o etanol para produzir H$_2$ e EtO$^-$, que irá então substituir o H$^-$. A reação do etanol, um composto levemente ácido, com o AlH$_4^-$ fortemente hidrídico, deverá fornecer o alcóxido desejado e hidrogênio. A reação pode ser feita dissolvendo-se LiAlH$_4$ em tetra-hidrofurano e gotejando-se etanol nessa solução lentamente:

$$\text{LiAlH}_4(\text{thf}) + 4\,\text{C}_2\text{H}_5\text{OH}(l) \rightarrow \text{Li}[\text{Al}(\text{OEt})_4](\text{thf}) + 4\,\text{H}_2(g)$$

Esse tipo de reação deve ser feito lentamente e sob um fluxo de gás inerte (N$_2$ ou Ar) para diluir o H$_2$, que é explosivamente inflamável.

Teste sua compreensão 10.4 Indique uma maneira de sintetizar o trietilmetilestanano, MeEt$_3$Sn, a partir do trietilestanano, Et$_3$SnH, e um reagente de sua escolha.

LEITURA COMPLEMENTAR

T.I. Sigfusson, Pathways to hydrogen as an energy carrier. *Philos. Trans. R. Soc., A.*, 2007, **365**, 1025.

B. Sørensen, *Hydrogen and fuel cells*. Elsevier Academic Press (2005).

W. Grochala e P.P. Edwards, Thermal decomposition of the noninterstitial hydrides for the storage and production of hydrogen. *Chem. Rev.*, 2004, **104**, 1283.

G.A. Jeffrey, *An introduction to hydrogen bonding*. Oxford University Press (1997).

G.A. Jeffrey, *Hydrogen bonds in biological systems*. Oxford University Press (1994).

R.B. King, *Inorganic chemistry of the main group elements*. John Wiley & Sons (1994).

J.S. Rigden, *Hydrogen: the essential element*. Harvard University Press (2002).

P. Enghag, *Encyclopedia of the elements*. John Wiley & Sons (2004).

P. Ball, *H$_2$O: A biography of water*. Phoenix (2004). Uma interessante visão da química e da física da água.

G.W. Crabtree, M.S. Dresselhaus e M.V. Buchanan, The hydrogen economy. *Phys. Today*, 2004, **39**, 57.

W. Lubitz e W. Tumas (eds), Hydrogen. *Chem. Rev.* (100th thematic issue), 2007, **107**.

S.-I. Orimo, Y. Nakamori, J.R. Eliseo, A. Züttel e C.M. Jensen, Complex hydrides for hydrogen storage. *Chem. Rev.*, 2007, **107**, 4111.

R.H. Crabtree, Hydrogen storage in liquid organic heterocycles. *Energy Environ. Sci.*, 2008, **1**, 134.

L.J. Murray et al., Hydrogen storage in metal organic frameworks. *Chem. Soc. Rev.*, 2009, **38**, 1294.

T. Kodama e N. Gokon, Thermochemical cycles for high-temperature solar hydrogen production. *Chem. Rev.*, 2007, **107**, 4048.

N.S. Lewis e D.G. Nocera, Powering the planet: chemical challenges in solar energy utilization. *Proc. Natl. Acad. Sci. U.S.A.*, 2006, **103**, 157.

A. Kudo e Y. Miseki, Heterogeneous photocatalyst materials for water splitting, *Chem. Soc. Rev.*, 2009, **38**, 253.

M.L. Helm, M.P. Stewart, R.M. Bullock, M.R. DuBois e D.L. DuBois, A synthetic Ni electrocatalyst with a turnover frequency above 100000 s^{-1} for H$_2$ production. *Science*, 2011, **333**, 863.

W.C. Chueh e S.M. Haile, A thermochemical study of ceria: exploiting an old material for new modes of energy conversion and CO$_2$ mitigation. *Philos. Trans. R. Soc., A.*, 2010, **386**, 3269.

S.Y. Reece, J.A. Hamel, K. Sung, T.D. Jarvi, A.J. Esswein, J.J.H. Pijpers e D.G. Nocera, Wireless solar water splitting using silicon-based semiconductors and earth-abundant catalysts. *Science*, 2011, **334**, 645.

A.J. Price, R. Ciancanelli, B.C. Noll, C.J. Curtis, D.L. DuBois e M.R. DuBois, HRh(dppb)$_2$, a powerful hidride donor. *Organometallics*, 2002, **21**, 4833.

M. Kosa, M. Krack, A.K. Cheetham e M. Parrinello, Modeling the hydrogen storage materials with exposed M^{2+} coordination sites. *J. Phys. Chem. C*, 2008, **112**, 16171.

A. Bocarsly e D.M.P. Mingos (eds), *Fuel cells and hydrogen storage*. Structure and Bonding, **141**. Springer (2011).

M.J. Schultz, T.H. Vu, B. Meyer e P. Bisson, Water: a responsive small molecule. *Acc. Chem. Res.*, 2012, **45**, 15.

EXERCÍCIOS

10.1 Tem sido sugerido que o hidrogênio seja colocado nos Grupos 1, 14 ou 17 da tabela periódica. Dê argumentos contra e a favor para cada uma destas posições.

10.2 Atribua os números de oxidação dos elementos em (a) H$_2$S, (b) KH, (c) [ReH$_9$]$^{2-}$, (d) H$_2$SO$_4$, (e) H$_2$PO(OH).

10.3 Escreva as equações químicas balanceadas para três métodos de preparação industrialmente importantes do gás hidrogênio. Proponha duas reações diferentes que sejam apropriadas para a preparação do hidrogênio em laboratório.

10.4 Preferivelmente sem consultar material de referência, construa a tabela periódica identificando os elementos e (a) indique as posições dos hidretos salinos, metálicos e moleculares; (b) coloque setas para indicar as tendências do $\Delta_f G^\ominus$ para os compostos de hidrogênio dos elementos do bloco p; (c) identifique as áreas onde os hidretos moleculares são deficientes de elétrons, onde possuem o número exato de elétrons e onde são ricos em elétrons.

10.5 Descreva as propriedades físicas esperadas para a água na ausência da ligação hidrogênio.

10.6 Qual das ligações hidrogênio deve ser a mais forte, S–H···O ou O–H···S? Por quê?

10.7 Nomeie e classifique os seguintes compostos de hidrogênio: (a) BaH$_2$; (b) SiH$_4$; (c) NH$_3$; (d) AsH$_3$; (e) PdH$_{0,9}$; (f) HI.

10.8 Identifique os compostos do Exercício 10.7 que constituem os exemplos mais significativos das seguintes características químicas e escreva uma equação balanceada que ilustre cada uma dessas características: (a) caráter hidrídico, (b) acidez de Brønsted, (c) composição variável e (d) basicidade de Lewis.

10.9 Divida os compostos do Exercício 10.7 em sólidos, líquidos e gases, à temperatura e pressão ambiente. Quais dos sólidos devem ser bons condutores elétricos?

10.10 Comente os valores dos seguintes raios do íon H⁻ calculados a partir das estruturas dos compostos iônicos:

	LiH	NaH	KH	CsH	MgH$_2$	CaH$_2$	BaH$_2$
Raio/pm	114	129	134	139	109	106	111

10.11 Identifique a reação que seja mais provável de formar a maior proporção de HD e explique o seu raciocínio: (a) $H_2 + D_2$ em equilíbrio sobre uma superfície de platina; (b) D_2O + NaH; (c) eletrolise de HDO.

10.12 Na lista seguinte, identifique o composto com maior possibilidade de sofrer reações radicalares com haletos de alquila e explique o motivo de sua escolha: H_2O, NH_3, $(CH_3)_3SiH$, $(CH_3)_3SnI$.

10.13 Qual é a tendência do caráter hidrídico para as espécies BH_4^-, AlH_4^- e GaH_4^-? Qual deles é o agente redutor mais forte? Dê as equações para a reação do GaH_4^- com excesso de HCl(aq) 1M.

10.14 Descreva as importantes diferenças físicas e uma diferença química entre cada um dos compostos de hidrogênio dos elementos do bloco p do segundo período e os compostos correspondentes do terceiro período.

10.15 O estibano, SbH_3, ($\Delta_f H^\ominus$ = +145 kJ mol⁻¹) decompõe-se acima de −45°C. Avalie a dificuldade de preparação de uma amostra de BiH_3 ($\Delta_f H^o$ = +278 kJ mol⁻¹) e sugira um método para sua preparação.

10.16 Que tipo de substância é formada pela interação da água com o criptônio a baixas temperaturas e elevada pressão de criptônio? Descreva a estrutura em termos gerais.

10.17 Esboce a superfície de energia potencial aproximada para a ligação hidrogênio entre H_2O e o íon Cl⁻ e compare com a superfície de energia potencial para a ligação hidrogênio no FHF⁻.

10.18 O di-hidrogênio é um conhecido agente redutor, mas é também um agente oxidante. Explique essa afirmativa, dando exemplos.

10.19 Comente a observação de que a adição de hidrogênio gasoso ao complexo trans-[W(CO)$_3$(PCy$_3$)$_2$] (onde Cy = ciclo-hexila) resulta na formação de dois complexos que estão em equilíbrio um com o outro. Um complexo contém o centro de tungstênio no estado de oxidação formal W(0), enquanto no outro o metal está no estado de oxidação formal W(2+). A remoção da atmosfera de H_2 regenera o material de partida.

10.20 Corrija a afirmativa errada nas seguintes descrições dos compostos de hidrogênio:

(a) O hidrogênio, o elemento mais leve, forma compostos termodinamicamente estáveis com todos os não metais e com a maioria dos metais.

(b) Os isótopos de hidrogênio possuem números de massa 1, 2 e 3, sendo o isótopo de número de massa 2 radioativo.

(c) As estruturas dos hidretos dos elementos dos Grupos 1 e 2 são compostos tipicamente iônicos, pois o íon H⁻ é compacto e possui um raio bem definido.

(d) As estruturas dos compostos de hidrogênio dos não metais são adequadamente descritas pela teoria RPECV.

(e) O composto $NaBH_4$ é um reagente versátil pois possui caráter hidrídico maior do que os hidretos simples do Grupo 1, como o NaH.

(f) Os hidretos de elementos pesados, como os hidretos de estanho, frequentemente sofrem reações radicalares, em parte devido à baixa energia da ligação E–H.

(g) Os hidretos de boro são chamados de compostos deficientes de elétrons porque são facilmente reduzidos pelo hidrogênio.

10.21 Qual o valor esperado para número de onda do estiramento no infravermelho do $^3H^{35}Cl$ gasoso, sabendo-se que o valor correspondente para o $^1H^{35}Cl$ é de 2991 cm⁻¹?

10.22 Consulte o Capítulo 8 e esboce o padrão qualitativo para o desdobramento e as intensidades relativas em cada grupo de picos para os espectros de RMN-¹H e RMN-³¹P do PH_3.

10.23 (a) Esboce um diagrama qualitativo dos níveis de energia dos orbitais moleculares para o íon HeH⁺ e indique a correlação entre os níveis de energia dos orbitais moleculares com os níveis de energia dos orbitais atômicos. A energia de ionização do H é 13,6 eV, e a primeira energia de ionização do He é de 24,6 eV. (b) Estime a contribuição relativa dos orbitais H1s e He1s para o orbital ligante e preveja a localização da carga parcial positiva nesse íon polar. (c) Por que você poderia supor que o HeH⁺ seria instável quando em contato com solventes comuns e superfícies?

PROBLEMAS TUTORIAIS

10.1 No artigo "Hydrogen storage in metal-organic frameworks" (*Chem. Soc. Rev.*, 2009, **38**, 1294), Jeffrey Long e colaboradores discutem alguns dos princípios para o desenho de materiais para armazenagem de hidrogênio. Liste as vantagens e desvantagens para o armazenamento de H_2 usando interações por ligações fracas ao invés de ligações fortes.

10.2 No artigo "The proper place for hydrogen" (*J. Chem. Educ.* 2003, **80**, 947), M.W. Cronyn argumenta que o hidrogênio deveria ser colocado no topo do Grupo 14, imediatamente acima do carbono. Faça um resumo dos argumentos do autor.

10.3 Há evidência espectroscópica da existência do [Ir(C$_5$H$_5$)(H$_3$)(PR$_3$)]⁺, um complexo no qual um ligante é formalmente o H_3^+. Imagine um esquema de orbitais moleculares plausível para a ligação neste complexo, assumindo que a unidade H_3 angular ocupa um sítio de coordenação e interage com os orbitais e_g e t_{2g} do metal. Entretanto, uma formulação alternativa para a estrutura desse complexo é como uma espécie tri-hidreto com constantes de acoplamento muito grandes (ver *J. Am. Chem. Soc.* 1991, **113**, 6074 e as suas referências, especialmente *J. Am. Chem. Soc.* 1990, **112**, 909 e 920). Discuta a evidência para essa formulação alternativa.

10.4 Em seu artigo "Reversible, metal-free hydrogen activation" (*Science*, 2006, **314**, 1124), Douglas Stephan e colaboradores descrevem como o H_2 é quebrado heteroliticamente em moléculas contendo elementos dos grupos principais. Referindo-se também à Seção 4.9, explique os princípios dessa reação, os procedimentos usados para investigar o seu mecanismo e as possíveis implicações para a armazenagem do H_2.

11 Os elementos do Grupo 1

Parte A: Aspectos principais

11.1 Os elementos
11.2 Compostos simples
11.3 Propriedades atípicas do lítio

Parte B: Uma visão mais detalhada

11.4 Ocorrência e obtenção
11.5 Usos dos elementos e seus compostos
11.6 Hidretos
11.7 Haletos
11.8 Óxidos e compostos relacionados
11.9 Sulfetos, selenetos e teluretos
11.10 Hidróxidos
11.11 Compostos derivados de oxoácidos
11.12 Nitretos e carbetos
11.13 Solubilidade e hidratação
11.14 Soluções em amônia líquida
11.15 Fases Zintl contendo metais alcalinos
11.16 Compostos de coordenação
11.17 Compostos organometálicos

Leitura complementar

Exercícios

Problemas tutoriais

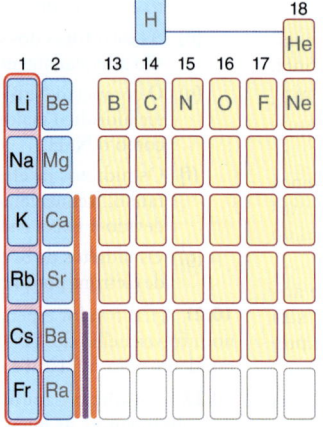

Todos os elementos do Grupo 1 são metálicos, mas, diferentemente da maioria dos metais, eles têm baixas densidades e são muito reativos. Neste capítulo faremos uma abordagem da química destes elementos, enfocando as similaridades e tendências das suas propriedades e comentando sobre o comportamento ligeiramente anômalo do lítio. Apresentaremos então uma revisão detalhada da química dos metais alcalinos, discutindo a ocorrência dos elementos no meio ambiente e como eles são extraídos e usados. Este capítulo também interpreta as tendências nas propriedades dos compostos binários simples em termos do modelo iônico e a natureza dos complexos e compostos organometálicos desses elementos.

PARTE A: ASPECTOS PRINCIPAIS

Os elementos do Grupo 1, os **metais alcalinos**, são lítio, sódio, potássio, rubídio, césio e frâncio. Não abordaremos o frâncio, o qual existe na natureza em pequeníssimas quantidades e é altamente radioativo. Todos os elementos são metálicos e formam compostos iônicos simples, a maioria dos quais são solúveis em água. Estes elementos formam um número limitado de complexos e compostos organometálicos. Nesta primeira parte do capítulo, resumiremos os aspectos principais da química dos elementos do Grupo 1.

11.1 Os elementos

Ponto principal: As tendências nas propriedades dos metais do Grupo 1 e dos seus compostos podem ser explicadas em termos das variações em seus raios atômicos e nas energias de ionização.

O sódio e o potássio apresentam grande abundância natural, ocorrendo na maioria das vezes sob a forma de sais como os cloretos. O lítio é relativamente raro, ocorrendo principalmente no mineral espodumênio, $LiAlSi_2O_6$. O rubídio e o césio são ainda mais raros, mas ocorrem em concentrações razoáveis em alguns minerais, tal como na zeólita *policita*, $Cs_2Al_2Si_4O_{12} \cdot nH_2O$. O sódio e o lítio metálico são obtidos por eletrólise do respectivo cloreto fundido. O potássio é obtido pela reação do KCl com sódio metálico, enquanto o rubídio e o césio são obtidos pela reação do respectivo cloreto com cálcio ou bário.

Todos os elementos do Grupo 1 são metais com configuração eletrônica de valência ns^1. Eles conduzem eletricidade e calor, são macios e têm pontos de fusão baixos que diminuem ao descermos no grupo. A maciez e os baixos pontos de fusão vêm do fato de que a ligação metálica é fraca, pois cada átomo contribui com somente um elétron para

---

As figuras com um asterisco (*) podem ser encontradas on-line como estruturas 3D interativas. Digite a seguinte URL em seu navegador, adicionando o número da figura: www.chemtube3d.com/weller/[número do capítulo]F[número da figura]. Por exemplo, para a Figura 3 no Capítulo 7, digite www.chemtube3d.com/weller/7F03.

Muitas das estruturas numeradas podem ser também encontradas on-line como estruturas 3D interativas: visite www.chemtube3d.com/weller/[número do capítulo] para todos os recursos 3D organizados por capítulo.

Tabela 11.1 Propriedades selecionadas dos elementos do Grupo 1

	Li	Na	K	Rb	Cs
Raio metálico/pm	152	186	231	244	262
Raio iônico/pm (número de coordenação)	59(4)	102(6)	138(6)	148(6)	174(8)
Energia de ionização/(kJ mol^{-1})	519	494	418	402	376
Potencial padrão/V	−3,04	−2,71	−2,94	−2,92	−3,03
Densidade/(g cm^{-3})	0,53	0,97	0,86	1,53	1,90
Ponto de fusão/°C	180	98	64	39	29
$\Delta_{hid}H^{\ominus}$ (M$^+$)/(kJ mol^{-1})	−519	−406	−322	−301	−276
$\Delta_{sub}H^{\ominus}$ /(kJ mol^{-1})	161	109	90	86	79

a banda de valência (Seção 3.19). Essa maciez é particularmente evidente para o Cs, que funde a apenas 29°C. O sódio líquido e as misturas sódio/potássio têm sido usadas como fluidos refrigerantes em plantas de energia nuclear devido às suas excelentes condutividades térmicas. Todos os elementos adotam uma estrutura cúbica de corpo centrado (Seção 3.5) e, uma vez que essa estrutura não é de empacotamento compacto e seus raios atômicos são grandes, todos eles têm baixas densidades. Todos esses metais formam facilmente ligas entre si, por exemplo NaK, e com muitos outros metais, como a amálgama de sódio/mercúrio. A Tabela 11.1 apresenta algumas propriedades importantes.

Testes de chama são comumente usados para identificar a presença de metais alcalinos e seus compostos. As transições eletrônicas envolvem energias na região do espectro visível e ocorrem nos átomos metálicos e nos íons formados na chama, dando uma coloração característica à chama:

Li	Na	K	Rb	Cs
carmim	amarelo	vermelho a violeta	violeta	azul

A intensidade do espectro de emissão obtido a partir de uma solução de um sal de metal alcalino pode ser medida com um fotômetro de chama, fornecendo uma medida quantitativa da concentração dos elementos na solução.

As propriedades químicas dos elementos do Grupo 1 correlacionam-se com a tendência nos seus raios atômicos (Fig. 11.1). O aumento do raio atômico do Li ao Cs leva à diminuição da primeira energia de ionização à medida que descemos no grupo, pois a camada de valência fica cada vez mais distante do núcleo (Fig. 11.2; Seção 1.7). Uma vez que as suas primeiras energias de ionização são todas baixas, os metais são reativos e formam facilmente íons M$^+$, com facilidade cada vez maior à medida que descemos no grupo. Sua reação com a água

$$2\,M(s) + 2\,H_2O(l) \rightarrow 2\,MOH(aq) + H_2(g)$$

ilustra esta tendência:

Li	Na	K	Rb	Cs
Suave	Vigorosa	Vigorosa com ignição	Explosiva	Explosiva

Um dos motivos para o caráter explosivo da reação do Rb e do Cs com a água é que ambos os metais são mais densos do que a água, afundando abaixo da superfície, fazendo com que a ignição súbita do hidrogênio espalhe a água violentamente.

Essa tendência termodinâmica para formar M$^+$ em meio aquoso é confirmada pelos potenciais padrão dos pares M$^+$/M, os quais são todos grandes e negativos (Tabela 11.1), indicando que os metais são facilmente oxidados. A uniformidade surpreendente dos potenciais padrão dos metais alcalinos pode ser explicada observando-se o ciclo termodinâmico para as meias-reações de redução (Fig. 11.3). As entalpias de sublimação e de ionização diminuem ao descermos no grupo (tornando a formação do íon M$^+$(g) mais fácil e a oxidação mais favorável); entretanto, essa tendência é contrabalançada por uma menor entalpia de hidratação à medida que os raios dos íons aumentam (tornando a oxidação menos favorável).

Todos os elementos devem ser guardados submersos em um hidrocarboneto líquido para evitar a reação com o oxigênio atmosférico, embora Li, Na e K possam ser manuseados ao ar por pequenos períodos. O Rb e o Cs devem sempre ser manuseados sob atmosfera inerte.

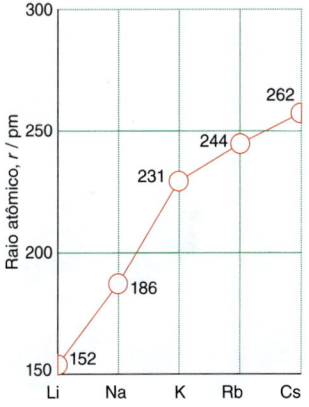

Figura 11.1 Variação do raio atômico dos elementos do Grupo 1.

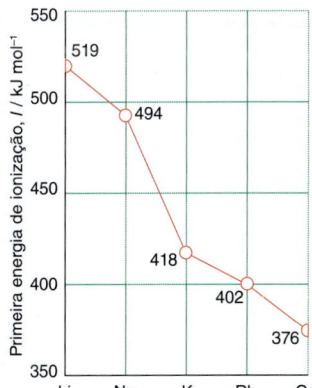

Figura 11.2 Variação da primeira energia de ionização dos elementos do Grupo 1.

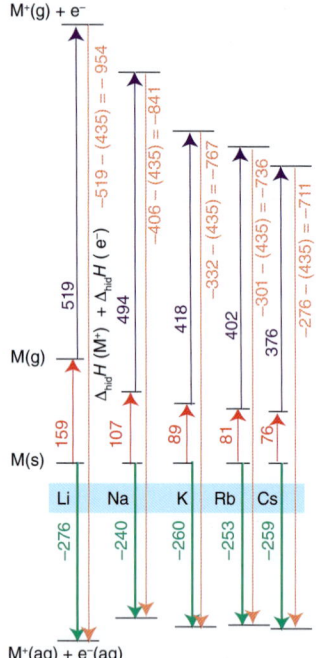

Figura 11.3 Ciclo termoquímico (variações de entalpia padrão em kJ mol^{-1}) para a meia-reação de oxidação M(s)→M$^+$(aq)+e$^-$(aq). Um valor teórico de 435 kJ mol^{-1} foi utilizado para a entalpia de hidratação de um elétron, correspondendo ao processo $\frac{1}{2}$H$_2$(g) + H$_2$O → H$^+$(aq) + e$^-$(aq), para permitir que os valores calculados para essa meia-reação possam ser comparados aos potenciais padrão de eletrodo da Tabela 11.1.

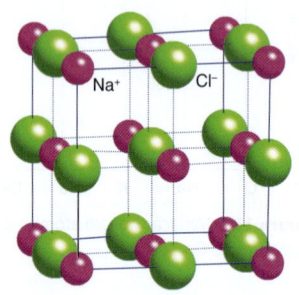

Figura 11.4* Estrutura de sal-gema usada pela maioria dos haletos dos metais do Grupo 1.

11.2 Compostos simples

Ponto principal: Os compostos binários dos metais alcalinos contêm os cátions dos elementos e apresentam ligações predominantemente iônicas.

Os elementos do Grupo 1 formam hidretos iônicos (salinos) com estrutura de sal-gema; o ânion presente é o íon hidreto, H$^-$. Estes hidretos foram discutidos em detalhes na Seção 10.6b. Todos os elementos do Grupo 1 formam haletos, MX. Eles podem ser obtidos por combinação direta dos elementos ou, mais comumente, a partir de soluções – reação, por exemplo, do hidróxido metálico ou carbonato com o ácido de um haleto (HX, X=F, Cl, Br, I). Os haletos ocorrem em grande escala – por exemplo, um litro de água do mar contém cerca de 35 g de NaCl. A maioria dos haletos tem estrutura de sal-gema de coordenação 6:6 (Fig. 11.4), mas CsCl, CsBr e CsI possuem a estrutura do CsCl com coordenação 8:8 (Fig. 11.5), uma vez que o maior tamanho do íon césio permite que ele tenha um maior número de ânions haletos ao seu redor (Seção 3.9).

Os elementos do Grupo 1 reagem vigorosamente com o oxigênio. Apenas o Li forma um óxido simples, Li$_2$O, ao reagir diretamente com o oxigênio. O sódio reage com o oxigênio formando o peróxido, Na$_2$O$_2$, que contém o íon peróxido O$_2^{2-}$, e os outros elementos do Grupo 1 formam superóxidos, que contêm o íon superóxido paramagnético, O$_2^-$. Todos os hidróxidos são sólidos brancos, translúcidos e deliquescentes. Eles absorvem água da atmosfera em uma reação exotérmica. O hidróxido de lítio, LiOH, forma o hidrato estável LiOH·8H$_2$O. A solubilidade dos hidróxidos torna-os uma boa fonte de íons OH$^-$ no laboratório e na indústria. Os metais reagem com o enxofre para formar compostos de fórmula M$_2$S$_x$, onde x varia de 1 a 6. Os sulfetos mais simples, Na$_2$S e K$_2$S, possuem a estrutura da antifluorita, enquanto que os polissulfetos, com $n \geq 2$, contêm cadeias S$_n^{2-}$. O lítio forma facilmente o nitreto, Li$_3$N, quando aquecido em atmosfera de nitrogênio (ou mais lentamente à temperatura ambiente), mas os outros metais alcalinos não reagem com o nitrogênio gasoso.

Apenas o Li reage diretamente com o carbono para formar o carbeto de estequiometria Li$_2$C$_2$, que contém o ânion dicarbeto (acetileto), C$_2^{2-}$. Carbetos similares são formados com os outros metais alcalinos através de aquecimento com etino. Potássio, rubídio e césio reagem com a grafita formando compostos de intercalação, tal como o C$_8$K (Seção 14.5). Em combinação com os metais do bloco p (Grupos 13 ao 15), os metais alcalinos são fortemente redutores e formam geralmente fases Zintl; estas contêm um cátion de metal alcalino junto a ânions complexos reduzidos, como o Ge$_4^{4-}$.

Todos os sais comuns dos metais do Grupo 1 são solúveis em água, embora a maioria dos sais sólidos sejam anidros. Existem umas poucas exceções para os íons menores Li e Na, como por exemplo o LiX·3H$_2$O, onde X = Cl, Br, I, e o LiOH·8H$_2$O. O iodeto de lítio é deliquescente, absorvendo rapidamente água do ar para formar LiI·3H$_2$O para em seguida formar uma solução.

O sódio dissolve-se em amônia líquida sem liberar hidrogênio, produzindo, em baixas concentrações, soluções azuis intensas que contêm elétrons solvatados. Essas soluções perduram por longo período no ponto de ebulição normal da amônia (−33°C), e abaixo dele, na ausência de ar. As soluções concentradas do metal em amônia possuem uma coloração de bronze metálico e apresentam uma condutividade elétrica próxima à de um sólido metálico, em torno de 10^7 S m^{-1}. É possível isolar os ânions alcaletos, M$^-$, das soluções dos metais em aminas, que são formados pela desproporcionação do elemento em M$^+$ e M$^-$.

Os íons dos elementos do Grupo 1 são ácidos de Lewis duros (Seção 4.9) e formam complexos principalmente com átomos doadores pequenos e duros como O ou N. Suas durezas diminuem à medida que descemos no grupo devido ao aumento do raio iônico, e existem evidências de um caráter mais covalente em suas ligações — por exemplo, nos complexos em que o Cs coordena-se com o P e S. As interações com o ligantes monodentados são fracas e as espécies hidratadas, M(OH$_2$)$_n^+$, trocam rapidamente os ligantes H$_2$O pelo solvente. Os ligantes quelantes, tal como o íon hexadentado etilenodiamina-tetra-acetato, edta [(O$_2$CCH$_2$)$_2$NCH$_2$CH$_2$N(CH$_2$CO$_2$)$_2$]$^{4-}$, possuem constantes de formação muito maiores. Ligantes macrociclos e éteres de coroa podem formar complexos fortes com os elementos do Grupo 1, desde que seus íons tenham raios adequados para se encaixarem no ambiente de coordenação do ligante (Seção 7.14).

Os elementos mais leves do Grupo 1 formam compostos organometálicos que são altamente reativos, sendo hidrolisados pela água, liberando hidrogênio, e pirofosfóricos (ignição espontânea) ao ar. Os compostos orgânicos próticos (doadores de próton) são reduzidos pelos elementos para formar compostos organometálicos iônicos; por exemplo, o ciclopentadieno reage com Na metálico, em solvente THF, para formar o Na$^+$[C$_5$H$_5$]$^-$. Compostos do tipo alquil-lítio e aril-lítio são de longe os compostos organometálicos mais importantes do Grupo 1. Eles são termicamente estáveis, solúveis em solventes orgânicos e em solventes não polares como o THF e muito usados como fonte de grupos nucleofílicos alquila ou arila em síntese orgânica.

11.3 Propriedades atípicas do lítio

Ponto principal: As propriedades químicas do lítio são anômalas, devido ao seu pequeno raio iônico e à sua tendência de formar ligação covalente.

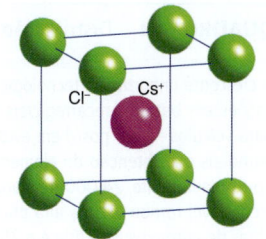

Figura 11.5* Estrutura do CsCl usada pelo CsCl, CsBr e CsI, nas condições normais.

Como vimos no Capítulo 9, a maioria das tendências nas propriedades químicas dos elementos na tabela periódica é melhor discutida em termos das tendências verticais dentro dos grupos, ou horizontais ao longo dos períodos. Entretanto, o primeiro elemento de cada grupo, neste caso o Li, normalmente apresenta propriedades que são marcantemente diferentes dos seus congêneres. Essa diferença pode ser frequentemente expressa como uma relação diagonal com o elemento abaixo à direita na tabela periódica (Seção 9.10). No caso do Grupo 1, algumas das seguintes diferenças podem ser notadas em relação ao lítio:

- O lítio pode apresentar um alto grau de caráter covalente nas suas ligações. Este caráter covalente é devido ao alto poder polarizante do íon Li$^+$ associado à sua alta densidade de carga (Seção 1.7).
- O lítio forma um óxido normal quando queima em oxigênio, enquanto que os outros elementos do Grupo 1 formam peróxidos ou superóxidos.
- O lítio é o único metal alcalino que forma um nitreto, Li$_3$N, quando aquecido em nitrogênio, e um carbeto, Li$_2$C$_2$, quando aquecido com grafita.
- Alguns sais de lítio, como carbonato, fosfato e fluoreto, têm solubilidades muito baixas em água. Outros sais de lítio cristalizam como hidratos ou são higroscópicos.
- O lítio forma muitos compostos organometálicos estáveis.
- O nitrato de lítio decompõe-se diretamente em óxido, enquanto que os outros metais alcalinos formam inicialmente nitritos, MNO$_2$.
- O hidreto de lítio é estável quando aquecido até 900°C, enquanto que os outros hidretos se decompõem quando aquecidos acima de 400°C.

A massa molar muito pequena do lítio, que o torna o metal menos denso (0,53 g cm^{-3}), leva a aplicações em casos nos quais o baixo peso é importante. Como exemplos temos as baterias e pilhas recarregáveis (LiCoO$_2$, LiFePO$_4$, LiC$_6$) e os sistemas para armazenagem de hidrogênio como os hidretos de lítio metálico, os boro-hidretos de lítio e as amidas e imidas de lítio (Quadro 10.4).

PARTE B: UMA VISÃO MAIS DETALHADA

Nesta seção apresentamos uma discussão mais detalhada da química dos elementos do Grupo 1, interpretando algumas das propriedades observadas em termos termodinâmicos. Uma vez que as ligações nos compostos formados por esses elementos são geralmente iônicas, aplicaremos os conceitos do modelo iônico.

11.4 Ocorrência e obtenção

Ponto principal: Os elementos do Grupo 1 podem ser obtidos por eletrólise.

O nome lítio vem do grego *lithos*, que significa rocha. A abundância natural do lítio é baixa, e os seus minerais mais abundantes são o espodumênio, LiAlSi$_2$O$_6$, do qual o lítio é obtido com mais frequência, e a lepidolita, que tem fórmula aproximada K$_2$Li$_3$Al$_4$Si$_7$O$_{21}$(F,OH)$_3$. O lítio é hoje mais comumente obtido a partir de salmouras sob a forma de carbonato de lítio (Quadro 11.1).

O sódio ocorre como o mineral sal-gema (NaCl), nos lagos salgados, na água do mar e como resíduo de antigos lagos salgados que secaram completamente e que se encontram enterrados no subsolo. O cloreto de sódio compõe 2,6% da massa da biosfera, com os oceanos contendo 4 × 10^{19} kg desse sal. Os depósitos abaixo da superfície podem ser minerados na forma convencional ou pela injeção de água no subsolo para dissolver o sal-gema, a qual é depois bombeada para fora como uma salmoura saturada. O metal é obtido pelo *processo de Down*, que consiste na eletrólise do cloreto de sódio fundido:

$$2\,NaCl(l) \rightarrow 2\,Na(l) + Cl_2(g)$$

O cloreto de sódio é mantido fundido a 600°C, uma temperatura consideravelmente abaixo de seu ponto de fusão de 808°C, pela adição de cloreto de cálcio. Uma grande diferença de potencial, normalmente entre 4 e 8 V, é aplicada entre o anodo de carbono e o catodo de ferro imersos

QUADRO 11.1 Distribuição e obtenção do lítio

A crescente importância tecnológica do lítio – particularmente para aplicações em baterias recarregáveis (ver Quadro 11.2) e especificamente para veículos – tem posto em evidência a preocupação com as reservas mundiais e a obtenção do elemento. O consumo mundial do lítio é de, aproximadamente, 24.000 toneladas por ano, e um fornecimento regular e confiável tornou-se uma alta prioridade para a tecnologia e as companhias de automóveis. O lítio é o 25º elemento mais abundante na crosta terrestre (20 ppm), mas está muito disperso; a água do mar possui uma concentração em torno de 0,20 ppm, equivalente a 230 bilhões de toneladas. O lítio compõe uma parte pequena das rochas ígneas, como o espodumênio e a petalita, e das argilas hectoritas produzidas pela ação da intempérie sobre as rochas ígneas; todas estas foram, no passado, fontes comercialmente viáveis. A grande maioria do lítio é hoje obtida a partir de salmouras, soluções aquosas de sais de metais alcalinos (haletos, nitratos e sulfatos), ou **caliche**, que é um depósito sedimentar endurecido desses sais. Esses caliches normalmente contêm principalmente $CaCO_3$, mas em algumas partes do mundo consistem em sais de metais alcalinos e, no norte do Chile, na Argentina e na Bolívia, esses minerais são relativamente ricos em lítio e potássio. A rocha caliche é dissolvida para produzir a salmoura, e esta é concentrada por evaporação solar. Devido à alta solubilidade dos sais de lítio (Seção 11.7), as soluções tornam-se enriquecidas em lítio, em comparação aos outros elementos do Grupo 1. O carbonato de lítio é então precipitado pela adição de uma solução de carbonato de sódio à salmoura quente rica em lítio. O lítio também pode ser concentrado nas salmouras por osmose reversa, na qual a pressão é aplicada à solução diluída, fazendo a água migrar através de uma membrana semipermeável, aumentando a concentração de sal na solução. Várias indústrias envolvidas na reciclagem do lítio das baterias têm surgido nos últimos anos. Os recursos mundiais identificados de lítio estão estimados em 35 milhões de toneladas, os quais, se usados exclusivamente em baterias de carro com as tecnologias atuais, serão suficientes para, aproximadamente, três bilhões de carros com baterias de 24 kWh, três vezes o número atual. Entretanto, a demanda do lítio em outras indústrias também precisa ser atendida, incluindo as aplicações em baterias não automotivas. A maior parte do lítio extraído (29%) é atualmente utilizada na indústria de vidros e cerâmicas para produzir materiais de baixo ponto de fusão e graxas lubrificantes à base de hidróxido de lítio (12%). Assim, existe uma grande necessidade de pesquisa em métodos mais efetivos para a obtenção do lítio a partir de fontes de baixa concentração e para a reciclagem de materiais usados nas baterias contendo lítio. Uma área adicional de pesquisa envolve descoberta de alternativas para os sistemas de armazenamento de energia à base de lítio. Para aplicações em que o peso não é um fator muito importante – isto é, em aplicações não automotivas, como o armazenamento de energia eólica que é gerada de maneira intermitente –, podem ser usadas baterias recarregáveis à base de sódio, o qual apresenta ampla disponibilidade.

---

no sal fundido. A eletrólise libera sódio metálico líquido no catodo, o qual sobe para a superfície da célula onde é coletado sob atmosfera inerte. Esse processo também é usado para a produção industrial do cloro, o qual é gerado no anodo.

O potássio ocorre naturalmente como potassa (K_2CO_3) e como carnalita ($KCl \cdot MgCl_2 \cdot 6H_2O$). O potássio natural contém 0,012% do isótopo radioativo ^{40}K, o qual sofre decaimento β, com meia-vida de 1,25 Ga, para ^{40}Ca e captura de elétron para ^{40}Ar. A razão entre ^{40}K e ^{40}Ar pode ser usada para a datação das rochas, especificamente o tempo quando a rocha sofreu solidificação, a partir do qual ela passou a aprisionar qualquer ^{40}Ar formado. Em princípio, o potássio pode ser obtido eletroliticamente, mas a alta reatividade do elemento torna isso muito perigoso. Em vez disso, aquece-se uma mistura de sódio e cloreto de potássio fundidos, levando à formação de potássio e cloreto de sódio:

$$Na(l) + KCl(l) \rightarrow NaCl(l) + K(g)$$

À temperatura de operação, o potássio é um vapor e a sua remoção do sistema desloca o equilíbrio para a direita.

O rubídio (do latim *rubidus*, vermelho intenso) e o césio (*caesius*, azul celeste) foram descobertos por Robert Bunsen em 1861 e nomeados de acordo com a cor que os seus sais produzem quando levados à chama. Ambos os elementos ocorrem como constituintes menores do mineral lepidolita, que possui a composição $(K,Rb,Cs)Li_2Al(Al,Si)_3O_{10}(F,OH)_2$, a partir do qual eles são obtidos como subprodutos da obtenção do lítio. O tratamento prolongado da lepidolita com ácido sulfúrico forma os alúmens de metais alcalinos, $M_2SO_4 \cdot Al_2(SO_4)_3 \cdot nH_2O$, sendo M=K, Rb, Cs. Os alúmens são separados por múltiplas cristalizações fracionadas, depois são convertidos em hidróxido, pela reação com $Ba(OH)_2$, e em seguida a cloreto, por troca iônica. Os metais são obtidos a partir do cloreto fundido por redução com cálcio ou bário:

$$2\,RbCl(l) + Ca(s) \rightarrow CaCl_2(s) + 2\,Rb(s)$$

O césio também ocorre no mineral polucita, $Cs_4Al_4Si_9O_{26} \cdot H_2O$. O elemento é obtido a partir do mineral por lixiviação com ácido sulfúrico para formar o alúmen $Cs_2SO_4 \cdot Al_2(SO_4)_3 \cdot 24H_2O$, o qual é convertido em sulfato por ustulação com carbono. O cloreto é formado por troca iônica sendo, em seguida, reduzido com cálcio ou bário, como descrito acima. O césio metálico também pode ser obtido por eletrólise do CsCN fundido.

11.5 Usos dos elementos e seus compostos

Pontos principais: Os usos mais comuns do lítio relacionam-se com sua baixa densidade; os compostos mais usados dos elementos do Grupo 1 são o cloreto de sódio e o hidróxido de sódio.

As aplicações do lítio metálico são em grande parte devido à sua baixa massa atômica e, consequentemente, à sua baixa densidade. Ele é usado em aplicações em que o peso é a principal preocupação, como nas ligas para aviação; o Al contendo aproximadamente 2% de Li possui uma densidade em massa 6% menor do que o Al puro, sendo, por exemplo, usado em partes das asas dos aviões para reduzir o peso global, melhorando, assim, o consumo de combustível. As ligas similares contendo Li vêm sendo usadas em aplicações aeroespaciais, tal como nos tanques suplementares dos ônibus espaciais.

A baixa massa molar do lítio (6,94 g mol^{-1}), apenas 3,3% da do chumbo, acoplada ao potencial padrão fortemente negativo do par Li$^+$/Li (Tabela 11.1), torna as baterias de lítio uma alternativa atraente às baterias chumbo-ácido (Quadro 11.2). O carbonato de lítio é amplamente usado no tratamento de condições bipolares (maníaco-depressivas, Seção 27.4) e o estearato de lítio é muito usado como

QUADRO 11.2 Baterias de lítio

O potencial padrão muito negativo do lítio e sua baixa massa molar fazem dele um material ideal para o anodo das baterias. Estas baterias possuem uma energia específica relativamente alta (produção de energia dividida pela massa da bateria), pois o lítio metálico e os compostos contendo lítio são leves em comparação com alguns outros materiais usados em baterias, tais como chumbo e zinco. As baterias de lítio são comuns, mas há muitos tipos baseados em diferentes compostos de lítio e reações. As baterias que contêm lítio e que são usadas uma única vez e depois descartadas são chamadas de baterias de lítio primárias, enquanto os sistemas recarregáveis são descritos como baterias secundárias ou de íon-Li.

Baterias primárias de lítio

A reação entre o lítio e o MnO_2 é usada na maioria dessas pilhas, produzindo uma voltagem de 3 V, o dobro que a de uma pilha de zinco-carbono ou uma pilha alcalina (que usam a reação entre o MnO_2 e o zinco menos eletropositivo). As reações são as seguintes:

Anodo: $Li \rightarrow Li^+ + e^-$

Catodo: $Mn(IV)O_2 + Li^+ + e^- \rightarrow LiMn(III)O_2$

Enquanto que essas pilhas são muito usadas no Japão, correspondendo a 30% do mercado de baterias primárias, elas representam apenas uma pequena fração no Reino Unido e nos Estados Unidos. As pilhas de sulfeto de ferro (FeS_2) e lítio também são produzidas comercialmente e possuem duas vezes mais capacidade que as pilhas alcalinas, produzindo uma voltagem de aproximadamente 1,5 V. Elas têm baixas velocidades de auto descarga, o que acarreta em um período de validade maior antes do uso.

Outra bateria de lítio popular usa o cloreto de tionila, $SOCl_2$. Esse sistema produz uma pilha leve, de alta voltagem e com uma liberação de energia estável. A reação global nessa bateria é

$$4\,Li(s) + 2\,SOCl_2(l) \rightarrow 4\,LiCl(s) + S(s) + SO_2(l)$$

A bateria não precisa de um solvente adicional, uma vez que $SOCl_2$ e SO_2 são líquidos na pressão interna da bateria. Essa bateria não é recarregável, pois tanto o enxofre quanto o LiCl precipitam. Ela é utilizada em aplicações militares e em espaçonaves. Outro sistema de bateria baseia-se na redução do SO_2:

$$2\,Li(s) + 2\,SO_2(l) \rightarrow Li_2S_2O_4(s)$$

Esse sistema também não é recarregável, pois o sólido $Li_2S_2O_4$ deposita no catodo. Essa bateria usa acetonitrila (CH_3CN) como um cossolvente, e o manuseio desse composto e do SO_2 representa um perigo. As baterias são seladas hermeticamente e não estão disponíveis para o público em geral. Elas são usadas em comunicações militares e em desfibriladores externos automáticos que são usados para restabelecer o ritmo cardíaco normal.

Baterias recarregáveis de lítio

As baterias recarregáveis de lítio usadas nos computadores e telefones portáteis usam principalmente o $Li_{1-x}CoO_2$ ($x \leq 1$) como catodo e um anodo de lítio/grafite, LiC_6. Os íons lítio são produzidos no anodo durante a descarga da bateria. Para manter o balanço de carga, o Co(IV) é reduzido no catodo a Co(III) na forma de $LiCoO_2$. As reações que ocorrem durante a descarga da bateria são:

Catodo: $Li_{1-x}CoO_2(s) + x\,Li^+(sol) + x\,e^- \rightarrow LiCoO_2(s)$

Anodo: $C_6Li \rightarrow 6\,C(grafita) + Li^+(sol) + e^-$

A bateria é recarregável porque tanto o catodo quanto o anodo podem atuar como hospedeiros dos íons lítio, que podem se mover entre eles durante a carga e a descarga. Há muitas outras baterias de lítio que usam diferentes materiais de eletrodo, principalmente compostos de metais d que participam de reações de oxirredução de maneira similar ao cobalto. A última geração de carros elétricos já usa a tecnologia das baterias de lítio no lugar das baterias chumbo-ácido (Quadro 14.7).

As baterias lítio-ar também vêm sendo pesquisadas, uma vez que podem produzir uma densidade de energia muito alta, em torno de 12 kWh kg^{-1}, cerca de 5 vezes mais do que o sistema $Li_{1-x}CoO_2$ descrito anteriormente. Essas baterias recarregáveis usam o oxigênio atmosférico como catodo, onde ele é reduzido a óxido de lítio durante a descarga, e lítio metálico como anodo. Entretanto, esse tipo de bateria necessita mais pesquisas, uma vez que muitas reações secundárias podem ocorrer — por exemplo, a formação de peróxido, carbonato e hidróxido de lítio no catodo ao ar, e reações envolvendo o eletrólito que separa o anodo do catodo —, degradando o desempenho da bateria.

As baterias recarregáveis serão discutidas novamente no Capítulo 24.

---

lubrificante na indústria automotiva. O alto poder polarizante do Li^+ significa que alguns óxidos complexos, como o $LiMO_3$ (onde M=Nb ou Ta), apresentam importantes efeitos ópticos não lineares e óptico-acústicos, sendo muito usados em dispositivos móveis de comunicação.

O sódio e o potássio são essenciais para as funções fisiológicas (Seção 26.3), e o maior uso do NaCl é como condimento de alimentos. O sódio é usado na obtenção de metais raros, tais como o Ti a partir do cloreto de titânio(IV). Outros principais usos do NaCl são na remoção do gelo das rodovias e na produção de NaOH nas indústrias cloro-álcali (Quadro 11.3). Entretanto, devido à preocupação sobre os efeitos no meio ambiente causados pela distribuição de grandes quantidades de sal-gema como agente de remoção de gelo, materiais alternativos usando menos NaCl vêm sendo procurados. Por exemplo, uma mistura de cloreto de sódio e molasso vem sendo empregada. O hidróxido de sódio é o décimo produto químico industrial mais importante em termos de toneladas anuais produzidas. Outras aplicações comuns do sódio e de seus compostos são alguns tipos de lâmpadas de iluminação pública a vapor de metal, as quais produzem uma característica cor amarela quando uma descarga elétrica é passada através do vapor de sódio (Quadro 1.4), o sal de cozinha, o bicarbonato de sódio (usado na culinária) e a soda cáustica (NaOH). Os sais e compostos de sódio com íons Na^+ que podem sofrer troca iônica são muito usados nos equipamentos para abrandamento da dureza da água (Quadro 11.4).

O hidróxido de potássio é usado na indústria do sabão para fabricar sabões líquidos "macios". Cloreto e sulfato de potássio são usados como fertilizantes; nitrato e clorato são usados em fogos de artifício. O brometo de potássio tem sido usado como um antiafrodisíaco (um composto que reduz a libido). O cianeto de potássio é usado nas indústrias de obtenção de metais e de galvanização para obter ou ajudar a deposição do cobre, prata e ouro.

O rubídio e o césio são usados frequentemente nas mesmas aplicações podendo, muitas vezes, um elemento ser substituído pelo outro. O mercado para esses elementos é pequeno e altamente especializado. Dentre as suas aplicações encontram-se os vidros para fibras ópticas utilizados na indústria de telecomunicações, equipamentos de visão noturna e células fotoelétricas. O "relógio de césio" (relógio atômico) é usado para a medida do tempo padrão internacional e para a definição do segundo e do metro. Os sais de césio também são utilizados como fluidos de perfuração de alta densidade: a alta densidade das soluções é devido à alta massa atômica do Cs.

QUADRO 11.3 A indústria cloro-álcali

A indústria cloro-álcali tem suas raízes na revolução industrial, quando foram necessárias grandes quantidades de álcali para a fabricação de sabão, papel e tecidos. Hoje, o hidróxido de sódio é um dos dez mais importantes produtos químicos inorgânicos em termos da quantidade produzida e continua a ser importante na fabricação de outros produtos químicos inorgânicos e nas indústrias de polpa e papel. O cloro e o di-hidrogênio são os produtos gasosos. O cloro é muito importante industrialmente e é usado na fabricação do PVC, na obtenção do titânio e nas indústrias de polpa e papel.

O processo industrial é baseado na eletrólise de uma solução aquosa de cloreto de sódio. A água é reduzida a hidrogênio gasoso e íons hidróxido no catodo, e os íons cloreto são oxidados a cloro gasoso no anodo:

$$2\,H_2O(l) + 2\,e^- \rightarrow H_2(g) + 2\,OH^-$$

$$2\,Cl^-(aq) \rightarrow Cl_2(g) + 2\,e^-$$

Há três tipos diferentes de células que são usadas nas eletrólises. Na **célula de diafragma**, um diafragma impede que os íons OH⁻ produzidos no catodo entrem em contato com o cloro gasoso produzido no anodo. Esse diafragma era feito de asbesto, mas atualmente é feito de uma tela de politetrafluoretileno. Durante a eletrólise, a solução no catodo é continuamente removida e evaporada para retirar, por cristalização, a impureza de cloreto de sódio. A solução final de hidróxido de sódio contém, aproximadamente, 1% em massa de NaCl.

A *célula de membrana* funciona como a célula de diafragma, exceto pelo fato de as soluções do anodo e do catodo serem separadas por uma membrana polimérica microporosa, permeável somente aos íons Na⁺. A solução de hidróxido de sódio produzida usando essa célula contém, aproximadamente, 50 ppm de Cl⁻. A desvantagem desse método é que a membrana é muito cara e pode ficar obstruída por traços de impurezas.

A *célula de mercúrio* usa mercúrio líquido como catodo. O cloro gasoso é produzido no anodo, mas no catodo é produzido sódio metálico:

$$Na^+(aq) + e^- \rightarrow Na(Hg)$$

Faz-se a amálgama de sódio e mercúrio reagir com a água numa superfície de grafita:

$$2\,Na(Hg) + 2\,H_2O(l) \rightarrow 2\,NaOH(aq) + H_2(g)$$

A solução de hidróxido de sódio produzida por essa rota é muito pura e a célula de mercúrio é, portanto, o método preferido para a obtenção de hidróxido de sódio sólido de alta qualidade. Infelizmente, o processo é acompanhado pela liberação de mercúrio no meio ambiente de diferentes maneiras. Consequentemente, a indústria cloro-álcali vem sendo pressionada para descontinuar o uso dos eletrodos de mercúrio.

QUADRO 11.4 Materiais trocadores de íon sódio

A água dura contém altos níveis de íons Ca^{2+} e Mg^{2+}, que precipitam na água com o aquecimento (sob a forma de escamas ricas em $CaCO_3$) e inibem a formação de espuma com sabão ou detergente, reduzindo, assim, a eficiência destes. Os abrandadores de água domésticos contêm zeólitas, ou resinas trocadoras de íons, que possuem íons Na⁺ que são trocados pelos íons Ca^{2+} e Mg^{2+}. As zeólitas são também um dos componentes dos detergentes para lavagem, em que desempenham a mesma função.

As zeólitas são aluminossilicatos microporosos que contêm cátions fracamente ligados e moléculas de água dentro de suas cavidades (Seção 14.15). Elas ocorrem na natureza ou são sintetizadas nas suas formas contendo sódio, sendo neste caso conhecidas como "Na-zeólitas". A reação de troca iônica que ocorre quando a água dura é exposta a uma Na-zeólita é

$$2\,Na\text{-zeólita}(s) + Ca^{2+}(aq) \rightarrow Ca\text{-zeólita}(s) + 2\,Na^+(aq)$$

resultando na remoção dos íons Ca^{2+} da solução para a fase sólida. A água abrandada contém principalmente íons Na⁺ como espécie catiônica dissolvida. Como as moléculas de carbonato de sódio e os sais de sódio dos sabões e detergentes são muito solúveis, a água abrandada é mais efetiva nas lavagens e não apresenta os problemas de deposição de escamas de carbonato de cálcio nos locais de aquecimento de caldeiras, chaleiras, máquinas de lavar louça e roupa.

A reação reversa, a qual regenera a Na-zeólita trocadora de íon, pode ser feita em água mole pela exposição da zeólita esgotada a concentrações elevadas de íons Na⁺ (por exemplo, uma solução de cloreto de sódio):

$$Ca\text{-zeólita}(s) + 2\,Na^+(aq) \rightarrow 2\,Na\text{-zeólita}(s) + Ca^{2+}(aq)$$

No caso das zeólitas adicionadas ao detergente, a Ca-zeólita produzida apresenta-se como um sólido finamente dividido que é arrastado pelo efluente descartado no processo de lavagem. Esse procedimento é ambientalmente benigno, pois o efluente contém cálcio, silício, alumínio, oxigênio e água, os mesmos componentes de muitos minerais naturais.

No lugar das zeólitas, alguns abrandadores de água contêm resinas, que são compostos orgânicos poliméricos porosos formados a partir de poliestireno com ligações cruzadas e contendo grupos funcionais como carboxilatos e sulfonatos. A carga desses grupos aniônicos é balanceada por íons Na⁺ na superfície da resina, os quais são facilmente trocados por íons Ca^{2+} e Mg^{2+}.

11.6 Hidretos

Ponto principal: Os hidretos dos elementos do Grupo 1 são iônicos e contêm o íon H⁻.

Os elementos do Grupo 1 reagem com o hidrogênio formando hidretos iônicos (salinos) com a estrutura do sal-gema; o ânion presente é o íon hidreto, H⁻. Esses hidretos foram discutidos em detalhes na Seção 10.6b.

Os hidretos reagem violentamente com a água:

$$NaH(s) + H_2O(l) \rightarrow NaOH(aq) + H_2(g)$$

O hidreto de sódio finamente dividido pode entrar em ignição se deixado em exposição ao ar úmido. Tais incêndios são difíceis de extinguir, pois mesmo o dióxido de carbono é reduzido quando em contato com hidretos metálicos quentes. Os hidretos são úteis como bases não nucleofílicas e como redutores:

$$NaH(s) + NH_3(l) \rightarrow NaNH_2(am) + H_2(g)$$

onde "am" significa uma solução em amônia.

11.7 Haletos

Ponto principal: Ao descermos no grupo, a entalpia de formação torna-se menos negativa para os fluoretos, porém mais negativa para os cloretos, brometos e iodetos.

Todos os elementos do Grupo 1 formam haletos, MX, pela combinação direta dos elementos. A maioria dos haletos tem estrutura de sal-gema com coordenação 6:6, mas o CsCl, o

Tabela 11.2 Razão entre os raios, γ, para os haletos de metais alcalinos*

	F	Cl	Br	I
Li	0,57	0,42	0,39	0,35
Na	0,77	0,56	0,52	0,46
K	0,96	0,76	0,70	0,63
Rb	0,90	0,82	0,76	0,67
Cs	0,80	0,92	0,85	0,76

*Baseados nos raios iônicos para os íons hexacoordenados. Os valores em itálicos indicam os compostos que adotam a estrutura do tipo sal-gema.

CsBr e o CsI têm estrutura de CsCl com coordenação 8:8 (Seção 3.9). Os argumentos simples da razão entre os raios apresentados na Seção 3.10 podem ser usados para ajudar a entender essa escolha de estrutura. A Tabela 11.2 resume a razão entre os raios (γ) para os vários haletos dos metais alcalinos. Como vimos na Seção 3.10, uma estrutura de sal-gema com coordenação 6:6 é esperada para os valores de razão entre os raios 0,414 a 0,732, enquanto uma estrutura CsCl é esperada para valores maiores dessa razão; uma estrutura de sulfeto de zinco com coordenação 4:4 é esperada para valores menores que 0,414. Entretanto, as energias de rede dos arranjos CsCl e sal-gema diferem de apenas uma pequena porcentagem, e fatores como a polarização (Seção 3.12) ajudam a estabilizar mais a estrutura do sal-gema em relação à do CsCl para a maioria dos haletos de metais alcalinos. A 445°C a estrutura do CsCl muda para a do sal-gema, e o resfriamento abaixo da temperatura ambiente converte o RbCl para a estrutura do CsCl.

EXEMPLO 11.1 Usando a difração de raios X de pó para investigar uma transição de fase induzida por pressão

Os dados de difração de raios X obtidos para o RbI nas condições padrão mostram que a rede é do tipo cúbica de face centrada e o parâmetro de rede é 734 pm. A aplicação de 4 kbar causa uma mudança no padrão da difração de raios X de pó, mostrando que o tipo de rede se torna primitiva com um parâmetro de rede de 446 pm. Interprete esses dados, sabendo que os raios iônicos do Rb+ e do I− hexacoordenados (os valores para os íons octacoordenados estão entre parênteses), são 148 (160) pm e 220 (232) pm, respectivamente.

Resposta Com base nas regras da razão entre os raios e no valor de $\gamma = 0,67$, a estrutura prevista para o iodeto de rubídio é de sal-gema com coordenação 6:6 (Seção 3.10b). O tipo de rede dessa estrutura é cúbica de face centrada, em concordância com os dados de difração. Também é possível prever o parâmetro de rede para essa estrutura usando-se os raios iônicos. Na estrutura de sal-gema o parâmetro de rede é equivalente à distância total Rb–I–Rb (Fig. 11.4), que é duas vezes a soma dos raios iônicos do ânion e do cátion. Dessa forma, o parâmetro de rede previsto é de 736 pm, em boa concordância com o valor experimental. As estruturas sob pressão têm uma tendência termodinâmica de assumirem arranjos mais densos. A razão entre os raios para o iodeto de rubídio encontra-se próximo a 0,732, valor acima do qual se espera uma estrutura do tipo CsCl. Portanto, sob pressão, ocorre uma transformação de fase no RbI. O tipo de rede da estrutura do CsCl é primitiva (Fig. 11.5), em concordância com os dados de difração de raios X, e o parâmetro de rede para esse tipo de estrutura pode ser calculado usando-se os raios iônicos do Rb+ e do I− octacoordenados (160 e 232 pm, respectivamente) como sendo igual a 453 pm (usando-se $2(r_+ + r_-)/3^{1/2}$). Esse resultado é muito próximo ao dado experimental: os dados de difração foram obtidos a 4 kbar, de forma que o parâmetro de rede é ligeiramente menor do que o valor calculado, que se baseia nos raios iônicos avaliados a 1 bar.

Teste sua compreensão 11.1 (a) Preveja as diferenças entre o padrão experimental da difração de raios X de pó do CsCl coletado à temperatura ambiente e a 600°C. (b) Os dados de difração de raios X mostram que o FrI apresenta uma célula unitária cúbica primitiva com parâmetro de rede igual a 490 pm. Esses dados experimentais são consistentes com a estrutura prevista usando os raios iônicos apresentados no Apêndice 1?

As entalpias de formação de todos os haletos são grandes e negativas, tornando-se menos negativa do fluoreto para o iodeto a cada elemento. Para os fluoretos, as entalpias de formação tornam-se cada vez menos negativa ao descermos no grupo, mas tornam-se mais negativas para os cloretos, brometos e iodetos (Fig. 11.6). Essas tendências podem ser compreendidas considerando-se um ciclo de Born-Haber para a formação dos haletos a partir dos elementos (Fig. 11.7). Esses cálculos consideram a ligação nos compostos dos metais alcalinos como puramente iônicas; entretanto, para os íons dos metais mais pesados existe um aumento de contribuição da covalência quando os íons ficam maiores, mais polarizáveis e menos duros.

Como vimos na Seção 3.11, a exigência de que a soma das variações de entalpia ao longo de um ciclo de Born-Haber seja zero faz com que a entalpia de formação de um composto seja

$$\Delta_f H^\ominus = \Delta_{sub} H^\ominus + \Delta_{ion} H^\ominus + \tfrac{1}{2}\Delta_{dis} H^\ominus + \Delta_{ge} H^\ominus - \Delta_R H^\ominus \quad (11.1)$$

Os dois primeiros termos após o sinal de igual são constantes para uma série de haletos de um dado elemento. Os próximos dois termos variam do fluoreto para o iodeto,

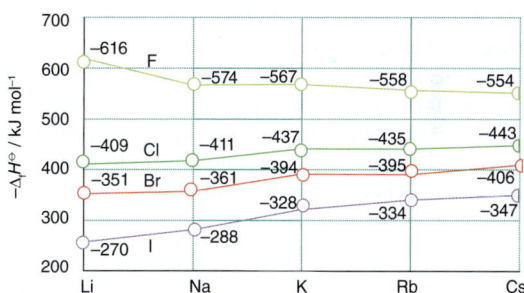

Figura 11.6 Entalpias padrão de formação dos haletos dos elementos do Grupo 1 a 298 K.

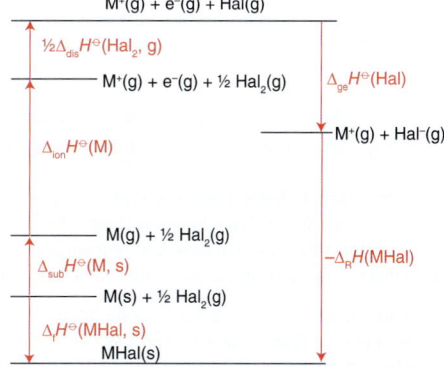

Figura 11.7 Ciclo de Born-Haber para a formação dos haletos do Grupo 1. A soma das variações de entalpia ao longo do ciclo é zero.

Tabela 11.3 Dados selecionados para a discussão das estabilidades dos haletos do Grupo 1

	F	Cl	Br	I
Raio iônico, r / pm	133	181	196	220
$½\Delta_{dis}H^{\ominus}$/kJ mol^{-1}	79	121	112	107
$\Delta_{ge}H^{\ominus}$/kJ mol^{-1}	−328	−349	−325	−295
$(½\Delta_{dis}H^{\ominus} + \Delta_{ge}H^{\ominus})$/kJ mol^{-1}	−249	−228	−213	−188

como pode ser visto pelos dados da Tabela 11.3, sendo que as suas somas tornam-se menos negativas do F para o I. O termo final é a entalpia de rede, a qual (pela equação de Born-Mayer, Seção 3.12a) sabemos que é inversamente proporcional à soma dos raios iônicos. Uma vez que o raio do ânion aumenta do F$^-$ ao I$^-$, a entalpia de rede torna-se menor. Consequentemente, $\Delta_f H^{\ominus}$ torna-se menos negativo.

Se considerarmos a formação de uma série de haletos do Grupo 1, os termos $\Delta_{dis}H^{\ominus}$ e $\Delta_{ge}H^{\ominus}$ serão constantes. Os termos $\Delta_{sub}H^{\ominus}$ e $\Delta_{ion}H^{\ominus}$ variam com o metal e, como pode ser visto na Tabela 11.1, a soma dos seus valores diminui quando descemos no grupo. A entalpia de rede também diminui à medida que o raio do cátion aumenta ao descermos no grupo. A tendência na entalpia de formação depende das diferenças relativas entre esses valores, que é $(\Delta_{sub}H^{\ominus} + \Delta_{ion}H^{\ominus}) - \Delta_R H^{\ominus}$. Para os cloretos, brometos e iodetos, a variação nos valores da soma $(\Delta_{sub}H^{\ominus} + \Delta_{ion}H^{\ominus})$ é maior do que a variação no $\Delta_R H^{\ominus}$ e as entalpias de formação tornam-se mais negativas ao descermos no grupo. Entretanto, para os fluoretos, o pequeno raio iônico do flúor faz com que as diferenças em $\Delta_R H^{\ominus}$ sejam maiores do que aquelas da soma $(\Delta_{sub}H^{\ominus} + \Delta_{ion}H^{\ominus})$ e as entalpias de formação tornam-se menos negativas ao descermos no grupo.

Todos os haletos são solúveis em água, com exceção do LiF, o qual é apenas pouco solúvel. Essa baixa solubilidade do LiF pode ser relacionada ao fato de que a sua alta entalpia de rede, devido ao pequeno raio iônico do fluoreto, não é compensada pela entalpia de hidratação.

EXEMPLO 11.2 Calculando as entalpias de formação

Use os dados das Tabelas 11.1 e 11.3 para calcular as entalpias de formação do NaF(s) e do NaCl(s), comentando os valores obtidos.

Resposta As energias de rede dos compostos podem ser calculadas usando-se a equação de Kapustinskii (Eq. 3.4), a qual nos fornece os valores de 879 kJ mol^{-1} para o NaF e 751 kJ mol^{-1} para o NaCl. Assim, pela Eq. 11.1, temos

$\Delta_f H^{\ominus}$ (NaF) = 109 + 494 + 79 − 328 − 879 = −525 kJ mol^{-1}

$\Delta_f H^{\ominus}$ (NaCl) = 109 + 494 + 121 − 349 − 751 = −376 kJ mol^{-1}

A entalpia de formação do NaF é a mais negativa e, portanto, espera-se que o fluoreto seja mais estável do que o cloreto. Neste caso, o termo mais importante na expressão para $\Delta_f H^{\ominus}$ é a entalpia de rede, $\Delta_R H^{\ominus}$, que é maior para o NaF devido ao menor tamanho do ânion.

Teste sua compreensão 11.2 Use a equação de Kapustinskii para calcular as entalpias de rede do LiF e do CsF. Use esses valores e as entalpias de hidratação dos íons M$^+$ para explicar a diferença na solubilidade desses sais de metal alcalino.

11.8 Óxidos e compostos relacionados

Pontos principais: Somente o Li forma um óxido normal pela reação direta com o oxigênio; o Na forma peróxido, e os elementos mais pesados formam superóxidos.

Conforme mencionado anteriormente, todos os elementos do Grupo 1 reagem vigorosamente com o oxigênio. Somente o lítio reage com excesso de oxigênio para formar o óxido, Li$_2$O, que tem a estrutura de antifluorita (Seção 3.9):

$$4\,Li(s) + O_2(g) \rightarrow 2\,Li_2O(s)$$

O sódio reage com o oxigênio para formar o peróxido, Na$_2$O$_2$, o qual contém o íon peróxido, O$_2^{2-}$:

$$2\,Na(s) + O_2(g) \rightarrow Na_2O_2(s)$$

Os outros elementos do Grupo 1 formam superóxidos:

$$K(s) + O_2(g) \rightarrow KO_2(s)$$

Esses compostos contêm o íon superóxido paramagnético, O$_2^-$, e têm estrutura do tipo do CaC$_2$, que é baseada na estrutura do sal-gema (Fig. 3.31; ver Fig. 11.8 para uma visão alternativa).

Todas as variedades de óxidos são básicas e reagem com a água para formar o íon OH$^-$ pela captura do H$^+$ do H$_2$O em uma reação ácido-base de Lewis:

$$Li_2O(s) + H_2O(l) \rightarrow 2\,Li^+(aq) + 2\,OH^-(aq)$$
$$Na_2O_2(s) + 2\,H_2O(l) \rightarrow 2\,Na^+(aq) + 2\,OH^-(aq) + H_2O_2(aq)$$
$$2\,KO_2(s) + 2\,H_2O(l) \rightarrow 2\,K^+(aq) + 2\,OH^-(aq) + H_2O_2(aq) + O_2(g)$$

O óxido e o peróxido reagem por transferência de próton do H$_2$O. A formação inicial do "superóxido de hidrogênio", HO$_2$, por transferência de próton para o íon superóxido, é seguida imediatamente pela desproporcionação do HO$_2$ em O$_2$ e H$_2$O$_2$.

Os óxidos normais de Na, K, Rb e Cs podem ser preparados por aquecimento do metal com uma quantidade limitada de oxigênio, ou por decomposição térmica do peróxido ou do superóxido:

$$Na_2O_2(s) \rightarrow Na_2O(s) + \tfrac{1}{2}\,O_2(g)$$

Os óxidos Na$_2$O, K$_2$O e Rb$_2$O têm estrutura de antifluorita. A estabilidade dos peróxidos e superóxidos em relação a essa decomposição aumenta descendo-se no grupo, sendo o Li$_2$O$_2$ o menos estável e o Cs$_2$O$_2$ o mais estável. O peróxido

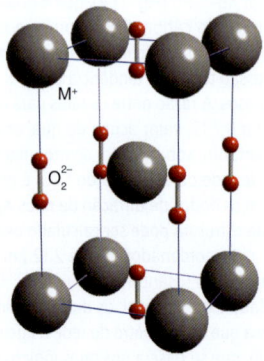

Figura 11.8* Estrutura dos superóxidos, MO$_2$, dos elementos do Grupo 1.

de sódio é muito usado como agente oxidante, uma vez que se constitui numa fonte de oxigênio ao ser aquecido. A tendência do peróxido ou superóxido para se decompor em óxido pode ser explicada examinando-se as entalpias de rede dos compostos. Conforme discutido anteriormente, a entalpia de rede é inversamente proporcional à soma dos raios iônicos. Consequentemente, como o íon O^{2-} é menor do que o O_2^{2-} ou o O_2^-, a entalpia de rede de qualquer óxido será maior que a do peróxido ou superóxido correspondente. Descendo no grupo, os raios dos cátions aumentam e as entalpias de rede do óxido e do peróxido (ou superóxido) diminuem. Como resultado global, a diferença entre as duas entalpias de rede diminui, e a tendência à decomposição dos peróxidos e dos superóxidos também diminui à medida que descemos no grupo.

O superóxido de potássio, KO_2, absorve dióxido de carbono e libera oxigênio:

$$4\,KO_2(s) + 2\,CO_2(g) \rightarrow 2\,K_2CO_3(s) + 3\,O_2(g)$$

Essa reação é empregada para purificar o ar em aplicações como em submarinos e aparelhos de respiração; para aplicações em espaçonaves, o peróxido de lítio é mais usado do que o KO_2 para reduzir o peso.

Todos os elementos do Grupo 1 formam ozonetos, compostos que contêm o íon ozoneto, O_3^-. Os ozonetos de K, Rb e Cs são obtidos por aquecimento dos peróxidos ou superóxidos com ozônio. Os ozonetos de sódio e lítio podem ser preparados por troca iônica com o CsO_3 em amônia líquida. Esses compostos são muito instáveis e explodem violentamente.

$$2\,KO_3(s) \rightarrow 2\,KO_2(s) + O_2(g)$$

A oxidação parcial do Rb e do Cs produz subóxidos de várias composições. São necessárias condições especiais para formar esses compostos, nos quais os elementos metálicos ocorrem com números de oxidação menores do que +1. Esses compostos somente são formados quando ar, água e outros agentes oxidantes são rigorosamente excluídos. Uma série de óxidos ricos em metal é formada pela reação do Rb ou Cs com uma quantidade reduzida de oxigênio. Esses compostos são condutores metálicos escuros altamente reativos, com fórmulas tais como Rb_6O, Rb_9O_2, Cs_4O e Cs_7O. Uma indicação da natureza desses compostos é que o Rb_9O_2 consiste em átomos de O cercados por um octaedro de seis átomos de Rb, com dois octaedros vizinhos compartilhando suas faces (Fig. 11.9). Esses compostos foram alguns dos primeiros clusters metálicos contendo ligações metal-metal a serem sintetizados e caracterizados, embora muitos outros

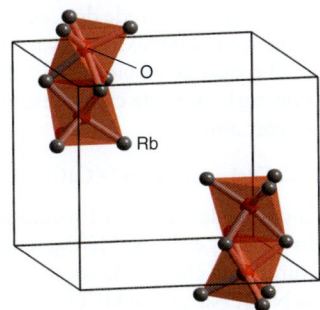

Figura 11.9 Estrutura do Rb_9O_2, mostrando duas unidades nas quais cada átomo de O está cercado por um octaedro de átomos de Rb, e octaedros vizinhos compartilham suas faces triangulares. A célula unitária está delineada.

EXEMPLO 11.3 Prevendo a estabilidade dos peróxidos por meio de dados termoquímicos

Os raios iônicos dos íons O^{2-} e O_2^{2-} são 126 e 180 pm, respectivamente. Use essa informação para confirmar que existe uma tendência de diminuição da facilidade de decomposição do peróxido à medida que descemos no grupo.

Resposta Para avaliar as estabilidades precisamos comparar as entalpias de rede. Assim, usaremos os dados da Tabela 11.1 e a equação de Kapustinskii (Eq. 3.4) para calcular a diferença na entalpia de rede entre Na_2O e Na_2O_2 e depois entre Rb_2O e Rb_2O_2. Precisamos lembrar que a fórmula do peróxido é $(M^+)_2(O_2^{2-})$, de forma que na equação de Kapustinskii o número de íons é igual a 3 e os números de carga são +1 e −2. Utilizando-se estes dados obtêm-se os seguintes valores

Na_2O	Na_2O_2	Rb_2O	Rb_2O_2
2702	2260	2316	1980 kJ mol^{-1}

A diferença entre os valores para o Na_2O e o Na_2O_2 é de 442 kJ mol^{-1}, e a diferença para o Rb_2O e o Rb_2O_2 é de 336 kJ mol^{-1}. Esses resultados mostram que a diferença entre os valores diminui quando descemos no grupo, sugerindo que existe uma menor tendência termodinâmica para o peróxido formar o óxido (desde que os efeitos entrópicos sejam semelhantes).

Teste sua compreensão 11.3 Todos os ozonetos do Grupo 1 são instáveis e sofrem decomposição se não forem mantidos em baixa temperatura. Preveja como deve variar a temperatura de decomposição quando descemos no grupo.

---

sistemas, como, por exemplo, as fases Zintl (Seção 11.15), sejam hoje conhecidas. A condução metálica destes compostos sugere que os elétrons de valência estejam deslocalizados para além dos clusters individuais de Rb_9O_2.

11.9 Sulfetos, selenetos e teluretos

Ponto principal: Os elementos do Grupo 1 formam sulfetos simples, M_2S, e polissulfetos em combinação com o enxofre.

Todos os metais alcalinos formam sulfetos simples com estequiometria M_2S; aqueles com os íons menores, Li^+ a K^+, possuem estrutura de antifluorita com íons S^{2-} isolados. Também são conhecidos polissulfetos, M_2S_n, com n variando de 2 a 6, para os metais alcalinos mais pesados, em que os ácidos mais macios, M^+, estabilizam as bases macias S_n^{2-}. Para $n \geq 3$, as estruturas contêm ânions polissulfetos com cadeias em zigue-zague separadas pelos cátions do metal alcalino (Fig. 11.10). Baterias sódio/enxofre vêm sendo investigadas como um possível sistema estacionário para armazenamento de energia conectado às instalações de geração de energia eólica e solar (Quadro 11.5). Selênio e telúrio reagem com metais alcalinos formando selenetos, como o K_2Se, e teluretos, respectivamente; também são conhecidos polisselenetos, K_2Se_5, e politeluretos, Cs_2Te_5.

11.10 Hidróxidos

Ponto principal: Todos os hidróxidos do Grupo 1 são solúveis em água e absorvem água e dióxido de carbono da atmosfera.

Todos os hidróxidos dos elementos do Grupo 1 são sólidos brancos, translúcidos e deliquescentes. Eles absorvem água e dióxido de carbono da atmosfera numa reação

QUADRO 11.5 As baterias de sódio-enxofre

A bateria de sódio-enxofre usa a energia gerada pela reação do sódio com o enxofre. A bateria possui uma alta densidade de energia, uma boa eficiência de carga e descarga (90%), um longo ciclo de vida e é fabricada com materiais baratos. O anodo é formado por sódio metálico fundido que é separado do catodo (aço em contato com o enxofre absorvido em carbono poroso) por um eletrólito sólido de β-alumina. A β-alumina de sódio é um condutor iônico, mas é um mau condutor elétrico, evitando, assim, a auto descarga da bateria. Quando a bateria é descarregada, o Na perde um elétron para o circuito externo, e os íons Na^+ resultantes migram através da β-alumina de sódio para o compartimento do enxofre. No catodo, os elétrons vindos do circuito externo, reagem com o enxofre formando polissulfetos, S_2^{2-}. O processo global de descarga da bateria é

$$2\ Na(l) + 4\ S(l) \rightarrow Na_2S_4(l) \qquad E_{pilha} \approx 2,1\ V$$

Durante a carga, ocorre o processo inverso e uma pequena perda de calor, mantendo o sistema na temperatura de operação de 300 a 350°C. Devido à alta temperatura de operação e à natureza altamente corrosiva dos seus componentes, essas baterias são mais adequadas para aplicações estáticas de grande escala, e não em veículos de transporte. As baterias de sódio-enxofre oferecem, portanto, um sistema de armazenamento de energia que pode ser usado em associação com plantas de energia renováveis que operam somente em determinados períodos, por exemplo, "fazendas" de geradores eólicos, instalações de geração de energia a partir das ondas do mar e plantas de geração de energia solar. Nas fazendas de geradores eólicos, as baterias devem armazenar energia durante o período de ventos fortes, mas com baixa demanda de energia, e a energia estocada deve ser descarregada durante os períodos de pico de demanda.

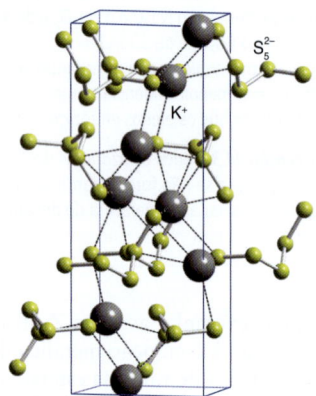

Figura 11.10* Estrutura do K_2S_5.

exotérmica. O hidróxido de lítio, LiOH, forma o hidrato estável $LiOH \cdot 8H_2O$. A solubilidade dos hidróxidos torna-os uma fonte conveniente de íons OH^- no laboratório e na indústria. O hidróxido de potássio, KOH, é solúvel em etanol, e a "potassa alcoólica" é um reagente útil em síntese orgânica. As soluções de hidróxidos de metais alcalinos absorvem rapidamente dióxido de carbono do ar

$$2\ MOH(aq) + CO_2(g) \rightarrow M_2CO_3(aq) + H_2O(l)$$

As soluções deixadas expostas ao ar tornam-se rapidamente contaminadas com carbonato. Por essa razão, a concentração de uma solução de MOH para ser usada em análise volumétrica quantitativa deve ser conferida antes de ser usada. As soluções concentradas de MOH também reagem lentamente, à temperatura ambiente (e mais rapidamente quando aquecidas), com vidro de silicato formando silicatos de metais alcalinos, de forma que as suas reações a quente devem ser feitas, em laboratório, em recipientes feitos de plástico, que são inertes.

O hidróxido de sódio é produzido pela indústria cloro-álcali (ver Quadro 11.4), sendo usado como matéria-prima na indústria química orgânica e na preparação de outros insumos químicos inorgânicos. Ele também é usado na indústria papeleira e na indústria de alimentos para quebrar as proteínas. Por exemplo, as azeitonas são mergulhadas em solução de hidróxido de sódio para tornar sua pele macia o bastante para serem comestíveis e a iguaria norueguesa *lutefisk* possui uma consistência de geleia produzida pela dissolução das proteínas do bacalhau seco. As aplicações domésticas são baseadas na ação do NaOH sobre as gorduras, com ele sendo bastante utilizado nos produtos para limpeza de fornos e tubulações de esgoto. Em alguns produtos com formação de espuma, para limpeza de tubulações de esgoto, ele é misturado ao alumínio em pó. O alumínio reage com os íons hidróxido em solução aquosa, liberando gás hidrogênio.

11.11 Compostos derivados de oxoácidos

Os elementos do Grupo 1 formam sais com a maioria dos oxoácidos. Os sais derivados de oxoácidos com elementos do Grupo 1 industrialmente mais importantes são o carbonato de sódio, geralmente chamado de *barrilha*, e o hidrogenocarbonato de sódio, mais conhecido como *bicarbonato de sódio*.

(a) Carbonatos

Ponto principal: Os carbonatos do Grupo 1 são solúveis e, quando fortemente aquecidos, sofrem decomposição formando óxidos.

Os elementos do Grupo 1 formam os únicos carbonatos solúveis (com a exceção do íon NH_4^+), embora o carbonato de lítio seja somente ligeiramente solúvel.

O carbonato de sódio vem sendo produzido pelo *processo Solvay* há muitos anos. A reação global, que usa o NaCl e o $CaCO_3$ normalmente disponíveis, pode ser representada pelo equilíbrio

$$2\ NaCl(aq) + CaCO_3(s) \rightleftharpoons Na_2CO_3(s) + CaCl_2(aq)$$

Entretanto, o equilíbrio se apresenta deslocado para a esquerda devido à alta energia de rede do $CaCO_3$, e o processo empregado usa uma rota complexa com várias etapas envolvendo a amônia. O óxido de cálcio produzido pela decomposição térmica do carbonato de cálcio reage com o cloreto de amônio para gerar amônia

$$2\ NH_4Cl(s) + CaO(s) \rightarrow 2\ NH_3(g) + CaCl_2(s) + H_2O(l)$$

A amônia e o dióxido de carbono (oriundo da decomposição térmica do $CaCO_3$ e do $NaHCO_3$) são passados por uma solução saturada de cloreto de sódio para formar uma solução dos íons NH_4^+, Na^+, Cl^- e HCO_3^-:

$$NaCl(aq) + CO_2(g) + NH_3(g) + H_2O(l) \rightarrow Na^+(aq) + HCO_3^-(aq) + NH_4^+(aq) + Cl^-(aq)$$

Ao ser esfriado abaixo de 15°C, o $NaHCO_3$ precipita, sendo então retirado do processo por filtração e em seguida sendo aquecido para formar o desejado Na_2CO_3, com evolução de CO_2. O NH_4Cl residual é isolado e reutilizado no estágio inicial da reação com o CaO. O processo consome muita energia e produz grandes quantidades de $CaCl_2$ como subproduto. Esses problemas fazem com que o Na_2CO_3 seja minerado sempre que existam fontes do mineral *trona*, formado pelo sesquicarbonato de sódio, $Na_3(CO_3)(HCO_3) \cdot 2H_2O$.

Os principais usos do carbonato de sódio são na fabricação do vidro, em que ele é aquecido com sílica para formar o silicato de sódio, $Na_2O \cdot xSiO_2$, e como amaciante de água, em que ele remove os íons Ca^{2+} como carbonato de cálcio, que são as "escamas" ou incrustações que se formam nos aquecedores de água em áreas com água dura. O carbonato de potássio é produzido tratando-se KOH com dióxido de carbono, sendo usado na fabricação de vidros e cerâmicas.

O carbonato de lítio decompõe-se quando aquecido acima de 650°C:

$$Li_2CO_3(s) \xrightarrow{\Delta} Li_2O(s) + CO_2(g)$$

Os carbonatos dos elementos mais pesados só apresentam decomposição significativa quando aquecidos a temperaturas superiores a 800°C. Esta influência estabilizadora de um cátion grande sobre um ânion grande pode ser explicada em termos das tendências nas energias de rede, discutida na Seção 3.15.

> **EXEMPLO 11.4** Prevendo a estabilidade térmica dos carbonatos
>
> Justifique a afirmativa de que a estabilidade térmica dos carbonatos aumenta à medida que descemos no Grupo 1.
>
> *Resposta* Mais uma vez precisamos enfocar as entalpias de rede. Para identificar uma tendência, podemos usar a equação de Kapustinskii (Eq. 3.4) para estimar a diferença entre as entalpias de rede do Na_2CO_3 e Na_2O e, depois, do Rb_2CO_3 e Rb_2O. Os raios iônicos são dados na Tabela 11.1; os raios iônicos e termoquímicos dos íons óxido e carbonato são 126 pm e 185 pm, respectivamente. A substituição dos dados na Eq. 3.4 fornece os seguintes valores:
>
> | | Na_2CO_3 | Na_2O | Rb_2CO_3 | Rb_2O |
> |---|---|---|---|---|
> | $\Delta_R H^{\ominus}$/kJ mol^{-1} | 2246 | 2732 | 1954 | 2316 |
> | Diferença/kJ mol^{-1} | 486 | | 362 | |
>
> Esses cálculos confirmam que as diferenças entre as entalpias de rede do carbonato e do óxido diminuem aquando descemos no grupo, sugerindo que a tendência termodinâmica menor para o carbonato formar o óxido diminui ao se descer no grupo (supondo que os efeitos entrópicos são idênticos). A temperatura de decomposição também aumenta: o carbonato de sódio começa a se decompor acima de 800°C, enquanto o Rb_2CO_3 necessita de um aquecimento próximo de 1000°C.
>
> *Teste sua compreensão 11.4* Esquematize o ciclo termodinâmico para a decomposição de um carbonato do Grupo 1 em óxido e dióxido de carbono.

(b) Hidrogenocarbonatos

Pontos principais: O hidrogenocarbonato de sódio é menos solúvel que o carbonato de sódio e libera CO_2 quando aquecido.

O hidrogenocarbonato de sódio (bicarbonato de sódio) é menos solúvel que o carbonato de sódio em água e pode ser preparado borbulhando-se dióxido de carbono através de uma solução saturada do carbonato:

$$Na_2CO_3(aq) + CO_2(g) + H_2O(l) \rightarrow 2\,NaHCO_3(s)$$

A reação reversa ocorre quando o hidrogenocarbonato é aquecido:

$$2\,NaHCO_3(s) \rightarrow Na_2CO_3(s) + CO_2(g) + H_2O(l)$$

Esta reação fornece a base para o uso do hidrogenocarbonato de sódio como extintor de incêndio. O sal em pó impede a propagação das chamas e se decompõe com o calor, liberando dióxido de carbono e água, os quais por sua vez atuam como extintores. Esta reação também é a base para o uso do hidrogenocarbonato de sódio na culinária, quando o dióxido de carbono e o vapor de água liberados durante o cozimento fazem a massa "crescer". Um agente de crescimento mais efetivo é o fermento em pó, o qual é uma mistura de hidrogenocarbonato de sódio com di-hidrogenofosfato de cálcio:

$$2\,NaHCO_3(s) + Ca(H_2PO_4)_2(s) \rightarrow Na_2HPO_4(s) + CaHPO_4(s) + 2\,CO_2(g) + 2\,H_2O(l)$$

O hidrogenocarbonato de potássio é usado como um tampão na produção do vinho e no tratamento de água. Ele também é usado como um tampão nos detergentes líquidos de pH baixo, como um aditivo nas bebidas refrigerantes e como um antiácido para combater indigestão.

(c) Outros oxossais

Ponto principal: Os nitratos dos elementos do Grupo 1 são usados como fertilizantes e explosivos.

O sulfato de sódio, Na_2SO_4, é muito solúvel e forma hidratos facilmente. A principal fonte comercial de sulfato de sódio é como um subproduto da fabricação do ácido clorídrico a partir do cloreto de sódio:

$$NaCl(aq) + H_2SO_4(aq) \rightarrow Na_2SO_4(aq) + 2\,HCl(aq)$$

Ele também é obtido como subproduto de vários outros processos industriais, dentre eles a dessulfurização de gases de exaustão e a fabricação do raiom. O principal uso do sulfato de sódio é no processamento da polpa de madeira para fabricação do papelão marrom resistente usado nas embalagens. Durante o processo, o sulfato de sódio é reduzido a sulfito de sódio que dissolve a lignina da madeira. (A lignina é recuperada da polpa e usada como adesivo e aglomerante.) Ele também é usado na fabricação de vidro, detergentes e como um laxante suave.

O nitrato de sódio, $NaNO_3$, é deliquescente é utilizado na fabricação de outros nitratos, fertilizantes e explosivos. O nitrato de potássio, KNO_3, ocorre na natureza como o mineral salitre; é pouco solúvel em água fria e muito solúvel em água quente. Ele tem sido muito utilizado na fabricação de pólvora desde o século XII e em explosivos, fogos de artifício, fósforos e fertilizantes.

> **EXEMPLO 11.5** Aplicando análise termogravimétrica para estudar a decomposição de nitratos de metais alcalinos
>
> Quando uma amostra de 100,0 mg de nitrato de lítio, $LiNO_3$, é aquecida acima de 900°C, ela perde 71,76% de sua massa em um único es-

tágio, enquanto que quando o nitrato de potássio é aquecido à mesma temperatura perde massa em dois estágios, com uma perda de massa total de 15,82% (a 350°C) e 53,42% (acima de 950°C) com relação à amostra original. Determine a composição dos vários produtos formados nas decomposições dos nitratos de potássio e de lítio.

Resposta Precisamos considerar as variações nas massas molares que os dados representam e, então, identificar as fórmulas empíricas correspondentes (Seção 8.15). A massa molar do $LiNO_3$ é 68,95 g mol^{-1}, de forma que 100,0 mg correspondem a (100,0 mg/(68,95 g mol^{-1}) = 1,450 mmol de $LiNO_3$. Como 1 mol de $LiNO_3$ produz 1 mol do produto de decomposição sólido X que contém lítio, 1,450 mmol de $LiNO_3$ produz 1,450 mmol de X. Entretanto, sabemos que a massa de X produzida é de 28,24 mg. Assim, sua massa molar é (28,24 mg)/(1,450 mmol) = 19,48 g mol^{-1}. Essa massa molar corresponde à fórmula empírica $LiO_{0,5}$ (ou Li_2O) e resulta da perda de $NO_2(g)$ e $O_2(g)$, com a equação global de decomposição do nitrato de lítio dada por

$$LiNO_3(s) \rightarrow \tfrac{1}{2} Li_2O(s) + NO_2(g) + \tfrac{1}{4} O_2(g)$$

Cálculos similares para o KNO_3 mostram que a perda de massa inicial corresponde à formação do KNO_2 (nitrito de potássio), a 350°C, e do K_2O, a 450°C, pelas reações sequenciais

$$KNO_3(s) \rightarrow KNO_2(s) + \tfrac{1}{2} O_2(g)$$
$$2\,KNO_2(s) \rightarrow K_2O(s) + 2\,NO(g) + \tfrac{1}{2} O_2(g)$$

A decomposição dos nitratos de lítio e potássio para formar os seus óxidos ocorre por rotas diferentes, o que é outro exemplo do comportamento atípico do lítio em relação aos outros elementos do seu grupo. Os cátions de metais alcalinos maiores estabilizam o íon NO_2^- em comparação com a decomposição direta em óxido. Uma diferença similar na rota de decomposição e na temperatura ocorre para o carbonato de lítio, o qual é o único carbonato de metal alcalino que se decompõe facilmente com o aquecimento.

Teste sua compreensão 11.5 Use argumentos assemelhados para explicar as diferentes temperaturas de decomposição de dois nitratos de metal alcalino em seus produtos finais.

11.12 Nitretos e carbetos

Ponto principal: Somente o Li forma nitreto e carbeto por reação direta com nitrogênio e carbono, respectivamente.

Embora o Li seja o menos reativo dos metais do Grupo 1, ele é o único (assim como o Mg) que forma nitreto (que geralmente é vermelho) por reação direta com o nitrogênio:

$$6\,Li(s) + N_2(g) \rightarrow 2\,Li_3N(s)$$

A estrutura do nitreto de lítio (Fig. 11.11) consiste em folhas de composição Li_2N, contendo íons N^{3-} hexacoordenados que são separados por outros íons Li^+. Os íons Li^+ no nitreto de lítio sólido são altamente móveis uma vez que existem sítios vacantes nas estruturas que os íons lítio podem ocupar sendo ele, portanto, classificado como um "condutor iônico rápido". Ele tem sido investigado como um eletrólito sólido e um possível material para o anodo de baterias recarregáveis.

O nitreto de lítio também apresenta potencial como um material para armazenamento de hidrogênio (Quadro 10.4). Ele é capaz de estocar até 11,5% de hidrogênio, em massa, quando exposto ao hidrogênio em alta temperatura e pressão. O Li_3N reage com o hidrogênio formando $LiNH_2$ e LiH numa reação reversível:

$$Li_3N(s) + 2\,H_2(g) \rightarrow LiNH_2(s) + 2\,LiH(s)$$

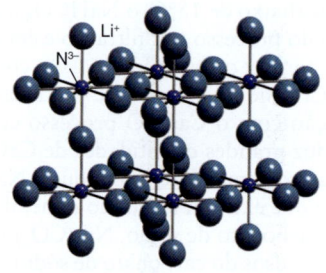

Figura 11.11* Estrutura do Li_3N.

Quando aquecidos a 170°C, o $LiNH_2$ e o LiH reagem entre si para formar Li_3N e liberar hidrogênio.

Recentemente, o nitreto de sódio foi sintetizado pela deposição de átomos de Na e N sobre uma superfície de safira resfriada à temperatura do nitrogênio líquido. Sua estrutura é análoga ao tipo de estrutura do ReO_3 (Seção 24.7), com o N^{3-} no lugar do Re(VI) e o Na^+ no lugar do O^{2-}. Os outros elementos do Grupo 1 não formam nitretos, embora formem azidas, que contêm o íon N_3^-, pela reação:

$$2\,NaNH_2(s) + N_2O(g) \rightarrow NaN_3(s) + NaOH(s) + NH_3(g)$$

O lítio reage diretamente com o carbono em altas temperaturas para formar um carbeto de estequiometria Li_2C_2, que contém o ânion dicarbeto (acetileto), C_2^{2-}. Os outros metais alcalinos não formam carbetos por reação direta dos elementos, embora compostos iônicos de estequiometria M_2C_2 sejam obtidos pelo aquecimento do metal em presença de etino. Os elementos K, Rb e Cs reagem com a grafita em temperaturas baixas para formar compostos de intercalação, tal como o C_8K (Seção 14.5). O lítio pode ser inserido eletroquimicamente na grafita para produzir o LiC_6, que desempenha um papel importante em alguns sistemas de bateria de lítio recarregáveis (Quadro 11.2). Os metais alcalinos do Na ao Cs também reagem com o fulereno, C_{60}, para formar fuleretos como o Na_2C_{60}, o Cs_3C_{60} e o K_6C_{60}, que contêm o cátion de metal alcalino e um ânion fulereto, C_{60}^{n-}. A estrutura do K_3C_{60} encontra-se descrita na Seção 14.6 e contém íons K^+ em todas as cavidades octaédricas e tetraédricas de um arranjo de empacotamento compacto de ânions C_{60}^{3-}; esse material torna-se um supercondutor abaixo de 30 K.

EXEMPLO 11.6 Aplicando RMN para estudar os compostos do Grupo 1

Todos os elementos do Grupo 1 possuem núcleos quadrupolares, por exemplo, $I(^{23}Na) = 3/2$ e $I(^{133}Cs) = 7/2$. Entretanto, os espectros de RMN, inclusive os espectros de RMN-MAS em estado sólido (Seção 8.6), podem ser obtidos para esses núcleos, em especial se eles estiverem em ambientes de alta simetria. O espectro de RMN de ^{23}Na do fulereto Na_3C_{60} (que é obtido pela reação do sódio metálico com o fulereno C_{60}) apresenta duas ressonâncias a 170 K, que coalescem quando o espectro é obtido acima da temperatura ambiente. Interprete essa informação e descreva como a estrutura do Na_3C_{60} está relacionada com a do C_{60} sólido.

Resposta As duas ressonâncias no espectro em baixa temperatura indicam que o composto contém dois ambientes diferentes para o Na. Sabemos que o C_{60} adota uma estrutura de empacotamento compacto cúbico formada pelas moléculas de C_{60} (Seção 3.9). Na reação com o sódio metálico, as moléculas de C_{60} são reduzidas a ânions; os pequenos cátions Na^+ podem ocupar todas as cavidades tetraédricas e octaédricas disponíveis do arranjo levemente expandido dos ânions C_{60}^{3-}, mas ainda de empacotamento compacto. Cada tipo de cavidade corresponde a um dos ambientes detectados por RMN. Em altas temperaturas os íons sódio migram rapidamente entre os sítios octaédricos e tetraédricos e, na escala de tempo do RMN (Seção 8.6), tornam-se indistinguíveis, levando à observação de um único sinal de ressonância.

Teste sua compreensão 11.6 Preveja o espectro de RMN do ^7Li no Li_3N (Fig. 11.11) em alta e em baixa temperatura, assumindo que um espectro de alta resolução possa ser obtido para esse núcleo.

11.13 Solubilidade e hidratação

Pontos principais: Há uma grande variação na solubilidade dos sais comuns; somente o lítio e o sódio formam sais hidratados.

Todos os sais comuns dos elementos do Grupo 1 são solúveis em água. As solubilidades variam muito, sendo que alguns dos mais solúveis são aqueles para os quais existe uma maior diferença entre os raios do cátion e do ânion. Assim, as solubilidades dos haletos de Li aumentam do fluoreto para o brometo, enquanto que para o Cs a tendência é inversa. A explicação para essas tendências foi discutida na Seção 3.15.

Nem todos os sais de metais alcalinos ocorrem como hidratos. As entalpias de rede dos sais hidratados são menores do que as dos sais anidros porque o raio do cátion é efetivamente aumentado pela esfera de hidratação, mantendo o cátion mais longe dos seus ânions circundantes. O sal hidratado será favorecido se essa diminuição da entalpia de rede for compensada pela entalpia de hidratação. A entalpia de hidratação depende da interação íon-dipolo entre o cátion e a molécula polar da água. Essa interação é maior quando o cátion possui uma maior densidade de carga. Os cátions dos metais do Grupo 1 têm baixa densidade de carga devido aos seus raios atômicos grandes e a suas cargas pequenas. Consequentemente, a maioria dos seus sais são anidros. Existem umas poucas exceções para os íons menores Li^+ e Na^+, como por exemplo o $LiOH \cdot 8H_2O$ e o $Na_2SO_4 \cdot 10H_2O$ (sal de Glauber).

11.14 Soluções em amônia líquida

Pontos principais: O sódio dissolve-se em amônia líquida para formar uma solução que é azul quando diluída e bronze quando concentrada.

O sódio dissolve-se em amônia líquida pura anidra (sem evolução de hidrogênio) para formar uma solução azul intensa quando diluída. A cor destas **soluções de metal em amônia** origina-se da cauda de uma forte banda de absorção cujo máximo situa-se no infravermelho próximo.[1] A dissolução do sódio em amônia líquida, formando uma solução muito diluída, é representada pela equação

$$Na(s) \rightarrow Na^+(am) + e^-(am)$$

Essas soluções sobrevivem por longos períodos na temperatura de ebulição da amônia (−33°C) e na ausência de ar. Entretanto, elas são apenas metaestáveis e sua decomposição é catalisada por alguns compostos do bloco d:

$$Na^+(am) + e^-(am) + NH_3(l) \rightarrow NaNH_2(am) + \tfrac{1}{2} H_2(g)$$

As soluções concentradas de metal em amônia apresentam uma cor de bronze metálico e têm condutância elétrica próxima daquela de um metal. Estas soluções têm sido descritas como "metais expandidos", nas quais o $e^-(am)$ está associado com o cátion amoniado. Essa descrição encontra justificativa no fato de que, nas soluções saturadas, a razão entre a amônia e o metal encontra-se na faixa de 5 a 10, o que corresponde a um número de coordenação razoável para o metal.

As soluções azuis de metal em amônia são excelentes agentes redutores. Por exemplo, o complexo de Ni(I), $[Ni_2(CN)_6]^{4-}$, no qual o níquel está num estado de oxidação baixo pouco usual, pode ser preparado pela redução do Ni(II) com potássio em amônia líquida:

$$2\ K_2[Ni(CN)_4] + 2\ K^+(am) + 2\ e^-(am) \rightarrow$$
$$K_4[Ni_2(CN)_6](am) + 2\ KCN$$

A reação é conduzida na ausência de ar em um frasco resfriado ao ponto de ebulição da amônia. Outras reações de M(am) como um agente redutor forte incluem a formação de grafitas intercaladas (Seção 14.5), fuleretos (Seção 14.6) e fases Zintl (Seção 11.15), como, por exemplo, nas seguintes reações:

$$8\ C(grafita) + K^+(am) + e^-(am) \rightarrow [K(am)]^+[C_8]^-(s)$$
$$C_{60}(s) + 3\ Rb^+(am) + 3\ e^-(am) \rightarrow [Rb(am)]_3 C_{60} \xrightarrow{\Delta} Rb_3C_{60}(s)$$

Os metais alcalinos também se dissolvem em éteres e em alquilaminas para formar soluções cujo espectro de absorção depende do metal alcalino. Essa dependência do metal sugere que o espectro esteja associado com uma transferência de carga do *íon alcaleto*, M^- (como o íon sodeto, Na^-), para o solvente. Quando se usa a etilenodiamina como solvente (1,2-diaminoetano, en), a equação de dissolução pode ser escrita como

$$2\ Na(s) \rightarrow Na^+(en) + Na^-(en)$$

Uma evidência adicional para a formação de íons alcaletos é o diamagnetismo associado às espécies designadas como M^-, que teriam uma configuração eletrônica de valência ns^2 com elétrons emparelhados. Outra observação que está de acordo com essa interpretação é que quando se dissolve uma liga sódio/potássio, a banda de absorção dependente do metal é a mesma da solução de Na.

$$NaK(l) \rightarrow K^+(en) + Na^-(en)$$

11.15 Fases Zintl contendo metais alcalinos

Ponto principal: Os metais alcalinos reduzem os metais dos Grupos 12 ao 16 para produzir as fases Zintl contendo ânions poliméricos.

Fases Zintl são formadas quando um elemento do Grupo 1 combina-se com um metal do bloco p dos Grupos 13 ao 16. As soluções de metais alcalinos em amônia líquida são fortes agentes redutores e reagem com o metal para formar essas fases. Alternativamente, as fases Zintl podem ser formadas pela reação direta do elemento do Grupo 1 com o elemento do bloco p em temperaturas elevadas. As fases Zintl do Grupo 1 são compostos iônicos em que os elétrons são transferidos do átomo do metal alcalino para um cluster de átomos do bloco p para formar um poliânion; esses compostos são normalmente diamagnéticos, semicondutores ou maus condutores e quebradiços.

---

[1] Outros metais eletropositivos com baixas entalpias de sublimação, por exemplo o Ca e o Eu, dissolvem-se em amônia líquida formando soluções com uma cor azul, que independe do metal.

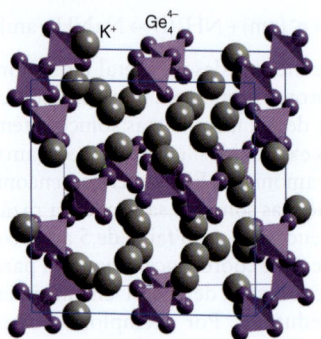

Figura 11.12* Estrutura do K_4Ge_4.

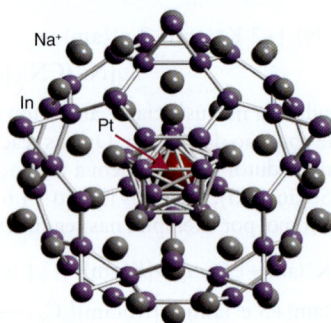

Figura 11.13* Parte da estrutura do $Na_{172}In_{192}Pt_2$ mostrando a rede complexa do tipo fulereto, formada pelos átomos de In em torno dos íons Na.

Com os elementos do Grupo 14 (E) podem ser obtidos compostos de estequiometria M_4E_4, que contêm o ânion tetraédrico E_4^{4-}, e M_4E_9, por exemplo, o Cs_4Ge_9, que contém o ânion Ge_9^{4-} (Fig. 11.12). Para o Grupo 13, são conhecidos compostos como o Rb_2In_3 (contendo unidades octaédricas In_6) e o KGa (com ânions poliédricos Ga_8). O composto Cs_5Bi_4 contém cadeias tetraméricas de estequiometria Bi_4^{5-}. Fases Zintl ainda mais exóticas são obtidas com os elementos do Grupo 1, dentre elas as estruturas do tipo fulereno de $Na_{96}In_{91}M_2$ e de $Na_{172}In_{192}M_2$, onde M=Ni, Pd e Pt (Fig. 11.13).

11.16 Compostos de coordenação

Ponto principal: Os elementos do Grupo 1 formam complexos estáveis com ligantes polidentados.

Os íons do Grupo 1, particularmente do Li^+ ao K^+, são ácidos de Lewis duros (Seção 4.9). Dessa forma, a maioria dos complexos que eles formam é resultado de interações coulombianas com doadores pequenos e duros, tais como os que possuem átomos de O ou N. Os ligantes monodentados ligam-se apenas fracamente devido às fracas interações coulombianas e à falta de significativa ligação covalente por parte desses íons. Entretanto, uma variedade de fatores (como a formação de peróxidos e ozonetos, em vez de óxidos, pelos metais alcalinos mais pesados e a insolubilidade dos seus percloratos) indica que os metais vão se tornando menos duros à medida que descemos no grupo.

Os ligantes H_2O nas espécies $M(OH_2)_n^+$ trocam rapidamente com as moléculas de H_2O do solvente, embora isso seja mais lento para o íon Li^+ muito duro e mais rápido para os íons cada vez menos duros Rb^+ e Cs^+. Os

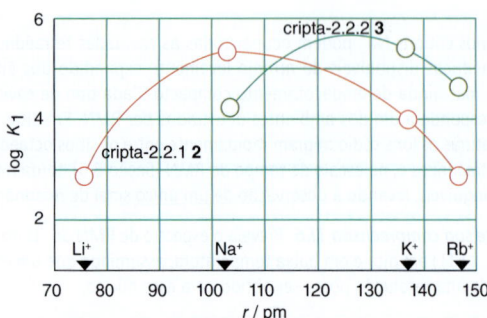

Figura 11.14 Dependência das constantes de formação dos complexos dos metais do Grupo 1 com ligantes do tipo criptando em função do tamanho do cátion. Note que a cripta menor 2.2.1 favorece a formação de complexo com o Na^+ e a cripta maior 2.2.2 favorece o K^+.

ligantes quelantes, tais como o íon etilenodiaminatetra-acetato, $[(O_2CCH_2)_2NCH_2CH_2N(CH_2CO_2)_2]^{4-}$, têm constantes de formação muito maiores, particularmente com os cátions dos metais alcalinos maiores. Ligantes macrocíclicos e assemelhados formam os complexos mais estáveis. Os éteres de coroa, tais como o 18-coroa-6 (**1**), formam complexos razoavelmente estáveis em solução não aquosa com íons de metais alcalinos. Os ligantes bicíclicos do tipo criptando, tais como o cripta-2.2.1 (**2**) e o cripta-2.2.2 (**3**), formam complexos com metais alcalinos que são ainda mais estáveis, podendo sobreviver mesmo em solução aquosa (**4**). Esses ligantes são seletivos para um determinado íon metálico, sendo o fator dominante a compatibilidade entre o tamanho do cátion e a cavidade do ligante que o acomodará (Fig. 11.14).

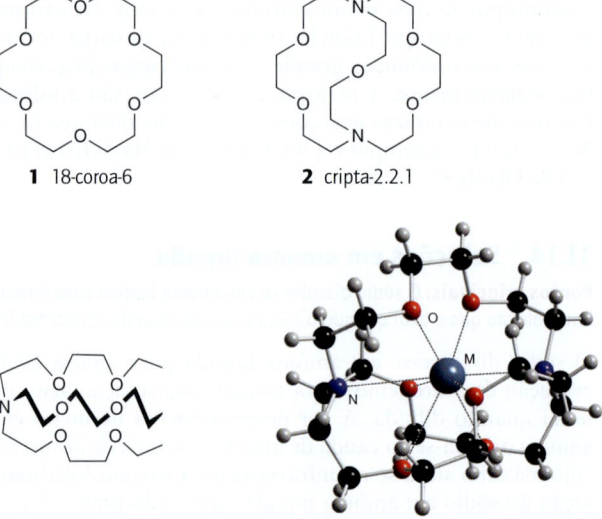

1 18-coroa-6   **2** cripta-2.2.1

3 cripta-2.2.2   **4** Complexo com um ligante cripta-2.2.2

Outro exemplo dessa relação de compatibilidade entre o cátion e a cavidade do ligante é o que se acredita ser responsável pelo transporte dos íons Na^+ e K^+ através das membranas celulares (Seção 26.3). Os íons atravessam a membrana celular hidrofóbica embebidos em moléculas de proteínas que têm cavidades revestidas com átomos doadores. Os átomos doadores estão arranjados formando uma cavidade cujo tamanho determina se a ligação será com o Na^+ ou o K^+. Estes *canais iônicos* modulam a concentração diferencial Na⁺/K⁺ através da membrana celular que é essencial para funções particulares da célula. A molécula de ocorrência natural valinomicina (**5**) é um antibiótico que se coordena seletivamente ao K⁺; o complexo hidrofóbico 1:1 resultante transporta o K⁺ através da membrana celular da bactéria, despolarizando o diferencial iônico, o que resulta na morte da célula.

5 Valinomicina

A complexação do sódio com um ligante do tipo criptando pode ser usada para preparar sodetos sólidos, tais como o [Na(2.2.2)]⁺Na⁻, onde (2.2.2) simboliza o ligante do tipo criptando. A determinação da estrutura por raios X revela a presença dos íons [Na(2.2.2)]⁺ e Na⁻, com este último localizado numa cavidade do cristal com um raio aparente maior do que o do I⁻. A natureza exata dos produtos dessa reação varia com a razão entre o sódio e o criptando. Também é possível cristalizar sólidos contendo elétrons solvatados, os chamados **eletretos**, e obter as suas estruturas cristalinas por raios X. A Figura 11.15, por exemplo, mostra a posição inferida para os máximos de densidade eletrônica em um sólido como este. A preparação de sodetos e outros alcaletos demonstra a poderosa influência dos solventes e agentes complexantes nas propriedades químicas dos metais. Um exemplo adicional dessas influências é a capacidade dos éteres de coroa de formar íons Cl⁻ reativos em solventes orgânicos. Agitando-se uma solução aquosa de NaCl em um funil de separação com uma solução de 18-coroa-6 em um solvente orgânico, os íons Na⁺ migram para a fase orgânica trazendo os íons Cl⁻ com eles. Os íons Cl⁻ pouco solvatados são altamente reativos.

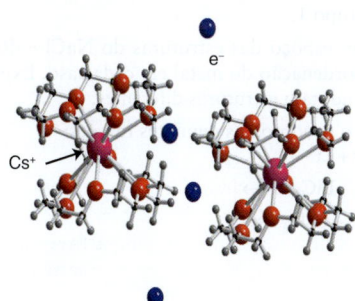

Figura 11.15* Estrutura cristalina do [Cs(18-coroa-6)₂]⁺e⁻. As esferas azuis indicam os locais de maior densidade eletrônica e, desta forma, as posições dos "ânions" e⁻.

11.17 Compostos organometálicos

Ponto principal: Os compostos organometálicos dos elementos do Grupo 1 reagem facilmente com a água e são pirofóricos.

Os elementos do Grupo 1 formam vários compostos organometálicos, os quais são instáveis na presença de água e são pirofóricos ao ar. Eles são preparados em solventes orgânicos tais como o tetra-hidrofurano (THF). Os compostos orgânicos próticos (doadores de próton) formam compostos organometálicos iônicos com os metais do Grupo 1. Por exemplo, o ciclopentadieno reage com sódio metálico em THF:

$$Na(s) + C_5H_6(l) \rightarrow Na^+[C_5H_5]^-(sol) + \tfrac{1}{2} H_2(g)$$

O ânion ciclopentadieneto resultante é um importante intermediário na síntese de compostos organometálicos do bloco d (Capítulo 22).

Lítio, sódio e potássio formam compostos intensamente coloridos com espécies aromáticas. A oxidação do metal resulta na transferência de um elétron para o sistema aromático, produzindo um **ânion radical**, que é um ânion que possui um elétron desemparelhado:

$$Na + C_{10}H_8 \longrightarrow Na^+[C_{10}H_8]^-$$

As alquilas de sódio e potássio são sólidos incolores, insolúveis em solventes orgânicos, que quando são estáveis apresentam pontos de fusão relativamente altos. Elas são produzidas por uma **reação de transmetalação**, a qual envolve a quebra de uma ligação carbono-metal e a formação de outra ligação carbono-metal com um metal diferente. Frequentemente, os compostos alquilmercúrio são os materiais de partida para essas reações. Por exemplo, o metilsódio é produzido pela reação entre sódio metálico e dimetilmercúrio em um solvente hidrocarboneto:

$$Hg(CH_3)_2 + 2\,Na \rightarrow 2\,NaCH_3 + Hg$$

Os compostos organolítio são de longe os organometálicos mais importantes do Grupo 1. Eles são líquidos ou sólidos com baixo ponto de fusão, são os mais estáveis termicamente de todo o grupo e solúveis em solventes orgânicos apolares, como o THF. Eles podem ser sintetizados a partir de um haleto de alquila e lítio metálico ou pela reação de espécies orgânicas com o butil-lítio, Li(C₄H₉), geralmente abreviado como BuLi.

$$BuCl(sol) + 2\,Li(s) \rightarrow BuLi(sol) + LiCl(s)$$
$$BuLi(sol) + C_6H_6(l) \rightarrow Li(C_6H_5)(sol) + C_4H_{10}(g)$$

Um aspecto presente em muitos compostos organometálicos com os elementos dos grupos principais é a presença de grupos alquila em ponte. Em éter, o metil-lítio apresenta-se como Li₄(CH₃)₄, que é composto por um tetraedro de átomos de lítio e os grupos metila em ponte (**6**). Quando o solvente é um hidrocarboneto, forma-se o Li₆(CH₃)₆ (**7**), cuja estrutura baseia-se num arranjo octaédrico dos átomos de lítio. Outras alquilas de lítio adotam estruturas similares, exceto quando os grupos alquila tornam-se muito volumosos, como no caso do *t*-butil, –C(CH₃)₃, quando então os tetrâmeros são as maiores espécies formadas. Muitas dessas alquilas de lítio são compostos deficientes em elétrons e contêm as ligações 3c,2e características desses compostos (Seção 2.11).

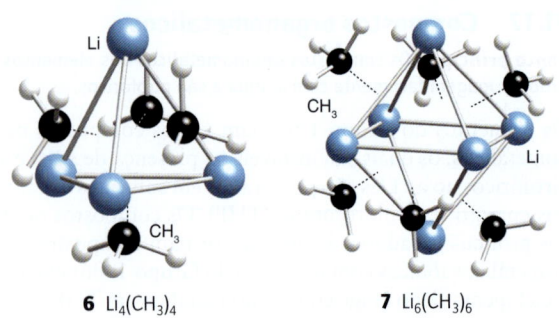

6 Li$_4$(CH$_3$)$_4$ **7** Li$_6$(CH$_3$)$_6$

Os compostos organolítio são muito importantes em síntese orgânica e as reações mais importantes são aquelas nas quais eles agem como nucleófilos, atacando um grupo carbonila:

Os compostos organolítio também são usados para converter haletos do bloco p em compostos organoelemento, como vimos nos últimos capítulos. Por exemplo, o tricloreto de boro reage com butil-lítio em THF para formar um composto organoboro:

$$BCl_3(sol) + 3\ BuLi(sol) \rightarrow Bu_3B(sol) + 3\ LiCl(s)$$

A força motriz para essa e muitas outras reações dos compostos organometálicos dos blocos s e p é a formação do haleto insolúvel do metal menos eletronegativo.

Os alquil-lítio são industrialmente importantes na polimerização estereoespecífica de alquenos para formar borracha sintética. O butil-lítio é usado como um iniciador nas polimerizações em solução para produzir uma grande variedade de elastômeros e polímeros. Os compostos organolítio também são usados na síntese de vários fármacos, por exemplo, vitaminas A e D, analgésicos, anti-histamínicos, antidepressivos e anticoagulantes. Os alquil-lítio podem ser usados na síntese de outros compostos organometálicos. Por exemplo, eles podem ser usados para introduzir grupos alquila em compostos organometálicos de metais d (Seção 22.8):

$$(C_5H_5)_2MoCl_2 + 2\ CH_3Li \rightarrow (C_5H_5)_2Mo(CH_3)_2 + 2\ LiCl$$

A reatividade e solubilidade de um alquil-lítio podem ser aumentadas adicionando-se um ligante quelante tal como a tetrametiletilenodiamina, TMEDA (8), a qual quebra qualquer tetrâmero para formar complexos como o [BuLi(TMEDA)$_2$].

8 TMEDA

LEITURA COMPLEMENTAR

R.B. King, I*norganic chemistry of the main group elements*. John Wiley & Sons (1994)

P. Enghag, *Encyclopedia of the elements*. John Wiley & Sons (2004).

D.M.P. Mingos, *Essential trends in inorganic chemistry*. Oxford University Press (1998). Uma visão da química inorgânica pela perspectiva da estrutura e ligação.

V.K. Grigorovich, *The metallic bond and the structure of metals*. Nova Science Publishers (1989).

N.C. Norman, *Periodicity and the s- and p-block elements*. Oxford University Press (1997). Inclui uma abordagem das tendências e aspectos essenciais da química do bloco s.

A. Sapse e P.V. Schleyer (eds.), *Lithium chemistry: a theoretical and experimental overview*. John Wiley & Sons (1995).

EXERCÍCIOS

11.1 Por que os elementos do Grupo 1 são: (a) fortes agentes redutores; (b) pobres agentes complexantes?

11.2 Descreva o processo envolvido na obtenção de césio metálico a partir dos minerais naturais.

11.3 Preveja as estruturas dos hidretos de metais alcalinos usando as regras da razão dos raios; use o raio iônico de 146 pm para o H$^-$.

11.4 Use os dados das Tabelas 11.1 e 11.3 para calcular as entalpias de formação dos cloretos e fluoretos do Grupo 1. Prepare um gráfico com os dados e comente as tendências observadas.

11.5 Para cada um dos seguintes pares, indique qual espécie é a mais provável de formar o composto desejado. Descreva a tendência periódica e a base física da sua resposta em cada caso: (a) íon etanoato ou íon edta para formar um complexo com Cs$^+$; (b) Li$^+$ ou K$^+$ para formar um complexo com o ligante cripta-2.2.2.

11.6 Identifique os compostos contendo metal A, B, C e D no seguinte esquema de reações quando: (i) M é o Li, (ii) M é o Cs.

$$A \xleftarrow{H_2O} M \xrightarrow{O_2} B \xrightarrow{\Delta} C$$
$$\downarrow NH_3(l)$$
$$D$$

11.7 Explique o fato de o LiF e o CsI terem baixa solubilidade em água, enquanto o LiI e o CsF são muito solúveis.

11.8 Qual dos sais de frâncio deve ser o menos solúvel e que pode, portanto, ser usado para isolar este metal de uma solução?

11.9 Explique por que o LiH tem uma maior estabilidade térmica do que os outros hidretos do Grupo 1, enquanto que o Li$_2$CO$_3$ decompõe-se em uma temperatura mais baixa do que os outros carbonatos do Grupo 1.

11.10 Faça um esboço das estruturas do NaCl e do CsCl e dê o número de coordenação do metal em cada caso. Explique por que os compostos adotam estruturas diferentes.

11.11 Preveja o produto das seguintes reações:
(a) $CH_3Br + Li \rightarrow$
(b) $MgCl_2 + LiC_2H_5 \rightarrow$
(c) $C_2H_5Li + C_6H_6 \rightarrow$

PROBLEMAS TUTORIAIS

11.1 Descreva a origem das relações diagonais entre o Li e o Mg.

11.2 Em condições normais, o lítio e o sódio adotam a estrutura simples ccc. Sob altas pressões esses metais alcalinos sofrem uma série de transições de fase complexas para a estrutura cfc e depois para estruturas de menor simetria (M. I. McMahon et al., *Proc. Natl. Acad. Sci. U.S.A.*, 2007, **104** (44) 17297; B. Rousseau et al., *Eur. Phys. J. B*, 2011, **81**, 1-14). Discuta essas transições de fase e as variações nas propriedades eletrônicas que as acompanham.

11.3 Explique como a natureza do grupo alquila afeta a estrutura dos alquil-lítio.

11.4 Discuta os usos industriais do lítio e a provável demanda futura para os compostos desse metal. Como essas demandas poderão ser satisfeitas? Uma fonte útil a ser consultada pode ser o United States Geological Survey, em http://minerals.usgs.gov/minerals/pubs/commodity/index.html.

11.5 Identifique as declarações incorretas e justifique sua resposta. (a) O sódio dissolve-se em amônia e em aminas, produzindo o cátion sódio e elétrons solvatados ou o íon sodeto. (b) O sódio dissolvido em amônia líquida não irá reagir com o NH_4^+ devido à presença de forte ligação hidrogênio com o solvente.

11.6 Z. Jedlinski e M. Sokol descreveram a solubilidade dos metais alcalinos em sistemas supramoleculares não aquosos (*Pure Appl. Chem.*, 1995, **67**, 587). Os autores dissolveram os metais em THF contendo éteres de coroa ou criptandos. Esquematize a estrutura do ligante 18-coroa-6. Dê as equações propostas para o processo de dissolução. Faça um resumo dos dois métodos usados para preparar as soluções de metais alcalinos. Quais são os fatores que afetam a estabilidade das soluções?

11.7 Os haletos de metais alcalinos podem ser extraídos de uma solução aquosa por receptores salinos ditópicos em fase sólida. (Veja J.M. Mahoney, A.M. Beatty e B.D. Smith, *Inorg. Chem.* 2004, **43**, 7617.) (a) O que é um receptor ditópico? (b) Qual é a ordem de seletividade para a extração dos íons de metais alcalinos em solução aquosa? (c) Qual é a ordem de seletividade para a extração a partir de uma fase sólida? Explique a ordem de seletividade observada.

11.8 As geometrias moleculares dos derivados dos éteres de coroa desempenham um papel importante na captura e no transporte dos íons de metais alcalinos. K. Okano e colaboradores (veja K. Okano, H. Tsukube e K.Hori, *Tetrahedron*, 2004, **60**, 10877) estudaram as conformações estáveis do 12-coroa-O3N e seus complexos de Li^+ em solução aquosa e em acetonitrila. (a) Quais foram os três programas que os autores usaram em seu estudo e o que cada programa calculou? (b) Qual complexo de Li^+ mostrou ser o mais estável em (i) solução aquosa e (ii) em solução de acetonitrila?

12 Os elementos do Grupo 2

Parte A: Aspectos principais
12.1 Os elementos
12.2 Compostos simples
12.3 Propriedades anômalas do berílio

Parte B: Uma visão mais detalhada
12.4 Ocorrência e obtenção
12.5 Usos dos elementos e seus compostos
12.6 Hidretos
12.7 Haletos
12.8 Óxidos, sulfetos e hidróxidos
12.9 Nitretos e carbetos
12.10 Sais de oxoácidos
12.11 Solubilidade, hidratação e berilatos
12.12 Compostos de coordenação
12.13 Compostos organometálicos

Leitura complementar

Exercícios

Problemas tutoriais

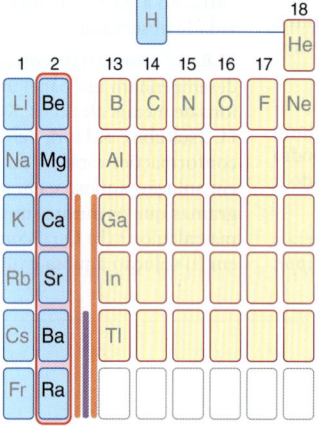

Neste capítulo veremos a ocorrência e a obtenção dos elementos do Grupo 2 e estudaremos as propriedades químicas dos seus compostos simples, complexos e compostos organometálicos. Ao longo do capítulo faremos comparações com os elementos do Grupo 1 e mostraremos como as propriedades químicas do berílio diferem das dos demais elementos do Grupo 2. Veremos como a insolubilidade, em especial de alguns dos compostos de cálcio, leva à existência de muitos minerais inorgânicos que servem de matéria-prima para a construção da infraestrutura do nosso ambiente e como elementos de construção para a formação de muitas estruturas biológicas rígidas.

Os elementos cálcio, estrôncio, bário e rádio são conhecidos como os **metais alcalinoterrosos**, mas o termo é frequentemente aplicado a todo o Grupo 2. Todos os elementos são metais brancos prateados e as ligações em seus compostos são normalmente descritas em termos do modelo iônico (Seção 3.9). Alguns aspectos das propriedades químicas do berílio são mais parecidos com as de um metaloide, com certo grau de covalência nas suas ligações. Os elementos são mais duros, mais densos e menos reativos do que os elementos do Grupo 1, mas continuam sendo mais reativos do que muitos metais comuns. Os elementos mais leves berílio e magnésio formam diversos complexos e compostos organometálicos.

PARTE A: ASPECTOS PRINCIPAIS

Na primeira parte deste capítulo, resumiremos as principais características da química dos elementos do Grupo 2.

12.1 Os elementos

Ponto principal: Os fatores mais importantes que influenciam as propriedades químicas dos elementos do Grupo 2 são as energias de ionização e os raios iônicos.

O berílio ocorre naturalmente como o mineral semiprecioso berilo, $Be_3Al_2(SiO_3)_6$. O magnésio é o oitavo elemento mais abundante da crosta terrestre e o terceiro elemento mais abundante dissolvido na água do mar; ele é obtido industrialmente da água do mar e do mineral dolomita, $CaCO_3 \cdot MgCO_3$. O cálcio é o quinto elemento mais abundante da crosta terrestre, mas apenas o sétimo mais abundante na água do mar devido à baixa solubilidade do $CaCO_3$; ele ocorre abundantemente sob a forma de carbonatos como calcário, mármore e giz e é um dos principais componentes de biominerais, como as conchas e os corais. O cálcio, estrôncio e bário são obtidos por eletrólise de seus

---

As **figuras** com um asterisco (*) podem ser encontradas on-line como estruturas 3D interativas. Digite a seguinte URL em seu navegador, adicionando o número da figura: www.chemtube3d.com/weller/[número do capítulo]F[número da figura].
Por exemplo, para a Figura 3 no Capítulo 7, digite www.chemtube3d.com/weller/7F03.

Muitas das **estruturas numeradas** podem ser também encontradas on-line como estruturas 3D interativas: visite www.chemtube3d.com/weller/[número do capítulo] para todos os recursos 3D organizados por capítulo.

Tabela 12.1 Algumas propriedades selecionadas dos elementos do Grupo 2

	Be	Mg	Ca	Sr	Ba	Ra
Raio metálico/pm	112	150	197	215	217	220
Raio iônico, r (M^{2+})/pm (número de coordenação)	27(4)	72(6)	100(6)	126(8)	142(8)	170(12)
Primeira energia de ionização, I/kJ mol^{-1}	900	736	590	548	502	510
$E^{\ominus}$ (M^{2+}, M)/V	−1,85	−2,38	−2,87	−2,89	−2,90	−2,92
Densidade, ρ/g cm^{-3}	1,85	1,74	1,54	2,62	3,51	5,00
Ponto de fusão/°C	1280	650	850	768	714	700
$\Delta_{hid}H^{\ominus}$ (M^{2+})/(kJ mol^{-1})	−2500	−1920	−1650	−1480	−1360	–
$\Delta_{sub}H^{\ominus}$/(kJ mol^{-1})	321	150	193	164	176	130

cloretos fundidos. O rádio pode ser obtido de minerais que contêm urânio, embora todos os seus isótopos sejam radioativos.

A maior dureza mecânica e os elevados pontos de fusão dos elementos do Grupo 2, quando comparados aos do Grupo 1, indicam um aumento da força de ligação metálica quando se vai do Grupo 1 para o Grupo 2, o que pode ser atribuído ao aumento do número de elétrons disponíveis (Seção 3.19). Os raios atômicos dos elementos do Grupo 2 são menores que os do Grupo 1. Essa redução dos raios atômicos é responsável pela maior densidade e energia de ionização (Tabela 12.1). As energias de ionização dos elementos diminuem descendo-se no grupo, uma vez que os raios aumentam (Fig. 12.1) e os elementos tornam-se mais reativos e mais eletropositivos, tornando mais fácil a formação dos íons +2. Essa redução da energia de ionização influi na tendência dos potenciais padrão para os pares M^{2+}/M, os quais tornam-se mais negativos ao descer no grupo. Assim, enquanto cálcio, estrôncio e bário reagem facilmente com água fria, o magnésio só reage com água quente:

$$M(s) + 2\,H_2O(l) \rightarrow M(OH)_2(aq) + H_2(g)$$

Todos os elementos ocorrem como estruturas de empacotamento compacto hexagonal, com exceção do bário e do rádio, os quais adotam a estrutura cúbica de corpo centrado, que é mais aberta. A densidade diminui do Be para o Mg e para o Ca (em oposição aos elementos mais leves do Grupo 1) como resultado da ligação metálica muito forte para os elementos do Grupo 2, o que leva a pequenas distâncias metal–metal nos elementos mais leves (225 pm no berílio, por exemplo) e células unitárias menores. O berílio é inerte em ar, uma vez que sua superfície é passivada pela formação de uma fina camada de BeO. Os metais de magnésio e cálcio escurecem ao ar devido à formação de uma camada de óxido, mas queimam completamente formando óxidos e nitretos quando aquecidos. Estrôncio e bário, especialmente sob a forma de pó, inflamam ao ar e são armazenados imersos em hidrocarbonetos líquidos.

Assim como para os elementos do Grupo 1 (Seção 11.1), testes de chama são comumente usados para identificar a presença dos elementos mais pesados do Grupo 2 e de seus compostos:

Ca	Sr	Ba	Ra
vermelho alaranjado	carmim	verde amarelado	vermelho intenso

Compostos dos elementos do Grupo 2 são usados para produzir cor em fogos de artifício.

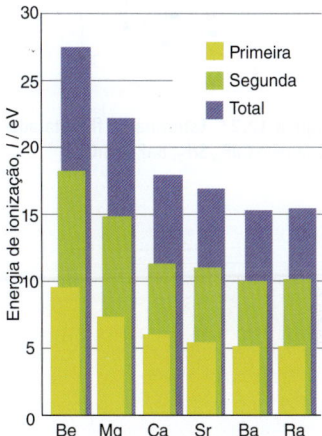

Figura 12.1 Variação das energias de ionização primeira, segunda e total (primeira mais a segunda) no Grupo 2.

12.2 Compostos simples

Ponto principal: Os compostos binários dos metais do Grupo 2 contêm os cátions dos elementos e apresentam ligação predominantemente iônica.

Todos os elementos ocorrem como M(II) em seus compostos simples, o que é consistente com as suas configurações eletrônicas de valência ns^2. Excetuando-se o Be, os seus compostos são predominantemente iônicos. Também com exceção do Be, os elementos do Grupo 2 formam hidretos iônicos (salinos); o ânion presente é o íon hidreto, H^-. Diferentemente, o hidreto de berílio apresenta-se como uma rede tridimensional de tetraedros BeH_4 ligados. O hidreto de magnésio, MgH_2, perde hidrogênio quando aquecido acima de 250°C e vem sendo estudado como um possível material para armazenamento de hidrogênio. Os hidretos reagem com água produzindo gás hidrogênio.

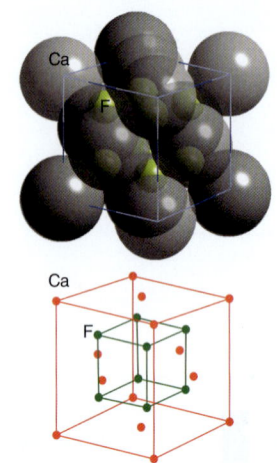

Figura 12.2* Estrutura da fluorita adotada pelo CaF$_2$, SrF$_2$, BaF$_2$ e SrCl$_2$.

Todos os elementos formam haletos, MX$_2$, pela combinação direta dos elementos. Entretanto, os haletos dos outros elementos, que não o Be, normalmente são formados a partir de soluções, como pela reação do hidróxido ou carbonato do metal com um ácido HX(aq) (onde X=Cl, Br ou I), seguido da desidratação do sal hidratado resultante. Os fluoretos dos cátions maiores (do Ca ao Ba) adotam a estrutura da fluorita com coordenação 8:4 (Fig. 12.2), enquanto o MgF$_2$, que contém o íon Mn^{2+} menor, cristaliza na estrutura do rutílio com coordenação 6:3. Os haletos de berílio formam redes de tetraedros ligados covalentemente pelos vértices ou arestas.

O óxido de berílio, BeO, é um sólido branco insolúvel com estrutura de wurtzita com coordenação 4:4, como esperado para o íon pequeno Be^{2+}; os óxidos dos outros elementos do Grupo 2 adotam a estrutura do sal-gema com coordenação 6:6. O óxido de magnésio é insolúvel, mas reage lentamente com água formando Mg(OH)$_2$; da mesma forma, o CaO reage com água para formar o Ca(OH)$_2$, que é parcialmente solúvel. Os óxidos de Sr e Ba, SrO e BaO, dissolvem-se em água, formando soluções fortemente alcalinas do hidróxido:

$$BaO(s) + H_2O(l) \rightarrow Ba^{2+}(aq) + 2\,OH^-(aq)$$

O hidróxido de magnésio, Mg(OH)$_2$, é básico, mas pouco solúvel; o hidróxido de berílio, Be(OH)$_2$, é anfótero e em soluções fortemente básicas forma o íon tetra-hidroxoberilato, [Be(OH)$_4$]$^{2-}$, recentemente isolado no sal Sr[Be(OH)$_4$].

$$Be(OH)_2(s) + 2\,OH^-(aq) \rightarrow [Be(OH)_4]^{2-}(aq)$$

Os sulfetos podem ser preparados por reação direta dos elementos e todos adotam a estrutura de sal-gema, com exceção do Be que possui estrutura de esfalerita (Fig. 3.34). O carbeto de berílio, Be$_2$C, possui a estrutura de antifluorita contendo formalmente os íons Be^{2+} e C^{4-} (carbeto). Os carbetos dos outros membros do grupo têm a fórmula MC$_2$ e contêm o ânion dicarbeto (acetileto), C$_2^{2-}$; eles reagem com a água para gerar etino, C$_2$H$_2$. Os elementos do Mg ao Ra, quando aquecidos, reagem diretamente com o nitrogênio para produzir nitretos, M$_2$N$_3$, que reagem com a água para produzir amônia.

Com exceção dos fluoretos, os sais de ânions monocarregados são geralmente solúveis em água, embora os sais de berílio (novamente em razão da natureza altamente polarizante do íon Be^{2+}) geralmente sofrem hidrólise em solução aquosa formando [Be(OH$_2$)$_3$(OH)]$^+$ e H$_3$O$^+$. Os haletos de rádio são os menos solúveis do grupo, e essa propriedade é usada para extrair o rádio usando-se cristalização fracionada. Em geral, os sais dos elementos do Grupo 2 são muito menos solúveis em água do que os sais dos elementos do Grupo 1 devido às maiores entalpias de rede das estruturas contendo cátions duplamente carregados, especialmente quando eles estão combinados com ânions altamente carregados: carbonatos, sulfatos e fosfatos são insolúveis ou muito pouco solúveis.

Os carbonatos e sulfatos dos elementos do Grupo 2 possuem papel importante nos sistemas de águas naturais, na formação de rochas e como materiais formadores de estruturas rígidas. Os carbonatos e sulfatos são insolúveis devido às altas energias de rede de estruturas formadas por íons 2+ e 2−. A solubilidade do carbonato de cálcio aumenta quando CO$_2$ está dissolvido na água, como na água de chuva, devido à formação de HCO$_3^-$, que tem uma carga menor. A "dureza temporária" da água é causada pela presença de hidrogenocarbonatos cálcio e magnésio; os cátions precipitam como carbonato ao se aquecer soluções contendo os hidrogenocarbonatos. O carbonato de cálcio é muito usado pelos organismos vivos na construção de biomateriais estruturais duros como conchas, ossos e dentes (Seção 26.17). Quando aquecidos, os carbonatos de metais alcalinoterrosos decompõem-se formando óxido, embora para Sr e Ba esse processo de decomposição necessite de temperaturas acima de 800°C. O sulfato de cálcio é muito usado na construção civil (gesso) e ocorre naturalmente como gipsita, que é o di-hidrato CaSO$_4$·2H$_2$O.

Os cátions do Grupo 2 formam complexos com ligantes polidentados carregados, como o íon etilenodiaminatetra-acetato (edta; ver Tabela 7.1) de importância analítica, e ligantes em coroa e criptandos. Os complexos macrocíclicos mais importantes são as clorofilas, que são complexos porfirínicos de Mg e que estão envolvidos na fotossíntese (Seções 26.2 e 26.10).

O berílio forma uma extensa série de compostos organometálicos. Os haletos de alquilmagnésio e arilmagnésio são conhecidos como reagentes de Grignard e muito usados em síntese orgânica, quando se comportam como fonte de ânions alquila e arila.

12.3 Propriedades anômalas do berílio

Pontos principais: Os compostos de berílio possuem um alto grau de covalência, e o berílio apresenta uma forte relação diagonal com o alumínio.

O tamanho pequeno dos íons Be^{2+} (raio iônico 27 pm) e sua consequente elevada densidade de carga e poder polarizante fazem com que os compostos de Be sejam significativamente covalentes; o íon é um ácido de Lewis forte. O número de coordenação observado com mais frequência para esse pequeno átomo é 4 e a geometria local tetraédrica. Tipicamente, os congêneres maiores do berílio possuem número de coordenação 6 ou maior. Algumas consequências dessas propriedades são:

- Significativa participação da covalência nas ligações de compostos como os haletos de berílio $BeCl_2$, $BeBr_2$ e BeI_2 e no hidreto BeH_2.
- Maior tendência de formar complexos e compostos moleculares, como o $Be_4O(O_2CCH_3)_6$.
- Hidrólise (desprotonação) dos sais de berílio em solução aquosa, formando soluções ácidas e espécies como o $[Be(OH_2)_3OH]^+$. Os sais hidratados de berílio tendem a sofrer decomposição por reações de hidrólise, formando sais de berílio contendo ânions óxido ou hidróxido, em vez da simples perda de água.
- Os óxidos e outros calcogenetos de Be adotam estruturas com coordenação 4:4, que são mais direcionais.
- O berílio forma muitos compostos organometálicos estáveis como, por exemplo, o metilberílio $(Be(CH_3)_2)$, etilberílio, t-butilberílio e o beriloceno $((C_5H_5)_2Be)$.

Outra importante característica geral do Be é a sua forte relação diagonal com o alumínio (Seção 9.10):

- O Be e o Al formam hidretos e haletos covalentes; os compostos análogos dos outros elementos do Grupo 2 são predominantemente iônicos.
- Os óxidos de Be e de Al são anfóteros, enquanto que os óxidos dos demais elementos do Grupo 2 são básicos.
- Na presença de excesso de íons OH^-, o Be e o Al formam $[Be(OH)_4]^{2-}$ e $[Al(OH)_4]^-$, respectivamente; nenhum comportamento químico equivalente é observado para o Mg.
- Ambos os elementos formam estruturas baseadas em tetraedros ligados: o Be forma estruturas obtidas construídas a partir dos tetraedros $[BeO_4]^{n-}$ e $[BeX_4]^{n-}$ (X = haletos) e o Al forma vários aluminatos e aluminossilicatos contendo unidades $[AlO_4]^{n-}$.
- Be e Al formam carbetos que contêm o íon C^{4-} e produzem metano ao reagirem com a água; os carbetos com os outros elementos do Grupo 2 contêm o íon C_2^{2-} e produzem etino por reação com a água.
- Os alquilcompostos de Be e Al são deficientes de elétrons e contêm pontes M–C–M.

Também existem analogias entre as propriedades químicas do Be e do Zn. Por exemplo, o Zn também pode ser dissolvido em bases fortes produzindo zincatos, e forma comumente estruturas contendo tetraedros $[ZnO_4]^{n-}$ ligados.

PARTE B: UMA VISÃO MAIS DETALHADA

Nesta seção apresentaremos uma discussão mais detalhada sobre a química dos elementos do Grupo 2 e de seus compostos. Uma vez que a ligação formada por esses elementos nos compostos normalmente é iônica (como sempre, tendo em mente o comportamento diferenciado do Be), geralmente podemos interpretar suas propriedades em termos do modelo iônico.

12.4 Ocorrência e obtenção

Pontos principais: O magnésio é o único elemento do Grupo 2 obtido em escala industrial; magnésio, cálcio, estrôncio e bário podem ser obtidos a partir dos seus respectivos cloretos fundidos.

O berílio ocorre naturalmente como o mineral semiprecioso berilo, $Be_3Al_2(SiO_3)_6$, que deu origem ao seu nome. O berilo é a base da pedra preciosa esmeralda, na qual uma pequena fração de Al^{3+} foi substituída por Cr^{3+}. O berílio é obtido pelo aquecimento do berilo com hexafluorossilicato de sódio, Na_2SiF_6, para formar BeF_2, o qual é então reduzido ao elemento pelo magnésio.

O magnésio é o oitavo elemento mais abundante na crosta terrestre. Ele ocorre na natureza sob a forma de vários minerais tais como a dolomita, $CaCO_3 \cdot MgCO_3$, e a magnesita, $MgCO_3$, sendo ainda o terceiro elemento mais abundante na água do mar (depois do Na e do Cl), de onde ele é obtido industrialmente. Um litro de água do mar contém mais do que 1 g de íons magnésio. A sua obtenção a partir da água do mar baseia-se no fato de que o hidróxido de magnésio é menos solúvel do que o hidróxido de cálcio, pois a solubilidade dos sais de ânions com carga negativa unitária aumenta descendo-se no grupo (Seção 12.11). Adicionando-se CaO (cal) ou Ca(OH)$_2$ (cal apagada ou água de cal) à água do mar, provoca-se a precipitação do Mg(OH)$_2$. O hidróxido é então convertido em cloreto por tratamento com ácido clorídrico:

$$CaO(s) + H_2O(l) \rightarrow Ca^{2+}(aq) + 2\,OH^-(aq)$$
$$Mg^{2+}(aq) + 2\,OH^-(aq) \rightarrow Mg(OH)_2(s)$$
$$Mg(OH)_2(s) + 2\,HCl(aq) \rightarrow MgCl_2(aq) + 2\,H_2O(l)$$

O magnésio é então obtido por eletrólise do cloreto de magnésio fundido:

Catodo: $Mg^{2+}(aq) + 2\,e^- \rightarrow Mg(s)$
Anodo: $2\,Cl^-(aq) \rightarrow Cl_2(g) + 2\,e^-$

O magnésio também é obtido a partir da dolomita, que é inicialmente aquecida ao ar para formar os óxidos de cálcio e magnésio. Essa mistura é então aquecida com ferrossilício (FeSi), formando silicato de cálcio, Ca$_2$SiO$_4$, ferro e magnésio. À alta temperatura empregada nesse processo, o magnésio é um líquido e pode ser removido por destilação.

O principal problema na produção do magnésio é a sua alta reatividade com a água, o oxigênio e com o ar úmido. O nitrogênio, que geralmente é usado para criar uma atmosfera inerte na produção de muitos outros metais reativos, não pode ser utilizado com o magnésio, pois ele reage formando o nitreto, Mg$_3$N$_2$. Como alternativa ao nitrogênio, emprega-se ar seco com hexafluoreto de enxofre ou dióxido de enxofre, uma vez que esses gases inibem a formação do MgO. Embora o magnésio líquido e quente seja muito reativo com o oxigênio e com a água, o metal pode ser manipulado com segurança nas condições ambiente devido à presença de um filme de óxido inerte que torna sua superfície passivada.

O cálcio é o quinto elemento mais abundante na crosta terrestre e ocorre principalmente como calcário, CaCO$_3$. O nome cálcio vem do latim *calx*, que significa cal. As concentrações de cálcio na água do mar são menores que as do magnésio, devido à menor solubilidade do CaCO$_3$ quando comparada com o MgCO$_3$ e ao elevado uso de cálcio pelos organismos marinhos. O elemento é o principal componente dos biominerais, como ossos, conchas e dentes, sendo um elemento-chave nos processos de sinalização celular como a ativação hormonal ou elétrica de enzimas de organismos superiores (Seções 26.4, 26.17). Um adulto médio contém aproximadamente 1 kg de cálcio. O cálcio liga-se fortemente a íons oxalato para formar o Ca(C$_2$O$_4$), que é insolúvel; essa é a reação responsável pela formação dos cálculos renais.

O cálcio é obtido por eletrólise do cloreto fundido, que por sua vez é obtido como um subproduto do processo Solvay para a produção do carbonato de sódio (Seção 11.11). O cálcio torna-se embaçado quando exposto ao ar e inflama ao ser aquecido, formando óxido de cálcio e nitreto. O estrôncio deve seu nome à vila escocesa Strontian, local de ocorrência do minério no qual ele foi encontrado pela primeira vez. Ele é obtido pela eletrólise do SrCl$_2$ fundido ou pela redução do SrO com Al:

$$6\,SrO(s) + 2\,Al(s) \rightarrow 3\,Sr(s) + Sr_3Al_2O_6(s)$$

O metal reage violentamente com a água e como um pó finamente dividido entra em ignição ao ar; o produto inicial é o SrO, mas, uma vez iniciada a queima, forma-se também o nitreto Sr$_3$N$_2$. O bário é obtido por eletrólise do cloreto fundido ou por redução do BaO com Al. Ele reage muito violentamente com a água e inflama facilmente ao ar.

Todos os isótopos do rádio são radioativos. Eles sofrem decaimento α, β e γ com meias-vidas que variam de 42 minutos a 1599 anos. O rádio foi descoberto por Pierre e Marie Curie em 1898, após elaborada extração a partir do minério de urânio pechblenda. A pechblenda é um mineral complexo contendo muitos elementos: ele contém, aproximadamente, 1 g de rádio em 10 toneladas de minério, e os Curie levaram três anos para isolar 0,1 g de RaCl$_2$.

12.5 Usos dos elementos e seus compostos

Pontos principais: As principais aplicações do magnésio são na pirotecnia, em ligas e remédios comuns; os compostos de cálcio são muito usados na indústria de construção civil; o magnésio e o cálcio são muito importantes em funções biológicas.

O berílio não reage com o ar por estar passivado pela presença de uma camada de um filme de óxido inerte na sua superfície, a qual torna o berílio muito resistente à corrosão. Esse comportamento inerte, associado ao fato de que ele é um dos metais mais leves, faz com ele seja usado em ligas para instrumentos de precisão, aeronaves e mísseis. Ele é altamente transparente aos raios X devido ao seu baixo número atômico (e, portanto, poucos elétrons), sendo usado nas janelas dos tubos de raios X. Uma liga de berílio com cobre e alumínio apresenta excelente resistência à fadiga ou à ruptura quando usada em funções que exigem deformação (molas) e tensão; dentre as suas aplicações pode-se citar o uso em suspensões automotivas, dispositivos eletromecânicos e nas molas dos teclados de computadores e impressoras. O berílio também é usado como moderador para reações nucleares (em que reduz a velocidade dos nêutrons rápidos através de colisões inelásticas), pois seu núcleo é um mau absorvedor de nêutrons e o metal tem um alto ponto de fusão.

A maioria das aplicações do magnésio elementar está relacionada com a formação de ligas leves, em especial com o alumínio, as quais são muito usadas como materiais estruturais em aplicações nas quais o peso é um fator importante, como na aviação. Ligas de alumínio e magnésio foram usadas anteriormente em navios de guerra, mas descobriu-se que eram altamente inflamáveis quando sujeitas a um ataque de mísseis. Alguns dos usos do magnésio baseiam-se no fato de que o metal queima ao ar produzindo uma intensa luz branca, fazendo com que seja usado em fogos de artifício e sinalizadores.

Como o óxido de berílio é extremamente tóxico e carcinogênico por inalação, e os sais de berílio são relativamente venenosos, as aplicações industriais dos compostos de berílio são limitadas. O BeO é usado como isolante em dispositivos elétricos de alta potência, onde também se necessita de alta condutividade térmica. Dentre as várias aplicações dos compostos de magnésio estão o "leite de magnésia", Mg(OH)$_2$, que é um remédio comum para indigestão, e o "sal de Epsom", MgSO$_4 \cdot$ 7H$_2$O, que é usado em vários tratamentos de saúde, como para combater constipação, como purgante e em compressas para luxações e hematomas. O óxido de magnésio, MgO, é usado como um revestimento refratário em fornos. Compostos organometálicos de magnésio são muito usados em síntese orgânica como reagentes de Grignard (Seção 12.13).

Os compostos de cálcio são muito mais úteis do que o próprio elemento. O óxido de cálcio (cal) é o principal componente de argamassas e cimentos (Quadro 12.1). Ele também é usado na fabricação do aço e do papel. O sulfato de cálcio di-hidratado, $CaSO_4 \cdot 2H_2O$, é muito usado em materiais de construção, como as placas de gesso, e o $CaSO_4$ anidro é um agente dessecante comum. O carbonato de cálcio é usado no processo Solvay (Seção 11.11) para a produção do carbonato de sódio (exceto nos Estados Unidos, onde o carbonato de sódio é minerado como trona) e como matéria-prima para a fabricação do CaO. O fluoreto de cálcio é insolúvel e transparente numa grande faixa de comprimentos de onda. Ele é usado para fabricar células e janelas usadas nos espectrômetros no infravermelho e no ultravioleta.

O estrôncio é usado em pirotecnia (Quadro 12.2) e nos fósforos e vidros para tubos de televisão em cores, um mercado atualmente em rápido declínio. Os compostos de bário, devido ao grande número de elétrons em cada íon Ba^{2+}, são muito eficientes para absorver raios X: eles são usados como "contrastes de bário" para investigar o trato intestinal. O bário é altamente tóxico e, por isso, o sulfato insolúvel é usado nessa aplicação. O carbonato de bário é usado na fabricação do vidro e como fundente para auxiliar no escoamento de esmaltes e vernizes. Ele também é usado como veneno de rato. O sulfeto é usado como depilatório, para remover cabelos indesejáveis do corpo. O sulfato de bário é branco puro, não absorve na região do visível do espectro eletromagnético e é usado como um padrão de referência na espectroscopia UV-visível (Seção 8.3).

Logo após a sua descoberta, o rádio foi usado para tratar tumores malignos; seus compostos ainda são usados como precursores do radônio usado em aplicações similares.

QUADRO 12.1 Cimento e concreto

O cimento é feito moendo-se uma mistura de calcário e uma fonte de aluminossilicato, como argila, xisto ou areia, e aquecendo-se em seguida a mistura a 1500°C num forno rotatório de cimento. A primeira reação importante que ocorre na região de temperatura mais baixa do forno (900°C) é a calcinação (um processo de aquecimento a alta temperatura para oxidar ou decompor uma substância, convertendo-a em pó) do calcário, quando o carbonato de cálcio (calcário) é decomposto em óxido de cálcio (cal) e dióxido de carbono, o qual é liberado. Em temperaturas mais altas, o óxido de cálcio reage com os aluminossilicatos e silicatos para formar Ca_2SiO_4, Ca_3SiO_5 e $Ca_3Al_2O_6$ fundidos. As proporções relativas desses compostos determinam as propriedades do cimento obtido. À medida que esses compostos esfriam, eles solidificam formando o chamado *clinquer*. O clinquer é moído em um pó fino ao qual adiciona-se uma pequena quantidade de sulfato de cálcio (gesso) para formar o cimento Portland.

O concreto é produzido misturando-se cimento com areia, cascalho ou rocha moída e água. Frequentemente, adicionam-se pequenas quantidades de aditivos para se obter propriedades particulares. Por exemplo, a adição de materiais poliméricos, como as resinas fenólicas, melhoram o escoamento e a dispersão, e a adição de surfactantes melhora a resistência aos danos de congelamento. Quando adiciona-se água ao cimento, ocorrem reações de hidratação complexas e que produzem hidratos, como $Ca_3Si_2O_7 \cdot H_2O$, $Ca_3Si_2O_7 \cdot 3H_2O$ e $Ca(OH)_2$:

$$2\ Ca_2SiO_4(s) + 2\ H_2O(l) \rightarrow Ca_3Si_2O_7 \cdot H_2O(s) + Ca(OH)_2(aq)$$
$$2\ Ca_2SiO_4(s) + 4\ H_2O(l) \rightarrow Ca_3Si_2O_7 \cdot 3H_2O(s) + Ca(OH)_2(aq)$$

Esses hidratos formam um gel ou uma lama que recobre as superfícies da areia ou dos agregados e preenche as cavidades para formar o concreto sólido. As propriedades do concreto são determinadas pelas proporções relativas dos silicatos e aluminossilicatos de cálcio no cimento usado, dos aditivos empregados e da quantidade de água que determina o grau de hidratação.

As matérias-primas empregadas na fabricação do cimento frequentemente contêm traços de sulfato de sódio e potássio, formando assim hidróxido de sódio e potássio durante o processo de hidratação. Esses hidróxidos são os responsáveis pelas rachaduras, inchamento e deformação de muitas estruturas de concreto envelhecidas. Os hidróxidos participam de uma série complexa de reações com o material agregado, formando um gel de silicato alcalino. Esse gel é higroscópico e expande-se à medida que absorve água, produzindo tensão no concreto e levando a rachaduras e deformações. A suscetibilidade do concreto a esta "reação de silicato alcalino" é atualmente monitorada calculando-se os níveis de álcali total no concreto produzido e utilizando-se estratégias para minimizar esse efeito. Por exemplo, pode-se reduzir esse problema adicionando-se à mistura as cinzas leves que são formadas nas termoelétricas a carvão.

QUADRO 12.2 Fogos de artifício e sinalizadores

Os fogos de artifício usam reações exotérmicas para produzir calor, luz e som. Os oxidantes comuns são nitratos e percloratos, que se decompõem quando aquecidos, liberando oxigênio. Os combustíveis comuns são carbono, enxofre, alumínio ou magnésio em pó e materiais orgânicos, como cloreto de polivinila (PVC), amido e gomas. O constituinte mais comum a todos os fogos de artifício é a pólvora, a qual é uma mistura de nitrato de potássio, enxofre e carvão, contendo assim tanto um oxidante quanto um combustível. Efeitos especiais, como cores, clarões e ruídos são produzidos por aditivos acrescentados à mistura. Os elementos do Grupo 2 são usados nos fogos de artifício para produzir cor.

Os compostos de bário são adicionados aos fogos para produzir cores verdes. A espécie responsável pela cor é o $BaCl^+$, o qual é formado quando íons Ba^{2+} combinam-se com íons Cl^-. Os íons Cl^- são produzidos durante a decomposição do oxidante perclorato ou durante a queima do combustível PVC:

$$KClO_4(s) \rightarrow KCl(s) + 2\ O_2(g)$$
$$KCl(s) \rightarrow K^+(g) + Cl^-(g)$$

$$Ba^{2+}(g) + Cl^-(g) \rightarrow BaCl^+(g)$$

O clorato de bário, $Ba(ClO_3)_2$, tem sido usado no lugar da mistura $KClO_4$ e um composto de bário, mas ele é muito instável ao choque e ao atrito. De maneira similar, o nitrato e o carbonato de estrôncio são usados para produzir a cor vermelha pela formação do $SrCl^+$. O clorato e o perclorato de estrôncio são eficientes para produzir a cor vermelha, mas eles também são muito instáveis ao choque e atrito para serem usados rotineiramente.

Sinalizadores de emergência também usam compostos de estrôncio. Eles são feitos empacotando-se num tubo à prova d'água uma mistura de nitrato de estrôncio, serragem, ceras, enxofre e $KClO_4$. Quando inflamados, os sinalizadores queimam com chama vermelha intensa por até 30 minutos.

Além de ser usado como combustível, o magnésio em pó é adicionado aos fogos de artifício e sinalizadores para aumentar a intensidade da luz produzida. Além de o magnésio produzir intensa luz branca, a luminosidade é aumentada pela incandescência à alta temperatura das partículas de MgO que são produzidas na reação de oxidação.

Uma tinta luminosa de rádio foi muito usada em mostradores de relógios de pulso e de parede, mas foi substituída por compostos fosforescentes menos perigosos.

O magnésio e o cálcio são de grande importância biológica. O magnésio é um componente da clorofila, mas também está coordenado com muitos outros ligantes biologicamente importantes, como o ATP (trifosfato de adenosina, Seção 26.2). Ele é essencial para a saúde humana, sendo responsável pela atividade de muitas enzimas. A dose recomendada para um indivíduo adulto é de, aproximadamente, 0,3 g por dia, sendo que um adulto contém em média 25 g de magnésio. A química bioinorgânica do cálcio será discutida em detalhes na Seção 26.4.

12.6 Hidretos

Ponto principal: Todos os elementos do Grupo 2 formam hidretos salinos, com a exceção do berílio, que forma compostos covalentes poliméricos.

Assim como os elementos do Grupo 1, os elementos do Grupo 2, com a exceção do berílio, formam hidretos salinos iônicos que contêm o íon H⁻. Eles podem ser preparados pela reação direta entre o metal e o hidrogênio. O hidreto de berílio é covalente e tem que ser preparado a partir de um alquilberílio (Seção 12.13). Ele tem uma estrutura em rede tridimensional com átomos de hidrogênio em ponte (Fig. 12.3); a visão tradicional de que sua estrutura é uma cadeia linear é incorreta.

Os hidretos iônicos dos elementos mais pesados reagem violentamente com a água, produzindo hidrogênio gasoso:

$$MgH_2(s) + 2\,H_2O(l) \to Mg(OH)_2(s) + 2\,H_2(g)$$

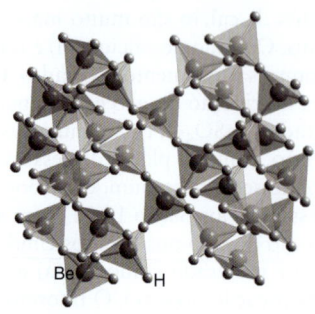

Figura 12.3 Estrutura do BeH_2.

Essa reação não é tão violenta quanto para os elementos do Grupo 1 e pode ser usada como uma fonte conveniente de hidrogênio nas pilhas a combustível. Para a armazenagem do hidrogênio necessita-se de uma reação reversível envolvendo a captura de hidrogênio numa temperatura próxima à ambiente. O hidreto de magnésio perde hidrogênio quando aquecido acima de 250°C, de forma que o processo

$$Mg(s) + H_2(g) \to MgH_2(s)$$

é reversível e a baixa massa molar do Mg (24,3 g mol⁻¹) torna o MgH_2 um material potencialmente excelente para o armazenamento de hidrogênio. Tentativas de reduzir a temperatura de decomposição para uma temperatura mais próxima da ambiente têm envolvido a síntese de hidretos de magnésio complexos dopados com outros metais, a fabricação de materiais nanoparticulados e a formação de complexos moleculares com núcleos de hidreto de magnésio (Quadro 12.3).

> **QUADRO 12.3** Materiais para armazenamento de hidrogênio baseados em hidretos de magnésio
>
> O desenvolvimento de materiais que possam armazenar hidrogênio reversivelmente é de grande importância para as aplicações em transporte (Quadro 10.4). O MgH_2 contém 7,7% em peso de hidrogênio e apresenta captura e liberação reversível de hidrogênio acima de 300°C, mas com uma cinética lenta:
>
> $$MgH_2(s) \rightleftharpoons Mg(s) + H_2(g)$$
>
> A cinética pode ser bastante melhorada dopando-se o MgH_2 com metais de transição, especialmente Ti sob a forma de TiH_2, moendo-se o sólido em moinho de bolas para diminuir o tamanho de partícula ou por meio de tratamento com soluções contendo fluoreto. Considerações termodinâmicas da reação de decomposição do MgH_2 mostram que esta reação tem uma entalpia positiva de 74,4 kJ mol⁻¹, que é consequência da entalpia de rede muito alta do $MgH_2(s)$ ($\Delta_R H = 2718$ kJ mol⁻¹) em relação ao Mg(s) ($\Delta_R H = 147$ kJ mol⁻¹). Enquanto que a variação de entropia para a liberação do hidrogênio é bastante favorável ($\Delta S = 135$ J mol⁻¹ K⁻¹), esses valores significam que o MgH_2 sólido sofrerá decomposição apenas numa temperatura significativamente acima da temperatura ambiente. Consequentemente, o MgH_2 sólido não pode ser usado para o armazenamento reversível do hidrogênio em condições ambiente ou próximas dela.
>
> Cálculos teóricos mostram que, para o MgH_2 sólido com tamanho de partícula subnanométrico ou para clusters $(MgH_2)_n$ (com $n < 20$), a entalpia de decomposição diminui fortemente devido à redução da entalpia de rede para uma partícula com elevada área superficial; os íons da superfície possuem baixos números de coordenação e, com isso, uma menor contribuição para a entalpia de rede na equação de Born-Mayer (Seção 3.12). Estima-se uma temperatura de decomposição em torno de 200°C para clusters $(MgH_2)_n$ muito pequenos. Experimentalmente observou-se que nanopartículas de MgH_2 com tamanhos próximos de 1 a 10 nm apresentam uma pequena redução na temperatura de evolução de H_2 quando comparadas com o material sólido maciço, cujos tamanhos dos cristalitos são da ordem de 1 μm.
>
> Uma abordagem alternativa para a produção de partículas de "hidreto de magnésio" na faixa subnanométrica envolve uma abordagem "de baixo para cima" em que uma molécula com uma unidade central constituída de magnésio e íons hidreto é sintetizada, com o objetivo de que o hidrogênio será liberado reversivelmente dessa unidade de tamanho subnanométrico na temperatura ambiente ou próximo dela. Já existem relatos de complexos com um núcleo de $[Mg_8H_{10}]^{6+}$ (**Q1**) (S. Harder, J. Spielmann, J. Intemann e H. Bandmann, *Angew. Chem. In. Ed.*, 2011, **50**, 4156).
>
> **Q1**
>
> Essa molécula realmente libera hidrogênio a 200°C, que é uma temperatura consideravelmente menor que a temperatura observada para o MgH_2 sólido.

O hidreto de cálcio é usado como um dessecante para solventes aminados, removendo a água por meio da formação de Ca(OH)$_2$ e gás hidrogênio. Essa reação com água é também uma fonte conveniente de gás hidrogênio usado para inflar balões atmosféricos e botes salva-vidas

12.7 Haletos

Pontos principais: Os haletos de berílio são covalentes; todos os fluoretos, exceto o BeF$_2$, são insolúveis em água; todos os outros haletos são solúveis.

Todos os haletos de berílio são covalentes. O fluoreto de berílio é preparado por meio da decomposição térmica do (NH$_4$)$_2$BeF$_4$ e é um sólido vítreo que se apresenta em várias fases dependentes da temperatura, semelhante ao SiO$_2$ (Seção 14.10). Ele é solúvel em água, formando o hidrato [Be(OH$_2$)$_4$]$^{2+}$. O cloreto de berílio, BeCl$_2$, pode ser formado a partir do óxido:

$$BeO(s) + C(s) + Cl_2(g) \rightarrow BeCl_2(s) + CO(g)$$

O cloreto, assim como o BeBr$_2$ e o BeI$_2$, também pode ser preparado pela reação direta dos elementos em temperaturas elevadas.

A estrutura do BeCl$_2$ sólido é uma cadeia polimérica (**1**).

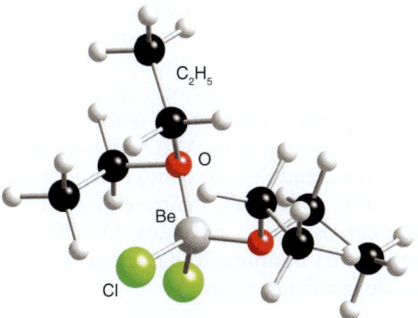

1 (BeCl$_2$)$_n$

A estrutura local é quase um tetraedro regular em torno do átomo de Be, e a ligação pode ser considerada como que baseada na hibridação sp^3 do Be. No BeCl$_2$ o íon cloreto possui densidade eletrônica suficiente para fazer ligação covalente 2c,2e. O cloreto de berílio é um ácido de Lewis que forma facilmente adutos com doadores de pares de elétrons, como o éter dietílico (**2**).

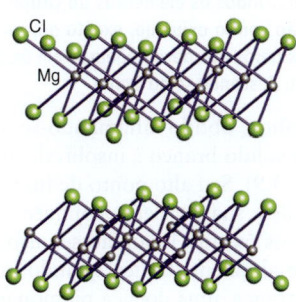

2 BeCl$_2$(O(C$_2$H$_5$)$_2$)$_2$

Na fase vapor, o composto tende a formar um dímero baseado na hibridação sp^2 (**3**), e em temperatura acima de 900°C formam-se monômeros lineares, indicando uma hibridação sp (**4**).

3 (BeCl$_2$)$_2$

4 BeCl$_2$

Os haletos de magnésio anidros podem ser preparados pela combinação direta dos elementos ou, para o estrôncio e o bário, por desidratação dos sais de haleto hidratados; a preparação a partir de solução aquosa produz os sais hidratos que, no caso dos elementos mais leves, são parcialmente hidrolisados quando aquecidos. Todos os fluoretos, exceto o BeF$_2$, são muito pouco solúveis, embora a solubilidade aumente ligeiramente descendo-se no grupo. À medida que o raio do cátion aumenta do Be para o Ba, o número de coordenação nos fluoretos aumenta de 4 para 8; o BeF$_2$ forma estruturas análogas ao SiO$_2$ (como no quartzo, com coordenação 4:2), o MgF$_2$ adota a estrutura do rutílio (6:3) e CaF$_2$, SrF$_2$ e BaF$_2$ adotam a estrutura da fluorita (8:4) (Seção 3.9). Os outros haletos do Grupo 2 formam estruturas em camadas devido ao aumento da polarizabilidade dos íons haleto. O cloreto de magnésio adota a estrutura em camadas do CdCl$_2$, no qual as camadas posicionam-se de forma que os íons Cl$^-$ estejam num empacotamento compacto cúbico (Fig. 12.4). O MgI$_2$ e o CaI$_2$ adotam uma estrutura semelhante ao iodeto de cádmio, na qual as camadas dos íons I$^-$ estão em empacotamento compacto hexagonal.

O fluoreto mais importante dos elementos do Grupo 2 é o CaF$_2$. A sua forma mineral, a fluorita ou o espatoflúor, é a única fonte em larga escala do flúor. O fluoreto de hidrogênio anidro é preparado pela ação de ácido sulfúrico concentrado sobre o espatoflúor:

$$CaF_2(s) + H_2SO_4(l) \rightarrow CaSO_4(s) + 2\,HF(l)$$

Todos os cloretos do Grupo 2 são deliquescentes e formam hidratos; eles têm pontos de fusão menores que os fluoretos. O cloreto de magnésio é o cloreto mais importante para a indústria e aplicações. Ele é obtido da água do mar e então usado na produção do magnésio metálico. O cloreto de cálcio também é de grande importância, sendo produzido

Figura 12.4 Estrutura do CdCl$_2$ adotada pelo MgCl$_2$.

industrialmente em larga escala. Seu caráter higroscópico leva ao uso generalizado como dessecante em laboratório. O MgCl$_2$ e o CaCl$_2$ são usados para eliminar o gelo das rodovias, onde são mais eficientes do que o NaCl por duas razões. A primeira é que sua dissolução é muito exotérmica:

$$\text{CaCl}_2(s) \rightarrow \text{Ca}^{2+}(aq) + 2\,\text{Cl}^-(aq) \quad \Delta_{sol}H^\ominus = -82\text{ kJ mol}^{-1}$$

O calor gerado ajuda a fundir o gelo. A segunda é que o ponto mais baixo de congelamento da sua mistura com água é de –55°C, comparado com os –18°C da mistura NaCl com água. Os cloretos de cálcio e de magnésio são também menos tóxicos do que o NaCl para as plantas que vivem às margens das rodovias e são menos corrosivos para o ferro e o aço. A dissolução exotérmica também leva a aplicações em alimentos preparados para aquecimento instantâneo e recipientes para bebidas que possuem autoaquecimento.

O rádio possui os haletos menos solúveis devido à baixa entalpia de hidratação do grande íon Ra^{2+}; as solubilidades do RaCl$_2$ e do BaCl$_2$ a 20°C são de 200 g dm^{-3} e 350 g dm^{-3}, respectivamente. Essa propriedade é usada para separar o Ra^{2+} do Ba^{2+} por cristalização fracionada do cloreto ou do brometo.

EXEMPLO 12.1 Prevendo a natureza dos haletos

Use os dados da Tabela 1.7 e da Fig. 2.36 para prever se o CaF$_2$ é predominantemente iônico ou covalente.

Resposta Uma abordagem é identificar as eletronegatividades dos dois elementos no composto, para em seguida empregar o triângulo de Ketelaar (Seção 2.15) para julgar qual o tipo de ligação está presente. Os valores das eletronegatividades de Pauling para o Ca e o F são de 1,00 e 3,98, respectivamente. Portanto, a eletronegatividade média é 2,49 e a diferença é 2,98. Esses valores indicam, pelo triângulo de Ketelaar da Fig. 2.36, que o CaF$_2$ deve ser iônico.

Teste sua compreensão 12.1 Preveja se o (a) BeCl$_2$ e o (b) BaF$_2$ são predominantemente iônicos ou covalentes. Discuta as estruturas adotadas para esses dois compostos em relação à previsão feita.

12.8 Óxidos, sulfetos e hidróxidos

Os elementos do Grupo 2 reagem com o O$_2$ para formar óxidos. Todos os elementos, exceto o Be, também formam peróxidos instáveis. Os óxidos do Mg ao Ra reagem com a água para formar hidróxidos básicos; o BeO e o Be(OH)$_2$ são anfóteros.

(a) Óxidos, peróxidos e óxidos complexos

Pontos principais: Todos os elementos do Grupo 2 formam óxidos normais por reação com o oxigênio, exceto o bário, o qual forma o peróxido; todos os peróxidos decompõem-se em óxidos e suas estabilidades aumentam descendo-se no grupo.

O óxido de berílio é obtido inflamando-se o metal em oxigênio. Ele é um sólido branco e insolúvel, com estrutura da wurtzita (Seção 3.9). Seu alto ponto de fusão (2570°C), sua baixa reatividade e sua excelente condutividade térmica, a maior de todos os óxidos, levam ao seu uso como material refratário. Ele é altamente tóxico quando inalado, causando a beriliose crônica, uma doença pulmonar, e câncer. Esse problema é exacerbado pela sua baixa densidade (3,0 g dm^{-3}), pois as partículas de pó permanecem no ar por longos períodos, mas o BeO é seguro para muitas aplicações quando usado como um tijolo sinterizado. Em combinação com metais eletropositivos, o berílio forma berilatos complexos, como K$_2$BeO$_2$ e La$_2$Be$_2$O$_5$, que contêm tetraedros de BeO$_4$ e são estruturalmente análogos aos silicatos.

Os óxidos dos outros elementos do Grupo 2 podem ser obtidos por combinação direta dos elementos (exceto o Ba, que forma peróxido), mas geralmente eles são obtidos pela decomposição dos carbonatos:

$$\text{MCO}_3(s) \xrightarrow{\Delta} \text{MO}(s) + \text{CO}_2(g)$$

Todos os óxidos dos elementos do Mg ao Ba adotam a estrutura de sal-gema (Seção 3.9). Os seus pontos de fusão diminuem ao descermos no grupo, à medida que as entalpias de rede diminuem com o aumento dos raios dos cátions. O óxido de magnésio funde apenas a 2852°C e é usado como revestimento refratário em fornos industriais. Como o BeO, o MgO tem uma condutividade térmica muito alta associada a uma baixa condutividade elétrica. Essa combinação de propriedades faz com que eles sejam utilizados como materiais isolantes elétricos para o revestimento dos elementos de aquecimento nos aparelhos eletrodomésticos e em cabos elétricos.

O óxido de cálcio (cal) é usado em grandes quantidades na indústria do aço para remover P, Si e S. Quando aquecido, o CaO é termoluminescente e emite uma luz branca brilhante (chamada de "luz de cal"). O óxido de cálcio é também usado como amaciante de água, removendo a dureza pela reação com carbonatos e hidrogenocarbonatos solúveis para formar o CaCO$_3$, insolúvel. Ele reage com a água para formar o Ca(OH)$_2$, algumas vezes chamado de *cal apagada*, e também é usado para neutralizar a acidez dos solos.

Os peróxidos SrO$_2$ e BaO$_2$ podem ser obtidos pela reação direta dos elementos, enquanto que os peróxidos insolúveis de Mg e Ca são obtidos pela adição de peróxido de sódio, NaO$_2$, a soluções aquosas desses metais. Todos os peróxidos são fortes agentes oxidantes e decompõem formando óxidos:

$$\text{MO}_2(s) \rightarrow \text{MO}(s) + \tfrac{1}{2}\text{O}_2(g)$$

A estabilidade térmica dos peróxidos aumenta descendo-se no grupo à medida que o raio do cátion aumenta. Essa tendência é explicada considerando-se as entalpias de rede do peróxido e do óxido e suas dependências com os raios relativos dos cátions e dos ânions. Uma vez que o raio do O^{2-} é menor que o do O$_2^{2-}$, a entalpia de rede do óxido é maior do que a do peróxido correspondente. A diferença entre as duas entalpias de rede diminui descendo-se no grupo, uma vez que ambos os valores ficam menores com o aumento do raio do cátion, diminuindo, portanto, a tendência à decomposição. O peróxido de magnésio, MgO$_2$, é, portanto, o peróxido menos estável, sendo usado como uma fonte de oxigênio *in situ* em várias aplicações, dentre elas a biorremediação para limpar cursos d'água poluídos. O CaO$_2$ possui aplicações similares na desinfecção da água e como um agente clarificante de farinha de trigo.

EXEMPLO 12.2 Explicando a estabilidade térmica dos peróxidos

Estime a diferença entre as entalpias de rede do peróxido e do óxido de Mg e de Ba e comente os valores obtidos.

Óxidos, sulfetos e hidróxidos

Resposta A equação de Kapustinskii (Eq. 3.4) pode ser usada para estimar as entalpias de rede, usando-se os raios iônicos dados na Tabela 12.1 e os raios dos íons óxido e peróxido (126 e 180 pm, respectivamente). Lembrando que o peróxido é um ânion simples, O_2^{2-}, a substituição desses valores fornece os seguintes resultados:

	MgO	MgO$_2$	BaO	BaO$_2$
$\Delta_R H$/kJ mol^{-1}	4037	3315	3147	2684
Diferença/kJ mol^{-1}		722		463

Esse cálculo confirma que a diferença entre as entalpias de rede do óxido e do peróxido diminui descendo-se no grupo.

Teste sua compreensão 12.2 Calcule as entalpias de rede para o CaO e CaO$_2$ e verifique se a tendência acima se repete.

Os elementos mais pesados do Grupo 2 também formam vários óxidos complexos, como a perovsquita, SrTiO$_3$, e o espinélio, MgAl$_2$O$_4$ (Seção 3.9). A faixa de raios iônicos disponíveis desde o Mg^{2+} (72 pm para o número de coordenação 6) até o Ba^{2+} (142 pm, e maior ainda para o número de coordenação 8 ou maior) significa que podem ser sintetizados óxidos complexos que contêm esses cátions em uma grande variedade de diferentes tipos de estruturas. Exemplos importantes desses óxidos complexos são a perovsquita ferroelétrica BaTiO$_3$, o fósforo SrAl$_2$O$_4$:Eu e vários supercondutores de alta temperatura como o YBa$_2$Cu$_3$O$_7$ e o Bi$_2$Sr$_2$CaCu$_2$O$_8$ (Seção 24.6). Os números de coordenação preferidos pelos cátions são importantes na química de estado sólido, na qual eles podem ser usados para controlar as estruturas de muitos óxidos complexos. No caso de se desejar utilizar um íon duplamente carregado para ocupar o sítio A em uma estrutura de perovsquita (Seção 3.9) com um número de coordenação 12, então o Sr^{2+} ou o Ba^{2+} serão normalmente escolhidos (como no SrTiO$_3$). Por outro lado, para obter-se uma estrutura de espinélio (fórmula geral AB$_2$O$_4$, com sítios do tipo B hexacoordenados), o Mg^{2+} é uma boa escolha (como no GeMg$_2$O$_4$).

Uma breve ilustração Um exemplo do controle do número de coordenação local pelos íons do Grupo 2 é dado pela estrutura da fase supercondutora Tl$_2$Ba$_2$Ca$_2$Cu$_3$O$_{10}$; os cátions maiores Ba^{2+} demandam um número de coordenação maior para o O do que o Ca^{2+}, de forma que os primeiros são encontrados exclusivamente nos sítios nonacoordenados e os últimos, nos sítios octacoordenados. Seria impossível sintetizar o Tl$_2$Ca$_2$Ca$_2$Cu$_3$O$_{10}$ com o Ca^{2+} substituindo Ba^{2+} no sítio com número de coordenação maior, uma vez que essa localização seria termodinamicamente desfavorável.

(b) Sulfetos

Ponto principal: A maioria dos sulfetos adota a estrutura do sal-gema e têm aplicações como fósforos.

O sulfeto de berílio adota a estrutura da blenda de zinco, enquanto que todos os sulfetos dos elementos mais pesados cristalizam na estrutura de sal-gema. O sulfeto de bário, que apresenta uma forte fosforescência, foi o primeiro fósforo sintético produzido pela redução de baritas naturais, BaSO$_4$, com coque.

$$BaSO_4(s) + 2\,C(s) \rightarrow BaS(s) + 2\,CO_2(g)$$

A mistura de sulfeto de cálcio/estrôncio dopado com bismuto apresenta uma fosforescência de longa duração e vem sendo usada em pigmentos que emitem luz no escuro.

EXEMPLO 12.3 Prevendo e identificando o tipo de estrutura de um calcogeneto do Grupo 2

A análise do padrão de difração de raio X de pó obtido para o CaSe mostrou um tipo de rede de face centrada, com parâmetro de rede de 592 pm. Preveja um tipo de estrutura para esse composto usando os raios iônicos do Ca^{2+} e o Se^{2-} iguais a 100 e 184 pm, respectivamente. Sua previsão concorda com a observação?

Resposta Primeiramente, devemos considerar que um composto binário como o CaSe deve adotar um dos tipos de estrutura simples AX descritos na Seção 3.10; assim, podemos usar as regras da razão dos raios para nos guiar sobre o tipo de estrutura mais provável. Duas estruturas AX possuem redes do tipo face centrada: sal-gema e blenda de zinco. A razão dos raios é (100 pm)/(194 pm) = 0,52, a qual, de acordo com a Tabela 3.6, sugere que a estrutura preferida seja a de sal-gema. Considerando-se a célula unitária da Fig. 3.30, o parâmetro de rede da estrutura do sal-gema é igual ao comprimento da aresta da célula unitária. Como pode ser visto na figura, o seu comprimento é duas vezes a soma r(Ca^{2+}) + r(Se^{2-}). Assim, a partir dos raios iônicos, o parâmetro de rede pode ser calculado como 2 × (100 + 194) = 588 pm, em boa concordância com o valor obtido por difração de raio X, o que demonstra, portanto, que o CaSe adota a estrutura de sal-gema.

Teste sua compreensão 12.3 Use os raios iônicos para prever o tipo de estrutura do BeSe.

(c) Hidróxidos

Ponto principal: A solubilidade dos hidróxidos aumenta descendo-se no grupo.

O hidróxido de berílio, Be(OH)$_2$, é anfótero e precipita com a adição de hidróxido de sódio a uma solução aquosa de Be^{2+}. Sua estrutura consiste em uma rede infinita de tetraedros Be(OH)$_4$ ligados através de íons hidróxido compartilhados. Os hidróxidos dos demais elementos do Grupo 2 são formados pelas reações dos óxidos com a água. Os hidróxidos tornam-se aparentemente mais básicos descendo-se no grupo devido ao aumento da solubilidade em água do Mg(OH)$_2$ para o Ba(OH)$_2$. O hidróxido de magnésio, Mg(OH)$_2$, é muito pouco solúvel e forma uma solução levemente básica, uma vez que a sua solução saturada contém uma baixa concentração de íons OH$^-$. O hidróxido de cálcio, Ca(OH)$_2$, é mais solúvel que o Mg(OH)$_2$, de forma que uma solução saturada contém uma maior concentração de íons OH$^-$, sendo descrita como moderadamente básica. Uma solução saturada de Ca(OH)$_2$, chamada de *água de cal*, é usada para testar a presença de CO$_2$. Borbulhando-se o CO$_2$ através da água de cal, forma-se um precipitado branco de CaCO$_3$, o qual desaparece por reação adicional com o CO$_2$ pela formação do íon hidrogenocarbonato:

$$Ca(OH)_2(aq) + CO_2(g) \rightarrow CaCO_3(s) + H_2O(l)$$
$$CaCO_3(s) + CO_2(g) + H_2O(l) \rightarrow Ca^{2+}(aq) + 2\,HCO_3^-(aq)$$

O hidróxido de bário, Ba(OH)$_2$, é solúvel e suas soluções aquosas são fortemente básicas.

Uma breve ilustração A solubilidade molar do Mg(OH)$_2$ é de 1,54 × 10^{-4} mol dm^{-3}. Portanto, a concentração dos íons OH$^-$ na solução saturada é de 3,08 × 10^{24} mol dm^{-3}. Sabemos da Seção 4.1b que K_w = 1 × 10^{-14}, de forma que (ignorando desvios da idealidade) [H$_3$O$^+$] = K_w/[OH$^-$] = 3,25 × 10^{-11} mol dm^{-3}. Admitindo que possamos considerar as atividades como concentrações molares, essa concentração corresponde ao pH = 10,5.

EXEMPLO 12.4 Comportamento anfótero do hidróxido de berílio

Escreva as equações balanceadas para a dissolução do Be(OH)$_2$ em (i) ácido sulfúrico diluído e (ii) solução de hidróxido de estrôncio. Em (ii), comente as características ácido-base apresentadas por esses dois elementos do Grupo 2.

Resposta

(i) Be(OH)$_2$(s) + H$_2$SO$_4$(aq) + 2 H$_2$O → Be^{2+}(aq) + [SO$_4$]$^{2-}$(aq) + 4 H$_2$O(l)

Aqui o hidróxido de berílio atua como uma base, formando o sal de sulfato. O produto é o sulfato de berílio hidratado, um tetra-hidrato, com quatro moléculas de água solvatando o íon Be^{2+}.

(ii) Be(OH)$_2$(s) + Sr(OH)$_2$(aq) → SrBe(OH)$_4$(s)

Nessa reação o hidróxido de estrôncio atua como uma base forte, reagindo para formar um sal de Sr^{2+} (ácido conjugado do Sr(OH)$_2$) e o ânion tetra-hidroxiberilato [Be(OH)$_4$]$^{2-}$. A reação mostra o aumento do comportamento básico dos óxidos e hidróxidos dos metais do Grupo 2 à medida que descemos no grupo.

Teste sua compreensão 12.4 O que poderá ser formado no caso das reações (i) e (ii) com a perda de água pelo aquecimento dos produtos a 500°C?

12.9 Nitretos e carbetos

Ponto principal: Os nitretos e os carbetos do Grupo 2 reagem com água para produzir amônia, no primeiro caso, e metano ou etino, no segundo caso.

Todos os elementos do Grupo 2 formam nitretos de composição M$_3$N$_2$ quando aquecidos em presença de nitrogênio. Eles reagem com água para formar amônia e o hidróxido do metal:

M$_3$N$_2$(s) + 6 H$_2$O(l) → 3 M(OH)$_2$(s, aq) + 2 NH$_3$(g)

O magnésio queima em nitrogênio para formar o Mg$_3$N$_2$ verde-amarelo, usado como catalisador na preparação do BN cúbico (Seção 13.9). O nitreto de cálcio, Ca$_3$N$_2$, reage com o hidrogênio gasoso a 400 °C para formar CaNH e CaH$_2$. O nitreto de berílio funde a 2200 °C e é usado como um material refratário.

Todos os elementos do Grupo 2 também formam carbetos. O carbeto de berílio, Be$_2$C, contém formalmente o íon carbeto, C^{4-}, embora deva-se esperar alguma covalência na ligação nesse composto; ele é um sólido cristalino com a estrutura da antifluorita (Fig. 12.5). Os carbetos de Mg, Ca, Sr e Ba têm fórmula MC$_2$ e contêm o ânion dicarbeto (acetileto), C$_2^{2-}$. Os carbetos de Ca, Sr e Ba são preparados pelo aquecimento dos óxidos ou dos carbonatos com carbono em um forno a 2000°C:

MO(s) + 3 C(s) → MC$_2$(s) + CO(g)

MCO$_3$(s) + 4 C(s) → MC$_2$(s) + 3 CO(g)

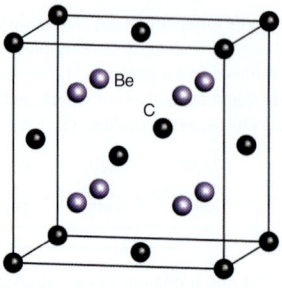

Figura 12.5 Estrutura da antifluorita adotada pelo Be$_2$C.

Todos os carbetos reagem com a água produzindo o hidrocarboneto correspondente ao íon de carbono presente: o carbeto de berílio produz metano, enquanto os carbetos dos outros elementos formam etino (acetileno):

Be$_2$C(s) + 4 H$_2$O(l) → 2 Be(OH)$_2$(s) + CH$_4$(g)

CaC$_2$(s) + 2 H$_2$O(l) → Ca(OH)$_2$(s) + C$_2$H$_2$(g)

O metano e o etino são inflamáveis; o etino queima produzindo uma luz brilhante proveniente das partículas de carbono incandescentes que se formam na chama. Quando essa reação foi descoberta, no final do século XIX, o carbeto de cálcio passou a ser muito usado nos faróis dos veículos, permitindo pela primeira vez dirigir com segurança à noite. Ele também passou a ser usado em lâmpadas para os trabalhadores nas minas e na exploração de cavernas.

12.10 Sais de oxoácidos

Os oxocompostos mais importantes dos elementos do Grupo 2 são os carbonatos, hidrogenocarbonatos e sulfatos.

(a) Carbonatos e hidrogenocarbonatos

Pontos principais: Todos os carbonatos são pouco solúveis em água, com a exceção do BeCO$_3$; os carbonatos decompõem-se mais facilmente em óxido, sob aquecimento, quanto mais acima no grupo. Os hidrogenocarbonatos são mais solúveis do que os carbonatos.

O carbonato de berílio decompõe-se rapidamente quando em contato com a água, formando CO$_2$ e [Be(OH$_2$)$_4$]$^{2+}$, que é imediatamente hidrolisado devido à alta densidade de carga do íon Be^{2+} e à polarização que este exerce sobre a ligação O–H de uma molécula de H$_2$O de hidratação:

[Be(OH$_2$)$_4$]$^{2+}$(aq) + H$_2$O(l) → [Be(OH$_2$)$_3$(OH)]$^+$(aq) + H$_3$O$^+$(aq)

Os carbonatos dos outros elementos do Grupo 2 são pouco solúveis e decompõem-se em óxido pelo aquecimento:

MCO$_3$(s) $\xrightarrow{\Delta}$ MO(s) + CO$_2$(g)

A temperatura na qual essa decomposição ocorre aumenta de 350°C para o carbonato de Mg até 1360°C para o carbonato de Ba (Fig. 12.6). Os carbonatos do Grupo 2 possuem estabilidade térmica similar à dos carbonatos do Grupo 1. Como discutido na Seção 3.15, essas tendências podem ser explicadas em termos das tendências nas entalpias de rede e, portanto, de um ponto de vista mais fundamental em termos das tendências nos raios iônicos.

Sais de oxoácidos

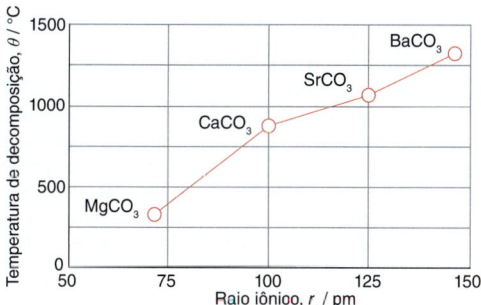

Figura 12.6 Variação da temperatura de decomposição dos carbonatos do Grupo 2 em função dos raios iônicos.

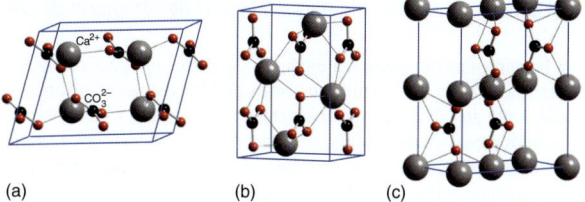

Figura 12.7 Estruturas dos polimorfos do $CaCO_3$ (a)* calcita, (b)* aragonita e (c)* vaterita.

O carbonato de cálcio é o oxocomposto mais importante dos elementos do Grupo 2. Ele ocorre de maneira abundante na natureza como calcário, giz, mármore e dolomita (com magnésio) e também como coral, pérola e conchas marinhas. O carbonato de cálcio cristaliza sob a forma de vários polimorfos. As formas mais comuns são calcita, aragonita e vaterita (Fig. 12.7; Quadro 12.4). O carbonato

---

QUADRO 12.4 Os polimorfos do carbonato de cálcio

O carbonato de cálcio ocorre em vastos depósitos de rochas sedimentares que são formados pelos restos fossilizados de animais marinhos. A forma mais comum e estável é a *calcita* hexagonal, a qual já foi identificada em numerosas formas cristalinas diferentes. A calcita compreende cerca de 4% da massa da crosta terrestre e está presente em muitos ambientes geológicos diferentes. Ela pode formar rochas de massa considerável, constituindo uma parte significativa dos três principais tipos de rocha: ígneas, sedimentares e metamórficas. A calcita é o principal componente da rocha ígnea carbonatito e forma a porção principal de muitos veios hidrotérmicos. O calcário é a forma sedimentar da calcita.

O calcário sofre metamorfose para mármore quando submetido ao calor e à pressão de eventos metamórficos, os quais aumentam a densidade da rocha e destroem qualquer textura. O mármore branco puro é resultado do metamorfismo de um calcário muito puro. Os veios e redemoinhos de muitas variedades de mármores coloridos são geralmente decorrentes das várias impurezas minerais, como argila, areia e óxidos de ferro. O *espato-da-islândia* é uma forma de calcita transparente e incolor, originalmente encontrado na Islândia. Ele exibe birrefringência. A birrefringência ou dupla refração é a divisão de um raio de luz em dois quando ele passa através de certos materiais, dependendo da polarização da luz. Esse comportamento é explicado atribuindo-se dois índices de refração diferentes ao material para diferentes polarizações. À medida que os dois feixes saem do cristal, eles curvam-se em dois ângulos de refração diferentes.

A *aragonita* é um polimorfo da calcita menos abundante. A aragonita é ortorrômbica, com três formas cristalinas. Ela é menos estável que a calcita e, a 400°C, converte-se nela; havendo tempo suficiente, toda a aragonita no meio ambiente será convertida em calcita. A maioria dos animais bivalves, como as ostras, os mariscos, mexilhões e corais, produz aragonita, e suas conchas e pérolas são compostas principalmente deste material. As cores peroladas e iridescentes de conchas marinhas como as do abalone (*haliotis*) são provenientes das várias camadas de aragonita (Quadro 12.5). Outras ocorrências naturais de aragonita são nas fontes termais e cavernas em rochas vulcânicas.

A aragonita sintética pode ser produzida e é usada como carga na indústria de papel, na qual sua textura fina, brancura e propriedades absorventes acrescentam qualidade ao produto. O calcário em pó é aquecido em um forno para formar CaO (cal). A cal é então misturada com água para formar o *leite de cal*. Borbulha-se então gás carbônico através da suspensão até que a aragonita seja formada:

$CaCO_3(s) \xrightarrow{\Delta} CaO(s) + CO_2(g)$

$CaO(s) + H_2O(l) \rightarrow Ca(OH)_2(s)$

$Ca(OH)_2(s) + CO_2(g) \rightarrow CaCO_3(s) + H_2O(l)$

As condições de temperatura, pressão e fluxo de dióxido de carbono determinam a distribuição do tamanho final da partícula e o tipo de cristal.

A vaterita é um polimorfo do carbonato de cálcio ainda mais raro que também possui uma célula unitária hexagonal. Ela é mais solúvel que a calcita ou a aragonita e converte-se lentamente nessas formas quando em contato com a água. Ela deposita-se em algumas fontes de águas minerais em climas frios; os cálculos biliares são, geralmente, formados por esse tipo de $CaCO_3$. O *travertino*, de ocorrência natural, é uma forma branca e muito dura de carbonato de cálcio. Ele deposita-se a partir da água das fontes quentes de águas minerais ou córregos contendo sais de cálcio.

Os dois polimorfos principais do $CaCO_3$ podem ser diferenciados usando-se a espectroscopia no infravermelho (Seção 8.5). Na calcita e na aragonita, os ânions CO_3^{2-} são rodeados por íons Ca^{2+} que produzem ambientes locais distintos. Como resultado, os modos vibracionais observados no espectro infravermelho para o CO_3^{2-} ocorrem em frequências ligeiramente diferentes. Além disso, devido às diferenças na simetria local, determinados modos vibracionais são observados apenas para um dos polimorfos, como mostrado na tabela seguinte, e os espectros no infravermelho e Raman podem ser usados para distinguir rapidamente as duas formas. Por exemplo, na Fig. Q12.1 temos o espectro no infravermelho de um pedaço de concha de caracol. Ele mostra uma banda de intensidade forte próxima de 1080 cm⁻¹, que é característica da forma aragonita do carbonato de cálcio.

Número de onda/cm⁻¹	
Calcita	Aragonita
714	698
876	857
	1080
1420 larga	1480 larga
1800	1785

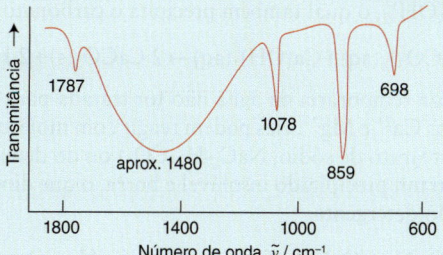

Figura Q12.1 Espectro no IV de um fragmento de uma concha de caracol.

QUADRO 12.5 Biominerais e minerais de carbonato de cálcio

A biomineralização envolve a produção de sólidos inorgânicos pelos organismos, tendo sido identificados mais de 50 biominerais, dos quais o carbonato de cálcio é um dos mais comuns. A natureza é perita em controlar os processos de mineralização para produzir monocristais e estruturas policristalinas e amorfas com morfologias e propriedades mecânicas extraordinárias (Seção 26.17). Um biomineral geralmente desempenha um papel estrutural no organismo, como dentes, ossos ou conchas. Muitas conchas são compostas, principalmente, de carbonato de cálcio com, no máximo, apenas 2% de proteína.

A maior parte dos depósitos minerais de carbonato de cálcio encontrados hoje foi formada por animais marinhos que construíram suas conchas e esqueletos de carbonato de cálcio. Quando esses animais morreram, suas conchas depositaram-se no fundo do mar e foram comprimidas, formando calcário e giz. Os Penhascos Brancos (*White Cliffs*) de Dover, na Inglaterra, são de giz formado a partir de conchas de animais marinhos microscópicos chamados foraminíferos que viveram há cerca de 136 milhões de anos.

Nas pérolas e madrepérolas, cristais muito pequenos de $CaCO_3$ são depositados para formar camadas lisas, duras e lustrosas alternadas de calcita e aragonita. As diferentes formas estruturais das camadas de carbonato de cálcio deixam a concha muito forte, uma vez que apresentam diferentes direções preferenciais de fratura e as camadas interconectadas resistem à quebra quando sob pressão. A espessura das camadas é similar ao comprimento de onda da luz, o que produz os efeitos de interferência e o aspecto aperolado observado.

Muitas tentativas vêm sendo feitas para reproduzir esse complicado padrão de crescimento de cristais do $CaCO_3$ em laboratório. Algumas vezes, os cristais crescem em torno de um suporte que depois é removido para produzir uma estrutura porosa; ou com a adição de determinados compostos químicos que podem favorecer o crescimento de diferentes formas de cristais a partir de uma solução específica. Similarmente, o crescimento dos ossos, que é principalmente constituído de hidroxiapatita de cálcio, $Ca_5(PO_4)_3(OH)_2$, vem sendo investigado com o objetivo de se desenvolver materiais que possam ser utilizados como osso sintético.

---

de cálcio é um importante biomineral e o principal constituinte dos ossos e conchas (Quadro 12.5). Ele é muito usado na construção de edifícios e rodovias e também como antiácido, como abrasivo em dentifrícios, em gomas de mascar e como suplemento alimentar para manter a densidade óssea. Calcário moído é conhecido como *cal para agricultura* e é usado para neutralizar solos ácidos:

$$CaCO_3(s) + 2\,H^+(aq) \rightarrow Ca^{2+}(aq) + CO_2(g) + H_2O(l)$$

O carbonato de cálcio é pouco solúvel em água, mas a sua solubilidade aumenta dissolvendo-se CO_2 na água, como ocorre na água de chuva. Assim, as cavernas de calcário têm sido esculpidas pela reação que forma o hidrogenocarbonato mais solúvel:

$$CaCO_3(s) + H_2O(l) + CO_2(g) \rightarrow Ca^{2+}(aq) + 2\,HCO_3^-(aq)$$

Essa reação é reversível, e ao longo do tempo formam-se as estalactites e estalagmites de carbonato de cálcio.

Devido à menor carga do ânion HCO_3^- em relação ao CO_3^{2-}, os hidrogenocarbonatos do Grupo 2 não precipitam a partir das soluções que contêm esses íons. A dureza temporária da água (a dureza que é removida através da fervura da água) é causada pela presença dos hidrogenocarbonatos de cálcio e magnésio em solução. Esses íons precipitam como carbonato, quando submetidos à fervura, pelo deslocamento do equilíbrio da reação seguinte para a direita:

$$Ca(HCO_3)_2(aq) \rightleftharpoons CaCO_3(s) + CO_2(g) + H_2O(l)$$

A dureza temporária também pode ser removida adicionando-se $Ca(OH)_2$, o qual também precipita o carbonato:

$$Ca(HCO_3)_2(aq) + Ca(OH)_2(aq) \rightarrow 2\,CaCO_3(s) + 2\,H_2O(l)$$

Se a dureza temporária da água não for tratada para remover os íons Ca^{2+} e Mg^{2+}, eles podem reagir com moléculas do sabão (estearato de sódio, $NaC_{17}H_{35}CO_2$) ou do detergente, formando um precipitado insolúvel e borra, o que diminui a eficácia do detergente:

$$2\,NaC_{17}H_{35}CO_2(aq) + Ca^{2+}(aq) \rightarrow Ca(C_{17}H_{35}CO_2)_2(s)$$
$$+ 2\,Na^+(aq)$$

(b) Sulfatos e nitratos

Pontos principais: O sulfato mais importante é o sulfato de cálcio, o qual ocorre na natureza como gipsita e alabastro.

A "dureza permanente" (assim chamada porque não é removida pela fervura) é causada pelos sulfatos de cálcio e magnésio. Neste caso, a água é amaciada fazendo-a passar por uma resina trocadora de íons, a qual substitui os íons Mg^{2+} e Ca^{2+} por íons Na^+.

O sulfato de cálcio é o sulfato mais importante do Grupo 2. Ele ocorre naturalmente como gipsita, que é o di-hidrato $CaSO_4 \cdot 2H_2O$ (Fig. 12.8). O alabastro é uma forma densa e finamente granulada com a mesma composição; ele assemelha-se ao mármore e pode ser entalhado para produzir esculturas. Quando aquecido acima de 150°C, o di-hidrato perde água para formar o hemi-hidrato, $CaSO_4 \cdot 1/2H_2O$, o qual também é conhecido como *plaster of Paris*, uma vez que ele foi minerado pela primeira vez no distrito de Montmartre daquela cidade. Quando misturado com água, o gesso expande-se à medida que produz o di-hidrato e forma uma estrutura rígida que é usada para envolver membros quebrados do corpo. A gipsita é minerada e usada como material de construção. Uma das suas aplicações é em revestimentos à prova de fogo. Em caso de incêndio, o di-hidrato irá desidratar-se formando o hemi-hidrato e liberando vapor d'água:

$$2\,CaSO_4 \cdot 2H_2O(s) \rightarrow 2\,CaSO_4 \cdot \tfrac{1}{2}H_2O(s) + \tfrac{3}{2}H_2O(g)$$

A reação é endotérmica ($\Delta_r H^\ominus = +117$ kJ mol^{-1}), de forma que ela absorve o calor do fogo. Além disso, a água produzida absorve mais calor e evapora, e desta forma a água gasosa produz uma barreira inerte que reduz o suprimento de oxigênio ao fogo.

A insolubilidade do $BaSO_4$, associada à propriedade do bário de absorver fortemente os raios X devido a seu alto número atômico (56), leva ao seu emprego como agente de contraste na obtenção de imagens de raios X do trato digestivo. O pigmento branco litopônio é uma mistura de $BaSO_4$ e ZnS e que possui uma excelente estabilidade química, sendo inerte ao ataque por sulfetos, ao contrário do branco de chumbo, $PbCO_3$. O sulfato de bário, com sua alta densidade

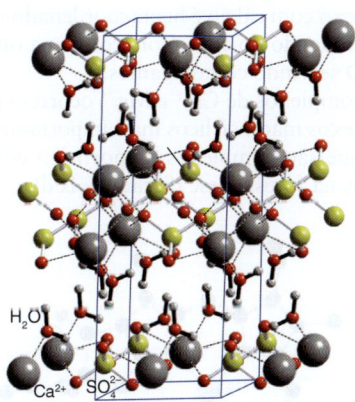

Figura 12.8 Estrutura do $CaSO_4 \cdot 2H_2O$, evidenciando as moléculas de água que são perdidas por aquecimento acima de 150°C.

de 4,5 g cm^{-3}, é um componente de muitas lamas de perfuração, que limpam e refrigeram a ponta da broca e carregam a rocha moída para fora do poço.

Os nitratos hidratados, como o $Ca(NO_3)_2 \cdot 4H_2O$, podem ser obtidos tratando-se os óxidos, hidróxidos e carbonatos com ácido nítrico e cristalizando-se o sal a partir das soluções aquosas resultantes. Os sais anidros de Mg até o Ba são facilmente obtidos por desidratação térmica. O aquecimento do nitrato de berílio hidratado, $Be(NO_3)_2 \cdot 4H_2O$, resulta na sua decomposição e liberação de NO_2. O nitrato de berílio anidro, $Be(NO_3)_2$, pode ser obtido dissolvendo-se $BeCl_2$ em N_2O_4 e aquecendo-se suavemente o composto resultante, $Be(NO_3)_2 \cdot 2N_2O_4$, para remover o NO_2. O aquecimento adicional do $Be(NO_3)_2$ produz o nitrato básico, $Be_4O(NO_3)_6$, que contém uma unidade central tetraédrica de Be_4O com grupos nitrato em ponte, ligados pelas arestas, com uma estrutura similar à do acetato básico (etanoato) (5).

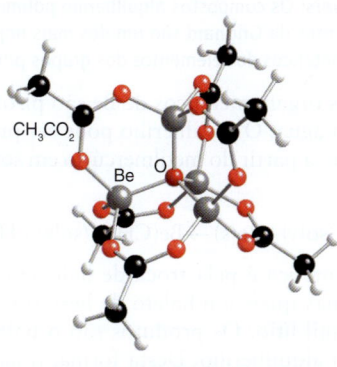

5 $Be_4O(O_2CCH_3)_6$

12.11 Solubilidade, hidratação e berilatos

Pontos principais: As entalpias de hidratação altamente negativas dos sais dos íons mononegativos garantem que eles sejam solúveis. Para os sais de íons duplamente negativos, as entalpias de rede influenciam mais que as de hidratação e os sais são insolúveis.

Geralmente, os compostos dos elementos do Grupo 2 são menos solúveis em água do que aqueles dos elementos do Grupo 1, embora as entalpias de hidratação sejam mais negativas:

	Na^+	K^+	Mg^{2+}	Ca^{2+}
$\Delta_{hid}H^\ominus/kJ\,mol^{-1}$	−406	−322	−1920	−1650

Com exceção dos fluoretos, os sais de ânions monocarregados são geralmente solúveis em água e os de ânions duplamente carregados (como os óxidos) são normalmente pouco solúveis. Para estes, como os carbonatos e sulfatos, o fator decisivo é a grande entalpia de rede que tem origem na maior carga do ânion, superando a influência da entalpia de hidratação. Essa insolubilidade é responsável pelos enormes depósitos dos minerais contendo cálcio e magnésio, como o calcário, a gipsita e a dolomita, que são muito empregados na indústria de construção civil. Com a exceção do BeF_2, todos os fluoretos são insolúveis em água devido ao pequeno tamanho do ânion fluoreto, o que leva a uma grande entalpia de rede. O fluoreto de berílio tem uma entalpia de hidratação muito grande devido à alta densidade de carga do cátion pequeno: neste caso, a entalpia de hidratação, ao invés da entalpia de rede, é o fator predominante:

$$BeF_2(s) + 4\,H_2O(l) \rightarrow [Be(OH_2)_4]^{2+}(aq) + 2\,F^-(aq)$$
$$\Delta_r H^\ominus = -250\,kJ\,mol^{-1}$$

As moléculas de H_2O diretamente coordenadas ao Be^{2+} estão fortemente ligadas, em solução aquosa, trocando muito lentamente com a água livre. O cátion Be^{2+} hidratado, $[Be(OH_2)_4]^{2+}$, atua como um ácido em água:

$$[Be(OH_2)_4]^{2+}(aq) + H_2O(l) \rightarrow [Be(OH_2)_3(OH)]^+(aq) + H_3O^+(aq)$$

Atribui-se a ocorrência dessa reação ao grande poder polarizante do cátion pequeno duplamente carregado. As soluções dos sais hidratados dos elementos mais pesados são neutras.

Essas tendências em solubilidade e hidrólise também podem ser explicadas em termos dos ácidos e bases duros e macios. À medida que descemos no grupo, os íons tornam-se menos duros; os fluoretos e hidróxidos (ânions pequenos e duros) são insolúveis para os íons mais duros Be^{2+} e Mg^{2+}, porém mais solúveis para o Ba^{2+}. O Be^{2+} é fortemente hidratado pelo átomo duro do O do H_2O e o Ba^{2+}, relativamente mais macio, muito mais fracamente hidratado.

A natureza anfótera do Be leva à formação do $[Be(OH)_4]^{2-}$ em condições fortemente básicas, significando que o elemento forma uma extensa série de berilatos que são construídos a partir de tetraedros BeO_4. Esse ânion foi isolado no composto $SrBe(OH)_4$. A família de minerais do berilo, $Be_3Al_2(SiO_3)_6$, que inclui a esmeralda, a água-marinha e a morganita, contém essa unidade, assim como diversos outros berilatos complexos, como a fenaquita, Be_2SiO_4, e a zeólita nabesita, $Na_2BeSi_4O_{10} \cdot 4H_2O$. O composto $BeAl_2O_4$ ocorre naturalmente como o mineral crisoberilo, que na sua forma alexandrita encontra-se dopado com cromo e muda da cor verde na luz do dia para a cor púrpura sob luz incandescente.

EXEMPLO 12.5 Avaliando os fatores que afetam a solubilidade

Estime as entalpias de rede do $MgCl_2$ e do $MgCO_3$. Comente as prováveis implicações das suas solubilidades.

Resposta Novamente podemos usar os dados da Tabela 12.1 e a equação de Kapustinskii (Eq. 3.4); também precisaremos saber que os raios iônicos do Cl⁻ e do CO_3^{2-} são, respectivamente, 167 e 185 pm (Apêndice 1). Substituindo-se esses dados na equação, obtemos as entalpias de rede do $MgCO_3$ e do $MgCl_2$ como sendo iguais a 3260 e 2478 kJ mol⁻¹, respectivamente. Como o valor para o $MgCO_3$ é maior, é provável que esse valor supere a entalpia de hidratação e a sua solubilidade seja menor que a do $MgCl_2$.

Teste sua compreensão 12.5 Calcule as entalpias de rede do MgF_2, $MgBr_2$ e MgI_2 e comente como as solubilidades dos haletos do Grupo 2 devem variar com o aumento do tamanho do íon haleto.

12.12 Compostos de coordenação

Pontos principais: Somente o berílio forma compostos de coordenação com ligantes simples, como os haletos; os complexos mais estáveis são formados com ligantes quelantes polidentados, como o edta.

Os compostos de Be mostram propriedades consistentes com um maior caráter covalente que os seus congêneres, e alguns de seus complexos com ligantes comuns são estáveis. Geralmente, os complexos são tetraédricos, embora o número de coordenação do átomo de Be possa cair para 3 ou 2 se os ligantes forem volumosos. Os complexos mais inertes são formados com ligantes haleto ou ligantes quelantes contendo átomos de oxigênio doadores, como oxalato, alcóxidos e diacetonatos. Por exemplo, o acetato básico de berílio (oxoetanoato de berílio, $Be_4O(O_2CCH_3)_6$) consiste em um átomo central de O rodeado por um tetraedro formado por quatro átomos de Be, os quais por sua vez estão ligados em ponte por íons etanoatos (5). Ele pode ser preparado pela reação do ácido etanoico (acético) com carbonato de berílio:

$$4\,BeCO_3(s) + 6\,CH_3COOH(l) \rightarrow 4\,CO_2(g) + 3\,H_2O(l) + Be_4O(O_2CCH_3)_6(s)$$

O acetato básico de berílio é um composto molecular incolor e sublimável; ele é solúvel em clorofórmio, de onde pode ser recristalizado.

Os cátions do Grupo 2 formam complexos com ligantes do tipo coroa e criptando. Desses complexos, os mais inertes são formados com os cátions maiores Sr^{2+} e Ba^{2+}. Todos os complexos são mais estáveis do que aqueles dos cátions menores do Grupo 1. Os complexos mais estáveis são formados com ligantes polidentados carregados, como o íon analiticamente importante etilenodiaminatetraacetato (edta⁴⁻). As constantes de formação dos complexos com edta⁴⁻ encontram-se na ordem $Ca^{2+} > Mg^{2+} > Sr^{2+} > Ba^{2+}$. Em estado sólido, a estrutura do complexo Mg^{2+}-edta é heptacoordenado (6), com um H_2O em um sítio de coordenação.

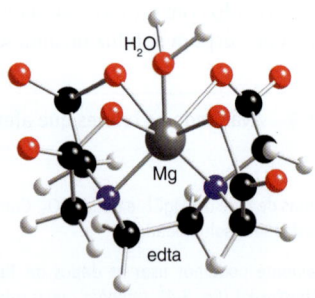

6 $[Mg(edta)(OH_2)]^{2-}$

O complexo com cálcio é heptacoordenado ou octacoordenado, dependendo do contraíon, com uma ou duas moléculas de H_2O servindo como ligantes.

Muitos complexos de Ca^{2+} e Mg^{2+} ocorrem naturalmente. Os complexos macrocíclicos mais importantes são as clorofilas (7), que são complexos de porfirina com Mg e são fundamentais na fotossíntese (Seção 26.10d).

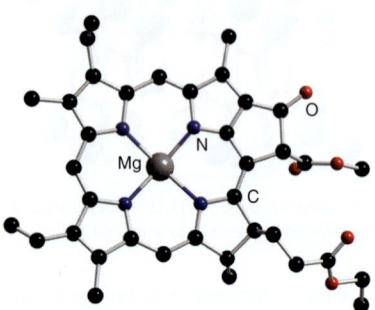

7 Fragmento de clorofila (esqueleto Mg–C–N–O)

O magnésio está envolvido na transferência de fosfato e no metabolismo dos carboidratos. O cálcio é um componente dos biominerais e também está coordenado com proteínas, em especial aquelas envolvidas na sinalização celular e na ação dos músculos (Seção 26.4). O desenvolvimento de complexos de hidretos de metais do Grupo 2, como o $[(DIPP\text{-}nacnac)CaH_2(THF)]_2$ (onde DIPP-nacnac = $CH\{(CMe)(2,6\text{-}iPr_2C_6H_3N)\}_2$), contendo dois átomos de cálcio separados por duas pontes de íons hidreto, é importante para o desenvolvimento de materiais destinados ao armazenamento de hidrogênio (Quadros 10.4 e 12.3).

12.13 Compostos organometálicos

Pontos principais: Os compostos alquilberílio polimerizam em fase sólida; os reagentes de Grignard são um dos mais importantes compostos organometálicos dos elementos dos grupos principais.

Os compostos organometálicos de Be são pirofóricos ao ar e instáveis em água. O metilberílio pode ser preparado por transmetalação a partir do metilmercúrio em solvente hidrocarboneto:

$$Hg(CH_3)_2(solv) + Be(s) \rightarrow Be(CH_3)_2(solv) + Hg(l)$$

Outra rota sintética é pela troca de halogênio ou reações de metátese, nas quais um haleto de berílio reage com um composto alquil-lítio. Os produtos são o haleto de lítio e um composto alquilberílio. Desta forma, o halogênio e os grupos orgânicos são transferidos entre os dois átomos metálicos. A força motriz para essa e outras reações similares é a formação do haleto do metal mais eletropositivo.

$$2\,n\text{-}BuLi(solv) + BeCl_2(solv) \rightarrow (n\text{-}Bu)_2Be(solv) + 2\,LiCl(s)$$

Reagentes de Grignard em éter também podem ser usados na síntese de compostos organoberílio:

$$2\,RMgCl(solv) + BeCl_2(solv) \rightarrow R_2Be(solv) + 2\,MgCl_2(s)$$

O metilberílio, $Be(CH_3)_2$, é predominantemente um monômero em fase vapor e em solventes hidrocarbonetos, nos quais ele apresenta uma estrutura linear, conforme esperado pelo modelo RPECV. Em fase sólida, ele forma cadeias poliméricas nas quais os grupos CH₃ estão em ponte, formando ligações 3c,2e (Seção 2.11e) (**8**).

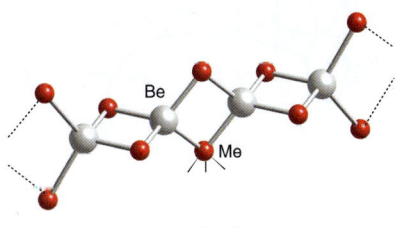

8 (Be(CH₃)₂)ₙ

Grupos alquila mais volumosos levam a um grau menor de polimerização; o etilberílio (**9**) é um dímero e o *t*-butilberílio (**10**) é um monômero.

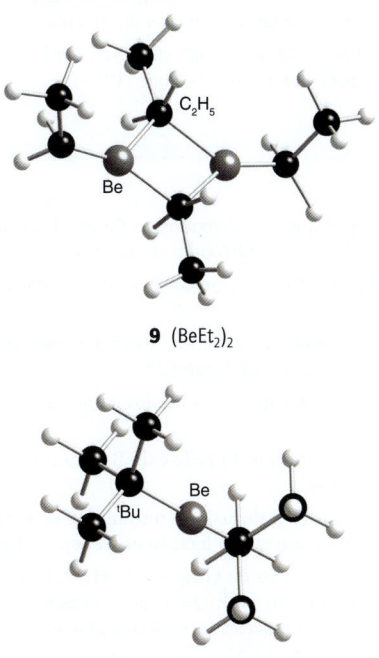

9 (BeEt₂)₂

10 Be^{t}Bu₂ (^{t}Bu = (CH₃)₃C)

Um interessante composto organoberílio é o beriloceno, (C₅H₅)₂Be, o qual, embora a fórmula sugira uma estrutura similar ao ferroceno (Seção 22.19), possui uma estrutura diferente no estado cristalino, com o átomo de Be posicionado diretamente acima do centro de um anel ciclopentadienila e abaixo de um único átomo de C do outro anel (**11**).

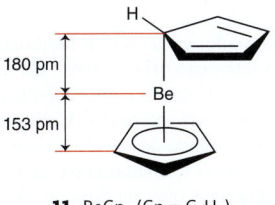

11 BeCp₂ (Cp = C₅H₅)

Entretanto, o espectro de RMN em baixa temperatura (−135°C) desse composto sugere que os dois anéis são equivalentes, indicando que mesmo a esta baixa temperatura o átomo de Be e os anéis C₅H₅ estão rearranjando rapidamente.

Os haletos de alquilmagnésio e arilmagnésio são conhecidos como **reagentes de Grignard** e são muito usados em síntese orgânica, em que eles comportam-se como fonte de R⁻. Eles são preparados a partir de magnésio metálico e um haleto orgânico. Como a superfície do magnésio metálico está passivada por um filme de óxido, o magnésio tem que ser ativado antes de se fazer a reação. Geralmente, adiciona-se um traço de iodo aos reagentes, formando iodeto de magnésio; esse composto é solúvel no solvente utilizado e dissolve, expondo uma superfície ativada do magnésio. Alternativamente, pode-se produzir uma forma altamente ativa de magnésio finamente dividido reduzindo-se MgCl₂ com potássio em THF. A reação para produzir o reagente de Grignard é feita em éter ou tetra-hidrofurano:

Mg(s) + RBr(solv) → RMgBr(solv)

As estruturas dos reagentes de Grignard estão longe de serem simples. O átomo metálico tem um número de coordenação 2 somente em solução e quando o grupo alquila é volumoso. Por outro lado, ele é solvatado por um arranjo tetraédrico de moléculas de solvente em torno do átomo de Mg (**12**).

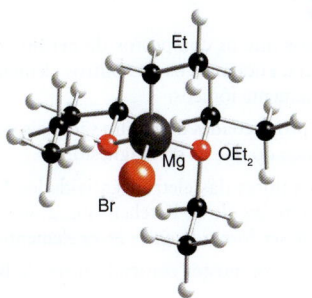

12 MgEtBr(OEt₂)₂

Além disso, existe um equilíbrio complexo em solução, chamado de **equilíbrio de Schlenk**, que produz várias espécies cuja natureza exata depende da temperatura, concentração e solvente. Foram observadas, por exemplo, todas as espécies do tipo R₂Mg, RMgX e MgX₂:

2 RMgX(solv) → R₂Mg(solv) + MgX₂(solv)

Os reagentes de Grignard são muito usados nas sínteses dos compostos organometálicos de outros metais, assim como visto anteriormente na formação dos compostos alquilberílio. Eles também são bastante usados em síntese orgânica. Uma delas é a reação de **organomagnesiação**, que envolve a adição do reagente de Grignard a uma ligação insaturada:

R¹MgX(solv) + R²R³C=CR⁴R⁵(solv) → R¹R²R³CCR⁴R⁵MgX(solv)

Os reagentes de Grignard sofrem outras reações, como o **acoplamento de Wurtz**, para formar uma ligação carbono-carbono:

R¹MgX(solv) + R²X(solv) → R¹R²(solv) + MgX₂(solv)

Geralmente, os compostos organometálicos de Ca, Sr e Ba são iônicos e muito instáveis. Todos eles formam análogos aos reagentes de Grignard por interação direta do metal finamente dividido com um haleto orgânico.

Finalmente, embora os membros do grupo ocorram quase que exclusivamente no estado de oxidação +2 em seus compostos, a redução do Mg(II) a Mg(I) pelo potássio pode ser obtida na síntese de compostos LMg–MgL, onde L =[Ar(NC)(N^{i}Pr$_2$)N(Ar)]$^-$ e Ar = 2,6-di-isopropilfenila. As estruturas contêm uma ligação central Mg–Mg com 285 pm de comprimento (13), que é menor do que a distância Mg–Mg no metal (320 pm).

13 LMgMgL (L = [Ar(NC)(N^{i}Pr$_2$)N(Ar)]$^-$; Ar = 2,6-diisopropilfenila; ^{i}Pr = isopropil)

LEITURA COMPLEMENTAR

R.B. King, *Inorganic chemistry of the main group elements*. John Wiley & Sons (1994).

P. Enghag, *Encyclopedia of the elements*. John Wiley & Sons (2004).

D.M.P. Mingos, *Essential trends in inorganic chemistry*. Oxford University Press (1998). Uma visão da química inorgânica pelas perspectivas da estrutura e das ligações.

N.C. Norman, *Periodicity and the s– and p-block elements*. Oxford University Press (1997). Apresenta uma abordagem das tendências e aspectos essenciais da química do bloco s.

J.A.H. Oates, *Lime and limestone: chemistry and technology, production and uses*. John Wiley & Sons (1998).

EXERCÍCIOS

12.1 Explique por que os compostos de berílio são predominantemente covalentes, enquanto os dos outros elementos do Grupo 2 são predominantemente iônicos.

12.2 Por que as propriedades do berílio são mais semelhantes às do alumínio e do zinco do que às do magnésio?

12.3 Usando os valores das eletronegatividades 1,57 para o Be e 0,79 para o Cs e o triângulo de Ketelaar (Fig. 2.36), preveja que tipo de composto pode ser formado entre esses elementos.

12.4 Identifique os compostos contendo metal A, B, C e D.

12.5 Por que o fluoreto de berílio fundido forma um vidro quando é resfriado?

12.6 Calcule a porcentagem em peso de hidrogênio para cada hidreto do Grupo 2. Por que o MgH$_2$ vem sendo investigado como um material para armazenamento de hidrogênio e o BeH$_2$ não?

12.7 Explique por que os hidróxidos do Grupo 1 são mais corrosivos aos metais do que os hidróxidos do Grupo 2.

12.8 Qual dos sais, MgSeO$_4$ ou BaSeO$_4$, deve ser mais solúvel na água?

12.9 Como o Ra pode ser separado a partir de soluções contendo cátions dos outros metais do Grupo 2?

12.10 Quais sais do Grupo 2 são usados como agentes dessecantes e por quê?

12.11 Preveja as estruturas do BeTe e do BaTe usando o raio iônico de 207 pm para o Te^{2-}.

12.12 Use os dados da Tabela 1.7 e o triângulo de Ketelaar da Fig. 2.36 para prever a natureza da ligação no BeBr$_2$, MgBr$_2$ e BaBr$_2$.

12.13 Os dois compostos de Grignard C$_2$H$_5$MgBr e 2,4,6-(CH$_3$)$_3$C$_6$H$_2$MgBr dissolvem em THF. Quais diferenças podem ser esperadas nas estruturas das espécies formadas nessas soluções?

12.14 Preveja os produtos das seguintes reações:
(a) MgCl$_2$ + LiC$_2$H$_5$ →
(b) Mg + (C$_2$H$_5$)$_2$Hg →
(c) Mg + C$_2$H$_5$HgCl →

PROBLEMAS TUTORIAIS

12.1 A chuva ácida provoca erosão nas construções de mármore e calcário. Defina o termo "chuva ácida" e discuta as origens da sua acidez. Descreva o processo pelo qual o mármore e o calcário são atacados. Liste os compostos que são usados nos lavadores de gases das termoelétricas para minimizar as emissões que resultam em chuvas ácidas e descreva como eles atuam.

12.2 No artigo "Noncovalent interaction of chemical bonding between alkaline earth cations and benzene?" (*Chem. Phys. Lett.*, 2001, **349**, 113), X.J. Tan e colaboradores apresentam cálculos teóricos de complexos formados entre os íons berílio, magnésio e cálcio e o benzeno. Qual é a interação orbital envolvida na ligação do metal alcalino com o benzeno? Como o comprimento da ligação C–C no benzeno foi afetado por essa interação? Coloque as ligações M–C em ordem crescente da entalpia de ligação. Como se compara a força dessas ligações com aquelas formadas entre elementos do Grupo 1 e o benzeno? Esquematize a geometria dos complexos metal-benzeno.

12.3 Discuta os vidros de fluoreto de berílio, mostrando como a química do BeF$_2$ é análoga à química do SiO$_2$.

12.4 Os complexos supercondutores de alta temperatura de óxido de cobre, como $YBa_2Cu_3O_7$, $Bi_2Sr_2Ca_2Cu_3O_{10}$ e $HgBa_2Ca_2Cu_3O_x$, normalmente contêm um ou mais elementos do Grupo 2 (C.N.R. Rao e A.K. Ganguli, *Acta Cryst.*, 1995, **B51**, 604). Descreva o papel dos cátions divalentes de Ca, Sr e Ba nesses compostos, incluindo uma análise de como o tamanho do cátion está relacionado com sua coordenação com o oxigênio.

12.5 P.C. Junk and J.W. Steed (*J. Chem. Soc., Dalton. Trans.*, 1999, 407) prepararam complexos de éteres de coroa a partir dos nitratos de Mg, Ca, Sr e Ba. Faça um resumo do procedimento geral usado nessas sínteses. Faça um esboço das estruturas dos dois éteres de coroa utilizados. Comente as estruturas dos complexos e como elas variam com os diferentes cátions.

12.6 Use seu conhecimento sobre as tendências na química do Grupo 2 e os dados da Tabela 12.1 para prever a química do rádio. Compare suas previsões com as observações experimentais. Veja, por exemplo, H. W. Kirby e M. L. Salutsky, *The radiochemistry of radium*. Nuclear Science Series, National Academy of Sciences, National research Council. National Bureau of Standards, US Department of Commerce (1964). http://library.lanl.gov/cgi-bin/getfile?rc000041.pdf

12.7 Os aluminossilicatos formam um grande grupo de minerais baseados na ligação de tetraedros de AlO_4 e SiO_4 que incluem muitas argilas e zeólitas minerais cujas composições podem ser escritas como $M^{x+}[Al_xSi_{1-x}]O_4]^{x-}$. Discuta a ocorrência da unidade BeO_4 nos minerais naturais. Em que extensão tem sido comprovada a possibilidade de se produzir berilofosfatos, baseados na associação de unidades tetraédricas BeO_4 e PO_4, que são análogos estruturais e de composição do $M^{x+}[Al_xSi_{1-x}]O_4]^{x-}$ e $M^{x+}[Be_xP_{1-x}]O_4]^{x-}$?

12.8 Realizou-se um experimento para determinar a dureza de uma amostra de água potável. Foram adicionadas algumas gotas de um tampão de pH = 10 a uma amostra de 100 cm^3 da água. Essa amostra foi titulada com edta(aq) 0,01 M usando negro de eriocromo T como indicador, consumindo 33,8 cm^3. Nessas circunstâncias, os íons Ca^{2+} e Mg^{2+} reagem com o edta. Uma segunda amostra de 100 cm^3 foi titulada com solução de edta após a adição de 5,0 cm^3 de NaOH(aq) 0,1 M e algumas gotas do indicador murexida. Nessas condições, somente os íons Ca^{2+} reagem com o edta, tendo sido gastos 27,5 cm^3. Determine a dureza da amostra de água em termos da concentração dos íons Ca^{2+} e Mg^{2+}.

12.9 A síntese de um composto de Mg(I) foi reportada (*Science*, 2007, **318**, 1754). Descreva como essa síntese foi feita e como esse estado de oxidação incomum para o Grupo 2 foi estabilizado.

13 Os elementos do Grupo 13

Parte A: Aspectos principais
13.1 Os elementos
13.2 Compostos
13.3 Clusters de boro

Parte B: Uma visão mais detalhada
13.4 Ocorrência e obtenção
13.5 Usos dos elementos e de seus compostos
13.6 Hidretos simples de boro
13.7 Tri-haletos de boro
13.8 Compostos de boro com oxigênio
13.9 Compostos de boro com nitrogênio
13.10 Boretos metálicos
13.11 Hidretos de boro e boranos superiores
13.12 Metalaboranos e carboranos
13.13 Hidretos de alumínio e gálio
13.14 Tri-haletos de alumínio, gálio, índio e tálio
13.15 Haletos de alumínio, gálio, índio e tálio em baixos estados de oxidação
13.16 Oxocompostos de alumínio, gálio, índio e tálio
13.17 Sulfetos de gálio, índio e tálio
13.18 Compostos com elementos do Grupo 15
13.19 Fases Zintl
13.20 Compostos organometálicos

Leitura complementar

Exercícios

Problemas tutoriais

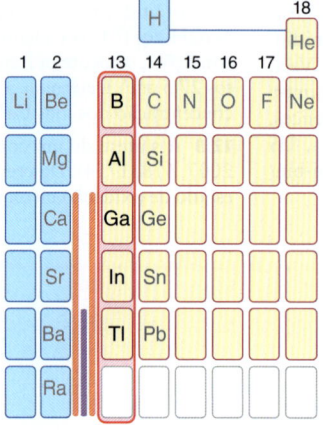

Existem algumas claras tendências nas propriedades químicas dos elementos do Grupo 13, tais como o número de oxidação e o caráter anfótero, que veremos repetidas em outros grupos do bloco p. Neste capítulo veremos a ocorrência e obtenção de cada um dos elementos no Grupo 13 e faremos considerações sobre as propriedades químicas desses elementos, seus compostos simples, compostos de coordenação e compostos organometálicos. Apresentaremos também a extensa série dos clusters de boro.

Os elementos do Grupo 13 – boro, alumínio, gálio, índio e tálio – possuem diferentes propriedades químicas e físicas. O primeiro membro do grupo, o boro, é essencialmente não metálico, enquanto os membros mais pesados do grupo são claramente metálicos. O alumínio é comercialmente o elemento mais importante e é produzido em grande escala para uma grande variedade de aplicações. O boro forma um grande número de compostos do tipo cluster contendo hidrogênio, metais e carbono. Os compostos e as ligas de gálio e índio apresentam importantes propriedades eletrônicas e ópticas.

PARTE A: ASPECTOS PRINCIPAIS

Nesta seção discutiremos as características principais da química dos elementos do Grupo 13.

13.1 Os elementos

Pontos principais: O boro é o único não metal do grupo. O alumínio é o elemento mais abundante do Grupo 13.

Os elementos do Grupo 13 apresentam uma grande variação de abundância nas rochas da crosta terrestre, nos oceanos e na atmosfera. O alumínio é abundante, mas a baixa abundância cósmica e terrestre do boro, assim como a do lítio e do berílio, é uma consequência de como esses elementos leves não são formados pelos principais processos de nucleossíntese (Quadro 1.1). A baixa abundância dos membros mais pesados do grupo está de acordo com o decréscimo progressivo na estabilidade nuclear dos elementos após o ferro. O boro ocorre na natureza como *bórax*, $Na_2B_4O_5(OH)_4 \cdot 8H_2O$, e como *kernita*, $Na_2B_4O_5(OH)_4 \cdot 2H_2O$, a partir dos quais o elemento impuro é obtido. O alumínio ocorre em vários minerais aluminossilicatos e argilas, mas o mineral comercialmente mais importante é a *bauxita*, uma mistura complexa de hidróxido de alumínio

Tabela 13.1 Propriedades selecionadas dos elementos

	B	Al	Ga	In	Tl
Raio covalente/pm	80	125	125	150	155
Raio metálico/pm		143	141	166	171
Raio iônico, $r(M^{3+})$/pm*	27	53	62	80	89
Ponto de fusão/°C	2300	660	30	157	304
Ponto de ebulição/°C	3930	2470	2403	2000	1460
Primeira energia de ionização, I_1/(kJ mol^{-1})	799	577	577	556	590
Segunda energia de ionização, I_2/(kJ mol^{-1})	2427	1817	1979	1821	1971
Terceira energia de ionização, I_3/(kJ mol^{-1})	3660	2745	2963	2704	2878
Afinidade eletrônica, E_a/(kJ mol^{-1})	26,7	42,5	28,9	28,9	
Eletronegatividade de Pauling	2,0	1,6	1,8	1,8	2,0
$E^{\ominus}(M^{3+},M)$/V	−0,89	−1,68	−0,53	−0,34	+0,72

*Para número de coordenação 6.

hidratado e óxido de alumínio, do qual ele é obtido em escala gigantesca. O óxido de gálio ocorre como uma impureza na bauxita e geralmente é obtido como subproduto da fabricação do alumínio. O índio e o tálio ocorrem em quantidades traço em muitos minerais.

Enquanto que os elementos dos blocos s e d são todos metálicos, os elementos do bloco p vão desde os não metais, passando pelos metaloides, até os metais. Essa variedade resulta numa diversidade de propriedades químicas e algumas tendências distintas (Seção 9.4). Há um aumento no caráter metálico do B ao Ta: o B é um não metal; o Al é essencialmente metálico, embora seja frequentemente classificado como metaloide devido ao seu caráter anfótero; Ga, In e Tl são metais. Essa tendência, ao descermos no grupo, está associada com a predominância da ligação covalente ou iônica e que pode ser interpretada em termos do aumento do raio atômico e a respectiva diminuição da energia de ionização (Tabela 13.1). Uma vez que as energias de ionização dos elementos mais pesados são baixas, os metais formam cátions mais facilmente à medida que descemos no grupo. Diferentemente da tendência esperada na eletronegatividade (Seção 1.7d), a alternância verificada para o Ga (Seção 9.2c) o torna mais eletronegativo que o Al.

Como vimos na Seção 9.8, o primeiro membro de cada grupo difere dos seus congêneres devido ao seu pequeno raio atômico. Essa diferença é particularmente evidente no Grupo 13, no qual as propriedades químicas do B são significativamente diferentes daquelas do restante do grupo. Entretanto, o B tem uma pronunciada relação diagonal com o Si do Grupo 14:

- Boro e silício formam óxidos ácidos, B_2O_3 e SiO_2; o alumínio forma um óxido anfótero.
- Boro e silício formam muitos óxidos com estruturas poliméricas e vidros.
- Boro e silício formam hidretos gasosos inflamáveis; o hidreto de alumínio é um sólido.

A configuração dos elétrons de valência dos elementos do Grupo 13 é ns^2np^1 e, como essa configuração sugere, todos os elementos apresentam o estado de oxidação +3 em seus compostos. Entretanto, os elementos mais pesados do grupo também formam compostos com o metal no estado de oxidação +1, e esse estado aumenta de estabilidade quando descemos no grupo. De fato, o estado de oxidação mais comum do Tl é o Tl(I). Essa tendência é particularmente evidente para os haletos e é uma consequência do efeito do par inerte (Seção 9.5). As consequências do efeito do par inerte são evidentes no Grupo 13. O Tl(I) é muito venenoso porque seu raio iônico é muito parecido com o do íon potássio: ele entra nas células e perturba os mecanismos de transporte do sódio e do potássio (Seção 26.3).

O boro apresenta-se sob a forma de vários alótropos. O B amorfo é um pó marrom, mas o B cristalino, duro e refratário forma cristais pretos brilhantes. As três fases sólidas para as quais as estruturas cristalinas são conhecidas têm a unidade icosaédrica B_{12} (com 20 faces) como elemento de construção (Fig. 13.1). A unidade icosaédrica é um padrão repetitivo recorrente na química do boro, e o encontraremos novamente nas estruturas dos boretos metálicos e hidretos de boro. A unidade icosaédrica também

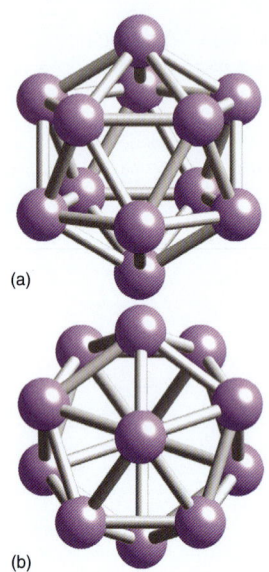

Figura 13.1 Vista do icosaedro B_{12} no boro romboédrico (a) ao longo do e (b) perpendicularmente ao eixo ternário do cristal. Os icosaedros individuais unem-se por ligações $3c,2e$.

é encontrada em alguns compostos intermetálicos dos outros elementos do Grupo 13, tais como Al_5CuLi_3, $RbGa_7$ e K_3Ga_{13}. O boro é inerte e, em condições normais, finamente dividido, é atacado apenas pelo F_2 e HNO_3.

Mesmo o Al sendo um metal eletropositivo, ele é bastante inerte devido à presença de um filme de óxido na sua superfície que o torna passivado. Removendo-se esse filme, o Al oxida-se rapidamente ao ar. O alumínio possui uma alta refletância, que se matém na forma pulverizada, tornando-o um componente útil nas tintas colorias de cor prata. Ele é um bom condutor térmico e elétrico.

O gálio é quebradiço em baixas temperaturas, mas se liquefaz a 30°C. Seu baixo ponto de fusão é atribuído à sua estrutura cristalina, em que cada átomo de Ga tem apenas um vizinho próximo e seis vizinhos mais distantes: assim, os átomos de Ga tendem a formar pares Ga–Ga. O gálio apresenta uma ampla faixa líquida (30 a 2403 °C) e molha o vidro e a pele, tornando difícil o seu manuseio. O gálio forma facilmente ligas com outros metais, difundindo-se nas suas redes e tornando-os quebradiços. O lítio forma uma rede ecc distorcida e o Tl um empacotamento compacto hexagonal.

13.2 Compostos

Pontos principais: Todos os elementos formam hidretos, óxidos e haletos no estado de oxidação +3. O estado de oxidação +1 torna-se mais estável descendo-se no grupo e é o estado de oxidação mais estável para os compostos de tálio.

O aspecto mais marcante dos elementos mais leves do Grupo 13 é a sua configuração eletrônica ns^2np^1, a qual contribui para se ter um máximo de seis elétrons na camada de valência quando são formadas três ligações covalentes pelo compartilhamento de elétrons. Como resultado, muitos de seus compostos possuem um octeto incompleto e atuam como um ácido de Lewis, sendo capazes de completar seu octeto aceitando um par de elétrons de um doador. Além disso, como é típico de um elemento no topo de um grupo, as propriedades químicas do B e de seus compostos são marcantemente diferentes daquelas dos demais elementos do grupo.

> **Um comentário útil** É necessário ter cuidado para distinguir entre deficiência de elétrons e existência de um octeto incompleto. O primeiro termo refere-se à falta de elétrons suficientes para justificar as conexões entre átomos por ligações covalentes normais; o último refere-se à presença de menos de oito elétrons numa camada de valência.

Os compostos binários de hidrogênio e B são chamados de boranos. O membro mais simples da série, o diborano, B_2H_6 (**1**), é deficiente de elétrons e sua estrutura pode ser descrita em termos de ligações $2c,2e$ e $3c,2e$ (Seção 2.11): as ligações em ponte $3c,2e$ são um tema recorrente na química dos boranos. Todos os hidretos de boro queimam com uma chama verde característica e vários deles entram em ignição explosivamente quando em contato com o ar. Os tetra-hidretoboranatos de metal alcalino, $NaBH_4$ e $LiBH_4$, são muito úteis no laboratório como agentes de redução de uso geral e como precursores de muitos compostos de boro e hidrogênio. Os tetra-hidretoboranos de metais alcalinos e alcalinoterrosos e o amônia-borano, NH_3BH_3, são materiais úteis na estocagem de hidrogênio (Quadro 13.1).

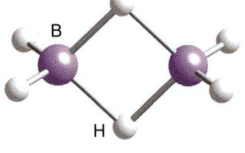

1 Diborano, B_2H_6

QUADRO 13.1 Elementos do Grupo 13 no armazenamento de hidrogênio

As pilhas a combustível de hidrogênio têm sido vistas como uma alternativa ao combustível baseado no carbono e começaram a ter aplicações tecnologias móveis e motores de veículos. Pilhas a combustível eficientes necessitam de uma fonte eficiente de hidrogênio, e muitas metodologias para o armazenamento de hidrogênio vêm sendo investigadas. Algumas usam materiais porosos e alta pressão, mas outras focam compostos químicos que geram H_2 ao serem aquecidos ou reações com a água. Os hidretos de boro e alumínio encaixam-se nesta última categoria. Compostos atraentes possuem um alto conteúdo percentual em massa de hidrogênio. Os valores de porcentagem em massa para $LiBH_4$, $NaBH_4$, $LiAlH_4$ e AlH_3 são de aproximadamente 18, 11, 11 e 10, respectivamente.

O tetra-hidretoborato de sódio, $NaBH_4$, reage com a água para gerar gás hidrogênio em uma reação exotérmica.

$NaBH_4(aq) + 4\,H_2O(l) \rightarrow 4\,H_2(g) + NaB(OH)_4(aq)$ $\Delta_rH^\ominus = -2300$ kJ mol^{-1}

A reação requer um catalisador de níquel ou platina e produz rapidamente hidrogênio úmido para o motor ou pilha a combustível. O $NaBH_4$ é usado como uma solução aquosa de 30% em massa, e o combustível é assim um líquido não volátil e não inflamável à pressão atmosférica. Não há reações secundárias ou subprodutos voláteis e o borato produzido pode ser reciclado.

O amônia-borano, BH$_3$NH$_3$, com um conteúdo de hidrogênio de 21% em massa, também tem sido investigado para a geração de hidrogênio. Ele já foi considerado como um combustível para foguete na década de 1950, mas os estudos foram abandonados. O amônia-borano decompõe-se formando hidrogênio quando aquecido a 500°C. O resíduo é o nitreto de boro, que não pode ser facilmente reciclado. Estudos recentes têm investigado o potencial de armazenamento do hidrogênio pelo complexo de amônia com boridreto de magnésio, Mg(BH$_4$)$_2$·2NH$_3$. O complexo contém 16% em massa de hidrogênio, o qual é liberado quando uma solução do complexo passa por um catalisador de rutênio. O complexo começa a se decompor a 150°C, com uma velocidade máxima de liberação de hidrogênio a 205°C, tornando-o competitivo com o amônia-borano BH$_3$NH$_3$ como material de armazenamento de hidrogênio.

Tabela 13.2 Propriedades dos tri-haletos de boro

	BF$_3$	BCl$_3$	BBr$_3$	BI$_3$
Ponto de fusão/°C	−127	−107	−46	50
Ponto de ebulição/°C	−100	13	91	210
Comprimento de ligação/pm	130	175	187	210
$\Delta_f G^\ominus$/(kJ mol^{-1})	−1112	−339	−232	+21

Os tri-haletos de boro consistem em moléculas BX$_3$ trigonais planas. Diferentemente dos haletos dos outros elementos do grupo, eles são monoméricos em estado sólido, líquido e gasoso. O trifluoreto de boro e o tricloreto de boro são gases, o tribrometo é um líquido volátil e o tri-iodeto é um sólido (Tabela 13.2). Esta tendência na volatilidade é consistente com o aumento da intensidade das forças de dispersão com o aumento do número de elétrons nas moléculas. Os tri-haletos de boro possuem um octeto incompleto e são ácidos de Lewis. A ordem de acidez de Lewis é BF$_3$ < BCl$_3$ ≤ BBr$_3$, que contraria a ordem esperada levando-se em consideração as eletronegatividades dos halogênios que estão ligados ao boro (Seção 4.7). A deficiência de elétrons é parcialmente removida pela ligação π X–B entre os átomos de halogênio e boro, dando origem a uma ocupação parcial do orbital p vazio do átomo de B pelos elétrons doados pelos átomos de halogênio (Fig. 13.2). A tendência na acidez de Lewis deriva de a ligação π X–B ser mais eficiente para os halogênios mais leves, menores, o que também torna a ligação F–B uma das ligações simples mais fortes conhecidas.

O óxido mais importante de B, o B$_2$O$_3$, é preparado pela desidratação do ácido bórico:

$$4\,B(OH)_3(s) \xrightarrow{\Delta} 2\,B_2O_3(s) + 6\,H_2O(l)$$

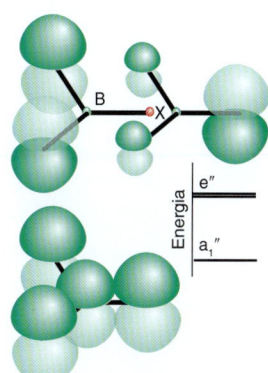

Figura 13.2 Os orbitais π ligantes do tri-haleto de boro estão especialmente localizados nos átomos eletronegativos dos halogênios, mas a sobreposição com o orbital p do boro é bastante significativa no orbital a$_1$″.

A forma vítrea do óxido consiste em uma rede de unidades trigonais de BO$_3$ parcialmente ordenadas. O B$_2$O$_3$ cristalino consiste em uma rede ordenada de unidades BO$_3$ ligadas através dos átomos de O. Óxidos metálicos dissolvem-se no B$_2$O$_3$ fundido, formando vidros coloridos. O óxido de boro e a sílica são os principais constituintes do vidro de borossilicato, o qual apresenta baixa expansão térmica, devido às fortes ligações B–O, levando ao seu uso na fabricação de vidraria de laboratório.

Existem muitos compostos moleculares que contêm ligações BN e muitos deles são análogos aos compostos de carbono. As similaridades entre os compostos contendo unidades BN e CC podem ser explicadas pelo fato de essas unidades serem isoeletrônicas. O composto mais simples de B e N, o nitreto de boro, BN, é facilmente sintetizado pelo aquecimento do óxido de boro com um composto de nitrogênio (Quadro 13.2):

$$B_2O_3(l) + 2\,NH_3(g) \xrightarrow{1200°C} 2\,BN(s) + 3\,H_2O(g)$$

QUADRO 13.2 Aplicações do nitreto de boro

O nitreto de boro hexagonal foi inicialmente desenvolvido para suprir as necessidades da indústria aeroespacial. Ele é estável frente ao oxigênio e não é atacado pelo vapor d'água abaixo de 900°C. Ele é um bom isolante térmico, tem baixa expansão térmica e é resistente ao choque térmico. Essas propriedades levaram ao seu uso industrial na fabricação de cadinhos para alta temperatura. O pó é usado para evitar que peças fiquem aderidas aos moldes e como isolante térmico. Nanotubos de nitreto de boro têm sido obtidos depositando-se boro e nitrogênio numa superfície de tungstênio em alto vácuo. Esses nanotubos podem ser usados em condições de alta temperatura, sob as quais os nanotubos de carbono queimariam. Os nanotubos de BN também oferecem a possibilidade de armazenamento de hidrogênio à temperatura ambiente, uma vez que eles são capazes de carregar até 2,6% de H$_2$ em peso.

A maciez e o brilho sedoso do pó de nitreto de boro têm levado à sua mais ampla aplicação na indústria de cosméticos e higiene pessoal. Ele não é tóxico e não apresenta qualquer perigo conhecido, sendo adicionado em muitos produtos em até cerca de 10%. Ele adiciona um brilho aperolado a produtos tais como esmaltes de unha e batons, sendo acrescentado às maquiagens para esconder rugas. As suas propriedades refletoras espalham a luz, disfarçando as rugas.

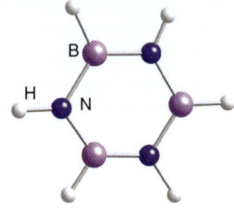

2 Borazina, $B_3N_3H_6$

A estrutura de uma das formas de nitreto de boro consiste em folhas planas de átomos, idênticas àquelas da grafita (Seção 14.5), e algumas das propriedades físicas do BN são similares às da grafita. Por exemplo, tanto grafita como o BN produzem uma sensação escorregadia e são usados como lubrificantes. Entretanto, o BN é um sólido branco não condutor, e não um condutor metálico preto. Além do nitreto de boro com estrutura em camadas, o composto insaturado de B e N mais conhecido é a borazina, $B_3N_3H_6$ (**2**), que é isoeletrônico e isoestrututural com o benzeno e, como o benzeno, é um líquido incolor (ponto de ebulição de 55°C).

Os elementos Al, Ga, In e Tl são metais com muitas semelhanças em suas propriedades químicas. Assim como o B, eles formam compostos deficientes de elétrons que se comportam como ácidos de Lewis. O alumínio forma ligas com vários outros metais e produz materiais leves e resistentes à corrosão. Na liga de Al com Ga, o Ga impede a formação da camada firmemente aderente de óxido que passiva o Al. Quando a liga é mergulhada em água, o Al reage com a água formando hidróxido de alumínio e liberando hidrogênio. O hidreto de alumínio, AlH_3, é um sólido que pode ser considerado como salino, assim como os hidretos dos metais do bloco s. Ao contrário do CaH_2 e do NaH, mais disponíveis comercialmente, o AlH_3 tem poucas aplicações em laboratório. No entanto, o $NaAlH_4$ é um agente redutor muito usado. Os hidretos de alquilalumínio, como o $Al_2(C_2H_5)_4H_2$, são compostos moleculares bem conhecidos e que contêm ligações Al–H–Al $3c,2e$ (Seção 2.11).

Todos os elementos formam tri-haletos com o metal no seu estado de oxidação +3. Entretanto, como esperado pelo efeito do par inerte (Seção 9.5), o estado de oxidação +1 torna-se mais comum à medida que descemos no grupo, e o Tl forma monohaletos estáveis. O Ga, In e Tl também formam haletos com estados de oxidação mistos I/III. Como o íon F^- é muito pequeno, os trifluoretos são sólidos iônicos mecanicamente duros, com pontos de fusão e entalpias de sublimação muito maiores do que os outros haletos. Suas elevadas entalpias de rede também tornam suas solubilidades muito limitadas na maioria dos solventes, e eles não agem como ácidos de Lewis frente a moléculas doadoras simples. Os tri-haletos mais pesados de Al, Ga e In são solúveis em vários solventes polares e são excelentes ácidos de Lewis. O monômero MX_3 trigonal plano existe somente em fase gasosa em altas temperaturas. Não sendo nessa condição, os tri-haletos são dímeros M_2X_6 em fase vapor e em solução, assim como os sólidos voláteis. Uma exceção é o $AlCl_3$, que na fase sólida tem uma estrutura em camadas com o alumínio hexacoordenado e que se converte em dímeros moleculares, apresentando o alumínio tetracoordenado no seu ponto de fusão. Os dímeros contêm ligações coordenadas M–X em que um par isolado de um X pertencente a uma unidade AlX_3 completa o octeto do M pertencente a uma segunda unidade MX_3 (**3**). Essa disposição resulta em um arranjo tetraédrico de átomos X em torno de cada átomo M. Diferentemente dos outros elementos do grupo, o Tl(I) é o estado de oxidação mais estável dos haletos desse elemento.

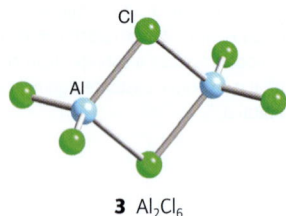

3 Al_2Cl_6

A forma mais estável do Al_2O_3, a α-alumina, é um material muito duro, refratário e anfótero. A desidratação do hidróxido de alumínio em temperaturas abaixo de 900°C leva à formação da γ-alumina, que é uma forma policristalina metaestável com uma estrutura de espinélio com defeito (Seção 3.9b) e uma área superficial muito grande. As formas α e γ do Ga_2O_3 possuem as mesmas estruturas de seus análogos de Al. O índio e o tálio formam In_2O_3 e Tl_2O_3. O tálio também forma óxido e peróxido de Tl(I), Tl_2O e o Tl_2O_2, respectivamente.

Os oxossais mais importantes do Grupo 13 são os *alumes*, $MAl(SO_4)_2 \cdot 12H_2O$, em que M é um cátion monovalente como Na^+, K^+, Rb^+, Cs^+, Tl^+ ou NH_4^+. O Ga e o In também formam séries análogas de sais desse tipo, mas não o B e o Tl: o íon de B é muito pequeno e o de Tl é muito grande. Os alumes podem ser entendidos como sais duplos contendo o cátion hidratado trivalente $[Al(OH_2)_6]^{3+}$. As moléculas de água restantes formam ligações hidrogênio entre os cátions e os íons sulfato. O alume mineral, $KAl(SO_4)_2 \cdot 12H_2O$, do qual o alumínio deriva o seu nome, é o único mineral comum contendo alumínio que é solúvel em água. Ele é usado desde a antiguidade como um mordente para fixar os corantes nos tecidos. O mordente forma um complexo de coordenação com o corante, o qual então se liga ao tecido, impedindo que ele seja removido nas lavagens. O termo "alume" é muito usado para designar outros compostos de fórmula geral $M(I)M'(III)(SO_4)_2 \cdot 12H_2O$, no qual M' é normalmente um metal d, como o Fe no "alume férrico", $KFe(SO_4)_2 \cdot 12H_2O$.

13.3 Clusters de boro

Ponto principal: O boro forma uma grande variedade de compostos poliméricos do tipo gaiola e que incluem os hidretos de boro, metalaboranos e carboranos.

Além dos hidretos simples, o boro forma várias séries de compostos poliméricos neutros e aniônicos de boro e hidrogênio do tipo gaiola. Os hidretos de boro possuem até 12 átomos de B e são divididos em três classes chamadas *closo*, *nido* e *aracno*.

Os hidretos de boro de fórmula $[B_nH_n]^{2-}$ possuem uma **estrutura *closo***, um nome derivado do grego que significa "gaiola". Essa série de ânions é conhecida de $n = 5$ até $n = 12$, tendo-se entre os exemplos o íon bipiramidal trigonal $[B_5H_5]^{2-}$ (**4**), o íon octaédrico $[B_6H_6]^{2-}$ (**5**) e o íon icosaédrico $[B_{12}H_{12}]^{2-}$ (**6**). Quando os clusters de boro possuem a fórmula B_nH_{n+4}, eles adotam a **estrutura *nido***, que é um nome derivado do latim para "ninho". Um exemplo é o B_5H_9 (**7**). Os clusters de fórmula B_nH_{n+6} possuem uma estrutura ***aracno***, termo grego para "aranha" (uma vez que eles se assemelham a uma teia de aranha desordenada). Um exemplo é o pentaborano(11), B_5H_{11} (**8**).

O boro forma muitos clusters contendo metais, os quais são chamados de **metalaboranos**. Em alguns casos, o metal está ligado a um íon hidreto de boro através de pontes de hidrogênio. O grupo mais comum e geralmente mais robusto de metalaboranos possui ligações diretas M–B.

Um grupo diretamente relacionado aos boranos poliédricos e aos hidretos de boro são os **carboranos** (mais formalmente, os *carbaboranos*), uma grande família de clusters que contêm átomos de B e C. Um análogo do $[B_6H_6]^{2-}$ (**5**) é o carborano neutro $B_4C_2H_6$ (**9**). Outros heteroátomos tais como N, P e As também podem ser introduzidos nos boranos.

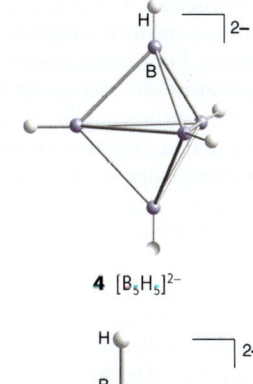

4 $[B_5H_5]^{2-}$

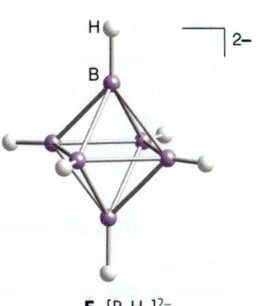

5 $[B_6H_6]^{2-}$

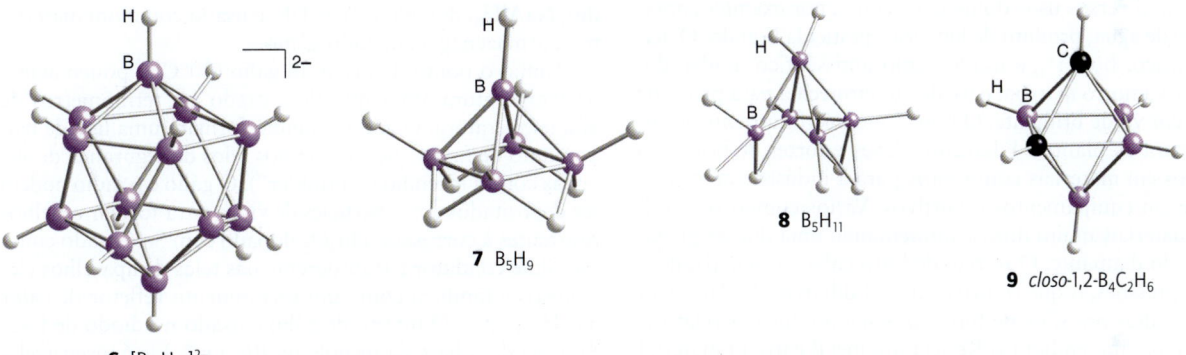

6 $[B_{12}H_{12}]^{2-}$

7 B_5H_9

8 B_5H_{11}

9 *closo*-1,2-$B_4C_2H_6$

PARTE B: UMA VISÃO MAIS DETALHADA

Nesta seção apresentaremos uma discussão mais detalhada da química dos elementos do Grupo 13, interpretando algumas das propriedades observadas em termos das tendências do caráter não metálico ao metálico quando descemos no grupo e do impacto do octeto incompleto sobre a acidez de Lewis. As propriedades diferenciadas do boro serão tratadas em diversas seções.

13.4 Ocorrência e obtenção

Pontos principais: O alumínio é muito abundante; o tálio e o índio são os menos abundantes dos elementos do Grupo 13.

O boro se apresenta sob a forma de vários alótropos duros e refratários. As três fases sólidas para as quais as estruturas cristalinas são conhecidas contêm unidades B_{12} icosaédricas (20 faces) que podem ser consideradas como blocos de construção (Fig. 13.1). Essa unidade icosaédrica é um padrão recorrente na química do boro e a encontraremos novamente nas estruturas dos boretos metálicos e hidretos de boro. Essa unidade icosaédrica é também encontrada em alguns compostos intermetálicos e nas fases Zintl (Seção 3.8c) dos outros elementos do Grupo 13, tais como Al_5CuLi_3, $RbGa_7$ e K_3Ga_{13}.

O boro ocorre na natureza como *bórax*, $Na_2B_4O_5(OH)_4 \cdot 8H_2O$, e como *kernita*, $Na_2B_4O_5(OH)_4 \cdot 2H_2O$, de onde se obtém o elemento impuro. O bórax é convertido em ácido bórico, $B(OH)_3$, e depois em óxido de boro, B_2O_3. O óxido é reduzido com magnésio e lavado com álcali e depois com ácido fluorídrico. O boro puro é produzido pela redução do vapor de BBr_3 com H_2:

$$2\,BBr_3(g) + 3\,H_2(g) \rightarrow 2\,B(s) + 6\,HBr(g)$$

O alumínio é o elemento metálico mais abundante da crosta terrestre e constitui até, aproximadamente, 8% da massa das rochas. Ele ocorre em vários minerais aluminossilicatos e argilas, mas o mineral comercialmente mais importante é a *bauxita*, uma mistura complexa de hidróxido de alumínio hidratado e óxido de alumínio, da qual ele é obtido pelo processo Hall-Héroult numa escala gigantesca (Seção 5.18).

Nesse processo, o Al_2O_3 é dissolvido em criolita fundida, Na_3AlF_6, a mistura é eletrolisada e o alumínio deposita-se no catodo. O processo consome muita energia, mas seu custo é compensado pela escala de produção, pelo baixo custo da matéria-prima e pelo uso de energia hidrelétrica. O óxido, a alumina, ocorre na natureza como rubi, safira, coríndon e como constituinte do esmeril.

O óxido de gálio ocorre como uma impureza na bauxita e geralmente é obtido como subproduto da fabricação do alumínio. O processo resulta na concentração do gálio nos resíduos, do qual é obtido por eletrólise. O índio é produzido como um subproduto da obtenção do chumbo e do zinco, sendo obtido por eletrólise. Os compostos de tálio são encontrados na poeira das chaminés, as partículas finas emitidas com os gases produzidos nas fundições. O pó é dissolvido em ácido sulfúrico diluído; o ácido clorídrico é, então, adicionado para precipitar o cloreto de tálio(I) e o metal é obtido por eletrólise.

13.5 Usos dos elementos e de seus compostos

Pontos principais: O bórax é o composto de boro mais útil; o alumínio é o elemento mais importante comercialmente.

O principal uso do boro é nos vidros de borossilicato. O bórax tem diversos usos domésticos como, por exemplo, amaciante de água, produto de limpeza e pesticida brando. O ácido bórico, $B(OH)_3$, é usado como antisséptico moderado. O boro amorfo marrom é usado em pirotecnia para produzir uma cor verde brilhante. O boro é um micronutriente essencial para as plantas. Filamentos leves e fortes de boro são usados em materiais compósitos para a indústria aeroespacial e em equipamentos esportivos. Vários compostos de B são materiais muito duros, apresentando uma dureza próxima à do diamante. O nitreto de boro cúbico é sintetizado a altas pressões, o que o torna caro. O diboreto de rênio não requer altas pressões, de forma que sua produção é relativamente barata, embora o Re seja um metal caro. O material conhecido como "heterodiamante", algumas vezes denominado BCN, é formado a partir do diamante e do nitreto de boro por síntese por choque explosivo. Esses compostos são usados como substituintes do diamante em lâminas e ferramentas de corte. O perborato de sódio, $NaBO_3 \cdot H_2O$, que é de fato o dímero $Na_2B_2O_4(OH)_4$, é um alvejante isento de cloro usado em produtos para a lavagem de roupas, materiais de limpeza e branqueador de dentes. Ele é menos agressivo aos tecidos do que os alvejantes à base de cloro e ativo em baixas temperaturas quando misturado com um ativador como a tetra-acetiletilenodiamina (TAED). O hidretoborato de sódio, $NaBH_4$, é usado em grande escala para branqueamento de polpa de madeira. Os boranos já foram populares como combustíveis de foguete, mas foram abandonados por serem muito pirofóricos para serem manuseados com segurança. Os boranos vêm sendo investigados como possíveis materiais para armazenagem de hidrogênio, com o hidrogênio sendo estocado sob a forma do complexo amônia-borano, $NH_3:BH_3$ (Quadros 10.4, 12.3 e 13.1).

O alumínio é o metal não ferroso mais usado. Os usos tecnológicos do alumínio metálico exploram sua leveza, resistência à corrosão e o fato de que ele é facilmente reciclado. Ele é usado em latas, folhas, utensílios, na construção civil e em ligas aeronáuticas (Quadro 13.3). Muitos compostos de Al são usados como mordentes, no tratamento de água e esgoto, na produção de papel, como aditivos alimentares e em tecidos à prova d'água. O cloreto e o cloridrato de alumínio são usados em antiperspirantes e o hidróxido de Al é usado como antiácido. O tetra-hidretoaluminato de sódio, $NaAlH_4$, dopado com o TiF_3 é usado como um material para armazenagem de hidrogênio.

Como o ponto de fusão do gálio (30°C) é pouco acima da temperatura ambiente, ele é usado em termômetros de alta temperatura. O gálio e o índio formam uma liga de baixo ponto de fusão que é usada nos selos de segurança de sistemas contra incêndio ("sprinkler"). O gálio e o índio podem ser depositados em superfícies de vidro para formar espelhos resistentes à corrosão; o In_2O_3 dopado com Sn é usado como um filme condutor e transparente nas telas de aparelhos eletrônicos e também como um revestimento refletor de calor nas lâmpadas. O nitreto de gálio é usado no diodo de laser azul, sendo a base da tecnologia Blu-ray®. Ele é insensível à radiação ionizante e é usado nas células solares dos satélites. O arseneto de gálio é um semicondutor empregado em circuitos integrados, diodos emissores de luz e células solares. Os compostos de tálio já foram usados no tratamento de vermes e como veneno de rato e de formiga. Entretanto,

---

QUADRO 13.3 Reciclagem do alumínio

A produção do alumínio é dispendiosa e envolve muita energia, o que torna a reciclagem muito atrativa. O alumínio vem sendo reciclado há várias décadas, mas a popularidade das latas de bebidas de alumínio e a preocupação com a reciclagem doméstica têm aumentado muito essa atividade. A economia do alumínio é um bom exemplo de uma economia circular, na qual um rejeito torna-se a matéria-prima de outro processo, minimizando o impacto sobre o meio ambiente e os recursos naturais. O alumínio não é consumido durante o tempo de vida do produto, mas possui o potencial de ser reciclado e reutilizado muitas vezes, uma vez que o processo não degrada as propriedades físicas e químicas do metal.

O custo da reciclagem do alumínio é 5% do custo da extração do alumínio a partir da bauxita, mesmo quando o custo da coleta e separação é levado em consideração. Existem benefícios adicionais associados com a redução das áreas de mineração e o custo do transporte do alumínio novo e da bauxita. O processo é bastante simples. As latas são separadas dos outros resíduos e cortadas em pedaços pequenos que são limpos e arrumados em blocos. A formação de blocos diminui a oxidação. Os blocos são, então, aquecidos em um forno a 750°C para produzir alumínio fundido. O resíduo sólido é removido e qualquer hidrogênio dissolvido é eliminado pela adição de perclorato de amônio, o qual se decompõe liberando cloro que irá reagir com o hidrogênio, nitrogênio e oxigênio. É possível adicionar aditivos para alterar as propriedades da liga final. O alumínio é, então, moldado em lingotes. A reciclagem do alumínio a partir de motores de veículos também está bem estabelecida e segue o mesmo processo básico, mas com estágios de separação mais complexos com o intuito de separar outros metais, polímeros, tecidos, etc.

A taxa de reciclagem global das latas de bebida de alumínio é de 70%, com o Brasil ocupando a dianteira com 97% de todas as latas sendo recicladas. A taxa de reciclagem global para o alumínio usado em construção e transporte é de aproximadamente 90% e o alumínio reciclado apresenta uma participação crescente na demanda desse metal pela sociedade.

essa aplicação foi banida devido à sua toxicidade muito alta, a qual se origina do transporte dos íons Tl⁺ através das membranas celulares junto aos íons K⁺ (Seção 26.3). O tálio é absorvido de maneira mais eficiente por células tumorais, sendo usado em medicina nuclear como agente de contraste.

13.6 Hidretos simples de boro

O hidreto de boro mais simples é o diborano gasoso, B_2H_6. Existem boranos superiores que podem ser líquidos, como o B_5I_9, ou sólidos, como o $B_{10}H_{14}$. Os boranos são quebrados pelas bases de Lewis.

(a) Boranos

Pontos principais: O diborano pode ser sintetizado por metátese entre um haleto de boro e uma fonte de hidreto; muitos dos boranos superiores podem ser preparados pela pirólise parcial do diborano; todos os hidretos de boro são inflamáveis, algumas vezes explosivamente, e muitos deles são suscetíveis à hidrólise.

O diborano, B_2H_6, pode ser preparado em laboratório pela metátese de um haleto de boro com $LiAlH_4$, ou $LiBH_4$, em éter:

$$3\ LiBH_4(et) + 4\ BF_3(et) \rightarrow 3\ LiBF_4(et) + 2\ B_2H_6(g)$$

Pode-se ver que essa é uma reação de metátese (uma troca de parceiros) escrevendo-a na forma simplificada

$$\tfrac{3}{4} BH_4^-(et) + BF_3(et) \rightarrow \tfrac{3}{4} BF_4^-(et) + BH_3(g)$$

Tanto o $LiBH_4$ como o $LiAlH_4$, assim como o LiH, são bons reagentes para a transferência de H⁻, mas geralmente aqueles são preferidos em vez do LiH e do NaH por serem solúveis em éter. A síntese é realizada com rigorosa exclusão de ar (geralmente, numa linha de vácuo), pois o diborano inflama-se em contato com o ar. O diborano decompõe-se muito lentamente à temperatura ambiente, formando hidretos de boro superiores e um sólido amarelo não volátil e insolúvel formado por $B_{10}H_{14}$ e espécies poliméricas BH_n.

Os compostos podem ser encaixados em duas classes. Uma classe tem fórmula B_nH_{n+4} e a outra, menos estável e mais rica em hidrogênio, tem a fórmula B_nH_{n+6}. Como exemplos temos o pentaborano(11), B_5H_{11} (**8**), o tetraborano(10), B_4H_{10} (**10**), e o pentaborano(9), B_5H_9 (**7**). Note que, na nomenclatura, o número de átomos de B é especificado por um prefixo e o número de átomos de H é dado entre parênteses. Assim, o nome sistemático para o diborano é diborano(6); entretanto, como não existe o diborano(8), o nome mais simples "diborano" é quase sempre usado.

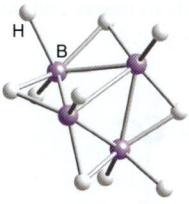

10 B_4H_{10}

Todos os boranos são incolores e diamagnéticos. Eles vão desde gases (B_2H_6 e B_4H_8), passando por líquidos voláteis (os hidretos B_5H_9 e B_6H_{10}), até o sólido sublimável $B_{10}H_{14}$. Todos os hidretos de boro são inflamáveis, e vários dos mais leves, incluindo o diborano, reagem espontaneamente com o ar, frequentemente com violência explosiva e produção de uma luz verde (a emissão de um estado excitado do intermediário de reação BO). O produto final da reação é o ácido bórico:

$$B_2H_6(g) + 3\ O_2(g) \rightarrow 2\ B(OH)_3(s)$$

Os boranos são facilmente hidrolisados pela água, formando ácido bórico e hidrogênio:

$$B_2H_6(g) + 6\ H_2O(l) \rightarrow 2\ B(OH)_3(aq) + 6\ H_2(g)$$

Como descrito a seguir, o B_2H_6 é um ácido de Lewis, e o mecanismo dessa reação de hidrólise envolve a coordenação do H_2O atuando como uma base de Lewis. O hidrogênio molecular forma-se então como resultado da combinação do átomo de H com carga parcial positiva no O com o átomo de H com carga parcial negativa no B.

(b) Acidez de Lewis

Pontos principais: Bases de Lewis macias e volumosas quebram o diborano simetricamente; bases de Lewis duras e mais compactas quebram a ponte de hidrogênio assimetricamente; embora o diborano reaja com muitas bases de Lewis duras, ele é melhor considerado como um ácido de Lewis macio.

Como consequência do mecanismo de hidrólise, o diborano e muitos outros hidretos leves de boro comportam-se como ácidos de Lewis e são quebrados ao reagirem com bases de Lewis. Dois padrões diferentes de decomposição foram observados, denominados clivagem simétrica e clivagem assimétrica. Na **clivagem simétrica**, o B_2H_6 é partido simetricamente em dois fragmentos BH_3, cada um dos quais forma um complexo com a base de Lewis:

Existem muitos complexos desse tipo e eles são isoeletrônicos com os hidrocarbonetos. Por exemplo, o produto da reação acima é isoeletrônico com o 2,2-dimetilpropano, $C(CH_3)_4$. As tendências de estabilidade indicam que o BH_3 é um ácido de Lewis macio, como ilustrado pela reação

$$H_3B-N(CH_3)_3 + F_3B-S(CH_3)_2 \rightarrow H_3B-S(CH_3)_2 + F_3B-N(CH_3)_3$$

na qual o BH_3 é transferido para o átomo de S doador macio e o ácido de Lewis mais duro, BF_3, combina-se com o átomo de N doador duro.

A reação direta entre o diborano e a amônia resulta numa **clivagem assimétrica**, que leva a um produto iônico:

Geralmente, observa-se uma clivagem assimétrica desse tipo quando o diborano e uns poucos outros hidretos de boro reagem com bases fortes, com baixo impedimento estéreo, em baixas temperaturas. Nessa reação, dois ligantes podem atacar um átomo de B apenas se eles forem pequenos, evitando a repulsão estérea.

> **EXEMPLO 13.1** Usando RMN para identificar os produtos de reações
>
> Explique como o RMN-^{11}B pode ser usado para determinar se a clivagem do diborano com uma base de Lewis, silenciosa no RMN, é simétrica ou assimétrica (Seção 8.6).
>
> **Resposta** Precisamos considerar os possíveis produtos das duas reações para, então, decidir como os espectros de RMN irão diferenciá-los. A clivagem simétrica do B_2H_6 com L produzirá $BH_3L + BH_3L$ e a clivagem assimétrica formará $BH_2L_2^+$ e BH_4^-. No primeiro caso, o ^{11}B estará acoplado a três núcleos de ^{1}H equivalentes e devemos, portanto, observar um quarteto no espectro de RMN. Na clivagem assimétrica o primeiro produto terá o ^{11}B acoplado a dois núcleos de ^{1}H, que irá produzir um tripleto. O segundo produto possui o ^{11}B acoplado a quatro núcleos equivalentes, o qual irá produzir um quintupleto.
>
> **Teste sua compreensão 13.1** O núcleo de ^{11}B possui $I = 3/2$. Preveja o número de linhas e suas intensidades relativas no espectro de RMN-^{1}H do BH_4^-.

(c) Hidroboração

Pontos principais: A hidroboração, a reação do diborano com alquenos em éter, produz organoboranos que são intermediários úteis em síntese orgânica.

Um componente importante no repertório de reações de um químico sintético é a hidroboração, a adição de HB a uma ligação múltipla:

$$H_3B-OR_2 + H_2C=CH_2 \xrightarrow{\Delta, \text{éter}} CH_3CH_2BH_2 + R_2O$$

Do ponto de vista de um químico orgânico, a ligação C–B presente no produto primário de uma hidroboração é um estágio intermediário na formação estereoespecífica de ligações C–H ou C–OH, nas quais a ligação C–B pode ser convertida. Do ponto de vista de um químico inorgânico, a reação é um método conveniente para a preparação de uma grande variedade de organoboranos. A reação de hidroboração é um exemplo de uma classe de reações em que um EH é adicionado a uma ligação múltipla; a hidrossililação (Seção 14.7b) é outro exemplo importante.

(d) O íon tetra-hidretoborato

Ponto principal: O íon tetra-hidretoborato é um intermediário útil para a preparação de hidretos metálicos complexos e adutos de boranos.

O diborano reage com hidretos de metais alcalinos formando sais contendo o íon tetra-hidretoborato, BH_4^-. Por causa da sensibilidade do diborano e do LiH à água e ao oxigênio, a síntese precisa ser realizada na ausência de ar e em um solvente não aquoso, como o poliéter de cadeia curta $CH_3OCH_2CH_2OCH_3$ (indicado aqui como "poliet").

$$B_2H_6(\text{poliet}) + 2\ LiH(\text{poliet}) \rightarrow 2\ LiBH_4(\text{poliet})$$

Podemos ver essa reação como mais um exemplo da acidez de Lewis do BH_3 frente à forte basicidade de Lewis do H^-.

O íon BH_4^- é isoeletrônico com o CH_4 e o NH_4^+, e essas três espécies mostram a seguinte variação de propriedades químicas à medida que a eletronegatividade do átomo central aumenta:

	BH_4^-	CH_4	NH_4^+
Caráter:	hidrídico	–	prótico

onde "prótico" indica o caráter de ácido de Brønsted (doador de próton); o CH_4 não é nem ácido e nem básico nas condições predominantes em solução aquosa.

Os tetra-hidretoboratos de metais alcalinos são muito úteis em laboratório e como reagentes industriais. Frequentemente, eles são usados como uma fonte de íons H^- de força moderada e também como reagentes comuns de redução e como precursores para a maioria dos compostos de boro e hidrogênio, além de serem utilizados como materiais para armazenamento de hidrogênio (Quadros 10.4, 12.3 e 13.1). A maioria dessas reações é feita em solventes polares não aquosos. Um exemplo é a preparação do diborano mencionada anteriormente, em que o $NaBH_4$ em tetra-hidrofurano (THF) é usado para reduzir aldeídos e cetonas a álcoois.

$$3\ NaBH_4(s) + 4\ BF_3(g) \rightarrow 2\ B_2H_6(g) + 3\ NaBF_4(s)$$

Embora o BH_4^- seja termodinamicamente instável em relação à hidrólise, a reação é muito lenta em pH elevado, e algumas sínteses são feitas em água. Por exemplo, o germano (GeH_4) pode ser preparado dissolvendo-se GeO_2 e KBH_4 em hidróxido de potássio aquoso e depois acidificando-se a solução:

$$HGeO_3^-(aq) + BH_4^-(aq) + 2\ H^+(aq) \rightarrow GeH_4(g) + B(OH)_3(aq)$$

O BH_4^- aquoso também pode servir como um simples agente redutor, como na redução de aquaíons, tais como $Ni^{2+}(aq)$ ou $Cu^{2+}(aq)$, a metal ou boreto metálico. Com os complexos de elementos 4d ou 5d com ligantes halogeneto e que também possuem ligantes estabilizantes, tais como fosfinas, os íons tetra-hidretoborato podem ser usados para introduzir um ligante hidreto por meio de uma reação de metátese em um solvente não aquoso:

$$RuCl_2(PPh_3)_3 + NaBH_4 + PPh_3 \xrightarrow{\Delta, \text{benzeno/álcool}} RuH(PPh_3)_4 + \text{outros produtos}$$

É provável que muitas dessas reações de metátese ocorram através do complexo transiente BH_4^-. Na verdade, muitos complexos de hidretoborato são conhecidos, especialmente com metais altamente eletropositivos: dentre eles temos o $Al(BH_4)_3$ (**11**), que contém uma ponte de hidreto dupla semelhante ao diborano, e o $Zr(BH_4)_4$ (**12**), com pontes de hidreto triplas. A ligação nesses compostos pode ser descrita em termos de ligações $3c,2e$.

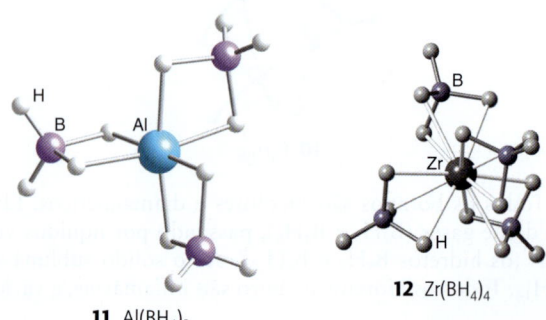

11 $Al(BH_4)_3$

12 $Zr(BH_4)_4$

EXEMPLO 13.2 Prevendo as reações dos compostos de boro e hidrogênio

Indique por meio de uma equação química os produtos resultantes da interação de quantidades iguais de [HN(CH$_3$)$_3$]Cl com LiBH$_4$ em tetra-hidrofurano (THF).

Resposta Devemos esperar que o LiCl, com sua alta entalpia de rede, seja o produto provável. Se for esse o caso, ficaremos com o BH$_4^-$ e o [HN(CH$_3$)$_3$]$^+$. A interação do íon hidrídico BH$_4^-$ com o íon prótico [HN(CH$_3$)$_3$]$^+$ irá liberar hidrogênio e produzir trimetilamina e BH$_3$. Na ausência de outras bases de Lewis, a molécula de BH$_3$ deverá coordenar-se ao THF; entretanto, a trimetilamina, uma base de Lewis mais forte, será produzida nas etapas iniciais, de forma que a reação global será

$$[HN(CH_3)_3]Cl + LiBH_4 \rightarrow H_2 + H_3BN(CH_3)_3 + LiCl$$

Teste sua compreensão 13.2 Escreva a equação para a reação do B$_2$H$_6$ com propeno em éter numa estequiometria 1:2; escreva também a equação para a reação do B$_2$H$_6$ com cloreto de amônio em THF, com a mesma estequiometria.

13.7 Tri-haletos de boro

Pontos principais: Os tri-haletos de boro são ácidos de Lewis úteis, sendo o BCl$_3$ mais forte que o BF$_3$; eles também são importantes eletrófilos para a formação de ligações de boro–elemento; também são conhecidos sub-haletos com ligações B–B, tais como o B$_2$Cl$_4$.

Todos os tri-haletos de boro, exceto o BI$_3$, podem ser preparados pela reação direta entre os elementos. Entretanto, o método preferido para o BF$_3$ é a reação do B$_2$O$_3$ com CaF$_2$ em H$_2$SO$_4$. Essa reação é impulsionada, em parte, pela produção do HF a partir da reação do H$_2$SO$_4$ com CaF$_2$, e pela estabilidade do CaSO$_4$:

$$B_2O_3(s) + 3\ CaF_2(s) + 6\ H_2SO_4(l) \rightarrow$$
$$2\ BF_3(g) + 3\ [H_3O][HSO_4](solv) + 3\ CaSO_4(s)$$

Todos os tri-haletos de boro formam complexos de Lewis simples com bases apropriadas, como na reação:

$$BF_3(g) + :NH_3(g) \rightarrow F_3B\text{–}NH_3(s)$$

Entretanto, os cloretos, brometos e iodetos de boro são suscetíveis à protólise por fontes de prótons moderadas, tais como água, álcoois e mesmo aminas. Como mostrado na Fig. 13.3, essa reação, juntamente às reações de metátese, é muito útil na química preparativa. Um exemplo é a rápida hidrólise do BCl$_3$ para formar ácido bórico, B(OH)$_3$:

$$BCl_3(g) + 3\ H_2O(l) \rightarrow B(OH)_3(aq) + 3\ HCl(aq)$$

É provável que a primeira etapa dessa reação seja a formação do complexo Cl$_3$B–OH$_2$, o qual então elimina HCl e continua a reagir com água.

EXEMPLO 13.3 Prevendo os produtos de reação dos tri-haletos de boro

Preveja os produtos prováveis das seguintes reações e escreva as equações químicas balanceadas: (a) BF$_3$ com excesso de NaF em meio ácido aquoso; (b) BCl$_3$ com excesso de NaCl em meio ácido aquoso; (c) BBr$_3$ com excesso de NH(CH$_3$)$_2$ em um solvente hidrocarboneto.

Resposta Devemos considerar se a ligação B–X é suscetível à hidrólise. (a) O íon F$^-$ é uma base quimicamente dura e razoavelmente forte;

o BF$_3$ é um ácido de Lewis forte e duro, com uma grande afinidade pelo íon F$^-$. Consequentemente, a reação deve resultar num complexo:

$$BF_3(g) + F^-(aq) \rightarrow BF_4^-(aq)$$

O excesso de F$^-$ e de ácido previne a formação de produtos de hidrólise como o BF$_3$OH$^-$, que são formados em pH elevado. (b) Diferentemente das ligações B–F, que são muito fortes e apenas moderadamente suscetíveis à hidrólise, as outras ligações boro-halogênio são hidrolisadas rapidamente pela água. Assim, podemos prever que o BCl$_3$ sofrerá hidrólise ao invés de coordenar-se ao Cl$^-$ aquoso:

$$BCl_3(g) + 3\ H_2O(l) \rightarrow B(OH)_3(aq) + 3\ HCl(aq)$$

(c) O tribrometo de boro sofrerá protólise com a formação de uma ligação B–N:

$$BBr_3(g) + 6\ NH(CH_3)_2 \rightarrow B[N(CH_3)_2]_3 + 3\ [NH_2(CH_3)_2]Br$$

Nessa reação, o HBr produzido pela protólise irá protonar o excesso de dimetilamina.

Teste sua compreensão 13.3 Escreva e justifique as equações balanceadas para as reações plausíveis entre: (a) BCl$_3$ e etanol; (b) BCl$_3$ e piridina em solução de hidrocarboneto; (c) BBr$_3$ e F$_3$BN(CH$_3$)$_3$.

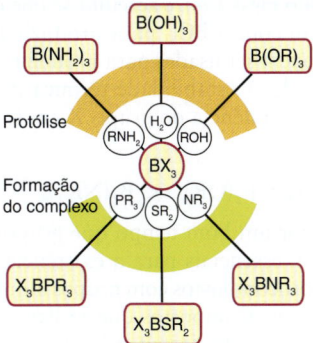

Figura 13.3 Reações dos compostos de boro e halogênio (X = halogênio).

O ânion tetrafluoretoborato, BF$_4^-$, mencionado no Exemplo 13.3, é usado em química preparativa quando se necessita de um ânion não coordenante relativamente grande. Os ânions tetra-haletoboratos BCl$_4^-$ e BBr$_4^-$ podem ser preparados em solventes não aquosos. Entretanto, por causa da facilidade com que as ligações B–Cl e B–Br sofrem solvólise, eles não são estáveis nem em água, nem em álcoois.

Os haletos de boro são o ponto de partida para a síntese de muitos compostos de boro com carbono e de boro com pseudo-halogênios (Seção 17.7)[1]. Como exemplos temos a formação de compostos de alquilboro e arilboro, como o trimetilboro, pela reação do trifluoreto de boro com um reagente metil-Grignard, em solução de éter:

$$BF_3 + 3\ CH_3MgI \rightarrow B(CH_3)_3 + \text{haletos de magnésio}$$

Na presença de excesso de reagente de Grignard (ou organolítio), formam-se tetra-alquilboratos ou tetra-arilboratos:

$$BF_3 + Li_4(CH_3)_4 \rightarrow Li[B(CH_3)_4] + 3\ LiF$$

Existem ainda os haletos de boro com ligações B–B. Os mais conhecidos desses compostos têm fórmula B$_2$X$_4$, com X=F,

---

[1] Pseudo-halogênios são espécies que se assemelham aos halogênios nas suas propriedades químicas. O cianogênio (CN)$_2$ é um pseudo-halogênio e o íon cianeto, CN$^-$, é um pseudo-haleto.

Cl ou Br, e o cluster tetraédrico B_4Cl_4. As moléculas B_2Cl_4 são planas (**13**) no estado sólido, com um empacotamento eficiente dessa geometria, mas são estreladas (**14**) em fase gasosa. Essa diferença conformacional sugere que a rotação em torno da ligação B–B seja relativamente fácil, como esperado para uma ligação simples.

13 B_2Cl_4, D_{2h} **14** B_2Cl_4, D_{2d}

Uma rota para a obtenção do B_2Cl_4 é passar uma descarga elétrica através do BCl_3 gasoso na presença de uma espécie que capture átomos de Cl, tal como o vapor de mercúrio. Dados espectroscópicos indicam que o impacto de elétrons sobre o BCl_3 forma BCl.

$$BCl_3(g) \xrightarrow{\text{impacto de elétrons}} BCl(g) + 2\,Cl(g)$$

Os átomos de Cl são capturados pelo vapor de mercúrio e removidos como $Hg_2Cl_2(s)$, e acredita-se que o fragmento de BCl combine-se com o BCl_3 para produzir B_2Cl_4. Reações de metátese podem ser usadas para produzir derivados B_2X_4 a partir do B_2Cl_4. A estabilidade térmica desses derivados aumenta com a tendência do grupo X em formar ligação π com o B:

$$B_2Cl_4 < B_2F_4 < B_2(OR)_4 \ll B_2(NR_2)_4$$

Acreditou-se por um bom tempo que grupos X com pares isolados fossem essenciais para a existência de compostos B_2X_4, mas diborocompostos com grupos alquilas ou arilas já foram preparados. Compostos que resistem à temperatura ambiente podem ser obtidos quando os grupos são volumosos, como no caso do $B_2(^tBu)_4$.

Um produto secundário da síntese do B_2Cl_4 é o B_4Cl_4, um sólido amarelo-claro composto de moléculas com quatro átomos de B formando um tetraedro (**15**). Como o B_2Cl_4, a fórmula do B_4Cl_4 não é análoga à dos boranos (como B_2H_6), discutidos anteriormente. Essa diferença pode ser atribuída à tendência dos halogênios em formar ligações π com o boro pela doação de pares de elétrons isolados do haleto para o orbital p vazio do boro, como na Fig. 13.2 (Seção 4.7b).

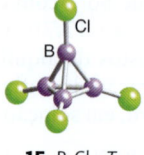

15 B_4Cl_4, T_d

13.8 Compostos de boro com oxigênio

Ponto principal: O boro forma ácido bórico, B_2O_3, poliboratos e vidros de borossilicato.

O ácido bórico, $B(OH)_3$, é um ácido de Brønsted muito fraco em solução aquosa. Entretanto, o equilíbrio é mais complexo do que as simples reações de transferência de próton de Brønsted características dos oxoácidos dos últimos elementos do bloco p. De fato, o ácido bórico é basicamente um ácido de Lewis fraco, pois o complexo que ele forma com o H_2O, o $H_2OB(OH)_3$, é que atua como a verdadeira fonte dos prótons:

$$B(OH)_3(aq) + 2\,H_2O(l) \rightleftharpoons H_3O^+(aq) + [B(OH)_4]^-(aq)$$
$$pK_a = 0{,}92$$

Como geralmente ocorre com os elementos mais leves do bloco p, há uma tendência do ânion em polimerizar por condensação, com a perda de H_2O. Assim, em solução concentrada neutra ou básica, ocorre a formação de ânions polinucleares, como (**16**), pelo equilíbrio

$$3\,B(OH)_3(aq) \rightleftharpoons [B_3O_3(OH)_4]^-(aq) + H^+(aq) + 2\,H_2O(l)$$
$$pK_a = 0{,}85$$

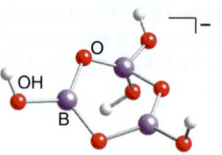

16 $[B_2O_3(OH)_4]^-$

A reação do ácido bórico com um álcool, na presença de ácido sulfúrico, leva à formação de ésteres simples de borato, que são compostos de fórmula $B(OR)_3$:

$$B(OH)_3 + 3\,CH_3OH \xrightarrow{H_2SO_4} B(OCH_3)_3 + 3\,H_2O$$

Os ésteres de boratos são ácidos de Lewis muito mais fracos que os tri-haletos de boro, provavelmente porque o átomo de O atua como um doador π intramolecular, como o átomo de F no BF_3 (Seção 4.7b), doando densidade eletrônica para o orbital p do átomo de B. Assim, julgando pela acidez de Lewis, um átomo de O é mais efetivo do que um átomo de F como um doador π para o B. Os 1,2-dióis (inclusive açúcares) possuem uma tendência particularmente forte de formar ésteres de borato cíclicos (**17**) devido ao efeito quelato (Seção 7.14).

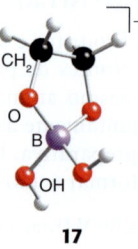

17

Da mesma forma que para os silicatos e aluminatos, são conhecidos muitos boratos polinucleares, tanto cíclicos quanto de cadeia aberta. Um exemplo é o ânion poliborato cíclico $[B_3O_6]^{3-}$ (**18**). Um aspecto notável da formação dos boratos é a possibilidade de se ter átomos de B tricoordenados, como em (**18**), e tetracoordenados, como no $[B(OH)_4]^-$. O mineral bórax contém o ânion $[B_4O_5(OH)_4]^{2-}$ (**19**) que apresenta, na mesma estrutura, átomos de B tricoordenados e tetracoordenados. Os poliboratos formam-se pelo compartilhamento de um átomo de O com um átomo de B vizinho, como em (**18**); estruturas nas quais dois átomos de B adjacentes compartilham dois ou três átomos de O são desconhecidas.

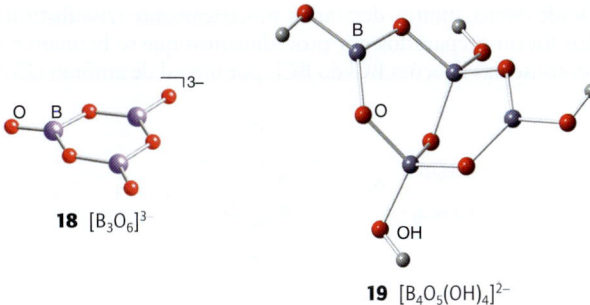

18 $[B_3O_6]^{3-}$

19 $[B_4O_5(OH)_4]^{2-}$

O óxido de boro, B_2O_3, é um óxido ácido e é preparado pela desidratação do ácido bórico:

$$2\ B(OH)_3(s) \xrightarrow{\Delta} B_2O_3(s) + 3\ H_2O(g)$$

O resfriamento rápido do B_2O_3 fundido ou de boratos metálicos leva frequentemente à formação de vidros de boratos. Embora esses vidros por si só possuam pouco significado tecnológico, a fusão do borato de sódio com a sílica leva à formação dos vidros de borossilicato (como o Pirex®). Os vidros de borossilicato são resistentes ao choque térmico e podem ser aquecidos sobre uma chama ou outra fonte direta de calor.

O perborato de sódio é usado como um alvejante nos sabões em pó para máquinas lava-roupas e lava-louças e em dentifrícios branqueadores. Embora a fórmula seja frequentemente dada como $NaBO_3 \cdot H_2O$ ou $NaBO_3 \cdot 4H_2O$, o composto contém o ânion peróxido, O_2^{2-}, sendo mais bem descrito como $Na_2[B_2(O_2)_2(OH)_4] \cdot 6H_2O$. O composto é preferido no lugar do peróxido de hidrogênio em muitas aplicações porque é mais estável e libera oxigênio somente em temperaturas elevadas.

13.9 Compostos de boro com nitrogênio

Pontos principais: Compostos que contêm BN, que é isoeletrônico do CC, incluem o amonia-borano, H_3NBH_3, que é análogo do etano, o $H_3N_3B_3H_3$, que é análogo do benzeno, e os BN análogos do grafite e do diamante.

A fase termodinamicamente estável do nitreto de boro, BN, consiste em folhas planas de átomos, como na grafita (Seção 14.5). As folhas planas com átomos de B e N alternados consistem em hexágonos com as arestas compartilhadas e, como na grafita, a distância B–N no interior da folha (145 pm) é muito menor do que a distância entre as folhas (333 pm, Fig. 13.4). Entretanto, a diferença entre as estruturas da grafita e do nitreto de boro está no alinhamento dos átomos entre as folhas vizinhas: no BN, os anéis hexagonais estão empilhados diretamente uns em cima dos outros, com os átomos B e N alternando-se nas sucessivas camadas; na grafita, os hexágonos estão escalonados. Cálculos de orbitais moleculares sugerem que o empilhamento no BN deriva da presença de uma carga parcial positiva no B e de uma carga parcial negativa no N. Essa distribuição de carga é compatível com a diferença de eletronegatividade dos dois elementos ($\chi^p(B) = 2{,}04$, $\chi^p(N) = 3{,}04$).

Como na grafita impura, o nitreto de boro em camadas é um material escorregadio, usado como lubrificante. Entretanto, ao contrário da grafita, ele é um isolante elétrico incolor, pois existe uma grande diferença de energia entre as bandas π cheia e vazia. O tamanho dessa diferença de energia entre as bandas é compatível com sua elevada resistividade elétrica e a inexistência de absorções no espectro visível. Em sintonia com essa grande diferença de energia entre as bandas, o BN forma um número muito menor de compostos de intercalação do que a grafita (Seção 14.5). Em comparação com a grafita, o nitreto de boro em camadas é estável ao ar até 1000°C, o que o torna um bom material refratário.

O nitreto de boro em camadas muda para uma fase cúbica mais densa sob pressões e temperaturas elevadas (60 kbar e 2000°C, Fig. 13.5). Essa fase é um análogo cristalino e duro do diamante, mas como possui uma menor entalpia de rede, ele tem uma dureza mecânica ligeiramente menor (Fig. 13.6). O nitreto de boro cúbico é fabricado e usado como um abrasivo para certas aplicações de alta temperatura em que o diamante não pode ser usado, pois este forma carbetos com o material que está sendo desbastado.

O fato de que BN e CC são isoeletrônicos sugere que podem haver analogias entre esses compostos e os hidrocarbonetos. Muitos **amina-boranos**, os análogos de boro e nitrogênio dos hidrocarbonetos saturados, podem ser

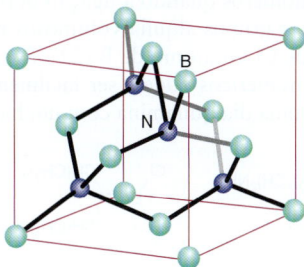

Figura 13.5 A estrutura de esfalerita do nitreto de boro cúbico.

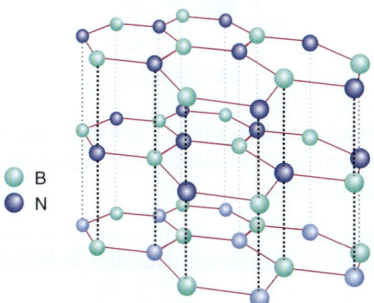

Figura 13.4 A estrutura em camadas hexagonais do nitreto de boro. Observe que os anéis estão alinhados entre as camadas.

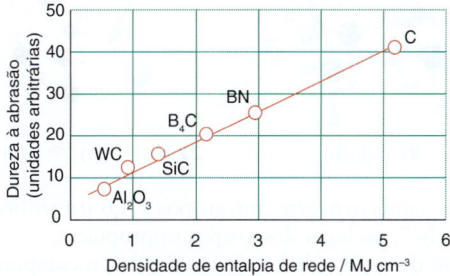

Figura 13.6 Correlação entre dureza e densidade de entalpia de rede (a entalpia de rede dividida pelo volume molar da substância). O ponto indicado para o carbono representa o diamante; o do nitreto de boro representa a estrutura de esfalerita semelhante ao diamante.

sintetizados pela reação entre uma base de Lewis de nitrogênio e um ácido de Lewis de boro:

$$\tfrac{1}{2} B_2H_6 + N(CH_3)_3 \rightarrow H_3BN(CH_3)_3$$

Entretanto, embora os amina-boranos sejam isoeletrônicos com os hidrocarbonetos, suas propriedades são significativamente diferentes, em grande parte devido à diferença de eletronegatividade entre o B e o N. Por exemplo, enquanto que o amônia-borano, H_3NBH_3, é um sólido à temperatura ambiente, com uma pressão de vapor de uns poucos pascais, o seu análogo etano, H_3CCH_3, é um gás que condensa a –89°C. Essa diferença pode ser relacionada com a diferença na polaridade das duas moléculas: o etano é apolar, enquanto que o amônia-borano tem um grande momento de dipolo de 5,2 D (**20**).

20 NH_3BH_3

Vários análogos BN de aminoácidos já foram preparados, incluindo-se o amônia-carboxiborano, H_3NBH_2COOH, o análogo da glicina, CH_3CH_2COOH. Esses compostos apresentam uma significativa atividade fisiológica, incluindo a inibição de tumor e a redução do colesterol no sangue.

O composto insaturado de boro e nitrogênio mais simples é o aminoborano, H_2NBH_2, que é isoeletrônico com eteno. Ele possui existência somente transiente em fase gasosa, pois forma rapidamente compostos cíclicos, como o análogo do ciclo-hexano (**21**). Entretanto, os aminoboranos sobrevivem como monômeros quando a ligação dupla está protegida de reação por grupos alquila volumosos no átomo de N e por átomos de Cl no átomo de B (**22**). Por exemplo, aminoboranos monoméricos podem ser facilmente sintetizados pela reação de uma dialquilamina com um haleto de boro:

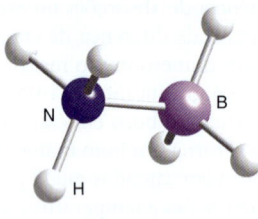

21 $N_3B_3H_{12}$ **22** $Cl_2B-N(^iPr)_2$, $^iPr = (CH_3)_2CH$

A reação também ocorre com grupos 2,4,6-trimetilfenil (mesitil, "xylyl") no lugar dos grupos isopropílicos.

Além do nitreto de boro em camadas, o composto insaturado de boro e nitrogênio mais conhecido é a borazina, $B_3N_3H_6$ (**2**), que é isoeletrônica e isoestrutural com o benzeno. A borazina foi preparada pela primeira vez por Alfred Stock, em 1926, pela reação entre o diborano e a amônia.

Desde então, muitos derivados simetricamente trissubstituídos foram preparados por procedimentos que se baseiam na protólise das ligações BCl do BCl_3 por um sal de amônio (**23**):

23 $B_3N_3H_3Cl_3$

O uso de um cloreto de alquilamônio produz B,B',B''-tricloroborazinas N-alquil substituídas.

Apesar da semelhança estrutural, há pouca semelhança química entre a borazina e o benzeno. Mais uma vez, a diferença nas eletronegatividades do boro e do nitrogênio é determinante, e as ligações BCl na tricloroborazina são muito mais lábeis do que as ligações CCl no clorobenzeno. Na borazina, os elétrons π estão concentrados nos átomos de N, e há uma carga parcial positiva nos átomos de B que os deixa suscetíveis ao ataque nucleófilo. Um sinal dessa diferença é que a reação de uma cloroborazina com um reagente de Grignard ou uma fonte de hidreto resulta na substituição do Cl por grupos alquila, arila ou hidreto. Outro exemplo dessa diferença é a fácil adição de HCl à borazina para formar um análogo do triclorociclo-hexano (**24**):

24 $B_3N_3H_9Cl_3$

Nessa reação, o eletrófilo H^+ liga-se ao átomo de N parcialmente negativo e o nucleófilo Cl^- liga-se ao átomo de B parcialmente positivo.

EXEMPLO 13.4 **Preparando derivados de borazina**

Forneça as equações químicas balanceadas para a síntese da borazina, partindo do NH_4Cl, BCl_3 e de outros reagentes à sua escolha.

Resposta Como vimos, a primeira etapa será a protólise da ligação B–Cl do BCl$_3$ pelo íon amônio. Portanto, a reação do NH$_4$Cl com BCl$_3$ produzirá

$$3\ NH_4Cl + 3\ BCl_3 \rightarrow H_3N_3B_3Cl_3 + 9\ HCl$$

Os átomos Cl da *B,B',B''*-tricloroborazina podem então ser deslocados pelos íons hidreto de reagentes como o LiBH$_4$ para produzir a borazina:

$$3\ LiBH_4 + H_3N_3B_3Cl_3 \xrightarrow{THF} H_3B_3N_3H_3 + 3\ LiCl + 3\ THF \cdot BH_3$$

Teste sua compreensão 13.4 Sugira uma reação ou uma série de reações para a preparação da *N,N',N''*-trimetil-*B,B',B''*-trimetilborazina, partindo da metilamina e do tricloreto de boro.

13.10 Boretos metálicos

Ponto principal: Os boretos metálicos são formados por ânions de boro, que podem ser átomos de B isolados, poliedros de boro do tipo *closo* interligados ou redes hexagonais de átomos de boro.

A reação direta do boro elementar com um metal, em alta temperatura, fornece uma rota prática para muitos boretos metálicos. Um exemplo é a reação do cálcio ou algum outro metal altamente eletropositivo com o boro para formar uma fase de composição MB$_6$:

$$Ca(l) + 6\ B(s) \rightarrow CaB_6(s)$$

Os boretos metálicos são encontrados com uma grande gama de composições, uma vez que o boro pode ocorrer em numerosos tipos de estruturas, incluindo átomos de B isolados, cadeias, redes planas e pregueadas e clusters. Os boretos metálicos mais simples são compostos ricos no metal e que contêm íons B^{3-} isolados. Os exemplos mais comuns desses compostos possuem fórmula M$_2$B, onde M pode ser um metal 3d localizado do meio para o final do período (do Mn ao Ni), em baixo estado de oxidação. Outra classe importante dos boretos metálicos contém redes hexagonais planas ou pregueadas com composição MB$_2$ (Fig. 13.7). Esses compostos são formados basicamente por metais eletropositivos, como Mg e Al, os primeiros metais do bloco d (no Período 4, por exemplo, do Sc ao Mn) e o U (Quadro 13.4).

Os boretos ricos em boro, tipicamente MB$_6$ e MB$_{12}$, são de interesse estrutural ainda maior, onde M é um metal eletropositivo. Neles, os átomos de B unem-se para formar uma rede intrincada de gaiolas interligadas. Nos compostos MB$_6$ (que são formados por metais eletropositivos do bloco s, tais como

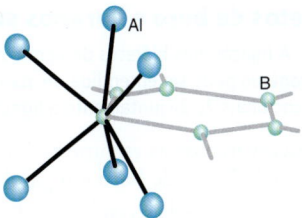

Figura 13.7 A estrutura do AlB$_2$. Para uma visão mais clara da camada hexagonal, são mostrados os átomos de B que estão fora da célula unitária.

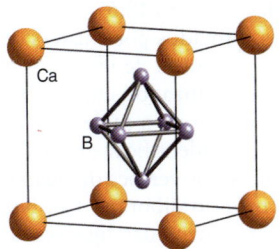

Figura 13.8 Estrutura do CaB$_6$. Observe que os octaedros B$_6$ estão conectados por ligações entre os vértices de octaedros B$_6$ adjacentes. O cristal é um análogo cúbico simples do CsCl. Assim, há oito átomos de Ca circundando o octaedro B$_6$ central.

Na, K, Ca, Sr e Ba, e pelos metais do bloco f), os octaedros B$_6$ estão unidos pelos seus vértices para formar uma rede cúbica (Fig. 13.8). Os clusters B$_6$ ligados possuem carga –1, –2 ou –3, dependendo do cátion ao qual eles estão associados. Nos compostos MB$_{12}$, as redes de átomos de B são baseadas em cuboctaedros ligados (**25**), em vez do icosaedro, mais familiar. Esse tipo de composto é formado por alguns dos metais eletropositivos mais pesados, particularmente aqueles do bloco f.

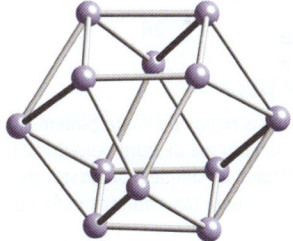

25 B$_{12}$ cuboctaédrico

QUADRO 13.4 Supercondutores de diboreto de magnésio

O diboreto de magnésio, MgB$_2$, é um composto barato, conhecido em laboratório há mais de 50 anos. Em 2001, descobriu-se que este composto simples tem propriedades supercondutoras (Seção 24.6). Jun Akimitsu e seus colaboradores descobriram acidentalmente que o MgB$_2$ perde sua resistência elétrica quando resfriado. Naquela época, eles estavam caracterizando materiais usados para melhorar o desempenho dos supercondutores de alta temperatura já conhecidos. A descoberta ocasionou uma febre de atividades de pesquisa ao redor do mundo sobre esse novo supercondutor.

As amostras de MgB$_2$ apresentam temperatura de transição de 38 K, sendo superada apenas por cupratos com complicadas estruturas de perovskita (Seção 24.6). Muitas das primeiras medidas foram feitas usando pó de MgB$_2$ diretamente do frasco de síntese. O MgB$_2$ de alta qualidade pode ser sintetizado aquecendo-se, sob pressão, uma mistura de boro e magnésio finamente divididos a, aproximadamente, 950°C. Assim, podem ser obtidos filmes finos, fios e fitas, os quais podem ser aplicados em imãs supercondutores, comunicações por micro-ondas e geração de energia elétrica.

O diboreto de magnésio tem uma estrutura simples, na qual os átomos de boro estão arranjados em planos como os da grafita, com camadas alternadas de átomos de magnésio. Os átomos de Mg doam os seus dois elétrons de valência para a rede de átomos de boro. A mudança do número de elétrons doados para as bandas de condução do boro altera dramaticamente a temperatura de transição. A temperatura de transição do composto diminui se alguns átomos de Mg forem substituídos por Al e aumenta quando dopado com Cu. A temperatura de transição, T_c, do MgB$_2$ é, aproximadamente, 15 K mais alta que o previsto pela teoria. Essa diferença tem sido explicada em termos das vibrações da rede que permitem que dois elétrons formem um par de Cooper, que então viaja sem resistência através do material.

13.11 Hidretos de boro e boranos superiores

Ponto principal: A ligação nos hidretos de boro e nos íons poliédricos de boro e hidrogênio pode ser entendida de maneira aproximada por ligações convencionais 2c,2e juntamente a ligações 3c,2e.

Nesta seção, descreveremos as estruturas e as propriedades dos boranos e dos hidretos de boro em gaiola, o que inclui as séries de Stock B_nH_{n+4} e B_nH_{n+6}, bem como os poliedros fechados $B_nH_n^{2-}$, recentemente descobertos. Os hidretos de boro são estudados há muitos anos como uma classe interessante de compostos, mas recentemente foram encontradas aplicações para eles (Quadro 13.5).

Os compostos formados por clusters de boro são mais bem considerados do ponto de vista dos orbitais moleculares totalmente deslocalizados, cujos elétrons contribuem para a estabilidade de toda a molécula. Entretanto, algumas vezes é vantajoso identificar grupos de três átomos e considerá-los ligados por versões de ligações 3c,2e do tipo que ocorrem no próprio diborano (1). Nos boranos mais complexos, os três centros das ligações 3c,2e podem ser os átomos das ligações BHB em ponte, mas elas também podem ser ligações em que três átomos de B encontram-se nos vértices de um triângulo equilátero com seus orbitais híbridos sp³ sobrepondo-se no centro (26). Para reduzir a complexidade dos diagramas estruturais, as ilustrações que seguem, de modo geral, não indicarão as ligações 3c,2e nas estruturas.

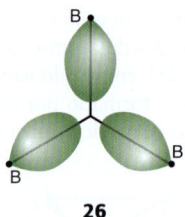

26

chamados **deltaedros** (pois são constituídos de faces triangulares que se assemelham ao delta grego, Δ) e podem ser usadas de duas maneiras. Para os boranos aniônicos e moleculares, elas permitem prever a forma geral da molécula ou ânion a partir da sua fórmula. Entretanto, pelo fato de essas regras serem expressas em termos do número de elétrons, podemos estendê-las a espécies análogas nas quais há outros átomos diferentes do boro, como os carboranos e outros clusters do bloco p. No momento, nos concentraremos nos clusters de boro, em que o conhecimento da fórmula será suficiente para prevermos sua forma. Entretanto, para permitir abordar outros clusters, também veremos como contar os elétrons da estrutura.

Considera-se que o elemento básico de construção para um deltaedro seja o grupo BH (27), que contribui com dois elétrons. Os elétrons da ligação B–H são ignorados no procedimento de contagem, mas todos os outros são incluídos, ajudem eles ou não a manter o esqueleto coeso. Entende-se por "esqueleto" a estrutura do cluster, com cada grupo BH contando como uma unidade. Se ocorrer de um átomo de B conter dois átomos de H, somente uma das ligações B–H será considerada como uma unidade. A segunda ligação B–H estará na mesma superfície esférica dos átomos de B e será incluída na contagem de elétrons do esqueleto. Por exemplo, no B_5H_{11}, um dos átomos de B possui dois átomos de H "terminais", mas somente uma entidade BH é tratada como uma unidade, sendo o outro par de elétrons considerado como parte do esqueleto e, assim sendo, considerado como "elétrons do esqueleto". Um grupo BH fornece dois elétrons para o esqueleto (um átomo de B fornece três elétrons e um átomo de H fornece um, mas desses quatro elétrons, dois são usados na ligação B–H).

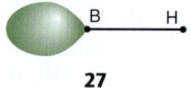

27

(a) As regras de Wade

Pontos principais: As regras de Wade podem ser usadas para prever as estruturas dos hidretos de boro poliédricos; as estruturas dos hidretos de boro incluem os simples compostos poliédricos *closo* e as estruturas progressivamente mais abertas *nido* e *aracno*.

Uma correlação entre o número de elétrons (contados de uma forma específica), a fórmula e a forma das moléculas foi estabelecida por Kenneth Wade, na década de 1970. As chamadas **regras de Wade** aplicam-se a uma classe de poliedros

Uma breve ilustração Para contabilizar o número de elétrons do esqueleto no B_4H_{10} (10), contamos o número de unidades BH e o número de átomos de H. Existem quatro unidades BH, que contribuem com $4 \times 2 = 8$ elétrons, e seis átomos de H adicionais, que contribuem com mais 6 elétrons, totalizando 14. Esses sete pares de elétrons são distribuídos como mostrado em (28): dois pares são usados para as ligações terminais B–H adicionais, quatro são usados para as quatro pontes BHB e um é usado na ligação central B–B.

QUADRO 13.5 Os compostos de boro no tratamento do câncer

A nova forma promissora de radioterapia para tumores no cérebro, cabeça e pescoço envolve a irradiação de compostos de boro com nêutrons de baixa energia. A terapia de captura de nêutrons pelo boro (BNCT, em inglês) envolve a injeção no paciente de composto de boro marcado com ^{10}B, o qual se liga preferencialmente às células tumorais. Quando irradiado com nêutrons, o ^{10}B sofre fissão nuclear, produzindo um núcleo de hélio (uma partícula alfa) e o núcleo de $^{7}Li^{+}$, liberando aproximadamente 2,4 MeV de energia:

$$^{10}_{5}B + ^{1}_{0}n \rightarrow ^{4}_{2}He + ^{7}_{3}Li$$

Os compostos de boro mais promissores para essa aplicação são os hidretos de boro poliédricos, e o $Na_2B_{12}H_{11}SH$ já foi usado clinicamente. O fator que limita essa aplicação é a quantidade de boro que pode ser introduzida na célula tumoral sem causar toxicidade para as células normais. Um avanço importante foi obtido recentemente com o desenvolvimento das nanopartículas de carbeto de boro. As nanopartículas são introduzidas em uma amostra de células T do próprio paciente e são depois injetadas de volta no paciente, onde elas viajam até o tumor e liberam as nanopartículas. As nanopartículas também foram cobertas com um peptídeo para melhorar sua captura pela célula e marcadas com um corante fluorescente, permitindo assim acompanhar a sua trajetória dentro do corpo.

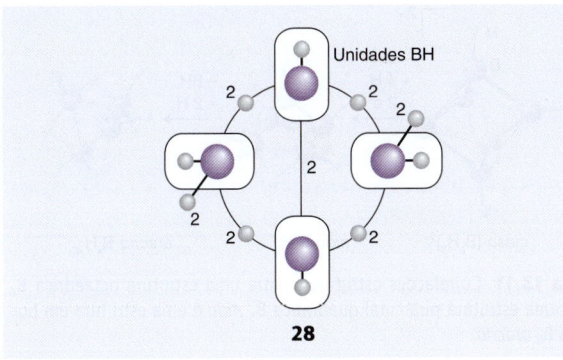

28

De acordo com as regras de Wade (Tabela 13.3), as espécies de fórmula $[B_nH_n]^{2-}$ e $(n+1)$ pares de elétrons do esqueleto possuem uma estrutura *closo*, com um átomo de B em cada vértice de um deltaedro fechado de n vértices e nenhuma ligação B–H–B. Essa série de ânions deve ter n pares de elétrons do esqueleto provenientes dos n grupos BH e mais dois elétrons da carga 2–. Esta série de ânions é conhecida para $n = 5$ até $n = 12$, tendo dentre os exemplos o íon bipiramidal trigonal $[B_5H_5]^{2-}$, o íon octaédrico $[B_6H_6]^{2-}$ e o íon icosaédrico $[B_{12}H_{12}]^{2-}$. Os hidretos de boro *closo* e os seus carboranos análogos (Seção 13.12) são geralmente termicamente estáveis e pouco reativos.

Os clusters de boro de fórmula B_nH_{n+4} possuem a estrutura *nido*. Eles podem ser considerados derivados de um *closo*-borano que perdeu um vértice mas tem ligações B–H–B assim como ligações B–B. Um exemplo é o B_5H_9 em que existem $(5 \times 2) + 4 = 14$ elétrons do esqueleto, ou 7 pares. A regra $(n + 1)$ (Tabela 13.3) diz que a estrutura será baseada em um delta-hedro de n vértices. Nesse caso $n = 6$ de forma que, como existem apenas cinco átomos de B, o cluster será baseado em um octaedro com um vértice removido (**7**). Em geral, a estabilidade térmica dos *nido*-boranos é intermediária entre aquela dos *closo*-boranos e a dos *aracno*-boranos.

Um comentário útil Esteja atento que estamos usando a variável n com dois significados diferentes. Nas fórmulas gerais dos hidretos de boro, usamos o n como, por exemplo, no B_nH_{n+4}. Entretanto, quando calculamos o número de pares de elétrons do cluster, também o designamos por n.

Os clusters de fórmula B_nH_{n+6} possuem uma estrutura *aracno*. Eles podem ser considerados como um poliedro *closo*-borano com menos dois vértices (e precisam ter ligações B–H–B). Um exemplo de um *aracno*-borano é o pentaborano(11), B_5H_{11}, que tem $(5 \times 2) + 6 = 16$ elétrons do esqueleto ou 8 pares de elétrons no esqueleto. De acordo com a regra $(n + 1)$, $n = 7$ e a estrutura estará baseada em um delta-hedro com sete vértices com dois vértices removidos (**8**). Assim como a maioria dos *aracno*-boranos, o pentaborano(11) é termicamente instável à temperatura ambiente e altamente reativo.

> **EXEMPLO 13.5** Usando as regras de Wade
>
> Deduza a estrutura do $[B_6H_6]^{2-}$ a partir da sua fórmula e da contagem dos seus elétrons.
>
> **Resposta** Observamos que a fórmula $[B_6H_6]^{2-}$ pertence à classe dos hidretos de boro de fórmula $[B_nH_n]^{2-}$, que é característica das espécies *closo*. Alternativamente, podemos contar o número de pares de elétrons do esqueleto e, desse resultado, deduzir o tipo de estrutura. Assumindo uma ligação B–H por átomo de B, há seis unidades BH para se considerar e, deste modo, doze elétrons do esqueleto mais dois da carga global –2: $(6 \times 2) + 2 = 14$, ou 7 pares de elétrons, que é $(n +1)$ com $n = 6$. Portanto, o cluster está baseado em um octaedro, sem vértices perdidos, e é um cluster *closo* (**5**).
>
> *Teste sua compreensão 13.5* (a) Quantos pares de elétrons do esqueleto estão presentes no B_4H_{10} e a qual categoria estrutural ele pertence? Esboce a estrutura. (b) Preveja a estrutura do $[B_5H_8]^-$.

(b) A origem das regras de Wade

Ponto principal: Os orbitais moleculares de um *closo*-borano podem ser construídos a partir de unidades BH, cada uma das quais contribuindo com um orbital atômico radial apontando para o centro do cluster e dois orbitais p perpendiculares tangenciais ao poliedro.

As regras de Wade têm sido justificadas por cálculos de orbitais moleculares. Indicaremos o tipo de raciocínio envolvido considerando a primeira delas, a regra $(n+1)$. Em particular, mostraremos que o $[B_6H_6]^{2-}$ terá uma menor energia se ele tiver uma estrutura *closo* octaédrica, como previsto pelas regras.

Uma ligação B–H utiliza um elétron e um orbital do átomo B, deixando três orbitais e dois elétrons para as ligações do esqueleto. Um desses orbitais, chamado de **orbital radial**, pode ser considerado um orbital híbrido sp do boro apontando para o interior da estrutura (como em **26**). Os outros dois orbitais p restantes do boro, os **orbitais tangenciais**, são perpendiculares ao orbital radial (**29**). As formas das 18 combinações lineares formadas por simetria desses 18 orbitais no cluster octaédrico B_6H_6 podem ser obtidas a partir das figuras no Apêndice 4; mostramos na Fig. 13.9 apenas aquelas que apresentam caráter ligante.

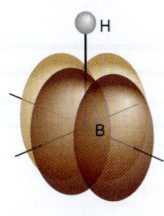

29

O orbital molecular de menor energia é totalmente simétrico (a_{1g}) e se origina das contribuições em fase de todos os orbitais radiais. Os cálculos mostram que os próximos orbitais, subindo na sequência de energia, são os orbitais t_{1u},

Tabela 13.3 Classificação dos hidretos de boro

Tipo	Fórmula*	Pares de elétrons do esqueleto	Exemplos
Closo	$[B_nH_n]^{2-}$	$n + 1$	$[B_5H_5]^{2-}$ até $[B_{12}H_{12}]^{2-}$
Nido	B_nH_{n+4}	$n + 2$	B_2H_6, B_5H_9, B_6H_{10}
Aracno	B_nH_{n+6}	$n + 3$	B_4H_{10}, B_5H_{11}
Hifo†	B_nH_{n+8}	$n + 4$	Nenhum‡

*Em alguns casos, pode haver perda de prótons; assim, a desprotonação do B_5H_9 forma o $[B_5H_8]^-$.
†O nome vem do grego para "rede".
‡São conhecidos alguns derivados.

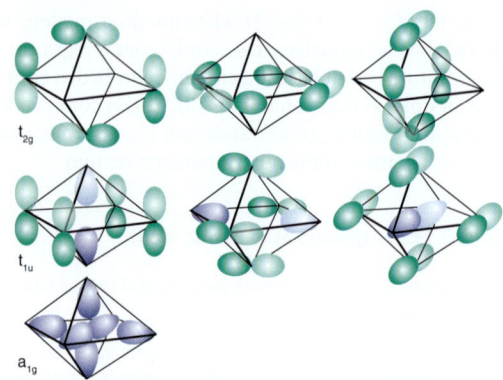

Figura 13.9 Orbitais moleculares ligantes radiais e tangenciais para o $[B_6H_6]^{2-}$. As energias relativas são $a_{1g} < t_{1u} < t_{2g}$.

cada um dos quais é uma combinação de quatro orbitais tangenciais e dois radiais. Com energia acima destes três orbitais degenerados encontram-se três orbitais t_{2g}, de caráter tangencial, obtendo-se sete orbitais ligantes no total. Logo, há sete orbitais com caráter ligante deslocalizados sobre todo o esqueleto e separados por uma considerável diferença de energia dos onze orbitais restantes de caráter predominantemente antiligante (Fig. 13.10).

Há sete pares de elétrons para serem acomodados: um par de cada um dos seis átomos de B e um par da carga global (−2). Esses sete pares preenchem os sete orbitais ligantes do esqueleto e consequentemente originam uma estrutura estável de acordo com a regra (n + 1). Note que a molécula B_6H_6 octaédrica neutra desconhecida não teria elétrons suficientes para preencher todos os orbitais ligantes t_{2g}. Argumentos semelhantes podem ser usados para todas as estruturas *closo*.

(c) Correlações estruturais

Ponto principal: Conceitualmente, as estruturas *closo*, *nido* e *aracno* relacionam-se pela remoção sucessiva de um fragmento BH e adição de H ou elétrons.

Uma correlação estrutural muito útil entre as espécies *closo*, *nido* e *aracno* baseia-se na observação de que clusters com o mesmo número de elétrons do esqueleto estão relacionados pela remoção sucessiva de grupos BH e pela adição de um número apropriado de elétrons e átomos de H. Esse processo conceitual oferece uma boa maneira de se pensar sobre as estruturas dos vários clusters de boro, mas não descreve como eles são convertidos uns nos outros quimicamente.

Essa ideia é explorada na Fig. 13.11, na qual a remoção de uma unidade BH e dois elétrons e a adição de quatro

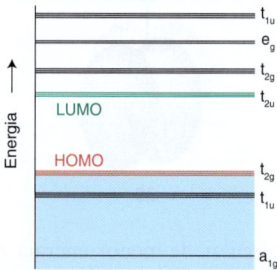

Figura 13.10 Esquema dos níveis de energia dos orbitais moleculares do esqueleto de átomos de B do $[B_6H_6]^{2-}$. A forma dos orbitais ligantes é mostrada na Fig. 13.9.

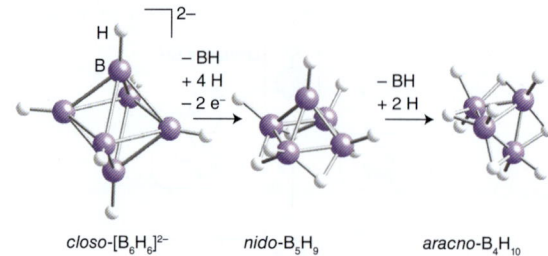

Figura 13.11 Correlações estruturais entre uma estrutura octaédrica B_6 *closo*, uma estrutura piramidal quadrática B_5 *nido* e uma estrutura em borboleta B_4 *aracno*.

átomos de H converte o ânion octaédrico *closo*-$[B_6H_6]^{2-}$ no borano piramidal quadrático *nido*-B_5H_9. Um processo similar (remoção de uma unidade BH e adição de dois átomos de H) converte o *nido*-B_5H_9 no borano *aracno*-B_4H_{10} com forma de borboleta. Cada um desses três boranos possui 14 elétrons de esqueleto, mas à medida que o número de elétrons do esqueleto por átomo de B aumenta, a estrutura torna-se mais aberta. Uma correlação mais sistemática desse tipo é apresentada para muitos boranos diferentes na Fig. 13.12.

(d) Síntese dos boranos e hidretos de boro superiores

Ponto principal: A pirólise seguida de um rápido resfriamento é um método para converter boranos pequenos em boranos maiores.

Como descoberto por Alfred Stock e aperfeiçoado por muitos pesquisadores subsequentes, a pirólise controlada do B_2H_6 em fase gasosa é uma rota para a maioria dos hidretos de boro e boranos superiores, dentre os quais o B_4H_{10}, B_5H_9 e $B_{10}H_{14}$. Uma primeira etapa-chave no mecanismo proposto é a dissociação do B_2H_6 e a condensação do fragmento BH_3 resultante com fragmentos de boranos. Por exemplo, o mecanismo de formação do tetraborano(10) pela pirólise do diborano parece ser:

$$B_2H_6 \rightarrow BH_3 + BH_3$$
$$B_2H_6 + BH_3 \rightarrow B_3H_7 + H_2$$
$$BH_3 + B_3H_7 \rightarrow B_4H_{10}$$

A síntese do tetraborano(10), B_4H_{10}, é particularmente difícil porque ele é muito instável, de acordo com a instabilidade da série (*aracno*) B_nH_{n+6}. Para melhorar o rendimento, o produto que sai quente do reator é imediatamente resfriado sobre uma superfície fria. A síntese pirolítica para formar espécies pertencentes à série (*nido*) B_nH_{n+4}, que é mais estável, tem um rendimento mais alto sem necessidade de resfriamento rápido. Assim, o B_5H_9 e o $B_{10}H_{14}$ são facilmente preparados pela reação de pirólise. Mais recentemente, esses métodos de força bruta por pirólise deram lugar a métodos mais específicos que serão descritos a seguir.

(e) Reações características dos boranos e dos hidretos de boro

Pontos principais: As reações características dos boranos são: a clivagem pelo NH_3 do grupo BH_2 do diborano e do tetraborano, a desprotonação dos hidretos de boro maiores por bases, a reação de um hidreto de boro com um íon hidreto de boro para produzir um ânion de hidreto de boro maior e a substituição do tipo Friedel-Crafts de um hidrogênio no pentaborano e em alguns hidretos de boro maiores por um grupo alquila.

Hidretos de boro e boranos superiores

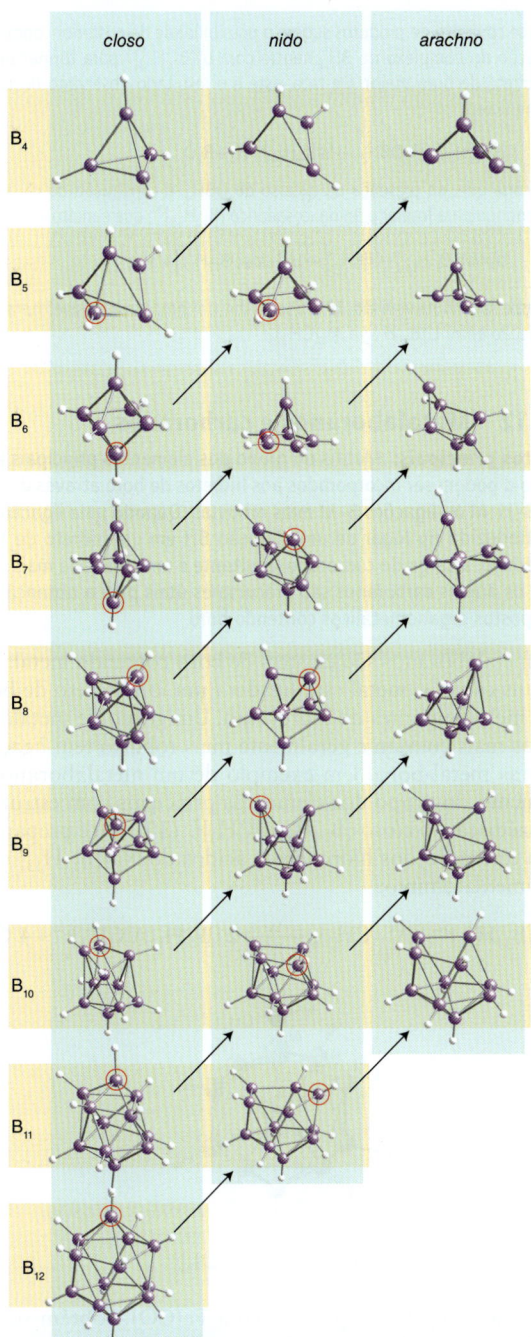

Figura 13.12 Relações estruturais entre os boranos *closo*, *nido* e *aracno* e boranos heteroatômicos. As linhas diagonais conectam espécies que possuem o mesmo número de elétrons do esqueleto. As cargas e os átomos de hidrogênio não pertencentes à rede B–H foram omitidos. O átomo circundado indica que foi removido para se obter a estrutura do lado direito superior a ela. (Adaptado de R. W. Rudolph, *Acc. Chem. Res.*, 1976, **9**, 446.)

As reações características dos clusters de boro com uma base de Lewis vão desde a clivagem do BH_n do cluster, a desprotonação do cluster, a expansão do cluster até a abstração de um ou mais prótons. Todos os boranos são reativos, sensíveis ao ar e à umidade e susceptíveis à hidrólise. Estas reações produzem ácido bórico e hidrogênio e o seu resultado pode ser usado para estabelecer a estequiometria do borano:

$$B_nH_m + 3n\,H_2O \rightarrow n\,B(OH)_3 + \frac{3n+m}{2}H_2$$

As reações de clivagem com base de Lewis já foram apresentadas na Seção 13.6b em conexão com o diborano. Com o borano superior mais robusto B_4H_{10}, a clivagem pode quebrar algumas ligações B–H–B, levando à fragmentação parcial do cluster:

EXEMPLO 13.6 Resolvendo a estequiometria de um borano ou hidreto de boro

A hidrólise de um mol de um hidreto de boro produz 11 mol de H_2 e 4 mol de $B(OH)_3$. Determine a sua estequiometria.

Resposta A reação de hidrólise é $B_nH_m + 3nH_2O \rightarrow nB(OH)_3 + \frac{3n+m}{2}H_2$, de forma que $n = 4$ e $(3n + m)/2 = 11$, o que fornece $m = 10$. O composto é o B_4H_{10}.

Teste sua compreensão 13.6 A hidrólise de um mol de um hidreto de boro fornece 12 mol de H_2 e 5 mol de $B(OH)_3$. Identifique o composto e sugira a sua estrutura.

A desprotonação, em lugar da clivagem, ocorre facilmente com o borano maior $B_{10}H_{14}$:

$$B_{10}H_{14} + N(CH_3)_3 \rightarrow [HN(CH_3)_3]^+[B_{10}H_{13}]^-$$

A estrutura do produto aniônico indica que a desprotonação ocorre em uma ponte B–H–B 3c,2e, deixando a contagem de elétrons no cluster de boro inalterada. Essa desprotonação de uma ligação BHB 3c,2e para produzir uma ligação 2c,2e ocorre sem o rompimento da ligação:

A acidez de Brønsted de um hidreto de boro, geralmente, aumenta com o tamanho: $B_4H_{10} < B_5H_9 < B_{10}H_{14}$. Essa tendência correlaciona-se com a maior deslocalização de carga nos clusters maiores, do mesmo modo que a deslocalização explica a maior acidez do fenol em relação ao metanol. A variação na acidez é ilustrada pela observação de que, como mostrado acima, a base fraca trimetilamina desprotona o decaborano(14), mas é necessária uma base muito mais forte como o metil-lítio para desprotonar o B_5H_9:

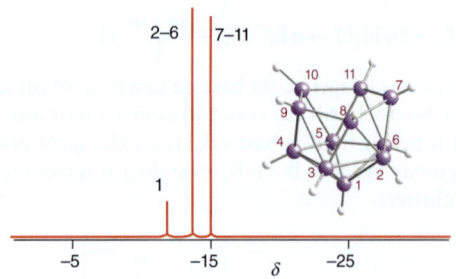

Figura 13.13 O espectro de RMN-^{11}B, com desacoplamento de próton, do $[B_{11}H_{14}]^-$. A estrutura *nido* (um icosaedro truncado) é indicada pelo padrão 1:5:5.

O caráter hidrídico é mais característico dos hidretos de boro aniônicos pequenos. Como exemplo, enquanto o BH_4^- libera facilmente um íon hidreto na reação

$$BH_4^- + H^+ \rightarrow \tfrac{1}{2} B_2H_6 + H_2$$

o íon $[B_{10}H_{10}]^{2-}$ sobrevive mesmo em solução fortemente ácida. Na verdade, o sal de hidrônio $(H_3O)_2B_{10}H_{10}$ pode até mesmo ser cristalizado.

A reação de formação de cluster entre um borano e um hidreto de boro fornece uma rota conveniente para os íons hidreto de boro superiores:

$$5\,K[B_9H_{14}] + 2\,B_5H_9 \xrightarrow{\text{poliéter, 85°C}} 5\,K[B_{11}H_{14}] + 9\,H_2$$

Reações semelhantes são usadas para preparar outros hidretos de boro, como o $[B_{10}H_{10}]^{2-}$. Esse tipo de reação tem sido usado para sintetizar uma grande variedade de hidretos de boro polinucleares. A espectroscopia de RMN de boro-11 revela que o esqueleto de boro no $[B_{11}H_{14}]^-$ consiste em um icosaedro com um vértice a menos (Fig. 13.13).

O deslocamento eletrofílico do H^+ é uma rota para as espécies alquiladas e halogenadas. Da mesma forma que nas reações de Friedel-Crafts, o deslocamento eletrofílico do H é catalisado por um ácido de Lewis, como o cloreto de alumínio, e a substituição geralmente ocorre na parte fechada dos clusters de boro:

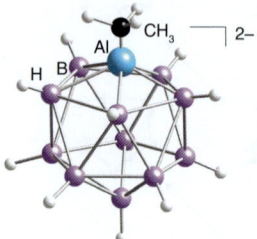

EXEMPLO 13.7 Propondo a estrutura para um cluster de boro produto de reação

Proponha uma estrutura para o produto da reação do $B_{10}H_{14}$ com $LiBH_4$ em um poliéter, $CH_3OC_2H_4OCH_3$ (que ferve a 162°C), em refluxo.

Resposta A previsão do produto provável para as reações de um cluster de boro é difícil porque frequentemente vários produtos são plausíveis, e o produto obtido é quase sempre dependente das condições da reação. No presente caso, observamos que um borano ácido, o $B_{10}H_{14}$, é posto em contato com o ânion hidrídico BH_4^- sob condições bastante vigorosas. Desse modo, podemos esperar a evolução de hidrogênio:

$$B_{10}H_{14} + Li[BH_4] \xrightarrow{\text{éter, }R_2O} Li[B_{10}H_{13}] + R_2OBH_3 + H_2$$

Esse conjunto de produtos sugere a possibilidade de posterior condensação do complexo de BH_3 neutro com o $[B_{10}H_{13}]^-$ para formar um hidreto de boro maior. De fato, este é o resultado observado nestas condições:

$$Li[B_{10}H_{13}] + R_2OBH_3 \rightarrow Li[B_{11}H_{14}] + H_2 + R_2O$$

Ocorre que, na presença de excesso de $LiBH_4$, a construção do cluster continua para formar o ânion icosaédrico $[B_{12}H_{12}]^{2-}$, que é muito estável:

$$Li[\textit{nido}\text{-}B_{11}H_{14}] + Li[BH_4] \rightarrow Li_2[\textit{closo}\text{-}B_{12}H_{12}] + 3\,H_2$$

Teste sua compreensão 13.7 Proponha um produto plausível para a reação entre $Li[B_{10}H_{13}]$ e $Al_2(CH_3)_6$.

13.12 Metalaboranos e carboranos

Pontos principais: Metais do grupo dos elementos principais e do bloco d podem ser incorporados aos hidretos de boro através de pontes B–H–M ou ligações B–M mais robustas. Quando uma ligação CH é introduzida no lugar de uma ligação BH em um hidreto de boro poliédrico, a carga do carborano resultante é uma unidade mais positiva; os ânions carboranos são precursores úteis para a obtenção de compostos organometálicos contendo boro.

Os metalaboranos são clusters de boro contendo metal. Em alguns casos, o metal está ligado a um íon hidreto de boro por meio de pontes de hidrogênio. Um grupo de metalaboranos mais comum e geralmente mais robusto tem ligações diretas metal-boro. Um exemplo de um metalaborano de elemento do grupo dos elementos principais com estrutura icosaédrica é o *closo*-$[B_{11}H_{11}AlCH_3]^{2-}$ (**30**). Ele é preparado pela interação dos hidrogênios ácidos do $Na_2[B_{11}H_{13}]$ com o trimetilalumínio:

$$2\,[B_{11}H_{13}]^{2-} + Al_2(CH_3)_6 \xrightarrow{\Delta} 2\,[B_{11}H_{11}AlCH_3]^{2-} + 4\,CH_4$$

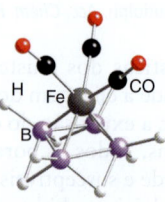

30 *closo*-$[B_{11}H_{11}AlCH_3]^{2-}$

Quando o B_5H_9 é aquecido com $Fe(CO)_5$, obtém-se um análogo metalado do pentaborano (**31**). Geralmente, os boranos são muito reativos frente a reagentes metálicos e o ataque pode ocorrer em vários pontos da gaiola poliédrica. Portanto, as reações produzem misturas complexas de metalaboranos, das quais pode-se isolar espécies individuais.

31 $[Fe(CO)_3B_4H_8]$

Os **carboranos** (mais formalmente, os *carbaboranos*) são intimamente relacionados aos boranos e hidretos de boro poliédricos e são uma grande família de clusters que contêm tanto átomos de B quanto de C. Agora, começaremos a ver a generalidade das regras de Wade de contagem de elétrons, uma vez que o BH^- é isoeletrônico e isolobal do CH (**32**), podendo-se esperar que os hidretos de boro e os carboranos poliédricos estejam relacionados. Por exemplo, o $C_2B_3H_5$ possui (5 × 2) elétrons de cada ligação B–H ou C–H e um elétron adicional de cada C, levando a um total de 12 elétrons no cluster, ou seis pares. A regra ($n + 1$) prevê que a molécula estará baseada em um poliedro de cinco vértices, ou seja, uma estrutura bipiramidal trigonal (**33**). As regras de Wade não permitem prever as posições dos átomos de carbono. Dessa forma, técnicas espectroscópicas precisam ser usadas para elucidar as estruturas.

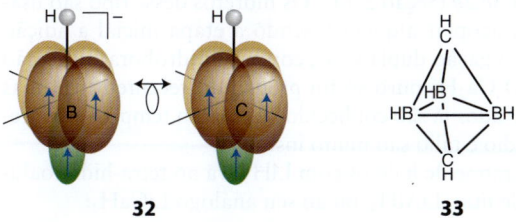

32   **33**

> **EXEMPLO 13.8** Usando as regras de Wade para prever a estrutura de um carborano
>
> Dê a estrutura do $C_2B_5H_7$.
>
> **Resposta** O número de elétrons do esqueleto é (7 × 2) + 2 = 16, ou 8 pares. A regra ($n + 1$) prevê que a forma é baseada em um poliedro com sete vértices, uma bipirâmide pentagonal. Como existem sete átomos nos vértices, ela é, então, uma estrutura *closo* (**34**).
>
>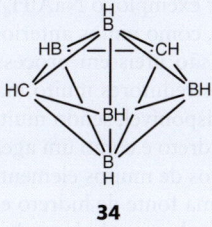
>
> **34**
>
> **Teste sua compreensão 13.8** Preveja a estrutura do $C_2B_4H_6$.

Os carboranos são geralmente preparados pela reação de boranos com etano:

$$B_5H_9 + C_2H_2 \xrightarrow{C_2H_2,\ 500-600°C} 1,5\text{-}C_2B_3H_5 + 1,6\text{-}C_2B_4H_6 + 2,4\text{-}C_2B_5H_7$$

Uma reação interessante é a conversão do decaborano(14) em *closo*-1,2-$B_{10}C_2H_{12}$ (**35**). A primeira reação dessa preparação é o deslocamento de uma molécula de H_2 do decaborano por um tioéter:

$$B_4H_{14} + 2\ Set_2 \rightarrow B_4H_{12}(Set_2)_2 + H_2$$

A perda de dois átomos de H nessa reação é compensada pela doação de pares de elétrons pelos tioéteres adicionados, de forma que a contagem de elétrons fica inalterada.

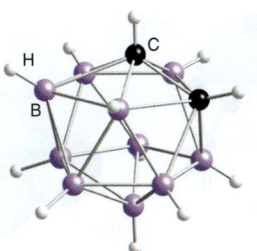

35 *closo*-1,2-$B_{10}C_2H_{12}$

O produto da reação é então convertido no carborano pela adição de um alquino:

$$B_{10}H_{12}(Set_2)_2 + C_2H_2 \rightarrow B_{10}C_2H_{12} + Set_2 + H_2$$

Os quatro elétrons π do etino deslocam as duas moléculas de tioéter (dois doadores de dois elétrons) e uma molécula de H_2 (que deixa dois elétrons adicionais). A perda total de dois elétrons correlaciona-se com a mudança na estrutura, saindo de um material de partida com estrutura *nido* para um produto *closo*. Os átomos de C estão em posições adjacentes (1,2), como consequência da sua origem a partir do etino. Este *closo*-carborano resiste ao ar e pode ser aquecido sem decomposição. A 500°C, em atmosfera inerte, ele sofre isomerização para o 1,7-$B_{10}C_2H_{12}$ (**36**), o qual por sua vez isomeriza a 700°C para o isômero 1,12 (**37**).

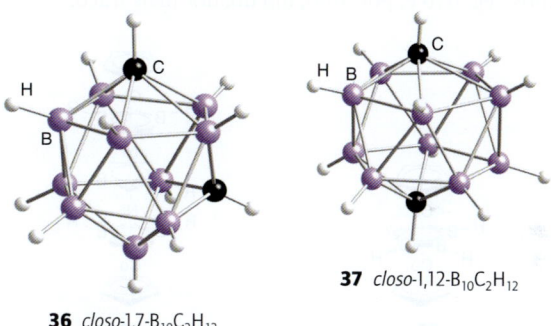

36 *closo*-1,7-$B_{10}C_2H_{12}$ **37** *closo*-1,12-$B_{10}C_2H_{12}$

Os átomos de H ligados ao carbono no *closo*-$B_{10}C_2H_{12}$ são levemente ácidos, de forma que é possível litiar esses compostos usando butil-lítio:

$$B_{10}C_2H_{12} + 2\ LiC_4H_9 \rightarrow B_{10}C_2H_{10}Li_2 + 2\ C_4H_{10}$$

Esses dilitiocarboranos são bons nucleófilos e sofrem muitas reações características dos reagentes organolítio (Seção 11.17). Assim, uma grande variedade de derivados de carboranos pode ser sintetizada. Por exemplo, a reação com CO_2 forma um ácido dicarboxílico carborano:

$$B_{10}C_2H_{10}Li_2 \xrightarrow{(1)\ 2\ CO_2;\ (2)\ 2\ H_2O} B_{10}C_2H_{10}(COOH)_2$$

Similarmente, o I_2 leva ao di-iodocarborano e o NOCl forma o $B_{10}C_2H_{10}(NO)_2$.

Embora o 1,2-$B_{10}C_2H_{12}$ seja muito estável, esse cluster pode ser parcialmente fragmentado com base forte e então desprotonado com NaH para formar o *nido*-$[B_9C_2H_{11}]^{2-}$:

$$B_{10}C_2H_{12} + EtO^- + 2\ EtOH \rightarrow [B_9C_2H_{12}]^- + B(OEt)_3 + H_2$$
$$Na[B_9C_2H_{12}] + NaH \rightarrow Na_2[B_9C_2H_{11}] + H_2$$

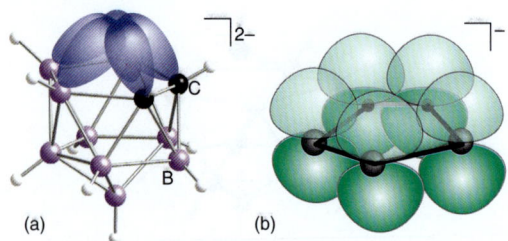

Figura 13.14 A relação isolobal entre (a) $[B_9C_2H_{11}]^{2-}$ e (b) $[C_5H_5]^-$. Os átomos de H foram omitidos para melhor clareza.

A importância dessas reações é que o *nido*-$[B_9C_2H_{11}]^{2-}$ (Fig. 13.14a) é um excelente ligante. Neste caso, ele mimetiza o ligante ciclopentadienila ($[C_5H_5]^-$; Fig. 13.14b), que é muito usado na química organometálica:

$$2\,Na_2[B_9C_2H_{11}] + FeCl_2 \xrightarrow{THF} 2\,NaCl + Na_2[Fe(B_9C_2H_{11})_2]$$

$$2\,Na[C_5H_5] + FeCl_2 \xrightarrow{THF} 2\,NaCl + Fe(C_5H_5)_2$$

Mesmo sem entrar nos detalhes das suas sínteses, uma grande variedade de carboranos coordenados com metal pode ser sintetizada. Um aspecto notável é a facilidade de formação de compostos sanduíche de várias camadas contendo ligantes carboranos, (**38**) e (**39**). O ligante altamente negativo $[B_3C_2H_5]^{4-}$ possui uma tendência muito maior de formar compostos sanduíche empilhados do que o $[C_5H_5]^-$, que é menos negativo e, portanto, um doador mais fraco.

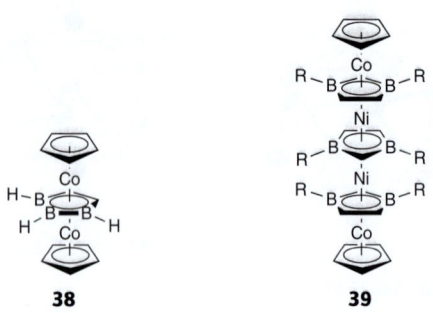

38   **39**

EXEMPLO 13.9 Planejando a síntese de um derivado de carborano

Dê as equações químicas balanceadas para a síntese do 1,2-$B_{10}C_2H_{10}$ $(Si(CH_3)_3)_2$ partindo do decaborano(14) e de outros reagentes de sua escolha.

Resposta Devemos notar que os átomos de H ligados ao carbono no *closo*-$B_{10}C_2H_{12}$ são relativamente ácidos, de forma que podemos litiar esse composto com o butil-lítio. Assim, prepararemos primeiro o 1,2-$B_{10}C_2H_{12}$ a partir do decaborano:

$$B_{10}H_{14} + 2\,SR_2 \rightarrow B_{10}H_{12}(SR_2)_2 + H_2$$
$$B_{10}H_{12}(SR_2)_2 + C_2H_2 \rightarrow B_{10}C_2H_{12} + 2\,SR_2 + H_2$$

O produto é então litiado pelo aquil-lítio, em que o alquilcarbânio retira os átomos de hidrogênio ligeiramente ácidos do $B_{10}C_2H_{12}$, substituindo-os por Li^+:

$$B_{10}C_2H_{12} + 2\,LiC_4H_9 \rightarrow B_{10}C_2H_{10}Li_2 + 2\,C_4H_{10}$$

O carborano resultante é então empregado num deslocamento nucleofílico no $Si(CH_3)_3Cl$ para formar o produto desejado:

$$B_{10}C_2H_{10}Li_2 + 2\,Si(CH_3)_3Cl \rightarrow B_{10}C_2H_{10}(Si(CH_3)_3)_2 + 2\,LiCl$$

Teste sua compreensão 13.9 Proponha uma síntese para o precursor de polímero 1,7-$B_{10}C_2H_{10}(Si(CH_3)_2Cl)_2$ a partir do 1,2-$B_{10}C_2H_{12}$ e de outros reagentes de sua escolha.

13.13 Hidretos de alumínio e gálio

Pontos principais: O $LiAlH_4$ e o $LiGaH_4$ são precursores úteis para a formação dos complexos MH_3L_2; o $LiAlH_4$ também é usado como fonte de íons H^- na preparação de hidretos de metaloides, tal como o SiH_4. Os hidretos de alquilalumínio são usados para acoplar alquenos.

O hidreto de alumínio, AlH_3, é um sólido polimérico. Os hidretos de alquilalumínio, como o $Al_2(C_2H_5)_4H_2$, são compostos moleculares bem conhecidos que contêm ligações Al–H–Al $3c,2e$ (Seção 2.11). Os hidretos desse tipo são usados para acoplar alquenos, sendo a etapa inicial a adição de AlH à ligação dupla C=C, como na hidroboração (Seção 13.6c). O Ga_2H_6 puro só foi preparado recentemente, mas seus derivados já são conhecidos há algum tempo. Os hidretos de índio e tálio são muito instáveis.

A metátese de haletos com LiH leva ao tetra-hidretoaluminato de lítio, $LiAlH_4$, ou ao seu análogo $LiGaH_4$:

$$4\,LiH + ECl_3 \xrightarrow{\Delta,\,\text{éter}} LiEH_4 + 3\,LiCl \quad (E = Al,\,Ga)$$

A reação direta entre Li, Al e H_2 leva à formação do $LiAlH_4$ ou Li_3AlH_6, dependendo das condições da reação. Note a analogia formal com os halocomplexos tais como $AlCl_4^-$ e AlF_6^{3-}.

Os íons AlH_4^- e GaH_4^- são tetraédricos e muito mais hidrídicos do que o BH_4^-. Esse caráter hidrídico é compatível com a maior eletronegatividade do B comparada com a do Al e do Ga e com o fato de que o BH_4^- é mais covalente do que o AlH_4^- e o GaH_4^-. Por exemplo, o $NaAlH_4$ reage violentamente com a água, mas, como vimos anteriormente, as soluções básicas de $NaBH_4$ são úteis em processos de síntese. Eles também são agentes redutores muito mais fortes; o $LiAlH_4$ é comercialmente disponível, sendo muito usado como uma fonte vigorosa de hidreto e como um agente redutor.

Frente aos haletos de muitos elementos não metálicos, o AlH_4^- serve como uma fonte de hidreto em reações de metátese, como na reação do tetra-hidretoaluminato de lítio com tetracloreto de silício em solução de tetra-hidrofurano para produzir silano:

$$LiAlH_4 + SiCl_4 \xrightarrow{THF} LiAlCl_4 + SiH_4$$

A regra geral nesse importante tipo de reação é que o H^- migra do elemento de menor eletronegatividade (neste caso o Al) para o elemento de maior eletronegatividade (Si).

Sob condições de protólise controlada, tanto o AlH_4^- quanto o GaH_4^- levam a complexos de hidreto de alumínio ou de gálio:

$$LiEH_4 + [(CH_3)_3NH]Cl \rightarrow (CH_3)_3N{-}EH_3 + LiCl + H_2$$
$$(E = Al,\,Ga)$$

Em marcante contraste com os complexos de BH_3, esses complexos podem receber a adição de uma segunda molécula de base para formar complexos pentacoordenados de hidreto de alumínio ou de gálio:

$(CH_3)_3N - EH_3 + N(CH_3)_3 \rightarrow ((CH_3)N)_2EH_3$ (E = Al, Ga)

Esse comportamento é consistente com a tendência dos elementos do Período 3 e dos elementos mais pesados do bloco p para formar compostos hipervalentes pentacoordenados e hexacoordenados (Seção 2.6b).

13.14 Tri-haletos de alumínio, gálio, índio e tálio

Pontos principais: Alumínio, gálio e índio têm preferência pelo estado de oxidação +3 e seus tri-haletos são ácidos de Lewis. Os tri-haletos de tálio são menos estáveis do que seus congêneres.

Embora a reação direta de Al, Ga ou In com um halogênio produza um haleto, esses metais eletropositivos também reagem com HCl ou HBr gasoso, sendo esta rota, geralmente, mais conveniente:

$$2\ Al(s) + 6\ HCl(g) \xrightarrow{100°C} 2\ AlCl_3(s) + 3\ H_2(g)$$

O AlF_3 e o GaF_3 formam sais do tipo Na_3AlF_6 (criolita) e Na_3GaF_6, os quais contêm íons complexos octaédricos $[MF_6]^{3-}$. A criolita ocorre na natureza e a criolita sintética fundida é usada como solvente para o Al_2O_3 no processo industrial de obtenção do alumínio.

A acidez de Lewis dos tri-haletos é uma consequência da relativa dureza química dos elementos do Grupo 13. Assim, frente a uma base de Lewis dura (tal como o acetato de etila, que é duro devido aos seus átomos de O doadores), a acidez de Lewis dos haletos diminui à medida que a maciez do elemento receptor aumenta, de forma que a acidez de Lewis decresce na ordem: $BCl_3 > AlCl_3 > GaCl_3$. Em comparação, frente a uma base de Lewis macia (tal como o dimetilsulfano, Me_2S, que é macio devido ao seu átomo de S), a acidez de Lewis aumenta à medida que a maciez do elemento receptor aumenta: $GaX_3 > AlX_3 > BX_3$ (para X=Cl ou Br).

O tricloreto de alumínio é um bom material de partida para a síntese de outros compostos de Al:

$$AlCl_3(solv) + 3\ LiR(solv) \rightarrow AlR_3(solv) + 3\ LiCl(s)$$

Essa reação é um exemplo de **transmetalação**, a qual é importante na preparação de compostos organometálicos do grupo dos elementos principais. Nas reações de transmetalação, o haleto formado é aquele do elemento mais eletronegativo, e a alta entalpia de rede desse composto pode ser considerada a "força motriz" dessa reação (como vimos no Exemplo 13.9). A principal aplicação industrial do $AlCl_3$ é como catalisador de Friedel-Crafts em síntese orgânica.

Os tri-haletos de tálio são muito menos estáveis do que os dos seus congêneres mais leves. Uma armadilha para os desavisados é que o tri-iodeto de tálio é um composto de Tl(I) em vez de Tl(III), pois ele contém o íon I_3^-, e não o íon I^-. Isso é confirmado pelos potenciais padrão que indicam que o Tl(III) é facilmente reduzido a Tl(I) pelo iodeto:

$$Tl^{3+}(aq) + 2e^- \rightarrow Tl^+(aq) \quad E^\ominus = +1,25\ V$$
$$I_3^-(aq) + 2e^- \rightarrow 3I^-(aq) \quad E^\ominus = +0,55\ V$$

Entretanto, em excesso de iodeto, o Tl(III) é estabilizado pela formação de um complexo:

$$TlI_3(s) + I^-(aq) \rightarrow [TlI_4]^-(aq)$$

De acordo com a tendência geral de números de coordenação mais altos para os átomos maiores dos últimos elementos do bloco p, os haletos de Al e seus congêneres mais pesados podem se ligar a bases de Lewis adicionais:

$$AlCl_3 + N(CH_3)_3 \rightarrow Cl_3AlN(CH_3)_3$$
$$Cl_3AlN(CH_3)_3 + N(CH_3)_3 \rightarrow Cl_3Al(N(CH_3)_3)_2$$

13.15 Haletos de alumínio, gálio, índio e tálio em baixos estados de oxidação

Ponto principal: O estado de oxidação +1 torna-se progressivamente mais estável do alumínio ao tálio.

Todos os compostos AlX, o GaF e o InF são espécies gasosas instáveis que se desproporcionam em fase sólida:

$$3\ AlX(s) \rightarrow 2\ Al(s) + AlX_3(s)$$

Os outros mono-haletos de Ga, In e Tl são mais estáveis. Os mono-haletos de gálio são formados reagindo-se GaX_3 com o metal na razão 1:2:

$$GaX_3(s) + 2\ Ga(s) \rightarrow 3\ GaX(s) \quad (X = Cl,\ Br\ ou\ I)$$

A estabilidade aumenta do cloreto para o iodeto. A estabilidade do estado de oxidação +1 aumenta pela formação de complexos tais como $Ga[AlX_4]$. O GaX_2, aparentemente divalente, pode ser preparado pelo aquecimento do GaX_3 com gálio metálico na razão 2:1:

$$2\ GaX_3(s) + Ga(s) \xrightarrow{\Delta} 3\ GaX_2(s) \quad (X = Cl,\ Br\ ou\ I)$$

A fórmula GaX_2 é enganadora, uma vez que esse sólido e muitos outros sais aparentemente divalentes não contêm Ga(II); em vez disso, eles são compostos com estados de oxidação mistos contendo Ga(I) e Ga(III), Ga(I)[Ga(III)Cl$_4$]. Compostos halogenados com estados de oxidação mistos também são conhecidos para os metais mais pesados, tais como $InCl_2$ e $TlBr_2$. A presença de íons M^{3+} é indicada pela existência de complexos MX_4^- nesses sais, com distâncias M–X curtas, enquanto a presença dos íons M^+ é indicada por distâncias mais longas e menos regulares entre o metal e os íons haletos. De fato, há uma linha divisória muito tênue entre a formação de um composto iônico com estado de oxidação misto e a formação de um composto contendo ligações M–M. Por exemplo, misturando-se $GaCl_2$ com uma solução de $[N(CH_3)_4]Cl$ em um solvente não aquoso, forma-se o composto $[N(CH_3)_4]_2[Cl_3Ga-GaCl_3]$, na qual o ânion possui uma estrutura semelhante à do etano com uma ligação Ga–Ga.

Os mono-haletos de índio são preparados pela interação direta dos elementos ou pelo aquecimento do metal com HgX_2. A estabilidade aumenta do cloreto para o iodeto, sendo aumentada pela formação de complexos tais como $In[AlX_4]$. Os haletos de gálio(I) e de índio(I) desproporcionam quando dissolvidos em água:

$$3\ MX(s) \rightarrow 2\ M(s) + M^{3+}(aq) + 3\ X^-(aq)$$
$$(M = Ga,\ In;\ X = Cl,\ Br,\ I)$$

O tálio(I) é estável com relação à desproporcionação em água, pois o Tl^{3+} é difícil de ser atingido. Os haletos de tálio(I) são preparados pela ação do HX sobre uma solução ácida de um sal solúvel de Tl(I). O fluoreto de tálio(I) tem uma estrutura de sal-gema distorcida, enquanto que o TlCl e o TlBr têm a estrutura do cloreto de césio (Seção 3.9). O TlI amarelo tem uma estrutura em camadas ortorrômbica, em que o efeito do par inerte manifesta-se estruturalmente, mas quando submetido à pressão converte-se em TlI vermelho com uma estrutura de cloreto de césio. O iodeto de tálio(I) é usado nos tubos de fotomultiplicadoras para detectar radiações ionizantes.

São conhecidos outros haletos de tálio e índio com estado de oxidação baixo: o TlX_2 é na verdade $Tl(I)[Tl(III)X_4]$, o Tl_2X_3 é $Tl(I)_3[Tl(III)X_6]$ e o In_4Br_6 é $In(I)_6[In(III)Br_6]_2$.

EXEMPLO 13.10 Propondo reações dos haletos do Grupo 13

Proponha as equações químicas (ou indique "não reage") para as reações entre: (a) $AlCl_3$ e $(C_2H_5)_3NGaCl_3$ em tolueno; (b) $(C_2H_5)_3NGaCl_3$ e GaF_3 em tolueno; (c) TlCl e NaI em água.

Resposta (a) Devemos notar que os tricloretos são excelentes ácidos de Lewis e que o Al(III) é um ácido de Lewis mais forte e mais duro que o Ga(III); deste modo, pode-se esperar a seguinte reação:

$$AlCl_3 + (C_2H_5)_3NGaCl_3 \rightarrow (C_2H_5)_3NAlCl_3 + GaCl_3$$

(b) Neste caso, devemos notar que os fluoretos são iônicos, de forma que o GaF_3 tem uma entalpia de rede muito alta e não é um bom ácido de Lewis. Assim, não há reação. (c) Agora, devemos notar que o Tl(I) é quimicamente um ácido de Lewis macio de fronteira, de forma que ele irá combinar-se com o íon I⁻ mais macio, ao invés do Cl⁻:

$$TlCl(s) + NaI(aq) \rightarrow TlI(s) + NaCl(aq)$$

Assim como os haletos de prata, os haletos de Tl(I) possuem baixa solubilidade em água, de forma que a reação provavelmente ocorrerá de forma bastante lenta.

Teste sua compreensão 13.10 Proponha e justifique a equação química (ou indique "não reage") para as reações entre: (a) $(CH_3)_2SAlCl_3$ e $GaBr_3$; (b) $TlCl_3$ e formaldeído (HCHO) em solução aquosa ácida. (*Dica:* o formaldeído é facilmente oxidado a CO_2 e H^+.)

13.16 Oxocompostos de alumínio, gálio, índio e tálio

Pontos principais: O alumínio e o gálio apresentam óxidos nas formas α e β, aos quais os elementos estão em seus estados de oxidação +3; o tálio forma um óxido, no qual ele está no estado de oxidação +1, e também um peróxido.

A forma mais estável do Al_2O_3, a α-alumina, é um material refratário muito duro. Em sua forma mineral, ele é conhecido como *coríndon*, e como gema pode estar sob a forma de *safira* ou *rubi*, dependendo da impureza de íon metálico. O azul da safira origina-se de uma transição de transferência de carga do íon Fe^{2+} para o Ti^{4+}, presentes como impurezas (Seção 20.5). O rubi é α-alumina na qual uma pequena fração dos íons Al^{3+} foi substituída por Cr^{3+}. A estrutura da α-alumina e da gália, Ga_2O_3, consiste em um arranjo ech dos íons O^{2-} com os íons metálicos ocupando dois terços dos sítios octaédricos em um arranjo ordenado.

A desidratação do hidróxido de alumínio em temperaturas abaixo de 900°C leva à formação da γ-alumina, que é uma forma policristalina metaestável com uma estrutura de espinélio defeituoso (Seção 3.9b) e uma grande área superficial. Parcialmente por causa dos sítios ácidos e básicos situados na sua superfície, esse material é usado como fase sólida em cromatografia e como um catalisador heterogêneo e suporte catalítico (Seção 25.10).

As formas α e γ do Ga_2O_3 têm as mesmas estruturas que os seus análogos de Al. A forma metaestável é o β-Ga_2O_3, que tem uma estrutura ecc com o Ga(III) em sítios tetraédricos e octaédricos distorcidos. Portanto, metade dos íons Ga(III) estão tetracoordenados, apesar do seu raio grande (comparado com o Al(III)). Essa coordenação pode ser devido ao efeito da camada $3d^{10}$ cheia, conforme ressaltado anteriormente. O índio e o Tl formam o In_2O_3 e o Tl_2O_3, respectivamente. O tálio também forma o óxido e o peróxido de Tl(I), Tl_2O e Tl_2O_2.

O óxido de índio e estanho (ITO, em inglês) corresponde ao In_2O_3 dopado com 10% em massa de SnO_2 para formar um semicondutor do tipo n. O material é transparente na região do visível e é um condutor elétrico. Ele é depositado como um filme fino sobre as superfícies por vários métodos tais como deposição de vapor físico e bombardeio com feixe de íons. Os principais usos desses filmes são como coberturas condutoras transparentes em mostradores de cristal líquido e de plasma, telas sensíveis ao toque, células solares e diodos orgânicos emissores de luz. Eles também são usados como espelhos refletores de infravermelho e como cobertura antirreflexo em óculos, telescópios e binóculos. O ponto de fusão do ITO é de 1900°C, o que o torna um filme fino muito útil para medida de tensão mecânica em ambientes agressivos como em motores a jato e turbinas a gás.

13.17 Sulfetos de gálio, índio e tálio

Ponto principal: Gálio, índio e tálio formam muitos sulfetos com uma grande variedade de estruturas.

O único sulfeto de alumínio é o Al_2S_3, que é preparado pela reação direta dos elementos em temperatura elevada:

$$2\,Al(s) + 3\,S(s) \xrightarrow{\Delta} Al_2S_3(s)$$

Ele hidrolisa rapidamente em solução aquosa:

$$Al_2S_3(s) + 6\,H_2O(l) \rightarrow 2\,Al(OH)_3(s) + 3\,H_2S(g)$$

O sulfeto de alumínio existe nas formas α, β e γ. As estruturas das formas α e β são baseadas na estrutura da wurtzita (Seção 3.9): no α-Al_2S_3, os íons S^{2-} estão em ech e os íons Al^{3+} ocupam dois terços dos sítios tetraédricos de forma ordenada; no β-Al_2S_3, os íons Al^{3+} ocupam dois terços dos sítios tetraédricos de forma aleatória. A forma γ tem a mesma estrutura do γ-Al_2O_3.

Os sulfetos de gálio, índio e tálio são mais numerosos e variados do que os de Al e apresentam-se em muitos tipos diferentes de estruturas. Alguns exemplos são dados na Tabela 13.4. Muitos dos sulfetos são semicondutores, fotocondutores ou emissores de luz e são usados em aparelhos eletrônicos.

Tabela 13.4 Alguns sulfetos selecionados de gálio, índio e tálio

Sulfeto	Estrutura
GaS	Estrutura em camadas com ligações Ga–Ga
α-Ga_2S_3	Estrutura de wurtzita defeituosa (hexagonal)
γ-Ga_2S_3	Estrutura de esfalerita defeituosa (cúbica)
InS	Estrutura em camadas com ligações In–In
β-In_2S_3	Espinélio defeituoso (como o γ-Al_2S_3)
TlS	Cadeias de tetraedros $Tl(III)S_4$ com arestas compartilhadas
Tl_4S_3	Cadeias de tetraedros $[Tl(III)S_4]$ e $Tl(I)[Tl(III)S_3]$

13.18 Compostos com elementos do Grupo 15

Ponto principal: Alumínio, gálio e índio reagem com fósforo, arsênio e antimônio para formar materiais semicondutores.

Os compostos formados entre os elementos do Grupo 13 e do Grupo 15 (grupo do nitrogênio) são comercialmente e tecnologicamente importantes, uma vez que são isoeletrônicos com o Si e o Ge e atuam como semicondutores (Seções 14.1 e 24.19). Os nitretos adotam a estrutura da wurtzita e os fosfetos, arsenetos e antimonetos apresentam-se com a estrutura da blenda-de-zinco (esfalerita) (Seção 3.9). Todos os compostos binários entre os elementos dos Grupos 13 e 15 podem ser preparados pela reação direta entre os elementos em alta temperatura e pressão.

$$Ga(s) + As(s) \rightarrow GaAs(s)$$

O semicondutor mais usado envolvendo os Grupos 13 e 15 é o arseneto de gálio, GaAs, o qual é usado na fabricação de circuitos integrados, diodos emissores de luz e diodos laser. A separação de energia entre as suas bandas eletrônicas é semelhante à do silício e maior do que a de outros compostos de elementos dos Grupos 13 e 15 (Tabela 13.5). O arseneto de gálio é superior ao silício para essas aplicações porque ele apresenta uma maior mobilidade dos elétrons, permitindo o funcionamento em frequências acima de 250 GHz. Os componentes de arseneto de gálio também geram menos ruído eletrônico do que os de silício. Uma desvantagem dos semicondutores dos Grupos 13/15 é que os compostos sofrem decomposição no ar úmido, devendo ser mantidos em atmosfera inerte, geralmente nitrogênio, ou ser completamente encapsulados.

Tabela 13.5 Separação de energia entre as bandas eletrônicas a 298 K

	E_g/eV
GaAs	1,35
GaSb	0,67
InAs	0,36
InSb	0,16
Si	1,11

13.19 Fases Zintl

Ponto principal: Os elementos do Grupo 13 formam fases Zintl com os elementos do Grupo 1 e do Grupo 2, as quais são más condutoras e diamagnéticas.

Os elementos do Grupo 13 formam fases Zintl (Seção 3.8c) com metais do Grupo 1 ou 2. As fases Zintl são formadas por dois metais e são quebradiças, diamagnéticas e más condutoras. Elas são, portanto, muito diferentes das ligas. As fases Zintl são formadas entre um elemento muito eletropositivo do Grupo 1 ou 2 e um metal ou metaloide do bloco p moderadamente eletronegativo. Elas são iônicas, com elétrons sendo transferidos do metal do Grupo 1 ou 2 para o elemento mais eletronegativo. O ânion, chamado de "íon Zintl", possui um octeto de valência completo e é polimérico; os cátions estão localizados dentro da rede aniônica. A estrutura do NaTl consiste em um ânion polimérico com uma estrutura covalente de diamante, com os íons Na$^+$ encaixados na rede aniônica. No Na$_2$Tl o ânion polimérico é o Tl$_4^{8-}$ tetraédrico. Os ânions Zintl podem ser isolados pela reação com sais contendo o íon tetra-alquilamônio, que substitui o íon do metal do Grupo 1 ou 2, ou por encapsulamento dentro de um criptando. Alguns compostos parecem ser fases Zintl, mas são condutores e paramagnéticos. Por exemplo, o K$_8$In$_{11}$ contém o ânion In$_{11}^{8-}$, que possui um elétron deslocalizado por fórmula unitária.

13.20 Compostos organometálicos

Os compostos organometálicos mais importantes dos elementos do Grupo 13 são os de B e Al. Os compostos organoboro são geralmente tratados como compostos organometálicos, mesmo embora o boro não seja um metal.

(a) Compostos organoboro

Pontos principais: Os compostos organoboro são deficientes de elétrons e comportam-se como ácidos de Lewis; o tetrafenilborato é um íon importante.

Os organoboranos do tipo BR$_3$ podem ser preparados por hidroboração de um alqueno com diborano.

$$B_2H_6 + 6\ CH_2{=}CH_2 \rightarrow 2\ B(CH_2CH_3)$$

Alternativamente, eles podem ser produzidos a partir de um reagente de Grignard (Seção 12.13):

$$(C_2H_5)_2O{:}BF_3 + 3\ RMgX \rightarrow BR_3 + 3\ MgXF + (C_2H_5)_2O$$

Os alquilboranos não são hidrolisados, mas são pirofóricos. As espécies com arilas são mais estáveis. Eles são todos monoméricos e planos. Assim como outros compostos de boro, as espécies organoboro são deficientes de elétrons e, consequentemente, comportam-se como ácidos de Lewis e formam adutos facilmente.

Um ânion importante é o íon tetrafenilborato, [B(C$_6$H$_5$)$_4$]$^-$, geralmente designado como BPh$_4^-$, análogo ao íon tetra-hidretoborato, BH$_4^-$ (Seção 13.6). O sal de sódio pode ser obtido por uma simples reação de adição:

$$BPh_3 + NaPh \rightarrow Na^+[BPh_4]^-$$

O sal de sódio é solúvel em água, mas os sais dos íons monopositivos maiores são insolúveis. Consequentemente, o ânion é empregado como agente de precipitação e pode ser usado em análise gravimétrica.

(b) Compostos organoalumínio

Pontos principais: O metilalumínio e o etilalumínio são dímeros; grupos alquila volumosos levam a espécies monoméricas.

Os compostos alquilalumínio podem ser preparados em escala de laboratório por transmetalação com um composto de mercúrio:

$$2\ Al + 3\ Hg(CH_3)_2 \rightarrow Al_2(CH_3)_6 + 3\ Hg$$

O trimetilalumínio é preparado comercialmente pela reação do Al metálico com clorometano para formar o Al$_2$Cl$_2$(CH$_3$)$_4$. Esse intermediário é então reduzido com Na e o Al$_2$(CH$_3$)$_6$ (**40**) é removido por destilação fracionada.

Os dímeros de alquilalumínio têm estrutura similar aos haletos diméricos análogos, mas a ligação é diferente. Nos haletos, as ligações em ponte Al–Cl–Al são ligações 2c,2e; ou seja, cada ligação Al–Cl envolve um par de elétrons. Nos

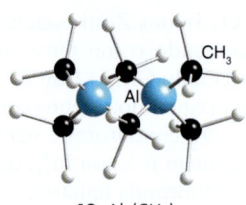

40 Al$_2$(CH$_3$)$_6$

dímeros de alquilalumínio as ligações Al–Cl–Al são mais longas que as ligações Al–C terminais, sugerindo que elas sejam ligações $3c,2e$, com um par ligante compartilhado através da unidade Al–Cl–Al, de forma análoga à ligação no diborano, B$_2$H$_6$ (Seção 13.6).

O trietilalumínio e os compostos de alquila superiores são preparados a partir do metal, um alqueno apropriado e hidrogênio gasoso, sob temperatura e pressão elevadas.

$$2\,Al + 3\,H_2 + 6\,CH_2{=}CH_2 \xrightarrow{60-110°C,\ 10-20\ MPa} Al_2(CH_2CH_3)_6$$

Essa rota tem um custo efetivo relativamente baixo e, como resultado, os compostos de alquilalumínio têm encontrado muitas aplicações comerciais. O trietilalumínio, muitas vezes escrito como um monômero, Al(C$_2$H$_5$)$_3$, é um organometálico complexo de alumínio de grande importância industrial. Ele é usado como catalisador na polimerização Ziegler-Natta (Seção 25.18).

Fatores estéreos têm um grande efeito nas estruturas dos alquilalumínio. No caso dos dímeros, as ligações em ponte, longas e fracas, são facilmente quebradas. Essa tendência aumenta com o volume do ligante. Por exemplo, o trifenilalumínio é um dímero, mas o trimesitilalumínio é um monômero devido à presença do grupo trimesitil, 2,4,6-(CH$_3$)$_3$C$_6$H$_2$–, volumoso.

(c) Compostos organometálicos de Ga, In e Tl

Ponto principal: Os únicos organocompostos com estado de oxidação +1 são formados com o ligante ciclopentadienila.

Os organocompostos trigonais planos de Ga(III), In(III) e Tl(III), R$_3$Tl, onde R–Me, Et e Ph, são compostos reativos, sensíveis ao ar e solúveis em solventes orgânicos como THF e éter. Os organocompostos de Ga(III) e In(III) podem ser preparados por interação direta entre o metal e R$_2$Hg. Essa síntese não requer solvente, de forma que o R$_3$Ga ou o R$_3$In são facilmente isolados. Os compostos de Tl podem ser preparados a partir dos mono-haletos, R$_2$TlX, os quais são estáveis ao ar e na água e são insolúveis em solventes orgânicos:

$$R_2TlX + R'Li \rightarrow R_2TlR' + LiX$$

Os compostos R$_3$Tl são úteis na formação de ligação carbono-carbono:

$$R_3Tl + R'COCl \rightarrow R_2TlCl + R'COR \qquad R = Me,\ Et\ e\ Ph$$
$$R' = \text{grupo alquila ou arila}$$

Me$_3$Ga e Me$_3$In são moléculas monoméricas trigonais planas em fase vapor, mas são tetrâmeros em fase sólida. Ph$_3$Ga e Ph$_3$In consistem em unidades trigonais planas empilhadas, com o Ga ou o In situados entre os anéis fenila das unidades acima e abaixo. Os mono-haletos, R$_2$GaX e R$_2$InX, formam arranjos empilhados em fase sólida (**41**). Os fluoretos Me$_2$GaF e Et$_2$GaF adotam uma estrutura de anel de seis membros (**42**).

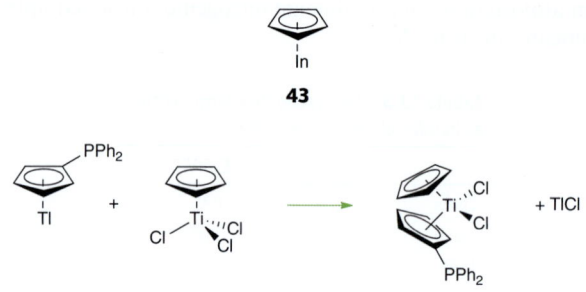

41 **42**

Os únicos compostos organometálicos estáveis de Ga(I), In(I) e Tl(I) possuem o ligante ciclopentadienila, C$_5$H$_5^-$ (**43**). Compostos desse tipo são fontes úteis do ligante ciclopentadienila na síntese de outros compostos organometálicos:

O C$_5$H$_5$In é produzido via um intermediário de In(III):

$$InCl_3 + 3\,NaC_5H_5 \rightarrow (C_5H_5)_3In + 3\,NaCl$$
$$(C_5H_5)_3In \rightarrow (C_5H_5)In + (C_5H_5)_2$$

Esse é o único composto estável e solúvel de In(I) e é usado para obter C$_5$H$_6$ e InX com ácidos, HX.

LEITURA COMPLEMENTAR

R. B. King, *Inorganic chemistry of the main group elements*. John Wiley & Sons (1994).

D. M. P. Mingos, *Essential trends in inorganic chemistry*. Oxford University Press (1998). Uma visão da química inorgânica segundo a perspectiva de estrutura e ligação.

N. C. Norman, *Periodicity and the s- and p-block elements*. Oxford University Press (1997). Apresenta uma abordagem das tendências e dos aspectos principais da química do bloco s.

R. B. King (ed.), *Encyclopedia of inorganic chemistry*, John Wiley & Sons (2005).

C. E. Housecroft, *Boranes and metalloboranes*. Ellis Horwood (2005). Uma introdução à química dos boranos.

C. Benson, *The periodic table of the elements and their chemical properties*. Kindle edition. MindMelder.com (2009).

EXERCÍCIOS

13.1 Dê a equação química balanceada e as condições necessárias para a obtenção do boro.

13.2 Descreva a ligação no: (a) BF_3, (b) $AlCl_3$ e (c) B_2H_6.

13.3 Ponha os seguintes compostos em ordem crescente da acidez de Lewis: BF_3, BCl_3, $AlCl_3$. À luz desta ordem, escreva as reações químicas balanceadas (ou "não reage") para:
(a) $BF_3N(CH_3)_3 + BCl_3 \rightarrow$
(b) $BH_3CO + BBr_3 \rightarrow$

13.4 A reação quantitativa de 1,11 g de tribrometo de tálio com 0,257 g de NaBr formou o produto A. Deduza a fórmula de A. Especifique o cátion e o ânion.

13.5 Identifique os compostos de boro A, B e C.

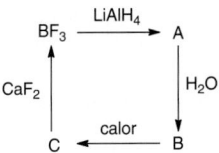

13.6 O B_2H_6 é estável ao ar? Se não for o caso, escreva a equação para a reação.

13.7 Preveja quantos ambientes diferentes de boro devem estar presentes no espectro de RMN-^{11}B, com desacoplamento de próton, do: (a) B_5H_{11}; (b) B_4H_{10}.

13.8 Preveja os produtos da hidroboração de: (a) $(CH_3)_2C–CH_2$; (b) $CH\equiv CH$.

13.9 O diborano já foi usado como propelente em foguetes. Calcule a energia liberada por 1,00 kg de diborano considerando os seguintes valores de $\Delta_f H^{\ominus}$/kJ mol^{-1}: $B_2H_6 = 31$, $H_2O = -242$, $B_2O_3 = -1264$. A reação de combustão é $B_2H_6(g) + 3\,O_2(g) \rightarrow 3\,H_2O(g) + B_2O_3(s)$. Qual é o problema de se usar o diborano como um combustível?

13.10 Usando BCl_3 como material de partida e outros reagentes de sua escolha, proponha uma síntese para o agente quelante ácido de Lewis $F_2B–C_2H_4–BF_2$.

13.11 Dado o $NaBH_4$, um hidrocarboneto de sua escolha e reagentes auxiliares e solventes apropriados, dê as fórmulas e as condições para a síntese de: (a) $B(C_2H_5)_3$; (b) Et_3NBH_3.

13.12 Desenhe a unidade B_{12} que é um padrão de repetição comum das estruturas de boro; construa uma vista ao longo de um eixo C_2.

13.13 Qual dos hidretos de boro você esperaria que fosse o mais estável, B_6H_{10} ou B_6H_{12}? Dê uma generalização pela qual a estabilidade térmica de um borano possa ser avaliada.

13.14 Quantos elétrons de esqueleto estão presentes no B_5H_9?

13.15 (a) Dê a equação química balanceada (incluindo o estado físico de cada reagente e produto) para a oxidação ao ar do pentaborano(9). (b) Descreva a possível desvantagem, além do custo, para o uso do pentaborano como combustível para um motor de combustão interna.

13.16 (a) A partir da sua fórmula, classifique o $B_{10}H_{14}$ como *closo*, *nido* ou *aracno*. (b) Use as regras de Wade para determinar o número de pares de elétrons do esqueleto no decaborano(14). (c) Verifique, por meio de uma contagem cuidadosa dos elétrons de valência, que o número de elétrons de valência do cluster $B_{10}H_{14}$ é o mesmo que foi determinado em (b).

13.17 Use as regras de Wade para prever a estrutura de: (a) B_5H_{11}; (b) $B_4H_7^-$.

13.18 A hidrólise de 1 mol de um hidreto de boro fornece 15 mols de H_2 e 6 mols de $B(OH)_3$. Identifique o composto e sugira uma estrutura.

13.19 Dê os nomes e as estruturas do B_4H_{10}, B_5H_9 e 1,2-$B_{10}C_2H_{12}$.

13.20 Partindo do $B_{10}H_{14}$ e de outros reagentes à sua escolha, dê as equações para a síntese do $[Fe(nido\text{-}B_9C_2H_{11})_2]^{2-}$ e esboce a estrutura dessa espécie.

13.21 Use as regras de Wade para prever uma estrutura plausível para o $NB_{11}H_{12}$.

13.22 (a) Quais são as semelhanças e diferenças entre a estrutura do BN em camadas e a da grafita (Seção 14.5)? (b) Compare as suas reatividades com Na e Br_2. (c) Sugira uma interpretação para as diferenças de estrutura e reatividade.

13.23 Partindo do BCl_3 e de outros reagentes à sua escolha, proponha uma síntese para as seguintes borazinas: (a) $Ph_3N_3B_3Cl_3$; (b) $Me_3N_3B_3H_3$. Desenhe as estruturas dos produtos.

13.24 Ponha na ordem crescente da acidez de Brønsted os seguintes hidretos de boro e desenhe a estrutura provável da forma desprotonada de um deles: B_2H_6, $B_{10}H_{14}$ e B_5H_9.

13.25 O borano se apresenta como B_2H_6 e o trimetilborano é um monômero, o $B(CH_3)_3$. Além desses, as fórmulas moleculares dos compostos de composição intermediária são $B_2H_5(CH_3)$, $B_2H_4(CH_3)_2$, $B_2H_3(CH_3)_3$ e $B_2H_2(CH_3)_4$. Baseado nestes fatos, desenhe as estruturas prováveis e a forma de ligação desta última série.

13.26 O RMN-^{11}B é uma excelente ferramenta espectroscópica para se deduzir as estruturas dos compostos de boro. Ignorando-se o acoplamento ^{11}B–^{11}B, é possível determinar o número de átomos de H ligados através da multiplicidade das ressonâncias: o BH produz um dubleto, o BH_2 um tripleto e o BH_3 um quarteto. Os átomos de B do lado fechado de um cluster *nido* ou *aracno* são geralmente mais blindados do que os da face aberta. Assumindo que não há acoplamento B–B ou B–H–B, preveja o padrão geral do espectro de RMN-^{11}B para: (a) BH_3CO; (b) $[B_{12}H_{12}]^{2-}$.

13.27 Identifique as declarações incorretas nas seguintes descrições da química do Grupo 13 e indique as correções, juntamente ao princípio ou generalização química empregado.

(a) Todos os elementos do Grupo 13 são não metais.

(b) O aumento da dureza química ao descermos no grupo é ilustrado pela maior afinidade dos elementos mais pesados por átomos de oxigênio e flúor.

(c) A acidez de Lewis para o BX_3 aumenta indo-se de X=F para X=Br, e isso pode ser explicado pela ligação π Br–B mais forte.

(d) Os hidretos de boro *aracno* têm uma contagem de elétrons do esqueleto de $2(n + 3)$ e são mais estáveis do que os hidretos de boro *nido*.

(e) Numa série de hidretos de boro *nido*, a acidez cresce com o aumento do tamanho.

(f) O nitreto de boro em camadas tem uma estrutura similar à da grafita e, pelo fato de ele ter uma pequena separação entre o HOMO e o LUMO, ele também é um bom condutor elétrico.

PROBLEMAS TUTORIAIS

13.1 Use um programa de orbitais moleculares adequado para calcular as funções de onda e os níveis de energia do closo-$[B_6H_6]^{2-}$. A partir dos resultados obtidos, desenhe um diagrama de energia dos orbitais moleculares para os orbitais envolvidos basicamente nas ligações B–B e esboce a forma dos orbitais. Como esses orbitais podem ser comparados qualitativamente com a descrição qualitativa apresentada neste capítulo para esse ânion? Nas funções de onda calculadas, as ligações B–H e B–B aparecem organizadas separadamente?

13.2 No artigo "Covalent and ionic molecules: why are BeF_2 and AlF_3 high melting point solids whereas BF_3 and SiF_4 are gases?" (*J. Chem.Educ.* 1998, 75, 923), R. J. Gillespie discute a classificação da ligação no BF_3 e no SiF_4 como predominantemente iônica. Faça um resumo dos seus argumentos e descreva como essa visão difere da visão convencional da ligação em moléculas gasosas.

13.3 Nanotubos de C e BN foram sintetizados por C. Colliex e colaboradores (*Science*, 1997, 278, 653). (a) Quais são as propriedades vantajosas desses nanotubos sobre os análogos de carbono? (b) Faça um resumo do método utilizado para a preparação desses compostos. (c) Qual é o principal aspecto estrutural dos nanotubos e como ele pode ser explorado nas aplicações?

13.4 Observe a discussão de M. Montiverde no artigo "Pressure dependence of the superconducting temperature of MgB_2" (*Science*, 2001, 292, 75). (a) Descreva a base teórica das duas teorias propostas para explicar a supercondutividade do MgB_2. (b) Como varia a T_c do MgB_2 com a pressão? O que isso sugere a respeito da supercondutividade?

13.5 Use as referências no artigo de Z.W. Pan, Z.R. Dai e Z.L. Wang (*Science*, 2001, 291, 1947) como ponto de partida para escrever uma revisão sobre os fios de nanomateriais de elementos do Grupo 13. Descreva como foram preparadas as nanofitas de In_2O_3 e dê as dimensões típicas de uma nanofita.

13.6 Em seu artigo "New Structural motifs in metallaborane chemistry: synthesis, characterization, and solid-state structures of $[(Cp^*W)_3(\mu-H)B_8H_8]$, $[(Cp^*W)_2B_7H_9]$ e $[(Cp^*Re)_2B_7H_7]$, ($Cp^* = \eta^5$-C_5Me_5)" (*Organometallics*, 1999, 18, 853), A.S. Weller, M. Shang e T.P. Fehlner discutem a síntese e caracterização de alguns novos metalaboranos ricos em boro. Esquematize e explique os espectros de RMN-^{11}B e de RMN-^{1}H do $[(Cp^*W)_2B_7H_9]$.

13.7 A terapia de captura de nêutrons pelo boro (BNCT, em inglês) é usada para tratar alguns tumores. A terapia de captura de nêutrons pelo gadolínio (GNCT) vem se tornando uma alternativa cada vez mais atrativa para esse tratamento. Compare e diferencie as duas terapias. Discuta os agentes de transporte, os aspectos radiológicos e as aplicações biológicas.

Os elementos do Grupo 14

14

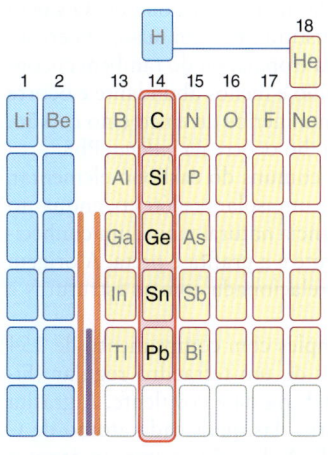

Sem dúvida, os elementos do Grupo 14 são os mais importantes de todos, com o carbono sendo a base da vida na Terra e o silício sendo vital para a estrutura física do meio ambiente na forma de rochas da crosta terrestre. Os elementos deste grupo exibem grande diversidade em suas propriedades, variando desde o carbono não metálico até os bem conhecidos metais estanho e chumbo. Todos os elementos formam compostos binários com outros elementos. Além disso, o silício forma uma grande variedade de sólidos com estrutura em rede. Muitos dos organocompostos dos elementos do Grupo 14 são comercialmente importantes.

Os elementos do Grupo 14 – carbono, silício, germânio, estanho e chumbo – apresentam considerável diversidade nas suas propriedades físicas e químicas. O carbono, evidentemente, é a unidade de construção da vida e central para a química orgânica. Neste capítulo, o nosso foco em relação ao carbono será a sua química *inorgânica*. O silício apresenta-se bastante distribuído no meio ambiente, e o estanho e o chumbo encontraram várias aplicações industriais e em materiais.

Parte A: Aspectos principais
14.1 Os elementos
14.2 Compostos simples
14.3 Compostos estendidos de silício com oxigênio

Parte B: Uma visão mais detalhada
14.4 Ocorrência e obtenção
14.5 Diamante e grafita
14.6 Outras formas de carbono
14.7 Hidretos
14.8 Compostos com halogênios
14.9 Compostos de carbono com oxigênio e enxofre
14.10 Compostos simples de silício com oxigênio
14.11 Óxidos de germânio, estanho e chumbo
14.12 Compostos com nitrogênio
14.13 Carbetos
14.14 Silicetos
14.15 Compostos estendidos de silício com oxigênio
14.16 Compostos organossilício e organogermânio
14.17 Compostos organometálicos

Leitura complementar

Exercícios

Problemas tutoriais

PARTE A: ASPECTOS PRINCIPAIS

Os elementos do Grupo 14 (o grupo do carbono) são de importância fundamental para a indústria e na natureza. Discutiremos o carbono dentro de vários contextos ao longo deste livro, incluindo os compostos organometálicos no Capítulo 22 e a catálise no Capítulo 25. O foco deste capítulo está nos aspectos principais da química do Grupo 14.

14.1 Os elementos

Pontos principais: Os elementos mais leves do grupo são não metais; estanho e chumbo são metais. Todos os elementos, com exceção do chumbo, apresentam vários alótropos.

Os membros mais leves do grupo, o carbono e o silício, são não metais, o germânio é um metaloide e o estanho e o chumbo são metais. Este aumento das propriedades metálicas ao descermos no grupo é um aspecto marcante do bloco p e pode ser entendido em termos do aumento do raio atômico e associado à correspondente diminuição da energia de ionização ao descermos no grupo (Tabela 14.1). Uma vez que as energias de ionização dos elementos mais pesados são mais baixas, os metais formam cátions cada vez mais facilmente à medida que descemos no grupo.

Como sugerido pela configuração ns^2np^2, o estado de oxidação +4 é dominante nos compostos desses elementos. A principal exceção é o chumbo, para o qual o estado de oxidação mais comum é o +2, dois a menos que o máximo do grupo. A estabilidade relativa

---

As **figuras** com um asterisco (*) podem ser encontradas on-line como estruturas 3D interativas. Digite a seguinte URL em seu navegador, adicionando o número da figura: www.chemtube3d.com/weller/[número do capítulo]F[número da figura]. Por exemplo, para a Figura 3 no Capítulo 7, digite www.chemtube3d.com/weller/7F03.

Muitas das **estruturas numeradas** podem ser também encontradas on-line como estruturas 3D interativas: visite www.chemtube3d.com/weller/[número do capítulo] para todos os recursos 3D organizados por capítulo.

do estado de oxidação mais baixo é um exemplo do efeito do par inerte (Seção 9.5), que é um aspecto marcante dos elementos mais pesados do bloco p.

As eletronegatividades do carbono e do silício são semelhantes à do hidrogênio, e eles formam muitos compostos covalentes de hidrogênio e compostos de alquila. O carbono e o silício são fortes **oxofílicos** e **fluorofílicos**, no sentido de que eles têm grande afinidade pelos ânions duros O^{2-} e F^-, respectivamente (Seção 4.9). O caráter oxofílico é evidente pela existência de uma extensa série de oxoânions, os carbonatos e os silicatos. Ao contrário, o chumbo (Pb^{2+}) forma compostos mais estáveis com ânions macios, tais como I^- e S^{2-}, do que com ânions duros, e por isso é classificado quimicamente como macio.

Duas formas praticamente puras do carbono, *diamante* e *grafita*, são mineradas e também podem ser sintetizadas. Existem outras formas puras do carbono assim como muitas outras menos puras, como o *coque*, o qual é feito pela pirólise do carvão, e o *negro-de-fumo*, que é o produto da combustão incompleta de hidrocarbonetos. O silício encontra-se muito disseminado no meio ambiente e constitui 26% em massa da crosta terrestre. Ele ocorre como areia, quartzo, ametista, ágata e opala, sendo também encontrado em asbestos, feldspatos, argilas e micas. O germânio é menos abundante e ocorre naturalmente no minério *germanita*, $Cu_{13}Fe_2Ge_2S_{16}$, em minérios de zinco e no carvão. O estanho ocorre no minério cassiterita, SnO_2, e o chumbo ocorre na *galena*, PbS.

O diamante e a grafita, as duas formas cristalinas comuns do carbono elementar, são notavelmente diferentes: o diamante é efetivamente um isolante elétrico, enquanto que a grafita é um bom condutor; o diamante é a substância natural mais dura conhecida, enquanto a grafita é macia; o diamante é transparente e a grafita é preta. A origem dessas propriedades físicas tão diferentes pode ser correlacionada com as estruturas e as ligações muito diferentes nesses dois alótropos.

No diamante, cada átomo de C forma ligações simples com comprimento de 154 pm com quatro átomos de C adjacentes nos vértices de um tetraedro regular (Figura 14.1). O resultado é uma estrutura tridimensional, rígida e covalente. A grafita consiste em pilhas de camadas planas de grafeno dentro das quais cada átomo de C tem três vizinhos mais próximos a 142 pm (Figura 14.2). As ligações σ entre os átomos vizinhos dentro de cada camada são formadas a partir da sobreposição de orbitais híbridos sp^2, e os orbitais p perpendiculares remanescentes sobrepõem-se para formar ligações π que são deslocalizadas por todo o plano. A fácil clivagem da grafita paralela aos planos dos átomos (que é principalmente devido à presença de impurezas) explica a sua propriedade escorregadia. O diamante pode ser clivado, mas essa arte antiga requer perícia considerável, uma vez que as forças no cristal são mais simétricas.

O diamante e a grafita não são os únicos alótropos do carbono. Os fulerenos (informalmente conhecidos como *buckyballs*) foram descobertos na década de 1980 e deram origem a um novo campo dentro da química inorgânica do carbono. Uma folha simples de grafita, chamada grafeno, pode ser isolada. Os nanotubos de carbono foram descobertos no início dos anos de 1990 e são compostos por tubos de grafita com fulerenos hemisféricos nas extremidades.

Todos os elementos do grupo, exceto o chumbo, têm pelo menos uma fase sólida com a estrutura do diamante (Fig. 14.1). A fase cúbica do estanho, chamada *estanho cinza* ou α-*estanho* (α-Sn), não é estável à temperatura ambiente. Ela se converte na fase mais estável, a fase comum, *estanho branco* ou β-*estanho* (β-Sn), na qual um átomo de Sn tem seis vizinhos mais próximos, num arranjo octaédrico altamente distorcido. Quando o estanho branco é resfriado a 13,2°C, ele converte-se no estanho cinza

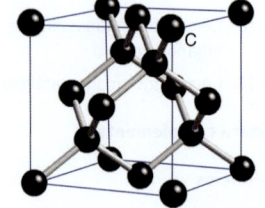

Figura 14.1* A estrutura cúbica do diamante.

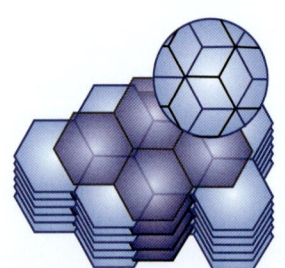

Figura 14.2* A estrutura da grafita. Os anéis estão alinhados em planos alternados, não em planos adjacentes.

Tabela 14.1 Propriedades selecionadas dos elementos do Grupo 14

	C	Si	Ge	Sn	Pb
Ponto de fusão/°C	3730 (grafita sublima)	1410	937	232	327
Raio atômico/pm	77	117	122	140	154
Raio iônico, $r(M^{n+})$/pm			73 (+2)	93 (+2)	119 (+2)
			53 (+4)	69 (+4)	78 (+4)
Primeira energia de ionização, I/(kJ mol^{-1})	1090	786	762	707	716
Eletronegatividade de Pauling	2,5	1,9	2,0	1,9	2,3
Afinidade eletrônica, E_a/(kJ mol^{-1})	154	134	116	107	35
$E^\ominus(M^{4+}, M^{2+})$/V				+0,15	+1,46
$E^\ominus(M^{2+}, M)$/V				–0,14	–0,13

quebradiço. Os efeitos dessa transformação foram primeiramente observados nos tubos dos órgãos das catedrais medievais da Europa, nas quais se acreditava que aquele efeito era obra do demônio. Diz a lenda que os exércitos de Napoleão foram derrotados na Rússia porque, à medida que a temperatura caía, os botões brancos de estanho dos uniformes dos soldados foram convertidos em estanho cinza, que então se desfaziam.

A diferença de energia entre as bandas de condução e de valência (Seção 3.19) diminui regularmente do diamante, que é classificado como um semicondutor com grande separação de energia entre as bandas, mas é geralmente considerado como um isolante, até o estanho, que se comporta como um metal acima da sua temperatura de transição.

O carbono elementar, na forma de carvão ou coque, é usado como combustível e como agente redutor na obtenção de metais a partir dos seus minérios. A grafita é usada como lubrificante e nos lápis, e o diamante é usado em ferramentas industriais de corte. A separação de energia entre as bandas e a consequente semicondutividade do silício leva a que este tenha muitas aplicações em circuitos integrados, componentes de computadores, células solares e outros componentes eletrônicos de estado sólido. A sílica (SiO_2) é a principal matéria-prima usada na fabricação do vidro. O germânio foi o primeiro material largamente usado na fabricação de transistores porque ele era mais fácil de purificar do que o silício e, tendo uma menor separação de energia entre as bandas do que o silício (0,72 eV para o Ge; 1,11 eV para o Si), é um melhor semicondutor intrínseco.

O estanho é resistente à corrosão e usado para recobrir o aço que é empregado nas latas de folha-de-flandres. O bronze é uma liga de estanho e cobre que geralmente contém menos de 12% em massa de estanho; o bronze com alto teor de estanho é usado para fazer sinos. A solda é uma liga de estanho e chumbo, sendo usada desde os tempos dos romanos. O vidro de janela (vidro plano) ou vidro flutuante é feito fazendo-se flutuar o vidro fundido sobre a superfície do estanho fundido. O "lado do estanho" do vidro de janela pode ser identificado sob luz ultravioleta pelo embaçamento deixado pelo óxido de estanho(IV). Compostos trialquilestanho e triarilestanho são muito usados como fungicidas e biocidas.

A maciez e a maleabilidade do chumbo levaram ao seu uso em encanamentos e soldas, embora essa aplicação não seja atualmente permitida em muitos países devido à preocupação com o envenenamento por chumbo. O seu baixo ponto de fusão contribui para o seu uso em soldas, e a sua alta densidade (11,34 g cm^{-3}) leva ao seu uso em munições e blindagens contra radiações ionizantes. O óxido de chumbo é adicionado ao vidro para aumentar o seu índice de refração e formar o "vidro chumbo" ou o "cristal".

14.2 Compostos simples

Pontos principais: Todos os elementos do Grupo 14 formam compostos binários simples com hidrogênio, oxigênio, halogênios e nitrogênio. O carbono e o silício também formam carbetos e silicetos com metais.

Os elementos do Grupo 14 formam hidretos tetravalentes, EH_4. Além disso, o carbono e o silício formam séries de hidretos moleculares catenados. O carbono forma uma enorme variedade de compostos hidrocarbonetos, que são mais bem considerados do ponto de vista da química orgânica.

O carbono forma uma série de hidrocarbonetos simples, os alcanos, com fórmula geral C_nH_{2n+2}. A estabilidade das longas cadeias catenadas dos hidrocarbonetos é devida à alta entalpia das ligações C–C e C–H (Tabela 14.2; Seção 9.7). O carbono também forma ligações múltiplas fortes nos alquenos e alquinos insaturados (Tabela 14.2). A força da ligação C–C e a capacidade de formar ligações múltiplas são as principais responsáveis pela diversidade e estabilidade dos compostos de carbono.

Tabela 14.2 Entalpias médias de ligações selecionadas, $L(X\text{-}Y)/\text{kJ mol}^{-1}$

C–H	412	Si–H	318	Ge–H	288	Sn–H	250	Pb–H	<157
C–O	360	Si–O	466	Ge–O	350				
C=O	743	Si=O	642						
C–C	348	Si–Si	226	Ge–Ge	186	Sn–Sn	150	Pb–Pb	87
C=C	612								
C≡C	837								
C–F	486	Si–F	584	Ge–F	466				
C–Cl	322	Si–Cl	390	Ge–Cl	344	Sn–Cl	320	Pb–Cl	301

Os dados da Tabela 14.2 mostram como a entalpia da ligação E–E diminui descendo-se no grupo. Como resultado, a tendência à catenação diminui do C para o Pb. O silício forma uma série de compostos análogos aos alcanos, os *silanos*, mas a maior cadeia contém apenas sete átomos de Si, como no heptassilano, Si_7H_{16}. Os silanos, com um maior número de elétrons e forças intermoleculares mais fortes, são menos voláteis do que os hidrocarbonetos análogos. Assim, enquanto o propano, C_3H_8, é um gás nas condições normais, o seu análogo de silício, o trissilano, Si_3H_8, é um líquido que ferve a 53°C. A diminuição de estabilidade dos hidretos descendo no grupo limita severamente o acesso às propriedades químicas dos estananos e do plumbano.

Os tetra-halometanos, os halocarbonetos mais simples, vão desde o CF_4, altamente estável e volátil, até o sólido termicamente instável CI_4. Todos os tetrahaletos são conhecidos para o silício e o germânio; todos eles são compostos moleculares voláteis. O germânio mostra sinais de efeito par inerte (Seção 9.5), uma vez que também forma di-haletos não voláteis. Evidências do efeito do par inerte se tornaram mais proeminentes na química do estanho e do chumbo com o estado de oxidação +2 tornando-se cada vez mais estável.

Os dois óxidos familiares de carbono são o CO e o CO_2. Dentre os óxidos menos familiares temos o subóxido de carbono, O=C=C=C=O. A Tabela 14.3 apresenta as propriedades físicas para esses três compostos. Note que o comprimento de ligação no monóxido de carbono (CO) é pequeno e sua ligação é forte (entalpia de ligação igual a 1076 kJ mol^{-1}) e sua constante de força é alta. Esses aspectos estão de acordo com a presença de uma ligação tripla, como na estrutura de Lewis :C≡O: (Seção 2.9). O dióxido de carbono, CO_2, mostra várias diferenças significativas em relação ao monóxido de carbono. As ligações são mais longas e as constantes de força de estiramento são menores no CO_2 do que no CO, o que é consistente com a presença de ligações duplas, e não triplas, no CO_2. Quando a grafita reage com agentes oxidantes poderosos, como ácido sulfúrico concentrado ou clorato de potássio, forma-se óxido de grafita, no qual a superfície da camada de grafita é decorada com grupos hidroxila e epóxido. A presença desses grupos significa que as camadas de grafita quebram facilmente, formando camadas bidimensionais de óxido de grafita. O óxido de grafeno pode ser reduzido para formar materiais do tipo grafeno.

A elevada afinidade do silício pelo oxigênio explica a existência de uma grande variedade de minerais silicatos e compostos sintéticos de silício e oxigênio que são importantes na mineralogia, nos processos industriais e no laboratório. O óxido de silício mais simples é a sílica quimicamente estável, SiO_2, que ocorre de diversas formas, todas baseadas na unidade tetraédrica SiO_4. Com exceção das fases raras de alta temperatura, as estruturas dos silicatos são restritas ao Si tetraédrico tetracoordenado. Desta forma, o ortossilicato é o $[SiO_4]^{4-}$ (**1**) e o dissilicato é o $[O_3SiOSiO_3]^{6-}$ (**2**). A sílica e muitos silicatos cristalizam lentamente. Os sólidos amorfos conhecidos como **vidros** podem ser obtidos, ao invés dos cristais, resfriando-se o material fundido a uma velocidade apropriada. Em alguns aspectos estes vidros assemelham-se aos líquidos. Como nos líquidos, as suas estruturas são organizadas em distâncias de correspondentes a umas poucas interações espaciais (como dentro de um único tetraedro SiO_4). Diferentemente dos líquidos, entretanto, suas viscosidades são muito altas, e do ponto de vista prático eles se comportam como sólidos.

O óxido de germânio(IV), GeO_2, assemelha-se à sílica. O óxido de germânio(II), GeO, desproporciona facilmente em Ge e GeO_2. O óxido de estanho(II), SnO, ocorre na forma dos polimorfos azul-escuro e vermelho. Ambas as formas são facilmente oxidadas a SnO_2 quando aquecidas ao ar. O chumbo forma o óxido de chumbo(IV), PbO_2, marrom, o óxido de chumbo(II), PbO, nas formas vermelha e amarela, e o óxido de valência mista, Pb_3O_4, que contém Pb(IV) e Pb(II) e é conhecido como "vermelho de chumbo". O efeito do par inerte (Seção 9.5) é mais uma vez evidente na estabilidade do óxido de Pb(II) em relação ao óxido de Pb(IV).

O carbono forma o cianeto de hidrogênio, HCN, cianetos iônicos contendo o íon CN^- e gás cianogênio, $(CN)_2$. Todos eles são extremamente tóxicos. A reação direta do silício com o gás nitrogênio em alta temperatura produz o nitreto de silício, Si_3N_4. Essa substância é muito dura e inerte, sendo utilizada em materiais cerâmicos para alta temperatura.

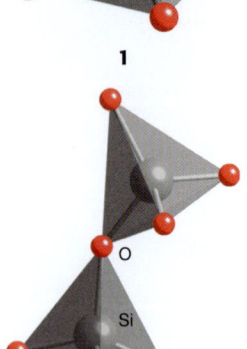

1

2

Tabela 14.3 Propriedades de alguns óxidos de carbono

Óxido	p.f./°C	p.e./°C	(CO)/cm^{-1}		k(CO)/N m^{-1}	Comprimento de ligação/pm	
						CO	CC
CO	−199	−192	2145		1860	113	
CO_2	sublima	−78	2449	1318	1550	116	
OCCCO	−111	7	2290	2200		128	116

O carbono forma numerosos carbetos binários com metais e metaloides. Os metais dos Grupos 1 e 2 formam carbetos salinos iônicos, os metais do bloco d formam carbetos metálicos e o boro e o silício formam sólidos covalentes. O carbeto de silício, SiC, é muito usado como abrasivo, chamado *carborundum*.

14.3 Compostos estendidos de silício com oxigênio

Ponto principal: Além de formar compostos binários simples com o oxigênio, o silício forma uma grande variedade de sólidos com estruturas em rede estendidas que encontram muitas aplicações na indústria.

Os aluminossilicatos são formados quando átomos de Al substituem alguns dos átomos de Si em um silicato e ocorrem na natureza como argilas, minerais e rochas. Os aluminossilicatos zeolíticos são muito usados como peneiras moleculares, catalisadores microporosos e suportes de catalisadores. Pelo fato de o alumínio apresentar-se como Al(III), sua presença no lugar do Si(IV) em um aluminossilicato aumenta a carga negativa global de uma unidade. Deste modo, é necessário um cátion adicional, tal como H^+, Na^+ ou $½Ca^{2+}$, para cada átomo de Al que substitui um átomo de Si. Esses cátions adicionais produzem um efeito marcante nas propriedades dos materiais.

Muitos minerais importantes são variedades de aluminossilicatos em camadas que também contêm metais como lítio, magnésio e ferro: dentre eles temos argilas, o talco e várias micas. Um exemplo de um aluminossilicato simples em camadas é o mineral *caulinita*, $Al_2(OH)_4Si_2O_5$, usado comercialmente como argila chinesa e em algumas aplicações médicas. Ele é usado de longa data em remédios para diarreia e, mais recentemente, tem sido empregado em ataduras impregnadas de nanopartículas de caulinita para estancar hemorragias, uma vez que o mineral dispara o processo de coagulação do sangue.

No mineral *talco*, $Mg_3(OH)_2Si_4O_{10}$, os íons Mg^{2+} e OH^- estão entre camadas de ânions $[Si_4O_{10}]^{4-}$. O arranjo é eletricamente neutro, e como resultado o talco sofre facilmente clivagem entre as suas camadas, o que explica a sensação escorregadia familiar do talco. A mica muscovita, $KAl_2(OH)_2Si_3AlO_{10}$, tem camadas carregadas porque um átomo de Al(III) substituiu um átomo de Si(IV), e a carga negativa resultante é compensada por um íon K^+ que se encontra entre as camadas repetidas. Por causa dessa coesão eletrostática, a muscovita não é macia como o talco, mas é clivada facilmente em lâminas. Há muitos minerais baseados num arranjo tridimensional de aluminossilicato. Os *feldspatos*, por exemplo, são a classe mais importante dos minerais formadores de rocha.

As **peneiras moleculares** são aluminossilicatos cristalinos microporosos que possuem uma estrutura aberta com poros de dimensões moleculares. O nome "peneira molecular" foi dado pela observação de que esses materiais absorvem somente as moléculas que são menores do que as dimensões dos poros e assim podem ser usados para separar moléculas de tamanhos diferentes. As *zeólitas*,[1] uma subclasse das peneiras moleculares, possuem uma estrutura de aluminossilicato com cátions (geralmente dos Grupos 1 e 2) aprisionados dentro de túneis ou gaiolas (Fig. 14.3). Além de sua função como peneiras moleculares, as zeólitas são usadas como resinas de trocadoras de íons, pois elas podem trocar seus íons por outros presentes na solução ao seu redor. As zeólitas também são usadas na catálise heterogênea seletiva, em função da forma das moléculas (Capítulo 25).

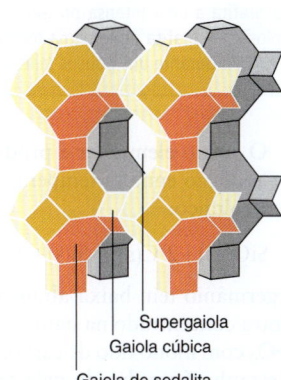

Figura 14.3 Representação da estrutura de uma zeólita tipo A. Observe as gaiolas de sodalita (octaedro truncado), as pequenas gaiolas cúbicas e a supergaiola central.

PARTE B: UMA VISÃO MAIS DETALHADA

Nesta seção, discutiremos detalhadamente a química dos elementos do Grupo 14, interpretando as razões para a diminuição da tendência em formar compostos catenados e o aumento do caráter metálico ao descermos no grupo.

14.4 Ocorrência e obtenção

Pontos principais: O carbono elementar é minerado como grafita e diamante; o silício elementar é obtido a partir do SiO_2 por redução com carbono sob arco voltaico; o germânio, muito menos abundante, é encontrado nos minérios de zinco.

O carbono ocorre como diamante e grafita e também em várias formas de baixa cristalinidade. Em 1996, o Prêmio Nobel de Química foi atribuído a Richard Smalley, Robert Curl e Harold Kroto pela descoberta de um novo alótropo do carbono, o C_{60}, chamado de "buckminsterfullereno", em referência aos domos geodésicos desenhados pelo arquiteto Buckminster Fuller (ver Seção 14.6). O carbono ocorre como dióxido de carbono na atmosfera e dissolvido nas águas naturais e como os carbonatos insolúveis de cálcio e magnésio.

---

[1] O nome "zeólita" deriva do grego e significa "pedra que ferve". Os geólogos observaram que certas rochas parecem ferver quando sujeitas à chama de um maçarico.

QUADRO 14.1 Diamantes sintéticos

Após muitas tentativas, a síntese do diamante foi obtida em 1955 usando grafita e um metal d aquecidos a 1500-2000 K e 7 GPa. A grafita e o metal precisam estar fundidos para que o diamante seja produzido, de forma que a temperatura da síntese depende do ponto de fusão do metal. O metal d (geralmente o níquel) dissolve a grafita, e a fase diamante, menos solúvel, cristaliza. O tamanho, a forma e a cor dos diamantes dependem das condições. A síntese de baixa temperatura produz cristais impuros, escuros. A síntese de alta temperatura produz cristais mais puros e pálidos. As impurezas comuns são espécies que podem ser acomodadas na rede do diamante com mínimas distorções. Frequentemente, os diamantes estão contaminados com grafita ou pelo catalisador metálico. Por exemplo, as dimensões da rede do níquel são semelhantes às do diamante e, assim, cristalitos de níquel podem ficar inclusos na rede do diamante.

Os cristais de diamante podem ser cultivados por semeadura com pequenos cristais de diamante, mas o novo crescimento frequentemente é desigual, apresentando falhas e inclusões. Diamantes de melhor qualidade são formados quando a fonte de carbono é diamante e as sementes de cristais estão na parte mais fria da aparelhagem. A diferença de solubilidade com a mudança de temperatura faz o carbono cristalizar de forma lenta e controlada, dando origem a diamantes de alta qualidade. Diamantes de até 1 quilate (200 mg) podem levar até uma semana para cristalizarem dessa forma.

Diamantes podem ser sintetizados diretamente a partir da grafita, sem um catalisador metálico, se a temperatura e pressão forem altas o suficiente. A síntese pelo método de choque (o *método Du Pont*) expõe a grafita a uma intensa pressão gerada por uma carga fortemente explosiva. A grafita atinge uma temperatura de 1000 K e uma pressão de 30 GPa durante uns poucos milissegundos e parte dela é convertida em diamante. O *método da pressão estática* aquece a grafita em um equipamento de alta pressão usando a descarga de um capacitor. Pedaços policristalinos de diamante são formados a 3300-4500 K e 13 GPa. Neste método também se pode usar hidrocarbonetos como fonte de carbono. Compostos aromáticos tais como naftaleno e antraceno produzem grafita, mas compostos alifáticos tais como parafina e cânfora produzem diamante.

Uma vez que a síntese do diamante em alta pressão é cara e trabalhosa, um processo de baixa pressão seria altamente desejável. De fato, sabe-se há bastante tempo que se pode obter cristais microscópicos de diamante misturados com grafita depositando-se átomos de carbono numa superfície quente na ausência de ar. Os átomos de carbono são produzidos por pirólise de metano, e o hidrogênio atômico, também produzido na pirólise, tem um papel importante no favorecimento do diamante em vez da grafita. Uma propriedade do hidrogênio atômico é que ele reage mais rapidamente com a grafita do que com o diamante, formando hidrocarbonetos voláteis, de forma que a grafita indesejável é eliminada. Embora o processo não seja totalmente perfeito, filmes de diamantes sintéticos já são empregados em aplicações que vão desde o endurecimento de superfícies sujeitas ao desgaste, como nas das ferramentas de corte e brocas, até a construção de componentes eletrônicos. Por exemplo, filmes de boro dopados com diamante são muito bons condutores e são usados como eletrodos em eletroquímica.

O carbeto de silício é usado num método de síntese mais barato e menos agressivo ao meio ambiente do que qualquer dos métodos de alta temperatura e pressão. O carbono é obtido como diamante em atmosfera de Cl_2 e H_2 gasosos com pressão em torno de 1 atm e na temperatura relativamente baixa de 1300 K.

O silício elementar é produzido a partir da sílica, SiO_2, por redução em alta temperatura com carbono em forno de arco voltaico:

$$SiO_2(s) + 2\,C(s) \rightarrow Si(s) + 2\,CO(g)$$

O germânio tem baixa abundância e geralmente não se encontra concentrado na natureza. Ele é obtido por redução do GeO_2 com monóxido de carbono ou hidrogênio (Seção 5.16). O estanho é produzido pela redução do mineral *cassiterita*, SnO_2, com coque em forno elétrico. O chumbo é obtido a partir dos seus sulfetos minerais, que são convertidos em óxido, o qual é depois reduzido pelo carbono em alto-forno.

14.5 Diamante e grafita

Pontos principais: O diamante tem uma estrutura cúbica. A grafita consiste em folhas de carbono bidimensionais empilhadas; agentes oxidantes ou redutores podem ser intercalados entre essas camadas, concomitante com a transferência de elétrons.

O diamante tem a maior condutividade térmica conhecida, devido a sua estrutura (mostrada na Fig. 14.1) que distribui o movimento térmico nas três dimensões de forma muito eficiente. A medida da condutividade térmica é usada para identificar diamantes falsos. Por causa de sua durabilidade, transparência e alto índice de refração, o diamante é uma das pedras preciosas mais valiosas.

A fácil clivagem da grafita paralela aos planos dos átomos (como mostrado na Fig. 14.2) é principalmente devido à presença de impurezas e explica a sua propriedade escorregadia. Estes planos de grafeno estão muito separados uns dos outros (a 335 pm), indicando que as forças entre eles são fracas. Estas forças são chamadas, algumas vezes, de maneira não muito apropriada, de forças de van der Waals (porque na forma impura comum da grafita, o óxido grafítico, elas são fracas como as forças intermoleculares); consequentemente, a região entre os planos é chamada de **separação de van der Waals**. Diferentemente do diamante, a grafita é macia e preta com um leve lustro metálico; ela não é durável nem particularmente atraente.

A conversão de diamante em grafita a temperatura e pressão ambientes é espontânea ($\Delta_{trs}G^{\ominus} = -2{,}90$ kJ mol^{-1}), mas não ocorre numa velocidade observável sob condições ordinárias, e diamantes mais velhos que o sistema solar já foram isolados de meteoritos. O diamante é a fase mais densa (3,15 g cm^{-3} ao invés de 2,26 g cm^{-3}), de forma que ele é favorecido por pressões elevadas, e grandes quantidades de diamante abrasivo são fabricadas industrialmente por um processo de alta pressão e temperatura e catalisado por um metal do bloco d (Quadro 14.1). Filmes finos de boro dopados com diamante são piezoresistivos (a resistência elétrica muda com a aplicação de pressão) e são depositados em superfícies de sílica para uso como sensores de pressão sob altas temperaturas.

A condutividade elétrica e muitas das propriedades químicas da grafita estão intimamente ligadas à estrutura das suas ligações π deslocalizadas. Sua condutividade elétrica perpendicular aos planos é baixa (5 S cm^{-1} a 25°C) e aumenta com o aumento da temperatura, significando que a grafita é um semicondutor nesta direção. A condutividade elétrica é muito maior paralelamente aos planos (30 kS cm^{-1} a 25°C), mas diminui à medida que a temperatura aumenta, indicando que a grafita se comporta como um metal, mais precisamente como um semimetal[2], nesta direção. Esse efeito é mais marcante na grafita pirolítica, a qual é fabricada pela decomposição de um hidrocarboneto gasoso a alta temperatura em um forno a vácuo. A grafita resultante é de pureza muito alta e possui as propriedades mecânica, térmica e elétrica desejáveis. A grafita pirolítica é usada nas grades de feixes de íons, em isolantes térmicos, nos bicos de escapamento em foguetes, em elementos de aquecimento e como material de eletrodo.

A grafita pode atuar como um doador ou receptor de elétrons frente a átomos e íons que penetrem entre suas folhas, dando origem a um **composto de intercalação**. Assim, átomos de K reduzem a grafita doando seus elétrons de valência para os orbitais vazios da banda π*, e os íons K⁺ resultantes penetram entre as camadas (Fig. 14.4). Os elétrons adicionados à banda são móveis; deste modo, a grafita contendo metal alcalino intercalado possui alta condutividade elétrica. A estequiometria do composto depende da quantidade de metal alcalino e das condições da reação. Diferentes estequiometrias estão associadas a uma interessante série de estruturas, em que o íon de metal alcalino pode estar inserido entre camadas vizinhas de átomos de C, a cada duas camadas, e assim por diante, em um processo chamado de *staging* (Figura 14.4).

Um exemplo de oxidação da grafita pela remoção de elétrons da banda π é a formação dos **bissulfatos de grafita** pelo aquecimento da grafita com uma mistura de ácido sulfúrico e ácido nítrico. Nessa reação, elétrons são removidos da banda π, e os íons HSO_4^- penetram entre as folhas para formar substâncias de fórmula aproximada $(C_{24})^+HSO_4^-$. Nesta reação de intercalação oxidativa, a remoção de elétrons da banda π cheia leva a uma condutividade mais elevada do que a da grafita pura. Esse processo é análogo à formação de silício do tipo p por dopantes receptores de elétrons (Seção 3.20). Quando os bissulfatos de grafita são tratados com água, as camadas se rompem. Removendo-se posteriormente a água

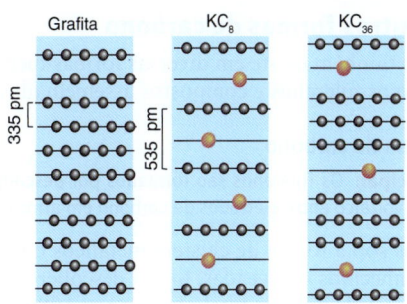

Figura 14.4 Compostos de grafita e potássio, mostrando dois tipos de alternância dos átomos intercalados.

em alta temperatura, forma-se uma forma de grafita altamente flexível; esta *fita de grafita* é usada na fabricação de gaxetas de vedação, válvulas e lonas de freio. Quando a grafita é oxidada por um forte agente oxidante, como HNO_3, $KClO_3$ ou $KMnO_4$, forma-se o óxido de grafita. As camadas do óxido de grafita são decoradas com grupos de epóxido e hidroxila, com grupos carboxílicos nas bordas das folhas de grafita. O óxido de grafita sofre clivagem em camadas simples de óxido de grafeno quando dissolvido em solução aquosa. O óxido de grafeno tem atraído atenção como um precursor do grafeno (Quadro 14.2), mas até o momento ele produz grafeno com muitas impurezas e defeitos estruturais.

Os halogênios apresentam efeito alternante nas suas tendências para formar compostos de intercalação com a grafita. A grafita reage com o flúor para formar o "fluoreto de grafita", uma espécie não estequiométrica de fórmula CF_n (0,59 < n < 1). Esse composto é preto quando n é baixo dentro dessa faixa e incolor quando n se aproxima de 1. Ele é usado como lubrificante em aplicações de alto vácuo e como catodo nas baterias de lítio. Em temperaturas elevadas, a reação também forma C_2F e C_4F. O cloro reage lentamente com a grafita para formar C_8Cl, e o iodo não reage. Em comparação, o bromo intercala facilmente para formar C_8Br, $C_{16}Br$ e $C_{20}Br$, num outro exemplo de *staging*.

---

[2] Um semimetal (Seção 3.19) é uma substância na qual a diferença de energia entre as bandas de valência e de condução é zero, mas a densidade de estados no nível de Fermi é zero.

QUADRO 14.2 Grafeno, um material maravilhoso

O grafeno é uma camada de grafita: uma única camada do arranjo hexagonal de átomos de carbono, completamente separada de outras camadas (Fig. Q14.1). O trabalho inovador com grafeno rendeu o Prêmio Nobel de Física de 2010 para Andre Geim e Konstantin Novoselov, da Universidade de Manchester, Inglaterra. O grafeno é frequentemente chamado de material maravilhoso e, de fato, possui propriedades notáveis. Ele é o material mais forte conhecido, com resistência à ruptura de aproximadamente 40 N m⁻¹, que é 200 vezes maior que a do aço estrutural. Ele possui o recorde de condutividade térmica e apresenta mais elasticidade do que qualquer outro cristal, com um estiramento de até 20%. O grafeno também exibe outras propriedades intrigantes. Por exemplo, ele se contrai com o aumento da temperatura e exibe simultaneamente grande flexibilidade e comportamento quebradiço, de forma que pode ser dobrado, mas irá se despedaçar como vidro sob alta tensão. Ele também é impermeável aos gases. Contudo, sua alta condutividade elétrica é que provoca mais interesse e vem sendo previsto que será o substituto do silício na computação. Apesar de tudo, existem senões, como o fato de o grafeno não possuir uma separação de energia entre as bandas de valência e de condução, sendo permanentemente um condutor que não pode ser desligado.

No momento, o desenvolvimento da tecnologia do grafeno vem sendo dificultado pela falta de produção em larga escala de lâminas de

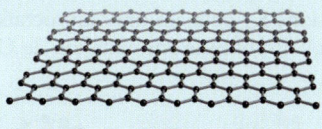

Q14.1

grafeno puro. O método que produz a superfície de grafeno mais limpa é a esfoliação, na qual a superfície é mecanicamente arrancada de um cristal de grafita. Esse método é algumas vezes chamado de "método da fita adesiva". Ele pode ser aplicado de maneira razoavelmente simples usando-se uma fita adesiva, mas separar os flocos finos desejados dos detritos de grafita é ineficiente e consome muito tempo. Uma forma simples e econômica de se obter o grafeno pode revolucionar o seu uso. Consequentemente, há muita atividade nessa área de pesquisa, tanto acadêmica quanto na indústria, com muitos métodos novos sendo explorados. Alguns dos métodos mais promissores são aquecimento de sódio metálico com etanol por vários dias, deposição de vapor químico usando um hidrocarboneto como precursor, descarga elétrica entre bastões de grafita, síntese de Fischer-Tropsch de grafeno e água (ao invés de alcanos e água), redução do óxido grafeno e abertura de nanotubos de carbono de parede simples.

14.6 Outras formas de carbono

O carbono também existe em diversas formas menos cristalinas, como os fulerenos e compostos assemelhados.

(a) Clusters de carbono

Ponto principal: Os fulerenos são formados por descarga elétrica em um arco voltaico entre eletrodos de carbono em atmosfera inerte.

Compostos sob a forma de clusters metálicos e não metálicos são conhecidos há décadas, mas a descoberta do cluster C_{60}, em forma de bola de futebol nos anos 1980, despertou grande interesse na comunidade científica e na imprensa. Muito desse interesse indubitavelmente derivou do fato de que o carbono é um elemento comum e havia pouca probabilidade de serem encontradas novas estruturas de carbono molecular.

Quando um arco voltaico é fechado entre eletrodos de carbono em atmosfera inerte, uma quantidade grande de fuligem é formada junto a quantidades significativas de C_{60} e quantidades muito menores de outros **fulerenos** assemelhados, como C_{70}, C_{76} e C_{84}. Os fulerenos podem ser dissolvidos em hidrocarbonetos ou hidrocarbonetos halogenados e separados por cromatografia em coluna de alumina. A estrutura do C_{60} foi determinada por cristalografia de raios X no estado sólido, à baixa temperatura, e por difração de elétrons em fase gasosa. A molécula consiste em anéis de carbono de cinco e de seis membros, e a simetria global é icosaédrica em fase gasosa (**3**).

3

Os fulerenos podem ser reduzidos para formar os sais de [60]fulereto, C_{60}^{n-} ($n = 1$ a 12). Os fuleretos de metais alcalinos são sólidos com composições do tipo K_3C_{60}. A estrutura do K_3C_{60} consiste em um arranjo cúbico de face centrada de íons C_{60} no qual os íons K^+ ocupam um sítio octaédrico e dois sítios tetraédricos disponíveis por cada íon de C (Fig. 14.5).

O composto é um condutor metálico a temperatura ambiente e um supercondutor abaixo de 18 K. Outros sais supercondutores são o Rb_2CsC_{60}, o qual tem uma temperatura de transição de supercondutividade (T_c) de 33 K, e o Cs_3C_{60}, com $T_c = 40$ K. A condutividade dos compostos E_3C_{60} pode ser explicada considerando-se que os elétrons condutores são doados para as moléculas de C_{60} e são móveis devido à sobreposição dos orbitais moleculares do C_{60} (Seção 24.20).

(b) Complexos fulereno-metal

Pontos principais: Os fulerenos poliédricos sofrem redução reversível de vários elétrons e formam complexos com compostos organometálicos de metais d e com o OsO_4.

Métodos razoavelmente eficientes para a síntese de fulerenos foram desenvolvidos, e sua química de oxirredução e de coordenação tem sido muito estudada. Como sugerido pela formação dos fuleretos de metal alcalino, o C_{60} sofre cinco etapas de transferência de elétrons eletroquimicamente reversíveis em solventes não aquosos (Figura 14.6). Essas observações indicam que os fulerenos podem servir como eletrófilos ou nucleófilos quando frente a um metal apropriado. Um exemplo dessa capacidade é o ataque ao C_{60} por complexos de Pt(0) com fosfina, ricos em elétrons, produzindo compostos como (**4**), no qual o átomo de Pt interage simultaneamente com um par de átomos de C da molécula de fulereno. Essa reação é análoga à coordenação de ligações duplas aos complexos de platina com fosfina. Apesar de a analogia com o complexo η^6-benzenocromo (Seção 22.19) sugerir que o átomo do metal poderia coordenar-se com uma face hexagonal do C_{60}, estes complexos hexa-hapto na verdade não se formam, o que é atribuído à orientação radial dos orbitais $C2p\pi$ (**5**), levando a uma sobreposição deficiente com os orbitais d de um átomo metálico situado acima do centro de uma face hexagonal da molécula.

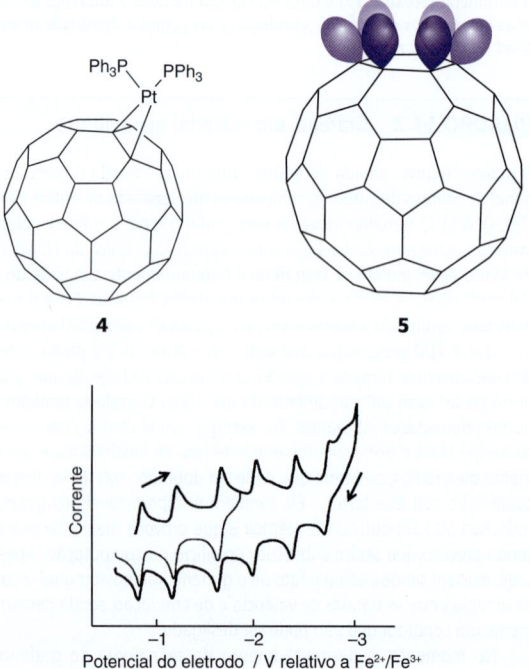

4 **5**

Figura 14.5* A estrutura do K_3C_{60}. A célula unitária global é cúbica de face centrada. (A estrutura do C_{60} sólido, isolado, é mostrada na Fig. 3.16.)

Figura 14.6 Voltamograma cíclico do C_{60} em DMF/tolueno, registrado em baixa temperatura. O eletrodo de referência usado foi o ferroceno (Fc).

Diferentemente da fraca interação da face hexagonal de um fulereno com um único átomo metálico, um arranjo metálico com maior número de átomos, como o *cluster* [Ru$_3$(CO)$_{12}$], reage para formar um capuz de [Ru$_3$(CO)$_9$] sobre uma face hexagonal do C$_{60}$. Nesse processo, três ligantes CO são deslocados (**6**). O triângulo relativamente grande dos três átomos metálicos fornece uma geometria favorável para a sobreposição com os orbitais C2pπ orientados radialmente.

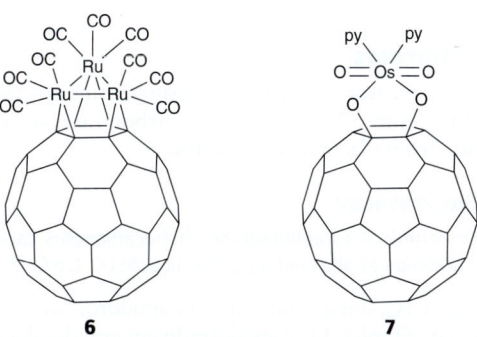

6   **7**

As propriedades químicas do C$_{60}$ não estão limitadas às suas interações com complexos metálicos ricos em elétrons. A reação com o eletrófilo forte e oxidante, OsO$_4$, em piridina, produz um complexo com ponte oxo análogo aos adutos de OsO$_4$ com alquenos (**7**).

Além dos complexos formados com o átomo metálico do lado de fora da gaiola do fulereno, **fulerenos endoédricos** são formados nos quais um ou mais átomos situam-se dentro do C$_{60}$. Tais complexos são designados por M@C$_{60}$, indicando que o átomo M está dentro da gaiola do C$_{60}$. Moléculas e átomos de gases inertes pequenos podem ser direcionados para dentro da gaiola em altas temperaturas (> 600°C) e pressões (> 2000 atm) para formar, por exemplo, H$_3$@C$_{60}$. Alternativamente, a gaiola de carbono pode ser formada ao redor do átomo endoédrico usando-se um eletrodo de carbono dopado com o metal no arco voltaico. Frequentemente, são formadas gaiolas maiores tais como La@C$_{82}$ e La$_3$@C$_{106}$.

(c) Nanotubos de carbono

Uma das consequências mais interessantes das pesquisas sobre os fulerenos foi a identificação dos **nanotubos de carbono**. Os nanotubos de carbono estão fortemente relacionados com os fulerenos e grafenos. O grafeno é uma camada simples de átomos de carbono com arranjo hexagonal (Quadro 14.2). Os nanotubos de carbono consistem em um ou mais tubos cilíndricos concêntricos formados de folhas de grafenos enroladas. As extremidades dos nanotubos estão frequentemente fechadas por tampas hemisféricas semelhantes a fulerenos contendo átomos de carbono formando seis anéis de cinco membros (Fig. 14.7). Os nanotubos formados por folhas simples de grafeno são conhecidos como nanotubos de parede simples (SWNT, em inglês). O diâmetro do tubo é de, aproximadamente, 1 nm e as propriedades dos nanotubos são determinadas pela maneira como o grafeno é enrolado diâmetro e pelo comprimento do tubo. Nanotubos de paredes múltiplas (MWNT, em inglês) consistem em tubos concêntricos de grafeno. Os MWNT podem ser constituídos por cilindros concêntricos de lâminas de grafeno, o chamado modelo de "boneca Russa", ou por uma única lâmina de grafeno enrolada sobre em si mesma, chamada de modelo

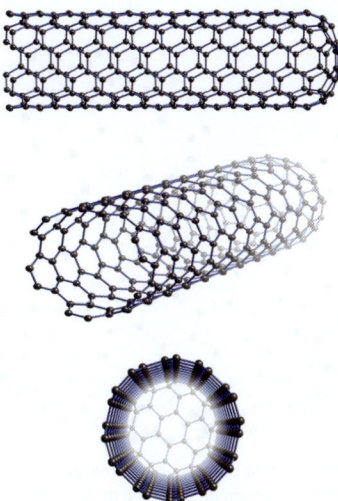

Figura 14.7 A estrutura de um nanotubo de carbono de parede simples tampado.

"pergaminho". Os **nanobrotos** combinam nanotubos de carbono e fulerenos. Eles possuem um fulereno ligado covalentemente à parede externa de um nanotubo, que pode atuar como uma âncora, reduzindo o quanto um nanotubo pode deslizar sobre os outros. Os nanotubos de carbono grafenados (g-CNTs, em inglês) possuem pequenos flocos de grafeno ao longo das paredes externas de nanotubos de carbono de paredes múltiplas. Esses g-CNTs possuem uma estrutura em rede tridimensional com grande área superficial. A preparação de nanotubos tem estimulado muita pesquisa, e os compostos podem ter uma grande variedade de aplicações, como armazenagem de hidrogênio e catálise e aquelas que exploram a sua alta resistência mecânica em proteções de partes do corpo. Eles serão tratados com mais detalhes no Capítulo 24.

(d) Carbono parcialmente cristalino

Pontos principais: Carbono amorfo e parcialmente cristalino, na forma de pequenas partículas, é usado em grande escala como adsorvente e como agente de reforço nas borrachas; fibras de carbono aumentam a resistência de materiais poliméricos.

Há muitas formas de carbono que possuem um baixo grau de cristalinidade. Estes materiais parcialmente cristalinos têm considerável importância comercial; eles incluem o *negro de fumo*, o *carvão ativado* e as *fibras de carbono*. Uma vez que não se consegue obter monocristais apropriados para uma análise completa de raios X desses materiais, suas estruturas são incertas. Entretanto, as informações disponíveis sugerem que suas estruturas são similares à da grafita, mas o grau de cristalinidade e a forma das partículas são diferentes.

O negro de fumo é uma forma muito finamente dividida do carbono. Ele é preparado (numa escala que excede 8 Mt anuais) pela combustão de hidrocarbonetos em condições de deficiência de oxigênio. Pilhas de lâminas planas, como na grafita, e bolas em multicamadas, remanescentes de fulerenos, têm sido propostas para as suas estruturas (Figura 14.8). O negro-de-fumo é usado em larga escala como pigmento nas tintas de impressão (como nesta página) e como carga em artigos de borracha, incluindo os pneus, nos quais ele melhora significativamente a força e a resistência à abrasão da borracha, além de ajudar a protegê-la da degradação pela luz solar.

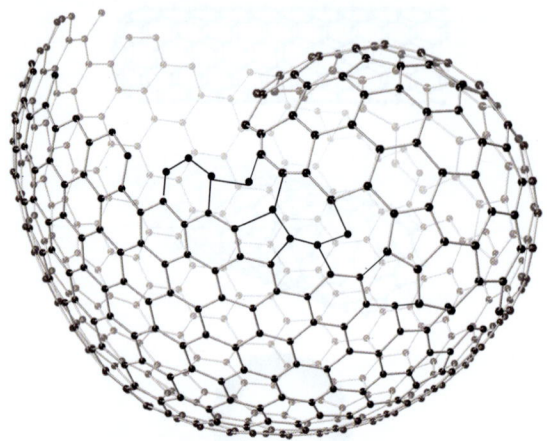

Figura 14.8 Uma estrutura proposta para uma partícula de fuligem resultante do fechamento imperfeito de uma rede de átomos de C curvada. Estruturas semelhantes à grafita também têm sido propostas.

O "carvão ativado" é preparado a partir da pirólise controlada de material orgânico, por exemplo da casca de coco. Ele possui uma grande área superficial (em alguns casos, maior do que 1000 m² g⁻¹), que se origina do pequeno tamanho de partícula. Desse modo, ele é um adsorvente muito eficiente para moléculas, incluindo poluentes orgânicos da água potável, gases nocivos do ar e impurezas de misturas reacionais. Há evidências de que partes da superfície definidas pelas bordas de folhas hexagonais estão cobertas por produtos de oxidação, como grupos carboxílicos e hidroxílicos (8). Essa estrutura justifica parte de sua atividade superficial.

8

As fibras de carbono são feitas pela pirólise controlada de fibras asfálticas ou fibras sintéticas e são incorporadas em vários produtos plásticos de alta resistência, tais como raquetes de tênis e componentes de aeronaves. Sua estrutura tem semelhança com a da grafita, mas em lugar das folhas estendidas, as camadas consistem em fitas paralelas ao eixo da fibra. As fortes ligações no plano (que se assemelham com as da grafita) dão à fibra sua grande força de tensão.

> **EXEMPLO 14.1** Comparando a ligação no diamante e no boro
>
> No boro elementar, cada átomo de B está ligado a cinco outros átomos de B, mas no diamante cada átomo de C está ligado a quatro vizinhos mais próximos. Sugira uma explicação para essa diferença.
>
> *Resposta* Precisamos considerar os elétrons de valência em cada átomo e os orbitais disponíveis para a formação de ligação. Tanto os átomos de B quanto os de C possuem quatro orbitais disponíveis para a ligação (um orbital s e três p). Entretanto, um átomo de C possui quatro elétrons de valência, um para cada orbital, e assim pode usar todos os seus elétrons e orbitais para formar ligações 2c,2e com os quatro átomos de C vizinhos. Já o B possui apenas três elétrons, de forma que, para usar todos os seus quatro orbitais, ele forma ligações 3c,2e. A formação destas ligações de três centros traz outro átomo de B para a distância de ligação.
>
> *Teste sua compreensão 14.1* Descreva como a estrutura eletrônica da grafita é alterada quando ela reage com: (a) potássio; (b) bromo.

14.7 Hidretos

Todos os elementos do Grupo 14 formam hidretos tetravalentes, EH₄, com o hidrogênio, e o carbono e o silício formam hidretos moleculares catenados.

(a) Hidrocarbonetos

Ponto principal: A estabilidade dos hidrocarbonetos catenados pode ser atribuída às altas entalpias das ligações C–C e C–H.

O metano, CH_4, um gás inflamável e inodoro, é o hidrocarboneto mais simples. Ele é encontrado em grandes depósitos naturais subterrâneos de onde é extraído como gás natural e usado como combustível doméstico e industrial:

$$CH_4(g) + 2\ O_2(g) \rightarrow CO_2(g) + 2\ H_2O(g)$$
$$\Delta_{comb}H^{\ominus} = +882\ kJ\ mol^{-1}$$

Excetuando-se essa reação de combustão, o metano não é muito reativo. Ele não é hidrolisado pela água (Quadro 14.3) e reage com halogênios somente quando exposto à radiação ultravioleta:

$$CH_4(g) + Cl_2(g) \xrightarrow{h\nu} CH_3Cl(g) + HCl(g)$$

Os alcanos até o butano, C_4H_{10} (p.e. –1°C), são gases, aqueles contendo de 5 a 17 átomos de carbono são líquidos, e os hidrocarbonetos mais pesados são sólidos. Os hidrocarbonetos catenados são particularmente estáveis devido às grandes entalpias das ligações C–C e C–H.

(b) Silanos

Pontos principais: O silano é um agente redutor; ele forma Si(OR)₄ com álcoois e sofre hidrossililação na presença de um complexo de platina que atua como catalisador.

O silano, SiH_4, é preparado comercialmente pela redução do SiO_2 com alumínio sob alta pressão de hidrogênio numa mistura de sais fundidos formada por NaCl e AlCl₃. Uma equação idealizada para essa reação é

$$6\ H_2(g) + 3\ SiO_2(g) + 4\ Al(s) \rightarrow 3\ SiH_4(g) + 2\ Al_2O_3(s)$$

Os silanos são muito mais reativos do que os alcanos, e as suas estabilidades diminuem com o aumento do comprimento da cadeia. Essa menor estabilidade, comparada com a dos alcanos, pode ser atribuída à menor entalpia de ligação para Si–Si e Si–H comparado com C–C e C–H (Tabela 14.2). O silano propriamente dito, SiH_4, inflama-se espontaneamente ao ar, e reage violentamente com halogênios. Essa maior reatividade comparada com os hidrocarbonetos é atribuída a diversos fatores: o maior raio atômico do Si, deixando-o mais aberto ao ataque por nucleófilos; a maior polaridade da ligação Si–H; e a disponibilidade dos orbitais

QUADRO 14.3 Clatratos de metano: combustível fóssil do fundo dos oceanos

Os clatratos de metano são sólidos cristalinos formados à baixa temperatura quando o gelo cristaliza em torno de moléculas de CH_4. Os clatratos também são chamados de *hidratos de metano* ou *hidratos de gás natural*, e sua formação causava grandes problemas no passado pelo entupimento de gasodutos em climas frios. Os hidratos podem conter outras moléculas pequenas e gasosas, tais como etano e propeno. São conhecidas várias estruturas diferentes para os clatratos. A célula unitária do tipo mais comum, conhecida como Estrutura I, contém 46 moléculas de H_2O e até oito moléculas de CH_4. Recentemente, os clatratos têm recebido atenção como uma possível fonte de energia, uma vez que 1 m³ de clatrato libera até 164 m³ de gás metano.

Clatratos têm sido encontrados sob sedimentos no fundo dos oceanos. Acredita-se que eles se formem pela migração do metano, que está abaixo do fundo do oceano, por meio de falhas geológicas, seguida de cristalização pelo contato com a água fria do mar. O metano em clatratos também é gerado pela degradação bacteriana de matéria orgânica em ambientes com baixo teor de oxigênio no fundo dos oceanos. Quando a velocidade de sedimentação e os níveis de carbono orgânico são altos, a água nos poros do sedimento contém pouco oxigênio e o metano é produzido por bactérias anaeróbias. Abaixo da zona dos clatratos sólidos, podem ocorrer grandes volumes de metano na forma de bolhas de gás livre no sedimento. Os hidratos de metano são estáveis a baixa temperatura e alta pressão. Por causa dessas condições e da necessidade de quantidades relativamente grandes de matéria orgânica para a metanogênese bacteriana, os clatratos ficam restritos principalmente às altas latitudes e ao longo das margens continentais nos oceanos. Nas margens dos continentes, a disponibilidade de matéria orgânica é alta o bastante para gerar metano suficiente, e a temperatura das águas é próxima do ponto de congelamento. Nas regiões polares, a presença de hidratos de gases está geralmente ligada aos solos congelados ("permafost"). O estoque de metano em solos congelados é estimado em cerca de 400 Gt de carbono no Ártico, mas não há estimativas das possíveis reservas antárticas. A reserva nos oceanos é estimada em cerca de 10.211 Tt de carbono.

Nos anos mais recentes, muitos governos têm se interessado pela possibilidade de usar os hidratos de metano como combustíveis fósseis. A percepção de que grandes reservatórios de hidratos de metano ocorrem no solo oceânico e nas regiões com solo congelado tem levado à exploração e investigação das formas de usar esses hidratos como fonte de energia. A Rússia tentou, sem sucesso, recuperar hidratos gasosos de reservatórios de solo congelado durante as décadas de 1960 e 1970. Não se conhece o suficiente sobre como os depósitos de clatratos ocorrem nos sedimentos oceânicos para que seja possível planejar a sua recuperação, e as perfurações têm sido feitas em poucos lugares.

A potencial obtenção de metano a partir de clatratos tem sérias implicações. Uma vez que o metano é um gás do efeito estufa, a liberação de grandes quantidades na atmosfera poderá aumentar o aquecimento global. Os níveis de metano na atmosfera eram menores durante os períodos glaciais do que durante os períodos interglaciais. Tremores de terra podem desestabilizar os hidratos de metano no fundo do mar, deflagrando avalanches submarinas e liberação de grandes quantidades de metano.

---

d de baixa energia, facilitando a formação de adutos. O silano é um agente redutor em solução aquosa. Por exemplo, borbulhando-se o silano através de uma solução aquosa livre de oxigênio e contendo Fe^{3+}, ele reduz o ferro a Fe^{2+}.

As ligações entre o silício e o hidrogênio não são facilmente hidrolisadas em água neutra, mas a reação é rápida em ácido forte ou na presença de traços de base. Da mesma forma, a alcoólise é acelerada por quantidades catalíticas de um alcóxido:

$$SiH_4 + 4\,ROH \xrightarrow{\Delta, OR^-} Si(OR)_4 + 4\,H_2$$

Estudos cinéticos indicam que a reação ocorre pelo ataque de um OR^- ao átomo de Si enquanto que o H_2 é formado via um tipo de ligação hidrogênio H···H entre átomos de hidrogênio hidrídico e prótico.

O análogo da hidroboração (Seção 13.6c) no caso do silício é a **hidrossililação**, a adição de SiH às ligações múltiplas dos alquenos e alquinos. Essa reação, que é usada em sínteses industriais e de laboratório, pode ser feita em condições (300°C ou radiação ultravioleta) que produzem um radical intermediário. Na prática, ela normalmente é feita em condições muito mais moderadas, usando-se um complexo de platina como catalisador:

$$CH_2=CH_2 + SiH_4 \xrightarrow{\Delta, H_2PtCl_6, \text{isopropanol}} CH_3CH_2SiH$$

O entendimento atual é que essa reação ocorre através de um intermediário, no qual tanto o alqueno quanto o silano estão ligados ao átomo de Pt.

O silano é usado na produção de dispositivos semicondutores como células solares e na hidrossililação de alquenos; ele é preparado comercialmente pela reação em alta pressão entre hidrogênio, dióxido de silício e alumínio.

EXEMPLO 14.2 Investigando a formação de espécies catenadas

Use os dados de entalpia de ligação da Tabela 14.2 e os dados adicionais fornecidos abaixo para calcular a entalpia padrão de formação do $C_2H_6(g)$ e do $Si_2H_6(g)$.

$$\Delta_{vap}H^\ominus(C, \text{grafita}) = 715 \text{ kJ mol}^{-1}$$

$$\Delta_{atm}H^\ominus(Si, s) = 439 \text{ kJ mol}^{-1} \quad L(H-H) = 436 \text{ kJ mol}^{-1}$$

Resposta A entalpia de formação de um composto pode ser calculada pela diferença de energia entre as ligações rompidas e formadas na reação de formação. Para tanto, as equações relevantes para a formação do $C_2H_6(g)$ e do $Si_2H_6(g)$ são:

$$2\,C(\text{grafita}) + 3\,H_2(g) \rightarrow C_2H_6(g)$$
$$2\,Si(s) + 3\,H_2(g) \rightarrow Si_2H_6(g)$$

Assim,

$$\Delta_f H^\ominus(C_2H_6, g) = [2(715) + 3(436)] - [348 + 6(412)] \text{ kJ mol}^{-1}$$
$$= -82 \text{ kJ mol}^{-1}$$

e

$$\Delta_f H^\ominus(Si_2H_6, g) = [2(439) + 3(436)] - [326 + 6(318)] \text{ kJ mol}^{-1}$$
$$= -48 \text{ kJ mol}^{-1}$$

O valor mais negativo para o etano é devido, em grande parte, à maior entalpia da ligação C–H comparada com o valor para Si–H.

Teste sua compreensão 14.2 Use os dados de entalpia de ligação fornecidos acima e da Tabela 14.2 para calcular a entalpia de formação do CH_4 e do SiH_4.

(c) Germano, estanano e plumbano

Pontos principais: A estabilidade térmica diminui do germano para o estanano e para o plumbano.

O germano, GeH$_4$, e o estanano, SnH$_4$, podem ser sintetizados pela reação do tetracloreto apropriado com LiAlH$_4$, em solução de tetra-hidrofurano. O plumbano (PbH$_4$) pode ser sintetizado em quantidades traço pela protólise de uma liga de magnésio e chumbo, porém é extremamente instável. A estabilidade dos tetra-hidretos varia na ordem SiH$_4$<GeH$_4$>SnH$_4$>PbH$_4$, que é um exemplo de alternância (Seção 9.2c). A presença de grupos alquila ou arila estabiliza os hidretos de todos os três elementos. Por exemplo, o trimetilplumbano, (CH$_3$)$_3$PbH, começa a decompor-se a 230°C, mas pode sobreviver por várias horas à temperatura ambiente.

14.8 Compostos com halogênios

Silício, germânio e chumbo reagem com todos os halogênios para formar tetra-haletos. O carbono reage somente com flúor, e o chumbo forma di-haletos estáveis.

(a) Haletos de carbono

Pontos principais: Os nucleófilos deslocam os halogênios das ligações carbono-halogênio; os nucleófilos organometálicos produzem novas ligações M–C; misturas de poli-halocarbonetos e metais alcalinos são perigosamente explosivas.

O tetrafluoreto de carbono é um gás incolor, o CCl$_4$ é um líquido denso, o CBr$_4$ é um sólido amarelo pálido e o CI$_4$ é um sólido vermelho. A estabilidade dos tetra-halometanos diminui do CF$_4$ para CI$_4$ (Tabela 14.4). O tetra-fluoreto de carbono é produzido queimando-se qualquer composto contendo carbono, inclusive o carbono elementar, em flúor. Os outros tetra-halometanos são preparados a partir do metano e o halogênio.

$$CH_4(g) + 4\ Cl_2(g) \rightarrow CCl_4(l) + 4\ HCl(g)$$

Esses tetra-halometanos e os alcanos análogos parcialmente halogenados fornecem uma rota para uma grande variedade de derivados, principalmente pelo deslocamento nucleofílico de um ou mais átomos de halogênio. Algumas reações úteis e interessantes de uma perspectiva inorgânica são apresentadas na Fig. 14.9. Observe em particular as reações que formam ligações metal-carbono e que ocorrem por deslocamento completo do halogênio ou por adição oxidativa.

As velocidades de deslocamento nucleofílico aumentam muito do flúor para o iodo e encontram-se na ordem F≪Cl<Br<I. Todos os tetra-halometanos são termodinamicamente instáveis em relação à hidrólise:

$$CX_4(l\ ou\ g) + 2\ H_2O(l) \rightarrow CO_2(g) + 4\ HX(aq)$$

Entretanto, a reação para as ligações C–F é extremamente lenta e, com isso, os polímeros fluocarbonetos, tais como

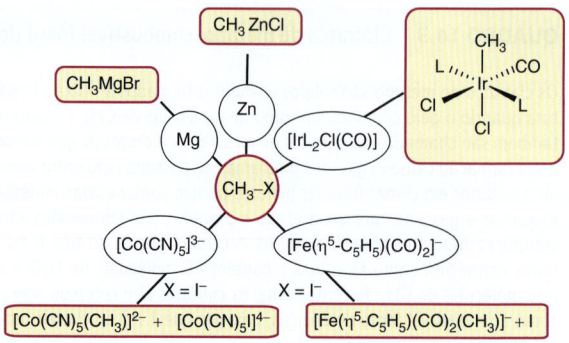

Figura 14.9 Algumas reações características das ligações carbono-halogênio (X = halogênio).

o poli(tetrafluoroeteno), são muito resistentes ao ataque da água.

Os tetra-halometanos podem ser reduzidos por agentes redutores fortes, tais como os metais alcalinos. Por exemplo, a reação do tetracloreto de carbono com sódio é altamente exoérgica:

$$CCl_4(l) + 4\ Na(s) \rightarrow 4\ NaCl(s) + C(s) \quad \Delta_rG^\ominus = -249\ kJ\ mol^{-1}$$

Essa reação pode ocorrer com violência explosiva com o CCl$_4$ e com outros poli-halocarbonetos, de forma que metais alcalinos como sódio nunca devem ser usados para secá-los. Reações análogas ocorrem na superfície do poli(tetrafluoroeteno) quando ele é exposto a metais alcalinos ou compostos organometálicos fortemente redutores. Os fluocarbonetos, juntamente a outras moléculas contendo flúor, apresentam muitas propriedades interessantes, tais como alta volatilidade e forte tendência de atrair elétrons (Quadro 17.2).

O tetra-cloreto de carbono era muito empregado como solvente em laboratório e para lavagem a seco, como fluido em sistemas de refrigeração e em extintores de incêndio. Esses usos diminuíram acentuadamente a partir da década de 80, quando se identificou que ele era um gás que do efeito estufa e também carcinogênico.

Os **haletos de carbonila** (Tabela 14.5) são moléculas planas e intermediários químicos muito úteis. O mais simples desses compostos, o fosgênio (9), OCCl$_2$, é um gás altamente tóxico. Ele é fabricado em grande escala pela reação do cloro com o monóxido de carbono:

$$CO(g) + Cl_2(g) \xrightarrow{200°C,\ carvão} OCCl_2(g)$$

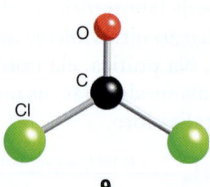

9

Tabela 14.4 Propriedades dos tetra-halometanos

	CF$_4$	CCl$_4$	CBr$_4$	CI$_4$
Ponto de fusão/°C	−187	−23	90	171 *dec**
Ponto de ebulição/°C	−128	77	190	*sub**
$\Delta_fG^\ominus$/(kJ mol^{-1})	−879	−65	148	>0

*dec, decompõe; *sub*, sublima.

Tabela 14.5 Propriedades dos haletos de carbonila

	OCF$_2$	OCCl$_2$	OCBr$_2$
Ponto de fusão/°C	−114	−128	
Ponto de ebulição/°C	−83	8	65
$\Delta_fG^\ominus$/(kJ mol^{-1})	−619	−205	−111

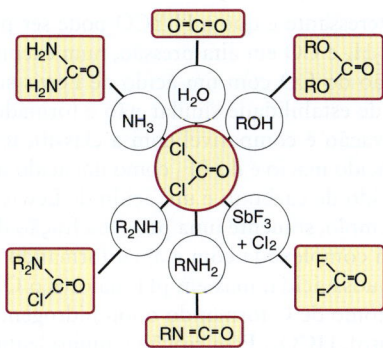

Figura 14.10 Reações características do fosgênio, OCCl$_2$.

A utilidade do fosgênio reside na facilidade do deslocamento nucleofílico do Cl para formar compostos carbonílicos e isocianatos (Fig. 14.10). O fato de que a sua hidrólise leva ao CO$_2$, em vez de ácido carbônico, (HO)$_2$CO, pode ser explicado pela estabilidade das ligações duplas do CO$_2$.

(b) Compostos de silício e germânio com halogênios

Ponto principal: Uma vez que o silício poder formar estados intermediários hipervalentes, enquanto isso não pode ocorrer para o carbono, as reações de substituição nos haletos de silício ocorrem mais facilmente do que nos haletos de carbono.

Entre os tetra-haletos de silício, o mais importante é o tetracloreto, que é preparado pela reação direta entre os elementos ou por cloração da sílica na presença de carbono:

$$Si(s) + 2\ Cl_2(g) \rightarrow SiCl_4(l)$$
$$SiO_2(s) + 2\ Cl_2(g) + 2\ C(s) \xrightarrow{\Delta} SiCl_4(l) + 2\ CO(g)$$

Os haletos de silício e de germânio são ácidos de Lewis moderados, podendo incorporar mais um ou dois ligantes para formar complexos pentacoordenados ou hexacoordenados:

$$SiF_4(g) + 2\ F^-(aq) \rightarrow SiF_6^{2-}$$
$$GeCl_4(l) + N\equiv CCH_3(l) \rightarrow Cl_4GeN\equiv CCH_3(s)$$

A hidrólise dos tetra-haletos de Si e de Ge é rápida e é representada esquematicamente como:

$$EX_4 + 2\ H_2O \rightarrow EX_4(OH_2)_2 \rightarrow EO_2 + 4\ HX$$
(E = Si ou Ge, X = halogênio)

Os tetra-haletos de carbono correspondentes são cineticamente mais resistentes à hidrólise pela falta de acesso ao átomo de C, espacialmente encoberto, para formar o aquacomplexo intermediário.

As reações de substituição dos halossilanos têm sido muito estudadas. As reações são mais fáceis do que para os análogos de carbono porque o átomo de Si pode expandir facilmente sua esfera de coordenação para acomodar o nucleófilo de entrada. A estereoquímica dessas reações de substituição indica a formação de um intermediário pentacoordenado, com os substituintes mais eletronegativos ocupando a posição axial. Além disso, os substituintes que se desligam saem da posição axial. O íon H$^-$ é um mau grupo de saída, e os grupos alquila são ainda piores:

Observe que, nesses exemplos, o substituinte R^4 substitui o H com retenção de configuração.

(c) Haletos de estanho e chumbo

Pontos principais: O estanho forma di-haletos e tetra-haletos; para o chumbo, somente os di-haletos são estáveis.

As soluções aquosas e não aquosas de sais de Sn(II) são agentes redutores moderados bastante práticos, mas elas precisam ser guardadas sob atmosfera inerte, pois a oxidação ao ar é espontânea e rápida:

$$Sn^{2+}(aq) + \tfrac{1}{2}\ O_2(g) + 2\ H^+(aq) \rightarrow Sn^{4+}(aq) + H_2O(l)$$
$$E^{\ominus} = +1{,}08\ V$$

Os di-haletos e tetra-haletos de estanho são, ambos, bem conhecidos. O tetracloreto, o tetrabrometo e o tetraiodeto são compostos moleculares, mas o tetrafluoreto é um sólido iônico formado pelo empacotamento compacto de octaedros SnF$_6$. O tetrafluoreto de chumbo pode ser considerado um sólido iônico, mas, como uma manifestação do efeito do par inerte, o PbCl$_4$ é um óleo amarelo, covalente, instável, que se decompõe em PbCl$_2$ e Cl$_2$ à temperatura ambiente. O tetrabrometo e o tetraiodeto de chumbo são ambos desconhecidos, de forma que os di-haletos dominam os compostos halogenados de chumbo. O arranjo dos átomos de halogênios em torno do átomo metálico central nos di-haletos de estanho e de chumbo frequentemente se desvia da simples coordenação tetraédrica ou octaédrica, o que se atribui à presença de um par isolado estereoquimicamente ativo. A tendência para uma estrutura distorcida é mais pronunciada com o pequeno íon F$^-$, e estruturas menos distorcidas são observadas com haletos maiores.

Tanto o Sn(IV) quanto o Sn(II) formam vários complexos. Assim, o SnCl$_4$ forma íons complexos tais como [SnCl$_5$]$^-$ e [SnCl$_6$]$^{2-}$ em meio ácido. Em solução não aquosa, vários doadores interagem com o ácido de Lewis relativamente forte SnCl$_4$ para formar complexos como o cis-[SnCl$_4$(OPMe$_3$)$_2$]. Em soluções aquosas e não aquosas, o Sn(II) forma tri-halocomplexos como o [SnCl$_3$]$^-$, no qual a sua estrutura piramidal indica a presença de um par isolado estereoquimicamente ativo (**10**). O íon [SnCl$_3$]$^-$ pode atuar como um doador macio diante de íons de metais d. Um exemplo incomum dessa capacidade é o composto (cluster) vermelho Pt$_3$Sn$_8$Cl$_{20}$, de estrutura bipiramidal trigonal (**11**).

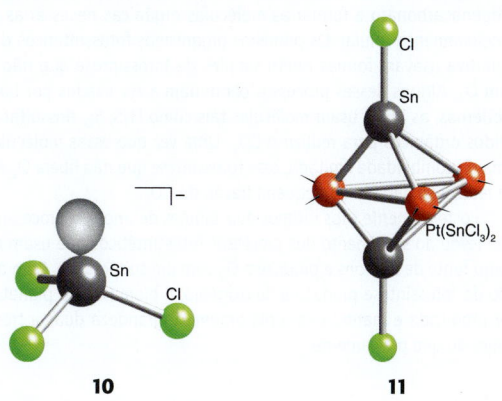

14.9 Compostos de carbono com oxigênio e enxofre

Pontos principais: O monóxido de carbono é um agente redutor essencial na produção do ferro e um ligante comum na química dos metais d; o dióxido de carbono é muito menos importante como ligante e é o anidrido ácido do ácido carbônico; os compostos de enxofre CS e CS_2 têm estruturas semelhantes aos óxidos análogos.

O carbono forma CO, CO_2 e subóxido O=C=C=C=O (Tabela 14.3). Os usos do CO compreendem a redução de óxidos metálicos em alto-forno (Seção 5.16) e a reação de deslocamento do gás de água (Seção 10.4) para a produção do H_2.

$$CO(g) + H_2O(g) \rightleftharpoons CO_2(g) + H_2(g)$$

No Capítulo 25, que trata da catálise, será mostrada a conversão do monóxido de carbono em ácido acético e aldeídos. A molécula de CO possui uma basicidade de Brønsted muito baixa e uma acidez de Lewis desprezível diante de doadores neutros de pares de elétrons. Entretanto, apesar da sua fraca acidez de Lewis, o CO é atacado por bases de Lewis fortes em alta pressão e temperaturas um tanto elevadas. Assim, a reação com o íon OH^- produz o íon formiato, HCO_2^-:

$$CO(g) + OH^-(g) \rightarrow HCO_2^-(s)$$

Similarmente, a reação com o íon metóxido (CH_3O^-) produz o íon acetato, $CH_3CO_2^-$.

O monóxido de carbono é um ligante excelente frente a átomos metálicos em baixos estados de oxidação (Seção 22.5). Sua toxicidade bem conhecida é um exemplo desse comportamento; ele liga-se ao átomo de Fe da hemoglobina, impedindo a ligação do O_2 e sufocando a vítima. Um aspecto interessante é que o H_3BCO pode ser preparado a partir de B_2H_6 e CO em alta pressão, num exemplo raro de coordenação do CO com um ácido de Lewis simples. Um complexo de estabilidade similar não é formado pelo BF_3; essa observação é compatível com a classificação do BH_3 como um ácido macio e do BF_3 como um ácido duro.

O dióxido de carbono é um ácido de Lewis muito fraco. Por exemplo, somente uma pequena fração de suas moléculas está complexada com a água formando H_2CO_3 em solução aquosa ácida, mas em pH maiores o OH^- coordena-se ao átomo de C formando o íon hidrogenocarbonato (bicarbonato), HCO_3^-. Essa reação é muito lenta; entretanto, como é muito importante para os processos vitais que o equilíbrio entre CO_2 e HCO_3^- seja atingido rapidamente, ela é catalisada pela enzima dióxido de carbono hidratase (anidrase carbônica, Seção 26.9a), que contém Zn. Essa enzima acelera a reação por um fator de, aproximadamente, 10^9 vezes.

O dióxido de carbono é uma das várias moléculas poliatômicas responsáveis pelo **efeito estufa**. Nesse efeito, uma molécula poliatômica da atmosfera permite a passagem da luz visível, mas, por causa de suas absorções vibracionais no infravermelho, bloqueia a irradiação direta de calor da Terra. Há forte evidência de que vem ocorrendo um aumento significativo de CO_2 atmosférico desde a industrialização da sociedade. No passado, a natureza conseguia estabilizar a concentração do CO_2 atmosférico, em parte pela precipitação de carbonato de cálcio no fundo dos oceanos, mas parece que a velocidade de difusão do CO_2 nas águas profundas é muito lenta para compensar o aumento da entrada de CO_2 na atmosfera (Quadro 14.4).

QUADRO 14.4 O ciclo do carbono

O ciclo do carbono é de especial interesse porque toda a vida na Terra é baseada no carbono. Numa escala global, o ciclo biológico do carbono não pode ser discutido sem considerar também o ciclo do oxigênio (Quadro 16.1). A relação íntima entre esses dois ciclos é mostrada na Fig. Q14.2. O aumento dos níveis de dióxido de carbono na atmosfera da Terra nas últimas décadas e o seu potencial de provocar mudanças climáticas por meio do aumento do efeito estufa fez com que aumentasse o foco dos cientistas no ciclo do carbono.

O oxigênio não estava presente quando a Terra se resfriou inicialmente e a água líquida se tornou pela primeira vez disponível; nessa época, o CO_2 era o principal gás atmosférico. Os primeiros organismos usaram a fotossíntese ou a *quimiolitotrofia* (reações inorgânicas) para produzir a energia necessária para reduzir o dióxido de carbono ou os íons hidrogenocarbonato e formar as moléculas orgânicas necessárias para o funcionamento celular. Os primeiros organismos fotossintéticos da Terra primitiva usavam formas muito simples de fotossíntese que não liberavam O_2. Alguns desses processos continuam a ser usados por bactérias modernas, as quais usam moléculas tais como H_2S, S_8, tiossulfato, H_2 e ácidos orgânicos para reduzir o CO_2. Uma vez que essas moléculas têm uma disponibilidade limitada, essa fotossíntese que não libera O_2 é capaz de reduzir somente uma pequena fração do CO_2.

Posteriormente (nos últimos dois bilhões de anos), o processo evolutivo levou ao surgimento dos processos fotossintéticos que usam a água como fonte de elétrons e produzem O_2 com um subproduto. Com a evolução da fotossíntese produtora de oxigênio, a biomassa do planeta pôde ser produzida e mantida em uma ordem de grandeza duas a três vezes maior do que previamente.

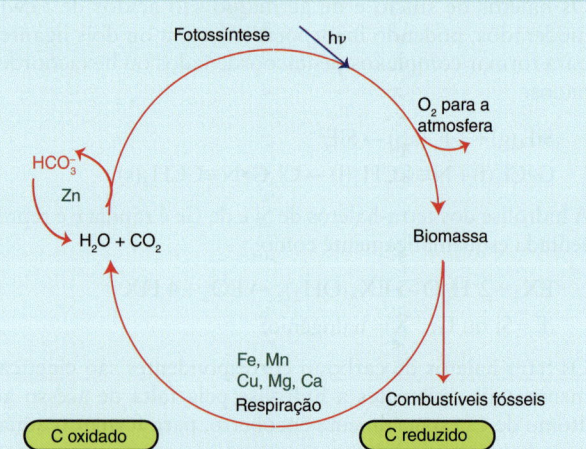

Figura Q14.2 Os principais elementos do ciclo do carbono.

A fotossíntese envolve a redução do CO_2, transformando-o em compostos orgânicos, e a oxidação do H_2O, transformando-o em O_2 (Seções 26.9 e 26.10). A fotossíntese do tipo que produz oxigênio ocorre nos cloroplastos das plantas superiores, em várias algas e nas cianobactérias. Na verdade, esse tipo de fotossíntese produz O_2 como um subproduto da decomposição da água e átomos de H ligados a outros átomos, os quais são usados para produzir CO_2. Quando esse processo ocorreu pela primeira vez, o O₂ liberado deve ter sido uma toxina, produzindo espécies de oxigênio reativas, capazes de destruir a maioria das biomoléculas contemporâneas.

O balanço de massa do ciclo biológico da Fig. Q14.2 não está quantitativamente completo. Enquanto que foram ignoradas a entrada de CO₂ vindo de erupções vulcânicas e o consumo de CO₂ pelo intemperismo dos silicatos sólidos, em relação ao oxigênio e ao carbono orgânico não há uma fonte exclusivamente geoquímica. Portanto, para que o ciclo esteja verdadeiramente completo, não poderia haver qualquer acúmulo de O₂: todo o O₂ produzido do lado esquerdo do ciclo pela fotossíntese deveria ser consumido do lado direito pela respiração e combustão. Entretanto, a cada volta em torno do ciclo, um pouco da biomassa de carbono reduzido é enterrada nos sedimentos, principalmente como plantas terrestres e algas em bacias marinhas rasas e lagos. Esta pequena quantidade de biomassa enterrada gradualmente torna-se indisponível para oxidação, e parte dela é transformada em hidrocarbonetos combustíveis fósseis. Numa escala de tempo geológica, essa matéria orgânica reduzida enterrada acumula e é convertida em carvão, xisto, petróleo e gás natural, que constituem nossas reservas de combustíveis fósseis.

Ao longo de centenas de milhões de anos, o processo que criou nossas reservas de combustíveis fósseis também formou o O₂ da atmosfera e ajudou a diminuir o nível inicialmente alto de CO₂. O acúmulo global de O₂ foi lento nos primórdios da Terra, devido à grande quantidade de ferro(II) presente nos oceanos. Esse ferro foi oxidado pelo O₂, produzindo compostos insolúveis de ferro(III) que precipitaram, formando camadas de ferro(III). Uma vez que o ferro(II) e as formas reduzidas de enxofre foram consumidas, o O₂ começou a se acumular na atmosfera, alcançando aproximadamente os níveis atuais a cerca de 1 Ga atrás.

No momento, estamos extraindo e queimando combustíveis fósseis numa escala de tempo geológica muito curta, perturbando dessa forma a relação entre carbono e oxigênio. As reações de combustão são, obviamente, o fator principal, mas parte do petróleo ou gás alcança a superfície por meio de ações naturais e humanas. O petróleo ou gás que não é queimado pode ser biodegradado para produzir CO₂ e completar o ciclo do carbono, conforme mostrado na Fig. Q14.3. A biodegradação é feita por organismos aeróbios que usam, quase exclusivamente, enzimas dependentes do ferro.

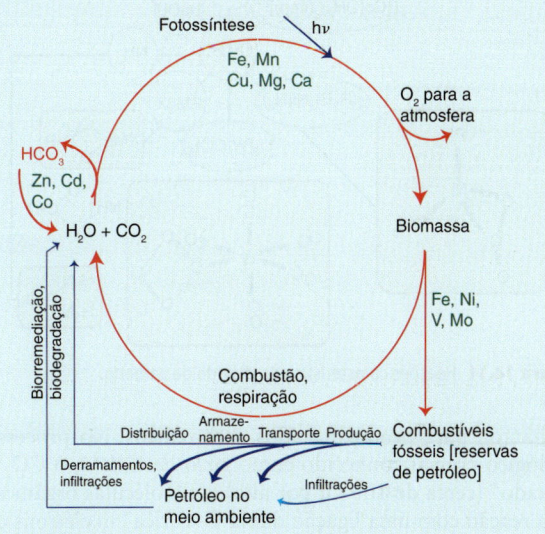

Figura Q14.3 O ciclo do carbono modificado.

Existem evidências convincentes do aumento da concentração dos gases do efeito estufa CO₂, CH₄, N₂O e clorofluorcarbonetos, e está claro que eles estão tendo impacto nas temperaturas globais. Um método proposto para diminuir a velocidade de aumento do CO₂ atmosférico é a **captura de dióxido de carbono** (Quadro 14.5), na qual o CO₂ é capturado dos gases de exaustão industriais pela reação com aminas. Posteriormente ele é liberado, liquefeito por compressão e bombeado para o subsolo, frequentemente de volta aos poços de gás ou petróleo, para ajudar a expulsar mais petróleo ou gás. Atualmente, essa tecnologia é muito cara e ainda está para ser implementada nas grandes termelétricas.

As principais propriedades químicas do CO₂ encontram-se resumidas na Fig. 14.11. Do ponto de vista econômico, uma reação importante do CO₂ é com a amônia para produzir o carbonato de amônio, (NH₄)₂CO₃, o qual em temperaturas elevadas é diretamente convertido em ureia, CO(NH₂)₂, que é um fertilizante, suplemento alimentar para o gado e intermediário químico. Outro importante uso do CO₂ é na indústria de bebidas refrigerantes, onde é dissolvido sob pressão para dar o sabor agradavelmente ácido do ácido carbônico, H₂CO₃, e que é liberado na forma de bolhas quando o recipiente é aberto e a pressão é reduzida. Na química orgânica, uma reação de síntese comum é entre o CO₂ e reagentes

---

QUADRO 14.5 Reduzindo os níveis de CO₂ atmosférico

O aumento do uso de combustíveis fósseis, desde a revolução industrial, tem levado ao aumento dos níveis atmosféricos de CO₂, o qual está contribuindo para o efeito estufa e as mudanças climáticas a ele associadas. Um dos maiores desafios do século XXI é encontrar maneiras de diminuir o aumento dos níveis de CO₂ atmosférico. Nossa dependência dos combustíveis fósseis baseados em carbono poderia ser reduzida pelo uso mais eficiente de energia e a redução do nosso consumo. Alternativamente, poderia ser aumentado o nosso uso de combustíveis de baixo teor de carbono, como a energia nuclear, e de fontes renováveis.

Outra maneira de administrar os níveis de dióxido de carbono atmosférico é pela sua captura. Esse conceito se refere à remoção do dióxido de carbono da atmosfera e à sua armazenagem subterrânea de longo prazo. As principais fontes de CO₂ atmosférico são o carvão e as termelétricas a gás. Uma termelétrica típica, de última geração, com capacidade de 1 GW, movida a carvão produz cerca de 6 Mt de CO₂ por ano. O emprego de lavadores de CO₂ para remover o CO₂ dos gases de exaustão pode reduzir, significativamente, essas emissões. Um desses processos emprega soluções aquosas de várias aminas para remover o CO₂ (e o H₂S) dos gases. O CO₂ reage com as aminas para formar carbamato de amônio sólido, NH₂COONH₄. Um dos problemas desse processo é que a fase aquosa evapora na corrente do gás. Entretanto, já foram desenvolvidos novos materiais não voláteis para a captura de CO₂. Uma abordagem neste sentido é a produção de líquidos iônicos que tenham um grupo amina a eles ligado. Estes sais iônicos com baixa temperatura de fusão reagem reversivelmente com o CO₂, não necessitam de água para funcionar e podem ser reciclados.

Embora essas tecnologias sejam conhecidas, elas ainda não estão sendo empregadas nas termelétricas. A captura de dióxido de carbono reduz de 25 a 40% a energia produzida por essas usinas e aumentaria os custos de produção de energia de 20 a 90% nas instalações construídas com esse propósito, e mais ainda nas usinas já existentes.

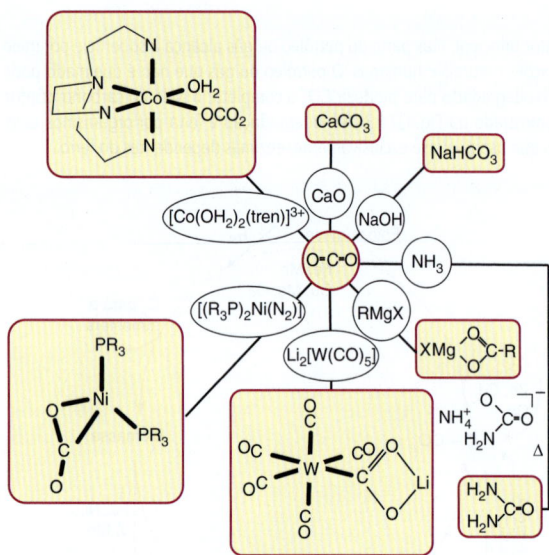
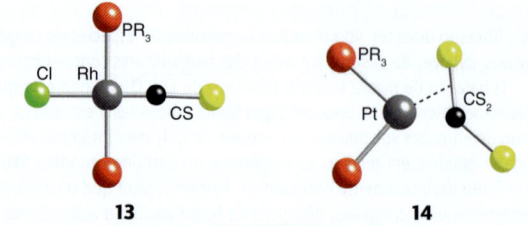

Figura 14.11 Reações característica do dióxido de carbono.

carbânion para produzir ácidos carboxílicos. No processo biológico crucial conhecido como *ciclo de Calvin*, o CO_2 é "fixado" (cerca de 100 Gt por ano) em moléculas orgânicas pela reação com uma ligação dupla C=C rica em elétrons de um do enolato de um ligante pentose coordenado a um íon Mg^{2+} na enzima conhecida como "Rubisco" (Capítulo 26.9).

Complexos metálicos de CO_2 são conhecidos (**12**), mas são raros e muito menos importantes do que as carbonilas metálicas. Ao interagir com um centro metálico rico em elétrons e em baixo estado de oxidação, a molécula neutra de CO_2 atua como um ácido de Lewis, e a ligação é dominada pela doação de elétrons do átomo metálico para o orbital π antiligante do CO_2. O CO_2 liga-se lateralmente ao átomo metálico, de maneira análoga à ligação entre um alqueno e um centro metálico rico em elétrons (Seção 22.9).

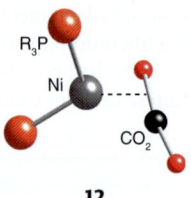

12

Um uso importante do fluido CO_2 supercrítico (dióxido de carbono altamente comprimido e acima da sua temperatura do ponto crítico) é como solvente. As aplicações variam desde descafeinização dos grãos de café até seu uso em síntese de química no lugar de solventes convencionais, como parte importante na estratégia de implementar processos de "química verde".

Os análogos de enxofre (Seção 4.13) do monóxido e do dióxido de carbono, CS e CS_2, são conhecidos. O primeiro é uma molécula transiente instável, e o último é endoérgico ($\Delta_f G^\ominus = +165$ kJ mol^{-1}). Existem alguns complexos de CS (**13**) e de CS_2 (**14**), e suas estruturas são semelhantes àquelas formadas pelo CO e pelo CO_2. Em meio básico aquoso, o CS_2 sofre hidrólise e produz uma mistura dos íons carbonato, CO_3^{2-}, e tritiocarbonato, CS_3^{2-}.

> **EXEMPLO 14.3** Propondo uma síntese que empregue reações do monóxido de carbono
>
> Proponha uma síntese para o $CH_3^{13}CO_2^-$ usando ^{13}CO, que é um material de partida primário para muitos compostos marcados com carbono-13.
>
> **Resposta** Devemos ter em mente que o CO_2 é facilmente atacado por nucleófilos fortes, como o $LiCH_3$, formando íons acetato. Desse modo, um procedimento apropriado seria oxidar o ^{13}CO a $^{13}CO_2$ e depois reagir este último com $LiCH_3$. Um agente oxidante forte, como o MnO_2 sólido, pode ser usado na primeira etapa para evitar o problema de excesso de O_2 que ocorreria com a oxidação direta.
>
> $^{13}CO(g) + 2\,MnO_2(s) \xrightarrow{\Delta} {}^{13}CO_2(g) + Mn_2O_3(s)$
>
> $4\,^{13}CO_2(g) + Li_4(CH_3)_4(et) \rightarrow 4\,Li[CH_3^{13}CO_2](et)$
>
> onde "et" significa solução em éter. (Outro método envolve a reação do $[Rh(I)_2(CO)_2]^-$ com ^{13}CO. O fundamento dessa reação será discutido no Capítulo 25.)
>
> **Teste sua compreensão 14.3** Proponha uma síntese para o $D^{13}CO_2^-$, partindo do ^{13}CO.

14.10 Compostos simples de silício com oxigênio

Ponto principal: A ligação Si–O–Si está presente na sílica, numa grande variedade de minerais de silicatos metálicos e nos polímeros de silicone.

As complicadas estruturas dos silicatos são mais fáceis de entender se a unidade tetraédrica SiO_4 da qual elas são formadas for desenhada como um tetraedro com o átomo Si no centro e os átomos de O nos vértices. A representação é frequentemente simplificada ao máximo, apresentando a unidade SiO_4 como um simples tetraedro, omitindo-se os átomos. Cada átomo de O terminal contribui com –1 para a carga da unidade SiO_4, e cada átomo de O compartilhado contribui com zero. Dessa forma, o ortossilicato é o $[SiO_4]^{4-}$ (**1**), o dissilicato é o $[O_3SiOSiO_3]^{6-}$ (**2**) e a unidade SiO_2 da sílica não possui carga resultante porque todos os átomos de O estão compartilhados.

Tendo em mente os princípios acima do balanço de carga, fica claro que uma cadeia simples infinita ou um anel de unidades de SiO_4, que tem dois átomos de O compartilhados para cada átomo de Si, terá fórmula e carga $[(SiO_3)^{2-}]_n$. Um exemplo de um composto contendo esse íon de metassilicato cíclico é o mineral *berilo*, $Be_3Al_2Si_6O_{18}$, que contém o íon $[Si_6O_{18}]^{12-}$ (**15**). O berilo é a principal fonte de berílio. A pedra preciosa esmeralda é um berilo no qual alguns íons Al^{3+} foram substituídos por íons Cr^{3+}. Uma cadeia de metassilicato (**16**) está presente no mineral *jadeíta*, $NaAl(SiO_3)_2$, um dos dois minerais diferentes vendidos como jade e cuja coloração verde se origina de traços de impurezas de ferro.

coletes à prova de balas. Dentre as aplicações eletrônicas do carbeto de silício encontram-se os diodos emissores de luz e semicondutores de alta temperatura e alta voltagem. O carbeto de silício tem mais de 200 formas cristalinas diferentes. O polimorfo mais comum é o α-SiC, que tem a estrutura de wurtzita, hexagonal (Fig. 3.35) e é formado em temperaturas acima de 1700°C. O β-SiC é formado abaixo de 1700°C, tem a estrutura da blenda de zinco, cúbica (Fig. 3.6), e vem atraindo interesse como suporte para catálise heterogênea devido à sua grande área superficial.

14.14 Silicetos

Pontos principais: Compostos silício-metal (silicetos) contêm Si isolado, unidades Si_4 tetraédricas ou redes hexagonais de átomos Si.

O silício, assim como os seus vizinhos boro e carbono, forma uma grande variedade de compostos binários com os metais. Alguns destes **silicetos** contêm átomos de Si isolados. Por exemplo, a estrutura do ferrossilício, Fe_3Si, que tem um papel importante na fabricação do aço, pode ser vista como um arranjo cfc de átomos de Fe no qual alguns desses átomos foram substituídos por Si. Compostos como o K_4Si_4 contêm ânions individuais $[Si_4]^{4-}$, tetraédricos, do tipo clusters, isoeletrônicos do P_4. Muitos elementos do bloco f formam compostos de fórmula MSi_2 com estrutura em camadas hexagonais como o AlB_2 mostrado na Figura 13.7.

14.15 Compostos estendidos de silício com oxigênio

Além de formar compostos binários simples com o oxigênio, o silício forma uma grande variedade de sólidos como redes estendidas e que encontram muitas aplicações na indústria. Os aluminossilicatos ocorrem na natureza como argilas, minerais e rochas. Os aluminossilicatos zeolíticos são muito usados como peneiras moleculares, catalisadores e suportes de catalisadores. Esses compostos serão discutidos em mais detalhes nos Capítulos 24 e 25.

(a) Aluminossilicatos

Pontos principais: O alumínio pode substituir o silício numa rede de silicato para formar um aluminossilicato. Os aluminossilicatos quebradiços, em camadas, são os principais constituintes da argila e de alguns minerais comuns.

Uma diversidade estrutural ainda maior do que a exibida pelos próprios silicatos é possível quando átomos de Al substituem alguns dos átomos de Si. Os aluminossilicatos resultantes são os principais responsáveis pela rica variedade do mundo mineral. Já vimos que na γ-alumina os íons Al^{3+} estão presentes nos sítios octaédricos e tetraédricos (Seção 3.3). Essa versatilidade ocorre também nos alumonissilicatos, em que o Al pode substituir o Si em sítios tetraédricos, entrar em um ambiente octaédrico externo à rede do silicato ou, mais raramente, ocorrer com outros números de coordenação. Pelo fato de o alumínio se apresentar como Al(III), sua presença no lugar do Si(IV) em um aluminossilicato aumenta a carga negativa global de uma unidade. Desse modo, é necessário um cátion adicional, tal como H^+, Na^+ ou a metade de íons Ca^{2+}, para cada átomo de Al que substituir um

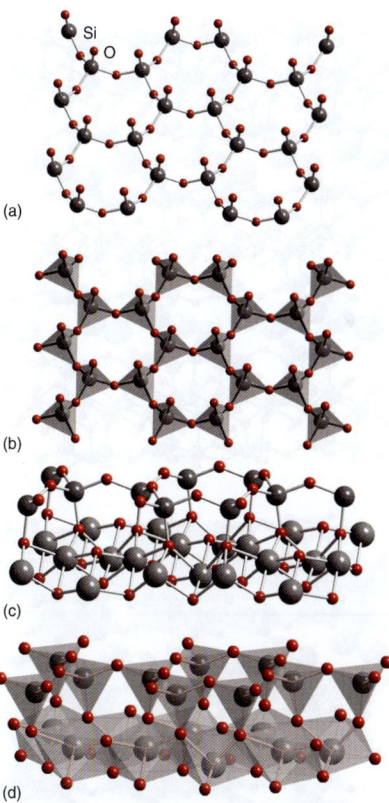

Figura 14.17 (a)* Uma rede de tetraedros SiO_4 e (b)* sua representação por tetraedros. (c)* Vista lateral da rede acima e (d)* sua representação poliédrica. As estruturas (c) e (d) representam a camada dupla do mineral crisotila mineral, para o qual M é o Mg. Quando M é o Al^{3+} e os ânions nas camadas inferiores são substituídos por um grupo OH^-, a estrutura se aproxima da argila mineral 1:1 caulinita.

átomo Si. Como veremos, esses cátions adicionais produzem um grande efeito nas propriedades dos materiais.

Muitos minerais importantes são variedades de aluminossilicatos em camadas que também contêm metais como Li, Mg e Fe: entre eles temos as argilas, o talco e várias micas. Em um aluminossilicato em camadas, a unidade que se repete consiste em uma camada de silicato com a estrutura mostrada na Figura 14.17. Um exemplo de um aluminossilicato simples desse tipo (simples no sentido de não ter outros elementos adicionais) é o mineral *caulinita*, $Al_2(OH)_4Si_2O_5$, usado comercialmente para fazer a *porcelana chinesa*. As camadas eletricamente neutras são mantidas juntas por fracas ligações hidrogênio, de forma que o mineral se cliva facilmente e incorpora água entre as camadas.

Uma classe maior de aluminossilicatos possui íons Al^{3+} entre camadas de silicato (Figura 14.18). Um desses minerais é a *pirofilita*, $Al_2(OH)_2Si_4O_{10}$. O *talco* mineral, $Mg_3(OH)_2Si_4O_{10}$, é obtido quando três íons Mg^{2+} substituem dois íons Al^{3+} nos sítios octaédricos. Como dito anteriormente, no talco (e na pirofilita), as camadas repetidas são neutras e, como resultado, o talco sofre clivagem facilmente entre elas. A *mica muscovita*, $KAl_2(OH)_2Si_3AlO_{10}$, tem camadas eletricamente carregadas porque um átomo de Al(III) substituiu um átomo de Si(IV) na estrutura da pirofilita. A carga negativa resultante é compensada por um íon K^+ que se encontra entre as camadas repetidas e resulta em maior dureza.

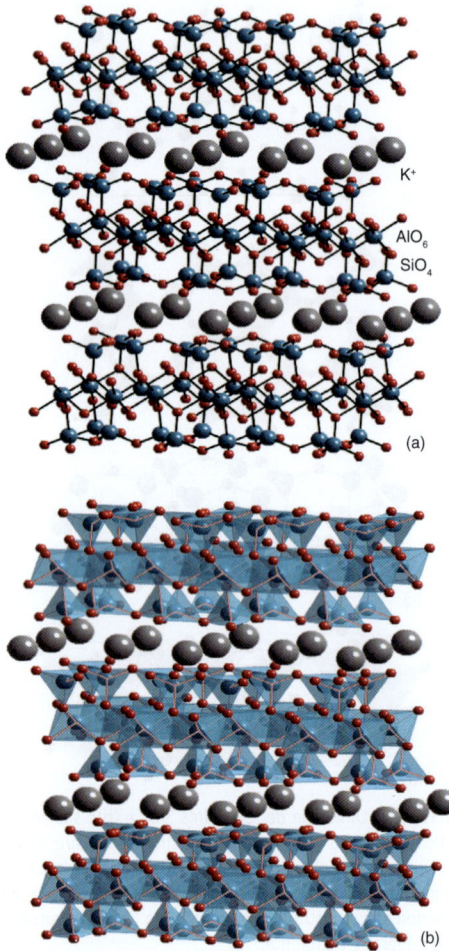

Figura 14.18 (a)* A estrutura 2:1 das argilas minerais como a mica muscovita $KAl_2(OH)_2Si_3Al_{10}$, onde o K^+ reside entre as camadas carregadas (sítio de cátions permutáveis), o Si^{4+} reside em sítios com número de coordenação 4, e o Al^{3+} encontra-se nos sítios com número de coordenação 6; (b)* a representação poliédrica. No talco, os íons Mg^{2+} ocupam sítios octaédricos, e os átomos de O da base e do topo são substituídos por grupos de OH e os sítios do K^+ ficam vazios.

Há muitos minerais baseados na rede tridimensional de aluminossilicato. Os *feldspatos*, por exemplo, que são a classe mais importante dos minerais formadores de rocha (um dos componentes do granito), pertencem a esse tipo. As redes de aluminossilicato dos feldspatos são formadas pelo compartilhamento de todos os vértices dos tetraedros SiO_4 ou AlO_4. As cavidades nesta rede tridimensional acomodam íons como K^+ e Ba^{2+}. Os feldspatos *ortoclásio*, $KAlSi_3O_8$, e *albita*, $NaAlSi_3O_8$, são dois exemplos.

(b) Sólidos microporosos

Ponto principal: Os aluminossilicatos zeolíticos possuem grandes cavidades abertas ou canais, dando origem a propriedades importantes tais como troca iônica e absorção molecular.

As peneiras moleculares são aluminossilicatos cristalinos que possuem estruturas abertas com poros de dimensões moleculares. Essas substâncias "microporosas", que incluem as zeólitas na qual os cátions (tipicamente dos Grupos 1 e 2) são aprisionados em uma rede de aluminossilicatos, representam um grande triunfo da química de estado sólido, uma vez que sua síntese e o nosso entendimento de suas propriedades combinam o desafio da determinação das suas estruturas com química sintética criativa e importantes aplicações. As gaiolas são definidas pela estrutura do cristal, de forma que elas são altamente regulares e de tamanho preciso. Consequentemente, as peneiras moleculares capturam moléculas com uma seletividade maior que os sólidos de grande área superficial, como a sílica gel ou o carvão ativado, nos quais as moléculas podem ser capturadas em vazios irregulares entre as pequenas partículas.

As zeólitas são usadas na catálise heterogênea seletiva por forma. Por exemplo, a peneira molecular ZSM-5 é usada para sintetizar o 1,4-dimetilbenzeno (*p*-xileno), usado para aumentar a octanagem da gasolina. Os outros xilenos não são produzidos porque o processo catalítico é controlado pelo tamanho e pela forma das gaiolas e túneis da zeólita. Essas e outras aplicações são apresentadas na Tabela 14.6 e serão discutidas nos Capítulos 24 e 25.

Além das muitas variedades de zeólitas que ocorrem naturalmente, procedimentos sintéticos têm produzido zeólitas com tamanhos de gaiolas específicos e propriedades químicas específicas no interior das gaiolas. Estas zeólitas sintéticas são algumas vezes preparadas à pressão atmosférica, mas geralmente são produzidas em autoclave à pressão elevada. Suas estruturas abertas parecem ser formadas ao redor de cátions hidratados ou de outros cátions grandes, como os íons NR_4^+ adicionados à mistura reacional. Por exemplo, a síntese pode ser feita aquecendo-se sílica coloidal a 100-200°C em uma autoclave com solução aquosa de hidróxido de tetrapropilamônio. O produto microcristalino, de composição típica $[N(C_3H_7)_4]OH(SiO_2)_{48}$, é convertido em zeólita pela combustão completa do C, H e N do cátion de amônio quaternário a 500°C ao ar. As zeólitas de aluminossilicatos são preparadas acrescentando-se uma alumina de grande área superficial ao material de partida.

Uma grande variedade de zeólitas tem sido preparada com diferentes tamanhos de gaiolas e gargalos (Tabela 14.7). Suas estruturas são baseadas em unidades MO_4 aproximadamente tetraédricas que, na grande maioria dos casos, são SiO_4 e AlO_4. Como as estruturas envolvem muitas destas unidades tetraédricas, é comum abandonar-se a representação poliédrica em favor de uma que enfatize a posição dos átomos de Si e Al. Nesse esquema, os átomos de Si ou Al encontram-se na interseção de quatro segmentos de linha, e a ponte de O encontra-se no segmento da linha (Fig. 14.19). Essa **representação da estrutura da rede** tem a vantagem de dar uma clara visão da forma das gaiolas e dos canais da zeólita. Alguns exemplos estão ilustrados na Fig. 14.20.

Tabela 14.6 Alguns dos usos das zeólitas

Função	Aplicação
Troca iônica	Aditivo em detergentes para redução da dureza da água
Absorção de moléculas	Separação seletiva de gás Cromatografia em fase gasosa
Ácido sólido	Quebra de hidrocarbonetos de grande massa molar para uso como combustíveis e intermediários petroquímicos Alquilação e isomerização seletiva por forma de aromáticos para uso como intermediários petroquímicos e de polímeros

Tabela 14.7 Composição e propriedades de algumas peneiras moleculares

Peneira molecular	Composição	Diâmetro do gargalo/pm	Propriedades químicas
A	$Na_{12}[(AlO_2)_{12}(SiO_2)_{12}] \cdot xH_2O$	400	Absorve moléculas pequenas; trocadora de íons, hidrofílica
X	$Na_{86}[(AlO_2)_{86}(SiO_2)_{106}] \cdot xH_2O$	800	Absorve moléculas de tamanho médio; trocadora de íons, hidrofílica
Cabazita	$Ca_2[(AlO_2)_4(SiO_2)_8] \cdot xH_2O$	400-500	Absorve moléculas pequenas; trocadora de íons, hidrofílica; catalisador ácido
ZSM-5	$Na_3[(AlO_2)_3(SiO_2)_{93}] \cdot xH_2O$	550	Moderadamente hidrofílica
ALPO-5	$AlPO_4 \cdot xH_2O$	800	Moderadamente hidrofóbica
Silicalita	SiO_2	600	Hidrofóbica

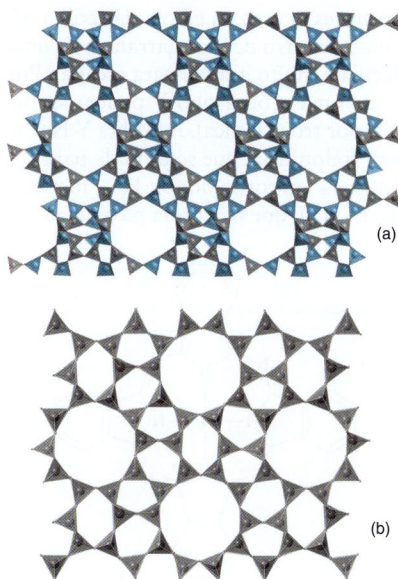

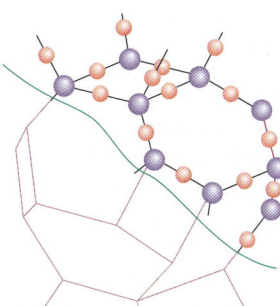

Figura 14.19 Representação de uma rede contendo um octaedro truncado (truncamento perpendicular ao eixo quaternário do octaedro) e sua relação com os átomos de Si e O desta rede. Observe que há um átomo de Si em cada vértice do octaedro truncado e um átomo de O praticamente ao longo de cada aresta.

As zeólitas importantes possuem uma estrutura baseada na "gaiola de sodalita" (Fig. 14.3), um octaedro truncado formado cortando-se cada vértice de um octaedro (**18**). O truncamento deixa uma face quadrada no lugar de cada vértice, e as faces triangulares do octaedro são transformadas em hexágonos regulares. A substância conhecida como "zeólita tipo A" é baseada em gaiolas de sodalita ligadas por pontes de O entre as faces quadradas. Oito dessas gaiolas de sodalita são ligadas em um padrão cúbico, formando uma grande cavidade central chamada de **α-gaiola**. As α-gaiolas compartilham faces octogonais, com um diâmetro da abertura de 420 pm. Assim, a água ou outras moléculas pequenas podem preenchê-las e difundirem-se através das faces octogonais. Entretanto, essas faces são muito pequenas para permitir a entrada de moléculas com diâmetros de van der Waals maiores do que 420 pm.

Uma breve ilustração Para identificar os eixos de ordem quatro e seis em um poliedro octaédrico truncado usado para descrever a gaiola de sodalita, note que existe um eixo de ordem quatro atravessando cada par de faces quadradas opostas, totalizando três eixos de ordem quatro. Da mesma forma, um conjunto de quatro eixos de ordem seis atravessa as faces hexagonais opostas.

Figura 14.20 Duas redes estruturais de zeólitas: (a)* Zeólita-X e (b)* ZSM-5. Em cada caso, somente os tetraedros de SiO_4 que formam a rede são mostrados; átomos fora da rede como cátions que balanceiam as cargas e moléculas de água foram omitidos.

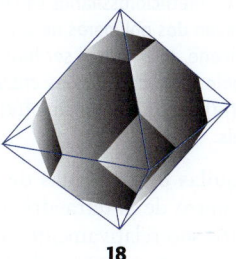

18

A carga da estrutura da zeólita de aluminossilicato é neutralizada por cátions situados dentro das gaiolas. Na zeólita tipo A, temos íons Na^+ presentes e a fórmula é $Na_{12}(AlO_2)_{12}(SiO_2)_{12} \cdot xH_2O$. Muitos outros íons, incluindo cátions do bloco d e NH_4^+, podem ser introduzidos por troca iônica com soluções aquosas. Deste modo, as zeólitas são usadas para retirar a dureza da água e como um aditivo dos detergentes domésticos para remover os íons dipositivos e tripositivos que diminuem a eficiência do surfactante. As zeólitas substituíram em parte os polifosfatos, pois estes, que são nutrientes para as plantas, acabam atingindo os rios e lagos e estimulam o crescimento de algas.

Além de controlar as propriedades das zeólitas pelo tamanho adequado da gaiola e do gargalo, as zeólitas podem ser escolhidas por sua afinidade com moléculas polares ou apolares de acordo com sua polaridade (Tabela 14.7). As zeólitas de aluminosilicatos, que sempre contêm íons compensadores de carga, têm grande afinidade por moléculas polares como H_2O e NH_3. Em comparação, as peneiras moleculares de sílica praticamente pura não possuem carga elétrica e são apolares a ponto de serem moderadamente hidrofóbicas. Outro grupo de zeólitas hidrofóbicas baseia-se na rede do fosfato de alumínio; o $AlPO_4$ é isoeletrônico do Si_2O_4 e a rede também não possui carga.

Um aspecto interessante da química das zeólitas é que moléculas grandes podem ser sintetizadas a partir de moléculas menores dentro da gaiola da zeólita. O resultado é como um navio dentro de uma garrafa, pois uma vez montada, a molécula é muito grande para escapar. Por exemplo, os íons Na^+ de uma zeólita tipo Y podem ser substituídos por íons Fe^{2+} (por troca iônica). A zeólita Y-Fe^{2+} resultante é aquecida com ftalonitrila, que se difunde para o interior da zeólita e condensa em torno do íon Fe^{2+}, formando a ftalocianina de ferro (**19**), que fica presa na gaiola.

19

14.16 Compostos organossilício e organogermânio

Pontos principais: Os metilclorossilanos são importantes matérias-primas para a fabricação dos polímeros de silicone; as propriedades dos polímeros de silicone, que podem ser líquidos, géis ou resinas, são determinadas pelo grau de ligações cruzadas. Os compostos tetra-alquilgermânio(IV) e tetra-arilgermânio(IV) são quimicamente e termicamente estáveis.

Todas as tetra-alquilas e tetra-arilas de silício são monoméricas com um centro de Si tetraédrico. A ligação C–Si é forte e os compostos são relativamente estáveis. O $Si(CH_3)_4$ é praticamente inerte, ao contrário do $Si(SiH_3)_4$. O grupo inerte $Si(CH_3)_3$ é muito utilizado em síntese orgânica quando se quer um grupo que produza estereoimpedimento e seja pouco reativo. As tetra-alquilas e tetra-arilas podem ser preparadas de várias formas; alguns exemplos são mostrados abaixo:

$SiCl_4 + RLi \rightarrow SiR_4 + 4\ LiCl$

$SiCl_4 + LiR \rightarrow RSiCl_3 + LiCl$

O *processo Rochow* é uma rota industrial econômica para o metilclorossilano, que é uma importante matéria-prima para a fabricação dos silicones:

$n\ MeCl + Si/Cu \rightarrow Me_nSiCl_{4-n}$

Estes metilclorossilanos, Me_nSiCl_{4-n}, onde $n = 1$ a 3, podem ser hidrolizados para formar silicones ou polissiloxanos:

$Me_3SiCl + H_2O \rightarrow Me_3SiOH + HCl$

$2\ Me_3SiOH \rightarrow Me_3SiOSiMe_3 + H_2O$

A reação produz oligômeros que contêm grupos tetraédricos de silício e átomos de oxigênio que formam pontes Si–O–Si. A hidrólise do Me_2SiCl_2 produz cadeias ou anéis, e a hidrólise do $MeSiCl_3$ produz um polímero com ligações cruzadas (Fig. 14.21). É interessante notar que a maioria dos polímeros de silicone tem como base um esqueleto Si–O–Si, enquanto que os polímeros de carbono baseiam-se, geralmente, num esqueleto C–C, como consequência da força das ligações Si–O e C–C (Tabela 14.2).

Os polímeros de silicone têm várias estruturas e usos. As suas propriedades dependem do grau de polimerização e de ligações cruzadas, que são influenciadas pela escolha e mistura dos reagentes e pelo uso de agentes desidratantes, como o ácido sulfúrico, e alta temperatura. Os silicones líquidos são mais estáveis do que os óleos à base de hidrocarbonetos. Além disso, diferentemente dos hidrocarbonetos, as suas viscosidades mudam muito pouco com a temperatura. Assim, os silicones são usados como lubrificantes e onde necessita-se de fluidos inertes como, por exemplo, nos sistemas de freios hidráulicos. Os silicones são muito hidrofóbicos e são usados nos repelentes a água que são aplicados em sapatos e outros itens. Os silicones de baixa massa molar são essenciais para os produtos de higiene pessoal, tais como xampus, condicionadores, cremes de barbear, gel para cabelo e dentifrícios, dando a eles um toque "sedoso". Do outro lado do espectro dos produtos de beleza, os silicones são usados em graxas e óleos e as resinas de silicone são usadas como vedantes, lubrificantes, vernizes, impermeabilizantes, borrachas sintéticas, implantes, próteses e fluidos hidráulicos. O decametilciclopentassiloxano líquido vem tornando-se popular como um fluido de limpeza a seco não agressivo ao meio ambiente. Ele é inodoro, atóxico e decompõe-se em SiO_2 com traços de H_2O e CO_2.

Os compostos organogermânio(IV) são moléculas R_4Ge tetraédricas. Eles podem ser sintetizados por reações similares àquelas que formam os compostos organossilício:

$GeCl_4 + RLi \rightarrow RGeCl_3 + LiCl$

$n\ RCl + Ge/Cu \rightarrow R_nGeCl_{4-n}$

As tetra-alquilas e tetra-arilas são termicamente estáveis e quimicamente inertes. Seu uso é limitado devido ao alto custo do germânio, mas o tetrametilgermânio e o tetraetilgermânio são usados na indústria de microeletrônica como precursores para a deposição química do GeO_2. O germânio também forma compostos organogermânio(II). Os germilenos, R_2Ge, são estabilizados por grupos R volumosos; assim, o dimetilgermileno, $(CH_3)_2Ge$, é muito instável, enquanto que o bis(2,4,6-tri-*terc*-butilfenil)germileno (**20**) é estável.

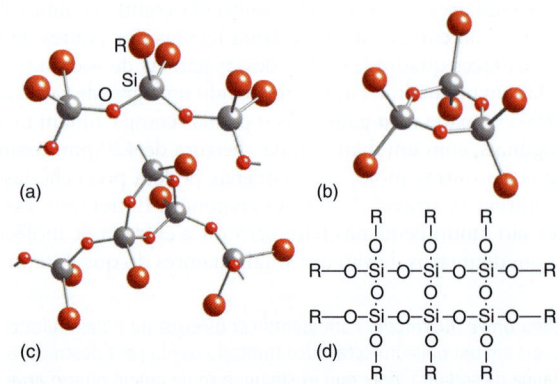

Figura 14.21 Estrutura de (a) uma cadeia de silicone; (b) um silicone em anel; (c) um silicone com ligações cruzadas; (d) fórmula química de um fragmento de um silicone com ligações cruzadas.

Os germilenos tendem a polimerizar, mas essa tendência é reduzida pela presença de grupos R volumosos:

$n\ R_2GeCl_2 + 2n\ Li \rightarrow (R_2Ge)_n + 2n\ LiCl$

20

Muitas das suas reações são análogas às dos carbenos (Seção 22.15) e são úteis na química organometálica, uma vez que eles se inserem em ligações carbono-halogênio e metal-carbono:

$RX + R_2Ge \rightarrow R_3GeX$

$R_2Ge \xrightarrow{R'Li} R_2R'GeLi \xrightarrow{R'Li} R_2R'_2Ge$

14.17 Compostos organometálicos

Pontos principais: O estanho e o chumbo formam organocompostos tetravalentes; os compostos organoestanho são usados como fungicidas e pesticidas.

Muitos compostos organometálicos do Grupo 14 são de grande importância comercial, apesar de o uso do chumbo ser ilegal em muitos lugares do mundo devido à sua toxicidade. Os compostos organoestanho são usados para estabilizar o cloreto de polivinila (PVC), como agente anti-incrustante nos navios, conservantes de madeira e como pesticidas. Geralmente, os compostos organometálicos do grupo são tetravalentes e têm ligações com baixa polaridade. As suas estabilidades diminuem do silício para o chumbo.

Os compostos organoestanho diferem de várias formas dos compostos organossilício e organogermânio. Há uma maior ocorrência do estado de oxidação +2, uma maior faixa de números de coordenação e, frequentemente, pontes de halogeneto estão presentes. A maioria dos compostos organoestanho são líquidos ou sólidos incolores, estáveis ao ar e em água. As estruturas dos compostos R$_4$Sn são todas semelhantes, contendo um átomo de estanho tetraédrico (**21**).

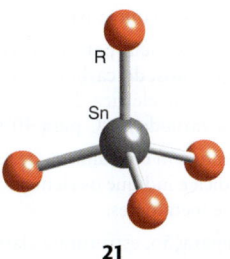

21

Os derivados halogenetos, R$_3$SnX, frequentemente contêm pontes Sn–X–Sn e formam estruturas em cadeia. A presença de grupos R volumosos pode afetar a geometria. Por exemplo, no (SnFMe$_3$)$_n$ (**22**), o esqueleto Sn–F–Sn tem um arranjo em zigue-zague, no Ph$_3$SnF a cadeia é linear e o (Me$_3$SiC)Ph$_2$SnF é um monômero. As haloalquilas são mais reativas do que as tetra-alquilas e são usadas na síntese de derivados tetra-alquil.

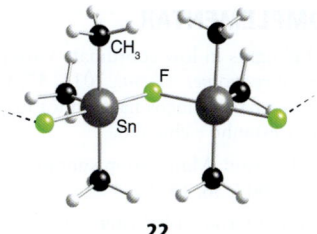

22

Os compostos alquilestanho podem ser preparados de várias formas, dentre elas via um reagente de Grignard e por metátese:

$SnCl_4 + 4\ RMgBr \rightarrow SnR_4 + 4\ MgBrCl$

$3\ SnCl_4 + 2\ Al_2R_6 \rightarrow 3\ SnR_4 + 2\ Al_2Cl_6$

Os compostos organoestanho têm a maior variedade de uso de todos os compostos organometálicos do grupo principal, e a produção industrial mundial anual dos complexos organoestanho ultrapassa 50 kt. Sua principal aplicação é na estabilização do plástico PVC. Sem o aditivo, os polímeros halogenados são rapidamente degradados por calor, luz e oxigênio atmosférico, formando produtos quebradiços e descorados. Os estabilizadores à base de estanho capturam os íons lábeis Cl$^-$ que iniciam a perda do HCl, o primeiro passo do processo de degradação. Os compostos organoestanho também têm grande variedade de aplicações relacionadas com seus efeitos biocidas. Eles são usados como fungicidas, algicidas, conservantes de madeira e agentes anti-incrustante. Entretanto, o seu uso indiscriminado em barcos para prevenir incrustações e a fixação de cracas tem levado a preocupações ambientais, uma vez que níveis elevados de compostos organoestanho matam algumas espécies marinhas e afetam o crescimento e reprodução de outras. Atualmente, muitos países restringem o uso de compostos organoestanho para embarcações com mais de 25 m de comprimento.

O chumbo tetraetila era fabricado em grande escala como agente antidetonante para gasolina. Entretanto, preocupações relativas aos níveis de chumbo no meio ambiente levaram à interrupção da sua fabricação. Compostos alquilchumbo, R$_4$Pb, podem ser feitos em laboratório usando-se um reagente de Grignard ou um composto organolítio:

$2\ PbCl_2 + 4\ RLi \rightarrow R_4Pb + 4\ LiCl + Pb$

$2\ PbCl_2 + 4\ RMgBr \rightarrow R_4Pb + Pb + 4\ MgBrCl$

Todos eles são moléculas monoméricas com geometria tetraédrica em torno do átomo de Pb. Os derivados halogenetos podem conter átomos de halogeneto em ponte formando cadeias. Os monômeros são favorecidos por substituintes orgânicos mais volumosos. Por exemplo, o Pb(CH$_3$)$_3$Cl possui uma estrutura em cadeia com átomos de Cl em ponte (**23**), enquanto o derivado de mesitila, Pb(Me$_3$C$_6$H$_2$)$_3$Cl, é um monômero.

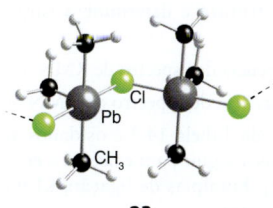

23

LEITURA COMPLEMENTAR

R.A. Layfield, Highlights in low-coordinate Group 14 organometallic chemistry, *Organomet. Chem.*, 2011, 37, 133. Esta revisão apresenta os principais avanços na química organometálica do silício, germânio, estanho e chumbo.

M.A. Pitt e D.W. Johnson, Main group supramolecular chemistry, *Chem. Soc. Rev.*, 2007, 36, 1441.

A. Schnepf, Metalloid Group 14 cluster compounds: an introduction and perspectives on this novel group of cluster compounds, *Chem. Soc. Rev.*, 2007, 36, 745.

H. Berke, The invention of blue and purple pigments in ancient times, *Chem. Soc. Rev.*, 2007, 36, 15. Uma abordagem interessante dos usos dos pigmentos à base de silicatos.

R.B. King, *Inorganic chemistry of the main group elements*, John Wiley & Sons (1994).

D.M.P. Mingos, *Essential trends in inorganic chemistry*. Oxford University Press (1998). Uma abordagem inorgânica do ponto de vista da estrutura e ligação.

N.C. Norman, *Periodicity and the s- and p-block elements*, Oxford University Press (1997). Apresenta uma cobertura das tendências e dos aspectos principais da química do bloco p.

R.B. King (ed.), *Encyclopedia of inorganic chemistry*, John Wiley & Sons (2005).

P.R. Birkett, A round-up of fullerene chemistry, *Educ. Chem.*, 1999, 36, 24. Uma boa abordagem da química do fulereno.

J. Baggot, *Perfect symmetry: the accidental discovery of buckminsterfullerene*. Oxford University Press (1994). Uma abordagem geral da história da descoberta dos fulerenos.

P.J.F. Harris, *Carbon nanotubes and related structures*, Cambridge University Press (2002).

P.J.F. Harris, *Carbon nanotube science: synthesis, properties and applications*, Cambridge University Press (2011).

P.W. Fowler e D.W. Manolopoulos, *An atlas of fullerenes*, Dover Publications (2007).

EXERCÍCIOS

14.1 Corrija qualquer imprecisão nas seguintes descrições da química do Grupo 14.

(a) Nenhum dos elementos deste grupo é um metal.

(b) A pressões muito altas, o diamante é uma fase termodinamicamente estável do carbono.

(c) CO_2 e CS_2 são ácidos de Lewis fracos, e a dureza aumenta do CO_2 para o CS_2.

(d) As zeólitas são materiais em camadas compostos exclusivamente de aluminossilicatos.

(e) A reação do carbeto de cálcio com água forma etino, e este produto evidencia a presença do íon C_2^{2-} altamente básico no carbeto de cálcio.

14.2 Os elementos mais leves do bloco p frequentemente apresentam propriedades químicas e físicas diferentes daquelas dos elementos mais pesados. Discuta as diferenças e semelhanças pela comparação:

(a) das estruturas e propriedades elétricas do carbono e do silício

(b) das propriedades físicas e as estruturas dos óxidos de carbono e de silício

(c) das propriedades ácido-base de Lewis dos tetra-halogenetos de carbono e de silício

14.3 O silício forma os clorofluoretos $SiCl_3F$, $SiCl_2F_2$ e $SiClF_3$. Esboce as estruturas dessas moléculas.

14.4 Explique por que o CH_4 queima ao ar, mas o mesmo não ocorre com o CF_4. A entalpia de combustão do CH_4 é igual a -888 kJ mol^{-1} e as entalpias das ligações C–H e C–F são -412 e -486 kJ mol^{-1}, respectivamente.

14.5 O SiF_4 reage com o $(CH_3)_4NF$ para formar $[(CH_3)_4N][SiF_5]$. (a) Use as regras da RPECV para determinar a geometria do cátion e do ânion no produto. (b) Explique o fato de que o espectro de RMN de ^{19}F mostra dois ambientes de flúor.

14.6 Desenhe a estrutura e determine a carga no ânion cíclico $[Si_4O_{12}]^{n+}$.

14.7 Preveja a aparência do espectro de RMN de ^{119}Sn do $Sn(CH_3)_4$.

14.8 Preveja a aparência do espectro de RMN de ^1H do $Sn(CH_3)_4$.

14.9 Use os dados da Tabela 14.2 e os dados adicionais de entalpia de ligação dados a seguir para calcular a entalpia das hidrólises do CCl_4 e do CBr_4. Entalpias de ligação/(kJ mol^{-1}): O–H = 463, H–Cl = 431, H–Br = 366.

14.10 Identifique os compostos de A a F:

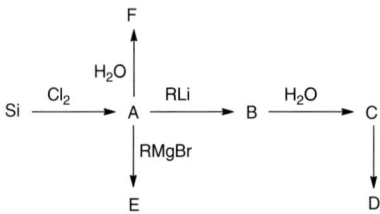

14.11 (a) Descreva as tendências nas estabilidades relativas dos estados de oxidação dos elementos do Grupo 14 e indique os elementos que apresentam efeito do par inerte. (b) Com essa informação em mente, escreva equações químicas balanceadas ou NR ("não reage") para as seguintes combinações e explique como as respostas se encaixam nas tendências.

(a) $Sn^{2+}(aq) + PbO_2(s)(em\ excesso) \xrightarrow{na\ ausência\ de\ ar}$

(b) $Sn^{2+}(aq) + O_2(ar) \rightarrow$

14.12 Use os dados do Apêndice 3 para determinar o potencial padrão de cada uma das reações do Exercício 14.11. Em cada caso, comente a concordância ou discordância com as suas avaliações qualitativas para essas reações.

14.13 Dê as equações químicas balanceadas e as condições para a obtenção do silício e do germânio a partir dos seus minérios.

14.14 (a) Descreva a tendência para a energia de separação das bandas, E, para os elementos, do carbono (diamante) até o estanho (cinza). (b) A condutividade elétrica do silício aumenta ou diminui quando a temperatura varia de 20°C para 40°C?

14.15 Preferencialmente sem consultar material de referência, desenhe uma tabela periódica e indique os elementos que formam carbetos salinos, metálicos e metaloides.

14.16 Descreva a preparação, estrutura e classificação de: (a) KC_8; (b) CaC_2; (c) K_3C_{60}.

14.17 Escreva as equações químicas balanceadas para as reações do K_2CO_3 com HCl(aq) e do Na_4SiO_4 com um ácido em solução aquosa.

14.18 Descreva em termos gerais a natureza do íon $[SiO_3]_n^{2n-}$ na jadeíta e a estrutura da rede de sílica e alumina da caulinita.

14.19 (a) Quantos átomos de O em ponte estão presentes na estrutura de uma única gaiola de sodalita? (b) Descreva o poliedro no centro da estrutura da zeólita A (supergaiola) da Fig. 14.3.

14.20 Descreva as propriedades físicas da pirofilita e da mica muscovita e explique como essas propriedades se originam da composição e estrutura desses aluminossilicatos bastante assemelhados.

14.21 Há muitas aplicações comerciais para sólidos amorfos e semicristalinos, muitos dos quais são formados por elementos do Grupo 14 ou seus compostos. Indique quatro exemplos diferentes de sólidos parcialmente cristalinos ou amorfos descritos neste capítulo e descreva sucintamente suas propriedades de importância prática.

14.22 O silicato em camadas $CaAl_2(Al_2Si_2)O_{10}(OH)_2$ contém uma camada dupla de aluminossilicato, com o Si e o Al em sítios tetracoordenados. Esboce uma vista lateral de uma estrutura razoável para a camada dupla, considerando somente os vértices compartilhados entre as unidades SiO_4 e AlO_4. Discuta os sítios provavelmente ocupados pelo Ca^{2+} em relação à camada dupla de sílica e alumina.

PROBLEMAS TUTORIAIS

14.1 Discuta a química de estado sólido do silício em relação ao dióxido de silício, mica, asbesto e vidros de silicatos.

14.2 Um de seus amigos está fazendo um curso em ficção científica. Um tema comum são as formas de vida baseadas no silício. Seu amigo está admirado com o fato de o silício ter sido escolhido e com o motivo pelo qual toda a vida é baseada no carbono. Prepare um pequeno artigo que apresente argumentos a favor e contra a vida baseada no silício.

14.3 Karl Marx comentou em *O Capital* que "se tivéssemos sucesso em converter carbono em diamante despendendo pouco trabalho, seu valor seria menor que o de tijolos". Faça uma revisão dos métodos mais comuns para a síntese dos diamantes e discuta por que esses desenvolvimentos não resultaram em uma grande redução no valor do diamante.

14.4 No artigo "Mesoporous silica nanoparticles in biomedical applicatons", Li Zongxi et al. (*Chem. Soc. Rev.*, 2012, **41**, 2590) discutem a utilidade das nanopartículas de sílica mesoporosas (MSNPs) para a liberação de drogas terapêuticas no corpo. Quais são as propriedades das MSNPs que as tornam particularmente apropriadas para essa aplicação? Descreva como a velocidade de liberação da droga é controlada. Descreva os métodos sintéticos usados para produzir as MSNPs e identifique os primeiros químicos que sintetizaram as MSNPs.

14.5 No artigo "Developing drug molecules for therapy with carbon monoxide" (*Chem. Soc. Rev.*, 2012, **41**, 3571), os autores discutem o uso do monóxido de carbono como agente terapêutico para tratamento de tecidos doentes. Descreva os problemas associados à utilização do CO como um agente terapêutico e como os autores superaram alguns deles.

14.6 O artigo "Metallacarboranes and their interactions: theoretical insights and their applicability" (*Chem. Soc. Rev.*, 2012, **41**, 3445) discute as propriedades dos metalacarboranos e como elas podem ser analisadas usando métodos computacionais. Esboce as propriedades dos metalacarboranos que foram investigadas e descreva os princípios dos métodos computacionais usados nessa modelagem.

14.7 A combinação de mesoporosidade com semicondução poderia produzir materiais com propriedades interessantes. A síntese de um desses materiais foi discutida em "Hexagonal mesoporous germanium" por S. Gerasimo et al. (*Science*, 2006, **313**, 5788). Resuma as vantagens esperadas para esse material e descreva como o germânio mesoporoso foi sintetizado.

14.8 Em "An atomic seesaw switch formed by tilted asymmetric Sn-Ge dimers on a Ge (001) surface" (*Science*, 2007, **315**, 1696), K. Tomatsu et al. descreve a síntese e operação de um interruptor molecular. Descreva como esse interruptor molecular funciona e faça um resumo das suas aplicações atuais e potenciais em atmosfera de Cl_2 e H_2 gasosos.

15 Os elementos do Grupo 15

Parte A: Aspectos principais
15.1 Os elementos
15.2 Compostos simples
15.3 Óxidos e oxoânions de nitrogênio

Parte B: Uma visão mais detalhada
15.4 Ocorrência e obtenção
15.5 Usos
15.6 Ativação do nitrogênio
15.7 Nitretos e azidas
15.8 Fosfetos
15.9 Arsenetos, antimonetos e bismutetos
15.10 Hidretos
15.11 Haletos
15.12 Oxo-haletos
15.13 Óxidos e oxoânions de nitrogênio
15.14 Óxidos de fósforo, arsênio, antimônio e bismuto
15.15 Oxoânions de fósforo, arsênio, antimônio e bismuto
15.16 Fosfatos condensados
15.17 Fosfazenos
15.18 Compostos organometálicos de arsênio, antimônio e bismuto

Leitura complementar

Exercícios

Problemas tutoriais

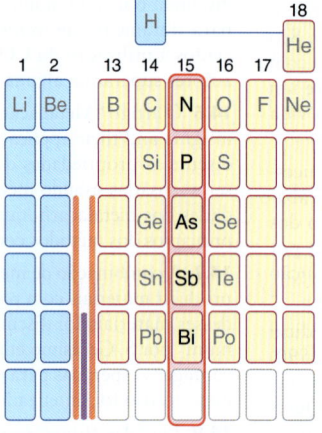

As propriedades químicas dos elementos do Grupo 15 são muito diversas. Embora as tendências simples que observamos nos Grupos 13 e 14 ainda estejam presentes, elas complicam-se mais devido ao fato de os elementos do Grupo 15 exibirem uma grande variedade de estados de oxidação e formarem muitos compostos complexos com o oxigênio. O nitrogênio constitui a maior proporção da atmosfera e está muito distribuído na biosfera. O fósforo é essencial tanto para a vida vegetal quanto animal. Em contraste marcante, o arsênio é um veneno bem conhecido.

Os elementos do Grupo 15 – nitrogênio, fósforo, arsênio, antimônio e bismuto – são alguns dos elementos mais importantes para a vida, na geologia e na indústria. Os seus estados físicos vão desde o nitrogênio gasoso até o bismuto metálico. Os membros do Grupo 15, o "grupo do nitrogênio", são algumas vezes chamados de **pnictogênios** (originado da palavra grega que significa "sufocar", que é uma propriedade do nitrogênio); esse nome, porém, não é muito usado e nem oficialmente aprovado. Tal qual no restante do bloco p, o elemento no topo do Grupo 15, o nitrogênio, difere significativamente dos seus congêneres. Seu número de coordenação é geralmente menor e ele é o único membro do grupo que existe como uma molécula diatômica gasosa nas condições normais.

PARTE A: ASPECTOS PRINCIPAIS

As propriedades dos elementos do Grupo 15 são diversas e mais difíceis de explicar em termos dos raios atômicos e das configurações eletrônicas do que as dos elementos do bloco p que estudamos até agora. As tendências usuais, do aumento do caráter metálico à medida que descemos no grupo e da estabilidade de estados de oxidação menores na parte de baixo do grupo, ainda são evidentes, embora sejam complicadas devido à grande variedade de estados de oxidação possíveis.

15.1 Os elementos

Pontos principais: O nitrogênio é gasoso; os elementos mais pesados são todos sólidos e apresentam-se em várias formas alotrópicas.

Todos os membros do grupo, com exceção do nitrogênio, são sólidos nas condições normais. Entretanto, a tendência de aumento do caráter metálico à medida que descemos no grupo não é clara, pois as condutividades elétricas dos elementos mais pesados na verdade decrescem do As para o Bi (Tabela 15.1). O aumento normal da

---

As figuras com um asterisco (*) podem ser encontradas on-line como estruturas 3D interativas. Digite a seguinte URL em seu navegador, adicionando o número da figura: www.chemtube3d.com/weller/[número do capítulo]F[número da figura]. Por exemplo, para a Figura 3 no Capítulo 7, digite www.chemtube3d.com/weller/7F03.

Muitas das estruturas numeradas podem ser também encontradas on-line como estruturas 3D interativas: visite www.chemtube3d.com/weller/[número do capítulo] para todos os recursos 3D organizados por capítulo.

condutividade à medida que descemos num grupo reflete o espaçamento cada vez menor entre os níveis de energia atômicos para os elementos mais pesados e, consequentemente, uma separação cada vez menor entre as bandas de valência e de condução (Seção 3.19). A tendência oposta na condutividade deste grupo sugere que deve haver um caráter molecular mais pronunciado no estado sólido. De fato, as estruturas do As, Sb e Bi sólidos possuem três átomos vizinhos mais próximos e outros três em distâncias significativamente maiores. A razão entre essas interações de curta e longa distância diminui quando descemos no grupo, indicando o surgimento de uma estrutura polimérica molecular. A estrutura de bandas do Bi sugere uma baixa densidade de elétrons de condução e de buracos, fazendo com que ele seja mais bem classificado como um metaloide do que como um semicondutor ou um metal verdadeiro.

Os elementos sólidos do Grupo 15 existem como vários alótropos. Assim como a molécula de N_2 gasoso, o P_2 possui uma ligação tripla formal e um comprimento de ligação pequeno (189 pm). A força das ligações π formadas pelos elementos do terceiro período é fraca em relação às do segundo período, de forma que o alótropo P_2 é muito menos favorecido do que o N_2. O *fósforo branco* é um sólido ceroso que consiste em moléculas P_4 tetraédricas (**1**). Apesar do pequeno ângulo P–P–P (60°), essas moléculas persistem em fase vapor até cerca de 800°C, mas acima dessa temperatura a concentração no equilíbrio do alótropo P_2 torna-se considerável. O fósforo branco é muito reativo e queima com chama ao ar para formar P_4O_{10}. O *fósforo vermelho* pode ser obtido aquecendo-se o fósforo branco a 300°C em atmosfera inerte por vários dias. Ele é normalmente obtido como um sólido amorfo, mas pode-se preparar materiais cristalinos com estruturas complexas em rede tridimensional. Diferentemente do fósforo branco, o fósforo vermelho não se inflama facilmente ao ar. Quando o fósforo é aquecido à alta pressão, forma-se uma série de fases de *fósforo preto*, que é a forma termodinamicamente mais estável abaixo de 550°C. Uma das fases consiste em camadas preguedas compostas de átomos de P tricoordenados piramidais (Fig. 15.1). Contrariando a prática usual de se escolher a fase mais estável de um elemento como a fase de referência para cálculos termodinâmicos, o fósforo branco é o escolhido por ser mais acessível e melhor caracterizado do que as outras formas.

O arsênio existe em duas formas sólidas: o *arsênio amarelo* e o *arsênio cinza* ou *metálico*. Tanto o arsênio amarelo quanto o arsênio gasoso consistem em moléculas tetraédricas de As_4. O arsênio amarelo é transformado no arsênio metálico mais estável por exposição à luz. As estruturas mais estáveis à temperatura ambiente para as formas metálicas do As, Sb e Bi, são feita de camadas hexagonais preguedas nas quais cada átomo tem três vizinhos mais próximos. As camadas empilham-se de forma que fornecem mais três vizinhos mais distantes na rede adjacente, conforme mostrado na Fig. 15.2.

Recentemente descobriu-se que o bismuto é radioativo, decaindo por emissão α com uma meia-vida de $1,9 \times 10^{19}$ anos, que é um valor muito maior do que a idade atual do universo.

O nitrogênio está facilmente disponível como dinitrogênio, N_2, representando 78% em massa da atmosfera. A principal matéria-prima para a produção do fósforo elementar é a rocha fosfática, que são os restos insolúveis, esmagados e compactados de organismos antigos, consistindo basicamente nos minerais *fluorapatita*, $Ca_5(PO_4)_3F$, e *hidroxiapatita*, $Ca_5(PO_4)_3OH$. Os elementos quimicamente mais macios As, Sb e Bi são normalmente encontrados em minerais como sulfetos. O arsênio é encontrado naturalmente nos minérios *realgar*, As_4S_4, *ouro-pigmento*, As_2S_3, *arsenolita*, As_2O_3, e *arsenopirita*, FeAsS. O antimônio ocorre na natureza sob a forma dos minerais *estibinita*, Sb_2S_3, e *ulmanita*, NiSbS.

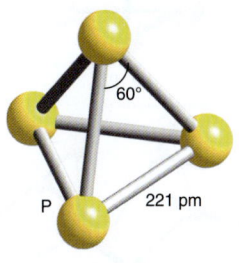

1 P_4, T_d

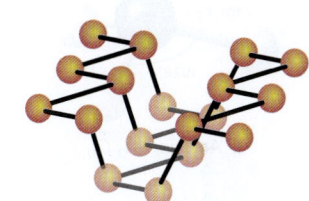

Figura 15.1 Uma das camadas preguedas do fósforo preto. Note a coordenação piramidal trigonal dos átomos.

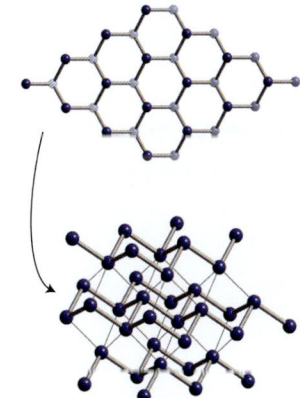

Figura 15.2 Estrutura do bismuto. Em cada camada preguedas (diagrama superior), cada átomo de Bi possui três vizinhos mais próximos; três interações mais fracas são feitas com átomos de Bi de uma camada adjacente.

Tabela 15.1 Propriedades selecionadas dos elementos do Grupo 15

	N	P	As	Sb	Bi
Ponto de fusão/°C	−210	44 (branco) 590 (vermelho)	613 (sublima)	630	271
Raio atômico/pm	74	110	121	141	170
Primeira energia de ionização/kJ mol^{-1}	1402	1011	947	833	704
Condutividade elétrica/10^6 S m^{-1}		10	3,33	2,50	0,77
Eletronegatividade de Pauling	3,0	2,2	2,2	2,0	2,0
Afinidade eletrônica/kJ mol^{-1}	−8	72	78	103	105
L(E–H)/kJ mol^{-1}	390	322	297	254	

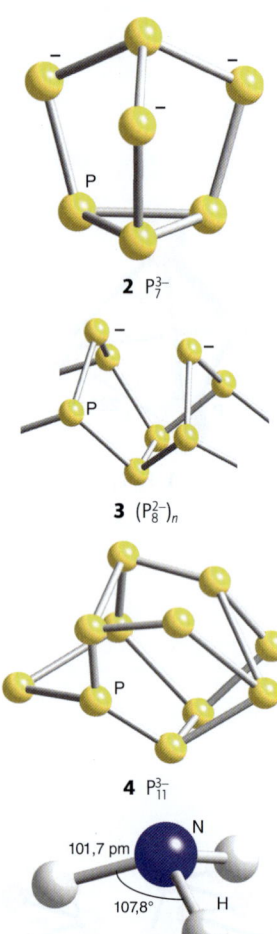

2 P_7^{3-}

3 $(P_8^{2-})_n$

4 P_{11}^{3-}

5 Amônia, NH_3, C_{3v}

15.2 Compostos simples

Pontos principais: Os elementos do Grupo 15 formam compostos binários por interação direta com muitos elementos. O nitrogênio atinge o número de oxidação +5 apenas com oxigênio e flúor. O estado de oxidação +5 é comum para o fósforo, arsênio e antimônio, mas é raro para o bismuto, para o qual o estado +3 é o mais estável.

A grande variedade de estados de oxidação possíveis dos elementos do Grupo 15 pode ser entendida considerando-se a configuração dos elétrons de valência dos elementos, que é ns^2np^3. Essa configuração sugere que o estado de oxidação mais alto deva ser +5, como de fato ocorre. De acordo com o efeito do par inerte (Seção 9.5), devemos esperar que o estado de oxidação +3 seja o mais estável para o Bi, o que é de fato observado.

O nitrogênio possui uma eletronegatividade muito alta (ultrapassada apenas pelo O e pelo F) e, em muitos compostos, o nitrogênio está em um estado de oxidação negativo, como, por exemplo, nos nitretos, que contêm o íon N^{3-}, e na amônia, NH_3. O nitrogênio apresenta estado de oxidação positivo apenas nos compostos com os elementos mais eletronegativos O e F. O nitrogênio alcança o estado de oxidação do grupo (+5) apenas em condições oxidantes muito mais fortes do que as necessárias para que os demais elementos do grupo atinjam este estado.

A natureza distinta do nitrogênio é em grande parte decorrente da sua alta eletronegatividade, do seu pequeno raio atômico e da ausência de orbitais d acessíveis. Assim, o N raramente apresenta um número de oxidação maior que 4 em compostos moleculares simples, mas os elementos mais pesados frequentemente alcançam números de coordenação 5 e 6, como no PCl_5 e AsF_6^-.

O nitrogênio forma compostos binários, os nitretos, com praticamente todos os elementos. Os nitretos são classificados como salinos, covalentes ou intersticiais. O nitrogênio também forma as azidas, que contêm o íon N_3^-, nas quais o número de oxidação médio do nitrogênio é $-1/3$. Como o N, o P forma compostos com praticamente todos os elementos da tabela periódica. Há muitas variedades de fosfetos, com as fórmulas variando desde M_4P até MP_{15}. Os átomos de P podem estar arranjados em anéis, cadeias ou gaiolas, como, por exemplo, P_7^{3-} (**2**), P_8^{2-} (**3**) e P_{11}^{3-} (**4**). Os arsenetos e antimonetos dos elementos In e Ga do Grupo 13 são semicondutores.

Todos os elementos formam hidretos simples (Seção 10.6). A amônia, NH_3 (**5**), é um gás de odor pungente e, quando em níveis elevados de exposição, tóxico. A amônia é um excelente solvente para os metais do Grupo 1; por exemplo, é possível dissolver 330 g de Cs em 100 g de amônia líquida a −50°C. Estas soluções altamente coloridas e eletricamente condutoras contêm elétrons solvatados (Seção 11.14). As propriedades químicas dos sais de amônio são similares às dos íons do Grupo 1, especialmente de K^+ e Rb^+. Os sais de amônio sofrem decomposição quando aquecidos e o nitrato de amônio é um dos componentes de alguns explosivos; ele também é muito usado como fertilizante. O nitrogênio também forma o líquido incolor hidrazina, N_2H_4. Os outros hidretos do Grupo 15 são fosfina (formalmente o fosfano, PH_3), arsina (arsano, AsH_3) e estibina (estibano, SbH_3), todos gases venenosos.

> **Um comentário útil** Embora fosfano seja o nome formal correto da fosfina, este último nome é amplamente usado e o adotaremos aqui. Entretanto, usaremos os nomes arsano e estibano para estes últimos compostos menos comuns e seus derivados.

Os compostos halogenados de P, As e Sb são numerosos e importantes na química sintética. Os tri-haletos são conhecidos para todos os elementos do Grupo 15. Entretanto, embora os pentafluoretos sejam conhecidos para todos os membros do grupo, do P ao Bi, os pentacloretos são conhecidos para o P, o As e o Sb e os pentabrometos são conhecidos apenas para o P. O nitrogênio não atinge o estado de oxidação deste grupo (+5) nos compostos binários neutros com halogênios, mas o atinge no NF_4^+. Provavelmente, um átomo de N é muito pequeno para que o NF_5 seja viável do ponto de vista estéreo. A dificuldade de oxidar o Bi(III) a Bi(V) pelo cloro ou bromo é um exemplo do efeito do par inerte (Seção 9.5). O pentafluoreto de bismuto, BiF_5, existe, mas o $BiCl_5$ e o $BiBr_5$ não.

O nitrogênio forma muitos óxidos e oxoânions, que serão abordados separadamente na Seção 15.3. Os elementos P, As, Sb e Bi formam óxidos e oxoânions em uma faixa de estados de oxidação de +5 a +1. O estado de oxidação mais comum é o +5, mas o estado +3 torna-se mais importante para o bismuto.

A combustão completa do fósforo produz o óxido de fósforo(V), P_4O_{10}. Cada molécula de P_4O_{10} tem uma estrutura em gaiola onde um tetraedro de átomos de P é unido por pontes de átomos de O e cada átomo de P possui um átomo de O terminal (6). A combustão do fósforo empregando-se uma quantidade limitada de oxigênio resulta na formação do óxido de fósforo(III), P_4O_6; essa molécula possui a mesma estrutura com O em ponte do P_4O_{10}, mas faltam os átomos de O terminais (7). O arsênio, antimônio e bismuto formam o As_2O_3, Sb_2O_3 e Bi_2O_3 (Seção 15.14).

15.3 Óxidos e oxoânions de nitrogênio

Pontos principais: O íon nitrato é um agente de oxidação forte, mas lento. Os estados de oxidação intermediários do nitrogênio são normalmente suscetíveis à desproporcionação. O óxido de dinitrogênio não é reativo.

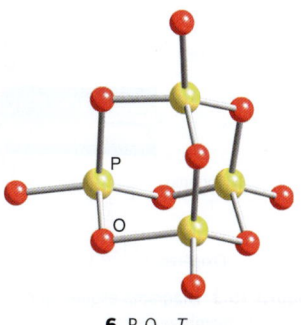

6 P_4O_{10}, T_d

O nitrogênio forma oxocompostos e oxoânions em todos os estados de oxidação, do +5 ao +1. O nitrogênio encontra-se no estado de oxidação +5 no ácido nítrico, HNO_3, que é uma das principais matérias-primas industriais, usado na fabricação de fertilizantes, explosivos e diversos produtos químicos contendo nitrogênio. O íon nitrato, NO_3^-, é um agente oxidante moderadamente forte. Misturando-se ácido nítrico concentrado com ácido clorídrico concentrado forma-se a *água-régia*, um líquido fumegante de cor laranja, que é um dos poucos reagentes capazes de dissolver platina e ouro. O anidrido do ácido nítrico é o N_2O_5. Ele é um sólido cristalino de composição $[NO_2^+][NO_3^-]$.

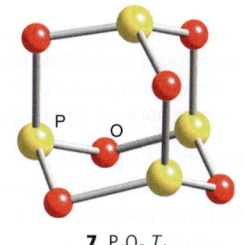

7 P_4O_6, T_d

O óxido de nitrogênio(IV), normalmente chamado de dióxido de nitrogênio, existe como uma mistura em equilíbrio do radical marrom NO_2 e seu dímero incolor N_2O_4 (tetróxido de dinitrogênio). A constante de equilíbrio, K, para a sua dimerização é igual a 0,115, a 25°C.

$$N_2O_4(g) \rightleftharpoons 2\ NO_2(g)$$

No ácido nitroso, HNO_2, o nitrogênio encontra-se como N(III). O ácido nitroso é um forte agente oxidante. O trióxido de dinitrogênio, N_2O_3, o anidrido do ácido nitroso, é um sólido azul que funde acima de −100°C, formando um líquido azul que se dissocia em NO e NO_2.

O óxido de nitrogênio(II), mais comumente conhecido como óxido nítrico, NO, é uma molécula com um número ímpar de elétrons. Entretanto, diferentemente do NO_2, ele não forma um dímero estável em fase gasosa porque o seu elétron desemparelhado está distribuído quase que igualmente sobre ambos os átomos, não estando confinado no átomo de N como no NO_2. Até o final dos anos 1980, nenhum papel biológico benigno era conhecido para o NO. Entretanto, desde então descobriu-se que o NO é gerado *in vivo* (Seção 26.2) e desempenha diversas funções como a redução da pressão sanguínea e atua como neurotransmissor e na destruição de micróbios. Milhares de artigos científicos já foram publicados sobre as funções fisiológicas do NO, mas nossos conhecimentos fundamentais sobre sua atuação bioquímica ainda são escassos.

O número de oxidação médio do nitrogênio no óxido de dinitrogênio, N_2O (mais especificamente, NNO), normalmente chamado de óxido nitroso, é +1. O N_2O é um gás incolor e não reativo. Um sinal da sua inércia é o uso do N_2O como gás propelente no creme de chantilly instantâneo. Da mesma forma, o N_2O foi usado por muitos anos como um anestésico suave; entretanto, essa prática foi interrompida devido aos seus efeitos fisiológicos colaterais indesejáveis, particularmente uma leve histeria, evidenciado pelo seu nome vulgar *gás hilariante*. Ele ainda é usado sob a forma de uma mistura 50:50 com oxigênio, como um analgésico em partos e em procedimentos clínicos, como suturas de feridas. Interessantemente, o N_2O é atualmente reconhecido como um agente destruidor da camada de ozônio, com poder equivalente aos do clorofluorocarbonetos, sendo também um gás estufa em potencial.

PARTE B: UMA VISÃO MAIS DETALHADA

Nesta seção veremos detalhadamente a química dos elementos do Grupo 15. Mostraremos a ampla variedade dos estados de oxidação alcançados pelos elementos, particularmente o nitrogênio e o fósforo.

15.4 Ocorrência e obtenção

Pontos principais: O nitrogênio é obtido por destilação do ar líquido; ele é usado como um gás inerte e na fabricação da amônia. O fósforo elementar é obtido a partir dos minerais fluorapatita e

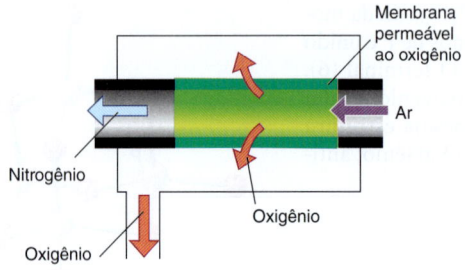

Figura 15.3 Diagrama esquemático de um separador de nitrogênio e oxigênio por membrana.

hidroxiapatita por redução com carbono sob arco voltaico; o fósforo branco resultante é um sólido molecular, P_4. O tratamento da apatita com ácido sulfúrico produz o ácido fosfórico, o qual é convertido em fertilizantes e outros produtos químicos.

O nitrogênio é obtido em larga escala pela destilação do ar líquido. O nitrogênio líquido é uma forma muito conveniente de estocar e manusear o N_2 no laboratório. Membranas mais permeáveis ao O_2 do que ao N_2 são usadas, em escala de laboratório, para a separação do nitrogênio do ar em temperatura ambiente (Fig. 15.3).

O fósforo foi obtido pela primeira vez por Hennig Brandt, em 1669. Brandt buscava obter ouro a partir de urina e areia e, ao invés disso, confundindo sua cor, obteve um sólido branco que brilhava no escuro. Esse elemento foi chamado de fósforo, do grego "que possui luz". Hoje o fósforo é produzido pela ação do ácido sulfúrico concentrado sobre o mineral fluorapatita para formar o ácido fosfórico, do qual o fósforo elementar é, então, obtido:

$$Ca_5(PO_4)_3F(s) + 5\ H_2SO_4(l) \rightarrow 3\ H_3PO_4(l) + 5\ CaSO_4(s) + HF(g)$$

O poluente em potencial HF é capturado por reação com silicatos para formar o íon complexo menos reativo SiF_6^{2-}.

O produto do tratamento da rocha fosfática com ácido contém contaminantes de metais d que são difíceis de serem removidos completamente, de forma que seu uso fica restrito principalmente aos fertilizantes e ao tratamento de metais. Compostos de fósforo e ácido fosfórico com maior grau de pureza são ainda produzidos a partir do elemento, pois ele pode ser purificado por sublimação. A produção do fósforo elementar inicia-se com o fosfato de cálcio bruto, o qual é reduzido com carbono em um forno de arco voltaico. A sílica é adicionada (como areia) para produzir uma escória de silicato de cálcio:

$$2\ Ca_3(PO_4)_2(s) + 6\ SiO_2(s) \xrightarrow{1500°C} 6\ CaSiO_3(l) + 10\ CO(g) + P_4(g)$$

A escória encontra-se fundida nestas temperaturas elevadas e assim pode ser facilmente removida do forno. O fósforo vaporiza e condensa como um sólido, o qual é armazenado sob água para protegê-lo da reação com o ar. A maior parte do fósforo produzido dessa forma é queimada para formar P_4O_{10}, o qual é então hidratado para produzir ácido fosfórico puro.

O arsênio é geralmente obtido da fuligem das chaminés das fundições de cobre e chumbo (Quadro 15.1). Entretanto, ele também é obtido aquecendo-se os seus minérios na ausência de oxigênio:

$$FeAsS(s) \xrightarrow{700°C} FeS(s) + As(g)$$

O antimônio é obtido por aquecimento do minério estibina com ferro, levando à formação do metal e do sulfeto de ferro:

$$Sb_2S_3(s) + 3\ Fe(s) \rightarrow 2\ Sb(s) + 3\ FeS(s)$$

O bismuto ocorre como bismita, Bi_2O_3, e bismutinita, Bi_2S_3. Seus minérios ocorrem normalmente junto aos de cobre, estanho, chumbo e zinco e ele é produzido, por redução, como um subproduto da obtenção desses elementos.

15.5 Usos

Pontos principais: O nitrogênio é essencial para a produção industrial da amônia e do ácido nítrico; o principal uso do fósforo é na fabricação de fertilizantes.

O principal uso não químico do nitrogênio gasoso é como atmosfera inerte no processamento de metais, no refino de

---

QUADRO 15.1 Arsênio no meio ambiente

A toxicidade ambiental do arsênio é um problema de contaminação dos lençóis freáticos. A pior ocorrência de poluição por arsênio é em Bangladesh e na província indiana vizinha de Bengala Ocidental, onde centenas de milhares de pessoas foram diagnosticadas com envenenamento crônico por arsênio ("arsenicosis"). Três grandes rios atravessam esta região, trazendo das montanhas sedimentos carregados de ferro. O fértil delta é muito cultivado e a matéria orgânica é levada para dentro do aquífero de pequena profundidade, criando condições redutoras. Os níveis de arsênio correlacionam-se com os níveis de ferro nos lençóis freáticos, e acredita-se que o arsênio seja liberado na dissolução dos óxidos e hidróxidos de ferro dos minérios.

Paradoxalmente, o problema se agravou a partir de um programa de ajuda das Nações Unidas, iniciado em 1960, para fornecer água potável limpa (em substituição à água contaminada da superfície) perfurando poços construídos a partir de tubos baratos enterrados nesse aquífero. Esses poços de fato melhoraram muito a saúde, reduzindo a incidência de doenças que se originam na água, mas o alto conteúdo de arsênio foi ignorado por muitos anos. Os poços tubulares atingem, geralmente, de 20 a 100 m de profundidade. Os lençóis freáticos próximos à superfície não tiveram tempo de desenvolver grandes concentrações de arsênio, e abaixo de 100 m o sedimento teve o arsênio esgotado com o passar do tempo. Aproximadamente metade dos quatro milhões de poços tubulares ultrapassou o padrão de Bangladesh de 50 ppb de arsênio (o padrão da Organização Mundial de Saúde é de 10 ppb), sendo comuns níveis maiores de 500 ppb nas áreas mais contaminadas. Há vários esquemas para tratar a água de poço para remover o arsênio, e os novos poços podem ser cravados nos aquíferos não contaminados mais profundos. O Banco Mundial está coordenando um plano para atenuar o problema, mas um esforço de maior envergadura deverá levar vários anos.

O envenenamento crônico por arsênio desenvolve-se ao longo de um período de até 20 anos. Os primeiros sintomas são as queratoses da pele que evoluem para um câncer; o fígado e os rins também se deterioram. O primeiro estágio é reversível se a ingestão de arsênio for interrompida, mas a partir do desenvolvimento do câncer um tratamento efetivo torna-se mais difícil. A bioquímica desses efeitos não está bem definida. No corpo, o arsenato é reduzido a complexos de As(III), os quais provavelmente atuam ligando-se a grupos sulfidrila. Uma conexão plausível com o câncer é sugerida por estudos de laboratório que mostram que baixos níveis de arsênio inibem receptores hormonais que ativam genes supressores de câncer.

petróleo e no processamento de alimentos. O nitrogênio gasoso é usado para prover atmosfera inerte no laboratório; o nitrogênio líquido (p.e. –196°C, 77 K) é um refrigerante muito prático tanto na indústria quanto no laboratório. O principal uso industrial do nitrogênio está na produção da amônia pelo *processo Haber* (Seção 15.6) e sua posterior conversão em ácido nítrico pelo *processo Ostwald* (Seção 15.13). A amônia é a rota para uma grande variedade de compostos nitrogenados, como os fertilizantes, plásticos e explosivos (Fig. 15.4). O nitrogênio tem um papel crucial na biologia como constituinte dos aminoácidos, dos ácidos nucleicos e das proteínas, e o ciclo do nitrogênio é um dos mais importantes processos do ecossistema (Quadro 15.2 e Seção 26.13).

O fósforo é usado em pirotecnia, bombas de fumaça e na fabricação do aço e de ligas. O fósforo vermelho misturado com areia é usado na face de riscar das caixas de fósforo. A fricção envolvida no ato de riscar produz calor suficiente para converter parte do fósforo vermelho em fósforo branco, o qual entra em ignição. O fosfato de sódio é usado como agente de limpeza, amaciante de água e para impedir a formação de depósitos nas caldeiras e tubulações. Fosfatos poliméricos são adicionados aos detergentes como reforçadores

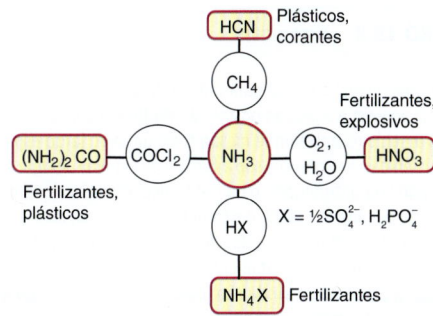

Figura 15.4 Usos industriais da amônia.

que melhoram a detergência, uma vez que amaciam a água ao formarem complexos com os íons metálicos. Na natureza, o fósforo está geralmente presente como íon fosfato. O fósforo (juntamente ao N e o K) é um nutriente essencial para as plantas. Entretanto, devido à baixa solubilidade de muitos fosfatos metálicos, ele frequentemente está esgotado no solo, e por isso os hidrogenofosfatos são componentes importantes dos fertilizantes balanceados. Aproximadamente 85% do

---

QUADRO 15.2 O ciclo do nitrogênio

A maioria das moléculas usadas pelos sistemas biológicos contém nitrogênio, como as proteínas, os ácidos nucleicos, a clorofila, várias enzimas e vitaminas e muitos outros constituintes celulares. Em todos esses compostos, o nitrogênio está na sua forma reduzida com número de oxidação –3. Embora o N_2 seja o constituinte mais abundante da atmosfera terrestre, seu uso é limitado por sua falta de reatividade, sendo as necessidades da biosfera supridas pelo processo de fixação de nitrogênio. Portanto, o principal desafio da biologia (e da tecnologia) envolve a redução do N_2 para incorporá-lo nos compostos essenciais de nitrogênio.

O ciclo do nitrogênio é mostrado na Fig. Q15.1. O ciclo pode ser visto como um conjunto de reações de oxirredução catalisadas por enzimas, que levam a um suprimento acessível de compostos de nitrogênio reduzido. Os micro-organismos são praticamente os únicos responsáveis pela interconversão das formas de nitrogênio inorgânico. As enzimas que catalisam essas conversões possuem Fe, Mo e Cu nos seus sítios ativos. As enzimas do ciclo do nitrogênio são discutidas na Seção 26.13. O sistema enzimático para a fixação de nitrogênio funciona em condições anaeróbias, uma vez que o O_2 destrói rápida e irreversivelmente a enzima. Entretanto, a fixação do nitrogênio também ocorre em bactérias aeróbias. Em algumas plantas superiores, as bactérias fixadoras de nitrogênio vivem dentro de um ambiente controlado na planta, como os nódulos nas raízes, onde os níveis de O_2 são baixos. A planta fornece para a bactéria compostos de carbono reduzido provenientes da fotossíntese, enquanto que a bactéria fornece compostos de nitrogênio para a planta.

Para a fixação biológica do nitrogênio é necessário um potencial de redução inferior a –0,30 V. As ferredoxinas e flavoproteínas reduzidas, que possuem potenciais de –0,4 a –0,5 V, encontram-se facilmente disponíveis nos sistemas biológicos (Capítulo 27). Enquanto que esses potenciais indicam que a fixação do nitrogênio é termodinamicamente factível, ela não é cineticamente favorecida. A barreira cinética para a redução do N_2 aparentemente origina-se da necessidade de formar intermediários ligados durante a conversão do N_2 em amônia. Os organismos investem energia metabólica proveniente da hidrólise do trifosfato de adenosina (ATP, em inglês) em difosfato de adenosina (ADP, em inglês) e fosfato inorgânico (P_i), para a qual $\Delta_r G^\ominus \approx -31$ kJ mol^{-1}, para produzir intermediários essenciais para o processo de fixação de nitrogênio. A redução do N_2 consome 16 moléculas de ATP para cada molécula de N_2 reduzida. Havendo disponibilidade, a maioria dos organismos capazes de fixação do nitrogênio usa as fontes de nitrogênio fixo (amônia, nitrato ou nitrito) e suprimem a síntese através do elaborado sistema de fixação de nitrogênio.

Uma vez reduzido o nitrogênio, os organismos o incorporam em moléculas orgânicas, onde ele entra nas rotas biossintéticas da célula. Quando os organismos morrem e a biomassa decai, os compostos orgânicos nitrogenados decompõem-se, liberando o nitrogênio para o meio ambiente sob a forma de NH_3 ou NH_4^+, dependendo das condições.

O crescimento da população humana e sua dependência da síntese de fertilizantes sintéticos tem tido um enorme impacto no ciclo do nitrogênio. A síntese da amônia é feita pelo processo Haber (Seção 25.12), aumentando o total de nitrogênio fixo disponível para a vida na Terra. Entre um terço e metade de toda a fixação do nitrogênio realizada na Terra é feito por meio da tecnologia e da agricultura, em vez de meios naturais. Além da própria amônia, sais de nitrato são produzidos industrialmente a partir da amônia para serem usados como fertilizantes. Tanto a amônia como os nitratos entram no ciclo do nitrogênio como fertilizantes, aumentando todos os segmentos do ciclo natural. Os reservatórios naturais são inadequados para capturar o excesso de produção. Sob tais condições, nitrato e nitrito podem se acumular como componentes indesejáveis nos lençóis freáticos ou produzir eutrofização de lagos, pântanos, deltas de rios e áreas costeiras.

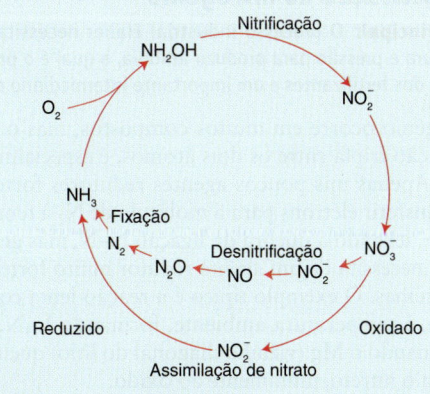

Figura Q15.1 O ciclo do nitrogênio.

QUADRO 15.3 Arsenicais

O termo "arsenicais" é usado para indicar produtos químicos que contêm arsênio. O arsênio e seus compostos são muito tóxicos, e todas as aplicações dos arsenicais baseiam-se na sua toxicidade de largo espectro.

Os arsenicais inorgânicos sob a forma dos minerais realgar e arsenolita foram usados na antiguidade para tratar úlceras, doenças de pele e lepra. No início da década de 1900, descobriu-se que um composto organoarsênio era eficiente no tratamento da sífilis, levando a um rápido aumento da pesquisa nessa área. Esse tratamento foi substituído pela penicilina, mas compostos organoarsênio ainda são usados para tratar a tripanossomíase, ou doença do sono, que é causada por um parasita no sangue. A arsenoamida, $C_{11}H_{12}AsNO_5S_2$, é usada como um medicamento de uso veterinário para tratamento da dirofilariose (verme do coração) em cães.

O ácido arsenílico, $C_6H_8AsNO_3$, e o arsenilato de sódio, $NaAsC_6H_8$, são usados como agentes antimicrobianos na alimentação de animais e aves domésticas para prevenir o crescimento de fungos. Outro poderoso agente antimicrobiano é a 10,10'-oxibisfenoxarsina (OBPA, em inglês), muito usada na fabricação de plásticos.

Os arsenicais também são usados como inseticidas e herbicidas. O metilarsenato monossódico (MSMA, em inglês) é usado para combater ervas daninhas nas culturas de algodão e forragem e no tratamento da grama doméstica. O primeiro inseticida contendo arsênio foi o *verde-Paris*, $Cu(CH_3CO_2)_2 \cdot 3Cu(AsO_2)_2$, produzido em 1865 para combater o besouro da batata do Colorado. O arsenito de sódio, $NaAsO_2$, é usado em iscas venenosas para combater gafanhotos e em banhos de imersão para prevenir parasitas no gado.

O As_2O_3 sem cheiro e sem sabor já foi um veneno comum, sendo até conhecido como "pó da herança". Entretanto, a criação do *teste de Marsh* permitiu que o arsênio pudesse ser detectado previamente. Nesse teste, arsina gasosa é produzida pela reação do óxido com ácido sulfúrico e zinco:

$$As_2O_3 + 6\,Zn + 6\,H_2SO_4 \rightarrow 2\,AsH_3 + 6\,ZnSO_4 + 3\,H_2O$$

A ignição do AsH_3 produz arsênio, que pode ser observado como um pó preto.

ácido fosfórico produzido são consumidos na fabricação de fertilizantes. O fósforo também é um constituinte importante dos ossos e dentes (formados principalmente de fosfato de cálcio), membranas celulares (ésteres de fosfato de ácidos graxos) e ácidos nucleicos, inclusive DNA e ARN, e do trifosfato de adenosina (ATP), que é a unidade de transferência de energia nos seres vivos (Seção 26.2). As fosfinas, PX_3, são muito usadas como ligantes (Seção 7.1).

O arsênio é usado como dopante em componentes de estado sólido, como circuitos integrados e lasers. O GaAs é um semicondutor III/V (Seção 13.18) que possui melhor mobilidade eletrônica e estabilidade térmica do que o silício. Ele é usado em telefones portáteis, em satélites, em células solares e janelas ópticas. Embora o As seja um veneno bem conhecido, ele também é um elemento traço essencial para galinhas, ratos, cabras e porcos, e a deficiência de arsênio reduz o crescimento (Quadro 15.3). O óxido As_2O_3 também é usado como uma droga antileucêmica (Seção 27.1)

O antimônio é usado na tecnologia de semicondutores para produzir detectores de infravermelho e diodos emissores de luz. Ele é usado em ligas, dando origem a produtos mais duros e resistentes. O óxido de antimônio é usado para aumentar a atividade dos hidrocarbonetos clorados, que são retardantes de chama, melhorando a liberação de radicais halogenados.

De acordo com a tendência geral, à medida que descemos no bloco p, o estado de oxidação +3 torna-se mais favorável em relação ao +5 deslocando-se do fósforo para o bismuto. Consequentemente, os compostos de Bi(V) são bons agentes oxidantes. Os outros usos principais dos compostos de Bi encontram-se na medicina (Seção 27.3). O subsalicilato de bismuto, $HOC_6H_4CO_2BiO$, é usado conjuntamente a antibióticos e no tratamento de úlceras pépticas. O óxido de bismuto(III) é usado em pomadas contra hemorroidas.

EXEMPLO 15.1 Examinando a estrutura eletrônica e a química do P_4

Desenhe a estrutura de Lewis do P_4 e discuta seu possível papel como um ligante.

Resposta Usaremos as regras descritas na Seção 2.1 para desenhar a estrutura de Lewis. Existe um total de $4 \times 5 = 20$ elétrons de valência. Se cada átomo de P formar uma ligação com os outros três átomos de P, teremos 12 elétrons envolvidos nessas ligações; restarão, assim, 8 elétrons que estarão como um par isolado de elétrons em cada átomo de P (**8**).

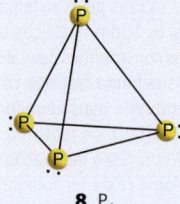

8 P_4

Essa estrutura, aliada ao fato de que a eletronegatividade do fósforo é moderada ($\chi_P = 2{,}06$), sugere que o P_4 pode ser ligante doador moderado. De fato, são conhecidos complexos de P_4 com metais do bloco d.

Teste sua compreensão 15.1 (a) Considere a estrutura de Lewis de um segmento da estrutura do bismuto mostrada na Fig. 15.2. Essa estrutura preguada está de acordo com o modelo RPECV? (b) Use o modelo RPECV para prever a natureza da ligação no N_2 e utilize-o para explicar as propriedades do nitrogênio.

15.6 Ativação do nitrogênio

Ponto principal: O processo industrial Haber necessita de altas temperatura e pressão para produzir amônia, a qual é o principal ingrediente dos fertilizantes e um importante intermediário químico.

O nitrogênio ocorre em muitos compostos, mas o N_2, com uma ligação tripla entre os dois átomos, é especialmente não reativo. Apenas uns poucos agentes redutores fortes conseguem transferir elétrons para a molécula de N_2 à temperatura ambiente, levando à quebra da ligação N–N, mas geralmente a reação necessita de um agente redutor muito forte e condições extremas. O exemplo típico é a reação lenta com o lítio metálico, à temperatura ambiente, formando Li_3N. Similarmente, quando o Mg (vizinho diagonal do lítio) queima ao ar, ele forma o nitreto, juntamente ao óxido.

A baixa velocidade das reações do N_2 parece resultar de vários fatores. Um deles é a força da ligação tripla N≡N e, consequentemente, a alta energia de ativação para quebrá-la. (A força dessa ligação também explica a falta de alótropos de nitrogênio.) Outro fator é a separação relativamente grande entre o HOMO e o LUMO no N$_2$ (Seção 2.8b), o que torna essa molécula resistente aos processos de oxirredução simples envolvendo transferência de elétrons. Um terceiro fator é a baixa polarizabilidade do N$_2$, que não favorece a formação de estados de transição com alta polaridade que frequentemente estão envolvidos nas reações de deslocamento eletrofílico e nucleofílico.

Métodos baratos de ativação do nitrogênio – sua conversão em compostos úteis – são altamente desejáveis, pois eles podem ter um profundo efeito na economia, em especial na agricultura de regiões mais pobres. No *processo Haber* para a produção da amônia, o H$_2$ e o N$_2$ são combinados em temperaturas e pressões elevadas sobre um catalisador de Fe, como será visto em detalhes na Seção 15.10. Grande parte das pesquisas recentes sobre como obter uma forma mais econômica de ativação do N$_2$ tem se inspirado na maneira como as bactérias realizam essa transformação à temperatura ambiente. A conversão catalítica do nitrogênio em NH$_4^+$ envolve a metaloenzima nitrogenase, que ocorre nas bactérias fixadoras de nitrogênio, como aquelas encontradas nos nódulos das raízes das leguminosas. O mecanismo pelo qual a nitrogenase realiza esta reação, através de um sítio ativo contendo Fe, Mo e S, é objeto de muitas pesquisas. Em conexão com esse tema, complexos de dinitrogênio com metais foram descobertos em 1965, quase na mesma época em que foi verificada a presença de Mo na nitrogenase (Seção 26.13). Esses desenvolvimentos levaram à ideia otimista de que se poderia desenvolver uma catálise homogênea eficiente na qual os íons metálicos coordenar-se-iam ao N$_2$ e promoveriam a sua redução. De fato, muitos complexos de N$_2$ foram preparados, e em alguns casos a preparação é tão simples quanto borbulhar nitrogênio em uma solução aquosa de um complexo:

[Ru(NH$_3$)$_5$(OH$_2$)]$^{2+}$(aq) + N$_2$(g) →
[Ru(NH$_3$)$_5$(N$_2$)]$^{2+}$(aq) + H$_2$O(l)

Como acontece para a molécula isoeletrônica CO, a ligação pelos átomos terminais é típica do N$_2$ quando ele atua com um ligante (**9**, Seção 22.17). O comprimento da ligação N–N no complexo de Ru(II) é apenas levemente alterado em relação ao da molécula livre. Entretanto, quando o N$_2$ está coordenado a um centro metálico mais fortemente redutor, essa ligação é consideravelmente alongada pela retrodoação de densidade eletrônica para os orbitais π* do N$_2$.

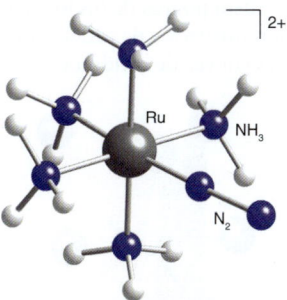

9 [Ru(NH$_3$)$_5$(N$_2$)]$^{2+}$

A redução direta de N$_2$ a amônia em temperatura ambiente e pressão atmosférica foi obtida com um catalisador de molibdênio que contém o ligante tetradentado triamidoamina, [(HIPTNCH$_2$CH$_2$)$_3$N]$^{3-}$ (**10**). O nitrogênio coordena-se ao centro Mo e é convertido a NH$_3$ pela adição de uma fonte de próton e de um agente redutor. Estudos de raios X indicam que o N$_2$ é reduzido no centro de molibdênio espacialmente protegido, e que se alterna entre Mo(III) e Mo(VI).

10 [(HIPTNCH$_2$CH$_2$)$_3$N]MoN$_2$

15.7 Nitretos e azidas

O nitrogênio forma compostos binários simples com outros elementos; eles são classificados como nitretos ou azidas.

(a) Nitretos

Ponto principal: Os nitretos são classificados como salinos, covalentes ou intersticiais.

Os nitretos metálicos podem ser preparados pela interação direta do elemento com o nitrogênio ou amônia ou pela decomposição térmica de uma amida:

6 Li(s) + N$_2$(g) → 2 Li$_3$N(s)

3 Ca(s) + 2 NH$_3$(l) → Ca$_3$N$_2$(s) + 3 H$_2$(g)

3 Zn(NH$_2$)$_2$(s) → Zn$_3$N$_2$(s) + 4 NH$_3$(g)

Os compostos de N com H, O e halogênios serão tratados separadamente.

Os **nitretos salinos** podem ser considerados como contendo o íon nitreto, N^{3-}. Entretanto, a alta carga negativa desse íon significa que ele é altamente polarizável (Seção 1.7e) e os nitretos salinos têm tendência de apresentar considerável caráter covalente. Os nitretos salinos se formam com o lítio, Li$_3$N, e com os elementos do Grupo 2, M$_3$N$_2$.

Os **nitretos covalentes**, nos quais a ligação E–N é covalente, possuem uma grande variedade de propriedades, dependendo do elemento ao qual o N está ligado. Dentre os exemplos de nitretos covalentes temos o nitreto de boro, BN, o cianogênio, (CN)$_2$, o nitreto de fósforo, P$_3$N$_5$, o tetranitreto de tetraenxofre, S$_4$N$_4$, e o dinitreto de dienxofre, S$_2$N$_2$. Esses compostos são discutidos no contexto dos outros elementos.

O maior grupo de nitretos consiste nos **nitretos intersticiais** de elementos do bloco d com fórmulas MN, M$_2$N ou M$_4$N. O átomo de N ocupa alguns ou todos os sítios octaédricos dentro de uma rede de empacotamento compacto cúbica ou hexagonal dos átomos do metal. Os compostos são duros e inertes, com lustro e condutividade metálica. Eles são muito usados como materiais refratários e são empregados em cadinhos, reatores de alta temperatura e revestimento de termopares.

O íon nitreto, N^{3-}, é frequentemente encontrado como um ligante em complexos de metais d. Sua carga negativa elevada, seu tamanho pequeno e sua capacidade de atuar tanto como um bom doador π como um bom doador σ significa que ele pode estabilizar metais em estados de oxidação elevados. A ligação coordenada de pequeno comprimento entre o íon e o átomo metálico é comumente representada como M≡N. Um exemplo é o complexo [Os(N)(NH$_3$)$_5$]$^{2+}$ (11).

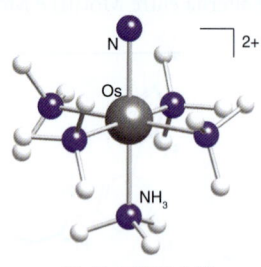

11 [Os(N)(NH$_3$)$_5$]$^{2+}$

(b) Azidas

Pontos principais: As azidas são tóxicas e instáveis; elas são usadas como detonadores em explosivos. O íon azida forma muitos complexos metálicos.

As azidas, nas quais o nitrogênio está presente como N$_3^-$, podem ser sintetizadas pela oxidação da amida de sódio por íons NO$_3^-$ ou pelo N$_2$O, em alta temperatura:

$$3\,NH_2^- + NO_3^- \xrightarrow{175°C} N_3^- + 3\,OH^- + NH_3$$

$$2\,NH_2^- + N_2O \xrightarrow{190°C} N_3^- + OH^- + NH_3$$

O número de oxidação médio do N no íon azida, N$_3^-$, é –1/3. Esse íon é isoeletrônico tanto com o óxido de dinitrogênio, N$_2$O, quanto com o CO$_2$ e, assim como essas duas moléculas, ele é linear. Ele é uma base de Brønsted relativamente forte, sendo o pK_a do seu ácido conjugado, o ácido hidrazoico, HN$_3$, igual a 4,75. Ele também é um bom ligante frente aos íons do bloco d. Entretanto, os complexos ou sais de metais pesados, como Pb(N$_3$)$_2$ e Hg(N$_3$)$_2$, são detonadores sensíveis ao choque e sofrem decomposição produzindo o metal e nitrogênio:

$$Pb(N_3)_2(s) \rightarrow Pb(s) + 3\,N_2(g)$$

As azidas iônicas, como o NaN$_3$, são termodinamicamente instáveis, mas cineticamente inertes, podendo ser manuseadas em temperatura ambiente. A azida de sódio é tóxica e usada como um conservante químico e no controle de pragas. Quando as azidas de metais alcalinos são aquecidas ou detonadas por impacto, elas explodem liberando N$_2$; essa reação é usada para inflar as bolsas de ar (*air bags*) dos carros, em que a azida é aquecida eletricamente.

> **Uma breve ilustração** Um *air bag* típico contém aproximadamente 50 g de NaN$_3$. Para estimar o volume de nitrogênio produzido quando a azida é detonada a temperatura e pressão ambientes (20°C e 1 atm), precisamos considerar a quantidade (em mol) de moléculas de N$_2$ produzidas na reação de decomposição 2 NaN$_3$(s) → 2 Na(s) + 3 N$_2$(g). O Na produzido reage com KNO$_3$ para produzir mais N$_2$. Como 50 g de NaN$_3$ contém 0,77 mol de NaN$_3$, ele libera 1,2 mol de N$_2$. Essa quantidade ocupa 26 dm^3 a 20°C e 1,0 atm. Como o *air bag* tem um pequeno volume, a pressão no seu interior será alta, fornecendo proteção ao motorista.

Compostos contendo o cátion polinitrogenado N$_5^+$ (12) já foram sintetizados a partir de espécies contendo os íons N$_3^-$ e N$_2$F$^+$. Por exemplo, o N$_5$AsF$_6$ é preparado a partir de N$_2$FAsF$_6$ e HN$_3$ em HF anidro como solvente:

$$N_2FAsF_6(solv) + HN_3(solv) \rightarrow N_5AsF_6(solv) + HF(l)$$

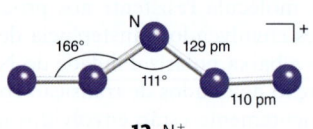

12 N$_5^+$

O composto é um sólido branco que se decompõe explosivamente acima de 250°C. Ele é um poderoso agente oxidante capaz de incendiar material orgânico mesmo a baixas temperaturas. Os sais de ânions dinegativos podem ser preparados por metátese com os sais de ânions mononegativos em HF anidro:

$$2\,N_5SbF_6(solv) + Cs_2SnF_6(solv) \rightarrow (N_5)_2SnF_6(solv) + 2\,CsSbF_6(s)$$

O produto é um sólido branco, sensível ao atrito e que se decompõe em N$_5$SnF$_6$ acima de 250°C. Esse produto, (N$_5$)$_2$SnF$_6$, é estável até 500°C.

15.8 Fosfetos

Ponto principal: Os fosfetos podem ser ricos em metal ou ricos em fósforo.

Os compostos de fósforo com hidrogênio, oxigênio e com os halogênios serão discutidos separadamente. Os fosfetos dos outros elementos podem ser preparados por aquecimento do elemento apropriado com fósforo vermelho em atmosfera inerte:

$$n\,M + m\,P \rightarrow M_nP_m$$

Há muitas variedades de fosfetos, com fórmulas variando desde M$_4$P até MP$_{15}$. Há exemplos de fosfetos ricos em metal, nos quais M:P > 1, os monofosfetos, nos quais M:P = 1, e os fosfetos ricos em fósforo, nos quais M:P < 1. Os fosfetos ricos em metal são normalmente materiais refratários, quebradiços, duros e inertes e que se assemelham ao metal por terem alta condutividade térmica e elétrica. As estruturas apresentam um arranjo prismático trigonal com seis, sete, oito ou nove íons metálicos em torno de um átomo de P (13). Os monofosfetos adotam várias estruturas, dependendo do tamanho relativo do outro átomo. Por exemplo, o AlP apresenta a estrutura da blenda de zinco, o SnP tem a estrutura do sal-gema e o VP adota a estrutura do arseneto de níquel (Seção 3.9). Os fosfetos ricos em fósforo possuem pontos de fusão menores e são menos estáveis que os monofosfetos e os fosfetos ricos em metal. Eles são semicondutores em vez de condutores.

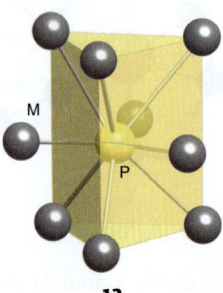

13

15.9 Arsenetos, antimonetos e bismutetos

Ponto principal: Os arsenetos e antimonetos de índio e gálio são semicondutores.

Os compostos formados entre metais e arsênio, antimônio ou bismuto podem ser preparados pela reação direta entre os elementos:

$$Ni(s) + As(s) \rightarrow NiAs(s)$$

Os arsenetos e antimonetos dos elementos do Grupo 13 In e Ga são semicondutores. O arseneto de gálio (GaAs) é o mais importante deles, sendo usado para fabricar componentes como circuitos integrados, diodos emissores de luz e diodos a lasers. A separação de energia entre as bandas é semelhante à do silício e maior que a de outros semicondutores dos Grupos 13/15 (Tabela 13.5; Seção 24.19). O arseneto de gálio é superior ao silício para essas aplicações porque os elétrons têm mais mobilidade e os componentes produzem menos ruído eletrônico. O silício ainda tem grandes vantagens sobre o GaAs, uma vez que o silício é barato e as pastilhas ("wafers") são mais fortes do que as de GaAs, de forma que o processamento é mais fácil. O silício também representa um problema ambiental menor que o GaAs. Os circuitos integrados de arseneto de gálio são geralmente usados em telefones portáteis, satélites de comunicação e alguns sistemas de radar.

15.10 Hidretos

Todos os elementos do Grupo 15 formam compostos binários com o hidrogênio. Todos os hidretos EH_3 são tóxicos. O nitrogênio também forma um hidreto catenado, a hidrazina, N_2H_4.

(a) Amônia

Pontos principais: A amônia é fabricada pelo processo Haber; ela é usada na fabricação de fertilizantes e muitos outros produtos químicos importantes contendo nitrogênio.

A amônia é produzida em grandes quantidades em todo o mundo para ser usada como fertilizante e como fonte primária de nitrogênio na produção de muitos produtos químicos. Como já mencionado, o processo Haber é o único utilizado para a produção da amônia. Nesse processo, o N_2 e o H_2 combinam-se a temperatura (450 °C) e pressão (100 atm) elevadas, com o emprego de um catalisador de Fe ativado:

$$N_2(g) + 3 H_2(g) \rightleftharpoons 2 NH_3(g)$$

Dentre as substâncias ativadoras (compostos que aumentam a atividade catalítica), temos o SiO_2, MgO e outros óxidos (Seção 25.12). A alta temperatura e a presença de um catalisador são necessárias para superar a inércia cinética do N_2, e a alta pressão é necessária para superar o efeito termodinâmico de uma constante de equilíbrio desfavorável na temperatura de operação.

No início do século XX, eram novos e imensos os problemas da química e da engenharia ligados à área até então inexplorada da tecnologia de alta pressão em larga escala. Como resultado, dois Prêmios Nobel foram concedidos, relacionados ao desenvolvimento desse processo. Um foi dado para Fritz Haber (em 1918), que desenvolveu o processo químico. O outro foi dado para Carl Bosch (em 1931), o engenheiro químico que projetou as primeiras plantas para realizar o processo Haber. O processo também é conhecido como *processo Haber-Bosch* em reconhecimento à contribuição de Bosch. O processo teve um grande impacto em nossa civilização, pois a amônia é a fonte primária para a maioria dos compostos nitrogenados, incluindo os fertilizantes e a maioria dos produtos químicos comerciais contendo nitrogênio. Antes do desenvolvimento desse processo, as principais fontes de nitrogênio para fertilizante eram o guano (excremento de pássaros) e o salitre, que tinha de ser minerado e transportando da América do Sul. No início do século XX, havia previsões de falta de alimentos ao longo de toda a Europa, mas que nunca se concretizaram devido à grande disponibilidade de fertilizantes nitrogenados.

O ponto de ebulição da amônia é –33°C, maior do que os dos hidretos dos outros elementos do grupo e indicativo de uma grande influência da participação da ligação hidrogênio. A amônia líquida é um solvente não aquoso muito útil para solutos como álcoois, aminas, sais de amônio, amidas e cianetos. As reações em amônia líquida assemelham-se muito de perto àquelas em solução aquosa, como indicado pelos seguintes equilíbrios de autoprotólise:

$$2 H_2O(l) \rightleftharpoons H_3O^+(aq) + OH^-(aq) \quad pK_w = 14{,}00 \text{ a } 25°C$$

$$2 NH_3(l) \rightleftharpoons NH_4^+(am) + NH_2^-(am) \quad pK_{am} = 34{,}00 \text{ a } -33°C$$

Muitas das reações são análogas às realizadas em água. Por exemplo, pode-se fazer uma simples reação de neutralização ácido-base:

$$NH_4Cl(am) + NaNH_2(am) \rightarrow NaCl(am) + 2 NH_3(l)$$

A amônia é uma base fraca solúvel em água:

$$NH_3(aq) + H_2O(l) \rightleftharpoons NH_4^+(aq) + OH^-(aq) \quad pK_b = 4{,}75$$

As propriedades químicas dos sais de amônio são muito semelhantes às dos sais do Grupo 1, especialmente de K^+ e Rb^+. Eles são solúveis em água, e as soluções dos sais de ácidos fortes, como o NH_4Cl, são ácidas devido ao equilíbrio:

$$NH_4^+(aq) + H_2O(l) \rightleftharpoons H_3O^+(aq) + NH_3(aq) \quad pK_a = 9{,}25$$

Os sais de amônio decompõem-se facilmente sob aquecimento e muitos deles, como haletos, carbonatos e sulfatos, liberam amônia:

$$NH_4Cl(s) \rightarrow NH_3(g) + HCl(g)$$

$$(NH_4)_2 SO_4(s) \rightarrow 2 NH_3(g) + H_2SO_4(l)$$

Quando o ânion é oxidante, como no caso do NO_3^-, ClO_4^- e $Cr_2O_7^{2-}$, o NH_4^+ é oxidado a N_2 ou N_2O:

$$NH_4NO_3(s) \rightarrow N_2O(g) + 2 H_2O(g)$$

Quando o nitrato de amônio é fortemente aquecido ou detonado, a decomposição de 2 mol de $NH_4NO_3(s)$ produz 7 mol de moléculas gasosas, correspondendo a um aumento de volume de aproximadamente 200 cm³ para 140 dm³, ou seja, um fator de 700:

$$2 NH_4NO_3(s) \rightarrow 2 N_2(g) + O_2(g) + 4 H_2O(g)$$

Essa característica leva ao uso do nitrato de amônio como explosivo, e os fertilizantes à base de nitrato são frequentemente misturados em materiais como carbonato de cálcio ou sulfato de amônio para torná-los mais estáveis. O sulfato de amônio e os hidrogenofosfatos de amônio, $NH_4H_2PO_4$ e

$(NH_4)_2HPO_4$, também são usados como fertilizantes, pois o fosfato é um nutriente para as plantas. O perclorato de amônio é usado como o agente oxidante nos propelentes de foguetes a combustível sólido.

(b) Hidrazina e hidroxilamina

Ponto principal: A hidrazina é uma base mais fraca do que a amônia e forma duas séries de sais.

A hidrazina, N_2H_4, é um líquido incolor, fumegante, com um odor parecido ao da amônia. Ela tem uma faixa líquida semelhante à da água (2 a 114°C), indicando a presença de ligação hidrogênio. Na fase líquida, a hidrazina adota uma conformação desalinhada ("*gauche*") em torno da ligação N–N (**14**).

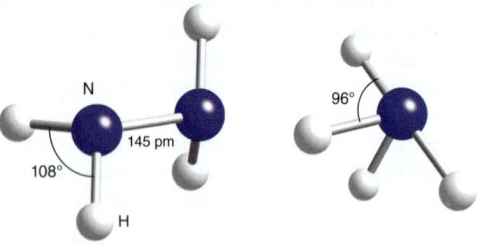

14 Hidrazina, N_2H_4

A hidrazina é fabricada pelo *processo Raschig*, no qual a amônia e o hipoclorito de sódio reagem em solução aquosa diluída. A reação ocorre em várias etapas, que podem ser simplificadas como:

$$NH_3(aq) + NaOCl(aq) \rightarrow NH_2Cl(aq) + NaOH(aq)$$
$$2\,NH_3(aq) + NH_2Cl(aq) \rightarrow N_2H_4(aq) + NH_4Cl(aq)$$

Há uma reação paralela catalisada por íons de metais d:

$$N_2H_4(aq) + 2\,NH_2Cl(aq) \rightarrow N_2(g) + 2\,NH_4Cl(aq)$$

Para remover os íons de metais d da solução, adiciona-se gelatina à mistura reacional, a qual forma complexos com os íons metálicos removendo-os da reação. A solução aquosa diluída de hidrazina então produzida é convertida numa solução concentrada de hidrato de hidrazina, $N_2H_4 \cdot H_2O$, por destilação. Esse produto é geralmente preferido comercialmente, pois é mais barato que a hidrazina e tem uma faixa líquida mais ampla. A hidrazina é produzida por destilação do hidrato na presença de um agente dessecante tal como NaOH ou KOH sólido.

A hidrazina é uma base mais fraca do que a amônia:

$$N_2H_4(aq) + H_2O(l) \rightleftharpoons N_2H_5^+(aq) + OH^-(aq)$$
$$pK_{b1} = 7{,}93\ (pK_{a2} = 6{,}07)$$
$$N_2H_5^+(aq) + H_2O(l) \rightleftharpoons N_2H_6^{2+}(aq) + OH^-(aq)$$
$$pK_{b2} = 15{,}05\ (pK_{a1} = -1{,}05)$$

Ela reage com ácidos HX para formar duas séries de sais, N_2H_5X e $N_2H_6X_2$.

O principal uso da hidrazina e dos seus derivados metílicos, CH_3NHNH_2 e $(CH_3)_2NNH_2$, é como combustível de foguete. A hidrazina também é usada como agente propelente para a formação de espuma e no tratamento de água de caldeira para capturar o oxigênio dissolvido e impedir a oxidação das tubulações. Tanto o N_2H_4 quanto o $N_2H_5^+$ são agentes redutores e são usados na obtenção de metais preciosos.

EXEMPLO 15.2 Avaliando combustíveis de foguete

A hidrazina, N_2H_4, e a dimetil-hidrazina, $N_2H_2(CH_3)_2$, são usadas como combustível de foguetes. A partir dos dados a seguir, sugira qual deles deve ser o combustível mais eficiente termoquimicamente.

	$\Delta_f H^\ominus$/kJ mol^{-1}
$N_2H_4(l)$	+50,6
$N_2H_2(CH_3)_2(l)$	+42,0
$CO_2(g)$	−394
$H_2O(g)$	−242

Resposta Devemos avaliar quais reações de combustão liberam mais calor por meio do cálculo das entalpias padrão de combustão. As reações de combustão são

$$N_2H_4(l) + O_2(g) \rightarrow N_2(g) + 2\,H_2O(g)$$
$$N_2H_2(CH_3)_2(l) + O_2(g) \rightarrow N_2(g) + 4\,H_2O(g) + 2\,CO_2(g)$$

A entalpia da reação (neste caso, de combustão) é calculada a partir de

$$\Delta_{comb}H^\ominus = \sum_{produtos} \Delta_f H^\ominus - \sum_{reagentes} \Delta_f H^\ominus$$

Encontramos, então, os valores −535 kJ mol^{-1} para o N_2H_4 e −1798 kJ mol^{-1} para o $N_2H_2(CH_3)_2$. Um fator importante para selecionar um combustível de foguete é a entalpia específica (a entalpia de combustão dividida pela massa do combustível), que para esses combustíveis tem os valores −16,7 e −29,9 kJ g^{-1}, respectivamente, indicando assim que o $N_2H_2(CH_3)_2$ é o melhor combustível mesmo quando a massa é considerada.

Teste sua compreensão 15.2 Hidrocarbonetos refinados e hidrogênio líquido também são usados como combustíveis de foguete. Quais são as vantagens da dimetil-hidrazina em relação a esses combustíveis?

A hidroxilamina, NH_2OH (**15**), é um sólido higroscópico, incolor, com baixo ponto de fusão (32°C). Ela geralmente está disponível como um dos seus sais ou em solução aquosa. Ela é uma base mais fraca do que a amônia e a hidrazina:

$$NH_2OH(aq) + H_2O(l) \rightleftharpoons NH_3OH^+(aq) + OH^-(aq)$$
$$pK_b = 8{,}18$$

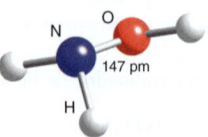

15 Hidroxilamina, NH_2OH

A hidroxilamina anidra pode ser preparada adicionando-se butóxido de sódio, NaC_4H_9 (NaOBu), a uma solução de cloridrato de hidroxilamina em 1-butanol. O NaCl formado é retirado por filtração e a hidroxilamina é precipitada pela adição de éter.

$$[NH_3OH]Cl(solv) + NaOBu \rightarrow NH_2OH(solv) + NaCl(s) + BuOH(l)$$

O principal uso comercial da hidroxilamina é na síntese da caprolactama, que é um intermediário na fabricação do náilon.

(c) Fosfina, arsano e estibano

Pontos principais: Ao contrário da amônia, a fosfina, o arsano e o estibano líquidos não se associam por meio de ligação hidrogênio. Suas alquilas e arilas análogas são muito mais estáveis e são ligantes macios úteis.

Contrastando com o papel dominante que a amônia tem na química do nitrogênio, os hidretos altamente venenosos dos elementos não metálicos mais pesados do Grupo 15 (particularmente a fosfina, PH_3, e o arsano, AsH_3) são de menor importância na química dos seus respectivos elementos. Tanto a fosfina quanto o arsano são usados na indústria de semicondutores para dopar o Si e para preparar outros compostos semicondutores, como o GaAs, por deposição de vapor químico. Essas reações de decomposição térmica são uma consequência da energia de formação de Gibbs positiva desses hidretos.

A síntese comercial do PH_3 emprega a desproporcionação do fósforo branco em meio básico:

$$P_4(s) + 3\ OH^-(aq) + 3\ H_2O(l) \rightarrow PH_3(g) + 3\ H_2PO_2^-(aq)$$

O arsino e o estibano podem ser preparados pela protólise de compostos que contêm um metal eletropositivo em combinação com arsênio ou antimônio:

$$Zn_3E_2(s) + 6\ H_3O^+(l) \rightarrow 2\ EH_3(g) + 3\ Zn^{2+}(aq) + 6\ H_2O(l)$$
$$(E = As, Sb)$$

A fosfina e o arsano são gases venenosos que se inflamam facilmente em contato com o ar, mas os derivados orgânicos muito mais estáveis PR_3 e AsR_3 (R = grupos alquila ou arila) são muito usados como ligantes na química de coordenação. Diferentemente da amônia e dos ligantes alquilamina, que se comportam como ligantes doadores duros, as organofosfinas e os organoarsanos, como $P(C_2H_5)_3$ e $As(C_6H_5)_3$, são ligantes macios que, desse modo, são frequentemente incorporados em complexos nos quais o átomo metálico central está em um baixo estado de oxidação. A estabilidade desses complexos correlaciona-se com a natureza receptora macia dos metais em baixo estado de oxidação e com a estabilidade das combinações doador macio – receptor macio (Seção 4.9).

Todos os hidretos do Grupo 15 são piramidais, mas o ângulo de ligação diminui ao descermos no grupo:

NH_3, 107,8° PH_3, 93,6° AsH_3, 91,8° SbH_3, 91,3°

A grande variação no ângulo de ligação, indo-se do NH_3 para o SbH_3, tem sido atribuída a uma diminuição da participação da hibridação sp^3, mas efeitos estéreos também devem contribuir para isso. Os pares de elétrons das ligações E–H repelem-se. Essa repulsão é maior quando o elemento central, E, é pequeno, como no NH_3, e os átomos de H irão afastar-se uns dos outros tanto quanto possível, assumindo um arranjo quase tetraédrico. À medida que o tamanho do átomo central aumenta descendo-se no grupo, a repulsão entre os pares ligantes diminui e o ângulo de ligação fica próximo de 90°.

Pelos pontos de ebulição apresentados na Fig. 10.6, fica claro que as moléculas de PH_3, AsH_3 e SbH_3 estão sujeitas a pouca ou nenhuma ligação hidrogênio entre elas; entretanto, PH_3 e AsH_3 podem ser protonados por ácidos fortes, como HI, para formar os íons fosfânio e estibânio, PH_4^+ e SbH_4^+, respectivamente.

15.11 Haletos

Todos os elementos do Grupo 15 formam tri-haletos com pelo menos um dos halogênios. O fósforo, o arsênio e o antimônio formam penta-haletos estáveis.

(a) Haletos de nitrogênio

Ponto principal: Exceto para o NF_3, os tri-haletos de nitrogênio possuem estabilidade limitada e o tri-iodeto de nitrogênio é perigosamente explosivo.

O trifluoreto de nitrogênio, NF_3, é o único composto halogenado binário de nitrogênio exoérgico. Essa molécula piramidal não é muito reativa. Assim, diferentemente do NH_3, ela não é uma base de Lewis, porque os átomos F, fortemente eletronegativos, tornam o par de elétrons isolado indisponível: enquanto que a polaridade da ligação N–H no NH_3 é $^{\delta-}$N–H$^{\delta+}$, a da ligação N–F no NF_3 é $^{\delta+}$N–F$^{\delta-}$. O trifluoreto de nitrogênio pode ser convertido na espécie de N(V), NF_4^+, pela seguinte reação:

$$NF_3(l) + 2\ F_2(g) + SbF_3(l) \rightarrow [NF_4^+][SbF_6^-](solv)$$

O tricloreto de nitrogênio, NCl_3, é um óleo amarelo, explosivo e altamente endoérgico. Ele é preparado industrialmente pela eletrólise de uma solução aquosa de cloreto de amônio e já foi usado como um oxidante para branqueamento de farinhas. As eletronegatividades do nitrogênio e do cloro são idênticas, e com isso a ligação N–Cl não é muito polar. O tribrometo de nitrogênio, NBr_3, é um óleo vermelho escuro, explosivo. O tri-iodeto de nitrogênio, NI_3, é um sólido explosivo. O nitrogênio é mais eletronegativo que o bromo e o iodo, de forma que as ligações N–X são polares no sentido $^{\delta-}$N–X$^{\delta+}$ e, formalmente, os números de oxidação são –3 para o N e +1 para cada um desses halogênios.

(b) Haletos dos elementos mais pesados

Pontos principais: Enquanto que os haletos de nitrogênio possuem estabilidade limitada, os seus congêneres mais pesados formam uma extensa série de compostos. Os tri-haletos e os penta-haletos são bons materiais de partida para a síntese de derivados por substituição metatética do haleto.

Os tri-haletos e os penta-haletos dos elementos do Grupo 15, com exceção do nitrogênio, são muito usados em síntese e suas fórmulas empíricas simples escondem uma química estrutural interessante e variada.

Os tri-haletos vão desde gases e líquidos voláteis, como o PF_3 (p.e. –102°C) e o AsF_3 (p.e. 63°C), até os sólidos, como o BiF_3 (p.f. 649°C). Um método comum de preparação é a reação direta do elemento com o halogênio. Para o fósforo, o trifluoreto é preparado pela metátese do tricloreto com um fluoreto:

$$2\ PCl_3(l) + 3\ ZnF_2(s) \rightarrow 2\ PF_3(g) + 3\ ZnCl_2(s)$$

Os tricloretos PCl_3, $AsCl_3$ e $SbCl_3$ são bons materiais de partida para a preparação de vários derivados de alquilas, arilas, álcoois e aminas, uma vez que eles são suscetíveis a protólise e metátese:

$$ECl_3(solv) + 3\ EtOH(l) \rightarrow E(OEt)_3(solv) + 3\ HCl(solv)$$
$$(E = P, As, Sb)$$

$$ECl_3(solv) + 6\ Me_2NH(solv) \rightarrow E(NMe_2)_3(solv) +$$
$$3\ [Me_2NH_2]Cl(solv) \quad (E = P, As, Sb)$$

O trifluoreto de fósforo, PF_3, é um ligante interessante porque em alguns aspectos ele se assemelha ao CO. Assim como o CO, ele é um doador σ fraco, mas um forte receptor π, e existem complexos de PF_3 análogos às carbonilas, tal como o $[Ni(PF_3)_4]$, o análogo do $[Ni(CO)_4]$ (Seção 22.18). O caráter π receptor é atribuído a um LUMO antiligante P–F, que tem um caráter predominante do orbital p do fósforo. Os tri-haletos também atuam como ácidos de Lewis moderados frente às bases de Lewis, como as trialquilaminas e os haletos. Muitos complexos de haletos foram isolados, como as espécies mononucleares simples $AsCl_4^-$ (**16**) e SbF_5^{2-} (**17**). Também são conhecidos ânions polinucleares e dinucleares mais complexos ligados por pontes de haleto, tal como a cadeia polimérica $([BiBr_3]^{2-})_n$, onde o Bi(I) está rodeado por um octaedro distorcido de átomos de Br.

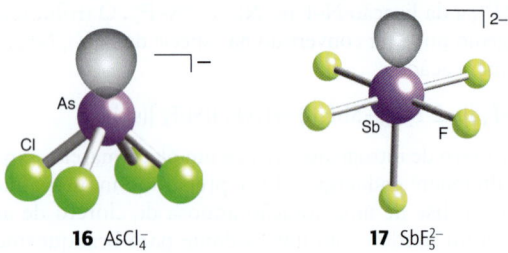

16 $AsCl_4^-$ **17** SbF_5^{2-}

Os penta-haletos variam desde gases, como o PF_5 (p.e. –85°C) e o AsF_5 (p.e. –53°C), até sólidos, como o PCl_5 (sublima a 162°C) e o BiF_5 (p.f. 154°C). As moléculas gasosas pentacoordenadas são bipiramidais trigonais. Ao contrário do PF_5 e do AsF_5, o SbF_5 é um líquido altamente viscoso no qual as moléculas estão associadas por pontes de átomos de F. No SbF_5 sólido, essas pontes produzem um tetrâmero cíclico (**18**), que revela a tendência do Sb(V) em alcançar o número de coordenação 6. Um fenômeno semelhante ocorre com o PCl_5, que no estado sólido existe como $[PCl_4^+][PCl_6^-]$. Neste caso, a contribuição iônica para a entalpia de rede fornece a força motriz para a transferência de um íon Cl^- de uma molécula de PCl_5 para outra. Outro fator que pode estar contribuindo é um empacotamento mais eficiente das unidades PCl_4 e PCl_6 comparado com o empilhamento menos eficiente das unidades PCl_5. Os pentafluoretos de P, As, Sb e Bi são ácidos de Lewis fortes (Seção 4.6). O SbF_5 é um ácido de Lewis muito forte; ele é muito mais forte do que, por exemplo, os haletos de alumínio. Adicionando-se SbF_5 ou AsF_5 ao HF anidro, forma-se um *superácido* (Ver Seção 4.14):

$$SbF_5(l) + 2 HF(l) \rightarrow H_2F^+(solv) + SbF_6^-(solv)$$

18 $(SbF_5)_4$

Com relação aos penta-cloretos, apenas o PCl_5 e o $SbCl_5$ são estáveis, enquanto que o $AsCl_5$ é muito instável. Essa

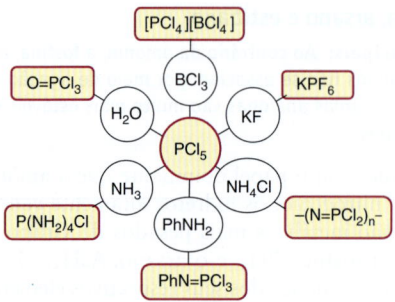

Figura 15.5 Usos do pentacloreto de fósforo.

diferença é uma manifestação da alternância (Seção 9.2c). A instabilidade do $AsCl_5$ é atribuída ao aumento da carga nuclear efetiva que se origina da fraca blindagem dos elétrons 3d, o que leva a uma "contração do bloco d" e à diminuição da energia do orbital 4s no As. Consequentemente, é mais difícil promover um elétron 4s para formar o $AsCl_5$.

Os penta-haletos de P e de Sb são muito úteis em síntese. O pentacloreto de fósforo, PCl_5, é muito usado em laboratório e na indústria como um material de partida, e algumas de suas reações características são mostradas na Fig. 15.5. Observe, por exemplo, que a reação do PCl_5 com ácidos de Lewis produz sais de PCl_4^+, e que as reações com bases de Lewis simples, como o F^-, formam complexos hexacoordenados, como o PF_6^-. Compostos contendo o grupo NH_2 levam à formação de ligações PN, e a interação do PCl_5 com H_2O ou P_4O_{10} produz $O=PCl_3$.

15.12 Oxo-haletos

Pontos principais: Os haletos de nitrila e de nitrosila são bons agentes halogenantes; os haletos de fosforila são importantes industrialmente na síntese de derivados organofosforados.

O nitrogênio forma todos os haletos de nitrosila, NOX, e de nitrila, NO_2X. Os haletos de nitrosila e o NO_2F são preparados pela interação direta do halogênio com NO ou NO_2, respectivamente:

$$2 NO(g) + Cl_2(g) \rightarrow 2 NOCl(g)$$
$$2 NO_2(g) + F_2(g) \rightarrow 2 NO_2F(g)$$

Eles são gases reativos, e os oxofluoretos e oxocloretos são bons agentes de fluoração e cloração.

O fósforo forma facilmente os haletos de fosforila $POCl_3$ e $POBr_3$ pela reação dos tri-haletos PX_3 com O_2, à temperatura ambiente. Os análogos de flúor e de iodo são preparados pela reação do $POCl_3$ com um fluoreto ou iodeto metálico:

$$POCl_3(l) + 3 NaF \rightarrow POF_3(g) + 3 NaCl(s)$$

Todas as moléculas são tetraédricas e contêm uma ligação P=O. O POF_3 é gasoso, o $POCl_3$ é um líquido incolor, o $POBr_3$ é um sólido castanho e o POI_3 é um sólido violeta. Todos eles hidrolisam facilmente, fumam ao ar e formam adutos com ácidos de Lewis. Eles disponibilizam uma rota para a síntese de compostos organofosforados, os quais são fabricados em grande escala para serem usados com plastificantes, aditivos de óleos, pesticidas e surfactantes. Por exemplo, a reação com álcoois e fenóis forma $(RO)_3PO$ e com reagentes de Grignard (Seção 12.13) forma R_nPOCl_{3-n}:

$3 \text{ ROH(l)} + \text{POCl}_3(\text{l}) \rightarrow (\text{RO})_3\text{PO(solv)} + 3 \text{ HCl(solv)}$

$n \text{ RMgBr(solv)} + \text{POCl}_3(\text{solv}) \rightarrow \text{R}_n\text{POCl}_{3-n}(\text{solv}) + n \text{ MgBrCl(s)}$

15.13 Óxidos e oxoânions de nitrogênio

Ponto principal: As reações dos compostos nitrogênio-oxigênio que liberam ou consomem N_2 são geralmente muito lentas em temperaturas normais e pH = 7.

Podemos inferir as propriedades de oxirredução dos compostos dos elementos do Grupo 15 em meio ácido aquoso a partir do diagrama de Frost mostrado na Fig. 15.6. A inclinação das linhas à direita no diagrama indica a tendência termodinâmica de redução dos estados de oxidação +5 dos elementos. Elas mostram, por exemplo, que o Bi_2O_5 é potencialmente um agente oxidante muito forte, o que está de acordo com o efeito do par inerte e com a tendência do Bi(V) em formar Bi(III). O próximo agente oxidante mais forte é o NO_3^-. Tanto o As(V) quanto o Sb(V) são agentes oxidantes moderados e o P(V), na forma de ácido fosfórico, é um oxidante muito fraco.

As propriedades de oxirredução do nitrogênio são importantes por causa de sua ocorrência disseminada na atmosfera, na biosfera, na indústria e no laboratório. A química do nitrogênio é bastante complexa, em parte por causa do grande número de estados de oxidação acessíveis, mas também porque as reações termodinamicamente favoráveis são geralmente lentas ou têm velocidades que dependem fortemente da identidade dos reagentes. Uma vez que a molécula de N_2 é cineticamente inerte, as reações de oxirredução que consomem N_2 são lentas. Além disso, a formação do N_2 frequentemente é lenta e pode ocorrer de ser contornada em meio aquoso (Fig. 15.7). Assim como ocorre para vários outros elementos do bloco p, as barreiras para a reação dos oxoânions com estado de oxidação elevado, como o NO_3^-, são maiores do que para os oxoânions com estado de oxidação menores, como o NO_2^-. Devemos também lembrar que, em pH baixo, o poder oxidante dos oxoânions aumenta (Seção 5.6). Frequentemente, o pH baixo também acelera as reações em que eles atuam como oxidantes por protonação, uma vez que essa etapa parece facilitar a quebra posterior da ligação NO.

A Tabela 15.2 apresenta algumas das propriedades dos óxidos do nitrogênio e a Tabela 15.3 faz o mesmo para os oxoânions de nitrogênio. Ambas as tabelas nos ajudarão a percorrer o caminho dos detalhes das propriedades dessas espécies.

(a) Óxidos e oxoânions de nitrogênio(V)

Pontos principais: O íon nitrato é um agente oxidante forte, mas lento à temperatura ambiente; a presença de um ácido forte e de aquecimento aceleram a reação.

A fonte mais comum de N(V) é o ácido nítrico, HNO_3, que é uma matéria-prima muito empregada industrialmente e usada na fabricação de fertilizantes, explosivos e de uma grande variedade de compostos contendo nitrogênio. Ele é produzido por uma das versões modernas do *processo de Ostwald*, que faz uso de uma rota indireta partindo do N_2 e indo ao composto altamente oxidado HNO_3 via o composto totalmente reduzido NH_3. Assim, após o nitrogênio ter sido reduzido ao estado −3 no NH_3 pelo processo Haber, ele é oxidado ao estado +4:

$$4 \text{ NH}_3(\text{g}) + 7 \text{ O}_2(\text{g}) \rightarrow 6 \text{ H}_2\text{O}(\text{g}) + 4 \text{ NO}_2(\text{g})$$

$$\Delta_r G^{\ominus} = -308{,}0 \text{ kJ (mol NO}_2)^{-1}$$

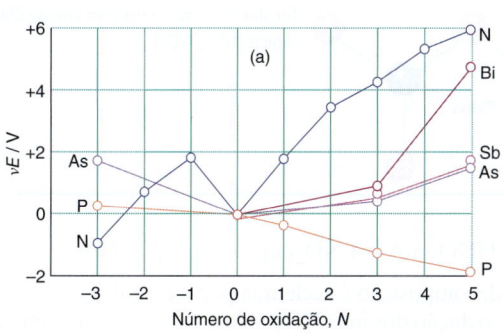

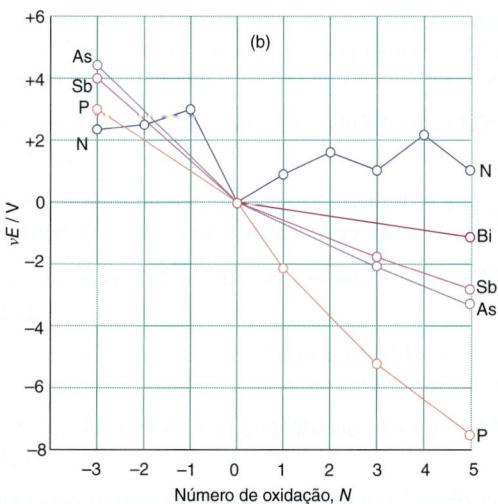

Figura 15.6 Diagrama de Frost para os elementos do grupo do nitrogênio (a) em meio ácido e (b) em meio básico.

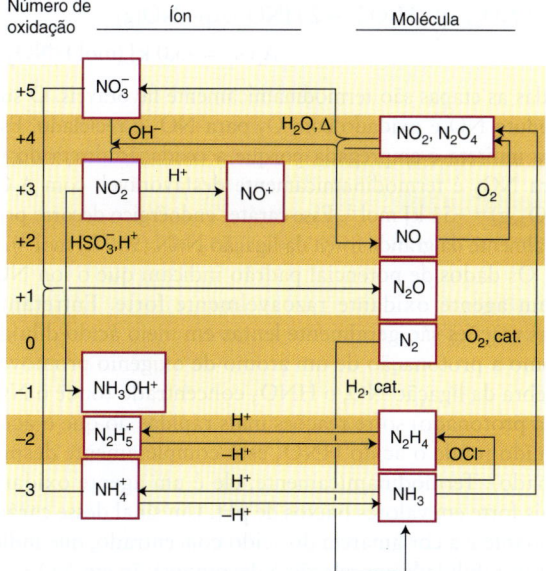

Figura 15.7 Interconversões das espécies de nitrogênio mais importantes.

Tabela 15.2 Óxidos de nitrogênio

Número de oxidação	Fórmula	Nome	Estrutura (em fase gasosa)	Comentários
+1	N_2O	Óxido nitroso (óxido de dinitrogênio)	119 pm	Gás incolor, pouco reativo
+2	NO	Óxido nítrico (monóxido de nitrogênio)	115 pm	Gás incolor, reativo e paramagnético
+3	N_2O_3	Trióxido de dinitrogênio	Plana	Líquido azul (p.f. –101 °C); dissocia-se em NO e NO_2 em fase gasosa
+4	NO_2	Dióxido de nitrogênio	119 pm, 134°	Gás castanho, reativo e paramagnético
+4	N_2O_4	Tetróxido de dinitrogênio	118 pm, Plana	Líquido incolor (p.f. –11 °C); em equilíbrio com NO_2 em fase gasosa
+5	N_2O_5	Pentóxido de dinitrogênio	Plana	Incolor e instável; cristaliza como sólido iônico $[NO_2][NO_3]$

O NO_2 sofre então desproporcionação em água e em temperatura elevada formando N(II) e N(V):

$$3\ NO_2(aq) + H_2O(l) \rightarrow 2\ HNO_3(aq) + NO(g)$$
$$\Delta_r G^\ominus = -5{,}0\ kJ\ (mol\ HNO_3)^{-1}$$

Todas as etapas são termodinamicamente favoráveis. O subproduto NO é oxidado com O_2 para NO_2 e reciclado. Essa rota indireta é empregada porque a oxidação direta do N_2 para NO_2 é termodinamicamente desfavorável, com $\Delta_r G^\ominus$ (NO_2, g) = +51 kJ mol^{-1}. Esse caráter endoérgico decorre principalmente da grande força da ligação N≡N (950 kJ mol^{-1}).

Os dados de potencial padrão indicam que o íon NO_3^- é um agente oxidante razoavelmente forte. Entretanto, suas reações são geralmente lentas em meio ácido diluído. Como a protonação de um átomo de oxigênio promove a quebra da ligação NO, o HNO_3 concentrado (onde o NO_3^- está protonado) sofre reações mais rápidas do que o ácido diluído (onde o ácido HNO_3 está completamente desprotonado). Termodinamicamente, ele é um agente oxidante mais forte em valores baixos de pH. Um sinal desse caráter oxidante é a cor amarela do ácido concentrado, que indica sua instabilidade em relação à decomposição em NO_2:

$$4\ HNO_3(aq) \rightarrow 4\ NO_2(aq) + O_2(g) + 2\ H_2O(l)$$

Essa decomposição é acelerada por luz e calor.

A redução dos íons NO_3^- raramente produz um único produto, uma vez que muitos estados de oxidação menores do nitrogênio estão disponíveis. Por exemplo, um agente redutor forte como o zinco pode reduzir uma substancial proporção do HNO_3 diluído, levando-o até o estado de oxidação –3:

$$HNO_3(aq) + 4\ Zn(s) + 9\ H^+(aq) \rightarrow NH_4^+(aq) + 3\ H_2O(l) + 4\ Zn^{2+}(aq)$$

Um agente redutor mais fraco, tal como o cobre, leva somente até o estado de oxidação +4 no ácido concentrado:

$$2\ HNO_3(aq) + Cu(s) + 2\ H^+(aq) \rightarrow 2\ NO_2(g) + Cu^{2+}(aq) + 2\ H_2O(l)$$

Com o ácido diluído, o estado de oxidação +2 é favorecido, formando-se o NO:

$$2\ NO_3^-(aq) + 3\ Cu(s) + 8\ H^+(aq) \rightarrow 2\ NO(g) + 3\ Cu^{2+}(aq) + 4\ H_2O(l)$$

A água-régia é uma mistura de ácido nítrico concentrado e ácido clorídrico concentrado, que é amarela devido à

Óxidos e oxoânions de nitrogênio

Tabela 15.3 Íons de nitrogênio com oxigênio

Número de oxidação	Fórmula	Nome vulgar	Estrutura	Comentários
+1	$N_2O_2^{2-}$	Hiponitrito	[2−]	Atua, geralmente, como agente redutor
+3	NO_2^-	Nitrito	124 pm, 115° [−]	Base fraca; atua como agente oxidante e como agente redutor
+3	NO^+	Nitrosônio (cátion nitrosila)	[+]	Agente oxidante e ácido de Lewis; ligante π receptor
+5	NO_3^-	Nitrato	122 pm [−]	Base muito fraca; agente oxidante
+5	NO_2^+	Nitrônio (cátion nitrila)	115 pm [+]	Agente oxidante, agente nitrante e ácido de Lewis

presença dos produtos de decomposição $NOCl$ e Cl_2. Ela perde sua potência à medida que esses produtos voláteis são formados.

$$HNO_3(aq) + 3\,HCl(aq) \rightarrow NOCl(g) + 2\,H_2O(l)$$

A "água-régia", do latim "água-real", era assim chamada pelos alquimistas por causa da sua capacidade de dissolver os metais nobres ouro e platina. O ouro dissolve muito pouco em ácido nítrico concentrado. Na água-régia, os íons Cl^- que estão presentes reagem imediatamente com os íons Au^{3+} formados para produzir $[AuCl_4]^-$, removendo o Au^{3+} do lado dos produtos na reação de oxidação:

$$Au(s) + NO_3^- + 4\,Cl^-(aq) + 4\,H^+(aq) \rightarrow [AuCl_4]^-(aq) + NO(g) + 2\,H_2O(l)$$

O anidrido do ácido nítrico é o N_2O_5. Ele é um sólido cristalino cuja fórmula mais correta é $[NO_2^+][NO_3^-]$ e que pode ser preparado pela desidratação do ácido nítrico com P_4O_{10}:

$$4\,HNO_3(l) + P_4O_{10}(s) \rightarrow N_2O_5(s) + 4\,HPO_3(l)$$

O sólido sublima a 320°C e as moléculas gasosas dissociam-se formando NO_2 e O_2. O composto é um forte agente oxidante e pode ser usado para sintetizar nitratos anidros:

$$N_2O_5(s) + Na(s) \rightarrow NaNO_3(s) + NO_2(g)$$

EXEMPLO 15.3 Correlacionando tendências nas estabilidades do N(V), As(V) e Bi(V)

Compostos de N(V), As(V) e Bi(V) são agentes oxidantes mais fortes do que os estados de oxidação +5 dos dois elementos entre eles. Correlacione essa observação com as tendências na tabela periódica.

Resposta Devemos considerar algumas tendências periódicas discutidas no Capítulo 9. Os elementos mais leves do bloco p são mais eletronegativos do que os elementos imediatamente abaixo deles na tabela periódica; dessa forma, esses elementos são, em geral, mais difíceis de serem oxidados e, portanto, bons agentes oxidantes. Assim, o nitrogênio geralmente é um bom agente oxidante nos seus estados de oxidação positivos. Os compostos de As(V) são muito menos estáveis do que os de P e Sb por causa da alternância, que se origina do aumento de Z_{ef}, devido à fraca blindagem dos elétrons 3d. O bismuto é muito menos eletronegativo, mas o estado de oxidação +3 é favorecido ao invés do estado de oxidação +5 por causa do efeito do par inerte.

Teste sua compreensão 15.3 A partir das tendências na tabela periódica, indique qual dos dois, o fósforo ou o enxofre, é o agente oxidante mais forte.

(b) Óxidos e oxoânions de nitrogênio(III) e nitrogênio(IV)

Ponto principal: Os estados de oxidação intermediários do nitrogênio são geralmente suscetíveis à desproporcionação.

O óxido de nitrogênio(IV) existe como uma mistura em equilíbrio do radical castanho NO_2 e seu dímero incolor N_2O_4 (tetróxido de dinitrogênio):

$$N_2O_4(g) \rightleftharpoons 2\,NO_2(g) \quad K = 0,115 \text{ a } 25°C$$

Esta facilidade de se dissociar é compatível com o fato de a ligação N–N no N_2O_4 (**19**) ser longa e fraca; isso é uma consequência do fato de o elétron desemparelhado ocupar um orbital que está deslocalizado praticamente por todos os três átomos do NO_2, em vez de estar concentrado sobre o átomo de N. Essa estrutura contrasta com a do íon isoeletrônico oxalato, $C_2O_4^{2-}$, no qual a ligação C–C é mais forte porque no CO_2^- o elétron está mais concentrado no átomo de carbono.

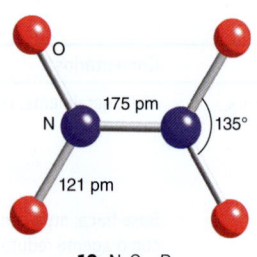

19 N_2O_4, D_{2h}

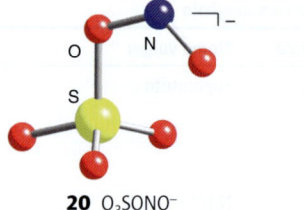

20 O_3SONO^-

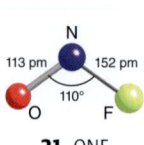

21 ONF

O óxido de nitrogênio(IV) é um agente oxidante venenoso que está presente em baixas concentrações na atmosfera, especialmente na poluição de origem fotoquímica ("*smog*"). Em meio aquoso básico, ele desproporciona-se em N(III) e N(V), formando os íons NO_2^- e NO_3^- (Fig. 15.6):

$$2\ NO_2(aq) + 2\ OH^-(aq) \rightarrow NO_2^-(aq) + NO_3^-(aq) + H_2O(l)$$

Em meio ácido (como no processo de Ostwald), o produto da reação é o N(II) ao invés do N(III), porque o ácido nitroso desproporciona-se rapidamente:

$$3\ HNO_2(aq) \rightarrow NO_3^-(aq) + 2\ NO(g) + H_3O^+(aq)$$
$$E^\ominus = +0,05\ V,\ K = 50$$

O ácido nitroso, HNO_2, é um forte agente oxidante:

$$HNO_2(aq) + H^+(aq) + e^- \rightarrow NO(g) + H_2O(l) \quad E^\ominus = +1,00\ V$$

e suas reações como agente oxidante são frequentemente mais rápidas do que a sua desproporcionação (Quadro 15.4).

A velocidade com que o ácido nitroso atua como um oxidante aumenta em meio ácido como resultado da sua conversão no íon nitrosônio, NO^+:

$$HNO_2(aq) + H^+(aq) \rightarrow H_2NO_2^+(aq) \rightarrow NO^+(aq) + H_2O(l)$$

O íon nitrosônio é um ácido de Lewis forte e forma rapidamente complexos com ânions e outras bases de Lewis. As espécies resultantes podem não ser suscetíveis à oxidação (como no caso dos íons SO_4^{2-} e F^-, que formam $[O_3SONO]^-$ (**20**) e ONF (**21**), respectivamente). Assim, há boa evidência experimental de que a reação do HNO_2 com íons I^- conduz à rápida formação de INO:

$$I^-(aq) + NO^+(aq) \rightarrow INO(aq)$$

seguida pela reação de segunda ordem, determinante da velocidade, entre duas moléculas de INO:

$$2\ INO(aq) \rightarrow I_2(aq) + 2\ NO(g)$$

Os sais de nitrosônio contendo ânions pouco coordenantes, tais como $[NO][BF_4]$, são bons reagentes de laboratório, atuando como agentes oxidantes práticos e como fonte de NO^+.

O trióxido de dinitrogênio, N_2O_3, o anidrido do ácido nitroso, é um sólido azul que funde acima de $-100°C$, formando um líquido azul que se dissocia para produzir NO e NO_2:

$$N_2O_3(l) \rightarrow NO(g) + NO_2(g)$$

A cor castanho-amarelado do NO_2 faz com que o líquido vá se tornando progressivamente mais esverdeado à medida que a dissociação avança.

(c) Óxido de nitrogênio(II)

Pontos principais: O óxido nítrico é um ligante π receptor forte e um poluente problemático nas atmosferas urbanas; a molécula atua como um neurotransmissor.

O óxido de nitrogênio(II) reage com o O_2 para formar NO_2, mas em fase gasosa a lei de velocidade é de segunda ordem em relação ao NO, pois forma-se primeiramente o dímero transiente $(NO)_2$ que colide em seguida com uma molécula de O_2. Como a reação é de segunda ordem, o NO atmosférico (que é produzido em baixas concentrações pelas usinas termelétricas a carvão e pelos motores de combustão interna) é convertido lentamente em NO_2.

Como o NO é endoérgico, deveria ser possível encontrar um catalisador para converter o poluente NO, presente nos gases de exaustão, nos gases naturais da atmosfera N_2 e O_2, em seu local de formação. Sabe-se que o Cu^+ suportado em uma zeólita catalisa a decomposição do NO, tendo-se chegado a um entendimento razoável do mecanismo; entretanto, esse sistema não é usado em algumas partes do mundo

---

QUADRO 15.4 O papel do nitrito nos embutidos

Durante séculos a carne foi preservada empregando-se sal comum, que desidrata a carne, removendo a humidade essencial para o crescimento das bactérias. Uma consequência desse processo é que algumas carnes assumem uma cor vermelha e um paladar distinto. Descobriu-se que isso ocorria devido à presença de traços de nitrato de sódio no sal, que é reduzido a nitrito pela ação das bactérias durante o processo. Hoje, o nitrito de sódio é usado na cura das carnes como bacon, presuntos e salsichas.

O nitrito atrasa o aparecimento do botulismo, retarda o desenvolvimento do ranço e preserva o aroma dos condimentos. O nitrito é convertido em óxido nítrico, que se liga à mioglobina, o pigmento responsável pela cor vermelha natural da carne não curada. O complexo mioglobina-óxido nítrico é vermelho intenso, que resulta na tonalidade rosa brilhante típica dos embutidos. Uma reação do nitrito com a mioglobina é também responsável pelos traços de cor verde que algumas vezes são vistos no bacon. Isso é conhecido como *queimadura de nitrito* e ocorre quando o grupo heme da mioglobina é nitrado pelo nitrito.

devido à preocupação sobre a possível produção de dioxina como subproduto.

(d) Compostos de nitrogênio em baixo estado de oxidação com o oxigênio

Ponto principal: O óxido de dinitrogênio é inerte por razões cinéticas.

O óxido de dinitrogênio, N_2O, é um gás incolor, inerte e produzido pela comproporcionação do nitrato de amônio fundido. Deve-se tomar cuidado para evitar explosão nesta reação, na qual o cátion é oxidado pelo ânion:

$$NH_4NO_3(l) \xrightarrow{250°C} N_2O(g) + 2\,H_2O(g)$$

Os dados de potencial padrão sugerem que N_2O deve ser um agente oxidante forte em meio ácido e básico:

$$N_2O(g) + 2\,H^+(aq) + 2\,e^- \rightarrow N_2(g) + H_2O(l)$$
$$E^\ominus = +1,77\,V \text{ a pH} = 0$$
$$N_2O(g) + H_2O(l) + 2\,e^- \rightarrow N_2(g) + 2\,OH^-(aq)$$
$$E^\ominus = +0,94\,V \text{ a pH} = 14$$

Entretanto, considerações cinéticas são muito determinantes, e o gás não é inerte frente a muitos reagentes em temperatura ambiente.

EXEMPLO 15.4 Comparando as propriedades de oxirredução dos oxoânions e oxocompostos de nitrogênio

Compare: (a) NO_3^- e NO_2^- como agentes oxidantes; (b) N_2H_4 e H_2NOH como agentes redutores.

Resposta Devemos empregar diagrama de Frost para o nitrogênio, que se encontra na Fig. 15.6, e a interpretação descrita na Seção 5.13. (a) Os íons NO_3^- e NO_2^- são agentes oxidantes fortes. As reações do primeiro são frequentemente lentas, mas geralmente são mais rápidas em meio ácido. As reações dos íons NO_2^- geralmente são mais rápidas e tornam-se ainda mais rápidas em meio ácido, no qual o NO^+ é um intermediário identificado com frequência. (b) A hidrazina e a hidroxilamina são, ambas, bons agentes redutores. Em solução básica, a hidrazina torna-se um agente redutor mais forte.

Teste sua compreensão 15.4 (a) Compare NO_2, NO e N_2O com respeito à facilidade de oxidação ao ar. (b) Indique as reações que são empregadas para a síntese da hidrazina e da hidroxilamina. Essas reações são mais bem descritas como processos de transferência de elétrons ou como deslocamentos nucleofílicos?

15.14 Óxidos de fósforo, arsênio, antimônio e bismuto

Pontos principais: Os óxidos de fósforo compreendem o P_4O_6 e o P_4O_{10}, os quais são compostos em gaiola com simetria T_d. Passando-se do arsênio para o bismuto, a redução do estado de oxidação +5 para o +3 torna-se mais fácil.

O fósforo forma o óxido de fósforo(V), P_4O_{10}, e o óxido de fósforo(III), P_4O_6. Também é possível isolar as composições intermediárias que possuem um, dois ou três átomos de O ligados aos átomos de P terminais. Ambos os óxidos principais podem ser hidratados para formar os ácidos correspondentes, o óxido de P(V) produzindo o ácido fosfórico, H_3PO_4, e o óxido de P(III) formando o ácido fosfônico, H_3PO_3. Como observado na Seção 4.3, o ácido fosfônico possui um átomo de H ligado diretamente ao átomo de P; desse modo, ele é um ácido diprótico e mais bem representado como $OPH(HO)_2$.

Contrastando com a alta estabilidade do óxido de fósforo(V), arsênio, antimônio e bismuto formam mais facilmente óxidos no estado de oxidação +3, especificamente As_2O_3, Sb_2O_3 e Bi_2O_3. Em fase gasosa, os óxidos de arsênio(III) e de antimônio(III) têm a fórmula molecular E_4O_6, com a mesma estrutura tetraédrica do P_4O_6. Arsênio, antimônio e bismuto formam óxidos no estado de oxidação +5, mas o óxido de Bi(V) é instável e não foi ainda estruturalmente caracterizado. Esse é outro exemplo das consequências do efeito do par inerte.

15.15 Oxoânions de fósforo, arsênio, antimônio e bismuto

Pontos principais: Os oxoânions importantes são as espécies de P(I), o hipofosfito $H_2PO_2^-$, de P(III), o fosfito HPO_3^{2-}, e de P(V), o fosfato, PO_4^{3-}. A existência de ligações P–H e o caráter altamente redutor dos dois estados de oxidação mais baixos são aspectos especiais. O fósforo(V) também forma uma extensa série de polifosfatos ligados por pontes de O. Diferentemente do N(V), as espécies de P(V) não são fortemente oxidantes. O As(V) é mais fácil de ser reduzido do que o P(V).

A partir do diagrama de Latimer na Tabela 15.4, observa-se que o fósforo elementar e a maioria de seus compostos, exceto os de P(V), são fortes agentes redutores. O fósforo branco desproporciona-se em meio básico em fosfina, PH_3 (número de oxidação -3), e íons hipofosfito (número de oxidação $+1$) (Fig. 15.6):

$$P_4(s) + 3\,OH^-(aq) + 3\,H_2O(l) \rightarrow PH_3(g) + 3\,H_2PO_2^-(aq)$$

A Tabela 15.5 apresenta alguns oxoânions comuns de fósforo (Quadro 15.5). É importante ressaltar o ambiente aproximadamente tetraédrico do átomo de P nas suas estruturas, bem como a existência de ligações P–H nos ânions hipofosfito e fosfito. A síntese de vários oxoácidos e oxoânions de P(III), dentre eles o HPO_3^{2-} e os alcoxofosfanos, é convenientemente realizada pela solvólise do cloreto de fósforo(III) sob condições moderadas, tal como em solução de tetraclorometano a frio:

$$PCl_3(l) + 3\,H_2O(l) \rightarrow H_3PO_3(solv) + 3\,HCl(solv)$$
$$PCl_3(l) + 3\,ROH(solv) + 3\,N(CH_3)_3(solv) \rightarrow$$
$$P(OR)_3(solv) + 3\,[HN(CH_3)_3]Cl(solv)$$

Tabela 15.4 Diagramas de Latimer para o fósforo

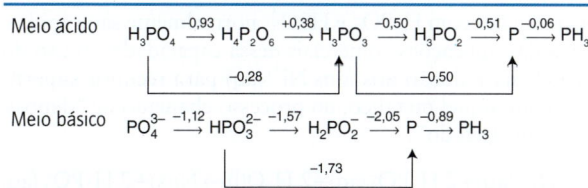

15 Os elementos do Grupo 15

Tabela 15.5 Alguns oxoânions de fósforo

Número de oxidação	Fórmula	Nome	Estrutura (em fase gasosa)	Comentários
+1	$H_2PO_2^-$	Hipofosfito (di-hidretodioxidofosfato)		Bom agente redutor
+3	HPO_3^{2-}	Fosfito*		Bom agente redutor
+4	$P_2O_6^{4-}$	Hipofosfato		Básico
+5	PO_4^{3-}	Fosfato		Fortemente básico
+5	$P_2O_7^{4-}$	Difosfato		Básico; cadeia longa

*N. de T.: O nome recomendado pela IUPAC é fosfonato.

QUADRO 15.5 Fosfatos e a indústria alimentícia

O fósforo, na forma de fosfatos, é essencial à vida; e os fertilizantes à base de fosfato, sob a forma de ossos, peixes e guano, são usados desde tempos ancestrais. A indústria do fosfato começou na metade do século XIX, quando o ácido sulfúrico era usado para decompor ossos e minerais contendo fosfato para tornar o fosfato mais prontamente disponível. O desenvolvimento de rotas mais econômicas levou à diversificação das aplicações industriais do ácido fosfórico e dos sais de fosfato.

Mais de 90% da produção mundial de ácido fosfórico são usados na fabricação de fertilizantes, mas existem várias outras aplicações. Uma das mais importantes é na indústria alimentícia. Uma solução diluída de ácido fosfórico não é tóxica e tem um sabor ácido. Ele é muito usado nas bebidas para dar um sabor ácido, nas geleias e gelatinas como um agente tamponante e como um agente de purificação no refino do açúcar.

Os fosfatos e os hidrogenofosfatos têm muitas aplicações na indústria de alimentos. O di-hidrogenofosfato de sódio, NaH_2PO_4, é adicionado nas rações animais como um suplemento alimentar. O sal dissódico, Na_2HPO_4, é usado como um emulsificante no processamento do queijo. Ele interage com a proteína caseína e impede a separação da gordura da água. Os sais de potássio são mais solúveis e mais caros do que os sais de sódio. O sal de dipotássio, K_2HPO_4, é usado como um anticoagulante no creme de leite que se adiciona ao café. Ele interage com as proteínas e impede a coagulação pelos ácidos do café. O di-hidrogenofosfato de cálcio mono-hidratado, $Ca(H_2PO_4)_2 \cdot H_2O$, é usado como fermento no pão, misturas para bolo e massas prontas. Juntamente ao $NaHCO_3$, ele produz CO_2 durante o processo de cozimento, mas também reage com as proteínas da farinha para controlar a elasticidade e a viscosidade da massa. O maior uso do mono-hidrogenofosfato de cálcio, $CaHPO_4 \cdot 2H_2O$, é como polidor dental em dentifrícios sem fluoreto. O difosfato de cálcio, $Ca_2P_2O_7$, é usado nas pastas de dente com fluoretos. O fosfato de cálcio, Ca_3PO_4, é adicionado ao açúcar e ao sal para prevenir a formação de grumos.

As reduções com $H_2PO_2^-$ e HPO_3^{2-} normalmente são rápidas. Uma das aplicações comerciais dessa capacidade é o uso do $H_2PO_2^-$ na redução dos íons Ni^{2+}(aq) para recobrir superfícies com níquel metálico, no processo chamado de "deposição sem eletrodo".

$$Ni^{2+}(aq) + 2\,H_2PO_2^-(aq) + 2\,H_2O(l) \rightarrow Ni(s) + 2\,H_2PO_3^-(aq) + H_2(g) + 2\,H^+(aq)$$

O diagrama de Frost mostrado na Fig. 15.6 revela tendências semelhantes para os elementos em solução aquosa, com o caráter oxidante seguindo a ordem $PO_4^{3-} \approx AsO_4^{3-} < Sb(OH)_6^- \approx Bi(V)$. Acredita-se que a tendência termodinâmica e a cinética favorável para a redução do AsO_4^{3-} devem ser a chave para sua toxicidade nos animais. Dessa forma, o As(V), sob a forma de AsO_4^{3-}, mimetiza facilmente o PO_4^{3-}, podendo assim ser incorporado pelas células. No interior das células, diferentemente do fósforo, ele é reduzido a uma espécie de As(III), que se imagina ser o verdadeiro agente tóxico. Essa toxicidade pode derivar da afinidade do As(III) pelos aminoácidos contendo enxofre. A enzima arsenito oxidase, que contém um cofator de Mo, é produzida por certas bactérias e usada para reduzir a toxicidade do As(III) convertendo-o em As(V).

15.16 Fosfatos condensados

Ponto principal: A desidratação do ácido fosfórico leva à formação de estruturas em cadeia ou anel que podem conter várias unidades PO_4.

Quando o ácido fosfórico, H_3PO_4, é aquecido acima de 200°C, ocorre condensação, resultando na formação de pontes P–O–P entre duas unidades PO_4^{3-} vizinhas (Seção 4.5). A extensão dessa condensação depende da temperatura e da duração do aquecimento.

$$2\,H_3PO_4(l) \rightarrow H_4P_2O_7(l) + H_2O(g)$$
$$H_3PO_4(l) + H_4P_2O_7(l) \rightarrow H_5P_3O_{10}(l) + H_2O(g)$$

Assim, o fosfato condensado mais simples é o $H_4P_2O_7$. O fosfato condensado mais importante comercialmente é o sal de sódio do triácido, $Na_5P_3O_{10}$ (**22**). Ele é muito usado em detergentes para máquinas de lavar roupa e louça, em outros produtos de limpeza e no tratamento da água (Quadro 15.6). Os polifosfatos também são usados em várias cerâmicas e como aditivos em alimentos. Os trifosfatos como o trifosfato de adenosina (ATP) são vitais para os organismos vivos (Seção 26.2).

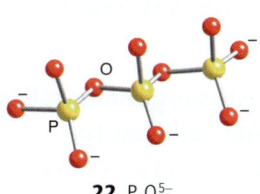

22 $P_3O_{10}^{5-}$

Existem fosfatos condensados com comprimentos de cadeia variando desde aqueles com duas unidades PO_4 até polifosfatos com comprimentos de cadeia de vários milhares de unidades. Os di, tri, tetra e pentapolifosfatos já foram isolados, mas os membros superiores da série sempre contêm misturas. Entretanto, o comprimento médio de cadeia pode ser determinado pelos métodos geralmente empregados na análise de polímeros ou por titulação. Assim como temos três constantes de acidez diferentes para o ácido fosfórico, temos duas constantes de acidez diferentes para os dois tipos de grupo OH dos ácidos polifosfóricos. Os grupos OH terminais, os quais existem dois por molécula, são fracamente ácidos. Os grupos OH restantes, os quais há um por átomo de P, são fortemente ácidos porque eles são vizinhos aos grupos =O, que são fortes receptores de elétrons. A relação entre os prótons fortemente e fracamente ácidos indica o comprimento médio da cadeia. Os polifosfatos de cadeia longa são líquidos viscosos ou vidros.

> **EXEMPLO 15.5** Determinando o comprimento da cadeia de um ácido polifosfórico por titulação
>
> Uma amostra de ácido polifosfórico foi dissolvida em água e titulada com NaOH(aq) diluído. Foram observados dois pontos estequiométricos em 16,8 e 28,0 cm³. Determine o tamanho da cadeia do polifosfato.
>
> **Resposta** Precisamos determinar a razão entre os dois tipos diferentes de grupos OH. Os grupos OH fortemente ácidos são titulados pelos primeiros 16,8 cm³. Os dois grupos OH terminais são titulados pelos restantes 28,0 − 16,8 cm³ = 11,2 cm³. Uma vez que as concentrações do analito e do titulante são tais que cada grupo OH requer 5,6 cm³ do titulante (pois 11,2 cm³ foram usados para titular dois desses grupos), concluímos que existem (16,8 cm³)/(5,6 cm³) = 3 grupos OH fortemente ácidos por molécula. Uma molécula com dois grupos OH terminais e três grupos OH adicionais é um tripolifosfato.
>
> **Teste sua compreensão 15.5** Ao ser titulado contra uma base, uma amostra de um polifosfato apresentou pontos de equivalência em 30,4 e 45,6 cm³. Qual o tamanho da cadeia?

Se o NaH_2PO_4 for aquecido para perder água, forma-se o ânion tricíclico $P_3O_9^{3-}$ (**23**). Se a reação for feita num sistema fechado, o produto é o *sal de Maddrell*, um material cristalino que contém longas cadeias de unidades PO_4. O ânion tetracíclico (**24**) é formado quando o P_4O_{10} é tratado com solução aquosa fria de NaOH ou $NaHCO_3$.

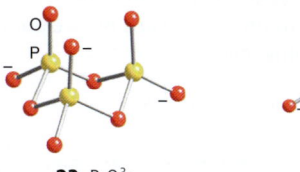 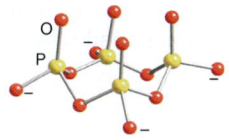

23 $P_3O_9^{3-}$ **24** $P_4O_{12}^{4-}$

QUADRO 15.6 Polifosfatos

O polifosfato mais usado é o tripolifosfato de sódio, $Na_5P_3O_{10}$. Seu principal emprego é como "reforçador" em detergentes sintéticos utilizados em produtos domésticos (para lavagem de roupas e limpeza de carros) e em produtos industriais. Seu papel nestas aplicações é formar complexos estáveis com os íons cálcio e magnésio da água dura, tornando-os indisponíveis para serem precipitados; nesse processo diz-se que os íons metálicos foram "sequestrados". Ele também atua como um tampão e impede a floculação da sujeira e a redeposição das partículas sólidas.

O tripolifosfato de sódio de grau alimentício é usado na cura de presuntos e bacon. Ele interage com as proteínas e produz uma boa retenção da umidade durante o processo de cura. Ele também é usado para melhorar a qualidade dos produtos derivados de frango e peixe. O produto de grau técnico é usado como amaciante de água, atuando como sequestrante conforme descrito acima, e nas indústrias de polpa de papel e têxtil, em que ele é usado para auxiliar na quebra da celulose.

O tripolifosfato de potássio é mais solúvel e mais caro do que o análogo de sódio e é usado nos detergentes líquidos. Para algumas aplicações, uma relação custo-benefício entre solubilidade e preço pode ser alcançada pelo uso do tripolifosfato de sódio e potássio, $Na_2K_3P_2O_{10}$.

Os polifosfatos usados nos detergentes têm sido acusados de promoverem um excessivo crescimento das algas e a eutrofização dos corpos de água naturais. Isso tem levado a restrições ao seu uso em muitos países e à redução do seu uso nos produtos domésticos de limpeza. Entretanto, o fosfato ainda é muito usado como um fertilizante essencial e acaba chegando aos lagos e rios a partir das plantações, em quantidade muito maior do que a proveniente dos detergentes.

15.17 Fosfazenos

Pontos principais: A gama de compostos PN é extensa e contempla os fosfazenos cíclicos e poliméricos, $(PX_2N)_n$. Os fosfazenos formam elastômeros altamente flexíveis.

Existem muitos compostos análogos aos de fósforo com oxigênio em que o átomo de O foi substituído por um grupo isolobal NR ou NH, tal como no $P_4(NR)_6$ (**25**), o análogo do P_4O_6 (Seção 22.20c). Existem outros compostos nos quais os grupos OH ou OR são substituídos pelos grupos isolobais NH_2 ou NR_2. Um exemplo é o $P(NMe_2)_3$, o análogo do $P(OMe)_3$. Outra indicação da abrangência da química PN e um ponto importante a ser lembrado é que o PN é estruturalmente equivalente ao SiO. Por exemplo, vários fosfazenos em cadeias e anéis contendo unidades R_2PN (**26**) são análogos aos siloxanos (Seção 14.16) e às suas unidades R_2SiO (**27**).

Usando-se um solvente hidrocarboneto clorado e temperaturas próximas a 130 °C produz-se o trímero cíclico (**28**) e o tetrâmero (**29**); quando o trímero é aquecido a cerca de 290°C, ele transforma-se em um polifosfazeno (Quadro 15.7). Os átomos de Cl do trímero, tetrâmero ou do polímero são facilmente deslocados por outras bases de Lewis.

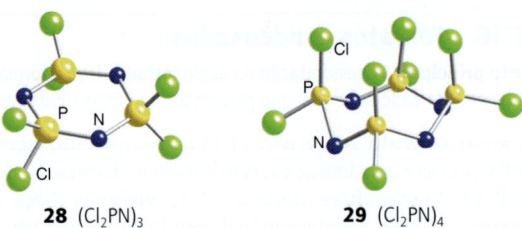

28 $(Cl_2PN)_3$ **29** $(Cl_2PN)_4$

O grande cátion bis(trifenilfosfina)imina, $[PH_3P=N=PPH_3]^+$, que é normalmente abreviado como PPN^+, é muito útil para a obtenção de sais de ânions grandes. Os sais desse cátion são geralmente solúveis em solventes apróticos polares, como o HMPA, a dimetilformamida e até mesmo o diclorometano.

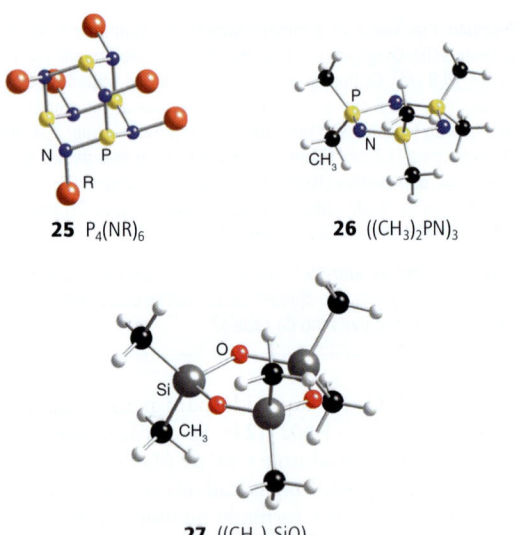

25 $P_4(NR)_6$ **26** $((CH_3)_2PN)_3$

27 $((CH_3)_2SiO)_3$

Os dicloretos de fosfazeno cíclicos são bons materiais de partida para a preparação dos fosfazenos mais elaborados. Eles são sintetizados facilmente:

$$n\,PCl_3 + n\,NH_4Cl \rightarrow (Cl_2PN)_n + 4n\,HCl \quad n=3\text{ ou }4$$

> *Uma breve ilustração* Para preparar o $[NP(OCH_3)_2]_4$ a partir de PCl_5, NH_4Cl e $NaOCH_3$, o clorofosfazeno cíclico é sintetizado primeiro:
>
> $$4\,PCl_5 + 4\,NH_4Cl \xrightarrow{130°C} (Cl_2PN)_4 + 16\,HCl$$
>
> Então, como os átomos de Cl são facilmente substituídos por bases de Lewis fortes, como os alcóxidos, o clorofosfazeno reage como:
>
> $$(Cl_2PN)_4 + 8\,NaOCH_3 \rightarrow [(CH_3O)_2PN]_4 + 8\,NaCl$$

15.18 Compostos organometálicos de arsênio, antimônio e bismuto

Os estados de oxidação +3 e +5 são encontrados em muitos compostos organometálicos de arsênio, antimônio e bismuto. Um exemplo de um composto com um elemento no estado de oxidação +3 é o $As(CH_3)_3$ (**30**), e um exemplo do estado +5 é o $As(C_6H_5)_5$ (**31**). Compostos organoarsênio já foram muito usados no tratamento de infecções bacterianas e como herbicidas e fungicidas. Entretanto, por causa de sua alta toxicidade, eles deixaram de ser comercializados.

QUADRO 15.7 Aplicações biomédicas dos polifosfazenos

Polímeros biodegradáveis são materiais atraentes do ponto de vista biomédico, uma vez que eles duram apenas por um tempo limitado *in vivo*. Os polifosfazenos têm se mostrado muito úteis neste aspecto, uma vez que se degradam em produtos inofensivos e suas propriedades físicas podem ser ajustadas alterando-se os substituintes nos átomos de P. Eles são usados como materiais estruturais biologicamente inertes para o implante de dispositivos, como materiais estruturais para a construção de válvulas cardíacas e vasos sanguíneos e como suportes biodegradáveis para regeneração óssea *in vivo*. Os melhores fosfazenos para essa última aplicação formam fibras nas quais o esqueleto de P–N contém grupos alcóxi que formam ligações com os íons Ca^{2+}. As fibras do polímero são povoadas com osteoblastos (células que fabricam ossos) do paciente. O polímero se degrada à medida que os osteoblastos multiplicam-se e preenchem os espaços entre as fibras. Os polifosfazenos têm sido desenhados para hidrolisarem numa velocidade específica e manterem sua resistência à medida que o processo de erosão avança.

Os polifosfazenos também são usados como sistemas liberadores de drogas. A molécula biologicamente ativa é aprisionada dentro da estrutura do polímero ou incorporada ao esqueleto P–N, permitindo a liberação da droga à medida que o polímero se degrada. A velocidade de degradação pode ser controlada alterando-se a estrutura do esqueleto do polímero, permitindo assim o controle sobre a velocidade de liberação da droga. Entre as drogas que podem ser administradas dessa maneira, temos a cisplatina, a dopamina e os esteroides:

$$(Cl_2PN)_n + 2n\,CF_3CF_2O^- \rightarrow [(CF_3CF_2O)_2PN]_n + 2n\,Cl^-$$

Da mesma forma que as borrachas de silicone, os polifosfazenos permanecem elásticos a baixas temperaturas, pois, da mesma forma que o grupo isoeletrônico SiOSi, as moléculas são helicoidais e os grupos PNP são altamente flexíveis.

Compostos organometálicos de arsênio, antimônio e bismuto

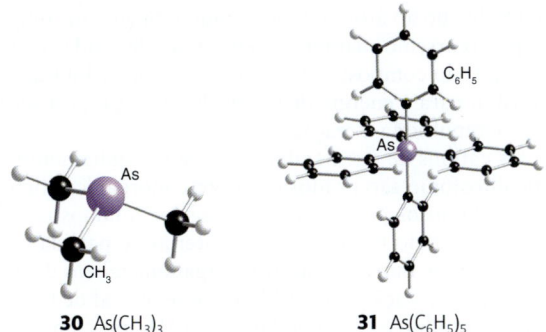

30 As(CH₃)₃   **31** As(C₆H₅)₅

(a) Estado de oxidação +3

Pontos principais: A estabilidade dos compostos organometálicos diminui na ordem As > Sb > Bi; os compostos de arila são mais estáveis do que os compostos de alquila.

Os compostos organometálicos de arsênio(III), antimônio(III) e bismuto(III) podem ser preparados em solução etérea usando um reagente de Grignard, um composto organolítio ou um haleto orgânico:

$$AsCl_3(et) + 3\,RMgCl(et) \rightarrow AsR_3(et) + 3\,MgCl_2(et)$$

$$2\,As(et) + 3\,RBr(et) \xrightarrow{Cu/\Delta} AsRBr_2(et) + AsR_2Br(et)$$

$$AsR_2Br(et) + R'Li(et) \rightarrow AsR_2R'(et) + LiBr(et)$$

Todos os compostos oxidam-se facilmente, mas são estáveis em água. A força da ligação M–C diminui para um dado grupo R na ordem As > Sb > Bi. Consequentemente, a estabilidade dos compostos diminui na mesma ordem. Além disso, os compostos de arila, tais como $(C_6H_5)_3As$, são geralmente mais estáveis do que os compostos de alquila. Também foram preparados e caracterizados compostos contendo halogênios como substituintes, R_nMX_{3-n}.

Todos os compostos atuam como bases de Lewis e formam complexos com metais d. A basicidade diminui na ordem As > Sb > Bi. Muitos complexos de alquilarsanos e de arilarsanos foram preparados, mas poucos complexos de estibano são conhecidos. Um ligante útil, por exemplo, é o composto bidentado conhecido como diars (**32**). Por causa de seu caráter doador macio, muitos complexos de arilarsano e de alquilarsano das espécies macias Rh(I), Ir(I), Pd(II) e Pt(II) foram preparados. Entretanto, os critérios de dureza são apenas aproximados, de forma que não devemos nos surpreender ao ver complexos de fosfina e de arsanos com alguns metais em estados de oxidação mais elevados. Por exemplo, o estado de oxidação +4 pouco usual para o paládio é estabilizado pelo ligante diars (**33**).

32 $C_6H_4(As(CH_3)_2)_2$, diars   **33** $[PdCl_2(diars)_2]^{2+}$

A síntese do *diars* é um bom exemplo de algumas das reações comuns para a síntese de compostos organoarsênio. O material de partida é o $(CH_3)_2AsI$. Esse composto não é convenientemente preparado pela reação de metátese entre o AsI_3 e um reagente de Grignard ou um reagente carbânion similar porque essa reação não é seletiva em relação à substituição parcial no átomo de As quando o grupo orgânico é compacto. Ao invés disso, o composto pode ser preparado pela ação direta de um halo-alcano, CH_3I, com arsênio elementar:

$$4\,As(s) + 6\,CH_3I(l) \rightarrow 3\,(CH_3)_2AsI(solv) + AsI_3(solv)$$

Na próxima etapa, adiciona-se sódio sobre o $(CH_3)_2AsI$ para produzir o $[(CH_3)_2As]^-$:

$$(CH_3)_2AsI(solv) + 2\,Na(solv) \rightarrow Na[(CH_3)_2As](solv) + NaI(s)$$

O poderoso nucleófilo resultante $[(CH_3)_2As]^-$ é então empregado para deslocar o cloro do 1,2-diclorobenzeno:

[diagrama da reação: 1,2-diclorobenzeno + 2 Na[(CH₃)₂As] → C₆H₄(As(CH₃)₂)₂ + 2 NaCl]

Compostos poliarsano, $(RAs)_n$, podem ser preparados em éter por redução de um composto organometálico pentavalente, R_5As, ou pelo tratamento de um composto organo-haloarsênio com lítio:

$$n\,RAsX_2(et) + 2n\,Li(et) \rightarrow (RAs)_n(et) + 2n\,LiX(et)$$

O composto R_2AsAsR_2 é muito reativo porque a ligação As–As é facilmente clivada. Ele reage com oxigênio, enxofre e espécies contendo ligações C=C e forma complexos com espécies de metal d nos quais a ligação As–As pode ter sido clivada ou deixada intacta:

[diagrama: Me₂AsAsMe₂ + Mn₂(CO)₁₀ → (OC)₄Mn–As(Me)₂–As(Me)₂–Mn(CO)₄]

Já foram caracterizados poliarsanos com até seis unidades. O polimetilarsano apresenta-se como um pentâmero cíclico, pregueado, amarelo (**34**) e como uma estrutura em forma de escada violeta-escuro (**35**). A força da ligação M–M diminui na ordem As > Sb > Bi. Assim, embora o arsênio forme compostos organometálicos catenados, somente o $R_2Bi–BiR_2$ foi isolado.

34 As₅(CH₃)₅   **35** (AsMe)ₙ

Além de formarem ligações simples M–C, As, Sb e Bi também formam ligações M=C. Um grupo de compostos bem estudados são os arilametais, nos quais um átomo metálico faz parte de um anel heterocíclico de seis membros semelhante ao benzeno (**36**). O arsabenzeno, C_5H_5As, é estável até 200°C, o estibabenzeno, C_5H_5Sb, pode ser isolado, mas polimeriza facilmente, e o bismabenzeno, C_5H_5Bi, é muito instável. Esses compostos exibem um caráter aromático típico, embora o arsabenzeno seja 1000 vezes mais reativo que o benzeno. Um grupo de compostos assemelhados é o arsol, estibol e bismutol, C_4H_4MH, nos quais o átomo metálico faz parte de um anel de cinco membros (37).

36 C_5H_5M **37** C_4H_5M

(b) Estado de oxidação +5

Ponto principal: O íon tetrafenilarsônio é o material de partida para a preparação de outros compostos organometálicos de As(V).

Os trialquilarsanos atuam como nucleófilos frente aos haloalcanos para formar sais de tetra-alquilarsônio, que contêm As(V):

$$As(CH_3)_3(solv) + CH_3Br(solv) \rightarrow [As(CH_3)_4]Br(solv)$$

Esse tipo de reação não pode ser usado para a preparação do íon de tetrafenilarsônio, $[AsPh_4]^+$, porque o trifenilarsano é um nucleófilo muito mais fraco do que o trimetilarsano. Ao invés disso, uma reação sintética mais adequada é:

$Ph_3As=O$ + $PhMgBr$ $\rightarrow$ $[Ph_3As(Ph)Ph]^+$ Br^- + MgO

Essa reação pode parecer estranha, mas ela é simplesmente uma metátese em que o ânion Ph^- substitui formalmente o íon O^{2-} ligado ao átomo de As, resultando em um composto no qual o arsênio mantém o seu estado de oxidação +5. A formação do composto altamente exoérgico MgO também contribui para a energia de Gibbs dessa reação, e a sua formação impulsiona a reação.

Os cátions de tetrafenilarsônio, tetraalquilamônio e tetrafenilfosfônio são usados em síntese inorgânica como cátions volumosos para estabilizar ânions volumosos. O íon tetrafenilarsônio também é um material de partida para a preparação de outros compostos organometálicos de As(V). Por exemplo, a ação do fenil-lítio sobre um sal de tetrafenilarsônio produz o pentafenilarsênio (31), um composto de As(V):

$$[AsPh_4]Br(solv) + LiPh(solv) \rightarrow AsPh_5(solv) + LiBr(s)$$

O pentafenilarsênio, $AsPh_5$, é bipiramidal trigonal, como esperado pelas considerações de RPECV. Vimos (Seção 2.3) que uma estrutura piramidal quadrática frequentemente tem energia próxima de uma estrutura bipiramidal trigonal, e o análogo de antimônio, $SbPh_5$, é de fato piramidal quadrático (38). Uma reação similar sob condições cuidadosamente controladas produz o composto instável $As(CH_3)_5$.

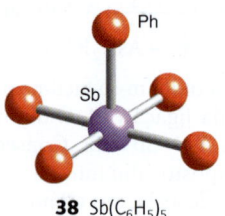

38 $Sb(C_6H_5)_5$

LEITURA COMPLEMENTAR

R. B. King, *Inorganic chemistry of the main group elements*. John Wiley & Sons (1994).

D. M. P. Mingos, *Essential trends in inorganic chemistry*. Oxford University Press (1998). Uma visão da química inorgânica pela perspectiva da estrutura e ligação.

R. B. King (ed.), *Encyclopedia of inorganic chemistry*, John Wiley & Sons (2005).

H. R. Allcock, *Chemistry and applications of polyphosphazenes*. John Wiley & Sons (2002).

J. Emsley, *The shocking history of phosphorous: a biography of the devil's element*. Pan (2001).

W. T. Frankenberger, *The environmental chemistry of arsenic*. Marcel Dekker (2001).

G. J. Leigh, *The world's greatest fix: a history of nitrogen and agriculture*. Oxford University Press (2004).

N.N. Greenwood e A. Earnshaw, *Chemistry of the Elements*. Butterworth-Heinemann (1997).

C. Benson, *The periodic table of the elements and their chemical properties*. Kindle edition. MindMelder.com (2009).

EXERCÍCIOS

15.1 Liste os elementos do Grupo 15 e indique os que são (a) gases diatômicos, (b) não metais, (c) metaloides e (d) metais verdadeiros. Indique os elementos que apresentam efeito do par inerte.

15.2 (a) Forneça as equações químicas completas e balanceadas para cada etapa da síntese do H_3PO_4 a partir da hidroxiapatita para produzir: (a) ácido fosfórico de alta pureza; (b) ácido fosfórico de grau fertilizante. (c) Justifique a grande diferença de custo entre os dois métodos.

15.3 A amônia pode ser preparada pela (a) hidrólise do Li_3N ou (b) pela redução do N_2 com H_2 em altas temperatura e pressão. Dê as equações químicas balanceadas para cada método partindo de N_2, Li e H_2, conforme for adequado. (c) Justifique o menor custo do segundo método.

15.4 Mostre com uma equação o motivo de as soluções de NH_4NO_3 serem ácidas.

15.5 O monóxido de carbono é um bom ligante e é tóxico. Por que a molécula isoeletrônica de N_2 não é tóxica?

15.6 Compare e diferencie as fórmulas e as estabilidades dos estados de oxidação dos cloretos de nitrogênio mais comuns com os cloretos de fósforo.

15.7 Use o modelo RPECV para prever as estruturas prováveis de: (a) PCl_4^+; (b) PCl_4^-; (c) $AsCl_5$.

15.8 Dê as equações químicas balanceadas para cada uma das seguintes reações: (a) oxidação do P_4 com excesso de oxigênio; (b) reação do produto do item (a) com excesso de água; (c) reação do produto do item (b) com solução de $CaCl_2$, e indique também o nome do produto.

15.9 Partindo do $NH_3(g)$ e outros reagentes de sua escolha, dê as equações químicas e as condições para a síntese de: (a) HNO_3; (b) NO_2^-; (c) NH_2OH; (d) N_3^-.

15.10 Escreva a equação química balanceada correspondente à entalpia padrão de formação do $P_4O_{10}(s)$. Especifique a estrutura, o estado físico (s, l ou g) e o alótropo dos reagentes. Para algum desses reagentes, o estado de referência difere da prática usual de considerar a forma mais estável do elemento?

15.11 Sem consultar o texto, esboce a forma geral do diagrama de Frost, em meio ácido, para o fósforo (nos estados de oxidação 0 a +5) e para o bismuto (0 a +5) e discuta a estabilidade relativa dos estados de oxidação +3 e +5 de ambos os elementos.

15.12 Quando se reduz o pH, as reações do NO_2^- como um agente oxidante tornam-se geralmente mais rápidas ou mais lentas? Dê uma explicação mecanística para a dependência das oxidações com NO_2^- em relação ao pH.

15.13 Misturando-se volumes iguais de óxido nítrico (NO) e ar, na pressão atmosférica, ocorre uma reação rápida que forma NO_2 e N_2O_4. Entretanto, o óxido nítrico do escapamento dos automóveis, que está presente numa faixa de concentração de partes por milhão, reage lentamente com o ar. Dê uma explicação para essa observação em termos de uma lei de velocidade e um mecanismo provável.

15.14 Devido às suas reações lentas nos eletrodos, os potenciais de muitas reações de oxirredução dos compostos de nitrogênio não podem ser medidos em uma célula eletroquímica. Dessa forma, os valores precisam ser determinados a partir de outros dados termodinâmicos. Ilustre esse tipo de determinação usando o $\Delta_f G^\ominus(NH_3,aq) = -26{,}5$ kJ mol^{-1} para calcular o potencial padrão do par N_2/NH_3 em meio básico.

15.15 Dê as equações químicas balanceadas para as reações dos seguintes reagentes com PCl_5 e indique as estruturas dos produtos: (a) água (1:1); (b) água em excesso; (c) $AlCl_3$; (d) NH_4Cl.

15.16 Explique como se poderia usar o RMN-^{31}P para distinguir entre o PF_3 e o POF_3.

15.17 Use os dados do Apêndice 3 para calcular o potencial padrão da reação entre H_3PO_2 e Cu^{2+}. As espécies HPO_2^{2-} e $H_2PO_2^{2-}$ são bons agentes oxidantes ou redutores?

15.18 A molécula tetraédrica de P_4 pode ser descrita em termos de ligações 2c,2e localizadas. Determine o número de elétrons de valência do esqueleto e decida se o P_4 é *closo*, *nido* ou *aracno* (esses termos foram especificados na Seção 13.11). Se ele não for *closo*, determine o poliedro *closo* a partir do qual a estrutura do P_4 poderia ser formalmente derivada pela remoção de um ou mais vértices.

15.19 Identifique os compostos A, B, C e D.

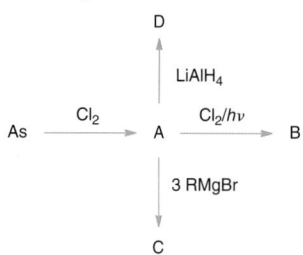

15.20 Esboce os dois possíveis isômeros geométricos do $[AsF_4Cl_2]^-$ octaédrico e explique como eles podem ser distinguidos por RMN-^{19}F.

15.21 Identifique os compostos de nitrogênio A, B, C, D e E.

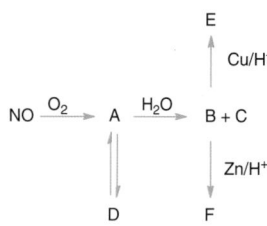

15.22 Use o diagrama de Latimer do Apêndice 3 para determinar quais espécies de N e P desproporcionam em meio ácido.

PROBLEMAS TUTORIAIS

15.1 O óxido nitroso desempenha um papel crucial nos sistemas biológicos. Um artigo publicado por A. W. Carpenter e M. H. Schoenfisch (*Chem. Soc. Rev.*, 2012, 41, 3742) discute aplicações terapêuticas do NO. Faça um resumo das principais aplicações e desvantagens do NO gasoso como um agente terapêutico. Discuta como moléculas doadoras de NO foram desenvolvidas para possibilitar as terapias com NO em uma faixa ampla de condições médicas.

15.2 Descreva os métodos de tratamento de esgoto que levem a uma diminuição dos níveis de fosfato nas águas servidas. Descreva resumidamente um método de laboratório que poderia ser usado para acompanhar os níveis de fosfato na água.

15.3 Caracterizou-se um composto contendo nitrogênio pentacoordenado (A. Frohmann, J. Riede e H. Schmidbaur, *Nature*, 1990, 345, 140). Descreva (a) a síntese, (b) a estrutura do composto e (c) a ligação.

15.4 Dois artigos (A. Lykknes e L. Kvittingen, "Arsenic: not so evil after all?", *J. Chem. Educ.* 2003, 80, 497; J. Wang e C. M. Chien, "Arsenic in drinking water: a global environmental problem", *J. Chem. Educ.* 2004, 81, 207) apresentam perspectivas opostas sobre a natureza tóxica do arsênio. Use essas referências para produzir um ensaio crítico sobre os efeitos benéficos e deletérios do arsênio.

15.5 Um artigo publicado por N. Tokitoh et al. (*Science*, 1997, 277, 78) descreve a síntese e caracterização de um bismuteno estável, contendo ligações duplas Bi=Bi. Dê as equações para a síntese do composto. Dê o nome e esboce a estrutura do grupo de proteção estérea que foi usado. Por que o isolamento do produto foi simples? Quais métodos foram usados para determinar a estrutura do composto?

15.6 Um artigo publicado por Y. Zhang et al (*Inorg. Chem.*, 2006, **45**, 10446) descreve a síntese de cátions fosfazenos como precursores de polifosfazenos. Os polifosfazenos são preparados por polimerização de abertura de anel do $(NPCl_2)_3$ cíclico e a reação é iniciada por cátions fosfazenos. Discuta quais os ácidos de Lewis que foram usados para produzir os cátions e forneça um esquema reacional para a polimerização de abertura de anel do $(NPCl_2)_3$.

15.7 No artigo "Catalytic reduction of dinitrogen to ammonia at single molybdenum center" (*Science*, 2003, **301**, 5629), D. Yandulov e R. Schrock descrevem a conversão catalítica do nitrogênio para amônia em temperatura ambiente e pressão atmosférica. Discuta porque esse estudo pode ser importante comercialmente. Faça uma revisão dos métodos não biológicos de ativação do nitrogênio.

Os elementos do Grupo 16

16

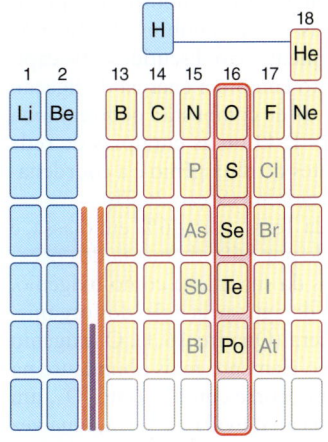

Os elementos do Grupo 16 são todos não metais, com exceção do polônio, o membro mais pesado do grupo. O grupo contém dois dos elementos mais importantes para a vida. O oxigênio é comumente encontrado na atmosfera e essencial para as formas de vida superiores e, na forma de água, é essencial para todas as formas de vida. O dioxigênio é produzido a partir da água por fotossíntese e reciclado pela respiração dos organismos superiores. O enxofre também é essencial para todas as formas de vida, e mesmo o selênio é essencial em quantidades traço. O enxofre e o selênio apresentam tendência à catenação e formam anéis e cadeias.

Os elementos do Grupo 16, oxigênio, enxofre, selênio, telúrio e polônio, são normalmente chamados de **calcogênios**. O nome deriva da palavra grega para bronze e refere-se à associação do enxofre e seus congêneres com o cobre nos seus minérios. Como no restante do bloco p, o elemento no topo do grupo, o oxigênio, difere significativamente dos outros membros do grupo. Os números de coordenação dos seus compostos são geralmente menores formando, frequentemente, ligações duplas. O oxigênio é o único membro do grupo que ocorre como uma molécula diatômica nas condições normais.

Parte A: Aspectos principais
- 16.1 Os elementos
- 16.2 Compostos simples
- 16.3 Compostos em anel e clusters

Parte B: Uma visão mais detalhada
- 16.4 Oxigênio
- 16.5 Reatividade do oxigênio
- 16.6 Enxofre
- 16.7 Selênio, telúrio e polônio
- 16.8 Hidretos
- 16.9 Haletos
- 16.10 Óxidos metálicos
- 16.11 Sulfetos, selenetos, teluretos e polonetos metálicos
- 16.12 Óxidos
- 16.13 Oxoácidos de enxofre
- 16.14 Poliânions de enxofre, selênio e telúrio
- 16.15 Policátions de enxofre, selênio e telúrio
- 16.16 Compostos de enxofre com nitrogênio

Leitura complementar

Exercícios

Problemas tutoriais

PARTE A: ASPECTOS PRINCIPAIS

Todos os membros do Grupo 16, exceto o oxigênio, são sólidos nas condições normais e, como já vimos anteriormente, o caráter metálico geralmente aumenta quando descemos no grupo. Nesta seção discutiremos os aspectos principais da química dos elementos do Grupo 16.

16.1 Os elementos

Pontos principais: O oxigênio é o elemento mais eletronegativo do Grupo 16 e o único que é gasoso; todos os outros elementos ocorrem em várias formas alotrópicas.

O oxigênio, o enxofre e o selênio são não metais, o telúrio é um metaloide e o polônio é um metal. A alotropia e o polimorfismo são aspectos importantes no Grupo 16, e o enxofre ocorre naturalmente com o maior número de alótropos e polimorfos do que qualquer outro elemento.

A configuração eletrônica ns^2np^4 do grupo sugere o número de oxidação máximo do grupo como igual a +6 (Tabela 16.1). O oxigênio nunca atinge esse estado de oxidação máximo, embora os outros elementos possam fazê-lo em algumas circunstâncias.

As **figuras** com um asterisco (*) podem ser encontradas on-line como estruturas 3D interativas. Digite a seguinte URL em seu navegador, adicionando o número da figura: www.chemtube3d.com/weller/[número do capítulo]F[número da figura]. Por exemplo, para a Figura 3 no Capítulo 7, digite www.chemtube3d.com/weller/7F03.

Muitas das **estruturas numeradas** podem ser também encontradas on-line como estruturas 3D interativas: visite www.chemtube3d.com/weller/[número do capítulo] para todos os recursos 3D organizados por capítulo.

A configuração eletrônica sugere que o número de oxidação –2 também deve ser estável, o que é muitíssimo comum para o oxigênio. O aspecto mais significativo para S, Se e Te é que eles formam compostos estáveis com números de oxidação entre –2 e +6.

Além das suas propriedades físicas distintas, o O é quimicamente bastante diferente dos outros membros do grupo (Seção 9.10). Ele é o segundo elemento mais eletronegativo da tabela periódica e significativamente mais eletronegativo do que os seus congêneres. Essa alta eletronegatividade tem uma grande influência nas propriedades químicas do elemento. O pequeno raio atômico do oxigênio e a ausência de orbitais d acessíveis também contribuem para o seu caráter químico diferenciado. Assim, o O raramente apresenta um número de coordenação maior do que 3 em compostos moleculares simples, mas os seus congêneres mais pesados frequentemente alcançam números de coordenação 4 e 6, como no SF_6.

O dioxigênio (O_2) oxida muitos elementos e reage com muitos compostos orgânicos e inorgânicos quando em condições apropriadas. Apenas os gases nobres He, Ne e Ar não formam óxidos diretamente. Os óxidos de cada elemento são discutidos nos capítulos correspondentes e não serão abordados aqui. Muito embora a energia da ligação O=O seja alta (+494 kJ mol^{-1}), muitas reações exotérmicas de combustão ocorrem uma vez que as entalpias das ligações covalentes resultantes E–O ou as entalpias de rede MO_n também são altas. Uma das reações mais importantes do dioxigênio é a coordenação com a proteína transportadora de oxigênio, a hemoglobina (Seção 26.7b).

O oxigênio é o elemento mais abundante da crosta da Terra, com 46% em massa, e está presente em todos os minerais silicatos. Ele responde por 86% da massa dos oceanos e 89% da água. Uma pessoa normal tem dois terços da sua massa como oxigênio. O dioxigênio, inteiramente formado pela decomposição da água pela ação dos organismos fotossintéticos, constitui 21% em massa da atmosfera (Quadro 16.1). O oxigênio é também o terceiro elemento mais abundante no Sol e o elemento mais abundante na superfície da Lua (46% em massa). O oxigênio também ocorre como ozônio, O_3, um gás pungente altamente reativo que é crucial para a proteção da vida na Terra, uma vez que protege a superfície da radiação solar ultravioleta.

O enxofre ocorre sob a forma de depósitos do elemento nativo, nos meteoritos, nos vulcões e nas fontes termais, como os minérios *galena*, PbS, *barita*, $BaSO_4$, e como sal de Epsom, $MgSO_4 \cdot 7H_2O$. Ele também ocorre como H_2S no gás natural e sob a forma de compostos organossulfurados no petróleo. O enxofre pode existir em um grande número de formas alotrópicas, o que pode ser explicado pela capacidade de catenação dos átomos de S decorrente da alta energia da ligação S–S (265 kJ mol^{-1}), cujo valor só é superado pelas ligações C–C (330 kJ mol^{-1}) e H–H (436 kJ mol^{-1}). Todas as formas cristalinas do enxofre que podem ser isoladas à temperatura ambiente consistem em anéis S_n.

A diferença marcante entre as energias das ligações simples O–O e S–S tem consequências importantes. A entalpia da ligação O–O é de 146 kJ mol^{-1} e os peróxidos são fortes agentes oxidantes; ao contrário, a entalpia da ligação S–S de 265 kJ mol^{-1} é tão alta que ele é usado na biologia para estabilizar a estrutura das proteínas pela formação de ligações permanentes (RS–SR) entre resíduos de cisteína em diferentes cadeias da proteína e entre diferentes regiões de uma mesma cadeia. Essa diferença nas entalpias de ligação pode ser entendida mais facilmente em termos de uma repulsão elétron-elétron mais efetiva no O–O.

Os elementos quimicamente macios selênio e telúrio ocorrem nos minérios de sulfetos metálicos e sua principal fonte é o refino eletrolítico do cobre. São conhecidos 33 isótopos de polônio e todos são radioativos.

Tabela 16.1 Propriedades selecionadas dos elementos

	O	S	Se	Te	Po
Raio covalente/pm	74	104	117	137	140
Raio iônico/pm	140	184	198	221	
Primeira energia de ionização/(kJ mol^{-1})	1310	1000	941	870	812
Ponto de fusão/°C	–218	113 (α)	217	450	254
Ponto de ebulição/°C	–183	445	685	990	960
Eletronegatividade de Pauling	3,4	2,6	2,6	2,1	2,0
Afinidade eletrônica*/(kJ mol^{-1})	141	200	195	190	183
	–844	–532			

*O primeiro valor é para X(g)+e$^-$(g)→X$^-$(g) e o segundo valor é para X$^-$(g)+e$^-$(g)→X^{2-}(g).

QUADRO 16.1 O oxigênio atmosférico

Durante a evolução da atmosfera da Terra, a proliferação da fotossíntese formadora de oxigênio resultou na presença do O_2 na atmosfera no nível atual de 21% em volume. O oxigênio era um constituinte tóxico da atmosfera da Terra primitiva e levou à extinção de muitas espécies. Algumas espécies deslocaram-se para ambientes mais profundos no solo e nas águas, onde as condições anaeróbias continuaram a existir e seus descendentes ainda sobrevivem atualmente. Outros organismos adaptaram-se de forma diferente e aprenderam a usar este agora abundante e poderoso oxidante. Esses organismos são os *aeróbios*, dentre os quais estão os nossos ancestrais. A mudança de uma atmosfera anaeróbia para uma atmosfera rica em oxigênio teve um profundo efeito na composição das águas. O enxofre, que estava presente principalmente na forma de sulfeto nas águas anaeróbias, foi oxidado a sulfato. As concentrações dos íons metálicos também se modificaram drasticamente. Dentre os metais mais afetados encontram-se o ferro e o molibdênio.

Nos oceanos da Terra moderna, o molibdênio é o metal d mais abundante (a 0,01 ppm). Entretanto, antes da oxigenação dos oceanos e da atmosfera, o molibdênio estava presente, principalmente, como MoO_2 e MoS_2 (sólidos insolúveis). A oxidação desses sólidos produziu o íon molibdato solúvel:

$$2\,MoS_2(s) + 7\,O_2(g) + 2\,H_2O(l) \rightarrow 2\,[MoO_4]^{2-}(aq) + 4\,SO_2(g) + 4\,H^+(aq)$$

O íon molibdato tornou-se disponível para os organismos aquáticos e hoje em dia é transportado para o interior das células por métodos que diferem substancialmente daqueles usados para capturar as espécies catiônicas de metais d dos ambientes marinhos. O ferro teve um destino oposto ao do molibdênio. Nos oceanos primitivos, o elemento estava presente como Fe(II). O hidróxido e o sulfeto de Fe(II) são essencialmente solúveis, de forma que o ferro deveria estar muito disponível para os organismos aquáticos. Entretanto, quando da oxigenação da atmosfera, a oxidação do Fe^{2+} a Fe^{3+} levou à precipitação dos hidróxidos e óxidos de ferro(III), e a captura de Fe pelos organismos vivos ficou dependente da existência de ligantes especiais conhecidos como sideróforos (Seção 26.6). As grandes formações em camadas contendo magnetita (Fe_3O_4) e hematita (Fe_2O_3) no Canadá e na Austrália são testemunhas da precipitação do ferro dos oceanos entre 2 e 3 Ga ($2-3\times10^9$ anos) atrás.

16.2 Compostos simples

Ponto principal: Os elementos do Grupo 16 formam compostos binários simples com hidrogênio, halogênios, oxigênio e metais.

O hidreto mais importante de todos os elementos é o do oxigênio, chamado de *água*. As propriedades e reações da água e as reações em água são de grande importância para a química inorgânica e são discutidas ao longo deste texto.

A água é o único hidreto do Grupo 16 que não é um gás venenoso e malcheiroso. Seus pontos de fusão e de ebulição (0°C e 100°C, respectivamente) são muito altos quando comparados com moléculas de massa molecular similar e moléculas análogas do Grupo 16 (Tabela 16.2). Seu alto ponto de ebulição se deve à extensa ligação hidrogênio entre o hidrogênio e o oxigênio altamente eletronegativo, O–H···O (Seção 10.6). O oxigênio também forma o peróxido de hidrogênio, H_2O_2, que é um líquido (de –0,4°C a 150°C) devido à extensa ligação hidrogênio.

O oxigênio forma óxidos com a maioria dos metais e peróxidos e superóxidos com os metais dos Grupos 1 e 2. Quando o número de oxidação do metal é menor que +4, o óxido é geralmente iônico. Quando o número de oxidação do metal é maior que +4, o óxido é molecular. O enxofre forma sulfetos, S^{2-}, e dissulfetos, S_2^{2-}, com os metais. O selênio e o telúrio formam selenetos, Se^{2-}, e teluretos, Te^{2-}.

A química de S, Se, Te e Po com os halogênios é muito rica, e alguns dos haletos mais comuns encontram-se na Tabela 16.3. Os iodetos de enxofre são muito instáveis, mas os iodetos de Te e Po são mais robustos, sendo um exemplo de um ânion grande estabilizando um cátion grande (Seção 3.15a). Dentre os halogênios, apenas o F produz o estado de oxidação máximo do grupo com os calcogênios, mas os fluoretos de Se, Te e Po com baixo estado de oxidação são instáveis com relação à desproporcionação no elemento e em um fluoreto com estado de oxidação mais alto. São conhecidas séries de sub-haletos catenados para os membros mais pesados do grupo. Por exemplo, Te_2I e Te_2Br consistem em fitas de hexágonos de Te compartilhados pelas arestas e com os halogênios em ponte (**1**).

Tabela 16.2 Propriedades selecionadas dos hidretos do Grupo 16

	H_2O	H_2S	H_2Se	H_2Te	H_2Po
Ponto de fusão/°C	0,0	−85,6	−65,7	−51	−36
Ponto de ebulição/°C	100,0	−60,3	−41,3	−4	37
$\Delta_f H^\ominus/(kJ\,mol^{-1})$	−285,6 (l)	−20,1	+73,0	+99,6	
Comprimento de ligação/pm	96	134	146	169	
Ângulo de ligação/°	104,5	92,1	91	90	
Constantes de acidez					
pK_{a1}	14,00	6,89	3,89	2,64	
pK_{a2}		14,15	11	10,80	

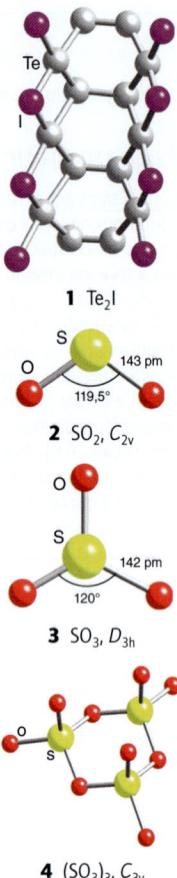

1 Te$_2$I

2 SO$_2$, C_{2v}

3 SO$_3$, D_{3h}

4 (SO$_3$)$_3$, C_{3v}

As moléculas dos dois óxidos de S mais comuns, SO$_2$ (p.e. −10°C) e SO$_3$ (p.e. 44,8°C), são angular (**2**) e trigonal plana (**3**), respectivamente, em fase gasosa. No estado sólido, o trióxido de enxofre apresenta-se como um trímero cíclico (**4**). O dióxido de enxofre é um gás venenoso com um odor forte e pungente. O principal uso do SO$_2$ é na fabricação do ácido sulfúrico pelo *processo de contato*, em que ele é primeiramente oxidado a SO$_3$. Ele também é usado como alvejante, desinfetante e conservante de alimentos. O trióxido de enxofre, SO$_3$, é fabricado em grande escala pela oxidação catalítica do SO$_2$. Ele raramente é isolado, sendo imediatamente convertido em ácido sulfúrico, H$_2$SO$_4$. Uma vez que o trióxido de enxofre é extremamente corrosivo, o SO$_3$ anidro é raramente manuseado em laboratório. Ele encontra-se disponível como óleum (também conhecido como ácido sulfúrico fumegante), H$_2$S$_2$O$_7$, que é uma solução de 25 a 65% de SO$_3$, em massa, em ácido sulfúrico concentrado. O trióxido de enxofre reage com a água para formar H$_2$SO$_4$ numa reação muito violenta e exotérmica. A reação com óxidos metálicos para produzir sulfatos é usada para eliminar o SO$_3$ indesejável nos gases efluentes de processos industriais. O Se, o Te e o Po formam dióxidos e trióxidos.

O ácido sulfúrico, H$_2$SO$_4$, é um líquido denso e viscoso. Ele é um ácido forte (na primeira etapa de desprotonação), um bom solvente não aquoso e apresenta uma extensa autoprotólise (Seção 4.1). O ácido sulfúrico concentrado retira água da matéria orgânica deixando um resíduo carbonizado. O ácido sulfúrico forma duas séries de sais, os sulfatos, SO$_4^{2-}$, e os hidrogenossulfatos, HSO$_4^-$. O ácido sulfuroso, H$_2$SO$_3$, nunca foi isolado. As soluções aquosas de SO$_2$, chamadas de "ácido sulfuroso", são melhor consideradas como hidratos SO$_2 \cdot n$H$_2$O. São conhecidas duas séries de sais, os sulfitos, SO$_3^{2-}$, e os hidrogenossulfitos HSO$_3^-$, que são agentes redutores moderadamente fortes, sendo oxidados a sulfatos, SO$_4^{2-}$, ou ditionatos, S$_2$O$_6^{2-}$.

Tabela 16.3 Alguns haletos de enxofre, selênio e telúrio

Número de oxidação	Fórmula	Estrutura	Observações
+$\frac{1}{2}$	Te$_2$X (X = Br, I)	Haletos em ponte	Cinza-prata
+1	S$_2$F$_2$	Dois isômeros:	
	S$_2$Cl$_2$		Reativa
+2	SCl$_2$		Reativa
+4	SF$_4$ SeX$_4$ (X = F, Cl, Br) TeX$_4$ (X = F, Cl, Br, I)		Gás SeF$_4$ líquido TeF$_4$ sólido
+5	S$_2$F$_{10}$ Se$_2$F$_{10}$		Reativa
+6	SF$_6$, SeF$_6$ TeF$_6$		Gases incolores Líquido (p.e. 368°C)

16.3 Compostos em anel e clusters

Pontos principais: Os compostos em anel e cadeia dos elementos do Grupo 16 são aniônicos ou catiônicos. Com outros elementos do bloco p são formados compostos neutros, em forma de anel e cadeia.

O enxofre forma muitos ácidos politiônicos, $H_2S_nO_6$, com até seis átomos de S, como os íons tetrationato, $S_4O_6^{2-}$ (**5**), e pentationato, $S_5O_6^{2-}$ (**6**). Muitos polissulfetos de elementos eletropositivos já foram caracterizados. Todos eles contêm íons S_n^{2-}, onde $n = 2 – 6$, como em (**7**). Os menores polisselenetos e politeluretos assemelham-se aos polissulfetos. As estruturas dos maiores são mais complexas e dependem, até certo ponto, da natureza do cátion. Os polisselenetos até Se_9^{2-} são cadeias, mas moléculas maiores formam anéis, como é o caso do Se_{11}^{2-} (**8**), o qual possui um átomo de Se compartilhado por dois anéis de seis membros em um ambiente quadrático plano. Os politeluretos podem ser bicíclicos, como o Te_7^{2-} (**9**).

Muitos compostos catiônicos em cadeias, anéis e clusters dos elementos do bloco p já foram preparados. A maioria deles contém S, Se ou Te. A especial estabilidade dos íons quadráticos planos E_4^{2+} (E = S, Se e Te; **10**) pode ser explicada considerando-se os orbitais moleculares. Cada átomo E possui seis elétrons de valência, sendo $24 – 2 = 22$ elétrons ao todo; com dois pares isolados em cada átomo E, restam seis elétrons para ocupar os orbitais moleculares disponíveis. Desses orbitais, um é ligante, dois são não ligantes e um é antiligante. Os elétrons ocupam, então, os três primeiros orbitais, deixando o orbital antiligante desocupado.

Dentre os compostos neutros, em anel e cluster, contendo heteroátomos dos elementos do bloco p temos o tetraenxofretetranitreto cíclico, S_4N_4 (**11**), que se decompõe explosivamente. O dienxofredinitreto, S_2N_2 (**12**), é ainda menos estável, mas polimeriza para formar um polímero supercondutor, $(SN)_n$, que é estável até 240°C.

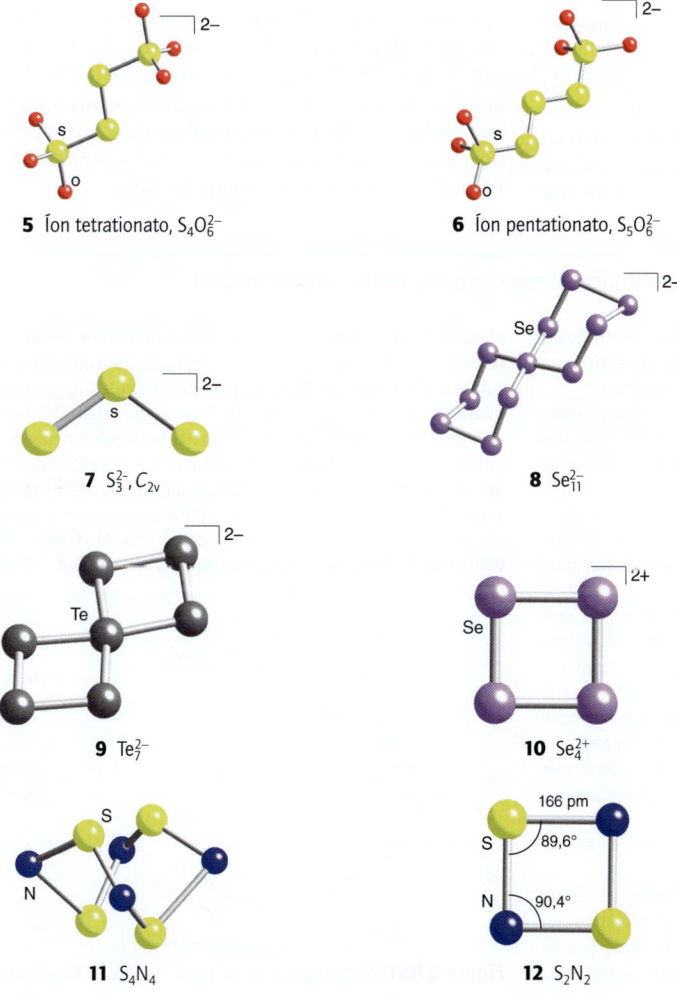

5 Íon tetrationato, $S_4O_6^{2-}$

6 Íon pentationato, $S_5O_6^{2-}$

7 S_3^{2-}, C_{2v}

8 Se_{11}^{2-}

9 Te_7^{2-}

10 Se_4^{2+}

11 S_4N_4

12 S_2N_2

PARTE B: UMA VISÃO MAIS DETALHADA

Nesta seção discutiremos a química dos elementos do Grupo 16 de forma detalhada e observaremos a rica variedade das estruturas dos compostos que eles formam.

16.4 Oxigênio

Pontos principais: O oxigênio tem dois alótropos, o dioxigênio e o ozônio. O dioxigênio tem um estado fundamental tripleto e oxida hidrocarbonetos por um mecanismo de reações em cadeia envolvendo radicais. A reação com uma molécula num estado excitado pode produzir um estado singleto de vida relativamente longa que pode reagir como um eletrófilo. O ozônio é um agente oxidante altamente agressivo e instável.

O dioxigênio é um gás biogênico (ou seja, é produzido pela ação de organismos): quase todo ele é resultado da fotossíntese, embora traços sejam produzidos na atmosfera superior pela ação da radiação ultravioleta sobre o vapor d'água. O gás dioxigênio é incolor, inodoro e solúvel em água até 3,08 cm^3 por 100 cm^3 de água, a 25°C, na pressão atmosférica. Sua solubilidade cai abaixo de 2,0 cm^3 na água do mar, mas ainda é suficiente para sustentar a vida marinha. A solubilidade do O_2 em solventes orgânicos é aproximadamente dez vezes maior do que na água. Esta alta solubilidade torna necessário purgar os solventes usados na síntese de compostos sensíveis ao oxigênio.

O oxigênio encontra-se disponível como O_2 a partir da atmosfera, sendo obtido em grande escala pela liquefação e destilação do ar líquido. A principal motivação industrial para a obtenção do O_2 é para a fabricação do aço, na qual ele reage exotermicamente com o coque (carbono) para formar monóxido de carbono. É necessária uma alta temperatura para se conseguir uma redução rápida dos óxidos de ferro pelo CO e pelo carbono (Seção 5.16). O uso de oxigênio puro nesse processo, em vez do ar, é vantajoso porque não se desperdiça energia aquecendo o nitrogênio. Para produzir 1 tonelada (10^3 kg) de aço, necessita-se de cerca de 1 tonelada de oxigênio. O oxigênio também é empregado industrialmente na fabricação do pigmento branco TiO_2 pelo *processo do cloreto*:

$$TiCl_4(l) + O_2(g) \rightarrow TiO_2(s) + 2\,Cl_2(g)$$

A produção de oxigênio em pequena escala, tal como para uso doméstico por pessoas que possuem asma, é obtida usando-se adsorção por variação de pressão, na qual o ar passa através de uma zeólita que adsorve preferencialmente o nitrogênio. O oxigênio é usado em muitos processos de oxidação, como, por exemplo, na produção do oxirano (óxido de etileno) a partir do eteno. O oxigênio também é usado em grande escala no tratamento de esgotos, regeneração de rios poluídos, branqueamento da polpa de papel e como atmosfera artificial em aplicações médicas e em submarinos. O oxigênio é também um subproduto obrigatório da geração de hidrogênio pela decomposição eletroquímica da água (Quadro 16.2).

O oxigênio líquido é azul muito pálido e ferve a –183°C. Sua cor origina-se de transições eletrônicas envolvendo pares de moléculas vizinhas: um fóton da região vermelho-amarelo-verde do espectro visível pode levar duas moléculas vizinhas de O_2 para um estado excitado para formar um par molecular. Quando ele é submetido à alta pressão, a cor do oxigênio sólido muda do azul claro para o laranja e o vermelho, a aproximadamente 10 GPa.

QUADRO 16.2 Catalisadores para a oxidação catalítica da água na geração de energia renovável

O oxigênio não é essencial apenas como um reagente na combustão ou nas pilhas a combustível: ele também é um subproduto obrigatório na geração de hidrogênio pela decomposição eletroquímica da água.

A produção do H_2 a partir da água usando-se eletricidade gerada a partir da energia solar oferece uma solução importante para dois dos maiores desafios em energia renovável: elimina a intermitência da luz solar e dos ventos e substitui os combustíveis fósseis usados nos veículos. Para cada duas moléculas de H_2 produzidas no catodo de uma célula eletrolítica, uma molécula de O_2 precisa ser formada no anodo. Já mencionamos a importância de se desenvolver catalisadores eficientes para a produção de H_2 (Seção 10.4). A oxidação direta da água a oxigênio molecular ($E^\ominus$ = 1,23 V) é, cineticamente, um desafio muito maior, pois requer a remoção de quatro prótons e quatro elétrons de duas moléculas de água em um processo que envolve vários intermediários instáveis; dessa forma, uma sobretensão elevada e antieconômica é necessária para ativar a reação. Existe muito interesse no desenvolvimento de catalisadores que venham a permitir a oxidação da água com uma pequena sobretensão; no entanto, para serem úteis, esses catalisadores devem ser resistentes e feitos de elementos abundantes e baratos. Os catalisadores utilizados são complexos aqua/óxido multinucleares de metais d, capazes de sofrer sucessivas oxidações por meio da transferência acoplada de prótons e elétrons.

Em biologia, a formação fotossintética do O_2 ocorre em um cluster Mn–O que pode produzir mais de 100 moléculas de O_2 por segundo (ver Seção 26.10). Alguns eletrocatalisadores não biológicos promissores para a oxidação da água são baseados em óxidos de cobalto. A oxidação eletroquímica de íons de Co^{2+} aquosos com ânions borato ou fosfato resulta na eletrodeposição de uma camada de óxido de cobalto que catalisa a formação de O_2 com uma baixa sobretensão. Um mecanismo plausível é apresentado na Fig. Q16.1 e pode ser entendido considerando-se que a acidez da molécula de água coordenada aumenta à medida que o número de oxidação do íon metálico aumenta (Seção 4.1). Os íons de cobalto da superfície sofrem oxidação pelas sucessivas transferências acopladas de prótons e elétrons, resultando em um par adjacente de espécies oxo-Co(IV) que são altamente deficientes de elétrons: a formação da ligação O–O ocorre e uma molécula de O_2 é liberada.

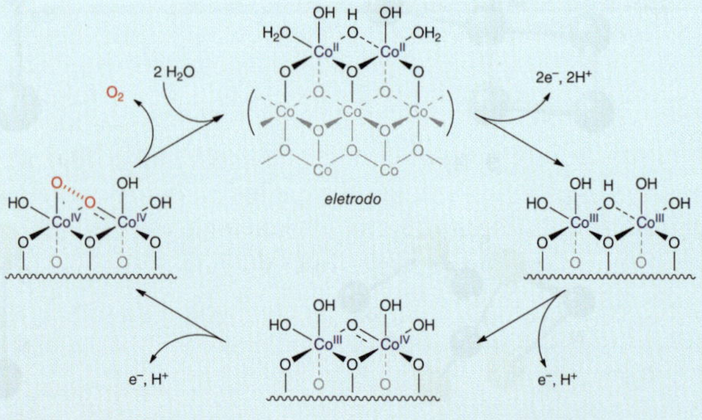

Figura Q16.1 Mecanismo possível para a produção catalítica de O_2.

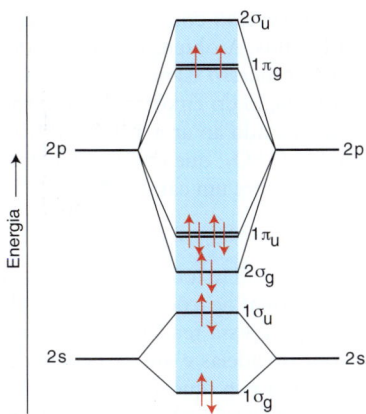

Figura 16.1 Diagrama de orbitais moleculares para o O₂.

A descrição por orbitais moleculares do O₂ indica a existência de uma ligação dupla; entretanto, como vimos na Seção 2.8, os dois elétrons mais externos ocupam orbitais π antiligantes diferentes com spins paralelos; como resultado, a molécula é paramagnética (Fig. 16.1). O símbolo do termo para o estado fundamental tripleto é $^3\Sigma_g^-$ e, portanto, a molécula é indicada como $O_2(^3\Sigma_g^-)$ toda vez que for necessário especificar o seu estado de spin.[1] O estado singleto, $^1\Sigma_g^+$, com elétrons antiparalelos nos mesmos dois orbitais π* como no estado fundamental, tem uma energia 1,63 eV (158 kJ mol⁻¹) mais alta; outro estado singleto $^1\Delta_g$ ("delta singleto"), com ambos os elétrons emparelhados em um mesmo orbital, encontra-se entre esses dois termos com 0,98 eV (94 kJ mol⁻¹) acima do estado fundamental. Destes dois estados singleto, o último possui um tempo de vida de estado excitado muito mais longo. Assim, o $O_2(^1\Delta_g)$ sobrevive tempo suficiente para participar de reações químicas. Quando se deseja ter o $O_2(^1\Delta_g)$ para participar de reações, ele pode ser gerado em solução por transferência de energia de uma molécula fotoexcitada. Assim, o [Ru(bpy)₃]²⁺ pode ser excitado pela absorção de luz azul (452 nm) para formar um estado eletronicamente excitado, indicado por *[Ru(bpy)₃]²⁺ (Seção 20.7), e esse estado transfere energia para o $O_2(^3\Sigma_g^-)$:

*[Ru(bpy)₃]²⁺ + $O_2(^3\Sigma_g^-)$ → [Ru(bpy)₃]²⁺ + $O_2(^1\Delta_g)$

Outra maneira eficiente de gerar $O_2(^1\Delta_g)$ é por meio da decomposição térmica de um ozoneto:

Ao contrário do caráter radicalar de muitas reações do $O_2(^3\Sigma_g^-)$, o $O_2(^1\Delta_g)$ reage como um eletrófilo. Este modo de reação é possível porque o $O_2(^1\Delta_g)$ possui um orbital π* vazio, em vez de dois orbitais ocupados cada um com um único elétron. Por exemplo, $O_2(^1\Delta_g)$ adiciona-se a um dieno, mimetizando a reação de Diels-Alder do butadieno com um alqueno eletrofílico:

---

[1] Os símbolos Σ, Π e Δ são usados para moléculas lineares, tais como o dioxigênio, no lugar dos símbolos S, P e D, usados para os átomos. As letras gregas indicam a magnitude do momento angular orbital total ao longo do eixo internuclear.

O oxigênio singleto é considerado um dos produtos biologicamente perigosos da poluição atmosférica de origem fotoquímica ("smog"). O oxigênio singleto pode ser um dos agentes destrutivos que atuam na morte programada de uma célula (apoptose) e na terapia fotodinâmica.

O outro alótropo do oxigênio, o *ozônio*, O₃, ferve a −112°C e é um gás azul endoérgico, explosivo e altamente reativo ($\Delta_f G^\ominus$ = +163 kJ mol⁻¹). Ele decompõe-se em dioxigênio, mas essa reação é lenta na ausência de um catalisador ou de luz ultravioleta.

$$2\,O_3(g) \rightarrow 3\,O_2(g)$$

O ozônio tem um odor pungente; essa propriedade resultou no seu nome, o qual é derivado do grego *ozein*, "que tem cheiro". Em concordância com o modelo RPECV, a molécula de O₃ é angular (**13**), com um ângulo de ligação de 117°; ela é diamagnética. O ozônio gasoso é azul, o ozônio líquido é azul-escuro e o ozônio sólido é violeta-escuro. O ozônio é produzido pela ação de uma descarga elétrica ou radiação ultravioleta sobre o O₂. Esse segundo método é usado para produzir baixas concentrações de ozônio empregadas na conservação de gêneros alimentícios. A capacidade do O₃ de absorver fortemente na região de 220 a 290 nm do espectro é vital para impedir que os raios ultravioleta do Sol atinjam a superfície da Terra (Quadro 17.2). O ozônio reage com polímeros insaturados provocando ligações cruzadas e degradações indesejáveis.

13 O₃, C_{2v}

As reações do ozônio geralmente envolvem oxidação e transferência de um átomo de O. O ozônio é muito instável em meio ácido e muito mais estável em meio básico:

$O_3(g) + 2\,H^+(aq) + 2\,e^- \rightarrow O_2(g) + H_2O(l)$ $E^\ominus$ = +2,08 V
$O_3(g) + 2\,H_2O(l) + 2\,e^- \rightarrow O_2(g) + 2\,OH^-(aq)$ $E^\ominus$ = +1,25 V

O ozônio só é superado em poder oxidante pelo F₂, pelo O atômico, pelo radical OH e pelos íons perxenato (Seção 18.7). O ozônio forma ozonetos com os elementos dos Grupos 1 e 2 (Seções 11.8 e 12.8). Eles são preparados passando-se ozônio gasoso sobre o hidróxido pulverizado, MOH ou M(OH)₂, em temperaturas abaixo de −10°C. Os ozonídeos são sólidos castanhos-avermelhados que se decompõem ao serem aquecidos:

$$MO_3(s) \rightarrow MO_2(s) + \tfrac{1}{2}\,O_2(g)$$

O íon ozoneto, O_3^-, é angular como o O₃, mas com um ângulo de ligação ligeiramente maior (119,5°).

16.5 Reatividade do oxigênio

Ponto principal: As reações do dioxigênio são geralmente termodinamicamente favorecidas, mas lentas.

O oxigênio é um oxidante forte, embora a maioria das suas reações seja lenta (o que tem relação com as sobretensões da Seção 5.18). Por exemplo, uma solução de Fe²⁺ é oxidada lentamente pelo ar, mesmo sendo a reação termodinamicamente favorável (Seção 5.15). Mais obviamente ainda, e para nossa sorte, a combustão da matéria orgânica ao ar, uma reação muito mais favorável do que a oxidação do Fe(II), não ocorre, a não ser que seja iniciada por uma fonte de calor intenso.

Vários fatores contribuem para a grande energia de ativação de muitas reações do O_2. O primeiro fator é a alta energia da ligação no O_2 (494 kJ mol^{-1}), que resulta em uma elevada energia de ativação para as reações que dependem de uma dissociação homolítica. Essa energia está disponível nas altas temperaturas sustentadas durante as reações de combustão altamente exotérmicas que ocorrem por mecanismos de reações em cadeia envolvendo radicais. Ao contrário, as reações em condições moderadas dependem da capacidade do O_2 em formar ligações com os outros componentes da reação. O estado fundamental tripleto do O_2, com os dois orbitais π^* ocupados com um único elétron, não é um ácido de Lewis efetivo e nem uma boa base de Lewis. Portanto, ele possui pouca tendência para reagir com ácidos ou bases de Lewis do bloco p em etapas que podem iniciar reações de transferência de dois ou quatro elétrons, termodinamicamente favoráveis. Assim, as reações do O_2 são, frequentemente, chamadas de "proibidas por spin". As reações com íons do bloco d tendo um ou mais elétrons desemparelhados não apresentam essa restrição, embora o processo mais simples, a transferência de um elétron para o O_2 resultando no superóxido, seja um processo termodinamicamente desfavorável que necessita de um agente redutor razoavelmente forte para obter-se uma velocidade de reação significativa:

$$O_2(g) + H^+(aq) + e^- \rightarrow HO_2(g) \quad E^\ominus = -0{,}13 \text{ V em pH} = 0$$
$$O_2(g) + e^- \rightarrow O_2^-(aq) \quad E^\ominus = -0{,}33 \text{ V em pH} = 14$$

As reduções de O_2 por metais do bloco d estão por trás de importantes reações catalíticas, tal como o processo Wacker para a oxidação de eteno (Seção 25.6) e na conversão do O_2 em água no catodo das pilhas a combustível (Quadro 5.1). Nas metaloenzimas (Seção 26.6), o O_2 é ativado pela coordenação com metais como Fe e Cu, levando a uma redução de quatro elétrons muito rápida do O_2 formando água, ou a incorporação de um ou ambos os átomos de oxigênio em moléculas orgânicas.

O oxigênio é o subproduto inevitável da geração eletroquímica do H_2 a partir da água, e existe muito interesse em facilitar a sua formação, cuja cinética lenta representa o principal obstáculo para o avanço da geração renovável de H_2 e o uso das pilhas a combustível devido às perdas com a sobretensão. Muitos avanços recentes na produção catalítica do O_2 baseiam-se na mimetização do cluster de óxido de Mn que produz O_2 na fotossíntese (Quadro 16.2).

16.6 Enxofre

Pontos principais: O enxofre é obtido na forma elementar de depósitos subterrâneos. Ele tem muitas formas alotrópicas e polimórficas, incluindo um polímero metaestável, mas sua forma mais estável é a molécula S_8 cíclica.

O enxofre pode ser extraído de depósitos do elemento pelo *processo Frasch*, no qual o depósito subterrâneo é forçado para a superfície usando-se água superaquecida, vapor e ar comprimido. O enxofre assim obtido está fundido, sendo deixado para esfriar em grandes lagos. O processo consome muita energia, e o sucesso comercial depende do acesso a água e energia baratas. A obtenção a partir do gás natural e do petróleo pelo *processo Claus* tem superado o processo Frasch para a obtenção do enxofre. Neste processo, o H_2S é primeiramente oxidado ao ar a 1000–1400°C. Essa etapa produz um pouco de SO_2, que então reage com o H_2S restante a 200–350°C sobre um catalisador:

$$2\,H_2S(g) + SO_2(g) \rightarrow 3\,S(l) + 2\,H_2O(l)$$

Diferentemente do O, o S (e todos os membros mais pesados do grupo) tende a formar ligações simples com ele mesmo, em vez de ligações duplas. Essa tendência, que leva à catenação (formação de longas cadeias e anéis), ocorre devido à força relativa das ligações σ p–p (que aumenta do O para o S) e π p–p (que diminui do O para o S) (Seção 9.7). Como resultado, o S agrega-se em moléculas maiores ou estruturas estendidas e, consequentemente, é um sólido à temperatura ambiente.

A forma comum polimórfica ortorrômbica amarela, α-S_8, consiste em anéis de oito membros em forma de coroa (**14**), e todas as outras formas de S eventualmente revertem para essa forma. O α-enxofre, ortorrômbico, é um isolante térmico e elétrico. Quando aquecido a 93°C, o empacotamento dos anéis S_8 modifica-se, formando o β-S_8, monoclínico. Resfriando-se o enxofre fundido, que foi aquecido acima de 150°C, forma-se o γ-enxofre, monoclínico. Esse polimorfo consiste anéis S_8 como nas formas α e β, mas o empacotamento dos anéis é mais eficiente, resultando em uma maior densidade.

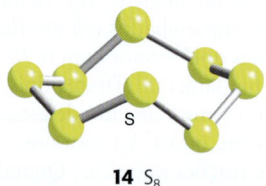

14 S_8

> *Um comentário útil* As várias entidades moleculares formadas pelo S são chamadas de alótropos do elemento. As várias formas cristalinas em que essas formas existem são chamadas de polimorfos.

É possível sintetizar e cristalizar anéis de enxofre de 6 a 20 átomos de S (Tabela 16.4). Uma complexidade adicional é que alguns desses alótropos se apresentam em vários polimorfos cristalinos. Por exemplo, são conhecidas quatro

Tabela 16.4 Propriedades dos alótropos e polimorfos selecionados de enxofre

Alótropo	Ponto de fusão/°C	Aparência
S_3	Gás	Vermelho-cereja
S_6	50*d	Vermelho-alaranjado
S_7	39*d	Amarelo
α-S_8	113	Amarelo
β-S_8	119	Amarelo
γ-S_8	107	Amarelo-claro
S_{10}	0*d	Verde-amarelado
S_{12}	148	Amarelo-claro
S_{18}	128	Amarelo-limão
S_{20}	124	Amarelo-pálido
S_∞	104	Amarelo

*d, decompõe.

formas cristalinas para o S_7 e duas para o S_{18}. O enxofre ortorrômbico funde a 113°C; o líquido amarelo formado escurece acima de 160°C, tornando-se mais viscoso à medida que os anéis de enxofre se abrem e polimerizam. Os polímeros helicoidais S_n (**15**) resultantes podem ser tirados do material fundido e resfriados rapidamente para formar materiais metaestáveis semelhantes à borracha, os quais revertem lentamente para α-S_8 à temperatura ambiente. As formas S_2 e S_3 são observadas em fase gasosa. O S_3 é vermelho-cereja e sua molécula é angular como o ozônio. A espécie gasosa mais estável é o S_2 violeta, cuja molécula, assim como o O_2, possui ligações σ e π, com um estado fundamental tripleto e uma energia de dissociação da ligação de 421 kJ mol^{-1}.

15 S_n

O enxofre reage diretamente com muitos elementos à temperatura ambiente ou em temperaturas elevadas. Ele inflama-se em F_2 para formar SF_6, reage rapidamente com Cl_2 para formar S_2Cl_2 e dissolve-se em Br_2 para formar S_2Br_2, o qual dissocia-se rapidamente. Ele não reage com I_2 líquido, o qual pode, portanto, ser usado como um solvente de baixa temperatura para o enxofre. O enxofre atômico, S, é extremamente reativo, e os estados tripleto e singleto possuem reatividades diferentes, assim como o O.

A maior parte do enxofre produzido industrialmente é usada na fabricação do ácido sulfúrico, H_2SO_4, que é um dos mais importantes produtos químicos manufaturados. O ácido sulfúrico tem muitos usos, dentre os quais a síntese de fertilizantes e, em solução aquosa diluída, como eletrólito nas baterias chumbo-ácido. O enxofre é um dos componentes da pólvora (uma mistura de nitrato de potássio, KNO_3, carbono e enxofre). Ele também é usado na vulcanização da borracha natural.

16.7 Selênio, telúrio e polônio

Pontos principais: Selênio e telúrio cristalizam em cadeias helicoidais; o polônio cristaliza na forma cúbica primitiva.

O selênio pode ser obtido da lama residual produzida nas plantas de ácido sulfúrico. O selênio e o telúrio podem ser obtidos dos minérios de sulfeto de cobre, nos quais ocorrem como seleneto ou telureto de cobre. O método de obtenção depende dos outros compostos ou elementos presentes. A primeira etapa, geralmente, envolve a oxidação na presença do carbonato de sódio:

$$Cu_2Se(aq) + Na_2CO_3(aq) + 2\ O_2(g) \rightarrow$$
$$2\ CuO(s) + Na_2SeO_3(aq) + CO_2(g)$$

A seguir, a solução contendo Na_2SeO_3 e Na_2TeO_3 é acidificada com ácido sulfúrico. O Te precipita como dióxido, deixando o ácido selenoso, H_2SeO_3, em solução. O selênio é recuperado por tratamento com SO_2:

$$H_2SeO_3(aq) + 2\ SO_2(g) + H_2O(l) \rightarrow Se(l) + 2\ H_2SO_4(aq)$$

O telúrio é liberado dissolvendo-se o TeO_2 em solução aquosa de hidróxido de sódio, seguido de redução eletrolítica:

$$TeO_2(s) + 2\ NaOH(aq) \rightarrow Na_2TeO_3(aq) + H_2O(l) \rightarrow$$
$$Te(s) + 2\ NaOH(aq) + O_2(g)$$

Da mesma forma que o S, existem três polimorfos do Se que contêm anéis Se_8 e diferem apenas na forma de empacotamento dos anéis para formar o selênio vermelho nas formas α, β e γ. A forma mais estável à temperatura ambiente é o selênio metálico cinza, um material cristalino composto de cadeias helicoidais. A forma comercial comum do elemento é o selênio preto amorfo; ele tem uma estrutura muito complexa formada por anéis de até 1000 átomos de Se. Outra forma amorfa de selênio, obtida pela deposição do vapor, é usada como fotorreceptor no processo de fotocópia. O selênio é um elemento essencial para os seres humanos, mas há uma faixa estreita de concentração entre o mínimo diário necessário e a toxicidade. Um primeiro sinal de envenenamento por Se é um cheiro de alho no hálito, devido ao selênio metilado.

O selênio exibe tanto um caráter fotovoltaico, quando a luz é convertida diretamente em eletricidade, quanto um caráter fotocondutivo. A fotocondutividade do selênio cinza vem da capacidade da luz incidente de excitar elétrons através da separação relativamente pequena entre as suas bandas (2,6 eV no material cristalino e 1,8 eV no material amorfo). Essas propriedades tornam o Se útil para a fabricação de fotocélulas e medidores de intensidade luminosa em fotografia, assim como nas células solares. O selênio também é um semicondutor do tipo p (Seção 3.20), sendo usado em aplicações eletrônicas e de estado sólido. Ele é ainda usado nos tambores das fotocopiadoras e na indústria do vidro para fazer vidros e esmaltes vermelhos.

O telúrio cristaliza em uma estrutura em cadeia, semelhante à do selênio cinza. O polônio cristaliza em uma estrutura cúbica primitiva e, em temperaturas acima de 36°C, numa estrutura bem semelhante a esta. Observamos na Seção 3.5 que uma estrutura cúbica primitiva representa um empacotamento ineficiente dos átomos, e o Po é o único elemento que adota essa estrutura em condições normais. O telúrio e o polônio são altamente tóxicos; a toxicidade do polônio é aumentada pela sua intensa radioatividade. Numa comparação em base de massa, ele é $2,5 \times 10^{11}$ vezes mais tóxico do que o ácido cianídrico. Todos os 33 isótopos do polônio são radioativos. Ele tem sido encontrado no tabaco, como um contaminante, e em minérios de urânio. Ele pode ser produzido em pequenas quantidades (alguns gramas) por meio da irradiação do ^{209}Bi (número atômico 83) com nêutrons, formando o ^{210}Po (número atômico 84):

$$^{209}_{83}Bi + ^{1}_{0}n \rightarrow ^{210}_{84}Po + e^{-}$$

O Po metálico pode ser, então, separado do Bi restante por destilação fracionada ou por eletrodeposição sobre uma superfície metálica.

Selênio, telúrio e polônio combinam-se diretamente com a maioria dos elementos, embora menos facilmente que o O e o S. A ocorrência de ligações múltiplas é menor do que para o O e o S, assim como a tendência à catenação (comparado com o S) e o número de alótropos. A inesperada dificuldade de oxidar o Se a Se(VI) (Fig. 16.2) é um exemplo da alternância (Seção 9.2a) que caracteriza grande parte da química dos elementos 4p.

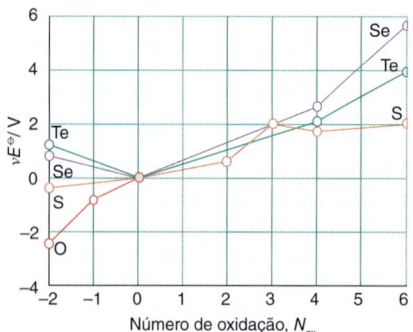

Figura 16.2 Diagrama de Frost para os elementos do Grupo 16, em meio ácido. As espécies com número de oxidação −2 são H₂E. Para o número de oxidação −1, o composto é o H₂O₂. Os números de oxidação positivos referem-se aos oxoácidos ou oxoânions.

16.8 Hidretos

O impacto da ligação hidrogênio é visto claramente nos hidretos dos elementos do Grupo 16. Os hidretos do oxigênio são a água e o peróxido de hidrogênio, que são ambos líquidos. Os hidretos dos elementos mais pesados são todos gases tóxicos malcheirosos. No caso de haver exposição a altas concentrações ou exposição prolongada a baixas concentrações, ocorre paralisia do nervo olfativo, de forma que não se pode confiar no odor para indicar a presença do hidreto.

(a) Água

Ponto principal: A ligação hidrogênio na água provoca um alto ponto de ebulição do líquido e um arranjo altamente organizado no sólido, o gelo.

Já foram identificadas, pelo menos, nove formas distintas de gelo. A 0°C e pressão atmosférica, forma-se o gelo I_h, hexagonal (Fig. 10.7), mas entre −120°C e −140°C tem-se a forma cúbica, I_c. Em pressões muito altas formam-se vários poliformos de alta densidade, alguns dos quais com estruturas semelhantes à da sílica (Seção 14.10).

A água é formada pela interação direta dos elementos:

$$H_2(g) + \tfrac{1}{2} O_2(g) \rightarrow H_2O(l) \quad \Delta_f H^\ominus(H_2O,l) = 286 \text{ kJ mol}^{-1}$$

Essa reação é muito exotérmica e serve de base para o desenvolvimento da economia do hidrogênio e das pilhas a combustível de hidrogênio (Fig. Q5.1, Quadro 10.2 e Seção 24.14).

A água é o solvente mais usado, não somente porque ele está muito disponível, mas também pela sua alta permissividade relativa (constante dielétrica), grande faixa líquida e capacidade de solvatação (devido à combinação de seu caráter polar e de sua capacidade de formar ligações hidrogênio). Muitos compostos anidros e hidratados dissolvem-se em água formando cátions e ânions hidratados. Alguns compostos predominantemente covalentes, tais como o etanol e o ácido etanoico (acético), são solúveis na água ou miscíveis com ela por causa de suas interações com o solvente através das ligações hidrogênio. Muitos outros compostos covalentes reagem com a água em reações de hidrólise; os exemplos dessas reações são discutidos nos capítulos apropriados. Além da simples dissolução e das reações de hidrólise, a importância da química em solução aquosa pode ser vista nas reações de oxirredução (Capítulo 5) e nas reações ácido-base (Capítulo 4). A água também atua como um ligante base de Lewis em complexos metálicos (Seção 7.1). As formas desprotonadas, OH⁻ e particularmente o íon óxido O²⁻, são ligantes importantes para estabilizar estados de oxidação elevados; exemplos desses ligantes são encontrados nos oxocátions simples dos primeiros elementos do bloco d, tal como o íon vanadila, VO^{2+}.

(b) Peróxido de hidrogênio

Ponto principal: O peróxido de hidrogênio é suscetível à decomposição por desproporcionação em temperaturas elevadas ou na presença de catalisadores.

O peróxido de hidrogênio é um líquido viscoso, com coloração azul muito pálida. Ele tem um ponto de ebulição mais alto que o da água (150°C) e uma maior densidade (1,445 g cm⁻³ a 25°C). Ele é miscível com a água e geralmente manuseado em solução aquosa. O diagrama de Frost para o oxigênio (Fig. 16.2) mostra que o H_2O_2 é um bom agente oxidante, mas instável em relação à desproporcionação:

$$H_2O_2(l) \rightarrow H_2O(l) + \tfrac{1}{2} O_2(g) \quad \Delta_f G^\ominus = -119 \text{ kJ mol}^{-1}$$

Essa reação é lenta, mas pode se tornar explosiva quando catalisada por uma superfície metálica ou um álcali dissolvido do vidro. Por essa razão, o peróxido de hidrogênio e as suas soluções são armazenados em garrafas plásticas, com a adição de um estabilizante. Essa reação pode ser considerada em termos das meias-reações de redução

$$\tfrac{1}{2} H_2O_2(aq) + H^+(aq) + e^- \rightarrow H_2O(l) \quad E^\ominus = +1,68 \text{ V}$$

$$H^+(aq) + \tfrac{1}{2} O_2(g) + e^- \rightarrow \tfrac{1}{2} H_2O_2(aq) \quad E^\ominus = +0,70 \text{ V}$$

Qualquer substância com um potencial padrão para oxidação ou redução de um elétron na faixa de 0,70 a 1,68 V e que tenha sítios de ligação apropriados irá catalisar essa reação. Como pode ser percebido a partir dos potenciais padrão acima, o peróxido de hidrogênio é um poderoso agente oxidante em meio ácido:

$$2 Ce^{3+}(aq) + H_2O_2(aq) + 2 H^+(aq) \rightarrow 2 Ce^{4+}(aq) + 2 H_2O(l)$$

Entretanto, em meio básico, o peróxido de hidrogênio pode atuar como um agente redutor:

$$2 Ce^{4+}(aq) + H_2O_2(aq) + 2 OH^-(aq) \rightarrow$$
$$2 Ce^{3+}(aq) + 2 H_2O(l) + O_2(g)$$

A razão para a natureza oxidante do peróxido de hidrogênio reside na sua fraca ligação simples O−O (146 kJ mol⁻¹). O peróxido de hidrogênio reage com íons de metais d, tal como o Fe^{2+}, para formar o radical hidroxila na *reação de Fenton*:

$$Fe^{2+}(aq) + H_2O_2(aq) \rightarrow Fe^{3+}(aq) + OH^-(aq) + OH^\cdot(aq)$$

O Fe^{3+} formado pode reagir com um segundo H_2O_2 e regenerar o Fe^{2+}, de forma que a produção do radical hidroxila é catalítica. O radical hidroxila é um dos agentes oxidantes mais fortes conhecidos ($E = +2,85$ V), e a reação é usada para oxidar matéria orgânica. Nas células vivas, sua reação com o DNA tem consequências potencialmente letais.

> **EXEMPLO 16.1** Decidindo se um íon pode catalisar a desproporcionação do H_2O_2
>
> O Pd^{2+} é termodinamicamente capaz de catalisar a decomposição do H_2O_2?

Resposta Para o Pd^{2+} catalisar a decomposição do H_2O_2, ele precisa atuar na reação

$$Pd^{2+}(aq) + H_2O_2(aq) \rightarrow Pd(aq) + O_2(g) + 2H^+(aq)$$

e depois ser regenerado pela reação

$$Pd(aq) + H_2O_2(aq) + 2H^+(aq) \rightarrow Pd^{2+}(aq) + 2H_2O(l)$$

De forma que a reação global é simplesmente a decomposição do H_2O_2:

$$2H_2O_2(aq) \rightarrow O_2(g) + 2H_2O(l)$$

A primeira reação é a diferença entre as meias-reações

$$Pd^{2+}(aq) + 2e^- \rightarrow Pd(aq) \qquad E^\ominus = +0{,}92\,V$$
$$O_2(g) + 2H^+(aq) + 2e^- \rightarrow H_2O_2(aq) \qquad E^\ominus = +0{,}70\,V$$

e, portanto, $E^\ominus_{pilha} = +0{,}22\,V$. Essa reação é, portanto, espontânea ($K > 1$). A segunda reação é a diferença das meias-reações

$$H_2O_2(aq) + 2H^+(aq) + 2e^- \rightarrow 2H_2O(l) \qquad E^\ominus = +1{,}76\,V$$
$$Pd^{2+}(aq) + 2e^- \rightarrow Pd(aq) \qquad E^\ominus = +0{,}92\,V$$

e, portanto, $E^\ominus_{pilha} = +0{,}84\,V$ e essa reação também é espontânea ($K > 1$). Uma vez que ambas as reações são espontâneas ($K > 1$), a decomposição catalítica é termodinamicamente favorável.

Teste sua compreensão 16.1 Usando os dados do Apêndice 3, determine se a decomposição do H_2O_2 é espontânea na presença de Br^- ou Cl^-.

O peróxido de hidrogênio é um ácido ligeiramente mais forte do que a água:

$$H_2O_2(aq) + H_2O(l) \rightleftharpoons H_3O^+(aq) + HO_2^-(aq) \qquad pK_a = 11{,}65$$

A desprotonação ocorre em outros solventes básicos tais como amônia líquida, já tendo sido isolado o NH_4OOH que consiste nos íons NH_4^+ e HO_2^-. Quando o NH_4OOH funde (a 25°C), ele contém moléculas de NH_3 e H_2O_2 ligadas por ligação hidrogênio.

A capacidade de oxidação do peróxido de hidrogênio e a natureza inofensiva dos seus subprodutos levam às suas muitas aplicações. Ele é usado no tratamento de água para oxidar poluentes, como antisséptico moderado e como alvejante na indústria têxtil, de papel e em produtos para tratamento de cabelos (Quadro 16.3).

(c) Hidretos de enxofre, selênio e telúrio

Pontos principais: A extensão da ligação hidrogênio é muito menor para estes hidretos do que para a água; todos os hidretos são gasosos.

O sulfeto de hidrogênio, H_2S, é um gás tóxico e sua toxicidade torna-se mais perigosa pelo fato de que ele tende a anestesiar os nervos olfativos, tornando a intensidade do cheiro um guia impreciso e perigoso da sua concentração. O sulfeto de hidrogênio é produzido por vulcões e por alguns micro-organismos (Quadro 16.4). Ele é uma impureza do gás natural que necessita ser removida antes de o gás ser usado.

QUADRO 16.3 Um alvejante ambientalmente amigável

O peróxido de hidrogênio está substituindo rapidamente os alvejantes à base de cloro e hipoclorito nas aplicações industriais, uma vez que ele é ambientalmente benigno, produzindo apenas água e oxigênio.

Os maiores consumidores do alvejante peróxido de hidrogênio são as indústrias de papel, têxtil e de polpa de madeira. Um mercado em expansão é o do descoramento das tintas do papel reciclado e o da fabricação do papelão (o papel marrom resistente, "papel *kraft*"). Aproximadamente 85% de todo o algodão e lã são alvejados com peróxido de hidrogênio. Uma das suas vantagens sobre os alvejantes à base de cloro é que ele não afeta muitos dos corantes modernos. Ele também é usado para descorar óleos e graxas.

O peróxido de hidrogênio é usado para tratar efluentes domésticos e industriais e esgoto. Ele reduz os odores, impedindo a formação de H_2S por reações anaeróbias nos esgotos e tubulações. Ele também atua como fonte de oxigênio nas unidades de tratamento de esgoto que usam lodo ativado. Outros usos industriais do peróxido de hidrogênio são a epoxidação dos óleos de soja e de linhaça para produzir plastificantes e estabilizantes para a indústria de plásticos e como um propelente em torpedos e mísseis. Especula-se que o afundamento do submarino russo *Kursk*, em 2000, foi devido a uma explosão envolvendo o peróxido de hidrogênio usado como combustível nos seus torpedos.

O peróxido de hidrogênio vem sendo cada vez mais usado como um oxidante verde. Ele pode ser usado em solução aquosa se gerado *in situ* e seu único subproduto é a água.

QUADRO 16.4 O ciclo do enxofre

O enxofre é essencial a todas as formas de vida pela sua presença nos aminoácidos cisteína e metionina e em muitos sítios ativos de estruturas vitais, entre os quais o sulfeto inorgânico das proteínas Fe–S e todas as enzimas de molibdênio e de tungstênio. Além disso, muitos organismos obtêm energia pela oxidação ou redução de compostos inorgânicos de enxofre. As transformações que resultam desses processos constituem o ciclo do enxofre. A Figura Q16.2 é uma versão incompleta do ciclo do enxofre, destacando algumas das moléculas participantes conhecidas.

Os extremos da oxirredução na química do enxofre são evidenciados pelo sulfato, a forma mais oxidada, e pelo H_2S e suas formas ionizadas HS^- e S^{2-}, as formas mais reduzidas. Muitas classes de organismos ocupam nichos ecológicos definidos pelo enxofre.

As bactérias redutoras de enxofre (em inglês SRBs, *sulfur-reducing bacteria*) usam o sulfato como receptor de elétrons e geram sulfeto em condições anaeróbias. Essas bactérias anaeróbias são encontradas em ambientes onde existem SO_4^{2-} e matéria orgânica reduzida como, por exemplo, nos sedimentos marinhos anóxicos e no rume dos ovinos e bovinos. As BRSs são importantes na formação dos minérios de sulfeto, na biocorrosão, nas transformações do petróleo em condições anaeróbias, no antagonismo Cu-Mo nos ruminantes e em muitos outros contextos fisiológicos, ecológicos e biogeoquímicos.

A redução do sulfato é feita em duas etapas:

$$SO_4^{2-} + 8e^- + 10H^+ \rightarrow H_2S + 4H_2O$$

Primeiramente, o sulfato relativamente pouco reativo deve ser ativado. Essa etapa é feita por meio da reação com o ATP para formar o fosfossulfato de adenosina (APS, em inglês) e pirofosfato. A hidrólise posterior do pirofosfato ($\Delta_r H^\ominus = -30{,}5\,kJ\,mol^{-1}$) desloca a reação de formação do APS para a direita:

$$ATP + SO_4^{2-} \rightarrow APS + P_2O_7^{4-}$$

A enzima APS redutase executa a redução catalítica do intermediário de sulfato a sulfito:

$$APS + 2e^- + H^+ \rightarrow AMP + HSO_3^-$$

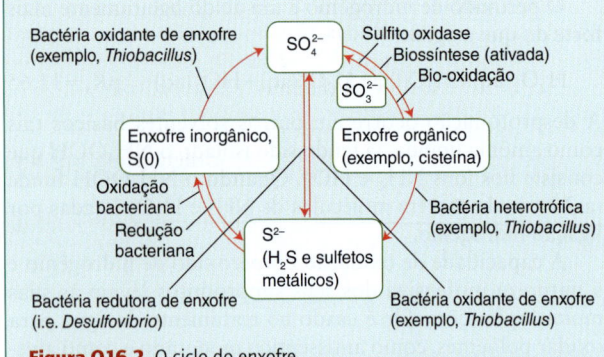

Figura Q16.2 O ciclo do enxofre.

A conversão do sulfito em sulfeto é então catalisada pela enzima sulfito redutase:

$$HSO_3^- + 6e^- + 7H^+ \rightarrow H_2S + 3H_2O$$

A parte oxidativa do ciclo do enxofre é do domínio das bactérias que obtêm energia a partir da oxidação de várias espécies de S. Algumas espécies de *Thiobacilli* podem oxidar o sulfeto dos minérios, por exemplo, os sulfetos de ferro. A oxidação do sulfeto a sulfato produz um ambiente ácido no qual algumas espécies de *Thiobacilli* desenvolvem-se, podendo alterar o pH para produzir condições ácidas favoráveis aos seus próprios processos metabólicos. A água de drenagem de uma mina pode ter um pH produzido microbiologicamente tão baixo quanto 1,5, e as *Thiobacilli* são usadas comercialmente para mobilizar os metais de minérios de sulfeto. Por exemplo, as *Thiobacillus ferrooxidans* não somente oxidam o enxofre nos depósitos de sulfeto de ferro, mas também oxidam o ferro(II) a ferro(III), o qual é solúvel em pH baixo:

$$4\,FeS_2 + 15\,O_2 + 2\,H_2O \rightarrow 4\,Fe^{3+} + 8\,SO_4^{2-} + 4\,H^+$$

As *Thiobacilli* vivem somente em materiais inorgânicos: elas usam a energia obtida da oxidação do sulfeto para realizar as suas reações celulares, inclusive a fixação do carbono a partir do CO_2.

O H_2S puro pode ser preparado pela combinação direta dos elementos acima de 600°C:

$$H_2(g) + S(l) \rightarrow H_2S(s)$$

O sulfeto de hidrogênio é gerado facilmente em laboratório pela ação do ácido clorídrico ou do ácido fosfórico diluídos sobre FeS:

$$FeS(s) + 2\,HCl(aq) \rightarrow H_2S(g) + FeCl_2(aq)$$

Ele também pode ser preparado pela hidrólise do sulfeto de alumínio, o qual é facilmente gerado pela ignição de uma mistura dos elementos:

$$2\,Al(s) + 3\,S(s) \rightarrow Al_2S_3(s)$$
$$Al_2S_3(s) + 3\,H_2O(l) \rightarrow Al_2O_3(s) + 3\,H_2S(g)$$

Ele solubiliza-se facilmente em água e é um ácido fraco:

$$H_2S(aq) + H_2O(l) \rightleftharpoons H_3O^+(aq) + HS^-(aq) \quad pK_{a1} = 6,89$$
$$HS^-(aq) + H_2O(l) \rightleftharpoons H_3O^+(aq) + S^{2-}(aq) \quad pK_{a2} = 19,00$$

As soluções ácidas de H_2S são agentes redutores moderados e produzem um depósito S elementar quando em repouso.

De modo similar, o H_2Se pode ser feito pela combinação direta dos elementos, pela reação do FeSe com ácido clorídrico ou pela hidrólise do Al_2Se_3:

$$H_2(g) + Se(s) \rightarrow H_2Se(g)$$
$$FeSe(s) + 2\,HCl(aq) \rightarrow H_2Se(g) + FeCl_2(aq)$$
$$Al_2Se_3(s) + 3\,H_2O(l) \rightarrow Al_2O_3(s) + 3\,H_2Se(g)$$

O H_2Te é feito pela hidrólise do Al_2Te_3 ou pela ação do ácido clorídrico sobre os teluretos de Mg, Zn ou Al:

$$Al_2Te_3(s) + 6\,H_2O(l) \rightarrow 3\,H_2Te(g) + 2\,Al(OH)_3(aq)$$
$$MgTe(s) + 2\,HCl(aq) \rightarrow H_2Te(g) + MgCl_2(aq)$$

As solubilidades em água do H_2Se e do H_2Te são semelhantes à do H_2S. As constantes de acidez dos hidretos (que são próticos) aumentam do H_2S para o H_2Te (Tabela 16.2). Assim como os seus análogos de enxofre, as soluções aquosas de H_2Se e H_2Te são facilmente oxidadas e, quando em repouso, depositam selênio e telúrio elementar.

16.9 Haletos

Pontos principais: Os haletos de oxigênio possuem estabilidade limitada, mas seus congêneres mais pesados formam uma extensa série de compostos halogenados; as fórmulas típicas são EX_2, EX_4 e EX_6.

O número de oxidação do oxigênio é –2 em todos os seus compostos com halogênios, exceto com o F. O difluoreto de oxigênio, OF_2, é o fluoreto superior de oxigênio e, consequentemente, apresenta o oxigênio em seu estado de oxidação mais elevado (+2).

As estruturas dos haletos de enxofre S_2F_2, SF_4, SF_6 e S_2F_{10} (Tabela 16.3) estão todas de acordo com o modelo RPECV. Assim, o SF_4 possui 10 elétrons de valência ao redor do átomo de S, 2 dos quais formam um par isolado na posição equatorial de uma bipirâmide trigonal. Já mencionamos a evidência teórica de que os orbitais moleculares que fazem a ligação dos átomos de F ao átomo central no SF_6 são formados principalmente pelos orbitais 4s e 4p do enxofre, com os orbitais 3d tendo um papel pouco significativo (Seção 2.11). O mesmo parece ser verdade no SF_4 e no S_2F_{10}.

O hexafluoreto de enxofre é um gás à temperatura ambiente. Ele é muito pouco reativo e sua inércia deriva, provavelmente, da proteção estérea do átomo de S central, o que suprime as reações termodinamicamente favoráveis tais como a hidrólise

$$SF_6(g) + 4\,H_2O(l) \rightarrow 6\,HF(aq) + H_2SO_4(aq)$$

A molécula de SeF_6, com menor estereoimpedimento, é facilmente hidrolisada, sendo geralmente mais reativa do que o SF_6. Da mesma forma, a molécula de SF_4, com menor estereoimpedimento, é reativa e sofre rápida hidrólise parcial:

$$SF_4(g) + H_2O(l) \rightarrow OSF_2(aq) + 2\,HF(aq)$$

Tanto o SF_4 quanto o SeF_4 são agentes de fluoração seletivos para a conversão de –COOH em –CF_3 e dos grupos C=O e P=O nos grupos CF_2 e PF_2:

$$2\,R_2CO(l) + SF_4(g) \rightarrow 2\,R_2CF_2(solv) + SO_2(g)$$

Os cloretos de enxofre são comercialmente importantes. A reação do enxofre fundido com Cl_2 produz uma substância tóxica e malcheirosa, o dicloreto de dienxofre, S_2Cl_2, que é um líquido amarelo à temperatura ambiente (p.e. 138°C). O dicloreto de dienxofre e seu produto de cloração adicional, o dicloreto de enxofre, SCl_2, um líquido vermelho instável, são produzidos em grande quantidade para uso na vulcanização da borracha. Neste processo, formam-se pontes de átomos de S entre as cadeias do polímero, de forma que a peça de borracha possa então reter sua forma.

16.10 Óxidos metálicos

Pontos principais: Os óxidos formados pelos metais incluem os óxidos básicos com um número de coordenação alto para o oxigênio, que são formados principalmente com íons M^+ e M^{2+}. Os óxidos com metais em estados de oxidação intermediários possuem, frequentemente, estruturas mais complexas e são anfóteros. Os peróxidos e superóxidos metálicos são formados entre o O_2 e os metais alcalinos e alcalinoterrosos. Ligações E=O terminais e pontes E–O–E são comuns com não metais e metais em estado de oxidação elevado. Existem muitos óxidos diferentes dos elementos do bloco d, com uma ampla variedade de estruturas e que variam desde redes iônicas até moléculas covalentes.

A molécula de O_2 retira facilmente elétrons dos metais para formar vários óxidos metálicos contendo os ânions O^{2-} (óxido), O_2^- (superóxido) e O_2^{2-} (peróxido). Muito embora a formação do O^{2-} possa ser interpretada em termos da sua configuração eletrônica de camada fechada de um gás nobre, a formação do $O^{2-}(g)$ a partir do $O(g)$ é altamente endotérmica, e esse íon é estabilizado no estado sólido pelas grandes energias de rede que resultam de sua alta razão carga-raio (Seção 3.12).

Os metais alcalinos e alcalinoterrosos frequentemente formam peróxidos ou superóxidos (Seções 11.8 e 12.8), mas os peróxidos e superóxidos de outros metais são raros. Dentre os metais, somente alguns metais nobres não formam óxidos termodinamicamente estáveis. Entretanto, mesmo quando não se forma uma fase óxido, uma superfície metálica atomicamente limpa (que só pode ser preparada em um ultra-alto vácuo) é rapidamente coberta por uma camada superficial de óxido quando exposta a traços de oxigênio.

Existem muitos óxidos, com várias estruturas diferentes, para os elementos do bloco d. O oxigênio tem a capacidade de produzir o mais alto estado de oxidação de alguns elementos, embora existam óxidos de alguns elementos em estado de oxidação muito baixos: no Cu_2O, o cobre está presente como Cu(I). São conhecidos monóxidos para todos os metais da série 3d. Os monóxidos possuem a estrutura de sal-gema característica dos sólidos iônicos, mas suas propriedades, que serão discutidas mais detalhadamente no Capítulo 24, indicam desvios significativos do modelo iônico simples $M^{2+}O^{2-}$. Por exemplo, o TiO possui uma condutividade semelhante à dos metais e o FeO é sempre deficiente em ferro. Os monóxidos do início do bloco d são fortes agentes redutores. Assim, o TiO é facilmente oxidado pela água ou pelo oxigênio e o MnO é um removedor de oxigênio muito prático, usado em laboratório para remover a impureza de oxigênio dos gases inertes até um nível tão baixo quanto partes por bilhão.

As tendências estruturais dos óxidos metálicos são difíceis de serem sistematizadas, mas nos óxidos em que o metal possui estado de oxidação +1, +2 ou +3, o íon O^{2-} geralmente está em um sítio com alto número de coordenação:

M(I): os óxidos M_2O normalmente possuem uma estrutura do rutílio ou antifluorita (coordenação 6:3 e 8:4, respectivamente).

M(II): os óxidos MO geralmente possuem a estrutura de sal-gema (coordenação 6:6).

M(III): os óxidos M_2O_3 frequentemente possuem coordenação 6:4.

No outro extremo, os compostos MO_4 são moleculares como, por exemplo, o composto tetraédrico tetróxido de ósmio, OsO_4. As estruturas dos óxidos com metais em estados de oxidação elevados e dos óxidos com elementos não metálicos frequentemente apresentam um caráter de ligação múltipla, em que o O^{2-} doa um par de elétrons através de uma ligação σ e usa um ou dois pares de elétrons através de uma ligação π. São frequentes os desvios dessas estruturas simples para os metais do bloco p, em que o empacotamento menos simétrico dos íons O^{2-} ao redor do metal pode, muitas vezes, ser entendido em termos da existência de um par isolado estereoquimicamente ativo, como no PbO (Seção 14.11). Outro padrão estrutural comum para não metais e alguns metais em estado de oxidação elevado é a presença de um átomo de oxigênio em ponte, E–O–E, em estruturas angulares e lineares.

16.11 Sulfetos, selenetos, teluretos e polonetos metálicos

Pontos principais: Íons sulfeto monoatômicos e poliatômicos ocorrem como ânions discretos e ligantes. A maioria dos metais 3d forma monossulfetos com estrutura de arseneto de níquel. Os metais das séries 4d e 5d geralmente formam dissulfetos com camadas alternadas de íons metálicos e íons sulfeto; os dissulfetos binários dos primeiros metais d têm normalmente uma estrutura em camadas, enquanto que o dissulfeto de Fe^{2+} e os dissulfetos de vários metais d do final do período de transição contêm íons S_2^{2-} discretos. Ligantes polissulfeto quelantes são comuns nos compostos de coordenação de enxofre com os metais das séries 4d e 5d.

Muitos metais ocorrem naturalmente como minérios de sulfeto. Os minérios são ustulados ao ar para formar o óxido ou o sulfato solúvel em água, dos quais os metais são obtidos. Os sulfetos podem ser preparados em laboratório ou industrialmente por várias rotas: combinação direta dos elementos, redução de um sulfato ou precipitação de um sulfeto insolúvel pela adição de H_2S a uma solução:

$$Fe(s) + S(s) \rightarrow FeS(s)$$
$$MgSO_4(s) + 4\,C(s) \rightarrow MgS(s) + 4\,CO(g)$$
$$M^{2+}(aq) + H_2S(g) \rightarrow MS(s) + 2\,H^+(aq)$$

As solubilidades dos sulfetos metálicos sao muito variadas. Os sulfetos dos Grupos 1 e 2 são solúveis, enquanto que os dos elementos pesados dos Grupos 11 e 12 estão entre os compostos mais insolúveis conhecidos. Essa grande variação permite separar efetivamente diversos metais com base na solubilidade dos seus sulfetos.

Os sulfetos do Grupo 1, M_2S, adotam a estrutura da antifluorita (Seção 3.9). Os elementos do Grupo 2 e alguns elementos do bloco f formam monossulfetos, MS, com uma estrutura de sal-gema. Os monossulfetos são mais comuns com metais da série 3d (Tabela 16.5) e geralmente apresentam estrutura de arseneto de níquel (Fig. 3.36). Os dissulfetos dos metais d encontram-se em duas grandes classes (Tabela 16.6). Uma classe consiste em compostos que têm uma estrutura em camadas como o CdI_2 ou MoS_2; a outra classe consiste em compostos que contêm grupos S_2^{2-} discretos, com estrutura de pirita ou marcassita.

Os dissulfetos em camadas são construídos a partir de uma camada de sulfeto, uma camada de metal e depois outra camada de sulfeto (Fig. 16.3, por exemplo). Estes sanduíches ficam empilhados no cristal com a camada de sulfeto de uma fatia ficando adjacente à camada de sulfeto da fatia seguinte. Claramente, essa estrutura cristalina não é consistente com um modelo iônico simples, e sua formação é um sinal de covalência nas ligações entre o íon sulfeto macio e os cátions de metal d. O íon metálico nessas estruturas em camadas está cercado por seis átomos de S. Esse ambiente de coordenação é, em alguns casos, octaédrico (como no PtS_2, que adota a estrutura do CdI_2 mostrada na Fig. 16.3) e em outros casos é trigonal prismático (MoS_2). A estrutura em camadas do MoS_2 é favorecida pela ligação S–S, como indicado pela curta distância S–S entre cada uma das fatias no MoS_2. Alguns dos sulfetos metálicos em camadas sofrem facilmente reações de intercalação em que íons ou moléculas penetram entre as camadas de sulfeto adjacentes (Seção 24.9).

Os compostos contendo íons S_2^{2-} discretos adotam a estrutura da pirita ou da marcassita (Fig. 16.4). A estabilidade do íon S_2^{2-} nos sulfetos metálicos é muito maior que a do íon O_2^{2-} nos peróxidos, e existem muito mais sulfetos metálicos em que o ânion é o S_2^{2-} do que peróxidos. O ânion radical S_3^- existe no pigmento azul *ultramarino*. O ultramarino é um aluminossilicato que contém ânions S_3^- e cátions sódio embebidos nos poros da sua estrutura. A cor do pigmento pode ser mudada substituindo-se o sódio por outros diferentes cátions; por exemplo, o pigmento prata ultramarino é verde.

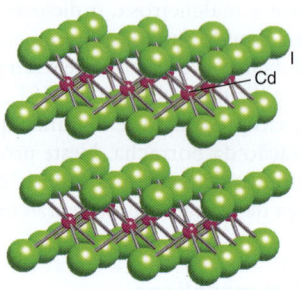

Figura 16.3 Estrutura do CdI_2 adotada por muitos dissulfetos.

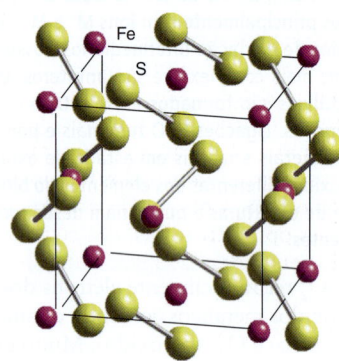

Figura 16.4 Estrutura da pirita, FeS_2.

Os complexos tiometalatos simples como o $[MoS_4]^{2-}$ podem ser facilmente sintetizados passando-se gás H_2S por uma solução aquosa fortemente básica de íons molibdato ou tungstato:

$$[MoO_4]^{2-}(aq) + 4\,H_2S(g) \rightarrow [MoS_4]^{2-}(aq) + 4\,H_2O(l)$$

Esses ânions tetratiometalatos são elementos de construção para a síntese de complexos contendo mais átomos metálicos. Por exemplo, eles irão coordenar-se com muitos íons metálicos dipositivos, tais como Co^{2+} e Zn^{2+}:

$$Co^{2+}(aq) + 2\,[MoS_4]^{2-}(aq) \rightarrow [S_2MoS_2CoS_2MoS_2]^{2-}(aq)$$

Os íons polissulfetos, como o S_2^{2-} e o S_3^{2-}, os quais são formados pela adição de enxofre elementar a uma solução de sulfeto de amônio, também podem atuar como ligantes. Como exemplo, temos o $[Mo_2(S_2)_6]^{2-}$ (**16**), que é formado a partir do polissulfeto de amônio e $[MoO_4]^{2-}$; ele contém ligantes S_2^{2-} que se ligam ao metal lateralmente. Os polissulfetos maiores ligam-se ao átomo metálico formando anéis quelato, como no $[WS(S_4)_2]^{2-}$ (**17**), que contém ligantes quelatos S_4^{2-}.

Tabela 16.5 Estruturas dos compostos MS do bloco d (os compostos sombreados têm estrutura de arseneto de níquel; os compostos não sombreados têm estrutura de sal-gema)*

Grupo						
4	5	6	7	8	9	10
Ti	V		Mn†	Fe	Co	Ni
Zr	Nb					

*Os monossulfetos metálicos do Grupo 6 não são mostrados; alguns dos metais mais pesados têm estruturas complexas.
†O MnS tem dois polimorfos; um possui a estrutura do sal-gema e o outro da wurtzita.

Tabela 16.6 Estruturas dos compostos MS_2 do bloco d (os compostos sombreados têm estrutura em camadas; os compostos não sombreados têm estrutura de pirita ou marcassita)*

Grupo							
4	5	6	7	8	9	10	11
Ti				Mn	Fe	Co	Ni	Cu
Zr	Nb	Mo			Ru	Rh		
Hf	Ta	W	Re	Os	Ir	Pt	

*Os metais não apresentados não formam dissulfetos ou possuem estruturas complexas.
Adaptado de A.F. Wells, *Structural inorganic chemistry*. Oxford University Press (1984).

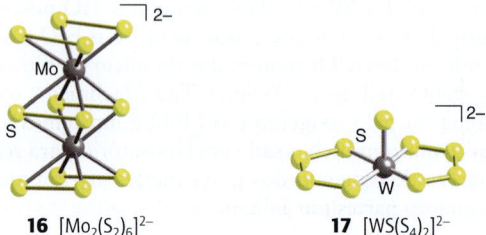

16 $[Mo_2(S_2)_6]^{2-}$ **17** $[WS(S_4)_2]^{2-}$

Os seleneto e teluretos são as fontes naturais mais comuns de ocorrência dos elementos. Os selenetos, teluretos e polonetos dos Grupos 1 e 2 são preparados por interação direta dos elementos em amônia líquida. Eles são sólidos solúveis em água que são rapidamente oxidados ao ar para formar os elementos, com exceção dos polonetos que estão entre os compostos mais estáveis deste elemento. Os selenetos e teluretos de Li, Na e K adotam a estrutura da antifluorita; aqueles dos elementos mais pesados do Grupo 1 adotam a estrutura de sal-gema. Os selenetos, teluretos e polonetos de metais d também são preparados por interação direta entre os elementos e são não estequiométricos. Dois exemplos são os compostos de estequiometria aproximada Ti_2Se e Ti_3Se.

Os sulfetos, selenetos e teluretos dos elementos do Grupo 12 formam os semicondutores dos Grupos 12/16 (antigamente conhecidos como semicondutores II/VI), de importância industrial (Seção 24.19). Esses compostos contêm um cátion do Grupo 12 e um ânion do Grupo 16 e são mais iônicos do que os semicondutores dos Grupos 13/15. Como exemplos temos o CdS, CdSe, CdTe e ZnSe, que são usados em aplicações optoeletrônicas, tais como as células solares e os diodos emissores de luz, e como biomarcadores (Quadro 19.4).

16.12 Óxidos

Os óxidos dos elementos que não pertencem ao Grupo 16 estão descritos nos capítulos dos seus respectivos grupos. Nesta seção, concentraremo-nos nos compostos formados entre o oxigênio e os seus congêneres do Grupo 16.

(a) Óxidos e oxo-haletos de enxofre

Pontos principais: O dióxido de enxofre é um ácido de Lewis moderado diante das bases do bloco p; o $OSCl_2$ é um poderoso agente secante.

O dióxido de enxofre e o trióxido de enxofre são ácidos de Lewis, com o átomo de S sendo o sítio receptor, o SO_3 é, no entanto, o ácido muito mais forte e mais duro. A elevada acidez de Lewis do SO_3 explica a sua ocorrência como um trímero cíclico sólido, com pontes de O, a temperatura e pressão ambientes (4).

O dióxido de enxofre é fabricado em grande escala pela combustão do enxofre ou do H_2S ou pela ustulação ao ar dos minérios de sulfeto:

$$4\,FeS(s) + 7\,O_2(g) \rightarrow 4\,SO_2(g) + 2\,Fe_2O_3(s)$$

O dióxido de enxofre é solúvel em água, formando uma solução geralmente chamada de ácido sulfuroso, H_2SO_3, mas que na verdade é uma mistura complexa de diversas espécies. O dióxido de enxofre forma complexos fracos com bases de Lewis simples do bloco p. Por exemplo, embora ele não forme um complexo estável com H_2O, ele forma complexos estáveis com bases de Lewis mais fortes, como a trimetilamina e os íons F^-. O dióxido de enxofre é um bom solvente para substâncias ácidas.

EXEMPLO 16.2 Deduzindo as estruturas e as propriedades dos complexos de SO_2

Sugira as estruturas prováveis do SO_2F^- e do $(CH_3)_3NSO_2$ e preveja as suas reações com OH^-.

Resposta Um bom ponto de partida para a discussão da geometria é a construção da estrutura de Lewis. A estrutura de Lewis do SO_2 já é mostrada em (18). Sabemos que o SO_2 pode atuar tanto como ácido ou base de Lewis, mas, nos casos presentes, o SO_2 atua como um ácido de Lewis, formando um complexo com a base F^- ou com $(CH_3)_3N$. Ambos os complexos possuem ainda um par isolado no S, e os quatro pares de elétrons resultantes formam um tetraedro em torno do átomo de S, gerando os complexos piramidais trigonais (19) e (20). Como o íon OH^- é uma base de Lewis mais forte do que o F^- e o $N(CH_3)_3$, ele irá formar um complexo com o SO_2, preferencialmente, em ambos os casos. Assim, a exposição de qualquer dos complexos ao OH^- produzirá o íon hidrogenossulfito, HSO_3^-, que se apresenta como dois isômeros, (21) e (22).

QUADRO 16.5 Chuva ácida

Os principais componentes da chuva ácida são os ácidos nítrico e sulfúrico, produzidos pela interação dos óxidos com radicais hidroxila. Os radicais hidroxila são formados quando a água reage com os átomos de oxigênio que são produzidos pela fotodecomposição do ozônio:

$$HO\cdot + NO_2 \rightleftharpoons HNO_3$$
$$HO\cdot + SO_2 \rightleftharpoons HSO_3\cdot$$
$$HSO_3\cdot + O_2 + H_2O \rightleftharpoons H_2SO_4 + HO_2\cdot$$

Os radicais hidroperoxila resultantes produzem radicais hidroxila adicionais:

$$HO_2\cdot + X \rightleftharpoons XO + HO\cdot \qquad X = NO\ ou\ SO_2$$

As moléculas de ácido sulfúrico e nítrico formam ligações hidrogênio e interagem fortemente umas com as outras, com óxidos metálicos, com gases da atmosfera e com a água para formar partículas. Essas pequenas partículas constituem a principal ameaça à saúde no ar poluído. Estudos recentes têm associado de maneira convincente o aumento das concentrações de material particulado, na faixa de 2,5 μm ou menos, com o aumento da mortalidade por doenças pulmonares e principalmente cardíacas. Essas partículas são suficientemente pequenas para se alojarem profundamente nos pulmões, podendo transportar substâncias químicas nocivas em sua superfície.

Além dos seus efeitos fisiológicos, essas partículas afetam o ecossistema por causa dos ácidos que elas contêm. À medida que a acidez da chuva aumenta, os prótons carreiam cada vez mais os íons de metais alcalinos (Na^+, K^+) e alcalinoterrosos (Ca^{2+}, Mg^{2+}) do solo, onde eles são mantidos em sítios de troca iônica nas argilas, humo ou calcário. A redução destes nutrientes limita o crescimento das plantas. Esses mesmos processos químicos também causam a erosão das estátuas de mármore e de construções. Lagos em leito de granito (que têm baixa capacidade de tamponamento) podem ser acidificados, levando ao desaparecimento dos peixes e outras formas de vida aquática. Uma vez que as emissões das fontes de combustão podem atravessar longas distâncias, a chuva ácida é um problema regional, com grandes áreas em risco, particularmente na direção do vento proveniente das termelétricas a carvão, que têm chaminés altas para dispersar os gases de exaustão contendo NO e SO_2. Esses efeitos ambientais e de saúde tornam o NO e o SO_2 um dos principais focos da legislação relacionada com a poluição do ar.

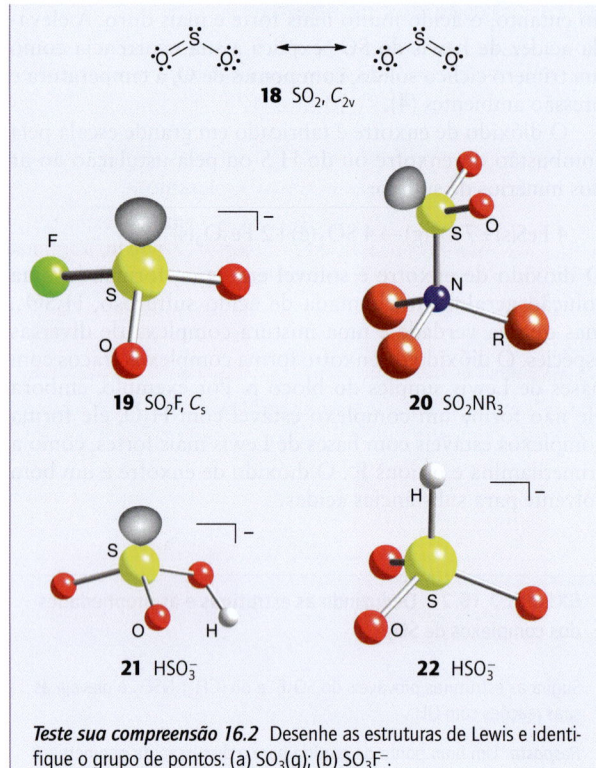

18 SO$_2$, C_{2v}

19 SO$_2$F, C_s

20 SO$_2$NR$_3$

21 HSO$_3^-$

22 HSO$_3^-$

Teste sua compreensão 16.2 Desenhe as estruturas de Lewis e identifique o grupo de pontos: (a) SO$_3$(g); (b) SO$_3$F$^-$.

(b) Óxidos de selênio e telúrio

Pontos principais: Os dióxidos de selênio e de telúrio são polimórficos; o dióxido de selênio é termodinamicamente menos estável do que o SO$_2$ e o TeO$_2$; o trióxido de selênio, SeO$_3$, é termodinamicamente menos estável do que o SeO$_2$.

Os dióxidos de Se, Te e Po podem ser preparados pela reação direta dos elementos. O dióxido de selênio é um sólido branco que sublima a 315°C. Ele tem uma estrutura polimérica no estado sólido (**23**). Ele é termodinamicamente menos estável do que o SO$_2$ e o TeO$_2$ e é reduzido a selênio por reação com NH$_3$, N$_2$H$_4$ ou SO$_2$ aquoso:

$$3\,SeO_2(s) + 4\,NH_3(l) \rightarrow 3\,Se(s) + 2\,N_2(g) + 6\,H_2O(l)$$

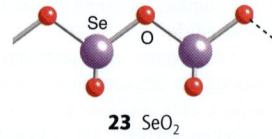

23 SeO$_2$

O dióxido de selênio é usado como um agente oxidante em química orgânica.

O dióxido de telúrio ocorre naturalmente como o mineral telurita, β-TeO$_2$, que tem uma estrutura em camadas na qual unidades de TeO$_4$ formam dímeros (**24**). O α-TeO$_2$ sintético consiste em unidades TeO$_4$ similares que compartilham todos os vértices formando uma estrutura tridimensional semelhante ao rutílio (**25**). O dióxido de polônio se apresenta na forma amarela, com a estrutura da fluorita, e na forma vermelha, tetragonal.

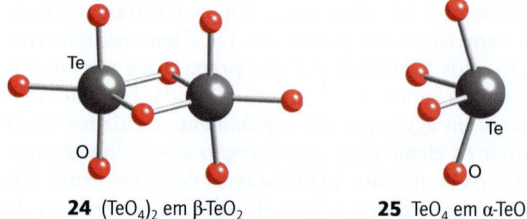

24 (TeO$_4$)$_2$ em β-TeO$_2$

25 TeO$_4$ em α-TeO$_2$

O trióxido de selênio, diferentemente do SO$_3$ e do TeO$_3$, é termodinamicamente menos estável que o dióxido (Tabela 16.7). Ele é um sólido higroscópico branco que sublima a 100°C e se decompõe a 165°C. No estado sólido, a estrutura baseia-se em tetrâmeros Se$_4$O$_{12}$ (**26**), mas é monomérica na fase vapor. O trióxido de telúrio existe na forma amarela α-TeO$_3$, a qual é preparada pela desidratação do Te(OH)$_6$, e na forma mais estável β-TeO$_3$, que é feita aquecendo-se o α-TeO$_3$ ou o Te(OH)$_6$ em presença de oxigênio.

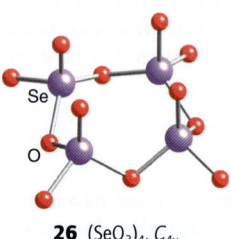

26 (SeO$_3$)$_4$, C_{4v}

(c) Oxo-haletos de calcogênios

Pontos principais: Os oxo-haletos mais importantes são os de enxofre; são conhecidos os oxofluoretos de selênio e de telúrio, e o íon "teflato" é um bom ligante.

Muitos oxo-haletos de calcogênios são conhecidos. Os mais importantes são os di-haletos de tionila, OSX$_2$, e os di-haletos de sulfurila, O$_2$SX$_2$. Uma aplicação de laboratório do dicloreto de tionila é a desidratação de cloretos metálicos:

$$MgCl_2 \cdot 6H_2O(s) + 6\,OSCl_2(l) \rightarrow MgCl_2(s) + 6\,SO_2(g) + 12\,HCl(g)$$

São conhecidos o composto F$_5$TeOTeF$_5$ e seu análogo de selênio. O íon OTeF$_5^-$, conhecido informalmente como "teflato", é um ânion volumoso que contém um átomo de oxigênio eletronegativo capaz de doar um par de elétrons em uma ligação coordenada. O teflato é um ligante bem estabelecido em complexos de metais d em alto estado de oxidação e de elementos dos grupos principais tais como [Ti(OTeF$_5$)$_6$]$^{2-}$ (**27**), [Xe(OTeF$_5$)$_6$] e [M(C$_5$H$_5$)$_2$(OTeF$_5$)$_2$], onde M = Ti, Zr, Hf, W e Mo.

Tabela 16.7 Entalpias padrão de formação, $\Delta_f H^\ominus$/(kJ mol^{-1}), dos óxidos de enxofre, selênio e telúrio

SO$_2$	−297	SO$_3$	−432
SeO$_2$	−230	SeO$_3$	−184
TeO$_2$	−325	TeO$_3$	−348

16.13 Oxoácidos de enxofre

O enxofre (assim como o N e o P) forma muitos oxoácidos. Eles existem em solução aquosa ou como sais sólidos de oxoânions (Tabela 16.8). Muitos deles são importantes no laboratório e na indústria.

(a) Propriedades de oxirredução dos oxoânions

Pontos principais: Dentre os oxoânions de enxofre temos o íon sulfito, SO_3^{2-}, que é um bom agente redutor, o íon sulfato, SO_4^{2-}, praticamente inerte, e o íon peroxodissulfato, $O_3SOOSO_3^{2-}$, fortemente oxidante. Da mesma forma que para o enxofre, as reações de oxirredução dos oxoânions de selênio e telúrio são frequentemente lentas.

Os números de oxidação comuns do enxofre são −2, 0, +2, +4 e +6, mas também há muitas espécies com ligações S–S às quais são atribuídos números de oxidação médios ímpares

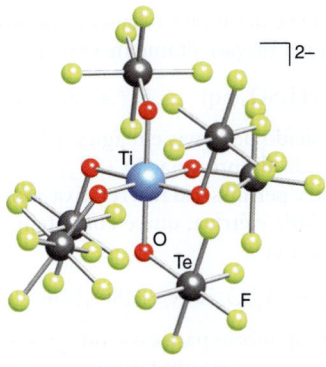

27 $[Ti(OTeF_5)_6]^{2-}$

Tabela 16.8 Alguns oxoânions de enxofre

Número de oxidação	Fórmula	Nome	Estrutura	Comentários
Um átomo de S				
+4	SO_3^{2-}	Sulfito		Agente redutor, básico
+6	SO_4^{2-}	Sulfato		Fracamente básico
Dois átomos de S				
+2	$S_2O_3^{2-}$	Tiossulfato		Agente redutor moderadamente forte
+3	$S_2O_4^{2-}$	Ditionito		Agente redutor forte
+4	$S_2O_5^{2-}$	Dissulfito		
+5	$S_2O_6^{2-}$	Ditionato		Resistente a oxidação e redução
Oxoânions polissulfurados				
Variável	$S_nO_{2n+2}^{2-}$ $3 \leq n \leq 20$	$n = 3$, tritionato		

ou fracionários. Um exemplo simples é o íon tiossulfato, $S_2O_3^{2-}$, no qual o número de oxidação médio do S é +2, mas os ambientes dos dois átomos de S são muito diferentes. As relações termodinâmicas entre os estados de oxidação são apresentadas pelo diagrama de Frost (Figura 16.2). Da mesma forma que para muitos outros oxoânions do bloco p, muitas das reações termodinamicamente favoráveis são lentas quando o elemento está em seu estado de oxidação máximo (+6), como no SO_4^{2-}. Outro fator cinético é sugerido pelo fato de que os números de oxidação dos compostos contendo um único átomo de S geralmente mudam de 2 em 2, sugerindo uma rota de transferência de um átomo de O no mecanismo. Em alguns casos, opera um mecanismo radicalar, como na oxidação dos tióis e álcoois pelo peroxodissulfato, no qual a quebra da ligação O–O produz o ânion radical transiente SO_4^-.

Vimos na Seção 5.6 que o pH de uma solução tem um efeito marcante nas propriedades de oxirredução dos oxoânions. Essa forte dependência é observada para o SO_2 e para o SO_3^{2-}, uma vez que o primeiro é facilmente reduzido em meio ácido, o que o torna um agente oxidante, enquanto o segundo é essencialmente um agente redutor em meio básico:

$SO_2(aq) + 4\,H^+(aq) + 4\,e^- \rightarrow S(s) + 2\,H_2O(l)$ $E^\ominus = +0{,}50\text{ V}$

$SO_4^{2-}(aq) + H_2O(l) + 2\,e^- \rightarrow SO_3^{2-}(aq) + 2\,OH^-(aq)$
$E^\ominus = -0{,}94\text{ V}$

A principal espécie presente em meio ácido é o SO_2, e não o H_2SO_3, mas em um meio mais básico o HSO_3^- existe com um equilíbrio entre o $H-SO_3^-$ e o $H-OSO_2^-$. O caráter oxidante do SO_2 explica seu uso como um desinfetante moderado e conservante para produtos comestíveis, tais como frutas secas e vinho.

O íon peroxodissulfato, $O_3SOOSO_3^{2-}$, é um forte e prático agente oxidante:

$E^\circ = +1{,}96\text{ V}$

No entanto, essa reatividade é mais uma consequência das propriedades do O do que do S, pois ela é resultado da fraca ligação O–O, já discutida no caso do peróxido de hidrogênio.

Os oxoânions de selênio e de telúrio são um grupo muito menos diverso e extenso. O ácido selênico é termodinamicamente um ácido fortemente oxidante:

$SeO_4^{2-}(aq) + 4\,H^+(aq) + 2\,e^- \rightarrow H_2SeO_3(aq) + H_2O(l)$
$E^\ominus = +1{,}15\text{ V}$

Entretanto, assim como para o SO_4^{2-} e em comum com o comportamento dos oxoânions de outros elementos em estados de oxidação elevados, a redução do SeO_4^{2-}, geralmente, é lenta. O ácido telúrico existe em solução como $Te(OH)_6$ e também como $(HO)_2TeO_2$. Novamente, sua redução é termodinamicamente favorável, mas cineticamente lenta.

(b) Ácido sulfúrico

Pontos principais: O ácido sulfúrico é um ácido forte; ele é um bom solvente não aquoso devido à sua extensa autoprotólise.

O ácido sulfúrico é um líquido denso e viscoso. Ele dissolve-se em água numa reação altamente exotérmica:

$H_2SO_4(l) \rightarrow H_2SO_4(aq)$ $\Delta_rH^\ominus = -880\text{ kJ mol}^{-1}$

Ele é um forte ácido de Lewis em água ($pK_{a1} = -2$), mas não para sua segunda desprotonação ($pK_{a2} = 1{,}92$). O H_2SO_4 anidro tem uma permissividade relativa muito alta e uma alta condutividade elétrica, que é consistente com uma extensa autoprotólise:

$2\,H_2SO_4(l) \rightleftharpoons H_3SO_4^-(\text{solv}) + HSO_4^+(\text{solv})$ $K = 2{,}7 \times 10^{-4}$

A constante de equilíbrio para essa autoprotólise (Seção 4.1) é maior que a da água por um fator maior do que 10^{10}. Essa propriedade leva ao uso do ácido sulfúrico como um solvente prótico, não aquoso.

As bases (receptores de prótons) aumentam a concentração dos íons HSO_4^- no ácido sulfúrico anidro: são exemplos a água e os sais de ácidos mais fracos, como os nitratos:

$H_2O(l) + H_2SO_4(\text{solv}) \rightarrow H_3O^+(\text{solv}) + HSO_4^-(\text{solv})$
$NO_3^-(s) + H_2SO_4(l) \rightarrow HNO_3(\text{solv}) + HSO_4^-(\text{solv})$

Outro exemplo desse tipo é a reação do ácido sulfúrico concentrado com o ácido nítrico concentrado para produzir o íon nitrônio, NO_2^+, o qual é o responsável pela nitração das espécies aromáticas:

$HNO_3(aq) + 2\,H_2SO_4(aq) \rightarrow$
$NO_2^+(aq) + H_3O^+(aq) + 2\,HSO_4^-(aq)$

O número de espécies que são ácidas em ácido sulfúrico é muito menor do que em água, pois o ácido é um mau receptor de próton. Por exemplo, o HSO_3F é um ácido fraco em ácido sulfúrico:

$HSO_3F(\text{solv}) + H_2SO_4(l) \rightleftharpoons H_3SO_4^+(\text{solv}) + SO_3F^-(\text{solv})$

Assim como pode sofrer autoprotólise, o H_2SO_4 dissocia-se em água e SO_3, os quais reagem com o H_2SO_4 formando outros produtos:

$H_2O + H_2SO_4 \rightleftharpoons H_3O^+ + HSO_4^-$
$SO_3 + H_2SO_4 \rightleftharpoons H_2S_2O_7$
$H_2S_2O_7 + H_2SO_4 \rightleftharpoons H_3SO_4^+ + HS_2O_7^-$

Consequentemente, ao invés de ser considerado uma substância simples, o ácido sulfúrico anidro é formado por uma mistura complexa de pelo menos sete espécies já caracterizadas.

O ácido sulfúrico é um dos mais importantes produtos químicos fabricados em escala industrial. Mais de 80% são utilizados na fabricação de fertilizantes fosfatados a partir de rocha fosfática:

$Ca_5F(PO_4)_3(s) + 5\,H_2SO_4(aq) + 10\,H_2O(l) \rightarrow$
$5\,CaSO_4 \cdot 2\,H_2O(aq) + HF(aq) + 3\,H_3PO_4(aq)$

Ele também é usado para remover impurezas do petróleo, para limpar o ferro e o aço antes da eletrodeposição, como eletrólito nas baterias chumbo-ácido (Quadro 14.7) e na fabricação de muitos outros produtos químicos, tais como os ácidos nítrico e clorídrico.

O ácido sulfúrico concentrado é fabricado pelo *processo de contato*. A primeira etapa é a oxidação exotérmica de um composto de enxofre a SO_2. Muitas plantas industriais usam o enxofre elementar, mas os sulfetos metálicos e o H_2S também são utilizados:

$$S(s) + O_2(g) \rightarrow SO_2(g)$$
$$4\,FeS(s) + 7\,O_2(g) \rightarrow 2\,Fe_2O_3(s) + 4\,SO_2(g)$$
$$2\,H_2S(g) + 3\,O_2(g) \rightarrow 2\,SO_2(g) + 2\,H_2O(g)$$

A segunda etapa é a oxidação do SO_2 a SO_3. Esta reação é feita em alta temperatura e pressão sobre um catalisador de V_2O_5 suportado em grãos de sílica:

$$2\,SO_2(g) + O_2(g) \rightarrow 2\,SO_3(g)$$

O SO_3 é então injetado no fundo de uma coluna empacotada e lavada por uma corrente de oleum, $H_2S_2O_7$, alimentada pelo topo da coluna. O gás é depois lavado numa segunda coluna com H_2SO_4 98% em massa. O SO_3 reage com os 2% de água para produzir o ácido sulfúrico, H_2SO_4:

$$SO_3(g) + H_2O(solv) \rightarrow H_2SO_4(l)$$

(c) Ácido sulfuroso e ácido dissulfuroso

Pontos principais: Os ácidos sulfuroso e dissulfuroso nunca foram isolados; entretanto, os sais de ambos os ácidos existem; os sulfitos são agentes redutores moderadamente fortes e são usados como alvejantes; os dissulfitos decompõem-se rapidamente em meio ácido.

Embora uma solução aquosa de SO_2 seja chamada de ácido sulfuroso, o H_2SO_3 nunca foi isolado e as espécies presentes predominantes são os hidratos $SO_2 \cdot nH_2O$. Portanto, as doações do primeiro e segundo próton são melhores representadas por:

$$SO_2 \cdot nH_2O(aq) + 2\,H_2O(l) \rightleftharpoons H_3O^+(aq) + HSO_3^-(aq) + n\,H_2O(l)$$
$$pK_a = 1{,}79$$
$$HSO_3^-(aq) + H_2O(l) \rightleftharpoons H_3O^+(aq) + SO_3^{2-}(aq) \quad pK_a = 7{,}00$$

O sulfito de sódio anidro, Na_2SO_3, é produzido em escala industrial e usado como alvejante na indústria de polpa e papel, como um agente redutor em fotografia e para capturar oxigênio no tratamento de água de caldeiras e aquecedores.

O ácido dissulfuroso, $H_2S_2O_5$ (**28**), não existe em estado livre, mas os seus sais são facilmente obtidos a partir de uma solução concentrada de hidrogenossulfitos:

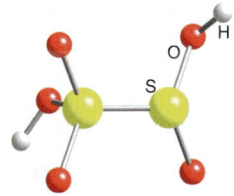

28 Ácido dissulfuroso, $H_2S_2O_5$

$$2\,HSO_3^-(aq) \rightleftharpoons S_2O_5^{2-}(aq) + H_2O(l)$$

As soluções ácidas dos dissulfitos decompõem-se rapidamente para formar HSO_3^- e SO_3^{2-}.

(d) Ácido tiossulfúrico

Pontos principais: O ácido tiossulfúrico decompõe-se, mas os seus sais são estáveis; o íon tiossulfato é um agente redutor moderadamente forte.

O ácido tiossulfúrico aquoso, $H_2S_2O_3$ (**29**), decompõe-se rapidamente em um processo complexo que forma vários produtos, tais como S, SO_2, H_2S e H_2SO_4. O ácido anidro é mais estável, decompondo-se lentamente em H_2S e SO_3. Ao contrário do ácido, os sais de tiossulfato são estáveis e podem ser preparados fervendo-se os sulfitos ou os hidrogenossulfitos com enxofre elementar ou pela oxidação de polissulfetos:

$$8\,K_2SO_3(aq) + S_8(s) \rightarrow 8\,K_2S_2O_3(aq)$$
$$2\,CaS_2(s) + 3\,O_2(g) \rightarrow 2\,CaS_2O_3(s)$$

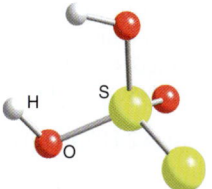

29 Ácido tiossulfúrico, $H_2S_2O_3$

O íon tiossulfato, $S_2O_3^{2-}$, é um agente redutor moderadamente forte:

$$\tfrac{1}{2}S_4O_6^{2-}(aq) + e^- \rightarrow S_2O_3^{2-}(aq) \qquad E^\ominus = +0{,}09\,V$$

A sua reação com iodo é a base das titulações iodométricas em química analítica:

$$I_2(aq) + e^- \rightarrow I^-(aq) \qquad E^\ominus = +0{,}54\,V$$
$$2\,S_2O_3^{2-}(aq) + I_2(aq) \rightarrow S_4O_6^{2-}(aq) + 2\,I^-(aq)$$

O ânion tetrationato $S_4O_6^{2-}$ (**5**) possui três ligações S–S, o que explica sua estabilidade. Agentes oxidantes mais fortes, tais como o cloro, oxidam o tiossulfato a sulfato, o que tem levado ao uso do tiossulfato para remover o excesso de cloro nos processos industriais de branqueamento.

(e) Ácidos peroxossulfúricos

Ponto principal: Os sais de peroxodissulfato são fortes agentes oxidantes.

O ácido peroxomonossulfúrico, H_2SO_5 (**30**), é um sólido cristalino que pode ser preparado pela reação do H_2SO_4 com peroxodissulfatos ou como um subproduto da síntese do $H_2S_2O_8$ por eletrólise do H_2SO_4. Os sais são instáveis e sofrem decomposição formando H_2O_2. O ácido peroxodissulfúrico, $H_2S_2O_8$ (**31**), também é um sólido cristalino. Os seus sais de amônio e potássio são preparados em escala industrial pela oxidação dos sulfatos de amônio e potássio. Eles são fortes agentes oxidantes e alvejantes.

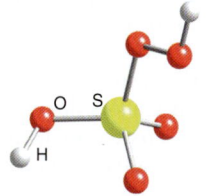 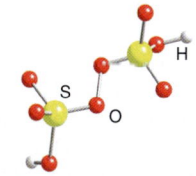

30 Ácido peroxomonossulfúrico, H_2SO_5

31 Ácido peroxodissulfúrico, $H_2S_2O_8$

$$\tfrac{1}{2}S_2O_8^{2-}(aq) + H^+(aq) + e^- \rightarrow HSO_4^-(aq) \qquad E^\ominus = +2{,}12\ V$$

O aquecimento do $K_2S_2O_8$ libera ozônio e oxigênio.

(f) Ácidos ditiônico e ditionoso

Ponto principal: Os sais de ditionato e de ditionito contêm a ligação S–S e são propensos à desproporcionação. O ditionito de sódio é um bom agente redutor.

Nem o ácido ditionoso, $H_2S_2O_4$ (32), e nem o ácido ditiônico, $H_2S_2O_6$ (33), anidros podem ser isolados. Entretanto, os sais de ditionato e de ditionito são sólidos cristalinos estáveis. Os ditionitos, $S_2O_4^{2-}$, podem ser preparados pela redução de sulfitos com zinco em pó ou amálgama de sódio. O ditionito de sódio é um agente redutor importante em bioquímica. As soluções ácidas e neutras de ditionito desproporcionam-se em HSO_3^- e $S_2O_3^{2-}$:

$$2\ S_2O_4^{2-}(aq) + H_2O(l) \rightarrow 2\ HSO_3^-(aq) + S_2O_3^{2-}(aq)$$

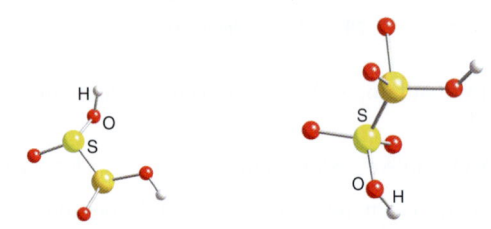

32 Ácido ditionoso, $H_2S_2O_4$ **33** Ácido ditiônico, $H_2S_2O_6$

Os ditionatos, $S_2O_6^{2-}$, são preparados pela oxidação do sulfito correspondente. Agentes oxidantes fortes, tais como o MnO_4^-, oxidam o ditionato a sulfato:

$$SO_4^{2-}(aq) + 2\ H^+(aq) + e^- \rightarrow \tfrac{1}{2}S_2O_6^{2-}(aq) + H_2O(l)$$
$$E^\ominus = -0{,}25\ V$$

Agentes redutores fortes, tais como a amálgama de sódio, reduzem-no a SO_3^{2-}:

$$\tfrac{1}{2}S_2O_6^{2-}(aq) + 2\ H^+(aq) + e^- \rightarrow H_2SO_3(aq) \qquad E^\ominus = +0{,}57\ V$$

As soluções ácidas e neutras de ditionato decompõem-se lentamente em SO_2 e SO_4^{2-}:

$$S_2O_6^{2-}(aq) \rightarrow SO_2(aq) + SO_4^{2-}(aq)$$

(g) Ácidos politiônicos

Ponto principal: Os ácidos politiônicos podem ser preparados com até seis átomos de S.

Muitos ácidos politiônicos, $H_2S_nO_6$, foram primeiramente identificados pelo estudo da *solução de Wackenroder*, que consiste em H_2S em SO_2 aquoso. Dentre as espécies que foram inicialmente caracterizadas estão os íons tetrationato, $S_4O_6^{2-}$ (**5**), e pentationato, $S_5O_6^{2-}$ (**6**). Mais recentemente, foram desenvolvidas várias rotas preparativas, muitas das quais são complicadas por numerosas reações de oxirredução e catenação. Exemplos típicos são a oxidação de tiossulfatos com I_2 ou H_2O_2 e a reação de polissulfanos, H_2S_n, com SO_3 para formar $H_2S_{n+2}O_6$, onde n = 2 – 6.

$$H_2S_n(aq) + 2\ SO_3(aq) \rightarrow H_2S_{n+2}O_6(aq)$$

16.14 Poliânions de enxofre, selênio e telúrio

Pontos principais: O enxofre forma poliânions com até seis átomos de enxofre catenados; os polisselenetos formam cadeias e anéis e os politeluretos formam cadeias e estruturas bicíclicas.

Muitos polissulfetos de elementos eletropositivos já foram caracterizados. Todos eles contêm íons S_n^{2-} catenados, onde n = 2 a 6, como nas estruturas (**7**), (**34**) e (**35**). Como exemplos típicos temos Na_2S_2, BaS_2, Na_4S_4, K_2S_4 e Cs_2S_6. Eles podem ser preparados aquecendo-se quantidades estequiométricas de S e do elemento em um tubo selado.

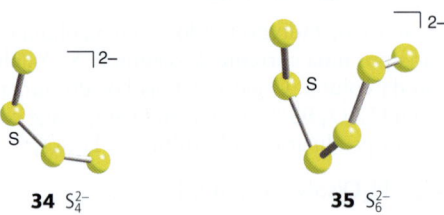

34 S_4^{2-} **35** S_6^{2-}

Os polissulfetos maiores ligam-se a átomos metálicos, como no $[WS(S_4)_2]^{2-}$ (**17**), contendo ligantes S_4 quelantes. A pirita de ferro mineral, também conhecida como "ouro dos tolos", possui a fórmula FeS_2 e consiste em Fe^{2+} e ânions discretos S_2^{2-} em uma estrutura de sal-gema. O ânion radicalar S_3^- é encontrado no mineral ultramarino, onde ocorre com o Na^+ na cavidade formada por SiO_4 e AlO_4 tetraédricos coordenados (Seção 24.15).

O número de polisselenetos e de politeluretos caracterizados é maior do que o de polissulfetos. Estruturalmente, os poliânions sólidos menores assemelham-se aos polissulfetos. As estruturas dos poliânions maiores são mais complexas e dependem de alguma forma da natureza do cátion. Os polisselenetos até o Se_9^{2-} são cadeias, mas as moléculas maiores formam anéis, tais como o Se_{11}^{2-}, o qual tem um átomo de Se interligando dois anéis de seis membros em um arranjo quadrático plano (**8**). Os politeluretos são estruturalmente mais complexos e há uma maior ocorrência de arranjos bicíclicos, tais como no Te_7^{2-} (**9**) e no Te_8^{2-} (**36**). São conhecidos complexos de metais d de polisselenetos e politeluretos maiores, tais como $[Ti(Cp)_2Se_5]$ (**37**). Parece que nos polissulfetos, polisselenetos e politeluretos, a densidade eletrônica concentra-se nas extremidades da cadeia E_n^{2-}, o que explica a coordenação através dos átomos terminais, conforme mostrado em (**17**) e em (**37**).

36 Te_8^{2-} **37** $[Ti(Cp)_2Se_5]$, $Cp = C_5H_5$

16.15 Policátions de enxofre, selênio e telúrio

Ponto principal: Cátions poliatômicos de S, Se e Te podem ser produzidos pela ação de agentes oxidantes moderados sobre os elementos em meio fortemente ácido.

Já foram preparados muitos compostos catiônicos em cadeias, anéis e clusters dos elementos do bloco p. A maioria deles contém S, Se ou Te. Pelo fato de que esses cátions são agentes oxidantes e ácidos de Lewis, as condições preparativas são muito diferentes daquelas usadas para sintetizar os poliânions altamente redutores. Por exemplo, o S_8 é oxidado pelo AsF_5 em dióxido de enxofre líquido para formar o íon S_8^{2+}:

$$S_8 + 3\,AsF_5 \xrightarrow{SO_2} [S_8][AsF_6]_2 + AsF_3$$

O solvente usado é mais ácido do que os policátions, tal como o ácido fluorossulfúrico. Enxofre, Se e Te formam íons do tipo E_4^{2+}. O Se_4^{2+}, por exemplo, é formado pela oxidação do Se elementar pelo peróxido fortemente oxidante FO_2SOOSO_2F:

$$4\,Se + S_2O_6F_2 \xrightarrow{HSO_3F} [Se_8][SO_3F]_2$$

Os íons E_4^{2+} têm uma estrutura quadrática plana, D_{4h} (**10**). No modelo de ligação por orbitais moleculares, os cátion possuem uma configuração de camada fechada, na qual seis elétrons preenchem os orbitais a_{2u} e e_g, deixando vazio o orbital antiligante b_{2u} de energia mais alta. Ao contrário, a maioria dos sistemas em anel maiores pode ser entendida em termos de ligações $2c,2e$ localizadas. Para esses anéis maiores, a remoção de dois elétrons resulta na formação de uma ligação $2c,2e$ adicional, preservando assim a contagem local de elétrons em cada elemento. Esta mudança é facilmente observada na oxidação do S_8 a S_8^{2+} (**38**). A determinação da estrutura por difração de raios X de monocristal mostra que a ligação transanular no S_8^{2+} é mais longa quando comparada com as outras ligações. Ligações transanulares longas são comuns nesses tipos de compostos.

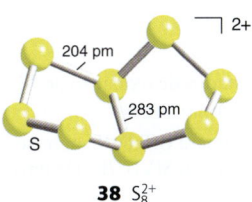

38 S_8^{2+}

16.16 Compostos de enxofre com nitrogênio

Pontos principais: Dentre os compostos heteroatômicos neutros, em anel ou clusters, dos elementos do bloco p temos o P_4S_{10} e o S_4N_4 cíclico. O dienxofredinitreto transforma-se em um polímero supercondutor em temperaturas muito baixas.

Os compostos de enxofre com nitrogênio possuem estruturas que podem ser relacionadas aos policátions descritos acima. O composto conhecido há mais tempo e o mais fácil de ser preparado é o tetraenxofretetranitreto, S_4N_4 (**11**), laranja-amarelado claro, que é preparado passando-se amônia em uma solução de SCl_2:

$$6\,SCl_2(l) + 16\,NH_3(g) \rightarrow S_4N_4(s) + \tfrac{1}{4}S_8(s) + 12\,NH_4Cl(solv)$$

O tetraenxofretetranitreto é endoérgico ($\Delta_f G^\ominus = +536\,kJ\,mol^{-1}$) e pode decompor-se explosivamente. A molécula em "forma de berço" é um anel de oito membros, com os quatro átomos de N num mesmo plano e unidos por pontes de átomos de S, que se projetam acima e abaixo do plano. A pequena distância S–S (258 pm) sugere que há uma interação fraca entre os pares de átomos de S. Ácidos de Lewis tais como BF_3, SbF_5 e SO_3 formam complexos 1:1 com um dos átomos de N e, nesse processo, a forma do anel de S_4N_4 se modifica (**39**).

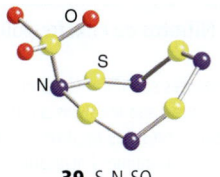

39 $S_4N_4SO_3$

O dienxofredinitreto, S_2N_2 (**12**), é formado (juntamente a Ag_2S e N_2) quando o vapor de S_4N_4 é passado sobre lã de prata quente. Ele é ainda mais sensível que o seu precursor e explode acima da temperatura ambiente. Deixando-o em repouso a 0°C por vários dias, o dienxofredinitreto transforma-se em um polímero em zigue-zague de cor bronze com composição $(SN)_n$ (**40**), que é muito mais estável do que o seu precursor, não explodindo até 240°C. O composto apresenta condutividade metálica ao longo do eixo da cadeia e torna-se supercondutor abaixo de 0,3 K. A descoberta dessa supercondutividade foi importante uma vez que se constituiu no primeiro exemplo de um supercondutor que não tem constituintes metálicos. Foram sintetizados derivados halogenados que apresentam condutividade ainda maior. Por exemplo, a bromação parcial do $(SN)_n$ produz monocristais azuis-escuros de $(SNBr_{0,4})_n$, que tem condutividade à temperatura ambiente uma ordem de grandeza maior do que o $(SN)_n$. O tratamento do S_4N_4 com ICl, IBr e I_2 produz polímeros não estequiométricos altamente condutores, com condutividades 16 ordens de grandeza maior do que o $(SN)_n$ (Quadro 16.6).

40 $(SN)_n$

O composto S_4N_2 pode ser preparado pelo aquecimento do S_4N_4 com enxofre em CS_2 a 120°C e pressão elevada:

$$S_4N_4 + 4\,S \xrightarrow{CS_2/120°C} 2\,S_4N_2$$

Ele forma cristais em agulha vermelhos-escuros que fundem a 25°C, formando um líquido vermelho-escuro. Ele decompõe-se explosivamente a 100°C.

EXEMPLO 16.3 Prevendo as propriedades de um composto de enxofre e nitrogênio

Compostos de enxofre e nitrogênio são algumas vezes apontados como apresentando aromaticidade inorgânica, isto é, um composto inorgânico com $2n + 2$ elétrons disponíveis para ligação π. Assumindo que cada átomo de enxofre e de nitrogênio possui um par isolado, indique se o S_2N_2 pode ser considerado como aromático.

Resposta Cada átomo de enxofre tem seis elétrons de valência. Se eles tiverem um par isolado de elétrons e formarem duas ligações com dois átomos de nitrogênio, então cada um deles terá dois elétrons para fazer ligações π. Cada átomo de nitrogênio possui cinco elétrons de valência: se cada um deles tiver um par isolado de elétrons e usar dois elétrons para fazer uma ligação com dois átomos de enxofre, então cada um terá um elétron para fazer ligações π. Dessa forma, existirão seis elétrons disponíveis para fazer ligações π e o S_2N_2 pode ser considerado aromático.

Teste sua compreensão 16.3 Preveja se o S_4N_4 é aromático.

QUADRO 16.6 Nitretos de enxofre poliméricos para detecção de impressão digital

Impressões digitais latentes são impressões deixadas acidentalmente em qualquer superfície, as quais são invisíveis a olho nu. Normalmente, quando se deseja visualizar impressões digitais, o método tradicional é usar um pincel macio e pó de alumínio. Entretanto, descobriu-se que os polímeros de polissulfeto, $(SN)_m$ são muito eficientes para essa visualização. Essa descoberta acidental foi feita ao se expor zeólitas ao S_2N_2 gasoso. Os pesquisadores notaram então que as impressões digitais na vidraria e em outras superfícies tornaram-se visíveis. Quando o S_2N_2 entra em contato com a impressão digital, ocorre polimerização formando o $(SN)_n$ azul-escuro e expondo a impressão. O politiazil $(SN)_n$ (nitreto de enxofre polimérico) produzido dessa forma é ainda mais estável que o material de partida, de forma que as impressões duram por vários dias sob condições normais e indefinidamente em atmosfera inerte. O S_2N_2 também reage com traços de tinta de impressoras jato de tinta, podendo ser usado para revelar a impressão em envelopes que estiveram em contato com materiais impressos.

O uso do S_2N_2 fornece uma técnica de detecção de impressões digitais latentes barata, não destrutiva e livre de solventes. Existem limitações para seu uso devido à sua instabilidade; ela precisa ser gerada *in situ*, o que limita sua portabilidade. No entanto, sua versatilidade e curto tempo de revelação torna-a viável em comparação com algumas técnicas em uso para deposição de metal a vácuo, que permitem visualizar impressões digitais pela deposição de ouro e zinco em alto-vácuo.

LEITURA COMPLEMENTAR

J. S. Thayer, Relativistic effects and the chemistry of the heaviest main group elements, *J. Chem. Educ.*, 2005, **82**, 1721. Este artigo explica as razões para as diferentes propriedades dos elementos mais pesados de cada grupo em comparação com os elementos mais leves, em termos dos efeitos relativísticos.

R. B. King, *Inorganic chemistry of the main group elements*. John Wiley & Sons (1994).

D. M. P. Mingos, *Essential trends in inorganic chemistry*. Oxford University Press (1998). Uma visão da química inorgânica a partir da perspectiva de estrutura e ligação.

R. B. King (ed.), *Encyclopedia of inorganic chemistry*, John Wiley & Sons (2005).

N. Saunders, *Oxygen and the elements of Group 16*. Heinemann (2003).

P. Ball, H_2O: *a biography of water*, Phoenix (2004). Uma visão interessante sobre a química e a física da água.

R. Steudel, *Elemental sulfur and sulfur-rich compounds*. Springer-Verlag (2003).

N. N. Greenwood e A. Earnshaw, *Chemistry of the Elements*. Butterworth-Heinemann (1997).

C. Benson, *The periodic table of the elements and their chemical properties*. Kindle edition. MindMelder.com (2009).

P. R. Ogilvy, Singlet oxygen: there is indeed something new under the sun, *Chem. Soc. Rev.*, 2010, **39**, 3181.

EXERCÍCIOS

16.1 Indique se os seguintes óxidos são ácidos, básicos, neutros ou anfóteros: CO_2, P_2O_5, SO_3, MgO, K_2O, Al_2O_3 e CO.

16.2 Os comprimentos de ligação no O_2, O_2^+ e O_2^{2-} são de 121, 112 e 149 pm, respectivamente. Descreva a ligação nessas moléculas em termos da teoria dos orbitais moleculares e use essa descrição para explicar as diferenças nos comprimentos de ligação.

16.3 (a) Use os potenciais padrão (Apêndice 3) para calcular o potencial padrão da desproporcionação do H_2O_2 em meio ácido. (b) O Cr^{2+} é capaz de catalisar a desproporcionação do H_2O_2? (c) Dado o diagrama de Latimer, em meio ácido,

$$O_2 \xrightarrow{-0,13} HO_2 \xrightarrow{+1,51} H_2O_2$$

calcule o $\Delta_r G^\ominus$ para a desproporcionação do superóxido de hidrogênio (HO_2) em O_2 e H_2O_2, em meio ácido, e compare o resultado com o valor para a desproporcionação do H_2O_2.

16.4 Corrija qualquer imprecisão nas declarações seguintes, e, após a correção, dê exemplos para ilustrar cada caso.

(a) Os elementos do meio do Grupo 16 são mais fáceis de oxidar para o número de oxidação do grupo do que os elementos mais leves e os mais pesados.

(b) No seu estado fundamental, o O_2 é um tripleto e sofre ataque eletrofílico de Diels-Alder de dienos.

(c) A difusão do ozônio a partir da estratosfera para a troposfera é um grande problema ambiental.

16.5 Qual ligação hidrogênio deve ser mais forte: S–H···O ou O–H···S?

16.6 Qual dos solventes etilenodiamina (que é básico e redutor) ou SO_2 (que é ácido e oxidante) não reage com: (a) Na_2S_4; (b) K_2Te_3?

16.7 Ordene as seguintes espécies do agente redutor mais forte para o agente oxidante mais forte: SO_4^{2-}, SO_3^{2-}, $O_3SO_2SO_3^{2-}$.

16.8 Preveja quais estados de oxidação do Mn serão reduzidos por íons sulfito em meio básico.

16.9 (a) Dê a fórmula para o Te(VI) em meio ácido aquoso e compare com a fórmula para o S(VI). (b) Dê uma explicação plausível para essa diferença.

16.10 Use os dados de potencial padrão do Apêndice 3 para prever quais dos oxoânions de enxofre irão sofrer desproporcionação em meio ácido.

16.11 Use os dados de potencial padrão do Apêndice 3 para prever se o SeO_3^{2-} é mais estável em meio ácido ou básico.

16.12 Preveja se alguma das seguintes espécies será reduzida pelo íon tiossulfato, $S_2O_3^{2-}$, em meio ácido: VO^{2+}, Fe^{3+}, Cu^+, Co^{3+}.

16.13 O SF_4 reage com o BF_3 para formar $[SF_3][BF_4]$. Use a teoria RPECV para prever as geometrias do cátion e do ânion.

16.14 O fluoreto de tetrametilamônio (0,70 g) reage com SF_4 (0,81 g) para formar um produto iônico. (a) Escreva a equação equilibrada para a reação e (b) desenhe a estrutura do ânion. (c) Quantas linhas devem ser observadas no espectro de RMN de ^{19}F do ânion?

16.15 Identifique os compostos sulfurados A, B, C, D, E e F.

$$F \xleftarrow{O_2} S \xrightarrow{Cl_2} A \xrightarrow{NH_3} B \xrightarrow{Ag/\Delta} C$$
$$\downarrow H_2S \quad \downarrow K_2SO_3$$
$$E \xleftarrow{I_2} D$$

16.16 Preveja se as seguintes espécies apresentam aromaticidade inorgânica: (a) $S_3N_3^-$; (b) $S_4N_3^+$; (c) S_5N_5.

16.17 Escreva um texto comparando as propriedades dos ácidos sulfúrico, selênico e telúrico.

PROBLEMAS TUTORIAIS

16.1 No artigo "Spiral chain O_4 form of dense oxygen" (*Proc. Nat. Acad. Sci. U.S.A.*, 2012, **109**, 3, 751), L. Zhu et. al. descrevem suas previsões sobre uma estrutura em cadeia para o oxigênio. Em que condições esta estrutura poderia existir? Que outros elementos do Grupo 16 formam esta estrutura? Como as propriedades previstas para esta forma de oxigênio diferem das propriedades das outras formas do elemento?

16.2 O artigo "Oxygen, sulfur, selenium, tellurium and polonium" de L. Myongwon Lee e I. Vargas-Baca (*Annu. Rep. Prog. Chem., Sect. A: Inorg. Chem.*, 2012, **108**, 113) resume os destaques da literatura em 2011 sobre a química dos elementos do Grupo 16. Use as referências deste artigo para: (a) descrever os métodos de síntese usados para preparar o $[Te_5Mo_{15}O_{57}]^{8-}$; (b) esboçar a estrutura dos mono-haletos de ariltelúrio; (c) esboçar as estruturas do AsSCl e AsS_2; (d) descrever os produtos da reação do ClP_4S_3 com enxofre.

16.3 No artigo "Formation of tellurium nanotubes through concentration depletion at the surfaces of seeds" (*Adv. Mater.*, 2002, **14**, 279), B. Mayers e Y. Xia descrevem a síntese de nanotubos de telúrio. Descreva como o método elaborado por eles difere dos usados para produzir nanotubos de carbono. Quais as dimensões dos nanotubos de telúrio produzidos? Quais aplicações os autores preveem para os nanotubos de telúrio?

16.4 Em novembro de 2006 o antigo agente da KGB Alexander Litvinenko foi encontrado envenenado por polônio-210 radioativo. Escreva uma revisão das propriedades químicas e radiológicas do Po e discuta sua toxicidade.

16.5 Foi feito um estudo mecanístico da reação entre a cloramina e o sulfito (B. S. Yiin, D. M. Walker e D.W. Margerum, *Inorg. Chem.*, 1987, **26**, 3435). Descreva a lei de velocidade observada e o mecanismo proposto. Aceitando-se o mecanismo proposto, por que o $SO_2(OH)^-$ e o HSO_3^- apresentam velocidades de reação diferentes? Explique por que não foi possível distinguir a reatividade do $SO_2(OH)^-$ daquela do HSO_3^-.

16.6 O tetrametiltelúrio, $Te(CH_3)_4$, foi preparado em 1989 (R. W. Gedrige, D. C. Harris, K. R. Higa e R. A. Nissan, *Organometallics*, 1989, **8**, 2817) e sua síntese foi logo seguida da preparação do composto hexametil (L. Ahmed e J.A. Morrison, *J. Am. Chem. Soc.*, 1990, **112**, 7411). Explique por que esses compostos são tão pouco usuais, dê as equações para as suas sínteses e especule por que estes procedimentos sintéticos tiveram sucesso. Em relação ao último ponto, especule por que a reação do TeF_4 com metil-lítio não forma tetrametiltelúrio.

16.7 A ligação num íon quadrático é descrita na Seção 16.15. Explore essa proposição em mais detalhes, fazendo cálculos, usando um programa de sua escolha, para o S_4^{2+} com a distância de ligação S–S de 200 pm (é melhor fazer os cálculos com enxofre, pois os seus parâmetros semiempíricos são mais confiáveis que os do Se). A partir dos resultados: (a) desenhe o diagrama dos níveis de energia dos orbitais moleculares; (b) determine a simetria de cada nível; (c) faça um esboço do orbital molecular ocupado de maior energia. A previsão é de que a molécula seja de camada fechada?

16.8 A natureza do ciclo do enxofre em tempos remotos foi investigada (J. Farquhar, H. Bao e M. Thiemen, *Science*, 2000, **289**, 756). Quais são os três fatores que influenciam o ciclo dos dias atuais? Segundo os autores, quando ocorreu uma mudança significativa no ciclo e como foram explicadas as diferenças entre o ciclo moderno e aquele em tempos remotos?

16.9 H. Keppler investigou a concentração de enxofre em lavas vulcânicas (*Science*, 1999, **284**, 1652). Em quais formas o enxofre é expelido pelos vulcões? Que concentração de enxofre foi encontrada na lava da erupção do Monte Pinatubo em 1991? Discuta se essa concentração era esperada e como os desvios dos valores esperados foram explicados.

17 Os elementos do Grupo 17

Parte A: Aspectos principais
17.1 Os elementos
17.2 Compostos simples
17.3 Os inter-halogênios

Parte B: Uma visão mais detalhada
17.4 Ocorrência, obtenção e usos
17.5 Estrutura molecular e propriedades
17.6 Tendências nas reatividades
17.7 Pseudo-halogênios
17.8 Propriedades especiais dos compostos de flúor
17.9 Aspectos estruturais
17.10 Os inter-halogênios
17.11 Óxidos de halogênios
17.12 Oxoácidos e oxoânions
17.13 Aspectos termodinâmicos das reações de oxirredução dos oxoânions
17.14 Tendências nas velocidades das reações de oxirredução dos oxoânions
17.15 Propriedades de oxirredução de estados de oxidação individuais
17.16 Fluocarbonetos

Leitura complementar

Exercícios

Problemas tutoriais

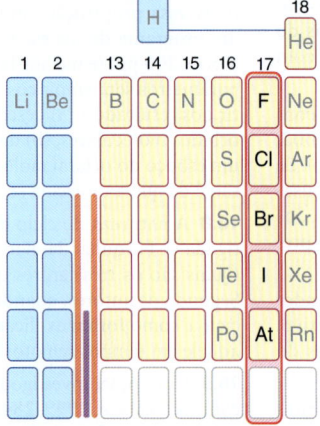

Todos os elementos do Grupo 17 são não metais. Assim como para os elementos dos Grupos 15 e 16, veremos que os oxoânions de halogênios são agentes oxidantes que frequentemente reagem com transferência de átomo. Há uma boa correlação entre o número de oxidação do átomo central e a velocidade das reações de oxirredução. Há uma grande faixa de estados de oxidação para a maioria dos halogênios. As reações dos di-halogênios são geralmente rápidas.

Os elementos do Grupo 17, flúor, cloro, bromo, iodo e ástato, são chamados de **halogênios**, do grego "formador de sal". O flúor e o cloro são gases venenosos, o bromo é um líquido volátil tóxico e o iodo é um sólido que sublima. Eles estão entre os elementos não metálicos mais reativos. São muitas as propriedades químicas dos halogênios, e os seus compostos já foram muitas vezes mencionados e foram abordados na Seção 9.8. Portanto, neste capítulo realçaremos os seus aspectos sistemáticos e discutiremos os seus compostos com o oxigênio e os compostos inter-halogênios.

PARTE A: ASPECTOS PRINCIPAIS

À medida que formos discutindo os elementos do penúltimo grupo do bloco p, veremos que muitos dos temas sistemáticos que foram úteis na discussão dos grupos anteriores o serão novamente. Por exemplo, o modelo RPECV pode ser usado para prever a geometria de muitas das moléculas que os halogênios formam entre eles, com o oxigênio e com o xenônio.

17.1 Os elementos

Pontos principais: Exceto para o flúor e o ástato altamente radioativo, os halogênios apresentam-se com números de oxidação que vão desde −1 a +7. O átomo de flúor, pequeno e altamente eletronegativo, é eficaz para levar muitos elementos a estados de oxidação elevados.

As propriedades atômicas dos halogênios estão listadas na Tabela 17.1; todos eles têm a configuração eletrônica de valência ns^2np^5. É importante notar os elevados valores das suas energias de ionização, eletronegatividades e afinidades eletrônicas. Os halogênios possuem afinidades eletrônicas elevadas porque o elétron que chega pode ocupar um orbital de uma camada de valência incompleta e experimenta uma forte atração nuclear: lembre-se de que o Z_{ef} aumenta progressivamente ao longo do período (Seção 1.4).

As figuras com um asterisco (*) podem ser encontradas on-line como estruturas 3D interativas. Digite a seguinte URL em seu navegador, adicionando o número da figura: www.chemtube3d.com/weller/[número do capítulo]F[número da figura]. Por exemplo, para a Figura 3 no Capítulo 7, digite www.chemtube3d.com/weller/7F03.

Muitas das **estruturas numeradas** podem ser também encontradas on-line como estruturas 3D interativas: visite www.chemtube3d.com/weller/[número do capítulo] para todos os recursos 3D organizados por capítulo.

Tabela 17.1 Propriedades selecionadas dos elementos

	F	Cl	Br	I	At
Raio covalente/pm	71	99	114	133	140
Raio iônico/pm	131	181	196	220	
Primeira energia de ionização/(kJ mol^{-1})	1681	1251	1139	1008	926
Ponto de fusão/°C	−220	−101	−7,2	114	302
Ponto de ebulição/°C	−188	−34,7	58,8	184	
Eletronegatividade de Pauling	4,0	3,2	3,0	2,6	2,2
Afinidade eletrônica/(kJ mol^{-1})	328	349	325	295	270
$E^{\ominus}(X_2,X^-)/V$	+3,05	+1,36	+1,09	+0,54	

Conforme já visto durante a discussão dos grupos anteriores do bloco p, o elemento no topo de cada grupo tem propriedades diferentes daquelas dos seus congêneres mais pesados. As anomalias são muito menos evidentes no caso dos halogênios, e a diferença mais notável é que o flúor possui uma afinidade eletrônica menor que a do cloro. Intuitivamente, essa característica parece estar em conflito com a eletronegatividade elevada do flúor, mas ela deriva da maior repulsão elétron-elétron no átomo de F compacto, quando comparada com o átomo de Cl, que é maior. Essa repulsão elétron-elétron também é responsável pela fraca ligação F–F no F_2. Apesar dessa diferença na afinidade eletrônica, as entalpias de formação dos fluoretos metálicos (Seção 17.6) são geralmente muito maiores do que aquelas dos cloretos metálicos. A explicação para isso é que a baixa afinidade eletrônica do flúor é mais do que compensada pelas altas entalpias de rede dos compostos iônicos contendo o pequeno íon F$^-$ (Fig. 17.1) e pelas forças das ligações nas espécies covalentes (por exemplo, nos fluoretos de metais em estado de oxidação elevado).

O flúor é um gás amarelo-claro que reage com a maioria das moléculas orgânicas e inorgânicas e com os gases nobres Kr, Xe e Rn (Seção 18.5). Consequentemente, ele é muito difícil de ser manuseado, mas pode ser estocado em aço ou monel (uma liga de níquel e cobre), uma vez que estas ligas formam um filme de fluoreto metálico que passiva a superfície. O cloro é um gás tóxico amarelo-esverdeado. O bromo é o único elemento não metálico líquido, a pressão e temperatura ambientes, sendo um líquido vermelho-escuro, tóxico e volátil. O iodo é um sólido cinza-violáceo que sublima como um vapor violeta. A cor violeta persiste quando dissolvido em solventes apolares, como o CCl_4. Entretanto, quando ele se dissolve em solventes polares, forma soluções castanho-avermelhadas, indicando a presença de íons poli-iodeto, tais como o I_3^- (Seção 17.10c).

Os halogênios são tão reativos que eles são encontrados na natureza somente como compostos. Eles ocorrem principalmente como halogenetos, mas o elemento mais facilmente oxidável, o iodo, também é encontrado como iodato de sódio ou potássio, KIO_3, nos depósitos de nitratos de metais alcalinos. Uma vez que muitos cloretos, brometos e iodetos são solúveis, esses ânions ocorrem nos oceanos e nas salmouras. A principal fonte do flúor é o fluoreto de cálcio, que, tendo baixa solubilidade em água, é geralmente encontrado em depósitos sedimentares (como fluorita, CaF_2). O cloro ocorre como cloreto de sódio no sal-gema. O bromo é obtido pelo deslocamento do elemento nas salmouras pelo cloro. O iodo acumula-se nas algas, de onde era originalmente obtido. Atualmente ele é obtido a partir de depósitos salinos, incluindo os associados aos campos de petróleo e gás.

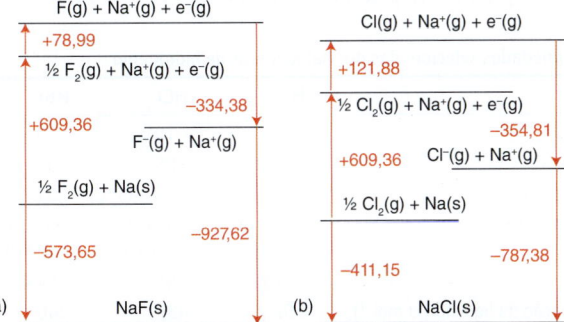

Figura 17.1 Ciclo termoquímico para: (a) fluoreto de sódio; (b) cloreto de sódio (valores em kJ mol^{-1}).

17.2 Compostos simples

Pontos principais: Todos os halogênios formam halogenetos de hidrogênio; o HF é um líquido e o HCl, HBr e HI são gases. Todos os elementos do Grupo 17 formam oxocompostos e oxoânions.

Como o flúor é o mais eletronegativo de todos os elementos, ele nunca é encontrado num estado de oxidação positivo (exceto na espécie transiente em fase gasosa F_2^+). Com a possível exceção do At, os outros halogênios ocorrem com números de oxidação variando entre –1 e +7. Os compostos de Br(VII) são muito instáveis quando comparados com os de Cl e I, sendo outro exemplo da alternância (Seção 9.2c). A carência de informações químicas sobre o ástato deriva da sua falta de isótopos estáveis e da meia-vida relativamente curta (8,3 horas) do seu isótopo de vida mais longa dentre os seus 33 isótopos conhecidos. As soluções de ástato são intensamente radioativas e só podem ser estudadas em alta diluição. O ástato parece existir como o ânion At⁻ e como oxoânions de At(I) e At(III); nenhuma evidência foi obtida para o At(VII).

A alta eletronegatividade do F leva ao aumento da acidez de Brønsted em compostos contendo o elemento em comparação aos compostos análogos não fluorados. Uma combinação de alta eletronegatividade e raios atômicos pequenos, o que significa que muitos átomos podem estar em torno de um átomo central, faz com que o F seja capaz de estabilizar muitos elementos em elevado estado de oxidação como, por exemplo, no UF_6 e IF_7. (O oxigênio, entretanto, pode estabilizar mais ainda, pois sua carga –2 significa que menos átomos de oxigênio precisam ficar em torno de um átomo central.) Os fluoretos de metais em baixo estado de oxidação tendem a ser predominantemente iônicos, enquanto que um significativo caráter covalente é encontrado nos cloretos, brometos e iodetos metálicos.

A síntese dos compostos fluocarbonetos, como o politetrafluoroeteno (PTFE), é de grande importância tecnológica uma vez que esses compostos são úteis em aplicações diversas, desde revestimentos antiaderentes em utensílios de cozinha e recipientes de laboratório resistentes aos halogênios até os fluocarbonetos voláteis usados como fluidos refrigerantes em aparelhos de ar condicionado e refrigeradores. Os derivados dos fluocarbonetos também têm sido objeto de pesquisas exploratórias na área de síntese, uma vez que geralmente seus derivados possuem propriedades pouco usuais. Os hidrofluocarbonetos são usados como fluidos refrigerantes e propelentes em substituição aos clorofluocarbonetos. Eles também são usados como anestésicos, sendo menos inflamáveis do que seus substituintes não fluorados. O tetrafluoretano, CHF_2CHF_2, é um solvente importante para a extração de produtos naturais como a baunilha e o taxol, usado em quimioterapia.

Todos os elementos do Grupo 17 formam hidretos moleculares próticos, os *halogenetos de hidrogênio*. Devido, em grande parte, à sua capacidade de fazer ligações hidrogênio, as propriedades do HF contrastam marcantemente com as dos outros halogenetos de hidrogênio (Tabela 17.2). Devido à presença da ligação hidrogênio (Seção 10.6), o HF é um líquido volátil, enquanto que HCl, HBr e HI são gases à temperatura ambiente. O fluoreto de hidrogênio apresenta uma grande faixa líquida, uma alta permissividade relativa e uma alta condutividade. Todos os halogenetos de hidrogênio são ácidos de Brønsted: o HF aquoso é um ácido fraco (o "ácido fluorídrico"), enquanto que o HCl, o HBr e o HI encontram-se todos completamente desprotonados em água. (Tabela 17.2).

Embora o ácido fluorídrico seja um ácido fraco, ele é uma das substâncias mais tóxicas e corrosivas conhecidas, sendo capaz de atacar vidros, metais, concreto e matéria orgânica. Seu manuseio é muito mais perigoso do que o de outros ácidos, pois ele é absorvido muito rapidamente pela pele; mesmo um breve contato pode causar graves

Tabela 17.2 Propriedades selecionadas dos halogenetos de hidrogênio

	HF	HCl	HBr	HI
Ponto de fusão/°C	–84	–114	–89	–51
Ponto de ebulição/°C	20	–85	–67	–35
Permissividade relativa	83,6 (0°C)	9,3 (–95°C)	7,0 (–85°C)	3,4 (–50°C)
Condutividade elétrica/(S cm⁻¹)	aprox. 10^{-6} (0°C)	aprox. 10^{-9} (–85°C)	aprox. 10^{-9} (–85°C)	aprox. 10^{-10} (–50°C)
$\Delta_f G^\ominus$/(kJ mol⁻¹)	–273,2	–95,3	–54,4	+1,72
Energia de dissociação da ligação/(kJ mol⁻¹)	567	431	366	298
pK_a	3,45	aprox. –7	aprox. –9	aprox. –11

queimaduras e necrose da pele e de tecidos mais profundos, além de causar danos nos ossos pela descalcificação causada pela formação do CaF_2 a partir do fosfato de cálcio.

Muitos compostos binários de halogênios e oxigênio são conhecidos, mas a maioria deles é instável e não é encontrada no laboratório. Mencionaremos apenas alguns dos mais importantes.

O difluoreto de oxigênio, OF_2, é o mais estável dos óxidos de F e decompõe-se acima de 200°C. O cloro ocorre com vários números de oxidação diferentes em seus óxidos (Tabela 17.3). Alguns desses óxidos são espécies com um número ímpar de elétrons, como o ClO_2, no qual o Cl possui o número de oxidação pouco comum +4, e o Cl_2O_6, que é um sólido iônico com estado de oxidação misto, $[ClO_2^+][ClO_4^-]$. Todos os óxidos de cloro são endoérgicos ($\Delta_f G^\ominus > 0$) e instáveis, explodindo quando aquecidos. Existem menos óxidos de Br do que de Cl. Os compostos mais bem caracterizados são Br_2O, Br_2O_3 e BrO_2. Os óxidos de I são os mais estáveis óxidos de halogênio. O mais importante deles é o I_2O_5. Tanto o BrO como o IO (que são espécies com número ímpar de elétrons) estão implicados na diminuição da camada de ozônio e ambos são produzidos naturalmente por atividades vulcânicas.

Todos os elementos do Grupo 17 formam oxoânions e oxoácidos. A grande variedade de oxoânions e oxoácidos dos halogênios apresenta um desafio para aqueles que elaboram sistemas de nomenclatura. Usaremos aqui os nomes comuns, como clorato para o ClO_3^-, ao invés do nome trioxidoclorato(V). A Tabela 17.4 lista os oxoânions de Cl com a nomenclatura comum e a sistemática. A força dos ácidos pode ser prevista usando-se as regras de Pauling (Seção 4.3b). Todos os oxoânions são fortes agentes oxidantes.

> *Uma breve ilustração* Para usar as regras de Pauling, escrevemos o ácido perclórico, $HClO_4$, como $O_3Cl(OH)$. As regras preveem que o $pK_a = 8 - 5p$, com $p = 3$. Assim, o pK_a do ácido perclórico é previsto como sendo −7 (correspondendo a um ácido forte).

17.3 Os inter-halogênios

Ponto principal: Todos os halogênios formam compostos com outros membros do grupo.

Uma classe interessante de compostos é a dos inter-halogênios, os quais são formados entre os elementos do Grupo 17 de uma forma não observada nos outros grupos. Os inter-halogênios binários são compostos moleculares com fórmulas XY, XY_3, XY_5 e XY_7, em que o halogênio X, mais pesado e menos eletronegativo, é o átomo central. Eles também formam inter-halogênios ternários do tipo XY_2Z e XYZ_2, onde Z também é um átomo de halogênio. Os inter-halogênios apresentam importância especial como intermediários altamente reativos e como espécies que nos propiciam uma visão mais aprofundada da ligação química.

Tabela 17.3 Óxidos de cloro selecionados

Número de oxidação	+1	+3		+4	+6	+7
Fórmula	Cl_2O	Cl_2O_3	ClO_2	Cl_2O_4	Cl_2O_6	Cl_2O_7
Cor	amarelo-amarronzado	marrom-escuro	amarelo	amarelo-claro	vermelho-escuro	incolor
Estado físico	gás	sólido	gás	líquido	líquido	líquido

Tabela 17.4 Oxoânions de cloro

Número de oxidação	Fórmula	Nome*	Grupo de pontos	Forma	Comentários
+1	ClO^-	Hipoclorito [monoxidoclorato(I)]	$C_{\infty v}$	Linear	Bom agente oxidante
+3	ClO_2^-	Clorito [dioxidoclorato(III)]	C_{2v}	Angular	Agente oxidante forte; desproporciona-se
+5	ClO_3^-	Clorato [trioxidoclorato(V)]	C_{3v}	Piramidal	Agente oxidante
+7	ClO_4^-	Perclorato [tetraoxidoclorato(VII)]	T_d	Tetraédrica	Agente oxidante; ligante muito fraco

*Nomes recomendados pela IUPAC entre colchetes.

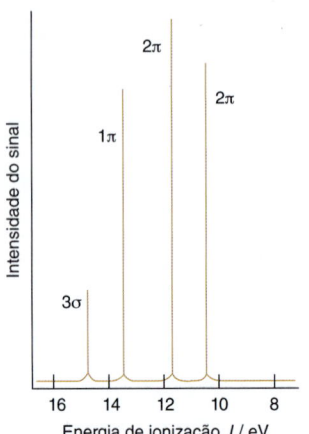

Figura 17.2 Espectro fotoeletrônico do ICl. Os níveis 2π originam dois picos por causa da interação spin-órbita no íon positivo.

Tabela 17.5 Inter-halogênios representativos

XY	XY$_3$	XY$_5$	XY$_7$
ClF	ClF$_3$	ClF$_5$	
BrF*	BrF$_3$	BrF$_5$	
IF	(IF$_3$)$_n$	IF$_5$	IF$_7$
BrCl			
ICl	I$_2$Cl$_6$		
IBr			

*Muito instáveis.

Os inter-halogênios diatômicos, XY, são conhecidos para todas as combinações dos elementos, mas muitos deles não sobrevivem por muito tempo. Todos os compostos inter-halogênios de flúor são exoérgicos ($\Delta_f G^\ominus < 0$). O inter-halogênio menos lábil é o ClF, mas o ICl e o IBr também podem ser obtidos na forma pura, cristalina. As suas propriedades físicas são intermediárias entre aquelas de elementos constituintes. Por exemplo, o ICl vermelho-intenso (p.f. 27°C, p.e. 97°C) é intermediário entre o verde-amarelado do Cl$_2$ (p.f. −101°C, p.e. −35°C) e o violeta-escuro do I$_2$ (p.f. 114°C, p.e. 184°C). O espectro fotoeletrônico indica que os níveis de energia dos orbitais moleculares nas moléculas dos di-halogênios mistos encontram-se na ordem $3\sigma^2 < 1\pi^4 < 2\pi^4$, que é a mesma para as moléculas dos di-halogênios homonucleares (Fig. 17.2). Uma nota histórica interessante é que o ICl foi descoberto antes do Br$_2$, no início do século XIX, e quando mais tarde as primeiras amostras do Br$_2$ marrom-escuro avermelhado (p.f. −7°C, p.e. 59°C) foram preparadas, elas foram erroneamente atribuídas ao ICl.

A maioria dos inter-halogênios superiores são fluoretos (Tabela 17.5). O único inter-halogênio neutro com o átomo central no estado de oxidação +7 é o IF$_7$, mas também é conhecido o cátion ClF$_6^+$, um composto de Cl(VII). A inexistência do ClF$_7$ neutro mostra o efeito desestabilizante das repulsões entre os elétrons não ligantes de diferentes átomos de flúor (na verdade, números de coordenação maiores do que 6 não são observados para qualquer outro átomo central de elemento do bloco-p do terceiro período). A inexistência do BrF$_7$ pode ser justificada de maneira similar, mas além disso veremos mais tarde que o bromo é relutante em alcançar seu estado de oxidação máximo. Essa é outra manifestação da alternância (Seção 9.2c). Neste aspecto, ele assemelha-se a alguns outros elementos do bloco p do quarto período, em especial o arsênio e o selênio.

As formas das moléculas dos inter-halogênios (**1**), (**2**) e (**3**) estão de acordo com o modelo RPECV (Seção 2.3). Por exemplo, os compostos XY$_3$ (tal como o ClF$_3$) possuem cinco pares de elétrons de valência ao redor do átomo X em um arranjo bipiramidal trigonal. Os átomos Y ligam-se aos dois pares axiais e a um dos três pares equatoriais, e assim os dois pares ligantes axiais afastam-se dos dois pares isolados equatoriais. Como resultado, as moléculas XY$_3$ possuem a forma de um T deformado C_{2v}. Há algumas discrepâncias: por exemplo, o ICl$_3$ é um dímero com Cl em ponte.

A estrutura de Lewis do XF$_5$ apresenta cinco pares ligantes e um par isolado no átomo central X e, como esperado pelo modelo RPECV, as moléculas XF$_5$ são piramidais quadráticas. Como já mencionado, o único composto conhecido XY$_7$ é o IF$_7$, que se prevê como bipiramidal pentagonal. As evidências experimentais para sua estrutura real não são conclusivas. Da mesma forma que para outras moléculas hipervalentes, a ligação no IF$_7$ pode ser explicada sem invocar a participação dos orbitais d, adotando-se um modelo de orbitais moleculares nos quais os orbitais ligantes e não ligantes são ocupados, mas não os orbitais antiligantes.

Também podem ser formados inter-halogênios poliméricos que podem ser catiônicos ou aniônicos. Como exemplos de poli-halogenetos catiônicos temos o I$_3^+$ (**4**) e o I$_5^+$ (**5**). Os poli-halogenetos aniônicos são mais numerosos para o iodo. O íon I$_3^-$ é o mais estável, mas outros de fórmula geral $[(I_2)_n I^-]$ também podem ser formados. Outros poli-halogenetos aniônicos são o Cl$_3^-$ e o BrF$_4^-$.

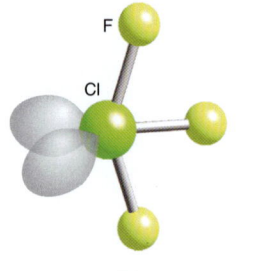

1 ClF$_3$, C_{2v}

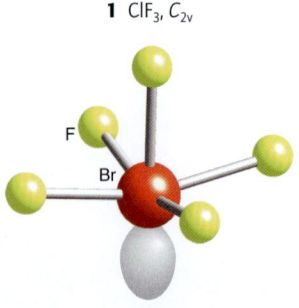

2 BrF$_5$, C_{4v}

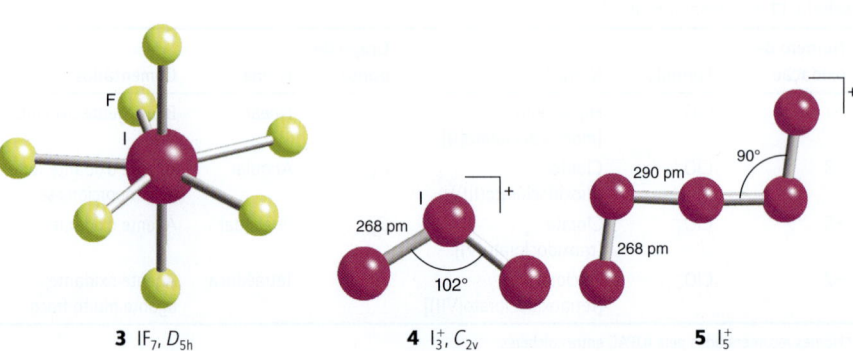

3 IF$_7$, D_{5h}

4 I$_3^+$, C_{2v}

5 I$_5^+$

PARTE B: UMA VISÃO MAIS DETALHADA

Nesta seção, veremos a química dos halogênios mais detalhadamente. A maioria dos elementos forma halogenetos com os halogênios, e eles vêm sendo tratados nos capítulos dos grupos específicos, de forma que enfocaremos aqui especificamente os inter-halogênios e os óxidos de halogênios.

17.4 Ocorrência, obtenção e usos

Pontos principais: O flúor, o cloro e o bromo são preparados pela oxidação eletroquímica dos sais de halogenetos; o cloro é usado para oxidar Br⁻ e I⁻ para o di-halogênio correspondente.

Todos os di-halogênios (exceto o At_2 radioativo) são produzidos comercialmente em grande escala, com a produção do cloro sendo muito maior, seguida pela do flúor. O principal método de produção dos elementos é pela eletrólise dos halogenetos (Seção 5.18). Os potenciais padrão fortemente positivos $E^⊖(F_2, F^-) = +2,87$ V e $E^⊖(Cl_2, Cl^-) = +1,36$ V indicam que a oxidação dos íons F⁻ e Cl⁻ requer um forte agente oxidante. Somente a oxidação eletrolítica é comercialmente viável. Um eletrólito aquoso não pode ser usado para a produção do flúor porque a água é oxidada em um potencial muito menor (+1,23 V) e qualquer flúor produzido reagiria rapidamente com a água. A obtenção do flúor elementar é feita pela eletrólise de uma mistura 1:2 de KF fundido e HF numa célula como a mostrada na Fig. 17.3. É importante manter separados o flúor e o subproduto hidrogênio, uma vez que eles reagem violentamente.

A maior parte do cloro comercializado é produzida pela eletrólise de uma solução aquosa de cloreto de sódio em uma *cuba eletrolítica para a produção de cloro e álcali* (Fig. 17.4). As meias-reações são as seguintes:

Anodo: $2\ Cl^-(aq) \rightarrow Cl_2(g) + 2\ e^-$

Catodo: $2\ H_2O(l) + 2\ e^- \rightarrow 2\ OH^-(aq) + H_2(g)$

A oxidação da água no anodo é suprimida empregando-se um material de eletrodo que possua uma maior sobretensão para a evolução do O_2 do que para a evolução do Cl_2 (Seção 5.18). O melhor material para o anodo parece ser o RuO_2 (Seção 19.8). Este processo é a base da indústria cloro-álcali que produz hidróxido de sódio em larga escala (veja Quadro 11.3):

$2\ NaCl(s) + 2\ H_2O(l) \rightarrow 2\ NaOH(aq) + H_2(g) + Cl_2(g)$

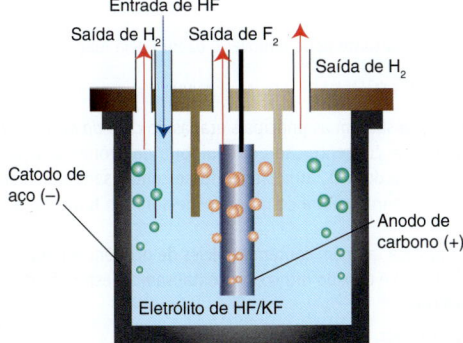

Figura 17.3 Diagrama esquemático de uma cuba eletrolítica para a produção de flúor a partir do KF dissolvido em HF líquido.

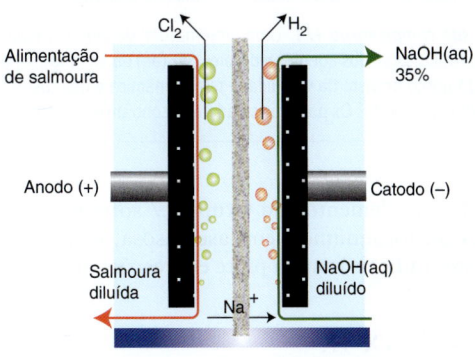

Figura 17.4 Diagrama esquemático de uma cuba eletrolítica para a produção de cloro e álcali usando uma membrana transportadora de cátions, que tem alta permeabilidade aos íons Na⁺ e baixa permeabilidade aos íons OH⁻ e Cl⁻.

O bromo é obtido pela oxidação química dos íons Br⁻ da água do mar. Um processo semelhante é usado para obter o iodo a partir de algumas salmouras naturais ricas em I⁻. O halogênio mais fortemente oxidante, o cloro, é usado como agente oxidante em ambos os processos, e o Br_2 e o I_2 resultantes são retirados da solução por uma corrente de ar:

$Cl_2(g) + 2\ X^-(aq) \xrightarrow{ar} 2\ Cl^-(aq) + X_2(g)$ (X = Br ou I)

EXEMPLO 17.1 Analisando a obtenção de Br_2 a partir da salmoura

Mostre que, do ponto de vista termodinâmico, o brometo pode ser oxidado a Br_2 pelo Cl_2 e pelo O_2 e dê uma razão por que o O_2 não é usado para esse propósito.

Resposta Devemos considerar os potenciais padrão envolvidos e lembrar que o par de oxirredução deslocar-se-á na direção da oxidação de um par com um potencial padrão mais positivo. As duas meias-reações que devemos considerar para a oxidação pelo cloro são:

$Cl_2(g) + 2\ e^- \rightarrow 2\ Cl^-(aq)$ $E^⊖ = +1,358$ V

$Br_2(g) + 2\ e^- \rightarrow 2\ Br^-(aq)$ $E^⊖ = +1,087$ V

Uma vez que $E^⊖(Cl_2,Cl^-) > E^⊖(Br_2,Br^-)$, o cloro pode ser usado para oxidar o Br⁻ na reação:

$Cl_2(g) + 2\ Br^-(aq) \rightarrow 2\ Cl^-(aq) + Br_2(g)$ $E^⊖ = +0,271$ V

Para melhorar a produção de bromo, o Br_2 formado é removido por uma corrente de vapor e ar. O oxigênio seria termodinamicamente capaz de realizar esta reação em meio ácido:

$O_2(g) + 4\ H^+(aq) + 4\ e^- \rightarrow 2\ H_2O(l)$ $E^⊖ = +1,229$ V

$Br_2(l) + 2\ e^- \rightarrow 2\ Br^-$ $E^⊖ = +1,087$ V

resultando na reação global

$O_2(g) + 4\ Br^-(aq) + 4\ H^+(aq) \rightarrow 2\ H_2O(l) + Br_2(l)$ $E^⊖_{pilha} = +0,142$ V

No entanto, a reação não é favorável em pH = 7 quando $E^⊖_{pilha}$ = –0,15 V. Embora a reação seja termodinamicamente favorável em meio ácido, dificilmente a velocidade será adequada, devido à sobretensão de cerca de 0,6 V associada às reações do O_2 (Seção 5.18). Mesmo que a oxidação pelo O_2 em meio ácido fosse cineticamente favorável, o processo não seria atrativo devido ao custo para acidificar grandes quantidades de salmoura e depois neutralizar o efluente.

Teste sua compreensão 17.1 Uma fonte natural de iodo é o iodato de sódio, $NaIO_3$. Qual dos agentes redutores, $SO_2(aq)$ ou $Sn^{2+}(aq)$, seria prático, do ponto de vista da viabilidade termodinâmica e dos custos, para a produção do iodo? Os potenciais padrão encontram-se no Apêndice 3.

Todos os elementos do Grupo 17 sofrem dissociação térmica ou fotoquímica, em fase gasosa, formando radicais. Estes radicais tomam parte em reações em cadeia, tais como:

$$X_2 \xrightarrow{\Delta/h\nu} X\cdot + X\cdot$$
$$H_2 + X\cdot \rightarrow HX + H\cdot$$
$$H\cdot + X_2 \rightarrow HX + X\cdot$$

Uma reação desse tipo entre o cloro e o metano é usada na síntese industrial do clorofórmio, CH_3Cl, e do diclorometano, CH_2Cl_2.

Os compostos de flúor são muito usados na indústria. O flúor, na forma de íons F^-, é adicionado a alguns sistemas de fornecimento de água potável e em dentifrícios para prevenir a perda dos dentes (Quadro 17.1). Ele é usado como UF_6 na indústria de energia nuclear para separar os isótopos de urânio. O fluoreto de hidrogênio é usado para marcar o vidro e como um solvente não aquoso. O cloro é muito usado na indústria para fabricar hidrocarbonetos clorados e em aplicações em que se necessite de um agente oxidante forte e efetivo, por exemplo, nos desinfetantes e alvejantes. Entretanto, essas aplicações estão em declínio porque alguns compostos orgânicos clorados são carcinogênicos e os clorofluorcarbonetos (CFCs) estão envolvidos na destruição do ozônio estratosférico (Quadro 17.2). Os hidrofluorcarbonetos (HFCs) estão agora substituindo os CFCs em aplicações como nos fluidos de refrigeração e nos condicionadores de ar. Os compostos organobromados são usados em síntese orgânica: a ligação C–Br não é tão forte quanto a ligação C–Cl e o Br pode ser facilmente deslocado (e reciclado). Os compostos organobromados são os mais usados como retardantes químicos de chama e são empregados em eletrônicos, roupas e móveis.

QUADRO 17.1 Fluoretação da água e saúde dentária

Na primeira metade do século XX, a perda de vários dentes era comum na maioria da população do mundo desenvolvido. Em 1901, F.S. McKay, um dentista do Colorado, notou que muitos dos seus pacientes tinham manchas marrons no esmalte dos dentes. Ele também notou que esses pacientes pareciam ter uma incidência menor de perda dos dentes. Ele suspeitou que alguma coisa no abastecimento de água local era responsável, mas somente na década de 1930, com o avanço da química analítica, é que as suspeitas de McKay foram confirmadas, ao se identificar altos níveis do íon fluoreto (12 ppm) no suprimento de água local.

Estudos confirmaram que havia uma relação inversa entre o aparecimento das manchas marrons (chamada de *fluorose*) e a ocorrência de cáries. Também se observou que níveis de até 1 ppm do íon fluoreto eram suficientes para diminuir a ocorrência de cáries sem causar fluorose. Isso levou à fluoretação generalizada dos sistemas de abastecimento de água potável do mundo ocidental, o que reduziu drasticamente os níveis de perda de dentes em todas as camadas da população. O primeiro composto a ser utilizado para fluoretação foi o NaF. Esse sólido é de fácil manuseio e continua a ser usado na fluoretação em pequena escala. Recentemente passou-se a utilizar o H_2SiF_6, que é um subproduto líquido de baixo custo proveniente da fabricação de fertilizantes fosfatados, e o Na_2SiF_6 sólido, que é mais fácil de manusear e transportar. Compostos contendo fluoreto também vêm sendo adicionados aos dentifrícios, colutórios e até mesmo ao sal de cozinha.

As pesquisas indicam que o fluoreto previne as cáries, inibindo a desmineralização e a atividade bacteriana na placa dentária. O esmalte e a dentina são compostos de hidroxiapatita, $Ca_5(PO_4)_3OH$. A hidroxiapatita é dissolvida pelos ácidos presentes nos alimentos ou produzidos pela ação bacteriana nos alimentos. Os íons fluoreto interagem com o esmalte formando a fluorapatita, $Ca_5(PO_4)_3F$, a qual é menos solúvel em meio ácido do que a hidroxiapatita. Os íons fluoreto também são ingeridos pelas bactérias onde perturbam a atividade enzimática, reduzindo a produção de ácido.

A fluoretação dos sistemas públicos de fornecimento de água potável é controversa, com muitos grupos diferentes reclamando da violação dos direitos civis ou do impacto ambiental. Os oponentes alegam que há uma correlação com o aumento do risco de câncer, síndrome de Down e doenças cardíacas, embora até agora não haja evidências convincentes para essas suposições. Eles também reclamam sobre da falta de conhecimento sobre os efeitos de longo prazo causados pelo aumento dos níveis de fluoreto no habitat dos rios.

QUADRO 17.2 Os clorofluorcarbonetos e o buraco de ozônio

A camada de ozônio estende-se de 10 a 50 km acima da superfície da Terra e tem um papel crucial na nossa proteção dos efeitos nocivos dos raios ultravioleta do Sol. O ozônio realiza essa função absorvendo a luz de comprimento de onda abaixo de 300 nm, atenuando assim o espectro da luz solar ao nível do solo.

O ozônio é produzido naturalmente pela ação da radiação UV sobre o O_2 na alta atmosfera:

$$O_2 \xrightarrow{h\nu} O + O$$
$$O + O_2 \rightarrow O_3$$

Quando o ozônio absorve um fóton de luz ultravioleta, ele dissocia-se:

$$O_3 \xrightarrow{h\nu} O_2 + O$$

O átomo de O resultante pode remover o ozônio pela reação

$$O_3 + O \rightarrow O_2 + O_2$$

Essas reações constituem as principais etapas do *ciclo do ozônio-oxigênio* que mantém uma concentração em equilíbrio de ozônio (que varia sazonalmente). Se todo o O_3 atmosférico fosse condensado numa simples camada, esta cobriria a Terra com uma espessura em torno de 3 mm, a 1 atm e 25°C.

A estratosfera também contém espécies de ocorrência natural, como o radical hidroxila e o óxido nítrico, que catalisam a destruição do ozônio por reações como

$$X + O_3 \rightarrow XO + O_2$$
$$XO + O \rightarrow X + O_2$$

Entretanto, a principal preocupação relativa à perda do ozônio concentra-se nos átomos de Cl e Br introduzidos artificialmente pelas atividades industriais, que catalisam a destruição do O_3 de maneira muito eficiente. O cloro e o bromo são levados para a estratosfera como parte das moléculas orgânicas halogenadas, RHal, que liberam os átomos de halogênio quando a ligação C–Hal é rompida por fótons do UV distante. O potencial de destruição do ozônio por essas moléculas foi apontado, em 1974, por Mario Molina e Sherwood Rowland, que ganharam o Prêmio Nobel de Química de 1995 (juntamente com Paul Crutzen) por este trabalho.

Somente 13 anos depois ocorreu uma ação internacional (na forma do Protocolo de Montreal de 1987), que recebeu grande impulso pela descoberta do "buraco de ozônio" sobre a Antártida, que forneceu uma dramática evidência da vulnerabilidade do ozônio atmosférico. O buraco de ozônio surpreendeu até mesmo os cientistas que trabalhavam nesse tema e a sua explicação exigiu conhecimento químico adicional, envolvendo as nuvens estratosféricas polares que se formam no inverno. Os cristais de gelo dessas nuvens adsorvem as moléculas de nitrato de cloro ou de bromo, $ClONO_2$ ou $BrONO_2$, que se formam quando o ClO ou o BrO estratosférico combinam-se com o NO_2. Uma vez na superfície do gelo, estas moléculas reagem com a água:

$$H_2O + XONO_2 \rightarrow HOX + HNO_3$$

onde X = Cl ou Br. Elas também reagem com HCl ou HBr também adsorvidos (formados pelo ataque de Cl^- e Br^- sobre o metano que escapa da troposfera):

$$HX + XONO_2 \rightarrow X_2 + HNO_3$$

O ácido nítrico, sendo muito higroscópico, entra nos cristais de gelo enquanto que as moléculas de HOX e X_2 são liberadas durante o escuro inverno polar. Quando a luz do Sol torna-se mais forte na primavera, estas moléculas são fotolisadas e liberam altas concentrações de radicais destruidores do ozônio:

$$HOX \xrightarrow{h\nu} HO\cdot + X\cdot$$
$$X_2 \xrightarrow{h\nu} 2\ X\cdot$$

Para danificar a camada de ozônio, as moléculas orgânicas halogenadas precisam sobreviver à viagem que se inicia na superfície da Terra. Aquelas que contêm átomos de H são degradadas mais facilmente na troposfera (a região mais baixa da atmosfera) por reação com radicais HO. Ainda assim, elas podem ser um problema se liberadas em quantidades suficientes. Atualmente, há uma grande controvérsia sobre o uso do brometo de metila, CH_3Br, como um fumigante na agricultura. Entretanto, o maior potencial para destruição do ozônio reside nas moléculas que carecem de átomos de H, os clorofluocarbonetos (CFCs), utilizados em muitas aplicações industriais, e os seus derivados bromados (os halons; hidrocarbonetos halogenados), usados para apagar incêndios. Estes não encontram destino na troposfera e eventualmente chegam inalterados à estratosfera. Eles são o foco principal das regulamentações internacionais estabelecidas em 1987 (e aperfeiçoadas em 1990 e 1992). A maioria dos CFCs e dos halons teve sua produção descontinuada e suas concentrações atmosféricas estão começando a declinar. Os CFCs apresentam um problema adicional, uma vez que eles também são potentes gases de efeito estufa.

O iodo é um elemento essencial, e a sua deficiência causa o bócio, que é o aumento da glândula tireoide. Por essa razão, pequenas quantidades de iodeto de potássio são adicionadas ao sal de cozinha (Quadro 17.3), e o di-iodeto de diamonioetileno é um suplemento muito usado em rações animais. O iodo é usado como um cocatalisador na produção do ácido acético a partir do metanol (Seção 25.9) e o AgI é usado para semear nuvens.

17.5 Estrutura molecular e propriedades

Pontos principais: A ligação F–F é fraca em relação à ligação Cl–Cl; as forças de ligação diminuem à medida que nos deslocamos para baixo no grupo, a partir do cloro.

Dentre as propriedades físicas mais marcantes dos halogênios estão as suas cores. Em fase vapor, elas variam do quase incolor F_2, passando pelo verde-amarelado do Cl_2, o

---

QUADRO 17.3 Iodo: um elemento essencial

O iodo é um elemento essencial para a produção dos hormônios que contêm iodo, tiroxina e triiodotironina, produzidos na glândula tireoide (Fig. Q17.1). Esses hormônios são essenciais para o crescimento, para o desenvolvimento e o funcionamento do cérebro para o funcionamento do sistema nervoso e dos processos metabólicos.

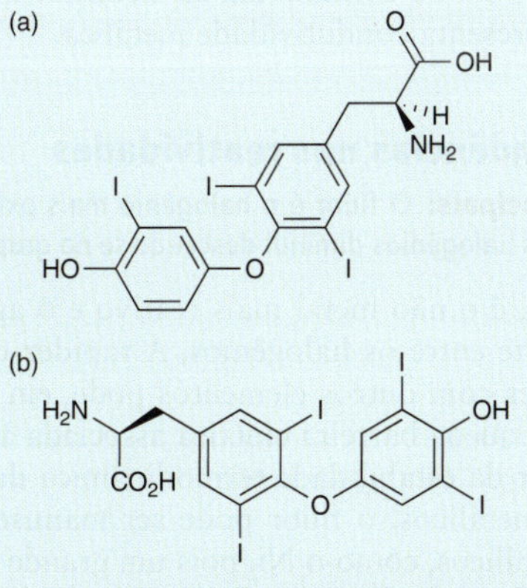

A deficiência de iodo resulta tanto em problemas físicos como mentais. Uma pessoa com deficiência em iodo pode desenvolver o bócio (um inchaço da glândula tireoide na parte frontal do pescoço), o hipotireoidismo e ter sua função mental reduzida. O hipotireoidismo refere-se a uma produção reduzida do hormônio pela tireoide, e seus sintomas incluem fadiga, depressão, ganho de peso, cabelos grossos, pele seca, cãibras musculares e diminuição da capacidade de concentração. A deficiência de iodo nas mulheres grávidas pode levar ao nascimento de bebês com sérios problemas de nascença, e a deficiência de iodo durante a infância causa baixo desenvolvimento físico e mental.

Todo o iodo tem que ser ingerido por meio dos alimentos. A dose diária recomendada é de 150 µg. O iodo, na forma de iodeto, é absorvido da corrente sanguínea por um processo chamado de captura de iodeto. Nesse processo o sódio é transportado com o iodeto para dentro da célula e então concentrado nos folículos da tireoide para uma concentração cerca de trinta vezes sua concentração no sangue.

Os alimentos ricos em iodo são algas, peixes, laticínios e vegetais cultivados em solo rico em iodo. O iodo não pode ser estocado no corpo, de forma que a ingestão desses alimentos deve ser regular. O iodo na forma de KI ou NaI é rotineiramente adicionado ao sal de cozinha em muitos países, e essa prática tem tornado a deficiência de iodo relativamente incomum. Entretanto, existem evidências recentes de que a diminuição do consumo de leite e a ênfase no benefício à saúde da diminuição do consumo de sal podem estar levando ao reaparecimento da deficiência de iodo.

Figura Q17.1 As estruturas da (a) toroxina e da (b) triiodotironina.

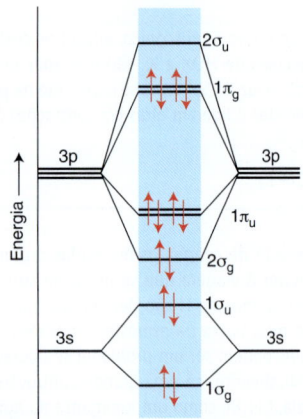

Figura 17.5 Diagrama esquemático dos níveis de energia dos orbitais moleculares para o Cl_2 (similarmente para o Br_2 e o I_2). Para o F_2, a ordem dos orbitais π_u e o σ_g superior é invertida.

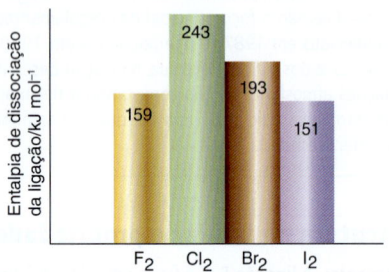

Figura 17.6 Entalpias de dissociação de ligação nos halogênios (kJ mol^{-1}).

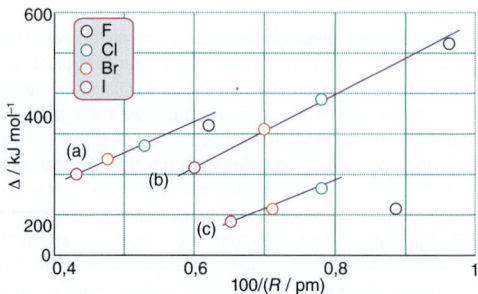

Figura 17.7 Entalpias de dissociação das ligações (a) carbono-halogênio, (b) hidrogênio-halogênio e (c) halogênio-halogênio, em função do recíproco do comprimento da ligação.

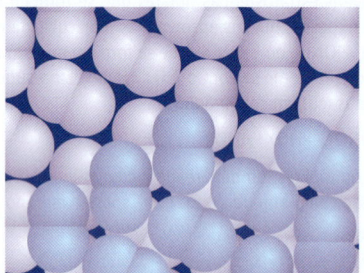

Figura 17.8 Cloro, bromo e iodo sólidos possuem estruturas similares. As interações não ligadas mais próximas são relativamente menos comprimidas no Cl_2 e no Br_2 do que no I_2.

Tabela 17.6 Distâncias de ligação e menor distância não ligada para os di-halogênios sólidos

Elemento	Temperatura/°C	Comprimento de ligação/pm	Distância não ligada/pm	Razão
Cl_2	−160	198	332	1,68
Br_2	−106	227	332	1,46
I_2	−163	272	350	1,29

marrom-avermelhado do Br_2 e chegando à cor púrpura do I_2. O deslocamento do máximo da absorção para comprimentos de onda maiores reflete o decréscimo da separação HOMO-LUMO ao descermos no grupo. Em cada caso, o espectro de absorção óptico surge basicamente de transições em que um elétron é promovido dos orbitais preenchidos de maior energia $2\sigma_g$ e $1\pi_g$ para o orbital antiligante vazio $2\sigma_u$ (Fig. 17.5).

Exceto para o F_2, a análise do espectro de absorção UV fornece valores precisos para as energias de dissociação da ligação nos di-halogênios (Fig. 17.6). Assim, observa-se que a força da ligação decresce ao se descer no grupo a partir do Cl_2. Entretanto, o espectro no UV do F_2 apresenta-se como um contínuo largo, sem estrutura, porque a absorção é acompanhada pela dissociação da molécula de F_2. A falta de bandas de absorção discretas torna difícil estimar espectroscopicamente a energia de dissociação, e os métodos termoquímicos são dificultados pela natureza altamente corrosiva desse halogênio reativo. Quando esses problemas de corrosão foram resolvidos, observou-se que a entalpia da ligação F–F é menor que a do Br_2 e, assim, foge da tendência do grupo. Entretanto, a baixa entalpia da ligação F–F é compatível com as baixas entalpias das ligações simples N–N, O–O e das várias combinações de N, F e O (Fig. 17.7). A explicação mais simples (assim como a explicação para a baixa afinidade eletrônica do flúor) é que a ligação é enfraquecida pelas fortes repulsões entre os elétrons não ligantes na pequena molécula de F_2. Em termos de orbitais moleculares, a molécula possui muitos elétrons em orbitais fortemente antiligantes.

Cloro, bromo e iodo cristalizam em redes de mesma simetria (Fig. 17.8), de forma que é possível fazer uma comparação detalhada das distâncias entre os átomos vizinhos ligados e não ligados (Tabela 17.6). Uma conclusão importante é que as distâncias não ligadas não aumentam tão rapidamente quanto os comprimentos das ligações. Essa observação sugere a presença de interações ligantes intermoleculares fracas que se fortalecem indo-se do Cl_2 para o I_2. Além disso, o iodo sólido é um semicondutor que, sob alta pressão, apresenta condutividade metálica.

17.6 Tendências nas reatividades

Pontos principais: O flúor é o halogênio mais oxidante; o poder oxidante dos halogênios diminui descendo-se no grupo.

O flúor, F_2, é o não metal mais reativo e o agente oxidante mais forte entre os halogênios. A rapidez de muitas das suas reações com outros elementos pode, em parte, ser em razão da pequena barreira cinética associada à fraca ligação F–F. Apesar da estabilidade termodinâmica da maioria dos fluoretos metálicos, o flúor pode ser manuseado em recipientes metálicos, como o Ni, pois um grande número deles forma um filme de fluoreto metálico que passiva a superfície quando em contato com o gás flúor. Os fluorcarbonetos

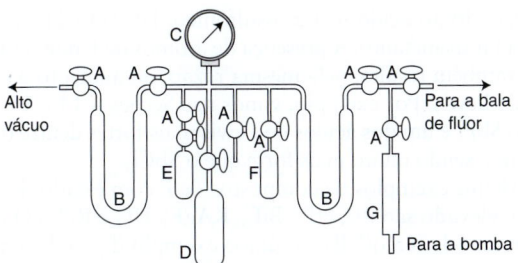

Figura 17.9 Um típico sistema de vácuo, em metal, para manusear flúor e fluoretos reativos. Todas as tubulações usadas são de níquel. (A) válvulas metálicas de monel, (B) frascos coletores em U de níquel, (C) manômetro em monel, (D) recipiente em níquel, (E) tubo de reação em PTFE, (F) frasco de reação em níquel, (G) tubo de níquel recheado com cal sodada para neutralizar o HF e reagir com F_2 e compostos de flúor.

Tabela 17.7 Pseudo-halogenetos, pseudo-halogênios e seus ácidos correspondentes

Pseudo-halogeneto	Pseudo-halogênio	$E^\ominus$/V	Ácido	pK_a
CN^-	NCCN	+0,27	HCN	9,2
Cianeto	Cianogênio	+0,77	Cianeto de hidrogênio	
NCS^-	NCSSCN		HNCS	−1,9
Tiocianato	Ditiocianogênio		Tiocianato de hidrogênio	
NCO^-			HNCO	3,5
Cianato			Ácido isociânico	
CNO^-			HCNO	3,66
Fulminato			Ácido fulmínico	
NNN^-			HNNN	4,92
Azida			Ácido hidrazoico	

poliméricos, tal como o politetrafluoroeteno (PTFE) também são materiais úteis para a construção de utensílios para armazenar o flúor e compostos oxidantes de flúor (Fig. 17.9). Poucos laboratórios possuem equipamentos e a experiência necessária para realizar pesquisas envolvendo o F_2 elementar.

Os potenciais padrão para os halogênios (Tabela 17.1) indicam que o F_2 é um agente oxidante muito mais forte do que o Cl_2. O decréscimo na força oxidante continua em passos mais modestos do Cl_2 para o Br_2 e para o I_2. Embora a meia-reação

$$\tfrac{1}{2} X_2(g) + e^- \rightarrow X^-(aq)$$

seja favorecida por uma alta afinidade eletrônica (sugerindo que o F deva ter um potencial de redução menor que o do Cl), o processo é favorecido pela baixa entalpia de ligação no F_2 e pela hidratação altamente exotérmica do pequeno íon F^- (Fig. 17.10). O resultado final da competição desses três efeitos é que o F é o elemento mais fortemente oxidante do grupo.

17.7 Pseudo-halogênios

Pontos principais: Os pseudo-halogênios e os pseudo-halogenetos mimetizam os halogênios e os halogenetos, respectivamente. Os pseudo-halogênios são dímeros e formam compostos moleculares com os não metais e compostos iônicos com os metais alcalinos.

Vários compostos têm propriedades tão semelhantes às dos halogênios que são chamados de **pseudo-halogênios** (Tabela 17.7). Por exemplo, assim como os di-halogênios, o cianogênio, $(CN)_2$, sofre dissociação térmica e fotoquímica em fase gasosa; os radicais CN resultantes são isolobais com os átomos de halogênio e sofrem reações similares, tais como as reações em cadeia com o hidrogênio:

$$NC-CN \xrightarrow{calor\ ou\ luz} 2\ CN\cdot$$
$$H_2 + CN\cdot \rightarrow HCN + H\cdot$$
$$H\cdot + NC-CN \rightarrow HCN + CN\cdot$$

Reação global: $H_2 + C_2N_2 \rightarrow 2\ HCN$

Outra semelhança é a redução de um pseudo-halogênio:

$$\tfrac{1}{2}(CN)_2(g) + e^- \rightarrow CN^-(aq)$$

O ânion formalmente derivado de um pseudo-halogênio é chamado de *íon pseudo-halogeneto*. Um exemplo é o ânion cianeto, CN^-. Também são comuns pseudo-halogenetos

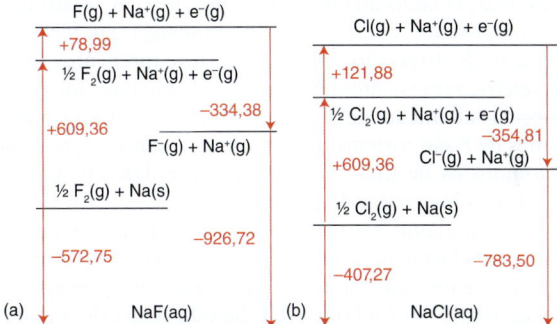

Figura 17.10 Ciclos termoquímicos para a entalpia de formação do (a) fluoreto de sódio aquoso e (b) do cloreto de sódio aquoso. Observe que a hidratação é muito mais exotérmica para o F^- do que para o Cl^-. Todos os valores estão em kJ mol^{-1}.

covalentes similares aos halogenetos covalentes dos elementos do bloco p. Com frequência, eles são estruturalmente semelhantes aos halogenetos covalentes correspondentes (compare (**6**) e (**7**)) e sofrem reações de metátese similares.

Como em todas as analogias, os conceitos de pseudo-halogênio e pseudo-halogeneto possuem muitas limitações. Por exemplo, os íons pseudo-halogenetos não são esféricos, de forma que as estruturas dos seus compostos iônicos frequentemente são diferentes; por exemplo, NaCl é cfc, mas o NaCN é semelhante ao CaC_2 (Seções 11.12 e 14.13). Os pseudo-halogênios são geralmente menos eletronegativos do que os halogênios mais leves, e alguns pseudo-halogenetos

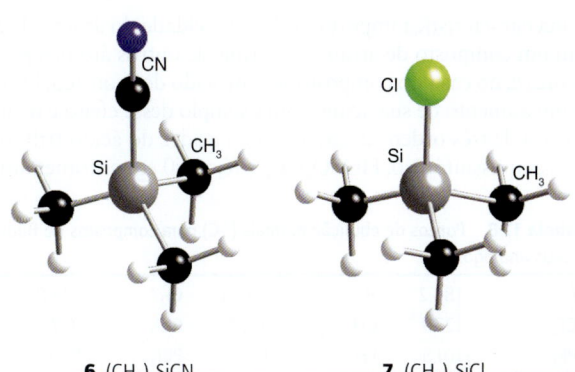

6 $(CH_3)_3SiCN$ **7** $(CH_3)_3SiCl$

apresentam propriedades doadoras mais versáteis. Por exemplo, o íon tiocianato, SCN⁻, atua como um ligante ambidentado, tendo um sítio básico macio, S, e um sítio básico duro, N (Seções 4.9 e 7.1).

17.8 Propriedades especiais dos compostos de flúor

Pontos principais: O flúor como substituinte promove volatilidade, aumenta a força de ácidos de Lewis e de Brønsted e estabiliza estados de oxidação elevados.

Os pontos de ebulição na Tabela 17.8 demonstram que os compostos moleculares de F tendem a ser altamente voláteis, sendo em alguns casos mais voláteis até do que os compostos correspondentes de hidrogênio (compare, por exemplo, PF_3, p.e. −101,5°C, e PH_3, p.e. −87,7°C) e em todos os casos muito mais voláteis do que os análogos de Cl. A volatilidade dos compostos é consequência da mudança nas forças de interação de dispersão (a interação entre momentos de dipolo elétrico transientes instantâneos), que é mais forte para moléculas altamente polarizáveis. Os elétrons nos pequenos átomos de F são fortemente atraídos pelo núcleo e, por isso, os compostos de flúor possuem baixa polarizabilidade e, logo, fracas interações de dispersão.

Existem alguns efeitos opostos na volatilidade que podem estar relacionados à ligação hidrogênio. A estrutura do HF sólido é uma cadeia polimérica plana em ziguezague de unidades F–H⋯F. Embora o HF líquido tenha densidade e viscosidade menores do que as da água, sugerindo a ausência de uma extensa rede tridimensional de ligações hidrogênio, em fase gasosa o HF forma oligômeros ligados por ligação hidrogênio, $(HF)_n$, com n atingindo 5 ou 6. Assim como para o H_2O e o NH_3, as propriedades do HF, tal como sua ampla faixa líquida, fazem dele um excelente solvente não aquoso.

O fluoreto de hidrogênio apresenta a seguinte autoprotólise:

$$2\,HF(l) \rightleftharpoons H_2F^+(solv) + F^-(solv) \qquad pK_{auto} = 12,3$$

Ele é um ácido muito mais fraco ($pK_a = 3,45$ em água) do que os outros haletos de hidrogênio. Embora essa diferença seja algumas vezes atribuída à formação de um par iônico ($H_3O^+F^-$), considerações teóricas mostram que sua fraca propriedade doadora de próton é um resultado direto da ligação H–F muito forte. Em HF anidro, os ácidos carboxílicos atuam como bases e são protonados:

$$HCOOH(l) + 2\,HF(l) \rightarrow HC(OH)_2^+(solv) + HF_2^-(solv)$$

Uma característica importante é a capacidade do átomo de F em um composto de atrair os elétrons de outros átomos presentes e, no caso do composto ser um ácido de Brønsted, levar a um aumento de sua acidez. Um exemplo desse efeito é o aumento de três ordens de grandeza na acidez do ácido trifluorometanossulfônico, $HOSO_2CF_3$ ($pK_a = 3,0$ em nitrometano)

em relação ao ácido metanossulfônico, $HOSO_2CH_3$ ($pK_a = 6,0$ em nitrometano). A presença de átomos de F numa molécula também resulta, pela mesma razão, no aumento da acidez de Lewis. Por exemplo, vimos nas Seções 4.14 e 15.11b que o SbF_5 é um dos ácidos de Lewis mais fortes dentre os de seu tipo, sendo muito mais forte que o $SbCl_5$.

Alguns exemplos de compostos de F com estado de oxidação elevado são IF_7, PtF_6, BiF_5, $KAgF_4$, UF_6 e ReF_7. O heptafluoreto de rênio(VII) é o único exemplo de um heptafluoreto metálico termicamente estável, e o hexafluoreto de urânio(VI) é importante na separação dos isótopos de U no pré-processamento dos combustíveis nucleares. Todos esses compostos são exemplos do estado de oxidação mais alto atingido por esses elementos, sendo o Ag(III) e o Hg(IV), no HgF_4, os estados de oxidação mais raros e mais notáveis, observados por isolamento em matriz em neônio sólido a 4 K. Outro exemplo é a estabilidade do PbF_4 em comparação com todos os outros halogenetos de Pb(IV).

Um fenômeno relacionado ao que acabou de ser descrito é a tendência do flúor de não favorecer baixos estados de oxidação. Assim, o fluoreto de cobre(I) sólido, CuF, é instável, mas CuCl, CuBr e CuI são estáveis em relação à desproporcionação. Tendências similares foram discutidas na Seção 3.11 em termos de um modelo iônico simples, no qual o pequeno tamanho do íon F^-, em combinação com um cátion pequeno altamente carregado, resulta em uma entalpia de rede alta. Como resultado, há uma tendência termodinâmica para o CuF desproporcionar-se e formar cobre metálico e CuF_2 (pois o Cu^{2+} é duplamente carregado e o seu raio iônico é menor do que o do Cu^+, levando a uma entalpia de rede elevada).

Os compostos que recebem íons F^- são ácidos de Lewis e os compostos que doam F^- são bases de Lewis:

$$SbF_5(s) + HF(l) \rightarrow SbF_6^-(solv) + H^+(solv)$$
$$XeF_6(s) + HF(l) \rightarrow XeF_5^+(solv) + HF_2^-(solv)$$

Os fluoretos iônicos dissolvem em HF formando soluções altamente condutoras. O fato de que cloretos, brometos e iodetos reagem com HF para formar os fluoretos correspondentes e HX fornece uma rota para o preparo dos fluoretos anidros:

$$TiCl_4(l) + 4\,HF(l) \rightarrow TiF_4(s) + 4\,HCl(g)$$

17.9 Aspectos estruturais

Os difluoretos metálicos, MF_2, onde M é um elemento do Grupo 2 ou um metal d, geralmente adotam a estrutura do CaF_2 ou do rutílio e são bem descritos pelo modelo iônico. Ao contrário, uma vez que os dicloretos, dibrometos e di-iodetos do Grupo 2 podem ser descritos pelo modelo iônico, os análogos de metal d adotam a estrutura em camadas do CdI_2 ou do $CdCl_2$, e suas ligações não são bem descritas nem pelo modelo iônico nem pelo modelo covalente. Muitos trifluoretos metálicos têm estruturas iônicas tridimensionais, mas os tricloretos, tribrometos e tri-iodetos têm estruturas em camadas. Os compostos NbF_3 e FeF_3 (em alta temperatura) adotam a estrutura do tipo ReO_3 (Seção 3.6 e Fig. 24.16), e muitos outros trifluoretos metálicos (incluindo AlF_3, ScF_3 e CoF_3) apresentam uma variante levemente distorcida desse tipo de estrutura.

À medida que o número de oxidação do átomo metálico aumenta, os halogenetos tornam-se mais covalentes. Assim,

Tabela 17.8 Pontos de ebulição normais (°C) para compostos de flúor e seus análogos

F_2	−188,2	H_2	−252,8	Cl_2	−34,0
CF_4	−127,9	CH_4	−161,5	CCl_4	76,7
PF_3	−101,5	PH_3	−87,7	PCl_3	75,5

todos os hexa-halogenetos metálicos, como MoF_6 e WCl_6, são compostos moleculares covalentes. Para os estados de oxidação intermediários (como MF_4 e MF_5), as estruturas consistem normalmente em poliedros MF_6 ligados. O tetrafluoreto de titânio possui uma estrutura baseada em colunas de unidades Ti_3F_{15} triangulares formadas a partir de três octaedros TiF_6 (8), ao passo que o NbF_5 é construído a partir de quatro octaedros NbF_6 formando uma unidade quadrática de composição Nb_4F_{20} (9).

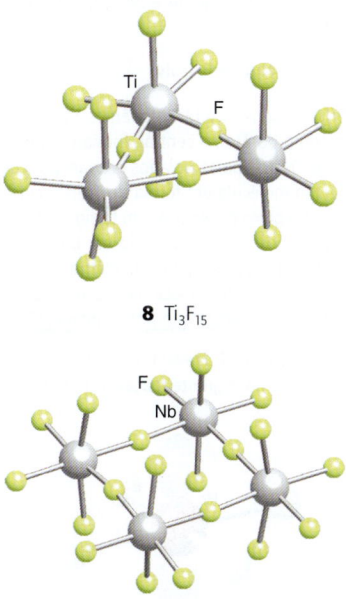

8 Ti_3F_{15}

9 Nb_4F_{20}

Embora não tenham importantes aplicações como óxidos complexos, os fluoretos e cloretos sólidos complexos, como as fases ternárias $MM'F_n$ e $MM'Cl_n$, e os compostos quaternários $MM'M''F_n$ têm estruturas similares àquelas de seus óxidos correspondentes. Como o F^- tem um número de oxidação de -1 e o O^{2-} um número de oxidação de -2, os fluoretos e cloretos com composições equivalentes contêm geralmente metais d em estados de oxidação menores do que nos óxidos correspondentes. Assim, os fluoretos ternários de estequiometria ABF_3, com, por exemplo, A = K, Rb e Cs e B um íon dipositivo de metal d, adotam a estrutura da perovskita (Seção 3.9). Um exemplo é o $KMnF_3$, que precipita quando se adiciona fluoreto de potássio a soluções de Mn(II). A criolita fundida, Na_3AlF_6, é usada para dissolver o óxido de alumínio na obtenção eletroquímica do alumínio. Sua estrutura está relacionada à da perovskita (ABO_3), com o Na nos sítios A e uma mistura de Na e Al nos sítios B: a fórmula é $Na(Al_{1/2}Na_{1/2})F_3$, que é equivalente ao Na_3AlF_6. Compostos de ânion mistos contendo halogenetos são bem caracterizados e incluem o cuprato supercondutor $Sr_{2-x}Na_xCuO_2F_2$.

17.10 Os inter-halogênios

Os halogênios formam muitos compostos entre eles, com fórmulas variando desde XY até XY_7 (Tabela 17.9). Suas estruturas podem ser, geralmente, previstas pelas regras da RPECV e verificadas por técnicas como RMN-^{19}F.

Tabela 17.9 Propriedades dos inter-halogênios

XY	XY_3	XY_5	XY_7
ClF Incolor p.f. −156°C p.e. −100°C	ClF_3 Incolor p.f. −76°C p.e. 12°C	ClF_5 Incolor p.f. −103°C p.e. −13°C	
BrF* Castanho-claro p.f. ≈ −33°C p.e. −20°C	BrF_3 Amarelo p.f. 9°C p.e. 126°C	BrF_5 Incolor p.f. −61°C p.e. 41°C	
IF*	$(IF_3)_n$ Amarelo dec.† −28°C	IF_5 Incolor p.f. 9°C p.e. 105°C	IF_7 Incolor p.f. 6,5°C (ponto triplo) subl.† 5°C
BrCl* Castanho-avermelhado p.f. ≈ −66°C p.e. 5°C			
α-ICl, β-ICl Sólido vermelho-rubi, líquido preto p.f. 27°C, p.f. 14°C p.e. 97 − 100°C	I_2Cl_6 Amarelo-forte p.f. 101°C (16 atm)		
IBr Sólido preto p.f. 41°C p.e. ≈ 116°C			

*Muito instável.
†dec.: decompõe; subl.: sublima.

EXEMPLO 17.2 Verificando a forma de uma molécula de inter-halogênio

O BrF_5 é uma molécula fluxional que se interconverte entre uma estrutura piramidal quadrática (10) e uma estrutura trigonal bipiramidal (11). Se essas duas estruturas pudessem ser isoladas, explique como o RMN-^{19}F poderia ser usado para diferenciar entre elas.

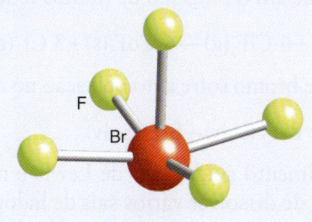

10 BrF_5, C_{4v}

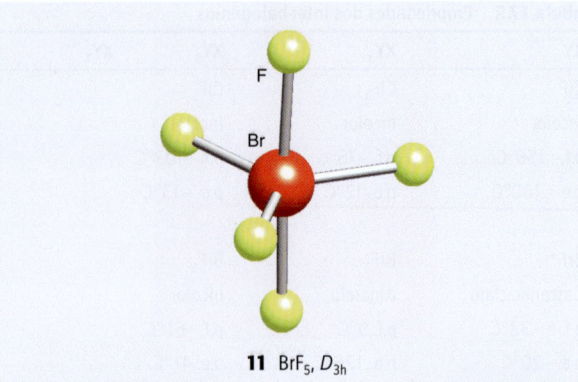

11 BrF$_5$, D_{3h}

Resposta Devemos identificar o número de diferentes ambientes dos átomos de ^{19}F em cada caso e considerar como cada um está acoplado aos átomos de F em outros ambientes. No caso da pirâmide quadrática, existem dois ambientes diferentes, um com quatro e outro com um átomo de F, respectivamente. O RMN-^{19}F deverá mostrar um sinal equivalente a quatro átomos de F, desdobrado em um dubleto pelo acoplamento com o outro átomo de F. Um segundo sinal, equivalente a um átomo de F, irá desdobrar-se em um quinteto pelo acoplamento. A estrutura bipiramidal trigonal possui os átomos de F em dois ambientes, para três e dois átomos de F, respectivamente. Suas ressonâncias devem desdobrar-se pelo acoplamento spin-spin em um tripleto e um quarteto.

Teste sua compreensão 17.2 Preveja o padrão de RMN-^{19}F para o IF$_7$.

(a) Propriedades químicas

Ponto principal: Os inter-halogênios contendo flúor são geralmente ácidos de Lewis e fortes agentes oxidantes.

Todos os inter-halogênios são agentes oxidantes. Em geral, as velocidades de oxidação dos inter-halogênios não apresentam uma relação simples com as suas estabilidades termodinâmicas. Assim como para todos os fluoretos inter-halogênios conhecidos, o ClF$_3$ é um composto exoérgico, sendo um agente de fluoração termodinamicamente mais fraco que o F$_2$. Entretanto, a velocidade com que ele produz a fluoração das substâncias geralmente excede a do flúor, de maneira que ele é de fato um agente de fluoração agressivo frente a muitos elementos e compostos. Os fluoretos ClF$_3$ e BrF$_3$ são agentes de fluoração muito mais agressivos do que o BrF$_5$, IF$_5$ e IF$_7$; por exemplo, o pentafluoreto de iodo é um agente de fluoração prático e moderado e que pode ser manuseado em aparelhagem de vidro. Um dos usos do ClF$_3$ como agente de fluoração é para a formação de um filme de fluoreto metálico para passivar o interior das aparelhagens de níquel usadas na química do flúor.

O ClF$_3$ e o BrF$_3$ reagem vigorosamente (frequentemente de forma explosiva) com matéria orgânica, água, amônia e asbestos e expulsam o oxigênio de muitos óxidos metálicos:

2 Co$_3$O$_4$(s) + 6 ClF$_3$(g) → 6 CoF$_3$(s) + 3 Cl$_2$(g) + 4 O$_2$(g)

O trifluoreto de bromo sofre autoionização no estado líquido:

2 BrF$_3$(l) ⇌ BrF$_2^+$(solv) + BrF$_4^-$(solv)

Esse comportamento ácido-base de Lewis é mostrado pela sua habilidade de dissolver vários sais de halogenetos:

CsF(s) + BrF$_3$(l) → Cs$^+$(solv) + BrF$_4^-$(solv)

O trifluoreto de bromo é um bom solvente para reações iônicas que devem ser realizadas sob condições altamente oxidantes. O caráter ácido de Lewis do BrF$_3$ é compartilhado por outros inter-halogênios que reagem com fluoretos de metais alcalinos para formar fluoretos aniônicos complexos.

EXEMPLO 17.3 Prevendo as geometrias de compostos do tipo inter-halogênio

Preveja as geometrias do reagente e dos produtos da reação recém discutida:

2 BrF$_3$(l) ⇌ BrF$_2^+$(solv) + BrF$_4^-$(solv)

Resposta O BrF$_3$ (e todos os inter-halogênios XY$_3$) possui cinco pares de elétrons em torno do átomo central, formando uma geometria trigonal bipiramidal. Os dois pares isolados ocupam posições equatoriais, resultando em uma molécula em forma de T distorcido como em (**1**). O BrF$_2^+$ possui quatro pares de elétrons em torno do átomo central, dois dos quais são pares isolados, resultando em uma molécula angular como em (**4**). O BrF$_4^-$ possui seis pares de elétrons em torno do átomo central. Os dois pares isolados posicionam-se *trans* um em relação ao outro, originando uma molécula quadrática plana (**12**).

Teste sua compreensão 17.3 Preveja as geometrias dos reagentes e dos dois íons formados na seguinte reação: ClF$_3$ + SbF$_5$ → [ClF$_2$][SbF$_6$].

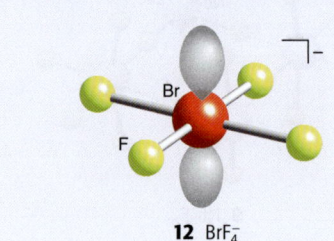

12 BrF$_4^-$

(b) Inter-halogênios catiônicos

Ponto principal: Os compostos inter-halogênios catiônicos possuem estruturas de acordo com o modelo RPECV.

Sob condições oxidantes especialmente fortes, tal como em ácido sulfúrico fumegante, o I$_2$ é oxidado ao cátion di-iodínio paramagnético azul, I$_2^+$. O cátion dibromínio, Br$_2^+$, também é conhecido. As ligações nesses cátions são mais curtas do que nos correspondentes di-halogênios neutros, que é o resultado esperado para a perda de um elétron de um orbital π* e o consequente aumento na ordem de ligação de 1 para 1,5 (ver Fig. 17.5). São conhecidos três cátions superiores de poli-halogênios, Br$_5^+$, I$_3^+$ e I$_5^+$, e estudos de difração de raios X das espécies de iodo estabeleceram as estruturas mostradas em (**4**) e (**5**). A forma angular do I$_3^+$ está de acordo com o modelo RPECV, uma vez que o átomo central I possui dois pares de elétrons isolados.

Outra classe de cátions poli-halogênios de fórmula XF$_n^+$ é obtida quando um ácido de Lewis forte, tal como o SbF$_5$, abstrai F$^-$ de inter-halogênios fluoretos:

ClF$_3$ + SbF$_5$ → [ClF$_2$]$^+$[SbF$_6$]$^-$

Essa formulação é apenas idealizada, uma vez que a difração de raios X dos compostos sólidos que contêm estes cátions indica que a abstração do F$^-$ dos cátions é incompleta e que os ânions permanecem fracamente associados aos cátions

Os inter-halogênios

Tabela 17.10 Cátions inter-halogênios representativos

Compostos	Geometria
ClF_2^+, BrF_2^+, ICl_2^+	Angular, C_{2v}
ClF_4^+, BrF_4^+, IF_4^+	Gangorra, C_{2v}
ClF_6^+, BrF_6^+, IF_6^+	Octaédrica, O_h

por pontes de flúor (**13**). A Tabela 17.10 apresenta uma variedade de cátions inter-halogênios que são preparados de maneira similar.

13 $(ClF_2)(SbF_6)_2$

(c) Poli-halogenetos

Pontos principais: *Os poli-iodetos, como o I_3^-, são formados pela adição de I_2 ao I^-; eles são estabilizados por cátions grandes. Alguns dos poli-halogênios aniônicos mais estáveis contêm flúor como substituinte; suas estruturas concordam normalmente com o modelo RPECV.*

Quando se adiciona I_2 a uma solução de íons I^- forma-se uma forte cor marrom. Essa cor é característica dos poli-iodetos, dentre os quais os íons tri-iodeto, I_3^-, e pentaiodeto, I_5^-. Estes poli-iodetos são complexos ácido-base de Lewis, em que o I^- e o I_3^- atuam como bases e o I_2 atua como ácido (Fig. 17.11). A estrutura de Lewis do I_3^- possui três pares isolados equatoriais no átomo central de I e dois pares ligantes axiais em um arranjo bipiramidal trigonal. Essa estrutura de Lewis hipervalente é compatível com a estrutura linear observada para o I_3^- e que será descrita em mais detalhes a seguir.

Um íon I_3^- pode interagir com outras moléculas de I_2 para formar poli-iodetos mononegativos maiores, de composição $[(I_2)_nI^-]$. O íon I_3^- é o membro mais estável desta série. Em combinação com um cátion grande, tal como $[N(CH_3)_4]^+$, ele é simétrico e linear, com uma ligação I–I mais longa do que no I_2. Entretanto, a estrutura do íon tri-iodeto, assim como a dos poli-iodetos em geral, é altamente sensível à identidade do contraíon. Por exemplo, o Cs^+, que é menor do que o íon tetrametilamônio, distorce o íon I_3^- e produz uma ligação I–I longa e outra curta (**14**). A facilidade com que o íon responde ao ambiente no qual está inserido é um reflexo da fraqueza das ligações que se ajustam para manter os átomos juntos. Um exemplo da sensibilidade ao cátion é fornecido pelo NaI_3, o qual pode ser formado em solução aquosa, mas que se decompõe quando a água é removida por evaporação:

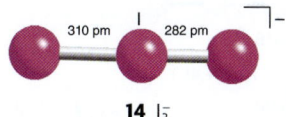

14 I_3^-

$$Na^+(aq) + I_3^-(aq) \xrightarrow{\text{remoção de água}} NaI(s) + I_2(s)$$

Um exemplo mais extremo é o $NI_3 \cdot NH_3$, que é um pó preto formado quando cristais de iodo são adicionados a uma solução de amônia concentrada. O NI_3 livre pode ser preparado reagindo-se monofluoreto de iodo com nitreto de boro:

$$3\ IF(g) + BN(s) \rightarrow NI_3(s) + BF_3(g)$$

O tri-iodeto de nitrogênio e o amoniato são extremamente instáveis e detonam ao mais leve toque ou vibração:

$$2\ NI_3 \cdot NH_3(s) \rightarrow N_2(g) + 3\ I_2(s) + 2\ NH_3(g)$$

Embora a fórmula do tri-iodeto de nitrogênio seja geralmente escrita como NI_3, seria mais correto escrevê-la como I_3N, uma vez que se acredita que o composto seja formado pelos íons I^+ e N^{3-} e que sua sensibilidade ao choque seja decorrente da instabilidade de oxirredução desses íons. Este comportamento é também outro exemplo da instabilidade de ânions grandes em combinação com cátions pequenos, o que, como vimos na Seção 3.15, pode ser explicado pelo modelo iônico.

A existência e as estruturas dos poli-iodetos superiores são sensíveis ao contraíon por razões similares, e cátions grandes são necessários para estabilizá-los no estado sólido. Na verdade, formas inteiramente diferentes são observadas para os íons poli-iodetos em combinação com vários cátions grandes, uma vez que a estrutura do ânion é em grande parte determinada pela maneira como os íons ficam empacotados no cristal. Os comprimentos de ligação em um íon poli-iodeto sugerem frequentemente que ele possa ser considerado como uma cadeia de unidades associadas de I^-, I_2, I_3^- e, algumas vezes, I_4^{2-} (Fig. 17.12). Sólidos contendo poli-iodetos apresentam condutividade elétrica, o que pode ter origem no salto de elétrons (ou buracos) ao longo da cadeia do poli-iodeto ou pela propagação de um rearranjo de íons também ao longo da cadeia do poli-iodeto (Fig. 17.13).

São conhecidos alguns poli-iodetos dinegativos. Eles contêm um número par de átomos de I e sua fórmula geral é $[I^-(I_2)_nI^-]$. Eles possuem a mesma sensibilidade ao cátion que os seus correspondentes íons mononegativos.

Embora a formação de poli-halogenetos seja mais pronunciada para o iodo, outros poli-halogenetos também são conhecidos. Dentre eles temos o Cl_3^-, o Br_3^- e o BrI_2^-, que são conhecidos em solução e também no estado sólido (associados com cátions grandes). Até mesmo o F_3^- foi detectado espectroscopicamente em baixa temperatura em uma matriz inerte. Esta técnica, conhecida como *isolamento em matriz*, emprega a deposição conjunta dos reagentes com um grande excesso de gás nobre em temperaturas muito baixas (na faixa de 4 a 14 K). O gás nobre

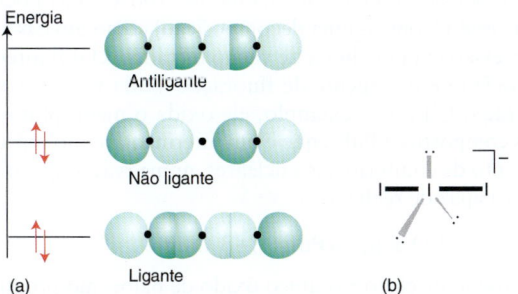

Figura 17.11 Algumas representações do íon poli-iodeto I_3^-: (a) a interação σ; (b) a interpretação da estrutura linear por Lewis e pela RPECV, onde cinco pares de elétrons estão organizados em torno do átomo central em um arranjo bipiramidal trigonal.

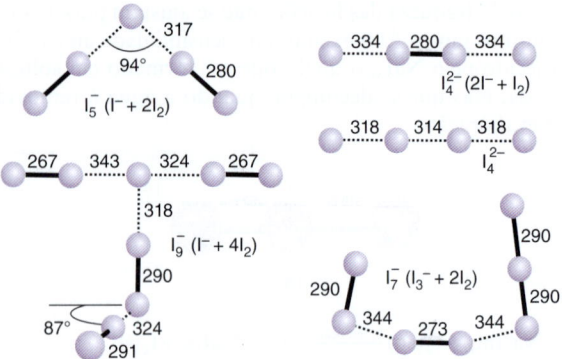

Figura 17.12 Algumas estruturas de poli-iodetos representativos e sua descrição aproximada em termos de unidades repetidas de I⁻, I_3^- e I_2. Os comprimentos e os ângulos de ligação variam com a identidade do cátion.

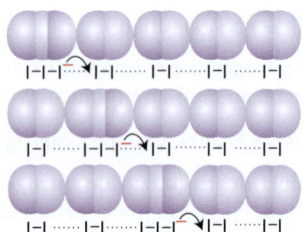

Figura 17.13 Um modo possível para o transporte de carga ao longo da cadeia de um poli-iodeto é o deslocamento das ligações longas e curtas, resultando numa efetiva migração de um íon I⁻ ao longo da cadeia. Três estágios sucessivos da migração são mostrados. Note que o íon iodeto do I_3^- à esquerda não é o mesmo que emerge na direita.

sólido forma uma matriz inerte dentro da qual o íon F_3^- pode acomodar-se em isolamento químico.

Além da formação de complexos entre di-halogênios e íons halogenetos, alguns inter-halogênios podem atuar como ácidos de Lewis diante de íons halogeneto. A reação resulta na formação de poli-halogenetos que, diferentemente dos poli-iodetos em cadeia, são montados em torno de um átomo central de halogênio, receptor, em um estado de oxidação elevado. Como mencionado anteriormente, por exemplo, o BrF_3 reage com CsF para formar $CsBrF_4$, que contém o ânion BrF_4^- quadrático plano (**12**). Muitos desses ânions inter-halogênios já foram sintetizados (Tabela 17.11). Suas formas geralmente estão de acordo com o modelo RPECV, mas há algumas exceções interessantes. Duas dessas exceções são o ClF_6^- e o BrF_6^-, nos quais o halogênio central possui um par isolado de elétrons e a estrutura aparente é a de um octaedro distorcido. O íon IF_6^- participa de um arranjo estendido através de interações I–F⋯I.

Tabela 17.11 Ânions inter-halogênios representativos

Compostos	Geometria
ClF_2^-, IF_2^-, ICl_2^-, IBr_2^-	Linear
ClF_4^-, BrF_4^-, IF_4^-, ICl_4^-	Quadrática plana
ClF_6^-, BrF_6^-	Octaédrica
IF_6^-	Octaedro distorcido trigonalmente
IF_8^-	Antiprisma quadrático

> **EXEMPLO 17.4** Propondo um modelo de ligação para os complexos de I⁺
>
> Em alguns casos, a interação do I_2 com ligantes fortemente doadores leva à formação de complexos catiônicos, como a bis(piridina)iodo(+1), [py–I–py]⁺. Proponha um modelo de ligação para esse complexo linear a partir: (a) do ponto de vista do modelo RPECV; (b) de considerações simples de orbitais moleculares.
>
> **Resposta** (a) A estrutura eletrônica de Lewis coloca 10 elétrons ao redor do I⁺ central do [py–I–py]⁺, seis provenientes do cátion de iodo e quatro dos pares isolados dos dois ligantes piridina. De acordo com o modelo RPECV, esses pares devem formar uma bipirâmide trigonal. Os pares isolados deverão ocupar as posições equatoriais e, consequentemente, o complexo deve ser linear. (b) Pela perspectiva dos orbitais moleculares, os orbitais do arranjo N–I–N podem ser considerados como sendo formados a partir de um orbital 5p do iodo e um orbital de simetria σ de cada um dos dois átomos ligantes. Pode-se, assim, construir três orbitais: 1σ (ligante), 2σ (praticamente não ligante) e 3σ (antiligante). Há quatro elétrons para serem acomodados (dois de cada átomo ligante; o orbital 5p do iodo está vazio). A configuração resultante é $1\sigma^2 2\sigma^2$, que corresponde a uma condição ligante.
>
> **Teste sua compreensão 17.4** Do ponto de vista da estrutura e da ligação, indique alguns poli-halogenetos análogos ao [py–I–py]⁺ e descreva suas ligações.

17.11 Óxidos de halogênios

Pontos principais: Os únicos óxidos de flúor são OF_2 e O_2F_2; são conhecidos óxidos de cloro para os números de oxidação do Cl de +1, +4, +6 e +7; o óxido de halogênio mais comumente usado é o ClO_2, que é um agente oxidante forte e prático.

O difluoreto de oxigênio (FOF; p.f. –224°C; p.e. –145°C) é o composto binário de O e F mais estável, sendo preparado passando-se flúor através de uma solução aquosa diluída de um hidróxido:

$$2\,F_2(g) + 2\,OH^-(aq) \rightarrow OF_2(g) + 2\,F^-(aq) + H_2O(l)$$

O difluoreto puro sobrevive em fase gasosa acima da temperatura ambiente e não reage com o vidro. Ele é um forte agente de fluoração, mas mais fraco do que o próprio flúor. Como sugerido pelo modelo RPECV, a molécula de OF_2 é angular.

O difluoreto de dioxigênio (FOOF; p.f. –154°C; p.e. –57°C) pode ser sintetizado pela fotólise de uma mistura líquida dos dois elementos. Ele é instável no estado líquido e decompõe-se rapidamente acima de –100°C, mas pode ser transferido (com alguma decomposição) como um gás à baixa pressão em uma linha de vácuo metálica. O difluoreto de dioxigênio é um agente de fluoração ainda mais agressivo do que o ClF_3. Por exemplo, ele oxida o metal plutônio e seus compostos a PuF_6, que é um intermediário no reprocessamento de combustíveis nucleares, numa reação que o ClF_3 não é capaz de realizar:

$$Pu(s) + 3\,O_2F_2(g) \rightarrow PuF_6(g) + 3\,O_2(g)$$

O dióxido de cloro é o único óxido de halogênio produzido em grande escala. A reação usada é a redução do ClO_3^- com HCl ou SO_2, em meio fortemente ácido:

$$2\,ClO_3^-(aq) + SO_2(g) \xrightarrow{\text{ácido}} 2\,ClO_2(g) + SO_4^{2-}(aq)$$

Uma vez que o dióxido de cloro é um composto fortemente endoérgico ($\Delta_f G^\ominus$ = +121 kJ mol^{-1}), ele precisa ser mantido diluído para evitar decomposição explosiva e, portanto, é usado no local de produção. Seus usos principais são como alvejante de polpa de papel e para desinfecção de esgoto e água potável. Existem controvérsias relacionadas com essas aplicações, uma vez que a ação do cloro (ou o seu produto de hidrólise, HClO) e do dióxido de cloro sobre matéria orgânica produzem baixas concentrações de compostos orgânicos clorados, alguns dos quais são potencialmente carcinogênicos. Entretanto, a desinfecção da água indubitavelmente salva muito mais vidas do que os subprodutos carcinogênicos podem tirar. O alvejamento pelo cloro vem sendo substituído por alvejantes baseados no oxigênio, tais como o peróxido de hidrogênio (Quadro 16.3).

Os óxidos de bromo mais conhecidos são:

Número de oxidação	+1	+3	+4
Fórmula	Br$_2$O	Br$_2$O$_3$	BrO$_2$
Cor	Castanho-escuro	Laranja	Amarelo-claro
Estado físico	Sólido	Sólido	Sólido

Observou-se que a estrutura do BrO$_2$ é a de um óxido misto Br(I)/Br(VII), BrOBrO$_3$. Todos os óxidos de bromo são termicamente instáveis acima de −40°C e explodem ao serem aquecidos.

Os óxidos de halogênio mais estáveis são aqueles formados com o iodo. O mais importante destes é o I$_2$O$_5$ (**15**), que é usado para oxidar quantitativamente o monóxido de carbono a dióxido de carbono na análise de CO no sangue e no ar. Este composto é um sólido branco higroscópico. Ele dissolve-se em água para formar o ácido iódico, HIO$_3$. Os óxidos de iodo menos estáveis, I$_2$O$_4$ e I$_4$O$_9$, são sólidos amarelos que se decompõem ao serem aquecidos, formando I$_2$O$_5$:

$$5\ I_2O_4(s) \rightarrow 4\ I_2O_5(s) + I_2(g)$$
$$4\ I_4O_9(s) \rightarrow I_2O_5(s) + 2\ I_2(g) + 3\ O_2(g)$$

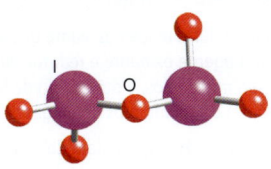

15 I$_2$O$_5$

17.12 Oxoácidos e oxoânions

Pontos principais: Os oxoânions de halogênios são agentes oxidantes termodinamicamente fortes; os percloratos de cátions que podem sofrer oxidação são instáveis.

As forças dos oxoácidos variam sistematicamente com o número de átomos de O no átomo central (Tabela 17.12; ver as regras de Pauling na Seção 4.2b). O ácido periódico, H$_5$IO$_6$, é o análogo de I(VII) do ácido perclórico. Ele é um ácido fraco (pK_{a1} = 3,29), o que pode ser explicado notando-se que a sua fórmula é (HO)$_5$IO, tendo assim apenas um grupo I=O. Os átomos de O na base conjugada H$_4$IO$_6^-$ são muito lábeis por causa do equilíbrio rápido:

$$H_4IO_6^-(aq) \rightleftharpoons IO_4^-(aq) + 2\ H_2O(l) \qquad K = 40$$

Tabela 17.12 Acidez dos oxoácidos de cloro

Ácido	p/q	pK_a
HOCl	0	7,53 (fraco)
HOClO	1	2,00
HOClO$_2$	2	−1,2
HOClO$_3$	3	−10 (forte)

Em solução básica, o IO$_4^-$ é o íon dominante. Essa tendência de ter uma esfera de coordenação expandida é compartilhada pelos oxoácidos do elemento vizinho do Grupo 16, o telúrio, que em seu estado máximo de oxidação forma o ácido fraco Te(OH)$_6$.

Os oxoânions de halogênios, assim como muitos oxoânions, formam complexos metálicos, dentre os quais os percloratos e periodatos metálicos aqui discutidos. Nesse contexto, devemos notar que como o HClO$_4$ é um ácido muito forte e o H$_5$IO$_6$ é um ácido fraco, o ClO$_4^-$ é uma base muito fraca e o H$_4$IO$_6^-$ é uma base relativamente forte.

Em vista da pequena basicidade de Brønsted e da única carga negativa do íon perclorato, ClO$_4^-$, não surpreende que ele seja uma base de Lewis fraca, com pouca tendência de formar complexos com cátions em solução aquosa. Desse modo, os percloratos metálicos são frequentemente usados para estudar as propriedades dos íons hexa-aqua em solução. O íon ClO$_4^-$ é usado como um íon fracamente coordenante e que pode ser facilmente deslocado de um complexo por outros ligantes, ou como um ânion de tamanho médio que pode estabilizar sais sólidos contendo complexos catiônicos grandes com ligantes facilmente deslocáveis.

Entretanto, o íon ClO$_4^-$ é um poderoso agente oxidante, e os compostos sólidos de perclorato devem ser evitados sempre que estiverem presentes ligantes ou íons que possam ser oxidados (o que muitas vezes acontece). As reações do ClO$_4^-$ são geralmente lentas, sendo possível preparar muitos complexos ou sais metaestáveis de perclorato que podem ser manuseados com surpreendente facilidade. Entretanto, uma vez iniciada a reação por ação mecânica, calor ou eletricidade estática, esses compostos podem detonar, trazendo consequências desastrosas. Tais explosões já feriram químicos que manusearam um composto várias vezes antes que ele inesperadamente explodisse. Alguns ânions bases fracas mais amigáveis e facilmente encontrados podem ser usados no lugar do ClO$_4^-$; dentre eles temos o trifluormetanossulfonato, [SO$_3$CF$_3$]$^-$, o tetrafluoretoborato, BF$_4^-$, e o hexafluoretofosfato, [PF$_6$]$^-$.

Por muitos anos acreditou-se que o perbromato não existisse. Entretanto, ele foi preparado em 1968 por uma rota radioquímica baseada no decaimento β do ^{83}Se, havendo hoje sínteses químicas. O íon perbromato é mais oxidante do que qualquer outro oxo-halogeneto. A instabilidade do perbromato em relação ao perclorato e ao periodato é um exemplo da dificuldade dos elementos pós 3d em atingirem seu maior estado de oxidação possível e é uma manifestação da alternância (Seção 9.2c).

Ao contrário do perclorato, o periodato é um agente oxidante rápido e uma base de Lewis mais forte do que o perclorato. Essas propriedades levam ao uso do periodato como um agente oxidante em química orgânica e como um ligante estabilizante para íons metálicos em estados de oxidação elevados. Alguns dos estados de oxidação elevados em que ele pode ser usado para formar são muito incomuns: dentre eles, temos o Cu(III) em um sal contendo o complexo $[Cu(HIO_6)_2]^{5-}$ e o Ni(IV) em um complexo estendido contendo unidades $[Ni(IO_6)]^-$. O ligante periodato é bidentado nesses complexos, e no último exemplo ele forma uma ponte entre os íons Ni(IV).

17.13 Aspectos termodinâmicos das reações de oxirredução dos oxoânions

Ponto principal: Os oxoânions de halogênios são agentes oxidantes fortes, especialmente em meio ácido.

As tendências termodinâmicas dos oxoânions e oxoácidos de halogênios na participação de reações de oxirredução têm sido muito estudadas. Como veremos, podemos resumir os seus comportamentos em um diagrama de Frost que é muito fácil de interpretar. Já com a velocidade das reações, a história é muito diferente, uma vez que estas apresentam uma grande variação. Os seus mecanismos são apenas parcialmente compreendidos, apesar de muitos anos de investigação. Progressos recentes na compreensão de alguns desses mecanismos derivam de avanços nas técnicas para o estudo de reações rápidas e do interesse nas reações oscilantes (Quadro 17.4).

Vimos na Seção 5.13 que, se em um diagrama de Frost uma espécie encontra-se acima da linha que liga seus dois vizinhos com estados de oxidação mais alto e mais baixo, então ela é instável com relação à desproporcionação neles. Pelo diagrama de Frost para os oxoânions e oxoácidos de halogênios da Fig. 17.14, vemos que muitos oxoânions em estados de oxidação intermediários são suscetíveis à desproporcionação. O ácido cloroso, $HClO_2$, por exemplo, encontra-se acima da linha de junção de seus dois vizinhos, sendo susceptível à desproporcionação:

$$2\ HClO_2(aq) \rightarrow ClO_3^-(aq) + HClO(aq) + H^+(aq)$$
$$E_{pilha}^\ominus = +0,52\ V$$

Embora o BrO_2^- seja bem caracterizado, a espécie correspondente de I(III) é muito instável e não existe em solução, exceto talvez como um intermediário transiente.

Também vimos na Seção 5.13 que quanto mais positivo for o coeficiente angular para uma linha que vai de uma espécie de estado de oxidação menor para um maior em um diagrama de Frost, mais forte será o poder oxidante do par. Observando a Fig. 17.14 de relance, vemos que os três diagramas possuem linhas com coeficientes angulares positivos íngremes, mostrando imediatamente que todos os estados de oxidação, exceto os mais baixos de todos (Cl^-, Br^-, I^-), são fortemente oxidantes.

Finalmente, as condições básicas diminuem os potenciais de redução para os oxoânions quando comparadas com seus ácidos conjugados (Seções 5.5 e 5.15). Esse decréscimo é evidente pela menor inclinação das linhas nos diagramas de Frost para os oxoânions em meio básico. A comparação numérica para os íons ClO_4^- em ácido 1 M e em base 1 M torna isso claro:

Em pH = 0, $ClO_4^-(aq) + 2\ H^+(aq) + 2\ e^- \rightarrow$
$$ClO_3^-(aq) + H_2O(l) \quad E^\ominus = +1,20\ V$$

Em pH = 14, $ClO_4^-(aq) + H_2O(l) + 2\ e^- \rightarrow$
$$ClO_3^-(aq) + 2\ OH^-(aq) \quad E^\ominus = +0,37\ V$$

QUADRO 17.4   Reações oscilantes

As reações relógio e as reações oscilantes são um tópico de pesquisa atual e oferecem demonstrações fascinantes em sala de aula. A maioria dos exemplos de reações oscilantes baseia-se em reações de oxoânions de halogênios, aparentemente por causa da variedade de estados de oxidação e da sensibilidade a mudanças de pH.

Em 1895, H. Landot descobriu que uma mistura de sulfito, iodato e amido em meio ácido aquoso permanecia praticamente incolor por um período inicial e então, subitamente, mudava para a cor violeta-escuro do complexo I_2-amido. Quando as concentrações são ajustadas de maneira adequada, a reação oscila entre o quase incolor e o azul-opaco. As reações que levam a essas oscilações são a redução do iodato a iodeto pelo sulfito, em presença do hexacianoferrato(II):

$$IO_3^-(aq) + 3\ SO_3^{2-}(aq) \rightarrow I^-(aq) + 3\ SO_4^{2-}(aq)$$

Em seguida, a reação de comproporcionamento entre o I^- e o IO_3^- produz I_2, que forma um complexo intensamente colorido com o amido:

$$IO_3^-(aq) + 6\ H^+(aq) + 5\ I^-(aq) \rightarrow 3\ H_2O(l) + 3\ I_2(amido)$$

Em certas condições, o complexo I_2-amido é o estágio final, mas ajustando-se as concentrações, pode ocorrer o branqueamento do complexo pela redução do iodo pelo sulfito, formando o íon $I^-(aq)$ incolor:

$$3\ I_2(amido) + 3\ SO_3^{2-}(aq) + 3\ H_2O(l) \rightarrow 6\ I^-(aq) + 6\ H^+(aq) + 3\ SO_4^{2-}(aq)$$

A reação pode então oscilar entre o incolor e o azul à medida que a razão I_2/I^- muda. A reação do $[Fe(CN)_6]^{4-}$ causa a oscilação por competir com o sulfito nas reações com o IO_3^- e o I_2, que são consideravelmente mais lentas do que as com sulfito:

$$IO_3^-(aq) + 6\ [Fe(CN)_6]^{4-}(aq) + 6\ H^+(aq) \rightarrow$$
$$I^-(aq) + 6\ [Fe(CN)_6]^{3-}(aq) + 3\ H_2O(l)$$

$$I_2(amido) + 2\ [Fe(CN)_6]^{4-}(aq) \rightarrow 2\ I^-(aq) + 2\ [Fe(CN)_6]^{3-}(aq)$$

A oscilação começa após todo o $[Fe(CN)_6]^{4-}$ ser consumido. Ele é regenerado pela reação com o SO_3^{2-}:

$$2\ [Fe(CN)_6]^{3-} + SO_3^{2-} + H_2O \rightarrow 2\ [Fe(CN)_6]^{4-} + SO_4^{2+} + 2\ H^+$$

A reação Bray-hiebhafsky é outra reação oscilante que se baseia no papel duplo do H_2O_2 como um agente oxidante e redutor. Nesta reação, H_2O_2, KIO_3, H_2SO_4 e amido são misturados, e o peróxido de hidrogênio reduz o iodato a iodo e ele próprio é oxidado a oxigênio gasoso:

$$5\ H_2O_2(aq) + 2\ IO_3^-(aq) + 2\ H^+(aq) \rightarrow I_2(amido) + 5\ O_2(g) + 6\ H_2O(l)$$

O peróxido de hidrogênio também oxida o iodeto a iodato:

$$5\ H_2O_2(aq) + I_2(amido) \rightarrow 2\ IO_3^-(aq) + 2\ H^+(aq) + 4\ H_2O(l)$$

O resultado dessas reações é que o iodato catalisa a desproporcionação do peróxido de hidrogênio e a reação oscila entre o incolor e o azul.

A análise detalhada das condições cinéticas para as reações oscilantes é perseguida pelos químicos e engenheiros químicos. Para os primeiros, o desafio é empregar os dados cinéticos, determinados separadamente para as etapas individuais, para modelar as oscilações observadas com vistas a testar a validade do esquema global. Uma vez que reações oscilantes têm sido observadas em processos catalíticos industriais, a preocupação dos engenheiros químicos é evitar grandes flutuações ou mesmo reações caóticas que possam degradar o processo. As reações oscilantes apresentam mais do que um interesse industrial, uma vez que elas também mantêm o ritmo dos batimentos cardíacos e a sua interrupção pode resultar em fibrilação e morte.

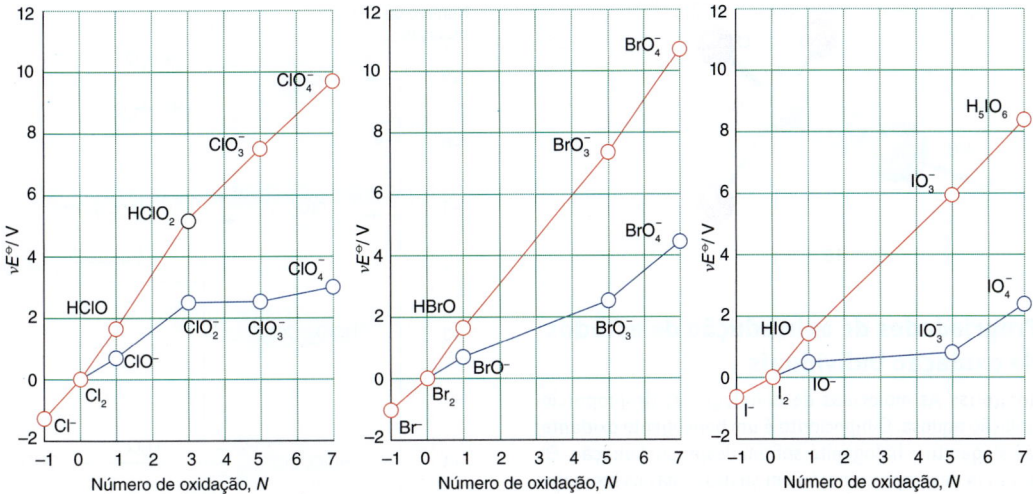

Figura 17.14 Diagramas de Frost para cloro, bromo e iodo em meio ácido (linhas vermelhas) e meio básico (linhas azuis).

Os potenciais de redução mostram que o perclorato é um agente oxidante termodinamicamente muito mais fraco em meio básico do que em meio ácido.

> **EXEMPLO 17.5** Prevendo a desproporcionação dos oxoânions
>
> Use a Fig. 17.14 para prever quais espécies de cloro irão sofrer desproporcionação em meio básico e dê as equações balanceadas para as reações.
>
> **Resposta** Devemos identificar quais espécies situam-se acima da linha que une as espécies com os números de oxidação vizinhos (Seção 5.13). As espécies Cl_2 e ClO_2^- encontram-se acima da linha que une as espécies adjacentes e, portanto, irão desproporcionar-se. As equações para as reações são:
>
> $Cl_2 + OH^- \rightarrow ClO^- + Cl^- + H_2O$
>
> $2\ ClO_2^- \rightarrow ClO_3^- + ClO^-$
>
> **Teste sua compreensão 17.5** Preveja quais espécies de (a) bromo e de (b) iodo irão desproporcionar em meio básico e dê as equações balanceadas para as reações.

17.14 Tendências nas velocidades das reações de oxirredução dos oxoânions

Pontos principais: A oxidação pelos oxoânions de halogênios é mais rápida para os estados de oxidação menores. Tanto a velocidade quanto a tendência termodinâmica da oxidação aumentam em meio ácido.

Estudos mecanísticos mostram que as reações de oxirredução dos oxoânions de halogênios são complexas. Não obstante, apesar dessa complexidade, existem uns poucos padrões discerníveis que ajudam a correlacionar as tendências nas velocidades de reação. Essas correlações possuem importância prática e fornecem algumas indicações sobre os mecanismos que podem estar envolvidos.

A oxidação de muitas moléculas e íons pelos oxoânions de halogênios torna-se progressivamente mais rápida à medida que o número de oxidação do halogênio diminui. Assim, as velocidades observadas estão frequentemente na ordem

$ClO_4^- < ClO_3^- < ClO_2^- \approx ClO \approx Cl_2$

$BrO_4^- < BrO_3^- \approx BrO^- \approx Br_2$

$IO_4^- < IO_3^- < I_2$

Por exemplo, soluções aquosas contendo Fe^{2+} e ClO_4^- são estáveis por muitos meses na ausência de oxigênio dissolvido, mas a mistura em equilíbrio de HClO e Cl_2 em solução aquosa oxida rapidamente o Fe^{2+}.

Os oxoânions dos halogênios mais pesados tendem a reagir mais rapidamente, em especial para os elementos em seus estados de oxidação mais elevados:

$ClO_4^- < BrO_4^- < IO_4^-$

Como já comentamos, os percloratos em solução aquosa diluída normalmente não são reativos, mas as oxidações com periodato são rápidas o suficiente para serem empregadas em titulações. Os detalhes mecanísticos são frequentemente complexos, mas a existência dos íons periodato tetracoordenado e hexacoordenado mostra que o átomo de I no periodato é acessível aos nucleófilos.

Também já vimos que a tendência termodinâmica para os oxoânions atuarem como agentes oxidantes aumenta à medida que o pH diminui, e as velocidades das reações também aumentam. Assim, cinética e equilíbrio unem-se para realizar oxidações que de outra forma seriam difíceis. A oxidação de halogenetos pelos íons BrO_3^-, por exemplo, é de segunda ordem em relação ao H^+:

$\text{Velocidade} = k_r [BrO_3^-][X^-][H^+]^2$

de forma que a velocidade aumenta à medida que o pH diminui. Acredita-se que o ácido atua protonando o grupo oxo do oxoânion, ajudando assim a cisão da ligação oxigênio-halogênio. Outra função da protonação é aumentar a eletrofilicidade do halogênio. Um exemplo é o HClO, no qual, como será descrito adiante, o átomo de Cl pode ser visto como um eletrófilo frente a um agente redutor de entrada (**16**). Uma ilustração do efeito da acidez na velocidade da reação é o uso de uma mistura de H_2SO_4 e $HClO_4$ nos estágios finais da oxidação de matéria orgânica em certos procedimentos analíticos.

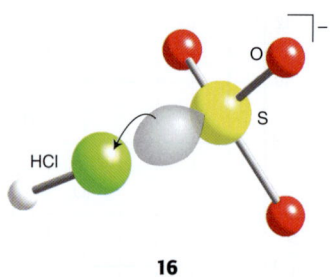

16

17.15 Propriedades de oxirredução de estados de oxidação individuais

Pontos principais: As moléculas de di-halogênios desproporcionam-se em solução aquosa. O hipoclorito é um bom agente oxidante; os íons hipo-halogenito e halogenito sofrem desproporcionação. Os íons clorato sofrem desproporcionação em solução, mas os bromatos e iodatos não.

Uma vez estabelecidas as propriedades gerais de oxirredução dos halogênios, podemos agora considerar as propriedades e reações características de estados de oxidação específicos. Embora estejamos tratando aqui dos óxidos de halogênios, mencionaremos, para uma abordagem mais completa, as propriedades de oxirredução das espécies de halogênio(0). A Fig. 17.15 esquematiza algumas das reações que interconvertem oxoânions e oxoácidos de cloro em seus vários estados de oxidação. Um ponto a se destacar é o papel importante das reações eletroquímicas e de desproporcionação neste esquema. Por exemplo, a figura inclui a produção do Cl_2 pela oxidação eletroquímica do Cl^-, que foi discutida na Seção 17.4.

A desproporcionação das soluções de Cl_2, Br_2 e I_2 é termodinamicamente favorável em meio básico. Os equilíbrios em meio básico aquoso são:

$$X_2(aq) + 2\ OH^-(aq) \rightleftharpoons XO^-(aq) + X^-(aq) + H_2O(l)$$

$$K = \frac{[XO^-][X^-]}{[X_2][OH^-]^2}$$

onde $K = 7,5 \times 10^{15}$ para X = Cl, 2×10^8 para X = Br e 30 para X = I.

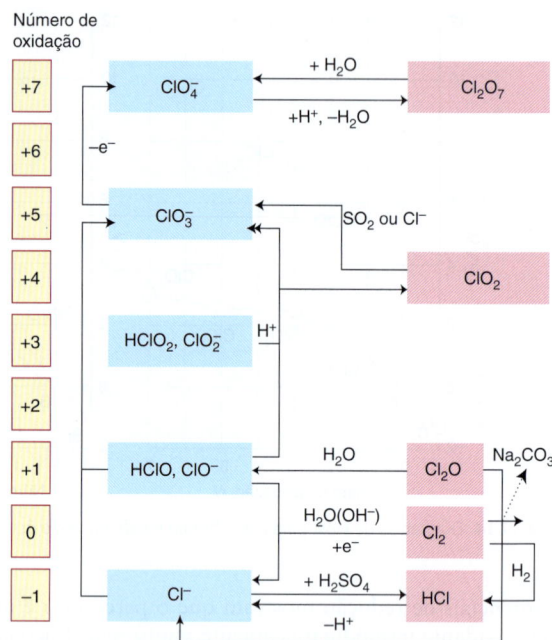

Figura 17.15 Interconversões entre os estados de oxidação de algumas espécies importantes de cloro.

> **Um comentário útil** Quando escrevemos as expressões relativas a um equilíbrio em solução aquosa, utilizamos a convenção usual de que a atividade da água é igual a 1, de forma que ela não aparece na constante de equilíbrio.

A desproporcionação é muito menos favorável em meio ácido, como se pode esperar pelo fato de o H^+ ser um produto da reação:

$$Cl_2(aq) + H_2O(l) \rightleftharpoons HClO(aq) + H^+(aq) + Cl^-(aq)$$
$$K = 3,9 \times 10^{-4}$$

Uma vez que as reações de oxirredução do Cl_2 são geralmente rápidas, o Cl_2 em água é muito usado como um agente oxidante poderoso e econômico. As constantes de equilíbrio para a hidrólise do Br_2 e do I_2 em meio ácido são menores do que para o Cl_2, e ambos os elementos permanecem inalterados quando dissolvidos em água ligeiramente acidificada. Pelo fato de o F_2 ser um agente oxidante muito mais forte do que os outros halogênios, ele forma principalmente O_2 e H_2O_2 quando em contato com a água. Como resultado, o ácido hipofluoroso, HFO, somente foi descoberto muito depois dos outros ácidos hipo-halosos.

As espécies aquosas de Cl(I), o ácido hipocloroso, HClO (espécie molecular angular H–O–Cl), e o íon hipoclorito, ClO^-, são bons agentes oxidantes e são usados como alvejantes e desinfetantes domésticos e como agentes oxidantes práticos em laboratório (Quadro 17.5). O acesso fácil ao átomo de Cl eletrofílico e desimpedido no HClO parece ser um aspecto que faz com que as reações de oxirredução desse composto sejam muito rápidas. Essas velocidades contrastam com as reações de oxirredução muito mais lentas do íon perclorato, em que o acesso ao átomo de Cl é bloqueado pelos átomos de O circundantes.

> **Um comentário útil** Os ácidos hipo-halosos são muitas vezes escritos como HOX para enfatizar suas estruturas. Adotamos a fórmula HXO para enfatizar sua relação com os outros oxoácidos, HXO_n.

Os íons hipo-halitos sofrem desproporcionação. Por exemplo, o ClO^- desproporciona-se em Cl^- e ClO_3^-:

$$3\ ClO^-(aq) \rightleftharpoons 2\ Cl^-(aq) + ClO_3^-(aq) \qquad K = 1,5 \times 10^{27}$$

Para o ClO^-, essa reação (que é usada para a produção comercial de cloratos) é lenta à temperatura ambiente ou abaixo dela, mas é muito mais rápida para o BrO^-. Ela é tão rápida para o IO^- que esse íon só foi detectado como um intermediário de reação.

Os íons clorito, ClO_2^-, e bromito, BrO_2^-, são suscetíveis à desproporcionação. Entretanto, a velocidade é fortemente dependente do pH, e o ClO_2^- (e numa menor extensão o BrO_2^-) pode ser manuseado em meio básico, onde sofre apenas uma lenta decomposição. Ao contrário, o ácido cloroso, $HClO_2$,

QUADRO 17.5 Alvejantes à base de cloro

As substâncias que são usadas como alvejantes são poderosos agentes oxidantes. Como mencionado na Seção 17.2, o poder oxidante dos oxoânions de halogênios aumenta à medida que o número de oxidação do halogênio diminui. Assim, não surpreende que os alvejantes à base de cloro, contenham este elemento num baixo estado de oxidação.

O cloro desproporciona-se em água formando o íon oxidante hipoclorito, ClO^-, e o Cl^-. Soluções com até 15% em massa de hipoclorito de sódio são usadas como alvejantes industriais nas indústrias têxtil e de papel, nas lavanderias e para a desinfecção de piscinas. O alvejante doméstico é uma solução mais diluída (5%) de NaClO. Uma solução aquosa 0,5% de NaClO é usada pelos dentistas durante os tratamentos de canal para eliminar agentes patogênicos e dissolver tecidos necrosados.

Outros sais de hipoclorito também são usados como oxidantes. O hipoclorito de cálcio, $Ca(ClO)_2$, é usado como desinfetante na indústria de laticínios, cervejarias, indústrias alimentícias e unidades de engarrafamento.

Ele também é usado em eliminadores de mofo domésticos. Um *alvejante em pó* é uma mistura de $Ca(ClO)_2$ e $CaCl_2$ usado em aplicações de larga escala tais como desinfeção de água do mar, reservatórios e esgotos. Ele também é usado para descontaminar áreas onde armas químicas, tais como o gás mostarda, tenham sido descartadas.

O dióxido de cloro gasoso é muito usado como alvejante na indústria de polpa de madeira onde ele produz um papel mais branco e mais forte do que outros alvejantes. Diferentemente de outros alvejantes oxidantes como cloro, ozônio e peróxido de hidrogênio, o ClO_2 não ataca a celulose preservando, portanto, a resistência mecânica da polpa. Os alvejantes à base de cloro levam à formação de compostos orgânicos clorados tóxicos. Os fenóis policlorados mais tóxicos, como as dioxinas, são produzidos principalmente pelo ClO_2, mas os níveis desses compostos podem ser drasticamente reduzidos substituindo-se parte do ClO_2 por Cl_2.

---

e o ácido bromoso, $HBrO_2$, desproporcionam rapidamente. O iodo(III) é ainda mais fugidio, e o HIO_2 foi identificado apenas como uma espécie transiente em meio aquoso.

O diagrama de Frost para o Cl mostrado na Fig. 17.14 indica que os íons clorato, ClO_3^-, estão na fronteira da instabilidade com relação à desproporcionação, tanto em meio ácido quanto básico:

$$4\,ClO_3^-(aq) \rightleftharpoons 3\,ClO_4^-(aq) + Cl^-$$

$$\Delta_r G^\ominus = 24\text{ kJ mol}^{-1} \quad K = 6{,}2 \times 10^{-5}$$

Como o $HClO_3$ é um ácido forte e essa reação é lenta tanto em pH baixo quanto em alto, os íons ClO_3^- podem ser facilmente manuseados em solução aquosa. Os bromatos e iodatos são termodinamicamente estáveis em relação à desproporcionação.

Dos três íons XO_4^-, o BrO_4^- é o agente oxidante mais forte. O fato de o perbromato estar desalinhado dos seus halogênios congêneres encaixa-se no padrão geral de anomalias da química dos elementos do bloco p do quarto período. Entretanto, a redução do periodato em meio ácido diluído é mais rápida do que do perclorato e do perbromato. Deste modo, os periodatos são usados em química analítica como titulantes oxidantes e também em síntese, tal como na clivagem oxidativa de dióis:

HOCMe$_2$CMe$_2$OH + IO_4^- (aq) → Me$_2$C—O—I(O)(OH)—O—CMe$_2$ (cíclico) → 2 $(CH_3)_2CO + IO_3^-$ (aq) + H_2O

Uma breve ilustração Para confirmar que o perbromato é o íon per-halato mais oxidante, devemos considerar a inclinação das linhas que unem os íons per-halatos às espécies vizinhas no diagrama de Frost. Quanto mais positiva for a inclinação da linha, maior o poder oxidante do par. Observando o diagrama, vemos que a linha que liga o par BrO_4^-/BrO_3^- é de inclinação mais positiva. De fato, os valores de *E* para os pares ClO_4^-/ClO_3^-, BrO_4^-/BrO_3^- e IO_4^-/IO_3^-, em meio ácido, são 1,201, 1,853 e 1,600 V, respectivamente, confirmando que o perbromato é o agente oxidante mais forte.

17.16 Fluocarbonetos

Ponto principal: Os fluocarbonetos moleculares e poliméricos são resistentes à oxidação.

Os fluocarbonetos possuem muitas aplicações (Quadro 17.6). A reação direta de um hidrocarboneto alifático com um fluoreto metálico oxidante leva à formação de fortes ligações C–F (456 kJ mol^{-1}) e HF como subproduto:

$$RH(l) + 2\,CoF_3(s) \rightarrow RF(solv) + 2\,CoF_2(s) + HF(solv)$$
$$R = \text{alquila ou arila}$$

Quando R é uma arila, o CoF_3 produz um fluoreto cíclico saturado:

$$C_6H_6(l) + 18\,CoF_3(s) \rightarrow C_6F_{12}(l) + 18\,CoF_2(s) + 6\,HF(l)$$

O agente de fluoração fortemente oxidante usado nessas reações, CoF_3, é regenerado pela reação do CoF_2 com flúor:

$$2\,CoF_2(s) + F_2(g) \rightarrow 2\,CoF_3(s)$$

Outro método importante de formação da ligação C–F é a permuta de halogênio pela reação de um fluoreto não oxidante, como o HF, com um clorocarboneto, na presença de um catalisador como o SbF_3:

$$CCl_4(l) + HF(l) \rightarrow CCl_3F(l) + HCl(g)$$
$$CHCl_3(l) + 2\,HF(l) \rightarrow CHClF_2(l) + 2\,HCl(g)$$

Esse processo foi usado em larga escala para produzir os clorofluorcarbonetos (CFCs) e os hidroclorofluorocarbonetos (HCFCs), os quais eram usados como fluidos de refrigeração, propelentes em latas de aerossóis e como agentes de sopragem na fabricação de espuma de plástico. Essas aplicações foram banidas em alguns países e estão sendo descontinuadas ao redor do mundo devido aos efeitos dos CFCs e HCFCs na destruição da camada de ozônio. Eles estão sendo substituídos pelos hidrofluorcarbonetos (HFCs) após investimentos pelas indústrias químicas, uma vez que, ao contrário da síntese simples, em uma única etapa, dos CFCs e HCFCs, a produção dos HFCs é um processo complexo de várias etapas. Por exemplo, a rota preferida para o CF_3CH_2F, que é um dos preferidos para substituir os CFCs, é

QUADRO 17.6   PTFE, um polímero de alto desempenho

O politetrafluoroeteno, PTFE, é um produto único na indústria de plásticos. Ele é quimicamente inerte, termicamente estável sobre uma grande faixa de temperatura (−196 a 260°C), é um excelente isolante elétrico e tem um baixo coeficiente de atrito. Ele é um sólido branco, fabricado pela polimerização do tetrafluoroeteno, TFE:

$$n\, CF_2=CF_2 \rightarrow (CF_2CF_2)_n$$

O PTFE é um polímero devido ao custo para sintetizar e purificar o monômero por um processo de várias etapas:

$$CH_4(g) + 3\,Cl_2(g) \rightarrow CHCl_3(g) + 3\,HCl(g)$$
$$CHCl_3(g) + 2\,HF(g) \rightarrow CHClF_2(g) + 2\,HCl(g)$$
$$2\,CHClF_2(g) \xrightarrow{\Delta} CF_2=CF_2(g) + 2HCl(g)$$

O fluoreto de hidrogênio é gerado pela ação do ácido sulfúrico sobre a fluorita:

$$CaF_2(s) + H_2SO_4(l) \rightarrow CaSO_4(s) + 2\,HF(l)$$

Uma vez que o processo envolve HF e HCl, os reatores têm que ser revestidos com platina. Como são formados muitos subprodutos, é necessária uma complexa purificação do produto final.

O tetrafluoroeteno é polimerizado de duas formas: a polimerização em solução com agitação vigorosa produz uma resina conhecida como *PTFE granular*; a polimerização em emulsão, com um agente dispersante e agitação suave, produz partículas pequenas formando o *PTFE disperso*. O polímero fundido não escoa, de forma que os métodos comuns de processamento não podem ser usados. Ao invés disso, são usados processos semelhantes aos usados para os metais. Por exemplo, para a forma dispersa pode-se usar a extrusão a frio, que é um método usado no processamento do chumbo.

As propriedades especiais do PTFE originam-se do revestimento protetor que os átomos de F formam sobre a cadeia polimérica de carbono. Os átomos de F são do tamanho exato para formar um revestimento contínuo. Isto reduz a interrupção das forças intermoleculares na superfície, levando a um baixo coeficiente de atrito e às familiares propriedades antiaderentes. O polímero é usado numa grande variedade de aplicações. Sua baixa condutividade elétrica leva ao seu uso em fitas isolantes, fios e cabos coaxiais. Suas propriedades mecânicas o tornam um material ideal para gaxetas, anéis de pistão e rolamentos. Ele é usado como material de embalagem, em tubulações de mangueiras e como fita veda-rosca. As aplicações mais familiares são como revestimentos antiaderentes em utensílios de cozinha e como tecidos porosos (Gore-Tex®).

$$CCl_2=CCl_2 \xrightarrow{HF+Cl_2} CClF_2CCl_2F \xrightarrow{isomeriza} CF_3CCl_3$$
$$\xrightarrow{HF} CF_3CCl_2F \xrightarrow{H_2} CF_3CH_2F$$

Quando aquecido, o clorodifluorometano é convertido no importante monômero C_2F_4:

$$2\,CHClF_2 \xrightarrow{600-800°C} C_2F_4 + 2\,HCl$$

A polimerização do tetrafluoroeteno é realizada com um iniciador de radicais:

$$nC_2F_4 \xrightarrow{ROO\cdot} (-CF_2-CF_2-)_n$$

O politetrafluoroeteno (PTFE) é vendido sob muitos nomes comerciais, um deles é o Teflon® (DuPont). A sua despolimerização em altas temperaturas é o método mais conveniente para se preparar o tetrafluoroeteno em laboratório:

$$(-CF_2-CF_2-)_n \xrightarrow{600°C} n\,C_2F_4$$

Embora o tetrafluoretoeteno não seja muito tóxico, um subproduto, o 1,1,3,3,3-pentafluoro-2-trifluorometil-1-propeno, é tóxico e sua presença recomenda cuidado no manuseio do tetrafluoroeteno bruto.

LEITURA COMPLEMENTAR

M. Schnürch, M. Spina, A. F. Khan, M. D. Mihovilovic e P. Stanetty, Halogen dance reactions: a review, *Chem. Soc. Rev.*, 2007, 36, 1046.

S. Purser, P. R. Moore, S. Swallow e V. Gouverneur, Fluorine in medicinal chemistry, *Chem. Soc. Rev.*, 2008, 37, 2, 320.

G. Massey, *Main group chemistry*. John Wiley & Sons (2000).

D. M. P. Mingos, *Essential trends in inorganic chemistry*. Oxford University Press (1998).

R. B. King (ed.), *Encyclopedia of inorganic chemistry*, John Wiley & Sons (2005).

N.N. Greenwood e A. Earnshaw, *Chemistry of the Elements*. Butterworth-Heinemann (1997).

P. Schmittinger, *Chlorine: principles and industrial practice*. Wiley-VCH (2000).

M. Howe-Grant, *Fluorine chemistry*. John Wiley & Sons (1995).

C. Benson, *The periodic table of the elements and their chemical properties*. Kindle edition. MindMelder.com (2009).

EXERCÍCIOS

17.1 Preferivelmente sem consultar qualquer material de referência, faça um esquema de como os halogênios aparecem na tabela periódica e indique as tendências (a) no estado físico (s, l ou g) a temperatura e pressão ambientes, (b) eletronegatividade, (c) dureza do íon halogeneto e (d) cor.

17.2 Descreva como os halogênios são obtidos a partir dos seus halogenetos de ocorrência natural e justifique as formas de obtenção em termos dos potenciais padrão. Forneça as equações químicas balanceadas e as condições necessárias.

17.3 Faça um esboço de uma cuba eletrolítica para a produção de cloro e álcali. Mostre as reações das meias-pilhas e indique a direção de difusão dos íons. Forneça a equação química para a reação indesejada que ocorreria se o OH⁻ migrasse através da membrana para o compartimento do anodo.

17.4 Esboce a forma do orbital vazio σ* de uma molécula de di-halogênio e descreva seu papel na acidez de Lewis dos di-halogênios.

17.5 Quais di-halogênios são termodinamicamente capazes de oxidar H_2O a O_2?

17.6 O trifluoreto de nitrogênio, NF_3, tem ponto de ebulição de −129°C e é uma base de Lewis muito fraca. Em comparação, o composto NH_3 com massa molar menor apresenta um ponto de ebulição de −33°C, sendo uma base de Lewis conhecida. (a) Descreva as origens dessa grande diferença de volatilidade. (b) Descreva as prováveis origens da diferença de basicidade.

17.7 Baseando-se na analogia entre os halogênios e os pseudo-halogênios, escreva: (a) a equação balanceada para a provável reação do cianogênio, $(CN)_2$, com hidróxido de sódio em solução aquosa; (b) a equação para a provável reação de excesso de tiocianato com o agente oxidante $MnO_2(s)$ em meio ácido aquoso; (c) uma estrutura plausível para o cianeto de trimetilsilil.

17.8 Dado que 1,84 g de IF_3 reage com 0,93 g de $[(CH_3)_4N]F$ para formar o produto X: (a) identifique X; (b) use o modelo RPECV para prever as geometrias do IF_3 e do cátion e do ânion de X; (c) preveja quantos sinais de RMN-^{19}F deverão ser observados para o IF_3 e para X.

17.9 Use o modelo RPECV para prever as geometrias do $SbCl_5$, $FClO_3$ e $[ClF_6]^+$.

17.10 Indique o produto da reação entre ClF_5 e SbF_5. Preveja as geometrias dos reagentes e dos produtos.

17.11 Faça um esboço de todos os isômeros dos complexos MCl_4F_2 e MCl_3F_3. Indique quantos ambientes diferentes de átomos de flúor deveriam aparecer no espectro de RMN-^{19}F de cada isômero.

17.12 (a) Use o modelo RPECV para prever as geometrias prováveis do $[IF_6]^+$ e do IF_7. (b) Forneça uma equação química plausível para a preparação do $[IF_6][SbF_6]$.

17.13 Preveja a forma da molécula I_2Cl_6 que possui uma dupla ponte de cloro usando o modelo RPECV e atribua o seu grupo de pontos.

17.14 Preveja a estrutura e identifique o grupo de pontos do ClO_2F.

17.15 Preveja se cada um dos seguintes solutos pode fazer com que o BrF_3 líquido atue como um ácido ou uma base de Lewis: (a) SbF_5, (b) SbF_6, (c) CsF.

17.16 Dados os comprimentos de ligação e os ângulos do I_5^+ (5), descreva a ligação em termos de ligações de dois e de três centros e explique a estrutura em termos do modelo RPECV.

17.17 Preveja a aparência do espectro de RMN-^{19}F do IF_5^+.

17.18 Preveja se cada um dos seguintes compostos pode explodir em contato com BrF_3 e justifique sua resposta: (a) SbF_5, (b) CH_3OH, (c) F_2, (d) S_2Cl_2.

17.19 A formação do Br_3^- a partir do brometo de tetra-alquilamônio e Br_2 é apenas ligeiramente exoérgica. Escreva a equação (ou NR para "não reage") para a interação do $[NR_4][Br_3]$ com I_2 em solução de CH_2Cl_2 e explique seu raciocínio.

17.20 Explique por que o $CsI_3(s)$ é estável em relação à sua decomposição, mas o $NaI_3(s)$ não.

17.21 Escreva as estruturas de Lewis plausíveis para (a) ClO_2 e (b) I_2O_6 e preveja suas geometrias e seus grupos de pontos associados.

17.22 (a) Dê as fórmulas e a acidez relativa provável dos ácidos perbrômico e periódico. (b) Qual é o mais estável?

17.23 (a) Descreva a tendência esperada no potencial padrão de um oxoânion em solução com a diminuição do pH. (b) Demonstre esse fenômeno calculando o potencial de redução do ClO_4^- em pH = 7 e comparando-o com o valor tabelado para pH = 0.

17.24 Considerando a influência geral do pH nos potenciais padrão dos oxoânions, explique por que a desproporcionação de um oxoânion é frequentemente favorecida em pH baixo.

17.25 Qual agente oxidante reage mais facilmente em solução aquosa diluída, o ácido perclórico ou o ácido periódico? Dê uma explicação mecanística para essa diferença.

17.26 Use os diagramas de Frost da Figura 17.14 ou os diagramas de Latimer no Apêndice 3 para calcular os potenciais padrão dos seguintes pares em meio básico: (a) ClO_4^-/ClO^-; (b) BrO_4^-/BrO^-; (c) IO_4^-/IO^-. Discuta a viabilidade relativa das reações de redução.

17.27 (a) Para quais dos seguintes ânions a desporporcionação é termodinamicamente favorável em meio ácido: ClO^-, ClO_2^-, ClO_3^- e ClO_4^-? (Se você não sabe as propriedades desses íons, determine-as a partir da tabela de potenciais padrão no Apêndice 3.) (b) Para quais dos casos favoráveis a reação é muito lenta à temperatura ambiente?

17.28 Quais dos seguintes compostos apresentam perigo de explosão? (a) NH_4ClO_4; (b) $Mg(ClO_4)_2$; (c) $NaClO_4$; (d) $[Fe(H_2O)_6][ClO_4]_2$. Justifique sua resposta.

17.29 Use os potenciais padrão para prever quais das seguintes espécies serão oxidadas pelos íons ClO^- em meio ácido: (a) Cr^{3+}; (b) V^{3+}; (c) Fe^{2+}; (d) Co^{2+}.

17.30 Identifique os compostos de A a G.

```
                    D
                    ↑
                   SiO2
                    |
   E ←CsF— A ←Cl2— F2 —OH⁻→ B
                    |
                   H2O
                    ↓
              G —H2SO4— C
```

17.31 Muitos dos ácidos e sais correspondentes a números de oxidação positivos dos halogênios não aparecem listados no catálogo de produtos químicos de um grande fornecedor internacional de reagentes: (a) $KClO_4$ e KIO_4 encontram-se, mas o $KBrO_4$ não; (b) $KClO_3$, $KBrO_3$ e KIO_3 estão todos disponíveis; (c) $NaClO_2$ e $NaBrO_2 \cdot 3H_2O$ estão disponíveis, mas os sais de IO_2^- não; (d) apenas os sais de ClO^- estão disponíveis, mas os análogos de bromo e de iodo não. Descreva as razões prováveis para a ausência dos sais de oxoânions que estão faltando.

17.32 Identifique as afirmações incorretas nas descrições seguintes e corrija-as.

(a) A oxidação dos halogenetos é o único método comercial de preparo dos halogênios do F_2 ao I_2.

(b) ClF_4^- e I_5^- são isolobais e isoestruturais.

(c) Os processos de transferência de átomo são comuns nos mecanismos de oxidação por oxoânions de halogênios, e um exemplo é a transferência de um átomo de O na oxidação do SO_3^{2-} pelo ClO^-.

(d) O periodato parece ser um agente oxidante mais efetivo do que o perclorato, porque o primeiro pode coordenar-se ao agente redutor pelo centro de I(VII), enquanto que o centro de Cl(VII) do perclorato é inacessível aos agentes redutores.

PROBLEMAS TUTORIAIS

17.1 O fenômeno da ligação halogênio é conhecido há mais de um século. No artigo "The halogen bond in solution" (*Chem. Soc. Rev.*, 2012, 41, 3547), M. Erdelyi apresenta uma revisão do estado atual do conhecimento sobre a natureza da ligação halogênio. Descreva qual o significado da ligação halogênio. O trabalho sobre a ligação halogênio recebeu o Prêmio Nobel de Química de 1969. Quais foram os ganhadores deste prêmio? Descreva a relevância da ligação halogênio na biologia. Liste as técnicas que foram usadas para investigar a natureza das interações na ligação halogênio e faça uma descrição por orbital molecular dessa ligação. Explique o que é medido pela escala de basicidade do di-iodeto e indique as suposições em que essa escala se baseia. Dê a referência na qual essa escala foi mencionada pela primeira vez.

17.2 O potencial dos compostos orgânicos fluorados na área de química de materiais é discutido no artigo de R. Berger et al. (*Chem. Soc. Rev.*, 2011, 40, 3496). Um dos grupos de compostos discutidos é o dos fulerenos fluorados. Dê uma equação para a reação do fulereno fluorado mais comumente empregado com uma espécie orgânica para formar o [18]tranuleno, e desenhe a estrutura desse produto. O uso do flúor em produtos farmacêuticos também é descrito neste artigo. Faça um resumo das razões por que o flúor tem muitas aplicações em produtos farmacêuticos.

17.3 A reação com íons I^- é frequentemente usada para titular o ClO^-, formando íons I_3^- fortemente coloridos, juntamente a Cl^- e H_2O. Embora nunca provado, acreditava-se que a reação inicial ocorria pela transferência de um átomo de O do Cl para o I. Entretanto, acredita-se agora que a reação ocorre pela transferência do átomo de Cl para formar o intermediário ICl (K. Kumar, R. A. Day e D. W. Margerum, *Inorg. Chem.*, 1986, 25, 4344). Faça um resumo das evidências em favor da transferência do átomo de Cl.

17.4 Até o trabalho de K. O. Christe (*Inorg. Chem.*, 1986, 25, 3721), o F_2 só podia ser preparado eletroquimicamente. Dê as equações químicas para a preparação de Christe e faça um resumo dos argumentos em que este método se baseia.

17.5 O uso de sínteses por efeito de molde (*templates*) para obter íons poli-iodeto de cadeia longa já é conhecido (A.J. Blake et al, *Chem. Soc. Rev.*, 1998, 27, 195). (a) De acordo com esses autores, qual é o poli-iodeto mais longo já caracterizado? (b) Como a natureza do cátion influencia a estrutura do poliânion? (c) Qual o agente com efeito de molde usado para sintetizar o I_7^- e o I_{12}^{2-}? (c) Qual foi o método espectroscópico usado para caracterizar os poliânions neste estudo?

17.6 Escreva uma revisão dos estudos publicados sobre fluoretação de água potável em seu país. Faça um resumo das razões para continuar a fluoretação e das principais preocupações daqueles que se opõem a esse procedimento.

17.7 Escreva uma revisão dos problemas ambientais associados ao uso de alvejantes à base de cloro na indústria e sugira possíveis soluções.

17.8 Escreva uma revisão dos efeitos biológicos do excesso de iodo no organismo humano. Discuta como o iodo é usado na terapia para glândula tireoide que apresente (a) baixa atividade e (b) alta atividade.

Os elementos do Grupo 18

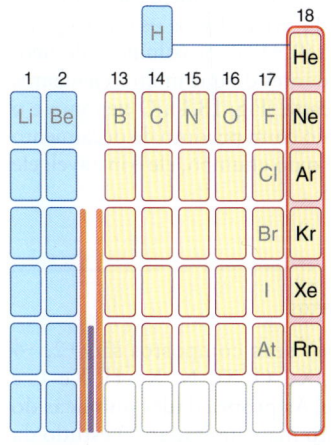

O último grupo do bloco p contém seis elementos que são tão pouco reativos que formam um número pequeno de compostos. Não se suspeitava da existência dos elementos do Grupo 18 até o final do século XIX, e sua descoberta levou ao redesenho da tabela periódica, além de ter tido um papel importante no desenvolvimento das teorias de ligação.

Os elementos do Grupo 18, hélio, neônio, argônio, criptônio, xenônio e radônio, são todos gases monoatômicos. Eles são os elementos menos reativos e já tiveram vários nomes coletivos ao longo dos anos, à medida que diferentes aspectos de suas propriedades foram sendo identificados e contestados. Assim, eles foram chamados de *gases raros* e *gases inertes* e, atualmente, são chamados de **gases nobres**. O primeiro nome é inadequado, uma vez que o argônio está longe de ser raro (ele é bem mais abundante do que o CO_2 na atmosfera). O segundo tornou-se inadequado após a descoberta dos compostos de xenônio. A designação gases nobres é aceita agora pois ela transmite a ideia de baixa, mas significativa, reatividade.

Parte A: Aspectos principais
18.1 Os elementos
18.2 Compostos simples

Parte B: Uma visão mais detalhada
18.3 Ocorrência e obtenção
18.4 Usos
18.5 Síntese e estrutura dos fluoretos de xenônio
18.6 Reações dos fluoretos de xenônio
18.7 Compostos de xenônio com oxigênio
18.8 Compostos de inserção de xenônio
18.9 Compostos organoxenônio
18.10 Compostos de coordenação
18.11 Outros compostos de gases nobres

Leitura complementar

Exercícios

Problemas tutoriais

PARTE A: ASPECTOS PRINCIPAIS

Nesta seção, analisaremos a química limitada dos gases nobres, concentrando-nos em particular nos compostos bem caracterizados de xenônio.

18.1 Os elementos

Ponto principal: Dentre os gases nobres, somente o xenônio forma um número significativo de compostos com flúor e com oxigênio.

Todos os elementos do Grupo 18 são muito pouco reativos. Essa baixa reatividade pode ser entendida em termos das suas propriedades atômicas (Tabela 18.1) e, em particular, suas configurações eletrônicas de valência no estado fundamental ns^2np^6. Os aspectos significativos são as suas altas energias de ionização e as afinidades eletrônicas negativas. A primeira energia de ionização é alta porque a carga nuclear efetiva é alta na extremidade direita do período. As afinidades eletrônicas são negativas porque o elétron que chega ocupará um orbital em uma nova camada.

As **figuras** com um asterisco (*) podem ser encontradas on-line como estruturas 3D interativas. Digite a seguinte URL em seu navegador, adicionando o número da figura: www.chemtube3d.com/weller/[número do capítulo]F[número da figura]. Por exemplo, para a Figura 3 no Capítulo 7, digite www.chemtube3d.com/weller/7F03.

Muitas das **estruturas numeradas** podem ser também encontradas on-line como estruturas 3D interativas: visite www.chemtube3d.com/weller/[número do capítulo] para todos os recursos 3D organizados por capítulo.

18 Os elementos do Grupo 18

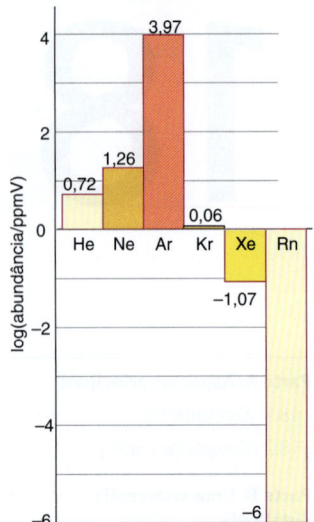

Figura 18.1 Abundâncias dos gases nobres na crosta da Terra. Os valores estão na escala logarítmica (partes por milhão em volume, na atmosfera).

Tabela 18.1 Propriedades selecionadas dos elementos

	He	Ne	Ar	Kr	Xe	Rn
Raio covalente/pm	99	160	192	197	217	240
Ponto de fusão/°C	−272	−249	−189	−157	−112	−71
Ponto de ebulição/°C	−269	−246	−186	−152	−108	−62
Afinidade eletrônica/(kJ mol^{-1})	−48,2	−115,8	−96,5	−96,5	−77,2	
Primeira energia de ionização/(kJ mol^{-1})	2373	2080	1520	1350	1170	1036

O hélio constitui 23% da massa do universo e do Sol, sendo o segundo elemento mais abundante depois do hidrogênio; na atmosfera ele é raro porque os seus átomos têm uma velocidade suficientemente alta para escapar da Terra. Todos os outros gases nobres ocorrem na atmosfera. A abundância do argônio (0,94% por volume) e do neônio (1,5 × 10^{-3}%) torna esses dois elementos mais abundantes do que muitos elementos familiares, como o arsênio e o bismuto, na crosta terrestre (Fig. 18.1). O xenônio e o radônio são os elementos mais raros do grupo. O radônio é um produto de decaimento radioativo e, como seu número atômico é maior do que o do chumbo, ele é instável; ele o é responsável por cerca de 50% da radiação de fundo.

18.2 Compostos simples

Ponto principal: O xenônio forma fluoretos, óxidos e oxofluoretos.

Os números de oxidação mais importantes do Xe nos seus compostos são +2, +4 e +6. São conhecidos compostos com ligações Xe–F, Xe–O, Xe–N, Xe–H, Xe–C e Xe–metal, e o Xe pode comportar-se como um ligante. As propriedades químicas do congênere mais leve do xenônio, o criptônio, são muito mais limitadas. O estudo da química do radônio, assim como a do ástato, é dificultado pela alta radioatividade do elemento.

O xenônio reage diretamente com flúor para formar XeF$_2$ (**1**), XeF$_4$ (**2**) e XeF$_6$ (**3**). O XeF$_6$ sólido é mais complexo do que a sua estrutura monomérica em fase gasosa e contém cátions XeF$_5^+$ unidos por pontes de íon fluoreto. Os fluoretos de xenônio são fortes agentes oxidantes e formam complexos com íons F$^-$, tal como o XeF$_5^-$.

O xenônio forma trióxido de xenônio, XeO$_3$ (**4**), e o tetróxido de xenônio, XeO$_4$ (**5**), que se decompõem explosivamente. Já foram preparados os perxenatos brancos cristalinos de vários metais alcalinos e que contêm o íon XeO$_6^{4-}$. O xenônio também forma vários oxofluoretos. O oxofluoreto XeOF$_2$ (**6**) possui forma de T e o XeO$_3$F$_2$ (**7**) é bipiramidal trigonal. As propriedades físicas e químicas da molécula XeOF$_4$ (**8**), com a geometria de uma pirâmide de base quadrada, são extraordinariamente similares às do IF$_5$.

O xenônio forma vários hidretos em gases nobres sólidos, tais como HXeH, HXeOH e HXeOXeH. Xenônio, argônio e criptônio formam clatratos quando congelados com água à alta pressão (veja Quadro 14.3). Os átomos de gases nobres hospedam-se dentro da estrutura tridimensional do gelo e têm a composição E·6H$_2$O. Os clatratos são uma forma conveniente de se manusear os isótopos radioativos de criptônio e xenônio (Seção 10.6a).

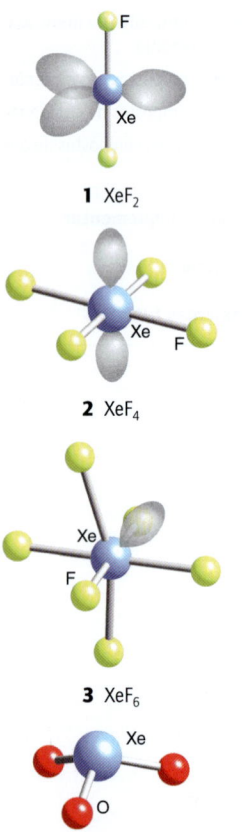

1 XeF$_2$

2 XeF$_4$

3 XeF$_6$

4 XeO$_3$

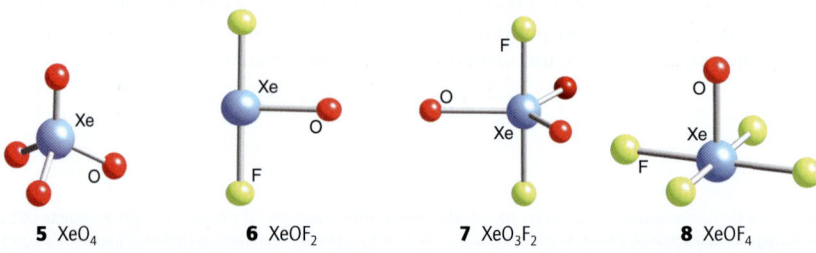

5 XeO$_4$ **6** XeOF$_2$ **7** XeO$_3$F$_2$ **8** XeOF$_4$

PARTE B: UMA VISÃO MAIS DETALHADA

Nesta seção, descreveremos em detalhes a química dos elementos do Grupo 18. Embora eles sejam os menos reativos dos elementos, os gases nobres, especialmente o Xe, formam uma variedade surpreendente de compostos com o hidrogênio, o oxigênio e os halogênios.

18.3 Ocorrência e obtenção

Pontos principais: Os gases nobres são monoatômicos; o radônio é radioativo.

Por serem tão pouco reativos e estarem raramente concentrados na natureza, os gases nobres escaparam de serem descobertos até o final do século XIX. Na verdade, Mendeleev não propôs um lugar para eles em sua tabela periódica porque as regularidades químicas dos outros elementos, sobre as quais a tabela foi construída, não sugeriam a sua existência. Entretanto, em 1868, uma nova linha espectral observada no espectro do Sol não correspondia a qualquer elemento conhecido. Essa linha foi afinal atribuída ao hélio, e com o passar do tempo ele próprio e seus congêneres foram encontrados na Terra.

Aos gases nobres foram dados nomes relacionados com as suas curiosas naturezas: hélio, do grego *helios*, relativo ao "Sol"; neônio, do grego *neos*, indicando "novo"; argônio de *argos*, significando "inativo"; criptônio de *kriptos*, significando "escondido"; xenônio de *xenos*, significando "estranho". O radônio foi batizado em função do rádio, uma vez que ele é um subproduto do decaimento radioativo deste elemento.

Os átomos de hélio são muito leves para serem retidos pelo campo gravitacional da Terra, de forma que a maior parte do He na Terra (5 partes por milhão, em volume) é produto da emissão α oriunda do decaimento dos elementos radioativos. Uma alta concentração de hélio, de até 7% em massa, é encontrada em certos depósitos de gás natural (principalmente nos Estados Unidos e na Europa oriental), do qual ele pode ser obtido por destilação à baixa temperatura (Quadro 18.1). Um pouco de He nos chega do Sol como um vento solar de partículas α. Neônio, argônio, criptônio e xenônio são obtidos por destilação do ar líquido à baixa temperatura.

Todos os elementos são gases monoatômicos à temperatura ambiente. Em fase líquida, eles formam baixas concentrações de dímeros que são mantidos juntos por forças de dispersão. Os baixos pontos de ebulição dos gases nobres mais leves (Tabela 18.1) se devem às fracas forças de dispersão entre os átomos e a ausência de outras forças. Quando o hélio (especificamente o ^{4}He, e não o isótopo raro ^{3}He) é resfriado abaixo de 2,178 K, ele sofre uma transformação para uma segunda fase líquida conhecida como **hélio-II**. Essa fase é classificada como um superfluido, uma vez que ele escoa sem viscosidade. O hélio sólido só é obtido sob pressão.

18.4 Usos

Pontos principais: O hélio é usado como gás inerte e como fonte de luz em lasers e lâmpadas de descarga elétrica. O hélio líquido é um refrigerante para temperaturas muito baixas.

Devido à sua baixa densidade e por não ser inflamável, o hélio é utilizado em balões e aeronaves mais leves do que o ar. Seu ponto de ebulição muito baixo leva ao seu grande emprego em criogenia e como um refrigerante para temperaturas muito baixas; ele é o refrigerante empregado nos ímãs supercondutores usados na espectroscopia de RMN e na obtenção de imagens por ressonância magnética. Ele também é usado como atmosfera inerte no crescimento de cristais de materiais semicondutores, tais como o Si. Ele é misturado na razão de 4:1 com o O_2 para prover uma atmosfera artificial para os mergulhadores, aos quais sua solubilidade menor que a do nitrogênio minimiza o perigo de causar dores nas articulações e contrações musculares, a chamada doença da descompressão. Essa mesma mistura gasosa é usada para tratar crises agudas de asma, uma vez que sua densidade apresenta menor resistência nos pulmões comparada com a mistura oxigênio-ar.

O principal uso do argônio é fornecer uma atmosfera inerte para a produção de compostos sensíveis ao ar e atuar como um "cobertor" de gás inerte para evitar a oxidação de metais durante operações de soldagem. O argônio também é usado como refrigerante criogênico e para preencher o espaço entre os vidros de janelas duplas seladas, uma vez que sua baixa condutividade térmica reduz a perda de calor.

O xenônio possui propriedades anestésicas, mas ele não é muito usado por ser, aproximadamente, 2000 vezes mais dispendioso que o N_2O. Um isótopo de Xe também é empregado na obtenção de imagens de importância clínica (Quadro 18.2).

O radônio, que é um produto das usinas nucleares e do decaimento radioativo do Th e do U de ocorrência natural, representa um perigo à saúde por causa da radiação nuclear

---

QUADRO 18.1 Hélio: demanda crescente para um gás raro

O hélio é separado dos gases naturais em três etapas. Na primeira, as impurezas H_2O, CO_2 e H_2S são removidas do gás. Em seguida ocorre a remoção de qualquer hidrocarboneto de peso molecular elevado e, finalmente, a destilação à baixa temperatura remove todo o metano. O produto é o hélio bruto contendo nitrogênio juntamente a pequenas quantidades de argônio, neônio e hidrogênio. A purificação final ocorre usando-se carvão ativado na temperatura de nitrogênio líquido e alta pressão, ou por adsorção por variação de pressão.

O hélio líquido é usado para resfriar reatores nucleares, detectores de infravermelho e ímãs supercondutores são usados na obtenção de imagens por ressonância magnética. O Grande Colisor de Hádrons, no CERN, usa 96 t de hélio líquido para manter os seus ímãs em baixa temperatura.

A indústria espacial emprega o hélio para purgar o combustível de foguetes e satélites. O isótopo de hélio, ^{3}He, é empregado nos detectores de nêutrons e na obtenção de imagens do pulmão. Ele tem uso potencial nos reatores de fusão nuclear.

A demanda por hélio é hoje crescente, e alguns cientistas preveem que todo o hélio irá esgotar-se em 20-30 anos. Os Estados Unidos mantinham grandes reservas subterrâneas de hélio, mas em 1996 a legislação obrigou o uso destas reservas e, como consequência, hélio a baixo custo invadiu o mercado, levando a um aumento de seu uso e a uma menor reciclagem. No momento, o preço do hélio está subindo rapidamente, de forma que novas fontes estão sendo pesquisadas e o seu uso mais responsável e a reciclagem estão sendo encorajados.

> **QUADRO 18.2** Usando RMN-^{129}Xe em medicina e em ciência de materiais
>
> A obtenção de imagens por ressonância magnética (MRI, em inglês) é muito usada em medicina para produzir imagens de alta qualidade de tecidos macios. A técnica utiliza os prótons das moléculas da água nos tecidos para produzir um sinal de RMN, mas os prótons são difíceis de formar uma boa imagem de algumas partes do corpo, particularmente dos pulmões e do cérebro. Entretanto, outros núcleos ativos em RMN também podem ser usados em MRI, particularmente o ^{129}Xe, que tem abundância de 26,4% e possui $I = ½$. Uma vez que a extensão da polarização do spin nuclear no ^{129}Xe é muito baixa para fornecer um bom sinal, este pode ser incrementado pelo uso de baixas temperaturas ou aumentando-se o campo magnético. Alternativamente, a polarização pode ser aumentada em um fator de, aproximadamente, 10^5 pela permutação de spin com um metal alcalino polarizado. Imagens de MRI dos pulmões podem ser obtidas pela inalação de ^{129}Xe hiperpolarizado pelos pulmões. O xenônio é, então, transferido dos pulmões para o sangue e em seguida para outros tecidos. Consequentemente, podem-se obter imagens do sistema circulatório, do cérebro e de outros órgãos vitais por meio das imagens dos vasos sanguíneos. O RMN-^{129}Xe hiperpolarizado também é usado na química de materiais, na qual ele é empregado para examinar as estruturas dos materiais mesoporosos, como zeólitas e cerâmicas, e materiais macios, como polímeros fundidos e elastômeros.
>
> A abundância de 26,4% do ^{129}Xe significa que é possível empregar RMN convencional para a caracterização espectroscópica de compostos de xenônio. Ele produz picos secundários com intensidades relativas de 13:74:13 no espectro de outros núcleos ativos em RMN (Seção 8.6).

ionizante que ele produz. Normalmente, ele é um contribuinte menor da radiação de fundo produzida pelos raios cósmicos e fontes terrestres. Entretanto, em regiões onde o solo, as rochas subterrâneas ou os materiais de construção contêm concentrações significativas de U, quantidades excessivas do gás têm sido encontradas no interior das edificações.

Devido à pouca reatividade química, os gases nobres são muito utilizados em várias fontes de luz, como letreiros de neon, lâmpadas fluorescentes, nas quais o neônio produz a luz vermelha e o hélio a luz amarela, e lâmpadas de flash de xenônio, que produzem pulsos de luz visível e ultravioleta. Eles também são usados nos lasers (hélio-neônio, íon de argônio e íon de criptônio). O argônio é usado como atmosfera inerte nas lâmpadas incandescentes, em que ele reduz a queima do filamento. Em cada caso, a passagem de uma descarga elétrica através do gás ioniza alguns dos seus átomos e promove íons e átomos neutros para estados excitados que então emitem radiação eletromagnética ao retornarem ao estado de mais baixa energia.

18.5 Síntese e estrutura dos fluoretos de xenônio

Ponto principal: O xenônio reage com o flúor para formar XeF_2, XeF_4 e XeF_6.

A reatividade dos gases nobres tem sido investigada esporadicamente desde a sua descoberta, mas todas as primeiras tentativas de formação de compostos não obtiveram sucesso. Até a década de 1960, os únicos compostos conhecidos eram espécies diatômicas instáveis tais como He_2^+ e Ar_2^+, que só podiam ser detectadas espectroscopicamente. Entretanto, em março de 1962, Neil Bartlett, então na Universidade de British Columbia, observou a reação de um gás nobre. O relato de Bartlett e um outro do grupo de Rudolf Hoppe da Universidade de Münster, umas poucas semanas depois, provocou agitação ao redor do mundo. No espaço de um ano, vários fluoretos e oxocompostos de xenônio foram sintetizados e caracterizados. Esse campo é um tanto limitado, mas compostos com ligações com nitrogênio, carbono e metais foram sintetizados.

A motivação de Bartlett para estudar o xenônio baseou-se nas observações de que o PtF_6 pode oxidar o O_2 para formar o sólido O_2PtF_6, e que a energia de ionização do xenônio é semelhante à do oxigênio molecular. Na verdade, a reação do xenônio com PtF_6 forma um sólido, mas a reação é complexa e a composição do produto (ou produtos) ainda não é clara. A reação direta do xenônio com flúor leva a uma série de compostos com números de oxidação +2 (XeF_2), +4 (XeF_4) e +6 (XeF_6).

As estruturas do XeF_2 e XeF_4 estão bem estabelecidas por espectroscopia e pelos métodos de difração. Entretanto, medidas semelhantes no XeF_6, em fase gasosa, levaram à conclusão de que essa molécula é fluxional. O espectro de infravermelho e a difração de elétrons do XeF_6 mostram que ocorre uma distorção em torno de um eixo ternário, sugerindo que uma face triangular de átomos de F se abre para acomodar um par de elétrons isolado, como em (3). Uma interpretação é que o processo fluxional se origina da migração do par isolado de uma face triangular para outra. O XeF_6 sólido consiste em unidades XeF_5^+ ligadas por pontes de F^- e, em solução, ele forma tetrâmeros Xe_4F_{24}. As estruturas das formas gasosas e sólidas apresentam semelhança estrutural molecular e eletrônica com os ânions de poli-halogenetos isoeletrônicos I_3^- e ClF_4^- (Seção 17.10c).

Os fluoretos de xenônio são sintetizados pela reação direta dos elementos, normalmente em um reator de níquel que foi exposto ao F_2 para formar um revestimento fino de NiF_2 que o torna passivado. Esse tratamento também remove qualquer óxido superficial, que poderia reagir com os fluoretos de xenônio. As condições de síntese indicadas nas equações seguintes mostram que a formação dos halogenetos superiores é favorecida por uma proporção maior de flúor e uma pressão total mais alta:

$$Xe(g) + F_2(g) \xrightarrow{400°C,\ 1\ atm} XeF_2(g) \quad (Xe\ em\ excesso)$$

$$Xe(g) + 2\ F_2(g) \xrightarrow{600°C,\ 6\ atm} XeF_4(g) \quad (Xe:F_2 = 1:1,5)$$

$$Xe(g) + 3\ F_2(g) \xrightarrow{300°C,\ 60\ atm} XeF_6(g) \quad (Xe:F_2 = 1:2,0)$$

Uma síntese de "parapeito" também é possível. O xenônio e o flúor são selados em uma ampola de vidro (rigorosamente seca para prevenir a formação de HF e o ataque ao vidro) e a ampola é exposta à luz solar, formando lentamente belos cristais de XeF_2 dentro da ampola. Deve-se lembrar que o F_2 sofre fotodissociação (Seção 17.5) e nesta síntese os átomos de F gerados fotoquimicamente reagem com os átomos de Xe.

18.6 Reações dos fluoretos de xenônio

Pontos principais: Os fluoretos de xenônio são fortes agentes oxidantes e formam complexos com F⁻, tais como XeF_5^-, XeF_7^- e XeF_8^{2-}. Eles são usados na preparação de compostos contendo ligações Xe–O e Xe–N.

As reações dos fluoretos de xenônio são similares àquelas dos inter-halogênios com número de oxidação elevado (Seção 17.10), sendo predominantes as reações de oxirredução e de metátese. Uma reação importante do XeF_6 é a de metátese com óxidos:

$XeF_6(s) + 3\,H_2O(l) \rightarrow XeO_3(aq) + 6\,HF(g)$

$2\,XeF_6(s) + 3\,SiO_2(s) \rightarrow 2\,XeO_3(s) + 3\,SiF_4(g)$

Outra propriedade química importante dos fluoretos de xenônio é seu forte poder oxidante:

$2\,XeF_2(s) + 2\,H_2O(l) \rightarrow 2\,Xe(g) + 4\,HF(g) + O_2(g)$

$XeF_4(s) + Pt(s) \rightarrow Xe(g) + PtF_4(s)$

Assim como ocorre com os inter-halogênios, os fluoretos de xenônio reagem com ácidos de Lewis fortes para formar cátions de fluoreto de xenônio:

$XeF_2(s) + SbF_5(l) \rightarrow [XeF]^+[SbF_6]^-(s)$

Esses cátions estão associados ao contraíon por pontes de F⁻.

Outra semelhança com os inter-halogênios é a reação do XeF_4 com a base de Lewis F⁻ em solução de acetonitrila (cianometano, CH_3CN) para produzir o íon XeF_5^-:

$XeF_4 + [N(CH_3)_4]F \rightarrow [N(CH_3)_4]^+[XeF_5]^-$

O íon XeF_5^- é pentagonal plano (**9**) e, pelo modelo RPECV, os dois pares isolados de elétrons no Xe ocupam posições axiais, em lados opostos do plano. Da mesma forma, sabe-se há muitos anos que a reação do XeF_6 com uma fonte de F⁻ forma os íons XeF_7^- ou XeF_8^{2-}, dependendo da proporção de fluoreto. Somente a geometria do XeF_8^{2-} é conhecida: ele é um antiprisma quadrático (**10**), difícil de conciliar com o modelo simples RPECV porque sua geometria não dispõe de uma posição para o par isolado no Xe.

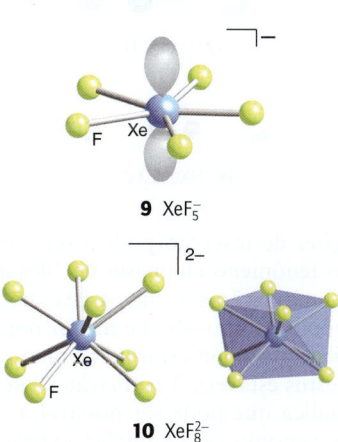

9 XeF_5^-

10 XeF_8^{2-}

Os fluoretos de xenônio oferecem uma rota para a preparação de compostos de gases nobres com outros elementos além do flúor e do oxigênio. A reação de nucleófilos com um fluoreto de xenônio é uma boa estratégia para a síntese de tais ligações. Por exemplo, a reação

$XeF_2 + HN(SO_2F)_2 \rightarrow FXeN(SO_2F)_2 + HF$

é impulsionada pela estabilidade do produto HF e pela energia de formação da ligação Xe–N (**11**). Um ácido de Lewis forte, tal como o AsF_5, pode retirar o F⁻ do produto dessa reação para formar o cátion $[XeN(SO_2F)_2]^+$. Outra rota para as ligações XeN é a reação de um dos fluoretos com um ácido de Lewis forte,

$XeF_2 + AsF_5 \rightarrow [XeF]^+[AsF_6]^-$

seguida da introdução de uma base de Lewis, tal como CH_3CN, para formar o $[CH_3CNXeF]^+[AsF_6]^-$.

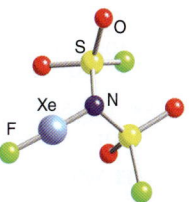

11 $FXeN(SO_2F)_2$

18.7 Compostos de xenônio com oxigênio

Ponto principal: Os óxidos de xenônio são instáveis e altamente explosivos.

Os óxidos de xenônio são endoérgicos ($\Delta_f G^\ominus > 0$) e não podem ser preparados pela interação direta dos elementos. Os óxidos e os oxofluoretos são preparados pela hidrólise dos fluoretos de xenônio:

$XeF_6(s) + 3\,H_2O(l) \rightarrow XeO_3(s) + 6\,HF(aq)$

$3\,XeF_4(s) + 6\,H_2O(l) \rightarrow XeO_3(s) + 2\,Xe(g) + 1\tfrac{1}{2}\,O_2(g) + 12\,HF(aq)$

$XeF_6(s) + H_2O(l) \rightarrow XeOF_4(s) + 2\,HF(aq)$

O trióxido de xenônio piramidal, XeO_3 (**4**), representa um sério perigo porque esse composto endoérgico é altamente explosivo. Ele é um agente oxidante muito forte em meio ácido, com $E^\ominus(XeO_3, Xe) = +2{,}10$ V. Em meio aquoso alcalino, o oxoânion de Xe(VI), o $HXeO_4^-$, decompõe-se lentamente por desproporcionação acoplada com a oxidação da água para formar o íon perxenato de Xe(VIII), XeO_6^{4-}, e xenônio:

$2\,HXeO_4^-(aq) + 2\,OH^-(aq) \rightarrow XeO_6^{4-}(aq) + O_2(g) + 2\,H_2O(l)$

Os perxenatos de vários íons de metais alcalinos são preparados pelo tratamento do XeO_3 com ozônio em condições básicas. Esses compostos são sólidos brancos cristalinos com unidades octaédricas de XeO_6^{4-} (**12**). Eles são poderosos agentes oxidantes em meio aquoso ácido:

$XeO_6^{4-}(aq) + 3\,H^+(aq) \rightarrow HXeO_4^-(aq) + \tfrac{1}{2}\,O_2(g) + H_2O(l)$

Tratando-se o Ba_2XeO_6 com ácido sulfúrico concentrado, forma-se o outro único óxido de xenônio conhecido, o XeO_4 (**5**), que é um gás instável explosivo.

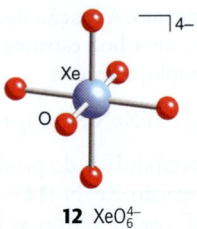

12 XeO_6^{4-}

com excesso de F_2 a 300°C e 6 MPa em um recipiente de níquel resistente. O XeF_6 resultante pode então ser convertido a perxenato em uma única etapa, expondo-o a uma solução aquosa de KOH. O perxenato de potássio resultante (que é um hidrato) pode então ser cristalizado.

Teste sua compreensão 18.1 Escreva uma equação balanceada para a decomposição dos íons xenato, em meio básico, para a formação de íons perxenato, xenônio e oxigênio.

Uma breve ilustração A estrutura de muitos compostos de xenônio pode ser prevista com sucesso usando-se o modelo RPECV. A estrutura de Lewis do íon perxenato é apresentada em (**13**). Com seis pares de elétrons ao redor do átomo de Xe, o modelo RPECV prevê um arranjo octaédrico dos pares de elétrons ligantes e uma estrutura octaédrica.

18.8 Compostos de inserção de xenônio

Ponto principal: O xenônio pode ser inserido em ligações H–Y.

Vários hidretos de gases nobres com fórmula geral HEY, onde E é um elemento do Grupo 18 e Y é um elemento ou fragmento eletronegativo, foram isolados por isolamento em matriz a baixas temperaturas. As primeiras espécies identificadas foram HXeCl, HXeBr, HXeI e HKrCl. Dentre as espécies caracterizadas mais recentemente, temos HKrCN e $HXeC_3N$. Todas foram preparadas por fotólise no UV dos precursores HY em gás nobre sólido a baixas temperaturas (Quadro 18.3). Quando o xenônio reage dessa forma com a água, formam-se tanto o HXeOH (**15**) quanto o radical HXeO. Este último pode reagir ainda com outro átomo de Xe e com hidrogênio para formar HXeOXeH (**16**), que é metaestável em relação a H_2O e 2 Xe e mais estável do que HXeOH, HXeH e HXeBr. Os átomos de xenônio têm sido inseridos com sucesso em ligações H–C de hidrocarbonetos por fotólise seguida de recozimento de uma mistura sólida de C_2H_2 e Xe. Esse foi o método de preparação dos hidretos de gases nobres HXeCCH (**17**) e HXeCCXeH (**18**).

13 XeO_6^{4-}

O xenônio forma os oxofluoretos $XeOF_2$ (**6**), XeO_3F_2 (**7**) e $XeOF_4$ (**8**). Dissolvendo-se fluoretos de metal alcalino em $XeOF_4$, forma-se o íon fluoreto solvatado $F^-·3XeOF_4$. Ao se tentar remover o $XeOF_4$ do solvato, forma-se o $XeOF_5^-$ (**14**), que é uma pirâmide pentagonal.

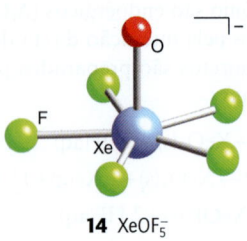

14 $XeOF_5^-$

Uma breve ilustração As estruturas dos compostos de xenônio podem ser investigadas usando-se espectroscopia RMN-^{129}Xe. Por exemplo, o espectro de RMN-^{129}Xe do $XeOF_4$ (**8**) consiste em um quinteto de picos. Esses picos correspondem a um único ambiente de Xe, que está acoplado a quatro átomos de ^{19}F equivalentes.

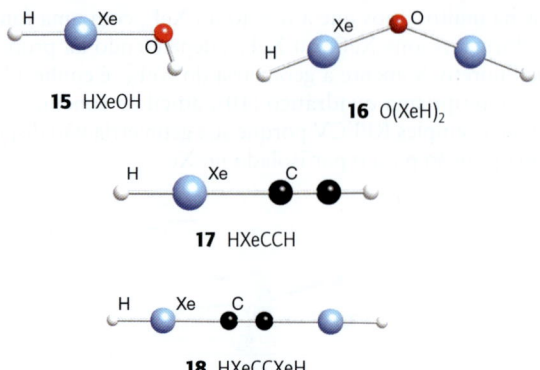

15 HXeOH

16 O(XeH)$_2$

17 HXeCCH

18 HXeCCXeH

EXEMPLO 18.1 Descrevendo a síntese e a estrutura de um composto de gás nobre

Descreva um procedimento para a síntese do perxenato de potássio, partindo de xenônio e de outros reagentes de sua escolha.

Resposta Sabemos que os compostos de Xe–O são endoérgicos, de maneira que eles não podem ser preparados pela reação direta do xenônio com oxigênio, sendo necessário um método indireto. Como descrito no texto, a hidrólise do XeF_6 produz XeO_3, o qual sofre desproporcionação em meio básico, fomando o perxenato, XeO_6^{4-}. Assim, o XeF_6 pode ser sintetizado pela reação do xenônio

Essas reações de inserção podem ser a chave para a explicação do fenômeno chamado de "desaparecimento do xenônio". Em relação aos outros gases nobres, a quantidade de xenônio na atmosfera é menor por um fator de 20. Uma teoria é que, no interior da Terra, o xenônio pode formar compostos estáveis. A formação desses compostos de inserção indica que pode ser possível a formação de compostos de xenônio em condições extremas. De fato, estudos recentes indicaram que o Xe pode trocar com o Si nos silicatos minerais quando sob altas pressão e temperatura.

> **QUADRO 18.3** Gases nobres em matriz isolamento
>
> O termo "isolamento em matriz" é usado para descrever o aprisionamento de espécies reativas em qualquer matriz inerte, como polímeros ou resinas, mas geralmente é usado para se referir ao aprisionamento em gás nobre ou nitrogênio. Os gases nobres são usados devido à baixa reatividade e à grande transparência óptica no estado sólido. O isolamento em matriz permite estudar espécies instáveis ou muito reativas por várias técnicas espectroscópicas. As espécies reativas são aprisionadas em um grande volume de uma matriz inerte, a baixas temperaturas e alto vácuo. A baixa temperatura assegura a rigidez da matriz. A matriz e a amostra são condensadas em uma superfície ou célula óptica para observação futura. A matriz hospedeira é um sólido em que as espécies ficam embebidas e bastante diluídas para ficarem suficientemente isoladas umas das outras. O isolamento em matriz de gás nobre também é usado para estudar espécies reativas de gases nobres. Por exemplo, o HXeI foi estudado em Xe e o HKrCN foi estudado em Kr.

18.9 Compostos organoxenônio

Ponto principal: Compostos organoxenônio podem ser preparados pela xenodeborilação de um composto organoboro.

O primeiro composto contendo ligações Xe–C foi descrito em 1989. Desde então, uma grande variedade de compostos organoxenônio foi preparada. As melhores rotas para os compostos organoxenônio são via os fluoretos XeF_2 e XeF_4.

Os sais de organoxenônio(II) podem ser preparados a partir de compostos organoboranos por **xenodeborilação**, a substituição do B por Xe. Por exemplo, o tris(pentafluorofenil)borano reage com o XeF_2, em diclorometano, para formar o fluoroboratos de arilxenônio(II) (**19**):

$$(C_6F_5)_3B + 3\, XeF_2 \xrightarrow{CH_2Cl_2} [C_6F_5Xe]^+ + [(C_6F_5)_n BF_{4-n}]^- \quad n = 1, 2$$

19 $C_6F_5Xe^+$

Quando essa reação é feita em HF anidro, todos os grupos C_6F_5 são transferidos para o Xe:

$$(C_6F_5)_3B + 3\, XeF_2 \xrightarrow{HF} 3\,[C_6F_5Xe]^+ + [BF_4]^- + 2\,[F(HF)_n]^-$$

Uma rota geral que pode ser usada para introduzir outros grupos orgânicos usa os organodifluoroboranos, RBF_2:

$$RBF_2 + XeF_2 \xrightarrow{CH_2Cl_2} [RXe]^+ + [BF_4]^-$$

Além da xenodeborilação, é possível preparar compostos organoxenônio(II) (**20**) a partir do $C_6F_5SiMe_3$:

$$3\,C_6F_5SiMe_3 + 2\,XeF_2 \xrightarrow{CH_2Cl_2} Xe(C_6F_5)_2 + C_6F_5XeF + 3\,Me_3SiF$$

20 $Xe(C_6H_5)_2$

Os compostos organoxenônio(II) são termicamente instáveis e decompõem-se acima de –40°C.

O primeiro composto organoxenônio(IV) foi preparado pela reação entre XeF_4 e $C_6F_5BF_2$ em CH_2Cl_2:

$$C_6H_5BF_2 + XeF_4 \xrightarrow{CH_2Cl_2} [C_6F_5XeF_2][BF_4]$$

Os compostos organoxenônio(IV) têm estabilidade térmica menor do que os compostos análogos de Xe(II). Em todos os sais de Xe(II) e Xe(IV), o átomo de Xe está ligado a um átomo de C que é parte de um sistema π. Sistemas π estendidos, como dos grupos arila, aumentam a estabilidade da ligação Xe–C. Essa estabilidade é ainda mais favorecida pela presença de substituintes no grupo arila que atraem elétrons (tal como o flúor).

18.10 Compostos de coordenação

Pontos principais: Argônio, xenônio e criptônio formam compostos de coordenação que são geralmente estudados por isolamento em matriz; a estabilidade dos complexos diminui na ordem Xe > Kr > Ar.

Os compostos de coordenação de gases nobres são conhecidos desde a metade da década de 1970. O primeiro composto de coordenação estável de gás nobre sintetizado foi o $[AuXe_4]^{2+}[Sb_2F_{11}]^{2-}$, que contém o cátion quadrático plano $[AuXe_4]^{2+}$ (**21**). O composto é feito pela redução do AuF_3 por HF/SbF_5 em xenônio elementar para formar cristais vermelhos-escuros que são estáveis até –78°C. Alternativamente, a adição de Xe a uma solução de Au^{2+} em HF/SbF_5 forma uma solução vermelho-escuro que é estável até –40°C. Essa solução é estável à temperatura ambiente sob uma pressão de 1 MPa (aproximadamente 10 atm) de xenônio. Durante a redução do Au^{3+} a Au^{2+}, a extrema acidez de Brønsted do HF/SbF_5 (Seção 15.11) é essencial, e a reação global mostra o papel dos prótons:

$$AuF_3 + 6\,Xe + 3\,H^+ \xrightarrow{HF/SbF_5} [AuXe_4]^{2+} + Xe_2^+ + 3\,HF$$

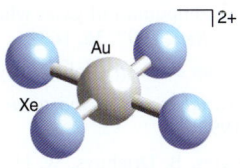

21 $[AuXe_4]^{2+}$

Cristais verdes de $[Xe_2]^+[Sb_4F_{21}]^-$ também são formados a –60°C. O comprimento da ligação Xe–Xe é de 309 pm. O cátion azul, linear, Xe_4^+, também já foi observado e possui comprimentos de ligação de 353 e 319 pm (**22**), que é a maior ligação homonuclear conhecida para um elemento do grupo principal. [HXeXe]⁺F⁻, [HArAr]⁺F⁻ e [HKrKr]⁺F⁻ também foram estudados usando-se a técnica de isolamento em matriz.

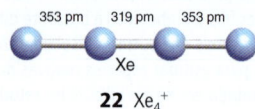

22 Xe_4^+

Muitos complexos de gases nobres são espécies transientes que foram caracterizadas por isolamento em matriz. O complexo [Fe(CO)₄Xe] é formado quando Fe(CO)₅ é fotolisado em xenônio sólido a 12 K. Da mesma forma, [M(CO)₅E] é formado quando [M(CO)₆] (M = Cr, Mo ou W) é fotolisado em argônio, criptônio ou xenônio sólido, a 20 K, onde E = Ar, Kr ou Xe, respectivamente. Um método alternativo para sintetizar esses complexos é gerá-los em uma atmosfera de argônio, criptônio ou xenônio. O complexo de Xe também foi isolado em xenônio líquido. A estabilidade dos complexos diminui na ordem W > Mo ≈ Cr e Xe > Kr > Ar. Os complexos são octaédricos (**23**) e acredita-se que a ligação envolva interações entre os orbitais p do gás nobre e orbitais dos grupos CO equatoriais. Desta forma, pode-se pensar nos gases nobres como ligantes em potencial e, de fato, eles têm sido caracterizados como tal (inclusive por RMN; Seção 22.18).

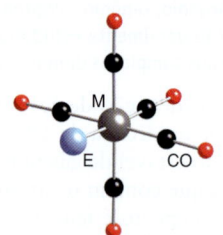

23 [M(CO)₅E], com E = Ar, Kr e Xe

Quando [Rh(η⁵-Cp)(CO)₂] ou [Rh(η⁵-Cp*)(CO)₂] é fotolisado em xenônio ou criptônio supercrítico à temperatura ambiente, formam-se os complexos [Rh(η⁵-Cp)(CO)E] e [Rh(η⁵-Cp*)(CO)E], onde E = Xe ou Kr. Os complexos de η⁵-Cp* são menos estáveis do que os análogos de η⁵-Cp, e os complexos de Kr são menos estáveis que os de Xe.

18.11 Outros compostos de gases nobres

Ponto principal: São conhecidos fluoretos de criptônio e de radônio, mas suas propriedades químicas são muito menos extensas do que as dos compostos correspondentes de xenônio.

O radônio tem uma energia de ionização menor que a do Xe, podendo-se esperar que ele forme compostos ainda mais facilmente. Existem evidências para a formação do RnF₂ e de compostos catiônicos, tais como o [RnF⁺][SbF₆⁻], mas a caracterização detalhada é frustrada pela sua radioatividade. O criptônio tem uma energia de ionização muito mais alta que a do Xe (Tabela 18.1) e sua capacidade de formar compostos é muito mais limitada. O difluoreto de criptônio, KrF₂, é preparado passando-se uma descarga elétrica ou uma radiação ionizante através de uma mistura de criptônio e flúor a temperaturas baixas (−196°C). Da mesma forma que para o XeF₂, o composto de criptônio é um sólido volátil incolor e a molécula é linear. Ele tem uma energia de formação altamente endoérgica e é um composto extremamente reativo que precisa ser armazenado a baixas temperaturas.

Quando o HF monomérico é fotolisado em argônio sólido e recozido a 18 K, forma-se o HArF. Esse composto é estável até 27 K e contém íons HAr⁺ e F⁻. Os íons moleculares assemblados HHe⁺, HNe⁺, HKr⁺ e HXe⁺ já foram observados por espectroscopia.

Os gases nobres mais pesados formam clatratos. O Ar, Kr e Xe formam clatratos com o quinol (1,4-C₆H₄(OH)₂), com um átomo de gás para três moléculas de quinol. Eles também formam hidratos clatratos com a água numa razão de um átomo de gás para 46 moléculas de H₂O. O He e o Ne são muito pequenos para formar clatratos estáveis. Titã, uma das luas de Saturno, possui uma atmosfera densa em que os níveis de Kr e Xe são bem menores do que os de Ar. Acredita-se que o Kr e o Xe estão aprisionados nos clatratos, enquanto que os átomos menores de Ar são aprisionados menos efetivamente.

Também foram observados complexos endoédricos de fulereno, nos quais um átomo ou íon situa-se dentro da cavidade do fulereno (Seção 14.6b), tais como C_{60}^{n+} e C_{70}^{n+} (n = 1, 2 ou 3) com He, e C_{60}^+ com Ne. Cálculos de orbitais moleculares indicam que o Ar deve ser capaz de penetrar na cavidade do C_{60}^+, embora este complexo ainda não tenha sido observado.

Além dos complexos de fulereno, outras espécies transientes já foram identificadas em feixes moleculares de alta energia ou como complexos de van der Waals em fase gasosa, mas nenhum deles com He. Entretanto, cálculos teóricos preveem que o HeBeO seja exoérgico.

LEITURA COMPLEMENTAR

W. Grochala, Atypical compounds of gases which have been called "noble", *Chem. Soc. Rev.*, 2007, **36**, 1632.

A.G. Massey, *Main group chemistry*. John Wiley & Sons (2000).

D.M.P. Mingos, *Essential trends in inorganic chemistry*. Oxford University Press (1998).

M.S. Albert, G.D. Cates, B. Driehuys, W. Happer, B. Saam, C.S. Springer e A. Wishnia, Biological magnetic resonance imaging using laser-polarized ¹²⁹Xe, *Nature*, 1994, **370**, 199-201.

R.B. King (ed.), *Encyclopedia of inorganic chemistry*, John Wiley & Sons (2005).

M. Ozima e F.A. Podosec, *Noble gas geochemistry*. Cambridge University Press (2002).

P. Lazlo e G.J. Schrobilgen, *Angew. Chem., Int. Ed. Engl.*, 1988, **27**, 479. Uma agradável descrição dos fracassos iniciais e do sucesso final na busca dos compostos de gases nobres.

J. Holloway, Twenty-five years of noble gas chemistry. *Chem. Br.*, 1987, **27**(7), 658. Um bom resumo do desenvolvimento do campo.

H. Frohn e V.V. Bardin, *Organometallics*, 2001, **20**, 4750. Uma boa revisão sobre os compostos organometálicos de gases nobres.

C. Benson, *The periodic table of the elements and their chemical properties*. Kindle edition. MindMelder.com (2009).

EXERCÍCIOS

18.1 Explique por que o hélio está presente em baixa concentração na atmosfera, embora ele seja o segundo elemento mais abundante no universo.

18.2 Qual dos gases nobres você escolheria como: (a) o refrigerante líquido para temperatura mais baixa; (b) uma fonte de luz por descarga elétrica que use um gás que não ofereça risco e que tenha a menor energia de ionização; (c) a atmosfera inerte mais econômica?

18.3 Utilizando equações químicas balanceadas e indicando as condições, descreva uma síntese adequada para: (a) difluoreto de xenônio; (b) hexafluoreto de xenônio; (c) trióxido de xenônio.

18.4 Desenhe as estruturas de Lewis para: (a) $XeOF_4$; (b) XeO_2F_2; (c) XeO_6^{2-}.

18.5 Forneça a fórmula e descreva a estrutura de espécies de gás nobre isoestruturais com: (a) ICl_4^-; (b) IBr_2^-; (c) BrO_3^-; (d) ClF.

18.6 (a) Dê a estrutura de Lewis do XeF_7^-. (b) Especule sobre as possíveis estruturas usando o modelo RPECV e por analogia com outros ânions de fluoretos de xenônio.

18.7 Use a teoria de orbitais moleculares para calcular a ordem de ligação das espécies diatômicas E_2^+, com E = He e Ne.

18.8 Use a RPECV para prever as estruturas de: (a) XeF_3^+; (b) XeF_3^-; (c) XeF_5^+; (d) XeF_5^-.

18.9 Identifique os compostos de xenônio A, B, C, D e E.

$$D \xleftarrow{H_2O} C \xleftarrow{xs\ F_2} Xe \xrightarrow{F_2} A \xrightarrow{MeBF_2} B$$
$$\downarrow 2\,F_2$$
$$E$$

18.10 Preveja a aparência do espetro de RMN-^{129}Xe do $XeOF_3^+$.

18.11 Preveja a aparência do espetro de RMN-^{19}F do $XeOF_4$.

PROBLEMAS TUTORIAIS

18.1 No artigo "Predicted chemical bonds between rare gases and Au" (*J. Am. Chem. Soc.*, 1995, **117**, 2067), P. Pyykkii apresenta um estudo computacional das espécies RgAuRg$^+$ e AuRg$^+$ (onde Rg refere-se aos gases "raros") e prevê as energias e os comprimentos de ligação da ligação Au–Rg. Por que o autor fez um paralelo entre as ligações Au–Rg e H–Rg? Dê os valores de energia e comprimento de ligação para as séries de ligações Au–Rg. Como esses valores devem diferir dos valores para a espécie Cu–Rg$^+$? Liste os valores das ligações análogas de Cu–Rg$^+$ e justifique as diferenças.

18.2 O artigo "Atypical compounds of gases which have been called 'noble'" (*Chem. Soc. Rev.*, 2007, **36**, 1632) apresenta um relato dos vários compostos formados pelos elementos do Grupo 18. Dentre os compostos descritos encontram-se o XeF_5Cl, o HXeOOXeH e o ClXeFXeCl$^+$. Desenhe as estruturas dessas moléculas. Descreva o raciocínio do autor para classificar os átomos de gases nobres como bases de Lewis e explique por que o XeF_2 atua como um ligante frente a cátions metálicos. Apenas um composto de xenônio com mercúrio é conhecido. Dê a fórmula desse composto, descreva sua síntese e dê a energia de ligação e o comprimento de ligação.

18.3 O primeiro composto contendo uma ligação Xe–N foi descrito por R.D. LeBlond e K.K. DesMarteau (*J. Chem. Soc., Chem. Commun.*, 1974, **14**, 554). Faça um resumo do método de síntese e da caracterização. (A estrutura proposta foi depois confirmada por uma determinação da estrutura cristalina por raios X.)

18.4 (a) Use as referências do artigo de O.S. Jina, X.Z. Sun e M.W. George (*J. Chem. Soc., Dalton Trans.*, 2003, 1773) para produzir uma revisão sobre o uso do isolamento em matriz na caracterização de complexos organometálicos de gás nobre. (b) Como os métodos usados por estes autores diferem das técnicas usuais de isolamento em matriz? (c) Coloque os complexos [MnCp(CO)$_2$Xe], [RhCp(CO)Xe], [MnCp(CO)$_2$Kr], [Mo(CO)$_5$Kr] e [W(CO)$_5$Kr] em ordem crescente de estabilidade frente à substituição do CO.

18.5 No artigo "Xenon as a complex ligand: the tetra xenon gold(II) cation in AuXe$_4^{2+}$(Sb$_2$F$_{11}^-$)$_2$", S. Seidel e K. Seppelt (*Science*, 2000, **290**, 117) descrevem a primeira síntese de um composto de coordenação estável de gás nobre. Dê os detalhes da síntese e da caracterização do composto.

18.6 A síntese e a caracterização do ânion $XeOF_5^-$ foi descrita por A. Ellern e K. Seppelt (*Angew. Chem., Int. Ed. Engl.*, 1995, **34**, 1586). (a) Faça um resumo das semelhanças entre o $XeOF_4$ e o IF$_5$. (b) Dê as possíveis razões para as diferenças de estrutura entre o $XeOF_5^-$ e o IF$_6^-$. (c) Faça um resumo de como o $XeOF_5^-$ foi preparado.

18.7 Em seu artigo "Helium chemistry: theoretical predictions and experimental challenge" (*J. Am. Chem. Soc.*, 1987, **109**, 5917), W. Kock et al. usaram cálculos quanto-mecânicos para demonstrar que o hélio pode formar ligações fortes com o carbono em cátions. (a) Dê a faixa de comprimentos de ligação calculada para estes cátions He–C. (b) Quais são os requisitos para que um elemento forme uma ligação forte com o He? (c) Para qual ramo da ciência os autores sugerem que esse trabalho seja particularmente relevante?

18.8 No artigo "Observation of superflow in solid helium" (*Science*, 2004, **305** (5692),1941), E. Kim e M. Chan descreveram a superfluidez observada para o hélio sólido. Defina superfluidez, descreva o experimento realizado pelos autores para demonstrar essa propriedade e faça um resumo da explicação dos autores para a superfluidez.

19 Os elementos do bloco d

Parte A: Aspectos principais
19.1 Ocorrência e obtenção
19.2 Propriedades químicas e físicas

Parte B: Uma visão mais detalhada
19.3 Grupo 3: escândio, ítrio e lantânio
19.4 Grupo 4: titânio, zircônio e háfnio
19.5 Grupo 5: vanádio, nióbio e tântalo
19.6 Grupo 6: cromo, molibdênio e tungstênio
19.7 Grupo 7: manganês, tecnécio e rênio
19.8 Grupo 8: ferro, rutênio e ósmio
19.9 Grupo 9: cobalto, ródio e irídio
19.10 Grupo 10: níquel, paládio e platina
19.11 Grupo 11: cobre, prata e ouro
19.12 Grupo 12: zinco, cádmio e mercúrio

Leitura complementar

Exercícios

Problemas tutoriais

Os elementos do bloco d são todos metálicos e suas propriedades químicas são centrais para a biologia, a indústria e muitos aspectos da pesquisa contemporânea. Já vimos muitas tendências sistemáticas ao longo deste bloco e veremos agora as tendências nas propriedades químicas dentro de cada grupo. Olharemos com mais detalhes as propriedades de cada metal e de seus compostos.

Os dois termos **metais do bloco d** e **metais de transição** são frequentemente usados indistintamente, embora eles não signifiquem a mesma coisa. O nome "metal de transição" derivou originalmente do fato de que suas propriedades químicas eram uma transição entre as do bloco s e do bloco p. Atualmente, porém, a definição da IUPAC de um **elemento de transição** é que se trata de um elemento que tem uma subcamada d incompleta no átomo neutro ou em seus íons. Assim, dois dos elementos do Grupo 12 (Zn e Cd) são membros do bloco d, mas não são elementos de transição, uma vez que eles não têm qualquer composto com uma subcamada d incompleta. A situação para o terceiro elemento do Grupo 12, o mercúrio, é diferente: a constatação de um composto de mercúrio(IV), o HgF_4, que possui a configuração eletrônica d^8, qualifica o mercúrio como um metal de transição. Na discussão que se segue, será conveniente indicar cada linha do bloco d como uma série, sendo a primeira linha do bloco d (quarto período) a série 3d, a segunda linha (quinto período) a série 4d, e assim por diante. Veremos que será importante notarmos a inserção do bloco f, os **elementos de transição interna**, os lantanídeos, antes da série 5d. Os elementos mais à esquerda do bloco d são frequentemente chamados de *primeiros* elementos da série e os do lado direito, de *últimos* elementos da série.

As propriedades químicas dos elementos do bloco d (ou metais d, como são geralmente chamados) ocuparão este e os próximos três capítulos. Portanto, é apropriado começarmos com um apanhado geral das suas ocorrências e propriedades. Nestes capítulos, devemos ter sempre em mente a correlação entre as tendências nas suas propriedades e as suas estruturas eletrônicas e, consequentemente, as suas localizações na tabela periódica. O Capítulo 9 tratou de muitas tendências que ocorrem no bloco d, de forma que iremos concentrar nossa atenção aqui nas propriedades específicas de cada elemento e de alguns de seus compostos mais importantes.

PARTE A: ASPECTOS PRINCIPAIS

19.1 Ocorrência e obtenção

Pontos principais: Os membros quimicamente macios do bloco ocorrem como sulfetos nos minerais, e alguns podem ser ustulados ao ar para se obter o metal; os metais "duros", mais eletropositivos, ocorrem como óxidos e são obtidos por redução.

Os elementos situados à esquerda na série 3d ocorrem na natureza principalmente como óxidos metálicos ou como cátions metálicos em combinação com oxoânions (Tabela 19.1). Desses elementos, os minérios de titânio são os mais difíceis de reduzir, e o elemento é normalmente produzido pelo aquecimento do TiO_2 com cloro e carbono para formar $TiCl_4$,

---

As figuras com um asterisco (*) podem ser encontradas on-line como estruturas 3D interativas. Digite a seguinte URL em seu navegador, adicionando o número da figura: www.chemtube3d.com/weller/[número do capítulo]F[número da figura]. Por exemplo, para a Figura 3 no Capítulo 7, digite www.chemtube3d.com/weller/7F03.

Muitas das estruturas numeradas podem ser também encontradas on-line como estruturas 3D interativas: visite www.chemtube3d.com/weller/[número do capítulo] para todos os recursos 3D organizados por capítulo.

Propriedades químicas e físicas

Tabela 19.1 Fontes minerais e métodos de obtenção de alguns metais d de importância comercial

Metal	Minerais principais	Método de obtenção	Nota
Titânio	Ilmenita, $FeTiO_3$ Rutílio, TiO_2	$TiO_2 + 2\,C + Cl_2 \rightarrow TiCl_4 + 2\,CO$ seguido pela redução do $TiCl_4$ com Na ou Mg	
Cromo	Cromita, $FeCr_2O_4$	$FeCr_2O_4 + 4\,C \rightarrow Fe + 2\,Cr + 4\,CO$	(a)
Molibdênio	Molibdenita, MoS_2	$2\,MoS_2 + 7\,O_2 \rightarrow 2\,MoO_3 + 4\,SO_2$ seguido de $MoO_3 + 2\,Fe \rightarrow Mo + Fe_2O_3$ ou $MoO_3 + 3\,H_2 \rightarrow Mo + 3\,H_2O$	
Tungstênio	Scheelita, $CaWO_4$ Wolframita, $FeMn(WO_4)_2$	$CaWO_4 + 2\,HCl \rightarrow WO_3 + CaCl_2 + H_2O$ seguido de $WO_3 + 3\,H_2 \rightarrow W + 3\,H_2O$	
Manganês	Pirolusita, MnO_2	$MnO_2 + 2\,C \rightarrow Mn + 2\,CO$	(b)
Ferro	Hematita, Fe_2O_3 Magnetita, Fe_3O_4 Limonita, $FeO(OH)$	$Fe_2O_3 + 3\,CO \rightarrow 2\,Fe + 3\,CO_2$	
Cobalto	CoAsS Esmaltita, $CoAs_2$ Lineíta, Co_3S_4	Subproduto da obtenção do cobre e do níquel	
Níquel	Pentlandita, $(Fe,Ni)_9S_8$	$NiS + O_2 \rightarrow Ni + SO_2$	(c)
Cobre	Calcopirita, $CuFeS_2$ Calcosita, Cu_2S	$2\,CuFeS_2 + 2\,SiO_2 + 5\,O_2 \rightarrow 2\,Cu + 2\,FeSiO_3 + 4\,SO_2$	

(a) A liga ferro-cromo é usada diretamente para a fabricação do aço inoxidável.
(b) A reação é feita num alto-forno com Fe_2O_3 para produzir ligas.
(c) O NiS é obtido fundindo-se o mineral e separando-o por processos físicos. O NiO é usado nos alto-fornos juntamente aos óxidos de ferro para produzir o aço. O níquel é purificado por eletrólise ou pelo processo Mond via $Ni(CO)_4$ (Quadro 22.1).

que é então reduzido com magnésio fundido a cerca de 1000°C em atmosfera de gás inerte. Os óxidos de Cr, Mn e Fe são reduzidos com carbono (Seção 5.16), que é um reagente de baixo custo. Os elementos à direita do ferro na série 3d, Co, Ni, Cu e Zn, ocorrem principalmente como sulfetos e arsenetos, o que é compatível com o aumento do caráter de ácido de Lewis macio dos seus íons dipositivos. Os minérios de sulfeto são geralmente ustulados ao ar formando diretamente o metal (por exemplo, caso do Ni) ou um óxido, que é posteriormente reduzido (por exemplo, Zn). O cobre é usado em grandes quantidades para aplicações em energia elétrica; o refino do cobre bruto é feito por eletrólise para atingir a alta pureza necessária para uma elevada condutividade elétrica.

Na segunda e terceira linhas dos metais de transição, a troca dos minérios oxofílicos para tiofílicos ocorre mais cedo, com apenas os metais dos Grupos 3 e 4 ocorrendo predominantemente na crosta terrestre como oxocompostos. A dificuldade em reduzir os primeiros metais 4d e 5d, Mo e W, é visível a partir da Tabela 19.1, sendo uma consequência da tendência desses elementos de terem os seus estados de oxidação mais elevados como os mais estáveis, como discutido anteriormente (Seção 9.5). Os metais do grupo da platina (Ru e Os, Rh e Ir, Pd e Pt), encontrados no lado direito inferior do bloco d, ocorrem como minérios de sulfeto e de arseneto, normalmente associados com grandes quantidades de Cu, Ni e Co. Eles são recolhidos da lama que se forma durante o refino eletrolítico do cobre e do níquel. O ouro (e um pouco de prata) é encontrado na forma elementar.

19.2 Propriedades químicas e físicas

Pontos principais: As propriedades químicas e físicas dos metais 3d são substancialmente diferentes das propriedades dos metais 4d e 5d, as quais apresentam grandes semelhanças entre si. A presença de elétrons d na camada de valência é responsável por cor, condução eletrônica, magnetismo e a rica química organometálica dos metais d e de seus compostos.

A Tabela 19.2 lista as eletronegatividades e os raios atômicos de todos os metais d. Podemos observar que os metais 3d são significativamente menores do que os seus congêneres 4d e 5d; a similaridade em tamanho dos metais 4d e 5d é uma manifestação da contração dos lantanídeos (Seções 9.3 e 23.4). Os números de coordenação são geralmente mais elevados para os metais 4d e 5d maiores, sendo encontradas geometrias menos comuns, tal como o antiprisma quadrático. As eletronegatividades geralmente aumentam ao longo do bloco d, resultando no aumento do comportamento de ácido de Lewis macio notado acima. A Tabela 19.3 apresenta os estados de oxidação comuns e os valores máximos para os complexos não organometálicos dos metais d, e podemos observar

Tabela 19.2 Tamanho e eletronegatividade dos metais d

Grupo	3	4	5	6	7	8	9	10	11	12
Metal	Sc	Ti	V	Cr	Mn	Fe	Co	Ni	Cu	Zn
Eletronegatividade de Pauling	1,3	1,5	1,6	1,6	1,5	1,9	1,9	1,9	1,9	1,6
Raio atômico/pm	164	147	135	129	137	126	125	125	128	137
Metal	Y	Zr	Nb	Mo	Tc	Ru	Rh	Pd	Ag	Cd
Eletronegatividade de Pauling	1,2	1,4	1,6	1,8	1,9	2,2	2,2	2,2	1,9	1,7
Raio atômico/pm	182	160	140	140	135	134	134	137	144	152
Metal	La	Hf	Ta	W	Re	Os	Ir	Pt	Au	Hg
Eletronegatividade de Pauling	1,0	1,3	1,5	1,7	1,9	2,2	2,2	2,2	2,4	1,9
Raio atômico/pm	187	159	141	141	137	135	136	139	144	155

facilmente a tendência de aumento de estabilidade dos estados de oxidação mais altos para os elementos na parte inferior do grupo (Seção 9.5) e o estado de oxidação máximo no meio das séries (Seção 9.5). A química dos metais d também reflete as suas naturezas dura e macia. Os metais de transição da primeira linha e os primeiros elementos 4d e 5d, mais duros, possuem uma química extensa em combinação com o oxigênio, formando óxidos simples e complexos utilizados em muitos materiais funcionais no estado sólido, tais como catalisadores heterogêneos e materiais de uso em óptica e eletrônica. Os últimos elementos possuem uma química mais extensa com ligantes macios como o sulfeto.

Podemos comparar as propriedades químicas dos metais d com as do bloco s (Capítulos 11 e 12) e do bloco p (Capítulos 13 a 16), mas no final elas se resumem à presença dos elétrons d. O Capítulo 20 trata detalhadamente da estrutura eletrônica dos complexos de metal d, mas devemos ressaltar aqui que, nos complexos, os metais têm orbitais d não degenerados. Assim, são possíveis transições eletrônicas entre esses orbitais que necessitam de uma energia correspondente à luz visível, o que resulta em complexos coloridos nos casos de configurações d^1 a d^9. Os elétrons desemparelhados nestes orbitais d são responsáveis pela condutividade elétrica de alguns compostos e também pelo magnetismo; existem configurações nas quais o número de elétrons desemparelhados

Tabela 19.3 Estados de oxidação dos metais d em compostos não organometálicos; os estados menos comuns estão entre parênteses

Grupo	3	4	5	6	7	8	9	10	11	12
	Sc	Ti	V	Cr	Mn	Fe	Co	Ni	Cu	Zn
	3	(2)	(2)	2	2	2	2	2	1	2
		3	(3)	3	3	3	3	(3)	2	
		4	4	(4)	4	(4)	(4)	(4)	(3)	
			5	(5)	(5)	(5)			(4)	
				6	(6)	(6)				
					7					
	Y	Zr	Nb	Mo	Tc	Ru	Rh	Pd	Ag	Cd
	3	(2)	(3)	(2)	(3)	2	1	2	1	2
		(3)	4	(3)	4	3	(2)	(3)	(2)	
		4	5	4	5	4	3	4	(3)	
				5	6	5	4			
				6	7	(6)	(5)			
						(7)	(6)			
						(8)				
	La	Hf	Ta	W	Re	Os	Ir	Pt	Au	Hg
	3	(2)	(3)	(2)	(3)	(2)	1	2	1	2
		(3)	4	(3)	4	3	(2)	(3)	(2)	4
		4	5	4	5	4	3	4	3	
				5	6	5	(4)		(5)	
				6	7	(6)	(5)			
						(7)	(6)			
						(8)				

é diferente. Desta forma, são possíveis complexos de spin alto e spin baixo, embora com o aumento de tamanho dos metais d da segunda e terceira linhas seja observada uma preponderância dos complexos de spin baixo para estes metais. O Capítulo 22 aborda em detalhes a química dos organometálicos de metais d, mas devemos notar que é a disponibilidade dos orbitais d que permite que espécies como alquenos, arenos e carbonilas liguem-se aos metais. A química dos organometálicos de metais d é assim, substancialmente mais rica do que a de qualquer outro metal.

As propriedades físicas dos metais d estão, mais uma vez, intimamente relacionadas com a presença e o número de elétrons d. A ligação metálica torna-se cada vez mais forte ao se percorrer uma linha, atingindo o seu máximo no centro (Seção 9.4), com um concomitante aumento no ponto de fusão, densidade e entalpia de atomização. O uso dos metais ao longo da história relaciona-se com um conjunto aleatório de propriedades físicas: a disponibilidade dos minérios (ou mesmo dos metais livres na natureza), a facilidade de redução dos minérios e a facilidade de se trabalhar o metal. Assim, o ouro, que ocorre livre na natureza e é maleável, vem sendo usado há milhares de anos; pela falta de maior resistência mecânica, seu uso tem ficado restrito a fins decorativos e como moeda. O cobre, com boa disponibilidade na natureza e sendo facilmente reduzido, tem sido usado por, pelo menos, 5.000 anos: o metal é forte o bastante para ter uso estrutural. Entretanto, foi a descoberta da mistura de cobre com estanho (na proporção de 2:1), formando o bronze muito mais forte, que permitiu a manufatura das primeiras ferramentas metálicas (e armas). Foi a criação do bronze que permitiu o avanço cultural que levou à saída da Idade da Pedra em direção à civilização que conhecemos hoje. O subsequente desenvolvimento do ferro, muito mais forte (ou mais precisamente, do aço), tornou-se possível apenas com o emprego de técnicas de fusão mais avançadas. O aproveitamento da rigidez do ferro permitiu avanços consideráveis no uso do metal como componente estrutural e na fabricação de ferramentas, dando origem à civilização moderna. Como metal, o ferro ainda reina superior a todos em uso e versatilidade, com mais de 90% de todo o metal refinado atualmente sendo ferro. O desenvolvimento de ligas especiais (por exemplo, materiais leves usados na indústria aeroespacial) e compósitos é um fenômeno do século XX, e os avanços relacionados com os metais têm sido principalmente incrementais, e não saltos tecnológicos. Hoje, provavelmente, todos os metais do bloco d têm pelo menos um emprego especial em pequena escala, seja em ligas de alto desempenho, em eletrônica ou como um componente em supercondutores de alta temperatura.

A biologia tem explorado muitos dos elementos do bloco d em sítios ativos de enzimas catalisadoras de uma ampla variedade de reações.

PARTE B: UMA VISÃO MAIS DETALHADA

É impossível fazer uma abordagem química justa sobre 30 elementos em um único capítulo, mas as próximas seções fornecerão uma introdução a todas as características principais da química dos metais d. Leituras complementares são sugeridas no final do capítulo.

19.3 Grupo 3: escândio, ítrio e lantânio

(a) Ocorrência e usos

Ponto principal: Todos os metais do Grupo 3 são encontrados em minérios de lantanídeos e são usados em pequenas quantidades em ligas especiais e hospedados em materiais empregados em óptica.

O escândio é um metal branco-prateado com propriedades químicas muito próximas às dos lantanídeos. Ele está presente em baixos níveis em muitos minérios de lantanídeos e é obtido em pequenas quantidades a partir desses minérios. Os usos comerciais do escândio são muito restritos, em parte devido aos altos custos da sua extração, sendo usado, em pequenas proporções, em ligas com o alumínio na fabricação de componentes para a indústria aeroespacial; a produção atual é da ordem de 2 toneladas por ano. Uma pequena quantidade de iodeto de escândio é usada em algumas lâmpadas de descarga a vapor de mercúrio de alta intensidade luminosa e que produzem uma iluminação semelhante à luz solar. O escândio não apresenta papel biológico conhecido e não é considerado tóxico. O ítrio também é encontrado em muitos minérios de lantanídeos e é obtido a partir deles da mesma forma que todos os outros lantanídeos (Seção 23.2). A produção anual é da ordem de 600 toneladas por ano, uma vez que os compostos de ítrio possuem muitos usos. Os usos comuns incluem compostos hospedeiros que podem ser dopados com íons lantanídeos para aplicações ópticas. Óxidos complexos dopados como o Eu:YVO$_4$ são usados como fósforos em painéis luminosos e mostradores e nas lâmpadas fluorescentes e de LED (Seção 23.5); a granada de ítrio e alumínio (YAG, Y$_3$Al$_5$O$_{12}$) é o componente de muitos lasers; e o óxido de cobre, ítrio e bário (YBa$_2$Cu$_3$O$_7$) é um supercondutor de alta temperatura (Seção 24.6). O ítrio não possui papel biológico conhecido, mas concentra-se no fígado e nos ossos, e seus sais solúveis são considerados de média toxicidade. O lantânio está presente na maioria dos minérios de lantanídeos, sendo a monazita (Ce,La,Th,Nd,Y)PO$_4$, e a bastnasita (Ce,La,Y)CO$_3$F as suas principais fontes comerciais. O uso do lantânio tem mudado com o tempo: seu uso inicial era como um dos componentes das mantas incandescentes dos lampiões a gás (nos quais participava com ~20% como La_2O_3) hoje suplantado pelo uso em contadores de cintilação. O metal é usado como um dos componentes do *mischmetal* (Seção 23.2) e do anodo das baterias recarregáveis de hidreto de níquel metálico. O lantânio não tem papel biológico conhecido, mas o carbonato de lantânio é dado às pessoas com disfunção crônica renal para ajudar a prevenir que os níveis de fosfato no sangue fiquem muito altos; o $LaPO_4$ é extremamente insolúvel, com um produto de solubilidade de $3{,}7 \times 10^{-23}$.

(b) Compostos binários

Ponto principal: Todos os metais do Grupo 3 formam compostos no estado +3 e alguns sub-halogenetos.

Escândio, ítrio e lantânio são todos metais eletropositivos com seus compostos quase que exclusivamente no estado de oxidação +3. Quimicamente, o escândio assemelha-se mais ao alumínio e ao índio do que aos outros metais d. Os óxidos são sólidos brancos de fórmula M_2O_3, insolúveis em água, mas solúveis em ácido diluído. Os halogenetos, MX_3, podem ser todos considerados iônicos, embora alguns dos iodetos sejam propensos à hidrólise, precipitando o MO(OH). Existem vários sub-halogenetos, como Sc_7Cl_{10} e Sc_7Cl_{12}, os quais contêm ligações múltiplas metal–metal em cadeia (Fig. 19.1). O escândio e o ítrio formam nitretos de fórmula MN pela reação dos metais com o N_2 em alta temperatura.

(c) Óxidos e haletos complexos

Ponto principal: Os materiais baseados no óxido de ítrio dopado com íons lantanídeos têm importantes aplicações em óptica.

O raio iônico de 102 pm do Y^{3+} octacoordenado é similar ao de muitos cátions trivalentes dos lantanídeos, Ln^{3+} (Seção 23.3). Diferentemente dos lantanídeos, o Y^{3+} não possui elétrons desemparelhados, o que significa que os óxidos e halogenetos de ítrio complexos são excelentes materiais hospedeiros para a dopagem com baixos níveis de muitos cátions Ln^{3+}. Estes compostos de ítrio dopados com lantanídeos apresentam aplicações importantes em óptica, e suas propriedades dependem da presença dos elétrons dos íons Ln^{3+} que devem estar bem separados no material hospedeiro, sem qualquer outro elétron desemparelhado.

Uma classe desses compostos são as granadas de alumínio e ítrio dopadas com lantanídeos e usadas em lasers de alta intensidade. A granada de alumínio e ítrio, YAG, $Y_3Al_5O_{12}$, possui a estrutura apresentada na Fig. 19.2, em que o ítrio encontra-se octacoordenado com íons óxido em um sítio cúbico. A substituição de 1% do ítrio pelo neodímio na estrutura, normalmente indicado pela terminologia Nd:YAG, forma um material que, quando exposto a um flash de luz de alta intensidade, produz uma intensa emissão de laser a 1064 nm. Fazendo-se a dopagem com outros lantanídeos, obtém-se a emissão de laser em outros comprimentos de onda: Er:YAG produz uma emissão em 2940 nm, usada em aplicações odontológicas e médicas. O complexo de fluoreto de ítrio, $LiYF_4$, também é usado como um hospedeiro para íons lantanídeos para aplicações em laser; no $LiYF_4$, o ítrio adota uma coordenação cúbica distorcida com quatro íons fluoreto a 222 pm e quatro a 230 pm.

Óxidos complexos de ítrio também são usados como hospedeiros de íons lantanídeos para aplicações como fósforos, em que a luz UV é convertida para comprimentos de onda do visível. O YVO_4 dopado com érbio, com a estrutura do zircão, $ZrSiO_4$, produz uma luz vermelha usada em painéis e mostradores luminosos e em iluminação fluorescente. A granada de ferro e ítrio, YIG, $Y_3Fe_5O_{12}$, com a mesma estrutura do YAG mas com o Fe^{3+} substituindo o Al^{3+}, é um material ferrimagnético com uma temperatura Curie de 500 K, sendo usado em várias aplicações optomagnéticas. Variando-se o campo magnético aplicado a uma amostra de YIG, altera-se a frequência de micro-ondas que pode passar por ela, o que é de importância na tecnologia de telefones celulares.

A dopagem de ZrO_2 com pequenas quantidades de Y_2O_3 introduz lacunas na sub-rede do óxido, produzindo um material com a estrutura da fluorita (Seção 3.9) conhecido como zircona estabilizada com ítria. Devido às lacunas de íon óxido introduzidas como um resultado da substituição do Zr^{4+} pelo Y^{3+}, pelo aquecimento do $(Zr,Y)O_{2-x}$ ($0 \le x \le 0{,}08$) acima de 800°C, os íons óxido migram rapidamente através da estrutura do sólido, levando a aplicações em sensores de gás oxigênio e em pilhas a combustível de óxidos sólidos (Seção 24.4 e Quadro 24.1).

(d) Compostos de coordenação

Ponto principal: Os metais do Grupo 3 formam complexos com ligantes duros, tendo números de coordenação iguais a 6 ou mais.

Os compostos de coordenação do escândio são, em sua maioria, complexos hexacoordenados, octaédricos, com ligantes duros, como $[ScF_6]^{3-}$ e $[ScCl_3(OH_2)_3]$. São possíveis números de oxidação mais elevados, já tendo sido caracterizados complexos nos quais o metal está presente como

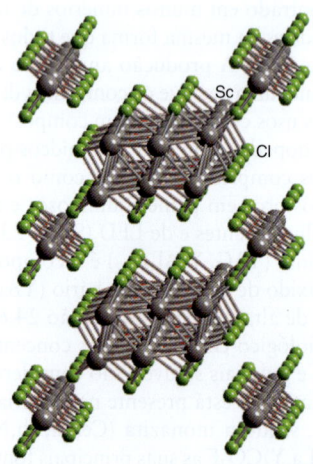

Figura 19.1* Estrutura do Sc_7Cl_{10}.

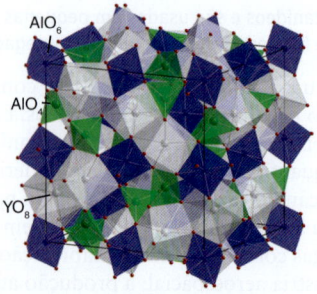

Figura 19.2* Granada de alumínio e ítrio, YAG, $Y_3Al_5O_{12}$.

[Sc(H₂O)₉]³⁺. A tendência de números de coordenação mais elevados é maior para o ítrio e o lantânio; o lantânio e os lantanídeos raramente são hexacoordenados (Seção 9.6 e 23.8).

(e) Compostos organometálicos

Ponto principal: A química organometálica dos metais do Grupo 3 é um tanto limitada e muito semelhante à dos lantanídeos.

A química organometálica dos metais do Grupo 3 é essencialmente idêntica à dos lantanídeos e encontra-se descrita na Seção 23.9: no estado de oxidação +3, a ausência de qualquer elétron d que possa fazer retroligação com fragmentos orgânicos restringe o número de modos de ligação disponíveis. A natureza fortemente eletropositiva do escândio, ítrio e lantânio significa que eles precisam de um bom ligante doador, e não de um ligante receptor. Assim, são comuns ligantes do tipo alcóxido, amida e halogeneto, que são bons doadores σ e π, enquanto que os ligantes CO e fosfina, que são doadores σ e receptores π, raramente são vistos. Os compostos organometálicos do Grupo 3 são extremamente sensíveis ao ar e à umidade.

O ítrio tem apenas um isótopo natural (⁸⁹Y), que tem spin ½, sendo útil para estudar seus compostos organometálicos por RMN. Os complexos de ítrio também podem ser usados como modelos para complexos de lantanídeos, em que o espectro de RMN desses modelos pode fornecer informações sobre a reatividade e a estrutura dos complexos de lantanídeos, uma vez que a obtenção desses dados não é possível devido ao paramagnetismo dos íons lantanídeos.

19.4 Grupo 4: titânio, zircônio e háfnio

(a) Ocorrência e usos

Pontos principais: O titânio encontra-se muito disperso na natureza e, embora a sua purificação seja dispendiosa, possui muitas aplicações; o zircônio e o háfnio são empregados nas usinas nucleares.

O titânio é o segundo metal d mais abundante na crosta terrestre, depois do ferro. Os principais minérios são o rutílio (TiO₂) e a ilmenita (FeTiO₃), ambos muito dispersos na natureza. O titânio possui muitas propriedades valiosas: ele é tão forte quanto o aço, mas tem metade da sua densidade; é resistente à corrosão e possui alto ponto de fusão. Ele tem diversos usos em aplicações nas quais o peso é um fator crucial, como na indústria aeroespacial. Apesar das propriedades importantes do titânio, seu custo de obtenção e refino é elevado. O processo mais usado, o processo Kroll, envolve o aquecimento do minério de TiO₂ bruto com gás cloro, na presença de carvão, para formar o TiCl₄. A destilação fracionada do TiCl₄ produz um líquido puro que é então reduzido com magnésio fundido, em atmosfera de argônio. O dióxido de titânio é muito usado como pigmento branco em tintas, protetores solares e até mesmo como corante em alimentos. O titânio não tem qualquer papel biológico conhecido e não é considerado tóxico; o metal é usado em cirurgia para a colocação de pinos em ossos, próteses no quadril e joelhos, placas no crânio e dentes.

O zircônio é encontrado principalmente como o mineral zircão, silicato de zircônio (ZrSiO₄), com 80% da sua mineração ocorrendo na Austrália e África do Sul. A maior parte do zircão é usada diretamente em cerâmicas decorativas, em que a dopagem com V^{4+}, Pr^{3+} e Fe^{3+} dá origem a compostos azuis, amarelos e laranjas usados como vernizes. Pequenas quantidades de zircão são convertidas no metal via processo Kroll. O zircônio é altamente transparente aos nêutrons, sendo usado no revestimento das barras de combustível usadas nas usinas nucleares. Até o momento, o zircônio não tem qualquer papel biológico ou medicinal conhecido. O zircão (e o zircônio) contém uma pequena porcentagem de háfnio, sendo esta a principal fonte de háfnio, o qual é obtido via extração líquido-líquido a partir de uma solução. Os principais usos do háfnio são nos bulbos das lâmpadas incandescentes (em que ele ajuda a proteger o filamento de tungstênio) e nas barras de controle das usinas nucleares como um absorvedor de nêutrons altamente eficiente. O háfnio não tem papel biológico conhecido, sendo considerado não tóxico.

(b) Compostos binários

Ponto principal: Os metais do Grupo 4 são eletropositivos e sua química é dominada pelo estado de oxidação +4.

Titânio, zircônio e háfnio são eletropositivos e normalmente são encontrados no estado de oxidação +4. Os compostos MO₂ são sólidos com alto ponto de fusão, e os compostos MF₄ e o ZrCl₄ são sólidos à temperatura ambiente que apresentam estruturas complexas com pontes de halogeneto ligando os íons M. Diferentemente, os compostos MX₄ (com X = Cl, Br e I), com exceção do ZrCl₄, são líquidos covalentes voláteis ou sólidos com baixo ponto de fusão e que apresentam geometria tetraédrica. Estes compostos MX₄ (com X = Cl, Br e I) são ácidos de Lewis fortes e são rapidamente hidrolisados pela água. Os compostos com estados de oxidação mais baixos (por exemplo, MCl₃, M₂O₃ e MO) podem ser preparados por redução cuidadosa dos halogenetos ou óxidos normais. O zircônio forma um mono-halogeneto quando o tetracloreto de zircônio é reduzido com zircônio metálico em um tubo selados à alta temperatura:

$$3\ Zr(s) + ZrCl_4(g) \rightarrow 4\ ZrCl(s)$$

A estrutura do ZrCl (Fig. 19.3) possui íons Zr na distância de ligação em duas camadas adjacentes de átomos metálicos, que se encontram posicionados entre camadas de Cl⁻.

O titânio forma um único hidreto, o TiH₂; o zircônio forma vários hidretos, ZrH$_x$ ($1 < x < 4$), que apresentam diversas fases e estruturas isoladas, dependendo da composição. Todos os hidretos conhecidos reagem violentamente com a água. O complexo de Zr(IV) com hidreto de boro possui 12 hidrogênios coordenados a um único átomo central de Zr (**1**).

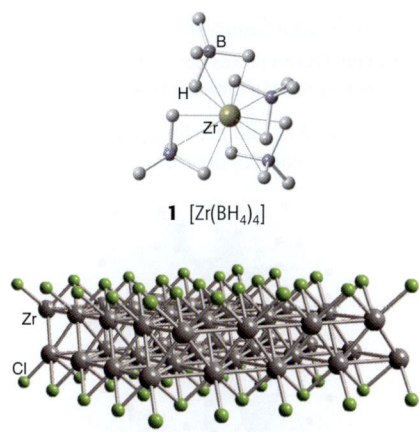

1 [Zr(BH₄)₄]

Figura 19.3* A estrutura do ZrCl consiste em camadas dos átomos metálicos em redes hexagonais semelhantes às da grafita.

(c) Óxidos e halogenetos complexos

Pontos principais: Os complexos dos metais do Grupo 4 cujas estruturas baseiam-se na perovskita têm vários usos tecnológicos; a incorporação de lacunas de oxigênio em materiais sólidos cujas estruturas baseiam-se na zircona produz mobilidade do íon óxido.

Os metais do Grupo 4 formam uma grande variedade de óxidos complexos e, em combinação com os maiores cátions divalentes do Grupo 2 (Ca^{2+}, Sr^{2+} e Ba^{2+}) e do Grupo 14 (Pb^{2+}), formam fases tecnologicamente importantes que possuem a estrutura da perovskita (Seção 3.9). Na estequiometria da perovskita, ABO_3, os cátions do Grupo 4 ocupam os sítios do cátion B hexacoordenados em geometria octaédrica. No $BaTiO_3$, a estrutura da perovskita é distorcida do arranjo cúbico normal para uma fase tetragonal na qual o ambiente ao redor do íon Ti^{4+} possui uma distância curta (Ti–O, 199,8 pm) e outra longa (Ti–O, 211,0 pm). Uma assimetria desse tipo nas geometrias de coordenação dos primeiros elementos do bloco d em alto estado de oxidação é uma característica comum das suas químicas estruturais e faz com que o $BaTiO_3$ apresente uma constante dielétrica muito alta, em torno de 2000 vezes maior que a do ar, o que permite o seu uso em capacitores para armazenar carga. O titanato zirconato de chumbo (PZT, em inglês), $Pb(Zr_xTi_{1-x})O_3$ com $0 \leq x \leq 1$, apresenta um forte efeito piezelétrico, sendo usado em transdutores para conversão de som em voltagem, ou vice versa.

O ZrO_2 tem uma estrutura da fluorita distorcida, mas dopando-se o Zr^{4+} com uma pequena porcentagem de Y^{3+}, obtém-se um material conhecido como zircona estabilizada com ítrio (YSZ, em inglês), que possui a estrutura cúbica ideal da fluorita. Este material, $Zr_{1-x}Y_xO_{2-x/2}$, contém lacunas na sub-rede de óxido que, acima de 750°C, permitem a rápida difusão de íons óxido através da estrutura. Essa mobilidade do íon óxido permite a aplicação desse material em sensores de gás oxigênio, usados em veículos automotores e em pilhas a combustível.

A estrutura do silicato de zircônio ($ZrSiO_4$), Fig. 19.4, contém íons Zr^{4+} octacoordenados com o oxigênio. Esse sítio pode ser dopado com uma grande variedade de cátions metálicos, formando as pedras preciosas de zircão naturalmente coloridas (Quadro 3.6) ou esmaltes brilhantes usados para colorir cerâmicas. Os íons octaédricos $[MX_6]^{2-}$ ocorrem em compostos tais como $BaTiF_6$ e K_2HfF_6; este último composto tem um polimorfo em que os íons apresentam um arranjo de antifluorita.

(d) Compostos de coordenação

Pontos principais: Os complexos dos metais do Grupo 4 são octaédricos e os íons hexa-aqua são fortemente ácidos.

Complexos dos íons M^{4+} são predominantes e invariavelmente octaédricos, com ligantes doadores duros. O íon simples hexa-aqua $[M(H_2O)_6]^{4+}$ é desconhecido, pois a alta relação carga-raio faz com que ele seja fortemente ácido; complexos tais como $[M(H_2O)_4(OH)_2]^{2+}$ e $[M(H_2O)_3(OH)_3]^+$ predominam em solução aquosa. Os fluoretos metálicos não são propensos à hidrólise e podem formar o íon $[MF_6]^{2-}$ na presença de excesso de fluoreto; por outro lado, são conhecidas as espécies tais como $[MF_4(OH)_2]^{2-}$ e $[MF_4(H_2O)(OH)]^-$. A hidrólise controlada dos alcóxidos metálicos (em particular de titânio), $[M(OR)_4]$, fornece uma rota sol-gel (Seção 24.1) para compósitos e nanopartículas de óxidos metálicos.

(e) Compostos organometálicos

Ponto principal: A maioria dos compostos organometálicos dos metais do Grupo 4 possui menos de 18 elétrons e é sensível ao ar e à umidade.

Os compostos organometálicos de Ti, Zr e Hf são geralmente deficientes em elétrons: a carbonila homoléptica*, $[M(CO)_6]$, seria uma espécie de 16 elétrons, sendo conhecido apenas o complexo de Ti. O $[Ti(CO)_6]$, relativamente instável, é rapidamente reduzido ao ânion de 18 elétrons $[M(CO)_6]^{2-}$; o ânion equivalente de Zr também pode ser isolado. Os complexos de bis(ciclopentadienila) têm normalmente a fórmula $[M(Cp)_2XY]$ (X, Y=H, Cl e R) (**2**), com os anéis não paralelos; eles continuam tendo apenas 16 elétrons. Os compostos do tipo (**2**) são catalisadores ativos na polimerização de alquenos e usados para sintetizar polímeros altamente estereorregulares (Seção 25.18). Outros exemplos de complexos de 16 elétrons com hidrocarbonetos como a ciclopentadienila são o complexo de Zr com a ciclo-heptatrienila (**3**), com anéis paralelos, e os complexos bis(areno) (**4**) de todos os três metais com o ligante tris(^tBu) benzeno que apresenta grande estereoimpedimento. A maioria dos compostos organometálicos dos metais do Grupo 4 é sensível ao ar e a umidade, mas isso não impediu o desenvolvimento importante da química desses elementos.

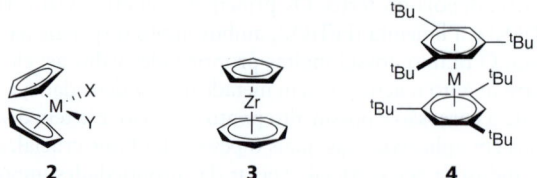

2   **3**   **4**

19.5 Grupo 5: vanádio, nióbio e tântalo

(a) Ocorrência e usos

Ponto principal: O vanádio ocorre de forma disseminada e é usado para aumentar a dureza do aço; nióbio e tântalo ocorrem em menor quantidade e possuem apenas usos muito específicos.

O vanádio ocorre naturalmente em mais de 60 minerais diferentes e nas jazidas de combustíveis fósseis. Em alguns países, ele é obtido da escória que resulta da fusão do aço, e em outros ele é obtido da fuligem formada na queima de óleos pesados ou como um subproduto da mineração do urânio. Ele é usado principalmente para endurecer o aço e para produzir ligas usadas em ferramentas que trabalham em alta rotação.

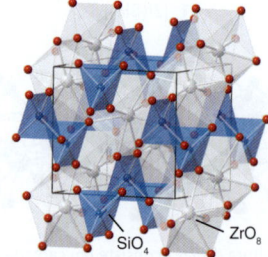

Figura 19.4* A estrutura do zircão ($ZrSiO_4$).

---

*N. de T.: Compostos homolépticos são aqueles em que todos os ligantes são idênticos.

O composto de vanádio de maior importância industrial, o pentóxido de vanádio, é usado como catalisador na produção de ácido sulfúrico. O vanádio é o único elemento do Grupo 5 com papel biológico conhecido, sendo essencial a muitas espécies, inclusive ao homem, no qual se acredita que ele atue como regulador de algumas enzimas que controlam a concentração dos íons sódio. O vanádio encontra-se no sítio catalítico de enzimas conhecidas como haloperoxidases, responsáveis pela produção de produtos naturais halogenados pelas algas marinhas; ele também é encontrado substituindo o molibdênio em uma classe alternativa de nitrogenases, que são as enzimas microbianas responsáveis pela biossíntese da amônia.

O nióbio e o tântalo possuem propriedades químicas e físicas muito semelhantes e são difíceis de serem diferenciados e separados. Um novo elemento, chamado colúmbio, foi mencionado em 1801 e, oito anos depois, concluiu-se erroneamente que ele era idêntico ao tântalo. Em 1846, outro "novo" elemento, chamado nióbio, foi descoberto; experimentos em 1865 provaram que o nióbio e o colúmbio eram o mesmo elemento (e não o tântalo). O nióbio só passou a ser o nome oficial do elemento 41 a partir de 1949, sendo os nomes colúmbio e nióbio usados indiferentemente até esta data. Tanto o nióbio quanto o tântalo são extraídos dos minérios tantalita e columbita, com o Brasil suprindo 75% do uso mundial. A separação do nióbio do tântalo é feita com base na diferença de solubilidade em água de seus complexos com fluoreto. O nióbio não tem papel biológico conhecido, embora seja considerado tóxico.

O nióbio é usado principalmente em baixos níveis em ligas de aço especiais, nas quais ele contribui para o aumento de dureza e resistência. Outras ligas em que ele está presente em níveis muito mais altos são as ligas que são supercondutoras na temperatura de hélio líquido (4,2 K) – o metal puro também é supercondutor; estas ligas, como a de nióbio e estanho (Nb_3Sn), são muito usadas em ímãs supercondutores nos espectrômetros de RMN e nos equipamentos médicos para a obtenção de imagens por ressonância (MRI, em inglês). O tântalo também é usado em baixos teores no aço, aumentando a dureza e a resistência à corrosão do metal. O tântalo não tem papel biológico conhecido e não é considerado tóxico, sendo utilizado em próteses sob a forma de placas, parafusos e fios de tântalo que são implantados por meio de cirurgias.

(b) Compostos binários

Pontos principais: O vanádio forma compostos binários nos estados +3, +4 e +5, com o estado +5 sendo oxidante; os compostos binários de nióbio e tântalo são mais estáveis no estado +5.

Enquanto que o vanádio forma compostos estáveis em diferentes estados de oxidação, a química do nióbio e do tântalo é dominada pelo estado +5. Os compostos de vanádio(V)

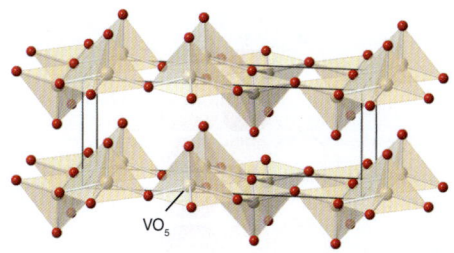

Figura 19.5* Estrutura do V_2O_5.

são geralmente oxidantes, mas os de nióbio e tântalo não são. Os óxidos, M_2O_5, são conhecidos para todos os três metais e são formados queimando-se o metal ao ar. A estrutura do V_2O_5 consiste em camadas de pirâmides de base quadrada de V(=O)O_4, que compartilham os quatro oxigênios da base da pirâmide (Fig. 19.5). Os óxidos são sólidos com alto ponto de fusão, sendo pouco solúveis em água neutra. Dependendo do pH, a forma do óxido pode variar de $[MO_4]^{3-}$ até $[MO_2]^+$, com a formação de um grande número de polioxometalatos intermediários (Quadro 19.1). Os óxidos inferiores, MO_2, são conhecidos para todos os metais do Grupo 5 e têm estruturas de rutílio distorcidas; apenas o vanádio forma um óxido M_2O_3 estável. O VO_2 sofre uma transição da fase semicondutora em temperatura ambiente para uma fase metálica acima de 68°C; em temperatura ambiente, a estrutura contém ligações V–V fracas, que localizam os elétrons, mas com o aquecimento essas ligações se partem, levando a uma alta condutividade eletrônica.

Com relação aos halogênios, apenas com o flúor o vanádio atinge o estado +5 no VX_5, mas com Cl, Br e I formam-se os compostos MX_5 com nióbio e com o tântalo. Todos os compostos MX_5 são sólidos voláteis propensos à hidrólise e sensíveis ao oxigênio. Os halogenetos inferiores, MX_4 e MX_3, são conhecidos para todos os três membros do Grupo 5; o NbF_3 tem uma estrutura do tipo ReO_3, e apenas o vanádio forma compostos MX_2.

O nióbio e o tântalo também formam íons planos $[MB_{10}]^-$ (5) quando lasers são usados para desbastar amostras de misturas metal/boro.

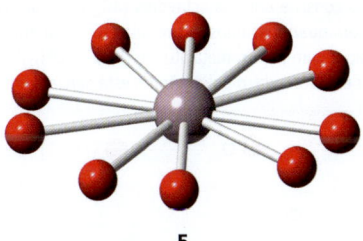

5

QUADRO 19.1 Polioxometalatos

Um **polioxometalato** é um oxoânion que contém mais do que um átomo metálico. A protonação de um ligante óxido em pH baixo forma um ligante H_2O que pode ser eliminado do átomo metálico central e, assim, levar à condensação dos oxometalatos mononucleares. Um exemplo familiar é a reação de uma solução básica de cromato, amarela, com um excesso de ácido para formar o íon dicromato, laranja, que tem uma ponte oxo:

$$2\,H^+ + 2\,[CrO_4]^{2-} \longrightarrow [Cr_2O_7]^{2-} + H_2O$$

$$2\,[CrO_4]^{2-}(aq) + 2\,H^+(aq) \rightarrow [Cr_2O_7]^{2-}(aq) + H_2O(l)$$

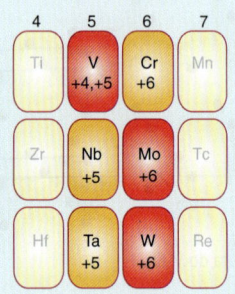

Figura Q19.1 Os elementos do início do bloco d que formam polioxometalatos estão indicados com os seus símbolos em negrito. Os elementos com as suas posições em vermelho são os que formam a maior variedade de polioxometalatos.

Em solução fortemente ácida, formam-se espécies de Cr(VI), com ponte oxo, com cadeias maiores. A tendência do Cr(VI) em formar espécies polioxo é limitada pelo fato da ligação entre os tetraedros pelos O ser feita somente pelos vértices; a ligação pelas faces ou pelas arestas resultaria numa proximidade excessiva dos átomos metálicos. Ao contrário, observa-se que os oxocomplexos de metais com coordenação cinco ou seis, que são comuns com os átomos metálicos maiores das séries 4d e 5d, podem compartilhar os ligantes óxido pelos vértices e arestas. Essas possibilidades estruturais levam a uma maior variedade de polioxometalatos do que a encontrada para os metais da série 3d.

Os vizinhos do cromo nos Grupos 5 e 6 formam polioxocomplexos hexacoordenados (Fig. Q19.1). No Grupo 5, os polioxometalatos são mais numerosos para o vanádio, que forma muitos complexos de V(V) e uns poucos de V(IV) e polioxocomplexos com estados de oxidação mistos V(IV)–V(V). A formação de polioxometalatos é mais pronunciada nos Grupos 5 e 6 para V(V), Mo(VI) e W(VI).

Frequentemente, é conveniente representar as estruturas dos íons polioxometalatos como poliedros, entendendo-se que o átomo metálico está no centro e os átomos de O, nos vértices. Por exemplo, o compartilhamento pelo vértice de um átomo de O em um íon dicromato, $[Cr_2O_7]^{2-}$, pode ser mostrado da forma tradicional (**Q1**) ou pela representação poliédrica (**Q2**). Da mesma forma, a importante estrutura M_6O_{19} do $[Nb_6O_{19}]^{8-}$, $[Ta_6O_{19}]^{8-}$, $[Mo_6O_{19}]^{2-}$ e $[W_6O_{19}]^{2-}$ é mostrada tanto pela estrutura convencional quanto pela poliédrica na Fig. Q19.2. A estrutura dessa série de polioxometalatos contém átomos de O terminais (aqueles que se projetam para fora a partir de cada átomo metálico) e dois tipos de átomos de O em ponte: um em ponte com dois átomos metálicos, M–O–M, e outro com o átomo de O hipercoordenado no centro da estrutura em que ele liga-se a seis átomos metálicos. Essa estrutura consiste em seis octaedros MO_6, cada um compartilhando uma aresta com quatro vizinhos. A simetria global do arranjo M_6O_{19} é O_h. Outro exemplo de um polioxometalato é o $[W_{12}O_{40}(OH)_2]^{10-}$ (**Q3**). Como se evidencia por essa fórmula, o polioxoânion está parcialmente protonado.

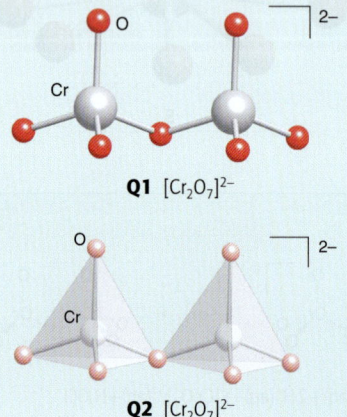

Q1 $[Cr_2O_7]^{2-}$

Q2 $[Cr_2O_7]^{2-}$

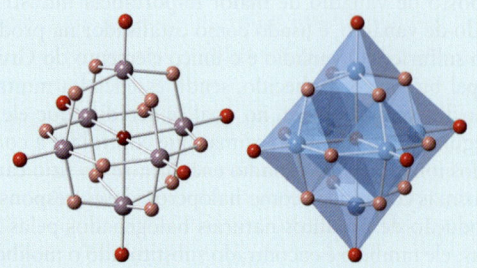

Figura Q19.2* As representações (a) convencional e (b) poliédrica dos seis octaedros compartilhados pelas arestas da estrutura dos $[M_6O_{19}]^{2-}$.

Equilíbrios de transferência de prótons são comuns para os polioxometalatos e podem ocorrer em conjunto com reações de condensação e fragmentação. Os ânions de polioxometalatos podem ser preparados ajustando-se cuidadosamente o pH e as concentrações: por exemplo, polioxomolibdatos e polioxotungstatos são formados pela acidificação de soluções de espécies simples como o molibdato ou o tungstato:

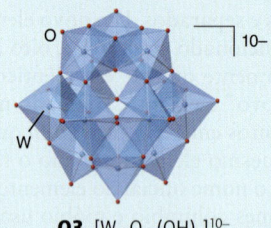

Q3 $[W_{12}O_{40}(OH)_2]^{10-}$

$6\,[MoO_4]^{2-}(aq) + 10\,H^+(aq) \rightarrow [Mo_6O_{19}]^{2-}(aq) + 5\,H_2O(l)$

$8\,[MoO_4]^{2-}(aq) + 12\,H^+(aq) \rightarrow [Mo_8O_{26}]^{4-}(aq) + 6\,H_2O(l)$

Também são comuns polioxometalatos mistos, como o $[MoV_9O_{28}]^{5-}$, e há ainda uma classe grande de heteropolioxometalatos, como os molibdatos e tungstatos contendo P, As e outros heteroátomos. Por exemplo, o $[PMo_{12}O_{40}]^{3-}$ contém PO_4^{3-} tetraédrico que compartilha átomos de O com grupos MoO_6 octaédricos circundantes (**Q4**). Muitos heteroátomos diferentes podem estar incorporados nesta estrutura, sendo a fórmula geral $[X(+N)Mo_{12}O_{40}]^{(8-N)-}$, onde $X(+N)$ representa o estado de oxidação do heteroátomo X, que pode ser As(V), Si(IV), Ge(IV) ou Ti(IV). Uma variedade ainda maior de heteroátomos é observada para os heteropolioxoânions análogos de tungstênio. Os heteropolioxomolibdatos e heteropolioxotungstatos podem sofrer redução de um elétron, sem mudança de estrutura, mas com a formação de uma cor azul intensa. A cor parece originar-se da excitação de um elétron adicionado, partindo de um sítio de Mo(V) ou W(V) para outro sítio adjacente de Mo(VI) ou W(VI).

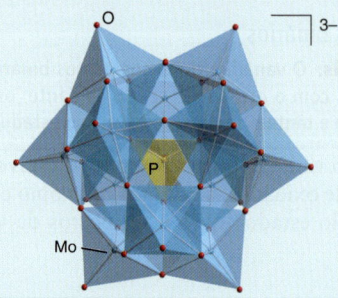

Q4 $[PMo_{12}O_{40}]^{3-}$

Os polioxometalatos têm vários usos: alguns podem ser reduzidos reversivelmente e são empregados como catalisadores em várias reações orgânicas, alguns exibem luminescência, alguns com os elétrons desemparelhados apresentam propriedades magnéticas incomuns e vêm sendo investigados como possíveis componentes de memória em nanocomputadores e, finalmente, muitas aplicações medicinais em potencial têm sido propostas, tais como em tratamentos antitumorais e antivirais.

EXEMPLO 19.1 Avaliando a estabilidade das espécies de vanádio em solução frente a processos de oxirredução

Quais são a fórmula e os estados de oxidação das espécies termodinamicamente favorecidas quando uma solução aquosa ácida de V^{2+} é exposta ao oxigênio?

Resposta O diagrama de Latimer para o vanádio em solução aquosa ácida é mostrado a seguir (ver Apêndice 3; potenciais de redução em volts).

$$\begin{array}{ccccc} +5 & & +4 & +3 & +2 \\ VO_2^+ & \xrightarrow{+1{,}000} & VO^{2+} & \xrightarrow{+0{,}337} V^{3+} \xrightarrow{-0{,}255} V^{2+} \\ & & \xrightarrow{+0{,}668} & & \end{array}$$

Como o potencial de redução do par O_2/H_2O é de 1,229 V, o V^{2+} será rapidamente oxidado a V^{3+} e depois para VO_2^+ (estado de oxidação +5), desde que a quantidade de O_2 presente seja suficiente. A reação global será, então:

$$4\,V^{2+} + 3\,O_2 + 2\,H_2O \rightarrow 4\,VO_2^+ + 4\,H^+$$

Teste sua compreensão 19.1 Observe o diagrama de Latimer apropriado para verificar a estabilidade do V^{2+} em solução alcalina.

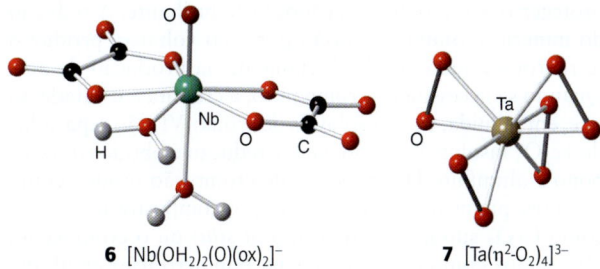

6 $[Nb(OH_2)_2(O)(ox)_2]^-$ **7** $[Ta(\eta^2-O_2)_4]^{3-}$

(c) Óxidos e halogenetos complexos

Ponto principal: Os óxidos complexos dos metais do Grupo 5 têm sido usados em aplicações tecnológicas.

Podem ser crescidos grandes cristais de $LiNbO_3$ e $LiTaO_3$, e esses compostos apresentam efeitos ferroelétrico e piezelétrico e uma polarizabilidade óptica não linear. A estrutura consiste em octaedros $Nb(Ta)O_6$ e LiO_6. O $LiNbO_3$ é usado em guias de ondas ópticas e em filtros de ondas acústicas de superfície (SAW, em inglês) em telefones celulares. Os óxidos complexos de lítio e vanádio, tais como Li_xVO_2 e $Li_xV_6O_{13}$, estão atualmente sendo investigados como possíveis materiais para baterias recarregáveis, uma vez que a grande faixa de estados de oxidação acessíveis para o vanádio oferece potencial para uma alta capacidade de armazenamento de energia. O YVO_4 é usado como um material hospedeiro de íons lantanídeos em fósforos.

(d) Compostos de coordenação

Pontos principais: O vanádio forma muitos complexos como íon vanadila; o nióbio e o tântalo formam complexos com números de coordenação elevados.

A química de coordenação do vanádio é dominada pelo estado de oxidação +4 do íon vanadila, VO^{2+}, que coordena mais quatro ligantes (ou dois ligantes quelantes) para formar complexos piramidais quadráticos. Soluções aquosas do $[V(H_2O)_6]^{3+}$ podem ser usadas como precursoras para um grande número de outros complexos octaédricos. Embora o vanádio também forme o íon $[V(H_2O)_6]^{2+}$ em solução a partir da redução de complexos com estados de oxidação mais altos, essas soluções são fortemente redutoras, necessitando que o ar seja excluído. O nióbio e o tântalo formam muitos complexos com doadores duros, sendo 6, 7 (bipirâmide pentagonal; **6**) e 8 (dodecaedro; **7**) os números de coordenação mais comuns.

(e) Compostos organometálicos

Pontos principais: Os metais do Grupo 5 formam complexos com muitos ligantes organometálicos, mas o paramagnetismo de muitos desses complexos tem impedido as suas caracterizações.

A química organometálica dos metais do Grupo 5 é geralmente subdesenvolvida devido, em grande parte, à natureza paramagnética da maioria dos compostos, o que torna a caracterização por RMN muito difícil; essa química é desafiadora, mas frequentemente surpreendente e gratificante. As carbonilas binárias $[M(CO)_6]$ são espécies de 17 elétrons e só foram isoladas para o vanádio. Entretanto, os ânions de 18 elétrons $[M(CO)_6]^-$ são conhecidos para todos os metais do Grupo 5: eles são o produto da carbonilação redutiva de sais dos metais (Seção 22.18). De fato, a síntese do $[V(CO)_6]$ neutro só pode ser obtida a partir do ânion $[V(CO)_6]^-$. O composto simples $[M(Cp)_2]$ de 15 elétrons só foi isolado para M = V. Complexos mistos de 18 elétrons $[CpM(CO)_4]$ podem ser facilmente preparados e fornecem uma rota para muitos outros complexos do tipo $[CpM(CO)_3L]$ ou $[CpM(CO)_2LL']$. São conhecidos os complexos com praticamente todos os ligantes organometálicos e alguns complexos de Nb e Ta são utilizados em processos Fischer-Tropsch. O tântalo é diferente dos outros metais d por formar complexos η^8-COT (Seção 22.11) tal como (**8**), provavelmente devido ao seu grande tamanho; além disso, estes ligantes COT podem interconverter no ligante pentaleno encontrado no complexo (**9**).

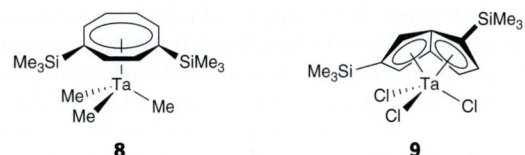

8 **9**

19.6 Grupo 6: cromo, molibdênio e tungstênio

(a) Ocorrência e usos

Pontos principais: Todos os três metais do Grupo 6 são muito usados em aços para aumentar a dureza e a resistência à corrosão; todos os três metais têm importância biológica.

O cromo encontra-se muito distribuído na crosta terrestre, ocorrendo principalmente como óxidos minerais como a cromita, $FeCr_2O_4$, embora possa, eventualmente, ser encontrado como metal livre. Atualmente a África do Sul produz 40% das necessidades mundiais via redução da cromita. O cromo é duro e extremamente resistente à corrosão, e essas propriedades são responsáveis pela sua principal utilização: como um componente do aço, especialmente os inoxidáveis, nas quais está presente entre 10 e 40%. O recobrimento com cromo (a "cromagem") também é usado para proteger o aço e obter uma superfície brilhante. A redução do minério cromita, via fusão por arco voltaico, produz o ferrocromo, que é usado diretamente na produção de aço. Quando se necessita do cromo puro, a cromita é ustulada ao ar e, em seguida, os sais solúveis de cromo(VI) são separados do Fe_2O_3 insolúvel; a subsequente redução é obtida com carbono e alumínio. Diversos sais de cromo são usados como corantes, pigmentos e conservantes; os compostos de cromo, como CrO_3 suportado (reduzido *in situ*) ou o cromoceno, são usados como catalisadores na polimerização de alquenos. O cromo é essencial aos seres humanos, sendo normalmente utilizado no estado de oxidação +3: ele está envolvido na regulação dos níveis de glicose, sendo frequentemente ingerido como um suplemento alimentar, embora o mecanismo de sua ação ainda não esteja bem estabelecido; em excesso ou no estado +6, o cromo é tóxico e carcinogênico.

O molibdênio e o tungstênio são metais extremamente duros e muito usados como componentes do aço. O uso em aço responde por mais de 80% da produção do molibdênio, com alguns aços contendo até 10% de molibdênio. A molibdenita (MoS_2) é o principal minério do qual o metal é obtido, sendo a primeira etapa a ustulação ao ar do minério para formar o óxido; esse óxido é, então, reduzido com ferro para ser usado em aços, ou reduzido com hidrogênio para outros usos. O molibdênio é essencial a todas as espécies, participando em pelo menos 20 enzimas conhecidas de plantas e animais: seu principal papel é como sítio ativo das enzimas que catalisam a transferência de átomos de oxigênio, explorando, assim, as propriedades dos seus estados de oxidação mais altos. O molibdênio também é encontrado como sítio ativo da nitrogenase (o cofator FeMo), que é a enzima responsável pela produção da amônia a partir do N_2 nos nódulos das raízes das leguminosas.

O tungstênio possui o maior ponto de fusão de todos os metais e, por essa razão, é usado como filamento nas lâmpadas incandescentes. Além do seu emprego nos aços, o tungstênio é muito usado na forma de carbeto de tungstênio, que é um material extremamente duro usado na ponta das brocas e lâminas de serra. O tungstênio é obtido de minérios como a volframita ((Fe,Mn)WO_4) e scheelita ($CaWO_4$) por meio da ustulação do minério para formar os óxidos que serão reduzidos com carbono ou hidrogênio; a China produz atualmente mais de três quartos da demanda mundial. O tungstênio é o único metal d da terceira linha que possui importância biológica: em alguns micróbios, ele é encontrado no sítio ativo das enzimas que catalisam reações que requerem uma maior condição redutora do que as enzimas correspondentes de molibdênio; a formiato desidrogenase, que contém tungstênio, catalisa a conversão do CO_2 em ácido fórmico.

(b) Compostos binários

Pontos principais: O cromo forma compostos altamente oxidantes no estado de oxidação +6, enquanto que os compostos equivalentes de molibdênio e tungstênio não são muito oxidantes.

Todos os três metais do Grupo 6 formam o trióxido, MO_3. Enquanto que o CrO_3 (e seus equivalentes em solução aquosa [CrO_4]$^{2-}$ e [Cr_2O_7]$^{2-}$) é fortemente oxidante, o MoO_3 e o WO_3 não são oxidantes rápidos. Esse comportamento é, em parte, uma consequência da maior estabilidade dos estados de oxidação mais altos dos metais do segundo e terceiro períodos em relação aos metais do primeiro período e também das estruturas dos trióxidos. O CrO_3 consiste em cadeias de tetraedros compartilhados pelos vértices, enquanto as estruturas do MoO_3 e WO_3 consistem em octaedros MO_6 ligados; o WO_3 tem a estrutura do ReO_3 distorcida (Seção 3.9). O WO_3 sólido sofre reações de inserção redutiva, nas quais pequenos cátions, como o Li^+ ou um próton, ficam inseridos na estrutura durante a redução de W(VI) a W(V):

$$2\ n\text{-BuLi(solv)} + 2\ WO_3(s) \rightarrow 2\ LiWO_3(s) + (n\text{-Bu})_2(solv)$$

Óxidos inferiores de Mo e W como MO_2 podem ser sintetizados pela redução cuidadosa de MO_3 com hidrogênio, enquanto que o trióxido de cromo forma o estado de oxidação +3 estável (como Cr_2O_3 ou Cr^{3+}) pela ação de agentes redutores moderados. O CrO_2 pode ser preparado na forma de cristais em bastões alongados pela redução do CrO_3 em água a altas temperatura e pressão; sua estrutura é do tipo rutílio. O CrO_2 apresenta excelentes propriedades ferromagnéticas, o que levou ao seu grande uso em fitas de áudio e vídeo de alta qualidade (baixo ruído) nos anos de 1970 e 1980. Ele ainda é usado em algumas aplicações para armazenamento de dados. O Cr_2O_3 é um pigmento verde muito utilizado, originalmente chamado de viridiana, devido a sua inércia e estabilidade quando exposto à luz do sol. O cromo também forma um óxido preto redutor, o CrO.

São conhecidos os sulfetos Cr_2S_3 e MS_2 (M = Mo e W), com os compostos MS_2 tendo estruturas em camadas (Fig. 19.6), que são responsáveis pelo seu uso como lubrificantes de estado sólido.

São conhecidos os hexa-halogenetos, MX_6, para todos os metais com X = F, mas apenas o Mo e o W formam hexacloretos e hexabrometos; todos os hexa-halogenetos são líquidos voláteis, que hidrolizam rápida e violentamente com a água. Os halogenetos iônicos inferiores como CrX_3 são preparados facilmente, e os sais fortemente redutores CrX_2 são obtidos pela reação cuidadosa de Cr com HX. O molibdênio e o tungstênio também formam sais MX_3 sólidos com todos os halogênios, que frequentemente se apresentam com estruturas em camadas, ou clusters, como o W_6Cl_{18} (**10**).

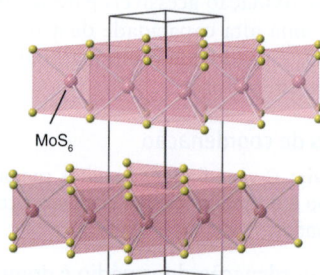

Figura 19.6* A estrutura em camadas do MoS_2.

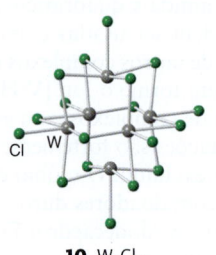

10 W_6Cl_{18}

(c) Óxidos complexos

Pontos principais: O tungstênio e o molibdênio formam óxidos complexos com outros metais e que são bons condutores elétricos; esses óxidos são conhecidos como bronzes.

Os bronzes de tungstênio e molibdênio, descobertos em 1824 por Wöhler, são compostos não estequiométricos bem definidos de fórmula geral M_xWO_3 ou M_xMoO_3, onde M é geralmente um metal alcalino e $0 < x \leq 1$. Compostos análogos de vanádio, nióbio e titânio também já foram preparados e possuem propriedades similares. O termo "bronze" é hoje aplicado a um óxido metálico ternário de fórmula geral $M'_xM''_yO_z$, onde: (i) M" é um metal de transição; (ii) M''_yO_z é o seu óxido binário superior; (iii) M' é um segundo metal, geralmente, eletropositivo; (iv) x é uma variável na faixa $0 < x < 1$.

Esses bronzes de tungstênio e molibdênio, quimicamente inertes, apresentam várias propriedades características que derivam de suas estruturas eletrônicas. Embora o WO_3 e o MoO_3 sejam isolantes, com configuração eletrônica d^0, a presença de quantidades variadas de metais alcalinos nesses bronzes reduz o metal de transição e introduz elétrons na banda de condução (parcialmente preenchida com x elétrons). Isso leva a propriedades metálicas como alta condutividade elétrica e, na forma cristalina, a um determinado brilho, levando ao nome genérico de "bronze". Os bronzes de tungstênio podem ser preparados por uma reação eletrolítica em que uma mistura fundida de um tungstato de metal alcalino e WO_3 é reduzida em um eletrodo de platina. Quando o $NaWO_3$ (um bronze com $x = 1$) é preparado dessa maneira, forma-se um grande cristal cúbico castanho-dourado (de até 1 cm³). O composto tem a estrutura de perovskita (Seção 3.9), sendo eletronicamente análogo ao ReO_3 metálico (Seção 24.6).

(d) Compostos de coordenação

Pontos principais: Os metais do Grupo 6 formam um grande número de polioxometalatos; eles também formam dímeros com ligações quádruplas M–M.

Os complexos dos metais do Grupo 6 com ligante óxido geralmente são baseados em unidades tetraédricas MO_4^{2-}, formando uma grande variedade de polioxometalatos (Quadro 19.1) que podem ser considerados como consistindo em octaedros MO_6 compartilhados pelas arestas. Por outro lado, as soluções aquosas dos íons metálicos com estados de oxidação menores são octaédricas. Os complexos d^3 de cátions Cr^{3+} possuem uma grande energia de estabilização de campo ligante alta (EECL; Seção 20.1) e geralmente são inertes; os complexos d^4 de spin alto do íon Cr^{2+} apresentam distorção Jahn-Teller (Seção 20.1) e normalmente são muito lábeis (Seção 21.1).

Os três metais no estado de oxidação +2 formam dímeros com ligações quádruplas metal–metal. A ligação em tais complexos é exemplificada pelo carboxilato (**11**) e consiste em uma ligação σ, duas π e uma δ (Quadro 19.2).

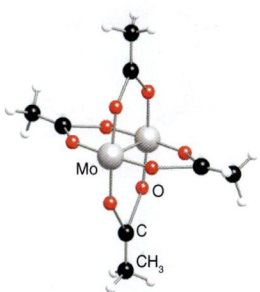

11 $[Mo_2(\mu\text{-}CO_2CH_3)_4]$

(e) Compostos organometálicos

Pontos principais: A química organometálica dos metais do Grupo 6 é dominada pelos complexos de 18 elétrons; os complexos neutros $[M(CO)_6]$ são estáveis ao ar, e complexos bis(areno) neutros são bem-conhecidos.

A química organometálica dos metais do Grupo 6 é vasta e completamente dominada pela configuração de 18 elétrons normalmente disponível. Assim, as hexacarbonilas neutras com 18 elétrons, $[M(CO)_6]$, são todas sólidos brancos extremamente estáveis e que podem ser manuseados ao ar e na presença de umidade. A substituição das carbonilas leva a complexos contendo qualquer número de diferentes ligantes: alquenos, alquinos, NHCs, fosfinas, dienos, trienos e arenos.

QUADRO 19.2 Ligações metal-metal

A primeira espécie com ligação metal-metal do bloco d a ser identificada foi o íon $[Hg_2]^{2+}$ dos compostos de mercúrio(I), que ocorre no Hg_2Cl_2. Atualmente são conhecidos compostos e clusters com ligação metal-metal para a maioria dos metais d. Os padrões estruturais comuns de alguns deles assemelham-se à estrutura do etano (**Q5**), ao bioctaedro compartilhado pela aresta (**Q6**), ao bioctaedro compartilhado pela face (**Q7**) e ao prisma tetragonal do $[Re_2Cl_8]^{2-}$ (**Q8**).

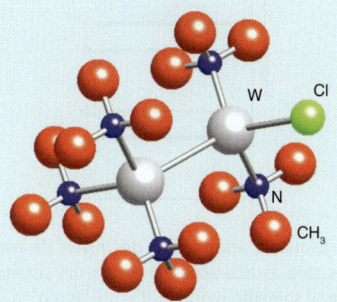

Q5 $[(Me_2N)_3W\text{-}WCl(NMe_2)_2]$

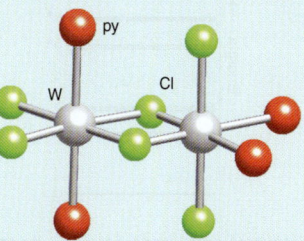

Q6 $[(py)_2Cl_2W(\mu\text{-}Cl)_2WCl_2(py)_2]$

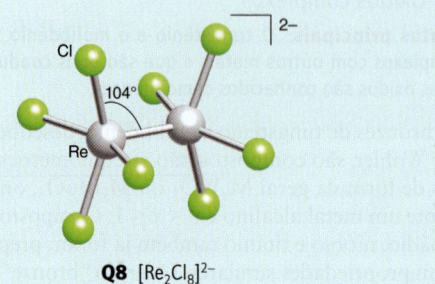

Q7 $[Cl_3W(\mu\text{-}Cl)_3WCl_3]^{3-}$

Q8 $[Re_2Cl_8]^{2-}$

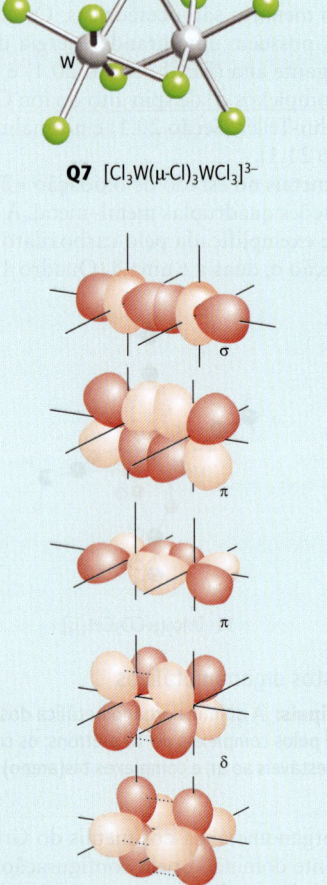

Figura Q19.3* As interações σ, π e δ entre os orbitais d de dois átomos de metais d situados ao longo do eixo z. Somente as combinações ligantes são mostradas.

Se considerarmos a possível sobreposição dos orbitais d dos átomos metálicos adjacentes, podemos ver que (Fig. Q19.3):

- uma ligação σ entre dois átomos metálicos pode originar-se da sobreposição dos orbitais d_{z^2} de cada átomo,
- duas ligações π podem ser formadas pela sobreposição dos orbitais d_{xz} ou d_{yz},
- duas ligações δ podem resultar da sobreposição de dois orbitais d_{xy} ou $d_{x^2-y^2}$ face a face.

Assim, poder-se-ia ter uma ligação quíntupla se todos os orbitais ligantes estivessem ocupados, sendo a configuração eletrônica $\sigma^2\pi^4\delta^4$ (Fig. Q19.4).

Serão necessários cinco elétrons d de cada metal para uma ligação quíntupla, e esse é exatamente o caso dos centros Cr(I) d^5 em (**18**). Nesta molécula, os dois átomos de Cr estão separados por uma distância muito curta de 183,5 pm, que não é auxiliada pela presença de qualquer ligante adicional em ponte; para efeito de comparação, a distância de separação entre os átomos de Cr no metal é de 258 pm. O composto de Re (**Q8**) também não tem ligantes em ponte, mas nesse caso os dois centros de Re(III) d^4 podem formar apenas uma ligação quádrupla Re–Re. Os quatro elétrons d em cada átomo de Re em **Q8** levam à configuração $\sigma^2\pi^4\delta^2$, e acredita-se que o orbital $d_{x^2-y^2}$ participa da ligação com os ligantes Cl^-. A evidência para a ligação quádrupla vem da observação de que o $[Re_2Cl_8]^{2-}$ tem um arranjo eclipsado dos ligantes Cl, o qual é desfavorável do ponto de vista estéreo. Entende-se que a ligação δ, que é formada somente quando os orbitais d_{xy} estão face a face, trava o complexo na configuração eclipsada.

Existem muitas outras espécies com ligações múltiplas metal–metal onde o orbital $d_{x^2-y^2}$ participa da ligação com os ligantes. Para todos esses complexos, pode-se empregar o diagrama de orbitais moleculares da Fig. Q19.5, sendo o valor máximo da ordem de ligação igual a 4. Outro composto com ligação quádrupla conhecido é o acetato de molibdênio(II) (**11**), que é preparado aquecendo-se $[Mo(CO)_6]$ com ácido acético:

$$2\,[Mo(CO)_6] + 4\,CH_3COOH \rightarrow [Mo_2(O_2CCH_3)_4] + 2\,H_2 + 12\,CO$$

Esse complexo de dimolibdênio é um excelente material de partida para a preparação de outros compostos Mo–Mo. Por exemplo, pode-se obter o complexo com ligação quádrupla contendo ligantes cloreto tratando-se o complexo com ligantes acetato com ácido clorídrico concentrado em temperatura abaixo da ambiente:

$$[Mo_2(O_2CCH_3)_4](aq) + 4\,H^+(aq) + 8\,Cl^-(aq) \rightarrow [Mo_2Cl_8]^{4-}(aq) + 4\,CH_3COOH(aq)$$

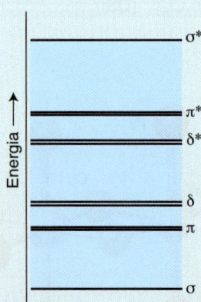

Figura Q19.4 Esquema aproximado dos níveis de energia dos orbitais moleculares para interações M–M.

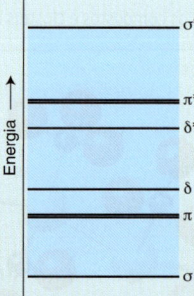

Figura Q19.5 Esquema aproximado dos níveis de energia dos orbitais moleculares para as interações M–M em um sistema com ligação quádrupla, no qual somente o orbital $d_{x^2-y^2}$ é usado na ligação com os ligantes.

Grupo 6: cromo, molibdênio e tungstênio

Tabela Q19.1 Exemplos de complexos com geometria prismática tetragonal com ligação metal-metal*

Complexo	Configuração	Ordem de ligação	Comprimento da ligação M–M/pm
[Mo₂(O₂SO₂)₄]⁴⁻	$\sigma^2\pi^4\delta^2$	4	211
[Mo₂(O₂SO₂)₄]³⁻	$\sigma^2\pi^4\delta^1$	3,5	217
[Mo₂(O₂P(OH)O)₄]²⁻	$\sigma^2\pi^4$	3	222
[Ru₂(O₂CCH₃)₄Cl₂]⁻	$\sigma^2\pi^4\delta^2\delta^{*1}\pi^{*2}$	2,5	227
[Ru₂(O₂CC₂H₅)₄(OCMe₂)₂]	$\sigma^2\pi^4\delta^2\delta^{*2}\pi^{*2}$	2	238
[Rh₂(O₂CCH₃)₄(OH₂)₂]⁺	$\sigma^2\pi^4\delta^2\delta^{*2}\pi^{*3}$	1,5	232
[Rh₂(O₂CCH₃)₄(OH₂)₂]	$\sigma^2\pi^4\delta^2\delta^{*2}\pi^{*4}$	1	239

*Quando estão presentes vários ligantes em ponte, apenas um deles é mostrado em detalhe.

Como mostrado na Tabela Q19.1, a ocupação incompleta dos orbitais ligantes pode resultar em uma redução da ordem de ligação formal para 3,5 ou para sistemas com ligação tripla M≡M. Esses complexos são mais numerosos do que os complexos com ligações quádruplas e, como as ligações δ são fracas, os comprimentos das ligações M≡M são frequentemente semelhantes aos dos sistemas com ligações quádruplas. Um decréscimo da ordem de ligação também pode ser originado pela ocupação dos orbitais δ* e, uma vez que eles estejam completamente ocupados, a ocupação sucessiva dos dois orbitais π* de maior energia conduz a uma redução adicional da ordem de ligação de 2,5 para 1.

Da mesma forma que nas ligações múltiplas carbono–carbono, as ligações múltiplas metal–metal são centros de reação. Entretanto, a variedade de estruturas resultantes das reações dos compostos contendo ligações múltiplas metal-metal é maior do que para os compostos orgânicos. Por exemplo:

Cp(CO)₂Mo≡Mo(CO)₂Cp + HI ⟶ Cp(CO)₂Mo(μ-H)(μ-I)Mo(CO)₂Cp

Nessa reação, o HI é adicionado à ligação tripla, mas tanto o H e quanto o I ficam em ponte com os átomos metálicos; o resultado é bem diferente da adição de HX a um alquino, que produz um alqueno substituído. O produto da reação pode ser considerado como tendo uma ponte MHM 3c,2e e um ânion iodeto ligado por duas ligações 2c,2e convencionais, uma com cada átomo de Mo.

Os clusters metálicos maiores podem ser sintetizados por adição a uma ligação múltipla metal–metal. Por exemplo, o [Pt(PPh$_3$)$_4$] perde dois ligantes trifenilfosfina quando ele é adicionado a uma ligação tripla Mo–Mo, resultando em um cluster trimetálico:

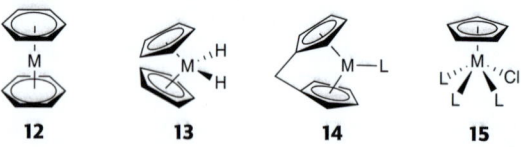

Complexos bis(areno) de 18 elétrons (**12**) são conhecidos para o Cr e o Mo. Os derivados de ciclopentadienila são geralmente do tipo [(Cp)$_2$MH$_2$] (**13**), denominados complexos *ansa* (**14**), ou complexos meio-sanduíche como o [CpML$_3$Cl] (**15**). É conhecido o composto de 16 elétrons [(Cp)$_2$Cr], o qual é chamado de cromoceno e é fortemente redutor.

O tungstênio em particular forma vários complexos alquilidenos e alquilidinos, como, por exemplo, (**16**) e (**17**), que possuem ligações formais duplas e triplas metal–carbono, respectivamente. Também são possíveis ligações múltiplas entre os átomos metálicos (Quadro 19.2), e o isolamento recente do complexo (**18**) foi a primeira obtenção de um complexo estável com uma ligação quíntupla.

19.7 Grupo 7: manganês, tecnécio e rênio

(a) Ocorrência e usos

Pontos principais: O manganês encontra-se bem distribuído na Terra e seus compostos têm muitos usos; embora o tecnécio não tenha isótopos estáveis, ele possui vários usos. O rênio é muito raro.

O manganês encontra-se amplamente distribuído ao redor do planeta, embora aproximadamente 80% das reservas conhecidas encontrem-se na África do Sul como pirolusita (MnO$_2$). Estima-se que cerca de 500 bilhões de toneladas de manganês encontrem-se no fundo dos oceanos, estando em desenvolvimento rotas economicamente viáveis para a sua extração. O manganês metálico é um tanto quebradiço, mas é usado no aço em níveis entre 1 a 13% para melhorar a resistência do metal; o manganês também é usado em ligas de alumínio, como as usadas nas latas de bebidas, em um nível de aproximadamente 1% para melhorar a resistência à corrosão. O MnO$_2$ é o principal componente das pilhas alcalinas: o MnO$_2$ é reduzido a Mn$_2$O$_3$ e o zinco metálico é oxidado a ZnO, produzindo uma voltagem de 1,5 V. Outros empregos para os sais de manganês são os pigmentos presentes nas cerâmicas e nos vidros. O manganês é um elemento muito importante na biologia e está presente nos sítios ativos metálicos de numerosas enzimas presentes em todas as formas de vida: o seu papel mais notável é como sítio ativo da enzima responsável pela liberação fotossintética do O$_2$. Os compostos de manganês(II) não são tóxicos, mas os compostos de manganês(VII) são altamente oxidantes e venenosos.

O tecnécio foi o primeiro elemento instável a ser sintetizado: ele não tem isótopos estáveis, e apenas diminutas quantidades são encontradas na natureza. Ele é um subproduto da fissão do urânio e é obtido a partir das barras de combustível nuclear exaurido. O tecnécio também é formado quando o molibdênio é bombardeado por nêutrons, tendo sido essa a rota usada para isolar as primeiras amostras, em 1936. O isótopo metaestável ^{99m}Tc é usado na medicina como um marcador radioativo – ele decai via emissão β com uma meia-vida de 6 horas, sendo os compostos como a Cardiolita® muito usados nos hospitais para se obter imagens do coração (Seção 27.9). Os dois isótopos de vida mais longa, o ^{98}Tc e o ^{97}Tc, têm meias-vidas de mais de 2 milhões de anos e suas detecções nas gigantes vermelhas comprovam que a nucleossíntese de átomos pesados ocorre nessas estrelas. A química do tecnécio tem sido dificultada pela sua radioatividade, mas os resultados obtidos sugerem que ela tem uma grande semelhança com a do Re.

O rênio foi o último elemento não radioativo estável a ser descoberto, tendo sido encontrado pela primeira vez, em 1925, na gadolinita (um minério lantanídeo) numa concentração de apenas 10 ppm. O rênio também é encontrado no minério de molibdênio, sendo atualmente obtido da fuligem produzida nos processos de fusão do molibdênio; ele é um dos metais mais raros da crosta terrestre. O rênio é usado em ligas para altas temperaturas em motores a jato e, junto à platina, como catalisador para a reforma de alcanos. O rênio não possui papel biológico conhecido e não é considerado tóxico.

(b) Compostos binários

Pontos principais: O manganês forma compostos estáveis com vários estados de oxidação; em contraste, na química do tecnécio e do rênio predominam os compostos com estados de oxidação mais altos.

O manganês forma os óxidos MnO, Mn$_2$O$_3$, MnO$_2$ e Mn$_2$O$_7$. O tecnécio e o rênio, ao contrário, formam apenas MO$_2$, MO$_3$ e o M$_2$O$_7$. A estrutura cúbica do ReO$_3$ foi descrita na Seção 3.9, e o ReO$_2$ tem uma estrutura do tipo rutilo. Os óxidos M$_2$O$_7$ em que o metal tem estado de oxidação +7 são voláteis e dissolvem-se em água formando íons [MO$_4$]$^-$; o complexo púrpura de Mn, conhecido como íon "permanganato", é um poderoso oxidante. Os complexos de Tc e Re são menos oxidantes.

A dificuldade em se ter sete ligantes ao redor de um único íon metálico é verificada pelo fato de os halogenetos binários MX$_7$ serem representados apenas pelo ReF$_7$, embora Re e Tc formem MF$_6$ e MF$_5$ e MX$_4$ para todos os quatro halogenetos. O rênio forma compostos MX$_3$ com Cl, Br e I (na verdade, trímeros M$_3$X$_9$; **19**); o manganês forma MnF$_4$ e MnF$_3$ e MX$_2$ para todos os quatro halogenetos. O equilíbrio entre MnF$_3$ e MnF$_4$ é usado para purificar o flúor; o MnF$_3$ reage com o F$_2$(g) impuro para produzir o MnF$_4$(s), que é, então, aquecido acima de 400°C para liberar o flúor gasoso puro.

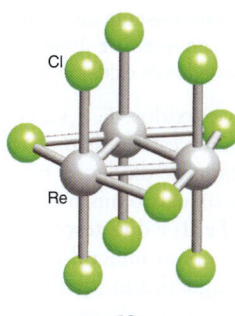

19

(c) Óxidos e halogenetos complexos

Ponto principal: O manganês forma vários óxidos e halogenetos complexos com propriedades magnéticas úteis.

Os óxidos complexos de manganês de fórmula (Ln$_{1-x}$Sr$_x$)MnO$_3$, onde Ln é um cátion lantanídeo trivalente, geralmente Pr^{3+}, apresentam **magnetorresistência colossal**: a sua resistência elétrica varia drasticamente (várias ordens de grandeza) quando eles são colocados em um campo magnético. Esses materiais têm a estrutura da perovskita e contêm uma mistura de íons Mn^{3+} e Mn^{4+} no sítio do cátion B. O violeta de manganês é um pigmento descrito como um pirofosfato de manganês e amônio e que contém o íon Mn^{3+}. O LiMn$_2$O$_4$, que possui a estrutura do espinélio, é usado como eletrodo positivo em algumas baterias recarregáveis. Os espinélios mistos de manganês, zinco e ferro, (Mn$_{1-x}$Zn$_x$)Fe$_2$O$_4$, são conhecidos como ferritas macias e são usados em núcleos de transformadores.

O KMnF$_3$ é preparado pela adição de KF a uma solução de Mn^{2+} e tem a estrutura da perovskita (Seção 3.9), com o Mn^{2+} coordenado octaedricamente ao F$^-$ no sítio do cátion B e o K$^+$ no sítio do cátion A; ele atua como hospedeiro para íons Ln^{3+} e tem sido empregado em processos para obtenção de imagens. A fluoração do MnF$_2$ na presença de um fluoreto de metal alcalino leva à formação de fluoretos complexos de Mn(IV) de composição M$_2$MnF$_6$ (M = K, Rb, Cs).

(d) Compostos de coordenação

Ponto principal: O manganês(II) é a forma mais estável do Mn em solução aquosa e possui uma configuração d^5 spin alto; na química do tecnécio e do rênio, em solução, predominam os estados de oxidação maiores.

Os complexos de manganês (VI) e (VII) (formalmente d^1 e d^0, respectivamente) baseiam-se em unidades tetraédricas MO$_4$ (algumas tendo um halogênio no lugar de um oxigênio) e são fortemente oxidantes em solução. Os únicos outros estados de oxidação que apresentam uma química de solução importante são o estado +3 (complexos d^4 octaédricos distorcidos por Jahn-Teller, geralmente de spin alto) e o estado +2. Desses dois estados, o estado +2 é o predominante: os complexos são invariavelmente de spin alto (mesmo os complexos com cianeto) com a configuração d^5 semipreenchida estabilizada pela energia de troca quantomecânica (Seção 1.5). Os complexos de Mn(II) não têm EECL e apresentam pouca preferência por qualquer geometria de coordenação específica; em combinação com espécies de coordenação pequenas tais como OH$_2$, O^{2-} e F$^-$, o tamanho do Mn^{2+} (raio iônico 65 pm) produz geralmente complexos octaédricos. A ausência de qualquer transição eletrônica permitida significa que os complexos de Mn(II) são essencialmente incolores.

Ao contrário, tecnécio e rênio não apresentam química em solução no estado +2, e a química de coordenação é dominada por complexos em elevado estado de oxidação com ligantes óxido e nitrito. Esses complexos apresentam várias geometrias, sendo as mais comuns a octaédrica e a piramidal de base quadrada (com um óxido ou nitrito em posição apical). Ao contrário da intensa cor do ânion permanganato [MnO$_4$]$^-$, os ânions equivalentes de Tc e Re, pertecnetato e perrenato, são incolores, uma vez que a energia necessária para o processo de transferência de carga corresponde à absorção no UV, ilustrando a natureza menos oxidante do Re(VII) e do Tc(VII) comparada com a do Mn(VII).

(e) Compostos organometálicos

Ponto principal: A maioria dos compostos organometálicos dos metais do Grupo 7 são espécies de 18 elétrons contendo ligantes carbonila.

Os compostos contendo carbonilas representam o conjunto principal dos compostos organometálicos conhecidos dos metais do Grupo 7. Todos os três metais formam complexos bimetálicos neutros de 18 elétrons com o ligante carbonila, [M$_2$(CO)$_{10}$]; a ligação metal–metal nesses complexos pode ser facilmente quebrada por oxidação (com Br$_2$, por exemplo) ou por redução (com Na, por exemplo) para formar complexos octaédricos monoméricos, tais como [BrMn(CO)$_5$] e [MeMn(CO)$_5$]. Reações de substituição nesses complexos podem ser usadas para formar complexos monociclopentadienila como [CpM(CO)$_3$], e complexos com arenos e com o di-hidrogênio (**20**).

20

Os complexos bis(ciclopentadienila) teriam 17 elétrons, mas apenas o manganês forma espécies monoméricas. A estrutura do simples [(Cp)$_2$Mn] é complicada pela forte preferência do íon formalmente Mn^{2+} em permanecer com spin alto (S = 5/2; Seções 20.1 e 22.19) e apenas com ciclopentadienilas que apresentem maior estereoimpedimento é que se formam as estruturas com S = ½ previstas: esses compostos são facilmente reduzidos para espécies de 18 elétrons. O tecnécio forma um composto dimérico de fórmula [(Cp)$_4$Tc$_2$], mas sua estrutura não é conhecida. A espécie [(Cp)$_2$Re]$^+$ de 16 elétrons (**21**), que é formada fotoquimicamente, pode ativar o benzeno via adição oxidativa para produzir uma espécie com ligantes hidreto e arila (**22**) de 18 elétrons.

21   **22**

19.8 Grupo 8: ferro, rutênio e ósmio

(a) Ocorrência e usos

Pontos principais: O ferro é muito abundante, sendo o metal mais usado no planeta e o elemento do bloco d mais utilizado na biologia; o rutênio e o ósmio são muito raros, são usados em aplicações muito especiais e não apresentam atuação em sistemas biológicos.

O ferro é o elemento mais comum (em massa) na Terra como um todo, formando a maior parte das camadas interna e externa do núcleo da Terra, sendo também o quarto elemento mais comum na crosta terrestre. O núcleo de ^{56}Fe é o mais estável de todos os isótopos, sendo o resultado final de toda fusão nuclear. O ferro metálico é o metal mais importante da civilização humana: ele é refinado e usado em uma escala de mais de um bilhão de toneladas por ano; mais de 90% de todos os metais refinados são ferro. Os minérios de ferro são muito abundantes, e a maior parte do ferro é reduzida em alto-forno com coque e calcário. O ferro vem sendo usado pelos humanos há pelo menos 3.000 anos, e as ligas de ferro (o qual é na verdade relativamente macio quando completamente puro) com outros metais (V, Cr, Mo, W, Co, Ni) e com o carbono formam aços com um grande espectro de propriedades. Sabe-se que o ferro constitui o núcleo interno da Terra (Quadro 3.1) e seu uso como catalisador no processo Haber para a produção de amônia a partir de dinitrogênio e hidrogênio é essencial para a indústria de fabricação de fertilizantes.

O ferro é o metal de transição mais abundante em biologia, com o ser humano contendo em média mais de 4 g de Fe. Dentre os numerosos papéis do ferro, encontram-se o transporte de O_2 (pela hemoglobina), a transferência de elétrons, a catálise ácido-base, radicalar e de oxirredução em uma grande variedade de enzimas, o controle da expressão genética e até a sensibilidade ao campo magnético da Terra.

O rutênio é extremamente raro, sendo obtido industrialmente como subproduto do refino do níquel e do cobre, assim como pelo processamento dos minérios dos metais do grupo da platina. Ele é usado em ligas de platina e paládio para aumentar a dureza, empregadas em contatos elétricos mais resistentes ao desgaste; o dióxido de rutênio e os rutenatos de chumbo e bismuto são usados em resistores em circuitos integrados. Essas duas aplicações em eletrônica representam mais de 50% do consumo do rutênio, com a porcentagem restante sendo usada em vários processos químicos, tal como nos anodos para a produção de cloro.

O ósmio é o mais denso de todos os elementos (22,6 g cm^{-3}), duas vezes mais denso que o chumbo. O ósmio é o menos abundante de todos os elementos de ocorrência natural, sendo encontrado na natureza como metal livre (junto ao irídio), mas é obtido de forma mais econômica como um subproduto do refino do níquel; a produção anual é da ordem de 100 kg. O ósmio possui um ponto de fusão muito alto (3054°C), sendo excepcionalmente duro; consequentemente, ele é muito difícil de ser usinado e manipulado. Os seus usos relacionam-se com a sua dureza e resistência ao desgaste: usos mais antigos incluem os bicos das penas de canetas-tinteiro, rolamentos em relógios e bússolas e nas agulhas de gramofones; os empregos mais modernos envolvem o seu uso em contatos elétricos, e como tetróxido de ósmio ele é usado em síntese orgânica. O rutênio e o ósmio não têm função biológica conhecida; enquanto que a maioria dos seus sais não são considerados venenosos, os tetróxidos voláteis MO$_4$ são altamente tóxicos.

(b) Compostos binários

Pontos principais: O maior estado de oxidação observado para o ferro é menor do que os do rutênio e ósmio; os compostos de ferro mais estáveis são dos estados de oxidação mais baixos (+2 e +3).

O ferro forma vários óxidos: Fe$_{1-x}$O, com x aproximadamente igual a 0,04 (com estado de oxidação principalmente +2), Fe$_2$O$_3$ (com estado de oxidação +3) e Fe$_3$O$_4$ (um complexo com estado de oxidação misto e estrutura de espinélio: um terço do ferro é Fe(II) e dois terços são Fe(III)). O Fe$_3$O$_4$ ocorre naturalmente como mineral magnetita e pode estar permanentemente magnetizado (quando é conhecido como *lodestone*, em inglês), tendo sido usado em bússolas para navegação por pelo menos 800 anos. Embora o ferro esteja presente como Fe(VI) em compostos do ânion [FeO$_4$]$^{2-}$, o óxido equivalente, FeO$_3$, não é conhecido. Similarmente, complexos de Fe(IV) com fluoreto, como o [FeF$_6$]$^{2-}$, são conhecidos, mas o FeF$_4$ não existe. Os halogenetos binários FeX$_3$ e FeX$_2$ são conhecidos para todos os halogênios. O ferro forma tanto o sulfeto, FeS, como o dissulfeto, FeS$_2$, que é encontrado naturalmente como pirita de ferro, o "ouro-dos-trouxas", sendo um complexo do íon dissulfeto S$_2^{2-}$ (Seção 16.14).

O rutênio metálico é oxidado pelo ar à temperatura ambiente formando uma camada de RuO$_2$ que o torna passivado, requerendo temperaturas elevadas para ser oxidado completamente a RuO$_2$. O ósmio, ao contrário, é lentamente oxidado pelo ar, formando o OsO$_4$ volátil. Quando o oxidante não está em excesso, forma-se um pó preto cristalino de dióxido de ósmio, OsO$_2$. Os dióxidos de Ru e de Os possuem a estrutura do rutílio. O RuO$_4$ pode ser obtido com o uso de oxidantes fortes, sendo instável em relação à sua decomposição em RuO$_2$ e O$_2$; tanto o RuO$_4$ como o OsO$_4$ são amarelos, voláteis e extremamente tóxicos. O RuO$_2$ possui algum uso como um catalisador na obtenção eletrolítica do oxigênio em pilhas a combustível (Seção 25.16).

São conhecidos os tetra, penta e hexafluoretos para Ru e Os, e os tetracloretos e tetrabrometos para o Os. São conhecidos todos os halogenetos de Ru no estado de oxidação +3 e também o brometo e o iodeto de Os nesse estado de oxidação.

(c) Pinictetos, óxidos e halogenetos complexos

Pontos principais: Os metais do Grupo 8 formam uma grande variedade de sólidos complexos, sendo que os de ferro possuem importantes propriedades magnéticas e eletrônicas.

As ferritas são os óxidos complexos com estrutura de espinélio do tipo AB$_2$O$_4$, onde B é geralmente Fe^{3+}, formados com um grande número de cátions divalentes (A). São exemplos o ZnFe$_2$O$_4$ e materiais em que o sítio A tem cátions mistos, tais como Mn$_{1-x}$Zn$_x$Fe$_2$O$_4$ (ferrita de zinco e manganês) e Ni$_x$Zn$_{1-x}$Fe$_2$O$_4$ (ferrita de níquel e zinco). Esses materiais são conhecidos como ferritas macias e, devido a suas propriedades ferromagnéticas e a magnetização facilmente reversível, eles são empregados em núcleos de transformadores, além de serem usados como pigmentos marrom e preto. As ferritas duras, como as ferritas de estrôncio e bário com composições $AFe_{12}O_{19}$, são excelentes ímãs permanentes. A granada de ferro e ítrio, $Y_3Fe_5O_{12}$, é usada em várias aplicações optomagnéticas.

Os supercondutores à base de ferro incluem os Ln(O,F)FeAs, onde Ln é um lantanídeo (La, Ce, Sm, Nd e Gd), com temperaturas críticas de supercondutividade (T_c) de até 53 K; os arsenetos LiFeAs e NaFeAs (T_c de 18 K e 25 K, respectivamente). Nesses pinictetos e oxopinictetos, o ferro está em camadas, coordenado com o arsênio, enquanto que os cátions mais eletropositivos e os óxidos, quando presentes, estão em camadas intercaladas.

Em seus estados de oxidação intermediários, ósmio e rutênio formam óxidos complexos tais como o $Pb_2Os(+5)_2O_7$, com a estrutura do pirocloro. Em seus estados de oxidação mais altos, todos os metais do Grupo 8 formam óxidos complexos com oxoânions isolados como o $BaFeO_4$ (FeO_4^{2-} tetraédrico), o Na_4FeO_4 (FeO_4^{4-}, Fe^{4+}, d^4, tetraedro distorcido por efeito Jahn-Teller para uma forma achatada) e o K_2OsO_5 (OsO_5^{2-}, bipiramidal trigonal).

(d) Compostos de coordenação

Pontos principais: Todos os metais do Grupo 8 formam complexos octaédricos; em solução aquosa, o balanço entre os complexos de ferro de spin alto e spin baixo é um tanto delicado.

Embora existam complexos de ferro com alto estado de oxidação derivados dos ânions FeO_4^{2-} e FeO_4^{4-}, os íons Fe(II) e Fe(III) são os mais comuns em solução. Os complexos de Fe(III) são geralmente octaédricos e podem ser oxidantes. O balanço entre os complexos de spin alto e spin baixo é aqui muito delicado, sendo os complexos com ligantes de campo fraco (por exemplo, água e halogenetos) de spin alto, enquanto que os complexos com ligantes de campo forte (por exemplo, cianeto e bpy) são de spin baixo. É possível haver complexos de Fe(III) que mudam de spin baixo para spin alto com temperatura, pressão, ou solvente (*spin-crossover complexes*, em inglês). O Fe(III) é relativamente duro e liga-se favoravelmente ao oxigênio dos ligantes; seu poder polarizante significa que as soluções de $[Fe(H_2O)_6]^{3+}$ são relativamente ácidas e formam espécies como $[Fe(H_2O)_5(OH)]^{2+}$ e $[(H_2O)_5Fe(\mu-O)[Fe(H_2O)_5]^{4+}$ em solução. Os complexos de Fe(II) são geralmente octaédricos e redutores: dessa forma, o $[Fe(H_2O)_6]^{2+}$ é oxidado pelo ar formando compostos de Fe(III). Quando o Fe(II) está complexado com ligantes de campo forte como cianeto ou fenantrolina, os complexos tornam-se de spin baixo e, com uma configuração eletrônica d^6, substancialmente estabilizados e relativamente inertes.

A química de coordenação do rutênio e ósmio nos seus estados de oxidação mais altos apresenta íons octaédricos $[MX_6]^{2-}$, com os halogenetos e alguns oxoânions complicados como o $[Ru_4O_6(H_2O)_{12}]^{4+}$ (**23**). Em seus estados de oxidação mais baixos, a química de coordenação desses elementos é dominada por complexos octaédricos de spin baixo, com o Ru apresentando um número surpreendentemente alto de complexos estáveis com estado de oxidação +2. O complexo $[Ru(bpy)_3]^{2+}$ geralmente é utilizado como um fotossensibilizador: a luz visível excita um elétron do Ru para um orbital antiligante do ligante bpy produzindo o estado de oxidação +3.

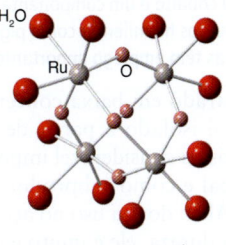

23 $[Ru_4O_6(H_2O)_{12}]^{4+}$

(e) Compostos organometálicos

Pontos principais: Os metais do Grupo 8 formam complexos bis(ciclopentadienila) estáveis e uma grande variedade de clusters com a carbonila.

Os compostos organometálicos dos metais do Grupo 8 incluem o mais icônico de todos os complexos organometálicos, o ferroceno (**24**). A descoberta do ferroceno, no início dos anos 1950, e a subsequente elucidação do modo de ligação desse composto de 18 elétrons foi o ponto de partida de toda a química organometálica moderna (Capítulo 22). O rutênio e o ósmio formam complexos sanduíche similares, conhecidos como rutenoceno e osmoceno. Todos esses três compostos são muito estáveis e podem ser manuseados e até mesmo sublimados ao ar sem maiores precauções. Quando ferro metálico finamente dividido é tratado com monóxido de carbono, forma-se uma carbonila bipiramidal trigonal de 18 elétrons $[Fe(CO)_5]$ (**25**). A perda de um monóxido de carbono do $[Fe(CO)_5]$ leva à formação de clusters como $[Fe_2(CO)_9]$ (**26**) e $[Fe_3(CO)_{12}]$ (Seção 22.20). A carbonila estável mais simples formada pelo Ru e pelo Os é de fato o cluster $[M_3(CO)_{12}]$ (**27**). Os complexos organometálicos dos metais do Grupo 8 contendo combinações de carbonila, ciclopentadienila e muitos outros ligantes são facilmente obtidos. Existe um grande número de compostos do tipo cluster contendo metais do Grupo 8.

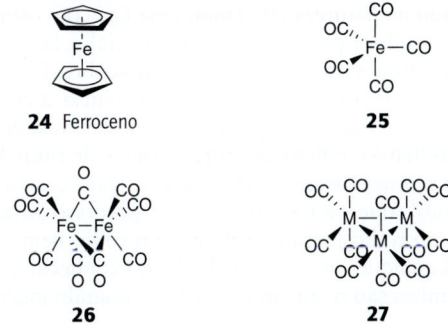

Os complexos de carbeno com rutênio, como (**28**), participam da reação de metátese de alquenos que resultou no Prêmio Nobel de 2005 para Grubbs, Chauvin e Schrock (Seção 25.3).

19.9 Grupo 9: cobalto, ródio e irídio

(a) Ocorrência e usos

Pontos principais: O cobalto é um componente importante de muitos aços, e seus sais são usados há milênios como pigmentos; o ródio e o irídio são muito raros, mas têm emprego importante como catalisadores.

O cobalto é encontrado em baixa concentração em muitas rochas e solos e foi isolado a partir de um meteorito em 1819. O cobalto possui considerável importância econômica e sua fonte principal é como subproduto da mineração do cobre e do níquel. Além do seu uso no aço, no qual contribui para o aumento da dureza, ele é muito empregado em ímãs. Os compostos de cobalto vêm sendo usados há milênios para dar uma cor azul intensa a vidros, esmaltes e cerâmicas: o cobalto foi detectado em esculturas egípcias, joalheria persa do terceiro século a.C. e nas ruínas de Pompeia (destruída em 79 d.C.). A vitamina B_{12}, também conhecida como cobalamina, possui um centro de cobalto organometálico no seu sítio ativo; embora necessária apenas em quantidades traço, a cobalamina é essencial para toda vida animal. As enzimas que contêm cobalamina catalisam rearranjos envolvendo radicais e reações de transferência de metila, e o seu sítio ativo foi um dos primeiros a ter a sua estrutura determinada por raios X. A maioria dos sais de cobalto é considerada não tóxica.

O ródio é um dos elementos de ocorrência natural menos abundantes na Terra, sendo encontrado em quantidades muito pequenas como metal livre. A fonte normal do elemento é como subproduto do refino do cobre e do níquel, sendo isoladas apenas cerca de 20 toneladas por ano. O ródio metálico é altamente resistente à oxidação e muito reflexivo: ele é usado, como um filme fino, para revestir fibras ópticas, espelhos especiais e refletores dos faróis de automóveis. O principal uso, responsável por 80% de todo o ródio, é como componente de conversores catalíticos nos sistemas de exaustão dos automóveis. Compostos de ródio também são usados no processo Monsanto para obtenção do ácido acético (etanoico) (Seção 25.9), em que eles catalisam a carbonilação do metanol.

O irídio é conhecido como o metal mais resistente à corrosão, mas, por ser muito raro, apenas em torno de 3 toneladas por ano são extraídas e usadas. A maior parte do irídio encontrado na natureza está como uma liga com ósmio (osmirídio), sendo a principal fonte comercial a lama anódica que se forma no refino eletrolítico do cobre. Os usos do irídio devem-se à sua dureza e sua resistência à corrosão: ele é usado em ligas com o ósmio em rolamentos, penas de canetas-tinteiro e refletores em telescópios de raios X. Sais de irídio são usados no processo Cativa para carbonilação do metanol, que está substituindo o processo Monsanto baseado no ródio (Seção 25.9). Nem o ródio nem o irídio possuem qualquer importância biológica conhecida, mas os sais de ambos são relativamente tóxicos quando ingeridos.

(b) Compostos binários

Pontos principais: O maior estado de oxidação para os metais do Grupo 9 é encontrado nos fluoretos, sendo de +6 para o ródio e o irídio e de +4 para o cobalto; o estado de oxidação mais estável para o cobalto é o +2 e para o ródio e o irídio é o +3.

Os compostos com maior estado de oxidação para os metais do Grupo 9 estão restritos aos fluoretos RhF_6, IrF_6, RhF_5, IrF_5 e MF_4 e aos óxidos RhO_2 e IrO_2 (com estrutura de rutilo); os fluoretos são fortemente oxidantes e geralmente instáveis. O IrO_2 é o óxido estável de irídio, e o ródio forma o Rh_2O_3, mais comum. O cobalto forma relativamente poucos compostos binários no estado de oxidação +3 (os fluoretos) e em parte no óxido Co_3O_4; ele forma um número um pouco maior de compostos em solução, sob a forma de compostos de coordenação. Para o ródio e o irídio, o estado de oxidação +3 é o mais estável e o mais desenvolvido: são conhecidos todos os halogenetos, bem como os óxidos. O cobalto é mais frequentemente encontrado no estado de oxidação +2, com todos os quatro halogenetos e os óxidos sendo bem conhecidos.

(c) Óxidos e halogenetos complexos

Ponto principal: Os pigmentos de cobalto fortemente coloridos possuem Co^{2+} coordenado tetraedricamente.

O $LiCoO_2$ possui uma estrutura em camadas formadas por octaedros $Co(III)O_6$ ligados e separados por íons lítio; esse lítio pode ser em parte removido eletroquimicamente, permitindo o uso desse material em sistemas de baterias recarregáveis (Seção 24.6). O $CoAl_2O_4$ possui o Co(II) em um sítio tetraédrico, produzindo uma cor azul-real intensa para esse composto com estrutura de espinélio; ele é muito usado como pigmento. Outros compostos e óxidos complexos também podem conter cobalto(II) coordenado tetraedricamente, como o vidro brilhante de azul de cobalto formado pela adição de Co^{2+} aos silicatos.

(d) Compostos de coordenação

Pontos principais: O cobalto forma mais complexos tetraédricos do que qualquer outro metal d, embora o ródio e o irídio formem, na maioria das vezes, complexos octaédricos.

A química de coordenação do cobalto em meio aquoso é dominada pelo Co(II) e pelo Co(III), sendo o balanço de estabilidade entre os dois estados de oxidação dependente dos ligantes: o $[Co(H_2O)_6]^{3+}$ oxida a água, liberando oxigênio e formando $[Co(H_2O)_6]^{2+}$, enquanto que o $[Co(NH_3)_6]^{2+}$ é oxidado pelo ar, formando $[Co(NH_3)_6]^{3+}$. O cobalto(II) forma complexos tanto octaédricos como tetraédricos, com o cobalto(II) formando mais complexos tetraédricos do que todos os outros metais d; isso ocorre porque para a configuração d^7 a diferença de EECL para as geometrias octaédrica e tetraédrica é mínima (Seção 20.1). Todos os complexos tetraédricos são de spin alto, assim como para a maioria dos octaédricos; em geral os complexos octaédricos são rosados ou vermelhos, e os tetraédricos são intensamente azulados. Os complexos de cobalto(III) são geralmente octaédricos, e a maioria deles são d^6, de spin baixo e inertes.

A química de coordenação do ródio e do irídio é totalmente dominada pelos complexos octaédricos d^6 de spin baixo do cátion M^{3+}. A dissolução de MCl_3 em HCl(aq) resulta em todos os complexos possíveis entre $[M(H_2O)_6]^{3+}$ e $[MCl_6]^{3-}$, dependendo da concentração do cloreto. São conhecidos muitos outros complexos com doadores duros como a amônia.

(e) Compostos organometálicos

Pontos principais: Os metais do Grupo 9 formam complexos de 18 elétrons, assim como complexos quadráticos planos de 16 elétrons cataliticamente ativos.

As menores carbonilas neutras conhecidas para os metais do Grupo 9 são os compostos $[Co_2(CO)_8]$ (**29**), dimérico, e os $[Rh_4(CO)_{12}]$ e $[Ir_4(CO)_{12}]$ (**30**), tetrâmeros, sendo também conhecidos outros clusters maiores. Essas carbonilas complexas são precursoras úteis que levam aos complexos cataliticamente ativos usados em reações de hidroformilação (Seção 25.5) e carbonilação (Seção 25.9).

29 — Co₂(CO)₈ estrutura com pontes carbonila

30 — M₄(CO)₁₂ estrutura tetraédrica

Os complexos bis(ciclopentadienila) neutros devem ser espécies de 19 elétrons, mas apenas o cobalto forma espécies monoméricas simples. Acredita-se que o ródio forma uma espécie monomérica em fase gasosa em temperaturas abaixo de –196°C, mas sabe-se que forma um dímero (no qual a contagem formal de elétrons contabiliza 18 para cada átomo de ródio) sob condições normais:

$$2\ \text{Cp}_2\text{Rh} \rightleftharpoons (\text{Cp}_2\text{Rh})_2$$

Os três metais, entretanto, formam cátions $[(Cp)_2M]^+$ de 18 elétrons que apresentam grande estabilidade. As espécies mono(ciclopentadienila), como (**31**) e (**32**), têm uma química rica, incluindo a área de ativação de alcanos.

31 — CpRh(PPh₃)(η²-alceno)

32 — CpIr(PPh₃)(Me)(OTf)

Os complexos quadráticos planos de 16 elétrons de Rh(I) e Ir(I) estão formalmente no estado de oxidação +1. Os complexos desse tipo, tal como o histórico complexo de Vaska (**33**), são geralmente adequados para formar complexos M(III), octaédricos de 18 elétrons, por meio de reações de adição oxidativa. Exemplos de reações catalíticas que usam as adições oxidativas facilmente acessíveis incluem os catalisadores de hidrogenação homogênea (catalisador de Wilkinson, Seção 25.4) e a síntese de ácido etanoico via carbonilação do metanol (Seção 25.9). É interessante notar que o primeiro processo industrial para a carbonilação do metanol usava um catalisador de cobalto, a segunda geração usava catalisadores de ródio e a geração atual emprega catalisadores de irídio.

33 — trans-IrCl(CO)(PPh₃)₂ (complexo de Vaska)

19.10 Grupo 10: níquel, paládio e platina

(a) Ocorrência e usos

Pontos principais: Os três metais do Grupo 10 têm usos importantes: a maioria do níquel é utilizada em aços, e o paládio e a platina são usados em catalisadores.

O níquel ocorre de forma abundante na crosta terrestre e acredita-se que ele constitua cerca de 10% de núcleo da Terra. Geralmente o níquel é encontrado junto ao ferro nos minerais laterita, como na limonita de níquel e ferro, (Fe, Ni)O(OH), ou sulfetos magmáticos como a pentlandita, $(Ni, Fe)_9S_8$, embora grandes reservas de millerita, NiS, sejam encontradas próximas a Sudbury, Ontário, no Canadá, a qual imagina-se que tenha sido formada pelo impacto de um meteorito gigante. A ustulação convencional ao ar seguida de redução com coque forma níquel com ~75% de pureza, que é apropriado para o emprego na maioria das ligas. O níquel de alta pureza é produzido via eletrólise ou via processo Mond. O processo Mond (1890) baseia-se na volatilidade do $[Ni(CO)_4]$, uma molécula cuja fórmula foi estabelecida dois anos antes, mas cujas ligações ainda eram inexplicáveis (Seção 22.5). Resumidamente, o monóxido de carbono é passado sobre níquel finamente dividido formando a sua carbonila, que é arrastada para uma região de alta temperatura onde se decompõe novamente em níquel e monóxido de carbono (que é, então, reciclado). Esse processo são usados no recobrimento com níquel: a peça quente é colocada em um fluxo de $[Ni(CO)_4]$ que se decompõe sobre a superfície, depositando o níquel. Cerca de 60% do níquel são usados nas ligas de aço resistentes à corrosão, e o restante é usado em outras ligas ou para recobrimento. O níquel raramente participa das formas de vida superiores, mas é um elemento importante no mundo microbiano, no qual é encontrado nas enzimas que catalisam a oxidação do H_2, a produção do H_2 e a redução do CO_2, reações de grande interesse para a área de energia renovável. Um uso particularmente importante do Ni em biologia é como o metal catalítico do centro ativo da urease, uma enzima produzida pelo patógeno *Helicobacter pylori*, responsável pelas úlceras gástricas e pelo câncer de estômago. Algumas pessoas desenvolvem dermatites quando expostas ao níquel metálico, embora a maioria dos seus sais não seja tóxica; o $[Ni(CO)_4]$ é extremamente tóxico, mesmo em doses muito pequenas.

O paládio não é particularmente raro e ocorre na natureza em combinação com o ouro e a platina; entretanto, grande parte do paládio é obtida como um subproduto do refino do níquel. A maior parte do paládio refinada hoje é usada em conversores catalíticos no escapamento dos carros, pois auxilia na oxidação parcial dos hidrocarbonetos queimados. Outras aplicações ocorrem em odontologia, joalheria e na fabricação de microcapacitores. Os químicos sintéticos fazem uso significativo do paládio, tanto como um catalisador de hidrogenação (normalmente suspenso no carbono) ou em uma das muitas reações de formação de ligação carbono-carbono catalisadas por paládio e pelas quais foi dado o Prêmio Nobel de Química de 2010 (Seção 25.8). O paládio não tem atividade biológica conhecida, embora o $PdCl_2$ já tenha sido prescrito para a tuberculose, sem qualquer efeito prejudicial ou até mesmo benéfico.

Embora relativamente rara, a platina é encontrada como um metal nativo no planeta. Muitas civilizações antigas já trabalharam com esse metal, embora ele não tenha sido reconhecido como um novo elemento até 1750. Atualmente, ele é extraído na África do Sul, na Rússia e no Canadá, mas geralmente é obtido do refino do cobre e do níquel. Como um metal puro, a platina é branco-prateada, lustrosa, dúctil e maleável (ela é o mais dúctil de todos os metais puros). Ela não sofre oxidação ao ar em qualquer temperatura, é resistente a muitos produtos químicos e possui um ponto de fusão muito alto (1768°C). Assim, quando as condições exigem, peças de platina (cadinhos, eletrodos, etc.) são comumente usadas no laboratório. Essas propriedades também são responsáveis pelo seu segundo uso mais importante: joalheria. Esse é o distintivo associado à platina, sendo ela frequentemente considerada mais valiosa do que o ouro. Atualmente o principal emprego da platina é em conversores catalíticos. Apesar de a platina não possuir papel biológico conhecido, compostos derivados da cis-[PtCl$_2$(NH$_3$)$_2$] (cisplatina; Seção 27.1) são muito utilizados em tratamentos contra o câncer; sabe-se que a platina liga-se ao DNA, impedindo a duplicação da célula.

(b) Compostos binários

Ponto principal: O estado de oxidação mais comumente observado para os metais do Grupo 10 é o +2.

Todos os três metais do Grupo 10 formam compostos no estado de oxidação +2, os quais são muito estáveis em condições normais. Oxidação adicional é relativamente fácil para a platina, levando ao estado +4 e até mesmo +6. Assim, são conhecidos os compostos MX$_2$ para todos os metais e todos os halogênios; os compostos PtX$_4$ são conhecidos para todos os halogênios, mas MF$_4$ é conhecido apenas para Ni e Pd. O PtF$_6$, fortemente oxidante, pode oxidar tanto o dioxigênio como o xenônio. São conhecidos os óxidos MO e os sulfetos MS para todos os metais, e também podem ser isolados o dióxido PtO$_2$ e o Pt$_3$O$_4$ de valência mista. O NiO possui a estrutura do sal-gema (coordenação octaédrica do Ni^{2+} e do O^{2-}), embora o PdO e o PtO tenham uma estrutura na qual o metal tem coordenação quadrática plana.

O paládio absorve hidrogênio facilmente à temperatura ambiente para formar um hidreto intersticial com uma densidade de hidrogênio maior do que a do próprio hidrogênio sólido. Pode-se obter uma forma porosa de níquel, conhecida como níquel Raney, que tem grande capacidade de absorver hidrogênio e fornecê-lo a substratos orgânicos.

(c) Hidróxidos, hidretos e óxidos complexos

Pontos principais: Os hidróxidos de níquel são usados em pilhas e os óxidos em pilhas a combustível sólidas.

As pilhas recarregáveis de hidreto de níquel baseiam-se na transformação entre Ni(OH)$_2$ e NiO(OH) no eletrodo positivo. A forma α do Ni(OH)$_2$ usada nessas pilhas possui uma estrutura em camadas formada pelo compartilhamento dos octaedros de Ni(OH)$_6$ pelas faces.

A reação da liga de LaNi$_5$ com hidrogênio gasoso leva à formação do complexo LaNi$_5$H$_6$, que contém mais hidrogênio por unidade de volume do que o hidrogênio líquido. O aquecimento desse material à pressão reduzida libera o hidrogênio, tornando esse material de interesse para a estocagem de hidrogênio na qual o peso não seja um fator crítico.

Compósitos de NiO e zircona estabilizada com ítrio são usados como anodos ativos altamente catalíticos em pilhas a combustível de óxidos sólidos, sendo o niquelato de lantânio, La$_2$NiO$_{4+\delta}$ ($0 \leq \delta \leq 0{,}2$), usado como catodo. O dióxido de titânio dopado com óxidos de níquel e antimônio, (Ti$_{0{,}85}$Ni$_{0{,}05}$Sb$_{0{,}10}$)O$_2$, é usado como um pigmento amarelo em plásticos e esmaltes cerâmicos (Quadro 24.1).

(d) Compostos de coordenação

Pontos principais: Os complexos de níquel apresentam-se em muitas geometrias diferentes; os complexos de Pd(II) e Pt(II) são quadráticos planos.

Os complexos de Ni^{2+} em solução apresentam geometrias octaédricas (por exemplo, [Ni(H$_2$O)$_6$]$^{2+}$), bipiramidal trigonal (por exemplo, [Ni(CN)$_5$]$^{3-}$, em combinação com alguns cátions), piramidal de base quadrada (por exemplo, [Ni(CN)$_5$]$^{3-}$, em combinação com alguns cátions), tetraédrica (por exemplo, [NiCl$_4$]$^{2-}$) e quadrática plana (por exemplo, [NiCN)$_4$]$^{2-}$). Ao contrário, os complexos de Pd^{2+} e Pt^{2+} são quase que invariavelmente quadráticos planos, consistente com sua configuração d^8 (Seções 7.7 e 20.1). A platina (e, em menor proporção, o paládio) no estado de oxidação +4 apresenta um razoável conjunto de diferentes complexos: estes complexos são octaédricos d^6 de spin baixo e geralmente são muito inertes.

(e) Compostos organometálicos

Pontos principais: O níquel forma a carbonila homoléptica [Ni(CO)$_4$], mas os complexos equivalentes de paládio e de platina são desconhecidos; os complexos organometálicos quadráticos planos de paládio são muito usados em catálise.

Os compostos organometálicos dos metais do Grupo 10 incluem dois compostos históricos, a tetracarbonila de níquel e o K[(CH$_2$=CH$_2$)PtCl$_3$], conhecidos como sal de Zeise (Seção 22.9). O [Ni(CO)$_4$] é uma espécie tetraédrica de 18 elétrons usada como precursora para muitos outros complexos de níquel(0), mas os complexos correspondentes de Pd e Pt não são conhecidos em condições normais. É no estado de oxidação +2 que os metais do Grupo 10 apresentam o maior número de complexos: eles são quase todos compostos quadráticos planos de 16 elétrons, como o sal de Zeise. A adição oxidativa (Seção 22.22) a esses complexos é geralmente fácil, formando complexos octaédricos de 18 elétrons (geralmente seguida de eliminação redutiva para gerar outra espécie M(II)). De forma semelhante, os complexos formalmente M(0) podem sofrer adição oxidativa, existindo muitos exemplos de reações catalíticas com paládio que utilizam esse tipo de rota, tais como reações de hidrogenação (Seção 25.4), o processo Wacker (Seção 25.6) e os métodos mediados por paládio para a formação de ligações carbono–carbono (Seção 25.8). Existe um grande interesse na ativação de alcanos simples pela platina, uma vez que os complexos organometálicos de platina parecem ter o melhor balanço de propriedades para servir de rota para realizar a funcionalização de hidrocarbonetos. Os complexos organometálicos de níquel são usados como catalisadores de hidrogenação e polimerização e na ciclotrimerização de alquinos para formar arenos.

19.11 Grupo 11: cobre, prata e ouro

(a) Ocorrência e usos

Pontos principais: Os metais do Grupo 11 vêm sendo usados há pelo menos 5.000 anos; os três são extremamente maleáveis.

Os três metais do Grupo 11 são conhecidos e empregados há pelo menos 5.000 anos, sendo usados como moeda desde a antiguidade devido ao seu alto valor.

O cobre é um metal macio e avermelhado e que possui alta condutividade elétrica e térmica. Apesar de sua superfície embaçar e formar um material com tom esverdeado e macio (azinhavre, um carbonato de cobre básico) quando sujeito a intempérie, ele não sofre corrosão em condições normais. Ele é facilmente trabalhado e pode ser produzido em forma de fios flexíveis; ele possui alta condutividade térmica e elétrica. O cobre é extraído regularmente em um volume de 15 milhões de toneladas por ano, e as reservas atuais economicamente viáveis têm duração prevista para apenas mais 15 a 20 anos. Os sulfetos minerais são ustulados, tratados com calcário e decompostos por aquecimento para formar o cobre impuro. A eletrólise desse material produz cobre com 99,99% de pureza; nesse processo forma-se embaixo do anodo uma lama com os outros metais que estavam presentes no cobre bruto, sendo essa a forma pela qual são obtidos muitos outros metais (Ag, Au, Ir, Os, Pd, Pt, Rh e Ru). A maior parte do cobre é usada em equipamentos elétricos e em encanamentos (incluindo os trocadores de calor), com aproximadamente 5% sendo usados em ligas como o latão. O cobre é muito importante na biologia: existem pelo menos 10 enzimas dependentes de cobre, sendo que todas as formas de vida superior dependem da citocromo c oxidase (Seção 26.8) para produzir energia. O cobre também é encontrado na hemocianina, uma proteína de cor azul responsável pelo transporte de O_2 nos artrópodes e moluscos; os sais de cobre também são usados como agentes fungicidas, sendo tóxica a ingestão de grandes quantidades.

A prata encontra-se muito dispersa, sendo obtida dos sulfetos minerais argentita (Ag_2S), clorargirita (AgCl) e pirargirita (Ag_3SbS_3), sendo também produzida como um subproduto do refino eletrolítico do cobre. A prata é um metal muito dúctil e maleável, com um lustro metálico branco brilhante que pode ter um alto grau de polimento, apesar de embaçar ao ar. Ela possui a maior condutividade térmica e elétrica de todos os metais. Além do seu emprego em joalheria, a prata é usada em espelhos e na indústria elétrica (em função da sua excelente condutividade). O uso dos sais de prata em filmes fotográficos tem diminuído com o progresso contínuo da fotografia digital. A prata não possui papel biológico conhecido, mas o cátion Ag^+ é mortal para vírus e bactérias e algumas vestimentas médicas e preparados contêm prata; um uso mundano dessa propriedade está na incorporação de baixos teores de prata metálica em vestimentas (por exemplo, nas meias) para prevenir o crescimento de bactérias que são responsáveis por odores desagradáveis.

O ouro era, tradicionalmente, o mais valorizado de todos os metais, embora hoje ele não seja o mais caro. Ele ocorre como metal em muitos locais, sendo obtidas, cerca de 2.000 toneladas por ano. O ouro é um metal amarelo brilhante bastante familiar e que não embaça; ele é o mais maleável de todos os metais, e 1 g (do tamanho de um grão de arroz) pode ser forjado em uma camada de mais de 1 m² de área. Seu uso tradicional em joalheria representa em torno de 75% da produção de ouro atual, sendo a maior parte do restante usada como investimento e quantidades significativas em contatos elétricos. Dependendo do tamanho, as nanopartículas de ouro coloidais variam da cor vermelha até a cor púrpura, tendo sido usadas como pigmentos em vidros e porcelanas por muitos séculos. Embora o ouro não tenha papel biológico conhecido, seus sais são usados para o tratamento de artrite reumatoide, e o metal vem sendo usado em odontologia por, pelo menos, 2.500 anos.

(b) Compostos binários

Ponto principal: O estado de oxidação +2 é o mais estável para o cobre; a maioria dos compostos de prata e o ouro encontra-se nos estados +1 e +3.

Todos os metais do Grupo 11 formam compostos binários nos estados de oxidação +1 e +2, com o ouro e a prata também apresentando compostos no estado de oxidação +3, sendo o ouro também capaz de formar o AuF_5. O cobre não forma compostos binários no estado +3, embora sejam conhecidos alguns fluoretos e óxidos complexos; o estado mais estável para o cobre é o +2, sendo conhecidos todos os halogenetos de Cu(II), exceto o iodeto, juntamente aos óxidos e sulfetos. Os compostos de Cu(I) são geralmente instáveis em relação à desproporcionação em solução, mas a posição de equilíbrio da reação pode ser afetada pela presença de ligantes. O Cu_2O (Fig. 19.7) é um sólido vermelho, estável, formado pela redução de soluções de Cu^{2+} e contém íons Cu^+ coordenados linearmente com o oxigênio. Ele é usado como pigmento e como um componente de tintas anti-incrustantes para cascos de navios. O CuO é um sólido marrom-escuro que contém Cu^{2+} em um arranjo quadrático plano.

Ao contrário do cobre, o estado de oxidação +2 não é comum para a prata e o ouro, e o Ag(II) é fortemente oxidante, embora o composto AgF_2 seja conhecido. Os halogenetos de prata e ouro no estado de oxidação +3 são conhecidos como AgF_3, AuF_3, $AuCl_3$ e $AuBr_3$. O óxido estável do ouro é o Au_2O_3, mas o de prata é o Ag_2O. O Ag_2O é usado nas baterias de óxido de prata, em que ele é reduzido em um par com o zinco. Também são conhecidos os sulfetos, que são semicondutores com pequena diferença de energia entre as bandas.

(c) Calcogenetos e halogenetos complexos

Pontos principais: Os complexos dos metais do Grupo 11 com elevado estado de oxidação podem ser estabilizados com os ânions fluoreto e óxido; óxidos complexos de cobre formam supercondutores de alta temperatura.

O estado de oxidação do Cu(III) pode ser estabilizado nos óxidos e fluoretos complexos, como $LiCuO_2$ e $CsCuF_4$, e o seu estado altamente oxidante, Cu(IV), é conhecido no Cs_2CuF_6. Fluoretos complexos de prata e de ouro com elevado estado de oxidação podem ser sintetizados como $KAgF_4$, $La(AuF_4)_3$ e $KAuF_6$.

Os supercondutores de alta temperatura são uma família de óxidos complexos de cobre. Após a descoberta do $La_{2-x}Ba_xCuO_4$ por Bednorz e Muller, em 1986, mais de 50 diferentes composições e estruturas de óxidos complexos de cobre foram descobertas. Nelas estão incluídas as fases amplamente estudadas $YBa_2Cu_3O_{7-d}$ (YBCO) e $Bi_2Sr_2CaCu_2O_8$ (BISCO). Esses compostos, cujas estruturas estão relacionadas à estrutura da perovskita, contêm o cobre em um estado de oxidação médio entre +2,15 e +2,35. A característica estrutural importante desses supercondutores é a camada formada por estruturas quadráticas planas de CuO_4 ligadas por todos os vértices, com uma composição global CuO_2 (Fig. 19.8).

O disseleneto de cobre e índio (CIS, $CuInSe_2$) e a sua forma dopada com gálio, o seleneto de gálio, índio e cobre (CIGS, $CuIn_{1-x}Ga_xSe_2$), são semicondutores importantes para as células fotovoltaicas, uma vez que seus elevados

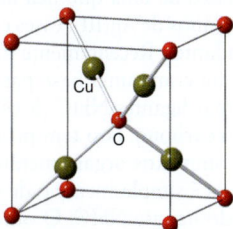

Figura 19.7* Estrutura do Cu_2O.

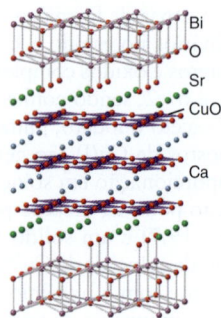

Figura 19.8* Estrutura do BISCO, mostrando a ligação dos CuO$_4$ quadráticos planos.

coeficientes de absorção para fótons com energia acima de 1,5V permitem que as células solares cheguem a uma eficiência próxima a 20%.

(d) Compostos de coordenação

Pontos principais: Os complexos de cobre(II) apresentam distorção de Jahn-Teller; os complexos de prata têm pouca preferência por uma geometria de coordenação; os complexos de Au(III) são quadráticos planos e os complexos de Au(I) são lineares.

A química de coordenação do cobre é dominada pela distorção Jahn-Teller (Seção 20.1) do íon Cu^{2+}, d^9: complexos octaédricos com dois ligantes opostos posicionados mais próximos ou mais afastados do que os outros quatro ligantes. O íon hexa-aqua é azul, e a substituição das águas por ligantes amino resulta em uma cor azul intensa. Os sais de Cu(I) são instáveis em solução, em relação à desproporcionação, sendo rapidamente convertidos em Cu e Cu(II). A química de coordenação da prata é dominada pelos complexos de Ag$^+$, d^{10}, que têm pouca preferência por uma geometria de coordenação específica: o [Ag(NH$_3$)$_2$]$^+$ é linear, o [Ag(NH$_3$)$_3$]$^+$ é trigonal e o [Ag(NH$_3$)$_4$]$^+$ é tetraédrico. Os complexos de Au(III) d^8 são invariavelmente quadráticos planos, como no [AuCl$_4$]$^-$, e os complexos de Au(I) são geralmente lineares.

(e) Compostos organometálicos

Pontos principais: Com exceção do ouro, a química organometálica dos metais do Grupo 11 não é muito extensa.

Os metais do Grupo 11 apresentam uma química organometálica um tanto restrita devido, principalmente, à predominância do estado de oxidação +1 de seus complexos organometálicos com configuração d^{10}. Os organometálicos de cobre são restritos essencialmente aos complexos simples η^1-alquila e η^1-arila de Cu(I): são conhecidos um pequeno número de compostos instáveis de carbonila e alguns exemplos de alquenos e arenos coordenados. Os organometálicos de prata são, da mesma forma, principalmente, complexos η^1-alquila e η^1-arila, embora existam relatos de uma química limitada de complexos d^8 quadráticos planos de Ag(III): esses complexos são bastante instáveis e oxidantes. Recentemente tornou-se popular o uso do óxido de prata como uma base para desprotonar sais de imidazólio e formar ligantes NHC (Seção 22.15) ligados à prata através de um carbono. Isso tem produzido um grande número de novos complexos organometálicos, mas na realidade o papel da prata é simplesmente o de servir como fornecedor conveniente do ligante NHC. O ouro apresenta a química organometálica mais desenvolvida de todos os metais do Grupo 11, com a química do Au(I) estando bem estabelecida e sendo complementada por vários complexos quadráticos planos reativos (mas não proibitivamente) e cataliticamente ativos de Au(III). São conhecidos complexos η^2-alquenos, mas nenhum complexo com hapticidade mais alta foi observado até o momento. Os únicos complexos carbonílicos com estabilidade razoável são o [Au(CO)Cl] e o [Au(CO)Br].

19.12 Grupo 12: zinco, cádmio e mercúrio

(a) Ocorrência e usos

Pontos principais: O zinco tem importância industrial e biológica; o cádmio é usado em pilhas e baterias; o mercúrio vem tendo o seu uso reduzido devido à sua toxicidade.

Embora não reconhecido inicialmente como um elemento, o zinco parece já ser usado há pelo menos 2.300 anos: certamente os romanos já conheciam o latão, uma liga de cobre e zinco. O zinco é atualmente o quarto metal mais usado (depois do Fe, Al e Cu) na Terra, com 10 milhões de toneladas ou mais produzidas por ano. Os principais minérios de zinco são a esfalerita e a wurtzita (ambos ZnS), que submetidos à ustulação formam o óxido que em seguida é reduzido com coque. Mais da metade do zinco produzido é usada para proteger o aço na forma de um recobrimento com zinco (galvanização). A maior parte do restante é usada como metal puro ou em ligas como o latão, ou como óxido. O óxido de zinco, ZnO, é empregado na vulcanização da borracha, em várias aplicações médicas, tais como na loção de calamina e em cremes antibacterianos, como pigmento branco, por exemplo em papel, e como um componente bloqueador de UV em plásticos. O sulfeto de zinco, ZnS, é usado como hospedeiro e ativador em muitos fósforos. Quando dopado com manganês e excitado por radiação UV ou raios X, ele emite luz laranja; quando dopado com prata, a cor produzida é azul. O ZnS dopado com Cu é um material fosforescente usado em tintas que brilham no escuro.

O zinco é o segundo metal d mais abundante na biologia e ocorre em mais de 200 diferentes enzimas. Ele participa, principalmente, como o metal do sítio ativo de um grande número de enzimas responsáveis pela catálise ácido-base, como a anidrase carbônica (Seção 26.9), e como metal formador de estrutura nos fatores de transcrição "dedos de Zn", que são proteínas que reconhecem as sequências específicas do DNA e processam o código genético. Também foi descoberto que o zinco desempenha um papel importante na neuroquímica; a maioria dos sais de zinco não é tóxica, e o óxido de zinco é usado como bloqueador solar e no tratamento de infecções de pele.

O cádmio é um metal macio azul prateado que embaça ao ar. Ele está presente como uma impureza em muitos minérios de zinco, e a obtenção do cádmio a partir dessas fontes fornece mais do que o suficiente para o consumo atual. Atualmente, cerca de 90% do cádmio são usados em pilhas recarregáveis, e o restante, em revestimentos de aços especiais. O cádmio no solo é absorvido por muitas plantas, mas não se conhece qualquer papel benéfico para isso, exceto nas diatomáceas marinhas (em que é encontrado na anidrase carbônica). Ele é um veneno cumulativo para a maioria dos animais, nos quais substitui, de forma irreversível, o zinco nas enzimas, destruindo suas funções.

O mercúrio é o único de todos os elementos metálicos que é um líquido à temperatura ambiente, o que é um resultado de uma combinação única de subcamadas cheias, efeitos relativísticos e contração dos lantanídeos. Reconhecido de imediato, o mercúrio é um líquido fascinante; um fluido metálico inconfundível sobre o qual se pode fazer o chumbo flutuar. O minério mais importante de mercúrio é o cinabre (HgS), que é ustulado a 500°C permitindo que o mercúrio metálico seja destilado. Como metal, o mercúrio é usado em termômetros, em lâmpadas (como vapor) e em várias ligas ("amálgamas"), inclusive algumas usadas em odontologia. O cinabre, também conhecido como vermelho de mercúrio, é usado de longa data como um pigmento vermelho: as pinturas paleolíticas datadas de, aproximadamente, 30.000 anos encontradas em cavernas na Espanha e na França foram feitas com vermelho de mercúrio. Com a crescente preocupação ambiental, o uso do mercúrio vem sendo eliminado de muitas aplicações. O mercúrio não tem papel biológico conhecido mas é muito venenoso (Quadro 19.3).

QUADRO 19.3 Metais tóxicos no meio ambiente

A biosfera evoluiu em estreita associação com todos os elementos da tabela periódica e tem tido um longo tempo para se adaptar a eles. Os metais são liberados das rochas pelo intemperismo e são processados por vários mecanismos, inclusive os biológicos. Na verdade, muitos metais foram aprisionados para funções bioquímicas essenciais (Capítulos 26 e 27), e outros sistemas bioquímicos evoluíram para sequestrar metais e mantê-los fora de uma rota de atuação perigosa. Entretanto, os ciclos biogeoquímicos naturais foram muito perturbados pela mineração, que aumentou muito o nível de circulação de vários metais desde os tempos pré-industriais.

Muitos metais, dentre eles Be, Mn, Cr, Ni, Cd, Hg, Pb, Se e As, são perigosos em ambientes ocupacionais e no meio ambiente. A exposição a esses elementos varia muito e depende dos seus padrões de uso industrial e da sua química ambiental. Os metais que causam maior preocupação ambiental são os metais pesados, tais como o mercúrio, que por ser quimicamente muito macio liga-se fortemente aos grupos tióis das proteínas.

O efeito de uma substância sobre um organismo vivo é frequentemente indicado graficamente por uma *curva dose-resposta*, tal como mostrado na Fig. Q19.6. O formato das curvas dose-resposta para diferentes metais varia bastante, dependendo das variáveis fisiológicas e da química do metal. Por exemplo, o ferro e o cobre são elementos essenciais, mas têm curvas dose-resposta muito diferentes: a toxicidade para o cobre ocorre em concentrações muito mais baixas do que para o ferro. É razoável associar essa toxicidade com a maior afinidade dos íons cobre pelos ligantes sulfurados e nitrogenados, o que torna o cobre mais provável de interferir em sítios cruciais das proteínas. Apesar disso, o ferro é prejudicial em doses mais altas, pois pode catalisar a produção de radicais oxigênio e também porque o excesso de ferro pode estimular o crescimento de bactérias.

A capacidade de um elemento de se apresentar em um estado de oxidação alternativo pode ser de importância crucial para o perigo que ele representa. Por exemplo, as solubilidades de estados de oxidação diferentes de um determinado metal são frequentemente muito diferentes. Muitos metais são encontrados como sulfetos insolúveis na crosta terrestre e, dessa forma, estão imobilizados. Entretanto, quando eles são perturbados e postos ao contato com o ar que os oxida, eles podem se tornar muito móveis. Um exemplo é o sulfeto de mercúrio(II) que pode ser oxidado pelo ar a sulfato de mercúrio(II), o qual é móvel.

Outro efeito da oxidação é exemplificado pelo ferro, que ocorre frequentemente como mineral pirita, FeS_2. As operações de mineração frequentemente produzem um efluente ácido devido à reação:

$$FeS_2 + \tfrac{15}{4} O_2 + \tfrac{7}{2} H_2O \rightarrow Fe(OH)_3 + 2\, SO_4^{2-} + 4\, H^+$$

Nesse processo (geralmente catalisado por certas bactérias), o S_2^{2-} é oxidado a ácido sulfúrico e o Fe^{2+} é oxidado a Fe^{3+}, que hidrolisa formando $Fe(OH)_3$ e produzindo mais íons H^+. Os efluentes oriundos de minas de ferro, muitas delas abandonadas, são, portanto, muito ácidos.

As condições de oxirredução podem ter efeitos opostos na solubilidade de diferentes metais. Assim, enquanto o manganês é móvel sob condições redutoras, outros metais são mobilizados sob condições oxidantes. Por exemplo, o Cr(III) fica imobilizado ao formar um óxido insolúvel ou complexos cineticamente inertes com os constituintes do solo; além disso, não há um mecanismo para transportar íons Cr(III) livres através das membranas biológicas. Entretanto, o Cr(III) solubiliza-se ao ser oxidado para o íon cromato(VI), $[CrO_4]^{2-}$. O cromato(VI) é altamente tóxico, estando envolvido na formação de câncer. O íon $[CrO_4]^{2-}$ tem a mesma forma e carga do SO_4^{2-} e pode ser levado através de membranas biológicas pelas proteínas transportadoras de sulfato. Uma vez dentro da célula, o cromato

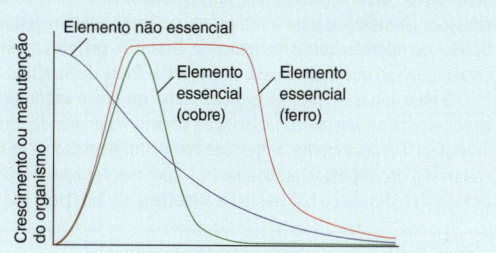

Figura Q19.6 Curvas dose-resposta idealizadas para um elemento não essencial e dois elementos essenciais.

é convertido em complexos de Cr(III) por redutores endógenos, como o ascorbato. Nesse processo, são geradas espécies reativas de oxigênio que podem danificar o DNA; além disso, o próprio Cr(III) produzido no processo de redução pode complexar e fazer ligações cruzadas com o DNA. O Cr(III) acumula-se dentro das células expostas ao cromato, uma vez que ele não possui um mecanismo para atravessar as membranas biológicas.

Para outros metais, a toxicidade é controlada pela conjunção do transporte pela membrana e da ligação intracelular com cada estado de oxidação. Por exemplo, os sais de mercúrio são relativamente inofensivos, pois as membranas, que apresentam uma barreira às espécies iônicas são impermeáveis ao Hg^{2+}. Da mesma forma, o mercúrio metálico não é absorvido pelo intestino e, portanto, ele não é tóxico quando ingerido. Entretanto, o vapor de mercúrio é altamente tóxico (por isso todo derramamento de mercúrio deve ser rigorosamente sanado), pois os átomos neutros passam facilmente através das membranas dos pulmões e também através da barreira sangue-cérebro. Uma vez no cérebro, o Hg(0) é oxidado a Hg(II) pela vigorosa atividade oxidante da mitocôndria das células do cérebro, e o Hg(II) liga-se fortemente a importantes grupos tiolato das proteínas neuronais. O mercúrio é uma poderosa neurotoxina, mas somente se ele chegar ao interior das células nervosas. Ainda mais perigosos do que o vapor de mercúrio são os compostos organomercuriais, particularmente o metilmercúrio. Assim, o CH_3Hg^+ é absorvido pelo intestino ao ser complexado pelo cloreto do estômago, formando CH_3HgCl, o qual, sendo eletricamente neutro, pode atravessar as membranas. Uma vez dentro das células, o CH_3Hg^+ liga-se aos grupos tiolato e acumula.

A toxicidade ambiental do mercúrio está associada quase que inteiramente à ingestão de pescado. O metilmercúrio é produzido pela ação de bactérias redutoras de sulfato no Hg^{2+} dos sedimentos e se acumula à medida que os peixes pequenos são ingeridos pelos peixes maiores na cadeia alimentar aquática. Em qualquer lugar, os peixes têm algum nível de mercúrio presente. Os níveis de mercúrio podem aumentar drasticamente se os sedimentos forem contaminados por mercúrio adicional. O pior caso conhecido de envenenamento por mercúrio ambiental ocorreu na década de 1950 na vila de pescadores japonesa de Minamata. Uma unidade industrial de cloreto de polivinila, usando Hg^{2+} como catalisador, despejou resíduos contendo mercúrio na baía, onde os peixes acumularam metilmercúrio em níveis que se aproximaram a 100 ppm. Milhares de pessoas foram envenenadas ao se alimentarem desses peixes, e inúmeras crianças sofreram de disfunções mentais e perturbações locomotoras por exposição *in utero*. Esse desastre levou a padrões rígidos para o consumo de peixe. Recomenda-se um consumo limitado para os peixes no topo da cadeia alimentar, tais como os peixes de água doce lúcio (comum na América do Norte e Europa) e robalo e os peixes de água do mar como o atum e o espadarte (peixe-espada).

Ações regulatórias têm objetivado a redução dos despejos e emissões de mercúrio, e as fontes industriais têm sido muito controladas. As plantas cloro-álcali, que produzem grandes volumes de Cl_2 e NaOH pela eletrólise do NaCl, foram uma das principais fontes, uma vez que era usado um eletrodo de piscina de mercúrio para transferir o sódio metálico para um compartimento separado, onde era gerado o hidróxido. Entretanto, isso agora é feito separando-se os compartimentos dos dois eletrodos com uma membrana trocadora de cátions, que impede a migração dos ânions. Os processos de combustão também podem lançar mercúrio na atmosfera se o combustível contiver compostos de mercúrio. Enquanto que os incineradores de lixo urbano e hospitalar são equipados com filtros para reduzir as emissões de mercúrio para a atmosfera, o carvão contém pequenas quantidades de minerais contendo mercúrio. Dadas as grandes quantidades de carvão que são queimadas, essa é a principal fonte de mercúrio ambiental.

O mercúrio é um problema global, uma vez que o vapor de mercúrio e os compostos organomercuriais voláteis podem viajar grandes distâncias na atmosfera. Eventualmente, o mercúrio elementar é oxidado e os organomercuriais são decompostos, ambos em Hg^{2+}, por reações com o ozônio ou com os radicais hidroxila ou halogênio na atmosfera. Os íons Hg^{2+} são solvatados pelas moléculas de água e depositam-se por meio da chuva. Assim, a deposição do mercúrio pode ocorrer longe da fonte de emissão e este acaba distribuído quase que uniformemente ao redor do globo. Por exemplo, estima-se que somente um terço das emissões norte-americanas deposita-se de fato nos Estados Unidos, e estas respondem por somente metade do mercúrio depositado neste país. Mesmo os campos de ouro no Brasil contribuem para essa deposição, pois os garimpeiros usam mercúrio para extrair o ouro, o qual é recuperado aquecendo-se a amálgama resultante para expulsar o mercúrio. Estima-se que essa prática seja responsável por 2% das emissões globais de mercúrio (metade das emissões sul-americanas). Este quadro é ainda mais complicado pelo fato de que grande parte do mercúrio que se deposita volta a circular por processos que produzem compostos voláteis ou vapor de mercúrio. Por exemplo, grande parte da atividade de biometilação das bactérias redutoras de sulfato produz dimetilmercúrio, $(CH_3)_2Hg$, que, sendo volátil, é liberado para a atmosfera. Outras bactérias possuem uma enzima (a metilmercúrio liase) que quebra a ligação metil-mercúrio do CH_3Hg^+ e outra enzima (a metilmercúrio redutase) que reduz o Hg(II) resultante a Hg(0); esse é um mecanismo de proteção para os microrganismos, que se livram do mercúrio como Hg(0) volátil.

(b) Compostos binários

Pontos principais: A química do zinco e do cádmio é dominada pelo estado de oxidação +2: o mercúrio também forma complexos do cátion $[Hg_2]^{2+}$, que contém a ligação simples Hg–Hg.

A química do zinco e do cádmio é muito semelhante, e também similar à química dos metais do Grupo 2. A maioria das diferenças entre Zn e Cd pode ser atribuída ao tamanho maior do cádmio; as suas químicas são quase que exclusivamente a do estado M^{2+}, d^{10}, sendo conhecidos todos os óxidos, sulfetos e halogenetos. O zinco forma um hidreto estável, o ZnH_2. O mercúrio forma um grande número de compostos Hg^{2+}, mas também forma compostos do cátion $[Hg_2]^{2+}$ em que dois íons Hg estão ligados por uma ligação simples. Estudos recentes, em matriz à baixa temperatura, identificaram o HgF_4 que, com sua configuração d^8, implicaria que o mercúrio fosse um metal de transição, mas ele ainda está longe disso por ser esse o caso de um único composto.

O óxido de zinco tem duas formas polimorfas, wurtzita e blenda de zinco, com a primeira sendo a forma termodinamicamente mais estável. Em alta pressão, > 10 GPa, essas estruturas com coordenação 4:4 transformam-se na estrutura do sal-gema. Aquecendo-se o ZnO branco, ele perde uma pequena quantidade de oxigênio, reversivelmente, formando o $Zn_{1+x}O$ amarelo-forte, com zinco intersticial na forma de defeitos de Frenkel (Seção 3.16). O íon maior Cd^{2+} no CdO leva a uma estrutura de sal-gema. O HgO tem uma estrutura que contém unidades O–Hg–O lineares ligadas em cadeia (Fig. 19.9). Na forma policristalina, ele é um sólido vermelho, mas na forma de partículas pequenas, produzida por uma precipitação rápida a partir de uma solução, ele é amarelo. Sob aquecimento, ele se decompõe em mercúrio metálico e oxigênio gasoso, sendo essa a rota que Joseph Priestley utilizou para produzir pela primeira vez oxigênio puro, em 1774.

Assim como o ZnO, o ZnS é polimórfico, e os dois tipos de estrutura – wurtzita hexagonal e blenda de zinco cúbica (esfalerita) – foram nomeados com base na ocorrência dessas formas minerais naturais. O CdS apresenta o mesmo comportamento polimórfico do ZnS, formando estruturas com coordenação 4:4. Ele é amarelo e usado como um pigmento (amarelo de cádmio). O polimorfo mais estável do CdSe tem a estrutura da wurtzita; ele é vermelho e também usado como pigmento (vermelho de cádmio). O CdTe é um semicondutor com uma pequena diferença de energia entre as bandas, sendo usado em células fotovoltaicas. O HgS vermelho possui uma estrutura consistindo em hélices formadas por unidades S–Hg–S lineares. As propriedades semicondutoras e os usos dos calcogenetos do Grupo 12 são discutidos com mais detalhes no Quadro 19.4.

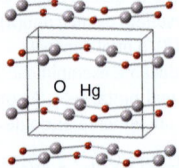

Figura 19.9* Estrutura do HgO.

QUADRO 19.4 Calcogenetos do Grupo 12: semicondutores, pigmentos e células solares

Os compostos dos elementos entre os Grupos 12 e 16 possuem várias aplicações importantes derivadas do seu comportamento semicondutor e de suas propriedades ópticas. Para estes calcogenetos metálicos, MX, a banda de valência é formada principalmente pelos orbitais das espécies X^{2-} e a banda de condução, pelos orbitais dos M^{2+}, dando origem a uma estrutura de bandas simples, como mostrado na Fig. Q19.7.

A diferença de energia entre as bandas cheia e vazia neste sistema depende das energias relativas dos orbitais M e X que contribuem para a formação das bandas, uma vez que elas influenciam tanto na largura das bandas como na separação entre os níveis M^{2+} e X^{2-}. Para um calcogeneto em particular, digamos o Se, à medida que percorremos a sequência Zn, Cd e Hg, descendo no grupo, os orbitais têm energias mais próximas, e a diferença de energia entre as bandas torna-se menor, enquanto que para a série MO → MS → MSe → MTe, o aumento de energia dos orbitais dos calcogenetos também diminui a diferença de energia entre as bandas. A diferença de energia entre as bandas para os compostos MX do Grupo 12 encontra-se na Tabela Q19.2.

A interação da luz com estes materiais com uma diferença de energia entre as bandas variável produz diversas aplicações importantes. A luz visível cobre a faixa de 1,76 eV (luz vermelha) até 3,1 eV (luz azul), e uma luz com energia suficiente irá promover um elétron da banda de valência para a banda de condução em um composto MX. Um semicondutor com uma grande diferença de energia entre as bandas como o ZnO (diferença de energia maior que 3,1 eV) irá absorver luz apenas no ultravioleta, o que faz com que ele seja empregado em cremes protetores solares; o ZnO e o ZnS também são usados como pigmentos brancos, uma vez que não absorvem luz na região do visível. Uma vez que a diferença de energia entre as bandas é menor em materiais como CdS e CdSe, a absorção move-se para a região do visível; o CdS absorve luz azul e o CdSe absorve todas as cores, com exceção da vermelha. Assim, o CdS é um sólido amarelo-forte (a cor complementar do azul; Fig. 8.14) e o CdSe é vermelho, o que permite que esses materiais sejam usados como pigmentos, sendo conhecidos pelos artistas como amarelo de cádmio e vermelho de cádmio. Tons intermediários, como o laranja, podem ser obtidos com a solução sólida $CdS_{1-x}Se_x$. Em materiais que apresentam uma pequena diferença de energia entre as bandas, como o CdTe e os sistemas mistos com metais do Grupo 12, (Cd,Hg)Te, a diferença de energia entre as bandas torna-se tão pequena que os materiais absorvem ao longo de todo o espectro ultravioleta, visível e no infravermelho próximo. Esse comportamento é empregado nas células solares baseadas no CdTe e nos detectores de radiação infravermelha que empregam telureto de mercúrio e cádmio.

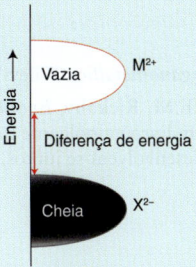

Figura Q19.7 A estrutura de bandas dos sais MX.

Tabela Q19.2 Diferenças de energia entre as bandas (eV) a 300 K

	O	S	Se	Te
Zn	3,37	3,54/3,91*	2,7	2,25
Cd	2,37	2,42	1,84	1,49
Hg/Cd	2,15	2,1(α)	0,8	~0,1

*Depende do polimorfo: esfalerita/wurtzita.

Os halogenetos de zinco, ZnX_2, são sólidos à temperatura ambiente e em fase gasosa são moléculas lineares X–Zn–X. O fluoreto de zinco, ZnF_2, possui elevado ponto de fusão e tem a estrutura do rutílio, enquanto que os outros três halogenetos possuem estruturas em camadas, baixos pontos de fusão e são muito solúveis em água. O cádmio, similarmente, forma um fluoreto com alto ponto de fusão (com a estrutura da fluorita) e os cloretos, brometos e iodetos de cádmio apresentam estruturas em camadas. O mercúrio forma HgX_2 e Hg_2X_2, embora, com exceção do Hg_2I_2, os compostos Hg_2X_2 desproporcionem facilmente em Hg e HgX_2. O composto Hg_2I_2, também conhecido como *protiodide*, foi usado no século XIX como um medicamento para tratar de acne a doença renal e, em particular, sífilis; os efeitos colaterais do *protiodide* eram tão ruins que a "cura" era mais temida do que própria doença.

EXEMPLO 19.2 A ligação metal-metal e os clusters

Sugira quais interações devem ser responsáveis pela ligação metal-metal e preveja a ordem de ligação no íon $[Hg_2]^{2+}$.

Resposta Precisamos avaliar os tipos de ligações que poderão ser formados a partir dos orbitais atômicos disponíveis em cada átomo metálico e a ordem de ligação resultante devido à ocupação desses orbitais. O estado de oxidação do mercúrio no $[Hq_2]^{2+}$ é Hg(I) e, portanto, sua configuração eletrônica é $d^{10}s^1$. Embora a sobreposição dos orbitais d, na forma mostrada na Fig. Q19.3, seja possível, os 20 elétrons d dos dois íons Hg irão preencher completamente os orbitais ligantes e antiligantes, resultando em nenhuma ligação efetiva. Assim sendo, a ligação deve originar-se da sobreposição dos orbitais s de cada íon e dos dois elétrons s remanescentes: construindo-se os orbitais σ ligante e antiligante, estando apenas o primeiro ocupado, teremos a formação de uma ligação simples Hg–Hg. Mesmo considerando-se algum grau de hibridação sd, a descrição continuará demandando o envolvimento dos orbitais s na ligação, e a ordem de ligação continuará sendo 1.

Teste sua compreensão 19.2 Descreva a estrutura provável do composto formado pela dissolução do Re_3Cl_9 em um solvente contendo PPh_3.

(c) Óxidos e halogenetos complexos

Ponto principal: Os íons zinco coordenados tetraedricamente formam estruturas porosas análogas às zeólitas.

O óxido de zinco é anfótero e, em condições básicas, as soluções formadas contêm os íons $[Zn(OH)_4]^{2-}$ tetraédricos. Estes podem se condensar em combinação com outras espécies tetraédricas, tal como o fosfato, formando estruturas em rede, porosas, análogas às zeólitas de aluminossilicatos (Seção 14.15), conhecidas como zincofosfatos. O fosfato de zinco, $Zn_3(PO_4)_2$, é usado como um revestimento resistente à corrosão para superfícies metálicas e como cimento dentário.

Relativamente poucos óxidos complexos de mercúrio foram sintetizados, embora seja digno de nota o $HgBa_2Ca_2Cu_3O_{8-x}$ ($0 \le x \le 0,35$) que detém o recorde de semicondutor com a maior temperatura crítica, 133 K.

(d) Compostos de coordenação

Pontos principais: São encontrados complexos tetraédricos e octaédricos com cátions M^{2+}; os complexos com o cátion $[Hg]^{2+}$ são lineares.

São conhecidos os complexos tetraédricos e octaédricos para os cátions M^{2+} dos metais do Grupo 12, e a falta de qualquer energia de estabilização do campo ligante para a configuração d^{10} significa que não existe uma forte preferência por qualquer das geometrias. Por exemplo, o cádmio forma o íon $[Cd(NH_3)_4]^{2+}$ tetraédrico em solução diluídas de amônia, mas forma o $[Cd(NH_3)_6]^{2+}$ em soluções mais concentradas; até mesmo o mercúrio forma complexos trigonais como o $[HgI_3]^-$. O Zn^{2+} está na fronteira entre o comportamento duro e macio e forma facilmente complexos com ambos os tipos de doadores, embora os cátions Cd^{2+} e o Hg^{2+} sejam definitivamente macios. Os complexos com o cátion $[Hg_2]^{2+}$ são normalmente lineares, do tipo X–Hg–Hg–X.

(e) Compostos organometálicos

Ponto principal: Os complexos organometálicos do Grupo 12 são poucos, mas têm empregos importantes.

Embora o dietil zinco tenha sido isolado inicialmente em 1848 e o uso em síntese dos reagentes dialquil e diaril zinco, R_2Zn, e de seus derivados esteja bem estabelecido como uma alternativa aos reagentes de Grignard e organilítio, o zinco apresenta, na verdade, uma química organometálica muito restrita. Os complexos organometálicos de zinco não ultrapassam mais do que quatro coordenações e nunca apresentam interações π. Assim, os compostos η^2-alqueno e η^5-ciclopentadienila são inacessíveis; da mesma forma, as carbonilas são desconhecidas. Similarmente, os organometálicos de cádmio e mercúrio estão restritos às alquilas e arilas com ligações σ. Os complexos organocádmio apresentam poucos aspectos interessantes e usos práticos. Os compostos organomercúrio, como os dialquilmercúrio e o diarilmercúrio, diferentemente dos reagentes equivalentes de lítio, magnésio e zinco, apresentam notável estabilidade em água e ao ar e, apesar da sua toxicidade, encontram muitos usos em pequena escala nos laboratórios de síntese.

LEITURA COMPLEMENTAR

J. Emsley, *Nature's building blocks*. Oxford University Press (2011). Um guia de A a Z dos elementos.

J.A. McCleverty e T.J. Meyer (eds.), *Comprehensive coordination chemistry II*. Elsevier (2004).

R.H. Crabtree, *The organometallic chemistry of the transition metals*. John Wiley & Sons (2009).

C. Elschenbroich, *Organometallics*. Wiley-VCH (2006).

R.J.P. Williams e R.E.M. Rickaby, *Evolution's destiny*. RSC Publishing (2012). Um livro empolgante que aborda como a vida e o meio ambiente desenvolvem-se juntos.

EXERCÍCIOS

19.1 Qual é o mais alto estado de oxidação do grupo observado para os metais de transição da primeira série? Dê um exemplo de uma espécie oxo no estado de oxidação do grupo para este íon metálico. Qual é o maior estado de oxidação do grupo observado na segunda e na terceira séries de transição? Compare a estabilidade descendo no grupo.

19.2 Use as informações do Apêndice 3 para construir os diagramas de Frost para os elementos do Grupo 6, Cr, Mo e W, em condições ácidas. Use esses diagramas para prever: (a) qual estado de oxidação de cada elemento é o mais oxidante; (b) se algum dos estados de oxidação é susceptível à desproporcionação.

19.3 Faça um esboço da estrutura dos seguintes íons: (a) dicromato(VI); (b) vanadila; (c) ortovanadato; (d) manganato(VI).

19.4 Explique por que o TiO_2, o V_2O_5 e o CrO_3 são compostos conhecidos, mas o FeO_4 e o Co_2O_9 ainda não foram preparados.

19.5 Qual das seguintes sentenças NÃO é verdadeira:

(a) A química do molibdênio apresenta maior semelhança com a química do tungstênio do que com a do cromo.

(b) Os estados de oxidação maiores são mais predominantes para os elementos de transição da segunda e da terceira séries.

(c) Os metais de transição possuem elevado volume atômico e, portanto, não são muito densos.

(d) As entalpias de atomização atingem um máximo no meio de uma série.

19.6 Procure as entalpias de ganho de elétron para o Cu, Ag e Au e as energias de ionização dos metais do Grupo 1. Discuta a estabilidade provável dos compostos $M^+M'^-$, onde M = metal do Grupo 1 e M' = metal do Grupo 11.

19.7 Explique por que os compostos isoestruturais HfO_2 e ZrO_2 têm densidades de 9,68 g cm^{-3} e 5,73 g cm^{-3}, respectivamente.

19.8 Use as informações do Apêndice 3 para construir o diagrama de Frost para o mercúrio em meio ácido. Comente a tendência de desproporcionação do $[Hg_2]^{2+}$.

19.9 Muitos compostos de metais d são usados como pigmentos. Sem considerar a cor, quais propriedades um composto precisa ter para ser empregado como um pigmento?

PROBLEMAS TUTORIAIS

19.1 Descreva e comente as tendências nos raios iônicos e nas estabilidades dos estados de oxidação mais altos ao se mover da segunda para a terceira série de transição.

19.2 Discuta sobre os benefícios e os custos do uso de ligas leves de titânio em comparação ao aço convencional (a) nos motores de carros e (b) nos aviões.

19.3 O TiO_2 pode ser manufaturado via processo cloreto ou processo sulfato. Enumere as vantagens e as desvantagens de cada um desses processos em termos das matérias-primas necessárias, da natureza do pigmento produzido e do impacto ambiental de cada processo.

19.4 O ferro é essencial a todas as formas de vida. Considere a solubilidade do Fe nos estados de oxidação +2 e +3 e combine essa informação com o estado de oxidação estável mais provável, em condições normais, para avaliar a biodisponibilidade do ferro. Considere como a atmosfera se transformou à medida que foi ocorrendo a fotossíntese formadora de oxigênio (Quadro 14.4) e comente como isso pode ter afetado a biodisponibilidade do ferro.

19.5 Compostos de cromo suportados em sílica são usados há muitos anos como catalisadores para a polimerização de olefinas. Escreva uma revisão sobre essa aplicação da química do cromo. Inclua nesta discussão os sistemas Phillips e Union Carbide e discuta também um artigo, de até dois anos atrás, envolvendo esse tema.

19.6 O ouro, a platina e o paládio são conhecidos como metais preciosos. Faça uma revisão sobre os seus usos em tecnologia e em outras áreas e discuta o motivo dos preços relativos de o ouro, platina e paládio terem variado ao longo dos anos.

19.7 Discuta o histórico da produção e uso das nanopartículas de ouro. Explique as cores dessas nanopartículas.

19.8 No artigo "Shape control in gold nanoparticle synthesis" (*Chem. Soc. Rev.* 2008, 37, 1783), M. Grzelczak e colaboradores discutem a síntese de nanopartículas de ouro com diferentes morfologias. Descreva as diferentes morfologias apresentadas neste artigo e faça um resumo dos mecanismos de crescimento propostos para as nanopartículas quando sintetizadas com e sem a presença de íons prata.

19.9 Discuta os efeitos colaterais do *protioidide* e os riscos de superdosagem.

Complexos de metais d: estrutura eletrônica e propriedades

20

Os complexos de metais d desempenham um importante papel na química inorgânica. Neste capítulo, discutiremos a natureza da ligação metal-ligante empregando dois modelos teóricos. Iniciaremos com a simples, porém útil, teoria do campo cristalino, que se baseia no modelo eletrostático da ligação; em seguida, progrediremos para a teoria mais sofisticada do campo ligante. Ambas as teorias invocam um parâmetro, o parâmetro de desdobramento do campo ligante, para correlacionar as propriedades espectroscópicas e magnéticas. Examinaremos então os espectros eletrônicos dos complexos e veremos como a teoria do campo ligante permite-nos interpretar as energias e intensidades das transições eletrônicas.

Examinaremos agora detalhadamente a ligação, a estrutura eletrônica, o espectro eletrônico e as propriedades magnéticas dos complexos dos metais do bloco d que foram apresentados no Capítulo 7. As cores marcantes de muitos complexos de metais do bloco d eram um mistério para Werner quando ele elucidou suas estruturas, e a origem dessas cores só foi esclarecida no período de 1930 a 1960, quando se aplicou a esse problema a descrição da estrutura eletrônica em termos de orbitais. Os complexos tetraédricos e octaédricos são os mais importantes, e por isso iniciaremos nossa discussão com eles.

Estrutura eletrônica

20.1 Teoria do campo cristalino
20.2 Teoria do campo ligante

Espectro eletrônico

20.3 Espectro eletrônico de átomos
20.4 Espectro eletrônico de complexos
20.5 Bandas de transferência de carga
20.6 Regras de seleção e intensidades
20.7 Luminescência

Magnetismo

20.8 Magnetismo cooperativo
20.9 Complexos que apresentam cruzamento de spin

Leitura complementar

Exercícios

Problemas tutoriais

Estrutura eletrônica

Existem dois modelos de estrutura eletrônica muito usados para os complexos de metais d. O primeiro deles ("teoria do campo cristalino") emergiu das análises dos espectros dos íons de metais d nos sólidos; o outro ("teoria do campo ligante") surgiu da aplicação da teoria dos orbitais moleculares. A teoria de campo cristalino é mais primitiva, sendo aplicada apenas aos íons em cristais; entretanto, ela pode ser usada para capturar os aspectos essenciais da estrutura eletrônica dos complexos de uma maneira direta. A teoria do campo ligante é construída embasando-se na teoria do campo cristalino: ela fornece uma descrição mais completa da estrutura eletrônica dos complexos e explica uma grande variedade de propriedades.

20.1 Teoria do campo cristalino

Na **teoria do campo cristalino**, o par isolado de elétrons do ligante é considerado como uma carga negativa pontual (ou como a carga parcial negativa de um dipolo elétrico) que repele os elétrons dos orbitais d do íon metálico central. A teoria preocupa-se com o desdobramento resultante nos orbitais d em grupos com energias diferentes e usa esse desdobramento para justificar e correlacionar o espectro óptico, a estabilidade termodinâmica e as propriedades magnéticas dos complexos.

As **figuras** com um asterisco (*) podem ser encontradas on-line como estruturas 3D interativas. Digite a seguinte URL em seu navegador, adicionando o número da figura: www.chemtube3d.com/weller/[número do capítulo]F[número da figura]. Por exemplo, para a Figura 3 no Capítulo 7, digite www.chemtube3d.com/weller/7F03.

Muitas das **estruturas numeradas** podem ser também encontradas on-line como estruturas 3D interativas: visite www.chemtube3d.com/weller/[número do capítulo] para todos os recursos 3D organizados por capítulo.

20 Complexos de metais d: estrutura eletrônica e propriedades

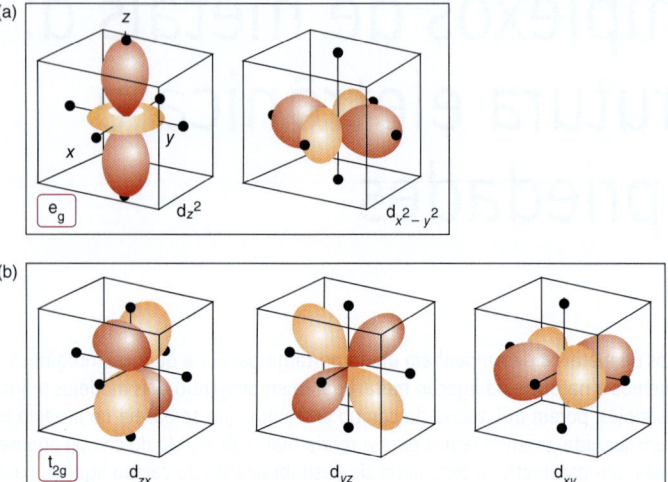

Figura 20.1* As orientações dos cinco orbitais d em relação aos ligantes de um complexo octaédrico; os orbitais degenerados (a) e_g e (b) t_{2g}.

(a) Complexos octaédricos

Pontos principais: Na presença de um campo cristalino octaédrico, os orbitais d desdobram-se em um conjunto triplamente degenerado de menor energia (t_{2g}) e um conjunto duplamente degenerado de energia maior (e_g), separados por uma energia Δ_O; o parâmetro de desdobramento do campo ligante aumenta ao longo da série espectroquímica dos ligantes e também varia com a identidade e a carga do íon metálico.

No modelo utilizado na teoria do campo cristalino para um complexo octaédrico, seis cargas negativas representando os ligantes são colocadas nos vértices de um arranjo octaédrico ao redor do íon metálico central. Essas cargas (que chamaremos de "ligantes") interagem fortemente com o cátion metálico, e a estabilidade do complexo origina-se em grande parte dessa interação atrativa entre cargas opostas. No entanto, há um efeito secundário bem menor, mas muito importante, que surge do fato de que elétrons nos diferentes orbitais d interagem com os ligantes com diferentes intensidades. Embora essa interação diferenciada seja responsável por pouco mais de 10% da energia total da interação metal-ligante, ela tem grandes consequências para as propriedades dos complexos, sendo o principal foco desta seção.

Os elétrons dos orbitais d_{z^2} e $d_{x^2-y^2}$ (que têm simetria do tipo e_g no O_h; Seção 6.1) estão concentrados próximos aos ligantes, ao longo dos eixos, enquanto que os elétrons nos orbitais d_{xy}, d_{yz} e d_{zx} (que têm simetria do tipo t_{2g}) estão concentrados em regiões situadas entre os ligantes (Fig. 20.1). Como resultado, os primeiros são repelidos mais fortemente pelas cargas negativas dos ligantes do que os últimos, ficando com energia maior. A teoria de grupo mostra que os dois orbitais e_g têm a mesma energia (embora isso não seja imediatamente aparente nos desenhos dos seus formatos) e os três orbitais t_{2g} também têm a mesma energia. Este modelo simples leva a um diagrama dos níveis de energia no qual os três orbitais t_{2g} degenerados encontram-se abaixo dos dois orbitais e_g degenerados (Fig. 20.2). A energia de separação dos dois conjuntos de orbitais é chamada de **parâmetro de desdobramento do campo ligante**, Δ_O (o índice "O" significa um campo cristalino octaédrico).

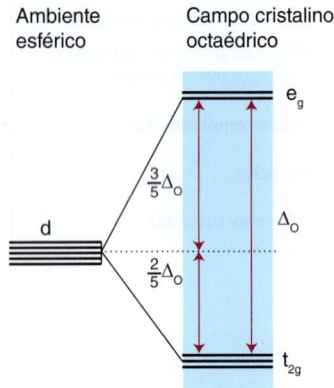

Figura 20.2 As energias dos orbitais d em um campo cristalino octaédrico. Observe que a energia média permanece inalterada em relação à energia dos orbitais d em um ambiente de simetria esférica (como no átomo livre).

Um comentário útil No contexto da teoria do campo cristalino, o parâmetro de desdobramento do campo ligante deveria ser chamado de *parâmetro de desdobramento do campo cristalino*, mas usaremos o termo parâmetro de desdobramento do campo ligante para evitar excessos de nomes.

O nível de energia que corresponde a um ambiente hipotético de simetria esférica (em que a carga negativa devido aos ligantes está distribuída uniformemente sobre uma esfera, em vez de estar localizada nos seis vértices) define o **baricentro** do conjunto dos níveis de energia, com os dois orbitais e_g ficando $(3/5)\Delta_O$ acima do baricentro e os três orbitais t_{2g} ficando $(2/5)\Delta_O$ abaixo do baricentro. Da mesma forma que na representação das configurações eletrônicas dos átomos, utiliza-se um índice superior para indicar o número de elétrons em cada conjunto, por exemplo t_{2g}^2.

A propriedade mais simples que pode ser interpretada pela teoria do campo cristalino é o espectro de absorção de um complexo de um elétron. A Figura 20.3 mostra o espectro de absorção óptica do íon d¹ hexa-aquatitânio(III), $[Ti(OH_2)_6]^{3+}$. A teoria do campo cristalino atribui o primeiro máximo de absorção em 493 nm (20.300 cm⁻¹) à transição $e_g \leftarrow t_{2g}$ e identifica este valor de 20.300 cm⁻¹ como sendo o Δ_O do complexo.

> *Um comentário útil* Em espectroscopia, emprega-se a convenção de indicar as transições como [estado de maior energia] ← [estado de menor energia].

É mais difícil obter os valores de Δ_O para os complexos com mais de um elétron d porque a energia de uma transição depende não somente das energias dos orbitais, mas também das energias de repulsão elétron–elétron. Este aspecto é tratado de forma mais detalhada na Seção 20.4, e os resultados das análises descritas nesta seção foram usados para se obter os valores de Δ_O mostrados na Tabela 20.1.

O parâmetro de desdobramento do campo ligante, Δ_O, varia sistematicamente de acordo com a identidade do ligante. Por exemplo, na série dos complexos $[CoX(NH_3)_5]^{n+}$ com X = I⁻, Br⁻, Cl⁻, H_2O e NH_3, as cores variam do roxo (X = I⁻), passando pelo rosa (Cl⁻), até o amarelo (NH_3). Essa sequência indica que a energia da transição eletrônica de menor energia (portanto, o Δ_O) aumenta à medida que os ligantes variam ao longo de uma série. Essa mesma ordem é seguida independentemente da identidade do íon metálico. Desta forma, os ligantes podem ser arranjados em uma **série espectroquímica**, na qual os membros estão organizados em ordem crescente da energia das transições que ocorrem quando eles estão presentes num complexo:

$$I^- < Br^- < S^{2-} < \underline{S}CN^- < Cl^- < N\underline{O}_2^- < N^{3-} < F^- < OH^- < C_2O_4^{2-} < O^{2-} < H_2O < \underline{N}CS^- <$$
$$CH_3C\equiv N < py < NH_3 < en < bpy < phen < \underline{N}O_2^- < PPh_3 < \underline{C}N^- < CO$$

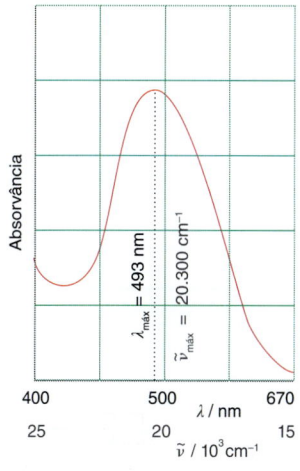

Figura 20.3 O espectro de absorção óptica do $[Ti(OH_2)_6]^{3+}$.

(Para um ligante ambidentado, o átomo doador está sublinhado.) Assim, essa série indica que, para um mesmo metal, a absorção óptica de um complexo com cianeto ocorrerá numa energia mais alta do que para o complexo correspondente com cloreto. Um ligante que dá origem a uma transição de alta energia (como o CO) é chamado de um **ligante de campo forte**, enquanto que aquele que origina uma transição de baixa energia (como o Br⁻) é chamado de um **ligante de campo fraco**. A teoria do campo cristalino sozinha não pode explicar a força dos ligantes, mas, como veremos na Seção 20.2, isso pode ser feito pela teoria do campo ligante.

A força do campo ligante também depende da identidade do íon metálico central, sendo a ordem aproximada a seguinte:

$$Mn^{2+} < Ni^{2+} < Co^{2+} < Fe^{2+} < V^{2+} < Fe^{3+} < Co^{3+} < Mo^{3+} < Rh^{3+} < Ru^{3+} < Pd^{4+} < Ir^{3+} < Pt^{4+}$$

O valor de Δ_O aumenta com o aumento do estado de oxidação do íon metálico central (compare os dois posicionamentos para o Fe e para o Co) e à medida que se desce num grupo (compare, por exemplo, as posições do Co, Rh e Ir). A variação com o estado de oxidação é decorrente do menor tamanho dos íons com carga maior e, consequentemente, menores distâncias metal–ligante e energias de interação mais fortes. O aumento ao se descer num grupo é devido ao maior tamanho dos orbitais 4d e 5d em comparação com os orbitais 3d mais compactos e a consequente interação mais forte com os ligantes.

Tabela 20.1 Parâmetros de desdobramento do campo ligante, Δ_O, para complexos [ML₆]*

	Íons	Ligantes				
		Cl⁻	H_2O	NH_3	en	CN⁻
d³	Cr³⁺	13 700	17 400	21 500	21 900	26 600
d⁵	Mn²⁺	7 500	8 500		10 100	30 000
	Fe³⁺	11 000	14 300			(35 000)
d⁶	Fe²⁺		10 400			(32 800)
	Co³⁺		(20 700)	(22 900)	(23 200)	(34 800)
	Rh³⁺	(20 400)	(27 000)	(34 000)	(34 600)	(45 500)
d⁸	Ni²⁺	7 500	8 500	10 800	11 500	

* Os valores estão em cm⁻¹; os números entre parênteses são para complexos de spin baixo.

(b) Energia de estabilização do campo ligante

Pontos principais: A configuração do estado fundamental de um complexo é uma consequência dos valores relativos do parâmetro de desdobramento do campo ligante e da energia de emparelhamento. Para as espécies octaédricas $3d^n$, com n de 4 a 7, os complexos podem ser de spin alto ou de spin baixo para os casos de campo fraco ou campo forte, respectivamente. Os complexos octaédricos dos metais das séries 4d e 5d são geralmente de spin baixo.

Uma vez que todos os orbitais d em um complexo octaédrico não têm a mesma energia, a configuração eletrônica do estado fundamental de um complexo não é imediatamente óbvia. Para prevê-la, usamos o diagrama dos níveis de energia dos orbitais d mostrado na Fig. 20.2 e aplicamos o princípio do preenchimento. Assim, procuramos a configuração de energia mais baixa sujeita ao princípio de exclusão de Pauli (um máximo de dois elétrons por orbital) e, no caso de haver mais de um orbital degenerado disponível, obedecemos à regra de que os elétrons devem ocupar primeiro orbitais diferentes com os spins sendo paralelos.

Iniciaremos considerando os complexos formados pelos elementos da série 3d. Em um complexo octaédrico, os primeiros três elétrons d de um complexo $3d^n$ ocupam separadamente os orbitais não ligantes t_{2g}, fazendo-o com os spins estando paralelos. Por exemplo, os íons Ti^{2+} e V^{2+} têm as configurações eletrônicas $3d^2$ e $3d^3$, respectivamente; os elétrons d ocupam os orbitais inferiores t_{2g}, como mostrado em (**1**) e (**2**), respectivamente. A energia de um orbital t_{2g} em relação ao baricentro para um íon octaédrico é de $-0,4\Delta_O$ e os complexos são estabilizados por $2 \times (-0,4\Delta_O) = -0,8\Delta_O$ (para o Ti^{2+}) e $3 \times (-0,4\Delta_O) = -1,2\Delta_O$ (para o V^{2+}). Esta estabilidade adicional relativa ao baricentro é chamada de **energia de estabilização do campo ligante** (EECL).

> **Um comentário útil** O termo *energia de estabilização do campo cristalino* (EECC) é muito usado no lugar de EECL, mas esse termo é apropriado apenas quando nos referimos estritamente aos íons em cristais.

Para o íon Cr^{2+} ($3d^4$), o quarto elétron pode entrar em um dos orbitais t_{2g} e emparelhar com um dos elétrons já presentes (**3**). Entretanto, se ele assim o fizer, experimentará uma repulsão coulombiana forte, chamada de **energia de emparelhamento**, P. Alternativamente, o elétron poderá ocupar um dos orbitais e_g (**4**). Embora a desvantagem do emparelhamento seja evitada, a energia do orbital é maior por um valor de Δ_O. No primeiro caso, (t_{2g}^4), temos uma EECL de $-1,6\Delta_O$ contrabalançada pela energia de emparelhamento P, sendo a EECL final igual a $-1,6\Delta_O + P$. No segundo caso, ($t_{2g}^3 e_g^1$), a EECL é $3 \times (-0,4\Delta_O) + 0,6\Delta_O = -0,6\Delta_O$, e não há energia de emparelhamento a considerar. A configuração resultante dependerá da magnitude relativa de $(-1,6\Delta_O + P)$ e $(-0,6\Delta_O)$.

Se $\Delta_O < P$, chamado de **caso de campo fraco**, uma energia mais baixa é obtida com a ocupação do orbital superior, resultando assim na configuração $t_{2g}^3 e_g^1$. Se $\Delta_O > P$, chamado de **caso de campo forte**, obtém-se a energia mais baixa ocupando-se somente os orbitais inferiores, apesar do custo da energia de emparelhamento. Neste caso, a configuração resultante será t_{2g}^4. Por exemplo, o $[Cr(OH_2)_6]^{2+}$ tem a configuração de estado fundamental $t_{2g}^3 e_g^1$, enquanto que o $[Cr(CN)_6]^{4-}$, com ligantes de campo relativamente fortes (como indicado pela série espectroquímica), tem a configuração t_{2g}^4. No caso do campo fraco, todos os elétrons ocupam orbitais diferentes e têm spins paralelos. O efeito de correlação de spin resultante (a tendência dos elétrons de mesmo spin evitarem-se) ajuda a compensar o custo da ocupação dos orbitais de energia maior.

As configurações eletrônicas do estado fundamental para os complexos octaédricos $3d^1$, $3d^2$ e $3d^3$ são únicas, pois não há disputa entre a estabilização adicional obtida pela ocupação dos orbitais t_{2g} e a energia de emparelhamento: as configurações são t_{2g}^1, t_{2g}^2 e t_{2g}^3, respectivamente, com cada elétron em um orbital diferente. Como comentado anteriormente, existem duas possibilidades para os complexos de configuração $3d^4$; o mesmo é verdade para os complexos $3d^n$, em que $n = 5$, 6 ou 7. No caso de campo forte, os orbitais inferiores são ocupados preferencialmente, enquanto que no caso de campo fraco os elétrons evitam a energia de emparelhamento ocupando os orbitais superiores.

Quando são possíveis configurações alternativas, a espécie com menor número de elétrons com spins paralelos é chamada de **complexo de spin baixo**; a espécie com um maior número de elétrons com spins paralelos é chamada de **complexo de spin alto**. Como já comentado, um complexo octaédrico $3d^4$ provavelmente será de spin baixo se o campo cristalino for forte, mas será de spin alto se o campo for fraco (Fig. 20.4); o mesmo se aplica aos complexos $3d^5$, $3d^6$ e $3d^7$:

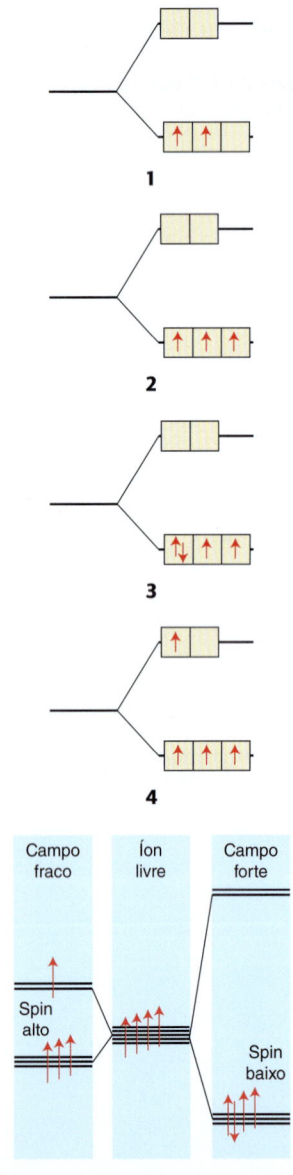

Figura 20.4 O efeito dos campos ligantes fracos e fortes na ocupação dos orbitais para um complexo d^4. O primeiro resulta em uma configuração de spin alto e o último, numa configuração de spin baixo.

	Ligantes de campo fraco		Ligantes de campo forte	
	Configuração	Elétrons desemparelhados	Configuração	Elétrons desemparelhados
$3d^4$	$t_{2g}^3 e_g^1$	4	t_{2g}^4	2
$3d^5$	$t_{2g}^3 e_g^2$	5	t_{2g}^5	1
$3d^6$	$t_{2g}^4 e_g^2$	4	t_{2g}^6	0
$3d^7$	$t_{2g}^5 e_g^2$	3	$t_{2g}^6 e_g^1$	1

As configurações eletrônicas do estado fundamental dos complexos $3d^8$, $3d^9$ e $3d^{10}$ são únicas, sendo suas configurações $t_{2g}^6 e_g^2$, $t_{2g}^6 e_g^3$ e $t_{2g}^6 e_g^4$, respectivamente.

Em geral, a energia total de uma configuração $t_{2g}^x e_g^y$ em relação ao baricentro, sem levar em consideração a energia de emparelhamento, é igual a $(-0,4x + 0,6y)\Delta_O$. As energias de emparelhamento precisam ser levadas em conta apenas para os emparelhamentos adicionais aos que já existirem no campo esférico. A Fig. 20.5 mostra o caso de um íon d^6. Tanto no íon livre como no complexo de spin alto, dois elétrons estão emparelhados; no caso de spin baixo, os seis elétrons estão arranjados em três pares. Assim, não precisamos considerar a energia de emparelhamento no caso de spin alto, uma vez que não há emparelhamento adicional. Existem, porém, dois emparelhamentos adicionais no caso de spin baixo, de forma que duas contribuições de energia de emparelhamento deverão ser consideradas. Os complexos de spin alto sempre possuem o mesmo número de elétrons desemparelhados que no campo esférico (íon livre) e, dessa forma, não precisam ser consideradas as energias de emparelhamento nos complexos de spin alto. A Tabela 20.2 apresenta os valores da EECL para as diferentes configurações de íons octaédricos, com as energias de emparelhamento apropriadas sendo consideradas para os complexos de spin baixo. Deve-se lembrar de que a EECL geralmente é apenas uma pequena fração da interação total entre o átomo metálico e os ligantes.

A força do campo cristalino (medida pelo valor de Δ_O) e a energia de emparelhamento de spin (medida por P) dependem da identidade do metal e do ligante, de forma que não é possível especificar um ponto específico universal na série espectroquímica onde um complexo muda de spin alto para spin baixo. Para os íons de metais 3d, os complexos de spin baixo ocorrem geralmente com ligantes que estão no fim da série espectroquímica (como o CN⁻), e complexos de spin alto são comuns para ligantes que estão no outro extremo da série (como o F⁻). Para os complexos octaédricos d^n, com n variando de 1 a 3 e de 8 a 10, não há dúvida sobre a configuração (ver Tabela 20.2), não havendo necessidade do uso das indicações de "spin alto" e "spin baixo".

Como já vimos, os valores de Δ_O para os complexos dos metais das séries 4d e 5d são geralmente mais altos do que para os metais da série 3d. As energias de emparelhamento para os metais das séries 4d e 5d tendem a ser menores do que para os metais da série 3d pois os orbitais são menos compactos e as repulsões elétron-elétron são correspondentemente mais fracas. Consequentemente, os complexos desses metais possuem geralmente configurações eletrônicas que são características de campos cristalinos fortes

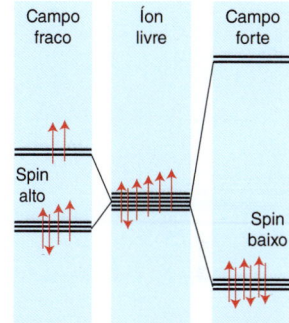

Figura 20.5 O efeito dos campos ligantes fracos e fortes na ocupação dos orbitais para um complexo d^6. O primeiro resulta em uma configuração de spin alto e o último, numa configuração de spin baixo.

Tabela 20.2 Energias de estabilização do campo ligante para complexos octaédricos*

d^n	Exemplo	N (spin alto)	EECL/Δ_O	N (spin baixo)	EECL
d^0		0	0		
d^1	Ti³⁺	1	−0,4		
d^2	V³⁺	2	−0,8		
d^3	Cr³⁺, V²⁺	3	−1,2		
d^4	Cr²⁺, Mn³⁺	4	−0,6	2	$-1,6\Delta_O + P$
d^5	Mn²⁺, Fe³⁺	5	0	1	$-2,0\Delta_O + 2P$
d^6	Fe²⁺, Co³⁺	4	−0,4	0	$-2,4\Delta_O + 2P$
d^7	Co²⁺	3	−0,8	1	$-1,8\Delta_O + P$
d^8	Ni²⁺	2	−1,2		
d^9	Cu²⁺	1	−0,6		
d^{10}	Cu⁺, Zn²⁺	0	0		

* N é o número de elétrons desemparelhados.

e spin baixo. Por exemplo, o complexo [RuCl$_6$]$^{2-}$, 4d^4, tem uma configuração t_{2g}^4 correspondente a um campo cristalino forte, apesar de o Cl$^-$ estar numa posição inicial na série espectroquímica. Da mesma forma, o [Ru(ox)$_3$]$^{3-}$ apresenta uma configuração de spin baixo t$_{2g}^5$, enquanto que o [Fe(ox)$_3$]$^{3-}$ tem uma configuração de spin alto t$_{2g}^3$e$_g^2$.

> **EXEMPLO 20.1** Calculando a EECL
>
> Determine a EECL para os seguintes íons octaédricos a partir dos primeiros princípios e confirme com os valores correspondentes da Tabela 20.2: (a) d^3; (b) d^5 de spin alto; (c) d^6 de spin alto; (d) d^6 de spin baixo; (e) d^9.
>
> **Resposta** Devemos considerar a energia orbital total em cada caso e, quando apropriado, a energia de emparelhamento. (a) Um íon d^3 possui configuração t_{2g}^3 (sem emparelhamento de elétrons) e, portanto, a EECL = 3 × (−0,4Δ$_O$) = −1,2Δ$_O$. (b) Um íon d^5 de spin alto possui configuração t_{2g}^3e$_g^2$ (sem emparelhamento de elétrons) e, portanto, a EECL = (3 × −0,4 + 2 × 0,6)Δ$_O$ = 0. (c) Um íon d^6 de spin alto possui configuração t_{2g}^4e$_g^2$ com o emparelhamento de dois elétrons. Entretanto, como no campo esférico já temos dois elétrons emparelhados, não há energia de emparelhamento adicional a ser considerada. Assim, a EECL = (4 × −0,4 + 2 × 0,6)Δ$_O$ = −0,4Δ$_O$. (d) Um íon d^6 de spin baixo tem configuração t_{2g}^6 com três pares de elétrons emparelhados. Como no campo esférico já existe um par de elétrons emparelhados, a energia de emparelhamento adicional será 2P. Portanto, a EECL será igual a 6 × (−0,4Δ$_O$) + 2P = −2,4Δ$_O$ + 2P. (e) Um íon d^9 possui configuração t_{2g}^6e$_g^3$ com o emparelhamento de quatro pares de elétrons, mas como todos esses quatro pares já se encontram emparelhados no campo esférico, não há energia de emparelhamento adicional a ser considerada e, assim, a EECL = (6 × −0,4 + 3 × 0,6)Δ$_O$ = −0,6Δ$_O$.
>
> **Teste sua compreensão 20.1** Qual é a EECL para as configurações d^7 de spin alto e de spin baixo?

(c) Medidas magnéticas

Pontos principais: Medidas magnéticas são usadas para determinar o número de spins desemparelhados em um complexo e, assim, identificar a sua configuração no estado fundamental. Um cálculo considerando apenas o spin pode falhar para complexos d^5 de spin baixo e para complexos 3d^6 e 3d^7 de spin alto.

A distinção experimental entre complexos octaédricos de spin alto e spin baixo baseia-se na determinação de suas propriedades magnéticas. Os compostos são classificados como **diamagnéticos** se eles forem repelidos por um campo magnético e como **paramagnéticos** se eles forem atraídos. As duas classes podem ser diferenciadas experimentalmente pela magnetometria (Capítulo 8). A magnitude do paramagnetismo de um complexo é normalmente descrita em termos do seu momento de dipolo magnético: quanto maior o momento de dipolo magnético do complexo, maior é o paramagnetismo da amostra.

Em um átomo ou íon livre, tanto o momento angular orbital quanto o de spin dão origem a momentos magnéticos que contribuem para o paramagnetismo. Quando o átomo ou o íon é parte de um complexo, qualquer momento angular orbital é geralmente **suprimido**, como resultado das interações dos elétrons com seu ambiente não esférico. Entretanto, se algum elétron estiver desemparelhado, o momento angular de spin do elétron sobrevive e dará origem ao **paramagnetismo exclusivamente de spin**, que é característico para muitos complexos de metal d. O momento magnético exclusivamente de spin, μ, de um complexo com número quântico de spin total S é dado por

$$\mu = 2[S(S+1)]^{\frac{1}{2}} \mu_B \qquad (20.1)$$

onde μ_B corresponde ao momento magnético de um único elétron, conhecido como **magnéton de Bohr**, $\mu_B = e\hbar/2m_e$, sendo seu valor igual a 9,274 × 10^{-24} J T^{-1}. Como $S = \frac{1}{2}N$, onde N é o número de elétrons desemparelhados, tendo cada elétron spin $\frac{1}{2}$, teremos

$$\mu = [N(N+2)]^{\frac{1}{2}} \mu_B \qquad (20.2)$$

A medida do momento magnético de um complexo de metal do bloco d pode ser normalmente interpretada em termos do número de elétrons desemparelhados que ele contém e, consequentemente, pode ser usada para distinguir entre complexos de spin alto e spin baixo. Por exemplo, as medidas magnéticas de um complexo d^6 distinguem facilmente entre uma configuração de spin alto t_{2g}^4e$_g^2$ ($N = 4$, $S = 2$, $\mu = 4{,}90\,\mu_B$) e uma configuração de spin baixo t_{2g}^6 ($N = 0$, $S = 0$, $\mu = 0$).

Os momentos magnéticos exclusivamente de spin para algumas configurações eletrônicas encontram-se listados na Tabela 20.3, na qual são comparados com os valores experimentais para vários complexos 3d. Para a maioria dos complexos 3d (e alguns

Tabela 20.3 Valores calculados para o momento magnético exclusivamente de spin

Íon	Configuração eletrônica	N	S	μ/μ_B Calculado	μ/μ_B Experimental
Ti^{3+}	t_{2g}^1	1	$\frac{1}{2}$	1,73	1,7–1,8
V^{3+}	t_{2g}^2	2	1	2,83	2,7–2,9
Cr^{3+}	t_{2g}^3	3	$\frac{3}{2}$	3,87	3,8
Mn^{3+}	$t_{2g}^3 e_g^1$	4	2	4,90	4,8–4,9
Fe^{3+}	$t_{2g}^3 e_g^2$	5	$\frac{5}{2}$	5,92	5,9

complexos 4d), os valores experimentais são razoavelmente próximos dos valores previstos levando-se em conta somente o spin; assim, torna-se possível identificar corretamente o número de elétrons desemparelhados e determinar a configuração do estado fundamental. Por exemplo, o $[Fe(OH_2)_6]^{3+}$ é paramagnético, com um momento magnético de 5,9 μ_B. Pela Tabela 20.3, esse valor está razoavelmente próximo do valor esperado para cinco elétrons desemparelhados ($N = 5$, $S = 5/2$), o que implica uma configuração $t_{2g}^3 e_g^2$ de spin alto.

A interpretação das medidas magnéticas algumas vezes não é tão simples como este exemplo pode sugerir. Por exemplo, o sal de potássio $[Fe(CN)_6]^{3-}$ possui $\mu = 2,3\ \mu_B$, que está entre os valores de momento magnético exclusivamente de spin para um e dois elétrons desemparelhados (1,7 μ_B e 2,8 μ_B, respectivamente). Neste caso, a consideração apenas do spin dos elétrons falha porque a contribuição magnética orbital é substancial; entretanto, ainda é possível usar esse valor para se distinguir entre as duas possibilidades para o íon Fe^{3+}, d^5: um complexo de spin baixo deveria ter um único elétron desemparelhado (1,7 μ_B), enquanto que um complexo de spin alto deveria ter cinco elétrons desemparelhados (5,9 μ_B).

Para haver uma contribuição do momento angular orbital e, consequentemente, para que o paramagnetismo seja significativamente diferente do valor devido exclusivamente ao spin, deve haver um ou mais orbitais vazios ou semicheios com energia semelhante à dos orbitais ocupados por spins desemparelhados e de simetria apropriada (que estejam relacionados ao orbital ocupado por uma rotação em torno da direção do campo aplicado). Se isso ocorrer, o campo magnético aplicado poderá forçar os elétrons a circularem em torno do íon metálico usando os orbitais de baixa energia e assim gerando um momento angular orbital e uma contribuição orbital para o momento magnético total (Fig. 20.6). O desvio em relação aos valores devidos exclusivamente ao spin é geralmente grande para os complexos d^5 de spin baixo e $3d^6$ e $3d^7$ de spin alto. Também é possível uma alteração no estado eletrônico do íon metálico (por exemplo, com a temperatura), levando a uma mudança de spin alto para spin baixo e a uma modificação no momento magnético. Tais complexos são conhecidos como complexos com **cruzamento de spin** (*spin-crossover*, em inglês) e são discutidos mais detalhadamente, junto com os efeitos do magnetismo cooperativo, nas Seções 20.8 e 20.9.

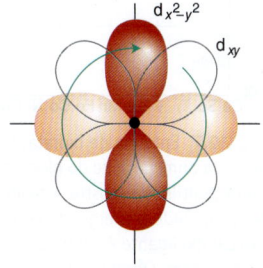

Figura 20.6* Havendo um orbital de baixa energia e simetria correta, o campo aplicado pode induzir à circulação dos elétrons em um complexo e assim gerar um momento angular orbital. Este diagrama mostra como a circulação pode ocorrer quando o campo aplicado é perpendicular ao plano *xy* (perpendicular a esta página).

EXEMPLO 20.2 Deduzindo uma configuração eletrônica a partir do momento magnético

O momento magnético de um determinado complexo octaédrico de Co(II) é igual a 4,0 μ_B. Qual é a sua configuração eletrônica para os elétrons d?

Resposta Devemos associar as possíveis configurações eletrônicas do complexo com o momento magnético observado. Um complexo de Co(II) é d^7. As duas configurações possíveis são $t_{2g}^5 e_g^2$ (spin alto, $N = 3$, $S = 3/2$) com três elétrons desemparelhados e $t_{2g}^6 e_g^1$ (spin baixo, $N = 1$, $S = 1/2$) com um elétron desemparelhado. Os momentos magnéticos exclusivamente de spin (Tabela 20.3) são 3,87 μ_B e 1,73 μ_B, respectivamente. Deste modo, a única atribuição consistente é a configuração de spin alto $t_{2g}^5 e_g^2$.

Teste sua compreensão 20.2 O momento magnético do complexo $[Mn(NCS)_6]^{4-}$ é 6,06 μ_B. Qual é a sua configuração eletrônica?

(d) Correlações termoquímicas

Ponto principal: Os diferentes valores das entalpias de hidratação são uma consequência da combinação dos diferentes valores dos raios iônicos (uma tendência linear) com os diferentes valores da EECL (uma variação em dente de serra).

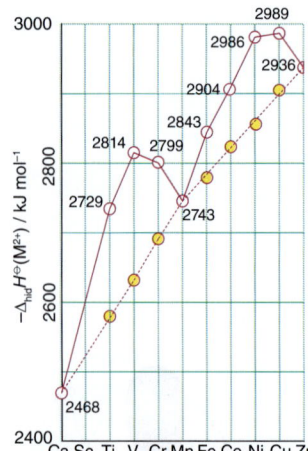

Figura 20.7 Entalpia de hidratação dos íons M^{2+} da primeira série do bloco d. A linha reta pontilhada mostra a tendência verificada quando a energia de estabilização do campo ligante é subtraída dos valores observados. Observe a tendência geral para uma maior entalpia de hidratação (hidratação mais exotérmica) à medida que percorremos o período da esquerda para a direita.

O conceito de energia de estabilização do campo ligante ajuda a explicar o gráfico com duplo máximo para a curva das entalpias de hidratação dos íons M^{2+} dos metais 3d (Fig. 20.7). A entalpia de hidratação para os íons 2+ corresponde à variação de entalpia para a reação

$$M^{2+}(g) + 6\,H_2O \to [M(H_2O)_6]^{2+}$$

Podemos esperar um aumento praticamente linear do valor da entalpia de hidratação ao longo do período à medida que o raio iônico do íon metálico central diminui da esquerda para a direita, o que resulta em um aumento da força da ligação com os ligantes H_2O; isso é mostrado pelos círculos cheios na Fig. 20.7. O desvio das entalpias de hidratação da linha reta é oriundo da energia de estabilização do campo ligante nos complexos octaédricos em comparação aos íons livres. A Tabela 20.2 mostra que a EECL aumenta de d^1 para d^3, decresce até d^5, para então aumentar novamente até d^8. Os círculos cheios na Fig. 20.7 foram calculados subtraindo-se a EECL para spin alto do $\Delta_{hid}H$ usando-se os valores espectroscópicos de Δ_O da Tabela 20.1. Vemos assim que a EECL calculada a partir dos dados espectroscópicos justifica a energia adicional de ligação com os ligantes para os complexos mostrados na figura.

EXEMPLO 20.3 Usando a EECL para justificar as propriedades termoquímicas

Os óxidos de fórmula MO com coordenação octaédrica para os íons metálicos em uma estrutura de sal-gema apresentam as seguintes entalpias de rede:

CaO	TiO	VO	MnO
3460	3878	3913	3810 kJ mol^{-1}

Justifique as tendências em termos da EECL.

Resposta Devemos considerar a tendência simples que pode ser esperada com base nas tendências nos raios iônicos, para então considerar os desvios causados pela EECL. A tendência geral ao longo do bloco d é o aumento da entalpia de rede do CaO (d^0) ao MnO (d^5), à medida que os raios iônicos dos metais decrescem (lembre-se de que a entalpia de rede é proporcional a $1/(r_1 + r_2)$, Seção 3.12). O íon Ca^{2+} tem uma EECL de zero, uma vez que não possui elétrons d, e o íon Mn^{2+}, sendo de spin alto (o O^{2-} é um ligante de campo fraco), também possui uma EECL igual a zero. Devemos assim esperar um aumento linear da entalpia de rede desde o óxido de cálcio até o óxido de manganês de $(3810 - 3460)/5$ kJ mol^{-1} indo do Ca^{2+} para o Sc^{2+} para o Ti^{2+} para o V^{2+} e para o Mn^{2+}. Portanto, espera-se que o TiO e o VO tenham entalpias de rede de 3600 e 3670 kJ mol^{-1}, respectivamente. Na verdade, o TiO (d^2) tem uma entalpia de rede de 3878 kJ mol^{-1}, e podemos atribuir essa diferença de 278 kJ mol^{-1} a uma EECL de $-0,8\Delta_O$. Da mesma forma, a entalpia de rede de 3913 kJ mol^{-1} para o VO (d^3) é 243 kJ mol^{-1} maior do que a prevista, com essa diferença sendo atribuída à EECL de $-1,2\Delta_O$.

Teste sua compreensão 20.3 Explique a variação da entalpia de rede dos fluoretos sólidos, nos quais cada íon metálico está cercado por um arranjo octaédrico de íons F^-: MnF$_2$ (2780 kJ mol^{-1}), FeF$_2$ (2926 kJ mol^{-1}), CoF$_2$ (2976 kJ mol^{-1}), NiF$_2$ (3060 kJ mol^{-1}) e ZnF$_2$ (2985 kJ mol^{-1}).

(e) Complexos tetraédricos

Pontos principais: Em um complexo tetraédrico, os orbitais e encontram-se abaixo dos orbitais t_2; apenas os casos de spin alto precisam ser considerados.

Os complexos tetraédricos tetracoordenados encontram-se em segundo lugar em abundância após os complexos octaédricos de metais 3d. Os mesmos tipos de argumentos baseados na teoria do campo cristalino que usamos para os complexos octaédricos podem ser aplicados a estas espécies.

Um campo cristalino tetraédrico desdobra os orbitais d em dois conjuntos, mas com os dois orbitais e ($d_{x^2-y^2}$ e d_{z^2}) posicionados numa energia menor que os três orbitais t_2 (d_{xy}, d_{yz}, d_{zx}) (Fig. 20.8).[1] O fato de os orbitais e encontrarem-se abaixo dos orbitais t_2 pode ser entendido a partir de uma análise do arranjo espacial dos orbitais: os orbitais e apontam na direção entre as posições dos ligantes e de suas cargas parciais negativas, enquanto que os orbitais t_2 apontam mais diretamente em direção aos ligantes (Fig. 20.9). Uma segunda diferença é que o parâmetro de desdobramento do campo ligante em um complexo

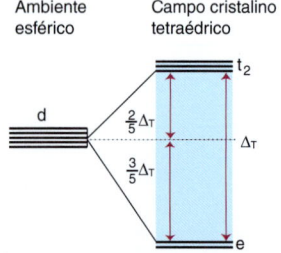

Figura 20.8 Diagrama dos níveis de energia dos orbitais, seguindo uma análise de campo cristalino para um complexo tetraédrico, usado na aplicação do princípio do preenchimento.

---

[1] Pelo fato de não haver centro de inversão em um complexo tetraédrico, a designação do orbital não inclui a indicação da paridade g ou u.

Estrutura eletrônica

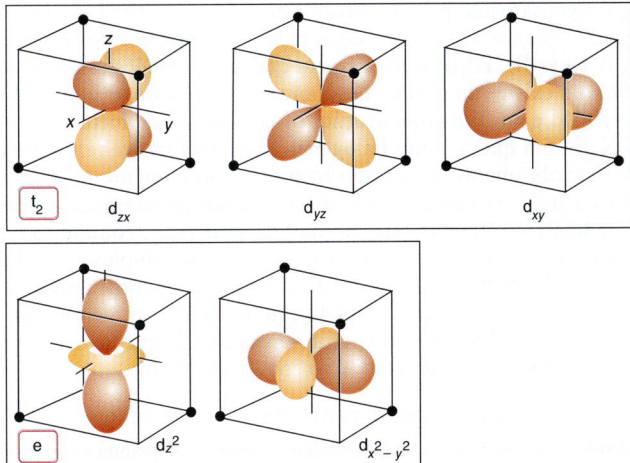

Figura 20.9* O efeito de um campo cristalino tetraédrico sobre um conjunto de orbitais d, dividindo-os em dois conjuntos; o par e (que aponta menos diretamente para os ligantes) encontra-se em energia mais baixa do que o trio t_2.

Tabela 20.4 Energias de estabilização do campo ligante para complexos tetraédricos*

d^n	Config.	N	EECL/ Δ_T
d^0		0	0
d^1	e^1	1	−0,6
d^2	e^2	2	−1,2
d^3	$e^2 t_2^1$	3	−0,8
d^4	$e^2 t_2^2$	4	−0,4
d^5	$e^2 t_2^3$	5	0
d^6	$e^3 t_2^3$	4	−0,6
d^7	$e^4 t_2^3$	3	−1,2
d^8	$e^4 t_2^4$	2	−0,8
d^9	$e^4 t_2^5$	1	−0,4
d^{10}	$e^4 t_2^6$	0	0

* N é o número de elétrons desemparelhados.

Tabela 20.5 Valores de Δ_T para alguns complexos tetraédricos representativos

Complexo	Δ_T/cm^{-1}
[VCl$_4$]	9010
[CoCl$_4$]$^{2-}$	3300
[CoBr$_4$]$^{2-}$	2900
[CoI$_4$]$^{2-}$	2700
[Co(NCS)$_4$]$^{2-}$	4700

tetraédrico, Δ_T, é menor que o Δ_O, como se pode esperar para um complexo com menos ligantes, no qual nenhum deles está diretamente orientado para os orbitais d (na verdade, $\Delta_T \approx 4/9 \Delta_O$). A energia de emparelhamento é invariavelmente maior do que Δ_T e somente complexos tetraédricos de spin alto são geralmente encontrados.

As energias de estabilização do campo ligante podem ser calculadas exatamente da mesma maneira que para os complexos octaédricos. Uma vez que os complexos tetraédricos são geralmente de spin alto, nunca haverá necessidade de ser considerada a energia de emparelhamento na EECL, e as únicas diferenças em relação aos complexos octaédricos estarão na ordem de ocupação (e antes de t_2) e na contribuição de cada orbital para a energia total ($-3/5(\Delta_T)$ para um orbital e; $+2/5(\Delta_T)$ para um orbital t_2). A Tabela 20.4 apresenta as configurações de complexos d^n tetraédricos, juntamente aos valores calculados de EECL, enquanto a Tabela 20.5 fornece alguns valores experimentais de Δ_T para um determinado número de complexos.

(f) Complexos quadráticos planos

Pontos principais: Uma configuração d^8, associada a um campo ligante forte, favorece a formação de complexos quadráticos planos. Essa tendência é intensificada para os metais 4d e 5d devido aos seus tamanhos maiores e às suas maiores facilidades para emparelhar os elétrons.

Embora um arranjo tetraédrico de quatro ligantes seja menos favorável do ponto de vista do estereoimpedimento, existem alguns complexos com quatro ligantes em um arranjo quadrático plano de energia aparentemente maior. Considerando-se apenas as interações eletrostáticas, um arranjo quadrático plano dos ligantes produzirá o desdobramento dos orbitais d apresentado na Fig. 20.10, com o orbital $d_{x^2-y^2}$ localizado acima de todos os outros. Esse arranjo torna-se energeticamente favorável quando existem oito elétrons d e o campo cristalino é forte o suficiente para favorecer a configuração de spin baixo $d_{yz}^2 d_{zx}^2 d_{z^2}^2 d_{xy}^2$. Nessa configuração, a energia de estabilização eletrônica pode

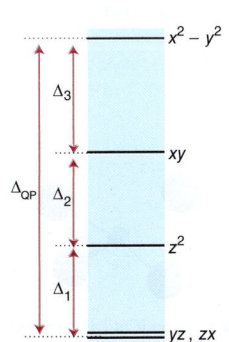

Figura 20.10 Parâmetros de desdobramento orbital para um complexo quadrático plano.

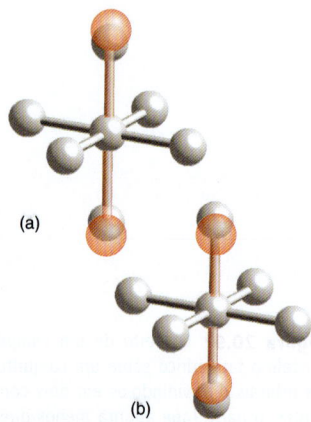

Figura 20.11* (a) Um complexo distorcido tetragonalmente com dois dos ligantes mais afastados do íon central. (b) Um complexo distorcido tetragonalmente com dois dos ligantes mais próximos do íon metálico.

mais do que compensar qualquer interação estérea desfavorável. Assim, muitos complexos quadráticos planos são encontrados para os complexos dos íons grandes $4d^8$ e $5d^8$ de Rh(I), Ir(I), Pt(II), Pd(II) e Au(III), em que as interações estéreas desfavoráveis têm menor efeito e existe um grande desdobramento de campo ligante associado aos metais das séries 4d e 5d. Em comparação, os complexos de metais menores da série 3d, como $[NiX_4]^{2-}$, em que X é um halogeneto, são geralmente tetraédricos porque o parâmetro de desdobramento do campo ligante é normalmente muito pequeno para os membros desta série, não sendo capaz de compensar as interações estéreas desfavoráveis. Somente quando o ligante está no final da série espectroquímica é que a EECL é grande o suficiente para resultar na formação de um complexo quadrático plano, como é o caso, por exemplo, do $[Ni(CN)_4]^{2-}$. Conforme já comentado, as energias de emparelhamento para os metais das séries 4d e 5d tendem a ser menores do que para os metais da série 3d, e essa diferença fornece um fator a mais que favorece a formação de complexos quadráticos planos de spin baixo com os primeiros.

(g) Complexos distorcidos tetragonalmente: o efeito Jahn-Teller

Pontos principais: Espera-se que ocorra uma distorção tetragonal quando a configuração eletrônica do estado fundamental de um complexo for degenerada; o complexo sofrerá distorção de forma a remover a degenerescência e alcançar uma energia menor.

Os complexos hexacoordenados de cobre(II) d^9 costumam sofrer desvios consideráveis da geometria octaédrica, apresentando pronunciadas distorções tetragonais (Fig. 20.11). Os complexos hexacoordenados d^4 de spin alto (por exemplo, Cr^{2+} e Mn^{3+}) e d^7 de spin baixo (por exemplo, Ni^{3+}) podem mostrar distorções similares, mas são menos comuns e as distorções são menos pronunciadas do que nos complexos de cobre(II). Essas distorções são manifestações do **efeito Jahn-Teller**: se a configuração eletrônica do estado fundamental de um complexo não linear for degenerada e assimetricamente preenchida, o complexo sofrerá distorção, removendo a degenerescência e alcançando uma energia menor.

A origem física do efeito é fácil de ser entendida. A distorção tetragonal de um octaedro regular corresponde a um afastamento dos ligantes ao longo do eixo z e a uma aproximação dos ligantes ao longo dos eixos x e y, levando à redução da energia do orbital $e_g(d_{z^2})$ e ao aumento da energia do orbital $e_g(d_{x^2-y^2})$ (Fig. 20.12). Deste modo, se um ou três elétrons ocuparem os orbitais e_g (como nos complexos d^4 de spin alto, d^7 de spin baixo ou d^9), uma distorção tetragonal poderá ser energeticamente vantajosa. Em um complexo d^9 (com uma configuração $t_{2g}^6 e_g^3$, no O_h), por exemplo, tal distorção deixaria dois elétrons no orbital d_{z^2} de menor energia e um no orbital $d_{x^2-y^2}$ de maior energia.

O efeito Jahn-Teller identifica uma geometria instável (um complexo não linear com um estado fundamental degenerado); ele não prevê a distorção preferencial. Por exemplo, no lugar do alongamento das duas ligações axiais e da compressão das quatro ligações equatoriais, a degenerescência também poderá ser removida pela compressão axial e alongamento equatorial. Qual distorção ocorre na prática é uma questão energética, e não de simetria. Entretanto, como o alongamento axial enfraquece somente duas ligações, enquanto que o alongamento no plano enfraquece quatro, o alongamento axial é mais comum do que a compressão axial.

O efeito Jahn-Teller também é possível para outras configurações eletrônicas de complexos octaédricos (nas configurações d^1 e d^2, para d^4 e d^5 com spin baixo, para d^6 com spin alto e para d^7) e tetraédricos (nas configurações d^1, d^3, d^4, d^6, d^8 e d^9). Entretanto, uma vez que nem os orbitais t_{2g} nos complexos octaédricos e nem qualquer dos orbitais d nos complexos tetraédricos apontam diretamente para os ligantes, o efeito é geralmente muito menor, produzindo distorções difíceis de serem medidas. Os compostos tetraédricos de Cu^{2+} geralmente apresentam uma geometria tetraédrica levemente achatada, como pode ser visto no ânion $[CuCl_4]^{2-}$ (5) do composto Cs_2CuCl_4.

A distorção Jahn-Teller pode mudar de uma orientação para outra e originar o **efeito Jahn-Teller dinâmico**. Por exemplo, abaixo de 20 K, o espectro de ressonância paramagnética eletrônica (RPE) do $[Cu(OH_2)_6]^{2+}$ mostra uma distorção estática (mais precisamente, uma distorção efetivamente estacionária na escala de tempo do experimento de ressonância). Entretanto, acima de 20 K, a distorção desaparece, pois ela muda mais rapidamente do que a escala de tempo de observação do RPE.

(h) Coordenação octaédrica versus tetraédrica

Pontos principais: Considerações da EECL permitem prever que os íons d^3 e d^8 preferem fortemente a geometria octaédrica em vez da tetraédrica; para outras configurações, a preferência é menos pronunciada; a EECL não indica qualquer preferência de geometria para os íons d^0, d^5 de spin alto e d^{10}.

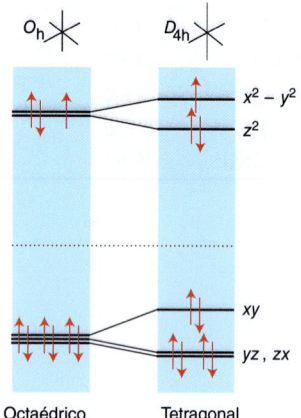

Figura 20.12 Efeito da distorção tetragonal (compressão ao longo de x e y e distanciamento ao longo de z) sobre as energias dos orbitais d. A ocupação eletrônica mostrada é para um complexo d^9.

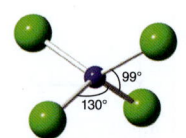

5 O ânion $[CuCl_4]^{2-}$ achatado

Um complexo octaédrico possui seis interações ligantes M–L e, na ausência de efeitos estéreos e eletrônicos significativos, esse arranjo terá uma energia menor do que a de um complexo tetraédrico com apenas quatro interações ligantes M–L. Já discutimos os efeitos do estereoimpedimento nos complexos (Seção 7.3) e acabamos de considerar aspectos eletrônicos que favorecem a formação de um complexo quadrático plano. Podemos agora completar esta discussão considerando os efeitos eletrônicos que favorecem um complexo octaédrico em relação a um tetraédrico.

A Figura 20.13 apresenta a variação da EECL para complexos tetraédricos e para complexos octaédricos de spin alto em todas as configurações eletrônicas. Percebe-se que, em termos de EECL, as geometrias octaédricas são fortemente favorecidas em relação às tetraédricas para os complexos d^3 e d^8: o cromo(III), d^3, e o níquel(II), d^8, mostram realmente uma excepcional preferência pelas geometrias octaédricas. Da mesma forma, as configurações d^4 e d^9 também apresentam preferência pelos complexos octaédricos (como no Mn(III) e no Cu(II); note que o efeito Jahn-Teller acentua ainda mais essa preferência), enquanto que os complexos tetraédricos para íons d^1, d^2, d^6 e d^7 não são tão desfavorecidos; assim, o V(II), d^2, e o Co(II), d^7, formam complexos tetraédricos ($[MX_4]^{2-}$) com ligantes cloreto, brometo e iodeto. A geometria dos complexos dos íons com configurações d^0, d^5 e d^{10} não é afetada pelo número de elétrons d, pois não existe qualquer EECL para estas espécies.

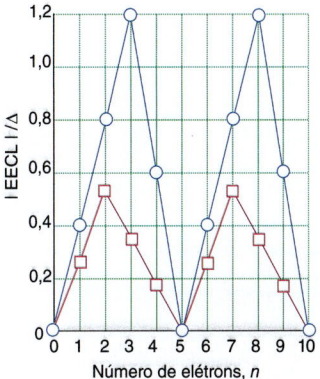

Figura 20.13 A energia de estabilização do campo ligante para complexos d^n em complexos octaédricos (spin alto, círculos) e tetraédricos (quadrados). A EECL é mostrada em termos de Δ_O, aplicando-se a relação $\Delta_T = 4/9\ \Delta_O$.

Uma vez que o tamanho do desdobramento para os orbitais d e, consequentemente, a EECL dependem dos ligantes a preferência pela coordenação octaédrica será menos pronunciada para ligantes de campo fraco. Para ligantes de campo forte, os complexos de spin baixo deverão ser preferidos e, embora a situação seja complicada pela energia de emparelhamento, a EECL de um complexo octaédrico de spin baixo será maior do que a de um complexo de spin alto. Haverá, assim, uma preferência correspondentemente maior da coordenação octaédrica sobre a tetraédrica quando o complexo octaédrico for de spin baixo.

A preferência pela coordenação octaédrica sobre a tetraédrica desempenha um importante papel no estado sólido, influenciando as estruturas adotadas pelos compostos de metal d. Essa influência é demonstrada pela ocupação dos sítios octaédricos ou tetraédricos pelos íons metálicos A e B nos espinélios (fórmula AB_2O_4, Seções 3.9b e 24.6). Assim, o Co_3O_4 é um espinélio normal porque o íon Co(III) d^6 é fortemente favorecido pela coordenação octaédrica, resultando no $(Co^{2+})_T(2Co^{3+})_OO_4$, enquanto que o Fe_3O_4 (magnetita) é um espinélio invertido porque o Fe(II), mas não o Fe(III), tem uma elevada EECL quando ocupa um sítio octaédrico. Assim, a magnetita é indicada pela fórmula $(Fe^{3+})_T(Fe^{2+}Fe^{3+})_OO_4$.

(i) A série de Irving-Williams

Ponto principal: A série de Irving-Williams apresenta as estabilidades relativas dos complexos formados pelos íons M^{2+}, sendo uma consequência da combinação dos efeitos eletrostáticos e da EECL.

A Fig. 20.14 mostra os valores de log K_f (Seção 7.12) para complexos octaédricos dos íons M^{2+} da série 3d. A variação observada nas constantes de formação é representada pela **série de Irving-Williams**:

$$Ba^{2+} < Sr^{2+} < Ca^{2+} < Mg^{2+} < Mn^{2+} < Fe^{2+} < Co^{2+} < Ni^{2+} < Cu^{2+} > Zn^{2+}$$

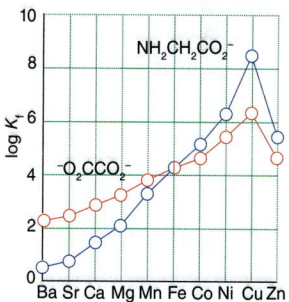

Figura 20.14 Variação das constantes de formação para íons M^{2+} na série de Irving-Williams.

A ordem é relativamente insensível à escolha do ligante, mas, uma vez que as constantes de formação referem-se à formação dos complexos a partir dos íons aqua, o ligante deve ser capaz de deslocar a água do centro metálico.

Em geral, o aumento de estabilidade encontra-se inversamente correlacionado com o raio iônico, sugerindo que a série de Irving-Williams é uma consequência dos efeitos eletrostáticos. Entretanto, após o Mn^{2+} há um forte aumento no valor de K_f para o Fe(II) d^6, o Co(II) d^7, o Ni(II) d^8 e o Cu(II) d^9 com ligantes de campo forte. Esses íons experimentam uma estabilização adicional proporcional à energia extra de estabilização do campo ligante no complexo (comparada com a energia produzida pelo deslocamento das moléculas de água, Tabela 20.2). Há uma exceção importante: a estabilidade dos complexos de Cu(II) é maior do que a dos complexos de Ni(II), mesmo o Cu(II) tendo um elétron antiligante e_g a mais. Essa anomalia é uma consequência da influência estabilizante do efeito Jahn-Teller, que resulta em uma forte ligação com os quatro ligantes no plano do complexo de Cu(II) distorcido tetragonalmente, sendo essa estabilização responsável pelo aumento do valor de K_f. As constantes de formação dos complexos de Zn(II), as quais não são aumentadas por distorções Jahn-Teller ou considerações de EECL, são normalmente maiores que as constantes do Mn(II) e do Fe(II), mas são menores que as dos complexos de Co(II), Ni(II) e Cu(II).

20.2 Teoria do campo ligante

A teoria do campo cristalino fornece um modelo conceitual simples que pode ser usado para interpretar dados termoquímicos, espectroscópicos e magnéticos por meio do uso de valores empíricos de Δ_O. Entretanto, esta teoria é deficiente por tratar os ligantes como cargas pontuais ou dipolos, e não levar em consideração a sobreposição dos orbitais dos ligantes e do metal. Uma consequência dessa simplificação é que a teoria do campo cristalino não consegue explicar a série espectroquímica dos ligantes. A **teoria do campo ligante**, que é uma aplicação da teoria dos orbitais moleculares mais focada nos orbitais d do átomo metálico central, fornece um arcabouço mais substancial para o entendimento da origem do Δ_O.

A estratégia para descrever os orbitais moleculares de um complexo metálico segue procedimentos similares àqueles descritos no Capítulo 2 para a ligação em moléculas poliatômicas: os orbitais de valência do metal e do ligante são usados para construir combinações lineares formadas por simetria (CLFS, Seção 6.6) e então estimar as energias relativas dos orbitais moleculares por meio de energias empíricas e considerações de sobreposição dos orbitais. Essas energias relativas podem ser verificadas e posicionadas mais precisamente por comparação com dados experimentais (particularmente de absorção no UV-visível e espectroscopia fotoeletrônica).

Abordaremos primeiro os complexos octaédricos, considerando inicialmente apenas as ligações σ metal–ligante. Em seguida, consideraremos os efeitos das ligações π e veremos que elas são essenciais para o entendimento do Δ_O (que é uma das razões pelas quais a teoria do campo cristalino não consegue explicar a série espectroquímica). Finalmente, consideraremos complexos com diferentes simetrias e veremos que argumentos similares se aplicam a eles. Mais adiante neste capítulo, veremos como as informações oriundas da espectroscopia óptica são usadas para refinar a discussão e fornecer dados quantitativos sobre o parâmetro de desdobramento do campo ligante e as energias de repulsão elétron-elétron.

(a) A ligação σ

Ponto principal: Na teoria do campo ligante, o princípio do preenchimento é usado em conjunção com um diagrama dos níveis de energia dos orbitais moleculares, construído a partir dos orbitais do metal e das combinações lineares formadas por simetria dos orbitais dos ligantes.

Iniciaremos a discussão considerando um complexo octaédrico no qual cada ligante (L) tem um único orbital de valência direcionado para o átomo metálico central (M); cada um desses orbitais possui uma simetria local σ em relação ao eixo M–L. Exemplos de tais ligantes são a molécula de NH_3 e o íon F^-.

Em um ambiente octaédrico (O_h), os orbitais do átomo metálico central subdividem-se por simetria em quatro grupos (Fig. 20.15 e Apêndice 4):

Orbitais do metal	Tipo de simetria	Degenerescência
s	a_{1g}	1
p_x, p_y, p_z	t_{1u}	3
$d_{x^2-y^2}, d_{z^2}$	e_g	2
d_{xy}, d_{yz}, d_{zx}	t_{2g}	3

Seis combinações lineares formadas por simetria dos seis orbitais σ dos ligantes também podem ser formadas, como explicado na Seção 6.10. Estas combinações podem ser vistas no Apêndice 5 e também são apresentadas na Fig. 20.15. Uma das CLFS (não normalizada) possui simetria a_{1g}:

$$a_{1g}: \quad \sigma_1 + \sigma_2 + \sigma_3 + \sigma_4 + \sigma_5 + \sigma_6$$

onde σ_i simboliza um orbital σ no ligante i. Existem três CLFSs de simetria t_{1u}:

$$t_{1u}: \quad \sigma_1 - \sigma_3, \quad \sigma_2 - \sigma_4, \quad \sigma_5 - \sigma_6$$

e duas CLFSs de simetria e_g:

$$e_g: \quad \sigma_1 - \sigma_2 + \sigma_3 - \sigma_4, \quad 2\sigma_6 + 2\sigma_5 - \sigma_1 - \sigma_2 - \sigma_3 - \sigma_4$$

Essas seis CLFS dão conta de todos os orbitais dos ligantes de simetria σ: não existe qualquer combinação de orbitais σ dos ligantes que possua a simetria t_{2g} que ocorre para os orbitais do metal e, por isso, estes últimos não participam das ligações σ.[2]

---

[2] As constantes de normalização (desprezando-se as sobreposições) são $N(a_{1g}) = (1/6)^{1/2}$, $N(t_{1u}) = (1/2)^{1/2}$ para os três orbitais, e $N(e_g) = ½$ e $(1/12)^{1/2}$, respectivamente.

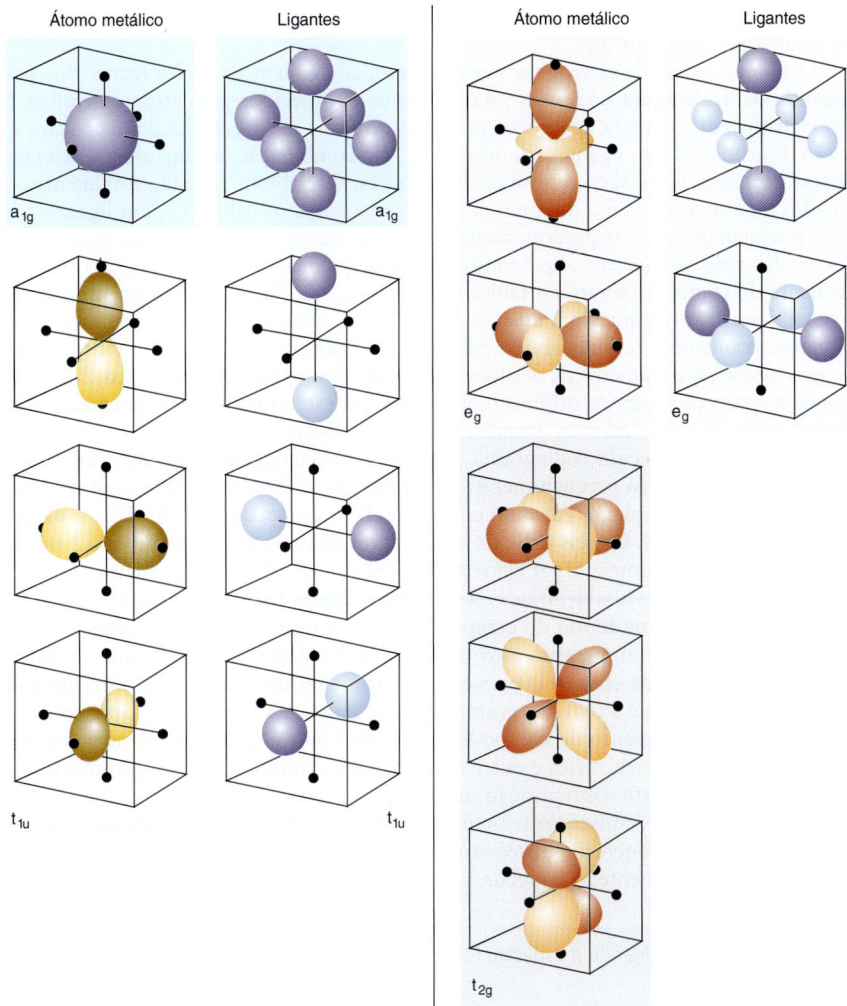

Figura 20.15* Combinações formadas por simetria dos orbitais σ dos ligantes (aqui representados por esferas) em um complexo octaédrico. Para orbitais formados por simetria para outros grupos de pontos, ver Apêndice 5.

Os orbitais moleculares são formados combinando-se as CLFS com os orbitais atômicos do metal que tenham o mesmo tipo de simetria. Por exemplo, a forma (não normalizada) de um orbital molecular a_{g1} é $c_M \psi_{Ms} + c_L \psi_{Lag1}$, onde ψ_{Ms} é o orbital s no átomo do metal M e ψ_{Lag1} é a CLFS dos ligantes com simetria a_{1g}. O orbital s do metal e a CLFS dos ligantes com simetria a_{1g} sobrepõem-se para formar dois orbitais moleculares, um ligante e um antiligante. Da mesma forma, os orbitais e_g duplamente degenerados do metal e as CLFSs e_g dos ligantes sobrepõem-se para formar quatro orbitais moleculares (dois ligantes degenerados e dois antiligantes degenerados), e os orbitais t_{1u} triplamente degenerados do metal e as CLFSs dos três orbitais t_{1u} dos ligantes sobrepõem-se para formar seis orbitais moleculares (três ligantes degenerados e três antiligantes degenerados). Deste modo, existem ao todo seis combinações ligantes e seis antiligantes. Os três orbitais t_{2g} triplamente degenerados do metal permanecem não ligantes e totalmente localizados no átomo metálico. Os cálculos das energias resultantes (ajustados para concordar com vários dados espectroscópicos que serão discutidos na Seção 20.4) resultam no diagrama dos níveis de energia dos orbitais moleculares apresentado na Figura 20.16.

A maior contribuição para o orbital molecular de menor energia é feita pelos orbitais atômicos de energia mais baixa (Seção 2.9). Para o NH_3, o F^- e a maioria dos outros ligantes, os orbitais σ dos ligantes originam-se de orbitais atômicos com energias que se encontram bem abaixo daquelas dos orbitais d do metal. Como resultado, os seis orbitais moleculares ligantes do complexo apresentam um caráter dominante dos ligantes, isto é, $c_L^2 > c_M^2$. Esses seis orbitais ligantes podem acomodar os 12 elétrons fornecidos pelos seis pares isolados de elétrons dos ligantes. Desta forma, podemos considerar que os elétrons fornecidos pelos ligantes estejam em grande parte confinados aos próprios ligantes do complexo, justamente como presumido pela teoria do campo cristalino. Entretanto, como os coeficientes c_M não são iguais a zero, os orbitais moleculares ligantes possuem

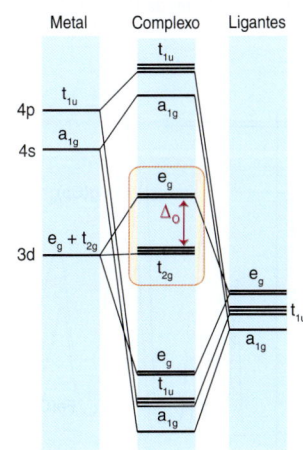

Figura 20.16 Níveis de energia dos orbitais moleculares para um complexo octaédrico típico. Os orbitais de fronteira encontram-se destacados pelo contorno colorido.

algum caráter de orbital d e os "elétrons dos ligantes" estão parcialmente deslocalizados no átomo metálico central.

O número total de elétrons a serem acomodados, além daqueles fornecidos pelos ligantes, depende agora do número n de elétrons d fornecidos pelo átomo metálico. Esses elétrons adicionais ocuparão os próximos orbitais na sequência de ocupação, que serão os orbitais d não ligantes (os orbitais t_{2g}) e a combinação antiligante (os orbitais e_g superiores) de orbitais d com orbitais dos ligantes. Os orbitais t_{2g} estão totalmente confinados ao átomo metálico (na presente aproximação), e os orbitais e_g antiligantes também possuem um caráter predominante do átomo metálico, de forma que os n elétrons fornecidos pelo átomo central permanecerão principalmente nesse átomo. Os orbitais de fronteira do complexo serão, portanto, os orbitais t_{2g} não ligantes inteiramente do metal e os orbitais e_g antiligantes principalmente do metal. Assim, chegamos a um arranjo que é qualitativamente o mesmo obtido pela teoria do campo cristalino. Na abordagem do campo ligante, o parâmetro de desdobramento do campo ligante octaédrico, Δ_O, corresponde à separação entre os orbitais moleculares que estão predominantemente, mas não completamente, confinados ao átomo metálico (Fig. 20.16).

Uma vez estabelecido o diagrama dos níveis de energia dos orbitais moleculares, usamos o princípio do preenchimento para obter a configuração eletrônica do estado fundamental do complexo. Para um complexo d^n hexacoordenado, há $12 + n$ elétrons a serem acomodados. Os seis orbitais moleculares ligantes acomodarão os 12 elétrons fornecidos pelos ligantes. Os n elétrons remanescentes serão acomodados nos orbitais t_{2g} não ligantes e nos orbitais e_g antiligantes. Desta forma, a situação é essencialmente a mesma que na teoria do campo cristalino, na qual os tipos de complexos que são obtidos (por exemplo, spin alto ou spin baixo) dependem dos valores relativos de Δ_O e da energia de emparelhamento P. A principal diferença para a discussão de campo cristalino é que a teoria do campo ligante mostra de forma mais aprofundada a origem do desdobramento do campo ligante, e podemos começar a entender o motivo de alguns ligantes serem fortes e outros fracos. Por exemplo, um bom ligante σ doador resultará em uma forte sobreposição metal-ligante, resultando em um conjunto e_g fortemente antiligante e, consequentemente, em um alto valor de Δ_O. No entanto, antes de esboçarmos outras conclusões, precisamos considerar o que a teoria do campo cristalino ignora completamente: o papel da ligação π.

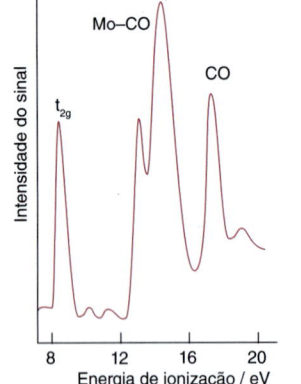

Figura 20.17 O espectro fotoeletrônico de He(II) (30,4 nm) do [Mo(CO)$_6$].

EXEMPLO 20.4 Usando o espectro fotoeletrônico para obter informações sobre um complexo

O espectro fotoeletrônico do [Mo(CO)$_6$] em fase gasosa é mostrado na Fig. 20.17. Use este espectro para inferir as energias dos orbitais moleculares do complexo.

Resposta Precisamos identificar primeiramente a configuração eletrônica do complexo e, depois, associar a ordem das energias de ionização da Fig. 20.17 com a ordem dos orbitais de onde os elétrons provavelmente são provenientes. Doze elétrons são fornecidos pelos seis ligantes CO (considerados como :CO); eles ocupam os orbitais ligantes, resultando na configuração $a_{1g}^2 t_{1u}^6 e_g^4$. O número de oxidação do molibdênio do Grupo 6 é 0 e, desta forma, o Mo fornece outros seis elétrons de valência. Os elétrons de valência do ligante e do metal ficam distribuídos nos orbitais mostrados em destaque na Fig. 20.16 e, como o CO é um ligante de campo forte, a configuração eletrônica do estado fundamental do complexo deverá ser de spin baixo: $a_{1g}^2 t_{1u}^6 e_g^4 t_{2g}^6$. Os HOMOs são os três orbitais t_{2g} que estão em grande parte confinados ao átomo de Mo, e sua energia pode ser identificada atribuindo-se a eles o pico de menor energia de ionização (próximo a 8 eV). O grupo de energias de ionização em torno de 14 eV é provavelmente devido aos orbitais σ ligantes Mo–CO. Como 14 eV é um valor próximo da energia de ionização do próprio CO, alguns dos picos nessa faixa de energia também se originam de orbitais ligantes no CO.

Teste sua compreensão 20.4 Sugira uma interpretação para os espectros fotoeletrônicos do [Fe(C$_5$H$_5$)$_2$] e do [Mg(C$_5$H$_5$)$_2$] mostrados na Fig. 20.18.

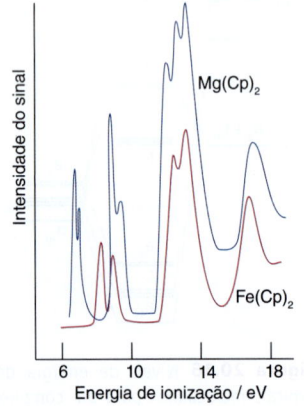

Figura 20.18 Espectros fotoeletrônicos do ferroceno e do magnesoceno.

(b) A ligação π

Pontos principais: Ligantes π doadores levam a um decréscimo de Δ_O e os π receptores levam a um aumento de Δ_O; a série espectroquímica é principalmente uma consequência dos efeitos da ligação π, quando essa ligação é possível.

Se os ligantes de um complexo têm orbitais com simetria local π em relação ao eixo M–L (como é o caso de dois orbitais p de um ligante halogeneto), eles podem formar orbitais π ligantes e antiligantes com os orbitais do metal (Fig. 20.19). Para um complexo octaédrico, as combinações que podem ser formadas a partir dos orbitais π dos ligantes são as CLFS de simetria t_{2g}. Essas combinações dos ligantes sobrepõem-se aos orbitais t_{2g} do metal, os quais deixam de ser puramente não ligantes e concentrados no metal. Dependendo das energias relativas dos orbitais dos ligantes e do metal, as energias dos agora orbitais moleculares t_{2g} encontram-se acima ou abaixo das energias que eles tinham como orbitais atômicos não ligantes, diminuindo ou aumentando, respectivamente, o valor de Δ_O.

Para explorarmos os efeitos da ligação π mais detalhadamente, necessitamos de dois princípios gerais descritos no Capítulo 2. Primeiro, faremos uso da ideia de que quando os orbitais atômicos fazem uma sobreposição efetiva, eles misturam-se fortemente: os orbitais moleculares ligantes resultantes situam-se em energia significativamente mais baixa e os orbitais moleculares antiligantes situam-se em energia significativamente mais alta do que os orbitais atômicos. Segundo, devemos notar que orbitais atômicos com energias similares interagem fortemente, enquanto que aqueles com energias muito diferentes misturam-se apenas levemente, mesmo quando a sobreposição é grande.

Um **ligante π doador** é um ligante que, antes que qualquer ligação com o metal seja considerada, possui orbitais de simetria π ao longo do eixo M–L preenchidos, por exemplo, Cl^-, Br^-, OH^-, O^{2-} e H_2O. De acordo com a terminologia ácido-base de Lewis (Seção 4.6), os ligantes π doadores são **bases π**. Normalmente, as energias destes orbitais π preenchidos localizados nos ligantes não são maiores do que as dos seus orbitais σ doadores (HOMO) e, portanto, devem ter energia menor que os orbitais d do metal. Uma vez que os orbitais π preenchidos dos ligantes π doadores encontram-se em energia mais baixa que os orbitais d parcialmente preenchidos do metal, quando eles formam os orbitais moleculares com os orbitais t_{2g} do metal, a combinação ligante encontra-se em energia mais baixa que os orbitais do ligante e a combinação antiligante encontra-se em energia acima daquela dos orbitais d do átomo metálico livre (Fig. 20.20). Os elétrons fornecidos pelos orbitais π dos ligantes ocupam e preenchem as combinações ligantes, deixando os elétrons originalmente nos orbitais d do átomo metálico central para ocuparem os orbitais t_{2g} antiligantes. O efeito resultante é que os orbitais t_{2g} no metal, anteriormente não ligantes, tornam-se antiligantes e, consequentemente, têm a sua energia aumentada, atingindo um valor próximo da energia dos orbitais e_g antiligantes. Assim, temos que os ligantes π doadores levam a um *decréscimo* de Δ_O.

Um **ligante π receptor** é um ligante que possui orbitais π vazios disponíveis para serem ocupados. De acordo com a terminologia ácido-base de Lewis, um ligante π receptor é um **ácido π**. Geralmente, os orbitais π receptores são orbitais antiligantes vazios localizados em ligantes (geralmente o LUMO) como CO e N_2 e que possuem energia mais alta que os orbitais d do metal. Por exemplo, os orbitais π* do CO têm suas maiores amplitudes sobre o átomo de C e possuem a simetria correta para sobreposição com os orbitais t_{2g} do metal, de forma que o CO pode atuar como um ligante π receptor (Seção 22.5). As fosfinas (PR_3) também são capazes de receber densidade eletrônica π e também atuam como π receptores (Seção 22.6).

Pelo fato de os orbitais π receptores da maioria dos ligantes terem energia maior que os orbitais d do metal, eles formam orbitais moleculares para os quais as combinações ligantes t_{2g} possuem um caráter predominante dos orbitais d do metal (Fig. 20.21). Essas combinações ligantes encontram-se em energias inferiores à dos próprios orbitais d. O resultado final é que ligantes π receptores *aumentam* o valor de Δ_O.

Podemos agora avaliar o papel da ligação π. A ordem dos ligantes na série espectroquímica deve-se parcialmente às forças com que eles podem participar da ligação σ M–L. Por exemplo, tanto o CH_3^- quanto o H^- estão próximos ao final da série espectroquímica (semelhante à do NCS^-) porque eles são doadores σ muito fortes. Entretanto, quando a ligação π é significativa, ela tem uma forte influência no valor de Δ_O: ligantes π doadores diminuem o valor de Δ_O e ligantes π receptores aumentam o valor de Δ_O. Esse efeito é responsável pelo CO (um forte receptor π) estar localizado na extremidade final da série espectroquímica e o OH^- (um forte doador π) estar localizado numa posição mais próxima do início da série espectroquímica. A sequência global da série espectroquímica pode ser interpretada, em termos gerais, como que dominada pelos efeitos π (com poucas exceções importantes), e normalmente a série pode ser interpretada como segue:

—aumento de Δ_O →
π doador,   π doador fraco,   sem participação π,   π receptor

Ligantes representativos que se encaixam nessas classes são

π doador	π doador fraco	sem participação π	π receptor
I^-, Br^-, Cl^-, F^-	H_2O	NH_3	PR_3, CO

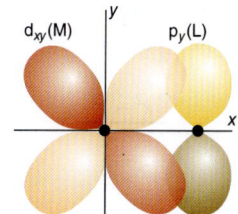

Figura 20.19* A sobreposição π que pode ocorrer entre um orbital p do ligante perpendicular ao eixo M–L e um orbital d_{xy} do metal.

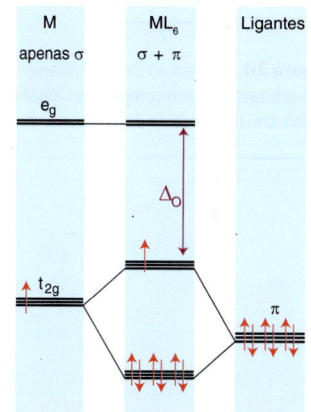

Figura 20.20 Efeito da ligação π no parâmetro de desdobramento do campo ligante. Ligantes que atuam como π doadores diminuem Δ_O. Apenas os orbitais π dos ligantes são mostrados.

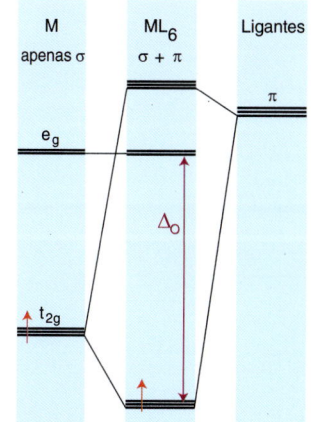

Figura 20.21 Ligantes que atuam como π receptores aumentam Δ_O. Apenas os orbitais π dos ligantes são mostrados.

Figura 20.22 Padrão de desdobramento dos orbitais para um complexo quadrático plano, considerando-se as interações π.

Exemplos importantes de ligantes para os quais o efeito da ligação σ é predominante são as aminas (NR$_3$), CH$_3^-$ e H$^-$, nenhum dos quais tem orbitais de simetria π de energia apropriada e, portanto, não são nem ligantes π doadores e nem π receptores. É importante notar que a classificação de um ligante como de campo forte ou de campo fraco não fornece qualquer indicação sobre a força da ligação M–L.

O efeito da ligação π em outras geometrias diferentes da octaédrica é qualitativamente similar, embora deva-se notar que na geometria tetraédrica são os orbitais e que formam as interações π. No caso dos complexos quadráticos planos, a ordem de alguns dos orbitais d do metal é diferente quando comparada com a do campo cristalino puro. A Fig. 20.22 apresenta o arranjo dos orbitais d do metal considerando-se as interações π; comparando-se esta figura com a Fig. 20.10, na qual apenas as interações eletrostáticas com um campo cristalino foram consideradas, vemos que em ambos os casos é o orbital $d_{x^2-y^2}$ o de maior energia, o qual estará desocupado em um complexo com um íon metálico d^8.

Espectro eletrônico

Agora que já consideramos a estrutura eletrônica dos complexos dos metais d, estamos em condições de entender seus espectros eletrônicos e usar os dados que eles fornecem para aprimorar a discussão estrutural. Os valores dos desdobramentos do campo ligante são tal ordem que as energias das transições eletrônicas correspondem a absorções de luz nas regiões do ultravioleta e do visível. Entretanto, a presença de repulsões elétron–elétron nos orbitais do metal significa que as frequências de absorção não são em geral um retrato direto do desdobramento do campo ligante. O papel das repulsões elétron–elétron foi originalmente determinado pela análise dos átomos e íons em fase gasosa, com simetria esférica, e muitas dessas informações podem ser usadas na análise dos espectros dos complexos metálicos, desde que levemos em consideração a menor simetria de um complexo.

Deve-se ter em mente que o objetivo das seções seguintes é o de encontrar uma forma de obter o valor do parâmetro de desdobramento do campo ligante a partir do espectro de absorção eletrônico de um complexo com mais de um elétron d, quando então as repulsões elétron–elétron são importantes. Primeiramente, discutiremos os espectros de átomos livres e veremos como considerar as repulsões elétron–elétron. Em seguida, veremos os estados de energia dos átomos quando eles estão em um campo ligante octaédrico. Finalmente, veremos como representar as energias destes estados para diferentes forças de campo e diferentes energias de repulsão elétron–elétron (diagramas de Tanabe-Sugano, Seção 20.4e) e como usar estes diagramas para se obter o valor do parâmetro de desdobramento do campo ligante.

20.3 Espectro eletrônico de átomos

Ponto principal: As repulsões elétron–elétron resultam em absorções múltiplas no espectro eletrônico.

A Figura 20.23 serve para iniciar nossa discussão ao mostrar o espectro eletrônico de absorção do complexo [Cr(NH$_3$)$_6$]$^{3+}$, d^3, em solução aquosa. A banda de menor energia (maior comprimento de onda) é muito fraca; mais tarde veremos que ela é um exemplo de uma transição "proibida por spin". Em seguida, temos duas bandas com intensidades intermediárias, que são transições "permitidas por spin" entre os orbitais t_{2g} e e_g do complexo, que são oriundas principalmente dos orbitais d do metal. O terceiro aspecto

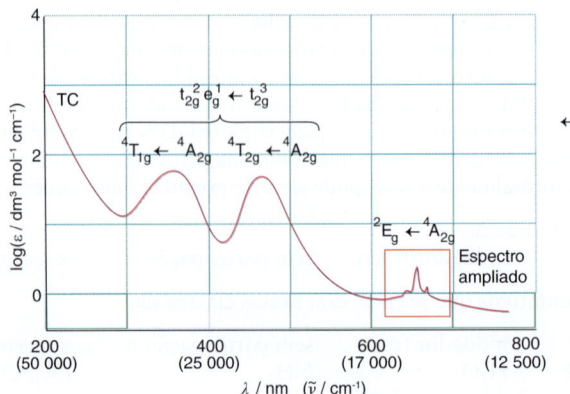

Figura 20.23 Espectro do complexo [Cr(NH$_3$)$_6$]$^{3+}$, d^3, que ilustra os aspectos estudados nesta seção e as atribuições das transições conforme explicado no texto.

desse espectro é uma banda intensa de transferência de carga em comprimento de onda menor (denominada TC, indicando "transferência de carga"), da qual somente parte de menor energia da sua cauda está visível na presente ilustração.

Um problema com que imediatamente nos confrontamos é por que duas absorções podem ser atribuídas a uma transição aparentemente única $t_{2g}^2 e_g^1 \leftarrow t_{2g}^3$? Este desdobramento de uma única transição em duas bandas é de fato um resultado das repulsões elétron-elétron mencionadas anteriormente. Para entendermos como isso ocorre e obtermos as informações nelas contidas, precisamos considerar o espectro dos átomos e íons livres.

(a) Termos espectroscópicos

Pontos principais: Existem diferentes microestados para uma mesma configuração eletrônica; para os átomos leves, utiliza-se o acoplamento Russell-Saunders para descrever os termos, que são especificados por símbolos nos quais o valor de *L* é indicado por uma das letras S, P, D, ..., e o valor de 2*S* + 1 é dado por um índice superior esquerdo.

No Capítulo 1, descrevemos as estruturas eletrônicas dos átomos informando as suas configurações eletrônicas pela designação do número de elétrons em cada orbital (como no Li $1s^2 2s^1$). Entretanto, a configuração é uma descrição incompleta do arranjo dos elétrons em um átomo. Na configuração $2p^2$, por exemplo, os dois elétrons podem ocupar orbitais com orientações diferentes de momento angular orbital (isto é, com valores diferentes de m_l entre as possibilidades +1, 0 e −1 que estão disponíveis quando $l = 1$). Da mesma forma, a designação $2p^2$ não nos dá qualquer informação sobre as orientações de spin dos dois elétrons, onde m_s pode ser +1/2 ou −1/2. De fato, um átomo pode ter vários estados com diferentes momentos angulares totais orbital e de spin, cada um correspondendo a uma ocupação dos orbitais com diferentes valores de m_l por elétrons com diferentes valores de m_s. As diversas maneiras pelas quais os elétrons podem ocupar os orbitais especificados na configuração eletrônica são denominadas **microestados** da configuração. Por exemplo, um microestado de uma configuração $2p^2$ é $(1^+, 1^-)$; essa notação significa que ambos os elétrons ocupam um orbital com $m_l = +1$, mas fazendo-o com spins opostos, com o índice + indicando $m_s = +1/2$ e o índice − indicando $m_s = -1/2$. Outro microestado da mesma configuração é $(-1^+, 0^+)$. Nesse microestado, ambos os elétrons possuem $m_s = +1/2$, mas um ocupa o orbital 2p com $m_l = -1$ e o outro ocupa o orbital com $m_l = 0$.

Os microestados de uma dada configuração possuirão a mesma energia somente se as repulsões elétron-elétron no átomo forem desprezíveis. Entretanto, pelo fato de os átomos e a maioria das moléculas serem pequenos, as repulsões intereletrônicas são fortes e não podem ser sempre ignoradas. Como resultado, os microestados que correspondem a distribuições espaciais dos elétrons relativamente diferentes possuem energias diferentes. Se agruparmos os microestados que possuem a mesma energia quando as repulsões elétron-elétron são levadas em consideração, obteremos os níveis de energia espectroscopicamente distinguíveis denominados **termos**.

Para átomos leves e para a série 3d, ocorre que a propriedade mais importante de um microestado para nos ajudar a decidir sua energia é a orientação relativa dos spins dos elétrons. A próxima em importância é a orientação relativa do momento angular orbital dos elétrons. Segue, então, que podemos identificar os termos dos átomos leves e colocá-los em ordem crescente de energia, ordenando os microestados pelo seu número quântico de spin total *S* (que é determinado pela orientação relativa dos spins individuais) e depois pelo número quântico momento angular orbital total *L* (que é determinado pela orientação relativa do momento angular orbital individual dos elétrons). O processo de combinar os momentos angulares dos elétrons somando primeiro os momentos de spin, depois os momentos orbitais e finalmente combinando os dois momentos resultantes é chamado de **acoplamento Russell-Saunders**.

Para os átomos pesados, como aqueles das séries 4d e 5d, as orientações relativas dos momentos orbitais ou dos momentos de spin são menos importantes. Nesses átomos, o momento angular orbital e o momento angular de spin de cada elétron individual estão fortemente acoplados pelo **acoplamento spin-órbita**. Desta forma, a orientação relativa dos momentos angulares orbital e de spin de cada elétron é o aspecto mais importante para a determinação da energia. Os termos dos átomos pesados são, deste modo, ordenados com base nos valores do número quântico momento angular total *j* para cada elétron em um microestado. Este esquema é chamado de **acoplamento jj**, mas não será considerado aqui.

Retornando à aplicação do acoplamento Russel-Saunders para os metais 3d, nossa primeira tarefa é identificar os valores de *L* e *S* que podem surgir da combinação dos momentos angulares orbital e de spin dos elétrons. Suponhamos que temos dois elétrons com números quânticos l_1, s_1 e l_2, s_2. Então, de acordo com a **série de Clebsch-Gordan**, os valores possíveis de L e S são

$$L = l_1 + l_2, l_1 + l_2 - 1, ..., |l_1 - l_2| \qquad S = s_1 + s_2, s_1 + s_2 - 1, ..., |s_1 - s_2| \qquad (20.3)$$

Por exemplo, um átomo com configuração d^2 ($l_1 = 2$, $l_2 = 2$) pode ter os seguintes valores de L:

$$L = 2 + 2, 2 + 2 - 1, ..., |2 - 2| = 4, 3, 2, 1, 0$$

O spin total (uma vez que $s_1 = \frac{1}{2}$, $s_2 = \frac{1}{2}$) pode ser

$$S = \tfrac{1}{2} + \tfrac{1}{2}, \tfrac{1}{2} + \tfrac{1}{2} - 1, ..., |\tfrac{1}{2} - \tfrac{1}{2}| = 1, 0$$

Para encontrarmos os valores de L e de S para átomos com três elétrons, continuamos o processo combinando l_3 com o valor de L há pouco obtido, e igualmente para s_3.

Uma vez que L e S tenham sido encontrados, podemos escrever os valores permitidos para os números quânticos M_L e M_S,

$$M_L = L, L-1, ..., -L \qquad M_S = S, S-1, ..., -S$$

Esses números quânticos dão a orientação do momento angular relativo a um eixo arbitrário: existem $2L + 1$ valores de M_L para um dado valor de L, e $2S + 1$ valores de M_S para um dado valor de S. Os valores de M_L e de M_S para um determinado microestado podem ser facilmente encontrados adicionando-se os valores de m_l ou m_s para cada elétron. Desse modo, se um elétron tem o número quântico m_{l1} e o outro tem m_{l2}, então

$$M_L = m_{l1} + m_{l2}$$

Uma expressão semelhante aplica-se ao spin total:

$$M_S = m_{s1} + m_{s2}$$

Assim, por exemplo, $(0^+, -1^-)$ é um microestado com $M_L = 0 - 1 = -1$ e $M_S = \tfrac{1}{2} + (-\tfrac{1}{2}) = 0$ e pode contribuir para qualquer termo para o qual esses dois números quânticos possam ser aplicados.

Por analogia com a notação s, p, d,... para os orbitais com $l = 0, 1, 2,...$, o momento angular orbital total de um termo atômico é simbolizado pela letra maiúscula equivalente:

$L=$	0	1	2	3	4
	S	P	D	F	G	seguindo-se a ordem alfabética (omitindo-se o J)

O spin total normalmente é indicado pelo valor de $2S + 1$, chamado de **multiplicidade** do termo:

$S =$	0	$\tfrac{1}{2}$	1	$\tfrac{3}{2}$	2
$2S+1 =$	1	2	3	4	5

A multiplicidade é indicada por um índice superior esquerdo da letra representando o valor de L, e o símbolo completo de um termo é chamado de **símbolo do termo**. Assim, o termo ^3P representa um termo (uma coleção de estados praticamente degenerados) com $L = 1$ e $S = 1$, chamado de *termo tripleto*.

EXEMPLO 20.5 Derivando os símbolos dos termos

Dê os símbolos dos termos para um átomo com as configurações (a) s^1, (b) p^1 e (c) $s^1 p^1$.

Resposta Precisamos usar a série de Clebsch-Gordan para acoplar qualquer momento angular, identificar a letra para o símbolo do termo a partir da tabela acima e, finalmente, indicar a multiplicidade como um índice superior esquerdo. (a) Um único elétron s tem $l = 0$ e $s = 1/2$. Pelo fato de que há somente um elétron, $L = 0$ (um termo S), $S = s = \tfrac{1}{2}$ e $2S + 1 = 2$ (um termo dubleto). Deste modo, o símbolo do termo é ^2S. (b) Para um único elétron p, $l = 1$, de forma que $L = 1$ e o termo é ^2P (estes termos aparecem no espectro de um átomo de metal alcalino, como o Na). (c) Com um elétron s e um p, $L = 0 + 1 = 1$, um termo P. Os elétrons podem estar emparelhados ($S = 0$) ou paralelos ($S = 1$). Consequentemente, são possíveis os termos ^1P e ^3P.

Teste sua compreensão 20.5 Quais termos originam-se de uma configuração $p^1 d^1$?

Tabela 20.6 Microestados para a configuração d^2

M_L	M_S		
	−1	0	+1
+4		$(2^+,2^-)$	
+3	$(2^-,1^-)$	$(2^+,1^-)(2^-,1^+)$	$(2^+,1^+)$
+2	$(2^-,0^-)$	$(2^-,0^-)(2^-,0^+)(1^+,1^-)$	$(2^+,0^+)$
+1	$(2^-,-1^-)(1^-,0^-)$	$(2^+,-1^-)(2^-,-1^+)$ $(1^+,0^-)(1^-,0^+)$	$(2^+,-1^+)(1^+,0^+)$
0	$(1^-,-1^-)(2^-,-2^-)$	$(1^+,-1^-)(1^-,-1^+)$ $(2^+,-2^-)(2^-,-2^+)$ $(0^+,0^-)$	$(1^+,-1^+)(2^+,-2^+)$
−1 a −4*			

*A metade inferior do diagrama é uma reflexão especular da metade superior.

(b) Classificando os microestados

Ponto principal: Os termos permitidos de uma configuração podem ser encontrados identificando-se os valores de L e de S para os quais os microestados de um átomo podem contribuir.

O princípio de Pauli restringe os microestados que podem ocorrer numa configuração e, consequentemente, afeta os termos que podem existir. Por exemplo, dois elétrons não podem ter o mesmo spin e estar em um orbital d com $m_l = +2$. Deste modo, o microestado $(2^+, 2^+)$ é proibido, assim como os valores de L e S para os quais tal microestado poderia contribuir. Ilustraremos como determinar quais termos são permitidos considerando uma configuração d^2, pois o resultado será útil na discussão dos complexos que serão encontrados posteriormente neste capítulo. Um exemplo de uma espécie com uma configuração d^2 é o íon Ti^{2+}.

Iniciamos a análise montando uma tabela dos microestados para a configuração d^2 (Tabela 20.6); somente os microestados permitidos pelo princípio de Pauli foram incluídos. Usamos, então, um processo de eliminação para classificar todos os microestados. Primeiramente, observamos o maior valor de M_L, que para uma configuração d^2 é +4. Esse estado deve pertencer a um termo com $L = 4$ (um termo G). A Tabela 20.6 mostra que o único valor de M_S que ocorre para esse termo é o $M_S = 0$, de forma que o termo G é um singleto. Além disso, uma vez que há nove valores de M_L quando $L = 4$, um microestado em cada célula da coluna encabeçada por $(2^+, 2^-)$ pertence a este termo.[3] Portanto, podemos retirar um microestado de cada linha na coluna central da Tabela 20.6 (inclusive para M_L de −1 a −4), o que nos deixa com 36 microestados.

O próximo maior valor de M_L é +3, o qual deve derivar de $L = 3$ e, portanto, pertencer a um termo F. Essa linha contém um microestado em cada coluna (isto é, cada célula contém uma combinação não atribuída para $M_S = −1, 0$ e +1), o que indica $S = 1$ e, portanto, um termo tripleto. Consequentemente, os microestados pertencem a um termo ^3F. O mesmo é verdade para cada microestado em cada uma das linhas abaixo até $M_L = −3$, o que corresponde a $3 \times 7 = 21$ microestados. Se eliminarmos um estado de cada uma das 21 células, ficaremos com 15 para serem atribuídos.

Há um microestado ainda não atribuído na linha $M_L = +2$ (que deve originar-se de um $L = 2$) e na coluna $M_S = 0$ ($S = 0$), que deve, deste modo, pertencer a um termo ^1D. Esse termo tem cinco valores de M_L, o que remove um microestado de cada linha na coluna encabeçada por $M_S = 0$ descendo até $M_L = −2$, restando ainda 10 microestados não atribuídos. Como esses microestados não atribuídos incluem um com $M_L = +1$ e $M_S = +1$, nove desses microestados devem pertencer a um termo ^3P. Agora resta apenas um microestado na célula central da tabela, com $M_L = 0$ e $M_S = 0$. Esse microestado deve ser o único estado de um termo ^1S (que possui $L = 0$ e $S = 0$).

Neste ponto, podemos concluir que os termos de uma configuração $3d^2$ são ^1G, ^3F, ^1D, ^3P e ^1S. Esses termos compreendem todos os 45 estados permitidos (ver tabela na margem).

Termo	Número de estados
^1G	$9 \times 1 = 9$
^3F	$7 \times 3 = 21$
^1D	$5 \times 1 = 5$
^3P	$3 \times 3 = 9$
^1S	$1 \times 1 = 1$
Total	45

---

[3] Na verdade, é pouco provável que um dos microestados por si só corresponda a um destes estados: em geral, um estado é uma combinação linear de microestados. Entretanto, como N combinações lineares podem ser formadas a partir de N microestados, cada vez que cortamos um microestado estamos considerando uma combinação linear, e desta forma a contabilidade fica correta mesmo que o detalhe possa estar errado.

(c) As energias dos termos

Ponto principal: As regras de Hund indicam o termo fundamental de um átomo ou íon em fase gasosa.

Uma vez conhecidos os valores de L e de S que se originam de uma dada configuração, é possível identificar o termo de menor energia usando as regras de Hund. A primeira destas regras empíricas foi apresentada na Seção 1.5, indicando que "a configuração de menor energia é obtida quando os spins dos elétrons estão paralelos". Como um valor alto de S origina-se de spins de elétrons paralelos, uma afirmação alternativa é

1. Para uma dada configuração, o termo com maior multiplicidade será o de menor energia.

Essa regra implica que um termo tripleto de uma configuração (se for permitido) possui energia menor que um termo singleto da mesma configuração. Para a configuração d^2, essa regra prevê que o estado fundamental será ^3F ou ^3P.

Inspecionando os dados espectroscópicos, Hund também identificou uma segunda regra para as energias relativas dos termos de mesma multiplicidade:

2. Para termos de mesma multiplicidade, o de menor energia será aquele com o maior valor de L.

A justificativa física para essa regra é que, quando L é alto, os elétrons podem ficar mais afastados uns dos outros e consequentemente experimentar uma repulsão menor. Se L for baixo, os elétrons estarão mais próximos uns dos outros e irão se repelir mais fortemente.[4] Essa segunda regra implica que, dos dois termos tripletos de uma configuração d^2, o termo ^3F tem menor energia do que o termo ^3P. Espera-se, portanto, que o termo fundamental de uma espécie d^2, como o Ti^{2+}, seja o ^3F.

A regra da multiplicidade de spin é bastante confiável para se prever a ordem dos termos, mas a regra do "maior L" é segura somente para prever o termo fundamental, ou seja, o termo de menor energia; como resultado de interações intereletrônicas mais complexas, geralmente há pouca correlação do L com a sequência dos termos maiores. Assim, para d^2 as regras preveem a ordem

$$^3F < {}^3P < {}^1G < {}^1D < {}^1S$$

mas a ordem observada para o Ti^{2+} a partir da espectroscopia é

$$^3F < {}^1D < {}^3P < {}^1G < {}^1S$$

As razões para essa diferença serão exploradas na próxima seção.

Normalmente, tudo o que desejamos saber é a identidade do termo fundamental de um átomo ou de um íon. Assim, o procedimento pode ser resumido como segue:

1. Identifique o microestado que tem o maior valor de M_S.

Essa etapa nos informa a maior multiplicidade da configuração.

2. Identifique o maior valor permitido de M_L para a multiplicidade identificada.

Essa etapa nos informa o maior valor de L consistente com a multiplicidade mais alta.

EXEMPLO 20.6 Identificando o termo fundamental de uma configuração

Qual é o termo fundamental para as seguintes configurações: (a) $3d^5$ do Mn^{2+}; (b) $3d^3$ do Cr^{3+}?

Resposta Primeiro devemos identificar o termo com a multiplicidade máxima, uma vez que ele será o termo fundamental. Em seguida devemos identificar o valor de L para todos os termos que têm a multiplicidade máxima, pois o termo com o maior valor de L será o termo fundamental. (a) Uma vez que a configuração d^5 permite a ocupação de cada um dos orbitais d com um único elétron, com spins paralelos, o valor máximo de S será igual a 5/2, fornecendo uma multiplicidade de $2 \times 5/2 + 1 = 6$, um termo sexteto. Se cada um dos elétrons possui o mesmo número quântico de spin, todos devem ocupar orbitais diferentes e, consequentemente, ter valores de M_L diferentes. Assim, os valores de M_L dos orbitais ocupados serão +2, +1, 0, -1 e -2. Essa configuração é a única possível para o termo sexteto. Como a soma desses

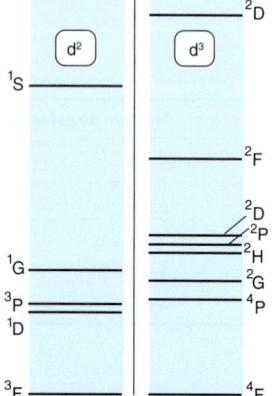

Figura 20.24 Energias relativas dos termos das configurações d^2 (esquerda) e d^3 (direita) para um átomo livre.

---

[4] Em nível atômico, podemos ver que quando temos dois elétrons em uma camada d, eles terão menor probabilidade de interagir ou se encontrar se seus momentos angulares orbitais estiverem na mesma direção com $m_l = +2$ e $m_l = +1$ do que em direções opostas com $m_l = +2$ e $m_l = -2$.

valores de M_L é 0, $L = 0$ e o termo é ^6S. (b) Para a configuração d^3, a multiplicidade máxima corresponde aos três elétrons tendo o mesmo número quântico de spin e, assim, $S = 3/2$. Deste modo, a multiplicidade é $2 \times 3/2 + 1 = 4$, um quarteto. Novamente, os três valores de M_L devem ser diferentes se todos os elétrons estiverem paralelos. Existem várias possibilidades de arranjos que fornecem o termo quarteto, mas o que leva ao valor máximo de M_L possui os três elétrons com $M_L = +2, +1$ e 0, produzindo um total de $+3$, que deve se originar de um termo com $L = 3$, que é um termo F. Logo, o termo fundamental para o d^3 é ^4F.

Teste sua compreensão 20.6 Identifique o termo do estado fundamental de: (a) $2p^2$; (b) $3d^9$. (*Dica*: Como d^9 tem um elétron a menos que uma camada fechada com $L = 0$ e $S = 0$, trate-o da mesma forma que uma configuração d^1.)

A Figura 20.24 mostra as energias relativas dos termos para as configurações d^2 e d^3 de átomos livres. Mais tarde, veremos como expandir estes diagramas para incluir o efeito de um campo ligante (Seção 20.4).

(d) Parâmetros de Racah

Pontos principais: Os parâmetros de Racah expressam os efeitos das repulsões elétron-elétron nas energias dos termos que surgem de uma única configuração; esses parâmetros são uma expressão quantitativa das ideias por trás das regras de Hund e explicam os desvios destas.

Os diferentes termos de uma configuração possuem energias diferentes por causa da repulsão entre os elétrons. Para calcular as energias dos termos, precisamos avaliar essas energias de repulsão elétron-elétron por meio de integrais complicadas envolvendo os orbitais ocupados pelos elétrons. Entretanto, todas as integrais para uma dada configuração podem ser agrupadas em três combinações específicas e, desta forma, a energia de repulsão de qualquer termo de uma configuração pode ser expressa como uma soma dessas três quantidades. As três combinações dessas integrais são denominadas **parâmetros de Racah** e simbolizadas por A, B e C. O parâmetro A corresponde a uma média da repulsão intereletrônica total, e B e C relacionam-se com as energias de repulsão entre os elétrons d individuais. Não precisamos nem mesmo saber os valores teóricos dos parâmetros ou as expressões teóricas para eles, pois é mais confiável usar A, B e C como quantidades empíricas obtidas a partir dos dados de espectroscopia atômica em fase gasosa.

Para uma dada configuração, cada termo possui uma energia que pode ser expressa como uma combinação linear dos três parâmetros de Racah. Para uma configuração d^2, uma análise detalhada mostra que

$$E(^1S) = A + 14B + 7C \qquad E(^1G) = A + 4B + 2C \qquad E(^1D) = A - 3B + 2C$$
$$E(^3P) = A + 7B \qquad E(^3F) = A - 8B$$

Os valores de A, B e C podem ser determinados ajustando-se essas expressões às energias observadas para os termos. Note que A é comum para todos os termos (como mencionado anteriormente, ele é a média da energia de repulsão intereletrônica total); deste modo, se estamos interessados somente nas energias relativas, não necessitamos conhecer o seu valor. Os três parâmetros de Racah são positivos, uma vez que eles representam repulsões elétron-elétron. Desse modo, supondo-se que $C > 5B$, as energias dos termos para uma configuração d^2 encontram-se na ordem

$$^3F < {}^3P < {}^1D < {}^1G < {}^1S$$

Tabela 20.7 Parâmetros de Racah, B e C/B, para alguns íons do bloco d*

	1+	2+	3+	4+
Ti		720(3,7)		
V		765(3,9)	860(4,8)	
Cr		830(4,1)	1030(3,7)	1040(4,1)
Mn		960(3,5)	1130(3,2)	
Fe		1060(4,1)	600(5,2)	
Co		1120(3,9)		
Ni		1080(4,5)		
Cu	1220(4,0)	1240(3,8)		

* Valores do parâmetro B em cm^{-1} e valor de C/B entre parênteses.

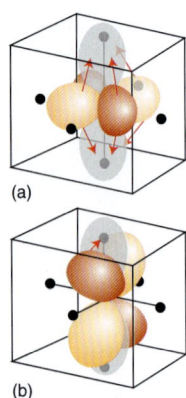

Figura 20.25* Mudanças na densidade eletrônica que acompanham as duas transições discutidas no texto. Há uma alteração maior da densidade eletrônica em direção aos ligantes no eixo z no caso (a) do que em (b).

Essa ordem é praticamente a mesma obtida usando-se as regras de Hund. Entretanto, se $C < 5B$, a vantagem de se ter uma ocupação dos orbitais que corresponde a um momento angular orbital alto é maior do que a vantagem de se ter uma multiplicidade alta, fazendo com que o termo ^3P fique acima do ^1D (como realmente ocorre para o Ti^{2+}). A Tabela 20.7 apresenta alguns valores experimentais de B e C. Os valores entre parênteses indicam que $C \approx 4B$ e, assim, os íons listados estão numa região em que as regras de Hund são confiáveis apenas para prever o termo fundamental de uma configuração.

O parâmetro C aparece apenas nas expressões para as energias dos estados que têm multiplicidade diferente do estado fundamental. Como, normalmente, estamos interessados apenas nas energias relativas dos termos de mesma multiplicidade do estado fundamental (isto é, numa excitação sem variação no estado do spin), não necessitamos conhecer o valor de C. O parâmetro B é o mais importante, e na Seção 20.4f discutiremos os fatores que afetam o seu valor.

20.4 Espectro eletrônico de complexos

A discussão precedente tratou apenas dos átomos livres e, agora, iremos expandir nossa discussão para incluir os íons complexos. O espectro do $[Cr(NH_3)_6]^{3+}$ na Fig. 20.23 possui duas bandas centrais com intensidades intermediárias e com energias que diferem por causa das repulsões elétron-elétron (como explicaremos logo em seguida). Como ambas as transições ocorrem entre orbitais que apresentam um caráter predominante de orbital d do metal, com uma separação caracterizada pela força do parâmetro de desdobramento do campo ligante, Δ_O, essas duas transições são chamadas de **transições d–d** ou **transições de campo ligante**.

(a) Transições de campo ligante

Ponto principal: As repulsões elétron-elétron desdobram as transições de campo ligante em componentes com energias diferentes.

De acordo com a discussão da Seção 20.1, esperamos que o complexo octaédrico d^3 $[Cr(NH_3)_6]^{3+}$ tenha a configuração t_{2g}^3 para o estado fundamental. A absorção próxima de 25.000 cm^{-1} pode ser atribuída à excitação $t_{2g}^2 e_g^1 \leftarrow t_{2g}^3$, pois a energia correspondente é típica dos desdobramentos de campo ligante em complexos.

Antes de entrarmos numa análise de Racah para a transição, será útil vermos qualitativamente, do ponto de vista da teoria de orbitais moleculares, por que esta transição origina duas bandas. Primeiro, devemos observar que uma transição $d_{z^2} \leftarrow d_{xy}$, que é uma das maneiras de termos uma transição $e_g \leftarrow t_{2g}$, promove um elétron do plano xy para a direção z já rica em elétrons: esse eixo é rico em elétrons porque os orbitais d_{yz} e d_{zx} estão ocupados (Fig. 20.25). Entretanto, uma transição $d_{z^2} \leftarrow d_{zx}$, que é outra maneira de termos a transição $e_g \leftarrow t_{2g}$, simplesmente reposiciona um elétron que já está em grande parte concentrado ao longo do eixo z. No primeiro caso, mas não no segundo, há um aumento nítido na repulsão entre os elétrons e, como resultado, as duas transições $e_g \leftarrow t_{2g}$ têm energias diferentes. Existem seis transições $t_{2g}^2 e_g^1 \leftarrow t_{2g}^3$ possíveis, e todas se assemelham a um ou outro destes dois casos: três delas ficam no primeiro grupo e as outras três, no segundo grupo.

(b) Termos espectroscópicos

Pontos principais: Os termos de um complexo octaédrico são indicados pelas espécies de simetria do estado orbital global; um índice superior indica a multiplicidade do termo.

As duas bandas da Fig. 20.23 que estamos discutindo estão rotuladas como $^4T_{2g} \leftarrow {^4A_{2g}}$ (em 21.550 cm^{-1}) e $^4T_{1g} \leftarrow {^4A_{2g}}$ (em 28.500 cm^{-1}). Esses rótulos são os **símbolos dos termos moleculares** e servem a um propósito similar àquele dos símbolos dos termos atômicos. O índice superior esquerdo indica a multiplicidade, de forma que o índice superior 4 indica um estado quarteto com $S = 3/2$, como esperado quando existem três elétrons desemparelhados. A parte restante do símbolo do termo é o rótulo de simetria do estado orbital eletrônico global do complexo. Por exemplo, o estado fundamental quase totalmente simétrico de um complexo d^3 (com um elétron em cada um dos três orbitais t_{2g}) é simbolizado por A_{2g}. Dizemos *quase* totalmente simétrico porque uma inspeção detalhada do comportamento dos três orbitais t_{2g} ocupados mostra que uma rotação C_3 no grupo de pontos O_h transforma o produto $t_{2g} \times t_{2g} \times t_{2g}$ nele próprio, o que permite identificar o complexo como uma espécie de simetria A (veja a tabela de caracteres no Apêndice 4). Além disso, devido ao fato de que cada orbital tem paridade par (g), a paridade global também é g. Entretanto, uma rotação C_4 transforma um dos

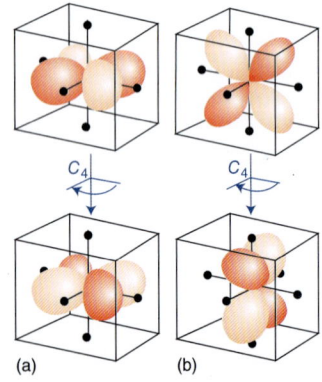

Figura 20.26* Mudanças de sinal que ocorrem mediante uma rotação C_4 em torno do eixo z: (a) a rotação do orbital d_{xy} transforma-o no seu negativo; (b) a rotação de um orbital d_{yz} transforma-o no orbital d_{zx}.

orbitais t_{2g} no seu negativo e os outros dois orbitais t_{2g} um no outro (Fig. 20.26), de forma que, no global, há uma mudança de sinal sob esta operação e o seu caráter é –1. Portanto, o termo é A_{2g}, e não o A_{1g} totalmente simétrico de uma camada fechada.

É mais difícil determinar que os símbolos dos termos que se originam da configuração excitada do quarteto $t_{2g}^2 e_g^1$ sejam $^4T_{2g}$ e $^4T_{1g}$, e, assim, não consideraremos esse aspecto aqui. O índice superior 4 indica que a configuração de energia mais alta continua a ter o mesmo número de spins desemparelhados que o estado fundamental, e o índice inferior g indica uma paridade par para todos os orbitais participantes.

(c) Correlacionando os termos

Ponto principal: No campo ligante produzido por um complexo octaédrico, os termos do átomo livre desdobram-se e são, então, rotulados pelas suas espécies de simetria, como indicado na Tabela 20.8.

Tabela 20.8 Correlação dos termos espectroscópicos para os elétrons d em complexos O_h

Termo atômico	Número de estados	Termos na simetria O_h
S	1	A_{1g}
P	3	T_{1g}
D	5	$T_{2g} + E_g$
F	7	$T_{1g} + T_{2g} + A_{2g}$
G	9	$A_{1g} + E_g + T_{1g} + T_{2g}$

Em um átomo livre, em que os cinco orbitais d são degenerados, necessitamos considerar somente as repulsões elétron-elétron para obtermos o ordenamento relativo dos termos para uma dada configuração d^n. Em um complexo, os orbitais d não estão todos degenerados e é necessário levar em consideração a diferença de energia entre os orbitais t_{2g} e e_g, bem como as repulsões elétron-elétron.

Consideremos o caso mais simples de um átomo ou íon com um único elétron de valência. Uma vez que um orbital totalmente simétrico num ambiente permanecerá como um orbital totalmente simétrico em outro ambiente, um orbital s em um átomo livre será um orbital a_{1g} em um campo octaédrico. Expressamos essa transformação dizendo que o orbital s do átomo "correlaciona-se" com o orbital a_{1g} do complexo. Da mesma forma, os cinco orbitais d de um átomo livre correlacionam-se com os conjuntos t_{2g} triplamente degenerado e e_g duplamente degenerado de um complexo octaédrico.

Consideremos agora um átomo de muitos elétrons. Exatamente da mesma forma que para um único elétron, o termo S global totalmente simétrico de um átomo de muitos elétrons correlaciona-se com o termo A_{1g} totalmente simétrico de um complexo octaédrico. Igualmente, um termo atômico D desdobra-se num termo T_{2g} e em um termo E_g na simetria O_h. O mesmo tipo de análise pode ser aplicado a outros estados, e a Tabela 20.8 apresenta as correlações entre os termos do átomo livre e os termos em um complexo octaédrico.

EXEMPLO 20.7 Identificando as correlações entre os termos

Quais termos de um complexo com simetria O_h correlacionam-se com o termo ^3P de um átomo livre com configuração d^2?

Resposta Argumentando por analogia: se soubermos como os orbitais p correlacionam-se com os orbitais num complexo, poderemos usar esta informação para expressar como os estados globais correlacionam-se, simplesmente mudando os termos para letras maiúsculas. Os três orbitais p de um átomo livre tornam-se os orbitais t_{1u} triplamente degenerados em um complexo octaédrico. Deste modo, se desconsiderarmos por um momento a paridade, o termo P de um átomo de muitos elétrons torna-se um termo T_1 no grupo de pontos O_h. Como os orbitais d possuem paridade par, o termo global deve ser g, ou, mais especificamente, T_{1g}. A multiplicidade permanece inalterada na correlação e, desta forma, o termo ^3P torna-se o termo $^3T_{1g}$.

Teste sua compreensão 20.7 Quais termos de um complexo d^2 na simetria O_h correlacionam-se com os termos ^3F e ^1D de um átomo livre?

(d) As energias dos termos: os limites de campo fraco e de campo forte

Pontos principais: Para um dado íon metálico, a energia de cada termo responde diferentemente aos ligantes com força de campo crescente; a correlação entre os termos do átomo livre e os termos do complexo pode ser apresentada por um diagrama de Orgel.

As repulsões elétron-elétron são difíceis de serem consideradas, mas a discussão é simplificada considerando-se dois casos extremos. Na condição limite de campo fraco, o campo ligante, medido por Δ_O, é tão fraco que somente as repulsões elétron-elétron são importantes. Como os parâmetros B e C de Racah descrevem completamente as repulsões intereletrônicas, esses são os únicos parâmetros que precisamos considerar neste limite. Na condição limite de campo forte, o campo ligante é tão forte que as repulsões elétron--elétron podem ser ignoradas e as energias dos termos podem ser expressas somente em termos de Δ_O. Assim, estabelecidos esses dois extremos, podemos considerar os casos

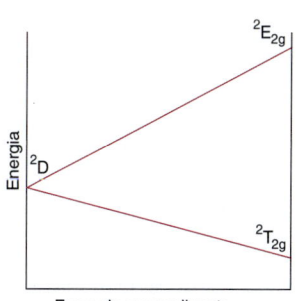

Figura 20.27 Diagrama de correlação para um íon livre (à esquerda) e os termos de campo forte (à direita) para uma configuração d^1.

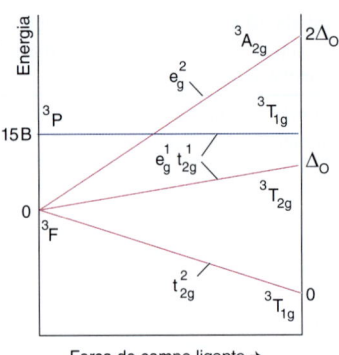

Figura 20.28 Diagrama de correlação entre os termos do átomo livre (à esquerda) e os termos de campo forte (à direita), para uma configuração d².

intermediários construindo um diagrama de correlação entre os dois. Ilustraremos as considerações envolvidas por meio de dois casos simples, d¹ e d². Em seguida, mostraremos como as mesmas ideias podem ser usadas para tratar de casos mais complicados.

O único termo que se origina de uma configuração d¹ em um átomo livre é ²D. Em um complexo octaédrico, a configuração pode ser t_{2g}^1, que dá origem ao termo $^2T_{2g}$, ou e_g^1, que origina o termo ^2E_g. Como existe apenas um elétron, não há repulsões elétron-elétron com que se preocupar, e a separação dos termos $^2T_{2g}$ e ^2E_g é a mesma separação dos orbitais t_{2g} e e_g, que é Δ_O. Deste modo, o diagrama de correlação para a configuração d¹ será semelhante ao mostrado na Fig. 20.27.

Para uma configuração d², já vimos anteriormente que o termo de menor energia no átomo livre é o tripleto ³F. Precisamos considerar apenas transições eletrônicas que partem do estado fundamental, e nesta seção discutiremos apenas aquelas que não apresentam mudanças de spin. Existe um termo tripleto adicional (³P); em relação ao termo de menor energia (³F), as energias relativas são $E(^3F) = 0$ e $E(^3P) = 15B$. Essas duas energias estão assinaladas à esquerda da Fig. 20.28. Consideremos, agora, o limite de campo muito forte. Um átomo d² tem as configurações:

$$t_{2g}^2 < t_{2g}^1 e_g^1 < e_g^2$$

Em um campo octaédrico, essas configurações possuem energias diferentes; isto é, como visto anteriormente, o termo ³F desdobra-se em três termos. Pela Fig. 20.2, podemos escrever suas energias como

$$E(t_{2g}^2) = 2(-\tfrac{2}{5}\Delta_O) = -0{,}8\Delta_O$$

$$E(t_{2g}^1 e_g^1) = (-\tfrac{2}{5} + \tfrac{3}{5})\Delta_O = +0{,}2\Delta_O$$

$$E(e_g^2) = 2(\tfrac{3}{5})\Delta_O = +1{,}2\Delta_O$$

Deste modo, em relação à energia do termo mais baixo, as energias são

$$E(t_{2g}^2,\ T_{1g}) = 0 \qquad E(t_{2g}^1 e_g^1, T_{2g}) = \Delta_O \qquad E(e_g^2, A_{2g}) = 2\Delta_O$$

Essas energias estão marcadas à direita na Fig. 20.28.

Nosso problema agora é considerar as energias para os casos em que nem o campo ligante e nem a repulsão eletrônica são dominantes. Para fazer isso, correlacionamos os termos nos dois casos extremos. A configuração tripleto t_{2g}^2 dá origem a um termo $^3T_{1g}$, o qual correlaciona-se com o termo ³F do átomo livre. As correlações restantes podem ser estabelecidas similarmente e, assim, vemos que a configuração $t_{2g}^1 e_g^1$ dá origem ao termo $^3T_{2g}$ e a configuração e_g^2 origina o termo $^3A_{2g}$; ambos os termos correlacionam-se com o termo ³F do átomo livre. Note que alguns termos, como o $^3T_{1g}$ que se correlaciona com o termo ³P, são independentes da força de campo ligante. Todas as correlações são mostradas na Fig. 20.28, que é uma versão simplificada de um **diagrama de Orgel**. Um diagrama de Orgel pode ser construído para qualquer configuração eletrônica d, e várias configurações eletrônicas podem ser combinadas num mesmo diagrama. Os diagramas de Orgel são de grande importância nas discussões simples dos espectros eletrônicos dos complexos; entretanto, eles consideram apenas algumas das possíveis transições (as transições permitidas por spin, e por isso consideramos apenas os termos tripleto) e não podem ser usados para se obter o valor do parâmetro de desdobramento do campo ligante, Δ_O.

(e) Diagramas de Tanabe-Sugano

Ponto principal: Os diagramas de Tanabe-Sugano são diagramas de correlação que apresentam as energias dos estados eletrônicos dos complexos em função da força do campo ligante.

Os diagramas que mostram a correlação de todos os termos podem ser construídos para qualquer configuração eletrônica e força do campo ligante. As versões mais usadas são os chamados **diagramas de Tanabe-Sugano**, em homenagem aos cientistas que os desenvolveram. A Fig. 20.29 apresenta o diagrama para uma configuração d² no qual podemos ver os desdobramentos para todos os termos atômicos que se desdobram; assim, o termo ³F desdobra-se em 3, o termo ¹D em 2 e o termo ¹G em 4. Nestes diagramas, as energias dos termos, E, são expressas como E/B e representadas graficamente em função de Δ_O/B, onde B é um dos parâmetros de Racah. As energias relativas dos termos de uma dada configuração são independentes de A, e para um determinado valor de C (geralmente $C \approx 4B$) os termos de todas as energias podem ser representados graficamente no mesmo diagrama. Algumas linhas nos diagramas de Tanabe-Sugano são curvadas devido à mistura dos termos de mesmo tipo de simetria. Os termos de mesma simetria obedecem

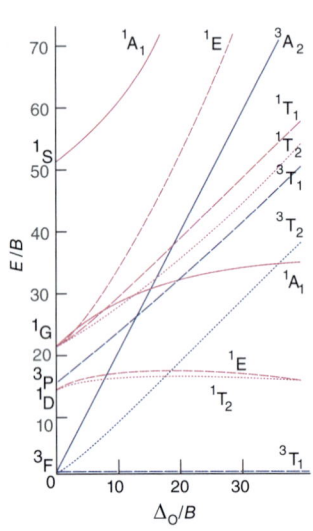

Figura 20.29 Diagrama de Tanabe-Sugano para a configuração d². Note que o eixo do lado esquerdo corresponde ao lado esquerdo da Fig. 20.24. Uma coleção completa destes diagramas para as configurações d^n encontra-se no Apêndice 6. O índice g, indicador da paridade, foi omitido dos símbolos dos termos para maior clareza.

à **regra do não cruzamento**: quando o aumento do campo ligante aproxima dois termos de campo fraco de mesma simetria, eles não se cruzam, curvando-se e afastando-se um do outro (Fig. 20.30). O efeito da regra do não cruzamento pode ser visto para os dois termos ^1E, os dois termos $^1T_2$ e os dois termos $^1A_1$ na Fig. 20.29.

Os diagramas de Tanabe-Sugano para os complexos O_h com configurações d^2 a d^8 encontram-se no Apêndice 6. O zero de energia em um diagrama de Tanabe-Sugano é sempre tomado como o termo de menor energia. Consequentemente, as linhas nos diagramas apresentam mudanças súbitas de inclinação quando ocorre troca da identidade do termo fundamental causada por uma mudança de spin alto para spin baixo devido ao aumento da força do campo (veja, por exemplo, o diagrama para a configuração d^4).

O objetivo de toda essa discussão foi o de encontrar uma forma de se obter o valor do parâmetro de desdobramento do campo ligante a partir do espectro de absorção eletrônico de um complexo com mais de um elétron nos orbitais d, quando as repulsões elétron-elétron são importantes, como o da Fig. 20.23. A estratégia envolve a comparação das transições observadas com as linhas de correlação do diagrama de Tanabe-Sugano e a atribuição dos valores de Δ_O e B na condição em que as energias de transição observadas correspondem às do diagrama. Esse procedimento é ilustrado no Exemplo 20.8.

Como veremos na Seção 20.6, determinadas transições são permitidas e outras proibidas. Em particular, as que correspondem a uma mudança do estado de spin são proibidas, enquanto que as outras são permitidas. Em geral, as transições permitidas por spin irão dominar o espectro de absorção UV-visível e, assim, devemos esperar ver apenas três transições para um íon d^2, especificamente $^3T_{2g} \leftarrow ^3T_{1g}$, $^3T_{1g} \leftarrow ^3T_{1g}$ e $^3A_{2g} \leftarrow ^3T_{1g}$. Entretanto, alguns complexos não apresentam qualquer transição permitida por spin (por exemplo, íons d^5 de spin alto como Mn^{2+}), sendo que nenhuma das onze transições possíveis é dominante.

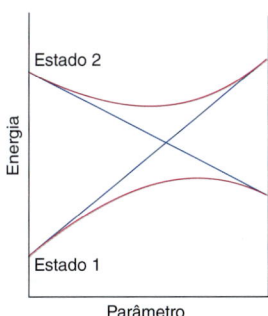

Figura 20.30 A regra do não cruzamento estabelece que, havendo a possibilidade de cruzamento de dois estados de mesma simetria à medida que um parâmetro é alterado (como mostrado pelas linhas azuis), eles irão se misturar, evitando o cruzamento (como mostrado pelas linhas vermelhas).

EXEMPLO 20.8 Usando um diagrama de Tanabe-Sugano para calcular Δ_O e B

Deduza os valores de Δ_O e de B para o $[Cr(NH_3)_6]^{3+}$ a partir do espectro da Fig. 20.23 e de um diagrama de Tanabe-Sugano.

Resposta Precisamos identificar o diagrama Tanabe-Sugano pertinente para, então, localizar a posição no diagrama em que a razão observada entre as energias de transição (em número de onda) coincide com a razão teórica. O diagrama correspondente (para d^3) é mostrado na Fig. 20.31. Precisamos nos preocupar apenas com as transições permitidas por spin, que são três para um íon d^3 (uma transição $^4T_{2g} \leftarrow ^4A_{2g}$ e duas transições $^4T_{1g} \leftarrow ^4A_{2g}$). Vimos que o espectro na Fig. 20.23 apresenta duas transições de campo ligante de baixa energia, em 21.550 cm^{-1} e em 28.500 cm^{-1}, que correspondem às duas transições de menor energia ($^4T_{2g} \leftarrow ^4A_{2g}$ e $^4T_{1g} \leftarrow ^4A_{2g}$). A razão entre as energias destas transições é de 1,32, e o único ponto na Fig. 20.31 onde essa razão de energia é satisfeita está bem à direita. Nesta posição obtemos a leitura de Δ_O/B = 33,0. A extremidade da seta representando a transição de menor energia encontra-se, verticalmente, em 32,8B. Assim, igualando-se 32,8B com 21.550 cm^{-1}, tem-se B = 657 cm^{-1} e, portanto, Δ_O = 21.700 cm^{-1}.

Teste sua compreensão 20.8 Use o mesmo diagrama de Tanabe-Sugano para prever a energia das duas primeiras bandas do quarteto permitido por spin no espectro do $Cr(OH_2)_6]^{3+}$, para o qual Δ_O =17.600 cm^{-1} e B = 700 cm^{-1}.

Um diagrama de Tanabe-Sugano também auxilia na compreensão das larguras de algumas linhas de absorção. Consideremos a Fig. 20.29 e as transições $^3T_{2g} \leftarrow ^3T_{1g}$ e $^3A_{2g} \leftarrow ^3T_{1g}$. O princípio de Franck-Condon estabelece que as transições eletrônicas são tão rápidas que ocorrem sem o movimento do núcleo (vibração); inversamente, em uma molécula com vários estados vibracionais, qualquer transição eletrônica será afetada por todos esses estados, resultando em uma transição eletrônica larga no caso de as vibrações afetarem a energia desta transição. Assim, como a linha que representa o $^3T_{2g}$ não é paralela à linha do estado fundamental $^3T_{1g}$, qualquer variação no valor de Δ_O (como aquelas causadas pela vibração molecular) resultará em uma mudança na energia da transição eletrônica e, consequentemente, no alargamento da banda de absorção. O paralelismo entre as linhas representando o $^3A_{2g}$ e o $^3T_{1g}$ é ainda menor e, desta forma, a energia dessa transição será mais afetada ainda pelas variações no Δ_O, resultando numa banda ainda mais larga. Ao contrário, a linha representando o termo de menor energia $^1T_{2g}$ é praticamente paralela à linha do $^3T_{1g}$ e, assim, a energia dessa transição pouco se altera com a variação de Δ_O e, consequentemente, a banda de absorção é muito fina (além de fraca, pois é proibida).

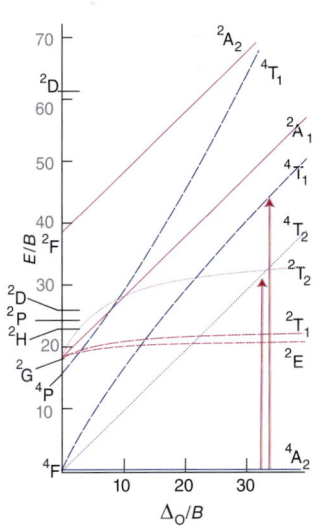

Figura 20.31 Diagrama de Tanabe-Sugano para a configuração d^3. Note que o eixo do lado esquerdo corresponde ao lado direito da Fig. 20.24. Uma coleção completa destes diagramas para as configurações d^n encontra-se no Apêndice 6, ao final do livro. O índice g, indicador da paridade, foi omitido dos símbolos dos termos para maior clareza.

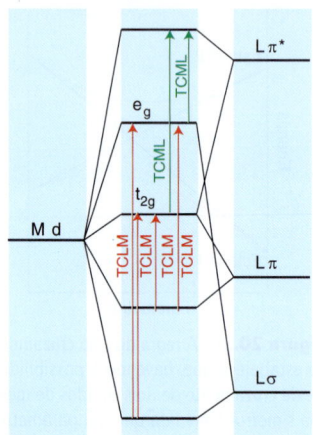

Figura 20.32 Transições de transferência de carga num complexo octaédrico.

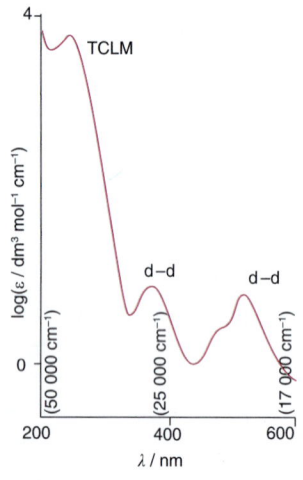

Figura 20.33 Espectro de absorção do [CrCl(NH$_3$)$_5$]$^{2+}$ em água na região do visível e do ultravioleta. O pico correspondente à transição ^{2}E ← ^{4}A não é visível nesta escala.

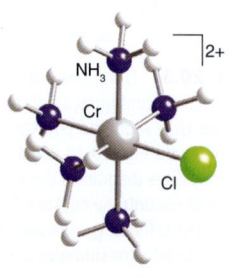

6 [CrCl(NH$_3$)$_5$]$^{2+}$

(f) A série nefelauxética

Pontos principais: As repulsões elétron-elétron são menores nos complexos do que nos íons livres devido à deslocalização dos elétrons; o parâmetro nefelauxético é uma medida da extensão da deslocalização dos elétrons d sobre os ligantes num complexo; quanto mais macio for o ligante, menor será o parâmetro nefelauxético.

No Exemplo 20.8, encontramos $B = 657$ cm^{-1} para o [Cr(NH$_3$)$_6$]$^{3+}$, que corresponde a apenas 64% do valor para o íon Cr^{3+} em fase gasosa. Essa redução geralmente ocorre e indica que as repulsões eletrônicas são mais fracas nos complexos do que nos átomos e íons livres. Isso ocorre porque os orbitais moleculares ocupados estão deslocalizados sobre os ligantes e distantes do metal. A deslocalização aumenta a separação média dos elétrons e, consequentemente, reduz a repulsão mútua.

A redução de B em relação ao seu valor para o íon livre é normalmente apresentada em termos do **parâmetro nefelauxético, β**:[5]

$$\beta = B(\text{complexo})/B(\text{íon livre}) \tag{20.4}$$

Os valores de β dependem da identidade do íon metálico e do ligante, e a lista dos ligantes ordenados pelos valores de β compreende a **série nefelauxética**:

$$Br^- < CN^- < Cl^- < NH_3 < H_2O < F^-$$

Um valor pequeno de β indica uma grande deslocalização do elétron d sobre os ligantes e, consequentemente, um caráter covalente significativo no complexo. Assim, a série mostra que um ligante Br$^-$ produz uma maior redução nas repulsões eletrônicas no íon do que o ligante F$^-$, o que é consistente com um maior caráter covalente nos complexos com brometo do que nos complexos análogos com fluoreto. Como exemplo, temos a comparação do complexo [NiF$_6$]$^{4-}$, que possui $B = 843$ cm^{-1}, com o [NiBr$_4$]$^{2-}$, que possui $B = 600$ cm^{-1}. Outra forma de expressar a tendência representada pela série nefelauxética é: *quanto mais macio for o ligante, menor será o parâmetro nefelauxético*.

20.5 Bandas de transferência de carga

Pontos principais: As bandas de transferência de carga originam-se do movimento dos elétrons entre orbitais com caráter predominantemente dos ligantes e orbitais com caráter predominantemente do metal; tais transições são identificadas por suas altas intensidades e pela sensibilidade de suas energias à polaridade do solvente.

Outro aspecto no espectro do [Cr(NH$_3$)$_6$]$^{3+}$ na Fig. 20.23 que falta ser explicado é o ombro muito intenso de uma absorção que parece ter seu máximo acima de 50.000 cm^{-1}. A alta intensidade sugere que esta transição não é uma simples transição de campo ligante, mas é consistente com uma **transição de transferência de carga** (uma transição TC). Em uma transição TC, o elétron desloca-se entre orbitais que tenham um caráter predominantemente do ligante e outro com caráter predominantemente do metal. Se a migração do elétron for do ligante para o metal, a transição será classificada como uma **transição de transferência de carga do ligante para o metal** (transição TCLM); se a migração de carga ocorrer na direção oposta, será classificada como uma **transição de transferência de carga do metal para o ligante** (transição TCML). Um exemplo de uma transição TCML é aquela responsável pela cor vermelha do tris(bipiridina) ferro(II), o complexo usado na análise colorimétrica do Fe(II). Neste caso, um elétron faz uma transição de um orbital d do metal central para um orbital π^* do ligante. A Figura 20.32 apresenta as transições classificadas como de transferência de carga.

Várias evidências são usadas para identificar uma banda em razão de uma transição TC. A alta intensidade da banda, que é evidente na Fig. 20.23, é uma forte indicação de uma transição TC uma vez que elas são completamente permitidas (Seção 20.6). Outra indicação é o aparecimento da banda devido à troca de um ligante por outro, indicando que ela é fortemente dependente do ligante. O caráter de uma transição TC é muitas vezes identificado (e diferenciado das transições $\pi^* \leftarrow \pi$ nos ligantes) observando-se o efeito de **solvatocromismo**, a variação da frequência da transição com a mudança da permissividade do solvente. A presença do solvatocromismo indica que há um grande deslocamento da densidade eletrônica como resultado da transição, o que é mais consistente com uma transição metal-ligante do que com uma transição ligante-ligante ou uma transição metal-metal.

A Figura 20.33 mostra outro exemplo de uma transição TC no espectro visível e ultravioleta do complexo [CrCl(NH$_3$)$_5$]$^{2+}$ (**6**). Ao compararmos esse espectro com o do

---

[5] O nome vem do grego, significando "expansão da nuvem".

[Cr(NH$_3$)$_6$]$^{3+}$ na Fig. 20.23, podemos reconhecer as duas bandas de campo ligante na região do visível. A substituição de um ligante NH$_3$ por um ligante Cl$^-$ de campo mais fraco move as bandas de campo ligante de menor energia para energias menores do que aquelas do [Cr(NH$_3$)$_6$]$^{3+}$. Além disso, aparece um ombro no lado de alta energia de uma das bandas de campo ligante, indicando uma transição adicional que é um resultado da redução da simetria de O_h para C_{4v}. A principal característica nova no espectro é uma intensa absorção no ultravioleta, próxima de 42.000 cm^{-1}. Essa banda está numa energia menor que a banda correspondente no espectro do [Cr(NH$_3$)$_6$]$^{3+}$, sendo decorrente de uma transição TCLM do ligante Cl$^-$ para o metal. O caráter de TCLM de bandas semelhantes nos [CoX(NH$_3$)$_5$]$^{2+}$ é confirmado por um decréscimo de cerca de 8.000 cm^{-1} na energia à medida que X varia do Cl ao Br e ao I. Nesta transição TCLM, um elétron do par isolado do ligante halogeneto é promovido para um orbital predominantemente do metal.

(a) Transições TCLM

Pontos principais: As transições de transferência de carga do ligante para o metal são observadas na região do espectro visível quando o metal está em um estado de oxidação elevado e os ligantes contêm elétrons não ligantes; a variação na posição das bandas TCLM pode ser correlacionada com a ordem da série eletroquímica.

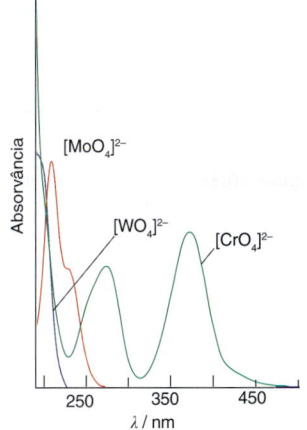

Figura 20.34 Espectros de absorção óptica dos íons [CrO$_4$]$^{2-}$, [MoO$_4$]$^{2-}$ e [WO$_4$]$^{2-}$. Descendo-se no grupo, o máximo de absorção desloca-se para comprimentos de onda menores, indicando um aumento da energia da banda de TCLM.

Podem ocorrer bandas de transferência de carga na região visível do espectro (contribuindo paras as cores intensas de muitos complexos) se os ligantes possuírem pares isolados com energias relativamente elevadas (como no enxofre e no selênio) ou se o metal possuir orbitais vazios de baixa energia.

Os ânions tetraóxido de metais com número de oxidação elevado (como o [MnO$_4$]$^-$) fornecem os exemplos provavelmente mais familiares de bandas TCLM. Nesses íons, um elétron do par isolado do O é promovido para um orbital vazio de baixa energia do metal e com simetria e. Números de oxidação elevados para o metal correspondem a uma baixa população nos orbitais d (muitos são d^0) e, assim, um nível receptor estará disponível e com baixa energia. A tendência para as energias das bandas TCLM é:

Número de oxidação

+7	[MnO$_4$]$^-$<[TcO$_4$]$^-$<[ReO$_4$]$^-$
+6	[CrO$_4$]$^{2-}$<[MoO$_4$]$^{2-}$<[WO$_4$]$^{2-}$
+5	[VO$_4$]$^{3-}$<[NbO$_4$]$^{3-}$<[TaO$_4$]$^{3-}$

A Fig. 20.34 apresenta os espectros UV-visível dos ânions tetraóxido dos metais do Grupo 6, [CrO$_4$]$^{2-}$, [MoO$_4$]$^{2-}$ e [WO$_4$]$^{2-}$. As energias das transições correlacionam-se com a ordem da série eletroquímica (Seção 5.4), com as transições de menor energia ocorrendo para os íons metálicos que se reduzem mais facilmente. Essa correlação é consistente com a transição ser a transferência de um elétron do ligante para o íon metálico, correspondendo de fato à redução do íon metálico pelo ligante. Os oxidoânions poliméricos e monoméricos seguem as mesmas tendências, com o estado de oxidação do metal sendo o fator determinante. A semelhança sugere que essas transições TCLM são processos localizados que ocorrem em fragmentos moleculares bem definidos.

(b) Transições TCML

Ponto principal: As transições de transferência de carga do metal para o ligante são observadas quando o metal está num estado de oxidação baixo e os ligantes possuem orbitais receptores de baixa energia.

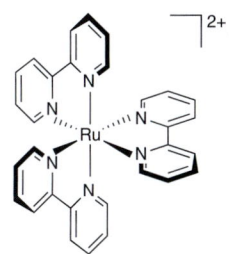

As transições de transferência de carga do metal para o ligante são geralmente observadas em complexos com ligantes que possuem orbitais π* de baixa energia, especialmente ligantes aromáticos. A transição ocorre em baixa energia e aparece no espectro visível se o íon metálico estiver num estado de oxidação baixo, quando então os seus orbitais d estarão relativamente próximos em energia dos orbitais vazios do ligante.

A família de ligantes mais comumente envolvida em transições TCML é a das di-iminas, que possuem dois átomos de N doadores: dois exemplos importantes são a 2,2'-bipiridina (bpy, **7**) e a 1,10-fenantrolina (phen, **8**). Exemplos de complexos de di-iminas com bandas fortes de TCML são as espécies tris(di-iminas) como o tris(2,2'-bipiridina)-rutênio(II) (**9**), que é laranja. Um ligante di-imina também pode ser facilmente substituído num complexo por outros ligantes que favoreçam um estado de oxidação baixo, por exemplo, [W(CO)$_4$(phen)] e [Fe(CO)$_3$(bpy)]. Entretanto, a ocorrência de transições TCML não está limitada aos ligantes di-imina. Outro tipo importante de ligante que

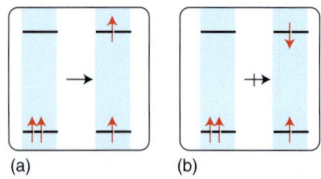

Figura 20.35 (a) Uma transição permitida por spin não muda a multiplicidade. (b) Uma transição proibida por spin resulta em mudança da multiplicidade.

apresenta transições TCML típicas é o ditiolato, $S_2C_2R_2^{2-}$ (**10**). A espectroscopia Raman ressonante (Seção 8.5) é uma técnica poderosa para o estudo das transições TCML.

A excitação TCML do tris(2,2'-bipiridina)rutênio(II) tem sido alvo de intensas pesquisas, pois o estado excitado produzido pela transferência de carga possui um tempo de vida de microssegundos, sendo este complexo um versátil reagente para oxirredução fotoquímica. O comportamento fotoquímico de vários complexos assemelhados também tem sido estudado devido aos seus tempos de vida relativamente longos no estado excitado.

20.6 Regras de seleção e intensidades

Ponto principal: A intensidade de uma transição eletrônica é determinada pelo momento de transição de dipolo.

A diferença de intensidade entre as bandas de transferência de carga e as bandas de campo ligante típicas levanta a questão de quais são os fatores que controlam as intensidades das bandas de absorção. Num complexo octaédrico ou quase octaédrico ou quadrático plano, o coeficiente de absorção molar máximo ε_{max} (que mede a intensidade da absorção)[6] é geralmente próximo ou menor do que 100 dm^3 mol^{-1} cm^{-1} para as transições de campo ligante. Nos complexos tetraédricos, que não possuem centro de simetria, o ε_{max} para as transições de campo ligante pode ultrapassar 250 dm^3 mol^{-1} cm^{-1}. Em comparação, as bandas de transferência de carga, geralmente, têm um ε_{max} na faixa de 1.000 a 50.000 dm^3 mol^{-1} cm^{-1}.

Para entendermos as intensidades das transições nos complexos, temos que analisar a força com que o complexo acopla com um campo eletromagnético. Transições intensas indicam um acoplamento forte e transições fracas indicam um acoplamento fraco. A força do acoplamento quando um elétron faz uma transição de um estado com função de onda ψ_i para outro com função de onda ψ_f é medida pelo **momento de transição de dipolo**, que é definido como a integral

$$\boldsymbol{\mu}_{fi} = \int \psi_f^* \boldsymbol{\mu} \psi_i \, d\tau \tag{20.5}$$

onde $\boldsymbol{\mu}$ é o operador momento de dipolo elétrico, $-er$. O momento de transição de dipolo pode ser considerado como uma medida do impulso que uma transição sofre com o campo eletromagnético: um grande impulso corresponde a uma transição intensa; um impulso igual a zero corresponde a uma transição proibida. A intensidade da transição é proporcional ao quadrado do momento de transição de dipolo.

Uma **regra de seleção** espectroscópica indica quais transições são permitidas e quais são proibidas. Uma **transição permitida** é uma transição com um momento de transição de dipolo diferente de zero e, consequentemente, com uma intensidade diferente de zero. Uma **transição proibida** é uma transição para a qual o momento de transição de dipolo calculado é zero. Transições formalmente proibidas podem ocorrer em um espectro se as suposições empregadas para o cálculo do momento de transição de dipolo forem inválidas, como, por exemplo, o complexo ter uma simetria menor do que a assumida. As transições de transferência de carga são completamente permitidas e estão, assim, associadas a absorções intensas.

(a) Regras de seleção de spin

Pontos principais: As transições eletrônicas com mudança de multiplicidade são proibidas; as intensidades das transições proibidas por spin são maiores para complexos de metais das séries 4d e 5d do que para os complexos equivalentes de metais 3d.

O campo eletromagnético da radiação incidente não pode mudar as orientações relativas dos spins dos elétrons de um complexo. Por exemplo, um par de elétrons inicialmente antiparalelos não pode ser convertido em um par paralelo, e, assim, um estado singleto ($S = 0$) não pode sofrer uma transição para um estado tripleto ($S = 1$). Essa restrição é resumida pela regra $\Delta S = 0$ para **transições permitidas por spin** (Fig. 20.35).

---

[6] O coeficiente de absorção molar é a constante da lei de Beer-Lambert para a transmitância $T = I_f/I_i$ quando a luz passa através de um comprimento L de uma solução de concentração molar [X] e é atenuada de uma intensidade I_i para uma intensidade I_f: log $T = -\varepsilon[X]L$ (o logaritmo é o logaritmo comum, na base 10). O nome antigo, mas ainda muito usado, é "coeficiente de extinção".

O acoplamento entre os momentos angulares orbital e de spin pode relaxar a regra de seleção de spin, mas tais **transições proibidas por spin** ($\Delta S \neq 0$) são geralmente muito mais fracas do que as transições permitidas por spin. A intensidade das bandas proibidas por spin aumenta à medida que o número atômico aumenta, uma vez que a força do acoplamento spin-órbita é maior para átomos pesados do que para átomos leves. A quebra da regra de seleção de spin pelo acoplamento spin-órbita é frequentemente chamada de **efeito do átomo pesado**. Na série 3d, na qual o acoplamento spin-órbita é fraco, as bandas proibidas por spin possuem ε_{max} menor do que, aproximadamente, 1 dm³ mol⁻¹ cm⁻¹; entretanto, as bandas proibidas por spin são uma característica marcante no espectro dos complexos de metais d pesados.

A transição muito fraca assinalada como $^2E_g \leftarrow {}^4A_{2g}$ na Fig. 20.23 é um exemplo de uma transição proibida por spin. Alguns íons metálicos, como o íon Mn^{2+}, d^5 de spin alto, não possuem transições permitidas por spin e por isso são fracamente coloridos.

(b) Regra de seleção de Laporte

Pontos principais: Nos complexos octaédricos, as transições entre orbitais d são proibidas; as vibrações assimétricas relaxam essa restrição.

A **regra de seleção de Laporte** estabelece que *em uma molécula ou íon centrossimétrico, as únicas transições permitidas são aquelas acompanhadas por uma mudança de paridade*. Isto é, transições entre os termos g e u são permitidas, mas um termo g não pode sofrer uma transição para outro termo g e um termo u não pode sofrer uma transição para outro termo u:

$$g \leftrightarrow u \qquad g \not\leftrightarrow g \qquad u \not\leftrightarrow u$$

Em muitos casos, basta notar que, em um complexo centrossimétrico, se não houver mudança no número quântico *l*, não ocorrerá mudança de paridade. Assim, as transições s-s, p-p, d-d e f-f são proibidas. Como os orbitais s e d são g, enquanto que os orbitais p e f são u, as transições s-p, p-d e d-f são permitidas e as transições s-d e p-f são proibidas.

Um tratamento mais formal da regra de seleção de Laporte baseia-se nas propriedades do momento de transição de dipolo que é proporcional a *r*. Uma vez que *r* muda de sinal sob inversão (e deste modo é u), a integral na Equação 20.5 também mudará de sinal sob inversão se ψ_i e ψ_f tiverem a mesma paridade, pois g × u × g = u e u × u × u = u. Assim, como o valor de uma integral não pode depender da escolha das coordenadas usadas na sua avaliação,[7] ela desaparece se ψ_i e ψ_f tiverem a mesma paridade. Entretanto, se tiverem paridades opostas, a integral não mudará de sinal sob inversão das coordenadas uma vez que g × u × u = g e, desta forma, ela não desaparece.

Em um complexo centrossimétrico, as transições d-d de campo ligante são g ↔ g, e, portanto, são proibidas. Seu caráter proibido explica a intensidade relativamente baixa dessas transições nos complexos octaédricos (que são centrossimétricos) quando comparadas com aquelas nos complexos tetraédricos, para os quais a regra de Laporte não se aplica (uma vez que estes não possuem centro de simetria e os seus orbitais não apresentam índices g ou u).

Uma questão que persiste é: por que as transições de campo ligante d-d nos complexos octaédricos ocorrem, mesmo que fracamente? A regra de seleção de Laporte pode ser relaxada de duas maneiras. Primeiro, um complexo pode afastar-se ligeiramente de uma simetria centrossimétrica perfeita no seu estado fundamental, talvez por causa de uma assimetria intrínseca da estrutura de ligantes poliatômicos ou por uma distorção imposta pelo ambiente ao complexo empacotado num cristal. Alternativamente, o complexo pode sofrer uma vibração assimétrica, a qual também destrói seu centro de inversão. Em qualquer dos casos, a banda de campo ligante d-d proibida por Laporte tende a ser muito mais intensa do que uma transição proibida por spin.

A Tabela 20.9 apresenta as intensidades típicas para as transições eletrônicas de complexos dos elementos da série 3d. A largura das bandas de absorção espectroscópicas se deve, principalmente, à excitação simultânea de uma vibração quando o elétron é promovido de uma distribuição para outra. De acordo com o **princípio de Franck-Condon**, uma transição eletrônica ocorre numa condição de coordenadas nucleares estacionárias. Como consequência, após a transição ter ocorrido, o núcleo experimenta um novo campo de força e a molécula passa a vibrar de uma forma diferente.

Tabela 20.9 Intensidades das bandas espectroscópicas dos complexos 3d

Tipo de banda	ε_{max}/dm³ mol⁻¹ cm⁻¹
Proibida por spin	<1
d-d, proibida por Laporte	20–100
d-d, permitida por Laporte	~250
Permitida por simetria (por exemplo, TC)	1000–50 000

---

[7] Uma integral é uma área, e as áreas são independentes das coordenadas usadas para sua avaliação.

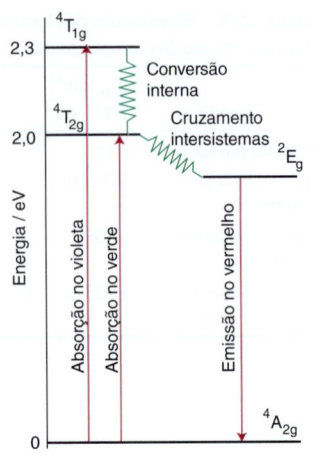

Figura 20.36 Transições responsáveis pela absorção e luminescência dos íons Cr^{3+} no rubi.

> **EXEMPLO 20.9** Atribuindo um espectro usando as regras de seleção
>
> Atribua as bandas do espectro na Figura 20.33 considerando suas intensidades.
>
> **Resposta** Se assumirmos que o complexo é aproximadamente octaédrico, o diagrama de Tanabe-Sugano para um íon d^3 indica que o termo fundamental é $^4A_{2g}$. As transições para os termos superiores ^2E_g, $^2T_{1g}$ e $^2T_{2g}$ são proibidas por spin e têm $\varepsilon_{max} < 1$ dm^3 mol^{-1} cm^{-1}. Assim, são previstas bandas muito fracas para essas transições, as quais serão de difícil observação. Os próximos dois termos mais altos de mesma multiplicidade são $^4T_{2g}$ e $^4T_{1g}$. Esses termos são alcançados por transições de campo ligante permitidas por spin, mas proibidas por Laporte, e possuem $\varepsilon_{max} \approx 100$ dm^3 mol^{-1} cm^{-1}: estas são as duas bandas em 360 e 510 nm. No UV próximo, a banda com $\varepsilon_{max} \approx 10.000$ dm^3 mol^{-1} cm^{-1} corresponde a transições TCLM em que um elétron de um par isolado π do cloro é promovido para um orbital molecular com caráter predominante de orbital d do metal.
>
> **Teste sua compreensão 20.9** O espectro do $[Cr(NCS)_6]^{3-}$ possui uma banda muito fraca próxima a 16.000 cm^{-1}, uma banda em 17.700 cm^{-1} com $\varepsilon_{max} = 160$ dm^3 mol^{-1} cm^{-1}, uma banda em 23.800 cm^{-1} com $\varepsilon_{max} = 130$ dm^3 mol^{-1} cm^{-1} e uma banda muito forte em 32.400 cm^{-1}. Atribua essas transições usando o diagrama de Tanabe-Sugano para d^3, considerando as regras de seleção. (*Dica*: o NCS^- tem orbitais π* de baixa energia.)

20.7 Luminescência

Pontos principais: Um complexo luminescente é aquele que reemite radiação após ser excitado eletronicamente. A fluorescência ocorre quando não existe mudança de multiplicidade, enquanto que a fosforescência ocorre quando um estado excitado sofre cruzamento intersistemas para um estado de multiplicidade diferente, sofrendo então um decaimento com emissão de radiação.

Um complexo é **luminescente** se ele emitir radiação após ter sido eletronicamente excitado pela absorção de radiação. A luminescência compete com o decaimento não radiativo por degradação térmica da energia para o ambiente. Decaimentos relativamente rápidos com emissão de radiação não são muito comuns, à temperatura ambiente, para complexos de metal d e, assim, sistemas fortemente luminescentes são comparativamente raros. Não obstante, eles ocorrem e podemos distinguir dois tipos de processo. Tradicionalmente, a luminescência de decaimento rápido era chamada de "fluorescência" e a luminescência que persiste após a interrupção da iluminação excitante era chamada de "fosforescência". Entretanto, uma vez que o critério de tempo de vida não é confiável, as definições modernas dos dois tipos de luminescência baseiam-se nas diferenças dos mecanismos dos processos. A **fluorescência** é o decaimento com emissão de radiação de um estado excitado de mesma multiplicidade que o estado fundamental. A transição é permitida por spin e é rápida; a meia-vida da fluorescência é da ordem de nanossegundos. A **fosforescência** é o decaimento com emissão de radiação de um estado com multiplicidade diferente daquele do estado fundamental. Ela é um processo proibido por spin e, consequentemente, em geral é lenta. A fosforescência é explorada nos chamados fósforos (Quadro 24.3).

A excitação inicial de um complexo fosforescente normalmente povoa um estado por meio de uma transição permitida por spin, de forma que o mecanismo da fosforescência envolve um **cruzamento intersistemas**, que é a conversão, sem emissão de radiação, do estado excitado inicial para outro estado excitado de multiplicidade diferente. Este segundo estado atua como um reservatório de energia porque o decaimento com emissão de radiação para o estado fundamental é proibido por spin. Entretanto, da mesma forma que o acoplamento spin-órbita permite o cruzamento intersistemas, ele também relaxa a regra de seleção de spin, permitindo que ocorra o decaimento com emissão de radiação. O decaimento com emissão de radiação de volta ao estado fundamental é lento, de forma que o estado fosforescente de um complexo de metal d pode sobreviver por microssegundos ou até mais.

Um exemplo importante de fosforescência é dado pelo rubi, que contém uma baixa concentração de íons Cr^{3+} substituindo o Al^{3+} na alumina. Cada íon Cr^{3+} está rodeado octaedricamente por seis íons O^{2-}, e as excitações iniciais são processos permitidos por spin

$$t_{2g}^2 e_g^1 \leftarrow t_{2g}^3: \quad ^4T_{2g} \leftarrow {}^4A_{2g} \quad e \quad ^4T_{1g} \leftarrow {}^4A_{2g}$$

Essas absorções ocorrem nas regiões do verde e do violeta do espectro e são responsáveis pela cor vermelha da gema (Fig. 20.36). O cruzamento intersistemas indo para o termo ^2E da configuração t_{2g}^3 ocorre em uns poucos picossegundos ou menos, e a

Tabela 20.10 Comportamento magnético dos materiais

Comportamento magnético	Valor típico de χ	Variação de χ com a temperatura	Dependência com o campo
Diamagnetismo (sem spins desemparelhados)	-8×10^{-6} para o Cu	Nenhuma	Não
Paramagnetismo	$+4 \times 10^{-3}$ para o FeSO$_4$	Diminui	Não
Ferromagnetismo	5×10^3 para o Fe	Diminui	Sim
Antiferromagnetismo	$0 - 10^{-2}$	Aumenta	(Sim)

fosforescência vermelha ocorre em 627 nm à medida que este dubleto decai de volta ao estado fundamental quarteto. Essa emissão no vermelho soma-se ao vermelho observado pela subtração da luz verde e violeta da luz branca, acrescentando um brilho à aparência da gema. Esse efeito foi utilizado no primeiro laser construído (em 1960).

Uma fosforescência semelhante, $^2E \rightarrow {}^4A$, pode ser observada para vários complexos de Cr(III) em solução. O termo ^2E pertence à configuração t_{2g}^3, que é a mesma do estado fundamental, e desta forma a força do campo ligante não é importante e a banda é muito fina. A emissão é sempre no vermelho (e próxima do comprimento de onda da emissão do rubi). Se os ligantes forem rígidos, como no [Cr(bpy)$_3$]$^{3+}$, o termo ^2E poderá perdurar por vários microssegundos em solução.

Outro exemplo interessante de um estado fosforescente é encontrado no [Ru(bpy)$_3$]$^{2+}$. O termo singleto excitado produzido por uma transição TCML permitida por spin neste complexo d^6 sofre cruzamento intersistemas para um termo tripleto de menor energia da mesma configuração, $t_{2g}^5\pi^{*1}$. Ocorre, então, uma emissão laranja brilhante com um tempo de vida de cerca de 1 ms (Fig. 20.37). Os efeitos de outras moléculas (extintoras) sobre o tempo de vida da emissão podem ser usados para acompanhar a velocidade de transferência do elétron proveniente do estado excitado.

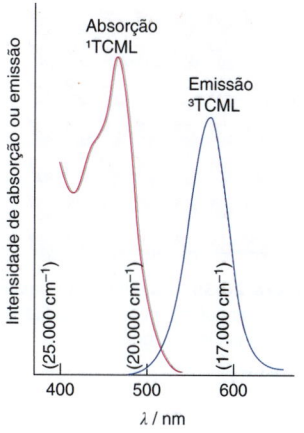

Figura 20.37 Espectros de absorção e de fosforescência do [Ru(bpy)$_3$]$^{2+}$.

Magnetismo

As propriedades diamagnéticas e paramagnéticas dos complexos foram apresentadas na Seção 20.1c, mas a discussão ficou restrita às espécies magneticamente diluídas, nas quais os centros magnéticos individuais (os átomos com elétrons d desemparelhados) estão separados uns dos outros. Consideraremos agora dois outros aspectos do magnetismo. No primeiro, os centros magnéticos podem interagir um com outro; no segundo, o estado de spin pode se modificar.

20.8 Magnetismo cooperativo

Ponto principal: Nos sólidos, os spins de centros metálicos vizinhos podem interagir para produzir um comportamento magnético, como o ferromagnetismo e o antiferromagnetismo, que são representativos do sólido como um todo.

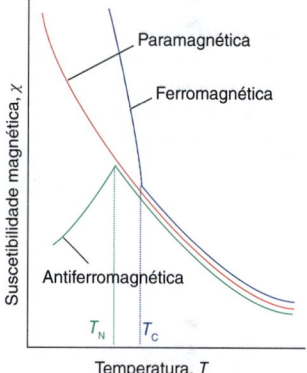

Figura 20.38 Dependência com a temperatura das suscetibilidades magnéticas de substâncias paramagnéticas, ferromagnéticas e antiferromagnéticas.

No estado sólido, os centros magnéticos individuais estão na maioria das vezes muito próximos e separados por apenas um único átomo, geralmente um oxigênio. Em tais arranjos, podem surgir propriedades cooperativas a partir das interações entre os spins de elétrons em átomos diferentes.

A **suscetibilidade magnética**, χ, de um material é uma medida da facilidade de alinhamento do spin dos elétrons pela aplicação de um campo magnético, no sentido de que o momento magnético induzido é proporcional ao campo aplicado, com χ sendo a constante de proporcionalidade. Um material paramagnético possui uma suscetibilidade positiva e um material diamagnético possui uma suscetibilidade negativa. Os efeitos magnéticos provenientes de um fenômeno cooperativo podem ser muito maiores do que aqueles oriundos de átomos e íons isolados. A suscetibilidade e a sua variação com a temperatura são diferentes para os vários tipos de materiais magnéticos, conforme mostrado na Tabela 20.10 e Fig. 20.38.

A aplicação de um campo magnético a um material paramagnético resulta no alinhamento parcial, paralelo ao campo, dos spins. Quando um material paramagnético é resfriado, o efeito de desordem provocado pelo movimento térmico é reduzido, fazendo com que mais spins tornem-se alinhados, aumentando a suscetibilidade. Em uma **substância**

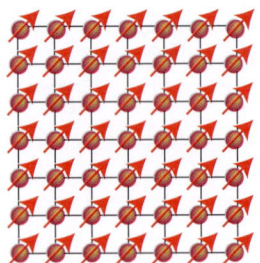

Figura 20.39 O alinhamento paralelo dos momentos magnéticos individuais em um material ferromagnético.

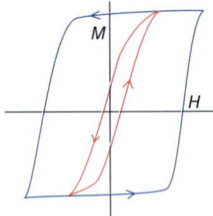

Figura 20.40 Curvas de magnetização para materiais ferromagnéticos. Um ciclo de histerese ocorre porque a magnetização produzida na amostra com o aumento do campo (→) não tem o seu caminho reproduzido quando se diminui o campo (←). A linha azul é para um ferromagneto duro e a linha vermelha, para um ferromagneto macio.

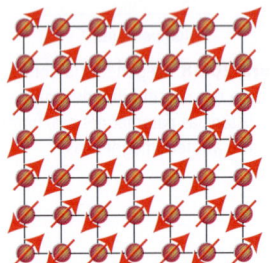

Figura 20.41 O arranjo antiparalelo dos momentos magnéticos individuais em um material antiferromagnético.

ferromagnética, que é um exemplo de uma propriedade magnética cooperativa, os spins em diferentes centros metálicos se acoplam em um alinhamento paralelo que se estende por milhares de átomos para formar um **domínio magnético** (Fig. 20.39). O momento magnético resultante, e consequentemente a suscetibilidade magnética, pode ser muito grande, pois os momentos magnéticos dos spins individuais somam-se uns aos outros. Além disso, uma vez estabelecido e com a temperatura mantida abaixo da **temperatura Curie** (T_C), a magnetização persiste após o campo aplicado ser removido porque os spins estão travados juntos. O ferromagnetismo é exibido por materiais contendo elétrons desemparelhados em orbitais d ou, mais raramente, em orbitais f, que acoplam com elétrons desemparelhados em orbitais semelhantes de átomos vizinhos. Um aspecto chave é que esta interação é forte o suficiente para alinhar os spins, mas não é forte o bastante para formar ligações covalentes, nas quais os elétrons estariam emparelhados. Em temperaturas acima da T_C, o efeito de desordem do movimento térmico supera o efeito de ordenamento da interação e o material torna-se paramagnético (Fig. 20.38).

A magnetização, M, de um ferromagneto (seu momento magnético global) não é proporcional à força do campo aplicado H. Entretanto, observa-se um "ciclo de histerese", como o mostrado na Fig. 20.40. Para um **ferromagneto duro**, o ciclo é largo e M permanece grande quando o campo aplicado é reduzido a zero. Os ferromagnetos duros são usados como ímãs permanentes quando a direção da magnetização não precisa ser invertida. Um **ferromagneto macio** possui um ciclo de histerese mais fino e, portanto, responde melhor ao campo aplicado. Os ferromagnetos macios são usados nos transformadores, nos quais eles precisam responder rapidamente a um campo oscilante.

Em um **material antiferromagnético**, os spins vizinhos estão travados em um alinhamento antiparalelo (Fig. 20.41). Como resultado, o conjunto dos momentos magnéticos individuais se cancela, e a amostra apresenta um baixo momento magnético e uma susceptibilidade magnética baixa (tendendo, de fato, a zero). O antiferromagnetismo é geralmente observado quando um material paramagnético é resfriado a uma temperatura baixa; a susceptibilidade magnética sofre um decréscimo rápido até atingir a **temperatura Néel**, T_N (Fig. 20.38). Acima de T_N, a suscetibilidade magnética corresponde à de um material paramagnético, que diminui à medida que a temperatura aumenta.

O acoplamento de spin responsável pelo antiferromagnetismo ocorre geralmente por meio da participação dos ligantes por um mecanismo chamado de **supertroca**. Como indicado na Fig. 20.42, o spin em um átomo metálico induz uma pequena polarização de spin no orbital ocupado de um ligante, e essa polarização de spin resulta em um alinhamento antiparalelo de spin num átomo metálico adjacente. Esse alinhamento de spins alternados ... ↑↓↑↓ ... propaga-se, então, por todo o material. Muitos óxidos de metal d apresentam comportamento antiferromagnético que pode ser atribuído a um mecanismo de supertroca envolvendo átomos de O; por exemplo, o MnO é antiferromagnético abaixo de 122 K e o Cr_2O_3 é antiferromagnético abaixo de 310 K. O acoplamento de íons por meio da participação de ligantes é frequentemente observado em complexos moleculares contendo dois íons metálicos ligados por um ligante em ponte,

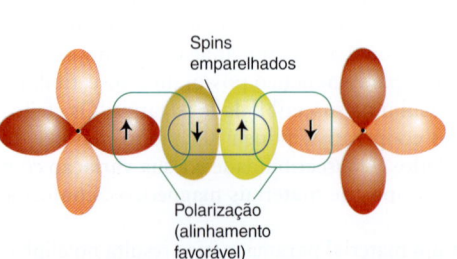

Figura 20.42* Acoplamento antiferromagnético entre dois centros metálicos, criado pela polarização de spin de um ligante em ponte.

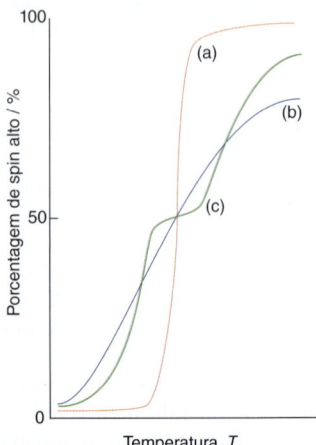

Figura 20.43 A variação para spin alto pode ser (a) abrupta, (b) gradual ou (c) em etapas.

mas a interação é mais fraca. Este caso resulta em temperaturas muito menores, normalmente abaixo de 100 K, para que ocorra o ordenamento, diferentemente de quando há um único O^{2-} ligando os sítios metálicos.

No **ferrimagnetismo**, observa-se um ordenamento magnético global de íons com diferentes momentos magnéticos individuais abaixo da temperatura Curie. Esses íons podem se ordenar com spins opostos, como no antiferromagnetismo, mas como os momentos dos spins individuais são diferentes existirá um cancelamento incompleto, e a amostra irá apresentar um momento global diferente de zero. Assim como no antiferromagnetismo, essas interações são geralmente transmitidas através dos ligantes como, por exemplo, na magnetita, Fe_3O_4.

Existe um grande número de sistemas moleculares nos quais se observa o acoplamento magnético. Os sistemas típicos possuem dois ou mais átomos metálicos com ligantes em ponte que mediam o acoplamento. Dentre os exemplos simples, temos o acetato de cobre (**11**), que forma um dímero com acoplamento antiferromagnético entre os dois centros d^9. Muitas metaloenzimas (Seções 26.8 a 26.15) possuem centros metálicos múltiplos que apresentam acoplamento magnético.

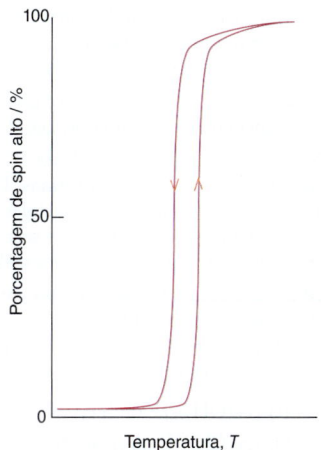

Figura 20.44 Ciclo de histerese que pode ocorrer para alguns sistemas que apresentam cruzamento de spin.

20.9 Complexos que apresentam cruzamento de spin

Ponto principal: Quando os fatores que determinam o estado de spin de um centro de metal d fazem com que esses estados sejam muito próximos, podemos ter complexos que mudam seu estado de spin em resposta a um estímulo externo.

Já vimos como diferentes fatores, como estado de oxidação e tipo de ligante, determinam se um complexo será de spin alto ou spin baixo. Com alguns complexos, geralmente de metais da série 3d, a diferença de energia entre os dois estados é muito pequena, levando à possibilidade de **cruzamento de spin**. Tais complexos mudam seus estados de spin em resposta a um estímulo externo (como calor ou pressão), o que acarreta a mudança de suas propriedades magnéticas. Por exemplo, o complexo de ferro d^6 com dois ligantes difenilterpiridina (**12**) é de spin abaixo ($S = 0$) abaixo de 300 K, mas de spin alto acima de 323 K. A transição de um estado de spin para outro pode ser abrupta, gradual ou mesmo em etapas (Fig. 20.43). No estado sólido, uma característica adicional dos complexos que apresentam cruzamento de spin é a existência de cooperatividade entre os centros magnéticos, que podem levar à histerese como mostrado na Fig. 20.44.

Normalmente, em alta pressão e baixa temperatura a preferência é para o estado de spin baixo. Essa preferência pode ser entendida considerando que os orbitais e_g, que são mais ocupados no estado de spin alto, têm um significativo caráter antiligante para a interação metal-ligante. Assim, a forma de spin alto ocupa um volume maior, o que é favorecido pela baixa pressão ou alta temperatura.

Complexos com cruzamento de spin ocorrem em muitos sistemas biológicos, estando envolvidos na ligação do O_2 com a hemoglobina, e também possuem potencial para serem explorados em aplicações relacionadas com dispositivos para armazenamento de informações magnéticas e sensores de pressão.

LEITURA COMPLEMENTAR

E.I. Solomon e A.B.P. Lever, *Inorganic electronic structure and spectroscopy*. John Wiley & Sons (2006). Uma abordagem abrangente do material abordado neste capítulo, incluindo uma boa discussão sobre solvatocromismo.

S.F.A. Kettle, *Physical inorganic chemistry: a co-ordination chemistry approach*. Oxford University Press (1998).

B.N. Figgis e M.A. Hitchman, *Ligand field theory and its applications*. John Wiley & Sons (2000).

E.U. Condon e G.H. Shortley, *The theory of atomic spectra*. Cambridge University Press (1935). Revised as E.U. Condon e H. Odabasi, *Atomic structure*. Cambridge University Press (1980). O texto de referência padrão para espectros eletrônicos.

A.F. Orchard, *Magnetochemistry*. Oxford University Press (2003). Este livro fornece explicações modernas e detalhadas, baseadas na teoria de campo ligante, sobre as origens e interpretações dos efeitos magnéticos nos complexos e nos materiais.

EXERCÍCIOS

20.1 Determine a configuração (na forma $t_{2g}^x e_g^y$ ou $e^x t_2^y$ conforme for apropriado), o número de elétrons desemparelhados e a energia de estabilização do campo ligante em termos de Δ_O ou Δ_T e P para cada um dos seguintes complexos. Use a série espectroquímica para decidir, quando necessário, quais devem ser de spin alto e quais devem ser de spin baixo: (a) $[Co(NH_3)_6]^{3+}$, (b) $[Fe(OH_2)_6]^{2+}$, (c) $[Fe(CN)_6]^{3-}$, (d) $[Cr(NH_3)_6]^{3+}$, (e) $[W(CO)_6]$, (f) $[FeCl_4]^{2-}$, tetraédrico e (g) $[NiCl_4]^{2-}$, tetraédrico.

20.2 H^- e $P(C_6H_5)_3$ são ligantes com força de campo similares, localizados em posição elevada na série espectroquímica. Lembrando que as fosfinas atuam como ligantes π receptores, pergunta-se: seria este caráter π receptor necessário para um comportamento de campo forte? Quais fatores orbitais explicam a força de campo de cada ligante?

20.3 Estime a contribuição exclusivamente de spin para o momento magnético de cada um dos complexos do Exercício 20.1.

20.4 As soluções dos complexos $[Co(NH_3)_6]^{2+}$, $[Co(OH_2)_6]^{2+}$ (ambos O_h) e $[CoCl_4]^{2-}$ são coloridas. Uma é rosa (absorve luz azul), outra é amarela (absorve luz violeta) e a terceira é azul (absorve luz vermelha). Considerando a série espectroquímica e os valores relativos de Δ_T e Δ_O, correlacione cada cor com um dos complexos.

20.5 Para cada um dos seguintes pares de complexos, identifique o que possui a maior EECL:
(a) $[Cr(OH_2)_6]^{2+}$ ou $[Mn(OH_2)_6]^{2+}$
(b) $[Fe(OH_2)_6]^{2+}$ ou $[Fe(OH_2)_6]^{3+}$
(c) $[Fe(OH_2)_6]^{3+}$ ou $[Fe(CN)_6]^{3-}$
(d) $[Fe(CN)_6]^{3-}$ ou $[Ru(CN)_6]^{3-}$
(e) $[FeCl_4]^{2-}$, tetraédrico, ou $[CoCl_4]^{2-}$, tetraédrico

20.6 Interprete a variação, inclusive a tendência global ao longo da série 3d, dos seguintes valores de entalpia de rede (em kJ mol^{-1}) dos óxidos indicados. Todos os compostos têm estrutura de sal-gema: CaO (3460); TiO (3878); VO (3913); MnO (3810); FeO (3921); CoO (3988); NiO (4071).

20.7 A seguir são fornecidas as entalpias de hidratação e os valores do parâmetro de desdobramento do campo ligante, Δ_O, para alguns íons coordenados octaedricamente.
(a) Faça um gráfico das entalpias de hidratação contra o número de elétrons d.
(b) Calcule a EECL em termos de Δ_O para a configuração de spin alto. Use os valores dados de Δ_O para determinar a EECL, em kJ mol^{-1}, para cada íon.
(c) Utilize essa energia como um termo de correção para as entalpias de hidratação e faça um gráfico do ΔH estimado na ausência dos efeitos de campo ligante. Comente o seu gráfico. (1 kJ mol^{-1} = 83,7 cm^{-1})

Íon	$\Delta_{hid}H$/ kJ mol^{-1}	Δ_O/cm^{-1}
Ca^{2+}	2 478	0
V^{2+}	2 789	12 600
Cr^{2+}	2 806	13 900
Mn^{2+}	2 747	7 800
Fe^{2+}	2 856	10 400
Co^{2+}	2 927	9 300
Ni^{2+}	3 007	8 300
Cu^{2+}	3 011	12 600
Zn^{2+}	2 969	0

20.8 Um ligante macrocíclico neutro com quatro átomos doadores forma um complexo vermelho e diamagnético de Ni(II) d^8 de spin baixo, no caso de o ânion ser o íon perclorato, que é fracamente coordenante. Quando o perclorato é substituído por dois íons tiocianato, SCN$^-$, o complexo torna-se violeta de spin alto com dois elétrons desemparelhados. Interprete a mudança em termos da estrutura.

20.9 Tendo em mente o efeito Jahn-Teller, preveja a estrutura do $[Cr(OH_2)_6]^{2+}$.

20.10 O espectro do Ti^{3+}(aq), d^1, é atribuído a uma única transição eletrônica $e_g \leftarrow t_{2g}$. A banda mostrada na Fig. 20.3 não é simétrica e sugere o envolvimento de mais de um estado. Sugira uma explicação para essa observação utilizando o efeito de Jahn-Teller.

20.11 Escreva os símbolos dos termos de Russell-Saunders para os estados com os seguintes números quânticos de momento angular (L,S): (a) (0,5/2), (b) (3,3/2), (c) (2,1/2), (d) (1,1).

20.12 Identifique o termo fundamental em cada conjunto de termos: (a) ^{1}P, ^{3}P, ^{3}F, ^{1}G; (b) ^{3}P, ^{5}D, ^{3}H, ^{1}I, ^{1}G; (c) ^{6}S, ^{4}P, ^{4}G, ^{2}I.

20.13 Dê os termos de Russell-Saunders para as configurações: (a) 4s^1, (b) 3p^2. Identifique o termo do estado fundamental.

20.14 O íon V^{3+} em fase gasosa tem como termo do estado fundamental o ^{3}F. Os termos ^{1}D e ^{3}P encontram-se 10642 cm^{-1} e 12920 cm^{-1}, respectivamente, acima do ^{3}F. As energias dos termos, em função dos parâmetros de Racah, são dadas por $E(^3F) = A - 8B$; $E(^3P) = A + 7B$, $E(^1D) = A - 3B + 2C$. Calcule os valores de B e C para o íon V^{3+}.

20.15 Escreva as configurações para os orbitais d e use os diagramas de Tanabe-Sugano (Apêndice 6) para identificar o termo do estado fundamental para: (a) $[Rh(NH_3)_6]^{3+}$, spin baixo; (b) $[Ti(OH_2)_6]^{3+}$; (c) $[Fe(OH_2)_6]^{3+}$, spin alto.

20.16 Usando os diagramas de Tanabe-Sugano do Apêndice 6, estime Δ_O e B para: (a) $[Ni(OH_2)_6]^{2+}$ (absorções em 8500, 15400 e 26000 cm^{-1}); (b) $[Ni(NH_3)_6]^{2+}$ (absorções em 10750, 17500 e 28200 cm^{-1}).

20.17 O espectro do $[Co(NH_3)_6]^{3+}$ tem uma banda muito fraca no vermelho e duas bandas de intensidade moderada estendendo-se do visível ao UV próximo. Como essas transições podem ser atribuídas?

20.18 Explique por que o $[FeF_6]^{3-}$ é incolor enquanto que o $[CoF_6]^{3-}$ é colorido e apresenta apenas uma única banda na região visível do espectro.

20.19 O parâmetro de Racah B tem o valor de 460 cm^{-1} para o $[Co(CN)_6]^{3-}$ e 615 cm^{-1} para o $[Co(NH_3)_6]^{3+}$. Considere a natureza da ligação com os dois ligantes e explique a diferença de efeito nefelauxético.

20.20 Um complexo de Co(III) aproximadamente "octaédrico" com ligantes amin e cloreto possui duas bandas com ε_{max} entre 60 e 80 dm^3 mol^{-1} cm^{-1}, um pico fraco com ε_{max} = 2 dm^3 mol^{-1} cm^{-1} e uma banda forte em energia mais alta com ε_{max} = 2 × 10^4 dm^3 mol^{-1} cm^{-1}. Qual é a origem de cada uma dessas transições?

20.21 O vidro comum de garrafa parece quase incolor quando observado através da parede da garrafa, mas parece verde quando observado do fundo, de forma que a luz tenha um caminho maior através do vidro. A cor está associada à presença de Fe^{3+} na matriz de silicato. Explique essa observação.

20.22 Soluções dos íons $[Cr(OH_2)_6]^{3+}$ têm cor verde-azulada pálida, mas a dos íons cromato, $[CrO_4]^{2-}$, têm cor amarelo intenso. Caracterize a origem das transições e explique as intensidades relativas.

20.23 Classifique o tipo de simetria dos orbitais d em um complexo de simetria C_{4v}, tetragonal, como o $[CoCl(NH_3)_5]^{2+}$, onde o Cl está no eixo z. (a) Considerando o diagrama de orbitais moleculares para a simetria octaédrica, quais orbitais serão deslocados de sua posição por interações π com os pares isolados do ligante Cl$^-$? (b) Qual orbital irá mover-se uma vez que o ligante Cl$^-$ não é uma base σ tão forte quanto o NH$_3$? (c) Esboce um diagrama qualitativo para os orbitais moleculares do complexo C_{4v}.

20.24 Considere o diagrama de orbitais moleculares para um complexo tetraédrico (baseado na Fig. 20.8) e a configuração eletrônica pertinente para os orbitais d, e mostre que a cor roxa dos íons $[MnO_4]^-$ não pode ser proveniente de uma transição de campo ligante. Dado que os números de onda das duas transições do $[MnO_4]^-$ são 18.500 cm^{-1} e 32.200 cm^{-1}, explique como podemos estimar Δ_T a partir da atribuição dessas duas transições de transferência de carga, embora o Δ_T não possa ser observado diretamente.

PROBLEMAS TUTORIAIS

20.1 Em um magma líquido fundido, a partir do qual se cristalizam silicatos minerais, os íons metálicos podem estar tetracoordenados. Nos cristais de olivina, os sítios de coordenação do M(II) são octaédricos. Os coeficientes de partição, definidos como $K_p = [M(II)]_{olivina} / [M(II)]_{fundido}$, seguem a ordem Ni(II) > Co(II) > Fe(II) > Mn(II). Explique essa sequência empregando a teoria do campo ligante. (Veja I.M. Dale e P. Henderson, *24th Int. Geol. Congress*, Sect 10,1972, 105.)

20.2 No Problema 7.12, vimos as constantes de formação sucessivas para os complexos de 1,2-diaminoetano com três metais diferentes. Usando os mesmos dados, discuta os efeitos do metal na constante de formação. De que forma a série de Irving-Williams pode contribuir para a compreensão dessas constantes de formação?

20.3 Considerando o desdobramento dos orbitais, inicialmente num campo octaédrico, à medida que a simetria diminui, desenhe as combinações lineares formadas por simetria e o diagrama dos níveis de energia dos orbitais moleculares para as ligações σ num complexo *trans*-[ML$_4$X$_2$]. Assuma que o ligante X está numa posição mais baixa na série espectroquímica do que L.

20.4 Consultando o Apêndice 5, desenhe as combinações lineares formadas por simetria apropriadas e o diagrama de orbitais moleculares para as ligações σ num complexo quadrático plano. O grupo de pontos é o D_{4h}. Note a pequena sobreposição do ligante com o orbital d$_{z^2}$. Qual é o efeito da ligação π?

20.5 Partindo da Figura 20.12, mostre, usando a abordagem de campo cristalino, como uma distorção tetragonal extrema conduz ao diagrama dos níveis de energia dos orbitais da Figura 20.10. Faça uma análise semelhante para os complexos lineares com número de coordenação igual a dois.

20.6 Considere um complexo hexacoordenado ML$_6$ prismático trigonal, com simetria D_{3h}. Use a tabela de caracteres do D_{3h} (Apêndice 4) para dividir os orbitais d do átomo metálico em grupos com diferentes tipos de simetrias. Assuma que os ligantes estão num mesmo ângulo relativo ao plano *xy*, como em um complexo tetraédrico.

20.7 Em um complexo bipiramidal trigonal, os sítios axiais e equatoriais possuem diferentes interações espaciais e eletrônicas com o íon metálico central. Considere uma série de ligantes comuns e decida qual sítio de coordenação em um complexo bipiramidal trigonal eles irão preferir. (Veja A.R. Rossi e R. Hoffmann, *Inorg. Chem.*, 1975, **14**, 365.)

20.8 As espécies de vanádio(IV) que têm o grupo V–O possuem um espectro bem diferente. Qual é a configuração dos elétrons d do V(IV)? Dentre estes, os complexos mais simétricos são os [VOL$_5$], com simetria C_{4v}, com o átomo de oxigênio no eixo *z*. Quais são as espécies de simetria dos cinco orbitais d nos complexos [VOL$_5$]? Quantas bandas d-d são esperadas no espectro desses complexos? A banda próxima a 24.000 cm^{-1} para esses complexos mostra progressões vibracionais da vibração V=O, indicando a participação de um orbital na ligação V=O. Qual transição d-d é a candidata? (Veja C.J. Ballhausen e H.B. Gray, *Inorg. Chem.* 1962, **1**, 111.)

20.9 As bandas TCML podem ser reconhecidas pelo fato de as suas energias serem sensíveis à polaridade do solvente (pois o estado excitado é mais polar que o estado fundamental). A Fig. 20.45 mostra dois diagramas de orbitais moleculares simplificados. O caso (a) apresenta o orbital π do ligante em nível acima dos orbitais d do metal. O caso (b) apresenta os orbitais d do metal no mesmo nível de energia dos orbitais dos ligantes. Qual das duas bandas TCML seria mais sensível à mudança do solvente? Esses dois casos são exemplificados pelo [W(CO)$_4$(phen)] e [W(CO)$_4$(^{i}Pr-DAB)], respectivamente, onde DAB = 1,4-diaza-1,3-butadieno. (Veja P.C. Servas, H.K. van Dijk, T.L. Snoeck, D.J. Stufkens e A. Oskam, *Inorg. Chem.* 1985, **24**, 4494). Comente o caráter de TC da transição como uma função da extensão da retrodoação pelo metal.

20.10 Considere os complexos com cruzamento de spin e identifique as características que um complexo deve ter para ser usado em aplicações como: (a) um sensor de pressão; (b) um dispositivo para armazenamento de dados (veja P. Gütlich, Y. Garcia e H.A. Goodwin, *Chem. Soc. Rev.*, 2000, **29**, 419).

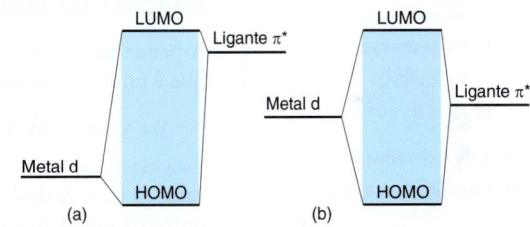

Figura 20.45 Representação dos orbitais envolvidos nas transições TCML para os casos em que a energia do orbital π* do ligante varia em relação à energia do orbital d do metal. Veja o Problema 20.9.

21 Química de coordenação: as reações dos complexos

Reações de substituição de ligante
- 21.1 Velocidades de substituição de ligante
- 21.2 Classificação dos mecanismos

Substituição de ligantes em complexos quadráticos planos
- 21.3 A nucleofilicidade do grupo de entrada
- 21.4 A geometria do estado de transição

Substituição de ligantes em complexos octaédricos
- 21.5 As leis de velocidade e sua interpretação
- 21.6 Ativação de complexos octaédricos
- 21.7 Hidrólise em meio básico
- 21.8 Estereoquímica
- 21.9 Reações de isomerização

Reações de oxirredução
- 21.10 Classificação das reações de oxirredução
- 21.11 Mecanismo de esfera interna
- 21.12 Mecanismo de esfera externa

Reações fotoquímicas
- 21.13 Reações imediatas e retardadas
- 21.14 Reações d-d e de transferência de carga
- 21.15 Transições eletrônicas em sistemas com ligação metal-metal

Leitura complementar

Exercícios

Problemas tutoriais

Neste capítulo, observaremos as evidências e as experiências usadas na análise dos caminhos de reação dos complexos metálicos, para então desenvolvermos uma compreensão mais profunda dos seus mecanismos. Como um mecanismo raramente é conhecido definitivamente, a natureza da evidência para um mecanismo deve ser sempre mantida em mente a fim de se reconhecer que podem existir outras possibilidades também consistentes. Na primeira parte deste capítulo, consideraremos as reações de troca de ligantes e descreveremos como os mecanismos de reação são classificados. Consideraremos as etapas pelas quais as reações ocorrem e os detalhes da formação do estado de transição. Esses conceitos serão então usados para descrever os mecanismos das reações de oxirredução dos complexos.

A química de coordenação não é exclusividade dos metais d. Embora o Capítulo 20 trate exclusivamente dos metais d, este capítulo desenvolve-se a partir da introdução à química de coordenação do Capítulo 7, aplicando os seus conceitos a todos os metais, sem considerar os blocos a que eles pertencem. Entretanto, existem características especiais para cada bloco, e vamos apontar cada uma delas.

Reações de substituição de ligante

A principal reação que pode ocorrer em um complexo é a de **substituição de ligante**, que é uma reação na qual uma base de Lewis desloca outra de um ácido de Lewis:

$$Y + M-X \rightarrow M-Y + X$$

Esta classe de reação inclui as reações de formação de complexos, nas quais o **grupo de saída**, a base X deslocada, é uma molécula de solvente e o **grupo de entrada**, a base Y, é outro ligante. Um exemplo é a substituição de um ligante água pelo Cl^-:

$$[Co(OH_2)_6]^{2+}(aq) + Cl^-(aq) \rightarrow [CoCl(OH_2)_5]^+(aq) + H_2O(l)$$

Os aspectos termodinâmicos da formação dos complexos são discutidos nas Seções 7.12 a 7.15.

21.1 Velocidades de substituição de ligante

Pontos principais: As velocidades das reações de substituição abrangem uma ampla faixa e se correlacionam com as estruturas dos complexos; os complexos que reagem rapidamente são chamados de lábeis; os que reagem lentamente são chamados de inertes ou não lábeis.

As velocidades das reações são tão importantes quanto os equilíbrios na química de coordenação. Os numerosos isômeros das aminas de Co(III) e de Pt(II), que foram tão importantes para o desenvolvimento desta área, não teriam sido isolados se as substituições de ligantes e a interconversão de isômeros fossem rápidas. No entanto, o que determina se um complexo sobreviverá por um longo período enquanto outro sofrerá uma reação rápida?

As figuras com um asterisco (*) podem ser encontradas on-line como estruturas 3D interativas. Digite a seguinte URL em seu navegador, adicionando o número da figura: www.chemtube3d.com/weller/[número do capítulo]F[número da figura]. Por exemplo, para a Figura 3 no Capítulo 7, digite www.chemtube3d.com/weller/7F03.

Muitas das **estruturas numeradas** podem ser também encontradas on-line como estruturas 3D interativas: visite www.chemtube3d.com/weller/[número do capítulo] para todos os recursos 3D organizados por capítulo.

A velocidade com que um complexo converte-se em outro é governada pelo tamanho da barreira de energia de ativação que existe entre eles. Os complexos termodinamicamente instáveis que sobrevivem por longos períodos (por convenção, no mínimo por um minuto) são frequentemente chamados de "inertes", mas o termo **não lábil** é mais apropriado e é o que iremos usar. Os complexos que sofrem um equilíbrio mais rápido são chamados de **lábeis**. Um exemplo de um complexo lábil é o $[Ni(OH_2)_6]^{2+}$, que possui uma meia-vida da ordem de milissegundos antes que o H_2O seja deslocado por outro H_2O ou uma base mais forte, e um exemplo de um complexo não lábil é o $[Co(NH_3)_5(OH_2)]^{3+}$, no qual o H_2O permanece por várias horas como ligante antes de ser deslocado por uma base mais forte.

A Figura 21.1 mostra os tempos de vida característicos de importantes aquacomplexos de íons metálicos. Vemos uma faixa de tempos de vida iniciando-se em cerca de 1 ns, que é aproximadamente o tempo que uma molécula leva para se difundir de um diâmetro molecular em solução. No outro extremo da escala, os tempos de vida são de anos. Mesmo assim, a ilustração não mostra os tempos maiores que podem ser considerados, os quais são comparáveis a eras geológicas.

Examinaremos a labilidade dos complexos mais detalhadamente quando discutirmos, mais adiante nesta seção, o mecanismo das reações; porém, já podemos fazer duas generalizações. A primeira é que os complexos de metais que não possuem um fator adicional para lhes fornecer estabilidade extra (por exemplo, energia de estabilização de campo ligante (EECL) e efeito quelato) estão entre os mais lábeis. Qualquer estabilidade adicional de um complexo resulta em um aumento da energia de ativação para a reação de deslocamento de um ligante e, consequentemente, diminui a labilidade do complexo. A segunda generalização é que os íons muito pequenos são frequentemente menos lábeis, pois eles possuem uma maior força de ligação M–L e porque, do ponto de vista espacial, é muito difícil para os ligantes de entrada se aproximarem do átomo metálico.

Algumas generalizações adicionais são as seguintes:

- Todos os complexos de íons do bloco s, exceto os menores (Be^{2+} e Mg^{2+}), são altamente lábeis.
- Os complexos de íons M(III) do bloco f são todos muito lábeis.
- Os complexos de íons d^{10} (Zn^{2+}, Cd^{2+} e Hg^{2+}) são normalmente muito lábeis.
- Ao longo da série 3d, os complexos de íons M(II) do bloco d são geralmente moderadamente lábeis, sendo os complexos de Cu(II) distorcidos os mais lábeis.
- Os complexos de íons M(III) do bloco d são claramente menos lábeis do que os dos íons M(II) do bloco d.
- Os complexos de metais d com configurações d^3 e d^6 de spin baixo (por exemplo, Cr(III), Fe(II) e Co(III)) são geralmente não lábeis, uma vez que apresentam valores elevados de EECL. Os complexos quelato com a mesma configuração, como $[Fe(phen)_3]^{2+}$, são particularmente não lábeis.
- Os complexos das séries 4d e 5d, como consequência da alta EECL e da força da ligação metal-ligante, são geralmente não lábeis.

A Tabela 21.1 apresenta as faixas de escala de tempo para várias reações.

A natureza dos ligantes em um complexo também afeta a velocidade das reações. A identidade do ligante de entrada tem o maior efeito, e as constantes de equilíbrio das reações de deslocamento podem ser usadas para ordenar os ligantes segundo suas

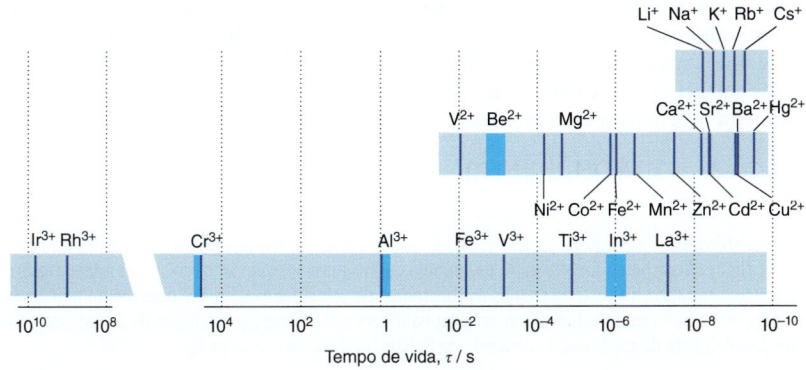

Figura 21.1 Tempos de vida característicos para a troca de moléculas de água nos aquacomplexos.

Tabela 21.1 Escalas de tempo representativas de processos químicos e físicos

Escala de tempo*	Processo	Exemplo
10^8 s	Troca de ligante (complexo inerte)	$[Cr(OH_2)_6]^{3+}-H_2O$ (aprox. 32 anos)
60 s	Troca de ligante (complexo não lábil)	$[V(OH_2)_6]^{3+}-H_2O$ (50 s)
1 ms	Troca de ligante (complexo lábil)	$[Pt(OH_2)_4]^{2+}-H_2O$ (0,4 ms)
1 µs	Transferência de carga intervalência	$(H_3N)_5Ru^{II}-N\diagup\!\!\!\diagdown N-Ru^{III}(NH_3)_5$ (0,5 µs)
1 ns	Troca de ligante (complexo lábil)	$[Ni(OH_2)_5(py)]^{2+}-H_2O$ (1 ns)
10 ps	Associação de ligante	$Cr(CO)_5+THF$ (10 ps)
1 ps	Tempo de rotação em fase líquida	CH_3CN (1 ps)
1 fs	Vibração molecular	Estiramento Sn–Cl (300 fs)

* Valor aproximado, à temperatura ambiente.

forças como bases de Lewis. Entretanto, uma ordem diferente pode ser encontrada se as bases forem ordenadas de acordo com a velocidade com que deslocam um ligante de um íon metálico central. Assim, por considerações cinéticas, substituímos o conceito de equilíbrio da basicidade pelo conceito cinético de **nucleofilicidade**, que é a velocidade de ataque a um complexo por uma dada base de Lewis em relação à velocidade de ataque por uma base de Lewis de referência. A mudança das considerações de equilíbrio para considerações cinéticas é enfatizada chamando-se o deslocamento do ligante de uma **substituição nucleofílica**.

Outros ligantes além dos grupos de entrada e de saída podem desempenhar um papel importante no controle da velocidade das reações; esses ligantes são chamados de **ligantes espectadores**. Por exemplo, observa-se para os complexos quadráticos planos que o ligante *trans* ao grupo de saída X possui um grande efeito na velocidade de substituição de X por um grupo de entrada Y.

21.2 Classificação dos mecanismos

O **mecanismo** de uma reação é a sequência de etapas elementares pela qual a reação ocorre. Uma vez que um mecanismo adequado tenha sido identificado, as atenções se voltam para os detalhes do processo de ativação da etapa determinante da velocidade. Em alguns casos, o mecanismo global está pouco resolvido, e a única informação disponível é a etapa determinante da velocidade.

(a) Associação, dissociação e intertroca

Pontos principais: O mecanismo de uma reação de substituição nucleofílica é a sequência de etapas elementares pela qual a reação ocorre, sendo classificado como associativo, dissociativo ou de intertroca; um mecanismo associativo diferencia-se de um mecanismo de intertroca pelo fato de o intermediário possuir uma vida relativamente longa.

O primeiro estágio na análise cinética de uma reação é estudar como sua velocidade muda com a variação da concentração dos reagentes. Esse tipo de investigação permite a determinação da **lei de velocidade**, que é a equação diferencial que indica como a velocidade varia com a alteração da concentração dos reagentes e dos produtos. Por exemplo, a observação de que a velocidade de formação do $[Ni(NH_3)(OH_2)_5]^{2+}$ a partir do $[Ni(OH_2)_6]^{2+}$ é proporcional à concentração tanto do NH_3 quanto do $[Ni(OH_2)_6]^{2+}$ implica que a reação é de primeira ordem para cada um desses dois reagentes e que a lei de velocidade global é

$$\text{velocidade} = k[Ni(OH_2)_6^{2+}][NH_3] \tag{21.1}$$

> **Um comentário útil** Nas equações de velocidade, assim como nas expressões das constantes de equilíbrio, omitimos os colchetes que são parte da fórmula química dos complexos; os colchetes remanescentes indicam concentração molar. Indicaremos as constantes de velocidade como k, e geralmente não ocorre confusão com a constante de Boltzmann, que normalmente aparece no denominador de expoentes; onde existir possibilidade de confusão, a constante de Boltzmann será escrita como k_B.

Em esquemas simples de reação, a etapa elementar mais lenta da reação domina a velocidade da reação global e a lei de velocidade global, sendo chamada de **etapa determinante da velocidade**. Entretanto, em geral, todas as etapas da reação podem contribuir para a lei de velocidade e afetar a sua velocidade. Deste modo, juntamente aos estudos estereoquímicos e com isótopos marcados, a determinação da lei de velocidade é o caminho para a elucidação do mecanismo da reação.

Três classes principais de mecanismos de reação foram identificadas. O **mecanismo dissociativo**, simbolizado por *D*, é uma sequência de reações que leva à formação de um *intermediário* com um número de coordenação reduzido pela perda de um grupo de saída:

$$ML_nX \rightarrow ML_n + X$$
$$ML_n + Y \rightarrow ML_nY$$

Aqui, ML_n (o átomo do metal junto a qualquer ligante espectador) é um intermediário verdadeiro que pode, em princípio, ser detectado (ou até mesmo isolado). A forma típica do perfil de reação correspondente é mostrada na Fig. 21.2.

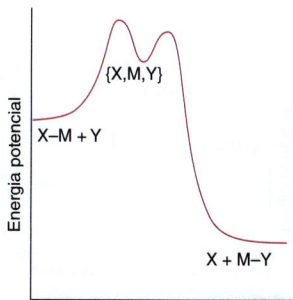

Figura 21.2 Forma típica do perfil de reação de uma reação com mecanismo dissociativo.

> ***Uma breve ilustração*** A substituição no hexacarbonilatungstênio(0) por uma fosfina ocorre pela dissociação do CO do complexo
>
> $$[W(CO)_6] \rightarrow [W(CO)_5] + CO$$
>
> seguida pela coordenação da fosfina:
>
> $$[W(CO)_5] + PPh_3 \rightarrow [W(CO)_5(PPh_3)]$$
>
> Nas condições em que essa reação é normalmente realizada em laboratório, o intermediário $[W(CO)_5]$ é rapidamente capturado pelo solvente, tal como o tetra-hidrofurano, para formar o $[W(CO)_5(THF)]$. Esse complexo, por sua vez, é convertido no produto com ligante fosfina, presumivelmente por um segundo processo dissociativo.

Um **mecanismo associativo**, simbolizado por *A*, envolve uma etapa de formação de um *intermediário* com um número de coordenação mais elevado do que no complexo original:

$$ML_nX + Y \rightarrow ML_nXY$$
$$ML_nXY \rightarrow ML_nY + X$$

Novamente, o intermediário ML_nXY pode, em princípio, ser detectado. Este mecanismo ocorre em muitas reações de complexos d^8 quadráticos planos de Au(III), Pt(II), Pd(II), Ni(II) e Ir(I). A forma típica do perfil de reação é similar à do mecanismo dissociativo, conforme mostrado na Fig. 21.3.

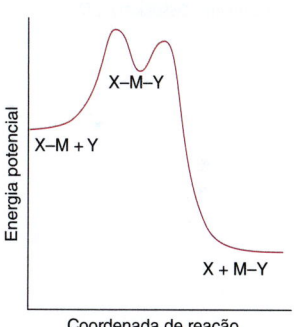

Figura 21.3 Forma típica do perfil de reação de uma reação com um mecanismo associativo.

> ***Uma breve ilustração*** A primeira etapa na troca do $^{14}CN^-$ com ligantes do complexo quadrático plano $[Ni(CN)_4]^{2-}$ é a coordenação do ligante ao complexo
>
> $$[Ni(CN)_4]^{2-} + {}^{14}CN^- \rightarrow [Ni(CN)_4(^{14}CN)]^{3-}$$
>
> Em seguida, um ligante é então liberado:
>
> $$[Ni(CN)_4(^{14}CN)]^{3-} \rightarrow [Ni(CN)_3(^{14}CN)]^{2-} + CN^-$$
>
> A radioatividade do carbono-14 fornece um meio de se acompanhar essa reação, e o intermediário $[Ni(CN)_5]^{3-}$ foi detectado e isolado.

O **mecanismo de intertroca**, simbolizado por *I*, ocorre em uma única etapa:

$$ML_nX + Y \rightarrow X \cdots ML_n \cdots Y \rightarrow ML_nY + X$$

Os grupos de saída e de entrada são trocados em uma única etapa, formando um estado de transição, mas não um intermediário verdadeiro. O mecanismo de intertroca é comum para muitas reações de complexos hexacoordenados. A forma típica do perfil de reação é mostrada na Fig. 21.4.

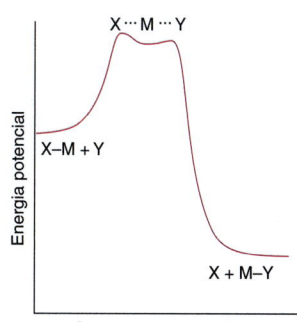

Figura 21.4 Forma típica do perfil de reação de uma reação com mecanismo de intertroca.

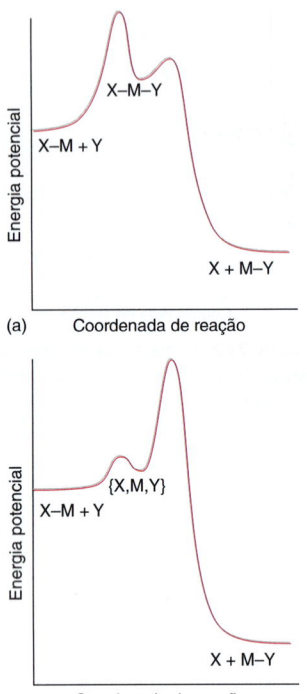

Figura 21.5 Forma típica do perfil de reações com uma etapa ativada associativamente: (a) mecanismo associativo, A_a; (b) mecanismo dissociativo, D_a.

A diferença entre os mecanismos *A* e *I* reside no fato de o *intermediário* persistir ou não o suficiente para ser detectado. Um tipo de evidência é o isolamento de um intermediário de outra reação assemelhada ou em condições diferentes. Podendo-se fazer um argumento por extrapolação para as condições da reação estudada e que sugira que um intermediário de vida moderadamente longa possa existir, temos a indicação para um mecanismo *A*. Por exemplo, a síntese do complexo de Pt(II) bipiramidal trigonal, $[Pt(SnCl_3)_5]^{3-}$, indica que pode ser plausível a formação de um complexo de platina pentacoordenado nas reações de substituição de complexos quadráticos planos de Pt(II) com ligantes amin. Similarmente, o fato de o $[Ni(CN)_5]^{3-}$ ter sido observado espectroscopicamente em solução e isolado no estado cristalino reforça a ideia de que ele está envolvido na troca de CN^- no íon tetracianetoniquelato(II) quadrático plano.

Uma segunda indicação da formação de um intermediário é a observação de uma mudança estereoquímica, o que implica que o intermediário tem um tempo de vida suficiente para sofrer um rearranjo. Uma isomerização de *cis* para *trans* é observada nas reações de substituição de certos complexos quadráticos planos de Pt(II) com fosfina, ao invés da retenção de configuração normalmente observada. Essa diferença implica que o intermediário bipiramidal trigonal sobrevive tempo suficiente para ocorrer uma troca da posição do ligante entre as possibilidades axial e equatorial.

A detecção espectroscópica direta do intermediário, e consequentemente uma indicação do mecanismo *A* em vez do *I*, pode ser possível se ocorrer o acúmulo de uma quantidade suficiente. Entretanto, tal evidência direta requer um intermediário excepcionalmente estável e com características espectroscópicas favoráveis.

(b) A etapa determinante da velocidade

Ponto principal: A etapa determinante da velocidade é classificada como associativa ou dissociativa, de acordo com a dependência da sua velocidade com a identidade do grupo de entrada.

Consideraremos agora os detalhes da etapa determinante da velocidade de uma reação. A etapa é chamada de **associativa** e simbolizada por *a* se sua velocidade depender fortemente da identidade do grupo de entrada. Dentre os exemplos encontrados estão as reações de complexos d^8 quadráticos planos de Pt(II), Pd(II) e Au(III), incluindo

$$[PtCl(dien)]^+(aq) + I^-(aq) \rightarrow [PtI(dien)]^+(aq) + Cl^-(aq)$$

onde dien é a dietilenotriamina ($NH_2CH_2CH_2NHCH_2CH_2NH_2$). Observou-se, por exemplo, que o uso de I^- em vez de Br^- aumenta a constante de velocidade de uma ordem de grandeza. Observações experimentais das reações de substituição em complexos quadráticos planos corroboram a ideia de que a etapa determinante da velocidade é associativa.

A forte dependência da etapa determinante da velocidade com o grupo de entrada Y indica que o *estado de transição* deve envolver significativa ligação com Y. Uma reação com um mecanismo associativo (*A*) será ativada associativamente (*a*) se a ligação de Y com o reagente inicial ML_nX for a etapa determinante da velocidade; tal reação é designada como A_a e, neste caso, o intermediário ML_nXY não seria detectado. Uma reação com um mecanismo dissociativo (*D*) é ativada associativamente (*a*) se a ligação de Y com o intermediário ML_n for a etapa determinante da velocidade; tal reação é designada como D_a. A Fig. 21.5 apresenta os perfis de reação para os mecanismos *A* e *D* ativados associativamente. Para as reações ocorrerem, é necessário que se estabeleça uma população de um complexo de encontro {X–M, Y} em uma etapa de pré-equilíbrio.

A etapa determinante da velocidade é chamada de **dissociativa** e simbolizada por *d* se sua velocidade for praticamente independente da identidade de Y. Essa categoria inclui alguns dos exemplos clássicos de substituição de ligante em complexos octaédricos de metal d; por exemplo,

$$[Ni(OH_2)_6]^{2+}(aq) + NH_3(aq) \rightarrow [Ni(NH_3)(OH_2)_5]^{2+}(aq) + H_2O(l)$$

onde observa-se que a velocidade se altera, no máximo, em uns poucos pontos percentuais quando usa-se a piridina como ligante de entrada, ao invés do NH_3.

A fraca dependência de um processo ativado dissociativamente com a identidade de Y indica que a velocidade de formação do estado de transição é determinada, em grande parte, pela velocidade de quebra da ligação com o grupo de saída X. Uma reação com um mecanismo associativo (*A*) será ativada dissociativamente (*d*) desde que a perda de X do intermediário YML_nX seja a etapa determinante da velocidade; tal reação é designada A_d. Uma reação com um mecanismo dissociativo (*D*) é ativada dissociativamente (*d*) se a perda inicial de X do reagente ML_nX for a etapa determinante da velocidade; tal reação é

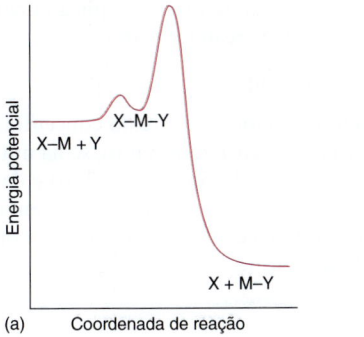 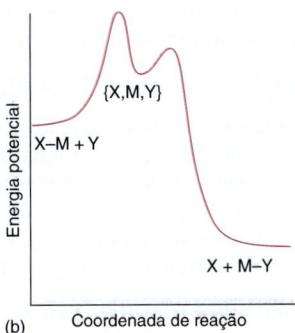

Figura 21.6 Forma típica do perfil de reação para reações com uma etapa ativada dissociativamente: (a) mecanismo associativo, A_d; (b) mecanismo dissociativo, D_d.

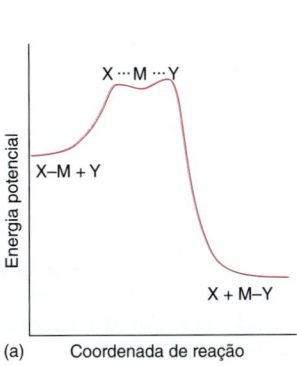 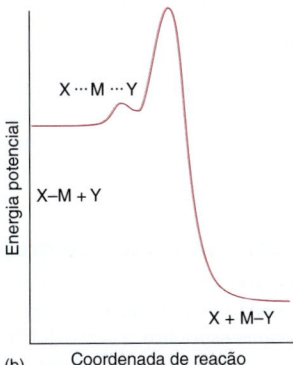

Figura 21.7 Forma típica do perfil de reação para reações com mecanismo de intertroca: (a) ativada associativamente, I_a; (b) ativada dissociativamente, I_d.

designada D_d. Neste caso, o intermediário ML_n não seria detectado. A Fig. 21.6 apresenta os perfis de reação para os mecanismos A e D ativados dissociativamente.

Uma reação que tenha um mecanismo de intertroca (I) pode ser ativada tanto associativamente quanto dissociativamente e designada como I_a ou I_d, respectivamente. Em um mecanismo I_a, a velocidade de reação depende da velocidade de formação da ligação M...Y, enquanto que para uma reação I_d a velocidade de reação depende da velocidade de quebra da ligação M...X (Fig. 21.7).

A distinção entre essas possibilidades é resumida a seguir, onde o ML_nX indica o complexo inicial:

Mecanismo:	A		I		D	
Ativação:	a	d	a	d	a	d
Etapa determinante da velocidade	Y ligando-se ao ML_nX	Perda de X do YML_nX	Y ligando-se ao ML_nX	Perda de X do YML_nX	Y ligando-se ao ML_n	Perda de X do ML_nX
Intermediário detectado?	Não	ML_nXY detectável	Não	Não	ML_n detectável	Não

Substituição de ligantes em complexos quadráticos planos

O mecanismo de troca de ligante em complexos quadráticos planos de Pt tem sido muito estudado, principalmente porque as reações ocorrem numa escala de tempo bastante acessível para serem estudadas. Como os complexos quadráticos planos não apresentam estereoimpedimento (podem ser considerados como complexos octaédricos com dois ligantes a menos), pode-se esperar um mecanismo associativo de troca de ligante, mas de fato está longe de ser assim tão simples. A elucidação do mecanismo de substituição em complexos quadráticos planos é muitas vezes complicada pela exitência de caminhos alternativos. Por exemplo, se uma reação tal como

$$[PtCl(dien)]^+(aq) + I^-(aq) \rightarrow [PtI(dien)]^+(aq) + Cl^-(aq)$$

for de primeira ordem em relação ao complexo e independente da concentração de I^-, então a velocidade de reação será igual a $k_1[PtCl(dien)^+]$. Entretanto, se há um caminho em que a lei de velocidade é de primeira ordem em relação ao complexo *e* de primeira ordem em relação ao grupo de entrada (ou seja, segunda ordem global), então a velocidade será dada por $k_2[PtCl(dien)^+][I^-]$. Se ambos os caminhos de reação ocorrem com velocidades próximas, a lei de velocidade terá a forma

$$\text{velocidade} = (k_1 + k_2[I^-])[PtCl(dien)^+] \tag{21.2}$$

Uma reação como essa é geralmente estudada sob condições em que $[I^-] \gg [\text{complexo}]$, de forma que $[I^-]$ não muda significativamente durante a reação. Isso simplifica o tratamento dos dados, uma vez que $k_1 + k_2[I^-]$ é efetivamente constante e a lei de velocidade torna-se de primeira pseudo-ordem:

$$\text{velocidade} = k_{obs}[PtCl(dien)^+] \qquad k_{obs} = k_1 + k_2[I^-] \tag{21.3}$$

Um gráfico da constante de velocidade observada de primeira pseudo-ordem em função de $[I^-]$ fornece k_2 como coeficiente angular e k_1 como coeficiente linear.

Nas seções seguintes, examinaremos os fatores que afetam a reação de segunda ordem e então consideraremos os processos de primeira ordem.

21.3 A nucleofilicidade do grupo de entrada

Pontos principais: A nucleofilicidade de um grupo de entrada é expressa em termos do parâmetro de nucleofilicidade, que é definido em termos das reações de substituição de um complexo quadrático plano de platina específico; a sensibilidade de outros complexos de platina à mudança do grupo de entrada é expressa em termos do fator de discriminação nucleofílico.

Começaremos considerando a variação da velocidade da reação com a mudança do grupo de entrada Y. A reatividade de Y (por exemplo, o I^- na reação acima) pode ser expressa em termos de um **parâmetro de nucleofilicidade**, n_{Pt}:

$$n_{Pt} = \log \frac{k_2(Y)}{k_2^\circ} \tag{21.4}$$

onde $k_2(Y)$ é a constante de velocidade de segunda ordem para a reação

$$\textit{trans-}[PtCl_2(py)_2] + Y \rightarrow \textit{trans-}[PtClY(py)_2]^+ + Cl^-$$

e k_2° é a constante de velocidade para a mesma reação com o metanol, o nucleófilo de referência. Se n_{Pt} é grande, isso indica que o grupo de entrada é altamente nucleofílico ou possui uma alta nucleofilicidade.

A Tabela 21.2 apresenta alguns valores de n_{Pt}. Uma característica notável dos dados é que, embora os grupos de entrada indicados na tabela sejam bem simples, as constantes de velocidade variam de quase nove ordens de grandeza. Outra característica é que a nucleofilicidade do grupo de entrada frente à Pt parece se correlacionar com a maciez das bases de Lewis (Seção 4.9), com $Cl^- < I^-$, $O < S$ e $NH_3 < PR_3$.

O parâmetro de nucleofilicidade é definido em termos das velocidades de reação para um complexo específico de platina. Quando se muda o complexo, descobrimos que as velocidades de reação apresentam uma faixa de sensibilidade diferente para mudanças do grupo de entrada. Para expressar essa mudança na faixa de sensibilidade, alteramos a Eq. 21.4 para

$$\log k_2(Y) = n_{Pt}(Y) + C \tag{21.5}$$

onde $C = \log k_2^\circ$. Consideremos agora reações de substituição análogas para o complexo genérico $[PtL_3X]$:

$$[PtL_3X] + Y \rightarrow [PtL_3Y] + X$$

As velocidades relativas dessas reações podem ser expressas em termos do mesmo parâmetro de nucleofilicidade n_{Pt}, desde que a Eq. 21.5 seja substituída por

$$\log k_2(Y) = S n_{Pt}(Y) + C \tag{21.6}$$

Tabela 21.2 Valores de n_{Pt} para uma variedade de nucleófilos selecionados

Nucleófilo	Átomo doador	n_{Pt}
CH_3OH	O	0
Cl^-	Cl	3,04
Br^-	Br	4,18
I^-	I	5,42
CN^-	C	7,14
SCN^-	S	5,75
N_3^-	N	3,58
C_6H_5SH	S	4,15
NH_3	N	3,07
$(C_6H_5)_3P$	P	8,93

O parâmetro S, que caracteriza a sensibilidade da constante de velocidade ao parâmetro de nucleofilicidade, é chamado de **fator de discriminação nucleofílico**. Vemos na Figura 21.8 que a reta obtida no gráfico de log $k_2(Y)$ contra n_{Pt} para reações de Y com o *trans*-[PtCl$_2$(PEt$_3$)$_2$] (círculos vermelhos) é mais íngreme que para reações com o *cis*-[PtCl$_2$(en)] (quadrados azuis). Consequentemente, S é maior para a primeira reação, o que indica que a velocidade da reação é mais sensível a mudanças na nucleofilicidade do grupo de entrada.

Alguns valores de S são dados na Tabela 21.3. Note que S é próximo de 1 em todos os casos, de forma que todos os complexos são bastante sensíveis ao valor de n_{Pt}. Essa sensibilidade é esperada para as reações ativadas associativamente. Outra característica a ser observada é que os maiores valores de S são observados para os complexos de platina que possuem ligantes que são bases mais macias.

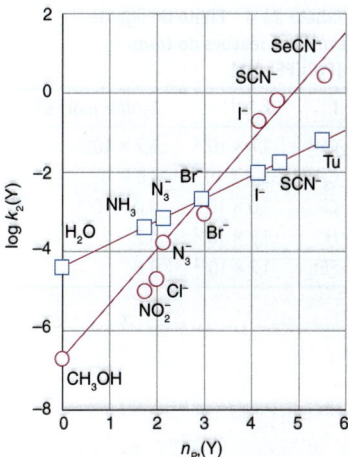

Figura 21.8 A inclinação da reta obtida no gráfico de log $k_2(Y)$ em relação ao parâmetro de nucleofilicidade $n_{Pt}(Y)$ para uma série de ligantes é uma medida da sensibilidade do complexo à nucleofilicidade do grupo de entrada.

EXEMPLO 21.1 Usando o parâmetro de nucleofilicidade

A constante de velocidade de segunda ordem para a reação do I$^-$ com o *trans*-[Pt(CH$_3$)Cl(PEt$_3$)$_2$], em metanol a 30°C, é igual a 40 dm^3 mol^{-1} s^{-1}. A reação correspondente usando N$_3^-$ possui k_2 = 7,0 dm^3 mol^{-1}s^{-1}. Estime S e C para a reação, sabendo-se que n_{Pt} é igual a 5,42 e 3,58, respectivamente, para os dois nucleófilos.

Resposta Para determinar S e C, precisamos usar duas informações para montar e resolver duas equações simultâneas baseadas na Equação 21.6. Substituindo-se os dois valores de n_{Pt} na Eq. 21.6, teremos

1,60 = 5,42 S + C (para I$^-$)

0,85 = 3,58 S + C (para N$_3^-$)

Resolvendo esse sistema de duas equações simultâneas teremos S = 0,41 e C = 20,62. O valor de S é relativamente pequeno, mostrando que a discriminação desse complexo frente a nucleófilos diferentes não é grande. Esta falta de sensibilidade está relacionada com o valor relativamente grande de C, correspondendo a uma grande constante de velocidade e, consequentemente, a um complexo reativo. É comum observar-se que uma alta reatividade correlaciona-se com uma baixa seletividade.

Teste sua compreensão 21.1 Calcule a constante de velocidade de segunda ordem para a reação desse mesmo complexo com NO$_2^-$, para o qual n_{Pt} = 3,22.

21.4 A geometria do estado de transição

Estudos cuidadosos da variação da velocidade de reação dos complexos quadráticos planos em função das mudanças na composição do complexo reagente e das condições da reação informam sobre a forma geral do estado de transição. Eles também confirmam que a substituição, quase que invariavelmente, possui uma etapa associativa determinante da velocidade; logo, os intermediários são raramente detectados.

(a) O efeito *trans*

Ponto principal: Um ligante fortemente σ doador ou um ligante π receptor acelera significativamente a substituição de um ligante que se encontra em posição *trans* nos complexos quadráticos planos.

Os ligantes espectadores T em posição *trans* ao grupo de saída nos complexos quadráticos planos influenciam a velocidade de substituição. Esse fenômeno é chamado de **efeito *trans***. Geralmente, considera-se que o efeito *trans* é resultado de duas influências distintas: uma tem origem no estado fundamental e a outra, no próprio estado de transição.

A **influência *trans*** é a intensidade com que um ligante T enfraquece a ligação em posição *trans* a ele no estado fundamental do complexo. A influência *trans* correlaciona-se com a capacidade σ doadora do ligante T, pois, falando de forma simplificada, os ligantes em posição *trans* usam os mesmos orbitais do metal para se ligarem. Assim, se um ligante é um forte doador σ, então o ligante *trans* a ele não consegue realizar uma significativa doação de elétrons para o metal resultando, desta forma, numa interação mais fraca com o metal. A influência *trans* é avaliada quantitativamente pela medida dos comprimentos da ligação, pelas frequências de estiramento e pelas constantes de acoplamento metal-ligante no RMN (Seção 8.6). O **efeito do estado de transição** correlaciona-se com a capacidade π receptora do ligante. Acredita-se que sua origem relacione-se com o aumento da densidade eletrônica no átomo metálico proveniente do ligante de entrada: qualquer ligante que possa acolher este aumento de densidade eletrônica irá estabilizar o estado de transição (**1**). O efeito *trans* é a combinação de ambos os efeitos; deve-se notar que esses mesmos fatores contribuem para um maior desdobramento de campo ligante. Efeitos *trans* encontram-se listados na Tabela 21.4 e seguem a ordem:

Tabela 21.3 Fatores de discriminação nucleofílicos

	S
trans-[PtCl$_2$(PEt$_3$)$_2$]	1,43
trans-[PtCl$_2$(py)$_2$]	1,00
[PtCl$_2$(en)]	0,64
trans-[PtCl(dien)]$^+$	0,65

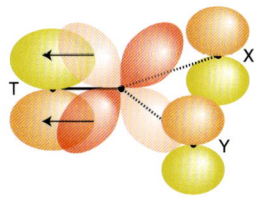

1

21 Química de coordenação: as reações dos complexos

Tabela 21.4 Efeito do ligante *trans* nas reações do *trans*-[PtCl(PEt$_3$)$_2$L]

L	k_1/s^{-1}	k_2/dm^3 mol^{-1} s^{-1}
CH$_3^-$	1,7 × 10^{-4}	6,7 × 10^{-2}
C$_6$H$_5^-$	3,3 × 10^{-5}	1,6 × 10^{-2}
Cl$^-$	1,0 × 10^{-6}	4,0 × 10^{-4}
H$^-$	1,8 × 10^{-2}	4,2
PEt$_3$	1,7 × 10^{-2}	3,8

Para T doador σ: OH$^-$ < NH$_3$ < Cl$^-$ < Br$^-$ < CN$^-$, CH$_3^-$ < I$^-$ < SCN$^-$ < PR$_3$, H$^-$

Para T receptor π: Br$^-$ < I$^-$ < NCS$^-$ < NO$_2^-$ < CN$^-$ < CO, C$_2$H$_4$

EXEMPLO 21.2 Usando o efeito *trans* em sínteses

Use a série do efeito *trans* para sugerir rotas sintéticas para os complexos *cis*-[PtCl$_2$(NH$_3$)$_2$] e *trans*-[PtCl$_2$(NH$_3$)$_2$] a partir do [Pt(NH$_3$)$_4$]$^{2+}$ e do [PtCl$_4$]$^{2-}$.

Resposta A reação do [Pt(NH$_3$)$_4$]$^{2+}$ com HCl leva ao [PtCl(NH$_3$)$_3$]$^+$. Como o efeito *trans* do Cl$^-$ é maior do que o do NH$_3$, as reações de substituição ocorrerão preferencialmente na posição *trans* ao Cl$^-$ e a ação posterior do HCl irá gerar o *trans*-[PtCl$_2$(NH$_3$)$_2$]:

[Pt(NH$_3$)$_4$]$^{2+}$ + Cl$^-$ → [PtCl(NH$_3$)$_3$]$^+$ → *trans*-[PtCl$_2$(NH$_3$)$_2$]

Entretanto, quando o complexo inicial for o [PtCl$_4$]$^{2-}$, a reação com NH$_3$ conduzirá primeiro ao complexo [PtCl$_3$(NH$_3$)]$^-$. Uma segunda etapa poderá substituir um dos dois ligantes Cl$^-$ mutuamente *trans* pelo NH$_3$ para formar o complexo *cis*-[PtCl$_2$(NH$_3$)$_2$]:

[PtCl$_4$]$^{2-}$ + NH$_3$ → [PtCl$_3$(NH$_3$)]$^-$ → *cis*-[PtCl$_2$(NH$_3$)$_2$]

Teste sua compreensão 21.2 Dados os reagentes PPh$_3$, NH$_3$ e [PtCl$_4$]$^{2-}$, proponha rotas eficientes para o *cis* e para o *trans*-[PtCl$_2$(NH$_3$)(PPh$_3$)].

(b) Efeitos estéreos

Ponto principal: O estereoimpedimento do centro reacional normalmente inibe reações associativas e facilita reações dissociativas.

O estereoimpedimento do centro reacional produzido por grupos volumosos que podem bloquear a aproximação dos nucleófilos irá inibir as reações associativas. As constantes de velocidade para a substituição do Cl$^-$ por H$_2$O nos complexos *cis*-[PtClL(PEt$_3$)$_2$]$^+$ a 25°C ilustram essa questão:

L =	piridina	2-metilpiridina	2,6-dimetilpiridina
k/s^{-1}	8 × 10^{-2}	2,0 × 10^{-4}	1,0 × 10^{-6}

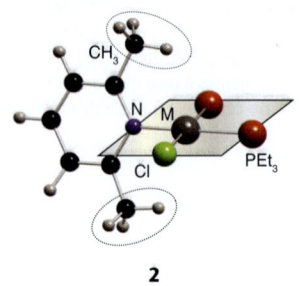

2

Os grupos metila adjacentes ao átomo de N doador diminuem muito a velocidade. No complexo com a 2-metilpiridina, eles bloqueiam as posições acima ou abaixo do plano. No complexo com a 2,6-dimetilpiridina, eles bloqueiam ambas as posições, acima e abaixo do plano (**2**). Assim, ao longo da série, os grupos metila impedem cada vez mais o ataque do H$_2$O.

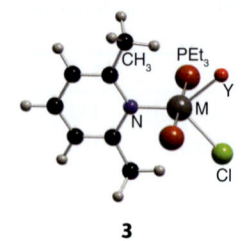

3

O efeito é menor se L for *trans* ao Cl$^-$. Essa diferença é explicada pelo fato de os grupos metila estarem distante dos grupos de entrada e de saída no estado de transição bipiramidal trigonal, se o ligante piridina estiver no plano trigonal (**3**). Inversamente, a redução do número de coordenação que ocorre em uma reação dissociativa pode aliviar o estereoimpedimento e, dessa forma, aumentar a velocidade da reação dissociativa.

(c) Estereoquímica

Ponto principal: A substituição em um complexo quadrático plano preserva a geometria original, sugerindo um estado de transição bipiramidal trigonal.

Uma indicação adicional sobre a natureza do estado de transição é obtida pela observação de que a substituição em um complexo quadrático plano preserva a geometria original. Isto é, um complexo *cis* gera um produto *cis* e um complexo *trans* gera um produto *trans*. Esse comportamento é explicado pela formação de um estado de transição aproximadamente bipiramidal trigonal com os grupos de entrada, de saída e os grupos *trans* no plano trigonal (**4**).[1] Intermediários bipiramidais trigonais desse tipo explicam a influência relativamente pequena que os dois ligantes *cis* espectadores têm sobre a velocidade de substituição, uma vez que seus orbitais ligantes não serão afetados de forma significativa pelo andamento da reação.

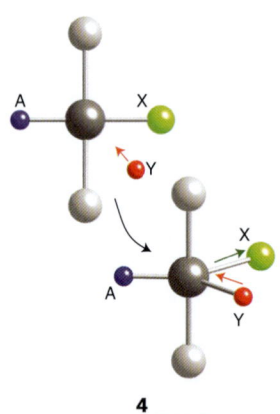

4

---

[1] Note que a estereoquímica é bastante diferente daquela em que os átomos centrais são do bloco p, tais como Si(IV) e P(V), onde o grupo de saída provém de uma posição axial mais lotada.

Substituição de ligantes em complexos quadráticos planos

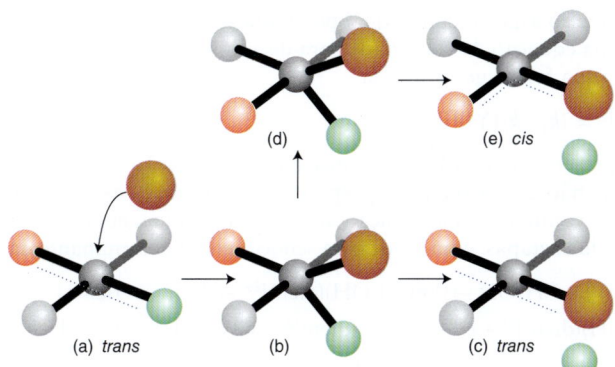

Figura 21.9* Estereoquímica da substituição em um complexo quadrático plano. O caminho normal (que resulta em retenção) é de (a) para (c). Entretanto, se o intermediário (b) tiver vida longa, ele pode sofrer uma pseudo-rotação para (d), o que conduz ao isômero (e).

O posicionamento espacial dos grupos durante o curso da reação é mostrado na Fig. 21.9. Podemos esperar que um ligante *cis* troque de lugar com um ligante T no plano trigonal somente se o intermediário tiver vida longa o bastante para apresentar mobilidade estérea. Isto é, ele deve ser um intermediário associativo (A) de vida longa, com a liberação do ligante do intermediário pentacoordenado sendo a etapa determinante da velocidade.

(d) Dependência de temperatura e pressão

Ponto principal: Volume de ativação e entropia de ativação negativos indicam que a etapa determinante da velocidade nos complexos quadráticos planos de Pt(II) é associativa.

Outra indicação da natureza do estado de transição vem da determinação das entropias de ativação e dos volumes de ativação para as reações de complexos de Pt(II) e de Au(III) (Tabela 21.5). A entropia de ativação é obtida a partir da dependência da constante de velocidade em relação à temperatura e indica como varia a desordem (dos reagentes e do solvente) quando o estado de transição se forma. Da mesma forma, o volume de ativação, que é obtido (usando-se um equipamento especial) a partir da dependência da constante de velocidade com a pressão, é a variação de volume que ocorre quando da formação do estado de transição. Os casos limites para o volume de ativação nas reações de substituição de ligante correspondem ao aumento do volume molar pelo ligante de saída (para uma reação dissociativa) e à diminuição do volume molar pelo ligante de entrada (para uma reação associativa). Por exemplo, o volume molar do H_2O é 18 ml (0,018 dm^3), logo a reação na qual o estado de transição é atingido pela completa dissociação do ligante H_2O deverá ter um volume de ativação de, aproximadamente, 0,018 dm^3.

Os dois aspectos marcantes dos dados da tabela são os valores fortemente negativos para ambas as quantidades. A explicação mais simples para a redução da desordem e do volume é que o ligante de entrada está sendo incorporado ao estado de transição sem a liberação do grupo de saída. Isto é, podemos concluir que a etapa determinante da velocidade é associativa.

(e) O caminho de primeira ordem

Ponto principal: A contribuição de primeira ordem para a lei de velocidade é um processo de primeira pseudo-ordem do qual o solvente participa.

Tendo considerado os fatores que afetam o caminho de segunda ordem, consideraremos agora o caminho de primeira ordem para a substituição em complexos quadráticos

Tabela 21.5 Parâmetros de ativação para reações de substituição em complexos quadráticos planos (em metanol)*

Reação[†]	k_1			k_2		
	$\Delta^\ddagger H$	$\Delta^\ddagger S$	$\Delta^\ddagger V$	$\Delta^\ddagger H$	$\Delta^\ddagger S$	$\Delta^\ddagger V$
trans-[PtCl(NO$_2$)(py)$_2$] + py				50	−100	−38
trans-[PtBrP$_2$(mes)] + SC(NH$_2$)$_2$	71	−84	−46	46	−138	−54
cis-[PtBrP$_2$(mes)] + I$^-$	84	−59	−67	63	−121	−63
cis-[PtBrP$_2$(mes)] + SC(NH$_2$)$_2$	79	−71	−71	59	−121	−54
[AuCl(dien)]$^{2+}$ + Br$^-$				54	−17	

* Entalpia em kJ mol^{-1}; entropia em J K^{-1} mol^{-1}; volume em cm^3 mol^{-1}.
[†] [PtBrP$_2$(mes)] é [PtBr(PEt$_3$)$_2$(2,4,6-Me$_3$C$_6$H$_2$)].

planos. O primeiro aspecto com o qual precisamos nos preocupar é o caminho de primeira ordem na equação de velocidade para decidir se k_1 na lei de velocidade da Equação 21.2, e na sua forma generalizada

$$\text{velocidade} = (k_1 + k_2[Y])[PtL_4] \tag{21.7}$$

realmente representa a atuação de um mecanismo de reação completamente diferente. Verifica-se que não é o caso e que k_1 representa uma reação associativa envolvendo o solvente. Neste caminho, a substituição do Cl⁻ pela piridina, em metanol como solvente, ocorre em duas etapas, com a primeira sendo a etapa determinante da velocidade:

$[PtCl(dien)]^+ + CH_3OH \rightarrow [Pt(CH_3OH)(dien)]^{2+} + Cl^-$ (lenta)

$[Pt(CH_3OH)(dien)]^{2+} + py \rightarrow [Pt(py)(dien)]^{2+} + CH_3OH$ (rápida)

A evidência para este mecanismo de duas etapas vem de uma correlação das velocidades dessas reações com os parâmetros de nucleofilicidade das moléculas de solvente e da observação de que as reações dos grupos de entrada com os complexos contendo o solvente são rápidas, comparadas à etapa na qual o solvente desloca um ligante. Assim, a substituição de um ligante em complexos quadráticos planos de platina resulta de duas reações associativas competitivas.

Substituição de ligantes em complexos octaédricos

Os complexos octaédricos ocorrem para uma grande variedade de metais, numa larga faixa de estados de oxidação e com uma grande diversidade de modos de ligação. Podemos, portanto, esperar uma grande variedade de mecanismos de substituição; no entanto, quase todos os complexos octaédricos reagem pelo mecanismo de intertroca (I). A única questão real é se a etapa determinante da velocidade é associativa ou dissociativa. A análise das leis de velocidade para as reações que ocorrem por este mecanismo ajuda a formular as condições precisas para distinguir estas duas possibilidades e identificar a substituição como I_a (mecanismo de intertroca com a etapa determinante da velocidade sendo associativa) ou I_d (mecanismo de intertroca com a etapa determinante da velocidade sendo dissociativa). A distinção entre as duas classes de reação depende de se a etapa determinante da velocidade é a formação de uma nova ligação Y···M ou a quebra de uma ligação M···X já existente.

21.5 As leis de velocidade e sua interpretação

As leis de velocidade fornecem uma indicação sobre os detalhes do mecanismo de uma reação, uma vez que qualquer mecanismo proposto precisa ser consistente com a lei e velocidade observada. Na seção seguinte, veremos como são interpretadas as leis de velocidade obtidas experimentalmente para substituição de ligante.

(a) O mecanismo de Eigen-Wilkins

Pontos principais: No mecanismo de Eigen-Wilkins, forma-se um complexo de encontro em uma etapa de pré-equilíbrio, e este complexo de encontro forma os produtos numa etapa subsequente, determinante da velocidade.

Como exemplo de uma reação de substituição de ligante, consideraremos

$[Ni(OH_2)_6]^{2+} + NH_3 \rightarrow [Ni(NH_3)(OH_2)_5]^{2+} + H_2O$

A primeira etapa do **mecanismo de Eigen-Wilkins** é a um encontro no qual o complexo ML_6, neste caso o $[Ni(OH_2)_6]^{2+}$, e do grupo de entrada Y, neste caso o NH_3, que assim entram em contato:

$[Ni(OH_2)_6]^{2+} + NH_3 \rightarrow \{[Ni(OH_2)_6]^{2+}, NH_3\}$

Os dois componentes do par de encontro, a entidade {A,B}, também podem se separar a uma velocidade governada pela capacidade das suas partes migrarem por difusão através do solvente:

$\{[Ni(OH_2)_6]^{2+}, NH_3\} \rightarrow [Ni(OH_2)_6]^{2+} + NH_3$

Como, em solução aquosa, o tempo de vida de um par de encontro é de aproximadamente 1 ns, a formação desse par pode ser tratada como um pré-equilíbrio em todas as reações que levam mais do que alguns nanossegundos. Consequentemente, podemos expressar as concentrações em termos de uma constante de pré-equilíbrio K_E:

$$ML_6 + Y \rightleftharpoons \{ML_6,Y\} \qquad K_E = \frac{[\{ML_6,Y\}]}{[ML_6][Y]}$$

A segunda etapa do mecanismo é a reação determinante da velocidade pela qual o complexo de encontro forma os produtos:

$$\{[Ni(OH_2)_6]^{2+}, NH_3\} \rightarrow [Ni(NH_3)(OH_2)_5]^{2+} + H_2O$$

e, de uma forma geral,

$$\{ML_6,Y\} \rightarrow ML_5Y + L \qquad \text{velocidade} = k[\{ML_6,Y\}]$$

Não podemos simplesmente substituir $[\{ML_6,Y\}] = K_E[ML_6][Y]$ na expressão porque a concentração de ML_6 precisa considerar o fato de que parte dele está presente como o par de encontro; isso significa que a concentração total do complexo é $[M]_{tot} = [\{ML_6,Y\}] + [ML_6]$. Isso implica que

$$\text{velocidade} = \frac{kK_E[M]_{tot}[Y]}{1 + K_E[Y]} \tag{21.8}$$

Raramente é possível realizar experimentos sobre uma faixa de concentrações ampla o suficiente para testar exaustivamente a Equação 21.8. Entretanto, para baixas concentrações do grupo de entrada, tal que $K_E[Y] \ll 1$, a lei de velocidade se reduz a

$$\text{velocidade} = k_{obs}[M]_{tot}[Y] \qquad k_{obs} = kK_E \tag{21.9}$$

Como k_{obs} pode ser medido e K_E também pode ser medido ou estimado, como descreveremos a seguir, a constante de velocidade k pode ser obtida a partir de k_{obs}/K_E. Os resultados para as reações dos complexos hexa-aqua de Ni(II) com vários nucleófilos são mostrados na Tabela 21.6. A variação muito pequena de k indica uma reação do tipo I_d com uma ligeira sensibilidade à nucleofilicidade do grupo de entrada.

No caso em que o Y é uma molécula do solvente, o equilíbrio de encontro está "saturado", no sentido de que, como o complexo está sempre rodeado pelo solvente, uma molécula de solvente estará sempre disponível para assumir o lugar de outra que deixe o complexo. Neste caso, $K_E[Y] \gg 1$ e $k_{obs} = k$. Assim, as reações com o solvente podem ser comparadas diretamente com as reações envolvendo outros ligantes de entrada, sem necessidade de se estimar o valor de K_E.

(b) A equação de Fuoss-Eigen

Ponto principal: A equação de Fuoss-Eigen fornece uma estimativa da constante de pré-equilíbrio baseada na força da interação coulombiana entre os reagentes e as suas distâncias de menor aproximação.

A constante de equilíbrio K_E para o par de encontro pode ser estimada usando-se uma equação simples, proposta independentemente por R.M. Fuoss e M. Eingen. Ambos buscaram levar em consideração o tamanho e a carga do complexo, esperando que os

Tabela 21.6 Formação de complexo a partir do íon $[Ni(OH_2)_6]^{2+}$

Ligante	$k_{obs}/dm^3\ mol^{-1}\ s^{-1}$	$K_E/dm^3\ mol^{-1}$	$(k_{obs}/K_E)/s^{-1}$
$CH_3CO_2^-$	1×10^5	3	3×10^4
F^-	8×10^5	1	8×10^3
HF	3×10^3	0,15	2×10^4
H_2O*			3×10^3
NH_3	5×10^3	0,15	3×10^4
$[NH_2(CH_2)_2NH_3]^+$	4×10^2	0,02	2×10^4
SCN^-	6×10^3	1	6×10^3

* O solvente está sempre em contato com o íon, de forma que K_E fica indefinido e todas as velocidades são inerentemente de primeira ordem.

íons maiores e com cargas opostas se encontrassem mais frequentemente do que os íons pequenos e de mesma carga. Fuoss usou uma abordagem baseada na termodinâmica estatística e Eigen usou uma abordagem cinética. O resultado é a chamada **equação de Fuoss-Eigen**, que é

$$K_E = \tfrac{4}{3}\pi a^3 N_A e^{-V/k_B T} \tag{21.10}$$

Nessa expressão, a é a distância de menor aproximação entre íons com números de carga z_1 e z_2 em um meio de permissividade ε, V é a energia potencial coulombiana ($z_1 z_2 e^2/4\pi\varepsilon a$) dos íons nesta distância e N_A é a constante de Avogadro. Embora o valor previsto por essa equação dependa fortemente dos detalhes das cargas e dos raios dos íons, geralmente ela claramente favorece o encontro se os reagentes são grandes (a é grande) ou têm cargas opostas (V é negativo).

> *Uma breve ilustração* Se um dos reagentes não apresentar carga (como no caso de uma substituição pelo NH_3), então $V = 0$ e $K_E = 4/3\pi\, a^3\, N_A$. Para uma distância de contato de 200 pm para espécies neutras, encontramos
>
> $$K_E = \frac{4\pi}{3} \times (2{,}00\times 10^{-10}\ \text{m})^3 \times (6{,}022 \times 10^{23}\ \text{mol}^{-1}) = 2{,}02 \times 10^{-5}\ \text{m}^3\ \text{mol}^{-1}$$
>
> ou $2{,}02 \times 10^{-2}\ \text{dm}^3\ \text{mol}^{-1}$. Para dois íons de cargas opostas e unitárias em água a 298 K (quando $\varepsilon_r = 78$), sendo os outros fatores iguais, o valor de K_E aumenta por um fator de
>
> $$e^{-V/k_b T} = e^{e^2/4\pi\varepsilon a k_b T} = 36$$

21.6 Ativação de complexos octaédricos

Muitos estudos de substituição em complexos octaédricos corroboram a ideia de que a etapa determinante da velocidade é dissociativa, e abordaremos esses estudos primeiro. Entretanto, as reações de complexos octaédricos podem adquirir um evidente caráter associativo no caso de íons centrais grandes (como nas séries 4d e 5d) ou quando a população de elétrons d no metal for baixa (para os primeiros membros do bloco d). A existência de mais espaço para o ataque ou uma menor densidade eletrônica nos orbitais π^* parece facilitar o ataque nucleofílico e, consequentemente, permitir a associação.

(a) Efeitos do grupo de saída

Pontos principais: Para as reações I_d, espera-se um grande efeito do grupo de saída X; observa-se uma relação linear entre os logaritmos das constantes de velocidade e as constantes de equilíbrio.

Podemos esperar que a identidade do grupo de saída X tenha um grande efeito nas reações ativadas dissociativamente, pois suas velocidades dependem da cisão da ligação M...X. Quando X é a única variável, como na reação

$$[CoX(NH_3)_5]^{2+} + H_2O \rightarrow [Co(NH_3)_5(OH_2)]^{3+} + X^-$$

observa-se que as constantes de velocidade e de equilíbrio da reação estão relacionadas por

$$\ln k = \ln K + c \tag{21.11}$$

Essa correlação é apresentada na Fig. 21.10. Como ambos os logaritmos são proporcionais às energias de Gibbs ($\ln k$ é aproximadamente proporcional à energia de Gibbs de ativação, $\Delta^\ddagger G$, e $\ln K$ é proporcional à energia de Gibbs padrão da reação, $\Delta_r G^\ominus$), podemos escrever a seguinte **relação linear de energia livre** (RLEL):

$$\Delta^\ddagger G = p\Delta_r G^\ominus + b \tag{21.12}$$

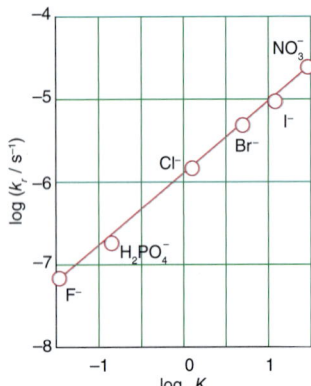

Figura 21.10 O comportamento linear obtido no gráfico do logaritmo da constante de velocidade contra o logaritmo da constante de equilíbrio mostra a existência de uma relação linear de energia livre. Este gráfico foi obtido para a reação $[Co(NH_3)_5X]^{2+} + H_2O \rightarrow [Co(NH_3)_5(OH_2)]^{3+} + X^-$ com diferentes grupos X de saída.

sendo p e b constantes ($p \approx 1$).

A existência de uma RLEL com coeficiente angular unitário, como para a reação do $[CoX(NH_3)_5]^{2+}$, mostra que a mudança de X tem o mesmo efeito sobre $\Delta^\ddagger G$ para a conversão de Co—X num estado de transição, que sobre $\Delta_r G^\ominus$ para a eliminação completa de X^- (Fig. 21.11). Essa observação, por sua vez, sugere que numa reação com mecanismo de intertroca e onde a etapa determinante da velocidade é dissociativa (I_d), o grupo de saída (um ligante aniônico) já se tornou um íon solvatado no estado de transição. Uma RLEL com coeficiente angular menor do que 1, indicando algum caráter associativo, é observada para os complexos correspondentes de Rh(III). Para o Co(III), as velocidades de reação encontram-se na ordem I⁻ > Br⁻ > Cl⁻, enquanto que para o Rh(III) é ao contrário, estando na ordem I⁻ < Br⁻ < Cl⁻. Essa diferença é esperada, uma vez que o centro mais macio de Rh(III) forma complexos mais estáveis com o I⁻, comparado com Br⁻ e Cl⁻, enquanto que o centro mais duro de Co(III) forma complexos mais estáveis com Cl⁻.

(b) Efeitos dos ligantes espectadores

Pontos principais: Em complexos octaédricos, os ligantes espectadores afetam as velocidades de substituição; esse efeito está relacionado com a força da interação metal-ligante, com os ligantes doadores mais fortes aumentando a velocidade da reação pela estabilização do estado de transição.

Nos complexos octaédricos de Co(III), Cr(III) e assemelhados, os ligantes *cis* e *trans* afetam as velocidades de substituição proporcionalmente à força das ligações que eles formam com o átomo metálico. Por exemplo, reações de hidrólise como

$$[NiXL_5]^+ + H_2O \rightarrow [NiL_5(OH_2)]^{2+} + X^-$$

são muito mais rápidas quando L é NH$_3$ do que quando L é o H$_2$O. Esta diferença pode ser explicada considerando que o NH$_3$ é um doador σ mais forte do que o H$_2$O. Com isso, o NH$_3$ aumenta mais a densidade eletrônica no átomo metálico, facilitando a cisão da ligação M–X e a formação do X⁻. No estado de transição, um doador mais forte estabiliza um número de coordenação menor.

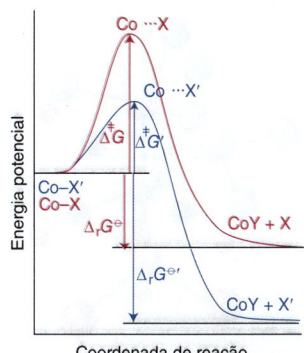

Figura 21.11 A existência de uma relação linear de energia livre com coeficiente angular unitário mostra que a mudança de X tem o mesmo efeito sobre $\Delta^\ddagger G$ para a conversão de M–X num estado de transição, que sobre $\Delta_r G^\ominus$ para a eliminação completa de X⁻. O perfil da reação mostra o efeito da troca do grupo de saída de X para X'.

(c) Efeitos estéreos

Ponto principal: O estereoimpedimento favorece a ativação dissociativa, pois a formação do estado de transição pode aliviar a tensão.

Os efeitos estéreos nas reações com etapas determinantes da velocidade dissociativas podem ser ilustrados considerando-se a velocidade de hidrólise do primeiro ligante Cl⁻ em dois complexos do tipo [CoCl$_2$(bn)$_2$]⁺:

$$[CoCl_2(bn)_2]^+ + H_2O \rightarrow [CoCl(OH_2)(bn)_2]^{2+} + Cl^-$$

O ligante bn é a 2,3-butanodiamina que pode coordenar-se de forma quiral (**5**) ou não quiral (**6**). A observação importante é que o complexo formado com a forma quiral do ligante hidrolisa 30 vezes mais lentamente do que o complexo formado com a forma não quiral. Os dois ligantes têm efeitos eletrônicos muito similares, mas os grupos CH$_3$ estão em lados opostos do anel quelato em (**5**), mas são adjacentes e aglomerados em (**6**). Este último arranjo é mais reativo porque o estado de transição dissociativo, com seu menor número de coordenação, alivia a tensão. Em geral, o estereoimpedimento favorece um processo I_d, pois o estado de transição pentacoordenado pode aliviar a tensão.

Tratamentos quantitativos dos efeitos estéreos dos ligantes foram desenvolvidos utilizando programas de computador para modelagem molecular que levam em consideração as interações de van der Waals. Entretanto, uma abordagem semiquantitativa mais visual foi introduzida por C.A. Tolman. Nesta aproximação, o grau com que vários ligantes (especialmente as fosfinas) aglomeram-se uns com outros é estimado aproximando-se o ligante a um cone, com um determinado ângulo a partir de um modelo de preenchimento do espaço ocupado e um comprimento de ligação M–P de 228 pm, para ligantes fosfina (Fig. 21.12 e Tabela 21.7).[2] Assim, o ligante CO é pequeno, no sentido de que ele tem um pequeno ângulo de cone; o P(^{t}Bu)$_3$ é considerado volumoso por ter um ângulo de cone grande. Ligantes volumosos possuem uma repulsão estérea considerável entre si quando empacotados ao redor de um centro metálico. Eles favorecem a ativação dissociativa e inibem a ativação associativa.

Como ilustração, a velocidade da reação do [Ru(CO)$_3$(PR$_3$)(SiCl$_3$)$_2$]⁺ (**7**) com Y para formar [Ru(CO)$_2$Y(PR$_3$)(SiCl$_3$)$_2$]⁺ é independente da identidade de Y, sugerindo que a etapa determinante da velocidade é dissociativa. Além disso, observou-se apenas uma pequena variação na velocidade para substituintes Y com ângulos de cone semelhantes, mas com valores de pK_a significativamente diferentes. Essa observação reforça a correlação entre as mudanças de velocidade e os efeitos estéreos, pois mudanças no pK_a deveriam correlacionar-se com alterações de distribuição eletrônica nos ligantes.

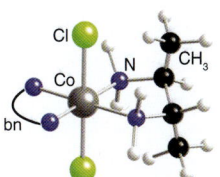

5 [Co(Cl)$_2$(bn)$_2$]⁺

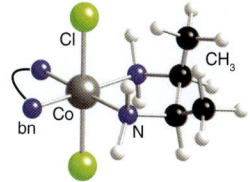

6 [Co(Cl)$_2$(bn)$_2$]⁺

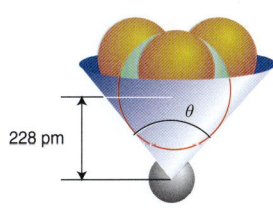

Figura 21.12* A determinação do ângulo de cone de um ligante a partir de um modelo molecular que representa o espaço ocupado pelo ligante e um comprimento de ligação M–P estimado de 228 pm.

---

[2] Os estudos de Tolman foram feitos com complexos de níquel; assim, estamos falando estritamente sobre a distância de ligação Ni–P de 228 pm.

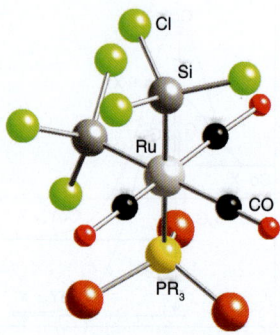

7 $[Ru(CO)_3(PR_3)(SiCl_3)_2]^+$

Tabela 21.7 Ângulo de cone de Tolman para vários ligantes

Ligante	θ/°	Ligante	θ/°
CH_3	90	$P(OC_6H_5)_3$	127
CO	95	PBu_3	130
Cl, Et	102	PEt_3	132
PF_3	104	$\eta^5\text{-}C_5H_5(Cp)$	136
Br, Ph	105	PPh_3	145
I, $P(OCH_3)_3$	107	$\eta^5\text{-}C_5Me_5$ (Cp*)	165
PMe3	118	$2,4\text{-}Me_2C_5H_3$	180
t-Butil	126	$P(t\text{-}Bu)_3$	182

(d) Energia de ativação

Ponto principal: Uma perda significativa da EECL indo do complexo de partida para o estado de transição resulta em complexos não lábeis.

Um fator que tem uma forte influência na ativação dos complexos é a diferença entre a energia de estabilização do campo ligante (EECL, Seção 20.1) do complexo de partida e a do estado de transição (EECL‡). Essa diferença é conhecida como **energia de ativação do campo ligante** (EACL):

$$\text{EACL} = \text{EECL}^‡ - \text{EECL} \qquad (21.13)$$

A Tabela 21.8 fornece valores calculados da EACL para a substituição de H_2O em um íon hexa-aqua, assumindo um estado de transição piramidal quadrático (ou seja, uma reação ativada dissociativamente), e mostra que há uma correlação entre um grande $\Delta^‡H$ e uma grande EACL. Desta forma, podemos começar a compreender por que os complexos de Ni^{2+} e V^{2+} não são muito lábeis: eles possuem uma grande energia de ativação, que se origina, em parte, de uma perda significativa da EECL pela transformação do complexo octaédrico no estado de transição.

(e) Ativação associativa

Ponto principal: Um volume de ativação negativo indica associação do grupo de entrada no estado de transição.

Como já vimos, o volume de ativação reflete a mudança na compactação (incluindo o solvente circunvizinho) quando o estado de transição se forma a partir dos reagentes. A última coluna na Tabela 21.8 fornece o $\Delta^‡V$ para algumas reações de troca do ligante H_2O. Um volume de ativação negativo pode ser interpretado como o resultado de uma contração quando uma molécula de H_2O passa a fazer parte do estado de transição (indicando um caráter significativamente associativo), enquanto que um volume de ativação positivo pode ser interpretado como resultado de uma expansão quando ocorre a saída de molécula de H_2O para formar o estado de transição (indicando um caráter

Tabela 21.8 Parâmetros de ativação para reações de troca de H_2O
$[M(OH_2)_6]^{2+} + H_2^{17}O \rightarrow [M(OH_2)_5(^{17}OH_2)]^{2+} + H_2O$

*	$\Delta^‡H$/KJ mol^{-1}	EECL/Δ_0†	EECL‡/Δ_0§	EACL/Δ_0	$\Delta^‡V$/cm^{3}mol^{-1}
$Ti^{2+}(d^2)$		−0,8	−0,91	−0,11	
$V^{2+}(d^3)$	68,6	−1,2	−1	0,2	−4,1
$Cr^{2+}(d^4, sa)$		−0,6	−0,91	−0,31	
$Mn^{2+}(d^5, sa)$	33,9	0	0	0	−5,4
$Fe^{2+}(d^6, sa)$	31,2	−0,4	−0,46	−0,06	+3,8
$Co^{2+}(d^7, sa)$	43,5	−0,8	−0,91	−0,11	+6,1
$Ni^{2+}(d^8)$	58,1	−1,2	−1	0,2	+7,2

* sa: spin alto.
† Octaédrico.
§ Piramidal quadrático.

significativamente dissociativo).[3] Vemos que o $\Delta^\ddagger V$ torna-se mais positivo, de –4,1 cm^3 mol^{-1} para o V^{2+} até +7,2 cm^3 mol^{-1} para o Ni^{2+}, correspondendo a uma diminuição do caráter associativo ao longo da série 3d. Em parte, isso se origina devido à diminuição do raio iônico ao longo da primeira série e, em parte, pelo aumento do número de elétrons d não ligantes do d^3 ao d^8 ao longo da série 3d: a ativação associativa necessita de um centro metálico acessível ao ataque nucleofílico que, assim, precisa ser grande ou possuir uma baixa população de elétrons d (não ligantes ou π*, de forma que pares de elétrons do grupo de entrada possam ser doados para esses orbitais). Volumes de ativação negativos também são observados para os íons maiores das séries 4d e 5d, tal como o Rh(III), indicando uma interação associativa do grupo de entrada na formação do estado de transição da reação.

A Tabela 21.9 mostra alguns dados para a formação de complexos com Br$^-$, Cl$^-$ e NCS$^-$ a partir do [Cr(OH$_2$)$_6$]$^{3+}$ e [Cr(NH$_3$)$_5$(OH$_2$)]$^{3+}$. Ao contrário da forte dependência que se observa para o complexo hexa-aqua, o complexo penta-amin mostra apenas uma fraca dependência com a identidade do nucleófilo, sugerindo uma transição de I_a para I_d. Além disso, as constantes de velocidade para a substituição do H$_2$O por Cl$^-$, Br$^-$ ou NCS$^-$ no [Cr(OH$_2$)$_6$]$^{3+}$ são menores, por um fator de cerca de 10^4, do que aquelas para as reações análogas do [Cr(NH$_3$)$_5$(OH$_2$)]$^{3+}$. Essa diferença sugere que os ligantes NH$_3$, que são doadores σ mais fortes que o H$_2$O, promovem a dissociação do sexto ligante de forma mais efetiva. Conforme foi visto, esse é o comportamento esperado para as reações ativadas dissociativamente.

EXEMPLO 21.3 Interpretando dados cinéticos em termos de um mecanismo

As constantes de velocidade de segunda ordem para a formação do [VX(OH$_2$)$_5$]$^+$ a partir do [V(OH$_2$)$_6$]$^{2+}$ e X$^-$, sendo X$^-$ = Cl$^-$, NCS$^-$ e N$_3^-$, estão na proporção de 1:2:10. O que esses dados sugerem sobre a etapa determinante da velocidade para a reação de substituição?

Resposta Precisamos considerar os fatores que podem afetar a velocidade da reação. Como os três ligantes são ânions monocarregados de tamanhos similares, podemos esperar que as constantes de equilíbrio de encontro sejam similares. Portanto, as constantes de velocidade de segunda ordem são proporcionais às constantes de velocidade de primeira ordem para a substituição no complexo de encontro. A constante de velocidade de segunda ordem é igual a $K_E k_2$, onde K_E é a constante do pré-equilíbrio e k_2 é a constante de velocidade de primeira ordem para a substituição no complexo de encontro. O valor maior da constante de velocidade para o NCS$^-$ em relação ao Cl$^-$ e, especialmente, o valor cinco vezes maior para o NCS$^-$ em relação ao seu análogo estrutural N$_3^-$ sugerem alguma contribuição do ataque nucleofílico e uma reação associativa. Em comparação, não existe um padrão sistemático para os mesmos ânions reagindo com Ni(II), para o qual acredita-se que a reação seja dissociativa.

Teste sua compreensão 21.3 Usando os dados na Tabela 21.8, estime um valor razoável para K_E e calcule k_2 para as reações do V(II) com Cl$^-$, considerando que a constante de velocidade de segunda ordem observada é de 1,2 × 10^2 dm^3 mol^{-1} s^{-1}.

21.7 Hidrólise em meio básico

Ponto principal: A substituição octaédrica pode ser bastante acelerada pelos íons OH$^-$ quando ligantes com hidrogênios ácidos estão presentes. Isso é uma consequência do decréscimo da carga da espécie reativa, aumentando a capacidade do ligante desprotonado de estabilizar o estado de transição.

Tabela 21.9 Parâmetros cinéticos para o ataque de um ânion ao Cr(III)*

X	L= H$_2$O			L= NH$_3$
	$k/10^{-8}$ mol^{-1} s^{-1}	$\Delta^\ddagger H$/kJ mol^{-1}	$\Delta^\ddagger S$/J K^{-1} mol^{-1}	$k/10^{-4}$ dm^3 mol^{-1}s^{-1}
Br$^-$	0,46	122	8	3,7
Cl$^-$	1,15	126	38	0,7
NCS$^-$	48,7	105	4	4,2

* A reação é [CrL$_5$(OH$_2$)]$^{3+}$ + X$^-$ → [CrL$_5$X]$^{2+}$ + H$_2$O.

---

[3] O valor limite para o $\Delta^\ddagger V$ é de aproximadamente ±18 cm^{3}mol^{-1}, o volume molar da água, com as reações A possuindo valores negativos e as reações D possuindo valores positivos.

Consideremos uma reação de substituição em que os ligantes possuem prótons ácidos, tal como

$$[CoCl(NH_3)_5]^{2+} + OH^- \rightarrow [Co(OH)(NH_3)_5]^{2+} + Cl^-$$

Uma extensa série de estudos mostra que, embora a lei de velocidade seja de segunda ordem, com velocidade = $k[CoCl(NH_3)_5^{2+}][OH^-]$, o mecanismo não é um simples processo bimolecular de ataque do íon OH^- ao complexo. Por exemplo, enquanto que a substituição do Cl^- por OH^- é rápida, a substituição do Cl^- por F^- é lenta, ainda que o F^- seja semelhante ao OH^- em termos de tamanho e nucleofilicidade. Existe um conjunto considerável de evidências indiretas relacionadas a esse problema, mas um experimento em especial aborda o ponto essencial. Essa evidência conclusiva vem de um estudo da distribuição isotópica $^{18}O/^{16}O$ no produto $[Co(OH)(NH_3)_5]^{2+}$. Sabe-se que, no equilíbrio, a razão $^{18}O/^{16}O$ para o H_2O é diferente daquela para o OH^-, e esse fato pode ser usado para estabelecer se o grupo de entrada é o H_2O ou o OH^-. Como a razão isotópica $^{18}O/^{16}O$ no produto de cobalto coincide com a do H_2O, mas não com a dos íons OH^-, temos que a molécula de H_2O é o grupo de entrada.

O mecanismo que leva essas observações em consideração supõe que o papel do OH^- é o de atuar como uma base de Brønsted, e não como um grupo de entrada:

$[CoCl(NH_3)_5]^{2+} + OH^- \rightleftharpoons [CoCl(NH_2)(NH_3)_4]^+ + H_2O$

$[CoCl(NH_2)(NH_3)_4]^+ \rightarrow [Co(NH_2)(NH_3)_4]^{2+} + Cl^-$ (lenta, etapa determinante da velocidade)

$[Co(NH_2)(NH_3)_4]^{2+} + H_2O \rightarrow [Co(OH)(NH_3)_5]^{2+}$ (rápida)

Tabela 21.10 Comportamento estereoquímico das reações de hidrólise do $[CoAX(en)_2]^+$ (X é o grupo de saída)

	A	X	Porcentagem de produto cis
cis	OH^-	Cl^-	100
	Cl^-	Cl^-	100
	NCS^-	Cl^-	100
	Cl^-	Br^-	100
trans	NO_2^-	Cl^-	0
	NCS^-	Cl^-	50-70
	Cl^-	Cl^-	35
	OH^-	Cl^-	75

Na primeira etapa, um ligante NH_3 atua como um ácido de Brønsted, estabelecendo-se um equilíbrio rápido entre o complexo de partida e sua base conjugada que contém um ligante amideto (NH_2^-). A forma desprotonada do complexo possui uma carga menor e será capaz de perder um íon Cl^- mais facilmente do que a forma protonada, acelerando assim a reação. Além disso, o ligante de amideto é um doador σ mais forte do que o NH_3 e o bom doador π. A forte doação do NH_2^- labiliza o ligante Cl^- em posição *trans* e estabiliza o estado de transição pentacoordenado (veja a próxima *Uma breve ilustração* para uma discussão das consequências estereoquímicas). As etapas finais são a rápida ligação da água de entrada e a transferência de um próton para o amideto.

21.8 Estereoquímica

Ponto principal: Uma reação que passe por um intermediário piramidal quadrático resulta na retenção da geometria original, mas uma reação que passe por um intermediário bipiramidal trigonal pode conduzir à isomerização.

Exemplos clássicos da estereoquímica na substituição octaédrica são fornecidos pelos complexos de Co(III). A Tabela 21.10 fornece alguns dados para a hidrólise do *cis* e do *trans*-$[CoAX(en)_2]^+$ (**8**) e (**9**), respectivamente, onde X é o grupo de saída (Cl^- ou Br^-) e A é OH^-, NO_2^-, NCS^- ou Cl^-. As consequências estereoquímicas da substituição em complexos octaédricos são bem mais complexas do que para os complexos quadráticos planos. Os complexos *cis* não sofrem isomerização quando ocorre substituição, enquanto que os complexos na forma *trans* mostram uma tendência para isomerizar na ordem A = NO_2^- < Cl^- < NCS^- < OH^-.

Esses dados podem ser entendidos em termos de um mecanismo I_d e reconhecendo-se que um centro metálico pentacoordenado no estado de transição pode assemelhar-se a qualquer uma das duas geometrias estáveis pentacoordenadas possíveis, que são a piramidal quadrática e a bipiramidal trigonal. Como podemos ver na Fig. 21.13, a reação que passa pelo complexo piramidal quadrático resulta na retenção da geometria original, enquanto que a reação que passa pelo complexo bipiramidal trigonal pode levar à isomerização. O complexo *cis* dá origem a um intermediário piramidal quadrático, mas o isômero *trans* forma um intermediário bipiramidal trigonal. Para os metais d, os complexos bipiramidais trigonais são favorecidos quando os ligantes em posições equatoriais são bons doadores π, e um bom ligante doador π em posição *trans* ao grupo Cl^- de saída favorece a isomerização (**10**).

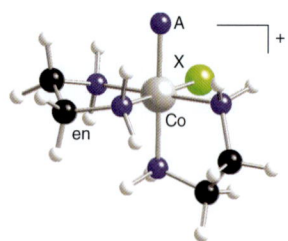

8 *cis*-$[CoAX(en)_2]^+$

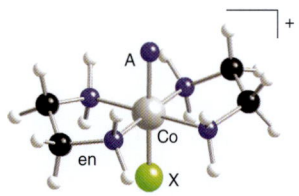

9 *trans*-$[CoAX(en)_2]^+$

Substituição de ligantes em complexos octaédricos

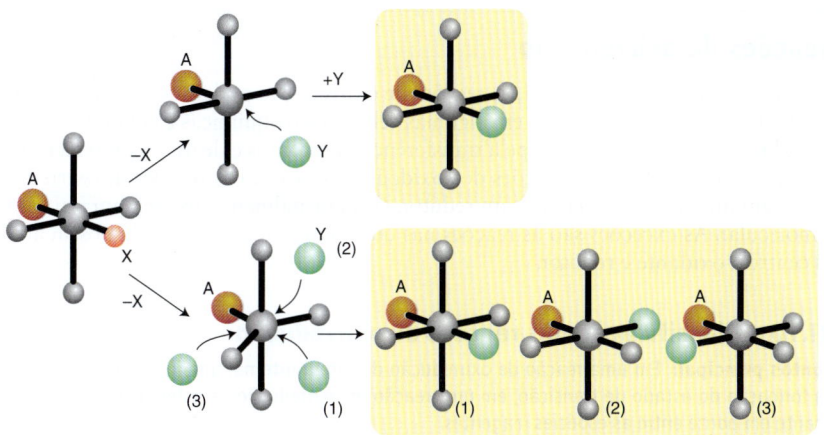

Figura 21.13* Uma reação que passa por um complexo piramidal quadrático (caminho superior) resulta na retenção da geometria original, mas uma reação que passa por um complexo bipiramidal trigonal (caminho inferior) pode levar à isomerização.

Uma breve ilustração As reações de substituição em complexos de Co(III) do tipo [CoAX(en)$_2$]$^+$ resultam em uma isomerização *trans* para *cis*, mas somente quando a reação é catalisada por uma base. Em uma reação de hidrólise básica, um dos grupos NH$_2$R dos ligantes en perde um próton e transforma-se na sua base conjugada :NHR$^-$. O grupo ligante :NHR$^-$ é um forte doador π e favorece a formação de uma bipirâmide trigonal do tipo mostrado na Figura 21.13, podendo ser atacada da maneira mostrada nesta figura. Se a direção de ataque dos ligantes de entrada fosse aleatória, deveríamos ter 33% de produto *trans* e 67% de produto *cis*.

21.9 Reações de isomerização

Pontos principais: A isomerização de um complexo pode ocorrer por meio de mecanismos que envolvem substituição, quebra e formação de ligação ou torções.

As reações de isomerização estão intimamente relacionadas às reações de substituição; de fato, o principal caminho para a isomerização é frequentemente por meio de uma substituição. Os complexos quadráticos planos de Pt(II) e os octaédricos de Co(III) que já discutimos podem formar estados de transição pentacoordenados bipiramidais trigonais. A permutação dos ligantes axiais e equatoriais em um complexo bipiramidal trigonal pode ser vista como que ocorrendo por meio de uma pseudo-rotação de Berry através de uma conformação piramidal quadrática (Seção 7.9 e Fig. 21.14). Como vimos anteriormente, quando um complexo bipiramidal trigonal recebe um ligante para formar um complexo hexacoordenado, uma nova direção de ataque do grupo de entrada pode resultar em isomerização.

Na presença de um ligante quelato, a isomerização poderá ocorrer em consequência da quebra de uma ligação metal-ligante, sem necessidade de ocorrer uma substituição; por exemplo, a troca de um grupo CD$_3$ "externo" por um grupo CH$_3$ "interno" durante a isomerização do complexo tris(acetilacetonato)cobalto(III), (**11**) → (**12**). Um complexo octaédrico também pode sofrer isomerização através de uma torção intramolecular sem a perda de um ligante ou a quebra de uma ligação. Há evidências, por exemplo, de que a racemização do [Ni(en)$_3$]$^{2+}$ ocorre por meio de uma torção interna. Dois caminhos possíveis são a **torção de Bailar** e a **torção de Ray-Dutt** (Fig. 21.15).

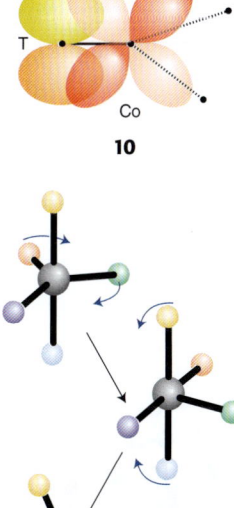

10

Figura 21.14* Mudança de ligantes axiais para equatoriais por meio de uma torção na conformação piramidal quadrática do complexo.

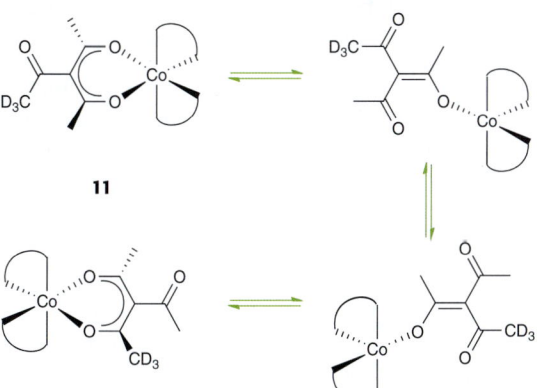

11

12

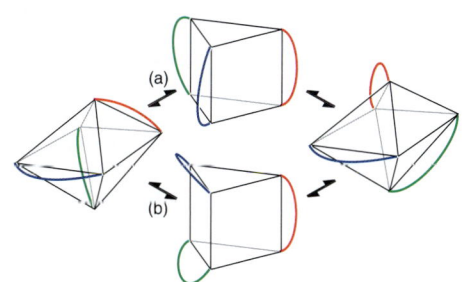

Figura 21.15* A (a) torção de Bailar e a (b) torção de Ray-Dutt, pelas quais um complexo octaédrico pode sofrer isomerização sem a perda de um ligante ou a quebra de uma ligação.

Reações de oxirredução

Como observado no Capítulo 5, as reações de oxirredução podem ocorrer pela transferência direta de elétrons (como em algumas células eletroquímicas e em muitas reações em solução) ou podem ocorrer pela transferência de átomos e de íons (como na transferência de átomos de O nas reações dos oxidoânions). Como as reações de oxirredução envolvem um agente oxidante e um redutor, elas normalmente apresentam um caráter bimolecular. As exceções são as reações nas quais uma mesma molécula possui ambos os centros, oxidante e redutor.

21.10 Classificação das reações de oxirredução

Pontos principal: Em uma reação de oxirredução de esfera interna, um ligante é compartilhado na formação do estado de transição; em uma reação de oxirredução de esfera externa, não existe ligante em ponte entre as espécies reagentes.

Na década de 1950, Henry Taube identificou dois mecanismos para as reações de oxirredução de complexos metálicos. Um deles é o **mecanismo de esfera interna**, que engloba o processo de transferência de átomo. Em um mecanismo de esfera interna, as esferas de coordenação dos reagentes compartilham, temporariamente, um ligante e formam um estado de transição em ponte. O outro é o **mecanismo de esfera externa**, que abrange muitas transferências simples de elétrons. No mecanismo de esfera externa, os complexos entram em contato sem compartilhar um ligante em ponte e o elétron passa, por efeito túnel, de um átomo metálico para outro.

Os mecanismos de algumas reações de oxirredução já foram definitivamente estabelecidos como sendo de esfera interna ou externa. Entretanto, os mecanismos de um grande número de reações são desconhecidos porque é difícil fazer uma classificação precisa quando os complexos são lábeis. Muitos dos estudos de casos bem-definidos têm sido direcionados para a identificação de parâmetros que diferenciem os dois caminhos, com o objetivo de se fazer uma classificação correta para os casos mais difíceis.

21.11 Mecanismo de esfera interna

Ponto principal: A etapa determinante da velocidade de uma reação de oxirredução de esfera interna pode ser qualquer uma das componentes do processo, mas é comum que seja a etapa de transferência de elétron.

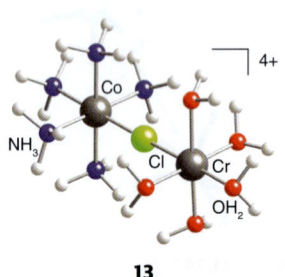

13

O primeiro mecanismo de esfera interna confirmado foi a redução do complexo não lábil $[CoCl(NH_3)_5]^{2+}$ pelo complexo lábil $Cr^{2+}(aq)$. Dentre os produtos da reação, observou-se o $Co^{2+}(aq)$ lábil e o $[CrCl(OH_2)_5]^{2+}$ não lábil. Além disso, a adição de $^{36}Cl^-$ à solução não levou a qualquer incorporação deste isótopo no produto de Cr(III). A etapa de transferência de elétron é muito mais rápida do que as reações que removem Cl^- do complexo não lábil de Co(III) ou que introduzem Cl^- no complexo $[Cr(OH_2)_6]^{3+}$ não lábil. Essas observações sugerem que durante a reação o Cl move-se diretamente da esfera de coordenação de um complexo para a do outro. Uma vez que o Cl^- ligado ao Co(III) não lábil pode entrar facilmente na esfera de coordenação do $[Cr(OH_2)_6]^{2+}$ lábil para produzir o intermediário em ponte (**13**), foi sugerido que esse tipo de complexo era o intermediário da reação.

As reações de esfera interna podem ser rápidas, apesar de envolverem mais etapas do que as reações de esfera externa. A Figura 21.16 apresenta as etapas necessárias para que essas reações ocorram. As duas primeiras etapas de uma reação de esfera interna são a formação de um complexo precursor e a formação do intermediário binuclear em ponte. A primeira etapa é idêntica à primeira etapa do mecanismo de Eigen-Wilkins (Seção 21.5). As etapas finais são a transferência de elétron através do ligante em ponte para formar o complexo sucessor, seguida da dissociação para formar os produtos.

A etapa determinante da velocidade da reação global pode ser qualquer um desses processos, mas o mais comum é que seja a etapa de transferência de elétrons. No entanto, se após a transferência de elétrons os dois íons metálicos ficarem com uma configuração eletrônica não lábil, então a quebra do complexo em ponte será a etapa determinante da velocidade. Um exemplo é a redução do $[RuCl(NH_3)_5]^{2+}$ pelo $[Cr(OH_2)_6]^{2+}$, na qual a etapa determinante da velocidade é a dissociação do complexo com cloro em ponte $[Ru^{II}(NH_3)_5(\mu\text{-}Cl)Cr^{III}(OH_2)_5]^{4+}$. Para as reações em que a formação do complexo em ponte é a etapa determinante da velocidade, as constantes de velocidade para uma série de compostos que reagem com uma dada espécie tendem a ser similares. Por

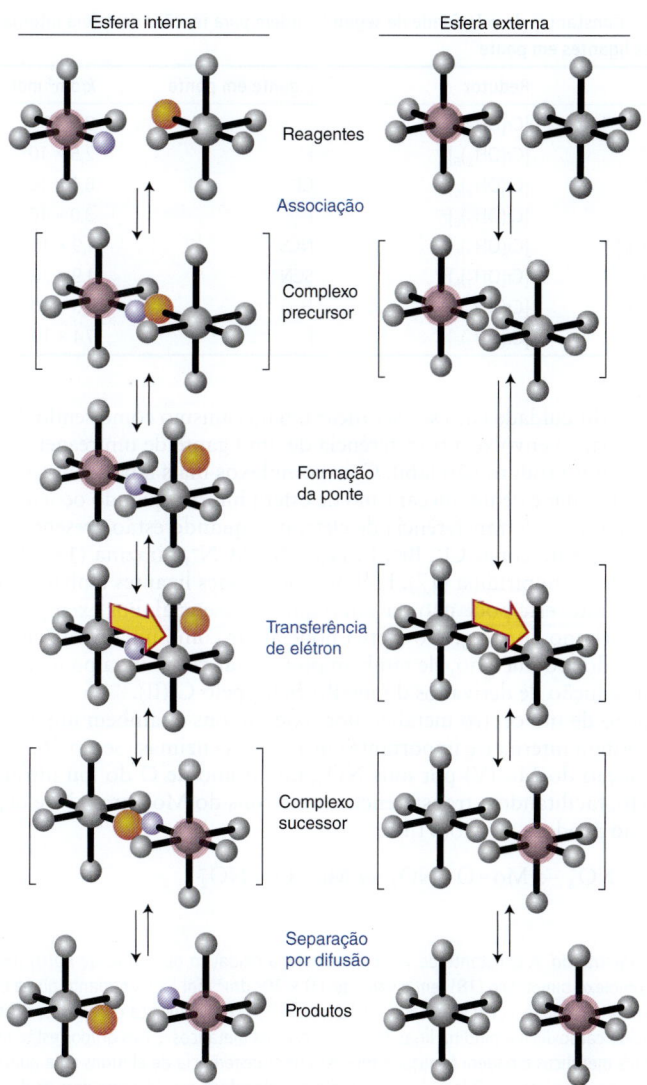

Figura 21.16* Os diferentes caminhos seguidos pelos mecanismos de esfera interna e de esfera externa.

exemplo, a oxidação do V^{2+}(aq) possui constantes de velocidade similares para uma longa série de oxidantes de Co(III) com ligantes diferentes em ponte. A explicação é que a etapa determinante da velocidade é a substituição de uma molécula de H_2O da esfera de coordenação do V(II), que é relativamente lenta (Tabela 21.8).

As numerosas reações em que a transferência de elétrons é a etapa determinante da velocidade não apresentam essas regularidades simples. As velocidades variam em um amplo intervalo para diferentes íons metálicos e ligantes em ponte.[4] Os dados da Tabela 21.11 mostram algumas variações típicas que acompanham a mudança do ligante em ponte, do metal oxidante e do metal redutor.

Todas as reações da Tabela 21.11 resultam numa mudança de ±1 nos números de oxidação. Tais reações são ainda, frequentemente, chamadas de **processos de um equivalente**, um nome derivado do termo antiquado "equivalente químico". Da mesma forma, reações que resultam na mudança de ±2 dos números de oxidação frequentemente são chamadas de **processos de dois equivalentes** e podem se assemelhar a substituições nucleofílicas. Essa semelhança pode ser vista considerando-se a reação

$[Pt^{II}Cl_4]^{2-} + [Pt^{IV}Cl_6]^{2-} \rightarrow [Pt^{IV}Cl_6]^{2-} + [Pt^{II}Cl_4]^{2-}$

que ocorre através de uma ponte de Cl^- (**14**). A reação depende da transferência de um íon Cl^- quando da quebra do complexo sucessor.

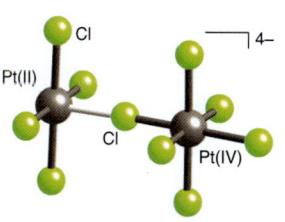

14

---

[4] Alguns intermediários em ponte foram isolados com elétron claramente localizado na ponte, mas não consideraremos esses casos aqui.

Tabela 21.11 Constantes de velocidade de segunda ordem para reações de esfera interna selecionadas, com diferentes ligantes em ponte

Oxidante	Redutor	Ligante em ponte	k/dm^3 mol^{-1} s^{-1}
$[Co(NH_3)_6]^{3+}$	$[Cr(OH_2)_6]^{2+}$		8×10^{-5}
$[CoF(NH_3)_5]^{2+}$	$[Cr(OH_2)_6]^{2+}$	F$^-$	$2,5 \times 10^5$
$[CoI(NH_3)_5]^{2+}$	$[Cr(OH_2)_6]^{2+}$	Cl$^-$	$6,0 \times 10^5$
$[CoI(NH_3)_5]^{2+}$	$[Cr(OH_2)_6]^{2+}$	I$^-$	$3,0 \times 10^6$
$[Co(NCS)(NH_3)_5]^{2+}$	$[Cr(OH_2)_6]^{2+}$	NCS$^-$	$1,9 \times 10^1$
$[Co(SCN)(NH_3)_5]^{2+}$	$[Cr(OH_2)_6]^{2+}$	SCN$^-$	$1,9 \times 10^5$
$[Co(OH_2)(NH_3)_5]^{2+}$	$[Cr(OH_2)_6]^{2+}$	H$_2$O	$1,0 \times 10^{-1}$
$[CrF(OH_2)_5]^{2+}$	$[Cr(OH_2)_6]^{2+}$	F$^-$	$7,4 \times 10^{-3}$

15 Pirazina

16 4,4'-Bipiridina

17 4-Dimetilaminopiridina

Não existe dificuldade para se classificar um mecanismo como sendo de esfera interna quando a reação envolve a transferência de um ligante de um reagente inicialmente não lábil para um produto não lábil. Com complexos mais lábeis, deve-se sempre considerar a possibilidade de um mecanismo de esfera interna quando ocorre transferência de ligante juntamente à transferência de elétrons e quando estão presentes bons grupos formadores de ponte como Cl$^-$, Br$^-$, I$^-$, N$_3^-$, CN$^-$, SCN$^-$, pirazina (**15**), 4,4'-bipiridina (**16**) e 4-dimetilaminopiridina (**17**). Embora todos esses ligantes tenham pares isolados para formar ponte, este pode não ser um requisito essencial. Por exemplo, assim como o átomo de carbono de um grupo metila pode atuar como uma ponte entre o OH$^-$ e o I$^-$ na hidrólise do iodometano, ele também pode atuar como uma ponte entre o Cr(II) e o Co(III) na redução de derivados do metilcobalto pelo Cr(II).

A oxidação de um centro metálico por oxioânions é também um exemplo de um processo de esfera interna e é importante em algumas enzimas (Seção 26.12). Por exemplo, na oxidação do Mo(IV) por íons NO$_3^-$, um átomo de O do íon nitrato liga-se ao átomo de Mo, facilitando a transferência de elétrons do Mo para o N, e depois permanece ligado ao produto de Mo(VI):

$$Mo(IV) + NO_3^- \rightarrow Mo-O-NO_2^- \rightarrow Mo=O + NO_2^-$$

Uma breve ilustração A constante de velocidade para a oxidação do centro de Ru(II) pelo centro de Co(III) no complexo bimetálico (**18**) tem o valor de $1,0 \times 10^2$ dm^3 mol^{-1} s^{-1}, enquanto que a constante de velocidade para o complexo (**19**) é de $1,6 \times 10^{-2}$ dm^3 mol^{-1} s^{-1}. Em ambos os complexos, existe um grupo contendo ácido carboxílico e piridina ligando os dois centros metálicos. Esses grupos estão ligados a ambos os átomos metálicos e podem facilitar o processo de transferência de elétrons pela ponte, sugerindo um processo de esfera interna. O fato de a constante de velocidade ser diferente para os dois complexos, quando a única diferença significativa entre eles é o padrão de substituição no anel da piridina, confirma que a ponte deve estar participando do processo de transferência de elétrons.

18

19

21.12 Mecanismo de esfera externa

Pontos principais: As reações de oxirredução de esfera externa envolvem o tunelamento do elétron entre os dois reagentes, sem maiores perturbações nas suas ligações covalentes ou esferas de coordenação internas; a constante de velocidade depende das estruturas eletrônica e geométrica dos reagentes e da energia de Gibbs da reação.

Um bom ponto de partida conceitual para se entender os princípios de uma transferência de elétrons de esfera externa é a reação ilusoriamente simples chamada de **autotroca eletrônica**. Um exemplo típico é a troca de um elétron entre os íons $[Fe(OH_2)_6]^{3+}$ e $[Fe(OH_2)_6]^{2+}$ em água.

$[Fe(OH_2)_6]^{3+} + [Fe(OH_2)_6]^{2+} \rightarrow [Fe(OH_2)_6]^{2+} + [Fe(OH_2)_6]^{3+}$

As reações de autotroca podem ser estudadas para uma grande faixa dinâmica, empregando-se técnicas que vão desde a marcação isotópica até o RMN, com o RPE sendo empregado para as reações mais rápidas. A constante de velocidade para a reação Fe^{3+}/Fe^{2+} é de, aproximadamente, 1 $dm^3\,mol^{-1}\,s^{-1}$ a 25°C.

Para montarmos um esquema do mecanismo, supomos que o Fe^{3+} e o Fe^{2+} aproximam-se para formar um complexo fraco de esfera externa (Fig. 21.17). Assumindo que a sobreposição de seus respectivos orbitais receptores e doadores seja suficiente para fornecer uma razoável probabilidade de tunelamento,[5] passaremos a considerar o quão rapidamente um elétron se transfere entre os dois íons metálicos. Para explorar esse problema, empregaremos o princípio de Franck-Condon, introduzido originalmente para explicar a estrutura vibracional das transições eletrônicas na espectroscopia, que postula que as transições eletrônicas são tão rápidas que ocorrem num contexto em que podemos considerar a estrutura nuclear estacionária. Na Fig. 21.18, os movimentos nucleares associados ao "reagente" Fe^{3+} e seu "produto conjugado" Fe^{2+} estão representados como deslocamentos ao longo da coordenada de reação. Se o $[Fe(OH_2)_6]^{3+}$ estiver no seu mínimo de energia, uma transferência instantânea de elétron irá formar o $[Fe(OH_2)_6]^{2+}$ num estado comprimido. Da mesma forma, a remoção de um elétron do Fe^{2+} no seu mínimo de energia formará o $[Fe(OH_2)_6]^{3+}$ num estado expandido. O único momento em que o elétron poderá se transferir dentro do complexo precursor será quando o $[Fe(OH_2)_6]^{3+}$ e o $[Fe(OH_2)_6]^{2+}$ estiverem com a mesma configuração nuclear produzida por flutuações termicamente induzidas. Essa configuração corresponde ao ponto de interseção das duas curvas, e a energia necessária para se atingir essa posição é a energia de Gibbs de ativação, $\Delta^\ddagger G$. Se o $[Fe(OH_2)_6]^{3+}$ e o $[Fe(OH_2)_6]^{2+}$ tiverem configurações nucleares diferentes, $\Delta^\ddagger G$ será maior e a troca de elétron, mais lenta. A velocidade de transferência de elétron através do complexo de encontro é expressa quantitativamente pela equação

$$k_{TE} = \nu_N \kappa_e e^{-\Delta^\ddagger G/RT} \qquad (21.14)$$

onde k_{TE} é a constante de velocidade para a transferência de elétron e $\Delta^\ddagger G$ é dado pela **equação de Marcus**,

$$\Delta^\ddagger G = \tfrac{1}{4}\lambda\left(1 + \frac{\Delta_r G^\ominus}{\lambda}\right)^2 \qquad (21.15)$$

onde $\Delta_r G^\ominus$ é a energia de Gibbs padrão da reação (obtida a partir da diferença de potencial padrão dos pares de oxirredução) e λ é a **energia de reorganização**, que é a energia necessária para mover os núcleos associados com o reagente para as posições que eles terão no produto, mas sem a transferência do elétron. Essa energia depende das mudanças nos comprimentos de ligação metal-ligante (a chamada *energia de reorganização da esfera interna*) e das alterações na polarização do solvente, principalmente a orientação das moléculas do solvente ao redor do complexo (a *energia de reorganização da esfera externa*).

O fator pré-exponencial na Equação 21.14 possui dois componentes, o **fator de frequência nuclear**, ν_N, e o **fator eletrônico**, κ_e. O primeiro é a frequência com que os dois complexos, já tendo encontrado um ao outro na solução, alcançam o estado de transição. O fator eletrônico fornece a probabilidade, numa escala de 0 a 1, de um elétron se transferir quando o estado de transição é atingido; seu valor preciso depende da extensão da sobreposição entre os orbitais do doador e do receptor, e aumenta com o aumento dessa sobreposição.

Uma pequena energia de reorganização e um valor de κ_e próximo de 1 correspondem a um par de oxirredução capaz de uma rápida autotroca eletrônica. A primeira condição é obtida se o elétron transferido for removido ou adicionado a um orbital não ligante, uma vez que neste caso a mudança no comprimento da ligação metal-ligante é minimizada. Esse também é o caso quando o metal estiver blindado do solvente, no sentido de que exista uma dificuldade relacionada com um estereoimpedimento para as moléculas do solvente aproximarem-se do íon metálico, uma vez que a polarização do solvente é normalmente o principal componente da energia de reorganização. Íons metálicos simples, como os aquacomplexos, geralmente apresentam λ bem acima de 1 eV, enquanto que os centros oxirredutores situados no interior das enzimas, que estão muito bem blindados do solvente, podem ter valores tão baixos quanto 0,25 eV.

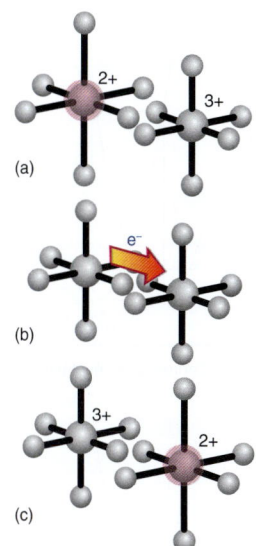

Figura 21.17* A transferência de elétron entre dois íons metálicos em um complexo precursor não é eficiente até que as suas esferas de coordenação tenham se reorganizado para ter tamanhos iguais: (a) reagentes, (b) complexos dos reagentes distorcidos para terem uma mesma geometria, (c) produtos.

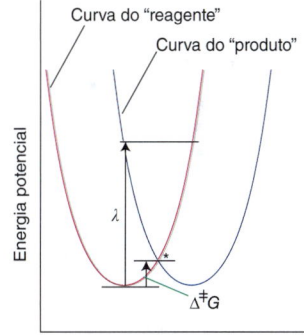

Figura 21.18 Curvas de energia potencial para a autotroca de elétrons. Os movimentos nucleares de ambas as espécies, oxidada e reduzida (mostrados como deslocamentos ao longo da coordenada de reação), e do solvente ao seu redor são representados pelos poços de potenciais. A transferência de elétron para o íon metálico oxidado (à esquerda) ocorre desde que as flutuações de suas esferas de coordenação interna e externa levem ao ponto (indicado por *) onde sua superfície de energia coincide com a superfície de energia de seu estado reduzido (à direita). Esse ponto está na interseção das duas curvas. A energia de ativação depende do deslocamento horizontal das duas curvas (representando a diferença nos tamanhos das formas oxidadas e reduzidas).

---

[5] O tunelamento refere-se a um processo no qual, de acordo com a física clássica, os elétrons não possuem energia suficiente para ultrapassar uma barreira, mas penetram ou passam através dela.

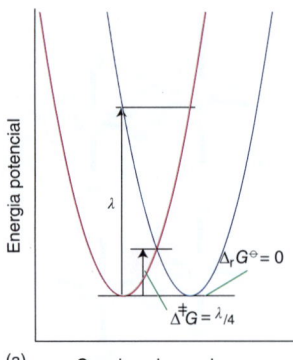
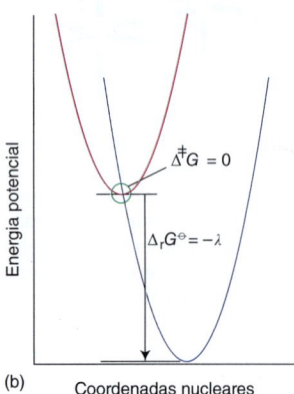
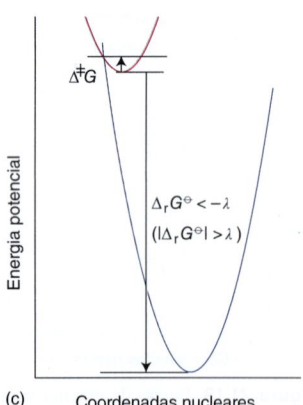

Figura 21.19 Variação da energia de Gibbs de ativação ($\Delta^\ddagger G$) com a energia de Gibbs da reação ($\Delta_r G^\ominus$). (a) Em uma reação de autotroca, $\Delta_r G^\ominus = 0$ e $\Delta^\ddagger G = \frac{1}{4}\lambda$. (b) Quando $\Delta_r G^\ominus = -\lambda$ temos uma reação "sem ativação". (c) À medida que $\Delta_r G^\ominus$ torna-se mais negativo do que $\Delta_r G^\ominus = -\lambda$, o $\Delta^\ddagger G$ aumenta (a velocidade diminui).

Para uma reação de autotroca, $\Delta_r G^\ominus = 0$ e, portanto, pela Equação 21.15, $\Delta^\ddagger G = \frac{1}{4}\lambda$ e a velocidade de transferência de elétron é controlada pela energia de reorganização (Fig. 21.19a). Em grande parte, as velocidades de autotroca podem ser interpretadas em termos dos tipos de orbitais envolvidos na transferência (Tabela 21.12). Na reação de autotroca do $[Cr(OH_2)_6]^{3+/2+}$, um elétron é transferido entre orbitais σ^* antiligantes, e a grande mudança que ocorre nos comprimentos da ligação metal-ligante resulta numa grande energia de reorganização de esfera interna e, portanto, numa reação lenta. O par $[Co(NH_3)_6]^{3+/2+}$ tem uma energia de reorganização ainda maior uma vez que dois elétrons são movidos para um orbital σ^* à medida que o rearranjo ocorre, e a reação é ainda mais lenta. Com os outros complexos hexa-aqua e hexamin da tabela, o elétron é transferido entre orbitais π fracamente antiligantes ou não ligantes, a reorganização da esfera interna é menor e as reações são mais rápidas. O ligante quelato bipiridina, hidrofóbico e volumoso, atua blindando o solvente, diminuindo assim a energia de reorganização da esfera externa.

O ligante bipiridina e outros ligantes π receptores permitem que elétrons num orbital de simetria π no íon metálico sejam deslocalizados para o ligante. Essa deslocalização efetivamente reduz a energia de reorganização quando o elétron é transferido entre orbitais π, como ocorre com o Fe e o Ru, para os quais a transferência de elétron ocorre entre orbitais t_{2g} (que, conforme explicado na Seção 20.2, podem participar de ligações π), mas não ocorre com o Ni, no qual a transferência de elétron ocorre entre orbitais e_g. A deslocalização também pode aumentar o fator eletrônico.

Reações de autotroca são úteis para enfatizar os conceitos que estão envolvidos na transferência de elétron, mas as reações de oxirredução quimicamente úteis são as que ocorrem entre espécies diferentes e envolvem uma transferência efetiva de elétron. Para estas últimas reações, $\Delta_r G^\ominus$ é diferente de zero e contribui para a velocidade através das Equações 21.14 e 21.15. No caso de $|\Delta_r G^\ominus| \ll |\lambda|$, a Equação 21.15 torna-se

$$\Delta^\ddagger G = \tfrac{1}{4}\lambda\left(1 + \frac{\Delta_r G^\ominus}{\lambda}\right)^2 \approx \tfrac{1}{4}\lambda\left(1 + \frac{2\Delta_r G^\ominus}{\lambda}\right) = \tfrac{1}{4}(\lambda + 2\Delta_r G^\ominus)$$

e, de acordo com a Equação 21.14,

$$k_{TE} \approx \nu_N \kappa_e e^{-(\lambda + 2\Delta_r G^\ominus)/4RT}$$

Como para as reações termodinamicamente factíveis $\lambda > 0$ e $\Delta_r G^\ominus < 0$, se $|\Delta_r G^\ominus| \ll |\lambda|$ a constante de velocidade aumenta exponencialmente à medida que $\Delta_r G^\ominus$ torna-se cada vez mais favorável (isto é, mais negativo). Entretanto, quando $|\Delta_r G^\ominus|$ torna-se comparável a $|\lambda|$, essa equação falha e vemos que a velocidade da reação atinge um máximo antes de declinar à medida que $|\Delta_r G^\ominus| > |\lambda|$.

A Equação 21.15 mostra que $\Delta^\ddagger G = 0$ quando $\Delta_r G^\ominus = -\lambda$. Isso significa que a reação torna-se "sem ativação" quando a energia de Gibbs padrão da reação e a energia de reorganização se cancelam (Fig. 21.19b). A energia de ativação agora *aumenta* à medida que $\Delta_r G^\ominus$ torna-se mais negativo e a velocidade da reação diminui. Essa diminuição da velocidade da reação à medida que a energia de Gibbs padrão da reação torna-se mais exoérgica é chamada de **comportamento invertido** (Fig. 21.19c). Este comportamento invertido

Tabela 21.12 Correlações entre as constantes de velocidade e configurações eletrônicas para as reações de autotroca eletrônicas

Reação	Configuração eletrônica	Δd/pm*	k_{11}/dm³ mol⁻¹ s⁻¹
$[Cr(OH_2)_6]^{3+/2+}$	$t_{2g}^3 / t_{2g}^3 e_g^1$	20	1×10^{-5}
$[V(OH_2)_6]^{3+/2+}$	t_{2g}^2 / t_{2g}^3	13	1×10^{-5}
$[Fe(OH_2)_6]^{3+/2+}$	$t_{2g}^3 e_g^2 / t_{2g}^4 e_g^2$	13	1,1
$[Ru(OH_2)_6]^{3+/2+}$	t_{2g}^5 / t_{2g}^6	9	20
$[Ru(NH_3)_6]^{3+/2+}$	t_{2g}^5 / t_{2g}^6	4	$6,6 \times 10^3$
$[Co(NH_3)_6]^{3+/2+}$	$t_{2g}^6 / t_{2g}^5 e_g^2$	22	6×10^{-6}
$[Fe(bpy)_3]^{3+/2+}$	t_{2g}^5 / t_{2g}^6	0	3×10^8
$[Ru(bpy)_3]^{3+/2+}$	t_{2g}^5 / t_{2g}^6	0	4×10^8
$[Ni(bpy)_3]^{3+/2+}$	$t_{2g}^6 e_g / t_{2g}^6 e_g^2$	12	$1,5 \times 10^3$

* Δd é a mudança no comprimento médio da ligação M–L.

tem consequências importantes, e a mais notável está relacionada à transferência de elétron à longa distância envolvida na fotossíntese. Sistemas fotossintéticos são proteínas complexas contendo pigmentos que podem ser excitados pela luz, tal como a clorofila, e uma cadeia de centros de oxirredução que possuem baixas energias de reorganização. Nessa cadeia, a recombinação altamente exoérgica do fotoelétron com a clorofila oxidada é suficientemente retardada (para 30 ns) para permitir que o elétron escape (em 200 ps) e siga adiante na cadeia fotossintética de transporte de elétron, para ao final produzir compostos reduzidos de carbono (Seção 26.10). A dependência teórica da velocidade de reação com a energia de Gibbs padrão de uma reação é mostrada na Fig. 21.20, e a Fig. 21.21 mostra a variação observada na velocidade da reação em função de $\Delta_r G^\ominus$ para o complexo de irídio (20). Os resultados mostrados na Fig. 21.21 representam a primeira observação experimental clara de uma região invertida para um complexo sintético. Na prática, as reações de transferência de elétrons intramoleculares são estudadas de maneira mais direta, devido ao fato de a velocidade não ser limitada por difusão.

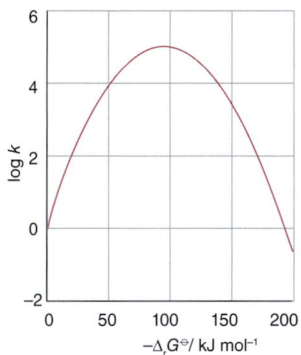

Figura 21.20 A dependência teórica do $\log_{10}$ da velocidade de reação (em unidades arbitrárias) com o $\Delta_r G^\ominus$ para uma reação de oxirredução com $\lambda = 1,0$ eV (100 kJ mol^{-1}).

20

A equação de Marcus pode ser usada para prever as constantes de velocidade de reações de transferência de elétron de esfera externa entre diferentes espécies. Consideremos uma reação de transferência de elétron entre um oxidante Ox_1 e um redutor Red_2:

$$Ox_1 + Red_2 \rightarrow Red_1 + Ox_2$$

Supondo que a energia de reorganização para essa reação seja a média dos valores para os dois processos de autotroca, podemos escrever $\lambda_{12} = \frac{1}{2}(\lambda_{11} + \lambda_{22})$ e, então, manipulando as Equações 21.14 e 21.15 obtemos a **relação cruzada de Marcus**

$$k_{12} = (k_{11} k_{22} K_{12} f_{12})^{1/2} \quad (21.16)$$

onde k_{12} é a constante de velocidade, K_{12} é a constante de equilíbrio obtida a partir de $\Delta_r G^\ominus$ e k_{11} e k_{22} são as respectivas constantes de velocidade de autotroca para as duas reações parceiras. Para reações entre íons simples em solução, quando a energia de Gibbs padrão da reação não é muito alta, existe uma RLEL, do tipo mostrado pela Equação 21.12, entre $\Delta^\ddagger G$ e $\Delta_r G^\ominus$, e f_{12} pode ser normalmente considerado 1. Entretanto, para reações que são termodinamicamente muito favorecidas (ou seja, $\Delta_r G^\ominus$ é grande e negativo), a RLEL falha. O termo f_{12} que leva em consideração a não linearidade da relação entre $\Delta^\ddagger G$ e $\Delta_r G^\ominus$ é dado por

$$\log f_{12} = \frac{(\log K_{12})^2}{4 \log(k_{11} k_{22}/Z)} \quad (21.17)$$

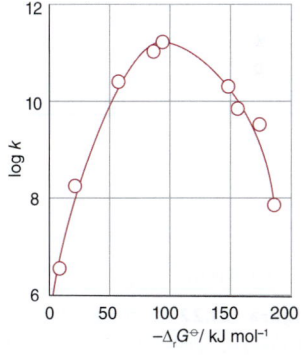

Figura 21.21 Gráfico de $\log_{10} k$ em relação a $-\Delta_r G^\ominus$ para o complexo de irídio (20) em solução de acetonitrila à temperatura ambiente. A energia livre da reação é variada com o uso de diferentes grupos R no complexo rígido.

onde Z é a constante de proporcionalidade entre a densidade de encontros em solução (em termos do número de mol de encontros por decímetro cúbico por segundo) e as concentrações molares dos reagentes; frequentemente toma-se Z como igual a 10^{11} mol^{-1} dm^3 s^{-1}.

Uma breve ilustração As constantes de velocidade para as reações

$$[Co(bpy)_3]^{2+} + [Co(bpy)_3]^{3+} \xrightarrow{k_{11}} [Co(bpy)_3]^{3+} + [Co(bpy)_3]^{2+}$$

$$[Co(terpy)_2]^{2+} + [Co(terpy)_2]^{3+} \xrightarrow{k_{22}} [Co(terpy)_2]^{3+} + [Co(terpy)_2]^{2+}$$

(onde bpy significa bipiridina e terpy significa tripiridina) são $k_{11} = 9,0$ dm^3 mol^{-1} s^{-1} e $k_{22} = 48$ dm^3 mol^{-1} s^{-1} e $K_{12} = 3,57$. Assim, para a redução de esfera externa do $[Co(bpy)_3]^{3+}$ pelo $[Co(terpy)_2]^{2+}$, a Equação 21.16 com $f_{12} = 1$ (como indicado acima) fornece

$$k_{12} = (9,0 \times 48 \times 3,57)^{\frac{1}{2}} \text{ dm}^3 \text{ mol}^{-1} \text{ s}^{-1} = 39 \text{ dm}^3 \text{ mol}^{-1} \text{ s}^{-1}$$

Esse resultado se compara razoavelmente bem com o valor experimental de 64 dm^3 mol^{-1} s^{-1}.

Reações fotoquímicas

A absorção de um fóton de radiação ultravioleta ou de luz visível aumenta a energia de um complexo de 170 a 600 kJ mol^{-1}. Como essas energias são maiores do que as energias típicas de ativação, não surpreende que surjam novos caminhos de reação. Entretanto, quando a grande energia de um fóton fornece energia para promover uma reação num sentido, a reação inversa é quase sempre muito favorável, e boa parte do planejamento de sistemas fotoquímicos eficientes envolve a tentativa de evitar essa reação reversa.

21.13 Reações imediatas e retardadas

Ponto principal: As reações de espécies eletronicamente excitadas podem ser classificadas como imediatas ou retardadas.

Em alguns casos, os estados excitados formados após a absorção de um fóton dissociam-se quase imediatamente após serem formados. Dentre os exemplos, temos a formação de intermediários de pentacarbonila que dão início à substituição de ligante nas carbonilas metálicas:

$$[Cr(CO)_6] \xrightarrow{h\nu} [Cr(CO)_5] + CO$$

e a cisão de ligações Co–Cl:

$$[Co^{III}Cl(NH_3)_5]^{2+} \xrightarrow{h\nu\,(\lambda=350\,nm)} [Co^{II}(NH_3)_5]^{2+} + Cl\cdot$$

Ambos os processos ocorrem em menos de 10 ps e, por isso, são chamados de **reações imediatas**.

Na segunda reação, o **rendimento quântico**, que é a quantidade de reação por mol de fótons absorvidos, aumenta à medida que o comprimento de onda da radiação diminui (e a energia do fóton consequentemente aumenta, $E_{fóton} = hc/\lambda$). O excesso de energia, descontada a energia de ligação, fica disponível nos fragmentos recém-formados, aumentando a probabilidade de que eles se afastem uns dos outros através da solução antes de terem a oportunidade de se recombinarem.

Alguns estados excitados possuem tempos de vida longos. Eles podem ser considerados como isômeros energéticos do estado fundamental, podendo participar das **reações retardadas**. O estado excitado do $[Ru^{II}(bpy)_3]^{2+}$, criado pela absorção de um fóton através da banda de transferência de carga metal-ligante (Seção 20.5), pode ser considerado como um cátion Ru(III) complexado com um ânion radical do ligante. Suas reações de oxirredução podem ser explicadas considerando-se que ocorreu a adição da energia de excitação (expressa como um potencial usando-se $-FE = \Delta_r G$ e igualando-se $\Delta_r G$ à energia de excitação molar) ao potencial de redução do estado fundamental (Fig. 21.22).

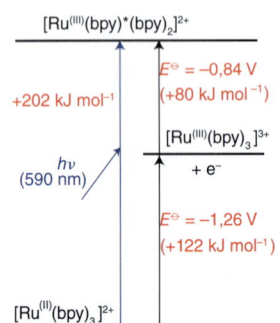

Figura 21.22 A fotoexcitação do $[Ru^{II}(bpy)_3]^{2+}$ pode ser tratada considerando-se o estado excitado como um cátion Ru(III) complexado a um ânion radical do ligante.

21.14 Reações d–d e de transferência de carga

Ponto principal: Numa primeira aproximação útil, pode-se associar uma fotossubstituição e uma fotoisomerização com transições *d-d*, e as reações fotoquímicas de oxirredução com transições de transferência de carga, mas essa regra não é absoluta.

Há dois tipos principais de promoção de elétrons espectroscopicamente observáveis em complexos com metais d, chamadas de transições d–d e transições de transferência de carga (Seções 20.4 e 20.5). Uma transição d–d corresponde a uma redistribuição, essencialmente angular, dos elétrons dentro de uma camada d. Nos complexos octaédricos, essa redistribuição corresponde, frequentemente, à ocupação dos orbitais e_g antiligantes da interação M–L. Como um exemplo, temos a transição $^4T_{1g} \leftarrow {}^4A_{2g}\,(t_{2g}^2 e_g^1 \leftarrow t_{2g}^3)$ no $[Cr(NH_3)_6]^{3+}$. A ocupação do orbital e_g antiligante resulta num rendimento quântico próximo de 1 (especificamente 0,6) para a fotossubstituição

$$[Cr(NH_3)_6]^{3+} + H_2O \xrightarrow{h\nu} [Cr(NH_3)_5(OH_2)]^{3+} + NH_3$$

Essa é uma reação imediata, ocorrendo em menos de 5 ps.

Transições de transferência de carga correspondem a uma redistribuição *radial* da densidade eletrônica. Elas correspondem à promoção de elétrons para orbitais predominantemente dos ligantes, se a transição for do metal para o ligante, ou para orbitais com caráter predominantemente do metal, se a transição for do ligante para o metal.

O primeiro processo corresponde à oxidação do centro metálico, e o segundo, à sua redução. Normalmente, essas excitações dão início a reações de oxirredução fotoquímica do tipo já mencionado em conexão com Co(III) e Ru(II).

Embora uma primeira aproximação muito útil seja associar a fotossubstituição e a fotoisomerização com transições d–d e a oxirredução fotoquímica com transições de transferência de carga, essa regra nem sempre é válida. Por exemplo, não é raro uma transição de transferência de carga resultar numa fotossubstituição por um caminho indireto:

$$[Co^{III}Cl(NH_3)_5]^{2+} + H_2O \xrightarrow{h\nu} [Co^{II}(NH_3)_5(OH_2)]^{2+} + Cl\cdot$$
$$[Co^{II}(NH_3)_5(OH_2)]^{2+} + Cl\cdot \rightarrow [Co^{III}(NH_3)_5(OH_2)]^{3+} + Cl^-$$

Neste caso, o aquacomplexo formado após a quebra homolítica da ligação Co–Cl é reoxidado pelo átomo de Cl. O resultado efetivo deixa o Co substituído. Inversamente, alguns estados excitados não apresentam diferença na reatividade substitucional quando comparados com o estado fundamental: o estado ^2E de vida longa do $[Cr(bpy)_3]^{3+}$ resulta de uma transição d–d pura, e o seu tempo de vida de vários microssegundos permite que o excesso de energia impulsione suas reações de oxirredução. O potencial padrão (+1,3 V), calculado adicionando-se a energia de excitação ao valor do estado fundamental, explica sua função como um bom agente oxidante, quando então ele sofre redução a $[Cr(bpy)_3]^{2+}$.

O uso de íons de metais de transição em células solares é descrito no Quadro 21.1.

QUADRO 21.1 Os corantes de rutênio e as células solares

As células solares comerciais, que convertem a luz do sol em eletricidade, são feitas principalmente de silício, embora, sistemas baseados em óxidos semicondutores, tal como o TiO_2, também venham sendo desenvolvidos. A captura da luz do sol geralmente envolve a excitação de um elétron em um semicondutor da banda de valência para a banda de condução; a diferença de energia entre essas duas bandas controla o comprimento de onda da luz que pode ser convertido em eletricidade. No TiO_2 puro, a separação de energia é grande (>3 eV), de forma que somente a luz UV pode ser capturada diretamente por esse material, levando a uma baixa eficiência de conversão de uns poucos pontos percentuais. Entretanto, através do uso de corantes que absorvem luz visível, a proporção de captura da luz do sol aumenta significativamente. As células que combinam o TiO_2 com corantes, conhecidas como células de Gratzel ou células solares de corante (DSCs, em inglês), têm demonstrado uma eficiência na conversão de luz em eletricidade, em torno de 11%. A chave para esse aumento de eficiência está no corante, e os mais usados são à base de rutênio(II).

nanocristalino. Este fóton promove um elétron do estado fundamental do Ru^{2+} para um estado excitado $(Ru^{2+})^*$. O elétron excitado é então transferido, em um picosegundo, para a banda de condução do TiO_2. Isso leva a uma efetiva separação de cargas, com o elétron no TiO_2 e uma carga positiva na molécula do corante de Ru^{3+} absorvida na superfície. A espécie de Ru^{3+} é então reduzida, em nanosegundos, pelo iodeto (I^-) presente no eletrólito da célula. O elétron injetado no TiO_2 difunde-se para uma superfície condutora que recolhe a corrente, gerando a eletricidade.

A eficácia da conversão de luz nas DSCs depende da cinética dos vários processos. A transferência de elétron do estado excitado do corante de rutênio para a banda de condução do TiO_2 é muito mais rápida do que o processo eletrônico de relaxação de volta ao estado fundamental ou as reações químicas secundárias. Além disso, a redução do corante oxidado (Ru^{3+}) pelo I^- é significativamente mais rápida do que a reação de recombinação direta entre o elétron injetado no TiO_2 e o Ru^{3+}.

S1 *cis*-bis(tiocianato-*kN*)bis(4,4'-dicarboxilato-2,2'-bipiridina)rutênio(II)

Complexos como o composto S1 (conhecido como corante N-3) apresentam transições de transferência de carga centradas no ligante (TCCL), que são transições ($\pi - \pi^*$), assim como transições de transferência de carga do metal para o ligante (TCML), que são transições ($4d - \pi^*$). Essas transições dão origem a uma forte absorção de luz entre 400 e 600 nm (Fig. Q21.1). Na célula de Gratzel, a luz do sol é absorvida por uma monocamada de um corante que reveste em um filme fino de TiO_2

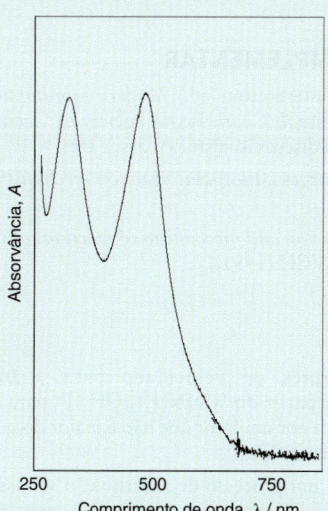

Figura Q21.1 Espectro de absorção do corante S1.

21.15 Transições eletrônicas em sistemas com ligação metal-metal

Pontos principais: A ocupação de um orbital metal-metal antiligante algumas vezes pode iniciar uma fotodissociação; observou-se que tais estados excitados iniciam uma oxirredução fotoquímica de vários elétrons.

Podemos esperar que transições $\delta^* \leftarrow \delta$ em sistemas com ligações metal-metal iniciem uma fotodissociação como resultado da ocupação de um orbital antiligante do sistema metal-metal. O mais interessante é que tais estados excitados também são responsáveis por iniciar uma fotoquímica de oxirredução de vários elétrons.

Um dos sistemas mais bem caracterizados é o complexo dinuclear de platina $[Pt_2(\mu\text{-}P_2O_5H_2)_4]^{4-}$, chamado informalmente de "PtPOP" (**21**). Não há ligação metal-metal no estado fundamental desta espécie d^8–d^8 de Pt(II)–Pt(II). O padrão HOMO-LUMO indica que a excitação povoa um orbital ligante entre os dois átomos metálicos (Fig. 21.23). O estado excitado de menor energia possui um tempo de vida de 9 μs e é um poderoso agente redutor, reagindo tanto por transferência de elétron quanto por transferência de átomo de halogênio. Os produtos de oxidação mais interessantes contêm ligações simples Pt(III)–Pt(III) com ligantes X$^-$ em ambas as extremidades (X$^-$ é um halogeneto ou um pseudo-halogeneto previamente presente na solução). Irradiação na presença de (Bu)$_3$SnH fornece um produto di-hidreto que pode eliminar H$_2$.

A irradiação do cluster binuclear com ligação quádrupla Mo$_2$(O$_2$P(OPh)$_2$)$_4$ (**22**), em 500 nm, na presença de ClCH$_2$CH$_2$Cl, resulta na formação de eteno e na adição de dois átomos de Cl aos dois átomos de Mo, sendo uma oxidação de dois elétrons. A reação ocorre através de etapas de um elétron e requer um complexo com os átomos metálicos blindados por ligantes volumosos. No caso de estarem presentes ligantes menores, a reação que ocorre será uma adição oxidativa fotoquímica da molécula orgânica.

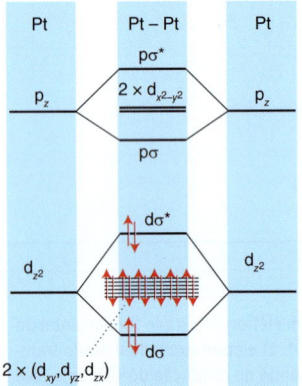

Figura 21.23 O complexo dinuclear $[Pt_2(\mu\text{-}P_2O_5H_2)_4]^{4-}$ consiste em dois complexos quadráticos planos face a face, unidos em ponte por um ligante pirofosfito. Os orbitais p_z e d_{z^2} dos metais interagem ao longo do eixo Pt – Pt. Os orbitais p e d são considerados não ligantes. A fotoexcitação resulta no deslocamento de um elétron do orbital σ* antiligante para um orbital σ ligante.

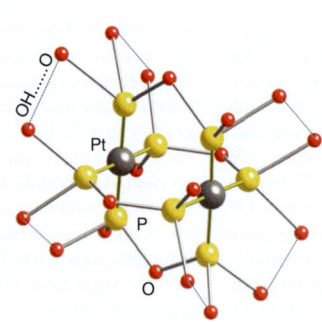

21 $[Pt_2(\mu\text{-}P_2O_5H_2)_4]^{4-}$, PtPOP

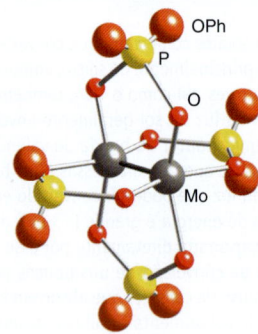

22 Mo$_2$(O$_2$P(OPh)$_2$)$_4$

LEITURA COMPLEMENTAR

G.J. Leigh e N. Winterbottom (ed.), *Modern coordination chemistry: the legacy of Joseph Chatt*. Royal Society of Chemistry (2002). Uma agradável discussão histórica desta área.

M.L. Tobe e J. Burgess, *Inorganic reaction mechanisms*. Longman (1999).

R.G. Wilkins, *Kinetics and mechanism of reactions of transition metal complexes*. VCH (1991).

Edição especial do *Coordination Chemistry Reviews* dedicada ao trabalho de Henry Taube. Ver *Coord. Chem. Rev.* 2005, **249**.

Duas excelentes discussões dos processos de oxirredução podem ser encontradas no discurso do Prêmio Nobel de 1983 de Taube, reproduzido na *Science*, 1984, **226**, 1028, e no discurso do Prêmio Nobel de 1992 de Marcus, publicado na *Nobel lectures chemistry 1991-1995*, World Scientific (1997).

EXERCÍCIOS

21.1 As constantes de velocidade para a formação do $[CoX(NH_3)_5]^{2+}$ a partir do $[Co(NH_3)_5(OH_2)]^{3+}$ para X = Cl$^-$, Br$^-$, N$_3^-$ e SCN$^-$ diferem por um fator que não é maior do que 2. Qual é o mecanismo de substituição?

21.2 No caso de um processo de substituição ser associativo, por que poderia ser difícil caracterizar um aquaíon como lábil ou inerte?

21.3 Todas as reações do [Ni(CO)$_4$] nas quais fosfinas ou fosfitos substituem o CO para formar [Ni(CO)$_3$L] ocorrem na mesma velocidade para diferentes fosfinas ou fosfitos. A reação é *d* ou *a*?

21.4 Escreva a lei de velocidade para a formação do $[MnX(OH_2)_5]^+$ a partir do aquaíon e do X$^-$. Como você faria para determinar se a reação é *d* ou *a*?

21.5 Complexos octaédricos de centros metálicos com elevado número de oxidação ou com metais d da segunda ou terceira série são menos lábeis do que aqueles com número de oxidação baixo e de metais da primeira série. Justifique essa observação com base numa etapa dissociativa determinante da velocidade.

21.6 Um complexo de Pt(II) com a tetrametildietilenotriamina é atacado pelo Cl⁻ 10^5 vezes mais lentamente do que o análogo de dietilenotriamina. Explique essa observação em termos de uma etapa associativa determinante da velocidade.

21.7 A velocidade de perda do clorobenzeno, PhCl, do $[W(CO)_4L(PhCl)]$ cresce com o aumento no ângulo de cone de L. O que essa observação sugere sobre o mecanismo?

21.8 Estudou-se a dependência da pressão da substituição do clorobenzeno (PhCl) pela piperidina no complexo $[W(CO)_4(PPh_3)(PhCl)]$. O volume de ativação encontrado foi de $+11,3$ cm^3 mol^{-1}. O que esse valor sugere sobre o mecanismo?

21.9 O fato de que o $[Ni(CN)_5]^{3-}$ pode ser isolado ajuda a explicar por que as reações de substituição do $[Ni(CN)_4]^{2-}$ são muito rápidas?

21.10 As reações do $[Pt(Ph)_2(SMe_2)_2]$ com o ligante bidentado 1,10-fenantrolina (phen) resultam no $[Pt(Ph)_2phen]$. Há um caminho cinético com parâmetros de ativação $\Delta^{\ddagger}H = +101$ kJ mol^{-1} e $\Delta^{\ddagger}S = +42$ J K^{-1} mol^{-1}. Proponha um mecanismo.

21.11 Proponha sínteses de duas etapas para o cis e o trans-$[PtCl_2(NO_2)(NH_3)]^-$, partindo do $[PtCl_4]^{2-}$.

21.12 Indique como cada uma das seguintes modificações afetam a velocidade de uma reação de substituição em um complexo quadrático plano: (a) Mudança do ligante trans de H⁻ para Cl⁻; (b) mudança do grupo de saída de Cl⁻ para I⁻; (c) adição de um substituinte volumoso a um ligante cis; (d) aumento da carga positiva do complexo.

21.13 A velocidade de ataque ao $[Co(OH_2)_6]^{3+}$ por um grupo de entrada Y é praticamente independente de Y, com a espetacular exceção da reação rápida com OH⁻. Explique essa anomalia. Qual é a implicação da sua explicação para o comportamento de um complexo que não apresente acidez de Brønsted nos ligantes?

21.14 Preveja os produtos das seguintes reações:

(a) $[Pt(PR_3)_4]^{2+} + 2Cl^-$

(b) $[PtCl_4]^{2-} + 2PR_3$

(c) cis-$[Pt(NH_3)_2(py)_2]^{2+} + 2Cl^-$

21.15 Coloque os complexos em ordem crescente da velocidade de substituição por H$_2$O: (a) $[Co(NH_3)_6]^{3+}$, (b) $[Rh(NH_3)_6]^{3+}$, (c) $[Ir(NH_3)_6]^{3+}$, (d) $[Mn(OH_2)_6]^{2+}$, (e) $[Ni(OH_2)_6]^{2+}$.

21.16 Diga qual o efeito sobre a velocidade das reações ativadas dissociativamente dos complexos de Ru(III) para: (a) um aumento da carga global do complexo; (b) mudança do grupo de saída de NO_3^- para Cl⁻; (c) mudança do grupo de entrada de Cl⁻ para I⁻; (d) mudança dos ligantes cis de NH$_3$ para H$_2$O.

21.17 Escreva os caminhos de esfera interna e de esfera externa para a redução do íon azidapenta-amincobalto(III) com V^{2+}(aq). Que dados experimentais podem ser usados para diferenciar entre os dois caminhos?

21.18 O composto $[Fe(SCN)(OH_2)_5]^{2+}$ pode ser detectado na reação entre $[Co(NCS)(NH_3)_5]^{2+}$ e Fe^{2+}(aq) para formar Fe^{3+}(aq) e Co^{2+}(aq). O que essa observação sugere sobre o mecanismo?

21.19 A velocidade de redução do $[Co(NH_3)_5(OH_2)]^{3+}$ pelo Cr(II) é sete ordens de grandeza mais lenta do que a de sua base conjugada, $[Co(NH_3)_5(OH)]^{2+}$ pelo Cr(II). Para as reduções correspondentes com $[Ru(NH_3)_6]^{2+}$, as duas reações diferem de um fator menor do que 10. O que essa observação sugere sobre o mecanismo?

21.20 Calcule as constantes de velocidade para a transferência de elétron na oxidação do $[V(OH_2)_6]^{2+}$ ($E^{\ominus}$ (V^{3+}/V^{2+}) = $-0,255$ V) pelos oxidantes: (a) $[Ru(NH_3)_6]^{3+}$ ($E^{\ominus}$ (Ru^{3+}/Ru^{2+}) = $+0,07$ V); (b) $[Co(NH_3)_6]^{3+}$ ($E^{\ominus}$ (Co^{3+}/Co^{2+}) = $+0,10$ V). Comente os valores relativos das constantes de velocidade.

21.21 Calcule as constantes de velocidade para a transferência de elétron na oxidação do $[Cr(OH_2)_6]^{2+}$ ($E^{\ominus}$ (Cr^{3+}/Cr^{2+}) = $-0,41$ V) por cada um dos oxidantes $[Ru(NH_3)_6]^{3+}$ ($E^{\ominus}$ (Ru^{3+}/Ru^{2+}) = $+0,07$ V), $[Fe(OH_2)_6]^{3+}$ ($E^{\ominus}$ (Fe^{3+}/Fe^{2+}) = $+0,77$ V) e $[Ru(bpy)_3]^{3+}$ ($E^{\ominus}$ (Ru^{3+}/Ru^{2+}) = $+1,26$ V). Comente os valores relativos das constantes de velocidade.

21.22 A substituição fotoquímica do $[W(CO)_5(py)]$ (py = piridina) com trifenilfosfina forma o $[W(CO)_5(P(C_6H_5)_3)]$. Na presença de excesso de fosfina, o rendimento quântico é de, aproximadamente, 0,4. Um estudo de fotólise de pulso (flash photolysis) revelou um espectro que pode ser atribuído ao intermediário $[W(CO)_5]$. Qual o produto e o rendimento quântico que você espera para a substituição do $[W(CO)_5(py)]$ na presença de excesso de trietilamina? Essa reação é iniciada a partir de um estado excitado de campo ligante ou de TCML do complexo?

21.23 A partir do espectro do $[CrCl(NH_3)_5]^{2+}$ mostrado na Figura 20.33, proponha um comprimento de onda para a iniciação fotoquímica da redução do Cr(III) a Cr(II), acompanhada da oxidação de um ligante.

PROBLEMAS TUTORIAIS

21.1 Dado o seguinte mecanismo para a formação de um complexo quelato,

$[Ni(OH_2)_6]^{2+} + L-L \rightleftharpoons [Ni(OH_2)_6]^{2+}, L-L \quad K_E$, rápida

$[Ni(OH_2)_6]^{2+}, L-L \rightleftharpoons [Ni(OH_2)_5L-L]^{2+} + H_2O \quad k_a, k_a'$

$[Ni(OH_2)_5L-L]^{2+} \rightleftharpoons [Ni(OH_2)_4L-L]^{2+} + H_2O \quad k_b, k_b'$

derive a lei de velocidade para a formação do quelato. Discuta a etapa que é diferente para o caso de dois ligantes monodentados. A formação de quelatos com ligantes que se ligam fortemente ocorre na mesma velocidade que para a formação dos complexos análogos com ligantes monodentados, mas a formação de quelatos com ligantes que se ligam fracamente é significativamente mais lenta. Assumindo um mecanismo I_d, explique essa observação (veja R.G. Wilkins, *Acc. Chem. Res.*, 1970, 3, 408.)

21.2 O complexo $[PtH(PEt_3)_3]^+$ foi estudado em acetona deuterada na presença de excesso de PEt$_3$. Na ausência de excesso de ligante, o espectro de RMN-^{1}H, na região de hidreto, exibe um dubleto de tripletos. Adicionando-se um excesso do ligante PEt$_3$, o sinal de hidreto começa a mudar, com a forma do sinal dependendo da concentração do ligante. Sugira um mecanismo que explique os efeitos do excesso de PEt$_3$.

21.3 As soluções de $[PtH_2(PMe_3)_2]$ se apresentam como uma mistura dos isômeros cis e trans. A adição de excesso de PMe$_3$ leva à formação do $[PtH_2(PMe_3)_3]$ em uma concentração que pode ser detectada usando-se RMN. O isômero trans troca os ligantes fosfina rapidamente, mas o cis não. Proponha uma rota. Quais são as consequências do efeito trans do H em comparação com o do PMe$_3$? (Veja D.L. Packett e W.G. Trogler, *Inorg. Chem.*, 1988, 27, 1768.)

21.4 A Figura 21.24 (adaptada de J.B. Goddard e F. Basolo, *Inorg. Chem.*, 1968, 7, 936) mostra as constantes de velocidade de primeira ordem observadas para a reação do $[PdBrL]^+$ com vários Y⁻ para formar $[PdYL]^+$, onde L é Et$_2$NCH$_2$CH$_2$NHCH$_2$CH$_2$NEt$_2$. Observe

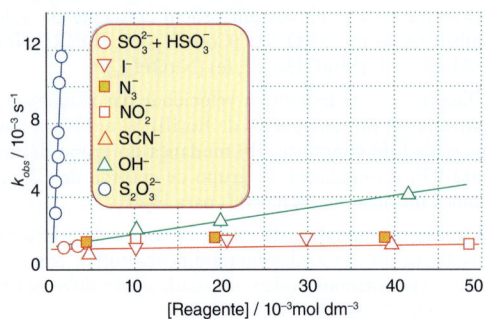

Figura 21.24 Dados necessários para o Problema 21.4.

a forte inclinação para o $S_2O_3^{2-}$ e as inclinações zero para $Y^- = N_3^-$, I^-, NO_2^- e SCN^-. Proponha um mecanismo.

21.5 A entalpia de ativação para a redução do *cis*-$[CoCl_2(en)_2]^+$ pelo Cr^{2+}(aq) é de -24 kJ mol^{-1}. Explique o valor negativo. (Veja R.C. Patel, R.E. Ball, J.F. Endicott e R.G. Hughes, *Inorg. Chem.*, 1970, **9**, 23.)

21.6 Considere os complexos (**18**) e (**19**) discutidos em *Uma breve ilustração* na Seção 21.11. Imagine os caminhos possíveis para a transferência de elétrons nos dois complexos e sugira por que existe tanta diferença na velocidade de transferência de elétrons entre os dois complexos.

21.7 Calcule as constantes de velocidade para as reações de esfera externa a partir dos dados a seguir. Compare os seus resultados com os valores experimentais da última coluna.

Reação	k_{11}/dm^3 mol^{-1} s^{-1}	k_{22}/dm^3 mol^{-1} s^{-1}	$E^\ominus$ / V	k_{obs}/dm^3 mol^{-1} s^{-1}
$Cr^{2+} + Fe^{2+}$	2×10^{-5}	4,0	+1,18	$2,3 \times 10^3$
$[W(CN)_8]^{4-} + Ce(IV)$	$>4 \times 10^4$	4,4	+0,54	$>10^8$
$[Fe(CN)_6]^{4-} + [MnO_4]^-$	$7,4 \times 10^2$	3×10^3	+1,30	$1,7 \times 10^5$
$[Fe(phen)_3]^{2+} + Ce(IV)$	$>3 \times 10^7$	4,4	+0,66	$1,4 \times 10^5$

21.8 Na presença de quantidades catalíticas de $[Pt(P_2O_5H_2)_4]^{4-}$ (**21**) e luz, o 2-propanol produz H_2 e acetona (E.L. Harley, A.E. Stiegman, A.Vlcek, Jr. e H.B. Gray, *J.Am. Chem. Soc.*, 1987, **109**, 5233; D.C. Smith e H.B. Gray, *Coord. Chem. Rev.*, 1990, **100**, 169). (a) Dê a equação para a reação global. (b) Forneça um esquema de orbitais moleculares plausível para a ligação metal-metal neste complexo prismático tetragonal e indique a natureza do estado excitado que se acredita ser o responsável pela fotoquímica. (c) Indique os complexos metálicos intermediários e a evidência para suas existências.

A química organometálica dos metais do bloco d

22

A química organometálica é a química dos compostos que contêm ligações metal-carbono. Grande parte dos fundamentos da química organometálica dos metais dos blocos s e p foi compreendida na primeira parte do século XX, já tendo sido discutida nos Capítulos 11 a 16. A química organometálica dos elementos dos blocos d e f foi desenvolvida muito mais recentemente. Desde meados da década de 1950, esse campo tem crescido, transformando-se numa área que se expande e apresenta novos tipos de reações, estruturas incomuns e aplicações em síntese orgânica e catálise industrial. Discutiremos a química organometálica dos elementos dos blocos d e f separadamente, abordando os metais d neste capítulo e os metais f no próximo. O grande uso dos compostos organometálicos em síntese será abordado no Capítulo 25 (que trata dos processos catalíticos).

Apenas uns poucos compostos organometálicos do bloco d foram sintetizados e parcialmente caracterizados no século XIX. O primeiro deles (**1**), um complexo de platina(II) com eteno, foi preparado por W.C. Zeise em 1827, e as duas primeiras carbonilas metálicas, [PtCl$_2$(CO)$_2$] e [PtCl$_2$(CO)]$_2$, foram relatadas por P. Schützenberger em 1868. A grande descoberta seguinte foi a tetracarbonilaníquel (**2**), sintetizada por L. Mond, C. Langer e F. Quinke em 1890. No começo de 1930, W. Hieber sintetizou uma grande variedade de compostos em cluster que eram carbonilas metálicas, muitos dos quais aniônicos como o [Fe$_4$(CO)$_{13}$]$^{2-}$ (**3**). A partir desse trabalho, ficou claro que a química das carbonilas metálicas era um campo potencialmente muito rico. Entretanto, uma vez que as estruturas desses e de outros compostos organometálicos do bloco d e f eram difíceis ou mesmo impossíveis de serem deduzidas por métodos químicos, os avanços mais importantes tiveram que esperar o desenvolvimento da difração de raios X, para a obtenção de dados estruturais precisos nas amostras sólidas, e da espectroscopia no infravermelho e de RMN para a obtenção de informação estrutural em solução. A descoberta do composto organometálico excepcionalmente estável ferroceno, [Fe(C$_5$H$_5$)$_2$] (**4**), ocorreu na época (1951) em que estas técnicas estavam tornando-se disponíveis. A estrutura em "sanduíche" do ferroceno foi logo corretamente deduzida a partir do seu espectro no infravermelho e depois determinada em detalhes por cristalografia de raios X.

A estabilidade, a estrutura e a ligação no ferroceno desafiavam a descrição clássica de Lewis e, desta forma, capturavam a imaginação dos químicos. Esse enigma por sua vez disparou um movimento de síntese, caracterização e abordagens teóricas que levou a um rápido desenvolvimento da química organometálica do bloco d. Dois pesquisadores muito produtivos que trabalharam no estágio de formação desse tema, Ernst-Otto Fischer, em Munique, e Geoffrey Wilkinson, em Londres, foram agraciados com o Prêmio Nobel em 1973 pelas suas contribuições. De maneira similar, a química organometálica do bloco f floresceu logo após a descoberta, ao final da década de 1970, de que o ligante pentametilciclopentadienila, C$_5$Me$_5^-$, forma compostos estáveis com elementos do bloco f (**5**).

Usaremos a convenção de que um composto organometálico contém pelo menos uma ligação metal-carbono (M–C). Assim, os compostos (**1**) a (**5**) claramente caracterizam-se como organometálicos, enquanto que este não é o caso do complexo [Co(en)$_3$]$^{3+}$, que contém carbono mas não ligações M–C. Os cianocomplexos, como os do íon hexacianetoferrato(II), possuem ligações M–C, mas suas propriedades assemelham-se mais àquelas dos complexos convencionais e, por isso, eles não são considerados,

A ligação
- 22.1 Configurações eletrônicas estáveis
- 22.2 Contagens de elétrons preferidas
- 22.3 Contagem de elétrons e estados de oxidação
- 22.4 Nomenclatura

Os ligantes
- 22.5 Monóxido de carbono
- 22.6 Fosfinas
- 22.7 Complexos de hidreto e de di-hidrogênio
- 22.8 Ligantes η^1-alquila, η^1-alquenila, η^1-alquinila e η^1-arila
- 22.9 Ligantes η^2-alqueno e η^2-alquino
- 22.10 Ligantes dieno e polienos não conjugados
- 22.11 Butadieno, ciclobutadieno e ciclo-octatetraeno
- 22.12 Benzeno e outros arenos
- 22.13 O ligante alila
- 22.14 Ciclopentadieno e ciclo-heptatrieno
- 22.15 Carbenos
- 22.16 Alcanos, hidrogênios agósticos e gases nobres
- 22.17 Dinitrogênio e monóxido de nitrogênio

Os compostos
- 22.18 Carbonilas do bloco d
- 22.19 Metalocenos
- 22.20 Ligação metal-metal e clusters metálicos

As reações
- 22.21 Substituição de ligante
- 22.22 Adição oxidativa e eliminação redutiva
- 22.23 Metátese de ligação σ
- 22.24 Reações de inserção migratória 1,1
- 22.25 Reações de inserção 1,2 e de eliminação de hidreto β
- 22.26 Eliminações de hidreto α, γ e δ e ciclometalações

Leitura complementar

Exercícios

Problemas tutoriais

As **figuras** com um asterisco (*) podem ser encontradas on-line como estruturas 3D interativas. Digite a seguinte URL em seu navegador, adicionando o número da figura: www.chemtube3d.com/weller/[número do capítulo]F[número da figura]. Por exemplo, para a Figura 3 no Capítulo 7, digite www.chemtube3d.com/weller/7F03.

Muitas das **estruturas numeradas** podem ser também encontradas on-line como estruturas 3D interativas: visite www.chemtube3d.com/weller/[número do capítulo] para todos os recursos 3D organizados por capítulo.

22 A química organometálica dos metais do bloco d

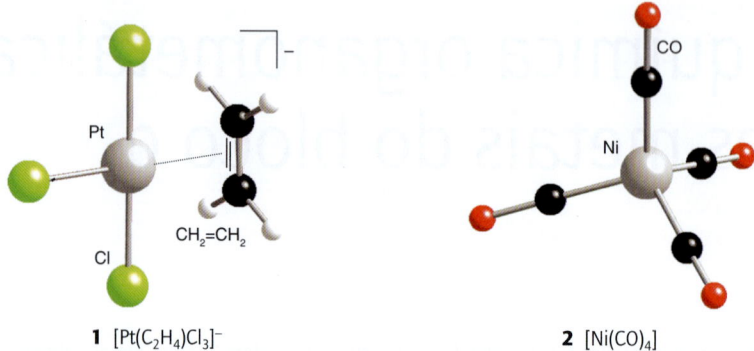

1 $[Pt(C_2H_4)Cl_3]^-$

2 $[Ni(CO)_4]$

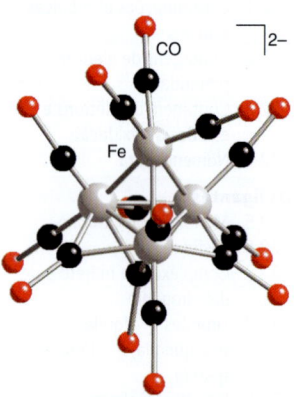

3 $[Fe_4(CO)_{13}]^{2-}$

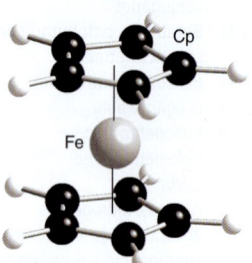

4 $[FeCp_2]$, $Cp = C_5H_5$

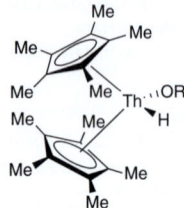

5 $[Th(Cp^*)_2(H)(OR)]$

geralmente, como organometálicos. Ao contrário, os complexos com o ligante isoeletrônico CO são considerados organometálicos. A justificativa, um tanto arbitrária, para essa distinção é que muitas carbonilas metálicas são significativamente diferentes dos compostos de coordenação, tanto química quanto fisicamente.

Em geral, as diferenças entre as duas classes de compostos são claras: os compostos de coordenação são normalmente carregados, com uma contagem de elétrons d variável e são solúveis em água; os compostos organometálicos são geralmente neutros, com uma contagem fixa de elétrons d e são solúveis em solventes orgânicos como o tetra-hidrofurano. A maioria dos compostos organometálicos tem propriedades muito mais próximas dos compostos orgânicos do que dos sais inorgânicos, com muitos deles tendo baixos pontos de fusão (alguns são líquidos à temperatura ambiente).

A ligação

Embora existam muitos compostos organometálicos dos blocos s e p, a ligação nesses compostos é, na maioria das vezes, relativamente simples e normalmente descrita de forma adequada considerando-se somente ligações σ. Ao contrário, os metais d apresentam um grande número de compostos organometálicos com muitos modos diferentes de ligação. Por exemplo, para descrever completamente a ligação do grupo ciclopentadienila com o ferro no ferroceno (e geralmente para qualquer metal d), necessitamos invocar as ligações σ, π e δ.

Diferentemente dos compostos de coordenação, os compostos organometálicos de metais d normalmente têm relativamente poucas configurações eletrônicas estáveis e frequentemente têm um total de 16 ou 18 elétrons de valência ao redor do átomo do metal. Essa restrição para um número limitado de configurações eletrônicas deve-se à força das interações π ligantes (e δ, quando adequado) entre o átomo do metal e os ligantes contendo carbono.

22.1 Configurações eletrônicas estáveis

Começaremos examinando os padrões de ligação, de forma que poderemos apreciar a importância das ligações π e compreender a origem da limitação a certas configurações eletrônicas dos compostos organometálicos de metais d.

(a) Compostos com 18 elétrons

Pontos principais: Em um complexo octaédrico, são possíveis seis interações σ ligantes e, havendo ligantes π receptores, podem ser feitas combinações ligantes com os três orbitais do conjunto t_{2g}, chegando-se a nove orbitais moleculares ligantes, correspondendo a um espaço para um total de 18 elétrons.

Em 1920, N.V. Sidgwick reconheceu que o metal em uma carbonila metálica simples, como a $[Ni(CO)_4]$ (**2**), tem a mesma contagem de elétrons de valência (18) que o gás nobre ao final do período longo ao qual pertence o metal. Sidgwick cunhou o termo "regra do gás nobre" para esta indicação de estabilidade, mas agora ela é chamada de **regra dos 18 elétrons**[1]. Entretanto, observa-se facilmente que a regra dos 18 elétrons

---

[1] A regra dos 18 elétrons é algumas vezes chamada de *regra do número atômico efetivo* ou regra *NAE*.

não é uniformemente obedecida pelos compostos organometálicos do bloco d como a regra do octeto é obedecida pelos compostos dos elementos do segundo período. Assim, precisamos olhar mais de perto o modo de ligação a fim de estabelecer as razões da estabilidade dos compostos que têm e que não têm uma configuração de 18 elétrons.

A Fig. 22.1 mostra os níveis de energia que se originam quando um ligante de campo forte, como o monóxido de carbono, liga-se a um átomo de metal d (Seção 20.2). O monóxido de carbono é um ligante de campo forte, mesmo sendo um mau doador σ, pois ele poder usar seus orbitais π* vazios para atuarem como bons receptores π. Nesta visão da ligação, o conjunto dos orbitais t_{2g} do metal deixa de ser não ligante, como seria na ausência das interações π, e passa a ser ligante. O diagrama dos níveis de energia mostra seis OM ligantes que resultam das interações σ ligante-metal e três OM ligantes que resultam das interações π. Assim, até 18 elétrons poderão ser acomodados nestes nove OM ligantes. Os compostos que têm essa configuração são excepcionalmente estáveis; por exemplo, o $[Cr(CO)_6]$ com 18 elétrons é um composto incolor estável ao ar. A ausência de cor neste composto, resultante da ausência de qualquer transição eletrônica na região visível do espectro, é uma indicação da separação HOMO-LUMO (Δ_O), ou seja, Δ_O é tão grande que as transições estão deslocadas para o UV.

A única maneira de acomodar mais de 18 elétrons de valência em um complexo octaédrico com ligantes de campo forte é ocupar um orbital antiligante. Como resultado, tais complexos são instáveis, sendo particularmente propensos à perda de elétron e atuando como agentes redutores. Compostos com menos de 18 elétrons não são necessariamente muito instáveis, mas a aquisição de elétrons adicionais, por meio de reações, para ocuparem completamente os seus OM ligantes será um processo energeticamente favorável. Como veremos mais tarde, compostos com menos de 18 elétrons frequentemente ocorrem como intermediários em alguma etapa das reações.

O tipo de ligação do ligante carbonila também ocorre com outros ligantes considerados maus doadores σ, mas bons receptores π. Desta forma, os compostos organometálicos octaédricos são mais estáveis quando eles têm um total de 18 elétrons de valência em torno do íon metálico central.

Argumentos semelhantes podem ser usados para justificar a estabilidade da configuração de 18 elétrons para outras geometrias, como a tetraédrica e a bipiramidal trigonal. O estereoimpedimento da maioria dos ligantes normalmente impede números de coordenação maiores do que 6 nos compostos organometálicos de metais d.

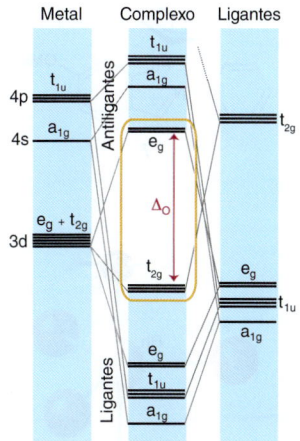

Figura 22.1 Níveis de energia dos orbitais moleculares para um complexo octaédrico com ligantes de campo forte.

(b) Compostos quadráticos planos de 16 elétrons

Ponto principal: Com ligantes de campo forte, um complexo quadrático plano tem apenas oito OM ligantes e, desta forma, a configuração energeticamente mais favorável é uma configuração de 16 elétrons.

Outra geometria já discutida no contexto da química de coordenação é o arranjo quadrático plano de quatro ligantes (Seção 20.1), que ocorre geralmente para ligantes de campo forte e um íon metálico d^8. Uma vez que os ligantes organometálicos produzem frequentemente um campo forte, existem muitos compostos organometálicos quadráticos planos. Complexos quadráticos planos estáveis são normalmente encontrados com um total de 16 elétrons de valência, resultando na ocupação de todos os orbitais moleculares ligantes e nenhum antiligante (Fig. 22.2).

Normalmente, os ligantes nos complexos quadráticos planos fornecem, cada um, apenas dois elétrons, totalizando oito elétrons. Portanto, para chegar a 16 elétrons, o íon metálico precisa fornecer oito elétrons adicionais. Consequentemente, os compostos organometálicos com 16 elétrons de valência são comuns apenas para os elementos do lado direito do bloco d, particularmente dos Grupos 9 e 10 (Tabela 22.1). Como exemplos destes complexos temos o $[IrCl(CO)(PPh_3)_2]$ (**6**) e os sais do ânion de Zeise, $[Pt(C_2H_4)Cl_3]^-$ (**1**). Os complexos quadráticos planos de 16 elétrons são particularmente comuns para os elementos mais pesados dos Grupos 9 e 10, especialmente Rh(I), Ir(I), Pd(II) e Pt(II), uma vez que o desdobramento do campo ligante é grande e a energia de estabilização do campo ligante destes complexos favorece a configuração quadrática plana.

22.2 Contagens de elétrons preferidas

Ponto principal: À esquerda do bloco d, o estereoimpedimento pode significar que não é possível reunir um número suficiente de ligantes em torno do átomo do metal para alcançar um total de 16 ou 18 elétrons de valência.

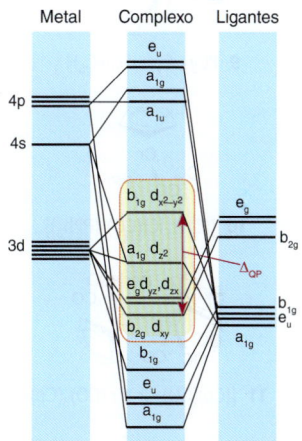

Figura 22.2 Níveis de energia dos orbitais moleculares de um complexo quadrático plano com ligantes de campo forte. Dentre os orbitais em destaque, os quatro OM de menor energia correspondem a interações ligantes e o mais alto corresponde a uma interação antiligante; os OM são rotulados com os nomes dos orbitais d dos quais eles derivam.

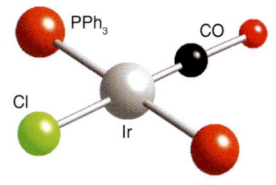

6 trans-$[IrCl(CO)(PPh_3)_2]$

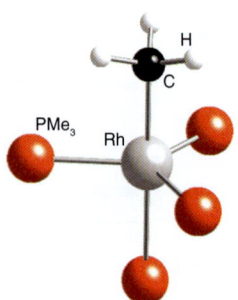

7

8 [RhMe(PMe$_3$)$_4$]

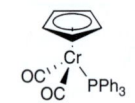

9 PCy$_3$, C$_y$ = ciclo-C$_6$H$_{11}$

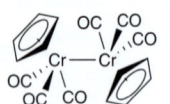

10 [(C$_5$H$_5$)Cr(CO)$_2$(PPh$_3$)]

11 [(Cp)(CO)$_3$Cr–Cr(CO)$_3$(Cp)]

Tabela 22.1 Validade da regra dos 16/18 elétrons para os compostos organometálicos de metais d

Geralmente menos de 18 elétrons			Geralmente com 18 elétrons			16 ou 18 elétrons	
Sc	Ti	V	Cr	Mn	Fe	Co	Ni
Y	Zr	Nb	Mo	Tc	Ru	Rh	Pd
La	Hf	Ta	W	Re	Os	Ir	Pt

A preferência de um metal por uma geometria particular e uma determinada contagem de elétrons normalmente não é tão forte que impeça a formação de outras geometrias. Por exemplo, embora a química do Pd(II) e do Rh(I) seja dominada por complexos quadráticos planos de 16 elétrons, o complexo de paládio(II) com a ciclopendienila (**7**) e o complexo de ródio (**8**) são compostos com 18 elétrons.

Fatores estéreos podem restringir o número de ligantes que podem se ligar a um metal e, com isso, levar a compostos estáveis com contagens de elétrons menores do que seria esperado. Por exemplo, os ligantes triciclo-hexilfosfina (**9**), no composto trigonal de Pt(0), [Pt(PCy$_3$)$_3$], são tão grandes que somente três deles cabem ao redor do metal, o qual, consequentemente, fica com apenas 16 elétrons de valência. A estabilização estérea do centro metálico é parcialmente um efeito cinético, no qual grupos grandes protegem o centro metálico das reações. Muitos complexos ganham ou perdem ligantes facilmente, formando transitoriamente outras configurações durante as reações; na verdade, o acesso a essas outras configurações é precisamente o motivo pelo qual a química organometálica dos metais d é tão interessante.

Configurações eletrônicas pouco usuais são comuns à esquerda do bloco d, onde os átomos metálicos têm menos elétrons d e frequentemente não é possível juntar um número suficiente de ligantes em torno do átomo para satisfazer uma contagem de 16 ou 18 elétrons. Por exemplo, a carbonila mais simples do Grupo 5, [V(CO)$_6$], é um complexo de 17 elétrons. Podemos incluir como outros exemplos o [W(CH$_3$)$_6$], que tem 12 elétrons de valência, e o [Cr(Cp)(CO)$_2$(PPh$_3$)] (**10**), com 17 elétrons. Este último é um bom exemplo do efeito do estereoimpedimento. Quando o ligante CO mais compacto está presente no lugar da volumosa trifenilfosfina, observa-se, no estado sólido e em solução, um composto dimérico (**11**) com uma longa mas definida ligação Cr–Cr. A formação da ligação Cr–Cr no [Cr(Cp)(CO)$_3$]$_2$ eleva a contagem de elétrons em cada metal para 18.

22.3 Contagem de elétrons e estados de oxidação

A predominância das configurações eletrônicas de 16 e 18 elétrons na química organometálica torna imperativo que sejamos capazes de contar o número de elétrons de valência no átomo do metal central, uma vez que o conhecimento desse número nos permite prever a estabilidade dos compostos e sugerir padrões de reatividade. Embora o conceito de "estado de oxidação" para os compostos organometálicos seja considerado por muitos, na melhor das hipóteses, como frágil, a grande maioria da comunidade científica usa esse conceito como uma abreviatura conveniente para descrever as configurações eletrônicas. Os estados de oxidação (e os correspondentes números de oxidação) ajudam a sistematizar reações, como a adição oxidativa (Seção 22.22), e também permitem analogias entre as propriedades químicas dos compostos organometálicos e os de coordenação. Felizmente, os procedimentos de contagem de elétrons e a atribuição dos números de oxidação podem ser combinados.

Rotineiramente, dois modelos são usados para a contagem dos elétrons: o chamado **método do ligante neutro** (algumas vezes chamado de *método covalente*) e o **método da doação de pares de elétrons** (algumas vezes denominado de *método iônico*). Apresentaremos de maneira breve os dois (eles produzem resultados idênticos para a contagem de elétrons), mas na sequência do texto usaremos o método da doação de pares de elétrons, uma vez que ele também pode ser usado para atribuir os números de oxidação.

(a) Método do ligante neutro

Ponto principal: Todos os ligantes são tratados como se fossem neutros e são classificados de acordo com o número de elétrons que se considera que eles possam doar.

Para efeito da contagem de elétrons, cada metal e cada ligante são tratados como se fossem neutros. Incluímos na contagem todos os elétrons de valência do átomo metálico e todos os elétrons doados pelos ligantes. Se o complexo for carregado, simplesmente adicionamos ou subtraímos o número apropriado de elétrons do total. Os ligantes são definidos como do **tipo L** se, eles forem neutros, e doadores de dois elétrons (como CO, PMe$_3$) e do **tipo X** se, quando considerados neutros, eles forem radicais doadores de um elétron (como os átomos de halogênios, o H e o CH$_3$). Por exemplo, o Fe(CO)$_5$ tem 18 elétrons, sendo oito elétrons de valência do átomo de Fe e 10 elétrons doados pelos cinco ligantes CO. Alguns ligantes são considerados combinações desses dois tipos; por exemplo, a ciclopendienila é considerada um doador L$_2$X de cinco elétrons; ver Tabela 22.2.

A vantagem do método do ligante neutro é que, pelas informações da Tabela 22.2, é simples estabelecer a contagem de elétrons. Entretanto, o método apresenta como

Tabela 22.2 Ligantes típicos e suas contagens de elétrons

(a) Método do ligante neutro

Ligante	Fórmula	Designação	Elétrons doados
Carbonila	CO	L	2
Fosfina	PR$_3$	L	2
Hidreto	H	X	1
Cloreto	Cl	X	1
Di-hidrogênio	H$_2$	L	2
Grupos η^1-alquila, η^1-alquenila, η^1-alquinila e η^1-arila	R	X	1
η^2-alqueno	CH$_2$=CH$_2$	L	2
η^2-alquino	RC≡CR	L	2
Dinitrogênio	N$_2$	L	2
Butadieno	CH$_2$=CH–CH=CH$_2$	L$_2$	4
Benzeno	C$_6$H$_6$	L$_3$	6
η^3-alila	CH$_2$CHCH$_2$	LX	3
η^5-ciclopentadienila	C$_5$H$_5$	L$_2$X	5

(b) Método da doação de pares de elétrons*

Ligante	Fórmula	Elétrons doados
Carbonila	CO	2
Fosfina	PR$_3$	2
Hidreto	H$^-$	2
Cloreto	Cl$^-$	2
Di-hidrogênio	H$_2$	2
Grupos η^1-alquila, η^1-alquenila, η^1-alquinila e η^1-arila	R$^-$	2
η^2-alqueno	CH$_2$=CH$_2$	2
η^2-alquino	RC≡CR	2
Dinitrogênio	N$_2$	2
Butadieno	CH$_2$=CH–CH=CH$_2$	4
Benzeno	C$_6$H$_6$	6
η^3-alila	CH$_2$CHCH$_2^-$	4
η^5-ciclopentadienil	C$_5$H$_5^-$	6

*Usaremos este método ao longo do livro.

EXEMPLO 22.1 Contando os elétrons usando o método do ligante neutro

Quais dos seguintes compostos obedecem à regra dos 18 elétrons: (a) [IrBr$_2$(CH$_3$)(CO)(PPh$_3$)$_2$]; (b) [Cr(η^5-C$_5$H$_5$)(η^6-C$_6$H$_6$)]?

Resposta (a) Começaremos com o átomo de Ir (Grupo 9), que possui nove elétrons de valência; os dois átomos de Br e o grupo CH$_3$ são, cada um, doadores de um elétron; CO e PPh$_3$ são doadores de dois elétrons. Assim, o número de elétrons de valência no metal é igual a 9 + (3 × 1) + (3 × 2) = 18. (b) Procedendo da mesma forma, o átomo de Cr (Grupo 6) possui seis elétrons de valência, o ligante η^5-C$_5$H$_5$ doa cinco elétrons e o ligante η^6-C$_6$H$_6$ doa seis; assim, o número de elétrons de valência no metal é igual a 6 + 5 + 6 = 17. Esse complexo não obedece à regra dos 18 elétrons e não é estável. Um composto de 18 elétrons assemelhado mas estável é o [Cr(η^6-C$_6$H$_6$)$_2$].

Teste sua compreensão 22.1 Será que o [Mo(CO)$_7$] é estável?

desvantagem o fato de que ele superestima o grau de covalência e, assim, subestima a carga no metal. Além disso, torna-se confuso atribuir um número de oxidação para o metal e perde-se informação significativa para alguns ligantes.

(b) Método da doação de pares de elétrons

Ponto principal: Considera-se que os ligantes doam elétrons aos pares, fazendo com que alguns ligantes sejam tratados como neutros e outros, como carregados.

O método da doação de pares de elétrons requer o cálculo do número de oxidação. As regras para o cálculo do número de oxidação de um elemento num composto organometálico são as mesmas usadas nos compostos de coordenação convencionais. Ligantes neutros, como o CO e a fosfina, são considerados doadores de dois elétrons, sendo a eles atribuído formalmente o número de oxidação zero. Ligantes como os halogênios, o H e o CH_3 são formalmente considerados como tendo capturado um elétron do metal e são tratados como halogenetos (Cl^-, por exemplo), H^- e CH_3^-, sendo a eles atribuído, portanto, o número de oxidação -1; nesse estado aniônico, eles são considerados como doadores de dois elétrons. O ligante ciclopendienila, C_5H_5 (Cp), é tratado como $C_5H_5^-$ (atribuindo-se a ele o número de oxidação -1); nesse estado aniônico, ele é considerado como sendo um doador de seis elétrons. Desta forma, temos que:

> O *número de oxidação* do metal é a carga total do complexo menos as cargas dos ligantes.
>
> O *número de elétrons* que o metal fornece é dado pelo número do seu grupo menos o seu número de oxidação.
>
> A *contagem total de elétrons* é a soma do número de elétrons no metal com o número de elétrons fornecidos pelos ligantes.

A principal vantagem deste método é que, com um pouco de prática, tanto a contagem de elétrons quanto o número de oxidação podem ser determinados de uma maneira direta. A principal desvantagem é que ele superestima a carga no metal e pode sugerir uma reatividade incorreta (veja Seção 22.7 sobre os hidretos). A Tabela 22.2 apresenta o número máximo de elétrons que pode ser doado para um metal pelos ligantes mais comuns.

EXEMPLO 22.2 Determinando os números de oxidação e a contagem dos elétrons usando o método da doação de pares de elétrons

Determine o número de oxidação e a contagem dos elétrons de valência no metal para: (a) $[IrBr_2(CH_3)(CO)(PPh_3)_2]$; (b) $[Cr(\eta^5\text{-}C_5H_5)(\eta^6\text{-}C_6H_6)]$; (c) $[Mn(CO)_5]^-$.

Resposta (a) Os grupos Br e CH_3 são tratados como três doadores de dois elétrons carregados com uma carga negativa, e os ligantes CO e PPh_3 são tratados como três doadores de dois elétrons, fornecendo um total de 12 elétrons. Uma vez que o complexo é neutro, o átomo de Ir do Grupo 9 deve ter uma carga de $+3$ (ou seja, tem um número de oxidação de $+3$) para balancear a carga dos três ligantes aniônicos e, assim, contribui com $9 - 3 = 6$ elétrons. Essa análise leva a um total de 18 elétrons para este complexo de Ir(III). (b) O ligante $\eta^5\text{-}C_5H_5$ é tratado como $C_5H_5^-$, doando seis elétrons, e o ligante $\eta^6\text{-}C_6H_6$ doa mais seis elétrons. Para manter a neutralidade, o átomo de Cr do Grupo 6 deve ter uma carga de $+1$ (e um número de oxidação de $+1$) e contribuir com $6 - 1 = 5$ elétrons. O número total de elétrons no metal é de $12 + 5 = 17$ para este complexo de Cr(I). Como observado anteriormente, este complexo não obedece à regra dos 18 elétrons e provavelmente não é estável. (c) Cada ligante CO é neutro e contribui com dois elétrons, totalizando 10 elétrons. A carga global do complexo é -1; uma vez que todos os ligantes são neutros, consideramos que essa carga reside formalmente no metal, dando a ele um número de oxidação de -1. O átomo de Mn do Grupo 7 contribui assim com $7 + 1$ elétrons, produzindo um total de 18 para este complexo de Mn(-1).

Teste sua compreensão 22.2 Qual a contagem de elétrons e o número de oxidação da platina no ânion do sal de Zeise, $[Pt(CH_2=CH_2)Cl_3]^-$? Considere o $CH_2=CH_2$ como um ligante neutro doador de dois elétrons.

22.4 Nomenclatura

Ponto principal: Os nomes dos compostos organometálicos são semelhantes aos dos compostos de coordenação, mas certos ligantes têm vários modos de ligação que são descritos usando-se η e μ.

De acordo com a convenção recomendada, usaremos para os compostos organometálicos o mesmo sistema de nomenclatura apresentado para os complexos na Seção 7.2.

Assim, os ligantes são indicados em ordem alfabética, seguido do nome do metal, todos escritos numa única palavra. O nome do metal deve ser seguido pelo seu número de oxidação entre parênteses. Entretanto, a nomenclatura usada nas revistas científicas nem sempre obedece a estas regras, sendo comum encontrar-se o nome do metal inserido no meio do nome do composto e sem a indicação do número de oxidação do metal. Por exemplo, o composto (**12**) é algumas vezes chamado de benzenomolibdeniotricarbonila, ao invés do nome preferido benzeno(tricarbonila)molibdênio(0).

A recomendação da IUPAC para a fórmula de um composto organometálico é que ela seja escrita da mesma forma que para um composto de coordenação: o símbolo do metal é escrito em primeiro lugar, seguido dos ligantes em ordem alfabética dos seus símbolos químicos. Seguiremos essa convenção a menos que uma ordem diferente dos ligantes ajude a ressaltar um ponto em particular.

Frequentemente um ligante com átomos de carbono doadores pode apresentar mais de um modo de ligação. Por exemplo, o grupo ciclopentadienila pode comumente ligar-se a um átomo de metal d de três maneiras diferentes. Assim, necessitamos de uma nomenclatura adicional. Sem irmos aos detalhes da ligação dos vários ligantes (veremos isso mais tarde neste capítulo), a informação extra de que necessitamos para determinar o modo de ligação é o número de pontos de conexão. Este procedimento dá origem à noção de **hapticidade**, que é o número de átomos do ligante que são formalmente considerados ligados ao metal. A hapticidade é indicada pelo termo η^n, onde n é o número de átomos (η é chamado de eta). Por exemplo, um grupo CH_3 ligado por uma ligação simples M–C é mono-hapto, η^1, mas se os dois átomos de C de um ligante eteno estiverem dentro da distância de ligação com o metal, o ligante será dito di-hapto, η^2. Assim, três complexos de ciclopendienila podem ser descritos como tendo grupos ciclopendienila η^1 (**13**), η^3 (**14**) ou η^5 (**15**).

Alguns ligantes (inclusive o mais simples de todos, o ligante hidreto, H⁻) podem fazer ligação com mais de um metal no mesmo complexo e são, por isso, chamados de **ligantes em ponte**. Não necessitamos de qualquer conceito novo para entender os ligantes em ponte além daqueles apresentados na Seção 2.11. Lembremos, da Seção 7.2, que a letra grega μ (mi) é usada para indicar com quantos átomos o ligante está em ponte. Assim, o μ_2-CO é um grupo carbonila que faz ponte com dois átomos metálicos e o μ_3-CO faz ponte com três.

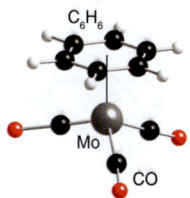

12 $[Mo(\eta^6\text{-}C_6H_6)(CO)_3]$

13 η^1-Ciclopentadienila

14 η^3-Ciclopentadienila

15 η^5-Ciclopentadienila

EXEMPLO 22.3 Nomeando compostos organometálicos

Dê os nomes formais para: (a) ferroceno (**4**); (b) [RhMe(PMe₃)₄] (**8**).

Resposta (a) O ferroceno contém dois grupos ciclopendienila ligados ao metal através de todos os seus cinco átomos de carbono; assim, ambos os grupos são indicados por η^5. Desta forma, o nome completo para o ferroceno é bis(η^5-ciclopendienila)ferro(II). (b) O composto de ródio contém um grupo metila formalmente aniônico e quatro ligantes neutros trimetilfosfina, portanto seu nome formal é metiltetraquis(trimetilfosfina)ródio(I).

Teste sua compreensão 22.3 Qual é o nome formal do [Ir(Br)₂(CH₃)(CO)(PPh₃)₂]?

Os ligantes

Os compostos organometálicos apresentam uma variedade muito grande de ligantes, que podem estar ligados de diferentes modos. Uma vez que a reatividade do metal e dos ligantes é afetada pela ligação M–L, é importante que analisemos cada ligante em detalhe.

22.5 Monóxido de carbono

Ponto principal: O orbital 3σ do CO serve como um doador muito fraco e os orbitais π* atuam como receptores.

O monóxido de carbono é um ligante muito comum na química organometálica, na qual ele é conhecido como o *grupo carbonila*. O monóxido de carbono é particularmente eficiente para estabilizar baixos estados de oxidação, havendo muitos compostos (como o [Fe(CO)₅]) com o metal no estado de oxidação zero. Já vimos a estrutura dos orbitais moleculares do CO na Seção 2.9 e seria recomendável rever esta seção.

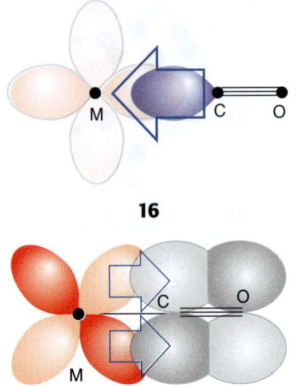

16

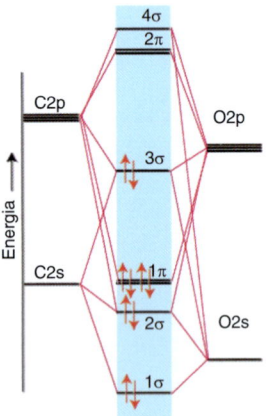

17

Uma forma simples de ver a ligação do CO com um metal é tratar o par isolado no átomo de carbono como uma base de Lewis σ (um doador de par de elétrons) e o orbital antiligante vazio do CO como um ácido de Lewis π (um receptor de par de elétrons), o qual recebe densidade eletrônica π dos orbitais d ocupados do metal. Desta forma, a ligação pode ser considerada como composta de duas partes: uma ligação σ do ligante para o metal (**16**) e uma ligação π do metal para o ligante (**17**). Este tipo de ligação π é algumas vezes chamado de **retroligação π**.

O monóxido de carbono não é muito nucleofílico, sugerindo que a ligação σ com o átomo de metal d é fraca. Uma vez que muitas carbonilas de metal d são muito estáveis, podemos deduzir que a retroligação π é forte e a estabilidade destes complexos com carbonila origina-se principalmente das propriedades receptoras π do CO. Evidência adicional para esta interpretação vem da observação de que só existem complexos de carbonila estáveis com metais que têm orbitais d ocupados e com uma energia adequada para doação para o orbital antiligante do CO. Por isso, os elementos dos blocos s e p não formam carbonilas estáveis. Entretanto, a ligação do CO com um metal d é mais bem considerada como resultado de um efeito sinérgico (que se ajudam mutuamente) de ambas as ligações σ e π: a retroligação π do metal para o CO aumenta a densidade eletrônica no CO, o que, por sua vez, aumenta a capacidade do CO em formar ligação σ com o metal.

Uma descrição mais formal da ligação pode ser obtida a partir do diagrama de orbitais moleculares para o CO (Fig. 22.3), o qual mostra que o HOMO possui uma simetria σ, sendo essencialmente um lóbulo que se projeta para fora, a partir do átomo de C. Quando o CO atua como um ligante, esse orbital 3σ atua como doador muito fraco e forma uma ligação σ com o metal central. Os orbitais LUMO do CO são os orbitais 2π antiligantes. Estes dois orbitais têm um papel crucial porque podem sobrepor-se aos orbitais d do metal que têm simetria local π (como os orbitais t_{2g} em um complexo O_h). A interação π conduz à deslocalização dos elétrons dos orbitais d ocupados do metal para os orbitais π* vazios dos ligantes CO, de forma que o ligante também atua como um receptor π.

Uma consequência importante desse esquema de ligação é o efeito sobre a ligação tripla do CO: quanto mais forte for a ligação metal-carbono através do deslocamento da densidade eletrônica do metal para os orbitais 2π, mais fraca será a ligação CO, uma vez que a densidade eletrônica irá para o orbital antiligante do CO. No caso extremo, quando dois elétrons forem completamente doados pelo metal, haverá a formação de uma ligação dupla formal metal-carbono; como dois elétrons estarão ocupando um orbital antiligante do CO, essa doação resultará na diminuição da ordem de ligação do CO para 2.

Na prática, a ligação ficará entre M–C≡O, sem retroligação, e M=C=O, com retroligação máxima. A espectroscopia no infravermelho é um método muito conveniente para determinar a extensão da ligação π; o estiramento do CO é facilmente observável, uma vez que ele é ao mesmo tempo forte e normalmente separado de todas as outras absorções. No CO gasoso, a absorção para a ligação tripla ocorre em 2143 cm^{-1}, enquanto que num complexo típico de carbonila metálica o modo de estiramento apresenta-se na região de 2100 a 1700 cm^{-1} (Tabela 22.3). O número de absorções que ocorrem no infravermelho para um composto específico de carbonila será discutido na Seção 22.18g.

As frequências de estiramento da carbonila são frequentemente usadas para determinar a força receptora ou doadora de outros ligantes presentes em um complexo. A base para esta abordagem é que a frequência de estiramento do CO diminui quando ele atua como um ligante π receptor. Entretanto, como outros ligantes π receptores no mesmo complexo competem pelos elétrons d do metal, eles provocam um aumento na frequência do CO. Este comportamento é o oposto ao observado para ligantes doadores, os quais provocam a diminuição da frequência de estiramento do CO à medida que eles fornecem elétrons para o metal e, indiretamente, para os orbitais π* do CO. Assim, tanto a presença de ligantes σ doadores fortes em uma carbonila metálica quanto uma carga negativa formal num ânion de carbonila metálica resultam em comprimentos de ligação ligeiramente maiores para o CO e reduzem significativamente a frequência de estiramento do CO.

O monóxido de carbono é um ligante versátil, pois, assim como ele pode ligar-se da forma descrita acima (geralmente chamada de "terminal"), ele também pode ligar-se em ponte com dois (**18**) ou três (**19**) átomos metálicos. Embora a descrição da ligação seja agora mais complicada, os conceitos de ligantes σ doadores e π receptores continuam sendo úteis. As frequências de estiramento do CO geralmente seguem a ordem MCO > M$_2$CO > M$_3$CO, o que sugere um aumento na ocupação do orbital π* à medida que a molécula de CO estiver ligada a um número maior de átomos metálicos, com mais densidade eletrônica indo dos metais para os orbitais π* do CO. Como uma regra prática, carbonilas em ponte com dois átomos metálicos geralmente possuem bandas de estiramento entre 1900 e 1750 cm^{-1}, e

Figura 22.3 Diagrama de orbitais moleculares para o CO, mostrando que o HOMO tem simetria σ, sendo essencialmente um lóbulo que se projeta para fora a partir do átomo de C. O LUMO tem simetria π.

Tabela 22.3 Influência da carga e da coordenação na banda de estiramento do CO

Composto	$\tilde{\nu}/cm^{-1}$
CO	2143
[Mn(CO)$_6$]$^+$	2090
Cr(CO)$_6$	2000
[V(CO)$_6$]$^-$	1860
[Ti(CO)$_6$]$^{2-}$	1750

aquelas em ponte com três átomos têm bandas de estiramento entre 1800 e 1600 cm⁻¹ (Fig. 22.4). Considera-se o monóxido de carbono como um ligante neutro de dois elétrons quando ele é terminal ou em ponte (assim, uma carbonila em ponte com dois metais pode ser considerada como fornecendo um elétron para cada um).

Um modo adicional de ligação do CO, que algumas vezes é observado, ocorre quando o CO está ligado de modo terminal a um metal e a ligação tripla está ligada lateralmente a outro metal (**20**). Essa situação é mais bem considerada como duas interações ligantes separadas, com a interação terminal sendo a mesma descrita acima e a ligação lateral sendo essencialmente idêntica àquela observada para outros ligantes π doadores laterais, como os alquinos e o N_2, que serão discutidos mais adiante.

As sínteses, propriedades e reatividades de compostos contendo o ligante carbonila serão discutidas mais detalhadamente na Seção 22.18.

22.6 Fosfinas

Ponto principal: As fosfinas ligam-se aos metais por uma combinação de doação σ do átomo de P e retrodoação π do metal.

Embora os complexos com fosfinas não sejam organometálicos, pois as fosfinas não se ligam aos metais por um átomo de carbono, elas são mais bem discutidas aqui, uma vez que suas ligações têm muitas similaridades com as do monóxido de carbono.

A fosfina, PH_3 (formalmente, fosfano), é um gás reativo, nocivo, venenoso e inflamável (Seção 15.10). Assim como a amônia, a fosfina pode comportar-se como uma base de Lewis e usar o seu par de elétrons isolado para doar densidade eletrônica a um ácido de Lewis e, desta forma, atuar como um ligante. Entretanto, dados os problemas associados ao manuseio da fosfina, ela raramente é usada como um ligante. Em comparação, fosfinas substituídas, como as trialquilfosfinas (por exemplo, PMe_3 e PEt_3), triarilfosfinas (por exemplo, PPh_3), trialquilfosfitos, triarilfosfitos (por exemplo, $P(OMe)_3$, $P(OPh)_3$ (**21**)) e uma família inteira de difosfinas e trifosfinas multidentadas em ponte (por exemplo, $Ph_2PCH_2CH_2PPh_2$ = dppe (**22**)) são facilmente manuseadas (na verdade, algumas são sólidos inodoros, estáveis ao ar, sem toxicidade apreciável) e amplamente usadas como ligantes; todas são genericamente chamadas de "fosfinas".

As fosfinas têm um par isolado no átomo de P que é apreciavelmente básico e nucleofílico e pode servir como σ doador. As fosfinas também têm orbitais vazios no átomo de P que podem sobrepor-se aos orbitais ocupados de íons de metais 3d e comportarem-se como π receptores (**23**). A ligação das fosfinas com um átomo de metal d, feita por uma ligação σ do ligante para o metal e uma ligação π do metal para o ligante, é completamente análoga à ligação do CO com um átomo de metal d. A questão de quais orbitais do átomo de P comportam-se como π receptores foi objeto de considerável debate no passado, com alguns grupos reivindicando este papel para os orbitais 3d desocupados do P e outros reivindicando a participação dos orbitais σ* P–R; o consenso atual aponta para a participação dos orbitais σ*. Em qualquer caso, cada fosfina contribui com dois elétrons na contagem dos elétrons de valência.

Conforme mencionado anteriormente, uma grande variedade de fosfinas é tanto possível quanto amplamente disponível, incluindo sistemas quirais como a 2,2'-bis(difenilfosfina)-1,1'-binaftila (BINAP) (**24**), no qual o estereoimpedimento resulta em compostos que podem ser resolvidos em diastereoisômeros. Em geral, há duas propriedades dos ligantes fosfina que são consideradas importantes nas discussões sobre a reatividade dos seus complexos: o seu volume e sua capacidade de doar (e receber) elétrons.

Vimos, na Seção 21.6, como o volume das fosfinas pode ser expresso em termos da noção do volume do cone ocupado pelo ligante ligado. A Tabela 22.4 apresenta alguns ângulos de cone. A ligação das fosfinas com átomos de metal d, como já vimos, é uma composição formada por uma ligação σ do ligante para o metal e uma retroligação π do

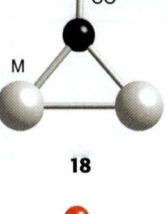

18

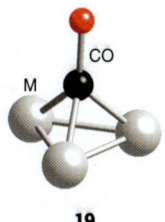

19

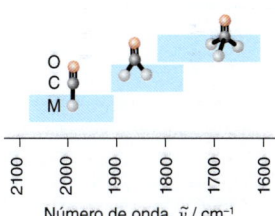

Figura 22.4 Regiões aproximadas para as bandas de estiramento do CO em carbonilas metálicas neutras. Note que os números de onda mais altos (e, portanto, frequências mais altas) estão do lado esquerdo, de acordo com a forma usual como os espectros de infravermelho são apresentados.

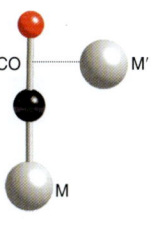

20

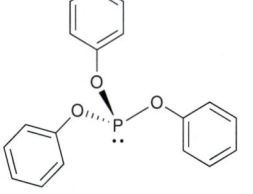

21 $P(OPh)_3$

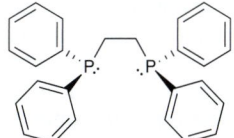

22 $Ph_2PCH_2CH_2PPh_2$, dppe

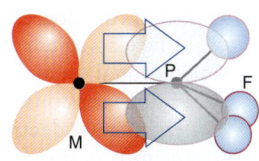

23

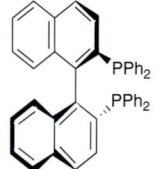

24 2,2'-bis(difenilfosfina)-1,1'-binaftila, BINAP

Tabela 22.4 Ângulos de cone de Tolman (em graus) para algumas fosfinas selecionadas

PF$_3$	104
P(OMe)$_3$	107
PMe$_3$	118
PCl$_3$	125
P(OPh)$_3$	127
PEt$_3$	132
PPh$_3$	145
PCy$_3$	169
P^{t}Bu$_3$	182
P(o-tolyl)$_3$	193

metal para o ligante. As capacidades de doação σ e recepção π das fosfinas correlacionam-se de maneira inversa, no sentido de que as fosfinas ricas em elétrons, como a PMe$_3$, são bons ligantes σ doadores e maus π receptores, enquanto que as fosfinas pobres em elétrons, como a PF$_3$, são maus σ doadores e bons π receptores. Assim, a basicidade de Lewis pode ser usada normalmente como uma única escala para indicar a capacidade doadora/receptora. A ordem de basicidade geralmente aceita para as fosfinas é

$$PCy_3 > PEt_3 > PMe_3 > PPh_3 > P(OMe)_3 > P(OPh)_3 > PCl_3 > PF_3$$

que pode ser facilmente entendida considerando-se a eletronegatividade dos substituintes no átomo de P. A basicidade de uma fosfina não está relacionada simplesmente com a força da ligação M–P em um complexo: por exemplo, um metal com poucos elétrons forma uma ligação mais forte com uma fosfina rica em elétrons (mais básica), enquanto um metal rico em elétrons formará uma ligação mais forte com uma fosfina mais pobre em elétrons.

Existindo ligantes carbonila em um complexo metal-fosfina, a frequência de estiramento da carbonila pode ser usada para determinar a basicidade do ligante fosfina: esse método nos permite concluir que o PF$_3$ é um ligante π receptor tão bom quanto o CO.

A grande variedade de fosfinas que são comumente usadas na química organometálica demonstra a versatilidade delas como ligantes: uma escolha criteriosa permite controlar as propriedades estéreas e eletrônicas do metal no complexo. O fósforo-31 (que ocorre com 100% de abundância natural) é facilmente observado por RMN, e tanto o deslocamento químico do ^{31}P quanto a constante de acoplamento com o metal (quando possível) fornecem aspectos detalhados da ligação e da reatividade do complexo. Assim como as carbonilas, as fosfinas podem se ligar em ponte com dois ou três átomos de metal, produzindo uma variedade adicional de modos de ligação.

> **EXEMPLO 22.4** Interpretando as frequências de estiramento da carbonila em complexos com fosfinas
>
> (a) Qual dos dois compostos isoeletrônicos, [Cr(CO)$_6$] ou [V(CO)$_6$]$^-$, tem a maior frequência de estiramento de CO? (b) Qual dos dois compostos de cromo, [Cr(CO)$_5$(PEt$_3$)] ou [Cr(CO)$_5$(PPh$_3$)], tem a menor frequência de estiramento de CO? Qual deles terá a menor distância de ligação M–C?
>
> *Resposta* Precisamos considerar se a retroligação para os ligantes CO é maior ou menor: mais retroligação resulta em enfraquecimento da ligação carbono-oxigênio. (a) A carga negativa no complexo de V resultará numa maior retroligação π para os orbitais π* do CO, quando comparado com o complexo de Cr. Essa retroligação causará o enfraquecimento da ligação CO, com a correspondente diminuição da frequência de estiramento. Assim, o complexo de Cr tem a maior frequência de estiramento de CO. (b) O PEt$_3$ é mais básico do que o PPh$_3$ e, assim, o complexo de PEt$_3$ terá uma maior densidade eletrônica no metal do que o complexo de PPh$_3$. Essa maior densidade eletrônica resultará numa maior retroligação para o ligante carbonila e, consequentemente, numa menor frequência de estiramento do CO e numa ligação M–C mais longa.
>
> *Teste sua compreensão 22.4* Qual dos dois compostos de ferro, [Fe(CO)$_5$] ou [Fe(CO)$_4$(PEt$_3$)], terá a maior frequência de estiramento de CO? Qual terá a ligação M–C mais longa?

22.7 Complexos de hidreto e de di-hidrogênio

Pontos principais: A ligação de um átomo de hidrogênio com o átomo de um metal é uma interação σ, enquanto que a ligação de um ligante di-hidrogênio envolve retroligação π.

Um átomo de hidrogênio ligado diretamente a um metal é comumente encontrado nos complexos organometálicos, sendo denominado como um **ligante hidreto**. O nome "hidreto" pode levar à confusão, uma vez que ele indica um ligante H$^-$. Enquanto que a formulação H$^-$ pode ser adequada para a maioria dos hidretos, como no [CoH(PMe$_3$)$_4$], alguns hidretos são apreciavelmente ácidos e comportam-se como se eles contivessem um H$^+$; por exemplo, o [CoH(CO)$_4$] é um ácido com pK_a = 8,3 (em acetonitrila). A acidez das carbonilas organometálicas está descrita na Seção 22.18. No método da doação de pares de elétrons para a contagem de elétrons, consideramos que o ligante hidreto contribui com dois elétrons e que possui uma única carga negativa (ou seja, é um H$^-$).

A ligação de um átomo de hidrogênio com um átomo metálico é simples porque o único orbital do hidrogênio com energia adequada para a ligação é o H1s e a ligação M–H pode ser considerada como uma interação σ entre os dois átomos. Os hidretos são facilmente identificados pela espectroscopia de RMN, uma vez que os seus deslocamentos químicos são incomuns, ocorrendo geralmente na faixa de –50 < δ < 0. A espectroscopia no infravermelho também pode ser empregada para identificar os hidretos metálicos, uma vez que eles geralmente apresentam uma banda de estiramento na região de 2250 a 1650 cm^{-1}. A difração de raios X, normalmente tão valiosa para identificar a estrutura de materiais cristalinos, nem sempre identifica os hidretos, pois a difração está relacionada com a densidade eletrônica, e o ligante hidreto terá no máximo dois elétrons ao seu redor, comparado, por exemplo, com os 78 elétrons da platina. A difração de nêutrons é mais usada na localização do ligante hidreto, especialmente se o átomo de hidrogênio for substituído por um átomo de deutério, uma vez que o deutério tem uma maior seção de choque para espalhamento de nêutrons.

Algumas vezes, uma ligação M–H pode ser produzida pela protonação de um composto organometálico, como uma carbonila metálicas aniônica ou neutra (Seção 22.18e). Por exemplo, o ferroceno pode ser protonado por um ácido forte para formar uma ligação Fe–H:

[Cp$_2$Fe]+HBF$_4$ →[Cp$_2$FeH]$^+$[BF$_4$]$^-$

Existem hidretos em ponte, nos quais um átomo de H liga-se a dois ou três metais: aqui a ligação pode ser tratada exatamente da mesma forma como consideramos os hidretos em ponte no diborano, B$_2$H$_6$ (Seção 2.11).

Embora o primeiro hidreto metálico organometálico tenha sido descrito em 1931, complexos com hidrogênio gasoso, H$_2$, somente foram identificados em 1984. Nestes compostos, a molécula de di-hidrogênio, H$_2$, liga-se lateralmente ao metal (na literatura mais antiga, estes compostos eram algumas vezes chamados de *hidretos não clássicos*). A ligação do di-hidrogênio com o metal é considerada como formada por dois componentes: uma doação σ dos dois elétrons da ligação no H$_2$ para o metal (**25**) e uma retrodoação π do metal para o orbital σ* antiligante do H$_2$ (**26**). Essa visão da ligação levanta várias questões interessantes. Em particular, à medida que a retroligação π do metal aumenta, a força da ligação H–H diminui e a estrutura tende para um di-hidreto:

Uma molécula de di-hidrogênio é considerada um doador neutro de dois elétrons. A transformação do di-hidrogênio em dois hidretos (considerando-se que cada um tenha uma única carga negativa e que contribui com dois elétrons) requer que a carga formal no metal aumente em dois. Isto é, o metal é oxidado em duas unidades e o di-hidrogênio é reduzido. Embora pareça que esta oxidação do metal é uma anomalia produzida pelo nosso método de contagem de elétrons, dois dos elétrons do metal foram usados na retroligação para o di-hidrogênio e agora estes dois elétrons não estão mais disponíveis para o metal fazer ligações. Esta transformação da molécula do di-hidrogênio em di-hidreto é um exemplo de uma reação de *adição oxidativa* que será discutida mais detalhadamente adiante neste capítulo (Seção 22.22).

Hoje reconhece-se a existência de complexos com todos os tipos de estrutura entre estes dois extremos e, em alguns casos, pode-se identificar um equilíbrio entre as duas formas. O trabalho de G. Kubas com complexos de tungstênio usou a constante de acoplamento H–D para mostrar que é possível detectar tanto o complexo de di-hidrogênio (**27**, $^1J_{HD}$ = 34 Hz) quanto o de di-hidreto (**28**, $^2J_{HD}$ < 2 Hz) e também acompanhar a conversão de um em outro. Certos micróbios contêm enzimas conhecidas como *hidrogenases*, as quais usam Fe e Ni em seus centros catalíticos para catalisar a oxidação rápida do H$_2$ e a redução do H$^+$, via espécies intermediárias de metal com di-hidrogênio e com hidreto (Seção 26.14).

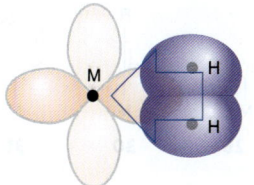

25

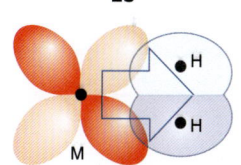

26

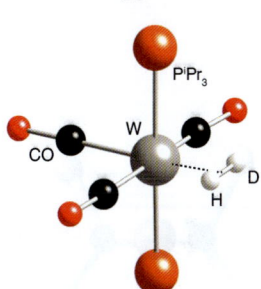

27 [W(HD)(P^{i}Pr$_3$)$_2$(CO)$_3$]

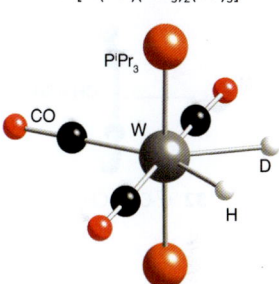

28 [W(H)(D)(P^{i}Pr$_3$)$_2$(CO)$_3$]

22.8 Ligantes η^1-alquila, η^1-alquenila, η^1-alquinila e η^1-arila

Ponto principal: A ligação metal-ligante dos ligantes η^1-hidrocarboneto é uma interação σ.

Grupos alquila são frequentemente encontrados como ligantes na química organometálica dos metais d, e sua ligação não apresenta aspectos novos: ela é mais bem considerada como uma simples interação covalente σ entre o átomo do metal e o átomo de carbono do fragmento orgânico. Os grupos alquila, que possuem um átomo de hidrogênio no carbono adjacente àquele que está ligado ao metal, decompõem-se facilmente por um processo conhecido como *eliminação de hidrogênio β* (Seção 22.25) e, portanto, os grupos alquila que não podem reagir desta maneira, como a metila, benzoíla (CH$_2$C$_6$H$_5$), neopentila (CH$_2$CMe$_3$) e trimetilsililmetila (CH$_2$SiMe$_3$), são mais estáveis do que aqueles que podem, como o grupo etila.

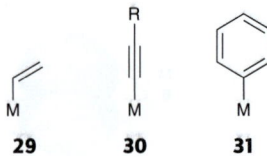

Os grupos alquenila (**29**), alquinila (**30**) e arila (**31**) podem se ligar ao átomo do metal através de um único átomo de carbono e, portanto, são ditos mono-haptos (η^1). Embora exista a possibilidade de que cada um desses três grupos receba densidade eletrônica π em seus orbitais antiligantes, há pouca evidência de que isso ocorra. Por exemplo, mesmo embora um grupo η^1-alquinila possa ser considerado análogo a um grupo CO, a frequência de estiramento da ligação tripla do grupo alquinila muda pouco quando ele se liga ao metal no complexo. Também existem grupos alquila e arila em ponte, e a ligação pode ser considerada da mesma forma como fizemos para outros ligantes em ponte, com ligações 3c,2e.

Os grupos alquila, alquenila, alquinila e arila geralmente são introduzidos nos complexos organometálicos pelo deslocamento de um halogeneto em um centro metálico por um reagente de lítio ou de Grignard. Por exemplo:

$$\text{Cl}\cdots\text{Pd}\cdots\text{PPh}_3 \quad \xrightarrow{2\,\text{PhLi}} \quad \text{Ph}\cdots\text{Pd}\cdots\text{PPh}_3 \quad + 2\,\text{LiCl}$$
$$\text{Ph}_3\text{P} \qquad \text{Cl} \qquad\qquad\qquad \text{Ph}_3\text{P} \qquad \text{Ph}$$

No método da doação de pares de elétrons para a contagem dos elétrons, consideramos os ligantes alquila, alquenila, alquinila e arila como doadores de dois elétrons com uma única carga negativa (por exemplo, Me⁻ e Ph⁻).

22.9 Ligantes η^2-alqueno e η^2-alquino

Ponto principal: A ligação de um alqueno ou um alquino com um metal é mais bem descrita como uma interação σ da ligação múltipla para o átomo metálico, com uma retroligação π do metal para um orbital π* antiligante no alqueno ou no alquino.

Os alquenos são frequentemente encontrados ligados a centros metálicos: o primeiro composto organometálico isolado, o sal de Zeise (**1**), é um complexo de eteno. Os alquenos geralmente ligam-se de lado com o átomo metálico, com ambos os átomos de carbono da dupla ligação equidistantes do metal e com os outros grupos no alqueno aproximadamente perpendiculares ao plano formado pelo metal e os dois átomos de carbono (**32**). Nesse arranjo, a densidade eletrônica da ligação π C=C pode ser doada para um orbital vazio do metal para formar uma ligação σ. Em paralelo a essa interação, um orbital d ocupado do metal pode doar densidade eletrônica de volta para os orbitais π* vazios do alqueno para formar uma ligação π. Esta descrição é chamada de **modelo Dewar-Chatt-Duncanson** (Fig. 22.5) e os η^2-alquenos são considerados como ligantes neutros de dois elétrons.

O caráter doador e receptor de elétrons parece ser razoavelmente equilibrado na maioria dos complexos de eteno com metais d, mas o grau de doação e retrodoação pode ser alterado pelos substituintes presentes no metal e no alqueno. Quando a retroligação π do átomo metálico aumenta, a força da ligação C=C diminui à medida que uma maior densidade eletrônica fica localizada no orbital antiligante C=C e a estrutura tende para uma estrutura com uma ligação simples C–C, um metalociclopropano:

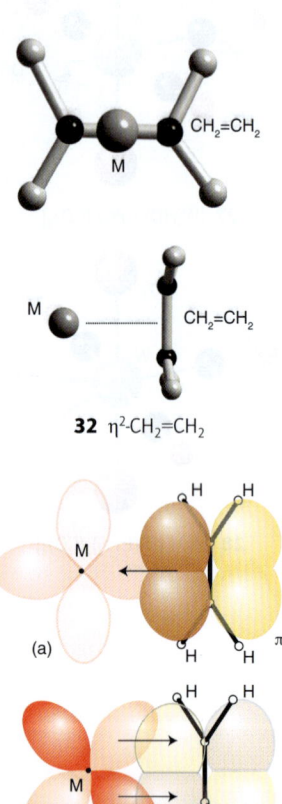

Figura 22.5* Interação do eteno com um metal. (a) Doação da densidade eletrônica do orbital molecular π ocupado do eteno para um orbital σ vazio do metal. (b) Recepção de densidade eletrônica de um orbital dπ ocupado para um orbital π* vazio do eteno.

Os di-haptoalquenos que recebem uma pequena doação de elétrons do metal apresentam os seus substituintes ligeiramente curvados, afastando-se do metal, e o comprimento da ligação C=C fica apenas ligeiramente maior do que no alqueno livre (134 pm). Quando o grau de retrodoação é maior, os substituintes no alqueno curvam-se mais, afastando-se do metal, e o comprimento da ligação C=C aproxima-se mais daquele de uma ligação simples característica. O estereoimpedimento também pode forçar que outros grupos no alqueno se curvem, afastando-se do metal.

Os alquinos possuem duas ligações π, sendo potencialmente doadores de quatro elétrons. Quando a ligação tripla η^2-carbono-carbono está posicionada de lado em relação a um metal, é mais bem considerada como doadora de dois elétrons, com os orbitais π* recebendo densidade eletrônica do átomo metálico da mesma forma que nos alquenos. Quando grupos que atraem elétrons fortemente estão ligados ao alquino, este pode se tornar um excelente ligante π receptor e deslocar outros ligantes tais como as fosfinas: um bom exemplo é o composto conhecido como dimetilacetilenodicarboxilato, $CH_3O_2CC\equiv CCO_2CH_3$.

Os alquinos substituídos podem formar complexos polimetálicos muito estáveis, nos quais o alquino pode ser considerado como um doador de quatro elétrons. Um exemplo é o η^2-difeniletino(hexacarbonila)dicobalto(0), no qual podemos ver uma ligação π como doadora para um dos átomos de Co e a segunda ligação π sobrepondo-se com o outro átomo de Co (33). Neste exemplo, os grupos alquila ou arila presentes no alquino aumentam a estabilidade, reduzindo a tendência de reações secundárias no etino coordenado, como a perda para o metal dos átomos de H ligeiramente ácido do etino.

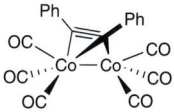

33 [Co$_2$(PhC≡CPh)(CO)$_6$]

22.10 Ligantes dieno e polienos não conjugados

Ponto principal: A ligação de alquenos não conjugados com um metal é mais bem descrita como a ligação de vários alquenos independentes com um centro metálico.

Ligantes dienos (–C=C–X–C=C–) e polienos não conjugados também podem se ligar a um metal. É mais simples considerá-los como alquenos conectados e assim eles não apresentam qualquer conceito novo de ligação. Assim como no efeito quelato dos compostos de coordenação (Seção 7.14), os complexos de polienos são geralmente mais estáveis do que os complexos equivalentes com ligantes individuais, uma vez que a entropia de dissociação do complexo é muito menor do que quando os ligantes liberados podem se mover independentemente. Por exemplo, o bis(η^4-ciclo-octa-1,5-dieno)níquel(0) (34) é mais estável do que o complexo correspondente contendo quatro ligantes eteno. O ciclo-octa-1,5-dieno (35) é um ligante relativamente comum na química organometálica, em que ele é chamado de "cod", sendo normalmente introduzido na esfera de coordenação de um metal por reações simples de deslocamento de ligantes. Um exemplo é:

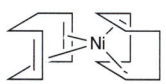

34 [Ni(cod)$_2$]

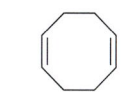

35 Ciclo-octa-1,5-dieno, cod

Os complexos metálicos de cod são geralmente usados como materiais de partida porque frequentemente possuem uma estabilidade intermediária. Muitos deles são suficientemente estáveis para serem isolados e manuseados, mas o cod pode ser deslocado por muitos outros ligantes. Por exemplo, quando se necessita da molécula altamente tóxica de [Ni(CO)$_4$] numa reação, ela pode ser gerada diretamente a partir do [Ni(cod)$_2$] no meio reacional:

[Ni(cod)$_2$](solv) + 4 CO(g) → [Ni(CO)$_4$](solv) + 2 cod(solv)

22.11 Butadieno, ciclobutadieno e ciclo-octatetraeno

Pontos principais: Uma forma de ver a ligação do butadieno e do ciclobutadieno é tratá-los como contendo duas unidades alqueno, mas para uma compreensão mais completa necessitamos considerar os seus orbitais moleculares. O ciclo-octatetraeno liga-se de várias maneiras diferentes; o modo mais comum na química dos metais d é como um doador η^4, análogo ao butadieno.

A tentação com o butadieno e com o ciclobutadieno é tratá-los como duas ligações duplas isoladas. Entretanto, é necessária uma abordagem adequada por orbitais moleculares para que possamos entender de maneira mais completa a ligação, uma vez que as interações metal-ligante são diferentes nos dois casos.

A Fig. 22.6 mostra os orbitais moleculares para o sistema π do butadieno. Os dois OM ocupados de menor energia podem se comportar como doadores para o metal, o de mais baixa energia como um σ doador e o seguinte como um π doador. O OM desocupado seguinte, o LUMO, pode atuar como um π receptor em relação ao metal. Assim, a ligação de uma molécula de butadieno com um metal resulta na ocupação de um orbital molecular ligante em relação aos dois átomos de C centrais (os quais já estão nominalmente ligados por uma ligação simples) e antiligante em relação aos átomos de C nominalmente ligados por ligações duplas. As modificações produzidas na densidade eletrônica resultam no encurtamento da ligação C–C central e no alongamento das ligações duplas C–C; em alguns complexos, a ligação C–C central é ainda mais curta do que as outras duas ligações C–C. Teoricamente, é possível uma interação δ ligante entre o orbital atômico d$_{xy}$ do metal e os OM mais antiligantes do butadieno, mas não há evidência definitiva de que isto ocorra. Portanto, o butadieno é considerado um ligante neutro de quatro elétrons em nosso esquema de contagem de elétrons.

A molécula do ciclobutadieno livre é retangular (D_{2h}) e instável devido à tensão gerada pelo seu ângulo de ligação e sua configuração antiaromática de quatro elétrons. Entretanto, são conhecidos complexos estáveis, como o [Ru(η^4-C$_4$H$_4$)(CO)$_3$] (36). Essa é uma das muitas espécies para as quais a coordenação com um metal estabiliza uma molécula que de outra forma seria instável.

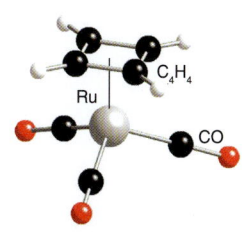

36 [Ru(η^4-C$_4$H$_4$)(CO)$_3$]

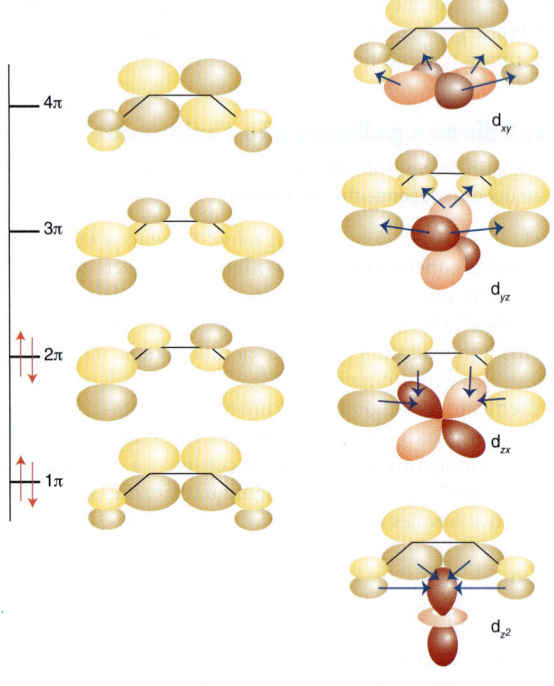

Figura 22.6* Os orbitais moleculares do sistema π do butadieno; também são mostrados os orbitais d do metal com simetria apropriada para formar interações ligantes.

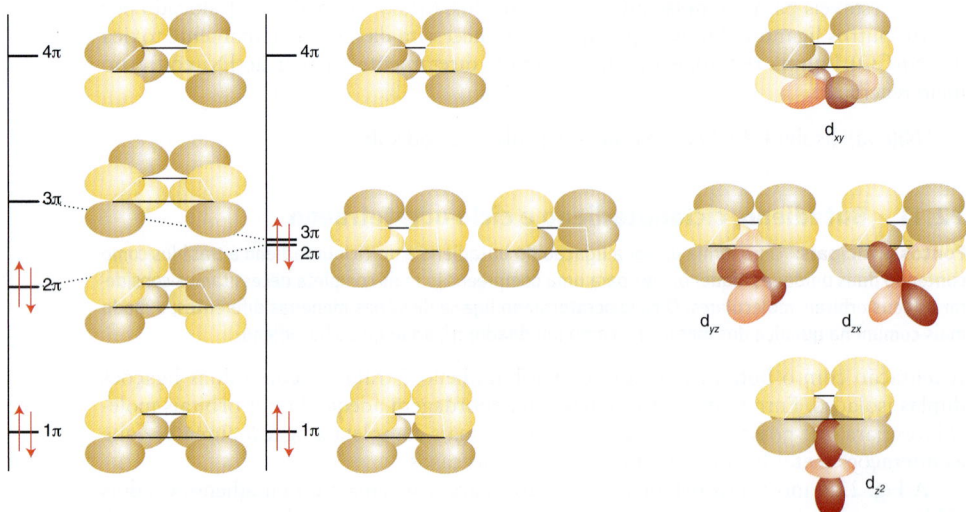

Figura 22.7* Orbitais moleculares do sistema π do ciclobutadieno; também são mostrados os orbitais d do metal com simetria apropriada para formar interações ligantes.

Como consequência da distorção do arranjo quadrático[2], o ciclobutadieno tem um diagrama de OM semelhante ao do butadieno (Fig. 22.7). A ocupação do LUMO por retroligação leva a uma ligação mais forte nos lados maiores da molécula retangular do ciclobutadieno, tendendo a um arranjo quadrático (D_{4h}). Se o ciclobutadieno receber formalmente dois elétrons do átomo metálico, ele terá seis elétrons π com três OM ocupados e nenhum incentivo para se distorcer e sair da forma quadrada; nessa configuração, dois dos OM são degenerados. Uma vez que todos os complexos de ciclobutadieno com metal são quadráticos, isso sugere que a configuração aromática com seis elétrons descreve melhor a ligação no anel carbônico do que a configuração com quatro elétrons. Esta visão da ligação tem levado a se considerar os complexos de ciclobutadieno como sendo complexos do diânion $R_4C_4^{2-}$ (um doador de seis elétrons), embora seja mais conveniente tratar o ciclobutadieno como um ligante neutro de quatro elétrons. Novamente,

---

[2] Podemos considerar esta distorção como um exemplo orgânico do efeito de Jahn-Teller (Seção 20.1g).

é possível uma interação δ ligante entre o orbital d_{xy} do metal e os OM mais antiligantes do butadieno, mas também não há evidência definitiva de que isso ocorra.

Uma vez que o ciclobutadieno é instável, o ligante deve ser gerado na presença do metal ao qual ele irá se coordenar. Esta síntese pode ser feita de várias maneiras. Um dos métodos é a desalogenação de um ciclobuteno halogenado:

Outro procedimento é a dimerização de um etino substituído:

O ciclo-octatetraeno (**37**) é um ligante grande que se liga de diversas formas. Assim como o ciclobutadieno, ele é antiaromático na forma livre. O ciclo-octatetraeno pode ligar-se a um metal num arranjo octa-hapto, no qual ele é plano e todos os comprimentos de ligação C–C são iguais. Neste arranjo, de maneira similar ao ciclobutadieno, considera-se que o ciclooctatetraeno capture dois elétrons, tornando-se (formalmente) o ligante aromático duplamente negativo $[C_8H_8]^{2-}$ (ou seja, um doador de 10 elétrons). Ciclo-octatetraenos ligados desta forma são raramente observados em compostos de metais d, sendo normalmente encontrados somente com lantanídeos e actinídeos (Seção 23.9). Por exemplo, dois destes ligantes duplamente negativos são encontrados no bis(η⁸-ciclo-octatetraenila)urânio(IV), $[U(\eta^8\text{-}C_8H_8)_2]$, comumente chamado de uranoceno.

O modo de ligação mais usual para os ciclo-octatetraenos nos compostos de metal d é como um ligante preguado η^4-C_8H_8, como em (**38**), no qual a parte do ligante que se liga pode ser tratada como um butadieno. Também são possíveis modos de ligação em ponte, como em (**39**) e (**40**).

22.12 Benzeno e outros arenos

Ponto principal: Considerando-se os orbitais moleculares do benzeno, chega-se a uma visão de que a ligação do benzeno com um metal envolve uma significativa interação por retroligação δ.

Considerando-se o benzeno como tendo três ligações duplas localizadas, cada ligação dupla pode se comportar como um ligante, e a molécula pode ser considerada como um ligante η⁶ tridentado. Um composto como o bis(η⁶-benzeno)cromo(0) (**41**) pode então ser considerado como formado por seis ligações duplas coordenadas, cada uma doando dois elétrons, ligando-se a um metal d⁶, totalizando 18 elétrons de valência para o complexo octaédrico. O bis(η⁶-benzeno)cromo(0) de fato existe e tem uma estabilidade notável: ele pode ser manuseado ao ar e sublima sem decomposição. Embora esta visão da ligação seja um primeiro passo em direção à compreensão da sua estrutura, a verdadeira descrição necessita de uma consideração mais aprofundada dos orbitais moleculares envolvidos.

Na descrição por orbitais moleculares da ligação π do benzeno, há três orbitais ligantes e três antiligantes. Se considerarmos uma única molécula de benzeno ligando-se a um único metal e considerarmos somente os orbitais d, a interação mais forte será a interação σ entre o orbital molecular mais fortemente ligante a_2 do benzeno e o orbital d_{z^2} do metal. Ligações π são possíveis entre os dois outros OM do benzeno e os orbitais d_{zx} e d_{yz}. A retroligação do metal para o benzeno é possível como uma interação δ entre os orbitais $d_{x^2-y^2}$ e d_{xy} e os orbitais vazios antiligantes e_2 do benzeno (Fig. 22.8). Os η^6-arenos são considerados como ligantes neutros que doam seis elétrons e ocupam três sítios de coordenação do metal.

Os complexos de arenos hexa-hapto (η^6) são obtidos de forma muito fácil, geralmente dissolvendo-se um composto que tenha três ligantes que possam ser substituídos em um areno e fazendo-se, então, o refluxo da solução:

37 Ciclo-octatetraeno

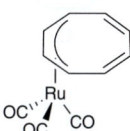

38 $[Ru(\eta^4\text{-}C_8H_8)(CO)_3]$

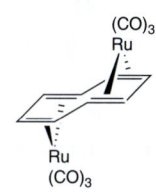

39

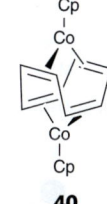

40

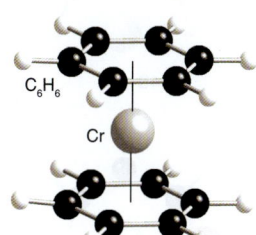

41 $[Cr(C_6H_6)_2]$

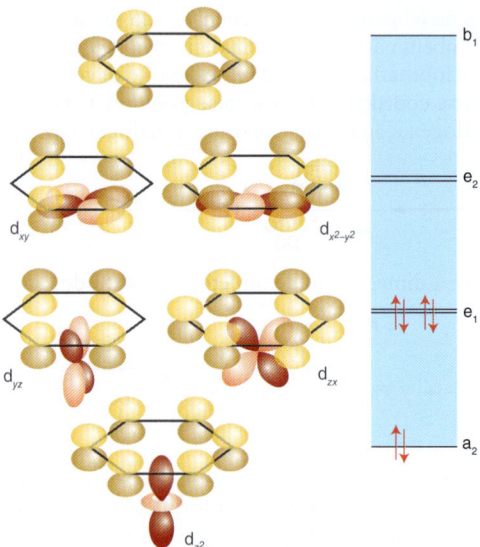

Figura 22.8* Os orbitais moleculares do sistema π do benzeno; também são mostrados os orbitais d do metal com simetria apropriada para formar interações ligantes.

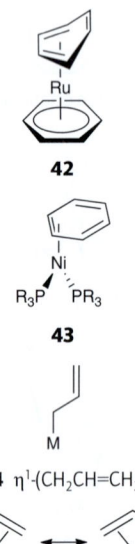

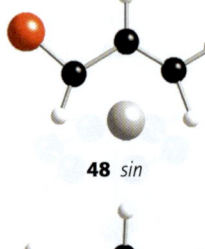

Um intermediário de reação comumente considerado para os complexos η⁶-arenos é formado por um "deslizamento" do ligante, produzindo um complexo η⁴ que doa somente quatro elétrons para o metal, permitindo, assim, uma reação de substituição sem perda do ligante inicial:

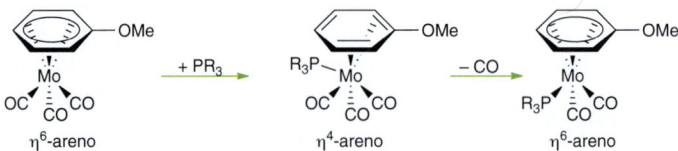

De fato, alguns complexos η⁴-areno, como (**42**), foram isolados e caracterizados cristalograficamente.

Também são conhecidos η²-arenos que são análogos aos η²-alquenos; eles têm um papel importante na ativação dos arenos por complexos metálicos; como exemplo, temos o complexo (**43**) que também já foi isolado.

22.13 O ligante alila

Pontos principais: Considerando-se os OM dos complexos η³-alila, chega-se a uma visão com duas ligações C–C com comprimentos de ligação idênticos; uma vez que o tipo de ligação do ligante alila é muito variável, os complexos η³-alila são, frequentemente, altamente reativos.

O ligante alila, $CH_2=CH_2-CH_2^-$, pode se ligar a um átomo metálico de duas formas diferentes. Como um ligante η¹ (**44**), ele pode ser considerado como um grupo η¹-alquila (ou seja, como um doador de dois elétrons com uma única carga negativa). Entretanto, o ligante alila também pode usar sua ligação dupla para doar mais dois elétrons e atuar como um ligante η³ (**45**), comportando-se nesse arranjo como um doador de quatro elétrons com uma única carga negativa. O ligante η³-alila pode ser visto como uma ressonância entre as formas (**45**) e (**46**); como todas as evidências apontam na direção de uma estrutura simétrica, ele frequentemente é mostrado com uma linha curva representando todos os elétrons ligantes (**47**).

Assim como no caso do benzeno, para uma compreensão mais detalhada da ligação do um grupo alila é necessário considerar os orbitais moleculares do fragmento orgânico (Fig. 22.9), quando então se torna evidente por que o arranjo simétrico é a descrição correta do modo de ligação η³. O orbital 1π preenchido do grupo alquila comporta-se como σ doador (para o orbital d_{z^2}), o orbital 2π comporta-se como π doador (para o orbital d_{zx}) e o orbital 3π comporta-se como π receptor (do orbital d_{yz}). Assim, as interações do metal com cada átomo de carbono terminal são idênticas, resultando em um arranjo simétrico.

Substituintes terminais em um grupo η³-alila curvam-se ligeiramente para fora do plano do esqueleto de três átomos de carbono e podem ser *sin* (**48**) ou *anti* (**49**) em

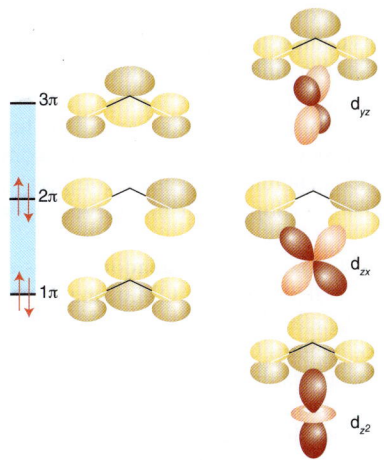

Figura 22.9* Orbitais moleculares do sistema π do grupo alila⁻; também são mostrados os orbitais d do metal com simetria apropriada para formar interações ligantes.

relação ao hidrogênio central. É comum observar-se a troca entre as posições *sin* e *anti*, em alguns casos numa escala de tempo mais rápida que a do RMN. Para explicar essa mudança, frequentemente considera-se um mecanismo que envolve a transformação de η^3 para η^1 e para η^3 novamente.

Devido a esta flexibilidade na ligação, os complexos η^3-alila são altamente reativos, pois a transformação em η^1 permite que eles se liguem facilmente a outros ligantes.

Há muitas rotas para se chegar aos complexos de alila. Uma delas é o ataque nucleofílico de um reagente de Grignard alila a um halogeneto metálico:

$$2\,C_3H_5MgBr + NiCl_2 \rightarrow [Ni(\eta^3\text{-}C_3H_5)_2] + 2\,MgBrCl$$

O ataque de um metal em baixo estado de oxidação a um haloalcano também produz complexos alila:

Em complexos cujo centro metálico não pode ser protonado diretamente, a protonação de um ligante butadieno leva a um complexo η^3-alila:

22.14 Ciclopentadieno e ciclo-heptatrieno

Pontos principais: O modo de ligação η^5, comum para um ligante ciclopentadienila, pode ser compreendido com base na doação σ e π do fragmento orgânico para o metal, em conjunção com uma retroligação δ; o ciclo-heptatrieno geralmente forma complexos η^6 ou η^7 do cátion aromático ciclo-heptatrienila $(C_7H_7)^+$.

O ciclopentadieno, C_5H_6, é um hidrocarboneto moderadamente ácido que pode ser desprotonado para formar o ânion ciclopentadienila, $C_5H_5^-$. A estabilidade do ânion ciclopentadienila pode ser compreendida percebendo-se que os seis elétrons do seu sistema π o tornam aromático. A deslocalização desses seis elétrons resulta numa estrutura cíclica com cinco ligações de mesmo comprimento. Como um ligante, o grupo ciclopentadienila tem desempenhado um importante papel no desenvolvimento da química organometálica e continua a ser o arquétipo dos ligantes polieno cíclicos. Já comentamos o papel que o ferroceno (**4**) teve no desenvolvimento da química organometálica. É conhecido

50

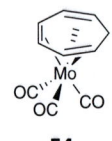

51

52 *neo*-Mentilciclopentadienila

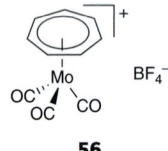

53 Ciclo-heptatrieno

54

55

56

um grande número de compostos de metais com ligantes ciclopentadienila e ciclopentadienila substituídos. Alguns compostos têm o $C_5H_5^-$ como um ligante mono-hapto (**13**), quando então ele é tratado como um grupo η^1-alquila; outros contêm o $C_5H_5^-$ como um ligante tri-hapto (**14**), que é tratado como um grupo η^3-alila. Entretanto, geralmente o $C_5H_5^-$ está presente como um ligante penta-hapto (**15**) ligado através de todos os cinco átomos de carbono do seu anel. Como exemplo de complexos contendo grupos η^1-ciclopentadienila e η^5-ciclopentadienila temos o composto (**50**); um exemplo de um complexo contendo grupos η^3-ciclopentadienila e η^5-ciclopentadienila é apresentado em (**51**).

Trataremos o grupo η^5-$C_5H_5^-$ como um doador de seis elétrons. Formalmente, a doação de elétrons para o metal provém dos OM ocupados 1π (σ ligante) e 2π (π ligante) (Fig. 22.10) com a retroligação δ partindo dos orbitais d_{xy} e $d_{x^2-y^2}$ do metal. Como veremos na Seção 22.19, os ligantes Cp coordenados comportam-se como se eles mantivessem a sua estrutura aromática de seis elétrons.

As propriedades eletrônicas e estéreas do ciclopentadieno podem ser facilmente ajustadas: grupos receptores ou doadores de elétrons podem ser ligados ao anel de cinco membros e o seu volume pode ser aumentado por substituições adicionais. O ligante pentametilciclopentadienila (Cp*) é geralmente usado para proporcionar maior densidade eletrônica e proteção estérea ao metal. Frequentemente adicionam-se grupos quirais ao Cp, de forma que os complexos podem ser usados em reações estereosseletivas: geralmente é usado o grupo *neo*-mentila (**52**). As sínteses, propriedades e reatividades dos compostos contendo o ligante ciclopentadienila são discutidas mais detalhadamente na Seção 22.19.

O ciclo-heptatrieno, C_7H_8 (**53**), pode formar complexos η^6 como (**54**), os quais podem ser tratados como tendo três moléculas de η^2-alqueno ligadas ao metal. A abstração de um hidreto destes complexos resulta na formação de complexos η^7 do cátion aromático $C_7H_7^+$ (**55**) de seis elétrons, por exemplo (**56**). Nos complexos de η^7-ciclo-heptatrienila, todas as ligações carbono-carbono têm o mesmo comprimento; a ligação para o metal e a retroligação partindo do metal são semelhantes àquelas encontradas nos complexos de arenos e de ciclopentadienila.

22.15 Carbenos

Pontos principais: Considera-se que os complexos de carbenos dos tipos Fischer e de Schrock tenham uma ligação dupla metal-carbono; os carbenos *N*-heterocíclicos são considerados como tendo uma ligação simples metal-carbono, junto a retroligação π.

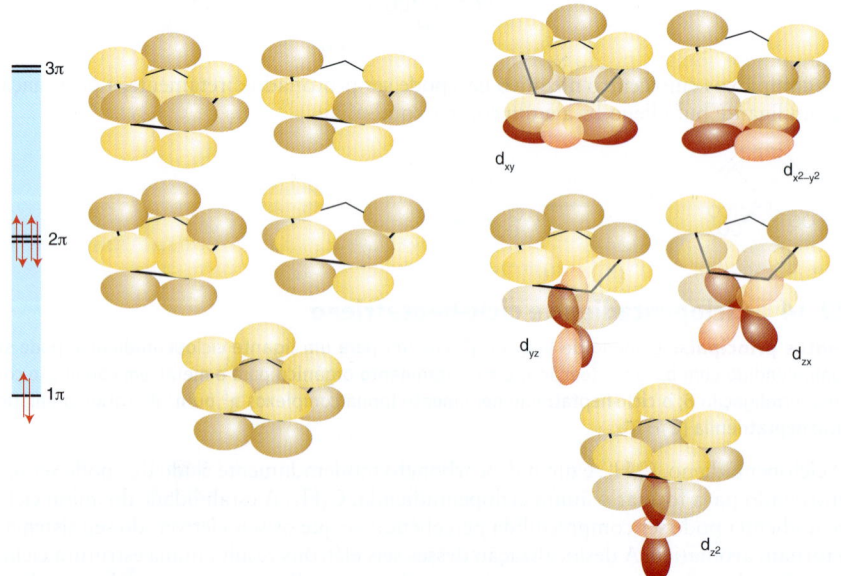

Figura 22.10* Os orbitais moleculares do sistema π do grupo ciclopentadienila (C_5H_5); também são mostrados os orbitais d do metal de simetria apropriada para formar interações ligantes.

O carbeno, CH₂, possui somente seis elétrons em torno do seu átomo de C e, consequentemente, é altamente reativo. Existem outros carbenos substituídos que são substancialmente menos reativos e podem se comportar como ligantes frente aos metais.

Em princípio, os carbenos podem existir em duas configurações eletrônicas: em um arranjo linear dos dois grupos ligados ao átomo de carbono e com os dois elétrons restantes desemparelhados em dois orbitais p (**57**), ou com os dois grupos em posição angular e os dois elétrons restantes emparelhados em um orbital e um orbital p vazio (**58**). Os carbenos com um arranjo linear dos grupos são chamados de "carbenos tripleto" (pois os dois elétrons estão desemparelhados, com o $S = 1$), sendo favorecidos pela presença de grupos muito volumosos ligados ao carbono do carbeno. Os carbenos com arranjos angulares são chamados de "carbenos singleto" (os dois elétrons estão emparelhados e $S = 0$), sendo a forma normal dos carbenos. O par de elétrons no átomo de carbono de um carbeno singleto é adequado para se ligar a um metal, resultando em uma ligação do ligante para o metal. O orbital p vazio no átomo de C pode receber densidade eletrônica do metal, estabilizando assim o carbono deficiente de elétrons (**59**). Por razões históricas, os carbenos ligados desta maneira a átomos de metais são conhecidos como **carbenos de Fischer** e são representados com uma ligação dupla metal-carbono. Os carbenos de Fischer são deficientes de elétrons no átomo de C e, consequentemente, são facilmente atacados por nucleófilos. Quando a retroligação para o átomo de C for muito forte, o carbeno pode tornar-se rico em elétrons e, assim, ficar propenso a ser atacado por eletrófilos. Os carbenos desse tipo são conhecidos como **carbenos de Schrock**, em homenagem ao seu descobridor. Tecnicamente, o termo **alquilideno** refere-se somente aos carbenos com substituintes alquila (CR₂), mas algumas vezes é usado para indicar carbenos tanto de Fischer quanto de Schrock.

Mais recentemente, surgiram relatos do uso de um grande número de derivados dos chamados **carbenos *N*-heterocíclicos** (NHC), usados como ligantes. Na maioria dos NHC, dois átomos de nitrogênio estão adjacentes ao átomo de carbono do carbeno e, se considerarmos que o par isolado de cada nitrogênio está localizado principalmente no orbital p, então uma forte interação π doador partindo dos dois átomos de nitrogênio pode ajudar a estabilizar o carbeno (**60**). A estabilização do carbeno será melhorada no caso do átomo de C do carbeno e os dois nitrogênios estarem em um anel, sendo comuns anéis de cinco membros (**61**). Pode-se obter estabilidade adicional com uma ligação dupla no anel, que fornecerá mais dois elétrons, que poderão ser considerados como parte de uma estrutura aromática ressonante de seis elétrons (**62**). Os ligantes NHC são considerados doadores σ de dois elétrons e a descrição inicial da ligação com esses ligantes sugeria uma participação mínima da retroligação π do metal. Entretanto, a visão atual é de que existe significativa retroligação π do metal para o NHC.

22.16 Alcanos, hidrogênios agósticos e gases nobres

Ponto principal: Os alcanos podem doar densidade eletrônica de ligações simples C–H para um metal e, na ausência de outros doadores, até mesmo a densidade eletrônica de um átomo de gás nobre pode permitir que ele comporte-se como um ligante.

Intermediários metálicos altamente reativos podem ser gerados por fotólise e, na ausência de outros ligantes, alcanos e gases nobres podem se coordenar com o metal. Essas espécies foram observadas pela primeira vez na década de 1970, em matrizes de metano e de gases nobres sólidos, e foram inicialmente consideradas como meras curiosidades. Entretanto, elas foram recentemente caracterizadas em solução de forma completa e são agora aceitas como importantes intermediários em algumas reações.

Considera-se que os alcanos são doadores de densidade eletrônica de uma ligação σ C–H para o metal (**63**), e recebem no orbital σ* densidade eletrônica de elétrons π do metal (**64**), da mesma forma que o di-hidrogênio (Seção 22.7). Embora a maioria dos complexos com alcanos tenha vida curta, sendo o alcano facilmente deslocado, em 1998 o complexo de ciclopentano (**65**) foi o primeiro complexo de alcano a ser completamente identificado em solução por RMN; em 2009, um complexo do alcano mais simples, o metano, foi caracterizado por RMN (**66**) e em 2012 a estrutura cristalina de um complexo de alcano foi reportada.

Também foram observadas interações entre a ligação C–H de um ligante já coordenado e o metal. Essas espécies são determinadas como tendo interações C–H **agósticas**, do grego "segurar-se em si mesmo" (como segurando um escudo de proteção), e

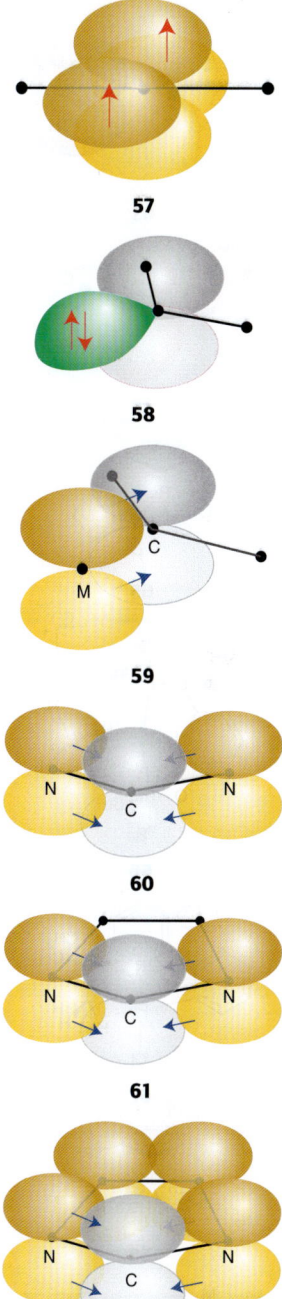

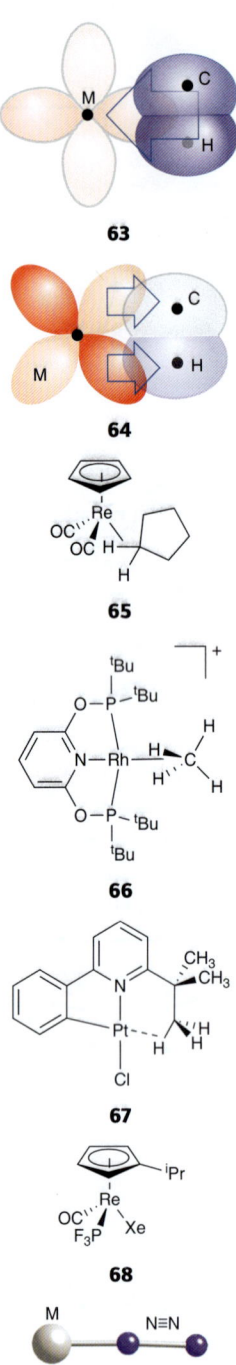

acredita-se que tenham estabilidade adicional devido ao efeito quelato (Seção 7.14). Muitos exemplos de compostos com interações agósticas são agora conhecidos, como o (**67**). Mesmo sendo fracamente ligante, cada interação C–H com o átomo do metal, agóstica ou não, é considerada formalmente doadora de dois elétrons para o metal.

Diferentemente do que se pode imaginar, os átomos de gases nobres podem se comportar como ligantes frente a centros metálicos. Vários complexos de Kr e Xe já foram identificados por espectroscopia no infravermelho. Em 2005, o complexo de Xe (**68**), de vida relativamente longa, foi caracterizado em solução por RMN. Esses complexos são estáveis somente na ausência de ligantes melhores (como os alcanos). O gás nobre é considerado, formalmente, como sendo um ligante neutro e doador de dois elétrons.

> **EXEMPLO 22.5** Contando os elétrons nos complexos
>
> Quais dos seguintes compostos têm 18 elétrons: (a) o composto agóstico de Pt mostrado em (**67**); (b) [Re(^{i}Pr-Cp)(CO)(PF$_3$)Xe] (**68**)?
>
> **Resposta** (a) Podemos considerar os ligantes η^1-arila e cloreto como doadores de dois elétrons com uma única carga negativa e a piridina como neutra e doadora de dois elétrons. Sendo um complexo de Pd(II), este metal fornece mais oito elétrons. O número total de elétrons, antes de se considerar a interação agóstica, é, portanto, $(3 \times 2) + 8 = 14$. Pode-se considerar a interação agóstica como doando mais dois elétrons, levando a um composto de 16 elétrons. De fato, a estrutura cristalina de (**67**) indica que dois hidrogênios de um grupo metila interagem com o metal, implicando uma espécie de 18 elétrons. (b) O ligante ^{i}Pr-Cp é considerado um doador de seis elétrons com uma única carga negativa; os ligantes CO, PF$_3$ e Xe são todos considerados doadores neutros de dois elétrons, significando que o Re tem número de oxidação +1, fornecendo assim seis elétrons. Portanto, a contagem total de elétrons é $6 + 2 + 2 + 2 + 6 = 18$.
>
> **Teste sua compreensão 22.5** Mostre que ambas as espécies seguintes possuem 18 elétrons: (a) [Mo(η^6-C$_7$H$_8$)(CO)$_3$] (**54**); (b) [Mo(η^7-C$_7$H$_7$)(CO)$_3$]$^+$ (**56**).

22.17 Dinitrogênio e monóxido de nitrogênio

Pontos principais: A ligação do dinitrogênio com um metal é fraca, mas contém componentes de doação σ e recepção π; o monóxido de nitrogênio pode ligar-se a um metal de duas maneiras diferentes, de forma linear ou angular.

Nem o dinitrogênio, N$_2$, nem o monóxido de nitrogênio, NO, são de fato ligantes organometálicos, embora eles sejam algumas vezes encontrados em compostos organometálicos. O dinitrogênio é um ligante muito desejado, uma vez que os seus complexos podem potencialmente participar da redução catalítica do nitrogênio para formar espécies mais úteis. O dinitrogênio pode estar ligado aos metais de várias formas diferentes. A maioria dos complexos apresenta a ligação terminal mono-hapto, η^1-N$_2$, na qual a ligação pode ser considerada como semelhante à do ligante isoeletrônico CO (**69**). O dinitrogênio é um doador σ mais fraco e também um receptor π mais fraco do que o CO e, assim, liga-se menos fortemente; na verdade, somente metais que sejam bons doadores π irão se ligar ao N$_2$. Como o CO, o ligante N$_2$ tem uma banda de estiramento no IV distinta, situando-se entre 2150 e 1900 cm^{-1}.

A molécula de dinitrogênio pode participar de duas interações ligantes, fazendo uma ponte entre dois metais (**70**). Se a retrodoação para o nitrogênio for extensa neste tipo de complexo, ele poderá ser considerado formalmente como tendo sido reduzido à hidrazina (**71**). Ocasionalmente, observa-se o ligante dinitrogênio ligando-se lateralmente de uma forma di-hapto (η^2) (**72**). Nestes complexos, o ligante é mais bem considerado como análogo a um η^2-alquino. O modo de ligação lateral parece ser particularmente comum nos complexos com metais f (Capítulo 23).

O monóxido de nitrogênio (óxido nítrico) é um radical com 11 elétrons de valência. Quando ligado, o NO é chamado de ligante nitrosila, podendo estar ligado a um metal d de forma angular ou linear. No arranjo linear (**73**), o ligante é considerado como sendo o cátion NO$^+$. O cátion NO$^+$ é isoeletrônico com o CO, e a ligação pode ser considerada de maneira similar (como um doador σ de dois elétrons com uma forte capacidade π receptora). No arranjo angular (**74**), considera-se que o NO comporta-se como NO$^-$, também doando dois elétrons. Em muitos complexos, o NO pode mudar o seu modo de coordenação; de fato, movendo-se do modo linear para o modo angular ele reduz em 2 o número de elétrons no metal.

Os compostos

A discussão precedente sobre os ligantes e seus modos de ligação sugere que há provavelmente um grande número de compostos organometálicos com 16 ou 18 elétrons de valência. Uma discussão detalhada de todos esses compostos está fora do escopo deste livro. Entretanto, examinaremos algumas das diferentes classes de compostos, uma vez que elas permitem uma visão sobre as estruturas e as propriedades de muitos dos outros compostos que deles possam ser derivados. Assim, consideraremos as estruturas, ligação e reações das carbonilas metálicas, as quais historicamente constituíram a fundação de muito da química organometálica do bloco d. Depois, consideraremos alguns compostos sanduíche, antes de descrevermos as estruturas e reações dos compostos sob a forma de clusters metálicos.

22.18 Carbonilas do bloco d

As carbonilas do bloco d têm sido muito estudadas desde a descoberta da tetracarbonila de níquel, em 1890. O interesse nas carbonilas não diminuiu, havendo muitos processos industriais importantes dependentes de intermediários que são carbonilas.

(a) Carbonilas homolépticas

Pontos principais: As carbonilas dos elementos do quarto período dos Grupos 6 a 10 obedecem a regra dos 18 elétrons; elas têm, de modo alternado, um e dois átomos metálicos e um número decrescente de ligantes CO.

Um **complexo homoléptico** é um complexo com apenas um tipo de ligante. Carbonilas metálicas homolépticas simples podem ser preparadas para a maioria dos metais d, embora as de Pd e Pt sejam tão instáveis que existem somente em baixas temperaturas. Não são conhecidas carbonilas metálicas neutras simples de Cu, Ag e Au, e nem para os membros do Grupo 12. As carbonilas metálicas são importantes precursores sintéticos para outros compostos organometálicos e são usadas em síntese orgânica e como catalisadores industriais.

A regra dos 18 elétrons ajuda a sistematizar as fórmulas das carbonilas metálicas. Conforme mostrado na Tabela 22.5, as carbonilas dos elementos do quarto período dos Grupos 6 a 10 possuem, de maneira alternada, um e dois átomos metálicos e um número decrescente de ligantes CO. As carbonilas binucleares são

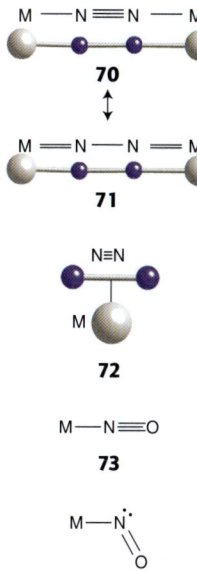

Tabela 22.5 Fórmulas e contagem de elétrons para algumas carbonilas da série 3d

Grupo	Fórmula	Elétrons de valência		Estrutura
6	$[Cr(CO)_6]$	Cr	6	
		6(CO)	12	
		Total	18	
7	$[Mn_2(CO)_{10}]$	Mn	7	
		5(CO)	10	
		M-M	1	
		Total	18	
8	$[Fe(CO)_5]$	Fe	8	
		5(CO)	10	
		Total	18	
9	$[Co_2(CO)_8]$	Co	9	
		4(CO)	8	
		M-M	1	
		Total	18	
10	$[Ni(CO)_4]$	Ni	10	
		4(CO)	8	
		Total	18	

formadas pelos elementos dos grupos de número ímpar, que possuem um número ímpar de elétrons de valência e, portanto, dimerizam para formar ligações metal-metal (M–M); cada ligação M–M aumenta efetivamente a contagem de elétron no metal em 1. A diminuição do número de ligantes CO da esquerda para a direita ao longo do período está em sintonia com a menor necessidade de ligantes CO para alcançar os 18 elétrons de valência. A carbonila simples de vanádio, $[V(CO)_6]$, é uma exceção, uma vez que tem apenas 17 elétrons de valência; ela também apresenta estereoimpedimento para dimerizar. Entretanto, ela se reduz facilmente para o ânion de 18 elétrons $[V(CO)_6]^-$.

As moléculas das carbonilas metálicas simples têm frequentemente formas simétricas simples, perfeitamente definidas, com os ligantes CO ocupando posições distantes, como os pares de elétrons no modelo RPECV. Assim, as hexacarbonilas do Grupo 6 são octaédricas, a pentacarbonilaferro(0) é bipiramidal trigonal, a tetracarbonilaníquel(0) é tetraédrica e a decacarboniladimanganês(0) consiste em dois grupos $Mn(CO)_5$ piramidais quadráticos unidos por uma ligação metal-metal. Também são conhecidas carbonilas em ponte; por exemplo, um isômero da octacarboniladicobalto(0) tem a sua ligação metal-metal em ponte por dois ligantes CO.

(b) Síntese das carbonilas homolépticas

Pontos principais: Algumas carbonilas metálicas são formadas por reação direta, mas a maior parte das que podem ser formadas desta forma requer altas pressões e temperaturas; as carbonilas metálicas são geralmente formadas por carbonilação redutiva.

Os dois principais métodos para a síntese das carbonilas monometálicas são a combinação direta do monóxido de carbono com o metal finamente dividido e a redução de um sal do metal na presença do monóxido de carbono sob pressão. Muitas carbonilas polimetálicas são sintetizadas a partir de carbonilas monometálicas.

Mond, Langer e Quinke descobriram, em 1890, que a combinação direta de níquel e monóxido de carbono produzia a tetracarbonilaníquel(0), $[Ni(CO)_4]$, uma reação que é usada no processo Mond para a purificação do níquel (Quadro 22.1):

$$Ni(s) + 4\,CO(g) \xrightarrow{50°C,\,1\,atm\,CO} [Ni(CO)_4](g)$$

A tetracarbonilaníquel(0) é de fato a carbonila metálica mais facilmente sintetizada desta maneira, sendo as outras carbonilas metálicas, como o $[Fe(CO)_5]$, formadas mais lentamente. Estas carbonilas são, portanto, sintetizadas em pressões e temperaturas elevadas (Fig. 22.11):

$$Fe(s) + 5\,CO(g) \xrightarrow{200°C,\,200\,atm} [Fe(CO)_5](l)$$
$$2\,Co(s) + 8\,CO(g) \xrightarrow{150°C,\,35\,atm} [Co_2(CO)_8](s)$$

A reação direta é inviável para a maioria dos outros metais d; assim sendo, emprega-se geralmente a **carbonilação redutiva**, que é a redução de um sal ou de um complexo do metal na presença de CO. Os agentes redutores vão desde metais ativos como o alumínio e o sódio até compostos de alquilalumínio, H_2 e o próprio CO:

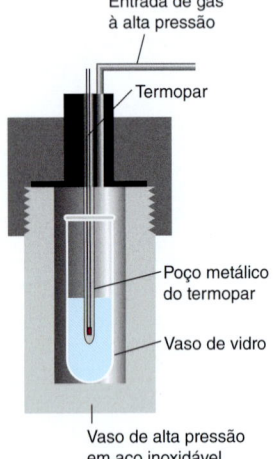

Figura 22.11 Reator de alta pressão. A mistura reacional está contida no recipiente de vidro.

QUADRO 22.1 O processo Mond

Ludwig Mond, Carl Langer e Friederich Quinke descobriram, em 1890, o $[Ni(CO)_4]$ durante um estudo sobre corrosão de válvulas de níquel de um processo gasoso contendo CO. Eles não foram capazes de caracterizar completamente o novo composto (chamando-o de "óxido de carbono e níquel") e comentando: "não temos até o presente momento sugestão a oferecer sobre a constituição deste notável composto". No entanto, eles foram capazes de atribuir a este composto a fórmula "$Ni(CO)_4$" e foram rápidos ao aplicar a descoberta no desenvolvimento de um novo processo industrial (o processo Mond) para purificação do níquel. Esse processo foi um sucesso tão grande que o níquel era trazido do Canadá para a fábrica Mond, no País de Gales.

O processo Mond apoia-se na síntese fácil do $[Ni(CO)_4]$: na pressão de apenas 1 atmosfera de monóxido de carbono, o níquel metálico reage à temperatura de aproximadamente 50°C para formar o $[Ni(CO)_4]$:

$$Ni + 4\,CO \rightarrow [Ni(CO)_4]$$

A tal temperatura, o $[Ni(CO)_4]$ é um gás (p.f. 34°C) e é facilmente separado dos resíduos do níquel impuro. A aproximadamente 220°C a tetracarbonila de níquel decompõe-se, formando níquel puro e liberando o monóxido de carbono que pode ser reutilizado. Geralmente, o níquel impuro é obtido pela redução do minério de óxido de níquel com uma mistura de hidrogênio e monóxido de carbono.

Mond, Langer e Quinke também tentaram a síntese de compostos análogos de outros metais, mas não conseguiram isolar qualquer composto novo. Entretanto, eles conseguiram extrair o níquel que contaminava amostras de cobalto, sugerindo assim uma forma de purificar o cobalto.

O centenário da descoberta da tetracarbonila de níquel foi comemorado em um volume especial do *J. Organomet. Chem.*, 1990, **383**, que foi dedicado à química das carbonilas metálicas.

$$CrCl_3(s) + Al(s) + 6\,CO(g) \xrightarrow{AlCl_3\ \text{benzeno}} AlCl_3(solv) + [Cr(CO)_6](solv)$$

$$3\,Ru(acac)_3(solv) + H_2(g) + 12\,CO(g) \xrightarrow{150°C,\ 200\ atm,\ CH_3OH} [Ru_3(CO)_{12}](solv) + \cdots$$

$$Re_2O_7(s) + 17\,CO(g) \xrightarrow{250°C,\ 350\ atm} [Re_2(CO)_{10}](s) + 7\,CO_2(g)$$

(c) Propriedades das carbonilas homolépticas

Pontos principais: Todas as carbonilas mononucleares são voláteis; todas as carbonilas mononucleares e muitas das polinucleares são solúveis em hidrocarbonetos; as carbonilas polinucleares são coloridas.

As carbonilas de ferro e de níquel são líquidas a temperatura e pressão ambiente, mas todas as outras carbonilas comuns são sólidas. Todas as carbonilas mononucleares são voláteis; suas pressões de vapor à temperatura ambiente variam de aproximadamente 50 kPa para a tetracarbonilaníquel(0) até, aproximadamente, 10 Pa para a hexacarbonilatungstênio(0). A alta volatilidade do $[Ni(CO)_4]$, acoplada com sua toxicidade extremamente elevada, requer cuidados especiais no seu manuseio. Embora as outras carbonilas possam parecer menos tóxicas, elas também não devem ser inaladas ou entrar em contato com a pele.

Por serem apolares, todas as carbonilas mononucleares e muitas das polinucleares são solúveis em hidrocarbonetos. A exceção mais marcante entre as carbonilas comuns é a nonacarboniladiferro(0), $[Fe_2(CO)_9]$, que tem uma pressão de vapor muito baixa e é insolúvel em solventes com os quais ela não reaja.

A maioria das carbonilas mononucleares é incolor ou levemente colorida. As carbonilas polinucleares são coloridas, e a intensidade da cor aumenta com o número de átomos metálicos. Por exemplo, a pentacarbonilaferro(0) é um líquido colorido palha-claro, a nonacarboniladiferro(0) forma escamas amarelas-douradas e a dodecacarbonilatriferro(0) é um composto verde-escuro que parece preto no estado sólido. As cores das carbonilas polinucleares são resultado de transições eletrônicas entre orbitais que estão em grande parte localizados no esqueleto metálico.

As principais reações do centro metálico das carbonilas metálicas simples são a substituição (Seção 22.21), a oxidação, a redução e a condensação em clusters (Seção 22.20). Em certos casos, o próprio ligante CO também está sujeito ao ataque por nucleófilos ou eletrófilos.

(d) Oxidação e redução de carbonilas

Pontos principais: A maioria das carbonilas metálicas pode ser reduzida a carbonilatos metálicos; algumas carbonilas metálicas desproporcionam-se na presença de um ligante fortemente básico, produzindo um cátion contendo o ligante e um ânion carbonilato; as carbonilas metálicas são suscetíveis à oxidação pelo ar; as ligações metal-metal sofrem clivagem oxidativa.

A maioria dos complexos neutros de carbonilas metálicas pode ser reduzida para uma forma aniônica conhecida como **carbonilato metálico**. Nas carbonilas monometálicas, a redução de dois elétrons é geralmente acompanhada pela perda do ligante CO doador de dois elétrons, preservando assim a contagem de 18 elétrons:

$$2\,Na + [Fe(CO)_5] \xrightarrow{THF} (Na^+)_2[Fe(CO)_4]^{2-} + CO$$

Esse carbonilato metálico contendo Fe com número de oxidação −2 é rapidamente oxidado pelo ar. Grande parte da carga negativa fica deslocalizada sobre os ligantes CO, o que é confirmado pela baixa frequência da banda de estiramento do CO no espectro no infravermelho em cerca de 1785 cm^{-1}. As carbonilas polinucleares que obedecem à regra dos 18 elétrons por meio da formação de ligações M−M geralmente são clivadas por agentes redutores fortes. A regra dos 18 elétrons é obedecida no produto pela formação de um carbonilato mononuclear mononegativo:

$$2\,Na + [(OC)_5Mn-Mn(CO)_5] \xrightarrow{THF} 2\,Na[Mn(CO)_5]$$

Algumas carbonilas metálicas desproporcionam-se na presença de um ligante fortemente básico, produzindo um cátion contendo o ligante e um carbonilato. Boa parte da força motriz para essa reação deve-se à estabilidade do cátion metálico quando ele está rodeado por ligantes fortemente básicos. A octacarboniladicobalto(0) é altamente suscetível a este tipo de reação quando exposta a uma boa base de Lewis, como a piridina (py):

$$3\,[Co_2^{(0)}(CO)_8] + 12\,py \rightarrow 2\,[Co^{(+2)}(py)_6][Co^{(-1)}(CO)_4]_2 + 8\,CO$$

Também é possível que o ligante CO seja oxidado na presença do ligante OH⁻ fortemente básico, resultando na redução do centro metálico:

$$3\,[Fe^{(0)}(CO)_5] + 4\,OH^- \rightarrow [Fe_3^{(-2/3)}(CO)_{11}]^{2-} + CO_3^{2-} + 2\,H_2O + 3\,CO$$

Os compostos carbonílicos que possuem apenas 17 elétrons são particularmente propensos à redução para formar carbonilatos de 18 elétrons.

As carbonilas metálicas são suscetíveis à oxidação pelo ar. Embora a oxidação descontrolada produza o óxido metálico e CO ou CO_2, para a química organometálica são de maior interesse as reações controladas que dão origem aos halogenetos organometálicos. Uma das mais simples reações desse tipo é a clivagem oxidativa de uma ligação M–M:

$$[(OC)_5Mn^{(0)}\!-\!Mn^{(0)}(CO)_5] + Br_2 \rightarrow 2\,[Mn^{(+1)}Br(CO)_5]$$

Em sintonia com a perda de densidade eletrônica do metal quando há um átomo de halogênio ligado, as frequências de estiramento do CO nos produtos são significativamente mais altas do que no $[Mn_2(CO)_{10}]$.

(e) Basicidade das carbonilas metálicas

Pontos principais: A maioria dos compostos organometálicos de carbonila pode ser protonada no centro metálico; a acidez da forma protonada depende dos outros ligantes ligados ao metal.

Muitos compostos organometálicos podem ser protonados no centro metálico. Os carbonilatos metálicos fornecem muitos exemplos dessa basicidade:

$$[Mn(CO)_5]^- + H^+ \rightarrow [MnH(CO)_5]$$

A afinidade dos carbonilatos metálicos pelo próton varia muito (Tabela 22.6). Observa-se que quanto maior a densidade eletrônica no centro metálico do ânion, maior sua basicidade de Brønsted e, consequentemente, menor a acidez do seu ácido conjugado (o hidreto da carbonila metálica).

Conforme descrito na Seção 22.7, os complexos M–H do bloco d são geralmente chamados de "hidretos", como consequência da atribuição do número de oxidação −1 ao átomo de H ligado ao átomo metálico. Apesar disso, a maioria dos hidretos de carbonilas de metais localizados à direita do bloco d são ácidos de Brønsted. A acidez de Brønsted de um hidreto de carbonila metálica é uma consequência da força π receptora do ligante CO, que estabiliza a base conjugada. Assim, o $[CoH(CO)_4]$ é ácido, enquanto que o $[CoH(PMe_3)_4]$ é fortemente hidrídico. Em marcante contraste com os compostos de hidrogênio do bloco p, a acidez de Brønsted dos compostos M–H do bloco d diminui ao descermos no grupo.

As carbonilas metálicas neutras (como a pentacarbonilaferro(0), $[Fe(CO)_5]$) podem ser protonadas em ácido concentrado na ausência de ar; a basicidade de Brønsted do átomo metálico com número de oxidação zero está associada à presença de elétrons d não ligantes. Compostos tendo ligações metal-metal, como os clusters (Seção 22.20), são ainda mais facilmente protonados; neste caso, a basicidade de Brønsted está associada à facilidade de protonação das ligações M–M para produzir uma ligação formal $3c,2e$, como no diborano:

$$[Fe_3(CO)_{11}]^{2-} + H^+ \rightarrow [Fe_3H(CO)_{11}]^-$$

A ponte M–H–M é, sem dúvida, de longe o modo de ligação mais comum do hidrogênio nos clusters.

A basicidade do metal é aproveitada na síntese de uma grande variedade de compostos organometálicos. Por exemplo, grupos alquila e acila podem se ligar aos átomos metálicos pela reação de um halogeneto de alquila ou de acila com uma carbonila metálica aniônica:

$$[Mn(CO)_5]^- + CH_3I \rightarrow [Mn(CH_3)(CO)_5] + I^-$$
$$[Co(CO)_4]^- + CH_3COI \rightarrow [Co(COCH_3)(CO)_4] + I^-$$

Uma reação semelhante com halogenetos organometálicos pode ser usada para formar ligações M–M:

$$[Mn(CO)_5]^- + [ReBr(CO)_5] \rightarrow [(OC)_5Mn\!-\!Re(CO)_5] + Br^-$$

Tabela 22.6 Constantes de acidez dos hidretos de metal d em acetonitrila a 25 °C

Hidreto	pK_a
$[CoH(CO)_4]$	8,3
$[CoH(CO)_3P(OPh)_3]$	11,3
$[Fe(H)_2(CO)_4]$	11,4
$[CrH(Cp)(CO)_3]$	13,3
$[MoH(Cp)(CO)_3]$	13,9
$[MnH(CO)_5]$	15,1
$[CoH(CO)_3PPh_3]$	15,4
$[WH(Cp)(CO)_3]$	16,1
$[MoH(Cp^*)(CO)_3]$	17,1
$[Ru(H)_2(CO)_4]$	18,7
$[FeH(Cp)(CO)_2]$	19,4
$[RuH(Cp)(CO)_2]$	20,2
$[Os(H)_2(CO)_4]$	20,8
$[ReH(CO)_5]$	21,1
$[FeH(Cp^*)(CO)_2]$	26,3
$[WH(Cp)(CO)_2PMe_3]$	26,6

(f) Reações do ligante CO

Pontos principais: O átomo de C do CO é suscetível ao ataque de nucleófilos se ele estiver ligado a um átomo de metal pobre em elétrons; o átomo de O do CO é suscetível ao ataque de eletrófilos nas carbonilas ricas em elétrons.

O átomo de C do CO é suscetível ao ataque por nucleófilos se ele estiver ligado a um átomo metálico que não é rico em elétrons. Assim, as carbonilas terminais com altas frequências de estiramento de CO são suscetíveis ao ataque por nucleófilos. Os elétrons d nestas carbonilas metálicas neutras ou catiônicas não estão muito deslocalizados sobre o átomo de C da carbonila e, desta forma, esse átomo pode ser atacado por reagentes ricos em elétrons. Por exemplo, nucleófilos fortes (como o metil-lítio, Seção 11.17) atacam o CO de muitas carbonilas metálicas neutras:

$$\tfrac{1}{4}[Li_4(CH_3)_4] + [Mo(CO)_6] \rightarrow Li[Mo(COCH_3)(CO)_5]$$

O composto aniônico de acila resultante reage com reagentes carbocátions para formar um produto neutro, estável e de fácil manuseio:

[esquema reacional: Li⁺[(OC)₅Mo–C(O)CH₃]⁻ + Et₃O⁺ BF₄⁻ → (OC)₅Mo=C(OEt)(CH₃) + LiBF₄ + Et₂O]

O produto dessa reação, que contém uma ligação direta M=C, é um carbeno de Fischer (Seção 22.15). O ataque de um nucleófilo ao átomo de C também é importante para o mecanismo de dissociação, induzida por hidróxido, das carbonilas metálicas:

$$[(OC)_n M(CO)] + OH^- \rightarrow [(OC)_{n-1} M(COOH)]^-$$

$$[(OC)_{n-1} M(COOH)]^- + 3\,OH^- \rightarrow [M(CO)_{n-1}]^{2-} + CO_3^{2-} + 2\,H_2O$$

Nas carbonilas metálicas ricas em elétrons, uma boa quantidade de densidade eletrônica está deslocalizada sobre o ligante CO. Como resultado, em alguns casos, o átomo de O do ligante CO fica suscetível ao ataque por eletrófilos. Mais uma vez, os dados de IV dão uma indicação de quando esse tipo de reação pode ser esperado, pois uma baixa frequência de estiramento do CO indica a presença de significativa retrodoação para o ligante CO e, consequentemente, uma apreciável densidade eletrônica no átomo de O. Assim, uma carbonila em ponte é particularmente suscetível ao ataque no átomo de O:

[esquema reacional: Cp₂Fe₂(CO)₂(μ-CO)₂ + 2 AlEt₃ → complexo com AlEt₃ ligados aos oxigênios das carbonilas em ponte]

A presença de um eletrófilo ligado ao oxigênio de um ligante CO, como na estrutura da direita na reação anterior, promove reações de inserção migratória (Seção 22.24) e reações de quebra do C–O.

A capacidade de algumas carbonilas metálicas com substituintes alquila sofrerem reação de inserção migratória para formar ligantes acila, –(CO)R, será discutida em detalhes na Seção 22.24.

EXEMPLO 22.6 Convertendo o CO em ligantes carbeno e acila

Proponha uma sequência de reações para formar o $[W(C(OCH_3)Ph)(CO)_5]$, partindo da hexacarbonila tungstênio(0) e de outros reagentes de sua escolha.

Resposta Sabemos que os ligantes CO na hexacarbonilatungstênio(0) são suscetíveis ao ataque por nucleófilos e, portanto, a reação com fenil-lítio deve formar um intermediário C-fenila:

[esquema: W(CO)₆ + PhLi → Li⁺[(OC)₅W–C(O)Ph]⁻]

> O ânion pode então reagir com um carbono eletrófilo para ligar um grupo alquila ao átomo de O do ligante CO:
>
> $$\text{Li}^+ \begin{array}{c}\text{OC}_{\!\!\!\!\!\!,,}\!\!\!\diagdown\!\!\!\!\!\overset{\text{CO}}{}\!\!\!\!\!\overset{\text{O}}{\diagup}\\ \overset{}{\text{OC}}\!\!\!\!\!\!/\overset{\text{W}}{}\!\!\!\!\!\diagdown\!\!\!\overset{\text{Ph}}{\text{CO}}\\ \text{CO}\end{array}^{-} \xrightarrow{\text{Me}_3\text{O}^+ \text{BF}_4^-} \begin{array}{c}\text{OC}_{\!\!\!\!\!\!,,}\!\!\!\diagdown\!\!\!\!\!\overset{\text{CO}}{}\!\!\!\!\!\overset{\text{OMe}}{\diagup}\\ \overset{}{\text{OC}}\!\!\!\!\!\!/\overset{\text{W}}{}\!\!\!\!\!\diagdown\!\!\!\overset{\text{Ph}}{\text{CO}}\\ \text{CO}\end{array} + \text{LiBF}_4 + \text{Me}_2\text{O}$$
>
> **Teste sua compreensão 22.6** Proponha uma síntese para o $[\text{Mn}(\text{COCH}_3)(\text{CO})_4(\text{PPh}_3)]$ partindo de $[\text{Mn}_2(\text{CO})_{10}]$, PPh_3, Na e CH_3I.

(g) Propriedades espectroscópicas dos compostos carbonílicos

Pontos principais: A frequência de estiramento do CO diminui quando ele atua como um ligante π receptor; ligantes doadores provocam a diminuição da frequência de estiramento do CO à medida que eles fornecem elétrons para o metal; o RMN de ^{13}C é de pouca valia para muitos compostos carbonílicos, uma vez que eles são fluxionais na escala de tempo do RMN.

As espectroscopias no infravermelho e de RMN-^{13}C são muito usadas para determinar o arranjo dos átomos nas carbonilas metálicas, uma vez que se observam sinais separados para ligantes CO não equivalentes. O espectro de RMN geralmente contém mais informação estrutural detalhada do que o espectro no IV, desde que a molécula não seja fluxional (as escalas de tempo das transições de RMN e no infravermelho são diferentes, Seções 8.5 e 8.6). Entretanto, os espectros no IV são mais simples de se obter e são particularmente úteis para acompanhar as reações. A maioria das bandas de estiramento do CO ocorre na faixa de 2100 a 1700 cm^{-1}, uma região geralmente livre das bandas de grupos orgânicos. Tanto a faixa da frequência de estiramento do CO (veja Fig. 22.4) quanto o número das bandas de CO (Tabela 22.7) são importantes para se tirar conclusões estruturais.

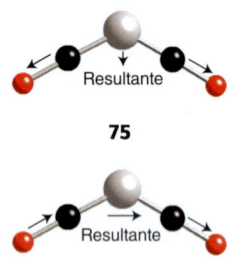

75

76

A teoria de grupos permite prever o número de estiramentos de CO ativos nos espectros no IV e Raman (Seção 6.5). Se os ligantes CO não estiverem relacionados entre si através de um centro de inversão ou por um eixo de simetria ternário ou de ordem superior, uma molécula com N ligantes CO terá N bandas de absorção de estiramento de CO. Assim, um grupo OC–M–CO angular (com apenas um eixo de simetria de ordem 2) terá duas absorções no infravermelho pois ambos os estiramentos, simétrico (75) e assimétrico (76), provocam uma mudança no momento de dipolo elétrico e serão ativos no infravermelho. Moléculas com alta simetria terão menos bandas do que o número de ligantes CO. Assim, em um grupo OC–M–CO linear, somente uma banda será observada no infravermelho na região de estiramento do CO (correspondendo ao estiramento fora de fase dos dois ligantes CO), uma vez que o estiramento simétrico não altera o momento de dipolo elétrico global. Conforme mostrado na Fig. 22.12, as posições dos ligantes CO numa carbonila metálica podem ser mais simétricas do que o grupo de pontos do composto todo sugere, fazendo com que seja observado um número menor de bandas do que o previsto. A espectroscopia Raman pode ser muito útil na atribuição das estruturas, uma vez que as suas regras de seleção complementam as do IV (Seções 6.5 e 8.5). Dessa forma, para um grupo linear simétrico OC–M–CO, o modo de estiramento simétrico dos dois ligantes CO é observado no espectro Raman.

Conforme indicado na Seção 22.5, a espectroscopia no infravermelho também é útil para distinguir o CO terminal (M–CO) do CO em ponte (μ_2-CO) e do CO em ponte numa face (μ_3-CO). Ela também pode ser usada para determinar a ordem da força π receptora de outros ligantes presentes no complexo.

Quando a molécula sofre mudanças na estrutura mais rapidamente do que a técnica de RMN pode resolver, observa-se um sinal de RMN médio (Seção 8.6). Embora esse fenômeno seja bastante comum no espectro de RMN dos compostos organometálicos, ele não é observado nos espectros no IV ou Raman. Um exemplo desta diferença é observada no $[\text{Fe}(\text{CO})_5]$, para o qual sinal de RMN-^{13}C mostra uma única linha em $\delta = 210$, enquanto que os espectros no IV e Raman são consistentes com uma estrutura bipiramidal trigonal.

Tabela 22.7 Relação entre a estrutura de um complexo de carbonila e o número de bandas de estiramento de CO no espectro IV

Complexo	Isômero	Estrutura	Grupo de pontos	Número de bandas*
[M(CO)$_6$]		(octaédrico)	O_h	1
[M(CO)$_5$L]		(L axial)	C_{4v}	3[†]
[M(CO)$_4$L$_2$]	trans		D_{4h}	1
[M(CO)$_4$L$_2$]	cis		C_{2v}	4[‡]
[M(CO)$_3$L$_3$]	mer		C_{2v}	3[‡]
[M(CO)$_3$L$_3$]	fac		C_{3v}	2
[M(CO)$_5$]		(bipirâmide trigonal)	D_{3h}	2
[M(CO)$_4$L]	ax		C_{3v}	3[§]
[M(CO)$_4$L]	eq		C_{2v}	4
[M(CO)$_3$L$_2$]	trans		D_{3h}	1
[M(CO)$_3$L$_2$]	cis		C_s	3
[M(CO)$_4$]		(tetraédrico)	T_d	1

*O número de bandas esperadas no IV na região de estiramento do CO é baseado em regras de seleção formais e, em alguns casos, observa-se um número menor de bandas, conforme explicado na Seção 22.18g.
[†]Se os quatro ligantes CO do plano quadrático estiverem no mesmo plano do metal, serão observadas duas bandas.
[‡]Se os ligantes CO trans forem praticamente colineares, será observada uma banda a menos.
[§]Se o arranjo equatorial ternário dos ligantes CO for praticamente plano, serão observadas apenas duas bandas.

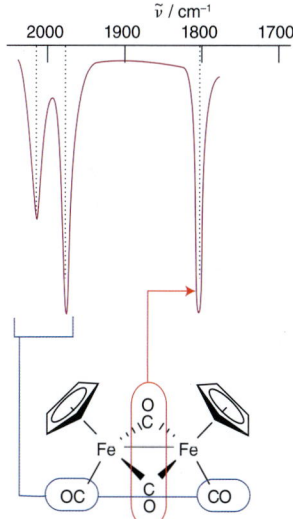

Figura 22.12 Espectro no infravermelho do [Fe$_2$(Cp)$_2$(CO)$_4$]. Note os dois estiramentos em alta frequência dos ligantes CO terminais e a absorção de baixa frequência dos ligantes CO em ponte. Embora devêssemos esperar duas bandas para os CO em ponte devido à baixa simetria do complexo, observa-se uma única banda porque os dois grupos CO em ponte são praticamente colineares.

EXEMPLO 22.7 Determinando a estrutura de uma carbonila metálica a partir de dados no infravermelho

O complexo [Cr(CO)$_4$(PPh$_3$)$_2$] tem uma banda de absorção muito forte no IV em 1889 cm^{-1} e duas outras muito fracas na região de estiramento do CO. Qual a estrutura provável desse composto? (As frequências de estiramento do CO são menores do que na hexacarbonila correspondente porque os ligantes fosfina são melhores doadores σ e piores receptores π do que o CO.)

Resposta Se considerarmos os isômeros possíveis, veremos que uma hexacarbonila dissubstituída pode existir nas configurações *cis* ou *trans*. No isômero *cis*, os quatro ligantes CO estão num ambiente de baixa simetria (C_{2v}) e, portanto, devem ser observadas quatro bandas no IV, conforme indicado na Tabela 22.7. O isômero *trans* apresenta um arranjo quadrático plano dos quatro ligantes CO (D_{4h}), para o qual espera-se somente uma banda na região de estiramento do CO (Tabela 22.7). Os dados indicam um arranjo *trans* para os CO, uma vez que é razoável assumir que as bandas fracas refletem um pequeno desvio da simetria D_{4h} imposto pelos ligantes PPh$_3$.

Teste sua compreensão 22.7 O espectro no IV do [Ni$_2$(η^5-Cp)$_2$(CO)$_2$] apresenta um par de bandas de estiramento de CO em 1857 cm^{-1} (forte) e 1897 cm^{-1} (fraca). Esse complexo contém ligantes CO terminais, em ponte ou ambos? (A substituição dos ligantes η^5-C$_5$H$_5$ por ligantes CO produz pequenos deslocamentos nas frequências para um ligante CO terminal.)

22.19 Metalocenos

Como já comentado, os compostos de ciclopentadienila são frequentemente excepcionalmente estáveis, e a descoberta do ferroceno, [(Cp)$_2$Fe], em 1951, fez renascer o interesse por todo o campo dos compostos organometálicos do bloco d. Muitos complexos de Cp apresentam um sistema com dois anéis, com o metal situado entre eles, e por seu trabalho com esses compostos então chamados de "compostos sanduíche", formalmente os **metalocenos**, Wilkinson e Fischer foram agraciados com o Prêmio Nobel de 1972.

Em consonância com esta visão de um metaloceno como sendo um metal entre dois anéis de carbono planos, podemos considerar como metalocenos os compostos de η^4-ciclobutadieno, η^5-ciclopentadienila, η^6-arenos, η^7-ciclo-heptatrienila (C$_7$H$_7^+$), η^8-ciclo-octatetraeno e até mesmo do η^3-ciclopropeno (C$_3$H$_3^+$). Uma vez que os comprimentos de ligação carbono-carbono em cada um desses ligantes, quando ligados, são idênticos, faz sentido tratar cada um desses ligantes como tendo uma configuração aromática; ou seja,

η^3-ciclopropeno$^+$	η^4-ciclobutadieno^{2-}	η^8-ciclo-octatetraenila^{2-}
	η^5-ciclopentadienila$^-$	
	η^6-arenos	
	η^7-ciclo-heptatrienila$^+$	
Elétrons π: 2	6	10

Essa forma de interpretar a estrutura dos metalocenos não está inteiramente de acordo com quaisquer dos sistemas de contagem de elétrons, mas está mais próxima do método da doação de pares de elétrons.

Já abordamos as estruturas e reatividades de alguns metalocenos quando discutimos o modo de ligação de ligantes como a ciclopentadienila e, assim, trataremos aqui de alguns aspectos adicionais relacionados com a ligação e a reatividade.

(a) Síntese e reatividade dos compostos de ciclopentadienila

Pontos principais: A desprotonação do ciclopentadieno produz um precursor conveniente para muitos compostos de metal com a ciclopentadienila; os anéis de ciclopendiaenila ligados comportam-se como compostos aromáticos e sofrem reações eletrofílicas de Friedel-Crafts.

O ciclopentadieneto de sódio, NaCp, é um reagente de partida comum para a preparação de compostos de ciclopentadienila. Ele pode ser convenientemente preparado pela ação do sódio metálico sobre o ciclopentadieno, em solução de tetra-hidrofurano:

$$2\,Na + 2\,C_5H_6 \xrightarrow{THF} 2\,Na[C_5H_5] + H_2$$

O ciclopentadieneto de sódio pode, então, ser usado para reagir com os halogenetos de metal d para formar metalocenos. O ciclopentadieno por si só é ácido o suficiente para ser desprotonado pelo hidróxido de potássio em solução e, como exemplo, o ferroceno pode ser preparado sem muitas dificuldades:

$$2\,KOH + 2\,C_5H_6 + FeCl_2 \xrightarrow{DMSO} [Fe(C_5H_5)_2] + 2\,H_2O + 2\,KCl$$

Devido às suas grandes estabilidades, os compostos de 18 elétrons do Grupo 8, ferroceno, rutenoceno e osmoceno, mantêm as suas ligações ligante-metal mesmo sob condições severas, sendo possível realizar várias transformações nos ligantes ciclopentadienila. Por exemplo, eles sofrem reações semelhantes àquelas dos hidrocarbonetos aromáticos simples, como a acilação de Friedel-Crafts:

Também é possível substituir o H por Li no anel C_5H_5:

Como se pode imaginar, o produto litiado é um excelente material de partida para a síntese de uma grande variedade de produtos com substituintes no anel e, nesse aspecto, assemelha-se aos compostos organolítio mais simples (Seção 11.17). A maioria dos complexos Cp de outros metais sofre reações semelhantes a esses dois tipos, em que o anel de cinco membros comporta-se como um sistema aromático.

O Quadro 27.1 descreve o uso do ferroceno como um sensor de glicose.

(b) A ligação nos complexos bis(ciclopentadienila)metal

Pontos principais: A visão por OM da ligação nos complexos bis(Cp)metal mostra que os orbitais de fronteira não são nem fortemente ligantes e nem fortemente antiligantes; assim, complexos que não obedecem à regra dos 18 elétrons são possíveis.

Começaremos examinando o ferroceno, no qual, embora alguns detalhes da ligação não estejam ainda totalmente elucidados, o diagrama dos níveis de energia dos orbitais moleculares mostrado na Fig. 22.13 explica várias das observações experimentais. Este diagrama refere-se à forma eclipsada (D_{5h}) do complexo, que na fase gasosa possui uma energia cerca de 4 kJ mol^{-1} menor do que a conformação estrelada (Seção 22.19c). Concentraremos, então, nossa atenção nos orbitais de fronteira. Conforme mostrado na Figura 22.13, as combinações lineares formadas por simetria dos orbitais dos ligantes e_1'' têm a mesma simetria que os orbitais d_{zx} e d_{yz} do metal. O orbital de fronteira com energia imediatamente abaixo (a_1') é composto pelo d_{z^2} e pela CLFS correspondente dos orbitais dos ligantes. Entretanto, há pouca interação entre os orbitais dos ligantes e os do metal porque os orbitais π do ligante estão, por acaso, na superfície nodal cônica do orbital d_{z^2} do metal. No ferroceno e nos outros complexos de 18 elétrons da bis(ciclopentadienila), o orbital de fronteira a_1' e todos os outros orbitais de energia inferior estão preenchidos, mas o orbital de fronteira e_1'' e todos os orbitais de energia superior estão vazios.

Os orbitais de fronteira não são nem fortemente ligantes e nem fortemente antiligantes. Essa característica permite a existência de complexos bis(ciclopentadienila) que divergem da regra dos 18 elétrons. Assim, a oxidação fácil do ferroceno para o complexo de 17 elétrons [Fe(η^5-Cp)$_2$]$^+$ corresponde à remoção de um elétron do orbital não ligante a_1'. A ocupação dos orbitais e_1'' leva ao complexo [Co(η^5-Cp)$_2$] de 19 elétrons e ao complexo [Ni(η^5-Cp)$_2$] de 20 elétrons. Desvios da regra dos 18 elétrons, entretanto, levam a mudanças significativas nos comprimentos da ligação M–C que se correlacionam muito bem com o esquema de orbitais moleculares (Tabela 22.8).

A comparação com os complexos octaédricos mostra-se valiosa. O orbital de fronteira e_1'' de um metaloceno é análogo ao orbital e_g de um complexo octaédrico, e o orbital a_1' acrescido do par de orbitais e_2' são análogos aos orbitais t_{2g}. Esta semelhança formal estende-se inclusive para a existência de complexos bis(ciclopentadienila) de spin alto e spin baixo.

EXEMPLO 22.8 Identificando a estrutura eletrônica e a estabilidade de um metaloceno

Consulte a Figura 22.13. Discuta a ocupação e a natureza do HOMO no [Co(η^5-Cp)$_2$]$^+$ e a mudança na ligação metal-ligante em relação ao cobaltoceno neutro.

Resposta O íon [Co(η^5-Cp)$_2$]$^+$ contém 18 elétrons de valência (seis do Co(III) e 12 dos dois ligantes Cp$^-$). Assumindo-se que o diagrama dos níveis de energia dos orbitais moleculares do ferroceno aplica-

-se a este caso, a contagem de 18 elétrons leva à dupla ocupação dos orbitais até o a_1'. A molécula do cobaltoceno de 19 elétrons possui um elétron adicional no orbital e_1'', que é antiligante em relação ao metal e aos ligantes, sendo de fácil remoção (o cobaltoceno é oxidado muito mais facilmente do que o ferroceno). Portanto, as ligações metal-ligante devem ser mais fortes e mais curtas no $[Co(\eta^5\text{-}Cp)_2]^+$ do que no $[Co(\eta^5\text{-}Cp)_2]$. Essa conclusão é confirmada por dados estruturais.

Teste sua compreensão 22.8 Usando o mesmo diagrama de orbitais moleculares, analise se a remoção de um elétron do $[Fe(\eta^5\text{-}Cp)_2]$ para formar o $[Fe(\eta^5\text{-}Cp)_2]^+$ produzirá uma mudança substancial no comprimento da ligação M–C em relação ao ferroceno neutro.

(c) Comportamento fluxional dos metalocenos

Ponto principal: Muitos metalocenos exibem fluxionalidade e sofrem rotação interna, uma vez que a barreira de interconversão entre as várias formas é baixa.

Um dos aspectos mais notáveis de muitos complexos com polienos cíclicos é a sua não rigidez estereoquímica (a sua fluxionalidade). Por exemplo, à temperatura ambiente os dois anéis do ferroceno giram rapidamente um em relação ao outro, uma vez que existe apenas uma pequena barreira para a conversão entre as formas estrelada e eclipsada. Esse tipo de processo fluxional é chamado de **rotação interna** e é semelhante ao processo pelo qual dois grupos CH_3 giram, um em relação ao outro, no etano. Já vimos como a conformação eclipsada do ferroceno, na fase gasosa, é ligeiramente mais estável do

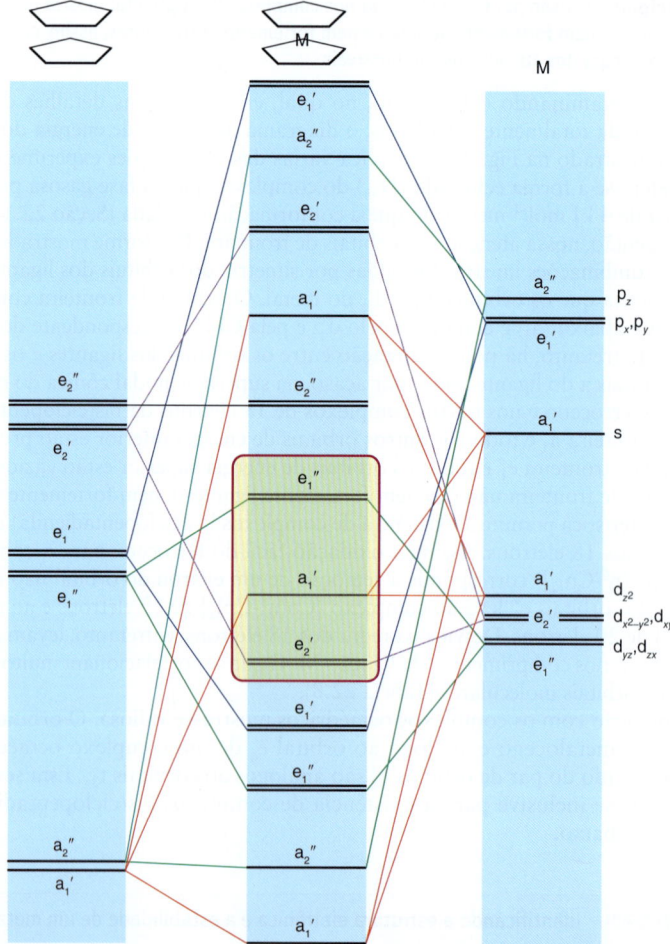

Figura 22.13 Diagrama de energia dos orbitais moleculares para um $[M(Cp)_2]$ com simetria D_{5h}. As energias dos orbitais π formados por simetria dos ligantes C_5H_5 são mostradas à esquerda, os orbitais d relevantes do metal estão à direita e as energias dos orbitais moleculares resultantes estão no centro. Dezoito elétrons podem ser acomodados preenchendo-se os orbitais moleculares de baixo para cima, até o orbital a_1' inclusive, demarcados pelo quadro. O quadro demarca os orbitais geralmente considerados como orbitais de fronteira nestas moléculas.

Tabela 22.8 Configurações eletrônicas e comprimentos de ligação M–C para os complexos [M(η⁵-Cp)₂]

Complexo	Elétrons de valência	Configuração eletrônica	Comprimento da ligação M–C/pm
[V(η⁵-Cp)₂]	15	$e_2'^2 a_1'^1$	228
[Cr(η⁵-Cp)₂]	16	$e_2'^3 a_1'^1$	217
[Mn(η⁵-Me-C₅H₄)₂]*	17	$e_2'^3 a_1'^2$	211
[Fe(η⁵-Cp)₂]	18	$e_2'^4 a_1'^2$	206
[Co(η⁵-Cp)₂]	19	$e_2'^4 a_1'^2 e_1''^1$	212
[Ni(η⁵-Cp)₂]	20	$e_2'^4 a_1'^2 e_1''^2$	220

*São apresentados os dados para este complexo porque o [Mn(η⁵-Cp)₂] tem uma configuração de spin alto e, portanto, um comprimento de ligação M–C anômalo e maior (238 pm).

que a conformação estrelada; esta diferença é resultado de uma melhor sobreposição dos orbitais d do metal com os orbitais dos anéis Cp na conformação eclipsada. Entretanto, o volume estéreo de substituintes nos anéis do metaloceno pode desestabilizar a conformação eclipsada e, com isso, fazer da forma estrelada, espacialmente menos congestionada, a conformação preferida. Os anéis dos metalocenos são geralmente desenhados em uma conformação estrelada simplesmente porque, dessa forma, existe um pouco mais de espaço para mostrar as substituições.

De maior interesse é a não rigidez estereoquímica que frequentemente é vista quando um polieno cíclico conjugado está ligado a um metal através de alguns (mas não todos) dos seus átomos de C. Nesses complexos, a ligação metal-ligante pode migrar ao longo do anel; no jargão informal dos químicos organometálicos, diz-se que por esta rotação interna o "anel está zunindo" (*ring whizzing*, em inglês). Um exemplo simples é encontrado no [Ge(η¹-Cp)(CH₃)₃], no qual o único sítio de ligação do átomo de Ge com o anel ciclopentadieno salta de um carbono para outro, ao redor do anel, numa série de **deslocamentos-1,2**, ou seja, um movimento em que uma ligação C–M é substituída por uma ligação C–M com o próximo átomo de C ao longo do anel; esse deslocamento é conhecido como deslocamento-1,2 porque a ligação começa no átomo 1 e termina no átomo 2 adjacente (Fig. 22.14). A maioria dos complexos fluxionais de polienos conjugados investigados migra por deslocamentos-1,2, mas não se sabe se esses deslocamentos são controlados por um princípio de movimento mínimo ou por algum aspecto de simetria orbital.

A ressonância magnética nuclear fornece evidências para a existência e o mecanismo desses processos fluxionais, uma vez que eles ocorrem numa escala de tempo de 10^{-2} a 10^{-4} s, podendo ser estudados por RMN de ¹H e de ¹³C. O composto [Ru(η⁴-C₈H₈)(CO)₃] (77) nos fornece uma boa ilustração desta abordagem. O seu espectro de RMN de ¹H, em temperatura ambiente, consiste em uma única linha fina que pode ser interpretada como originando-se de um ligante simétrico η⁸-C₈H₈. Entretanto, estudos de difração de raios X de monocristais mostram inequivocamente que o ligante é tetra-hapto. Este conflito é resolvido pelo espectro de RMN de ¹H em baixa temperatura, pois à medida que a amostra é resfriada o sinal alarga-se e, então, separa-se em quatro picos. Estes picos são os esperados para os quatro pares de prótons de um ligante η⁴-C₈H₈. A interpretação é que, à temperatura ambiente, o anel está girando ao redor do átomo metálico rapidamente, comparado com a escala de tempo do experimento de RMN (Seção 8.6), de forma que se observa um sinal médio. Em temperaturas mais baixas, o movimento do

77

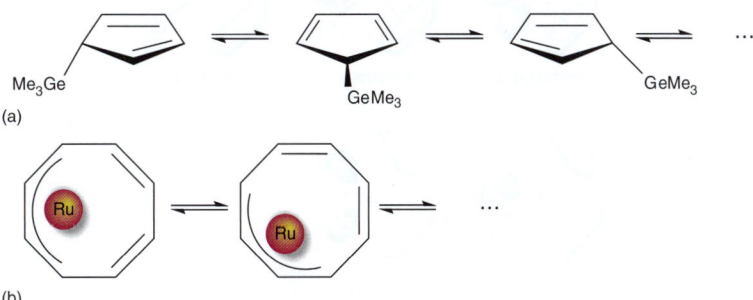

Figura 22.14 (a) O processo fluxional no [Ge(η¹-Cp)Me₃] ocorre por meio de uma série de deslocamentos-1,2. (b) A fluxionalidade do [Ru(η⁴-C₈H₈)(CO)₃] pode ser descrita da mesma forma. Note que o átomo de Ru está fora do plano da página; os ligantes CO foram omitidos para maior clareza.

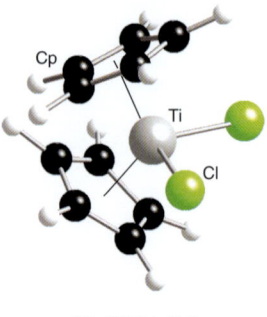

78 [Ti(Cp)₂Cl₂]

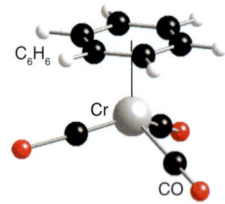

79 [Cr(η⁶-C₆H₆)(CO)₃]

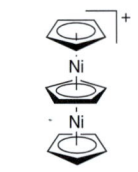

80 [Ni₂(Cp)₃]⁺

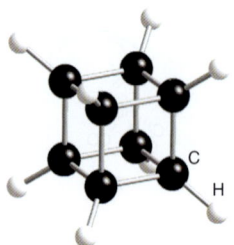

81 Cubano, C₈H₈

anel é mais lento e as conformações distintas existem por um tempo longo o suficiente para serem resolvidas. Uma análise detalhada da forma da linha no espectro de RMN pode ser usada para medir a energia de ativação da migração.

(d) Complexos de metalocenos angulares

Ponto principal: As estruturas dos compostos sanduíche angulares podem ser sistematizadas em termos de um modelo no qual três orbitais do metal projetam-se em direção à face aberta do fragmento Cp₂M angular.

Além dos complexos simples com bis(ciclopentadienila) e bis(areno) com anéis paralelos, há muitas outras estruturas relacionadas. No jargão desta área, essas espécies são chamadas de "compostos sanduíche angulares" (**78**), compostos "meio-sanduíche" ou "banqueta de piano" (**79**) e, inevitavelmente, "três andares" (**80**). Os compostos sanduíche angulares têm um papel importante na química organometálica dos primeiros elementos e dos elementos intermediários do bloco d, sendo exemplos o [Ti(η^5-Cp)₂Cl₂], [Re(η^5-Cp)₂Cl], [W(η^5-Cp)₂(H)₂] e [Nb(η^5-Cp)₂(Cl)₃].

Conforme mostrado na Fig. 22.15, os compostos sanduíche angulares podem ter diferentes contagens de elétrons e estereoquímica. As suas estruturas podem ser sistematizadas em termos de um modelo no qual três orbitais do metal projetam-se para fora da face aberta do fragmento angular M(Cp)₂. De acordo com esse modelo, quando a contagem de elétrons é menor do que 18, o átomo metálico muitas vezes satisfaz a sua deficiência de elétrons pela interação com pares isolados ou grupos C–H agósticos nos ligantes.

22.20 Ligação metal-metal e clusters metálicos

Os químicos orgânicos precisam realizar grandes esforços para sintetizar as suas moléculas em gaiola, como o cubano (**81**). Ao contrário, uma das características distintas da química inorgânica é o grande número de moléculas poliédricas fechadas, como a molécula tetraédrica de P₄ (Seção 15.1), os clusters octaédricos dos primeiros elementos do bloco d com ponte de haleto (Quadro 19.2), os carboranos poliédricos (Seção 13.12) e os clusters organometálicos que discutiremos a seguir. As estruturas dos clusters frequentemente assemelham-se às estruturas de empacotamento compacto do próprio metal, e essa semelhança fornece o fundamento principal empregado no estudo desses compostos: a ideia de que as propriedades químicas dos ligantes de um cluster se assemelham ao comportamento de uma superfície metálica. Nos anos mais recentes, diferentes razões inspiraram as pesquisas sobre os clusters, como o fato de que materiais como os pontos quânticos (*quantum dots*) e as nanopartículas (Seção 24.22) apresentam propriedades eletrônicas que dependem do tamanho do cluster.

(a) A estrutura dos clusters

Ponto principal: Os clusters incluem todos os compostos com ligações metal-metal que formam estruturas cíclicas triangulares ou maiores.

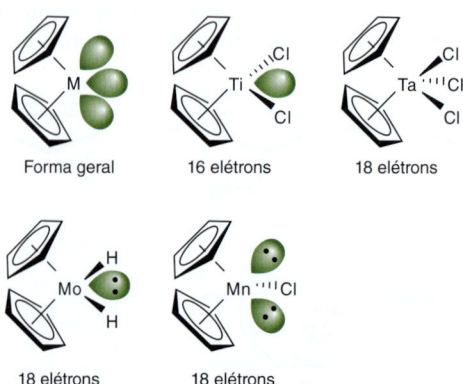

Figura 22.15* Compostos sanduíche angulares com as suas contagens de elétrons.

Uma definição rigorosa de **clusters metálicos** restringe esses compostos aos complexos moleculares com ligações metal-metal que formam estruturas cíclicas triangulares ou maiores. Essa definição exclui os compostos M–M lineares e os compostos em gaiola, nos quais vários átomos metálicos são mantidos juntos por ligantes em ponte. Entretanto, essa definição restritiva é normalmente flexibilizada, e consideraremos como um cluster qualquer sistema com ligação M–M. A distinção entre clusters e compostos em gaiola pode parecer arbitrária, uma vez que a presença de ligantes em ponte como em (**82**), levanta a possibilidade de que os átomos são mantidos juntos por interações M–L–M em vez de ligações M–M. Os comprimentos de ligação podem ajudar a resolver essa questão. Se a distância M–M for muito maior do que duas vezes o raio metálico, é razoável concluir que a ligação M–M é muito fraca ou ausente. Entretanto, se os átomos metálicos estiverem dentro de uma distância de ligação razoável, a proporção da ligação que é atribuída à interação direta M–M será ambígua. Por exemplo, após o isolamento do [Fe$_2$(CO)$_9$] (**83**), em 1938, ocorreu um intenso debate sobre a extensão da ligação Fe–Fe. Sugestões iniciais da inexistência de interação Fe–Fe foram suplantadas pela aceitação geral de uma ligação M–M somente após uns 20 anos, embora algumas teorias de ligação atuais possam justificar a sua estrutura sem recorrer a qualquer ligação M–M (ver Problema Tutorial 22.12).

A força da ligação metal-metal nos complexos metálicos não pode ser determinada com grande precisão, mas várias evidências (como a estabilidade dos compostos e as constantes de força da ligação M–M) indicam que há um aumento na força da ligação M–M quando descemos num grupo do bloco d. Essa tendência contrasta com a que é vista no bloco p, no qual as ligações elemento-elemento são geralmente mais fracas para os membros mais pesados de um grupo. Como consequência dessa tendência, sistemas com ligação metal-metal são mais numerosos para os metais das séries 4d e 5d.

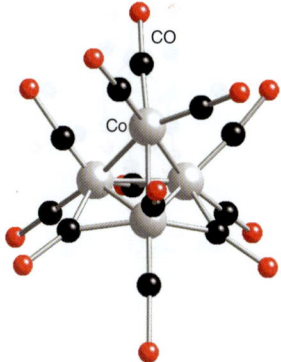

82 [Co$_4$(CO)$_{12}$]

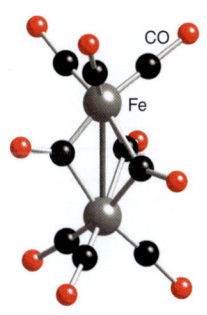

83 [Fe$_2$(CO)$_9$]

(b) Contagem de elétrons nos clusters

Pontos principais: A regra dos 18 elétrons pode ser usada para identificar o número correto de elétrons nos clusters com menos de seis átomos de metal; as regras de Wade-Mingos-Lauher correlacionam a contagem dos elétrons de valência com as estruturas dos complexos organometálicos maiores.

Clusters organometálicos são raros para os primeiros metais d e desconhecidos para os metais f, mas existe um grande número de clusters de carbonilas metálicas com os elementos dos Grupos 6 ao 10. A ligação nos clusters menores pode ser facilmente explicada em termos de ligações M–M e M–L feitas por pares de elétrons localizados e pela regra dos 18 elétrons.

Se tomarmos os compostos [Mn$_2$(CO)$_{10}$] (**84**) e o [Os$_3$(CO)$_{12}$] (**85**) como exemplos, podemos chegar a uma visão simples, mas reveladora. No [Mn$_2$(CO)$_{10}$], pode-se considerar que cada átomo de Mn está coordenado a cinco carbonilas metálicas e tem 17 elétrons (7 do Mn e 10 dos cinco ligantes CO), antes de levarmos em conta a ligação Mn–Mn. Esta ligação Mn–Mn consiste em dois elétrons compartilhados entre os dois átomos metálicos, o que eleva em 1 a contagem de elétrons em cada átomo, resultando em dois metais com 18 elétrons, mas com uma contagem total de somente 34, e não de 36. No [Os$_3$(CO)$_{12}$], cada átomo de Os está coordenado com quatro carbonilas e cada fragmento [Os(CO)$_4$] tem 16 elétrons (oito do metal e mais oito vindos das quatro carbonilas), antes de levarmos em conta a ligação metal-metal. Cada metal está ligado a dois outros em um arranjo triangular (três ligações M–M no cluster), com as duas ligações de cada metal aumentando o número de elétrons de cada um para 18, mas com um total de apenas 48, e não de 54 elétrons. Os elétrons destas ligações de que estamos tratando são chamados de **elétrons de valência do cluster** (EVC), e rapidamente fica evidente que um cluster formado por x átomos de metal e com y ligações metal-metal necessita de $18x - 2y$ elétrons. Clusters M$_6$ octaédricos ou maiores não se ajustam a esse padrão e, nestes casos, aplicam-se as regras dos pares de elétrons para os esqueletos poliédricos, conhecidas como regras de Wade (Seção 13.11), as quais foram aperfeiçoadas por D.M.P. Mingos e J. Lauher para serem aplicadas aos clusters metálicos. Estas **regras de Wade-Mingos-Lauher** são apresentadas na Tabela 22.9; elas são aplicadas de maneira mais confiável aos clusters com metais dos Grupos 6 ao 9. Em geral, assim como nos hidretos de boro nos quais se aplicam considerações similares, as estruturas mais abertas (que possuem menos ligações metal-metal) ocorrem quando a contagem dos elétrons de valência do cluster (EVC) é mais alta.

$$\begin{array}{c} \text{OC} \quad \text{CO} \quad \text{CO} \\ \text{OC}-\text{Mn}-\text{Mn}-\text{CO} \\ \text{OC} \quad \text{OC} \quad \text{CO} \\ \text{OC} \quad \text{CO} \quad \text{CO} \end{array}$$

84 [Mn$_2$(CO)$_{10}$]

$$\begin{array}{c} (\text{CO})_4 \\ \text{Os} \\ (\text{OC})_4\text{Os}-\text{Os}(\text{CO})_4 \end{array}$$

85 [Os$_3$(CO)$_{12}$]

22 A química organometálica dos metais do bloco d

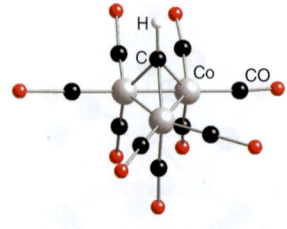

86 [Co₃(CH)(CO)₉]

> **EXEMPLO 22.9** Correlacionando dados espectroscópicos, contagem dos elétrons de valência do cluster e estrutura
>
> A reação de clorofórmio (triclorometano) com o [Co$_2$(CO)$_8$] produz um composto de fórmula [Co$_3$(CH)(CO)$_9$]. Os dados de RMN e de IV indicam a presença de ligantes CO somente terminais e a presença de um grupo CH. Proponha uma estrutura consistente com os espectros e correlacione a EVC com a estrutura.
>
> *Resposta* Assumimos que o ligante CH está ligado apenas pelo C; um elétron do C é usado para a ligação C–H, de forma que três elétrons estão disponíveis para ligação no cluster. Assim, os elétrons disponíveis para o cluster são os 27 dos três átomos de Co, 18 dos nove ligantes CO e 3 do CH. A EVC total resultante de 48 indica um cluster triangular (ver Tabela 22.9). Uma estrutura consistente com essa conclusão e a presença de somente ligantes CO terminais e um ligante CH em capuz é mostrada em (**86**).
>
> *Teste sua compreensão 22.9* O composto [Fe$_4$Cp$_4$(CO)$_4$] é um sólido verde-escuro. O seu espectro no IV mostra um único estiramento de CO em 1640 cm^{-1}. O espectro de RMN de ^{1}H exibe uma única linha, mesmo à baixa temperatura. A partir dessas informações espectroscópicas e da EVC, proponha uma estrutura para o [Fe$_4$Cp$_4$(CO)$_4$].

(c) Analogia isolobal

Pontos principais: Fragmentos moleculares estruturalmente análogos são descritos como isolobais; grupos de fragmentos moleculares isolobais são usados para sugerir padrões de ligações entre os fragmentos aparentemente sem relação, permitindo o entendimento de várias estruturas.

Podemos identificar analogias entre as estruturas de moléculas aparentemente sem relação. Assim, podemos ver o N(CH$_3$)$_3$ como um derivado do NH$_3$ pela substituição de um fragmento CH$_3$ para cada átomo de H. Na terminologia atual, fragmentos estruturalmente análogos são ditos **isolobais** e essa relação é expressa pelo símbolo ⌒. A origem do nome está no formato em lóbulo de um orbital híbrido de um fragmento

Tabela 22.9 Correlação entre a contagem dos elétrons de valência do cluster (EVC) e estrutura

Número de átomos metálicos	Estrutura do arranjo metálico		Contagem EVC	Exemplo
1	Um único metal	M	18	[Ni(CO)$_4$] (**2**)
2	Linear	M—M	34	[Mn$_2$(CO)$_{10}$] (**84**)
3	Triângulo fechado	M—M / M	48	[Os$_3$(CO)$_{12}$] (**85**)
4	Tetraedro		60	[Co$_4$(CO)$_{12}$] (**82**)
	Borboleta		62	[Fe$_4$(CO)$_{12}$C]$^{2-}$
	Quadrado		64	[Os$_4$(CO)$_{16}$]
5	Bipirâmide trigonal		72	[Os$_5$(CO)$_{16}$]
	Pirâmide quadrática		74	[Fe$_5$C(CO)$_{15}$]
6	Octaedro		86	[Ru$_6$C(CO)$_{17}$]
	Prisma trigonal		90	[Rh$_6$C(CO)$_{15}$]$^{2-}$

Tabela 22.10 Fragmentos isolobais selecionados*

*Note que os elétrons podem ser adicionados ou subtraídos de cada membro do grupo isolobal e ainda assim manter a isolobalidade. Por exemplo, CH_3^+ ⇋ $Mn(CO)_5^+$ ⇋ $Co(CO)_4$.

molecular. Dois fragmentos serão isolobais se os seus orbitais de energia mais alta tiverem a mesma simetria (como a simetria σ do orbital H1s e do orbital híbrido Csp³), energias semelhantes e a mesma ocupação eletrônica (um em cada caso no H1s e no Csp³). A Tabela 22.10 apresenta alguns fragmentos isolobais selecionados e a primeira linha mostra fragmentos isolobais com um único orbital de fronteira. O reconhecimento dessa família permite-nos antecipar, por analogia com o H–H, que moléculas como H_3C–CH_3 e $[(OC)_5Mn$–$CH_3]$ podem ser formadas. A segunda linha da Tabela 22.10 apresenta alguns fragmentos isolobais com dois orbitais de fronteira e a terceira linha lista alguns com três.

Uma boa maneira de visualizar a incorporação de heteroátomos em um cluster metálico é pelo uso de analogias isolobais. Essas analogias nos permitem traçar um paralelo entre o $[Co_3(CH)(CO)_9]$ (**86**) e o $[Co_4(CO)_{12}]$ (**82**), uma vez que ambos podem ser considerados como fragmentos triangulares $Co_3(CO)_9$ encapuzados de um lado por $Co(CO)_3$ ou CH. Uma complicação menor nesta comparação é a existência de grupos $Co(CO)_2$ juntamente a ligantes CO em ponte no $[Co_4(CO)_{12}]$, uma vez que ligantes em ponte e terminais frequentemente possuem energias similares. Uma análise adicional dos fragmentos isolobais dados na Tabela 22.10 mostra que o átomo de P é isolobal com o CH; em concordância com isso, é conhecido um cluster semelhante ao $[Co_3(CH)(CO)_9]$ (**86**), mas com um átomo de P encapuzado. Similarmente, ligantes CR_2 e o $Fe(CO)_4$ são capazes de se ligarem a dois átomos de metal em um cluster; já o CH_3 e o $Mn(CO)_5$ podem se ligar com um átomo de metal.

Como um último exemplo de analogias isolobais, considere o complexo misto de manganês e platina (**87**): os anéis de três membros {Mn,Pt,P} podem ser considerados como a forma de um metalociclopropano com uma ligação dupla coordenada (**88**). Ambas as metades dos fragmentos Mn=P são isolobais com o CH_2 se forem consideradas como PR_2^+ e $Mn(CO)_4^-$; o fragmento completo pode, então, ser tratado como análogo a uma molécula de eteno. Esse tratamento significa que (**87**) pode ser considerado como análogo ao bis(eteno)carbonilaplatina(0) (**89**), um conhecido composto organometálico simples de 16 elétrons.

(d) Síntese de clusters

Pontos principais: Normalmente são usados três métodos para a preparação de clusters metálicos: expulsão térmica do CO de uma carbonila metálica, condensação de um ânion de carbonila com um complexo organometálico neutro e condensação de um complexo organometálico com um composto organometálico insaturado.

Um dos mais antigos métodos para a síntese de clusters metálicos é a expulsão térmica de CO de uma carbonila metálica. A formação pirolítica de clusters metálicos pode ser analisada do ponto de vista da contagem de elétrons: a diminuição do número de elétrons de valência ao redor do metal, resultante da perda de CO, é compensada pela formação de ligações M–M. Um exemplo é a síntese do $[Co_4(CO)_{12}]$ pelo aquecimento do $[Co_2(CO)_8]$:

$$2[Co_2(CO)_8] \rightarrow [Co_4(CO)_{12}] + 4CO$$

Essa reação ocorre lentamente à temperatura ambiente, de forma que amostras de octacarboniladicobalto (0) encontram-se geralmente contaminadas pelo dodecacarbonilatetracobalto(0).

Uma reação muito empregada, e mais controlável, baseia-se na condensação de um ânion de carbonila com um complexo organometálico neutro:

$$[Ni_5(CO)_{12}]^{2-} + [Ni(CO)_4] \rightarrow [Ni_6(CO)_{12}]^{2-} + 4\,CO$$

O complexo de Ni_5 possui uma EVC de 76, enquanto que o complexo de Ni_6 tem uma contagem de 86. O nome descritivo **condensação de oxirredução** é frequentemente dado para reações desse tipo, que são muito úteis para a preparação de clusters aniônicos de carbonilas metálicas. Neste exemplo, um cluster bipiramidal trigonal, contendo Ni com número de oxidação formal de –2/5 e o $[Ni(CO)_4]$, contendo Ni(0), são convertidos em um cluster octaédrico com o Ni tendo número de oxidação –1/3. O cluster $[Ni_5(CO)_{12}]^{2-}$, que tem quatro elétrons além dos 72 esperados para uma bipirâmide trigonal, ilustra uma tendência relativamente comum para os clusters metálicos do Grupo 10, que é a de possuir uma contagem de elétrons superior àquela esperada pelas regras de Wade-Mingos-Lauher.

Um terceiro método, do qual F.G.A. Stone foi o pioneiro, baseia-se na condensação de um complexo organometálico, contendo ligantes que podem ser deslocados, com um composto organometálico insaturado. O complexo insaturado pode ser um alquilideno metálico, $L_nM{=}CR_2$, um alquilidino metálico, $L_nM{\equiv}CR$, ou um composto com ligações múltiplas metal-metal:

As reações

O fato de a maioria dos compostos organometálicos reagir de várias maneiras é responsável pelos seus usos como catalisadores. Nas seções anteriores, demos atenção aos ligantes e como introduzi-los num centro metálico. Nesta seção, veremos como os ligantes podem continuar a reagir ou reagir uns com os outros. Está implícito na discussão a seguir que os complexos coordenativamente saturados são menos reativos do que os insaturados.

22.21 Substituição de ligante

Pontos principais: A substituição de ligantes nos complexos organometálicos é muito similar à substituição de ligantes nos compostos de coordenação, com a restrição adicional de que a contagem dos elétrons de valência no átomo metálico não ultrapasse 18; o estereoimpedimento dos ligantes aumenta a velocidade dos processos dissociativos e diminui a velocidade dos processos associativos.

Extensos estudos das reações de substituição de CO em complexos simples de carbonila revelaram tendências sistemáticas nos mecanismos e velocidades, e muito do que tem sido estabelecido para esses compostos aplica-se a todos os complexos organometálicos. A simples substituição de um ligante por outro nos complexos organometálicos é muito semelhante àquela observada para os compostos de coordenação, nos quais as reações podem seguir um caminho associativo, dissociativo ou de intertroca, com a reação sendo ativada associativamente ou dissociativamente (Seção 21.2).

Exemplos de reações de substituição mais simples envolvem a substituição do CO por outro doador de par de elétrons, como uma fosfina. Estudos de substituição do CO por trialquilfosfinas e outros ligantes no [Ni(CO)$_4$], [Fe(CO)$_5$] e nas hexacabonilas do grupo do cromo mostram que as velocidades são insensíveis aos grupos de entrada, indicando um mecanismo ativado dissociativamente. Em alguns casos foi possível detectar um intermediário solvatado, como o [Cr(CO)$_5$(THF)]. Este intermediário combina-se então com o grupo de entrada num processo bimolecular:

[Cr(CO)$_6$] + solv → [Cr(CO)$_5$](solv) + CO
[Cr(CO)$_5$](solv) + L → [Cr(CO)$_5$L] + solv

As reações de substituição ativadas dissociativamente são esperadas para os complexos de carbonilas metálicas, uma vez que a ativação associativa levaria a intermediários de reação com mais de 18 elétrons de valência e a formação destes corresponderia à ocupação dos orbitais moleculares antiligantes de alta energia.

Enquanto a perda do primeiro grupo CO do [Ni(CO)$_4$] ocorre facilmente e a substituição é rápida à temperatura ambiente, nas carbonilas do Grupo 6 os ligantes CO estão ligados muito mais fortemente, necessitando que a perda do CO seja promovida térmica ou fotoquimicamente. Por exemplo, a substituição do CO por CH$_3$CN é feita por refluxo em acetonitrila, usando-se uma corrente de nitrogênio para arrastar o monóxido de carbono e deslocar a reação para os produtos. Para se obter a fotólise, as carbonilas mononucleares (que não absorvem fortemente na região do visível) são expostas à radiação do UV próximo numa aparelhagem como a mostrada na Fig. 22.16. Assim como no processo térmico, há forte evidência de que a reação de substituição promovida fotoquimicamente leva à formação de um complexo intermediário lábil com o solvente, o qual será deslocado pelo grupo de entrada. Intermediários solvatados foram detectados na fotólise de carbonilas metálicas, não apenas com solventes polares, como o THF, mas também com todos os solventes empregados, até mesmo alcanos e gases nobres.

A velocidade de substituição nos complexos de 16 elétrons depende da identidade e da concentração do grupo de entrada, indicando uma ativação associativa. Por exemplo, a reação do [Ir(CO)Cl(PPh$_3$)$_2$] com a trietilfosfina é ativada associativamente:

[Ir(CO)Cl(PPh$_3$)$_2$] + PEt$_3$ → [Ir(CO)Cl(PPh$_3$)$_2$(PEt$_3$)] → [Ir(CO)Cl(PPh$_3$)(PEt$_3$)] + PPh$_3$

Compostos organometálicos de 16 elétrons parecem sofrer reações de substituição ativadas associativamente porque o complexo ativado de 18 elétrons é energeticamente mais favorável do que o complexo ativado de 14 elétrons que se formaria na ativação dissociativa.

Assim como nas reações dos compostos de coordenação, podemos esperar que o estereoimpedimento entre os ligantes acelere os processos dissociativos e diminua a velocidade dos processos associativos (Seção 21.6). O estereoimpedimento que uns ligantes fazem sobre os outros pode ser estimado pelo ângulo de cone de Tolman (Tabela 21.7), e podemos ver como ele influencia a constante de equilíbrio para a ligação de um ligante examinando as constantes de dissociação dos complexos [Ni(PR$_3$)$_4$] (Tabela 22.11). Esses complexos apresentam-se ligeiramente dissociados em solução se os ligantes fosfina forem compactos, como o PMe$_3$, com um ângulo de cone de 118°. Entretanto, um complexo como o [Ni(P^{t}Bu$_3$)$_4$], para o qual o ângulo de cone é grande (182°), apresenta-se altamente dissociado.

A velocidade de substituição do CO nas carbonilas metálicas hexacoordenadas frequentemente diminui quando o CO é substituído por ligantes mais fortemente básicos; geralmente, dois ou três ligantes alquilfosfina representam o limite de substituição. Com ligantes fosfina volumosos, substituição adicional pode ser termodinamicamente desfavorável devido ao estereoimpedimento, mas o aumento da densidade eletrônica no centro metálico, que ocorre quando um ligante π receptor é substituído por um ligante doador, parece fazer com que os ligantes CO remanescentes liguem-se mais fortemente, reduzindo a velocidade de substituição dissociativa do CO. A explicação da influência dos ligantes σ doadores sobre a ligação com o CO é que o aumento da densidade eletrônica, provocado pela fosfina, leva a uma retroligação π mais forte para os ligantes CO remanescentes, fortalecendo, portanto, a ligação M–CO. Esta ligação M–C mais forte diminui a tendência do CO em desligar-se do átomo do metal, diminuindo a velocidade de substituição dissociativa. Observa-se também que a segunda carbonila substituída é geralmente *cis* em relação ao sítio da primeira e que a substituição de uma terceira carbonila resulta num complexo *fac*. A razão para esta regioquímica é que os ligantes CO apresentam um efeito *trans* muito alto (Seção 21.4).

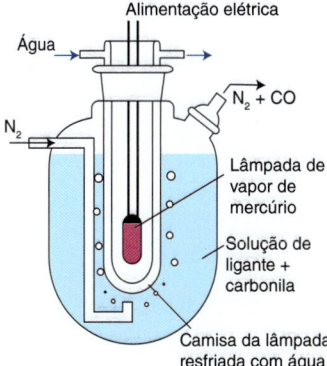

Figura 22.16 Aparelhagem para a substituição fotoquímica de ligante nas carbonilas metálicas.

Tabela 22.11 Ângulos de cone e constantes de dissociação para alguns complexos de Ni*

L	θ/°	K_d
PMe$_3$	118	< 10^{-9}
PEt$_3$	137	1,2 × 10^{-5}
PMePh$_2$	136	5,0 × 10^{-2}
PPh$_3$	145	Grande
P^{t}Bu$_3$	182	Grande

*Os dados são para NiL$_4$ ⇌ NiL$_3$ + L em benzeno a 25°C.

> **EXEMPLO 22.10** Preparando carbonilas metálicas substituídas
>
> Partindo do MoO_3 como uma fonte de Mo, de CO e PPh_3 como fontes de ligantes, e de outros reagentes à sua escolha, dê as equações e as condições para a síntese do $[Mo(CO)_5PPh_3]$.
>
> **Resposta** Considerando os materiais disponíveis, um procedimento sensato parece ser a síntese inicial do $[Mo(CO)_6]$ para depois realizar uma substituição de ligante. A carbonilação redutiva do MoO_3 pode ser feita usando-se $Al(CH_2CH_3)_3$ como agente redutor, na presença de monóxido de carbono sob pressão. A temperatura e a pressão necessárias para esta reação são menores do que para a combinação direta do molibdênio com o monóxido de carbono:
>
> $$MoO_3 + Al(CH_2CH_3)_3 + 6CO \xrightarrow{50\,atm,\,150°C,\,heptano} [Mo(CO)_6] + \text{produtos de oxidação do } Al(CH_2CH_3)_3$$
>
> A substituição subsequente pode ser realizada fotoquimicamente usando-se a aparelhagem mostrada na Figura 22.16:
>
> $$[Mo(CO)_6] + PPh_3 \rightarrow [Mo(CO)_5PPh_3] + CO$$
>
> O progresso da reação pode ser acompanhado por espectroscopia no IV na região de estiramento do CO, retirando-se pequenas amostras periodicamente do reator.
>
> **Teste sua compreensão 22.10** Pretendendo-se obter o complexo altamente substituído $[Mo(CO)_3L_3]$, qual dos ligantes, PMe_3 ou $P(^tBu)_3$ seria o mais indicado? Dê as razões para sua escolha.

Embora as generalizações anteriores sejam aplicadas a uma grande variedade de reações, algumas exceções são observadas, especialmente se os ligantes ciclopentadienila ou nitrosila estiverem presentes. Nestes casos, é comum encontrar evidência de substituição ativada associativamente mesmo para complexos de 18 elétrons. A explicação comum é que o NO pode mudar de um ligante linear (como em **73**) para angular (como em **74**), quando então ele doa dois elétrons a menos (Seção 22.17). Da mesma forma, o η^5-Cp^- que doa seis elétrons pode deslocar-se em relação ao metal e tornar-se um doador de quatro elétrons η^3-Cp^-. Neste caso, considera-se que o ligante C_5H_5 tenha uma interação com o metal através de três carbonos, enquanto que os dois elétrons restantes formam uma ligação C=C que não está envolvida com o metal (**90**); o metal central, então com menos elétrons, torna-se suscetível à substituição:

90

$$[V(CO)_5(NO)] + PPh_3 \rightarrow [V(CO)_4(NO)(PPh_3)] + CO$$

$$[Re(\eta^5\text{-}Cp)(CO)_3] + PPh_3 \rightarrow [Re(\eta^3\text{-}Cp)(CO)_2(PPh_3)] + CO$$

Observou-se que, para algumas carbonilas metálicas, o deslocamento de CO pode ser catalisado por processos de transferência de elétrons que criam um ânion radical ou um cátion radical. Esses radicais não têm 18 elétrons; um processo típico desse tipo é apresentado na Fig. 22.17. Como pode ser visto, o aspecto chave é a labilidade do CO no ânion radical de 19 elétrons comparado com a carbonila metálica de partida. Da mesma forma, os compostos metálicos menos comuns de 19 e 17 elétrons são lábeis com relação à substituição.

A substituição de ligantes em um cluster, frequentemente, não é um processo direto pois geralmente há fragmentação. A fragmentação ocorre porque a força das ligações M–M em um cluster é similar à das ligações M–L e, desta forma, a quebra das ligações M–M oferece um caminho de reação com baixa energia de ativação. Por exemplo, a dodecacarbonilaferro(0) reage com a trifenilfosfina sob condições suaves para formar produtos simples mono e dissubstituídos, assim como alguns produtos de fragmentação do cluster:

$$3\,[Fe_3(CO)_{12}] + 6\,PPh_3 \rightarrow [Fe_3(CO)_{11}PPh_3] + [Fe_3(CO)_{10}(PPh_3)_2] + [Fe(CO)_5]$$
$$+ [Fe(CO)_4PPh_3] + [Fe(CO)_3(PPh_3)_2] + 3\,CO$$

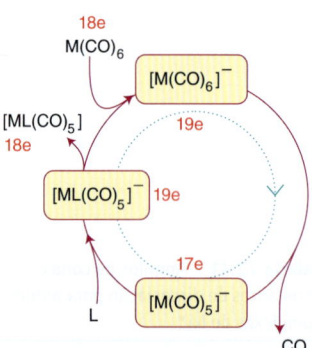

Figura 22.17 Diagrama esquemático de uma substituição de CO catalisada por transferência de elétron. Após a adição de uma pequena quantidade de um redutor iniciador, o ciclo continua até que um reagente limitante, $[M(CO)_6]$ ou L, tenha sido consumido.

Entretanto, para tempos de reação um pouco mais longos ou temperaturas mais elevadas, obtém-se somente os produtos com um átomo de ferro. Uma vez que a força das ligações M–M aumenta descendo-se num grupo, pode-se obter produtos de substituição para clusters mais pesados, como $[Ru_3(CO)_{10}(PPh_3)_2]$ ou $[Os_3(CO)_{10}(PPh_3)_2]$, sem fragmentação significativa e nem formação de complexos mononucleares.

> **EXEMPLO 22.11** Avaliando a reatividade substitucional
>
> Qual dos compostos, (91) ou (92), sofrerá substituição de um ligante CO por fosfina mais facilmente?
>
> *Resposta* Considerando os ligantes presentes nos compostos, vemos que o composto de 18 elétrons (92) contém o ligante indenila, o qual pode deslocar mais facilmente o seu anel para uma forma com ligação η^3 de 16 elétrons (93) do que o composto de Cp normal (91), uma vez que a dupla ligação que se forma torna-se parte de um anel aromático de seis membros. Este deslocamento de anel fornece uma rota de baixa energia para formar uma insaturação coordenativa e, assim, o composto com o ligante indenila reage com um ligante de entrada muito mais rapidamente do que o composto com o ligante Cp.
>
> *Teste sua compreensão 22.11* Avalie a reatividade substitucional relativa de compostos com ligantes indenila e fluorenila (94).

94 Fluorenila

22.22 Adição oxidativa e eliminação redutiva

Pontos principais: A adição oxidativa ocorre quando uma molécula X–Y adiciona-se a um metal para formar novas ligações M–X e M–Y, com a quebra da ligação X–Y; a adição oxidativa resulta no aumento em duas unidades do número de coordenação e do número de oxidação do metal; a eliminação redutiva é o inverso da adição oxidativa.

Quando discutimos a ligação do di-hidrogênio ao átomo de um metal na Seção 22.7, observamos que o número de oxidação do metal aumentava em 2 quando o di-hidrogênio reagia para formar um di-hidreto:

$$M(N_{ox}) + H_2 \rightarrow [M(N_{ox}+2)(H)_2]$$

O aumento do número de oxidação do metal em duas unidades dá-se porque o di-hidrogênio é tratado como um ligante neutro, enquanto que os ligantes hidreto são tratados como H⁻: assim, a formação de duas ligações M–H a partir de uma molécula de H_2 corresponde a um aumento formal de 2 na carga do metal. Embora possa parecer que essa oxidação do metal é apenas uma anomalia causada pelo nosso método de contagem de elétrons, de fato dois elétrons do metal foram usados na retroligação para o di-hidrogênio, ficando esses dois elétrons indisponíveis para o metal fazer ligações adicionais. Esse tipo de reação é bastante geral, sendo conhecido como **adição oxidativa**. Um grande número de moléculas adiciona-se oxidativamente a um metal, dentre elas os halogenetos de alquila e arila, o di-hidrogênio e os hidrocarbonetos simples. Em geral, a adição de qualquer molécula X–Y a um metal para formar M(X)(Y) pode ser classificada como uma reação de adição oxidativa. Assim, a reação de um complexo metálico, [ML$_n$], com um ácido como HCl para a formação de [ML$_n$(H)(Cl)] é uma reação de adição oxidativa. As reações de adição oxidativa não estão restritas aos metais do bloco d; a reação do magnésio para formar reagentes de Grignard (Seção 12.13) é uma reação de adição oxidativa.

As reações de adição oxidativa resultam na ligação de mais dois ligantes ao metal e um aumento de 2 na contagem total de elétrons do metal. Assim, as reações de adição oxidativa normalmente requerem um centro metálico coordenativamente insaturado e são particularmente comuns para os complexos metálicos quadráticos planos de 16 elétrons:

A adição oxidativa do hidrogênio é uma reação sincronizada: o di-hidrogênio coordena-se como um ligante H_2 através de uma ligação σ e a retroligação partindo do metal resulta na quebra da ligação H–H e na formação do di-hidreto *cis*:

Outras moléculas, como alcanos e halogenetos de arilas, reagem de forma sincronizada, e em todos os casos os dois ligantes de entrada terminam em posição *cis* um em relação ao outro.

Algumas reações de adição oxidativa não são sincronizadas, ocorrendo através de intermediários radicalares, ou são mais bem entendidas como reações de deslocamento do tipo S_N2. As reações de adição oxidativa radicalares são raras e não serão discutidas aqui. Numa reação de adição oxidativa S_N2, um par isolado no metal ataca a molécula X–Y deslocando o Y^-, o qual, posteriormente, liga-se ao metal:

Há duas consequências estereoquímicas para essa reação. Primeiro, os dois ligantes de entrada não necessitam terminar em posição *cis* um em relação ao outro; segundo, diferente da reação sincronizada, qualquer quiralidade no grupo X será invertida. As reações de adição oxidativa do tipo S_N2 são comuns para moléculas polares como os halogenetos de alquila.

O oposto da adição oxidativa, na qual dois ligantes acoplam-se e são eliminados de um centro metálico, é chamado de **eliminação redutiva**:

As reações de eliminação redutiva necessitam que os fragmentos a serem eliminados estejam em posição *cis* um em relação ao outro e são mais bem entendidas como o inverso da forma sincronizada da adição oxidativa.

As reações de adição oxidativa e eliminação redutiva são, em princípio, reversíveis. Entretanto, na prática, uma direção é normalmente termodinamicamente favorecida em relação à outra. As reações de adição oxidativa e eliminação redutiva desempenham um papel importante em muitos processos catalíticos (Capítulo 25).

EXEMPLO 22.12 Identificando as reações de adição oxidativa e eliminação redutiva

Mostre que a reação

é um exemplo de uma reação de adição oxidativa.

Resposta Para identificar uma reação de adição oxidativa, precisamos estabelecer a contagem dos elétrons de valência e os estados de oxidação dos reagentes e produtos. O reagente de partida quadrático plano tetracoordenado de Rh contém um ligante η^1-alquinila e três ligantes fosfina neutros; portanto, ele é uma espécie de Rh(I) de 16 elétrons. O produto hexaco-ordenado octaédrico contém dois ligantes η^1-alquinila, um ligante hidreto e três ligantes fosfina neutros; ele é, portanto, uma espécie de Rh(III) de 18 elétrons. O aumento de duas unidades no número de coordenação e no número de oxidação identifica a reação como uma adição oxidativa.

Teste sua compreensão 22.12 Mostre que a reação seguinte é um exemplo de uma eliminação redutiva.

22.23 Metátese de ligação σ

Ponto principal: Uma reação de metátese de ligação σ é um processo sincronizado que ocorre quando a adição oxidativa não pode ocorrer.

Uma sequência de reações que parece ser uma adição oxidativa seguida por uma eliminação redutiva pode na verdade ser uma troca entre duas espécies através de um processo conhecido como **metátese de ligação σ**. As reações de metátese de ligação σ são comuns para os complexos dos primeiros metais d, nos quais não há elétrons suficientes no metal para que ele participe de uma adição oxidativa. Por exemplo, o composto de 16 elétrons [(Cp)$_2$ZrHMe] não pode reagir com o H$_2$ para formar um tri-hidreto, uma vez que todos os seus elétrons já estão envolvidos nas ligações com os ligantes existentes. Nestes casos, propõem-se um estado de transição de quatro membros e uma etapa sincronizada de formação e quebra de ligações, resultando na eliminação do metano:

22.24 Reações de inserção migratória 1,1

Ponto principal: As reações de inserção migratória 1,1 resultam da migração de uma espécie como um hidreto ou um grupo alquila para um ligante adjacente, como uma carbonila, para formar um complexo metálico com dois elétrons a menos no átomo do metal.

Uma **reação de inserção migratória 1,1** é exemplificada pela reação do ligante η^1-CO, na qual ocorre a seguinte transformação:

Chama-se de reação 1,1 porque o grupo X que estava uma ligação distante do átomo metálico termina em um átomo que está uma ligação distante do átomo metálico. Geralmente, o grupo X é uma alquila ou uma arila e, assim, o produto contém um grupo acila. Em princípio, a reação pode ocorrer através da migração do grupo X ou pela inserção do CO na ligação M–X. A incerteza com relação ao verdadeiro mecanismo levou ao nome aparentemente contraditório de **inserção migratória**. Entretanto, coloquialmente, os termos "inserção migratória", "migração" e "inserção" são usados de maneira indistinta. O resultado global da reação é uma diminuição de 2 no número de elétrons do metal, sem alteração no estado de oxidação. Portanto, é possível induzir reações de inserção migratória 1,1 pela adição de outra espécie que possa atuar como um ligante:

[Mn(Me)(CO)$_5$] + PPh$_3$ → [Mn(MeCO)(CO)$_4$PPh$_3$]

O estudo clássico sobre a inserção migratória do CO no [Mn(Me)(CO)$_5$] ilustra vários aspectos importantes das reações desse tipo.[3] Primeiramente, na reação

[Mn(Me)(CO)$_5$] + ^{13}CO → [Mn(MeCO)(CO)$_4$(^{13}CO)]

o produto apresenta apenas um CO marcado e este é *cis* em relação ao grupo acila recém-formado. Esta estereoquímica demonstra que o grupo de entrada CO não se insere na ligação Mn–Me e que o grupo metila migra para um ligante CO adjacente

---

[3] A espécie de Mn não é fluxional e não sofre rearranjo; se isso ocorresse, não seríamos capazes de tirar as conclusões aqui descritas.

ou um grupo CO adjacente ao grupo metila insere-se na ligação Mn–Me. Segundo, na reação reversa

$$cis\text{-}[Mn(MeCO)(CO)_4(^{13}CO)] \rightarrow [Mn(Me)(CO)_5] + CO$$

é possível distinguir entre a migração do grupo metila e a inserção do ligante CO: o cis-$[Mn(MeCO)(CO)_4(^{13}CO)]$ precisa perder um ligante CO cis ao grupo acila para que a reação ocorra. O esquema abaixo apresenta os possíveis caminhos de reação. Para um quarto das possibilidades, o ligante a ser perdido será o CO marcado e não teremos ganhado qualquer informação significativa. Para metade das possibilidades, será perdido um ligante CO não marcado, deixando vazio um sítio cis a ambos os ligantes CO marcado e o grupo acila. Neste caso, teremos uma das possibilidades: (a) migração do grupo metila de volta para o metal; (b) a expulsão do CO, conduzindo a que o grupo metila e o ligante ^{13}CO fiquem cis um em relação ao outro, não nos dando qualquer informação. Entretanto, no quarto restante das possibilidades, o CO trans ao ligante CO marcado será perdido e, neste caso, será possível distinguir entre as possibilidades: (c) expulsão do ligante CO; (d) migração do grupo metila. Se o grupo metila migrar, ele terminará trans ao CO marcado, enquanto que se o CO for expulso, o grupo metila terminará cis ao CO marcado.

Uma vez que o produto com a metila trans ao ^{13}CO constitui cerca de 25% do produto, podemos concluir que o grupo metila realmente migra. A aplicação do princípio da reversibilidade microscópica[4] nos permite concluir que a reação para frente ocorre pela migração do grupo metila. Acredita-se hoje que todas as inserções migratórias 1,1 ocorrem pela migração do grupo X. Uma consequência importante desta rota é que as posições relativas dos outros grupos ligados ao átomo que migra permanecem inalteradas, de forma que a estereoquímica no grupo X é preservada.

22.25 Reações de inserção 1,2 e de eliminação de hidreto β

Pontos principais: As reações de inserção 1,2 são observadas com ligantes η^2, como os alquenos, e resultam na formação de um ligante η^1, sem alteração no estado de oxidação do metal; a reação de eliminação de hidreto β é o inverso da reação de inserção 1,2.

As reações de inserção 1,2 geralmente são observadas com ligantes η^2, como os alquenos e os alquinos, e são exemplificadas pela reação:

A reação é uma **inserção 1,2** porque o grupo X que estava uma ligação distante do metal termina em um átomo que está distante duas ligações do metal. Geralmente, o grupo X é um hidreto, uma alquila ou uma arila, fazendo o produto apresentar um

---
[4] O princípio da reversibilidade microscópica estabelece que as reações para frente e a reversa ocorrem por meio do mesmo mecanismo.

grupo alquila (substituído). Assim como nas reações de inserção 1,1, a reação resulta em um decréscimo de 2 do número de elétrons no metal, sem mudança do seu estado de oxidação.

Se, na reação anterior com X = H, outra molécula de eteno viesse a se coordenar, o grupo etila resultante poderia migrar para formar um grupo butila:

A repetição desse processo leva ao polietileno. Reações catalíticas desse tipo são de grande importância industrial e são discutidas no Capítulo 25.

Pode ocorrer o inverso da inserção 1,2, embora seja raro, exceto quando X = H, quando então a reação é conhecida como **eliminação de hidreto β**:[5]

Evidências experimentais mostram que tanto a inserção 1,2 quanto a eliminação de hidreto β ocorrem por um intermediário *sin*:

Conforme observado na Seção 22.8, uma reação de eliminação de hidreto β pode ser uma rota prática para a decomposição de compostos contendo grupos alquila. A reação de inserção 1,2 acoplada com a eliminação de hidreto β também pode fornecer uma rota de baixa energia para a isomerização de alquenos:

22.26 Eliminações de hidreto α, γ e δ e ciclometalações

Ponto principal: As reações de ciclometalação, nas quais um metal se insere em uma ligação C–H remota, são equivalentes às reações de eliminação de hidreto.

Reações de eliminação de hidreto α são ocasionalmente observadas para complexos que não têm hidrogênios β; essas reações dão origem a um carbeno que frequentemente é muito reativo:

As eliminações de hidreto γ e δ são observadas com mais frequência. Uma vez que o produto contém um **metalociclo**, que é uma estrutura cíclica contendo um átomo de metal, essas reações são normalmente chamadas de reações de **ciclometalação**:

Uma reação de ciclometalação também pode ser imaginada como uma adição oxidativa em uma ligação C–H distante. As eliminações de hidreto tanto α quanto β também podem ser consideradas como reações de ciclometalação. Essa identificação é

---

[5] A reação é conhecida como "eliminação de hidreto β" porque o átomo de H que é eliminado está no segundo átomo de carbono a partir do metal (o átomo de carbono ligado ao metal é o carbono α, o terceiro é o carbono γ, etc.).

mais óbvia para a eliminação de hidreto β se considerarmos um alqueno na sua forma de metalociclopropano:

EXEMPLO 22.13 Prevendo os produtos das reações de inserção e de eliminação

Qual produto, incluindo a sua estereoquímica, seria esperado para a reação entre [MnMe(CO)$_5$] e PPh$_3$?

Resposta Ao considerar a reação entre [MnMe(CO)$_5$] e PPh$_3$, é pouco provável que ela seja uma simples reação de substituição do ligante carbonila por uma fosfina, uma vez que irá requerer a dissociação de um ligante carbonila fortemente ligado. Uma reação mais provável seria a migração do grupo metila para um ligante CO adjacente, para formar um grupo acila, com a fosfina preenchendo o sítio de coordenação vago que se formará. Esta reação tem uma pequena barreira de ativação e o produto esperado seria, portanto, o *cis*-[Mn(MeCO)(PPh$_3$)(CO)$_4$].

Teste sua compreensão 22.13 Explique por que o [Pt(Et)(Cl)(PEt$_3$)$_2$] decompõe-se facilmente, enquanto que o [Pt(Me)(Cl)(PEt$_3$)$_2$] não.

LEITURA COMPLEMENTAR

J.F. Hartwig, *Organotransition metal chemistry: from bonding to catalysis*. University Science Books (2010). O melhor livro em um único volume sobre o assunto.

R.H. Crabtree, *The organometallic chemistry of the transition metals*. John Wiley & Sons (2009).

C. Elschenbroich, *Organometallics*. Wiley-VCH (2006).

R.H. Crabtree e D.M.P. Mingos (eds.), *Comprehensive Organometallic Chemistry III*. Elsevier (2006). O livro de referência definitivo elaborado a partir das duas edições anteriores.

Veja também *J. Organomet. Chem.*, 1975, **100**, 273 para a visão pessoal de Wilkinson sobre o desenvolvimento da química organometálica.

G.J. Kubas, *Chem. Rev.*, 2006, **107**, 4152. Uma perspectiva histórica e uma descrição completa da descoberta dos complexos de di-hidrogênio.

D.M.P. Mingos e D.J. Wales, *Introduction to cluster chemistry*. Prentice-Hall (1990); J.W. Lauher, *J. Am. Chem. Soc.*, 1978, **100**, 5305. Descrição de alguns dos conceitos da ligação nos clusters.

R. Hoffmann, *Angew. Chem., Int. Ed. Engl.*, 1982, **21**, 711. Aplicação das analogias isolobais aos clusters metálicos (Conferência proferida por Hoffmann ao receber o Prêmio Nobel).

EXERCÍCIOS

22.1 Nomeie as espécies, desenhe as estruturas e forneça a contagem dos elétrons de valência para os átomos do metal em: (a) [Fe(CO)$_5$], (b) [Mn$_2$(CO)$_{10}$], (c) [V(CO)$_6$], (d) [Fe(CO)$_4$]$^{2-}$, (e) [La(η^5-Cp*)$_3$], (f) [Fe(η^3-alil)(CO)$_3$Cl], (g) [Fe(CO)$_4$(PEt$_3$)], (h) [Rh(Me)(CO)$_2$(PPh$_3$)], (i) [Pd(Me)(Cl)(PPh$_3$)], (j) [Co(η^5-C$_5$H$_5$)(η^4-C$_4$Ph$_4$)], (k) [Fe(η^5-C$_5$H$_5$)(CO)$_2$]$^-$, (l) [Cr(η^6-C$_6$H$_6$)(η^6-C$_7$H$_8$)], (m) [Ta(η^5-C$_5$H$_5$)$_2$Cl$_3$], (n) [Ni(η^5-C$_5$H$_5$)NO]. Algum desses complexos desvia-se da regra dos 18 elétrons? Se for o caso, como isso se reflete nas suas estruturas ou propriedades químicas?

22.2 (a) Esboce a interação η^2 do 1,3-butadieno com um metal; (b) faça o mesmo para a interação η^4.

22.3 Quais hapticidades são possíveis para a interação de cada um dos seguintes ligantes com um único átomo de metal do bloco d, como o cobalto? (a) C$_2$H$_4$; (b) ciclopentadienila; (c) C$_6$H$_6$; (d) ciclo-octadieno; (e) ciclo-octatetraeno.

22.4 Desenhe estruturas plausíveis e forneça a contagem de elétrons para: (a) [Ni(η^3-C$_3$H$_5$)$_2$]; (b) η^4-ciclobutadieno-η^5-ciclopentadienilacobalto; (c) [Co(η^3-C$_3$H$_5$)(CO)$_2$]. Caso a contagem de elétrons afaste-se de 18, pode-se explicar esse desvio em termos de tendências periódicas?

22.5 Descreva os dois métodos comuns para a preparação de carbonilas metálicas simples e ilustre sua resposta com equações químicas. A escolha do método baseia-se em considerações termodinâmicas ou cinéticas?

22.6 Suponha que lhe seja dada uma série de tricarbonilas metálicas tendo as simetrias C_{2v}, D_{3h} e C_s. Sem consultar material de referência, qual delas deve apresentar o maior número de bandas de estiramento de CO no espectro no IV? Confira sua resposta consultando a Tabela 22.7 e dê o número de bandas esperadas para cada caso.

22.7 Para cada um dos seguintes pares de compostos, forneça razões plausíveis para as diferenças nas frequências de estiramento no IV: (a) [Mo(CO)$_3$(PF$_3$)$_3$] 2040, 1991 cm^{-1} contra [Mo(CO)$_3$(PMe$_3$)$_3$] 1945, 1851 cm^{-1}; (b) [Mn(Cp)(CO)$_3$] 2023, 1939 cm^{-1} contra [Mn(Cp*)(CO)$_3$] 2017, 1928 cm^{-1}.

22.8 O composto [Ni$_3$(C$_5$H$_5$)$_3$(CO)$_2$] possui uma única absorção de estiramento de CO em 1761 cm^{-1}. Os dados no IV indicam que todos os ligantes C$_5$H$_5$ são penta-hapto e provavelmente em ambientes idênticos. (a) Com base nesses dados, proponha uma estrutura. (b) A contagem de elétrons para cada metal em sua estrutura concorda com a regra dos 18 elétrons? Se não for o caso, o níquel estaria numa região da tabela periódica na qual os desvios da regra dos 18 elétrons são comuns?

22.9 Qual dos dois complexos, (a) [W(CO)$_6$] ou (b) [Ir(CO)Cl(PPh$_3$)$_2$], deve trocar mais rapidamente com o ^{13}CO? Justifique sua resposta.

22.10 Qual carbonila metálica deve ser a mais básica frente a um próton: (a) [Fe(CO)$_4$]$^{2-}$ ou [Co(CO)$_4$]$^-$; (b) [Mn(CO)$_5$]$^-$ ou [Re(CO)$_5$]$^-$? Justifique sua resposta.

22.11 Usando a regra dos 18 elétrons como guia, indique o número provável de ligantes carbonila: (a) $[W(\eta^6\text{-}C_6H_6)(CO)_n]$; (b) $[Rh(\eta^5\text{-}C_5H_5)(CO)_n]$; (c) $[Ru_3(CO)_n]$.

22.12 Proponha duas sínteses para o $[MnMe(CO)_5]$, ambas partindo do $[Mn_2(CO)_{10}]$, sendo uma usando Na e outra usando Br_2. Você pode usar outros reagentes de sua escolha.

22.13 Dê a estrutura provável do produto obtido quando o $[Mo(CO)_6]$ reage primeiro com LiPh e depois com o forte reagente carbocátion, $CH_3OSO_2CF_3$.

22.14 O $Na[W(\eta^5\text{-}C_5H_5)(CO)_3]$ reage com o 3-cloroprop-1-eno para formar o sólido A, o qual tem a fórmula molecular $[W(C_3H_5)(C_5H_5)(CO)_3]$. O composto A perde monóxido de carbono quando exposto à luz, formando o composto B, o qual tem fórmula $[W(C_3H_5)(C_5H_5)(CO)_2]$. Tratando o composto A com cloreto de hidrogênio e depois com hexafluoretofosfato de potássio, $K^+PF_6^-$, obtém-se o sal C. O composto C tem a fórmula molecular $[W(C_3H_6)(C_5H_5)(CO)_3]PF_6$. Use essas informações e a regra dos 18 elétrons para identificar os compostos A, B e C. Esboce a estrutura de cada um deles, dando a devida atenção à hapticidade dos hidrocarbonetos.

22.15 Sugira sínteses para: (a) $[Mo(\eta^7\text{-}C_7H_7)(CO)_3]BF_4$ a partir de $[Mo(CO)_6]$; (b) $[Ir(COMe)(CO)(Cl)_2(PPh_3)_2]$ a partir de $[Ir(CO)Cl(PPh_3)_2]$.

22.16 Quando $[Fe(CO)_5]$ é colocado em refluxo com ciclopentadieno, forma-se o composto A de fórmula empírica $C_8H_6O_3Fe$ e que tem um espectro de RMN-^{1}H complicado. O composto A perde rapidamente CO formando o composto B com duas ressonâncias no RMN-^{1}H, uma com deslocamento químico negativo (intensidade relativa 1) e outra em torno de 5 ppm (intensidade relativa 5). O subsequente aquecimento de B resulta na perda de H_2 e na formação do composto C. O composto C apresenta um único sinal de ressonância de RMN-^{1}H e uma fórmula empírica $C_7H_5O_2Fe$. Todos os compostos, A, B e C, possuem 18 elétrons de valência: identifique-os e explique os dados espectroscópicos observados.

22.17 Tratando-se o $TiCl_4$, à baixa temperatura, com EtMgBr obtém-se um composto organometálico que é instável acima de –70°C. Entretanto, o tratamento do $TiCl_4$ em baixa temperatura com MeLi ou $LiCH_2SiMe_3$ produz compostos organometálicos que são estáveis à temperatura ambiente. Justifique essas observações.

22.18 O tratamento do $TiCl_4$ com 4 equivalentes de NaCp forma um único composto organometálico (juntamente ao subproduto NaCl). Em temperatura ambiente, o espectro de RMN de ^{1}H mostra um único singleto fino; com resfriamento a –40°C, esse singleto desdobra-se em dois singletos de igual intensidade; resfriamento adicional faz com que um desses singletos sofra um desdobramento em três sinais com intensidades nas proporções 1:2:2. Explique esses resultados.

22.19 Dê as equações para as reações factíveis que convertam $[Fe(\eta^5\text{-}C_5H_5)_2]$ em: (a) $[Fe(\eta^5\text{-}C_5H_5)(\eta^5\text{-}C_5H_4COCH_3)]$; (b) $[Fe(\eta^5\text{-}C_5H_5)(\eta^5\text{-}C_5H_4CO_2H)]$.

22.20 Esboce os orbitais a_1' formados por simetria para dois ligantes C_5H_5 eclipsados e empilhados com simetria D_{5h}. Identifique os orbitais s, p e d de um metal situado entre os anéis e que podem ter sobreposição diferente de zero com os orbitais dos ligantes e indique quantos orbitais moleculares a_1' podem ser formados.

22.21 O composto $[Ni(\eta^5\text{-}C_5H_5)_2]$ sofre facilmente adição de uma molécula de HF para formar $[Ni(\eta^5\text{-}C_5H_5)(\eta^4\text{-}C_5H_6)]^+$, enquanto o $[Fe(\eta^5\text{-}C_5H_5)_2]$ reage com um ácido forte para formar $[Fe(\eta^5\text{-}C_5H_5)_2H]^+$. Neste último composto, o átomo de H está ligado ao átomo de Fe. Dê uma explicação razoável para essa diferença.

22.22 Escreva um mecanismo plausível, justificando o seu raciocínio, para as reações

(a) $[Mn(CO)_5(CF_2)]^+ + H_2O \rightarrow [Mn(CO)_6]^+ + 2\,HF$

(b) $[Rh(CO)(C_2H_5)(PR_3)_2] \rightarrow [RhH(CO)(PR_3)_2] + C_2H_4$

22.23 Sugira duas rotas plausíveis pelas quais um ligante carbonila do composto $[Mo(Cp)(CO)_3Me]$ possa ser substituído por uma fosfina. Nenhuma das rotas deve considerar a dissociação inicial de um CO.

22.24 (a) Qual é a contagem de elétrons de valência do cluster (EVC) característica dos complexos octaédrico e prismático trigonal? (b) Estes valores de EVC podem ser obtidos a partir da regra dos 18 elétrons? (c) Determine a geometria provável (octaédrica ou prismática trigonal) para o $[Fe_6(C)(CO)_{16}]^{2-}$ e para o $[Co_6(C)(CO)_{16}]^{2-}$. (Em ambos os casos, o átomo de C encontra-se no centro do cluster e pode ser considerado um doador de quatro elétrons.)

22.25 Baseado nas analogias isolobais, escolha os grupos que podem substituir o grupo em negrito:

(a) $[Co_2(CO)_9\mathbf{CH}]$: OCH_3, $N(CH_3)_2$ ou $SiCH_3$

(b) $[(OC)_5Mn\mathbf{Mn}(CO)_5]$: I, CH_2 ou CCH_3

22.26 As reações de substituição de ligante nos clusters metálicos frequentemente ocorrem por mecanismos associativos, sendo postulado que ocorra inicialmente a quebra de uma ligação M–M, fornecendo assim um sítio de coordenação livre para o ligante de entrada. No caso de o mecanismo proposto ser aplicável, qual dos compostos a seguir você esperaria que sofresse troca mais rápida com ^{13}CO: $[Co_4(CO)_{12}]$ ou $[Ir_4(CO)_{12}]$? Sugira uma explicação.

PROBLEMAS TUTORIAIS

22.1 Proponha a estrutura do produto obtido pela reação do $[Re(CO)(\eta^5\text{-}C_5H_5)(NO)(PPh_3)]^+$ com $Li[HBEt_3]$. Este último contém um hidreto fortemente nucleofílico. (Para detalhes completos, veja: W. Tam, G.Y. Lin, W.K. Wong, W.A. Kiel, V. Wong e J.A. Gladysz, *J. Am. Chem. Soc.* 1982, **104**, 141.)

22.2 Quando vários ligantes CO estão presentes em uma carbonila metálica, uma indicação da força das ligações pode ser obtida através das constantes de força derivadas das frequências experimentais no IV. No $[Cr(CO)_5(PPh_3)]$, os ligantes CO *cis* têm as maiores constantes de força, enquanto que no $[Ph_3SnCo(CO)_4]$ as constantes de força são maiores para os CO *trans*. Explique por que isso acontece e por que os átomos de C da carbonila são suscetíveis ao ataque de nucleófilos nesses dois casos. (Para mais detalhes veja D.J. Darensbourg e M.Y. Darensbourg, *Inorg. Chem.* 1970, **9**, 1691.)

22.3 Frequentemente é possível atribuir diferentes estruturas de ressonância a um composto organometálico; por exemplo, pode haver competição entre as formas de carbeno e a zwitteriônica. Sugira maneiras de distinguir as duas formas e descreva as condições que podem favorecer uma forma em relação à outra. (Para detalhes veja: N. Ashkenazi, A. Vigalok, S. Parthiban, Y. Ben-David, L.J.W. Shimon e D. Milstein, *J. Am. Chem. Soc.* 2000, **122**, 8797; C.P. Newman, G.J. Clarkson, N.W. Alcock e J.P. Rourke, *Dalton Trans.*, 2006, 3321.

22.4 As interações agósticas são geralmente imaginadas como fracas. Discuta exemplos nos quais as interações agósticas foram capazes de deslocar as interações com outros ligantes. Veja B.L. Conley e T.J. Williams, *J. Am. Chem. Soc.* 2010, **132**, 1764; S.H. Crosby, G.J. Clarkson, R.J. Deeth e J.P. Rourke, *Dalton Trans.*, 2011, **40**, 1227.

22.5 Descreva como o RMN foi usado para identificar, sem ambiguidades, os complexos de alcanos com metais d. Quais informações adicionais podem ser obtidas a partir da difração de raios X? Veja S. Geftakis e G.E. Ball, *J. Am. Chem. Soc.* 1998, **120**, 9953; W.H. Bernskoetter, C.K. Schauer, K.I. Goldberg e M. Brookhart, *Science*, 2009, **326**, 553; S.D. Pike, A.L. Thompson, A.G. Algarra, D.C. Apperley, S.A. Macgregor e A.S. Weller, *Science*, 2012, **337**, 1648.

22.6 É possível distinguir dois tipos teóricos de interações agósticas: agóstica e anagóstica. Descreva a diferença entre os dois tipos. Veja M. Brookhart, M.L.H. Green e G. Parkin, *Proc. Nat. Acad. Sci. U. S. A.*, 2007, **104**, 6908.

22.7 O complexo de dinitrogênio $[Zr_2(\eta^5\text{-}Cp^*)_4(N_2)_3]$ foi isolado e sua estrutura foi determinada por difração de raios X de monocristal. Cada átomo de Zr está ligado a dois Cp* e um N_2 terminal. O terceiro N_2 está em ponte entre os dois átomos de Zr em um arranjo praticamente linear ZrNNZr. Antes de consultar a referência, escreva uma estrutura plausível para esse composto que explique o espectro de RMN de ^1H obtido para uma amostra mantida a 27°C. Este espectro mostra dois singletos, indicando que os anéis Cp* estão em dois ambientes diferentes. Em uma temperatura um pouco acima da ambiente, estes anéis tornam-se equivalentes na escala de tempo do RMN, e o RMN de ^{15}N indica que o N_2 troca entre os ligantes terminais e que o N_2 dissolvido tem correlação com o processo que interconverte os sítios do ligante Cp*. Proponha um modo pelo qual este equilíbrio poderia interconverter os sítios dos ligantes Cp*. (Para detalhes adicionais, veja J.M. Manriquez, D.R. McAlister, E. Rosenberg, H.M. Shiller, K.L. Willamson, S.I. Chan e J.E. Bercaw, *J. Am. Chem. Soc.* 1978, **108**, 3078.)

22.8 Como você poderia identificar sem ambiguidades um complexo organometálico contendo um gás nobre como ligante? Veja G.E. Ball, T.A. Darwish, S. Geftakis, M.W. George, D.J. Lawes, P. Portius e J.P. Rourke, *Proc. Natl. Acad. Sci.*, 2005, **102**, 1853.

22.9 Que conclusões você pode tirar da ligação e reatividade do di-hidrogênio ligado a um metal do bloco d com estado de oxidação baixo e que possam ser aplicadas à ligação de um alcano com um metal? Que implicações isso pode ter para a adição oxidativa de um hidrocarboneto a um metal? (Veja, por exemplo, R.H. Crabtree, *J. Organomet. Chem.*, 2004, **689**, 4083.)

22.10 Compare os carbenos de Fischer e de Schrock. Veja E.O. Fischer, *Adv. Organomet. Chem.*, 1976, **14**, 1 e R.R. Schrock, *Acc. Chem. Res.*, 1984, **12**, 98.

22.11 Os *rearranjos haptotrópicos* são rearranjos de ligantes de forma que diferentes números de carbonos interagem com o metal central. Considere o complexo (fluorenila)(ciclopentadienila)ferro. Quais isômeros haptotrópicos são possíveis? Veja E. Kirillov, S. Kahlal, T. Roisnel, T. Georgelin, J. Saillard e J. Carpentier, *Organometallics*, 2008, **27**, 387.

22.12 É possível considerar ligantes carbonila em ponte de várias maneiras diferentes, com diferentes números de elétrons sendo doados para os metais. Descreva como é possível explicar a estrutura do $[Fe_2(CO)_9]$ como tendo uma contagem de 18 elétrons para ambos os metais, mas sem invocar a presença de uma ligação Fe–Fe. Veja J.C. Green, M.L.H. Green e G. Parkin, *Chem. Comm.*, 2012, **48**, 11481.

Os elementos do bloco f

23

O bloco f é uma área fascinante da tabela periódica, composta por elementos que realçam coletivamente várias das regras mais importantes sobre estrutura atômica e ligação, além de demonstrarem individualmente como essas regras podem ser desafiadas e exploradas. A uniformidade de características dos elementos 4f (os lantanídeos, Ln) é uma consequência do fato de que os orbitais 4f que são preenchidos ao longo dessa série são mais internos, fazendo pouca sobreposição com os orbitais de átomos doadores. Os lantanídeos são metais eletropositivos que se comportam, em vários aspectos, com os elementos do Grupo 2, uma vez que a ionização dos elétrons $6s^2$ e $5d^1$ dá origem a um cátion estável (Ln^{3+}) que interage com outras espécies de uma maneira predominantemente iônica. Compostos de Ln(II) e Ln(IV) podem ser sintetizados sempre que a energia relativamente favorável de uma configuração eletrônica particular $4f^n/5d^1$ apresentar esta oportunidade, e estas espécies atípicas frequentemente são altamente reativas. Os íons Ln(III) com orbitais f parcialmente preenchidos apresentam propriedades eletrônicas, ópticas e magnéticas, que são muito exploradas em aplicações tecnológicas. Os elementos 5f (os actinídeos, An) são divididos em dois grupos. Os primeiros elementos (do Th ao Am) são capazes de usar os orbitais 6d e 5f para ligação e assemelham-se a muitos metais d por apresentarem uma rica química de coordenação e de oxirredução. A unidade estável e linear AnO_2^{n+} (n=1,2) é uma característica importante da química do U, Np, Pu e Am. Os últimos actinídeos assemelham-se mais aos lantanídeos uma vez que os orbitais 5f são mais internos, mas estes elementos possuem pouca estabilidade nuclear, sendo sua química muito difícil de ser estudada.

As duas séries dos elementos do bloco f correspondem ao preenchimento dos sete orbitais 4f e 5f, respectivamente. Esta ocupação dos orbitais f, do f^1 ao f^{14}, corresponde aos elementos do cério (Ce) ao lutécio (Lu) no Período 6 e do tório (Th) ao laurêncio (Lr) no Período 7; entretanto, dada a similaridade com as propriedades químicas dos elementos lantânio (La) e actínio (Ac), eles normalmente são incluídos nas discussões dos elementos do bloco f, da mesma forma como faremos aqui. Os elementos 4f são normalmente chamados de **lantanídeos** e os elementos 5f, de **actinídeos**. Os lantanídeos são algumas vezes chamados de "elementos das terras-raras"; entretanto, esse nome não é adequado porque eles não são particularmente raros, exceto o promécio que não possui isótopos estáveis. Um lantanídeo é representado de maneira geral pelo símbolo Ln e um actinídeo, por An.

As propriedades químicas dos lantanídeos são bastante diferentes daquelas dos actinídeos, e após uma introdução geral eles serão discutidos separadamente. Como veremos, existe uma uniformidade impressionante nas propriedades dos lantanídeos, pontuadas por exceções interessantes, enquanto que os actinídeos apresentam uma diversidade maior e muitos deles formam compostos semelhantes aos dos elementos do bloco d.

Os elementos

23.1 Os orbitais de valência
23.2 Ocorrência e obtenção
23.3 Propriedades físicas e aplicações

A química dos lantanídeos

23.4 Tendências gerais
23.5 Propriedades eletrônicas, ópticas e magnéticas
23.6 Compostos iônicos binários
23.7 Óxidos ternários e óxidos complexos
23.8 Compostos de coordenação
23.9 Compostos organometálicos

A química dos actinídeos

23.10 Tendências gerais
23.11 O espectro eletrônico dos actinídeos
23.12 Tório e urânio
23.13 Netúnio, plutônio e amerício

Leitura complementar

Exercícios

Problemas tutoriais

Os elementos

Iniciaremos nosso estudo dos elementos do bloco f considerando as suas propriedades gerais e a obtenção dos elementos.

As **figuras** com um asterisco (*) podem ser encontradas on-line como estruturas 3D interativas. Digite a seguinte URL em seu navegador, adicionando o número da figura: www.chemtube3d.com/weller/[número do capítulo]F[número da figura]. Por exemplo, para a Figura 3 no Capítulo 7, digite www.chemtube3d.com/weller/7F03.

Muitas das **estruturas numeradas** podem ser também encontradas on-line como estruturas 3D interativas: visite www.chemtube3d.com/weller/[número do capítulo] para todos os recursos 3D organizados por capítulo.

23 Os elementos do bloco f

23.1 Os orbitais de valência

Pontos principais: Os orbitais 4f contribuem muito pouco para a ligação: a função distribuição radial situa-se internamente aos orbitais 6s e 5d dos quais elétrons são facilmente retirados para formar íons +3. Assim, os lantanídeos apresentam uma ligação predominantemente iônica. Os orbitais 5f são ligeiramente mais difusos, e os actinídeos possuem uma química mais rica que inclui a presença de ligação covalente e estados de oxidação variados para os primeiros membros da série.

Para comparar as propriedades dos lantanídeos e actinídeos é necessário considerar, primeiramente, como os orbitais 4f e 5f se projetam do núcleo para a região mais externa do átomo onde se encontram os orbitais s, p e d. Como vimos no Capítulo 1, a função de onda angular dos orbitais f e, consequentemente, as ligações covalentes que resultam do seu envolvimento devem ser altamente direcionais. Entretanto, observa-se que, com exceção dos primeiros actinídeos (Th ao Pu), os orbitais f pouco contribuem para a ligação covalente; para compreender isso precisamos considerar as suas projeções radiais para fora do caroço de orbitais internos. Os orbitais d e f são algumas vezes comparados com as pétalas de algumas flores, com os lóbulos dos orbitais f comparados a pétalas de margaridas enquanto os orbitais d seriam como pétalas de uma papoula gigante! Essa analogia é explicada na Fig. 23.1, que mostra as funções distribuição radial dos orbitais mais externos de um íon lantanídeo típico (Sm^{3+}) e o actinídeo equivalente (Pu^{3+}). Em ambos os casos, os orbitais f são muito mais contraídos dos que os orbitais d.

Os orbitais 4f dos lantanídeos não possuem um máximo interno e são fracamente blindados de carga nuclear; eles encontram-se enterrados dentro dos orbitais 5d e 6s e contraem-se forte e rapidamente, como que tornando-se parte do caroço de orbitais internos em resposta ao menor aumento de carga nuclear. Os orbitais 5f dos actinídeos possuem um máximo interno, de forma que eles são mais penetrantes e fornecem uma melhor blindagem da carga nuclear. Portanto, os orbitais 5f são mais difusos do que os orbitais 4f, tendo mais chance de se engajarem em sobreposições efetivas com os orbitais dos ligantes. Os orbitais 6d estendem-se para mais longe do núcleo que os seus homólogos 5d e, continuando a tendência do 3d para o 5d que vimos no Capítulo 20, esperamos que os orbitais 6d sejam ainda mais efetivos na formação de ligações covalentes. De fato, veremos que os primeiros actinídeos assemelham-se aos metais d, apresentando uma grande variedade de complexos e estados de oxidação. Ao contrário, os lantanídeos são mais parecidos com os metais do Grupo 2 e participam quase que exclusivamente de ligações eletrostáticas não direcionais.

23.2 Ocorrência e obtenção

Pontos principais: As principais fontes dos lantanídeos são os fosfatos minerais; o mais importante dos actinídeos, o urânio, é obtido a partir do seu óxido.

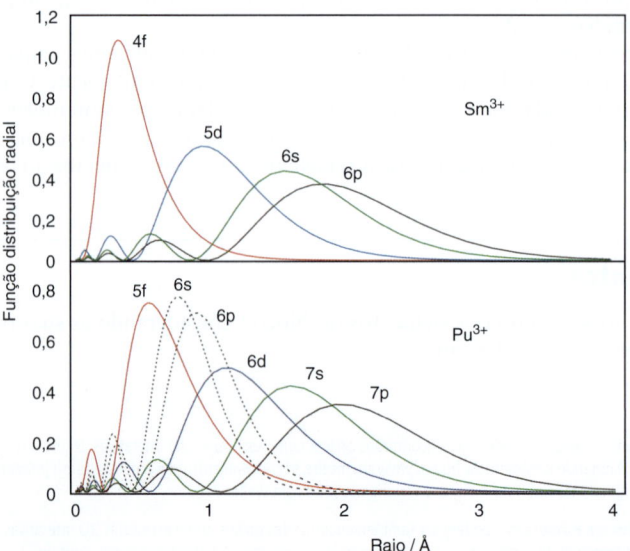

Figura 23.1 Comparação das funções distribuição radial do Sm^{3+} e Pu^{3+}. O gráfico para Pu^{3+} inclui os orbitais 6s e 6p que são considerados parte do caroço interno de orbitais.

Com exceção do promécio (Pm), os lantanídeos são razoavelmente comuns na crosta terrestre; na verdade, até mesmo o lantanídeos "mais raro", o túlio, tem uma abundância maior que a da prata (Tabela 23.1). A fonte mineral principal para os primeiros lantanídeos é a monazita, $(Ln,Th)PO_4$, que contém uma mistura de lantanídeos e tório. Outro mineral fosfato, o xenotímio (de composição similar, $LnPO_4$), é a principal fonte dos lantanídeos mais pesados. A Bastnasita, um fluoretocarbonato mineral ($LnCO_3F$), é outra fonte dos lantanídeos mais leves, particularmente o Ce e o La. A Figura 23.2 mostra um esquema simplificado para a extração dos lantanídeos. A predominância do estado de oxidação +3 para todos os lantanídeos torna a separação difícil, embora o cério, que pode ser oxidado a Ce(IV), e o európio, que pode ser reduzido a Eu(II), possam ser separados dos outros lantanídeos explorando-se estas propriedades químicas de oxirredução. A separação dos íons restantes, como o Ln^{3+}, é feita em larga escala por extração líquido-líquido em múltiplas etapas na qual os íons distribuem-se entre uma fase aquosa e uma fase orgânica contendo agentes complexantes. Quando se deseja pureza elevada, utiliza-se a cromatografia de troca iônica para separar cada um dos íons lantanídeos. Os metais lantanídeos misturados ou puros são obtidos pela eletrólise dos halogenetos dos lantanídeos fundidos.

Depois do chumbo (Z = 82), nenhum elemento tem isótopo estável, mas dois dos actinídeos, o tório (Th, Z = 90) e o urânio (U, Z = 92), possuem isótopos que têm vida suficientemente longa para que quantidades significativas, comparáveis às do Sn e do I, tenham persistido desde a sua formação na supernova da estrela que precedeu a formação do Sol (Quadro 1.1). Os elementos transurânicos mais leves são sintetizados por bombardeio de nêutrons (Quadro 1.1), enquanto que quantidades muito pequenas dos actinídeos mais pesados (frequentemente apenas uns poucos átomos) são produzidas por bombardeio de átomos mais leves (por exemplo, O e C).

$$^{238}_{92}U + ^{1}_{0}n \rightarrow ^{239}_{92}U \rightarrow ^{239}_{93}Np + e^- + \nu$$

$$^{239}_{93}Np \rightarrow ^{239}_{94}Pu + e^- + \nu$$

$$^{249}_{97}Bk + ^{18}_{8}O \rightarrow ^{260}_{103}Lr + ^{4}_{2}He + 3^{1}_{0}n$$

A Tabela 23.2 apresenta as meias-vidas dos isótopos mais estáveis dos actinídeos. Os traços de califórnio que aparecem nos depósitos ricos em urânio como um produto de sucessivas capturas de nêutrons e processos de decaimento beta é um fato notável por ser esse o elemento mais pesado que ocorre na natureza.

23.3 Propriedades físicas e aplicações

Pontos principais: Os lantanídeos são metais reativos usados em pequena escala em aplicações especializadas; os empregos primários dos actinídeos ocorrem em função da sua radioatividade.

Os lantanídeos são metais brancos e macios e que têm densidades comparáveis às dos metais 3d (6 a 10 g cm^{-3}). Para um metal, eles não são bons condutores de calor e eletricidade, com condutividades térmicas e elétricas 25 e 50 vezes menores do que a do cobre, respectivamente. Esses metais reagem com vapor d'água e ácidos diluídos, mas são de certa forma passivados por uma cobertura de óxido. A maioria dos metais tem uma estrutura de empacotamento compacto hexagonal, embora muitos elementos também apresentem uma estrutura de empacotamento compacto cúbico, principalmente sob alta pressão.

Uma mistura dos primeiros lantanídeos, incluindo o cério, é chamada no comércio de *mischmetal*. Ela é usada na fabricação do aço para remover impurezas, como oxigênio, hidrogênio, enxofre e arsênio, que reduzem a resistência mecânica e a ductilidade do aço. As ligas de samário e cobalto $SmCo_5$ e $SmCo_{17}$ possuem força magnética muito alta, mais de 10 vezes a do ferro e de alguns óxidos magnéticos de ferro (Fe_3O_4). Elas também possuem excelente resistência à corrosão e boa estabilidade em elevadas temperaturas. O boreto de ferro e neodímio, $Nd_2Fe_{14}B$, tem propriedades magnéticas similares e produção mais barata, porém é suscetível à corrosão e os ímãs são frequentemente revestidos com zinco, níquel ou resina epóxi. As aplicações destes materiais magnéticos muito fortes incluem fones de ouvido, microfones, disjuntores magnéticos, componentes dos guias de feixes de partículas e equipamentos voltados para a conservação de energia nos carros elétricos (sistema de recuperação de energia dos freios) e nos dínamos das turbinas eólicas.

Os compostos de lantanídeos possuem uma grande variedade de aplicações, muitas das quais dependem das suas propriedades ópticas e magnéticas (Seção 23.5): o óxido de európio e ortovanadato de európio são usados como fósforos vermelhos em

Tabela 23.1 Abundância na crosta terrestre dos lantanídeos (destacados em negrito) comparadas a alguns elementos metálicos comuns

Elemento	Abundância/ppm
Fe	43 200
Cr	126
Ce	**60**
Ni	56
La	**30**
Nd	**27**
Co	24
Pb	15
Pr	**6,7**
Sm	**5,3**
Gd	**4,0**
Dy	**4,0**
Er	**2,1**
Yb	**2,0**
Eu	**1,3**
Mo	1,1
W	1,0
Ho	**0,8**
Tb	**0,7**
Lu	**0,35**
Tm	**0,30**
Ag	0,07
Hg	0,04
Au	0,0025
Pt	0,0004
Rh	0,00006

23 Os elementos do bloco f

(a)
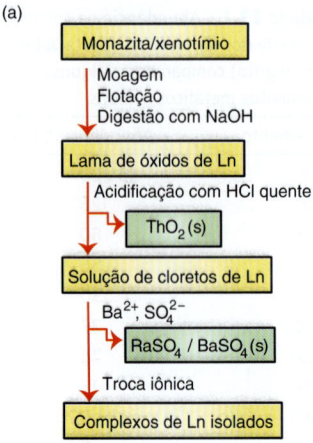

(b)
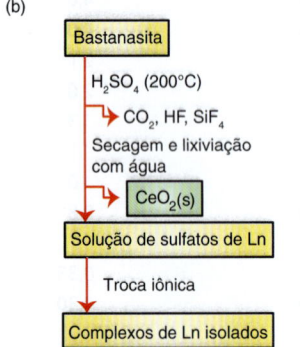

Figura 23.2 Resumo das etapas empregadas na separação dos lantanídeos de outros compostos minerais.

Tabela 23.2 Meia-vida dos isótopos mais estáveis de actinídeos

Z	Nome	Símbolo	Número de massa	$t_{1/2}$
89	actínio	Ac	227	21,8 anos
90	tório	Th	232	$1{,}41 \times 10^{10}$ a
91	protactínio	Pa	231	$3{,}28 \times 10^{4}$ a
92	urânio	U	238	$4{,}47 \times 10^{9}$ a
93	netúnio	Np	237	$2{,}14 \times 10^{6}$ a
94	plutônio	Pu	244	$8{,}1 \times 10^{7}$ a
95	amerício	Am	243	$7{,}38 \times 10^{3}$ a
96	cúrio	Cm	247	$1{,}6 \times 10^{7}$ a
97	berkélio	Bk	247	$1{,}38 \times 10^{3}$ a
98	califórnio	Cf	251	900 a
99	einstênio	Es	252	460 d
100	férmio	Fm	257	100 d
101	mendelévio	Md	258	55 d
102	nobélio	No	259	1,0 h
103	laurêncio	Lr	260	3 min

mostradores e iluminação, e neodímio (como Nd^{3+}), samário (como Sm^{3+}) e hólmio (como Ho^{3+}) são usados nos lasers de estado sólido. Complexos de lantanídeos com ligantes orgânicos elaborados e frequentemente projetados de maneira engenhosa têm sido usados em medicina como agentes de contraste seletivos para alguns tecidos em exames por ressonância magnética e como marcadores luminescentes em triagem bioanalíticas. A luminescência dos lantanídeos tem sido muito aproveitada pelo fato de que a intensidade da emissão pode ser muito aumentada e controlada pela incorporação de ligantes que apresentem a funcionalidade de captar luz fortemente (efeito "antena") ou possam ser excitados eletroquimicamente. Os complexos de lantanídeos também são importantes catalisadores para uma grande variedade de reações orgânicas.

A densidade dos actinídeos aumenta de 10,1 g cm^{-3}, para o actínio, até 20,4 g cm^{-3}, para o netúnio, antes de diminuir para o restante da série. O plutônio metálico apresenta pelo menos seis fases em pressão atmosférica, com suas densidades diferindo em mais do que 20%. Muitas das propriedades físicas e químicas dos actinídeos são desconhecidas, uma vez que apenas quantidades diminutas foram isoladas; além de serem radioativos, muitos actinídeos são reconhecidamente tóxicos quimicamente e todos eles são considerados perigosos. O uso pacífico primário dos actinídeos é nos reatores nucleares, mas pequenas quantidades (em nível de traço) são utilizadas há muito tempo em aplicações tecnológicas do cotidiano; por exemplo, o uso do urânio em alguns tipos de vidros e o amerício nos alarmes detectores de fumaça.

A química dos lantanídeos

Todos os lantanídeos são metais eletropositivos com uma notável uniformidade nas suas propriedades químicas. Frequentemente, a única diferença significativa entre dois lantanídeos é o seu tamanho, e a escolha de um lantanídeo de um tamanho particular geralmente permite um "ajuste" nas propriedades dos seus compostos. Por exemplo, as propriedades magnéticas e eletrônicas de um material frequentemente dependem de uma separação exata entre os átomos presentes e o grau de sobreposição entre os vários orbitais atômicos. Ao escolher o lantanídeo de tamanho apropriado, essa separação pode ser controlada, com reflexos na sua condutividade elétrica e temperatura de ordenamento magnético.

23.4 Tendências gerais

Pontos principais: Os lantanídeos são metais eletropositivos que geralmente encontram-se como Ln(III) nos seus compostos; outros estados de oxidação somente são estáveis quando temos uma subcamada f vazia, semicheia ou completa.

Os lantanídeos têm preferência pelo estado de oxidação Ln(III) com uma uniformidade sem precedentes na tabela periódica; de muitas outras formas, sua química assemelha-se à dos elementos do Grupo II. Todos os metais liberam H_2 em soluções ácidas diluídas. Um íon Ln^{3+} é um ácido de Lewis duro, conforme evidenciado pela sua preferência por ligantes contendo oxigênio ou F^-, e pela sua ocorrência natural como fosfato nos minerais.

O predomínio do estado de oxidação +3 nos lantanídeos, independentemente do seu número atômico, pode ser relacionado com a natureza interna dos orbitais 4f, que estão relativamente enterrados dentro do átomo e interagem fracamente com os orbitais dos átomos vizinhos. Ao longo do período, o aumento do número atômico leva somente a um aumento da população do subnível 4f, produzindo assim apenas uma pequena mudança nas propriedades químicas. Nosso ponto de partida para o entendimento da química dos lantanídeos é uma breve descrição do átomo ou do íon livre, a partir da qual veremos que diferenças sutis entre cada lantanídeo são consequência de um balanço interessante entre as energias de ionização, atomização e formação de ligação, sendo que esta última praticamente não é afetada pelos efeitos de campo ligante. Veremos agora como essas propriedades se originam.

(a) Estruturas eletrônicas e energias de ionização

As configurações eletrônicas dos átomos dos lantanídeos e dos íons Ln^{3+} correspondentes são dadas na Tabela 23.3. Todos os íons Ln^{3+} possuem a configuração $[Xe]4f^n6s^2$, exceto Ce, Gd e Lu, nos quais o orbital 5d está ocupado por um elétron. Como vimos na Fig. 23.1, o orbital 4f não possui um nó radial e, como consequência disso, os elétrons 4f são fracamente blindados da carga nuclear. Uma vez que dois elétrons de valência 6s e mais um elétron (dos orbitais 4f ou 5d) tenham sido removidos, os elétrons 4f remanescentes são fortemente atraídos pelo núcleo e não se estendem além do caroço de xenônio do átomo. A Figura 23.3 mostra como a energia de ionização varia ao longo do período dos lantanídeos.

Como um guia grosseiro, I_4 é aproximadamente igual à soma das três primeiras energias de ionização ($I_1 + I_2 + I_3$), explicando em grande parte a escassez de compostos de Ln(IV). O aumento da atração nuclear ao longo das séries leva a um aumento gradual das energias de ionização, modulado pelas mudanças na estrutura eletrônica e pelo momento angular orbital total, L (discutiremos os termos do estado fundamental mais adiante neste capítulo). A tendência no I_3 é interrompida por três descontinuidades, sendo a maior a que ocorre entre Eu e Gd. A ionização do Eu^{2+} ($[Xe]4f^7$) precisa vencer uma alta energia de correlação de spin (Seção 1.5a), enquanto a ionização do Gd^{2+} ($[Xe]4f^75d^1$) envolve um elétron d que está menos ligado ao átomo. As duas outras descontinuidades são menos marcantes e ocorrem entre o Pm e o Nd (o efeito de um quarto de camada) e entre o Ho e o Er (o efeito dos três quartos de camada): esses efeitos devem-se às mudanças (perda, ganho ou manutenção) no momento angular orbital (L), que serão tratados posteriormente na Seção 23.5. As tendências no I_4 assemelham-se às do I_3, exceto pelo deslocamento para o número atômico seguinte.

Tabela 23.3 Propriedades atômicas dos lantanídeos

Z	Nome	Símbolo	Configuração eletrônica	
			M	M^{3+}
57	lantânio	La	$[Xe]5d^16s^2$	$[Xe]$
58	cério	Ce	$[Xe]4f^15d^16s^2$	$[Xe]4f^1$
59	praseodímio	Pr	$[Xe]4f^36s^2$	$[Xe]4f^2$
60	neodímio	Nd	$[Xe]4f^46s^2$	$[Xe]4f^3$
61	promécio	Pm	$[Xe]4f^56s^2$	$[Xe]4f^4$
62	samário	Sm	$[Xe]4f^66s^2$	$[Xe]4f^5$
63	európio	Eu	$[Xe]4f^76s^2$	$[Xe]4f^6$
64	gadolínio	Gd	$[Xe]4f^75d^16s^2$	$[Xe]4f^7$
65	térbio	Tb	$[Xe]4f^96s^2$	$[Xe]4f^8$
66	disprósio	Dy	$[Xe]4f^{10}6s^2$	$[Xe]4f^9$
67	hólmio	Ho	$[Xe]4f^{11}6s^2$	$[Xe]4f^{10}$
68	érbio	Er	$[Xe]4f^{12}6s^2$	$[Xe]4f^{11}$
69	túlio	Tm	$[Xe]4f^{13}6s^2$	$[Xe]4f^{12}$
70	itérbio	Yb	$[Xe]4f^{14}6s^2$	$[Xe]4f^{13}$
71	lutécio	Lu	$[Xe]4f^{14}5d^16s^2$	$[Xe]4f^{14}$

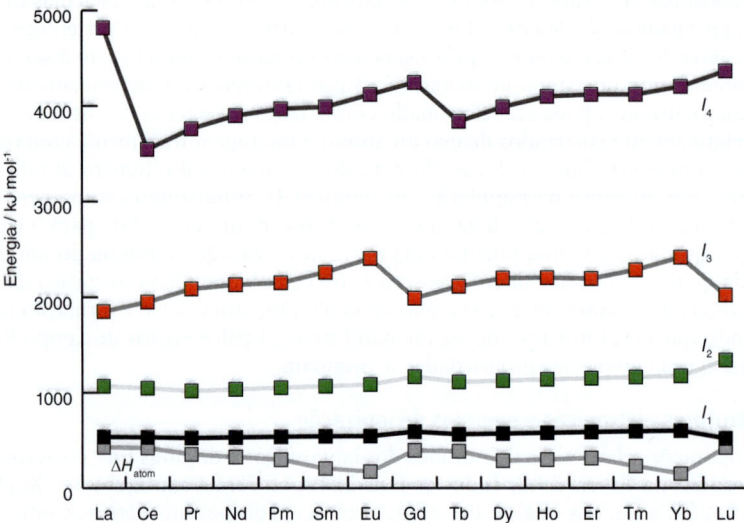

Figura 23.3 Variação das energias de ionização e de atomização (cinza) para os lantanídeos.

(b) Energias de atomização

A variação das entalpias de atomização, $\Delta_{at}H^{\ominus}$, ao longo do período dos lantanídeos é praticamente uma imagem especular do I_3. A ligação metálica praticamente não envolve os elétrons 4f internos, mas varia com a ocupação dos orbitais 5d, que se sobrepõem para formar a banda contendo os elétrons deslocalizados ("itinerantes"). Quando os átomos condensam para formar o estado metálico, na maioria dos casos, é energeticamente favorável promover um elétron 4f para um orbital 5d. Essa promoção não é necessária para o Gd ($[Xe]4f^75d^16s^2$), mas tem um custo maior em energia para o Eu ($[Se]4f^76s^2$); esses átomos possuem uma camada 4f semipreenchida estável. Como consequência, vemos um aumento na $\Delta_{at}H^{\ominus}$ entre o Eu e o Gd, e similarmente entre o Yb e o Lu.

(c) Raios

O raio metálico (Fig. 23.4) diminui suavemente do La para Lu, exceto por duas exceções, o Eu e o Yb. Essas exceções decorrem da preferência desses metais em reter as suas configurações eletrônicas $4f^7$ e $4f^{14}$ ao invés de promoverem um elétron para o orbital 5d, o que (como já mencionado) levaria a uma ligação metálica mais forte e assim a uma menor distância M–M. Desta forma, o raio metálico corresponde à configuração eletrônica $[Xe]4f^7$ e $[Xe]4f^{14}$ (correspondente ao $Ln^{2+}(e^-)_2$) para Eu e Yb, respectivamente, e $[Xe]4f^n5d^1$ ($Ln^{3+}(e^-)_3$) para os outros lantanídeos, onde $(e^-)_n$ é o número de elétrons s e d itinerantes que ocupam formalmente a banda.

Todos os íons Ln^{3+} possuem configuração eletrônica $[Xe]4f^n$, e seus raios (baseados na típica octacoordenação) contraem-se gradualmente de 116 pm, para o La^{3+}, até 98 pm, para o Lu^{3+}. Como mencionado (Capítulo 19), a contração dos lantanídeos tem consequências importantes para os primeiros metais 4d e 5d, tornando os seus raios e o comportamento químico bastante similares, apesar do aumento do número quântico principal; consequentemente, os pares dos elementos Zr e Hf e também Nb e Ta possuem propriedades praticamente idênticas. Este decréscimo gradual no raio iônico não é observado em qualquer outro lugar na tabela periódica: ele é atribuído, em grande parte, ao aumento da carga nuclear efetiva, Z_{ef}, à medida que mais elétrons são adicionados à subcamada 4f pouco blindada (Seção 1.4), embora cálculos detalhados indiquem que há contribuição substancial de efeitos relativísticos para este efeito de contração. Diferentemente dos elementos do bloco d, os efeitos de campo ligante exercem uma influência muito pequena, como discutiremos a seguir.

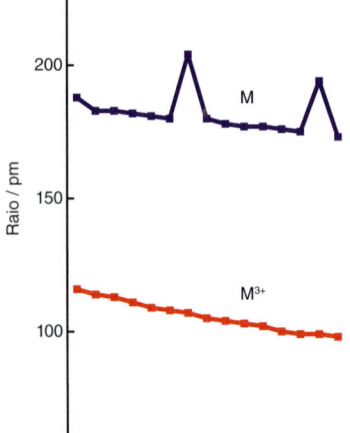

Figura 23.4 Variação do raio metálico dos Ln e do raio iônico dos Ln^{3+}.

(d) Efeitos de campo ligante

Uma consequência de os orbitais f estarem enterrados na estrutura do átomo é que os íons Ln^{3+} não têm orbitais de fronteira com preferência direcional; consequentemente, os efeitos de campo ligante são muito pequenos para impedir que se tenha uma população térmica em todos os estados que se originam do termo do íon livre (ver Seção 23.5) e influenciam muito pouco nas propriedades químicas desses íons. A Fig. 23.5 mostra que a entalpia de hidratação dos íons Ln^{3+} aumenta gradualmente com algumas flutuações, sem que se observe um duplo máximo como no caso do perfil para os íons M^{2+} 3d (Seção 20.1). Apenas o tamanho controla os números de coordenação dos íons $[Ln(OH_2)_n]^{3+}$ em solução aquosa: começa com 9 para os primeiros lantanídeos, que possuem uma geometria prismática trigonal triencapuzada (**1**), diminui para 7 ou 8 para os últimos membros menores da série por sucessivas perdas do capuz de H_2O (**2**, **3**) ou pela reorganização para um antiprisma quadrático (**4**). Os aquaíons são altamente lábeis (Fig. 21.1), como esperado para cátions grandes e praticamente sem estabilização de campo ligante, e ácidos fracos, com valores pK em torno de 8,5, para o La^{3+}(aq), a 7,6, para o Lu^{3+}(aq).

(e) Potenciais padrão e a química de oxirredução

O estado de oxidação Ln(III) predomina ao longo da linha 4f, principalmente devido à facilidade com que as energias de ionização cumulativas ($I_1+I_2+I_3$) necessárias para formar os íons Ln^{3+} (Fig. 23.3) são compensadas pelas grandes energias de hidratação ou de rede. Consequentemente, os íons Ln^{3+} são favorecidos em relação aos íons Ln^{2+}, enquanto que o valor de I_4 geralmente representa um custo para formar os íons Ln^{4+} que não tem compensação. O decréscimo de 18% nos raios do La^{3+} até o Lu^{3+} leva a um aumento na entalpia de hidratação ao longo da série que contrabalança o aumento de ($I_1+I_2+I_3$) e espelha a tendência da energia de atomização. Como resultado, os potenciais padrão dos lantanídeos são todos muito semelhantes e próximos ao do Mg^{2+}/Mg (Tabela 23.4), com $E^{\ominus}(La^{3+}/La)$ = −2,38 V, sendo quase idêntico ao $E^{\ominus}(Lu^{3+}/Lu)$ = −2,30 V na outra extremidade da série.

Os estados de oxidação diferentes de Ln(III) representam desafios importantes e interessantes na química dos lantanídeos. Estes estados de oxidação atípicos, II e IV, predominam quando o íon pode atingir um subnível relativamente mais estável como um subnível vazio (f^0) ou preenchido pela metade (f^7) ou completamente preenchido (f^{14}), que otimizam a energia de correlação de spin (Tabela 23.3). Em termos da química em solução aquosa, os elementos Ce e Eu têm as propriedades de oxirredução mais importantes e úteis. Assim, o Ce^{3+} (f^1) pode ser oxidado a Ce^{4+} (f^0), sendo este um forte agente oxidante, e as soluções aquosas de Eu^{2+} são suficientemente estáveis para que ele seja usado como um conveniente agente redutor de um elétron. Os metais Eu e Yb reagem com NH_3 líquido formando uma solução azul contendo elétron solvatado e Eu^{2+} e Yb^{2+}, de maneira análoga à química dos elementos do Grupo II. Em solução aquosa, os íons Sm^{2+} e Yb^{2+} reduzem rapidamente a água formando hidrogênio.

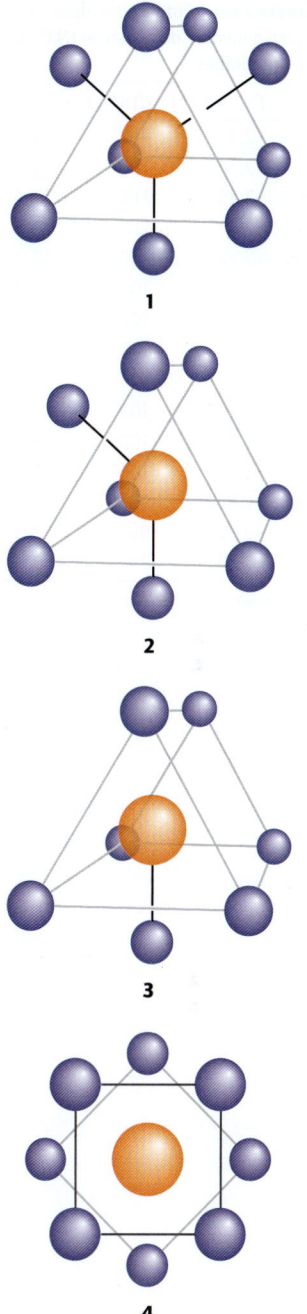

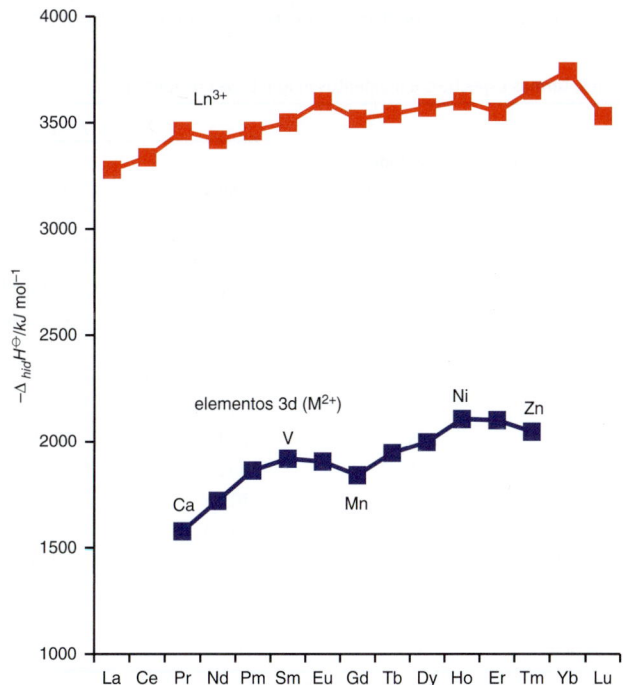

Figura 23.5 Entalpias de hidratação dos íons Ln^{3+} em comparação com os cátions M^{2+} dos metais 3d.

Tabela 23.4 Potencial padrão, raio iônico e número de oxidação (N.O.) para os lantanídeos

	$E^{\ominus}(Ln^{3+}/Ln)$	$r(Ln^{3+})$/pm	N.O.*
La	−2,38	116	**3**,
Ce	−2,34	114	**3**, 4
Pr	−2,35	113	**3**, 4
Nd	−2,32	111	2, **3**, 4
Pm	−2,29	109	**3**
Sm	−2,30	108	2, **3**
Eu	−1,99	107	2, **3**
Gd	−2,28	105	**3**
Tb	−2,31	104	**3**, 4
Dy	−2,29	103	2, **3**, 4
Ho	−2,33	102	**3**
Er	−2,32	100	**3**
Tm	−2,32	99	2, **3**
Yb	−2,22	99	2, **3**
Lu	−2,30	98	**3**

*Os números de oxidação mais importantes estão em negrito.

Um número cada vez maior de compostos moleculares contendo Ln(IV) e particularmente Ln(II) tem sido sintetizado. O primeiro é praticamente limitado ao Ce, enquanto que exemplos de compostos de Ln(II) agora incluem, além de Eu^{2+} e Yb^{2+}, muitos complexos de Sm^{2+}, Tm^{2+}, Dy^{2+} e Nd^{2+}, que podem ser preparados em solventes que não podem ser reduzidos como os éteres. O campo dos complexos Ln(II), particularmente na química organometálica, está em crescimento.

Muitos outros exemplos de íons lantanídeos "+2" e "+4" ocorrem no estado sólido. Exemplos notáveis de Ln(IV) incluem Pr(IV) e Tb(IV), e os óxidos desses elementos formados no ar, Pr_6O_{11} e Tb_4O_7, contêm misturas de Ln(III) e Ln(IV). Sob condições fortemente oxidantes também se pode obter Dy(IV) e Nd(IV). A facilidade de formação dos compostos de Ln(IV) está relacionada ao I_4. Muitos compostos binários de Ln(II), dentre eles os sulfetos, conduzem eletricidade pois o elétron 5d é liberado para a banda de condução.

23.5 Propriedades eletrônicas, ópticas e magnéticas

Muito do valor comercial e tecnológico dos lantanídeos se deve às suas propriedades eletrônicas, ópticas e magnéticas.

(a) Espectro de absorção eletrônico

Pontos principais: Os íons lantanídeos geralmente mostram um espectro de absorção fraco, porém com picos estreitos devido aos orbitais f estarem blindados dos ligantes.

Os íons lantanídeos(III) são fracamente coloridos, com absorções que são geralmente associadas a transições f–f (Tabela 23.5). O espectro dos seus complexos geralmente mostra bandas de absorção mais estreitas e distintas do que as dos complexos de metais d. Tanto os picos com pequena largura quanto a insensibilidade destes à natureza dos ligantes coordenados são uma consequência de os orbitais 4f possuírem uma extensão radial menor do que os orbitais ocupados 5s e 5p. Ao contrário das cores pálidas dos complexos de Ln(III), muitos complexos Ln(II) e Ln(IV) são intensamente coloridos, resultado de transições da transferência de carga na região visível do espectro.

Não faremos uma análise aprofundada das transições eletrônicas f–f como fizemos para as transições eletrônicas d–d (Capítulo 20), por serem muito complexas; por exemplo, existem 91 microestados para uma configuração f^2. Entretanto, a discussão é simplificada pelo fato de os orbitais f serem mais internos no átomo e sobreporem-se fracamente com os orbitais dos ligantes. Consequentemente, como primeira aproximação, seus estados eletrônicos (e, portanto, o espectro eletrônico) podem ser discutidos

Tabela 23.5 Cores, termos espectrais e momentos magnéticos dos íons Ln^{3+}

	Coloração em solução aquosa	Estado fundamental	μ/μ_B Teórico	Observado*
La^{3+}	Incolor	$^1S_0$	0	0
Ce^{3+}	Incolor	$^2F_{5/2}$	2,54	2,46
Pr^{3+}	Verde	$^3H_4$	3,58	3,47–3,61
Nd^{3+}	Violeta	$^4I_{9/2}$	3,62	3,44–3,65
Pm^{3+}	Rosa	$^5I_4$	2,68	–
Sm^{3+}	Amarelo	$^6H_{5/2}$	0,84 (1,55–1,65)†	1,54–1,65
Eu^{3+}	Rosa	$^7F_0$	0 (2,68–3,51)†	3,32–3,54
Gd^{3+}	Incolor	$^8S_{7/2}$	7,94	7,9–8,0
Tb^{3+}	Rosa	$^7F_6$	9,72	9,69–9,81
Dy^{3+}	Verde-amarelado	$^6H_{15/2}$	10,65	10,0–10,6
Ho^{3+}	Amarelo	$^5I_8$	10,60	10,4–10,7
Er^{3+}	Lilás	$^4I_{15/2}$	9,58	9,4–9,5
Tm^{3+}	Verde	$^3H_6$	7,56	7,0–7,5
Yb^{3+}	Incolor	$^2F_{7/2}$	4,54	4,0–4,5
Lu^{3+}	Incolor	$^1S_0$	0	0

*Os valores se referem a compostos como $Ln_2(SO_4)_3 \cdot 8H_2O$ e $Ln(Cp_2)$.
† Os valores entre parênteses incluem contribuições de outros termos além do estado fundamental.

na aproximação limite do íon livre; o esquema de acoplamento Russell-Saunders é uma boa aproximação, apesar de os elementos terem números atômicos elevados.

EXEMPLO 23.1 Derivando o termo espectral do estado fundamental de um íon lantanídeo

Qual é o termo espectral do estado fundamental do Pr^{3+} (f^2)?

Resposta Na Seção 20.3, foi apresentado o procedimento para se obter o termo espectral do estado fundamental, na forma geral $^{2S+1}\{L\}_J$, para os elementos do bloco d, e podemos proceder de forma similar. De acordo com as regras de Hund, o estado fundamental terá os dois elétrons em orbitais f diferentes, cada um com $l=3$, de forma que o valor máximo de $M_L = m_{l1} + m_{l2}$ será $M_L = (+3)+(+2)=+5$, o que indica um estado com $L=5$, um termo H. O arranjo de spin baixo de dois elétrons em orbitais diferentes é um tripleto com $S=1$, de forma que o termo será ^3H. De acordo com a série de Clebsch-Gordan (Seção 20.3), o momento angular total de um termo com $L=5$ e $S=1$ será $J=6$, 5 ou 4. De acordo com as regras de Hund para um subnível menos do que semicheio, o nível de menor energia será aquele com menor valor de J. Assim, o termo espectroscópico será $^3H_4$.

Teste sua compreensão 23.1 Derive o termo do estado fundamental do íon Tm^{3+}.

Quanto maior o número de microestados para cada configuração eletrônica maior o número de termos e, consequentemente, maior o número de possíveis transições entre eles. Uma vez que os termos são quase todos derivados apenas de orbitais f, e existe pouca mistura de orbitais d e f ou mistura com os orbitais dos ligantes, as transições são proibidas por Laporte (Seção 20.6). Além disso, os elétrons nos orbitais 4f interagem apenas fracamente com os ligantes, de forma que existe pouco acoplamento das transições eletrônicas com as vibrações moleculares e, como consequência, as bandas são estreitas e ganham pouca intensidade pelo acoplamento vibrônico. Logo, ao contrário dos metais d que normalmente mostram uma ou duas bandas largas de intensidade moderada, o espectro visível dos lantanídeos geralmente consiste em um grande número de picos finos de baixa intensidade que praticamente não são afetados pela mudança do ambiente de coordenação do lantanídeo. Os coeficientes de absorção molar (ε) são, geralmente, de 1 a 10 $dm^3\ mol^{-1}\ cm^{-1}$ comparados com os complexos octaédricos de metal d que são incrementados pelo acoplamento vibrônico (em torno de 100 $dm^3\ mol^{-1}\ cm^{-1}$).

Os termos do estado fundamental para todos os íons Ln^{3+} são dados na Tabela 23.5, e a Fig. 23.6 mostra um diagrama simplificado dos níveis de energia dos estados excitados. As bandas de absorção se originam como resultado da excitação do estado fundamental para estados excitados, e a Fig. 23.7 mostra o espectro de absorção experimental do Pr^{3+}(aq) desde o infravermelho próximo até a região do ultravioleta. As absorções (setas para cima na Fig. 23.6) ocorrem principalmente entre 450 e 500 nm (azul) e em 580 nm (amarelo), logo a luz residual que atinge os olhos após refletir nos compostos de Pr^{3+} são, principalmente, verde e vermelha, dando a esse íon a sua cor verde característica. O íon Gd^{3+} é incolor, como esperado pela grande separação de energia entre os seus níveis de energia. O íon Nd^{3+} absorve em 580 nm devido à transição $^4I_{9/2} \leftarrow\ ^4F_{3/2}$. Esse comprimento de onda é quase que exatamente o mesmo da principal emissão no amarelo dos átomos de sódio excitados (Seção 11.1). Como resultado, o neodímio é acrescentado às lentes dos óculos usados pelos vidreiros para reduzir o brilho intenso produzido pelo vidro de silicato de sódio quando aquecido. Em alguns casos, podem ocorrer transições entre os orbitais 4f e 5d, mas elas são geralmente na região do UV de alta energia; por exemplo, no Er^{3+} a transição $4f^{10}5d^1 \leftarrow 4f^{11}$ ocorre a cerca de 150 nm.

(b) Luminescência

Pontos principais: Os íons lantanídeos possuem emissões espectrais muito úteis, levando a aplicações como fósforos, em lasers e na obtenção de imagens.

Algumas das aplicações mais importantes dos lantanídeos derivam das suas emissões espectrais produzidas após excitação (usando fótons de alta energia ou feixes de elétrons) dos elétrons f. O termo "luminescência" geralmente é empregado para descrever dois tipos de emissão: *fluorescência* refere-se à transição de um estado de energia mais alto para outro de menor energia tendo a mesma multiplicidade ($\Delta S=0$); *fosforescência* é uma transição de vida mais longa a partir de um estado de alta energia para um de

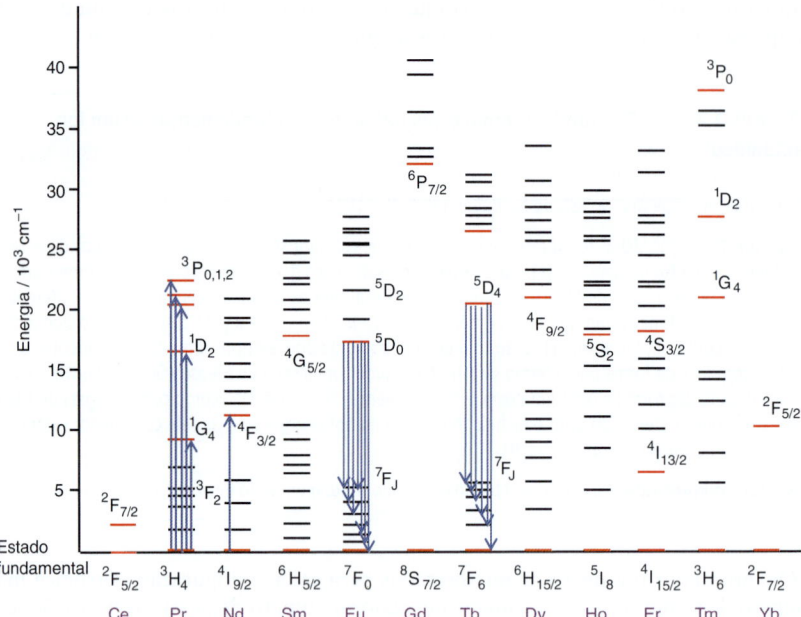

Figura 23.6 Diagrama simplificado dos níveis de energia dos lantanídeos. As setas para cima no Pr^{3+} e Nd^{3+} representam as principais linhas de absorção para esses íons. As setas para baixo no Eu^{3+} e no Tb^{3+} representam as principais linhas de emissão para esses íons.

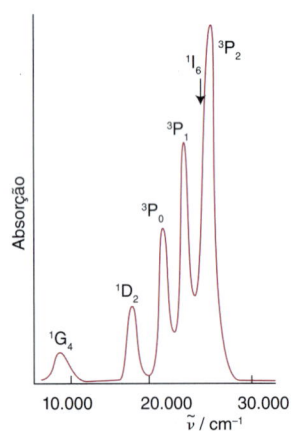

Figura 23.7 Espectro de absorção do Pr^{3+}. As energias também estão indicadas na Fig. 23.6.

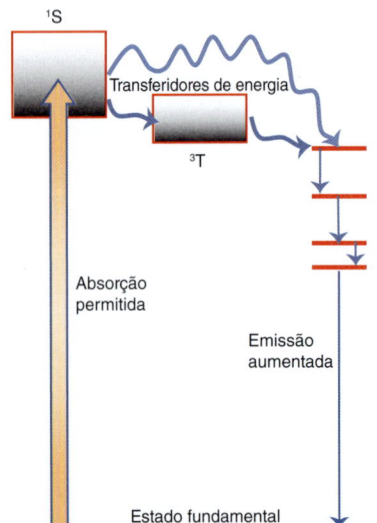

Figura 23.8 Um diagrama de Jablonski representa o processo pelo qual energia é transferida de um grupo que absorve luz (grupo antena) para os níveis de emissão de um centro luminescente.

menor energia de diferente multiplicidade ($\Delta S \neq 0$). O espectro de emissão tem muitas das características do espectro de absorção, consistindo em frequências características bem definidas (bandas estreitas) dos cátions dos lantanídeos, sendo principalmente independentes do ligante.

A emissão natural é limitada pela baixa probabilidade de absorção, o que significa que os estados excitados não são facilmente povoados. Mesmo assim, todos os íons lantanídeos, exceto La^{3+} (f^0) e Lu^{3+} (f^{14}), apresentam luminescência inerente, e as emissões mais fortes e úteis estão associadas ao Eu^{3+} ($^7F_{0-6} \leftarrow {}^5D_0$, vermelho) e ao Tb^{3+} ($^7F_{6-0} \leftarrow {}^5D_4$, verde), como indicado pelas setas para baixo na Fig. 23.6. Em parte, a luminescência relativamente forte do Eu^{3+} e do Tb^{3+} deve-se ao grande número de estados excitados existentes, o que aumenta a probabilidade do cruzamento intersistemas para estados excitados com multiplicidade de spin diferente do estado fundamental, dando origem à fosforescência. De forma geral, a intensidade da emissão também está relacionada com a fraca interação do elétron excitado com o ambiente (devido à natureza contraída dos orbitais f), levando assim a longos tempos de vida (da ordem de nonossegundos ou milissegundos). Enquanto que a emissão natural é limitada pelo fato de a excitação por absorção ser fracamente permitida, a luminescência pode ser bastante aumentada colocando-se um grupo que absorva luz (uma "antena") no ligante do complexo ou nas suas proximidades quando se trata de um material sólido. O grupo antena é excitado por transições permitidas, e a energia é transferida direta ou indiretamente (pelo cruzamento intersistemas) para os estados excitados do lantanídeo. Os processos são geralmente representados por um diagrama de Jablonski (Fig. 23.8). Na *eletroluminescência*, os complexos de lantanídeos são excitados eletroquimicamente: os eletrodos injetam elétrons em orbitais de energia mais alta de grupos orgânicos apropriados presentes no ligante e removem elétrons de orbitais ocupados. A eletroluminescência é a base dos diodos emissores de luz (LEDs).

O emprego das propriedades luminescentes dos lantanídeos e dos seus compostos é uma área de alta tecnologia em franca expansão, na qual as aplicações variam desde a obtenção de imagens de interesse médico até as telas planas de aparelhos eletrônicos. Pelo estímulo da emissão de um estado excitado, pode-se obter radiação laser de alta intensidade, como nos lasers de granada de alumínio, neodímio e ítrio (Nd:YAG) (Quadro 23.1).

(c) Propriedades magnéticas

Pontos principais: A natureza interna dos elétrons 4f desemparelhados nos compostos de lantanídeos os leva a ter momentos magnéticos muito próximos dos previstos, com base no acoplamento Russell-Saunders, para os íons livres.

QUADRO 23.1 Lasers e fósforos a base de lantanídeos

Os fósforos são materiais fluorescentes que geralmente convertem fótons de alta energia, tipicamente da região UV do espectro eletromagnético, em comprimentos de onda de menor energia do visível. Embora muitos materiais fluorescentes sejam baseados em sistemas com metais d (por exemplo, sulfeto de zinco dopado com Cu e Mn), para algumas energias de emissão os materiais contendo lantanídeos oferecem um melhor desempenho. Isso é particularmente verdade para os fósforos vermelhos necessários como, por exemplo, nas telas de plasma e nas luzes fluorescentes, em que o espectro de emissão do Eu^{3+} possui uma série de linhas entre 580 nm (laranja) e 700 nm (vermelho). O térbio, na forma de Tb^{3+}, também é muito utilizado em fósforos similares, produzindo emissões entre 480 e 580 nm (verde). Os compostos que formam esses fósforos, como o Eu^{3+} dopado em YVO_4, revestem o interior dos tubos das lâmpadas fluorescentes e convertem a radiação UV gerada pela descarga do mercúrio em luz visível. Usando a combinação de fósforos fluorescentes em diferentes regiões de espectro visível, a lâmpada emite luz branca (Fig. Q23.1).

O neodímio pode ser usado como dopante na estrutura da granada de óxido de ítrio e alumínio, $Y_3Al_5O_{12}$, em nível de 1% de Nd em relação ao Y, para produzir o material usado nos lasers Nd:YAG. Os íons Nd^{3+} absorvem fortemente nos comprimentos de onda entre 730 e 760 nm e entre 790 e 820 nm, como a luz de alta intensidade produzida pelas lâmpadas de flash contendo criptônio. Os íons são excitados do estado fundamental $^4I_{9/2}$ para vários estados excitados que então transferem a energia para o estado excitado de vida relativamente longa $^4F_{3/2}$. O decaimento com emissão de radiação a partir deste estado para o estado $^4I_{11/2}$ (imediatamente acima do estado fundamental $^4I_{9/2}$) é estimulado por um fóton de mesma frequência e resulta na radiação laser. Assim, uma vez que exista um grande número de íons no estado excitado, todos eles podem ser estimulados a emitir luz simultaneamente, produzindo uma intensa radiação.

O laser típico de Nd:YAG emite em 1,064 μm, na região do infravermelho próximo do espectro eletromagnético, em modo contínuo e pulsado. Existem transições mais fracas próximas de 0,940, 1,120, 1,320 e 1,440 μm. Os pulsos de alta intensidade podem sofrer dobra de frequência para gerar luz laser de 532 nm (na região visível) ou até mesmo harmônicos mais altos em 355 e 266 nm. As aplicações de lasers de Nd:YAG incluem a remoção de cataratas e de pelos indesejáveis, em telêmetros, e na fabricação de vidros e plásticos. Nesta última aplicação, adiciona-se a um plástico transparente um pigmento branco que absorve fortemente na região do infravermelho, numa região perto da principal linha de emissão do Nd:YAG em 1,064 μm. Mirando-se o laser no plástico, o pigmento absorve energia aquecendo-se o suficiente para queimar o plástico no ponto de exposição do laser, tornando-o marcado indelevelmente.

Existem muitos outros meios de YAG dopados com outros lantanídeos; por exemplo, o Yb:YAG emite em 1,030 μm (a linha mais forte) ou em 1,050 μm, sendo frequentemente usado quando se precisa que o material que produz o laser seja um fino disco de material; os lasers de Er:YAG emitem em 2,94 μm e são usados em odontologia e para rejuvenescimento da pele.

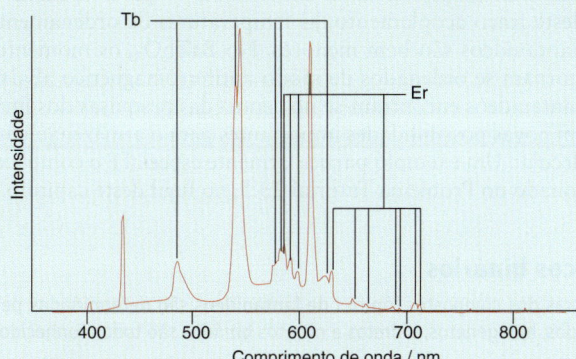

Figura Q23.1 Espectro de uma lâmpada fluorescente, mostrando as linhas que se originam dos íons lantanídeos no fósforo.

As propriedades magnéticas dos complexos de lantanídeos diferem significativamente daquelas dos elementos do bloco d (Seção 20.1d), sendo relativamente fáceis de prever e explicar. Como já vimos, os spins dos elétrons desemparelhados nos orbitais 4f acoplam fortemente com o momento angular orbital, mas possuem pouca interação com o ambiente dos ligantes; como resultado, o momento magnético para uma dada configuração $4f^n$, independentemente da complexidade química, é próximo do valor calculado para o íon livre. O momento magnético μ é expresso em termos do número quântico momento angular total J:

$$\mu = g_j \{J(J+1)\}^{1/2} \mu_B$$

onde g é o fator de Landé

$$g_j = 1 + \frac{S(S+1) - L(L+1) + J(J+1)}{2J(J+1)}$$

e μ_B é o magnéton de Bohr. Os valores teóricos dos momentos magnéticos do estado fundamental dos íons Ln^{3+} são apresentados na Tabela 23.5; geralmente, esses valores apresentam boa concordância em relação aos dados experimentais.

Uma breve ilustração Como visto anteriormente, o termo espectroscópico do estado fundamental do Pr^{3+} (f^2) é $^3H_4$, com $L=5$, $S=1$ e $J=4$. Desta forma, temos que

$$g_j = 1 + \frac{1(1+1) - 5(5+1) + 4(4+1)}{2 \times 4(4+1)} = 1 + \frac{2 - 30 + 20}{40} = \frac{4}{5}$$

Portanto,

$$\mu = g_j \{J(J+1)\}^{1/2} \mu_B = \tfrac{4}{5} \{4(4+1)\}^{1/2} \mu_B = 3,58 \mu_B$$

A análise contida na seção *Uma breve ilustração* anterior assume que somente um nível $^{2S+1}\{L\}_J$ está ocupado na temperatura do experimento, o que é uma boa suposição para a maioria dos íons lantanídeos. Por exemplo, o primeiro estado excitado do Ce^{3+} ($^2F_{7/2}$) encontra-se 1000 cm^{-1} acima do estado fundamental ($^2F_{5/2}$) e praticamente despovoado na temperatura ambiente quando $kT \approx 200$ cm^{-1}. Contribuições pequenas dos termos de maior energia resultam em pequenos desvios dos valores observados em relação àqueles baseados na população de um único termo. Para o Eu^{3+} e, em menor extensão, para o Sm^{3+}, o primeiro estado excitado encontra-se próximo do estado fundamental (para o Eu^{3+}, o termo $^7F_1$ está somente 300 cm^{-1} acima do estado fundamental $^7F_0$) e parcialmente povoado mesmo em temperatura ambiente. Embora o valor de μ baseado somente na ocupação do estado fundamental seja igual a zero (pois $J=0$), os valores experimentais observados são diferentes de zero e variam com a temperatura, de acordo com a população de Boltzmann do estado com energia acima.

Os efeitos de ordenamento magnético de longo alcance, ferromagnetismo e antiferromagnetismo (Seção 20.8) são observados em muitos compostos de lantanídeos, embora o acoplamento entre átomos do metal seja geralmente mais fraco do que nos compostos do bloco d, devido à natureza contraída dos orbitais 4f que hospedam os elétrons. Como resultado deste fraco acoplamento, as temperaturas de ordenamento magnético dos compostos lantanídeos são bem menores. No $BaTbO_3$, os momentos magnéticos do íon Tb^{3+} se tornam-se ordenados de modo antiferromagnético abaixo de 36 K. Os complexos de lantanídeos encontram-se no centro das pesquisas dos ímãs unimoleculares, que oferecem novas possibilidades importantes para o armazenamento de informação em nível molecular. Um exemplo particularmente especial é o complexo triangular de Dy(III), mencionado no Problema Tutorial 23.5, no final deste capítulo.

23.6 Compostos iônicos binários

Pontos principais: As estruturas dos compostos iônicos de lantanídeos são determinadas pelo tamanho do íon lantanídeo; óxidos, halogenetos, hidretos e nitretos binários são todos conhecidos.

Os íons lantanídeos(III) têm raios que variam entre 98 e 116 pm; para efeito de comparação, o Fe^{3+}, spin alto, hexacoordenado, tem raio iônico de 65 pm. Assim, o volume ocupado por um íon Ln^{3+} é, geralmente, quatro a cinco vezes o de um íon de metal 3d. Diferentemente dos metais 3d, que raramente excedem o número de coordenação 6 (sendo 4 também comum), os compostos de lantanídeos apresentam altos números de coordenação, tipicamente entre 6 e 12, e uma grande variedade de ambientes de coordenação.

Todos os lantanídeos reagem com O_2, em altas temperaturas, formando óxidos; na maioria dos casos são *sesquióxidos*, Ln_2O_3, mas os lantanídeos que possuem valores razoavelmente pequenos de I_4 formam óxidos superiores, especificamente o dióxido CeO_2 e óxidos não estequiométricos Pr_6O_{11} e Tb_4O_7. Estes últimos reagem ainda com O_2 em alta pressão para formar PrO_2 e TbO_2:

$$2\ Ln(s) + 3\ O_2(g) \rightarrow Ln_2O_3(s)$$

$$Ce(s) + O_2(g) \rightarrow CeO_2(s)$$

O dióxido de cério é muito usado na indústria como catalisador e como suporte de catalisador. Ele também tem aplicações promissoras na produção de hidrogênio pelo emprego de luz solar uma vez que perde O_2 em temperaturas muito altas (como as geradas nos fornos solares) e, após resfriamento, reage com água formando H_2 e regenerando o CeO_2 (Quadro 10.3). Todos os dióxidos têm a estrutura da fluorita, como esperado pelas regras da razão dos raios (Seção 3.10), enquanto os sesquióxidos possuem estruturas mais complexas nas quais o número de coordenação médio dos íons Ln^{3+} é geralmente igual a 7. São conhecidos três tipos de estruturas principais para os óxidos, denominadas A-Ln_2O_3, B-Ln_2O_3 e C-Ln_2O_3, e muitos dos óxidos são polimorfos, com as transições entre as estruturas ocorrendo quando a temperatura é alterada. As geometrias de coordenação são determinadas pelos raios dos íons lantanídeos, com o número de coordenação médio do cátion na estrutura diminuindo com a diminuição do raio iônico: por exemplo, o íon La^{3+} no La_2O_3 tem número de coordenação 7, enquanto que o íon Lu^{3+} no Lu_2O_3 possui número de coordenação 6. Os monóxidos, LnO, de Nd, Sm, Eu e Yb, com estrutura de sal-gema, são formados pela reação do respectivo composto Ln_2O_3 com o elemento; por exemplo,

$$Eu_2O_3(s) + Eu(s) \rightarrow 3\ EuO(s)$$

Tanto o NdO quanto o SmO conduzem eletricidade, uma vez que podem formar facilmente uma banda de condução que é ocupada por um elétron 5d itinerante, sendo formulados como $Ln^{3+}(O^{2-})(e^-)$, enquanto que o EuO e o YbO são sólidos brancos e isolantes.

Os sulfetos com estequiometria LnS têm estrutura de sal-gema e podem ser obtidos por reação direta dos elementos a 1000°C. Exceto para o SmS, EuS e TmS, os sulfetos conduzem eletricidade e são formulados como $Ln^{3+}(S^{2-})(e^-)$: compostos similares são formados com selênio e telúrio. Fases de composição Ln_2S_3 também podem ser obtidas pela reação do tricloreto de lantanídeo com H_2S; eles vêm sendo estudados para serem usados como pigmentos, para substituir o CdS e o CdSe que são tóxicos, por causa de suas cores intensas vermelho, laranja e amarelo. Os lantanídeos geralmente reagem diretamente com os halogênios para formar tri-halogenetos, LnX_3, que possuem características estruturais complexas devido aos elevados números de coordenação destes íons grandes. Por exemplo, no LaF_3, o íon La^{3+} está em um ambiente irregular com número de coordenação 11, e no $LaCl_3$ ele está num ambiente prismático trigonal triencapuzado de coordenação 9 (Fig. 23.9). Os tri-halogenetos dos lantanídeos menores do final da série possuem diferentes tipos de estruturas, como o prisma trigonal triencapuzado do LnF_3 (5) e a estrutura em camadas baseada no empacotamento compacto cúbico hexacoordenado do $LnCl_3$. Além do oxigênio, o fluoreto é o único elemento capaz de estabilizar os compostos de Ln(IV). O cério reage com F_2 à temperatura ambiente para formar CeF_4, que cristaliza numa estrutura formada pelo compartilhamento dos vértices de poliedros CeF_8 (Fig. 23.10). Ao contrário, o PrF_4 e o TbF_4 são altamente reativos e sintetizados apenas sob condições extremas, pela reação do Pr_6O_{11} ou Tb_4O_7 com F_2 sob radiação UV, em HF líquido, por vários dias. Os di-iodetos, LnI_2, são bons materiais de partida para complexos de Ln(II), particularmente o SmI_2, que é usado como reagente em síntese orgânica (ver adiante): eles são geralmente formados por comproporcionação de LnI_3 e Ln em pó em alta temperatura (600°C) sob atmosfera inerte:

$$2\ LnI_3(s) + Ln(s) \rightarrow 3\ LnI_2(s)$$

Alternativamente, SmI_2 é convenientemente preparado, em escala de laboratório, reagindo Sm em pó com di-iodoetano:

$$Sm(s) + ICH_2CH_2I(l) \rightarrow SmI_2(s) + C_2H_4(g)$$

Todos os lantanídeos metálicos reagem com H_2 para formar hidretos binários com uma estequiometria que varia entre LnH_2 e LnH_3. Os di-hidretos têm a estrutura da fluorita (Seção 3.9a), baseada no empacotamento compacto cúbico dos íons Ln, com os íons hidreto em todos os sítios tetraédricos. A maioria destes compostos tem cor preta e apresenta propriedades metálicas, uma vez que um elétron fica retido no orbital 5d difuso que forma a banda de condução que se estende por todo o sólido. São exceções notáveis Eu, Gd e Yb: o EuH_2 e o YbH_2 (Ln^{2+} com configurações $4f^7$ e $4f^{14}$, respectivamente,) são sólidos brancos isolantes, enquanto que o GdH_2 é muito instável (Ln^{2+} com configuração $4f^75d^1$). Alguns dos lantanídeos menores (por exemplo, Dy, Yb e Lu) formam tri-hidretos estequiométricos, LnH_3. Hidretos metálicos complexos contendo lantânio, como o $LaNi_5H_6$, têm sido muito estudados como possíveis materiais para armazenamento de hidrogênio.

Todos os lantanídeos formam nitretos com composição LnN que têm a estrutura de sal-gema esperada, com os íons Ln^{3+} e N^{3-} em posições alternadas. Para os carbetos de lantanídeos, são conhecidas três diferentes estequiometrias: M_3C, M_2C_3 e MC_2. As fases

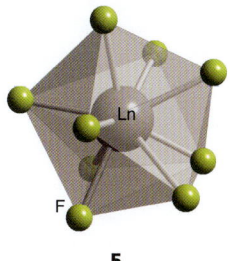

5

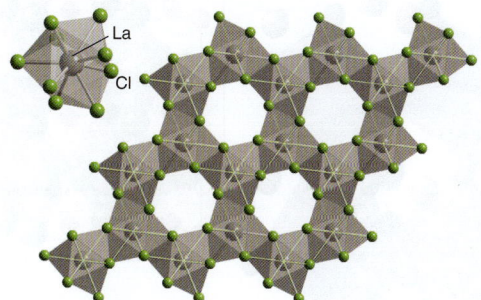

Figura 23.9* Estrutura do $LaCl_3$, mostrando os antiprismas encapuzados de $LaCl_9$ ligados pelos vértices: uma unidade isolada é mostrada em detalhe.

Figura 23.10* Estrutura do CeF_4 formada por antiprismas de CeF_8 compartilhados pelos vértices.

M_3C que são formadas com os lantanídeos mais pesados contêm átomos de C intersticiais isolados e são hidrolisadas pela água formando metano. A fases M_2C_3 que se formam com os lantanídeos mais leves (La até Ho) contêm o ânion dicarbeto, C_2^{2-}, como no CaC_2 (Seção 3.9). As fases MC_2 mostram propriedades metálicas e, exceto para os elementos que formam cátions estáveis bivalentes, como o Yb, elas podem ser expressas como $Ln^{3+}(C_2^{2-},e^-)$ com o elétron d participando da banda de condução; eles reagem com água para formar etino. Os borocarbetos de níquel e lantanídeo, $LnNi_2B_2C$, possuem uma estrutura formada por camadas alternadas com estequiometria LnC e Ni_2B_2. Esses borocarbetos são supercondutores à baixa temperatura: a temperatura de transição do $LuNi_2B_2C$, por exemplo, é de 16 K.

23.7 Óxidos ternários e óxidos complexos

Pontos principais: Íons lantanídeos são frequentemente encontrados nas perovskitas e granadas, em que a capacidade de mudar o tamanho do íon permite que as propriedades dos materiais sejam modificadas.

Os lantanídeos são uma boa fonte de cátions trivalentes grandes e estáveis, com uma razoável faixa de raios iônicos sem demandar preferências de campo ligante. Assim, eles podem ocupar uma ou mais das posições dos cátions nos óxidos ternários ou nos óxidos mais complexos. Por exemplo, as perovskitas do tipo ABO_3 podem ser facilmente preparadas com o La no sítio do cátion A; um exemplo é o $LaFeO_3$. De fato, alguns tipos de estruturas distorcidas foram nomeados em função dos lantanídeos: um exemplo é o tipo estrutural $GdFeO_3$ (Fig. 23.11), o qual tem octaedros de FeO_6 ligados pelos vértices em torno do íon Gd^{3+} (como na estrutura da perovskita, Fig. 3.42), mas com os octaedros inclinados uns em relação aos outros. Essa inclinação permite uma melhor coordenação com o íon central Gd^{3+}. A capacidade de trocar o tamanho do íon B^{3+} numa série de compostos $LnBO_3$ permite que as propriedades físicas do óxido complexo sejam modificadas de uma maneira controlada. Por exemplo, na série de compostos $LnNiO_3$, em que Ln = Pr até Eu, a temperatura de transição do comportamento isolante-metálico, T_{IM}, aumenta com a diminuição do raio iônico do lantanídeo (Tabela 23.6).

A célula unitária da perovskita é um bloco de construção estrutural frequentemente encontrado nas estruturas de óxidos mais complexos, e os lantanídeos estão muitas vezes presentes nestes materiais. Exemplos bem conhecidos são os primeiros supercondutores de alta temperatura, $La_{1,8}Ba_{0,2}CuO_4$, e a família dos óxidos complexos "1-2-3", $LnBa_2Cu_3O_7$, que se tornam supercondutores abaixo de 93 K. O mais conhecido destes supercondutores de alta temperatura é o composto de ítrio (do bloco d) $YBa_2Cu_3O_7$, mas também são conhecidos para todos os lantanídeos (Seção 24.6). Outros exemplos de materiais nos quais a escolha do lantanídeo é crucial para a obtenção da propriedade desejada são os manganitos complexos, $Ln_{1-x}Sr_xMnO_3$, que apresentam efeitos de resistência fortemente dependentes do campo magnético e da temperatura aplicada; as melhores propriedades são encontradas quando Ln=Pr.

A estrutura do espinélio (Fig. 3.44) apresenta apenas sítios tetraédricos e octaédricos pequenos em um arranjo de empacotamento compacto de íons O^{2-} e, assim, não pode acomodar íons lantanídeos volumosos. Entretanto, a estrutura de granada dos materiais com estequiometria $M_3M_2'(XO_4)_3$, onde M e M' são normalmente cátions

Tabela 23.6 Propriedades de alguns óxidos ternários

	$PrNiO_3$	$NdNiO_3$	$EuNiO_3$
$r(Ln^{3+})$/pm	113	111	107
T_{IM}/K	135	200	480

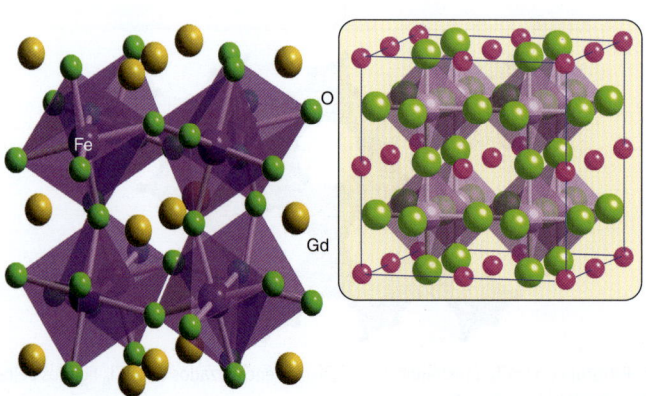

Figura 23.11* Estrutura tipo $GdFeO_3$, com os octaedros de FeO_6 delineados. O destaque mostra como a estrutura do $GdFeO_3$ está relacionada com a estrutura da perovskita.

A química dos lantanídeos

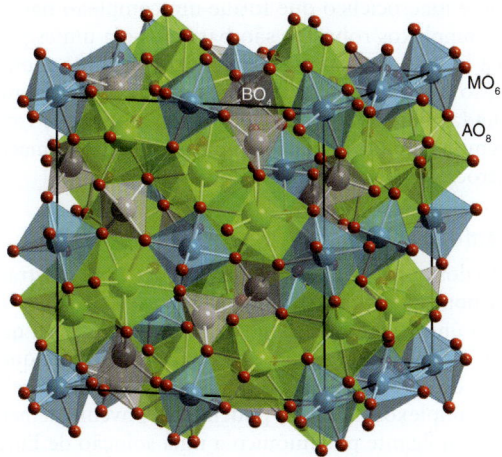

Figura 23.12* Estrutura da granada mostrando como os poliedros AO_8, BO_4 e MO_6 estão ligados. Os sítios A octacoordenados geralmente ocupados pelo ítrio podem ser ocupados por outros lantanídeos.

dipositivos e tripositivos e X pode ser Si, Al, Ga ou Ge, possui sítios octacoordenados que podem ser ocupados pelos íons lantanídeos. Além da granada de alumínio e ítrio, que é o hospedeiro para íons neodímio no laser Nd:YAG, o material conhecido como granada de ferro e ítrio (YIG) é um importante material ferrimagnético usado nos componentes empregados em comunicação por luz e por micro-ondas (Fig. 23.12).

23.8 Compostos de coordenação

Pontos principais: Um grande número de complexos de lantanídeos (III) é formado com ligantes aniônicos multidentados contendo átomos de oxigênio que são doadores apropriados para ligações eletrostáticas. Os números de coordenação geralmente são maiores do que 6 e os ligantes adotam geometrias que minimizam as repulsões entre eles. Os complexos de Ln(II) são altamente redutores. Os complexos lantanídeos(IV) são representados por alguns complexos de cério.

(a) Complexos de Ln(III)

Sem poder fazer uma forte sobreposição de orbitais, as ligações formadas entre os íons Ln^{3+} e os ligantes são eletrostáticas, e complexos estáveis somente são obtidos com ligantes quelantes multidentados. Sendo os elétrons f internos, eles não possuem influência estereoquímica significativa e, portanto, os ligantes assumem posições que minimizam a repulsão entre eles. Os ligantes multidentados buscam satisfazer suas próprias restrições estereoquímicas, da mesma forma que nos complexos de Al^{3+} e dos íons do bloco s. Dessa forma, para os aquaíons $[Ln(OH_2)_n]^{3+}$ (**1-4**), os números de coordenação e estrutura dos complexos variam ao longo da série. Por exemplo, o pequeno cátion de itérbio, Yb^{3+}, forma o complexo heptacoordenado $[Yb(acac)_3(OH_2)]$, e o La^{3+} maior apresenta-se octacoordenado no $[La(acac)_3(OH_2)_2]$. As estruturas desses dois complexos assemelham-se às de um prisma trigonal monoencapuzado (**6**) e um antiprisma quadrático (**7**), respectivamente. Um antiprisma quadrático oferece menos repulsões ligante-ligante do que a geometria cúbica.

Muitos complexos lantanídeos são formados com ligantes éter de coroa e β-dicetonato. O ligante β-dicetonato parcialmente fluorado, $[CF_3COCHCOCF_3]^-$, apelidado de "fod", forma complexos com Ln^{3+} que são voláteis e solúveis em solventes orgânicos. Por conta da sua volatilidade, esses complexos são usados como precursores para a síntese de supercondutores contendo lantânio por deposição de vapor (Seção 24.24).

Ligantes carregados geralmente possuem maior afinidade pelos íons Ln^{3+} menores, e o aumento resultante nas constantes de formação deslocando-se dos Ln^{3+} maiores e mais leves (à esquerda da série) para os Ln^{3+} pequenos e mais pesados (à direita da série) oferece um método conveniente para a purificação cromatográfica destes íons (Fig. 23.13). Quando do início da química dos lantanídeos, antes do desenvolvimento da cromatografia de troca iônica, cristalizações tediosas e repetitivas eram usadas para separar os elementos.

A química de coordenação dos lantanídeos é um campo de pesquisa em desenvolvimento cujas principais aplicações relacionam-se com a obtenção de imagens de interesse médico e com os marcadores ópticos e magnéticos. O importante aqui é a ligação com alvos funcionais, como uma antena ou um grupo biorreceptor, de um

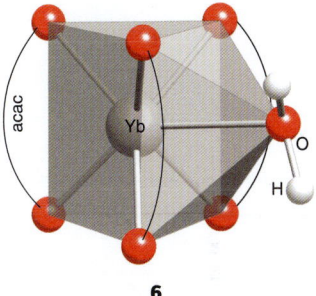

6

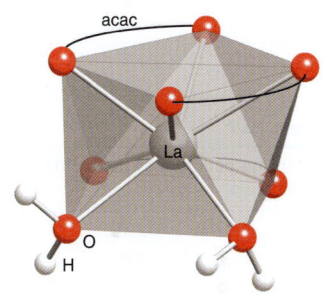

7

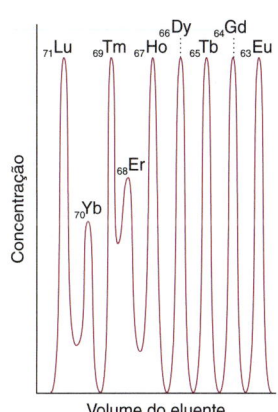

Figura 23.13 Eluição de íons lantanídeos pesados de uma coluna de troca catiônica usando o 2-hidroxi-isobutirato de amônio como eluente. Note que os lantanídeos de número atômico maior eluem primeiro, pois eles têm menor raio atômico e são complexados mais fortemente pelo eluente.

ligante multidentado e macrocíclico que forme um complexo não lábil e forte com o lantanídeo. Muitos complexos robustos são baseados em um esqueleto macrocíclico, sendo um exemplo a ligação da fluoresceína com o cyclen (**8**). Outros exemplos serão mencionados na seção 27.9, na qual trataremos da obtenção de imagens de interesse médico mais detalhadamente. Ao contrário dos aquaíons, que trocam moléculas de água na escala de tempo de nanossegundos, muitos complexos macrocíclicos possuem meias-vidas para a troca de ligante da ordem de anos.

(b) Complexos de Ln(II) e Ln(IV)

Os potenciais padrão dos pares de oxirredução Ln^{3+}/Ln^{2+} são mostrados na Tabela 23.7 e servem como um bom guia prático para prever a estabilidade dos complexos de Ln(II). O európio é o único lantanídeo que mostra uma extensa química em solução aquosa no estado de oxidação +2, sendo esta uma propriedade que se origina do valor relativamente alto de I_3 (Fig. 23.3), atribuído a configuração relativamente estável $4f^7$. De fato, muitos complexos de Eu(II) podem ser convenientemente preparados em água adicionando-se um ligante polianiônico a uma solução de Eu(II) ou por redução eletroquímica de um complexo de Eu(III). Os complexos de Eu(II) com EGTA (etenoglicol-bis(2-aminoetil)-*N*,*N*,*N'*,*N'*-tetra-acetato-(4-)) ou DTPA (dietilenotriamina--*N*,*N*,*N'*,*N''*-penta-acetato(5-)) são poderosos agentes redutores de um elétron para uso em solução aquosa; eles possuem um potencial de redução muito mais negativo do que o Eu^{2+}(aq) por causa da preferência dos ligantes polianiônicos pelo estado de oxidação +3, ainda que sejam lentos para produzir H_2 e persistam por longos períodos.

À parte dos compostos organometálicos, os compostos de coordenação mais importantes dos outros Ln(II) são aqueles sintetizados com éteres quelantes não redutíveis como solvente. Partindo-se de LnI_2, podem ser obtidos vários complexos de Ln(II) com ligante etoxi que são altamente reativos, estando a ordem de estabilidade Sm>Tm>Dy relacionada com a tendência dos potenciais padrão mostrados na Tabela 23.7. O di--iodeto de samário, SmI_2, é comercializado com uma solução azul-intenso em tetra--hidrofurano contendo espécies formuladas como $[SmI_2(THF)_n]$ (**9**), na qual os ligantes de iodeto ocupam as posições axiais. Cristais verdes-escuros de $[TmI_2(DME)_3]$ (**10**) são produzidos pela comproporcionação de TmI_3 e Tm em pó, em dimetoxietano (DME):

$$TmI_3 + Tm \rightarrow [TmI_2(DME)_3]$$

Tabela 23.7

Potenciais padrão/V do par Ln^{3+}/Ln^{2+} em H_2O	
Eu	−0,35
Yb	−1,15
Sm	−1,55
Tm	−2,3
Dy	−2,5
Nd	−2,6

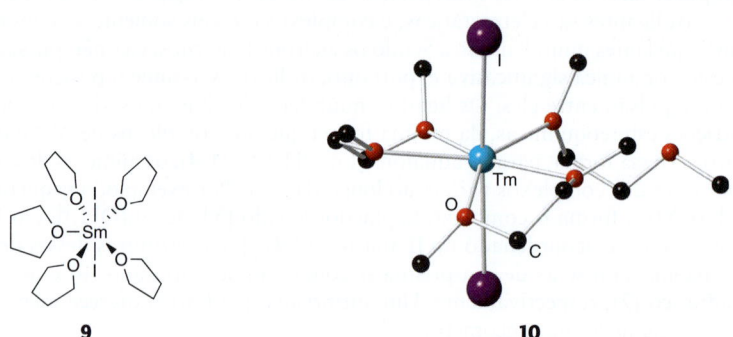

Esses complexos são poderosos redutores de um elétron em solventes tipo éter não aquosos e são bons reagentes para reações de acoplamento redutivo C–C, sendo um exemplo a formação de álcoois terciários a partir de halogenetos de alquila e cetonas:

As reações de acoplamento carbono-carbono também podem ocorrer entre ligantes. A reação do TmI_2 com piridina resulta na formação do complexo $[((py)_4TmI_2))_2(\mu\text{-}C_{10}H_{10}N_2)]$ (**11**), no qual o produto 1,1-di-hidro-4,4'-bipiridina faz a ponte entre os dois Tm(III).

11

A química de coordenação do Ce(IV) é bastante extensa. Excluindo-se o [Ce(NO$_3$)$_6$]$^{2-}$, a maioria dos complexos de Ce(IV) é baseada em ligantes alcóxidos ou carboxilatos. A reação do precursor tris(amida) de Ce(III) com O$_2$ forma um complexo binuclear de Ce(IV) com ligantes óxido em ponte.

$$Ce(NR_2)_3 \xrightarrow[\text{hexano}]{O_2,\,-27°C} \begin{array}{c} R_2N\diagdown\quad O\quad\diagup NR_2 \\ Ce\quad\quad Ce \\ R_2N\diagup\quad O\quad\diagdown NR_2 \end{array}$$

23.9 Compostos organometálicos

Pontos principais: A química organometálica dos lantanídeos é dominada pelos compostos de Ln(III), sendo a ligação predominantemente iônica ou estabilizada por ligantes fortemente doadores. A regra dos 18 elétrons não se aplica aos compostos organometálicos dos lantanídeos, que tendem a se assemelharem mais aos compostos dos primeiros metais d mais eletropositivos. O estereoimpedimento é bem mais importante que os efeitos eletrônicos, e alguns compostos de Ln(III) com a ciclopentadienila possuem aplicações importantes em catálise estereosseletiva. Compostos organometálicos de Ln(II) são poderosos agentes redutores.

A química organometálica dos lantanídeos é muito menos desenvolvida do que para os elementos do bloco d. A maioria dos compostos organometálicos de lantanídeos contém formalmente Ln(III), para os quais a falta de qualquer orbital que possa fazer retrodoação π para um fragmento orgânico (uma vez que os orbitais 5d estão vazios e os orbitais 4f são muito internos) restringe o número de modos de ligação disponíveis.

O primeiro complexo η^2 de um lantanídeo com um alqueno, [(Cp*)$_2$Yb(C$_2$H$_4$) Pt(PPh$_3$)$_3$] (**12**), foi caracterizado apenas em 1987, um século e meio depois do isolamento do primeiro complexo de um alqueno com um metal d, o sal de Zeise. Entretanto, o ligante alqueno desse complexo é particularmente rico em elétrons, uma vez que ele já está ligado a um centro de Pt(0) π doador, sendo a retroligação partindo do átomo de Yb, portanto, desnecessária para a sua estabilidade. A natureza fortemente eletropositiva dos lantanídeos significa que eles necessitam de ligantes que sejam bons doadores, e não bons receptores. Consequentemente, enquanto que os ligantes CO, fosfina e alquenos raramente são vistos na química dos lantanídeos, doadores fortes como carbenos N-heterocíclicos (Seção 22.15) são encontrados em uma grande variedade de complexos, sendo um exemplo o complexo de Er com ligantes bis-carbeno e tris-alquila (**13**), com cinco ligações metal-carbono.

Não surpreende que a regra dos 18 elétrons não se aplique aos compostos organometálicos de lantanídeos. Existem algumas similaridades com os compostos dos primeiros elementos do bloco d, o que é esperado porque os elementos dos Grupos 3 e 4 também são fortemente eletropositivos e possuem poucos elétrons d disponíveis para fazerem retrodoação π para os ligantes. Em geral, os compostos organometálicos dos lantanídeos dependem muito mais da ligação iônica do que os organometálicos do bloco d, sendo ainda muito sensíveis ao ar e à umidade. Ao invés de ser controlada pela configuração eletrônica, a sua química é influenciada pelo estereoimpedimento que se torna mais importante à medida que o raio diminui ao longo da série La-Lu.

Um grande número de compostos organometálicos é formado com ligantes aniônicos ciclopentadienila, sendo apropriado considerar que esses compostos contêm grupos Cp$^-$ ligados eletrostaticamente a um cátion central Ln^{3+} (ou Ln^{2+}). Os íons lantanídeos maiores podem acomodar facilmente três ligantes ciclopentadienila, os quais tendem a formar oligômeros, indicando que ainda há espaço para ligantes adicionais. Pode-se ter um maior controle sobre a reatividade dos complexos usando-se o ligante pentametilciclopentadienila (Cp*), que apresenta maior estereoimpedimento. Apesar disso, o isolamento

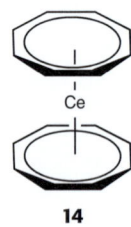

14

dos compostos Ln(Cp*)$_3$ só ocorreu 40 anos após a obtenção dos primeiros compostos Ln(Cp)$_3$ e, mesmo assim, os primeiros existem em equilíbrio entre as formas de η^5 e η^1:

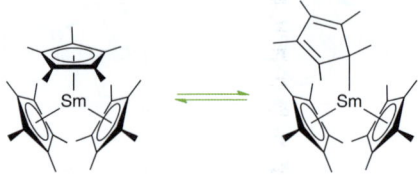

As pesquisas atuais sobre os compostos organometálicos de lantanídeos geralmente envolvem compostos do tipo [(Cp)$_2$LnR]$_2$, [(Cp)$_2$LnR(solv)], [(Cp*)LnRX(solv)] e [(Cp*)LnR$_2$(solv)]. São comuns os grupos alquila ligados por ligação σ, com os compostos contendo ligantes ciclopentadienila tendendo a dominar. São conhecidos compostos contendo ligantes η^8-ciclo-octatetraeno, como o Ce(C$_8$H$_8$)$_2$ (**14**). Como descrito na Seção 22.11, é melhor considerá-los como sendo complexos contendo o ligante rico em elétrons C$_8$H$_8^{2-}$. Vários complexos de arenos também são conhecidos, como o [(C$_6$Me$_6$)Sm(AlCl$_4$)$_3$] (**15**), em que se acredita que a ligação é principalmente resultado de um dipolo induzido eletrostaticamente entre o Sm^{3+} e o anel rico em elétrons.

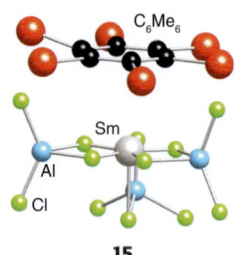

15

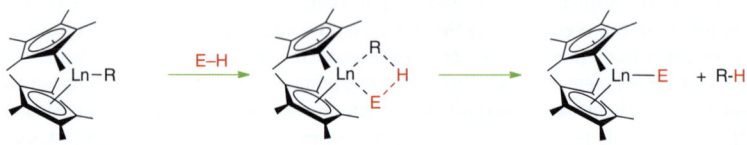

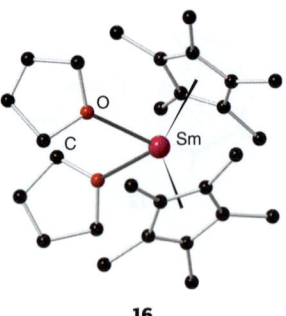

16

A maioria dos compostos moleculares de Ln(II) que já foram sintetizados contém o ligante Cp*. Um exemplo típico é o [Sm(Cp*)$_2$(THF)$_2$] (**16**), que contém moléculas do solvente coordenadas. Como esperado, a ocorrência e reatividade dos metalocenos de Ln(II) correlaciona-se razoavelmente bem com baixos valores de I_3 e, por isso, os compostos de Eu(II), Yb(II) e Sm(II) são os mais fáceis de serem obtidos e os de Tm(II) e Dy(II), os mais difíceis; mas mesmo assim são conhecidos metalocenos de Er(II) e Ho(II). Os metalocenos de Ln(II) são bons agentes redutores de um elétron, cobrindo uma boa faixa de reatividade. O samaroceno, [Sm(Cp*)$_2$], reage com N$_2$ formando cristais vermelhos-escuros de [(Sm(Cp*))$_2$N$_2$] (**17**), que foi o primeiro composto do bloco f que contém N$_2$ molecular coordenado a ser descoberto; em comparação, o composto de túlio(II) com maior poder redutor, [Tm(Cp*)$_2$], reage redutivamente com o N$_2$ para formar um complexo de Tm(III), binuclear, de cor pálida, com uma estrutura similar, contendo o ligante (N$_2$)$^{2-}$ em ponte.

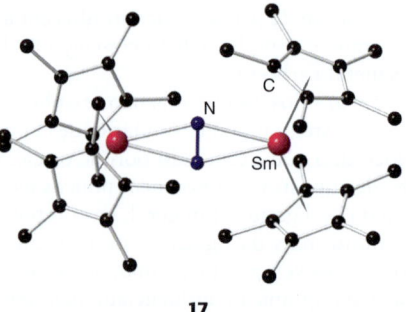

17

Os compostos organometálicos de lantanídeos são importantes catalisadores homogêneos. Diferentemente dos elementos do bloco d, eles são incapazes de realizar reações de adição oxidativa ou de eliminação redutiva porque nenhum elemento do bloco f possui dois estados de oxidação acessíveis com números de oxidação diferindo de 2. Porém, os organometálicos de Ln(III), especificamente os complexos [Ln(Cp*)X], são catalisadores muito ativos para reações de inserção carbono-carbono e metátese de ligação σ. Ao contrário da maioria dos compostos do bloco d, eles não são envenenados por CO ou sulfetos. Uma classe familiar de reações de inserção carbono-carbono é a polimerização Ziegler-Natta de alquenos (ver também Seção 25.18):

Outra reação, a metátese de ligação σ, é representada a seguir:

Um evento que despertou grande interesse na química organometálica dos lantanídeos foi a descoberta de que eles podem ativar a ligação C–H do metano. Descobriu-se que o $^{13}CH_4$ troca o ^{13}C com o grupo CH_3 ligado ao Lu.

EXEMPLO 23.2 Justificando a reatividade de um organometálico de lantanídeo

Sugira um caminho de reação provável para a seguinte transformação:

Ln–Bu + H_2 ⟶ Ln–H + BuH

Resposta A reação com o di-hidrogênio não pode ocorrer pela formação de um complexo de di-hidrogênio, seguida de adição oxidativa formando um di-hidreto e depois de uma eliminação redutiva de butano, pois os lantanídeos são incapazes de realizar reações de adição oxidativa. Portanto, um intermediário provável é o

Teste sua compreensão 23.2 Que produto você esperaria obter na reação acima se os ligantes Cp* forem substituídos por Cp?

A química dos actinídeos

As propriedades químicas dos actinídeos apresentam menos uniformidade ao longo da série do que as dos lantanídeos, e os primeiros membros (Ac-Am) assemelham-se aos primeiros metais d ao apresentarem uma grande faixa de estados de oxidação. Entretanto, a radioatividade associada à maioria dos actinídeos tem impedido o seu estudo. Uma vez que os últimos actinídeos só estão disponíveis em quantidades diminutas, conhece-se pouco acerca das suas reações, e a maioria das propriedades químicas dos elementos transamerício (os elementos após o amerício, Z = 95) tem sido estabelecida por experimentos realizados em escala de microgramas ou mesmo com apenas algumas centenas de átomos. Por exemplo, complexos de íons actinídeos têm sido adsorvidos e eluídos de uma única pastilha de um material de troca iônica com diâmetro de

QUADRO 23.2 Fissão nuclear

A fissão de elementos pesados, como o ^{235}U, pode ser induzida pelo bombardeio com nêutrons. Os nêutrons térmicos (neutrons com baixa velocidade) provocam a fissão do ^{235}U para formar dois nuclídeos com massa média e a liberação de uma grande quantidade de energia, pois a energia de ligação por núcleon diminui gradualmente para números atômicos maiores do que, aproximadamente, 26 (Fe). A fissão do núcleo de urânio ocorre de maneira assimétrica, com os produtos de fissão apresentando um duplo máximo (Fig. Q23.2), com valores próximos aos números de massa 95 (isótopos do Mo) e 135 (isótopos do Ba). Praticamente todos os produtos de fissão são nuclídeos instáveis. Os mais problemáticos são aqueles com meia-vida na faixa de anos até séculos; estes nuclídeos decaem em rapidamente, o suficiente para serem altamente radioativos, mas não o bastante para desaparecerem num tempo conveniente.

A energia produzida pelas usinas nucleares provém da fissão do urânio e é usada para gerar calor. O calor gerado é usado para produzir vapor, o qual movimenta as turbinas da mesma forma que numa usina termelétrica convencional que queima combustíveis fósseis para gerar calor. Entretanto, a energia produzida pela fissão de um elemento pesado é muito grande em comparação com a queima dos combustíveis convencionais; por exemplo, a combustão completa de 1 kg de octano produz aproximadamente 50 MJ, enquanto que a energia liberada pela fissão de

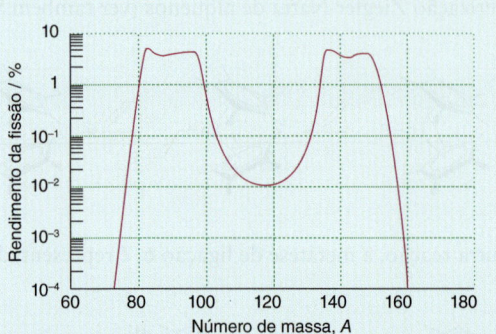

Figura Q23.2 A distribuição dos produtos de fissão do urânio apresentando um máximo duplo.

1 kg de ^{235}U é de, aproximadamente, 2 TJ (1 TJ = 10^{12} J), 40.000 vezes maior. As usinas nucleares mais recentes usam plutônio, geralmente misturado com urânio. Embora a energia nuclear ofereça o potencial de enormes quantidades de energia a baixo custo, ainda não se encontrou um método satisfatório para o descarte dos resíduos radioativos produzidos.

0,2 mm. Para os pós-actinídeos mais pesados e instáveis, como o hássio (Hs, Z=108), que deve pertencer ao bloco d, o tempo de vida é muito pequeno para uma separação química, e a identificação dos elementos baseia-se exclusivamente nas propriedades das radiações que ele emite. Os primeiros actinídeos, particularmente o U e o Pu, são de grande importância na produção de energia através da fissão nuclear (Quadro 23.2).

23.10 Tendências gerais

Pontos principais: Os primeiros actinídeos (Th-Pu) não apresentam a uniformidade química dos lantanídeos, mas comportam-se mais como os elementos do bloco d. O arranjo predominante é a unidade colinear O–An–O que é estabilizada por forte doação σ e π dos ligantes para os orbitais 6d e 5f do metal. À medida que atravessamos o bloco 5f, o estado de oxidação +3 torna-se cada vez mais predominante e os elementos transurânicos pesados assemelham-se aos lantanídeos.

Os 15 elementos do actínio (Ac, Z = 89) ao laurêncio (Lr, Z = 103) compreendem o preenchimento progressivo da subcamada 5f e, neste sentido, são análogos aos lantanídeos. Entretanto, os actinídeos não apresentam a uniformidade química dos lantanídeos. Muitos actinídeos ocorrem como An(III), análogos aos lantanídeos; entretanto, os primeiros actinídeos também apresentam uma grande variedade de outros estados de oxidação. A razão dessa diferença deve-se à diferente penetração dos orbitais 4f e 5f. Como vimos na Fig. 23.1, o orbital 5f possui uma região interna que blinda os orbitais externos da carga nuclear: os orbitais 5f são, portanto, muito menos internos do que o 4f, pelo menos até chegarmos ao Pu. Os orbitais 6d também são mais difusos do que os orbitais 5d.

A Tabela 23.8 apresenta as configurações eletrônicas e os estados de oxidação (os principais estão destacados) que são encontrados para cada actinídeo. Comparando-se com os lantanídeos (Tabela 23.4), vemos imediatamente que os actinídeos fazem um uso maior dos orbitais d e são muito mais versáteis com relação aos seus estados de oxidação, mas também vemos que essas características estão mais reservadas para os primeiros membros. Para o amerício (Am, Z= 95) e para os elementos depois dele, as propriedades dos actinídeos começam a convergir para as dos lantanídeos. Com o aumento do número atômico, o estado de oxidação An(III) torna-se progressivamente mais estável em relação aos estados de oxidação mais altos, e esse comportamento é predominante para o Cm, Bk, Cf e Es; estes últimos elementos, portanto, assemelham-se aos lantanídeos. O estado de oxidação +2 faz sua aparição inicial no Am, refletindo a estabilidade especial do subnível semipreenchido ($5f^7$), e depois aparece consistentemente do Cf em diante.

As diferenças marcantes entre as propriedades químicas dos lantanídeos e dos primeiros actinídeos nos leva à controvérsia acerca do lugar mais apropriado para os

Tabela 23.8 Configuração eletrônica e estados de oxidação (N.O.) dos actinídeos

Z	Nome	Símbolo	Configuração eletrônica do metal	N.O.*
89	Actínio	Ac	[Rn]$6d^17s^2$	**3**
90	Tório	Th	[Rn]$6d^27s^2$	**4**
91	Protactínio	Pa	[Rn]$5f^26d^17s^2$	3, **4, 5**
92	Urânio	U	[Rn]$5f^36d^17s^2$	3, **4**, 5, **6**
93	Netúnio	Np	[Rn] $5f^46d^17s^2$	**3, 4, 5**, 6, 7
94	Plutônio	Pu	[Rn] $5f^67s^2$	**3, 4**, 5, **6**, 7
95	Amerício	Am	[Rn] $5f^77s^2$	2, **3**, 4, 5, 6
96	Cúrio	Cm	[Rn] $5f^76d^17s^2$	**3**, 4
97	Berkélio	Bk	[Rn] $5f^97s^2$	**3**, 4
98	Califórnio	Cf	[Rn] $5f^{10}7s^2$	2, **3**, 4
99	Einstênio	Es	[Rn]$5f^{11}7s^2$	2, **3**
100	Férmio	Fm	[Rn]$5f^{12}7s^2$	2, **3**
101	Mendelévio	Md	[Rn]$5f^{13}7s^2$	2, **3**
102	Nobélio	Nb	[Rn]$5f^{14}7s^2$	2, **3**
103	Laurêncio	Lu	[Rn]$5f^{14}6d^17s^2$	2, **3**

*Os números de oxidação principais estão destacados em negrito.

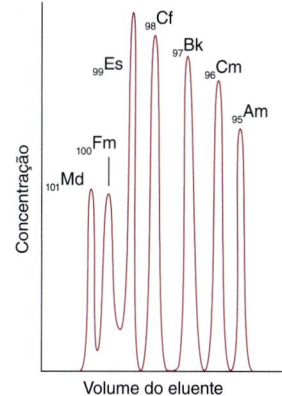

Figura 23.14 Eluição dos íons actinídeos mais pesados de uma coluna de troca catiônica usando 2-hidroxi-isobutirato de amônio como eluente. Note a semelhança na sequência de eluição com a Fig. 23.13: os íons An^{3+} mais pesados (menores) eluem primeiro.

actinídeos na tabela periódica. Antes de 1945, as tabelas periódicas geralmente mostravam o U abaixo do W, pois ambos os elementos têm o número máximo de oxidação igual a +6. O surgimento do estado de oxidação An(III) para os últimos actinídeos foi o ponto-chave para determinar o posicionamento atual. A semelhança entre os actinídeos e lantanídeos mais pesados é ilustrada pela semelhança do comportamento de eluição na separação por troca iônica (compare as Figuras 23.13 e 23.14).

Os diagramas de Frost na Fig. 23.15 mostram como varia a estabilidade dos diferentes estados de oxidação dos aquaíons ao longo da série.

EXEMPLO 23.3 Verificando a estabilidade de oxirredução dos íons actinídeos

Use o diagrama de Frost para o tório (Fig. 23.15) para descrever a estabilidade relativa do Th(II) e Th(III).

Resposta Precisamos interpretar o diagrama de Frost conforme descrito na Seção 5.13. A inclinação inicial no diagrama de Frost indica que o íon Th^{2+} pode ser facilmente formado com o uso de um oxidante moderado. Entretanto, o Th^{2+} está situado acima das linhas que conectam o Th(0) com os estados de oxidação mais elevados, de forma que ele é suscetível à desproporcionação. O tório(III) é facilmente oxidado a Th(IV), e a forte inclinação negativa indica que ele suscetível à oxidação pela água:

$$Th^{3+}(aq) + H^+(aq) \rightarrow Th^{4+}(aq) + \tfrac{1}{2} H_2(g)$$

Utilizando o Apêndice 2, podemos confirmar que essa reação é altamente favorecida, pois seu $E^\ominus$ = +3,8 V. Assim, o Th(IV) será o único estado de oxidação em meio aquoso.

Teste sua compreensão 23.3 Use os diagramas de Frost e os dados do Apêndice 2 para determinar o número de oxidação mais estável dos íons urânio em meio ácido na presença de ar.

As unidades lineares ou quase lineares dos íons dióxido (AnO_2^+ e AnO_2^{2+}) dominam a química dos primeiros actinídeos (U, Np, Pu e Am) com números de oxidação +5 e +6. Os outros ligantes ocupam as posições equatoriais ou próximas a elas. As ligações colineares An–O são muito fortes: as energias de dissociação em fase gasosa (AnO_2^{2+}) são iguais a 618, 514 e 421 kJ mol^{-1} para An = U, Np e Pu, respectivamente, e a troca de átomos de oxigênio é extremamente lenta (a meia-vida para o UO_2^{2+} em meio ácido é da ordem de 10^9 s). O predomínio da unidade linear dioxo na química dos primeiros actinídeos é uma forte evidência da natureza covalente da ligação que envolve os orbitais 5f e 6d. Essa propriedade é completamente diferente das ligações eletrostáticas não

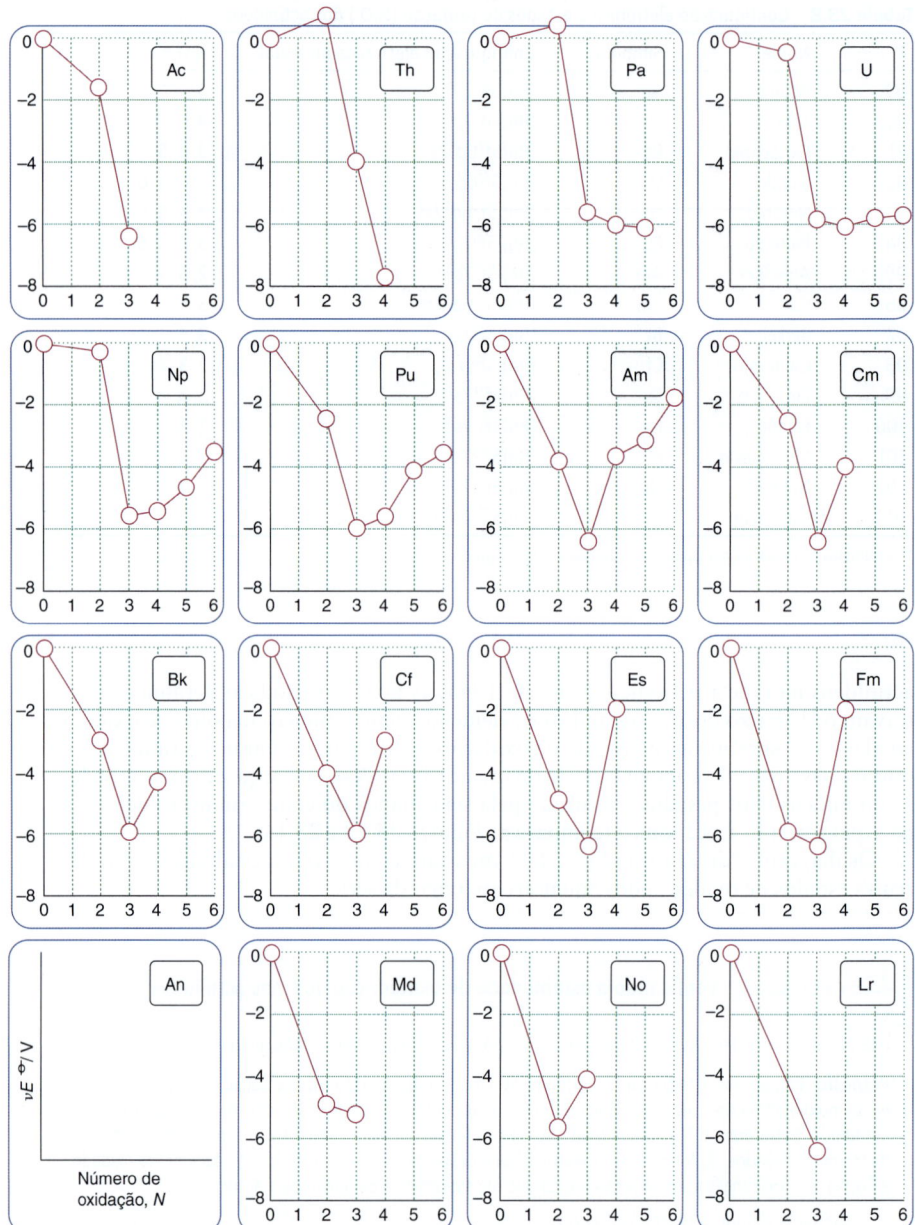

Figura 23.15 Diagramas de Frost para os actinídeos em meio ácido. (Baseado em J.J. Katz, G.T. Seaborg e L. Morss, *Chemistry of the actinide elements*. Chapman and Hall (1986).)

direcionais mostradas pelos lantanídeos, e para entender a ligação na unidade AnO_2^{2+}, examinaremos para os orbitais moleculares mostrados na Fig. 23.16. Consideraremos que a unidade AnO_2^{2+} possui simetria $D_{\infty h}$.

A geometria *trans* maximiza a ligação σ combinando os orbitais σ 2p do oxigênio com o orbital $6d_{z^2}$ (simetria g) do actinídeo e um híbrido formado pela mistura do $5f_{z^3}$ com o orbital semi-interno $6p_z$ (simetria u). Dessa forma, a ligação usa tanto as CLFS simétricas (g) quanto as antissimétricas (u) σ do oxigênio. Quatro ligações An–O π são formadas pela combinação dos orbitais σ 2p do oxigênio com dois orbitais 6d π (xz, yz) e dois orbitais 5f π do actinídeo. Esse esquema se aplica a todos os actinídeos mais leves porque os conjuntos 5fδ e o 5fφ são não ligantes.

Comparados com a natureza interna dos orbitais 4f dos lantanídeos, os orbitais 5f dos primeiros actinídeos são mais difusos (Fig. 23.1), tendo como consequência o fato de que os espectros dos complexos dos actinídeos são mais afetados pelos ligantes. Uma

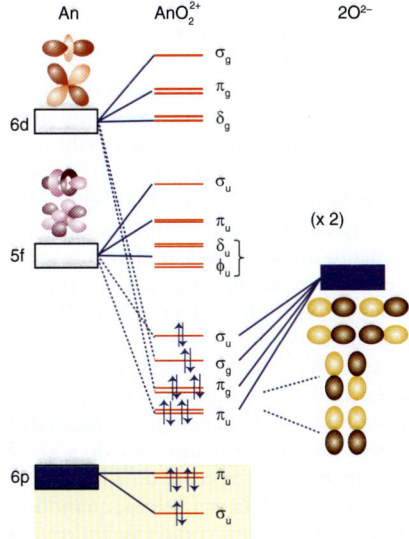

Figura 23.16 Diagrama de orbitais moleculares para a unidade AnO_2^{2+}, mostrando como os orbitais 6d (vermelho) e 5f (violeta) do An interagem com os orbitais atômicos 2p do oxigênio com simetria s e p.

demonstração convincente da extensão dos orbitais 5f até a região de ligação é fornecida pelo espectro de RPE do CaF_2 dopado com Pu^{3+}, no qual o Pu^{3+} ocupa uma fração dos sítios cúbicos (Fig. 23.17). Cada componente do dubleto hiperfino que se origina da interação do elétron desemparelhado com o núcleo de ^{239}Pu ($I=1/2$) será adicionalmente desdobrado em nove linhas pela interação do elétron com os oito ^{19}F ($I=1/2$) equivalentes.

Existe uma contração dos actinídeos, mas ao contrário da contração dos lantanídeos, esta não traz qualquer consequência de natureza prática para elementos do bloco d. Os actinídeos possuem raios atômico e iônico grandes (o raio de um íon An^{3+} é geralmente 5 pm maior que o do seu congênere Ln^{3+}), e esperam-se números de coordenação elevados. Como os lantanídeos maiores, os aquacátions +3 são nonacoordenados. O urânio no UCl_4 sólido é octacoordenado, e no UBr_4 sólido é heptacoordenado em um arranjo bipiramidal pentagonal, mas já foram observadas estruturas no estado sólido com números de coordenação de até 12 (Seção 8.3).

23.11 O espectro eletrônico dos actinídeos

Pontos principais: Os espectros eletrônicos dos primeiros actinídeos possuem contribuições de transições de transferência de carga metal-ligante e também das transições 5f→6d e 5f→5f. O íon uranila fluoresce fortemente.

Todas as transições entre os estados eletrônicos envolvendo somente orbitais f, aquelas envolvendo orbitais 5f e 6d, e as transferências de carga ligante-metal (TCLM) são

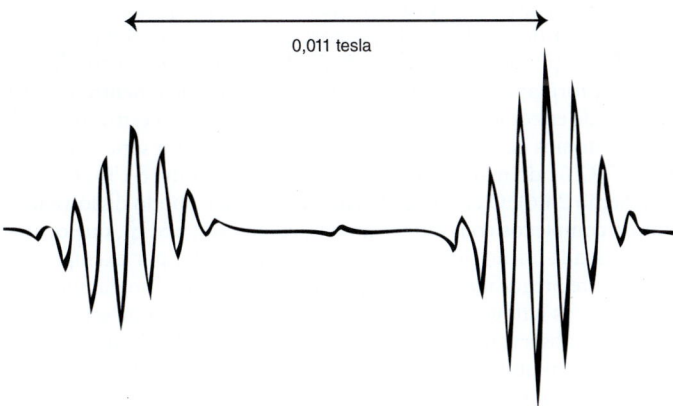

Figura 23.17 Espectro de RPE do CaF_2 dopado com Pu^{3+}, mostrando o dubleto devido ao acoplamento hiperfino com o ^{239}Pu ($I=1/2$) e acoplamento super-hiperfino com oito F^- ($I=1/2$) equivalentes.

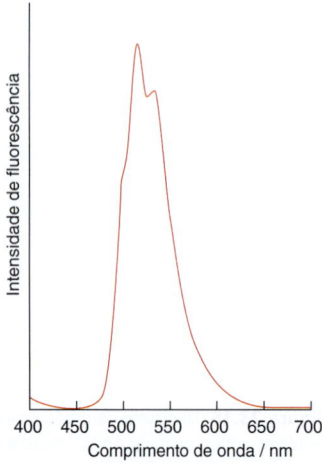

Figura 23.18 Espectro de emissão do íon uranila, UO_2^{2+}, excitado com radiação UV.

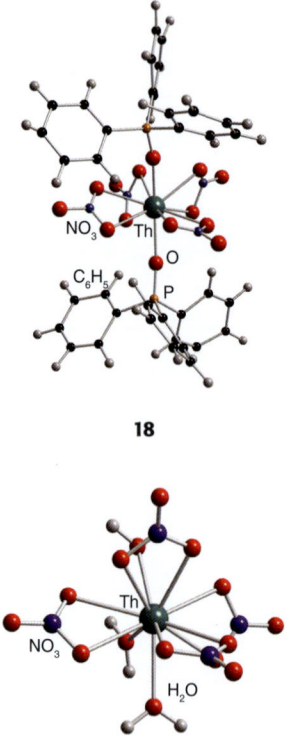

possíveis para os íons actinídeos. As transições f-f são mais largas e mais intensas do que para os lantanídeos devido à interação mais forte dos orbitais 5f com os ligantes. Os coeficientes de absorção molar estão geralmente na faixa de 10 a 100 dm^3 mol^{-1} cm^{-1}. As absorções mais intensas estão associadas com as transições TCLM. Por exemplo, transições TCLM resultam na cor amarelo-intenso do íon uranila, UO_2^{2+}, em solução e dos seus compostos. O espectro contém uma estrutura vibrônica fina que ilustra a força da ligação na unidade UO_2^{2+}. Em espécies como U^{3+} (f^3), transições como $5f^26d^1 \leftarrow 5f^3$ ocorrem com números de onda entre 20.000 e 33.000 cm^{-1} (500 a 300 nm), promovendo uma cor vermelho-alaranjada intensa nas soluções e nos compostos deste íon. Para Np^{3+} e Pu^{3+}, devido ao aumento de carga nuclear efetiva, a separação entre os níveis 5f e 6d aumenta e as transições correspondentes movem-se para energias maiores, na região UV do espectro; as soluções de Np^{3+} são violetas e as de Pu^{3+} são azul-violáceas claras, devido, principalmente, às transições f-f.

O íon uranila, UO_2^{2+}, também é fortemente fluorescente, com uma forte emissão entre 500 e 550 nm quando excitado com radiação UV (Fig. 23.18). Essa propriedade tem sido usada para produzir vidros coloridos, em que a adição de 0,5 a 2% de sais de uranila produz uma cor amarelo-dourado brilhante devido à absorção de transferência de carga discutida anteriormente. Esse vidro possui uma fluorescência amarelo-esverdeada brilhante sob a luz do sol, o que aumenta sua beleza; quando visto sob radiação UV, ele brilha com um verde intenso. Entretanto, como esse vidro é radioativo, sua produção comercial vem sendo descontinuada gradativamente nos últimos anos.

23.12 Tório e urânio

Pontos principais: Os nuclídeos comuns de tório e urânio apresentam baixos níveis de radioatividade, de forma que as suas propriedades químicas têm sido bastante estudadas; o cátion uranila é encontrado em muitos complexos envolvendo vários ligantes com diferentes átomos doadores; os compostos organometálicos desses elementos são dominados pelos complexos com a pentametil-ciclopentadienila.

Em função da sua fácil disponibilidade e baixo nível de radioatividade, a manipulação química do Th e do U pode ser feita empregando-se técnicas de laboratório comuns. Como indicado na Fig. 23.15, o estado de oxidação mais estável do tório, em meio aquoso, é o Th(IV). Esse estado de oxidação também domina a química de estado sólido desse elemento. A octacoordenação é comum nos compostos simples de Th(IV). Por exemplo, o ThO_2 tem a estrutura da fluorita (na qual um átomo de Th está rodeado por um arranjo cúbico de íons O^{2-}), e no $ThCl_4$ e no ThF_4 o número de coordenação também é 8, sendo a simetria dodecaédrica e antiprisma quadrática, respectivamente. O número de coordenação do Th no $[Th(NO_3)_4(OPPh_3)_2]$ (**18**) é 10, com os íons NO_3^- e os grupos de óxido de trifenilfosfina posicionados num arranjo cúbico encapuzado em torno do átomo de Th. Este número de coordenação 11, pouco usual, é encontrado no Th no seu nitrato hidratado, $Th(NO_3)_4 \cdot 5H_2O$ (**19**), no qual o íon Th^{4+} está coordenado com quatro íons NO_3^- na forma bidentada e com três moléculas de H_2O.

As propriedades químicas do U são mais variadas do que as do Th porque o elemento tem acesso aos estados de oxidação U(III) até U(VI), sendo U(IV) e U(VI) os mais comuns. Como sugerido pelo diagrama de Frost, o aquaíon U^{3+} é um poderoso redutor, enquanto que o U(V) (na forma do íon UO_2^+) desproporciona-se. O urânio metálico não se torna passivado pela formação de uma camada de óxido e assim, ele é corroído por exposição prolongada ao ar, formado uma mistura complexa de óxidos, dentre eles UO_2, U_3O_8 e vários polimorfos de estequiometria UO_3. O dióxido UO_2 tem a estrutura da fluorita, mas também captura átomos de oxigênio intersticiais para formar a série não estequiométrica UO_{2+x}, $0 < x < 0,25$. O óxido mais importante é o UO_3, cuja forma δ-UO_3 tem uma estrutura do tipo ReO_3 (Seção 24.6). O cátion UO_2^{2+}, muito estável, é obtido dissolvendo-se UO_3 em ácido. Ele forma complexos com muitos ânions, como NO_3^- e SO_4^{2-}, que ocupam posições equatoriais. A unidade linear UO_2^{2+} persiste no estado sólido; por exemplo, o UO_2F_2 tem um anel ligeiramente pregueado formado por seis íons F^- em torno da unidade UO_2^{2+}.

São conhecidos os halogenetos de urânio para toda a faixa de estados de oxidação, do U(III) ao U(VI), observando-se a tendência de diminuição do número de coordenação com o aumento do número de oxidação. O fluoreto mais importante é o UF_6, que é sintetizado em larga escala a partir do UO_2:

$$UO_2 + 4\,HF \rightarrow UF_4 + 2\,H_2O$$
$$3\,UF_4 + 2\,ClF_3 \rightarrow 3\,UF_6 + Cl_2$$

A alta volatilidade do UF$_6$ (sublima a 57°C), juntamente à ocorrência do flúor numa única forma isotópica, justifica o uso desse composto na separação dos isótopos de urânio por difusão gasosa ou centrifugação. O tetracloreto UCl$_4$ é um bom material de partida para a síntese de vários compostos U(IV). Ele é formado pela reação do UO$_3$ com hexacloropropeno. O átomo de U apresenta-se nonacoordenado no UCl$_3$ sólido, octacoordenado no UCl$_4$ e hexacoordenado nos cloretos de U(V) e U(VI), U$_2$Cl$_{10}$ e UCl$_6$, os quais são, ambos, compostos moleculares (Fig. 23.19).

A separação do urânio da maioria dos outros metais é feita pela extração do complexo neutro de nitrato de uranila, [UO$_2$(NO$_3$)$_2$(OH$_2$)$_4$], da fase aquosa para uma fase orgânica polar, como uma solução de tributilfosfato dissolvido em um solvente hidrocarboneto. Esse tipo de processo de extração por solvente é usado para separar actinídeos de outros produtos de fissão nos combustíveis nucleares exaustos.

A química organometálica do U e do Th é razoavelmente bem desenvolvida e mostra muitas semelhanças com a dos lantanídeos, exceto que o Th e o U ocorrem em vários estados de oxidação e são maiores do que um íon Ln típico. Assim, os compostos geralmente contêm ligantes bons doadores, como os grupos alquila e ciclopentadienila que fazem ligações σ, e os carbenos N-heterocíclicos. O tamanho maior do Th e do U, comparado com os lantanídeos típicos, significa que as espécies tetraédricas [Th(Cp)$_4$] e [U(Cp)$_4$] (**20**) podem ser isoladas como monômeros; além disso, não só o [U(Cp*)$_3$] pode ser isolado, mas também o [U(Cp*)$_3$Cl] (**21**). Assim como para os compostos organometálicos dos lantanídeos, os organometálicos de actinídeos não obedecem à regra dos 18 elétrons (Seção 22.1).

São possíveis compostos sanduíche com o ligante η^8-ciclo-octatetraeno, sendo conhecidos o torocenο, [Th(C$_8$H$_8$)$_2$], e o uranoceno, [U(C$_8$H$_8$)$_2$] (**22**), os quais possuem simetria D_{8h} com os anéis eclipsados. Os orbitais ligantes são mostrados na Fig. 23.20. Vinte elétrons dos dois C$_8$H$_8^{2-}$ preenchem os orbitais ligantes, deixando disponível o orbital fracamente ligante e$_{3u}$ (fφ) de característica predominante do actinídeo. O uranoceno (e$_{3u}^2$) possui um estado fundamental tripleto. Até agora, os compostos de actinídeos com ciclo-octatetraeno são os únicos compostos "reais" (diferenciando-se dos dímeros metálicos em fase gasosa) que podem conter uma contribuição de ligação φ.

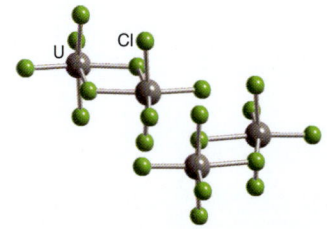

Figura 23.19* A estrutura cristalina do U$_2$Cl$_{10}$ consiste em moléculas discretas formada por pares de octaedros UCl$_6$ que compartilham suas arestas.

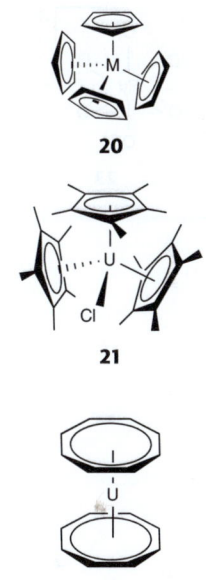

20

21

22

> **EXEMPLO 23.4** **Propriedades magnéticas dos complexos de η^8-ciclo-octatetraeno**
>
> Preveja o número de elétrons desemparelhados no [Th(C$_8$H$_8$)$_2$], [Np(C$_8$H$_8$)$_2$] e [Pu(C$_8$H$_8$)$_2$] e indique em cada caso se o composto é diamagnético ou paramagnético.
>
> **Resposta** O Th^{4+} é 5f^0, de forma que o [Th(C$_8$H$_8$)$_2$] não possui elétrons desemparelhados, sendo diamagnético; o Np^{4+} é 5f^3, então o [Np(C$_8$H$_8$)$_2$] possui um elétron desemparelhado, sendo paramagnético; o Pu^{4+} é 5f^4, então o [Pu(C$_8$H$_8$)$_2$] não tem elétrons desemparelhados, sendo diamagnético;
>
> **Teste sua compreensão 23.4** Seguindo o diagrama parcial de orbitais moleculares mostrado na Fig 23.20, faça um esboço da interação ligante do orbital e$_{2g}$, entre um actinídeo e o C$_8$H$_8^{2-}$.

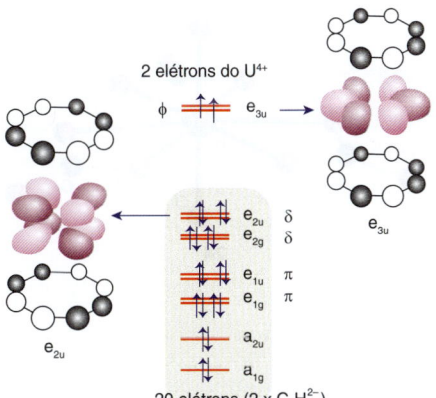

Figura 23.20 Diagrama parcial dos orbitais moleculares para complexos sanduíche de actinídeos com η^8-ciclo-octatetraeno, mostrando a interação dos orbitais atômicos 6d e 5f com os orbitais C p$_z$ (somente um lóbulo é mostrado).

23.13 Netúnio, plutônio e amerício

Pontos principais: Vários estados de oxidação diferentes do plutônio podem coexistir em solução aquosa. O espectro eletrônico dos primeiros actinídeos têm contribuições da transferência de carga ligante para o metal e das transições 5f→6d e 5f→5f.

Os elementos Np, Pu e Am formam compostos contendo espécies similares, embora existam diferenças significativas na estabilidade dos principais estados de oxidação. Os diagramas de Frost na Fig. 23.15 sintetizam os seus comportamentos. O netúnio dissolve em ácido diluído para formar Np^{3+}, que é facilmente oxidado pelo ar para produzir Np^{4+}. Usando-se agentes oxidantes cada vez mais fortes forma-se NpO_2^+ (Np(V)) e NpO_2^{2+} (Np(VI)). Os quatro estados de oxidação mais comuns do plutônio, Pu(III), Pu(IV), Pu(V) e Pu(VI), estão separados uns dos outros por menos de 1 V, e assim as soluções de Pu frequentemente contêm uma mistura das espécies Pu^{3+}, Pu^{4+} e PuO_2^{2+} (o PuO_2^+ tem a tendência de desproporcionar-se em Pu^{4+} e PuO_2^{2+}). As espécies +7 $[NpO_4(OH)_2]^{3-}$ e $[PuO_4(OH)_2]^{3-}$ são formadas por oxidação em condições alcalinas (NaOH > 1 M) e têm, cada uma, quatro átomos de oxigênio ligados fortemente no plano equatorial (**23**). O íon Am^{3+} é a espécie de amerício mais estável em solução aquosa, refletindo a tendência de os An(III) dominarem a química dos actinídeos para os elementos de número atômico elevado. Em condições fortemente oxidantes, o AmO_2^+ e o AmO_2^{2+} podem ser formados; o Am(IV) desproporciona-se em soluções ácidas.

Os óxidos de An(IV), NpO_2, PuO_2 e AmO_2, que são formados aquecendo-se os elementos ou seus sais ao ar, têm a estrutura da fluorita. Dentre os óxidos inferiores temos o Np_3O_8, Pu_2O_3 e Am_2O_3. Os tricloretos, $AnCl_3$, podem ser obtidos pela reação direta dos elementos a 450°C e possuem estruturas análogas à do $LnCl_3$, com o átomo de An nonacoordenado. São conhecidos os tetrafluoretos para os três actinídeos, embora somente o Np e o Pu formem tetracloretos, demonstrando a dificuldade do amerício em chegar até o Am(IV). Tanto o Np quanto o Pu formam hexafluoretos que, como o UF_6, são sólidos voláteis.

Os três metais possuem propriedades químicas análogas às do íon uranila, formando NpO_2^{2+}, PuO_2^{2+} e AmO_2^{2+}, que podem ser extraídos da solução aquosa pelo tributilfosfato na forma de $AnO_2(NO_3)_2\{OP(OBu)_3\}_2$. Os tetra-halogenetos são ácidos de Lewis e formam adutos com doadores de par de elétrons, como o DMSO, como no $AnCl_4(Me_2SO)_7$. O netúnio forma vários compostos organometálicos que são análogos aos de urânio, como o $[Np(Cp)_4]$.

O plutônio é um perigoso agressor em potencial do meio ambiente em regiões próximas às indústrias de processo nuclear, onde sempre existe a possibilidade de lixiviar para reservatórios de águas subterrâneas e contaminar o solo. Existe, portanto, muito interesse sobre as propriedades e a natureza dos complexos formados pelo Pu, em diferentes estados de oxidação, com ligantes disseminados no meio ambiente como cloreto, nitrato, carbonato e fosfato. O carbonato estabiliza o Pu(VI) pela formação do ânion bipiramidal hexagonal $[PuO_2(CO_3)_3]^{4-}$ (**24**). Como veremos na Seção 27.8, existem agentes complexantes específicos capazes de sequestrar o plutônio para os casos de envenenamento humano.

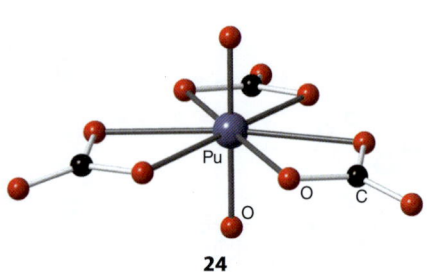

24

LEITURA COMPLEMENTAR

N. Kaltsoyannis e P. Scott, *The f elements*, Oxford University Press (1999).

J. Katz, G. Seaborg e L.R. Morss, *Chemistry of the actinide elements*, Chapman and Hall (1986). Um dos primeiros livros dos fundadores da química dos transurânicos.

D.L. Clarke, The chemical complexities of plutonium. *Los Alamos Sci.*, 2000, **26**, 364. Um valioso guia da química de coordenação do plutônio.

D.M.P. Mingos e R.H. Crabtree (eds.), *Comprehensive organometallic chemistry III*, Elsevier (2006). Este volume 4 (ed. M. Bochmann) trata dos Grupos 3 e 4 e dos lantanídeos e actinídeos.

W.J. Evan, The importance of questioning scientific assumptions: some lessons from f element chemistry. *Inorg. Chem.*, 2007, **46**, 3435. Um artigo de grande importância didática que explica a descoberta, a caracterização e o significado de complexos interessantes de Ln^{2+}.

P.L. Arnold e I.J. Casely, f-Block 'N-heterocyclic carbene complexes', *Chem. Rev.*, 2009, **109**, 3599. Uma boa revisão dos compostos organometálicos do bloco f, com foco nos ligantes fortemente doadores.

M.L. Neidig, D.L. Clarke e R.L. Martin, Covalency in f-element complexes. *Coord. Chem. Rev.*, 2013, **257**, 394. Um excelente artigo explicando o papel da ligação covalente nos complexos dos actinídeos.

R. Sessoli e A.K. Powell, Strategies toward single molecule magnets based on lanthanide ions. *Coord. Chem. Rev.*, 2009, **253**, 2328. Este artigo apresenta uma boa discussão das propriedades magnéticas de moléculas contendo vários íons lantanídeos.

G.J. Stasiuk, S. Faulkner e N.J. Long. Novel imaging chelates for drug discovery. *Curr. Opin. Pharmacol.*, 2012, **12**, 576. Um interessante artigo sobre o projeto de ligantes para aplicações na química de coordenação do Ln^{3+}.

J.-C. G. Bünzli e S.V. Eliseeva, Basics of lanthanide photophysics. In *Lanthanide Luminescence: Photophysical, Analytica and Biological Aspects* (eds. P. Hanninen e H. Härmä), Volume 7 da série Springer Series on Fluorescence, Springer (2011), pp. 1-46. Uma boa discussão sobre as propriedades ópticas dos lantanídeos.

J.-C.G. Bünzli, Lanthanide luminescence for biomedical analyses and imaging. *Chem. Rev.*, 2010, **110**, 2729. Uma boa revisão das aplicações biomédicas dos compostos de lantanídeos.

X. Huang, S. Han, W. Huang e X. Liu, Enhancing solar cell efficiency: the search for luminescent materials as spectral converters. *Chem. Soc. Rev.*, 2013, **42**, 173. Este artigo descreve a "divisão quântica" (*quantum cutting*) e outras propriedades fotofísicas do materiais contendo lantanídeos.

EXERCÍCIOS

23.1 (a) Dê a equação balanceada para a reação de qualquer dos lantanídeos com um ácido em meio aquoso. (b) Justifique sua resposta com os potenciais de oxirredução e com uma generalização sobre os estados de oxidação positivos mais estáveis dos lantanídeos. (c) Indique dois lantanídeos que tenham grande tendência a se desviarem do estado de oxidação positivo usual e correlacione esse desvio com a estrutura eletrônica.

23.2 Explique a variação do raio iônico entre o La^{3+} e o Lu^{3+}.

23.3 Com base nos seus conhecimentos sobre as propriedades químicas dos elementos, especule por que o cério e o európio foram os lantanídeos mais fáceis de isolar antes do desenvolvimento da cromatografia de troca iônica.

23.4 Explique por que o UF_3 e o UF_4 possuem altos pontos de fusão, enquanto o UF_6 sublima a 57°C.

23.5 Preveja quais espécies são formadas quando Pu metálico é dissolvido em HCl diluído, e a natureza do produto sólido formado quando HF é adicionado posteriormente.

23.6 Preveja a ordem de ligação média da ligação An–O nos cátions AnO_2^{2+} (aq) seguintes e explique por que o arranjo linear é encontrado em todos estes casos: UO_2^{2+}, NpO_2^{2+}, PuO_2^{2+}, AmO_2^{2+}.

23.7 Derive o termo espectroscópico do estado fundamental para os seguintes íons: Tb^{3+}, Nd^{3+}, Ho^{3+}, Er^{3+}, Lu^{3+}.

23.8 Comente as afirmativas a seguir, indicando quais estão corretas, incorretas ou parcialmente corretas:

(a) o momento magnético do Gd^{3+} é dado pela fórmula que considera somente o spin (Seção 20.1).

(b) as velocidades de substituição da água para os íons Ln^{3+}(aq) são menores do que para os íons M^{3+}(aq) dos elementos 3d.

(c) complexos não lábeis de Ln^{3+} em água são formados somente com ligantes multidentados.

23.9 Um composto de lantanídeo foi relatado onde o Ln parece estar no estado de oxidação +5. Explique por que essa descoberta (fictícia neste caso) seria altamente significativa e preveja a identidade mais provável do lantanídeo.

23.10 Os elementos Eu e Gd mostram certas similaridades com o Mn e o Fe. Explica essa declaração.

23.11 Explique por que não se conhecem complexos de lantanídeos com carbonila que sejam estáveis e fáceis de isolar.

23.12 Sugira uma síntese para o netunoceno a partir do $NpCl_4$.

23.13 Explique por que os espectros eletrônicos de complexos de Eu^{3+} com vários ligantes são semelhantes e por que os espectros eletrônicos dos complexos de Am^{3+} variam com o ligante.

23.14 Preveja o tipo de estrutura do BkN baseado nos raios iônicos $r(Bk^{3+})$=96 pm e $r(N^{3-})$=146 pm.

PROBLEMAS TUTORIAIS

23.1 Os compostos de coordenação dos lantanídeos raramente apresentam isomeria em solução. Sugira dois fatores que podem causar esse fenômeno, explicando o seu raciocínio. (Veja D. Parker, R.S. Dickins, H. Puschmann, C. Crossland e J.A.K. Howard, *Chem. Rev.*, 2002, **102**, 1977.)

23.2 Nenhum dos compostos organometálicos de lantanídeos e de actinídeos obedecem à regra dos 18 elétrons. Discuta as razões para isso usando as estruturas dos complexos de Ln e An com tris(Cp) e tris(Cp*) como exemplos. (Veja W.J. Evans e B.L. Davis, *Chem. Rev.*, 2002, **102**, 2119.)

23.3 A atividade catalítica de muitos organometálicos de lantanídeos é controlada pelo raio iônico do Ln^{3+}. Em geral, os complexos [Ln(Cp*)$_2$X], que são catalisadores de polimerização de olefinas, mostram redução de reatividade, quando o La é substituído por Lu. Ao contrário, algumas reações ocorrem mais rapidamente quando o catalisador é trocado de La para Lu. Discuta os princípios envolvidos no ajuste das atividades catalíticas dos catalisadores organometálicos de lantanídeos em termos de velocidade e seletividade. (Veja C.J. Weiss e T.J. Marks, *Dalton Trans.*, 2010, **39**, 6576)

23.4 A "divisão quântica" ("*quantum cutting*") é o processo pelo qual a absorção de um único fóton de alta energia, correspondendo à incidência de luz na região do UV, resulta na emissão de dois fótons de menor energia na região do visível. O processo é altamente eficiente e possui aplicações importantes para melhorar a faixa espectral das células fotovoltaicas solares, assim como fornecer iluminação doméstica mais eficiente. Consultando os artigos de X. Huang, *et al.* (*Chem. Soc. Rev.*, 2013, **42**, 173) e C. Lorbeer, *et al.* (*Chem. Comm.*, 2010, **46**, 571), explique por que o Gd, em conjunto com outros lantanídeos, é importante para o desenvolvimento dessa tecnologia.

23.5 Ímãs moleculares (SMMs, em inglês) oferecem novas possibilidades intrigantes para armazenagem e processamento de dados: os lantanídeos, por causa do seu grande número de elétrons desemparelhados, têm atraído muito interesse. O complexo triangular $[Dy_3(OH)_2(o\text{-van})_3(H_2O)_5Cl]^{3+}$ (**25**) consiste em três Dy^{3+}, cada um coordenado com uma molécula de vanilina e interligados por íons hidróxido. Consultando o artigo de R. Sessoli e A.K. Powell (*Coord. Chem. Rev.*, 2009, **253**, 2328), explique por que os triângulos de Dy(III) são particularmente interessantes para os trabalhos no campo dos ímãs moleculares (SMM).

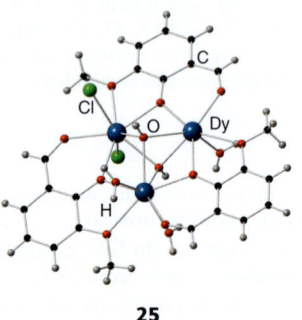

25

23.6 A existência do número máximo de oxidação +6 tanto para o urânio (Z = 92) quanto para o tungstênio (Z = 74) induziu ao posicionamento do U abaixo do W nas primeiras tabelas periódicas. Quando o elemento após o urânio, o netúnio (Z = 93), foi descoberto, em 1940, as suas propriedades não correspondiam às do rênio (Z = 75), levantando dúvidas sobre a posição original do urânio. (Veja G.T. Seaborg e W.D. Loveland, *The elements beyond uranium*. Wiley-Interscience (1990), pp. 9 ff.) Usando os dados de potencial padrão do Apêndice 3, discuta as diferenças na estabilidade dos estados de oxidação do Np e do Re.

23.7 O complexo de U com um anel de 24 membros mostrado a seguir é muito incomum por ser rígido e conter os ligantes azida e nitreto em ponte. Descreva como esse complexo foi sintetizado e o significado da ligação que foi observada. (Veja W.J. Evan, S.A. Kozimor e J.W. Ziller. *Science*, 2005, **309**, 1835.)

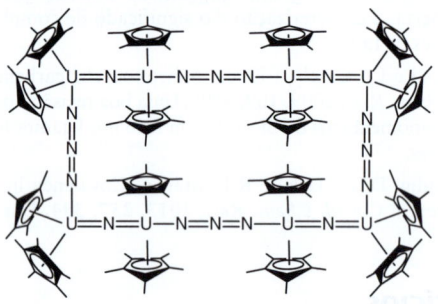

23.8 O tratamento do combustível nuclear exaurido e a separação dos actinídeos mais leves, U, Np e Pu, é um importante processo industrial. Discuta a química envolvida nos vários métodos usados para extrair e separar esses elementos.

PARTE III
Fronteiras da química inorgânica

A química inorgânica vem avançando rapidamente em todas as suas fronteiras, especialmente naquelas cuja pesquisa causa impacto em outras áreas, como as ciências biológicas, a física da matéria condensada, a ciência dos materiais e a química do meio ambiente. Esses campos de desenvolvimento acelerado também representam muitos ramos da química inorgânica, em que novos compostos são usados em catálise, componentes eletrônicos e fármacos. O objetivo desta parte do livro é demonstrar a natureza vigorosa da química inorgânica contemporânea, tendo como ponto de partida o material introdutório e descritivo das Partes I e II.

Fronteiras da Química Inorgânica inicia com a discussão, no Capítulo 24, da química de materiais, focando os compostos de estado sólido, suas sínteses, estruturas e propriedades eletrônicas, magnéticas e ópticas. Uma área que tem se desenvolvido bastante na última década é a dos nanomateriais. Assim, será abordado o foco das recentes pesquisas mundiais sobre novos materiais e nanomateriais que podem ser usados na geração, no armazenamento e no uso de energia, incluindo os obtidos por fontes renováveis. O Capítulo 25 aborda a catálise envolvendo compostos inorgânicos e discute os conceitos básicos por trás das reações catalíticas em centros metálicos. Finalmente, nos voltaremos ao ponto em que a química inorgânica encontra a vida. O Capítulo 26 discute as funções naturais dos diferentes elementos nos organismos vivos e nos compartimentos intracelulares e as várias e extraordinárias formas como eles são utilizados. A evolução selecionou os elementos mais indicados para cada aplicação, seja ela de transporte ou sinalização, sensores ou catálise, e também produziu moléculas e materiais com estruturas e propriedades únicas. O Capítulo 27 descreve como a medicina vem explorando determinados elementos inorgânicos, como platina, ouro, arsênio e tecnécio radioativo, no tratamento e diagnóstico de doenças.

Química de materiais e nanomateriais

24

A química de materiais trata principalmente do estudo dos sólidos que apresentam propriedades úteis, abordando também as suas sínteses e caracterizações. Esta é uma área da química inorgânica que vem se desenvolvendo muito rapidamente e, neste capítulo, discutiremos as áreas de interesse atual e os avanços recentes. Inicialmente descreveremos como os materiais inorgânicos são sintetizados como fases sólidas. O importante papel dos defeitos em permitir a migração dos íons nos sólidos será apresentado, complementando a descrição dos defeitos apresentada no Capítulo 3. Discutiremos, então, as principais classes dos materiais inorgânicos, incluindo os compostos de intercalação, os óxidos de estrutura eletrônica complexa, os compostos magnéticos, as estruturas armadas, os pigmentos e os materiais moleculares. Finalmente, discutiremos os nanomateriais, que são sólidos inorgânicos com dimensões inferiores a 100 nm.

Grande parte da pesquisa atual em química de estado sólido é motivada pela busca por materiais comercialmente importantes. Um foco recente têm sido os novos sólidos usados para geração, armazenamento e uso de energia, incluindo a obtida a partir de fontes renováveis. Assim, têm sido pesquisados materiais com altas eficiências para aplicações fotovoltaicas e para a decomposição fotocatalítica da molécula da água, que convertem energia solar em eletricidade e combustível (hidrogênio), respectivamente. Novos materiais para uso como componentes de baterias recarregáveis e pilhas a combustível são necessários para armazenagem e fornecimento de energia para eletrônicos portáteis e veículos elétricos. Muitos componentes de dispositivos eletrônicos e ópticos usados para apresentação, armazenamento e processamento de informações também vêm sendo melhorados por meio do desenvolvimento de novos materiais de estado sólido. Na indústria química, novos sólidos microporosos vêm sendo desenvolvidos para uso em separações moleculares e em catálise heterogênea.

A química de estado sólido é uma área de pesquisa vigorosa e entusiasmante, em grande parte devido às aplicações tecnológicas em potencial dos materiais, mas também porque suas propriedades são de entendimento desafiador. Neste capítulo, iremos trabalhar com alguns dos conceitos inicialmente desenvolvidos no Capítulo 3 para o entendimento dos sólidos, como energia de rede e estrutura de bandas. Iremos também introduzir alguns conceitos novos necessários para entender os eventos que ocorrem no interior dos sólidos e discutir as propriedades importantes que resultam da não estequiometria e da mobilidade dos íons. O fato de que nos materiais sólidos os átomos e íons podem interagir de forma cooperativa produz muitas das suas fascinantes e importantes propriedades químicas.

A abrangência das sínteses de novos sólidos inorgânicos é enorme. Por exemplo, embora se saiba que 100 tipos estruturais respondem por 95% dos compostos intermetálicos binários (A_aB_b, como latão, CuZn) ou ternários ($A_aB_bC_c$) conhecidos, existem muitas outras possibilidades ao se estender esses estudos para a síntese e caracterização de sistemas com quatro, cinco ou seis componentes. Isso é particularmente verdade para combinações múltiplas de metais de transição com ânions como óxidos, nitretos e fluoretos. Além disso, uma vez produzido um novo sólido inorgânico, existe o potencial de produzi-lo em diferentes formas, como em camadas finas ou como nanopartículas. Esses nanomateriais podem apresentar novas propriedades e efeitos baseados em suas escalas restritas, menores que 100 nm, levando a novas aplicações e usos.

Síntese de materiais
- 24.1 A formação de materiais em fase sólida

Defeitos e transporte de íons
- 24.2 Defeitos estendidos
- 24.3 Difusão de átomos e íons
- 24.4 Eletrólitos sólidos

Óxidos, nitretos e fluoretos metálicos
- 24.5 Monóxidos de metais 3d
- 24.6 Óxidos superiores e óxidos complexos
- 24.7 Óxidos vítreos
- 24.8 Nitretos, fluoretos e fases aniônicas mistas

Sulfetos, compostos de intercalação e fases ricas em metal
- 24.9 Intercalação e compostos MS_2 em camadas
- 24.10 Fases de Chevrel e calcogenetos termelétricos

Estruturas reticuladas
- 24.11 Estruturas baseadas em oxoânions tetraédricos
- 24.12 Estruturas baseadas em centros tetraédricos e octaédricos conectados

Hidretos e materiais para armazenagem de hidrogênio
- 24.13 Hidretos metálicos
- 24.14 Outros materiais inorgânicos para armazenagem de hidrogênio

As **figuras** com um asterisco (*) podem ser encontradas on-line como estruturas 3D interativas. Digite a seguinte URL em seu navegador, adicionando o número da figura: www.chemtube3d.com/weller/[número do capítulo]F[número da figura]. Por exemplo, para a Figura 3 no Capítulo 7, digite www.chemtube3d.com/weller/7F03.

Muitas das **estruturas numeradas** podem ser também encontradas on-line como estruturas 3D interativas: visite www.chemtube3d.com/weller/[número do capítulo] para todos os recursos 3D organizados por capítulo.

Propriedades ópticas de materiais inorgânicos

24.15 Sólidos coloridos
24.16 Pigmentos brancos e pretos
24.17 Fotocatalisadores

Química dos semicondutores

24.18 Semicondutores do Grupo 14
24.19 Sistemas semicondutores isoeletrônicos com o silício

Materiais moleculares e fuleretos

24.20 Fuleretos
24.21 A química dos materiais moleculares

Nanomateriais

24.22 História e terminologia
24.23 Síntese de nanopartículas em solução
24.24 Síntese de nanopartículas em fase vapor partindo de soluções ou sólidos
24.25 Síntese por molde de nanomateriais usando materiais reticulados, suportes e substratos
24.26 Caracterização e formação de nanomateriais usando microscopia

Nanoestruturas e propriedades

24.27 Controle unidimensional: nanotubos de carbono e nanofios inorgânicos
24.28 Controle bidimensional: grafeno, poços quânticos e super-redes de estado sólido
24.29 Controle tridimensional: materiais mesoporosos e compósitos
24.30 Propriedades ópticas especiais dos nanomateriais

Leitura complementar

Exercícios

Problemas tutoriais

Síntese de materiais

Grande parte da química inorgânica sintética, inclusive a química de coordenação dos metais e a química organometálica, faz uso da conversão de moléculas pela substituição de um ligante por outro em reações em solução. Processos desse tipo geralmente têm energias de ativação relativamente pequenas e podem ser feitos em baixas temperaturas, normalmente entre 0°C e 150°C, e em solventes que permitem a migração dos reagentes. Esta migração molecular rápida nos solventes resulta em tempos de reação relativamente curtos. A formação de materiais sólidos pela reação entre sólidos envolve, entretanto, reações bem diferentes, uma vez que as altas energia de rede de suas estruturas expandidas, geralmente maiores que 2000 kJ mol^{-1}, precisam ser superadas, e a migração de íons no estado sólido é normalmente lenta, exceto em temperaturas muito elevadas. Alguns materiais inorgânicos podem ser preparados em solução, em temperaturas bem menores, pela condensação de blocos de construção para formar a estrutura estendida. Esta seção aborda a síntese de materiais em uma única fase sólida simples, em vez do controle do tamanho dos cristalitos, da morfologia das partículas e da produção de filmes finos, que são aspectos adicionais da síntese de materiais, de grande importância para a química dos nanomateriais que serão tratados nas Seções 24.22 a 24.26.

24.1 A formação de materiais em fase sólida

Novos materiais podem ser obtidos mediante dois métodos principais. Um consiste na reação direta de dois ou mais sólidos, envolvendo a quebra de suas redes e a formação da uma nova estrutura; o outro é a ligação de unidades poliédricas em solução e a deposição do novo sólido formado.

(a) Métodos de síntese direta

Pontos principais: Muitos sólidos complexos podem ser obtidos pela reação direta dos seus componentes em alta temperatura. Os componentes podem ser misturados inicialmente numa escala atômica via solução e processos sol-gel.

O método mais usado para a síntese de fases inorgânicas sólidas envolve o aquecimento da mistura de reagentes sólidos, em alta temperatura, geralmente entre 500 e 1500°C, por um longo período. Normalmente, pode-se obter um óxido complexo aquecendo-se uma mistura de todos os óxidos dos vários metais presentes; de forma alternativa, podem-se usar compostos simples que se decompõem para formar os óxidos, ao invés dos próprios óxidos. Assim, óxidos ternários, como o BaTiO$_3$, e óxidos quaternários, como o YBa$_2$Cu$_3$O$_7$, podem ser sintetizados pelo aquecimento das seguintes misturas, por vários dias:

$$BaCO_3(s) + TiO_2(s) \xrightarrow{1000°C} BaTiO_3(s) + CO_2(g)$$

$$\tfrac{1}{2} Y_2O_3(s) + 2\, BaCO_3(s) + 3\, CuO(s) + \tfrac{1}{4} O_2 \xrightarrow{930°C/ar\ e\ 450°C/O_2} YBa_2Cu_3O_7(s) + 2\, CO_2(g)$$

Nessas sínteses, as altas temperaturas são usadas para acelerar a lenta difusão dos íons nos sólidos e para vencer as fortes atrações coulombianas entre os íons. Os reagentes estão normalmente na forma de pó, com tamanhos de partícula pequenos, geralmente menor do que 10 µm, sendo moídos juntos antes do aquecimento para ajudar na redução do caminho de difusão dos íons. Este método direto é aplicado a muitos outros tipos de materiais inorgânicos, como a síntese dos cloretos complexos e de aluminossilicatos metálicos anidros densos:

$$3\, CsCl(s) + 2\, ScCl_3(s) \rightarrow Cs_3Sc_2Cl_9(s)$$

$$NaAlO_2(s) + SiO_2(s) \rightarrow NaAlSiO_4(s)$$

Muitos óxidos binários simples encontram-se comercialmente disponíveis sob a forma de pós puros policristalinos e com tamanhos de partícula típicos de uns poucos micrômetros. Alternativamente, a decomposição de um sal metálico precursor, antes ou durante a reação, leva à formação do óxido finamente dividido. Estes precursores podem ser carbonatos, hidróxidos, oxalatos e nitratos metálicos. Uma vantagem adicional dos precursores é que eles são normalmente estáveis ao ar, enquanto que muitos óxidos são higroscópicos e captam o dióxido de carbono do ar. Assim, para a síntese do BaTiO$_3$, pode-se moer o TiO$_2$, empregando-se gral e pistilo ou um moinho de bolas (em que o sólido é movimentado vigorosamente com pequenas esferas duras dentro de um recipiente), junto ao carbonato de bário, BaCO$_3$ (que começa a se decompor em BaO somente acima de 900°C), nas proporções estequiométricas corretas entre o óxido e o carbonato. Em seguida, transfere-se a mistura para um cadinho, normalmente feito de um material inerte como sílica vítrea, alumina recristalizada ou platina, e coloca-se num forno. Mesmo em altas temperaturas, a reação é lenta e geralmente leva vários dias.

Vários métodos podem ser usados para melhorar a velocidade de reação, dentre os quais a peletização da mistura reacional em alta pressão para aumentar o contato interfacial entre as partículas reagentes, a remoagem periódica da mistura para produzir novas interfaces reacionais e o uso de "fluxos", que são sólidos de baixo ponto de fusão que auxiliam no processo de difusão iônica. O tamanho das partículas dos reagentes é o principal fator que controla o tempo para a reação se completar. Quanto maior as partículas, menor será a área superficial total e, portanto, menor a área em que a reação poderá ocorrer. Além disso, as distâncias que os íons precisam percorrer no processo de difusão são muito maiores para as partículas grandes, que são geralmente do tamanho de vários micrômetros para um material policristalino. Para aumentar a velocidade de reação e permitir que as reações no estado sólido ocorram em temperaturas menores, empregam-se reagentes com pequenos tamanhos de partícula, entre 10 nm e 1μm, e grande área superficial.

Uma melhor mistura dos reagentes também pode ser obtida usando-se soluções num estágio inicial do processo. Estes métodos são englobados pelo **processo sol-gel** (algumas vezes também chamado de método Pechini), descrito esquematicamente na Fig. 24.1. Os processos sol-gel podem ser usados para produzir óxidos metálicos complexos cristalinos, cerâmicas, nanopartículas (Seções 24.23 e 24.24 e compostos com grande área superficial como sílica gel e vidros (Seção 24.7). As vantagens de começar com uma solução é que os reagentes estão misturados em nível atômico, superando os problemas associados com a reação direta entre duas ou mais fases sólidas consistindo em partículas de tamanho micrométrico. Na reação mais simples desse tipo, converte-se uma solução de íons metálicos (por exemplo, nitratos metálicos) em um sólido através de diferentes métodos como evaporação do solvente ou precipitação. O sólido é então aquecido para produzir o material desejado. Dois exemplos simples de rotas para a produção dos óxidos complexos La$_2$CuO$_4$ e ZnFe$_2$O$_4$ são, respectivamente,

$$2\,La^{3+}(aq) + Cu^{2+}(aq) \xrightarrow{OH^-(aq)} 2\,La(OH)_3 \cdot Cu(OH)_2(s)$$
$$\xrightarrow{600°C} La_2CuO_4(s) + 4\,H_2O(g)$$

$$Zn^{2+}(aq) + 2\,Fe^{2+}(aq) + 3\,C_2O_4^{2-}(aq) \rightarrow ZnFe_2(C_2O_4)_3(s)$$
$$\xrightarrow{700°C} ZnFe_2O_4(s) + 4\,CO(g) + 2\,CO_2(g)$$

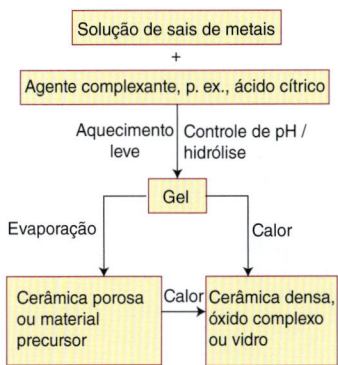

Figura 24.1 Diagrama esquemático do processo Pechini (sol-gel). Quando o gel é seco sob alta temperatura, formam-se cerâmicas densas ou vidros. A secagem em temperaturas mais baixas, acima da pressão crítica da água, forma sólidos porosos conhecidos como xerogéis ou aerogéis.

Um processo sol-gel típico envolve a produção de uma solução aquosa de vários sais de metais, a adição de agentes complexantes como ácidos carboxílicos ou álcoois, e a evaporação lenta da água para formar uma solução viscosa ou um gel. Alternativamente, alcóxidos metálicos precursores podem ser dissolvidos em um álcool e a adição da água leva, então, à hidrólise para produzir um gel espesso. A secagem desses géis (que consistem em metais interligados através de alcóxidos orgânicos e carboxilatos) em alta temperatura forma sólidos que podem ser decompostos em temperaturas relativamente baixas (300 a 600°C) para produzir o óxido complexo desejado. Além da vantagem de um menor tempo de reação, como resultado da mistura íntima dos reagentes, a temperatura de decomposição final é mais baixa do que a necessária para a reação direta entre os óxidos. O uso de uma temperatura menor também pode ter o efeito de reduzir o tamanho das partículas formadas na reação de decomposição final. Na Seção 24.23, veremos aplicações adicionais desse método para a síntese de nanopartículas.

Eventualmente, o ambiente da reação precisará ser controlado no caso de se desejar um estado de oxidação particular ou quando um dos reagentes for volátil. As reações em estado sólido podem ser feitas em atmosfera controlada usando-se um forno tubular em que um gás passa sobre a mistura reacional durante o aquecimento. Um exemplo desse tipo de reação é o uso de um gás inerte na preparação do TlTaO$_3$ para impedir a oxidação do Tl(I) a Tl(III), que poderia ocorrer na presença de ar:

$$Tl_2O(s) + Ta_2O_5(s) \xrightarrow{N_2/600°C} 2\,TlTaO_3(s)$$

A composição do produto de reação também pode ser controlada usando-se alta pressão de um gás. Por exemplo, geralmente forma-se Fe(III) em atmosfera de oxigênio à pressão próxima da normal, mas obtém-se Fe(IV), como no Sr$_2$FeO$_4$, a partir da mistura de SrO e Fe$_2$O$_3$, empregando-se várias centenas de atmosferas de oxigênio. Para reagentes voláteis, a mistura reacional normalmente é selada em um tubo de vidro, sob vácuo, antes do aquecimento. Como exemplos dessas reações, temos:

$$Ta(s) + S_2(l) \xrightarrow{500°C} TaS_2(s)$$

$$Tl_2O_3(l) + 2\ BaO(s) + 3\ CaO(s) + 4\ CuO(s) \xrightarrow{860°C} Tl_2Ba_2Ca_3Cu_4O_{12}(s)$$

O enxofre e o óxido de tálio(III) são voláteis nas respectivas temperaturas de reação e seriam perdidos da mistura reacional num reator aberto, levando a produtos com estequiometria incorreta.

Altas pressões também podem ser usadas para alterar o resultado de uma reação química em estado sólido. Equipamentos especiais, geralmente baseados em grandes prensas, permitem que reações em estado sólido sejam feitas em pressões de até 100 GPa (1 Mbar) em temperaturas próximas de 1500°C. Reações feitas nessas condições levam à formação de estruturas mais densas, com números de coordenação maiores. Como exemplo temos a produção do $MgSiO_3$ com uma estrutura do tipo perovskita (Seção 3.9) e Si hexacoordenado em uma unidade octaédrica SiO_6, ao invés da unidade SiO_4 tetraédrica normalmente encontrada na maioria dos silicatos. Esses equipamentos também podem ser usados para a obtenção do diamante a partir da grafita (Quadro 14.1). Reações em pequena escala podem ser feitas em pressões muito altas nas prensas com células de diamante, nas quais as faces dois batentes opostos feitos de diamante são empurradas umas contra as outras, num aparelho semelhante a uma morsa, para gerar pressões de até 100 GPa.

(b) Métodos em solução

Ponto principal: Estruturas reticuladas formadas a partir de espécies poliédricas podem ser obtidas por reações de condensação em solução.

Muitos materiais inorgânicos, especialmente as estruturas reticuladas, podem ser sintetizados por cristalização a partir de soluções. Embora os métodos usados sejam os mais variados, os exemplos abaixo são de reações típicas que ocorrem em água e que produzem materiais com estruturas estendidas consistindo em centros metálicos ligados por meio de ânions:

$$ZrO_2(s) + 2\ H_3PO_4(l) \rightarrow Zr(HPO_4)_2 \cdot H_2O(s) + H_2O(l)$$

$$3\ KF(aq) + MnBr_2(aq) \rightarrow KMnF_3(s) + 2\ KBr(aq)$$

O $KMnF_3$ tem uma estrutura do tipo da perovskita (Seção 3.9).

Os métodos em solução são ampliados pelo uso de **técnicas hidrotérmicas**, nas quais a solução contendo os reagentes é aquecida acima do seu ponto de ebulição normal em um recipiente selado. Essas reações são importantes na síntese de aluminossilicatos com estruturas abertas (zeólitas), de estruturas porosas análogas baseadas em poliedros de oxigênio conectados e de **redes metalo-orgânicas** (MOF, em inglês), nas quais os íons metálicos estão coordenados a espécies orgânicas como, por exemplo, íon carboxilatos (Seção 24.12). Enquanto que algumas zeólitas podem ser obtidas abaixo do ponto de ebulição da água, como na síntese da zeólita LTA,[1]

$$12\ NaAlO_2(s) + 12\ Na_2SiO_3(s) + (12+n)\ H_2O \xrightarrow{90°C}$$
$$Na_{12}[Si_{12}Al_{12}O_{48}] \cdot nH_2O\ (\text{zeólita LTA})(s) + 24\ NaOH(aq)$$

outras requerem temperaturas maiores e a adição de um **agente direcionador de estrutura** (SDA, em inglês), que controla a topologia da rede produzida.

Assim, a síntese da zeólita BEA, de composição $Na_{0,92}K_{0,62}(TEA)_{7,6}[Al_{4,53}Si_{59,47}O_{128}]$ (TEA = cátion tetraetilamônio), envolve a reação de aluminato de sódio, sílica, NaCl, KCl e um agente direcionador de estrutura (hidróxido de tetraetilamônio). Essas estruturas porosas são geralmente termodinamicamente metaestáveis com relação à sua conversão em tipos mais densos de estrutura e, assim, não podem ser obtidas através de reação direta em alta temperatura. Por exemplo, a zeólita LTA, um aluminossilicato de sódio, $Na_{12}[Si_{12}Al_{12}O_{48}] \cdot nH_2O$, obtida em solução, é convertida por aquecimento acima de 800°C no aluminossilicato denso $NaSiAlO_4$. Mais recentemente, têm sido usados outros solventes, como amônia líquida, CO_2 supercrítico e aminas orgânicas, nas chamadas **reações solvotérmicas**. As zeólitas também podem ser produzidas pelas chamadas **reações ionotérmicas**, que empregam

---

[1] LTA é um exemplo do código de três letras usado pela Associação Internacional de Zeólitas para identificar as diferentes estruturas das zeólitas (aluminossilicatos).

líquidos iônicos, geralmente sais de espécies catiônicas orgânicas com baixo ponto de fusão (abaixo ou próximo da temperatura ambiente, Seção 4.13g).

Embora os métodos de síntese por combinação direta em alta temperatura e as técnicas solvotérmicas sejam as mais usadas na química de materiais, algumas reações envolvendo sólidos podem ocorrer em baixas temperaturas se não envolverem grandes mudanças de estrutura. Estas são chamadas de "reações de intercalação" e serão discutidas na Seção 24.9.

> **EXEMPLO 24.1** Sintetizando óxidos complexos
>
> Como você poderia sintetizar uma amostra do supercondutor de alta temperatura $ErBa_2Cu_3O_{7-x}$?
>
> **Resposta** Precisamos pensar em um composto análogo e adaptar sua preparação para esse composto. Pode-se, então, usar o mesmo método empregado para a preparação do $YBa_2Cu_3O_7$, mas com o óxido do lantanídeo apropriado. Ou seja, podemos reagir o óxido de érbio (Er_2O_3) com carbonato de bário e óxido de cobre(II) a 940°C, seguido de recozimento sob oxigênio puro a 450°C.
>
> **Teste sua compreensão 24.1** Como você prepararia uma amostra de (a) $SrTiO_3$ e de (b) $Sr_3Ti_2O_7$?

Defeitos e transporte de íons

Como discutido na Seção 3.16, todos os sólidos acima de $T = 0$ contêm defeitos (imperfeições na estrutura ou na composição). Existe também a possibilidade da introdução deliberada de defeitos no material por meio de mecanismos como a dopagem (defeitos extrínsecos). Esses defeitos, que são principalmente intersticiais (do tipo Frenkel) ou vacâncias (do tipo Schottky) são importantes porque influenciam na condutividade elétrica e na reatividade química. A condutividade elétrica pode surgir do movimento dos íons no interior do sólido, e esse movimento é geralmente favorecido pela presença de defeitos. Os materiais com alta condutividade iônica têm aplicações importantes em sensores e pilhas a combustível de vários tipos.

24.2 Defeitos estendidos

Ponto principal: Os defeitos de Wadsley são planos de cisalhamento que reúnem defeitos ao longo de certas direções cristalográficas.

Os defeitos discutidos no Capítulo 3 eram defeitos pontuais. Esses defeitos pontuais produzem uma significativa distorção local da estrutura e, em alguns casos, desequilíbrios localizados de carga, envolvendo elevadas entalpias de formação. Deste modo, não surpreende que esses defeitos possam se agrupar formando, algumas vezes, linhas e planos, reduzindo assim a entalpia média de formação.

Os óxidos de tungstênio são um bom exemplo da formação de planos de defeitos. Como mostrado na Fig. 24.2, a estrutura idealizada do WO_3 (geralmente indicada como sendo uma "estrutura de ReO_3", ver Seção 24.6b) consiste em octaedros WO_6 compartilhando todos os vértices. Para visualizarmos a formação de um plano de defeitos, imaginemos a remoção dos átomos de oxigênio compartilhados ao longo de uma diagonal. Assim, as camadas adjacentes deslizam uma sobre a outra num movimento que preenche os sítios de coordenação vazios ao redor de cada átomo de W. Este movimento de cisalhamento cria octaedros compartilhados pelas arestas ao longo de uma direção diagonal. A estrutura resultante foi chamada de um **plano de cisalhamento cristalográfico** por A. D. Wadsley, que primeiro vislumbrou essa maneira de descrever os defeitos em planos estendidos. Os planos de cisalhamento cristalográficos distribuídos aleatoriamente em um sólido são chamados de **defeitos de Wadsley**. Esses defeitos levam a uma faixa contínua de composições, como no óxido de tungstênio, que varia de WO_3 a $WO_{2,93}$ (obtido pelo aquecimento e redução do WO_3 na presença de tungstênio metálico). Entretanto, se os planos de cisalhamento cristalográficos estiverem distribuídos de uma maneira periódica, não aleatória, dando origem assim a uma nova célula unitária, devemos considerar o material como uma nova fase estequiométrica. Assim, à medida que mais íons O^{2-} forem removidos do óxido de tungstênio, será observada uma série de fases distintas com planos de cisalhamento cristalográficos ordenados e composições W_nO_{3n-2} ($n = 20, 24, 25$ e 40). Desta forma, são conhecidas fases com composições muito próximas e que contêm planos de cisalhamento para os óxidos de

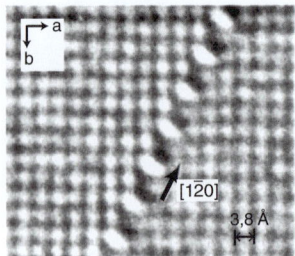

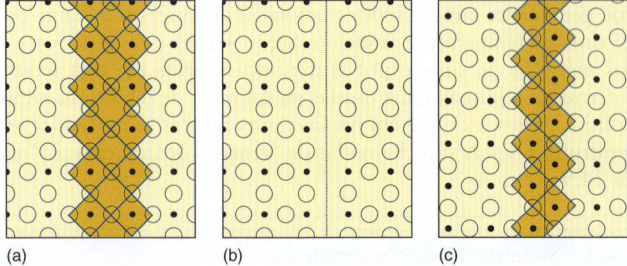

Figura 24.2 O conceito de plano de cisalhamento cristalográfico ilustrado pelo plano (100) da estrutura do ReO$_3$. (a) Um plano de átomos de metal (Re) e de átomos de oxigênio (O). O octaedro em torno de cada átomo metálico é completado por um plano de átomos de oxigênio acima e abaixo do plano aqui ilustrado. Alguns dos octaedros estão sombreados para ressaltar o processo que segue. (b) Os átomos de oxigênio num plano perpendicular à página foram removidos, deixando dois planos de átomos metálicos que carecem do seu sexto ligante oxigênio. (c) A coordenação octaédrica dos dois planos de átomos metálicos é restaurada transladando-se a fatia da direita como mostrado. Isso criou um plano vertical à página (um plano de cisalhamento), no qual os octaedros MO$_6$ estão compartilhados pelas arestas.

W, Mo, Ti, V e para alguns de seus óxidos complexos como, por exemplo, os bronzes de tungstênio M$_8$W$_9$O$_{47}$ (M = Nb, Ta) e as "fases Magnéli", V$_n$O$_{2n-1}$ (n = 3 a 9). A microscopia eletrônica (Seção 8.17) constitui um excelente método para a observação experimental desses defeitos, pois ela é capaz de revelar tanto os planos de cisalhamento em arranjos ordenados quanto aleatórios (Fig. 24.3).

Figura 24.3 (a) Imagem de alta resolução por micrografia eletrônica de alta resolução de um plano de cisalhamento cristalográfico do WO$_{3-x}$. (b) Esquema dos poliedros octaédricos de oxigênio que circundam os átomos de W observados na micrografia eletrônica. Note os octaedros compartilhados pelas arestas ao longo do plano de cisalhamento cristalográfico. (Reproduzido com permissão de S. Iijima, *J. Solid State Chem.*, 1975, **14**, 52.)

24.3 Difusão de átomos e íons

Ponto principal: A difusão de íons nos sólidos é fortemente dependente da presença de defeitos.

A difusão de átomos ou íons nos sólidos, em temperatura ambiente, é muito mais lenta do que os processos de difusão que ocorrem nos gases e líquidos. Por isso, a maioria das reações em estado sólido é feita em alta temperatura (veja Seção 24.1), quando a mobilidade iônica aumenta significativamente. Entretanto, há algumas exceções marcantes para essa generalização. A difusão de átomos ou íons nos sólidos é na verdade muito importante em muitas áreas da tecnologia de estado sólido, como na manufatura dos semicondutores, na síntese de novos sólidos, nas pilhas a combustível, em sensores, na metalurgia e na catálise heterogênea.

As velocidades pelas quais os íons movem-se através de um sólido frequentemente podem ser entendidas em termos do mecanismo envolvido na sua migração e das barreiras de ativação que os íons encontram à medida que se movem. O caminho de menor energia geralmente envolve sítios defeituosos que participam segundo as formas indicadas na Fig. 24.4. Assim, os materiais que apresentam grandes velocidades de difusão em temperaturas moderadas possuem as seguintes características:

- Pequenas barreiras de energia: temperaturas próximas a 300 K ou um pouco acima são suficientes para permitir que os íons saltem de um sítio para outro.
- Cargas e raios pequenos: por exemplo, os cátions (além do próton) e ânions de maior mobilidade são o Li$^+$ e o F$^-$, respectivamente. Mobilidades razoáveis também são observadas para o Na$^+$ e o O^{2-}. Íons altamente carregados apresentam interações eletrostáticas fortes e têm menor mobilidade.
- Alta concentração de defeitos intrínsecos e extrínsecos: os defeitos geralmente oferecem um caminho de baixa energia para difusão através da estrutura que não envolve as barreiras energéticas associadas com o deslocamento contínuo de íons dos seus sítios normais mais favoráveis. Esses defeitos não devem ser ordenados, como nos planos de cisalhamento cristalográfico (Seção 24.2), pois o ordenamento elimina o caminho de difusão.
- Íons móveis estão presentes em uma proporção significativa do número total de íons.

A Fig. 24.5 mostra a dependência dos coeficientes de difusão (que são uma medida das suas mobilidades) com a temperatura para íons específicos em sólidos selecionados em altas temperaturas. A inclinação das linhas é proporcional à energia de ativação para migração dos íons indicados. Assim, o Na$^+$ tem alta mobilidade e baixa energia de ativação para o seu movimento através da β-alumina, enquanto que o Ca^{2+} no CaO tem mobilidade muito menor e elevada energia de ativação para o seu movimento através da estrutura de sal-gema.

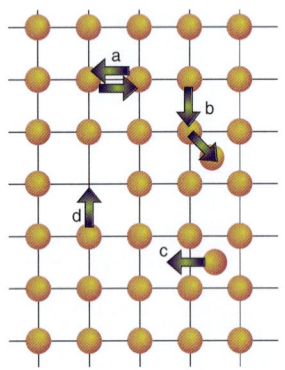

Figura 24.4 Alguns mecanismos de difusão para íons e átomos em um sólido: (a) dois átomos ou íons trocam de posição; (b) um íon desloca-se de um sítio normalmente ocupado na estrutura para um sítio intersticial, produzindo uma cavidade que pode então ser preenchida pelo movimento de um íon proveniente de outro sítio; (c) um íon desloca-se entre dois sítios intersticiais diferentes; (d) um átomo ou íon move-se de um sítio normalmente ocupado para um sítio vazio, produzindo um novo sítio vazio.

24.4 Eletrólitos sólidos

Qualquer célula eletroquímica, como uma pilha ou bateria, uma pilha a combustível, um mostrador eletrocrômico ou um sensor eletroquímico, requer um eletrólito. Para muitas aplicações, uma solução iônica (a solução diluída de ácido sulfúrico da bateria chumbo-ácido, por exemplo) é um eletrólito aceitável, mas como frequentemente procura-se evitar uma fase líquida que pode apresentar vazamentos, há um grande interesse no desenvolvimento de eletrólitos sólidos. Dois dos eletrólitos sólidos mais importantes e estudados contendo cátions móveis são o tetraiodetomercurato(II) de prata, Ag_2HgI_4, e a β-alumina de sódio, $Na_{1+x}Al_{11}O_{17+x/2}$. Outros importantes condutores catiônicos rápidos recentemente desenvolvidos são o NASICON (sigla formada pelas letras do sódio, **Na**, e condutor superiônico, "superionic **con**ductor", em inglês) de composição $Na_{1+x}Zr_2P_{3-x}Si_xO_{12}$, as granadas de lítio, como o $Li_{7-x}La_3Zr_{2-x}Ta_xO_{12}$, e vários condutores de próton que operam em temperatura ambiente, ou ligeiramente acima dela, como o $CsHSO_4$ (que opera acima de 160°C).

Sólidos que apresentem alta mobilidade de ânions são mais raros que os condutores catiônicos e, na maioria das vezes, apresentam alta condutividade somente em temperaturas elevadas: geralmente, os ânions são maiores que os cátions, de forma que a barreira energética para difusão através do sólido é alta. Como consequência, uma rápida condução de ânions em sólidos só ocorre para F^- e O^{2-} (com raios iônicos de 133 e 140 pm, respectivamente). Apesar dessas limitações, os condutores iônicos têm um papel importante em sensores e pilhas a combustível, em que um material comum é a "zircônia estabilizada com ítrio" (YSZ), de composição $Y_xZr_{1-x}O_{2-x/2}$. A Tabela 24.1 apresenta alguns valores típicos de condutividade iônica de eletrólitos sólidos e outros meios condutores iônicos.

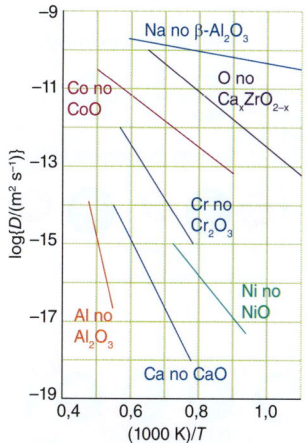

Figura 24.5 Coeficientes de difusão (em escala logarítmica) em função do inverso da temperatura para a mobilidade de íons em sólidos selecionados.

(a) Eletrólitos catiônicos sólidos

Pontos principais: Os eletrólitos inorgânicos sólidos geralmente possuem uma forma de baixa temperatura em que os íons estão ordenados em um subconjunto de sítios da estrutura; em temperaturas mais altas, os íons tornam-se desordenados pelos sítios e a condutividade iônica aumenta.

Uma vez que existe um rápido crescimento do número de composições e estruturas diferentes que apresentam alta mobilidade catiônica, em temperatura próxima ou pouco acima da ambiente, a base para esta propriedade é facilmente ilustrada considerando-se os dois materiais mais estudados, o Ag_2HgI_4 e a β-alumina de sódio.

Abaixo de 50°C, o Ag_2HgI_4 possui uma estrutura cristalina ordenada em que os íons Ag^+ e Hg^{2+} estão tetraedricamente coordenados pelos íons I^-, havendo ainda sítios tetraédricos não ocupados (Fig. 24.6a), e a sua condutividade iônica é baixa. Entretanto, acima de 50°C, os íons Ag^+ e Hg^{2+} do Ag_2HgI_4 ficam distribuídos aleatoriamente pelos sítios tetraédricos (Fig. 24.6b), resultando na existência de muito mais sítios que podem ser ocupados pelos íons Ag^+ na estrutura do que o número de íons Ag^+ existentes. Nessa temperatura, o material é um bom condutor iônico devido principalmente à mobilidade dos íons Ag^+ entre os diferentes sítios disponíveis. O arranjo de empacotamento compacto dos íons I^- polarizáveis é facilmente deformado, resultando numa baixa energia de ativação para a migração do íon Ag^+ de um sítio para o próximo na rede. Há muitos eletrólitos sólidos com estruturas similares, contendo ânions macios, como o AgI e o $RbAg_4I_5$, ambos tendo

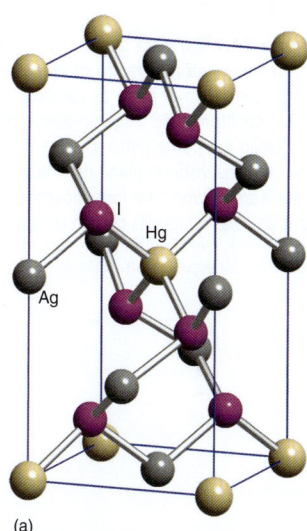

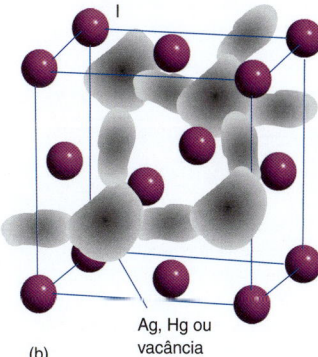

Figura 24.6* (a) Estrutura ordenada de baixa temperatura do Ag_2HgI_4. (b) Estrutura desordenada de alta temperatura mostrando a desordem na posição do cátion. O Ag_2HgI_4 é um condutor de íons Ag^+ na forma de alta temperatura.

Tabela 24.1 Valores comparativos de condutividade elétrica e iônica

Material	Condutividade* / (S m^{-1})
Condutores iônicos	
Cristais iônicos	$10^{-16} – 10^{-2}$
Exemplo: LiI a 298°C	10^{-4}
Eletrólitos sólidos	$10^{-1} – 10^3$
Exemplo: YSZ a 600°C	1
AgI a 500°C	10^2
Eletrólitos fortes (líquido)	$10^{-1} – 10^3$
Exemplo: NaCl(aq) 1 M	10^2
Condutores elétricos	
Metais	$10^3 – 10^6$
Semicondutores	$10^{-3} – 10^2$
Isolantes	$>10^{-7}$

*O símbolo S significa a unidade siemens; 1 S = 1 Ω^{-1}.

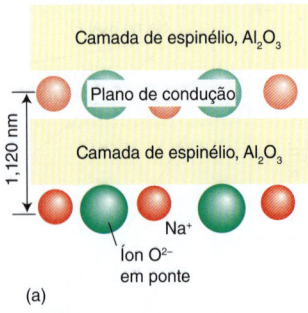

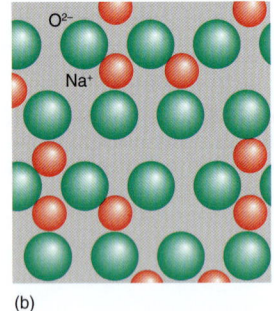

Figura 24.7 (a) Vista lateral esquemática da β-alumina mostrando os planos de condução de Na_2O entre as camadas de Al_2O_3. Os átomos de oxigênio desses planos estão em ponte entre as duas camadas. (b) Uma vista do plano de condução. Note a abundância de íons móveis e vacâncias pelas quais eles podem se mover.

íons Ag^+ com grande mobilidade, de forma que a condutividade do $RbAg_4I_5$, na temperatura ambiente, é maior que a de uma solução aquosa de cloreto de sódio.

A β-alumina de sódio é um exemplo de um material mecanicamente duro que é um bom condutor iônico. Nesse caso, as camadas de Al_2O_3, rígidas e densas, estão unidas em ponte por um conjunto esparso de íons O^{2-} (Fig. 24.7). O plano contendo esses íons óxido em ponte também contém íons Na^+ que podem se mover de um sítio para outro, pois não há gargalos que impeçam esse deslocamento. São conhecidos muitos outros materiais rígidos similares que possuem planos ou canais através dos quais os íons podem se mover e que são chamados de **eletrólitos estruturados**. Outro material bastante assemelhado é a β'-alumina de sódio, que tem menos restrição ainda ao movimento de íons do que a β-alumina, tendo-se observado que é possível substituir os íons Na^+ por cátions duplamente carregados, como Mg^{2+} ou Ni^{2+}. Até mesmo o cátion lantanídeo grande Eu^{2+} pode ser introduzido na β'-alumina, embora a difusão de tais íons seja menor do que a de íons menores correspondentes. O NASICON, mencionado anteriormente, é um sistema não estequiométrico de solução sólida com uma estrutura construída a partir de octaedros de ZrO_6 e tetraedros PO_4, correspondendo à fase original de composição $NaZr_2P_3O_{12}$ (Fig. 24.8). Pode-se obter uma solução sólida pela substituição parcial do P pelo Si para formar $Na_{1+x}Zr_2P_{3-x}Si_xO_{12}$, com um aumento no número de íons Na^+ para balancear as cargas. Nesse material, o conjunto completo de sítios passíveis de serem ocupados pelo Na^+ está somente parcialmente preenchido, e esses sítios formam uma rede tridimensional de canais que permitem a rápida migração dos íons Na^+ remanescentes. Dentre as outras classes de materiais atualmente em investigação para serem usados como condutores catiônicos rápidos temos o Li_4GeO_4 dopado com vanádio nos sítios de germânio, $Li_{4-x}(Ge_{1-x}V_x)O_4$, que é um condutor de íons lítio com vacâncias na sub-rede de íons Li^+; a perovskita $La_{0,6}Li_{0,2}TiO_3$; e o silicato de sódio e ítrio, $Na_5YSi_4O_{12}$ (um condutor de íons sódio). Uma das melhores condutividades de íon lítio à temperatura ambiente, $1,1 \times 10^{-3}$ S cm^{-1}, foi reportada para o $Li_{6,4}La_3Zr_{1,4}Ta_{0,6}O_{12}$; os sólidos com altas condutividades de íon lítio são atraentes como eletrólitos para serem usados nas baterias de íon Li.

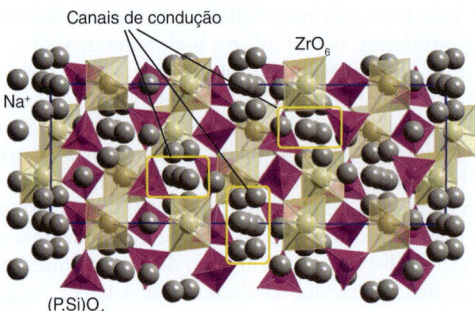

Figura 24.8* Estrutura do $Na_{1+x}Zr_2P_{3-x}Si_xO_{12}$ (NASICON), mostrando os tetraedros de $(P,Si)O_4$ e os octaedros de ZrO_6 ligados.

EXEMPLO 24.2 Correlacionando condutividade e tamanho do íon em um eletrólito reticulado

Os dados de condutividade para a β-alumina contendo íons monopositivos de vários raios mostram que os íons Ag^+ e Na^+, ambos com raios próximos de 100 pm, possuem energias de ativação para condutividade próximas de 17 kJ mol^{-1}, enquanto que para o Tl^+ (raio de 149 pm) esse valor é de cerca de 35 kJ mol^{-1}. Sugira uma explicação para essa diferença.

Resposta Uma forma de abordar este problema é pensar nas restrições para migração que estejam relacionadas com os tamanhos dos íons. Na β-alumina de sódio e nas outras β-aluminas assemelhadas, uma estrutura razoavelmente rígida apresenta uma rede bidimensional de passagens que permite a migração dos íons. Com base nos resultados experimentais, os gargalos para o deslocamento dos íons parecem ser grandes o suficiente para permitir que o Na^+ e o Ag^+ (raios iônicos próximos de 100 pm) passem facilmente (com uma baixa energia de ativação), mas são pequenos demais para deixar que o Tl^+ maior (raio iônico de 149 pm) passe com facilidade.

Teste sua compreensão 24.2 Por que o aumento da pressão reduz mais a condutividade do K^+ na β-alumina do que a do Na^+?

(b) Eletrólitos aniônicos sólidos

Ponto principal: A mobilidade de ânions pode ocorrer em alta temperatura para certas estruturas que contêm grande quantidade de vacâncias aniônicas.

Em 1834, Michael Faraday relatou que o PbF_2 sólido, ao rubro, é um bom condutor de eletricidade. Muito tempo depois, reconheceu-se que esta condutividade era resultado da mobilidade dos íons F^- através do sólido. Esta propriedade de condutividade aniônica é compartilhada por outros cristais que possuem a estrutura da fluorita. Acredita-se que o transporte iônico nestes sólidos seja devido a um **mecanismo intersticial**, no qual um íon F^- migra inicialmente de sua posição normal para um sítio intersticial (um defeito do tipo Frenkel, Seção 3.16) para depois mover-se para um sítio de F^- vazio.

As estruturas que possuem um grande número de sítios vazios apresentam geralmente condutividades iônicas mais altas, pois oferecem um caminho para o movimento dos íons (embora um nível muito elevado de defeitos ou um agrupamento de defeitos ou lacunas possa causar uma redução da condutividade). Estas lacunas, que são equivalentes a defeitos extrínsecos, podem ser introduzidas em número relativamente alto em muitos óxidos e fluoretos simples por dopagem com íons metálicos apropriadamente escolhidos, em diferentes estados de oxidação. A zircona, ZrO_2, tem a estrutura da fluorita quando em alta temperatura, mas com o resfriamento do material puro para temperatura ambiente ela se distorce para um polimorfo monoclínico. A estrutura cúbica da fluorita pode ser estabilizada em temperatura ambiente pela substituição de alguns íons Zr^{4+} por outros íons de tamanho similar como Ca^{2+} e Y^{3+}. A dopagem com estes íons de menor número de oxidação resulta na introdução de lacunas nos sítios dos ânions para formar, por exemplo, $Y_xZr_{1-x}O_{2-x/2}$, o material mencionado anteriormente como zircona estabilizada com ítrio (YSZ). Este material apresenta os sítios catiônicos completamente ocupados numa estrutura de fluorita, mas altos níveis de lacunas aniônicas, com $0 \leq x \leq 0,15$. Estes sítios vazios fornecem um caminho para a difusão dos íons óxido através da estrutura, de forma que, para o $Ca_{0,15}Zr_{0,85}O_{1,85}$, por exemplo, a condutividade elétrica é geralmente de 5 S cm^{-1} a 1000°C; note que esta condutividade é muito menor do que as condutividades catiônicas típicas de estado sólido, mesmo nestas altas temperaturas, devido ao grande tamanho do ânion.

Devido à sua alta condutividade de íon óxido, a zircona dopada com óxido de cálcio é empregada no sensor eletroquímico para medida da pressão parcial de oxigênio nos sistemas de exaustão dos automóveis (Fig. 24.9).[2] Os eletrodos de platina desta célula adsorvem átomos de O e, no caso de a pressão parcial de oxigênio ser diferente entre a amostra e o lado de referência, haverá uma tendência termodinâmica de o oxigênio migrar através do eletrólito como íon O^{2-}.

Os processos termodinamicamente favoráveis são os seguintes:

Lado com alta $p(O_2)$:

$$\tfrac{1}{2} O_2(g) + Pt(s) \rightarrow O \text{ (na superfície da platina)}$$
$$O \text{ (na superfície da platina)} + 2\,e^- \rightarrow O^{2-} (ZrO_2)$$

Lado com baixa $p(O_2)$:

$$O^{2-} (ZrO_2) \rightarrow O \text{ (na superfície da platina)} + 2\,e^-$$
$$O \text{ (na superfície da platina)} \rightarrow \tfrac{1}{2} O_2(g) + Pt(s)$$

O potencial da pilha depende das duas pressões parciais de oxigênio (p_1 e p_2) através da equação de Nernst (Seção 5.5) para a reação da meia-pilha $O_2 + 4\,e^- \rightarrow 2\,O^{2-}$, que ocorre em ambos os eletrodos:

$$E_{pilha} = \frac{RT}{4F} \ln \frac{p_1}{p_2} \quad (24.1)$$

Desta forma, uma simples medida da diferença de potencial nos fornece uma medida da pressão parcial de oxigênio nos gases de escapamento.

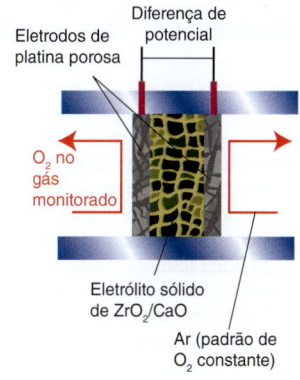

Figura 24.9 Sensor de oxigênio baseado no eletrólito sólido $Zr_{1-x}Ca_xO_{2-x}$.

> *Uma breve ilustração* De acordo com a Eq. 24.1, a diferença de potencial produzida neste sensor de oxigênio, operando num sistema de exaustão a 1000 K, com ar de um lado ($p(O_2) = 0,2$ atm) e uma mistura de combustível queimado/ar do outro lado ($p(O_2) = 0,001$ atm), será de 0,1 V.

---

[2] O sinal desse sensor é usado para ajustar a razão ar/combustível e, portanto, a composição do gás de exaustão que entra no conversor catalítico.

QUADRO 24.1 Pilhas a combustível de óxido sólido

Uma pilha a combustível consiste em dois eletrodos com um eletrólito entre eles; o oxigênio passa sobre um eletrodo e o combustível sobre o outro, gerando eletricidade, água e calor. No Quadro 5.1, já foi descrita a construção e o funcionamento geral de uma pilha a combustível que converte um combustível, como hidrogênio, metano ou metanol, em energia elétrica (e nos produtos de combustão H_2O e CO_2) pela reação com oxigênio. Nestas pilhas, vários materiais podem ser usados como eletrólito, dentre os quais ácido fosfórico, membranas trocadoras de próton e, nas *pilhas a combustível de óxido sólido* (SOFCs, *solid oxide fuel cells*, em inglês), condutores de íon óxido.

As SOFCs operam em altas temperaturas e usam um condutor de íon óxido como eletrólito. A Fig. Q24.1 mostra o esquema de uma SOFC típica. Cada pilha gera uma voltagem limitada, mas como em uma bateria, as pilhas podem ser conectadas em série para aumentar a diferença de potencial e a potência fornecida. As pilhas são conectadas eletricamente através de uma "interconexão" que também pode isolar as entradas de ar e de combustível para cada pilha.

As SOFCs são vantajosas por vários motivos, como conversão de combustível em eletricidade de forma limpa, baixo nível de poluição sonora, capacidade de empregar diferentes combustíveis e, principalmente, alta eficiência. Essa alta eficiência é resultado das altas temperaturas de operação, geralmente entre 500 e 1000°C. Nas SOFCs de alta temperatura, a interconexão pode ser uma cerâmica, como uma cromita de lantânio (a perovskita $LaCrO_3$); se a temperatura for menor que 1000°C, pode-se usar uma liga como Y/Cr. O condutor de íon óxido usado como eletrólito nestas SOFCs de temperatura muito alta é geralmente a YSZ.

As SOFCs de temperatura intermediária, que geralmente operam entre 500 e 700°C, apresentam várias vantagens sobre as montagens de temperatura muito alta, uma vez que a corrosão é menor, o projeto é mais simples e o tempo de aquecimento do sistema para a temperatura de operação é bem menor. Entretanto, esses sistemas necessitam de um eletrólito com excelente condutividade de íon óxido em baixa temperatura. A melhor SOFC de temperatura intermediária (menos de 600°C) desenvolvida até agora consiste em um anodo de CeO_2 dopado com Gd (CGO)/Ni, um eletrólito de CeO_2 dopado com gadolínio, e um catodo de perovskita LSCF, $(La,Sr)(Fe,Co)O_3$. O eletrólito CGO possui uma condutividade iônica mais alta que o YSZ nestas temperaturas menores. Entretanto, infelizmente, a sua condutividade elétrica também é alta e o uso do eletrólito CGO reduz a eficiência pelo gasto de energia devido ao fluxo de elétrons pelo eletrólito. Por essa razão, novos e melhores condutores de íon óxido estão sendo investigados, como os mencionados no texto.

Uma das principais vantagens das SOFCs sobre os outros tipos de pilhas a combustível é a capacidade de operar com hidrocarbonetos combustíveis, que são mais convenientes: os outros tipos de pilha a combustível dependem de um fornecimento de hidrogênio limpo para operarem. Uma vez que as SOFCs trabalham em alta temperatura, existe a possibilidade de conversão catalítica dos hidrocarbonetos em hidrogênio e óxidos de carbono dentro do sistema. Em função do tamanho e da necessidade de aquecimento para operar em altas temperaturas, as aplicações das SOFCs destinam-se a sistemas estáticos de média e grande escala e pequenos sistemas domésticos que produzem cerca de 2 kW.

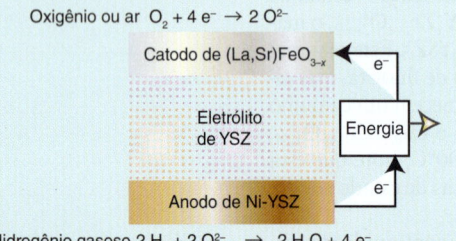

Oxigênio ou ar $O_2 + 4\,e^- \rightarrow 2\,O^{2-}$

Catodo de $(La,Sr)FeO_{3-x}$

Eletrólito de YSZ

Energia

Anodo de Ni-YSZ

Hidrogênio gasoso $2\,H_2 + 2\,O^{2-} \rightarrow 2\,H_2O + 4\,e^-$

Figura Q24.1 Estrutura de uma pilha a combustível de óxido sólido.

Como comentado anteriormente, as condutividades aniônicas são baixas, mesmo em altas temperaturas, de forma que muitos óxidos metálicos complexos estão sendo atualmente investigados com o objetivo de se obter boa mobilidade em baixa temperatura. Dentre os compostos que apresentam comportamento promissor temos o $La_2Mo_2O_9$, o indato de bário ($Ba_2In_2O_5$), o BIMEVOX (óxido de bismuto e vanádio dopado com metal d; *d-metal doped bismuth vanadium oxide* em inglês), o $La_{9,33}Si_6O_{26}$ com estrutura de apatita e o galato de lantânio dopado com estrôncio e magnésio ($LaGaO_3$ dopado com Sr e Mg, ou LSGM). Além do uso em sensores, materiais que apresentam condutividade iônica de íon óxido e de próton são importantes em vários tipos de pilhas a combustível (Quadro 24.1).

(c) Condutores mistos elétrico-iônico

Ponto principal: Materiais sólidos podem apresentar condutividade tanto iônica quanto elétrica.

Muitos condutores iônicos, como a β′-alumina de sódio e o YSZ, apresentam uma baixa condutividade elétrica (ou seja, condução por elétrons ao invés daquela por deslocamento de íons). As suas aplicações como eletrólitos sólidos, por exemplo, nos sensores, necessitam que esse comportamento seja evitado para não provocar um curto circuito na pilha. Em alguns casos, é desejável uma combinação de condutividade iônica e elétrica, podendo-se encontrar este tipo de comportamento em alguns compostos de metal d, em que os defeitos permitem uma condução por íons O^{2-} e os orbitais d do metal oferecem uma banda de condução elétrica. Muitos destes materiais possuem estruturas baseadas na perovskita, com estados de oxidação mistos nos sítios dos cátions B (Seção 3.9). Como exemplos temos o $La_{1-x}Sr_xCoO_{3-y}$ e o $La_{1-x}Sr_xFeO_{3-y}$. Estes sistemas de óxidos são bons condutores elétricos com bandas parcialmente preenchidas, como consequência de um número de oxidação fracionário para o metal d, e também podem conduzir pela migração de O^{2-} através dos sítios de íons O^{2-} da perovskita. Este tipo de material é usado nas pilhas a combustível de óxido sólido (Quadro 24.1), que é um dos tipos de pilha a combustível mencionados no Quadro 5.1, na qual um eletrodo permite a difusão de íons através de um eletrodo eletricamente condutor.

Óxidos, nitretos e fluoretos metálicos

Nesta seção, abordaremos os compostos binários de oxigênio, nitrogênio e flúor com os metais. Esses compostos, particularmente os óxidos, são centrais para grande parte da química de estado sólido devido às suas estabilidades, facilidade de síntese e variedade de composição e estrutura. Esses atributos levam à síntese de um grande número de compostos e permitem ajustar as propriedades dos compostos para uma aplicação específica com base nas suas características eletrônicas, magnéticas e ópticas. Como veremos, a discussão das propriedades químicas desses compostos também fornece indicações sobre os defeitos, a não estequiometria, a difusão iônica e a influência destas características nas propriedades físicas.

As propriedades químicas dos fluoretos metálicos assemelham-se muito às dos óxidos metálicos, mas a menor carga do íon F^- significa que estequiometrias equivalentes são formadas com os cátions de carga menor, como no $KMn(II)F_3$ comparado com o $SrMn(IV)O_3$. Nos últimos 20 anos, foram desenvolvidos de forma mais significativa compostos contendo o íon nitreto, N^{3-}, em combinação com um ou mais íons metálicos. A área da química do estado sólido de ânions mistos, na qual compostos contendo metais de transição estão em combinação com mais de um ânion, como nitreto e óxido ou fluoreto e óxido, é uma área na qual avanços rápidos estão sendo feitos em termos de novos materiais e tipos de estruturas.

24.5 Monóxidos de metais 3d

Os monóxidos da maioria dos metais 3d apresentam a estrutura de sal-gema (Tabela 24.2), embora estes compostos aparentemente simples sejam normalmente obtidos com desvios significativos da estequiometria nominal MO.

(a) Defeitos e não estequiometria

Ponto principal: A não estequiometria do $Fe_{1-x}O$ surge da criação de lacunas nos sítios octaédricos de Fe^{2+}, com a deficiência de carga gerada por cada lacuna sendo compensada pela conversão de dois íons Fe^{2+} em dois íons Fe^{3+}.

A origem da não estequiometria no FeO tem sido estudada mais detalhadamente do que na maioria dos outros compostos MO. Na verdade, observou-se experimentalmente que o FeO estequiométrico não existe, mas sim uma variedade de compostos deficientes de ferro $Fe_{1-x}O$, com $0,13 < x < 0,04$, obtidos por resfriamento muito rápido do óxido de ferro(II) em alta temperatura. O $Fe_{1-x}O$ é, na verdade **metaestável** à temperatura ambiente, significando que ele é termodinamicamente instável em relação ao desproporcionamento em ferro metálico e Fe_3O_4, embora esta conversão não ocorra por razões cinéticas. É consenso geral que a estrutura do $Fe_{1-x}O$ é derivada da estrutura do sal-gema de um "FeO idealizado" com lacunas em sítios octaédricos de Fe^{2+} e que a deficiência de carga produzida por cada lacuna é compensada pela conversão de dois íons Fe^{2+} adjacentes em dois íons Fe^{3+}. A relativa facilidade de oxidação do Fe(II) a Fe(III) explica a ampla faixa de composições $Fe_{1-x}O$. Em altas temperaturas, os íons Fe^{3+} intersticiais associam-se com as lacunas (ou defeitos) de Fe^{2+} para formar agrupamentos distribuídos ao longo da estrutura (Fig. 24.10).

Tabela 24.2 Monóxidos dos metais da série 3d

Composto	Estrutura	Composição, x	Comportamento elétrico
CaO_x	Sal-gema	1	Isolante
TiO_x	Sal-gema	0,65–1,25	Metálico
VO_x	Sal-gema	0,79–1,29	Metálico
MnO_x	Sal-gema	1–1,15	Semicondutor
FeO_x	Sal-gema	1,04–1,17	Semicondutor
CoO_x	Sal-gema	1–1,01	Semicondutor
NiO_x	Sal-gema	1–1,001	Isolante
CuO_x	PtS (unidades CuO_4 quadráticas planas interligadas)	1	Semicondutor
ZnO_x	Wurtzita	Pequeno excesso de Zn	Semicondutor do tipo n com grande separação entre as bandas

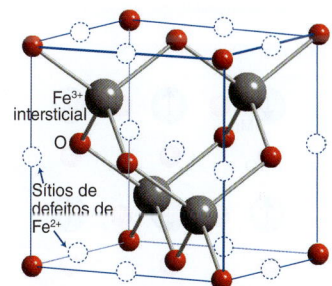

Figura 24.10 Sítios dos defeitos propostos para o $Fe_{1-x}O$. Note que os átomos de Fe^{3+}, em sítios tetraédricos intersticiais (esferas cinzas), e as lacunas de Fe^{2+}, em sítios octaédricos (círculos), encontram-se agrupados.

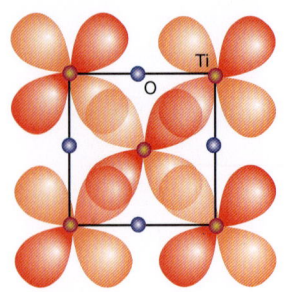

Figura 24.11 Sobreposição dos orbitais d_{zx} no TiO, formando uma banda t_{2g}. Na direção perpendicular, os orbitais d_{yx} e d_{zy} fazem uma sobreposição de maneira idêntica.

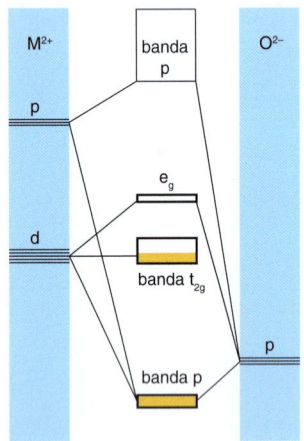

Figura 24.12 Diagrama dos níveis de energia dos orbitais moleculares para os monóxidos dos primeiros metais d. A banda t_{2g} está apenas parcialmente preenchida, resultando em uma condução metálica.

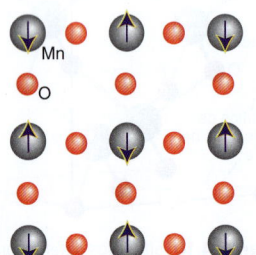

Figura 24.13 A estrutura magnética geral do MnO e os outros monóxidos de metais da série 3d.

Defeitos similares e agrupamentos de defeitos parecem ocorrer com todos os outros monóxidos de metais 3d, com as possíveis exceções do CoO e do NiO. A faixa de não estequiometria do $Ni_{1-x}O$ é bastante estreita, mas a condutividade e a velocidade de difusão dos íons variam com a pressão parcial do oxigênio de uma forma que sugere a presença de defeitos pontuais isolados. Como indicado pelos potenciais padrão em solução aquosa, o Fe(II) é oxidado mais facilmente do que o Co(II) ou o Ni(II), e essa química de oxirredução em solução apresenta boa correlação com a menor faixa de deficiência de oxigênio para o NiO e o CoO. O óxido de cromo(II), assim como o $Fe_{1-x}O$, desproporciona-se espontaneamente:

$$3\ Cr(II)O(s) \rightarrow Cr(III)_2O_3(s) + Cr(0)(s)$$

Entretanto, o material pode ser estabilizado por cristalização em uma matriz de óxido de cobre(II).

Tanto CrO quanto TiO têm estruturas que apresentam altos níveis de defeitos nos sítios de cátions e de ânions, formando estequiometrias ricas em metal ou deficientes em metal ($Ti_{1-x}O$ e TiO_{1-x}). Na verdade, o TiO tem um grande número de lacunas, em igual quantidade, em ambas as sub-redes de cátions e ânions, ao invés da estrutura perfeita esperada, livre de defeitos.

(b) Propriedades eletrônicas

Pontos principais: Os monóxidos de metais 3d MnO, FeO, CoO e NiO são semicondutores; TiO e VO são condutores metálicos.

Os monóxidos de metais 3d MnO, $Fe_{1-x}O$, CoO e NiO têm baixa condutividade elétrica, que aumenta com a temperatura (correspondendo ao comportamento de um semicondutor), ou são isolantes, com uma grande separação entre as bandas. A migração de elétrons ou de buracos nestes óxidos semicondutores é atribuída a um mecanismo de salto. Neste modelo, o elétron salta de um sítio localizado num átomo metálico para o próximo. Ao chegar ao novo sítio, ele faz com que os íons vizinhos ajustem as suas posições e o elétron ou buraco é aprisionado temporariamente no poço de potencial produzido por esta distorção. O elétron permanece nesse novo sítio até que seja ativado termicamente para migrar para outro sítio próximo. Outro aspecto deste mecanismo de salto de carga é que o elétron ou buraco tendem a se associar a defeitos locais, de forma que a energia de ativação para o transporte de carga também pode incluir a energia para liberar um buraco de sua posição próxima a um defeito.

O modelo de salto contrasta com o modelo de bandas para os semicondutores, discutido na Seção 3.20, na qual os elétrons de condução e de valência ocupam orbitais que se estendem através de todo o cristal. A diferença reside nos orbitais d menos difusos dos monóxidos dos metais 3d do meio para o final da série, os quais são muito compactos para formar as bandas largas necessárias para a condução metálica. Quando o NiO é dopado com Li_2O em atmosfera de O_2, forma-se a solução sólida $Li_x(Ni^{2+})_{1-2x}(Ni^{3+})_xO$, que tem sua condutividade muito aumentada por razões similares ao aumento da condutividade do Si quando este é dopado com In (Seção 3.20). O grande aumento da condutividade elétrica com o aumento da temperatura para os semicondutores de óxidos metálicos é usado nos "termistores" para medir temperatura.

Ao contrário do comportamento semicondutor dos monóxidos do centro e à direita da série 3d, o TiO e o VO apresentam alta condutividade elétrica que diminui com o aumento da temperatura. Esta condutividade metálica persiste sobre uma ampla faixa de composição, desde os $Ti_{1-x}O$ ricos em oxigênio até os TiO_{1-x} ricos em metal. Nestes compostos, a banda de condução é formada pela sobreposição dos orbitais t_{2g} dos íons metálicos em sítios octaédricos vizinhos que apontam uns para os outros (Fig. 24.11). A extensão radial dos orbitais d destes primeiros elementos do bloco d é maior do que a dos últimos elementos deste período, e a banda de condução resulta das suas sobreposições (Fig. 24.12); essa banda está somente parcialmente preenchida. A grande variação de composição do TiO_2 parece estar associada a esta deslocalização eletrônica: a banda de condução é bastante acessível e serve tanto como fonte quanto como escoadouro de elétrons, podendo rapidamente compensar a formação de lacunas.

(c) Propriedades magnéticas

Pontos principais: Os monóxidos de metais 3d MnO, FeO, CoO e NiO ordenam-se antiferromagneticamente com temperaturas Néel que aumentam do Mn ao Ni.

Além das propriedades eletrônicas que são consequência das interações entre os elétrons dos orbitais d, os monóxidos dos metais d apresentam propriedades magnéticas que se originam das interações cooperativas entre os momentos magnéticos atômicos individuais (Seção 20.8). A estrutura magnética global do MnO e de outros monóxidos metálicos de metais da série 3d é apresentada na Fig. 24.13. As temperaturas Néel (T_N, a temperatura da transição paramagnética/antiferromagnética; Seção 20.8) dos óxidos de metais d são as seguintes:

MnO	FeO	CoO	NiO
122 K	198 K	271 K	523 K

Esses valores refletem a força das interações de supertroca de spin (Seção 20.8) ao longo das direções M–O–M, que na estrutura do tipo sal-gema propagam-se em todas as três direções da célula unitária. À medida que o tamanho do íon M^{2+} diminuiu do Mn em direção ao Ni, o mecanismo de supertroca torna-se mais forte, devido ao aumento da sobreposição dos orbitais do metal e do oxigênio, e a T_N aumenta.

24.6 Óxidos superiores e óxidos complexos

Os óxidos metálicos binários que não têm uma razão metal:oxigênio de 1:1 são conhecidos como **óxidos superiores**. Os compostos contendo mais de um íon metálico são frequentemente chamados de **óxidos complexos** ou **óxidos mistos** e compreendem os compostos contendo três (óxidos ternários como, por exemplo, $LaFeO_3$), quatro (óxidos quaternários como, por exemplo, $YBa_2Cu_3O_7$) ou mais elementos. Esta seção descreve as estruturas e propriedades de alguns dos mais importantes óxidos mistos.

(a) M_2O_3 com estrutura do coríndon

Ponto principal: A estrutura do coríndon é adotada por muitos óxidos de estequiometria M_2O_3, dentre eles o óxido de alumínio dopado com Cr (rubi).

O α-óxido de alumínio (o mineral *coríndon*) tem uma estrutura que pode ser modelada como um arranjo de empacotamento compacto hexagonal de íons O^{2-}, com os cátions em dois terços dos sítios octaédricos (Fig. 24.14). A estrutura do coríndon também é adotada pelos óxidos de Ti, V, Cr, Rh, Fe e Ga nos seus estados de oxidação +3. Dois desses óxidos, Ti_2O_3 e V_2O_3, apresentam transições metal-semicondutor abaixo de 410 e 150 K, respectivamente (Fig. 24.15). No V_2O_3, a transição é acompanhada pelo ordenamento antiferromagnético dos spins. Os isolantes Cr_2O_3 e Fe_2O_3 também apresentam ordenamento antiferromagnético.

Outro aspecto interessante dos compostos M_2O_3 é a formação de soluções sólidas, por exemplo, do Cr_2O_3 verde-escuro com o Al_2O_3 incolor para formar o rubi vermelho brilhante. Conforme indicado na Seção 20.7, este deslocamento das transições de campo

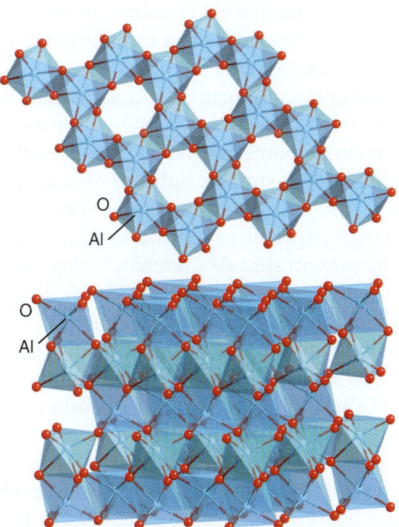

Figura 24.14 Estrutura do coríndon adotada pelo Al_2O_3, com os cátions ocupando dois terços dos sítios octaédricos entre as camadas de empacotamento compacto dos íons óxido.

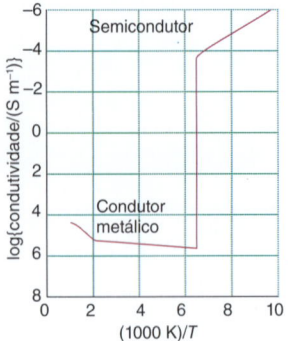

Figura 24.15 A dependência da condutividade elétrica do V_2O_3 com a temperatura, mostrando a transição de metal para semicondutor.

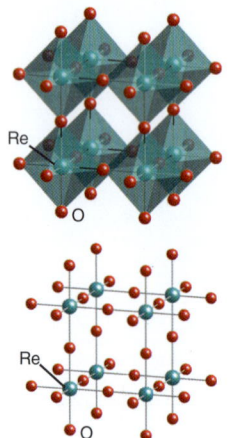

Figura 24.16* Estrutura do ReO_3 mostrando a célula unitária e os octaedros de ReO_6 que formam a célula unitária.

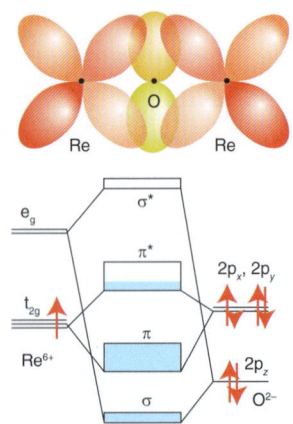

Figura 24.17 Estrutura de bandas do ReO_3.

ligante do Cr^{3+} deve-se à compressão dos íons O^{2-} ao redor do Cr^{3+} na estrutura hospedeira do Al_2O_3 (no Al_2O_3 as constantes de rede são a = 475 pm e c =1300 pm, enquanto que no Cr_2O_3 os valores correspondentes são maiores, sendo 493 pm e 1356 pm, respectivamente). A compressão desloca a absorção para o azul à medida que a força do campo ligante aumenta e o sólido parece vermelho sob luz branca. A resposta do espectro de absorção (e de fluorescência) dos íons Cr^{3+} à compressão é algumas vezes usada para medir a pressão em experimentos de alta pressão. Nesta aplicação, um minúsculo cristal de rubi inserido numa parte da amostra e iluminado com luz visível, sendo o deslocamento do seu espectro de fluorescência um indicador da pressão dentro da célula.

(b) Estrutura do trióxido de rênio

Ponto principal: A estrutura do trióxido de rênio é entendida como sendo formada por octaedros de ReO_6 que compartilham todos os seus vértices nas três dimensões.

O tipo de estrutura do trióxido de rênio é muito simples, consistindo em uma célula unitária cúbica com os átomos de Re nos vértices e os átomos de O nos pontos intermediários de cada aresta (Fig. 24.16). Alternativamente, a estrutura pode ser considerada como derivada de octaedros de ReO_6 que compartilham todos os seus vértices. Materiais que apresentam a estrutura do trióxido de rênio são relativamente raros. Essa raridade ocorre devido, em parte, à exigência do estado de oxidação M(VI) quando M está combinado com o oxigênio. O próprio óxido de rênio(VI), ReO_3, e uma das formas do UO_3 (o δ-UO_3) têm esse tipo de estrutura, e o WO_3 apresenta-se numa versão ligeiramente distorcida. No WO_3, os octaedros de WO_6 estão ligeiramente distorcidos e inclinados uns em relação aos outros, de forma que o ângulo da ligação W–O–W não é de 180°.

O trióxido de rênio é um sólido lustroso vermelho-brilhante. Sua condutividade elétrica à temperatura ambiente é semelhante à do cobre metálico. A estrutura de bandas para este composto contém uma banda derivada dos orbitais t_{2g} do Re e dos orbitais 2p do oxigênio (Fig. 24.17). Essa banda pode conter até seis elétrons por átomo de Re, mas está somente parcialmente preenchida para o Re^{6+} de configuração d^1, produzindo assim as propriedades metálicas observadas.

(c) Espinélios

Ponto principal: A observação de que muitos espinélios de metal d não apresentam a estrutura de espinélio normal está relacionada ao efeito da energia de estabilização do campo ligante no sítio de preferência dos íons.

Os óxidos superiores do bloco d, Fe_3O_4, Co_3O_4 e Mn_3O_4, e muitos compostos assemelhados contendo mais de um metal, como o $ZnFe_2O_4$, possuem propriedades magnéticas muito interessantes. Todos eles têm o tipo estrutural do mineral espinélio, $MgAl_2O_4$, que tem a fórmula geral AB_2O_4. A maioria dos óxidos com estrutura de espinélio é formada pela combinação de cátions A^{2+} e B^{3+} (ou seja, $A^{2+}B_2^{3+}O_4$ como no $Mg^{2+}[Al^{3+}]_2O_4$), embora existam vários espinélios que podem ser formulados como cátions A^{4+} e B^{2+} (sendo $A^{4+}B_2^{2+}O_4$ como no $Ge^{4+}[Co^{2+}]_2O_4$). A estrutura do espinélio foi descrita brevemente na Seção 3.9, quando vimos que ela consiste em um arranjo cfc dos íons O^{2-} no qual os íons A residem em um oitavo dos sítios tetraédricos e os íons B ocupam metade dos sítios octaédricos (Figura 24.18); essa estrutura é geralmente indicada por $A[B_2]O_4$, onde o átomo entre colchetes é o que ocupa os sítios octaédricos. Na estrutura de espinélio invertido, o arranjo dos cátions é $B[AB]O_4$, com o cátion mais abundante do tipo B distribuído entre as duas geometrias de coordenação. Os cálculos de entalpia de rede baseados num modelo iônico simples indicam que, para A^{2+} e B^{3+}, a estrutura de espinélio normal, $A[B_2]O_4$, deve ser a mais estável. O fato de que muitos espinélios de metal d não obedecem a essa expectativa tem sido relacionado ao efeito da energia de estabilização do campo ligante no sítio de preferência dos íons.

O **fator de ocupação**, λ, de um espinélio é a fração de átomos B nos sítios tetraédricos: para um espinélio normal, λ = 0; para um espinélio invertido, $B[AB]O_4$, λ = 0,5. Valores intermediários de λ indicam um nível de desordem na distribuição, onde a fração indicada dos cátions do tipo B ocupam os sítios tetraédricos. A distribuição dos cátions nos espinélios (A^{2+},B^{3+}) (Tabela 24.3) mostra que quando os íons A e B são d^0 a estrutura normal é a preferida, conforme previsto com base em considerações eletrostáticas. A Tabela 24.3 mostra que, quando o íon A^{2+} é d^6, d^7, d^8 ou d^9 e B^{3+} é o Fe^{3+}, geralmente temos a estrutura de espinélio invertido. Essa preferência pode ser relacionada à falta de estabilização de campo ligante (Seção 20.1 e Fig. 20.13) para o íon Fe^{3+} d^5 spin alto nos sítios octaédrico e tetraédrico e a existência de estabilização de campo ligante para

Tabela 24.3 Fator de ocupação, λ, para alguns espinélios*

	A	Mg^{2+}	Mn^{2+}	Fe^{2+}	Co^{2+}	Ni^{2+}	Cu^{2+}	Zn^{2+}
	B	d^0	d^5	d^6	d^7	d^8	d^9	d^{10}
Al^{3+}	d^0	0	0	0	0	0,38	0	
Cr^{3+}	d^3	0	0	0	0	0	0	0
Mn^{3+}	d^4	0						0
Fe^{3+}	d^5	0,45	0,1	0,5	0,5	0,5	0,5	0
Co^{3+}	d^6					0		0

* $\lambda = 0$ corresponde a um espinélio normal; $\lambda = 0,5$ corresponde a um espinélio invertido.

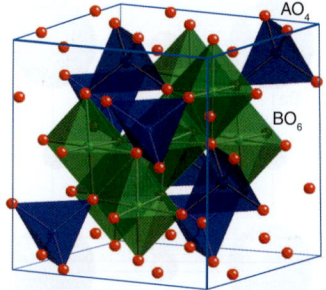

Figura 24.18* Uma parte da célula unitária do espinélio (AB_2O_4), mostrando o ambiente tetraédrico dos íons A e o ambiente octaédrico dos íons B (compare com a Fig. 3.44).

os outros íons d^n no sítio octaédrico. Para as outras combinações de íons de metal d nos sítios A e B, as energias de estabilização de campo ligante para os diferentes arranjos dos dois íons nos sítios octaédricos e tetraédricos precisam ser calculadas e comparadas. É importante notar que essa comparação simples da estabilização de campo ligante parece operar sobre esta gama limitada de cátions. Quando temos cátions de raios diferentes ou quando estão presentes quaisquer íons que não estejam na configuração de spin alto típica da maioria dos metais em espinélios (por exemplo, no Co_3O_4, onde o Co^{3+} é d^6 spin baixo), é necessária uma análise mais detalhada. Além disso, uma vez que λ muitas vezes depende da temperatura, deve-se tomar cuidado na síntese de um espinélio com uma distribuição específica de cátions, porque um resfriamento lento ou rápido de uma amostra, a partir de uma alta temperatura de reação, pode produzir distribuições de cátions bastante diferentes.

> **EXEMPLO 24.3** Prevendo a estrutura dos espinélios
>
> A estrutura do espinélio $MnCr_2O_4$ deve ser normal ou invertida?
>
> **Resposta** Precisamos considerar se existe estabilização de campo ligante. Como o Cr^{3+} (d^3) tem energia de estabilização de campo ligante ($1,2\Delta_O$ pela Tabela 20.2) no sítio octaédrico (mas um valor bem menor no campo tetraédrico), enquanto que o íon Mn^{2+}, d^5 de spin alto, não tem qualquer EECL, devemos esperar uma estrutura de espinélio normal. A Tabela 24.3 mostra que essa previsão se verifica experimentalmente.
>
> **Teste sua compreensão 24.3** A Tabela 24.3 indica que o $FeCr_2O_4$ é um espinélio normal. Justifique essa observação.

Os espinélios invertidos de fórmula AFe_2O_4 são algumas vezes chamados de **ferritas** (o termo ferrita também é aplicado, em diferentes circunstâncias, a outros óxidos de ferro). Quando $RT > J$, onde J é a energia de interação de spin entre íons diferentes, as ferritas são paramagnéticas. Entretanto, quando $RT < J$, a ferrita pode ser ferrimagnética ou antiferromagnética. O alinhamento de spins antiparalelo, característico do antiferromagnetismo, é ilustrado pelo $ZnFe_2O_4$, que possui uma distribuição de cátions do tipo $Fe[ZnFe]O_4$. Nesse composto, abaixo de 9,5 K, os íons Fe^{3+} (com $S = 5/2$) nos sítios tetraédricos e octaédricos estão acoplados antiferromagneticamente através de um mecanismo de supertroca (Seção 20.8), levando a um momento magnético total, aproximadamente, igual a zero para o sólido como um todo; note que o Zn^{2+}, sendo um íon d^{10}, não contribui para o momento magnético do material.

O $CoAl_2O_4$ está entre os espinélios normais da Tabela 24.3, com $\lambda = 0$, e, portanto, tem os íons Co^{2+} nos sítios tetraédricos. A cor do $CoAl_2O_4$ (um azul-intenso) é a esperada para um Co^{2+} tetraédrico. Essa propriedade, acoplada com a facilidade de síntese e a estabilidade da estrutura de espinélio, tem levado o aluminato de cobalto a ser usado como um pigmento (o "azul de cobalto"). Outros espinélios mistos de metais d apresentam cores fortes, como, por exemplo, o $CoCr_2O_4$ (verde), o $CuCr_2O_4$ (preto) e o (Zn,Fe)Fe_2O_4 (castanho-alaranjado), também são usados como pigmentos em aplicações como a tintura de vários materiais de construção, como o concreto.

(d) Perovskitas e fases assemelhadas

Pontos principais: As perovskitas têm a fórmula geral ABX_3, nas quais o sítio de coordenação 12 de uma estrutura do tipo BX_3 está ocupado por um íon A grande, como no ReO_3; a perovskita de titanato de bário, $BaTiO_3$, apresenta propriedades ferroelétricas e piezelétricas associadas com deslocamentos cooperativos dos íons.

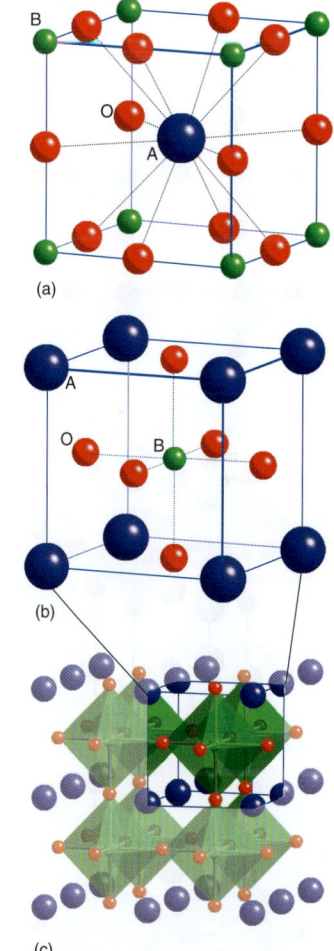

Figura 24.19* Diferentes vistas da estrutura da perovskita (ABO_3): (a) enfatizando a coordenação 12 do cátion A grande e mostrando a relação com a estrutura do ReO_3 da Fig. 24.16 (inferior); (b) destacando a coordenação octaédrica do cátion B; (c) uma representação poliédrica destacando os octaedros BO_6.

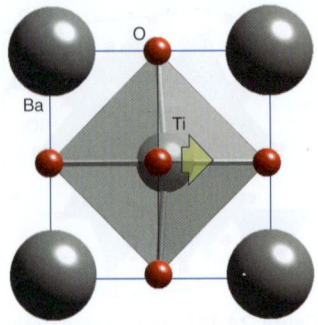

Figura 24.20* Estrutura tetragonal do $BaTiO_3$ mostrando o deslocamento local do íon Ti^{4+} que leva ao comportamento ferroelétrico deste material.

As perovskitas têm a fórmula geral ABX_3, na qual o sítio com coordenação 12 do BX_3 (como no ReO_3) está ocupado por um íon A grande (Fig. 24.19; visões diferentes dessa estrutura são dadas na Fig. 3.42). Na maioria das vezes, o íon X é O^{2-} ou F^- (como no $NaFeF_3$), embora também possam ser sintetizadas perovskitas contendo nitreto e hidreto, como a $LiSrH_3$. O nome "perovskita" vem do óxido mineral de ocorrência natural $CaTiO_3$, e a maior classe de perovskitas é aquela para a qual o ânion é o íon óxido. A abrangência das perovskitas é ainda maior ao se observar que soluções sólidas e não estequiometria também são aspectos comuns das estruturas de perovskita, como no $Ba_{1-x}Sr_xTiO_3$ e Sr-FeO_{3-y}. Alguns materiais ricos em metal apresentam estrutura de perovskita com a distribuição normal de cátions e ânions parcialmente invertida como, por exemplo, no $SnNCo_3$.

Frequentemente, a estrutura da perovskita apresenta-se distorcida de tal maneira que a célula unitária não é mais centrossimétrica e uma porção do cristal pode adquirir uma polarização elétrica global permanente como resultado do alinhamento dos íons deslocados nesta parte do cristal. Alguns cristais polares são **ferroelétricos**, no sentido de que se assemelham aos ímãs, mas, ao invés dos spins dos elétrons estarem alinhados numa região do cristal (geralmente chamada de *domínio*), os momentos de dipolo elétricos de muitas células unitárias é que estão alinhados. Como resultado, a permissividade relativa, que é uma consequência da polaridade de um composto, frequentemente ultrapassa 1×10^3 para um material ferroelétrico, podendo ser tão alta quanto $1,5 \times 10^4$; para efeito de comparação, a permissividade relativa da água líquida, à temperatura ambiente, é cerca de 80. O titanato de bário, $BaTiO_3$, é um dos exemplos mais estudados desse tipo de material. Em temperaturas acima de 120°C, este composto tem uma estrutura cúbica perfeita de perovskita. Na temperatura ambiente, ele apresenta uma célula unitária tetragonal de simetria menor, na qual vários íons estão deslocados dos seus sítios normais de alta simetria (Fig. 24.20). Esses deslocamentos resultam em uma polarização espontânea da célula unitária e na formação de um dipolo elétrico; o acoplamento entre esses íons deslocados, e, portanto, entre os dipolos induzidos, é muito fraco. A aplicação de um campo elétrico externo alinha esses dipolos ao longo do material, resultando numa polarização em uma determinada direção, a qual poderá persistir após a remoção do campo elétrico. A temperatura abaixo da qual essa polarização espontânea pode ocorrer e o material comporta-se como ferroelétrico é conhecida como **temperatura Curie** (T_C, Seção 20.8) por exemplo, T_C = 120°C para o $BaTiO_3$. A alta permissividade relativa do titanato de bário leva ao seu uso em capacitores, em que a sua presença permite um acúmulo de carga até 1000 vezes maior do que um capacitor com ar entre as placas. A introdução de dopantes na estrutura do titanato de bário, formando soluções sólidas, permite o ajuste de várias propriedades do composto. Por exemplo, a substituição do Ba por Sr ou do Ti por Zr provoca um forte abaixamento da T_C.

Outra característica de muitos cristais, inclusive de várias perovskitas que não possuem centro de simetria, é a **piezeletricidade**, que é a produção de um campo elétrico quando o cristal está sob tensão ou a mudança das dimensões do cristal quando um campo elétrico é aplicado. Os materiais piezelétricos são usados em várias aplicações, como transdutores de pressão (por exemplo, nos acendedores mecânicos de fogões e aquecedores a gás), ultramicromanipuladores (que controlam movimentos muito pequenos), detectores de som e como suporte da ponta de prova em microscopia de varredura por tunelamento (Seção 8.16). Alguns exemplos importantes são $BaTiO_3$, $NaNbO_3$, $NaTaO_3$ e $KTaO_3$.

Outro tipo de estrutura comum, relacionada com a da perovskita, é a do tetrafluoretoniquelato(II) de potássio, K_2NiF_4 (Fig. 24.21). Pode-se imaginar esse composto como contendo camadas individuais, com estrutura de perovskita, que compartilham os quatro átomos de F dos octaedros dentro da camada e possuem átomos de F terminais acima e abaixo da camada. Essas camadas estão deslocadas umas em relação às outras e estão separadas por íons K^+ (que estão nonacoordenados a oito íons F^- de uma camada e um íon F^- terminal da camada seguinte). Compostos com a estrutura do K_2NiF_4 voltaram a ser investigados porque alguns supercondutores de alta temperatura, como o $La_{1,85}Sr_{0,15}CuO_4$, cristalizam com essa estrutura. Além da sua importância em supercondutividade, os compostos com a estrutura do K_2NiF_4 também oferecem uma oportunidade para investigar domínios magnéticos bidimensionais, uma vez que o acoplamento entre os spins dos elétrons dentro das camadas de octaedros ligados é muito mais forte do que entre os elétrons em camadas diferentes.

A estrutura do K_2NiF_4 já foi apresentada como sendo derivada de uma única fatia da estrutura da perovskita; outras estruturas relacionadas também são possíveis, em que duas ou mais camadas de perovskita encontram-se deslocadas horizontalmente uma em relação à outra. Estruturas com o K_2NiF_4 numa extremidade (uma única camada de perovskita) e a perovskita propriamente dita na outra extremidade (um número infinito destas camadas)

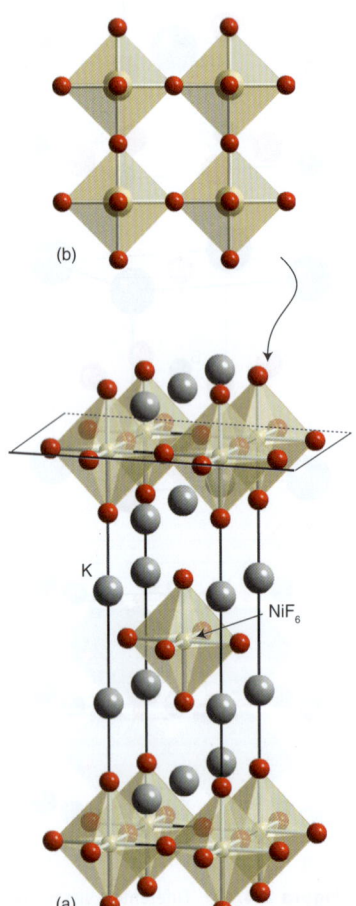

Figura 24.21* Estrutura do K_2NiF_4: (a) deslocamento das camadas de octaedros de NiF_6 entremeadas com íons K^+; (b) vista de uma camada de composição NiF_4 mostrando os octaedros ligados pelos vértices e compartilhando os átomos de flúor.

são conhecidas como **fases de Ruddlesden-Popper**. Dentre os exemplos temos o $Sr_3Fe_2O_7$, com camadas duplas, e o $Ca_4Mn_3O_{10}$, com camadas triplas (Fig. 24.22).

(e) Supercondutores de alta temperatura

Ponto principal: Os cupratos supercondutores de alta temperatura têm estruturas relacionadas com a perovskita.

A versatilidade das perovskitas estende-se até a supercondutividade, uma vez que alguns dos supercondutores de alta temperatura, descritos pela primeira vez em 1986, podem ser vistos como variantes da estrutura da perovskita. Os supercondutores têm duas características notáveis. Abaixo da temperatura crítica, T_c (que é diferente da temperatura Curie, T_C, de um material ferroelétrico), eles entram no estado supercondutor e possuem resistência elétrica zero. Nesse estado supercondutor eles também exibem o **efeito Meissner**, que é a exclusão de um campo magnético. O efeito Meissner é a base da demonstração comum da supercondutividade em que uma pastilha de um semicondutor levita acima de um ímã. Ele também é a base para várias aplicações em potencial dos supercondutores que envolvem a levitação magnética, como nos trens de levitação magnética ("maglev").

Seguindo a descoberta, em 1911, de que o mercúrio é um supercondutor abaixo de 4,2 K, físicos e químicos progrediram lenta, mas firmemente, na descoberta de supercondutores com valores de T_c mais altos; após 75 anos, a T_c atingiu 23 K com o Nb_3Ge. A maioria destes materiais supercondutores eram ligas metálicas, embora a supercondutividade já tivesse sido encontrada em muitos óxidos e sulfetos (Tabela 24.4); o diboreto de magnésio é um supercondutor abaixo de 39 K (veja o Quadro 13.4). Então, em 1986, foi descoberto o primeiro **supercondutor de alta temperatura** (HTSC, em inglês). Atualmente, são conhecidos vários materiais com T_c bem acima de 77 K, o ponto de ebulição do nitrogênio líquido, um refrigerante relativamente barato. Em poucos anos, o valor máximo de T_c aumentou por um fator de mais de cinco, chegando a cerca de 134 K.

São conhecidos dois tipos de supercondutores:

- **Tipo I:** supercondutores que apresentam uma perda abrupta da supercondutividade quando um campo magnético aplicado ultrapassa um valor característico para o material.
- **Tipo II:** incluem os materiais de alta temperatura; são supercondutores que mostram uma perda gradual da supercondutividade acima de um valor crítico de campo magnético, H_c.[3]

A Figura 24.23 mostra que há certo grau de periodicidade nos elementos que apresentam supercondutividade. Note que, em particular, os metais ferromagnéticos Fe, Co e Ni não apresentam supercondutividade, assim como os metais alcalinos e os metais de cunhagem Cu, Ag e Au.

O primeiro composto HTSC descrito foi o $La_{1,8}Ba_{0,2}CuO_4$ (T_c = 35 K), que é um membro da série de soluções sólidas $La_{2-x}Ba_xCuO_4$ na qual o Ba substitui uma parte dos sítios de La do La_2CuO_4. Esse material tem uma estrutura do tipo K_2NiF_4, com camadas de octaedros CuO_6 compartilhados pelas arestas separadas por cátions La^{3+} e Ba^{2+}, embora os octaedros estejam axialmente alongados pela distorção de Jahn-Teller

Tabela 24.4 Alguns materiais que apresentam supercondutividade abaixo da temperatura crítica, T_c

Elemento	T_c/K	Composto	T_c/K
Zn	0,88	Nb_3Ge	23,2
Cd	0,56	Nb_3Sn	18,0
Hg	4,15	$LiTi_2O_4$	13,7
Pb	7,19	$K_{0,4}Na_{0,6}BiO_3$	29,8
Nb	9,50	$YBa_2Cu_3O_7$	93
		$Tl_2Ba_3Ca_3Cu_4O_{12}$	134
		MgB_2	40
		K_3C_{60}	39
		$PbMo_6S_8$	15,2
		NbPS	12

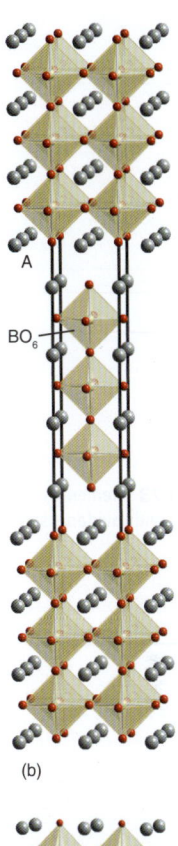

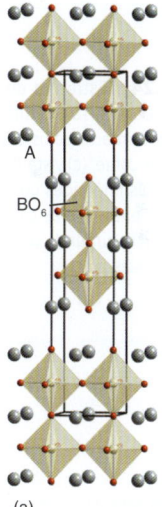

Figura 24.22* Fases de Ruddlesden-Popper de estequiometria (a) $A_3B_2O_7$ e (b) $A_4B_3O_{10}$, formadas, respectivamente, por duas e três camadas de perovskita de octaedros BO_6 ligados, separadas por cátions do tipo A.

---

[3] As fases de Chevrel, discutidas na Seção 24.10, possuem os maiores valores observados de H_c.

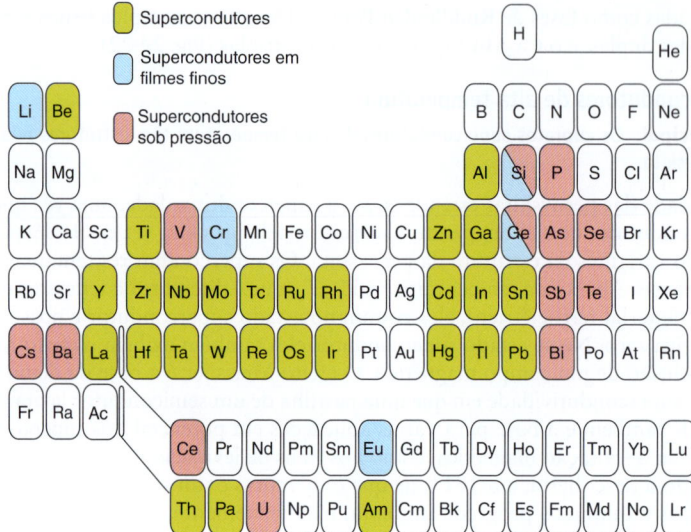

Figura 24.23 Elementos que apresentam supercondutividade sob condições específicas.

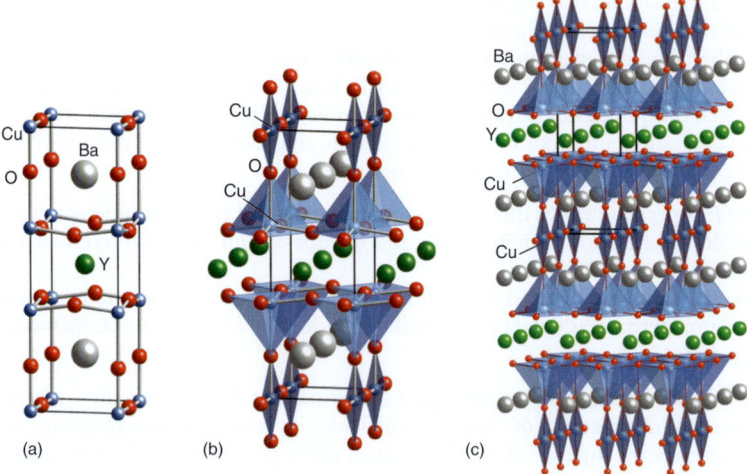

Figura 24.24* Estrutura do supercondutor $YBa_2Cu_3O_7$: (a) célula unitária; (b) poliedro formado pelos oxigênios ao redor dos íons cobre; (c) vista das camadas formadas pelas pirâmides quadráticas de CuO_5 ligadas entre si e as cadeias formadas pelos CuO_4 quadráticos planos ligados pelos vértices.

(Seção 20.1g). Também é conhecido um composto semelhante, $La_{1,8}Sr_{0,2}CuO_4$ (T_c = 38 K), onde o Sr substitui o Ba.

Um dos óxidos HTSC mais estudados é o $YBa_2Cu_3O_{7-x}$ (T_c = 93 K; informalmente chamado de "123", devido às proporções dos átomos metálicos no composto, ou de YBCO, pronuncia-se "ib-co"), que tem uma estrutura semelhante à da perovskita, mas com alguns átomos de O ausentes. Em termos da estrutura mostrada na Fig. 24.24, a célula unitária estequiométrica do $YBa_2Cu_3O_7$ consiste em três cubos simples de perovskita empilhados verticalmente, com o Y e o Ba nos sítios A da perovskita original e os átomos de Cu nos sítios B. Entretanto, diferentemente de uma estrutura de perovskita verdadeira, os sítios B não estão rodeados por um octaedro de átomos de O: a estrutura 123 tem um grande número de sítios que normalmente estariam ocupados por O, mas que na verdade estão vazios. Como resultado, alguns átomos de Cu têm cinco átomos de O ao seu redor, em um arranjo piramidal quadrático, e outros têm apenas quatro, como unidades CuO_4 quadráticas planas. Da mesma forma, o Y e o Ba nos sítios A têm um número de coordenação menor do que 12. O $YBa_2Cu_3O_7$ perde facilmente oxigênio de alguns dos sítios dos CuO_4 quadráticos planos, formando $YBa_2Cu_3O_{7-x}$ ($0 \leq x \leq 1$), mas à medida que x aumenta acima de 0,1, a temperatura crítica cai rapidamente abaixo dos 93 K. Uma amostra do material 123 feita em laboratório e aquecida sob oxigênio puro a 450°C no estágio final de preparação é, geralmente, deficiente em oxigênio, com x < 0,1.

Atribuindo-se os números de oxidação usuais $N_{ox}(Y)$= +3, $N_{ox}(Ba)$= +2 e $N_{ox}(O)$= –2, então o número de oxidação médio do cobre será +2,33, deduzindo-se assim que o $YBa_2Cu_3O_{7-x}$ é um material com estado de oxidação misto, que contém Cu^{2+} e Cu^{3+}.

Note que no $YBa_2Cu_3O_{7-x}$ o material contém formalmente algum Cu^{3+}, até que x aumente acima de 0,5. Uma visão alternativa é que o número de elétrons no $YBa_2Cu_3O_{7-x}$ é tal que existe uma banda parcialmente cheia; essa visão é consistente com a alta condutividade elétrica e o comportamento metálico desse óxido à temperatura ambiente (Seção 3.19). Se considerarmos que esta banda foi construída a partir dos orbitais Cu3d, então o preenchimento parcial é consequência dos buracos neste nível (correspondendo ao Cu^{3+}).

As unidades CuO_4 quadráticas planas no $YBa_2Cu_3O_{7-x}$ encontram-se arranjadas em cadeias e as unidades CuO_5 unem-se para formar folhas infinitas. A estequiometria de uma folha infinita formada de CuO_4 quadráticos planos compartilhando os vértices é CuO_2. A adição de um ou dois átomos de oxigênio apicais nos casos em que as camadas são construídas a partir de pirâmides de base quadrada ou octaedros, respectivamente, sustenta a folha de CuO_2. Esse aspecto estrutural também é observado em todos os outros oxocupratos HTSCs e acredita-se que seja um componente importante no mecanismo de supercondução nesses materiais.

A Tabela 24.4 apresenta alguns materiais HTSC, juntamente com outros materiais supercondutores. Todos esses materiais podem ser considerados como tendo pelo menos parte das suas estruturas derivadas da perovskita, como uma camada de poliedros CuO_n (n = 4, 5 ou 6) ligados, formando seção com esse tipo de estrutura. Entre essas camadas de cuprato (que podem ter até seis folhas de CuO_2 derivadas da perovskita), podemos ter várias outras unidades estruturais simples, contendo metais do bloco s ou p em combinação com o oxigênio, e estrutura de fluorita ou sal-gema. Assim, o $Tl_2Ba_2Ca_2Cu_3O_{10}$ pode ser considerado como tendo três camadas de perovskita baseadas em Cu, O e Ca e separadas por camadas duplas com estrutura de sal-gema construída a partir de Tl e O; o Ba situa-se entre as camadas de sal-gema e perovskita (Fig. 24.25).

A síntese dos supercondutores de alta temperatura tem sido guiada por várias considerações qualitativas, tais como o sucesso demonstrado pelas estruturas lamelares e o estado de oxidação misto do cobre em combinação com elementos pesados do bloco p. Considerações adicionais são os raios dos íons e suas preferências por certos ambientes de coordenação. Muitos destes materiais são preparados simplesmente aquecendo-se uma mistura íntima dos óxidos metálicos na faixa de 800 a 900°C em um cadinho aberto de alumina. Outros, como os óxidos complexos de cobre contendo mercúrio e tálio, requerem reações envolvendo os óxidos tóxicos e voláteis Tl_2O e HgO; nesses casos, as reações são normalmente feitas em tubos selados de ouro ou prata (Seção 24.1).

Não existe ainda uma explicação definitiva sobre a supercondutividade em alta temperatura. Acredita-se que o movimento dos pares de elétrons, conhecidos como 'pares de Cooper' e responsáveis pela supercondutividade convencional, também é importante nos materiais de alta temperatura, mas o mecanismo de emparelhamento ainda é discutido acaloradamente.

(f) Outros óxidos e fases supercondutoras

Ponto principal: Muitos óxidos complexos apresentam supercondutividade em baixas temperaturas.

A observação de supercondutividade nos cupratos complexos é inusitada em termos das altas temperaturas críticas alcançadas, mas muitos outros óxidos e fases óxido apresentam uma transição para resistência elétrica zero, embora geralmente em temperaturas consideravelmente mais baixas. Alguns exemplos de composição simples incluem fases da solução sólida $Li_{1+x}Ti_{2-x}O_4$ (que tem estrutura de espinélio e T_c = 13,7 K para x = 0) e o $Na_{0,35}CoO_2 \cdot H_2O$, com $T_c \approx$ < 5 K (ver Tabela 24.4).

Os óxidos complexos de bismuto de composição $(K_{0,87}Bi_{0,13})BiO_3$ (T_c = 10,2 K) e $(Ba_{0,6}K_{0,4})BiO_3$ (T_c = 30 K) com estrutura da perovskita com o Bi como cátion do tipo B, estão dentre os vários bismutatos assemelhados que exibem supercondutividade. Vários óxidos complexos que adotam a estrutura do pirocloro (Fig. 24.26) apresentam supercondutividade e têm composição $M_{2-x}B_2O_{7-x}$, onde M é um cátion de metal do Grupo I, Grupo II ou de pós-transição, como Cs, Ca ou Cd, e onde B é um metal d pesado. Por exemplo, o $Cd_2Re_2O_7$ é supercondutor abaixo de 1,4 K e o KOs_2O_6 é supercondutor abaixo de 10 K. Recentemente, tem havido interesse especial em uma nova família de supercondutores com temperaturas críticas que se aproximam dos melhores cupratos. Estes novos óxidos de arsênio, ferro e lantanídeos, de composição $LnFeAs(O,F)_{1-x}$, foram primeiramente relatados para Ln = La no $LaFeAsO_{1-x}F_x$, com T_c = 26 K, e compostos de composição similar de Pr e Sm com temperaturas críticas de 52 K e 55 K, respectivamente. As estruturas desses compostos baseiam-se em camadas alternadas de composição LnO e FeAs (Fig. 24.27). Dentre os materiais relacionados

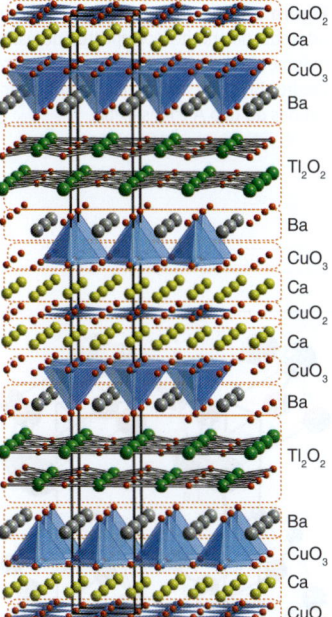

Figura 24.25* Estrutura do $Tl_2Ba_2Ca_2Cu_3O_{10}$ formada a partir de três camadas de perovskita deficientes de oxigênio, produzidas a partir de unidades CuO_4 quadráticas planas e pirâmides de base quadrada ligadas entre si e separadas por Ca na posição dos cátions tipo A. As camadas duplas, com estequiometria Tl_2O_2 e arranjo do tipo sal-gema dos átomos de Tl e O, encontram-se intercaladas entre as camadas múltiplas de perovskita.

Figura 24.26* A estrutura do pirocloro adotada por muitos compostos de estequiometria $A_2B_2O_7$. São mostrados os octaedros BO_6, que formam canais contendo cátions do tipo A e íons óxido.

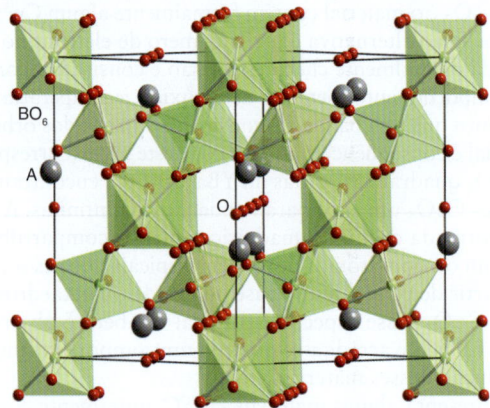

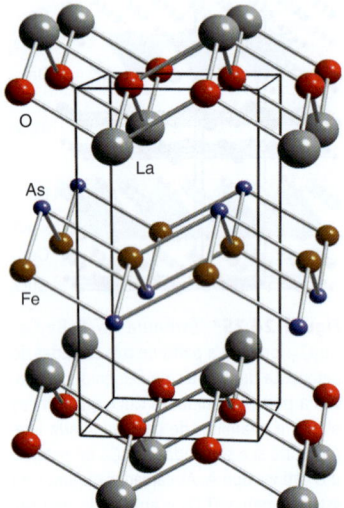

Figura 24.27* A estrutura do supercondutor LaFeAsO, delineando-se os dois tipos de camadas.

a estes e que também apresentam supercondutividade temos o LiFeAs (T_c = 18 K) e o AFe_2As_2 (sendo A = Ca, Sr e Ba, com T_c até 38 K).

(g) Magnetorresistência gigante ou colossal

Ponto principal: As perovskitas com Mn nos sítios dos cátions B podem mostrar variações muito grandes de resistência sob aplicação de um campo magnético, conhecida como magnetorresistência gigante ou colossal.

Os manganitos, que são os óxidos complexos de Mn(III) e Mn(IV) com a formulação genérica das soluções sólidas $Ln_{1-x}A_xMnO_3$ (A = Ca, Sr, Pb, Ba; Ln = geralmente La, Pr ou Nd), ordenam-se ferromagneticamente ao serem resfriados abaixo da temperatura ambiente, com temperatura Curie geralmente entre 100 e 250 K e, simultaneamente, transformam-se de isolantes (na temperatura mais alta) para maus condutores metálicos. Esses materiais também apresentam **magnetorresistência**, que é uma marcante diminuição das suas resistências quando submetidos a um campo magnético em temperatura próxima e um pouco acima das suas temperaturas Curie (Fig. 24.28). Estudos recentes mostraram que para esses manganitos a diminuição da resistência pode ser tão grande quanto 11 ordens de grandeza e, por essa razão, esses compostos têm sido chamados de **manganitos com magnetorresistência gigante ou colossal**.[4]

Os manganitos com magnetorresistência gigante ou colossal (GMR ou CMR, em inglês) têm estruturas do tipo perovskita, com os sítios dos cátions A ocupados por uma mistura de cátions Ln^{3+} e A^{2+} e os sítios B ocupados por Mn. O estado de oxidação do manganês nestas soluções sólidas varia entre +3 e +4 à medida que varia a proporção de A^{2+}. O $LaMnO_3$ puro ordena-se antiferromagneticamente abaixo da sua temperatura Néel (T_N = 150 K) mas, com o aumento de x no $Ln_{1-x}A_xMnO_3$, correspondendo a um aumento do conteúdo de Mn^{4+}, os manganitos ordenam-se ferromagneticamente ao serem resfriados.

A observação de que as transições para um comportamento condutor de elétrons e ferromagnético ocorrem simultaneamente quando do resfriamento dos manganitos $Ln_{1-x}A_xMnO_3$, bem como a origem do efeito CMR, não são completamente compreendidas, mas sabe-se que elas se baseiam no mecanismo chamado de **dupla troca** (DT) entre as espécies Mn(III) e Mn(IV) presentes nesses materiais. O processo básico desse mecanismo é a transferência de um elétron do Mn^{3+} ($t_{2g}^3 e_g^1$) para o Mn^{4+} (t_{2g}^3), através de um átomo de O, de forma que ocorre a troca de posições do Mn(III) com o Mn(IV). Em altas temperaturas, os elétrons nestes manganitos ficam efetivamente aprisionados em sítios específicos, levando a um ordenamento das espécies Mn(III) e Mn(IV); ou seja, o aprisionamento resulta em um **ordenamento de carga**. O estado de ordenamento de carga geralmente está associado ao comportamento isolante e paramagnético; o estado de carga desordenada, no qual o elétron pode mover-se entre os sítios, está associado ao comportamento metálico e o ferromagnetismo. O estado de alta temperatura de carga ordenada pode ser transformado num estado metálico com os spins ordenados (ferromagnético) simplesmente pela aplicação de um campo magnético; portanto, a aplicação de um campo magnético a um manganito em temperatura imediatamente acima de sua temperatura crítica causa a transformação do ordenamento de carga em uma deslocalização dos elétrons e, logo, uma grande diminuição da resistência.

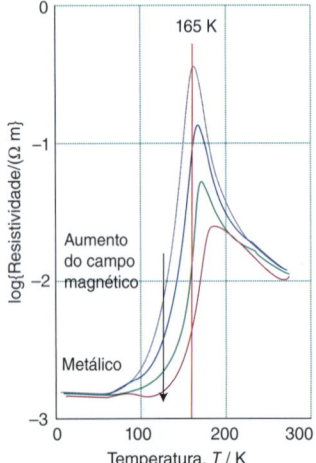

Figura 24.28 Resistividade em função da temperatura, em vários campos magnéticos, para um material que apresenta magnetorresistência colossal. A 165 K, a aplicação de um campo magnético causa uma variação na resistividade de cerca de duas ordens de grandeza.

---

[4] Albert Fert e Peter Grünberg foram agraciados em 2007 com o Prêmio Nobel de Física pela descoberta deste fenômeno.

O efeito GMR vem sendo usado em componentes magnéticos para armazenamento de dados, como discos rígidos de computadores (Quadro 24.2), e os manganitos que apresentam CMR vêm sendo investigados para essas aplicações. Trabalhos adicionais usando esses compostos são objeto da **spintrônica**, que, em vez de utilizar o movimento dos elétrons para transmitir informação, (que é a base da eletrônica e do funcionamento dos componentes de silício), usa de maneira similar o movimento do spin através dos materiais. Como a transferência de spin é mais rápida do que o movimento dos elétrons e não produz calor através dos efeitos resistivos, os dispositivos computacionais baseados na spintrônica podem ter maior capacidade de processamento e não necessitam de resfriamento; este último aspecto é um problema crescente na tecnologia de semicondutores, uma vez que os transistores estão cada vez mais densamente empacotados nos processadores dos computadores.

> **QUADRO 24.2** Materiais magnetorresistivos e o armazenamento de dados em discos rígidos
>
> As informações nas unidades de disco rígido dos computadores (HDDs, em inglês) são codificadas usando-se domínios magnéticos diminutos com suas direções de magnetização representando os níveis lógicos 0 e 1. Esta informação pode ser lida usando-se uma "cabeça" magnética feita com um espinélio de ferro e uma bobina. Quando a cabeça passa sobre uma superfície codificada, é gerada uma pequena corrente elétrica na bobina que depende da direção da magnetização. Entretanto, esses dispositivos têm baixa sensibilidade, necessitando de regiões relativamente grandes de material magnético, e a quantidade de informação que pode ser armazenada no dispositivo é limitada.
>
> Nos anos de 1990, foram desenvolvidos HDDs que usavam efeitos de magnetorresistividade, levando a uma sensibilidade muito maior e permitindo elevadas densidades de armazenamento de dados. Um HDD que usa magnetorresistividade gigante (GMR) essencialmente consiste em duas camadas ferromagnéticas separadas por uma camada espaçadora, levando a um fraco acoplamento entre as camadas; uma camada de um material antiferromagnético fixa ou "prende" a orientação de uma das camadas ferromagnéticas. Esta estrutura global é conhecida como **válvula de spin**. Quando um campo magnético fraco, como o de um "bit" codificado em um disco rígido, passa por abaixo dessa estrutura, a orientação magnética da camada magnética que não está presa se modifica em relação à camada que está magneticamente presa e essa reorientação gera uma mudança significativa na resistência elétrica do dispositivo através do efeito magnetorresistivo. Esta variação pode ser facilmente medida eletronicamente, sendo o resultado da leitura da superfície codificada.
>
> A maioria dos materiais usados nestes HDDs são camadas de metais ou ligas ferromagnéticas como FeCr, mas o interesse no desenvolvimento de dispositivos ainda mais sensíveis tem levado a pesquisas em materiais que apresentam efeitos CMR, como os manganitos descritos no texto principal.

(h) Materiais para baterias recarregáveis

Ponto principal: A química de oxirredução associada à inserção e retirada de íons metálicos dentro das estruturas de óxidos é explorada nas baterias recarregáveis.

A existência de fases de óxidos complexos que apresentam boa condutividade iônica associada com a capacidade de variar o estado de oxidação de um íon de metal d tem levado ao desenvolvimento de materiais usados como catodo nas baterias recarregáveis (veja Quadro 11.2). Como exemplo, temos o $LiCoO_2$, com uma estrutura em camadas formada por folhas de octaedros CoO_6 ligados pelas arestas e separadas por íons Li^+ (Fig. 24.29), e vários espinélios de manganês e lítio, como o $LiMn_2O_4$. Em cada um desses compostos, a bateria é carregada pela remoção dos íons Li^+ móveis do óxido metálico complexo, como em

$$LiCoO_2 \rightarrow CoO_2 + Li^+ + e^-$$

A bateria é descarregada através da reação eletroquímica inversa. O óxido de cobalto e lítio, usado em muitas baterias comerciais de íon lítio, tem muitas das características necessárias para este tipo de aplicação. A energia específica (a energia armazenada dividida pela massa) do $LiCoO_2$ (140 W h kg^{-1}) é maximizada pelo uso de elementos leves como o Li e o Co; os metais 3d são quase que invariavelmente usados nestas aplicações por serem os elementos de menor densidade com estados de oxidação variável. A alta mobilidade do íon Li^+ e a boa reversibilidade eletroquímica de carga e descarga devem-se ao pequeno raio iônico do íon lítio e à estrutura em camadas do $LiCoO_2$, permitindo que o Li^+ seja retirado sem grandes alterações da estrutura. Altas capacidades são obtidas pela grande quantidade de Li (um íon Li^+ para cada fórmula unitária $LiCoO_2$) que pode ser retirada reversivelmente (cerca de 500 ciclos de carga e descarga) do composto, e a corrente é liberada a uma diferença de potencial alta e constante (entre 3,5 e 4 V). A grande diferença de potencial deve-se, em parte, aos elevados estados de oxidação do cobalto (+3 e +4) envolvidos.

Uma vez que o cobalto é caro e relativamente tóxico, continuam as pesquisas por materiais óxidos melhores do que o $LiCoO_2$. Os novos materiais terão que apresentar os altos níveis de reversibilidade encontrados no cobaltato de lítio, e um grande esforço tem sido feito em direção às formas dopadas do $LiCoO_2$ e do $LiNiO_2$ e dos espinélios de $LiMn_2O_4$ e também dos óxidos complexos nanoestruturados (Seção 24.23), os quais,

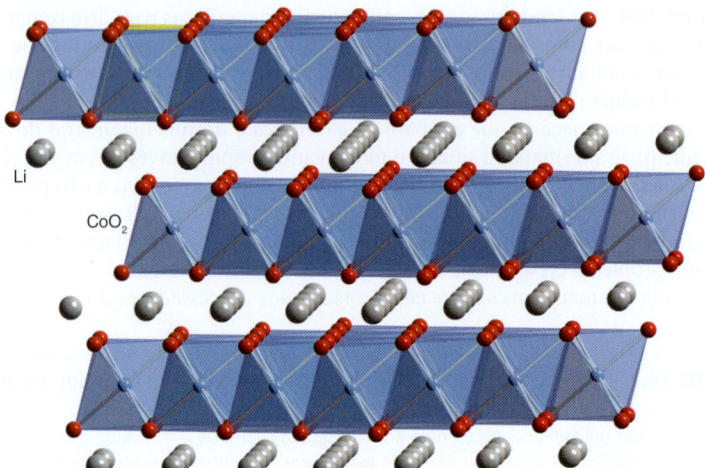

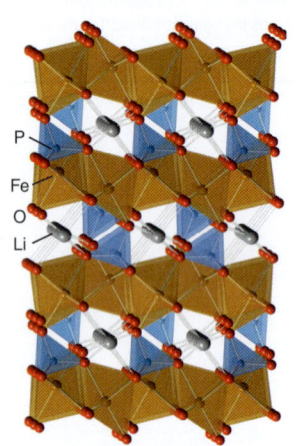

Figura 24.29 Estrutura do LiCoO$_2$ mostrando as camadas formadas por octaedros CoO$_6$ ligados entre si e separadas por íons Li$^+$; o lítio pode ser retirado eletroquimicamente da região entre as camadas.

Figura 24.30 Estrutura do LiFePO$_4$ mostrando a ligação entre os octaedros de FeO$_6$ e os tetraedros de PO$_4$, formando canais contendo os cátions Li$^+$.

devido aos seus pequenos tamanhos de partícula, podem oferecer excelente reversibilidade. O LiFePO$_4$ apresenta boas características como material de catodo além de ser à base de ferro, que é barato e não é tóxico. Ele tem a estrutura do mineral natural olivina ((Mg,Fe)$_2$SiO$_4$) que consiste em octaedros de FeO$_6$ e tetraedros de PO$_4$ ligados (Fig. 24.30) e rodeados por íons lítio que são extraídos da estrutura durante o carregamento da bateria para produzir "FePO$_4$". Devido à sua baixa condutividade elétrica, o LiFePO$_4$ é usado normalmente na forma de pequenas partículas cobertas com carbono grafítico condutor. Apesar de o LiFePO$_4$ possuir uma densidade de energia menor que o LiCoO$_2$, ele oferece maior pico de potência, sendo utilizado comercialmente em ferramentas de alto torque e carros elétricos. Outros materiais semelhantes vêm sendo investigados para ser usados como catodo em baterias recarregáveis íon Li, dentre eles os sulfatos e os fluoretos de metais de transição da primeira serie.

O outro eletrodo numa bateria recarregável de íon lítio pode ser simplesmente o Li metálico, o qual completa a reação global da célula através do processo Li(s) → Li$^+$ + e$^-$. Assim, os íons lítio migram para o catodo através de um eletrólito que é geralmente um sal de lítio anidro, como LiPF$_4$ ou LiC(SO$_2$CF$_3$)$_3$, dissolvido em um polímero como o carbonato de polipropileno. Entretanto, o uso do lítio metálico apresenta vários problemas associados com a sua reatividade e a variação de volume que ocorre na célula. Dessa forma, um material de anodo alternativo frequentemente usado nas baterias recarregáveis é o carbono grafítico, o qual pode intercalar eletroquimicamente grandes quantidades de Li para formar LiC$_6$ (Seção 14.5). À medida que a célula descarrega, o Li é transferido da região entre as camadas de carbono do anodo e intercalado no óxido metálico do catodo (e vice-versa durante a recarga), com o seguinte processo global (Fig. 24.31):

$$\text{Li}_y\text{C}_6 + \text{Li}_{1-x}\text{CoO}_2 \underset{\text{carga}}{\overset{\text{descarga}}{\rightleftharpoons}} \text{C}_6 + \text{Li}_{1-x+y}\text{CoO}_2$$

24.7 Óxidos vítreos

O termo **cerâmica** é frequentemente usado para todos os materiais inorgânicos não metálicos, não moleculares, inclusive os materiais amorfos e cristalinos, mas o termo é normalmente reservado para compostos ou misturas que tenham sofrido tratamento térmico e tenham sido sinterizados para formar óxidos complexos densos. O termo **vidro** é usado em diversos contextos, mas para os nossos presentes propósitos ele significa uma cerâmica amorfa com uma viscosidade tão alta que pode ser considerada rígida. Diz-se que uma substância na sua forma vitrificada está no seu **estado vítreo**. Embora as cerâmicas e os vidros venham sendo utilizados desde a Antiguidade, o seu desenvolvimento é hoje uma área de rápido avanço científico e tecnológico. Este entusiasmo advém do interesse pelos fundamentos científicos das suas propriedades e pelo desenvolvimento de novas rotas sintéticas para novos materiais de alto desempenho. Restringiremos nossa atenção aqui aos vidros. Os vidros mais familiares são os silicatos de metais alcalinos ou alcalinoterrosos e os borossilicatos.

Óxidos, nitretos e fluoretos metálicos

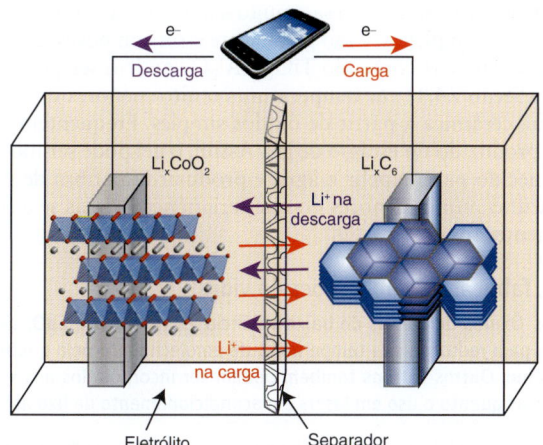

Figura 24.31 Esquema do processo de carga e descarga que ocorre em uma bateria recarregável de íon Li, usando $LiCoO_2$ como o catodo e grafita como o anodo.

(a) A formação do vidro

Pontos principais: O dióxido de silício forma facilmente um vidro porque a rede tridimensional de fortes ligações covalentes Si–O não se quebra facilmente no material fundido e também não se refaz facilmente quando resfriada. As regras de Zachariasen resumem as propriedades que conduzem à provável formação de um vidro.

Um vidro é preparado resfriando-se um material fundido mais rapidamente do que ele pode cristalizar. Assim, o resfriamento da sílica fundida produz o quartzo vítreo. Nestas condições, o sólido não possui periodicidade de longo alcance, como pode ser visto pela ausência de picos na difração de raios X, mas dados espectroscópicos e outros indicam que cada átomo de Si está rodeado por um arranjo tetraédrico de átomos de O. A falta de um ordenamento de longo alcance resulta em alterações dos ângulos Si–O–Si. A Figura 24.32a ilustra, em duas dimensões, como um ambiente de coordenação local pode ser preservado, mas a ordem de longo alcance é perdida pela variação dos ângulos de ligação ao redor do O. Esta falta de ordenamento de longo alcance fica logo evidente quando os raios X são espalhados por um vidro (Fig. 24.32b): diferentemente de um material cristalino com ordenamento periódico de longo alcance, no qual a difração produz uma série de máximos de difração (Seção 8.1), o padrão de difração de raios X obtido de um vidro mostra apenas sinais largos, uma vez que o ordenamento de longo alcance foi perdido. O dióxido de silício forma facilmente um vidro porque a sua rede tridimensional de fortes ligações covalentes Si–O não se rompe facilmente no material fundido e não se forma novamente quando do resfriamento. A ausência de fortes ligações direcionais nos metais e nas substâncias iônicas simples torna muito mais difícil a formação de vidros a partir desses materiais. Recentemente, entretanto, têm-se desenvolvido técnicas de resfriamento ultrarrápido e, como resultado, uma ampla variedade de metais e materiais inorgânicos simples podem agora ser congelados num estado vítreo.

O conceito de que a esfera de coordenação local do elemento formador do vidro é preservada, enquanto que os ângulos de ligação ao redor do O variam, foi proposto originalmente por W. H. Zachariasen em 1932. Ele concluiu que essas condições devem levar a energias de Gibbs molares e volumes molares similares para o vidro e o seu correspondente estado cristalino. Zachariasen também propôs que o estado vítreo era favorecido pelo compartilhamento de átomos de O nos vértices de um poliedro em vez do compartilhamento por arestas ou faces, o que levaria a uma ordem maior. Essas e outras **regras de Zachariasen** são válidas para os óxidos formadores de vidro mais comuns, embora existam exceções.

Uma comparação instrutiva entre os materiais vítreos e cristalinos é vista através da variação de volume com a temperatura (Fig. 24.33). Quando um material fundido cristaliza, ocorre uma mudança abrupta no volume (geralmente um decréscimo), correspondendo a um empacotamento mais eficiente e mais próximo dos átomos, íons ou moléculas na fase sólida. Ao contrário, um material formador de vidro, ao ser resfriado rapidamente, persiste como um líquido super-resfriado metaestável. Quando resfriado abaixo da **temperatura de transição vítrea**, T_v, o líquido super-resfriado torna-se rígido, e essa mudança é acompanhada por apenas uma inflexão na curva de resfriamento, ao invés de uma mudança abrupta na inclinação; isso indica que a estrutura do vidro sólido é semelhante à estrutura do

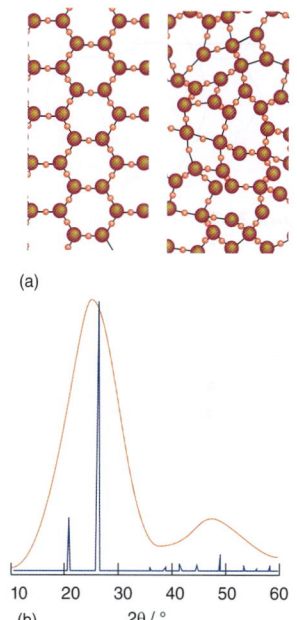

Figura 24.32 (a) Representação esquemática de um cristal bidimensional, à esquerda, comparado com um vidro bidimensional, à direita. (b) Padrão de difração de raios X em pó de um vidro (SiO_2, em laranja), comparado com o padrão de um sólido cristalino (quartzo SiO_2, em azul). O ordenamento de longo alcance, que produz máximos de difração bem definidos no quartzo, não está presente no SiO_2 amorfo, observando-se apenas sinais alargados.

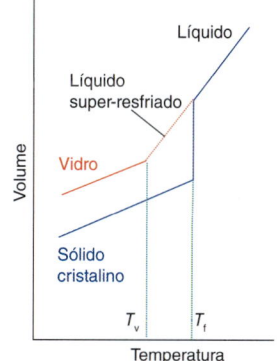

Figura 24.33 Comparação da variação de volume para líquidos super-resfriados e vidros com a de um material cristalino. T_v é a temperatura de transição vítrea e T_f é o ponto de fusão.

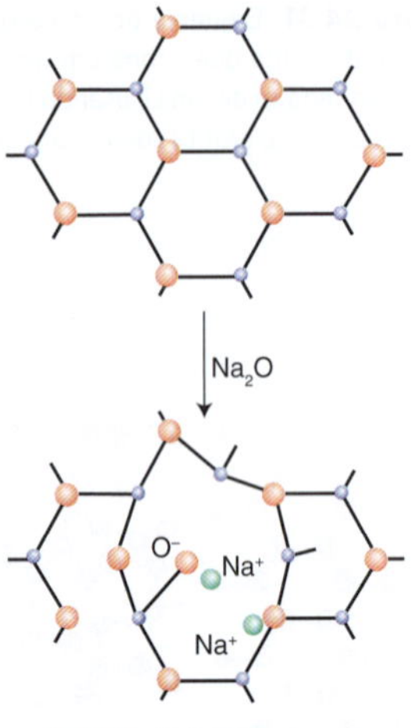

Figura 24.34 A função de um modificador é introduzir íons O^{2-} e cátions que rompem a rede.

líquido. As velocidades de cristalização são muito lentas para a maioria dos silicatos, fosfatos e boratos metálicos complexos, e são geralmente esses compostos que formam vidros.

Os vidros e as cerâmicas contendo TiO_2 e Al_2O_3 podem ser preparadas usando-se o método sol-gel (Seção 24.1) em temperaturas muito menores do que as necessárias para produzir uma cerâmica a partir de óxidos simples. Frequentemente, um formato especial pode ser produzido no estágio de gel. Assim, o gel pode ser moldado como uma fibra e depois aquecido para expelir a água e produzir uma fibra de vidro ou de cerâmica em temperaturas muito menores do que seriam necessárias se a fibra fosse feita a partir de componentes fundidos.

(b) Composição, fabricação e aplicações do vidro

Pontos principais: Óxidos de metais de baixa valência, como Na_2O e CaO, são frequentemente adicionados à sílica para reduzir a sua temperatura de amolecimento pela quebra da estrutura em rede de silício-oxigênio. Outros cátions também podem ser incorporados aos vidros para permitir aplicações tão diversas quanto o uso em lasers e o acondicionamento de lixo atômico.

Embora a sílica vítrea seja um vidro forte que pode resistir ao resfriamento ou aquecimento rápido sem quebra, ela tem uma alta temperatura de transição vítrea e, assim, tem que ser trabalhada em temperaturas inconvenientemente elevadas. Deste modo, um **modificador**, como Na_2O ou CaO, é normalmente adicionado ao SiO_2. O modificador rompe algumas das ligações Si–O–Si, substituindo-as por ligações terminais S–O$^-$ que se associam aos cátions (Fig. 24.34). A consequência desse rompimento parcial da rede Si–O leva a vidros que possuem um menor ponto de amolecimento. O vidro comum usado em garrafas e janelas é chamado de "vidro alcalino" e contém Na_2O e CaO como modificadores. Quando o B_2O_3 é usado como modificador, os "vidros borossilicatos" resultantes têm um coeficiente de expansão térmica menor que o vidro alcalino, tendo menos chance de quebra quando aquecidos. O vidro borossilicato (como o Pyrex®) é por isso amplamente usado em utensílios que vão ao forno e em vidraria de laboratório.

A formação de vidro é uma propriedade de muitos óxidos e vidros de utilização prática têm sido obtidos a partir de sulfetos, fluoretos e outros constituintes aniônicos. Alguns dos melhores formadores de vidros são os óxidos dos elementos próximos ao silício na tabela periódica (B_2O_3, GeO_2 e P_2O_5), mas a solubilidade em água da maioria dos vidros de borato e de fosfato e o alto custo do germânio limitam o seu emprego.

O desenvolvimento de materiais vítreos e cristalinos transparentes para a transmissão e o processamento de luz tem levado a uma revolução na transmissão de sinais. Por exemplo, as fibras ópticas são atualmente produzidas com um gradiente de composição do interior para a superfície. Este gradiente de composição modifica o índice de refração e, deste modo, diminui a perda de luz. Vidros de fluoretos também estão sendo investigados como possíveis substitutos para os vidros de óxidos, uma vez que os vidros de óxidos contêm uma pequena quantidade de grupos OH que absorvem radiação no infravermelho próximo e atenuam o sinal. A dopagem de fibras de vidro com íons lantanídeos produz materiais que podem ser usados para amplificar os sinais, usando efeitos associados ao fenômeno de laser (Seção 23.5b). Estão sendo desenvolvidos elementos para circuitos ópticos que podem, eventualmente, substituir todos os componentes de um circuito eletrônico integrado, levando a computadores ópticos muito rápidos.

Uma vez que os cátions dos modificadores ficam efetivamente aprisionados no vidro quimicamente inerte e termodinamicamente muito estável em relação à transformação numa fase cristalina solúvel, estes materiais vítreos constituem um método em potencial para conter e armazenar lixo atômico, como "uma rocha sintética" ("*Synroc*" em inglês). Assim, a vitrificação de óxidos metálicos contendo espécies radioativas juntamente a óxidos formadores de vidro produz um vidro estável que pode ser armazenado por longos períodos, permitindo o decaimento dos radionuclídeos.

A incorporação de compostos inorgânicos funcionais nos vidros tem levado ao desenvolvimento dos conhecidos "vidros inteligentes", que têm propriedades que se modificam, como o **eletrocromismo**, que é a capacidade de mudar de cor ou a propriedade de transmitir luz em resposta à aplicação de uma diferença de potencial, e o **fotocromismo** reversível, que corresponde à capacidade de mudar de cor em determinadas condições de luz. Um vidro eletrocrômico consiste geralmente em um vidro recoberto com trióxido de tungstênio incolor, WO_3, ou uma estrutura em camadas do tipo sanduíche contendo esses dois componentes. Aplicando-se uma diferença de potencial à camada de WO_3, cátions são inseridos e o W é parcialmente reduzido para formar $M_xW(VI,V)O_3$, que é azul-escuro. Esta cobertura mantém a coloração escura até que a diferença de potencial seja invertida, momento em que o vidro passa a ser incolor. Vidros eletrocrômicos são usados como vidros que fornecem privacidade, nos espelhos retrovisores de reflexão autocontrolada em veículos e em janelas de aviões. Um revestimento similar é usado em vidros autolimpantes, nos quais o óxido metálico que reveste o vidro atua como um fotocatalisador para degradar a sujeira orgânica sobre a superfície (ver Quadro 24.4 na Seção 24.17). Um vidro fotocrômico incorpora uma pequena quantidade de um halogeneto de prata incolor, geralmente AgCl, ao vidro. Quando exposto à radiação UV, como a da luz solar, o AgCl dissocia-se para formar pequenos clusters de átomos de Ag, os quais absorvem luz na região visível do espectro, atribuindo uma coloração cinza ao vidro. Quando a radiação UV é interrompida, o AgCl forma-se novamente e o vidro retorna ao seu estado opticamente transparente. Os vidros fotocrômicos são muito usados em lentes de óculos comuns e de sol.

24.8 Nitretos, fluoretos e fases aniônicas mistas

A química de estado sólido dos metais combinados com outros ânions diferentes do O^{2-} não é tão desenvolvida ou extensa como a dos óxidos complexos recém descrita. Entretanto, nitretos e fluoretos complexos e compostos com ânions mistos (óxidos nitretos, óxidos sulfetos e óxidos fluoretos) são de importância crescente.

(a) Nitretos

Pontos principais: Os nitretos metálicos complexos e os óxidos nitretos são materiais que contêm o ânion N^{3-}; muitos compostos novos deste tipo foram sintetizados recentemente.

Nitretos metálicos simples do grupo dos elementos principais, como AlN, GaN e Li_3N, são conhecidos há décadas e têm aplicações bem definidas. Muitos dos avanços recentes na química dos nitretos têm sido centrados nos compostos de metais d e nos nitretos complexos. O fato de os nitretos serem menos comuns que os óxidos se deve, em parte, à alta entalpia de formação do N^{3-} comparada com a do O^{2-}. Além disso, uma vez que muitos nitretos são sensíveis ao oxigênio e à água, sua síntese e manuseio são problemáticos. Alguns nitretos metálicos simples podem ser obtidos pela reação direta dos elementos; por exemplo, o Li_3N é obtido pelo aquecimento do lítio numa corrente de nitrogênio a 400°C. A instabilidade do nitreto de sódio permite que a azida de sódio seja usada como agente nitrante:

$$2\ NaN_3(s) + 9\ Sr(s) + 6\ Ge(s) \xrightarrow{750°C,\ tubo\ de\ Nb\ selado} 3\ Sr_3Ge_2N_2(s) + 2\ Na(g)$$

A amonólise dos óxidos (desidrogenação do NH_3 por um óxido com formação de água como subproduto) fornece uma rota conveniente para alguns nitretos. Por exemplo, o nitreto de tântalo pode ser obtido pelo aquecimento do pentóxido de tântalo em um fluxo rápido de amônia:

$$3\ Ta_2O_5(s) + 10\ NH_3(l) \xrightarrow{700°C} 2\ Ta_3N_5(s) + 15\ H_2O(g)$$

Nesse tipo de reação, o equilíbrio é deslocado em direção aos produtos pela remoção do vapor d'água pela corrente de gás. Reações semelhantes podem ser usadas para a preparação de nitretos complexos a partir de óxidos complexos, embora também possam ocorrer reações paralelas envolvendo a redução parcial do óxido metálico pela amônia. Com os nitretos também existe uma tendência para a formação de compostos com o elemento metálico num estado de oxidação menor, porque o nitrogênio, devido à sua alta energia de ligação, não é um oxidante tão forte como o oxigênio ou o flúor. Assim, enquanto que o aquecimento do titânio em oxigênio forma facilmente TiO_2, o Ti_2N e o TiN são conhecidos, mas o Ti_3N_4 é de difícil preparação e mal caracterizado. Da mesma forma, o V_3N_5 é desconhecido, enquanto que o V_2O_5 é facilmente obtido pela decomposição de muitos sais de vanádio ao ar.

Muitos dos nitretos dos primeiros metais d são compostos intersticiais e usados como cerâmicas refratárias de alta temperatura. Da mesma forma, os nitretos de Si e Al, como o Si_3N_4 (Fig. 24.35), são estáveis em temperaturas muito altas, particularmente sob condições não oxidantes, e são usados como cadinhos e no revestimento de fornos. Recentemente, o GaN, que pode se apresentar sob os tipos estruturais de wurtzita e esfalerita, tem sido alvo de considerável pesquisa devido às suas propriedades semicondutoras. O Li_3N tem uma estrutura pouco comum baseada em camadas hexagonais de Li_2N^- separadas por íons Li^+ (Fig. 24.36). Estes íons Li^+ são bastante móveis, como esperado pela existência de espaço livre entre as camadas, e por isso esse composto e outros materiais estruturalmente relacionados vêm sendo estudados para um possível uso em baterias recarregáveis. Dentre os nitretos complexos que têm sido sintetizados,

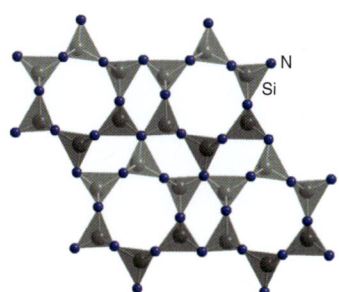

Figura 24.35* Estrutura do Si_3N_4, mostrando os tetraedros de SiN_4 ligados.

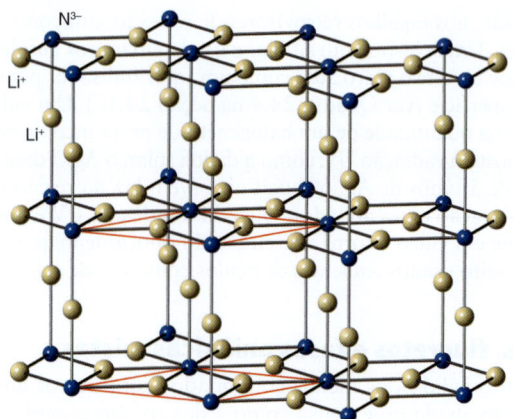

Figura 24.36* Estrutura do Li_3N, mostrando as camadas hexagonais de composição $[Li_2N]^-$ separadas por cátions Li^+.

muitos são materiais de estequiometria AMN_2, como o $SrZrN_2$ e o $CaTaN_2$, com estruturas baseadas em folhas formadas por octaedros MN_6 compartilhados pelas arestas (veja a discussão sobre $LiCoO_2$ na Seção 24.6h) e de estequiometria A_2MN_3.

(b) Óxidos nitretos

Pontos principais: A substituição parcial do íon óxido pelo nitreto nos sólidos possibilita o controle da diferença de energia entre as bandas e permite que sejam aplicados como pigmentos e fotocatalisadores.

Como indicado anteriormente, o aquecimento de óxidos na presença de amônia pode levar à substituição completa ou parcial do óxido pelo nitreto. Em geral, a eliminação completa dos íons O^{2-} do produto pode ser problemática, de forma que as reações levam a produtos que contêm tanto íons óxido quanto íons nitreto:

$$Ca_2Ta_2O_7(s) + 2\ NH_3(g) \xrightarrow{800°C} 2\ CaTaO_2N(s) + 3\ H_2O(g)$$

Em comparação com o íon O^{2-}, a carga maior do íon N^{3-} resulta em um maior grau de covalência nas suas ligações e, portanto, os nitretos, particularmente aqueles com elementos menos eletropositivos como os metais d, não podem ser descritos em termos puramente iônicos. Em relação às suas estruturas de banda, a maior energia da banda de valência do nitreto causa uma diminuição da diferença de energia entre as bandas nos óxidos nitretos em comparação aos óxidos puros. Esta capacidade de reduzir a diferença de energia entre as bandas é importante no projeto de materiais que absorvem luz visível (efetivamente uma transição eletrônica de transferência de carga da banda de valência para a banda de condução ou do nitreto para o metal) em oposição à maioria dos óxidos (como TiO_2 e Ta_2O_5), que absorvem apenas na região do UV devido às suas grandes diferenças de energia entre as bandas. Assim, os óxidos nitretos de titânio e tântalo, como o $CaTaO_2N$ cuja síntese foi indicada anteriormente, são intensamente coloridos (geralmente amarelo, laranja ou vermelho) e usados como pigmentos. Os óxidos nitretos também vêm sendo considerados para aplicações em fotocatálise (Seção 24.17).

(c) Fluoretos e outros halogenetos

Ponto principal: Pelo fato de o flúor e o oxigênio terem raios iônicos similares, a química de estado sólido dos fluoretos apresenta paralelos com a química dos óxidos.

Os raios iônicos do F^- e do O^{2-} são muito semelhantes (entre 130 e 140 pm) e, como consequência, os fluoretos metálicos mostram muitas analogias estequiométricas e estruturais com os óxidos complexos, mas com uma carga menor no íon metálico devido à carga também menor do íon F^-. Muitos fluoretos metálicos binários têm tipos estruturais simples que são os esperados com base nas regras da razão dos raios (Seção 3.10). Por exemplo, o FeF_2 e o PdF_2 têm a estrutura do rutílio, enquanto o AgF tem a estrutura de sal-gema; da mesma forma, o NbF_3 tem a estrutura do ReO_3. Para os fluoretos complexos, são conhecidos tipos estruturais análogos aos óxidos típicos, incluindo-se as perovskitas (como o $KMnF_3$), as fases de Ruddlesden-Popper (por exemplo, $K_3Co_2F_7$) e os espinélios (Li_2NiF_4) (Seção 24.6c e d). As rotas sintéticas para os fluoretos complexos também apresentam paralelos com as dos óxidos. Por exemplo, a reação direta entre dois fluoretos metálicos fornece um fluoreto complexo, como em

$$2\ \text{LiF(s)} + \text{NiF}_2(\text{s}) \rightarrow \text{Li}_2\text{NiF}_4(\text{s})$$

Assim como alguns óxidos complexos, alguns fluoretos complexos podem ser precipitados a partir de uma solução:

$$\text{MnBr}_2(\text{aq}) + 3\ \text{KF(aq)} \rightarrow \text{KMnF}_3(\text{s}) + 2\ \text{KBr(aq)}$$

Da mesma forma como a amonólise dos óxidos produz nitretos e óxidos nitretos, a formação de óxidos fluoretos é possível pelo tratamento adequado de um óxido complexo, como em

$$\text{Sr}_2\text{CuO}_3(\text{s}) \xrightarrow{F_2,\ 200°C} \text{Sr}_2\text{CuO}_2\text{F}_{2+x}(\text{s})$$

O produto $\text{Sr}_2\text{CuO}_2\text{F}_{2+x}$ é um supercondutor com $T_c = 45$ K.

Também existem os análogos com fluoreto dos vidros de silicato, que são baseados em tetraedros de SiO_4 ligados, para cátions pequenos que formam unidades tetraédricas em combinação com F^-; um exemplo é o $LiBF_4$, que contém tetraedros de BF_4 ligados. Os vidros de borofluoreto de lítio são usados para acondicionar amostras para análises com raios X, porque eles são altamente transparentes aos raios X devido às suas baixas densidades eletrônicas. Estruturas em rede e em camadas baseadas em tetraedros MF_4 ligados (M = Li, Be) também têm sido descritas. Alguns fluoretos metálicos são usados como agentes de fluoração em química orgânica. Entretanto, em comparação com a grande variedade de aplicações associadas com os óxidos complexos análogos, poucos fluoretos metálicos complexos sólidos são tecnologicamente importantes.

As estruturas dos cloretos metálicos são consequência da maior covalência da ligação com o cloreto, quando comparada com o fluoreto: os cloretos são menos iônicos e têm estruturas com números de coordenação menores do que os fluoretos correspondentes. Assim, os cloretos, brometos e iodetos metálicos simples normalmente têm as estruturas do cloreto de cádmio ou do iodeto de cádmio, que se baseiam em folhas formadas pelo compartilhamento pelas arestas de octaedros MX_6. Os cloretos complexos contêm frequentemente essa mesma unidade estrutural; por exemplo, o $CsNiCl_3$ apresenta cadeias de octaedros $NiCl_6$ compartilhados pelas arestas e separadas por íons Cs^+. Também ocorrem muitas estruturas análogas às dos óxidos para os cloretos complexos, como o $KMnCl_3$, o K_2MnCl_4 e o Li_2MnCl_4, que têm as estruturas da perovskita, do K_2NiF_4 e do espinélio, respectivamente.

Sulfetos, compostos de intercalação e fases ricas em metal

Os calcogênios macios, S, Se e Te, formam compostos binários com metais que geralmente possuem estruturas bastante diferentes dos óxidos, nitretos e fluoretos correspondentes. Como vimos nas Seções 3.9, 16.11 e 19.2, essa diferença é consistente com o maior grau de covalência dos compostos de enxofre e dos seus congêneres mais pesados. Por exemplo, já observamos que os compostos MO apresentam-se geralmente com a estrutura de sal-gema, enquanto que ZnS e CdS podem cristalizar com as estruturas da esfalerita ou da wurtzita, nas quais os menores números de coordenação indicam a presença de ligações direcionais. Da mesma forma, os monossulfetos do bloco d geralmente apresentam-se com a estrutura do arseneto de níquel, de característica mais covalente, ao invés da estrutura de sal-gema dos óxidos de alcalinoterrosos como o MgO. Ainda mais notáveis, são os compostos MS_2, em camadas, formados com vários elementos do bloco d, em comparação com as estruturas da fluorita ou do rutílio de muitos dióxidos do bloco d.

24.9 Intercalação e compostos MS_2 em camadas

Apresentamos os sulfetos metálicos em camadas e seus compostos de intercalação na Seção 16.11. Aqui, apresentaremos uma visão mais ampla das suas estruturas e propriedades.

(a) Síntese e crescimento dos cristais

Ponto principal: Os dissulfetos de metais d podem ser sintetizados pela reação direta dos elementos num tubo selado e purificados usando-se o transporte de vapor químico com iodo.

Os compostos de calcogênios com metais d são preparados pelo aquecimento de misturas num tubo selado (para evitar a perda dos elementos mais voláteis). Os produtos obtidos dessa maneira podem ter várias composições. A preparação de dicalcogenetos cristalinos adequados para estudos químicos e estruturais é feita, frequentemente, por

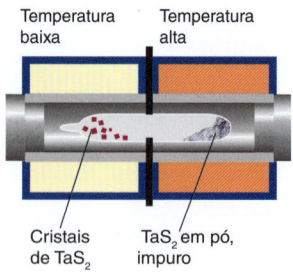

Figura 24.37 Crescimento de cristal e purificação por transporte de vapor do TaS_2. Uma pequena quantidade de I_2 está presente para servir como agente de transporte.

transporte de vapor químico (CVT, em inglês), como descrito a seguir. Algumas vezes é possível simplesmente sublimar um composto, mas a técnica CVT também pode ser aplicada a uma grande variedade de compostos não voláteis na química de estado sólido.

No procedimento normal, o material bruto é colocado numa extremidade de um tubo de borossilicato ou de quartzo fundido. Após ser feito vácuo, introduz-se uma pequena quantidade de um agente de CVT e o tubo é selado e colocado em um forno com um gradiente de temperatura. O calcogeneto metálico policristalino e possivelmente impuro é vaporizado numa extremidade e redepositado como cristais puros na outra (Fig. 24.37). A técnica é chamada de *transporte* de vapor químico, ao invés de *sublimação*, porque um agente de CVT, que é geralmente um halogênio, produz uma espécie intermediária volátil como, por exemplo, um halogeneto metálico. Normalmente, só é necessária uma pequena quantidade do agente de transporte, porque na formação do cristal ele é liberado e se difunde novamente para capturar mais reagente. Por exemplo, o TaS_2 pode ser transportado pelo I_2 em um gradiente de temperatura. A reação com I_2 para formar produtos gasosos

$$TaS_2(s) + 2\,I_2(g) \rightarrow TaI_4(g) + S_2(g)$$

é endotérmica, de forma que o equilíbrio está mais deslocado para direita a 850°C do que a 750°C. Consequentemente, embora o TaI_4 seja formado a 850°C, a 750°C a mistura deposita o TaS_2. Se a reação de transporte for exotérmica, como eventualmente ocorre, o sólido é carregado da extremidade mais fria para a extremidade mais quente do tubo.

(b) Estrutura

Pontos principais: Elementos à esquerda do bloco d formam sulfetos consistindo em camadas que fazem um sanduíche do metal, o qual se apresenta coordenado a seis íons S; a ligação entre as camadas é muito fraca.

Como vimos na Seção 16.11, os dissulfetos do bloco d enquadram-se em duas classes: materiais em camadas são formados pelos metais do lado esquerdo do bloco d e compostos contendo os íons formais S_2^{2-} são formados com metais do meio e em direção ao lado direito do bloco (como a pirita, FeS_2). Iremos nos concentrar aqui nos materiais em camadas.

No TaS_2 e em muitos outros dissulfetos em camadas, os íons de metal d estão localizados em sítios octaédricos situados entre camadas AB de empacotamento compacto (Figura 24.38a). Os íons Ta formam uma camada de empacotamento compacto indicada como X, de forma que as camadas de metal e dos sulfetos adjacentes podem ser vistas como um sanduíche AXB. Essas fatias com estrutura de sanduíche formam um cristal tridimensional por empilhamento em sequências como ...AXBAXBAXB..., em que as fatias AXB estão fortemente ligadas e são mantidas em posição pelas fatias vizinhas por forças de dispersão fracas. Uma visão alternativa destas estruturas MS_2 que possuem os íons metálicos em sítios octaédricos é como sendo formadas por octaedros MS_6 compartilhando arestas (Fig. 24.39a), o que reforça a ideia do maior grau de ligação covalente que ocorre nestes materiais do que, por exemplo, no Li_2S, o qual tem a estrutura da antifluorita.

Os átomos de Nb no NbS_2 residem em sítios prismáticos trigonais entre as camadas de sulfeto que estão alinhadas umas com as outras (AA, Fig. 24.38b e Fig. 24.39b). Os átomos de Nb que estão fortemente ligados às camadas de sulfeto adjacentes formam um arranjo de empacotamento compacto, indicados por *m*, de forma que podemos representar cada fatia como A*m*A ou C*m*C. Essas fatias formam um cristal tridimensional, empilhando-se num padrão como ...A*m*AC*m*CA*m*AC*m*C.... Forças de dispersão fracas também contribuem para manter juntas essas fatias A*m*A e C*m*C. Podem ocorrer politipos, que são versões que diferem somente no arranjo do empilhamento ao longo da direção perpendicular ao plano das fatias. Assim, o NbS_2 e o MoS_2 formam vários politipos, incluindo um com a sequência ...C*m*CA*m*AB*m*B.... O sulfeto de molibdênio, MoS_2, é usado, por exemplo, como um lubrificante de alto desempenho em carros de corrida e em usinagem, uma vez que ele pode suportar pressões e temperaturas muito maiores do que os óleos. A lubrificação ocorre com um revestimento seco do material, uma vez que as camadas de MoS_2 são capazes de deslizar facilmente umas sobre as outras devido às interações fracas entre as camadas.

(c) Intercalação e inserção

Pontos principais: Compostos de inserção podem ser formados a partir de dissulfetos de metais d tanto por reação direta como por processo eletroquímico; compostos de inserção também podem ser formados com a inserção de moléculas.

Já apresentamos a ideia de que íons de metais alcalinos podem ser inseridos entre folhas de grafita (Seção 14.5), fatias de dissulfetos metálicos (Seção 16.11) e camadas de

Sulfetos, compostos de intercalação e fases ricas em metal

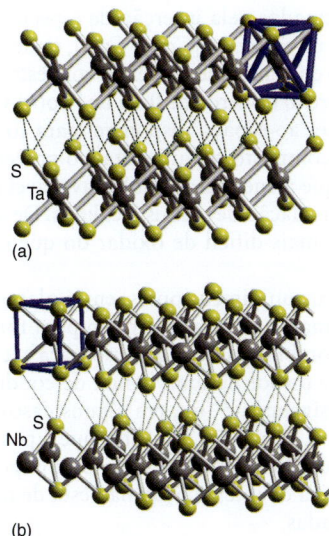

Figura 24.38* (a) Estrutura do TaS$_2$ (tipo CdI$_2$); os átomos de Ta residem em sítios octaédricos entre as camadas AB de átomos de S. (b) Estrutura do NbS$_2$; os átomos de Nb residem em sítios prismáticos trigonais entre as camadas de sulfeto.

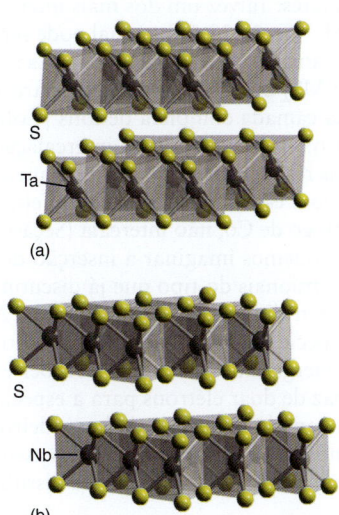

Figura 24.39* Estruturas dos dissulfetos metálicos da Fig. 24.38 desenhadas como camadas de poliedros MS$_6$ compartilhando arestas: (a) octaedros no TaS$_2$; (b) prismas trigonais no NbS$_2$.

Tabela 24.5 Alguns compostos de intercalação de metais alcalinos em calcogenetos

Composto	Δ/pm*
K$_{1,0}$ZrS$_2$	160
Na$_{1,0}$TaS$_2$	117
K$_{1,0}$TiS$_2$	192
Na$_{0,6}$MoS$_2$	135
K$_{0,4}$MoS$_2$	214
Rb$_{0,3}$MoS$_2$	245
Cs$_{0,3}$MoS$_2$	366

* Mudança no espaçamento entre as camadas, comparada com a fase original MS$_2$.

óxidos metálicos (como no Li$_x$CoO$_2$, Seção 24.6h) para formar compostos de intercalação. Para uma reação ser considerada como uma intercalação, ou como uma **reação de inserção**, a estrutura básica do hospedeiro não deve ser alterada quando isso ocorrer. As reações nas quais a estrutura de um dos materiais sólidos de partida não é radicalmente alterada são chamadas de **reações topotáticas**. Elas não estão limitadas ao tipo de química de inserção que estamos discutindo aqui. Por exemplo, hidratação, desidratação e reações de troca iônica podem ser topotáticas.

As bandas π de condução e de valência da grafita são contíguas em energia (vimos que, na verdade, a grafita é formalmente um semimetal; Seção 3.19) e a energia de Gibbs favorável para a intercalação surge da transferência de um elétron do átomo de metal alcalino para a banda de condução da grafita. A inserção de um átomo de metal alcalino em um dicalcogeneto envolve um processo semelhante: o elétron é recebido na banda d e, para compensar a carga, o íon de metal alcalino difunde-se para posições entre as camadas. Alguns compostos de inserção representativos de metais alcalinos estão listados na Tabela 24.5.

A inserção de íons de metais alcalinos em estruturas hospedeiras pode ser obtida pela combinação direta do metal alcalino com o dissulfeto:

$$\text{TaS}_2(s) + x\,\text{Na}(g) \xrightarrow{800°C} \text{Na}_x\text{TaS}_2(s)$$

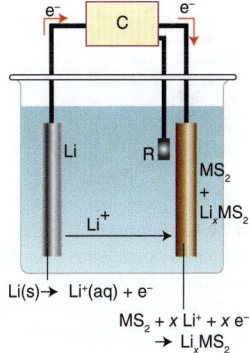

Figura 24.40 Esquema do arranjo experimental para eletrointercalação. Como eletrólito emprega-se um solvente orgânico polar (como carbonato de polipropileno) contendo um sal de lítio anidro. R é um eletrodo de referência e C é um coulômetro (para medir a carga passada) e também um controlador de potencial.

com 0,4 < x < 0,7. A inserção também pode ser obtida usando-se um composto de metal alcalino altamente redutor, como o butil-lítio, ou a técnica eletroquímica de **eletrointercalação** (Fig. 24.40). Uma vantagem da eletrointercalação é que ela permite medir a quantidade de metal alcalino incorporado monitorando-se a corrente I passada durante a síntese (usando-se $n_e = It/F$). Também é possível distinguir a formação de uma solução sólida da formação de uma fase discreta. Como ilustrado na Fig. 24.41, a formação de uma solução sólida é caracterizada por uma mudança gradual no potencial à medida que se dá a intercalação. Ao contrário, a formação de uma nova fase discreta produz um potencial constante durante todo o intervalo em que uma fase sólida está sendo convertida em outra, havendo, em seguida, uma mudança abrupta no potencial quando a reação se completa.

Os compostos de inserção são exemplos de condutores mistos iônico e elétrico. Em geral, o processo de inserção pode ser revertido química ou eletroquimicamente. Esta reversibilidade torna possível recarregar uma bateria de lítio pela remoção do Li do composto. Em uma aplicação sintética engenhosa destes conceitos, o até então desconhecido dissulfeto em camadas VS$_2$ pôde ser preparado fazendo-se primeiramente o composto em camadas já conhecido LiVS$_2$, em um processo de alta temperatura. Em seguida, o lítio foi então removido pela reação com I$_2$ para produzir o VS$_2$, metaestável, em camadas, que tem a estrutura do TiS$_2$:

$$2\,\text{LiVS}_2(s) + \text{I}_2(s) \rightarrow 2\,\text{LiI}(s) + 2\,\text{VS}_2(s)$$

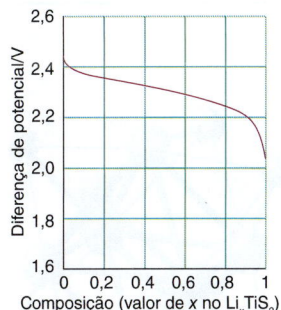

Figura 24.41 Diagrama de potencial contra composição para a eletrointercalação do lítio no dissulfeto de titânio. A composição, x, no Li$_x$TiS$_2$ é calculada pela carga passada durante a eletrointercalação.

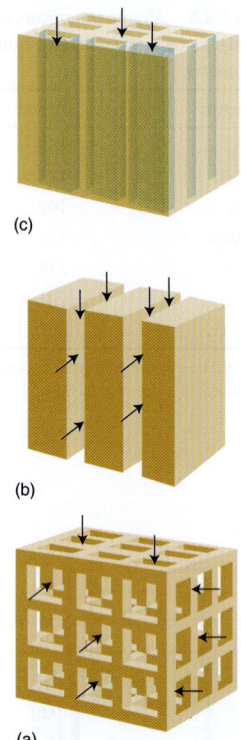

Figura 24.42 Representação esquemática de materiais hospedeiros para reações de intercalação: (a) hospedeiro com canais unidimensionais; (b) um composto com camadas bidimensionais; (c) hospedeiro tridimensional com canais que se cruzam.

Tabela 24.6 Alguns compostos de intercalação tridimensionais

Fase	Composição, x
$Li_x[Mo_6S_8]$	0,65–2,4
$Na_x[Mo_6S_8]$	3,6
$Ni_x[Mo_6Se_8]$	1,8
H_xWO_3	0–0,6
H_xReO_3	0–1,36

Os compostos de inserção também podem ser formados pela inserção de espécies moleculares. Talvez um dos mais interessantes seja o metaloceno $[Co(\eta^5\text{-}Cp)_2]$, onde Cp = $C_5H_5^-$ (Seção 22.14), o qual pode ser incorporado em vários hospedeiros com estrutura em camadas, como TiS_2, $TiSe_2$ e TaS_2, numa proporção de cerca de 0,25 de $[Co(\eta^5\text{-}Cp)_2]$ por MS_2 ou MSe_2. Este limite parece corresponder ao espaço disponível para formar uma camada completa de íons $[Co(\eta^5\text{-}Cp)_2]^+$. O composto organometálico parece sofrer oxidação quando da intercalação, de forma que a energia de Gibbs favorável para essas reações surge da mesma maneira que na intercalação de metais alcalinos. De acordo com essa interpretação, o $[Fe(\eta^5\text{-}Cp)_2]$, que é mais difícil de oxidar do que o seu análogo de Co, não intercala (Seção 22.19).

Podemos imaginar a inserção de íons em canais unidimensionais, entre planos bidimensionais do tipo que já discutimos, ou em canais que se interceptam para formar redes tridimensionais (Fig. 24.42). Além da disponibilidade de um sítio para receber a espécie convidada que entra, o hospedeiro deve dispor de uma banda de condução de energia adequada para receber elétrons reversivelmente (ou, em alguns casos, ser capaz de doar elétrons para a espécie convidada). A Tabela 24.6 mostra que é possível uma ampla variedade de hospedeiros, incluindo óxidos metálicos e vários compostos ternários e quaternários. Vemos assim que a química de intercalação não está de modo algum limitada à grafita e aos dissulfetos em camadas.

24.10 Fases de Chevrel e calcogenetos termelétricos

Ponto principal: Uma fase de Chevrel tem uma fórmula como Mo_6X_8 ou $A_xMo_6S_8$, onde Se ou Te podem tomar o lugar do S e o átomo A intercalado pode ser diferentes metais, como Li, Mn, Fe, Cd ou Pb.

As fases de Chevrel formam uma classe interessante de compostos ternários descritos pela primeira vez por R. Chevrel em 1971. Esses compostos, que ilustram uma intercalação tridimensional, têm fórmulas como Mo_6X_8 e $A_xMo_6S_8$; o Se ou o Te podem tomar o lugar do S e o átomo A intercalado pode ser uma variedade de metais, como Li, Mn, Fe, Cd ou Pb. Os compostos de partida, Mo_6Se_8 e Mo_6Te_8, são preparados aquecendo-se os elementos a cerca de 1000°C. A unidade estrutural comum desta série é o M_6S_8, o qual pode ser visto como um octaedro de átomos M com átomos de S em ponte nas faces ou, alternativamente, como um octaedro de átomos M em um cubo de átomos de S (Fig. 24.43). Esse tipo de cluster também é observado para alguns halogenetos dos primeiros elementos do bloco d dos Períodos 4 e 5, como o cluster $[M_6X_8]^{4+}$ encontrado nos dicloretos, brometos e iodetos de Mo e W.

A Fig. 24.44 mostra que, no sólido tridimensional, os clusters de Mo_6S_8 estão inclinados uns em relação aos outros e também em relação aos sítios ocupados pelos íons intercalados. Essa inclinação permite uma interação secundária doador-receptor entre os orbitais $4d_{z^2}$ do Mo vazios (que se projetam para fora das faces do cubo Mo_6S_8) e um orbital doador preenchido dos átomos de S dos clusters adjacentes.

Uma das propriedades físicas que tem atraído atenção para as fases de Chevrel é sua supercondutividade. A supercondutividade persiste até 14 K no $PbMo_6S_8$ e também persiste em campos magnéticos muito elevados, o que é de grande interesse prático, pois muitas aplicações envolvem campos altos (acima de 25 T), como, por exemplo, na próxima geração dos instrumentos de RMN. Nesse aspecto, as fases de Chevrel parecem ser

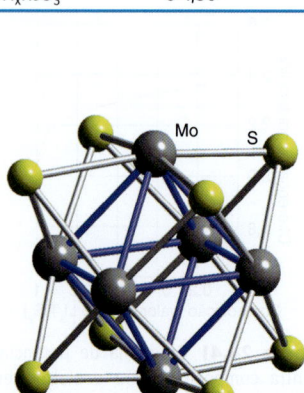

Figura 24.43* Unidade Mo_6S_8 presente numa fase de Chevrel $Pb_xMo_6S_8$.

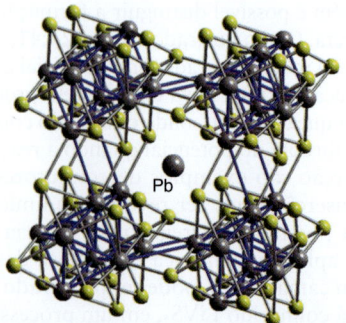

Figura 24.44* A estrutura de uma fase de Chevrel mostrando as unidades Mo_6S_8 inclinadas formando um cubo ligeiramente distorcido em torno de um átomo Pb. Um átomo de Mo de um cubo pode atuar como receptor para um par de elétrons doado por um átomo de S da gaiola vizinha.

significativamente superiores em relação aos novos supercondutores de oxocuprato de alta temperatura.

Outra possível aplicação das fases de Chevrel é nos componentes termelétricos usados para converter calor em energia elétrica ou que usam energia elétrica diretamente para fins de resfriamento. Os materiais termelétricos ideais possuem boa condutividade elétrica e baixa condutividade térmica. Essa exigência geralmente envolve a criação de um material com uma combinação de elementos estruturais: um que permita o transporte rápido de elétrons, uma propriedade associada aos sólidos cristalinos em que existe pouco espalhamento dos elétrons em função do posicionamento regular dos átomos; um segundo que apresente uma característica estrutural desordenada ou vítrea, a qual dispersa os modos vibracionais responsáveis pelo transporte de calor, produzindo, então, a baixa condutividade térmica. Nas fases de Chevrel, a capacidade de incorporar vários cátions entre as unidades M_6X_8 que "orbitam" em torno dos seus sítios reduz a condutividade térmica do material, mas não às custas da condutividade elétrica. Muitas outras fases de calcogenetos metálicos estão sendo investigadas para aplicações em componentes termelétricos. Os compostos Bi_2Te_3 e Bi_2Se_3, como muitos outros calcogenetos metálicos, possuem estruturas em camadas semelhantes às das fases MS_2 descritas na Seção 24.9b, e componentes construídos com esses materiais podem ser projetados para produzir uma boa condutividade elétrica dentro das camadas, mas uma baixa condutividade térmica perpendicular a elas, levando a uma boa eficiência termelétrica. Outra importante família de materiais termelétricos é a das chamadas "escuteruditas" (nome dado com base no mineral *escuterudita*, $CoAs_3$), de fórmula geral $M_x(Co,Fe,Ni)(P,As,Sb)_3$ com vários cátions M inseridos, como Ln ou Na, por exemplo, no $Na_{0,25}FeSb_3$. A estrutura da escuterudita é similar à do ReO_3 (Seção 24.6), embora os octaedros de $CoAs_6$ estejam inclinados para produzir cavidades maiores dentro da estrutura, nas quais os cátions podem ser inseridos. Esses cátions reduzem a condutividade térmica da estrutura por absorverem calor e chocalharem dentro de suas cavidades, enquanto a alta condutividade elétrica da rede $(Co,Fe,Ni)(P,As,Sb)_3$ é mantida.

Estruturas reticuladas

Grande parte deste capítulo tem se dedicado às estruturas derivadas de ânions em empacotamento compacto que acompanham os íons de metais d, geralmente com número de coordenação 6. Muitas dessas estruturas (por exemplo, ReO_3, perovskitas e MS_2) também podem ser descritas em termos de poliedros ligados, nos quais octaedros MX_6 conectam-se através dos vértices ou arestas para formar vários arranjos. O número de coordenação 6 é o preferido para a maioria dos metais d nos seus estados de oxidação

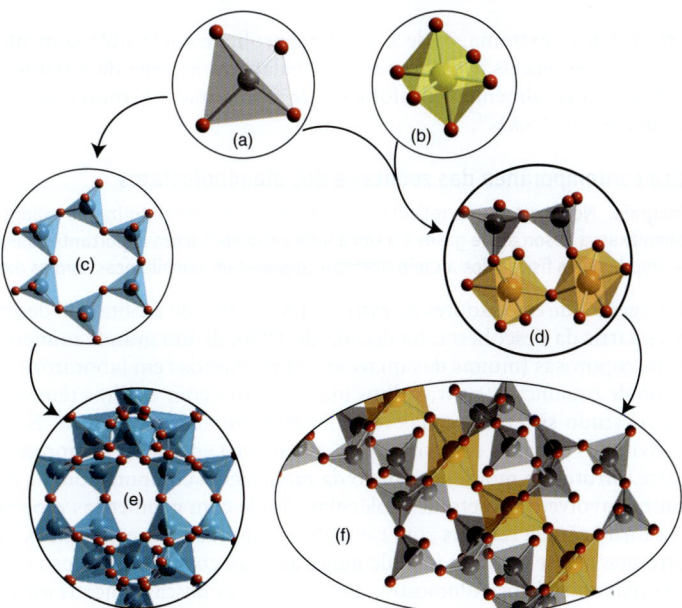

Figura 24.45 Unidades (a) tetraédricas e (b) octaédricas ligadas através dos seus vértices para formar unidades maiores, chamadas de unidades de construção secundárias, como em (c) e (d), que por sua vez ligam-se em ponte através dos seus vértices para formar estruturas reticuladas, como em (e) e (f).

típicos, mas para as espécies metálicas menores (por exemplo, os últimos metais da série 3d e os metais e metaloides mais leves do bloco p, como Al e Si) a coordenação 4, tetraédrica, com o O tem lugar comum e leva a estruturas que são mais bem descritas como baseadas em tetraedros MO_4 ligados. Essas unidades tetraédricas podem ser o único elemento de construção presente, como nas zeólitas, ou podem ligar-se a octaedros de metal e oxigênio para gerar novos tipos estruturais (Fig. 24.45). Muitas destas estruturas de poliedros ligados são chamadas de **estruturas reticuladas**.

24.11 Estruturas baseadas em oxoânions tetraédricos

Conforme salientado, os elementos capazes de formar espécies tetraédricas MO_4 estáveis que podem se ligar em estruturas reticuladas são os últimos metais da série 3d e os metais e metaloides mais leves do bloco p. Esses íons são tão pequenos que se coordenam fortemente a quatro átomos de O em vez de números de coordenação mais altos; os principais exemplos são SiO_4, AlO_4 e PO_4, embora GaO_4, GeO_4, AsO_4, BO_4, BeO_4, LiO_4, $Co(II)O_4$ e ZnO_4 sejam bem conhecidos nestes tipos estruturais. Dentre as outras unidades tetraédricas, encontradas apenas raramente em estruturas reticuladas, temos $Ni(II)O_4$, $Cu(II)O_4$ e InO_4. Vamos nos concentrar nas estruturas derivadas das unidades mais frequentemente encontradas nas zeólitas (estruturas reticuladas de aluminossilicatos com poros grandes), aluminofosfatos e fosfatos.

As zeólitas, com estruturas reticuladas tridimensionais, formadas apenas a partir de tetraedros ligados de SiO_4 e AlO_4, têm a fórmula geral $(M^{n+})_{x/n}[(AlO_2)_x(SiO_2)_{2-x}] \cdot mH_2O$, onde M é um cátion, geralmente Na^+, K^+ ou Ca^{2+}; os cátions e as moléculas de água ocupam sítios dentro dos poros ou canais das redes completamente conectadas. Nas zeólitas sintetizadas a partir de soluções, em que todos os vértices das unidades de construção SiO_4 e AlO_4 estão compartilhados entre dois tetraedros, a **regra de Lowenstein** propõe que nenhum átomo de O está compartilhado entre dois tetraedros AlO_4. A regra de Lowenstein aplica-se apenas a estruturas sintetizadas a partir de uma solução, uma vez que tetraedros de AlO_4 ligados diretamente são facilmente obtidos nos compostos formados a partir de reações em alta temperatura. Isso indica que, em solução aquosa, o oxigênio em ponte na unidade $[O_3Al–O–SiO_3]$ é mais estável em comparação com uma unidade $[O_3Al–O–AlO_3]$, provavelmente devido à maior carga formal no Si.

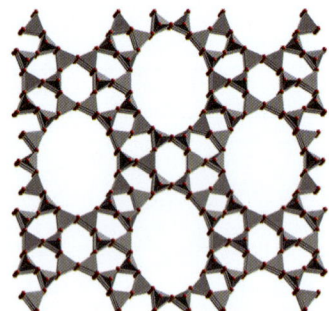

Figura 24.46* Representação de uma zeólita sintética como tetraedros ligados, mostrando os canais principais da UTD-1.

> *Uma breve ilustração* Para determinar a razão máxima Al:Si em uma zeólita, devemos observar que o conteúdo máximo de Al é atingido quando os tetraedros se alternam na estrutura, onde cada vértice de um AlO_4 encontra-se ligado a quatro unidades SiO_4 (e, similarmente, cada tetraedro SiO_4 está rodeado por quatro unidades AlO_4). Assim, a maior razão alcançada será 1:1, equivalente a $x = 1,0$ na fórmula geral da zeólita dada acima, a qual para M = Na^+ torna-se $(Na)[(AlO_2)(SiO_2)] \cdot mH_2O \equiv NaAlSiO_4 \cdot mH_2O$.

Na outra situação extrema, onde $x = 0$, uma zeólita é construída somente de tetraedros SiO_4, e não são necessários cátions para balancear a carga da estrutura em rede. Esses materiais são geralmente hidrofóbicos, de forma que a fórmula geral da zeólita torna-se simplesmente "SiO_2".

(a) Química contemporânea das zeólitas e dos aluminofosfatos

Pontos principais: Novas estruturas reticuladas de zeólitas têm sido sintetizadas usando-se moléculas molde complexas; a absorção de gases e a troca iônica são aplicações importantes das zeólitas. As estruturas e propriedades físicas dos aluminofosfatos apresentam semelhanças com as das zeólitas.

O papel dos agentes direcionadores de estrutura na síntese de zeólitas foi descrito na Seção 14.15. A partir da descoberta, na década de 1950, de um grande número de novas estruturas microporosas (muitas das quais foram preparadas em laboratório usando-se moléculas molde orgânicas), os trabalhos mais recentes com zeólitas têm sido direcionados para o estudo sistemático das relações entre molde e estrutura. Esses estudos podem ser divididos em duas categorias principais. Uma engloba a compreensão das interações entre estrutura e molde, por meio da modelagem computacional e experimentação. A outra envolve o projeto de moléculas molde com geometrias específicas para direcionar a formação de zeólitas com tamanhos de poros e conectividades específicas.

Uma área que tem se tornado foco de muita atenção compreende o uso de moléculas orgânicas e organometálicos volumosos como moldes na busca de novas estruturas com poros muito grandes. Essa abordagem foi usada para fazer a primeira zeólita contendo

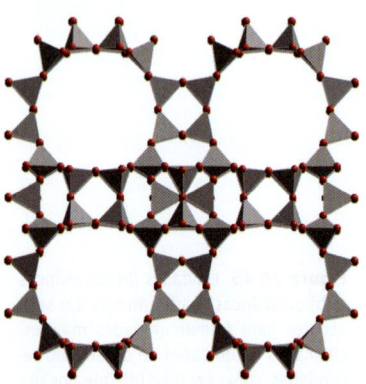

Figura 24.47* Representação de uma zeólita sintética como tetraedros ligados, mostrando os canais principais da CIT-5.

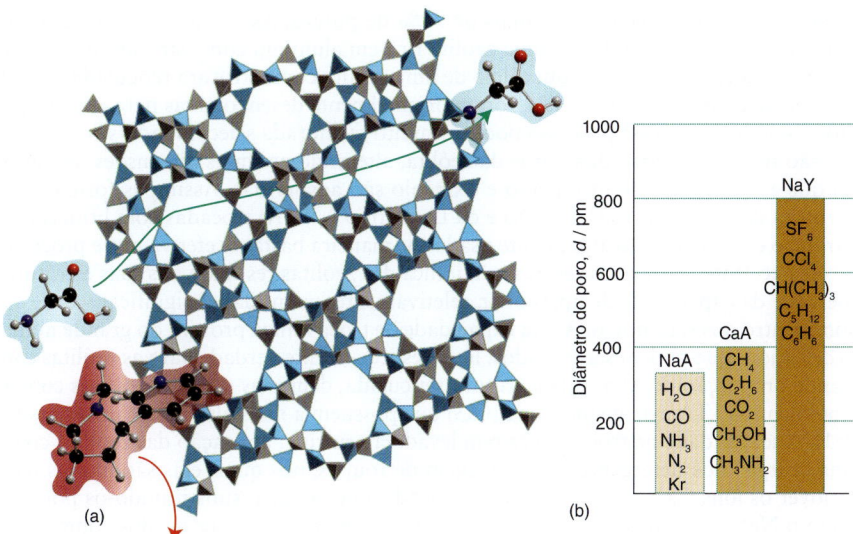

Figura 24.48* Uso da estrutura porosa das zeólitas para a separação de moléculas de tamanhos diferentes. (a) Somente a molécula menor pode difundir-se para dentro e para fora dos poros da zeólita, de forma que uma membrana desse material pode ser usada para separar a mistura. (b) Tamanho molecular máximo que pode ser absorvido dentro dos vários diâmetros de canais das zeólitas. A NaY é a faujazita, uma zeólita com poros moderadamente grandes.

canais com anéis de 14 membros.[5] Assim, a sílica microporosa UTD-1 (Fig. 24.46) foi preparada usando a bis-pentametilciclopentadienilacobalto(II) [Co(Cp*)$_2$] e a CIT-5 silicosa (estrutura do tipo CFI) foi preparada usando-se uma amina policíclica e lítio (Fig. 24.47). Outras aminas mais complexas têm sido sintetizadas com o objetivo de serem usadas como moldes na síntese de zeólitas com poros de geometrias específicas. A adição de fluoretos no gel precursor da zeólita melhora a velocidade de reação e atua como um molde para algumas das gaiolas menores como, por exemplo, no caso de tetraedros TO$_4$ conectados (T = Si, Al, P, etc.) que se arranjam nos vértices de um cubo circundando um íon F$^-$ central.

Tem havido um aumento significativo na proporção de zeólitas sintéticas que podem ser feitas essencialmente na forma de sílica pura, de forma que mais de 20 tipos estruturais de polimorfos de zeólitas de sílica são agora conhecidos. O uso de baixas razões H$_2$O/SiO$_2$ é um fator-chave para a produção desses materiais, de maneira que as novas fases de "sílica" assim produzidas apresentam uma baixa densidade pouco comum; por exemplo, a estrutura reticulada puramente de sílica, com a mesma topologia do mineral cabazita, de ocorrência natural, Ca$_{1,85}$(Al$_{3,7}$Si$_{8,3}$O$_{24}$), é o polimorfo de sílica de menor densidade conhecido, com somente 46% do volume da célula unitária ocupado (de acordo com os raios atômicos normais). Essas zeólitas de sílica pura são hidrofóbicas, levando a aplicações específicas para a absorção de moléculas de baixa polaridade e em catálise (Seção 25.14).

Duas das principais aplicações das zeólitas são como absorventes de moléculas pequenas e trocadoras de íons. As zeólitas são excelentes absorventes para a maioria das moléculas pequenas, como H$_2$O, NH$_3$, H$_2$S, NO$_2$, SO$_2$ e CO$_2$, hidrocarbonetos lineares e ramificados, hidrocarbonetos aromáticos, álcoois e cetonas, em fase líquida ou gasosa. Zeólitas com diferentes tamanhos de poros podem ser usadas para separar misturas de moléculas com base nos seus tamanhos e, devido a essa aplicação, elas são chamadas de **peneiras moleculares**. Pela correta seleção do poro da zeólita, é possível controlar as velocidades de difusão de várias moléculas com diferentes diâmetros efetivos, permitindo a separação e purificação. A Fig. 24.48 ilustra essa aplicação de forma esquemática.

As aplicações industriais das zeólitas para separação e purificação compreendem os processos de refino do petróleo (usadas para remover água, CO$_2$, cloretos e mercúrio), a dessulfurização do gás natural (na qual a remoção do H$_2$S e outros compostos sulfurados protege os gasodutos e remove o cheiro desagradável para os consumidores domésticos), a remoção de H$_2$O e CO$_2$ do ar antes da liquefação e separação por destilação criogênica, e a secagem e a remoção de odores de produtos farmacêuticos. Uma área de importância crescente é a separação dos principais componentes do ar por meios não criogênicos. Muitas zeólitas desidratadas adsorvem N$_2$ mais fortemente em seus poros do que o O$_2$. Acredita-se que isso se deve ao fato de o N$_2$ possuir um momento quadrupolar maior que o do O$_2$ e, por isso, interagir mais fortemente com os cátions residentes. Assim, passando-se ar sobre um leito de zeólita, à pressão controlada, é

---

5 Um canal com anéis de n membros (neste caso, n =14) refere-se ao número de unidades tetraédricas (MO$_4$) interligadas para definir a circunferência do canal: quanto maior for o valor de n, maior o diâmetro do canal.

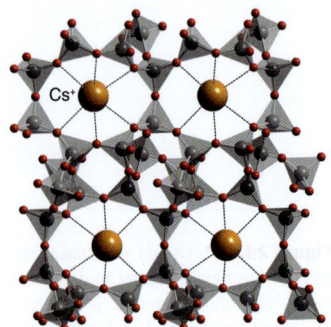

Figura 24.49* Estrutura da clinoptilolita, ressaltando-se a relação entre a estrutura reticulada e os íons Cs⁺ aprisionados, mostrados como esferas de raio iônico 180 pm.

possível produzir oxigênio com mais de 95% de pureza. As zeólitas, como a NaX (a forma já trocada com sódio de uma zeólita rica em alumínio com estrutura do tipo X) e a CaA (a forma já trocada com cálcio de uma zeólita com estrutura reticulada do tipo A, também conhecida como LTA), foram originalmente desenvolvidas para esse propósito. A seletividade desse processo pode ser muito melhorada selecionando-se os cátions que são trocados dentro dos poros da zeólita, alterando assim as dimensões dos sítios em que as moléculas de nitrogênio e oxigênio são adsorvidas. Assim, as formas com estrutura da faujazita (FAU, tipo X) e da Linde tipo A (LTA) trocadas com lítio, cálcio, estrôncio e magnésio são atualmente usadas de maneira bastante efetiva nesse processo.

As excelentes propriedades de troca iônica das zeólitas resultam das suas estruturas abertas e da capacidade de aprisionar, seletivamente, quantidades significativas de cátions dentro dos seus poros. A alta capacidade de troca iônica provém do grande número de cátions que podem ser trocados. Isso é especialmente verdade para as zeólitas com grande proporção de Al na sua estrutura reticulada, dentre as quais as zeólitas com as topologias da LTA e da gismondina (GIS) que possuem a mais alta razão Si:Al possível (1:1). A seletividade na troca iônica tem levado à principal aplicação das zeólitas como uma "carga" nos detergentes para lavagem de roupas, nos quais elas são usadas para remover os íons Ca^{2+} e Mg^{2+} que conferem "dureza" à água, substituindo-os por íons como o Na^+, mais "macios". Os fosfatos, que também podem ser usados como carga nos detergentes, sofrem de restrições ambientais, pois estão relacionados com o crescimento rápido das algas e a eutrofização das águas naturais (Seção 5.15). As partículas esféricas da zeólita LTA na forma sódica, com uns poucos micrômetros de diâmetro, são pequenas o bastante para passarem através da malha dos tecidos, podendo assim ser adicionadas aos detergentes para remover os cátions que conferem dureza às águas naturais, sendo depois removidas pela lavagem, sem risco para o meio ambiente.

Outra área importante na qual as propriedades de troca iônica das zeólitas são exploradas é no aprisionamento e na remoção de radionuclídeos do lixo atômico. Várias zeólitas, dentre elas a muito usada clinoptilolita, possuem grande seletividade pelos cátions grandes de metais alcalinos e alcalinoterrosos, que no lixo atômico incluem o ^{137}Cs e o ^{90}Sr (Fig. 24.49). Essas zeólitas podem ser posteriormente vitrificadas por reação com óxidos formadores de vidro, como discutido na Seção 24.7.

A equivalência estrutural e eletrônica entre dois tetraedros de silicato, (SiO_4), e a unidade aluminofosfato, AlO_4PO_4, pode ser reconhecida nos compostos simples SiO_2 e $AlPO_4$, que se apresentam como vários polimorfos densos, inclusive com a estrutura do quartzo. O desenvolvimento das zeólitas com alto teor de silício, que são efetivamente polimorfos da sílica, levou por sua vez à descoberta das estruturas reticuladas de aluminofosfato (ALPO) baseadas numa mistura 1:1 de tetraedros AlO_4 e PO_4; o próprio $AlPO_4$ tem a mesma estrutura do quartzo (SiO_2), mas com um arranjo que alterna átomos de Al e P no centro dos tetraedros. Foi desenvolvida uma grande variedade de ALPOs que mostram semelhanças com as zeólitas, por exemplo, na síntese sob condições hidrotérmicas (embora em condições ácidas, ao invés das condições básicas usadas para as zeólitas) e nas suas propriedades catalíticas e de adsorção. Novamente, moléculas molde orgânicas foram desenhadas e usadas para preparar muitas estruturas diferentes de ALPO, como as com código de estrutura VPI (com grandes canais formados por 18 tetraedros

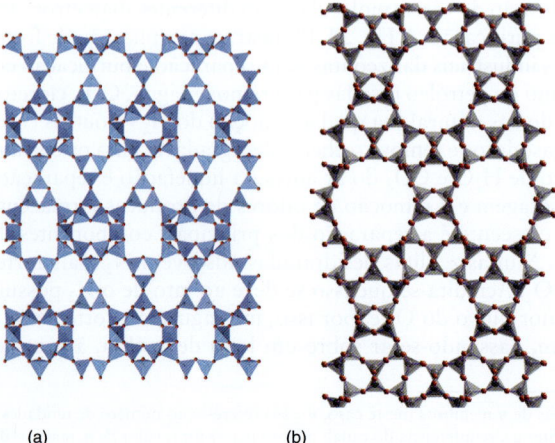

Figura 24.50 Estruturas em rede formadas por oxotetraedros interconectados: (a) BOZ; (b)* CIT. Em cada caso, os canais principais existentes são enfatizados pela vista da estrutura ao longo deles.

(a)   (b)

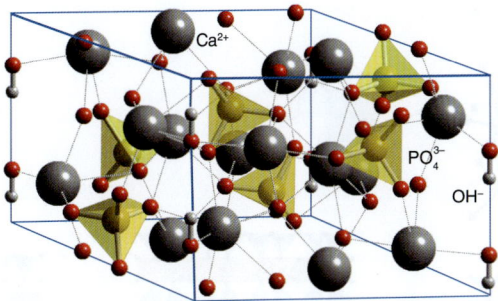

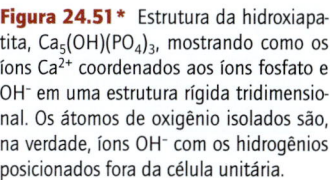

Figura 24.51* Estrutura da hidroxiapatita, $Ca_5(OH)(PO_4)_3$, mostrando como os íons Ca^{2+} coordenados aos íons fosfato e OH^- em uma estrutura rígida tridimensional. Os átomos de oxigênio isolados são, na verdade, íons OH^- com os hidrogênios posicionados fora da célula unitária.

de AlO_4/PO_4), DAF, CIT e STA (Fig. 24.50). Apesar de as estruturas reticuladas dos aluminofosfatos serem neutras, a substituição do Al(III) ou P(V) por íons metálicos de carga menor leva à formação de "catalisadores ácidos sólidos" que podem, por exemplo, converter, seletivamente, metanol em hidrocarbonetos, embora as zeólitas de aluminossilicatos, particularmente a ZSM-5, continuem sendo o melhor material para essa aplicação (Seção 25.14). A incorporação nas estruturas ALPO de Co e Mn, ambos com propriedades oxirredutoras, resulta em materiais que podem ser usados na oxidação de alcanos.

(b) Fosfatos

Ponto principal: Os hidrogenofosfatos de cálcio são materiais inorgânicos usados na formação dos ossos.

Outro oxoânion tetraédrico frequentemente incorporado em materiais reticulados é o grupo fosfato, PO_4^{3-}, embora, como veremos na seção seguinte, muitas outras unidades tetraédricas também formam esse tipo de estrutura.

As estruturas dos fosfatos simples descritas na Seção 15.15 geralmente são formadas pela ligação de tetraedros PO_4 em cadeias, cadeias interconectadas e unidades cíclicas. Consideraremos aqui mais detalhadamente apenas um único material de fosfato metálico, o chamado hidrogenofosfato de cálcio, e os materiais a ele relacionados. O principal mineral presente nos ossos e nos dentes é a hidroxiapatita, $Ca_5(OH)(PO_4)_3$, cuja estrutura consiste em íons Ca^{2+} coordenados a grupos PO_4^{3-} e OH^-, produzindo uma estrutura tridimensional rígida (Fig. 24.51). No mineral *apatita* ocorre a substituição parcial pelo fluoreto, $Ca_5(OH,F)(PO_4)_3$. Os biominerais que têm relação com estes são o $Ca_8H_2(PO_4)_6$ e as formas amorfas do próprio fosfato de cálcio. Os biominerais serão discutidos mais profundamente na Seção 26.17.

24.12 Estruturas baseadas em centros tetraédricos e octaédricos conectados

Muitos metais adotam a coordenação octaédrica MO_6 nos seus oxocompostos. Essa unidade estrutural poliédrica pode ser considerada como sendo formada pela localização dos íons metálicos nos sítios octaédricos de um arranjo de empacotamento compacto de íons O^{2-}, como, por exemplo, no MgO com estrutura de sal-gema. As unidades estruturais poliédricas MO_6 também podem estar presentes nas estruturas reticuladas, frequentemente em combinação com espécies tetraédricas formadas com íons óxido.

(a) Argilas, argilas pilarizadas e hidróxidos em camadas duplas

Ponto principal: Estruturas em camadas, que são encontradas em muitos hidróxidos metálicos e argilas, são formadas a partir da interligação de tetraedros e octaedros formados por metal e íons óxido.

Os diâmetros dos maiores poros encontrados nas zeólitas sintéticas são da ordem de 1,2 nm. Na tentativa de aumentar esse diâmetro para permitir que moléculas ainda maiores sejam absorvidas nas estruturas inorgânicas, os químicos voltaram-se para os materiais mesoporosos (Seção 24.29) e para as estruturas produzidas por "pilarização" (ou seja, o empilhamento e interconexão de materiais bidimensionais). A natureza bidimensional de muitos dissulfetos de metais d e de alguns dos seus compostos de intercalação foi discutida nas Seções 16.11 e 24.9. A aplicação de reações semelhantes de intercalação aos aluminossilicatos da família das argilas permite a síntese de materiais com grandes poros.

As argilas de ocorrência natural, como a caulinita, a hectorita e a montmorilonita, possuem estruturas em camadas como as mostradas na Fig. 24.52. As camadas são construídas pelo compartilhamento de vértices e arestas de octaedros MO_6 e tetraedros

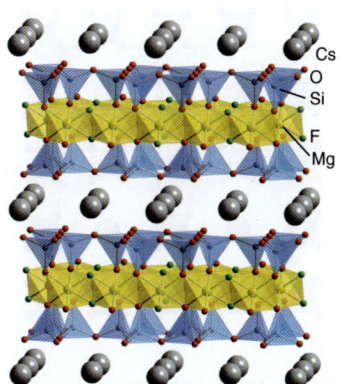

Figura 24.52* Estrutura em camadas da argila hectorita, formada por camadas de octaedros e tetraedros interligados, tendo geralmente no centro Al, Si ou Mg e separadas por cátions como K^+ e Cs^+.

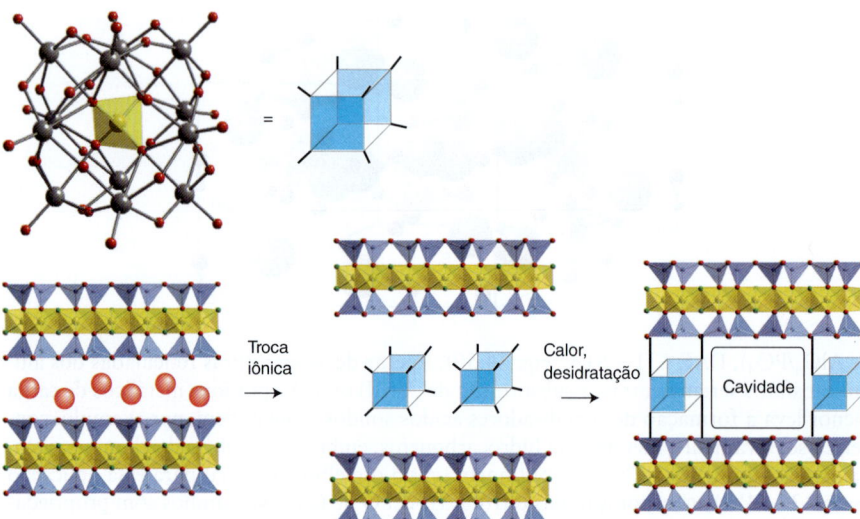

Figura 24.53 Representação esquemática da pilarização de uma argila por troca iônica de um cátion simples monoatômico, situado entre as camadas, por um hidroxometalato polinuclear grande, seguido por desidratação e formação de ligações cruzadas entre as camadas para formar as cavidades.

TO$_4$ e formam sistemas de camadas duplas (duas camadas, uma formada a partir de octaedros e outra, a partir de tetraedros; Fig. 24.52), como na caulinita, e sistemas de camadas triplas (uma camada central de octaedros entre duas camadas de tetraedros), como na bentonita. Os átomos M e T situados dentro das camadas, as quais têm carga global negativa, são geralmente Si (em sítios tetraédricos) e Al (nos sítios octaédricos e tetraédricos). Íons pequenos monocarregados e duplamente carregados, como Li$^+$ e Mg^{2+}, ocupam sítios entre as camadas. Esses cátions situados entre as camadas estão geralmente hidratados e podem ser facilmente substituídos por troca iônica. Outros materiais com estruturas semelhantes são os hidróxidos em camadas duplas, com estruturas similares ao Mg(OH)$_2$, que ocorre naturalmente como o mineral *brucita*.

Na pilarização das argilas, as espécies que são trocadas entre as camadas são selecionadas por tamanho. Íons como alquilamônio e hidróxidos metálicos polinucleares podem substituir metais alcalinos, como mostrado esquematicamente na Fig. 24.53. As espécies pilarizantes mais usadas são do tipo hidróxido polinuclear, dentre as quais [Al$_{13}$O$_4$(OH)$_{28}$]$^{3+}$, [Zr$_4$(OH)$_{16-n}$]$^{n+}$ e Si$_8$O$_{12}$(OH)$_8$; o primeiro consiste em um tetraedro central AlO$_4$ cercado por íons Al^{3+} coordenados octaedricamente como Al(O,OH)$_6$. O processo de pilarização pode ser acompanhado por difração de raios X de pó, uma vez que ele leva a uma expansão do espaçamento entre as camadas, correspondendo a um aumento do parâmetro *c* da rede.

Uma vez que um íon como o Al$_{13}$O$_4$(OH)$_{28}^{3+}$ foi incorporado entre as camadas, o aquecimento da argila modificada resultará na sua desidratação e ligação do íon com as camadas (Fig. 24.53). O produto resultante será uma argila pilarizada com excelente estabilidade térmica até, pelo menos, 500°C. A região expandida entre as camadas poderá agora absorver moléculas grandes da mesma forma que as zeólitas. Entretanto, como é difícil controlar a distribuição dos íons pilarizantes entre as camadas, as estruturas das argilas pilarizadas são menos regulares do que as das zeólitas. Apesar dessa falta de uniformidade, as argilas pilarizadas têm sido muito estudadas pelo seu potencial como catalisadores, uma vez que elas atuam de uma forma similar às zeólitas, como catalisadores ácidos promotores de isomerização e desidratação.

(b) A química inorgânica das estruturas reticuladas

Ponto principal: Pode-se obter grande diversidade estrutural a partir de poliedros interconectados e, com o uso de moldes, chegar a estruturas reticuladas porosas.

O grande desenvolvimento dos aluminossilicatos e das zeólitas motivou os químicos inorgânicos sintéticos na busca de tipos estruturais assemelhados, construídos a partir de outros poliedros tetraédricos e octaédricos para uso em troca iônica, absorção e catálise. O uso de poliedros maiores e diferentes oferece mais possibilidades topológicas para as estruturas reticuladas, e também existe o potencial de incorporar íons de metal d com as suas propriedades associadas a cor, oxirredução e magnetismo. Dentre as espécies tetraédricas que têm sido incorporadas em estruturas reticuladas, além dos grupos aluminato, silicato e fosfato mencionados previamente, estão o ZnO$_4$, AsO$_4$, CoO$_4$, GaO$_4$

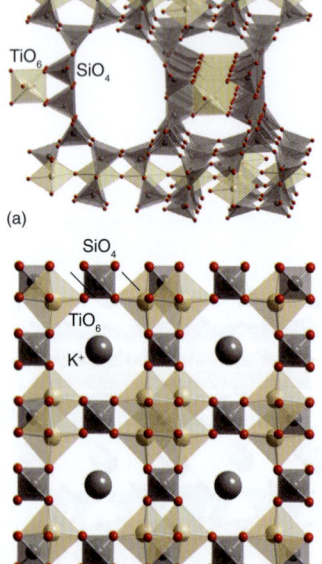

Figura 24.54 Estruturas do: (a)* titanossilicato ETS-10, formado a partir de cadeias de octaedros TiO$_6$ ligados por tetraedros SiO$_4$; (b)* K$_3$H(TiO)$_4$(SiO$_4$)$_3$·4H$_2$O, um análogo sintético do mineral natural farmacossiderita.

e GeO$_4$. As unidades octaédricas são baseadas principalmente em metais d e nos metais maiores e mais pesados dos Grupos 13 e 14. Embora menos comuns, também existem outras unidades poliédricas como as pirâmides quadráticas pentacoordenadas.

Os análogos das zeólitas são chamados de **zeótipos**. Anéis com mais de 12 átomos coordenados tetraedricamente foram observados inicialmente em sistemas metalofosfato, sendo conhecidas estruturas com 20 e 24 tetraedros conectados. Os aluminofosfatos foram as primeiras estruturas microporosas reticuladas sintetizadas contendo poliedros com números de coordenação maiores do que quatro. Outras estruturas reticuladas chamadas de **hipertetraédricas** são agora bem estabelecidas, como a família dos titanossilicatos (que apresentam sítios com Si tetracoordenado e sítios com Ti pentacoordenado e hexacoordenado) e uma série de peneiras moleculares octaédricas baseadas em unidades MnO$_6$ interligadas.

Bons exemplos desta família estrutural são os zeótipos de titanossilicato construídos a partir de tetraedros SiO$_4$ e de vários poliedros TiO$_n$, com n variando de 4 a 6. Esses compostos são feitos sob condições hidrotérmicas semelhantes às usadas para sintetizar muitas zeólitas, mas usando-se uma fonte de titânio como o TiCl$_4$ ou o Ti(OC$_2$H$_5$)$_4$, que hidrolisam em condições básicas em autoclave. Também podem ser usados moldes nestes meios, os quais atuam como unidades direcionadoras de estrutura, dando origem a tamanhos de poros e geometrias específicas. Numa reação típica, o titanossilicato ETS-10 (*Engelhard TitanoSilicate 10*) é preparado pela reação entre TiCl$_4$, silicato de sódio, hidróxido de sódio e, algumas vezes, uma molécula molde como o brometo de tetraetilamônio, em autoclave selada e revestida com politetrafluoroetileno (PTFE), numa temperatura entre 150 e 230°C. O número de materiais de titanossilicatos continua a crescer, mas dois destes, o ETS-10 e o Na$_2$Ti$_2$O$_3$SiO$_4$·2H$_2$O, merecem ser considerados aqui mais detalhadamente como exemplos específicos desse tipo de material.

O ETS-10 é um material microporoso feito a partir de octaedros TiO$_6$ e tetraedros SiO$_4$, com grupos TiO$_6$ interligados em cadeia (Fig. 24.54a). A estrutura tem anéis de 12 membros (ou seja, poros formados a partir de 12 unidades poliédricas) em todas as três direções. O Na$_2$Ti$_2$O$_3$SiO$_4$·2H$_2$O também possui octaedros TiO$_6$, mas nesta estrutura esses octaedros formam clusters com quatro unidades TiO$_6$ ligadas por unidades tetraédricas SiO$_4$ (como na Fig. 24.54a). Esta conectividade dá origem a grandes poros octogonais contendo íons Na$^+$ hidratados. Este composto, assim como vários outros titanossilicatos (como o K$_3$H(TiO)$_4$(SiO$_4$)$_3$·4H$_2$O, um análogo sintético do mineral natural farmacossiderita, Fig. 24.54b) apresenta excelentes propriedades de troca iônica, especialmente para cátions grandes. Estes íons grandes substituem o Na$^+$ com uma seletividade muito alta, de forma que, por exemplo, íons Cs$^+$ e Sr^{2+} podem ser extraídos para dentro da estrutura do titanossilicato a partir das suas soluções diluídas. Esta capacidade tem levado ao desenvolvimento destes materiais para a remoção de radionuclídeos do lixo atômico, no qual ^{137}Cs e ^{90}Sr são muito radioativos.

O propósito de grande parte dos trabalhos recentes em estruturas reticuladas porosas tem sido a incorporação de íons de metal d. Dentre os materiais sintetizados temos os fluorofosfatos de ferro(III) porosos, antiferromagnéticos, com temperaturas Néel na faixa de 10 a 40 K. Essas temperaturas são relativamente altas para clusters de ferro ligados por grupos fosfato e indicam a presença de interações magnéticas relativamente fortes. São conhecidos os fosfatos zeótipos de cobalto(II), vanádio(V), titânio(IV) e níquel(II), além do material conhecido como VSB-1 (Versalhes-Santa Bárbara), que foi o primeiro sólido microporoso com túneis formados por anéis de 24 membros, sendo simultaneamente poroso, magnético e um meio trocador de íons (Fig. 24.55).

A coordenação tetraédrica é comum na química dos sulfetos metálicos simples, como já vimos na discussão do ZnS na wurtzita e na esfalerita (Seção 3.9), e alguns compostos podem ser considerados como formados pela ligação de fragmentos destas estruturas, conhecidas como **clusters supertetraédricos**. Por exemplo, o [N(CH$_3$)$_4$]$_4$[Zn$_{10}$S$_4$(SPh)$_{16}$] contém uma unidade Zn$_{10}$S$_{20}$ supertetraédrica isolada, com grupos fenila terminais (Fig. 24.56).

(c) Redes metalo-orgânicas (MOFs)

Ponto principal: *O uso de ligantes conectores, como os carboxilatos, entre centros metálicos produz materiais híbridos orgânicos-inorgânicos que podem apresentar alta porosidade.*

As redes metalo-orgânicas, algumas vezes chamadas de polímeros de coordenação, têm suas estruturas baseadas em ligantes orgânicos bidentados e polidentados situados entre os átomos metálicos. Exemplos de ligantes simples usados para construir estas estruturas frequentemente porosas são o CN$^-$, nitrilas, aminas, imidazois e, principalmente,

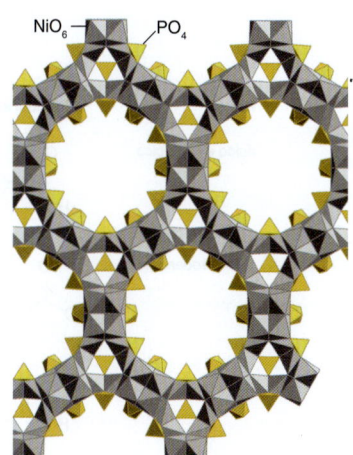

Figura 24.55* A estrutura reticulada do VSB-1 consiste nos octaedros NiO$_6$ e tetraedros PO$_4$ interligados. O canal principal é rodeado por 24 dessas unidades, tendo um diâmetro tal que permite a passagem de moléculas com até 0,88 nm de diâmetro.

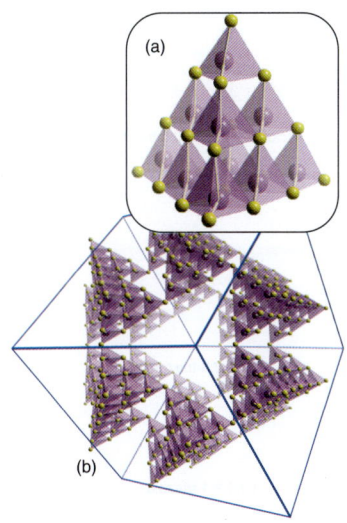

Figura 24.56* (a) Unidade supertetraédrica isolada de estequiometria Zn$_{10}$S$_{20}$ formada a partir de tetraedros ZnS$_4$ individuais. (b) Estas unidades supertetraédricas podem estar interligadas como unidades estruturais para formar grandes estruturas tridimensionais porosas.

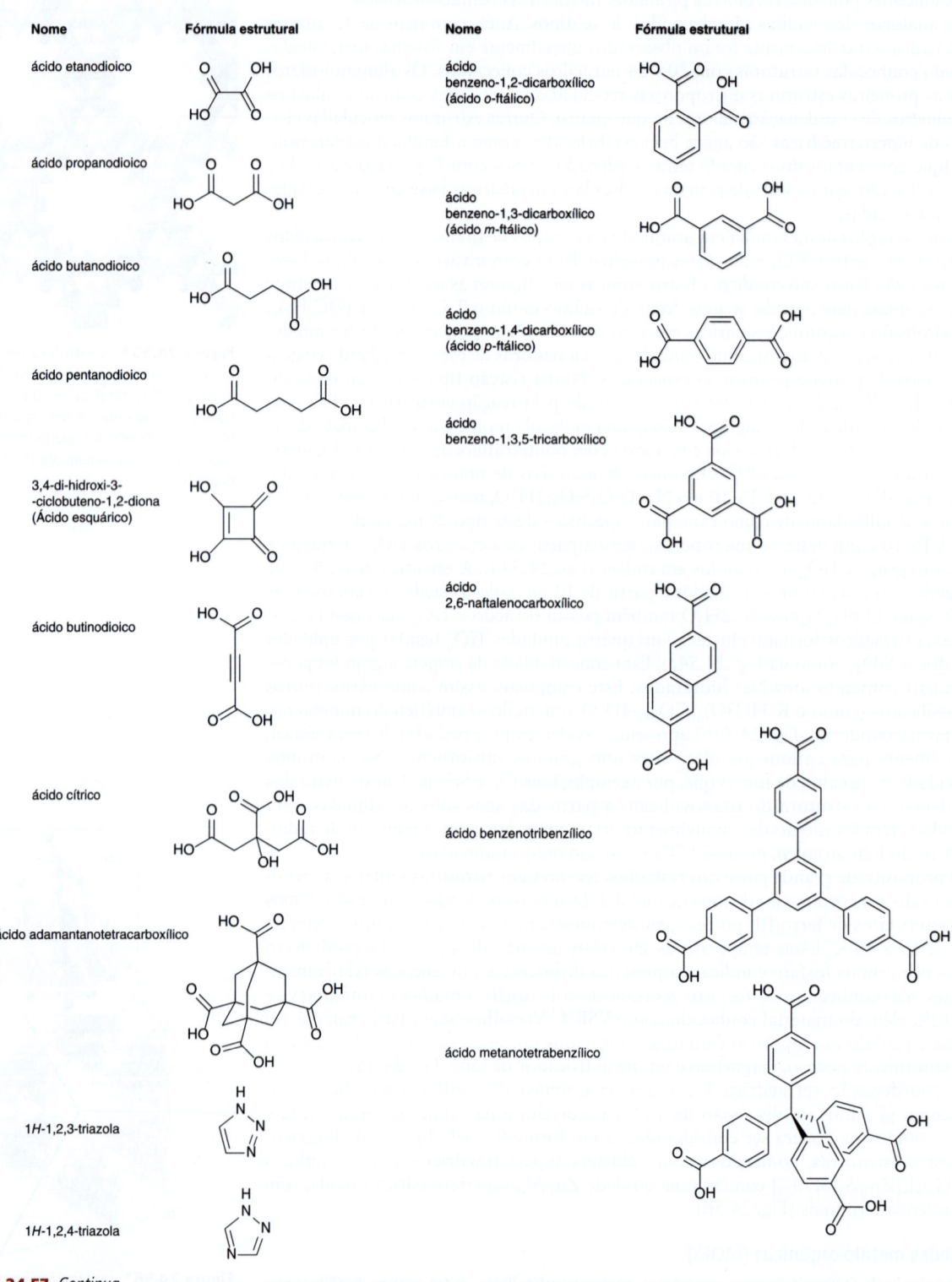

Figura 24.57 Continua.

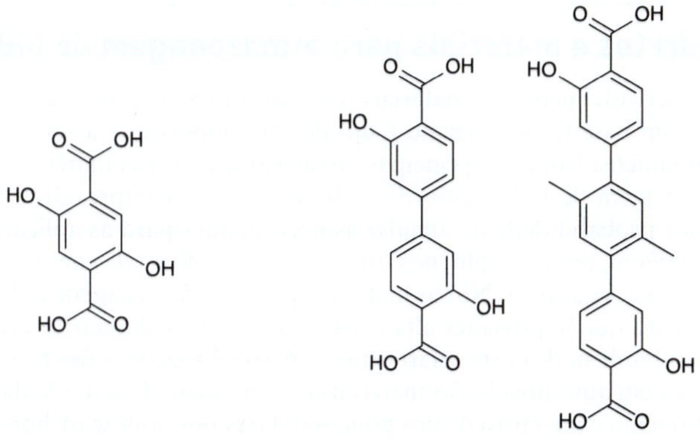

Figura 24.57 *Continuação.* Ligantes orgânicos conectores comuns para a construção de redes metalo-orgânicas (MOFs). Num MOF, o ânion carboxilato do ácido correspondente é geralmente a espécie de ligação.

carboxilatos (Fig. 24.57). Muitos milhares destes compostos já são conhecidos e, dentre eles, temos as redes carregadas positivamente com ânions nas cavidades para balancear as cargas, como por exemplo o Ag(4,4'-bpy)NO$_3$, e as redes eletricamente neutras, como o Zn$_2$(1,3,5-benzenotricarboxilato)NO$_3$·H$_2$O·C$_2$H$_5$OH, do qual as moléculas de H$_2$O podem ser removidas reversivelmente.

A síntese dos MOFs normalmente é obtida em condições solvotérmicas pela reação de um sal do metal com o ânion do ligante conector orgânico; diferentemente da química das zeólitas, não é necessário o uso de um direcionador de estrutura, e a estrutura reticulada geralmente contém apenas moléculas do solvente em qualquer dos poros. Também é possível a modificação dos MOFs após a síntese, particularmente nos ligantes em ponte, via uma modificação química típica de grupo orgânico. Geralmente, o objetivo dessa química é produzir sítios planejados para a adsorção de gases ou para catálise ou para melhorar a estabilidade térmica e química do MOF.

Os MOFs têm propriedades análogas às das zeólitas, com as suas altas porosidades levando a aplicações em potencial para a adsorção, separação e armazenamento de gases e nas reações catalíticas semelhantes às que ocorrem dentro dos poros e canais das zeólitas (Seção 25.14), de forma que eles vêm sendo intensamente pesquisados para estas aplicações. As potenciais vantagens dos MOFs sobre as zeólitas são a muito maior diversidade estrutural disponível, com um grande número de grupos orgânicos ligantes, e as suas estruturas altamente porosas, produzidas pelo uso de longos grupos ligantes de conexão baseados em carboxilatos aromáticos. É digna de nota a estrutura de um tereftalato de cromo (1,4-benzenodicarboxilato) que possui poros com diâmetro de, aproximadamente, 3 nm e uma área superficial específica interna para o N$_2$ de mais de 5000 m^2 g^{-1} (Fig. 24.58). Com a escolha do ligante de conexão e a modificações pós-síntese, é possível ajustar as propriedades dos MOFs para adsorver fortemente uma molécula preferencialmente em relação à outra. Sistemas que adsorvem CO$_2$ em detrimento de outras moléculas, especialmente N$_2$ e O$_2$, vêm sendo estudados para sequestrar o CO$_2$ do ar e dos gases de exaustão das termelétricas como parte dos esquemas de captura de carbono.

Esses materiais também têm importantes aplicações em potencial na armazenagem de gases como, por exemplo, o H$_2$ e hidrocarbonetos, embora para o H$_2$ a adsorção física das moléculas ocorra em extensão apreciável na superfície interna, somente na temperatura do nitrogênio líquido. Assim, o uso mais provável para os MOFs é para redução da pressão durante o armazenamento do gás natural líquido. Os poros muito grandes dos MOFs permitem que moléculas grandes e complexas sejam neles inseridas, como muitos compostos com atividade farmacológica, sendo o uso dos MOFs como agentes transportadores e liberadores de drogas uma aplicação adicional possível. Assim, um composto ativo, como, por exemplo, o analgésico ibuprofeno, pode ser adsorvido no interior dos poros de um MOF; quando o MOF impregnado for ingerido ou injetado no paciente, o ingrediente ativo pode ser liberado de forma lenta e, preferencialmente, exatamente no local desejado. Uma aplicação adicional proposta para os MOFs é em catálise, em que há grande expectativa pelo fato de poder controlar as dimensões e a forma dos poros e também introduzir efeitos quirais pelo emprego de ligantes orgânicos quirais.

Uma desvantagem dos MOFs em relação às zeólitas e outros materiais nanoporosos puramente inorgânicos é que eles são térmica e quimicamente muito menos estáveis devido à presença dos componentes orgânicos em suas estruturas, embora alguns MOFs possam resistir a temperaturas acima de 500°C e sejam estáveis na presença de ácidos e bases fortes.

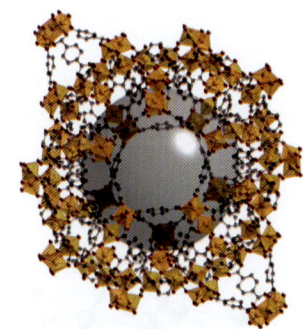

Figura 24.58* Rede metalo-orgânica (MOF) formada a partir de unidades de tereftalato de cromo, mostrando octaedros CrO$_6$ (em ouro) ligados por ânions orgânicos. A grande esfera central mostra o tamanho do poro neste material, o qual pode ser preenchido com solvente ou moléculas de gás.

Hidretos e materiais para armazenagem de hidrogênio

O desenvolvimento de materiais para uso futuro em uma economia de geração de energia com base no hidrogênio é um desafio importante a ser enfrentado pelos químicos inorgânicos. Uma das principais áreas em que novos materiais são necessários é na armazenagem de hidrogênio. Cilindros de gás à alta pressão e rotas de liquefação têm pouca probabilidade de atender às necessidades para as aplicações de armazenagem do hidrogênio, por exemplo, nos carros e nos geradores de energia domésticos, por questões de peso e segurança. Novos materiais para a armazenagem de hidrogênio serão necessários para que se possa ter alta capacidade, tanto volumétrica quanto gravimétrica, e que sejam também de custo relativamente baixo. Especificações técnicas propostas para aplicações em automóveis são materiais que possuam de 6 a 9% da massa do sistema como hidrogênio e um custo de uns poucos dólares por quilowatt-hora de energia armazenada. Uma condição adicional é que o hidrogênio seja disponível a partir do sistema de armazenagem entre 60 e 120°C. Duas abordagens principais para estes novos materiais vêm sendo perseguidas: hidrogênio ligado quimicamente como, por exemplo, nos hidretos metálicos, e novos compostos porosos com grande área superficial que possam adsorver fisicamente o hidrogênio. Nesta seção, será discutida a química inorgânica por trás desses dois enfoques, juntamente à descrição dos últimos avanços na produção destes materiais.

24.13 Hidretos metálicos

O hidrogênio forma hidretos metálicos por reação com muitos metais e ligas metálicas (Seções 10.6b e c). Em muitos casos, esse processo pode ser revertido, liberando o H_2 e regenerando o metal ou a liga, pelo aquecimento do hidreto metálico (complexo). Esses hidretos metálicos têm uma importante vantagem em relação à segurança sobre o hidrogênio pressurizado ou liquefeito, e muitos sistemas de adsorção física de hidrogênio que também vêm sendo considerados para armazenar hidrogênio, nos quais é preocupante a possibilidade de ocorrer uma liberação repentina e descontrolada de hidrogênio (Quadros 10.4 e 13.1). Para as aplicações da armazenagem de hidrogênio, os compostos que contêm hidrogênio em combinação com elementos leves, como Li, Be, Na, Mg, B e Al, são alguns dos materiais mais promissores, particularmente quando a razão H:M pode alcançar o valor de 2 ou mais. Os sistemas simples formados por metal e hidreto foram tratados em detalhes nas seções apropriadas dos Capítulos 10, 11 e 12. Agora, expandiremos a química desses compostos e dos hidretos metálicos complexos relacionados.

(a) Hidretos metálicos baseados no magnésio

Ponto principal: O hidreto de magnésio contém uma alta porcentagem em peso de hidrogênio, sendo um material promissor para a armazenagem de hidrogênio.

O hidreto de magnésio, MgH_2 (com estrutura do tipo do rutílio; Fig. 24.59), em princípio, oferece uma alta capacidade de 7,7% de hidrogênio, em massa, combinada com o baixo custo do magnésio e uma boa reversibilidade para captura e liberação do hidrogênio em temperaturas elevadas. Entretanto, sua temperatura de decomposição de 300°C a 1 atm de hidrogênio gasoso é alta, sendo antieconômica, e esforços consideráveis vêm sendo realizados para desenvolver novos materiais assemelhados que possuam uma temperatura menor para a liberação do hidrogênio. A dopagem do MgH_2 com vários metais tem sido feita, levando à produção de soluções sólidas $Mg_{1-x}M_xH_{2\pm y}$ com M = Al, V, Ni, Co, Ti, Ge e misturas La/Ni, algumas das quais com temperaturas de decomposição ligeiramente menores. Mais promissoras são as mudanças na microestrutura do MgH_2 que são provocadas por moagem em moinho de bolas (Seção 24.1), particularmente quando feita em combinação com outros materiais, como metais (Ni ou Pd) e óxidos metálicos (V_2O_5 ou Cr_2O_3). A moagem do MgH_2 em moinho de bolas aumenta a área superficial do sólido por um fator em torno de 10 e causa um número de defeitos nos cristalitos, promovendo tanto a adsorção como a dessorção do hidrogênio.

(b) Hidretos complexos

Ponto principal: Os hidretos metálicos complexos, como os hidretoaluminatos (alanatos), as amidas e os tetra-hidretoboratos liberam H_2 quando aquecidos.

Dentre os hidretos complexos, temos os tetra-hidretoaluminatos (contendo AlH_4^-), as amidas (NH_2^-) e os boranatos (Quadro 13.1, inclusive os tetra-hidretoboratos contendo

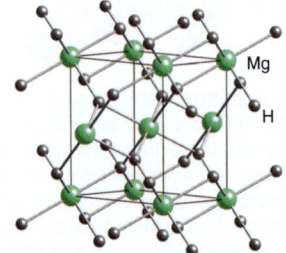

Figura 24.59* Estrutura do MgH_2.

BH$_4^-$), que podem conter níveis muito altos de hidrogênio; por exemplo, o LiBH$_4$ tem 18% de hidrogênio em massa. Para esses sistemas, a decomposição para liberar hidrogênio representa um problema: os tetra-hidretoboratos, por exemplo, decompõem-se apenas próximo de 500°C. Para algumas aplicações que não exigem reversibilidade, conhecidas como "sistemas de armazenagem de hidrogênio não reaproveitáveis", o hidrogênio pode ser liberado através do tratamento com água.

Uma breve ilustração A massa molar do Li$_2$BeH$_4$ é (2×6,94)+9,01+(4×1,01) g mol^{-1} = 26,93 g mol^{-1}, da qual 4,04 g mol^{-1} é de H, de forma que o conteúdo de hidrogênio é [(4,04 g mol^{-1})/(26,93 g mol^{-1})] × 100% = 15,0%.

Tanto o NaAlH$_4$ como o Na$_3$AlH$_6$ possuem boas capacidades teóricas de armazenagem de hidrogênio, de 7,4 e 5,9% em massa, respectivamente, e baixo custo. Suas estruturas baseiam-se nos ânions complexos AlH$_4^-$ tetraédricos e AlH$_6^{3-}$ octaédricos (Fig. 24.60). Esses sistemas apresentam baixa reversibilidade para as suas reações de decomposição e que ocorrem em etapas, o que não é ideal para as aplicações, particularmente porque as quantidades finais de hidrogênio são liberadas somente acima de 400°C (os limites aceitáveis para sistemas de hidrogênio combustível para automóveis são menos que 100°C para a liberação do hidrogênio e menos que 700 bar para a recarrega):

3 NaAlH$_4$(s) $\underset{}{\overset{200°C}{\rightleftharpoons}}$ Na$_3$AlH$_6$(s)+2 Al(s)+3 H$_2$(g) Rendimento: 3,6% de H$_2$, em massa

2 Na$_3$AlH$_6$(s) $\underset{}{\overset{260°C}{\rightleftharpoons}}$ 6 NaH(s)+2 Al(s)+3 H$_2$(g) Rendimento: 1,8% de H$_2$, em massa

2 NaH(s) $\underset{}{\overset{425°C}{\rightleftharpoons}}$ 2 Na(s)+H$_2$(g) Rendimento: 2,0% de H$_2$, em massa

Vários aditivos, como o Ti e o Zr, vêm sendo usados para preparar materiais dopados, os quais, em alguns casos, têm maior velocidade de hidrogenação e desidrogenação. A moagem em moinho de bola para produzir tamanhos de partícula menores e materiais tensionados também parece melhorar a velocidade de liberação de hidrogênio.

Os hidretoaluminatos de lítio, LiAlH$_4$ e Li$_3$AlH$_6$, têm porcentagens em massa de hidrogênio maiores do que os correspondentes compostos de sódio, sendo atraentes para armazenagem de hidrogênio, exceto por suas instabilidades químicas; o LiAlH$_4$ decompõe-se muito facilmente, mas os produtos resultantes não podem ser hidrogenados novamente para a obtenção do LiAlH$_4$. Além disso, o LiH, um dos produtos iniciais, perde hidrogênio somente acima de 680°C.

O nitreto de lítio, Li$_3$N, reage com hidrogênio para formar LiNH$_2$ e LiH:

Li$_3$N(s)+2 H$_2$(g)→LiNH$_2$(s)+2 LiH(s)

A mistura libera hidrogênio acima de 230°C, produzindo também Li$_2$NH, e possui uma capacidade teórica de armazenagem de hidrogênio de 6% de H$_2$ em massa. Um problema com os nitretos é que pode ocorrer a decomposição parcial formando amônia.

O tetra-hidretoborato de lítio, LiBH$_4$, é teoricamente um material muito promissor para a armazenagem de hidrogênio, com 18% de H$_2$ em massa, mas ele não sofre uma reação reversível envolvendo liberação e captura de hidrogênio. O hidretoberilato Li$_3$Be$_2$H$_7$ possui excelente reversibilidade, mas somente acima de 150°C. Outros amido-boranatos complexos de lítio, como o Li$_3$(NH$_2$)$_2$BH$_4$ (Fig. 24.61) e o Li$_4$(NH$_2$)$_2$(BH$_4$)$_2$, vêm sendo propostos como materiais para armazenar hidrogênio e parecem formar pouca amônia quando comparados com o LiNH$_2$, mas com uma reversibilidade limitada (Quadro 10.4). Complexos de metal com amina assemelhados, como o Mg(NH$_3$)$_6$Cl$_2$, têm sido propostos como materiais para armazenagem de hidrogênio "indiretos" (em que a amônia liberada pode ser convertida em hidrogênio por meio de uma reação secundária), uma vez que têm elevado conteúdo de hidrogênio.

(c) Compostos intermetálicos

Ponto principal: As fases intermetálicas baseadas em metais da primeira série de transição reagem com o hidrogênio reversivelmente.

Vários tipos de compostos intermetálicos vêm sendo investigados como potenciais sistemas de armazenagem de hidrogênio, uma vez que, em geral, eles apresentam excelente reversibilidade de captura de hidrogênio em baixa pressão (1 a 20 bar) e em temperaturas pouco acima da temperatura ambiente (Tabela 24.7). Entretanto, a porcentagem em

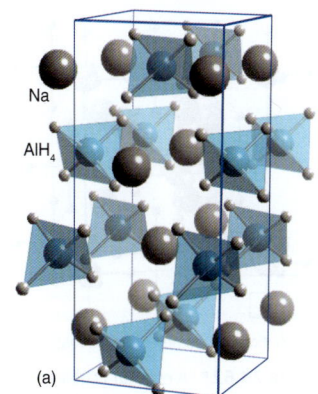
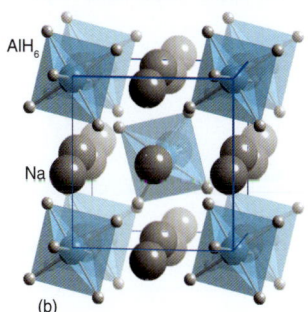

Figura 24.60 As estruturas do (a) NaAlH$_4$ e do (b) Na$_3$AlH$_6$, ressaltando-se a coordenação do hidreto em torno do alumínio.

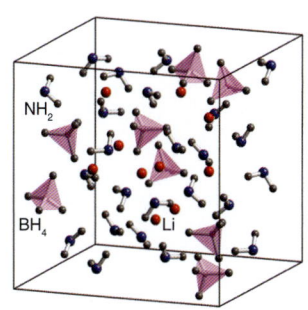

Figura 24.61* Estrutura do Li$_3$(NH$_2$)$_2$BH$_4$.

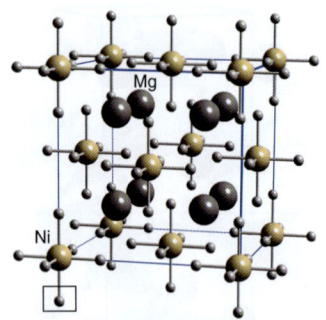

Figura 24.62* A estrutura cúbica idealizada para o Mg_2NiH_4; os sítios de hidrogênio estão apenas parcialmente ocupados.

Tabela 24.7 Tipos de estruturas intermetálicas para armazenagem de hidrogênio*

Tipo	Metais	Composição do hidreto típico	% de H_2 em massa	p_{eq}, T*
Elemento	Pd	$PdH_{0,6}$	0,56	0,020 bar, 298 K
AB_5	$LaNi_5$	$LaNi_5H_6$	1,5	2 bar, 298 K
AB_2 (Laves)	ZrV_2	$ZrV_2H_{5,5}$	3,0	10^{-8} bar, 323 K
AB	FeTi	$FeTiH_2$	1,9	5 bar, 303 K
A_2B	Mg_2Ni	Mg_2NiH_4	3,6	1 bar, 555 K
BCC	TiV_2	TiV_2H_4	2,6	10 bar, 313 K

*Os valores de p_{eq} e T são as condições de pressão e temperatura para a formação e decomposição, respectivamente, das fases.

massa de hidrogênio que pode ser adsorvida por esses materiais é relativamente baixa devido à alta massa molar dos metais. Um sistema, com fases do tipo AB_5, é exemplificado pelo $LaNi_5$, que absorve hidrogênio para formar o $LaNi_5H_6$, mas isso corresponde a apenas 1,5% de hidrogênio em massa.

Uma série de ligas, chamadas de **fases Laves**, ocorre para algumas composições intermetálicas de estequiometria AB_2, onde A = Ti, Zr ou Ln e B é um metal 3d como V, Cr, Mn ou Fe. Esses materiais possuem alta capacidade e cinética favorável para adsorver hidrogênio, formando compostos como $ZrFe_2H_{3,5}$ e $ErFe_2H_5$, com até 2% de hidrogênio em massa. Entretanto, os hidretos das fases Laves são termodinamicamente muito estáveis à temperatura ambiente, dificultando a reversão da adsorção do hidrogênio.

O composto Mg_2NiH_4, que contém 3,6% de hidrogênio em massa, é formado pelo aquecimento da liga Mg_2Ni, a 300°C, sob uma pressão de 25 kbar de hidrogênio:

$$Mg_2Ni(s) + 2\,H_2(g) \rightarrow Mg_2NiH_4$$

Em baixa temperatura, a estrutura do Mg_2NiH_4 consiste em um arranjo ordenado do Mg, Ni e H, mas, em alta temperatura ou por moagem em moinho de bolas, transforma-se em uma fase cúbica com íons H^- aleatoriamente distribuídos pelo arranjo dos átomos de Mg e Ni (Fig. 24.62).

A terceira classe dos compostos intermetálicos que vem sendo estudada é a chamada "ligas CCC de Ti", como a FeTi e as ligas de composições similares com várias quantidades de outros metais d, como Ti, V, Cr ou Mn. Capacidades de hidrogênio próximas a 2,5% em massa podem ser obtidas para essas ligas, mas são necessárias altas pressões e temperaturas para que esses valores sejam alcançados.

24.14 Outros materiais inorgânicos para armazenagem de hidrogênio

Ponto principal: Os compostos inorgânicos porosos e com elevada área superficial podem adsorver grandes níveis de hidrogênio gasoso.

A adsorção física sobre a superfície de materiais de grande área superficial, inclusive de quaisquer poros internos, oferece uma elevada capacidade para a armazenagem de hidrogênio. Entretanto, estes altos valores só podem ser alcançados pelo resfriamento do sistema ou pelo uso de pressões muito altas, os quais não podem ser empregados para aplicações cotidianas. Alguns sistemas inorgânicos que vêm sendo atualmente estudados envolvem ligas metálicas que são moldadas pelo uso de zeólitas, clatratos inorgânicos ou redes metalo-orgânicas (MOFs; Seção 24.12c), todos tendo estruturas altamente porosas formadas a partir de elementos relativamente leves.

Diferentes formas de carbono também vêm sendo estudadas como materiais para armazenagem de hidrogênio. A própria grafita é uma forma nanoestruturada (Seções 24.27 e 24.28) que adsorve 7,4% de hidrogênio, em massa, sob uma pressão de 1 MPa (10 bar) de hidrogênio, embora materiais típicos como carbono/grafita ativados desenvolvam superfícies de monocamadas equivalentes a 1,5 – 2,0% de hidrogênio em massa. Os nanotubos de carbono (Seção 24.27), com suas superfícies curvadas, tendem a apresentar uma maior adsorção de hidrogênio em comparação com as folhas de grafita, tendo sido reportados valores de até 8% em massa a 77 K.

As zeólitas (Seção 24.11) também têm sido propostas como um possível material para armazenagem de hidrogênio, e muitas topologias diferentes vêm sendo estudadas. Dentre os melhores tipos de estruturas reticuladas encontram-se as faujazitas (FAU, zeólitas X e Y), a zeólita A (LTA) e a cabazita, com capacidades máximas em torno de 2,0% de hidrogênio em massa. A presença de elementos relativamente pesados como Si e Al nessas zeólitas limita a porcentagem em massa de captura de hidrogênio e, assim, outras zeólitas semelhantes baseadas nos elementos mais leves Li, Be e B estão sendo investigadas.

Propriedades ópticas de materiais inorgânicos

Muitos sólidos inorgânicos são intensamente coloridos e são usados como pigmentos para dar cor a tintas, plásticos, vidros e esmaltes. Enquanto que muitos compostos orgânicos insolúveis (por exemplo, o pigmento Vermelho C.I. 48, que é o sal de cálcio do ácido 4-((5-cloro-4-metil-2-sulfofenil)azo)-3-hidroxi-2-naftalenocarboxílico) são também usados como pigmentos, os materiais inorgânicos frequentemente apresentam vantagens associadas às suas estabilidades química e térmica e resistência à luz. Os pigmentos foram inicialmente desenvolvidos a partir de compostos de ocorrência natural, como os óxidos hidratados de ferro, óxidos de manganês, carbonato de chumbo, cinabre (HgS), ouro-pigmento (As_2S_3) e carbonatos de cobre. Esses compostos foram usados até mesmo nos desenhos pré-históricos encontrados nas cavernas. Os pigmentos sintéticos, que frequentemente são análogos aos compostos de ocorrência natural, foram desenvolvidos por alguns dos primeiros químicos e alquimistas, e os primeiros químicos sintéticos foram, provavelmente, aqueles envolvidos na fabricação de pigmentos. Assim, o pigmento azul-do-egito ($CaCuSi_4O_{10}$) era feito a partir de areia, carbonato de cálcio e minérios de cobre em tempos tão remotos quanto 3000 anos atrás. Esse composto e um análogo estrutural, o azul-da-china ($BaCuSi_4O_{10}$), que foi feito pela primeira vez há 2500 anos, apresentam estruturas contendo íons cobre(II) quadráticos planos cercados de grupos Si_4O_{10} (Fig. 24.63). Os pigmentos inorgânicos ainda são materiais comercialmente importantes, e apresentaremos nesta seção alguns dos avanços recentes nesse campo.

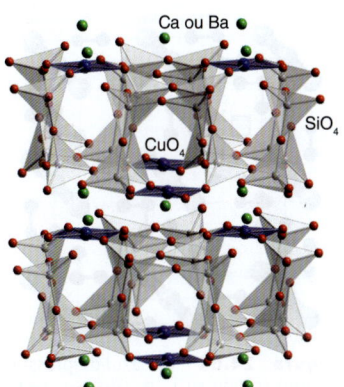

Figura 24.63* Ambiente quadrático plano de cobre e oxigênio formado pelos grupos Si_4O_{10} no azul-do-egito ($CaCuSi_4O_{10}$) e no azul-da-china ($BaCuSi_4O_{10}$).

Assim como as cores produzidas pelos pigmentos inorgânicos resultam da absorção e reflexão da luz visível, alguns sólidos são capazes de absorver energia em outros comprimentos de onda (ou tipos, como, por exemplo, feixes de elétrons) e emitir luz na região do visível. Esta **luminescência** é responsável pelas propriedades dos fósforos inorgânicos (Quadro 24.3).

QUADRO 24.3 Fósforos inorgânicos

A luminescência é a emissão de luz por materiais que absorveram energia de alguma forma. A fotoluminescência ocorre quando fótons, geralmente na região ultravioleta do espectro eletromagnético, são a fonte de energia e o resultado é normalmente luz visível. A catodoluminescência faz uso de um feixe de elétrons como fonte de energia, e a eletroluminescência usa a energia elétrica. É possível distinguir dois tipos de fotoluminescência: a fluorescência, que tem um período de menos que 10^{-8} s entre a absorção do fóton e a emissão, e a fosforescência, para a qual ocorre uma demora muito maior (Seção 20.7).

Os materiais fotoluminescentes, frequentemente chamados de fósforos, consistem geralmente em uma estrutura hospedeira, como o ZnS (com estrutura de wurtzita; Seção 3.9), o $CaWO_4$ (com estrutura do tipo scheelita tendo unidades WO_4^{2-} tetraédricas separadas por íons Ca^{2+}) ou o Zn_2SiO_4, dentro das quais se introduz um íon ativador por dopagem. Estes íons ativadores são íons de alguns metais d ou lantanídeos, como Mn^{2+}, Cu^{2+} ou Eu^{2+}, os quais têm a capacidade de absorver e emitir luz nos comprimentos de onda desejados. Em alguns casos, adiciona-se um segundo dopante como sensibilizador para ajudar na absorção de luz de um comprimento de onda desejado. Dentre as aplicações bem conhecidas desses materiais, temos as lâmpadas fluorescentes e as telas de televisão, em que existe a necessidade de materiais que fluoresçam em regiões específicas do espectro visível.

Muitas combinações de hospedeiro com ativador têm sido estudadas como materiais potencialmente luminescentes com o objetivo de se produzir um material que converta eficientemente radiação ultravioleta ou raios catódicos (feixes de elétrons) na emissão pura de uma cor desejada. A modificação da estrutura do hospedeiro e a natureza e ambiente do íon ativador permite que essas propriedades sejam ajustadas (ver tabela apresentada neste quadro).

Em muitas lâmpadas fluorescentes, uma descarga proveniente do mercúrio produz radiação UV de 254 e 185 nm. Nestas, uma cobertura de ZnS dopada com vários ativadores produz fluorescência em vários comprimentos de onda que, combinados, produzem uma luz efetivamente branca.

A televisão colorida necessita de materiais catodoluminescentes das três cores primárias para produzir a imagem. Esses fósforos são, geralmente, $ZnS:Ag^+$ (azul), $ZnS:Cu^+$ (verde) e $YVO_4:Eu^{3+}$ (vermelho). No $YVO_4: Eu^{3+}$, o grupo vanadato absorve a energia do elétron incidente e o ativador é o Eu^{3+}. O mecanismo de emissão envolve a transferência de elétron entre o grupo vanadato e o Eu^{3+}, e a eficiência desse processo depende do ângulo da ligação M–O–M, de uma maneira similar ao processo de supertroca nos materiais antiferromagnéticos (Seção 20.8). Quanto mais próximo de 180° for esse ângulo, mais rápido e eficiente será o processo de transferência de elétron. No $YVO_4:Eu$, este ângulo é de 170° sendo esse material um fósforo altamente eficiente.

Os fósforos anti-Stokes convertem dois ou mais fótons de menor energia em um único de maior energia (transformando radiação infravermelha em luz visível). Eles atuam absorvendo dois ou mais fótons no processo de excitação antes de emitir um fóton. Os melhores fósforos anti-Stokes têm estruturas hospedeiras iônicas como o YF_3, $NaLa(WO_4)_2$ ou o $NaYF_4$ dopados com Yb^{3+} como íon sensibilizador (para absorver radiação IV) e Er^{3+} como ativador (emitindo luz visível, Quadro 23.1). Dentre as aplicações desses materiais estão os binóculos para visão noturna.

Fósforo hospedeiro	Ativador	Cor
Zn_2SiO_4	Mn^{2+}	Verde
$CaMg(SiO_3)_2$	Diopsídio de Ti	Azul
$CaSiO_3$	Mn	Laranja-amarelado
$Ca_5(PO_4)_3(F,Cl)$	Mn	Laranja
ZnS	Ag^+, Cu^{2+}, Mn^{2+}	Azul, verde, amarelo

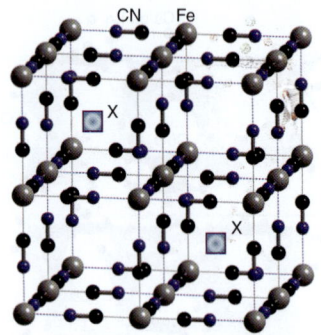

Figura 24.64* O azul-da-prússia, [Fe(III)]$_4$[Fe(II)(CN)$_6$]$_3$. Os íons ferro estão ligados através dos cianetos, formando uma célula unitária cúbica. Os quadrados sombreados (X) mostram regiões da estrutura onde se pode encontrar cátions ou moléculas de água.

Mais recentemente, o desenvolvimento de materiais que podem coletar luz solar para a geração de eletricidade ou para decompor a água e produzir hidrogênio tem se tornado uma área de pesquisa muito ativa. Os sistemas semicondutores fotovoltaicos serão abordados na Seção 24.19, enquanto que nesta seção iremos considerar os fotocatalisadores inorgânicos.

24.15 Sólidos coloridos

Ponto principal: As cores intensas dos sólidos inorgânicos podem ser resultado de transições d–d, de transferência de carga (e as análogas transferências de elétrons interbandas) ou de transferência de carga intervalência.

A cor azul do $CoAl_2O_4$ e do $CaCuSi_4O_{10}$ deve-se à presença de transições d–d na região visível do espectro eletromagnético. A cor intensa característica do aluminato de cobalto é consequência da existência de um sítio tetraédrico não centrossimétrico para o íon metálico, o qual remove a restrição da regra de seleção de Laporte presente nos ambientes centrossimétricos (Seção 20.6). As estabilidades química e térmica devem-se à localização do íon Co^{2+} dentro de um arranjo de empacotamento compacto de íons óxido. Dentre outros pigmentos inorgânicos com cores baseadas em transições d–d, temos o TiO_2 dopado com Ni (amarelo), o $Cr_2O_3 \cdot nH_2O$ (verde) e o $YIn_{1-x}Mn_xO_3$ (azul).

Em muitos compostos inorgânicos, a cor também pode ser proveniente de uma transferência de carga (Seção 20.5) ou de um processo eletronicamente equivalente nos sólidos, que é a promoção de um elétron a partir de uma banda de valência (formada principalmente por orbitais dos ânions) para uma banda de condução (formada a partir dos orbitais do metal). Dentre os pigmentos de transferência de carga, temos compostos como o cromato de chumbo, $PbCrO_4$, que contém o ânion cromato(VI) laranja-amarelado, e o $BiVO_4$, com o ânion vanadato(V) amarelo. Os compostos CdS (amarelo) e o CdSe (vermelho) têm a estrutura da wurtzita, e a cor origina-se de transições partindo da banda de valência cheia (formada principalmente pelos orbitais p do calcogeneto) para orbitais formados principalmente pelo Cd (Quadro 19.4). Para um material com uma separação de energia entre as bandas de 2,4 eV (como o CdS a 300 K), essas transições ocorrem como uma absorção larga, correspondendo aos comprimentos de onda menores do que 515 nm; assim, o CdS é amarelo-forte, uma vez que a parte azul do espectro visível é totalmente absorvida. Para o CdSe, a separação de energia entre as bandas é menor devido às maiores energias dos orbitais 4p do Se, deslocando a borda da absorção para energias menores. Como resultado, somente a luz vermelha não é absorvida pelo material. Em alguns compostos de valência mista, a transferência de elétrons entre centros metálicos com cargas diferentes também pode ocorrer na região do visível e, como em geral essas transferências são totalmente permitidas, dão origem a uma cor intensa. O azul-da-prússia, [Fe(III)]$_4$[Fe(II)(CN)$_6$]$_3$ (Fig. 24.64), é um desses compostos, e sua cor azul-escuro faz com que ele seja muito usado nas tintas. Compostos de Ru, como o complexo com a tris(carboxila)-terpiridina, [Ru(2,2',2''-(COOH)$_3$-terpy)(NCS)$_3$], intensamente coloridos e geralmente de coloração castanho-escuro, azul ou preta, absorvem eficientemente ao longo das regiões do espectro visível e do infravermelho, sendo usados como fotossensibilizadores nas células solares do tipo Grätzel (Quadro 21.1).

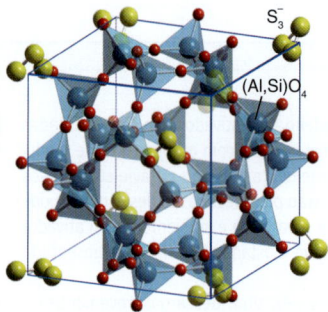

Figura 24.65* Uma das gaiolas de sodalita presentes no azul ultramarino, $Na_8[SiAlO_4]_6 \cdot (S_3)_2$. A estrutura reticulada consiste nos tetraedros SiO$_4$ e AlO$_4$ ligados e que circundam uma cavidade contendo o íon radical polissulfeto S_3^- e íons Na$^+$ (este último omitido para maior clareza).

Os radicais inorgânicos, frequentemente, apresentam transições eletrônicas de energia relativamente baixa que podem ocorrer na região do visível. Dois exemplos conhecidos são o NO_2 (castanho) e o ClO_2 (amarelo). Um pigmento inorgânico pode estar baseado em um radical inorgânico, mas, devido à alta reatividade normalmente associada aos compostos do grupo principal contendo elétrons desemparelhados, estas espécies precisam estar aprisionadas em uma gaiola de zeólita. Assim, o pigmento azul ultramarino, um análogo sintético da pedra semipreciosa lápis-lazúli, tem a fórmula idealizada $Na_8[SiAlO_4]_6 \cdot (S_3)_2$ e contém o ânion radical polissulfeto S_3^- ocupando uma gaiola de sodalita formada pela estrutura da rede de aluminossilicato (Fig. 24.65).

Os desenvolvimentos atuais da química de pigmentos inorgânicos estão centrados na busca de substitutos para alguns dos materiais amarelos e vermelhos que contêm metais pesados, como cádmio e chumbo. Embora esses materiais por si só não sejam tóxicos, uma vez que os compostos são muito estáveis e o metal é difícil de ser lixiviado para o ambiente, as suas sínteses e os resíduos podem ser problemáticos. Os compostos que têm sido investigados para substituir os pigmentos baseados em chumbo e nos calcogenetos de cádmio são os sulfetos de lantanídeos, como o Ce_2S_3 (vermelho), e os óxidos nitretos dos primeiros metais d, como o $Ca_{0,5}La_{0,5}Ta(O_{1,5}N_{1,5})$ (laranja). Em ambos os casos, a substituição do O^{2-} pelos íons S^{2-} ou N^{3-} tem o efeito de reduzir a separação entre as bandas nesses sólidos (compare com os sólidos incolores CeO_2 e $Ca_2Ta_2O_5$, que possuem uma grande separação entre as bandas e absorvem somente na região do UV do espectro), trazendo a energia de excitação do elétron para o visível. Entretanto, nenhum desses materiais tem a estabilidade dos pigmentos baseados em cádmio e chumbo.

24.16 Pigmentos brancos e pretos

Alguns dos compostos mais importantes usados para modificar as características visuais de polímeros e tintas apresentam um espectro de absorção na região do visível que resulta numa aparência branca (sem absorção no visível) ou preta (absorção completa entre 380 e 800 nm).

(a) Pigmentos brancos

Ponto principal: O dióxido de titânio é amplamente usado como pigmento branco.

Os materiais inorgânicos brancos também podem ser classificados como pigmentos, e uma grande quantidade é sintetizada para uso na produção de plásticos e tintas brancas. Os compostos de importância comercial desta classe e que têm sido muito usados historicamente são TiO_2, ZnO, ZnS, carbonato de chumbo(II) e litopônio (uma mistura de ZnS e $BaSO_4$); note que nenhum dos metais desses materiais tem um subnível d incompleto, que poderia de outra forma induzir à cor através de transições d–d. O dióxido de titânio, TiO_2, nas formas de rutílio ou anatásio (Fig. 24.66), é produzido a partir de minérios de titânio, geralmente a ilmenita, $FeTiO_3$, pelo *processo sulfato* (que envolve a sua dissolução em H_2SO_4 concentrado e a subsequente precipitação através de hidrólise) ou pelo *processo cloreto* (que se baseia na reação de uma mistura dos óxidos complexos de titânio com cloro para formar $TiCl_4$, o qual é então queimado com oxigênio em um forno acima de 1000°C). Essas rotas produzem TiO_2 de altíssima qualidade, sem impurezas (o que é essencial para um pigmento branco-intenso) e com tamanho de partícula controlado. As qualidades apreciadas do TiO_2 como pigmento branco derivam da grande separação entre as bandas (> 3 eV, de forma que não pode ocorrer qualquer transição por absorção de luz visível); do seu excelente poder de espalhamento de luz, que por sua vez é resultado do seu alto índice de refração ($n_r = 2,70$); da sua capacidade de produzir materiais muito puros com o tamanho de partícula desejado; da sua boa resistência à luz e à intempérie; da sua não toxicidade (comparada com a do carbonato de chumbo antigamente utilizado). Os usos do dióxido de titânio, o qual domina hoje o mercado de pigmentos brancos, incluem tintas, revestimentos, tintas de impressão (em que ele é frequentemente usado em combinação com pigmentos coloridos para aumentar o seu brilho e poder de cobertura), plásticos, fibras, papel, cimentos brancos e em alimentos (ele pode ser adicionado a açúcar de confeiteiro, doces, filé de peixe beneficiado e farinhas para torná-los mais brancos).

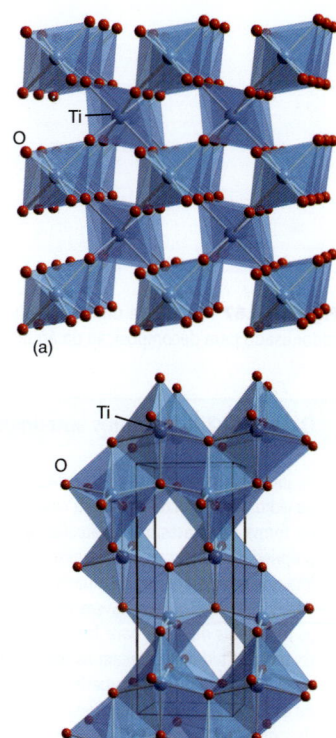

Figura 24.66 O TiO_2 possui vários polimorfos, entre os quais o (a)*rutílio e o (b)*anatásio, os quais podem ser descritos em termos de octaedros de TiO_6 interligados.

(b) Pigmentos pretos, pigmentos para absorção de luz e pigmentos especiais

Pontos principais: Cores especiais, absorção de luz e efeitos de interferência podem ser induzidos por materiais inorgânicos usados como pigmentos.

O pigmento preto mais importante é o *negro-de-fumo*, que é uma forma de fuligem bem definida e fabricada industrialmente. O negro-de-fumo é obtido pela combustão parcial ou pirólise (aquecimento na ausência de ar) de hidrocarbonetos. O material tem excelentes propriedades de absorção de luz ao longo da região visível do espectro, e dentre as suas aplicações estão as tintas de impressão, outras tintas, plásticos e borracha. A cromita de cobre(II), $CuCr_2O_4$, com estrutura de espinélio (Fig. 24.18), é usada com menos frequência como pigmento preto. Esses pigmentos pretos também absorvem luz fora da região do visível, incluindo o infravermelho, o que significa que eles se aquecem rapidamente quando expostos à luz do sol. Uma vez que esse aquecimento pode ser prejudicial em várias aplicações, há interesse no desenvolvimento de novos materiais que absorvam na região do visível, mas que consigam refletir os comprimentos de onda do infravermelho; o $Bi_2Mn_4O_{10}$ é um dos compostos que apresentam essa propriedade.

Exemplos de pigmentos inorgânicos mais especializados são os pigmentos magnéticos baseados em compostos ferromagnéticos coloridos, como o Fe_3O_4 e o CrO_2, e os pigmentos anticorrosivos, como os fosfatos de zinco. A deposição de pigmentos inorgânicos em finas camadas sobre superfícies pode produzir efeitos ópticos adicionais além da absorção de luz. Assim, a deposição de TiO_2 ou Fe_3O_4 em camadas finas, com poucas centenas de nanômetros de espessura, sobre escamas de mica produz pigmentos brilhantes ou opalescentes, cujos efeitos de interferência entre a luz refletida por diferentes superfícies e camadas produz cores cintilantes e iridescentes.

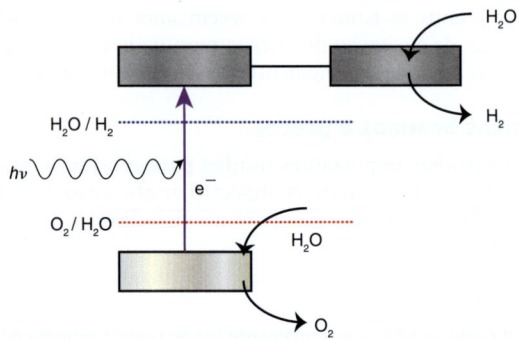

Figura 24.67 A base de um fotocatalisador usado para decomposição da água.

> **QUADRO 24.4** Vidros autolimpantes
>
> As janelas autolimpantes (Fig. Q24.2), como a *Pilkington Active*, são feitas de vidro revestido com uma fina camada transparente de dióxido de titânio, na forma de anatásio, que auxilia na limpeza do vidro por meio de duas propriedades distintas: fotocatálise e hidrofilicidade. Quando a luz ultravioleta da luz do sol atinge a camada de TiO_2 de uma janela autolimpante, são gerados elétrons que se movem, como mostrado na Fig. 24.67, e reagem com as moléculas de água para formar radicais hidroxila na superfície do TiO_2. Os radicais hidroxila atacam as moléculas orgânicas alifáticas que formam depósitos gordurosos na superfície do vidro, reduzindo assim o comprimento da cadeia e produzindo espécies mais hidrofílicas (espécies orgânicas contendo oxigênio). Quando a superfície externa do vidro é molhada pela chuva, a hidrofilicidade da superfície de TiO_2 reduz o ângulo de contato das gotas de água para valores muito baixos, fazendo com que a água forme uma fina película e arraste as espécies orgânicas residuais. Uma vez que as reações fotocatalíticas acontecem na superfície da camada de TiO_2, elas são muito efetivas para liberar as camadas inferiores dos depósitos de gordura e, assim, toda a sujeira é eliminada por lavagem pela chuva.
>
>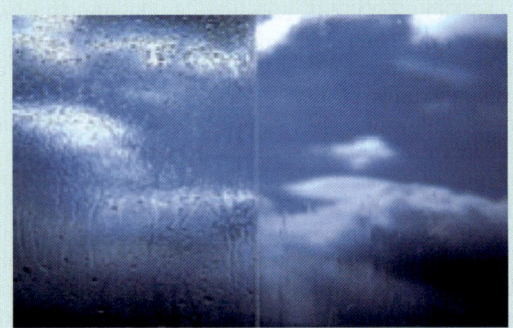
>
> **Figura Q24.2** Janelas com e sem uma camada fotocatalítica autolimpante.

24.17 Fotocatalisadores

Em um pigmento inorgânico, a luz absorvida é geralmente reemitida ou transformada em energia vibracional (calor) nos sólidos. Em um material fotovoltaico (Seções 3.20 e 24.18), a energia luminosa excita um elétron, mas a separação entre o elétron e o buraco formado pode dar origem a uma corrente elétrica, desde que eles não se recombinem imediatamente. Um método alternativo de aproveitamento da energia luminosa absorvida é através da catálise de um processo químico como a decomposição da água em H_2 e O_2 ou a decomposição de moléculas orgânicas. Os materiais que promovem esses processos são conhecidos como **fotocatalisadores**.

Um dos fotocatalisadores mais estudados é o TiO_2, cujas propriedades ópticas foram discutidas anteriormente (Seção 24.16a). A grande separação de energia entre as bandas no TiO_2 (3,2 eV no polimorfo anatásio e 3,1 eV no rutílio) acarreta a absorção de luz em comprimentos de onda apenas abaixo de 390 nm, ou seja, na região do UV do espectro eletromagnético. Essa energia é significativamente maior do que a necessária para decompor a água (1,23 eV) por meio do processo mostrado na Fig. 24.67; o elétron excitado pode se combinar com o H^+ para produzir H_2 e o buraco com o OH^- para gerar oxigênio. Assim, uma superfície de TiO_2 colocada em água produz os gases H_2 e O_2, fotocataliticamente, quando iluminada por luz UV ou luz solar (que contém ~ 5% de sua luz como radiação UV). Entretanto, tais processos são muito ineficientes para aproveitamento da energia solar por muitas razões, como a baixa eficiência na absorção da luz solar, a ineficiência do processo de separação entre o elétron e o buraco e a baixa área superficial do TiO_2 em que as reações de fotocatálise devem ocorrer. Vários métodos vêm sendo investigados para melhorar a eficiência destas células fotocatalíticas, dentre eles, o uso de corantes para ampliar a faixa de comprimentos de onda absorvidos da luz solar (como nas células de Grätzel; Quadro 21.1), a formação de nanopartículas de TiO_2 com grandes áreas superficiais (Seção 24.23) e o recobrimento do TiO_2 com NiO e $(CH_3NH_2)PbI_3$, por exemplo, que promovem a catálise usando comprimentos de onda do visível (o componente principal do espectro solar). Outros materiais, além do TiO_2, que realizam o processo de fotocatálise também vêm sendo intensamente pesquisados. Dentre eles temos outros óxidos de metais de transição com menor separação entre as bandas, como o Fe_2O_3, e compostos nos quais a separação entre as bandas é diminuída pela incorporação de dopantes, como no TiO_2, e a substituição de ânions como nos óxidos nitretos $TiO_{2-x}N_y$ e óxidos sulfetos metálicos. Os óxidos complexos, como o $NaTaO_3$ e o $SnWO_4$, também vêm sendo investigados.

Assim como os fotocatalisadores são usados para a decomposição da água, a energia luminosa também pode ser usada para catalisar a oxidação e a decomposição de moléculas orgânicas, que são reações de interesse para a destruição de poluentes ou nas superfícies autolimpantes (Quadro 24.4).

Química dos semicondutores

A química inorgânica básica dos materiais semicondutores, particularmente a estrutura de bandas eletrônicas, foi abordada no Capítulo 3. A intenção desta seção é aprofundar a discussão dos próprios compostos inorgânicos semicondutores e descrever algumas das aplicações que resultam do uso da química para controlar as suas propriedades eletrônicas.

Os semicondutores são classificados com base nas suas composições. Para produzir materiais com uma separação de energia entre as bandas típica de um semicondutor (uns poucos elétron-volts correspondendo de 100 a 200 kJ mol^{-1}), os compostos geralmente contêm metais do bloco p e metaloides dos Grupos 13/14, frequentemente em combinação com os elementos mais pesados dos Grupos 15 e 16. Para essas combinações, os orbitais atômicos formam bandas com energias tais que a separação entre as bandas de valência e condução encontra-se na faixa desejada de 0,2 a 4 eV. Um fator adicional que influencia a separação de energia entre as bandas de um material semicondutor é a sua dimensão; assim, a formação de nanopartículas de materiais semicondutores, como aqueles que combinam elementos dos Grupos 13/15 ou dos Grupos 12/16, é atualmente um tópico de intensas pesquisas (Seção 24.30).

24.18 Semicondutores do Grupo 14

Ponto principal: O silício amorfo ou cristalino é um material semicondutor barato e muito usado nos componentes eletrônicos.

O material semicondutor mais importante é o Si, o qual, na sua forma cristalina pura (com estrutura de diamante), tem uma separação de energia entre as bandas de 1,1 eV. Conforme esperado a partir das considerações de raio atômico, energia dos orbitais e extensão da sobreposição dos orbitais, o Ge apresenta uma separação de energia entre as bandas menor, 0,66 eV, e o C na forma de diamante possui uma separação entre as bandas de 5,47 eV. Quando dopados com um elemento dos Grupos 13 ou 15, o Si e também o C e o Ge são semicondutores extrínsecos. A condutividade do Si puro, um semicondutor intrínseco, é de aproximadamente 10^{-2} S cm^{-1}, à temperatura ambiente,

---

QUADRO 24.5 Junções p-n e LEDs

Uma junção p-n pode ser construída a partir de dois pedaços de silício, um do tipo n e outro do tipo p. A Fig. Q24.3 apresenta a estrutura de bandas da junção. Os níveis de Fermi nos materiais diferentemente dopados encontram-se em níveis diferentes de energia e quando eles são colocados em contato, os elétrons fluem da região tipo n (de maior potencial) para a de tipo p (de menor potencial) através da junção até que seja alcançada uma distribuição de equilíbrio, em que os níveis de Fermi se igualam. Aplicando-se uma diferença de potencial na direção correta através da junção, o processo continua, com os elétrons movendo-se do tipo n para o tipo p, com uma corrente fluindo nesta direção. No entanto, a corrente só pode fluir nesta direção, do tipo n para o tipo p. Desta forma, uma junção p-n forma a base de um retificador, permitindo a passagem da corrente somente numa direção.

Um diodo emissor de luz (LED, em inglês) é um diodo semicondutor com uma junção p-n que emite luz quando uma corrente passa através dela. Efetivamente, a transferência de um elétron da banda de condução de um material do tipo n para a banda de valência de um semicondutor do tipo p é acompanhada de emissão de luz. Os LEDs são altamente monocromáticos, emitindo uma cor pura numa estreita faixa de frequência.

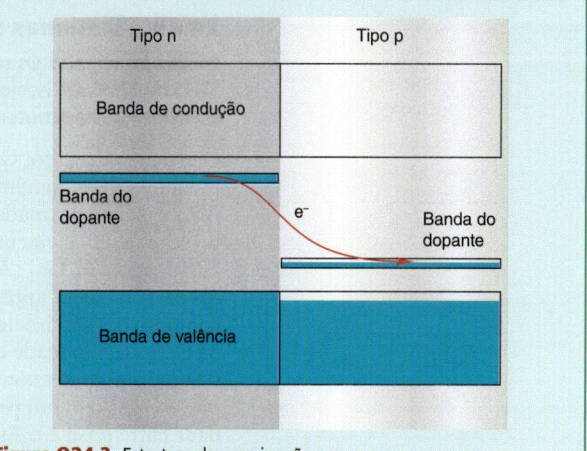

Figura Q24.3 Estrutura de uma junção p-n.

A cor é controlada pela energia de separação entre as bandas, com as pequenas separações produzindo radiações nas regiões do vermelho e do infravermelho do espectro eletromagnético e as grandes separações de energia resultando em emissão nas regiões do azul e do ultravioleta:

Cor do LED	Material de construção	
	Baixa luminosidade	Alta luminosidade
Vermelho	GaAsP/GaP	AlInGaP
Laranja	GaAsP/GaP	AlInGaP
Âmbar	GaAsP/GaP	AlInGaP
Amarelo	GaP	-
Verde	GaP	GaN
Turquesa	-	GaN
Azul	-	GaN

É possível produzir luz branca com um único LED colocando-se uma camada de fósforo (a granada de ítrio e alumínio, Quadro 23.1) na superfície de um LED azul de nitreto de gálio. Esses LEDs de luz branca são altamente eficientes na conversão de eletricidade em luz, muito mais que as lâmpadas incandescentes e as lâmpadas fluorescentes "econômicas" (Quadro 24.3). Até o momento, eles apresentam um custo de produção mais elevado que as lâmpadas fluorescentes, sendo seu uso limitado a aplicações de pequena escala, como equipamentos movidos a bateria, mas é provável que eles venham a formar a base de muitos produtos de iluminação no futuro.

Outra vantagem da produção de LEDs azuis é de que eles podem ser usados como lasers em equipamentos optoeletrônicos de alta capacidade de armazenamento, como os discos Blu-ray. O comprimento de onda da luz azul produzida por estes LEDs (405 nm) é menor do que o usado nos equipamentos de formato DVD (luz vermelha, 650 nm), permitindo que os dados possam ser escritos em bits menores no disco óptico.

mas aumenta várias ordens de grandeza pela dopagem com um elemento do Grupo 13 (para formar um semicondutor do tipo p) ou do Grupo 15 (para formar um semicondutor do tipo n) e, dessa forma, as propriedades do Si dopado podem ser ajustadas para uma aplicação particular como semicondutor.

O Si amorfo pode ser obtido por deposição de vapor químico, por decomposição térmica do SiH_4 ou por bombardeamento do Si cristalino com íons pesados. O material depositado contém uma pequena proporção de H presente como grupos Si–H numa estrutura tridimensional semelhante ao vidro, com muitas ligações Si–Si. A falta de uma estrutura regular nesse material e a presença de grupos Si–H alteram consideravelmente as propriedades semicondutoras do material. Uma das principais aplicações do Si amorfo é nas células solares de silício. Filmes finos de Si amorfo do tipo p e do tipo n, formando uma junção p-n, geram uma corrente elétrica quando iluminados (Quadro 24.5). Os pares elétron e buraco produzidos a partir da energia fornecida pelo fóton incidente separam-se, ao invés de se recombinarem, devido à tendência normal da junção p-n, que favorece a movimentação dos elétrons em direção ao silício tipo p e dos buracos em direção ao tipo n. Conectando-se uma carga através da junção, uma corrente poderá, então, escoar, gerando energia elétrica a partir da iluminação eletromagnética. A eficiência desses componentes depende de vários fatores. Por exemplo, o Si amorfo absorve radiação solar 40 vezes mais eficientemente que um monocristal de Si, de forma que um filme de apenas 1 µm de espessura pode absorver 90% da energia solar utilizável. Além disso, o tempo de vida e a mobilidade dos elétrons e buracos são maiores no Si amorfo, resultando numa alta eficiência fotoelétrica (a proporção de energia radiante convertida em energia elétrica), da ordem de 10%. Como outras vantagens econômicas, temos que o Si amorfo pode ser produzido em temperaturas mais baixas e pode ser depositado em substratos mais baratos. As células solares de Si amorfo são muito usadas nas calculadoras portáteis, mas, à medida que o custo diminui, elas provavelmente encontrarão muitas outras aplicações como fonte de energia renovável.

24.19 Sistemas semicondutores isoeletrônicos com o silício

Pontos principais: Os semicondutores formados por quantidades iguais de elementos dos Grupos 13/15 ou 12/16 são isoeletrônicos com o silício e podem ter suas propriedades melhoradas com base em mudanças na estrutura eletrônica e na mobilidade dos elétrons.

O arseneto de gálio, GaAs, é um dos muitos chamados semicondutores do Grupo 13/15 (ou ainda mais comumente chamados de III/V), podendo ser ainda incluídos o GaP, InP, AlAs e o GaN, formados pela combinação de quantidades iguais de um elemento do Grupo 13 e de um elemento do Grupo 15. Compostos ternários e quaternários dos Grupos 13/15, como $Al_xGa_{1-x}As$, $InAs_{1-y}P_y$ e $In_xGa_{1-x}As_{1-y}P_y$, também podem ser formados e muitos deles também apresentam importantes propriedades semicondutoras. Note que essas composições são isoeletrônicas com os elementos puros do Grupo 14, mas as mudanças na eletronegatividade do elemento e, portanto, no tipo de ligação formada (por exemplo, o Si puro pode ser considerado como tendo uma ligação puramente covalente, enquanto que o GaAs tem um pequeno grau de caráter iônico devido à diferença de eletronegatividade entre o Ga e o As) provocam mudanças na estrutura de bandas e nas propriedades fundamentais associadas à mobilidade dos elétrons ao longo das estruturas.

Uma das vantagens do GaAs é que os seus componentes semicondutores respondem mais rápido aos sinais elétricos do que os baseados no silício. Esse tipo de resposta torna o GaAs melhor que o silício para várias funções, como a amplificação dos sinais de alta frequência para TV via satélite (1 a 10 GHz). O arseneto de gálio pode ser usado com sinais de frequência de, aproximadamente, 100 GHz. Para frequências ainda mais altas, podem-se usar materiais como o fosfeto de índio (InP). Atualmente, frequências acima de 50 GHz são raramente usadas comercialmente, de forma que a maioria dos aparelhos eletrônicos no mundo tende a ser baseada no silício, com alguns componentes feitos de GaAs e bem poucos baseados no InP. O arseneto de gálio também em um custo bem mais elevado que o Si, tanto em termos das matérias-primas quanto do processamento químico necessário para produzir o material puro.

Em alguns semicondutores dos Grupos 13/15, como o GaN, a estrutura cúbica, semelhante à do diamante, de esfalerita, é apenas metaestável, tendo o polimorfo estável a estrutura da wurtzita, hexagonal. Ambas as estruturas podem ser produzidas alterando-se as rotas sintéticas e as condições. Devido à grande e direta separação de energia entre as bandas, esses semicondutores são usados na fabricação de componentes luminescentes que produzem luz azul de alta intensidade (Quadro 24.5). Além disso, as suas estabilidades em altas temperaturas e boas condutividades térmicas também os tornam valiosos para a fabricação de transistores de alta potência.

Os semicondutores dos Grupos 12/16 (ou II/VI) compreendem compostos contendo cátions de Zn, Cd e Hg e ânions de O, S, Se e Te. Esses materiais semicondutores podem cristalizar como uma fase cúbica de esfalerita ou na fase hexagonal de wurtzita, e a forma sintetizada apresenta propriedades semicondutoras características. Por exemplo, a energia de separação entre as bandas é de 3,64 eV no ZnS cúbico, mas é de 3,74 eV no ZnS hexagonal. Estes compostos dos Grupos 12/16 têm natureza mais iônica que os semicondutores dos elementos dos Grupos 13/15 e do Grupo 14, particularmente para os elementos mais leves, sendo a energia de separação entre as bandas de cerca de 3 a 4 eV para o ZnO e o ZnS, mas de 1,475 eV para o CdTe. Embora o Si amorfo seja o material que lidera as aplicações fotovoltaicas (PV) em filmes finos, o telureto de cádmio (CdTe) também vem sendo investigado para aplicações similares.

Alguns outros óxidos e sulfetos semicondutores foram mencionados na Seção 3.20, e as pesquisas continuam na busca de outros óxidos e calcogenetos metálicos complexos com características superiores. Por exemplo, o recorde atual de 17,7% para a eficiência de uma célula solar em filme fino foi obtido por um componente baseado no disseleneto de índio e cobre ($CuInSe_2$; CIS), o qual tem uma estrutura semelhante ao ZnS cúbico, mas com uma distribuição ordenada dos átomos de Cu e In nos sítios tetraédricos. O sulfeto de estanho, SnS_2, também possui características promissoras para componentes fotovoltaicos, sendo formado por elementos de baixo custo, facilmente disponíveis e não tóxicos.

Materiais moleculares e fuleretos

A maioria dos compostos discutidos até então neste capítulo tem sido materiais com estruturas estendidas nos quais todos os átomos e íons estão ligados por interações iônicas ou covalentes numa estrutura tridimensional. Como exemplos, temos estruturas infinitas baseadas em interações iônicas, como no NaCl, ou em interações covalentes, como no SiO_2. Esses materiais são muito usados em aplicações como catálise heterogênea, pilhas recarregáveis e equipamentos eletrônicos, em função da estabilidade química e térmica que deriva das suas estruturas conectadas. Frequentemente, é possível ajustar as propriedades de muitos sólidos de maneira muito precisa por meio, por exemplo, da dopagem, da introdução de defeitos ou da formação de soluções sólidas. Entretanto, não se consegue um controle do arranjo dos átomos numa determinada estrutura sólida como nos sistemas moleculares. Assim, um químico trabalhando com compostos de coordenação ou organometálicos pode modificar um complexo ou uma molécula pela introdução de uma grande variedade de ligantes, frequentemente por meio de simples reações de substituição. Assim, a intenção de combinar a flexibilidade química e sintética da química molecular com as propriedades dos materiais clássicos de estado sólido levou ao rápido surgimento da área da **química de materiais moleculares**, na qual são produzidos sólidos funcionais a partir da conexão e interação de moléculas e íons moleculares.

24.20 Fuleretos

Pontos principais: O C_{60} sólido pode ser considerado como um arranjo de empacotamento compacto de moléculas de fulereno que interagem somente através das fracas forças de van der Waals;

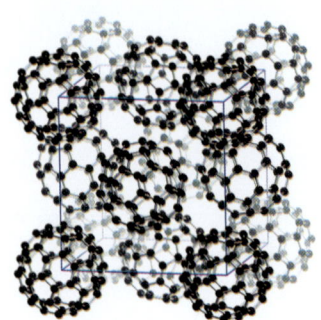

Figura 24.68* Arranjo das moléculas de C_{60} numa rede cúbica de face centrada no material cristalino.

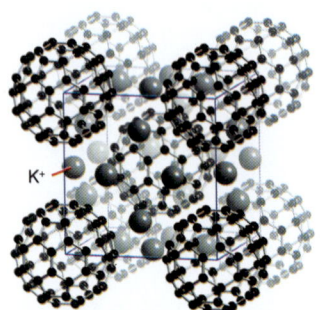

Figura 24.69* Estrutura do K_6C_{60} com uma célula unitária cúbica de corpo centrado com os íons moleculares C_{60}^{6-} nos vértices e no centro da célula e os íons K^+ ocupando metade dos sítios nas faces da célula, os quais apresentam uma coordenação aproximadamente tetraédrica com quatro íons moleculares C_{60}.

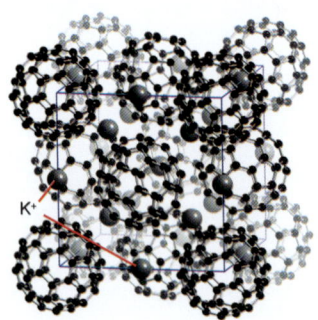

Figura 24.70* A estrutura do K_3C_{60} é obtida preenchendo-se todas as cavidades tetraédricas e octaédricas da rede de empacotamento compacto de íons C_{60}^{3-} com íons K^+.

as cavidades nos arranjos das moléculas de C_{60} podem ser preenchidas por cátions simples e solvatados e por moléculas inorgânicas pequenas.

As propriedades químicas do C_{60} abrangem muitas das fronteiras convencionais da química e incluem a química do C_{60} como ligante (Seção 14.6). Nesta seção, descreveremos a química de estado sólido do fulereno sólido, $C_{60}(s)$, e dos seus fuleretos, M_nC_{60}, derivados e que contêm ânions moleculares C_{60}^{n-} isolados. A síntese e a química dos nanotubos de carbono, que são mais complexos, serão discutidas na Seção 24.27.

Cristais de C_{60} obtidos a partir de soluções podem conter moléculas de solvente inclusas, mas é possível obter cristais de C_{60} puros empregando-se os métodos adequados de cristalização e purificação, como, por exemplo, usando-se a sublimação para eliminar as moléculas de solvente. A estrutura sólida apresenta um arranjo cúbico de face centrada das moléculas de C_{60}, conforme mostrado na Fig. 24.68, como seria de se esperar baseado no empacotamento eficiente destas moléculas praticamente esféricas. Na temperatura ambiente, as moléculas podem girar livremente nas suas posições da rede, e os dados de difração de raios X de pó obtidos para o C_{60} cristalino são típicos de uma rede cfc com um parâmetro de rede de 1417 pm. As moléculas estão separadas por uma distância de 296 pm, que é um valor semelhante ao encontrado para a separação entre as camadas da grafita (335 pm). Resfriando-se o sólido, interrompe-se a rotação, e as moléculas adjacentes alinham-se umas em relação às outras de tal maneira que uma região rica em elétrons de uma molécula de C_{60} fica próximo de uma região pobre em elétrons de uma molécula vizinha.

A exposição do C_{60} sólido ao vapor de um metal alcalino resulta na formação de uma série de compostos de fórmula M_xC_{60}, com a estequiometria exata do produto dependendo da composição da mistura reacional. Com excesso de metal alcalino, formam-se compostos de composição M_6C_{60} (M = Li, Na, K, Rb e Cs). A estrutura do K_6C_{60} é cúbica de corpo centrado; os íons moleculares C_{60}^{6-} ocupam sítios nos vértices e no centro das células e os íons K^+ preenchem parte dos sítios na proximidade dos centros de cada face, estando coordenados a quatro íons moleculares C_{60} de forma aproximadamente tetraédrica (Fig. 24.69). Os compostos com estequiometria M_3C_{60} são de maior interesse por se tornarem supercondutores na faixa de temperatura de 10 a 40 K, dependendo do tipo do metal. Obtém-se a estequiometria K_3C_{60} preenchendo-se todos os sítios tetraédricos e octaédricos do arranjo de empacotamento compacto cúbico dos íons C_{60}^{3-} (Fig. 24.70). O K_3C_{60} torna-se supercondutor ao ser resfriado a 18 K, mas a substituição gradual do potássio por íons alcalinos maiores aumenta a T_c; assim, o Rb_3C_{60} tem T_c = 29 K e no $CsRb_2C_{60}$ a T_c = 33 K. Note que o Cs_3C_{60} não forma a mesma estrutura cfc das outras fases M_3C_{60} (na verdade, ele tem uma estrutura baseada em um arranjo de corpo centrado dos ânions C_{60}^{3-}) e não é supercondutor em pressões normais; entretanto, ele pode tornar-se supercondutor, com uma temperatura crítica de 40 K a 12 kbar.

Outras espécies mais complexas podem ser incorporadas em uma matriz de unidades C_{60}. Espécies moleculares como as moléculas de iodo (I_2) ou fósforo (P_4, tetraédricas) podem preencher os espaços entre as moléculas de C_{60} em um arranjo de empacotamento compacto. Cátions solvatados também podem ocupar as cavidades tetraédricas e octaédricas de maneira similar aos cátions de metais alcalinos. Assim, o $Na(NH_3)_4CsNaC_{60}$, que é obtido pela reação do Na_2CsC_{60} com amônia, contém íons Na^+ solvatados com moléculas de amônia nos sítios octaédricos e íons Na^+ e Cs^+ não coordenados nos sítios tetraédricos (com abundância em dobro) de um arranjo cfc dos íons moleculares C_{60}^{6-}.

24.21 A química dos materiais moleculares

A capacidade de modificar as formas e, assim, o empacotamento e os arranjos das moléculas inorgânicas no estado sólido, é um aspecto importante da química dos materiais moleculares. Essa capacidade, quando associada a algumas das propriedades específicas dos compostos inorgânicos sólidos, como os elétrons desemparelhados dos metais d, pode permitir o controle das propriedades elétricas e magnéticas. Nesta seção, consideraremos vários destes materiais moleculares inorgânicos que estão sendo desenvolvidos nessa área de fronteira.

(a) Metais unidimensionais

Pontos principais: O empilhamento de moléculas que interagem umas com as outras ao longo de uma direção, como ocorre em vários complexos cristalinos de platina, pode apresentar condutividade nesta direção; a distorção de Peierls garante que nenhum sólido unidimensional seja um condutor metálico abaixo de uma temperatura crítica.

Um metal unidimensional é um material que apresenta propriedades metálicas ao longo de uma direção do cristal e propriedades não metálicas em direções ortogonais a esta. Ele pode ser comparado com as estruturas unidimensionais e com os nanomateriais, como aqueles discutidos na Seção 24.27, que têm um componente físico ou estrutural naturalmente unidimensional. As propriedades metálicas unidimensionais originam-se quando ocorre sobreposição orbital ao longo de uma única direção no cristal (como no VO_2). São conhecidas várias classes de metais unidimensionais, dentre as quais os $(SN)_x$ e os polímeros orgânicos como os poliacetilenos dopados $[(CH)I_{0,25}]_n$, mas esta seção irá dedicar-se especificamente às cadeias de metais d interagindo entre si, especialmente a Pt.

Nesses materiais, os requisitos estruturais para um metal unidimensional são satisfeitos pela presença de complexos quadráticos planos que se empilham uns sobre os outros (Fig. 24.71). Os ligantes em torno do átomo metálico asseguram uma grande separação entre as cadeias, de pelo menos 900 pm, enquanto que a distância média metal-metal dentro da cadeia é de menos do que 300 pm. Os complexos quadráticos planos são geralmente encontrados para íons de metais com configuração d^8, sendo a sobreposição de orbitais entre espécies d^8 maior para os metais d mais pesados do Período 6 (que usam orbitais 5d). Logo, os compostos de interesse são aqueles associados principalmente com Pt(II) e Ir(I), que formam uma banda pela sobreposição dos orbitais d_{z^2} e p_z. A banda d_{z^2} está completa para o Pt(II), e pode-se obter um preenchimento parcial pela oxidação da platina. Muitos complexos tetracianetoplatinato(II) d^8 são semicondutores com $d_{Pt-Pt} < 310$ pm, e a oxidação parcial desses sais resulta em distâncias Pt–Pt de menos de 290 pm e um comportamento metálico. Geralmente, a oxidação das cadeias é feita pela incorporação de ânions adicionais na estrutura ou pela remoção de cátions. O primeiro complexo de platina metálica unidimensional foi feito, em 1846, pela oxidação de uma solução de $K_2Pt(CN)_4 \cdot 3H_2O$ com bromo, que após evaporação produziu cristais de $K_2Pt(CN)_4Br_{0,3} \cdot 3H_2O$, conhecido como KCP (Fig. 24.71).

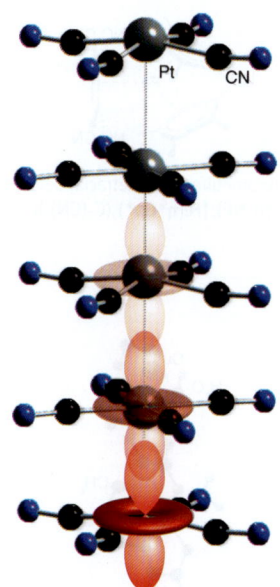

Figura 24.71* Representação da estrutura em cadeia infinita do KCP ($K_2Pt(CN)_4Br_{0,3} \cdot 3H_2O$) e uma ilustração esquemática de sua banda d.

As propriedades elétricas dos metais unidimensionais não são tão simples como se poderia inferir pela discussão feita até agora, uma vez que um teorema creditado a Rudolph Peierls estabelece que, em $T = 0$, *nenhum* sólido unidimensional é um metal! A origem do teorema de Peierls pode ser relacionada com um aspecto oculto até agora na discussão: supusemos que os átomos estão alinhados com uma separação regular. Entretanto, o espaçamento verdadeiro num sólido unidimensional (e em qualquer outro sólido) é determinado pela distribuição dos elétrons, e não ao contrário, e não há garantia de que o estado de menor energia seja um sólido com uma rede de espaçamento regular. Na verdade, em um sólido unidimensional a $T = 0$ sempre existe uma distorção, a **distorção de Peierls**, que leva a uma energia menor do que a de um sólido perfeitamente regular.

Uma ideia da origem e do efeito da distorção de Peierls pode ser obtida considerando-se um sólido unidimensional com N átomos e N elétrons de valência (Fig. 24.72). Essa linha de átomos sofre uma distorção para formar ligações alternadas curtas e longas. Embora uma ligação maior seja energeticamente desfavorável, a força da ligação mais curta compensa com sobra a força menor da ligação longa, obtendo-se como efeito global uma redução da energia para um valor abaixo daquele do sólido regular. Neste caso, ao invés de os elétrons próximos da superfície de Fermi estarem livres para se moverem através do sólido, eles estão aprisionados entre os átomos com ligações longas (esses elétrons têm caráter antiligante e, portanto, encontram-se do lado de fora da região internuclear entre os átomos fortemente ligados). A distorção de Peierls introduz uma separação de energia entre as bandas no centro da banda de condução original, e os orbitais ocupados ficam separados dos orbitais vazios. Assim, a distorção resulta em um semicondutor ou um isolante, e não num condutor metálico.

A banda de condução no KCP é uma banda d formada principalmente pela sobreposição dos orbitais $Pt5d_{z^2}$. A pequena proporção de bromo no composto, que está presente como Br^-, remove um pequeno número de elétrons da banda d, que de outra forma estaria totalmente preenchida, transformando-a em uma banda de condução. De fato, à temperatura ambiente, o KPC dopado tem uma cor lustrosa de bronze, com sua maior condutividade ao longo do eixo da cadeia de átomos de Pt. Entretanto, abaixo de 150 K, a condutividade cai marcantemente devido ao aparecimento da distorção de Peierls. Em temperaturas mais altas, o movimento dos átomos produz uma distorção média de zero, a distorção é regular (na média) e a energia de separação das bandas está ausente, tornando o sólido um metal unidimensional. Cadeias de complexos de platina de valência mista, como o $[Pt(en)_2][PtCl_2(en)_2](ClO_4)_4$, podem ser obtidas como fios condutores unidimensionais isolados, envolvendo-se a cadeia de Pt com uma blindagem de moléculas eletronicamente inertes, como lipídios aniônicos. Nanofios desse tipo serão discutidos na Seção 24.27.

A observação do comportamento metálico em sólidos unidimensionais formados pela interação de moléculas tem levado à investigação da supercondutividade nessa

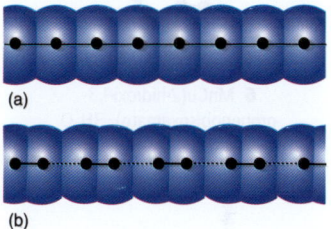

Figura 24.72 Formação da distorção de Peierls. A energia da sequência de átomos com comprimentos de ligação alternados (b) é menor que a dos átomos separados por uma distância uniforme (a).

1 TCQN (7,7,8,8-tetraciano-*p*-quinodimetano)

2 TTF (tetratiafulvaleno)

3 TMTSF (tetrametiltetraselenafulvaleno)

4 dmit^{2-}

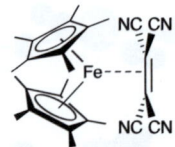

5 Decametilferrocenotetracianoeteneto (TCNE), [Fe(η^5-Cp*)$_2$(C$_2$(CN)$_4$)]

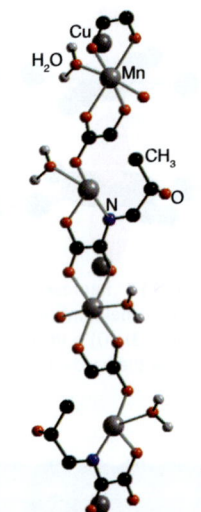

6 MnCu(2-hidroxi-1,3--propenobisoxamato)·3H$_2$O

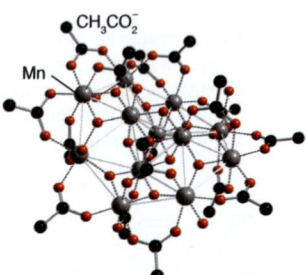

Figura 24.73* Parte central do ímã molecular Mn$_{12}$O$_{12}$(O$_2$CMe)$_{16}$(H$_2$O)$_4$·2MeCO$_2$H·4H$_2$O, que contém 12 íons Mn(III) e Mn(IV).

classe de materiais. Um tipo de material no qual a supercondutividade foi encontrada compreende uma série de complexos metálicos derivados de metais orgânicos e supercondutores baseados no empilhamento de moléculas que apresentam interação de sistemas π. Assim, sais de TCQN (7,7,8,8-tetraciano-*p*-quinodimetano, **1**) com TFF (tetratiafulvaleno, **2**) apresentam algumas propriedades metálicas, como a de serem condutores e absorverem uma faixa de comprimentos de onda de luz. Os sais do tetrametiltetraselenafulvaleno (TMTSF, **3**), como o (TMTSF)$_2$ClO$_4$, apresentam supercondutividade, embora apenas abaixo de 10 K e frequentemente somente sob pressão. Complexos metálicos moleculares envolvendo tipos de ligantes contendo enxofre, como dmit (**4**) (dmit^{2-} = 1,3-ditiol-2-tiona-4,5-ditiolato), também podem apresentar supercondutividade. O composto [TTF][Ni(dmit)$_2$]$_2$, formado por TTF e também Ni(dmit)$_2$ empilhados, apresenta supercondutividade a 10 kbar e abaixo de 2 K.

(b) Ímãs moleculares

Ponto principal: Sólidos moleculares contendo moléculas individuais, clusters ou cadeias interligadas de moléculas podem apresentar efeitos magnéticos, como o ferromagnetismo.

Os materiais magnéticos inorgânicos moleculares, nos quais moléculas individuais ou unidades construídas a partir de tais moléculas contêm átomos de metal d com elétrons desemparelhados, é uma classe de compostos de interesse crescente. Geralmente, os fenômenos associados às interações de longo alcance entre o spin dos elétrons, como o ferromagnetismo e o antiferromagnetismo, são muito mais fracos, uma vez que os caminhos curtos, do tipo supertroca encontrados nos óxidos metálicos, não existem. Entretanto, assim como em todos os sistemas moleculares, existe a possibilidade de um ajuste das interações entre os centros metálicos alterando-se as propriedades dos ligantes.

Exemplos de compostos inorgânicos moleculares ferromagnéticos são o decametilferrocenotetracianoeteneto (TCNE), [Fe(η^5-Cp*)$_2$(C$_2$(CN)$_4$)] (**5**, Cp* = C$_5$Me$_5$) e o composto análogo de manganês. Esses materiais, que têm estruturas baseadas em cadeias de íons [M(η^5-Cp*)$_2$]$^+$ e TCNE$^-$, apresentam ferromagnetismo ao longo da direção da cadeia abaixo de T_C = 4,8 K (para M = Fe) ou 6,2 K (para M = Mn). Uma abordagem alternativa para os compostos baseados em moléculas e que apresentam ordenamento magnético consiste na montagem de cadeias de centros que interagem magneticamente. Por exemplo, o MnCu(2-hidroxi-1,3-propenobisoxamato)·3H$_2$O (**6**) consiste em cadeias de íons Mn(II) e Cu(II) alternados, ligados em ponte pelo ligante. Os momentos magnéticos dos íons metálicos da cadeia ordenam-se ferromagneticamente abaixo de 115 K. Esse ordenamento ferromagnético ocorre inicialmente somente ao longo das cadeias, ou seja, em uma dimensão, devido às interações mais fortes através dos ligantes e das distâncias mais curtas Mn–Cu; esse material ordena-se completamente nas três dimensões a 4,6 K, quando as cadeias individuais interagem umas com as outras magneticamente.

A incorporação de vários íons de metal d em um único complexo oferece a oportunidade de se produzir uma molécula que atue como um pequeno ímã. Estes compostos têm sido chamados de **ímãs moleculares** (SMMs). Como exemplo temos o acetato de manganês complexo, [Mn$_{12}$O$_{12}$](O$_2$CMe)$_{16}$(H$_2$O)$_4$·2MeCO$_2$H·4H$_2$O, que contém um cluster de 12 íons Mn(III) e Mn(IV) ligados através de átomos de O, com a unidade de óxido metálico terminada por grupos acetato, Fig. 24.73. Outro exemplo é o [Mn$_{84}$O$_{72}$(O$_2$CMe)$_{78}$(OMe)$_{24}$(MeOH)$_{12}$(H$_2$O)$_{42}$(OH)$_6$]·xH$_2$O·yCHCl$_3$, que contém 84 íons Mn(III) em uma molécula com forma de uma grande argola com 4 nm de diâmetro. A possibilidade de magnetizar as SMMs individuais fornece uma alternativa para a armazenagem de informação em densidades extremamente altas, pois as suas dimensões, de uns poucos nanômetros, são muito menores do que os domínios típicos dos materiais magnéticos usados nos meios magnéticos convencionais para armazenagem de dados.

(c) Análogos do azul-da-prússia

Ponto principal: Os azuis-da-prússia são uma família de materiais isoestruturais, baseados em metais de transição ligados a cianetos, que possui importantes propriedades ópticas e magnéticas.

O azul-da-prússia, Fe(III)$_4$[Fe(II)(CN)$_6$]$_3$·xH$_2$O, já foi rapidamente discutido (Seção 24.15, Fig. 24.64) devido à sua coloração azul intensa e ao seu uso como pigmento inorgânico. Filmes de azul-da-prússia depositados em substratos também podem apresentar o fenômeno eletrocrômico, em que a aplicação de uma voltagem muda a cor do filme. A capacidade do azul-da-prússia de capturar cátions grandes dentro da cavidade cúbica, prendendo-os ou sequestrando-os, faz com que ele seja usado no tratamento do envenenamento por tálio (Tl$^+$) ou ^{137}Cs$^+$ radioativo.

O interesse atual no azul-da-prússia e em fases assemelhadas de composições diferentes, mas com tipos de estruturas semelhantes, vai além das suas propriedades ópticas, uma vez que esses materiais apresentam ordenamento ferromagnético dos centros de ferro abaixo de 5,6 K. A substituição dos íons ferro pode ocorrer tanto nos sítios dos íons trivalentes como dos íons divalentes do $Fe(III)_4[Fe(II)(CN)_6]_3 \cdot nH_2O$; os cátions podem ser introduzidos nas cavidades junto a moléculas de água, e vários níveis de vacâncias podem estar presentes nos sítios dos metais de transição. Isso produz uma família de materiais de composição geral $A_y^{n+}(M',M''...)^{2+}[M^{3+}(CN)_6] \cdot xH_2O$ conhecidos como **análogos do azul-da-prússia**; por exemplo, a série $M^{2+}{}_{1,5}[Cr^{3+}(CN)_6] \cdot xH_2O$ (M = V, Cr, Mn, Ni e Cu) já foi obtida, como o $KV(II)[Cr(III)(CN)_6]$. A temperatura do ordenamento ferromagnético (temperatura Curie, T_C) nesses compostos pode ser muito maior do que no azul-da-prússia devido às interações mais fortes entre os centros metálicos, de forma que o material de composição $V(II)[Cr(III)(CN)_{0,86}] \cdot 2,8H_2O$ apresenta T_C = 315 K e o $KV(II)[Cr(III)(CN)_6]$ possui T_C = 385 K; ou seja, esses materiais são ferromagnéticos à temperatura ambiente.

Efeitos optomagnéticos baseiam-se na interação da luz com um material magnético. Por exemplo, observa-se o **efeito Faraday** quando a luz linearmente polarizada propaga-se através de um material ordenado magneticamente. A luz polarizada sofre uma rotação do plano de polarização que é linearmente proporcional ao componente do campo magnético na direção da propagação. Nos análogos do azul-da-prússia, que normalmente são intensamente coloridos devido à presença de íons de metais de transição e à transferência de elétrons intervalência entre os centros metálicos, o efeito Faraday é dependente do comprimento de onda. Esse comportamento tem uso potencial nos componentes optomagnéticos para armazenamento de dados, em que a luz de um determinado comprimento de onda pode ser usada para o registro ou leitura da informação que é armazenada no material na forma de orientações do momento magnético local.

(d) Cristais líquidos inorgânicos

Ponto principal: Os complexos metálicos inorgânicos com geometrias de disco ou bastão podem apresentar propriedades de líquidos cristalinos.

Os compostos cristalinos líquidos, ou **mesogênicos**, possuem propriedades que se situam entre as dos sólidos e dos líquidos, e incluem ambas. Por exemplo, eles são fluidos, mas com ordenamento posicional em pelo menos uma direção. Estes materiais passaram a ser muito usados em mostradores. As moléculas que formam materiais cristalinos líquidos são geralmente **calamíticas** (em forma de bastão) ou **discoides** (semelhantes a um disco), e essas formas levam a estruturas do tipo líquido ordenado nas quais as moléculas alinham-se segundo direções particulares (Fig. 24.74). Embora a maioria dos materiais cristalinos líquidos seja totalmente orgânica, há um número crescente de cristais líquidos inorgânicos baseados em compostos de coordenação e organometálicos. Esses cristais líquidos contendo metal apresentam propriedades similares aos sistemas puramente orgânicos, mas oferecem propriedades adicionais associadas ao centro de metal d, como efeitos magnéticos e de oxirredução.

Uma vez que a exigência para um comportamento cristalino líquido é que a molécula tenha uma forma de bastão ou disco, muitos dos sistemas contendo metais baseiam-se em geometrias com baixo número de coordenação dos últimos metais d, particularmente dos complexos quadráticos planos encontrados para os Grupos 10 e 11. Assim, o complexo de β-dicetona (**7**) apresenta o íon Cu^{2+} quadrático plano coordenado a quatro átomos de O das duas β-dicetonas contendo longos grupos alquila pendentes. Este material de cobre(II) é paramagnético, mas também forma uma **fase nemática** na qual as moléculas em forma de bastão alinham-se predominantemente em uma direção (Fig. 24.74).

Nanomateriais

As seções seguintes abordam os materiais conhecidos como nanomateriais, que podem ser sintetizados como partículas ou camadas com pelo menos uma dimensão entre 1 e 100 nm. Apresentaremos os princípios químicos e físicos fundamentais que ilustram por que os nanomateriais têm despertado um grande e amplo interesse, além da descrição da tecnologia usada na sua produção e utilização. Inicialmente (Seção 24.22), apresentaremos os nanomateriais, a nanociência e a nanotecnologia com definições e exemplos. Nas Seções 24.23, 24.24 e 24.25, discutiremos os métodos de fabricação que nos permitem obter nanomateriais de alta qualidade e as técnicas especiais necessárias para caracterizá-los. Nas Seções 24.26 a 24.29, apresentaremos exemplos de

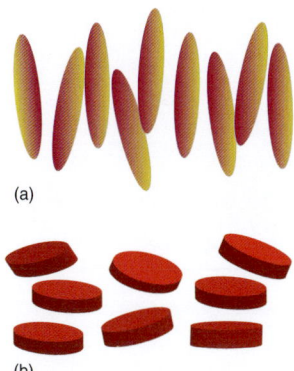

Figura 24.74 Diagrama esquemático de materiais cristalinos líquidos baseados em moléculas (a) calamíticas (semelhantes a um bastão) e (b) discoides (semelhantes a um disco).

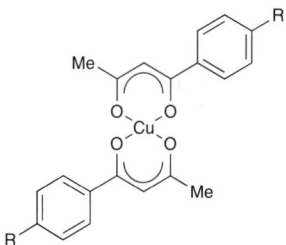

7 Complexo de β-dicetona

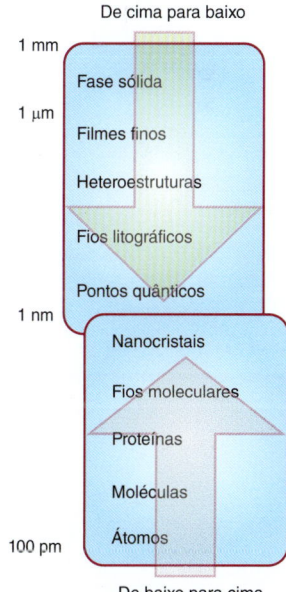

Figura 24.75 As duas técnicas para a obtenção de estruturas em escala nanométrica. A técnica de cima para baixo começa com objetos grandes que são reduzidos gradualmente a objetos de escala nanométrica; a técnica de baixo para cima começa com objetos menores que são combinados para que sejam formados objetos em escala nanométrica.

nanomateriais de diferentes dimensionalidades para demonstrar como os princípios químicos e as propriedades dos materiais são diferentes na escala nanométrica, levando às novas aplicações da nanotecnologia.

24.22 História e terminologia

Pontos principais: Um nanomaterial é qualquer material que tenha uma dimensão na escala de 1 a 100 nm; uma definição mais restritiva é que um nanomaterial é uma substância que apresenta propriedades ausentes tanto em nível molecular quanto na fase sólida, por ter uma dimensão nessa faixa. Os métodos de fabricação "de cima para baixo" produzem materiais com características de nanoescala esculpindo um material sólido por meio do uso de métodos físicos; os métodos de fabricação "de baixo para cima" agregam átomos ou moléculas de maneira controlada para construir nanomateriais.

Um **nanomaterial** é um material sólido que existe numa escala de 1 a 100 nm e apresenta novas propriedades que estão relacionadas com a sua escala. Da mesma forma, a **nanociência** é algumas vezes restrita ao estudo dos novos efeitos que surgem apenas nos materiais de escala nanométrica, e a **nanotecnologia** é, da mesma forma, restrita aos procedimentos para criar novas funcionalidades que somente são possíveis pela manipulação da matéria em escala nanométrica.

Os seres humanos, de fato, vêm praticando a nanotecnologia há séculos, embora apenas recentemente a química das partículas com nanodimensões tenha gerado níveis elevados de interesse e pesquisa. Por exemplo, os compostos de ouro e de prata vêm sendo usados há séculos para produzir vidro colorido de vermelho e de amarelo, respectivamente. No vidro colorido, os átomos metálicos de ouro e de prata encontram-se como nanopartículas (antigamente chamadas de "partículas coloidais") com propriedades ópticas que dependem fortemente do seu tamanho. Os nanopigmentos metálicos estão se tornando um centro de atenção da nanotecnologia biomédica, uma vez que eles podem ser usados para marcar o DNA e outras nanopartículas ativas. Outros exemplos tradicionais da nanotecnologia são as partículas fotossensíveis de nanodimensões das emulsões de halogeneto de prata usadas na fotografia, os pigmentos de TiO_2 nanoparticulados e os grãos nanométricos de carbono do "negro-de-fumo" usado nas tintas de impressão e como carga de reforço nos pneus.

Existem duas técnicas básicas para a fabricação de entidades em escala nanométrica (Fig. 24.75). A primeira corresponde a pegar um objeto em escala macroscópica (ou microscópica) e reduzi-lo para um padrão de escala nanométrica; os métodos desse tipo são chamados de uma **abordagem de cima para baixo**. São empregadas interações físicas nessa abordagem de cima para baixo, como a fotolitografia, a litografia por feixe de elétrons e a litografia macia; a fotolitografia é usada para fabricar circuitos integrados contendo detalhes com dimensões na escala de 100 nm. A segunda técnica é a de construção de objetos maiores controlando-se o arranjo de seus componentes em escalas menores; os métodos desse tipo são chamados de uma **abordagem de baixo para cima**. O procedimento de baixo para cima para a fabricação em escala nanométrica é abordado neste texto porque ele enfoca as interações químicas de átomos e moléculas, e o controle de seus arranjos para formar estruturas funcionais maiores. Os dois métodos básicos mais usados para a preparação de nanomateriais pelo procedimento de baixo para cima são o uso de soluções e de fase vapor.

24.23 Síntese de nanopartículas em solução

Pontos principais: Os métodos sintéticos de baixo para cima baseados em soluções são muito usados para a síntese de nanopartículas, porque eles partem de reagentes com grande mobilidade e misturados em escala atômica; os dois estágios de cristalização a partir de soluções são a nucleação e o crescimento.

Como discutido na Seção 24.1, as duas técnicas básicas para formar sólidos inorgânicos são os métodos de combinação direta e os métodos a partir de soluções. O primeiro não leva a uma boa síntese de nanopartículas porque os reagentes tendem a ser partículas de dimensões micrométricas que reagem por muito tempo até atingir o equilíbrio. Além disso, o uso de temperaturas elevadas leva ao crescimento das partículas durante o período de reação, resultando em cristalitos grandes, geralmente com tamanhos maiores que 1 μm. Há, no entanto, alguns exemplos do uso de moinho de bolas em baixa temperatura para quebrar pós de tamanho micrométrico em nanopartículas; esses métodos são utilizados para produzir nanopartículas de hidretos metálicos que são importantes como materiais para armazenagem de hidrogênio (Seção 24.13). Entretanto, os métodos em solução permitem um excelente controle sobre a cristalização dos materiais inorgânicos e são muito usados na nanoquímica. Por meio de um ajuste fino no processo de cristalização a partir de uma solução pode-se preparar nanopartículas altamente monodispersas e com formato uniforme para uma grande variedade de composições pela combinação de elementos de praticamente toda a tabela periódica.

Uma vez que os reagentes nos métodos em solução estão misturados em escala atômica e solvatados no meio líquido, a difusão é rápida e as distâncias de difusão são geralmente pequenas. Portanto, as reações podem ser feitas em baixa temperatura, o que minimiza o processo de crescimento das partículas promovido termicamente, o qual é problemático nos métodos de combinação direta (Seção 24.1). Embora a especificidade de cada reação varie muito, as etapas básicas desta química em solução são:

1. Solvatação dos reagentes e aditivos.
2. Formação de um núcleo de cristalização sólido e estável a partir da solução.
3. Crescimento controlado do núcleo sólido para uma nanopartícula de tamanho específico pela adição controlada das espécies reagentes.

O objetivo básico de uma síntese em solução é gerar, de maneira controlada, a formação simultânea de um grande número de núcleos estáveis que sofrerão pouco crescimento adicional. Se esse crescimento tiver de ocorrer, ele deverá ser independente da etapa de nucleação, pois assim todas as partículas terão a chance de crescer para um tamanho idêntico. Se isso for feito com sucesso, as partículas serão monodispersas, ou seja, todas terão tamanhos similares dentro da faixa nanométrica. O problema do método em solução é que as partículas podem sofrer o **amadurecimento de Ostwald**,[6] no qual as partículas menores da distribuição redissolvem-se e as suas espécies solvatadas reprecipitam sobre as partículas maiores, aumentando, assim, o tamanho médio das partículas e diminuindo o número total de partículas. Para prevenir esse amadurecimento indesejável, são adicionados **estabilizantes**, que são moléculas com propriedades tensoativas que ajudam a prevenir tanto a dissolução quanto o crescimento das partículas menores. Existem muitos métodos para sintetizar nanopartículas, e limitaremos nossa discussão a uns poucos conhecidos.

(a) Nanopartículas de ouro

Ponto principal: Nanopartículas de ouro podem ser obtidas pela redução controlada de soluções de $[AuCl_4]^-$ na presença de estabilizantes.

Em 1857, Michael Faraday observou que a redução de uma solução aquosa de $[AuCl_4]^-$ com fósforo em CS_2 produzia uma suspensão de cor vermelho-intenso; essa solução continha nanopartículas de ouro. Uma vez que os ligantes contendo enxofre formam complexos estáveis com o ouro (interação macio-macio; Seção 4.9), as espécies contendo enxofre são bons agentes estabilizantes, e as moléculas mais usadas para estabilizar nanopartículas de ouro são as que contêm o grupo tiol (—SH). Dentro da mesma ideia de Faraday, foi desenvolvida uma abordagem para o controle do tamanho e da dispersão de tamanho das nanopartículas de ouro usando $[AuCl_4]^-$ e estabilizantes tióis; esse procedimento forma nanopartículas de ouro estáveis ao ar com diâmetros entre 1,5 e 5,2 nm. No **método de Brust-Schiffrin**, o $[AuCl_4]^-$ é inicialmente transferido da água para o metilbenzeno (tolueno) usando-se brometo de tetraoctilamônio como um agente de transferência de fase. O metilbenzeno contém dodecanotiol como estabilizante e, após a transferência, emprega-se $NaBH_4$ como agente redutor para precipitar as nanopartículas de Au com grupos dodecanotiol na superfície:

Transferência:

$$[AuCl_4]^-(aq) + N(C_8H_{17})_4^+(solv) \rightarrow N(C_8H_{17})_4^+(solv) + [AuCl_4]^-(solv)$$

Precipitação (das nanopartículas de $[Au_m(C_{12}H_{25}SH)_n]$):

$$m[AuCl_4]^-(solv) + n\,C_{12}H_{25}SH(solv) + 3m\,e^- \rightarrow m\,Cl^-(solv) + [Au_m(Cl_{12}H_{25}SH)_n](solv)$$

onde "solv" é o metilbenzeno. A razão de estabilizante ($C_{12}H_{25}SH$) para o metal (Au) controla o tamanho da partícula, no sentido de que maiores razões estabilizante:metal produzem menores partículas metálicas. Adicionando-se rapidamente o redutor $NaBH_4$ e resfriando-se rapidamente o sistema após terminar a reação, formam-se

---
[6] Este é um processo termodinamicamente favorecido e que reduz a energia superficial das partículas do sistema.

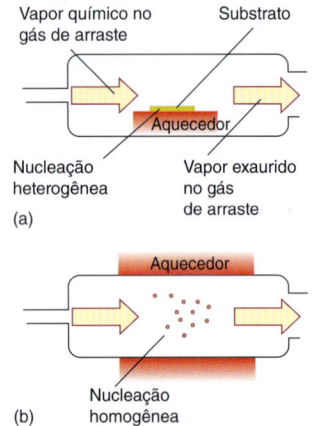

Figura 24.76 Métodos de vapor químico para obter (a) o crescimento de um filme fino e (b) a produção de nanopartículas.

nanopartículas mais monodispersas e menores. A adição rápida do redutor melhora a probabilidade de formação simultânea de todos os núcleos. Com o resfriamento rápido da solução, minimiza-se o crescimento pós-nucleação e a dissolução das partículas. Abordagens semelhantes podem ser usadas para nanopartículas de outros metais.

(b) Nanopartículas de semicondutores e de óxidos

Ponto principal: As nanopartículas de semicondutores e de óxido metálico podem ser obtidas por precipitação controlada, a partir de soluções.

Os pontos quânticos de materiais como GaN, GaP, GaAs, InP, InAs, ZnO, ZnS, ZnSe, CdS e CdSe têm sido investigados devido às suas propriedades ópticas (Seções 24.17, 24.30, Quadros 19.4 e 24.6), uma vez que as suas absorções e fluorescência interbanda ocorrem no espectro visível. Uma das primeiras descrições da preparação de nanopartículas de CdSe envolvia a dissolução do dimetilcádmio, $Cd(CH_3)_2$, em uma mistura de trioctilfosfina (TOP) e óxido de trioctilfosfina (TOPO) e a adição de uma solução de Se, também dissolvido em TOP ou TOPO, à temperatura ambiente. A solução era então injetada em um frasco de reação contendo TOPO quente e vigorosamente agitado, levando à nucleação de nanopartículas de CdSe estabilizadas com TOPO, também conhecidas como pontos quânticos (ver Seção 24.30). O resfriamento e aquecimento cuidadoso da solução, para controlar a velocidade de nucleação e o crescimento das partículas, leva à formação de nanopartículas com uma pequena distribuição de tamanho de partícula e com tamanhos na faixa de 2 a 12 nm. De forma alternativa, métodos de síntese menos perigosos foram desenvolvidos mais recentemente com o intuito de evitar a manipulação do $Cd(CH_3)_2$, altamente tóxico.

Pode-se fazer crescer sulfeto de cádmio em solução aquosa de sais de Cd(II), com pH controlado, e estabilizantes polifosfato, pela adição de uma fonte de enxofre. Por exemplo, em pH = 10,3, a adição de Na_2S causa a precipitação de nanopartículas de CdS a partir de uma solução aquosa contendo $Cd(NO_3)_2$ e polifosfato de sódio. Esses pontos quânticos (QDs, em inglês) variam em tamanho de 1 a 10 nm, sendo seus tamanhos controlados por meio das concentrações dos reagentes e da velocidade com que são adicionados.

Muitas aplicações usam partículas coloidais de óxidos, como SiO_2 e TiO_2, para alimentos, tintas de impressão, tintas de parede e revestimentos, e todos podem ser cultivados por métodos em solução. Muito do esforço para se conseguir um crescimento controlado de nanopartículas de óxido deriva dos trabalhos anteriores com cerâmicas tradicionais e preparados coloidais, em que são usados tamanhos de partícula de 1 nm a 1 μm. A sílica, SiO_2, e a titânia, TiO_2, são provavelmente as nanopartículas de óxidos mais conhecidas e que crescem a partir de soluções usando esquemas que envolvem geralmente a hidrólise controlada dos alcóxidos metálicos. Em todos os casos, é necessário o controle cuidadoso do pH, da química do precursor, da concentração do reagente, da velocidade de adição do reagente e da temperatura para o controle do tamanho e forma final das partículas.

Um exemplo importante do uso de nanopartículas de óxido é na célula solar fotoeletroquímica conhecida como **célula de Grätzel** (Quadro 21.1). A nucleação ocorre na hidrólise do isopropóxido de titânio, que é adicionado gota a gota sobre $HNO_3(aq)$ 0,1 M, com agitação vigorosa. As nanopartículas filtradas são então deixadas para crescer em condições hidrotérmicas. O tamanho, a forma e o estado de aglomeração são controlados ajustando-se o pH, a temperatura e o tempo de reação nas etapas de nucleação ou de crescimento.

24.24 Síntese de nanopartículas em fase vapor partindo de soluções ou sólidos

Pontos principais: Os métodos sintéticos em fase vapor são técnicas alternativas para a síntese de nanopartículas usando-se soluções ou sólidos.

Os mesmos fundamentos relativos à nucleação e ao crescimento que são importantes para a síntese em solução aplicam-se às sínteses em fase vapor. A fase vapor precisa estar supersaturada ao ponto em que uma alta densidade de eventos de nucleação homogênea produza partículas sólidas num único e curto evento, e o crescimento, se for para ele ocorrer de fato, deve ser limitado e controlado numa etapa subsequente. Comercialmente, a síntese em fase vapor é feita para produzir grandes quantidades de nanopartículas de negro-de-fumo e sílica em pó. As técnicas em fase vapor também podem usadas para formar facilmente nanopartículas de óxidos, nitretos, carbetos e calcogenetos metálicos.

Existem diferenças significativas entre as técnicas em fase vapor e em solução. Nesta última, é possível adicionar estabilizantes de uma maneira direta e controlada, fazendo as partículas permanecerem dispersas e independentes umas das outras. Por outro lado, nas técnicas em fase vapor, é mais difícil adicionar tensoativos ou estabilizantes, e sem estabilizantes nas suas superfícies as nanopartículas tendem a se aglomerar em partículas maiores. A dispersão de tamanho das nanopartículas tende a ser melhor com as técnicas em solução do que com as técnicas em fase vapor.

As técnicas em fase vapor são classificadas pelo estado físico do precursor usado como reagente e pelo método de reação, como a *síntese de plasma* ou a *pirólise de chama*. Em cada caso, o reagente é convertido em um vapor supersaturado ou superaquecido, que reage ou é resfriado para forçar a nucleação. Os reagentes sólidos são vaporizados por evaporação térmica, ablação a laser, bombardeio ou descarga elétrica, sendo depois condensados novamente no condensador de gás. Precursores líquidos ou em fase vapor são usados na pirólise por spray, síntese de chama, pirólise a laser, síntese de plasma e deposição de vapor químico. Na pirólise por spray, uma solução é direcionada para uma superfície quente que faz o solvente evaporar rapidamente, deixando um produto sólido na superfície; na síntese de chama ou pirólise, o líquido ou a solução é direcionada para uma chama e a decomposição térmica fornece um produto finamente particulado. A pirólise a laser usa um feixe direto de laser para aquecer rapidamente a solução, causando a evaporação do solvente e a decomposição em nanopartículas. Na deposição de vapor químico, o vapor é transportado até um substrato, no qual ocorre a reação e a nucleação sólida (Fig. 24.76). Em uma variação desse processo, os precursores gasosos são conduzidos para dentro de um reator com paredes quentes e deixados para reagir homogeneamente na fase vapor para nuclear os sólidos; as partículas são coletadas mais adiante na corrente gasosa. Os tamanhos de partícula são controlados pela vazão, pela química do precursor, pelas concentrações e pelo tempo de residência no reator. A **síntese de plasma** pode ser usada para sintetizar sólidos simples, ligas e óxidos, assim como nanopartículas do tipo camada-núcleo (ver Seção 24.30b). Nesse método, um gás ou partículas sólidas são introduzidos em um plasma, no qual são vaporizados e ionizados formando espécies carregadas altamente energéticas. Dentro do plasma, as temperaturas podem exceder 10.000 K. Ao deixar o plasma, a temperatura cai rapidamente e ocorre a cristalização em condições longe do equilíbrio. As nanopartículas são coletadas na corrente gasosa após a zona de plasma. Dependendo do gás de arraste (ou seja, das condições de oxidação), poderão ser formadas partículas de sólidos simples, camada-núcleo ou partículas compostas. Dentre os exemplos de outros materiais sintetizados pela técnica em fase vapor temos óxidos, nitretos e carbetos metálicos como SiC, SiO_2, Si_3N_4, $SiC_xO_yN_z$, TiO_2, TiN, ZrO_2 e ZrN.

Ambos os métodos em solução e em fase vapor podem ser usados para fazer nanopartículas compostas, como os nanocompósitos camada-núcleo. Em ambas as técnicas, a abordagem empregada é o crescimento de uma segunda fase sobre um núcleo inicial ou nanopartícula. O planejamento de uma reação para produzir nanopartículas camada-núcleo em solução é simples, desde que as características das soluções de ambos os materiais sejam semelhantes. Entretanto, na prática, é difícil encontrar materiais onde as condições de síntese sobrepõem-se. As técnicas em fase vapor oferecem outra abordagem para o projeto de fabricação de partículas camada-núcleo por meio da injeção de um segundo vapor no reator, na fase de crescimento.

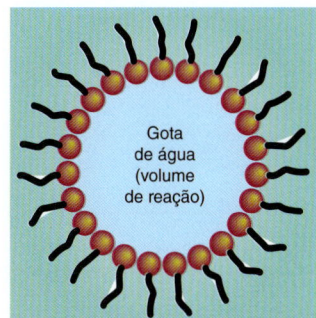

Figura 24.77 Uma micela reversa. As extremidades hidrofílicas das moléculas circundam a gota de água, e as cadeias hidrofóbicas ficam em contato com o solvente apolar, que atua como meio de dispersão. Os reagentes ficam solvatados na gota de água e, então, reagem neste reator confinado no espaço.

24.25 Síntese por molde de nanomateriais usando materiais reticulados, suportes e substratos

A **nucleação heterogênea** que ocorre sobre uma superfície existente pode ser usada para gerar tipos importantes de nanoestruturas, incluindo materiais bidimensionais, unidimensionais e de dimensão zero. Os métodos são semelhantes àqueles já descritos: eles são métodos físicos ou químicos e envolvem a cristalização a partir de líquidos ou vapores. A principal diferença é o envolvimento de um agente externo que permite o controle direto da formação da nanopartícula. O agente externo pode ser um material reticulado ou uma estrutura de suporte que limita o tamanho do volume de reação para a síntese da nanopartícula, usando, por exemplo, uma estrutura reticulada de micela reversa. Durante o crescimento de um filme fino bidimensional, o agente externo é um substrato.

(a) Reatores nanométricos

Pontos principais: Ao fazer as reações em reatores nanométricos, a dimensão do produto sólido final fica limitada ao tamanho do reator; uma micela reversa tem um núcleo aquoso no qual as reações podem ocorrer.

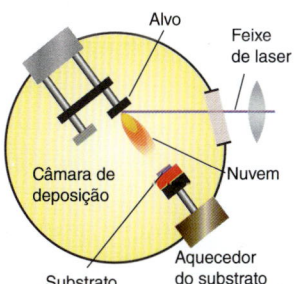

Figura 24.78 Câmara de deposição por laser pulsado, usada para produzir super-redes com estruturas nanométricas de camadas artificialmente montadas de filmes finos.

Quando a síntese de uma partícula é feita em um reator nanométrico, o tamanho final da partícula fica limitado pelo tamanho do reator. Uma rota popular é a estratégia da **síntese em micela reversa**. Uma micela reversa consiste em uma dispersão de duas fases de líquidos imiscíveis, como a água e um óleo apolar. Pela inclusão de moléculas tensoativas anfipáticas (moléculas que possuem uma extremidade polar e outra apolar), a fase aquosa pode ser estabilizada sob a forma de esferas dispersas com um tamanho determinado pela razão água:tensoativo (Fig. 24.77). O tamanho das partículas cristalinas é limitado pelo volume da micela, o qual pode ser controlado em escala nanométrica. Exemplos de nanopartículas formadas por essa técnica são Cu, Fe, Au, Co, CdS, CdSe, ZrO_2, ferritas e partículas camada-núcleo como Fe/Au.

(b) Deposição de vapor físico

Pontos principais: Nos métodos de deposição de vapor físico, átomos, íons ou clusters em fase gasosa são adsorvidos sobre uma superfície, combinando-se com outras espécies para formar um sólido; a epitaxia de feixe molecular é uma técnica na qual as substâncias evaporadas são direcionadas como um feixe para o substrato em que ocorre o crescimento.

Nos métodos de **deposição de vapor físico** (PVD, em inglês), vapores formados a partir do material de interesse são enviados em direção a um substrato sólido no qual ele irá cristalizar. As espécies gasosas empregadas são geralmente átomos, íons ou clusters de elementos. Existem várias formas gerais de PVD que são bastante empregadas: a **epitaxia de feixe molecular** (MBE, em inglês), o bombardeamento e a **deposição por laser pulsado** (PLD, em inglês). As espécies em fase gasosa podem ter energia cinética relativamente baixa ao chegarem ao substrato (como na MBE) ou relativamente alta (como no método de bombardeamento e na PLD). O aspecto mais importante que todos os métodos PVD têm em comum é a capacidade de produzir filmes com estequiometrias complexas, e, uma vez que os métodos de deposição de vapor permitem que sejam depositadas camadas monoatômicas simples de uma maneira controlada sobre um suporte ou substrato, podem-se construir arquiteturas nanométricas pelo método de baixo para cima.

A epitaxia de feixe molecular (MBE) é uma técnica de ultra-alto vácuo para o crescimento de **filmes epitaxiais** finos, que são filmes que possuem uma relação cristalográfica definida com o substrato sobre o qual está depositado. Na MBE, os feixes moleculares são formados aquecendo-se as substâncias até que os átomos evaporem e sejam transportados balisticamente, em baixa pressão, até a superfície do substrato. A estequiometria do filme e sua velocidade de crescimento são fortemente dependentes do fluxo do feixe, o qual pode ser controlado ajustando-se a temperatura da fonte de aquecimento. A **homoepitaxia** é o crescimento epitaxial de um filme fino de um material sobre um substrato do mesmo material. A **heteroepitaxia** é o crescimento epitaxial de um filme fino de um material sobre um substrato de um material diferente. A heteroepitaxia introduz uma tensão entre o material que está sendo cultivado e o substrato, devido à falta de sintonia cristalográfica entre os seus parâmetros de rede.

A deposição por laser pulsado (PLD) é uma técnica PVD versátil que pode ser usada para sintetizar uma grande variedade de filmes finos de alta qualidade (Fig. 24.78). Na PLD, utiliza-se laser pulsado para desgastar um alvo, o qual libera uma nuvem de partículas atomizadas e ionizadas da sua superfície, que condensam sobre um alvo próximo. O processo PLD geralmente produz filmes de composição idêntica ao do substrato, o que é uma grande simplificação se comparado com as técnicas que necessitam de um ajuste fino ou de equipamentos de controle dispendiosos para obter uma estequiometria específica. A PLD é usada para fazer uma variedade de super-redes de alta qualidade, como camadas alternadas de $SrMnO_3$ e $PrMnO_3$, cada uma com apenas 1 nm de espessura.

(c) Deposição de vapor químico

Ponto principal: Nos métodos por deposição de vapor químico, um vapor de moléculas interage ou se decompõe quimicamente nas proximidades do substrato ou sobre ele, quando então elas são adsorvidas na superfície e combinam-se com outras espécies para criar um produto sólido e um gás residual.

O controle sobre estequiometrias complexas, a capacidade de se obter o crescimento de uma monocamada de cada vez e a obtenção de filmes de alta qualidade não estão restritos às técnicas de vapor físico. As técnicas químicas como a **deposição de vapor químico metalo-orgânico** (MOCVD, em inglês) e a **deposição em camada atômica** (ALD, em inglês) também permitem tais níveis de controle. Diferentemente dos métodos físicos, nos quais as espécies físicas condensam diretamente sobre um substrato e reagem entre si, as técnicas químicas necessitam que um precursor se decomponha quimicamente nas proximidades ou sobre um substrato, a fim de liberar o reagente para o crescimento do filme. Portanto, nos métodos de vapor químico deve-se considerar a decomposição termodinâmica dos precursores escolhidos, pois o vapor frequentemente contém elementos que não devem ser incorporados ao filme que está crescendo. A Fig. 24.76 apresenta o arranjo típico de um sistema de deposição de vapor químico (CVD, em inglês). Esses sistemas normalmente operam em vácuo moderado ou mesmo à pressão atmosférica (0,1 a 100 kPa). As suas velocidades de crescimento são bastante altas, mais do que 10 vezes a dos métodos MBE e PLD. Nas técnicas CVD, a decomposição química das moléculas que são alimentadas ao reator ocorre na contracorrente da superfície do substrato sobre a qual o produto desejado irá crescer. A decomposição do reagente gasoso é ativada por alta temperatura, lasers ou plasmas. Um grande número de materiais tem crescido a partir do uso de métodos CVD. Para os semicondutores do Grupo 13/15 (III/V), como o GaAs, as fontes típicas são precursores organometálicos de elementos do Grupo 13 (como o $Ga(CH_3)_3$) e hidretos ou cloretos dos elementos do Grupo 15 (como AsH_3). Uma reação típica, feita em atmosfera de hidrogênio, é a seguinte:

$$Ga(CH_3)_3(g) + AsH_3(g) \xrightarrow{550-650°C} GaAs(s) + 3\,CH_4(g)$$

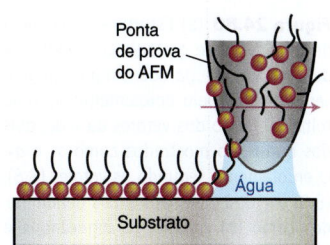

Figura 24.79 Processo de nanolitografia de ponta submersa. Os organotiois movem-se a partir de uma ponta de prova do AFM através de um menisco da água em um tubo capilar, formando uma monocamada automontada sobre o substrato de Au. (Adaptado de C. Mirkin, Nanoscience Boot Camp at Northwestern University, 2001.)

Para os óxidos complexos, como o cuprato supercondutor $YBa_2Cu_3O_7$, precursores apropriados são necessários para cada um dos metais; o desafio está em encontrar moléculas voláteis dos elementos eletropositivos Ba e Y, que normalmente formam compostos iônicos. As β-dicetonas metálicas são úteis para esse fim, uma vez que compostos como o complexo de ítrio com a 2,2,6,6-tetrametil-3,5-heptanodiona sublimam em torno de 150°C. Outra abordagem para moléculas que possam ser usadas por CVD envolve a incorporação de mais de um tipo de átomo a ser depositado na mesma molécula precursora. Esse procedimento tem a vantagem em potencial de melhorar o controle da estequiometria do produto. Assim, o sulfeto de zinco pode ser depositado a partir de vários tiocomplexos de zinco, como o $Zn(S_2PMe_2)_2$. Um meta a ser atingida no futuro é a obtenção de moléculas voláteis complexas contendo, por exemplo, vários átomos metálicos diferentes que possam ser depositados simultaneamente para formar um óxido complexo.

A técnica CVD pode ser ajustada para produzir filmes de altíssima qualidade. As desvantagens da CVD são o uso de substâncias tóxicas, o escoamento turbulento na câmara de reação e a incorporação de espécies químicas indesejáveis devido à decomposição incompleta. Essa técnica pode ser usada sem um substrato para criar nanopartículas por pirólise de substâncias em fase vapor. Além disso, a combinação de MOCVD e MBE tem permitido o acompanhamento *in situ* do crescimento, em uma técnica chamada de **epitaxia de feixe químico** (CBE, em inglês).

Toda abordagem química tem como objetivo controlar precisamente as interações químicas que ocorrem na superfície. No processo chamado de **deposição em camada atômica** (ALD, em inglês), as espécies químicas são liberadas sequencialmente para um substrato, sobre o qual são depositadas como uma monocamada. O excesso de reagente é removido. A repetição do recobrimento com monocamada, a reação subsequente e a remoção do excesso de reagente permitem um controle preciso do crescimento de materiais complexos. Nesse processo, é necessário o controle das espécies químicas e suas interações para garantir um recobrimento de apenas uma monocamada e uma fácil reação subsequente. Para se conseguir isso, o vapor de cada reagente deve interagir de maneira apropriada com a camada de filme depositada anteriormente. A técnica produz camadas planas e com cobertura homogênea. Como exemplos de crescimento por ALD de nanomateriais, temos Al_2O_3, ZrO_2, HfO_2, CuS e $BaTiO_3$.

24.26 Caracterização e formação de nanomateriais usando microscopia

Os grandes avanços alcançados nas nanociências e na nanotecnologia não teriam ocorrido sem a capacidade de caracterizar as propriedades físicas, químicas e as estruturas em escala nanométrica dos materiais. Além disso, a observação direta das nanoestruturas permitiu que fossem feitas correlações entre o processamento e as propriedades obtidas. As técnicas de caracterização mais importantes estão sob a denominação geral de microscopia de varredura e foram discutidas na Seção 8.16. Em um método correlato, a **nanolitografia de ponta submersa** (DPN, em inglês; Fig. 24.79), a ponta de prova de um microscópio de força atômica (AFM, em inglês) é usada como uma pena de uma caneta tinteiro. Usando-se uma tinta contendo entidades moleculares, é possível formar **monocamadas automontadas** (SAMs, em inglês) pelo transporte da nanotinta para a

Figura 24.80 (a) Estrutura em colmeia de uma folha de grafeno. Os nanotubos de carbono de parede simples podem ser formados pelo enrolamento de uma folha ao longo dos vetores da rede, dois dos quais são mostrados como a_1 e a_2. O enrolamento segundo os vetores (8,8), (8,0) e (10,-2) leva aos tubos denominados como (b) cadeira, (c) ziguezague e (d) quiral, respectivamente. (Baseado em H. Dai, *Acc. Chem. Res.*, 2002, **35**, 1035; reproduzido com permissão da American Chemical Society.)

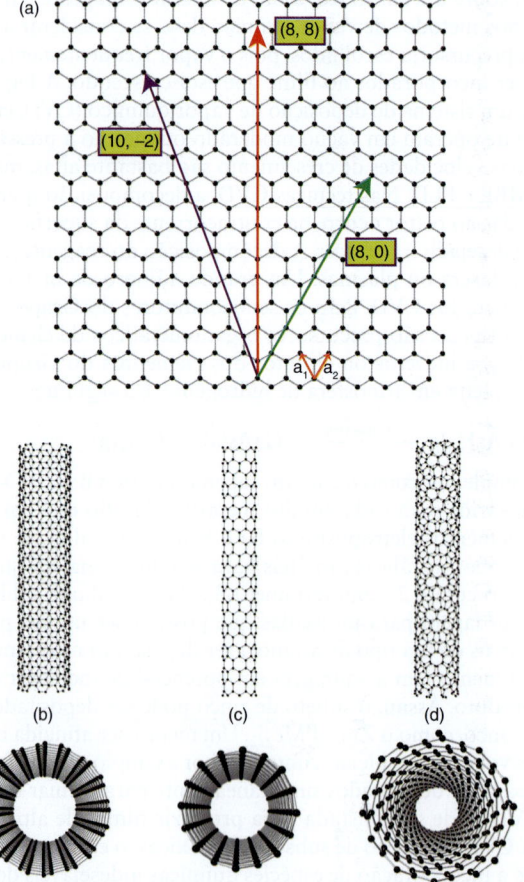

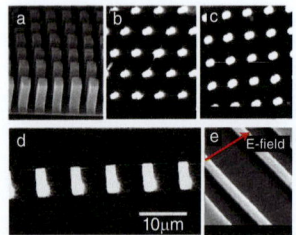

Figura 24.81 Estruturas ordenadas de nanotubos de carbono obtidas diretamente por síntese de deposição de vapor químico: (a) Imagem SEM de um conjunto auto-orientado de MWNTs. Cada estrutura em torre é formada por muitos nanotubos de parede múltipla em empacotamento compacto. Os nanotubos em cada torre estão orientados perpendicularmente ao substrato. (b) Vista superior, por SEM, de um arranjo hexagonal de SWNTs (que são as estruturas semelhantes a linhas) suspenso no topo de torres de silício (que são os pontos brilhantes). (c) Vista superior, por SEM, de um arranjo quadrático suspenso de SWNTs. (d) Vista lateral de uma "linha de transmissão" de SWNTs (as linhas brilhantes) suspensa por torres de silício. (e) SWNTs suspensos por estruturas de silício (as regiões brilhantes). Os nanotubos estão alinhados com a direção do campo elétrico. (H. Dai, *Acc. Chem. Res.*, 2002, **35**, 1035; reproduzido com permissão da American Chemical Society.)

superfície do substrato sólido. Essas monocamadas envolvem geralmente interações covalentes específicas entre átomos de S de organotiois e uma superfície de Au.

Os métodos de microscopia eletrônica (TEM e SEM, em inglês), descritos na Seção 8.17, têm sido essenciais para a visualização das estruturas em escala nanométrica.

Nanoestruturas e propriedades

O controle da dimensionalidade dos materiais pode representar o controle das suas propriedades físicas; por exemplo, a dimensionalidade tem uma forte influência sobre a densidade dos estados eletrônicos. Nas próximas seções, veremos exemplos específicos de como esse controle foi obtido e as novas propriedades observadas.

24.27 Controle unidimensional: nanotubos de carbono e nanofios inorgânicos

Ponto principal: A dimensionalidade desempenha um papel crucial na determinação das propriedades dos materiais.

A morfologia unidimensional alongada de nanobastões, nanofios, nanofibras, nanofitas, nanotubos e vassouras nanométricas tem sido muito estudada pelo fato de os sistemas unidimensionais serem os sistemas de menor dimensionalidade que podem ser usados para o transporte eficiente de elétrons e excitação óptica. Existem, também, muitas aplicações em que as nanoestruturas unidimensionais podem ser empregadas, como, por exemplo, nanoeletrônica, compósitos fortes e resistentes, materiais funcionais nanoestruturados e novas pontas de prova para microscopia de varredura.

Uma classe importante de nanomateriais é a dos **nanotubos de carbono** (CNTs, em inglês). Os nanotubos de carbono são talvez o melhor exemplo de novas nanoestruturas fabricadas por meio de abordagens de síntese química de baixo para cima. Eles possuem uma composição química e uma configuração de ligação atômica muito simples, mas apresentam estruturas excepcionalmente diferentes e propriedades físicas sem comparação. Estes novos nanomateriais têm sido propostos para aplicações em sensores químicos, pilhas a combustível, transistores de efeito de campo, interconectores elétricos e como carga de reforço para melhoria de propriedades mecânicas. Os nanotubos de carbono são camadas cilíndricas formadas, conceitualmente, por folhas de grafeno enroladas (Seção 24.28) sob a forma de nanoestruturas tubulares fechadas, com diâmetros correspondentes ao do C_{60} (0,5 nm), mas com comprimentos de até alguns micrômetros. Um nanotubo de parede simples (SWNT, em inglês) é formado pelo enrolamento de uma folha de grafeno em um cilindro ao longo de um vetor da rede (m,n) no plano do grafeno (Fig. 24.80). Os índices (m,n) determinam o diâmetro e a quiralidade do nanotubo de carbono, o que, por sua vez, controla as suas propriedades físicas. A maioria dos nanotubos de carbono possui as extremidades fechadas por unidades hemisféricas que tampam os tubos ocos. Os nanotubos de carbono são automontados em duas classes distintas, os SWNTs e os nanotubos de carbono de paredes múltiplas (MWNTs, em inglês). Nos MWNTs, a parede do tubo é composta por múltiplas folhas de grafeno enroladas concentricamente uma em torno da outra.

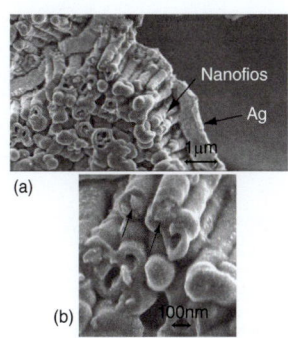

Figura 24.82 Imagens de um conjunto de nanofios de Au/TiO_2 com núcleo blindado por microscopia eletrônica de varredura: (a) com baixa ampliação; (b) com grande ampliação. (Y.-G. Guo, et al., *J. Phys. Chem. B*, 2003, **107**, 5441.)

Os nanotubos de carbono podem ser sintetizados usando-se várias técnicas. Os métodos de vaporização a laser geralmente produzem quantidades relativamente pequenas de nanoestruturas de carbono, enquanto que técnicas especiais de CVD foram desenvolvidas para sintetizar nanotubos de carbono em quantidades maiores que alguns miligramas. Na abordagem CVD, um hidrocarboneto gasoso como o metano é decomposto em alta temperatura, e os átomos de C condensam sobre um substrato resfriado que pode conter vários catalisadores, como o Fe. Esse método CVD é atraente porque produz tubos com extremidades abertas (que não são produzidos pelos outros métodos), permite fabricação contínua e pode ser facilmente redimensionado para produção em larga escala. Uma vez que os tubos são abertos, o método também permite o uso do nanotubo como um agente de molde. No método do arco voltaico, são obtidas temperaturas extremamente altas colocando-se em curto dois eletrodos de carbono, provocando uma descarga sob a forma de plasma. Embora para produzir esse arco voltaico sejam necessárias baixas diferenças de potencial e correntes moderadamente altas, esses plasmas alcançam facilmente temperaturas maiores que a temperatura de vaporização do carbono (cerca de 4500 K). Os nanotubos de carbono típicos formados pelo método do arco voltaico ou por CVD possuem paredes múltiplas. Para estimular a formação de SWNT, é necessária a adição de um catalisador metálico como Co, Fe ou Ni à fonte de carbono. As partículas desses catalisadores metálicos bloqueiam a extremidade dos nanotubos de carbono, promovendo assim o crescimento dos nanotubos de parede simples. Além disso, as direções de crescimento dos nanotubos podem ser controladas por forças de van der Waals, pela aplicação de campos elétricos e por padrões do catalisador metálico em diferentes substratos. A abordagem do padrão de crescimento é possível de ser feita com nanopartículas catalíticas isoladas e montadas em grandes folhas para obter conjuntos de nanofios (Fig. 24.81).

Os padrões hexagonais axiais repetidos dos nanotubos de carbono são estruturas grafíticas; entretanto, as propriedades elétricas dos nanotubos dependem da orientação relativa dos hexágonos repetidos. Os nanotubos podem ser semicondutores ou condutores metálicos. Quando orientados na configuração em cadeira, os CNTs apresentam uma condutividade elétrica excepcionalmente alta. Os elétrons podem viajar através do nanofio de comprimento micrométrico com espalhamento zero e dissipação de calor zero. Os CNTs também possuem condutividade térmica muito alta, comparável aos melhores condutores térmicos conhecidos (como os seus homólogos diamante, grafita e grafeno). Em comum com o grafeno, eles estão sendo considerados como os nanomateriais ideais para o desenvolvimento das interconexões nanométricas para circuitos integrados. Eles podem resolver dois grandes desafios da indústria de informática: a dissipação de calor e o aumento das velocidades de processamento.

Além dos nanotubos de carbono, métodos semelhantes foram descobertos para fazer nanotubos a partir de outros materiais que apresentam as mesmas características de ligação do C, inclusive os semicondutores e óxidos metálicos. Mais especificamente, BN, ZnO, ZnSe, ZnS, InP, GaAs, InAs e GaN já foram transformados em nanotubos. As novas propriedades eletrônicas e os seus pequenos tamanhos tornam tais nanotubos atraentes para a confecção de nanofios inorgânicos.

Os nanofios de **núcleo blindado**, semelhantes aos cabos coaxiais, também são de grande interesse. Por exemplo, por meio uso de uma nova técnica baseada em um molde de nanofio com uma abordagem camada por camada e calcinação (aquecimento ao ar para eliminar de agentes molde voláteis), foi possível obter conjuntos de nanofios com núcleos blindados de Au/TiO$_2$. Utiliza-se um molde formado a partir de um conjunto de nanofios de ouro como um molde positivo e então monta-se um polieletrólito catiônico e um precursor inorgânico sobre os nanofios de ouro pela técnica camada por camada. A calcinação converte então o precursor inorgânico em dióxido de titânio (Fig. 24.82).

24.28 Controle bidimensional: grafeno, poços quânticos e super-redes de estado sólido

Talvez a mais famosa das estruturas bidimensionais seja o grafeno: folhas simples de átomos de carbono formando uma rede hexagonal, como uma camada simples da estrutura da grafita. Enquanto o interesse no grafeno está mais centrado em suas importantes e especiais propriedades físicas do que na sua química, vale a pena considerar as várias rotas para sua preparação. Outros materiais que formam estruturas em camadas, como alguns sulfetos metálicos (discutidos na Seção 24.9), também podem ser produzidos na forma de camadas simples com menos de um nanômetro de largura. Vários métodos de processamento descritos na Seção 24.25 permitem a deposição de filmes, de muitos materiais, com uma camada atômica única (ou uma célula unitária) de espessura. Variando-se sequencialmente os tipos de camadas atômicas (ou célula unitária) a serem depositadas, é possível controlar a arquitetura do material ao longo da direção de crescimento em escala subnanométrica, permitindo, assim, um desenvolvimento de baixo para cima de nanoestruturas em camadas obtidas artificialmente. Um poço quântico (QW, em inglês) consiste em uma camada fina de um material entre duas camadas espessas de outro material, sendo o equivalente bidimensional de um ponto quântico de dimensão zero (Seção 24.30). Em uma super-rede, dois (ou mais) materiais crescem alternadamente com uma periodicidade induzida artificialmente ao longo da direção de crescimento. As super-redes geralmente possuem um período de repetição em torno de 1,5 a 20 nm ou mais e subcamadas com espessuras que variam desde duas até dezenas de células unitárias. As estruturas cristalinas artificiais têm normalmente distâncias repetidas semelhantes às encontradas na fase sólida macroscópica (cerca de 0,3 a 2,0 nm) e possuem subcamadas com espessuras que variam de uma camada atômica até duas células unitárias (cerca de 1 nm). Essas estruturas vêm encontrando grande aplicação comercial como elementos de básicos na produção de componentes para computadores, inclusive cabeças de leitura de discos rígidos.

(a) Grafeno e outros nanomateriais de camada simples

Ponto principal: Folhas simples de grafita, conhecidas como grafeno, podem ser obtidas por esfoliação da grafita ou por deposição de vapor químico.

O grafeno é uma camada simples da grafita (Quadro 14.2) e pode ser produzido esfregando-se um pedaço de grafita; por exemplo, desenhando-se uma linha com um lápis sobre uma superfície dura produziremos algumas folhas de grafeno. Em 2004, físicos da Universidade de Manchester (Reino Unido) e do Instituto de Tecnologia para Microeletrônica de Chernogolovka (Rússia) produziram grafeno a partir da grafita usando uma fita adesiva. Eles usaram a fita adesiva (algumas vezes chamado de método da fita Scotch®) para dividir ou esfoliar a grafita em folhas cada vez mais finas. A repetida aplicação desse processo produz eventualmente partículas de grafita com menos de 0,05 nm de espessura, inclusive algumas camadas simples. A fita pode ser dissolvida em acetona para separar as folhas de grafeno, que terminam suspensas no solvente; elas podem, então, ser depositadas por sedimentação ou evaporação sobre um substrato, como uma pastilha de silício. No experimento original, as folhas de grafeno foram identificadas usando-se microscopia óptica. Procedimentos de esfoliação semelhantes foram desenvolvidos para escalas maiores e hoje é possível comprar vários gramas de grafeno. Esse método de produção de grafeno leva a um material com partículas de várias formas e tamanhos e não é ideal para algumas aplicações e investigações detalhadas. Outros métodos de produção de grafeno em folhas grandes e orientadas sobre substratos envolvem, principalmente, a deposição por vapor químico (CVD, Seção 24.25c). O crescimento epitaxial via CVD pode ser feito sobre um substrato metálico usando-se várias fontes contendo carbono; uma deposição típica usa uma mistura de CH_4 e H_2 a uma temperatura ≥1000°C. Usando-se uma folha de cobre como substrato e pressões muito baixas, o crescimento do grafeno é interrompido automaticamente após a formação de uma única camada de grafeno. Após a deposição na folha de cobre, o filme de grafeno pode ser transferido por um processo de contato para um suporte polimérico. Nesse processo, um filme de polímero é prensado sobre a folha de cobre revestida com

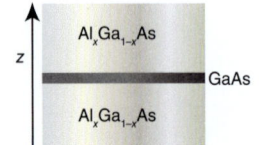

Figura 24.83 Poço quântico formado por (Al$_x$Ga$_{1-x}$As)–(GaAs)–(Al$_x$Ga$_{1-x}$As); a espessura da camada de GaAs é nanométrica.

grafeno e o metal é, então, removido por um ácido. Desse modo, podem ser produzidos filmes de grafeno de uma única camada com dimensões superiores a 50 cm, com muitas aplicações em potencial para a indústria eletrônica.

Os filmes finos produzidos pela esfoliação da grafita são conhecidos há muitas décadas, mas a descoberta por Andre Geim e Konstantin Novoselov de que o grafeno apresenta propriedades físicas muito úteis e incomuns deu a eles o Prêmio Nobel de Física em 2010. O grafeno é um excelente condutor de elétrons e, teoricamente, pode apresentar uma resistividade menor do que a dos melhores metais, como a prata. O grafeno também possui uma condutividade térmica muito alta (>5000 W m^{-1} K^{-1}) à temperatura ambiente, um valor bem melhor do que os apresentados pelos nanotubos de carbono (Seção 24.27), pela grafita e pelo diamante. Essa característica é potencialmente importante para qualquer aplicação eletrônica futura baseada em componentes contendo grafeno. Uma vez que os componentes eletrônicos continuam a encolher e a densidade dos circuitos continua a aumentar, uma menor perda de calor causada pela resistência e uma alta condutividade térmica (capaz de dissipar eficientemente qualquer calor gerado) levaria a componentes mais confiáveis.

Na direção perpendicular às camadas, o grafeno é um dos mais fortes e resistentes materiais conhecidos, sendo também muito leve; ele também pode ser esticado na direção das camadas por até 20% do seu comprimento inicial. Essas propriedades permitem que o grafeno possa ser adicionado aos polímeros para formar compósitos (Seção 24.29) com boas propriedades físicas específicas (por exemplo, resistência por unidade de massa). Uma vez que o grafeno também é um condutor elétrico, sua adição aos polímeros incorpora um nível de condutividade de forma que esses plásticos compósitos não acumulam cargas elétricas estáticas ao serem friccionados; plásticos desse tipo têm uso em pontos em que as descargas estáticas podem ser prejudiciais, como, por exemplo, na embalagem de placas de circuitos impressos.

Quando uma fonte de luz é vista através do grafeno, ele absorve 2,3% da luz, fazendo com que um filme simples seja visível a olho nu. Entretanto, a alta transmissão de luz em conjunção com a condutividade elétrica elevada leva a aplicações em mostradores, particularmente nos visores eletrônicos flexíveis, e nas "janelas inteligentes". Em uma janela desse tipo, uma camada de moléculas polares de um cristal líquido (Seção 24.21d) é colocada entre dois eletrodos flexíveis constituídos de grafeno e um polímero transparente. Sem voltagem aplicada aos componentes, o alinhamento aleatório do cristal líquido espalha a luz e a janela inteligente fica opaca. A aplicação de uma voltagem através das camadas de grafeno irá alinhar as moléculas polares, permitindo que a luz passe, tornando a janela inteligente transparente.

Da mesma forma que as superfícies de muitos metais e da grafita (Seção 25.10), o grafeno pode adsorver vários átomos e moléculas, como, por exemplo, NO_2, NH_3, K e H_2O/OH. Essas espécies, uma vez adsorvidas, atuam como doadoras ou receptoras para a camada de grafeno, levando a uma variação do número de elétrons móveis no filme.

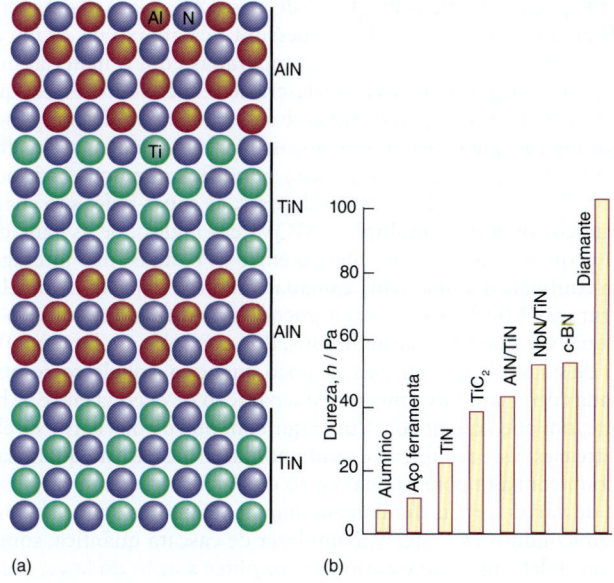

Figura 24.84 (a) A estrutura de uma super-rede ultradura AlN/TiN; (b) a dureza de super-redes de nitreto comparadas com outros materiais mais comuns. (Adaptado de S. A. Barnett e A. Madan, *Physics World*, 1998, **11**, 45.)

Figura 24.85 (a) Estrutura de um cristal artificial AB e de uma super-rede AB; c e λ representam o período de repetição durante o crescimento da estrutura artificial e o período da super-rede, respectivamente. (b) Estrutura do Sr_2TiO_4 como um óxido em camadas formado artificialmente. Os poliedros representam octaedros TiO_6 com Ti no centro e compartilhados pelos vértices, as esferas representam cátions Sr^{2+}. A coerência lateral entre as subcamadas de SrO e TiO_2 é excelente nesta estrutura em camadas, e o parâmetro de repetição cristalográfico, c_{rc}, é duas vezes o período de repetição do crescimento, c.

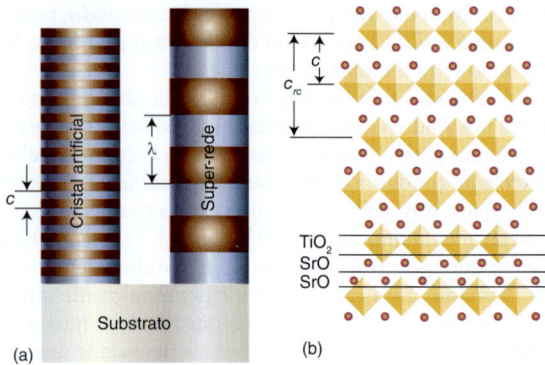

A medida dessa variação de condutividade pode ser explorada nos sensores para as espécies adsorvidas. Defeitos pontuais podem ser introduzidos nas folhas de grafeno na forma de lacunas de carbono, sítios substituídos (trocando-se, por exemplo, carbono por nitrogênio) ou adição de átomos na sua superfície. Isso pode levar às aplicações em spintrônica (Seção 24.6g) baseados em "grafenos magnéticos". Finalmente, a grafita tem aplicação importante como material para baterias (Fig. 24.31); o grafeno, devido à sua área superficial muito grande, pode apresentar propriedades superiores para tais aplicações.

Desde a descoberta de que a grafita pode ser esfoliada e depositada como folhas simples, os químicos retornaram aos estudos de outros compostos com estruturas em camadas, com a finalidade de investigar suas propriedades quando produzidas dessa forma. Dentre os exemplos temos os dissulfetos metálicos MS_2 (M = Ti, Nb, Ta, Mo e W; Seção 24.9) e óxidos em camadas como o V_2O_5.

(b) Poços quânticos

Pontos principais: Os poços quânticos consistem em um material fino, com uma pequena separação de energia entre as bandas e colocado entre espessas camadas de materiais que apresentam uma grande separação de energia entre as bandas; os poços quânticos múltiplos podem melhorar os efeitos dos poços quânticos quando estes não interagem.

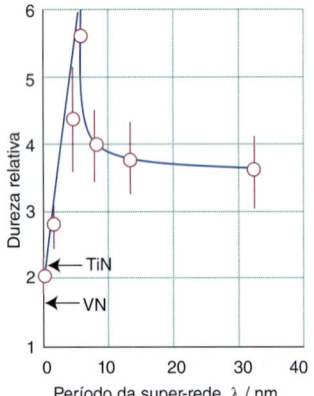

Figura 24.86 Dependência da dureza com o período para super-redes de $(TiN)_m(VN)_m$. (Adaptado de U. Helmersson et al., *J. Appl. Phys.*, 1987, **62**, 481.)

Geralmente, um poço quântico é composto por dois materiais semicondutores que apresentam diferentes separações de energia entre as bandas, como o $Al_{1-x}Ga_xAs$ e o GaAs. Uma fina camada, de espessura nanométrica, do material com menor separação de energia entre as bandas (GaAs) é colocada entre duas camadas do material que apresenta maior separação de energia entre as bandas ($Al_{1-x}Ga_xAs$) (Fig. 24.83). As propriedades ópticas dos poços quânticos podem ser ajustadas de forma a controlar a absorção e emissão interbandas (entre a banda de valência e a banda de condução) e intrabanda (entre as sub-bandas quantizadas que estão presentes devido à espessura nanométrica do material). Os poços quânticos $In_{1-x}Ga_xAs/GaAs$ e $Al_{1-x}Ga_xAs/GaAs$ têm sido muito estudados, observando-se que quando a espessura fica abaixo de 20 nm as transições ópticas movem-se para energias maiores, comparadas com o material macroscópico. O principal uso dos poços quânticos é nos lasers de semicondutores, em que a pequena separação entre as bandas do poço quântico é a camada ativa do componente.

Muitos dos efeitos que ocorrem nos poços quânticos podem ser melhorados pelo uso de **estruturas de super-redes**, a repetição periódica de poços quânticos ao longo de uma direção. No contexto dos semicondutores, as super-redes são chamadas de estruturas com **poços quânticos múltiplos** (MQW, em inglês). Se as camadas ativas (as camadas com pequena separação de energia entre as bandas) não interagem, então os elétrons ficam confinados a uma dada camada e não são capazes de tunelar entre elas. O uso de estruturas MQW nesse caso aumenta a absorção ou emissão de um dado componente, uma vez que há níveis múltiplos. Por exemplo, um laser MQW tem muito mais potência de saída do que um laser de poço quântico isolado correspondente.

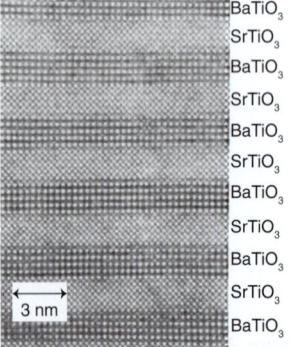

Figura 24.87 Imagem por TEM de uma super-rede $SrTiO_3/BaTiO_3$. (D. G. Schlom et al., Oxide nano-engineering using MBE. *Mater. Sci. Eng. B*, 2001, **87**, 282; reproduzido com permissão da Elsevier.)

Se as camadas dos materiais com grande separação de energia entre as bandas forem finas o bastante, um poço quântico irá interagir com outro adjacente e os elétrons poderão tunelar entre eles. Esse fenômeno é usado nos lasers de **cascata quântica** (QC, em inglês), que operam com alta potência na região do IV. As características dos lasers desses materiais são, de várias formas, fundamentalmente diferentes daquelas dos lasers feitos com diodos semicondutores e MQW. Num laser de cascata quântica, somente um tipo de transportador (elétrons) é necessário para se obter a ação do laser; nos outros dois, são necessários tanto elétrons quanto buracos. Além disso, no laser de cascata quântica as transições, que são do tipo intrabanda, originam-se da quantização da banda de valência. Os lasers de cascata quântica são feitos a partir de materiais semicondutores 13/15 (III/V) como GaAs, InAs e AlAs. Todos estes sistemas de super-redes crescem por meio de epitaxia de feixe molecular de fonte sólida sobre substratos de monocristal.

(c) Super-redes de estado sólido

Pontos principais: Materiais artificiais, em camadas, apresentam repetição periódica ao longo da direção de crescimento de um filme fino; a repetição periódica é controlada pelo número e tipo das subcamadas depositadas sequencialmente.

A repetição periódica ao longo da direção de crescimento de um filme fino numa super-rede é controlada pelo número e tipo das subcamadas depositadas sequencialmente, enquanto que a periodicidade lateral é determinada pela coerência entre as subcamadas (o encaixe entre as características das redes) (Figuras 24.84 e 24.85). Uma super-rede é construída de baixo para cima, com períodos na faixa de nanômetros e uma espessura total na faixa de micrômetros.

As super-redes de nitretos estão entre os materiais mais duros conhecidos. O período e a composição química da super-rede são determinantes para as propriedades mecânicas desses compostos, uma vez que as interfaces entre as duas camadas de nitreto são responsáveis pelo aumento da dureza. A Fig. 24.86 mostra, por exemplo, que a dureza máxima de uma super-rede típica ocorre para periodicidades na faixa de 5 a 10 nm. Essas super-redes têm sido depositadas com sucesso usando bombardeio, deposição por laser pulsado e epitaxia de feixe molecular. O bombardeio, no qual o material a ser depositado como uma fina camada sobre o substrato é bombardeado com elétrons ou íons para produzir substâncias em fase gasosa, é um método econômico para a produção de ferramentas de corte extremamente duras.

Os óxidos com estrutura de perovskita (Seção 24.6) são usados em numerosas aplicações devido às suas propriedades ferroelétricas, acústicas, de micro-ondas, eletrônicas, magnéticas e ópticas. A perovskita mais empregada é o $BaTiO_3$, que é um material dielétrico muito importante. Observou-se que a intercalação do $BaTiO_3$ ferroelétrico com a perovskita isoestrutural $SrTiO_3$ pode melhorar as propriedades dielétricas que se originam da tensão da rede. As técnicas PLD, MBE e CVD têm sido usadas para criar filmes finos de super-rede de $SrTiO_3/BaTiO_3$ (Fig. 24.87). Embora o desajuste entre as duas estruturas cristalinas seja pequeno, permitindo o crescimento epitaxial e a formação de interfaces coerentes entre cada camada dupla, a tensão introduzida na interface é suficiente para melhorar a resposta dielétrica das super-redes, especificamente a polarização remanente (a polarização na ausência de um campo aplicado), em comparação com o $BaTiO_3$ não dopado.

As estruturas baseadas na perovskita também podem apresentar efeitos magnéticos interessantes. Em particular, os filmes de perovskita baseados em manganês, como o $(La,Sr)MnO_3$, possuem importantes propriedades ferromagnéticas e magnetorresistivas (Seção 24.6). O procedimento PLD tem sido usado para depositar super-redes de $LaMnO_3/SrMnO_3$; os cátions Mn^{3+} encontram-se nas camadas de $LaMnO_3$; os de Mn^{4+}, nas camadas de $SrMnO_3$. Assim, a técnica de super-rede em filme fino permite um ordenamento preciso dos cátions nos sítios A (La, Sr), o que por sua vez causa um ordenamento do Mn em seus diferentes estados de oxidação. Nas super-redes de

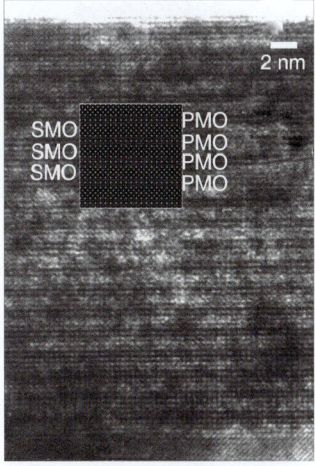

Figura 24.88 Imagem por microscopia eletrônica de transmissão da seção transversal de uma super-rede 2×2 de $SrMnO_3$ e $PrMnO_3$ preparada usando-se epitaxia de feixe molecular a laser. A região demarcada mostra uma imagem calculada, confirmando a estrutura $(SrMnO_3)_2(PrMnO_3)_2$. (B. Mercey et al., In situ monitoring of the growth and characterization of $(PrMnO_3)_n(SrMnO_3)_n$ superlattices. *J. Appl. Phys.*, 2003, **94**, 2716; reproduzido com permissão do American Institute of Physics.)

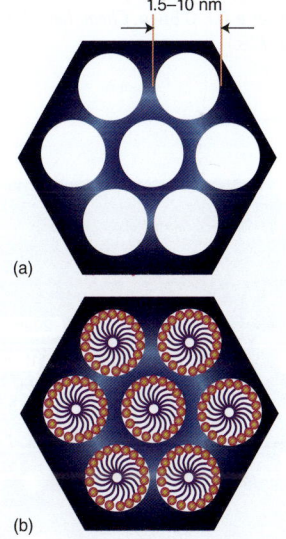

Figura 24.89 Estrutura mesoporosa hexagonal com (a) nanoporosidade controlada e com (b) poros funcionalizados.

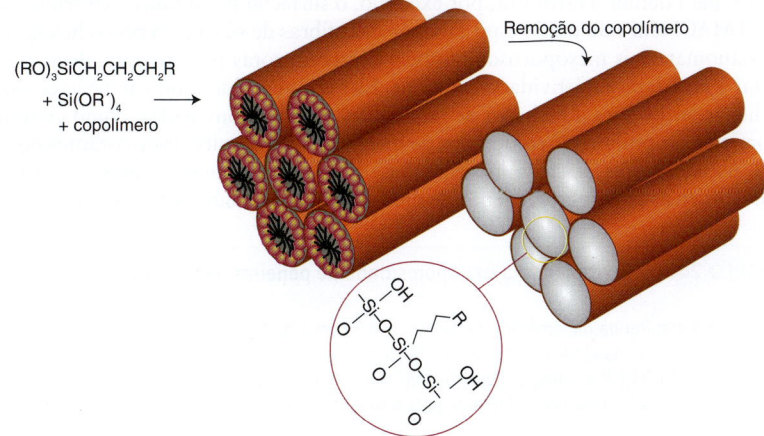

Figura 24.90 Automontagem de copolímeros em bloco como agentes direcionadores de estrutura na forma de bastões micelares, formando arranjos hexagonais que podem ser removidos para produzir matrizes de sílica nanoporosa para a química de inclusão e catálise. (Adaptado de M. E. Davis, *Chem. Rev.*, 2002, **102**, 3601.)

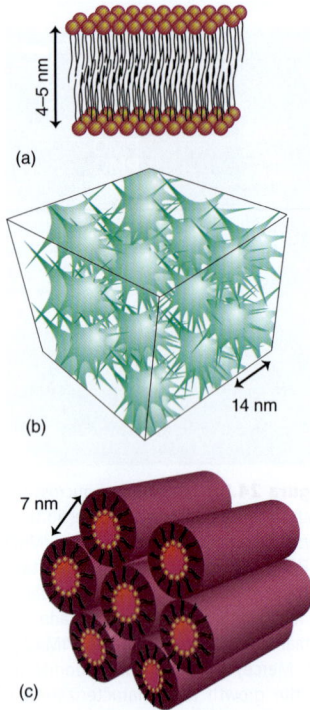

Figura 24.91 Representações dos três tipos de sólidos mesoporosos ordenados: (a) lamelar hexagonal (materiais em camadas), (b) cúbico (arranjos complexos) e (c) hexagonal (colmeia). (Adaptado de A. Mueller e D.F. O'Brien, *Chem. Rev.*, 2002, **102**, 729.)

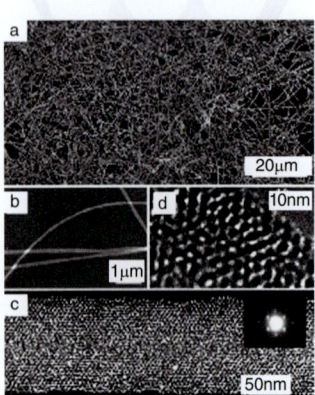

Figura 24.92 (a) Imagem por microscopia eletrônica de varredura de nanofibras de sílica mesoporosa. (b) Imagem de baixa ampliação de nanofibras por microscopia eletrônica de transmissão (TEM). (c) Imagem TEM, de grande ampliação, de uma nanofibra. No destaque temos o padrão de difração de elétrons de uma área selecionada da nanofibra. (d) Imagem TEM, de alta resolução, da borda de uma nanofibra. (J. Wang et al., *Chem. Mater.*, 2004, **16**, 5169.)

$(LaMnO_3)_m(SrMnO_3)_m$, as amostras com $m \leq 4$ possuem propriedades magnéticas semelhantes às das soluções sólidas de $La_{0,5}Sr_{0,5}MnO_3$, enquanto que as super-redes com períodos maiores apresentam resistividades significativamente maiores e temperaturas Curie menores. Efeitos semelhantes foram observados nas super-redes com camadas de espessuras desiguais, como nos sistemas $(LaMnO_3)_m(SrMnO_3)_n$ e $(PrMnO_3)_m(SrMnO_3)_m$ preparados por epitaxia de feixe molecular a laser (Fig. 24.88).

24.29 Controle tridimensional: materiais mesoporosos e compósitos

O planejamento e a síntese de arquiteturas supramoleculares tridimensionais (3D) de estruturas nanoporosas ajustáveis, contendo canais abertos, tem atraído considerável atenção por causa das suas potenciais aplicações como peneiras moleculares, sensores, separadores seletivos por tamanho e catalisadores. A capacidade de fabricar materiais mesoporosos com poros de tamanhos consideravelmente maiores do que os disponíveis nas zeólitas (Seção 24.11), no máximo 1 nm, representa um importante avanço na área dos nanomateriais.

(a) Materiais mesoporosos

Pontos principais: Materiais mesoporosos possuem estruturas com poros ordenados em escala nanométrica; a síntese desses materiais apoia-se no controle da automontagem; espécies distintas podem ser incorporadas nas estruturas hospedeiras reticuladas inorgânicas.

Uma classe importante de nanomateriais ordenados tridimensionalmente é a dos **nanomateriais mesoestruturados**, os quais incluem os materiais **mesoporosos**. Os materiais mesoporosos são bem conhecidos na catálise heterogênea (Capítulo 25) e são de grande interesse devido à possibilidade de se ajustar o tamanho dos poros presentes nas suas estruturas entre 1,5 e 10 nm (Fig. 24.89).

Os nanomateriais inorgânicos mesoporosos são sintetizados em um processo de várias etapas baseado na automontagem inicial de moléculas surfactantes e copolímeros em bloco que se auto-organizam em estruturas supramoleculares (que são arranjos de micelas cilíndricas, esféricas ou lamelares de cristais líquidos; Fig. 24.90). Estas estruturas em rede supramoleculares atuam como moldes direcionadores de estrutura para o crescimento de materiais inorgânicos mesoestruturados (geralmente sílica ou titânia). Durante a etapa da reação solvotérmica, partículas de óxido (sílica, Fig. 24.91) formam-se na superfície dos bastões hexagonais, organizando-se em torno das estruturas supramoleculares. O agente de molde pode então ser removido por lavagem ácida ou calcinação para produzir materiais inorgânicos com poros hexagonais de dimensões uniformes e controláveis. Essa porosidade oferece possibilidades únicas tanto para catálise quanto para a química de inclusão.

Uma grande variedade de materiais inorgânicos mesoporosos e mesoestruturados tem sido obtida variando-se a escolha do agente de molde e as condições de reação (Fig. 24.91). Por exemplo, a família conhecida como M41S tem fases inorgânicas de sílica ou de alumina e sílica e vários surfactantes catiônicos levando a três tipos distintos de estruturas: lamelar hexagonal (MCM-50), cúbica (MCM-48) e hexagonal (MCM-41) (Fig. 24.91). A forma do surfactante e o teor de água usado durante a síntese controlam a arquitetura nanométrica resultante, como pode ser visto na ilustração. Os surfactantes também podem ser usados para definir a estrutura; por exemplo, o surfactante catiônico cetiltrimetilamônio (C_{16}TMAC) tem sido usado para fabricar nanofibras de sílica com poros hexagonais.

Os nanomateriais mesoporosos também oferecem rotas para funcionalizar poros e aumentar a atividade e seletividade catalítica. Eles têm recebido muita atenção como materiais hospedeiros para a inclusão de numerosas espécies convidadas, como complexos organometálicos, polímeros, complexos de metais d, macromoléculas e corantes de lasers ópticos. As nanofibras de sílica mostradas na Fig. 24.92 podem até mesmo ser usadas como hospedeiras para o crescimento de nanofios de vários outros materiais óxidos.

> **EXEMPLO 24.4** Controlando a nanoporosidade de peneiras moleculares
>
> (a) Compare a arquitetura nanométrica da zeólita ZSM-5 com a da MCM-41; inclua na sua comparação descrições da dimensionalidade dos túneis e os tamanhos relativos dos poros. (b) Os cátions cetiltrimetilamônio $[C_{16}H_{33}N(CH_3)_3]^+$ e tetrapropilamônio $[N(CH_2CH_2CH_3)_4]^+$ são surfactantes usados nas sínteses desses materiais. Qual é o melhor surfactante para a síntese da MCM-41?

> **Resposta** Devemos considerar o tamanho relativo dos poros nesses dois materiais catalíticos e o comprimento da cadeia e o tamanho do surfactante usado para moldar a porosidade. (a) A ZSM-5 é uma zeólita microporosa com tamanho de poros de, aproximadamente, 0,5 nm. Ela possui poros que se interceptam de maneira tridimensional, similar às fases mesoporosas cúbicas, mas com dimensões menores. A MCM-41 é um sólido mesoporoso com poros unidimensionais hexagonais, com dimensões ajustáveis de 2 a 10 nm. (b) A escolha do surfactante deve casar com o tamanho do poro do sólido. O surfactante de cadeia maior (o cátion cetiltrimetilamônio) é a melhor escolha para a automontagem do material MCM-41, devido à sua maior cadeia de hidrocarboneto e maior curvatura espontânea. Uma cadeia maior favorece poros com dimensões maiores, que são uma consequência direta do empacotamento dos surfactantes dentro dos bastões micelares que levam à formação da mesofase hexagonal.
>
> **Teste sua compreensão 24.4** Quais destes materiais, MCM-41 ou ZSM-5, tem maior probabilidade de ser usado como um material hospedeiro para o aprisionamento de pontos quânticos?

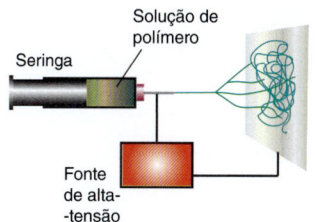

Figura 24.93 Equipamento de fiação elétrica. (Adaptado de R. Sen et al., *Nano Lett.*, 2004, **4**, 459.)

(b) Nanocompósitos orgânico-inorgânicos

Pontos principais: Os materiais orgânico-inorgânicos da Classe I apresentam interações não covalentes e os da Classe II possuem algumas interações covalentes; os métodos sol-gel e de automontagem são as rotas químicas essenciais para o planejamento e a síntese de nanocompósitos híbridos.

Os nanocompósitos orgânico-inorgânicos são uma classe de materiais ordenados tridimensionalmente cujas propriedades químicas e físicas podem ser ajustadas pela associação de componentes orgânicos e inorgânicos em escala nanométrica. Esses materiais híbridos originaram-se nas indústrias de tintas e de polímeros, em que cargas e pigmentos inorgânicos eram dispersos em materiais orgânicos (dentre os quais solventes, surfactantes e polímeros) para fabricar produtos comerciais com desempenho superior. Os nanomateriais híbridos oferecem aos químicos de materiais novas rotas que usam materiais desenhados racionalmente para otimizar as relações entre estrutura e propriedades. Suas arquiteturas nanométricas e as propriedades resultantes dependem da natureza química dos componentes e da sinergia entre eles, melhorando, por exemplo, resistência e força. A parte crítica do projeto desses híbridos é o ajuste seletivo da natureza, extensão e acessibilidade das interfaces entre os blocos de construção orgânicos e inorgânicos.

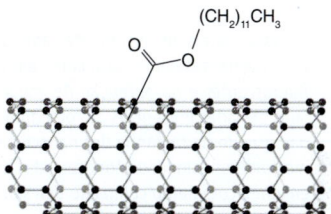

Figura 24.94 SWNTs funcionalizados com éster (SWNT-COO(CH_2)$_{11}CH_3$). (Baseado em R. Sen et al., *Nano Lett.*, 2004, **4**, 459.)

Os nanocompósitos já estão presentes no mercado como bloqueadores solares, tecidos retardantes de chama, roupas que não mancham, termoplásticos, filtros de água e autopeças. Dentre os exemplos, temos o uso de nanocompósitos de argila montmorilonita e náilon-6 para revestimento de pulseiras de relógio de pulso, telas de televisão revestidas com corantes índigo embebidos em uma matriz de sílica e zircona, utensílios de vidro sol-gel dopados organicamente e enzimas aprisionadas em sol-gel.

Os **nanocompósitos poliméricos** (PNCs, em inglês) são feitos de nanopartículas inorgânicas dispersas em uma matriz polimérica. Os primeiros PNCs comerciais usavam argilas lamelares ou ordenadas bidimensionalmente, como a montmorilonita de sódio (Na-MMT), dispersas numa matriz polimérica. Esses materiais dispersos (ou carga) possuem uma estrutura do tipo sanduíche (com canais entre as camadas), com espessura total de 0,3 a 1 nm e um comprimento de 50 a 100 nm por camada; essas estruturas sanduíche geralmente formam aglomerados de tamanho micrométrico. Em um PNC, a dispersão da fase inorgânica dentro da matriz polimérica orgânica é acompanhada de intercalação (a inserção do polímero entre as folhas das camadas da argila). A intercalação envolve a expansão do espaçamento interlamelar como consequência da troca iônica por aminas ou sais de amônio quaternário. A esfoliação é obtida por meio de compostos quimicamente reativos ou pela mistura fundida das fases argila e polímero.

A natureza da carga (dispersante) e das cavidades presentes em um PNC influencia marcantemente as propriedades mecânicas dos compósitos, uma vez que eles controlam a distribuição de tensão através da matriz do compósito. A resistência à tensão (uma medida da capacidade de o material resistir a uma deformação permanente) e a rigidez (uma medida da energia absorvida antes de ocorrer a fratura) dos nanocompósitos são controladas pelo tamanho e dispersão da nanopartícula e pelas interações de contato entre a nanopartícula e o polímero. Portanto, o controle da dispersão e o alinhamento dessas cargas de nanopartículas oferecem uma maneira de se ajustar as propriedades dos nanocompósitos.

Uma classe importante de PNCs usa nanoestruturas de carbono como dispersantes. Os nanotubos de parede simples (SWNTs) apresentam propriedades mecânicas excepcionais; seus módulos de Young (a resistência à tensão mecânica) muito altos,

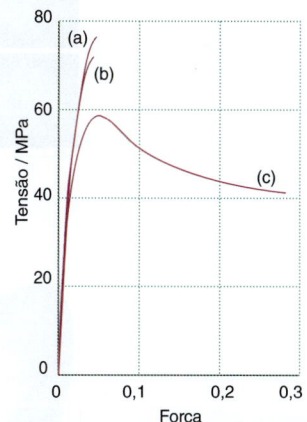

Figura 24.95 Curvas típicas de força-tensão para: (a) PMMA puro; (b) compósito PMMA com 2% em massa de carga de alumina micrométrica sem tratamento adicional; (c) nanocompósito alumina/PMMA com 2,2% em massa e ácido metacrílico 38 nm. Embora a resistência diminua ligeiramente para o nanocompósito (c) (em relação ao máximo da curva), a ductilidade global (relacionada com a tensão total) e a dureza (relacionada com a área sob a curva) são muito melhoradas. (Adaptado de B. J. Ash et al., *Macromolecules*, 2004, **37**, 1358; reproduzido com permissão da American Chemical Society.)

suas baixas densidades e altas razões largura:comprimento tornam esses materiais muito atraentes para serem usados como carga para melhorar a resistência do polímero. Os SWNTs possuem alta resistência à tração (cerca de 100 vezes a do aço), enquanto suas densidades são de, aproximadamente, apenas um sexto a do aço. Compósitos reforçados com SWNT têm sido desenvolvidos por meio da mistura física dos SWNTs em soluções de polímeros pré-formados, pela polimerização *in situ* na presença de SWNTs, pelo processamento auxiliado por surfactantes de compósitos de SWNT e polímero e pela modificação química dos SWNTs incorporados. O processamento em fusão pode ser feito facilmente pela moldagem por compressão em altas temperaturas e pressões, seguido de um resfriamento rápido. Os chamados **métodos de fiação elétrica** usam forças eletrostáticas para distorcer uma gota da solução de um polímero em um fino filamento, o qual é então depositado sobre um substrato (Fig. 24.93). As nanofibras criadas por fiação elétrica podem ser configuradas em várias formas, dentre as quais membranas, coberturas e filmes, e podem ser depositadas em alvos de diferentes

---

QUADRO 24.6 Nanocristais de CdSe para LEDs

Os nanocristais de seleneto de cádmio (CdSe) têm sido empregados em várias vertentes comerciais, como em LEDs, células solares, mostradores fluorescentes e na obtenção de imagens de células cancerosas *in vivo*. Suas elevadas eficiências de fotoluminescência e o controle da cor emitida baseado no tamanho dos nanocristais tornam atraentes o seu uso em mostradores coloridos. Monocamadas de pontos quânticos automontadas em empacotamento compacto têm sido obtidas usando-se impressão por nanolitografia macia de contato para a obtenção de dispositivos emissores de luz (Fig. Q24.4). A nanolitografia macia, a fotolitografia ou a litografia por feixe de elétrons é utilizada para produzir um padrão em uma camada de um material fotorresistivo presente na superfície de uma pastilha de silício. Um precursor químico do polidimetilsiloxano (PDMS), um líquido de baixa viscosidade, é colocado sobre a superfície na qual foi formado o padrão e então curado para formar uma borracha sólida. Após a cura, o carimbo de PDMS reproduz os detalhes em escala nanométrica do padrão original. Embora a produção do padrão inicial seja dispendiosa, a fabricação da cópia do padrão como carimbos de PDMS é fácil e barata. O carimbo pode ser usado de várias formas de baixo custo

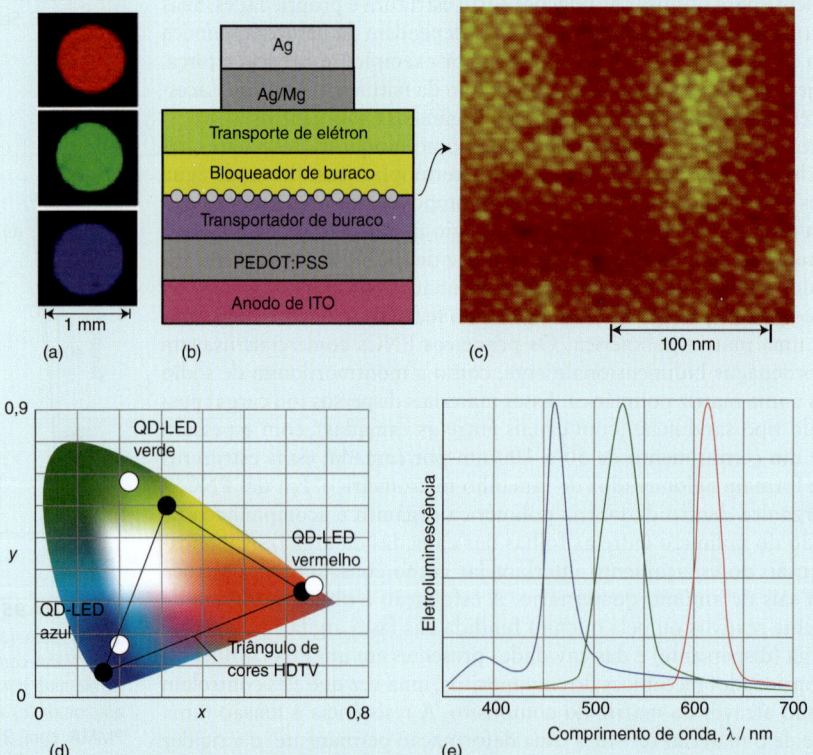

Figura Q24.4 (a) Pixels QD-LED com eletroluminescência vermelha, verde e azul cujos componentes da estrutura são mostrados em (b). (b) Corte transversal esquemático de um típico QD-LED. (c) Micrografia por AFM de alta resolução mostrando uma monocamada de empacotamento compacto de pontos quânticos depositados no topo de uma camada de um polímero transportador de buracos, antes da deposição das camadas de bloqueadores de buracos e transportadoras de elétrons. (d) Diagrama de cromaticidade mostrando as posições das colorações vermelha, verde e azul emitidas pelos QD-LED; o triângulo colorido indica as cores usadas nas TVs de alta definição (HDTV) para comparação. (e) Espectro normalizado da eletroluminescência dos pontos quânticos cujas coordenadas são indicadas em (d). As imagens dos QD-LED e do espectro de eletroluminescência foram obtidas com uma luminosidade de vídeo de 100 cd m^{-2}, o que corresponde a uma densidade de corrente aplicada de 10 mA cm^{-2} para o QD-LED vermelho, 20 mA cm^{-2} para o QD-LED verde e 100 mA cm^{-2} para o QD-LED azul. (Baseado em L. Kim et al., *Nano Lett.*, 2008, **8**, 4513.)

para a obtenção de nonoestruturas como impressões por microcontacto e micromoldagem. Essas técnicas podem ser empregadas para produzir componentes ópticos de subcomprimento de onda (em que as dimensões do componente são menores do que os comprimentos de onda das radiações eletromagnéticas usadas), guias de onda e polarizadores ópticos usados em redes de fibras ópticas (e possivelmente em computadores completamente ópticos).

formatos. As fibras podem ser feitas com diâmetros menores do que 3 nm, com altas razões superfície:volume e comprimento:diâmetro e com tamanhos de poros controlados. A fiação elétrica de nanocompósitos poliméricos tem sido feita com SWNTs dispersos homogeneamente e tem produzido significativa melhora da resistência mecânica.

Grupos orgânicos funcionais diferentes, ligados covalentemente aos nanotubos através de reações de oxidação, têm sido usados para melhorar suas compatibilidades químicas com polímeros específicos (Fig. 24.94). O uso de SWNTs com diferentes funcionalidades permite estudar as interações interfaciais entre a carga e a matriz polimérica. Essa funcionalização química é uma abordagem efetiva para melhorar a processabilidade do nanocompósito e a compatibilidade química dos componentes. Funcionalizações específicas podem ser usadas para separar feixes de SWNTs e evitar que venham a se aglomerar.

Cargas de óxidos metálicos também têm sido usadas para otimizar a resistência e as propriedades térmicas dos polímeros. Um exemplo particularmente interessante envolve o controle sobre as propriedades mecânicas dos nanocompósitos de alumina/polimetilmetacrilato (PMMA) pelo planejamento da distribuição das interações fracas entre partícula e polímero. As nanopartículas da carga (alumina) são dispersas na matriz do compósito na forma de uma estrutura "tipo rede", em contraposição à estrutura de "ilhas isoladas" formada quando micropartículas estão dispersas numa matriz polimérica. Em comparação com os compósitos micropartícula/polímero, as estruturas do tipo rede inibem as fissuras, ou seja, a propagação de rachaduras microscópicas quando submetidas a um esforço tensionado. Os compósitos de alumina/PMMA também apresentam uma maior resistência à tensão e uma mudança do comportamento quebradiço para o dúctil quando são empregadas nanopartículas de alumina (Fig. 24.95). A ductilidade é vantajosa, pois o compósito pode ser transformado em fios finos, podendo resistir a impactos repentinos e tornando-se mecanicamente mais elástico. A adição de nanopartículas de alumina com o antiaglomerante ácido metacrílico reduz a temperatura de transição vítrea o suficiente para modificar a curva de força-tensão do compósito, transformando-o de quebradiço para dúctil quando sob tensão.

24.30 Propriedades ópticas especiais dos nanomateriais

Os efeitos de confinamento levam a algumas das mais fundamentais manifestações dos fenômenos produzidos em escala nanométrica dos materiais e são frequentemente usados como ponto de partida para o estudo da nanociência. Novas propriedades ópticas aparecem nas nanopartículas como resultado desses efeitos e estão sendo exploradas para as tecnologias de informação, sensoriamento biológico e energia.

(a) Nanopartículas semicondutoras

Pontos principais: A cor dos pontos quânticos é determinada pelo fenômeno de confinamento quântico e pela localização da partícula; a quantização das bandas HOMO e LUMO leva a novos efeitos ópticos envolvendo transições interbanda e intrabandas.

As nanopartículas semicondutoras têm sido muito investigadas por causa de suas propriedades ópticas. Essas partículas são frequentemente chamadas de **pontos quânticos** (QD, em inglês), porque os efeitos quânticos tornam-se importantes nessas partículas (pontos) confinadas tridimensionalmente. Dois efeitos importantes ocorrem nos semicondutores quando os elétrons estão confinados em regiões pequenas. Primeiro, a energia da separação entre o HOMO e o LUMO torna-se maior do que o valor observado nos cristais usuais. Segundo, os níveis de energia dos elétrons nos LUMOs (e os buracos, a ausência de elétrons, nos HOMOs) são quantizados. Esses efeitos têm um papel importante na determinação das propriedades ópticas dos pontos quânticos.

O **confinamento quântico**, o aprisionamento de elétrons e buracos em pequenas regiões, fornece um método para ajustar ou elaborar a separação energética entre as bandas dos materiais. A característica crucial é que à medida que a dimensão crítica do material diminui, a diferença de energia entre as bandas aumenta. As transições de elétrons entre estados da banda de valência (os chamados estados HOMO) e da banda de condução (os estados LUMO) são chamadas de **transições interbandas**, e a energia mínima para essas transições aumenta para os pontos quânticos em relação aos semicondutores em quantidades macroscópicas. O comprimento de onda das transições interbandas dependem do tamanho dos pontos quânticos, sendo possível ajustar as suas luminescências simplesmente modificando os seus tamanhos. Um bom exemplo de materiais que formam pontos quânticos é o CdSe. Variando-se o tamanho das nanopartículas de CdSe, é possível ajustar a emissão ao longo de todo o espectro visível, tornando esses materiais ideais para as tecnologias de mostradores fluorescentes e LEDs (Quadro 24.6). Outro uso muito interessante dos pontos quânticos é como cromóforos para marcar alvos biológicos, em que pontos quânticos de diferentes tamanhos são funcionalizados para detectar diferentes analitos biológicos. Ocorre que, embora eles emitam em comprimentos de onda específicos que podem ser ajustados, os pontos quânticos possuem uma larga banda de absorção para energias superiores à separação entre as bandas. Um ponto atraente para aplicações biológicas é a possibilidade de se excitar um conjunto de pontos quânticos cromóforos distintos com uma única excitação de banda larga e, simultaneamente, detectar vários analitos pelas suas emissões ópticas distintas. Esses materiais vêm sendo usados para obter imagens de células cancerosas de mama e células nervosas em atividade e também para acompanhar o transporte de pequenas moléculas para organelas específicas.

A segunda manifestação do confinamento quântico é que os níveis de energia quantizados disponíveis dentro de um ponto quântico não possuem momento linear e, portanto, as transições entre eles não necessitam de qualquer transferência de momento. Como consequência, a probabilidade de transição entre dois estados quaisquer é alta. Essa falta de dependência com o momento também explica a natureza da absorção pelos pontos quânticos como uma banda larga, pois as probabilidades são altas para a maioria das transições a partir dos estados ocupados da banda de valência para os estados desocupados da banda de condução. As probabilidades também são altas para as **transições intrabandas**, que são as transições de elétrons entre estados da banda LUMO ou de buracos na banda HOMO. As transições intrabandas relativamente intensas são geralmente na região infravermelha do espectro e vêm sendo exploradas para fazer componentes para fotodetectores, sensores e lasers, todos no infravermelho.

(b) Nanopartículas metálicas

Ponto principal: As cores das nanopartículas metálicas dispersas em um meio dielétrico são determinadas pela absorção por plásmons de superfície, os quais são as oscilações coletivas dos elétrons localizados na interface entre o metal e o dielétrico.

As propriedades ópticas das nanopartículas metálicas originam-se de um efeito eletrodinâmico complexo que é fortemente influenciado pelo meio dielétrico circundante. A luz que incide sobre as partículas metálicas provoca excitações ópticas dos seus elétrons. O tipo principal de excitação óptica que ocorre são as oscilações coletivas dos elétrons da banda de valência do metal. Essas oscilações coerentes na interface do metal com o meio dielétrico são chamadas de **plásmons superficiais**.

Nas partículas com tamanhos macroscópicos, os plásmons superficiais são ondas que se movem e são caracterizados por um momento linear. Para excitar os plásmons usando fótons em fases metálicas, os momentos do plásmon e do fóton devem coincidir. Essa coincidência é possível somente para geometrias muito específicas da interação entre luz e matéria, contribuindo pouco para as propriedades ópticas do metal. Entretanto, nas nanopartículas, os plásmons superficiais encontram-se localizados e não possuem um momento característico. Como resultado, o momento do plásmon e do fóton não precisa coincidir, e a excitação do plásmon ocorre com grande intensidade. Os picos de intensidade de absorção do plásmon superficial para o ouro e a prata ocorrem na região visível do espectro, e, dessa forma, essas nanopartículas metálicas são usadas como pigmentos.

As características das absorções dos plásmons dependem fortemente do metal e do meio dielétrico, assim como do tamanho e da forma da nanopartícula. Para controlar o dielétrico do ambiente, foram projetadas as chamadas **nanopartículas de compósito camada-núcleo**, nas quais camadas metálicas de espessura nanométrica encapsulam uma nanopartícula do dielétrico. As nanopartículas metálicas e as nanocamadas metálicas são usadas como sensores dielétricos, uma vez que as suas propriedades ópticas variam quando elas entram em contato com diferentes materiais dielétricos. Essas nanopartículas são particularmente interessantes para os sensores biológicos, pois os analitos biológicos podem ligar-se à superfície da nanopartícula, causando um deslocamento detectável na banda de absorção do plásmon.

As nanopartículas de ouro são exemplos comuns de nanopartículas metálicas usadas como sensores químicos e biológicos, nas "bombas inteligentes" para tratamento de câncer e em materiais para interruptores ópticos e mostradores fluorescentes. Muitas dessas aplicações são possíveis devido ao desenvolvimento de técnicas para ligar cromóforos sensíveis à luz à superfície das nanopartículas. As nanopartículas de ouro podem ser marcadas com biomoléculas que são entregues para células específicas, sendo aplicadas como sondas imunológicas para detecção antecipada de doenças. Os nanomateriais também vêm sendo usados como agentes de transferência de elétrons em uma nova geração de materiais fotossensíveis que acoplam moléculas poliaromáticas com sistema π conjugado, sensíveis à luz, à superfície de nanopartículas de ouro. As nanopartículas de ouro funcionalizadas com cromóforos proporcionam o desenvolvimento de componentes com arquiteturas e flexibilidades únicas uma vez que esses materiais híbridos podem ser acoplados covalentemente a substratos de vidro condutor que servem como eletrodos, melhorando o transporte de carga e a sensibilidade à luz.

Nanoplacas de prata com tamanhos na faixa de 40 a 300 nm têm sido sintetizadas por um método simples de redução química em solução, à temperatura ambiente, na presença do brometo de cetiltrimetilamônio (CTAB, $(C_{16}H_{33})(CH_3)_3NBr$) diluído. Essas placas são monocristais que possuem como plano basal o plano (111) da prata no sistema cúbico de face centrada. A adsorção mais forte do CTAB no plano basal (111) do que no plano lateral (100) dessas placas pode ser responsável pela anisotropia de crescimento das nanoplacas. Como discutido anteriormente nesta seção, as nanopartículas metálicas possuem interessantes propriedades ópticas relacionadas às excitações dos plásmons superficiais. Os picos de ressonância óptica (dipolo no plano) do plásmon podem ser deslocados para comprimentos de onda da ordem de 1000 nm, na direção do IV próximo, quando a razão entre o eixo maior e o eixo menor (ou a largura dividida pela espessura) das nanoplacas chega a 9. Esse tipo de controle sobre as propriedades ópticas de metais simples abre novas possibilidades para várias aplicações no IV próximo, incluindo sensoriamento remoto.

LEITURA COMPLEMENTAR

A.R. West, *Basic solid state chemistry*. John Wiley & Sons (1999). Um guia bom e completo dos fundamentos do estado sólido segundo a perspectiva de um químico inorgânico.

A.K. Cheetam e P. Day (eds.), *Solid state chemistry: compounds*. Oxford University Press (1992). Uma boa coleção de capítulos cobrindo os tipos de compostos-chave da química de materiais.

R.M. Hazen, *The breakthrough: the race for the superconductor*. Summit Books (1988). Uma narrativa agradável sobre a descoberta dos semicondutores de alta temperatura.

R.C. Mehrotra, Present status and future potential of the sol-gel process, *Struct. Bonding*, 1992, 77, 1. Uma boa revisão da química sol-gel.

A.K. Cheetam, G. Férey e T. Loiseau, Open-framework inorganic materials. *Angew. Chem., Int. Ed. Engl.*, 1999, 38, 3268. Uma excelente revisão do progresso e da química estrutural dos sólidos reticulados.

D.W. Bruce e D. O'Hare, *Inorganic materials*, John Wiley & Sons (1992). Uma coletânea de revisões sobre vários tópicos da química de materiais, com ênfase nos sistemas moleculares.

L.E. Smart e E.A. Moore, *Solid state chemistry: an introduction*. CRC Press (2012).

D.K. Chakrabarty, *Solid state chemistry*. New Age Science Ltd (2010). Vários conceitos da ciência do estado sólido explicados de uma forma simples e clara.

M.T. Weller, *Inorganic materials chemistry*. Oxford Chemistry Primers vol 23. Oxford University Press (1994). Texto em nível introdutório abordando alguns aspectos da química de estado sólido e a caracterização de materiais.

D.W. Bruce, D. O'Hare e R.I. Walton (eds). Inorganic Materials series. Wiley-Blackwell. Uma série de livros sobre tópicos específicos: *Functional Oxides* (2010), *Low-dimensional Solids* (2010), *Molecular Materials* (2010), *Porous Materials* (2010) e *Energy Materials* (2011).

C.N.R. Rao e J. Gopalakrishnan, *New directions in solid state chemistry*, Cambridge University Press (1997). Uma revisão das áreas de pesquisa mais recentes de interesse para a química de estado sólido.

L.V. Interrante, L.A. Casper e A.B. Ellis (eds.), *Materials chemistry: an emerging discipline*, Advances in Chemistry Series no. 245. American Chemical Society (1995). Um conjunto de capítulos abordando uma grande variedade de sólidos orgânicos e inorgânicos.

S.E. Dann, *Reactions and characterization of solids*, Royal Society of Chemistry (2000). Um bom texto introdutório sobre a química de estado sólido.

A.F. Wells, *Structural inorganic chemistry*, Oxford Univesity Press (1985). Uma obra completa e sistemática sobre a química estrutural de estado sólido.

U. Müller. *Inorganic structural chemistry*, John Wiley & Sons (1993). Um bom texto sobre a química de estado sólido estrutural, com várias ilustrações.

B.D. Fahlman, *Materials chemistry*. Springer (2007). Uma boa abordagem de semicondutores, metais e ligas e dos métodos de caracterização.

P. Day, *Molecules into materials; case studies in materials chemistry: mixed valency, magnetism and superconductivity*. World Scientific Publishing (2007). Uma coletânea de artigos apresentando o desenvolvimento desta importante área da química de materiais.

P. Ball, *Made to measure: new materials for the 21st century*. Princeton University Press (1997). Uma abordagem geral e de leitura agradável dos materiais a partir da perspectiva de suas aplicações, englobando pilhas a combustível, materiais ultraduros e materiais inteligentes.

J.N. Lalena e D.A. Cleary, *Principles of inorganic materials design*. John Wiley & Sons (2005). Uma boa visão geral sobre os materiais inorgânicos, com uma forte perspectiva teórica.

A. Züttel, A. Borgschulte e L. Schlapbach, *Hydrogen as a future energy carrier*. Wiley-VCH (2008). Desenvolvimentos e reflexões sobre uma economia baseada na geração de energia por hidrogênio.

M.D. Hampton, D.V. Schur, S. Yu. Zaginaichenko e V.I. Trefilov, *Hydrogen materials science and chemistry of metal hydrides*. Kluwer Academic Publishers (2002). Uma revisão abrangente sobre os materiais para armazenagem de hidrogênio.

G.A. Ozin e A.C. Arsenault, *Nanochemistry: a chemical approach to nanomaterials*. Springer (2005). Um livro de referência obrigatório para estudantes de graduação e pós-graduação, com discussões sobre os avanços na produção de padrões (desenhos) químicos, estruturas automontadas e síntese de nanomateriais.

C.P. Poole e F.J. Owens, *Introduction to nanotechnology*, Wiley-Interscience (2003). Este livro apresenta capítulos importantes sobre uma variedade de sistemas formados por nanomateriais, incluindo estruturas quânticas, nanomateriais magnéticos, sistemas eletromecânicos nanométricos (NEMS, em inglês), nanotubos de carbono e nanocompósitos, com ênfase nas estratégias de síntese e caracterização.

M. Wilson, K. Kannangara, G. Smith, M. Simmons e B. Raguse (eds), *Nanotechnology: basic science and emerging technologies*. CRC Press (2002). Este é outro bom livro introdutório sobre várias áreas da nanotecnologia.

Inorganic-organic nanocomposites. Edição especial da *Chemistry of Materials* (outubro de 2001). Esta coleção de artigos descreve os nanocompósitos e as suas amplas aplicações em fotônica, eletrônica e sensores químicos.

J. Hu, T.W. Odom e C.M. Leiber, Chemistry and physics in one dimension: synthesis and properties of nanowires and nanotubes. *Acc. Chem. Res.*, 1999, **32**, 435. Uma excelente revisão dos aspectos relacionados com o controle da dimensionalidade em nanomateriais, incluindo importantes trabalhos pioneiros sobre as propriedades de transporte dos nanotubos de carbono.

M. Meyyappan, *Inorganic nanowires: applications, properties, and characterization*. CRC Press (2012). Uma abordagem abrangente e coerente dos avanços na fabricação de entidades nanométricas, equipamentos de caracterização e pesquisas sobre nanofios inorgânicos (INWs, em inglês).

T.K. Sau e A.L. Rogach (eds), *Complex-shaped metal nanoparticles: bottom-up synthesis and applications*. Wiley-VCH (2012). Uma abordagem de todos os aspectos importantes e das técnicas de preparação e caracterização de nanopartículas com arquiteturas e morfologias controladas.

W. Choi e J.-W. Lee (eds), *Graphene: synthesis and applications*. CRC Press (2012). Revisão sobre os avanços e direções futuras das pesquisas sobre grafenos, com ênfase em síntese e propriedades, além de abordar aplicações como em equipamentos eletrônicos, dissipadores de calor, emissão de campo, sensores, compósitos e energia.

C. Altavilla e E. Ciliberto, *Inorganic nanoparticles: synthesis, applications and perspectives*. CRC Press (2012). Apresenta uma ampla revisão destes materiais e das inúmeras maneiras como eles são usados.

EXERCÍCIOS

24.1 Indique como você prepararia amostras de: (a) $MgCr_2O_4$; (b) $LaFO_3$; (c) Ta_3N_5; (d) $LiMgH_3$; (e) $KCuF_3$; (f) análogo da zeólita A com Ga substituindo Al, $Na_{12}[Si_{12}Ga_{12}O_{48}] \cdot nH_2O$.

24.2 Dê os produtos prováveis das reações

(a) $Li_2CO_3 + CoO \xrightarrow{800°C, O_2}$

(b) $2\ Sr(OH)_2 + WO_3 + MnO \xrightarrow{900°C, O_2}$

24.3 Dopando-se o NiO com pequenas quantidades de Li_2O, a condutividade elétrica do sólido aumenta. Forneça uma explicação química plausível para essa observação. (*Dica*: o Li^+ ocupa sítios do Ni^{2+}.)

24.4 O composto Fe_xO geralmente possui $x < 1$. Descreva o provável defeito de íon metálico que torna x menor que 1.

24.5 Para um material que parece ter composição variável, como você distinguiria experimentalmente entre a possibilidade de ele ser uma solução sólida ou uma série de estruturas com plano de cisalhamento cristalográfico?

24.6 Use os dados de raio iônico (Apêndice 1) para sugerir possíveis dopantes que levem ao aumento da condutividade aniônica em: (a) PbF_2; (b) Bi_2O_3 (Bi^{3+} hexacoordenado).

24.7 Desenhe a célula unitária da estrutura do ReO_3 mostrando os átomos do metal e do oxigênio. Essa estrutura parece suficientemente aberta para sofrer intercalação de íons Na^+? Se for o caso, onde ficariam os íons Na^+? Descreva o tipo de estrutura provável para um material em que a razão Na:Re seja 1:1.

24.8 Preveja a temperatura Néel do CrO.

24.9 Escreva as fórmulas possíveis para um sulfeto e um fluoreto que tenham uma estrutura de espinélio.

24.10 Os seguintes materiais contêm camadas com estequiometria CuO_2: (a) $YBa_2Cu_4O_8$; (b) $Ca_{1,8}Na_{0,2}CuO_2Cl_2$; (c) $Gd_2Ba_2Ti_2Cu_2O_{11}$; (d) $SrCuO_{2,12}$. Quais deles pode-se esperar que sejam supercondutores de alta temperatura?

24.11 Explique por que a cor do Ta_2O_5 muda de branco para vermelho quando ele é aquecido sob um fluxo de NH_3.

24.12 Enuncie as duas generalizações de Zachariasen que favorecem a formação dos vidros e aplique-as para explicar o fato de que o resfriamento do CaF_2 fundido leva a um sólido cristalino, enquanto que o resfriamento, na mesma velocidade, do SiO_2 fundido produz um vidro.

24.13 Classifique os seguintes óxidos em formadores e não formadores de vidro: (a) BeO; (b) TiO_2; (c) La_2O_3; (d) B_2O_3; (e) GeO_2.

24.14 Quais sulfetos metálicos podem ser formadores de vidro?

24.15 Descreva dois métodos que possam ser usados para preparar o composto de intercalação $LiTiS_2$.

24.16 A reação do ZrS_2 (parâmetro de rede c = 583 pm) com $[Co(\eta^5-C_5H_5)_2]$ forma um composto com parâmetro de rede c = 1164 pm, e a reação com $[Co(\eta^5-C_5Me_5)_2]$ forma um produto com um parâmetro de rede correspondente a 1161 pm; o ZrS_2 não reage com $[Fe(\eta^5-C_5H_5)_2]$. Explique essas observações.

24.17 Descreva as interações entre as unidades Mo_6S_8 em uma fase Chevrel.

24.18 Quais dos elementos, Be, Mg, Ga, Zn, P e Cl, podem formar estruturas nas quais o elemento seja incorporado numa estrutura reticulada como uma espécie oxotetraédrica?

24.19 Proponha fórmulas para estruturas que sejam isomorfas com o SiO_2 e com as zeólitas de mesma estequiometria, envolvendo a substituição do Si por Al, P, B e Zn ou a uma mistura deles.

24.20 Descreva que tipos de ligantes são necessários para produzir as redes metalo-orgânicas (MOFs).

24.21 Calcule a porcentagem em massa de hidrogênio no $NaBH_4$ e diga se esse material pode ser considerado apropriado para armazenagem de hidrogênio.

24.22 A substituição do Mg por pequenas quantidades de Li e Al no MgH_2 melhora sua propriedade de armazenagem de hidrogênio. Escreva uma fórmula para este di-hidreto de magnésio alumínio e lítio e explique como o Li e o Al podem ser incorporados na estrutura.

24.23 Por que o BeH_2 não é considerado um material adequado para armazenagem de hidrogênio?

24.24 O azul-do-egito, $CaCuSi_4O_{10}$, é azul-pálido e o espinélio, $CuAl_2O_4$, é verde-azulado intenso. Explique a diferença.

24.25 A dissolução do Na_2S_9 em solventes polares produz, inicialmente, uma solução de coloração azul-intenso. Ao ar, a cor da solução desaparece após poucos minutos. Explique essas observações.

24.26 Descreva as propriedades de um fotocatalisador ideal para a decomposição da água.

24.27 Ordene os semicondutores AlP, BN, InSb e C (diamante) em ordem crescente da energia de separação entre as bandas.

24.28 Descreva as estruturas do Na_2C_{60} e do Na_3C_{60} em termos do preenchimento de cavidades num arranjo de empacotamento compacto de íons moleculares fuleretos.

24.29 (a) Compare a área superficial de dois objetos esféricos: um tendo um diâmetro de 10 nm e outro possuindo um diâmetro de 1000 nm. (b) Diga se esses dois objetos são considerados nanopartículas usando a definição baseada no tamanho do nanomaterial. (c) Usando uma propriedade relacionada com a área superficial, descreva o que é necessário para que uma dessas duas partículas possa ser considerada como uma nanopartícula usando uma definição baseada em propriedades relacionadas com o tamanho de um nanomaterial.

24.30 (a) Explique a diferença entre os métodos de fabricação de materiais "de cima para baixo" e "de baixo para cima". Seja específico e forneça um exemplo de cada. (b) Dê uma vantagem e uma desvantagem para cada método de síntese.

24.31 (a) Descreva as três etapas básicas de formação de nanopartículas, partindo de uma solução. (b) Explique por que duas etapas devem ocorrer independentemente para que se obtenha uma distribuição de tamanho uniforme. (c) Quais são as moléculas estabilizadoras usadas na síntese de nanopartículas?

24.32 Descreva os processos que ocorrem durante o amadurecimento de Ostwald.

24.33 (a) Desenhe um diagrama esquemático de uma nanopartícula camada-núcleo. (b) Descreva brevemente como nanopartículas camada-núcleo podem ser feitas usando-se técnicas baseadas tanto em fase vapor como em soluções. (c) Para que são usadas as nanopartículas camada-núcleo?

24.34 Que outros materiais inorgânicos, além da grafita, possuem estruturas com ligações fortes dentro das camadas, mas interações muito fracas entre as camadas, de forma que podem ser esfoliadas em simples folhas?

PROBLEMAS TUTORIAIS

24.1 Descreva a química inorgânica envolvida na operação de um sensor lambda (um sensor de oxigênio no gás de exaustão) de um motor de automóvel.

24.2 Para obter-se estados de oxidação elevados dos metais d nos óxidos complexos, os compostos são normalmente preparados na temperatura mais baixa possível adequada para a reação. Discuta as razões termodinâmicas para o uso dessas condições e explique por que a temperatura ótima para a produção do YBCO envolve um estágio final de recozimento a, aproximadamente, 450°C em oxigênio puro.

24.3 O aquecimento de um óxido complexo na presença de amônia pode levar à formação de nitreto ou à redução. Descreva os possíveis produtos que podem ser formados quando o $SrWO_4$ é aquecido em amônia. De que maneira a temperatura da reação poderá afetar o resultado?

24.4 Quais as vantagens da rota sol-gel, em comparação com os métodos de reação direta, em alta temperatura, na síntese dos óxidos metálicos complexos?

24.5 Descreva o tipo de estrutura da delafossita. Que combinações de elementos forma esse tipo de estrutura? Discuta suas propriedades eletrônicas e potenciais aplicações como fotocatalisadores.

24.6 Os supercondutores são frequentemente classificados como tipo I ou II. Descreva a característica física que determina a classificação de um supercondutor em um dos dois tipos.

24.7 Discuta como várias substituições químicas levaram à descoberta e subsequente otimização das propriedades dos materiais supercondutores com a estrutura do tipo do LnFeOAs. Descreva a química composicional e estrutural de outros materiais supercondutores à base de ferro recentemente descobertos.

24.8 Discuta as diferenças de propriedades das zeólitas, zeótipos (estruturas reticuladas construídas a partir de espécies oxotetraédricas diferentes de AlO_4 e SiO_4) e das estruturas metalo-orgânicas (MOFs).

24.9 Uma condição para que um material seja usado para armazenar hidrogênio nos automóveis é que ele contenha 10% em massa de hidrogênio. Que classe de material é mais promissora para essa aplicação? Quais os requisitos de um sistema estático para que este possa ser usado para armazenar hidrogênio produzido a partir de uma fonte renovável?

24.10 Quais são as propriedades de um pigmento inorgânico ideal?

24.11 Faça um resumo sobre os esforços recentes em pesquisa direcionados para encontrar materiais melhores para a fotocatálise de decomposição da água.

24.12 Compare a química da grafita com a do C_{60} em relação aos seus compostos em associação com metais alcalinos.

24.13 Discuta a declaração: a maior reatividade que permite o planejamento e a síntese de materiais baseados em unidades moleculares também torna esses compostos inadequados para muitas aplicações que atualmente utilizam materiais inorgânicos.

24.14 Explique se as técnicas em fase vapor ou baseadas em solução levam tipicamente a: (a) uma maior distribuição de tamanho na síntese de nanopartículas; (b) aglomerados de partículas que estão fortemente ligadas umas às outras nos chamados aglomerados duros.

24.15 (a) Discuta a diferença entre nucleação homogênea e heterogênea a partir da fase vapor. (b) Que tipo de nucleação é melhor para o crescimento de um filme fino nesse processo? (c) Que tipo de nucleação é melhor para o crescimento de nanopartículas nesse processo?

24.16 Descreva a diferença entre um vapor físico e um vapor químico em relação ao tipo e à estabilidade das espécies em fase vapor.

24.17 (a) Dê uma definição para microscopia de varredura por sonda, deixando claro o que ela é e por que recebe esse nome. (b) Usando um material de seu interesse, escolha qualquer método de microscopia de varredura por sonda e descreva como ele pode ser usado para caracterizar um aspecto importante do seu material.

24.18 Compare a energia das bandas em um ponto quântico (um nanocristal) e uma fase semicondutora.

24.19 (a) Dê dois exemplos de aplicações de poços quânticos. (b) Descreva o motivo do uso dos poços quânticos e se materiais moleculares ou materiais de estado sólido tradicionais podem exibir propriedades similares. (c) Como os poços quânticos são feitos?

24.20 (a) Qual a importância da automontagem na fabricação dos nanomateriais? (b) Que papel ela desempenha na nanotecnologia?

24.21 (a) Descreva as duas classes de nanocompósitos orgânico-inorgânicos com base nos seus tipos de ligação. (b) Dê um exemplo de um nanocompósito de cada classe.

24.22 O método de síntese descrito neste capítulo para a geração de pontos quânticos de CdSe envolve o uso de compostos um tanto tóxicos. Consulte a literatura química para encontrar um exemplo mais recente que use substâncias menos tóxicas. Descreva as etapas de solvatação, nucleação e crescimento em cada caso. Comente o tamanho das dispersões em cada caso (Para começar, veja os seguintes artigos: G.C. Lisensky e E.M. Boatman, *J. Chem. Educ.*, 2005, **82**, 1360; W. William Yu e X.-G. Peng, *Angew. Chem., Int. Ed. Engl.*, 2002, **41**, 2368.)

24.23 As células de Grätzel têm sido descritas como células fotoeletroquímicas úteis. Descreva como uma célula fotoeletroquímica difere de uma célula fotovoltaica. Descreva por que o TiO_2 nanoestruturado é importante para a melhoria do desempenho. Que outras espécies inorgânicas desempenham papel importante na funcionalização da célula de Grätzel? (Veja M. Grätzel, Nature 2001, **414**, 338.)

24.24 Discuta como as várias propriedades físicas do grafeno podem levar à incorporação desse material em tecnologias futuras.

24.25 Os nanotubos de carbono têm sido sugeridos para uso como fios em eletrônica molecular. Descreva os desafios relacionados com o uso de nanotubos como fios em termos das conexões entre dois dispositivos eletrônicos funcionais. Descreva uma possível técnica para superar alguns desses problemas.

24.26 Os nanotubos de carbono são bem conhecidos. Encontre um exemplo de um nanotubo inorgânico que não seja baseado no carbono e descreva sua síntese e suas propriedades, comparando-as com as do material em fase sólida. Compare sua estrutura com a dos nanotubos de carbono discutidas neste capítulo.

25 Catálise

Princípios gerais
- 25.1 A linguagem da catálise
- 25.2 Catalisadores homogêneos e heterogêneos

Catálise homogênea
- 25.3 Metátese de alquenos
- 25.4 Hidrogenação de alquenos
- 25.5 Hidroformilação
- 25.6 Oxidação de Wacker de alquenos
- 25.7 Oxidações assimétricas
- 25.8 Reações de formação de ligação C–C catalisadas por paládio
- 25.9 Carbonilação do metanol: síntese do ácido etanoico

Catálise heterogênea
- 25.10 A natureza dos catalisadores heterogêneos
- 25.11 Catalisadores de hidrogenação
- 25.12 Síntese da amônia
- 25.13 Oxidação do dióxido de enxofre
- 25.14 Craqueamento catalítico e interconversão de aromáticos por zeólitas
- 25.15 Síntese de Fischer-Tropsch
- 25.16 Eletrocatálise e fotocatálise
- 25.17 Novos rumos na catálise heterogênea

Catálise híbrida
- 25.18 Oligomerização e polimerização
- 25.19 Catalisadores ancorados
- 25.20 Sistemas bifásicos

Leitura complementar

Exercícios

Problemas tutoriais

Neste capítulo, aplicaremos os conceitos da química organometálica, da química de coordenação e da química de materiais à catálise. Enfatizaremos os princípios gerais, como a natureza dos ciclos catalíticos, nos quais uma superfície ou a espécie catalítica é regenerada em uma reação, e o delicado balanço das reações necessário para um ciclo bem-sucedido. Veremos que há vários requisitos para que um processo catalítico seja bem-sucedido: a reação que está sendo catalisada deve ser termodinamicamente favorável e suficientemente rápida quando catalisada; o catalisador deve ter uma seletividade apropriada para o produto desejado e um tempo de vida longo o suficiente para ser econômico. Examinaremos, então, as reações catalisadas homogeneamente e mostraremos como as propostas sobre os seus mecanismos são formuladas. Na parte final do capítulo, desenvolveremos uma abordagem similar em catálise heterogênea e veremos que existem muitos paralelos entre catálise homogênea e heterogênea. Em nenhum dos dois tipos de catálise os mecanismos estão definitivamente estabelecidos e ainda há margem considerável para novas descobertas.

Um **catalisador** é uma substância que aumenta a velocidade de uma reação, mas ele próprio não é consumido. Os catalisadores são muito usados na natureza, na indústria e no laboratório e estima-se que contribuam com um sexto do valor de todos os produtos manufaturados nos países industrializados. Como mostrado na Tabela 25.1, das 20 substâncias químicas mais sintetizadas nos Estados Unidos, 16 são produzidas direta ou indiretamente por catálise. Por exemplo, uma etapa-chave na produção de um dos produtos químicos industriais predominantes, o ácido sulfúrico, é a oxidação catalítica do SO_2 a SO_3. A amônia, outro produto químico essencial para a indústria e a agricultura, é produzida pela redução catalítica do N_2 com H_2. Catalisadores inorgânicos também são usados na produção dos principais produtos químicos orgânicos e derivados de petróleo como combustíveis e plásticos polialquenos. Os catalisadores desempenham um papel crescente na busca de um meio ambiente mais limpo, como, por exemplo, na destruição de poluentes (como os conversores catalíticos que atuam no sistema de escapamento dos automóveis), no desenvolvimento de processos industriais melhores, que sejam mais eficientes com maior rendimento de produtos e menos produtos secundários indesejáveis, e na geração de energia limpa nas pilhas a combustível. Os catalisadores industrialmente importantes são quase que invariavelmente inorgânicos (o que justifica a sua discussão neste livro). As enzimas, uma classe de catalisadores bioquímicos, frequentemente com um íon metálico no centro do complexo molecular, são discutidas no Capítulo 26.

Além da sua importância econômica e contribuição para a qualidade de vida, os catalisadores são interessantes pela sua própria natureza: a influência sutil que um catalisador exerce sobre os regentes pode mudar completamente o resultado de uma reação. O entendimento dos mecanismos das reações catalíticas tem aumentado bastante nos últimos anos devido à grande disponibilidade de moléculas isotopicamente marcadas, à melhoria dos métodos de determinação das velocidades das reações, à melhoria das técnicas espectroscópicas e de difração e aos cálculos de orbitais moleculares muito mais confiáveis.

As **figuras** com um asterisco (*) podem ser encontradas on-line como estruturas 3D interativas. Digite a seguinte URL em seu navegador, adicionando o número da figura: www.chemtube3d.com/weller/[número do capítulo]F[número da figura]. Por exemplo, para a Figura 3 no Capítulo 7, digite www.chemtube3d.com/weller/7F03.

Muitas das **estruturas numeradas** podem ser também encontradas on-line como estruturas 3D interativas: visite www.chemtube3d.com/weller/[número do capítulo] para todos os recursos 3D organizados por capítulo.

Tabela 25.1 As 20 substâncias químicas mais produzidas nos Estados Unidos em 2008 (em massa)

Classificação	Produto químico	Processo catalítico	Classificação	Produto químico	Processo catalítico
1	Ácido sulfúrico	Oxidação do SO_2; heterogêneo	12	Nitrato de amônio	Precursores obtidos por catálise
2	Eteno	Craqueamento de hidrocarboneto; heterogêneo	13	Ureia	Precursor NH_3 obtido por catálise
3	Propeno	Craqueamento de hidrocarboneto; heterogêneo	14	Etilbenzeno	Alquilação do benzeno; homogêneo
4	Polietileno	Polimerização; heterogêneo	15	Estireno	Desidrogenação do etilbenzeno;
5	Cloro	Eletrólise; não catalítico	16	HCl	Heterogêneo
6	Amônia	$N_2 + H_2$; heterogêneo	17	Cumeno	Alquilação do benzeno
7	Ácido fosfórico	Não catalítico			
8	1,2-Dicloroetano	Eteno + Cl_2; heterogêneo	18	Óxido de etileno	Heterogêneo
9	Polipropeno	Polimerização; heterogêneo	19	Sulfato de amônio	Eteno + O_2; heterogêneo
10	Ácido nítrico	$NH_3 + O_2$; heterogêneo	20	Carbonato de sódio	Precursores obtidos por catálise
11	Hidróxido de sódio	Eletrólise; não catalítico			

Fonte: Facts & Figures for the Chemical Industry, *Chem. Eng. News*, 2009, **87**, 33.

Princípios gerais

Uma reação catalítica é mais rápida do que a versão não catalisada da mesma reação, uma vez que os catalisadores oferecem um caminho de reação diferente, com uma menor energia de ativação. O termo *catalisador negativo* é algumas vezes aplicado a substâncias que retardam as reações. As substâncias que bloqueiam uma ou mais etapas elementares de uma reação catalítica são chamadas de **venenos de catalisador**.

25.1 A linguagem da catálise

Antes de discutirmos o mecanismo das reações catalíticas, precisamos apresentar um pouco da terminologia usada para descrever a velocidade de uma reação catalítica e o seu mecanismo.

(a) Energética

Pontos principais: Um catalisador aumenta a velocidade dos processos introduzindo novos caminhos com menores energias de Gibbs de ativação; o perfil da reação não contém picos altos nem vales profundos.

Um catalisador aumenta a velocidade dos processos introduzindo novos caminhos com menores energias de Gibbs de ativação, $\Delta^{\ddagger}G$. É importante atentarmos para o perfil da energia de Gibbs de uma reação catalítica, e não apenas para o perfil de energia ou entalpia, pois as novas etapas elementares que ocorrem no processo catalisado possuem, muito provavelmente, entropias de ativação significativamente diferentes. Um catalisador não afeta a energia de Gibbs da reação global, $\Delta_r G^{\ominus}$, porque G é uma função de estado.[11] A diferença é mostrada na Figura 25.1, na qual a energia de Gibbs da reação global é a mesma para todos os perfis de energia. As reações termodinamicamente desfavoráveis não podem se tornar favoráveis pela presença de um catalisador.

A Figura 25.1 também mostra que o perfil da energia de Gibbs de uma reação catalisada não contém picos altos nem vales profundos. O novo caminho introduzido pelo catalisador muda o mecanismo da reação para outro com forma muito diferente e com um máximo menor. Entretanto, um ponto igualmente importante é que não ocorrem, no ciclo, intermediários estáveis ou não lábeis. Da mesma forma, o produto deve ser liberado numa etapa termodinamicamente favorável. Se, como mostrado pela linha azul na Fig. 25.1, fosse formado um complexo estável com o catalisador, ele seria o produto da reação e o ciclo estaria terminado. Similarmente, impurezas podem suprimir a catálise, coordenando-se fortemente aos sítios ativos do catalisador e atuando como venenos de catalisador.

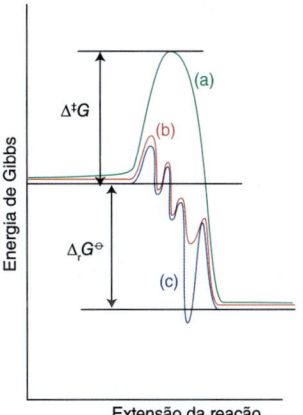

Figura 25.1 Representação esquemática da energética de um ciclo catalítico. A reação não catalisada (a) tem uma energia de Gibbs de ativação $\Delta^{\ddagger}G$ mais alta do que qualquer etapa da reação catalisada (b). A energia de Gibbs de reação global, $\Delta_r G^{\ominus}$, permanece inalterada para as rotas (a) e (b). A curva (c) mostra o perfil para um mecanismo de reação com um intermediário que é mais estável que o produto.

---

[1] Ou seja, G depende apenas do estado atual do sistema, e não do caminho que levou a esse estado.

(b) Ciclos catalíticos

Pontos principais: Um ciclo catalítico é uma sequência de reações que consome os reagentes e forma os produtos, sendo o catalisador regenerado após o ciclo.

A essência da catálise é um ciclo de reações que consome os reagentes, forma os produtos e regenera o catalisador. Um exemplo simples de um ciclo catalítico envolvendo um catalisador homogêneo é a isomerização do prop-2-en-1-ol (álcool alílico, $CH_2=CHCH_2OH$) a prop-1-en-1-ol ($CH_3CH=CHOH$) com o catalisador $[Co(CO)_3H]$. A primeira etapa é a coordenação do reagente ao catalisador. Esse complexo isomeriza na esfera de coordenação do catalisador, libera o produto e regenera o catalisador (Fig. 25.2). Uma vez liberado, o prop-1-en-1-ol tautomeriza a propanal (CH_3CH_2CHO). Da mesma forma que para qualquer outro mecanismo, o ciclo foi proposto com base em várias informações, como as apresentadas na Fig. 25.3. Muitos dos itens mostrados neste diagrama já foram abordados no Capítulo 21, em conexão com a determinação dos mecanismos das reações de substituição. Entretanto, a elucidação dos mecanismos catalíticos é complicada pela ocorrência de várias reações de equilíbrio delicado e que frequentemente não podem ser estudadas de forma isolada.

Dois testes importantes para qualquer mecanismo proposto são a determinação da lei de velocidade e a elucidação da estereoquímica. Se forem postulados intermediários, suas detecções por RMN, IV ou UV-visível servirão para reforçar o mecanismo (Capítulo 8). Se forem propostas etapas de transferência de átomos específicos, estudos com isótopos marcados poderão servir como um teste. A influência de diferentes ligantes e substratos, algumas vezes, também são relevantes. Embora os dados de velocidade e as leis de velocidade correspondentes já tenham sido determinados para muitos ciclos catalíticos globais, também é necessário determinar as leis de velocidade das etapas individuais para que se tenha razoável confiança no mecanismo. Entretanto, devido às dificuldades experimentais, são raros os ciclos catalíticos que tenham sido estudados nesse nível de detalhe.

(c) Eficiência catalítica e tempo de vida

Pontos principais: Um catalisador altamente ativo, que resulta numa reação rápida até mesmo em concentrações baixas, possui uma frequência de renovação elevada. Um catalisador precisa resistir a um grande número de ciclos catalíticos para ser viável.

A **frequência de renovação**, f (do inglês *turnover frequency*), é comumente usada para indicar a eficiência de um catalisador. Para a conversão de A em B catalisada por Q e com uma velocidade v,

$$A \xrightarrow{Q} B \quad v = \frac{d[B]}{dt} \tag{25.1}$$

considerando-se que a velocidade da reação não catalisada seja desprezível, a frequência de renovação é dada por

$$f = \frac{v}{[Q]} \tag{25.2}$$

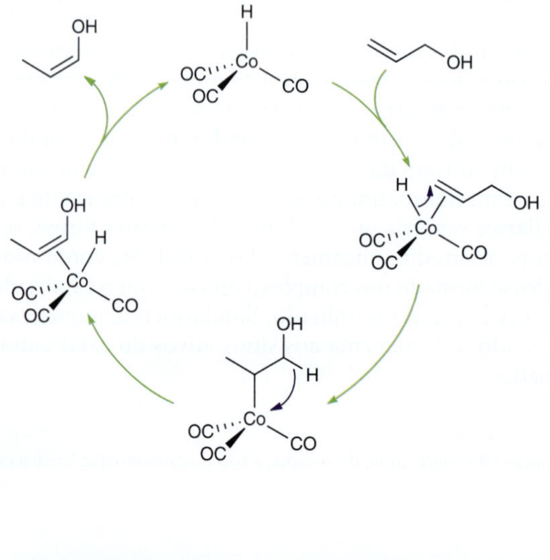

Figura 25.2 Ciclo catalítico para a isomerização do prop-2-en-1-ol em prop-1-en-1-ol.

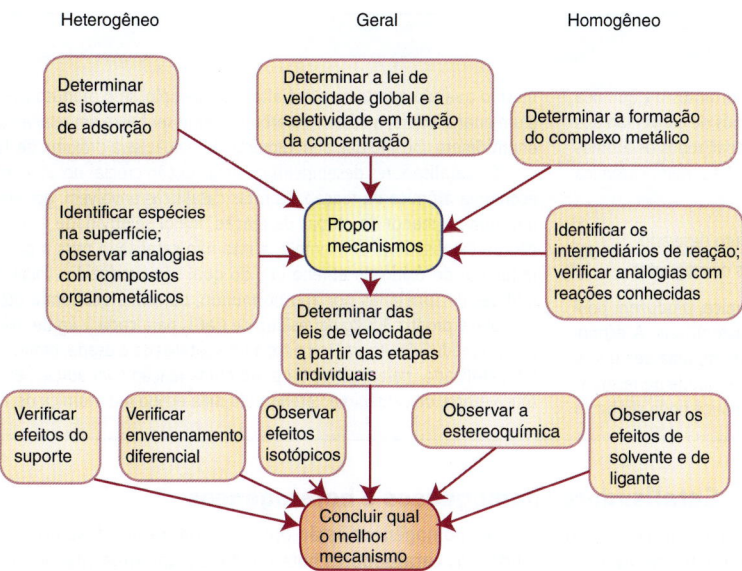

Figura 25.3 Determinação dos mecanismos catalíticos.

Um catalisador muito ativo, que resulte numa reação rápida mesmo em baixas concentrações, possui uma alta frequência de renovação.

Na catálise heterogênea, a velocidade da reação é expressa em termos da velocidade de transformação de uma quantidade de produto (em vez de concentração), e a concentração do catalisador é substituída pela quantidade presente. A determinação do número de sítios ativos em um catalisador heterogêneo é difícil de ser obtida e, em geral, o denominador [Q] na Equação 25.2 é substituído pela área superficial do catalisador.

O **número de renovação** é o número de ciclos ao qual um catalisador sobrevive. Para ser economicamente viável, um catalisador precisa ter um número de renovação elevado. Entretanto, ele pode ser destruído por reações secundárias do ciclo catalítico principal ou pela presença de pequenas quantidades de impurezas nos materiais de partida (a *matéria-prima*). Por exemplo, muitos catalisadores para a polimerização de alquenos são destruídos pelo O_2. Assim, na síntese do polieteno (polietileno) e do polipropeno (polipropileno), a concentração de O_2 nas matérias-primas eteno ou propeno não deve ser maior do que umas poucas partes por bilhão.

Alguns catalisadores podem ser regenerados com relativa facilidade. Por exemplo, os catalisadores de metal suportado usado nas reações de reforma que convertem hidrocarbonetos em gasolina de alta octanagem ficam recobertos com carbono porque a reação catalítica é acompanhada por uma pequena quantidade de desidrogenação. Essas partículas de metal suportado podem ser limpas interrompendo-se periodicamente o processo catalítico e promovendo-se a queima do carbono acumulado.

(d) Seletividade

Pontos principais: Um catalisador seletivo produz uma proporção elevada do produto desejado e quantidades mínimas de produtos secundários.

Na indústria, há um grande interesse econômico no desenvolvimento de **catalisadores seletivos**, que produzem uma proporção elevada do produto desejado e quantidades mínimas de produtos secundários (Quadro 25.1). Por exemplo, quando se usa prata metálica para catalisar a oxidação do eteno com oxigênio para produzir oxirano (óxido de etileno, **1**), a reação é acompanhada pela formação indesejável de CO_2 e H_2O, que é termodinamicamente favorecida. Esta falta de seletividade aumenta o consumo de eteno e, por isso, os químicos estão constantemente tentando descobrir um catalisador mais seletivo para a síntese do óxido de etileno. A seletividade pode ser ignorada apenas em poucas reações inorgânicas simples, nas quais há essencialmente um único produto termodinamicamente favorável, como na formação do NH_3 a partir do H_2 e N_2. Uma área em que a seletividade tem importância cada vez maior é na síntese assimétrica, na qual somente um enantiômero de um determinado composto interessa, e os catalisadores são projetados para produzir, preferencialmente, somente uma forma quiral dentre todas as formas possíveis.

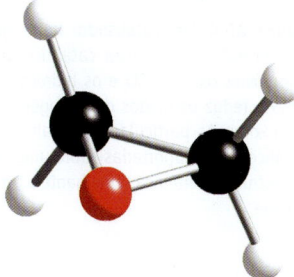

1 Oxirano (óxido de etileno)

> **QUADRO 25.1** Economia atômica
>
> A "economia atômica", um dos conceitos mais importantes da química verde, indica a eficiência da reação química em termos de conversão dos materiais de partida em produtos. Em uma reação ideal, todos os átomos dos materiais de partida estão presentes no produto. A economia atômica é dada pela equação
>
> $$\text{Economia atômica (\%)} = \frac{\text{Massa molecular do produto desejado}}{\text{Massa molecular de todos os reagentes}} \times 100$$
>
> Reações eficientes possuem elevada economia atômica, produzem poucos resíduos e são vistas como ambientalmente sustentáveis. A economia atômica não deve ser confundida com rendimento, uma vez que o rendimento percentual não fornece indicação da quantidade de resíduos ou produtos secundários produzidos. A economia atômica pode ser baixa mesmo quando o rendimento é alto. Por exemplo, se o produto desejado é um enantiômero, a economia atômica pode ser baixa em relação a esse enantiômero, mesmo que o rendimento da reação seja próximo de 100%.
>
> Os catalisadores desempenham uma função crucial no aumento da economia atômica da reação. As rotas catalíticas envolvem, geralmente, um número menor de etapas de reação, maior seletividade e regeneração do catalisador. Por exemplo, a rota não catalisada para a produção industrial do óxido de etileno (1), do qual são produzidas mais de 15 milhões de toneladas por ano no mundo, tem uma economia atômica de 26% e produz 3,5 kg de resíduo de $CaCl_2$ para cada 1 kg de óxido de etileno produzido. Agora, somente a rota catalisada é usada, empregando um catalisador heterogêneo de prata numa reação com adição, em uma única etapa, de oxigênio ao eteno, com uma economia atômica de 100%.

25.2 Catalisadores homogêneos e heterogêneos

Pontos principais: Os catalisadores homogêneos estão presentes na mesma fase dos reagentes e são frequentemente bem definidos; os catalisadores heterogêneos estão presentes em uma fase diferente daquela dos reagentes.

Os catalisadores são classificados como **homogêneos** se estiverem presentes na mesma fase que os reagentes; normalmente, isso significa que eles estão presentes como solutos em uma mistura reacional líquida. Os catalisadores são **heterogêneos** se estiverem presentes em uma fase diferente daquela dos reagentes; isso normalmente significa que eles estão presentes como sólidos e os reagentes estão em solução ou são gases. Ambos serão discutidos neste capítulo, e veremos que eles são fundamentalmente semelhantes.

Do ponto de vista prático, a catálise homogênea é atraente porque é altamente seletiva para a formação do produto desejado. Nos processos industriais em grande escala, os catalisadores homogêneos são preferidos para reações exotérmicas porque é mais fácil dissipar o calor de uma solução do que do leito sólido de um catalisador heterogêneo. Em princípio, toda molécula do catalisador homogêneo, em solução, é acessível aos reagentes, tendo o potencial de levar a uma atividade muito alta. Deve-se ter em mente que o mecanismo da catálise homogênea é mais acessível à investigação detalhada do que o da catálise heterogênea, uma vez que as espécies em solução são muitas vezes mais fáceis de serem caracterizadas do que aquelas numa superfície, e também porque a interpretação dos dados de velocidade é frequentemente mais fácil. A principal desvantagem da catálise homogênea é a necessidade de uma etapa de separação.

Os catalisadores heterogêneos são muito usados na indústria e têm um impacto econômico muito maior do que os catalisadores homogêneos. Um aspecto atraente é que muitos desses catalisadores sólidos são resistentes a temperaturas elevadas e, portanto, suportam uma ampla faixa de condições de operação. Como as reações são mais rápidas em altas temperaturas, os catalisadores sólidos em altas temperaturas, geralmente, produzem uma maior formação de produtos para uma dada quantidade de catalisador e mesmo tempo de reação, em comparação aos catalisadores homogêneos operando em solução em temperaturas mais baixas. Outra razão para o seu uso bastante generalizado é que não são necessárias etapas extras para separar o produto do catalisador, resultando em processos mais eficientes e mais amigáveis para o meio ambiente. Geralmente, os reagentes líquidos ou gasosos entram num reator tubular por uma extremidade, passam sobre o leito de um catalisador, e os produtos são recolhidos na outra extremidade. Essa mesma simplicidade de projeto aplica-se ao conversor catalítico empregado no escapamento dos automóveis para oxidar o CO e os hidrocarbonetos e também reduzir os óxidos de nitrogênio nos gases de exaustão (Fig. 25.4; veja também o Quadro 25.2 na Seção 25.10c).

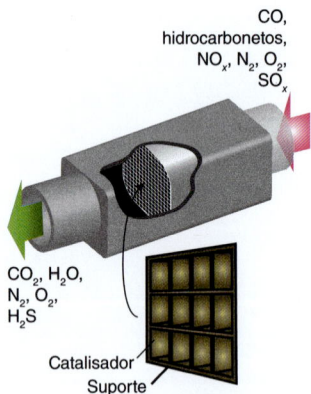

Figura 25.4 Um catalisador heterogêneo em ação. O conversor catalítico dos automóveis oxida o CO e os hidrocarbonetos e reduz os óxidos do nitrogênio e de enxofre. As partículas do catalisador metálico estão suportadas sobre uma sólida estrutura cerâmica semelhante a uma colmeia.

Catálise homogênea

Nesta seção, abordaremos algumas reações catalíticas homogêneas importantes baseadas em compostos organometálicos e compostos de coordenação. Descreveremos seus mecanismos atualmente aceitos, mas deve-se notar que, para praticamente todos os mecanismos propostos, os mecanismos catalíticos estão sujeitos a refinamentos ou mudanças à medida que informações experimentais mais detalhadas tornam-se disponíveis. Diferentemente das reações simples, um processo catalítico contém, frequentemente, muitas etapas sobre as quais o experimentalista tem pouco controle. Além disso, intermediários altamente reativos estão frequentemente presentes em concentrações extremamente baixas para serem detectados espectroscopicamente. A melhor atitude a adotar frente a esses mecanismos catalíticos é aprender os padrões de transformação e observar as suas implicações, estando sempre preparado para aceitar novos mecanismos que poderão ser indicados por trabalhos futuros.

A abrangência da catálise homogênea vai desde a hidrogenação, oxidação e até uma série de outros processos. Frequentemente, os complexos de todos os metais de um grupo apresentarão atividade catalítica para uma reação em particular, mas, geralmente, os complexos dos metais 4d são superiores como catalisadores em relação aos seus congêneres mais leves e mais pesados. Em alguns casos, a diferença pode ser associada à maior labilidade substitucional dos compostos organometálicos 4d, em comparação aos seus análogos 3d e 5d. São frequentes os casos em que complexos de metais mais caros precisam ser usados, devido ao seu desempenho superior comparado aos complexos de metais mais baratos.

Os Capítulos 21 e 22 descreveram as reações que ocorrem nos centros metálicos: essas reações estão no coração dos processos catalíticos que consideraremos agora. Em geral, necessitamos invocar uma variedade de processos descritos nesses capítulos e, por isso, será útil rever as seguintes seções:

- Reações de substituição de ligantes: Seções 21.5 a 21.9 e Seção 22.21
- Reações de oxirredução: Seções 21.10 a 21.12
- Reações de adição oxidativa e eliminação redutiva: Seção 22.22
- Reações de inserção migratória: Seção 22.24
- Inserções 1,2 e eliminações de hidreto β: Seção 22.25

Juntamente ao ataque direto aos ligantes coordenados, esses tipos de reações (e em alguns casos de suas reações reversas), frequentemente em combinação, explicam os mecanismos da maioria dos ciclos catalíticos homogêneos propostos para transformações orgânicas. Outras reações ainda a serem investigadas mais detalhadamente poderão, certamente, usar outras etapas de reação.

25.3 Metátese de alquenos

Pontos principais: As reações de metátese de alquenos sofrem catálise homogênea por complexos organometálicos que permitem um controle acentuado sobre a distribuição dos produtos; uma etapa essencial do mecanismo da reação é a dissociação de um ligante do centro metálico para permitir a coordenação com o alqueno.

Na reação de **metátese de alquenos**, ocorre a redistribuição das ligações duplas carbono-carbono, como na reação de metátese cruzada:

A metátese de alquenos foi descrita pela primeira vez na década de 1950, com misturas de reagentes mal definidas, como WCl_6/Bu_4Sn e MoO_3/SiO_2, usadas para realizar várias reações diferentes (Tabela 25.2). Nos anos mais recentes, surgiram vários catalisadores novos, devendo-se ressaltar o desenvolvimento por Grubbs, em 1992, do composto bem definido de rutênio com um alquilideno (**2**) e do composto de molibdênio com um imido-alquilideno por Schrock, em 1990 (**3**), que foram de fundamental importância.[2]

Originalmente, acreditava-se que todas as reações de metátese de alquenos ocorriam via um metalociclobutano:

---

[2] Robert Grubbs, Yves Chauvin e Richard Schrock dividiram o Prêmio Nobel de Química de 2005 pelo trabalho no desenvolvimento da catálise de metátese.

Tabela 25.2 Abrangência da reação de metátese de alquenos (siglas em inglês)

		Polimerização por metátese com abertura de anel (ROMP)
		Polimerização por metátese de dienos acíclicos (ADMET)
		Metátese de dienos com fechamento de anel (RCM)
		Metátese de eninos com fechamento de anel (RCM)
		Metátese com abertura de anel (ROM)
		Metátese cruzada (CM ou XMET)

No caso do catalisador de Grubbs, atualmente sabe-se que a dissociação de um ligante PCy$_3$ (Cy = ciclohexila) do metal central Ru é crucial para permitir a coordenação da molécula de alqueno antes da formação do metalociclobutano.

A identificação desse mecanismo levou Grubbs a substituir um dos ligantes PCy$_3$ por um ligante carbeno N-heterocíclico (NHC) bis(mesitila), raciocinando que a capacidade de doador σ mais forte e receptor π mais fraco do ligante NHC deveria ajudar na dissociação do ligante PCy$_3$ e estabilizar o complexo de alqueno. Num triunfo de um projeto racional, o chamado **catalisador de Grubbs de segunda geração (4)** mostrou ser mais ativo que o complexo original de bifosfina. O catalisador de Grubbs de segunda geração é ativo na presença de um grande número de diferentes grupos funcionais nos substratos e pode ser usado em muitos sistemas solventes. Ele encontra-se comercialmente disponível e tem sido muito usado, inclusive na síntese total de vários produtos naturais. No catalisador de Grubbs de terceira geração, o ligante fosfina é substituído por um heterociclo, como a piridina, e possui um tempo menor de iniciação.

Schrock desenvolveu complexos de tungstênio e molibdênio com alquilideno que foram comercializados por volta de 1990, e desenvolveu os primeiros catalisadores de metátese quiral em 1993. Esses catalisadores quirais eram complexos com base em molibdênio (5) e foram sintetizados para permitir o controle estereoquímico, conhecido neste contexto como taticidade (Seção 25.18), em processos ROMP (ver Tabela 25.2). Os catalisadores foram rapidamente aplicados nas sínteses enantiosseletivas (ver Seção 25.4) de moléculas orgânicas pequenas.

A força propulsora das reações de metátese de alquenos varia. Para ROM e ROMP (ver Tabela 25.2), é a liberação da tensão do anel do material de partida tensionado que fornece a energia para impulsionar a reação. Para reações de metátese que resultam na geração do eteno (como RCM ou CM), é a remoção do eteno liberado que pode ser usada para estimular a formação dos produtos desejados. Onde não for possível identificar um produto claramente termodinamicamente favorecido, o resultado será uma mistura de alquenos, com as proporções relativas sendo determinadas pela probabilidade estatística de suas formações.

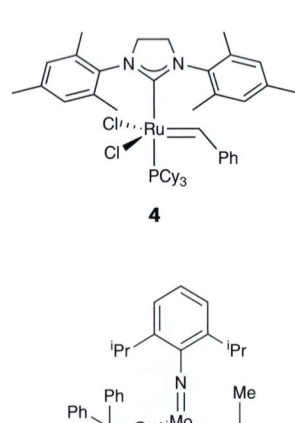

4

5

25.4 Hidrogenação de alquenos

Pontos principais: O catalisador de Wilkinson, [RhCl(PPh$_3$)$_3$], e os complexos assemelhados são usados para a hidrogenação de uma grande variedade de alquenos com pressões de hidrogênio perto de 1 atm ou menores; ligantes quirais adequados podem levar a hidrogenações enantiosseletivas.

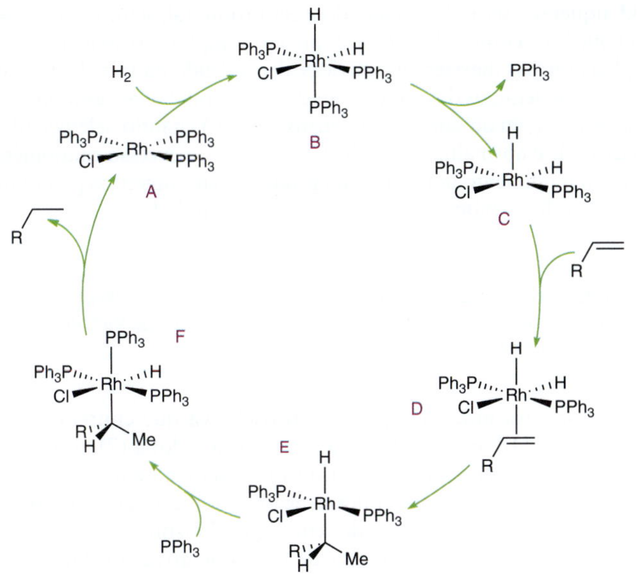

Figura 25.5 Ciclo catalítico da hidrogenação de alquenos terminais pelo catalisador de Wilkinson.

A adição de hidrogênio a um alqueno para formar um alcano é termodinamicamente favorecida ($\Delta_r G^\ominus = -101$ kJ mol^{-1} para a conversão do eteno a etano). Entretanto, a velocidade da reação é desprezível em condições ordinárias, na ausência de um catalisador. São conhecidos catalisadores homogêneos e heterogêneos eficientes para a hidrogenação de alquenos e que são usados em áreas tão diversas quanto a produção de margarina, fármacos e derivados de petróleo.

Um dos sistemas catalíticos mais estudados é o complexo de Rh(I), [RhCl(PPh$_3$)$_3$], frequentemente chamado de **catalisador de Wilkinson**. Esse importante catalisador hidrogena uma grande variedade de alquenos e alquinos em pressões de hidrogênio próximas a 1 atm ou menores, em temperatura ambiente. O ciclo dominante para a hidrogenação de alquenos terminais pelo catalisador de Wilkinson é mostrado na Fig. 25.5. Ele envolve a adição oxidativa do H$_2$ ao complexo de 16 elétrons [RhCl(PPh$_3$)$_3$] (A) para formar o complexo di-hidreto (B) de 18 elétrons. A dissociação de um ligante fosfina de (B) resulta na formação do complexo (C) coordenativamente insaturado, que então forma um complexo com o alqueno (D). A transferência do hidrogênio ligado ao átomo de Rh em (D) para o alqueno coordenado produz um alquilcomplexo transiente de 16 elétrons (E). Esse complexo captura um ligante fosfina para formar (F), e uma migração de hidrogênio para o carbono resulta na eliminação redutiva do alcano e na formação de (A), que pode então repetir o ciclo. Também ocorre um ciclo paralelo, porém mais lento (não mostrado), no qual a ordem de adição do H$_2$ e do alqueno é invertida. Outro ciclo conhecido baseia-se no intermediário [RhCl(PPh$_3$)$_2$] de 14 elétrons. Mesmo existindo pouco dessa espécie presente, ela reage muito mais rapidamente com o hidrogênio do que o [RhCl(PPh$_3$)$_3$] e contribui significativamente para o ciclo catalítico. Neste ciclo, (E) elimina o alcano diretamente, regenerando o [RhCl(PPh$_3$)$_2$], que sofre rápida adição de H$_2$ para formar (C).

O catalisador de Wilkinson é muito sensível à natureza do ligante fosfina e do substrato alqueno. Complexos análogos com ligantes de alquilfosfina são inativos, presumivelmente porque estão mais fortemente ligados ao átomo metálico e não se dissociam facilmente. Da mesma forma, o alqueno tem que ter o tamanho certo: alquenos altamente impedidos ou o eteno desimpedido não são hidrogenados pelo catalisador. Presume-se que os alquenos com grande estereoimpedimento não se coordenam e que o eteno forme um complexo muito forte, que não reage posteriormente. Essas observações reforçam o que foi dito antes, que um ciclo catalítico é normalmente uma sequência de reações delicadamente equilibradas, e qualquer coisa que perturbe o seu andamento pode bloquear o catalisador ou alterar o mecanismo.

O catalisador de Wilkinson é usado em síntese orgânica em escala de laboratório e na produção de substâncias químicas de alto valor agregado. Foram desenvolvidos catalisadores semelhantes de Rh(I) com ligante fosfina quiral para sintetizar produtos opticamente ativos por meio de **reações enantiosseletivas** (reações que produzem um produto quiral em particular). O alqueno a ser hidrogenado deve ser **pró-quiral**, significando que ele deve ter uma estrutura que leve à quiralidade *R* ou *S* quando complexado ao metal. O complexo resultante terá duas formas diaestereoisoméricas, dependendo da face do alqueno que se coordena ao metal. Em geral, os diaestereoisômeros têm labilidades e estabilidades diferentes e, em casos favoráveis, um ou outro desses efeitos levam à enantiosseletividade do produto. A enatiosseletividade é normalmente medida em termos do **excesso enatiométrico** (ee), que é definido como o rendimento porcentual do produto enantiométrico predominante menos o porcentual do produto enantiométrico em menor quantidade.

6 DiPAMP

7 L-dopa

8 [Ru(BINAP)Br$_2$]· X = PPh$_2$

> *Uma breve ilustração* Uma reação que forma 51% de um enantiômetro e 49% do outro pode ser descrita como tendo um excesso enantiométrico de 2%; uma reação que produza 99% de um enantiômetro e 1% do outro tem um excesso enantiométrico de 98%.

Um catalisador para hidrogenação enantiosseletiva que contém o ligante fosfina quiral chamado DiPAMP (**6**) é usado para sintetizar a L-dopa (**7**), um aminoácido quiral usado no tratamento da doença de Parkinson. Um detalhe interessante do processo é que o diastereoisômero em menor concentração na solução leva ao produto principal. A explicação para a maior frequência de renovação do isômero catalisador em menor quantidade está na diferença das energias de Gibbs de ativação (Fig. 25.6). Impulsionado pelo planejamento engenhoso de ligantes e o uso de vários metais, esse campo tem crescido rapidamente e fornecido muitos compostos clinicamente importantes, com destaque especial para os sistemas derivados do BINAP com rutênio(II) (**8**).[3]

25.5 Hidroformilação

Pontos principais: Acredita-se que o mecanismo de hidrocarbonilação envolva um pré-equilíbrio em que a octacarboniladicobalto(0) combina-se com hidrogênio em alta pressão para formar uma espécie monometálica que, de fato, causa a reação de hidrocarbonilação.

Numa **reação de hidroformilação**, um alqueno, CO e H$_2$ reagem para formar um aldeído contendo um átomo de C a mais do que no alqueno original:

$$RCH=CH_2 + CO + H_2 \rightarrow RCH_2CH_2CHO$$

O termo "hidroformilação" deriva da ideia de que o produto é resultante da adição do metanal (formaldeído, HCHO) ao alqueno, e o nome se manteve, embora os dados experimentais indiquem um mecanismo diferente. Um nome menos comum, porém mais apropriado, é a **hidrocarbonilação**. Complexos de cobalto e ródio são usados como catalisadores. Os aldeídos produzidos por hidroformilação são normalmente reduzidos depois a álcoois, que são então usados como solventes e plastificantes e na síntese de detergentes. A escala de produção é enorme, chegando a milhões de toneladas por ano.

O mecanismo geral da hidroformilação catalisada pela carbonila de cobalto foi proposto em 1961, por Heck e Breslow, por analogia com reações familiares da química de organometálicos (Fig. 25.7). Esse mecanismo geral ainda é considerado, mas a verificação dos seus detalhes tem se mostrado difícil. No mecanismo proposto, considera-se um pré-equilíbrio no qual a octacarboniladicobalto(0) combina-se com hidrogênio à alta pressão para produzir o complexo conhecido tetracarbonila-hidretocobalto (A) na Fig. 25.7:

$$[Co_2(CO)_8] + H_2 \rightarrow 2\,[Co(CO)_4H]$$

Esse complexo, como proposto, perde CO para formar o complexo coordenativamente insaturado [Co(CO)$_3$H] (B):

$$[Co(CO)_4H] \rightarrow [Co(CO)_3H] + CO$$

Acredita-se que o [Co(CO)$_3$H] coordena-se então a um alqueno, formando (C), e o ligante hidreto migra para o alqueno coordenado e o CO coordena-se novamente. Neste estágio, o produto é normalmente o alquilcomplexo (D). Na presença de CO em alta pressão,

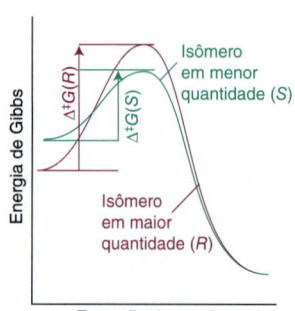

Figura 25.6 Estereosseletividade cineticamente controlada. Observe que $\Delta^{\ddagger}G(S) < \Delta^{\ddagger}G(R)$, de forma que o isômero em menor quantidade reage mais rapidamente do que o isômero em maior quantidade.

---

[3] Ryoji Noyori e William Knowles foram agraciados conjuntamente com o Prêmio Nobel de Química de 2001 pelo trabalho em hidrogenação assimétrica. O prêmio foi dividido com Barry Sharpless por seu trabalho em oxidações assimétricas (Seção 25.7).

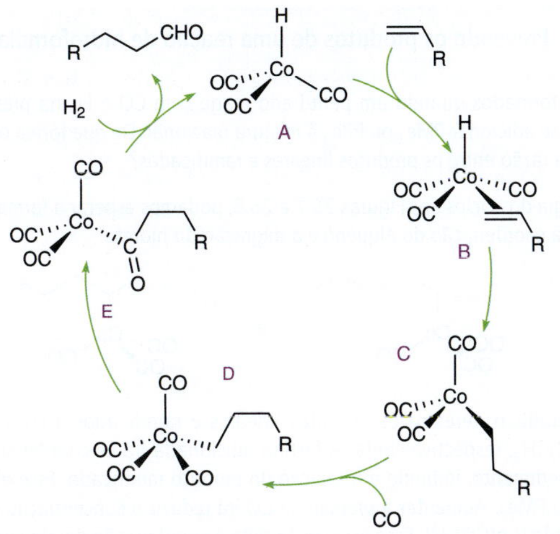

Figura 25.7 Ciclo catalítico para a hidroformilação de alquenos por um catalisador de carbonila de cobalto.

o complexo (D) sofre inserção migratória e coordena-se com outro CO, formando o acilcomplexo (E), que foi observado por espectroscopia no infravermelho nas condições da reação catalítica. Acredita-se que a formação do produto (aldeído) ocorre pelo ataque do H_2 (como mostrado na Fig. 25.7) ou do complexo fortemente ácido $[Co(CO)_4H]$ para formar o aldeído e gerar o $[Co(CO)_4H]$ ou o $[Co_2(CO)_8]$, respectivamente. Qualquer desses complexos irá regenerar o $[Co(CO)_3H]$ coordenativamente insaturado.

Uma porção significativa de aldeído ramificado também é formada na hidroformilação catalisada por cobalto. Esse produto pode resultar de um intermediário 2-alquilcobalto formado quando a reação de (C) leva a um isômero de (D), com a hidrogenação produzindo então um aldeído ramificado, como mostrado na Fig. 25.8. Quando se deseja um aldeído linear, como na síntese de detergentes biodegradáveis, a isomerização pode ser suprimida pela adição de uma alquilfosfina à mistura reacional. Uma explicação plausível é que a substituição do CO por um ligante volumoso desfavorece a formação dos complexos de 2-alquenos estereoimpedidos:

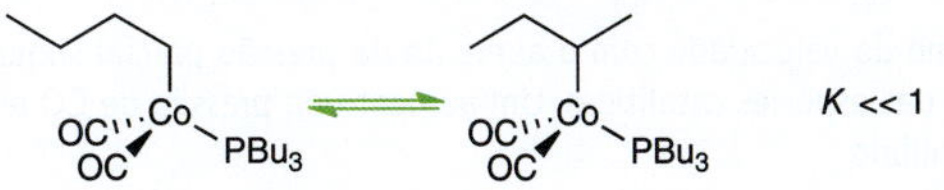

Novamente, vemos aqui um exemplo da grande influência de ligantes auxiliares na catálise.

Outro bom precursor na hidroformilação catalítica é o $[Rh(CO)H(PPh_3)_3]$ (**9**), que perde um ligante fosfina para formar o complexo coordenativamente insaturado de 16 elétrons $[Rh(CO)H(PPh_3)_2]$, o qual promove a hidroformilação em temperaturas moderadas e 1 atm. Esse comportamento difere do catalisador de carbonila de cobalto,

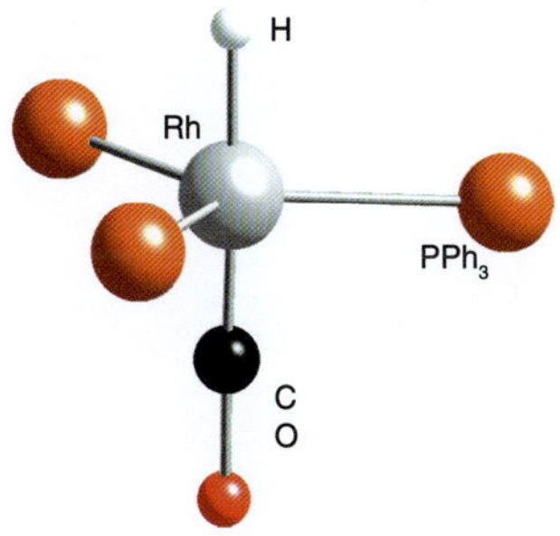

9 $[Rh(CO)H(PPh_3)_3]$

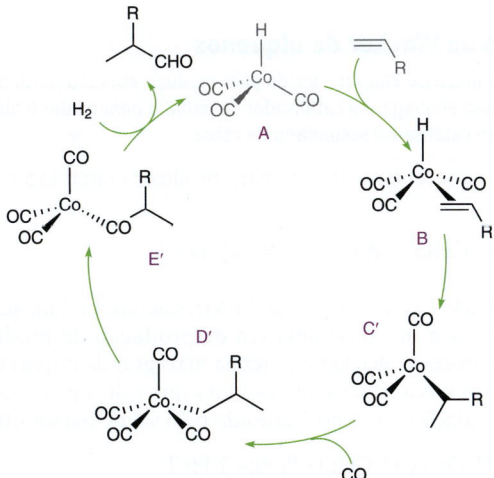

Figura 25.8 A formação de aldeídos ramificados nas reações de hidroformilação ocorre quando o grupo alquila não se liga por uma posição terminal.

> **EXEMPLO 25.1** Prevendo os produtos de uma reação de hidroformilação
>
> Preveja os produtos formados quando um pent-1-eno reage com CO e H_2 na presença de $[Co_2(CO)_8]$. Comente o efeito de se adicionar PMe_3 ou PPh_3 à mistura reacional. De que forma o aumento da pressão parcial de CO afeta a razão entre os produtos lineares e ramificados?
>
> **Resposta** Por analogia dos ciclos das Figuras 25.7 e 25.8, podemos esperar a formação de dois possíveis intermediários após a coordenação do alqueno e a migração do hidreto:
>
> Ao final do ciclo catalítico, teremos os produtos lineares e ramificados, $CH_3CH_2CH_2CH_2CH_2CHO$ e $CH_3CH_2CH_2CH(CHO)CH_3$, respectivamente. A fosfina adicionada irá se coordenar ao catalisador e aumentar o estereoimpedimento, inibindo a formação do produto ramificado. Esse efeito será maior para o PPh_3 do que para o PMe_3. Aumentar a pressão de CO irá reduzir a concentração do composto coordenativamente insaturado $[Co(CO)_3H]$. Essa espécie permite a coordenação do alqueno para isomerizar via eliminação de hidreto β. Assim, o aumento da pressão do CO irá favorecer a formação do alqueno linear.
>
> **Teste sua compreensão 25.1** Preveja o produto ou os produtos da hidroformilação do ciclo-hexeno.

que geralmente requer 150°C e 250 atm. O catalisador de ródio é útil em laboratório, pois é eficaz sob condições mais convenientes. Uma vez que ele favorece a formação de aldeídos lineares, ele compete com o catalisador de cobalto modificado por fosfina na indústria. O catalisador de cobalto é usado na síntese de aldeídos de cadeias médias e longas, e o catalisador de ródio é usado na hidroformilação do prop-1-eno.

> **EXEMPLO 25.2** Interpretando a influência das variáveis químicas num ciclo catalítico
>
> Um aumento na pressão parcial de CO acima de um certo limite diminui a velocidade da hidroformilação do 1-penteno catalisada por cobalto. Sugira uma interpretação para essa observação.
>
> **Resposta** O decréscimo da velocidade com o aumento da pressão parcial sugere que o CO diminui a concentração de uma das espécies catalíticas. Um aumento na pressão de CO reduzirá a concentração do $[Co(CO)_3H]$ no equilíbrio
>
> $$[Co(CO)_4H] \rightleftharpoons [Co(CO)_3H] + CO$$
>
> Esse tipo de evidência foi usado para postular a existência do $[Co(CO)_3H]$ como um intermediário importante, apesar de não ter sido detectado espectroscopicamente na mistura reacional.
>
> **Teste sua compreensão 25.2** Preveja a influência da adição de trifenilfosfina sobre a velocidade da hidroformilação catalisada por $[Rh(CO)H(PPh_3)_3]$.

25.6 Oxidação de Wacker de alquenos

Pontos principais: O processo Wacker é usado para produzir etanal a partir de eteno e oxigênio; o sistema de maior sucesso emprega um catalisador de paládio para oxidar o alqueno, com o paládio sendo reoxidado via um catalisador secundário de cobre.

O **processo Wacker** é usado basicamente para produzir etanal (acetaldeído) a partir de eteno e oxigênio:

$$C_2H_4 + O_2 \rightarrow CH_3CHO \qquad \Delta_r G^\ominus = -197 \text{ kJ mol}^{-1}$$

Essa invenção no Wacker Consortium für Elektrochemische Industrie, no final da década de 1950, marcou o início de uma era de produção de produtos derivados do petróleo. Embora o processo Wacker não tenha mais grande importância industrial, ele possui alguns aspectos mecanísticos interessantes que vale a pena comentar.

Na verdade, a oxidação do eteno é causada pelo sal de paládio(II):

$$C_2H_4 + PdCl_2 + H_2O \rightarrow CH_3CHO + Pd(0) + 2\text{ HCl}$$

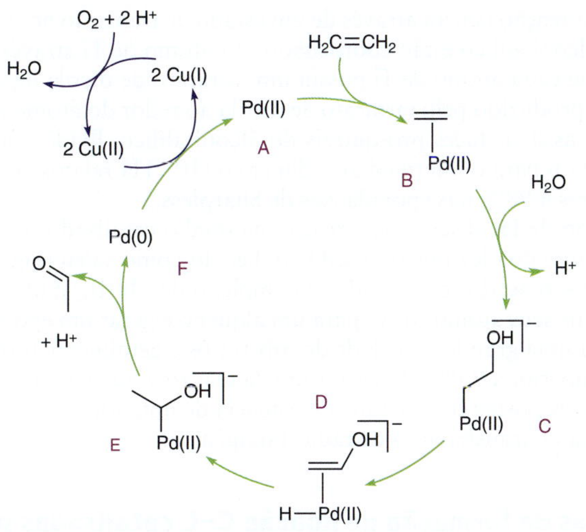

Figura 25.9 Ciclo catalítico da oxidação de alquenos a aldeídos, catalisado por paládio.

A natureza exata das espécies de Pd(0) é desconhecida, mas provavelmente ele está presente como uma mistura de compostos. A lenta oxidação do Pd(0) de volta a Pd(II) pelo oxigênio é catalisada pela adição de Cu(II), que fica indo e voltando a Cu(I):

$$Pd(0) + 2\,[CuCl_4]^{2-} \rightarrow Pd^{2+} + 2\,[CuCl_2]^- + 4\,Cl^-$$

$$2\,[CuCl_2]^- + \tfrac{1}{2}\,O_2 + 2\,H^+ + 4\,Cl^- \rightarrow 2\,[CuCl_4]^{2-} + H_2O$$

O ciclo catalítico global é mostrado na Fig. 25.9. Estudos estereoquímicos detalhados em sistemas assemelhados indicam que a hidratação do complexo de alqueno com Pd(II) (B) ocorre pelo ataque do H_2O da solução sobre o eteno coordenado, ao invés da inserção de um OH coordenado. Após a hidratação que leva à formação de (C), ocorrem duas etapas que isomerizam o álcool coordenado. Primeiro, ocorre a eliminação do hidrogênio β com a formação de (D) e depois ocorre a migração de um hidreto que resulta na formação de (E). A eliminação do etanal e de um íon H^+ produz o Pd(0), que é convertido de volta a Pd(II) pelo ciclo auxiliar de oxidação com o oxigênio do ar e catalisado por cobre(II).

Uma observação importante que o mecanismo precisa explicar é que, quando a reação ocorre na presença de D_2O, o deutério não é incorporado no produto final. Essa observação sugere que o intermediário (D) tem um tempo de vida tão curto que não permite a troca de Pd–H por Pd–D, ou que o intermediário (C) sofre um rearranjo direto para (E).

Os ligantes alqueno coordenados ao Pt(II) também são suscetíveis ao ataque nucleofílico, mas somente o paládio resulta num sistema catalítico bem-sucedido. A razão principal para o comportamento único do paládio parece ser a maior labilidade dos complexos do Pd(II) 4d, em comparação com os complexos correspondentes de Pt(II) 5d. Além disso, o potencial para a oxidação do Pd(0) a Pd(II) é mais favorável do que para o par correspondente de Pt.

25.7 Oxidações assimétricas

Pontos principais: Ligantes quirais apropriados podem ser usados em conjunto com catalisadores de metais d para induzir quiralidade nos produtos de oxidação de substratos orgânicos.

Além de catalisarem reduções, os complexos de metais d também são ativos nas oxidações. Por exemplo, na **epoxidação de Sharpless**, o prop-2-en-1-ol (álcool alílico) ou um derivado dele é oxidado com o hidroperóxido de *terc*-butila, na presença de um catalisador de Ti, com o tartarato de dietila como um ligante quiral, formando um epóxido:

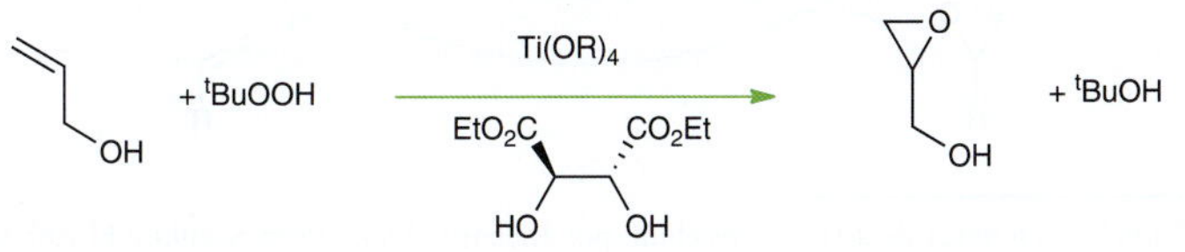

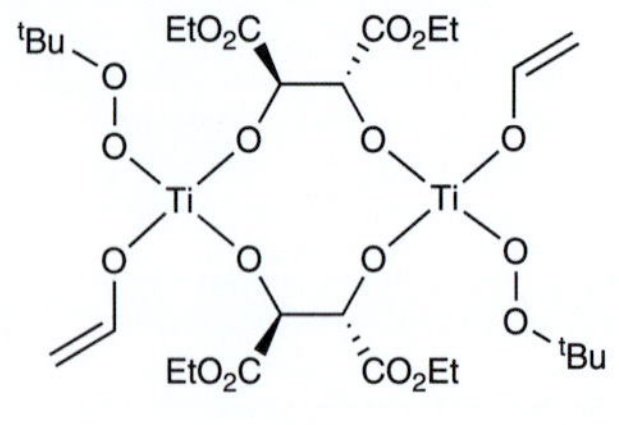

Acredita-se que a reação ocorra através de um estado de transição no qual tanto o peróxido quanto o álcool alílico estão coordenados ao átomo de Ti através de seus átomos de O. Sabe-se que cada átomo de Ti possui um tartarato de dietila ligado a ele e que o ambiente quiral produzido pelo tartarato de dietila ao redor do átomo de Ti é suficiente para diferenciar as duas faces pró-quirais do álcool alílico. Evidências experimentais adicionais apontam para o intermediário dimérico (**10**). Há relatos de excessos enatioméricos superiores a 98% nas epoxidações de Sharpless.

Uma **oxidação de Jacobsen** é uma reação na qual o catalisador é um complexo de Mn com um ligante doador misto 2N,2O conhecido como salen (Fig. 25.10). Íons hipoclorito (ClO^-) são usados para oxidar o complexo de Mn(III) a um óxido de Mn(V) capaz de liberar os seus átomos de O para um alqueno e gerar um epóxido. Essa oxidação é usada para uma grande variedade de substratos e geralmente fornece um excesso enantiomérico superior a 95%. O mecanismo da reação ainda não foi estabelecido com precisão, mas as propostas consideram a existência de uma forma dimérica do catalisador ou uma etapa de transferência de radical oxigênio.

25.8 Reações de formação de ligação C–C catalisadas por paládio

Pontos principais: São conhecidas várias reações de acoplamento catalisadas por paládio; todas elas ocorrem através da adição oxidativa de reagentes a um centro metálico, seguida pela eliminação redutiva de dois fragmentos.

São conhecidas diversas reações de formação de ligação carbono–carbono ("reações de acoplamento") catalisadas por paládio. Dentre elas, temos o acoplamento de um reagente de Grignard com um halogeneto de arila e as reações de acoplamento de Heck, Stille e Suzuki:[4]

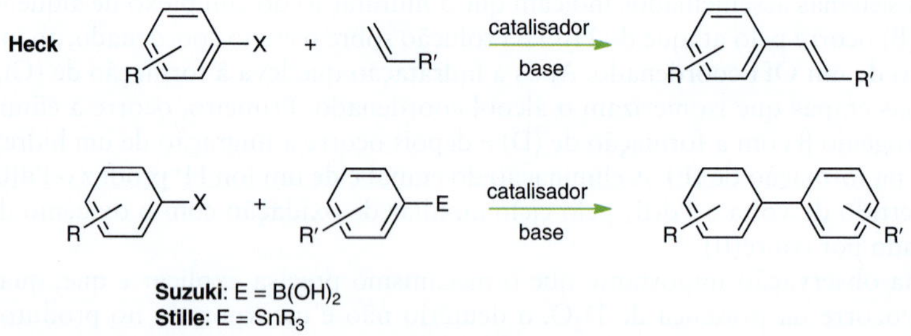

Suzuki: E = B(OH)$_2$
Stille: E = SnR$_3$

Normalmente, emprega-se como catalisador um complexo de Pd(II), como o [PdCl$_2$(PPh$_3$)$_2$], na presença de fosfina adicional ou um composto de Pd(0), como o [Pd(PPh$_3$)$_4$], embora muitas outras combinações de Pd com ligantes sejam ativas. O caminho de reação não é perfeitamente claro (e provavelmente é diferente para cada combinação Pd/ligante/substrato), mas parece que todas essas reações seguem a mesma sequência geral. A Figura 25.11 apresenta um ciclo catalítico idealizado para o

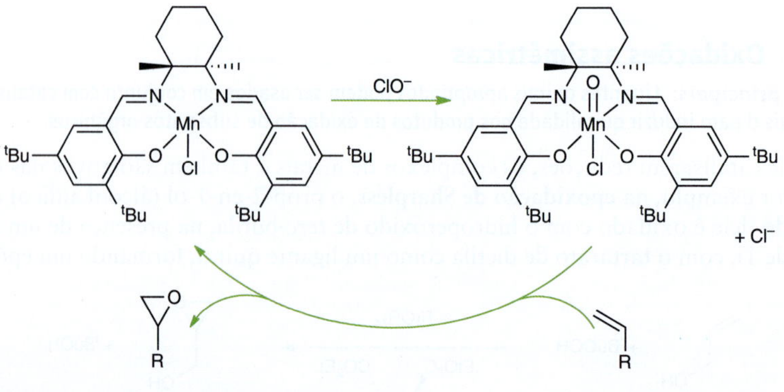

Figura 25.10 A epoxidação de Jacobsen depende de um complexo de manganês com um ligante do tipo salen e clorato(I).

---
[4] O Prêmio Nobel de Química de 2010 foi recebido por Richard Heck, Akira Suzuki e Ei-ichi Negishi pelas reações de acoplamento catalisadas por paládio.

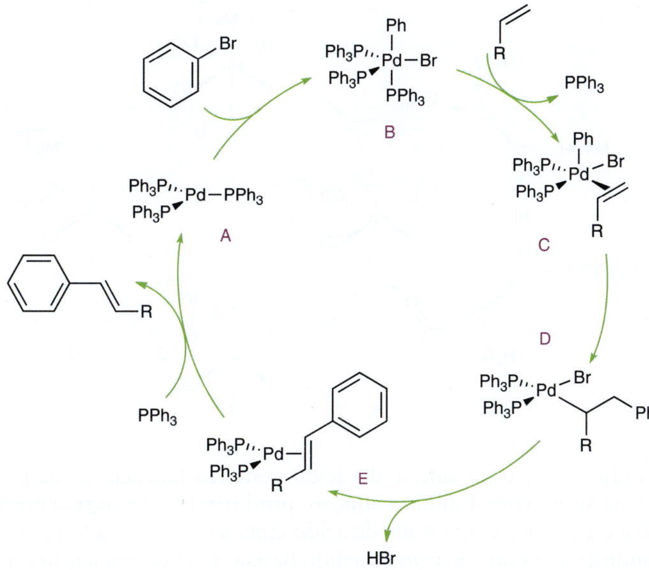

Figura 25.11 Ciclo catalítico idealizado para o acoplamento de um prop-1-eno substituído a um halogeneto de arila na reação de Heck.

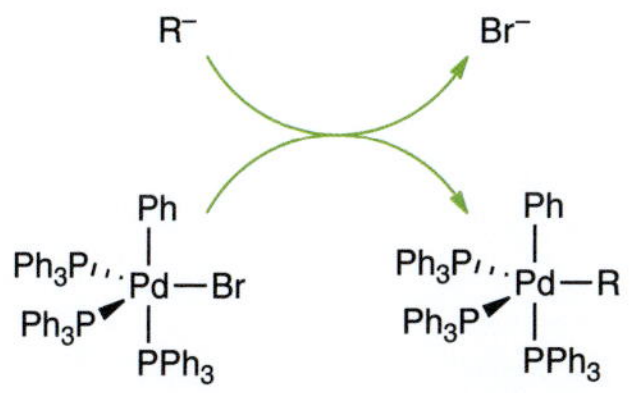

Figura 25.12 A troca de um halogeneto por um fragmento orgânico em um centro de Pd pode ser entendida como um deslocamento nucleofílico.

acoplamento de um grupo etenila com um halogeneto de arila. Inicialmente, a adição oxidativa de um halogeneto de arila ligado a um complexo insaturado de Pd(0) (A) resulta numa espécie de Pd(II) (B). A coordenação de um alqueno resulta no complexo (C); uma reação de inserção 1,2 resulta em um complexo de alquila (D), que pode ser desprotonado com a perda do halogeneto para formar o produto orgânico ligado ao átomo de paládio (E).

Em outras reações de acoplamento catalisadas por paládio, como a de um reagente de Grignard com um halogeneto de arila, a adição oxidativa inicial ocorre como mostrado na Fig. 25.11. Acredita-se que o segundo grupo orgânico seja introduzido com o reagente de Grignard comportando-se como um grupo R^- nucleofílico e deslocando o halogeneto do centro metálico em (B) para formar dois fragmentos orgânicos ligados ao átomo de Pd, como indicado na Fig. 25.12. Esses dois fragmentos adjacentes podem então se acoplar e sofrer uma eliminação redutiva, regenerando a espécie inicial de Pd(0) (A).

Em todas as reações de acoplamento catalisadas por paládio, é necessário que os dois fragmentos que estão se acoplando sejam *cis* um em relação ao outro no centro metálico, antes que ocorra a inserção ou a eliminação redutiva; essa exigência tem levado ao uso de difosfinas quelantes como a dppe (**11**) e o derivado de ferroceno (**12**).

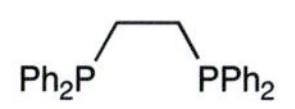

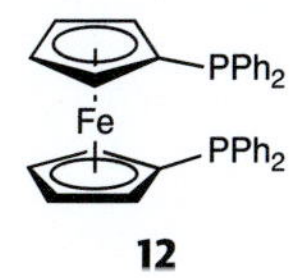

As reações de acoplamento catalisadas por paládio são tolerantes a uma grande variedade de substituições em ambos os fragmentos, e uma reação versátil que ocorre a temperatura ambiente e em solução aquosa é o acoplamento de Sonogashira:

$$HC \equiv CR + R'X \xrightarrow[\text{base}]{\text{catalisador de Pd(0)/Cu(I)}} R'C \equiv CR + HX$$

Os dois catalisadores são complexos de Pd(0), como o $[PdCl_2(PPh_3)_2]$, e o halogeneto de Cu(I). Essa reação é usada na síntese de muitos fármacos, inclusive os usados no tratamento de psoríase, mal de Parkinson, síndrome de Tourette e mal de Alzheimer. O acoplamento de Heck é usado na síntese de esteroides, estriquinina e o herbicida Prosulfuron®, que é produzido industrialmente em larga escala. A etapa de acoplamento C–C na síntese é mostrada a seguir:

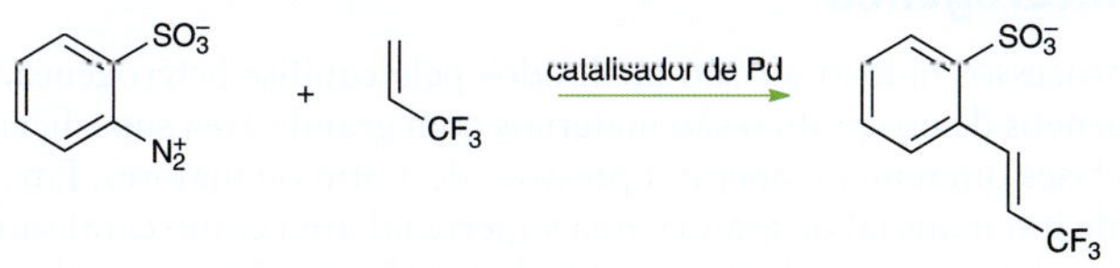

25.9 Carbonilação do metanol: síntese do ácido etanoico

Pontos principais: Os complexos de ródio e de irídio são bastante ativos e seletivos na carbonilação do metanol para formar ácido acético.

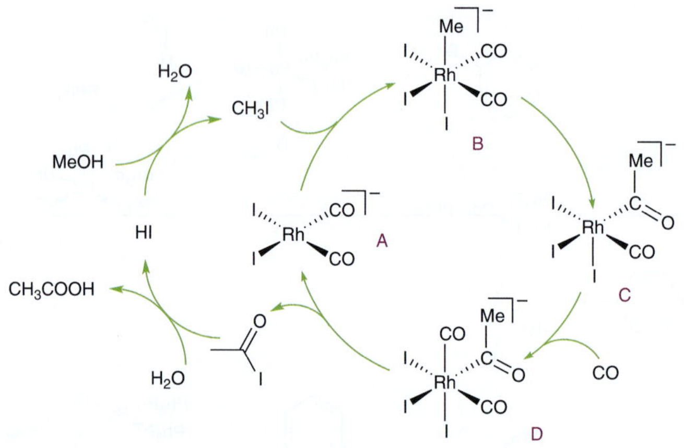

Figura 25.13 Ciclo catalítico para a formação de ácido etanoico (acético) com catalisador de ródio. A etapa determinante da velocidade é a da adição oxidativa (A → B).

O método tradicional para a síntese do ácido etanoico (acético) se dá pela ação de bactéria aeróbia sobre etanol diluído aquoso, produzindo o vinagre. Entretanto, esse processo não é econômico como fonte de ácido etanoico concentrado para a indústria. O processo industrial altamente bem-sucedido baseia-se na carbonilação do metanol:

$$CH_3OH + CO \rightarrow CH_3COOH$$

A reação é catalisada por todos os membros do Grupo 9 (Co, Rh e Ir). Originalmente, empregou-se um complexo de cobalto, mas depois o catalisador de Rh, desenvolvido pela Monsanto, reduziu muito o custo do processo ao permitir o uso de pressões menores. Como resultado, o **processo Monsanto**, baseado no ródio, foi usado no mundo todo. Posteriormente, a British Petroleum (agora BP) desenvolveu o **processo Cativa**, que utiliza um catalisador de Ir. Ambos os processos são altamente seletivos e geram ácido etanoico de pureza suficiente para ser usado em alimentos.

Os processos Monsanto e Cativa seguem essencialmente a mesma sequência de reações; assim, o ciclo baseado no ródio aqui descrito também contém os aspectos principais do processo baseado no irídio (Fig. 25.13). Nas condições usadas, os íons iodeto reagem com o metanol, produzindo uma apreciável concentração de iodometano na primeira etapa da reação. Começando com o complexo tetracoordenado de 16 elétrons $[Rh(CO)_2I_2]^-$ (A), a etapa seguinte é a adição oxidativa do iodometano para formar o complexo hexacoordenado de 18 elétrons $[Rh(Me)(CO)_2I_3]^-$ (B). Essa etapa é seguida pela migração da metila, produzindo um complexo de acila de 16 elétrons (C). A coordenação de um CO restabelece um complexo (D) de 18 elétrons, que está pronto para sofrer uma eliminação redutiva do iodeto de acetila, regenerando o $[Rh(CO)_2I_2]^-$. Então, a água hidrolisa o iodeto de acetila formando ácido acético e regenerando o HI. Em condições normais de operação, a etapa determinante da velocidade para o sistema baseado no ródio é a adição oxidativa do iodometano, enquanto que para o sistema baseado no irídio é a migração do grupo metila. Um aspecto importante é que a migração da metila no irídio é favorecida pela formação de um intermediário neutro, enquanto que promotores que captam o iodeto facilitam a substituição do ligante iodeto por CO no complexo de irídio análogo a (B).

Catálise heterogênea

Numerosos processos industriais são facilitados pela catálise heterogênea. Os catalisadores heterogêneos de uso prático são materiais com grande área superficial que podem conter várias fases diferentes e operar a pressões de 1 atm ou maiores. Em alguns casos, a fase sólida de um material de grande área superficial atua como catalisador, de forma que esse material é chamado de um **catalisador uniforme**. Um exemplo simples é um metal finamente dividido, como o níquel. Outro exemplo é a zeólita catalítica ZSM-5, que contém canais através dos quais as moléculas se difundem, produzindo uma grande área de superfície interna para a reação. Mais frequentemente, são usados **catalisadores com múltiplas fases**, que consistem em um material de grande área superficial que serve como suporte sobre o qual um catalisador ativo é depositado (Fig. 25.14). Em termos da localização das superfícies ativas, os catalisadores heterogêneos são classificados em duas categorias. Muitos catalisadores heterogêneos são sólidos finamente divididos nos quais os sítios ativos encontram-se na superfície das partículas; outros, particularmente a família das zeólitas microporosas e os materiais mesoporosos, possuem estruturas porosas e os sítios ativos são as superfícies internas, como os poros e cavidades dentro de cristalitos individuais. Discutiremos exemplos que ilustram algumas das variedades de catalisadores heterogêneos, mas, primeiro, precisamos descrever alguns dos aspectos mecanísticos únicos que eles apresentam. Nosso foco será na química inorgânica envolvida nas reações nas superfícies, e não nos aspectos físico-químicos de adsorção e reação.

25.10 A natureza dos catalisadores heterogêneos

Existem muitas semelhanças entre as etapas individuais de reação encontradas nas catálises homogênea e heterogênea, mas precisamos considerar alguns pontos adicionais.

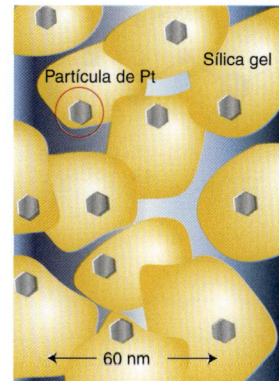

Figura 25.14 Diagrama esquemático das partículas metálicas suportadas sobre sílica finamente dividida, como a sílica gel.

(a) Área superficial e porosidade

Ponto principal: Catalisadores heterogêneos são materiais com grande área superficial, formados por substratos finamente divididos ou cristalitos com poros internos acessíveis.

Um sólido denso ordinário é inadequado como catalisador porque sua área superficial é muito baixa. Por isso, a α-alumina, que é um material denso com pequena área superficial específica (a área superficial dividida pela massa da amostra), é muito menos usada como suporte de catalisador do que o sólido microcristalino γ-alumina, que pode ser preparado com pequeno tamanho de partícula e, portanto, com uma elevada área superficial específica. Uma grande área superficial resulta de partículas muito pequenas, mas conectadas, como aquelas mostradas na Fig. 25.14, e um grama de um suporte de catalisador típico tem uma área superficial igual à de uma quadra de tênis. Da mesma forma, o quartzo policristalino não é usado como suporte de catalisador, mas outras versões de SiO_2 com elevada área superficial específica são muito empregadas. Em um catalisador heterogêneo típico, a superfície do substrato é coberta de sítios ativos ou partículas, como metais ou óxidos metálicos, produzindo um grande número de sítios ativos.

Tanto a γ-alumina quanto a sílica de grande área superficial são materiais metaestáveis, mas nas condições ordinárias não se convertem nas suas fases mais estáveis (α-alumina e quartzo policristalino, respectivamente). A preparação da γ-alumina envolve a desidratação de um óxido hidróxido de alumínio:

$$2\,AlO(OH) \xrightarrow{\Delta} \gamma\text{-}Al_2O_3 + H_2O$$

Da mesma forma, a sílica com grande área superficial é preparada pela acidificação de silicatos para produzir $Si(OH)_4$, o qual forma rapidamente a sílica gel hidratada, da qual a maior parte da água adsorvida pode ser removida por aquecimento (Seção 24.1a). Quando observada ao microscópio eletrônico, a textura da sílica gel e da alumina se parece com um leito de cascalho grosso com cavidades irregulares entre as partículas interligadas (como na Fig. 25.14). Dentre outros materiais de elevada área superficial usados como suporte de catalisadores heterogêneos, temos o TiO_2, Cr_2O_3, ZnO, MgO e o carbono.

As zeólitas (Seção 24.11) são exemplos de catalisadores uniformes. Elas são preparadas como cristais muito finos que contêm grandes canais e gaiolas regulares, definidos pela estrutura cristalina (Fig. 25.15). As aberturas desses canais variam de uma forma cristalina de zeólita para outra, mas estão geralmente entre 0,3 e 2 nm. As zeólitas absorvem as moléculas pequenas o bastante para entrar nos canais e excluem as moléculas maiores. Essa seletividade, combinada com os sítios catalíticos dentro das gaiolas, oferece um grau de controle sobre as reações catalíticas que é inatingível com a sílica gel ou a γ-alumina. A síntese de novas zeólitas e sólidos similares seletivos à forma das moléculas e a introdução de sítios catalíticos nessas estruturas são áreas de pesquisa de intensa atividade (Seção 24.12).

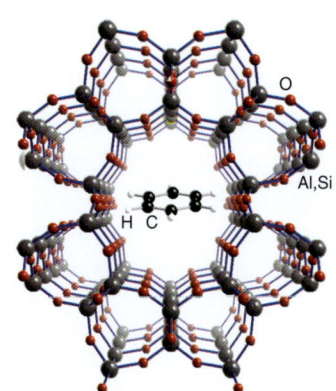

Figura 25.15* Vista ao longo dos canais da zeólita teta-1 com uma molécula de benzeno absorvida no canal central maior. (Adaptado de A. Dyer, *An introduction to molecular sieves*. John Wiley & Sons (1988).)

(b) Sítios ácidos e básicos nas superfícies

Ponto principal: Ácidos e bases presentes nas superfícies são muito ativos para as reações catalíticas como a desidratação de álcoois e a isomerização de alquenos.

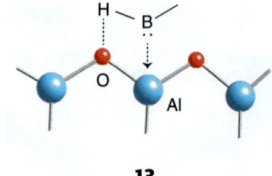

13

Quando exposta à umidade atmosférica, a superfície da γ-alumina torna-se recoberta com moléculas de água adsorvidas. A desidratação, na faixa de 100 a 150°C, leva à dessorção da água, mas grupos OH permanecem na superfície e atuam como ácidos de Brønsted fracos:

$$\text{OH-Al-OH-Al-OH-Al} \longrightarrow \text{Al-O-Al-OH-Al} + H_2O$$

Em temperaturas ainda mais altas, grupos OH adjacentes condensam, liberando mais H_2O e gerando sítios ácidos de Lewis formados por Al^{3+} exposto, bem como sítios básicos de Lewis formados por O^{2-} (13). A rigidez da superfície permite a coexistência destes sítios de forte comportamento ácido e básico de Lewis, que de outra forma iriam se combinar imediatamente para formar complexos ácido-base de Lewis. Esses ácidos e bases na superfície são muito ativos para reações catalíticas como a desidratação de álcoois e a isomerização de alquenos. Sítios ácidos de Lewis e de Brønsted semelhantes existem no interior de certas zeólitas. Óxidos diferentes e suas misturas mostram variações na acidez da superfície; dessa forma, a mistura SiO_2/TiO_2 é mais ácida do que SiO_2/AlO_3 e promove diferentes reações catalíticas.

> **EXEMPLO 25.3** Usando o espectro no infravermelho para investigar a interação molecular com as superfícies
>
> Os espectros no infravermelho de complexos de piridina (py) com ligação hidrogênio (X–H...py) mostram bandas próximas a 1540 cm^{-1}; e os complexos de piridina com ácidos de Lewis, como o $Cl_3Al(py)$, apresentam bandas próximas a 1465 cm^{-1} devido às interações ácido-base de Lewis Al-py. Uma amostra de γ-alumina previamente tratada por aquecimento a 200°C e depois resfriada e exposta ao vapor de piridina apresentou bandas de absorção próximas a 1540 cm^{-1}, mas nenhuma próxima a 1465 cm^{-1}. Outra amostra aquecida a 500°C, resfriada e depois exposta à piridina apresentou bandas próximas a 1540 cm^{-1} e 1465 cm^{-1}. Correlacione esses resultados com as afirmações feitas no texto relativas aos efeitos do aquecimento sobre a γ-alumina. (Muitas das evidências da natureza química da superfície da γ-alumina vêm de experimentos como esse).
>
> **Resposta** As posições das bandas de absorção no espectro infravermelho são características de vários grupos funcionais das moléculas presentes. É possível fazer uma suposição dos tipos de espécies presentes em cada estágio da reação atribuindo-se as bandas observadas no espectro a esses grupos. No texto, é indicado que, quando aquecido acima de 150°C, o H_2O da superfície é perdido, mas o OH$^-$ ligado aos Al^{3+} permanece. Esses grupos, que parecem ser moderadamente ácidos a julgar pela cor de indicadores, interagem com a piridina para produzir bandas de absorção a cerca de 1540 cm^{-1}, que indicam a presença de piridina ligada por ligação hidrogênio, conforme a reação:
>
> $$\text{Al-OH + py} \longrightarrow \text{Al-O-H}\cdots\text{py}$$
>
> Quando aquecido a 500°C, quase todo OH é perdido como H_2O, deixando em seu lugar O^{2-} e Al^{3+} exposto. A evidência disso é o aparecimento de bandas de absorção em 1465 cm^{-1}, que são indicativas de $Al^{3+}-NC_5H_5$, bem como a banda em 1540 cm^{-1} da interação residual de O–H...py.
>
> **Teste sua compreensão 25.3** Quais seriam as intensidades destas bandas no infravermelho que servem de diagnóstico, para uma amostra de γ-alumina aquecida a 900°C, resfriada na ausência de água e exposta ao vapor de piridina?

Superfícies ácidas e básicas altamente ativas atuam como substratos úteis para a deposição de outros centros catalíticos, em especial partículas metálicas. O tratamento da γ-alumina com H_2PtCl_6, seguido de aquecimento em um ambiente redutor, produz partículas de Pt com dimensões de 1 a 50 nm, distribuídas sobre a superfície de alumina.

(c) Sítios metálicos na superfície

Pontos principais: Partículas metálicas muito pequenas em substratos de óxidos cerâmicos são catalisadores muito ativos para várias reações.

Partículas metálicas são frequentemente depositadas sobre suportes para formar um catalisador. Por exemplo, ligas de Pt/Re finamente divididas, distribuídas na superfície de partículas de γ-alumina, são usadas na interconversão de hidrocarbonetos, e partículas

Catálise heterogênea   745

QUADRO 25.2 Conversores catalíticos

Os conversores catalíticos são usados para reduzir emissões tóxicas dos motores de combustão interna, que incluem os óxidos de nitrogênio (NO_x), monóxido de carbono e hidrocarbonetos não queimados (HC). Em 2009, quando os padrões de emissão Euro V começaram a ser usados na Europa, os níveis desses compostos nos gases de exaustão ficaram restritos a 0,50 (CO), 0,23 (NO_x+HC) e 0,18 (HC) g km^{-1}, respectivamente; esses valores são semelhantes aos exigidos na Califórnia. Os conversores catalíticos consistem em uma colmeia de aço inoxidável ou cerâmica sobre a qual são depositadas sílica e alumina, seguidas de uma mistura de nanopartículas de platina, ródio e paládio, com diâmetros típicos entre 10 e 50 nm. Um conversor de três vias, usado nos motores a gasolina, catalisa as três seguintes reações:

$2 NO_x(g) \rightarrow x O_2(g) + N_2(g)$
$2 CO(g) + O_2(g) \rightarrow 2 CO_2(g)$
$C_xH_{2x+2}(g) + 2x O_2(g) \rightarrow x CO_2(g) + 2x H_2O(g)$

O primeiro estágio do conversor catalítico envolve a redução do NO_x sobre um catalisador de redução, que consiste em uma mistura de platina e ródio; o ródio é muito reativo em relação ao NO. O segundo estágio envolve a oxidação catalítica, que remove os hidrocarbonetos não queimados e o monóxido de carbono, oxidando-os sobre um catalisador misto platina/paládio. Um conversor catalítico de duas vias, usado em conjunto com a maioria dos motores a diesel, realiza apenas as reações de oxidação (a segunda e a terceira das reações acima).

A fim de facilitar a conversão quase completa dos gases emitidos pelos motores, usa-se uma determinada mistura inicial ar:combustível. A mistura estequiométrica ideal ar:combustível que entra no motor é 14,7:1, de forma que, após a combustão, os gases que entram no conversor catalítico contêm, aproximadamente, 0,5% de oxigênio. Se misturas ar:combustível mais ricas ou mais pobres forem usadas (isto é, com menores ou maiores teores de ar, respectivamente), o nível de oxigênio que entra no sistema de exaustão pode ser muito alto ou muito baixo para uma efetiva operação do conversor catalítico. Por essa razão, vários óxidos metálicos, particularmente Ce_2O_3 e CeO_2, são incorporados à cobertura catalítica para armazenar e liberar oxigênio à medida que ocorre variação no conteúdo do oxigênio dos gases expelidos pelo motor.

finamente divididas de liga Pt/Rh, suportadas em γ-alumina, são usadas nos conversores catalíticos automotivos para promover a combinação do O_2 com CO e hidrocarbonetos para formar CO_2, assim como para reduzir os óxidos de nitrogênio a nitrogênio (Quadro 25.2). Uma partícula metálica suportada de 2,5 nm de diâmetro possui cerca de 40% dos seus átomos na superfície, e as partículas são impedidas de se fundirem numa única fase metálica pela separação entre elas. A alta proporção de átomos expostos é uma grande vantagem para estas pequenas partículas suportadas, particularmente para metais como a platina e o ródio, o qual tem custo ainda mais elevado.

Os átomos metálicos na superfície dos clusters metálicos são capazes de formar ligações como M—CO, M—CH_2R, M—H e M—O (Tabela 25.3). Frequentemente, a natureza dos ligantes na superfície é inferida pela comparação do espectro no infravermelho com os de complexos inorgânicos ou organometálicos. Assim, os grupos CO terminais e em ponte podem ser identificados nas superfícies por espectroscopia no infravermelho. Além disso, o espectro no infravermelho de muitos ligantes hidrocarbonetos nas superfícies é similar ao dos complexos organometálicos isolados. O caso do ligante N_2 é interessante, pois o N_2 coordenado foi identificado por espectroscopia no infravermelho em superfícies metálicas antes que os complexos de dinitrogênio fossem preparados.

Tabela 25.3 Ligantes adsorvidos por quimissorção em superfícies

a Amônia adsorvida sobre sítios de Lewis e de Al^{3+} da γ-alumina.
b,c CO coordenado à platina metálica.
d Hidrogênio adsorvido por quimissorção, dissociativamente, sobre platina metálica.
e Etano adsorvido por quimissorção, dissociativamente, sobre platina metálica.
f Nitrogênio adsorvido por quimissorção, dissociativamente, sobre ferro metálico.
g Hidrogênio adsorvido por quimissorção, dissociativamente, sobre ZnO.
h Eteno η^2 coordenado a um átomo de Pt.
i Eteno ligado a dois átomos de Pt.
j Oxigênio ligado como um superóxido a uma superfície metálica.
k Oxigênio adsorvido por quimissorção, dissociativamente, sobre uma superfície metálica.

Adaptado de R.L. Burwell, Jr., Heterogeneous catalysis. *Surv. Prog. Chem.*, 1977, **8**, 2.

O desenvolvimento de novas técnicas para o estudo das superfícies de monocristais tem expandido bastante nosso conhecimento sobre as espécies nas superfícies que podem estar presentes na catálise. Por exemplo, a dessorção de moléculas das superfícies (termicamente ou por impacto de átomos ou íons), combinada com a análise por espectrometria de massas das substâncias dessorvidas, fornece informações sobre a identidade química das espécies na superfície. Da mesma forma, a espectroscopia Auger e a espectroscopia fotoeletrônica de raios X (XPS, Seção 8.9) fornecem informações sobre a composição elementar das superfícies. A difração de elétrons de baixa energia (LEED, em inglês) fornece informações sobre a estrutura da superfície dos monocristais e sobre forma como as moléculas estão adsorvidas na sua superfície. Uma descoberta importante feita empregando-se LEED é que a adsorção de moléculas pequenas na superfície pode ocasionar uma modificação estrutural da superfície. Essa reconstrução da superfície é frequentemente revertida quando ocorre a dessorção. A microscopia de varredura por tunelamento (STM, Seção 8.16) é um método sem igual para localizar adsorbatos em superfícies. Essa técnica notável fornece um mapa de contorno da superfície de um monocristal com resolução atômica ou próxima disso.

Embora a maioria dessas técnicas modernas de superfície não possa ser aplicada ao estudo dos catalisadores suportados com múltiplas fases, elas são muito úteis para revelar a gama de espécies prováveis que podem estar na superfície e delimitar as estruturas plausíveis que podem ser consideradas num mecanismo de catálise heterogênea. A aplicação dessas técnicas à catálise heterogênea é equivalente ao uso da difração de raios X e da espectroscopia para a caracterização dos precursores de catalisadores homogêneos organometálicos e de compostos modelo.

(d) Quimissorção e dessorção

Ponto principal: A adsorção é essencial para que a catálise heterogênea ocorra, mas ela não pode ser tão forte a ponto de bloquear os sítios catalíticos e impedir o prosseguimento da reação.

A adsorção de moléculas nas superfícies frequentemente ativa as moléculas, da mesma forma que a coordenação ativa moléculas nos complexos. A dessorção das moléculas do produto, que é necessária para renovar os sítios ativos na catálise heterogênea, é análoga à dissociação de um complexo na catálise homogênea.

Antes que um catalisador heterogêneo seja utilizado, ele normalmente é "ativado". A ativação é um termo geral. Em alguns casos, ela refere-se à dessorção de moléculas adsorvidas, como a água da superfície na desidratação da γ-alumina. Em outros, refere-se à preparação do sítio ativo por uma reação química, como na redução das partículas de um óxido metálico para produzir partículas ativas do metal.

Uma superfície ativada pode ser caracterizada pela adsorção de vários gases inertes ou reativos. A adsorção pode ser uma **fisissorção**, quando nenhuma ligação química nova é formada, ou uma **quimissorção**, quando são formadas ligações entre o adsorbato e a superfície (Fig. 25.16). A fisissorção, à baixa temperatura, de um gás como o nitrogênio é útil para a determinação da área superficial total de um sólido, enquanto que a quimissorção é usada para determinar o número de sítios reativos expostos. Por exemplo, a quimissorção dissociativa do H_2 sobre partículas de platina suportada revela o número de átomos de Pt expostos na superfície.

A interação de moléculas pequenas com as superfícies metálicas é semelhante às suas interações com complexos metálicos com baixo estado de oxidação. A Tabela 25.4

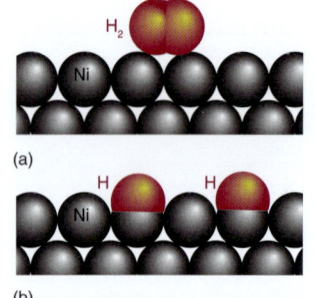

Figura 25.16 Representação esquemática da (a) fisissorção e da (b) quimissorção do hidrogênio sobre uma superfície de níquel metálico.

Tabela 25.4 Capacidade dos diferentes metais de adsorver, por quimissorção, moléculas gasosas simples*

	O_2	C_2H_2	C_2H_4	CO	H_2	CO_2	N_2
Ti, Zr, Hf, V, Ta, Cr, Mo, W, Fe, Ru, Os	+	+	+	+	+	+	+
Ni, Co	+	+	+	+	+	+	–
Rh, Pd, Pt, Ir	+	+	+	+	+	+	–
Mn, Cu	+	+	+	+	±	+	–
Al, Au	+	+	+	+	–	–	–
Na, K	+	+	–	–	–	–	–
Ag, Zn, Cd, In, Si, Ge, Sn, Pb, As, Sb, Bi	+	–	–	–	–	–	–

* A quimissorção pode ser forte (+), fraca (±) e não observada (–).
Adaptado de G.C. Bond, *Heterogeneous catalysis*, Oxford University Press (1987).

mostra que uma ampla gama de metais é capaz de adsorver CO por quimissorção e que poucos são capazes de adsorver N_2 por quimissorção, da mesma forma como existe uma maior variedade de metais que forma carbonilas em relação aos que formam complexos com dinitrogênio. Além disso, assim como nos complexos de carbonilas metálicas, tanto o CO terminal quanto em ponte foram identificados nas superfícies por espectroscopia no infravermelho. A quimissorção dissociativa do H_2 é análoga à adição oxidativa do H_2 nos complexos metálicos (Seções 10.5 e 22.22).

Embora a adsorção seja essencial para que ocorra a catálise heterogênea, ela não pode ser tão forte de forma a bloquear os sítios catalíticos e impedir reações posteriores. Esse fator é em parte responsável pelo número limitado de metais que são catalisadores efetivos. A decomposição catalítica de ácido metanoico (fórmico) em superfícies metálicas,

$$HCOOH \xrightarrow{M} CO + H_2O$$

fornece um bom exemplo desse balanço entre adsorção e atividade catalítica. Observa-se que a catálise é mais efetiva com os metais para os quais o metanoato metálico tem estabilidade intermediária (Figura 25.17). O gráfico na Fig. 25.17 é um exemplo de um "diagrama de vulcão" que é típico de muitas reações catalíticas. Fica implícito que os metais do início do bloco d formam compostos de superfície muito estáveis, enquanto que os últimos, os metais nobres, como prata e ouro, formam compostos de superfície muito fracos, sendo ambos prejudiciais ao processo catalítico. Entre esses extremos, os metais dos Grupos 8 ao 10 possuem elevada atividade catalítica, especialmente os metais do grupo da platina (Grupo 10). Na Seção 25.4, vimos uma elevada atividade similar desses complexos metálicos na catálise homogênea para transformações de hidrocarbonetos.

Os sítios ativos dos catalisadores heterogêneos não são uniformes, e muitos sítios diferentes estão expostos na superfície de um sólido pouco cristalino como a γ-alumina ou um sólido não cristalino como a sílica gel. Entretanto, mesmo as partículas metálicas altamente cristalinas não são uniformes. Um sólido cristalino geralmente tem mais de um tipo de plano exposto, cada um com seu padrão característico de átomos na superfície (Fig. 25.18). Além disso, as superfícies metálicas de um monocristal apresentam irregularidades, como degraus que expõem metais com números de coordenação baixos (Fig. 25.19). Estes sítios coordenativamente insaturados altamente expostos parecem ser particularmente reativos. Como resultado, sítios diferentes na superfície podem servir a funções diferentes nas reações catalíticas. A variedade de sítios também explica a menor seletividade de muitos catalisadores heterogêneos em comparação com seus análogos homogêneos.

(e) Migração de superfície

Ponto principal: Moléculas e átomos adsorvidos migram sobre as superfícies metálicas.

O análogo nas superfícies da mobilidade fluxional dos clusters é a difusão, e existem evidências abundantes para a difusão de moléculas ou átomos adsorvidos quimicamente nas superfícies metálicas. Por exemplo, sabe-se que átomos de H e moléculas de CO adsorvidas movem-se sobre a superfície de uma partícula metálica. Estes caminhos de difusão envolvem geralmente o movimento das moléculas adsorvidas através de vários sítios com coordenações diferentes na superfície metálica. Assim, a migração do CO, por exemplo, pode resultar do movimento da molécula, sobre a superfície, entre sítios que interagem por um (CO terminal), por dois e por quatro átomos metálicos (CO em ponte). A barreira de energia para esse processo é relativamente baixa, de umas poucas dezenas de quilojoule por mol e, dessa forma, as velocidades de migração são muito altas sob as condições típicas das reações catalíticas. Essa mobilidade é importante nas reações catalíticas porque permite aos átomos e moléculas aproximarem-se rapidamente uns dos outros.

25.11 Catalisadores de hidrogenação

Pontos principais: Os alquenos são hidrogenados com o emprego de partículas metálicas suportadas por um processo que envolve dissociação do H_2 e migração do H para uma molécula de eteno adsorvida. O níquel pode ser usado para reduzir aldeídos lineares a álcoois lineares.

Um marco na catálise heterogênea foi a observação de Paul Sabatier, em 1890, de que o níquel catalisa a hidrogenação de alquenos. Ele estava, de fato, tentando sintetizar o $[Ni(C_2H_4)_4]$ inspirado pela síntese do $[Ni(CO)_4]$ feita por Mond, Langer e Quinke (Seção 22.18). Entretanto, quando ele passou eteno sobre níquel aquecido, ele detectou etano. Ele então repetiu o experimento, mas acrescentou hidrogênio junto do eteno, quando então observou um bom rendimento de etano.

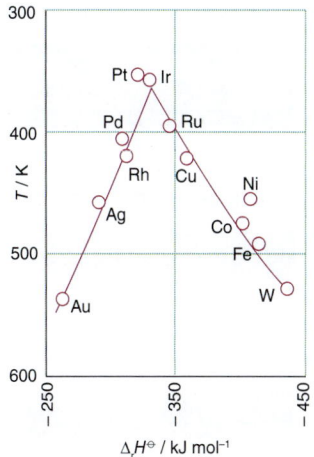

Figura 25.17 Um "diagrama de vulcão"; neste caso, a temperatura da reação para uma determinada velocidade de decomposição do ácido metanoico (fórmico) é apresentada graficamente em função da estabilidade do metanoato metálico correspondente, a qual é indicada pela sua entalpia de formação. (Adaptado de W.J.M. Rootsaert e W.M.H. Sachtler, *Z. Physik. Chem.*, 1960, **26**, 16.)

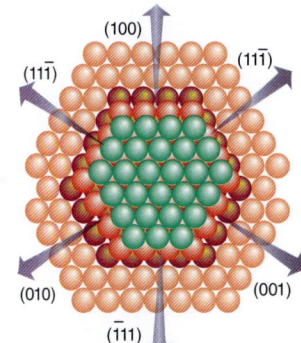

Figura 25.18 Alguns dos possíveis planos cristalinos metálicos que podem estar expostos a gases reativos numa superfície metálica. Os planos [Ī 1 1], [1 Ī 1], etc., são planos hexagonais de empacotamento compacto. Os planos representados por [100], [010], etc., possuem arranjos quadráticos de átomos.

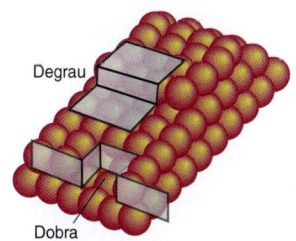

Figura 25.19 Representação esquemática de irregularidades em uma superfície, como degraus e dobras.

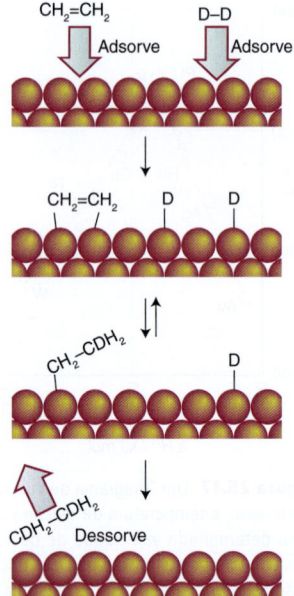

Figura 25.20 Diagrama esquemático dos estágios envolvidos na hidrogenação do eteno por deutério sobre uma superfície metálica.

Acredita-se que a hidrogenação de alquenos sobre partículas metálicas suportadas proceda de uma maneira muito similar àquela nos complexos metálicos. Como ilustrado na Fig. 25.20, o H_2, que está adsorvido dissociativamente na superfície, migra para uma molécula de eteno adsorvida, originando primeiro uma alquila de superfície e depois o hidrocarboneto saturado. Quando o eteno é hidrogenado com D_2 sobre platina, o mecanismo simples mostrado na Fig. 25.20 indica que o CH_2DCH_2D deve ser o produto. Na verdade, observa-se uma gama completa de isotopólogos do etano $C_2H_nD_{6-n}$. É por essa razão que a etapa central é escrita como sendo reversível; note que a velocidade da reação reversa tem que ser maior do que a velocidade na qual a molécula de etano é formada e dessorvida na etapa final.

Uma das classes mais importantes de catalisadores heterogêneos de hidrogenação é a "esponja de níquel", algumas vezes chamada de "níquel Raney", que é usada em vários processos, como a conversão de aldeídos lineares em álcoois lineares, como em

$$CH_3CH_2CH_2CHO + H_2 \rightarrow CH_3CH_2CH_2CH_2OH$$

e na redução das alquilcloronitroanilinas nas aminas correspondentes. A esponja de níquel e as ligas metálicas similares cataliticamente ativas são produzidos preparando-se uma liga metálica como NiAl, em alta temperatura, e dissolvendo-se em seguida seletivamente a maior parte do alumínio por tratamento com hidróxido de sódio. Outros metais, como molibdênio e cromo, podem ser adicionados à liga original para agir como promotores, afetando a reatividade e a seletividade do catalisador para certas reações. Os metais porosos ou esponjosos resultantes são ricos em níquel (> 90%) e suas grandes áreas superficiais levam a uma atividade catalítica muito alta. Outra aplicação desses catalisadores é a conversão de gorduras naturais poli-insaturadas líquidas em gorduras poli-hidrogenadas sólidas, como as margarinas.

25.12 Síntese da amônia

Ponto principal: Catalisadores baseados em ferro metálico são usados para a síntese da amônia a partir de nitrogênio e hidrogênio.

A síntese da amônia já foi discutida a partir de vários pontos de vista (Seção 15.6). Aqui, nos concentraremos nos detalhes das etapas catalíticas. A formação de amônia é exoérgica e exotérmica a 25°C, sendo os dados termodinâmicos relevantes $\Delta_r G^\ominus = -116,5$ kJ mol^{-1}, $\Delta_r H^\ominus = -146,1$ kJ mol^{-1} e $\Delta_r S^\ominus = -199,4$ kJ^{-1}mol^{-1}. A entropia de formação negativa é consequência do fato de que duas moléculas de NH_3 se formam a partir de quatro moléculas de reagentes.

A grande inércia do N_2 (e, em menor extensão, do H_2) requer o uso de um catalisador para efetuar a reação. Como catalisador é usado o ferro metálico, juntamente a pequenas quantidades de alumina, sais de potássio e outros promotores. Estudos detalhados do mecanismo da síntese da amônia indicam que a etapa determinante da velocidade, sob condições normais de operação, é a dissociação do N_2 coordenado na superfície do catalisador. O outro reagente, H_2, sofre dissociação muito mais fácil sobre a superfície do metal; com isso, uma série de reações de inserção entre as espécies adsorvidas leva à produção do NH_3:

$$N_2(g) \longrightarrow N_2(g)_{ads} \longrightarrow N\;N_{ads}$$

$$H_2(g) \longrightarrow H_2(g)_{ads} \longrightarrow H\;H_{ads}$$

$$N_{ads} + H_{ads} \longrightarrow NH_{ads} \xrightarrow{H} NH_{2,ads} \xrightarrow{H} NH_{3,ads} \longrightarrow NH_3(g)$$

Por causa da lentidão da dissociação do N_2, é necessário realizar a síntese da amônia em temperaturas elevadas, geralmente a 400°C. Entretanto, uma vez que a reação é exotérmica, a alta temperatura reduz a constante de equilíbrio da reação. Para compensar um pouco essa perda de rendimento, empregam-se pressões da ordem de 100 atm para favorecer a formação do produto. Catalisadores, como a enzima nitrogenase (Seção 26.13), que operem à temperatura ambiente poderiam fornecer bons rendimentos de NH_3 no equilíbrio, mas tais catalisadores ainda não foram descobertos.

Durante o desenvolvimento do processo original de síntese da amônia, Haber, Bosch e seus colaboradores investigaram a atividade catalítica da maioria dos metais da tabela periódica e descobriram que os melhores eram Fe, Ru e U, modificados por pequenas quantidades dos promotores alumina e sais de potássio. Considerações de custo e toxicidade conduziram à escolha do ferro como o principal catalisador comercial. A função dos vários promotores, particularmente do K, na catálise por Fe metálico tem sido objeto de muitas pesquisas científicas. G. Ertl[5] descobriu que, na presença de potássio, as moléculas de N_2 adsorvem mais facilmente na superfície metálica, e a entalpia de adsorção é mais exotérmica, cerca de 12 kJ mol^{-1}, provavelmente pelo aumento da capacidade doadora de elétrons da superfície Fe/K. A molécula de N_2 adsorvida mais fortemente é então clivada mais facilmente na etapa determinante da velocidade do processo.

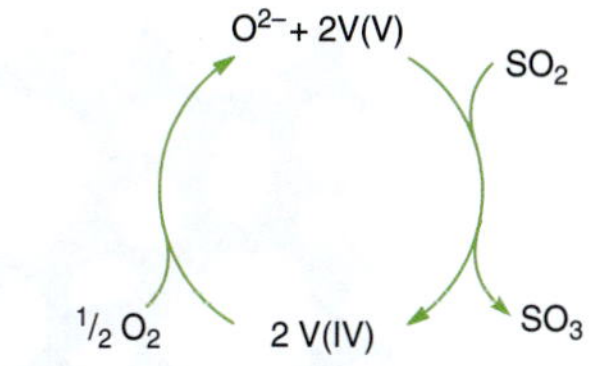

Figura 25.21 Ciclo mostrando os elementos principais envolvidos na oxidação do SO_2 por compostos de V(V).

25.13 Oxidação do dióxido de enxofre

Ponto principal: O catalisador amplamente usado para a oxidação de SO_2 a SO_3 é o vanadato de potássio fundido suportado sobre uma sílica de grande área superficial.

A oxidação do SO_2 a SO_3 é a etapa-chave na produção do ácido sulfúrico (Seção 16.13). A reação do enxofre com o oxigênio para produzir o gás SO_3 é exoérgica ($\Delta_r G^\ominus$ = −371 kJ mol^{-1}), mas muito lenta, e o principal produto da combustão é o SO_2:

$$S(s) + O_2(g) \rightarrow SO_2(g)$$

A combustão é seguida da oxidação catalítica do SO_2:

$$SO_2(g) + \tfrac{1}{2}O_2(g) \rightarrow SO_3(g)$$

Essa etapa também é exotérmica e, como na síntese da amônia, a constante de equilíbrio é menos favorável em temperaturas elevadas. Desse modo, o processo é geralmente realizado em etapas. Na primeira etapa, a combustão do enxofre eleva a temperatura a até cerca de 600°C, mas o resfriamento e a pressurização antes da etapa catalítica deslocam o equilíbrio para a direita, obtendo-se uma conversão elevada de SO_2 em SO_3.

Vários sistemas catalíticos bastante diferentes têm sido usados para catalisar a combinação do SO_2 com O_2. O catalisador mais empregado atualmente é o vanadato de césio ou de potássio, sob a forma de um sal fundido recobrindo uma sílica de grande área superficial. O entendimento atual do mecanismo da reação é que a etapa determinante da velocidade é a oxidação do V(IV) a V(V) pelo O_2 (Fig. 25.21). No sal fundido, o vanádio e os íons óxido fazem parte de um polivanadato complexo (Quadro 19.1), mas pouco se sabe sobre as transformações que sofrem essas espécies contendo o grupamento oxo.

25.14 Craqueamento catalítico e interconversão de aromáticos por zeólitas

Pontos principais: Os catalisadores de zeólitas possuem sítios fortemente ácidos que promovem reações como de isomerização, via íons carbônio; a seletividade de forma pode originar-se em vários estágios da reação devido às dimensões relativas dos canais das zeólitas e das moléculas de reagentes, intermediários e produtos.

Os catalisadores heterogêneos baseados em zeólitas (Seções 14.15 e 24.12) têm um papel importante na interconversão dos hidrocarbonetos e na alquilação de aromáticos,

---

[5] Gerhard Ertl foi agraciado com o Prêmio Nobel de Química de 2007 pelo seu trabalho com processos químicos em superfícies sólidas.

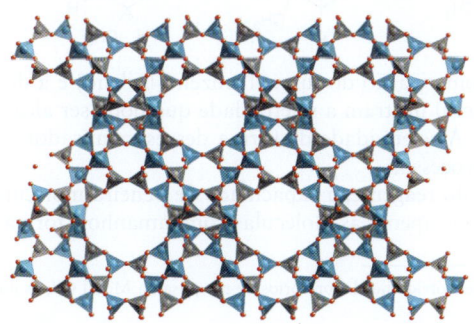

Figura 25.22* A estrutura reticulada da zeólita faujazita (também conhecida com zeólita X ou Y), observando-se os grandes poros onde ocorre o craqueamento catalítico. Os tetraedros são SiO_4 ou AlO_4.

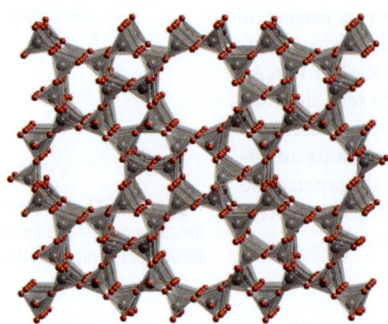

Figura 25.23* A estrutura da zeólita ZSM-5, realçando os canais ao longo dos quais as moléculas pequenas podem difundir. Os tetraedros são SiO$_4$ ou AlO$_4$.

Figura 25.24 O sítio ácido de Brønsted na H-ZSM-5 e sua interação com uma base, geralmente uma molécula orgânica. (Adaptado de W.O. Haag, R.M. Lago e P.B.Weisz, *Nature*, 1984, **309**, 589.)

bem como em reações de oxidação e redução. Duas zeólitas importantes usadas para tais reações são a faujazita (Fig. 25.22), também conhecida como zeólita X ou zeólita Y (a terminologia X e Y é definida pela relação Si:Al do material: a forma X possui um maior conteúdo de Al) e a zeólita ZSM-5, uma zeólita de aluminossilicato com alto conteúdo de sílica.[6] Os canais da ZSM-5 formam um labirinto tridimensional de túneis que se interceptam (Fig. 25.23). Da mesma forma que para outros catalisadores de aluminossilicatos, os sítios de Al são fortemente ácidos. O desequilíbrio de carga causado pela presença do Al^{3+} no lugar do Si(IV) coordenado tetraedricamente requer a presença de íons positivos adicionais. Quando esse íon é o H$^+$ (Fig. 25.24), a acidez de Brønsted do aluminossilicato pode ser mais alta que a do H$_2$SO$_4$ concentrado e ele é chamado de *superácido* (Seção 4.14); a frequência de renovação do catalisador para as reações de hidrocarbonetos nesses sítios pode ser muito alta.

O petróleo natural consiste em apenas 20% de alcanos adequados para o uso como gasolina e diesel, com cadeias cujo comprimento varia de C$_5$H$_{12}$ (pentano) a C$_{12}$H$_{26}$. A conversão de hidrocarbonetos de alta massa molar para outros mais leves e valiosos envolve não só a quebra de ligações C–C, mas também um rearranjo estrutural dos hidrocarbonetos por meio de reações de desidrogenação, isomerização e aromatização. Todos esses processos são catalisados por catalisadores ácidos sólidos baseados em alumina, sílica e zeólitas. As argilas ácidas e a mistura Al$_2$O$_3$/SiO$_2$ foram originalmente usadas para esse processo nos anos de 1940, mas desde os anos de 1960 estes catalisadores foram suplantados pelas zeólitas. A principal zeólita usada para o craquelamento catalítico é a zeólita Y, na qual os cátions fora da rede foram substituídos por íons lantanídeos, geralmente uma mistura de La, Ce e Nd. O mecanismo do craqueamento catalítico envolve inicialmente protonação da cadeia de alcano ou alqueno pelos sítios ácidos de Brønsted nos poros da zeólita, seguido pela clivagem da ligação C–C na posição β em relação ao átomo de C carregado positivamente. Por exemplo,

$$RCH_2C^+HCH_2(CH_2)_2R' \rightarrow RCH_2CH=CH_2 + {^+}CH_2CH_2R'$$

Os catalisadores de zeólitas ácidas também promovem reações de rearranjo por meio de íons carbônio. Por exemplo, a isomerização do 1,3-dimetilbenzeno em 1,4-dimetilbenzeno, provavelmente, ocorre através das seguintes etapas:

Reações como a isomerização do dimetilbenzeno (xileno) e a desproporcionação do metilbenzeno (tolueno) ilustram a seletividade que pode ser alcançada com a catálise por zeólitas ácidas. A seletividade de forma desses catalisadores de zeólita tem sido atribuída a vários processos.

Na seletividade do reagente, a capacidade de peneira molecular das zeólitas é importante, de modo que apenas as moléculas com tamanho e forma apropriados podem

---

[6] Este catalisador foi desenvolvido nos laboratórios de pesquisa da Mobil Oil; as iniciais se referem a *Zeolite Socony-Mobil*.

entrar nos poros das zeólitas e reagir. Na seletividade do produto, a molécula resultante da reação que possuir dimensões compatíveis com os canais difundirá mais rapidamente, permitindo que ela escape; as moléculas que não se ajustam aos canais difundem-se mais lentamente e, devido ao seu maior tempo de residência na zeólita, têm a oportunidade de se converter em isômeros mais móveis, que podem então escapar mais rapidamente. Uma visão hoje mais aceita da seletividade das zeólitas baseia-se na seletividade do estado de transição, em que a orientação dos intermediários reativos dentro dos canais da zeólita favorece produtos específicos. No caso da isomerização do dimetilbenzeno (xileno), o intermediário com menor largura, formado durante a geração das moléculas de 1,4-dialquilbenzeno, ajusta-se melhor dentro dos poros. Outra reação comum em zeólitas é a alquilação de aromáticos com alquenos.

> **EXEMPLO 25.4** Propondo um mecanismo para a alquilação do benzeno
>
> Na sua forma protonada, a ZSM-5 catalisa a reação do eteno com benzeno para produzir etilbenzeno. Escreva um mecanismo plausível para a reação.
>
> **Resposta** Devemos lembrar que as formas protonadas dos catalisadores à base de zeólitas são ácidos muito fortes. Portanto, um mecanismo envolvendo a protonação da espécie orgânica presente no sistema é o caminho mais provável. A forma ácida da ZSM-5 é forte o suficiente para gerar carbocátions de hidrocarbonetos alifáticos. Assim, o estágio inicial pode ser
>
> $$CH_2CH_2 + H^+ \rightarrow CH_2CH_3^+$$
>
> Como vimos na Seção 4.10, um carbocátion pode atacar o benzeno como um eletrófilo forte. A subsequente desprotonação do intermediário produz o etilbenzeno:
>
> $$CH_2CH^+ + C_6H_6 \rightarrow C_6H_5CH_2CH_3 + H^+$$
>
> **Teste sua compreensão 25.4** Obteve-se uma sílica pura análoga à ZSM-5. Você esperaria que esse composto fosse um catalisador ativo para a alquilação do benzeno? Explique seu raciocínio.

Os silicatos mesoporosos descobertos nos anos de 1990 (Seção 24.49) possuem conjuntos de poros grandes e ordenados, na faixa de 12 a 20 nm, e área superficial específica muito grande (maiores de 1000 m^2 g^{-1}). Os poros grandes permitem que moléculas maiores sofram processos catalíticos, apesar de sua fraca acidez comparada à das zeólitas. O mais importante é que outros centros catalíticos, como as nanopartículas dos metais, ligas e óxidos metálicos, como platina ou Pt/Sn, podem ser depositados dentro dos canais mesoestruturados. Como exemplo, temos que o Co depositado nos mesoporos do suporte de sílica MCM-41 promove a cicloadição de alquinos com alquenos e monóxido de carbono para formar ciclopentenonas.[7] Esse é um exemplo da reação de Pauson-Khand no qual um alqueno, um alquino e CO reagem para formar uma cetona cíclica com anel de cinco membros, insaturada:

$$\text{EtO}_2\text{C}\diagdown\diagup\text{C}\equiv\text{CH} \quad \xrightarrow[130°\text{C}]{20\text{atm CO}} \quad \text{produto ciclopentenona}$$

Outros materiais reticulados, inorgânicos, porosos (Seção 24.14) também estão sendo investigados como catalisadores em potencial, tanto pelas suas próprias características ou como hospedeiros para espécies ativas. Por exemplo, os metais d constituintes de redes metalo-orgânicas podem participar de reações de oxirredução e também possuem poros muito grandes, capazes de incorporar nanopartículas de metais, como Pt.

25.15 Síntese de Fischer-Tropsch

Ponto principal: Hidrogênio e monóxido de carbono podem ser convertidos em hidrocarbonetos e água por reação sobre catalisadores de ferro ou cobalto.

A conversão do **gás de síntese**, uma mistura de H_2 e CO, em hidrocarbonetos sobre um catalisador metálico foi descoberta em 1923 por Franz Fischer e Hans Tropsch

---
[7] MCM-41 significa *Mobil Crystalline Material* do tipo 41.

no Kaiser Wilhelm Institute for Coal Research, em Müllheim. Na reação de Fischer-Tropsch, o CO reage com o H_2 para produzir hidrocarbonetos, que podem ser escritos simbolicamente como a formação de uma cadeia estendida (–CH_2–) e água:

$$CO + 2\,H_2 \rightarrow -CH_2- + H_2O$$

O processo é exotérmico, com $\Delta_r H^\ominus = -165$ kJ mol^{-1}. A gama de produtos formados consiste em hidrocarbonetos alifáticos de cadeia linear, dentre os quais o metano (CH_4) e o etano, GLP (C_3 a C_4), gasolina (C_5 a C_{12}), diesel (C_{13} a C_{22}) e parafinas leves e pesadas (C_{23} a C_{32} e maior que C_{33}, respectivamente). As reações secundárias envolvem a formação de álcoois e outros produtos oxigenados. A distribuição dos produtos depende de o catalisador, temperatura, pressão e tempo de residência. As condições típicas para a síntese de Fischer-Tropsch encontram-se na faixa de temperatura de 200 a 350°C e pressões de 15 a 40 atm.

É geralmente aceito que as primeiras etapas da síntese do hidrocarboneto envolvem a adsorção do CO sobre o metal, seguida da sua quebra para formar um carbeto de superfície (e água) e da hidrogenação sucessiva dessa espécie produzindo metino (CH), metileno (CH_2) e metila (CH_3) superficiais, mas ainda existem controvérsias sobre o que acontece a seguir e como ocorre o crescimento da cadeia. Uma proposta sugere a polimerização dos grupos –CH_2– superficiais em ponte, iniciada por um grupo –CH_3 superficial. Entretanto, o fato de que muitas dessas espécies foram isoladas e são estáveis como complexos metálicos sugere que o mecanismo provavelmente não é tão simples. Outras investigações do mecanismo desses processos sugerem uma possibilidade alternativa para o crescimento da cadeia na síntese do hidrocarboneto, indicando que ele ocorre pela combinação de grupos –CH_2– em ponte na superfície com cadeias alquenila (M–CH=CHR), em vez da combinação de cadeias alquila (M–CH_2CH_2R) com grupos metileno na superfície.

Vários catalisadores têm sido usados na síntese de Fischer-Tropsch; os mais importantes são baseados em Fe e Co. Os catalisadores de cobalto possuem a vantagem de uma maior velocidade de conversão e uma vida mais longa (mais de cinco anos). Os catalisadores de cobalto, em geral, são mais reativos para hidrogenação e produzem menos hidrocarbonetos insaturados e álcoois do que os catalisadores de ferro. Os catalisadores de ferro possuem uma maior tolerância ao enxofre, são mais baratos e produzem mais alquenos e álcoois. Entretanto, o tempo de vida dos catalisadores de ferro é curto e, em instalações comerciais, geralmente fica limitado a oito semanas.

25.16 Eletrocatálise e fotocatálise

Pontos principais: As sobretensões representam a barreira cinética para as reações eletroquímicas, e os eletrocatalisadores podem ser usados para aumentar a densidade de corrente de tais processos. Um fotocatalisador aumenta a velocidade de uma fotorreação assim como a decomposição da água em hidrogênio e oxigênio.

Barreiras cinéticas são bastante comuns para as reações eletroquímicas na interface entre a solução e o eletrodo e, como vimos na Seção 5.18, é comum expressar essas barreiras como sobretensões η (eta). A sobretensão é o potencial adicional ao potencial da pilha em corrente zero (a fem) que deve ser aplicado para se produzir uma reação que, de outra forma, seria lenta dentro da célula. A sobretensão está relacionada à densidade de corrente, j (a corrente dividida pela área do eletrodo), que passa através da célula por[8]

$$j = j_0 e^{a\eta} \qquad (25.3)$$

onde j_0 e a são, para os nossos propósitos, mais bem considerados como constantes empíricas. A constante j_0, a **densidade da corrente de troca**, é uma medida das velocidades das reações normal e reversa do eletrodo em equilíbrio dinâmico. Para sistemas que obedecem a essas relações, a velocidade da reação (medida pela densidade de corrente) aumenta rapidamente com o aumento da diferença de potencial aplicado quando $a\eta > 1$. Se a densidade da corrente de troca é alta, pode-se alcançar uma velocidade de reação apreciável com apenas uma pequena sobretensão. Se a densidade da corrente de troca é baixa, é necessária uma sobretensão elevada. Desse modo, há um grande interesse em aumentar a densidade da corrente de troca. Num processo industrial, uma

---

[8] A relação exponencial entre a corrente e a sobretensão é explicada pela equação de Butler-Volmer, a qual é derivada aplicando-se a teoria do estado de transição aos processos dinâmicos nos eletrodos. Veja P.W. Atkins e J. de Paula, *Physical chemistry*. Oxford University Press e W.H. Freeman & Co (2009).

sobretensão em uma etapa sintética é muito onerosa porque representa desperdício de energia.

Uma superfície de eletrodo catalítica pode aumentar a densidade da corrente de troca e consequentemente diminuir de modo significativo a sobretensão necessária para reações eletroquímicas lentas, como a evolução e o consumo de H_2, O_2 ou Cl_2. Por exemplo, o "negro de platina", uma forma finamente dividida de platina, é muito eficaz para aumentar a densidade da corrente de troca e consequentemente diminuir a sobretensão das reações que envolvem o consumo ou evolução de H_2. A função da platina é dissociar a forte ligação H–H e por meio disso reduzir a grande barreira que se opõe às reações envolvendo H_2. O paládio também tem uma alta densidade da corrente de troca para a evolução ou consumo de H_2 e consequentemente requer uma baixa sobretensão.

A eficácia dos metais pode ser avaliada pela Fig. 25.25, que também nos sugere detalhes do processo. O diagrama de vulcão da densidade da corrente de troca contra a entalpia da ligação M–H sugere que tanto a formação quanto a quebra da ligação M–H são importantes no processo catalítico. Parece que uma energia de ligação M–H intermediária conduz ao balanço apropriado para a existência do ciclo catalítico, e os metais mais eficazes para a eletrocatálise estão agrupados em torno do Grupo 10.

O dióxido de rutênio é um catalisador eficaz para a evolução de O_2 e Cl_2 e também é um bom condutor elétrico. Verifica-se que, em densidades de corrente elevadas, o RuO_2 é mais eficaz para a catálise de evolução de Cl_2 do que para a evolução de O_2. Por isso, o RuO_2 é muito usado como material de eletrodo na produção comercial do cloro. Os processos que ocorrem nos eletrodos e que contribuem para esses efeitos catalíticos sutis parecem não ser ainda bem compreendidos.

Há um grande interesse no desenvolvimento de novos eletrodos catalíticos, particularmente daqueles que diminuem a sobretensão do O_2 em superfícies como a da grafita. Assim, ao se depositar o tetraquis(4-N-metilpiridil)tetrafenilporfirinaferro(II), $[Fe(TMPyP)]^{4+}$ (**14**), nas arestas expostas dos eletrodos de grafite (sobre os quais a redução do O_2 requer uma sobretensão elevada), observou-se que a superfície de eletrodo resultante catalisa a redução eletroquímica do O_2. Uma explicação plausível para essa catálise é que o [Fe(III)(TMPyP)] ligado ao eletrodo (indicado abaixo por um asterisco) é primeiramente reduzido eletroquimicamente:

$$[Fe(III)(TMPyP)]^* + e^- \rightarrow [Fe(II)(TMPyP)]^*$$

O [Fe(II)(TMPyP)] resultante forma um complexo com O_2:

$$[Fe(II)(TMPyP)]^* + O_2 \rightarrow [Fe(II)(O_2)(TMPyP)]^*$$

O complexo de oxigênio com a porfirina de ferro(II) sofre redução, formando água e peróxido de hidrogênio:

$$[Fe(II)(O_2TMPyP)]^* + n\, e^- + n\, H^+ \rightarrow [Fe(II)(TMPyP)]^* + (H_2O_2,\ H_2O)_n$$

Embora alguns detalhes do mecanismo estejam ainda indefinidos, esse conjunto geral das reações está em harmonia com as medidas eletroquímicas e com as propriedades conhecidas das porfirinas de ferro. A investigação dos complexos de porfirina com ferro como catalisador é motivada pelo uso das metaloporfirinas na natureza para ativação do oxigênio (Seção 26.10).

Uma aplicação em que baixo custo e eletrocatálise eficiente são muito importantes é nas pilhas a combustível com membrana trocadora de próton (PEM, em inglês; algumas vezes chamada de "membrana de eletrólito polimérico"; Quadro 5.1). Como esses sistemas operam em baixa temperatura (50 a 100°C), eles são adequados para aplicações em automóveis e equipamentos portáteis como telefones celulares. O eletrólito, um polímero que conduz prótons, mas não elétrons, separa o anodo, em contato com o hidrogênio gasoso, do catodo, sobre o qual flui o gás oxigênio. Como indicado acima, o hidrogênio gasoso dissocia-se rapidamente no anodo usando-se platina metálica como catalisador, mas a reação de redução do oxigênio no catodo representa um problema. Existe uma grande sobretensão associada a essa redução, que reduz consideravelmente a eficiência da pilha, fazendo com que a voltagem de operação fique próxima a 0,7 V comparada ao valor teórico de 1,23 V. A platina pode ser novamente utilizada para catalisar a reação, mas, mesmo assim, a reação é ineficiente e usa uma grande e custosa quantidade de platina. Consideráveis esforços em pesquisa vêm sendo feitos para encontrar um eletrocatalisador melhor e, recentemente, a liga Pt_3Ni (na superfície 111) mostrou propriedades bem melhores.

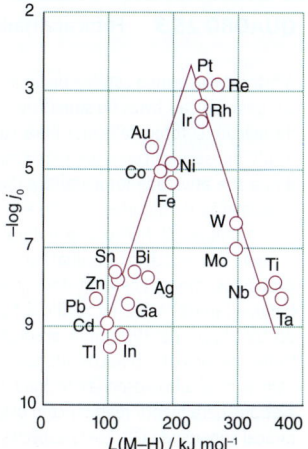

Figura 25.25 A velocidade de evolução do H_2, expressa como o logaritmo da densidade da corrente de troca, em relação à energia da ligação M–H.

14 $[Fe(TMPyP)]^{4+}$

> **QUADRO 25.3** Fotocatalisadores de dióxido de titânio
>
> A fotocatálise é uma catálise de uma fotorreação. A absorção de radiação UV gera radicais livres na superfície do catalisador, que então participam da reação. O fotocatalisador mais conhecido é o TiO_2. O TiO_2 tem sido usado por séculos como um pigmento branco (Seção 24.16), e o resultado da sua atividade fotocatalítica (Seção 24.17) pode ser observado na descamação de pinturas brancas e na descoloração do uPVC das molduras de janelas. O TiO_2 ocorre naturalmente em duas formas cristalinas, o rutílio e o anatásio, e o anatásio é muito mais fotoativo que o rutílio. Ambas as formas possuem uma grande separação de energia entre as bandas (anatásio 3,2 eV, rutílio 3,1 eV) e absorvem radiação na região do UV abaixo de 390 nm. A absorção leva à formação de pares de elétrons e buracos. Os buracos difundem para a superfície do TiO_2 e reagem com as moléculas adsorvias de água, formando radicais hidroxila, $^{\cdot}OH$. Os elétrons geralmente reagem com oxigênio molecular formando o ânion radical superóxido $O_2^{\cdot-}$. Essas espécies são muito reativas e participam da reação catalisada.
>
> O TiO_2 atraiu muito interesse como fotocatalisador quando observou-se a decomposição da água, formando H_2, usando-se Pt depositada em TiO_2. Qualquer composto orgânico presente também foi oxidado, e essa capacidade de oxidação levou ao desenvolvimento do TiO_2 para o tratamento de poluentes e purificação da água. Nessas aplicações, utiliza-se uma suspensão de TiO_2 em pó em água, embora ele seja frequentemente imobilizado em um suporte sólido para facilitar a sua manipulação e separação. As reações de oxidação acontecem somente na superfície do TiO_2, de forma que filmes finos são mais efetivos e eficientes do que a fase em pó. Filmes finos de anatásio são usados como revestimentos fotocatalíticos autolimpantes (Quadro 24.4) em janelas de vidro e persianas. O processo de limpeza somente é efetivo quando o número de fótons incidentes é muito maior do que o número de moléculas orgânicas chegando na superfície, então o grau de autolimpeza é limitado em alguns climas.
>
> O processo de decomposição fotocatalítico também pode ser aplicado aos microrganismos, e células de *E. coli* são destruídas após uma hora de exposição à luz solar numa superfície de TiO_2. Como a luz gerada por lâmpadas incandescentes e fluorescentes ou a luz do Sol que penetra nas construções é muito menos intensa do que luz solar direta, até recentemente essa propriedade do TiO_2 tem tido aplicações limitadas em ambientes fechados. Entretanto, se o TiO_2 for dopado com Cu ou Ag, a atividade antibacteriana da fotocatálise é melhorada. As espécies reativas geradas na superfície do TiO_2 atacam as membranas celulares, o que é seguido pela migração de íons cobre ou prata para o interior das células, matando-as.
>
> Outras aplicações da fotocatálise do TiO_2 envolvem esterilização de materiais cirúrgicos, remoção de impressões digitais indesejadas em componentes ópticos sensíveis, pintura naval anti-incrustante, limpeza do petróleo bruto, descontaminação da água e decomposição de hidrocarbonetos poliaromáticos poluentes.

A luz tem a capacidade de impulsionar reações da química inorgânica; por exemplo, as reações de substituição do CO (Seção 22.21), em que a luz ultravioleta promove a dissociação inicial da molécula de CO ligada a um centro metálico. Entretanto, muitas reações que deveriam ser provocadas pela luz não o são, uma vez que a energia luminosa ou é fracamente absorvida, reemitida, ou convertida em calor. Um **material fotocatalítico** heterogêneo geralmente absorve fortemente comprimentos de onda específicos da luz por meio da promoção de elétrons de uma banda de valência para uma camada de condução. Desde que o elétron excitado e o buraco residual na camada de valência separem-se rapidamente (ao invés de recombinarem-se), eles podem viajar para a superfície do fotocatalisador e reagir com espécies moleculares como H_2O, O_2, ou compostos orgânicos, para produzir radicais. O TiO_2 (Quadro 25.3) é o fotocatalisador heterogêneo mais estudado, embora outros óxidos e óxidos complexos também estejam sendo estudados.

25.17 Novos rumos na catálise heterogênea

Ponto principal: O desenvolvimento da catálise heterogênea envolve a pesquisa de novas substâncias para a oxidação parcial controlada de hidrocarbonetos.

O desenvolvimento de catalisadores em fase sólida é um assunto de fronteira na química inorgânica, com a contínua descoberta de substâncias que promovem reações, particularmente na área petroquímica. Uma área muito ativa é a investigação de catalisadores heterogêneos de oxidação seletiva, que permitem a oxidação parcial de hidrocarbonetos a intermediários importantes, por exemplo, nas indústrias farmacêuticas e de polímeros. Como exemplos dessas reações temos a epoxidação de alquenos, a hidroxilação de aromáticos e a amoxidação (uma oxidação na presença de amônia que gera nitrilas) de alcanos, alquenos e alquilas aromáticas. Em todos os casos, deseja-se obter os produtos sem que ocorra a completa oxidação do hidrocarboneto a dióxido de carbono.

Um exemplo de uma área na qual novos catalisadores vêm sendo investigados é a oxidação parcial do benzeno a fenol. Atualmente, o **processo do cumeno**, de três etapas, produz em torno de 95% do fenol utilizado no mundo e propanona (acetona) como subproduto, embora o mercado para acetona esteja saturado pela fabricação por outros processos industriais. O processo do cumeno envolve três etapas: alquilação do benzeno com propeno para formar cumeno (um processo catalisado pelo ácido fosfórico ou cloreto de alumínio), oxidação direta do cumeno a hidroperóxido de cumeno usando oxigênio molecular e, finalmente, a decomposição do hidroperóxido de cumeno em fenol e acetona, catalisada por ácido sulfúrico. Seria muito melhor se houvesse um processo de uma única etapa que fizesse a reação

$$C_6H_6 + \tfrac{1}{2}\,O_2 \rightarrow C_6H_5OH$$

Como exemplos de catalisadores investigados para esse processo e outros similares, temos zeólitas contendo ferro com estrutura reticulada de sílica (Seção 24.12), misturas de $FeCl_3/SiO_2$, fotocatalisadores baseados em $Pt/H_2SO_4/TiO_2$ e vários sais de vanádio.

Catálise híbrida

Os químicos começaram a dar atenção a sistemas catalíticos que não podem ser classificados como homogêneos ou heterogêneos. As pesquisas têm se concentrado em tentar aproveitar o que há de melhor em ambos os sistemas: a alta seletividade dos catalisadores homogêneos associada à facilidade de separação dos catalisadores heterogêneos. Essa abordagem é, algumas vezes, chamada de catálise homogênea "hetereogeneizada".

25.18 Oligomerização e polimerização

Pontos principais: O eteno pode ser oligomerizado em alquenos lineares por catálise homogênea com catalisador de níquel. Os catalisadores heterogêneos de Ziegler-Natta são empregados na polimerização de alquenos; o mecanismo de Cossee-Arlman descreve o seu funcionamento; catalisadores homogêneos de baixa massa molar também catalisam a reação de polimerização de alquenos; um controle considerável sobre a taticidade dos polímeros é possível com um planejamento criterioso dos ligantes.

O desenvolvimento dos catalisadores para a polimerização de alquenos na segunda metade do século XX, permitindo a produção de polímeros como polipropileno e poliestireno, desencadeou uma revolução nos materiais de embalagem, têxteis e de construção. Os polialquenos geralmente são preparados usando-se catalisadores organometálicos. Os catalisadores podem ser homogêneos, homogêneos heterogeneizados ou heterogêneos, e a polimerização é um bom exemplo de como a catálise homogênea influenciou o planejamento de importantes catalisadores heterogêneos industriais. Os três tipos de catalisadores são discutidos nesta seção.

O eteno está disponível na natureza na forma de gás natural e a partir do petróleo pelo craqueamento a vapor de hidrocarbonetos pesados. Ele pode ser convertido em alquenos de cadeia longa bem mais valiosos, algumas vezes ainda chamados de olefinas, por processos como o Shell Higher Olefin Process (SHOP). Esse processo foi desenvolvido para a conversão do eteno em alquenos internos C10 a C14, isto é, alquenos no quais a ligação dupla não está no final da cadeia de carbono. O alqueno produzido é convertido principalmente em álcoois primários lineares para o uso em detergentes, mas eles podem ser modificados para se obter alquenos lineares com qualquer tamanho de cadeia. O SHOP é um processo de três etapas. A primeira etapa é **oligomerização** do alqueno por catálise homogênea, para formar cadeias pequenas com até 10 unidades do monômero. O catalisador é gerado *in situ* a partir do bis(ciclo-octadieno)níquel(0) e um ligante bidentado fosfina carboxilato. Um complexo de hidreto de níquel é gerado pelo deslocamento do ciclo-octadieno pela entrada da molécula de eteno. Um deslocamento inicial de hidreto (uma reação de inserção 1,2; Seção 22.25) é seguido por sucessivas migrações de alqueno para construir o oligômero:

A cadeia de hidrocarboneto finalmente termina por uma eliminação β para produzir um alqueno terminal:

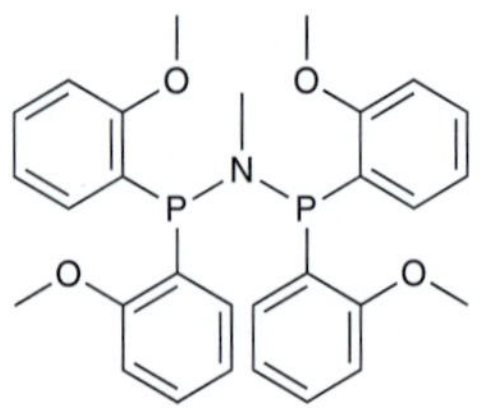

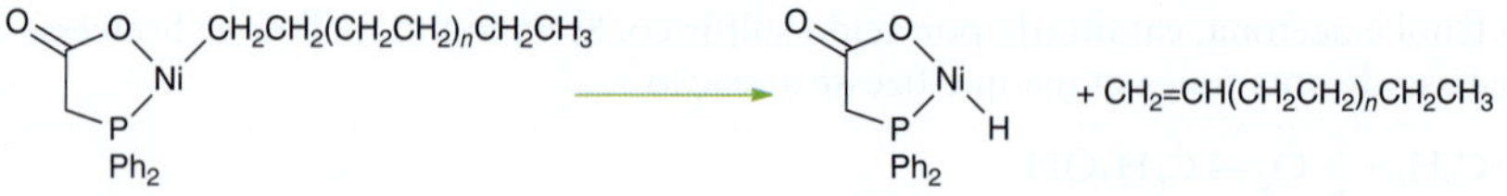

Os produtos são α-alquenos lineares (com a ligação dupla entre o primeiro e o segundo átomos de carbono) com 4 a 20 átomos de carbono e são separados por destilação fracionada.

Os produtos podem então sofrer isomerização ou metátese formando alquenos internos (Seção 25.3) ou serem transformados em aldeídos ou álcoois por hidroformilação (Seção 25.5). Enquanto o sistema SHOP não é muito seletivo (os produtos precisam ser separados), alguns outros catalisadores são muito eficientes para oligomerização seletiva. Por exemplo, um catalisador homogêneo do cromo, gerado *in situ* pela mistura de um halogeneto de Cr(II) ou Cr(III) com uma fosfina chamada PNP (**15**), seguida por ativação com metilaluminoxano (MAO, em inglês) sob eteno, forma um sistema que é muito ativo para a trimerização do eteno, resultando em 99,9% de 1-hexeno. Esse sistema não gera produtos secundários poliméricos, o que é importante na indústria em que os reatores precisam estar livres de materiais sólidos. Trocando-se o ligante PNP por outros, obtêm-se outros produtos: o $Ph_2PN(iPr)PPh_2$ gera 1-octeno e 1-hexeno como produtos principais.

Na década de 1950, J.P. Hogan e R.L. Banks descobriram que óxidos de cromo suportados em sílica, o chamado **catalisador de Philips**, polimerizam alquenos, formando polienos de cadeia longa. Também nos anos de 1950, K. Ziegler, trabalhando na Alemanha, desenvolveu um catalisador para polimerização do eteno, baseado num catalisador formado a partir de $TiCl_4$ e $Al(C_2H_5)_3$. Logo depois disso, G. Natta, na Itália, utilizou esse tipo de catalisador para polimerização estereoespecífica do propeno. Hoje são muito usados os catalisadores de **Ziegler-Natta** e os catalisadores heterogêneos à base de cromo para polimerização.

Os detalhes completos do mecanismo dos catalisadores de Ziegler-Natta ainda são incertos, mas o **mecanismo de Cossee-Arlman** é considerado altamente plausível (Fig. 25.26). O catalisador é preparado a partir de $TiCl_4$ e $Al(C_2H_5)_3$, que reagem para formar o $TiCl_3$ polimérico misturado com $AlCl_3$ na forma de um pó fino. O alquilalumínio alquila um átomo de Ti na superfície do sólido, e uma molécula de eteno coordena-se no sítio vazio vizinho. Nas etapas de propagação da polimerização, o alqueno coordenado sofre uma reação de inserção migratória, e tal migração abre outra posição vizinha e a reação pode continuar e a cadeia polimérica pode crescer. A liberação do polímero do átomo metálico ocorre por eliminação de hidrogênio β, terminando a cadeia. Um pouco de catalisador permanece no polímero, mas o processo é tão eficiente que essa quantidade é desprezível.

O mecanismo proposto para a polimerização de alquenos com o catalisador de Philips envolve a coordenação inicial de uma ou mais moléculas de alqueno a um sítio de Cr(II) da superfície, seguida por um rearranjo a metalocicloalcanos em um sítio formalmente de Cr(IV). Diferentemente dos catalisadores de Ziegler-Natta, o catalisador em fase sólida não necessita de um agente alquilante para iniciar a reação de polimerização; ao contrário, acredita-se que essa espécie seja gerada diretamente pelo metalocicloalcano ou pela formação de um etenil-hidreto pela quebra de uma ligação C–H no sítio do cromo.

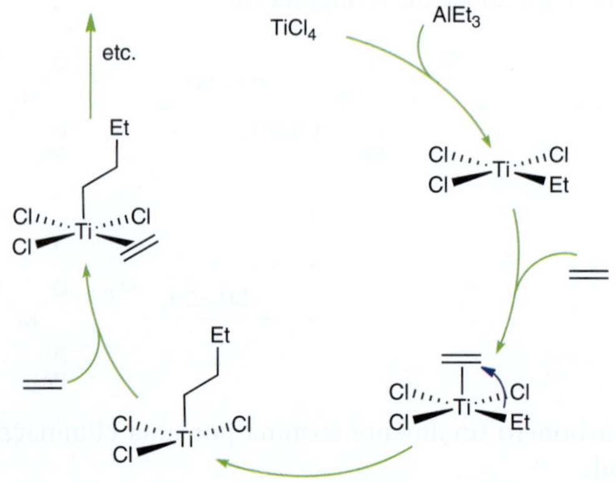

Figura 25.26 O mecanismo de Cossee-Arlman para a polimerização catalítica do eteno. Note que os átomos de Ti não estão isolados, mas são parte de uma estrutura estendida contendo pontes de cloreto.

Catalisadores homogêneos assemelhados aos catalisadores de Philips e de Ziegler-Natta fornecem indicações adicionais sobre o caminho da reação e são de considerável importância industrial por si só, sendo usados comercialmente para a síntese de polímeros especiais. **Catalisadores de Kaminsky** utilizam metais do Grupo 4 (Ti, Zr e Hf) e estão baseados no sistema bis(ciclopentadienila)metal: o complexo com anéis inclinados $[Zr(\eta^5\text{-}Cp)_2(CH_3)L]^+$ (16) é um bom exemplo. Estes complexos metalocenos do Grupo 4 catalisam a polimerização de alqueno por meio de sucessivas etapas de inserção que envolvem a coordenação prévia do alqueno a um centro metálico eletrofílico. Estes tipos de catalisadores são usados na presença do chamado metilaluminoxano (MAO), um composto mal definido de fórmula aproximada $(MeAlO)_n$, que, dentre outras funções, serve para metilar um cloreto de partida complexo. Os catalisadores de Kaminsky também podem ser suportados em sílica e são usados industrialmente para polimerização de α-alquenos e estireno. Esses são, portanto, exemplos de **catalisadores homogêneos heterogeneizados**.

Complicações adicionais surgem com alquenos diferentes do eteno. Discutiremos apenas os alquenos terminais, como propeno e estireno, uma vez que estes são relativamente simples. A primeira complicação a se considerar advém do fato de que as duas extremidades da molécula do alqueno são diferentes. Em princípio, é possível o polímero se formar por diferentes interações como cabeça-cabeça (17), cabeça-cauda (18) ou aleatoriamente. Estudos com catalisadores como (16) mostram que a cadeia em crescimento migra preferencialmente para o átomo de C mais substituído do alqueno, formando uma cadeia polimérica que contém apenas conexões cabeça-cauda:

Se considerarmos o propeno, podemos ver que o alqueno coordenado produzirá uma tensão estérea menor se sua extremidade menor, o CH_2, apontar na direção da fenda do catalisador $(Cp)_2Zr$ (19), do que se for a extremidade maior que contém a metila (20). A migração da cadeia polimérica ocorrerá, assim, adjacente à extremidade do substituinte metila da molécula de propeno, e será a este átomo de C substituído com uma metila que a cadeia se ligará, produzindo uma sequência cabeça-cauda na cadeia polimérica como um todo.

A segunda modificação estrutural do polipropeno é a sua **taticidade**, as orientações relativas dos grupos vizinhos no polímero. Em um polipropeno **isotático** regular, todos os grupos metila estão do mesmo lado da cadeia polimérica (21). No polipropileno **sindiotático** regular, as orientações dos grupos metila são alternadas ao longo da cadeia polimérica (22). Em um polipropeno **atático**, a orientação dos grupos metila vizinhos é aleatória (23). Controlar a taticidade de um polímero corresponde a controlar a estereoespecificidade das etapas da reação. A orientação dos grupos vizinhos não é apenas de interesse acadêmico, pois a orientação possui um efeito significativo nas propriedades do polímero. Por exemplo, os pontos de fusão do polipropeno isotático, sindiotático e atático são de 165°C, 130°C e abaixo de 0°C, respectivamente.

Com um catalisador de Zr como (19), não é possível controlar a taticidade do polipropeno, resultando num polímero atático. Entretanto, com outros catalisadores é possível controlar a taticidade. O tipo de catalisador normalmente usado para controlar a taticidade possui um átomo metálico ligado a dois grupos indenila, os quais estão ligados por uma ponte CH_2CH_2. A reação do fragmento bis(indenila) com um sal metálico origina três compostos: dois enantiômeros (24) e (25), que possuem simetria C_2, e um composto não quiral (26). Esses compostos são chamados de *ansa*-metalocenos (o nome é derivado do latim para "alça" e é usado para indicar uma ponte). É possível separar os dois enantiômeros dos compostos não quirais, e ambos os enantiômeros desses *ansa*-metalocenos podem catalisar a polimerização estereorregular do propeno.

Se considerarmos agora a coordenação do propeno a um dos compostos enantioméricos (24) ou (25), além do fator estéreo indicado acima (o grupo CH_2 apontando para a fenda do catalisador), temos uma segunda restrição. Dos dois arranjos em

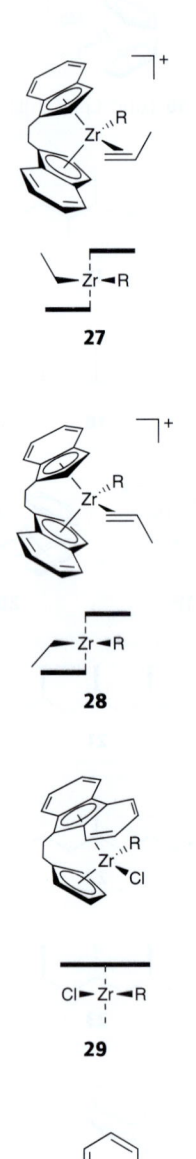

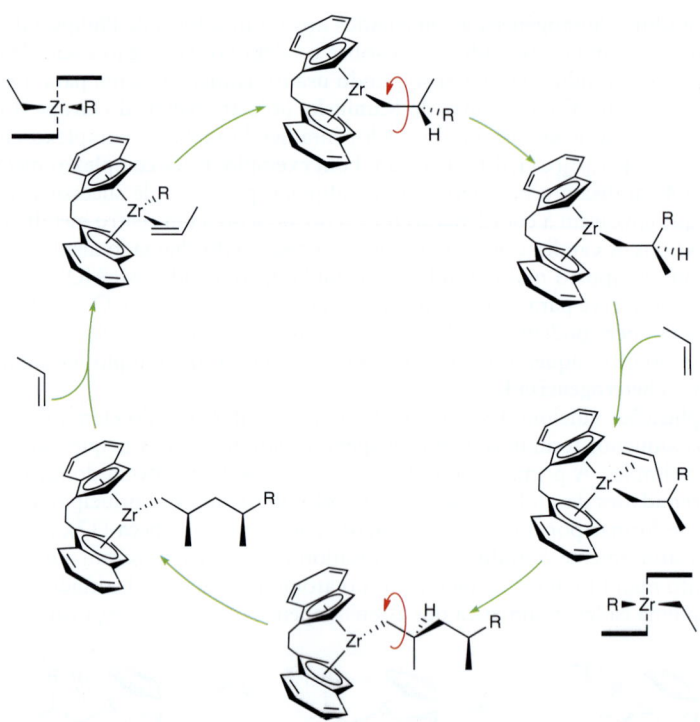

Figura 25.27 Quando o propeno é polimerizado com um catalisador metaloceno indenila, obtém-se o polipropeno isotático. Todas as espécies de zircônio possuem uma carga unitária positiva, que foi omitida para maior clareza.

potencial do grupo metila mostrados em (**27**) e (**28**), o último apresenta uma interação estérea desfavorável para com o anel fenila do grupo indenila. Durante a reação de polimerização, o grupo R irá migrar preferencialmente para um dos lados da molécula de propeno; a coordenação de outro alqueno é, então, seguida pela migração, e assim por diante. A Figura 25.27 mostra como um polipropeno isotático é assim formado.

EXEMPLO 25.5 Controlando a taticidade do polipropeno

Mostre que a polimerização do propeno com um catalisador contendo os grupos fluorenila e ciclopentadienila ligados por CH_2CH_2 (**29**) deve resultar em um polipropeno sindiotático.

Resposta Precisamos considerar como o reagente propeno irá se coordenar ao catalisador: no complexo (**29**), um propeno coordenado irá sempre se coordenar de forma que o grupo metila aponte para longe do grupo fluorenila e em direção ao anel da ciclopentadienila. Uma série de inserções sequenciais de alquenos, como mostrado na Fig. 25.28, deve levar a um produto sindiotático.

Teste sua compreensão 25.5 Demonstre que a polimerização de propeno com um catalisador simples $[Zr(Cp)_2Cl_2]$ deve formar polipropeno atático.

Apesar de os catalisadores metálicos do Grupo 4 serem de longe os mais utilizados para a polimerização de alquenos, catalisadores ativos baseados em outros metais de transição e lantanídeos têm sido relatados. A polimerização com complexos metálicos do Grupo 5 fica limitada por causa das suas instabilidades térmicas, mas o projeto cuidadoso dos ligantes tem permitido a síntese de catalisadores (**30**) termicamente estáveis e altamente ativos para polimerização do eteno na presença de um cocatalisador cloreto de organoalumínio. A atividade catalítica dos complexos de di-imminas com Pd e Ni (**31**) é afetada pelos grupos N-arila do ligante, e grupos doadores de elétrons no grupo arila estabilizam o centro metálico catiônico formando polímeros de alto peso molecular. Vários catalisadores à base de neodímio são usados na indústria para a polimerização do 1,3-butadieno.

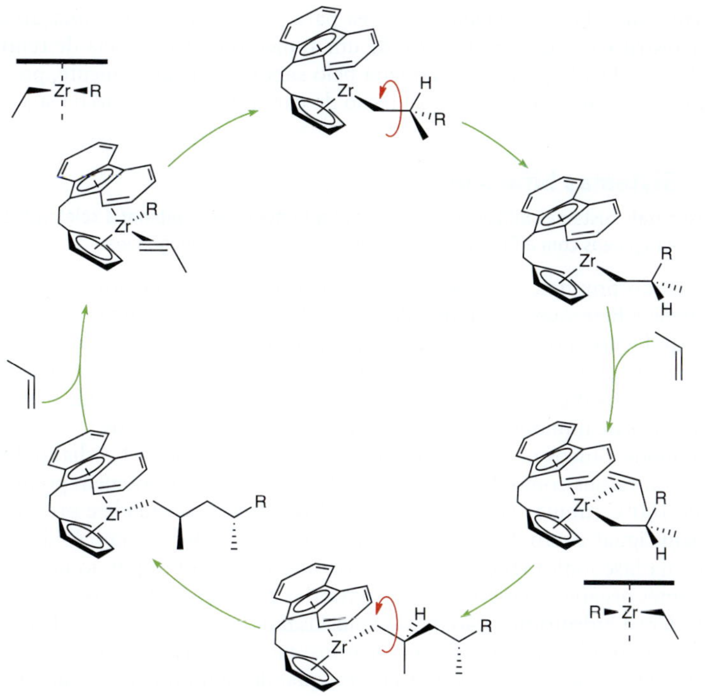

Figura 25.28 Quando o propeno é polimerizado com um catalisador metaloceno de fluorenila, obtém-se polipropeno sindiotático. Todas as espécies de zircônio possuem uma carga unitária positiva, que foi omitida para maior clareza.

25.19 Catalisadores ancorados

Ponto principal: A ancoragem de um catalisador a um suporte sólido permite a sua fácil separação, com pouca perda de sua atividade catalítica.

Uma técnica popular é a **ancoragem** de um catalisador homogêneo a um suporte sólido. Assim, um catalisador de hidrogenação, como o catalisador de Wilkinson, pode ser ligado a uma superfície de sílica por meio de uma longa cadeia de hidrocarboneto:

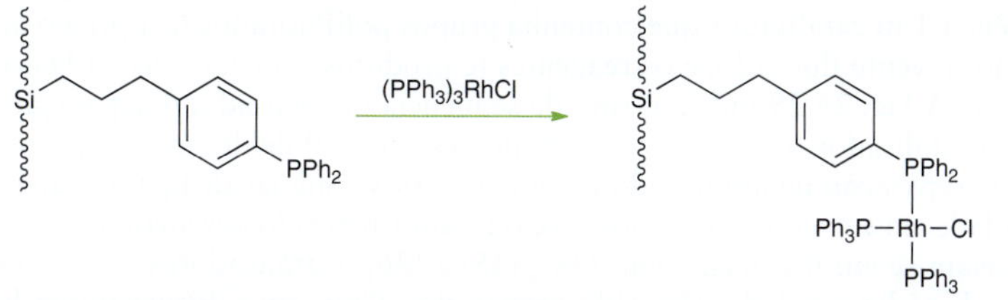

Quando o monólito de sílica é imerso em um solvente, o sítio catalítico de ródio comporta-se como se ele estivesse em solução, praticamente não afetando a sua reatividade. A separação dos produtos do catalisador requer simplesmente a decantação do solvente. Dentre os precursores em sílica funcionalizada comercialmente disponíveis temos os reagentes substituídos com grupos amino, acrilato, alila, benzila, bromo, cloro, ciano, hidroxila, iodo, fenila, estirila e vinila. Reações relativamente simples podem resultar na síntese de um ponto de partida para uma família inteira de vários outros reagentes (como o composto de fosfina no esquema acima). Além da sílica, poliestireno, polietileno, polipropeno e várias argilas têm sido usados como suporte sólido e produzido relatos de heterogenizações bem-sucedidas de muitas reações que dependem de complexos metálicos solúveis.

Em uma recente aplicação desse tipo de catálise, um líquido iônico dicatiônico foi ancorado a nanopartículas de um óxido de ferro superparamagnético e usado como catalisador para uma síntese eficiente de bases de Betti (**32**), que são ligantes quirais muito atraentes para reações enantiosseletivas, bem como precursores para a síntese de moléculas que estão sendo avaliadas quanto aos seus efeitos em bradicardia e hipotensão em humanos. Devido às propriedades magnéticas do catalisador, ele pode ser recuperado facilmente por um simples ímã externo, eliminado a necessidade de filtração.

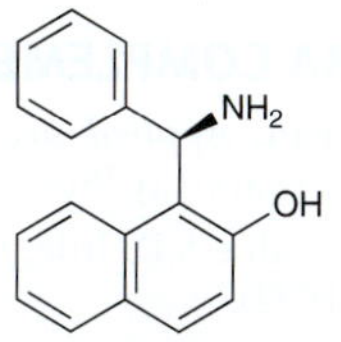

Em alguns casos, a atividade de um catalisador suportado é maior do que a do seu análogo não suportado. Essa melhoria normalmente toma a forma de uma maior seletividade causada pela exigência estérea para que ocorra a aproximação de um catalisador restrito a uma superfície ou de um aumento na frequência de renovação do catalisador produzida pela proteção feita pelo suporte. Frequentemente, porém, os catalisadores suportados sofrem de lixiviação do catalisador e redução da sua atividade.

25.20 Sistemas bifásicos

Ponto principal: Sistemas bifásicos oferecem outra forma de se combinar a seletividade dos catalisadores homogêneos com a fácil separação dos catalisadores heterogêneos.

Outro método popular, que visa a combinar o que há de melhor nos catalisadores homogêneos e heterogêneos, tem sido o uso de duas fases líquidas imiscíveis à temperatura ambiente, porém miscíveis em temperaturas elevadas. A existência de fases imiscíveis, orgânica e aquosa, junto a um composto que facilite a transferência dos reagentes entre as duas fases se tornará familiar; outros dois sistemas dignos de nota são os sistemas de líquidos iônicos e os sistemas bifásicos fluorados.

Os líquidos iônicos normalmente são derivados dos cátions 1,3-dialquilimidazólio (33) com contraíons como PF_6^-, BF_4^- e $CF_3SO_3^-$. Esses sistemas possuem pontos de fusão abaixo de 100°C (muitas vezes bem abaixo disso), alta viscosidade e pressão de vapor efetivamente igual a zero. Fazendo-se com que os catalisadores sejam solúveis preferencialmente na fase iônica (Seção 4.13g) (tornando-os, por exemplo, iônicos), é possível usar solventes orgânicos imiscíveis para extrair os produtos orgânicos. Como um exemplo, considere a hidroformilação de alquenos usando um catalisador de Rh com ligante fosfina. Quando o ligante usado é a trifenilfosfina, o catalisador é extraído do líquido iônico juntamente aos produtos. Entretanto, quando se utiliza como ligante uma trifenilfosfina sulfonada iônica, o catalisador permanece no líquido iônico e a separação do produto do catalisador é completa. É preciso ter em mente que a fase do líquido iônico nem sempre é inerte e pode induzir outras reações.

Os sistemas bifásicos fluorados, que consistem geralmente em um hidrocarboneto fluorado e um solvente orgânico "normal", como o metilbenzeno, oferecem duas vantagens principais sobre as fases orgânica/aquosa: a fase fluorada é inerte, de forma que grupos sensíveis (como grupos que podem hidrolisar facilmente) são estáveis nela, e os solventes polifluorados e os hidrocarbonetos, que não são miscíveis à temperatura ambiente, tornam-se miscíveis ao serem aquecidos, formando um sistema genuinamente homogêneo. Um catalisador que contenha grupos polifluorados fica preferencialmente retido no solvente fluorado, e os reagentes (e produtos) são solúveis na fase do hidrocarboneto. A Fig. 25.29 indica o tipo de sequência que é usado. A separação dos produtos do catalisador torna-se então, um processo trivial de decantação, com a correspondente separação de um líquido de outro. Vários sistemas de ligantes que conferem solubilidade em solventes fluorados ao catalisador têm sido desenvolvidos; geralmente eles baseiam-se em fosfinas, como (34), (35) e (36). Catalisadores com esses ligantes e à base de ródio e paládio têm sido preparados. Com um solvente fluorado como o perfluoro-1,3-dimetilciclo-hexano (37), a miscibilidade com a fase orgânica ocorre a 70°C, e esses catalisadores vêm sendo usados em reações de hidrogenação (Seção 25.4), hidroformilação (Seção 25.5) e hidroboração.

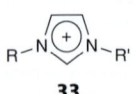

33

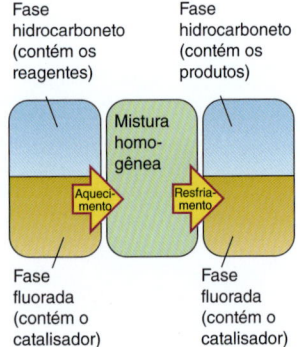

Figura 25.29 Sequência de etapas de um processo catalítico que emprega um sistema bifásico fluorado.

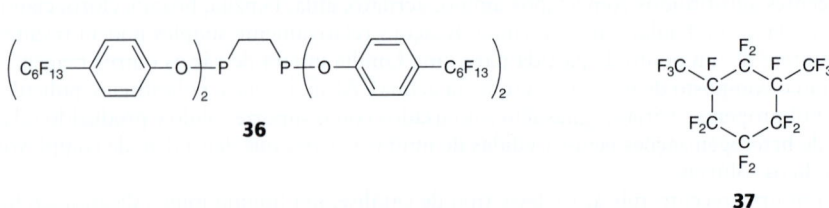

LEITURA COMPLEMENTAR

R. Whyman, *Applied organometallic chemistry and catalysis*. Oxford University Press (2001).

G.W. Parshall e S.D. Ittle, *Homogeneous catalysis*. Jonh Wiley & Sons (1992).

H.H. Brintzinger, D. Fischer, R. Mülhaupt, B. Rieger e R.M. Waymouth, *Angew. Chem., Int. Ed. Engl.*, 1995, 34, 1143. Uma revisão da área de controle da taticidade de polímeros.

P. Espinet e A.M. Echavarren, *Angew. Chem., Int. Ed. Engl.*, 2004, 43, 4704. Uma boa revisão sobre a reação de Stille, que aborda os mecanismos de todas as reações de acoplamento catalisadas por paládio.

Chem. Rev., 2002, **102**, 3215. Uma edição completa de um importante jornal dedicada aos catalisadores homogêneos suportados.

E.G. Hope e A.M. Stuart, *J. Fluorine Chem.*, 1999, **100**, 75. Discussão detalhada dos sistemas bifásicos fluorados.

T.M. Trnka e R.H. Grubbs, *Acc. Chem. Res.*, 2001, **34**, 18. Uma revisão do desenvolvimento dos catalisadores para metátese de alquenos.

V. Ponec e G.C. Bond, *Catalysis by metal and alloys*. Elsevier (1995). Uma ampla discussão das bases da quimissorção e da catálise por metais.

R.D. Srivtava, *Heterogeneous catalytic science*. CRC Press (1988). Uma abordagem dos métodos experimentais e de vários processos catalíticos heterogêneos importantes.

M. Bowker, *The basis and applications of heterogeneous catalysis*. Oxford Chemistry Primers vol 53. Oxford University Press (1998). Uma abordagem concisa da catálise heterogênea.

J.M. Thomas e W.J. Thomas, *Principles and practice of heterogeneous catalysis*. VCH (1997). Agradável introdução dos princípios fundamentais da catálise heterogênea escrita pelos mais renomados especialistas no assunto.

K.M. Neyman e F. Illas, Theoretical aspects of heterogeneous catalysis: applicatios of density functional methods. *Catalysis Today*, 2005, **105**, 15. Métodos de modelagem aplicados à catálise heterogênea.

M.A. Keane, Ceramics for catalysis. *J. Mater. Sci.*, 2003, **38**, 4661. Uma visão sobre catálise heterogênea ilustrada com três métodos bem estabelecidos: (i) catálise usando zeólitas; (ii) conversores catalíticos; (iii) pilhas a combustível de óxidos sólidos.

F.S. Stone, Research perspectives during 40 years of the Journal of Catalysis. *J. Catal.*, 2003, **216**, 2. Uma perspectiva histórica sobre o desenvolvimento da catálise.

G. Rothenberg, *Catalysis: concepts and green applications*. Wiley-VCH (2008). Catálise e sustentabilidade.

D.K. Chakrabarty e B. Viswanathan, *Heterogeneous catalysis*. New Age Science Ltd (2008).

D. Takeichi, Recent progress in olefin polymerization catalysed by transition metal complexes: new catalysts and new reactions, *Dalton Trans.*, 2010, **39**, 311-328.

D. Astruc, The metathesis reactions: from a historical perspective to recent developments, *New J. Chem.*, 2005, **29**, 42-56. Uma agradável abordagem do desenvolvimento desta área.

EXERCÍCIOS

25.1 Quais dos seguintes itens constituem exemplos genuínos de catálise, e quais não? Apresente seu raciocínio. (a) Adição de H_2 a C_2H_4, levando a mistura em contato com platina finamente dividida. (b) Reação de uma mistura gasosa H_2/O_2 quando submetida a um arco voltaico. (c) Combinação do gás N_2 com lítio metálico para produzir Li_3N, o qual então reage com H_2O para formar NH_3 e LiOH.

25.2 Defina os termos: (a) frequência de renovação, (b) seletividade, (c) catalisador, (d) ciclo catalítico, (e) suporte catalítico.

25.3 Classifique os seguintes itens como catálise homogênea ou heterogênea, apresentando suas justificativas. (a) Aumento da velocidade de oxidação do $SO_2(g)$ por $O_2(g)$, formando $SO_3(g)$, pela presença de NO(g); (b) hidrogenação de um óleo vegetal líquido usando-se um catalisador de níquel finamente dividido; (c) conversão de uma solução aquosa de D-glicose em uma mistura D,L catalisada por HCl(aq).

25.4 Imagine que você é abordado por um industrial com uma proposta para desenvolver catalisadores para os seguintes processos, a 80°C, sem emprego de energia elétrica ou radiação eletromagnética:

(a) decomposição da água em H_2 e O_2
(b) decomposição do CO_2 em C e O_2
(c) combinação de N_2 com H_2 para produzir NH_3
(d) hidrogenação das duplas ligações de um óleo vegetal

A empresa construirá uma planta para realizar o processo e você receberá a metade dos lucros. Quais desses seriam fáceis de executar, quais poderiam ser candidatos razoáveis para uma investigação e quais estariam fora de cogitação? Indique os fundamentos químicos para a sua decisão em cada caso.

25.5 A adição de PPh_3 a uma solução do catalisador de Wilkinson, $[RhCl(PPh_3)_3]$, reduz a frequência de renovação para a hidrogenação do propeno. Dê uma explicação mecanística plausível para essa observação.

25.6 As velocidades de absorção do H_2 gasoso (em $dm^3\ mol^{-1}\ s^{-1}$) por alquenos, catalisada por $[RhCl(PPh_3)_3]$, em benzeno a 25°C são: hexeno, 2910; *cis*-4-metil-2-penteno, 990; ciclo-hexeno, 3160; 1-metilciclo-hexeno, 60. Sugira a origem das tendências e identifique a etapa de reação afetada no mecanismo proposto (Fig. 25.5).

25.7 Esboce o ciclo catalítico para a produção do butanal a partir do prop-1-eno. Identifique a etapa na qual ocorre a seletividade para o isômero *n* ou *iso*.

25.8 Desenho o ciclo catalítico para a polimerização Ziegler-Natta do propeno. Explique cada etapa envolvida e preveja as propriedades físicas do polímero formado.

25.9 A análise espectroscópica no infravermelho de uma mistura de CO, H_2 e 1-buteno nas condições que produzem hidroformilação indica a presença, na mistura reacional, do composto (E) da Fig. 25.7. A mesma mistura reacional, na presença de tributilfosfina, foi estudada por espectroscopia no infravermelho, e nem (E) e nem qualquer outro análogo do complexo substituído com fosfina foi observado. O que a primeira observação sugere como reação determinante da velocidade na ausência da fosfina? Partindo do princípio de que a sequência de reações permanece inalterada, quais são as possíveis reações determinantes da velocidade na presença da tributilfosfina?

25.10 Mostre como a reação do MeCOOMe com CO, nas condições do processo do ácido etanoico da Monsanto, pode levar ao anidrido etanoico.

25.11 Sugira razões para a ocorrência das seguintes reações de polimerização de alqueno: (a) metátese com abertura de anel; (b) metátese com fechamento de anel.

25.12 (a) Partindo do complexo de alqueno mostrado na Fig. 25.9, com a *trans*-DHC=CHD em vez do C_2H_4, assuma que o OH^- em solução ataca do outro lado do metal. Faça um desenho estereoquímico do composto resultante. (b) Assuma que o ataque ao *trans*-DHC=CHD coordenado é feito por um ligante OH^- coordenado ao Pd e desenhe a estereoquímica do composto resultante. (c) A estereoquímica seria capaz de diferenciar entre essas etapas propostas no processo Wacker?

25.13 As superfícies de aluminossilicato das zeólitas atuam como ácidos fortes de Brønsted, enquanto que a sílica gel é um ácido muito fraco. (a) Dê uma explicação para o aumento da acidez causado pela presença do Al^{3+} na rede cristalina de sílica. (b) Indique outros três íons que possam aumentar a acidez da sílica.

25.14 Por que o catalisador de platina-ródio encontra-se disperso sobre uma superfície de cerâmica nos conversores catalíticos dos automóveis, em vez de ser usado na forma de uma folha fina?

25.15 Sabe-se que os alcanos trocam átomos de hidrogênio com deutério gasoso se estiverem sobre algum catalisador de platina metálica. Quando o 3,3-dimetilpentano, na presença de D_2, é exposto a um catalisador de platina e os gases são observados antes que a reação tenha avançado muito, o produto principal é o $CH_3CH_2C(CH_3)_2CD_2CD_3$, mais o 3,3-dimetilpentano que não reagiu. Proponha um mecanismo plausível para explicar essa observação.

25.16 A eficácia da platina em catalisar a reação $2H^+(aq) + 2e^- \rightarrow H_2(g)$ é muito diminuída na presença de CO. Sugira uma explicação.

25.17 Descreva o papel da eletrocatálise na redução da sobretensão na reação de redução do oxigênio nas pilhas a combustível.

25.18 Verifique se estão corretas cada uma das seguintes afirmações e faça correções, quando necessário.
(a) Um catalisador cria um novo caminho de reação com entalpia de ativação menor.
(b) Uma vez que a energia de Gibbs é mais favorável para uma reação catalítica, a catálise aumenta o rendimento do produto.
(c) Um exemplo de um catalisador homogêneo é o catalisador de Ziegler-Natta, que é feito a partir de $TiCl_4(l)$ e $Al(C_2H_5)_3(l)$.
(d) Energias de Gibbs altamente favoráveis para a ligação de reagentes e produtos a um catalisador homogêneo ou heterogêneo são a chave para uma atividade catalítica elevada.

PROBLEMAS TUTORIAIS

25.1 Um catalisador pode não diminuir a entalpia de ativação, mas pode mudar significativamente a entropia de ativação. Discuta esse fenômeno. (Veja A. Haim, *J. Chem. Educ.*, 1989, **66**, 935.)

25.2 A adição de promotores pode aumentar ainda mais a velocidade de uma reação catalisada. Descreva como os promotores permitiram ao processo Cativa, baseado no irídio, competir com o processo baseado no ródio para a carbonilação do metanol. (Veja A. Haynes, P.M. Maitlis, G.E. Morris, G.J. Sunley, H. Adams e P.W. Badger, *J. Am. Chem. Soc.*, 2004, **126**, 2847.)

25.3 Quando não há evidências diretas para um mecanismo, os químicos frequentemente invocam analogias com sistemas similares. Descreva como J.E. Bäckvall, B. Åkermark e S.O. Ljunggren (*J. Am. Chem. Soc.*, 1979, **101**, 2411) inferiram o ataque da água não coordenada sobre o $\eta^2\text{-}C_2H_4$ no processo Wacker.

25.4 Enquanto muitos catalisadores enantiosseletivos necessitem da pré-coordenação de um substrato, isso nem sempre é o caso. Use o exemplo da epoxidação assimétrica para demonstrar a validade dessa declaração e indique as vantagens que tais catalisadores podem ter sobre os catalisadores que requerem a pré-coordenação de um substrato (Veja M. Palucki, N.S. Finney, P.J. Pospisil, M.L. Güler, T. Ishida e E.N. Jacobsen, *J. Am. Chem. Soc.*, 1998, **120**, 948).

25.5 Discuta a seletividade de forma com relação aos processos catalíticos envolvendo zeólitas.

25.6 Faça um resumo do potencial impacto da catálise de oxidação heterogênea na química. (Veja J.M. Thomas e R. Raja, Innovations in oxidation catalysis leading to a sustainable society. *Catalysis Today*, 2006, **117**, 22)

25.7 Discuta as aplicações e os mecanismos de catalisadores de oxidação e amoxidação, como o molibdato de bismuto. (Veja, por exemplo, R.K. Grasselli, *J. Chem. Educ.*, 1986, **63**, 216).

25.8 Discuta as vantagens de um suporte sólido em catálise, referindo-se ao uso do $[Ni(POEt)_3]_4$ na isomerização de alquenos. (Veja A.J. Seen, *J. Chem. Educ.*, 2004, **81**, 383; K.R. Birdwhistell e J. Lanza, *J. Chem. Educ.*, 1997, **74**, 579).

25.9 J.A. Botas et al. discutem a conversão catalítica de óleos vegetais em hidrocarbonetos adequados para o uso como biocombustíveis (*Catalysis Today*, 2012, **195**, 1, 59). Qual são as características mais importantes dos catalisadores usados para estas reações? Como se espera que a incorporação de metais de transição modifique as propriedades dos catalisadores? Faça um resumo de como os catalisadores modificados foram preparados e caracterizados. Que reações ocorreram no reator além do craqueamento catalítico? Que reações conduziram aos produtos aromáticos? Quais dos catalisadores modificados produziu mais acúmulo de coque? Explique por que isto não desativou o catalisador.

25.10 O α-pineno é o principal componente da terebintina, e seu polímero não tóxico é usado em uma grande variedade de aplicações industriais como adesivos, vernizes, embalagens de alimentos e chicletes. Novos catalisadores para a polimerização do α-pineno vêm sendo produzidos à base de penta-haletos de nióbio e tântalo (M. Hayatifar, et al., *Catalysis Today*, 2012, **192**, 1, 177). Qual catalisador foi o mais eficiente para a polimerização e por que as condições de reação são tão atrativas? Descreva a natureza das interações entre o catalisador e o α-pineno.

25.11 A. Arbaoui e C. Redshaw (*Polym. Chem.*, 2010, **1**, 801) apresentaram uma revisão dos catalisadores para a síntese de polímeros biodegradáveis via polimerização por metátese com abertura de anel. Faça um resumo sobre a necessidade de polímeros biodegradáveis e por que são necessários novos catalisadores. A partir dos detalhes fornecidos, identifique quais grupos de metais produzem os catalisadores mais ativos e com quais tipos de ligantes. Ilustre com exemplos.

25.12 Os catalisadores de Schrock e Grubbs são muito usados para reações de metátese de alquenos. Escreva uma resenha de como esses catalisadores homogêneos estão sendo heterogeneizados.

Química inorgânica biológica

26

Os organismos vivos têm se aproveitado das propriedades químicas dos elementos de forma extraordinária, fornecendo exemplos de coordenações específicas que estão bem acima das observadas nos compostos simples. Este capítulo descreve como os diferentes elementos são capturados seletivamente por diferentes células e compartimentos intracelulares e as várias formas em que eles são empregados. Discutiremos as estruturas e funções dos complexos e dos materiais que são formados no ambiente biológico dentro do contexto da química que foi abordada anteriormente no texto.

A química inorgânica biológica (a "química bioinorgânica") é o estudo de como os elementos "inorgânicos" são utilizados em biologia. O foco principal são os íons metálicos, e estamos interessados nas suas interações com os ligantes biológicos e nas propriedades químicas importantes que eles são capazes de exibir e conferir a um organismo vivo. Essas propriedades envolvem a ligação com ligantes, catálise, sinalização, regulação, sensores, defesa e suporte estrutural.

A organização celular

Para entender o papel dos elementos (outros que não C, H, O e N) na estrutura e no funcionamento dos organismos vivos, precisamos conhecer um pouco a estrutura do "átomo" da biologia, a célula, e suas "partículas fundamentais", as organelas constituintes das células.

26.1 A estrutura física das células

Pontos principais: As células vivas e as organelas são envoltas por membranas; as concentrações de elementos específicos podem variar enormemente entre diferentes compartimentos devido à ação das bombas de íons e dos canais chaveados.

As células, a unidade básica de todo organismo vivo, variam em complexidade desde os tipos mais simples, encontrados nos procariontes (bactérias e organismos semelhantes a bactérias hoje classificados como arquea), até os maiores e mais complexos exemplos encontrados nos eucariontes (que incluem os animais e as plantas). As principais características dessas células encontram-se ilustradas no modelo genérico mostrado na Fig. 26.1. As membranas são cruciais para todas as células, atuando como barreiras para a água e os íons e tornando possível o controle de todas as espécies móveis e das correntes elétricas. As membranas são camadas duplas de lipídios, de aproximadamente 4 nm de espessura, nas quais estão embebidas moléculas de proteínas e outros componentes. As membranas em camada dupla possuem grande força lateral, mas dobram-se facilmente. As longas cadeias dos hidrocarbonetos dos lipídios tornam o interior das membranas fortemente hidrofóbico e impermeável aos íons, os quais devem atravessar canais, bombas e outros receptores específicos proporcionados por proteínas especiais da membrana. A estrutura da célula também depende da pressão osmótica, que é mantida por altas concentrações de solutos, como os íons importados pelo transporte ativo das bombas.

A organização celular
26.1 A estrutura física das células
26.2 A composição inorgânica dos organismos vivos

Transporte, transferência e transcrição
26.3 Transporte de sódio e potássio
26.4 Proteínas sinalizadoras de cálcio
26.5 Participação do zinco na transcrição
26.6 Transporte e armazenamento seletivo do ferro
26.7 Transporte e armazenamento de oxigênio
26.8 Transferência de elétrons

Processos catalíticos
26.9 Catálise ácido-base
26.10 Enzimas que atuam sobre H_2O_2 e O_2
26.11 Reações de enzimas contendo cobalto
26.12 Transferência de átomos de oxigênio por enzimas de molibdênio e tungstênio

Ciclos biológicos
26.13 O ciclo do nitrogênio
26.14 O ciclo do hidrogênio

Sensores
26.15 Proteínas de ferro que agem como sensores
26.16 Proteínas sensíveis aos níveis de Cu e Zn

As **figuras** com um asterisco (*) podem ser encontradas on-line como estruturas 3D interativas. Digite a seguinte URL em seu navegador, adicionando o número da figura: www.chemtube3d.com/weller/[número do capítulo]F[número da figura]. Por exemplo, para a Figura 3 no Capítulo 7, digite www.chemtube3d.com/weller/7F03.

Muitas das **estruturas numeradas** podem ser também encontradas on-line como estruturas 3D interativas: visite www.chemtube3d.com/weller/[número do capítulo] para todos os recursos 3D organizados por capítulo.

Biominerais

26.17 Exemplos comuns de biominerais

Perspectivas

26.18 O papel individual dos elementos

26.19 Tendências futuras

Leitura complementar

Exercícios

Problemas tutoriais

As células procarióticas são constituídas de uma fase aquosa contida, o **citoplasma**, que contém o DNA e a maioria dos materiais usados e transformados nas reações bioquímicas. As bactérias são classificadas de acordo com o fato de se estão envoltas por uma membrana simples ou se têm um espaço aquoso intermediário adicional, o **periplasma**, entre a membrana externa e a membrana citoplasmática, e são conhecidas como "Gram-positivas" ou "Gram-negativas", respectivamente, dependendo da sua resposta ao teste de tingimento com um corante violeta. O citoplasma muito mais extenso das células eucarióticas contém subcompartimentos (também envoltos por uma dupla camada de lipídios) conhecidos como **organelas**, que possuem funções altamente especializadas. São organelas o **núcleo** (que guarda o DNA), a **mitocôndria** (as "pilhas a combustível" que realizam a respiração), os **cloroplastos** (as "fotocélulas" que capturam a energia luminosa), o **retículo endoplasmático** (para a síntese de proteínas), o **aparelho de Golgi** (as vesículas que contêm proteínas para serem liberadas), os **lisossomos** (que contêm enzimas que realizam processos de degradação, ajudando a célula a se livrar de resíduos), os **peroxissomos** (que removem o peróxido de hidrogênio prejudicial) e outras regiões de processamento especializadas.

26.2 A composição inorgânica dos organismos vivos

Pontos principais: Os principais elementos biológicos são oxigênio, hidrogênio, carbono, nitrogênio, fósforo, enxofre, sódio, magnésio, cálcio e potássio. Os elementos traço incluem muitos metais d, além de elementos como selênio, iodo, silício e boro. O conjunto de substâncias contendo elementos traço metais e não metais nos organismos vivos é conhecido como metaloma.

O termo **metalômica** refere-se ao estudo sistemático da *metaloma* – o conjunto de compostos traço contendo metal e alguns elementos não metálicos nos organismos vivos. Uma grande variedade de técnicas analíticas é usada para determinar organização, especiação, distribuição, armazenamento, regulação, propriedades dinâmicas e patogenia dos íons metálicos. Um fluxograma do uso dessas técnicas é mostrado na Figura 26.2. O principal objetivo das pesquisas em metalômica é identificar *onde* um determinado íon metálico ou outros elementos traço ligam-se, ou seja, em qual célula, organela, molécula e com quais grupos de ligantes eles se ligam. Um objetivo adicional é estabelecer a dinâmica (mobilidade) de cada íon metálico. Uma investigação em metalômica começa com a obtenção de uma amostra de órgão ou tecido, seguida de rompimento das células e separação dos seus diferentes componentes. Técnicas instrumentais são então aplicadas, como a espectrometria de massas e métodos espectroscópicos de absorção e emissão ultrassensíveis, a obtenção de imagens de alta resolução e o sequenciamento de proteínas e ácidos nucleicos. Esses procedimentos experimentais são complementados por métodos computacionais. Informações derivadas dos estudos em metalômica têm uma importante função no desenvolvimento de fármacos, como será visto no Capítulo 27.

A Tabela 26.1 apresenta muitos dos elementos usados pelos sistemas vivos, embora não necessariamente por formas de vida superiores (concentrações em mol dm^{-3}, frequentemente abreviado por M^{-1} (molar)). Todos os elementos do segundo e terceiro períodos são usados (com exceção do Be, do Al e dos gases nobres), assim como a maioria dos elementos 3d, enquanto que Cd, Br, I, Mo e W são os únicos elementos pesados que até agora tiveram suas funções biológicas confirmadas. Vários outros elementos, como Li, Ga, Tc, Ru, Gd, Pt e Au, vêm tendo aplicações cada vez mais bem-entendidas em medicina (Capítulo 27).

Os elementos biologicamente essenciais podem ser divididos, de maneira geral, em "principais" ou "traço", embora os níveis variem consideravelmente entre os organismos vivos e entre os diferentes componentes dos organismos. Por exemplo, o Ca tem pequena participação nos microrganismos, mas é abundante nas formas de vida superiores, enquanto que o uso do Co pelos organismos superiores necessita que ele seja incorporado em um cofator especial (a cobalamina) por microrganismos. Existe uma necessidade provavelmente universal de K, Mg, Fe e Mo. O vanádio é usado por animais e plantas inferiores, assim como por algumas bactérias. O níquel é essencial para a maioria dos microrganismos, inclusive patógenos como a *Helicobacter pylori* (Seção 27.3), e é usado pelas plantas, mas não existe evidência de que tenha qualquer participação direta nos animais. O uso biológico dos diferentes elementos deve-se, principalmente, às suas disponibilidades. O Zn, por exemplo, tem um uso bastante generalizado (junto ao Fe, situa-se entre os elementos traço biologicamente mais abundantes), enquanto que o Co (um elemento relativamente raro) está restrito essencialmente à cobalamina. A atmosfera primitiva (há mais de 2,3 Ga)[1], sendo altamente redutora, possibilitou ao

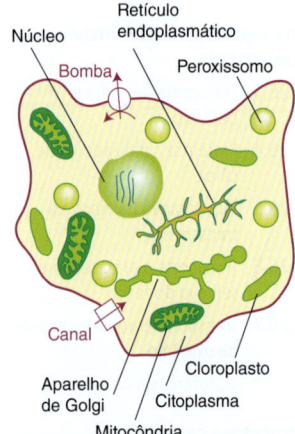

Figura 26.1 Esquema de uma célula eucariótica genérica mostrando a membrana celular, os vários tipos de compartimentos (organelas), as bombas ligadas à membrana e os canais que controlam o fluxo de íons entre os compartimentos.

---

[1] As evidências geológicas e geoquímicas atuais datam o surgimento do O$_2$ atmosférico entre 2,2 e 2,4 Ga atrás (1Ga = 10^9 anos). É provável que esse gás tenha se formado como resultado das primeiras ações catalíticas do cluster de Mn fotossintético, descrito na Seção 26.10.

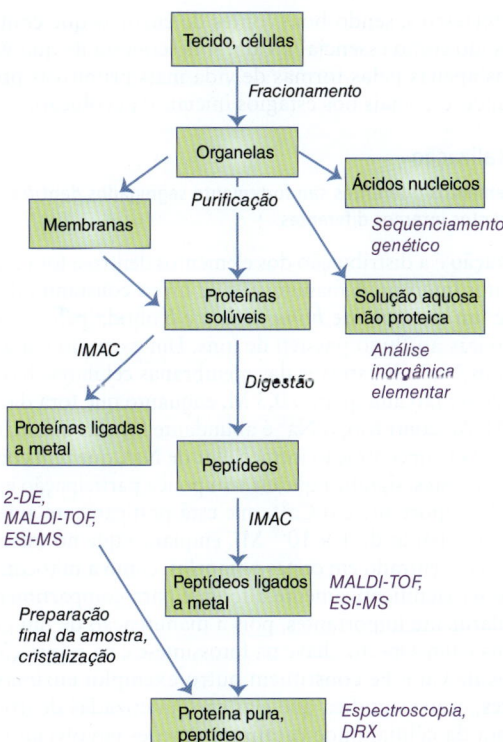

Figura 26.2 Fluxograma de uma investigação em metalômica, mostrando como as proteínas ligadas a um metal são separadas e identificadas no material biológico usando-se uma sequência sistemática de separação e processos analíticos (cromatografia por afinidade de metal imobilizado (IMAC, em inglês), eletroforese bidimensional em gel (2-DE, em inglês)).

Fe estar livremente disponível como sais de Fe(II) solúveis, enquanto que o Cu estava aprisionado sob a forma de sulfetos insolúveis (assim como o Zn). De fato, o Cu não é encontrado nas arqueas (as quais se acredita terem se desenvolvido em tempos anteriores à presença do oxigênio), inclusive as hipertermófilas, que são organismos capazes de sobreviver em temperaturas superiores a 100°C. Esses organismos são encontrados em chaminés submarinas hidrotérmicas em grande profundidade nos oceanos e em

Tabela 26.1 Concentrações aproximadas, $\log\{[J]/(\text{mol dm}^{-3})\}$, quando conhecidas, dos elementos em diferentes áreas biológicas (exceto C, H, O, N, P, S e Se)

Elemento	Fluidos externos (água do mar)	Íons livres nos fluidos externos (plasma sanguíneo)	Citoplasma (íons livres)	Comentários sobre o seu estado na célula
Na	$>10^{-1}$	10^{-1}	$<10^{-2}$	Não ligado
K	10^{-2}	4×10^{-3}	$\leq 3 \times 10^{-1}$	Não ligado
Mg	$>10^{-2}$	10^{-3}	$c.10^{-3}$	Fracamente ligado como um complexo de ATP
Ca	$>10^{-3}$	10^{-3}	$c.10^{-7}$	Concentrado em algumas vesículas
Cl	10^{-1}	10^{-1}	10^{-2}	Não ligado
Fe	10^{-17} (Fe(III))	10^{-16} (Fe(III))	$<10^{-7}$ (Fe(II))	O excesso de Fe livre é tóxico dentro e fora das células (reações de Fenton)
Zn	$<10^{-8}$	10^{-9}	$<10^{-11}$	Totalmente ligado, mas pode ser trocado
Cu	$<10^{-10}$ (Cu(II))	10^{-12}	$<10^{-15}$ (Cu(I))	Totalmente ligado, sem mobilidade; principalmente fora do citoplasma
Mn	10^{-9}		$c.10^{-6}$	Concentração mais alta nos cloroplastos e vesículas
Co	10^{-11}		$<10^{-9}$	Totalmente ligado (cobalamina)
Ni	10^{-9}		$<10^{-10}$	Totalmente ligado
Mo	10^{-7}		$<10^{-7}$	A maior parte ligada

c. = cerca de

nascentes quentes terrestres, sendo boas fontes de enzimas que contêm W, o elemento mais pesado conhecido como essencial à vida. A descoberta de que W, Co e grande parte do Ni são usados apenas pelas formas de vida mais primitivas provavelmente é um reflexo dos seus papéis especiais nos estágios iniciais da evolução.

(a) Compartimentalização

Ponto principal: Elementos diferentes são fortemente segregados dentro e fora da célula e também entre compartimentos internos diferentes.

A **compartimentalização** é a distribuição dos elementos dentro e fora da célula e entre diferentes compartimentos internos. A manutenção de níveis constantes de íons em diferentes regiões biológicas é um exemplo de *homeostasia* e é obtida pelo fato de as membranas atuarem como barreiras ao fluxo passivo de íons. Um exemplo é a grande diferença de concentração dos íons Na^+ e K^+ através das membranas celulares. No citoplasma, a concentração de K^+ pode ser tão alta quanto 0,3 M, enquanto que fora da célula é geralmente inferior a 5×10^{-3} M. Ao contrário, o Na^+ é abundante fora da célula, mas escasso dentro dela; na verdade, a baixa concentração intracelular de Na^+, que tem como característica se ligar fracamente aos ligantes, significa que ele tem pouca participação específica na bioquímica. Outro exemplo importante é o Ca^{2+}, que está praticamente ausente do citoplasma (sua concentração está abaixo de 1×10^{-7} M), enquanto que no meio extracelular é um cátion comum e está concentrado em certas organelas, como a mitocôndria. O fato de que o pH também pode ser significativamente diferente para compartimentos diferentes tem implicações particularmente importantes, pois a manutenção de um gradiente de próton através da membrana é um aspecto-chave na fotossíntese e na respiração.

As distribuições de Cu e Fe constituem outro exemplo: enzimas de Cu são geralmente **extracelulares**, o que significa que elas são sintetizadas dentro da célula e então segregadas para fora da célula, onde catalisam reações envolvendo O_2. Ao contrário, as enzimas de Fe são mantidas dentro da célula. Essa diferença pode ser entendida com base no fato de que os estados inativos desses elementos são Fe(III) e Cu(I) (ou mesmo Cu metálico), e os organismos evoluíram para garantir que Fe fosse mantido em um ambiente relativamente redutor e o Cu em um ambiente relativamente oxidante.

A captura seletiva de íons metálicos tem aplicações industriais, uma vez que se sabe que muitos organismos vivos e órgãos concentram determinados elementos. Assim, as células do fígado são uma boa fonte de cobalamina[2] (Co) e o leite é rico em Ca. Certas bactérias acumulam Au e, desta forma, fornecem um modo incomum de se obter esse precioso metal. A compartimentalização é um aspecto importante no planejamento de complexos metálicos que são usados em medicina (Capítulo 27).

O tamanho muito pequeno das bactérias e organelas levanta um ponto interessante em relação à dimensão da escala, uma vez que as espécies presentes em concentrações muito baixas, em regiões muito pequenas, podem estar representadas por apenas uns poucos átomos individuais ou moléculas. Por exemplo, o citoplasma de uma célula bacteriana com 10^{-15} dm^3 de volume, em pH = 6, conterá menos de 1000 íons H^+ "livres". De fato, qualquer elemento nominalmente presente em menos de 1 nmol dm^{-3} pode estar completamente ausente em determinadas situações. A palavra "livre" é significativa, particularmente para íons metálicos, como o Zn^{2+}, que estão numa posição alta na série de Irving-Williams (Seção 20.1); mesmo uma célula eucariótica com uma concentração total de Zn de 0,1 mmol dm^{-3} pode conter muito poucos íons Zn^{2+} que não estejam complexados.

Duas questões importantes surgem no contexto da compartimentalização. Primeiro, o processo necessita de energia, porque os íons precisam ser bombeados contra um gradiente de potencial químico desfavorável. Entretanto, uma vez estabelecida uma diferença de concentração, há uma diferença de potencial elétrico através da membrana que divide as duas regiões. Por exemplo, se as concentrações de íons K^+ em ambos os lados de uma membrana são $[K^+]_{interno}$ e $[K^+]_{externo}$, então a contribuição para a diferença de potencial através da membrana é

$$\Delta\phi = \frac{RT}{F} \ln \frac{[K^+]_{interno}}{[K^+]_{externo}} \qquad (26.1)$$

Essa diferença de potencial elétrico é uma forma de armazenar energia, a qual é liberada quando os íons escoam de volta para as suas concentrações naturais. Segundo, o transporte seletivo de íons precisa ocorrer através de canais de íons construídos por

---

[2] Em nutrição, os complexos comuns de cobalamina que são ingeridos são conhecidos como vitamina B_{12}.

proteínas que se estendem sobre as membranas, algumas das quais liberam íons mediante o recebimento de um sinal químico ou elétrico, enquanto que outras, as **transportadoras** e as **bombas**, transferem íons contra um gradiente de concentração usando a energia fornecida pela hidrólise do trifosfato de adenosina (ATP, em inglês). A seletividade desses canais é exemplificada pelo transporte altamente discriminatório do K⁺ em relação ao Na⁺ (Seção 26.3).

É importante notar que as proteínas, os sítios de complexação mais importantes para os íons metálicos, não são espécies permanentes, sendo constantemente degradadas por enzimas (proteases), liberando aminoácidos e íons metálicos que servem de matéria-prima para novas moléculas.

> **EXEMPLO 26.1** Avaliando o papel dos íons fosfato
>
> O fosfato é o ânion pequeno mais abundante no citoplasma. Quais as consequências dessa abundância para a bioquímica do Ca^{2+}?
>
> **Resposta** Podemos abordar este problema considerando como o Ca^{2+} está compartimentalizado. Em uma célula eucariótica, o Ca^{2+} é bombeado para fora do citoplasma (para o exterior ou para dentro de organelas, como a mitocôndria) usando energia proveniente da hidrólise do ATP. O fluxo espontâneo do Ca^{2+} para dentro da célula ocorre pela ação de canais específicos ou se a fronteira da célula estiver danificada. O produto de solubilidade do $Ca_3(PO_4)_2$ é muito baixo e ele pode precipitar dentro da célula se a concentração de Ca^{2+} ultrapassar um valor crítico.
>
> **Teste sua compreensão 26.1** Pode-se esperar que o íon Fe(II) esteja presente na célula na forma não complexada?

(b) Coordenação de metais em sítios biológicos

Pontos principais: Os principais sítios ligantes para os íons metálicos são oferecidos pelos aminoácidos que formam as moléculas das proteínas; os sítios ligantes vão desde as carbonilas do esqueleto dos peptídios até as cadeias laterais que oferecem complexação mais específica; os ácidos nucleicos e os grupos terminais dos lipídios coordenam-se geralmente com os principais íons metálicos.

Os íons metálicos coordenam-se com proteínas, ácidos nucleicos, lipídios e várias outras moléculas. Por exemplo, o ATP é um ácido tetraprótico que está sempre complexado com Mg^{2+} (**1**); DNA é estabilizado pela coordenação fraca do K⁺ e do Mg^{2+} aos seus grupos fosfato, mas é desestabilizado pela ligação das suas bases com um íon metálico macio como o Cu(I). As ribozimas podem representar um importante estágio na evolução inicial das formas de vida e são moléculas catalíticas compostas de ácido ribonucleico (RNA) e Mg^{2+}. A ligação do Mg^{2+} com os grupos terminais dos fosfolipídios é importante para a estabilização das membranas. Existem vários ligantes pequenos importantes, além da água e dos aminoácidos livres, dentre os quais sulfeto, sulfato, carbonato, cianeto, monóxido de carbono e monóxido de nitrogênio, bem como ácidos orgânicos, como o citrato, que formam complexos polidentados razoavelmente fortes com o Fe(III).

1 Complexo Mg–ATP

Como já é conhecido dos cursos introdutórios de química, uma proteína é um polímero com uma sequência específica de aminoácidos unidos por ligações peptídicas (**2**). Geralmente, considera-se uma proteína "pequena" quando ela possui uma massa molar abaixo de 20 kg mol⁻¹, enquanto que uma proteína "grande" é aquela que possui massa molar acima de 100 kg mol⁻¹. Os principais aminoácidos estão listados na Tabela 26.2. As proteínas são sintetizadas em um corpo específico chamado de *ribossomo*, num processo chamado de **tradução** (do código genético carregado pelo DNA). Elas podem depois ser transformadas por uma **modificação pós-tradução**, que é uma mudança feita na estrutura da proteína que envolve a ligação com **cofatores**, como íons metálicos.

As **metaloproteínas**, as proteínas que contêm um ou mais íons metálicos, realizam uma grande variedade de funções específicas, incluindo oxidações e reduções (nas quais

2 Ligação peptídica

Tabela 26.2 Os aminoácidos e suas abreviaturas

Aminoácido	Estrutura na cadeia peptídica (a cadeia lateral é mostrada em azul)	Abreviatura de três letras	Abreviatura de uma letra
Alanina		Ala	A
Arginina		Arg	R
Asparagina		Asn	N
Ácido aspártico		Asp	D
Cisteína		Cys	C
Ácido glutâmico		Glu	E
Glutamina		Gln	Q
Glicina		Gly	G
Histidina		His	H
Isoleucina		Ile	I
Leucina		Leu	L
Lisina		Lys	K
Metionina		Met	M

Fenilalanina		Phe	F
Prolina		Pro	P
Serina		Ser	S
Treonina		Thr	T
Triptofano		Trp	W
Tirosina		Tyr	Y
Valina		Val	V

os elementos mais importantes são Fe, Mn, Cu e Mo), reações de rearranjo envolvendo radicais (Fe e Co), de transferência de grupos metila (Co), hidrólise (Zn, Fe, Mg, Mn e Ni) e processamento de DNA (Zn). Proteínas especiais são necessárias para transportar e armazenar diferentes átomos metálicos. A ação do Ca^{2+} é alterar a conformação de uma proteína (a sua forma) como uma etapa da sinalização celular (um termo usado para descrever a transferência de informação entre células e dentro delas). Tais proteínas são frequentemente chamadas de **proteínas ativadas por íon metálico**. As ligações hidrogênio entre grupos –NH e CO de diferentes aminoácidos da cadeia principal resultam na **estrutura secundária** (Fig. 26.3). As regiões de **α-hélice** de um polipeptídio fornecem flexibilidade de movimento (como molas) e são importantes para converter processos que ocorrem no sítio metálico em mudanças conformacionais; ao contrário, uma região de **folha β** confere rigidez para sustentar uma esfera de coordenação pré-organizada e adequada para um determinado íon metálico (Seções 7.14 e 11.16). A estrutura secundária é principalmente determinada pela sequência de aminoácidos: assim, a α-hélice é favorecida por cadeias que contêm alanina e lisina, mas é desestabilizada pela presença de glicina e prolina. Uma proteína sem o seu cofator (como os íons metálicos necessários para sua atividade normal) é chamada de uma **apoproteína**; uma enzima com o seu suplemento completo de cofatores é conhecida como uma **holoenzima**.

Um fator importante que influencia a coordenação de um íon metálico nas proteínas é a energia necessária para se colocar uma carga elétrica dentro de um meio de baixa permissividade. Numa primeira aproximação, as moléculas de proteína podem ser consideradas como gotas de óleo, cujo interior possui uma permissividade relativa muito menor (em torno de 4) do que a da água (aproximadamente 78). Essa diferença produz uma forte tendência de preservar a neutralidade elétrica no sítio metálico, influenciando, portanto, a química de oxirredução e a acidez de Brønsted dos seus ligantes.

Todos os resíduos de aminoácidos podem usar suas carbonilas peptídicas (ou N da amida) como um grupo doador, mas é a cadeia lateral que normalmente fornece uma coordenação mais seletiva. Consultando a Tabela 26.2 e pelas discussões na Seção 4.9, podemos reconhecer os grupos doadores que são quimicamente duros ou macios e que,

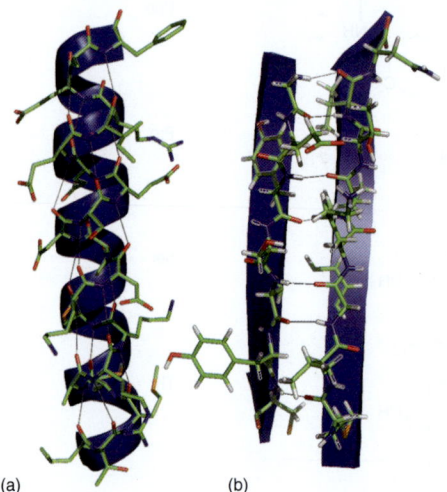

Figura. 26.3 As regiões mais importantes da estrutura secundária: (a)* α-hélice, (b)* folha β. São mostradas as ligações hidrogênio entre os grupos amida e carbonila da cadeia principal e as suas correspondentes representações.

3 Coordenação com Ca^{2+}

4 Coordenação do Cu com imidazol

5 Coordenação do Zn com a cisteína

6 Coordenação do Fe com a metionina

7 Coordenação do Fe com a tirosina

portanto, conferem uma afinidade particular em relação a íons metálicos específicos. Tanto o aspartato quanto o glutamato apresentam um grupo carboxilato duro, podendo usar um ou ambos os átomos de O como doadores (**3**). A capacidade do Ca^{2+} de apresentar um número de coordenação elevado e a sua preferência por doadores duros fazem com que certas proteínas que se ligam ao Ca^{2+} também contenham aminoácidos pouco comuns como o γ-carboxiglutamato e o hidroxiaspartato (formados por modificação pós-tradução), que fornecem funcionalidades adicionais para fortalecer as ligações. A histidina, que possui um grupo imidazol com dois sítios de coordenação, o átomo ε-N (sítio mais comum) e o átomo δ-N, é um importante ligante para Fe, Cu e Zn (**4**). A cisteína possui um átomo de S tiol que se espera que esteja desprotonado (tiolato) quando envolvido na coordenação com um metal. Ela é um bom ligante para o Fe, Cu e Zn (**5**), assim como para metais tóxicos como Cd e Hg. A metionina contém um S tioéter doador macio que estabiliza Fe(II) e Cu(I) (**6**). A tirosina pode estar desprotonada para disponibilizar o átomo de O doador do fenolato, que é um bom ligante para Fe(III) (**7**). A selenocisteína (um aminoácido especialmente codificado em que o Se substitui o S) também foi identificada como um ligante; por exemplo, ela é encontrada como um ligante com Ni em algumas hidrogenases (Seção 26.14). Uma forma modificada da lisina, na qual o $-NH_2$ da cadeia lateral reagiu com uma molécula de CO_2 para produzir um carbamato, é encontrada como um ligante para o Mg na importante enzima fotossintética conhecida como *rubisco* (Seção 26.9) e em outras enzimas como a urease, na qual é um ligante para o Ni(II).

As proteínas podem forçar geometrias de coordenação e atividades incomuns com os metais, que raramente são encontradas em complexos menores. As duas representações da estrutura de um peptídeo, mostradas na Fig. 26.3, não nos contam a história completa porque ignoram as cadeias laterais, que formam o volume da proteína; de fato, incluindo-se as várias cadeias laterais, torna-se muito difícil "enxergar" o átomo metálico, mesmo que ele esteja imediatamente abaixo da superfície da proteína. A proteína fornece um estereoimpedimento muito específico na esfera de coordenação que é difícil de simular com ligantes orgânicos; consequentemente, os químicos buscam modelar os sítios ativos das metaloenzimas utilizando ligantes volumosos para proteger sítios coordenativamente insaturados. Tensão induzida pela proteína é outra possibilidade importante; por exemplo, a proteína pode impor uma geometria de coordenação ao íon metálico que seja semelhante à do estado de transição de um processo particular que esteja sendo realizado. Muitas das estruturas dos sítios ativos mostrados neste capítulo são representações diretas baseadas em dados de difração do raio X e construídas usando um software disponível no mercado conhecido como Pymol®. Ao invés das estruturas esteticamente agradáveis, familiares aos químicos que trabalham com complexos pequenos, veremos frequentemente distorções severas (ângulos invertidos e comprimentos de ligação incomuns) que são impostas pelo ambiente da proteína.

(c) Ligantes especiais

Ponto principal: Os íons metálicos podem estar ligados às proteínas por ligantes orgânicos especiais, como porfirinas e ditiolenopterinas.

O grupo porfirínico (**8**) foi identificado pela primeira vez na hemoglobina (Fe), e um macrociclo similar é encontrado na clorofila (Mg). Existem várias classes desse macrociclo hidrofóbico, cada uma diferindo na natureza das cadeias laterais. O ligante corrina (**9**) possui um tamanho de anel ligeiramente menor e coordena-se ao Co na cobalamina (Seção 26.11). Em vez de mostrar esses macrociclos por completo, usaremos símbolos simplificados, como em (**10**), para mostrar os seus complexos com metais. Quase todas as enzimas de Mo e W possuem o metal coordenado por um ligante especial conhecido como molibdopterina (**11**). Os doadores para o metal são um par de átomos de S de um grupo ditioleno que está ligado covalentemente a uma pterina. Frequentemente, um grupo fosfato está ligado a uma base nucleosídea X, como o 5′-difosfato de guanosina (GMP), resultando na formação de uma ligação difosfato. A razão pela qual Mo e W coordenam com esse ligante complexo é desconhecida, mas o grupo pterina pode servir como um bom condutor de elétrons e facilitar as reações de oxirredução.

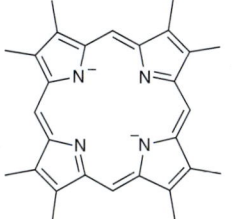

8 O ligante macrocíclico porfirina

(d) As estruturas dos sítios de coordenação dos metais

Ponto principal: A probabilidade de uma proteína coordenar-se com um tipo específico de centro metálico pode ser inferida pela sequência de aminoácidos e, por fim, pelo próprio gene.

As estruturas dos sítios de coordenação dos metais foram determinadas principalmente por difração de raios X (hoje usa-se, na maioria das vezes, um síncrotron, Seção 8.1) e, em alguns casos, por espectroscopia de ressonância magnética nuclear (RMN) (Seção 8.6).[3] A estrutura básica da proteína pode ser determinada mesmo se a resolução for muito baixa para revelar detalhes da coordenação no sítio metálico. O empacotamento dos aminoácidos numa proteína é muito mais denso do que é geralmente indicado por representações simples, como pode ser visto pela comparação das representações da estrutura do canal de K^+ na Fig. 26.4. Assim, mesmo a substituição de um aminoácido que esteja muito distante de um centro metálico pode resultar numa mudança estrutural significativa na sua esfera de coordenação e no ambiente próximo. São de interesse especial: os canais e fendas que permitem o acesso seletivo de um substrato a um sítio ativo; os caminhos para transferência de elétrons a grande distância (centros metálicos posicionados a menos do que 1,5 nm de distância uns dos outros); os caminhos para transferência de prótons a longa distância (formados por cadeias de grupos ácido-base de Brønsted, como carboxilatos e moléculas de água muito próximas, geralmente separadas por menos do que 0,3 nm); os canais para moléculas gasosas pequenas (que podem ser revelados colocando-se o cristal em atmosfera de Xe, um gás rico em elétrons).

9 O ligante macrocíclico corrina

10 Representação abreviada da porfirina de Fe

Outros métodos físicos descritos no Capítulo 8 fornecem menos informações sobre a estrutura global, mas são úteis na identificação dos ligantes. Assim, a espectroscopia de ressonância paramagnética eletrônica (RPE) é muito importante no estudo de metais d, especialmente aqueles envolvidos na química de oxirredução, uma vez que pelo menos um dos estados de oxidação possui um elétron desemparelhado. O uso do RMN está restrito a proteínas menores que 20 a 30 kg mol^{-1}, pois as velocidades de decaimento para proteínas grandes são muito lentas e a ressonância de ^1H torna-se muito larga para ser observada, a menos que seja deslocada da região normal ($\delta \approx 1$ a 10 ppm) por um centro metálico paramagnético. A espectroscopia de estrutura fina de absorção de raios X estendida (EXAFS, em inglês; Seção 8.10) pode fornecer informações estruturais dos

11 A molibdopterina como ligante (X = OH ou um nucleotídeo, dependendo da enzima)

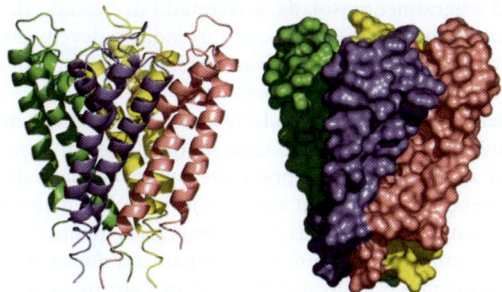

Figura 26.4 Exemplos de como as estruturas das proteínas são representadas para revelar (à esquerda)* a estrutura secundária ou (à direita)* o preenchimento do espaço pelos átomos que não o hidrogênio. O exemplo mostra as quatro subunidades do canal de K^+, o qual geralmente encontra-se embebido na membrana celular.

---

[3] Coordenadas atômicas de proteínas e de outras moléculas biológicas grandes encontram-se armazenadas em um local público conhecido como Banco de Dados de Proteínas, localizado em www.rcsb.org/pdb/home/home.do. Cada conjunto de coordenadas correspondente a uma determinação de estrutura específica é identificado por seu "código pdb". Existem vários pacotes de programas computacionais disponíveis para construir e examinar as estruturas das proteínas geradas a partir dessas coordenadas.

> **EXEMPLO 26.2** Interpretando o ambiente de coordenação dos íons metálicos
>
> Complexos simples de Cu(II) possuem de quatro a seis ligantes e geometria bipiramidal trigonal ou tetragonal, enquanto que complexos simples de Cu(I) possuem quatro ligantes ou menos e geometrias que variam de tetraédrica a linear. Faça uma previsão de como as proteínas que se ligam ao Cu evoluíram de forma que o Cu pudesse atuar como um eficiente sítio de transferência de elétrons.
>
> *Resposta* Aqui seremos guiados pela teoria de Marcus (Seção 21.12). Uma reação de transferência de elétrons eficiente é aquela que é rápida apesar da pequena força impulsionadora. A equação de Marcus nos diz que, para uma transferência rápida e eficiente de elétrons, o sítio deve ter uma energia de reorganização pequena. A proteína irá forçar ao átomo de Cu uma geometria de coordenação incapaz de se alterar muito entre os estados do Cu(I) e Cu(II) (veja Seção 26.8).
>
> *Teste sua compreensão 26.2* Em determinados cofatores da clorofila, o Mg está coordenado axialmente pelo S de uma metionina. Explique como essa inesperada escolha do ligante ocorre em uma proteína, embora seja extremamente incomum em complexos simples.

sítios metálicos em amostras sólidas amorfas e em soluções congeladas. A espectroscopia vibracional (Seção 8.5) vem sendo cada vez mais usada: a espectroscopia no infravermelho é particularmente útil para ligantes como CO e CN^-, e a espectroscopia Raman ressonante é muito útil quando o centro metálico possui fortes transições eletrônicas, como ocorre nas porfirinas de Fe. A espectroscopia Mössbauer (Seção 8.8) desempenha um papel importante nos estudos dos sítios de Fe. Talvez o maior desafio seja apresentado pelo Zn^{2+}, o qual possui uma configuração d^{10} que não apresenta sinais eletrônicos ou magnéticos que possam ser usados (veja os Problemas tutoriais ao final deste capítulo).

Sítios para ligação de íons metálicos podem muitas vezes ser previstos a partir de uma sequência dos genes. A **bioinformática**, que é o desenvolvimento e o uso de software para analisar e comparar sequências de DNA, é de grande importância porque muitas proteínas que se ligam a um íon metálico ou que possuem um cofator contendo metal ocorrem em níveis celulares abaixo do que seria normalmente detectado por isolamento e análise. Uma sequência particularmente comum no genoma humano codifica o chamado **domínio dos dedos de Zn**, identificando desse modo as proteínas envolvidas na ligação com o DNA (Seção 26.5). Da mesma forma, pode-se prever se a proteína que está codificada tem probabilidade de se ligar a Cu, Ca, porfirina de Fe ou a diferentes tipos de clusters Fe–S. O gene pode ser clonado e a proteína que ele codifica pode ser produzida em quantidades suficientemente grandes através da "sobre-expressão" em hospedeiros adequados, como a bactéria *Escherichia coli*, comum no intestino, ou uma levedura, de forma a permitir que ela seja caracterizada. Além disso, o uso da engenharia genética para alterar os aminoácidos de uma proteína, a técnica da **mutagênese direcionada ao sítio**, é um poderoso princípio da química inorgânica biológica. Essa técnica frequentemente permite a identificação dos ligantes de um determinado íon metálico e a participação de outros resíduos essenciais para determinadas funções, como a ligação com um substrato ou a transferência de próton.

Embora estudos estruturais e espectroscópicos forneçam uma boa ideia do ambiente de coordenação básico de um centro metálico, não há garantia de que esta mesma estrutura seja mantida nas etapas-chave de um ciclo catalítico, nas quais se formam estados instáveis como intermediários. O estado mais estável de uma enzima, que é a forma na qual ela é geralmente isolada, é chamado de "estado de repouso". Muitas enzimas são cataliticamente inativas ao serem isoladas e devem ser submetidas a um procedimento de ativação que pode envolver reinserção de um íon metálico ou outro cofator ou a remoção de um ligante inibidor.

Muito esforço tem sido feito para modelar os sítios ativos das metaloproteínas por meio da síntese de análogos. Os modelos podem ser divididos em duas classes: aqueles desenhados para imitar a estrutura e as propriedades espectroscópicas do sítio real e aqueles sintetizados com a intenção de mimetizar a atividade funcional, mais propriamente a catálise. Modelos sintéticos não apenas esclarecem os princípios químicos fundamentais da atividade biológica, mas também geram novos rumos para a química de coordenação. Como veremos ao longo deste capítulo, a dificuldade é que uma enzima não somente produz uma tensão na esfera de coordenação do átomo metálico (mesmo um anel porfirínico encontra-se enrugado em muitos casos), mas também apresenta, em distâncias determinadas, grupos funcionais que produzem interações coulombianas e ligações hidrogênio essenciais para a ligação e ativação dos substratos. Na verdade, o sítio ativo de uma metaloenzima é, sem dúvida, o exemplo definitivo da química supramolecular.

Transporte, transferência e transcrição

Nesta seção, estaremos voltados a três aspectos relacionados com as funções das moléculas biológicas contendo íons metálicos e veremos a sua importância no transporte dos íons através das membranas, no transporte e na distribuição de moléculas ao longo dos organismos e na transferência de elétrons. Os íons metálicos também desempenham um papel importante na transcrição dos genes.

26.3 Transporte de sódio e potássio

Pontos principais: O transporte através uma membrana é ativo (energizado) ou passivo (espontâneo); o fluxo de íons é feito por proteínas conhecidas como bombas de íons (ativo) e canais (passivo).

No Capítulo 11, vimos que a diferenciação entre Na^+ e K^+, dois íons que são muito similares, exceto por seus raios (102 ppm e 138 ppm, respectivamente), é obtida pela complexação seletiva com ligantes especiais, como éteres de coroa e criptandos, com dimensões apropriadas para coordenar com um tipo particular de íon. Os organismos usam esse princípio nas moléculas conhecidas como **ionóforos**, as quais possuem partes externas hidrofóbicas que as tornam solúveis nos lipídios. O antibiótico valinomicina (Seção 11.16) é um ionóforo que tem uma alta seletividade por K^+, que se coordena a seis grupos carbonila. Ele permite assim a passagem do K^+ através da membrana celular das bactérias e, deste modo, dissipa a diferença de potencial elétrico, causando a morte das bactérias.

Na extremidade superior da escala de complexidade estão os canais de íons, que são grandes proteínas que se estendem nas membranas e que permitem o transporte seletivo de K^+ e Na^+ (assim como Ca^{2+} e Cl^-) e são responsáveis pela condução elétrica no sistema nervoso, como também no transporte acoplado de solutos.[4] A Fig. 26.5 mostra os principais aspectos estruturais do canal chaveado por potencial de K^+. Movendo-se a partir da superfície interna da membrana, a enzima possui um poro (que pode abrir e fechar ao receber um sinal) que conduz a uma cavidade central de aproximadamente 1 nm de diâmetro; até esta etapa, os íons K^+ podem permanecer hidratados. Hélices de polipeptídios apontam para o interior dessa cavidade e têm suas cargas parciais direcionadas de forma a favorecer uma população de cátions, resultando em uma concentração local de K^+ de aproximadamente 2 M.

Acima da cavidade central, o túnel se contrai em um **filtro seletivo** que consiste em escadas helicoidais de peptídios com os átomos dos oxigênios carbonílicos doadores muito próximos, formando uma sequência de quatro sítios cúbicos octacoordenados. Durante a operação do canal, esses sítios estão ocupados a qualquer momento por uma fila de dois íons K^+ e duas moléculas de H_2O de maneira alternada, como $\cdots K^+ \cdots H_2O \cdots K^+ \cdots H_2O \cdots$. A velocidade de passagem dos íons K^+ pelo filtro seletivo é próxima do limite controlado por difusão. Um mecanismo plausível para o transporte seletivo do K^+ (Fig. 26.6) envolve deslocamentos sincronizados dos íons K^+ entre os sítios de O carbonílicos cúbicos adjacentes através de estados intermediários instáveis octaédricos em que os íons K^+ estão coordenados equatorialmente a quatro O carbonílicos doadores e axialmente a duas moléculas de H_2O. Esse mecanismo não é efetivo para o

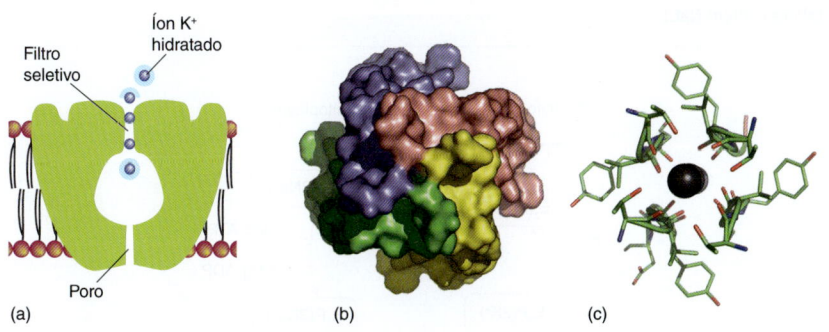

Figura 26.5 (a) Estrutura esquemática do canal de K^+ mostrando os diferentes componentes e o transporte dos íons K^+: o halo azul representa a hidratação. (b)* Vista da enzima de dentro da célula mostrando o poro de entrada que admite os íons hidratados. (c)* Vista do filtro seletivo mostrando como os íons K^+ móveis desidratados coordenam-se pelos átomos de O das carbonilas peptídicas disponibilizadas por cada uma das quatro subunidades. Note o eixo de simetria praticamente quaternário.

---

[4] Roderick MacKinnon compartilhou o Prêmio Nobel de Química de 2003 com Peter Agre pela sua elucidação das estruturas e dos mecanismos dos canais de íons.

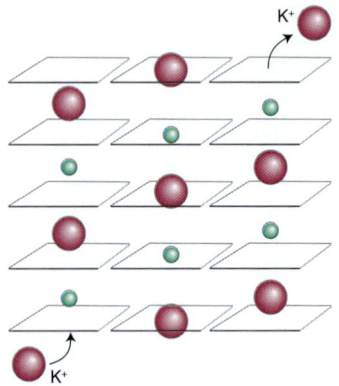

Figura 26.6 Mecanismo de transporte de íons K$^+$ através do filtro seletivo do canal de K$^+$. As esferas verdes representam moléculas de água.

Na$^+$ porque a cavidade é muito grande, o que explica o fato de a seletividade em relação ao K$^+$ ser 10^4 vezes maior do que para o Na$^+$. A ligação é fraca e rápida, uma vez que é importante transportar o K$^+$, mas não aprisioná-lo.

Numa visão global, o canal age pelo mecanismo ilustrado na Fig. 26.7. Os grupos carregados na estrutura movem-se em resposta a uma mudança no potencial da membrana, causando a abertura do poro intracelular e permitindo a entrada de íons K$^+$ hidratados. Ocorre então a ligação seletiva dos íons K$^+$ desidratados na região do filtro, uma queda de potencial é sentida através da membrana e a cavidade fecha-se. Neste ponto, o filtro abre-se para a superfície externa, onde a concentração de K$^+$ é baixa, e os íons K$^+$ são hidratados e liberados. Essa liberação faz a proteína retornar à sua conformação original e novos íons K$^+$ entram no filtro novamente.

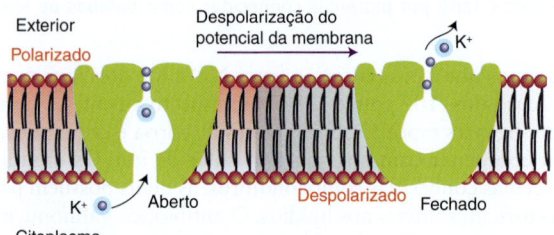

Figura 26.7 Mecanismo proposto para a ação do canal de K$^+$. Uma diferença de potencial através da membrana é sentida pela proteína, causando a abertura do poro e permitindo que os íons hidratados entrem na cavidade. Após livrarem-se da sua esfera de hidratação, os íons K$^+$ passam pelo filtro seletivo numa velocidade próxima de um processo controlado por difusão.

A bomba de Na$^+$/K$^+$ (Na$^+$/K$^+$-ATPase) é uma enzima que mantém a concentração diferencial de Na$^+$ e K$^+$ dentro e fora de uma célula, sendo outro exemplo da grande discriminação entre os íons de metais alcalinos que evoluiu com os ligantes biológicos. Os íons são bombeados contra os seus gradientes de concentração pelo acoplamento com o processo de hidrólise do ATP. O mecanismo, que é esboçado na Fig. 26.8, envolve as mudanças conformacionais induzidas pela fosforilação de uma proteína impulsionada por ATP.

EXEMPLO 26.3 Avaliando o papel dos íons no transporte ativo e passivo

A espécie tóxica Tl$^+$ (raio de 150 pm) é usada como uma sonda para a ligação do K$^+$ nas proteínas. Explique por que o Tl$^+$ adapta-se a esse propósito e justifique a sua alta toxicidade.

Resposta Para conduzir esta questão, devemos relembrar do Capítulo 13 que o Tl, assim como os outros elementos pesados depois do bloco d, apresenta efeito do par inerte, ou seja, tendência a formar compostos com um estado de oxidação duas vezes menor do que o número de oxidação do grupo. Assim, o Tálio (Grupo 13) assemelha-se aos elementos pesados do Grupo 1 (na verdade, o TlOH é uma base forte), podendo o Tl$^+$ substituir o K$^+$ nos complexos, com a vantagem de poder ser estudado por RMN (o ^{203}Tl e o ^{205}Tl possuem I = ½). A similaridade com o K$^+$ permite ao Tl$^+$, um elemento tóxico, entrar livremente na célula porque ele é "reconhecido" pela Na$^+$/K$^+$-ATPase. Uma vez dentro da célula, diferenças sutis nas suas propriedades químicas, como a tendência do Tl em formar complexos mais estáveis com ligantes macios, manifestam-se e tornam-se letais.

Teste sua compreensão 26.3 Explique por que os fluidos intravenosos usados em procedimentos hospitalares contêm NaCl.

Figura 26.8 Princípio geral da Na$^+$/K$^+$-ATPase (bomba de Na). A liberação de dois íons K$^+$ no citoplasma é acompanhada pela ligação com um ATP (do citoplasma) e a conversão da enzima para o estado 1, que se liga a três íons Na$^+$ do citoplasma. Um grupo fosfato (P) é transferido para a enzima, que se abre para o lado externo e expele três íons Na$^+$, ligando-se em seguida a dois íons K$^+$. A liberação do grupo fosfato causa a liberação de K$^+$ no citoplasma e o ciclo recomeça.

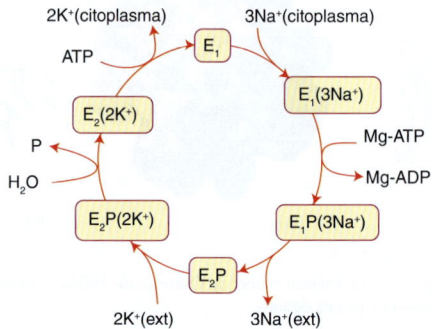

26.4 Proteínas sinalizadoras de cálcio

Ponto principal: Os íons cálcio são apropriados para sinalização, pois apresentam troca rápida de ligantes e uma grande e flexível geometria de coordenação.

Os íons cálcio desempenham um papel crucial nos organismos superiores como mensageiro intracelular, fornecendo uma demonstração notável de como os organismos empregam a química um tanto insípida desse elemento. Os fluxos de Ca^{2+} disparam a ação de enzimas nas células em resposta ao recebimento de um sinal elétrico ou hormonal vindo de outra parte do organismo. O cálcio é especialmente adequado para sinalização, uma vez que possui uma rápida velocidade de troca de ligante, constantes de ligação intermediárias e uma esfera de coordenação flexível e ampla.

As proteínas sinalizadoras de cálcio são proteínas pequenas que mudam sua conformação em função da ligação com o Ca^{2+} em um ou mais sítios; elas são exemplos das proteínas ativadas por íons metálicos mencionadas anteriormente. Cada movimento muscular que fazemos é estimulado pela ligação do Ca^{2+} com uma proteína conhecida como troponina C. A proteína reguladora de Ca^{2+} mais estudada é a calmodulina (17 kg mol^{-1}; Fig. 26.9). Seu papel inclui a ativação das proteína-cinases que catalisam a fosforilação de proteínas e a ativação da NO sintetase, uma enzima contendo Fe que é responsável pela geração do óxido nítrico que atua como um sinalizador intracelular. A calmodolina possui quatro sítios para ligação do Ca^{2+} (um deles é mostrado na estrutura **12**), com constantes de dissociação na faixa de 10^{-6}.[5] A ligação do Ca^{2+} nos quatro sítios altera a conformação da proteína que é, então, reconhecida como um alvo por uma enzima.

A sinalização pelo cálcio requer bombas especiais de Ca^{2+}, que são enzimas grandes que se estendem sobre membranas e bombeiam o Ca^{2+} para fora do citoplasma, seja para fora da célula propriamente dita ou para dentro de organelas armazenadoras de Ca, como o retículo endoplasmático ou a mitocôndria. Assim como as Na^+/K^+-ATPases, a energia para o bombeamento do Ca^{2+} vem da hidrólise do ATP. Hormônios ou estímulos elétricos abrem os canais específicos (análogos aos canais de K^+) que liberam o Ca^{2+} para dentro da célula. Uma vez que o nível de cálcio no citoplasma antes do pulso é baixo, esse fluxo aumenta rapidamente a concentração de Ca^{2+} para um valor acima daquele necessário para as proteínas que se ligam ao Ca^{2+}, como a calmodulina (ou a troponina C no músculo). Essa ação tem curta duração, uma vez que após um pulso de Ca^{2+}, a célula é rapidamente evacuada pela bomba de cálcio.

Embora o Ca^{2+} seja invisível para a maioria dos métodos espectroscópicos, algumas proteínas de Ca, como a calmodulina e a troponina C, são pequenas o bastante para serem estudadas por RMN. Devido às suas preferências por ligantes policarboxilados grandes, os íons lantanídeos (Capítulo 23) têm sido usados como sondas para a ligação com o Ca, explorando as suas propriedades paramagnéticas (como reagentes de deslocamentos químicos na espectroscopia por RMN) e fluorescência. As concentrações intracelulares de Ca são acompanhadas usando-se ligantes policarboxilados fluorescentes especiais (**13**), que são introduzidos na célula sob a forma dos seus ésteres, os quais são hidrofóbicos e capazes de atravessar a barreira lipídica das membranas. Uma vez na célula, as enzimas conhecidas como esterases hidrolisam os ésteres e liberam os ligantes, que são sensíveis a variações na concentração do Ca^{2+} na faixa de 10^{-7} a 10^{-9} M.

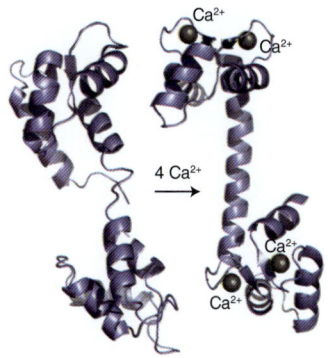

Figura 26.9* A ligação de quatro Ca^{2+} na apocalmodulina causa uma mudança na conformação da proteína, convertendo-a para uma forma que é reconhecida por muitas enzimas. A elevada proporção de α-hélice é típica das proteínas que são ativadas por ligação com um íon metálico.

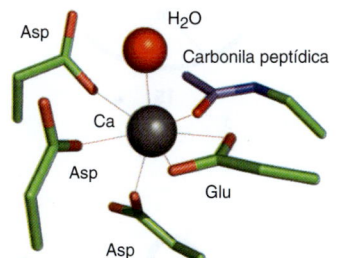

12* Sítio de ligação do Ca^{2+} na calmodulina

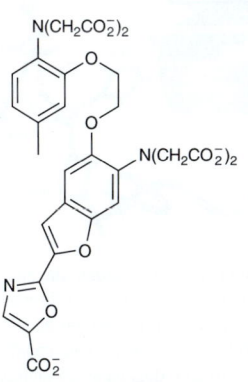

13 FURA-2, um ligante fluorescente para o Ca^{2+}

EXEMPLO 26.4 Explicando por que o cálcio é adequado para a sinalização

Por que o Ca^{2+} é mais adequado do que o Mg^{2+} para processos rápidos de sinalização nas células?

Resposta Para responder a esta questão precisamos fazer referência à Seção 21.1, na qual vimos que a velocidade de troca de ligante dos íons metálicos do bloco s aumenta à medida que descemos no grupo. A troca de moléculas de H_2O coordenadas é de 10^3 a 10^4 vezes mais rápida para o Ca^{2+} do que para o Mg^{2+}. A velocidade com que o Ca^{2+} pode livrar-se dos seus ligantes e ligar-se à proteína alvo é crucial para garantir uma sinalização rápida. Como exemplo temos as rápidas contrações musculares, que podem proteger um organismo de um ataque súbito e são iniciadas pela ligação do Ca^{2+} à troponina C.

Teste sua compreensão 26.4 A bomba de Ca^{2+} é ativada pela calmodulina. Explique o significado desta observação. *Dica*: Considere como um mecanismo de retroalimentação pode controlar os níveis de Ca^{2+} no citoplasma.

---

[5] A constante de dissociação (o recíproco da constante de associação) indica a concentração (em mol dm^{-3}) necessária para causar a ocupação de 50% dos sítios de ligação.

26.5 Participação do zinco na transcrição

Pontos principais: Os dedos de zinco são aspectos estruturais de proteínas os quais são produzidos pela coordenação do Zn com resíduos específicos de histidina e cisteína; um conjunto desses dedos possibilita à proteína reconhecer e ligar-se a sequências precisas de pares de base do DNA, desempenhando assim um papel crucial na transferência de informação a partir do gene.

O Zn possui função catalítica, o que trataremos mais tarde, ou estrutural e reguladora. Diferentemente do Ca e do Mg, o Zn forma complexos mais estáveis com doadores macios, de forma que não surpreende que o encontremos normalmente coordenado em proteínas através de resíduos de histidina e cisteína. Os sítios catalíticos típicos (**14**) possuem normalmente três ligantes proteicos permanentes e um ligante que pode ser trocado (H_2O), enquanto que sítios estruturais de Zn (**15**) estão coordenados a quatro ligantes proteicos "permanentes".

Os **fatores de transcrição** são proteínas que reconhecem certas regiões do DNA e controlam como o código genético é interpretado como RNA. Muitas proteínas que se ligam ao DNA contêm domínios repetidos que são moldados em certos locais pela ligação com o Zn, formando dobras características conhecidas como "dedos de zinco" (Fig. 26.10). Em um caso típico, um lado do dedo contém dois átomos de S doadores de cisteínas e o outro lado contém dois átomos de N doadores de histidinas, que se dobram como uma α-hélice. Cada "dedo" faz contatos de reconhecimento com bases específicas do DNA. Como mostrado na Fig. 26.11, os dedos de zinco, atuando coletivamente, posicionam-se ao redor das sequências de DNA que eles são capazes de reconhecer. A alta fidelidade dos fatores de transcrição é uma consequência desses vários contatos que são feitos ao longo da cadeia do DNA no início da sequência que é transcrita.

A sequência de resíduos característica de um padrão de dedo de zinco é

$$-(Tyr, Phe)-X-Cys-X_{2-4}-Cys-X_3-Phe-X_5-Leu-X_2-His-X_{3-5}-His-$$

onde o aminoácido X não é sempre o mesmo. Além do dedo de zinco "clássico" $(Cys)_2(His)_2$, já foram descobertos outros que apresentam coordenação com $(Cys)_3His$ ou $(Cys)_4$, juntamente a exemplos mais elaborados que possuem "clusters Zn-tiolato", como o chamado fator de transcrição GAL4, no qual dois átomos de Zn estão ligados em ponte por átomos de enxofre de ligantes de cisteína (**16**). Várias dobras de proteínas são conhecidas e levam nomes vulgares como "joelhos de zinco", que se juntam a uma grande família em crescimento. Clusters Zn-tiolato de ordem superior são encontrados nas proteínas conhecidas como metalotioneínas e em algumas proteínas que atuam como sensores de Zn (ver Seção 26.16).

O zinco é particularmente adequado para se ligar a proteínas, mantendo-as em uma conformação específica: Zn^{2+} está posicionado no alto da série de Irving-Williams (Seção 21.1) e assim forma complexos estáveis, particularmente com S e N doadores. Ele também é inativo em relação à oxirredução, o que é um fator importante uma vez que é crucial evitar danos oxidativos ao DNA. Outros exemplos de zinco estrutural incluem a insulina e a álcool desidrogenase. A falta de boas sondas espectroscópicas para o Zn tem significado, entretanto, que, mesmo estando ele fortemente ligado a uma proteína, tem sido difícil confirmar essa ligação ou deduzir sua geometria de coordenação devido à ausência de informação estrutural direta por difração de raios X ou RMN. De qualquer

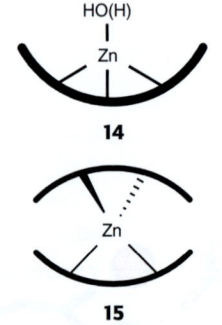

14

15

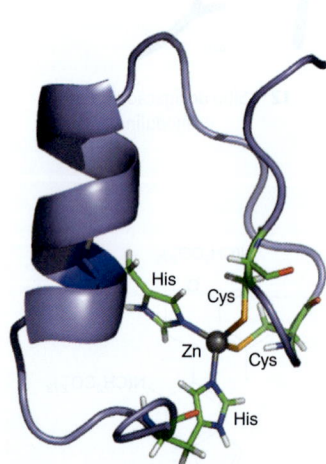

Figura 26.10* Dedos de zinco são proteínas com dobras que formam uma sequência capaz de se ligar ao DNA. Um dedo típico é formado pela coordenação do Zn(II) com dois pares de aminoácidos de cadeias laterais localizadas em cada lado da "ponta do dedo".

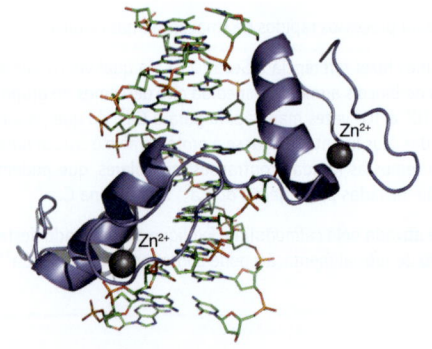

Figura 26.11* Um par de dedos de zinco interagindo com uma seção do DNA.

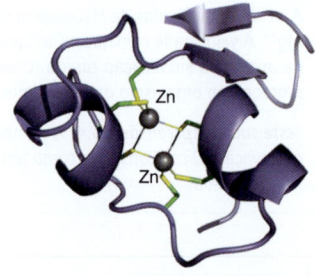

16*

modo, algumas medidas elegantes têm explorado a capacidade do Co^{2+}, que é colorido e paramagnético, e do Cd^{2+}, que possui propriedades úteis no RMN, em substituir o Zn e dar informações sobre o seu sítio. Essas substituições dependem da forte similaridade entre os íons metálicos: assim como o Zn, o Co^{2+} forma facilmente complexos tetraédricos, enquanto que o Cd está localizado diretamente abaixo do Zn na tabela periódica.

26.6 Transporte e armazenamento seletivo do ferro

Pontos principais: A captura do Fe pelos organismos vivos envolve ligantes especiais conhecidos como sideróforos; o transporte nos fluidos circulantes dos organismos superiores requer uma proteína chamada transferrina; o Fe é armazenado como ferritina.

O ferro é essencial para praticamente todas as formas de vida; no entanto, o Fe também é difícil de ser obtido, além do que qualquer excesso representa um sério risco tóxico. A natureza tem pelo menos dois problemas para lidar com esse elemento. O primeiro é a insolubilidade do Fe(III), que é o estado de oxidação estável encontrado na maioria dos minerais. À medida que o pH aumenta, ocorrem hidrólise, polimerização e precipitação das formas hidratadas do seu óxido. O Fe(III) polimérico, com ponte óxido, é o sumidouro termodinâmico da química aeróbia do Fe (como visto no diagrama de Pourbaix, Seção 5.14). A insolubilidade da ferrugem torna muito difícil a captura direta por uma célula. O segundo problema é a toxicidade das formas de "ferro livre", particularmente pela geração de radicais OH. Para prevenir a reação descontrolada do Fe com espécies oxigenadas, é necessário um ambiente de coordenação protetor. A natureza desenvolveu, então, sofisticados sistemas químicos para executar e regular todos esses aspectos, desde a simples captura do Fe até o subsequente transporte, armazenamento e utilização nos tecidos. A Fig. 26.12 apresenta um resumo do "ciclo do Fe" e como ele afeta o ser humano.

(a) Sideróforos

Os **sideróforos** são pequenos ligantes polidentados que têm uma afinidade muito alta pelo Fe(III). Eles são secretados por muitas células bacterianas no meio externo, onde sequestram o Fe, formando complexos solúveis que reentram no organismo através de receptores específicos. Uma vez dentro da célula, o Fe é liberado.

Além do citrato (o complexo de citrato de Fe(III) é a espécie transportadora de Fe mais simples da biologia), há dois tipos principais de sideróforos. O primeiro tipo é baseado nos ligantes fenolato ou catecolato, cujo exemplo é a enterobactina (**17**), para a qual o valor da constante de associação com o Fe(III) é de 10^{52}, uma afinidade tão grande que a enterobactina permite que as bactérias corroam pontes de aço! O segundo tipo de sideróforo é baseado nos ligantes hidroxamato, sendo exemplificado pelo ferricromo (**18**), um hexapeptídio cíclico constituído por três glicinas e três N-hidroxil-1-ornitina.

Todos os complexos sideróforos de Fe(III) são octaédricos e de spin alto. Uma vez que os átomos doadores são os átomos duros O ou N, carregados negativamente, os sideróforos têm baixa afinidade pelo Fe(II). Os sideróforos sintéticos têm se mostrado agentes muito úteis para o controle da "sobrecarga de ferro", uma doença muito séria que afeta grande parte da população do mundo, particularmente no sul da Ásia (Seção 27.8).

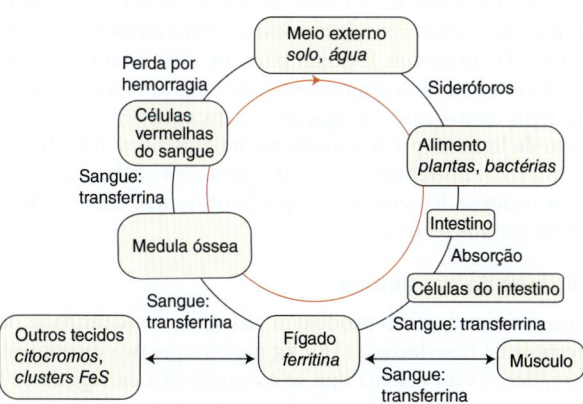

Figura 26.12 Ciclo biológico do Fe, mostrando como o Fe é capturado no meio externo e como ele é cuidadosamente preservado à medida que viaja pelo organismo.

17 Enterobactina

18 Ferricromo

(b) Proteínas transportadoras de ferro em organismos superiores

Existem várias proteínas transportadoras de ferro importantes, estruturalmente semelhantes, conhecidas como **transferrinas**. Os exemplos mais bem caracterizados são a sorotransferrina (do plasma sanguíneo), a ovotransferrina (da clara do ovo) e a lactoferrina (do leite). As apoproteínas são poderosos agentes antibacterianos, uma vez que elas privam os micróbios do ferro. As transferrinas também estão presentes nas lágrimas, servindo para limpar os olhos depois de uma irritação. Todas essas transferrinas são glicoproteínas (moléculas de proteínas modificadas por ligação covalente com carboidratos) com massa molar de aproximadamente 80 kg mol^{-1} e que contêm dois sítios separados e equivalentes que se ligam ao Fe. A complexação do Fe(III) em cada sítio envolve a ligação simultânea de um HCO_3^- ou CO_3^{2-} e liberação de H^+:

$$\text{apo-TF} + \text{Fe(III)} + HCO_3^- \rightarrow \text{TF-Fe(III)-}CO_3^{2-} + H^+$$

onde TF significa transferrina. Para cada sítio, a constante de associação, nas condições fisiológicas (pH = 7), encontra-se na faixa de 10^{22} a 10^{26}. Contudo, o valor da constante é extremamente dependente do pH e esse é o principal fator que controla a captura e liberação do ferro.

A transferrina consiste em duas partes muito semelhantes, denominadas **lóbulo N** e **lóbulo C** (Fig. 26.13). A proteína é um produto da duplicação do gene, pois a estrutura da primeira metade da molécula pode ser praticamente sobreposta à segunda metade. Cada metade consiste em dois domínios, 1 e 2, que juntos formam uma fenda que contém o sítio ligante para o Fe(III). Há uma proporção considerável de α-hélice, que é responsável por dar flexibilidade. A complexação com o Fe(III) causa uma mudança conformacional, consistindo em um movimento de abrir e fechar envolvendo os domínios 1 e 2 de cada lóbulo. A ligação do Fe(III) faz os domínios se aproximarem.

Em cada sítio ativo (**19**), um único átomo de Fe encontra-se coordenado pelas cadeias laterais de aminoácidos de ambos os domínios, inicialmente relativamente afastados, o que causa a mudança de conformação quando ocorre a coordenação. Os ligantes nas proteínas são um O carboxilato (Asp), dois O fenolato (Tyr) e um N imidazólico (His). Somente um dos átomos de oxigênio carboxilato do aspartato encontra-se coordenado. Os ligantes das proteínas formam parte de uma esfera de coordenação octaédrica distorcida. A coordenação completa-se com a ligação bidentada de um carbonato exógeno, embora em certos casos a ligação ocorra com um fosfato. Como esperado para um conjunto de ligantes predominantemente aniônicos, o Fe(III) liga-se mais fortemente do que o Fe(II). Entretanto, íons similares ao Fe(III), particularmente Ga(III) e Al(III), também ligam-se fortemente, o que permite que usem o mesmo sistema de transporte para chegar aos tecidos.

(c) Liberação do ferro da transferrina

As células que necessitam de ferro produzem uma grande quantidade de uma proteína chamada de **receptor de transferrina** (180 kg mol^{-1}), que fica disponível dentro da sua membrana plasmática. Essa proteína liga-se à transferrina carregada de Fe. O mecanismo mais aceito para a captura do Fe envolve a entrada na célula do complexo entre o

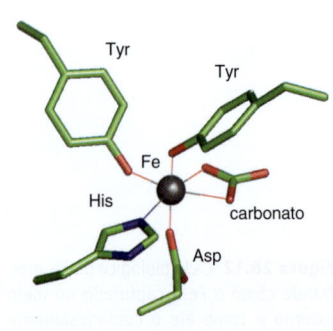

19* O sítio de ligação do Fe na transferrina

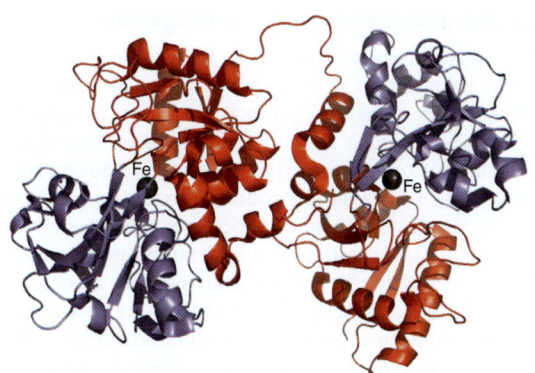

Figura 26.13* Estrutura da proteína transportadora de Fe transferrina: cada uma das metades idênticas da molécula coordena-se com um átomo de Fe(III) (as esferas pretas). Esta coordenação provoca uma mudança conformacional que permite à transferrina ser reconhecida pelo receptor de transferrina.

receptor de transferrina e a transferrina carregada de Fe, por um processo conhecido como *endocitose*. Na endocitose, uma seção da membrana celular é envolvida pela parede, juntamente às proteínas componentes da membrana, formando uma vesícula. O pH dentro dessa vesícula é então reduzido por uma enzima ligada à membrana que bombeia H⁺ e que também é engolida pela célula. A liberação subsequente do Fe(III) está provavelmente ligada à coordenação do carbonato, que é **sinérgica** no sentido de que ele é necessário para a ligação do Fe, mas é instável em pH baixo. Na verdade, estudos *in vitro* mostram que o Fe é liberado pela diminuição do pH para aproximadamente 5 no caso da sorotransferrina e para um valor de 2 a 3 no caso da lactoferrina. A vesícula então se rompe e o complexo da transferrina com o receptor de transferrina é devolvido para a membrana plasmática por **exocitose**, e o Fe(III), agora provavelmente complexado com citrato, é liberado para o citoplasma.

(d) Ferritina, o armazenador celular de Fe

A ferritina é o principal armazenador de ferro não heme nos animais (a maior parte do Fe está ligado na hemoglobina e na mioglobina) e, quando completamente carregada, contém 20% de Fe em massa! Ela ocorre em todos os tipos de organismos, de mamíferos a procariontes. Nos mamíferos, ela é encontrada principalmente no baço e no sangue. As ferritinas têm dois componentes, um núcleo "mineral" que contém até 4500 átomos de Fe (na ferritina dos mamíferos) e uma concha proteica. A apoferritina (a concha proteica destituída de Fe) pode ser preparada tratando-se a ferritina com agentes redutores e um ligante quelante de Fe(II) (como 1,10-fenantrolina ou a 2,2'-bipiridina). Pelo uso de diálise obtém-se então essa concha intacta.

As apoferritinas têm massa molar média na faixa de 460 a 550 kg mol⁻¹. Essa concha proteica (Fig. 26.14) consiste em 24 subunidades que se ligam para formar uma esfera oca com eixos de simetria de ordem dois, três (conforme mostrado na ilustração) e quatro. Cada subunidade consiste em um feixe de quatro α-hélices longas e uma curta, com uma alça que forma seção de folha β com uma subunidade vizinha. O núcleo mineral é composto de óxido de Fe(III) hidratado com quantidades variadas de fosfato, o que ajuda na fixação à superfície interna. A estrutura revelada por difração de raios X ou difração de elétrons assemelha-se à do mineral ferridrita, $5Fe_2O_3 \cdot 9H_2O$, que se baseia num arranjo ech de íons O^{2-} e OH^-, com o Fe(III) em camadas e em sítios octaédricos e tetraédricos (**20**).

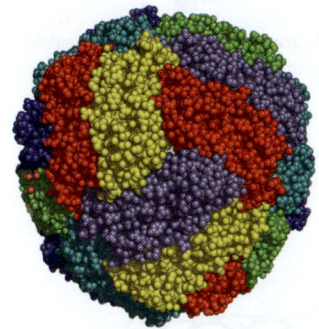

Figura 26.14* Estrutura da ferritina, mostrando o arranjo das subunidades que compõem a concha proteica.

Os eixos de simetria ternários e quaternários da apoferritina estão alinhados com poros hidrofílicos e hidrofóbicos, respectivamente. Os poros alinhados com os eixos ternários são adequados para a passagem de íons. No entanto, o núcleo de ferridrita é insolúvel e o Fe precisa ser mobilizado. O mecanismo mais provável até agora proposto para a incorporação reversível do Fe na ferritina envolve seu transporte para dentro e para fora como Fe(II), talvez como íon Fe^{2+}, o qual é solúvel em pH neutro, mas sendo mais provável com a participação de algum tipo de complexo auxiliar ("chaperona"). Acredita-se que a oxidação a Fe(III) ocorra em sítios específicos que se ligam a dois ferros, conhecidos como **centros de ferroxidase**, presentes em cada uma das subunidades. A oxidação a Fe(III) envolve a coordenação com o O_2 e uma transferência de elétron de esfera interna:

$$2\,Fe(II) + O_2 + 2\,H^+ \rightarrow 2\,Fe(III) + H_2O_2$$

O mecanismo pelo qual o Fe é liberado envolve, quase que certamente, sua redução de volta à forma mais móvel de Fe(II).

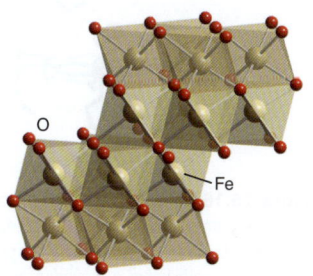

20 Ferridrita

26.7 Transporte e armazenamento de oxigênio

O dioxigênio, O_2, é uma molécula especial que nem sempre esteve disponível para a biologia; na verdade, para muitas formas de vida ele é altamente tóxico. Como um subproduto da fotossíntese oxigênica que começou com as cianobactérias mais de 2 Ga atrás, o O_2 é uma substância biogênica (Seção 16.4) que deve sua existência à captura da energia solar por organismos vivos. Como veremos na Seção 26.10, a grande vantagem termodinâmica de se ter um poderoso oxidante como esse disponível certamente levou à evolução dos organismos superiores que hoje dominam a Terra. Na verdade, a necessidade do O_2 tornou-se tão importante que levou a sistemas especiais para transportá-lo e armazená-lo. Além da dificuldade de se fornecer O_2 aos tecidos internos, há o problema de se atingir uma concentração suficientemente alta em ambientes aquáticos. Esse problema foi superado pelas metaloproteínas especiais conhecidas como **transportadoras de O_2**. Nos mamíferos e na maioria dos outros animais e plantas, estas proteínas especiais (mioglobina e hemoglobina) contêm uma porfirina de Fe como cofator. Animais como moluscos e artrópodes usam uma proteína de Cu chamada hemocianina, e alguns invertebrados inferiores usam um tipo alternativo de proteína de Fe, chamada hemeritrina, que contém um sítio binuclear de Fe.

(a) Mioglobina

Pontos principais: A forma desoxigenada contendo Fe(II) de spin alto pentacoordenado reage rápida e reversivelmente com O_2 para produzir um complexo de Fe(II) spin baixo com o O_2; uma reação lenta de auto-oxidação libera o íon superóxido e forma Fe(III), que é inativo para se ligar com o O_2.

A mioglobina[6] é uma proteína de ferro (17 kg mol⁻¹, Fig. 26.15) que se coordena com o O_2 reversivelmente e controla sua concentração nos tecidos. A molécula contém várias regiões de α-hélice, o que lhe confere mobilidade, e um único grupo porfirínico ligado ao Fe e localizado numa fenda entre as hélices E e F. Dois substituintes propionato da porfirina interagem com moléculas de H_2O do solvente na superfície da proteína. O quinto ligante do Fe é fornecido pelo N de uma histidina da hélice F e a sexta posição é o sítio de coordenação do O_2. Na terminologia comum, o lado do plano heme onde pode haver troca de ligantes é conhecido como **região distal**, enquanto que a parte de baixo do plano heme é conhecida como **região proximal**. A histidina da hélice F é uma das duas que estão presentes em todas as espécies. Esses amioácidos "altamente conservados" são uma forte indicação de que a evolução determinou que eles são essenciais para esta função. A outra histidina também conservada está localizada na hélice E.

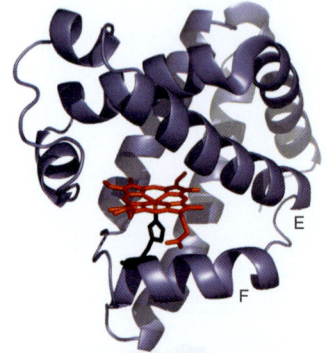

Figura 26.15* Estrutura da mioglobina, mostrando o grupo porfirina ligado ao Fe e localizado entre as hélices E e F.

A desoximioglobina (Mb) é vermelho-azulada e contém Fe(II); este é o estado de oxidação que se liga ao O_2 para formar a familiar oximioglobina (oxiMb) de cor vermelho-brilhante. Algumas vezes, a desoximioglobina é oxidada a Fe(III), chamada de metamioglobina (metMb), ficando impossibilitada de se ligar ao O_2. Essa oxidação pode ocorrer por uma reação de oxirredução induzida por substituição de ligante, na qual íons Cl⁻ deslocam o O_2 ligado, que é liberado como superóxido:

$$Fe(II)O_2 + Cl^- \rightarrow Fe(III)Cl + O_2^-$$

Nos tecidos sadios, há uma enzima (meta-hemoglobina redutase) disponível para reduzir a forma meta de volta à forma ativa Fe(II).

O Fe na desoximioglobina é pentacoordenado de spin alto. Quando o O_2 se liga, ele coordena-se pela sua extremidade com o átomo de Fe, sendo a estrutura eletrônica ajustada pela participação do ligante histidina proximal da hélice F (Fig. 26.16). A extremidade não ligada da molécula de O_2 é presa por uma ligação hidrogênio a um NH imidazólico da histidina distal da hélice E. A coordenação com o O_2 (um ligante de campo forte e π receptor) faz com que o Fe(II) passe de spin alto (equivalente a $t_{2g}^4 e_g^2$) para spin baixo (t_{2g}^6), o qual, por não ter elétrons d nos orbitais antiligantes, reduz ligeiramente de tamanho e move-se para dentro do plano do anel. A ligação é frequentemente descrita em termos da coordenação do Fe(II) com um O_2 singleto, em que um dos orbitais $2\pi_g$ antiligantes do O_2 se encontra duplamente ocupado e atua como σ doador e o outro orbital $2\pi_g$ do O_2 que se encontra vazio recebe um par de elétrons do Fe (Fig. 26.17). Uma descrição alternativa muitas vezes utilizada considera a ligação como sendo do Fe(III) com spin baixo coordenando ao íon

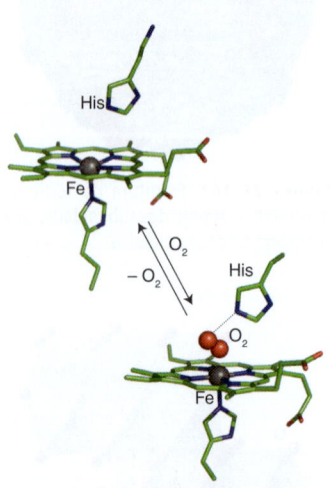

Figura 26.16* Reversibilidade da ligação do O_2 com a mioglobina: a coordenação com o O_2 faz o Fe adquirir uma configuração de spin baixo e movimentar-se para dentro do plano do anel porfirínico.

---

[6] A mioglobina foi a primeira proteína a ter sua estrutura tridimensional determinada por difração de raios X. Por essa conquista, em 1962, John Kendrew dividiu o prêmio Nobel de Química com Max Perutz, que resolveu a estrutura da hemoglobina.

superóxido O_2^-. Por este último modelo, a formação da metamioglobina através da reação com ânions é uma simples reação de substituição de ligante.

(b) Hemoglobina

Ponto principal: A hemoglobina consiste em um tetrâmero de subunidades semelhantes à mioglobina, com quatro sítios de Fe que se ligam ao O_2 de forma cooperativa.

A hemoglobina (Hb, 68 kg mol^{-1}; Fig. 26.18) é a proteína transportadora de O_2 encontrada em células especiais conhecidas como *eritrócitos* (as células vermelhas do sangue): um litro de sangue humano contém cerca de 150 g de Hb. De uma forma simplificada, a Hb pode ser imaginada como um tetrâmero de unidades semelhantes à mioglobina, com uma cavidade no centro. Existem de fato dois tipos de subunidades semelhantes à Mb que diferem ligeiramente nas suas estruturas, e por isso a Hb é chamada de um **tetrâmero** $\alpha_2\beta_2$.

As curvas de ligação do O_2 com a Mb e a Hb são mostradas na Fig. 26.19: o formato sigmoide da curva para a Hb indica que a captura e a liberação de sucessivas moléculas de O_2 é cooperativa. Quando em baixa pressão parcial de O_2 e maior acidez (como no sangue venoso e nos tecidos musculares após um intenso exercício), a Hb apresenta baixa afinidade pelo O_2. Essa baixa afinidade possibilita à Hb transferir suas moléculas de O_2 para a Mb. À medida que a pressão aumenta, a afinidade da Hb pelo O_2 também aumenta, e como resultado a Hb pode capturar o O_2 nos pulmões. Essa mudança de afinidade pode ser atribuída ao fato de existirem duas conformações. O **estado tenso** (T) possui uma baixa afinidade e o **estado relaxado** (R) tem uma alta afinidade. A Hb sem oxigênio é T, e a Hb completamente carregada de oxigênio, oxiHb, é R.

Um modelo para a base molecular da cooperatividade surge da consideração de que a ligação da primeira molécula de O_2 à molécula no estado T é fraca, mas a diminuição do tamanho do Fe permite que ele se mova para dentro do plano do anel porfirínico (Fig. 26.16). Essa movimentação é particularmente importante para a Hb, pois ela puxa o ligante histidina proximal e move a hélice F. Esse movimento é transmitido aos outros sítios de ligação do O_2, fazendo os outros átomos de Fe se deslocarem para uma posição mais próxima dos respectivos planos dos anéis, convertendo assim a proteína para o estado R. Dessa forma, fica aberto o caminho para que esses sítios se liguem ao O_2 com maior facilidade, embora a probabilidade estatística diminua à medida que a saturação se aproxima.

(c) Outros sistemas transportadores de oxigênio

Ponto principal: Artrópodes e moluscos usam a hemocianina, e certos vermes marinhos usam a hemeritrina.

Em muitos organismos, como artrópodes e moluscos, o O_2 é transportado pela proteína de Cu hemocianina, a qual, diferentemente da hemoglobina, é extracelular, o que é comum para as proteínas de Cu. A hemocianina é oligomérica, com cada monômero contendo um par de átomos de Cu próximos. A desoxi-hemocianina é incolor, mas torna-se azul-brilhante quando ligada ao O_2.

O sítio ativo é apresentado na Fig. 26.20. No estado desoxi, cada átomo de Cu encontra-se tricoordenado e ligado através de um arranjo piramidal a três resíduos de

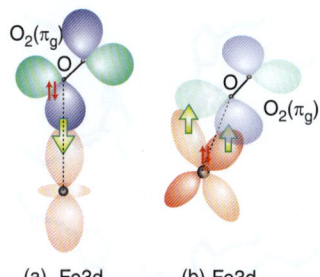

Figura 26.17 Orbitais usados na formação do aduto Fe-O_2 da mioglobina e da hemoglobina. Este modelo considera o ligante O_2 no estado singleto, com o orbital $2\pi_g$ completo doando um par de elétrons e o outro orbital $2\pi_g$ atuando como um orbital π receptor de um par de elétrons.

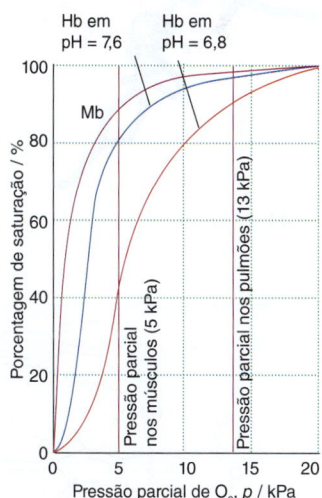

Figura 26.19 Curvas de ligação do oxigênio com a mioglobina e hemoglobina, mostrando como a cooperatividade entre os quatro sítios da hemoglobina origina uma curva sigmoide. A ligação da primeira molécula de O_2 na hemoglobina é desfavorável, mas ela resulta em um grande aumento da afinidade para as moléculas de O_2 subsequentes.

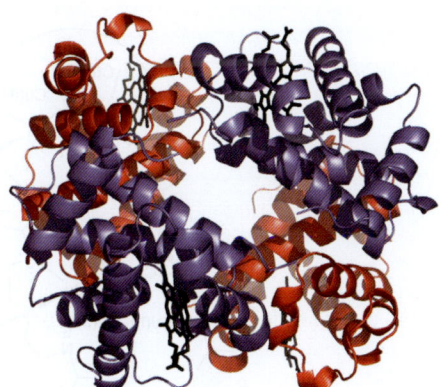

Figura 26.18* A hemoglobina é um tetrâmero $\alpha_2\beta_2$. As suas subunidades α e β são muito semelhantes à mioglobina. Os grupos heme estão mostrados em preto.

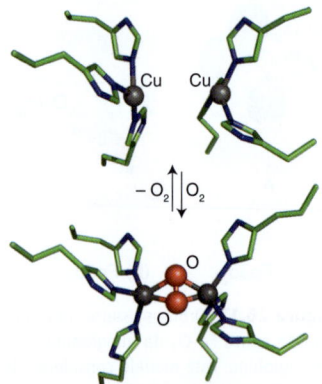

Figura 26.20* A ligação do O_2 ao sítio ativo da hemocianina causa a aproximação dos dois átomos de Cu. O complexo com O_2 é considerado um centro binuclear de Cu(II) em que os dois átomos de Cu estão ligados por uma ponte η^2,η^2-peróxido.

histidina. Os dois átomos de Cu estão tão afastados (460 pm) que não há qualquer interação direta entre eles. O baixo número de coordenação é típico do Cu(I), que normalmente tem número de coordenação de 2 a 4. A coordenação rápida e reversível do O_2 ocorre entre os dois átomos de Cu por meio de uma ponte di-hapto (μ-η^2,η^2) e o baixo número de onda para a vibração da molécula de O_2 cooordenada (750 cm^{-1}) mostra que o O_2 foi reduzido a peróxido (O_2^{2-}), com a concomitante diminuição da ordem de ligação de 2 para 1. Para acomodar a ligação com o O_2, a proteína ajusta sua conformação para promover a aproximação dos dois átomos de Cu. Os sítios de Cu tornam-se pentacoordenados, o que é típico do Cu(II).

A hemeritrina é um exemplo de uma classe especial de centros binucleares de Fe que são encontrados em várias proteínas com funções diversas, como nas metanomonoxigenases e em algumas ribonucleotídio redutases e fosfatases ácidas. Os dois átomos de Fe do sítio ativo da hemeritrina (**21**) estão, cada um, coordenados por cadeias laterais de aminoácidos, mas estão também ligados por duas pontes de grupos carboxilato e por um ligante pequeno. Na forma reduzida (Fe(II)), que se liga ao O_2 reversivelmente, o ligante pequeno é um íon OH$^-$. A coordenação do O_2 ocorre com apenas um dos átomos de Fe, e o átomo de O distal forma uma ligação hidrogênio com o átomo de H do hidróxido em ponte.

(d) Ligação reversível do O_2 com moléculas pequenas análogas

Pontos principais: As proteínas que se ligam reversivelmente com o O_2 previnem a sua redução e a eventual quebra da ligação O-O. Essa proteção é difícil de ser alcançada com moléculas pequenas. Determinados complexos de Fe(II) com macrocíclicos elaborados apresentam ligação reversível com o O_2 e fornecem estereoimpedimento ao ataque do O_2 coordenado.

Muito esforço tem sido gasto na síntese de complexos simples que coordenem com o O_2 reversivelmente e que possam ser usados em circunstâncias especiais para substituir o sangue, como nas cirurgias de emergência. O problema é que, embora o O_2 reaja com os íons metálicos do bloco d para formar complexos em que a ligação O–O seja mantida (como nas espécies superóxido e peróxido), esses produtos tendem a sofrer decomposição irreversível envolvendo uma rápida clivagem da ligação O–O e a formação de água ou óxidos. Superar esse problema requer complexos desenhados para proteger o ligante O–O coordenado, impedindo-o de reações adicionais. O complexo de Fe(II) com porfirina em forma de "cesta" (**22**) realiza essa proteção por estereoimpedimento, prevenindo que um segundo complexo de Fe(II) ataque o átomo de O distal da espécie superóxido para formar um intermediário peróxido em ponte. Como vimos na Seção 26.10, os complexos de Fe(III) com peróxido tendem a sofrer uma rápida proteólise da ligação O–O, resultando na formação de H_2O e Fe(IV)=O.

Complexos simples de Cu que possam coordenar com O_2 reversivelmente são raros, mas os estudos revelaram uma química interessante que é particularmente relevante para o desenvolvimento de catalisadores para reações de oxigenação. Análogos do centro dinuclear de Cu(I) da hemocianina reagem com o O_2, mas possuem uma forte tendência a sofrer reações adicionais que envolvem a clivagem da ligação O–O, sendo um exemplo o equilíbrio rápido entre os complexos μ-η^2:η^2-peroxidodicobre(II) e bis(μ-oxo)cobre(III) apresentados na Fig. 26.21.

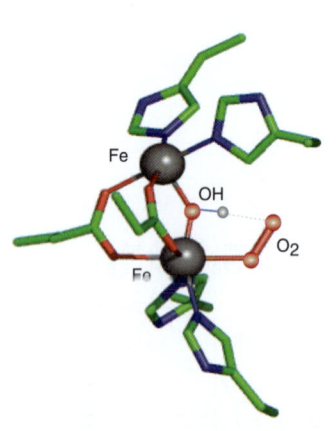

21 O sítio ativo da hemeritrina

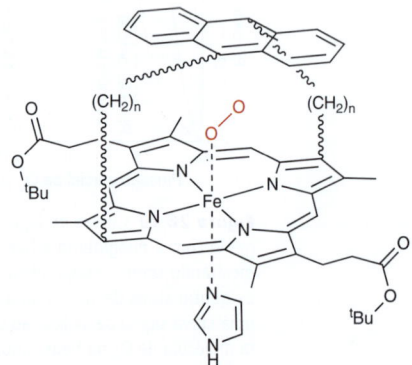

22 Complexo de Fe com porfirina, em forma de "cesta", com o O_2 ligado

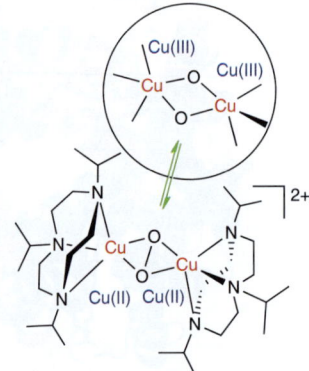

Figura 26.21 O equilíbrio rápido entre o μ-η^2:η^2-peroxidodicobre(II) e o bis(μ-oxo)cobre(III) em um complexo modelo para o sítio ativo da hemocianina.

EXEMPLO 26.5 Identificando como a biologia compensa a forte competição do CO

É bem conhecido que o monóxido de carbono é um forte inibidor da ligação do O_2 com a mioglobina e a hemoglobina, mas a sua ligação na proteína é muito mais fraca que a do O_2, ao contrário do que se observa quando se comparam as ligações do O_2 e do CO com um simples complexo de Fe-porfirina. Essa supressão da ligação do CO com a mioglobina e a hemoglobina é importante, pois, de outra forma, mesmo traços de CO poderiam ter sérias consequências para os aeróbios. Sugira uma explicação.

Resposta Devemos considerar como o CO e o O_2, ambos ligantes π receptores, diferem em termos dos orbitais que usam para fazer a ligação com o átomo metálico. A ligação com o O_2 não é linear (veja Figuras 26.16 e 26.17), e o átomo de O distal está bem posicionado para formar uma ligação hidrogênio com o imidazol distal. Ao contrário, o CO fica num arranjo de ligação linear Fe-C-O (ver Seção 22.5) e não participa desta ligação adicional com o imidazol.

Teste sua compreensão 26.5 Sugira uma sequência de reações que justifique o motivo de os complexos simples Fe-porfirina serem incapazes de se ligarem ao O_2 reversivelmente, mas em vez disso formarem produtos que incluem espécies dinucleares Fe(III)-porfirina ligadas por ponte oxo.

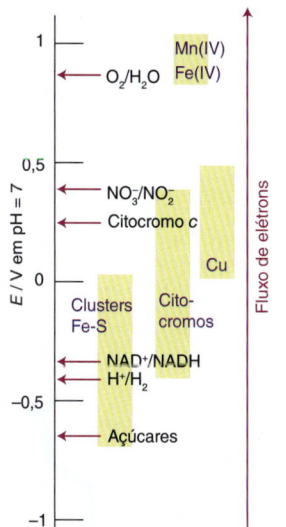

Figura 26.22 O "espectro de oxirredução" da vida.

26.8 Transferência de elétrons

Com a exceção de uns poucos casos interessantes, a energia para a vida origina-se, em última análise, do Sol, seja de uma forma direta pela fotossíntese ou de uma forma indireta pelo uso de compostos ricos em energia (um combustível) produzidos pelos organismos que fazem fotossíntese. A energia pode ser obtida como um fluxo de elétrons do combustível para o oxidante. Como combustíveis importantes temos as gorduras, os açúcares e o H_2, e como oxidantes biológicos importantes temos o O_2, o nitrato e até mesmo o H^+. Como pode ser visto na Fig. 26.22, a oxidação dos açúcares pelo O_2 fornece uma grande quantidade de energia (até 6 eV para reação com quatro elétrons), e essa é a razão do sucesso dos organismos aeróbios em detrimento dos anaeróbios que uma vez dominaram a Terra.

(a) Considerações gerais

Pontos principais: O fluxo de elétrons ao longo das cadeias de transporte de elétrons está associado a processos químicos como a transferência de íons (particularmente o H^+); os centros de transferência de elétrons mais simples evoluíram para otimizar as transferências rápidas de elétrons.

Nos organismos vivos, os elétrons são retirados dos alimentos (o combustível) e fluem para um oxidante, descendo ao longo do gradiente de potencial formado por uma sequência de receptores e doadores conhecida como **cadeia respiratória** (Fig. 26.23).[7] Sem considerar as flavinas e quinonas, que são importantes cofatores orgânicos de

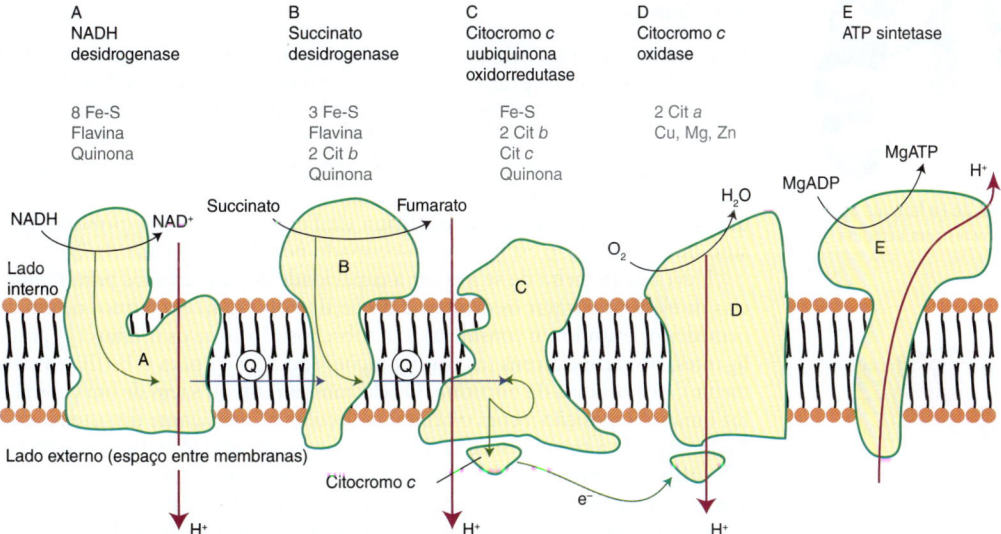

Figura 26.23 A cadeia respiratória mitocondrial de transferência de elétrons (TE) consiste em várias moléculas de metaloenzimas que usam a energia do transporte de elétrons para transportar prótons através de uma membrana. O gradiente de prótons é usado para impulsionar a síntese de ATP.

---

[7] Uma corrente total de aproximadamente 80 A flui através da cadeia respiratória mitocondrial de um ser humano!

oxirredução, estes receptores e doadores são centros de transferência de elétrons (TE) que contêm metal, os quais estão distribuídos em três classes principais: clusters FeS, citocromos e sítios de Cu. Essas enzimas estão geralmente ligadas a uma membrana, ao longo da qual a energia proveniente da transferência de elétrons é usada para manter um gradiente de prótons através da membrana: essa é a base da **teoria quimiosmótica**. O contrafluxo de H^+ através de uma enzima rotatória conhecida como ATP sintase impulsiona a fosforilação do ADP a ATP. Muitas enzimas de oxirredução ligadas às membranas são **bombas de próton eletrogênicas**, o que significa que elas acoplam diretamente a transferência de elétrons de longa distância com a transferência de prótons através de canais internos específicos.

Examinaremos as propriedades dos três principais tipos de centros de transferência de elétrons. As mesmas regras que dizem respeito à transferência de elétrons de esfera externa que foram discutidas na Seção 21.12 aplicam-se aos centros metálicos nas proteínas, ressaltando-se que os organismos vivos otimizaram as estruturas e propriedades desses centros para obter transferências de elétrons de longo alcance eficientes.

Na discussão que segue, será útil ter em mente que os potenciais de redução dependem de vários fatores (Capítulo 5). Além da energia de ionização e do ambiente proporcionado pelos ligantes (doadores fortes estabilizam estados de oxidação altos e reduzem o potencial de redução; doadores fracos, π receptores e prótons estabilizam estados de oxidação baixos e aumentam o potencial de redução), o centro ativo de uma proteína também é influenciado pela permissividade relativa (a qual estabiliza centros com uma baixa carga global), pela presença das cargas vizinhas, inclusive aquelas de outros íons metálicos ligados, e pela disponibilidade de interações do tipo ligação hidrogênio que estabilizam estados reduzidos.

Ao consideramos a cinética da transferência de elétrons, também é útil termos em mente que "eficiência" significa que a transferência de elétrons é rápida, mesmo quando a energia de Gibbs da reação é baixa e, portanto, que a energia de reorganização λ da teoria de Marcus (Seção 21.12) é baixa. Essa exigência é satisfeita quando o ambiente proporcionado pelos ligantes não se altera significativamente quando um elétron é adicionado e o sítio está enterrado de tal forma dentro da estrutura que as moléculas de água são excluídas. As distâncias entre os sítios são geralmente menores que 1,4 nm para facilitar o tunelamento do elétron, embora ainda continue em debate se a transferência de elétrons nas proteínas depende principalmente apenas da distância ou se a proteína fornece caminhos especiais.

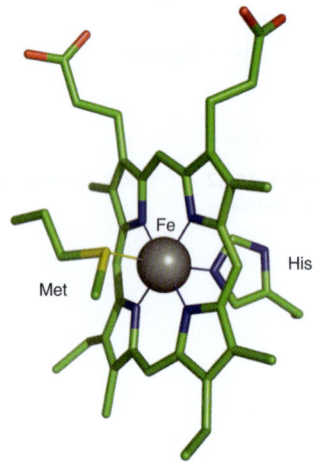

23 Sítio ativo do citocromo c

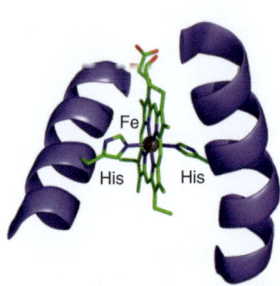

24 Porfirina de Fe fazendo duas ligações axiais com histidina

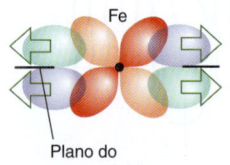

Figura 26.24 A sobreposição entre os orbitais t_{2g} do Fe e os orbitais π* vazios de baixa energia da porfirina expande, efetivamente, os orbitais do Fe para além da periferia do anel.

(b) Citocromos

Pontos principais: Os citocromos operam na região de potencial de –0,3 a +0,4 V; eles têm uma combinação de baixa energia de reorganização e acoplamento eletrônico estendido através de orbitais deslocalizados.

Os citocromos foram identificados há muitos anos como pigmentos celulares (daí o seu nome). Eles contêm o grupo Fe-porfirina, e o termo "citocromo" pode se referir tanto a uma proteína individual quanto a uma subunidade de uma enzima maior que contém o cofator. Os citocromos usam o par Fe^{3+}/Fe^{2+} e são geralmente hexacoordenados (23, 24), com duas ligações axiais estáveis com aminoácidos doadores, estando o Fe geralmente com spin baixo em ambos os estados de oxidação. Isso contrasta com os ligantes que se ligam às proteínas de porfirina de Fe, como na hemoglobina, na qual o sexto sítio de coordenação está vazio ou ocupado por uma molécula de água.

Uma boa maneira de se avaliar a capacidade dos citocromos para rápidas transferências de elétrons é tratar os orbitais d do Fe(II) e do Fe(III) em termos de um campo ligante octaédrico, levando em consideração a sobreposição entre os orbitais t_{2g}, praticamente não ligantes, ricos em elétrons (as configurações são t_{2g}^5 e t_{2g}^6 para o Fe(III) e Fe(II), respectivamente), e os orbitais da porfirina. Os elétrons entram ou saem de um orbital do metal que faz uma sobreposição π com o orbital molecular π* antiligante do sistema do anel. Esse arranjo favorece a transferência de elétrons porque os orbitais d do átomo de Fe estendem-se para além da extremidade do anel porfirínico, diminuindo assim a distância que o elétron precisa vencer para se transferir entre os integrantes de um par oxirredutor (Fig. 26.24).

O paradigma dos citocromos é o **citocromo c mitocondrial** (12 kg mol⁻¹; Fig. 26.25). Essa proteína solúvel em água encontra-se no espaço intramembrana mitocondrial, onde ela fornece elétrons para a citocromo c oxidase, que é a enzima responsável pela redução do O_2 a H_2O no final da cadeia respiratória transdutora de energia (Seção 26.10). O quinto e sexto ligantes do Fe no citocromo c são a histidina (pelo N imidazólico) e

Transporte, transferência e transcrição

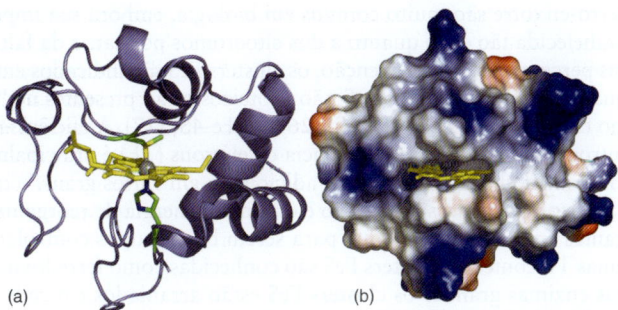

Figura 26.25* Vistas diferentes (mas do mesmo ponto de vista) do citocromo *c* mitocondrial: (a) a estrutura secundária e a posição do cofator heme; (b) a distribuição da carga superficial que guia o encaixe com seus parceiros de oxirredução naturais (as áreas em vermelho e azul representam as regiões de cargas negativas e positivas, respectivamente).

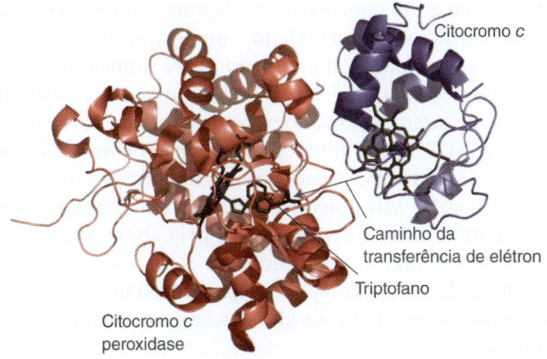

Figura 26.26* Complexo bimolecular de transferência de elétron (TE) formado pelo citocromo *c* e a citocromo *c*-peroxidase, produzido pela cocristalização do citocromo *c* com o derivado de Zn da citocromo *c* peroxidase. A orientação das estruturas sugere um caminho de transferência de elétron entre os grupos heme do citocromo *c* e da citocromo *c* peroxidase e que inclui o triptofano.

a metionina (pelo S do tioéter) (**23**). A metionina não é um ligante comum nas metaloproteínas, mas como ela é um doador macio e neutro, espera-se que estabilize o Fe(II) ao invés do Fe(III). O potencial de redução do citocromo *c* é +0,26 V, um dos valores mais altos dos citocromos em geral. Os citocromos variam com a identidade dos ligantes axiais, assim como com a estrutura do ligante porfirina (a notação *a*, *b*, *c*, *d*, etc. indica a posição dos máximos de absorção na região do visível, mas também se refere a variações nos substituintes do anel porfirínico). Muitos citocromos, em particular aqueles situados entre hélices inseridas em membranas, apresentam ligação axial com duas histidinas (**24**).

No citocromo *c*, o lado do anel porfirínico está exposto ao solvente, sendo o sítio mais provável para os elétrons entrarem e saírem. Interações específicas proteína-proteína são importantes para a obtenção de uma transferência de elétrons eficiente, e a região em torno do lado exposto do anel porfirínico no citocromo *c* fornece um padrão de cargas que é reconhecido pela citocromo *c* oxidase e outros parceiros de oxirredução. Um exemplo em particular que tem sido bem estudado é a interação do citocromo *c* com a citocromo *c* peroxidase da levedura. A força eletromotriz para a transferência de elétrons de qualquer dos dois intermediários catalíticos da peroxidase (Seção 26.10) para cada citocromo *c* reduzido é de aproximadamente 0,5 V. A Fig. 26.26 apresenta a estrutura do complexo bimolecular formado entre o citocromo *c* e a citocromo *c* peroxidase. As interações eletrostáticas guiam as duas proteínas para que se aproximem até uma distância favorável para o rápido tunelamento do elétron entre o citocromo *c* e os dois centros oxirredutores da peroxidase, que são o cofator heme e o triptofano-191 (Seção 26.10).

(c) Clusters ferro-enxofre

Pontos principais: Os clusters ferro-enxofre geralmente operam em potenciais mais negativos do que os citocromos; eles são formados por Fe(III) ou Fe(II), com spin alto, e ligantes enxofre em um ambiente praticamente tetraédrico.

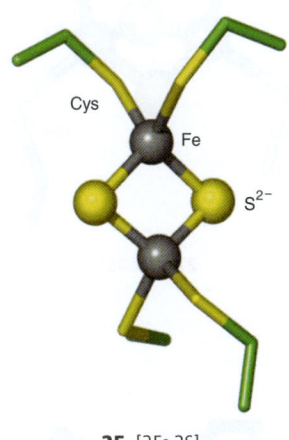

25 [2Fe-2S]

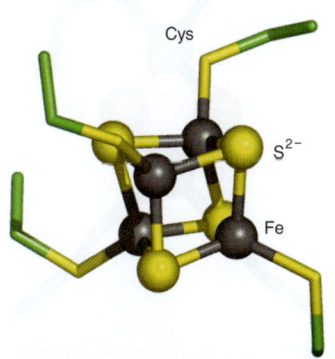

26 [4Fe-4S]

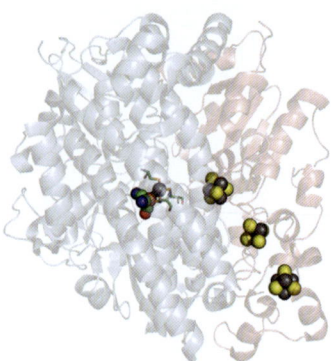

Figura 26.27* Uma série de três clusters Fe–S fornece o caminho para a transferência de elétron a longa distância até o sítio ativo situado na parte interna das hidrogenases.

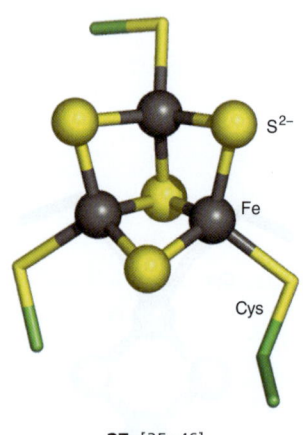

27 [3Fe-4S]

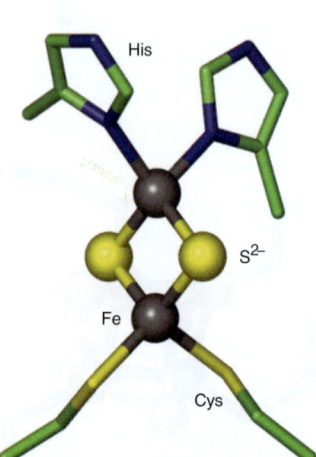

28 Cluster [2Fe-2S] com dois ligantes imidazois (histidina)

Os clusters ferro-enxofre são muito comuns em biologia, embora sua importância não tenha sido estabelecida tão cedo quanto a dos citocromos por causa da falta de características ópticas perceptíveis. Por convenção, os clusters FeS são indicados entre colchetes, mostrando quantos átomos de Fe e de S não proteicos estão presentes no "núcleo inorgânico", como em [2Fe-2S] (**25**), [4Fe-4S] (**26**) e [3Fe-4S] (**27**). A eficiência dos clusters FeS como centros rápidos para a transferência de elétrons (TE) é principalmente devido à sua capacidade de deslocalizar o elétron adicionado em vários graus, o que minimiza as alterações nos comprimentos de ligação e diminui a energia de reorganização. A presença dos ligantes enxofre é importante para serem bons grupos controladores. As pequenas proteínas TE contendo clusters FeS são conhecidas como **ferredoxinas**, enquanto que em muitas enzimas grandes os clusters FeS estão arranjados em cadeias, distantes entre si menos do que 1,5 nm, para ligar sítios de oxirredução distantes em uma mesma molécula. Esse conceito de cadeia é ilustrado na Fig. 26.27 por uma classe de enzimas conhecidas como **hidrogenases**, as quais serão discutidas mais adiante, na Seção 26.14.

Em quase todos os casos, os átomos de Fe estão coordenados tetraedricamente a grupos tiolato (RS^-) da cisteína de ligantes proteicos. O conjunto global, incluindo os ligantes proteicos, é conhecido como um "centro FeS". São conhecidos exemplos em que um ou mais átomos de Fe estão coordenados a ligantes aminoácidos não tiolatos, como carboxilato, imidazol ou alcóxido (serina), ou a um ligante exógeno como H_2O ou OH^-, fazendo o número de coordenação do subsítio de Fe aumentar para seis. Os clusters cubano [4Fe-4S] (**26**) e cuboidal [3Fe-4S] (**27**) são obviamente bastante assemelhados e podem até mesmo sofrer interconversão dentro da proteína pela adição ou remoção de um átomo de Fe em um subsítio. Também podem ocorrer clusters maiores, como os "superclusters" [8Fe-7S] e [Mo7Fe-9S,C] encontrados na nitrogenase (Seção 26.13).

Os clusters ferro-enxofre são bons exemplos de sistemas de valência mista. O estado de oxidação de um cluster é representado pela soma das cargas dos átomos de Fe (3+ ou 2+, respectivamente) e dos átomos de S (2–), sendo o resultado global da carga chamado de **nível de oxidação**, que é escrito como um índice superior. Apesar da presença de mais de um átomo de Fe, os clusters FeS estão geralmente restritos a transferências de um elétron.

$[2Fe-2S]^{2+} + e^- \rightarrow [2Fe-2S]^+$ $E^\ominus = 0$ a $-0,4$ V
2Fe(III)   {Fe(III):Fe(II)}
$S = 0$ $S = \frac{1}{2}$

$[3Fe-4S]^+ + e^- \rightarrow [3Fe-4S]$ $E^\ominus = +0,1$ a $-0,4$ V
3Fe(III)   {2Fe(III):Fe(II)}
$S = \frac{1}{2}$ $S = 2$

$[4Fe-4S]^{2+} + e^- \rightarrow [4Fe-4S]^+$ $E^\ominus = -0,2$ a $-0,7$ V
{2Fe(III):2Fe(II)} {Fe(III):3Fe(II)}
$S = 0$ $S = \frac{1}{2}$

As meias-reações foram escritas incluindo os estados de spin dos clusters FeS: átomos individuais de Fe apresentam spin alto, como esperado para a coordenação tetraédrica pelo S^{2-}, e os diferentes estados magnéticos resultam de acoplamentos ferromagnéticos e antiferromagnéticos (Seção 20.8). Essas propriedades magnéticas são muito importantes, pois permitem que os centros sejam investigados por RPE (Seção 8.7).

A maioria dos centros FeS tem potenciais de redução negativos (normalmente mais negativos que 0 V), de maneira que as suas formas reduzidas são bons agentes redutores: são exceções os clusters [4Fe-4S] que operam entre os estados de oxidação +3 e +2 (eles são conhecidos como centros "HiPIP", em inglês, porque foram originalmente descobertos em uma proteína chamada proteína de ferro de alto potencial (*high-potential iron protein*), para a qual o potencial de redução é de 0,35 V) e os chamados **centros Rieske**, que são clusters [2Fe-2S] que possuem um dos subsítios de Fe coordenado a dois ligantes imidazois neutros ao invés de uma cisteína (**28**).

> **EXEMPLO 26.6** Facilitando a transferência sequencial de dois elétrons
>
> Um tipo interessante de cluster Fe-S recentemente descoberto possui o núcleo não usual [4Fe-3S] que está coordenado a seis cisteínas em vez de quatro. O átomo de enxofre de uma das cisteínas extras faz uma ligação em ponte com dois átomos de Fe, substituindo um dos átomos μ_3 sulfeto que está geral-

mente presente. O cluster resultante é mais flexível e além do par de oxirredução normal, ocorre uma segunda transferência de elétron completamente reversível em um potencial ligeiramente maior. A forma "superoxidada" do cluster (**29**) contém um Fe(III) diferenciado que está coordenado a um N peptídeo adjacente que torna-se desprotonado durante o processo de oxidação. Explique por que esse segundo par de oxirredução está presente nessa circunstância, quando normalmente isso não ocorre.

Resposta Precisamos considerar a severa restrição coulombiana que se verifica no centro ativo de oxirredução dentro de uma molécula de proteína. Enquanto que a variação da carga de uma unidade pode ser acomodada, a alteração de duas unidades de carga em um meio de baixa constante dielétrica é proibitiva. O cluster [4Fe-3S] contorna esse problema porque a remoção do segundo elétron é eletrostaticamente compensada pela remoção de um próton do mesmo local. O átomo de N peptídico desprotonado é um excelente ligante doador que estabiliza o Fe(III).

$$[4Fe\text{-}3S]^{3+} \xrightleftharpoons{e^-} [4Fe\text{-}3S]^{4+} \xrightleftharpoons{e^-, H^+} [4Fe\text{-}3S]^{5+}$$

Teste sua compreensão 26.6 Quais dos seguintes fatores podem aumentar o potencial de redução de um cluster Fe–S em uma proteína: a) ligação hidrogênio entre as cadeias laterais adjacentes e os átomos de S do cluster; b) a presença de cadeias laterais próximas, carregadas negativamente; c) a substituição de uma cisteína por uma histidina?

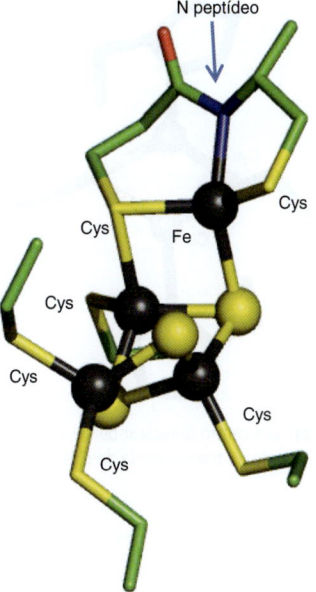

29 Cluster superoxidado [4Fe-3S]

Uma questão importante é como os centros FeS são sintetizados e inseridos no interior das proteínas. Esse processo tem sido estudado principalmente nos procariontes, para os quais se sabe que há o envolvimento de proteínas específicas no transporte e fornecimento dos átomos de Fe e S, na montagem dos clusters e na sua transferência para as proteínas alvo. O sulfeto livre (H_2S, HS^- ou S^{2-}) na célula é altamente venenoso, de forma que ele é produzido apenas quando necessário por uma enzima chamada cisteína dessulfurase, a qual degrada a cisteína para fornecer íons S^{2-} e alanina.

(d) Centros de transferência de elétrons formados com cobre

Ponto principal: A proteína supera a grande diferença inerente nas preferências do Cu(II) e do Cu(I) por geometrias diferentes, confinando o Cu numa geometria que não se altera quando da transferência de elétron.

O chamado centro "azul" de Cu é o sítio ativo de várias proteínas pequenas transferidoras de elétrons, como também de enzimas maiores (como as oxidases azuis de Cu) que também contêm outros sítios de Cu. Os centros azuis de Cu têm potencial de redução na faixa de 0,15 a 0,7 V para o par Cu(II)/Cu(I), sendo, portanto, geralmente mais oxidantes que os citocromos. O nome origina-se da cor azul intensa das amostras puras no estado oxidado, a qual resulta de uma banda de transferência de carga do ligante (tiolato) para o metal. Em todos os casos, o Cu encontra-se protegido do solvente (água) e coordenado por, no mínimo, dois N imidazólicos e um S de cisteína, numa geometria praticamente trigonal plana, com uma ou duas ligações mais longas para os ligantes axiais. Os exemplos mais estudados são a plastocianina (Fig. 26.28), que é uma pequena proteína transportadora de elétrons nos cloroplastos, e a azurina, que é um transportador de elétrons em bactérias. Essas pequenas proteínas têm uma estrutura de "barril β" na qual uma cerca em forma de barril formada por folhas mantém a esfera de coordenação do Cu numa geometria rígida. De fato, as estruturas cristalinas das formas oxidada, reduzida (**30**) e apo, revelam que os ligantes permanecem, essencialmente, na mesma posição em todos os casos. Dessa forma, o centro azul de Cu é bem adequado para sofrer uma transferência de elétron rápida e eficiente, pois a energia de reorganização é pequena.

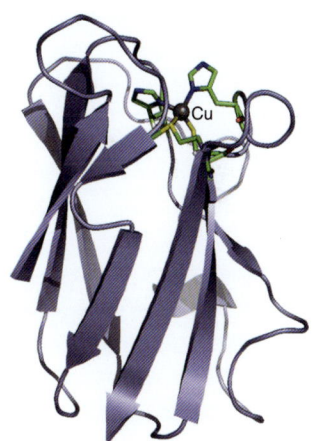

Figura 26.28* A molécula de plastocianina.

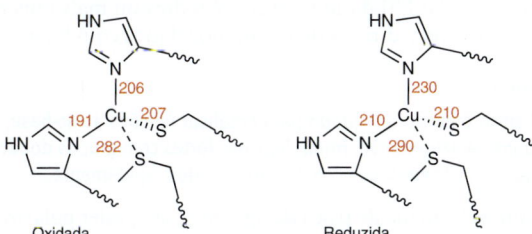

30 Coordenação do Cu nas formas oxidada e reduzida da plastocianina (distâncias em pm)

O centro binuclear de Cu conhecido como Cu_A está presente na citocromo c oxidase (Seção 26.10) e na N_2O redutase (Seção 26.13). Cada um dos dois átomos de Cu (**31**) está coordenado a dois grupos imidazois e a um par de ligantes tiolato de cisteínas que agem como ligantes em ponte. Na forma reduzida, os dois átomos de Cu são Cu(I). Essa forma sofre oxidação de um elétron formando uma espécie paramagnética púrpura, na qual o elétron desemparelhado é compartilhado entre os dois átomos de Cu. Novamente, vemos como a deslocalização auxilia a transferência de elétrons porque resulta numa pequena energia de reorganização.

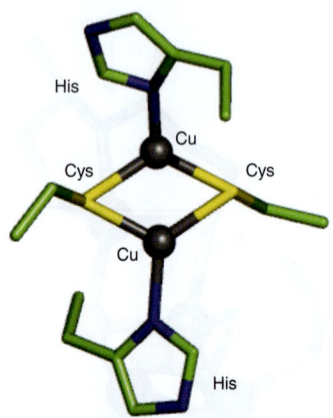

31 Um centro dinuclear de Cu, Cu_A, usado na transferência de elétron

> **EXEMPLO 26.7** Explicando o funcionamento dos centros de transferência de elétrons (TE)
>
> O potencial de redução dos centros FeS de Rieske é muito dependente do pH, ao contrário dos centros FeS mais comuns, que têm apenas ligação com tiolato. Sugira uma explicação.
>
> *Resposta* Consultando as Seções 5.6 e 5.14, podemos ver como o equilíbrio de protonação influencia os potenciais de redução. Os dois ligantes imidazois que se coordenam com um dos átomos de Fe no cluster de Rieske [2Fe-2S] são eletricamente neutros em pH = 7, e o próton localizado no átomo de N não coordenado pode ser facilmente removido. O pK_a depende do nível de oxidação do cluster, e existe uma grande faixa de pH em que os ligantes imidazois estão protonados na forma reduzida, mas não na forma oxidada. Como resultado, o potencial de redução depende do pH.
>
> *Teste sua compreensão 26.7* Compostos simples de Cu(II) apresentam um grande acoplamento hiperfino em RPE para o núcleo de Cu ($I = 3/2$ para o ^{65}Cu e o ^{63}Cu), ao passo que o espectro de RPE das proteínas azuis de Cu mostra um acoplamento hiperfino muito menor. O que isso sugere sobre a natureza da coordenação do ligante nos centros azuis de Cu?

Processos catalíticos

O papel clássico das enzimas é o de uma catálise altamente seletiva para a grande variedade de reações químicas que ocorrem nos organismos vivos e sustentam as atividades vitais. Nesta seção, veremos alguns dos exemplos mais importantes em termos da adequação de certos elementos para esses papéis.

26.9 Catálise ácido-base

Os sistemas biológicos raramente possuem condições extremas de pH sob as quais a catálise por H^+ ou OH^- livres possa ocorrer; se isso ocorresse, o resultado seria indiscriminado, pois todas as ligações hidrolisáveis poderiam ser atacadas. Uma maneira pela qual os organismos solucionaram esse problema foi aproveitar as propriedades de certos íons metálicos, colocando-os dentro das estruturas de proteínas desenhadas para realizar reações ácido-base (Brønsted) específicas (Seção 4.1).

Os organismos vivos usam muito o Zn para realizar a catálise ácido-base, mas não excluem os outros metais. Por exemplo, além de numerosas enzimas que contêm Fe(II) e Fe(III), o Mg(II) atua como catalisador na piruvato quinase (hidrólise de ésteres de fosfato) e na ribulose difosfato carboxilase (incorporação do CO_2 em moléculas orgânicas); o Mn é o catalisador na arginase (que hidrolisa a arginina formando ureia e L-ornitina); e o Ni(II) é o metal ativo da urease (que hidrolisa ureia, produzindo amônia e, por último, dióxido de carbono), que é uma enzima crucial para a virulência da *Heliobacter pylori*, um agente patogênico humano bem conhecido (Seção 27.3). Devido à sua importância para a indústria e a medicina, muitas dessas enzimas vêm sendo estudadas em grande detalhe e sistemas modelo têm sido sintetizados na tentativa de reproduzir as suas propriedades catalíticas e entender o modo de ação dos inibidores. Muitos desses sítios (incluindo o [Mn,Mn] da arginase e o [Ni,Ni] da urease) contêm dois ou mais íons metálicos em um arranjo único com a proteína e difíceis de serem modelados com ligantes simples.

(a) Enzimas de zinco

Ponto principal: O zinco é muito adequado para catalisar reações ácido-base, uma vez que ele é abundante, inerte quanto à oxirredução, forma ligações fortes com grupos doadores de resíduos de aminoácidos, e os ligantes exógenos, como H_2O, são trocados rapidamente.

O íon Zn^{2+} possui alta velocidade de troca de ligantes e seu poder polarizante significa que o pK_a de uma molécula de H_2O coordenada é bastante baixo. Combinando uma forte ligação com ligantes proteicos, uma rápida troca de ligantes (moléculas de H_2O coordenadas ou de substrato), uma afinidade eletrônica razoavelmente alta, flexibilidade da geometria de coordenação e uma química de oxirredução simples, o Zn ajusta-se bem ao seu papel de catalisador de reações ácido-base específicas. A grande família das enzimas de Zn inclui a anidrase carbônica, as carboxipeptidases, a fosfatase alcalina, a β-lactamase (responsável pela resistência das bactérias à penicilina) e a álcool desidrogenase. Geralmente, o Zn está coordenado a três ligantes aminoácidos (diferentemente dos dedos de zinco, em que está coordenado a quatro ligantes) e uma molécula de H_2O lábil (**14**).

Os mecanismos das enzimas de Zn são normalmente discutidos em termos de dois casos limite. No **mecanismo Zn-hidróxido**, a função do Zn é promover a desprotonação de uma molécula de água ligada, criando o nucleófilo OH^- bem posicionado para atacar o átomo de C de uma carbonila:

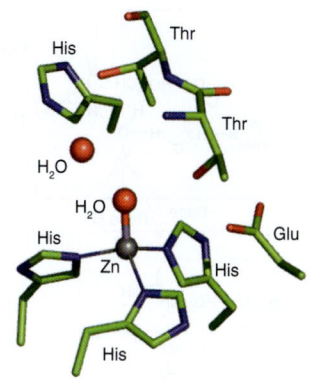

Figura 26.29* O sítio ativo da anidrase carbônica.

No **mecanismo Zn-carbonila**, o íon Zn atua diretamente como um ácido de Lewis, recebendo um par de elétrons de um átomo de O de uma carbonila, atuando, portanto, de modo análogo ao H^+ na catálise ácida:

Reações semelhantes ocorrem com outros grupos X=O, particularmente o P=O dos ésteres de fosfato. Existe uma vantagem óbvia de se obter essa catálise com o Zn ou qualquer outra espécie ácida que esteja ancorada em um ambiente estereosseletivo.

A formação e o transporte do CO_2 são processos fundamentais na biologia. A solubilidade do CO_2 em água depende de sua hidratação e desprotonação para formar HCO_3^-. No entanto, a reação não catalisada em pH = 7 é muito lenta, tendo uma constante de velocidade menor do que 10^{-3} s^{-1}. Como a produção de CO_2 pelos sistemas biológicos é muito alta, essa velocidade de reação é muito lenta para sustentar uma vida aeróbia vigorosa em um organismo complexo. Na fotossíntese, apenas o CO_2 pode ser usado pela enzima conhecida como *rubisco* (Seção 26.9b), de forma que a desidratação rápida do HCO_3^- é essencial e uma das primeiras etapas na produção de biomassa. O equilíbrio CO_2/HCO_3^- também é importante, pois fornece uma forma de regular o pH nos tecidos (além do seu papel no transporte de CO_2).

A enzima anidrase carbônica (CA, em inglês, ou dióxido de carbono desidratase) catalisa essa reação aumentando a sua velocidade em mais de 10^6 vezes. Existem várias formas de CA, sendo todas elas monômeros de massa molar próxima a 30 kg mol^{-1} contendo um átomo de Zn. A enzima mais estudada é a CA II das células vermelhas do sangue, que possui uma frequência de renovação para a hidratação do CO_2 próxima de 10^6 s^{-1}, tornando-a uma das enzimas mais ativas de todas. A estrutura cristalina da CA II humana mostra que o átomo de Zn está localizado numa cavidade cônica de aproximadamente 1,6 nm de profundidade, que está alinhada com vários resíduos de histidina. O Zn está coordenado a três ligantes N de histidinas e a uma molécula de H_2O, em um arranjo tetraédrico (Fig. 26.29). Os ligantes neutros de N diminuem o pK_a da molécula de água ligada em cerca de 3 unidades (comparado com o ligante aqua), criando assim uma alta concentração local de OH^- como nucleófilo de ataque. Outros grupos na cavidade do sítio ativo, como histidinas não coordenadas e moléculas de água ordenadas, são importantes para mediar a transferência de próton (que é o fator determinante da velocidade) e a ligação com o substrato CO_2 (que não se coordena com o Zn). As anidrases carbônicas mostram algumas variações em seu ambiente de coordenação, com algumas CAs de plantas superiores apresentando duas cisteínas e uma histidina.

O mecanismo de ação da CA (Fig. 26.30) é mais bem descrito em termos do mecanismo Zn-hidróxido. As transferências rápidas de prótons são auxiliadas por uma rede de ligações hidrogênio que se estende da superfície da proteína até o sítio ativo. O aspecto-chave é a acidez da molécula de H_2O coordenada ao Zn, uma vez que o íon OH^- coordenado que é produzido após a desprotonação é suficientemente nucleofílico para atacar a molécula vizinha de CO_2 ligada de forma não covalente. Esse ataque resulta em um íon HCO_3^- coordenado que é, então, liberado. Análogos pequenos de CA que vêm sendo estudados, como o (**32**), reproduzem a ligação do substrato e as propriedades ácido-base da enzima, mas as suas atividades catalíticas são ordens de grandeza menores.

A carboxipeptidase (CPD, 34,6 kg mol^{-1}) é uma exopeptidase, uma enzima que catalisa a hidrólise do C terminal de aminoácidos que contêm uma cadeia lateral alifática volumosa ou aromática. Existem dois tipos de enzimas que contêm Zn e ambos são

32

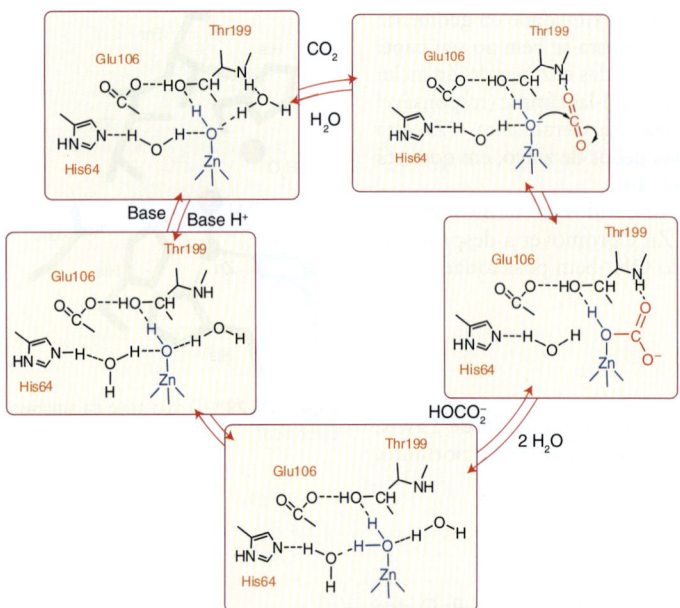

Figura 26.30 Mecanismo de ação da anidrase carbônica, indicando a importância das etapas da transferência do próton nesta reação, que é muito rápida.

Figura 26.31 Estrutura do sítio ativo da carboxipeptidase com um inibidor peptídico (em vermelho) ligado a ele.

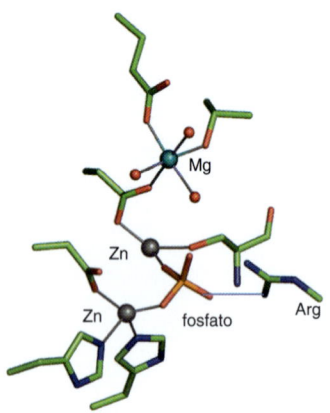

33 Sítio ativo da fosfatase alcalina

sintetizados como precursores inativos no pâncreas para secreção do trato digestivo. A mais estudada é a CPD A, que atua nos resíduos aromáticos terminais, enquanto que a CPD B atua nos resíduos básicos. A estrutura de raios X da CPD mostra que o Zn está localizado em um dos lados de um sulco onde o substrato está ligado. Ele coordena-se a dois ligantes N de histidinas, um CO_2^- de glutamato (bidentado) e uma molécula de H_2O fracamente ligada (Fig. 26.31). Estruturas da enzima obtidas na presença de inibidores glicila mostram que a molécula de H_2O afastou-se do átomo de Zn, que se coordenou então ao O carbonílico da glicina, sugerindo um mecanismo Zn-carbonila. O grupo guanidina de uma arginina próxima liga-se ao grupo carboxila terminal, enquanto a tirosina fornece o reconhecimento aromático/hidrofóbico.

A fosfatase alcalina (AP, em inglês) nos apresenta os centros catalíticos de Zn que contêm mais de um átomo metálico: ela ocorre em tecidos tão diversos quanto do intestino e nos ossos, nos quais é encontrada nas membranas dos osteoblastos, que são células que formam os sítios de nucleação dos cristais de hidroxiapatita. A fosfatase alcalina catalisa os fosfatos orgânicos, inclusive o ATP, para fornecer o fosfato necessário para o crescimento dos ossos:

$$R-OPO_3^{2-} + H_2O \rightarrow ROH + HOPO_3^{2-}$$

Como o nome sugere, seu pH ótimo é na região levemente alcalina. O sítio ativo da AP contém dois átomos de Zn localizados a apenas 0,4 nm de distância, com um íon Mg próximo. A estrutura cristalina do complexo enzima-fosfato (**33**) revela que o íon fosfato (o produto da reação normal) está ligado em ponte com os dois átomos de Zn.

Embora a álcool desidrogenase (ADH) seja classificada como uma enzima de oxirredução, ela será discutida aqui, pois o papel do Zn é mais uma vez o de um ácido de Lewis. A reação catalisada é a da redução do NAD^+ pelo álcool:

O Zn ativa o grupo C–OH para a transferência do H como um hidreto para a molécula de NAD^+. É fácil visualizar essa reação na direção oposta, na qual o átomo de Zn polariza o grupo carbonila e induz o ataque pelo átomo de H hidrídico nucleofílico do NADH. A álcool desidrogenase é um dímero α_2 que contém sítios de Zn catalítico e também estrutural.

O cádmio, o elemento abaixo do Zn no Grupo 12, normalmente considerado altamente tóxico, é agora reconhecido como sendo um nutriente essencial para determinados organismos. Em 2005, descobriu-se que a anidrase carbônica isolada do fitoplâncton marinho *Thalassiosira weissflogii* contém Cd em seu sítio ativo. Ao contrário dos casos em que o Cd é simplesmente capaz de substituir o Zn, essa enzima é específica para o Cd^{2+}. As águas nas quais a *Thalassiosira weissflogii* cresce possuem um teor extremamente baixo de Zn^{2+}, e seu crescimento em laboratório é estimulado pela adição de Cd^{2+}.

(b) Enzimas de magnésio

Ponto principal: A principal função catalítica direta do magnésio é como centro catalítico da ribulose difosfato carboxilase.

O cátion Mg^{2+} produz menor polarização no ligante coordenado do que o Zn^{2+} (frequentemente nos referimos ao Mg^{2+} como sendo um "ácido mais fraco" do que o Zn^{2+}); no entanto, comparado ao Zn, ele é muito mais móvel e as células contêm altas concentrações de íons Mg^{2+} não complexados. Seu principal papel na catálise enzimática é no complexo Mg-ATP (1), o qual é o substrato das **cinases**, as enzimas que transferem grupos fosfato, ativando deste modo o composto alvo ou alterando a sua conformação. As cinases são controladas pela calmodulina (Seção 26.4) e por outras proteínas, sendo, portanto, parte do mecanismo de sinalização interna nos organismos superiores.

Um exemplo importante de uma enzima de Mg na qual o Mg atua separadamente do ATP é o *rubisco* (ribulose 1,5-difosfato carboxilase). Essa enzima, a mais abundante na biosfera, é a responsável pela produção de biomassa pelos organismos fotossintéticos oxigênicos e pela remoção do CO_2 da atmosfera (num volume global de mais de 10^{11} t de CO_2 por ano). O rubisco é uma enzima do **ciclo de Calvin**, formado pelos estágios da fotossíntese que podem ocorrer no escuro, em que ele catalisa a incorporação do CO_2 em uma molécula de ribulose 1,5-difosfato (Fig. 26.32).

O íon Mg^{2+} coordena-se octaedricamente com grupos carboxilato de resíduos de glutamato e aspartato, com três moléculas de H_2O e com um carbamato derivado de um resíduo de lisina. O carbamato é formado por uma reação entre o CO_2 e o $-NH_2$ terminal, em

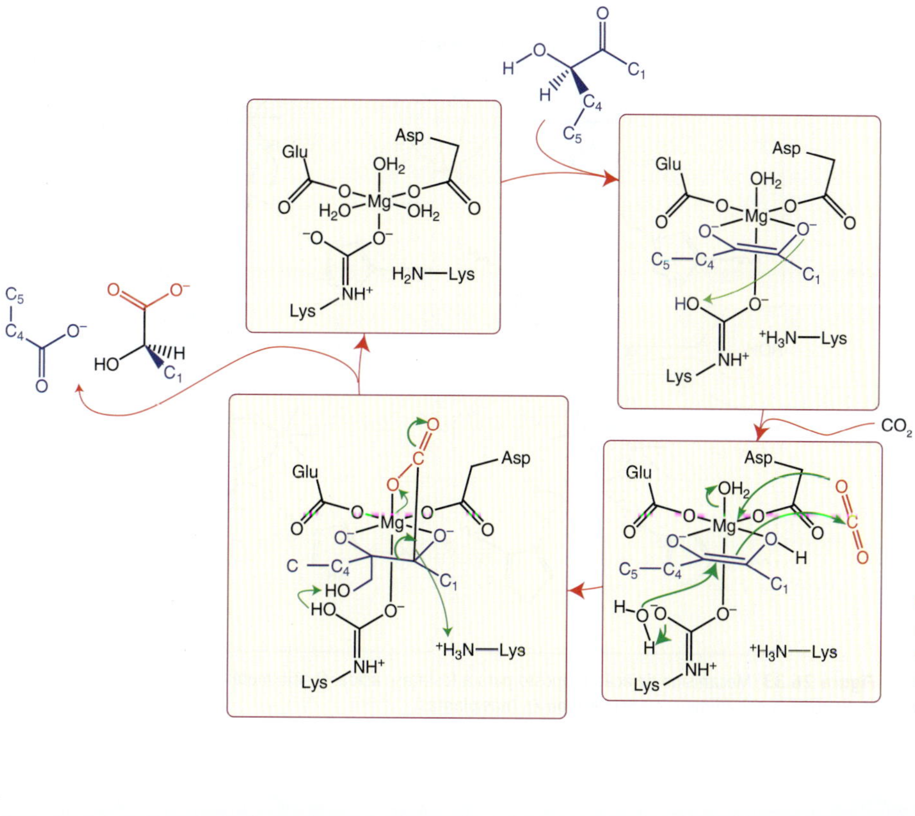

Figura 26.32 Mecanismo de ação da ribulose 1,5-difosfato carboxilase, a enzima responsável pela remoção do CO_2 da atmosfera e sua "fixação" como moléculas orgânicas nas plantas.

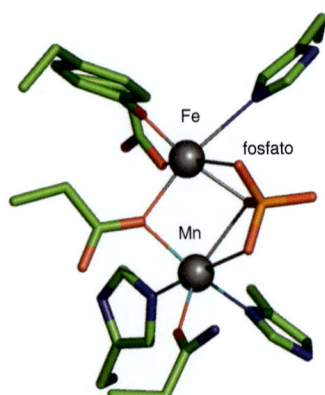

34 Sítio ativo de uma fosfatase ácida

um processo de ativação necessário para a ligação do Mg^{2+}. No ciclo catalítico, a ligação com a ribulose 1,5-difosfato desloca duas moléculas de H_2O, e um próton é retirado com o auxílio do carbamato, resultando em um enolato coordenado. Esse intermediário reage com o CO_2 formando uma nova ligação C–C; o produto é, então, clivado para formar duas novas espécies de três carbonos e o ciclo continua. O enolato reativo irá também reagir com o O_2, resultando numa degradação oxidativa do substrato: por essa razão, a enzima é frequentemente chamada de ribulose 1,5-difosfato carboxilase-oxigenase. Podemos notar a diferença em relação ao Zn, o qual favoreceria a ligação com ligantes mais macios e com um número de coordenação menor. O rubisco necessita de um íon metálico que combine uma boa acidez de Lewis com uma fraca ligação e grande abundância.

(c) Enzimas de ferro

Pontos principais: As fosfatases ácidas contêm um sítio metálico binuclear contendo Fe(III) junto a Fe, Zn ou Mn; a aconitase contém um cluster [4Fe-4S], que é um subsítio modificado para manipular os substratos.

As fosfatases ácidas, algumas vezes chamadas de fosfatases ácidas "púrpuras" (PAPs, em inglês) devido à sua intensa coloração, ocorrem em vários órgãos de mamíferos, particularmente no baço bovino e no útero suíno. As fosfatases ácidas catalisam a hidrólise dos ésteres de fosfato, tendo uma atividade ótima em condições de leve acidez. Elas estão envolvidas na manutenção dos ossos e na hidrólise de proteínas fosforiladas (sendo, portanto, importantes na sinalização). Elas também podem ter outras funções, como no transporte de Fe. A coloração rosa ou púrpura das fosfatases ácidas é devido a uma transição de transferência de carga tirosinato → Fe(III) entre 510 e 550 nm ($\varepsilon = 4000$ dm^3 mol^{-1} cm^{-1}). O sítio ativo contém dois átomos de Fe ligados por ligantes, de forma similar à hemeritrina (**21**). As fosfatases ácidas são inativas no estado oxidado {Fe(III)Fe(III)}, no qual elas são frequentemente isoladas. No estado ativo, um Fe está reduzido a Fe(II). Ambos os átomos de Fe apresentam configuração de spin alto e permanecem assim durante os vários estágios das reações.

As fosfatases ácidas também ocorrem nas plantas e, nessas enzimas, o Fe que pode ser reduzido é substituído por Zn ou Mn. O sítio ativo da fosfatase ácida de batata doce (**34**) mostra como o fosfato torna-se coordenado a ambos os íons de Fe(III) e Mn(II). No mecanismo mostrado na Fig. 26.33, ocorre a ligação rápida do grupo fosfato do éster ao M(II) do subsítio, e então o átomo de fósforo é atacado por um íon OH^- formado no subsítio de Fe(III) mais ácido. O centro FeZn também é encontrado na importante enzima chamada de *calcineurina*, que catalisa a fosforilação de resíduos de serina ou

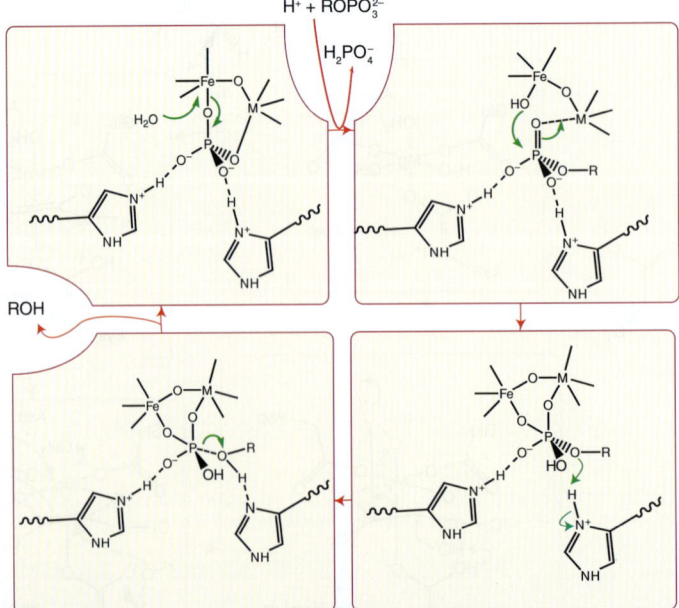

Figura 26.33 Mecanismo de ação proposto para a fosfatase ácida. O sítio metálico M(II) é ocupado pelo Fe (mais comum nos animais) ou pelo Mn ou Zn (nas plantas).

treonina em certas superfícies proteicas, em particular de um fator de transcrição envolvido no controle da resposta imunológica. A calcineurina é ativada pela ligação com o Ca^{2+}, tanto diretamente quanto através da calmodulina.

A aconitase é uma enzima essencial do **ciclo do ácido tricarboxílico** (também conhecido como ciclo de Krebs ou ciclo do ácido cítrico), que é a principal fonte de produção de energia nos organismos superiores, nos quais ela catalisa a interconversão do citrato em isocitrato, numa reação que formalmente envolve desidratação e reidratação e que ocorre através do intermediário aconitato, que é liberado em pequenas quantidades:

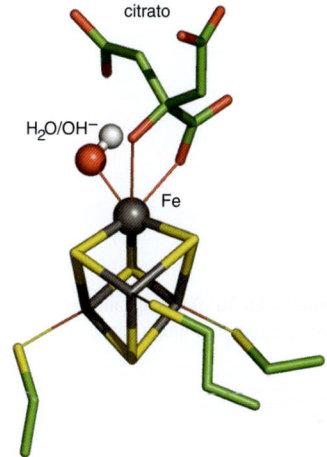

35 Sítio ativo da aconitase com o citrato ligado

A forma ativa da enzima contém um cluster [4Fe-4S], que se degrada em [3Fe-4S] quando a enzima é exposta ao ar. O sítio específico da catálise é o átomo de Fe que é perdido na oxidação. A estrutura mostra que esse subsítio único não está coordenado por um ligante proteico, mas sim por uma molécula de H_2O, o que explica o motivo desse Fe ser removido mais facilmente.

Um mecanismo plausível para a ação da aconitase, baseado em evidências estruturais, cinéticas e espectroscópicas, envolve a ligação do citrato ao subsítio ativo de Fe, que aumenta seu número de coordenação para seis. Um intermediário do ciclo catalítico foi "capturado" para uma análise por difração de raios X, usando-se um sítio mutante direcionado para esse sítio e que pode ligar-se ao citrato, mas não é capaz de completar a reação (35). O átomo de Fe polariza a ligação C–O e um OH é retirado, enquanto uma base próxima recebe um próton. O substrato movimenta-se em torno da sua posição de forma que o OH e o H são reinseridos em uma posição diferente. Uma forma de aconitase que é encontrada no citoplasma possui outro papel intrigante, o de sensor de Fe (Seção 26.15).

26.10 Enzimas que atuam sobre H_2O_2 e O_2

Na Seção 26.7, vimos como os organismos desenvolveram sistemas que transportam O_2 reversivelmente e o liberam inalterado onde ele é necessário. Nesta seção, descrevemos como o O_2 é reduzido cataliticamente, seja para a produção de energia ou para a síntese de moléculas orgânicas oxigenadas. Começaremos considerando um caso mais simples, o da redução do peróxido de hidrogênio, uma vez que esta discussão apresenta o Fe(IV) como um intermediário-chave de inúmeros processos biológicos. Terminaremos apresentando um ciclo extraordinário, que é o da produção do O_2 a partir do H_2O catalisado pelo cluster especial [4MnCa-5O].

(a) As peroxidases

Pontos principais: As peroxidases catalisam a redução do peróxido de hidrogênio; elas nos fornecem exemplos importantes de intermediários de Fe(IV) que podem ser isolados e caracterizados.

As peroxidases contendo o grupo heme, como a peroxidase de raiz-forte (HRP, em inglês) e a citocromo *c* peroxidase (CcP), catalisam a redução do peróxido de hidrogênio:

$$H_2O_2(aq) + 2e^- + 2H^+(aq) \rightarrow 2H_2O(l)$$

O grande interesse químico dessas enzimas deve-se ao fato de que elas são os melhores exemplos de complexos de Fe(IV). O Fe(IV) é um importante intermediário catalítico em numerosos processos biológicos que envolvem o oxigênio. A catalase, que catalisa a desproporcionação termodinamicamente favorável do H_2O_2 e que é uma das enzimas mais ativas conhecidas, também é uma peroxidase. O sítio ativo da citocromo *c* peroxidase de levedura mostrado na Fig. 26.34 indica como o substrato é manipulado durante o ciclo catalítico. O ligante proximal é o imidazol da cadeia lateral de uma histidina, e a cavidade distal, como na mioglobina, também contém um imidazol de uma cadeia lateral, além de um grupo guanidina de uma arginina.

O ciclo catalítico apresentado na Fig. 26.35 inicia-se a partir da forma com Fe(III). Uma molécula de H_2O_2 coordena-se ao Fe(III) e a histidina distal funciona como mediadora da transferência de próton, de forma que ambos os átomos de H são colocados no

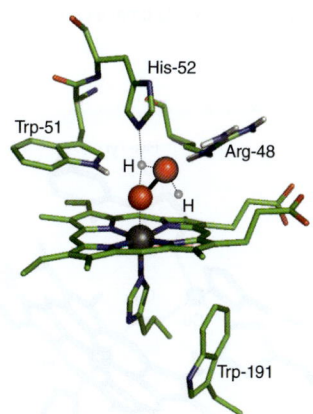

Figura 26.34* Sítio ativo da citocromo *c* peroxidase de levedura, mostrando os aminoácidos essenciais para a atividade e como o peróxido está ligado na cavidade distal.

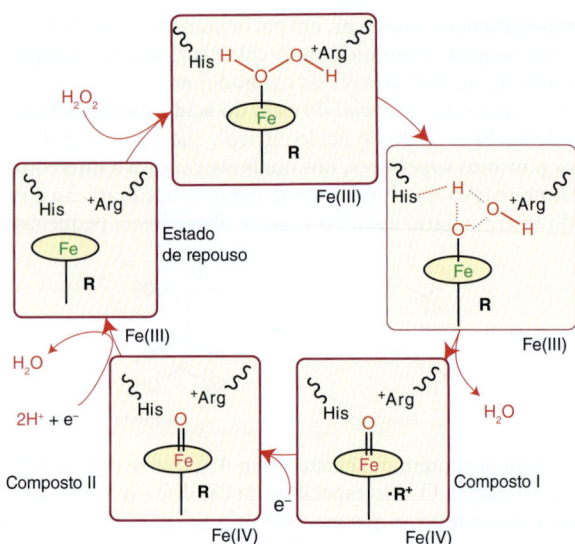

Figura 26.35 O ciclo catalítico das peroxidases contendo grupo heme.

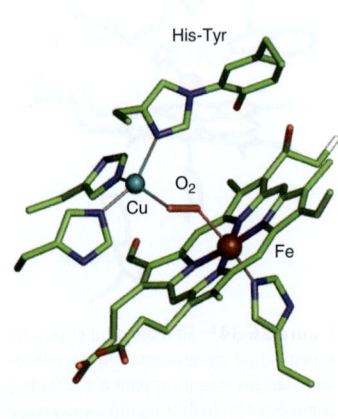

36 Sítio ativo da bromoperoxidase

átomo de O mais afastado. Simultaneamente ocorre a polarização da ligação O–O pela cadeia lateral de guanidina, o que resulta na quebra heterolítica dessa ligação: metade sai como H_2O e a outra permanece ligada ao átomo de Fe para produzir um intermediário altamente oxidante. Embora seja instrutivo considerar esse sistema como um átomo de O aprisionado (ou um íon O^{2-} ligado ao Fe(V)), medidas por espectroscopia de RPE e Mössbauer mostram que esse intermediário altamente oxidante (historicamente conhecido como "Composto I") é de fato uma entidade Fe(IV)=O (ferrila) com um cátion radical orgânico. Na HRP, o radical está localizado no anel porfirínico, enquanto que na citocromo c peroxidase ele está localizado no resíduo peptídico de triptofano-191 que está próximo. Descrições da ligação Fe–O vão desde o Fe(IV)=O com uma ligação múltipla, até o Fe(IV)–O···H, em que o átomo de O está protonado ou fazendo uma ligação hidrogênio com um grupo doador. O Composto I é reduzido de volta ao seu estado de repouso de Fe(III) por duas transferências de um elétron oriundas de substratos orgânicos ou do citocromo c (Fig. 26.26).

O peróxido de hidrogênio é usado na biologia para sintetizar compostos halogenados. Esse processo, que é particularmente importante nas macroalgas (algas marinhas), é catalisado por uma classe de peroxidases que não contêm Fe, mas vanádio, fazendo uso da acidez de Lewis do V(V). O sítio ativo da bromoperoxidase (**36**) consiste em uma unidade oxo-V(V) coordenada por um único N de histidina. O mecanismo da catálise envolve a ativação do $\eta^1\eta^2$-peróxido coordenado, pelo qual um átomo de oxigênio é transferido para o íon Br^- de entrada, resultando na espécie reativa BrO^- que ataca o substrato orgânico.

(b) As oxidases

Pontos principais: As oxidases são as enzimas que catalisam a redução do O_2 para água ou peróxido de hidrogênio sem incorporar átomos de O no substrato oxidável; dentre elas, temos a citocromo c oxidase, a enzima que é a base para todas as formas de vida superior.

A citocromo c oxidase é uma enzima ligada à membrana que catalisa a redução de quatro elétrons do O_2 para água, usando o citocromo c como doador de elétron. A diferença de potencial entre as duas reações de meia-pilha é superior a 0,5 V, mas esse valor não reflete a verdadeira termodinâmica, porque a reação catalisada pela citocromo c oxidase é, na verdade:

$$O_2(g) + 4e^- + 8\,H^+ \text{(interior)} \rightarrow 2\,H_2O(l) + 4\,H^+ \text{(exterior)}$$

Essa reação envolve quatro H^+ que não são consumidos quimicamente, mas que são "bombeados" através da membrana contra um gradiente de concentração. Uma enzima como essa é chamada de uma **bomba iônica eletrogênica** (ou *bomba de próton*). Nos eucariontes, a citocromo c oxidase está localizada na membrana interna da mitocôndria e possui muitas subunidades (Fig. 26.36), embora uma enzima mais simples seja produzida por algumas bactérias. Ela contém três átomos de Cu e dois átomos de Fe heme, além de um átomo de Mg e um átomo de Zn que podem ter importância estrutural. Os átomos

37

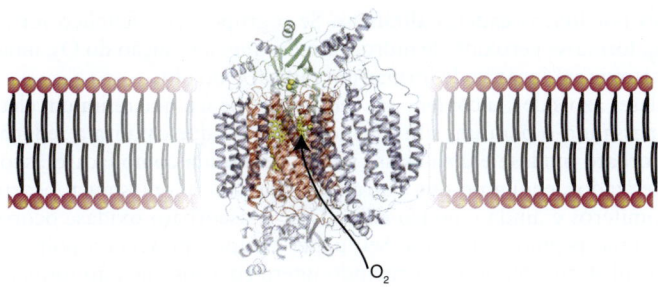

Figura 26.36* A estrutura da citocromo *c* oxidase na forma como ela ocorre na membrana, mostrando a localização dos centros de oxirredução e o sítio de reação com o O_2. O citocromo *c* transmite os elétrons por ligação na parte superior da molécula. Veja (**37**) para uma visão mais detalhada do sítio ativo.

de Cu e de Fe estão organizados em três sítios principais. O sítio ativo para a redução do O_2 consiste em uma porfirina de Fe (heme-a_3), semelhante ao da mioglobina, situada próximo de um Cu do tipo "semi-hemocianina" (conhecido como Cu_B) coordenado com três ligantes histidina (**37**). Um dos ligantes imidazol histidina do Cu apresenta-se modificado pela formação de uma ligação covalente com uma tirosina adjacente. Os elétrons são fornecidos para o sítio binuclear por uma segunda porfirina de Fe (heme-a), que é hexacoordenada, como esperado para um centro de transferência de elétrons. Todos esses centros estão localizados na subunidade 1. A subunidade 2 contém o centro Cu_A binuclear (descrito na Seção 26.8), o qual se acredita ser o receptor imediato do elétron oriundo do citocromo *c*. A sequência de transferência de elétron é, portanto,

Citocromo *c* → Cu_A → heme-a → sítio binuclear

A citocromo *c* oxidase contém dois canais de transferência de prótons, um que é usado para fornecer os prótons necessários para a produção de H_2O, enquanto que o outro é usado para os prótons que são bombeados através da membrana. A Fig. 26.37 mostra o ciclo catalítico proposto. Partindo do estado em que o sítio ativo é Fe(II)–Cu(I), o O_2 liga-se a esse sítio para fornecer um intermediário (oxi) que se assemelha à oximioglobina. Entretanto, diferentemente da oximioglobina, esse intermediário captura o outro elétron que é imediatamente disponibilizado, produzindo uma espécie peróxido que imediatamente se quebra para formar um intermediário conhecido como P. A espécie P foi aprisionada e estudada por espectroscopia óptica e de RPE, as quais mostraram que ela contém Fe(IV)=O e um radical orgânico (Y•) que pode estar localizado no par pouco usual His–Tyr. O intermediário Fe(IV)=O é formado pela quebra heterolítica do O_2, o que também produz uma molécula de água. Novamente observa-se o papel do cátion radical: sem esse radical, o Fe seria considerado como Fe(V).

É vital que intermediários, como o peróxido, não sejam liberados durante a conversão do O_2 em água. Estudos com um complexo modelo sofisticado (**38**), que pode ser conectado a um eletrodo, mostram que a presença do fenol é crucial porque permite que todos os quatro elétrons necessários para a redução do O_2 sejam fornecidos rapidamente, sem depender da transferência de elétrons a longa distância, que é lenta através

38

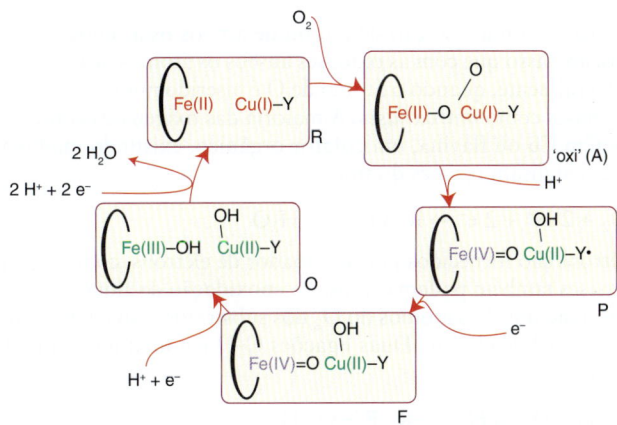

Figura 26.37 O ciclo catalítico da citocromo *c* oxidase. Os intermediários são denominados de acordo com a convenção atual. Os elétrons são provenientes de outros centros heme e do Cu_A. Durante o ciclo, quatro H^+ adicionais são bombeados através da membrana.

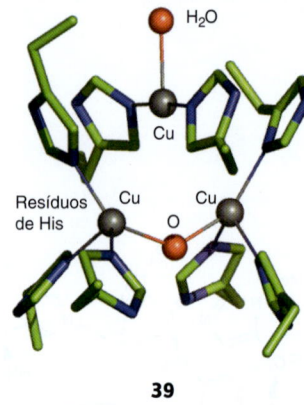

39

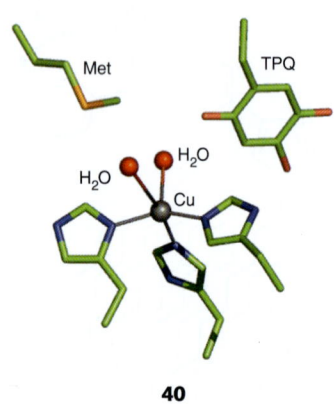

40

de conexões por longas cadeias alifáticas. Se o grupo –OH fenólico for substituído por –OCH₃, forma-se peróxido de hidrogênio durante a redução do O_2, uma vez que o derivado metoxi será incapaz de formar um radical oxidado.

As oxidases azuis de Cu contêm um centro azul de Cu que retira um elétron de um substrato, passando-o para um sítio trinuclear de Cu que catalisa a redução do O_2 a H_2O. A ascorbato oxidase e uma classe maior, conhecida como lacases, são exemplos bem caracterizados, enquanto que outra proteína, a ceruloplasmina, ocorre nos tecidos dos mamíferos e ainda é pouco entendida. A ascorbato oxidase ocorre na casca das frutas, como pepino e abóbora. Seu papel é duplo: proteger a polpa da fruta do O_2 e oxidar substratos fenólicos, formando intermediários que irão formar a casca da fruta. As lacases são muito difundidas, principalmente nas plantas e nos fungos, sendo excretadas para catalisar a oxidação de substratos fenólicos. O sítio ativo em que o O_2 é reduzido (39) é bem escondido. Na forma oxidada, ele contém um par de átomos de Cu ligados por um átomo de O em ponte, com um terceiro átomo de Cu situado muito próximo, completando um arranjo quase triangular.

As amina oxidases catalisam a oxidação de aminas a aldeídos usando um único átomo de Cu que se alterna entre Cu(II) e Cu(I), ainda que a enzima realize a redução de dois elétrons do O_2, produzindo uma molécula de H_2O_2. Esse problema é superado, pois, assim como na citocromo c peroxidase e na citocromo c oxidase, as amina oxidases têm uma fonte adicional de oxidação localizada próxima ao metal, que neste caso é um cofator especial chamado de topaquinona (TPQ), que é formado pela oxidação pós-tradução da tirosina (40).

EXEMPLO 26.8 Interpretando os potenciais de redução

O potencial de redução de quatro elétrons para o O_2 é +0,82 V em pH = 7. O citocromo c, o doador de elétrons para a citocromo c oxidase, possui um potencial de redução de +0,26 V, ao passo que os substratos orgânicos das lacases de fungos frequentemente têm valores tão altos quanto +0,7 V. Qual é o significado desses dados em termos de conservação de energia?

Resposta Embora a citocromo c oxidase e a lacase catalisem de maneira eficiente a redução de quatro elétrons de O_2, devemos considerar suas diferentes funções biológicas. As lacases são catalisadores eficientes para a oxidação do fenol, sendo a força motriz pequena. A citocromo oxidase é uma bomba de prótons, estando disponíveis aproximadamente 2 eV (4 × 0,56 eV) de energia de Gibbs a partir da oxidação da citocromo c oxidase para impulsionar a transferência de prótons através da membrana interna mitocondrial.

Teste sua compreensão 26.8 Antes da descoberta das estruturas incomuns dos sítios ativos presentes na amina oxidase e em outra enzima de Cu chamada de galactose oxidase, o Cu(III) foi proposto como um intermediário catalítico. Quais propriedades seriam esperadas para esse estado?

(c) As oxigenases

Pontos principais: As oxigenases catalisam a inserção de um ou de ambos os átomos de O oriundos do O_2 em um substrato orgânico; as monoxigenases catalisam a inserção de um átomo de O, enquanto o outro átomo de O é reduzido a H_2O; as dioxigenases catalisam a incorporação de ambos os átomos de O.

As oxigenases catalisam a inserção de um ou de ambos os átomos de oxigênio do O_2 nos substratos, ao passo que com as oxidases ambos os átomos de O são levados a H_2O (ou a H_2O_2). Geralmente, quando o átomo de O é inserido numa ligação C–H, nos referimos às oxigenases como *hidroxilases*. A maioria das oxigenases contém Fe, enquanto as demais contêm Cu ou flavina, um cofator orgânico, existindo muitas variações. As monoxigenases catalisam reações do tipo

$$R-H + O_2 + 2\,H^+ + 2\,e^- \rightarrow R-O-H + H_2O$$

em que os elétrons são fornecidos por um doador de elétrons, como uma proteína FeS. As monoxigenases também podem catalisar a epoxidação de alquenos. As dioxigenases catalisam a inserção dos dois átomos do O_2 nos substratos, não havendo necessidade de um doador adicional de elétron. Duas ligações C–H em uma mesma molécula podem ser oxigenadas:

$$H-R-R'-H + O_2 \rightarrow H-O-R-R'-O-H$$

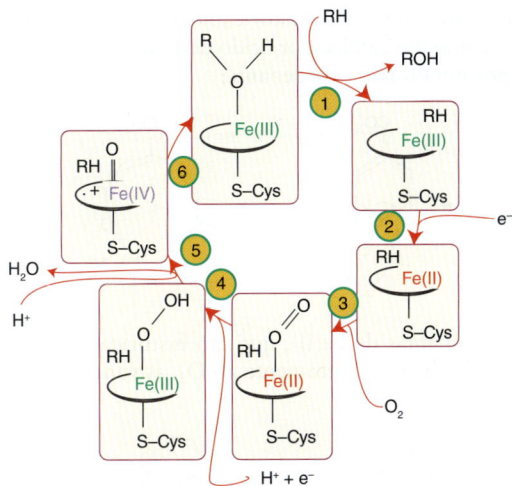

Figura 26.38 Ciclo catalítico do citocromo P450.

As enzimas de Fe são divididas em duas classes principais: heme e não heme. Discutiremos primeiro as enzimas heme, sendo o citocromo P450 a mais importante desse tipo.

O citocromo P450, ou simplesmente "P450", refere-se a um grupo importante e bastante disseminado de monoxigenases que contêm o grupo heme. Nos eucariontes, elas encontram-se localizadas particularmente na mitocôndria; nos animais superiores, elas concentram-se nos tecidos do fígado. Elas desempenham um importante papel na biossíntese, por exemplo, nas transformações de esteroides e na produção de progesterona. A designação "P450" foi dada devido à intensa banda de absorção que aparece em 450 nm, quando uma solução contendo essa enzima ou até mesmo o extrato bruto de um tecido são tratados com um agente redutor e com monóxido de carbono, produzindo o complexo Fe(II)–CO. A maioria das P450 são enzimas complexas ligadas à membrana e que são difíceis de serem isoladas. Muito do que se conhece sobre elas provém dos estudos realizados com a enzima P450cam, isolada da bactéria *Pseudomonas putida*. Esse organismo usa a cânfora como sua única fonte de carbono, e a primeira etapa é a *exo* oxigenação da posição 5:

$$\text{cânfora} \xrightarrow[\text{Citocromo P-450}]{O_2,\ 2H^+,\ 2e^-} \text{5-exo-hidroxicânfora} + H_2O$$

O ciclo catalítico foi estudado usando-se uma combinação de métodos cinéticos e espectroscópicos (Fig. 26.38). Partindo da enzima no estado em repouso, contendo Fe(III), a ligação do substrato na cavidade do sítio ativo (1) induz à liberação da molécula de H_2O coordenada. Essa etapa é detectada pela mudança no estado de spin de spin baixo ($S = 1/2$) para spin alto ($S = 5/2$), ocorrendo aumento do potencial de redução, o que faz um elétron ser transferido (2) de uma pequena proteína contendo [2Fe–2S], conhecida como putidarredoxina. O Fe(II) pentacoordenado que se forma assemelha-se à desoximioglobina e liga-se ao O_2 (3). Diferentemente da mioglobina, a adição de um segundo elétron é tanto cinética como termodinamicamente favorável. As reações subsequentes (4 a 6) são muito rápidas, mas acredita-se que seja formado o intermediário peróxido de Fe(III), que sofre uma rápida quebra heterolítica da ligação O–O para produzir uma ferrila similar ao Composto I das peroxidases. No chamado **mecanismo de religação do oxigênio**, o grupo Fe(IV)=O retira um átomo de H do substrato e o insere novamente como um radical OH. Esse processo é notável, uma vez que contribui para "domar" o átomo de O ou o radical OH através da sua ligação com o Fe.

Acredita-se que os outros P450 operem por mecanismos semelhantes, diferindo na arquitetura da cavidade do sítio ativo. O sítio ativo P450, diferentemente do sítio das peroxidases, é predominantemente hidrofóbico, com a presença de grupos polares específicos para orientar o substrato orgânico de forma a posicionar a ligação correta R–H nas proximidades do fragmento Fe=O.

As oxigenases não heme são amplamente difundidas e normalmente são dioxigenases. A maioria contém um único átomo de Fe no sítio ativo, e elas classificadas em função de a espécie ativa na proteína estar na forma de Fe(III) ou Fe(II). Nas enzimas de

Fe(III), que também são conhecidas (historicamente) como **intradiol oxigenases**, o átomo de Fe funciona como um catalisador ácido de Lewis, ativando o substrato orgânico para ser atacado por um O_2 não coordenante:

Diferentemente, nas enzimas de Fe(II), que são historicamente conhecidas como **extradiol oxigenases**, o Fe liga-se diretamente ao O_2, ativando-o para atacar o substrato orgânico:

As enzimas de Fe(III) podem ser exemplificadas pela protocatecato 3,4-dioxigenase, na qual o Fe encontra-se em spin alto e fortemente coordenado por um grupo de ligantes proteicos que inclui dois N histidínicos e dois O tirosínicos, sendo este último um doador duro especialmente apropriado para estabilizar o Fe(III), e não o Fe(II). As enzimas de Fe(III) apresentam uma coloração vermelho-intenso devido à forte transição de transferência de carga do tirosinato para o Fe(III). As enzimas de Fe(II) podem ser exemplificadas pela catecol 2,3-dioxigenase, na qual o Fe(II) com spin alto está coordenado no interior da proteína por um conjunto de ligantes que incluem dois N histidínicos e um grupo carboxilato. O Fe é relativamente lábil, refletindo a posição inferior do Fe(II) na série de Irving-William, (Seção 20.1). A sua ligação fraca, juntamente à dificuldade de se observar características espectroscópicas (como um espectro de RPE), tem tornado o estudo das enzimas de Fe(II) muito mais difícil do que o das enzimas de Fe(III).

Uma classe particularmente importante de oxigenases de Fe(II) faz uso de uma molécula de 2-oxoglutarato como um segundo substrato:

$$RH + O_2 + {}^{-}O\text{—}\overset{O}{\underset{O}{\|}}\text{—}\overset{O}{\underset{\|}{C}}\text{—}O^{-} \longrightarrow ROH + {}^{-}O\text{—}\overset{O}{\underset{\|}{C}}\text{—}O^{-} + CO_2$$

O princípio das **oxigenases dependentes do oxoglutarato** é que a transferência de um átomo de oxigênio do O_2 para o 2-oxoglutarato (também conhecido como α-cetoglutarato) resulta na sua descarboxilação irreversível, impulsionando assim a inserção do outro átomo de oxigênio no substrato primário. Como exemplo, temos as enzimas que atuam na sinalização celular através da modificação de um aminoácido em determinados fatores de transcrição (Seção 26.15).

As oxigenases desempenham um papel crucial no metabolismo do metano, um gás de efeito estufa. De todos os hidrocarbonetos, o metano é o que contém as ligações C–H mais fortes, sendo o mais difícil de ativar. As bactérias que metabolizam o metano produzem dois tipos de enzimas que catalisam a conversão do metano em metanol (um combustível e um dos produtos químicos mais importantes), atraindo assim grande interesse industrial. Uma é uma enzima ligada à membrana que contém átomos de Cu. Essa enzima, conhecida como metanomonoxigenase "particulada" (p-mmo, em inglês), é expressa quando existem altos teores de Cu. A outra enzima, a metanomonoxigenase solúvel (s-mmo, em inglês), contém um sítio ativo binuclear de Fe (**41**), semelhante ao da hemeritrina (**21**) e da fosfatase ácida (**34**). Os mecanismos não estão estabelecidos, mas a Fig. 26.39 apresenta um ciclo catalítico plausível para a s-mmo. A espécie intermediária de Fe(IV) que é proposta difere daquelas vistas até agora, pois os ligantes óxido, derivados do O_2, apresentam-se em ponte, ao invés de ocupar posição terminal.

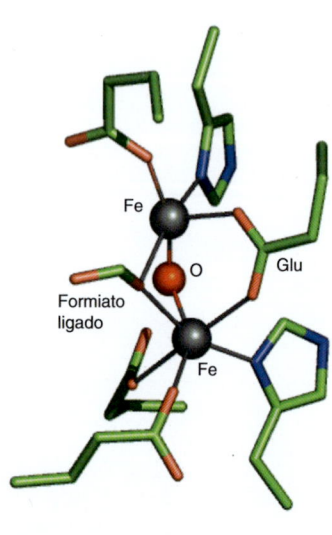

41

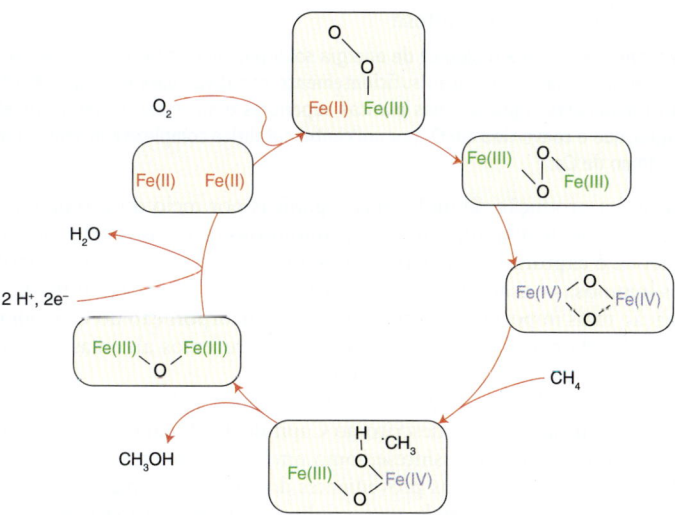

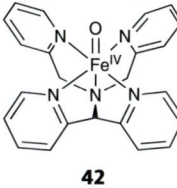

Figura 26.39 Um ciclo catalítico plausível para a metanomonoxigenase.

Apesar da importância do Fe(IV) como um intermediário enzimático, não tem sido possível obter complexos pequenos de Fe(IV) que poderiam servir de modelo para o entendimento dessas enzimas. Os complexos mais fáceis de serem preparados são análogos heme, em que o Fe está ligado equatorialmente à porfirina, e que podem ser formados reagindo-se Fe(II) ou Fe(III) com um peroxoácido. Pequenos modelos de espécies de Fe(IV) não heme foram preparados recentemente. O complexo mononuclear (**42**) contendo o ligante pentadentado penta-aza *N,N*-bis(2-piridilmetil)-*N*-bis(2-piridil)metilamina foi obtido tratando-se o complexo de Fe(II) com o iodosilbenzeno, que é um agente de transferência de oxigênio. Ele é relativamente estável à temperatura ambiente e foi caracterizado estruturalmente por difração de raios X. Ele é um poderoso agente oxidante, que pode ser gerado em solução de acetonitrila por eletrólise do complexo de Fe(II) na presença de água, e cujo potencial padrão para o par Fe(IV)/Fe(III) é estimado em +0,9 V em relação ao par ferrocínio/ferroceno. O complexo (**42**) e espécies similares são paramagnéticas ($S = 1$) e apresentam bandas de absorção características na região do infravermelho próximo. O comprimento da ligação Fe–O é de 164 pm, o que é perfeitamente compatível com uma ligação múltipla em que o átomo de O atua como π doador. O complexo (**42**) oxigena ligações C–H de vários hidrocarbonetos, inclusive o ciclo-hexano. O complexo bis(μ-oxo)Fe(IV) (**43**) vem sendo proposto como um análogo estrutural do intermediário reativo formado na s-mmo.

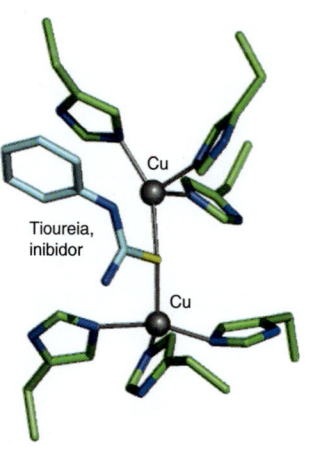

A tirosinase e a catecol oxidase, duas enzimas responsáveis pela produção de pigmentos do tipo melanina, contêm um centro de Cu binuclear fortemente acoplado e que se coordena com o O_2 de forma similar à hemocianina (como O_2^{2-}). Entretanto, diferentemente do que ocorre na hemocianina, a transferência de carga do ligante σ* para o Cu é suficientemente aumentada para ativar o O_2^{2-} coordenado para que ele faça um ataque eletrofílico ao anel fenólico do substrato. A estrutura do sítio ativo da catecol oxidase complexada com o inibidor feniltioureia (**44**) mostra como o anel fenólico do substrato pode ser orientado de forma a se aproximar do O_2 em ponte. As enzimas de cobre também são responsáveis pela produção de importantes neurotransmissores e hormônios, como a dopamina e a noradrenalina. Essas enzimas contêm dois átomos de cobre que se encontram bem separados no espaço e estão magneticamente desacoplados.

(d) Produção de O₂ pela fotossíntese

Pontos principais: A captura biológica de energia solar por centros fotoativos resulta na geração de espécies com potenciais de redução suficientemente negativos para reduzir o H⁺ (do H₂O) e o CO₂ e produzir moléculas orgânicas; nas plantas superiores e nas cianobactérias, os elétrons são obtidos da água, que é convertida em O₂ por um centro catalítico complexo contendo quatro átomos de Mn e um átomo de Ca.

A **fotossíntese** é a produção de moléculas orgânicas por meio do uso da energia solar. Ela é convenientemente dividida em **reações luminosas** (processos pelos quais a energia eletromagnética é capturada) e **reações no escuro** (processos em que a energia obtida nas reações luminosas é usada para converter CO_2 e H_2O em carboidratos). Já mencionamos a reação mais importante no escuro, que é a incorporação do CO_2 em moléculas orgânicas catalisada pelo rubisco. Nesta seção, descrevemos algumas das funções desempenhadas pelos metais nas reações luminosas.

O princípio básico da captura de energia fotoquímica, aplicado na tecnologia de produção de H_2 a partir da água, foi descrito no Capítulo 10 (Quadro 10.3). De forma análoga, podemos considerar a fotossíntese como um "armazenamento" do H_2 por reação com o CO_2. Na biologia, os fótons provenientes do Sol excitam pigmentos presentes em proteínas gigantes ligadas às membranas, conhecidas como **fotossistemas**. O pigmento mais importante, a clorofila de coloração verde, é um complexo de Mg muito semelhante à porfirina (**8**). A maior parte da clorofila encontra-se localizada em proteínas gigantes conhecidas como **antenas captadoras de luz**, que, como o próprio nome sugere, têm a função de coletar fótons e encaminhar sua energia para as enzimas, que irão convertê-la em energia eletroquímica. Essa conversão de energia usa outros complexos de clorofila que se tornam poderosos agentes redutores quando excitados pela luz. Cada elétron liberado por uma clorofila excitada percorre rapidamente uma sequência de receptores de proteínas ligadas, incluindo o cluster FeS, e (por meio da ação da participação da ferredoxina e de outras enzimas de oxirredução) é eventualmente usado para reduzir o H⁺ (a partir de H_2O) e o CO_2 a carboidratos. Imediatamente após a liberação de um elétron, o cátion clorofila, que é um poderoso oxidante, precisa ser rapidamente reduzido usando um elétron proveniente de outro sítio para evitar desperdício de energia com a recombinação (inversão de fluxo de elétron). Na fotossíntese oxigênica, que ocorre nas algas verdes, nas cianobactérias e, principalmente, nas plantas verdes, cada elétron recuperado é fornecido por uma molécula de água, resultando na produção de O_2.

Nas plantas verdes, a fotossíntese ocorre em organelas especiais conhecidas como *cloroplastos*. Os cloroplastos das plantas têm dois fotossistemas, I e II, operando em série, que permitem que a luz de baixa energia (aproximadamente 680 a 700 nm, >1 eV) corresponda a uma grande faixa de potencial (>1V) na qual a água é estável. O arranjo de proteínas é mostrado na Fig. 26.40. Parte da energia da cadeia fotossintética de transferência de elétron é usada para gerar um gradiente de prótons através da membrana, que por sua vez impulsiona a síntese do ATP, como na mitocôndria. O fotossistema I encontra-se na extremidade de baixo potencial, e o seu doador de elétron é a proteína azul de Cu plastocianina, que foi reduzida pelos elétrons gerados pelo fotossistema II; por sua vez, o doador de elétron para o fotossistema II é o H_2O. Assim, as plantas verdes empregam o seu poder oxidante para converter H_2O em O_2. Essa reação envolvendo quatro elétrons é notável, pois não há liberação de intermediários. O catalisador, chamado de "centro de evolução de oxigênio" (OEC, em inglês) também possui um significado especial porque sua ação, iniciada mais de 2 Ga atrás, produziu essencialmente todo o O_2 que temos na atmosfera. O OEC é o único sítio ativo enzimático conhecido que produz uma ligação O–O a partir de duas moléculas de H_2O, existindo um grande interesse na produção de modelos funcionais deste catalisador para a decomposição fotoquímica da água (Quadro 16.1).

O OEC é um cluster de óxido metálico contendo quatro átomos de Mn e um átomo de Ca, localizado na subunidade D1 do fotossistema II. Esta subunidade D1 tem atraído interesse de longa data, pois a célula a repõe em intervalos frequentes, uma vez que ela se desgasta rapidamente por dano oxidativo. Os dados de difração de raios X com luz síncrotron mostram que os átomos metálicos estão arranjados como um cubano [3MnCa-4O] ligado a um quarto átomo de Mn para formar o cluster [4MnCa-5O] em forma de "cadeira" (Fig. 26.41). Tem havido considerável controvérsia em relação à possibilidade de a estrutura estar sendo alterada por danos causados pela incidência de raios X porque os átomos de Mn estão em estados de oxidação elevados e podem ser facilmente reduzidos por fotoelétrons, de forma que um tempo curto de exposição aos raios X é crucial.

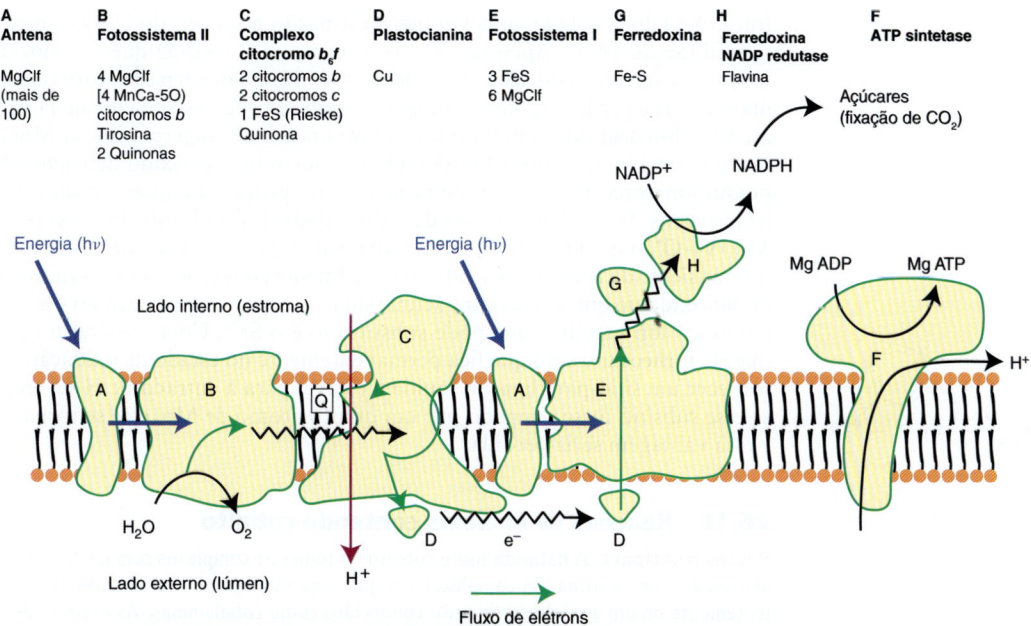

Figura 26.40 O arranjo das proteínas na cadeia fotossintética transportadora de elétrons (o complexo de Mg da clorofila é indicado como "MgClf"): (A) Complexo antena ("capturador de luz"); (B) Fotossistema II; (C) Complexo citocromo b_6f (ele é similar ao complexo III da cadeia de transferência de elétrons mitocondrial); (D) Plastocianina (solúvel); (E) Fotossistema I; (F) ATPase; (G) Ferredoxina (Fe–S); (H) Ferredoxina-NADP+ redutase (flavina). As setas azuis mostram a transferência de energia. Note como a transferência global de elétrons ocorre do Mn (potencial alto) para o FeS (potencial baixo): esse fluxo aparentemente "ladeira acima" reflete claramente a importância crucial do fornecimento de energia em cada fotossistema.

O OEC utiliza-se da capacidade oxidante do Mn(IV) e do Mn(V), acoplado à capacidade de um resíduo de tirosina próximo, para oxidar o H_2O a O_2. Os fótons sucessivos recebidos pelo fotossistema II fazem com que o OEC seja progressivamente oxidado (o receptor, uma clorofila oxidada conhecida como P680+, possui um potencial de redução de aproximadamente 1,3 V em pH = 7) através de uma série de estados designados S0 a S4, como mostrado na Fig. 26.42. Afora o estado S4, que libera O_2 rapidamente e não foi ainda isolado, esses estados são identificados nos estudos cinéticos pelas suas propriedades espectroscópicas características; o estado S2, por exemplo, apresenta um espectro de RPE complexo com muitas linhas. Note que os ligantes do Mn são átomos de O doadores duros, e que o Mn(III) (d^4), o Mn(IV) (d^3) e o Mn(V) (d^2) são íons metálicos duros.

Baseando-se nas evidências estruturais disponíveis, diferentes modelos foram propostos para o mecanismo de evolução do O_2 a partir de duas moléculas de H_2O. A principal barreira para a formação do O_2 é provavelmente a formação da ligação

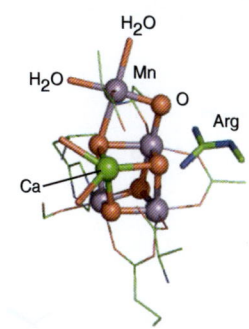

Figura 26.41 O sítio ativo [4MnCa-5O] da produção fotossintética do O_2. O átomo de Ca está representado em verde, os átomos de Mn estão em malva e os átomos de O estão em vermelho.

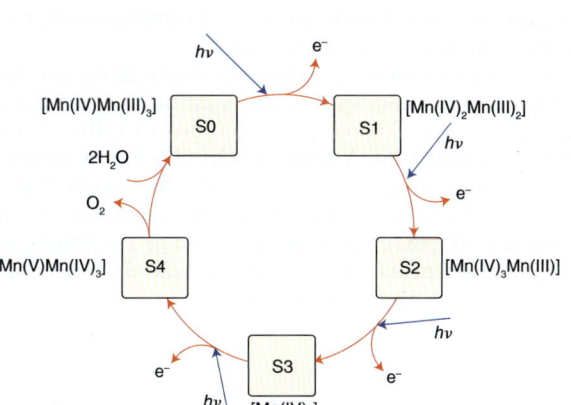

Figura 26.42 O "ciclo S" de evolução de O_2 por oxidações sucessivas de um elétron do cluster [4MnCa-5O] do fotossistema II. Os números de oxidação formais dos componentes de Mn estão indicados, mas a transferência de H+ foi omitida. Nos cloroplastos que tiveram de se adaptar para condições no escuro, o ciclo "repousa" no estado S1.

fraca O–O do peróxido, uma vez que a formação posterior do O=O é energeticamente fácil (Seção 16.5 e Apêndice 3). Primeiramente, à medida que os sítios de Mn são progressivamente oxidados, as moléculas de H_2O coordenadas tornam-se cada vez mais ácidas e perdem prótons, transformando-se progressivamente de H_2O para OH^- até O^{2-}. Em segundo lugar, estudos computacionais sugerem que o Mn(V)=O seja melhor considerado como Mn(IV)–O•, em que o ligante óxido deficiente de elétrons possui um apreciável caráter de radical. Uma proposta é que o átomo de Mn localizado atrás da "cadeira" e coordenado a duas moléculas de água seja oxidado até Mn(IV)–O•, o qual reage com o O^{2-} adjacente (ligado ao Ca) para formar um peróxido transiente de Mn(III); este último é facilmente convertido a O_2 usando a reserva de poder oxidante que se encontra acumulada no cluster. A presença do Ca^{2+} é essencial, e o único íon metálico que pode substituí-lo é o Sr^{2+}. Uma possível função do Ca é que ele fornece um sítio que fica permanentemente no estado de oxidação +2, além de fornecer um sítio para ligação rápida e estável para a entrada de H_2O, enquanto que se esse subsítio fosse ocupado por um quinto átomo de Mn, este se tornaria oxidado e essa vantagem seria perdida.

26.11 Reações de enzimas contendo cobalto

Pontos principais: A natureza usa o cobalto na forma de complexos com um ligante macrocíclico conhecido como corrina. Os complexos em que o quinto ligante é um benzimidazol ligado covalentemente ao um anel de corrina são conhecidos como cobalaminas. As enzimas de cobalamina catalisam a transferência de metila e a desalogenação. Na coenzima B_{12}, o sexto ligante é a desoxiadenosina, que está coordenada através de uma ligação Co–C; as enzimas contendo a coenzima B_{12} catalisam rearranjos via radicais.

Os complexos macrocíclicos de cobalto são cofatores enzimáticos que catalisam reações de transferência de metila e também são importantes em reações de desalogenação e de rearranjos envolvendo radicais (por exemplo, isomerizações). O macrociclo é um anel de corrina (**9**), semelhante à porfirina (**8**), exceto por ter menos conjugação e o anel ser menor (15 membros em vez de 16). O complexo pentacoordenado conhecido como **cobalamina** inclui um quinto doador de nitrogênio em uma das posições axiais: geralmente esse ligante é um dimetilbenzimidazol que se encontra covalentemente ligado ao anel de corrina por meio de um nucleotídio, mas também é comum se encontrar um resíduo de histidina. A estrutura mais elaborada conhecida como **coenzima B_{12}** (**45**) é um importante cofator enzimático para rearranjos envolvendo radicais; nela, o sexto ligante, R, é a 5'-desoxiadenosina, que está ligada ao átomo de Co através de um grupo –CH_2–, tornando a coenzima B_{12} um exemplo raro de composto organometálico de ocorrência natural.[8] O sexto ligante pode ser trocado, e o complexo é ingerido na forma de aquacobalamina, hidroxocobalamina ou cianocobalamina, geralmente conhecido como vitamina B_{12}. A cobalamina é essencial para os organismos superiores (a necessidade diária para seres humanos é de apenas uns poucos miligramas), sendo sintetizada apenas por microrganismos. Assim como nas porfirinas de Fe, as corrinas de Co são cofatores enzimáticos e exercem suas atividades quando ligadas ao interior de uma proteína.

O átomo de Co pode existir em três estados de oxidação nas condições fisiológicas: Co(III), Co(II) e Co(I), todos com spin baixo. A estrutura eletrônica do Co é crucial para sua atividade biológica. Como esperado, a forma Co(III), d^6, é uma espécie de 18 elétrons hexacoordenada (**46**). A forma Co(II) (**47**) é uma espécie de 17 elétrons pentacoordenada e possui um elétron desemparelhado no orbital d_{z^2}. Essas espécies são conhecidas como formas "com base" porque seu quinto ligante nitrogenado está coordenado. A forma Co(I) (**48**) é uma espécie clássica de 16 elétrons, tetracoordenada, com geometria quadrática plana, devido à dissociação de ambos os ligantes axiais. A estrutura quadrática plana é a forma "sem base".

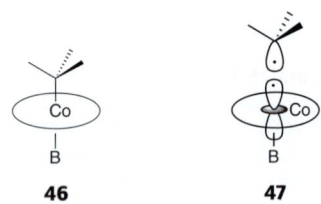

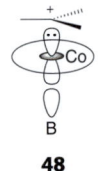

48

---

[8] A coenzima B_{12} foi uma das primeiras moléculas a ser estruturalmente caracterizada pelo método de difração de raios X (Dorothy Crowfoot Hodgkin, Prêmio Nobel de Química de 1964). Em 1973, Robert Woodward e Albert Eschenmoser publicaram a síntese total da B_{12}, o produto natural mais complexo a ser sintetizado naquela época, envolvendo em torno de 100 etapas.

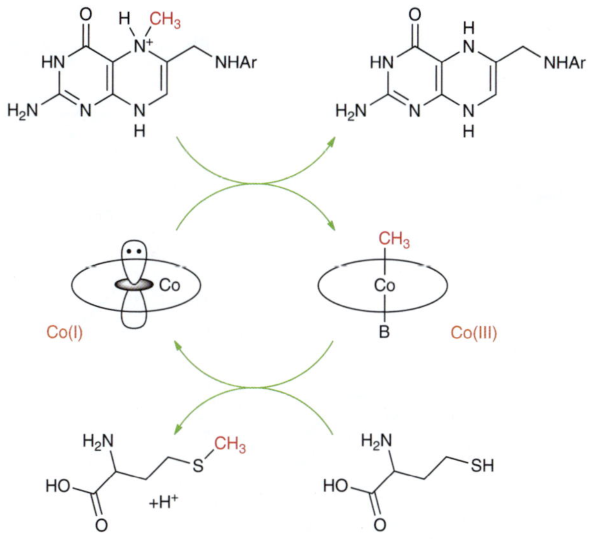

Figura 26.43 O mecanismo da metionina sintase. O Co(I) é um forte nucleófilo e ataca o grupo CH_3, eletrofílico, do nitrogênio quaternário do tetra-hidrofolato, transportador de metila. O complexo resultante de Co(III) com a metila transfere o CH_3^+ para a homocisteína.

As reações de transferência de metila das cobalaminas exploram a alta nucleofilicidade do Co(I) quadrático plano. Um exemplo particularmente importante é a metionina sintase, que é responsável pela biossíntese da metionina. A metionina é produzida pela transferência de um grupo CH_3, proveniente do hidrofolato de metila, que é o grupo transportador de metila, para a homocisteína. Não só a metionina é um aminoácido essencial, mas também o acúmulo de homocisteína (o que ocorre se a sua atividade for prejudicada) está associado a sérios problemas de saúde. O mecanismo envolve um ciclo "com base/sem base" em que o Co(I) retira um grupo $-CH_3$ eletrofílico (efetivamente um "CH_3^+") de um átomo de N quaternário do N^5-tetra-hidrofolato para produzir a metilcobalamida, que então transfere um $-CH_3$ para a homocisteína (Fig. 26.43). A metilcobalamina é o cofator de transferência de metila para uma grande variedade de rotas biossintéticas, inclusive para a produção de antibióticos. Nos micróbios anaeróbios, a metilcobalamina está envolvida na síntese da acetilcoenzima A, um metabólito essencial, e na produção do metano pelos metanógenos.

Os rearranjos envolvendo radicais catalisados pela coenzima B_{12} incluem isomerizações (mutases) e desidratação ou desaminação (liases). A reação genérica é

A desidratação e a desaminação ocorrem após a colocação em um mesmo átomo de carbono de dois $-OH$ ou um $-OH$ e um $-NH_2$, sendo, dessa forma, iniciadas por uma isomerização:

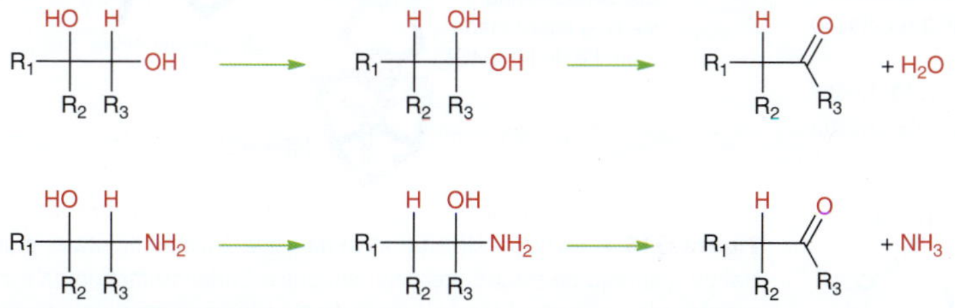

Os rearranjos envolvendo radicais ocorrem por um mecanismo que se inicia pela formação de um radical que começa com o enfraquecimento da ligação Co–C, induzido por uma enzima (adenosina). No estado livre, a energia de dissociação da ligação Co–C é de, aproximadamente, 130 kJ mol^{-1}, mas quando ligada à enzima a ligação

26 Química inorgânica biológica

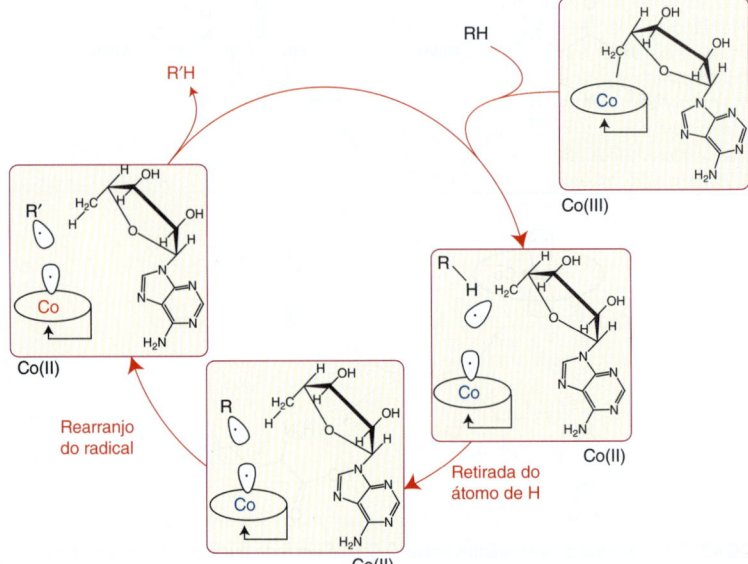

Figura 26.44 O princípio dos rearranjos via radical catalisados pela coenzima B_{12}. A cisão homolítica da ligação Co–C resulta em um Co(II) de spin baixo ($d^1_{z^2}$) e em um radical no carbono que retira um átomo de H do substrato RH. O substrato na forma de radical é mantido no sítio ativo, sofrendo um rearranjo (de R para R') antes de receber o átomo de hidrogênio de volta.

é substancialmente enfraquecida, resultando numa cisão homolítica da ligação Co–CH_2R. Essa etapa resulta em um complexo de Co(II) pentacoordenado de spin baixo e num radical CH_2R, dando origem a uma química controlada por radicais na cavidade do sítio ativo da enzima (Fig. 26.44). Como exemplos importantes temos a metilmalonil CoA mutase e as diol desidratases.

Em 1970, foi descoberto um sistema alternativo que não depende do Co para a catálise de rearranjos baseados em radicais. Como descrito no Quadro 26.1, as enzimas envolvidas usam como alternativa um cluster [4Fe-4S] para gerar o radical ativo desoxiadenosil pela quebra redutiva do seu derivado de metionila.

QUADRO 26.1   Reações de radicais catalisadas por enzimas ferro-enxofre

A descoberta, em 1970, da enzima lisina 2,3-aminomutase, que catalisa o rearranjo via radical de um aminoácido sem qualquer envolvimento da coenzima B_{12}, iniciou o desenvolvimento de uma área totalmente nova na bioquímica, deixando a B_{12} relegada a um segundo plano no que diz respeito à catálise desses rearranjos. A lisina 2,3 aminomutase pertence a uma grande classe de enzimas FeS conhecidas hoje como a superfamília do radical S-adenosilmetionina (SAM). As enzimas radical SAM incluem aquelas responsáveis pela síntese das vitaminas essenciais, como a vitamina H (biotina), vitamina B_1 (tioamina), o grupo heme e a molibdopterina (Seção 26.12), assim como as que rotineiramente realizam a reparação do DNA.

A conversão entre a L-lisina e a L-β-lisina envolve a migração do grupo α-aminoácido para o átomo de carbono β. A L-β-lisina é necessária para determinadas bactérias na síntese de antibióticos.

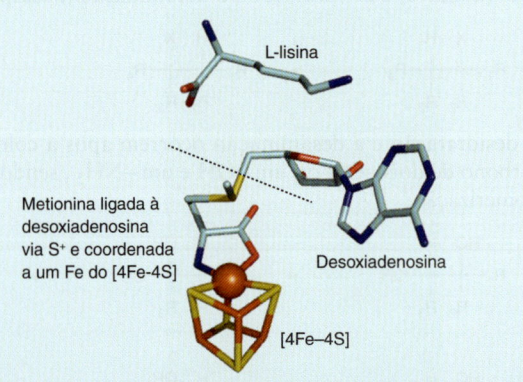

Figura Q26.1 Estrutura do sítio ativo da lisina 2,3-aminomutase, mostrando o arranjo do estado precursor em que a S-adenosilmetionina está coordenada ao cluster [4Fe-4S]. O substrato, a lisina, é mantido nas proximidades.

Assim como para as enzimas B_{12}, essa reação envolve o radical 5'-desoxiadenosila, mas, nas enzimas radical SAM, o radical é gerado pela clivagem redutiva do cátion S-adenosilmetionina usando um cluster especial [4Fe-4S]. A sequência de reações começa com a redução do cluster [4Fe-4S]: o [4Fe-4S]$^+$ é um poderoso redutor, e a SAM é clivada redutivamente no S⁺ terciário para formar uma metionina, que permanece coordenada ao Fe especial do cluster, e o radical desoxiadenosila retira, então, um átomo de hidrogênio da lisina e induz o rearranjo. A estrutura de raios X do precursor (Fig. Q26.1) revela como os diferentes grupos estão arranjados no espaço. Com base em várias linhas de evidências espectroscópicas, os possíveis mecanismos para a formação do radical 5'-desoxiadenosina (Fig. Q26.2) envolvem o ataque do S terciário ao subsítio especial de Fe (a) ou ao átomo de S do cluster (b). Em ambos os casos, após esse ataque, segue-se uma rápida transferência de elétron e a quebra da ligação.

A sequência de aminoácidos –CxxxCxxC– (C = cisteína; x = outro aminoácido) é um padrão característico da proteína radical SAM para a coordenação com o cluster [4Fe-4S]. Mais de 2000 proteínas já foram identificadas pesquisando-se a ocorrência de sequências de bases equivalentes nos genes.

Figura Q26.2 Dois mecanismos possíveis pelos quais o radical 5'-desoxiadenosina é gerado pelo cluster [4Fe-4S] nas enzimas radical SAM.

EXEMPLO 26.9 Identificando o significado da configuração dos elétrons d da cobalamina

Por que um complexo macrocíclico contendo Co (e não um complexo de Fe com o grupo heme) é mais adequado para catalisar os rearranjos envolvendo radicais?

Resposta Para responder a esta questão, devemos considerar a configuração eletrônica dos complexos de Co(II), em que existe um forte campo ligante equatorial. Os rearranjos envolvendo radicais dependem da cisão homolítica da ligação Co–C, que gera o radical adenosina e deixa um elétron no orbital d_{z^2} do Co. Essa é uma configuração estável para um complexo de Co(II), d^7, de spin baixo, mas para o Fe essa configuração corresponderia ao estado de oxidação do Fe(I), que é instável sem os ligantes apropriados.

Teste sua compreensão 26.9 Forneça uma explicação para o fato de a toxicidade do mercúrio aumentar pela ação de enzimas contendo cobalamina.

26.12 Transferência de átomos de oxigênio por enzimas de molibdênio e tungstênio

Pontos principais: O Mo é usado para catalisar a transferência de um átomo de oxigênio fornecido por uma molécula de água; uma química semelhante, mas em ambientes mais redutores, é exibida pelo W.

O molibdênio e o tungstênio são os únicos elementos pesados até agora conhecidos que têm funções específicas em biologia. O molibdênio encontra-se disseminado em todas as formas de vida, e esta seção trata da sua presença em outras enzimas que não a nitrogenase (Seção 26.13). Ao contrário, o W até agora só foi encontrado nos procariontes. As enzimas de molibdênio catalisam a oxidação e a redução de moléculas pequenas, particularmente de espécies inorgânicas. Dentre as reações, temos a oxidação de sulfito, arsenito, xantina, aldeídos e monóxido de carbono, e a redução de nitrato e dimetilsulfóxido (DMSO).

Tanto o Mo quanto o W são encontrados em combinação com uma classe pouco usual de cofatores (**11**), na qual o metal encontra-se coordenado a um grupo ditioleno. Nos organismos superiores, o Mo está coordenado a uma ditiolenopterina junto a outros ligantes, dentre os quais temos frequentemente a cisteína. Essa interação é ilustrada pelo sítio ativo da sulfito oxidase, no qual podemos ver como o ligante pterina está torcido (**49**). Nos procariontes, as enzimas de Mo têm dois cofatores de pterinas coordenados ao átomo metálico e, embora o papel desse ligante elaborado não esteja inteiramente claro, ele é potencialmente ativo na oxirredução, podendo mediar transferências de elétrons a longa distância. A coordenação do Mo é normalmente completada por ligantes derivados do H_2O, especificamente H_2O, OH^- e O^{2-}.

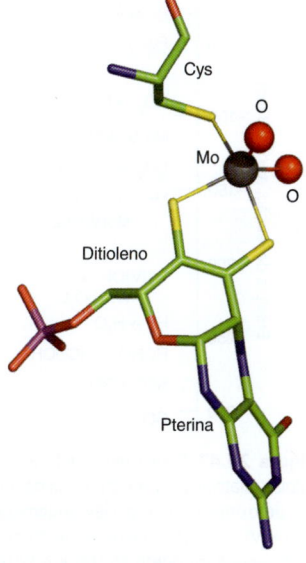

49

Figura 26.45 Oxidação do sulfito a sulfato pela sulfito oxidase, ilustrando o mecanismo de transferência direta de átomo de oxigênio pelas enzimas de Mo.

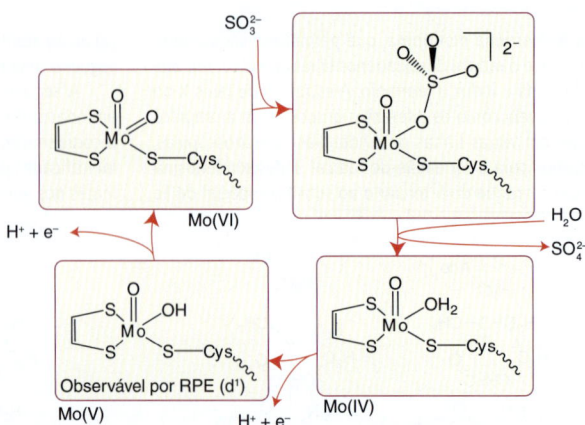

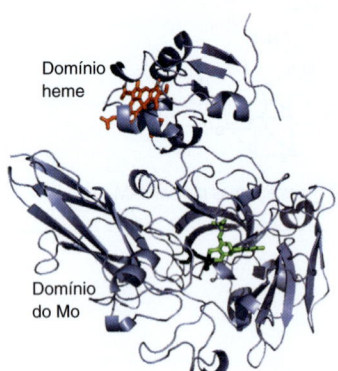

Figura 26.46* Estrutura da sulfito oxidase mostrando os domínios heme e do Mo. A região do polipeptídio que liga os dois domínios é altamente móvel e não foi resolvida por cristalografia.

O molibdênio é adequado para o seu papel porque ele oferece uma série de três estados de oxidação estáveis: Mo(IV), M(V) e Mo(VI), inter-relacionados por transferências de um elétron que são acopladas com transferências de próton. Geralmente, o Mo(IV) e o Mo(VI) diferem no número de grupos oxo que eles contêm, e considera-se que as enzimas de Mo normalmente acoplam reações de transferência de um elétron com transferência de um átomo de oxigênio. Nos seres humanos e outros mamíferos, a incapacidade de sintetizar o cofator de molibdênio apresenta sérios problemas. A deficiência da sulfito oxidase é um defeito raro e hereditário, sendo frequentemente fatal (os íons sulfito são muito tóxicos).

Um mecanismo geralmente considerado para as enzimas de Mo é a transferência direta de um átomo de oxigênio, como ilustrado na Fig. 26.45 para a sulfito oxidase. O átomo de enxofre do íon sulfito ataca um átomo de oxigênio deficiente em elétrons que se encontra coordenado ao Mo(VI), levando a quebra da ligação Mo–O, formação de Mo(IV) e liberação de um SO_4^{2-}. A reoxidação para Mo(VI), durante a qual um átomo de O transferível é readquirido, ocorre através de duas transferências de um elétron provenientes de uma porfirina de Fe que se encontra localizada num domínio móvel do "citocromo" da enzima (Fig. 26.46). O estado intermediário contendo Mo(V) (d^1) é observável por espectroscopia de RPE.

Esse tipo de reação de oxigenação pode ser diferenciado das reações das enzimas de Fe e Cu descritas anteriormente, pois com as enzimas de Mo o grupo oxo que é transferido não é oriundo do O_2 molecular, mas sim da água. A unidade Mo(VI)=O pode transferir um átomo de O diretamente (da esfera interna) ou indiretamente para substratos reduzidos (oxofílicos) como SO_3^{2-} ou AsO_3^{3-}, mas não é capaz de oxigenar ligações C–H. A Fig. 26.47 apresenta as entalpias de reação para transferência de um átomo de O: podemos ver que as espécies de Fe altamente oxidadas, formadas pela reação com o O_2, são capazes de oxigenar todos os substratos, ao passo que as espécies oxo de Mo(VI) só podem oxidar os substratos mais redutores, sendo a espécie Mo(IV) capaz de extrair um átomo de oxigênio do nitrato.

Como esperado pela sua posição abaixo do Mo no Grupo 6, os estados de oxidação menores do W são menos estáveis do que os do Mo, sendo as espécies de W(IV) geralmente fortes agentes redutores. Isso é ilustrado pelas formiato desidrogenases contendo W, presentes em certos organismos primitivos, as quais catalisam a redução do CO_2 a formiato, que é o primeiro estágio da assimilação de carbono não fotossintética. Esta reação não envolve a inserção de um átomo de oxigênio, mas, sim, a formação de uma ligação C–H. Um mecanismo proposto é o equivalente a uma transferência de hidreto:

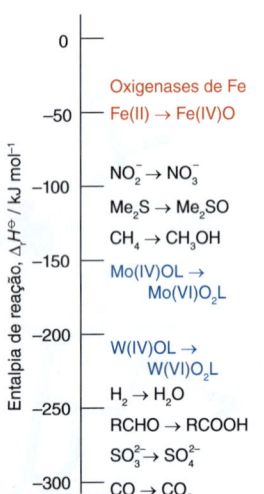

Figura 26.47 Escala mostrando as entalpias relativas para transferência de átomo de oxigênio. As espécies oxigenadas de Fe(IV) são fortes doadores de átomos de O, enquanto que o Mo(IV) e o W(IV) são bons receptores de átomos de O.

A oxidação microbiana do CO a CO_2 é importante para a remoção de mais de 100 Mt por ano desse gás tóxico da atmosfera. Como mostrado no Quadro 26.2, essa reação é feita por enzimas que contêm o cofator pterina-Mo/Cu ou o cluster [Ni-4Fe-4S] sensível ao ar.

QUADRO 26.2 Vida no monóxido de carbono

Ao contrário do que se espera pela sua conhecida toxicidade, o monóxido de carbono é uma das moléculas pequenas mais essenciais da natureza. Mesmo em níveis atmosféricos de 0,05 a 0,35 ppm, o CO é capturado por uma grande variedade de microrganismos para os quais ele é uma fonte de carbono para o crescimento e "combustível" para o fornecimento de energia (o CO é um agente redutor mais forte que o H_2). Duas enzimas incomuns, conhecidas como monóxido de carbono desidrogenases, catalisam a rápida oxidação do CO a CO_2. As espécies aeróbias usam uma enzima contendo o grupo incomum Mo-pterina (Fig. Q26.3). Um ligante sulfeto no átomo de Mo é compartilhado com um átomo de Cu que está coordenado a outro ligante, uma cisteína-S, completando o arranjo linear que é comum para o Cu(I). Um mecanismo possível para a formação do CO_2 envolve o ataque de um dos grupos oxo do Mo(VI) ao átomo de C de um CO que está coordenado ao Cu(I). Ao contrário, determinadas espécies anaeróbias com capacidade de viver tendo o CO como única fonte de energia e de carbono usam uma enzima que contém o cluster incomum [Ni-4Fe-4S]. Estudos de difração de raios X em cristais da enzima de Ni encubada na presença de HCO_3^- em diferentes potenciais revelaram a estrutura de um possível intermediário, mostrando o CO_2 coordenado ao Ni e ao Fe (Fig. Q26.4). Esse intermediário indica um mecanismo em que, durante a conversão do CO a CO_2, o CO liga-se ao sítio do Ni (Ni(II) quadrático plano) e o átomo de C é atacado por um íon OH^- que estava coordenado ao átomo de Fe pendente.

Nos mamíferos, o monóxido de carbono é transportado pela hemoglobina, e estima-se que cerca de 0,6% da hemoglobina total de uma pessoa saudável encontre-se na forma carbonilada. O CO livre é produzido pela ação da heme oxigenase, uma enzima tipo P-450 que catalisa a primeira etapa da degradação do grupo heme. Além de liberar Fe e CO, a quebra do grupo heme produz biliverdina e bilirrubina, os conhecidos pigmentos verde e amarelo responsáveis pela aparência de uma contusão (hematoma). Como o NO, o CO parece ser um agente de sinalização celular e, em pequenas quantidades, possui importantes efeitos terapêuticos com a supressão de hipertensão (pressão sanguínea alta) e proteção contra a rejeição de tecidos após um transplante de órgãos. Existe, portanto, um considerável interesse no desenvolvimento de fármacos, como o complexo solúvel em água [Ru(CO)$_3$Cl(glicinato)], para liberar lentamente o CO e complementar a ação da heme oxigenase (Seção 27.7).

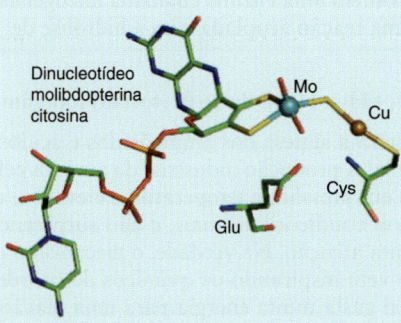

Figura Q26.3 O cofator Mo-pterina das CO-desidrogenases encontradas nas espécies aeróbicas.

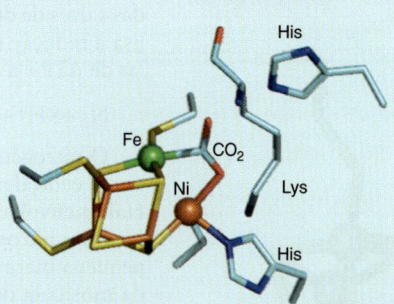

Figura Q26.4 Estrutura obtida por cristalografia de raios X de um intermediário da conversão entre CO e CO_2, catalisada pelo cluster [Ni-4Fe-4S] da CO-desidrogenase de anaeróbios.

Ciclos biológicos

A natureza é extraordinariamente econômica e maximiza o uso dos elementos que são extraídos, muitas vezes com grande dificuldade, do mundo geológico, ou seja, não biológico. Já vimos como o ferro é assimilado por meio do uso de ligantes especiais e como esse recurso difícil de obter é estocado na ferritina. Assim, espécies importantes são recicladas ao invés de serem devolvidas ao meio ambiente. Um exemplo importante é o nitrogênio, que é muito difícil de ser assimilado a partir de sua fonte gasosa não reativa, o N_2, e o ardiloso gás H_2, cuja reciclagem rápida é realizada por micróbios em processos análogos aos das células eletrolíticas e pilhas a combustível.

26.13 O ciclo do nitrogênio

Pontos principais: O ciclo do nitrogênio envolve enzimas contendo Fe, Cu e Mo, muitas vezes em cofatores que possuem estruturas muito incomuns; a nitrogenase possui três diferentes tipos de clusters FeS, um dos quais contém também Mo e um pequeno átomo intersticial.

O ciclo biológico global do nitrogênio envolve organismos de todos os tipos e uma grande variedade de metaloenzimas (Fig. 26.48 e Quadro 15.2). O ciclo pode ser dividido em captura de nitrogênio utilizável (assimilação), a partir do nitrato ou N_2, e desnitrificação (dissimulação). O ciclo do nitrogênio envolve muitos organismos diferentes e várias enzimas contendo metais. Muitos dos compostos são tóxicos ou ambientalmente problemáticos. A amônia é um composto crucial para a biossíntese de aminoácidos e o NO_3^- é usado como um oxidante. Moléculas como o NO são produzidas em pequenas quantidades para servirem como agentes sinalizadores celulares que desempenham um papel

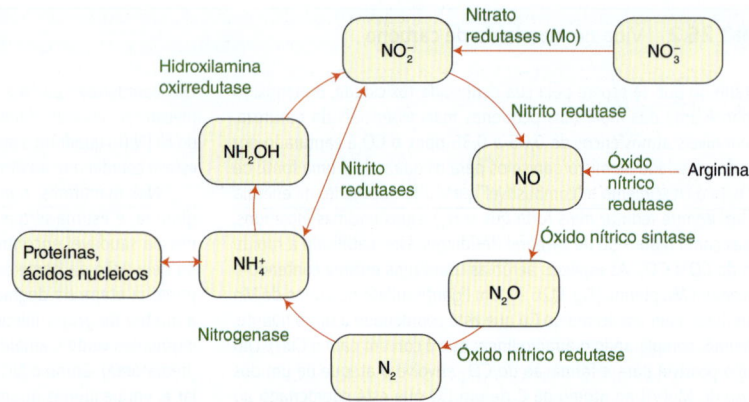

Figura 26.48 O ciclo biológico do nitrogênio mostrando as enzimas envolvidas.

importante na fisiologia e na saúde. O óxido nitroso, que é isoeletrônico com o CO_2, é um potente gás de efeito estufa: sua liberação para a atmosfera depende de um balanço entre atividade e abundância da NO redutase e da N_2O redutase no mundo biológico.

A bactéria chamada "fixadora de nitrogênio", encontrada nos solos e nos nódulos das raízes de determinadas plantas, contém uma enzima chamada nitrogenase que catalisa a redução do N_2 em amônia, numa reação acoplada com a hidrólise de 16 moléculas de ATP e a produção de H_2:

$$N_2 + 8H^+ + 8e^- + 16\,ATP \rightarrow 2\,NH_3 + H_2 + 16\,ADP + 16\,P_i \quad \text{(fosfato inorgânico)}$$

O nitrogênio "fixo" é essencial para a síntese dos aminoácidos e ácidos nucleicos, sendo central para a produção agrícola. A produção industrial da amônia pelo processo Haber envolve a reação de N_2 e H_2 em pressões e temperaturas elevadas; em comparação, a nitrogenase produz NH_3 sob condições normais, e não surpreende que essa pequena maravilha tenha atraído tanta atenção. Na verdade, o mecanismo de ativação da molécula de N_2 pela nitrogenase vem inspirando os químicos de coordenação por várias décadas. O processo industrial gasta muita energia para uma reação que não é termodinamicamente tão desfavorável. Entretanto, como vimos na Seção 15.6, o N_2 é uma molécula praticamente inerte e para que sua redução ocorra é necessária uma quantidade de energia suficiente para vencer a sua elevada barreira de ativação.

A nitrogenase é uma enzima complexa que consiste em dois tipos de proteína: a maior delas é chamada de "proteína FeMo" e a menor é a "proteína de Fe" (Fig. 26.49). A proteína de Fe contém um único cluster [4Fe-4S] que está coordenado a dois resíduos de cisteína de duas subunidades. O papel da proteína de Fe é transferir elétrons para a proteína FeMo por uma reação que está longe de ser entendida: em especial, não é claro por que cada transferência de elétron é acompanhada pela hidrólise de duas moléculas de ATP que estão ligadas à proteína de Fe.

A proteína FeMo é um tetrâmero $\alpha_2\beta_2$, com cada par $\alpha\beta$ contendo dois tipos de supercluster. O cluster [8Fe–7S] (50) é conhecido como "cluster P", e acredita-se que seja um centro de transferência de elétron, enquanto que o outro cluster (51), formulado como [Mo7Fe-9S,C] e conhecido como "FeMoco" (cofator FeMo) é considerado como o sítio onde o N_2 é reduzido a NH_3. O Mo também está coordenado a um N imidazólico de uma histidina e a dois átomos de O de uma molécula exógena R-homocitrato. Um átomo de carbono fica no centro da cavidade formada pelos seis átomos de Fe,

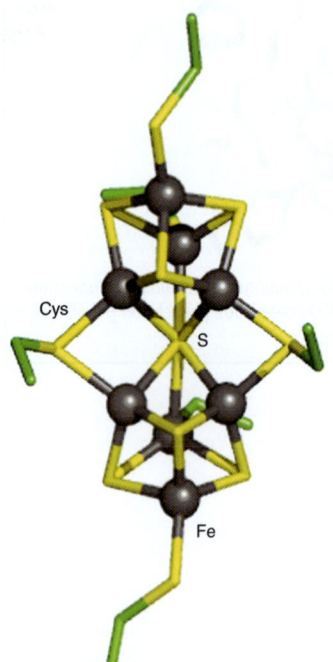

50 "Cluster P" [8Fe-7S] da nitrogenase

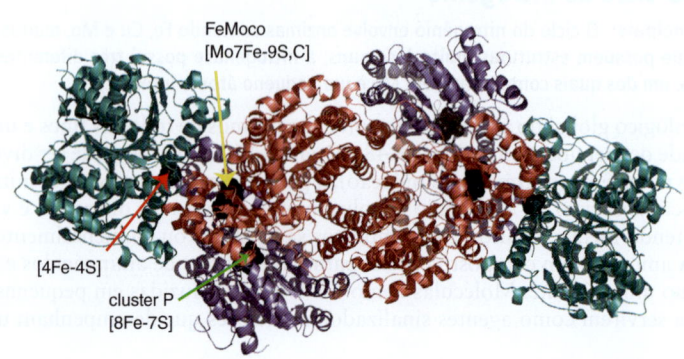

Figura 26.49* A estrutura da nitrogenase mostrando a proteína de Fe e a proteína FeMo, uma complexada com a outra. As posições dos centros metálicos (preto) estão indicadas. A proteína FeMo é um tetrâmero $\alpha_2\beta_2$ de diferentes subunidades (vermelho e azul) e contém dois "clusters P" e dois cofatores FeMo. A proteína de Fe (verde) possui um cluster [4Fe-4S] e também é o sítio de ligação e hidrólise do Mg-ATP.

que de outra forma estaria numa coordenação trigonal incomum. Somente aproximadamente dez anos depois da determinação da estrutura cristalina da enzima que esse pequeno átomo central foi detectado pela primeira vez, devido a aperfeiçoamentos na resolução. Transcorrida mais uma década, o átomo central foi finalmente identificado como C, a partir do seu espectro de emissão de raios X e pela modelagem detalhada das interferências características dos raios X. Um papel do carbono central pode ser o de estabilizar a cavidade formada pelos 6Fe que de outra forma tenderia a colapsar.

O mecanismo de redução do N_2 ainda não foi elucidado, sendo as duas principais questões se o N_2 liga-se e é reduzido no átomo de Mo ou em um ou mais sítios não usuais de Fe e sobre o papel das espécies reativas de hidreto metálico que podem ser geradas como intermediários. Neste ponto, é importante ressaltar que existem nitrogenases em que o átomo de Mo foi substituído por um átomo de V ou Fe, o que contraria o argumento de um o papel específico para o Mo. Recentemente, descobriu-se que o monóxido de carbono, há muito tempo conhecido como um inibidor da nitrogenase, é um substrato lentamente convertido em hidrocarbonetos de uma forma semelhante à reação de Fischer-Tropsch (Seção 25.15).

A nitrato redutase é outro exemplo de uma enzima de Mo envolvida na transferência de um átomo de O, catalisando neste caso uma reação de redução (o potencial de redução do par NO_3^-/NO_2^- é de +0,4 V, corrigido para pH = 7, o que indica que o NO_3^- é um oxidante relativamente forte). As outras enzimas do ciclo do nitrogênio contêm o grupo heme ou o Cu em seus centros ativos. Há duas classes distintas de nitrito redutases. Uma é uma enzima multi-heme, que pode reduzir o nitrito até NH_3. A outra classe contém Cu e realiza uma transferência de um elétron, produzindo NO: ela é um trímero de subunidades idênticas, cada uma contendo um centro "azul" de cobre (que intermedia uma transferência de elétron a longa distância para o doador de elétron, normalmente uma pequena proteína "azul" de cobre) e um centro de cobre com uma geometria tetragonal mais convencional, que se imagina ser o sítio de ligação do nitrito.

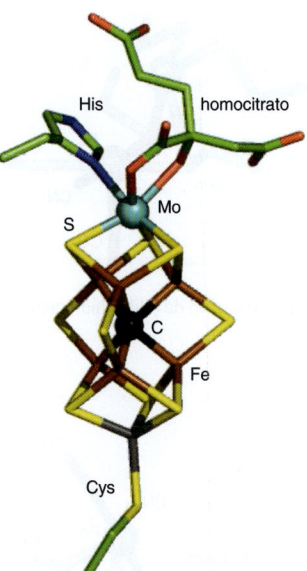

51 "FeMoco" [Mo7Fe-9S,C] da nitrogenase

O ciclo do nitrogênio é conhecido por utilizar alguns dos centros de oxirredução mais diferentes de todos os já encontrados, bem como algumas das reações mais estranhas. Outro cofator intrigante é o cluster [4Cu-2S], chamado de Cu_Z, que é encontrado na N_2O redutase. É um desafio fazer uma ligação e ativar o N_2O, que é um mau ligante, de forma que é interessante que a estrutura cristalina da enzima obtida a 15 bar revele uma molécula de N_2O ocupando um sítio não coordenante a pouco mais de 3 Å do Cu_Z (52). Os quatro átomos de Cu do cluster [4Cu-2S] estão coordenados à proteína por ligantes imidazois e unidos por dois íons sulfeto inorgânicos. A transferência de elétrons a longa distância na N_2O redutase é feita por um centro Cu_A (31), o mesmo encontrado na citocromo c oxidase.

Duas enzimas que manipulam o NO têm importância especial para os seres humanos. Uma delas, a NO sintase, é uma enzima do tipo heme responsável pela produção do NO, pela oxidação da L-arginina, após o recebimento de um sinal. Sua atividade é controlada pela calmodulina (Seção 26.4). A outra enzima é a guanilil ciclase, que catalisa a formação do importante regulador monofosfato de guanosina cíclico (cGMP, em inglês) a partir do trifosfato de guanosina. O óxido nítrico liga-se ao Fe heme da guanilil ciclase, deslocando um ligante histidina e ativando a enzima. Outra interessante proteína que se liga ao NO é a nitroforina, encontrada em alguns parasitas sugadores de sangue, em especial na "mosca do sono" (uma mosca predadora da família *Reduviidae*). A nitroforina liga-se fortemente ao NO até que ela seja injetada na vítima, em que uma mudança de pH provoca a sua liberação. O NO livre causa dilatação dos vasos sanguíneos vizinhos, tornando a vítima um doador de sangue mais eficiente.

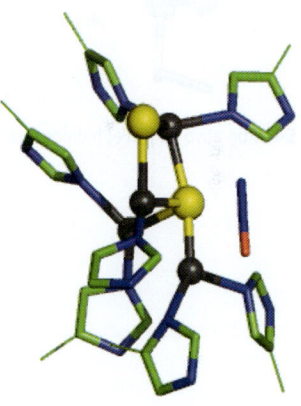

52 Cu_Z, mostrando a posição do N_2O

EXEMPLO 26.10 Identificando os intermediários formados durante a redução do N_2 a NH_3

Proponha intermediários prováveis formados durante a redução de seis elétrons de uma molécula de N_2 a NH_3.

Resposta Para identificar possíveis intermediários, devemos lembrar que os elementos do bloco p (Capítulo 5) sofrem transferência de dois elétrons que são acompanhados pela transferência de prótons. Como o N_2 possui uma ligação tripla, os dois átomos de N permanecerão ligados ao longo de toda a redução dos seis elétrons. Podemos, então, propor o diazeno (N_2H_2) e a hidrazina (N_2H_4), juntamente a suas bases conjugadas desprotonadas.

Teste sua compreensão 26.10 O cofator FeMo pode ser extraído da nitrogenase usando-se dimetilformamida (DMF), embora ele seja cataliticamente inativo nesse estado. Proponha experimentos que possam estabelecer se a estrutura da espécie presente na solução de DMF é a mesma que está presente na enzima.

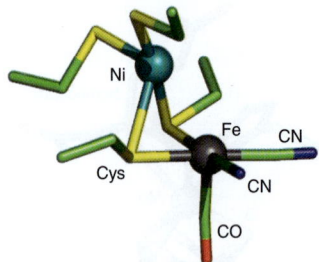

53 Sítio ativo da [NiFe] hidrogenase

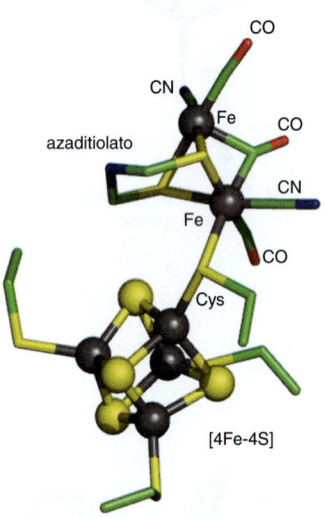

54 Sítio ativo da [FeFe] hidrogenase

26.14 O ciclo do hidrogênio

Ponto principal: Os sítios ativos das hidrogenases contêm Fe ou Ni, juntamente a ligantes CO e CN.

Estima-se que 99% de todos os organismos utilizam H_2. Mesmo que essas espécies sejam quase todas elas micróbios, permanece o fato de que praticamente todas as bactérias e arqueas possuem metaloenzimas extremamente ativas, conhecidas como hidrogenases, que catalisam a interconversão do H_2 em H^+ (sob a forma de água). A elusiva molécula de H_2 é produzida por alguns organismos (como um subproduto a ser descartado) e usada por outros como combustível, o que ajuda a explicar por que tão pouco H_2 é de fato encontrado na atmosfera (Quadro 10.1). A respiração humana contém quantidades mensuráveis de H_2 devido à ação de bactérias no intestino. As hidrogenases são enzimas muito ativas com frequência de renovação (moléculas de substrato transformadas por segundo, por molécula de enzima) maior que 10.000 s^{-1}. Assim, elas têm atraído muita atenção, pois podem sugerir maneiras de se produzir H_2 de forma limpa (Seção 10.4, Quadro 10.3) e como oxidar o H_2 em pilhas a combustível, uma tecnologia que atualmente depende principalmente da Pt (Quadro 5.1)

Existem três classes de hidrogenases com base na estrutura do sítio ativo: todas contêm Fe e algumas também contêm Ni. Os dois sítios ativos mais bem caracterizados são conhecidos como [NiFe] (**53**) e [FeFe] (**54**) e todos eles contêm pelo menos um ligante CO, com ligações adicionais sendo feitas com os ligantes CN^- e cisteína (e, em alguns casos, com a selenocisteína). O sítio ativo das [FeFe] hidrogenases (o sítio é historicamente conhecido como "cluster H") contém um ligante bidentado incomum que é considerado como sendo um azaditiolato (adt, $(SCH_2)_2NH$) que forma uma ponte entre os átomos de Fe e o cluster [4Fe-4S] que está ligado a um Fe por uma ponte do ligante cisteína tiolato. Esses frágeis sítios ativos encontram-se enterrados profundamente dentro da enzima, necessitando, assim, de poros e caminhos especiais para conduzir o H_2 e o H^+ e dependendo de uma cadeia de clusters FeS para a transferência de elétrons a longa distância (como mostrado na Fig. 26.27).

Um possível mecanismo da catálise pelas [FeFe] hidrogenases envolve a participação de estados de oxidação mais baixos do Fe e espécies Fe–H (hidreto), como mostrado na Fig. 26.50. Olhando na direção da oxidação, o H_2 liga-se primeiramente ao Fe "distal" (o mais afastado do cluster [4Fe-4S]) de uma forma análoga aos complexos de di-hidrogênio (Seções 10.6 e 22.7); esse ataque é esperado uma vez que o Fe distal é formalmente Fe(II) de spin baixo, com um sítio de coordenação vazio e 16 elétrons de valência. Ocorre, então, a quebra heterolítica, sendo o H^+ retirado pelo átomo de N bem posicionado na "cabeça da ponte" do ligante azaditiolato, deixando um complexo Fe(II)-hidreto que é oxidado em duas transferências de elétron sequenciais. Dentre os intermediários

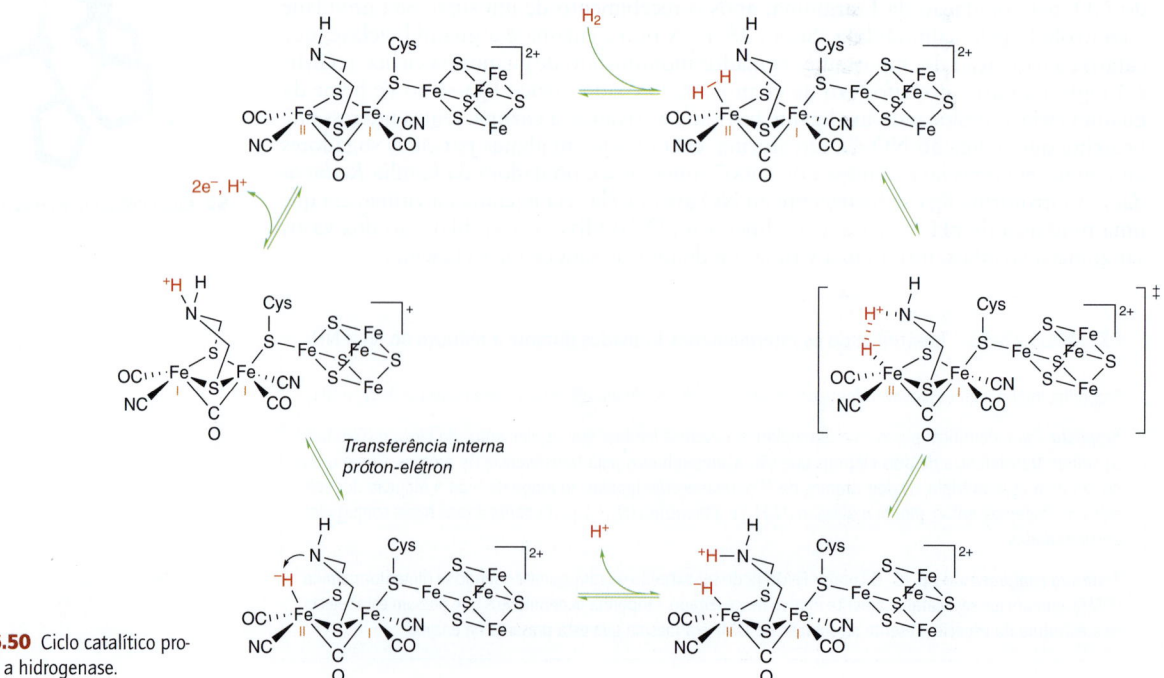

Figura 26.50 Ciclo catalítico proposto para a hidrogenase.

podemos ter o Fe(I) e o envolvimento de deslocalização do elétron para além do cluster [4Fe-4S]. Princípios similares podem ser aplicados às enzimas [NiFe].

Sensores

Várias metaloproteínas são usadas para detectar e quantificar a presença de moléculas pequenas, particularmente O_2, NO e CO. Essas proteínas atuam, portanto, como sensores, alertando o organismo para um excesso ou déficit de determinadas espécies e disparando algum tipo de ação corretiva. Proteínas especiais também são usadas para sentir os níveis de metais, como Cu e Zn, que de outra forma estão sempre fortemente complexados em uma célula.

26.15 Proteínas de ferro que agem como sensores

Ponto principal: Os organismos usam sofisticados sistemas reguladores baseados em proteínas que contêm Fe para adaptarem-se rapidamente às variações nas concentrações celulares de Fe e O_2.

Já vimos como os clusters FeS são usados na transferência de elétrons e em muitos tipos de catálise. A coordenação com um cluster FeS liga diferentes partes de uma proteína e, dessa forma, controla sua estrutura terciária. A sensibilidade do cluster ao O_2, ao potencial eletroquímico ou às concentrações de Fe e S fazem dele um importante dispositivo sensorial. Na presença de O_2 ou outros fortes agentes oxidantes, os clusters [4Fe-4S] têm uma tendência a degradar-se (controlada pela proteína), produzindo as espécies [3Fe-4S] e [2Fe-2S]. O cluster pode ser completamente removido sob algumas condições (Fig. 26.51). O princípio por trás da utilização, por um organismo, de um cluster FeS como sensor é que a presença ou ausência de um determinado cluster (cuja estrutura é muito sensível ao Fe ou ao oxigênio) altera a conformação da proteína e determina a sua capacidade de ligar-se aos ácidos nucleicos.

Nos organismos superiores, a proteína responsável por regular a captação (transferrina) e o armazenamento do Fe (ferritina) é uma proteína FeS conhecida como **proteína reguladora do ferro** (IRP, em inglês), que está intimamente relacionada à aconitase (Seção 26.9), sendo, porém, encontrada no citoplasma e não na mitocôndria. Ela age ligando-se a regiões específicas do RNA mensageiro (RNAm) que carrega o comando genético (transcrito do DNA) para sintetizar o receptor de transferrina ou de ferritina. A região de interação específica no RNA é conhecida como **elemento sensível ao ferro** (IRE, em inglês). O princípio encontra-se esquematizado na Fig. 26.52. Quando os níveis de Fe estão altos, o cluster [4Fe-4S] está presente e a proteína não se liga ao IRE que controla a tradução da ferritina. Neste caso, a ligação significaria um comando de "pare" e a célula responderia sintetizando ferritina. Simultaneamente, a ligação da proteína portando [4Fe-4S] ao receptor transferrina IRE estabiliza o RNA e assim o receptor de transferrina é produzido. Ou seja, quando os níveis de Fe estão

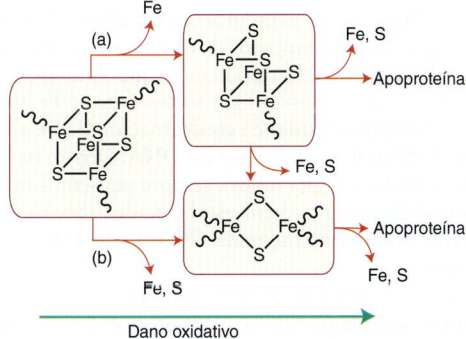

Figura 26.51 A degradação dos clusters FeS forma a base para um sistema sensorial. O cluster [4Fe-4S] não suporta um estado em que todos os átomos de ferro sejam Fe(III); assim, condições severas de oxidação, incluindo a exposição ao O_2, causam sua quebra em [3Fe-4S] ou [2Fe-2S] e, eventualmente, a sua completa destruição. A degradação em [3Fe-4S] (a) requer a remoção de apenas um subsítio de Fe, enquanto que a degradação em [2Fe-2S] (b) pode necessitar de um rearranjo dos ligantes (cisteína) e produzir uma mudança conformacional significativa na proteína. Esses processos correlacionam o estado do cluster com a disponibilidade tanto de Fe quanto de O_2 e de outros oxidantes e fornecem a base para os sensores e um controle por retroalimentação.

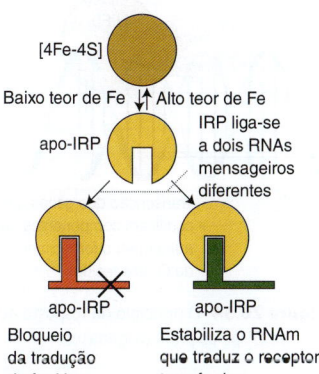

Figura 26.52 As interações da proteína reguladora do ferro com os elementos sensíveis ao ferro presentes nos RNAs, responsáveis pela síntese da ferritina ou do receptor transferrina, dependem da presença ou não do cluster FeS, formando assim a base para a regulação dos níveis celulares de Fe.

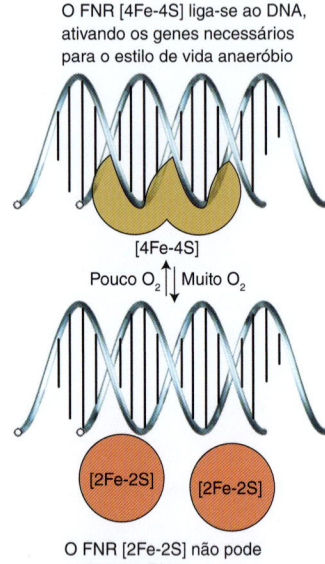

Figura 26.53 O princípio de funcionamento do sistema regulador nitrato fumarato que controla a utilização da respiração aeróbia ou anaeróbia nas bactérias.

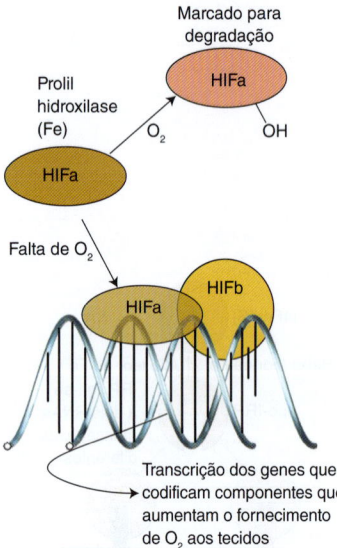

Figura 26.54 O princípio da resposta ao teor de O_2 pelas prolil oxigenases.

suficientemente altos, o cluster [4Fe-4S] é formado, a síntese da ferritina é ativada e a síntese do receptor transferrina é desligada (suprimida).

A *E. coli*, uma bactéria comum no intestino, obtém energia pela respiração aeróbia (usando uma oxidase terminal assemelhada à citocromo *c* oxidase, Seção 26.10) ou pela respiração anaeróbia usando como oxidante o ácido fumárico ou o nitrato e a enzima de Mo nitrato redutase (Seções 26.12 e 26.13). O problema que o organismo enfrenta é como sentir se o O_2 está presente em um nível suficientemente baixo para poder desativar os genes que funcionam na respiração aeróbia e ativar os genes que produzem as enzimas necessárias para a respiração anaeróbia, menos eficiente. Essa detecção é realizada por uma proteína FeS chamada de regulador nitrato fumarato (FNR, em inglês). O princípio está descrito na Fig. 26.53. Na ausência de O_2, o FNR é uma proteína dimérica com um cluster [4Fe-4S] por subunidade. Nessa forma, ele liga-se a determinadas regiões do DNA, suprimindo a transcrição das enzimas aeróbias e ativando a transcrição de enzimas como a nitrato redutase. Quando o O_2 está presente, o cluster [4Fe-4S] é degradado a um cluster [2Fe-2S] e o dímero rompe-se, não podendo mais ligar-se ao DNA. Os genes que codificam as enzimas da respiração aeróbia são, então, capazes de serem transcritos, enquanto que os da respiração anaeróbia são suprimidos.

Nos animais superiores, o sistema que regula a capacidade das células em lidar com a deficiência de O_2 envolve uma Fe oxigenase. Na Seção 26.10, mencionamos as prolil hidroxilases que catalisam a hidroxilação de resíduos específicos de prolina em proteínas, alterando, assim, suas propriedades. Nos animais superiores, uma dessas proteínas alvo é um fator de transcrição chamado de **fator induzido por hipóxia** (HIF), que serve como mediador na expressão dos genes responsáveis pela adaptação das células a baixas condições de O_2 (hipóxia). Aqui, devemos ter em mente que o ambiente interno das células e dos compartimentos celulares é normalmente bastante redutor, equivalente a um potencial de eletrodo menor que –0,2 V e, ainda que consideremos o O_2 como essencial para os organismos superiores, os seus níveis podem ser relativamente baixos. Quando os níveis de O_2 estão acima de um limite seguro, as prolil hidroxilases catalisam a oxigenação de dois resíduos de prolina conservados do fator de transcrição (HIF_a), fazendo com que ele seja reconhecido por uma proteína que induz a sua degradação por proteases. Assim, os genes, como aqueles responsáveis pela produção de mais células vermelhas no sangue (que ajudariam um indivíduo a lidar melhor com uma deficiência no suprimento de O_2), não são ativados. Esse princípio é mostrado na Fig. 26.54.

Embora essencial para os organismos superiores, o O_2 necessita de um controle severo da sua redução de quatro elétrons, e uma quantidade crescente de pesquisas vem ocorrendo para prevenir e curar o mau funcionamento do consumo normal de O_2. O termo "estresse oxidativo" é usado para descrever condições em que o funcionamento normal de um organismo está ameaçado pela formação de intermediários de O_2 parcialmente reduzidos, como superóxidos, peróxidos e radicais hidroxila, conhecidos coletivamente como **espécies de oxigênio reativas** (ROS, em inglês). A exposição prolongada às ROS pode causar envelhecimento prematuro e certos tipos de câncer. Para evitar ou minimizar o estresse oxidativo, as células precisam primeiro sentir a presença dessas ROS, para, então, produzir os agentes capazes de destruí-las. Tanto os agentes sensoriais como os de destruição são proteínas com grupos ativos, como íons metálicos (particularmente Fe e Cu) e os tióis expostos de cisteínas com atividade de oxirredução.

O princípio básico dos sensores do tipo heme é que as moléculas pequenas a serem detectadas são π receptores que podem se ligar fortemente ao Fe, deslocando um ligante nativo. Essa ligação resulta numa mudança conformacional que altera a atividade catalítica ou a capacidade da proteína em se ligar ao DNA. Dentre os ligantes nativos, dois exemplos clássicos são o NO e o CO; embora sempre pensemos nessas moléculas como tóxicas, elas tornaram-se hormônios bem estabelecidos (Seção 27.7). De fato, existe evidência de que a sensibilidade a traços de CO é importante no controle do ritmo cardíaco dos mamíferos.

A enzima guanil ciclase é sensível ao NO, uma molécula que agora está bem estabelecida como um hormônio que transmite mensagens entre as células. A guanil ciclase catalisa a conversão do monofosfato de guanidina (GMP, em inglês) em GMP cíclico (GMPc), o qual é importante na ativação de muitos processos celulares. A atividade catalítica da guanil ciclase aumenta muito (por um fator de 200) quando o NO liga-se ao grupo heme, mas apenas por um fator de 4 quando a ligação é com o CO (o que é obviamente importante).

Um exemplo excelente, definido em nível atômico, de sensibilidade ao CO é dado por um fator de transcrição conhecido como CooA. Essa proteína contendo o grupo heme é encontrada em algumas bactérias que são capazes de crescer tendo o CO como sua única fonte de energia em condições anaeróbias. Se o crescimento sob CO irá ocorrer ou não, dependerá do nível de CO no ambiente, pois um organismo não irá desperdiçar seus recursos sintetizando as enzimas necessárias para um substrato que não esteja presente. O CooA é um dímero, com cada subunidade contendo um único citocromo do tipo b (o sensor) e uma proteína em forma de hélice enovelada que se liga ao DNA (Fig. 26.55). Na ausência do CO, cada Fe(II) está hexacoordenado, e ambos os ligantes axiais são aminoácidos da proteína, um imidazol histidínico e, de maneira pouco usual, um grupo $-NH_2$ da cadeia principal de uma prolina que também é o resíduo terminal nitrogenado de outra subunidade. Desta forma, o CooA não pode ligar-se à sequência específica do DNA que transcreve os genes para a síntese de enzimas que oxidam o CO, necessárias para a sobrevivência sob CO. Quando o CO está presente, ele liga-se ao Fe, deslocando o resíduo de prolina distal e fazendo com que o CooA adote uma conformação que irá se ligar ao DNA. A probabilidade de o NO ligar-se no lugar do CO, produzindo uma resposta transcricional falsa, é impedida pelo fato de o NO não apenas deslocar a prolina, mas também por ele provocar a dissociação da histidina proximal; dessa forma, o complexo com NO não é reconhecido.

26.16 Proteínas sensíveis aos níveis de Cu e Zn

Pontos principais: O Cu e o Zn são sentidos por proteínas com sítios de ligação especialmente desenhados para oferecer a coordenação preferida por cada átomo metálico.

Os níveis de Cu nas células são tão rigorosamente controlados que praticamente não existe Cu que não esteja complexado. O desequilíbrio nos níveis de Cu está associado a graves problemas de saúde, como as doenças de Menkes (deficiência de Cu) e de Wilson (acúmulo de Cu). Muito do que sabemos sobre a forma como os níveis de Cu são sentidos e convertidos em sinais celulares baseia-se nos estudos do sistema da *E. coli*, que envolve um fator de transcrição chamado CueR (Fig. 26.56). Essa proteína liga-se ao Cu(I) com uma alta seletividade, embora também possa ligar-se ao Ag(I) e ao Au(I). A coordenação com o metal causa uma mudança de conformação que permite ao CueR ligar-se ao DNA em um sítio receptor que controla a transcrição de uma enzima conhecida como CopA, que é uma bomba de Cu movida a ATP. A CopA está localizada na membrana citoplasmática e libera o Cu para dentro do periplasma. No CueR, o Cu(I) está coordenado a dois átomos de S de duas cisteínas numa geometria de coordenação linear. Titulações usando CN^- como tampão mostram que o Cu^+ ligado tem uma constante de dissociação de aproximadamente 10^{-21}! Como pode ser percebido consultando-se a Seção 7.3, o ambiente criado por esses ligantes produz uma ligação extraordinariamente seletiva para íons d^{10}; medidas feitas com Ag e Au mostram que esses íons são capturados com afinidades semelhantes.

Grande parte do nosso entendimento sobre os sensores de Zn, assim como de Cu, baseia-se em estudos de sistemas bacterianos. A maior diferença em relação ao Cu é que embora o Zn também esteja coordenado por tiolatos de cisteínas (principalmente), a geometria é tetraédrica em vez de linear. A *E. coli* possui um fator de transcrição sensível ao Zn^{2+} conhecido como ZntR, muito semelhante ao CueR. O fator ZntR contém dois domínios de ligação com o Zn, cada um dos quais se coordena com um par de átomos de Zn usando ligantes cisteína e histidina. A conformação da proteína circundante é mostrada na Fig. 26.56, em comparação com o CueR. O quanto esses sítios dinâmicos de ligação com o Zn podem ser identificados como dedos de zinco ainda não é claro.

EXEMPLO 26.11 Correlacionando a química de oxirredução com os sensores de íons metálicos

Sugira uma forma pela qual a ligação de Cu ou Zn com seus respectivos sensores proteicos pode ser correlacionada com o nível de O_2 celular.

Resposta Para abordar este problema, devemos lembrar (Capítulo 16) que ligações fortes S–S formam-se pela combinação de átomos de S ou radicais. Um par de cisteínas coordenadas a um íon metálico ou capazes de se aproximarem a uma pequena distância pode sofrer oxidação pelo O_2 ou outros agentes oxidantes, resultando na formação de uma ligação dissulfeto (cistina). Essa reação impede que átomos de S da cisteína atuem como ligantes e fornece um caminho para que mesmo os metais que não sofrem oxirredução, como o Zn, estejam envolvidos em sensores de O_2.

Teste sua compreensão 26.11 Por que os sensores de Cu funcionam por ligação com Cu(I) e não com Cu(II)?

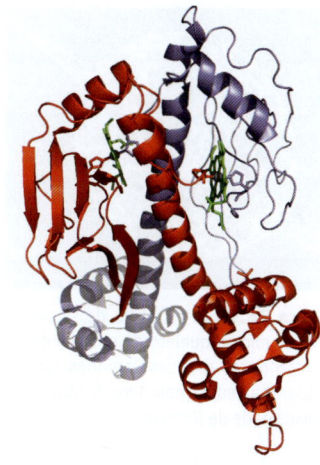

Figura 26.55* A estrutura do CooA, um fator de transcrição e sensor de CO em bactérias. A molécula, um dímero de duas subunidades idênticas (representadas em vermelho e azul), possui dois domínios heme disponíveis para ligação e dois domínios de hélice enovelada que reconhecem uma seção do DNA. Os ligantes da proteína que se ligam ao átomo de Fe são uma histidina de uma subunidade e o N terminal de uma prolina da outra subunidade. A ligação com CO, deslocando a prolina, desfaz o conjunto e permite que o CooA ligue-se ao DNA.

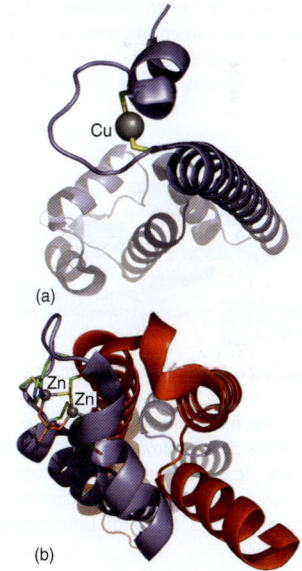

Figura 26.56 Comparação entre os sítios ligantes do (a)* Cu e do (b)* Zn nos respectivos fatores de transcrição CueR e ZntR. Note como o Cu(I) é reconhecido por um sítio de coordenação linear (de duas cisteínas), enquanto que o Zn é reconhecido por um arranjo de ligantes Cys e His que se ligam simultaneamente a dois átomos de Zn(II) com um grupo fosfato em ponte.

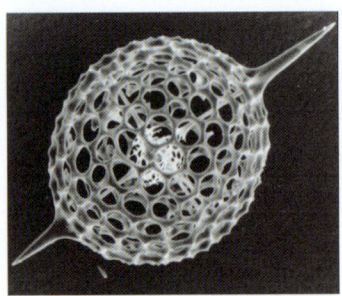

Figura 26.57 A estrutura de sílica porosa do microesqueleto de um radiolário, mostrando os grandes espinhos radiais (fotografia cedida pelo Prof. S. Mann, da Universidade de Bristol).

Biominerais

Além dos complexos formados entre íons metálicos e moléculas orgânicas, a biologia usa elementos diferentes para formar **biominerais**: materiais de estado sólido e nanopartículas que geralmente contêm pouco ou nenhum material orgânico. Os biominerais fornecem suporte mecânico e são utilizados em dispositivos engenhosos para detecção e defesa. Produzidos dentro ou fora da célula viva, em formas e padrões altamente especializados, as estruturas do biomineral persistem muito tempo depois de o organismo ter morrido, dando origem aos fósseis.

26.17 Exemplos comuns de biominerais

Pontos principais: Os compostos de cálcio são empregados em exosqueletos, ossos, dentes e outras estruturas; alguns organismos usam cristais de magnetita, Fe_3O_4, como bússola; as plantas produzem elementos de proteção baseados em sílica.

Os biominerais são redes infinitas que podem ser covalentes ou iônicas. As primeiras baseiam-se nos silicatos, que ocorrem de maneira disseminada no mundo das plantas. Folhas, e mesmo plantas inteiras, são muitas vezes cobertas com pelos ou espinhos de sílica que oferecem proteção contra predadores herbívoros. Os biominerais iônicos baseiam-se principalmente em sais de cálcio e fazem uso da elevada energia de rede e baixa solubilidade desses compostos. O carbonato de cálcio (calcita ou aragonita; Quadro 12.4) é o material presente em conchas do mar e cascas de ovos. Esses minerais permanecem por muito tempo após a morte do organismo; na verdade o giz é um mineral biogênico, resultado de um processo de **calcificação** de organismos pré-históricos. O fosfato de cálcio (hidroxiapatita; Seção 15.15) é o constituinte mineral dos ossos e dentes, que são bons exemplos de como os organismos fabricam materiais compósitos "vivos". De fato, as diferentes propriedades dos ossos encontrados nas espécies (como a dureza) são produzidas pela variação da quantidade do componente orgânico, geralmente uma proteína fibrosa chamada colágeno, à qual a hidroxiapatita encontra-se associada. Uma alta razão hidroxiapatita/colágeno é encontrada nos grandes animais marinhos, ao passo que razões baixas são encontradas nos animais que necessitam de agilidade e elasticidade.

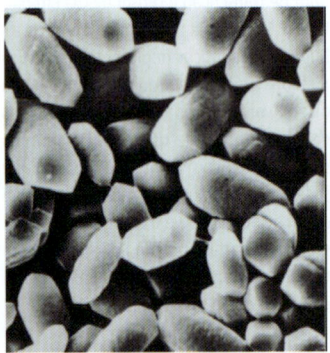

Figura 26.58 Nosso sensor de gravidade: cristais de calcita formados biologicamente que são encontrados no ouvido interno (fotografia cedida pelo Prof. S. Mann, da Universidade de Bristol).

A **biomineralização** é a cristalização sob controle biológico. Existem alguns exemplos notáveis que não têm similar no laboratório. Talvez o exemplo mais familiar seja o exoesqueleto do ouriço-do-mar, que consiste em grandes placas esponjosas contendo macroporos contíguos de 15 μm de diâmetro: cada uma dessas placas é um monocristal de calcita rica em Mg. Grandes monocristais sustentam outros organismos, como as diatomáceas e os radiolários, com seus esqueletos de gaiolas de sílica (Fig. 26.57).

Os biominerais produzem artefatos intrigantes. A Fig. 26.58 mostra os cristais de calcita que são parte do dispositivo sensor de gravidade do ouvido interno. Esses cristais estão localizados numa membrana acima das células sensoriais, e qualquer aceleração ou mudança de postura que as façam se mover resulta num sinal elétrico para o cérebro. Os cristais são de tamanho uniforme e fusiforme, de forma que eles podem se mover suavemente sem engancharem-se uns nos outros. A mesma propriedade é vista nos cristais de magnetita (Fe_3O_4) que são encontrados em várias bactérias magnetotáticas (Fig. 26.59). Ao longo das diferentes espécies, existem grandes variações de tamanho e forma, mas para qualquer das espécies os cristais formados no magnetossoma são uniformes. As bactérias magnetotáticas vivem em suspensões de sedimentos fluidos em ambientes marinhos e de água doce, e acredita-se que suas pequenas bússolas permitem que elas nadem sempre na direção descendente para manterem-se no mesmo ambiente químico durante condições turbulentas.

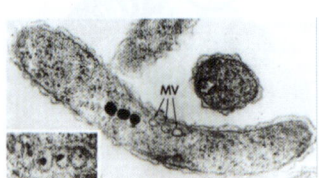

Figura 26.59 Cristais de magnetita em uma bactéria magnetotática. Eles são pequenas bússolas que orientam estes organismos para se moverem verticalmente no leito de lama de um rio. A sinalização MV indica vesículas vazias (fotografia cedida pelo Prof. S. Mann, da Universidade de Bristol).

Existe um grande interesse em saber como os biomateriais são formados, o que pode servir de inspiração para a nanotecnologia (Capítulo 24). A formação de biomateriais envolve a seguinte hierarquia nos mecanismos de controle:

1. Controle químico (solubilidade, supersaturação, nucleação)
2. Controle espacial (confinamento do crescimento do cristal por fronteiras, como células, subcompartimentos e até mesmo por proteínas, como no caso da ferritina; Seção 26.6)
3. Controle estrutural (a nucleação é favorecida numa face específica do cristal)
4. Controle morfológico (crescimento do cristal limitado por fronteiras impostas por materiais orgânicos que crescem com o tempo)
5. Controle da construção (intercalação de materiais orgânicos e inorgânicos para formar uma estrutura de ordem superior, como o osso)

O osso é continuamente dissolvido e formado novamente; de fato, ele funciona não apenas como um suporte estrutural, mas também como uma central de armazenamento de Ca. Assim, durante a gravidez, os ossos tendem a ser atacados devido às necessidades de Ca, em um processo chamado de **desmineralização**, que ocorre em células especiais chamadas *osteoclastos*. Os ossos enfraquecidos ou danificados são restaurados pela mineralização, o que ocorre nas células chamadas *osteoblastos*. Estes processos envolvem as fosfatases (Seção 26.9).

Perspectivas

Nesta seção final, analisaremos o material do capítulo de outro ponto de vista, revendo-o segundo várias perspectivas diferentes, olhando os elementos individualmente e a contribuição da química bioinorgânica para problemas sociais mais urgentes.

26.18 O papel individual dos elementos

Ponto principal: Os elementos são selecionados pelas suas propriedades inerentes importantes e pelas suas disponibilidades.

Nesta seção, apresentaremos as principais funções de cada elemento e correlacionaremos o que já foi discutimos, enfatizando o elemento propriamente dito ao invés do tipo de reação em que ele está envolvido.

Na, K e Li Os íons destes elementos caracterizam-se por uma ligação fraca com ligantes duros, e as suas especificidades devem-se ao tamanho e à hidrofobicidade que tem origem nas suas baixas densidades de carga. Em comparação com o Na^+, o K^+ é mais provável de ser encontrado coordenado dentro de uma proteína e é mais fácil de ser desidratado. Tanto o Na^+ quanto o K^+ são importantes agentes de controle da estrutura das células através da pressão osmótica, mas enquanto o Na^+ é expulso das células, o K^+ é acumulado, contribuindo para uma diferença de potencial mensurável através da membrana celular. Essas diferenças são mantidas pelas bombas de íons, em particular a Na^+,K^+-ATPase, também conhecida como bomba de Na. A energia elétrica é liberada por canais iônicos chaveados específicos, dos quais o canal de K^+ (Seção 26.3) é o mais estudado.

Um aspecto correlato importante é o uso bastante comum de compostos simples de Li (particularmente Li_2CO_3) como agente psicoterápico no tratamento de distúrbios mentais, principalmente no distúrbio bipolar (psicose maníaco-depressiva); ver Seção 27.4.

Mg Os íons magnésio são os íons predominantes de carga +2 no citoplasma e os únicos que ocorrem em níveis acima de milimolar no estado livre, não complexado. A unidade de energia na catálise enzimática, o ATP, está sempre presente como um complexo de Mg^{2+}. O magnésio desempenha um papel especial no processo de captação de luz pela molécula da clorofila, pois ele é um cátion +2 pequeno capaz de adotar uma geometria octaédrica e estabilizar a estrutura sem causar perdas de energia por fluorescência. O Mg^{2+} é um catalisador ácido fraco, sendo o íon metálico ativo no rubisco, uma enzima muito abundante e responsável pela remoção de cerca de 100 Gt de CO_2 por ano da atmosfera. O rubisco é ativado pela ligação fraca do Mg^{2+} a dois carboxilatos e um ligante carbamato especial, deixando três moléculas de água disponíveis para serem trocadas.

Ca Os íons cálcio são importantes apenas nos eucariontes. A maior parte do Ca biológico é usada para suporte estrutural e outros componentes, como os dentes. A escolha do cálcio para essas funções deve-se à insolubilidade dos seus sais carbonato e fosfato. Entretanto, uma pequena quantidade de Ca é usada como base de um sofisticado sistema de sinalização intracelular. A base desse processo é que o Ca é adequado para uma coordenação rápida com ligantes do tipo ácido duro, especialmente os carboxilatos das cadeias laterais das proteínas, e não tem preferência por qualquer geometria de coordenação específica.

Mn O manganês tem vários estados de oxidação, sendo a maioria deles muito oxidante. Ele é bem adequado para atuar como um catalisador de oxirredução em reações envolvendo potenciais de redução positivos. Uma reação em particular, na qual o H_2O é usado como doador de elétron na fotossíntese, é responsável pela produção do O_2 da atmosfera terrestre. A reação envolve o cluster especial [4MnCa-5O]. Compostos de Mn(II) também são usados como catalisadores ácido-base fracos em algumas enzimas. A sua detecção espectroscópica varia dependendo do estado de oxidação: a RPE é útil para observar o Mn(II) e para estados particulares do cluster de [4MnCa-5O].

Fe O Fe, por ser versátil, é essencial a praticamente todos os organismos e foi certamente um dos primeiros elementos usados na biologia. Os três estados de oxidação são importantes, a saber, Fe(II), Fe(III) e Fe(IV). Os sítios ativos baseados no Fe catalisam uma grande variedade de reações de oxirredução, abrangendo desde a transferência de elétrons para oxigenação, assim como reações ácido-base que envolvem a ligação reversível do O_2, desidratação/hidratação e hidrólise de ésteres. Os sítios ativos contendo ferro possuem ligantes que vão desde doadores macios, como o sulfeto (nos clusters FeS), até doadores duros, como o carboxilato. O macrociclo porfirina é um ligante particularmente importante. O Fe(II) em diferentes ambientes de coordenação é usado para se ligar com o O_2 de maneira reversível ou como um pré-requisito para sua ativação. O Fe(III) é um bom ácido de Lewis, enquanto que o grupo Fe(IV)=O (ferrila) pode ser considerado como o caminho que a natureza encontrou para manipular o átomo de O reativo para inserção em ligações C–H. As células contêm pouco Fe(II) não complexado e níveis extremamente baixos de Fe(III). Esses íons são tóxicos, particularmente pelas suas reações com peróxidos, quando formam radicais hidroxila. A absorção inicial pelos organismos é um problema a ser superado, pois o ferro é encontrado predominantemente como sais de Fe(III), insolúveis em pH neutro (ver Fig. 5.11). Captura, distribuição e armazenamento do ferro são controlados por sofisticados sistemas de transporte, envolvendo uma proteína especial para o armazenamento conhecida como ferritina. As porfirinas de Fe (encontradas nos citocromos) apresentam bandas intensas de absorção na região UV-visível, e a maioria dos sítios ativos com elétrons desemparelhados dá origem a espectros de RPE característicos.

Co O cobalto e o níquel estão entre os biocatalisadores mais antigos. O cobalto é processado apenas pelos microorganismos, e os organismos superiores necessitam ingeri-lo como "vitamina B_{12}", em que o Co encontra-se complexado por um macrociclo especial chamado corrina. Complexos em que o quinto ligante é um benzimidazol ligado covalentemente ao anel de corrina são conhecidos como cobalaminas. As cobalaminas são cofatores enzimáticos que catalisam muitas reações de transferência de grupos alquila e rearranjos envolvendo radicais. As reações de transferência de grupos alquila exploram a alta nucleofilicidade do Co(I). No cofator especial conhecido como coenzima B_{12}, o sexto ligante do Co(III) é um átomo doador de carbânion da desoxiadenosina. Os rearranjos envolvendo radicais empregam a capacidade da coenzima B_{12} de sofrer uma quebra homolítica fácil da ligação Co–C, produzindo Co(II) estável de spin baixo e um composto de carbono radical que pode abstrair um átomo de hidrogênio dos substratos. As enzimas contendo cobalamina apresentam bandas de absorção intensas na região UV-visível. Espectros de RPE podem ser observados para o Co(II). Exemplos raros de proteínas de Co que não contêm o macrociclo corrina incluem uma enzima conhecida como nitrila desidratase.

Ni O níquel é importante nas enzimas bacterianas, em especial nas hidrogenases, nas quais ele também usa os estados de oxidação +3 e +1, que são raros na química convencional. Uma enzima particularmente extraordinária, a coenzima A sintase, usa o Ni para produzir CO e fazê-lo reagir com o CH_3– (fornecido pela enzima cobalamina) para produzir uma ligação C–C na forma de um éster de acetila. O níquel também é encontrado em plantas no sítio ativo da urease. A urease foi a primeira enzima a ser cristalizada (em 1926), embora a presença do Ni só tenha sido descoberta em 1976.

Cu Diferentemente do Fe, o cobre provavelmente tornou-se importante somente após o O_2 ter se estabelecido na atmosfera terrestre e tornou-se disponível como sais de Cu(II) solúveis, em vez dos sulfetos insolúveis (Cu_2S). O principal papel do Cu está nas reações de transferência de elétrons que se situam na extremidade superior da escala de potenciais e na catálise das reações de oxirredução envolvendo O_2. Ele também é usado para a ligação reversível com o O_2. Tanto o Cu(II) quanto o Cu(I) estão fortemente ligados a ligantes biológicos, particularmente as bases macias. Os íons de Cu livres são muito tóxicos e estão praticamente ausentes das células.

Zn O zinco é um excelente ácido de Lewis, formando complexos estáveis com ligantes com átomos de N e S doadores e catalisando reações como as de hidrólise de ésteres e peptídios. A importância biológica do Zn origina-se basicamente da sua falta de química de oxirredução, embora sua ligação comum com dois, três e até quatro ligantes tiolato forneça uma conexão com a química de oxirredução da interconversão cisteína/cistina. O zinco é usado como um formador de estrutura nas enzimas e proteínas que se ligam ao DNA. O principal problema tem sido a falta de bons métodos espectroscópicos para estudar esse íon d^{10}. Em alguns casos, as enzimas de Zn têm sido estudadas por RPE, após a substituição do Zn por Co(II). Nas células, as concentrações de Zn^{2+} são tamponadas por proteínas ricas em cisteína, conhecidas como metalotioneínas. Hoje está ficando claro que os íons Zn^{2+} de grande mobilidade, e que são ejetados das células por estímulos ou estresse, estão envolvidos na comunicação entre as células de vários tecidos, incluindo os do cérebro (ver Problemas tutoriais).

Mo e W O molibdênio é um elemento abundante que provavelmente é usado por todos os organismos como um catalisador de oxirredução para a transferência de átomos de O derivados do H_2O. Nessas enzimas que transferem oxigênio, o Mo é sempre parte de um grande cofator contendo pterina, no qual ele está coordenado por um ligante especial ditioleno. A interconversão entre Mo(IV) e Mo(VI) normalmente resulta em uma mudança no número de ligantes oxo terminais, e a recuperação do material de partida ocorre por reações de transferência de um único elétron em que o Mo(V) é um intermediário. Além das reações de transferência de ligantes oxo e outras similares, o Mo possui outro papel intrigante, que é na fixação de nitrogênio, na qual ele é parte de um cluster FeS especial. O uso do W está restrito aos procariontes, nos quais ele também é usado como um catalisador de oxirredução, mas em reações em que é necessário um agente redutor mais forte.

Si O silício é muitas vezes negligenciado entre os elementos biológicos, embora a sua renovação em alguns organismos seja comparável à do carbono. A sílica é um importante material na fabricação dos exosqueletos e sistemas defensivos de espinhos nas plantas.

26.19 Tendências futuras

Pontos principais: Os metais biológicos e as metaloproteínas apresentam perspectivas importantes em medicina, produção de energia, síntese verde e nanotecnologia.

Os estudos pioneiros das estruturas e dos mecanismos dos canais de íons mencionados na Seção 26.3 oferecem novos rumos importantes na neurofisiologia, inclusive no projeto racional de drogas que podem bloquear ou modificar suas ações de alguma maneira. Novas funções para o Ca emergem constantemente, e um aspecto intrigante é o seu papel na determinação da assimetria esquerda-direita nos organismos superiores, tendo como exemplo o posicionamento específico do coração e do fígado no corpo. A chamada **via de sinalização Notch** nas células embrionárias depende de pulsos de Ca^{2+} extracelulares, transientes, que, de alguma forma, são dependentes da atividade de uma H^+/K^+-ATPase. Existe também uma preocupação crescente com o papel do Zn e com as proteínas transportadoras de Zn no controle da atividade celular e também na transmissão neural. De fato, o termo **metaloneuroquímica** foi inventado para descrever o estudo das funções dos íons metálicos no cérebro e no sistema nervoso em nível molecular. Um importante desafio é o mapeamento da distribuição e do fluxo de Zn em tecidos como o cérebro, com avanços tendo sido alcançados no desenho de ligantes fluorescentes que se ligam seletivamente ao Zn em nível celular e indicam o seu transporte ao longo de diferentes zonas, como, por exemplo, as junções sinápticas. Os íons metálicos estão envolvidos na conformação (dobras) das proteínas, e acredita-se que o Cu, em particular, possa ter um papel importante nas doenças neurodegenerativas fatais. Essas participações incluem o controle do comportamento dos príons envolvidos nas doenças transmissíveis, como a encefalopatia espongiforme (doença de Creuzfeldt-Jakob, a forma humana da doença da "vaca louca"), e das peptídios amiloides envolvidas na doença de Alzheimer.

Em muitas regiões do mundo, o arroz é o alimento básico, mas esse produto é pobre em Fe. Assim, técnicas transgênicas vêm sendo usadas para aumentar seu conteúdo de Fe. O objetivo é produzir melhores sideróforos nas plantas e aumentar a armazenagem do Fe (intensificando a expressão do gene da ferritina).

A enzimas tendem a mostrar velocidades catalíticas muito maiores e seletividades mais elevadas do que os catalisadores sintéticos, conduzindo naturalmente a uma eficiência maior e a menores custos de energia. As principais desvantagens do uso de enzimas como catalisadores industriais são sua menor estabilidade térmica, limitações quanto ao uso de solventes e pH e grande massa por unidade ativa. Existe um grande interesse na produção de moléculas sintéticas pequenas de alto desempenho catalítico como as enzimas, um conceito conhecido como "catalisadores bioinspirados". A ideia é reproduzir, usando todas as ferramentas da química sintética, as propriedades de uma enzima reduzida à sua menor unidade funcional. Exemplos de catalisadores bioinspirados são conhecidos: áreas de particular interesse para a produção industrial são a conversão de metano em metanol (Seção 26.10), a ativação do N_2 para produção de fertilizantes baratos e a produção de hidrogênio.

Em um futuro não muito distante, quando os combustíveis fósseis tiverem se esgotado, o H_2 se tornará um importante transportador de energia, usado direta ou indiretamente (após sua conversão em combustíveis como o álcool) para movimentar veículos de todos os tipos. Um dos desafios científicos é como obter uma eficiente produção eletrolítica ou fotolítica de H_2 a partir da água, uma vez que a luz solar é uma fonte infinita e a eletricidade estará disponível a partir de várias fontes. Esse processo requer condições específicas de temperatura e sobretensão (Seção 10.4) ou o emprego de catalisadores, os quais são atualmente baseados em

Pt e outros metais preciosos. Entretanto, a natureza já mostrou que é possível uma reciclagem rápida do hidrogênio, em condições moderadas, usando-se apenas os metais comuns Fe e Ni. Um desafio relacionado ao anterior é a síntese de eletrocatalisadores eficientes que possam converter água em O_2 sem uma grande sobretensão, não porque existe uma carência de O_2, mas porque ele é um subproduto obrigatório da produção eletrolítica ou fotolítica do H_2 (ver Quadro 10.3). Mais uma vez, podemos nos voltar para a biosfera para nos inspirarmos, uma vez que elucidando o mecanismo do catalisador de Mn poderemos sintetizar novos catalisadores que sejam baratos e duráveis (Quadro 16.2).

Vimos estruturas extraordinárias de materiais que são produzidas pelos organismos vivos. Esse conhecimento está levando a novas direções em nanotecnologia (Capítulo 24). Por exemplo, cristais simples esponjosos de calcita, com aspecto morfológico intrincado, foram produzidos sobre membranas poliméricas usando como molde as placas do esqueleto do ouriço do mar. Outro desenvolvimento recente é a produção de nanoclusters de Pd por bactérias que oxidam o hidrogênio, ou seja, pela ação de hidrogenases que disponibilizam um fluxo de elétrons controlado para efetuar a eletrodeposição do Pd em sítios microscópicos.

LEITURA COMPLEMENTAR

S. Mounicou, J. Szpunar e R. Lobinski, Metallomics: the concept and methodology. *Chem. Soc. Rev.* 2009, **38**, 1119.

J.J.R. Frausto da Silva e R.J.P. Williams, *The biological chemistry of the elements*. Oxford University Press (2001). Um livro excelente e detalhado que apresenta uma visão ampla das relações entre os elementos e a vida.

L. Que Jr. e W.B. Tolman, *Bio-coordination chemistry*. Comprehensive coordination chemistry, vol. 8. Elsevier (2004). Um texto que apresenta informações especialmente detalhadas sobre compostos modelo.

R.R. Crichton, F. Lallemand, I.S.M. Psalti e R.J. Ward. *Biological inorganic chemistry*. Elsevier (2007). Uma introdução à química inorgânica biológica.

E. Gouaux e R. MacKinnon, Principles of selective ion transport in channels and pumps. *Science*, 2005, **310**, 1461. Um artigo interligando dados detalhados de estruturas 3D de proteínas gigantes com funções fisiológicas e a química dos íons metálicos dos Grupos 1 e 2 e o Cl^-.

R.K.O. Sigel e A.M. Pyle. Alternative roles for metal ions in enzyme catalysis and the implications for ribozyme chemistry. *Chem. Rev.*, 2007, **107**, 97. Uma revisão descrevendo o papel dos íons metálicos, particularmente o Mg, como centros ativos nas catálises baseadas no RNA em vez das proteínas.

E. Kimura. Model studies for molecular recognition of carbonic anhydrase and carboxypeptidase. *Acc. Chem. Res.*, 2001, **34**, 171. Esta revisão descreve as propriedades ácido-base e catalíticas de pequenos complexos de Zn, num esforço para compeender como funcionam as enzimas de Zn.

L. Que Jr. The road to non-heme oxoferryls and beyond. *Acc. Chem. Res.*, 2007, **40**, 493. Um estimulante relato sobre os esforços para compreender a química das espécies de Fe(IV) e a produção de novos catalisadores para reações orgânicas de oxigenação.

E.A. Lewis e W.B. Tolman. Reactivity of dioxygen-copper systems. *Chem. Rev.*, 2004, **104**, 1047. Uma revisão sobre pequenas moléculas análogas às enzimas contendo Cu.

S.C. Wang e P.A. Frey. S-adenosylmethionine as an oxidant: the radical SAM superfamily. *Trends Biochem. Sci.*, 2007, **32**, 101. Um excelente relato sobre a descoberta das enzimas radicais SAM. O trabalho categoriza as diferentes classes de enzimas e descreve os mecanismos pelos quais o cluster [4Fe-4S] quebra a SAM para iniciar as reações envolvendo radicais.

H.B. Gray, B.G. Malmström e R.J.P. Williams, Cooper coordination in blue proteins. *J. Biol. Inorg. Chem.*, 2000, **5**, 551. Um artigo que resume as teorias desenvolvidas ao longo de mais de 30 anos de pesquisas sobre os centros azuis de cobre.

P.J. Kiley e H. Beinert, The role of Fe-S proteins in sensing and regulation in bacteria. *Curr. Opin. Chem. Biol.*, 2003, **6**, 182. Uma abordagem descrevendo como os clusters FeS participam dos sensores.

J. Green e M.S. Paget, Bacterial redox centres. *Nat. Rev.*, 2004, **2**, 954. Uma revisão geral sobre os mecanismos pelos quais as espécies reativas de oxigênio são detectadas nas células.

S. Mann, *Biomineralisation: principles and concepts in bioinorganic materials chemistry*. Oxford University Press (2001).

M.D. Archer e J. Barber (ed.), *Molecular to global photosynthesis*. Imperial College Press (2004).

H. Dau, I. Zaharieva e M. Haumann, Recent developments in research on water oxidation by photosystem II. *Curr. Opin. Chem. Biol.*, 2012, **16**, 3.

C.W. Cady, R.H. Crabtree e G.W. Brudvig, Functional models for the oxygen-evolving complex of photosystem II. *Coord. Chem. Rev.*, 2008, **252**, 444. Uma revisão sobre os esforços recentes em busca do entendimento e da mimetização da química do cluster Mn_4Ca que converte água em O_2.

B.M. Hoffman, D.R. Dean e L.C. Seefeldt, Climbing nitrogenase: toward a mechanism of enzymatic nitrogen fixation. *Acc. Chem. Res.*, 2009, **42**, 609.

A. Pomowski, W.G. Zumft, P.M.H. Kroneck e O. Einsle, N_2O binding at a [4Cu:2S] copper-sulphur cluster in nitrous oxide reductase. *Nature*, 2011, **477**, 234.

E.M. Nolan e S.J. Lippard, Small-molecule fluorescent sensors for investigating zinc metalloneurochemistry. *Acc. Chem. Res.*, 2009, **42**, 193. Uma introdução sobre uma nova área excitante.

EXERCÍCIOS

26.1 Consultando os detalhes discutidos na Seção 26.3 sobre o canal de K^+, preveja as propriedades dos sítios de ligação do Na^+, Ca^{2+} e Cl^- que sejam importantes para produzir seletividade nas respectivas membranas transportadoras desses íons.

26.2 As proteínas que se ligam ao cálcio podem ser estudadas usando-se íons lantanídeos (Ln^{3+}). Compare e diferencie as preferências de coordenação dos dois tipos de íons metálicos e sugira técnicas em que os íons lantanídeos possam ser úteis.

26.3 Nas enzimas de zinco, o Zn(II) "espectroscopicamente silencioso" pode ser frequentemente substituído pelo Co(II), mantendo-se a alta atividade. Explique como essa substituição pode ser explorada para se obter informação estrutural e mecanística.

26.4 Compare e diferencie as atividades catalíticas ácido-base do Zn(II), Fe(III) e Mg(II).

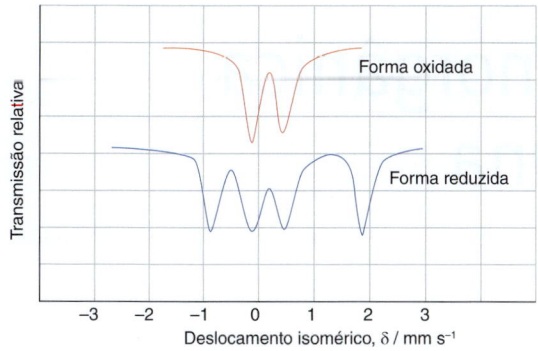

Figura 26.60 Espectro de Mössbauer de uma amostra de ferredoxina de cloroplastos, a 77 K.

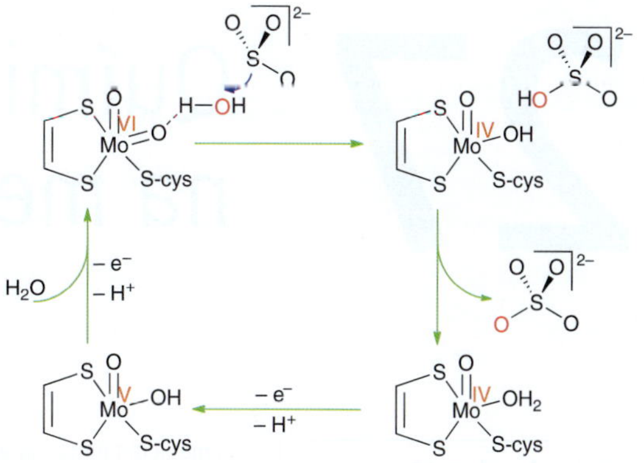

Figura 26.61 Mecanismo indicado no Exercício 26.10.

26.5 Proponha métodos físicos que permitam determinar se um intermediário reativo, isolado por resfriamento rápido, contém Fe(V).

26.6 A Figura 26.60 mostra o espectro Mössbauer de uma amostra de ferredoxina de cloroplastos medida a 77 K. Consultando a Seção 8.8, interprete os dados em relação aos estados de oxidação e estados de spin dos dois átomos de Fe e comente a deslocalização eletrônica nessa temperatura.

26.7 A estrutura dos estados oxidado e reduzido do cluster P da nitrogenase são significativamente diferentes. Comente essa observação com base nas propostas de que ele participa da transferência de elétron a longa distância.

26.8 Os microrganismos podem sintetizar o grupo acetila (CH_3CO-) por combinação direta de grupos metila com CO. Faça algumas previsões sobre os metais participantes.

26.9 Comente as implicações da descoberta, por detecção de micro-ondas, de níveis substanciais de O_2 em um planeta de outro sistema solar.

26.10 Além da transferência direta de átomo de oxigênio (Fig. 26.45), outro mecanismo proposto para as enzimas de Mo é a transferência indireta de átomo de O, sendo conhecido como *transferência acoplada de próton-elétron*. Nesse mecanismo, como mostrado na Fig. 26.61 para a sulfito oxidase, o átomo de O que é transferido origina-se de uma molécula de água não coordenada. Proponha uma forma de distinguir entre os mecanismos de transferência direta e indireta do átomo de O.

PROBLEMAS TUTORIAIS

26.1 Em um artigo sobre a detecção de Zn(II) que é liberado do tecido neural (cérebro e nervos) após um trauma, E. Tomat e S.J. Lippard descrevem o desenvolvimento de ligantes especiais que são altamente seletivos para o Zn, permitindo que ele possa ser observado por uma técnica chamada de microscopia confocal (*Curr. Opin. Chem. Biol.*, 2010, **14**, 225). Usando seu conhecimento de química de coordenação do Zn, explique os princípios básicos dessa pesquisa.

26.2 Para justificar pesquisas relacionadas a moléculas pequenas catalisadoras usadas na produção de NH_3 a partir de N_2, geralmente afirma-se que a nitrogenase é uma enzima "eficiente": quão verdadeira é essa afirmação? Comente criticamente a afirmação de que "o conhecimento da estrutura 3D da nitrogenase não tem esclarecido seu mecanismo de ação" e discuta como essa visão pode ser válida, de uma forma geral, para as enzimas cuja estrutura é conhecida.

26.3 "Nas enzimas de Mo, a ligação entre um ânion oxo terminal e o Mo(VI) é geralmente escrita como uma ligação dupla, enquanto que seria mais correto considerá-la como uma ligação tripla." Discuta essa afirmação. Sugira como um ligante oxo terminal poderia influenciar na reatividade dos outros sítios de coordenação do átomo de Mo e explique como um ligante sulfeto terminal (como ocorre na xantina oxidase) poderia alterar as propriedades do sítio ativo.

27 Química inorgânica na medicina

A química dos elementos na medicina

27.1 Complexos inorgânicos no tratamento do câncer

27.2 Drogas para o tratamento de artrite

27.3 O bismuto no tratamento de úlceras gástricas

27.4 O lítio no tratamento do transtorno bipolar

27.5 Drogas organometálicas no tratamento da malária

27.6 Cyclams como agentes anti-HIV

27.7 Drogas inorgânicas que liberam CO lentamente: um agente contra o estresse pós-operatório

27.8 Terapia de quelação

27.9 Agentes de contraste

27.10 Perspectivas

Leitura complementar

Exercícios

Problemas tutoriais

A medicina emprega alguns elementos que não são normalmente utilizados pela biologia e frequentemente são considerados venenosos. Estes elementos abrangem praticamente toda a tabela periódica, do lítio ao bismuto. Levar um medicamento novo ao mercado é um processo demorado e custoso. A descoberta de um fármaco é frequentemente acidental, sendo um exemplo clássico os experimentos aparentemente sem relação com a medicina e que conduziram à cisplatina e, posteriormente, a outros complexos de Pt para o tratamento de vários tipos de câncer. As drogas interferem em alvos biológicos, levando-os à supressão ou destruição, de forma que o fator-chave é garantir que essa ação será direcionada seletivamente ao tecido doente. As drogas contendo metais podem sofrer numerosas transformações químicas no caminho até os seus alvos moleculares, tornando muito difícil estabelecer como elas irão atuar. Os complexos inorgânicos podem apresentar uma diversidade estequiométrica em um único sítio que não é possível para o carbono, levando a importantes oportunidades no planejamento das drogas. Além dos fármacos propriamente ditos, compostos inorgânicos são usados para o diagnóstico de doenças e em análises de rotina *in vivo* de substâncias essenciais, em especial a glicose.

A química dos elementos na medicina

O acaso tem tido um papel importante na descoberta das drogas, com muitos dos tratamentos eficientes sendo oriundos de descobertas acidentais. Assim, parece existir um papel especial para compostos contendo metais que não são usados pelos sistemas biológicos, como, por exemplo, Li, Pt, Au, Ag, Ru, As e Bi. Muitos tratamentos envolvem a morte das células invasoras, sejam elas bactérias, parasitas ou cânceres, e não surpreende que um elemento estranho a uma célula viva, se capaz de penetrar na célula, seja muito eficiente em apresentar *citotoxicidade* (a propriedade de ser letal para uma célula). A penetração de uma membrana celular raramente é uma etapa específica do processo de ataque, e "parentes próximos" de um elemento ou molécula frequentemente entram na célula-alvo com pouca dificuldade. Depois de entrar na célula, como um Cavalo de Troia, as características mais específicas do elemento levam à morte celular.

O grande desafio em farmacologia é determinar o mecanismo de ação em nível molecular, tendo-se em mente que a droga administrada pode não ser a molécula que irá reagir com o sítio alvo devido às modificações sofridas nos fluidos corporais. Isso é particularmente verdade para complexos metálicos, que geralmente são mais suscetíveis à hidrólise do que as moléculas orgânicas. Em geral, um mecanismo de ação é proposto por extrapolação dos estudos *in vitro*, que podem envolver o uso de estratégias analíticas de *metalômica*, como explicado na Seção 26.2. As drogas administradas oralmente são mais atraentes, uma vez que evitam os traumas e os riscos em potencial das injeções; entretanto, elas podem não atravessar as paredes do intestino ou não sobreviver à ação das enzimas hidrolíticas. Compostos inorgânicos também são empregados no diagnóstico de doenças ou de danos provocados por acidentes, sendo o uso do tecnécio radioativo na obtenção de imagens um exemplo particularmente interessante. A solubilidade em água e a estabilidade na presença de O_2 são questões importantes, uma vez que compostos organometálicos, geralmente dissolvidos em solventes orgânicos

---

As **figuras** com um asterisco (*) podem ser encontradas on-line como estruturas 3D interativas. Digite a seguinte URL em seu navegador, adicionando o número da figura: www.chemtube3d.com/weller/[número do capítulo]F[número da figura]. Por exemplo, para a Figura 3 no Capítulo 7, digite www.chemtube3d.com/weller/7F03.

Muitas das **estruturas numeradas** podem ser também encontradas on-line como estruturas 3D interativas: visite www.chemtube3d.com/weller/[número do capítulo] para todos os recursos 3D organizados por capítulo.

anaeróbios, vêm encontrando aplicações cada vez maiores como fármacos. O poder de uma droga particular é avaliado pelo seu IC_{50}, que é a concentração necessária para conseguir 50% de inibição de uma determinada atividade biológica. A droga é frequentemente administrada como parte de um pacote (um regime) que inclui outros agentes.

O desenvolvimento de um fármaco é um empreendimento demorado e dispendioso, conforme mostra o cronograma da Fig. 27.1. O primeiro estágio é a descoberta, que começa com a identificação do composto *alvo*, sua síntese e teste do composto e outros análogos assemelhados. O próximo estágio é o desenvolvimento, que investiga se o composto é seguro e de que forma e em que quantidade ele deve ser administrado ao paciente. O terceiro estágio são os ensaios clínicos, que são divididos em fases científicas: na Fase I a nova droga é administrada em humanos, normalmente voluntários saudáveis, para determinar como é tolerada e se ela comporta-se da maneira esperada com base nos experimentos anteriores; na Fase II, o novo composto é testado em um pequeno número de pacientes que possuem a doença, para os quais se pretende que a droga seja benéfica; na Fase III, usando um grupo de pacientes bem maior, a droga é comparada com quaisquer compostos que possam ter efeito benéfico, como outros medicamentos já usados anteriormente para o mesmo tratamento e também com substâncias falsas, conhecidas como "placebo". Se ao final da Fase III o composto provou ter sucesso, solicita-se uma licença e a droga segue para a Fase IV, que é a comercialização e venda, por meio da qual a companhia farmacêutica capitaliza seus investimentos. Este capítulo descreve compostos que são de uso frequente e amplamente utilizados em vários países, assim como outros que ilustram princípios importantes apesar de ainda não terem progredido para o uso clínico.

27.1 Complexos inorgânicos no tratamento do câncer

Pontos principais: O grande sucesso do complexo *cis*-$[PtCl_2(NH_3)_2]$ (cisplatina) no tratamento de muitos tipos de câncer é devido à sua capacidade de ligar-se ao DNA, impedindo a sua replicação e interrompendo a divisão descontrolada das células e a sua replicação. Outros complexos de Pt que possuem menos efeitos colaterais graves foram desenvolvidos. Existe um grande interesse no desenvolvimento de drogas que irão destruir somente as células cancerosas e que envolvem propostas químicas engenhosas.

"Câncer" é um termo que abrange um grande número de diferentes tipos de doenças, todas caracterizadas por uma reprodução descontrolada de células alteradas que subjugam o funcionamento normal do corpo. O fundamento do tratamento é a aplicação de drogas que destroem seletivamente as células malignas, enquanto deixam as células saudáveis ilesas.

A ação extraordinária do complexo *cis*-$[PtCl_2(NH_3)_2]$ (**1**, conhecido como cisplatina) foi descoberta em 1964, quando se examinava o efeito da aplicação de um campo elétrico sobre o crescimento de bactérias. Ao se observar o comportamento de uma colônia de bactérias suspensa numa solução entre dois eletrodos de platina, notou-se que as células continuavam a crescer em tamanho, formando longos filamentos, mas interromperam sua replicação. O efeito foi relacionado a um complexo formado eletroquimicamente pela dissolução da Pt no eletrólito que continha NH_4Cl. Desde então, a cisplatina vem sendo empregada com sucesso no tratamento de diferentes tipos de câncer, particularmente o de testículo, para o qual o índice de cura é próximo de 100%. O outro isômero geométrico, a *trans*-$[PtCl_2(NH_3)_2]$, é inativo.

O fundamento básico, em nível molecular, da ação quimioterápica da cisplatina e das drogas correlatas é a formação de um complexo entre o Pt(II) e o DNA. A cisplatina é administrada na corrente sanguínea do paciente, na qual, devido às altas concentrações de Cl^- no plasma, tende a permanecer como a espécie dicloreto neutra. A neutralidade elétrica do complexo dicloreto facilita sua passagem através da membrana celular (Fig. 27.2). Uma vez exposto às baixas concentrações de Cl^- dentro da célula, os ligantes Cl^- são substituídos por H_2O: as espécies catiônicas resultantes (com cargas +1 ou +2) são atraídas eletrostaticamente pelo DNA, formando um complexo de esfera interna no qual os fragmentos $-Pt(NH_3)_2$ coordenam-se aos átomos de N das bases nucleotídias. Alguns estudos clássicos mostram que o alvo preferido é um par de átomos de N de guaninas consecutivas de uma mesma cadeia. Complexos do fragmento $-Pt(NH_3)_2$ com oligonucleotídios foram estudados por cristalografia de raios X e espectrometria de RMN (Fig. 27.3). A complexação com a Pt faz com que a hélice se dobre e se desenrole parcialmente, tornando o DNA incapaz de replicação ou de ser reparado. Essa distorção também faz com que o DNA seja reconhecido pelo grupo das "proteínas de alta mobilidade" que se ligam ao DNA alterado, iniciando, assim, a morte da célula. A alteração do DNA da célula cancerosa, tornando-a incapaz de replicação é hoje amplamente aceita como um modo de ação importante das drogas anticâncer.

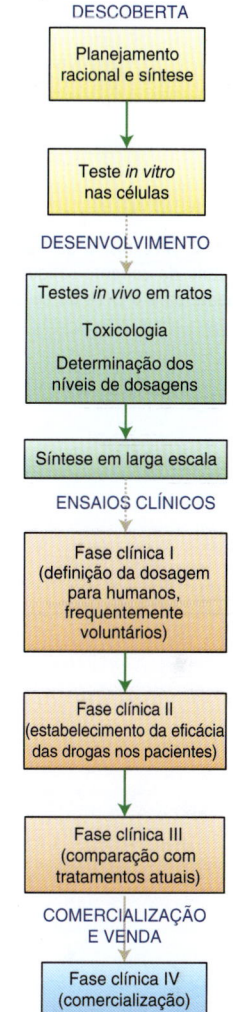

Figura 27.1 Cronograma para o desenvolvimento de um fármaco.

1 Cisplatina

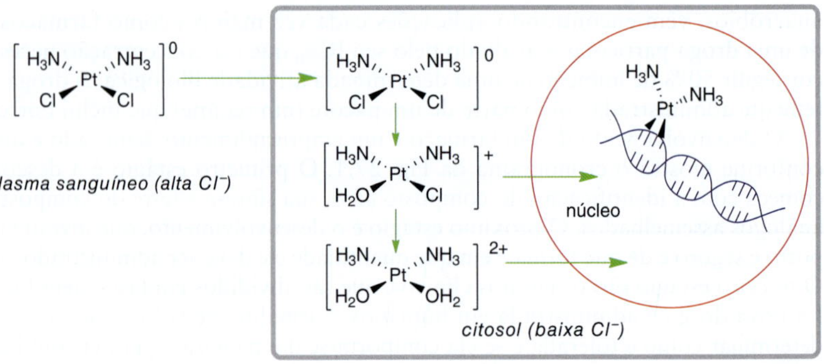

Figura 27.2 Mecanismo de transporte da cisplatina da corrente sanguínea de um paciente para o DNA da célula cancerosa.

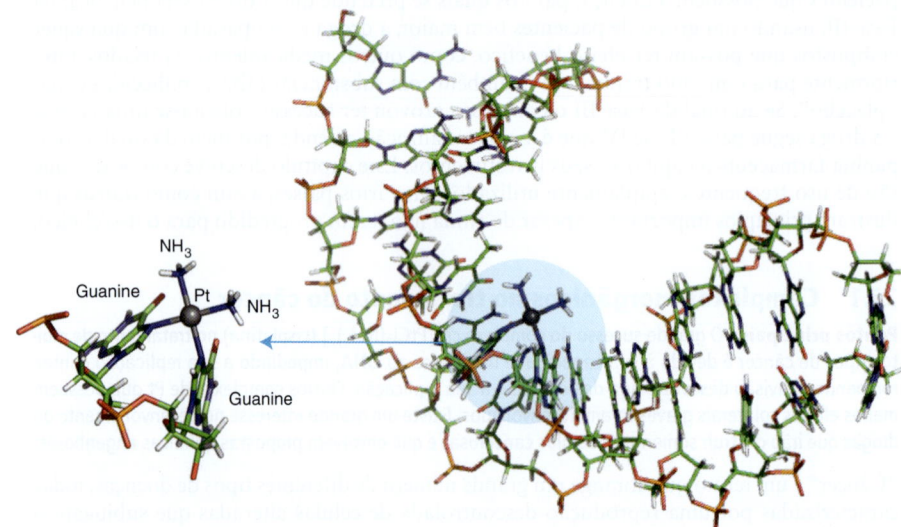

Figura 27.3 Estrutura de um complexo formado entre o fragmento Pt(NH$_3$)$_2$ e duas bases guanina adjacentes de um oligonucleotídio. *Esquerda:* O arranjo quadrático plano dos ligantes ao redor do átomo de Pt. *Direita:* A coordenação da Pt causa uma dobra na hélice do DNA.

Apesar da sua eficácia, a cisplatina possui efeitos colaterais altamente indesejáveis; em particular, ela causa sérios danos aos rins antes de ser excretada. Um grande esforço tem sido feito para encontrar complexos de Pt que tenham menos efeitos colaterais. Exemplos de compostos em uso clínico são a carboplatina (**2**) e a oxaliplatina (**3**). Drogas eficazes também podem envolver complexos trinucleares de Pt(II) (**4**), assim como complexos de Pt(IV), como a satraplatina (**5**), que podem ser administrados oralmente. O complexo de Pt(IV) hexacoordenado é um exemplo de uma *pró-droga*, um

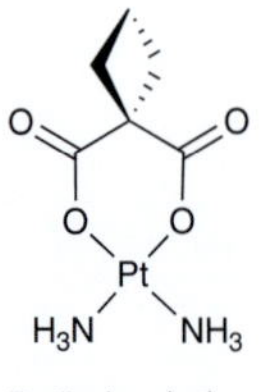

2 Carboplatina

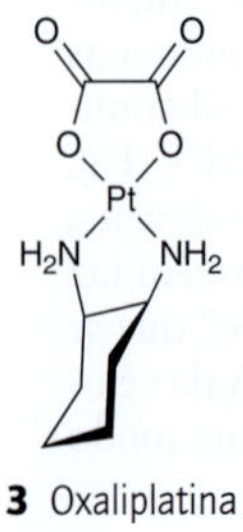

3 Oxaliplatina

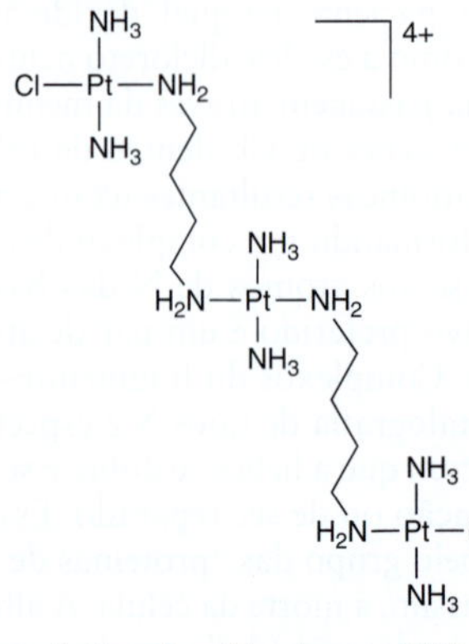

4 Complexo trinuclear de Pt(II) anticâncer

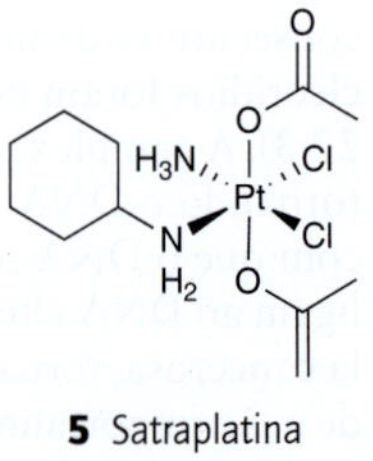

5 Satraplatina

composto que, intencionalmente, não possui atividade até a sua entrada no ambiente alvo onde é ativado. Tumores cancerosos são geralmente hipóxicos, o que significa que seu nível de O_2 é menor que 3 mm Hg (0,004 atm ou 400 Pa), muito menor do que de um tecido normal, que se encontra na faixa de 20 a 80 mm Hg (0,026 a 0,11 atm ou 2,6 a 10,5 kPa). A hipóxia se origina do fornecimento restrito de sangue, assim como da maior atividade metabólica das células cancerosas. Uma vez tendo penetrado na célula através da membrana celular, os complexos de Pt(IV) são facilmente reduzidos, perdendo os ligantes axiais para dar origem à forma quadrática plana ativa de Pt(II).

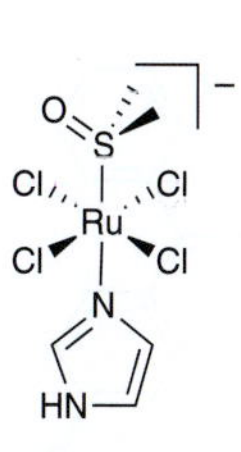

Outros complexos metálicos estão sob intensa investigação, expandindo o arsenal de drogas anticâncer, oferecendo modos de atingir as células alvo e empregando diferentes mecanismos de ligação com o DNA ou outras ações citotóxicas. O complexo de Ru(III) (**6**) conhecido como NAMI-A (sigla em inglês para "**n**ovo **a**ntitumoral i**ni**bidor de **m**etástase" é particularmente eficaz no extermínio das células cancerosas secundárias que tenham se espalhado a partir do tumor primário, um processo invasivo conhecido por metástase. Outro complexo de Ru(III) (**7**), chamado simplesmente de KP1019, é mais ativo contra tumores primários. Ambos os complexos de Ru(III) tornam-se ativos após redução, depois de entrarem na célula alvo, levando os pesquisadores a investigarem como os complexos Ru(II) atuam. O complexo meio-sanduíche de Ru(II) com um areno (**8**) coordena-se ao N da guanina de forma similar aos complexos de Pt, mas a interação com o DNA é suplementada pela intercalação do grupo bifenila dentro da parte central hidrofóbica do DNA, bem como pelas ligações hidrogênio entre guanina e grupos $–NH_2$ do ligante etilenodiamina. Outros complexos metálicos podem se ligar por intercalação no interior do DNA, oferecendo maior eficácia do que as drogas de Pt. "Cilindros" metalosupramoleculares formados pela colocação de um cátion metálico nas extremidades de um ligante especial, como em (**9**), possuem dimensões muito grandes, que mimetizam os dedos de Zn (Seção 26.5). Os cilindros ligam-se ao sulco maior do DNA, formando pequenos enrolamentos.

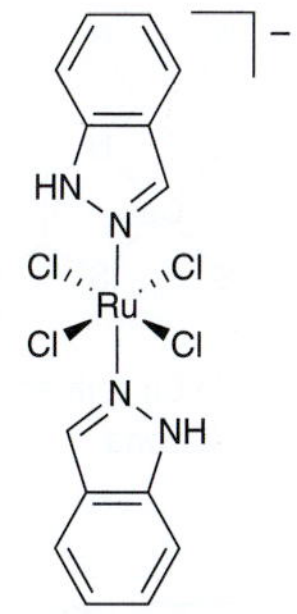

Outra estratégia de pró-droga é a fotoativação, na qual um complexo torna-se ativo somente após irradiação. Esse método de tratamento do câncer é conhecido como **fototerapia**. Como exemplos temos os complexos de Rh(III) que tem um ligante di-imina sensível à luz (**10**) e o complexo *trans*-diazida de Pt(IV), mostrado abaixo, que se parte por irradiação, formando um complexo ativo de Pt(II), liberando radicais N_3 altamente reativos que se decompõem em gás N_2:

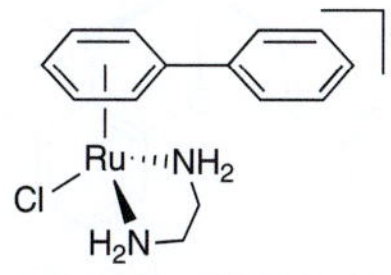

6 NAMI-A

7 KP1019

8 Complexo meio-sanduíche de Ru(II) com um areno

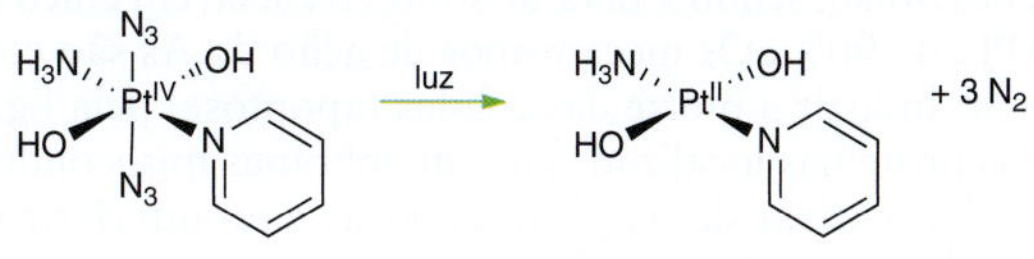

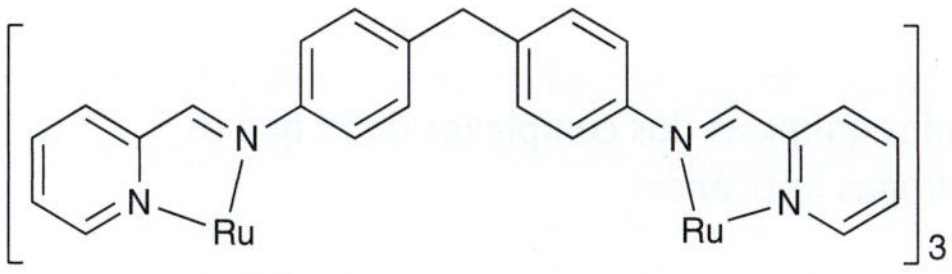

9 Complexo cilíndrico de Ru

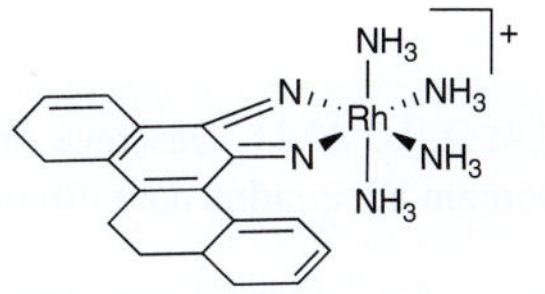

10 Complexo fotossensível de Rh

As células cancerosas também podem ser seletivamente alvejadas explorando-se suas afinidades por determinadas substâncias biológicas, as quais podem ser "embaladas" junto ao complexo metálico e liberadas dentro da célula. Um exemplo desse conceito, conhecido como **bioconjugação**, é o complexo de Pt(IV) que possui dois grupos estradiol ligados em posições *trans* através de grupos de conexão com terminações carboxilato (Fig. 27.4). O complexo entra nas células cancerosas de mama ou ovário e, ao ser reduzidos forma complexos ativos de Pt(II) e libera duas moléculas de um derivado de

Figura 27.4 Exemplo de uma droga bioconjugada de Pt(IV) com dois grupos estradiol (mostrados em azul) ligados em posições *trans* através de grupos de conexão com terminações carboxilato.

estradiol — conexão — trans Pt(IV)

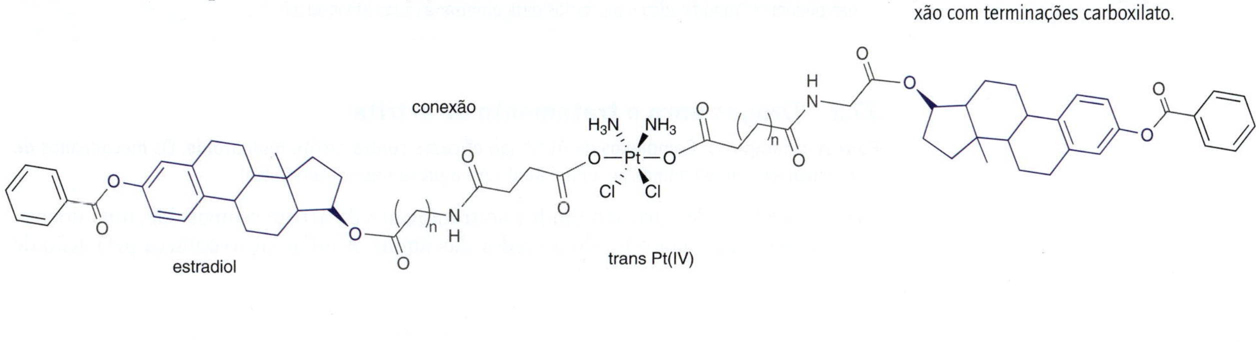

11 Ferrocifeno

12 Complexo de Cu com a semitiocarbazona

13 Complexo neutro de Ga (GaKP46)

14 Trióxido de arsênio, As_2O_3

estrogênio, que induz a formação de uma proteína que inibe o reparo do DNA ligado à platina. O ferrocifeno (**11**), um ferroceno derivado do tamoxifen (em azul), é uma droga para tratamento do câncer de mama; ele é ativo contra uma gama maior de células malignas e parece ter menos efeitos colaterais do que o próprio tamoxifeno.

A destruição de células cancerosas usando radiação é conhecida como **radioterapia**, e o desafio é assegurar que somente os tecidos cancerosos serão destruídos. Tal objetivo é atingido planejando-se uma rota de entrega seletiva para um radionuclídeo adequado. Como exemplo, temos uma extensa gama de complexos (**12**) formada entre ligantes semitiocarbazona e o ^{64}Cu radioativo (meia-vida = 12,7 h), que decai por várias rotas: decaimento β, emissão de pósitron, captura de elétron e emissão de radiação gama. O isótopo é normalmente produzido a partir do ^{63}Cu por captura de nêutron em um reator, e usado imediatamente. A radioterapia faz uso das partículas β emitidas e que possuem um caminho médio de apenas 1 mm, garantindo assim uma alta seletividade na destruição das células que capturaram o ^{64}Cu. A entrega seletiva baseia-se no princípio de que os complexos de Cu(II) com semitiocarbazona são neutros e difundem para o interior das células cancerosas em que o ambiente hipóxico causa redução para a forma carregada de Cu(I): o nuclídeo letal fica, desta forma, aprisionado. Muitas variações são possíveis dependendo da natureza dos substituintes R.

Compostos de Ga(III) estão sob investigação como fármacos anticâncer. Assim como o Fe(III), o Ga(III) é um ácido de Lewis duro, e os dois íons metálicos possuem raios similares; entretanto, o Ga(III) não é reduzido a Ga(II), e quaisquer proteínas que tenham atividade de oxirredução ou façam ligação com O_2 e tenham incorporado Ga no lugar do Fe tornam-se inativas. Acredita-se que o Ga(III) entre nas células usando o mesmo sistema de transporte do Fe^{3+}. O alvo do Ga^{3+} é a enzima contendo Fe, ribonucleotídio redutase, que é essencial para a produção das bases usadas no DNA. Os compostos na fase de teste vão desde sais simples, como nitrato de gálio, até complexos neutros, como o GaKP46 (**13**), que pode atravessar as paredes do intestino.

Os compostos contendo arsênio (arsenicais) são tóxicos e carcinogênicos, ainda que o arsênio tenha sido utilizado na medicina chinesa antiga e há muito vem sendo usado no combate de doenças graves, incluindo câncer. Atualmente, o trióxido de arsênio, As_2O_3 (**14**), é usado como uma droga bastante efetiva no combate à leucemia promielocítica aguda (APL, em inglês), uma doença que já foi considerada incurável. O tratamento típico consiste na administração do As_2O_3 junto com ácido retinoico (com todas as ligações *trans*), sendo a taxa de sobrevivência, em cinco anos de pacientes acometidos com APL, de 90%. Os mecanismos de ação do As são complexos e múltiplos, mas incluem: (a) induzir a morte das células (apoptose) pela ligação com os grupos tiol expostos das proteínas localizadas nas membranas mitocondriais, (b) provocar a formação de espécies reativas de oxigênio danosas e (c) interferir na expressão dos genes cruciais para a diferenciação da célula.

> **EXEMPLO 27.1** Descreva as propriedades químicas dos complexos de Pt que os tornam adequados para atuarem como drogas anticâncer
>
> *Resposta* Tanto Pt(II) quanto Pt(IV) formam complexos não lábeis que podem ser cristalizados em formas puras. Eles têm alta afinidade por ligantes com átomos de N doadores, como os disponíveis nas bases do DNA e, ao contrário, têm uma afinidade relativamente baixa com ligantes cloreto e com aqueles que interagem pelo oxigênio; no caso do cloreto, ele é facilmente deslocado durante determinadas etapas do transporte da droga até o DNA e a formação do complexo final. Sob as condições de hipóxia, que prevalecem nas células cancerosas, os complexos octaédricos de Pt(IV) (d^6) são reduzidos a complexos de Pt(II) (d^8), quadráticos planos, liberando os ligantes axiais juntamente às suas funcionalidades que podem ter ajudado na entrada nas células.
>
> *Teste sua compreensão 27.1* Como os potenciais de redução dos complexos de Cu com semitiocarbazonas podem ser modificados e ajustados para otimizar as suas atividades?

27.2 Drogas para o tratamento de artrite

Pontos principais: Complexos de Au(I) são eficazes contra artrite reumatoide. Os mecanismos de ação envolvem, provavelmente, a ligação do Au a proteínas contendo tiol.

Fármacos à base de ouro são usados no tratamento da artrite reumatoide, uma doença inflamatória que afeta o tecido ao redor das juntas. A inflamação começa pela ação de enzimas hidrolíticas nos compartimentos das células conhecidos como lisossomos, que estão associadas ao aparelho de Golgi (ver Fig. 26.1). Dentre as drogas comumente administradas, temos o aurotiomalato de sódio (miocrisina, **15**), a aurotioglicose de sódio (solganol, **16**; a ligação entre as unidades é incerta) e a auranofina (**17**), todos à base de Au(I) com a esperada coordenação linear. Certamente, o Au(I) tem mais chance de sobreviver em ambientes biológicos do que o Au(III), que é altamente oxidante. Os efeitos colaterais das drogas de Au envolvem alergias na pele, assim como problemas renais e gastrointestinais. Muitas das drogas de Au, inclusive a miocrisina e o solganol, são polímeros solúveis em água que são injetados no músculo: eles não podem ser administrados oralmente porque podem sofrer hidrólise ácida no estômago. A auranofina é um monômero devido ao seu ligante fosfina; ela pode ser administrada oralmente, mas os relatos indicam que ela é menos eficaz do que os compostos injetáveis.

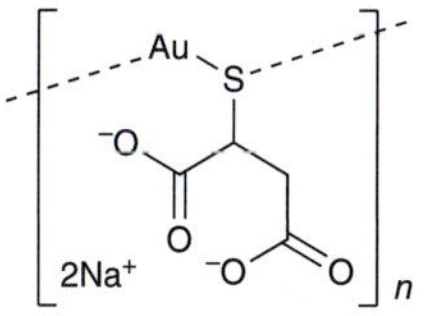

Os mecanismos pelos quais as drogas de ouro agem é controverso, e muitas proteínas alvo são consideradas. Por ser um íon metálico macio, o Au(I) forma complexos estáveis com ligantes com átomos de S doadores disponíveis na cisteína ou metionina das cadeias laterais das proteínas; na verdade, os principais candidatos para a ligação do Au(I) e sua ação inibitória envolvem inúmeras enzimas nas quais o sítio ativo é uma cisteína.

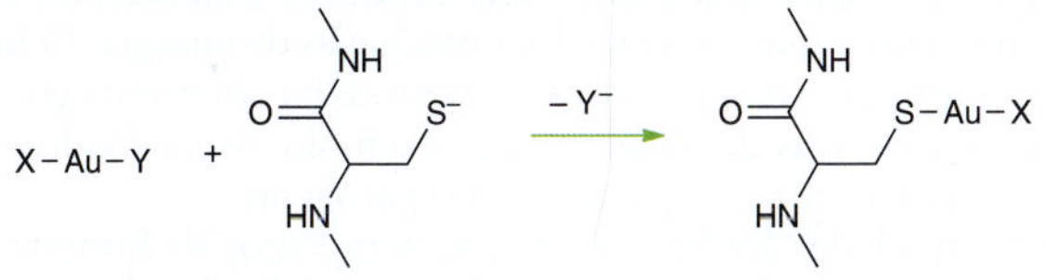

Dentre estas enzimas estão a tiorredoxina redutase, uma enzima responsável por manter um ambiente redutor constante na célula, e a catepsina, uma cisteína protease envolvida na inflamação.

27.3 O bismuto no tratamento de úlceras gástricas

Pontos principais: As drogas de bismuto são usadas de longa data no combate das infecções por *Helicobacter pylori*, um patógeno causador de úlceras e câncer no estômago. Quando complexado com ligantes carboxilato, o Bi(III) forma um revestimento insolúvel na parede do estômago, do qual o Bi^{3+} pode ser liberado lentamente e capturado pelas células bacterianas. Uma vez dentro das células, o Bi(III) interfere na atividade enzimática que é essencial para a sobrevivência do patógeno no ambiente gástrico ácido.

A famosa bactéria *Helicobacter pylori* é responsável pelas úlceras gástrica e duodenal, sendo a principal causa de câncer no estômago. Felizmente, compostos de Bi(III) oferecem um tratamento eficaz contra a infecção por *H. pylori*, sendo os mais conhecidos o subsalicilato de bismuto (BSS, em inglês), comercializado como Pepto-Bismol®, e o subcitrato de bismuto coloidal (CBS, em inglês), que são administrados oralmente juntamente a um coquetel de antibióticos. A química em solução aquosa do Bi(III) é dominada por espécies polinucleares de Bi–O ou Bi–carboxilatos insolúveis ou coloidais (Capítulo 15), e essa propriedade é importante para reter o Bi(III) no estômago, no qual o ambiente é altamente ácido (pH~3) e rico em ácidos orgânicos. Espécies binucleares como o $[Bi_2(cit)_2]^{2-}$ (**18**), folhas de salicilato polimérico baseadas em anéis Bi_2O_2 (**19**) ou o Bi_6O_7 (**20**), com geometria de octaedro irregular, são absorvidos pelo muco gástrico formando um revestimento protetor nas úlceras, dificultando a aderência da *H. pylori*.

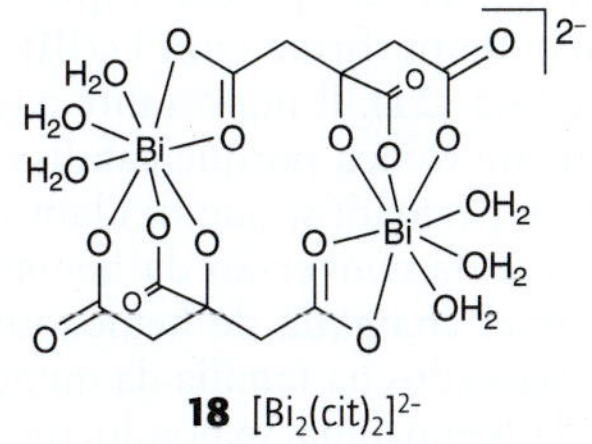

15 Miocrisina

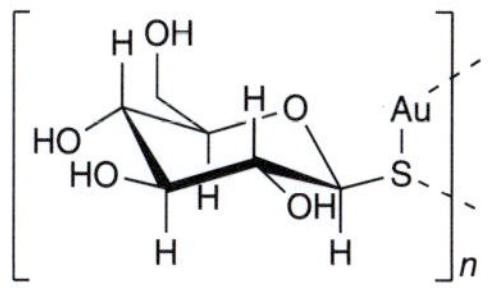

16 Solganol

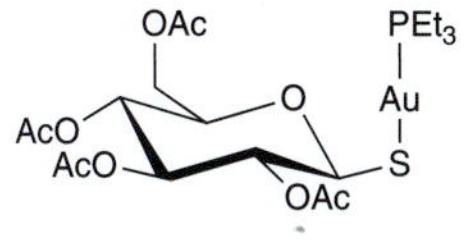

17 Auranofina

18 $[Bi_2(cit)_2]^{2-}$

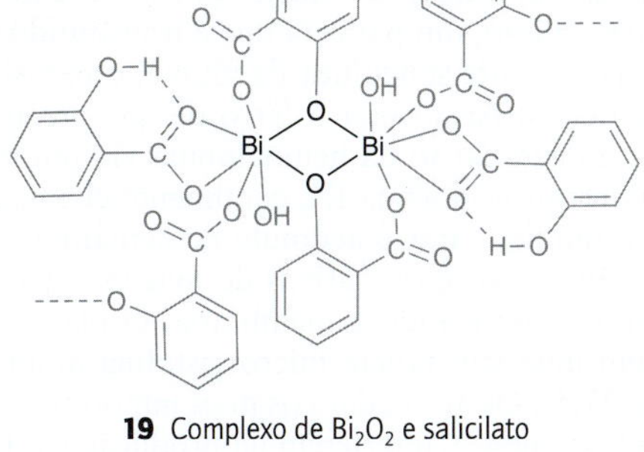

19 Complexo de Bi_2O_2 e salicilato

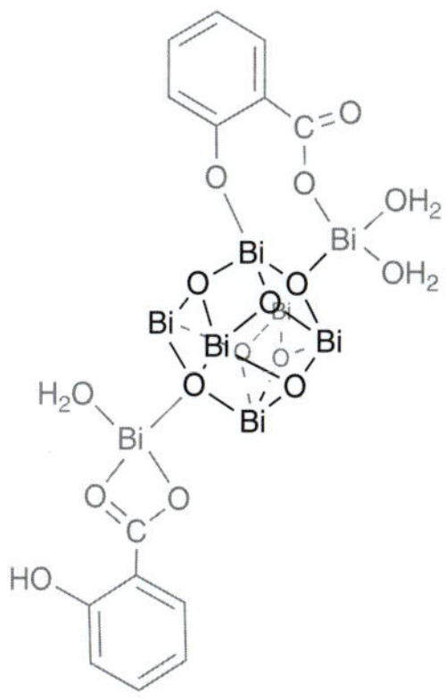

20 Complexo de salicilato baseado no Bi_6O_7 octaédrico

Ações terapêuticas adicionais parecem envolver a lenta liberação do bismuto desses sítios de armazenamento polimérico (presumivelmente como $Bi^{3+}(aq)$) que então entra no patógeno usando o sistema da captura de íons metálicos da bactéria. Uma vez dentro da célula, o bismuto tem como alvo as proteínas que são essenciais para a sobrevivência do patógeno.

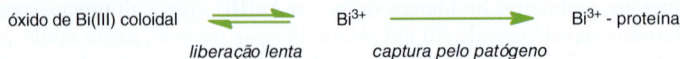

óxido de Bi(III) coloidal ⇌ Bi^{3+} → Bi^{3+} - proteína
         liberação lenta   *captura pelo patógeno*

O bismuto(III) forma complexos fortes com uma grande variedade de ligantes proteicos doadores, especialmente por interação com O, N e S, e essas interações estão sendo investigadas por estratégias de metalômica (Seção 26.2). O bismuto interfere em proteínas vitais para a ligação com íons metálicos, inclusive a transferrina (ver Seção 26.6), impedindo desta forma a captura do Fe, e com uma proteína rica em histidina, conhecida como Hpn, que transporta Ni, sendo este último o metal ativo nas hidrogenases e urease. O bismuto, por si só, é um forte inibidor da urease, que supre cerca de 10% do total de proteínas da *H. pylori*, e uma grande quantidade é essencial para neutralizar a acidez estomacal por meio da conversão da ureia em amônia e carbamato. O bismuto inibe a fumarase, uma enzima que catalisa a hidratação do fumarato para formar malato, uma etapa que é essencial na produção de energia. O bismuto também reage e bloqueia os grupos ativos de tiol de uma proteína conhecida como tiorredoxina, que reduz as espécies reativas de oxigênio (por exemplo, os peróxidos) e é responsável por combater o estresse oxidativo que ameaça o patógeno.

Além das suas atividades antibacterianas, os compostos de bismuto são candidatos promissores como agentes antifúngicos, antivírus e anticâncer, e há um grande interesse em expandir essa área de pesquisa, que já é bastante ativa.

27.4 O lítio no tratamento do transtorno bipolar

Pontos principais: O lítio vem sendo usado há muito tempo no tratamento da psicose maníaco-depressiva, mas ainda não é claro como ele funciona. Muitos alvos têm sido propostos, particularmente, enzimas que normalmente utilizam Mg^{2+}, como uma relação diagonal na tabela periódica.

O íon aqualítio, administrado como um sal cloreto ou carbonato, é a mais simples das drogas e um agente muito eficaz no tratamento das desordens bipolares, comumente chamadas de "maníaco-depressiva" e caracterizadas por mudanças drásticas de humor. O lítio é um estabilizador de humor. Apesar de estar em uso há mais de 50 anos, o seu mecanismo de ação permanece obscuro, mas existe considerável evidência de que o Li^+ bloqueia a sinalização celular, interferindo na ação de uma enzima conhecida como glicogênio sintase cinase (GSK, em inglês). Estudos cinéticos indicam que o Li^+ pode atuar deslocando o Mg^{2+}, tanto da própria enzima ou interrompendo, de alguma forma, a formação dos complexos proteína-proteína que estão envolvidos na atividade de sinalização. O lítio e o magnésio compartilham de uma forte relação diagonal (Seção 9.10).

27.5 Drogas organometálicas no tratamento da malária

Pontos principais: A resistência à quinina e a antimaláricos assemelhados é uma questão urgente de saúde mundial. A malária é causada por um parasita conhecido como plasmódio; a quinina trabalha interferindo na capacidade do parasita em lidar com a hematina, uma porfirina de ferro, produto da degradação da hemoglobina e que gera espécies reativas a partir do O_2. Um caminho para superar a resistência é modificar a estrutura da quinina pela ligação com um metal.

A malária é uma grande assassina que afeta meio bilhão de pessoas pelo mundo e causa mais de um milhão de mortes por ano, sendo causada pela infecção pelo plasmódio (*Plasmodium*), um parasita que é transmitido por mosquitos aos seres humanos. Uma vez na corrente sanguínea da vítima, o parasita ataca as células vermelhas do sangue (eritrócitos) para obter o ferro de que precisa para sobreviver, um processo que requer a degradação da hemoglobina via um intermediário de porfirina com Fe(III), a aquaferriprotoporfina IX, geralmente chamada de hematina (**21**). É importante para o plasmódio evitar o acúmulo de hematina que é altamente tóxica porque catalisa a geração de espécies reativas de oxigênio, particularmente peróxidos, que oxidam os lipídios, danificando a membrana. O plasmódio sobrevive da conversão da hematina em uma substância microcristalina altamente insolúvel chamada de hemozoína (Fig. 27.5). Os antimaláricos mais importantes e que são baseados na família da quinolina ("quinina"), interferem na produção e estabilidade da hemozoína, expondo, desse

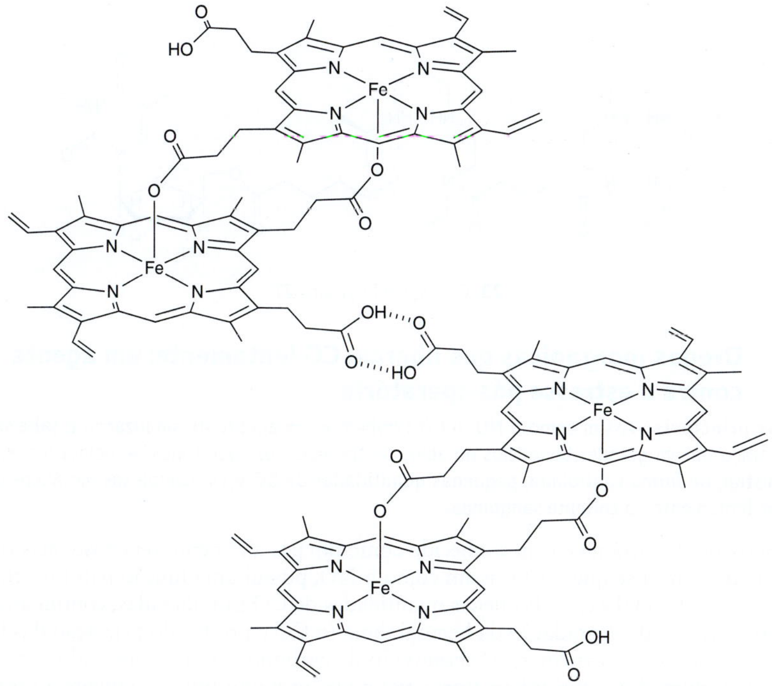

Figura 27.5 A hemozoína, um composto insolúvel produzido pelo parasita da malária para se proteger contra os danos letais causados pela hematita.

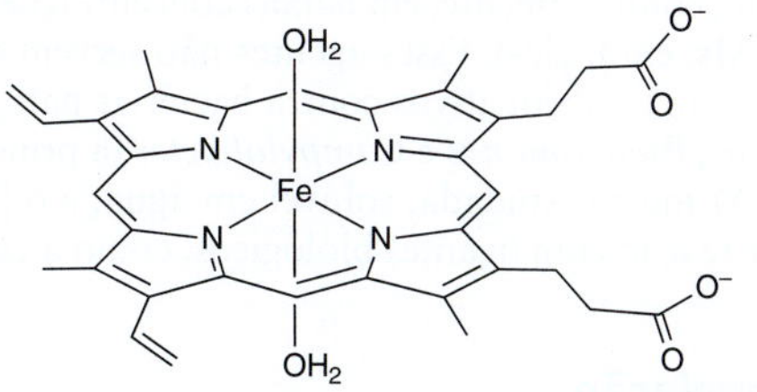

21 Hematina

modo, o plasmódio a uma sobrecarga de Fe autoinfligida. Muitas cepas de plasmódio tornaram-se resistentes às quinolinas, e muitas soluções engenhosas têm sido criadas para encontrar derivados que podem vencer a defesa imune do parasita. Uma estratégia importante é ligar um complexo metálico ao grupo quinolina, para assim permitir que o agente engane as rotas de resistência do organismo. A ferroquina (**22**), um análogo da cloroquina, mas ligada a um grupo ferroceno, é agora um líder na luta contra a malária.

27.6 Cyclams como agentes anti-HIV

Pontos principais: Os cyclams são agentes eficazes contra o HIV. Acredita-se que sua ação ocorre devido à sua capacidade de formar complexos fortes com íons de metais d biologicamente disponíveis, particularmente o Zn^{2+}: esses complexos interagem com uma sequência específica de um receptor proteico necessário para a invasão da célula pelo HIV.

Os derivados dos cyclams, ligantes macrocíclicos que formam complexos fortes com íons metálicos do bloco d, estão sob investigação como terapêuticos anti-HIV. O vírus conhecido como HIV invade as células e as usa para sua replicação. A entrada do HIV nas células se inicia pela interação de uma glicoproteína do vírus com um receptor proteico conhecido como CD4, que está presente na membrana da célula alvo. A reação resultante desencadeia uma sequência de eventos que envolvem outros receptores proteicos. Os cyclams interrompem esses eventos, apesar de não ser claro como eles fazem isso. Uma hipótese é que os cyclams ligam-se a baixos níveis de Zn^{2+} livre (10^{-9} M), e os complexos macrocíclicos resultantes formam adutos termoleculares (três componentes moleculares) com funcionalidades tiolato cisteína (RS^-) presentes em receptores proteicos especiais, conhecidos como CXCR4. Esses receptores são necessários para o HIV entrar nas células, sugerindo que os Zn-cyclams interferem no processo de invasão. Os bicyclams são particularmente eficazes e mostram resultados promissores quando usados como bioconjugados com a droga anti-HIV conhecida AZT (**23**).

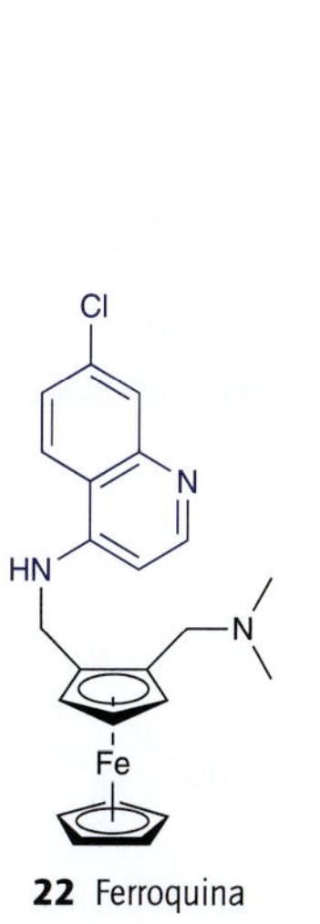

22 Ferroquina

23 Conjugado bicyclam-AZT

27.7 Drogas inorgânicas que liberam CO lentamente: um agente contra o estresse pós-operatório

Pontos principais: Assim como o NO, o CO também é um agente de sinalização e sabe-se que níveis traço trazem grandes benefícios no alívio de traumas pós-operatórios. A melhor maneira de administrar, de forma controlada, pequenas quantidades de CO é via complexos metálicos que o liberem lentamente na corrente sanguínea.

O monóxido de carbono é bem conhecido como um gás altamente venenoso, mas recentemente descobriu-se que o CO, assim como o NO, possui uma função natural benéfica como agente de sinalização. Pequenas quantidades de CO são liberadas, continuamente, no corpo através da degradação da hemoglobina (o CO é produzido pela ação das heme oxigenases sobre as porfirinas). O monóxido de carbono é agora conhecido como um agente vasodilatador e anti-inflamatório que pode ser muito útil no combate ao trauma pós-operatório. Observou-se que, ao invés ser administrado diretamente ao paciente, o CO pode ser introduzido, continuamente, em baixas concentrações, através de moléculas que liberam CO (CORMs, em inglês). Esses agentes não servem somente para a função de proteção celular, mas são também ativos contra bactérias patogênicas, como as cepas de *E. coli*, *Staphylococcus*, *Pseudomonas* e *Campylobacter* (a principal causadora de gastrenterites). Uma CORM muito estudada, solúvel em água, é o [Ru(CO)$_3$Cl(glicinato)] (**24**), que libera CO por reação com ligantes biológicos, como a cisteína.

24 [Ru(CO)$_3$Cl(glicinato)]

27.8 Terapia de quelação

Pontos principais: Apesar da sua importância única para os organismos vivos, o ferro é um elemento muito tóxico, a não ser que esteja fortemente complexado com proteínas. Espécies de Fe não complexadas (excesso de Fe) catalisam reações, como a reação de Fenton, produzindo radicais hidroxila perigosos, que atacam moléculas sensíveis, como o DNA. O tratamento da sobrecarga de Fe envolve o sequestro do Fe por ligantes baseados ou inspirados nos ligantes das bactérias, conhecidos como sideróforos.

A *sobrecarga de ferro* é o nome dado a várias condições críticas que afetam uma grande parte da população mundial. Devemos lembrar que, apesar da sua grande importância, o Fe é potencialmente um elemento muito tóxico, particularmente devido à sua capacidade de produzir radicais perigosos por reação com o O_2, e seus níveis são normalmente controlados de forma rígida por sistemas reguladores. Em muitos grupos de pessoas, uma desordem genética resulta na quebra dessa capacidade reguladora, sendo a grande culpada a *talassemia*, que é endêmica em certas partes do mundo. Um tipo de sobrecarga de Fe é causado por uma incapacidade do paciente de produzir quantidade suficiente de porfirina. Outros problemas são causados por falhas no ajuste dos níveis de Fe pela produção de ferritina ou transferrina (Seções 26.6 e 26.15).

A sobrecarga de ferro é tratada pela **terapia de quelação**, que corresponde à administração de um ligante para sequestrar o Fe e permitir que ele seja excretado. A deferrioxamina (desferral, **25**) é um ligante semelhante aos sideróforos descritos na Seção 26.6. Esse é um agente de muito sucesso para a sobrecarga de Fe, sem considerar o trauma da sua introdução no corpo, que é feita por administração intravenosa. Devido a esse inconveniente, foram desenvolvidas drogas administradas oralmente, como a deferasirox (**26**) e a deferiprona (**27**). Esses pequenos ligantes lipofílicos são capazes de cruzar a parede intestinal e entrar na corrente sanguínea. O complexo de duas deferasirox com um Fe(III) é mostrado em (**28**).

Um caso especial de terapia de quelação é o tratamento de indivíduos que tenham sido contaminados com Pu por exposição a materiais nucleares. Os estados de oxidação mais comuns do plutônio, Pu(IV) e Pu(III), possuem densidades de carga semelhantes às do Fe(III) e Fe(II). Ligantes quelantes sideróforos foram desenvolvidos para tratamento desses casos, como, por exemplo, o 3,4,3-LIMACC (**29**), que contém quatro grupos catecol.

25 Desferral

26 Deferasirox

27 Deferiprona

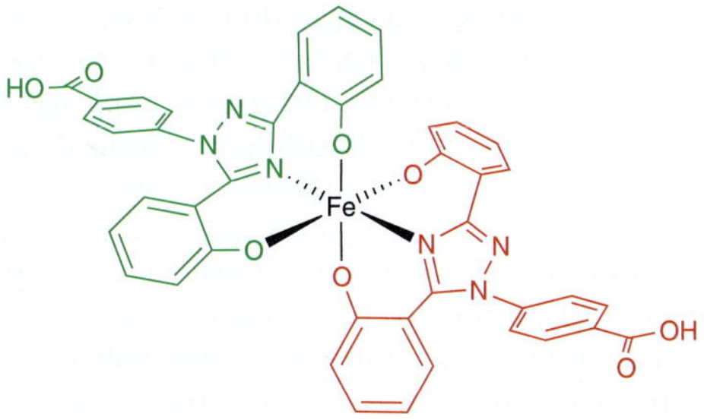

A química dos elementos na medicina

28 [Fe(III)(deferasirox)$_2$]$^-$

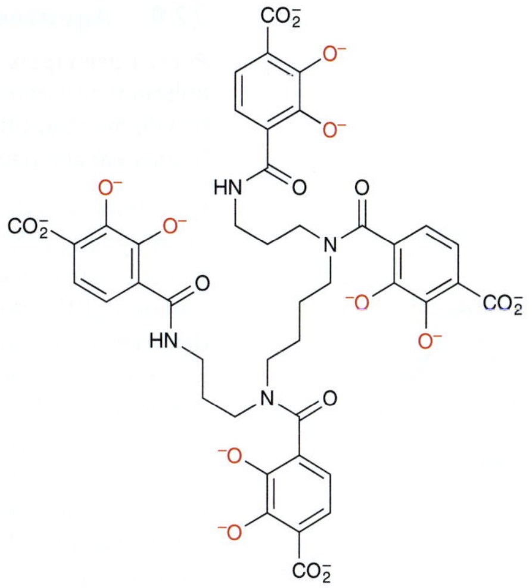

29 3,4,3-LIMACC

QUADRO 27.1 Sensor de glicose: uma aplicação do ferroceno

A diabetes é um problema de saúde que vem aumentado, particularmente no mundo ocidental. Os pacientes que sofrem de diabetes Tipo 1 precisam administrar, por injeção, um hormônio conhecido como insulina, a fim de controlar os seus níveis de açúcar no sangue. Sensores portáteis que indiquem ao paciente o nível atual de glicose de forma rápida e precisa são importantes no controle da doença, permitindo uma vida ativa. Um sensor de glicose muito bem-sucedido inventado por H.A.O. Hill e colaboradores da Universidade de Oxford utiliza o ferroceno como um versátil agente de transferência de elétrons e uma enzima, a glicose oxidase, que catalisa a oxidação da glicose pelo O_2. A glicose oxidase contém um cofator orgânico conhecido como flavina. O sensor eletroquímico portátil consiste na imobilização da glicose oxidase juntamente a um ferroceno funcionalizado para otimizar o seu potencial de redução, solubilidade, estabilidade e atividade (Fig. Q27.1). Uma pequena amostra de sangue produzida pela picada de uma agulha é colocada na superfície do sensor. Os elétrons produzidos pela oxidação da glicose são desviados para o ferroceno (um receptor de elétrons melhor que o O_2), que interage com o eletrodo para produzir uma corrente elétrica (Fig. Q27.2). A corrente (lida em um mostrador digital) está diretamente relacionada com a concentração de glicose na amostra (Fig. Q27.3).

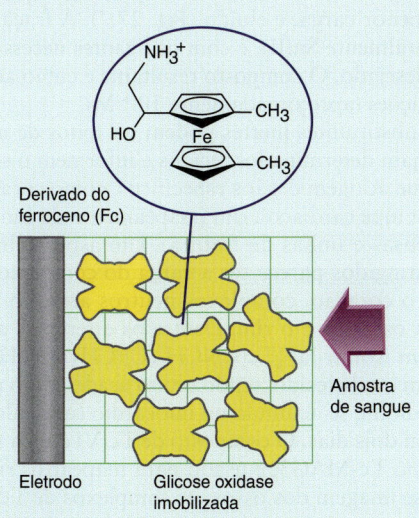

Figura Q27.1

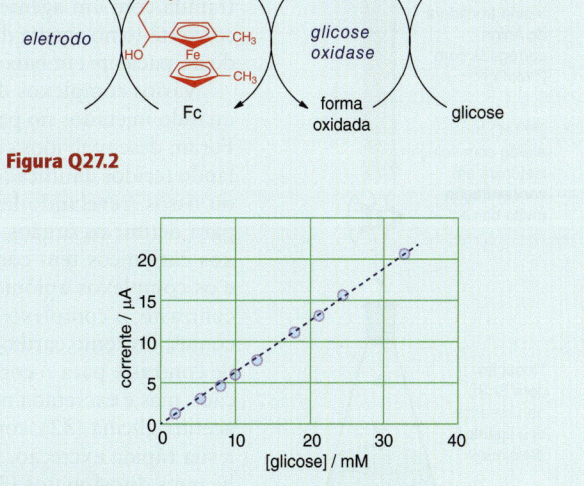

Figura Q27.2

Figura Q27.3

27.9 Agentes de contraste

Pontos principais: Um tecido doente ou danificado pode ser localizado de forma não invasiva, utilizando-se compostos que se concentram no tecido e revelam a sua posição por tomografia, interferindo na relaxação nuclear dos prótons da água ou emitindo radiação γ. Determinados órgãos e tecidos são atingidos de acordo com os ligantes que estão presentes.

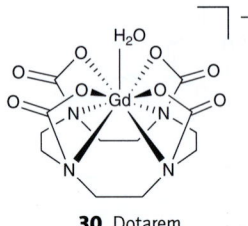

30 Dotarem

Os complexos de gadolínio(III) (f^7) são usados na obtenção de imagens por ressonância magnética (MRI, em inglês), que se tornou uma importante técnica de diagnóstico médico. Através do seu efeito sobre o tempo de relaxação do RMN de ^{1}H, os complexos de Gd(III) podem aumentar o contraste entre diferentes tipos de tecidos e realçar detalhes, como anomalias da barreira sangue-cérebro. Diversos complexos de Gd(III) já estão aprovados para uso clínico, cada um exibindo diferentes graus de rejeição ou retenção por determinados tecidos, além de apresentar diferentes estabilidades, velocidades de troca de moléculas de água e parâmetros de relaxação. Todos os complexos baseiam-se em ligantes quelantes, em especial aqueles que possuem vários grupos carboxilato. Um exemplo é o complexo (**30**), formado com o ligante macrocíclico aminocarboxilato DOTA, conhecido como "dotarem". Estão sendo desenvolvidos agentes de contraste para MRI que são muito mais específicos nos seus alvos. Estes marcadores contêm um metal numa esfera de coordenação estável que está covalentemente ligada a um fragmento biologicamente ativo. Um exemplo é o agente de contraste de Gd, EP-210R (Fig. 27.6), que contém quatro Gd^{3+} complexados e ligados a um peptídeo que reconhece e liga-se à fibrina, uma molécula produzida pelos trombos (coágulos sanguíneos).

O tecnécio é um elemento artificial produzido por reação nuclear, mas que tem um uso importante como agente de imagem em uma técnica muito utilizada nos hospitais conhecida como tomografia computadorizada de emissão de fóton simples (SPECT, em inglês). O radionuclídeo ativo é o ^{99m}Tc (onde "m" significa metaestável), que decai por emissão γ com meia-vida de 6 h. A produção do ^{99m}Tc envolve o bombardeio do ^{98}Mo com nêutrons e sua separação, assim que é formado, do produto instável ^{99}Mo:

$$^{98}\text{Mo} \xrightarrow[\text{de nêutron}]{\text{captura}} {}^{99}\text{Mo} \xrightarrow[\text{meia-vida de 90 h}]{\text{decaimento } \beta} {}^{99m}\text{Tc} \xrightarrow[\text{meia-vida de 6 h}]{\text{radiação } \gamma} {}^{99}\text{Tc} \xrightarrow[\text{meia-vida de 200.000 anos}]{\text{decaimento } \beta} {}^{99}\text{Ru}$$

Os raios γ de alta energia são menos perigosos aos tecidos do que partículas α ou β. A química do tecnécio assemelha-se à do manganês, exceto pelo fato de que os seus estados de oxidação mais altos são muito menos oxidantes.

Para produzir o marcador de Tc, passa-se o $[^{99}\text{MoO}_4]^{2-}$ radioativo por uma coluna trocadora de ânion, na qual ele se liga fortemente até decair para o íon pertecnetato, $[^{99m}\text{TcO}_4]^-$, o qual, devido à sua menor carga, é eluído (Fig. 27.7). A fração eluída é tratada com um agente redutor, geralmente Sn(II), e com os ligantes necessários para convertê-lo no agente de contrate desejado. O composto resultante é então administrado ao paciente em baixas concentrações (aproximadamente 10^{-8} M).

Vários complexos de Tc com substituintes inertes podem ser feitos de modo que, quando injetados no paciente, atinjam determinados tecidos e informem o seu estado. Foram desenvolvidos complexos que atingem órgãos específicos, como coração (revelando tecidos danificados por um ataque cardíaco), rim (mapeamento da função renal) ou ossos (revelando lesões cancerosas e linhas de fratura). Um aspecto importante para definir os órgãos que serão atingidos parece ser a carga do complexo: complexos catiônicos têm como destino o coração, complexos neutros atingem o cérebro e os complexos aniônicos atingem os ossos e o rim. Dentre os diferentes agentes de contraste, o complexo de Tc(I) com isonitrila, $[\text{Tc}(\text{CNCH}_2(\text{C})(\text{CH}_3)_2\text{OCH}_3)_6]^+$ (**31**), conhecido como cardiolite, está bem estabelecido, sendo muito usado como um agente de contraste para o coração. A cardiolite se acumula no miocárdio (músculo do coração), mas é excretada pelo corpo em dois dias. O composto de Tc(V) com a mercaptoacetiltriglicina (**32**), conhecido como Tc-MAG3, é usado para mapear os rins devido à sua rápida excreção. Para obter-se imagem dos ossos, os complexos de Tc(VII) com ligantes difosfonatos (**33**) são efetivos: os átomos duros de O ligam-se aos sítios reativos das superfícies expostas, localizando as regiões de estresse das fraturas e outras anormalidades. O mapeamento do cérebro é feito com compostos neutros, como o ceretec (**34**).

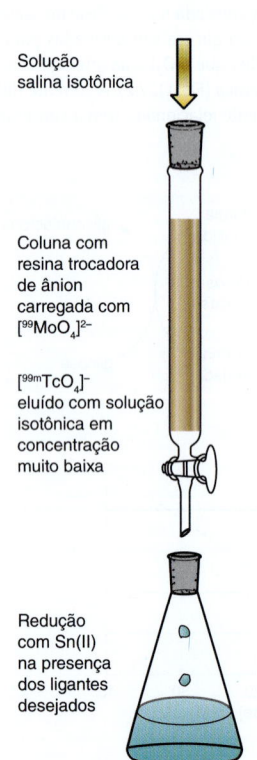

Figura 27.7 Princípio da preparação dos complexos de Tc-99.

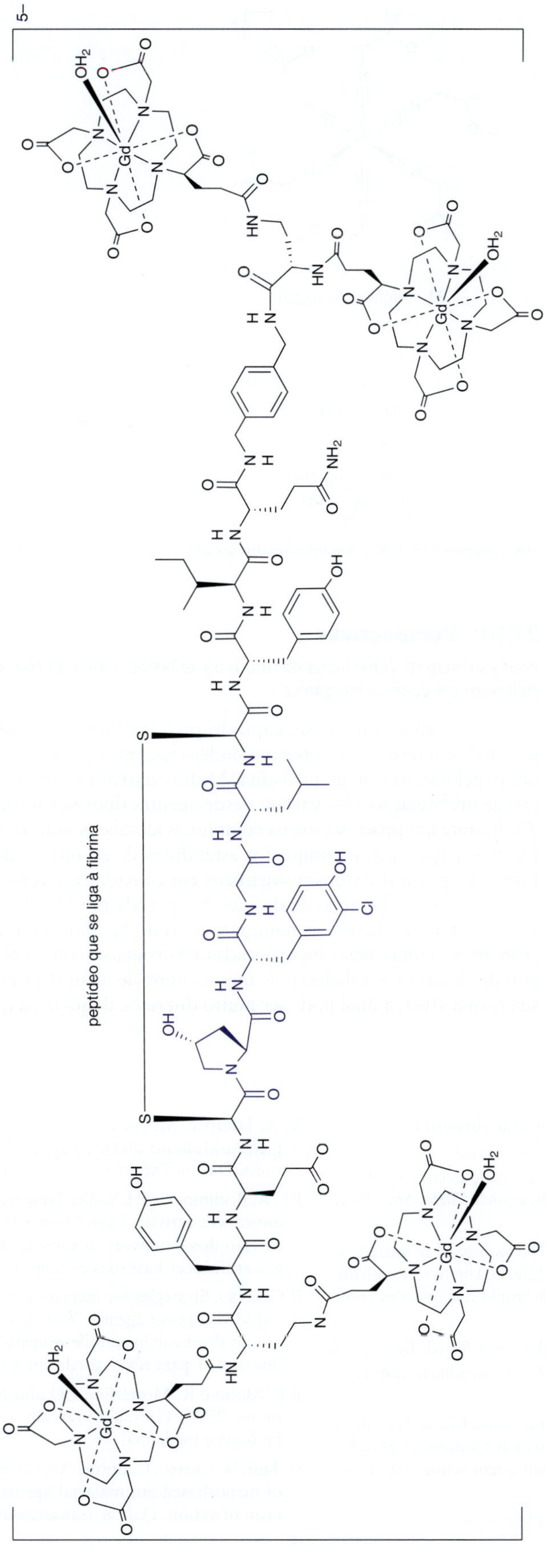

A química dos elementos na medicina | 831

Figura 27.6 O agente contraste de Gd, EP-210R, contendo quatro Gd³⁺ complexados e ligados a um peptídeo que reconhece e liga-se à fibrina, uma molécula produzida nos coágulos sanguíneos.

31 Cardiolite (coração)

32 Tc-MAG3 (rins)

33 Complexo de Tc(VII) com difosfonatos (ossos)

34 Ceretec (cérebro)

27.10 Perspectivas

Ponto principal: A medicina do futuro irá se beneficiar muito com o trabalho dos cientistas especializados em química inorgânica.

Os tópicos abordados neste capítulo provavelmente representam apenas "a ponta do iceberg", em termos das oportunidades existentes para que a química inorgânica tenha um papel importante na medicina. Muitos outros exemplos estão ainda em estágio inicial de investigação: eles variam desde agentes fluorescentes para mapear a liberação de Zn durante um processo, até os complexos metálicos usados em sensores eletroquímicos. Existe espaço para os compostos estendidos de estado sólido na medicina, e materiais formados por hidróxidos inorgânicos em camadas estão sob investigação como meios de transporte e liberação de drogas. No grande mundo dos cosméticos e dos cuidados com a saúde, até mesmo as nanopartículas de Ag têm sido usadas como agentes antimicrobianos, muitas vezes incorporadas nas roupas. Como enfatizado neste capítulo, um grande desafio é estabelecer os mecanismos de ação detalhados desses compostos e a sua forma ativa, a qual pode ser muito diferente daquela na qual eles são administrados.

LEITURA COMPLEMENTAR

H. Li e H. Sun, Recent advances in bioinorganic chemistry of bismuth. *Curr. Opin. Chem. Biol.*, 2012, **16**, 74.

C.G. Hartinger e P.J. Dyson, Bioorganometallic chemistry: from teaching paradigms to medicinal applications. *Chem. Soc. Rev.*, 2009, **38**, 391.

J.J.R. Frausto da Silva e R.J.P. Williams, *The biological chemistry of the elements*. Oxford University Press (2001). Um livro excelente e detalhado que oferece um olhar mais amplo das relações entre os elementos e a vida.

R.R. Crichton, F. Lallemand, I.S.M. Psalti e R.J. Ward, *Biological inorganic chemistry*. Elsevier (2007). Uma introdução moderna da química inorgânica biológica.

M.J. Hannon, Supramolecular DNA recognition. *Chem. Soc. Rev.*, 2007, **36**, 280. Um relato dos esforços para sintetizar grandes complexos metálicos que possam reconhecem sequências específicas de DNA.

M.A. Jakupec, M. Galanski, V.B. Arion, C.G. Hartinger e B. Keppler, Antitumour metal compounds: more than theme and variations. *Dalton Transactions*, 2008, 183.

P.C.A. Bruijnincx e P.J. Sadler, New trends for metal complexes with anticancer activity. *Curr. Opin. Chem. Biol.*, 2008, **12**, 197. Uma revisão dos desenvolvimentos para melhorar a eficácia das drogas anticâncer baseadas em complexos metálicos.

P. Caravan, Strategies for increasing the sensitivity of gadolinium-based MRI contrast agents. *Chem. Soc. Rev.*, 2006, **35**, 512. Uma revisão do desenvolvimento de reagentes de contraste seletivos, baseados em Gd, para obtenção de imagens por ressonância magnética.

B.E. Mann e R. Motterlini, CO and NO in medicine. *Chem. Commum.*, 2007, 4197. Uma revisão das funções do NO e do CO em biologia e medicina.

C. Biot, W. Castro, C. Botte e M. Navarro, The therapeutic potential of metal-based antimalarial agents: implications for the mechanism of action. *Dalton Transactions* 2012, **41**, 6335.

EXERCÍCIOS

27.1 Os compostos de Au(III) estão sob investigação como drogas anticâncer. Preveja algumas similaridades e compare com os compostos de Pt(II).

27.2 Por muito tempo, acreditou-se que o uso de pulseiras de cobre trazia benefícios para doentes reumáticos. Sem especular sobre os possíveis mecanismos de ação molecular no sítio alvo, descreva os princípios químicos que poderiam ser usados para determinar como o Cu entra no corpo e é levado aos tecidos.

27.3 O boranocarbonato, $[H_3BCO_2]^{2-}$, é uma espécie promissora para liberação de CO (CORM) que é estável em meio alcalino, mas decompõe-se lentamente para liberar CO, uma vez introduzida em solução neutra ou levemente ácida, como a corrente sanguínea. Preveja os produtos de decomposição do boranocarbonato e proponha um mecanismo.

27.4 Escreva um pequeno texto sobre o uso médico de alguns elementos selecionados da tabela periódica.

27.5 Comente, do ponto de vista da química, as formas que os compostos de Ga(III) podem agir como drogas através da inibição de certos tipos de enzima contendo Fe.

27.6 Indique as propriedades químicas particulares do bismuto que o tornam adequado para o tratamento de doenças gástricas, levando em conta que o ambiente estomacal é altamente ácido.

PROBLEMAS TUTORIAIS

27.1 No artigo "Targeting and delivery of platinum-based anticancer drugs" (*Chem. Soc. Rev.* 2012, **42**, 202), X. Wang e Z. Guo apresentam uma revisão sobre a área em expansão de liberação de drogas empregando nanopartículas. Faça um resumo das várias formas como as drogas contendo metais podem ser ligadas a nanoestruturas e as vantagens de se modificar uma droga dessa maneira.

27.2 Escreva um ensaio sobre as diferentes formas como os metalocenos estão sendo usados na medicina.

27.3 No artigo "Metal complexes of thiosemicarbazones for imaging and therapy" (*Inorg. Chim. Acta* 2012, **389**, 3), J.R. Dilworth e R. Hueting apresentam uma revisão sobre o desenvolvimento de complexos metálicos, particularmente de ^{64}Cu, para obtenção de imagens por tomografia computadorizada de emissão de fóton simples (SPECT) e tomografia por emissão de pósitron (PET). Usando as informações deste artigo, compare os princípios da obtenção de imagens por SPECT e PET e faça um resumo das dificuldades em determinar o destino dos complexos de Cu com tiosemicarbazona nos tecidos.

Apêndice 1
Raios iônicos selecionados (em picômetros, pm)

Os raios iônicos apresentados são referentes às geometrias de coordenação e aos estados de oxidação mais comuns. O número de coordenação está entre parênteses. Todas as espécies do bloco d são de spin baixo, exceto as assinaladas com +, cujos valores correspondem às espécies de spin alto. A maior parte dos dados foi obtida de R.D. Shannon, *Acta Cryst.*, 1976, **A32**, 751, em que podem ser encontrados os valores para outras geometrias de coordenação. Nos casos em que não havia valores de Shannon, foram empregados os raios iônicos de Pauling, que estão assinalados por *.

1	2	3	4	5	6	7	8	9	10	11	12	13	14	15	16	17	18
Li^+ 59 (4) 76 (6) 92 (8)	Be^{2+} 27 (4) 45 (6)											B^{3+} 11 (4) 27 (6)	C^{4+} 15 (4) 16 (6)	N^{3-} 146 (4)	O^{2-} 138 (4) 140 (6) 142 (8)	F^- 131 (4) 133 (6)	Ne^+ 112*
														N^{3+} 16 (6)			
Na^+ 99 (4) 102 (6) 132 (8)	Mg^{2+} 49 (4) 72 (6) 103 (8)											Al^{3+} 39 (4) 53 (6)	Si^{4+} 26 (4) 40 (6)	P^{5+} 29 (4) 38 (6)	S^{2-} 184 (6)	Cl^- 181 (6)	Ar^+ 154*
														P^{3+} 44 (6)	S^{6+} 12 (4) 29 (6) S^{4+} 37 (6)	Cl^{7+} 8 (4) 27 (6)	
K^+ 137 (4) 138 (6) 151 (8)	Ca^{2+} 100 (6) 112 (8)	Sc^{3+} 75 (6) 87 (8)	Ti^{4+} 42 (4) 61 (6) 74 (8)	V^{5+} 36 (4) 54 (6)	Cr^{6+} 26 (4) 44 (6)	Mn^{7+} 25 (4) 46 (6)	Fe^{6+} 25 (4)	Co^{4+} 40 (4) 53 (6)+	Ni^{4+} 48 (6)	Cu^{3+} 54 (6)	Zn^{2+} 60 (4) 74 (6) 90 (8)	Ga^{3+} 47 (4) 62 (6)	Ge^{4+} 39 (4) 53 (6)	As^{5+} 34 (4) 46 (6)	Se^{2-} 198 (6)	Br^- 196 (6)	Kr^+ 169*
			Ti^{3+} 67 (6)	V^{4+} 58 (6) 72 (8)	Cr^{5+} 49 (6)	Mn^{6+} 26 (4)	Fe^{4+} 58 (6)	Co^{3+} 55 (6)	Ni^{3+} 56 (6)	Cu^{2+} 57 (4) 73 (6)			Ge^{2+} 73 (6)	As^{3+} 58 (6)	Se^{6+} 28 (4) 42 (6)	Br^{7+} 39 (6)	
			Ti^{2+} 86 (6)	V^{3+} 64 (6)	Cr^{4+} 41 (4) 55 (6)	Mn^{5+} 33 (4) 63 (6)	Fe^{3+} 49 (4)+ 55 (6) 78 (8)+	Co^{2+} 58 (4)+ 65 (6) 90 (8)	Ni^{2+} 55 (4) 69 (8)	Cu^+ 60 (4) 77 (6)					Se^{4+} 50 (6)		
				V^{2+} 79 (6)	Cr^{3+} 62 (6)	Mn^{4+} 37 (4) 53 (6)	Fe^{2+} 63 (4)+ 61 (6) 92 (8)+										
					Cr^{2+} 73 (6)	Mn^{3+} 65 (6)											
						Mn^{2+} 67 (6) 96 (8)											

1	2	3	4	5	6	7	8	9	10	11	12	13	14	15	16	17	18
Rb$^+$ 148 (6) 160 (8)	Sr^{2+} 118 (6) 126 (8)	Y^{3+} 90 (6) 102 (8)	Zr^{4+} 59 (4) 72 (6) 84 (8)	Nb^{5+} 48 (4) 64 (6) 74 (8)	Mo^{6+} 41 (4) 59 (6)	Tc^{7+} 37 (4) 56 (6)	Ru^{8+} 36 (4)	Rh^{5+} 55 (6)	Pd^{4+} 62 (6)	Ag^{3+} 67 (4) 75 (6)	Cd^{2+} 78 (4) 95 (6) 110 (8)	In^{3+} 62 (4) 80 (6) 92 (8)	Sn^{4+} 55 (4) 69 (6) 81 (8)	Sb^{5+} 60 (6)	Te^{6+} 43 (4) 56 (6)	I$^-$ 220 (6)	Xe$^+$ 190*
				Nb^{4+} 68 (6) 79 (8)	Mo^{5+} 46 (4) 61 (6)	Tc^{5+} 60 (6)	Ru^{7+} 38 (4)	Rh^{4+} 60 (6)	Pd^{3+} 76 (6)	Ag^{2+} 79 (4) 94 (6)			Sn^{2+} 102 (6)	Sb^{3+} 76 (6)	Te^{4+} 66 (4) 97 (6)	I^{7+} 42 (4) 53 (6)	Xe^{8+} 40 (4) 48 (6)
				Nb^{3+} 72 (6)	Mo^{4+} 65 (6)	Tc^{4+} 66 (6) 95 (8)	Ru^{5+} 71 (6)	Rh^{3+} 67 (6)	Pd^{2+} 64 (4) 86 (6)	Ag$^+$ 67 (2) 100 (4) 115 (6)							
					Mo^{3+} 69 (6)		Ru^{4+} 62 (6)		Pd$^+$ 59 (2)								
							Ru^{3+} 68 (6)										
Cs$^+$ 167 (6) 174 (8)	Ba^{2+} 135 (6) 142 (8)	La^{3+} 103 (6) 116 (8)	Hf^{4+} 58 (4) 71 (6) 83 (8)	Ta^{5+} 64 (6) 74 (8)	W^{6+} 42 (4) 60 (6)	Re^{7+} 38 (4) 53 (6)	Os^{8+} 39 (4)	Ir^{5+} 57 (6)	Pt^{5+} 57 (6)	Au^{5+} 57 (6)	Hg^{2+} 96 (4) 102 (6) 114 (8)	Tl^{3+} 75 (4) 89 (6) 98 (8)	Pb^{4+} 65 (4) 78 (6) 94 (8)	Bi^{5+} 76 (6)	Po^{6+} 67 (6)	At^{7+} 62 (6)	
				Ta^{4+} 68 (6)	W^{5+} 62 (6)	Re^{6+} 55 (6)	Os^{7+} 53 (6)	Ir^{4+} 63 (6)	Pt^{4+} 63 (6)	Au^{3+} 68 (4) 85 (6)	Hg$^+$ 119 (6)	Tl$^+$ 150 (6) 159 (8)	Pb^{2+} 119 (6) 129 (8)	Bi^{3+} 103 (6) 117 (8)	Po^{4+} 94 (6) 108 (8)		
				Ta^{3+} 72 (6)	W^{4+} 66 (6)	Re^{5+} 58 (6)	Os^{6+} 55 (6)	Ir^{3+} 68 (6)	Pt^{2+} 60 (4) 80 (6)	Au$^+$ 137 (6)							
						Re^{4+} 63 (6)	Os^{5+} 58 (6)										
							Os^{4+} 63 (6)										
Fr$^+$ 196 (6)	Ra^{2+} 170 (8)																

Lantanídeos

Ce^{4+} 87 (6) 97 (8)	Pr^{4+} 85 (6) 96 (8)	Nd^{3+} 98 (6) 111 (8)	Pm^{3+} 97 (6) 109 (8)	Sm^{3+} 96 (6) 108 (8)	Eu^{3+} 95 (6) 107 (8)	Gd^{3+} 94 (6) 105 (8)	Tb^{3+} 76 (6) 88 (8)	Dy^{3+} 91 (6) 103 (8)	Ho^{3+} 90 (6) 102 (8)	Er^{3+} 89 (6) 100 (8)	Tm^{3+} 88 (6) 99 (8)	Yb^{3+} 87 (6) 99 (8)	Lu^{3+} 86 (6) 98 (8)
Ce^{3+} 101 (6) 114 (8)	Pr^{3+} 99 (6) 113 (8)	Nd^{2+} 129 (8)		Sm^{2+} 127 (8)	Eu^{2+} 117 (6) 125 (8)		Tb^{4+} 92 (6) 104 (8)	Dy^{2+} 107 (6) 119 (8)		Tm^{2+} 103 (6) 109 (8)		Yb^{2+} 102 (6) 114 (8)	

Actinídeos

Th^{4+} 94 (6) 110 (8)	Pa^{5+} 78 (6) 95 (8)	U^{6+} 52 (4) 73 (6) 100 (8)	Np^{7+} 72 (6)	Pu^{6+} 71 (6)	Am^{4+} 85 (6) 95 (8)	Cm^{4+} 85 (6) 95 (8)	Bk^{4+} 63 (6) 93 (8)	Cf^{4+} 82 (6) 92 (8)	Es	Fm	Md	No^{2+} 110 (6)	Lr
	Pa^{4+} 90 (6) 101 (8)	U^{5+} 76 (6)	Np^{6+} 72 (6)	Pu^{5+} 74 (6)	Am^{3+} 98 (6) 123 (8)	Cm^{3+} 97 (6)	Bk^{3+} 96 (6)	Cf^{3+} 95 (6)					
	Pa^{3+} 104 (6)	U^{4+} 89 (6) 100 (8)	Np^{5+} 75 (6)	Pu^{4+} 86 (6) 96 (8)	Am^{2+} 126 (8)								
		U^{3+} 103 (6)	Np^{4+} 87 (4) 98 (6)	Pu^{3+} 100 (6)									
			Np^{3+} 101 (6)										
			Np^{2+} 110 (6)										

Apêndice 2
Propriedades eletrônicas dos elementos

As configurações eletrônicas dos átomos no estado fundamental foram determinadas experimentalmente a partir de medidas espectroscópicas e magnéticas. Os resultados dessas determinações estão listados a seguir. Eles podem ser entendidos em termos do princípio do preenchimento, segundo o qual os elétrons são adicionados aos orbitais disponíveis numa ordem específica de acordo com o princípio de exclusão de Pauli. Algumas variações nesta ordem são encontradas nos elementos do bloco d e f para acomodar de forma mais realista os efeitos da interação elétron-elétron. A configuração de camada fechada $1s^2$ característica do hélio é indicada por [He], sendo usado o mesmo tipo de indicação para as configurações dos outros gases nobres. As configurações eletrônicas do estado fundamental e os símbolos dos termos listados a seguir foram obtidos de S. Fraga, J. Karwowski e K.M.S. Saxena, *Handbook of atomic data*, Elsevier, Amsterdam (1976).

As três primeiras energias de ionização de um elemento E são as energias necessárias para realizar os seguintes processos:

I_1 : $E(g) \rightarrow E^+(g) + e^-(g)$

I_2 : $E^+(g) \rightarrow E^{2+}(g) + e^-(g)$

I_3 : $E^{2+}(g) \rightarrow E^{3+}(g) + e^-(g)$

A afinidade eletrônica E_a é a energia liberada quando um elétron liga-se a um átomo na fase gasosa:

E_a : $E(g) + e^-(g) \rightarrow E^-(g)$

Os valores aqui fornecidos foram obtidos de várias fontes, particularmente C.E. Moore, *Atomic energy levels*, NBS Circular 467, Washington (1970) and W.C. Martin, L. Hagan, J. Reader and J. Sugar, *J. Phys. Chem. Ref. Data*, 1974, **3**, 771. Os valores para os actinídeos foram extraídos de J.J. Katz, G.T. Seaborg and L.R. Morss (eds.), *The chemistry of the actinide elements*. Chapman & Hall, Londres (1986). As afinidades eletrônicas são de H. Hotop and W.C. Lineberger, *J. Phys. Chem. Ref. Data*, 1985, **14**, 731.

Para a conversão dos dados em quilojoules por mol ou centímetros recíprocos, veja nas páginas finais deste livro.

Átomo		Energia de ionização/eV			Afinidade eletrônica	Átomo		Energia de ionização/eV			Afinidade eletrônica
		I_1	I_2	I_3	E_{ae}/eV			I_1	I_2	I_3	E_a/eV
1 H	$1s^1$	13,60			+0,754	19 K	$[Ar]4s^1$	4,340	31,62	45,71	+0,502
2 He	$1s^2$	24,59	54,51		-0,5	20 Ca	$[Ar]4s^2$	6,111	11,87	50,89	+0,02
3 Li	$[He]2s^1$	5,320	75,63	122,4	+0,618	21 Sc	$[Ar]3d^14s^2$	6,54	12,80	24,76	
4 Be	$[He]2s^2$	9,321	18,21	153,85	≤0	22 Ti	$[Ar]3d^24s^2$	6,82	13,58	27,48	
5 B	$[He]2s^22p^1$	8,297	25,15	37,93	+0,277	23 V	$[Ar]3d^34s^2$	6,74	14,65	29,31	
6 C	$[He]2s^22p^2$	11,257	24,38	47,88	+1,263	24 Cr	$[Ar]3d^54s^1$	6,764	16,50	30,96	
7 N	$[He]2s^22p^3$	14,53	29,60	47,44	-0,07	25 Mn	$[Ar]3d^54s^2$	7,435	15,64	33,67	
8 O	$[He]2s^22p^4$	13,62	35,11	54,93	+1,461	26 Fe	$[Ar]3d^64s^2$	7,869	16,18	30,65	
9 F	$[He]2s^22p^5$	17,42	34,97	62,70	+3,399	27 Co	$[Ar]3d^74s^2$	7,876	17,06	33,50	
10 Ne	$[He]2s^22p^6$	21,56	40,96	63,45	-1,2	28 Ni	$[Ar]3d^84s^2$	7,635	18,17	35,16	
11 Na	$[Ne]3s^1$	5,138	47,28	71,63	+0,548	29 Cu	$[Ar]3d^{10}4s^1$	7,725	20,29	36,84	
12 Mg	$[Ne]3s^2$	7,642	15,03	80,14	≤0	30 Zn	$[Ar]3d^{10}4s^2$	9,393	17,96	39,72	
13 Al	$[Ne]3s^23p^1$	5,984	18,83	28,44	+0,441	31 Ga	$[Ar]3d^{10}4s^24p^1$	5,998	20,51	30,71	+0,30
14 Si	$[Ne]3s^23p^2$	8,151	16,34	33,49	+1,385	32 Ge	$[Ar]3d^{10}4s^24p^2$	7,898	15,93	34,22	+1,2
15 P	$[Ne]3s^23p^3$	10,485	19,72	30,18	+0,747	33 As	$[Ar]3d^{10}4s^24p^3$	9,814	18,63	28,34	+0,81
16 S	$[Ne]3s^23p^4$	10,360	23,33	34,83	+2,077	34 Se	$[Ar]3d^{10}4s^24p^4$	9,751	21,18	30,82	+2,021
17 Cl	$[Ne]3s^23p^5$	12,966	23,80	39,65	+3,617	35 Br	$[Ar]3d^{10}4s^24p^5$	11,814	21,80	36,27	+3,365
18 Ar	$[Ne]3s^23p^6$	15,76	27,62	40,71	-1,0	36 Kr	$[Ar]3d^{10}4s^24p^6$	13,998	24,35	36,95	-1,0

Átomo		Energia de ionização/eV			Afinidade eletrônica
		I_1	I_2	I_3	E_{ae}/eV
37	Rb	[Kr]$5s^1$	4,177	27,28	40,42	+0,486
38	Sr	[Kr]$5s^2$	5,695	11,03	43,63	+0,05
39	Y	[Kr]$4d^1 5s^2$	6,38	12,24	20,52	
40	Zr	[Kr]$4d^1 5s^2$	6,84	13,13	22,99	
41	Nb	[Kr]$4d^4 5s^1$	6,88	14,32	25,04	
42	Mo	[Kr]$4d^5 5s^1$	7,099	16,15	27,16	
43	Tc	[Kr]$4d^5 5s^2$	7,28	15,25	29,54	
44	Ru	[Kr]$4d^7 5s^1$	7,37	16,76	28,47	
45	Rh	[Kr]$4d^8 5s^1$	7,46	18,07	31,06	
46	Pd	[Kr]$4d^{10}$	8,34	19,43	32,92	
47	Ag	[Kr]$4d^{10} 5s^1$	7,576	21,48	34,83	
48	Cd	[Kr]$4d^{10} 5s^2$	8,992	16,90	37,47	
49	In	[Kr]$4d^{10} 5s^2 5p^1$	5,786	18,87	28,02	+0,3
50	Sn	[Kr]$4d^{10} 5s^2 5p^2$	7,344	14,63	30,50	+1,2
51	Sb	[Kr]$4d^{10} 5s^2 5p^3$	8,640	18,59	25,32	+1,07
52	Te	[Kr]$4d^{10} 5s^2 5p^4$	9,008	18,60	27,96	+1,971
53	I	[Kr]$4d^{10} 5s^2 5p^5$	10,45	19,13	33,16	+3,059
54	Xe	[Kr]$4d^{10} 5s^2 5p^6$	12,130	21,20	32,10	−0,8
55	Cs	[Xe]$6s^1$	3,894	25,08	35,24	
56	Ba	[Xe]$6s^2$	5,211	10,00	37,51	
57	La	[Xe]$5d^1 6s^2$	5,577	11,06	19,17	
58	Ce	[Xe]$4f^1 5d^1 6s^2$	5,466	10,85	20,20	
59	Pr	[Xe]$4f^3 6s^2$	5,421	10,55	21,62	
60	Nd	[Xe]$4f^4 6s^2$	5,489	10,73	20,07	
61	Pm	[Xe]$4f^5 6s^2$	5,554	10,90	22,28	
62	Sm	[Xe]$4f^6 6s^2$	5,631	11,07	23,42	
63	Eu	[Xe]$4f^7 6s^2$	5,666	11,24	24,91	
64	Gd	[Xe]$4f^7 5d^1 6s^2$	6,140	12,09	20,62	
65	Tb	[Xe]$4f^9 6s^2$	5,851	11,52	21,91	
66	Dy	[Xe]$4f^{10} 6s^2$	5,927	11,67	22,80	
67	Ho	[Xe]$4f^{11} 6s^2$	6,018	11,80	22,84	
68	Er	[Xe]$4f^{12} 6s^2$	6,101	11,93	22,74	
69	Tm	[Xe]$4f^{13} 6s^2$	6,184	12,05	23,68	
70	Yb	[Xe]$4f^{14} 6s^2$	6,254	12,19	25,03	

Átomo		Energia de ionização/eV			Afinidade eletrônica
		I_1	I_2	I_3	E_a/eV
71	Lu	[Xe]$4f^{14} 5d^1 6s^2$	5,425	13,89	20,96	
72	Hf	[Xe]$4f^{14} 5d^2 6s^2$	6,65	14,92	23,32	
73	Ta	[Xe]$4f^{14} 5d^3 6s^2$	7,89	15,55	21,76	
74	W	[Xe]$4f^{14} 5d^4 6s^2$	7,89	17,62	23,84	
75	Re	[Xe]$4f^{14} 5d^5 6s^2$	7,88	13,06	26,01	
76	Os	[Xe]$4f^{14} 5d^6 6s^2$	8,71	16,58	24,87	
77	Ir	[Xe]$4f^{14} 5d^7 6s^2$	9,12	17,41	26,95	
78	Pt	[Xe]$4f^{14} 5d^9 6s^1$	9,02	18,56	29,02	
79	Au	[Xe]$4f^{14} 5d^{10} 6s^1$	9,22	20,52	30,05	
80	Hg	[Xe]$4f^{14} 5d^{10} 6s^2$	10,44	18,76	34,20	
81	Tl	[Xe]$4f^{14} 5d^{10} 6s^2 6p^1$	6,107	20,43	29,83	
82	Pb	[Xe]$4f^{14} 5d^{10} 6s^2 6p^2$	7,415	15,03	31,94	
83	Bi	[Xe]$4f^{14} 5d^{10} 6s^2 6p^3$	7,289	16,69	25,56	
84	Po	[Xe]$4f^{14} 5d^{10} 6s^2 6p^4$	8,42	18,66	27,98	
85	At	[Xe]$4f^{14} 5d^{10} 6s^2 6p^5$	9,64	16,58	30,06	
86	Rn	[Xe]$4f^{14} 5d^{10} 6s^2 6p^6$	10,75			
87	Fr	[Rn]$7s^1$	4,15	21,76	32,13	
88	Ra	[Rn]$7s^2$	5,278	10,15	34,20	
89	Ac	[Rn]$6d^1 7s^2$	5,17	11,87	19,69	
90	Th	[Rn]$6d^2 7s^2$	6,08	11,89	20,50	
91	Pa	[Rn]$5f^2 6d^1 7s^2$	5,89	11,7	18,8	
92	U	[Rn]$5f^3 6d^1 7s^2$	6,19	14,9	19,1	
93	Np	[Rn]$5f^4 6d^1 7s^2$	6,27	11,7	19,4	
94	Pu	[Rn]$5f^6 7s^2$	6,06	11,7	21,8	
95	Am	[Rn]$5f^7 7s^2$	5,99	12,0	22,4	
96	Cm	[Rn]$5f^7 6d^1 7s^2$	6,02	12,4	21,2	
97	Bk	[Rn]$5f^9 7s^2$	6,23	12,3	22,3	
98	Cf	[Rn]$5f^{10} 7s^2$	6,30	12,5	23,6	
99	Es	[Rn]$5f^{11} 7s^2$	6,42	12,6	24,1	
100	Fm	[Rn]$5f^{12} 7s^2$	6,50	12,7	24,4	
101	Md	[Rn]$5f^{13} 7s^2$	6,58	12,8	25,4	
102	No	[Rn]$5f^{14} 7s^2$	6,65	13,0	27,0	
103	Lr	[Rn]$5f^{14} 6d^1 7s^2$	4,6	14,8	23,0	

Apêndice 3
Potenciais padrão

Os potenciais padrão aqui apresentados estão na forma de diagramas de Latimer (Seção 5.12) e organizados de acordo com os blocos da tabela periódica na ordem s, p, d e f. Os dados e as espécies entre parênteses são incertos. A maioria dos dados, assim como correções eventuais, foi extraída de A.J. Bard, R. Parsons e J. Jordan (eds.), *Standard potentials in aqueous solution*. Marcel Dekker (1985). Os dados para os actinídeos são de L.R. Morss, *The chemistry of the actinide elements*, Vol. 2 (eds. J.J. Katz, G.T. Seaborg e L.R. Morss). Chapman & Hall (1986). O valor para o $[Ru(bpy)_3]^{3+/2+}$ é de B. Durham, J.L. Walsh, C.L. Carter e T.J. Meyer, *Inorg.Chem.*, 1980, **19**, 860. Os potenciais para as espécies de carbono e para alguns elementos do bloco d foram obtidos de S.G. Bratsch, *J. Phys. Chem. Ref. Data*, 1989, **18**, 1. Para informações adicionais sobre potenciais padrão de espécies radicalares instáveis, veja D.M. Stanbury, *Adv. Inorg. Chem*, 1989, **33**, 69. Eventualmente, os valores de potenciais na literatura são informados em relação ao eletrodo padrão de calomelano (EPC) e podem ser convertidos para a escala de H^+/H_2 adicionando-se 0,2412 V. Para uma discussão detalhada sobre outros eletrodos de referência, veja D.J.G. Ives e G.J. Janz, *Reference electrodes*, Academic Press, New York (1961).

Bloco s • Grupo 1

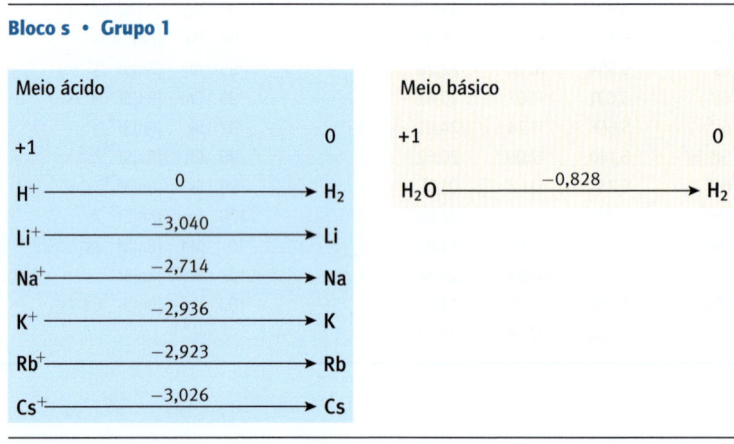

Bloco s • Grupo 2

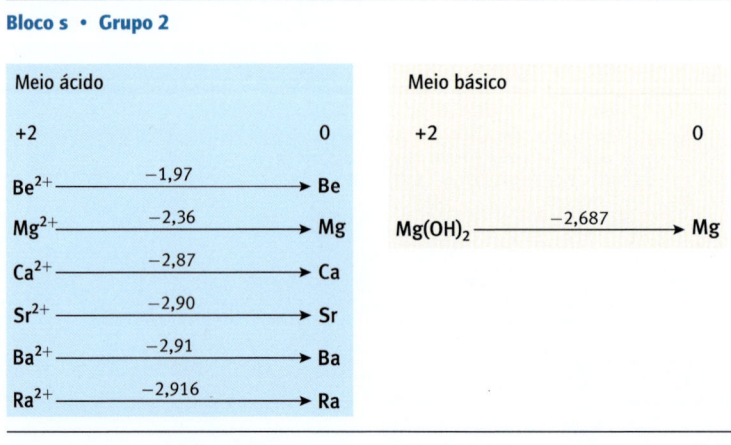

Bloco p • Grupo 13

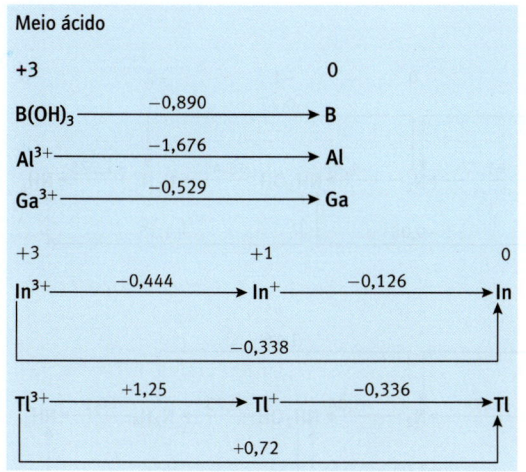

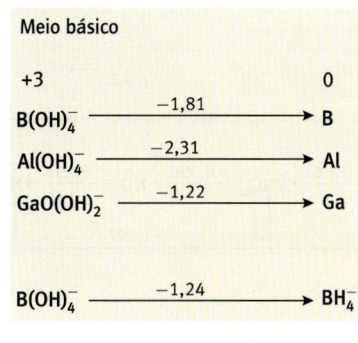

Bloco p • Grupo 14

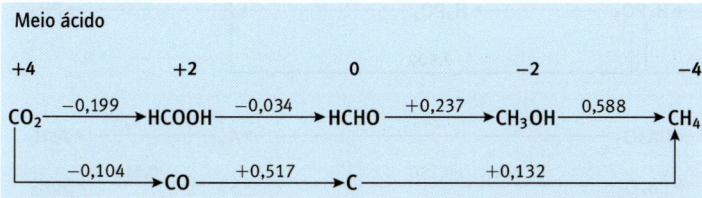

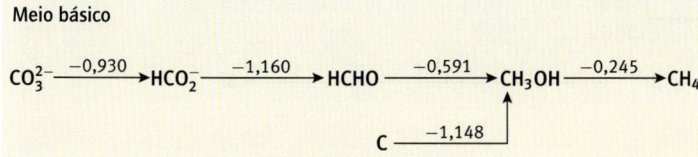

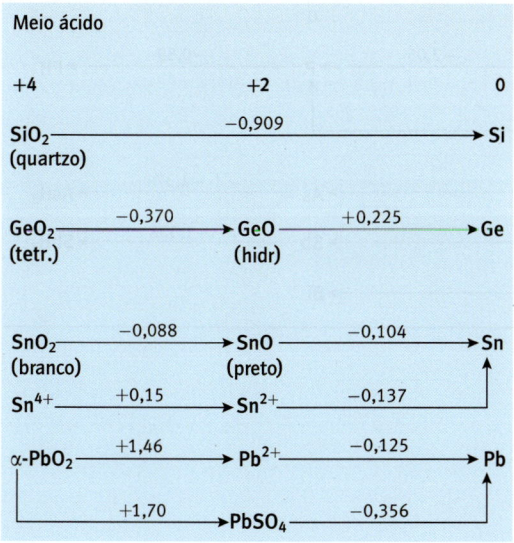

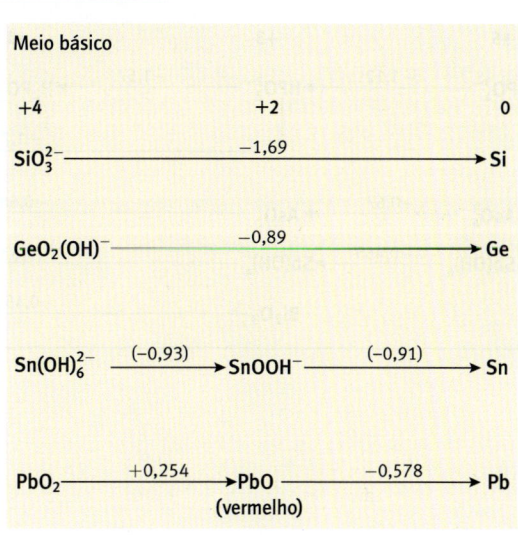

Bloco p • Grupo 15

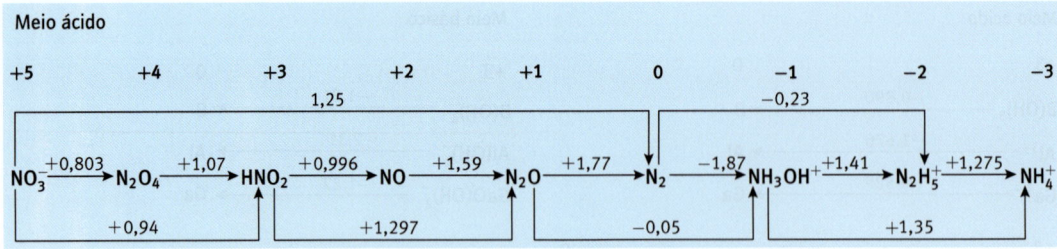

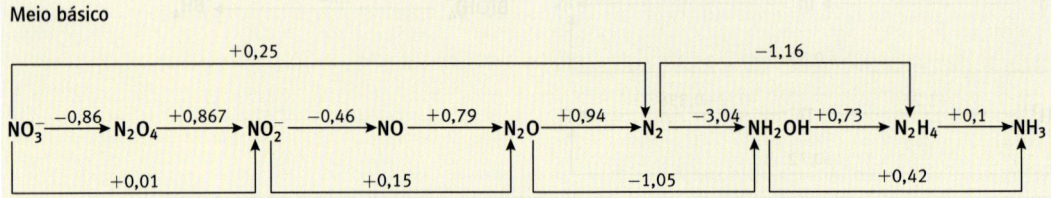

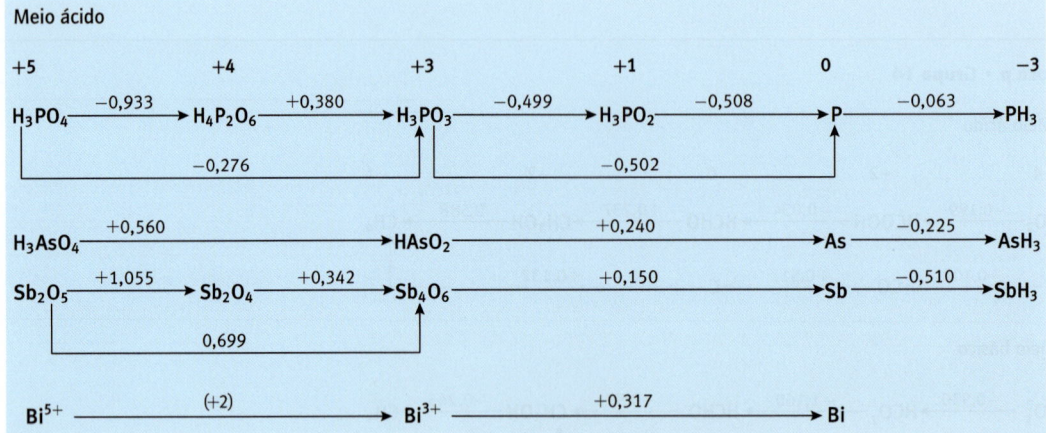

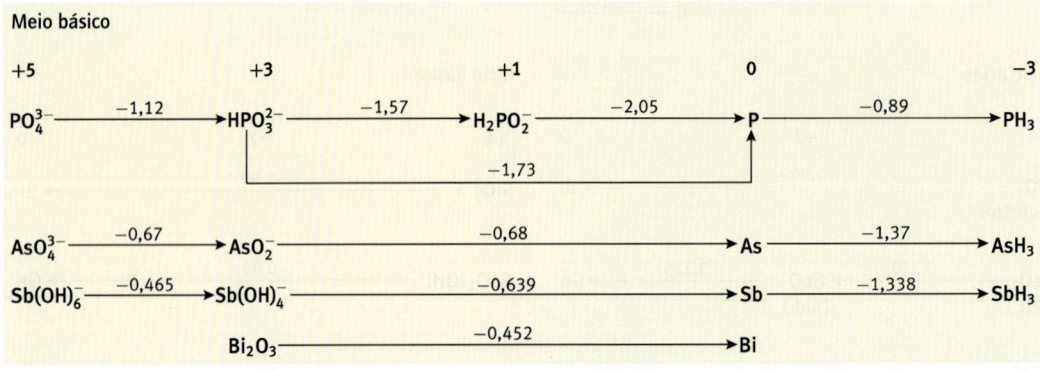

Bloco p • Grupo 16

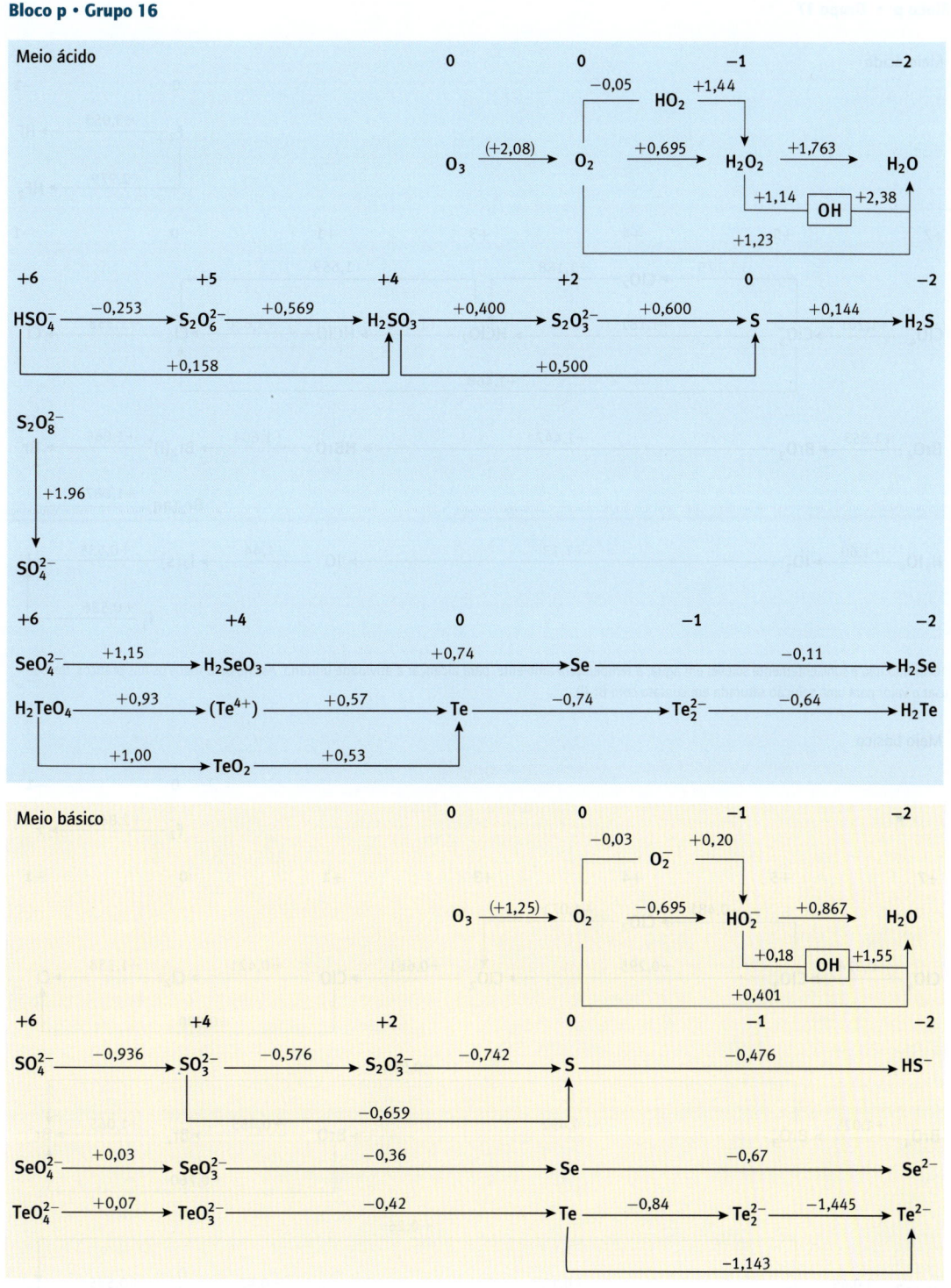

Bloco p • Grupo 17

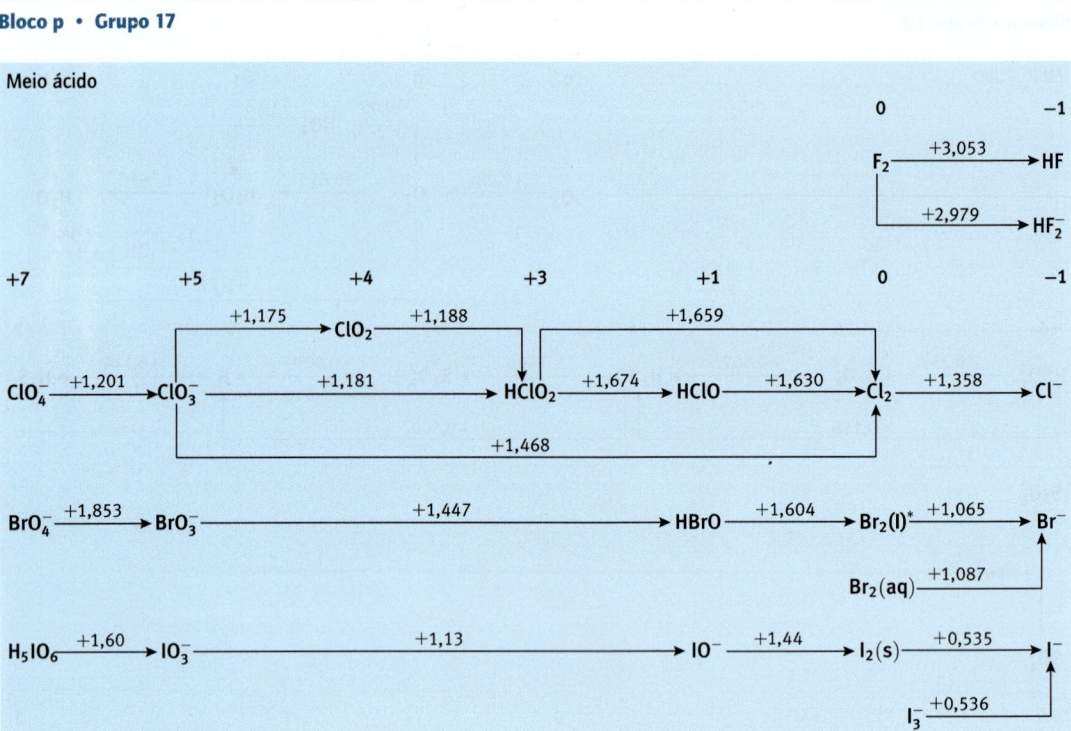

*O bromo não é suficientemente solúvel em água, à temperatura ambiente, para alcançar a atividade unitária. Assim, para todos os fins práticos, deve-se usar o valor para uma solução saturada em contato com Br$_2$(l).

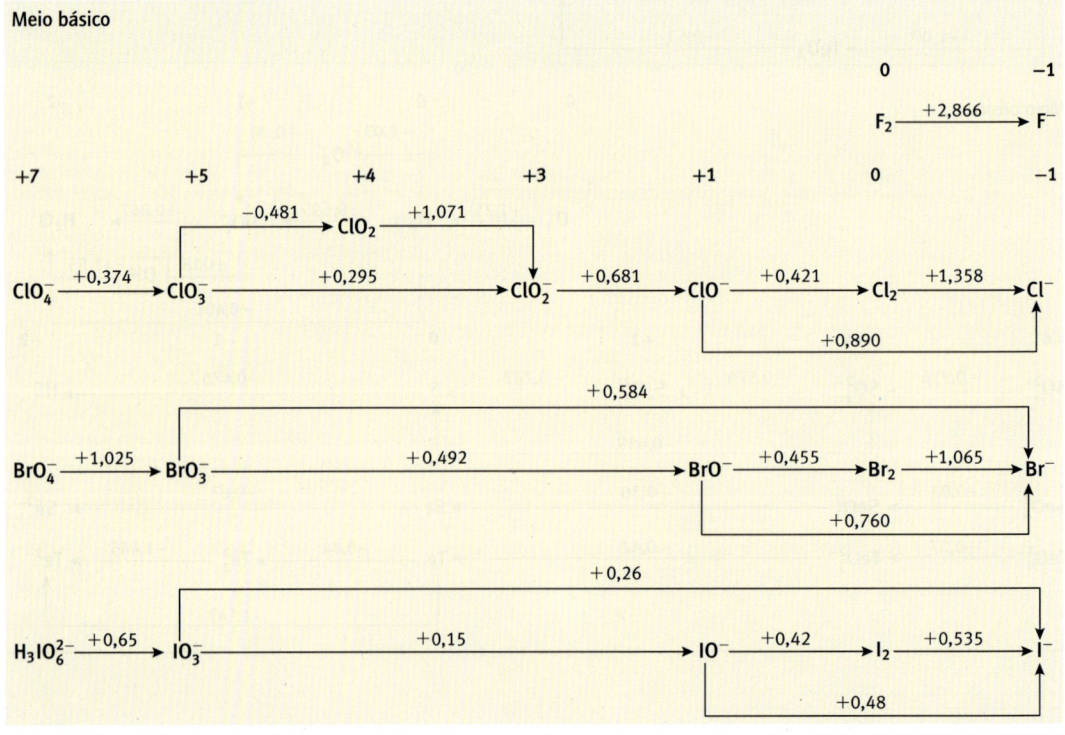

Bloco p • Grupo 18

Meio ácido

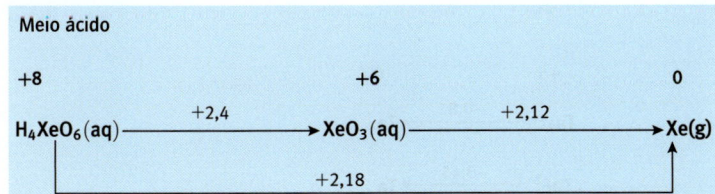

Meio básico

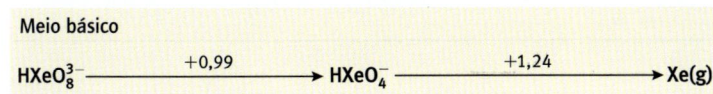

Bloco d • Grupo 3

Meio ácido

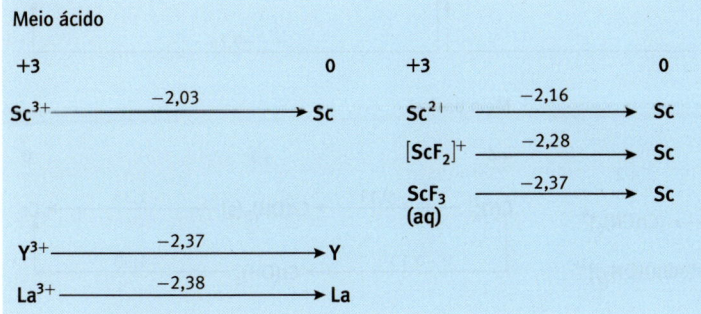

Meio básico

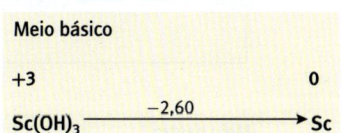

Bloco d • Grupo 4

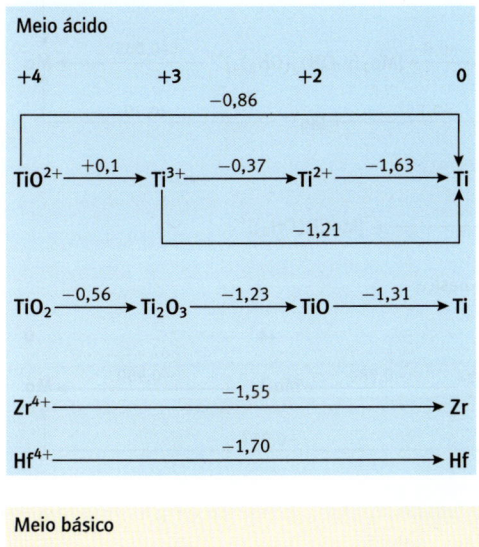

Bloco d • Grupo 5

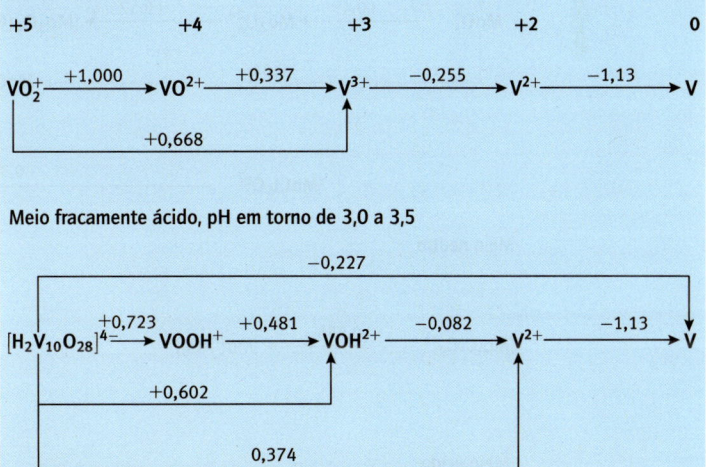

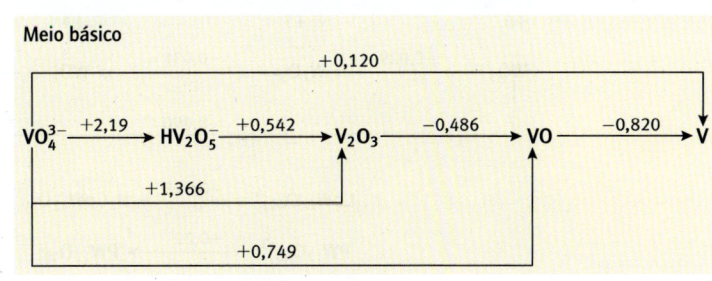

Bloco d • Grupo 5 (*continuação*)

Meio ácido

+5 +3 0
Nb2O5 −0,1 Nb3+ −1,1 Nb
−0,75
+5 0
Ta2O5 −0,81 Ta
TaF7 2− −0,45 Ta

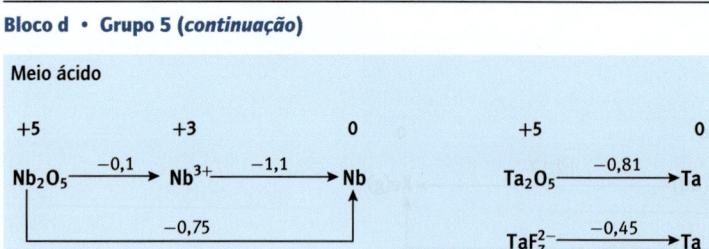

Bloco d • Grupo 6

Meio ácido

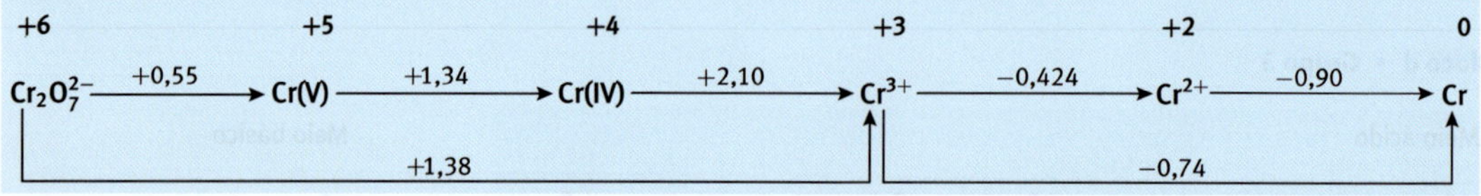

+6 +5 +4 +3 +2 0
Cr2O7 2− +0,55 Cr(V) +1,34 Cr(IV) +2,10 Cr3+ −0,424 Cr2+ −0,90 Cr
+1,38
−0,74

Meio neutro

+3 +2
[Cr(CN)6]3− −1,143 [Cr(CN)6]4−
[Cr(edta)(OH2)]− −0,99 [Cr(edta)(OH2)]2−

Meio básico

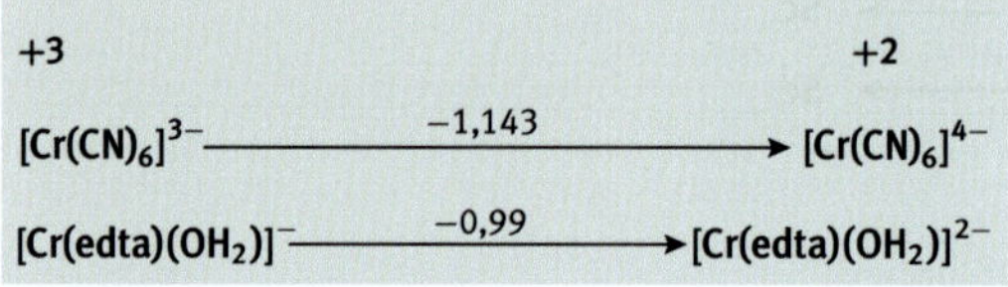

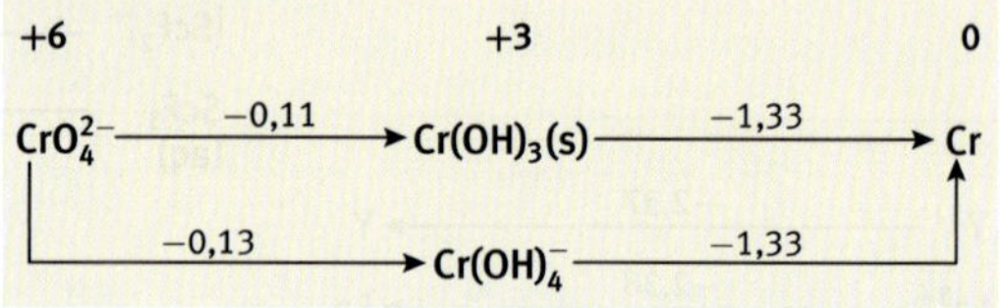

+6 +3 0
CrO4 2− −0,11 Cr(OH)3(s) −1,33 Cr
−0,13 Cr(OH)4 − −1,33

Meio ácido

+6 +5 +4 +3 0
+0,114
MoO3 +0,49 Mo2O4 2+ +0.17 [Mo3O4(OH2)9]4+ +0,0 [Mo2(μ-OH)2(OH2)8]4+ (+0,005) Mo
+0,646 MoO2 −0,1 Mo3+ −0,20
[MoCl5O]2− −0,38 [MoCl5(OH2)]2−

Meio neutro

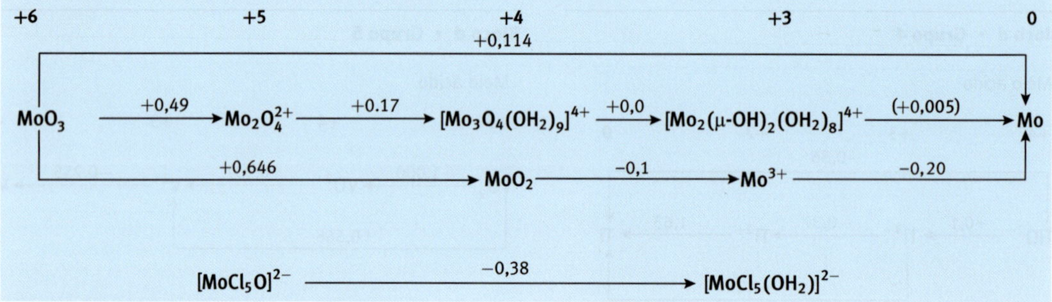

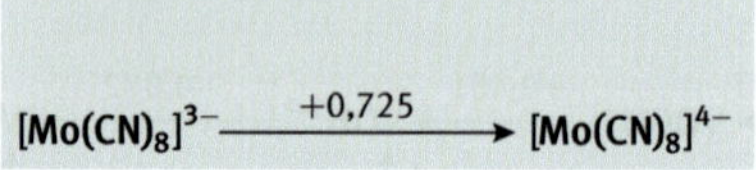

[Mo(CN)8]3− +0,725 [Mo(CN)8]4−

Meio básico

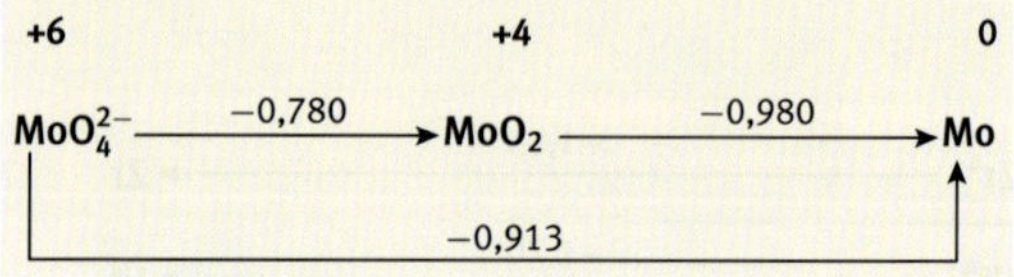

+6 +4 0
MoO4 2− −0,780 MoO2 −0,980 Mo
−0,913

Meio ácido

+6 +5 +4 0
WO3 −0,029 W2O5 −0,031 WO2* −0,119 W
−0,090
[CoW12O40]6− −0,046 [H2CoW12O40]6−
[PW12O40]3− +0,22 [PW12O40]4−

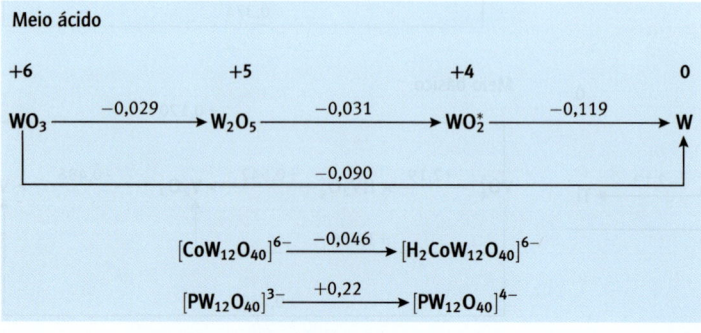

Bloco d • Grupo 6 (*continuação*)

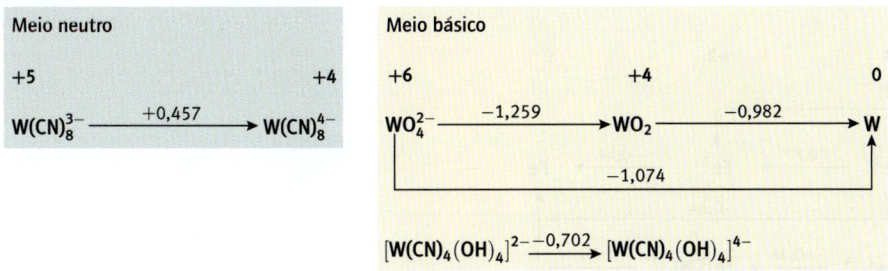

* Provavelmente [W$_3$(μ$_3$-O)(μ-O)$_3$(OH$_2$)$_9$]$^{4+}$. Veja S.P. Gosh and E.S. Gould, *Inorg. Chem*, 1991, **30**, 3662.

Bloco d • Grupo 7

Meio ácido

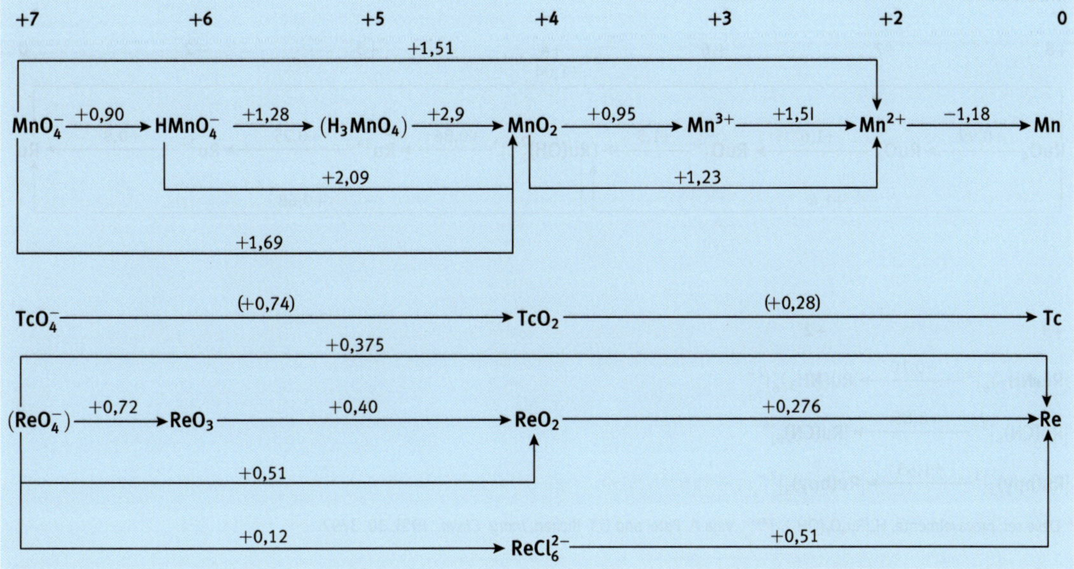

+7   +6   +5   +4   +3   +2   0

$$MnO_4^- \xrightarrow{+0{,}90} HMnO_4^- \xrightarrow{+1{,}28} (H_3MnO_4) \xrightarrow{+2{,}9} MnO_2 \xrightarrow{+0{,}95} Mn^{3+} \xrightarrow{+1{,}51} Mn^{2+} \xrightarrow{-1{,}18} Mn$$

with bridges: +1,51 (HMnO$_4^-$ → Mn^{2+}), +2,09 (HMnO$_4^-$ → MnO$_2$), +1,69 (MnO$_4^-$ → MnO$_2$), +1,23 (MnO$_2$ → Mn^{2+})

$$TcO_4^- \xrightarrow{(+0{,}74)} TcO_2 \xrightarrow{(+0{,}28)} Tc$$

$$(ReO_4^-) \xrightarrow{+0{,}72} ReO_3 \xrightarrow{+0{,}40} ReO_2 \xrightarrow{+0{,}276} Re$$

with bridges: +0,375 (ReO$_4^-$ → ReO$_2$), +0,51 (ReO$_3$ → ReO$_2$), +0,12 (ReO$_4^-$ → ReCl$_6^{2-}$), ReCl$_6^{2-}$ → Re +0,51

Meio básico

+7   +6   +5   +4   +3   +2   0

$$MnO_4^- \xrightarrow{+0{,}56} MnO_4^{2-} \xrightarrow{+0{,}27} MnO_4^{3-} \xrightarrow{+0{,}93} MnO_2 \xrightarrow{+0{,}15} Mn_2O_3 \xrightarrow{-0{,}25} Mn(OH)_2 \xrightarrow{-1{,}56} Mn$$

with bridges: +0,34 (MnO$_4^{3-}$ → Mn(OH)$_2$), +0,60 (MnO$_4^{2-}$ → MnO$_2$), +0,59 (MnO$_4^-$ → MnO$_2$), −0,05 (MnO$_2$ → Mn(OH)$_2$)

+4   +3   0

$$ReO_2 \xrightarrow{-1{,}25} Re_2O_3 \xrightarrow{-0{,}33} Re$$

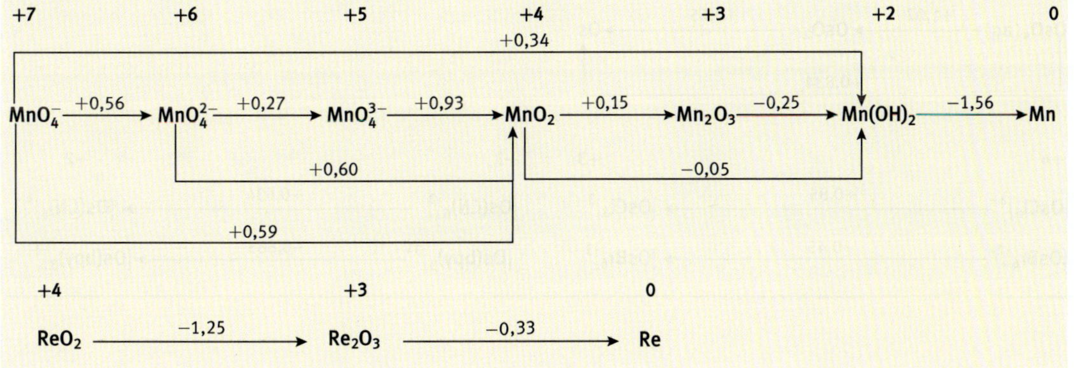

Bloco d • Grupo 8

Meio ácido

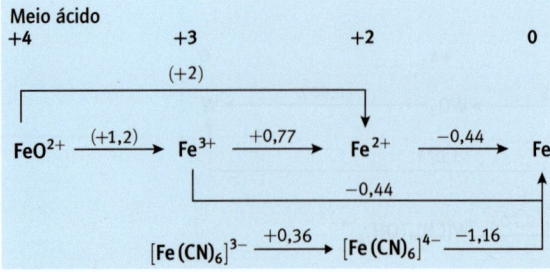

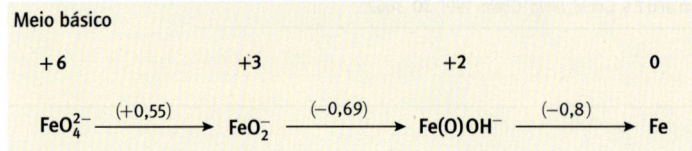

Meio ácido

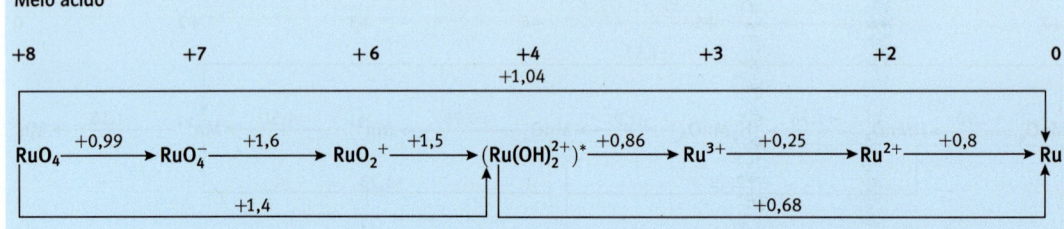

+3   +2

$[Ru(NH_3)_6]^{3+} \xrightarrow{+0,10} [Ru(NH_3)_6]^{2+}$

$[Ru(CN)_6]^{3-} \xrightarrow{+0,85} [Ru(CN)_6]^{4-}$

$[Ru(bpy)_3]^{3+} \xrightarrow{+1,53} [Ru(bpy)_3]^{2+}$

* Deve ser, provavelmente, $H_n[Ru_4O_6(OH_2)_{12}]^{(4+n)+}$. Veja A. Patel and D.T. Richen, *Inorg. Chem.*, 1991, **30**, 3792.

Meio ácido

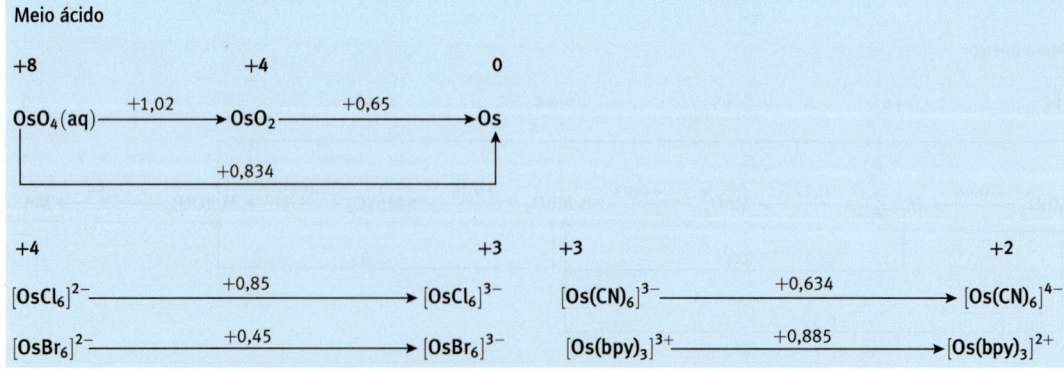

Apêndice 3 **847**

Bloco d • Grupo 9

Meio ácido

+4   +3   +2   0
$CoO_2 \xrightarrow{+1,4} Co^{3+} \xrightarrow{+1,92} Co^{2+} \xrightarrow{-0,282} Co$

Meio básico

+4   +3   +2   0
$CoO_2 \xrightarrow{(+0,7)} Co(O)OH \xrightarrow{(-0,22)} Co(OH)_2 \xrightarrow{-0,873} Co$

Meio neutro

+3   +2
$[Co(NH_3)_6]^{3+} \xrightarrow{+0,058} [Co(NH_3)_6]^{2+}$
$[Co(phen)_3]^{3+} \xrightarrow{+0,33} [Co(phen)_3]^{2+}$
$[Co(ox)_3]^{3-} \xrightarrow{+0,57} [Co(ox)_3]^{4-}$

Meio ácido

+4   +3   0
$IrO_2 \xrightarrow{+0,23} (Ir^{3+}) \xrightarrow{+1,16} Ir$
$\xrightarrow{+0.93}$
$[IrCl_6]^{2-} \xrightarrow{+0,867} [IrCl_6]^{3-} \xrightarrow{+0,86}$
$[IrBr_6]^{2-} \xrightarrow{+0,805} [IrBr_6]^{3-}$
$[IrI_6]^{2-} \xrightarrow{+0,49} [IrI_6]^{3-}$

Acidic solution

+3   0
$Rh^{3+} \xrightarrow{+0,76} Rh$

Meio neutro

+3   +2
$[Rh(CN)_6]^{3-} \xrightarrow{+0,9} [Rh(CN)_6]^{4-}$

Bloco d • Grupo 10

Meio ácido

+4   +3   +2   0
$NiO_2 \xrightarrow{+1,59} Ni^{2+} \xrightarrow{-0,257} Ni$

Meio básico

$NiO_2 \xrightarrow{+0,7} NiOOH \xrightarrow{+0,52} Ni(OH)_2 \xrightarrow{-0,72} Ni$

Meio neutro

$[Ni(NH_3)_6]^{2+} \xrightarrow{-0,49} Ni$

Meio ácido

+4   +2   0
$PdO_2 \xrightarrow{+1,194} Pd^{2+} \xrightarrow{+0,915} Pd$
$[PdCl_6]^{2-} \xrightarrow{+1,47} [PdCl_4]^{2-} \xrightarrow{+0,60} Pd$
$[PdBr_4]^{2-} \xrightarrow{+0,49} Pd$

Meio básico

+4   +2   0
$PdO_2 \xrightarrow{+1,47} PdO \xrightarrow{+0,897} Pd$

Meio ácido

$PtO_2(s) \xrightarrow{+1,01} PtO(s) \xrightarrow{+0,98} Pt$
$[PtCl_6]^{2-} \xrightarrow{+0,726} [PtCl_4]^{2-} \xrightarrow{+0,758} Pt$
$[PtBr_6]^{2-} \xrightarrow{+0,613} [PtBr_4]^{2-} \xrightarrow{+0,698} Pt$
$[PtI_6]^{2-} \xrightarrow{+0,329} [PtI_4]^{2-} \xrightarrow{+0,40} Pt$

Bloco d • Grupo 11

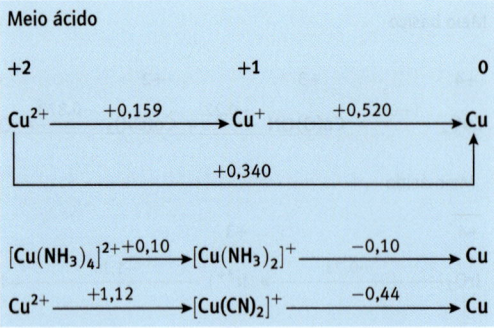

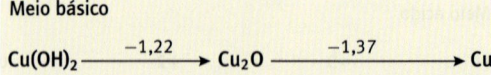

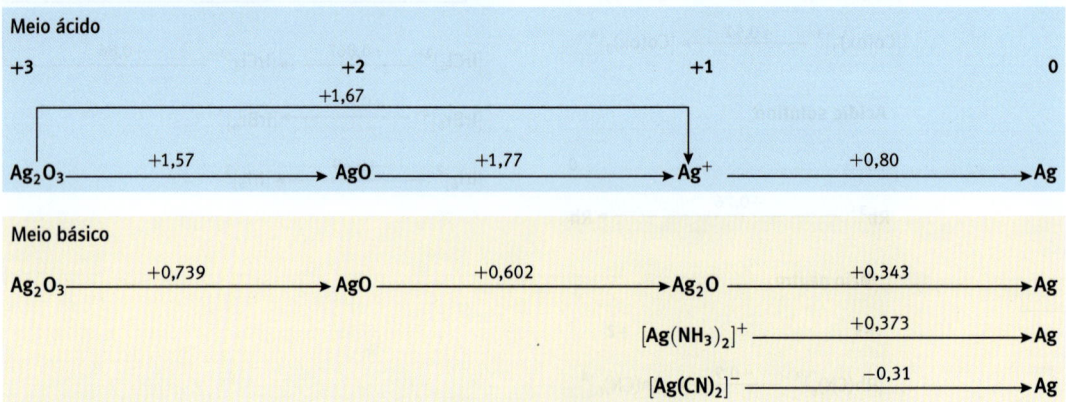

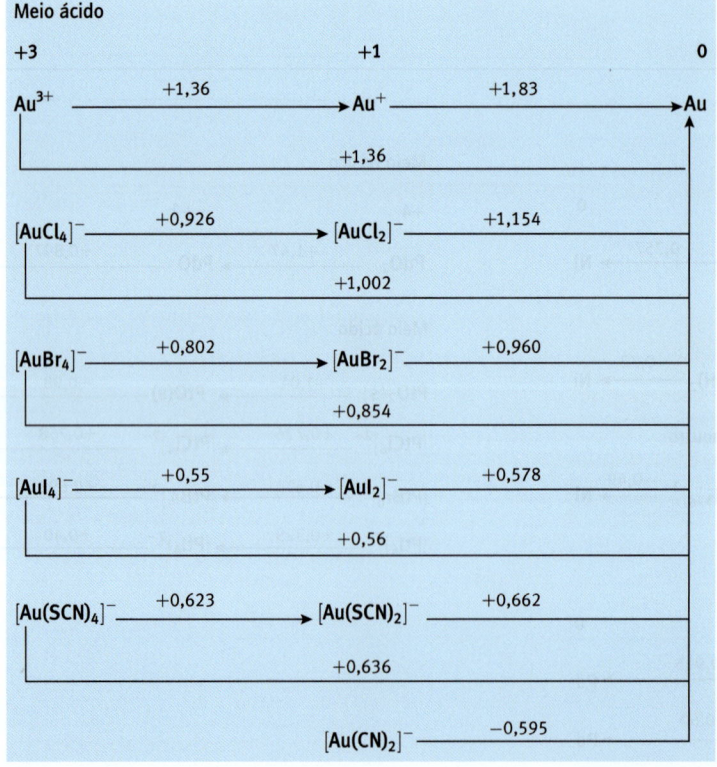

Apêndice 3 **849**

Bloco d • Grupo 12

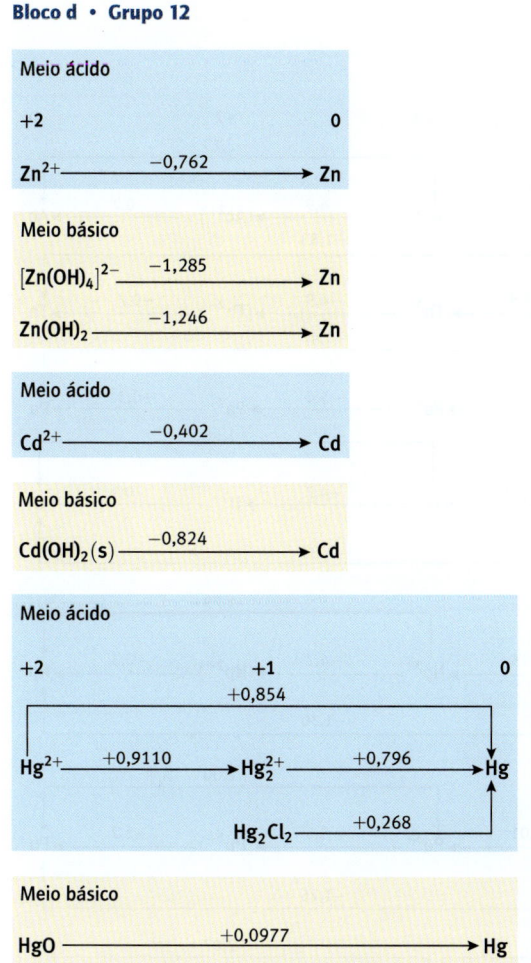

Bloco f • Lantanídeos

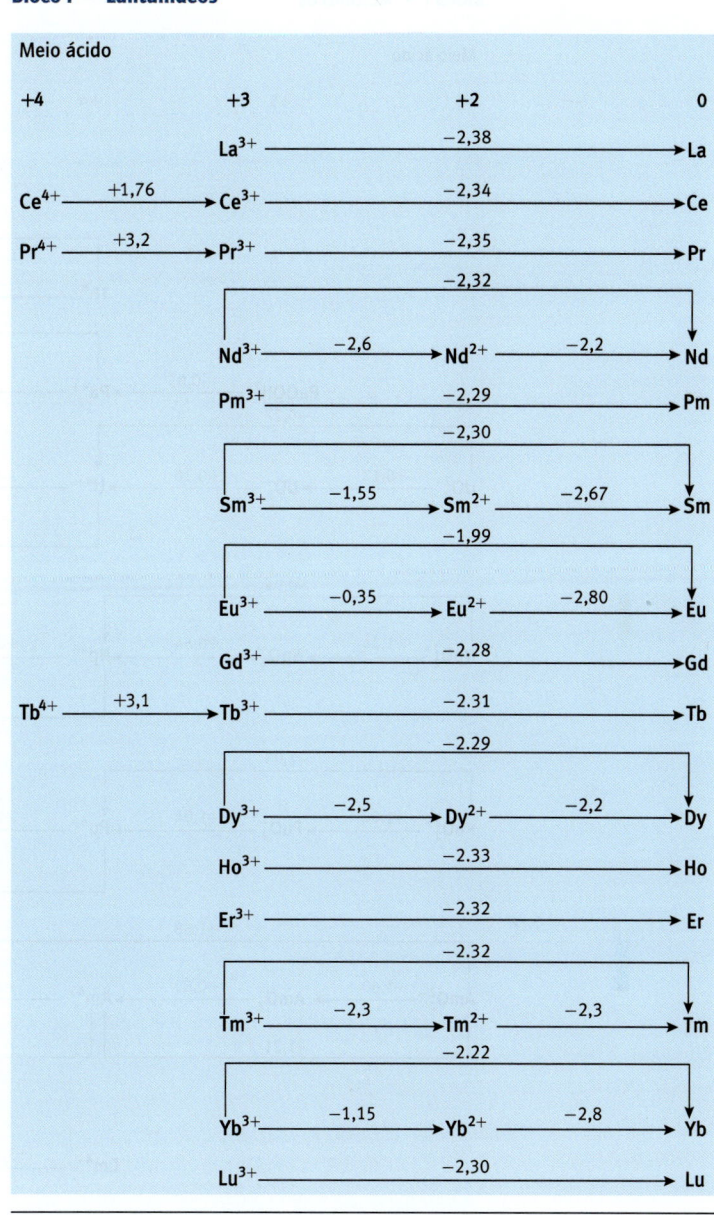

Bloco f • Actinídeos

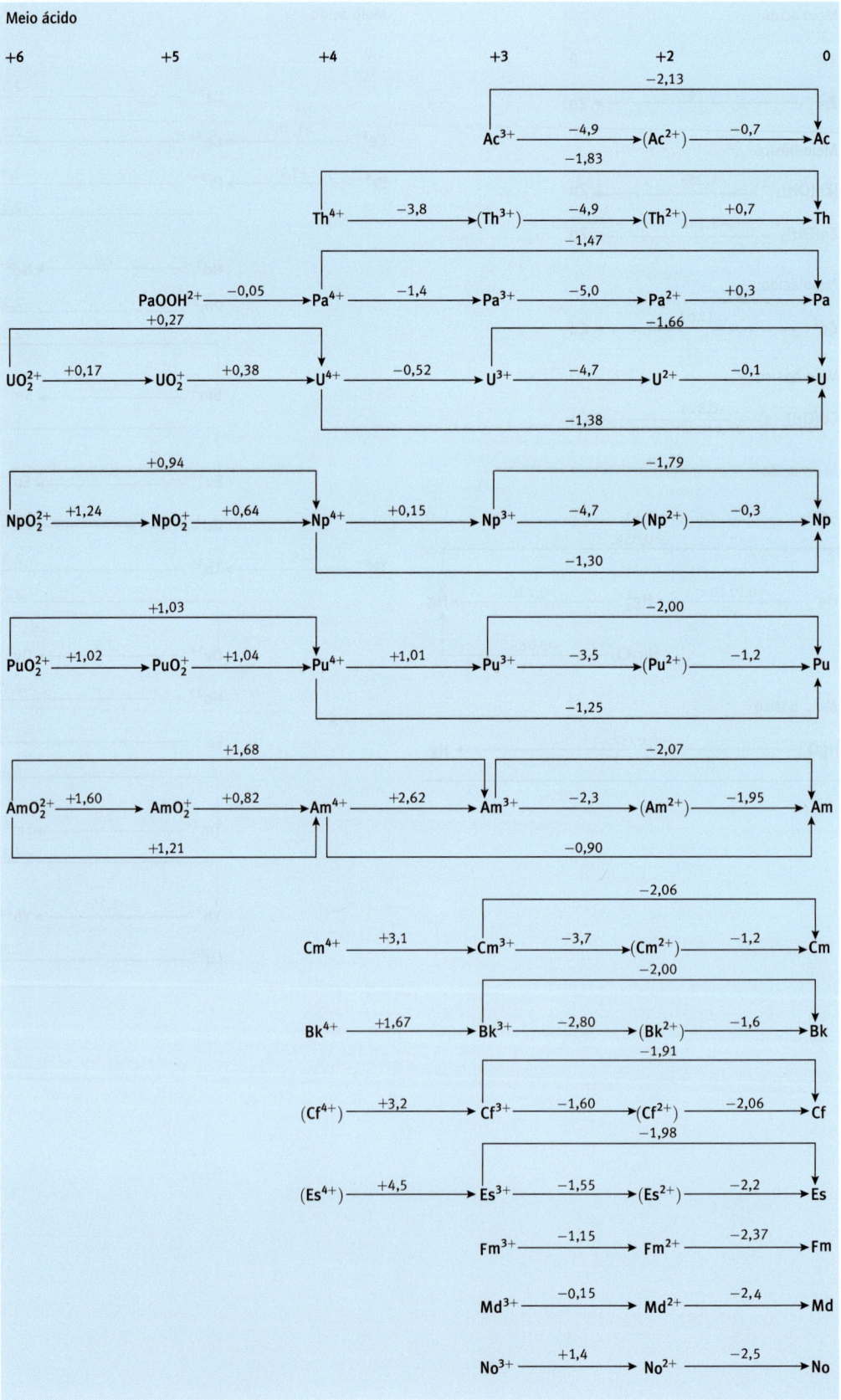

Apêndice 4
Tabelas de caracteres

As tabelas de caracteres a seguir são para os grupos de pontos mais comumente encontrados na química inorgânica. Cada uma é indicada pelo símbolo do sistema de nomenclatura de Schoenflies (por exemplo, C_{3v}). Os grupos de pontos que indicam grupos de pontos cristalográficos (por também serem aplicáveis a células unitárias) também são indicados com o símbolo adotado no Sistema Internacional (sistema Hermann-Mauguin, tal como $2/m$). Nesse sistema, o número n representa um eixo de ordem n, e a letra m representa um plano de reflexão. Uma barra diagonal indica um plano de reflexão perpendicular ao eixo de simetria, e uma barra sobre o número indica que a rotação está combinada com uma inversão.

As espécies de simetria dos orbitais p e d são mostradas no lado direito das tabelas. Assim, no C_{2v}, um orbital p_x (que é proporcional a x) possui simetria B_1. As funções x, y e z também mostram as propriedades de transformação das translações e do momento de dipolo elétrico. Os conjuntos de funções que produzem uma representação degenerada (como x e y, que juntos produzem o E no C_{3v}) estão colocados entre parênteses. As propriedades de transformação das rotações são mostradas por letras R no lado direito das tabelas. O valor de h é a ordem do grupo.

Os grupos C_1, C_s, C_i

C_1 (1)	E	$h=1$
A	1	

$C_s = C_h$ (m)	E	σ_h			$h=2$
A'	1	1	x, y, R_z	x^2, y^2, z^2, xy	
A''	1	−1	z, R_x, R_y	yz, zx	

$C_i = S_2$ (1)	E	i			$h=2$
A_g	1	1	R_x, R_y, R_z	$x^2, y^2, z^2, xy, zx, yz$	
A_u	1	−1	x, y, z		

Os grupos C_n

C_2 (2)	E	C_2			$h=2$
A	1	1	z, R_z	x^2, y^2, z^2, xy	
B	1	−1	x, y, R_x, R_y	yz, zx	

C_3 (3)	E	C_3	C_3^2	$\varepsilon = \exp(2\pi i/3)$		$h=3$
A	1	1	1	z, R_z	x^2+y^2, z^2	
E	$\begin{Bmatrix}1 & \varepsilon & \varepsilon^* \\ 1 & \varepsilon^* & \varepsilon\end{Bmatrix}$			$(x, y)(R_x, R_y)$	$(x^2-y^2, xy)(yz, zx)$	

C_4 (4)	E	C_4	C_2	C_4^3		$h=4$
A	1	1	1	1	z, R_z	x^2+y^2, z^2
B	1	−1	1	−1		x^2-y^2, xy
E	$\begin{Bmatrix}1 & i & -1 & -i \\ 1 & -i & 1 & i\end{Bmatrix}$				$(x, y)(R_x, R_y)$	(yz, zx)

Os grupos C_{nv}

C_{2v} (2mm)	E	C_2	$\sigma_v(xz)$	$\sigma'_v(yz)$	$h=4$	
A_1	1	1	1	1	z	x^2, y^2, z^2
A_2	1	1	-1	-1	R_z	xy
B_1	1	-1	1	-1	x, R_y	zx
B_2	1	-1	-1	1	y, R_x	yz

C_{3v} (3m)	E	$2C_3$	$3\sigma_v$	$h=6$		
A_1	1	1	1	z	x^2+y^2, z^2	
A_2	1	1	-1	R_z		
E	2	-1	0	$(x,y)\,(R_x, R_y)$	$(x^2-y^2, xy)\,(zx, yz)$	

C_{4v} (4mm)	E	$2C_4$	C_2	$2\sigma_v$	$2\sigma_d$	$h=8$	
A_1	1	1	1	1	1	z	x^2+y^2, z^2
A_2	1	1	1	-1	-1	R_z	
B_1	1	-1	1	1	-1		x^2-y^2
B_2	1	-1	1	-1	1		xy
E	2	0	-2	0	0	$(x,y)\,(R_x, R_y)$	(zx, yz)

C_{5v}	E	$2C_5$	$2C_5^2$	$5\sigma_v$	$h=10, \alpha=72°$	
A_1	1	1	1	1	z	x^2+y^2, z^2
A_2	1	1	1	-1	R_z	
E_1	2	$2\cos\alpha$	$2\cos 2\alpha$	0	$(x,y)(R_x, R_y)$	(zx, yz)
E_2	2	$2\cos 2\alpha$	$2\cos\alpha$	0		(x^2-y^2, xy)

C_{6v} (6mm)	E	$2C_6$	$2C_3$	C_2	$3\sigma_v$	$3\sigma_d$	$h=12$	
A_1	1	1	1	1	1	1	z	x^2+y^2, z^2
A_2	1	1	1	1	-1	-1	R_z	
B_1	1	-1	1	-1	1	-1		
B_2	1	-1	1	-1	-1	1		
E_1	2	1	-1	-2	0	0	$(x,y)\,(R_x, R_y)$	(zx, yz)
E_2	2	-1	-1	2	0	0		(x^2-y^2, xy)

$C_{\infty v}$	E	C_2	$2C_\phi$	$\infty\sigma_v$	$h=\infty$	
$A_1\,(\Sigma^+)$	1	1	1	1	z	x^2+y^2, z^2
$A_2\,(\Sigma^-)$	1	1	1	-1	R_z	
$E_1\,(\Pi)$	2	-2	$2\cos\phi$	0	$(x,y)\,(R_x, R_y)$	(zx, yz)
$E_2\,(\Delta)$	2	2	$2\cos 2\phi$	0		(xy, x^2-y^2)
$\vdots$	$\vdots$	$\vdots$	$\vdots$	$\vdots$		

Os grupos D_n

D_2 (222)	E	$C_2(z)$	$C_2(y)$	$C_2(x)$	$h=4$	
A	1	1	1	1		x^2, y^2, z^2
B_1	1	1	-1	-1	z, R_z	xy
B_2	1	-1	1	-1	y, R_y	zx
B_3	1	-1	-1	1	x, R_x	yz

D_3 (32)	E	$2C_3$	$3C_2$	$h=6$		
A_1	1	1	1		x^2+y^2, z^2	
A_2	1	1	-1	z, R_z		
E	2	-1	0	$(x,y)\,(R_x, R_y)$	$(x^2-y^2, xy)\,(zx, yz)$	

Os grupos D_{nh}

D_{2h} (*mmm*)	E	$C_2(z)$	$C_2(y)$	$C_2(x)$	i	$\sigma(xy)$	$\sigma(xz)$	$\sigma(yz)$		$h=8$
A_g	1	1	1	1	1	1	1	1		x^2, y^2, z^2
B_{1g}	1	1	-1	-1	1	1	-1	-1	R_z	xy
B_{2g}	1	-1	1	-1	1	-1	1	-1	R_y	zx
B_{3g}	1	-1	-1	1	1	-1	-1	1	R_x	yz
A_u	1	1	1	1	-1	-1	-1	-1		
B_{1u}	1	1	-1	-1	-1	-1	1	1	z	
B_{2u}	1	-1	1	-1	-1	1	-1	1	y	
B_{3u}	1	-1	-1	1	-1	1	1	-1	x	

D_{3h} ($\bar{6}m2$)	E	$2C_3$	$3C_2$	σ_h	$2S_3$	$3\sigma_v$		$h=12$
A_1'	1	1	1	1	1	1		x^2+y^2, z^2
A_2'	1	1	-1	1	1	-1	R_z	
E'	2	-1	0	2	-1	0	(x, y)	(x^2-y^2, xy)
A_1''	1	1	1	-1	-1	-1		
A_2''	1	1	-1	-1	-1	1	z	
E''	2	-1	0	-2	1	0	(R_x, R_y)	(zx, yz)

D_{4h} (4/*mmm*)	E	$2C_4$	$C_2(=C_4^2)$	$2C_2'$	$2C_2''$	i	$2S_4$	σ_h	$2\sigma_v$	$2\sigma_d$		$h=16$
A_{1g}	1	1	1	1	1	1	1	1	1	1		x^2+y^2, z^2
A_{2g}	1	1	1	-1	-1	1	1	1	-1	-1	R_z	
B_{1g}	1	-1	1	1	-1	1	-1	1	1	-1		x^2-y^2
B_{2g}	1	-1	1	-1	1	1	-1	1	-1	1		xy
E_g	2	0	-2	0	0	2	0	-2	0	0	(R_x, R_y)	(zx, yz)
A_{1u}	1	1	1	1	1	-1	-1	-1	-1	-1		
A_{2u}	1	1	1	-1	-1	-1	-1	-1	1	1	z	
B_{1u}	1	-1	1	1	-1	-1	1	-1	-1	1		
B_{2u}	1	-1	1	-1	1	-1	1	-1	1	-1		
E_u	2	0	-2	0	0	-2	0	2	0	0	(x, y)	

D_{5h}	E	$2C_5$	$2C_5^2$	$5C_2$	σ_h	$2S_5$	$2S_5^2$	$5\sigma_v$		$h=20$, $\alpha=72°$
A_1'	1	1	1	1	1	1	1	1		x^2+y^2, z^2
A_2''	1	1	1	-1	1	1	1	-1	R_z	
E_1'	2	$2\cos\alpha$	$2\cos 2\alpha$	0	2	$2\cos\alpha$	$2\cos 2\alpha$	0	(x, y)	
E_2'	2	$2\cos 2\alpha$	$2\cos\alpha$	0	2	$2\cos 2\alpha$	$2\cos\alpha$	0		(x^2-y^2, xy)
A_1''	1	1	1	1	-1	-1	-1	-1		
A_2''	1	1	1	-1	-1	-1	-1	1	z	
E_1''	2	$2\cos\alpha$	$2\cos 2\alpha$	0	-2	$-2\cos\alpha$	$-2\cos 2\alpha$	0	(R_x, R_y)	(zx, yz)
E_2''	2	$2\cos 2\alpha$	$2\cos\alpha$	0	-2	$-2\cos 2\alpha$	$-2\cos\alpha$	0		

Os grupos D_{nh} (continuação)

D_{6h} (6/mmm)	E	$2C_6$	$2C_3$	C_2	$3C_2'$	$3C_2''$	i	$2S_3$	$2S_6$	σ_h	$3\sigma_d$	$3\sigma_v$	$h=24$	
A_{1g}	1	1	1	1	1	1	1	1	1	1	1	1		x^2+y^2, z^2
A_{2g}	1	1	1	1	−1	−1	1	1	1	1	−1	−1	R_z	
B_{1g}	1	−1	1	−1	1	−1	1	−1	1	−1	1	−1		
B_{2g}	1	−1	1	−1	−1	1	1	−1	1	−1	−1	1		
E_{1g}	2	1	−1	−2	0	0	2	1	−1	−2	0	0	(R_x, R_y)	(zx, yz)
E_{2g}	2	−1	−1	2	0	0	2	−1	−1	2	0	0		(x^2-y^2, xy)
A_{1u}	1	1	1	1	1	1	−1	−1	−1	−1	−1	−1		
A_{2u}	1	1	1	1	−1	−1	−1	−1	−1	−1	1	1	z	
B_{1u}	1	−1	1	−1	1	−1	−1	1	−1	1	−1	1		
B_{2u}	1	−1	1	−1	−1	1	−1	1	−1	1	1	−1		
E_{1u}	2	1	−1	−2	0	0	−2	−1	1	2	0	0	(x, y)	
E_{2u}	2	−1	−1	2	0	0	−2	1	1	−2	0	0		

$D_{\infty h}$	E	$\infty C_2'$	$2C_\phi$	i	$\infty \sigma_v$	$2S_\phi$	$h=\infty$	
$A_{1g}(\Sigma_g^+)$	1	1	1	1	1	1		z^2, x^2+y^2
$A_{1u}(\Sigma_u^+)$	1	−1	1	−1	1	−1	z	
$A_{2g}(\Sigma_g^-)$	1	−1	1	1	−1	1	R_z	
$A_{2u}(\Sigma_u^-)$	1	1	1	−1	−1	−1		
$E_{1g}(\Pi_g)$	2	0	$2\cos\phi$	2	0	$-2\cos\phi$	(R_x, R_y)	(zx, yz)
$E_{1u}(\Pi_u)$	2	0	$2\cos\phi$	−2	0	$2\cos\phi$	(x, y)	
$E_{2g}(\Delta_g)$	2	0	$2\cos 2\phi$	2	0	$2\cos 2\phi$		(xy, x^2-y^2)
$E_{2u}(\Delta_u)$	2	0	$2\cos 2\phi$	−2	0	$-2\cos 2\phi$		
⋮	⋮	⋮	⋮	⋮	⋮	⋮		

Os grupos D_{nd}

$D_{2d} = V_d$ (42m)	E	$2S_4$	C_2	$2C_2'$	$2\sigma_d$	$h=8$	
A_1	1	1	1	1	1		x^2+y^2, z^2
A_2	1	1	1	−1	−1	R_z	
B_1	1	−1	1	1	−1		x^2-y^2
B_2	1	−1	1	−1	1	z	xy
E	2	0	−2	0	0	$(x, y) (R_x, R_y)$	(zx, yz)

D_{3d} (3m)	E	$2C_3$	$3C_2$	i	$2S_6$	$3\sigma_d$	$h=12$	
A_{1g}	1	1	1	1	1	1		x^2+y^2, z^2
A_{2g}	1	1	−1	1	1	−1	R_z	
E_g	2	−1	0	2	−1	0	(R_x, R_y)	$(x^2-y^2, xy) (zx, yz)$
A_{1u}	1	1	1	−1	−1	−1		
A_{2u}	1	1	−1	−1	−1	1	z	
E_u	2	−1	0	−2	1	0	(x, y)	

Os grupos D_{nd} (continuação)

D_{4d}	E	$2S_8$	$2C_4$	$2S_8^3$	C_2	$4C_2'$	$4\sigma_d$		$h=16$
A_1	1	1	1	1	1	1	1		x^2+y^2, z^2
A_2	1	1	1	1	1	−1	−1	R_z	
B_1	1	−1	1	−1	1	1	−1		
B_2	1	−1	1	−1	1	−1	1	z	
E_1	2	$\sqrt{2}$	0	$-\sqrt{2}$	−2	0	0	(x, y)	
E_2	2	0	−2	0	2	0	0		(x^2-y^2, xy)
E_3	2	$-\sqrt{2}$	0	$\sqrt{2}$	−2	0	0	(R_x, R_y)	(zx, yz)

Os grupos cúbicos

T_d (43m)	E	$8C_3$	$3C_2$	$6S_4$	$6\sigma_d$		$h=24$
A_1	1	1	1	1	1		$x^2+y^2+z^2$
A_2	1	1	1	−1	−1		
E	2	−1	2	0	0		$(2z^2-x^2-y^2, x^2-y^2)$
T_1	3	0	−1	1	−1	(R_x, R_y, R_z)	
T_2	3	0	−1	−1	1	(x, y, z)	(xy, yz, zx)

O_h (m3m)	E	$8C_3$	$6C_2$	$6C_4$	$3C_2(=C_4^2)$	i	$6S_4$	$8S_6$	$3\sigma_h$	$6\sigma_d$		$h=48$
A_{1g}	1	1	1	1	1	1	1	1	1	1		$x^2+y^2+z^2$
A_{2g}	1	1	−1	−1	1	1	−1	1	1	−1		
E_g	2	−1	0	0	2	2	0	−1	2	0		$(2z^2-x^2-y^2, x^2-y^2)$
T_{1g}	3	0	−1	1	−1	3	1	0	−1	−1	(R_x, R_y, R_z)	
T_{2g}	3	0	1	−1	−1	3	−1	0	−1	1		(xy, yz, zx)
A_{1u}	1	1	1	1	1	−1	−1	−1	−1	−1		
A_{2u}	1	1	−1	−1	1	−1	1	−1	−1	1		
E_u	2	−1	0	0	2	−2	0	1	−2	0		
T_{1u}	3	0	−1	1	−1	−3	−1	0	1	1	(x, y, z)	
T_{2u}	3	0	1	−1	−1	−3	1	0	1	−1		

O grupo icosaédrico

I	E	$12C_5$	$12C_5^2$	$20C_3$	$15C_2$		$h=60$
A_1	1	1	1	1	1		$x^2+y^2+z^2$
T_1	3	$\frac{1}{2}(1+\sqrt{5})$	$\frac{1}{2}(1-\sqrt{5})$	0	−1	$(x, y, z)(R_x, R_y, R_z)$	
T_2	3	$\frac{1}{2}(1-\sqrt{5})$	$\frac{1}{2}(1+\sqrt{5})$	0	−1		
G	4	−1	−1	1	0		
H	5	0	0	−1	1		$(2z^2-x^2-y^2, x^2-y^2, xy, yz, zx)$

Apêndice 5
Orbitais formados por simetria

A Tabela A5.1 apresenta as classes de simetria dos orbitais s, p e d do átomo central de uma molécula AB_n para cada grupo de pontos indicado. Na maioria dos casos, o eixo z é o eixo principal da molécula; no C_{2v}, o eixo x encontra-se perpendicular ao plano molecular.

Os diagramas de orbitais a seguir mostram as combinações lineares dos orbitais atômicos dos átomos periféricos de moléculas AB_n para os grupos de pontos indicados. Quando é mostrada uma vista de cima, o ponto que representa o átomo central está no plano do papel (para os grupos D) ou acima do plano (para os grupos C correspondentes). As diferentes fases dos orbitais atômicos (amplitudes + ou –) são mostradas por cores diferentes. Quando há uma grande diferença no valor dos coeficientes dos orbitais numa determinada combinação, os orbitais atômicos são desenhados com tamanhos grandes ou pequenos para representar suas contribuições relativas na combinação linear. No caso de combinações lineares degeneradas (aquelas indicadas por E ou T), qualquer combinação linearmente independente do par degenerado também terá a simetria apropriada. Na prática, essas combinações lineares diferentes se parecem com as que são mostradas aqui, mas os seus nós sofreram uma rotação segundo um ângulo arbitrário ao redor do eixo z.

Os orbitais moleculares são formados pela combinação de um orbital do átomo central (como os da Tabela A5.1) com uma combinação linear de mesma simetria.

Tabela A5.1 Simetria dos orbitais no átomo central

	$D_{\infty h}$	C_{2v}	D_{3h}	C_{3v}	D_{4h}	C_{4v}	D_{5h}	C_{5v}	D_{6h}	C_{6v}	T_d	O_h
s	Σ	A_1	A_1'	A_1	A_{1g}	A_1	A_1'	A_1	A_{1g}	A_1	A_1	A_{1g}
p_x	Π	B_1	E'	E	E_u	E	E_1'	E_1	E_{1u}	E_1	T_2	T_{1u}
p_y	Π	B_2	E'	E	E_u	E	E_1'	E_1	E_{1u}	E_1	T_2	T_{1u}
p_z	Σ	A_1	A_2''	A_1	A_{2u}	A_1	A_2''	A_1	A_{2u}	A_1	T_2	T_{1u}
d_{z^2}	Σ	A_1	A_1'	A_1	A_{1g}	A_1	A_1'	A_1	A_{1g}	A_1	E	E_g
$d_{x^2-y^2}$	Δ	A_1	E'	E	B_{1g}	B_1	E_2'	E_2	E_{2g}	E_2	E	E_g
d_{xy}	Δ	A_2	E'	E	B_{2g}	B_2	E_2'	E_2	E_{2g}	E_2	T_2	T_{2g}
d_{yz}	Π	B_2	E''	E	E_g	E	E_1''	E_1	E_{1g}	E_1	T_2	T_{2g}
d_{zx}	Π	B_1	E''	E	E_g	E	E_1''	E_1	E_{1g}	E_1	T_2	T_{2g}

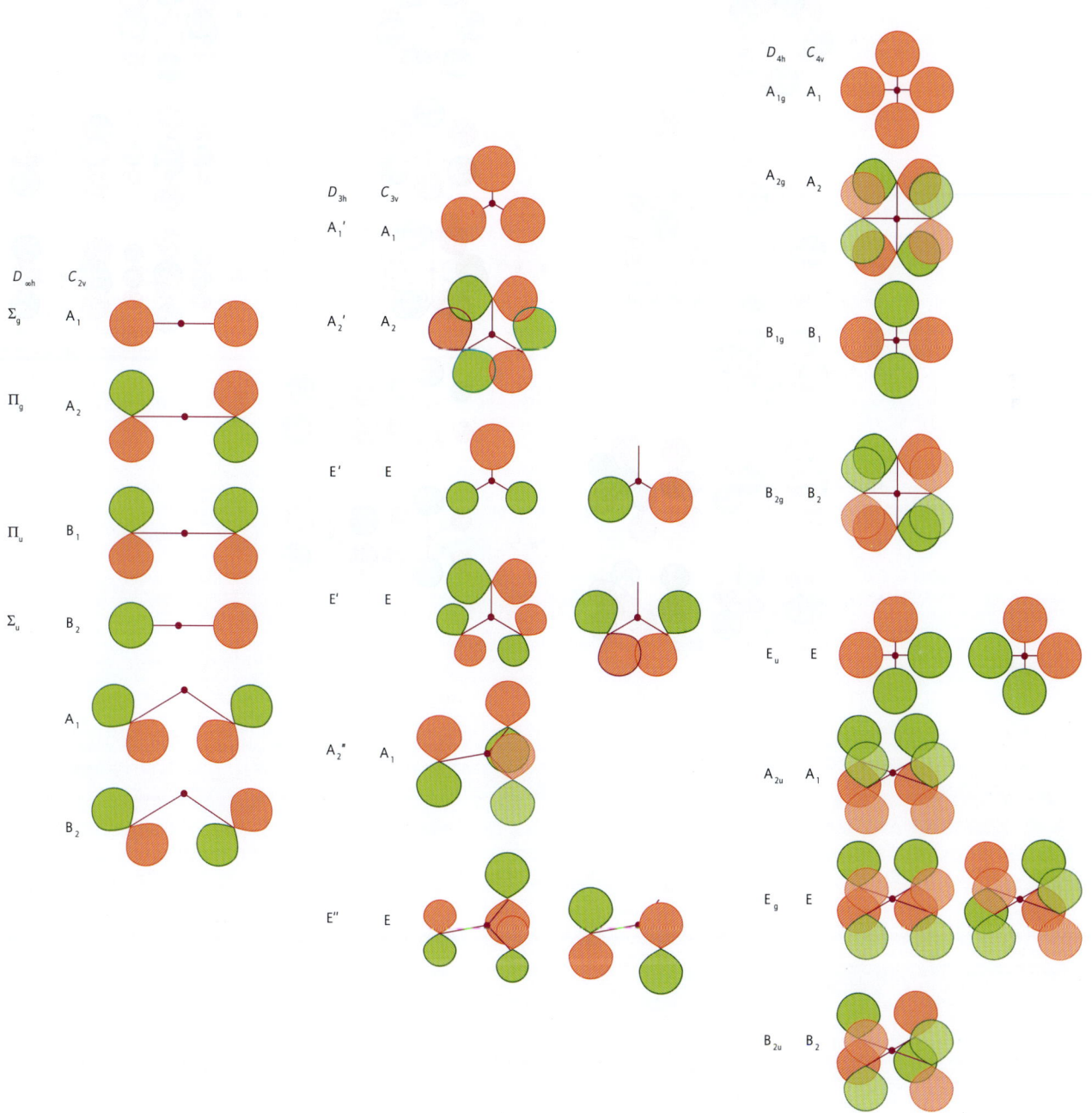

Apêndice 5

Apêndice 5

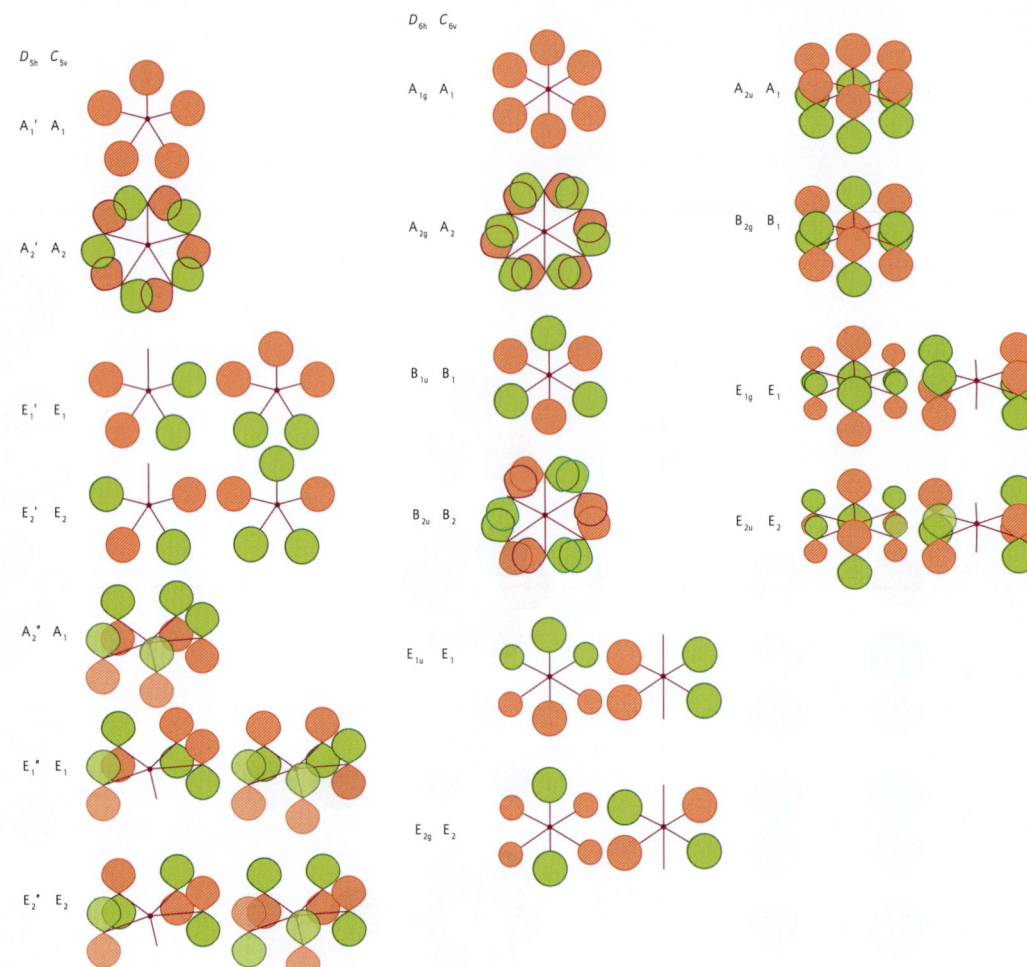

Apêndice 5

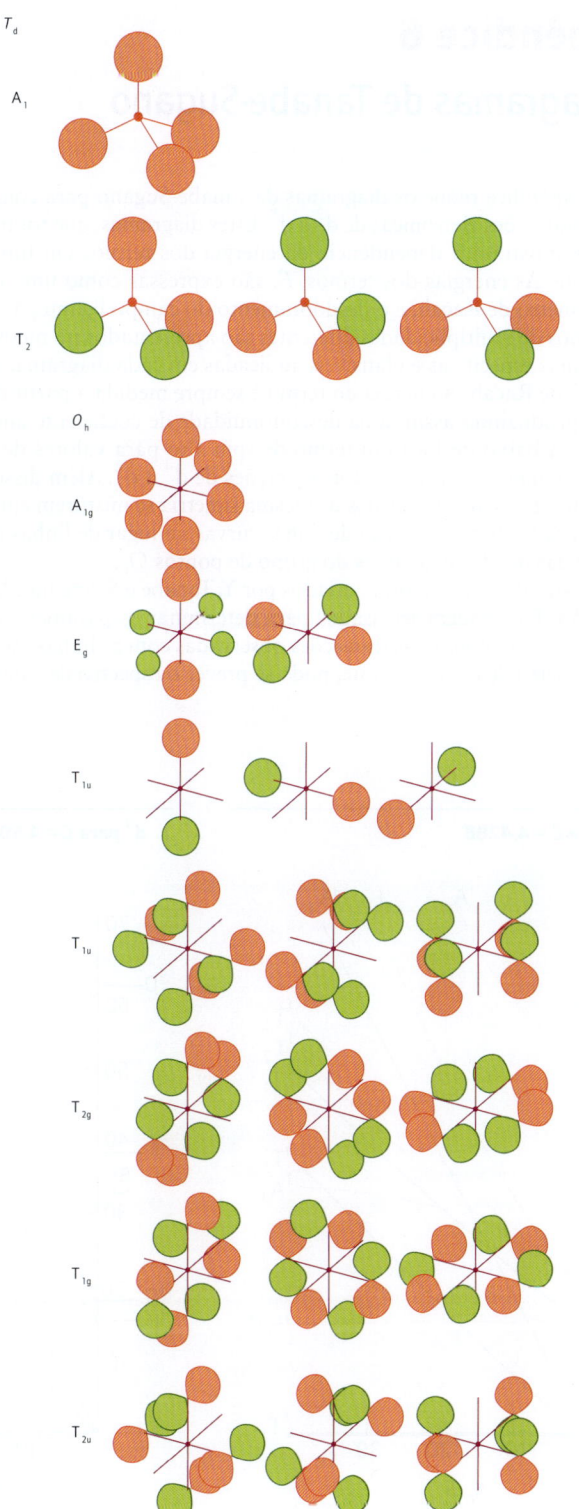

Apêndice 6
Diagramas de Tanabe-Sugano

Este apêndice reúne os diagramas de Tanabe-Sugano para complexos octaédricos com configurações eletrônicas de d^2 a d^8. Estes diagramas, que foram apresentados na Seção 20.4, mostram a dependência da energia dos termos em função da força do campo ligante. As energias dos termos, E, são expressas como uma razão E/B, onde B é um parâmetro de Racah, e o desdobramento do campo ligante, Δ_O, é expresso como Δ_O/B. Termos de multiplicidades diferentes são apresentados no mesmo diagrama, fazendo-se escolhas específicas e plausíveis, indicadas em cada diagrama, para o valor do parâmetro C de Racah. A energia do termo é sempre medida a partir do termo de menor energia, produzindo assim uma descontinuidade de coeficiente angular quando um termo de spin baixo desloca um termo de spin alto para valores de força de campo ligante suficientemente altos nas configurações de d^4 a d^8. Além disso, a regra do não cruzamento obriga que os termos de mesma simetria se misturem em vez de se cruzarem; essa mistura explica a presença de linhas curvas no lugar de linhas retas em vários casos. As legendas dos termos são as do grupo de pontos O_h.

Estes diagramas foram criados por Y. Tanabe e S. Sugano, *J. Phys. Soc. Japan*, 1954, **9**, 753. Eles podem ser usados para determinar os parâmetros Δ_O e B ajustando-se as razões das energias das transições observadas com as linhas. Ao contrário, sabendo-se o parâmetro de campo ligante, pode-se prever o espectro de campo ligante.

1. d^2 para $C = 4{,}428B$

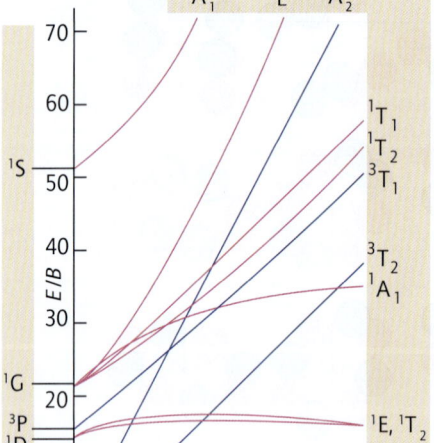

2. d^3 para $C = 4{,}502B$

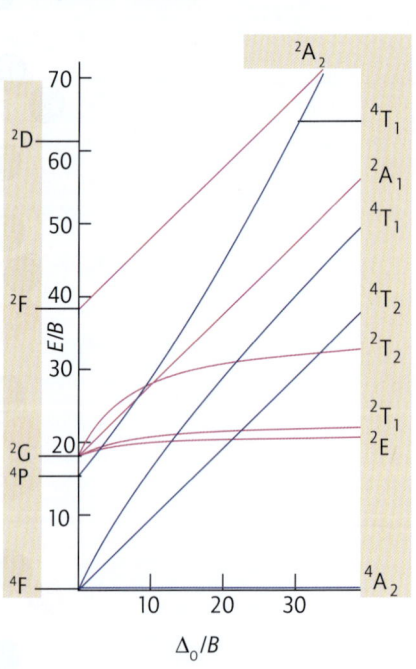

Apêndice 6

3. d^4 para $C = 4{,}611B$

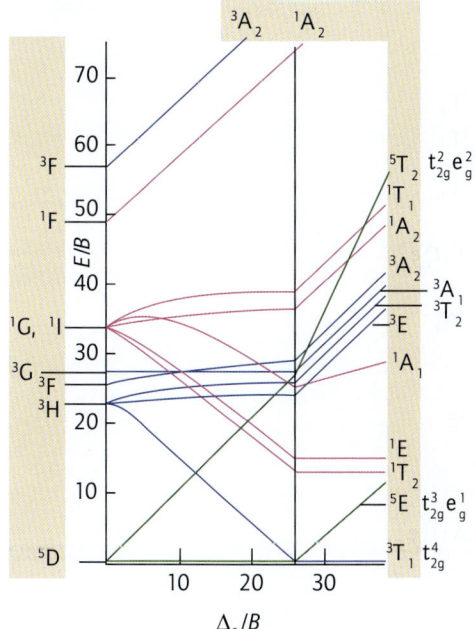

4. d^5 para $C = 4{,}477B$

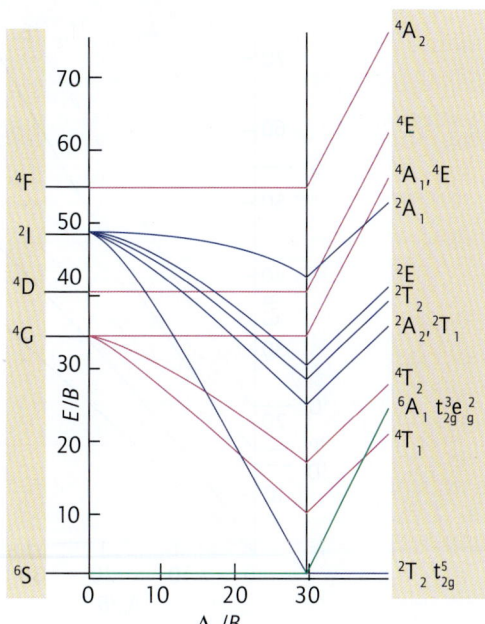

5. d^6 para $C = 4{,}808B$

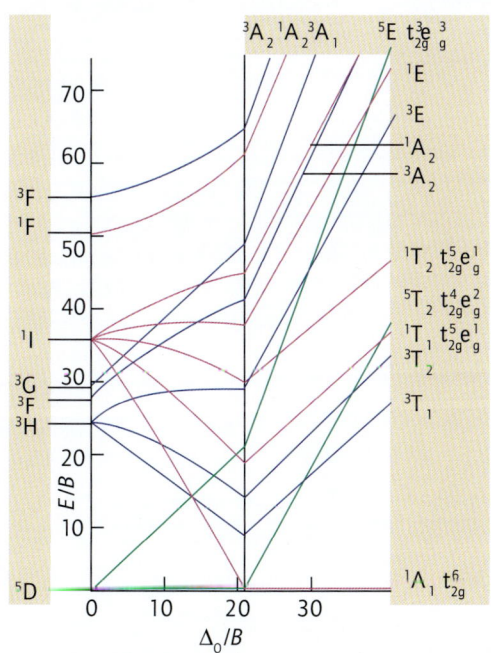

6. d^7 para $C = 4{,}633B$

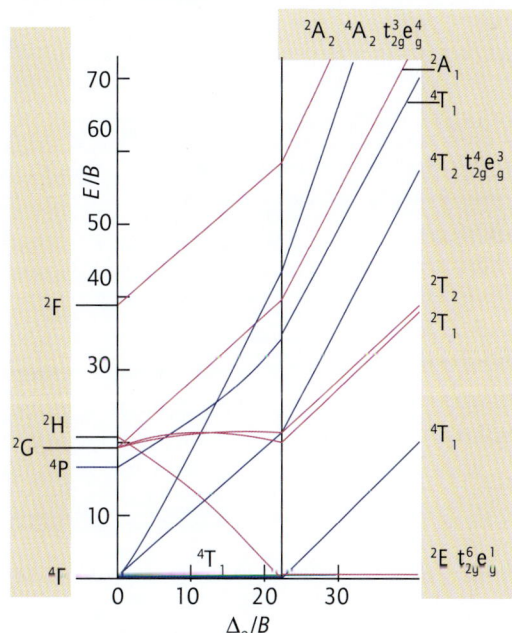

7. d⁸ para $C = 4{,}709B$

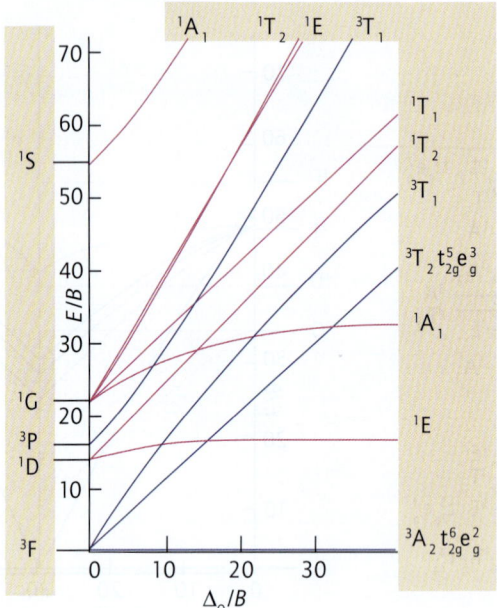

Índice

18 elétrons, regra dos, 581

A

ab initio, métodos, 56
acetiletos, 399
ácido bórico, 359, 361, 363, 364
ácido bromoso, 474
ácido carbônico, 394, 396
ácido cloroso, 472, 474
ácido conjugado, 117
ácido dissulfuroso, 451
ácido ditiônico, 452
ácido ditionoso, 452
ácido etanoico, síntese, 742
ácido fluorídrico, 459
ácido fluorossulfúrico, 453
ácido fosfônico, 425
ácido fosfórico, 425, 427
ácido hidrazoico, 416
ácido hipocloroso, 474
ácido hipofluoroso, 474
ácido iódico, 471
ácido metanossulfônico, 466
ácido nítrico, 411, 421, 447
ácido nitroso, 411, 424
ácido perclórico, 471
ácido periódico, 471
ácido selenoso, 441
ácido sulfúrico, 436, 447, 450
   autoprotólise, 450
   fabricação, 451
   usos, 450
ácido sulfúrico anidro, solvente, 147
ácido sulfúrico concentrado, 437
ácido sulfúrico fumegante, *ver* óleum
ácido sulfuroso, 437, 447, 451
ácido telúrico, 450
ácidos, 116
ácidos carboxílicos como ligantes conectores, 692
ácidos e bases, força de, 120
ácidos hipo-halosos, 474
ácidos peroxossulfúricos, 451
ácidos polipróticos, 120
ácidos politiônicos, 437, 452
ácidos sólidos, 150
aço, 77, 495, 498, 502, 504
aconitase, 793
acoplamento, 249
   reações de, 740
   heteronuclear, 250
   hiperfino, 253
   jj, 531
   spin-órbita, 531
   spin-spin, 249
   super-hiperfino, 254
actinídeos, 625
   configurações eletrônicas e estados de oxidação, 644
   diagramas de Frost, 645
   espectros eletrônicos, 647
   meias-vidas, 628
   ocorrência e obtenção, 627
   separação por troca iônica, 644
   tendências gerais, 643
actinídeos, propriedades e usos, 627
adição oxidativa, 392, 589, 617, 742
aditivos de alimentos, 426, 427
ADP, *ver* difosfato de adenosina
adsorção de gás, 693
AFM, *ver* microscopia de força atômica
Ag_2HgI_4, 661
ágata, 382
agente oxidante, 154
agente redutor, 154
AgI, 83
água, 435, 442
   amaciante de, 324
   como um agente oxidante, 165
   como um agente redutor, 166
   faixa de estabilidade, 165
   oxidação, 438
   região de estabilidade em, 166
água-régia, 423
Al_2O_3, 667
albita, 402
alcano, epoxidação, 754
alcano, ligante, 597
ALD, *ver* deposição em camada atômica
algicidas, 405
alil, ligante, 594
alótropos, 356, 359, 382, 409
alquilalumínio, 377
alquilarsanos, 429
alquilboranos, 377
alquilestanho, 405
alquilideno, 597
alternância, 276, 355
alto-forno, 182
alumes, 358
alumina, 743
alumínio, 354
   fosfatos reticulados, 403
   hidreto, 358
   hidretos, 374
   hidróxido, 376
   mono-halogenetos, 375
   organocompostos, 377
   óxido, 358
   oxocompostos, 376
   reciclagem, 360
   tri-halogenetos, 358, 374
alumínio, reciclagem do, 360
aluminofosfato, 686, 688
aluminossilicato, 360, 385, 401, 446
   como catalisadores ácido–base, 150
alvo das drogas, 821
Alzheimer, mal de, 741
ambidentado, 210, 466
amerício, 649
ametista, 382
amina oxidases, 796
aminaborano, 366
aminoácidos (*tabela*), 768
amônia, 320, 410, 412, 417, 679
   biossíntese, 808
amônia líquida, 331
   como solvente, 146
amônia-borano, 356, 360, 365
amônio,
   carbamato, 395
   cloreto, 82
   nitrato, 417
   perclorato, 417
   sais de, 417
amosita, 397
amoxidação, 754
análise de raios X por dispersão de energia, 262
análise química, 260
análise térmica, 262
análise térmica diferencial, 263
analogia vibracional, 204
anatásio, 236
anestésico, 481
anfoterismo, 130
anfótero, 130, 349, 355, 358
Ångström, 235
anidrase carbônica, 394, 789
anodo, 157
antiferromagnético, 545
antifluorita, 84, 445
antimaláricos, 826
antimonetos, 417
antimônio, 408
   antimonetos, 410
   compostos organometálicos, 428
   estibano, 410, 419
   halogenetos, 410, 419
   óxido, 411
   óxidos e oxoânions, 425
   pentafluoreto, 135
   usos, 414
apatita, 689
apoproteína, 769
apoptose, 439
aproximação orbital, 15
APS, *ver* pirofosfato de adenosina
aqua-ácido, 125
aqua-ácido, força de (tendências periódicas), 127
aracno-boranos, 369
aragonita, 347
areia, 382
areno, ligante, 593
argentita, 508
argilas, 355, 360, 382, 385, 401, 689, 750
argilas pilarizadas, 689
argônio, 479
   compostos, 486

compostos de coordenação, 485
   usos, 481
arilarsanos, 429
armazenamento de dados, 674, 675
arsabenzeno, 429
arsano, 419, *ver também* arsina
arsenetos, 376, 417
arsenicais, 414
arsênio, 408
   alótropos, 409
   arsano, 419
   arsenetos, 410
   arsina, 410
   compostos organometálicos, 428
   halogenetos, 410, 419
   no meio ambiente, 412
   obtenção, 412
   óxido, 411, 414
   óxidos e oxoânions, 425
   usos, 414
arsênio amarelo, 409
arsênio cinza, 409
arsenito oxidase, 427
arsenoamida, 414
arsenolita, 410, 414
arsenopirita, 410
arsina, 410
arsol, 430
arsônio, íon, 419
artrite, tratamento de, 824
asbestos, 382, 397
asbestose, 397
associativa, etapa determinante da velocidade, 554
ástato, 456
atático, 757
ativação
   entropia de, 559
   volume de, 559
atmófilo, 279
atmosfera, 435
atomização, entalpia de, 278
átomos de muitos elétrons, 4, 15
átomos hidrogenoides, 4
ATP, *ver* trifosfato de adenosina
Aufbau, princípio, 17
Auranofina®:
   tratamento de artrites, 824
austenita, 77

autoionização, 119
autolimpante
   janelas, 700
   revestimento, 754
autoprotólise, 119
azida, ligante, 416
azidas, 410, 415
azinhavre, 508
azul-da-prússia, 698
   análogos do, 706
azul-do-egito, 697

B

bactéria magnetotática, 814
bactéria redutora de enxofre, 443
Bailar, torção de, 567
balanceamento de equações de reações de oxirredução, 156
Balmer, série de, 7
bandas, 107
Banks, R.L., 756
baricentro, 516
bário, 336
barita, 434
Bartlett, Neil, 482
base conjugada, 117
bases, 116
BaSO₄, 101
bateria de íon Li, 676
bateria de sódio-enxofre, 328
baterias chumbo-ácido, 398, 441
baterias:
   hidreto metálico, 312
BaTiO₃, 670
bauxita, 355, 360
Beer–Lambert, lei de, 241
berílio, 336, 339
   meteto, 400
berilo, 340, 396
beriloceno, 351
Berry, pseudo-rotação de, 220, 567
bicamada de fosfolipídeos, 764
bicarbonato, 329, 394
bidentado, 210
Big Bang, 3
BIMEVOX, 664
BINAP, 736
bioconjugação:
   atribuindo seletividade às drogas contendo metal, 823
biogênico, 438

bioinformática, 772
biomassa, 394
biomineral, 689, 813
biomineralização, 814
BISCO, 509
bismabenzeno, 430
bismita, 412
bismutetos, 417
bismutinita, 412
bismuto, 408, 673
   citrato, 825
   compostos organometálicos, 428
   halogenetos, 410, 419
   na medicina, 414
   obtenção, 412
   óxido, 411
   óxidos e oxoânions, 425
   subsalicilato, 825
bismuto, compostos para o tratamento de úlceras gástricas, 825
bismutol, 430
blindado, 249
blindagem, 15, 16
bloco s
   ácidos e bases deLewis, 134
   compostos do, 101
Blu-ray, 360
BNCT, *ver* terapia de captura de nêutrons pelo boro
bócio, 463
Bohr, Niels, 8
boneca russa, modelo de, 389
boranas, 356, 361, 367, 370
bórax, 359, 364
borazina, 366
Born, equação de (solvatação), 124
Born–Haber, ciclo de, 91, 325
Born–Mayer, equação de, 93, 112
boro, 354
   boranas, 356, 367
   boretos, 366
   carbeto, 400
   carboranas, 372
   clusters, 359
   compostos com oxigênio, 364
   compostos nitrogenados, 365
   ésteres de borato, 364

halogenetos, 364
hidretos, 361
hidretos de boro, 367
metaloboranos, 372
nitreto, 357, 360, 365, 415, 469
organocompostos, 377
óxido, 357, 359
poliboratos, 364
tetrafluoretoborato, 363
tetra-hidretoborato, 362
tri-halogenetos, 134, 357, 363
vidros, 365
Bosch, Carl, 417
Brackett, série de, 7
Bragg, equação de, 235
Brandt, Hennig, 412
branqueamento, 365, 443, 451, 462, 471, 475
branqueamento baseado em cloro, 475
bromatos, 475
bromo, 456
   brometos, 466
   inter-halogênios, 468
   ocorrência, 458
   óxidos, 459, 471
   oxoácidos e oxoânions, 471
   produção, 461
   trifluoreto, 468
   usos, 462
Brønsted, ácido de, 117, 125
Brønsted, base de, 117
Brønsted–Lowry, teoria de, 117
bronze, 383, 491
   tungstênio, 499
bronze, 78, 106, 510
Buckminster Fuller, 385
buckyballs, 382
butil-lítio, 373

C

C₆₀, 703
Ca dopado com ZrO₂, 105
cadeia respiratória, 783
cádmio, 510
   cloreto de, 85
   iodeto de, 85
   sulfeto de, 698, 709
CaF₂, 84
cal viva, 340
calcificação, 814
cálcio, 336, 770
   carbonato, 347

Índice **865**

comparação com o magnésio na biologia, 776
cristais de carbonato como sensores de gravidade nos mamíferos, 814
fosfato, 413
hidreto, 310
proteínas sinalizadoras, 775
silicato, 412
calcita, 347
calcófilo, 279
calcogênios, 433
calmodulina, 775
calor de formação: halogenetos alcalinos, 325
calorimetria de varredura diferencial, 263
Calvin, ciclo de, 396
camada de valência, 21
  repulsão dos pares de elétrons, 36, 38
campo autoconsistente, 57
campo cristalino, 515-516
campo forte
  caso de, 518
  ligante de, 517
campo fraco
  caso de, 518
  ligante de, 517
campo ligante
  energia de estabilização, 518, 551, 669
  parâmetro de desdobramento, 516
  teoria, 515, 525
  transições, 536
câncer, 821
caprolactama, 418
captura, 395, 427
caracteres, 193
caráter hidrídico, 301
caráter nobre, 292
carbamato como ligante do magnésio no 'rubisco', 791
carbeno, 405
  complexo, 603
  de Fischer, 597
  de Schrock, 597
  ligante, 597
  N-heterocíclico, 597
  singleto, 597
  tripleto, 597
carbeno N-heterocíclico, 597, 734

carbeno tripleto, 597
carbetos, 320, 385, 398
  alcalinoterrosos, 346
  de metais alcalino, 330
  metálicos, 400
  metaloide, 400
  salinos, 399
carbetos binários, 385
carbetos metaloides, 400
carbonatos, 99
  alcalinoterrosos, 346
  de metais alcalinos, 328
carbonila, 585
carbonilação do metanol, 742
carbono, 381
  amorfo, 389
  cianeto, 384
  cianetos, 398
  ciclo do, 394
  compostos com enxofre, 394
  diamante, 382, 385
  fibras de, 389
  fulerenos, 382, 388
  grafeno, 382, 386
  grafita, 382
  haletos de carbonila, 392
  halogenetos, 384
  hidrocarbonetos, 390
  hidrogenocarbonato, 394
  nanotubos, 382, 389
  negro-de-fumo, 389, 699
  óxidos, 384
  oxocompostos, 394
  parcialmente cristalino, 389
  tetra-halogenetos, 392
carbono poroso, 696
Carboplatina®:
  tratamento do câncer, 822
carboranos, 359, 372
carborundo, 385, 400
carboxilatos (aminoácidos) como ligantes, 770
carboxipeptidase, 789
Cardiolita®, 502
  usada em imagem do coração, 832
carga nuclear efetiva, 15, 27
carvão ativado, 389
cassiterita, 382, 386
catalase, 793
catalisador negativo, 729
catalisadores
  ancorados, 759

bifásicos, 760
bioinspirados, 817
homogêneos heterogeneizados, 755
catálise, 385, 728
  atividade, 731
  bifásica, 760
  craqueamento catalítico, 749
  eletrocatálise, 752
  fotocatálise, 752
  heterogênea, 732, 742
  hidroformilação, 736
  hidrogenação de alquenos, 734, 747, 759
  homogênea, 732
  inspirada em metaloenzimas, 817
  metátese de alqueno, 733
  multifásica, 743
  oligomerização e polimerização, 755
  oxidação de Wacker de alquenos, 738
  oxidação do dióxido de enxofre, 749
  oxidação e produção eletroquímica de hidrogênio, 315
  oxidação parcial de hidrocarbonetos, 754
  oxidações assimétricas, 739
  reações de formação de ligações C–C, 740
  regeneração, 731
  seletividade, 731
  síntese de amônia, 748
  síntese de Fischer–Tropsch, 751
  síntese do ácido etanoico, 742
  suporte, 743
  venenos, 729
catálise ácido-base por metaloenzimas, 788
catálise homogênea, 732
catenação, 383, 390, 434, 440
catenando, 231
catenano, 230
cátion bis(trifenilfosfina) imina, 428
cátions, condução, 661
cátions, condutividade, 679
cátions de poli-halogenetos, 468

cátions modificadores do vidro, 678
Cativa, processo, 742
catodo, 157
caulinita, 385, 401
cavidades em estruturas de empacotamento compacto, 70
cavidades octaédricas, 71, 89
cavidades, preenchimento de, 81, 85
$CdCl_2$, 85
CdI_2, 85
CdSe, nanocristais, 722
CdTe, 702
célula solar, 360, 376, 391, 414
célula unitária, 66
  de corpo centrado, 67
  de face centrada, 67
células:
  estrutura e organização, 763
cementita, 400
centro de evolução de oxigênio, 801
centros "azuis" de cobre, 787
Ceretec®:
  usado em imagem do cérebro, 832
césio, 318
  cloreto de, 82, 320, 325
CFCs, ver clorofluocarbonetos
chama, testes de, 319, 337
Chevrel, fase, 684
CHN, análise de, 260
chumbo, 381
  compostos organometálicos, 405
  halogenetos, 393
  hidretos, 384, 392
  óxido, 384
  óxidos, 397
chumbo tetraetila, 405
chumbo vermelho, 384, 397
chuva ácida, 447
cianeto, 384, 398
cianogênio, 384, 398, 415, 465
ciclo catalítico, 730
ciclobutadieno, 591
ciclo-heptatrieno, 595
ciclopentadieno, 595
CIGS, 509

cimento, 137, 341
cinabre, 510
CIS, *ver* disseleneto de cobre e índio
cisplatina, 821, 822
cisteína, 435, 443
   ligante, 770
citocromo *c*, 784
   complexo com outras proteínas, 785
   oxidase, 398, 794
   oxidase, análogo de, 795
   oxidase, mecanismo da, 795
   peroxidase, 793
citocromo P450:
   mecanismo, 797
citocromos, 784
citoplasma, 764
citotoxicidade, 820
classe, 194
clatratos, 391, 480, 486
Claus, processo (produção de enxofre), 183, 440
Clebsch–Gordan, série de, 531
CLFS, *ver* combinações lineares formadas por simetria
CLOA, aproximação, 43
clorato, 459
cloreto, 681
   iônico, 290
cloreto complexo, 681
cloro, 456
   cloretos, 466
   dióxido, 470, 475
   inter-halogênios, 468
   ocorrência, 458
   óxidos, 459, 470
   oxoácidos e oxoânions, 471
   produção, 461
   usos, 462
clorodifluorometano, 476
clorofila, 350, 413
clorofluocarbonetos, 395, 458, 462, 475
cloroplasto, 764, 800
closo-boranos, 369
cluster de cobre e enxofre na óxido nitroso redutase, 809
cluster, elétrons de valência do, 611
cluster, metal, 218, 610

clusters ferro-enxofre, 785
   descrição de valência mista, 786
   em catálise ácido-base, 793
   enzima radical (SAM), 804
CMR, *ver* magnetoresistência colossal
C_n, 189
CNTs, *ver* nanotubos de carbono
cobalamina, 506, 802
cobalto, 506
   enzimas, 802
   enzimas em reações de rearranjo envolvendo radicais, 803
   metionina sintase, 803
cobre, 508
   complexos em radioterapia, 824
   coordenação, 672
   coordenação linear, 813
   na ligação reversível com o oxigênio, 781
   nas oxigenases, 799
   proteínas sensores, 813
   transferência de elétron em sistemas biológicos, 787
coeficiente de absorção molar, 241
coeficiente de extinção, 241
coenzima B_{12}, 802
combinações lineares formadas por simetria, 201, 202, 207
combustível de foguete, 360
combustível fóssil, 395
compartimentalização, 766
complexação, influência no potencial de redução, 168
complexo, 209
   16 elétrons, 581
   18 elétrons, 581
   cruzamento de spin, 546
   de encontro, 517
   esfera externa, 210
   esfera interna, 210
   formação, 138, 141
   homoléptico, 599
   octaédrico, 216, 221, 516
   piramidal quadrático, 220
   polimetálico, 218

   quadrático plano, 215, 219, 523, 581
   spin alto, 518
   spin baixo, 518
   tetraédrico, 215, 220, 522
   trigonal bipiramidal, 220
   trigonal prismático, 216
complexos de di-hidrogênio, 313
complexos de fulereno, 388
complexos de semitiocarbazonas de cobre em radioterapia, 824
complexos endoédricos de fulereno, 486
complexos ferro-carbonila em enzimas, 810
comportamento invertido, 572
compostos de coordenação, 209
   metal alcalino, 332
compostos de lantanídeos(II), 637
compostos de lantanídeos: propriedades magnéticas, 634
compostos intermetálicos, 695
compostos organometálicos de alcalinoterrosos, 350
   de lantanídeos, 641
   de metais alcalinos, 333
comprimento de ligação, 51, 58, 238
comproporcionação, 167
conchas, 10
concreto, 341
condensação, 131
condensação de oxirredução, 614
condições padrões, 157
condução aniônica, 663
condução de íon lítio, 662
condução eletrônica, 666
condutividade, 107
condutores mistos iônico-eletrônico, 664
constante de acidez, 118, 121 (*tabela*)
constante de formação, 226
   global, 227
   sequencial, 226
constante de ionização ácida, 118
constante dielétrica, *ver* permissividade relativa

contagem de elétrons, 582
contração, dos lantanídeos, 24
conversores catalíticos, 745
coordenação:
   isomerismo, 218
   número de, 86, 210, 285
   primeira esfera, 210
coordenadas atômicas fracionais, 68
copolímero em bloco, 719
cores, 242
coríndon, 360, 376, 667
correlações de ligação química, 51
corrina como ligante, 771
Cossee–Arlman, mecanismo de, 755
covalente:
   halogeneto, 290
   nitretos, 410
   raio, 23, 58
criolita, 360, 375, 467
criptando, 377
criptandos, 332
criptônio, 479
   compostos, 486
   compostos de coordenação, 485
   difluoreto, 486
crisotila, 397
cristais líquidos, 706
crocidolita, 397
cromo, 498
cruzamento intersistemas, 544
CsCl, 82, 320
cúbica de corpo centrado, 74
cúbica de face centrada, 70
Cumeno, processo, 754
cura de carnes, 424
Curl, Robert, 385
CVE, *ver* elétrons de valência do cluster
cyclams com agentes anti-HIV, 827
Czochralski, processo de (produção de silício), 182

D

DCD, *ver* Dewar–Chatt–Duncanson
de Broglie, Louis, 8
decafeinização, 396
decametilciclopentassiloxa-no, 404
defeitos, 102, 659

defeitos estendidos, 659
defeitos extrínsecos, 103
defeitos intrínsicos, 102
Deferasirox®:
    tratamento da sobrecarga de ferro, 828
Deferiprona®:
    tratamento da sobrecarga de ferro, 828
degenerescência, 195
densidade, 73, 319, 337
densidade de estados, 109
densidade de probabilidade, 9, 44
dentes, queda de, 462
dentifrício, 365, 426, 462
deposição de vapor químico, 712
deposição de vapor químico metalo–orgânico, 712
deposição em camada atômica, 712
deposição por laser pulsado, 711
deposição por vapor físico, 711
desblindado, 249
descoberta de fármacos, 821
desenvolvimento de fármacos, 821
Desferral®:
    tratamento da sobrecarga de ferro, 828
desferrioxamina, 828
deslocamento químico, 248
desproporcionação, 167, 172, 422, 472
dessorção, 746
detecção de impressão digital, 454
detergentes, 427
deuteração, 246
deutério, 4, 297
Dewar–Chatt–Duncanson, 590
diamagnético, 520
diamante, 382, 385
diamante sintético, 386
diars, ligante, 429
diborano, 306, 356, 361, 368
    teoria dos orbitais moleculares, 56
diboreto de rênio, 360
dibromínio, íon, 468
dicarbetos, 399
dicloreto de dienxofre, 445

diclorometano, síntese do, 462
Diels–Alder, reação de, 439
difluoreto de dioxigênio, 470
difosfato de adenosina, 131
difração, 234
    padrão, 236
difração de nêutrons, 238
difração de raios X de monocristal, 237
difração de raios X de pó, 235
difratômetro, 237
difusão, 660
di-iodocarborano, 373
dilitiocarboranos, 373
dimetillsulfano, 375
dinitreto de dienxofre, 415, 437, 453
diodos, 360, 376, 377, 401, 414, 447
dióxido de carbono, 384, 394
    ácido de Lewis, 133
    captura, 395
    diagrama de fases, 149
    efeito estufa, 394
    superfluido, 396
dióxido de titânio, 698, 700
    fotocatalisador, 754
dioxigenases, 796, 798
di-oxigênio, 438, ver oxigênio
DiPAMP, 736
disco de cores, 242
disco rígido, 674, 675
disseleneto de cobre e índio, 703
dissilicato, 384, 396
dissociação heterolítica, 305
dissociação homolítica, 305
dissociação:
    constante de, 227
    energia de, 45
dissociativa, etapa determinante da velocidade, 554
dissulfeto, 445, 682
dissulfetos em camadas, 446
dissulfito, 449
distorção:
    rômbica, 216
    tetragonal, 216, 524
ditionato, 437, 449
ditionito, 449

doença do sono, 414
dolomita, 340
domínio, 670
dopagem, 701
dopante, 105
Doppler, efeito, 254
Drago–Wayland, equação de, 142
drogas organometálicas no tratamento da malária, 826
DSC, ver calorimetria de varredura diferencial
DTA, ver análise térmica diferencial
Du Pont, método, 386
dualidade onda-partícula, 8
dupla troca, 674
dureza:
    consequências, 141
    interpretação, 140
duro-macio, classificação, 139
duros:
    ácidos, 139
    bases, 139

E

EACL, ver energia de ativação de campo ligante
economia atômica, 732
EDAX, ver análise de raios X por dispersão de energia
EDS, 262
EECL, ver energia de estabilização de campo ligante
efeito do par inerte, 358, 382, 384, 410
efeito estufa, 394
efeito molde, 230
efeito trans, 557, 615
efeitos relativísticos, 25
Eigen–Wilkins, mecanismo de, 560
eixo de rotação de ordem n, 189
eixo:
    de rotação, 189
    principal, 189
eixos principais, 189
elemento sensível ao ferro, 811
elementos do bloco f, 625
elementos em biologia, 764
elementos supercondutores, 672
eletrocatálise, 752

eletrocrômico, 678
eletrólitos sólidos, 661
eletromagnético:
    espectro, 7, 240
    força, 3
elétron:
    afinidade, 28
    compostos deficientes em hidrogênio, 306
    contagem em clusters, 611
    deficiência, 56, 356, 358
    ionização por impacto de, 258
    microscopia, 267, 660
    reação de autotroca, 570
    ressonância de spin, 252
    ressonância paramagnética, 252
    transferência em biologia, 783
eletronegatividade, 29, 59, 277
    Allred e Rochow, 30
    Mulliken, 30
    Pauling, 59
    triângulo de Ketelaar, 60
eletroquímica:
    decomposição da água, 438
    inserção, 683
    obtenção dos elementos, 183
    séries, 161
    técnicas, 264
eletrostático:
    parâmetro, 98, 124
    superfície de potencial, 57
eliminação redutiva, 617
Ellingham, diagrama de, 179
empacotamento compacto, 69, 89
    estruturas, 74
enantiômero, 197, 223
energia de emparelhamento, 518
energia de ligação, 4
energia de reorganização, 571
energia de separação das bandas, 383, 698
energia de troca, 18
energia renovável, 438
entalpia de ganho de próton, 123

entalpia de ligação, 51, 58, 60, 286, 384
entalpia:
  de atomização, 278
  de hidratação, 124
entalpias de ligação do hidrogênio (*tabela*), 308
enterobactina, 778
entropia de ativação, 559
enxofre, 433
  alótropos, 434
  ciclo do, 443
  compostos de nitrogênio, 453
  dicloreto de, 445
  dióxido de, 136, 436, 447
  halogenetos de, 444
  hexafluoreto de, 445
  hidretos de, 443
  obtenção, 440
  ocorrência, 434
  oxidação do dióxido de, 749
  óxidos de, 447
  oxoácidos de, 449
  oxo-halogenetos de, 447
  poliânions de, 452
  policátions de, 453
  polimorfos do, 440
  polissulfetos de, 437
  singleto, 441
  trióxido de, 136, 436, 447
enxofre ortorrômbico, 440
enzimas, 413
enzimas com cadeias de transferência de elétron, 786
epitaxia de feixe químico, 712
Epsom, sais de, 434
Ertl, G., 749
escalas de tempo dos métodos de caracterização, 240
escuterudita, 685
esfalerita, 83, 510
esmeralda, 104, 397
esmeril, 360
espaço ocupado, 70
espécies reativas de oxigênio, 812
espectrometria de massa, 257
espectroscopia de absorção, 239
espectroscopia de absorção atômica, 260

espectroscopia de emissão, 239, 242
espectroscopia fotoeletrônica, 255
espectroscopia fotoeletrônica no ultravioleta, 256
espectroscopia FTIR, 246
espectroscopia no IV, 604
espectroscopia vibracional, aplicações da, 246
espinélio, 81, 86, 358, 376, 525, 668, 673
espinélio invertido, 668
espinélio normal, 668
espontaneidade, 156
estabilidade, 100
  dos estados de oxidação, 100
estabilidade térmica, 98
estado de transição, efeito de, 557
estado fundamental, configurações, 15, 18
estanano, 384, 392
estanho, 381
  alótropos, 383
  compostos organometálicos, 383, 405
  halogenetos, 393
  hidreto, 392
  hidretos, 384
  óxido, 384
  óxidos, 397
estibabenzeno, 430
estibano, 419, *ver também* estibina
estibina, 410
estibnetos, 376
estibnita, 410, 412
estibol, 430
estiramento fundamental, 244
estrôncio, 336
estrutura cristalina, 66
estrutura eletrônica, 107
estrutura secundária (proteínas), 769
estruturas reticuladas, 658, 685
eta, 585
etapa determinante da velocidade, 553
éteres de coroa, 332
eutrofização, 427
Evans, método de, 264

EXAFS, 257
  técnica para investigação de sítios metálicos em proteínas, 771
excesso enantiomérico, 736

F
fac, 221
Fajan, regras de, 31
fase de transição, 236, 325
fases ternárias, 85
fator de transcrição, 776
fatores estéreos em adutos de Lewis, 141
$Fe_{1-x}O$, 665
FeCr, 79
feldspato, 382, 401
Fenton, reação de, 442
Fermi, níveis de, 109
ferricromo, 778
ferridrita, 779
ferritina, 779
ferro
  ciclo, 777
  em ligação reversível com o oxigênio, 781
  enzimas que catalisam reações ácido-base, 791
  porfirina, 398
    sobreposição de orbitais, 784
  proteína reguladora, 811
  proteínas e sensores, 811
  sobrecarga, 828
  transporte em organismos, 777
ferro, 75, 79, 504
ferro(IV),
  importância na catálise enzimática, 798
ferroceno, 505, 579
  em compostos sensores de glicose para pacientes diabéticos, 829
Ferrocifeno®, 824
ferroelétrico, 670
ferromagnético macio, 545
ferromagneto, 545
ferromagneto duro, 545
ferro-molibdênio
  cofator, 808
  proteína, 808
ferroquina:
  droga antimalárica, 827
ferroxidase, centros, 780
fertilizantes, 411, 413, 417, 426, 450
Fischer, 606

Fischer, carbenos de, 597
Fischer–Tropsch, síntese de, 387, 751
fluocarbonetos, 458, 475
flúor, 456
  fluoretos, 466, 680
  inter-halogênios, 468
  ocorrência, 458
  óxidos, 470
  produção, 461
  usos, 462
fluorapatita, 411
fluorescência, 243, 544
  compostos de lantanídeos, 634
  espectroscopia, 242
fluoretação, 462
fluoreto, 81, 84, 338, 673
fluoreto de hidrogênio, 412
  autoprotólise, 466
  como solvente, 147
  teoria dos orbitais moleculares, 49
fluorofílicos, 382
fluorose, 462
fluxionalidade, 240, 251
fluxos, 657
fogos de artifício, 341
força de ligação, 58
  ligações E–H, 300
força forte, 3
forças de dispersão, 95
forças dos ácidos e bases, 126
formação de complexo (aduto), 139
formas das moléculas, 37
forno tubular, 657
fosfano, *ver* fosfina
fosfatase ácida, 792
fosfato, 425, 688
  em biologia, 767
fosfatos condensados, 427
fosfazenos, 428
fosfina, 410, 419
  ligante, 587
fosfito, 425
fosfitos, 376, 416
fosforescência, 544
fósforo, 408
  alótropos, 409
  halogenetos, 410, 419
  nitreto, 415
  óxidos e oxoânions, 411, 425
  pentacloreto, 420
  trifluoreto, 419
fósforo branco, 409

fósforo vermelho, 409
fósforos, 697
fosgênio, 393
fósseis, 814
fotocatálise, 699, 752
fotocondutividade, 441
fotocrômico, vidro 679
fotodinâmica, terapia, 439
fotossíntese, 394, 434, 800
  cadeia de transferência de elétrons, 800
  produção de oxigênio, 800
  produção de oxigênio, o ciclo S, 801
fototerapia, 823
frâncio, 318
Franck–Condon, princípio de, 543, 539, 571
Frasch, processo, 440
Frenkel, defeito de, 102
frequências de estiramento da carbonila, 586
Friedel–Crafts, reação de, 137, 372, 375
Frost, diagrama de (estado de oxidação), 173, 421, 426, 472
ftalocianina, 404
fulerenos, 382, 388
  endoédricos, 389
fuleretos, 388, 703
função de onda, 8, 39, 43
função distribuição radial, 13
fundição, 179
fungicidas, 405
Fuoss–Eigen, equação de, 561

G

g, valor de, 252
GaAs, 702
gadolinio bioconjugado, contraste para ressonância magnética de coágulos sanguíneos, 831
gadolínio, compostos usados como contraste em ressonância magnética, 830
gadolinita, 502
galena, 382, 434
gália, 376
gálio, 354
  arseneto, 360, 377, 417, 702
  hidretos, 374

mono-halogenetos, 375
organometálico, 378
óxido, 358, 360
oxocompostos, 376
sulfeto, 376
tri-haletos, 358, 374
GaN, 702
ganho de elétron, entalpia de, 28
gás de síntese, 751
gás hilariante, 411
gás nobre
  ligante, 597
gás nobre, regra do, 580
gases estufa, 391
gases nobres, ver Grupo 18
Geim, Andre, 387
gelo,
  estrutura, 308, 442
germânio, 381
  haletos, 384
  hidreto, 392
  organocompostos, 404
  óxido, 384
  óxidos, 397
  tetra-haletos, 393
germanita, 382
germano, 392
  preparação, 362
germilenos, 404
Gibbs, energia de:
  de ativação, 729
  de solvatação, 124
GMR, ver magnetorresistência gigante
Goldschmidt, classificação de, 279
Gouy, balança de, 264
gradiente de campo elétrico, 254
grafeno, 382, 386, 387, 389, 715
  óxido, 384
grafita, 331, 365, 382, 385, 387, 676
  bissulfatos, 387
  compostos de intercalação, 399
  fluoreto, 387
grafita pirolítica, 386
granada, 639
Grätzel, célula de, 698, 709
Grignard, reagentes de, 351, 363, 429, 741
Grubbs, catalisador de, 733
Grupo 1, 318

Grupo 13, 354
  acidez de Lewis, 375
  com Grupo 15, 376
  compostos organometálicos, 377
  fases Zintl, 377
  halogenetos de baixo estado de oxidação, 375
  hidretos, 374
  oxocompostos, 376
  oxossais, 358
  sulfetos, 376
  tri-halogenetos, 358, 374
Grupo 13/15, semicondutores, 417
Grupo 14, 381
  compostos de nitrogênio, 398
  halogenetos, 384
  hidretos, 383, 390
  organocompostos, 404
  óxidos, 384, 394
Grupo 15, 408, 410
  alótropos, 409
  antimonetos, 410
  arsenetos, 410
  compostos organometálicos, 428
  halogenetos, 410
  hidretos, 410, 417
  nitretos, 410
  oxocompostos, 411
  oxo-halogenetos, 420
  penta-halogenetos, 420
  phosfetos, 410
  tri-halogenetos, 419
Grupo 16, 433
  anéis e clusters, 437
  halogenetos, 436, 444
  hidretos, 441
  óxidos, 436
  poliânions e cátions, 452
Grupo 17, 456
  halogenetos, 466
  inter-halogênios, 460, 467
  óxidos, 470
  oxoácidos e oxoânions, 459, 471
  poli-halogenetos, 460, 469
  pseudo-halogênios, 465
Grupo 18, 479
  clatratos, 486
  compostos, 480
  compostos de coordenação, 485
Grupo 2, 336

grupo de entrada, 550
grupo de pontos, 190
grupo de saída, 550

H

Haber, Fritz, 417
Haber, processo, 412, 417, 421
háfnio, 493
  covalente, 290
  halogeneto, 289
Hall–Héroult, processo (produção de alumínio), 183, 360
halocarbonetos, 384
halogenetos de fosforila, 420
halogenetos:
  alcalinoterrosos, 338, 343
halogênios como ácidos de Lewis, 136
halogênios, ver Grupo 17
haloperoxidase, 494
hapticidade, 585
Harold, 385
Hartree–Fock, método, 57
HCFCs, ver hidroclorofluorcarbonetos
Heck, acoplamento, 740
hectorita, 689
Heisenberg, Werner, 8
Helicobacter pylori (bactéria patogênica), 825
hélio, 479
  demanda, 481
  hélio-II, 481
  ocorrência, 480, 481
  usos, 481
hematina, 827
hematita, 435
hemeritrina, 782
hemocianina, 781
hemoglobina, 398, 434, 504, 781
  importância da sua degradação para o parasita da malária, 826
heterodiamante, 360
heterogêneas:
  catálises, 732, 742
  reações ácido-base, 150
hexafluoretofosfate, 471
hibridização, 41, 55
hidratos clatratos, 309
hidrazina, 418
hidreto, 287
  falha, 311

ligante, 588
não clássico, 589
hidreto, complexos, 313
    em enzimas, 810
hidretos, 106, 324, 694
    alcalinoterrosos, 338, 342
    metálico, 311
    molecular, 306
    salino, 310
hidretos complexos, 694
hidretos de boro, 359, 367, 370
    acidez de Brønsted, 371
hidridicidade, 307
    escala, 313
hidroboração, 362, 377, 391
hidrocarbonetos, 383, 390
hidroclorofluocarbonetos, 475
hidrofluocarbonetos, 458, 462
hidroformilação, 736
hidrogenação de alquenos, 734, 747
hidrogenases, 786, 810
hidrogênio, 239, 296
    a partir de combustíveis fósseis, 303
    adsorção em platina, 305
    agóstico, 597
    armazenamento, 356, 694
    átomo, 297
    cianeto, 384, 398
    ciclo, 810
    como combustível, 299
    compostos binários, 299
    compostos, métodos de síntese, 315
    energia de dissociação, 298
    íons, 297
    materiais para armazenamento, 311, 342
    por eletrólise, 304
    preparação em pequena escala, 303
    produção, 303
    propriedades e reações, 298
    propriedades nucleares, 302
    purificador, 312
    reações, 305

reações em cadeia envolvendo radicais, 306
seleneto, 444
sulfeto, 443
telureto, 444
usos de, 296
hidrogênio agóstico, 597
hidrogênio, ciclo biológico do, 297
hidrogenocarbonato, 329, 394
    alcalinoterrosos, 346
hidrogenofosfatases, 413
hidrogenossulfato, 437
hidrogenossulfito, 437, 451
hidrólise básica, 565
hidrossililação, 391
hidrotermal, 658
hidroxiapatita, 411
    em biologia, 814
hidróxidos, metal alcalino, 327
hidróxidos duplos em camada, 689
hidroxilação aromática, 754
hidroxilamina, 418
hidroxoácido, 125
hipervalência, 41, 54
hipervalente, 460
hipofosfito, 425
hipo-halito, íons, 474
hipoxia, 823
histidina como ligante, 770
HIV, drogas baseadas na química inorgânica, 827
Hogan, J.P., 756
holoproteína, 769
HOMO, ver orbital molecular ocupado de maior energia
homonuclear:
    acoplamento, 250
    moléculas diatômicas, 43, 45
Hoppe, Rudolf, 482
Hund, regras de, 18, 533

I

IC_{50}, 821
Idade da Pedra, 491
idade do ferro, 491
iluminação pública, 7
ímã ferrimagnético, 545
ímãs moleculares, 706
imidazol como ligante, 770

índio, 354
    mono-halogenetos, 375
    organometálico, 378
    óxido, 358
    oxocompostos, 376
    sulfeto, 376
    tri-halogenetos, 358, 374
indústria cloro-álcali, processo, 323, 461
inerte, 551
influência trans, 557
infravermelho:
    espectrômetro, 245
    espectroscopia, 197, 244, 245, 347
inorgânica:
    elementos na medicina, 820
    estruturas reticuladas, química das, 690
    farmacologia, 820
    nanofios, 713
inserção, 619, 682
intercalação, 681, 682
intercalação, compostos de, 155
interferência, 44
interferência construtiva, 9
interferência destrutiva, 9
inter-halogênios, 460, 467, 483
inter-halogênios catiônicos, 468
intermediário, 553
intermetálicos, 78, 79, 696
interpseudo-halogênio, compostos, 398
intersticial, 76
intertroca, 560
inversão, 189
iodatos, 475
iodeto de samário, 637
iodo, 456
    inter-halogênios, 468
    iodetos, 466
    ocorrência, 458
    óxidos, 471
    oxoácidos e oxoânions, 471
    poli-iodetos, 469
    usos, 463
íon
    bombas e transportadores, 766
    difusão, 660
    mobilidade, 660
    transporte, 659
    troca, 385, 403, 687

íon di-iodínio, 468
íon fosfônio, 419
íon nitrato, 411
íon nitrônio, 450
íon nitrosila, 424
íon oxalato, 424
íon pentaiodeto, 469
íon perxenato, 483
iônico
    cloreto, 290
    condutividade, 660
    ligação, 66
    líquido, 148, 760
    modelo, 126
    óxido, 291
    raio, 22, 87, 275, 319, 337
    sólido, 80
ionização
    energia, 25, 276
    entalpia, 25, 92
    isomerismo, 218
    potencial, 319, 337
ionóforos, 773
íons brometo, 474
íons cloreto, 474
íons hipoclorito, 474
íons poli-iodeto, 457
irídio, 506
Irving–Williams, série de, 525, 766
isocianatos, 393
isoeletrônico, 50, 361, 365, 376, 398, 403, 416, 424
isolamento em matriz, 484
isolante, 107, 110
isolante elétrico, 365
isolobal, 428, 465
    analogias, 612
isomeria de hidratação, 218
isomeria geométrica, 219
isomerismo
    coordenação, 218
    de ligação, 218
    geométrico, 219
    hidrato, 218
    ionização, 218
isomerismo cis–trans, 219, 221
isomerismo de ligação, 218
isomerização, 730
isômero
    deslocamento, 254
    óptico, 220
isômero óptico, 220, 222
isotático, 757
isotopólogos, 302, 748
isótopos, 3, 259

Índice

ITO, *ver* óxido de índio e estanho
ítrio, 491
   granada de alumínio e, 492, 638
   granada de ferro e, 492, 638
   IV ativo, 198

J

Jablonski, diagrama de, 634
jadeíta, 397
Jahn–Teller
   distorção, 216, 499, 503, 509, 524
   efeito, 524
Jahn–Teller, efeito dinâmico, 524
janela de diferenciação ácido-base, 143
janelas inteligentes, 716
junções p-n, 701

K

K_2NiF_4, tipo de estrutura, 670
$K_2Pt(CN)_4Br_{0,3}\cdot 3H_2O$, 705
Kaminsky, catalisador de, 756
Kapustinskii, equação de, 97
KCP, 705
Ketelaar, triângulo de, 60, 80
Kohn–Sham, 57
Kursk, 443

L

L, ligante tipo, 582
lactoferrina, 778
Landot, H., 472
lantanídeo
   contração dos, 24, 489
   íon luminescente, 633
   metais, propriedades e usos, 627
lantanídeos, 488, 625
   compostos de coordenação de Ln^{2+} e Ln^{4+}, 640
   compostos de coordenação de Ln^{3+}, 639
   compostos iônicos binários, 636
   compostos organometálicos, 641
   efeitos de campo ligante, 630
   em polimerização Zeigler-Natta e metátese de ligação σ, 642
   energias de atomização, 630
   energias de hidratação de íons +3, 631
   energias de ionização, 629
   espectro de absorção, 632
   estruturas eletrônicas, 629
   ocorrência e obtenção, 627
   óxidos ternários e complexos, 638
   potenciais padrão, 631
   propriedades atômicas, 629
   propriedades eletrônicas e magnéticas, 632
   raios, 630
   separação por troca iônica, 640
   símbolos dos termos, 632
lantânio, 491
Laporte, regras de seleção, 542
lasers e fósforos contendo lantanídeos, 635
Latimer, diagramas de, 171
Laves, fases, 695
L-dopa, 736
LED, 701, 722
lei de velocidade, 552
Lewis, acidez de, 132
Lewis, ácido de (definição), 132
Lewis, ácido de, 209, 361
Lewis, ácidos e bases de (classificação), 140
Lewis, base de, 209, 371
Lewis, estruturas de, 34
Li_3N, 679
$LiCoO_2$, 675
$LiFePO_4$, 676
ligação cobalto–carbono, 802
ligação hidrogênio, 307, 435, 441, 458
   em ácidos nucleicos, 309
ligação metal–metal, 499, 610
ligação peptídica, 767
ligante, 209
   ambidentado, 210
   de campo forte, 517
   de campo fraco, 517
   energia de ativação do campo, 564
   espectador, 563
   macrocíclico, 230
   quelante, 212
   quiralidade, 224
   reação de substituição de, 614
   substituição de, 550
   tripodal, 215
ligante benzeno, 593
ligante butadieno, 591
ligante di-hidrogênio, 589
ligante dinitrogênio, 598
ligante em ponte, 585
ligante espectador, 552, 563
ligante neutro,
   contagem de elétrons, 582
ligante quelante, 212
ligas, 72, 76, 358, 360, 383
lítio, 318
   bateria de, 323
   em tratamento de distúrbios bipolares, 826
   hidretoaluminatos, 695
   obtenção, 322
   óxido de cobalto e, 675
   recursos, 322
   tetra-hidretoaluminato, 374
litófilo, 279
localização, 54
lodestone, 504
Lowenstein, regra de, 686
lubrificante, 682
luminescência, 243, 543
LUMO, *ver* orbital molecular desocupado de menor energia
Lyman, série de, 7
macrocíclico:
   efeito, 229
   ligantes em biologia, 771

M

Maddrell, sal de, 427
madeira, preservante de, 405
Madelung, constante de, 94
magnésio, 99, 336
   ATP, complexo, 767
   diboreto, 367
   enzimas, 791
   hidreto, 310
magnético
   estrutura por difração, 239
   imagem por ressonância: uso de Xe, 482
   número quântico, 9, 10
   susceptibilidade, 264, 544
magnetismo, 666
magnetismo exclusivamente de spin, 520
magnetita, 435
   como sensor de direção em bactérias, 814
magnetometria, 264
magnetômetro com vibração de amostra, 264
magnetorresistência colossal, 503, 674
magnetorresistência gigante, 674
malária, 826
MALDI, 258
manganês, 502
   Frost, diagrama de, 176
   na produção fotossintética do oxigênio, 801
manganitos, 674
MAO, *ver* metilaluminoxano
mapa estrutural, 90
marcassita, 446
Marcus, equação de, 571
Marcus, relação cruzada de, 573
massa reduzida, 244
materiais artificiais em camadas, 717
materiais mesoporosos, 718
   catálise, 743
materiais para baterias recarregáveis, 675
materiais supercondutores contendo ferro, 673
MBE, *ver* epitaxia de feixe molecular
MCM-41, 719
mecanismo associativo, 553
mecanismo de esfera externa, 568
mecanismo de esfera interna, 568
mecanismo de intertroca, 553

mecanismo dissociativo, 553
Meissner, efeito de, 671
membrana celular, 763
Mendeleev, Dmitri, 20
mer, 221
mercúrio, 74, 510
meridional, 221
mesotelioma, 397
metaestável, 6
metais alcalinoterrosos, 336
metais de cunhagem, 292
metais do bloco d, 488
metais unidimensionais, 704
metal, 20, 65, 107, 109, 280
  boretos, 366
  clusters, 610
  dissulfeto, 682
  estruturas, 72, 73
  hidretos, 694
  óxidos, 445, 665
  sulfetos, 445
metal alcalino, halogenetos, 324
metal de transição, 488
metal de transição, óxidos de, 665
metal expandido, 331
metálico
  carbetos, 385, 400
  hidretos, 300
  ligação, 65
  nanopartículas, 723
  raio, 23, 76, 319, 337
metaloboranos, 359, 372
metaloceno, 606
  fluxionalidade, 608
metalocenos fluxionais, 608
metaloenzimas, 440
metaloide, 381, 385, 434
metaloides, 20
metalômica, 764, 820
metalômica, fluxograma de investigação, 765
metaloneuroquímica, 817
metaloproteínas, 767
metanetos, 399
metano, 390
  clatratos, 391
metanomonoxigenase, 798
metassilicato, 396
metástase (em câncer), 823
metátese, 139, 361, 430, 733
metátese com abertura do anel, 734

metilaluminoxano, 756
metilberílio, 350
metilclorossilanos, 404
metiletos, 399
metil-lítio, 333
metionina, 443
  como ligante, 770
métodos computacionais, 56
métodos semiempíricos, 56
Meyer, Lothar, 20
MgH_2, 694
mica, 385
micas, 382, 401
microestados, 531
microporoso
  sílica, 686
  sólidos, 402
microscopia, 266, 712
microscopia de força atômica, 266
microscopia de varredura por sonda, 266
microscopia de varredura por tunelamento, 267
microscopia eletrônica de transmissão, 267
microscopia eletrônica de varredura, 267
migração, 619
Minamata, 511
Miocrisina®, tratamento de artrites, 824
mioglobina, 424, 780
mischmetal, 492
mitocôndria, 764
MO, monóxidos metálicos, 665
MOCVD, *ver* deposição de vapor químico metalo-orgânico
modo normal, 244
modos normais, 198
MOFs, *ver* redes metalo-orgânicas
molécula polar, 196
molécula quiral, 196
molecular
  epitaxia de feixe, 711
  geometria, 246
  ímã, 705
  mecânica, 56
  orbital, 203
  peneira, 385, 402, 687
  separação, 687
  símbolos do termo, 536
  vibração, 244

moléculas diatômicas heteronucleares, 48
moléculas poliatômicas, 52
molibdênio, 498
  enzimas, 805
molibdopterina, 771
Møller–Plesset, teoria da perturbação de, 57
Mond, Ludwig, 579
Mond, processo, 507, 600, 747
monodentado, 210
monofosfetos, 416
monossulfetos, 445
monóxido de carbono, 384, 394, 585
  ácido de Lewis, 137
  competição com o oxigênio para se ligar à hemoglobina, 783
  desidrogenase, 807
  liberação por moléculas (CORMs), 828
  na biologia, 806
  na medicina, 828
  sensores em biologia, 812
  teoria dos orbitais moleculares, 49
monoxigenases, 796
Monsanto, processo, 742
Montreal, protocolo de, 463
Mössbauer, espectroscopia, 254
mostrador eletrônico flexível, 716
MS_2, 682
mu, 585
Mulliken, eletronegatividade de, 30
Mulliken, Robert, 29
muscovita, 385
mutagênese direcionada ao sítio, 772

N

NaCl, 320
NAE, regra, 581
nanocompósitos orgânico-inorgânicos, 720
nanocompósitos poliméricos, 720
nanofios de núcleo blindado, 715
nanomateriais, 707
nanopartícula, 243
nanopartícula camada-núcleo, 710

nanopartículas semicondutoras, 709, 721
nanotubo de parede simples, 713
nanotubos, 382, 389
nanotubos de carbono, 713
nanotubos de paredes múltiplas, 389
nanotubos de paredes simples, 389
não estequiometria, 102, 105
não lábil, 551
não metais, 20
NASICON, 661
Nd:YAG, 492
Néel, temperatura de, 545, 667
nefelauxético, 539
negro de platina, 753
negro-de-fumo, 382
neodímio em materiais para laser, 638
neônio, 479
Nernst, equação de, 162
netúnio, 649
NHC, ligante, 510
NHC, *ver* carbeno N-heterocíclico
NiAs, 84
nido-boranos, 369
NiO, 666
níquel
  arseneto, 84
  nas hidrogenases, 810
  nas monóxido de carbono desidrogenases, 807
nitrato redutase, 809
nitreto, 330, 410, 415, 679
  alcalinoterroso, 346
  covalente, 415
  intersticial, 415
  salino, 415
nitreto complexo, 679
nitretos intersticiais, 410
nitritos, 329
nitrogenase, 415, 498, 808
nitrogênio, 408
  amônia, 410
  ativação, 414, 808, 809
  ciclo do, 413, 807
  dióxido de, *ver* óxido de nitrogênio
  Frost, diagrama de, 174
  halogenetos, 410, 419
  halogenetos de nitrila, 420

Índice **873**

halogenetos de nitrosila, 420
hidretos, 417
monóxido de, ligante, 598
nitretos, 410, 415
obtenção, 412
óxidos e oxoânions, 411, 421, 424
tribrometo de, 419
tricloreto de, 419
trifluoreto de, 419
tri-iodeto de, 419, 469
nó, 11
  angular, 12, 13
  radial, 11
nós angulares, 12, 13
nós radiais, 11
Novoselov, Konstantin, 387
nuclear
  carga, efetiva, 15
  fissão, 5, 644
  fusão, 5, 302
  reator, 481
  ressonância magnética, 247, 249, 264, 604
  spin, 247
  spin, de núcleos mais comuns, 248
núcleo (célula), 764
núcleo da Terra, 75
nucleofilicidade, 552
  parâmetro de, 556
nucleofílico
  fator de discriminação, 557
  substituição, 552
nucleossíntese, 4
número atômico, 3
número atômico efetivo, regra, 581
número de massa, 3
número de onda, 244
número do núcleons, 3
número quântico azimutal, 9
número quântico, momento angular orbital, 9
número quântico principal, 9

O

obtenção dos elementos usando agentes de oxidação químicos, 182
obtenção dos elementos usando agentes de redução químicos, 178
obtenção hidrometalúrgica, 182
octeto, expansão do, 41, 54
octeto, regra do, 34
óleum, 136, 436, 451
oligomerização, 756
OM, teoria dos, 43
opala, 382
operação de inversão, 189
operação identidade, 189
operador projeção, 207
opticamente ativo, 197
orbitais 5f nas ligações covalentes, 646
orbitais d, 11
orbitais de fronteira, 29
orbitais f
  funções de distribuição radial, 626
orbitais híbridos, 41, 55
orbitais p, 11
orbital antiligante, 44
orbital atômico, 9
orbital degenerado, 53
orbital ligante, 44
orbital, molecular, 203
orbital molecular desocupado de menor energia, 48, 49
orbital molecular ocupado de maior energia, 48, 49
orbital s, 11
ordem de ligação, 50
ordem do grupo, 195
organelas, 764
organoalumínio, 377
organoarsanos, 419
organoarsênio, 428
organoboranos, 485
organoboro, 377
organofosfinas, 419
organogermânio, 404
organolítio, 333, 429
organossilício, 404
organoxenônio, 484
Orgel, diagrama de, 537
ORTEP, 238
ortoclásio, 402
ortossilicato, 384, 396
ósmio, 504
osso, 814
  formação, papel das enzimas de zinco, 790
osteoblastos, 428
Ostwald, amadurecimento de, 708
Ostwald, processo de, 412, 421

ouro, 508
  complexos como drogas para artrite reumatoide, 824
  nanopartículas, 708
ouro-pigmento, 410
Oxaliplatina®,
  tratamento do câncer, 822
oxidação, 154
  estado de, 61, 100, 281
  número de, 61, 171
oxidases, 794
oxidases azuis de cobre, 796
óxido, 291, 320, 445
  condutor iônico, 663
  de alcalinoterrosos, 344
  de metais alcalinos, 326
  nanopartículas, 709
  nitreto, 680
óxido complexo, 667
óxido de cério, 636
óxido de dinitrogênio, 411, 416, 425
óxido de estanho e índio, 7, 376
óxido de etileno, *ver* oxirano
óxido de fósforo(III), 425
óxido de fósforo(V), 425
óxido de lantânio, bário e cobre, 671
óxido de nitrogênio(II), 411, 424
  papel biológico, 411
óxido de nitrogênio(IV), 411, 423, 424
óxido nítrico como sensores em biologia, 812
óxido nítrico sintetase, 809
óxido nítrico, *ver* óxido de nitrogênio
óxido nitroso redutase, 809
óxido superior, 667
óxidos ácidos e básicos, 129
óxidos anidros, 129
oxigenases, 796
oxigênio, 256, 433
  abundância, 434
  alótropos, 438
  atmosfera, 435
  centro de evolução de, na fotossíntese, 801
  como agente oxidante, 167
  difluoreto, 444, 459, 470

halogenetos, 444
ligado (de forma reversível) por pequenas moléculas, 782
ligado à mioglobina, 780
obtenção, 438
sensor de, em organismos superiores, prolil oxigenases, 812
singleto, 439
transferência do átomo, energética, 806
transferência do átomo pelas enzimas, 805
transporte em organismos vivos, 780
tripleto, 438
oxigênio tripleto, 440
oxirano, 438
oxirredução
  espectro da vida, 783
  estabilidade, 164
  meia-reação, 155
  reação de, 154, 568
oxoácido, 125, 127
oxocloretos, 420
oxofílico, 382
oxofluoretos, 420
ozoneto, 439
ozônio, 434, 438, 439, 447
  buraco, 462

P

paládio,
  propensão a absorver hidrogênio, 311
par de encontro, 560
par de Lewis frustrado, 141
par doador:
  contagem de elétrons, 582, 584
par enantiomorfo, 220
paramagnético, 520
parâmetros de acidez termodinâmicos, 141
Parkinson, doença de, 741
partículas subatômicas, 3
Paschen, série de, 7
Pauli, princípio de exclusão de, 15, 44, 45
Pauling, eletronegatividade de, 59
Pauling, regras de, 128, 459, 471
Pauson–Khand, reação de, 751
Pechini, 657
pedras preciosas, 104

Peierls, teorema de, 705
penetração, 15, 16
pentafenilarsênio, 430
pentationato, 437
pentóxido de dinitrogênio, 423
Pepto-Bismol®, no tratamento de infecções por *H. pylori*, 825
perbromato, 471, 475
percloratos, 471, 473
periodato, 471, 473
periplasma, 764
permissividade relativa, 442
permitido por spin, 542
perovskita, 81, 86, 658, 669, 674, 718
   estrutura, 467, 638
peroxidase, 793
peróxido, 326, 344, 445
peróxido de hidrogênio, 442
   destruição por metaloenzimas, 793
peroxissomo, 764
peroxodissulfato, 450
PES, *ver* espectroscopia fotoeletrônica
petróleo, 750
pH, 118
   diagrama de distribuição, 122
   influência nos potenciais de redução, 164
Philips, catalisador de, 756
Pidgeon, processo (obtenção do magnésio), 179
piezelétrico, 670
piezorresistência, 386
pigmento, 680, 697
pigmentos opalescentes, 699
pilha a combustível, 158, 356, 442
pilha a combustível de óxido sólido, 664
pilha galvânica, 157
piritas, 446
pirocloro, 674
pirofilita, 401
pirofosfato, 443
pirofosfato de adenosina, 443
pirólise de chama, 710
pirolusita, 502
pirometalurgia, 180

pK, 120
plano de reflexão, 189
   diedro, 189
   horizontal, 189
   vertical, 189
plano nodal, 13
planos de cisalhamento, 660
plastocianina, 787
platina, 507
platina, como droga para o tratamento do câncer, 821
platina, metais do grupo da, 292
PLD, *ver* deposição por laser pulsado
plumbano, 384, 392
plutônio, 649
   como um perigo ambiental, 650
   orbitais de valência, 626
   terapia por quelação, 828
pnictogênios, 408
polarizabilidade, 31
polarização, 95
poli(cloreto de vinila), 405
poliarsano, compostos de, 429
polidentado, 210
polifosfatos, 131, 427
polifosfatos, 427
   produção, 412
   usos, 413
polifosfazeno, 428
poli-halogenetos, 460, 469
poli-iodetos, 469
polimerização por metátese com abertura do anel, 734
polímeros biodegradáveis, 428
polímeros halogenados, 405
polimetilarsano, 429
polimorfismo, 74, 236, 347, 384
polinitrogênio, 416
polioxoânion, 131
polioxocompostos, formação de, 130
polioxometalato, 132, 495
polisselenetos, 437, 452
polissulfetos, 437, 445, 452
politeluretos, 437, 452
politetrafluoroeteno, 392, 458, 464, 476
politiazil, 454
politipismo, 73

polônio, 433
   dióxido de, 448
   polonetos, 445, 447
pólvora, 441
ponto isosbéstico, 242
porcelana chinesa, 401
porfirina, 753
   como ligante, 771
porfirina em forma de "cesta", 782
poros, 687
porosidade, 693
potássio, 318
   canal de, 773
   canal de, mecanismo, 774
   nitrato, 441
   sítios de coordenação em proteínas, 773
   transporte em células, 773
potencial padrão, 156, 157, (*tabela*), 161
   ciclo termodinâmico, 160
   em bioquímica, 164
potencial padrão da pilha, 158
Pourbaix (E-pH), diagrama de, 177
prata, 508
previsão estrutural, 89
primitiva:
   célula unitária, 67
   cúbica, 74
princípio da exclusão, 15
princípio da incerteza, 8
princípio do preenchimento, 17, 46
processo de contato, 451
processo de um equivalente, 569
Processo SHOP, *Shell Higher Olefin Process*, 755
processos de dois equivalentes, 569
pró-drogas, 823
proibido por spin, 542
projeção, 68
promoção de elétrons, 41
propriedades ópticas, 697
Prosulfuron®, 741
proteínas ativadas por íon metálico, 769
protiodide, 513
próton
   afinidade, 123
   bomba de, 794
   equilíbrio de transferência, 117

pilha a combustível, membrana trocadora de, 159
   ressonância magnética nuclear, 303
   transferência de elétron acoplada, em proteínas, 788
pseudo-halogenetos, 398, 465
pseudo-halogênio, 398, 465
PTFE, *ver* politetrafluoretileno
PVC, *ver* poli(cloreto de vinila)
PVD, *ver* deposição de vapor físico

Q

quântico
   confinamento, 722
   mecânico, 8
   número, 9
   poço, 716
   ponto, 709, 715, 722
   rendimento, 574
quantização, 8
quartzo, 382
quase cristais, 78
quelato:
   complexo, 212
   efeito, 212, 229, 364
quernita, 359
química ambiental:
   uso de dados eletroquímicos, 177
química de materiais, 655
química do estado sólido, 655
quimiolitrotofia, 394
quimissorção, 746
quinases, 791
quinol, 486
quiral, 220
quiralidade, 196, 222

R

Racah, parâmetros de, 535
radiação de fundo, 480, 481
rádio, 336
radiofármaco, medicina nuclear, 6
radiólise de pulso, 283
radioterapia, 368, 824
radônio, 479
   compostos de, 486
   ocorrência, 480

raio
  atômico, 22
  covalente, 23, 58
  de van der Waals, 58
  metálico, 23
  razão de, 88, 325
raio de Bohr, 13
raios atômicos, 22, 75, 273, 274
raios iônicos, 22
raios termoquímicos, 98
raios X, 234
  difração, 88, 234, 677
  espectro de absorção, 256
  espectroscopia, 256
  fluorescência, 262
  fluorescência, análise por, 261
Raman
  ativo, 198
  espectrômetro, 245
  espectroscopia, 197, 244
Raney, níquel, 748
Raschig, processo, 418
Ray–Dutt, torção de, 567
razão entre esferas e cavidades, 72
razão giromagnética, 247
reação
  com água, 319, 337
  d-d, 574
  de autotroca eletrônica, 570
  de transferência de carga, 574
  fotoquímica, 574
  imediata, 574
  retardada, 574
reação ácido–base, 116
reação de inserção 1,2, 620
reação de inserção migratória 1,1, 619
reação de transferência de carga, 574
reação fotoquímica, 574
reação retardada, 574
reações de deslocamento, 138
reações de transferência de metila em enzimas, 803
reações enantiosseletivas, 735
reações imediatas, 574
reações oscilantes, 472
realgar, 410, 414
reatores nanométricos, 711

rede, 66
  entalpia de, 91, 96, 656
  parâmetro de, 66
  pontos de, 67
redes metalo–orgânicas, 691
redução, 154
  fórmula de, 206
  potencial de, 155
reflexão, 189
regra de exclusão, 198
regras de seleção, 541
relação diagonal, 293, 355
relação linear de energia livre, 562
renovação
  frequência de, 730
  número de, 731
ReO_3, 659, 668
representação, 205
  irredutível, 194
  redutível, 200, 205
representação estrutural da proteína, 771
representação irredutível, 194
representação redutível, 200, 205
resolução quiral, 223
ressonância, 35
RLEL, ver relação linear de energia livre
RMN de estado sólido, 251
RMN, intensidades no, 250
RMN, ver ressonância magnética nuclear
Rochow, processo de, 404
ródio, 506
ROM, ver metátese com abertura do anel
ROMP, ver polimerização por metátese com abertura do anel
rotação de ordem n, 189
rotação imprópria, 190
rotação no ângulo mágico em RMN, 251
RSE, ver ressonância de spin eletrônico
  como técnica de investigação de sítios metálicos em proteínas, 772
  espectro de Pu^{3+}, 647
  espectrômetro, 253
  facilidade de detecção, 253

RSE, ver ressonância de spin eletrônico
rubi, 104, 360, 376, 667
rubídio, 318
rubisco (ribulose 1,5-difosfato carboxilase oxigenase), 396, 792
Ruddlesden–Popper, fases de, 670
Russell–Saunders, acoplamento de, 531
rutênio, 504
  compostos anticâncer, 823
rutenoceno, 505
rutílio, 81, 84, 236, 398, 445
Rydberg, constante de, 7
Rydberg, Johann, 7

S
sabão em pó, 365
Sabatier, Paul, 747
safira, 104, 360, 376
sal-gema, 81, 94, 320, 325, 665, 666, 673
salinos:
  carbetos, 385, 399
  nitretos, 410
samário, orbitais de valência do, 626
Satraplatina®, tratamento do câncer, 822
saúde dental, 462
Schoenflies, símbolo de, 192
Schottky, defeito de, 102
Schrock
  carbeno de, 597
  catalisador de, 734
Schrödinger, equação de, 8, 56
Schrödinger, Erwin, 8
selenetos, 436, 445, 447
  de metais alcalinos, 327
selênio, 433
  dióxido de, 448
  hidretos, 443
  obtenção, 441
  óxidos, 448
  oxoânions, 450
  oxo-halogenetos, 448
  poliânions, 452
  policátions, 453
  polimorfos, 441
  polissselenetos, 437

sulfetos, 445
trióxido de, 448
selênio amorfo, 441
selênio cinza, 441
selênio vermelho, 441
selenocisteína, 770
SEM, ver microscopia eletrônica de varredura
semicondutor, 107, 110, 360, 376, 383, 391, 410, 441, 700
semimetal, 20, 386
sensor de oxigênio, proteínas de ferro, 812
sensores em biologia, 811
separação de gases, 687
série espectroquímica, 517
Sharpless, epoxidação de, 739
SHOP, ver Processo SHOP, *Shell Higher Olefin Process*
SiC, 83
siderófilo, 279
siderófonos, 777
Sidgwick, N.V., 580
silanos, 384, 390
sílica, 384, 677, 743
  em exosqueletos, 814
  gel, 151
  vidro, 383
silicato, 252, 396, 686
  vidros, 397
silicetos, 401
silício, 381, 701
  carbeto de, 385, 400, 401
  compostos com metais, 401
  compostos de nitrogênio, 398
  dióxido de, 677
  em biologia, 814
  halogenetos, 384
  hidretos, 384, 390
  nitreto, 384, 398
  organocompostos, 404
  oxocompostos, 384, 385, 396
  oxocompostos estendidos, 401
  tetra-halogenetos, 393
silicone, polímeros de, 404
símbolos dos termos, 532, 536
  de cátions lantanídeos, 632
simetria
  elemento de, 188

espécies de, 194
operação de, 188
simetria do grupo de pontos, 189
sindiotático, 757
singleto
 carbeno, 597
 estado, 439
 oxigênio, 439
síntese de baixo para cima, 707
síntese de cima para baixo, 707
síntese de materiais, 656
síntese de nanomateriais, 708
síntese de plasma, 710
síntese do clorofórmio, 462
síntese em alta pressão, 386
síntese em alta temperatura, 656
síntese em fase vapor, 710
sistema cristalino, 66
sistema liberador de drogas, 428
sistema solvente, definição, 144
sítios biológicos de coordenação de metais, 767
Slater, regras de, 16
Smalley, Richard, 385
S_n, 190
$(SN)_x$, 704
sobreposição orbital, 108
sobretensão, 184
sodalita, gaiola de, 402
sódio, 318
 bomba de, 774
 fosfato de, 413
 hidretoborato de, 360
 íon condutor, 662
 perborato de, 365
 ß-alumina de, 661
 sulfito de, 451
 tetra-hidretoaluminato, 360
 transporte nas células, 773
SOFC, ver pilha a combustível de óxido sólido
solda, 383
Solganol®,
 tratamento de artrites, 824
sol-gel, 657

solubilidade, 101
 de sais de metais alcalinos, 330
 produto de, 170
solução sólida, 105
solvatação, 124
solvente de cristalização, 214
solvente de nivelamento, 142
solventes ácidos, 146
solventes básicos, 145
solventes como ácidos e bases, 145
solventes não aquosos, 142
Sonogashira, acoplamento de, 741
SPECT, ver tomografia computadorizada de emissão de fóton simples
spin, 11
 complexo com cruzamento de, 521, 546
 correlação de, 18
 número quântico magnético, 11
SQUID, magnetômetro, 264
SRB, ver bactéria redutora de enxofre
Stille, acoplamento de, 740
STM, ver microscopia de varredura por tunelameneto
Stock, Alfred, 366
subcamadas, 10
subóxido de carbono, 384
subóxidos, 327
sulfato, 437, 449
sulfeto, 106, 436, 441, 445, 681
 de alcalinoterroso, 345
 de metal alcalino, 327
sulfetos em camadas, 681
sulfito, 437, 449
sulfito oxidase, 806
sulfurila, di-halogenetos de, 448
superácido, 149, 420, 750
superbase, 149
supercondutividade, 367, 388, 671, 684, 703
supercondutores de alta temperatura, 671
supercrítico, 486
 dióxido de carbono como solvente, 149
 fluido, 149

superfície ácida, 743
superfície básica, 743
superfície de migração, 747
superfície limite, 13
superfície metálica, 744
superóxido, 326, 445
super-redes, 718
super-redes de estado sólido, 717
super-resfriamento, 677
supertroca, 545, 667
Suzuki, acoplamento de, 740
SWNT, ver nanotubo de carbono de parede simples

T

tabela periódica, 20, 273
 blocos, 21
 períodos, 21
TAED, ver tetra-acetiletilenodiamina
talassemia, 828
talco, 385, 401
tálio, 354, 673
 como sonda para o potássio em proteínas, 775
 mono-halogeneto, 358
 mono-halogenetos, 375
 organometálico, 378
 óxido, 358
 oxocompostos, 376
 sulfeto, 376
 tri-halogenetos, 374
tamoxifen, 824
Tanabe–Sugano, diagrama de, 538
taticidade, 757
TCLM, ver transição de transferência de carga do ligante para o metal
Tc-MAG3®,
 usado para a obtenção de imagens dos rins, 832
TCML, ver transição de transferência de carga do metal para o ligante
tecnécio, 6, 502
 agentes de imagem, preparação em hospital, 830
 compostos para contraste, 830
teflato, 448
teluretos, 436, 445

teluretos, 445, 447
 de metais alcalinos, 327
telúrio, 433
 dióxido de, 448
 hidretos de, 443
 obtenção, 441
 óxidos de, 448
 oxoânions de, 450
 oxo-halogenetos, 448
 poliânons, 452
 policátions, 453
 politeluretos, 437
 trióxido de, 448
telurita, 448
TEM, ver microscopia eletrônica de transmissão
temperatura crítica, 671
temperatura Curie, 545
temperatura de transição vítrea, 677
teoria da ligação de valência, 39
 molécula de hidrogênio, 39
 moléculas diatômicas homonucleares, 40
 moléculas poliatômicas, 40
teoria de grupo, 188
teoria do funcional de densidade, 57
teoria dos orbitais moleculares, 42, 369
 água, 55
 amônia, 53
 CLOA, 43
 deficiência eletrônica, 55
 desocupados de menor energia, LUMO, 48
 diborano, 55
 fluoreto de hidrogênio, 49
 hexafluoreto de enxofre, 54
 hibridação, 55
 hipervalência, 54
 moléculas diatômicas heteronucleares, 48
 moléculas diatômicas homonucleares, 45
 moléculas poliatômicas, 52
 monóxido de carbono, 49
 ocupados de maior energia, HOMO, 48
 orbital antiligante, 44

orbital ligante, 44
pentacloreto de fósforo, 55
teoria quimiosmótica, 784
terapia de captura de nêutrons pelo boro, 368
terapia de quelação, 828
termo fundamental, 533
termoeletricidade, 684
termogravimétrica, análise, 262, 329
termos espectroscópicos, 531
termos espectroscópicos, 536
testes clínicos, 821
tetra-acetiletilenodiamina, 360
tetra-alquilamônio, íon, 430
tetraédrico
    cavidade, 71, 89
    complexo, 215, 220, 522
    oxoânions, 685
tetraenxofretetranitreto, 415, 437, 453
tetrafenilarsônio, íon, 430
tetrafenilborato, 377
tetrafenilfosfônio, íon, 430
tetrafluoreto de cério, 637
tetrafluoretoborato, 471
tetrafluoroetano, 458
tetrafluoroeteno, 476
tetra-halometanos, 392
tetra-hidretoaluminato, 374, 694
tetra-hidretoboranatos, 356
tetra-hidretoboratos, 694
tetrametilamônio, íon, 469
tetrationato, 437, 451
tetróxido de dinitrogênio, 411, 423
    como um solvente, 148
TGA, *ver* análise termogravimétrica
TiO, 666
tiocianato, 466
tiometalato, 446
tionila, di-halogenetos de, 448
tiossulfato, 449, 450
tiossulfúrico, ácido, 451
tipo estrutural, 81
tireoide, 463
tirosina como ligante, 770
tiroxina, 463
titânio, 493

titanossilicatos, 690
Tolman, ângulo de cone, 563, 615
tomografia computadorizada de emissão de fóton simples, 830
tório, 648
toroceno, 648
Tourette, síndrome de, 741
transferrina, 778
transferrina, receptor de: controle de captura de ferro, 811
transição
    permitida, 542
    proibida, 542
    TC, *ver* transferência de carga
    transferência de carga, 540
transição de transferência de carga (aduto de Lewis), 136
transição de transferência de carga do ligante para o metal, 540
transição de transferência de carga do metal para o ligante, 540
transição permitida, 542
transição proibida, 542
transições d-d, 536
transistores, 383
transmetalação, 375, 377
tricloroborazina, 366
tridentado, 210
trietilalumínio, 378
trifluoretometanossulfonato, 471
trifluorometanossulfônico, ácido, 466
trifosfato de adenosina, 131, 413, 427, 767
    síntese, 784
tri-iodeto, íon, 469
tri-iodotiroxina, 463
trimetilalumínio, 377
trimetilamina, 447
trimetilplumbano, 392
trióxido de arsênio:
    tratamento de leucemia, 824
trióxido de dinitrogênio, 411, 424
trióxido de rênio, 668

trioxidoclorato(V), *ver* clorato
tripleto, estado fundamental, 438
trítio, 4, 297
tritiocarbonato, 396
tritionato, 449
túlio, di-iodeto de, 640
tungstênio, 498
tungstênio carbeto de, 77, 400
tungstênio em enzimas, formato de-hidrogenase, 806

U

ulmanita, 410
ultramarino, 446, 698
ultravioleta-visível, espectroscopia, 240
unidade actinila (AnO_2^{2+}):
    diagrama de orbitais moleculares, 646
uranila, íon, espectro de emissão, 647
urânio, 648
    halogenetos, 648
    pré-processamento, 466
uranoceno,
    diagrama de orbitais moleculares, 649
uranoceno, 648
urease,
    uma enzima de níquel envolvida nas úlceras estomacais, 825
usos biológicos dos elementos, 815
UV-visível, espectrômetro, 241

V

valinomicina, 332, 773
van der Waals, 386
    raio, 58
variação de entropia padrão a partir de dados eletroquímicos, 163
Vaska, complexo de, 314, 507
verde-Paris, 414
vidro, 383, 384, 397, 441, 676
    borossilicato, 397
vidro de borossilicato, 360, 365, 397, 678

vidros de borato, 365
vitamina B_{12}, 506, 802
VO_2, 704
voltametria cíclica, 264
volume de ativação, 559
VSEPR, *ver* modelo da repulsão dos pares de elétrons da camada de valência
VSM, *ver* magnetômetro com vibração de amostra
vulcanização, 441
vulcão, diagrama de, 747

W

Wacker, processo de, 440, 738
Wade, regras de, 368
Wade–Mingos–Lauher, regras de, 611
Wadsley, defeito de, 659
Werner, Alfred, 209, 515
Wilkinson, catalisador, 507, 735, 759
Wilkinson, Geoffrey, 606
WO_3, 659
wolframita, 498
wurtzita, 83, 376, 401, 510

X

X, ligante tipo, 582
XANES, 257
XAS, *ver* espectroscopia de absorção de raios X
xenodeborilação, 484
xenônio, 479
    compostos de coordenação, 485
    compostos de inserção, 484
    fluoretos, 480, 482
    hidretos, 480
    organocompostos, 484
    óxidos, 480, 483
    oxofluoretos, 480, 484
    usos, 481
XRF, *ver* fluorescência de raios X

Y

YAG, *ver* granada de alumínio e ítrio
$YBa_2Cu_3O_7$, 656, 671, 712
YBCO, 671
YIG, *ver* granada de ítrio e ferro

Z

Zachariasen, regras de, 677
Zeise, sal de, 508, 579, 581
zeólita, 150, 402, 324, 385, 658, 686
   catálise, 743, 749
zeólita-A, 687
zeótipo, 690
Ziegler–Natta, catalisador, 378, 755
zinco, 510
   blenda, 83, 376, 401
   coordenação em proteínas, 789
   domínio dos dedos de, 772, 776
   enzimas, 788
   ligantes fluorescentes para detecção em células, 832
   mecanismo Zn-carbonila em enzimas, 789
   mecanismo Zn-hidróxido em enzimas, 789
   na álcool desidrogenase, 790
   na fosfatase alcalina, 790
   na transcrição, 776
   proteínas sensoras, 813
   sítios de coordenação em proteínas, 776
Zintl, fase, 79, 331, 377
zircona, 663
zircona dopada com ítrio, 661, 663
zircônio, 493
ZnS, 83

α, eliminação de hidreto, 621
α-alumina, 358, 376
α-hélice, 770
β, eliminação de hidreto, 620
β, folha, 770
γ-alumina, 358
δ, eliminação de hidreto, 621
μ, 213, 585
η, 213, 585
κ, 210, 213
π, ligante doador, 529
π, ligante receptor, 529
π, retroligação, 586
σ, metátese de ligação, 619
χ, 193